1600 1700

Descartes

Newton

Leibniz

Euler

- J. Kepler (1571-1630)
- R. Descartes (1596-1650)
- B. Pascal (1623-1662)
- I. Newton (1642-1727)
- G. Leibniz (1646-1716)
- L'Hôpital (1661-1704)
- J. Bernoulli (1667-1748)
- L. Euler (1707-1783)
- M. Agnesi (171

Kepler

Pascal

L'Hôpital

Bernoulli

Contributors to Calculus

[Calculus is] the outcome of a dramatic intellectual struggle which has lasted for twenty-five hundred years.

—*Richard Courant*

- 1609 Kepler's laws of planetary motion
- 1637 Descartes' analytic geometry
- 1665 Newton discovers calculus
- 1696 First calculus text (L'Hôpital)
- 1728 Euler introduces e

1800 | 1900

Other Contributors

Pierre de Fermat (1601-1665)
Michel Rolle (1652-1719)
Brook Taylor (1685-1731)
Colin Maclaurin (1698-1746)
Thomas Simpson (1710-1761)
Pierre-Simon de Laplace (1749-1827)
George Green (1793-1841)
George Gabriel Stokes (1819-1903)

Lagrange

Gauss

Cauchy

Riemann

Lebesgue

...nge (1736-1813)

C. Gauss (1777-1855)

A. Cauchy (1789-1857)

K. Weierstrass (1815-1897)

G. Riemann (1826-1866)

J. Gibbs (1839-1903)

S. Kovalevsky (1850-1891)

H. Lebesgue (1875-1941)

Agnesi

Weierstrass

Kovalevsky

Gibbs

56 — ...ge begins *...anique ...tique*

1799 — Gauss proves Fundamental Theorem of Algebra

1821 — Precise notion of limit (Cauchy)

1854 — Riemann integral

1873 — e is transcendental (Hermite)

1902 — Lebesgue integral

FORMULAS FROM GEOMETRY

Triangle

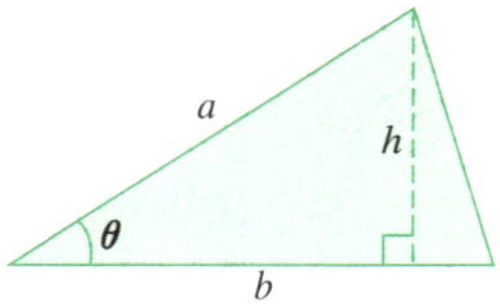

$$\text{Area} = \frac{1}{2}bh$$

$$\text{Area} = \frac{1}{2}ab\sin\theta$$

Parallelogram

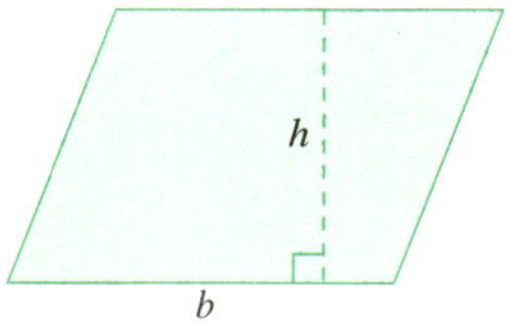

$$\text{Area} = bh$$

Trapezoid

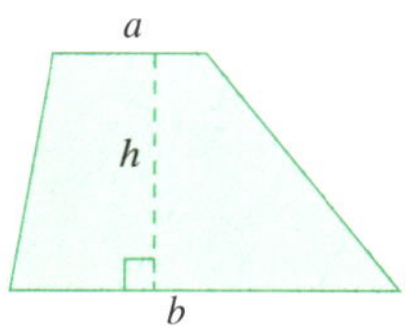

$$\text{Area} = \frac{a+b}{2}h$$

Circle

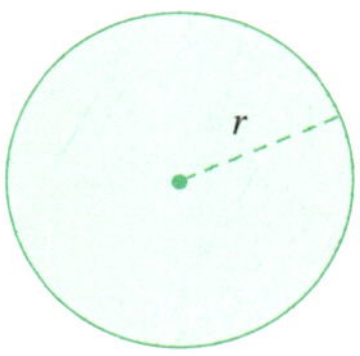

$$\text{Circumference} = 2\pi r$$

$$\text{Area} = \pi r^2$$

Sector of Circle

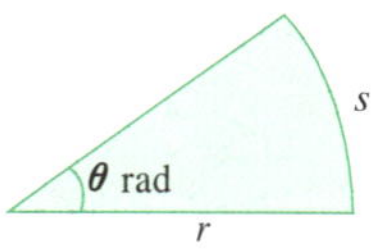

$$\text{Arc length } s = r\theta$$

$$\text{Area} = \frac{1}{2}r^2\theta$$

Polar Rectangle

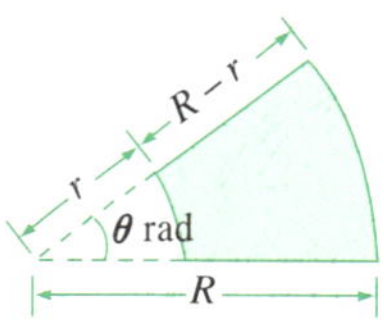

$$\text{Area} = \frac{R+r}{2}(R-r)\theta$$

Right Circular Cylinder

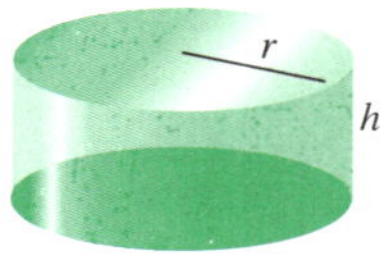

$$\text{Lateral area} = 2\pi rh$$

$$\text{Volume} = \pi r^2 h$$

Ball

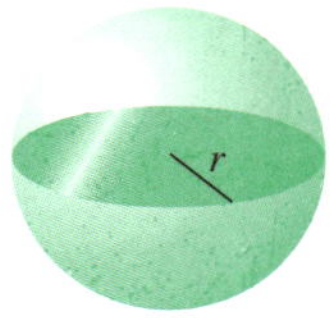

$$\text{Area} = 4\pi r^2$$

$$\text{Volume} = \frac{4}{3}\pi r^3$$

Right Circular Cone

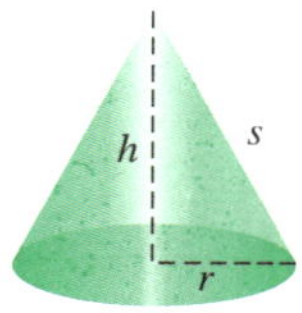

$$\text{Lateral area} = \pi rs$$

$$\text{Volume} = \frac{1}{3}\pi r^2 h$$

Frustum of Right Circular Cone

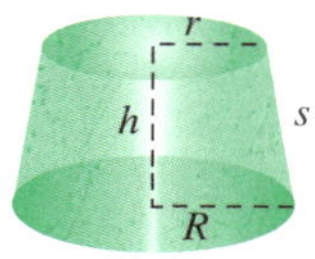

$$\text{Lateral area} = \pi s(r+R)$$

$$\text{Volume} = \frac{1}{3}\pi\left(r^2 + rR + R^2\right)h$$

General Cone

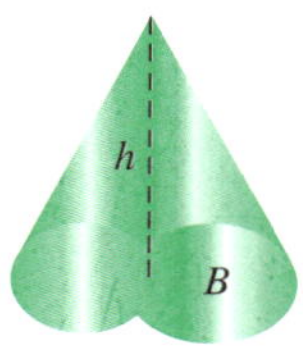

$$\text{Volume} = \frac{1}{3}(\text{area } B)h$$

Wedge

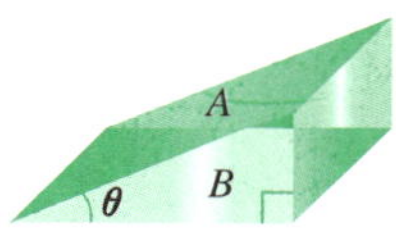

$$\text{Area } A = (\text{area } B)\sec\theta$$

NINTH EDITION

미분적분학 상

DALE VARBERG EDWIN J. PURCELL STEVEN E.RIGDON 지음

수학교재편찬위원회 옮김

Calculus

PEARSON

KyoWooSa 教友社

PEARSON

머 리 말

미분적분학 제9판은 더욱 알찬 개정판이다. 몇 개 부분을 보충하였고 그에 맞춰 적절히 재배열하였다. 그러면서도 이 책의 근간은 변함없이 유지하도록 하였다. 그 동안 이전 개정판이 교재로 널리 사용되고 사용자들로부터 호평을 받고 있었기에 정밀 점검할 필요는 느끼지 못하고 있다.

많은 사람들에게 이 책은 여전히 전통적인 교재로 받아들여지고 있다. 대부분의 정리를 증명하였고 일부는 연습문제로 남겨놓았으며 그 중에서 지나치게 어려운 것은 증명을 생략하였다. 증명이 어려운 경우에는 직관적인 설명으로 그 결과를 이해하고 다음 단계로 넘어가도록 노력하였다. 어떤 것들은 개략적인 증명을 하면서 그것이 왜 엄밀한 증명이 아닌 개략적인 증명인지를 설명하였다. 그러면서도 초점은 여전히 미분적분학의 개념을 이해하는데 두었다. 어떤 사람들은 명확하고 엄밀한 전개와 서술에 역점을 두는 것이 미분적분학을 이해하는데 혼란을 준다고 볼지 모르지만 우리는 두 가지 면에서 보완적이라고 생각한다. 학생들은 용어들이 명확히 정의되고 정리들이 명확하게 기술되고 증명될 때 미분적분학의 개념을 더 잘 파악할 확률이 크다.

〈간결한 교재〉

제9판은 여러 훌륭한 정통 교재 중에서 가장 간결한 방식으로 쓰고 있으며, 교재가 새로운 주제와 다른 접근 방법 때문에 늘어나지 않도록 노력하였다. 서론과 벡터 미적분에서 극한과 관련된 부분들을 포함하여 미적분학의 주요 내용을 가능한한 800쪽 이내에서 다룬다. 지난 몇 십년 동안 학생들은 교과서를 읽지 않는 등 나쁜 습관에 길들여졌다. 그러면서도 학생들은 숙제를 하기 위하여 알맞게 풀려있는 예제를 찾으려고 한다. 이 교재의 목표는 용어, 공식, 그래프를 중심으로 기본적인 약간의 아이디어 정도면 이해할 수 있는 미적분학 과정이 되도록 하는데 초점을 맞추고 있다. 문제를 푸는데 수학적인 기술을 개발하는 것도 중요하지만 미적분학의 개념을 이해하는데 목표를 두고 있다는 것을 잊어서는 안된다.

〈개념 복습 문제〉

학생들이 교과서를 이해하면서 읽기를 장려하기 위하여 각 절의 연습문제들을 빈칸 채우기 4문항으로 시작한다. 이 문항들은 기본용어를 파악하고 있는지, 정리를 이해하고 있는지 그리고 개념들을 가장 간단한 예제에 적용할 수 있는가를 평가한다.

학생들은 뒤에 나오는 문제들을 풀기 전에 이 문항들에 대답할 수 있어야 한다. 연습문제 끝부분에 정답을 알려주는 피드백을 통하여 학생들을 독려하고 있다. 이러한 문항들은 학생들이 필요한만큼 책을 읽고 준비가 되었는지를 알아보는 좋은 퀴즈 문제가 된다.

〈복습과 예비 문제〉

각 장의 마지막에 그 장의 내용을 복습 정리하는 문제와 다음 장을 대비하여 필요한 예비 문제들로 구성된 복습과 예비 문제를 실었다. 이 문제들 중 많은 것들이 다음 장을 시작하기 전에 필요한 지난 내용들을 복습하는데 도움이 될 것이다. 이를테면,

- 제3장 도함수의 응용: 여기서는 함수의 증가/감소 그리고 위/아래 오목여부를 밝히는데 부등식의 풀이가 요구된다.
- 제7장 적분의 기법: 앞에서 실제적 기법으로는 유일하게 배운 치환적분법을 포함하는 많은 적분 계산법이 요구된다. 이런 부분들이 숙달되어 있지 않으면 7장에서 어려움에 처하게 될 것이다.
- 제13장 중적분: 직교좌표계, 원기둥좌표계 그리고 구면좌표계에서 방정식의 그래프를 대략 그릴 수 있는 것이 요구된다. 2차원과 3차원 공간에서 영역을 시각화하는 것이 중적분을 이해하는 열쇠이다.

그 외의 다른 문제들은 이것들을 알고 있음으로써 다음 장에서 유리한 출발을 할 수 있게 한다. 예를 들어,

- 제5장 적분의 응용: 이 장에서 '잘게 자르고, 근사값을 구하고, 적분하는' 과정에서 두 함수 사이에 있는 선분의 길이를 익숙하게 구할 수 있어야 한다. 그리고 작은 판, 원판, 도넛원판의 부피를 구할 수 있어야 한다. 이런 사항들을 다음 장에 들어가기 전에 공부해두는 것은 회전체의 부피를 구하기 위해 적용하는 '잘게 자르고, 근사값을 구하고, 적분하는' 아이디어를 이해하는데 보다 좋은 준비가 된다.
- 제8장 부정형과 이상적분: $\int_0^a e^{-x}dx$, $(a=1,\ 2,\ 4,\ 8,\ 16)$과 같은 적분의 값을 구할 수 있어야 한다. 이러한 문제들을 공부하고 또 a가 커질 때 적분값이 1에 가까이 가는 사실을 이해하여 이상적분에 대한 개념에 접근되기를 바란다. 무한급수를 다루는 장 앞에서도 합과 관련된 유사한 문제들이 주어질 것이다.

〈수에 대한 감각〉

수에 대한 감각은 이 교재에서 중요한 역할을 계속하게 된다. 미적분학을 공부하는 모든 학생들은 문제를 풀 때 계산 실수를 많이 하지만 수에 대한 감각이 있는 사람들은 잘못된 답이 나오면 바로 깨닫고 다시 문제를 푼다. 이와 같은 중요한 능력을 장려하고 개발하기 위하여 추정과정을 강조해왔다. 문제에 대해 머릿속으로 추정하는 법과 대략적인 근사수치해에 다다르는 법을 제시한다. 이런 내용들은 교재에서 다룰 필요성이 점점 커져왔다. 대략적으로 추정하는 부분에는 기호 $\approx$ 를 표시하였다. 이 표시가 있는 문제는 학생들 스스로 같은 과정을 시

도해 보기를 바란다.

〈계산도구의 사용〉

제9판에서는 여러 문제에서 다음 기호들이 표시되어 있다.

C 소형계산기를 사용하면 도움이 되는 문제를 나타낸다.

GC 그래프용 계산기를 사용하면 도움이 되는 문제를 나타낸다.

CAS 컴퓨터대수시스템(computer algebra system)을 사용하면 도움이 되는 문제를 나타낸다.

제8판에서 각각의 장 끝에 있던 컴퓨터 사용 과제를 이번에는 웹에서 pdf파일로 이용할 수 있게 하였다.

〈9판에서 바뀐 내용〉

이 책의 기본 골격과 근본 정신은 변함이 없다. 다음이 9판에서 바뀐 중요한 내용들이다.

- 각 장이 끝나고 다음 장이 시작하는 사이에 복습과 예비 문제를 수록하였다.
- 제0장을 신설하여 예비를 위해 필요한 내용을 요약하여 수록되었다. 예비 미적분학 과정의 내용들(8판에서는 2장 앞부분에 수록)을 0장에 수록하였다. 9판에서 1장은 극한으로 시작한다. 0장의 내용을 얼마나 많이 다루는가는 학생들의 수준과 사정에 따르게 될 것이다.
- 원시함수와 미분방정식에 관한 소단원은 3장으로 옮겼다. 이렇게 함으로써 변화율에 대한 개념과 축적에 대한 개념을 분명하게 나누어 놓을 수 있게 된다. 왜냐하면 4장이 정적분과 미적분학의 기본정리로부터 바로 다루게 되는 넓이로 시작하기 때문이다. 저자의 오랜 경험에 의하면 미적분학을 배우는 신입생들이 부정적분(원시함수)의 개념과 합의 극한인 정적분이라는 바로 그 차이를 명확히 구별하는데 실패한다. 그것은 1965년에 출간된 초판에서도 그랬었고 오늘에 이르러서도 그것은 사실로 나타나고 있다. 이와 같이 두 부분을 나누어 놓는 것이 두 개념을 구별하도록 주의를 끌기를 바란다.
- 확률과 유압 부분은 5장에 적분의 응용에 첨가하였다. 확률문제들을 직선상의 질량문제만큼 다루었다는 것을 강조해 둔다. 무게중심은 x에 밀도를 곱한 것의 적분이고, 확률에서 기대값은 x에 (확률)밀도를 곱한 것의 적분이다.
- 원뿔곡선에 관한 내용 구성을 5개의 절에서 3개의 절로 줄였다. 이 부분에 대해서는 예비미적분학 과정에서 많이(전체는 아니지만) 보았을 것이다.
- 벡터는 한 개의 장으로 합쳤다. 8판에서는 평면벡터는 13장에서 다루었고 공간벡터는 14장에서 다루었었다. 이런 접근방법에서는 14장에서 내적이나 곡률 등 많은 내용들을 반복하게 되었는데, 9판에서는 벡터를 한 번에 다루도록 접근하였다. 대부분 공간상의 벡터들로 나타내면서도 평면상의 벡터에 대해서는 어떻게 되는지 지적하고 설명하였다. 그렇더라도 문제의 정황에서 평면벡터나 공간벡터 중 어느 것이 필요한지를 알아내야 한다.

- 케플러의 행성운동법칙에 관한 예제와 연습문제를 수록하였다. 벡터에 관한 내용으로 뉴톤의 만유인력 법칙에서 케플러 법칙을 유도하는 것은 대단하다. 케플러의 제2법칙과 제3법칙을 예제에서 유도한다. 그렇지만 제1법칙은 연습문제로 남기면서, 유도하는 과정을 (a)부터 (l)까지로 나누어 안내한다.
- 13장 중적분은 이제 야코비안을 쓰는 중적분에서 변수변환하는 한 절을 마지막으로 마친다.
- 수치적 방법은 교재 전체를 통하여 적절한 곳마다 수록하였다. 예를 들어 방정식의 수치적 풀이는 3.7절, 수치적 적분은 4.6절, 미분방정식의 근사식은 6.7절, 그리고 함수의 테일러 근사식은 9.9절에 수록하였다.
- 미분방정식에 관한 단원은 옮겨졌지만 그것은 웹에서 사용자들에게 이용가능하다. 교재에는 기울기장과 오일러 방법을 포함한 미분방정식들을 여러 단원에서 이미 다루고 있다.
- 개념적인 질문들은 대폭 증가되었다. 많은 문제에서 그래프에 대해 묻고 있고, 뉴톤 방법이나 해석적으로 다룰 수 없는 문제에서 수치적 적분 등과 같은 수치적 방법의 사용을 더욱 확대하고 있다.

〈감사의 말〉

이 교재를 만드는데 격려와 노고를 아끼지 않은 Adam Jaworski, Eric Frank, Dawn Mrrin, Debbie Ryan, Bayani deLeon, Sally Yagan, Halee Dinsey, Patrice Jones, Heather Scort, Thomas Benfatti를 포함하여 Prentice Hall 관계자들께 감사드리고, 원고를 정성스럽게 검토해주신 Frank Purcell, Brad Davis, Pat Duly(Paley Company), Edith Baker(Writewith, Inc.)께 감사드린다. 그리고 풀이 원고를 준비하는데 지치지 않는 열정을 쏟아준 Kevin Bodden과 Christopher, 책 뒤편에 수록된 해답집을 준비한 Babara Kniepkamp와 Brian Rife께 감사드린다. 또한 Edwardsville의 Southern Illinois 대학의 교수진, 특히 여러 가지 도움되는 코멘트를 주신 George Pelekanos, Rahim Karimpour, Krzysztof Jarosz, Alan Wheeler, Paul Phillips에게도 감사를 드린다.

9판을 준비하는데 정성스런 검토와 유익한 조언을 해주신 다음 분들께도 고마움을 표한다.

Fritz Keinert, Iowa State University
Michael Martin, Johnson County Community College
Christopher Johnston, University of Missouri-Columbia
Nakhle Asmar, University of Missouri-Columbia
Zhonghai Ding, University of nevada Las Vegas
Joel Foisy, SUNY Potsdam
Wolfe Snow, Brooklyn College
Ioana Mihaila, California State Polytechnic University, Pomona
Hasan Celic, California State Polytechnic University

Jeffrey Stopple, University of California, Santa Babara
Jason Howell, Clemson University
John Goulet, Worcester Polytechnic Institute
Ryan Berndt, The Ohio State University
Douglas Meade, University of South California
Elgin Johnston, Iowa State University
Brian Snyder, Lake Superior State University
Bruce Wenner, University of Missouri-Kansas City
Linda Kilgariff, University of North California at Greensboro
Joel Robbin, University of Wisconsin-madison
John Johnson, George Fox University
Julie Connolly, Wake Forest University
Chris Peterson, Colorado State University
Blake Thornton, Washington University in St Louis
Sue Goodman, University of North Carolina-Chapel Hill
John Santomos, Villanova University

마지막으로 원고를 준비할 때 내가 연구실에서 보낸 여러 날 밤과 주말에도 참아준 나의 부인 Pat와 아이들 Chris, Mary, Emily에게도 감사함을 전한다.

S.E.R.
Srigdon @ siue.edu
Southern Illinois University Edwardsvile

<table>
<tr><th>학생을 위한 보충자료</th><th>강사를 위한 보충자료</th></tr>
<tr><td>Students Study Pack

학생들이 한 장소에서 이어가는데 필요한 모든 것을 구비하였다.

■ Student Solution Manual
교재 안의 홀수번 연습문제용 해답을 싣고 있다.

■ Pearson Tutor Center
교습자들이 책 뒤편에 수록된 해답에 대한 어떤 질문에 대해서도 개별 지도한다. 무료 전화, 팩스, 이메일로 교습센터에 접속할 수 있다. 다만 미국과 캐나다 학생들만 이용가능하다.

■ CD Lecture Series
교재에 부착된 이해하기 쉬운 CD롬. 강사가 교재에서 중요한 예제에 대해 설명하는 동영상이 담겨있다.</td>
<td>Instructor's Resource Distributionl

모든 강사용 지원자료는 웹싸이트 www.prenhall.com에서 다운받을 수 있다. “Browse our catalog.”를 고른 후 “Mathematics”를 클릭하고 해당되는 강좌와 교재를 고른다. 왼편에 있는 “Resourses”에서 “instructor”를 고른 다음 다운받으려는 것을 선택한다. 이 과정에서 한 번은 등록을 해야한다.

■ Textgen
교재의 소단원 목표에 대한 테스트 자료가 신속하게 만들어진다. 무제한 옵션으로 질문자료들이 알고리듬적으로 만들어지고, 이 문제들을 편집하거나 스스로 만들어 놓을 수 있다.

■ Text Item File
Textgem에서 끌어온 인쇄된 문제은행.

■ Powerpoint Lecture Slides
교재에 따른 전체적으로 편집 가능한 슬라이드. 사이버 강좌에서 강의 중 또는 강의 전에 웹싸이트에 부과할 과제.

■ Instructor Solution Manual
교재의 연습문제와 단원과제 모두에 대한 충분한 해답.

■ Technology Projects

■ Chapter 15, Differential Equations
단원 전체를 pdf 파일로 다운받아 이용할 수 있다.</td></tr>
</table>

MathXL®

MathXL®는 숙제를 내주고 개별지도 및 평가를 해주는 본 교재에 수반된 강력한 온라인 시스템이다. 강사는 교재와 관련하여 객관적 수준에서 알고리즘적으로 만들어진 연습문제들을 이용해서 온라인 숙제와 시험을 만들어내고 편집하고 할당할 수 있다. 학생들 작업은 온라인 gradebook에 저장된다. 학생들은 단원별로 테스트를 받을 수가 있고 그 결과에 따른 개인별 학습계획을 받을 수 있다. 학습계획은 부족한 부분을 진단해주고 각자가 공부하는데 필요한 개별적인 연습 문제들을 연결해준다. 학생들은 연습문제 중에서 선택하여 동영상을 볼 수가 있다. MathXL®는 등록된 사용자(qualified adopter)들이 이용할 수 있다. 더 많은 정보를 원하면 웹사이트 www.mathxl.com에 접속하거나 가까운 Prentice Hall의 전시판매 대리점에 연락하면 된다.

MyMathLab

MyMathLab은 여러분들의 교재를 위한 특별하고 맞춤형인 온라인 강좌이다. MyMathLab은 CourseCompass™- Pearson Education의 온라인 강의와 학습환경 그리고 숙제를 내주고 개별지도 및 평가를 해주는 온라인 시스템인 MathXL®로 이루어진다. MyMathLab은 학생들이 전산 실습실이나 또는 가정에서 공부할 때 강좌 중 일부 또는 전부를 전달하는데 필요한 도구를 제공한다.

MyMathLab은 풍부하고 융통성 있는 강좌자료들이 제공되는데, 이것은 수많은 연습을 위해 알고리즘적으로 만들어진 자유응답 연습문제들이 특징적이다. 학생들은 더 나은 학습성취를 위해 동영상과 멀티미디어 교재 같은 온라인 도구들을 이용할 수 있다. 강사는 교재와 관련된 온라인 연습문제를 고르거나 부과하기 위해 MyMathLab의 숙제와 시험 관리자를 이용할 수 있고, 유연성을 보태는데 필요하다면 TextGen의 시험을 가져올 수 있다. 수학을 위해 특별히 고안된 gradebook이 학생들의 숙제와 시험결과를 자동적으로 제공하고, 마무리 단계를 어떻게 처리할지에 대해 강사의 지도안내가 제공된다. MyMathLab은 등록된 사용자만 이용이 가능하다. 더 많은 정보를 원하면 웹사이트 www.mathxl.com에 접속하거나 가까운 Prentice Hall의 전시판매 대리점에 연락하면 된다.

역자 서문

본 역서는 D. Varberg, E. J. Purcell, S. E. Rigdon의 'Calculus' 제9판을 완역한 책이다. 이 책은 정통 미적분학의 교재로서 오랫동안 호평받고 세계적으로 널리 쓰이고 있으며, 이번에 더욱 알맞은 구성과 내용을 갖추어 손색없는 교재로서 학생들에게 도움이 될 것을 확신하여 혼신의 힘을 다해 역서를 내 놓게 되었다.

미분적분학은 이공계분야 진입의 첫 단계이고 이 과목의 성공적인 공부는 자신의 전공에서의 성공과 직결된다. 본 역서가 이제 자신의 전공을 향해 힘차게 나아가는 대학 1학년 학생들에게 성공적인 출발이 되는 계기가 되기를 바란다.

본 역서는 대학 1학년 수학 교재로 매주 3시간 강의(또는 2시간 강의와 2시간 문제풀이)로 수업을 진행하여 두 학기에 걸쳐 다루기에 알맞은 분량으로 되어 있다. 이 책은 다음과 같이 교재로서 가장 적합한 특징을 갖추고 있다.

첫째, 미분적분학에서 기본이 되는 중요한 개념들을 상세하게 잘 설명해 놓아 모든 학생들이 쉽게 이해할 수 있도록 해 놓았다. 입시위주로 공부하여 공식이나 기계적인 문제풀이에 익숙한 학생들이 개념적인 부분에 소홀할 수 있는데, 이 책에서 상세히 설명하여 학생들이 개념과 의미를 이해하고 수학에 흥미를 가질 수 있도록 하고 있다.

둘째, 다양하고 많은 예제들을 통해서 학생들이 기본개념을 바탕으로 문제풀이에 접근할 수 있도록 하였다. 특히 우리 주위에서 흔히 접하게 되는 현상들을 많이 다루어 놓아서, 학생들이 더욱 친숙하고 자연스럽게 수학의 기법들을 익힐 수 있도록 배려하였다.

셋째, 풍부하고 많은 연습문제를 제공해 놓았으며, 물리학, 생물학, 전자공학, 경제학 등의 다양한 분야에서 생겨나는 문제들을 실어 학생들이 전공 공부에 대비할 수 있도록 배려해 놓았다.

본 교재에서 웹사이트를 통하여 제공하는 다양하고 충분한 자료들은 이 과목을 지도하고 공부하는데 많은 도움이 될 것으로 본다. 이를 적극 활용하면서 교재에 충실하면 이 교과 학습이 성취될 것으로 믿는다.

강의와 연구에 바쁘신 가운데 이 책의 번역에 정성을 쏟아 주신 여러 교수님들께 깊이 감사를 드리며, 여러 가지 어려운 여건 속에서 이 책을 출판해 주신 교우사 오판근 사장님과 편집부직원들께 깊이 감사를 드린다.

2009. 1.

역자 대표 씀

차　　례

제 3 장 미분의 응용 185

제 4 장 정적분 263

제 5 장 적분의 응용 331

제 6 장 초월함수 391

제 7 장 적분의 기법 461

제 8 장 부정형과 이상적분 505

제 9 장 무한급수 535

제10장 원뿔곡선과 극좌표 607

제11장 공간상의 기하와 벡터 665

제12장 이변수 또는 다변수함수의 도함수 741

제13장 중적분 811

제14장 벡터의 미적분학 875

부 록 927

연습문제 해답 A-1

찾아보기 I-1

CHAPTER

0 서 론

0.1 실수, 추정, 논리

미적분학은 실수체계와 그 성질에 바탕을 드고 있다. 그렇다면 실수체계는 무엇이고 그 성질이란 무엇일까? 이것을 알아보기 위해서, 먼저 좀 더 간단한 수체계에 대하여 살펴보도록 한다.

정수와 유리수 가장 간단한 수는 **자연수**(natural number)

$$1, 2, 3, 4, 5, 6, \ldots$$

이고, 이 자연수를 사용하여 책, 친구, 그리고 돈을 센다. 여기에 이들에 대응하는 음수와 영을 포함하면, **정수**(integer)

$$\ldots, -3, -2, -1, 0, 1, 2, 3, \ldots$$

를 얻는다.

그런데 길이, 무게, 전압 등을 측정하는데, 정수로는 적합하지 않다. 정수들은 그 수들 사이의 간격이 커서, 세밀한 값을 나타낼 수 없다. 그래서 정수의 몫(비)을 써서 다음과 같은 수들을 생각하게 된다(그림 1).

$$\frac{3}{4}, \frac{-7}{8}, \frac{21}{5}, \frac{19}{-2}, \frac{16}{2}, \frac{-17}{1}$$

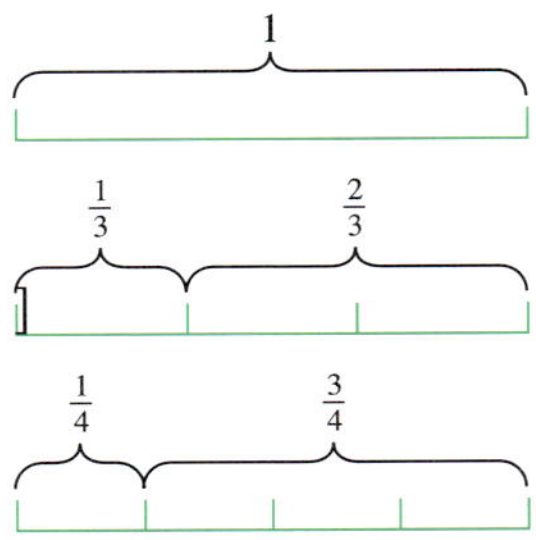

그림 1

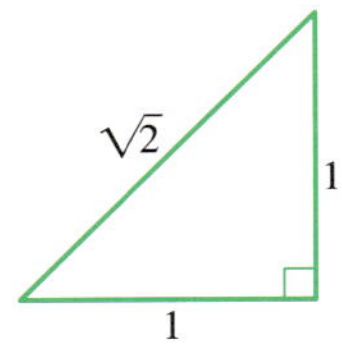

그림 2

여기서 $\frac{16}{2}$과 $\frac{-17}{1}$은 8과 -17을 정수의 몫으로 나타낸 것이기 때문에 포함시켰지만, $\frac{5}{0}$나 $\frac{-9}{0}$는 의미가 없기 때문에 포함시키지 않았다(연습문제 30 참조). 어떤 수든 0으로는 나누어질 수 없음을 꼭 기억하여야 한다. 일반적으로 정수 m, $n(n\neq 0)$에 대하여 $\frac{m}{n}$의 형태로 나타낸 수를 **유리수**(rational number)라고 한다.

유리수로 모든 길이를 잴 수 있을까? 그것은 불가능하다. 이 놀라운 사실을 기원전 5세기경에 고대 그리스 수학자들이 발견하였다. 두 변의 길이가 1인 직각삼각형의 빗변의 길이는 $\sqrt{2}$인데(그림 2), $\sqrt{2}$는 두 정수의 몫이 아님을 그들이 증명하였다(연습문제 77 참조). 따라서 $\sqrt{2}$는 유리수가 아니고 **무리수**(irrational number)이다. 그리고 $\sqrt{3}$, $\sqrt{5}$, $\sqrt[3]{7}$, π를 비롯한 많은 수들이 무리수이다.

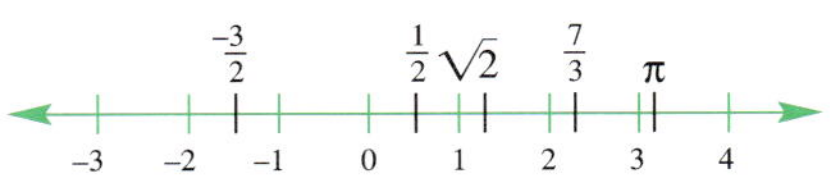

그림 3

실수 길이를 재는 데 쓰는 모든 수(유리수와 무리수)들과, 그 수들에 대응하는 음수와 0을 생각하고, 이러한 수들을 **실수**(real number)라고 부른다.

실수들을 수평직선 위의 점으로 나타낼 수 있다. 여기서 0을 나타내는 점을 잡고 **원점**(origin)이라 하면, 실수들은 그 점에서부터 오른쪽 또는 왼쪽으로 **거리**(**유향거리**, directed distance)를 나타낸다(그림 3). 그들을 모두 보일 수는 없지만, 모든 점은 자신만의 유일한 실수로 나타내어진다. 이 수를 그 점의 **좌표**(coordinate)라고 부른다. 이와 같이 좌표가 주어진 직선을 **수직선**이라고 부른다. 그림 4는 지금까지 알아본 수의 집합들 간의 관계를 보여주고 있다.

실수 체계를 더욱 확장하여 **복소수**(complex number)를 만들 수 있다. 복소수는 $a+bi$(a, b는 실수, $i=\sqrt{-1}$)형태의 수들이다. 이 책에서 복소수는 거의 사용하지 않는다. 따라서 별도의 설명 없이 수라고 말하면, 그것은 실수를 뜻하는 것으로 한다. 실수는 비유적으로 미적분학의 주연 배우라고 할 수 있다.

순환소수와 순환하지 않는 소수 모든 유리수는 두 정수의 몫으로 나타내어지므로, 분자를 분모로 나누어 소수로 나타낼 수 있다(그림 5). 예를 들어

$$\frac{1}{2}=0.5 \qquad \frac{3}{8}=0.375 \qquad \frac{3}{7}=0.428571428571428571\cdots$$

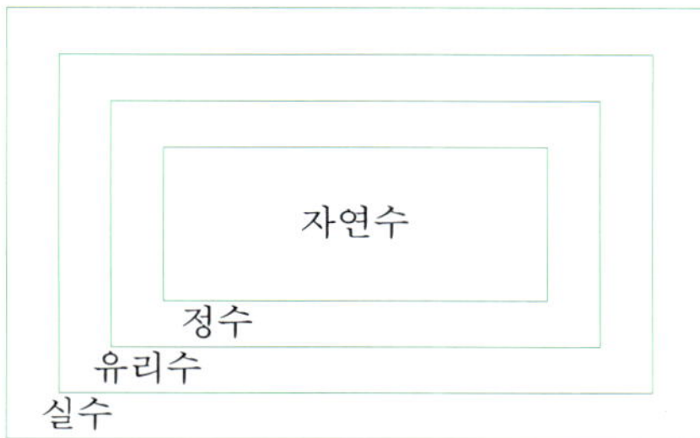

그림 4

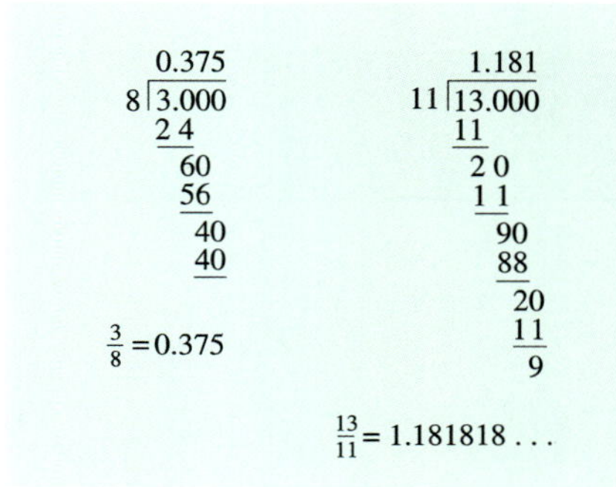

그림 5

또한, 무리수도 소수로 나타낼 수 있다. 예를 들어

$$\sqrt{2} = 1.4142135623\cdots, \quad \pi = 3.1415926535\cdots$$

유리수를 소수로 나타내면 끝이 있거나$\left(\text{예: } \frac{3}{8} = 0.375\right)$ 또는 주기적으로 끝없이 되풀이 된다$\left(\text{예: } \frac{13}{11} = 1.181818\cdots\right)$. 실제로 나눗셈을 몇 번 해 보면 그 이유를 알게 된다(서로 다른 마디가 유한개임을 주목한다). 유한소수인 유리수는 0이 계속 되풀이 되는 소수라고 생각할 수 있다. 예를 들어

$$\frac{3}{8} = 0.375 = 0.3750000\cdots$$

그러므로 모든 유리수는 순환소수로 나타낼 수 있다. 바꿔 말하면, x가 유리수이면, x는 순환소수로 나타낼 수 있다. 놀랍게도, 그 역도 참이다. 즉, x가 순환소수이면, x는 유리수이다. 이것은 유한소수인 경우에는 명백하다$\left(\text{예를 들어, } 3.137 = \frac{3137}{1000}\right)$. 또 유한소수가 아닌 순환소수의 경우에도 쉽게 보일 수 있다.

예제 1 (순환소수는 유리수이다.) 순환소수

$$x = 0.136136136\cdots$$

가 유리수임을 보여라.

풀이 $1000x$에서 x를 뺀 다음에, x에 대해서 풀면,

$$\begin{aligned} 1000x &= 136.136136\cdots \\ x &= 0.136136\cdots \\ \hline 999x &= 136 \end{aligned}$$

$$\therefore\ x = \frac{136}{999}$$

■

무리수를 소수로 표현하면 순환하지 않는다. 역으로, 순환하지 않는 소수는 무리수를 나타낸다. 예를 들어

$$0.101001000100001\cdots$$

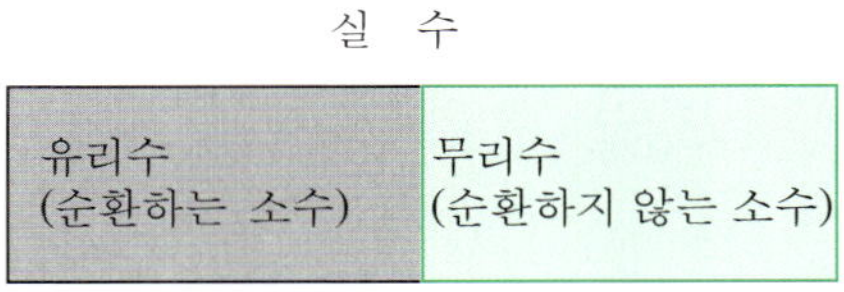

그림 6

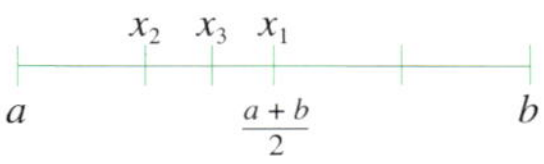

그림 7

그림 8

이 책의 많은 문제들에 다음과 같은 의미의 기호를 붙였다.

C 계산기를 사용하여라.

GC 그래프 계산기를 사용하여라.

CAS 컴퓨터 수학 소프트웨어를 사용하여라.

EXPL 책의 설명수준을 넘어 더욱 심오하게 생각해 보아야 한다.

은 무리수를 나타낸다(1과 1 사이에 0이 점점 더 많아짐). 지금까지 설명한 것을 요약하면 그림 6과 같다.

조밀성 서로 다른 두 실수 a, b가 있을 때, 이들이 아무리 가깝다 하더라도, 이들 사이에 또 다른 실수가 놓여 있다. 특히, 수 $x_1=(a+b)/2$는 a와 b의 중간에 있는 실수이다(그림 7). a와 x_1 사이에 또 다른 실수 x_2가 있고, x_1과 x_2 사이에 또 다른 실수 x_3가 있고, 이런 식으로 끝없이 되풀이할 수 있으므로, a와 b 사이에는 무수히 많은 실수가 놓여 있다. 따라서 "3의 바로 다음 수"는 존재하지 않는다.

더욱 흥미로운 사실이 있다. 서로 다른 두 실수 사이에는 유리수와 무리수가 놓여 있다. (연습문제 57에서, 서로 다른 두 실수 사이에 유리수가 놓여 있음을 보인다.) 위의 논리에 따라, 유리수와 무리수가 각각 무수히 많이 놓여 있다.

이러한 상황을 수학적으로, 수직선을 따라 유리수와 무리수가 **조밀하다**(dense, 촘촘하다)고 말한다. 모든 수는 얼마든지 가까운 곳에 유리수와 무리수를 이웃으로 두고 있다.

조밀한 성질 때문에, 모든 무리수는 원하는 만큼 얼마든지 가까운 유리수 근사값(실제로는, 유한소수)을 잡을 수 있다. 예를 들어, $\sqrt{2}$를 보자. 유리수의 수열 1, 1.4, 1.41, 1.414, 1.4142, 1.41421, 1.414213, ⋯은 $\sqrt{2}$를 향해서 꾸준하게 접근한다(그림 8). 이 수열을 따라서 충분히 멀리 가면, $\sqrt{2}$에 원하는 만큼 얼마든지 가까이 가게 된다.

계산기와 컴퓨터 오늘날 많은 계산기들은 계산, 그래프 그리기, 기호연산 등의 기능을 갖고 있다. 수십년 전 계산기는 $\sqrt{12.2}$, $1.25\sin 22^\circ$와 같은 수의 근사값을 계산하는 정도의 기능을 갖고 있었다. 1990년 초에는 계산기로 다항함수, 삼각함수, 지수함수, 로그함수의 그래프를 그릴 수 있게 되었다. 최근에는 $(x-3y)^{12}$을 전개하거나 $x^3-2x^2+x=0$의 해를 구하는 등의 기호연산을 계산기로 할 수 있다. 메스메티카(Methematica)나 메이플(Maple)과 같은 컴퓨터 수학 소프트웨어는 다른 계산기들보다 기호연산을 더 잘 수행한다.

다음은 계산기의 사용에서 유의할 점이다.

1. 컴퓨터나 계산기가 정확한 값을 줄 때와 근사값을 줄 때를 구분한다. 예를 들어 $\sin 60^\circ$의 값을 구할 때, 계산기는 $\sqrt{3}/2$와 같은 정확한 값을 줄 수도 있고, 0.8660254와 같은 근사값을 줄 수도 있다.
2. 대부분의 경우, 정확한 값이 더 좋다. 이것은 계산한 결과를 다음 계산에 사용하는 경우에는 더욱 그렇다. 예를 들어, $\sin 60^\circ$를 구한 값을 다시 제곱하는 경우에는 $(\sqrt{3}/2)^2=3/4$을 계산하는 것이 0.8660254^2을 계산하는 것보다 더 쉽고 더 정확한다.
3. 응용문제에서 가능한한 근사값보다 정확한 값을 구한다. 종종 풀이에 이르

는 수치적 근사방법을 살펴봄으로써 문제의 의미와 관련하여 구한 답이 타당한지 확인할 수 있다.

추정(Estimation) 복잡한 계산 문제가 주어졌을 때, 부주의한 학생은 그저 계산기의 단추를 꾹꾹 누른 다음에 답을 말하려고 한다. 그러나 괄호를 깜박 잊었거나 손가락이 약간 빗나가서 엉뚱한 답이 나올 수 있다. 수에 대해 조심스런 생각을 지닌 학생이라면, 같은 단추를 눌러 답을 구하더라도, 그 답이 너무 크거나 너무 작으면 틀렸음을 즉시 알아차리고, 올바르게 다시 계산할 것이다. 따라서 머릿속으로 추정하는 법을 아는 것이 필요하다.

예제 2 $(\sqrt{430}+72+\sqrt[3]{7.5})/2.75$을 계산하여라.

풀이 똑똑한 학생이라면 이 값이 대충 $(20+72+2)/3$ 정도 되니, 답이 30 근방이라고 추정할 것이다. 따라서 계산기의 답이 93.448로 나오면, 뭔가 잘못되었음을 감지할 것이다(사실은 $\sqrt{430}+72+\sqrt[3]{7.5}/2.75$을 계산한 것이다). 다시 제대로 계산하면 바른 답, 34.434를 구하게 된다. ■

예제 3 그림 9의 영역 R을 x축 둘레로 회전시킨다고 하자. 이때 생기는 고리 모양의 입체 S의 부피를 추정하여라.

풀이 영역 R의 길이는 대략 3, 높이는 대략 0.9 정도이다. 따라서 그 넓이는 약 $3(0.9)\approx 3$이다. 고리 모양의 입체 S를 잘라서 편편하게 펼친다고 생각한다. 그러면 길이가 약 $2\pi r\approx 2(3)(6)=36$인 상자가 된다. 이 상자의 부피는 단면적 곱하기 길이이다. 그러므로 이 상자의 부피는 약 $3(36)=108$ 정도 된다. 만약 구한 답이 1000이 나왔다면, 계산 과정을 다시 확인해 보아야 할 것이다. ■

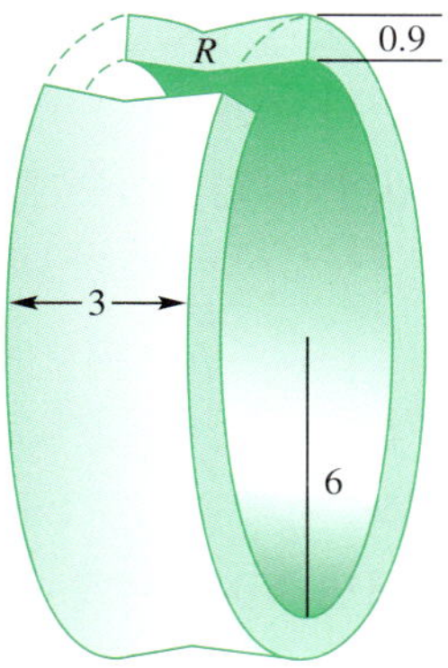

그림 9

≈ .

예제 3에서는 ≈을 "거의 같음"이라는 뜻으로 사용했다. 근사값을 구하는 경우에 이 기호를 사용한다. 좀 더 정확한 값을 계산할 때에는 오차범위를 모르는 상태에서는 이 기호를 사용하지 않도록 주의한다.

이 책의 많은 문제들에 다음의 기호를 붙여 놓았는데, 그 의미는 다음과 같다.

≈ 문제를 풀기 전에, 먼저 예측을 해 보아라. 그 다음에 답이 이 예측과 맞는지 비교해 보여라.

추정 과정은 일반 상식과 수에 대한 적당한 근사방법을 결합한 것이고, 특히 말로 설명한 문제에서 이와 같이 하기를 바란다. 정확한 답을 구하기 전에, 먼저 추정을 해본다. 그 추정에 가깝게 답이 나왔다고 해서 그 답이 맞다는 보장은 없지만, 추정과 동떨어진 답이 나왔다면 계산 과정을 확인해 보아야 한다. 답이 뭔가 잘못되었거나, 또는 추정에 실수가 있었을 것이다. 대충 추정할 때는 $\pi\approx 3$, $\sqrt{2}\approx 1.4$, $2^{10}\approx 1000$, 1피트≈10인치, 1마일≈5000피트라 놓고 계산한다.

본문에서 강조하는 점은 수에 대한 감각이다. 이것이 문제를 풀고 풀이가 주어진 문제에 타당한지 구분하는 힘이라고 본다. 수적 감각이 좋은 학생은 명백히 비합리적인 풀이를 보면 바로 인식하고 이를 고칠 것이다. 이 본문에서 푼 많은 예제에서, 정확한 답을 구하기 전에 답의 추정값을 구했다.

기초 논리 수학에서 중요한 결과는 **정리**(theorem)라고 부른다. 이 책에는 많은 정리들이 있다. 중요한 것들은 정리라고 명시하였으며, 대개 이름이 붙어 있다(예, 피타고라스의 정리). 그 나머지 것들은 문제에서 "~을 보여라" 또는 "~을 증명하여라"와 같이 나타내어 소개해 놓았다. 공리 또는 정의는 당연한 것으로 받아들이지만, 정리는 증명을 해야 한다.

많은 정리들이 "P이면 Q이다"라는 형태로 써 놓았거나, 또는 이 형태로 쓸 수 있다. "P이면 Q이다"라는 문장을 줄여서 $P \Rightarrow Q$로 흔히 쓰고 "P가 Q를 함의한다"라고 읽는다. 이때 P를 정리의 **가정**(hypothesis), Q를 **결론**(conclusion)이라고 한다. 정리의 증명은, P가 사실인 경우에는 항상 Q도 사실임을 보이는 것이다.

간혹 학생들은 $P \Rightarrow Q$를 그 **역**(converse)인 $Q \Rightarrow P$와 혼동하기도 하는데, 이 두 명제는 서로 동치가 아니다. "영석이가 대전 시민이면, 영석이는 한국인이다"는 참인 명제이지만, 그 역인 "영석이가 한국인이면, 영석이는 대전 시민이다"는 참이 아닐 수 있다.

명제 P의 **부정**(negation)은 $\sim P$로 나타낸다. 예를 들어 P가 "비가 온다"라는 명제이면, $\sim P$는 "비가 오지 않는다"라는 명제이다. 명제 $\sim Q \Rightarrow \sim P$는 명제 $P \Rightarrow Q$의 **대우**(contrapositive)라고 부르며, 명제 $P \Rightarrow Q$와 동치이다. "동치"라는 말은, $P \Rightarrow Q$와 $\sim Q \Rightarrow \sim P$가 둘 다 참이거나, 또는 둘 다 거짓이라는 뜻이다. 위에 나온 영석이의 예를 보면, "영석이가 대전 시민이면, 영석이는 한국인이다"라는 명제의 대우는 "영석이가 한국인이 아니면, 영석이는 대전 시민이 아니다"이다.

어떤 명제와 그 대우는 서로 동치이기 때문에, "P이면 Q이다"라는 명제를 증명하려 할 때, 그 대우인 "$\sim Q$이면 $\sim P$이다"를 증명해도 된다. 즉, $P \Rightarrow Q$를 증명하기 위해서, $\sim Q$라 가정하고 나서 $\sim P$를 이끌어내면 된다. 이제 간단한 예를 들어 본다.

예제 4 n^2이 짝수이면, n은 짝수이다.

증명 이 명제의 대우는 "n이 짝수가 아니면, n^2도 짝수가 아니다."이고, 이것은 "n이 홀수이면, n^2도 홀수이다."와 동치하다. 이제 이 대우를 증명한다.

n이 홀수이면, $n=2k+1$인 정수 k가 있고, 이때

$$n^2=(2k+1)^2=4k^2+4k+1=2(2k^2+2k)+1$$

이므로 n^2은 한 정수의 두 배보다 1만큼 더 크다. 따라서 n^2은 홀수이다. ■

> *귀류법*
>
> 모순을 이끌어내어 증명하는 방법을 reductio ad absurdum이라 부르기도 한다. 위대한 수학자 하디(G. H. Hardy)는 이 방법에 대해서 다음과 같이 말했다. "유클리드는 모순을 이끌어내어 증명하는 방법을 매우 애용하였는데, 이것은 수학자들이 지닌 강력한 무기이다. 이것은 체스의 어떠한 전략보다도 더욱 대담한 작전이다. 체스 선수는 졸이나 장수를 미끼로 내걸어 희생시키지만, 수학자들은 경기 자체를 내건다."

배중률에 의하면 R과 $\sim R$은 둘 중에 하나는 성립하지만 둘이 동시에 성립할 수는 없다. 어떤 정리를 증명하는데, 그 정리의 결론이 거짓이라고 가정한 다음, 거기서 계속 나아가 모순이 나오게 됨을 보이는 방법을 **귀류법**(proof by contradiction)이라고 부른다.

또 하나의 증명방법으로 수학적 귀납법이 있는데, 지금은 설명하는 데 무리가 있어 부록 A.1에서 엄밀하게 다루어 놓았다.

실직선에서의 순서

$x<y$라는 말은, 실직선에서 x가 y의 왼쪽에 있다는 뜻이다.

순서의 성질들

1. 삼분법. 실수 x와 y에 대하여 다음 중의 어느 하나만 성립한다.
   $x<y$, $x=y$, $x>y$
2. 추이성. $x<y$이고 $y<z \Rightarrow x<z$
3. 덧셈법칙. $x<y \Leftrightarrow x+z<y+z$
4. 곱셈법칙. z가 양수일 때,
   $x<y \Leftrightarrow xz<yz$
   z가 음수일 때, $x<y \Leftrightarrow xz>yz$

순서(order) 0이 아닌 실수들은 양의 실수와 음의 실수, 이렇게 두 개의 집합으로 나누어진다. 이 사실을 이용하여, 다음과 같이 도입되는 순서 관계 $<$ ("더 작다"라고 읽음)에 대하여 알아본다.

$$x<y \Leftrightarrow y-x\text{는 양수}$$

이때, $x<y$와 $y>x$는 같은 의미로 본다. 따라서 $3<4$, $4>3$, $-3<-2$, 그리고 $-2>-3$.

순서 관계 $\le$("작거나 같다"라고 읽음)는 $<$와 유사하다. 이것은 다음과 같은 의미로 정한다.

$$x\le y \Leftrightarrow y-x\text{는 양수 또는 0}$$

옆 네모상자에 있는 순서 성질 2, 3, 4는 기호 $<$와 $>$를 $\le$와 $\ge$로 바꾸어도 성립한다.

한정어(quantifier) 많은 수학적 서술문장들은 변수 x를 포함하고 있으며, 그 서술문장의 참, 거짓 여부가 x의 값에 따라 결정된다. 예를 들어 "$\sqrt{x}$는 유리수이다."라는 서술문장의 참과 거짓은 x의 값에 따라서 달라진다. 즉, $x=1$, 4, 9, $\frac{4}{9}$, $\frac{10{,}000}{49}$에 대해서는 참이지만, $x=2$, 3, 77, π와 같은 값들에 대해서는 거짓이다. 서술문장 중에 "$x^2\ge 0$"과 같은 서술문장는 모든 실수 x에 대해서 항상 참이지만, 서술문장 "x는 2보다 큰 짝수이고 동시에 소수(prime number)이다."는 항상 거짓이다. 일반적으로, x의 값에 따라 참, 거짓이 결정되는 서술문장을 기호 $P(x)$로 나타내고, 명제 $P(x)$라고 한다.

명제 $P(x)$가 모든 x의 값에 대해서 참이면, "모든 x에 대해, $P(x)$" 또는 "어떠한 x에 대하여도, $P(x)$"라고 말한다. 한편, $P(x)$가 참이 되는 x의 값이 한 개라도 있으면, "$P(x)$인 x가 존재한다."고 말한다. 이와 같이, "모든"과 "존재한다"는 두 개의 용어는 중요한 **한정어**이다.

예제 5 다음 명제들 중에 참인 것은?

(a) 모든 x에 대하여, $x^2>0$

(b) 모든 x에 대하여, $x<0 \Rightarrow x^2>0$

(c) 어떠한 x에 대하여도, $y>x$인 y가 존재한다.

(d) 모든 x에 대하여, $y>x$인 y가 존재한다.

풀이

(a) 거짓. $x=0$을 택하면, $x^2>0$은 참이 아니다.

(b) 참. x가 음수이면, x^2은 양수가 된다.

(c) 참. 이 명제는 두 개의 한정어 "모든"과 "존재한다"를 포함하고 있다. 명제를 정확하게 이해하려면, 이들을 올바른 순서로 적용해야 한다. 이 명제

는 "모든"으로 시작한다. 따라서 이 명제가 참이 되려면, 선택된 모든 x의 값에 대한 각각의 명제가 참이 되어야 한다.

이 전체 명제가 참인지가 분명하지 않을 때는 x의 값을 몇 개 선택하여, 참, 거짓을 확인해 본다. 예를 들어 $x=100$을 선택해 보자. 이때, x보다 더 큰 y가 존재하는가? 물론 존재한다. 101이면 된다. 그 다음으로 $x=1{,}000{,}000$을 택하면 이 x의 값보다 더 큰 y가 존재하는가? 이번에도 답은 "예"이다. 이 경우는 수 1,000,001이면 된다. 이제 자문해 본다: "x가 어떠한 실수이든, x보다 더 큰 y를 찾을 수 있는가?" 답은 "예"이다. y를 $x+1$이라고 놓으면 된다.

(d) 거짓. 이 명제는 다른 모든 실수보다 더 큰 실수가 존재함을 말하고 있다. 바꿔 말하면, 가장 큰 실수가 존재한다. 이것은 거짓이다. 귀류법을 써서 다음과 같이 증명할 수 있다. 가장 큰 실수 y가 존재한다고 하자. 이 때 $x=y+1$로 놓으면 $x>y$이고, 이것은 y가 가장 큰 실수라는 가정에 모순이다. ■

명제 P의 **부정**(negation)은 "P가 아니다"이다. ("P가 아니다"라는 명제가 참이라는 것은 명제 P가 거짓이라는 것이다.) "모든 x에 대해 $P(x)$"라는 명제의 부정을 생각해 보자. 명제의 부정이 참이라면 $P(x)$를 만족하지 못하는 x가 적어도 하나 존재한다. 즉, "$P(x)$가 아니다"인 x가 존재한다. 이제 명제 "$P(x)$인 x가 존재한다"의 부정을 생각해보자. 이 명제의 부정이 참이라면 $P(x)$를 만족하는 x가 하나도 없다. 이것은 어떤 x값에 대해서도 $P(x)$는 거짓이라는 것이다. 즉, "모든 x에 대해 $P(x)$가 아니다." 요약하면,

"모든 x에 대해 $P(x)$"의 부정은 "$P(x)$가 거짓인 x가 존재한다"

"$P(x)$인 x가 존재한다"의 부정은 "모든 x에 대해 $P(x)$가 아니다."

개념 복습

1. 두 정수의 비로 나타낼 수 있는 수들을 ______라고 부른다.

2. 임의의 두 실수 사이에는 다른 실수가 있다. 이를 실수는 ______하다라고 한다.

3. "P이면 Q이다"의 대우는 ______이다.

4. 공리와 정의는 당연한 것으로 받아들이지만, ______는 증명해야 한다.

연습문제 0.1

수들을 다루는 방법을 잘 알고 있어도, 좀 더 연습하는 것은 나쁘지 않다. 문제 1~16에서 가능한 한 간단히 하여라. 괄호를 풀고, 분수는 약분한다.

1. $4-2(8-11)+6$

2. $3[2-4(7-12)]$

3. $-4[5(-3+12-4)+2(13-7)]$

4. $5[-1(7+12-16)+4]+2$

5. $\frac{5}{7}-\frac{1}{13}$

6. $\frac{3}{4-7}+\frac{3}{21}-\frac{1}{6}$

7. $\frac{1}{3}\left[\frac{1}{2}\left(\frac{1}{4}-\frac{1}{3}\right)+\frac{1}{6}\right]$

8. $-\frac{1}{3}\left[\frac{2}{5}-\frac{1}{2}\left(\frac{1}{3}-\frac{1}{5}\right)\right]$

9. $\frac{14}{21}\left(\frac{2}{5-\frac{1}{3}}\right)^2$

10. $\left(\frac{2}{7}-5\right)\Big/\left(1-\frac{1}{7}\right)$

11. $\dfrac{\frac{11}{7}-\frac{12}{21}}{\frac{11}{7}+\frac{12}{21}}$

12. $\dfrac{\frac{1}{2}-\frac{3}{4}+\frac{7}{8}}{\frac{1}{2}+\frac{3}{4}-\frac{7}{8}}$

13. $1-\dfrac{1}{1+\frac{1}{2}}$

14. $2+\dfrac{3}{1+\frac{5}{2}}$

15. $(\sqrt{5}+\sqrt{3})(\sqrt{5}-\sqrt{3})$

16. $(\sqrt{5}-\sqrt{3})^2$

문제 17~28에서 주어진 식을 간단히 하여라.

17. $(3x-4)(x+1)$

18. $(2x-3)^2$

19. $(3x-9)(2x+1)$

20. $(4x-11)(3x-7)$

21. $(3t^2-t+1)^2$

22. $(2t+3)^3$

23. $\dfrac{x^2-4}{x-2}$

24. $\dfrac{x^2-x-6}{x-3}$

25. $\dfrac{t^2-4t-21}{t+3}$

26. $\dfrac{2x-2x^2}{x^3-2x^2+x}$

27. $\dfrac{12}{x^2+2x}+\dfrac{4}{x}+\dfrac{2}{x+2}$

28. $\dfrac{2}{6y-2}+\dfrac{y}{9y^2-1}$

29. 다음 각각의 값을 구하여라. 정의할 수 없는 것은 정의할 수 없다고 말하여라.

(a) $0 \cdot 0$ (b) $\frac{0}{0}$ (c) $\frac{0}{17}$

(d) $\frac{3}{0}$ (e) 0^5 (f) 17^0

30. 0으로 나누는 것은 의미가 없음을 다음과 같이 보여라. '$a \neq 0$이라고 가정하자. 이때 $a/0=b$이면, $a=0 \cdot b=0$이고, 이것은 모순이다.' 이제 0/0도 아무 의미가 없는 이유를 말해 보아라.

문제 31~36에서 나눗셈을 하여 주어진 유리수를 소수로 나타내어라.

31. $\frac{1}{12}$

32. $\frac{2}{7}$

33. $\frac{3}{21}$

34. $\frac{5}{17}$

35. $\frac{11}{3}$

36. $\frac{11}{13}$

문제 37~42에서 순환소수를 분수로 바꾸어라(예제 1 참조).

37. 0.123123123⋯

38. 0.217171717⋯

39. 2.56565656⋯

40. 3.929292⋯

41. 0.199999⋯

42. 0.399999⋯

43. 0.199999⋯=0.200000⋯이고 0.399999⋯=0.400000⋯이므로(문제 41, 42 참조), 두 가지 다른 소수 전개를 가지는 유리수가 있음을 알 수 있다. 이와 같은 성질을 가지는 유리수는 어떤 것들인가?

44. 분모 q의 소수인 약수가 2와 5로만 되어있는 유리수 p/q는 유한소수임을 보여라.

45. 0.00001보다 더 작은 양의 유리수와 양의 무리수를 찾아라.

46. 가장 작은 양의 정수는 무엇인가? 가장 작은 양의 유리수는? 가장 작은 양의 무리수는?

47. 3.14159와 π 사이에 있는 유리수를 찾아라. ($\pi=3.141592\cdots$임을 참고)

48. 0.9999⋯(9가 계속됨)와 1 사이에 놓여 있는 수가 있는가? 여기서 나온 결론과 임의의 서로 다른 두 수 사이에는 또 다른 실수가 놓여 있다는 사실이, 서로 모순이 되는 것은 아닌가?

49. 0.12345678910111213l4⋯은 유리수인가 아니면 무리수인가? (자세히 보고, 수들의 규칙을 파악하기 바란다.)

50. 더하면 유리수가 되는 두 개의 무리수를 찾아라.

≈ 문제 51~56에서 계산기를 써서 가능한 한 정확한 소수 근사값을 구하여라. 먼저 머릿속에서 추정을 해 보아라.

51. $(\sqrt{3}+1)^3$

52. $(\sqrt{2}-\sqrt{3})^4$

53. $\sqrt[4]{1.123}-\sqrt[3]{1.09}$

54. $(3.1415)^{-1/2}$

55. $\sqrt{8.9\pi^2+1}-3\pi$

56. $\sqrt[4]{(6\pi^2-2)\pi}$

57. 서로 다른 임의의 두 실수 사이에 유리수가 존재함을 보여라.

도움말: $a<b$이면, $b-a>0$이다. 이때 $1/n<b-a$가 되는 자연수 n이 존재한다. 이제 집합 $\{k \mid k/n>b\}$을 생각하고, 정수의 집합 중에 아래로 유계인 것은 최소값을 가짐을 이용한다.) 서로 다른 임의의 두 실수 사이에 무수히 많은 유리수가 존재함을 보여라.

≈ **58.** 자신의 머리의 부피를 대충 계산해 보면?

≈ **59.** 적도의 둘레는 몇 피트 정도 되는가? 단, 지구의 반지름은 4000 마일이라고 가정한다.

≈ **60.** 내가 만 20세가 될 때까지, 내 심장은 몇 번 정도 뛰는가?

≈ **61.** 캘리포니아에 있는 셔만(Sherman) 장군 나무는 키가

약 270 피트, 평균 지름이 약 16 피트이다. 이 나무를 잘라서 얻을 수 있는 목재의 부피는 몇 보드 피트가 되겠는가? (1 보드 피트는 1인치 ×12인치×12 인치) 나뭇가지는 무시하고, 몸통에서는 낭비되는 것이 없다고 가정한다.

≈ **62.** 셔만 장군 나무(문제 61)는 해마다 0.004 피트 두께의 나이테가 생긴다. 해마다 몸통의 부피는 얼마 정도 커지는가?

63. 다음 명제의 역과 대우를 말하여라.
(a) 오늘 비가 오면 나는 집에 있을 것이다.
(b) 지원자가 모든 자격을 갖췄다면 그는 채용될 것이다.

64. 다음 명제의 역과 대우를 말하여라.
(a) 기말고사에서 A학점을 받으면 이 과목은 합격할 것이다.
(b) 금요일까지 연구서를 완성하면 다음 주에는 쉴 것이다.

65. 다음 명제의 역과 대우를 말하여라.
(a) (a, b, c를 삼각형 세변의 길이라고 하자).
$a^2+b^2=c^2$이면 이 삼각형은 직각삼각형이다.
(b) $\angle ABC$가 예각이면 $\angle ABC$는 0°보다 크고 90°보다 작다.

66. 다음 명제의 역과 대우를 말하여라.
(a) $\angle ABC$가 45°이면 $\angle ABC$는 예각이다.
(b) $a<b$이면 $a^2<b^2$이다.

67. 연습문제 65의 명제의 역과 대우 중에서 참인 것은 어느 것인가?

68. 연습문제 66의 명제의 역과 대우 중에서 참인 것은 어느 것인가?

69. 명제에 포함된 한정어의 부정에 관한 법칙을 사용하여 다음 명제의 부정을 써라. 주어진 명제와 명제의 부정 중 어느 것이 참인가?
(a) 모든 이등변삼각형은 두 변이 같다.
(b) 정수가 아닌 실수가 존재한다.
(c) 모든 자연수는 그 수의 제곱보다 작거나 같다.

70. 명제에 포함된 한정어의 부정에 관한 법칙을 사용하여 다음 명제의 부정을 써라. 주어진 명제와 명제의 부정 중 어느 것이 참인가?
(a) 모든 자연수는 유리수이다.
(b) 면적이 9π보다 작은 원이 존재한다.
(c) 모든 실수는 그 수의 제곱보다 크다.

71. x, y가 실수일 때, 다음 중 참인 것은?
(a) 모든 x에 대해서, $x>0 \Rightarrow x^2>0$
(b) 모든 x에 대해서, $x>0 \Leftrightarrow x^2>0$
(c) 모든 x에 대해서, $x^2>x$
(d) 어떠한 x에 대해서도, $y>x^2$인 y가 존재한다.
(e) 모든 양수 y에 대해서, $0<x<y$인 또 다른 양수 x가 존재한다.

72. x, y, ε이 실수일 때, 다음 중 참인 것은?
(a) 모든 x, $x<x+1$
(b) 모든 소수보다 큰 자연수 N이 존재한다(소수란 약수가 1과 자기 자신뿐인 자연수이다).
(c) 모든 $x>0$에 대해 $y>\dfrac{1}{x}$인 y가 존재한다.
(d) 어떠한 양수 x에 대해서든, $\dfrac{1}{n}<x$을 만족하는 자연수 n이 존재한다.
(e) 어떠한 양수 ε(엡실론)에 대해서든, $2^{-n}<\varepsilon$을 만족하는 자연수 n이 존재한다.

73. 다음 각 명제를 증명하여라.
(a) n이 홀수이면, n^2도 홀수이다. (도움말: n이 홀수이면, 어떤 정수 k가 있어서, $n=2k+1$.)
(b) n^2이 홀수이면, n은 홀수이다. (도움말: 대우를 증명)

74. n이 홀수일 필요충분조건은 n^2이 홀수임을 증명하여라. (문제 73 참조)

75. **정수론의 기본정리**(Fundamental Theorem of Arithmetic)에 따르면, 1보다 큰 모든 자연수는 오직 순서를 무시하면 한 가지 방법으로 소수들의 곱으로 나타낼 수 있다. 예를 들어 $45=3\cdot3\cdot5$. 다음 각각을 소수들의 곱으로 나타내어라.
(a) 243 (b) 124 (c) 5100

76. 정수론의 기본정리(문제 75)를 사용하여, 1보다 큰 모든 자연수의 제곱은 소수인 약수들의 짝수개의 곱으로 나타낼 수 있음을 보여라. 예를 들어 $(45)^2=3\cdot3\cdot3\cdot3\cdot5\cdot5$.

77. $\sqrt{2}$는 무리수임을 보여라. 도움말: 귀류법 사용. $\sqrt{2}=p/q$(p, q는 1과 다른 자연수)라 하자. 그러면 $2=p^2/q^2$, 따라서 $2q^2=p^2$. 여기서 문제 76을 이용하여 모순임을 보인다.

78. $\sqrt{3}$은 무리수임을 보여라(문제 77 참조).

79. 두 유리수의 합은 유리수임을 보여라.

80. (0이 아닌) 유리수와 무리수의 곱은 무리수임을 보여라. 도움말: 귀류법 사용.

81. 다음에서 유리수와 무리수를 구분하여라.
(a) $-\sqrt{9}$ (b) 0.375

(c) $(3\sqrt{2})(5\sqrt{2})$ (d) $(1+\sqrt{3})^2$

82. S가 수의 집합일 때, S에 속하는 모든 x에 대해서 $x \le b$를 만족하는 수 b를 S의 **상계**(the upper bound)라고 부른다. 예를 들어 5, 6.5, 13은 모두 집합 $S=\{1, 2, 3, 4, 5\}$의 상계이다. 수 5는 s의 **최소상계**(ther least upper bound, 상계들 중에 가장 작은 것)이다. 마찬가지로 1.6, 2, 2.5는 모두 무한집합 $T=\{1.4, 1.49, 1.499, 1.4999, \cdots\}$의 상계이며, 1.5는 최소상계이다. 다음 각 집합의 최소상계를 구하여라.

(a) $S=\{-10, -8, -6, -4, -2\}$

(b) $S=\{-2, -2.1, -2.11, -2.111, -2.1111, \cdots\}$

(c) $S=\{2.4, 2.44, 2.444, 2.4444, \cdots\}$

(d) $S=\left\{1-\frac{1}{2}, 1-\frac{1}{3}, 1-\frac{1}{4}, 1-\frac{1}{5}, \cdots\right\}$

(e) $S=\{x \mid x=(-1)^n+1/n,\ n$은 양의 정수$\}$; 즉, S는 양의 정수 n에 대하여 $x=(-1)^n+1/n$ 형태를 가지는 모든 x의 집합이다.

(f) $S=\{x : x^2<2,\ x$는 유리수$\}$

EXPL **83.** **실수의 완비공리**(Axiom of Completeness) 상계를 가지는 실수의 집합은 모두, 실수인 최소상계를 가진다.

(a) 위의 명제에서 실수를 **유리수**로 바꿔 놓으면 거짓이 됨을 보여라.

(b) 위의 명제에서 실수를 **자연수**로 바꿔 놓으면 참이 되는지, 아니면 거짓이 되는지 알아 보아라.

참고: 체의 성질들, 순서 성질들, 완비공리를 모두 가지는 수 체계는 실수 ℝ밖에 없다.

개념 복습 해답: **1.** 유리수 **2.** 조밀
3. Q가 아니면 P도 아니다 **4.** 정리

0.2 부등식과 절대값

방정식(예를 들어 $3x-17x=6$ 또는 $x^2-x-6=0$)을 푸는 것은 전통적으로 수학이 하는 일이다. 이 미적분학 과정에서도 이것은 중요하며, 이에 대하여 이미 알고 있다고 생각한다. 미적분학 과정에서 그에 못지않게 중요한 것은 부등식(예를 들어 $3x-17x<6$ 또는 $x^2-x-6\ge 0$)을 푸는 일이다. 부등식을 **푼다**는 말은, 그 부등식이 참이 되게 하는 모든 실수의 집합을 구하는 것이다. 방정식은 그 해답이 한 개 또는 몇 개의 수들로 구성되지만, 그와 달리 부등식의 해는 한 구간이나 또는 여러 구간의 합으로 구성된다.

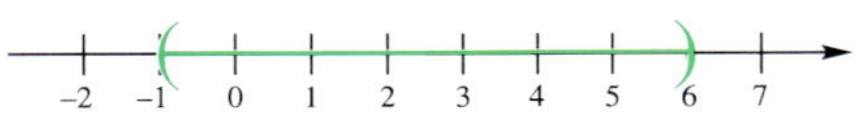

$(-1, 6)=\{x : -1<x<6\}$

그림 1

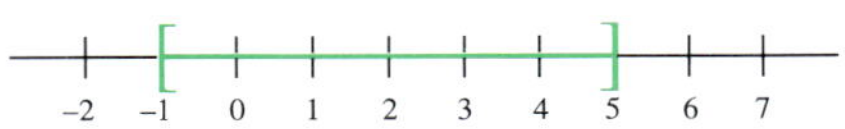

$[-1, 5]=\{x : -1\le x\le 5\}$

그림 2

구간 이 교재에서는 여러 종류의 구간들이 나오는데, 그것들을 나타내는 특별한 용어와 기호를 소개한다. a와 b 사이의 모든 수로 구성되지만 양 끝점 a와 b는 포함되지 않는 부등식 $a<x<b$(두 부등식 $a<x$, $x<b$를 뜻한다)를 기호 (a, b)로 나타내고 **개구간**(open interval)이라고 한다(그림 1). 이에 대하여 양 끝점 a와 b를 포함하는 부등식 $a\le x\le b$를 **폐구간**(closed interval)이라고 하고, 이것을 기호 $[a, b]$로 나타낸다(그림 2). 다음 표는 가능한 여러 가지 구간들과 그것들을 나타내는 기호를 소개한 것이다.

집합 기호	구간 기호	그 림
$\{x: a<x<b\}$	(a, b)	
$\{x: a\le x\le b\}$	$[a, b]$	
$\{x: a\le x<b\}$	$[a, b)$	
$\{x: a<x\le b\}$	$(a, b]$	

$\{x: x \leq b\}$	$(\infty, b]$	
$\{x: x < b\}$	(∞, b)	
$\{x: x \geq a\}$	$[a, \infty)$	
$\{x: x > a\}$	(a, ∞)	
$\mathbb{R}$	$(-\infty, \infty)$	

부등식의 풀이 방정식을 푸는 것과 마찬가지로, 부등식을 푸는 과정은 한 번에 한 단계씩 부등식의 모양을 해집합이 명백하도록 바꾸어가는 것이다.

해집합이 바뀌지 않도록 하면서, 부등식의 양변에 어떤 연산을 하면 된다. 특히 다음과 같이 할 수 있다.

1. 부등식의 양변에 같은 수를 더할 수 있다.
2. 부등식의 양변에 같은 양수를 곱해도 된다.
3. 부등식의 양변에 음수를 곱하면 부등호의 방향이 바뀐다.

예제 1 부등식 $2x-7<4x-2$를 풀고, 그 해집합을 그래프로 나타내어라.

풀이

$$\begin{aligned} 2x-7&<4x-2 \\ 2x&<4x+5 \quad (7\text{을 더함}) \\ -2x&<5 \quad (-4x\text{를 더함}) \\ x&>-\frac{5}{2} \quad \left(-\frac{1}{2}\text{을 곱함}\right) \end{aligned}$$

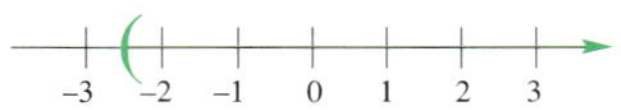

$\left(-\frac{5}{2}, \infty\right)=\left\{x: x>-\frac{5}{2}\right\}$

그림 3

해집합을 그래프로 나타내면 그림 3과 같다. ■

예제 2 부등식 $-5\leq 2x+6<4$를 풀어라.

풀이

$$\begin{aligned} -5&\leq 2x+6<4 \\ -11&\leq 2x<-2 \quad (-6\text{을 더함}) \\ -\frac{11}{2}&\leq x<-1 \quad \left(\frac{1}{2}\text{을 곱함}\right) \end{aligned}$$

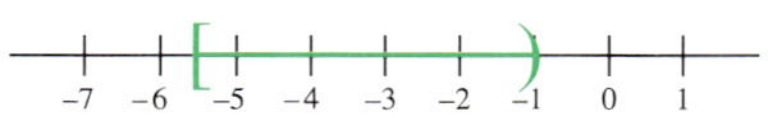

$\left[-\frac{11}{2}, -1\right)=\left\{x: -\frac{11}{2}\leq x<-1\right\}$

그림 4

그림 4는 이 구간을 나타낸다. ■

이차부등식을 다루기 전에 $x-a$ 형태의 일차 인수는 $x>a$일 때 양수이고, $x<a$일 때 음수임을 상기한다. 곱 $(x-a)(x-b)$가 양수에서 음수로 바뀌거나 또는 음수에서 양수로 바뀌는 것은 a 또는 b의 경계에서만 인수가 0이 되는 이런 점을 **분할점**(split point)이라고 부른다. 이차부등식이나 또는 더욱 복잡한 부등식의 해를 구하는 데 이들이 중요한 열쇠가 된다.

예제 3 이차부등식 $x^2-x<6$을 풀어라.

풀이 이차방정식을 풀 때와 마찬가지로, 0이 아닌 모든 항들을 한쪽으로 옮겨서, 인수분해를 한다.

$$x^2-x<6$$
$$x^2-x-6<0 \quad (-6\text{을 더함})$$
$$(x+2)(x-3)<0 \quad (\text{인수분해})$$

시험점	$(x-3)$의 부호	$(x+2)$의 부호	$(x-3)(x+2)$의 부호
-3	$-$	$-$	$+$
0	$-$	$+$	$-$
5	$+$	$+$	$+$

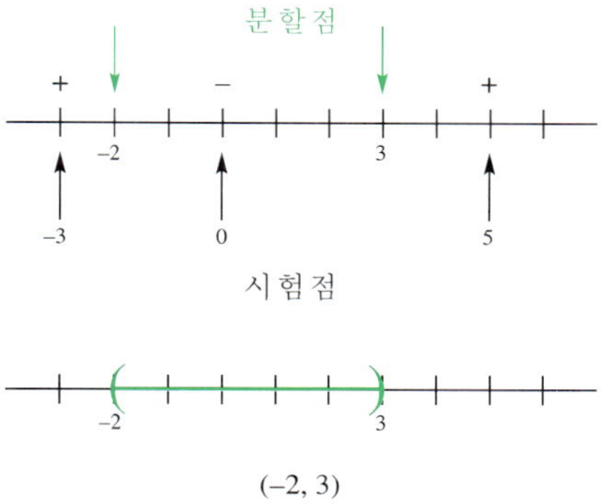

그림 5

-2와 3이 분할점임을 알 수 있다. 이들은 수직선을 세 개의 구간 $(-\infty, -2)$, $(-2, 3)$, $(3, \infty)$으로 나눈다. 이 각각의 구간에서, $(x-3)(x+2)$는 부호가 같다. 즉, 항상 양수이거나, 아니면 항상 음수이다. 각각의 구간에서 이 부호를 구하기 위해서, **시험점**(test point) -3, 0, 5를 사용한다(세 구간의 어떠한 점이든 상관이 없다). 그 결과는 왼쪽의 표와 같다.

지금까지 알아본 내용은 그림 5의 위쪽에 나타내었다. 따라서 부등식 $(x-3)(x+2)<0$의 해집합은 구간 $(-2, 3)$이라는 결론이 나온다. 그림 5의 아래쪽이 이것을 나타낸다. ■

예제 4 부등식 $3x^2-x-2>0$을 풀어라.

풀이

$$3x^2-x-2=(3x+2)(x-1)=3(x-1)\left(x+\frac{2}{3}\right)$$

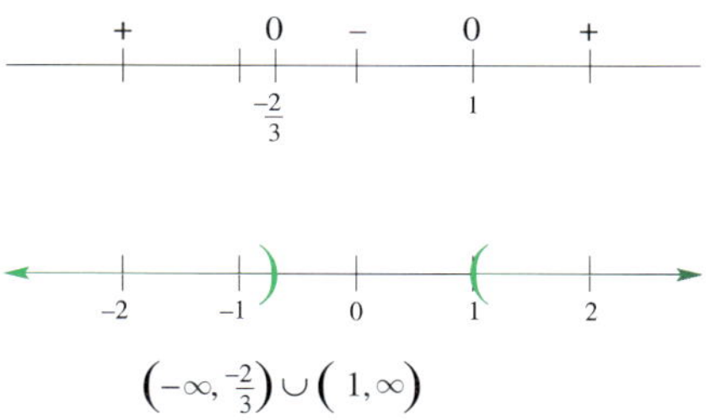

그림 6

이므로, 분할점은 $-\frac{2}{3}$와 1이다. 이 점들과 시험점 -2, 0, 2를 사용하면, 그림 6의 위쪽의 사실을 알 수 있다. 따라서, 이 부등식의 해집합은 $\left(-\infty, -\frac{2}{3}\right)$ 또는 $(1, \infty)$에 있는 점들의 집합이다.

집합론의 용어를 사용하면, 해집합은 이 두 구간의 **합**(union, 기호 ∪로 나타냄)이다. 즉, 해집합은 $\left(-\infty, -\frac{2}{3}\right)\cup(1, \infty)$. ■

예제 5 부등식 $\frac{x-1}{x+2}\geq 0$을 풀어라.

풀이 우선 양변에 $x+2$를 곱하고 싶은데, 그러자니 고민이 된다. $x+2$는 양수가 될 수도 있고, 음수가 될 수도 있기 때문이다. 부등식의 방향을 바꾸어야 하는가? 아니면 그대로 놔 두어야 하는가?

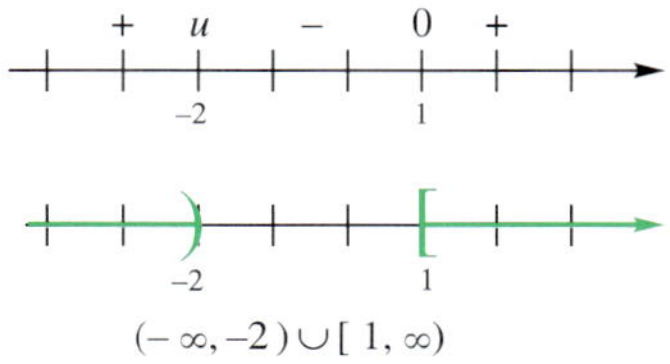

그림 7

문제를 이렇게 풀려 하지 말고(그러자면 두 경우로 나누어야 한다), 몫 $(x-1)/(x+2)$는 분자와 분모의 분할점인 1과 -2에서만 부호가 바뀔 수 있음을 주목한다. 시험점 -3, 0, 2를 잡으면, 그림 7의 위쪽의 사실을 알 수 있다. -2에 써 놓은 u는, 그 점에서 몫이 정의되지 않음을 뜻한다. 그러므로 해집합은 $(-\infty, -2)\cup[1, \infty)$이다. -2에서 몫이 정의되지 않기 때문에 -2는 해집합에 속하지 않음을 주의한다. 반면에 $x=1$일 때, 부등식이 성립하기

때문에 1은 해집합에 포함된다. ■

예제 6 부등식 $(x+1)(x-1)^2(x-3)\le 0$을 풀어라.

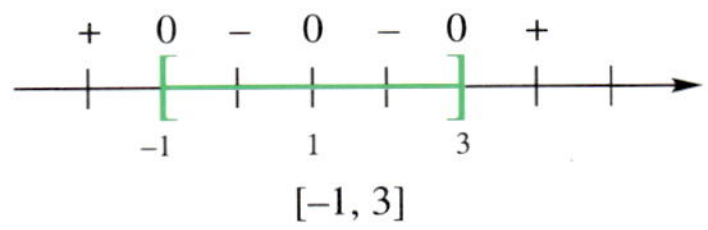

그림 8

풀이 분할점은 -1, 1, 3이며, 그림 8에서 보듯이, 이들은 수직선을 네 개의 구간으로 나눈다. 이 구간들에서 부호를 조사해 보면, 해집합은 $[-1,\ 1]\cup[1,\ 3]$임을 알 수 있으며, 이것은 구간 $[-1,\ 3]$이다. ■

예제 7 부등식 $2.9<\dfrac{1}{x}<3.1$을 풀어라.

풀이 x를 곱하고 싶은 충동이 생기는데, 그러자면 x가 양수인지 아니면 음수인지 생각을 해야 한다. 그런데 이 경우는 $\dfrac{1}{x}$이 2.9와 3.1 사이에 놓여 있으므로, x가 양수임이 확실하다. 그러므로 x를 곱하고, 부등호의 방향은 그대로 놓아 둔다. 그러면

$$2.9x<1<3.1x$$

이제, 이중으로 된 부등식을 두 개의 부등식으로 나누어, 각각을 따로따로 풀어야 한다.

$$2.9x<1 \qquad \text{그리고} \qquad 1<3.1x$$

$$x<\frac{1}{2.9} \quad \text{그리고} \quad \frac{1}{3.1}<x$$

원래 부등식을 만족하는 모든 x는 이 두 부등식을 만족해야 하므로, 해집합은 부등식

$$\frac{1}{3.1}<x<\frac{1}{2.9}$$

을 만족하는 모든 x들의 집합이다. 이 부등식은 다음과 같이 쓸 수 있다.

$$\frac{10}{31}<x<\frac{10}{29}$$

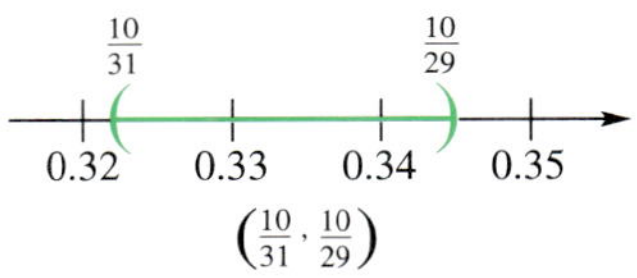

그림 9

구간 $\left(\dfrac{10}{31},\ \dfrac{10}{29}\right)$을 그림 9에 나타내었다. ■

절댓값 미적분학에서 절댓값의 개념은 매우 중요하므로, 그것에 익숙하여야 한다. 실수 x의 **절댓값**(absolute value)을 기호 $|x|$로 나타내며, 다음과 같이 정의한다.

$$\begin{array}{ll} |x|=x, & x\ge 0\text{인 경우} \\ |x|=-x, & x<0\text{인 경우} \end{array}$$

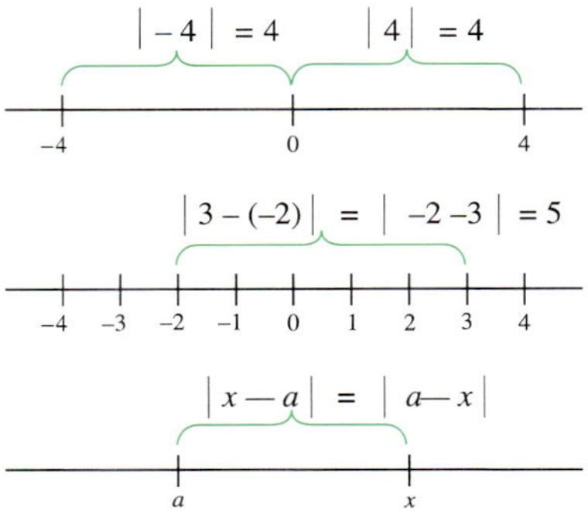

그림 10

예를 들어 $|6|=6$, $|0|=0$, $|-5|=-(-5)=5$.

이와 같이 두 가지 경우로 나누어 정의된 점에 유의하여야 한다. 우선 $|-x|=x$가 아님을 주목하기 바란다($x=-5$라 놓고, 왜 그런지 확인해 본

다). 그리고 $|x|$는 언제나 음수가 될 수 없고, 또 $|-x|=|x|$가 성립한다.

어떤 수의 절댓값을 이해하기에 가장 좋은 방법은, 방향이 없는 거리로 보는 것이다. 즉, $|x|$는 x와 원점 사이의 거리이다. 이와 비슷하게, $|x-a|$는 x와 a 사이의 거리이다(그림 10).

성질 절댓값은 곱셈과 나눗셈에 대해서는 알기 쉽게 계산된다. 그러나 덧셈과 뺄셈에 대해서는 그렇지 않다.

절댓값의 성질

1. $|ab|=|a||b|$
2. $\left|\dfrac{a}{b}\right|=\dfrac{|a|}{|b|}$
3. $|a+b|\le|a|+|b|$ (삼각부등식)
4. $|a-b|\ge|a|-|b|$

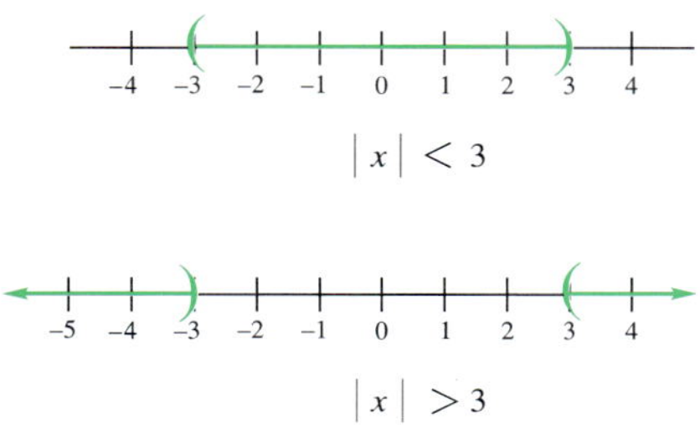

그림 11

절댓값을 포함한 부등식 $|x|<3$이면, x와 원점 사이의 거리는 3보다 더 작다. 바꿔 말하면, x는 3보다 작고, 동시에 -3보다 커야 한다; 즉, $-3<x<3$. 반면에 $|x|>3$이면, x와 원점 사이의 거리는 3보다 커야 한다. 이것은 $x>3$이거나 또는 $x<-3$인 경우이다(그림 11). 일반적으로 $a>0$일때 다음이 성립한다.

(1) $$|x|<a \Leftrightarrow -a<x<a$$
$$|x|>a \Leftrightarrow x<-a \quad \text{또는} \quad x>a$$

이 사실을 이용하여 절댓값을 포함한 부등식을 절댓값 기호를 없애는 방법으로 풀 수 있다.

예제 8 부등식 $|x-4|<2$을 풀고, 그 해집합을 수직선에 나타내어라. 절댓값을 거리로 설명해 보아라.

풀이 앞쪽의 식 (1)에서 x 대신 $x-4$를 넣으면, 다음을 얻는다.

$$|x-4|<2 \Leftrightarrow -2<x-4<2$$

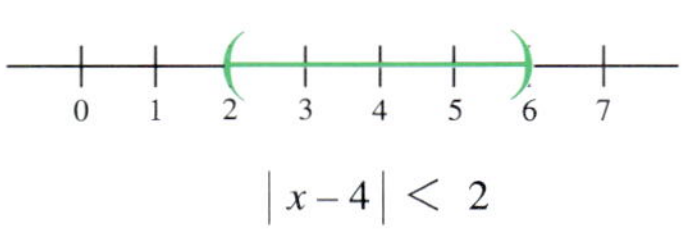

그림 12

이때 우측 부등식의 세 변에 모두 4를 더하면, 부등식 $2<x<6$을 얻는다. 이것을 그림 12에 나타내었다.

거리로 생각하면, 기호 $|x-4|$는 x와 4 사이의 거리를 나타낸다. 따라서 이 부등식은 x와 4 사이의 거리가 2보다 작음을 말하고 있다. 이러한 성질을 가지는 x는 2와 6 사이에 있는 수이다. 즉, $2<x<6$. ■

예제 8의 바로 앞에 기술한 성질에서 부등호 $<$와 $>$ 대신에 $\le$와 $\ge$를 각각 넣어도 성립한다. 다음 예제에서 이런 형태의 두 번째 성질을 이용한다.

예제 9 부등식 $|3x-5|\ge1$을 풀고, 그 해집합을 수직선에 나타내어라.

풀이 주어진 부등식을 다음과 같이 차례로 바꿀 수 있다.

$$3x-5\le -1 \quad \text{또는} \quad 3x-5\ge 1$$
$$3x\le 4 \quad \text{또는} \quad 3x\ge 6$$
$$x\le \frac{4}{3} \quad \text{또는} \quad x\ge 2$$

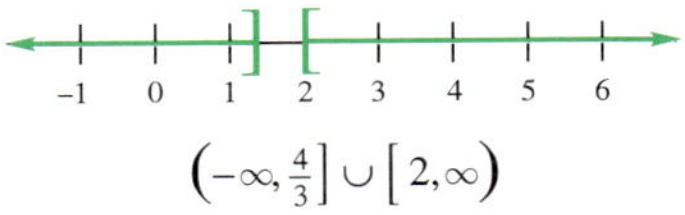

그림 13

해집합은 이 두 구간의 합이다. $\left(-\infty, \frac{4}{3}\right]\cup[2, \infty)$이고, 그림 13과 같다. ■

1장에서, 다음 두 예제에 제시해 놓은 것과 같은 방법을 쓰게 된다. 델타(δ)와 엡실론(ε)은 그리스 알파벳 네 번째, 다섯 번째 문자인데, 매우 작은 양수를 나타낼 때 이들을 사용하는 것이 관례이다.

예제 10 양수 ε(엡실론)에 대하여 다음을 보여라.

$$|x-2|<\frac{\varepsilon}{5} \Leftrightarrow |5x-10|<\varepsilon$$

이것을 거리 개념으로 말하면, x와 2 사이의 거리가 $\varepsilon/5$보다 작을 필요충분조건은 $5x$와 10 사이의 거리가 ε보다 작은 것임을 의미한다.

풀이

$$\begin{aligned}|x-2|<\frac{\varepsilon}{5} &\Leftrightarrow 5|x-2|<\varepsilon \quad (5\text{를 곱함})\\ &\Leftrightarrow |5||x-2|<\varepsilon \quad (|5|=5)\\ &\Leftrightarrow |5(x-2)|<\varepsilon \quad (|a||b|=|ab|)\\ &\Leftrightarrow |5x-10|<\varepsilon\end{aligned}$$

■

예제 11 양수 ε에 대하여 다음을 만족하는 양수 δ(델타)를 찾아라.

$$|x-3|<\delta \Rightarrow |6x-18|<\varepsilon$$

δ 찾기

예제 11의 풀이에서 다음 두 사실을 주목하기 바란다.

1. 우리가 구하는 δ의 값은 ε에 따라서 달라진다. 우리는 여기에서 $\delta=\varepsilon/6$을 택했다.
2. $\varepsilon/6$보다 작은 어떠한 양수이든 δ가 될 수 있다. 예를 들어 $\delta=\varepsilon/7$ 또는 $\delta=\varepsilon/(2\pi)$도 맞는 답이다.

풀이

$$\begin{aligned}|6x-18|<\varepsilon &\Leftrightarrow |6(x-3)|<\varepsilon\\ &\Leftrightarrow 6|x-3|<\varepsilon \quad (|ab|=|a||b|)\\ &\Leftrightarrow |x-3|<\frac{\varepsilon}{6} \quad \left(\frac{1}{6}\text{을 곱함}\right)\end{aligned}$$

따라서 $\delta=\varepsilon/6$으로 놓는다. 이제 함의 기호방향을 거꾸로 따라가면, 다음이 성립함을 알 수 있다.

$$|x-3|<\delta \Rightarrow |x-3|<\frac{\varepsilon}{6} \Rightarrow |6x-18|<\varepsilon$$

■

이런 방식의 추론이 필요한 실제 문제를 보도록 하자.

예제 12 $\frac{1}{2}\ell(500\text{cm}^3)$ 용량의 유리 비커가 있는데, 내부 지름은 4cm이다. 물

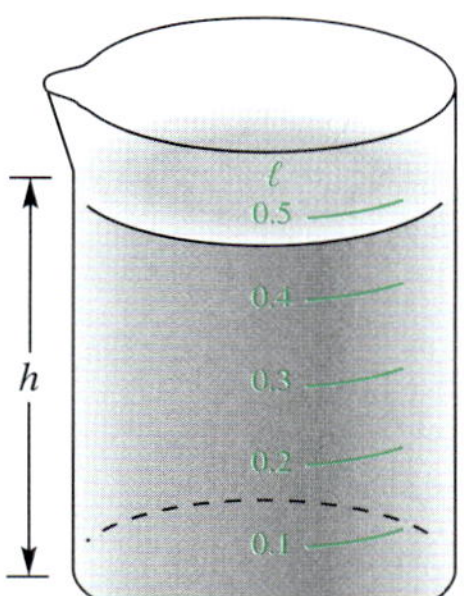

그림 14

의 양이 $\frac{1}{2}\ell$가 되도록 재고 싶은데, 오차가 1%보다 더 작도록 하려면, 즉, 오차가 5cm³보다 더 작도록 하려면, 유리 비커 속의 물의 높이 h를 얼마나 정확하게 재야 하는가? (그림 14 참조)

풀이 유리 비커 속의 물의 부피 V는 공식 $V=16\pi h$로 주어진다. 원하는 부등식은 $|V-500|<5$. 다시 말하면, $|16\pi h-500|<5$. 이제

$$\begin{aligned}|16\pi h-500|<5 &\Leftrightarrow \left|16\pi\left(h-\frac{500}{16\pi}\right)\right|<5\\ &\Leftrightarrow 16\pi\left|h-\frac{500}{16\pi}\right|<5\\ &\Leftrightarrow \left|h-\frac{500}{16\pi}\right|<\frac{5}{16\pi}\\ &\Leftrightarrow |h-9.947|<0.0947\approx 0.1\end{aligned}$$

따라서, 물의 높이를 0.1cm나 1mm 정도의 정확도로 재야 한다. ■

> *제곱근*
>
> 모든 양수는 두 개의 제곱근을 가진다. 예를 들어 9의 제곱근은 3과 -3이다. 이 두 수를 ± 3으로 나타내기도 한다. $a\geq 0$인 수 a에 대해서, 기호 $\sqrt{a}$를 a의 주제곱근(principal square root)이라 부르며, a의 제곱근 중에 음수가 아닌 것을 나타낸다. 따라서 $\sqrt{9}=3$이고 $\sqrt{121}=11$이다. 그러므로 $\sqrt{16}=\pm 4$라 쓰면 틀린다. 왜냐하면 $\sqrt{16}$은 16의 양수 제곱근 즉, 4를 뜻하기 때문이다. 7은 두 개의 제곱근을 가지며, 그것들을 $\pm\sqrt{7}$이라 쓸 수 있다. 그러나 $\sqrt{7}$은 하나의 실수를 나타낸다.
>
> 다음을 기억하여라.
>
> $$a^2=16$$
>
> 은 $a=-4$와 $a=4$라는 두 개의 해를 갖지만
>
> $$\sqrt{16}=4.$$

근의 공식 **근의 공식**(Quadratic Formula)을 복습한다. 이차방정식 $ax^2+bx+c=0$의 해는,

$$x=\frac{-b\pm\sqrt{b^2-4ac}}{2a}$$

여기서, $d=b^2-4ac$를 이차방정식의 **판별식**(discriminant)이라 부른다. 이때, $d>0$이면 방정식 $ax^2+bx+c=0$은 두 개의 실근을 가지고, $d=0$이면 한 개의 실근을 가지며, $d<0$이면 실근을 가지지 않는다.

근의 공식을 사용하면, 인수분해하기 어려운 이차부등식도 쉽게 풀 수 있다.

예제 13 부등식 $x^2-2x-4\leq 0$을 풀어라.

풀이 방정식 $x^2-2x-4=0$의 두 근은 다음과 같다.

$$x_1=\frac{-(-2)-\sqrt{4+16}}{2}=1-\sqrt{5}\approx -1.24$$

$$x_2=\frac{-(-2)+\sqrt{4+16}}{2}=1+\sqrt{5}\approx 3.24$$

따라서

$$x^2-2x-4=(x-x_1)(x-x_2)=(x-1+\sqrt{5})(x-1-\sqrt{5})$$

분할점 $1-\sqrt{5}$와 $1+\sqrt{5}$는 수직선을 세 개의 구간으로 나눈다(그림 15). 이들 구간에서 시험점 -2, 0, 4를 잡아서 조사해 보면, 부등식 $x^2-2x-4\leq 0$의 해집합은 $[1-\sqrt{5}, 1+\sqrt{5}]$임을 알 수 있다. ■

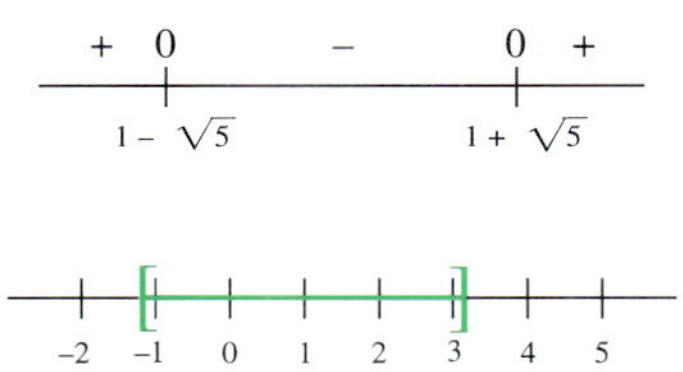

그림 15

루트

n이 짝수이고 $a \geq 0$이면, 기호 $\sqrt[n]{a}$는 a의 음수가 아닌 n제곱근을 나타낸다. n이 홀수이면, a의 실수인 n제곱근은 단 하나만 있으며, 이것을 기호 $\sqrt[n]{a}$로 나타낸다. 그러므로 $\sqrt[4]{16}=2$, $\sqrt[3]{27}=3$ 그리고 $\sqrt[3]{-8}=-2$.

제 곱 이제 제곱에 대해 다시 살펴보면, 다음이 성립함을 알 수 있다.

$$|x|^2=x^2, \quad |x|=\sqrt{x^2}$$

이것은 절댓값의 성질 $|a||b|=|ab|$로부터 나온다.

제곱을 할 때 부등호가 변하지 않을까? 일반적으로 그렇지 않다. 예를 들어 $-3<2$이지만, $(-3)^2>2^2$이다. 반면에 $2<3$이고 $2^2<3^2$이다. 0 또는 양수들만 다루는 경우에는, $a<b \Leftrightarrow a^2<b^2$. 이것의 유용한 경우로서, (연습문제 63 참조)

$$|x|<|y| \Leftrightarrow x^2<y^2$$

예제 14 부등식 $|3x+1|<2|x-6|$을 풀어라.

풀이 절댓값 기호가 두 개가 있기 때문에 앞의 예제들에 비해서 이것은 풀기가 더 어렵다. 위의 네모 속에 있는 성질을 이용하여, 절댓값 기호들을 없앨 수 있다.

$$\begin{aligned}|3x+1|<2|x-6| &\Leftrightarrow |3x+1|<|2x-12|\\ &\Leftrightarrow (3x+1)^2<(2x-12)^2\\ &\Leftrightarrow 9x^2+6x+1<4x^2-48x+144\\ &\Leftrightarrow 5x^2+54x-143<0\\ &\Leftrightarrow (x+13)(5x-11)<0\end{aligned}$$

이 이차부등식의 분할점들은 -13과 $\frac{11}{5}$이다. 이들은 수직선을 세 개의 구간 $(-\infty, -13)$, $\left(-13. \frac{11}{5}\right)$, $\left(\frac{11}{5}, \infty\right)$로 나눈다. 시험점 -14, 0, 3을 사용하면, 구간 $\left(-13, \frac{11}{5}\right)$의 점들만 이 부등식을 만족함을 알 수 있다. ■

개념 복습

1. 집합 $\{x: -1 \leq x < 5\}$을 구간 기호로서 나타내면 ____ 이고, 집합 $\{x: x \leq -2\}$을 구간 기호로 나타내면 ______이다.
2. $a/b<0$이면, $a<0$이고 ______이거나, 또는 $a>0$이고 ______이다.
3. 다음 중 항상 참인 것은?
   (a) $|-x|=x$ (b) $|x|^2=x^2$
   (c) $|xy|=|x||y|$ (d) $\sqrt{x^2}=x$
4. 부등식 $|x-2| \leq 3$은 다음과 동치이다.
   ______$\leq x \leq$______.

연습문제 0.2

1. 다음 각 구간을 수직선에 나타내어라.
   (a) $[-1, 1]$ (b) $(-4, 1]$ (c) $(-4, 1)$ (d) $[1, 4]$
   (e) $[-1, \infty)$ (f) $(-\infty, 0]$

2. 다음 각 구간을 문제 1의 기호를 써서 나타내어라.

(a) 

(b) 

(c) 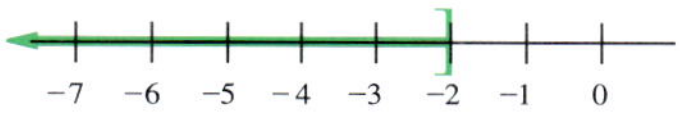

(d) 

문제 3~26에서 주어진 부등식의 해집합을 구간 기호로 나타내고, 수직선에 나타내어라.

3. $x-7<2x-5$

4. $3x-5<4x-6$

5. $7x-2\le 9x+3$

6. $5x-3>6x-4$

7. $-4<3x+2<5$

8. $-3<4x-9<11$

9. $-3<1-6x\le 4$

10. $4<5-3x<7$

11. $x^2+2x-12<0$

12. $x^2-5x-6>0$

13. $2x^2+5x-3>0$

14. $4x^2-5x-6<0$

15. $\dfrac{x+4}{x-3}\le 0$

16. $\dfrac{3x-2}{x-1}\ge 0$

17. $\dfrac{2}{x}<5$

18. $\dfrac{7}{4x}\le 7$

19. $\dfrac{1}{3x-2}\le 4$

20. $\dfrac{3}{x+5}>2$

21. $(x+2)(x-1)(x-3)>0$

22. $(2x+3)(3x-1)(x-2)<0$

23. $(2x-3)(x-1)^2(x-3)\ge 0$

24. $(2x-3)(x-1)^2(x-3)>0$

25. $x^3-5x^2-6x<0$

26. $x^3-x^2-x+1>0$

27. 다음이 참인지 거짓인지 구분하여라.

(a) $-3<-7$ (b) $-1<-17$ (c) $-3<-\dfrac{22}{7}$

28. 다음이 참인지 거짓인지 구분하여라.

(a) $-5<-\sqrt{26}$ (b) $\dfrac{6}{7}<\dfrac{34}{39}$ (c) $-\dfrac{5}{7}<-\dfrac{44}{59}$

29. $a>0$, $b>0$일 때 다음을 증명하여라.

도움말: $\Rightarrow$와 $\Leftarrow$을 따로 증명하여라.

(a) $a<b\Leftrightarrow a^2<b^2$ (b) $a<b\Leftrightarrow \dfrac{1}{a}>\dfrac{1}{b}$

30. $a\le b$일 때 다음 중 참인 것은?

(a) $a^2\le ab$ (b) $a-3\le b-3$

(c) $a^3\le a^2b$ (d) $-a\le -b$

31. 두 부등식을 동시에 만족하는 모든 x의 값을 구하여라.

(a) $3x+7>1$ 그리고 $2x+1<3$

(b) $3x+7>1$ 그리고 $2x+1>-4$

(c) $3x+7>1$ 그리고 $2x+1<-4$

32. 두 부등식 중에 적어도 하나를 만족하는 모든 x의 값을 구하여라.

(a) $2x-7>1$ 또는 $2x+1<3$

(b) $2x-7\le 1$ 또는 $2x+1<3$

(c) $2x-7\le 1$ 또는 $2x+1>3$

33. x에 대해서 풀고, 해집합을 구간 기호로 나타내어라.

(a) $(x+1)(x^2+2x-7)\ge x^2-1$

(b) $x^4-2x^2\ge 8$

(c) $(x^2+1)^2-7(x^2+1)+10<0$

34. 다음 부등식을 풀고 해집합을 구간 기호로 나타내어라.

(a) $1.99<\dfrac{1}{x}<2.01$ (b) $2.99<\dfrac{1}{x+2}<3.01$

문제 35~44에서 주어진 부등식의 해집합을 구하여라.

35. $|x-2|\ge 5$

36. $|x+2|<1$

37. $|4x+5|\le 10$

38. $|2x-1|>2$

39. $\left|\dfrac{2x}{7}-5\right|\ge 7$

40. $\left|\dfrac{x}{4}+1\right|<1$

41. $|5x-6|>1$

42. $|2x-7|>3$

43. $\left|\dfrac{1}{x}-3\right|>6$

44. $\left|2+\dfrac{5}{x}\right|>1$

문제 45~48에서 근의 공식을 이용하여 주어진 이차부등식을 풀어라.

45. $x^2-3x-4\ge 0$

46. $x^2-4x+4\le 0$

47. $3x^2+17x-6>0$

48. $14x^2+11x-15\le 0$

문제 49~52가 성립함을 보여라.

49. $|x-3|<0.5\Rightarrow|5x-15|<2.5$

50. $|x+2|<0.3\Rightarrow|4x+8|<1.2$

51. $|x-2|<\dfrac{\varepsilon}{6}\Rightarrow|6x-12|<\varepsilon$

52. $|x+4|<\dfrac{\varepsilon}{2}\Rightarrow|2x+8|<\varepsilon$

문제 53~56이 성립하도록 ε에 따라 결정되는 δ를 구하여라.

53. $|x-5|<\delta\Rightarrow|3x-15|<\varepsilon$

54. $|x-2|<\delta\Rightarrow|4x-8|<\varepsilon$

55. $|x+6|<\delta\Rightarrow|6x+36|<\varepsilon$

56. $|x+5|<\delta\Rightarrow|5x+25|<\varepsilon$

57. 공작기계를 이용하여 원판을 깎아 점점 작게 만들면서 지

름의 길이를 재어 둘레의 길이가 10인치인 얇은 원판을 만들려고 한다. 이때 둘레 길이의 오차를 0.02 인치 이내가 되도록 하려면, 지름을 얼마나 정확하게 재야 하는가(예제 5 참조)?

58. 화씨 온도 F와 섭씨 온도 C 사이에 $C=\frac{5}{9}(F-32)$ 관계가 있다. 어떤 실험을 하는 데, 용액의 온도를 오차 1.5°C 이내에서 50°C를 유지해야 한다. 그런데 화씨 온도계만 있다면, 오차가 얼마 이내여야 하는가?

문제 59~62에서 부등식을 풀어라.

59. $|x-1|<2|x-3|$ **60.** $|2x-1|\geq|x+1|$

61. $2|2x-3|<|x+10|$ **62.** $|3x-1|<2|x+6|$

63. 다음 각 단계마다 이유를 제시하여, $|x|<|y|\Leftrightarrow x^2<y^2$ 임을 증명하여라.

$$|x|<|y|\Rightarrow|x||x|\leq|x||y| \text{ 그리고 } |x||y|<|y||y|$$
$$\Rightarrow|x|^2<|y|^2$$
$$\Rightarrow x^2<y^2$$

역으로,

$$x^2<y^2\Rightarrow|x|^2<|y|^2$$
$$\Rightarrow|x|^2-|y|^2<0$$
$$\Rightarrow(|x|-|y|)(|x|+|y|)<0$$
$$\Rightarrow|x|-|y|<0$$
$$\Rightarrow|x|<|y|$$

64. 문제 63의 결과를 이용하여, 다음을 보여라.

$$0<a<b\Rightarrow\sqrt{a}<\sqrt{b}$$

65. 절댓값의 성질을 써서, 다음이 성립함을 보여라.

(a) $|a-b|\leq|a|+|b|$ (b) $|a-b|\geq|a|-|b|$

(c) $|a+b+c|\leq|a|+|b|+|c|$

66. 삼각부등식과 성질 $0<|a|<|b|\Rightarrow1/|b|<1/|a|$을 이용하여, 다음 부등식이 성립함을 보여라.

$$\left|\frac{1}{x^2+3}-\frac{1}{|x|+2}\right|\leq\frac{1}{x^2+3}+\frac{1}{|x|+2}\leq\frac{1}{3}+\frac{1}{2}$$

67. 다음이 성립함을 보여라(문제 66 참조).

$$\left|\frac{x-2}{x^2+9}\right|\leq\frac{|x|+2}{9}$$

68. 다음이 성립함을 보여라.

$$|x|\leq2\Rightarrow\left|\frac{x^2+2x+7}{x^2+1}\right|\leq15$$

69. 다음이 성립함을 보여라.

$$|x|\leq1\Rightarrow\left|x^4+\frac{1}{2}x^3+\frac{1}{4}x^2+\frac{1}{8}x+\frac{1}{16}\right|<2$$

70. 다음이 성립함을 보여라.

(a) $x<0$ 또는 $x>1$이면, $x<x^2$

(b) $0<x<1$이면, $x^2<x$

71. $a\neq0\Rightarrow a^2+1/a^2\geq2$이 성립함을 보여라.

도움말: $(a-1/a)^2$을 생각한다.

72. $\frac{1}{2}(a+b)$는 a와 b의 평균, 즉, **산술평균**(arithmetic mean)이다. 두 수의 산술평균은 두 수 사이에 있음을 보여라. 즉, 다음이 성립함을 보여라.

$$a<b\Rightarrow a<\frac{a+b}{2}<b$$

73. $\sqrt{ab}$는 두 양수 a와 b의 **기하평균**(geometric mean)이다. 다음이 성립함을 보여라.

$$0<a<b\Rightarrow a<\sqrt{ab}<b$$

74. 두 양수 a와 b에 대해서, 다음이 성립함을 보여라.

$$\sqrt{ab}\leq\frac{1}{2}(a+b)$$

이것은 **기하평균–산술평균의 부등식**이라고 부르는 유명한 부등식의 가장 간단한 형태이다.

75. 둘레의 길이가 p인 직사각형들 중에, 정사각형의 넓이가 최대임을 보여라.

도움말: 둘레의 길이가 p인 직사각형의 이웃한 두 변의 길이를 a, b라 하면, 그 넓이는 ab이고, 정사각형의 경우 그 넓이가 $a^2=[(a+b)/2]^2$. 여기에, 문제 74 참조.

76. 부등식 $1+x+x^2+x^3+\cdots+x^{99}\leq0$을 풀어라.

77. 공식

$$\frac{1}{R}=\frac{1}{R_1}+\frac{1}{R_2}+\frac{1}{R_3}$$

은 전기 회로에서 저항 R_1, R_2, R_3을 병렬연결했을 때의 전체 저항을 나타낸다. $10\leq R_1\leq20$, $20\leq R_2\leq30$, $30\leq R_3\leq40$일 때, R의 값의 범위를 구하여라.

78. 어떤 구(공)의 반지름을 재었더니, 약 10 인치였다. 구의 표면 넓이를 계산해서 오차가 0.01 제곱 인치 이내가 되도록 하려면, 반지름을 측정한 오차 δ가 얼마 이내여야 하는가?

개념 복습 해답: **1.** $[-1.\ 5)$, $(-\infty,\ 2]$ **2.** $b>0$, $b<0$ **3.** (b) 와 (c) 4. $-1\leq x\leq5$

0.3 직교좌표계

평면에서 두 개의 수직선을 긋되, 하나는 수평으로, 다른 하나는 수직으로 그어서, 이들이 0인 점에서 서로 만나도록 한다. 이 두 직선을 **좌표축**(coordinate axis)이라 부른다. 이들의 교점을 O로 나타내고, **원점**(origin)이라 부른다. 그리고 편의상 수평 직선을 x축이라 부르고, 수직 직선을 y축이라 부른다. x축의 양의 부분이 오른쪽이고, y축의 양의 부분은 위쪽이다. 두 좌표축은 평면을 네 개의 영역으로 나누며, 이것들을 **사분면**(quadrant)이라 부르고, 그림 1에서와 같이 I, II, III, IV로 나타낸다.

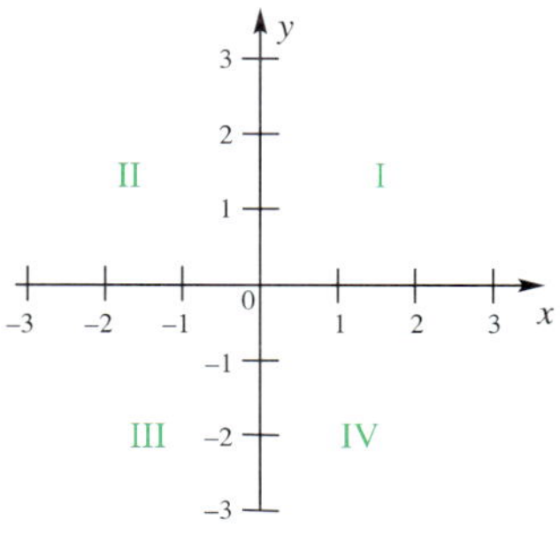

그림 1

이제 평면 위의 각 점 P에 한 쌍의 수들이 대응되는데, 이것을 그 점의 **직교 좌표**라 부른다. 점 P를 지나는 수직 직선과 수평 직선이 x축, y축과 각각 만나는 점이 a, b일 때, P의 좌표는 (a, b)이다(그림 2 참조). 수들의 순서에 따라서 달라지는 (a, b)를 수들의 **순서쌍**(ordered pair)이라 부른다. 처음 수 a는 **x좌표**이고, 두 번째 수 b는 **y좌표**이다.

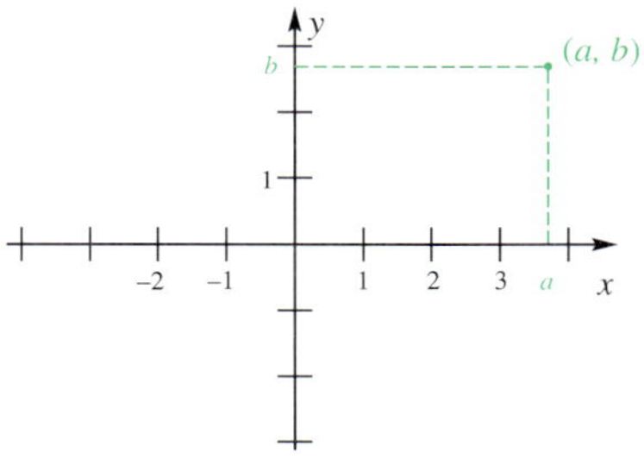

그림 2

거리 공식 좌표를 이용하여, 평면의 두 점 사이의 거리를 나타내는 간단한 공식을 소개한다. 이 공식은 **피타고라스의 정리**에 바탕을 두고 있다. 피타고라스의 정리란, 직각삼각형에서 직각을 낀 두 변의 길이가 a, b이고, 빗변의 길이가 c일 때, 다음이 성립한다는 것이다(그림 3).

$$a^2+b^2=c^2$$

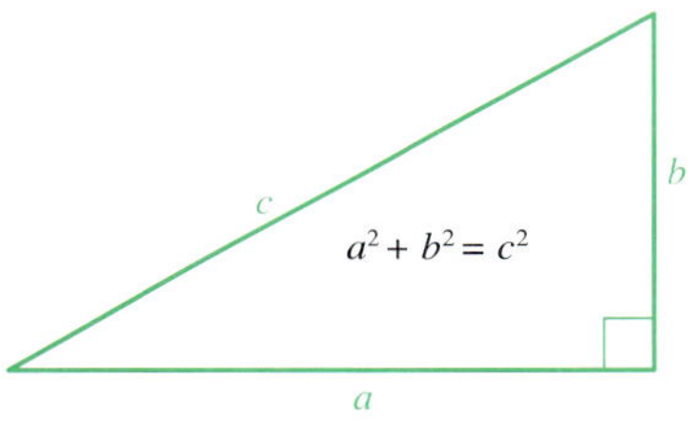

그림 3

역으로, 삼각형의 세 변이 이 공식을 만족하면, 그 삼각형은 직각삼각형이다.

이제 평면의 임의의 두 점 P와 Q를 생각하고, 이들의 좌표가 (x_1, y_1)과 (x_2, y_2)라고 하자. 좌표가 (x_2, y_1)인 점 R을 잡으면, P, Q, R은 직각삼각형의 꼭짓점이 된다(그림 4). 변 PR과 RQ의 길이는 각각 $|x_2-x_1|$과 $|y_2-y_1|$이다. 이제 피타고라스의 정리를 적용하고, 양변에서 양의 제곱근을 잡으면, 다음의 거리 공식을 얻는다.

$$d(P, Q)=\sqrt{(x_2-x_1)^2+(y_2-y_1)^2}$$

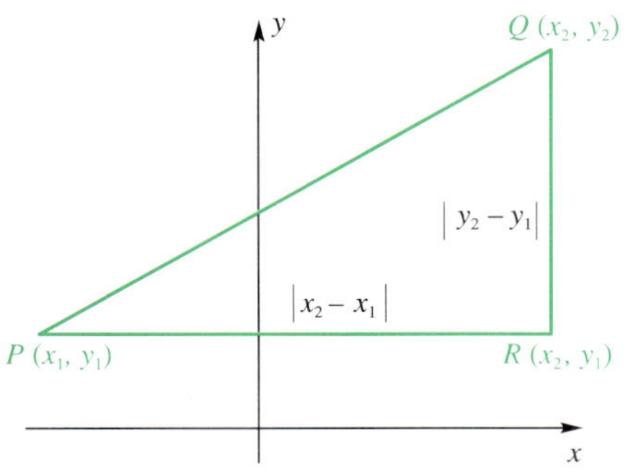

그림 4

이것을 **거리 공식**(distance formula)이라고 부른다.

예제 1 다음 두 점 사이의 거리를 구하여라.

(a) $P(-2, 3)$과 $Q(4, -1)$ (b) $P(\sqrt{2}, \sqrt{3})$과 $Q(\pi, \pi)$

풀이

(a) $d(P, Q)=\sqrt{(4-(-2))^2+(-1-3)^2}=\sqrt{36+16}=\sqrt{52}\approx 7.21$

(b) $d(P, Q)=\sqrt{(\pi-\sqrt{2})^2+(\pi-\sqrt{3})^2}\approx\sqrt{4.971}\approx 2.23$ ■

두 점이 같은 수평 직선이나 같은 수직선 위에 놓여 있는 경우도 이 공식이 성립한다. 이를테면, $P(-2, 2)$와 $Q(6, 2)$ 사이의 거리는

$$\sqrt{(-2-6)^2+(2-2)^2}=\sqrt{64}=8$$

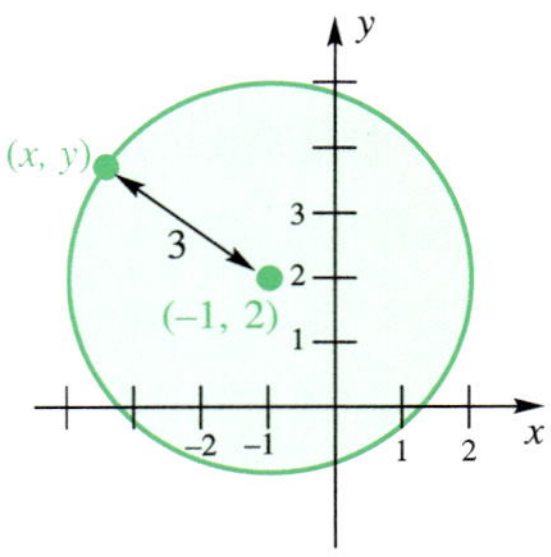

그림 5

원의 방정식 거리 공식을 조금만 응용하면 원의 방정식을 얻을 수 있다. **원**(circle)이란 어떤 고정된 점(**중심**)에서 일정한 거리(**반지름**)에 놓여 있는 점들의 집합이다. 예를 들어 중심이 $(-1, 2)$이고 반지름이 3인 원을 생각해 보자(그림 5). (x, y)를 이 원 위의 임의의 점이라고 하자. 거리 공식에서,

$$\sqrt{(x+1)^2+(y-2)^2}=3$$

양변을 제곱하면, 다음 방정식을 얻는다.

$$(x+1)^2+(y-2)^2=9$$

이것이 이 원의 방정식이다.

일반적으로, 반지름이 r이고 중심이 (h, k)인 원의 방정식은 다음과 같다.

$$(x-h)^2+(y-k)^2=r^2 \tag{1}$$

이것을 **원의 표준 방정식**(standard equation of a circle)이라고 부른다.

> *원 ↔ 방정식*
>
> 다음 식
>
> $$(x+1)^2+(y-2)^2=9$$
>
> 가 중점이 $(-1, 2)$이고 반지름이 3인 원의 방정식이라는 말은, 다음 두 가지를 의미한다.
>
> 1. 어떤 점이 이 원에 놓여 있으면, 그 점의 좌표 (x, y)는 이 방정식을 만족한다.
> 2. 만약 수 x와 y가 이 방정식을 만족하면, (x, y)는 이 원의 한 점의 좌표이다.

예제 2 반지름이 5이고 중심이 $(1, -5)$인 원의 표준 방정식을 구하여라. 그리고 x좌표가 2이고, 이 원에 놓여 있는 두 점의 y좌표를 구하여라.

풀이 구하는 방정식은

$$(x-1)^2+(y+5)^2=25$$

다음으로 요구하는 y좌표를 구하기 위해서, $x=2$로 놓고, 방정식을 y에 대해서 푼다.

$$\begin{aligned}(2-1)^2+(y+5)^2&=25\\(y+5)^2&=24\\y+5&=\pm\sqrt{24}\\y&=-5\pm\sqrt{24}=-5\pm2\sqrt{6}\end{aligned}$$

■

위의 방정식 (1)의 두 개의 제곱들을 전개하고, 상수들을 서로 더하면, 방정식은 다음과 같은 형태가 된다.

$$x^2+ax+y^2+by=c$$

그러면 이런 형태의 방정식이 모두 원을 나타내는가? 예외가 되는 분명한 경우를 제외하고 답은 항상 “예”이다.

예제 3 방정식

$$x^2-2x+y^2+6y=-6$$

은 원을 나타냄을 보이고, 그 중심과 반지름을 구하여라.

풀이 **완전제곱의 형태로 고친다.** 이 방법은 수학의 여러 분야에서 요긴하게 쓰인다. $x^2\pm bx$를 완전제곱을 만들려면, $(b/2)^2$을 더해야 한다. 그러므로 x^2-

$2x$에다 $(-2/2)^2=1$을 더하고, y^2+6y에다 $(6/2)^2=9$를 더한다. 물론 방정식의 오른쪽에도 이 수들을 더해 주어야 한다. 그러면

$$x^2-2x+1+y^2+6y+9=-6+1+9$$
$$(x-1)^2+(y+3)^2=4$$

맨 뒤의 방정식은 표준 형태이다. 이것은 중심이 $(1, -3)$이고 반지름이 2인 원의 방정식이다. 만약 이 과정을 거쳐서 오른쪽 변에 음수가 나오면, 그 방정식은 어떠한 곡선도 나타낼 수 없다. 단약 오른쪽 변이 0이 되었다면, 그 방정식은 한 점 $(1, -3)$을 나타낸다. ■

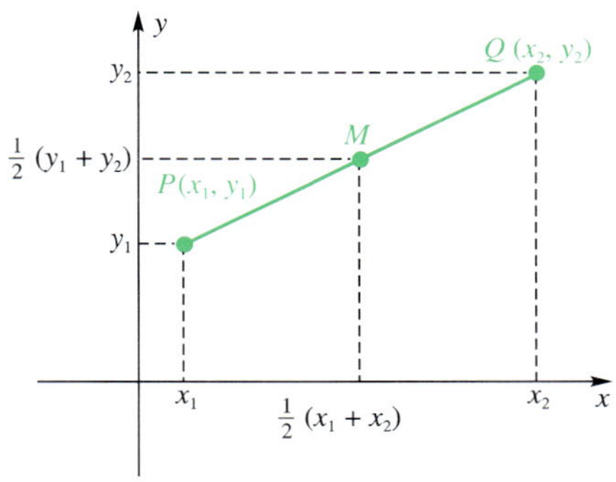

그림 6

중점 공식 그림 6에서와 같이 $x_1 \le x_2$이고 $y_1 \le y_2$인 두 점 $P(x_1, y_1)$과 $Q(x_2, y_2)$에 대하여 생각한다. x_1과 x_2 사이의 거리는 x_2-x_1이다. 이 거리의 절반인 $\frac{1}{2}(x_2-x_1)$을 x_1에다 더하면, x_1과 x_2의 한가운데 있는 수를 얻는다.

$$x_1+\frac{1}{2}(x_2-x_1)=x_1+\frac{1}{2}x_2-\frac{1}{2}x_1=\frac{1}{2}x_1+\frac{1}{2}x_2=\frac{x_1+x_2}{2}$$

그러므로 점 $(x_1+x_2)/2$는 x축에서 x_1과 x_2의 한가운데에 있으며, 따라서 선분 PQ의 중점 M의 x좌표는 $(x_1+x_2)/2$이다. 마찬가지로, M의 y좌표는 $(y_1+y_2)/2$임을 보일 수 있다. 그러므로 다음의 **중점 공식**(midpoint formula)을 얻는다.

> $P(x_1, y_1)$과 $Q(x_2, y_2)$를 잇는 선분의 중점은
> $$\left(\frac{x_1+x_2}{2}, \frac{y_1+y_2}{2}\right)$$

예제 4 (1, 3)과 (7, 11)을 잇는 선분을 지름으로 가지는 원의 방정식을 구하여라.

풀이 원의 중심은 그 지름의 중점이다. 따라서 중심의 x좌표의 성분은 $(1+7)/2=4$이고 y좌표는 $(3+11)/2=7$이다. 거리 공식을 써서 지름의 길이를 구하면,

$$\sqrt{(7-1)^2+(11-3)^2}=\sqrt{36+64}=10$$

이므로 이 원의 반지름은 5이다. 따라서 이 원의 방정식은 다음과 같다.

$$(x-4)^2+(y-7)^2=25$$

직선 그림 7의 직선에서 점 A에서 점 B까지 가는 동안, 2만큼 **올라가고**(수직 변화), 5만큼 **나아간다**(수평 변화). 이때, 이 직선의 기울기는 $\frac{2}{5}$라고 말한다. 일반적으로(그림 8), 점 $A(x_1, y_1)$과 $B(x_2, y_2)$를 지나는 직선에 대해서, $x_1 \ne x_2$일 때, 그 직선의 **기울기**(slope) m을 다음과 같이 정의한다.

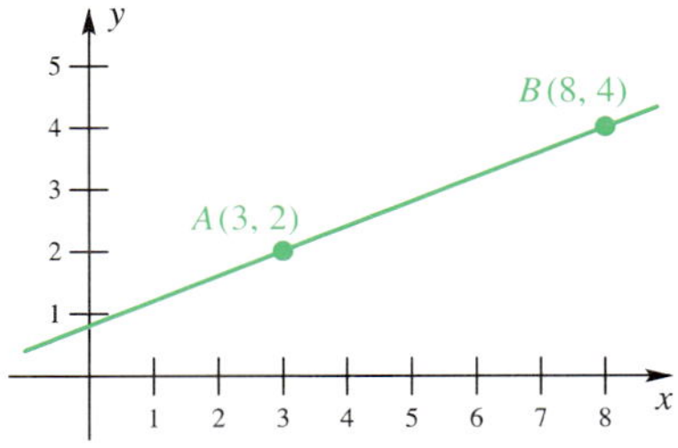

그림 7

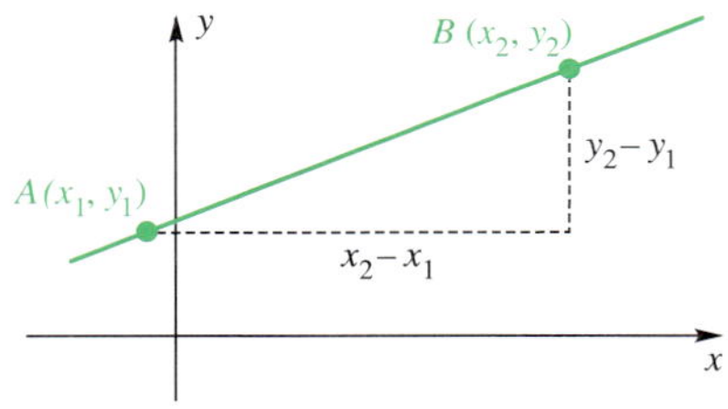

그림 8

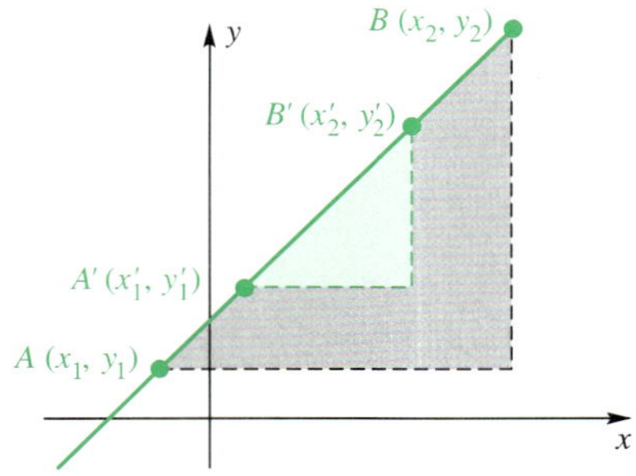

그림 9

$$m = \frac{\text{올라감}}{\text{나아감}} = \frac{y_2 - y_1}{x_2 - x_1}$$

기울기의 값은 두 점 A와 B를 잡는데 따라 달라질까? 그림 9에서 삼각형들은 닮은꼴이므로, 다음이 성립한다.

$$\frac{y_2' - y_1'}{x_2' - x_1'} = \frac{y_2 - y_1}{x_2 - x_1}$$

따라서 A'과 B'을 택해도 A와 B를 택한 경우와 같은 값이 된다. 더욱이

$$\frac{y_1 - y_2}{x_1 - x_2} = \frac{y_2 - y_1}{x_2 - x_1}$$

이므로, A가 B의 왼쪽에 있든, 오른쪽에 있든, 상관이 없다.
이와 같이 분자와 분모에서 좌표들을 같은 순서로 놓고 빼기만 하면 된다.

그림 10에서와 같이, 기울기 m은 그 직선이 얼마나 가파르냐 (경사가 급하냐) 하는 값이다. 수평 직선은 기울기가 0이고, 오른쪽으로 올라가는 직선은 기울기가 양수이고, 오른쪽으로 내려가는 직선은 기울기가 음수임을 주목한

경사도와 물매

도로의 기울기인 경사도(grade)를 나타내는 국제 표준 기호를 아래에 그려 놓았다. 경사도는 퍼센트 단위로 나타낸다. 경사도 10%는 기울기 ±0.10에 대응한다.

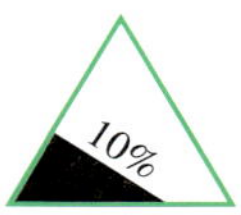

목수들은 물매(pitch)라는 용어를 사용한다. 물매 9:12는 기울기 $\frac{9}{12}$에 대응한다.

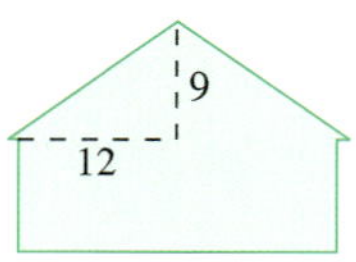

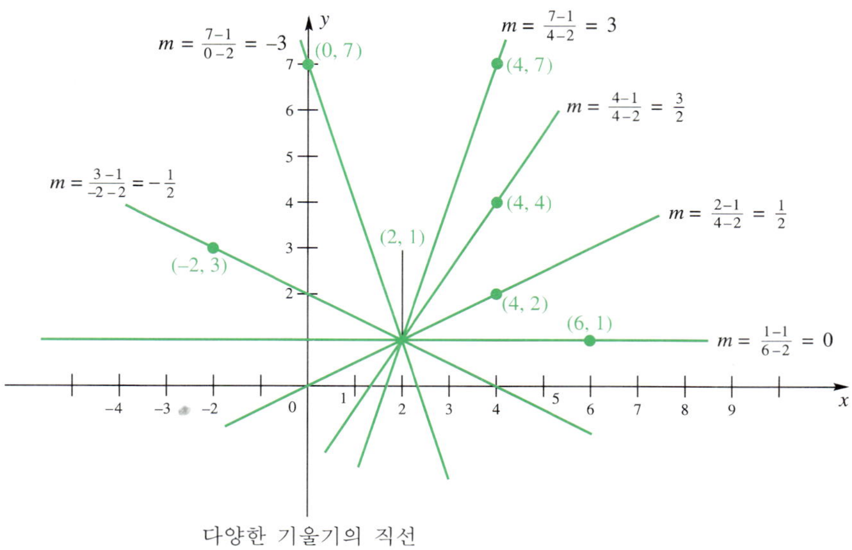

그림 10

다. 기울기의 절댓값이 크면 클수록, 그 직선은 더욱 가파르다. 수직 직선의 기울기는 의미를 가지지 않는다. 왜냐 하면 0으로 나누어야 하기 때문이다. 그러므로 수직 직선의 기울기는 정의하지 않는다.

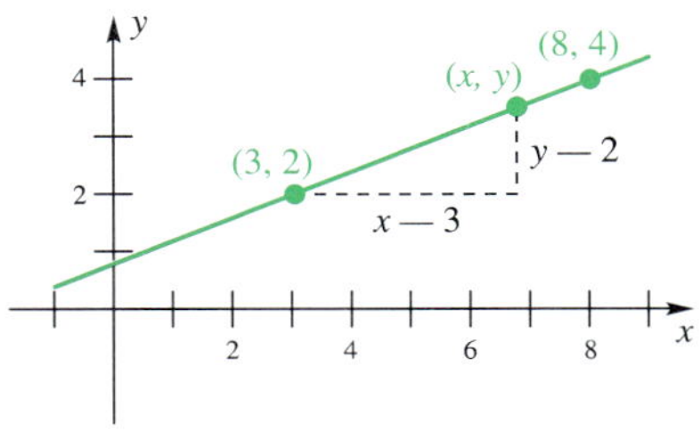

그림 11

점-기울기 형 그림 11에서와 같이 앞에서 다룬 직선을 다시 생각한다. 이 직선은

1. 점 (3, 2)를 지나고,
2. 기울기가 $\frac{2}{5}$

임을 알고 있다.

이 직선의 다른 임의의 점을 잡아서, 그 좌표를 (x, y)라 하자. 이 점과 점 (3, 2)를 써서 기울기를 구하여도, 기울기는 $\frac{2}{5}$가 되어야 한다. 즉,

$$\frac{y-2}{x-3}=\frac{2}{5}$$

이 식에다 $x-3$을 곱하면,

$$y-2=\frac{2}{5}(x-3)$$

이 마지막 방정식은 이 직선의 모든 점들이 만족하며 (3, 2)까지도 만족함을 주목하기 바란다. 더욱이 이 직선에 놓여 있지 않는 점은 이 방정식을 만족하지 않는다.

위의 예에서와 같이, 일반적으로 어떤 (고정된) 점 (x_1, y_1)을 지나고 기울기가 m인 직선의 방정식은

$$\boxed{y-y_1=m(x-x_1)}$$

이것을 **점-기울기** 형태인 직선의 방정식이라 부른다.

위 예의 직선을 다시 보면 이 직선은 점 (3, 2)를 지남은 물론, 점 (8, 4)도 지난다. 따라서 (8, 4)를 (x_1, y_1)로 사용하면, 다음 방정식을 얻는다.

$$y-4=\frac{2}{5}(x-8)$$

이 방정식은 원래 방정식

$$y-2=\frac{2}{5}(x-3)$$

과 전혀 달라 보인다. 그렇지만 둘 다 $5y-2x=4$로 고쳐진다. 그러므로 이들은 같은 방정식이다.

예제 5 두 점 $(-4, 2)$와 $(6, -1)$을 지나는 직선의 방정식을 구하여라.

풀이 기울기 $m=\frac{-1-2}{6+4}=-\frac{3}{10}$. 그러므로 $(-4, 2)$를 고정점으로 사용하면, 다음 방정식을 얻는다.

$$y-2=-\frac{3}{10}(x+4)$$

■

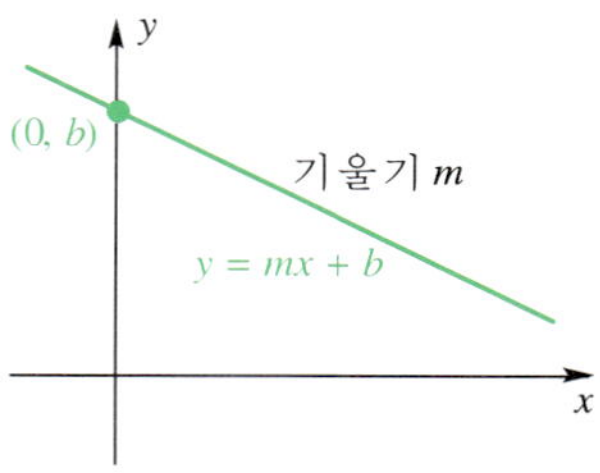

그림 12

기울기-절편 형 직선의 방정식은 여러 가지 형태로 나타낼 수 있다. 그림 12에서와 같이 직선의 기울기가 m이고, y절편이 b라고(즉, 이 직선은 y축과 점 $(0, b)$에서 만난다) 하자. 점 $(0, b)$를 (x_1, y_1)로 택하고, 점-기울기 형태의 방정식으로 고치면

$$y-b=m(x-0)$$

이것을 정리하면

$$\boxed{y=mx+b}$$

이 후자를 **기울기-절편** 형태의 방정식이라 부른다.

이 형태로 나타내어진 방정식은 직선이며, 그 기울기와 y절편이 얼마인지 바로 알아낼 수 있다. 예를 들어 다음 방정식을 보자.

$$3x-2y+4=0$$

이것을 y에 대해서 풀면,

$$y=\frac{3}{2}x+2$$

이것은 기울기가 $\frac{3}{2}$이고 y절편이 2인 직선의 방정식이다.

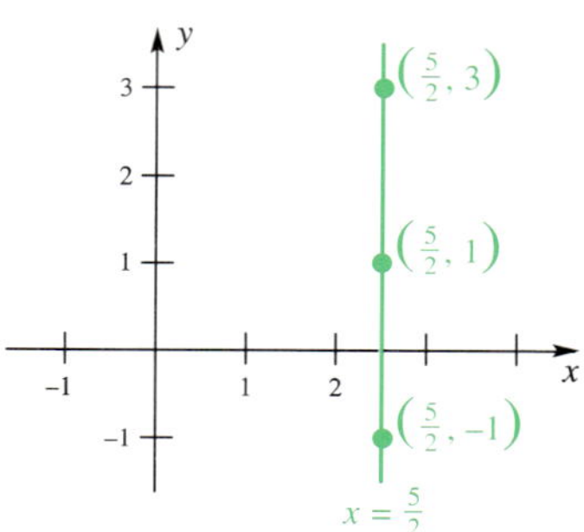

그림 13

수직직선의 방정식 수직직선은 기울기를 정의할 수 없기 때문에, 앞에서 설명한 형태에 맞지 않는다. 그렇지만 그들은 아주 간단한 방정식을 가진다. 그림 13의 직선의 방정식은 $x=\frac{5}{2}$이다. 왜냐 하면 어떤 점이 이 직선에 놓일 필요충분조건은 이 방정식을 만족하는 것이기 때문이다. 임의의 수직직선의 방정식은 $x=k$형태가 된다(단, k는 상수). 한편, 수평직선의 방정식은 $y=k$형태로 나타내어짐을 주목한다.

$Ax+By+C=0$ 형 수직직선을 포함해서, 모든 직선을 나타낼 수 있는 방정식 형태가 있으면 좋을 것이다. 예를 들어 다음 직선들을 생각해 보자.

$$y-2=-4(x+2)$$
$$y=5x-3$$
$$x=5$$

이것들은 (모든 항들을 왼쪽으로 옮겨서) 다음과 같이 나타낼 수 있다.

> *요약: 직선의 방정식*
>
> 수직 직선: $x=k$
>
> 수평 직선: $y=k$
>
> 점-기울기 형태:
>
> $$y-y_1=m(x-x_1)$$
>
> 기울기-절편 형태:
>
> $$y=mx+b$$
>
> 일반적인 선형방정식:
>
> $$Ax+By+C=0$$

$$4x+y+6=0$$
$$-5x+y+3=0$$
$$x+0y-5=0$$

이들은 모두 다음 형태이다.

$$\boxed{Ax+By+C=0, \quad A\text{와 } B\text{가 둘 다 0은 아님}}$$

이것을 **일반선형방정식**(general linear equation)이라 부른다. 조금만 생각해 보면, 어떠한 직선의 방정식이든 이 형태로 쓸 수 있음을 알 수 있다. 역으로, **일반적인 선형방정식**의 그래프는 항상 직선이다.

평행한 직선들 두 개의 직선이 서로 만나지 않으면, 그들은 서로 평행하다고 한다. 예를 들어 방정식이 $y=2x+3$과 $y=2x+5$인 두 직선은 서로 평행하다. 왜냐 하면 x의 값이 무엇이 되든, 둘째 직선은 첫째 직선에 비해서 2만큼 위에 놓여 있기 때문이다(그림 14 참조). 마찬가지로, 방정식이 $-2x+3y+12=0$과 $4x-6y=5$인 두 직선은 서로 평행하다. 이것을 확인하기 위해서, 이들을 각각 y에 대해서 풀어본다(즉, 기울기-절편 형태로 만든다). 그러면 각각 $y=\frac{2}{3}x-4$와 $y=\frac{2}{3}x-\frac{5}{6}$가 된다. 그런데 이들은 기울기가 같으므로, 한 직선이 다른 직선의 위 또는 아래에, 어떤 고정된 수만큼 떨어져 놓여 있으며, 따라서 이들은 절대로 만날 수 없다. 만약 두 직선이 기울기가 같고 또한 y절편이 같으면, 두 직선은 사실 같은 직선이며, 서로 평행하지 않다.

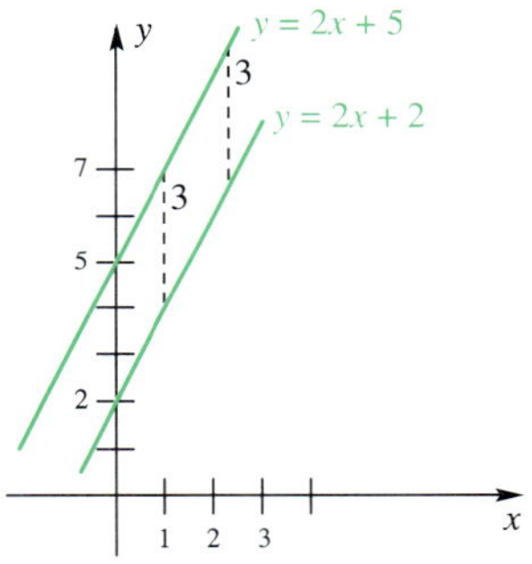

그림 14

요약해서 말하면, x축에 수직이 아닌 두 직선이 서로 평행할 필요충분조건은 기울기가 같고 y절편이 다른 것이다. x축에 수직인 두 직선이 서로 평행할 필요충분조건은 이들이 서로 다른 직선인 것이다.

예제 6 점(6, 8)을 지나고 직선 $3x-5y=11$과 평행한 직선의 방정식을 구하여라.

풀이 방정식 $3x-5y=11$을 y에 대해서 풀면, $y=\frac{3}{5}x-\frac{11}{5}$이므로, 이 직선의 기울기는 $\frac{3}{5}$이다. 그러므로 원하는 직선의 방정식은

$$y-8=\frac{3}{5}(x-6)$$

또는 같은 방정식인 $y=\frac{3}{5}x+\frac{22}{5}$. 이 두 직선은 y절편이 다르므로 서로 다르다. ■

직교하는 직선 직선이 서로 직교하는지 여부를 기울기를 이용하여 판단하는 간단한 판정법이 있을까? 있다; 수직이 아닌 두 직선이 서로 직교할 필요충분조건은 그들의 기울기가 서로 음의 역수인 것이다. 왜 이렇게 되는지 확인해 보기 위해서, 그림 15를 보자. 이 그림에 거의 모든 내용이 나타난다. (수직직

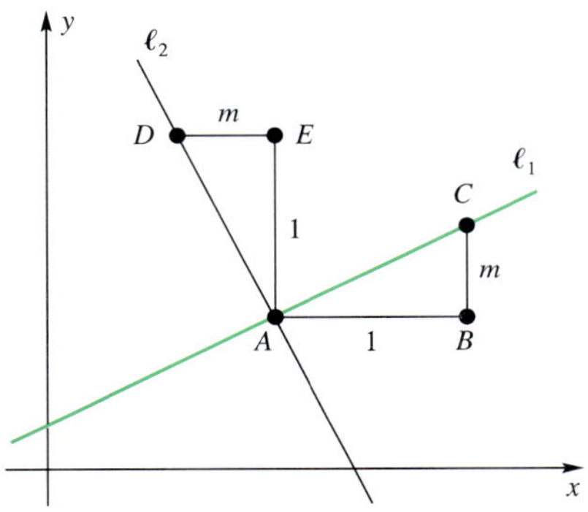

그림 15

선이 아닌) 두 직선이 직교할 필요충분조건은 $m_2=-1/m$이다. 이 명제의 기하학적 증명은 연습문제로 남긴다(연습문제 57).

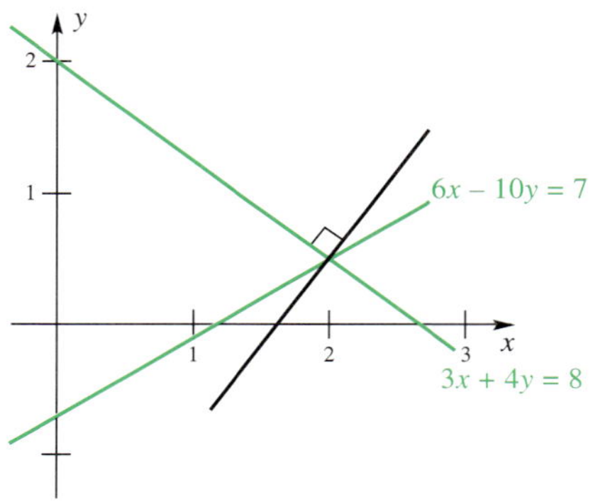

그림 16

예제 7 직선 $3x+4y=8$과 $6x-10y=7$의 교점을 지나고, 처음 직선에 수직인 직선의 방정식을 구하여라(그림 16).

풀이 두 직선의 교점을 구하기 위해서, 처음 방정식에 -2를 곱하고, 두 번째 방정식과 더하면,

$$\begin{aligned} -6x-\ 8y&=-16 \\ 6x-10y&=7 \\ \hline -18y&=-9 \\ y&=\frac{1}{2} \end{aligned}$$

주어진 방정식 어느 것에든 $y=\frac{1}{2}$로 놓으면, $x=2$가 나온다. 그러므로 교점은 $\left(2,\ \frac{1}{2}\right)$.

처음 방정식을 y에 대해서 풀면(기울기-절편 형태로 만들면), $y=-\frac{3}{4}x+2$를 얻는다. 이것과 직교하는 직선은 기울기가 $\frac{4}{3}$이다. 그러므로 구하는 직선의 방정식은

$$y-\frac{1}{2}=\frac{4}{3}(x-2)$$

개념 복습

1. 점 $(-2, 3)$과 (x, y) 사이의 거리는 ______이다.
2. 반지름이 5이고 중심이 $(-4, 2)$인 원의 방정식은 ______.
3. 점 $(-2, 3)$과 $(5, 7)$을 잇는 선분의 중점은 ______.
4. 점$(a,\ b)$와 $(c,\ d)$를 지나는 직선의 기울기 $m=$ ______이다. 단, $a \neq c$.

연습문제 0.3

문제 1~4에서 주어진 점들을 좌표평면에 나타내고, 그들 사이의 거리를 구하여라.

1. $(3,\ 1),\ (1,\ 1)$
2. $(-3,\ 5),\ (2,\ -2)$
3. $(4,\ 5),\ (5,\ -8)$
4. $(-1,\ 5),\ (6,\ 3)$
5. 꼭짓점이 $(5,\ 3),\ (-2,\ 4),\ (10,\ 8)$인 삼각형은 이등변삼각형임을 보여라.
6. 꼭짓점이 $(2,\ -4),\ (4,\ 0),\ (8,\ -2)$인 삼각형은 직각삼각형임을 보여라.
7. 점 $(3,\ -1)$과 $(3,\ 3)$은 정사각형의 두 꼭짓점이다. 나머지 꼭짓점으로 가능한 세 가지 경우의 꼭짓점들을 구하여라.
8. 점 $(3,\ 1)$과 $(6,\ 4)$로부터 같은 거리이면서, x축에 놓여 있는 점을 찾아라.
9. $(-2,\ -2)$와 $(4,\ 3)$을 잇는 선분의 중점과 점 $(-2,\ 3)$ 사이의 거리를 구하여라.
10. $A=(1,\ 3),\ B=(2,\ 6),\ C=(4,\ 7),\ D=(3,\ 4)$일 때 선분 AB와 선분 CD의 중점들을 잇는 선분의 길이를 구하여라.

문제 11~16에서 주어진 조건을 만족하는 원의 방정식을 구하여라.

11. 중심 (1, 1), 반지름 1

12. 중심 $(-2, 3)$, 반지름 4

13. 중심 $(2, -1)$, 점 (5, 3)을 지난다.

14. 중심 (4, 3), 점 (6, 2)를 지난다.

15. 지름 AB, 여기서 $A=(1, 3)$, $B=(3, 7)$

16. 중심이 (3, 4)이고 x축에 접한다.

문제 17~22에서 주어진 방정식이 나타내는 원의 중심과 반지름을 구하여라.

17. $x^2+2x+10+y^2-6y-10=0$

18. $x^2+y^2-6y=16$

19. $x^2+y^2-12x+35=0$

20. $x^2+y^2-10x+10y=0$

21. $4x^2+16x+15+4y^2+6y=0$

22. $4x^2+16x+\frac{105}{16}+4y^2+3y=0$

문제 23~28에서 주어진 두 점을 지나는 직선의 기울기를 구하여라.

23. (1, 1)과 (2, 2) **24.** (3, 5)와 (4, 7)

25. (2, 3)과 $(-5, -6)$ **26.** $(2, -4)$와 $(0, -6)$

27. (3, 0)과 (0, 5) **28.** $(-6, 0)$과 (0, 6)

문제 29~34에서 직선의 방정식을 구하여라. 그리고 답을 $Ax+By+C=0$ 형태로 나타내어라.

29. 점 (2, 2)를 지나고, 기울기가 -1

30. 점 (3, 4)를 지나고, 기울기가 -1

31. y절편이 3이고, 기울기가 2

32. y절편이 5이고, 기울기가 0

33. 점 (2, 3)과 (4, 8)을 지난다.

34. 점 (4, 1)과 (8, 2)를 지난다.

문제 35~38에서 각 직선의 기울기와 y절편을 구하여라.

35. $3y=-2x+1$ **36.** $-4y=5x-6$

37. $6-2y=10x-2$ **38.** $4x+5y=-20$

39. 점 $(3, -3)$을 지나고 다음을 만족하는 직선의 방정식을 구하여라.

(a) 직선 $y=2x+5$와 평행

(b) 직선 $y=2x+5$와 직교

(c) 직선 $2x+3y=6$과 평행

(d) 직선 $2x+3y=6$과 직교

(e) 점 $(-1, 2)$와 $(3, -1)$을 지나는 직선과 평행

(f) 직선 $x=8$과 평행

(g) 직선 $x=8$과 직교

40. 직선 $3x+cy=5$가 다음을 만족하도록 c의 값을 정하여라.

(a) 점 (3, 1)을 지난다. (b) y축과 평행

(c) 직선 $2x+y=-1$과 평행 (d) x절편과 y절편이 같다.

(e) 직선 $y-2=3(x+3)$과 직교

41. 점 $(-2, -1)$을 지나고 직선 $y+3=-\frac{2}{3}(x-5)$와 직교하는 직선의 방정식을 구하여라.

42. 직선 $kx-3y=10$이 다음을 만족하도록 k의 값을 정하여라.

(a) 직선 $y=2x+4$와 평행 (b) 직선 $y=2x+4$와 직교

(c) 직선 $2x+3y=6$과 직교

43. 점 (3, 9)는 직선 $y=3x-1$의 위쪽에 있는가, 아니면 아래쪽에 있는가?

44. x절편이 $a\neq0$이고 y절편이 $b\neq0$인 직선의 방정식은 다음과 같이 나타내어짐을 보여라.

$$\frac{x}{a}+\frac{y}{b}=1$$

문제 45~48에서 교점의 좌표를 구하여라. 그 교점을 지나고 처음 직선과 직교하는 직선의 방정식을 구하여라.

45. $2x+3y=4$, $-3x+y=5$ **46.** $4x-5y=8$, $2x+y=-10$

47. $3x-4y=5$, $2x+3y=9$ **48.** $5x-2y=5$, $2x+3y=6$

49. 점 (2, 3), (6, 3), $(6, -1)$, $(2, -1)$은 정사각형의 꼭짓점들이다. 이 정사각형에 내접하는 원, 외접하는 원의 방정식을 구하여라.

50. 방정식이 $(x-1)^2+(y+2)^2=16$과 $(x+9)^2+(y-10)^2=16$인 두 원을 감싸서 끈을 단단하게 묶어 놓았다. 이 끈의 길이는 얼마인가?

51. 임의의 직각삼각형의 빗변의 중점은 세 꼭짓점들로부터 같은 거리에 놓여 있음을 보여라.

52. 꼭짓점이 (0, 0), (8, 0), (0, 6)인 직각삼각형에 외접하는 원의 방정식을 구하여라.

53. 두 원 $x^2+y^2-4x-2y-11=0$과 $x^2+y^2+20x-12y+72=0$은 서로 만나지 않음을 보여라.
도움말: 두 원의 중심들 사이의 거리를 구한다.

54. 식 $x^2+ax+y^2+by+c=0$이 원의 방정식이 되려면, a,

b, c 사이에는 어떤 관계가 성립해야 하는가?

55. 다락의 천장이 바닥과 만드는 각이 30°이다. 반지름이 2인치인 파이프를 다락에 깔아서, 파이프가 바닥과 천장에 접하도록 만들었다(그림 17 참조). 다락의 모서리에서 파이프가 바닥에 접하는 곳까지의 거리 d는 얼마인가?

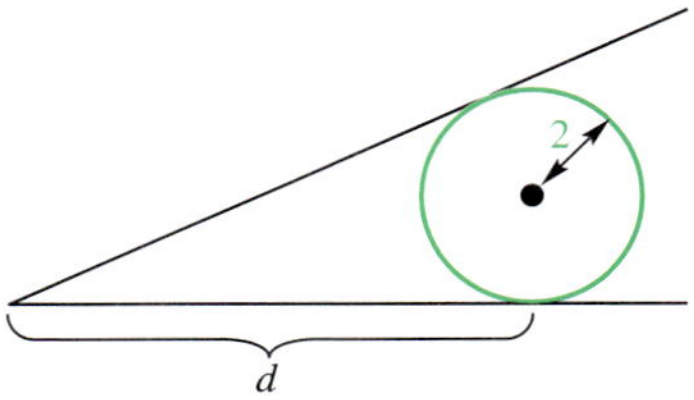

그림 17

56. 반지름이 R인 원을 제1사분면에 그림 18처럼 놓아 두었다. 이 원과 원점 사이에 놓을 수 있는 가장 큰 원의 반지름 r은 얼마인가?

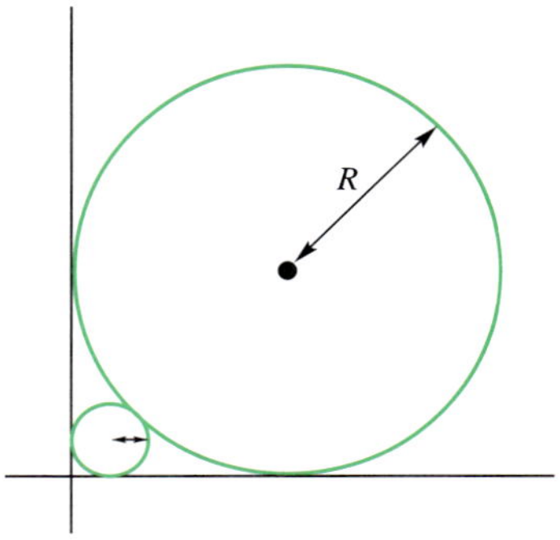

그림 18

57. 두 직선이 서로 직교할 필요충분조건은 그들의 기울기가 서로 음수 역수임을 그림 15를 이용하여 기하학적으로 증명하여라.

58. 점 (3, 4)로부터의 거리가 점 (1, 1)로부터의 거리의 두 배인 점들의 집합은 원이 됨을 보여라. 그 중심과 반지름을 구하여라.

59. 피타고라스의 정리에 따르면, 그림 19의 정사각형들의 넓이 A, B, C는 $A+B=C$를 만족한다. 반원들과 정삼각형들도 이와 같은 관계를 만족함을 보이고, 가장 일반적인 법칙은 어떻게 될지 말하여 보아라.

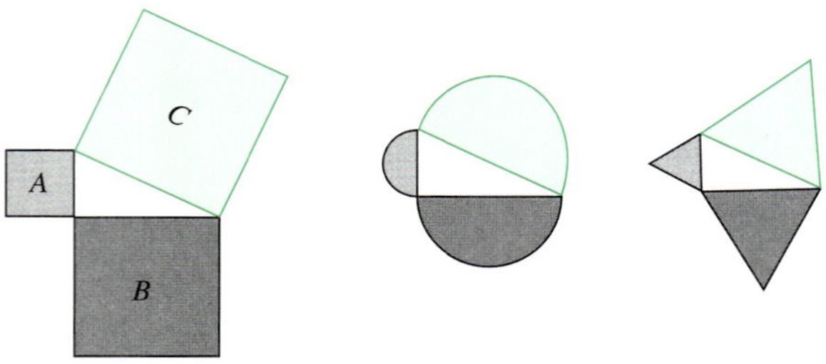

그림 19

60. 원 C의 바깥에 점 P가 놓여 있다. 선분 PT는 원 C와 점 T에서 접하고, 점 P와 원 C의 중심을 지나는 직선은 원 C와 점 M, N에서 만난다고 한다. 이때 $(PM)(PN)=(PT)^2$임을 보여라.

≈ **61.** 그림 20에서와 같이, 세 개의 원 $x^2+y^2=4$, $(x-8)^2+y^2=4$, $(x-6)^2+(y-8)^2=4$의 둘레에 끈을 묶어 놓았다. 이 끈의 길이를 구하여라.

62. 문제 50, 61을 생각한다. 변의 길이가 $d_1, d_2, \cdots, d_n$인 볼록 n각형의 꼭짓점을 중심으로 하고, 반지름이 r인 n개의 원이 서로 만나지 않으면서 놓여 있다고 한다. 이 원들의 둘레를 (그림 20에서처럼) 감싸는 끈의 길이는 얼마인가?

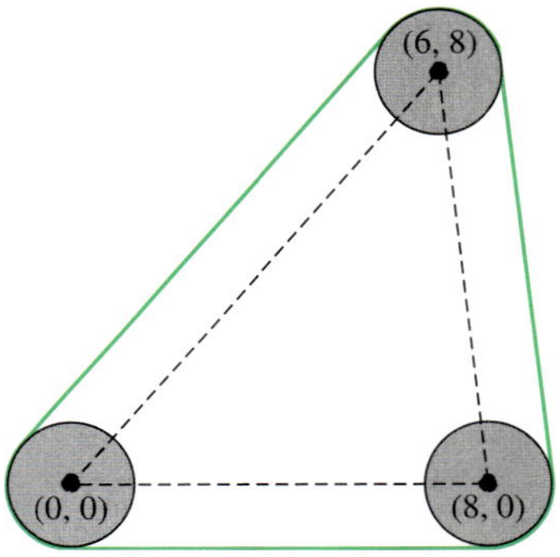

그림 20

점 (x_1, y_1)과 직선 $Ax+By+C=0$ 사이의 거리 d는 다음과 같음을 보일 수 있다.

$$d=\frac{|Ax_1+By_1+C|}{\sqrt{A^2+B^2}}$$

이 결과를 이용하여, 주어진 점과 직선 사이의 거리를 구하여라.

63. $(-3, 2)$; $3x+4y=6$

64. $(4, -1)$; $2x-2y+4=0$

65. $(-2, -1)$; $5y=12x+1$

66. $(3, -1)$; $y=2x-5$

문제 67과 68에서 주어진 평행선들 사이의 (직교) 거리를 구하여라.

도움말: 우선 어느 한 직선 위에서 한 점을 잡는다.

67. $2x+4y=7$, $2x+4y=5$

68. $7x-5y=6$, $7x-5y=-1$

69. 점 $(-2, 3)$과 $(1, -2)$를 잇는 선분을 이등분하고, 이 선분과 직교하는 직선의 방정식을 구하여라.

70. 삼각형의 외접원의 중점은 그 변들의 수직(직교) 이등분선 위에 놓여 있다. 이 사실을 이용하여, 꼭짓점이 (0, 4), (2, 0), (4, 6)인 삼각형의 외접원의 중심을 구하여라.

71. 변의 길이가 3, 4, 5인 삼각형에 내접하는 원의 반지름을 구하여라(그림 21 참조).

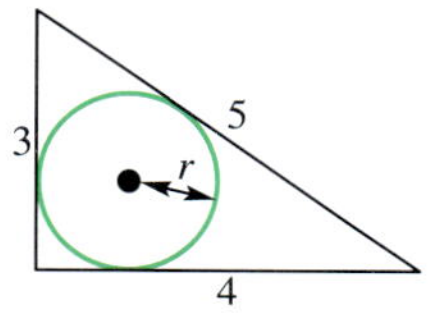

그림 21

72. 점 (a, b)가 원 $x^2+y^2=r^2$에 놓여 있다고 하자. 직선 $ax+by=r^2$은 점 (a, b)에서 이 원에 접함을 보여라.

73. 원 $x^2+y^2=36$에 접하고 점 (12, 0)을 지나는 두 접선들의 방정식들을 구하여라.

도움말: 문제 72 참조.

74. 두 평행선 $y=mx+b$와 $y=mx+B$ 사이의 직교 거리를 m, b, B를 써서 나타내어라.

도움말: 그 거리는 직선 $y=mx$와 $y=mx+B-b$ 사이의 거리와 같다.

75. 삼각형의 두 변들의 중점들을 지나는 직선은 세 번째 변과 평행함을 보여라.

도움말: 삼각형의 꼭짓점이 (0, 0), $(a, 0)$, (b, c)라고 가정해도 된다.

76. 임의의 사각형의 인접한 변들의 중점들을 잇는 선분들은 평행사변형이 됨을 보여라.

≈ **77.** 시계 방향과 반대로 매우 빨리 돌고 있는 바퀴가 있다. 그 테두리의 방정식은 $x^2+(y-6)^2=25$이다. 그 테두리에 진흙이 묻어 있다가, 점 (3, 2)를 지날 때 진흙이 떨어져서, 벽 $x=11$을 향해 날아갔다. 그 벽의 얼마나 높은 지점에 진흙이 묻겠는가?

도움말: 진흙이 접선 방향으로 매우 빨리 날아가서, 벽을 때릴 시간 동안 중력에 의한 낙하는 무시할 수 있다고 가정한다.

개념 복습 해답: **1.** $\sqrt{(x+2)^2+(y-3)^2}$ **2.** $(x+4)^2+(y-2)^2=25$ **3.** (1.5, 5) 4. $(d-b)/(c-a)$

0.4 방정식의 그래프

평면에서 점들의 좌표를 이용하여, 곡선(기하적 대상)을 방정식(대수적 대상)으로 나타낼 수 있다. 앞 절에서 원과 직선에 대해서 이와 같이 나타내는 방법을 공부하였다. 이제 그 반대의 경우를 생각한다. x와 y의 **방정식의 그래프**(graph of an equation)는 평면의 점들 중에 그 좌표 (x, y)가 그 방정식을 만족하는 것 즉, 그 방정식이 참이 되도록 하는 것들을 모은 것이다.

그래프를 그리는 과정 예를 들어 방정식 $y=2x^3-x+19$의 그래프를 손으로 그리려면, 다음과 같은 세 단계를 거치면 된다.

1단계: 이 방정식을 만족하는 몇몇 점의 좌표를 구한다.

2단계: 이 점들을 평면에 나타낸다.

3단계: 이 점들을 매끄러운 곡선으로 잇는다.

3장에서 방정식의 그래프를 그리는 더 좋은 방법을 사용하기 전까지는 이 간단한 방법으로 그래프를 그릴 수 밖에 없다.

1단계에서는 값들의 표를 만드는 것이 좋다. 변수 중의 하나인 x에다 적당한 값들을 주고, 그에 대응하는 다른 변수의 값들을 구해서, 그 결과를 표로서 나열한다.

그래프 계산기나 컴퓨터 수학 소프트웨어들도 이와 같은 과정을 거치지만, 사용자는 그 과정을 신경쓰지 않아도 된다. 사용자는 단지 함수를 정의한 다음에, 계산기나 컴퓨터가 그것을 그리도록 명령하면 된다.

예제 1 방정식 $y=x^2-3$의 그래프를 그려라.

풀이 그림 1에 세 단계의 과정을 나타내 놓았다.

$y = x^2 - 3$

x	y
−3	6
−2	1
−1	−2
0	−3
1	−2
2	1
3	6

1단계
값들의
표를 만든다

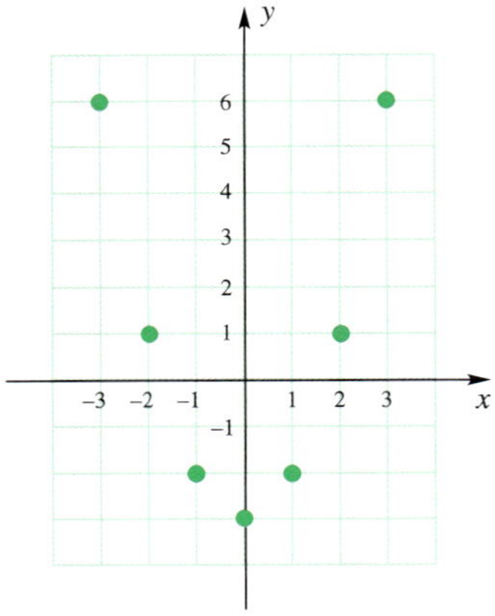

2단계
이 점들을
평면에다 찍는다

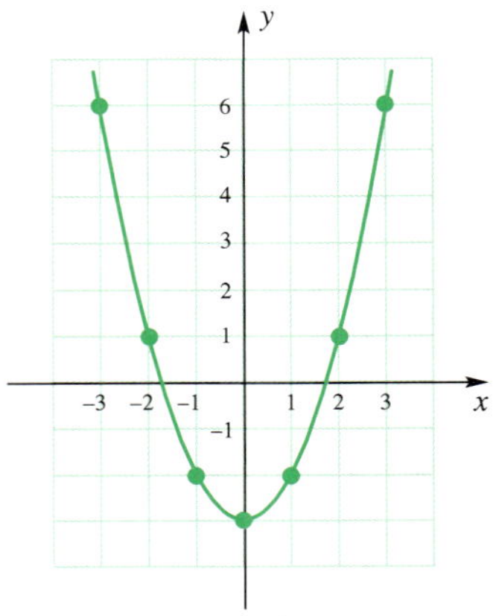

3단계
이 점들을 매끄러운
곡선으로 잇는다

그림 1 ■

이러한 과정에는 약간의 상식적 감각이 필요하다. 어느 한 점이 동떨어진 위치에 있다는 느낌이 들면, 계산을 다시 해 본다. 나타낸 점들을 매끄러운 곡선으로 이을 때, 그 곡선이 연속된 점들 사이에서 부드럽게 움직인다고 가정하게 되는데, 이것은 추측이다. 따라서 가능한 한 많은 점들을 나타내어서, 그 곡선의 윤곽이 분명하게 나타나도록 해야 한다. 점들이 많으면 많을수록, 추측은 조금하게 된다. 그리고 곡선 전체를 나타낼 수 없는 경우가 대부분임을 깨달아야 한다. 이 예제의 곡선은 한없이 긴 두 팔을 갖고 있으며, 점점 더 넓게 벌어진다. 그렇지만 우리가 그린 그래프는 핵심이 되는 성질들을 보여주고 있다. 바로 이것이 그래프를 그리는 목적이다. 핵심이 되는 성질들이 모두 드러나도록, 그래프를 충분하게 그려야 한다. 뒤에 (3.5절) 가서, 미분이라는 도구를 써서 그래프에 대한 이해를 더욱 높이고 정교하게 다듬게 된다.

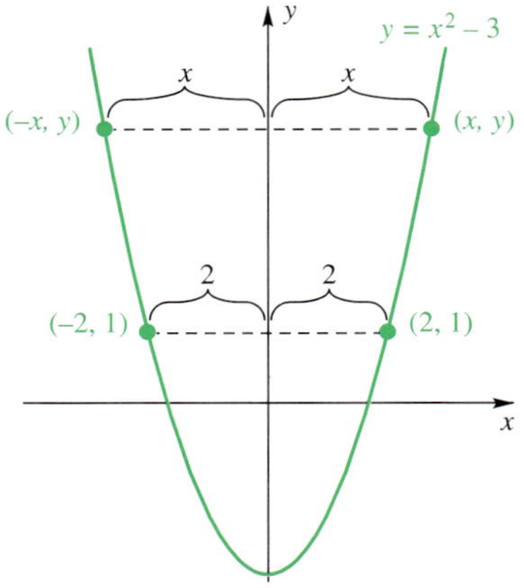

y축에 대해서 대칭

그림 2

그래프의 대칭 방정식에서 그 그래프의 대칭성을 알아내면, 그래프를 그리는 노력을 절반으로 줄일 수 있다. 위의 예제 1에 있는데, 그림 2에서 다시 그려 놓은 방정식 $y=x^2-3$의 그래프를 자세히 보자. y축을 따라서 좌표평면을 접으면, 그래프의 두 가지들이 서로 일치하게 된다. 예를 들어 (3, 6)은 (−3, 6)과 일치하고, (2, 1)은 (−2, 1)과 일치하고, 일반적으로, (x, y)는 $(-x, y)$와 일치하게 된다. 대수적으로 보면, x 대신에 $-x$를 방정식 $y=x^2-3$에 넣어도 같은 방정식이 된다는 사실에 해당한다.

이제 임의의 그래프를 생각하자. (x, y)가 그 그래프에 놓여 있을 때 $(-x, y)$도 반드시 그 그래프에 놓여 있으면, 그 그래프는 **y축에 대해서 대칭**이다 (그림 2). 마찬가지로, (x, y)가 그 그래프에 놓여 있을 때 $(x, -y)$도 반드시 그 그래프에 놓여 있으면, 그 그래프는 **x축에 대해서 대칭**이다(그림 3). 마지막으로, (x, y)가 그 그래프에 놓여 있을 때 $(-x, -y)$도 반드시 그 그래프에 놓여 있으면, 그 그래프는 **원점에 대해서 대칭**이다(예제 2 참조).

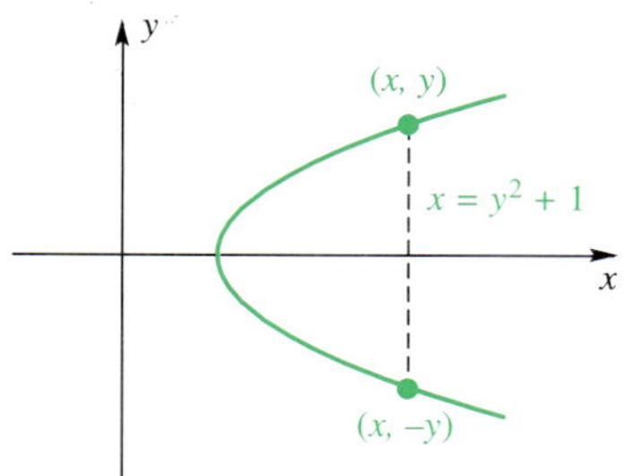

x축에 대해서 대칭

그림 3

방정식을 이용한 세 가지 간단한 판정법이 있다.

1. x 대신에 $-x$를 넣어도 같은 방정식이 되면, 그 그래프는 y축에 대해서 대칭이다(예, $y=x^2$).
2. y 대신에 $-y$를 넣어도 같은 방정식이 되면, 그 그래프는 x축에 대해서 대칭이다(예, $x=y^2+1$).
3. x 대신에 $-x$를 넣고 y 대신에 $-y$를 넣었을 때 같은 방정식이 되면, 그 그래프는 원점에 대해서 대칭이다($-y=(-x)^3$은 $y=x^3$과 같으므로, $y=x^3$이 좋은 예이다).

$y = x^3$

x	y
0	0
1	1
2	8
3	27
4	64

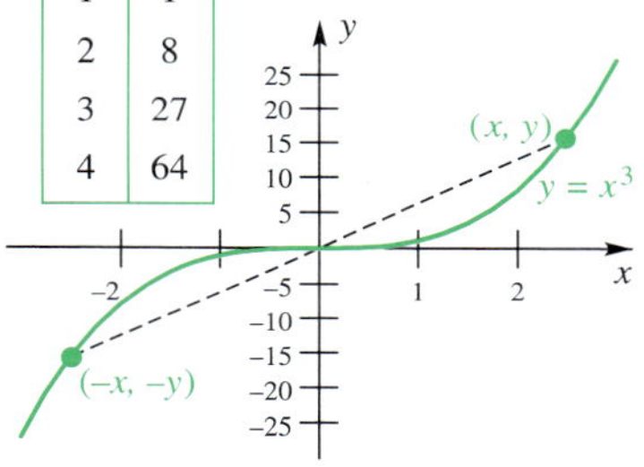

원점에 대해서 대칭

그림 4

> *그래프 계산기*
>
> 그래프 계산기를 갖고 있으면, 자주 사용해서, 여기 나오는 그래프들을 그려 보아라.

예제 2 $y=x^3$의 그래프를 그려라.

풀이 위의 판정법에 따라, 그 그래프는 원점에 대해서 대칭이다. 그러므로 0과 양수인 x의 값들에 대해서만 표를 구하면 된다. 음수인 x의 값에 대응하는 점들은 대칭을 이용하여 구할 수 있다. 예를 들어 $(2, 8)$이 그래프에 있으므로 $(-2, -8)$도 그래프에 있으며, $(3, 27)$이 그래프에 있으면 $(-3, -27)$도 그래프에 있다. 등등. 그림 4를 보기 바란다. ■

$y=x^3$의 그래프를 그릴 때, y축의 눈금이 x축의 눈금에 비해서 더 작도록 했다. 그래서 그래프의 더 많은 부분을 그릴 수 있었다(그 때문에 그래프가 왜곡되어 편편해졌다). 손으로 그래프를 그릴 때에는, 좌표축들에 눈금을 넣기 전에 표의 값들을 자세히 살피기 바란다. 적당한 눈금을 사용해서, 가능한 한 많은 점들을 나타내되, 그래프가 너무 커지지 않도록 해야 한다. 그래프 계산기나 컴퓨터 수학 소프트웨어를 사용할 때, 사용자가 x의 범위를 정하면 기계가 자동적으로 y의 눈금을 결정해 주곤 한다. 따라서 사용자가 우선 결정해야 할 것은 그래프로 그릴 x값의 범위이다. 대부분의 그래프 계산기나 컴퓨터 수학 소프트웨어들은 자동으로 결정된 y의 눈금을 사용자가 바꿀 수 있도록 되어 있다. 그렇게 할 필요가 있는 경우가 있다.

절편 방정식의 그래프가 두 좌표축과 만나는 점들은 여러 가지 문제에서 중요한 역할을 한다. 예를 들어 다음을 보자.

$$y=x^3-2x^2-5x+6=(x+2)(x-1)(x-3)$$

여기서 $y=0$이 되는 것은 $x=-2, 1, 3$일 때이다. $-2, 1, 3$을 ***x*절편**이라 부른다. 마찬가지로, $x=0$이 되는 것은 $y=6$일 때이며, 6을 ***y*절편**이라 부른다.

예제 3 $y^2-x+y-6=0$의 그래프의 절편을 모두 구하여라.

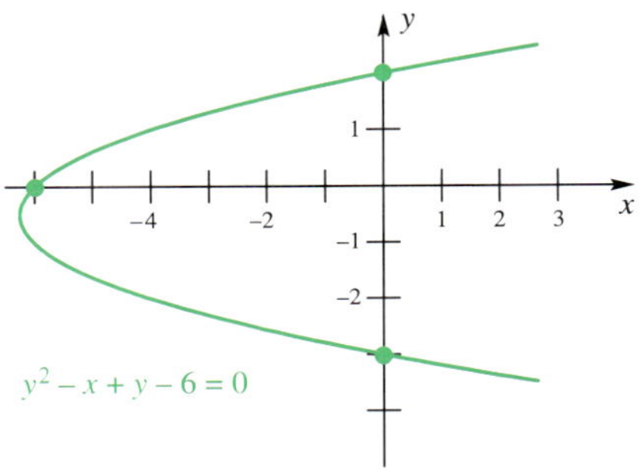

그림 5

풀이 주어진 방정식에서 $y=0$이라 놓으면, $x=-6$. 그러므로 x절편은 -6이다. 방정식에서 $x=0$이라 놓으면, $y^2+y-6=0$이고 변형하면, $(y+3)(y-2)=0$. 따라서 y절편은 -3과 2이다. 대칭 여부를 확인해 보면, 이 그래프는 앞에서 다룬 세 종류의 대칭을 전혀 가지지 않는다. 그래프는 그림 5와 같다. ■

이 책의 예제에서 이차방정식과 삼차방정식을 많이 사용하기 때문에, 그 전형적인 그래프들을 그림 6에 제시해 놓았다.

이차방정식의 그래프는 컵 모양의 곡선인데, **포물선**(parabola)이라 부른다. 어떤 방정식이 $y=ax^2+bx+c$ 또는 $x=ay^2+by+c$의 형태이고 $a\neq 0$이면, 그 그래프는 포물선이다. 전자의 경우, $a>0$이면 그 그래프는 아래로 볼록하고, $a<0$이면 그 그래프는 위로 볼록하다. 후자의 경우, $a>0$이면 그 그래프는 왼쪽으로 볼록하고, $a<0$이면 그 그래프는 오른쪽으로 볼록하다. 예제 3의 방정식은 $x=y^2+y-6$ 형태로 놓을 수 있음을 알 수 있다.

기본적인 이차식, 삼차식의 그래프

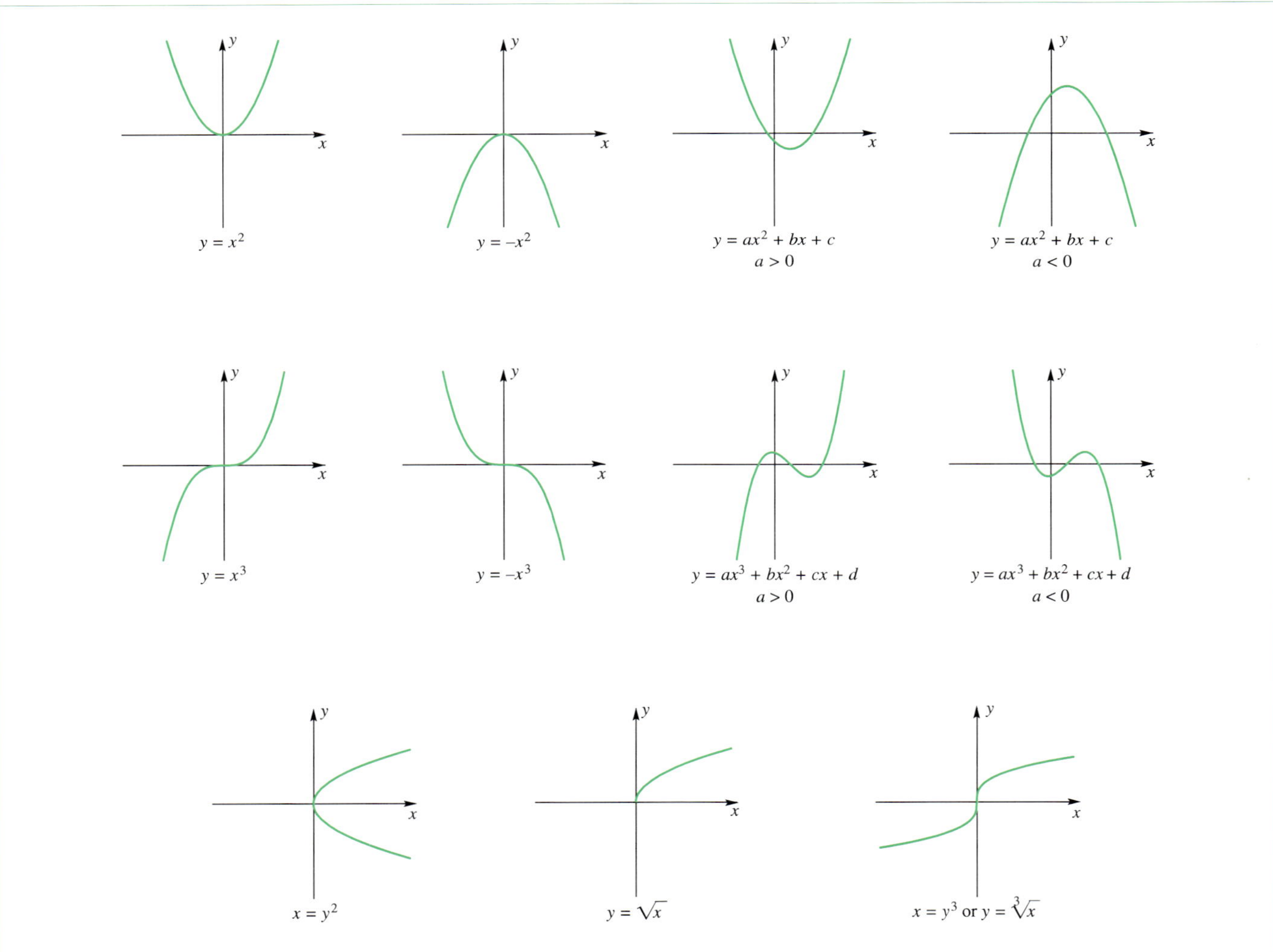

그림 6

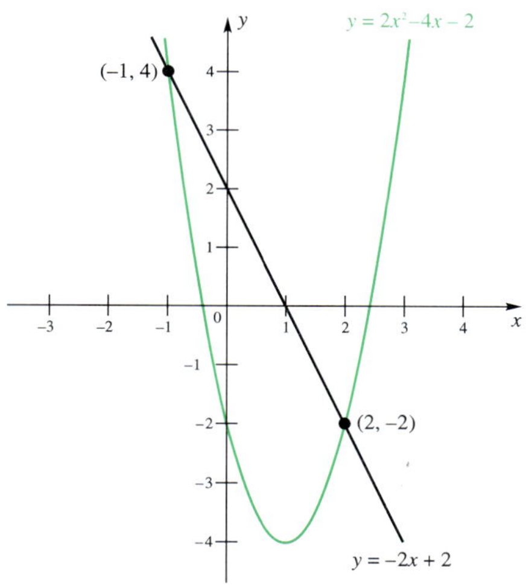

그림 7

그래프의 교점 두 그래프의 교점을 알아야 할 때가 흔히 있다. 그 그래프의 방정식을 연립으로 풀면 구할 수 있는데, 다음 예제에서 알아본다.

예제 4 직선 $y=-2x+2$와 포물선 $y=2x^2-4x-2$의 교점을 구하여라. 두 그래프를 한 좌표평면에 그려라.

풀이 두 방정식을 연립으로 푼다. 쉽게 푸는 방법은, 첫째 방정식의 y를 둘째 방정식에 대입하여, 그 결과로 나온 방정식을 x에 대해서 푸는 것이다.

$$
\begin{aligned}
-2x+2&=2x^2-4x-2\\
0&=2x^2-2x-4\\
0&=2(x+1)(x-2)\\
x&=-1,\ x=2
\end{aligned}
$$

이 값들을 넣으면, 그에 대응하는 y의 값들은 4와 -2이다. 그러므로 교점은 $(-1,\ 4)$와 $(2,\ -2)$이고 두 그래프는 그림 7과 같다. ■

개념 복습

1. $(x,\ y)$가 그래프에 놓여 있을 때 $(-x,\ y)$도 반드시 그래프에 놓여 있으면, 그 그래프는 ______에 대해서 대칭이다.
2. 원점에 대해서 대칭인 그래프에 $(-4,\ 2)$가 놓여 있으면, ______도 그 그래프에 놓여 있다.
3. $y=(x+2)(x-1)(x-4)$의 그래프는 y절편이 ____이고, x절편들은 ______이다.
4. $y=ax^2+bx+c$의 그래프는 $a=0$인 경우 ______이고, $a\neq 0$인 경우 ______이다.

연습문제 0.4

문제 1~30에서 그 방정식의 그래프를 그려라. 먼저 대칭 여부를 확인하고, x절편과 y절편을 모두 구하여라.

1. $y=-x^2+1$
2. $x=-y^2+1$
3. $x=-4y^2-1$
4. $y=4x^2-1$
5. $x^2+y=0$
6. $y=x^2-2x$
7. $7x^2+3y=0$
8. $y=3x^2-2x+2$
9. $x^2+y^2=4$
10. $3x^2+4y^2=12$
11. $y=-x^2-2x+2$
12. $4x^2+3y^2=12$
13. $x^2-y^2=4$
14. $x^2+(y-1)^2=9$
15. $4(x-1)^2+y^2=36$
16. $x^2-4x+3y^2=-2$
17. $x^2+9(y+2)^2=36$

GC 18. $x^4+y^4=1$

GC 19. $x^4+y^4=16$

GC 20. $y=x^3-x$

GC 21. $y=\dfrac{1}{x^2+1}$

GC 22. $y=\dfrac{x}{x^2+1}$

GC 23. $2x^2-4x+3y^2+12y=-2$

GC 24. $4(x-5)^2+9(y+2)^2=36$

GC 25. $y=(x-1)(x-2)(x-3)$

GC 26. $y=x^2(x-1)(x-2)$

GC 27. $y=x^2(x-1)^2$

GC 28. $y=x^4(x-1)^4(x+1)^4$

GC 29. $|x|+|y|=1$

GC 30. $|x|+|y|=4$

GC 문제 31~38에서 두 방정식의 그래프를 같은 좌표평면에 그려라. 두 그래프의 교점을 구하고, 그 좌표를 적어라 (예제 4 참조).

31. $y=-x+1$
$y=(x+1)^2$

32. $y=2x+3$
$y=-(x-1)^2$

33. $y=-2x+3$
$y=-2(x-4)^2$

34. $y=-2x+3$
$y=3x^2-3x+12$

35. $y=x$
$x^2+y^2=4$

36. $y=x-1$
$2x^2+3y^2=12$

37. $y-3x=1$
$x^2+2x+y^2=15$

38. $y=4x+3$
$x^2+y^2=81$

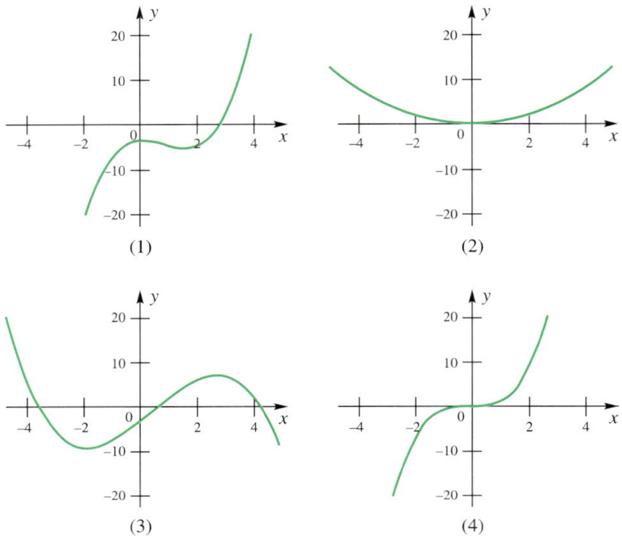

그림 8

39. 그림 8의 각각의 그래프에 가장 적합한 방정식을 찾아라.

(a) $y=x^2$

(b) $y=ax^3+bx^2+cx+d,\ a>0$

(c) $y=ax^3+bx^2+cx+d,\ a<0$

(d) $y=ax^3,\ a>0$

≈ **40.** 원 $x^2+y^2=13$의 점들 중에 x좌표가 -2 또는 2인 점들 사이의 거리를 구하여라. 그 거리는 몇 가지가 있는가?

≈ **41.** 원 $x^2+2x+y^2-2y=20$의 점들 중에 x좌표가 -2 또는 2인 점들 사이의 거리를 구하여라. 이러한 거리는 몇 가지가 있는가?

개념 복습 해답: **1.** y축 **2.** $(4,\ -2)$ **3.** 8; -2, 1, 4 **4.** 직선, 포물선

0.5 함수와 그래프

함수는 모든 수학에서 가장 기본적인 개념이며, 미적분학에서 필수불가결한 역할을 한다.

정의

함수(function) f란, 집합 X의 각 원소 x에 집합 Y의 단 하나의 원소 y를 대응시키는 규칙이고, X를 f의 **정의역**이라 하고 X의 각 원소에 대응된 Y의 원소들의 집합을 f의 **치역**이라 한다(그림 1 참조).

함수란 입력값 x를 처리하여 $f(x)$를 출력하는 기계로 생각할 수 있다(그림 2 참조). 각각의 입력된 값에 대응하여 한 개의 값이 출력된다. 그렇지만 여러 개의 서로 다른 입력에 대하여 같은 값이 출력될 수 있다.

함수의 정의역과 치역의 집합에는 아무런 제한이 없다. 예를 들어 현재 수학을 수강하고 있는 학생들의 집합이 정의역, 학점의 집합 $\{A,\ B,\ C,\ D,\ F\}$이 치역이고, 각 학생에 취득한 학점을 대응시키는 규칙을 함수로 보아도 된

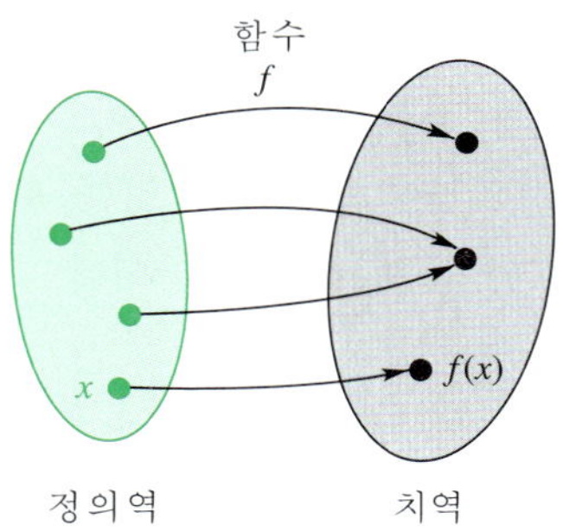

그림 1

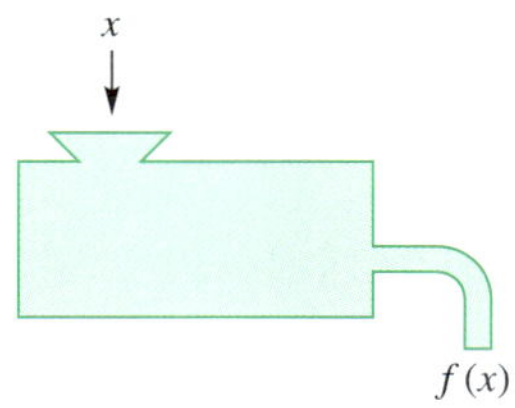

그림 2

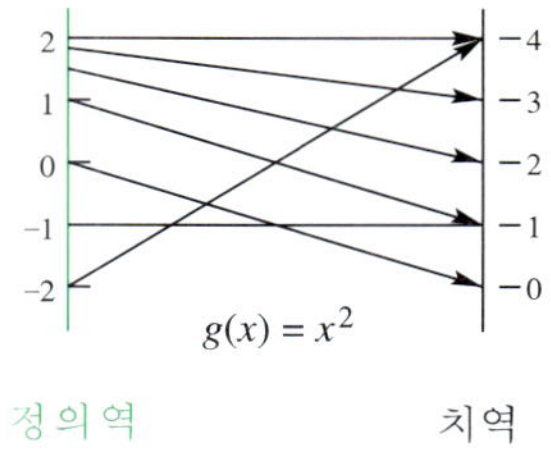

그림 3

다. 이 책에서 다루는 거의 모든 함수들은 한 개 또는 여러 개의 실변수를 갖는 실변수 함수들이다. 예를 들어, 함수 g가 실수 x에 대해서 x^2을 대응시키는 규칙이면, 그 대응 규칙은 $y(x)=x^2$으로 주어진다. 이 관계를 그림 3에 나타내었다.

함수의 표기 함수는 영문자 f, g 등 또는 F, G 등을 사용하여 나타낸다. 그리고 $f(x)$는 "f of x" 또는 "f at x"라고 읽으며, f에 의하여 x의 대응된 값을 나타낸다. 그러므로 $f(x)=x^3-4$라 하면,

$$f(2)=2^3-4=4$$
$$f(-1)=(-1)^3-4=5$$
$$f(a)=a^3-4$$
$$f(a+h)=(a+h)^3-4=a^3+3a^2h+3ah^2+h^3-4$$

이제, 구체적인 예를 통하여 함수를 좀더 자세히 이해하여 보자. 지금은 예제들 중 어떤 것은 낯설 수도 있지만 이것들이 2장에서 중요한 역할을 하게 된다.

예제 1 $f(x)=x^2-2x$에 대해서, 다음을 구하고 간단하게 하여라.

(a) $f(4)$ (b) $f(4+h)$

(c) $f(4+h)-f(4)$ (d) $[f(4+h)-f(4)]/h$

풀이

(a) $f(4)=4^2-2\cdot 4=8$

(b) $f(4+h)=(4+h)^2-2(4+h)=16+8h+h^2-8-2h$
$=8+6h+h^2$

(c) $f(4+h)-f(4)=8+6h+h^2-8=6h+h^2$

(d) $\dfrac{f(4+h)-f(4)}{h}=\dfrac{6+h^2}{h}=\dfrac{h(6+h)}{h}=6+h$ ■

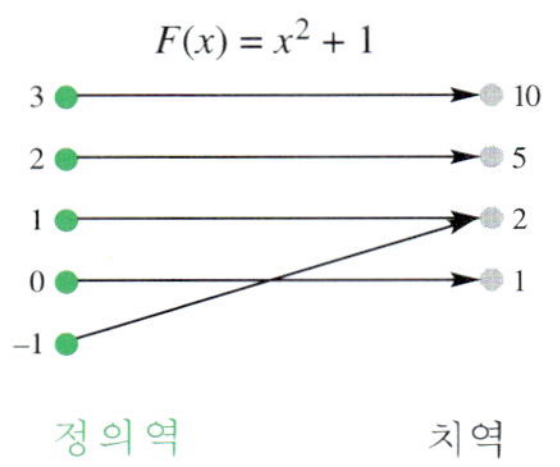

그림 4

정의역과 치역 어떤 함수를 완벽하게 나타내려면, 그 대응 규칙과 함께 정의역과 치역도 명시해 주어야 한다. 예를 들어 함수 F는 $F(x)=x^2+1$로 정의되고 정의역이 $\{-1, 0, 1, 2, 3\}$이라면(그림 4), 그 치역은 $\{1, 2, 5, 10\}$이 된다. 치역은 대응규칙과 정의역에 의하여 결정된다.

어떤 함수의 정의역이 구체적으로 제시되지 않은 경우, 그 정의역은 주어진 대응 규칙이 의미를 가지는 가능한 한 최대의 실수의 집합으로 생각한다. 이것을 **최대정의역**(natural domain)이라 부른다. 최대정의역에 들어가지 않는 수들은, 분모가 0이 되게 하는 수들, 제곱근 속이 음수가 되게 하는 수들이다.

예제 2 다음 함수의 최대정의역을 구하여라.

(a) $f(x)=1/(x-3)$ (b) $g(t)=\sqrt{9-t^2}$

(c) $h(w)=1/\sqrt{9-w^2}$

풀이

(a) 3은 분모를 0으로 만들기 때문에 정의역의 원소가 될 수 없다. 그러므로 정의역은 $\{x : x \neq 3\}$이다. 따라서 함수 f의 정의역은 "3이 아닌 모든 실수들의 집합"이다.

(b) 제곱근이 정의되기 위해서는 $9-t^2 \geq 0$이므로, t는 $|t| \leq 3$을 만족해야 한다. 그러므로 정의역은 $\{t : |t| \leq 3\}$이며, 구간 기호를 써서 $[-3, 3]$으로 나타낼 수 있다.

(c) 제곱근이 정의되고 분모가 0이 되어서는 안되므로 -3과 3이 정의역의 원소가 되어서는 안된다. 그러므로 정의역은 구간 $(-3, 3)$이다. ■

함수의 대응규칙이 $y=f(x)$ 형태의 방정식으로 주어질 때, x를 **독립변수**(independent variable), y를 **종속변수**(dependent variable)라 한다. 종속변수 y는 그에 대응한 독립변수 x에 의하여 완전히 결정된다.

함수의 입력값이 한 개의 실수이어야 할 필요는 없다. 실제 중요한 응용 문제들에서 나타나는 함수는 공간상의 점을 독립변수로 가진다. 예를 들어 자동차를 할부로 샀을 때, 매달 불입해야 할 돈 A는 할부 원금 P, 이자율 r, 총 불입할 개월 수 n에 의하여 결정된다. 이런 경우를 $A(P, r, n)$과 같이 함수로 나타낼 수 있다. 그리고 $A(16{,}000, 0.07, 48)$은 할부원금이 16,000원이고, 연이자율이 7%이고, 총 48개월 동안 매달 불입해야할 금액이 383.14달러를 의미한다. 이 함수의 경우, 출력값 A를 입력 변수 P, r, n에 관한 간단한 공식으로 나타내는 것은 어렵다.

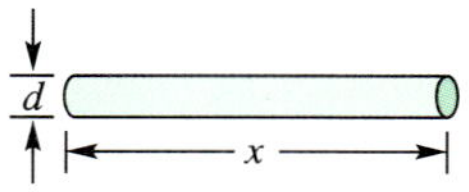

그림 5

예제 3 길이가 x이고 지름이 d인 원기둥의 부피를 $V(x, d)$로 나타낸다(그림 5 참조). 다음을 구하여라.

(a) $V(x, d)$의 공식 (b) V의 정의역

(c) $V(4, 0.1)$

풀이

(a) $V(x, d)=x \cdot \pi\left(\frac{d}{2}\right)^2=\frac{\pi x d^2}{4}$

(b) 원기둥의 길이와 지름은 양수이어야 하므로, 정의역은 $x>0$, $d>0$인 순서

쌍 (x, d)의 집합이다. 부피는 양수이므로 치역은 $(0, \infty)$이다.

(c) $V(x, d) = \dfrac{\pi \cdot 4 \cdot 0.1^2}{4} = 0.01\pi$ ■

> *그래프 계산기*
>
> 그래프 계산기를 사용하여, 이 책에 나오는 그래프들을 그려 보아라. 여러 가지 그래프 창들을 사용해서, 그래프의 중요한 특성들을 모두 파악하여야 한다.

1장에서 11장까지는 일변수함수들을 주로 다룬다. 그리고 12장 부터 다변수 함수들의 성질을 공부한다.

함수의 그래프 함수의 정의역과 치역이 실수의 집합이면, 그 함수의 그래프를 좌표평면에 그림으로 나타낼 수 있다. **함수** f의 그래프란 방정식 $y=f(x)$의 그래프를 의미한다.

예제 4 다음 함수의 그래프를 그려라.

(a) $f(x)=x^2-2$ (b) $g(x)=2/(x-1)$

풀이 함수 f의 정의역은 모든 실수이고, 함수 g의 정의역은 1을 제외한 모든 실수이다. 0.4절에서 설명한 단계대로 하면(값들의 표를 만들기, 대응하는 점들을 찍어서 나타내기, 그 점들을 매끄러운 곡선으로 잇기) 그림 6과 그림 7 (a)의 그래프를 얻는다. ■

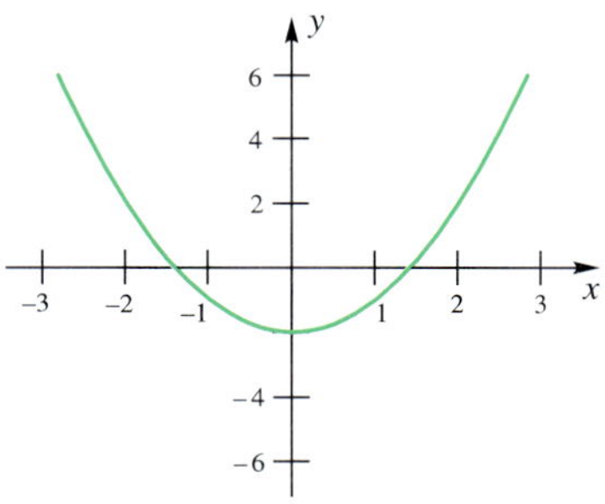

그림 6

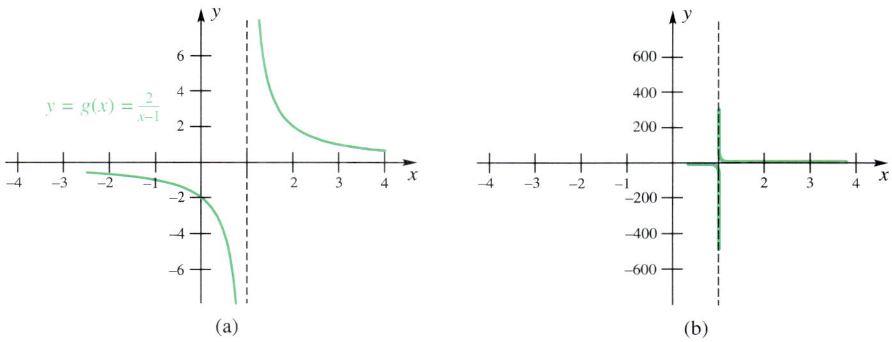

그림 7

g의 그래프에 특히 주의해야 한다. 그래프를 그리는 방법을 간단하게 설명했는데, 사실 유의해야 할 점이 있다. 점들을 매끄러운 곡선으로 연결할 때, 함수의 특별한 성질들을 생각하여야 한다. 함수 $g(x)=2/(x-1)$에서, x가 1에 가까이 갈 때 매우 놀라운 일이 벌어진다. 사실, 1에 아주 가까운 점에서의 $|g(x)|$은 매우 큰 값이 된다. 즉 x가 1에 가까이 있을수록 $|g(x)|$의 값은 더욱 커진다. 예를 들어 $g(0.99)=2/(0.99-1)=-200$이고, $g(1.001)=2000$이다. 이것을 나타내기 위해서 **점근선**(asymptote)이라 부르는 $x=1$에서 수직직선을 그어서 나타낸다. x가 1에 가까울수록, 그래프는 이 직선에 점점 더 가까이 있게 나타나면, 이 직선은 그래프의 일부분이 아니다. 그것은 단지 길잡이 역할을 한다. 또한, x축 역시 함수 g의 그래프의 수평점근선이다.

$g(x)=2/(x-1)$와 같은 함수는 수리 소프트웨어로 그래프를 그릴 때 문제

를 일으킬 수 있다. 예를 들어 '$g(x)=2/(x-1)$의 그래프를 $[-4, 4]$ 구간에서 그려라'라고 메이플(Maple)에게 명령을 하면, 그림 7 (b)의 그래프를 답으로 제시한다. 컴퓨터 대수 프로그램은 0.4절에서 설명한 것과 비슷한 알고리즘을 사용한다. 주어진 구간에서 여러 개의 x값들을 택하고, 그에 대응하는 y값들을 구한 다음에, 그 점들을 선으로 잇는다. 메이플이 1 가까이에서 수를 택하면, 그 결과로 나오는 값은 그림의 y축에 나타낼 수 없을 정도로 크다. 심지어 메이플에서는 $x=1$을 가로질러 선을 잇기도 한다. 그러므로 그래프 계산기나 수리 소프트웨어를 써서 그래프를 그릴 때 항상 조심해야 한다.

예제 5에서의 함수 f와 g의 정의역과 치역은 다음과 같다.

함 수	정의역	치 역
$f(x)=x^2-2$	모든 실수	$\{y : y\geq -2\}$
$g(x)=\dfrac{2}{x-1}$	$\{x : x\neq 1\}$	$\{y : y\neq 0\}$

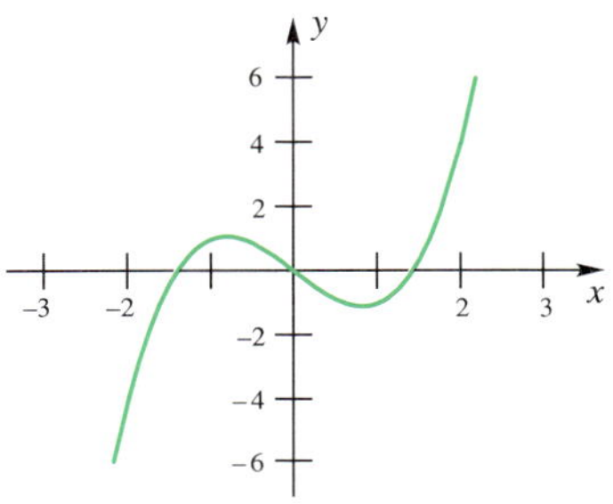

그림 8

우함수와 기함수 함수의 식을 자세히 보면, 그 함수의 대칭 여부를 알 수 있는 경우가 있다. 모든 x에 대해서 $f(-x)=f(x)$이면, 그 그래프는 y축에 대해서 대칭이다. 이런 함수를 **우함수**(even function)라고 한다(이 명칭은 x의 짝수제곱들의 합으로 된 함수 $f(x)$가 우함수인데서 유래한 것 같다). 함수 $f(x)=x^2-2$는 우함수이다(그림 6). 그리고 $f(x)=3x^6-2x^4+11x^2-5$, $f(x)=x^2/(1+x^4)$, $f(x)=(x^3-2x)/3x$도 우함수이다.

모든 x에 대해서 $f(-x)=-f(x)$이면, 그 그래프는 원점에 대해서 대칭이다. 이런 함수는 **기함수**(odd function)라고 부른다. x의 홀수제곱의 합으로 된 함수 $f(x)$는 기함수이다. 따라서, $g(x)=x^3-2x$는 기함수이다(그림 8). 참고로,

$$g(-x)=(-x)^3-2(-x)=-x^3+2x=-(x^3-2x)=-g(x)$$

예제 4의 함수 $g(x)=2/(x-1)$는(그래프는 그림 7) 우함수도 아니고 기함수도 아니다. $y=g(x)$의 그래프는 y축에 대해서도 대칭이 아니고 원점에 대해서도 대칭이 아님을 주목하기 바란다.

예제 5 함수 $f(x)=\dfrac{x^3+3x}{x^4-3x^2+4}$는 우함수인가, 기함수인가, 어느 것도 아닌가?

풀이

$$f(-x)=\frac{(-x)^3+3(-x)}{(-x)^4-3(-x)^2+4}=\frac{-(x^3+3x)}{x^4-3x^2+4}=-f(x)$$

따라서 f는 기함수이다. $y=f(x)$의 그래프는 원점에 대해서 대칭이다(그림 9). ■

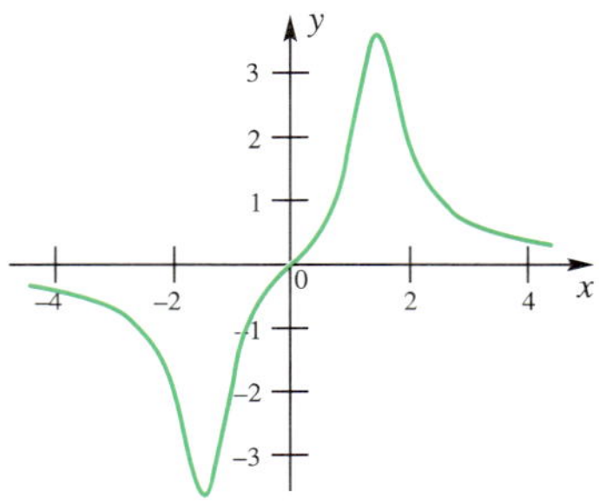

그림 9

특수 함수 흔히 사용하는 함수들 중에, 특별한 두 함수 **절댓값 함수**(absolute value function) $|\ |$와 **최대정수함수**(greatest integer function) $[\![\ ]\!]$가 있다. 이

함수들은 다음과 같이 정의한다.

$$|x| = \begin{cases} x, & x \geq 0\text{일 때} \\ -x, & x < 0\text{일 때} \end{cases}$$

$$[\![x]\!] = x\text{보다 작거나 같은 정수중에서 가장 큰 정수}$$

따라서, $|-3.1| = |3.1| = 3.1$, $[\![-3.1]\!] = -4$, 그리고 $[\![3.1]\!] = 3$. 이 두 함수의 그래프는 그림 10, 그림 11과 같다. $|-x| = |x|$이므로, 절댓값 함수는 우함수이다. 그리고 그래프에 의하면 최대정수함수는 우함수도 아니고 기함수도 아니다.

아래 그래프들의 특별한 모양을 종종 다루게 될 것이다. $|x|$의 그래프는 원점에서 뾰족하게 꺾여 있고, $[\![x]\!]$의 그래프는 모든 정수점에서 뛴다(jump).

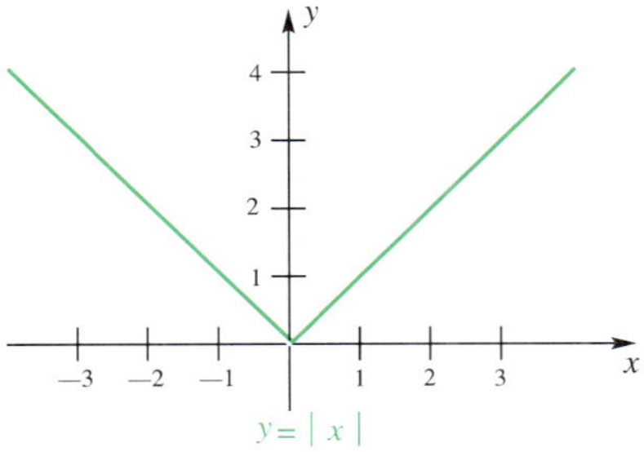

그림 10

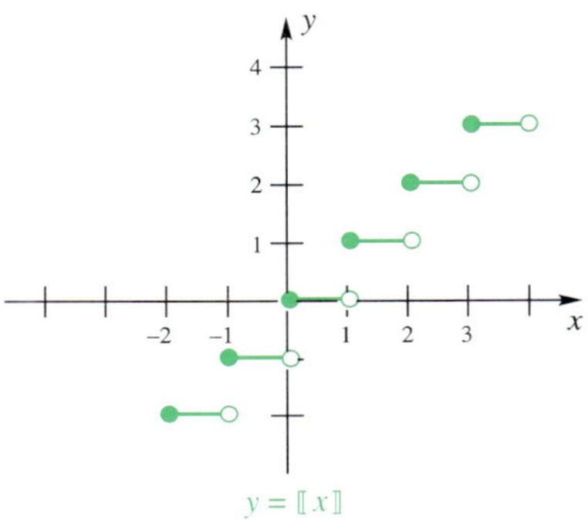

그림 11

개념 복습

1. 어떤 함수에 입력할 수 있는 원소들의 집합을 그 함수의 ______이라고 한다. 그 원소에 대응하여 출력된 값들의 집합을 그 함수의 ______이라고 한다.

2. $f(x) = 3x^2$일 때, $f(2u) =$ ______이고, $f(x+h) =$ ______이다.

3. $|x|$가 한없이 커질 때 $f(x)$가 L에 한없이 가까이 가면, 직선 $y = L$은 f의 그래프의 ______이라 한다.

4. f의 정의역에 속하는 모든 원소 x에 대해서 $f(-x) = f(x)$이면, f는 ______이다. f의 정의역에 속하는 모든 원소 x에 대해서 $f(-x) = -f(x)$이면, f는 ______이다. 전자의 경우 f의 그래프는 ______에 대해서 대칭이고, 후자의 경우 f의 그래프는 ______에 대해서 대칭이다.

연습문제 0.5

1. $f(x) = 1 - x^2$에 대해서, 다음 값을 구하여라.

(a) $f(1)$ (b) $f(-2)$ (c) $f(0)$

(d) $f(k)$ (e) $f(-5)$ (f) $f\left(\frac{1}{4}\right)$

(g) $f(1+h)$ (h) $f(1+h) - f(1)$ (i) $f(2+h) - f(2)$

2. $F(x) = x^3 + 3x$에 대해서, 다음 값을 구하여라.

(a) $F(1)$ (b) $F(\sqrt{2})$ (c) $F\left(\frac{1}{4}\right)$

(d) $F(\pi)$ (e) $F\left(\frac{1}{t}\right)$ (f) $F(2.718)$

3. $G(y)=1/(y-1)$에 대해서, 다음 값을 구하여라.

(a) $G(0)$ (b) $G(0.999)$ (c) $G(1.01)$

(d) $G(y^2)$ (e) $G(-x)$ (f) $G\left(\frac{1}{x^2}\right)$

4. $\Phi(u)=\frac{u+u^2}{\sqrt{u}}$에 대해서, 다음 값을 구하여라. ($\Phi$는 그리스어 대문자 파이(phi)이다.)

(a) $\Phi(1)$ (b) $\Phi(-t)$ (c) $\Phi\left(\frac{1}{2}\right)$

(d) $\Phi(u+1)$ (e) $\Phi(x^2)$ (f) $\Phi(x^2+x)$

5. $f(x)=\frac{1}{\sqrt{x-3}}$에 대해서, 다음 값을 구하여라.

(a) $f(0.25)$ (b) $f(\pi)$ (c) $f(3+\sqrt{2})$

6. $f(x)=\sqrt{x^2+9}/(x-\sqrt{3})$에 대해서, 다음 값을 구하여라.

(a) $f(0.79)$ (b) $f(12.26)$ (c) $f(\sqrt{3})$

7. 어떤 식 $y=f(x)$로 나타낼 수 있도록, 함수 f를 결정하는 것은 다음에서 어느 것들인가? 그것들에 대해서, $f(x)$를 구하여라. 도움말: y를 x에 대해서 풀고, 함수가 되려면 각각의 x에 대해서 y의 값이 한 개로 결정되어야 함에 유의하자.

(a) $x^2+y^2=1$ (b) $xy+y+x=1,\ x\neq -1$

(c) $x=\sqrt{2y+1}$ (d) $x=\frac{y}{y+1}$

8. 다음 그래프 중에 함수의 그래프인 것은? 이 문제를 보면 다음을 알 수 있다: 함수의 그래프는 각각의 수직선이 그래프와 많아야 한 점에서 만나야 한다.

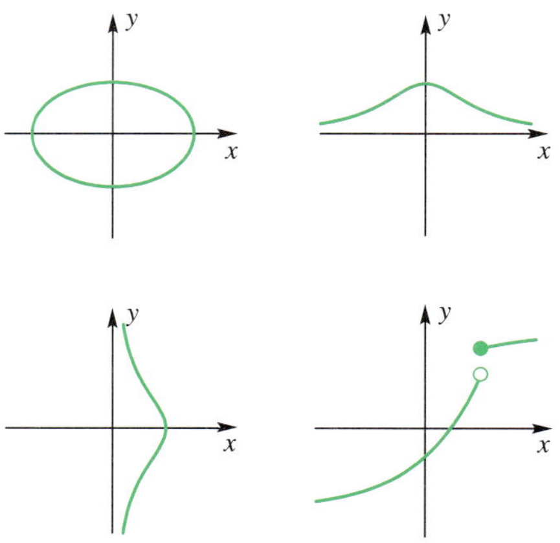

그림 12

9. $f(x)=2x^2-1$에 대해서, $[f(a+h)-f(a)]/h$를 구하고 간단히 하여라.

10. $f(t)=4t^3$에 대해서, $[f(a+h)-f(a)]/h$를 구하고 간단히 하여라.

11. $g(u)=3/(u-2)$에 대해서, $[g(x+h)-g(x)]/h$를 구하고 간단히 하여라.

12. $G(t)=t/(t+4)$에 대해서, $[G(a+h)-G(a)]/h$를 구하고 간단히 하여라.

13. 다음 함수의 정의역을 구하여라.

(a) $F(z)=\sqrt{2z+3}$ (b) $g(v)=1/(4v-1)$

(c) $\psi(x)=\sqrt{x^2-9}$ (d) $H(y)=-\sqrt{625-y}$

14. 다음 함수의 정의역을 구하여라.

(a) $f(x)=\frac{4-x^2}{x^2-x-6}$ (b) $G(y)=\sqrt{(y+1)^{-1}}$

(c) $\phi(u)=|2u+3|$ (d) $F(t)=t^{2/3}-4$

문제 15~30에서 주어진 함수가 우함수인지, 기함수인지, 어느 것도 아닌지 답하고, 그 그래프를 그려라(예제 4, 5 참조).

15. $f(x)=-4$ **16.** $f(x)=3x$

17. $F(x)=2x+1$ **18.** $F(x)=3x-\sqrt{2}$

19. $g(x)=3x^2+2x-1$ **20.** $g(u)=\frac{u^3}{8}$

21. $g(x)=\frac{x}{x^2-1}$ **22.** $\phi(z)=\frac{2z+1}{z-1}$

23. $f(w)=\sqrt{w-1}$ **24.** $h(x)=\sqrt{x^2+4}$

25. $f(x)=|2x|$ **26.** $F(t)=-|t+3|$

27. $g(x)=\left[\!\left[\frac{x}{2}\right]\!\right]$ **28.** $G(x)=[\![2x-1]\!]$

29. $g(t)=\begin{cases} 1, & t\leq 0\text{일 때} \\ t+1, & 0<t<2\text{일 때} \\ t^2-1, & t\geq 2\text{일 때} \end{cases}$

30. $h(x)=\begin{cases} -x^2+4, & x\leq 1\text{일 때} \\ 3x, & x>1\text{일 때} \end{cases}$

31. 어떤 공장이 하루에 0대에서 100대 사이의 컴퓨터를 생산할 수 있다. 이 공장을 유지하는데 하루 \$5000의 돈이 들며, 컴퓨터 한 대를 생산하는데 들어가는 직접 비용(인건비와 재료비)은 \$805이다. 하루에 x대의 컴퓨터를 생산할 때 드는 총 비용 $T(x)$의 식과 단위 비용(컴퓨터 한 대의 평균 생산 비용) $u(x)$의 식을 구하여라. 이 함수들의 정의역은 무엇인가?

C **32.** 어떤 회사가 장난감을 만든다. x개를 만드는 데 드는 비용은 $400+5\sqrt{x(x-4)}$ 달러이고, 각각을 \$6를 받고 판다.

(a) x개의 장난감을 만들 때 얻게 되는 총 이익 $P(x)$

의 식을 구하여라.

(b) $P(200)$과 $P(1000)$을 구하여라.

(c) 이 회사는 밑지지 않으려면 몇 개의 장난감을 만들어야 하는가?

C **33.** 어떤 수 x가 그 제곱보다 더 큰 양 $E(x)$의 식을 구하여라. 구간 $0 \le x \le 1$에서 $E(x)$의 그래프를 그려라. 이 그래프를 이용하여, 1보다 작거나 같은 양수 중에 자신의 제곱보다 더 큰 정도가 최대인 수를 추측하여라.

34. 정삼각형의 둘레 길이를 p라 하자. 정삼각형의 넓이 $A(p)$의 공식을 구하여라.

35. 빗변의 길이가 h인 직각삼각형의 높이를 x라 하자. 직각삼각형의 나머지 한 변의 길이 $L(x)$의 공식을 구하여라.

36. 빗변의 길이가 h인 직각삼각형의 높이를 x라 하자. 직각삼각형의 넓이 $A(x)$의 공식을 구하여라.

37. 렌트카 회사에서 차를 빌리는 비용은 하루 \$24에 마일당 \$0.40를 더한 값이다.

(a) 하루 동안 차를 빌려서 x 마일의 거리를 운전했을 때, 총 비용 $E(x)$의 식을 구하여라.

(b) \$120의 돈이 있으면, 하루 차를 빌려서 최대 몇 마일을 달릴 수 있겠는가?

38. 반지름이 r인 직원기둥이 반지름이 $2r$인 구(공)에 내접하고 있다. 원기둥의 부피 $V(r)$을 r의 식으로 나타내어라.

39. 길이가 1 마일인 경주로가 있는데, 평행한 두 변과, 같은 크기의 두 반원으로 구성되어 있다. 반원의 지름이 d일 때, 이 경주로가 둘러싼 넓이 $A(d)$를 d의 식으로 나타내어라. 이 함수의 자연스러운 정의역은?

40. 위쪽은 직선 $y=x+1$, 왼쪽은 y축, 아래쪽은 x축, 오른쪽은 직선 $x=c$로 둘러싸서 생기는 영역의 넓이를 $A(c)$라 하자. 이러한 함수를 축적함수(accumulation function)라고 부른다(그림 13 참조). 다음을 구하여라.

(a) $A(1)$ (b) $A(2)$

(c) $A(0)$ (d) $A(c)$

(e) $A(c)$의 그래프를 그려라.

(f) 함수 A의 정의역과 치역은?

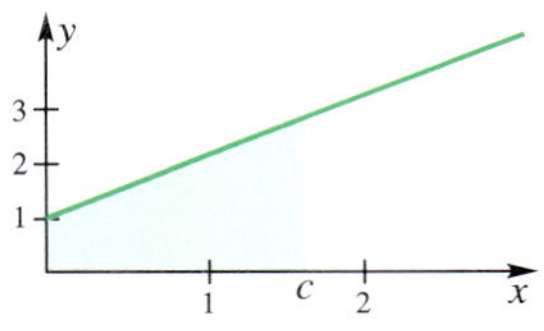

그림 13

41. 위쪽은 곡선 $y=x(1-x)$, 아래쪽은 x축, 오른쪽은 직선 $x=c$로 둘러싸서 생기는 영역의 넓이를 $B(c)$라 하자. 함수 B의 정의역은 구간 $[0, 1]$이다(그림 14 참조). 그리고 $B(1)=\frac{1}{6}$이다.

(a) $B(0)$을 구하여라.

(b) $B\left(\frac{1}{2}\right)$을 구하여라.

(c) $B(c)$의 그래프를 가능한 한 잘 그려 보아라.

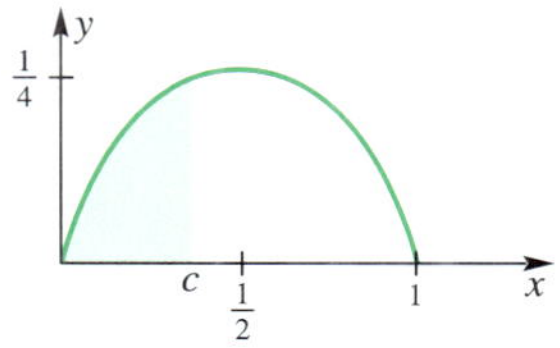

그림 14

42. 모든 실수 x와 y에 대해서 $f(x+y)=f(x)+f(y)$를 만족하는 함수는 어느 것인가?

(a) $f(t)=2t$ (b) $f(t)=t^2$

(c) $f(t)=2t+1$ (d) $f(t)=-3t$

43. 모든 실수 x와 y에 대해 $f(x+y)=f(x)+f(y)$라고 하자. 그러면 모든 유리수 t에 대해 $f(t)=mt$인 수 m이 존재함을 보여라. 도움말: 우선 m이 어떤 값이어야 하는지 결정한다. 그 다음에 $f(0)=0$, 모든 자연수 p에 대해서 $f(p)=mp$, $f(1/p)=m/p$임을 차례차례 밝혀 나간다.

44. 야구장의 내야는 각 변의 길이가 90 피트인 정사각형이다. 어떤 선수가 홈런을 치고 나서, 초속 10 피트로 천천히 돌아 들어온다. t초 후에 이 선수와 홈플레이트 사이의 거리를 s라 하자.

(a) 네 부분으로 갈라서, s를 t의 함수로 나타내어라.

(b) 세 부분으로 갈라서, s를 t의 함수로 나타내어라.

GC 과학기술을 효과적으로 사용하려면, 그것의 성능과 강점, 약점을 알아야 한다. 여러분이 갖고 있는 컴퓨터 소프트웨어나 그래프 계산기를 이용하여, 여러 종류의 그래픽 함수를 연습하여 보기 바란다. 문제 45~50은 이러한 목적으로 제시해 놓았다.

45. $f(x)=(x^3+3x-5)/(x^2+4)$라 하자.

(a) $f(1.38)$과 $f(4.12)$를 구하여라.

(b) $x=-4, -3, \cdots, 3, 4$에 대응하는 함수의 값의 표로 만들어라.

46. $f(x)=(\sin^2 x-3\tan x)/\cos x$에 대해서 문제 45가 요구하는 것을 해 보아라.

47. 함수 $f(x)=x^3-5x^2+x+8$의 그래프를 정의역 $[-2, 5]$에

서 그려라.

(a) f의 치역을 구하여라.

(b) $f(x)\geq 0$인 것의 정의역은?

48. 함수 $g(x)=2x^2-8x-1$의 그래프를 정의역 $[-2, 5]$에서 그려서, 문제 47의 $f(x)$의 그래프와 겹쳐 놓아라.

(a) $f(x)=g(x)$가 되는 x값들을 추정하여라.

(b) $f(x)\geq g(x)$인 것은 $[-2, 5]$의 어느 곳에서인가?

(c) $[-2, 5]$에서 $|f(x)-g(x)|$의 최대값을 추정하여라.

49. 함수 $f(x)=(3x-4)/(x^2+x-6)$의 그래프를 정의역 $[-6, 6]$에서 그려라.

(a) x절편과 y절편을 구하여라.

(b) 주어진 정의역에서 f의 치역을 구하여라.

(c) 그래프의 수직 점근선을 구하여라.

(d) 정의역을 전체 실직선으로 확장하였을 때, 그래프의 수평 점근선을 구하여라.

50. 함수 $g(x)=(3x^2-4)/(x^2+x-6)$에 대해서 문제 49가 요구하는 것을 해 보아라.

개념 복습 해답: **1.** 정의역, 치역 **2.** $12u^2$; $3(x+h)^2=3x^2+6xh+3h^2$ **3.** 점근선 **4.** 우함수, 기함수, y축, 원점

0.6 함수의 연산

두 수 a와 b를 더해서 새로운 수 $a+b$가 생기는 것과 같이, 두 함수 f와 g를 더하여 새로운 함수 $f+g$를 만들 수 있다. 이것이 이 절에서 다룰 함수들의 여러 연산 중의 하나이다.

덧셈, 뺄셈, 곱셈, 나눗셈, 거듭제곱 두 함수 f와 g가

$$f(x)=\frac{x-3}{2}, \quad g(x)=\sqrt{x}$$

일 때 새로운 함수 $f+g$를 각 x에 $f(x)+g(x)=(x-3)/2+\sqrt{x}$를 대응시켜 만들 수 있다. 즉,

$$(f+g)(x)=f(x)+g(x)=\frac{x-3}{2}+\sqrt{x}$$

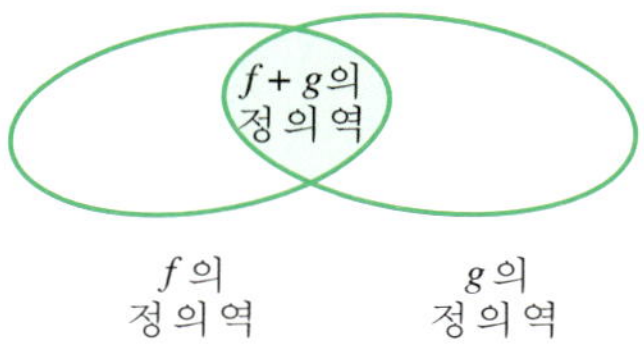

그림 1

물론, 정의역에 대해 주의가 필요하지만, 분명히 x는 f와 g가 모두 의미를 갖는 수이어야 한다. 다시 말해 함수 $f+g$의 정의역은 f의 정의역과 g의 정의역의 교집합(공통부분)이다(그림 1).

함수 $f-g$, $f\cdot g$, f/g도 같은 방법으로 정의한다. f와 g의 최대정의역을 생각하면 다음 같은 결과를 얻는다.

공 식	정의역
$(f+g)(x)=f(x)+g(x)=\frac{x-3}{2}+\sqrt{x}$	$[0, \infty)$
$(f-g)(x)=f(x)-g(x)=\frac{x-3}{2}-\sqrt{x}$	$[0, \infty)$
$(f\cdot g)(x)=f(x)\cdot g(x)=\frac{x-3}{2}\sqrt{x}$	$[0, \infty)$
$\left(\frac{f}{g}\right)(x)=\frac{f(x)}{g(x)}=\frac{x-3}{2\sqrt{x}}$	$(0, \infty)$

0으로 나누는 것을 피하기 위해 f/g의 정의역에서 0을 제외하여야 한다.

그리고 함수의 거듭제곱을 생각할 수 있다. 기호 f^n은, 변수 x에 값 $[f(x)]^n$

을 대응시키는 함수를 뜻한다. 따라서

$$g^3(x)=[g(x)]^3=(\sqrt{x})^3=x^{3/2}$$

여기서 $n=-1$에 대해서는 위와 같이 사용되지 않는 예외적 경우가 있다.

기호 f^{-1}은 6.2절에서 배우게 될 역함수를 나타내는 데 사용한다. 따라서 f^{-1}은 $1/f$을 의미하지 않는다.

예제 1 $F(x)=\sqrt[4]{x+1}$, $G(x)=\sqrt{9-x^2}$과, 각각의 최대정의역 $[-1, \infty)$, $[-3, 3]$에 대해 $F+G$, $F-G$, $F \cdot G$, F/G, F^5의 식과 최대정의역을 구하여라.

풀이

식	정의역
$(F+G)(x)=F(x)+G(x)=\sqrt[4]{x+1}+\sqrt{9-x^2}$	$[-1, 3]$
$(F-G)(x)=F(x)-G(x)=\sqrt[4]{x+1}-\sqrt{9-x^2}$	$[-1, 3]$
$(F \cdot G)(x)=F(x) \cdot G(x)=\sqrt[4]{x+1}\sqrt{9-x^2}$	$[-1, 3]$
$\left(\frac{F}{G}\right)(x)=\frac{F(x)}{G(x)}=\frac{\sqrt[4]{x+1}}{\sqrt{9-x^2}}$	$[-1, 3)$
$F^5(x)=[F(x)]^5=(\sqrt[4]{x+1})^5=(x+1)^{5/4}$	$[-1, \infty)$

■

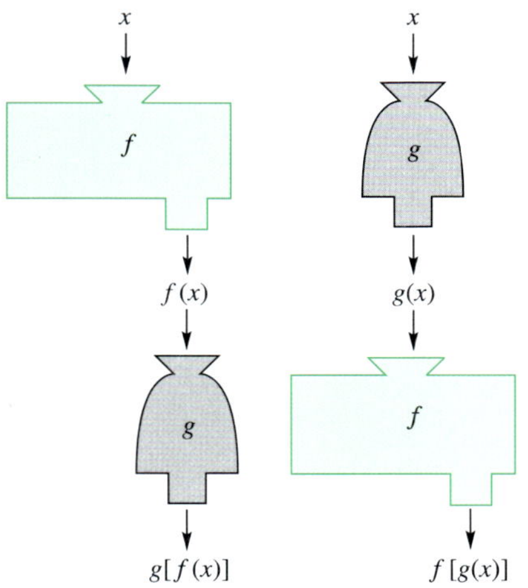

그림 2

합성함수 앞에서 함수를 기계로 생각하자고 하였다. 그리고 x를 입력된 값, $f(x)$를 x에 대한 출력된 값이라고 하였다. 기계 두 대를 연달아 결합해서, 좀 더 복잡한 기계를 만드는 경우를 생각해보자. 두 함수 f와 g도 마찬가지이다(그림 2). f가 x를 입력 받아 $f(x)$를 출력하고, 다시 g는 $f(x)$를 입력 받아 $g(f(x))$를 출력한다. 이것을 f와 g를 합성한다고 한다. 그 결과로 만들어진 함수를 f와 g의 **합성함수**(composition)라 하고, 기호 $g \circ f$로 나타낸다. 즉,

$$(g \circ f)(x)=g(f(x))$$

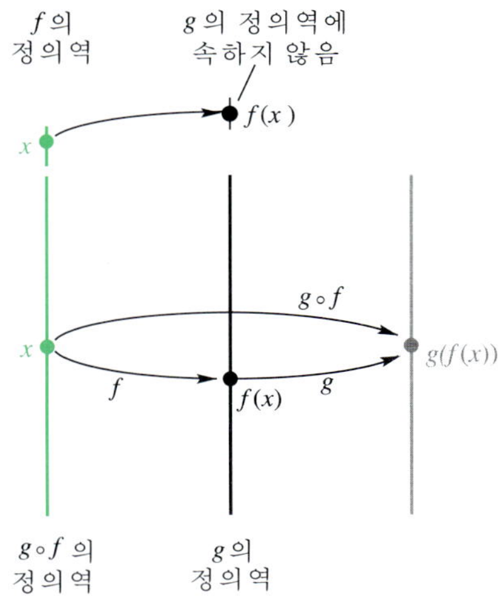

그림 3

앞의 예제에서 $f(x)=(x-3)/2$와 $g(x)=\sqrt{x}$를 다루었다. 이 함수들을 두 가지 방법으로 합성할 수 있다.

$$(g \circ f)(x)=g(f(x))=g\left(\frac{x-3}{2}\right)=\sqrt{\frac{x-3}{2}}$$

$$(f \circ g)(x)=f(g(x))=f(\sqrt{x})=\frac{\sqrt{x}-3}{2}$$

여기서 $g \circ f$는 $f \circ g$와 같지 않음에 주의한다. 따라서, 함수들의 합성은 가환이 아니다.

합성함수의 정의역을 말할 때는 조심해야 한다. 함수 $g \circ f$의 정의역은 다음을 만족하는 x들의 집합이다.

1. x는 f의 정의역에 속한다.
2. $f(x)$는 g의 정의역에 속한다.

즉, x는 f의 유효한 입력값이어야 하고, $f(x)$는 g의 유효한 입력값이어야 한다. 이 예제에서 $x=2$는 f의 정의역에 속하지만,

$$g(f(2))=g((2-3)/2)=g\left(-\frac{1}{2}\right)=\sqrt{-\frac{1}{2}}$$

이므로 $x=2$는 합성함수 $g\circ f$의 정의역에는 속하지 않는다. g에 음이 아닌 값이 입력되어야 하고 구간 $[3, \infty)$에서 $f(x)$가 음이 아니므로 $g\circ f$의 정의역은 $[3, \infty)$이다. 합성함수 $f\circ g$의 정의역은 구간 $[0, \infty)$이기 때문에, $g\circ f$의 정의역과 $f\circ g$의 정의역은 일반적으로 같지 않다. 그림 3에서 $f(x)$가 g의 정의역에 속하지 않게 되는 x의 값을 $g\circ f$의 정의역에서 어떻게 제외하는지를 보여주고 있다.

예제 2 $f(x)=6x/(x^2-9)$, $g(x)=\sqrt{3x}$일 때, $(f\circ g)(12)$를 구하고 함수 $f\circ g$의 정의역을 구하여라.

풀이

$$(f\circ g)(12)=f(g(12))=f(\sqrt{36})=f(6)=\frac{6\times 6}{6^2-9}=\frac{4}{3}$$

$$(f\circ g)(x)=f(g(x))=f(\sqrt{3x})^2=\frac{6\sqrt{3x}}{(\sqrt{3x})^2-9}$$

식 $\sqrt{3x}$가 분모와 분자에 있다. x가 음수이면 이 식은 음수의 제곱근이 된다. 따라서, 모든 음수는 $f\circ g$의 정의역에서 제외되어야 한다. $x\geq 0$일 때 $(\sqrt{3x})^2=3x$이므로 다음이 성립한다.

$$(f\circ g)(x)=\frac{6\sqrt{3x}}{3x-9}=\frac{2\sqrt{3x}}{x-3}$$

이다.

그리고 $g(3)$은 f의 정의역에 속하지 않으므로(0으로 나누게 되므로) $x=3$은 $g\circ f$의 정의역에서 제외해야 한다. 따라서 함수 $f\circ g$의 정의역은 $[0, 3)\cup(3, \infty)$이다. ■

미적분학에서 때로 주어진 함수를 간단한 두 함수의 합성함수로 나타낼 필요가 있다. 그러나 그 두 함수를 결정하는 방법은 유일하지 않다. 예를 들어 함수 $p(x)=\sqrt{x^2+4}$는

$$g(x)=\sqrt{x},\ f(x)=x^2+4$$

또는

$$g(x)=\sqrt{x+4},\ f(x)=x^2$$

로 잡아 $p(x)=g(f(x))$로 나타낼 수 있다(이 두가지 합성함수 모두 정의역이 $(-\infty, \infty)$이고 $p(x)=\sqrt{x^2+4}$를 나타냄을 확인할 것). $p(x)=g(f(x))$로 분해할 때 $f(x)=x^2+4$와 $g(x)=\sqrt{x}$의 합성함수로 생각하는 것이 좀 더 간단하고

좋다. 따라서 $p(x)=\sqrt{x^2+1}$을 x에 대한 함수의 제곱근으로 볼 수 있다. 이러한 관점은 2장에서 중요하다.

예제 3 함수 $p(x)=(x+2)^5$을 합성함수 $g \circ f$로 나타내어라.

풀이 p를 분해하는 가장 자연스런 방법은

$$g(x)=x^5,\ f(x)=x+2\text{에 대해 } p(x)=g(f(x))$$

로 나타내는 것이다. 따라서 $p(x)=(x+2)^5$을 x의 함수의 5제곱으로 볼 수 있다. ■

평행이동 어떤 함수가 좀 더 간단한 함수로 부터 얻어지는 과정을 관찰하면 그래프를 그릴 때 매우 유리하다. 함수

$$y=f(x) \quad y=f(x-3) \quad y=f(x)+2 \quad y=f(x-3)+2$$

의 그래프들은 서로 어떤 관계가 있는가를 살펴보자. 예를 들어 $f(x)=|x|$를 생각해 보자. 대응하는 네 개의 그래프는 그림 4와 같다.

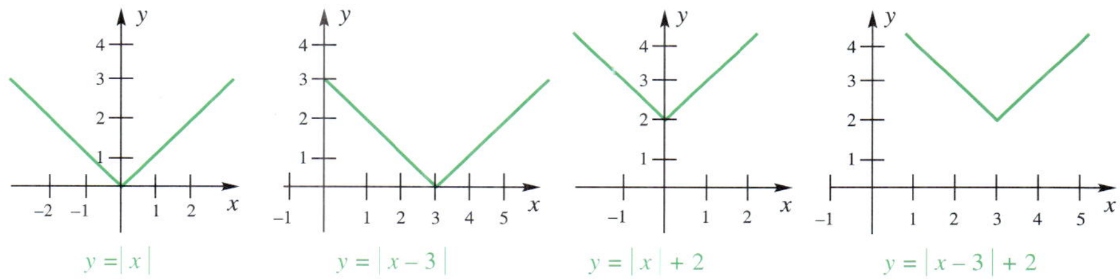

그림 4

네 개의 그래프는 모두 같은 모양을 하고 있음을 주목하기 바란다. 뒤의 세 개는 처음 그래프를 이동한 것과 같다. x 대신에 $x-3$을 대입하면, 그래프는 오른쪽으로 3만큼 평행이동한다. 2를 더하면, 그래프는 위쪽으로 2만큼 평행이동한다.

$f(x)=|x|$에 대한 경우들이 대표적인 경우이다. 그림 5는 함수 $f(x)=x^3+x^2$에 대한 경우들을 보여주고 있다.

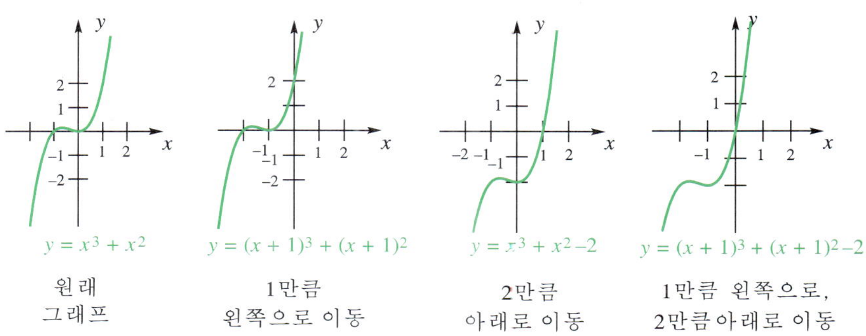

그림 5

이와 똑같은 원리가 일반적인 상황에서 적용된다. h와 k가 둘 다 양수인 경

우를 그림 6에 제시해 놓았다. $h<0$이면, x축의 왼쪽으로 평행이동하고 $k<0$이면, 아래쪽으로 평행이동한다.

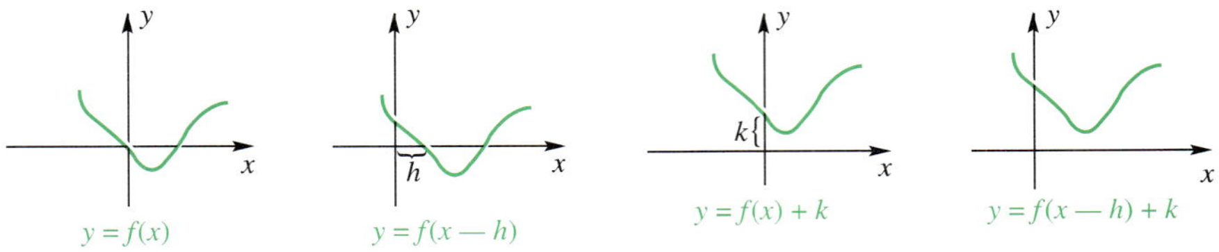

원래 그래프 | h만큼 오른쪽으로 이동 | k만큼 위로 이동 | h만큼 오른쪽으로, k만큼 위로 이동

그림 6

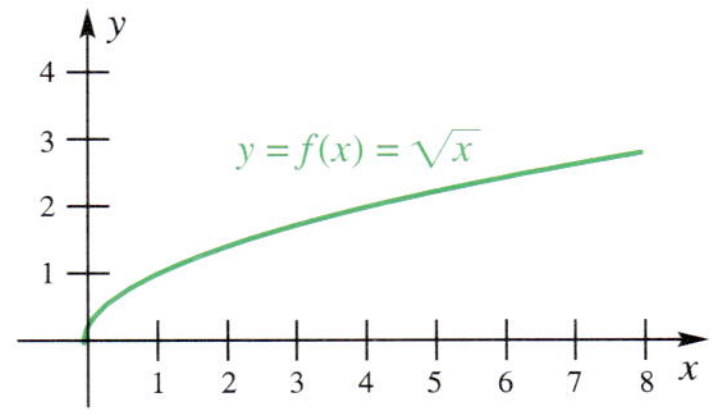

그림 7

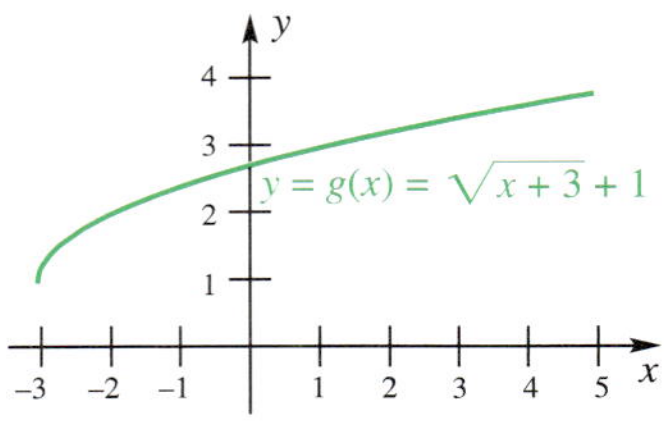

그림 8

예제 4 먼저 함수 $f(x)=\sqrt{x}$의 그래프를 그린 다음에 평행이동을 이용하여 $g(x)=\sqrt{x+3}+1$의 그래프를 그려라.

풀이 f의 그래프를(그림 7) 왼쪽으로 3만큼, 위쪽으로 1만큼 평행이동하면, g의 그래프를 얻는다(그림 8). ■

함수 분류 상수 (실수) k에 대해서, $f(x)=k$ 형태의 함수를 **상수함수**라고 한다. 그 그래프는 수평직선이다(그림 9). 함수 $f(x)=x$를 **항등함수**라고 한다. 그 그래프는 원점을 지나고 기울기가 1인 직선이다(그림 10). 이런 간단한 함수들로 여러 중요한 함수들을 만들 수 있다.

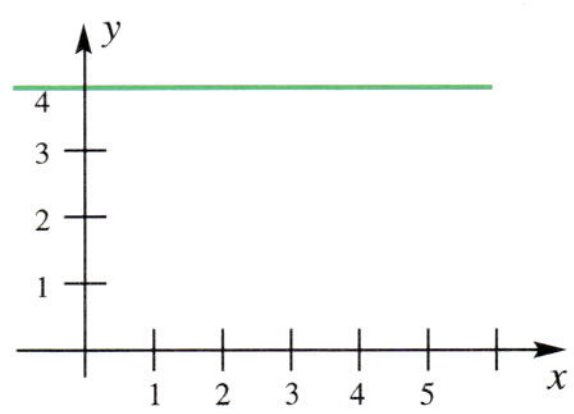

상수함수
$f(x)=4$

그림 9

상수함수와 항등함수를 가지고 더하기, 빼기, 곱하기를 해서 얻을 수 있는 함수를 **다항함수**(polynomial function)라고 한다. 즉, 다음과 같은 형태로 된 함수 f는 다항함수이다.

$$f(x)=a_nx^n+a_{n-1}x^{n-1}+\cdots+a_1x+a_0$$

여기서 a들은 실수이며, n은 음이 아닌 정수이다. $a_n\neq 0$일 때, n을 다항함수의 **차수**라고 한다. 특히, $f(x)=ax+b$는 일차 다항함수 또는 **선형함수**라 하고, $f(x)=ax^2+bx+c$은 이차 다항함수 또는 **이차함수**라 한다.

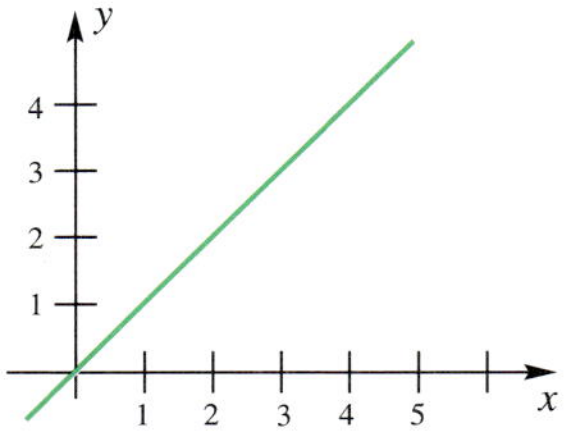

항등함수
$f(x)=x$

그림 10

다항함수들의 몫(분수)을 유리함수라고 한다. 따라서, 다음과 같은 형태로 된 함수 f는 **유리함수**이다.

$$f(x)=\frac{a_nx^n+a_{n-1}x^{n-1}+\cdots+a_1x+a_0}{b_mx^m+b_{m-1}x^{m-1}+\cdots+b_1x+b_0}$$

유리함수의 정의역은 분모가 0이 안 되게 하는 실수들의 집합이다.

상수함수와 항등함수를 가지고, 더하기, 빼기, 곱하기, 나누기, 거듭제곱근을 해서 얻을 수 있는 함수를 대수적 함수라고 한다. 예를 들면,

$$f(x)=3x^{2/5}=3\sqrt[5]{x^2}, \qquad g(x)=\frac{(x+2)\sqrt{x}}{x^3+\sqrt[3]{x^2-1}}$$

가 있다.

지금까지 알아본 함수들과 삼각함수, 역삼각함수, 지수함수, 로그함수(후에 다룬다)는 미적분학의 기초적인 기본함수들이다.

개념 복습

1. $f(x)=x^2+1$이면, $f^3(x)=$______.

2. 합성함수 $f\circ g$의 x에서의 값은 다음과 같이 정의한다. $(f\circ g)(x)=$______.

3. $y=f(x)$의 그래프와 비교해서, $y=f(x+2)$의 그래프는 ______만큼 ______으로 옮긴 것이다.

4. 유리함수는 ______으로 정의한다.

연습문제 0.6

1. $f(x)=x+3$과 $g(x)=x^2$에 대해서, 다음 값을 (가능하다면) 구하여라.

(a) $(f+g)(2)$ (b) $(f\cdot g)(0)$ (c) $(g/f)(3)$
(d) $(f\circ g)(1)$ (e) $(g\circ f)(1)$ (f) $(g\circ f)(-8)$

2. $f(x)=x^2+x$와 $g(x)=2/(x+3)$에 대해서, 다음 값을 구하여라.

(a) $(f-g)(2)$ (b) $(f/g)(1)$ (c) $g^2(3)$
(d) $(f\circ g)(1)$ (e) $(g\circ f)(1)$ (f) $(g\circ g)(3)$

3. $\Phi(u)=u^3+1$과 $\Psi(v)=1/v$에 대해서, 다음 값을 구하여라.

(a) $(\Phi+\Psi)(t)$ (b) $(\Phi\circ\Psi)(r)$
(c) $(\Psi\circ\Phi)(r)$ (d) $\Phi^3(z)$
(e) $(\Phi-\Psi)(5t)$ (f) $((\Phi-\Psi)\circ\Psi)(t)$

4. $f(x)=\sqrt{x^2-1}$이고 $g(x)=2/x$일 때, 다음 함수의 식과 그 정의역을 구하여라.

(a) $(f\cdot g)(x)$ (b) $f^4(x)+g^4(x)$
(c) $(f\circ g)(x)$ (d) $(g\circ f)(x)$

5. $f(s)=\sqrt{s^2-4}$이고 $g(w)=|1+w|$일 때, $(f\circ g)(x)$와 $(g\circ f)(x)$의 공식들을 구하여라.

6. $g(x)=x^2+1$일 때, $g^3(x)$과 $(g\circ g\circ g)(x)$의 공식들을 구하여라.

C **7.** $g(u)=\dfrac{\sqrt{u^3+2u}}{2+u}$일 때, $g(3.141)$을 계산하여라.

C **8.** $g(x)=\dfrac{(\sqrt{x}-\sqrt[3]{x})^4}{1-x+x^2}$일 때, $g(2.03)$을 계산하여라.

C **9.** $g(v)=|11-7v|$일 때, $[g^2(\pi)-g(\pi)]^{1/3}$을 계산하여라.

C **10.** $g(x)=6x-11$일 때, $[g^3(\pi)-g(\pi)]^{1/3}$을 계산하여라.

11. $F=g\circ f$가 되도록, f와 g를 찾아라.(예제 3 참조)

(a) $F(x)=\sqrt{x+7}$ (b) $F(x)=(x^2+x)^{15}$

12. $p=f\circ g$가 되도록, f와 g를 찾아라.

(a) $p(x)=\dfrac{2}{(x^2+x+1)^3}$ (b) $p(x)=\dfrac{1}{x^3+3x}$

13. $p(x)=1/\sqrt{x^2+1}$을 세 함수의 합성으로, 두 가지 다른 방법으로 써 보아라.

14. $p(x)=1/\sqrt{x^2+1}$을 네 함수의 합성으로 써 보아라.

15. $f(x)=\sqrt{x-2}-3$의 그래프를 그리되, 우선 $g(x)=\sqrt{x}$의 그래프를 그리고, 그 다음에 이동시켜라.(예제 4 참조)

16. $g(x)=|x+3|-4$의 그래프를 그리되, 우선 $h(x)=|x|$의 그래프를 그리고, 그 다음에 이동시켜라.

17. 이동하는 방법으로 $f(x)=(x-2)^2-4$의 그래프를 그려라.

18. 이동방법으로 $g(x)=(x+1)^3-3$의 그래프를 그려라.

19. $f(x)=(x-3)/2$과 $g(x)=\sqrt{x}$의 그래프를 같은 좌표평면에다 그려라. 그 다음에 세로 좌표를 더해서, $f+g$의 그래프를 그려라.

20. $f(x)=x$와 $g(x)=|x|$에 대해서, 문제 19를 해 보아라.

21. $F(t)=\dfrac{|t|-t}{t}$의 그래프를 그려라.

22. $G(t)=t-[\![t]\!]$의 그래프를 그려라.

23. 다음이 우함수인지, 기함수인지, 어느 것도 아닌지 답하여라. 그것을 증명하여라.

(a) 두 우함수의 합 (b) 두 기함수의 합

(c) 두 우함수의 곱 (d) 두 기함수의 곱

(e) 우함수와 기함수의 곱

24. 함수 F의 정의역에 x가 속하면 $-x$도 반드시 속한다고 하자. 다음을 증명하여라.

(a) $F(x)-F(-x)$는 기함수이다.

(b) $F(x)+F(-x)$는 우함수이다.

(c) F는 항상 기함수와 우함수의 합으로 표현할 수 있다.

25. 차수가 짝수인 다항식은 모두 우함수인가? 차수가 홀수인 다항식은 모두 기함수인가? 설명하여라.

26. 다음이 다항함수인지, 유리함수이지만 다항함수는 아니다, 어느 것도 아닌지 구별하여라.

(a) $f(x)=3x^{1/2}+1$ (b) $f(x)=3$

(c) $f(x)=3x^2+2x^{-1}$ (d) $f(x)=\pi x^3-3\pi$

(e) $f(x)=\dfrac{1}{x+1}$ (f) $f(x)=\dfrac{x+1}{\sqrt{x+3}}$

27. 어떤 상품의 단위 가격 P와 수요 D 사이에는 다음 공식이 성립한다.

$$P=\sqrt{29-3D+D^2}$$

한편으로, 1970년을 기준으로 t년 후의 수요는 공식 $D=2+\sqrt{t}$에 따라서 증가하였다.

(a) P를 t의 함수로 나타내어라.

(b) $t=15$일 때 P를 구하여라.

28. 어떤 자동차 회사가 설립 이후 t년 후에 연간 $120+2t+3t^2$대의 자동차를 생산한다. 자동차 한 대의 평균 가격은 $6000+700t$달러이다. 이 회사의 t년 후의 연간 총 매출 $R(t)$를 구하여라.

29. 비행기 A는 정오에 출발해서, 시속 400 마일의 속력으로 북쪽으로 날아간다. 비행기 B는 1시간 후에 출발해서, 시속 300 마일의 속력으로 동쪽으로 날아간다. 지구가 굽은 것을 무시하고, 이들이 고도가 같다고 가정하고, 정오 이후 t시간일 때 이 두 비행기 사이의 거리 $D(t)$를 구하여라. 도움말: $D(t)$의 공식은 두 가지가 나온다. $0<t<1$일 때의 공식과 $t>1$일 때의 공식.

= C **30.** 문제 29에서 오후 2 : 30일 때 두 비행기 사이의 거리를 구하여라.

31. $f(x)=\dfrac{ax+b}{cx-a}$라고 하자. $a^2+bc\neq 0$이고 $x\neq a/c$일 때, $f(f(x))=x$임을 보여라.

32. $f(x)=\dfrac{x-3}{x+1}$이라고 하자. $x\neq\pm 1$일 때, $f(f(f(x)))=x$임을 보여라.

33. $f(x)=\dfrac{x}{x-1}$라고 하자. 다음 값을 구하고 간단하게 하여라.

(a) $f(1/x)$ (b) $f(f(x))$ (c) $f(1/f(x))$

34. $f(x)=\dfrac{x}{\sqrt{x}-1}$라고 하자. 다음을 구하고 간단하게 하여라.

(a) $f\left(\dfrac{1}{x}\right)$ (b) $f(f(x))$

35. 함수들의 합성연산은 결합법칙이 성립함을 보여라. 즉, $f_1\circ(f_2\circ f_3)=(f_1\circ f_2)\circ f_3$

36. $f_1(x)=x$, $f_2(x)=1/x$, $f_3(x)=1-x$, $f_4(x)=1/(1-x)$, $f_5(x)=(x-1)$, $f_6(x)=x/(x-1)$라고 하자. 이 때 $f_3(f_4(x))=f_3(1/(1-x))=1-1/(1-x)=x/(x-1)=f_6(x)$임을 주목하기 바란다. 즉, $f_3\circ f_4=f_6$. 사실, 이들 중 어떠한 두 함수를 합성해도, 그 결과는 이들 중의 어느 하나가 된다. 그림 11의 합성함수 표를 완성하여라.

$\circ$	f_1	f_2	f_3	f_4	f_5	f_6
f_1						
f_2						
f_3				f_6		
f_4						
f_5						
f_6						

그림 11

이제 이 표를 써서 다음을 구하여라. 문제 35를 통해서, 결합법칙이 성립함을 안다.

(a) $f_3\circ f_3\circ f_3\circ f_3\circ f_3$

(b) $f_1\circ f_2\circ f_3\circ f_4\circ f_5\circ f_6$

(c) $F\circ f_6=f_1$이 되는 F

(d) $G\circ f_3\circ f_6=f_1$이 되는 G

(e) $f_2\circ f_5\circ H=f_5$가 되는 H

GC 문제 37~40은 컴퓨터 또는 그래프 계산기를 사용하여라.

37. $f(x)=x^2-3x$라 하자. 같은 좌표평면에다 $y=f(x)$, $y=f(x-0.5)-0.6$, $y=f(1.5x)$의 그래프를 그려라. 정의역은 $[-2, 5]$ 구간으로 하여라.

38. $f(x)=|x^3|$이라 하자. 같은 좌표평면에다 $y=f(x)$, $y=f(3x)$, $y=f(3(x-0.8))$의 그래프를 그려라. 정의역은 $[-3, 3]$ 구간으로 하여라.

39. $f(x)=2\sqrt{x}-2x+0.25x^2$이라 하자. 같은 좌표평면에다 $y=f(x)$, $y=f(1.5x)$, $y=f(x-1)+0.5$의 그래프를 그려라. 정의역은 $[0, 5]$ 구간으로 하여라.

40. $f(x)=1/(x^2+1)$이라 하자. 같은 좌표평면에다 $y=f(x)$, $y=f(2x)$, $y=f(x-2)+0.6$의 그래프를 그려라. 정의역은 $[-4, 4]$ 구간으로 하여라.

CAS **41.** 컴퓨터 수학 소프트웨어(CAS)가 함수를 정의할 때 매개변수를 사용할 수도 있다. 다음 각각의 경우, 매개변수 k가 주어진 값들을 가질 때, 정의역이 $-5\le x\le 5$인 함수 $y=f(x)$의 그래프를 같은 좌표평면에 그려라.

(a) $f(x)=|kx|^{0.7}$, $k=1, 2, 0.5, 0.2$

(b) $f(x)=|x-k|^{0.7}$, $k=0, 2, -0.5, -3$

(c) $f(x)=|x|^k$, $k=0.4, 0.7, 1, 1.7$

CAS **42.** 매개변수들이 다음 값들을 가질 때, $f(x)=|k(x-c)|^n$의 그래프를 같은 좌표평면에다 그려라.

(a) $c=-1$, $k=1.4$, $n=0.7$

(b) $c=2$, $k=1.4$, $n=1$

(c) $c=0$, $k=0.9$, $n=0.6$

개념 복습 해답: **1.** $(x^2+1)^3$ **2.** $f(g(x))$ **3.** 2, 왼쪽 **4.** 두 다항함수의 몫(분수)

0.7 삼각함수

직각삼각형을 바탕으로 한 삼각함수의 정의는 중학교 과정에서 배웠다. 사인(sine), 코사인(cosine), 탄젠트(tangent)의 정의는 그림 1과 같은데, 나중에 여러 응용에 필요하기 때문에 그림 1을 잘봐 두어야 한다.

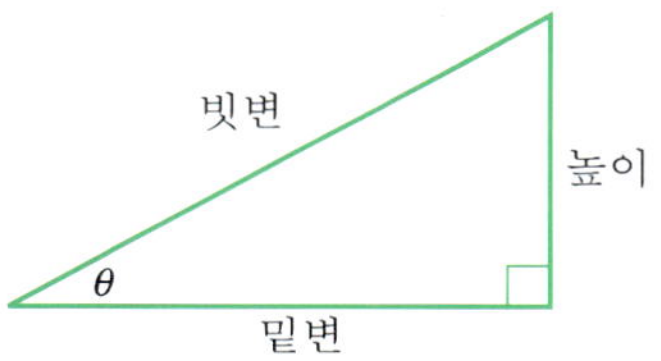

$\sin\theta=\dfrac{\text{높이}}{\text{빗변}}$ $\cos\theta=\dfrac{\text{밑변}}{\text{빗변}}$ $\tan\theta=\dfrac{\text{높이}}{\text{밑변}}$

그림 1

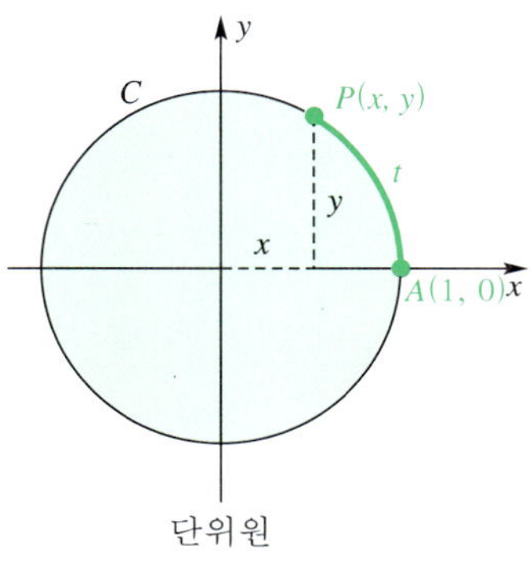

그림 2

좀 더 일반적인 방법으로, 단위원을 바탕으로 삼각함수를 정의한다. 단위원이란 반지름이 1이고 원점을 중점으로 가지는 원이며, C로 나타내는데 그 방정식은 $x^2+y^2=1$이다. 점 $(1, 0)$을 A로 나타내고, A에서 출발해서 원 C를 따라 시계반대(counterclockwise) 방향으로 호 AP의 길이를 재어서, 그 길이가 t가 되는 점 P는 이 원에 단 하나만 존재한다(그림 2 참조). 반지름이 r인 원의 둘레는 $2\pi r$임을 기억하고 있을 것이다. 따라서 C의 둘레는 2π이다. 따라서 $t=\pi$이면, 점 P는 점 A에서 출발해 원을 따라 꼭 절반을 움직인 곳에 있다. 즉, 이 경우 P는 점 $(-1, 0)$이다. $t=3\pi/2$이면, P는 점 $(0, -1)$이고, $t=2\pi$이면, P는 점 A이다. $t>2\pi$이면, 호 AP는 따라 원 C를 한 바퀴가 넘게 될 것이다.

$t<0$인 경우에는 시계방향(clockwise)으로 원을 따라 움직인다. A에서 출발해 시계 방향으로 호의 길이를 재어서, 그 길이가 $|t|$가 되는 점 P가 원 C에 단 하나만 존재한다. 그러므로 모든 실수 t에 대해서, 단위원의 한 점 $P(x, y)$를 대응시킬 수 있다. 이것을 통해서 사인 함수와 코사인 함수를 정의할 수 있다. 사인 함수와 코사인 함수는 하나의 문자 f 또는 g 보다 기호 sin과 cos로 나타낸다. 애매모호한 경우를 제외하고, 독립변수의 둘레에 괄호를 치지 않는다.

정의 사인 함수와 코사인 함수

실수 t가 위에서와 같이 점 $P(x, y)$를 결정할 때, 다음과 같이 정의한다.

$$\sin t = y, \quad \cos t = x$$

사인과 코사인의 기본 성질 위의 정의로부터 여러 가지 사실을 알 수 있다.

첫째, t가 어떤 실수이어도 되므로, 사인함수와 코사인함수의 정의역은 모두 $(-\infty, \infty)$이다. 둘째, x와 y가 항상 -1과 1 사이에 있으므로, 사인함수와 코사인함수 모두 치역이 구간 $[-1, 1]$이다.

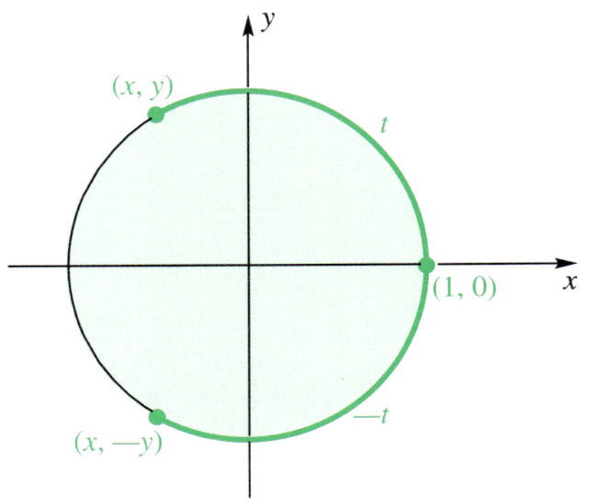

그림 3

단위원의 둘레 길이는 2π이므로, 수 t와 $t+2\pi$는 같은 점 $P(x, y)$를 결정한다. 따라서

$$\sin(t+2\pi) = \sin t \quad \text{그리고} \quad \cos(t+2\pi) = \cos t$$

($\sin(t+2\pi)$의 의미를 $\sin(t)+2\pi$와 구별하여 분명히 나타내기 위해 괄호가 필요하다. $\sin t + 2\pi$라는 표현은 애매모호하다.)

t에 대응하는 점 P_1과 $-t$에 대응하는 점 P_2는 x축에 대해서 대칭이다(그림 3). 따라서 P_1과 P_2의 x좌표는 같으며, y좌표는 서로 부호만 다르다. 따라서

$$\sin(-t) = -\sin t, \quad \cos(-t) = \cos t$$

즉, 사인은 기함수이고, 코사인은 우함수이다.

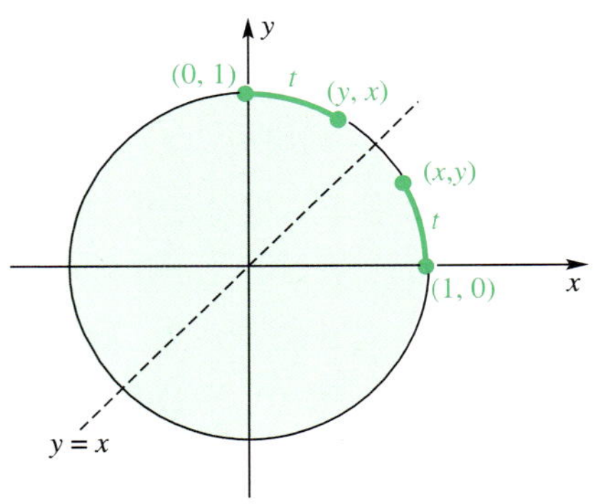

그림 4

t와 $\pi/2-t$에 각각 대응하는 점 P_3와 P_4는 직선 $y=x$에 대해서 대칭이며, 따라서 이들은 서로 x좌표, y좌표를 서로 바꾼 좌표를 가진다(그림 4). 따라서 다음이 성립한다.

$$\sin\left(\frac{\pi}{2}-t\right) = \cos t, \quad \cos\left(\frac{\pi}{2}-t\right) = \sin t$$

마지막으로, 사인 함수와 코사인 함수에 관한 중요한 항등식이 있다. 즉 모든 실수 t에 대하여 모든 실수 t에 대해서 점 (x, y)는 단위원에 놓여 있으므로 다음이 성립한다.

$$\sin^2 t + \cos^2 t = 1$$

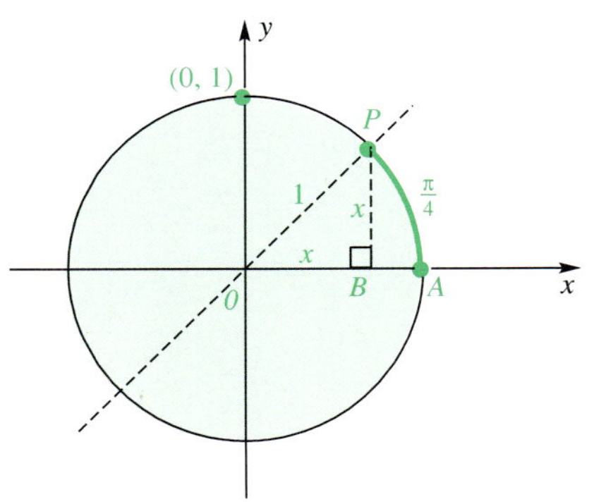

그림 5

사인과 코사인의 그래프 $y=\sin t$와 $y=\cos t$의 그래프를 그리기 위해서, 여러 값들의 표를 만들고, 대응하는 점들을 찍어서 나타내고, 그 점들을 매끄러운 곡선으로 잇는 과정을 밟아 나가자. 그렇지만 아직 우리가 알고 있는 사인, 코사인의 값은 특정한 몇 개의 t값에 국한되어 있다. 다른 여러 값들은 기하학적으로 구할 수 있다. 예를 들어 $t=\pi/4$이면, 단위원의 점 $(1, 0)$에서 출발해 시계반대 방향으로 점 $(0, 1)$에 이르는 호의 중점이 된다. 대칭성에 따라서, x와 y는 직선 $y=x$에 놓여 있다. 그러므로 $y=\sin t$와 $x=\cos t$는 서로 같다. 그러므로 직각삼각형 OBP의 두 변이 같고, 빗변의 길이는 1이다(그림 5). 피타고라스의 정리에 의해

t	$\sin t$	$\cos t$
0	0	1
$\pi/6$	$1/2$	$\sqrt{3}/2$
$\pi/4$	$\sqrt{2}/2$	$\sqrt{2}/2$
$\pi/3$	$\sqrt{3}/2$	$1/2$
$\pi/2$	1	0
$2\pi/3$	$\sqrt{3}/2$	$-1/2$
$3\pi/4$	$\sqrt{2}/2$	$-\sqrt{2}/2$
$5\pi/6$	$1/2$	$-\sqrt{3}/2$
π	0	-1

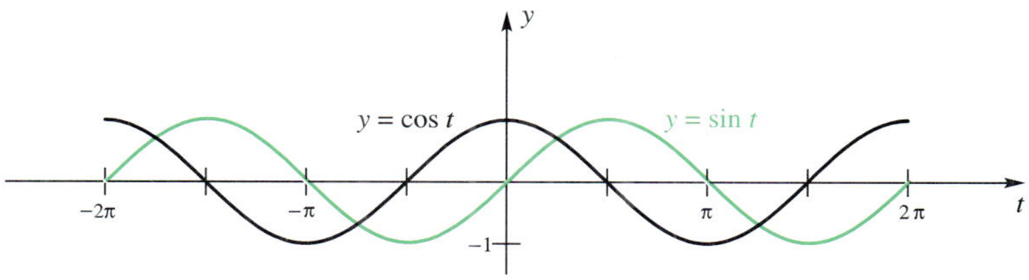

그림 6

$$1=x^2+x^2=\cos^2\frac{\pi}{4}+\cos^2\frac{\pi}{4}$$

따라서 $\cos(\pi/4)=1/\sqrt{2}=\sqrt{2}/2$이다. 마찬가지로, $\sin(\pi/4)=\sqrt{2}/2$이다. 다른 여러 t값들에 대해서도 $\sin t$와 $\cos t$를 구할 수 있다. 이들을 왼쪽의 표에 제시해 놓았다. 이 결과들과 계산기 (라디안 상태에서)로 구한 여러 값들을 이용하여서, 그림 6과 같은 그래프를 얻는다.

이 그래프들을 보면 다음과 같은 네 가지 사실을 알 수 있다.

1. $\sin t$와 $\cos t$는 둘 다 -1에서 1 사이에 있다.
2. 두 그래프는 길이가 2π인 인접구간마다 그 모양이 반복된다.
3. $y=\sin t$의 그래프는 원점에 대해서 대칭이고, $y=\cos t$의 그래프는 y축에 대해서 대칭이다. (따라서 사인함수는 기함수이고, 코사인 함수는 우함수이다.)
4. $y=\sin t$의 그래프는 $y=\cos t$의 그래프와 같은 모양인데, 단지 오른쪽으로 $\pi/2$만큼 이동된 것이다.

이제, 응용문제에서 자주 나타나는 $\sin(at)$와 $\cos(at)$ 형태의 함수를 생각해 보자.

예제 1 다음 그래프를 그려라.

(a) $y=\sin(2\pi t)$ (b) $y=\cos(2t)$

풀이

(a) t가 0과 1 사이에서 움직일 때 $2\pi t$는 0과 2π 사이에서 움직인다. 따라서 이 함수의 그래프는 길이가 1인 인접한 구간에서 그 모양을 되풀이한다. 다음 표를 이용하여, $y=\sin(2\pi t)$의 그래프를 그릴 수 있다.

t	$\sin(2\pi t)$	t	$\sin(2\pi t)$
0	$\sin(2\pi\cdot 0)=0$	$\frac{5}{8}$	$\sin\left(2\pi\cdot\frac{5}{8}\right)=-\frac{\sqrt{2}}{2}$
$\frac{1}{8}$	$\sin\left(2\pi\frac{1}{8}\right)=\frac{\sqrt{2}}{2}$	$\frac{3}{4}$	$\sin\left(2\pi\cdot\frac{3}{4}\right)=-1$
$\frac{1}{4}$	$\sin\left(2\pi\frac{1}{4}\right)=1$	$\frac{7}{8}$	$\sin\left(2\pi\cdot\frac{7}{8}\right)=-\frac{\sqrt{2}}{2}$
$\frac{3}{8}$	$\sin\left(2\pi\frac{3}{8}\right)=\frac{\sqrt{2}}{2}$	1	$\sin(2\pi\cdot 1)=0$
$\frac{1}{2}$	$\sin\left(2\pi\frac{1}{2}\right)=0$	$\frac{9}{8}$	$\sin\left(2\pi\frac{9}{8}\right)=\frac{\sqrt{2}}{2}$

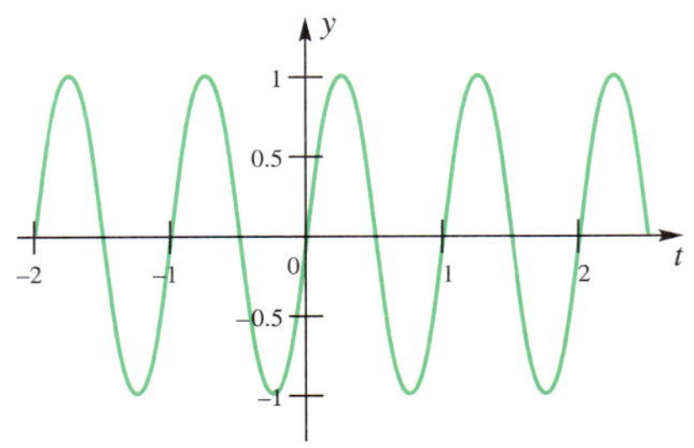

그림 7

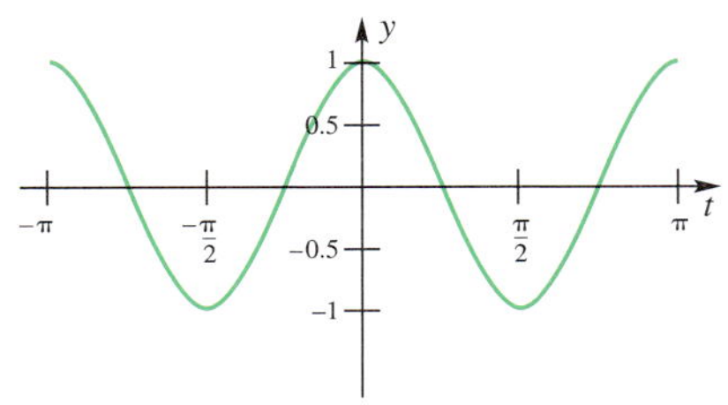

그림 8

$y=\sin(2\pi t)$의 그래프는 그림 7과 같다.

(b) t가 0과 π 사이에서 움직일 때 $2t$는 0과 2π 사이에서 움직인다. 따라서 $y=\cos(2t)$의 그래프는 길이가 π인 인접 구간에서 그 모양을 되풀이한다. 다음 표를 이용하여 $y=\cos(2t)$의 그래프를 그릴 수 있다. $y=\cos(2t)$의 그래프는 그림 8과 같다.

t	$\cos(2t)$	t	$\cos(2t)$
0	$\cos(2\cdot 0)=1$	$\frac{5\pi}{8}$	$\cos\left(2\cdot\frac{5\pi}{8}\right)=-\frac{\sqrt{2}}{2}$
$\frac{\pi}{8}$	$\cos\left(2\cdot\frac{\pi}{8}\right)=\frac{\sqrt{2}}{2}$	$\frac{3\pi}{4}$	$\cos\left(2\cdot\frac{3\pi}{4}\right)=0$
$\frac{\pi}{4}$	$\cos\left(2\cdot\frac{\pi}{4}\right)=0$	$\frac{7\pi}{8}$	$\cos\left(2\cdot\frac{7\pi}{8}\right)=\frac{\sqrt{2}}{2}$
$\frac{3\pi}{8}$	$\cos\left(2\cdot\frac{3\pi}{8}\right)=-\frac{\sqrt{2}}{2}$	π	$\cos(2\cdot\pi)=1$
$\frac{\pi}{2}$	$\cos\left(2\cdot\frac{\pi}{2}\right)=-1$	$\frac{9\pi}{8}$	$\cos\left(2\cdot\frac{9\pi}{8}\right)=\frac{\sqrt{2}}{2}$

■

삼각함수의 주기와 진폭 함수 f가 **주기함수**(periodic function)라는 말은, 어떤 양수 p가 있어서, f의 정의역에 속하는 모든 실수 x에 대해서

$$f(x+p)=f(x)$$

가 성립한다는 뜻이다. 이렇게 되는 가장 작은 양수 p를 f의 **주기**(period)라고 한다. 사인 함수는 모든 x에 대해서 $\sin(x+2\pi)=\sin x$이기 때문에 주기함수이다. 그리고 모든 x에 대해서 다음 식도 성립한다.

$$\sin(x+4\pi)=\sin(x-2\pi)=\sin(x+12\pi)=\sin x$$

그러므로 4π, -2π, 12π는 모두 $\sin(x+p)=\sin x$를 만족하는 수 p이다. 주기는 이러한 수 p 중에 가장 작은 양수로 정의되었다. 사인함수에 대해 $\sin(x+p)=\sin x$를 만족하는 최소의 양수 p는 $p=2\pi$이다. 따라서 사인 함수는 주기가 2π인 주기함수이다. 코사인 함수도 역시 주기가 2π인 주기함수이다.

함수 $\sin(at)$는

$$\sin\left[a\left(t+\frac{2\pi}{a}\right)\right]=\sin[at+2\pi]=\sin(at)$$

이기 때문에 주기가 $2\pi/a$이다. 함수 $\cos(at)$의 주기 역시 $2\pi/a$이다.

예제 2 다음 함수의 주기를 구하여라.

(a) $\sin(2\pi t)$ (b) $\cos(2t)$ (c) $\sin(2\pi t/12)$

풀이

(a) 함수 $\sin(2\pi t)$는 $\sin(at)$ 형태이며, 여기서 $a=2\pi$이다. 따라서 그 주기는 $p=\frac{2\pi}{2\pi}=1$.

(b) 함수 $\cos(2t)$는 $\cos(at)$ 형태이며, 여기서 $a=2$이다. 따라서 $\cos(2t)$의 주기는 $p=\frac{2\pi}{2}=\pi$.

(c) 함수 $\sin(2\pi t/12)$의 주기는 $p=\frac{2\pi}{2\pi/12}=12$. ■

주기함수 f가 최소값과 최대값을 가질 때, 그래프의 최저점과 최고점 사이의 수직거리의 절반 A를 **진폭**(amplitude)이라고 정의한다.

예제 3 다음 주기함수의 진폭을 구하여라.

(a) $\sin(2\pi t/12)$ (b) $3\cos(2t)$ (c) $50+21\sin(2\pi t/12+3)$

풀이

(a) 함수 $\sin(2\pi t/12)$의 치역은 $[-1, 1]$이므로, 그 진폭은 $A=1$이다.

(b) 함수 $3\cos(2t)$의 값은 $-3\left(t=\pm\frac{\pi}{2}, \pm\frac{3\pi}{2}, \cdots\text{일 때}\right)$과 $3(t=0, \pm\pi, \pm2\pi, \cdots$일 때) 사이에 있다. 따라서 진폭은 $A=3$이다.

(c) 함수 $21\sin(2\pi t/12+3)$은 -21과 21 사이에서 값을 가진다. 따라서 $50+21\sin(2\pi t/12+3)$은 $50-21=29$와 $50+21=71$ 사이에서 값을 가진다. 그러므로 진폭은 $A=21$이다. ■

일반적으로, $a>0$이고 $A>0$일때

> $C+A\sin(a(t+b))$와 $C+A\cos(a(t+b))$의 주기는 $\frac{2\pi}{a}$이고 진폭은 A이다.

하루 동안의 조수 높이, 일년 동안의 기온 변화 등과 같은 물리적 현상들의 모델을 만드는 데 삼각함수들을 이용할 수 있다.

예제 4 미주리주 세인트루이스시에서 대개 최고기온은 1월 15일의 37°F에서 7월 15일의 89°F 사이에서 움직인다. 그리고 최고기온은 사인 곡선과 비슷하게 변화한다.

(a) C, A, a, b를 적당하게 잡아서,

$$T(t)=C+A\sin(a(t+b))$$

가 최고기온의 적절한 모델이 되게 하여라. 여기서 t는 1월 1일부터 시작해 경과한 개월수를 나타낸다.

(b) 이 모델을 이용하여 5월 15일의 평균 최고기온을 구하여라.

풀이

(a) 12개월마다 계절이 되풀이 되므로 T의 주기는 $t=12$이어야 한다. 따라서 $\frac{2\pi}{a}=12$이고, $a=\frac{2\pi}{12}$를 얻는다. 진폭은 최저점과 최고점 사이의 차이의 절반이므로 이 경우, $A=\frac{1}{2}(89-37)=26$. C값은 최고기온이 최저일 때와 최

고일 때의 중간값이므로 $C=\frac{1}{2}(89+37)=63$. 그러므로 함수 $T(t)$는 다음과 같은 형태이다.

$$T(t)=63+26\sin\left(\frac{2\pi}{12}(t+b)\right)$$

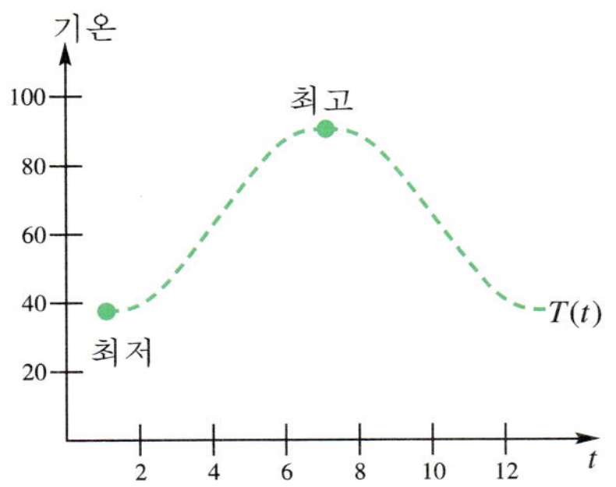

그림 9

이제 상수 b만 구하면 된다. 최고기온이 가장 낮은 것은 37도이며, 이것은 1월 15일의 온도이므로 이 함수는 $T(1/2)=37$이 되어야 하며, 이 함수는 $t=1/2$일 때 최소값 37을 가진다. 지금까지 얻은 정보를 그림 9에 요약해 놓았다. 함수 $63+26\sin(2\pi t/12)$가 최소값을 가지는 것은 $2\pi t/12=-\pi/2$일 때, 즉, $t=-3$일 때이다. 따라서 $y=63+26\sin(2\pi t/12)$로 정의된 곡선을 오른쪽으로 $1/2-(-3)=7/2$만큼 옮겨야 한다. x 대신에 $x-c$를 넣으면 $y=f(x)$의 그래프가 오른쪽으로 c만큼 움직임을 0.6절에서 배웠다. 그러므로 $y=63+26\sin(2\pi t/12)$의 그래프를 오른쪽으로 7/2만큼 옮기려면, t 대신에 $t-7/2$을 대입한다. 따라서

$$T(t)=63+26\sin\left(\frac{2\pi}{12}\left(t-\frac{7}{2}\right)\right)$$

그림 10에 최고기온 T를 시간 t의 함수로서 그려 놓았다. 여기서 시간 t는 경과한 달을 나타낸다.

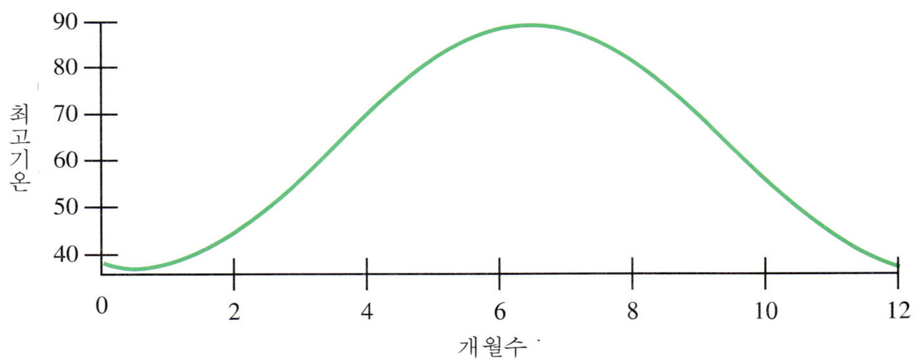

그림 10

(b) 5월 15일의 평균 최고기온을 계산하기 위해서, $t=4.5$라 놓는다(왜냐 하면 5월 15일은 그 해에 4.5개월 경과했으므로). 그러면

$$T(4.5)=63+26\sin(2\pi(4.5-3.5)/12)\approx 76.0$$

5월 15일 센트루이스의 최고기온은 실제로 75°F이다. 따라서 모델에 의한 값과 실제값의 차이는 1°F임을 알 수 있다. 주어진 정보가 매우 빈약했던 것에 비해, 놀랍도록 정확하게 예측한 것이다. ■

모델, 모델제작

이와 같이 모든 모델은 실제현상을 단순화했다는 것이 요점이다. (그렇기 때문에 모델(model)이라 부른다.) 이러한 모델들은 본질적으로 실제 현상을 단순화한 것이지만, 상당수는 예측하는데 유용하게 쓸 수 있다.

네 개의 다른 삼각함수 사인과 코사인만 공부하고 넘어갈 수도 있지만, 네 개의 삼각함수 탄젠트(tangent), 코탄젠트(cotangent), 시컨트(secant), 코시컨트(cosecant)를 지금 알아두는 것이 좋겠다.

$$\tan t = \frac{\sin t}{\cos t} \qquad \cot t = \frac{\cos t}{\sin t}$$

$$\sec t = \frac{1}{\cos t} \qquad \csc t = \frac{1}{\sin t}$$

사인과 코사인의 성질을 이용하여, 이 네 함수들의 성질을 알 수 있다.

예제 5 탄젠트는 기함수임을 보여라.

풀이

$$\tan(-t) = \frac{\sin(-t)}{\cos(-t)} = \frac{-\sin t}{\cos t} = -\tan t \qquad \blacksquare$$

예제 6 다음 항등식들이 성립함을 보여라.

$$1 + \tan^2 t = \sec^2 t \qquad 1 + \cot^2 t = \csc^2 t$$

풀이

$$1 + \tan^2 t = 1 + \frac{\sin^2 t}{\cos^2 t} = \frac{\cos^2 t + \sin^2 t}{\cos^2 t} = \frac{1}{\cos^2 t} = \sec^2 t$$

$$1 + \cot^2 t = 1 + \frac{\cos^2 t}{\sin^2 t} = \frac{\sin^2 t + \cos^2 t}{\sin^2 t} = \frac{1}{\sin^2 t} = \csc^2 t \qquad \blacksquare$$

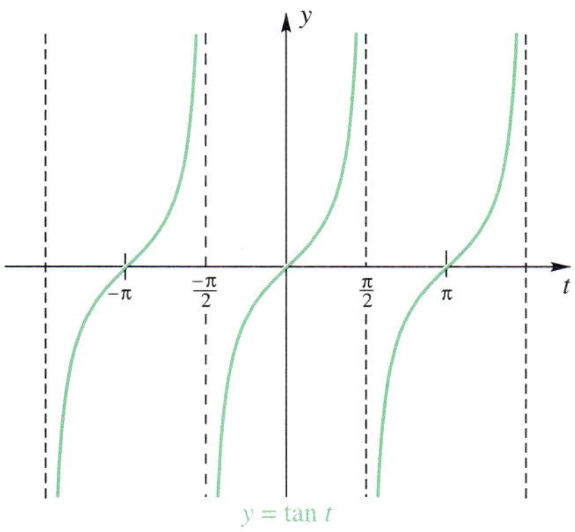

그림 11

탄젠트 함수의 성질을 보면(그림 11), 약간 놀랄 일이 두 가지 있다. 첫째, $\pm\pi/2$, $\pm 3\pi/2$ 등등에서 수직 점근선들을 가진다. 이것은 t가 이런 값들일 때 $\cos t = 0$에서, $\sin t/\cos t$는 0으로 나누는 경우이기 때문에 어느 정도 예상되는 일이다. 둘째, 탄젠트는 주기함수인데(그렇기를 기대하는 일이다), 그 주기는 π이다(이것은 약간 뜻밖이다). 이렇게 되는 이유를 연습문제 33에서 다룰 것이다.

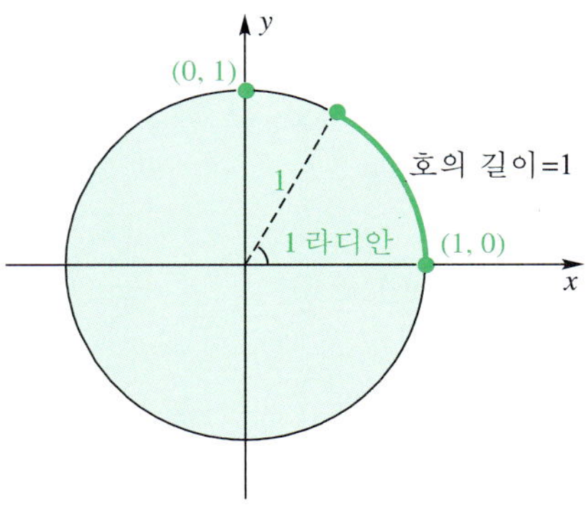

그림 12

각의 삼각법과의 관계 각을 잴 때는 각도(degree) 또는 라디안(radian)을 쓰는 것이 보통이다. 1 라디안은 단위원에서 길이가 1인 호에 대응하는 각으로 정의한다(그림 12 참조). 완전히 한 바퀴 도는 것에 대응하는 각은 360°이며, 2π 라디안이고, 평각 180°는 π 라디안이다.

$$180° = \pi \text{ 라디안} \approx 3.1415927 \text{ 라디안}$$

따라서 다음이 성립한다.

$$1 \text{ 라디안} \approx 57.29578° \qquad 1° \approx 0.0174533 \text{ 라디안}$$

도	
0	0
30	π/6
45	π/4
60	π/3
90	π/2
120	2π/3
135	3π/4
150	5π/6
180	π
360	2π

그림 13

각도와 라디안 사이의 관계를 그림 13에서 좀더 자세히 나타내었다.

한 바퀴 도는 것을 360으로 나누는 것은 임의로 정한 규정일 뿐이다. (고대 바빌로니아 사람들이 60의 배수를 즐겨 사용했기 때문이다.) 2π로 나누는 것

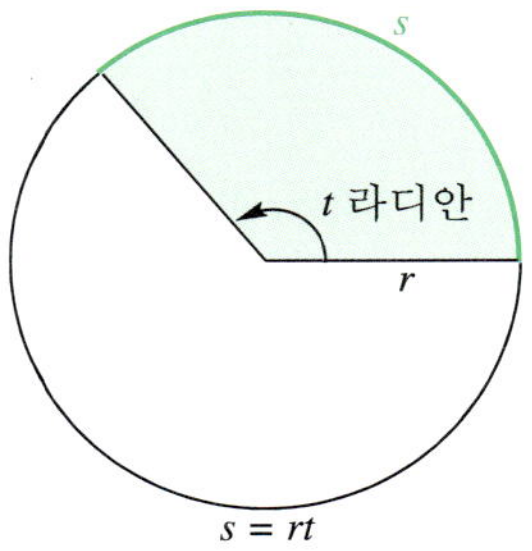

그림 14

은 더욱 근본적이며, 미적분학에서 거의 항상 라디안 단위를 사용하는 배경이다. 반지름이 r인 원을 중심각 t 라디안으로 잘랐을 때 생기는 호의 길이 s는 다음 식을 만족한다(그림 14 참조).

$$\frac{s}{2\pi r} = \frac{t}{2\pi}$$

즉, 전체 둘레 길이가 $2\pi r$인 원에서 중심각 t에 대응하는 부분의 비율은, 단위원에서 같은 중심각 t에 대응하는 부분의 비율과 같다. 따라서 $s = rt$.

$r=1$일 때, 이 식은 $s=t$이다. 이것은 단위원에서 중심각 t 라디안으로 자른 호의 길이가 t임을 뜻한다. 시계 방향으로 잴 때 그 길이를 음수라고 해석하면, 이것은 t가 음수일 때도 성립한다.

예제 7 바퀴의 반지름이 30cm인 자전거가 있다. 바퀴가 100번 회전하였을 때 움직인 거리를 구하여라.

다른 관점

우리는 단위원을 바탕으로 삼각함수를 다루었다. 반지름이 r인 원을 사용해도 된다.

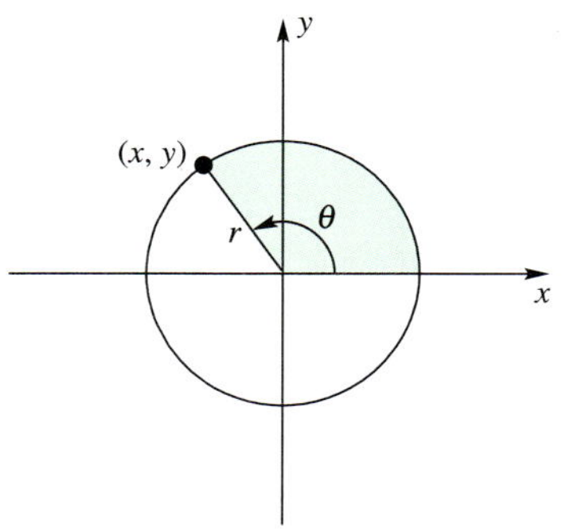

그러면

$$\sin\theta = \frac{y}{r}$$

$$\cos\theta = \frac{x}{r}$$

풀이 $s=rt$를 이용하자. 100번 회전한 것은 $100\cdot(2\pi)$ 라디안에 대응하므로,

$$s = (30)(100)(2\pi) = 6000\pi \approx 18849.6\text{cm} \approx 188.5\text{m}$$ ■

이제 각의 삼각법과 단위원 삼각법 사이의 관계를 정리한다. θ가 t 라디안을 나타내는 각일 때, 즉 단위원에서 길이가 t인 호에 대응하는 각일때, 다음이 성립한다.

$$\sin\theta = \sin t \qquad \cos\theta = \cos t$$

미적분학에서는 계산하기 전에 60분법으로 각도 단위로 측정한 각을 라디안으로 바꾼 다음에 계산을 한다. 예를 들어

$$\sin 31.6^\circ = \sin\left(31.6\cdot\frac{\pi}{180}\text{라디안}\right) \approx \sin(0.5520)$$

중요 공식들 아래 공식들은 이 책에서 때로 쓰이는 것들인데 증명없이 인정한다.

삼각함수의 공식들 양변이 주어진 x와 y에 대해서 정의되는 경우, 다음 공식들이 성립한다.

기함수-우함수 공식

$$\sin(-x) = -\sin x$$

$$\cos(-x) = \cos x$$

$$\tan(-x) = -\tan x$$

여각 공식

$$\sin\left(\frac{\pi}{2}-x\right) = \cos x$$

$$\cos\left(\frac{\pi}{2}-x\right) = \sin x$$

$$\tan\left(\frac{\pi}{2}-x\right) = \cot x$$

피타고라스 공식

$\sin^2 x + \cos^2 x = 1$

$1 + \cot^2 x = \csc^2 x$

$1 + \tan^2 x = \sec^2 x$

덧셈 공식

$\sin(x+y) = \sin x \cos y + \cos x \sin y$

$\cos(x+y) = \cos x \cos y - \sin x \sin y$

$\tan(x+y) = \dfrac{\tan x + \tan y}{1 - \tan x \tan y}$

배각 공식

$\sin 2x = 2 \sin x \cos x$

$$\cos 2x = \cos^2 x - \sin^2 x = 2\cos^2 x - 1 = 1 - 2\sin^2 x$$

반각 공식

$\sin\left(\dfrac{x}{2}\right) = \pm\sqrt{\dfrac{1-\cos x}{2}}$

$\cos\left(\dfrac{x}{2}\right) = \pm\sqrt{\dfrac{1+\cos x}{2}}$

합을 곱으로

$\sin x + \sin y = 2\sin\left(\dfrac{x+y}{2}\right)\cos\left(\dfrac{x-y}{2}\right)$

$\cos x + \cos y = 2\cos\left(\dfrac{x+y}{2}\right)\cos\left(\dfrac{x-y}{2}\right)$

곱을 합으로

$\sin x \sin y = -\dfrac{1}{2}[\cos(x+y) - \cos(x-y)]$

$\cos x \cos y = \dfrac{1}{2}[\cos(x+y) + \cos(x-y)]$

$\sin x \cos y = \dfrac{1}{2}[\sin(x+y) + \sin(x-y)]$

개념 복습

1. 사인 함수의 정의역은 ______이고, 그 치역은 ______이다.

2. 코사인 함수의 주기는 ______, 사인 함수의 주기는 ______, 탄젠트 함수의 주기는 ______이다.

3. $\sin(-x) = -\sin x$이므로 사인 함수는 ______이다. 그리고 $\cos(-x) = \cos x$이므로 코사인 함수는 ______이다.

4. $(-4, 3)$이 각 θ의 끝변에 놓여 있고, 이 각의 꼭지점은 원점이고, 이 각의 시작변은 양수 x축에 놓여 있으면, $\cos\theta =$ ______.

연습문제 0.7

1. 각도로 나타낸 다음 각을 라디안으로 바꾸어라(답에 π가 들어가야 함).

(a) $30°$ (b) $45°$ (c) $-60°$

(d) $240°$ (e) $-370°$ (f) $10°$

2. 라디안으로 나타낸 다음 각을 각도로 바꾸어라.

(a) $\dfrac{7}{6}\pi$ (b) $\dfrac{3}{4}\pi$ (c) $-\dfrac{1}{3}\pi$

(d) $\dfrac{4}{3}\pi$ (e) $-\dfrac{35}{18}\pi$ (f) $\dfrac{3}{18}\pi$

C **3.** 각도로 나타낸 다음 각을 라디안으로 바꾸어라.
($1° = \pi/180 = 1.7453 \times 10^{-2}$라디안)

(a) $3.33°$ (b) $46°$ (c) $-66.6°$
(d) $240.11°$ (e) $-369°$ (f) $11°$

C **4.** 라디안으로 나타낸 다음 각을 각도로 바꾸어라.
(1 라디안$=180/\pi=57.296°$)

(a) 3.141 (b) 6.28 (c) 5.00
(d) 0.001 (e) -0.1 (f) 36.0
(g) -2.00 (h) 1.234 (i) -10.0

C **5.** 다음을 계산하여라(계산기의 라디안 모드, 각도 모드를 잘 사용하여라).

(a) $\dfrac{56.4\tan 34.2°}{\sin 34.1°}$ (b) $\dfrac{5.34\tan 21.3°}{\sin 3.1°+\cot 23.5°}$
(c) $\tan 0.452$ (d) $\sin(-0.361)$
(e) $\cos(-0.361)$ (f) $\tan(-0.361)$

C **6.** 다음을 계산하여라.

(a) $\dfrac{234.1\sin 1.56}{\cos 0.34}$
(b) $\sin^2(2.51)+\sqrt{\cos(0.51)}$

C **7.** 다음을 계산하여라.

(a) $\dfrac{56.3\tan 34.2°}{\sin 56.1°}$ (b) $\left(\dfrac{\sin 35°}{\sin 26°+\cos 26°}\right)^3$

8. 그림 6의 $\sin t$와 $\cos t$의 값을 확인해 보여라.

9. 계산기를 사용하지 말고, 다음을 구하여라.

(a) $\tan\left(\dfrac{\pi}{6}\right)$ (b) $\sec(\pi)$ (c) $\sec\left(\dfrac{3\pi}{4}\right)$
(d) $\csc\left(\dfrac{\pi}{2}\right)$ (e) $\cot\left(\dfrac{\pi}{4}\right)$ (f) $\tan\left(-\dfrac{\pi}{4}\right)$

10. 계산기를 사용하지 말고, 다음을 구하여라.

(a) $\tan\left(\dfrac{\pi}{3}\right)$ (b) $\sec\left(\dfrac{\pi}{3}\right)$ (c) $\cot\left(\dfrac{\pi}{3}\right)$
(d) $\csc\left(\dfrac{\pi}{4}\right)$ (e) $\tan\left(-\dfrac{\pi}{6}\right)$ (f) $\cos\left(-\dfrac{\pi}{3}\right)$

11. 다음 공식들이 성립함을 보여라(삼각함수의 공식들 참조).

(a) $(1+\sin z)(1-\sin z)=\dfrac{1}{\sec^2 z}$
(b) $(\sec t-1)(\sec t+1)=\tan^2 t$
(c) $\sec t-\sin t\tan t=\cos t$
(d) $\dfrac{\sec^2 t-1}{\sec^2 t}=\sin^2 t$

12. 다음 공식들이 성립함을 보여라(삼각함수의 공식들 참조).

(a) $\sin^2 v+\dfrac{1}{\sec^2 v}=1$
(b) $\cos 3t=4\cos^3 t-3\cos t$ 도움말: 3배각 공식을 사용.
(c) $\sin 4x=8\sin x\cos^3 x-4\sin x\cos x$ 도움말: 배각 공식을 두 번 사용.
(d) $(1+\cos\theta)(1-\cos\theta)=\sin^2\theta$

13. 다음 공식들이 성립함을 보여라.

(a) $\dfrac{\sin u}{\csc u}+\dfrac{\cos u}{\sec u}=1$
(b) $(1-\cos^2 x)(1+\cot^2 x)=1$
(c) $\sin t(\csc t-\sin t)=\cos^2 t$
(d) $\dfrac{1-\csc^2 t}{\csc^2 t}=\dfrac{-1}{\sec^2 t}$

14. 구간 $[-\pi, 2\pi]$에서 다음 함수의 그래프를 그려라.

(a) $y=\sin 2x$ (b) $y=2\sin t$
(c) $y=\cos\left(x-\dfrac{\pi}{4}\right)$ (d) $y=\sec t$

15. 구간 $[-\pi, 2\pi]$에서 다음 함수의 그래프를 그려라.

(a) $y=\csc x$ (b) $y=2\cos t$
(c) $y=\cos 3t$ (d) $y=\cos\left(t+\dfrac{\pi}{3}\right)$

문제 16~23은 다음 함수의 주기, 진폭, 이동(수평 이동과 수직 이동)을 구하고, 구간 $-5\le x\le 5$에서 그 그래프를 그려라.

16. $y=3\cos\dfrac{x}{2}$ **17.** $y=2\sin 2x$

18. $y=\tan x$ **19.** $y=2+\dfrac{1}{6}\cot 2x$

20. $y=3+\sec(x-\pi)$ **21.** $y=21+7\sin(2x+3)$

22. $y=3\cos\left(x-\dfrac{\pi}{2}\right)$ **23.** $y=\tan\left(2x-\dfrac{\pi}{3}\right)$

24. 다음 중에서 그래프가 서로 같은 것은? 삼각함수의 공식들을 써서 답을 확인해 보여라.

(a) $y=\sin\left(x+\dfrac{\pi}{2}\right)$ (b) $y=\cos\left(x+\dfrac{\pi}{2}\right)$
(c) $y=-\sin(x+\pi)$ (d) $y=\cos(x-\pi)$
(e) $y=-\sin(\pi-x)$ (f) $y=\cos\left(x-\dfrac{\pi}{2}\right)$
(g) $y=-\cos(\pi-x)$ (h) $y=\sin\left(x-\dfrac{\pi}{2}\right)$

25. 다음 중에서 기함수인 것은? 우함수인 것은? 어느 것도 아닌 것은?

(a) $t\sin t$ (b) $\sin^2 t$ (c) $\csc t$
(d) $|\sin t|$ (e) $\sin(\cos t)$ (f) $x+\sin x$

26. 다음 중에서 기함수인 것은? 우함수인 것은? 어느 것도 아닌 것은?

(a) $\cos t+\sin t$ (b) $\sin^3 t$ (c) $\sec t$
(d) $\sqrt{\sin^4 t}$ (e) $\cos(\sin t)$ (f) $x^2+\sin x$

문제 27~31은 정확한 값을 구하여라. 도움말: 반각공식이 도움이 될 것이다.

27. $\cos^2\frac{\pi}{3}$

28. $\sin^2\frac{\pi}{6}$

29. $\sin^3\frac{\pi}{6}$

30. $\cos^2\frac{\pi}{12}$

31. $\sin^2\frac{\pi}{8}$

32. 다음을 덧셈 공식과 같이 공식으로 나타내어라.
(a) $\sin(x-y)$ (b) $\cos(x-y)$ (c) $\tan(x-y)$

33. 탄젠트의 덧셈 공식을 써서, $\tan t$의 정의역에 속하는 모든 t에 대해서 $\tan(t+\pi)=\tan t$임을 보여라.

34. 모든 x에 대해서 $\cos(x-\pi)$임을 보여라.

= C **35.** 트럭의 타이어의 바깥 반지름이 2.5 피트이다. 트럭이 시속 60 마일로 움직일 때, 타이어는 1분 동안 몇 바퀴 회전하는가?

≈ **36.** 반지름이 2 피트인 바퀴가 평면을 따라 150번 회전하면, 얼마나 멀리 움직이는가? (예제 3 참조)

≈ C **37.** 그림 15처럼 두 바퀴의 둘레로 끈을 묶어 놓았다. 큰 바퀴가 초당 21회 회전할 때, 작은 바퀴는 초당 몇 회 회전하는가?

그림 15

38. 직선의 **경사각**(angle of inclination) α는 양수 x축에서 직선으로 가는 가장 작은 양수각이다(수평 직선은 $\alpha=0$). 직선의 기울기 m은 $\tan\alpha$와 같음을 보여라.

39. 다음 직선의 경사각을 구하여라(문제 38 참조).
(a) $y=\sqrt{3}x-7$
(b) $\sqrt{3}x+3y=6$

40. 수직이 아닌 두 직선 l_1과 l_2의 기울기가 각각 m_1과 m_2라고 하자. l_1에서 l_2로 가는 각 θ가 직각이 아니면, 다음이 성립한다.

$$\tan\theta=\frac{m_2-m_1}{1+m_1m_2}$$

그림 16에서 $\theta=\theta_2-\theta_1$임을 이용하여 이것을 보여라.

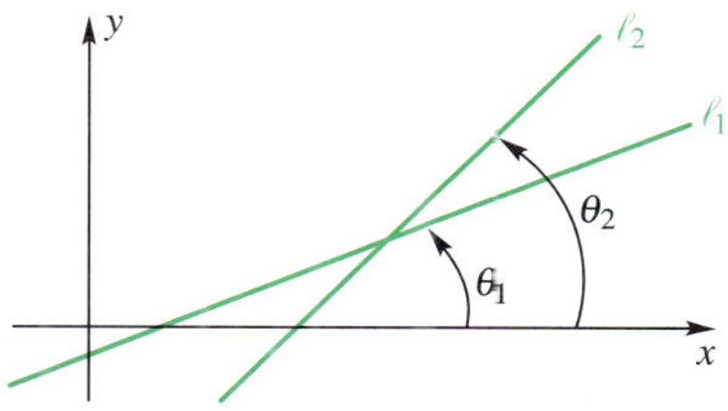

그림 16

C **41.** 처음 직선에서 두 번째 직선으로 가는 각을 (라디안 단위로) 구하여라(문제 40 참조).
(a) $y=2x$, $y=3x$ (b) $y=\frac{x}{2}$, $y=-x$
(c) $2x-6y=12$, $2x+y=0$

42. 부채꼴의 넓이 공식 $A=\frac{1}{2}r^2t$를 이끌어 내어라. 여기서 r은 반지름이고, t는 중심각을 라디안 단위로 잰 것이다(그림 17 참조).

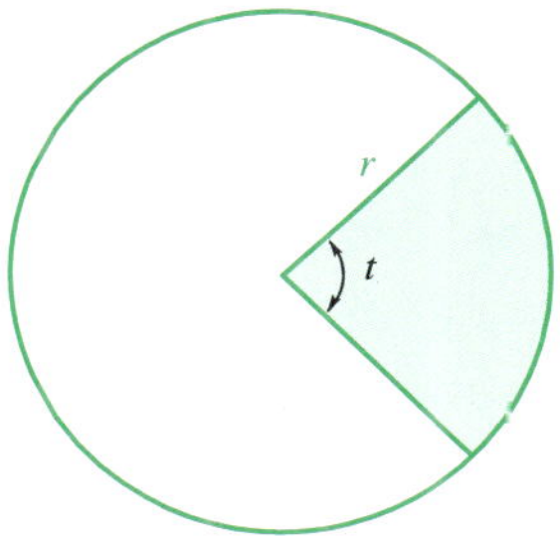

그림 17

43. 반지름이 5 센티미터이고 중심각이 2 라디안인 부채꼴의 넓이를 구하여라(문제 42 참조).

44. 반지름이 r인 원에 정 n각형이 내접하고 있다. 정다각형의 둘레 길이 P와 넓이 A를 n과 r을 써서 나타내어라.

45. 그림 18에 나오듯이, 이등변삼각형에다 반원을 붙여 놓았다. 전체 도형의 넓이 A를 변의 길이 r과 각 t(라디안 단위)를 써서 나타내어라. (넓이 A는 두 독립변수 r과 t의 함수이다.)

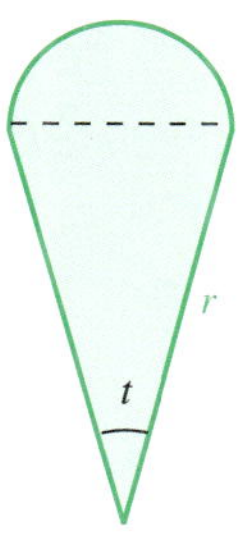

그림 18

46. 곱을 합으로 바꾸는 공식으로부터 다음을 얻는다.

$$\cos\frac{x}{2}\cos\frac{x}{4}=\frac{1}{2}\left[\cos\left(\frac{3}{4}x\right)+\cos\left(\frac{1}{4}x\right)\right]$$

다음에 대응하는 코사인들의 합을 구하여라.

$$\cos\frac{x}{2}\cos\frac{x}{4}\cos\frac{x}{8}\cos\frac{x}{16}$$

47. 네바다주 라스베가스의 평균 최고기온은 1월 15일에 화씨 55°, 7월 15일에 화씨 105°이다. 이것들이 연중 최저, 최고라 가정하고, 이것을 이용하여 11월 15일의 평균 최고기온을 추측하여라.

48. 조수를 잴 때는 어떤 지점에다 적당하게 높이를 표시해서 잰다. 정오에 밀물이 되어서, 물의 높이가 12 피트였다고 하자. 여섯 시간 후에 썰물이 되어서, 물의 높이가 5 피트였으며, 자정에 다시 밀물이 되어서, 물의 높이가 12 피트였다. 물의 높이가 주기 함수라고 가정하고, 이 정보를 이용하여 물의 높이를 시간의 함수로 나타내어라. 이 함수를 이용하여 오후 5 : 30일 때의 물의 높이를 추측하여라.

EXPL **49.** 원운동은 매개변수를 써서 $x(t)=\sin t$와 $y(t)=\cos t$의 형태로 모델화할 수 있다. (매개변수로 나타낸다는 말은, 이 경우 한 개의 변수 t가 $x(t)$와 $y(t)$ 둘 다를 결정한다는 말이다.) 이것은 $0\le t\le 2\pi$일 때 완전한 원을 그린다. 지름이 4 피트인 바퀴가 시계 방향으로 10초에 한 번씩 회전하면, 그 바퀴의 가장자리에 있는 점의 운동은 $x(t)=2\sin(\pi t/5)$와 $y(t)=2\cos(\pi t/5)$로 나타낼 수 있음을 보여라.

(a) $t=2$초, 6초, 10초일 때, 바퀴 둘레 그 점의 위치를 구하여라. 바퀴가 움직이기 시작한 $t=0$일 때, 그 점은 어디에 있었는가?

(b) 만약 바퀴가 반시계 방향으로 회전하면, 그 공식은 어떻게 바뀌는가?

(c) 그 점이 처음 (2, 0)에 있을 때, t는 어떤 값인가?

EXPL **50.** 진동하는 점의 회전 주파수 υ는 공식 $\upsilon=\frac{2\pi}{\text{주기}}$로 주어진다. 같은 주파수를 가지는, 즉, 같은 주기를 가지는 두 운동을 더하면 어떻게 되는가? 이것을 조사하기 위해서, 함수 $y(t)=2\sin(\pi t/5)$와 $y(t)=\sin(\pi t/5)+\cos(\pi t/5)$의 그래프를 그린 다음에, 비슷한 사항을 찾아보자. 이제 이 정보를 갖고, 다음 함수들을 구간 $[-5, 5]$에서 그려 보아서 조사해 보자.

(a) $y(t)=3\sin(\pi t/5)-5\cos(\pi t/5)+2\sin((\pi t/5)-3)$

(b) $y(t)=3\cos(\pi t/5-2)+\cos(\pi t/5)+\cos((\pi t/5)-3)$

EXPL **51.** 이제 $A\sin(\omega t)+B\cos(\omega t)$와 $C\sin(\omega t+\phi)$ 사이의 관계를 조사해 보자.

(a) $\sin(\omega t+\phi)$에다 덧셈 공식을 적용해서, 두 식 $A=C\cos\phi$, $B=C\sin\phi$가 성립함을 보여라.

(b) 따라서 $A^2=B^2=C^2$임을 보이고, 이제 ϕ는 방정식 $\tan\phi=\frac{B}{A}$를 만족함을 보여라.

(c) 이 결과를 일반화하여, 다음에 대한 법칙을 제시하여라.

$$A_1\sin(\omega t+\phi_1)+A_2\sin(\omega t+\phi_2)+A_3\sin(\omega t+\phi_3)$$

(d) $A\sin(\omega t)+B\cos(\omega t)$와 $C\sin(\omega t+\phi)$ 사이의 등호관계의 중요성을 말해보아라. 여기서 $|C|\ge\max(|A|, |B|)$이어야 하고, 같은 주파수의 사인과 코사인을 일차결합할 (계수와의 곱을 더하고 빼기) 때에만 항등식이 성립함을 주목하기 바란다.

주파수가 높은 삼각함수들은 그래프를 그리기가 약간 어렵다. 이제 그러한 함수들을 그리는 법을 공부하자.

GC **52.** 함수 $f(x)=\sin 50x$의 그래프를 그리되, 창의 y 영역은 $-1.5\le y\le 1.5$로 잡고, x 영역은 다음과 같이 잡아라.

(a) $[-15, 15]$ (b) $[-10, 10]$ (c) $[-8, 8]$
(d) $[-1, 1]$ (e) $[-0.25, 0.25]$

이 함수의 진짜 움직임을 보여 주는 x의 창은 어느 것인지 말하고, x의 다른 창들은 왜 엉뚱한 결과를 낳는지 의견을 나누어라.

GC **53.** 다음에 제시한 x와 y의 영역을 써서, 함수 $f(x)=\cos x+\frac{1}{50}\sin 50x$의 그래프를 그려라.

(a) $-5\le x\le 5$, $-1\le y\le 1$

(b) $-1\le x\le 1$, $0.5\le y\le 1.5$

(c) $-0.1\le x\le 0.1$, $0.9\le y\le 1.1$

이 함수의 진짜 움직임을 보여 주는 x, y의 창은 어느 것인지 말하고, x, y의 다른 창들은 왜 엉뚱한 결과를 낳는지 의견을 나누어라. 이 경우 한 개의 창이 중요한 움직임을 모두 보여 줄 수 있는가? 아니면 이 함수의 움직임을 제대로 파악하려면 여러 개의 창이 필요한가?

GC EXPL **54.** $f(x)=\frac{3x+2}{x^2+1}$이고 $g(x)=\frac{1}{100}\cos(100x)$라 하자.

(a) 합성함수 $h(x)=(f\circ g)(x)$와 $j(x)=(g\circ f)(x)$를 구하여라.

(b) $h(x)$의 모습을 잘 보여 주는 창(들)을 찾아라.

(c) $j(x)$의 모습을 잘 보여 주는 창(들)을 찾아라.

개념 복습 해답: **1.** $(-\infty, \infty)$; $[-1, 1]$ **2.** 2π; 2π; π **3.** 홀수함수, 짝수함수 **4.** $-4/5$

0.8 장 복습

개념 시험

다음 명제가 참인지, 거짓인지 판단하여라. 참이라고 답한 경우 그 이유를 말하고, 거짓이라고 답한 경우 반례(counter-example)를 제시하여라.

1. 분수 p/q형태로 나타낼 수 있는 수는 유리수이다.
2. 두 유리수의 차는 유리수이다.
3. 두 무리수의 차는 무리수이다.
4. 서로 다른 두 무리수 사이에는 또 다른 무리수가 놓여 있다.
5. $0.999\cdots$(9가 계속됨)는 1보다 더 작다.
6. 지수 연산은 가환이다. 즉, $(a^m)^n=(a^n)^m$.
7. $m*n=m^n$으로 정의한 연산 *는 결합법칙을 만족한다.
8. $x\le y$, $y\le z$, $z\le x$이면, $x=y=z$이다.
9. 모든 양수 ε에 대해서 $|x|<\varepsilon$이면, $x=0$이다.
10. x와 y가 실수이면, $(x-y)(y-x)\le 0$.
11. $a<b<0$이면, $1/a>1/b$.
12. 두 개의 폐구간이 단 한 점만을 공유할 수 있다.
13. 두 개의 개구간이 한 점을 공유하고 있으면, 이들은 무수히 많은 점들을 공유하고 있다.
14. $x<0$이면, $\sqrt{x^2}=-x$.
15. x가 실수이면 $|-x|=x$
16. $|x|<|y|$이면, $x<y$.
17. $|x|<|y|$이면, $x^4<y^4$.
18. x와 y가 둘 다 음수이면, $|x+y|=|x|+|y|$.
19. $|r|<1$이면, $\dfrac{1}{1+|r|}\le\dfrac{1}{1-r}\le\dfrac{1}{1-|r|}$.
20. $|r|>1$이면, $\dfrac{1}{1-|r|}\le\dfrac{1}{1-r}\le\dfrac{1}{1+|r|}$.
21. 부등식 $||x|-|y||\le|x-y|$는 항상 성립한다.
22. 어떠한 양의 실수 y에 대해서든, $x^2=y$가 되는 실수 x가 존재한다.
23. 어떠한 실수 y에 대해서든, $x^3=y$가 되는 실수 x가 존재한다.
24. 해집합이 단 한 개의 수로 된 부등식이 존재한다.
25. 모든 실수 a에 대하서, 방정식 $x^2+y^2+ax+y=0$은 원을 나타낸다.
26. 모든 실수 a, b, c에 대해서, 방정식 $x^2+y^2+ax+by=c$는 원을 나타낸다.
27. (a, b)가 기울기가 $\frac{3}{4}$인 직선에 놓여 있으면, $(a+4, b+3)$도 그 직선에 놓여 있다.
28. (a, b), (c, d), (e, f)가 같은 직선에 놓여 있고, 이들이 서로 다른 점들이면, $\dfrac{a-c}{b-d}=\dfrac{a-e}{b-f}=\dfrac{e-c}{f-d}$.
29. $ab>0$이면, (a, b)는 1사분면 또는 3사분면에 놓여 있다.
30. 어떠한 $\varepsilon>0$에 대해서든, $x<\varepsilon$이 되는 양수 x가 존재한다.
31. $ab=0$이면, (a, b)는 x축 또는 y축에 놓여 있다.
32. $\sqrt{(x_2-x_1)^2+(y_2-y_1)^2}=|x_2-x_1|$이면, (x_1, y_1)과 (x_2, y_2)는 같은 수평 직선에 놓여 있다.
33. $(a+b, a)$와 $(a-b, a)$ 사이의 거리는 $|2b|$이다.
34. 어떠한 직선의 방정식이든 점-기울기 형태로 쓸 수 있다.
35. 어떠한 직선의 방정식이든 일반적인 선형방정식 $Ax+By+C=0$형태로 쓸 수 있다.
36. x축에 수직이 아닌 두 직선이 서로 평행하면, 그들은 기울기가 같다.
37. 두 직선이 양수인 기울기를 가지면서 서로 직교할 수 있다.
38. 어떤 직선의 x절편과 y절편이 0이 아닌 유리수이면, 그 직선의 기울기는 유리수이다.
39. 직선 $ax+y=c$와 $ax-y=c$는 서로 직교한다.
40. m이 어떠한 실수이든, $(3x-2y+4)+m(2x+6y-2)=0$은 직선의 방정식이다.
41. 함수
$$f(x)=\sqrt{-(x^2+4x+3)}$$
의 자연스러운 정의역은 구간 $-3\le x\le -1$이다.
42. 함수 $T(\theta)=\sec(\theta)+\cos(\theta)$의 자연스러운 정의역은 $(-\infty, \infty)$이다.
43. 함수 $f(x)=x^2$의 치역은 구간 $[-6, \infty)$이다.
44. 함수 $f(x)=\tan x-\sec x$의 치역은 구간 $(-\infty, -1]\cup[1,$

∞)이다.

45. 함수 $f(x)=\csc x-\sec x$의 치역은 구간 $(-\infty, -1]\cup[1, \infty)$이다.

46. 두 우함수의 합은 우함수이다.

47. 두 기함수의 합은 기함수이다.

48. 두 기함수의 곱은 기함수이다.

49. 우함수와 기함수의 곱은 기함수이다.

50. 우함수와 기함수의 합성은 기함수이다.

51. 두 기함수의 합성은 우함수이다.

52. 함수 $f(x)=(2x^3+x)/(x^2+1)$은 기함수이다.

53. 함수

$$f(t)=\frac{(\sin t)^2+\cos t}{\tan t \csc t}$$

는 우함수이다.

54. 함수의 치역이 한 개의 수로 되어 있으면, 그 정의역도 한 개의 수로 되어 있다.

55. 함수의 정의역이 두 개 이상의 수로 되어 있으면, 그 치역도 두 개 이상의 수로 되어 있다.

56. 만약 $g(x)=[\![x/2]\!]$이면, $g(-1.8)=-1$.

57. 만약 $f(x)=x^2$이고 $g(x)=x^3$이면, $f\circ g=g\circ f$.

58. 만약 $f(x)=x^2$이고 $g(x)=x^3$이면, $(f\circ g)(x)=f(x)\cdot g(x)$.

59. f와 g가 같은 정의역을 가지면, f/g도 역시 그 정의역을 가진다.

60. $y=f(x)$의 그래프가 $x=a$에서 x절편을 가지면, $y=f(x+h)$의 그래프는 $x=a-h$에서 x절편을 가진다.

61. 코탄젠트는 기함수이다.

62. 탄젠트 함수의 자연스러운 정의역은 실수 전체의 집합이다.

63. 만약 $\cos s=\cos t$이면, $s=t$이다.

시험 보기 문제

1. $n=1, 2, -2$일 때 다음 값을 계산하여라.

(a) $\left(n+\frac{1}{n}\right)^n$ (b) $(n^2-n+1)^2$

(c) $4^{3/n}$ (d) $\sqrt[n]{\left|\frac{1}{n}\right|}$

2. 다음을 간단히 하여라.

(a) $\left(1+\frac{1}{m}+\frac{1}{n}\right)\left(1-\frac{1}{m}+\frac{1}{n}\right)^{-1}$

(b) $\dfrac{\dfrac{2}{x+1}-\dfrac{x}{x^2-x-2}}{\dfrac{3}{x+1}-\dfrac{2}{x-2}}$

(c) $\dfrac{t^3-1}{t-1}$

3. 두 유리수의 평균은 유리수임을 보여라.

4. 순환소수 4.1282828…을 두 정수의 비로 나타내어라.

5. $\frac{1}{2}$과 $\frac{13}{25}$ 사이에 있는 무리수를 찾아라.

C **6.** $(\sqrt[3]{8.15\times10^4}-1.32)^2/3.24$을 계산하여라.

C **7.** $(\pi-\sqrt{2.0})^{2.5}-\sqrt[3]{2.0}$을 계산하여라.

C **8.** $\sin^2(2.45)+\cos^2(2.40)-1.00$을 계산하여라.

문제 9~18에서 해집합을 구하고, 그것을 수직선에 나타내고, 또 구간 기호로 나타내어라.

9. $1-3x>0$

10. $6x+3>2x-5$

11. $3-2x\le4x+1\le2x+7$

12. $2x^2+5x-3<0$

13. $21t^2-44t+12\le-3$

14. $\dfrac{2x-1}{x-2}>0$

15. $(x+4)(2x-1)^2(x-3)\le0$

16. $|3x-4|<6$

17. $\dfrac{3}{1-x}\le2$

18. $|12-3x|\ge|x|$

19. $|-x|\ne x$가 되는 x의 값을 구하여라.

20. x의 값이 무엇일 때 방정식 $|-x|$가 성립하는가?

21. t의 값이 무엇일 때 방정식 $|t-5|=5-t$가 성립하는가?

22. a와 t의 값이 무엇일 때 방정식 $|t-a|=a-t$가 성립하는가?

23. $|x|\le2$일 때, 절대값의 성질을 써서 다음을 보여라.

$$\left|\frac{2x^2+3x+2}{x^2+2}\right|\le8$$

24. 다음 대수학적 기호들이 나타내는 것을 거리라는 단어를 넣어서 말로 표현하여라.

(a) $|x-5|=3$ (b) $|x+1|\le2$

(c) $|x-a|>b$

25. 꼭지점이 $A(-2, 6)$, $B(1, 2)$, $C(5, 5)$인 삼각형을 그려라. 이것은 직각삼각형임을 보여라.

26. $(1, 2)$와 $(7, 8)$을 잇는 선분의 중점과 점 $(3, -6)$ 사이의

거리를 구하여라.

27. $A=(2,\ 0)$이고 $B=(10,\ 4)$일 때, AB를 지름으로 가지는 원의 방정식을 구하여라.

28. 방정식이 $x^2+y^2-8x+6y=0$인 원의 중점과 반지름을 구하여라.

29. 다음 원들의 중심들 사이의 거리를 구하여라.
$x^2-2x+y^2+2y=2$와 $x^2+6x+y^2-4y=-7$

30. 주어진 점을 지나고 주어진 직선과 평행한 직선의 방정식을 구하여라. 두 직선을 그려라.

(a) $(3,\ 2)$: $3x+2y=6$ (b) $(1,\ -1)$: $y=\frac{2}{3}x+1$

(c) $(5,\ 9)$: $y=10$ (d) $(-3,\ 4)$: $x=-2$

31. 점 $(-2,\ 1)$을 지나고 다음을 만족하는 직선의 방정식을 구하여라.

(a) 점 $(7,\ 3)$을 지난다.

(b) 직선 $3x-2y=5$와 평행

(c) 직선 $3x+4y=9$와 직교

(d) 직선 $y=4$와 직교

(e) y절편이 3

32. $(2,\ -1)$, $(5,\ 3)$, $(11,\ 11)$은 같은 직선에 놓여 있음을 보여라.

33. 그림 1의 곡선을 나타내는 방정식은?

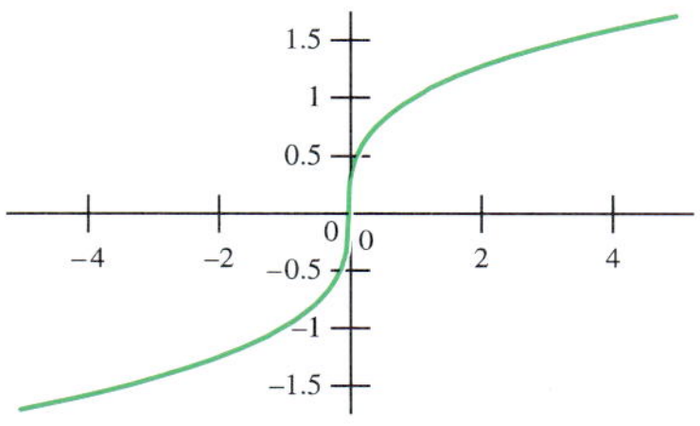

그림 1

(a) $y=x^3$ (b) $x=y^3$

(c) $y=x^2$ (d) $x=y^2$

34. 그림 2의 곡선을 나타내는 방정식은?

(a) $y=ax^2+bx+c,\ a>0,\ b>0,\ c>0$

(b) $y=ax^2+bx+c,\ a<0,\ b>0,\ c>0$

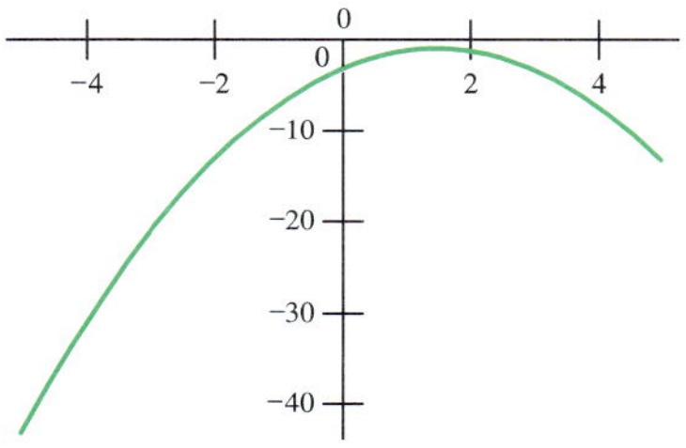

그림 2

(c) $y=ax^2+bx+c,\ a<0,\ b>0,\ c<0$

(d) $y=ax^2+bx+c,\ a>0,\ b>0,\ c<0$

문제 35~38에서 주어진 방정식의 그래프를 그려라.

35. $3y-4x=6$ **36.** $x^2-2x+y^2=3$

GC **37.** $y=\frac{2x}{x^2+2}$ GC **38.** $x=y^2-3$

GC **39.** $y=x^2-2x+4$와 $y-x=4$의 그래프의 교점을 구하여라.

40. $4x-y=2$와 직교하는 직선 중에, x축의 양의 부분, y축의 음의 부분과 더불어 만드는 삼각형의 넓이가 8이 되는 직선의 방정식을 구하여라.

41. $f(x)=1/(x+1)-1/x$에 대해서, 다음 값을 (존재하면) 구하여라.

(a) $f(1)$ (b) $f\left(-\frac{1}{2}\right)$ (c) $f(1)$

(d) $f(t-1)$ (e) $f\left(\frac{1}{t}\right)$

42. $g(x)=(x+1)/x$에 대해서, 다음을 구하고 간단하게 하여라.

(a) $g(2)$ (b) $g\left(\frac{1}{2}\right)$

(c) $\frac{g(2+h)-g(2)}{h}$

43. 다음 함수의 자연스러운 정의역을 구하여라.

(a) $f(x)=\frac{x}{x^2-1}$ (b) $g(x)=\sqrt{4-x^2}$

44. 다음 중에 기함수인 것은? 우함수인 것은? 이도저도 아닌 것은?

(a) $f(x)=\frac{3x}{x^2+1}$ (b) $g(x)=|\sin x|+\cos x$

(c) $h(x)=x^3+\sin x$ (d) $k(x)=\frac{x^2+1}{|x|+x^4}$

45. 다음 함수의 그래프를 그려라.

(a) $f(x)=x^2-1$ (b) $g(x)=\frac{x}{x^2+1}$

(c) $h(x)=\begin{cases} x^2, & 0\le x\le 2\text{인 경우} \\ 6-x, & x>2\text{인 경우} \end{cases}$

46. f는 우함수이고, $x\ge 0$일 때 $f(x)=-1+\sqrt{x}$를 만족한다고 하자. 구간 $-4\le x\le 4$에서 f의 그래프를 그려라.

47. 가로, 세로 길이가 24 인치, 32 인치인 판지의 네 귀퉁이에서 변의 길이가 x 인치인 정사각형들을 잘라내고 나서, 옆면을 세워서 열린 상자를 만든다. 부피 $V(x)$를 x의 함수로 표현하여라. 이 함수의 정의역은?

48. $f(x)=x-1/x$, $g(x)=x^2+1$이다. 다음 값을 구하여라.

(a) $(f+g)(2)$ (b) $(f\cdot g)(2)$ (c) $(f\circ g)(2)$

(d) $(g\circ f)(2)$ (e) $f^3(-1)$ (f) $f^2(2)+g^2(2)$

49. 이동하는 방법을 써서, 다음 함수의 그래프를 그려라.

(a) $y=\frac{1}{4}x^2$ (b) $y=\frac{1}{4}(x+2)^2$

(c) $y=-1+\frac{1}{4}(x+2)^2$

50. $f(x)=\sqrt{16-x}$, $g(x)=x^4$이다. 다음 함수의 정의역은?

(a) f (b) $f\circ g$ (c) $g\circ f$

51. 함수 $F(x)=\sqrt{1+\sin^2}$을 네 개의 함수의 합성 $f\circ g\circ h\circ k$로 표현하여라.

52. 계산기를 사용하지 말고, 다음을 구하여라.

(a) $\sin(570°)$ (b) $\cos\left(\frac{9\pi}{2}\right)$ (c) $\cos\left(\frac{-13\pi}{6}\right)$

53. $\sin t=0.8$이고 $\cos t<0$일 때, 다음 값을 구하여라.

(a) $\sin(-t)$ (b) $\cos t$ (c) $\sin 2t$

(d) $\tan t$ (e) $\cos\left(\frac{\pi}{2}-t\right)$ (f) $\sin(\pi+t)$

54. $\sin 3t$를 $\sin t$를 써서 나타내어라. 도움말: $3t=2t+t$

55. 분당 20회 회전하는 바퀴의 둘레에 파리가 앉아 있다. 바퀴의 반지름이 9인치이면, 파리는 1초에 얼마 거리를 움직이는가?

복습과 예비 문제

1. 다음 부등식을 풀어라.

(a) $1<2x+1<5$ (b) $-3<\frac{x}{2}<8$

2. 다음 부등식을 풀어라.

(a) $14<2x+1<15$ (b) $-3<1-\frac{x}{2}<8$

3. $|x-7|=3$을 x에 대해 풀어라.

4. $|x+3|=2$를 x에 대해 풀어라.

5. x와 7 사이의 거리가 3일때 x의 값을 구하여라.

6. x와 7 사이의 거리가 d일때 x의 값을 구하여라.

7. 다음 부등식을 풀어라.

(a) $|x-7|<3$ (b) $|x-7|\leq 3$

(c) $|x-7|\leq 1$ (d) $|x-7|<0,\ 1$

8. 다음 부등식을 풀어라.

(a) $|x-2|<1$ (b) $|x-2|\geq 1$

(c) $|x-2|<0,\ 1$ (d) $|x-2|<0,\ 01$

9. 다음 함수의 치역을 구하여라.

(a) $f(x)=\frac{x^2-1}{x-1}$ (b) $g(x)=\frac{x^2-2x+1}{2x^2-x-1}$

10. 다음 함수의 치역을 구하여라.

(a) $F(x)=\frac{|x|}{x}$ (b) $G(x)=\frac{\sin x}{x}$

11. 문제 9의 함수 $f(x)$와 $g(x)$가 x가 0, 0.9, 0.99, 0.999, 1.001, 1.01, 1.1, 2일 때의 함수값을 구하여라.

12. 문제 10의 함수 $F(x)$와 $G(x)$에서 x가 -1, -0.1, -0.01, -0.001, 0.001, 0.01, 0.1, 1일때의 함수값을 구하여라.

13. x와 5의 거리가 0.1보다 작을 때 x가 가질 수 있는 값을 구하여라.

14. x와 5의 거리가 ε보다 작을 때 x가 가질 수 있는 값을 구하여라.

15. a, x, y가 실수이고, n이 자연수일 때 다음의 문장이 참인지 거짓인지 구분하여라.

(a) 모든 $x>0$에 대해 $y<x$인 y가 존재한다.

(b) 모든 $a\geq 0$에 대해 $\frac{1}{n}<a$인 n이 존재한다.

(c) 모든 $a>0$에 대해 $\frac{1}{n}<a$인 n이 존재한다.

(d) 평면에서 모든 원 C에 대해

16. 삼각함수의 덧셈정리를 이용하여 $\sin(c+h)$를 $\sin c$, $\sin h$, $\cos c$, $\cos h$로 표현하여라.

CHAPTER

1 극 한

1.1 극한의 소개

지금까지 배운 내용들을 기초로 하여 이제 미적분학에 있어서 가장 중요한 극한(limit)의 개념에 대하여 생각한다. 실제로 미적분학은 극한 개념을 토대로 하여 이론이 전개된다는 데에 그 특징이 있다. 실제로, 미적분학을 다음과 같이 말한다.

미적분학은 극한의 학문이다.

극한의 개념을 이용한 문제들 극한의 개념은 물리학, 공학, 사회과학의 많은 문제들에서 중심이 된다. 기본적으로 다음 질문이 생긴다; x가 어떤상수 c에 가까이 갈 때 $f(x)$의 값은 어떻게 되는가? 이 주제에는 경우가 있겠지만, 대체적으로 기본적인 생각은 같다.

앞으로 계속 나아가는 물체에 대해 어떤 주어진 시각에 물체의 위치를 안다고 하자. 시각 t에서의 위치를 $s(t)$라 하자. 시간 $t=1$일 때 그 물체는 얼마나 빠르게 움직일까? 이동한 시간의 구간에서 속도(위치의 변화율)를 구하기 위해 "거리는 속도 곱하기 시간과 같다"라는 공식을 사용할 수 있다. 즉,

$$속도=\frac{이동거리}{시간}$$

구간이 얼마나 작은지에 관계없이 그 구간에서 속도가 상수인지 여부를 모르기 때문에 이것을 그 구간에서의 평균속도라고 한다. 예를 들어 구간 [1, 2]에서의 평균속도는 $S(2)-S(1)/(2-1)$이다. 구간 [1, 1.2]에서의 평균속도는 $S(1.2)-S(1)/(1.2-1)$, 구간 [1, 1.02]에서의 평균속도는 $S(1.02)-S(1)/(1.02-1)$이다. 그럼, 시간 $t=1$일 때 물체는 얼마나 빠르게 움직이고 있을까? 이 "순간"속도의 의미를 부여하기 위해서 점점 더 작은 구간에서의 평균속도의 극한을 알아야 한다.

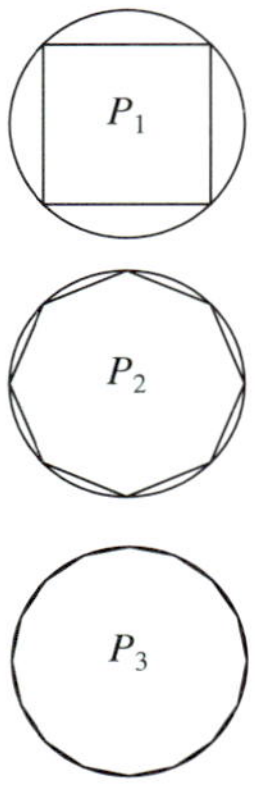

그림 1

직사각형과 삼각형의 넓이는 기하학 공식을 사용하여 구할 수 있지만, 원과 같이 곡선으로 이루어진 도형의 넓이는 어떠한가? 아르키메데스(Archimedes)는 2000년 전에 이런 생각을 했다. 그림 1에서와 같이 원 안에 내접하는 정다각형들을 생각한다. 아르키메데스는 정n각형의 넓이를 구할 수 있었고, 정다각형의 변의 수를 점점 늘려가면서 원하는 정확도 이내에서 원 넓이의 근사값을 구할 수 있었다. 다시 말해, 원의 넓이는 n(다각형의 변의 수)의 수를 증가시키면서 구한 내접다각형의 넓이의 극한이다.

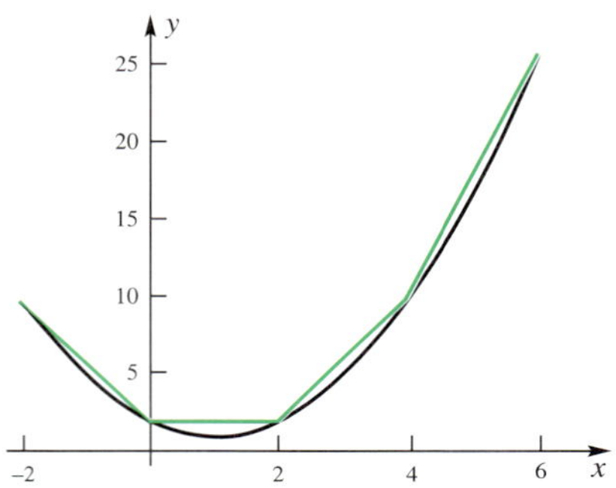

그림 2

$a \le x \le b$에서 함수 $y=f(x)$의 그래프를 보자. 그래프가 직선이면 직선의 길이는 거리공식을 사용하여 쉽게 구할 수 있다. 하지만 그래프가 곡선일 때는 어떠할가? 우리는 곡선 위의 많은 점을 찾을 수 있고 그 점들을 그림 2와 같이 이어 그을 수 있다. 이러한 선분의 개수를 늘려가면서 길이들을 합하면 곡선 길이의 근사값을 얻을 수 있다. 사실 우리가 말한 곡선의 길이란 이러한 선분들의 길이의 합의 극한을 의미한다.

위의 마지막 세 부분은 극한의 개념과 관련된 경우에 대해 서술한 것이다. 이외에도 많은 예가 있고, 이 책에서 다루게 된다. 극한의 직관적인 설명부터 시작할 것이다. 정확한 정의는 다음 절에서 한다.

직관적인 이해 다음 함수를 생각하자.

$$f(x)=\frac{x^3-1}{x-1}$$

점 $x=1$에서 $f(x)$는 $\frac{0}{0}$ 형태가 되므로 의미가 없고 이 함수는 $x=1$에서 정의되지 않는다. 그렇더라도 x가 1에 가까이 갈 때, $f(x)$에 대하여 아직 알아볼 것이 있다. 좀 더 구체적으로 말하면, x가 1에 가까이 갈 때, $f(x)$가 어떤 특정한 수에 가까이 가지 않을까? 이 질문에 답하기 위해 세 가지 일을 생각할 있다. 먼저 1에 가까운 x에 대해서, $f(x)$의 값들을 계산하고, 다음으로 이 값들을 도표로 나타낸다. 그리고 마지막으로 $y=f(x)$의 그래프를 그린다. 그림 3에서 이 모든과정과 결과를 나타내었다.

이제까지 알아본 사실은 x가 1에 가까이 갈 때 $f(x)$가 3에 가까이 간다는

x	$y = \frac{x^3-1}{x-1}$
1.25	3.813
1.1	3.310
1.01	3.030
1.001	3.003
↓	↓
1.000	?
↑	↑
0.999	2.997
0.99	2.970
0.9	2.710
0.75	2.313

수값 표

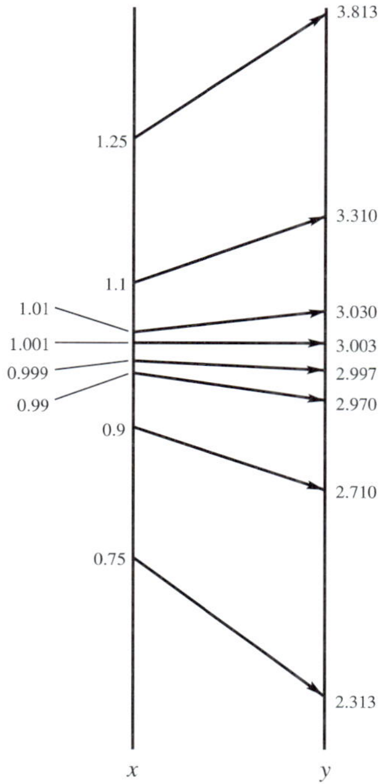

다이어그램

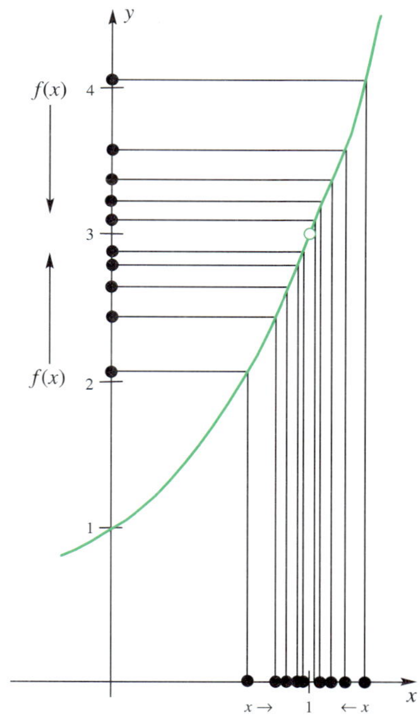

$y = f(x) = \frac{x^3-1}{x-1}$ 의 그래프

그림 3

결론과 같다. 이것을 수학적 기호로 다음과 같이 나타낸다.

$$\lim_{x \to 1} \frac{x^3-1}{x-1} = 3$$

대수에 능통하다면(그러면 $x^3 - a^3$을 인수분해할 줄 알 것임), 좀 더 명확한 근거를 보일 수 있다.

$$\begin{aligned}\lim_{x \to 1} \frac{x^3-1}{x-1} &= \lim_{x \to 1} \frac{(x-1)(x^2+x+1)}{x-1} \\ &= \lim_{x \to 1}(x^2+x+1) = 1^2+1+1 = 3\end{aligned}$$

여기서 $x \neq 1$일 때 $(x-1)/(x-1)=1$이므로 두 번째 등호가 성립한다. 그리고 세 번째 등호가 성립하는 것은 타당해 보이지만 엄밀한 증명은 다음에 설명하기로 한다.

이제 앞에서 생각한 극한의 개념을 명확히 하기 위해 극한의 의미를 분명하게 이해할 필요가 있다. 다음은 정의에 대한 첫번째 시도이다.

정의 극한의 직관적인 의미

$\lim_{x \to c} f(x) = L$이란 c에 가깝지만 c와 같지 않은 x에 대하여 $f(x)$가 L에 가깝다는 뜻이다.

$x=c$에 대해서는 아무것도 필요하지 않음을 주목한다. 심지어 함수 f는

$x=c$에서 정의되지 않아도 상관이 없다. 앞 예제에서 다룬 함수 $f(x)=(x^3-1)/(x-1)$도 $x=1$에서 정의되지 않았다. 극한의 개념은 함수가 c 가까이에서 (c가 아닌) 어떻게 움직이는가를 생각하는 것이다.

조심스러운 학생이라면 '가까이'라는 말의 의미를 깊이 생각해 볼 것이다. '가까이'는 무엇을 뜻하는가? 얼마나 가까워야 가까운 것인가? 엄밀하게 답하려면, 다음 절을 공부해야 한다. 그렇지만 다음 예제들을 통해, 그 개념을 좀 더 명확히 할 수 있다.

추가 예제 처음 예제는 간단해 보이겠지만, 실은 매우 중요하다.

예제 1 $\lim_{x\to 3}(4x-5)$를 구하여라.

풀이 x가 3에 가까울 때, $4x-5$는 $4\cdot 3-5=7$에 가깝다. 따라서

$$\lim_{x\to 3}(4x-5)=7$$

■

예제 2 $\lim_{x\to 3}\dfrac{x^2-x-6}{x-3}$을 구하여라.

풀이 함수 $(x^2-x-6)/(x-3)$은 $x=3$에서 정의되지 않지만, 이것은 아무런 상관이 없다. x가 3에 가까이 갈 때 어떻게 되는지 알기 위해서, 계산기를 써서 이를테면, 3.1, 3.01, 3.001 등등에 대하여 주어진 함수의 값을 계산할 수 있다. 그러나 이런 경우 인수분해를 이용하면 보다 쉽게 문제를 풀 수 있다.

$$\lim_{x\to 3}\frac{x^2-x-6}{x-3}=\lim_{x\to 3}\frac{(x-3)(x+2)}{x-3}=\lim_{x\to 3}(x+2)=3+2=5$$

극한의 정의에서 $x=3$인 경우에 대해서는 무시하므로 두번째 단계에서 $x-3$으로 약분하는 것이 가능하다. x가 3이 아니면 $\dfrac{x-3}{x-3}=1$임을 기억하기 바란다. ■

x	$\frac{\sin x}{x}$
1.0	0.84147
0.5	0.95885
0.1	0.99833
0.01	0.99998
↓	↓
0	?
↑	↑
−0.01	0.99998
−0.1	0.99833
−0.5	0.95885
−1.0	0.84147

그림 4

예제 3 $\lim_{x\to 0}\dfrac{\sin x}{x}=1$을 구하여라.

풀이 이 문제는 대수적으로 접근할 수 없다. 실제로, x를 소거할 수 없다. 계산기를 이용하여, 극한을 추측할 수 있다. 계산기를 써서(라디안 모드), 그림 4의 표에 나오는 값들을 얻을 수 있다. 그림 5에 있는 $y=\sin x/x$의 그래프를 이용하여

$$\lim_{x\to 0}\frac{\sin x}{x}=1$$

이 성립함을 추측할 수 있다. 자세한 증명은 1.4절에서 하기로 한다. ■

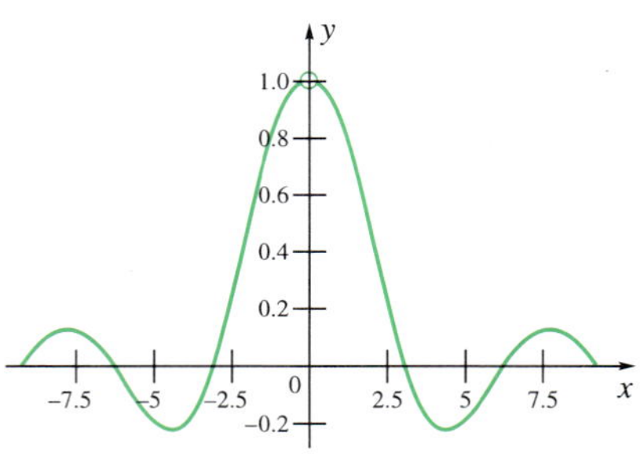

그림 5

주의 세상 일들은 보기보다 훨씬 복잡할 수 있다. 계산기의 계산 결과 등과 우리의 직관도 틀릴 수 있다. 다음 예제들은 그런 경우들을 보여준다.

x	$x^2 - \frac{\cos x}{10000}$
1	0.99995
0.5	0.24991
0.1	0.00990
0.01	0.000000005
↓	↓
0	?

그림 6

예제 4 (계산기가 바보로 만든다) $\lim_{x\to 0}\left[x^2-\frac{\cos x}{10,000}\right]$를 구하여라.

풀이 예제 3의 풀이 과정을 따라서 만든 그림 6의 표에 의하면 극한은 0이라고 생각할 수 있다. 그러나 그것은 틀렸다. $y=\cos x$의 그래프를 생각해 보면, x가 0으로 갈 때 $\cos x$는 1로 간다. 따라서

$$\lim_{x\to 0}\left[x^2-\frac{\cos x}{10,000}\right]=0^2-\frac{1}{10,000}=-\frac{1}{10,000}$$ ■

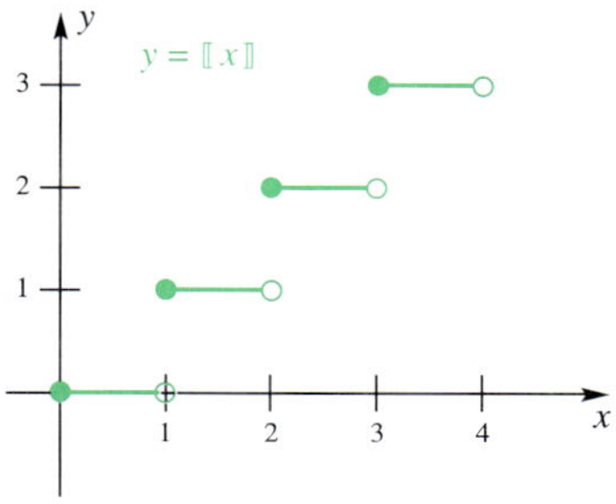

그림 7

예제 5 (점프점에서 극한은 없다) $\lim_{x\to 2}[\![x]\!]$를 구하여라.

풀이 기호 $[\![x]\!]$는 x보다 같거나 작은 정수 중에서 최대 정수를 나타낸다(0.5절 참조). $y=[\![x]\!]$의 그래프는 그림 7과 같다. 2에 가깝고 2보다 작은 모든 x에 대해서, $[\![x]\!]=1$. 그러나 2에 가깝고 2보다 큰 모든 x에 대해서, $[\![x]\!]=2$. x가 2에 가까울 때, $[\![x]\!]$는 어느 한 수 L에 가까운가? 아니다. 어떠한 수를 L로 제시하든, 2에 얼마든지 가까우면서, 2의 이쪽 아니면 저쪽에 있어서, $[\![x]\!]$와 L이 최소한 $\frac{1}{2}$ 이상 차이가 나는 x가 존재한다. 그러므로 $\lim_{x\to 2}[\![x]\!]$는 존재하지 않는다. 그러므로 모든 극한이 존재하는 것은 아니다. ■

x	$\sin\frac{1}{x}$
$2/\pi$	1
$2/(2\pi)$	0
$2/(3\pi)$	−1
$2/(4\pi)$	0
$2/(5\pi)$	1
$2/(6\pi)$	0
$2/(7\pi)$	−1
$2/(8\pi)$	0
$2/(9\pi)$	1
$2/(10\pi)$	0
$2/(11\pi)$	−1
$2/(12\pi)$	0
↓	↓
0	?

그림 8

예제 6 (진동하는 경우) $\lim_{x\to 0}\sin(1/x)$을 구하여라.

풀이 지금까지 다룬 극한 문제 중에 이것이 가장 어려운 경우이다. 이 문제에 대해서 긴 설명을 피하기 위해 다음 두 가지를 생각해 보기 바란다. 첫째, 0으로 가까이 가는 x들의 수열을 잡아서, 계산기로 그 x 값들에 대한 $\sin(1/x)$을 계산해 보아라. 그 값들은 매우 심하게 진동할 것이다.

둘째, $y=\sin(1/x)$의 그래프를 그려 보아라. 이것을 잘 그리기는 어렵지만, 그림 8의 표에 나오는 값들을 보면 어떤 일이 벌어질지 잘 암시해 준다. 원점을 포함하는 어떠한 구간에서든, 그래프는 -1과 1 사이를 수없이 오르내리며 진동한다(그림 9). 그렇기 때문에 x가 0에 가까이 갈 때, $\sin(1/x)$은 어느 일정한 수 L에 가까이 갈 수 없음이 명백하다. 그러므로 $\lim_{x\to 0}\sin(1/x)$은 존재하지 않는다는 것이 결론이다. ■

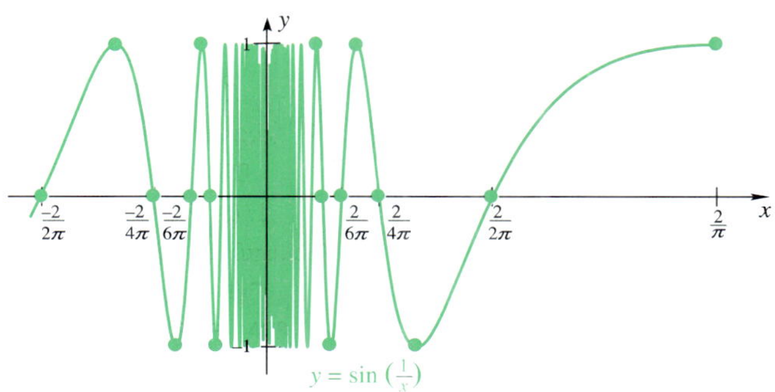

그림 9

한쪽 극한 함수가 점프점을 가질 때 (예제 5에서 $[\![x]\!]$가 각 정수에서 그렇듯이), 점프점에서 극한이 존재하지 않는다. 이러한 함수에 대해 **한쪽 극한**(one sided limit)을 생각하게 된다. 기호 $x \to c^+$는 x가 c의 오른쪽에서 접근하고, $x \to c^-$는 x가 c의 왼쪽에서 접근하는 것을 의미한다.

정의 우극한과 좌극한

$\lim_{x \to c^+} f(x) = L$은 x가 c의 오른쪽에서 c에 가까울 때, $f(x)$가 L에 가까움을 뜻한다. 이와 비슷하게, $\lim_{x \to c^-} f(x) = L$은 x가 c의 왼쪽에서 c에 가까울 때 $f(x)$가 L에 가까움을 뜻한다.

따라서, $\lim_{x \to 2} [\![x]\!]$는 존재하지 않지만, 다음과 같이 쓸 수는 있다(그림 7의 그래프 참조).

$$\lim_{x \to 2^-} [\![x]\!] = 1 \quad \text{그리고} \quad \lim_{x \to 2^+} [\![x]\!] = 2$$

다음 정리가 성립함을 쉽게 알 수 있다.

정리 A

$\lim_{x \to c} f(x) = L$일 필요충분조건은 $\lim_{x \to c^-} f(x) = L$이고 $\lim_{x \to c^+} f(x) = L$인 것이다.

그림 10을 보면 좀 더 통찰력이 생길 것이다. 그림에서 극한이 존재한지 않는 점이 두 개 있는데, 그럼에도 이들 모두 한쪽 극한이 존재하고 있다.

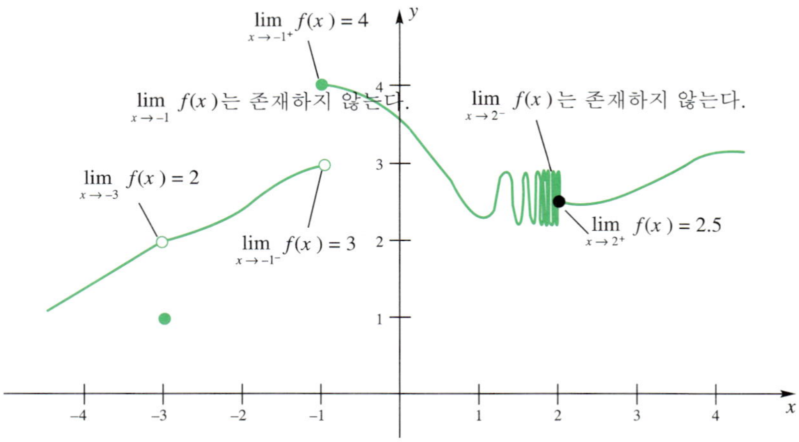

그림 10

개념 복습

1. $\lim_{x \to c} f(x) = L$이 뜻하는 것은, x가 ______에 충분히 가까이 (그렇지만 다름) 갈 때, $f(x)$가 ______에 가까이 감을 말한다.

2. $f(x) = (x^2 - 9)/(x-3)$일때, $f(3)$은 정의되지 않는다. 그렇지만 $\lim_{x \to 3} f(x) =$______.

3. $\lim_{x \to c^+} f(x) = L$이 뜻하는 것은, x가 ______ c로 가까이 갈 때, $f(x)$가 ______에 가까이 감을 말한다.

4. 만약 $\lim_{x \to c^-} f(x) = M$이고 $\lim_{x \to c^-} f(x) = M$이면, ______.

연습문제 1.1

문제 1~6에서 다음 극한을 구하여라.

1. $\lim_{x \to 3} f(x-5)$

2. $\lim_{t \to -1} (1-2t)$

3. $\lim_{x \to -2} (x^2 + 2x - 1)$

4. $\lim_{x \to -2} (x^2 + 2t - 1)$

5. $\lim_{t \to -1} (t^2 - 1)$

6. $\lim_{t \to -1} (t^2 - x^2)$

문제 7~18에서 다음 극한을 구하여라. 대부분의 경우, 우선 대수학적 연산을 해야 한다(예제 2, 3참조).

7. $\lim_{x \to 2} \dfrac{x^2 - 4}{x - 2}$

8. $\lim_{t \to -7} \dfrac{t^2 + 4t - 21}{t + 7}$

9. $\lim_{x \to -1} \dfrac{x^3 - 4x^2 + x + 6}{x + 1}$

10. $\lim_{x \to 0} \dfrac{x^4 + 2x^3 - x^2}{x^2}$

11. $\lim_{x \to -t} \dfrac{x^2 - t^2}{x + t}$

12. $\lim_{x \to 3} \dfrac{x^2 - 9}{x - 3}$

13. $\lim_{t \to 2} \dfrac{\sqrt{(t+4)(t-2)^4}}{(3t-6)^2}$

14. $\lim_{t \to 7^+} \dfrac{\sqrt{(t-7)^3}}{t - 7}$

15. $\lim_{x \to 3} \dfrac{x^4 - 18x^2 + 81}{(x-3)^2}$

16. $\lim_{u \to 1} \dfrac{(3u+4)(2u-2)^3}{(u-1)^2}$

17. $\lim_{h \to 0} \dfrac{(2+h)^2 - 4}{h}$

18. $\lim_{h \to 0} \dfrac{(x+h)^2 - x^2}{h}$

GC 문제 19~28은 계산기를 써서 다음 극한을 구하여라. 그래프 계산기를 써서 극한점 근처에서 그래프를 그려라.

19. $\lim_{x \to 0} \dfrac{\sin x}{2x}$

20. $\lim_{t \to 0} \dfrac{1 - \cos t}{2t}$

21. $\lim_{x \to 0} \dfrac{(x - \sin x)^2}{x^2}$

22. $\lim_{x \to 0} \dfrac{(1 - \cos x)^2}{x^2}$

23. $\lim_{t \to 1} \dfrac{t^2 - 1}{\sin(t-1)}$

24. $\lim_{x \to 3} \dfrac{x - \sin(x-3) - 3}{x - 3}$

25. $\lim_{x \to \pi} \dfrac{1 + \sin(x - 3\pi/2)}{x - \pi}$

26. $\lim_{t \to 0} \dfrac{1 - \cot t}{\frac{1}{t}}$

27. $\lim_{x \to \frac{\pi}{4}} \dfrac{(x - \pi/4)^2}{(\tan x - 1)^2}$

28. $\lim_{u \to \frac{\pi}{2}} \dfrac{2 - 2\sin u}{3u}$

29. 그림 11에 그려 놓은 함수 f에 대해서, 다음 극한값 또는 함수값을 구하고, 만약 그것이 존재하지 않으면 존재하지 않는다고 나타내어라.

(a) $\lim_{x \to -3} f(x)$ (b) $f(-3)$ (c) $f(-1)$

(d) $\lim_{x \to -1} f(x)$ (e) $f(1)$ (f) $\lim_{x \to 1} f(x)$

(g) $\lim_{x \to 1^-} f(x)$ (h) $\lim_{x \to 1^+} f(x)$

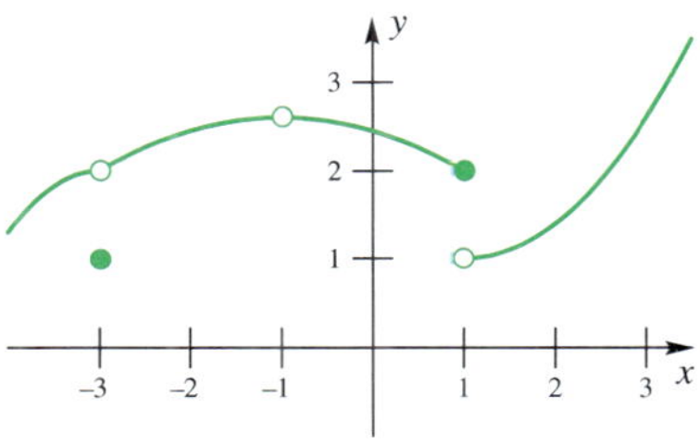

그림 11

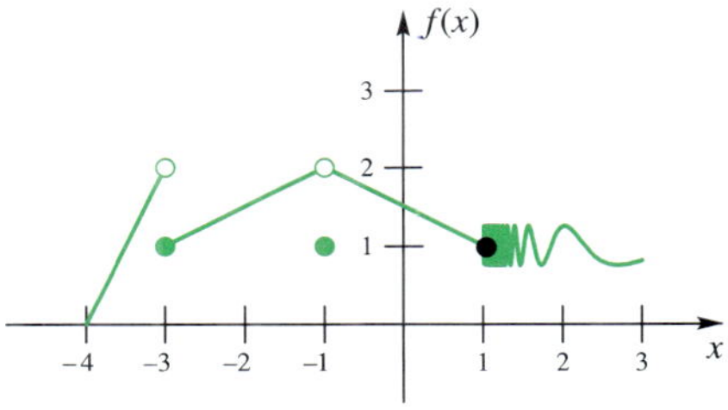

그림 12

30. 그림 12에 그려 놓은 함수 f에 대해서, 문제 29를 풀어 보아라.

31. 그림 13에 그려놓은 함수 f에 대해서, 다음 극한값 또는 함수값을 구하고, 만약 그것이 존재하지 않으면 존재하지 않는다고 나타내어라.

(a) $f(-3)$ (b) $f(3)$ (c) $\lim_{x \to -3^-} f(x)$

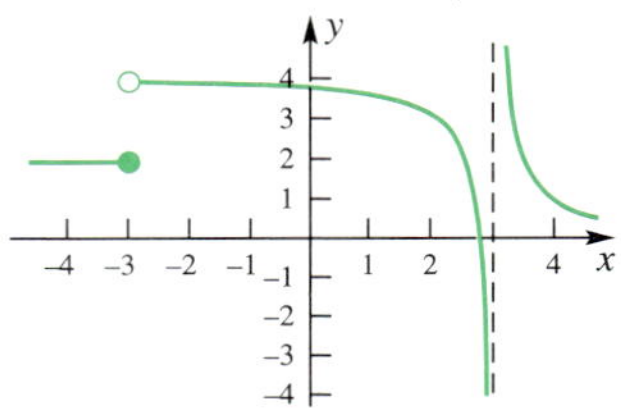

그림 13

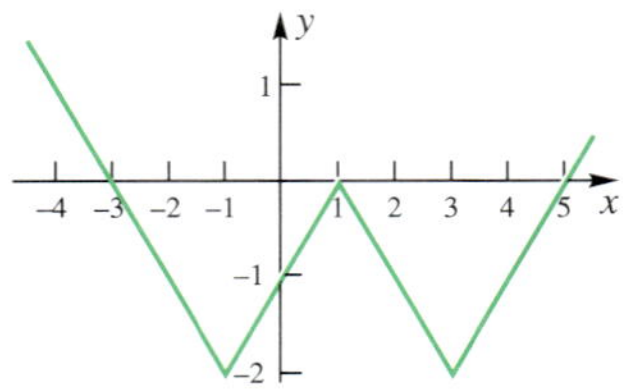

그림 14

(d) $\lim_{x \to -3^+} f(x)$ (e) $\lim_{x \to -3} f(x)$ (f) $\lim_{x \to 3^+} f(x)$

32. 그림 14에 그려놓은 함수 f에 대해서, 다음 극한값 또는 함수값을 구하고, 만약 그것이 존재하지 않으면 존재하지 않는다고 나타내어라.

(a) $\lim_{x \to -1^-} f(x)$ (b) $\lim_{x \to -1^+} f(x)$ (c) $\lim_{x \to -1} f(x)$

(d) $f(-1)$ (e) $\lim_{x \to 1} f(x)$ (f) $f(1)$

33. 다음 함수의 그래프를 그려라.

$$f(x)=\begin{cases} -x, & x<0\text{인 경우} \\ x, & 0 \le x < 1\text{인 경우} \\ 1+x, & x \ge 1\text{인 경우} \end{cases}$$

그리고 나서 다음 각각을 구하거나, 또는 존재하지 않는다고 하여라.

(a) $\lim_{x \to 0} f(x)$ (b) $\lim_{x \to 1} f(x)$

(c) $f(1)$ (d) $\lim_{x \to 1^+} f(x)$

34. 다음 함수의 그래프를 그려라.

$$g(x)=\begin{cases} -x+1, & x<1\text{인 경우} \\ x-1, & 1<x<2\text{인 경우} \\ 5-x^2, & x \ge 2\text{인 경우} \end{cases}$$

그리고 나서 다음 각각을 구하거나, 또는 존재하지 않는다고 하여라.

(a) $\lim_{x \to 1} g(x)$ (b) $g(1)$

(c) $\lim_{x \to 2} g(x)$ (d) $\lim_{x \to 2^+} g(x)$

35. 함수 $f(x)=x-[\![x]\!]$의 그래프를 그려라. 그리고 나서 다음 각각을 구하거나, 또는 존재하지 않는다고 하여라.

(a) $f(0)$ (b) $\lim_{x \to 0} f(x)$

(c) $\lim_{x \to 0^-} f(x)$ (d) $\lim_{x \to 1/2} f(x)$

36. 함수 $f(x)=x/|x|$에 대해서, 문제 35를 풀어 보아라.

37. $\lim_{x \to 1} (x^2-1)/|x-1|$을 구하거나, 또는 존재하지 않는다고 나타내어라.

38. $\lim_{x \to 0} (\sqrt{x+2}-\sqrt{2})/x$를 구하여라. 도움말: 분자와 분모에다 $\sqrt{x+2}+\sqrt{2}$를 곱해서 분자를 유리화하여라.

39. $f(x)$를 다음과 같이 정의하자.

$$f(x)=\begin{cases} x, & x\text{가 유리수인 경우} \\ -x, & x\text{가 무리수인 경우} \end{cases}$$

다음 값이 존재한다면 구하여라.

(a) $\lim_{x \to 1} f(x)$ (b) $\lim_{x \to 0} f(x)$

40. 다음 조건을 모두 만족하는 함수 f의 그래프를 가능한 한 정확하게 그려 보여라.

(a) 정의역은 구간 $[0, 4]$

(b) $f(0)=f(1)=f(2)=f(3)=f(4)=1$

(c) $\lim_{x \to 1} f(x)=2$ (d) $\lim_{x \to 2} f(x)=1$

(e) $\lim_{x \to 3^-} f(x)=2$ (f) $\lim_{x \to 3^+} f(x)=1$

41. $f(x)$를 다음과 같이 정의하자.

$$f(x)=\begin{cases} x^2, & x\text{가 유리수인 경우} \\ x^4, & x\text{가 무리수인 경우} \end{cases}$$

어떤 a에 대해서 $\lim_{x \to a} f(x)$가 존재하는가?

42. 함수 $f(x)=x^2$의 그래프를 매우 조심스럽게 그려 놓았는데, 밤중에 도깨비가 와서 백만 개의 지점들에서 f의 값들을 바꿔 놓았다. 그렇다면 임의의 a에 대해서 $\lim_{x \to a} f(x)$의 값이 달라지는가? 설명하여라.

43. 다음 극한을 구하거나, 또는 극한이 존재하지 않는다고 하여라.

(a) $\lim_{x \to 1} \dfrac{|x-1|}{x-1}$ (b) $\lim_{x \to 1^-} \dfrac{|x-1|}{x-1}$

(c) $\lim_{x \to 1^-} \dfrac{x^2-|x-1|-1}{|x-1|}$ (d) $\lim_{x \to 1^-} \left[\dfrac{1}{x-1}-\dfrac{1}{|x-1|}\right]$

44. 다음 극한을 구하거나, 또는 극한이 존재하지 않는다고 하여라.

(a) $\lim_{x \to 1^+} \sqrt{x-[\![x]\!]}$ (b) $\lim_{x \to 0^+} [\![1/x]\!]$

(c) $\lim_{x \to 0^+} x(-1)^{[\![1/x]\!]}$ (d) $\lim_{x \to 0^+} [\![x]\!](-1)^{[\![1/x]\!]}$

45. 다음 극한을 구하거나, 또는 존재하지 않는다고 하여라.

(a) $\lim_{x \to 0^+} x[\![1/x]\!]$ (b) $\lim_{x \to 0^+} x^2[\![1/x]\!]$

(c) $\lim_{x \to 3^-} ([\![x]\!]+[\![-x]\!])$ (d) $\lim_{x \to 3^+} ([\![x]\!]+[\![-x]\!])$

46. 다음 극한을 구하거나, 또는 존재하지 않는다고 하여라.

(a) $\lim_{x \to 3} [\![x]\!]/x$ (b) $\lim_{x \to 0^+} [\![x]\!]/x$

(c) $\lim_{x \to 1.8} [\![x]\!]$ (d) $\lim_{x \to 1.8} [\![x]\!]/x$

CAS 많은 소프트웨어 패키지는 극한을 계산하는 프로그램을 가지고 있다. 그렇지만 그것들이 모두 옳다는 보장은 없다. 학생 여러분이 갖고 있는 소프트웨어의 성능에 확신을 가지려면, 그것을 써서 문제 1~28의 극한의 일부를 구해 보아라. 그리고 나서 다음 극한을 구하거나, 또는 존재하지 않는다고 하여라.

47. $\lim_{x\to 0}\sqrt{x}$

48. $\lim_{x\to 0^+} x^x$

49. $\lim_{x\to 0}\sqrt{|x|}$

50. $\lim_{x\to 0}|x|^x$

51. $\lim_{x\to 0}(\sin 2x)/4x$

52. $\lim_{x\to 0}(\sin 5x)/3x$

53. $\lim_{x\to 0}\cos(1/x)$

54. $\lim_{x\to 0}x\cos(1/x)$

55. $\lim_{x\to 1}\dfrac{x^3-1}{\sqrt{2x+2}-2}$

56. $\lim_{x\to 0}\dfrac{x\sin 2x}{\sin(x^2)}$

57. $\lim_{x\to 2^-}\dfrac{x^2-x-2}{|x-2|}$

58. $\lim_{x\to 1^+}\dfrac{2}{1+2^{1/(x+1)}}$

CAS **59.** 수학 소프트웨어는 $\lim_{x\to a}f(x)$를 a에 가까운 x들을 여러 개 골라서 $f(x)$의 값을 계산하기 때문에, 잘못 찾을 수 있다. $\lim_{x\to 0}f(x)$는 존재하지 않지만, 소프트웨어는 극한값을 제시해 주게되는, 함수 $f(x)$를 찾아 보아라.

개념 복습 해답: **1.** c, L **2.** 6 **3.** 오른쪽에서, L
4. $\lim_{x\to c}f(x)=M$

1.2 극한의 엄밀한 정의

앞 절에서 극한의 대략적인 정의를 소개하였다. 그 정의를 좀 더 잘 표현한 것을 제시하겠는데, 이것도 역시 엄밀하지 않다. $\lim_{x\to c}f(x)=L$이라는 말은, x를 c와 다르면서 c에 충분히 가깝게 하면, $f(x)$를 원하는 만큼 L과 가깝게 할 수 있음을 뜻한다. 첫 번째 예제에서 이런 점을 보여준다.

예제 1 $y=f(x)=3x^2$의 그림을 이용하여 $f(x)$가 12에서 0.05 이내에 들어가도록 하려면 x가 2에 얼마만큼 가까워야 하는지 결정하여라.

풀이 $f(x)$가 12에서 0.05이내에 들어가기 위하여서는 $11.95<f(x)<12.05$이다. 직선 $y=11.95$와 $y=12.05$를 그림 1에 나타내었다. 이제 $y=3x^2$을 x에 대해 풀면 $x=\sqrt{y/3}$이다. 따라서

$$f(\sqrt{11.95/3})=11.95\text{이고 } f(\sqrt{12.05/3})=12.05$$

그림 1에서 $\sqrt{11.95/3}<x<\sqrt{12.05/3}$이면 $11.95<f(x)<12.05$임을 확인할 수 있다. x에 대한 이 구간은 대략 $1.99583<x<2.00416$이다. 이 구간의 두 끝 점 중 위끝점 2.00416은 2에 가깝고 그것은 2에서 0.00416 이내에 있다. 따라서 x가 2에서 0.00416 이내에 있으면 $f(x)$는 12에서 0.05 이내에 있게 된다. ■

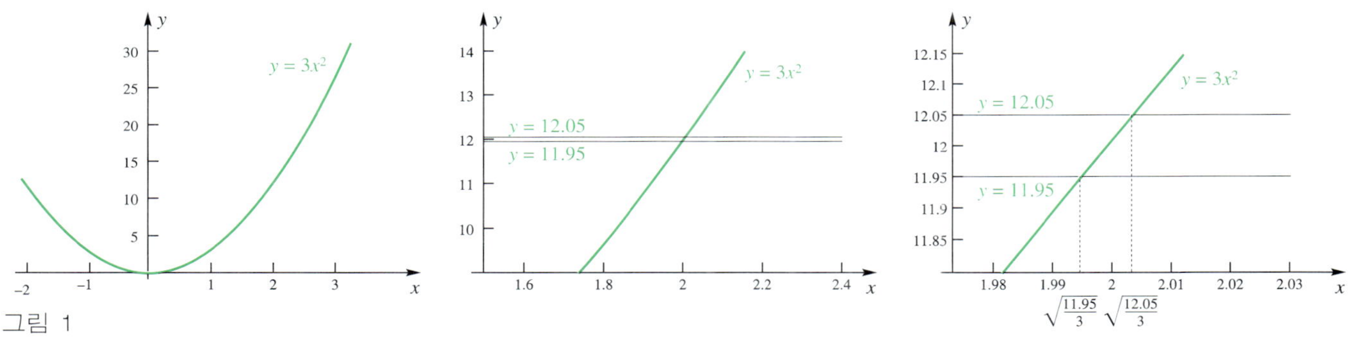

그림 1

> *거리로서의 절대값*
>
> 수직선 상에 두 점 a, b를 생각한다. 두 점 사이의 거리는? 만일 $a<b$라면, 거리는 $b-a$이고, $b<a$라면, 거리는 $a-b$이다. 두 경우를 한 문장으로 나타내면 거리는 $|b-a|$이다. 수직선 상에 두 점 사이의 거리로서 차이의 절대값의 기하학적 의미는 극한의 정의를 이해하는데 중요하다.

이제 $f(x)$가 12에서 0.01 이내에 들어가도록 하려면 x를 2에서 얼마 이내에 잡을 것인가 라는 물음에 답하려면, 앞에서와 같이 직선을 따라 구하면 되는데 앞에서 얻은 것보다 x의 구간은 더 작은 구간이 될 것이다. $f(x)$가 12에서 0.001 이내에 있으려면 구하는 x의 구간은 더욱 좁아질 것이다. 이 예제에서, 아무리 $f(x)$가 12에 가깝게 잡는 경우라도 x를 2에 충분히 가깝게 잡으면 가능해 보인다.

이제 극한에 대한 엄밀한 정의를 한다.

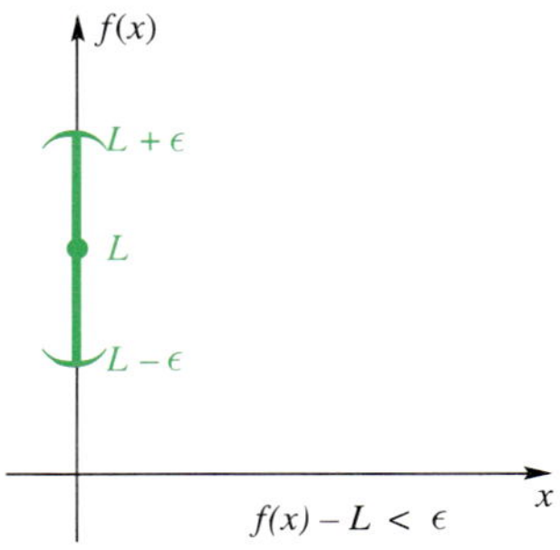

그림 2

정의를 엄밀하게 함 오랜 전통에 따라서, ε(엡실론)과 δ(델타)는 임의의 양수(보통 작은)를 나타낸다. $f(x)$가 L의 ε근방에 있다는 것은 $L-\varepsilon<f(x)<L+\varepsilon$을 뜻하고 이것은 $|f(x)-L|<\varepsilon$과 같은 뜻이다. 이는 그림 2에서 보는 바와 같이 $f(x)$가 개구간 $(L-\varepsilon, L+\varepsilon)$에 놓여 있음을 뜻한다.

다음으로, x가 c는 아니면서 c에 충분히 가깝다는 것은 어떤 δ가 있어서, x가 c를 제외한 열린 구간 $(c-\delta, c+\delta)$에 놓여 있다는 뜻이다. 이것을 절댓값을 이용하여 나타내면,

$$0<|x-c|<\delta$$

여기서 부등식 $|x-c|<\delta$는 구간 $c-\delta<x<c+\delta$를 뜻하며, 한편 부등식 $0<|x-c|$는 $x=c$를 제외한다는 것을 의미한다. 이제가지 설명한 구간을 그림 3에 그려 놓았다.

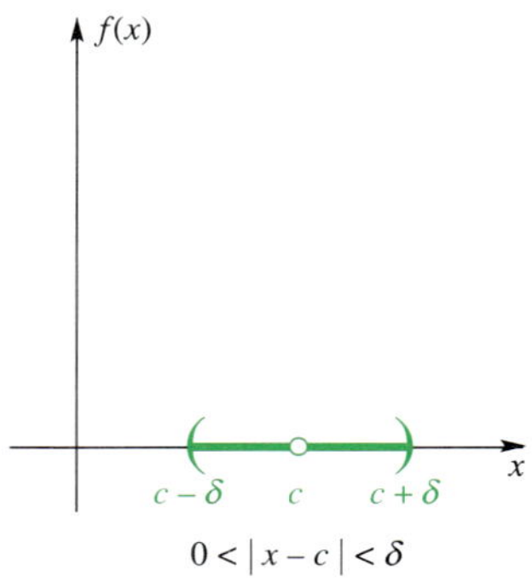

그림 3

이제 미적분학에서 가장 중요하다고 말하는 정의에 대해 공부하자.

> **정의** 극한의 정확한 의미
>
> $\lim_{x\to c} f(x)=L$의 의미는 다음과 같다. 임의의 (아무리 작은) $\varepsilon>0$에 대하여, 적당한 $\delta>0$가 있어서, $0<|x-c|<\delta$인 모든 x에 대하여 $|f(x)-L|<\varepsilon$이다. 즉,
>
> $$0<|x-c|<\delta \Rightarrow |f(x)-L|<\varepsilon$$

그림 4를 보면 이 정의를 이해하는 데 도움이 된다.

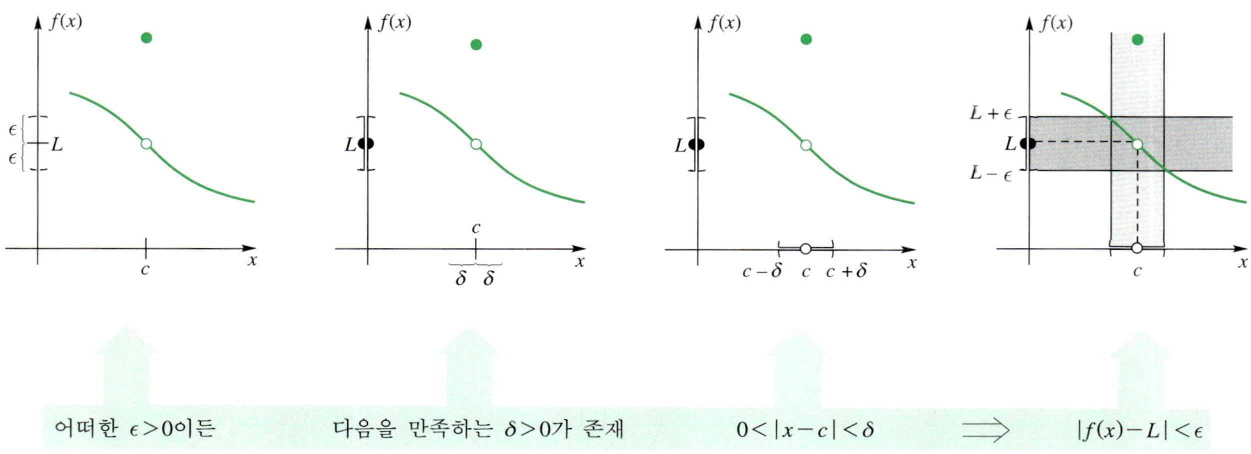

그림 4

좀더 자세히 설명하면 먼저 주어진 실수 ε이 있어야 한다. 그 다음에 실수 δ를 찾아야 하는데 δ는 항상 ε에 의해 결정된다. $\lim_{x\to3}(2x+1)=7$임을 철수가 영희에게 증명해 보이려고 한다. 이때, 영희는 $\varepsilon=0.01$에 합당한 δ를 찾아 보라고 철수에게 요구할 수 있다. 철수는 $0<|x-3|<\delta$이면 $|(2x+1)-7|<0.01$이 되도록 δ를 잡을 수 있을까? 다음과 같이 계산한 후에,

$$|(2x+1)-7|=0.01 \Leftrightarrow 2|x-3|<0.01$$
$$\Leftrightarrow |x-3|<\frac{0.01}{2}$$

질문에 대해 예라고 대답할 것이다. 철수는 $\delta=0.01/2$(또는 더 작은 수)를 잡으면 되며, 이때, $0<|x-3|<0.01/2$이면 $|(2x+1)-7|<0.01$이다. 바꿔 말하면, x와 3 사이의 차이가 0.01/2 이내이면, $2x+1$과 7 사이의 차이가 0.01 이내가 된다.

이제 영희가 다시 철수에게 요구하는데, 이번에는 $|(2x+1)-7|<0.000002$를 원한다. 철수는 이 ε에 합당한 δ를 찾을 수 있겠는가? 위에서와 같이 계산하면,

$$|(2x+1)-7|<0.000002 \Leftrightarrow 2|x-3|<0.000002$$
$$\Leftrightarrow |x-3|<\frac{0.000002}{2}$$

따라서 $|x-3|<0.000002/2$이면 $|(2x+1)-7|<0.000002$이다.

이렇게 계속 추론하는 것은, 어느 정도 설득력이 있긴 하지만, 극한이 7임을 증명한 것은 아니다. 정의에 의하면, 임의의 $\varepsilon>0$에 대해 (어떤 $\varepsilon>0$에 대해서가 아니라) 그에 맞는 δ를 찾을 수 있어야 한다. 영희는 계속 철수에게 요구할 수 있지만, 결국 그 극한이 7임을 증명한 것은 아니다. 철수는 어떠한 양수 ε에 대해서든 (아무리 작더라도) 그것에 합당한 δ를 찾을 수 있어야 한다.

> *두 개의 다른 극한값?*
>
> "어떤 함수가 c에서 두 개의 다른 극한값을 가질 수 있는가?"라는 의문이 생긴다. 직관적으로 보아도, 이것은 불가능함이 명백하다. $x\to c$일 때 어떤 함수가 L로 점점 더 가까이 가면, 다른 수 M으로 점점 더 가까이 갈 수는 없다. 연습문제 23에서 이것을 엄밀하게 증명하기 바란다.

철수는 자기 힘으로 해결하기로 결심하고 임의의 양수를 ε이라 놓는다. 그리고 위에서와 같이 추론하는데, 이번에는 0.000002 대신에 ε을 사용한다.

$$|(2x+1)-7|<0.000002 \Leftrightarrow 2|x-3|<\varepsilon$$
$$\Leftrightarrow |x-3|<\frac{\varepsilon}{2}$$

철수는 $\delta=\varepsilon/2$을 택하면 되고 이때 $|x-3|<\varepsilon/2$이면 $|(2x+1)-7|<\varepsilon$이 성립한다. 바꿔 말하면, x와 3의 차이가 $\varepsilon/2$ 이내이면, $2x+1$과 7의 차이가 ε 이내가 된다. 이제 철수는 극한의 정의가 요구하는 것을 만족시켰으며, 따라서 처음에 추측한 것과 같이 그 극한이 7임을 증명하였다.

극한증명 다음 각 예제에서는 분석과정이라 부르는 단계에서부터 시작한다. 각 증명에서 δ의 선택이 특별한 통찰력에 의한 것이 아님을 보이기 위해 분석과정을 포함했다. 증명을 하기 전에 메모지에 이러한 과정을 적어볼 필요가

있다. 일단 예제를 이해한 다음 분석과정을 보지 말고 다시 보면서 이 증명이 얼마나 정밀한가 혹은 모호한지 살펴 보아라.

예제 2 $\lim_{x\to 4}(3x-7)=5$임을 보여라.

분석 과정 임의의 양수 ε에 대해서 다음을 만족하는 $\delta>0$를 찾아야 한다.

$$0<|x-4|<\delta \Rightarrow |(3x-7)-5|<\varepsilon$$

먼저 다음 부등식을 생각해 본다.

$$\begin{aligned}|(3x-7)-5| &\Leftrightarrow |3x-12|<\varepsilon\\ &\Leftrightarrow |3(x-4)|<\varepsilon\\ &\Leftrightarrow |3||(x-4)|<\varepsilon\\ &\Leftrightarrow |x-4|<\frac{\varepsilon}{3}\end{aligned}$$

이제 δ를 결정할 수 있다. 즉, $\delta=\varepsilon/3$. 물론, δ를 이것보다 더 작게 잡아도 된다.

엄밀한 증명 $\varepsilon>0$을 주어졌다고 하자. $\delta=\varepsilon/3$으로 잡으면, $0<|x-4|<\delta$일 때

$$|(3x-7)-5|=|3x-12|=|3(x-4)|=3|x-4|<3\delta=\varepsilon$$

이 등식, 부등식의 맨 왼쪽 항과 맨 오른쪽 항을 비교하면, "="와 "<"의 성질에 따라서,

$$|(3x-7)-5|<\varepsilon$$

이제 영희가 어떠한 요구를 하든, 철수는 그에 대응해서 δ의 값을 택하는 요령을 알고 있다. 영희가 $\varepsilon=0.01$을 가지고 철수에게 요구하면, 철수는 $\delta=0.01/3$로 답할 것이다. 만약 영희가 $\delta=0.000003$을 제시하면, 철수는 $\delta=0.000001$로 답할 것이다. 물론, 철수는 이것보다 더 작은 값을 δ로 제시해도 된다.

$y=3x-7$의 그래프에 대해서 생각해 보면(그림 5와 같이, 기울기가 3인 직선), $3x-7$이 5에 가깝도록 만들려면, x는 4에 그보다 더욱 (1/3의 비율로) 가까워야 함을 알 수 있다. ■

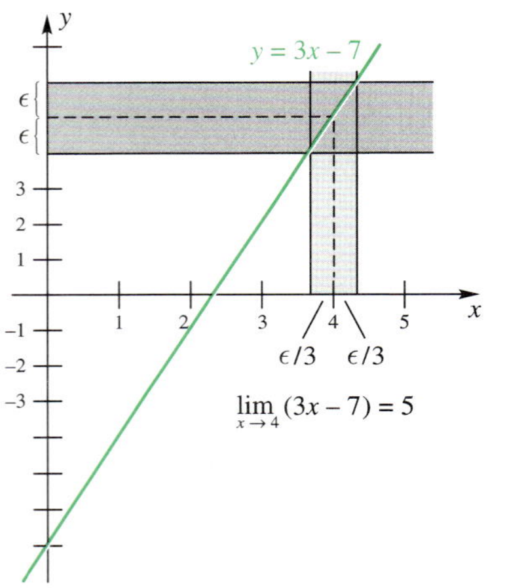

그림 5

그림 6을 보면 $\lim_{x\to 4}\left(\frac{1}{2}x+3\right)=5$임을 증명하는 데는 $\delta=2\varepsilon$이라고 택하는 것이 적당한 δ임을 알 수 있을 것이다.

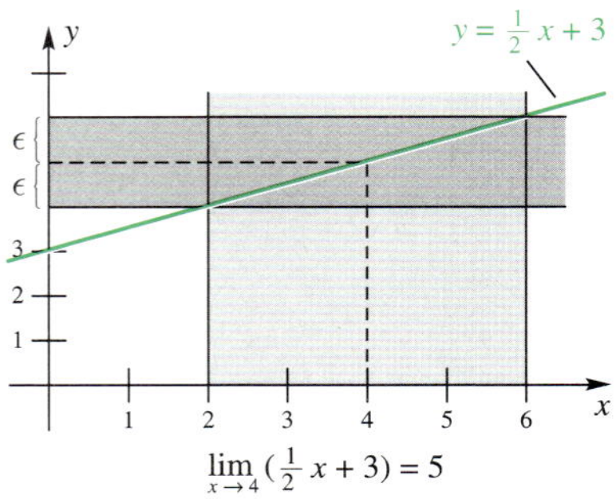

그림 6

예제 2 $\lim_{x\to 2}\dfrac{2x^2-3x-2}{x-2}=5$임을 보여라.

분석 과정 다음을 만족하는 δ를 찾아야 한다.

$$0<|x-2|<\delta \Rightarrow \left|\frac{2x^2-3x-2}{x-2}-5\right|<\varepsilon$$

여기서 $x\neq 2$일 때

$$\begin{aligned}\left|\frac{2x^2-3x-2}{x-2}-5\right|<\varepsilon &\Leftrightarrow \left|\frac{(2x+1)(x-2)}{x-2}-5\right|<\varepsilon\\ &\Leftrightarrow |(2x+1)-5<\varepsilon\\ &\Leftrightarrow |2(x-2)|<\varepsilon\\ &\Leftrightarrow |2||x-2|<\varepsilon\\ &\Leftrightarrow |x-2|<\frac{\varepsilon}{2}\end{aligned}$$

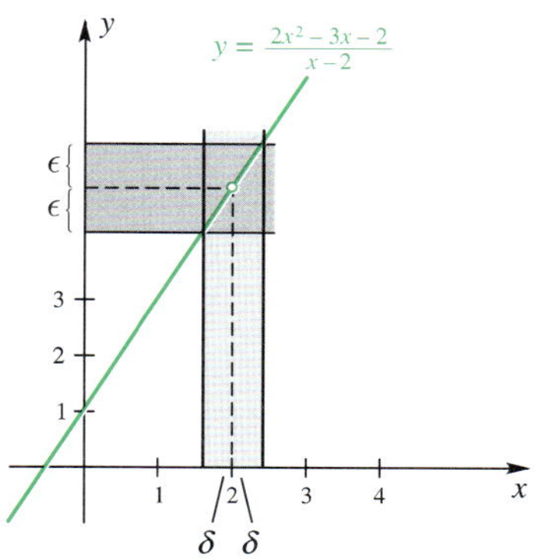

$\lim_{x\to 2}\frac{2x^2-3x-2}{x-2}=5$

그림 7

따라서 $\delta=\varepsilon/2$이므로 잡으면 된다(그림 7 참조).

엄밀한 증명 $\varepsilon>0$이 주어졌다고 하자. $\delta=\varepsilon/2$므로 잡으면 $0<|x-2|<\delta$일 때,

$$\begin{aligned}\left|\frac{2x^2-3x-2-5}{x-2}\right| &= \left|\frac{(2x+1)(x-2)}{x-2}-5\right| = |2x+1-5|\\ &= |2(x-2)| = 2|x-2| < 2\delta = \varepsilon\end{aligned}$$

인수 $x-2$를 약분해서 없앤 것은 타당하다. 왜냐 하면 $0<|x-2|$이므로 $x\neq 2$이고, $x\neq 2$인 경우 $\frac{x-2}{x-2}=1$이기 때문이다. ■

예제 4 $\lim_{x\to c}(mx+b)=mc+b$임을 보여라.

분석 과정 다음을 만족하는 δ를 찾아야 한다.

$$0<|x-c|<\delta \Rightarrow |(mx+b)-(mc+b)|<\varepsilon$$

여기서

$$|(mx+b)-(mc+b)|=|mx-mc|=|m(x-c)|=|m||x-c|$$

따라서 $m\neq 0$인 경우는 $\delta=\varepsilon/|m|$을 택하면 될 것 같다. (m은 양수도 될 수 있고 음수도 될 수 있으므로, 절댓값 기호가 있어야 한다. 또 1장에서, $|ab|=|a||b|$)

엄밀한 증명 $\varepsilon>0$이 주어졌다고 하자. $\delta=\varepsilon/|m|$으로 잡으면, $0<|x-c|<\delta$일 때

$$|(mx+b)-(mc+b)|=|mx-mc|=|m||x-c|<|m|\delta=\varepsilon$$

그리고 $m=0$인 경우는 δ를 아무 값이나 잡아도 된다. 왜냐 하면

$$|(0x+b)-(0c+b)|=|0|=0$$

이고, 따라서 모든 x에 대해서, 이것은 ε보다 더 작다. ■

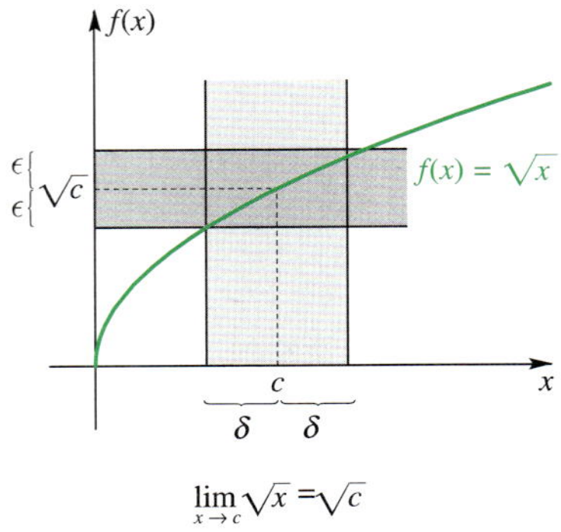

그림 8

예제 5 $c>0$일 때, $\lim_{x \to c} \sqrt{x} = \sqrt{c}$임을 보여라.

분석 과정 그림 8을 보면서 다음을 만족하는 δ를 잡아야 한다.

$$0<|x-c|<\delta \Rightarrow |\sqrt{x}-\sqrt{c}|<\varepsilon$$

여기서

$$|\sqrt{x}-\sqrt{c}| = \left|\frac{(\sqrt{x}-\sqrt{c})(\sqrt{x}+\sqrt{c})}{\sqrt{x}+\sqrt{c}}\right| = \left|\frac{x-c}{\sqrt{x}+\sqrt{c}}\right|$$
$$= \frac{|x-c|}{\sqrt{x}+\sqrt{c}} \le \frac{|x-c|}{\sqrt{c}}$$

끝식을 ε보다 더 작도록 만들려면, $|x-c|<\varepsilon\sqrt{c}$이어야 한다.

엄밀한 증명 $\varepsilon>0$이 주어졌다고 하자. $\delta=\varepsilon\sqrt{c}$로 잡으면, $0<|x-c|<\delta$일 때,

$$|\sqrt{x}-\sqrt{c}| = \left|\frac{(\sqrt{x}-\sqrt{c})(\sqrt{x}+\sqrt{c})}{\sqrt{x}+\sqrt{c}}\right| = \left|\frac{x-c}{\sqrt{x}+\sqrt{c}}\right|$$
$$= \frac{|x-c|}{\sqrt{x}+\sqrt{c}} \le \frac{|x-c|}{\sqrt{c}} < \frac{\delta}{\sqrt{c}} = \varepsilon$$

여기에 약간 기술적인 부분이 있다. 맨 처음에 $c>0$로 시작했지만, x축에서 c가 0에 매우 가까이 놓여 있을 수도 있다. 그렇기 때문에 $|x-c|<\delta$일 때 $x>0$이고 $\sqrt{x}$가 정의되도록 $\delta \le c$라는 조건을 추가해야 한다. 따라서 아주 엄밀하게 하기 위해, δ를 c와 $\varepsilon\sqrt{c}$ 중에 작은 것으로 잡는다. ■

예제 5의 증명에서 분자를 유리화하는 기술을 썼는데, 미적분학에서 유용하게 사용하는 기술이다.

예제 6 $\lim_{x \to 3}(x^2+x-5)=7$임을 보여라.

분석 과정 다음을 만족하는 δ를 찾는 것이 목표이다.

$$0<|x-3|<\delta \Rightarrow |(x^2+x-5)-7|<\varepsilon$$

여기서

$$|(x^2+x-5)-7| = |x^2+x-12| = |x+4|\,|x-3|$$

인수 $|x-3|$은 얼마든지 작게 만들 수 있으며, $|x+4|$의 크기는 약 7이다. 그러므로 $|x+4|$의 적당한 상계를 잡자. 그러기 위해서, $\delta \le 1$로 잡기로 약속한다. 그러면 $|x-3|<\delta$일 때 다음이 성립한다.

$$\begin{aligned} |x+4| &= |x-3+7| \\ &\le |x-3|+|7| \quad \text{(삼각부등식)} \\ &< 1+7=8 \end{aligned}$$

$$|x-3|<1 \Rightarrow 2<x<4 \Rightarrow 6<x+4<8 \Rightarrow |x+4|<8$$

그림 9

(이 사실을 다른 방법으로 증명한 것이 그림 9이다.) 여기에다 $\delta \le \varepsilon/8$이라는 조건을 추가하면, 그 곱 $|x+4||x-3|$은 ε보다 작게 될 것이다.

엄밀한 증명 $\varepsilon>0$이 주어졌다고 하자. $\delta=\min\{1, \varepsilon/8\}$으로 잡는다. 즉, 1과 $\varepsilon/8$ 중에 작은 값을 δ로 잡는다. 그러면 $0<|x-3|<\delta$일 때

$$|(x^2+x-5)-7|=|x^2+x-12|=|x+4||x-3|<8\cdot\frac{\varepsilon}{8}=\varepsilon \qquad \blacksquare$$

예제 7 $\lim_{x\to c} x^2=c^2$임을 보여라.

증명 예제 6과 같은 방법으로 증명한다. $\varepsilon>0$이 주어졌다고 하자. $\delta=\min\{1, \varepsilon/(1+2|c|)\}$로 잡으면, $0<|x-c|<\delta$일 때

$$\begin{aligned}|x^2-c^2|&=|x+c||x-c|=|x-c+2c||x-c|\\&\le(|x-c|+2|c|)|x-c| \text{ (삼각부등식)}\\&<\frac{(1+2|c|)\cdot\varepsilon}{1+2|c|}=\varepsilon\end{aligned} \qquad \blacksquare$$

예제 7에서 대단한 통찰력으로 증명한 것 같아 보이지면, δ를 우연히 가져온 것이 아니고 다만 분석 과정을 제시하지 않았을 뿐이다.

예제 8 $c\neq 0$일 때, $\lim_{x\to 3}\frac{1}{x}=\frac{1}{c}$임을 보여라.

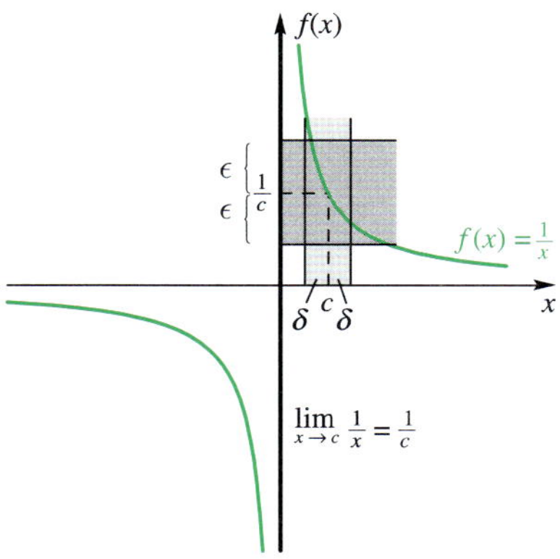

그림 10

분석 과정 그림 10을 보면서, 다음을 만족하는 δ를 찾아야 한다.

$$0<|x-c|<\delta \Rightarrow \left|\frac{1}{x}-\frac{1}{c}\right|<\varepsilon$$

여기서

$$\left|\frac{1}{x}-\frac{1}{c}\right|=\left|\frac{c-x}{xc}\right|=\frac{1}{|x|}\cdot\frac{1}{|c|}\cdot|x-c|$$

인수 $1/|x|$이 골칫거리이다. x가 0에 가까울 때 더욱 그렇다. x가 0에서 떨어져 있으면, 이 인수의 크기가 제한된다. 그러기 위해 다음식을 생각한다.

$$|c|=|c-x+x|\le|c-x|+|x|$$

따라서

$$|x|\ge|c|-|x-c|$$

이제 $\delta\le|c|/2$가 되도록 잡으면, $|x|\ge|c|/2$이 되게 할 수 있다. 마지막으로, $\delta\le\varepsilon c^2/2$이라는 조건을 주면

$$\frac{1}{|x|}\cdot\frac{1}{|c|}\cdot|x-c|<\frac{1}{|c|/2}\cdot\frac{1}{|c|}\cdot\frac{\varepsilon c^2}{2}=\varepsilon$$

엄밀한 증명 $\varepsilon>0$을 주었다고 하자. $\delta=\min\{|c|/2,\ \varepsilon c^2/2)\}$으로 잡으면, $0<|x-c|<\delta$일 때

$$\left|\frac{1}{x}-\frac{1}{c}\right|=\left|\frac{c-x}{xc}\right|=\frac{1}{|x|}\cdot\frac{1}{|c|}\cdot|x-c|<\frac{1}{|c|/2}\cdot\frac{1}{|c|}\cdot\frac{\varepsilon c^2}{2}=\varepsilon \quad \blacksquare$$

한쪽 극한 이제 우 극한과 좌 극한의 ε-δ 정의를 쉽게 제시할 수 있다.

정의 우 극한

$\lim_{x\to c^+} f(x)=L$은 다음을 뜻한다. 임의의 $\varepsilon>0$에 대하여, 그에 대응하는 $\delta>0$가 있어서, 다음이 성립한다.

$$0<x-c<\delta \Rightarrow |f(x)-L|<\varepsilon$$

좌극한에 대한 ε-δ 정의는 스스로 해 보기 바란다. (연습문제 5)

이 절에서 제시한 ε-δ 개념은 미적분학 과정에서 가장 미묘하고 이해하기 어려운 주제이다. 이 개념을 파악하는 데에 상당한 시간이 걸리겠지만, 노력해 볼 가치가 있다. 미적분학은 극한을 연구하는 것이다. 그러므로 극한의 개념을 분명하게 이해하는 것은 가치 있는 일이다.

미적분학은 1600년대 뉴턴과 라이프니쯔에 의하여 도입되었다. 그후 뉴턴과 라이프니쯔, 그리고 후학들은 미분, 적분의 많은 성질들을 발견하였으며, 과학에서 수없이 많이 응용되었지만, 극한의 엄밀한 정의는 19세기가 되어서야 비로소 확립되었다. 프랑스의 기술자이자 수학자인 코시(Augustin Louis Cauchy, 1789~1857)는 이렇게 정의하였다. “같은 변수에 부여한, 차례차례 나오는 값들이 어떤 고정된 값에 한없이 가까이 가서, 결국에 가서 그 차이가 원하는 만큼 얼마든지 작아지면, 후자는 다른 모든 값들의 극한이라 부른다.” 코시는 엄밀함의 대가였지만, 그의 극한 정의는 약간 애매모호하다. “차례차례 나오는 값들”은 무엇이며, “결국에 가서 그 차이”란 무엇을 뜻하는가? “결국에 가서 그 차이가 원하는 만큼 얼마든지 작아진다.”는 대목은 ε-δ 정의의 기본정신을 품고 있다. 왜냐 하면 $f(x)$와 그 극한 L 사이의 차이가 주어진 어떠한 수보다도, 우리는 그 수를 ε이라 이름 붙였는데, 더 작도록 만들 수 있음을 최초로 명시했기 때문이다. 독일의 수학자 바이어스트라스(Karl Weierstrass, 1815~1897)가 δ를 이용하여 처음으로 극한의 정의를 제시하였다.

개념 복습

1. 부등식 $|f(x)-L|<\varepsilon$은 다음과 동치이다.

$$\_\_\_\_\_\_ < f(x) < \_\_\_\_\_\_$$

2. $\lim_{x\to c} f(x)=L$의 엄밀한 의미는 어떠한 양수 ε에 대해서도, 그에 대응하여 어떤 양수 δ가 있어서, ______ 이면 ______이다.

3. $|3x-3|<\varepsilon$을 보장하려면, $|x-1|<$_________이어야 한다.

4. $\lim_{x\to c}(mx+b)=$__________.

연습문제 1.2

문제 1~6에서 다음 극한의 ε, δ 정의를 제시하여라.

1. $\lim_{t\to a} f(t)=M$

2. $\lim_{u\to b} g(u)=L$

3. $\lim_{z\to d} h(z)=P$

4. $\lim_{y\to e} \phi(y)=B$

5. $\lim_{x\to c^-} f(x)=L$

6. $\lim_{t\to a^+} g(t)=D$

문제 7~10은 폐구간 [1.5, 2.5]에서의 그래프를 그려라. 각 함수의 그래프를 크게 확대하여 $f(x)$가 4에서 0.002 범위에 있을려면 x는 2에서 얼마만큼 범위에 있어야 하는지를 알아보아라. "답을 x가 2에서 ____ 범위에 있으면 $f(x)$가 4에서 0.002 범위에 있다"의 형태로 나타내어라.

7. $f(x)=2x$

8. $f(x)=x^2$

9. $f(x)=\sqrt{8x}$

10. $f(x)=\dfrac{8}{x}$

문제 11~22는 다음 극한이 이렇게 됨을 ε, δ 증명을 사용하여 제시하여라.

11. $\lim_{x\to 0}(2x-1)=-1$

12. $\lim_{x\to -21}(3x-1)=-64$

13. $\lim_{x\to 5}\dfrac{x^2-25}{x-5}=10$

14. $\lim_{x\to 0}\left(\dfrac{2x^2-x}{x}\right)=-1$

15. $\lim_{t\to 5}\dfrac{2x^2-11x+5}{x-5}=9$

16. $\lim_{x\to 1}\sqrt{2x}=\sqrt{2}$

17. $\lim_{x\to 4}\dfrac{\sqrt{2x-1}}{\sqrt{x-3}}=\sqrt{7}$

18. $\lim_{x\to 1}\dfrac{14x^2-20x+6}{x-1}=8$

19. $\lim_{x\to 1}\dfrac{10x^3-26x^2+22x-6}{(x-1)^2}=4$

20. $\lim_{x\to 1}(2x^2+1)=3$

21. $\lim_{x\to -1}(x^2-2x-1)=2$

22. $\lim_{x\to 0}x^4=0$

23. 만약 $\lim_{x\to c}f(x)=L$이고 $\lim_{x\to c}f(x)=M$이면 $L=M$임을 보여라.

24. 함수 F와 G에 대해, c 근처의 모든 x에 대해서(c는 제외해도 상관 없음) $0\le F(x)\le G(x)$가 성립한다. 이때 $\lim_{x\to c}G(x)=0$이면 $\lim_{x\to c}F(x)=0$임을 보여라.

25. $\lim_{x\to 0}x^4\sin^2(1/x)=0$임을 보여라. 도움말: 문제 18, 20을 이용.

26. $\lim_{x\to 0^+}\sqrt{x}=0$임을 보여라.

27. 왼쪽 극한과 오른쪽 극한을 생각하여, $\lim_{x\to 0}|x|=0$임을 보여라.

28. $|x-a|<1$에 대하여 $|f(x)|<B$이고 $\lim_{x\to a}g(x)=0$이면, $\lim_{x\to a}f(x)g(x)=0$임을 보여라.

29. $\lim_{x\to a}f(x)=L$이고, $f(a)$가 존재한다고 가정하자(그렇지만 $f(a)$는 L과 다를 수 있다). f는 a를 포함하는 어떤 구간에서 유계임을 보여라. 즉, $c<a<d$인 어떤 구간 (c, d)와 상수 M이 있어서, (c, d)에 속하는 모든 x에 대해서, $|f(x)|\le M$.

30. a 둘레의 어떤 구간(a는 제외)에 속하는 모든 x에 대해서 $f(x)\le g(x)$라 하자. 만약 $\lim_{x\to a}f(x)=L$이고 $\lim_{x\to a}g(x)=M$이면, $L\le M$임을 보여라.

31. 다음 중에 극한의 정의와 동치인 것은?

(a) 어떤 $\varepsilon>0$과 모든 $\delta>0$에 대해서, $0<|x-c|<\delta \Rightarrow |f(x)-L|<\varepsilon$.

(b) 어떠한 $\delta>0$에 대해서든, 그에 대응하여 $\varepsilon>0$이 있어서,

$$0<|x-c|<\varepsilon \Rightarrow |f(x)-L|<\varepsilon$$

(c) 어떠한 양의 정수 N에 대해서든, 그에 대응하여 양의 정수 M이 있어서,

$$0<|x-c|<1/M \Rightarrow |f(x)-L|<1/N$$

(d) 어떠한 $\varepsilon>0$에 대해서든, 그에 대응하여 $\delta>0$가 있어서, 어떤 x에 대해서,

$$0<|x-c|<\delta\text{이고 } |f(x)-L|<\varepsilon$$

32. $\lim_{x \to a} f(x) \neq L$이 무엇을 뜻하는지, ε, δ를 써서 말하여라.

CAS **33.** 극한 $\lim_{x \to 3} \dfrac{x+6}{x^4-4x^3+x^2+x+6} = -1$ ε-δ 증명을 하려고 한다.

먼저 $\dfrac{x+6}{x^4-4x^3+x^2+x+6}+1$을 $(x-3)(g(x))$형태로 놓는다.

(a) $g(x)$를 구한다.

(b) 어떤 n에 대해서 $\delta = \min(1, \varepsilon/n)$이라 놓을 수 있는가? 설명하여라.

(c) $\delta = \min\left(\dfrac{1}{4}, \varepsilon/m\right)$이라 놓기 위해 사용할 수 있는 가장 작은 양의 정수 m은?

개념 복습 해답: **1.** $L-\varepsilon$; $L+\varepsilon$
2. $0<|x-a|<\delta$; $|f(x)-L|$ **3.** $\varepsilon/3$ **4.** $ma+b$

1.3 극한 정리

앞절의 ε-δ 정의를 써서 극한의 존재성을 보이고 또한 극한값을 구하는 것은 시간도 걸리고 매우 힘든 일임을 누구나 공감하고 있다. 그렇기 때문에 이절의 정리들이 그만큼 필요하고 또 그 정리들을 써서 앞으로 다룰 대부분의 극한 문제들을 구할 수 있다.

한쪽 극한

정리 A는 극한뿐만 아니라 오른쪽 극한과 왼쪽 극한에서도 성립한다.

정리 A 주극한 정리

n이 양의 정수, k는 상수, 그리고 f와 g가 c에서 극한을 가지는 함수라고 하자. 그러면

1. $\lim_{x \to c} k = k$;
2. $\lim_{x \to c} x = c$;
3. $\lim_{x \to c} kf(x) = k \lim_{x \to c} f(x)$;
4. $\lim_{x \to c} [f(x)+g(x)] = \lim_{x \to c} f(x) + \lim_{x \to c} g(x)$;
5. $\lim_{x \to c} [f(x)-g(x)] = \lim_{x \to c} f(x) - \lim_{x \to c} g(x)$;
6. $\lim_{x \to c} [f(x) \cdot g(x)] = \lim_{x \to c} f(x) \cdot \lim_{x \to c} g(x)$;
7. $\lim_{x \to c} \dfrac{f(x)}{g(x)} = \dfrac{\lim_{x \to c} f(x)}{\lim_{x \to c} g(x)}$, 단, $\lim_{x \to c} g(x) \neq 0$;
8. $\lim_{x \to c} [f(x)]^n = [\lim_{x \to c} f(x)]^n$,
9. $\lim_{x \to c} \sqrt[n]{f(x)} = \sqrt[n]{\lim_{x \to c} f(x)}$, 단, n이 짝수일 때 $\lim_{x \to c} f(x) > 0$

이 중요한 결과들을 기억하는 가장 좋은 방법은 말로써 외우는 것이다. 예를 들어 명제 4는 "합의 극한은 극한들의 합이다."라고 말할 수 있다.

정리 A의 증명에 앞서 먼저 이 정리들을 적용해 보자.

주극한 정리의 응용 다음 예제들에서, 동그라미 표시한 수들은 정리 A의 공식 번호를 가리킨다. 각 등식은 그 번호의 극한 공식에 따라서 성립한다.

예제 1 $\lim_{x\to 3} 2x^4$을 구하여라.

풀이

$$\lim_{x\to 3} 2x^4 \overset{③}{=} 2\lim_{x\to 3} x^4 \overset{⑧}{=} 2\left[\lim_{x\to 3} x\right]^4 \overset{②}{=} 2[3]^4 = 162$$ ■

예제 2 $\lim_{x\to 4}(3x^2-2x)$를 구하여라.

풀이

$$\begin{aligned}\lim_{x\to 4}(3x^2-2x) &\overset{⑤}{=} \lim_{x\to 4} 3x^2 - \lim_{x\to 4} 2x \overset{③}{=} 3\lim_{x\to 4} x^2 - 2\lim_{x\to 4} x \\ &\overset{⑧}{=} 3\left(\lim_{x\to 4} x\right)^2 - 2\lim_{x\to 4} x \overset{②}{=} 3(4)^2 - 2(4) \\ &= 40\end{aligned}$$ ■

예제 3 $\lim_{x\to 4}\dfrac{\sqrt{x^2+9}}{x}$를 구하여라.

풀이

$$\begin{aligned}\lim_{x\to 4}\frac{\sqrt{x^2+9}}{x} &\overset{⑦}{=} \frac{\lim_{x\to 4}\sqrt{x^2+9}}{\lim_{x\to 4} x} \overset{9,2}{=} \frac{\sqrt{\lim_{x\to 4}(x^2+9)}}{4} \overset{④}{=} \frac{1}{4}\sqrt{\lim_{x\to 4} x^2 + \lim_{x\to 4} 9} \\ &\overset{8,1}{=} \frac{1}{4}\sqrt{\left[\lim_{x\to 4} x\right]^2 + 9} \overset{②}{=} \frac{1}{4}\sqrt{4^2+9} = \frac{5}{4}\end{aligned}$$ ■

예제 4 $\lim_{x\to 3} f(x) = 4$이고 $\lim_{x\to 3} g(x) = 8$일 때, 다음을 구하여라.

$$\lim_{x\to 3}\left[f^2(x)\cdot\sqrt[3]{g(x)}\right]$$

풀이

$$\begin{aligned}\lim_{x\to 3}\left[f^2(x)\cdot\sqrt[3]{g(x)}\right] &\overset{⑥}{=} \lim_{x\to 3} f^2(x)\cdot\lim_{x\to 3}\sqrt[3]{g(x)} \\ &\overset{8,9}{=} \left[\lim_{x\to 3} f(x)\right]^2\cdot\sqrt{\lim_{x\to 3} g(x)} \\ &= [4]^2\cdot\sqrt[3]{8} \\ &= 32\end{aligned}$$ ■

다항함수 f는 다음과 같은 형태임을 배웠다.

$$f(x)=a_nx^n+a_{n-1}x^{n-1}+\cdots+a_1x+a_0$$

그리고 유리함수 f는 두 다항함수의 몫이고, 다음과 같은 형태임을 배웠다.

$$f(x)=\frac{a_nx^n+a_{n-1}x^{n-1}+\cdots+a_1x+a_0}{b_mx^m+b_{m-1}x^{m-1}+\cdots+b_1x+b_0}$$

"대입"하여 극한값 구하기

정리 B, 대입정리를 적용할 때 우리는 대입하여 극한값을 구한다고 한다. 그러나 모든 함수의 극한값을 이 방법으로 구할 수는 없다. $\lim_{x\to1}\frac{x^2-1}{x-1}$을 보자. 대입정리로는 이 극한값을 구할 수 없다. $x=1$을 대입하면 분모가 0이 되고, 그러면 값이 존재하지 않기 때문이다.

정리 B 대입 정리

f가 다항함수 또는 유리함수일 때, c에서 유리함수의 분모가 0이 아니고 $f(c)$가 정의되면,

$$\lim_{x\to c}f(x)=f(c).$$

정리 A를 반복 적용해서 정리 B를 증명할 수 있다. 정리 B에 따라서, 다항함수와 유리함수의 극한을 구하려면, x 대신에 c를 대입하여 계산하면 된다. 단, 유리함수의 분모는 0이 아니어야 한다.

예제 5 $\lim_{x\to2}\frac{7x^5-10x^4-13x+6}{3x^2-6x-8}$을 구하여라.

풀이

$$\lim_{x\to2}\frac{7x^5-10x^4-13x+6}{3x^2-6x-8}=\frac{7(2)^5-10(2)^4-13(2)+6}{3(2)^2-6(2)-8}=-\frac{11}{2}$$ ■

예제 6 $\lim_{x\to1}\frac{x^3+3x+7}{x^2-2x+1}=\lim_{x\to1}\frac{x^3+3x+7}{(x-1)^2}$을 구하여라.

풀이 $x=1$일 때 분모는 0이므로 정리 B나 정리 A의 공식 7을 적용할 수 없다. 그런데 $x=1$일 때 분자의 극한은 11이므로 x가 1로 가까이 가면, 11에 가까운 수를 0에 가까운 양수로 나누게 된다. 그 결과는 매우 큰 양수이다. 실제로 x가 1에 충분히 가깝게 하면 그 결과를 얼마든지 크게 할 수 있다. 그러므로 극한은 존재하지 않는다(1.5절에서 극한이 $+\infty$라는 말을 사용한다). ■

많은 경우, 정리 B는 적용되지 않는다. c를 대입했을 때 분모가 0이 되는 경우가 있기 때문이다. 다음과 같은 경우처럼 인수분해가 되어 간단해지는 함수들도 종종 있다. 예를 들어보자.

$$\frac{x^2+3x-10}{x^2+x-6}=\frac{(x-2)(x+5)}{(x-2)(x+3)}=\frac{x+5}{x+3}$$

두 번째 단계에서는 조심해야 한다. 분수식 $\frac{(x+5)}{(x+3)}$은 x가 2가 아닐 때만 등호의 좌변과 같다. $x=2$이면 우변은 $\frac{(2+5)}{(2+3)}=\frac{7}{5}$인 반면에 좌변은 정의 되지

않는다(분모가 0이 되기 때문에). 그러면 두 극한

$$\lim_{x\to 2}\frac{x^2+3x-10}{x^2+x-6} \text{ 과 } \lim_{x\to 2}\frac{x+5}{x+3}$$

이 같은가라는 질문이 제기된다. 그 답은 다음 정리를 통해 알 수 있다.

정리 C

c를 포함하는 개구간에서 c가 아닌 모든 x에 대하여 $f(x)=g(x)$이고 $\lim_{x\to c} g(x)$가 존재하면, $\lim_{x\to c} = f(x)$가 존재하고 $\lim_{x\to c} f(x)=\lim_{x\to c} g(x)$이다.

예제 7 $\lim_{x\to 1}\frac{x-1}{\sqrt{x}-1}$을 구하여라.

풀이

$$\lim_{x\to 1}\frac{x-1}{\sqrt{x}-1}=\lim_{x\to 1}\frac{(\sqrt{x}-1)(\sqrt{x}+1)}{\sqrt{x}-1}=\lim_{x\to 1}(\sqrt{x}+1)=\sqrt{1}+1=2$$ ■

예제 8 $\lim_{x\to 2}\frac{x^2+3x-10}{x^2+x-6}$을 구하여라.

풀이 이 문제도 $x=2$일 때 분모가 0이므로 정리 B를 적용할 수 없다. 그런데 이 경우는 $x=2$일 때 그 몫이 0/0이라는 무의미한 형태가 된다. 이런 경우에는, 인수분해를 이용하여 약분을 한 다음에 극한을 구하면 된다.

$$\lim_{x\to 2}\frac{x^2+3x-10}{x^2+x-6}=\lim_{x\to 2}\frac{(x-2)(x+5)}{(x-2)(x+3)}=\lim_{x\to 2}\frac{x+5}{x+3}=\frac{7}{5}$$ ■

위의 두 번째 등식은 $x\neq 2$인 모든 x에 대해

$$\frac{(x-2)(x+5)}{(x-2)(x+3)}=\frac{x+5}{x+3}$$

이므로 정리 C를 적용할 수 있다. 일단 정리 C를 적용하고 나면 대입정리를 이용해 (즉, 정리 B를 이용하여) 극한값을 구할 수 있다.

정리 A의 증명(선택) 정리 A의 어떤 것들은 증명하기가 매우 복잡하다. 그렇기 때문에, 지금 여기서는 앞의 다섯 개의 극한 공식들만 증명하겠으며, 나머지 것들은 부록을 참조하기 바란다(A.2절 정리 A 참조). 좀 고생할 각오로 문제 35와 36을 풀어 보아도 좋을 것이다.

공식 1, 2의 증명 이것들은 $\lim_{x\to c}(mx+b)=mc+b$(1.2절 예제 4)로부터 나온다. $m=0$으로 놓으면 공식 1이 되고, $m=1$, $b=0$으로 놓으면 공식 2가 된다. ■

선택?

미적분학 과목에서 정리들을 얼마나 많이 증명해야 하는가? 수학 교수들은 이것에 대해서, 그리고 다음 것들 사이의 알맞은 균형에 대해서, 오랫동안 치열한 논쟁을 벌여왔다.

- 논리와 직관
- 증명과 설명
- 이론과 응용

오래 전 위대한 과학자가 다음과 같이 충고한 것을 새겨 듣기 바란다.

"이론을 모르는 채 실행만 하는 사람은, 나침반과 방향타 없이, 어디로 항해하게 될 지 모르면서 배를 타는 선원과 같다."

레오나르도 다빈치
(Leonardo da Vinci)

공식 3의 증명 $k=0$인 경우는 명백하므로 $k \neq 0$이고 $\varepsilon>0$이 주어졌다고 하자. 조건에서 $\lim_{x \to c} f(x)$가 존재하므로 그 극한값을 L이라 하면 극한의 정의에 의하여, $\frac{\varepsilon}{|k|}>0$에 대해 다음을 만족하는 δ가 존재한다.

$$0<|x-c|<\delta \Rightarrow |f(x)-L|<\frac{\varepsilon}{|k|}$$

위의 부등식의 맨 오른쪽에 ε이 아니라 $\varepsilon/|k|$을 넣은 것이 의아할 수도 있다. 그렇지만 $\varepsilon/|k|$은 양수이고 극한의 정의는 어떠한 양수에 대해서든 그에 대응하는 δ의 존재를 보장하기 때문에 무방하다.

이제 이렇게 (여기에 적어 놓지는 않았지만, 분석 과정에 따라서) 결정한 δ는 다음을 만족함을 알 수 있다. 즉, $0<|x-c|<\delta$이면

$$|kf(x)-kL|=|k||f(x)=L|<|k|\frac{\varepsilon}{|k|}=\varepsilon$$

이고 따라서 다음이 성립한다.

$$\lim_{x \to c} kf(x)=kL=k\lim_{x \to c} f(x) \qquad \blacksquare$$

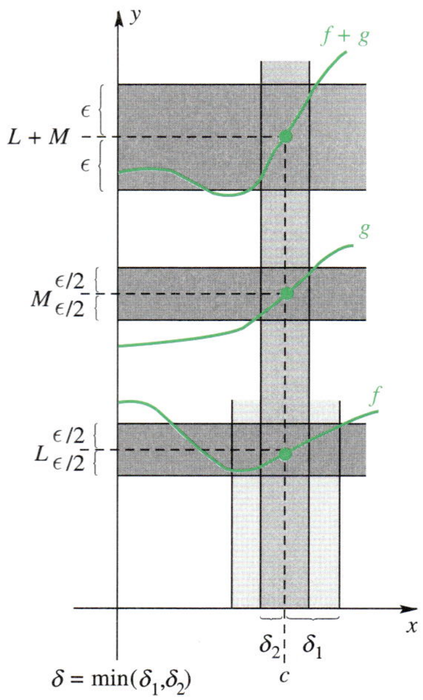

그림 1

공식 4의 증명 그림 1을 보자. $\lim_{x \to c} f(x)=L$, $\lim_{x \to c} g(x)=M$이라 놓는다. 이제, 임의의 양수 ε을 주어졌다고 하자. 그러면 $\varepsilon/2$은 양수이다. 그런데 $\lim_{x \to c} f(x)=L$이므로, 다음을 만족하는 양수 δ_1이 존재한다.

$$0<|x-c|<\delta_1 \Rightarrow |f(x)-L|<\frac{\varepsilon}{2}$$

그리고 $\lim_{x \to c} g(x)=M$이므로, 다음을 만족하는 양수 δ_2가 존재한다.

$$0<|x-c|<\delta_2 \Rightarrow |g(x)-M|<\frac{\varepsilon}{2}$$

$\delta=\min\{\delta_1, \delta_2\}$라 하자. 즉, δ_1과 δ_2 중에 작은 것을 δ라고 하자. 그러면 $0<|x-c|<\delta$이면 다음이 성립한다.

$$\begin{aligned}|f(x)+g(x)-(L+M)| &= |[f(x)-L]+[g(x)-M]| \\ &\leq |f(x)-L|+|g(x)-M| \\ &< \frac{\varepsilon}{2}+\frac{\varepsilon}{2}=\varepsilon\end{aligned}$$

여기서 처음 부등식은 삼각부등식(0.2절)이고, 두 번째 부등식은 δ의 선택에 따라서 나온다. 그러므로 다음이 성립한다.

$$0<|x-c|<\delta \Rightarrow |f(x)+g(x)-(L+M)|<\varepsilon$$

따라서

$$\lim_{x \to c}[f(x)+g(x)]=L+M=\lim_{x \to c} f(x)+\lim_{x \to c} g(x) \qquad \blacksquare$$

공식 5의 증명

$$\begin{aligned}\lim_{x\to c}[f(x)-g(x)] &= \lim_{x\to c}[f(x)+(-1)g(x)] \\ &= \lim_{x\to c} f(x)+\lim_{x\to c}(-1)g(x) \\ &= \lim_{x\to c} f(x)+(-1)\lim_{x\to c} g(x) \\ &= \lim_{x\to c} f(x)-\lim_{x\to c} g(x)\end{aligned}$$ ■

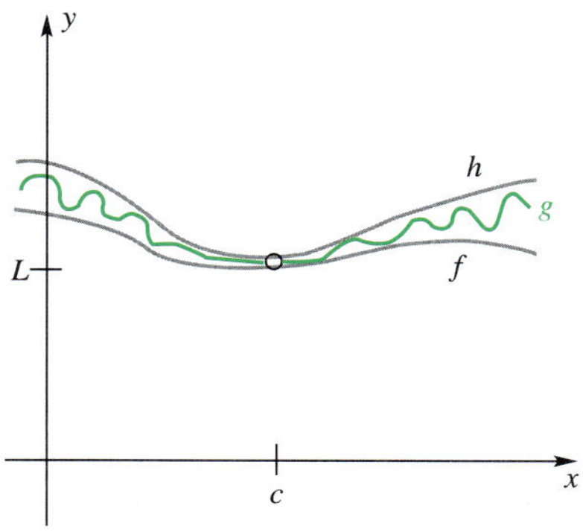

그림 2

조임 정리 "옴짝달싹할 수 없었다."라는 말이 있다. 다음 정리에 나오는 함수 g가 바로 이런 경우이다(그림 2 참조).

정리 D 조임 정리(Squeeze Theorem)
함수 f, g, h가 c 근방의 모든 x에 대해서(c는 제외해도 좋다) $f(x) \le g(x) \le h(x)$가 성립한다고 하자. 이때, $\lim_{x\to c} f(x)=\lim_{x\to c} h(x)=L$이면 $\lim_{x\to c} g(x)=L$이다.

증명 (선택) $\varepsilon>0$이 주어졌다고 하자. 다음을 만족하는 δ_1을 잡는다.

$$0<|x-c|<\delta_1 \Rightarrow L-\varepsilon<f(x)<L+\varepsilon$$

그리고 다음을 만족하는 δ_2를 잡는다.

$$0<|x-c|<\delta_2 \Rightarrow L-\varepsilon<h(x)<L+\varepsilon$$

그리고 다음을 만족하는 δ_3을 잡는다.

$$0<|x-c|<\delta_3 \Rightarrow f(x)\le g(x)\le h(x)$$

이제 $\delta=\min\{\delta_1, \delta_2, \delta_3\}$이라 하면

$$0<|x-c|<\delta \Rightarrow L-\varepsilon<f(x)\le g(x)\le h(x)<L+\varepsilon$$

따라서, $\lim_{x\to c} g(x)=L$이다. ■

예제 9 부등식 $1-x^2/6 \le (\sin x)/x \le 1$이 0에 가깝지만 0이 아닌 모든 x들에 대해서 성립함을 증명했다고 하자. 이때, $\lim_{x\to 0}\frac{\sin x}{x}$의 값을 구할 수 있는가?

풀이
$f(x)=1-x^2/6$, $g(x)=(\sin x)/x$, $h(x)=1$이라고 하자. 그러면 $\lim_{x\to 0} f(x)=1=\lim_{x\to 0} h(x)$이다. 따라서 정리 D에 의해,

$$\lim_{x\to 0}\frac{\sin x}{x}=1$$ ■

개념 복습

1. $\lim_{x \to 3} f(x) = 4$이면, $\lim_{x \to 3} (x^2+3)f(x) =$ ______.

2. $\lim_{x \to 2} g(x) = -2$이면, $\lim_{x \to 2} \sqrt{g^2(x)+12} =$ ______.

3. $\lim_{x \to c} f(x) = 4$이고 $\lim_{x \to c} g(x) = -2$이면, $\lim_{x \to c} \dfrac{f^2(x)}{g(x)} =$ ______ 이고 $\lim_{x \to c} [g(x)\sqrt{f(x)} + 5x] =$ ______.

4. $\lim_{x \to c} f(x) = L$이고 $\lim_{x \to c} g(x) = L$이면, $\lim_{x \to c} [f(x) - L]g(x) =$ ______.

연습문제 1.3

문제 1~12는 정리 A를 써서 다음 극한을 구하여라. 예제 1~4에서 한 것처럼, 각 단계마다 적당한 공식 번호를 넣어 정당화하여라.

1. $\lim_{x \to 1} (2x+1)$

2. $\lim_{x \to -1} (3x^2-1)$

3. $\lim_{x \to 0} [(2x+1)(x-3)]$

4. $\lim_{x \to \sqrt{2}} [(2x^2+1)(7x^2+13)]$

5. $\lim_{x \to 2} \dfrac{2x+1}{5-3x}$

6. $\lim_{x \to -3} \dfrac{4x^3+1}{7-2x^2}$

7. $\lim_{x \to 3} \sqrt{3x-5}$

8. $\lim_{x \to -3} \sqrt{5x^2+2x}$

9. $\lim_{t \to -2} (2t^3+15)^{13}$

10. $\lim_{w \to -2} \sqrt{-3w^3+7w^2}$

11. $\lim_{y \to 2} \left(\dfrac{4y^3+8y}{y+4}\right)^{1/3}$

12. $\lim_{w \to 5} (2w^4+9w^3+19)^{-1/2}$

문제 13~24는 다음 극한을 구하거나, 또는 그것이 존재하지 않는다고 말하여라. 상당수의 경우, 먼저 약간의 대수학 연산을 하고 나서 극한을 구해야 한다.

13. $\lim_{x \to 2} \dfrac{x^2-4}{x^2+4}$

14. $\lim_{x \to 2} \dfrac{x^2-5x+6}{x-2}$

15. $\lim_{x \to -1} \dfrac{x^2-2x-3}{x+1}$

16. $\lim_{x \to -1} \dfrac{x^2+x}{x^2+1}$

17. $\lim_{x \to 1} \dfrac{x^3-6x^2+11x-6}{x^3+4x^2-19x+14}$

18. $\lim_{x \to 2} \dfrac{x^2+7x+10}{x+2}$

19. $\lim_{x \to 1} \dfrac{x^2+x-2}{x^2-1}$

20. $\lim_{x \to -3} \dfrac{x^2-14x-51}{x^2-4x-21}$

21. $\lim_{u \to -2} \dfrac{u^2-ux+2u-2x}{u^2-u-6}$

22. $\lim_{x \to 1} \dfrac{x^2+ux-x-u}{x^2+2x-3}$

23. $\lim_{x \to \pi} \dfrac{2x^2-6x\pi+4\pi^2}{x^2-\pi^2}$

24. $\lim_{w \to -2} \dfrac{(w+2)(w^2-w-6)}{w^2+4w+4}$

문제 25~30은 $\lim_{x \to a} f(x) = 3$이고 $\lim_{x \to a} g(x) = -1$일 때 다음 극한을 구하여라(예제 4 참조).

25. $\lim_{x \to a} \sqrt{f^2(x)+g^2(x)}$

26. $\lim_{x \to a} \dfrac{2f(x)-g(x)}{f(x)+g(x)}$

27. $\lim_{x \to a} \sqrt[3]{g(x)}\,[f(x)+3]$

28. $\lim_{x \to a} [f(x)-3]^4$

29. $\lim_{t \to a} [|f(t)| + |3g(t)|]$

30. $\lim_{u \to a} [f(u)+3g(u)]^3$

문제 31~34는 다음 각각의 함수 f에 대해서 $\lim_{x \to 2} [f(x)-f(2)]/(x-2)$를 구하여라.

31. $f(x) = 3x^2$

32. $f(x) = 3x^2+2x+1$

33. $f(x) = \dfrac{1}{x}$

34. $f(x) = \dfrac{3}{x^2}$

35. 정리 A의 극한 공식 6을 증명하여라.

도움말:

$$\begin{aligned} |f(x)g(x) - LM| &= |f(x)g(x) - Lg(x) + Lg(x) - LM| \\ &= |g(x)[f(x)-L] + L[g(x)-M]| \\ &= |g(x)|\,|f(x)-L| + |L|\,|g(x)-M| \end{aligned}$$

이제 만약 $\lim_{x \to c} g(x) - M$이면, 다음을 만족하는 δ_1이 존재함을 보여라.

$$0 < |x-c| < \delta_1 \Rightarrow |g(x)| < |M|+1$$

36. 정리 A의 극한 공식 7을 다음과 같이 증명하여라. 우선 $\lim_{x \to c} [1/g(x)] = 1/\left[\lim_{x \to c} g(x)\right]$임을 ε, δ 증명을 하고, 그 다음에 극한 공식 6을 적용하여라.

37. $\lim_{x \to c} f(x) = L \Leftrightarrow \lim_{x \to c} [f(x)-L] = 0$임을 보여라.

38. $\lim_{x \to c} f(x) = 0 \Leftrightarrow \lim_{x \to c} |f(x)| = 0$임을 보여라.

39. $\lim_{x \to c} |x| = |c|$임을 보여라.

40. 적당한 예를 찾아서, 다음을 보여라.

(a) $\lim_{x \to c} [f(x)+g(x)]$가 존재한다 하더라도, $\lim_{x \to c} f(x)$ 또는 $\lim_{x \to c} g(x)$는 존재하지 않을 수 있다.

(b) $\lim_{x \to c} [f(x) \cdot g(x)]$가 존재한다 하더라도, $\lim_{x \to c} f(x)$ 또는 $\lim_{x \to c} g(x)$는 존재하지 않을 수 있다.

문제 41~48은 다음 각각의 오른쪽 극한과 왼쪽 극한을 구하거나, 또는 존재하지 않는다고 하여라.

41. $\lim_{x\to 3^+} \frac{\sqrt{3+x}}{x}$

42. $\lim_{x\to \pi^+} \frac{\sqrt{\pi^3+x^3}}{x}$

43. $\lim_{x\to 3^+} \frac{x-3}{\sqrt{x^2-9}}$

44. $\lim_{x\to 1^-} \frac{\sqrt{1+x}}{4+4x}$

45. $\lim_{x\to 2^+} \frac{(x^2+1)[\![x]\!]}{(3x-1)^2}$

46. $\lim_{x\to 3^-} (x-[\![x]\!])$

47. $\lim_{x\to 0^+} \frac{x}{|x|}$

48. $\lim_{x\to 3^+} [\![x^2+2x]\!]$

49. 모든 x에 대해서 $f(x)g(x)=1$이고, $\lim_{x\to a} g(x)=0$이라고 하자. 그러면 $\lim_{x\to a} f(x)$는 존재하지 않음을 보여라.

50. Q는 $(\pm x,\ 0)$과 $(0,\ \pm 1)$을 꼭짓점으로 가지는 사각형이고, R은 그 변의 중점들을 연결해서 만든 직사각형이다. 이때 다음을 구하여라.

$$\lim_{x\to 0^+} \frac{R\text{의 둘레 길이}}{Q\text{의 둘레 길이}}$$

51. $y=\sqrt{x}$의 그래프를 그리고, 점 M, N, O의 좌표는 각각 $(1,\ 0)$, $(0,\ 1)$, $(0,\ 0)$, 점 P의 좌표는 그래프 $y=\sqrt{x}$의 점 $(x,\ y)$라고 하자. 다음을 계산하여라.

(a) $\lim_{x\to 0^+} \frac{\triangle NOP\text{의 둘레 길이}}{\triangle MOP\text{의 둘레 길이}}$

(b) $\lim_{x\to 0^+} \frac{\triangle NOP\text{의 넓이}}{\triangle MOP\text{의 넓이}}$

개념 복습 해답: **1.** 48 **2.** 4 **3.** -8; $-4+5c$ **4.** 0

1.4 삼각함수의 극한

앞 절의 정리 B에 따르면, 다항함수의 극한은 항상 대입하여서 구할 수 있으며, 유리함수의 극한도 분모가 그 극한점에서 0이 아니면 대입하여서 구할 수 있다. 이렇게 대입하는 방법은 삼각함수의 경우도 마찬가지로 성립한다.

정리 A 삼각함수의 극한

다음 각 함수의 정의역에 속하는 실수 c에 대해서,

1. $\lim_{t\to c} \sin t = \sin c$
2. $\lim_{t\to c} \cos t = \cos c$
3. $\lim_{t\to c} \tan t = \tan c$
4. $\lim_{t\to c} \cot t = \cot c$
5. $\lim_{t\to c} \sec t = \sec c$
6. $\lim_{t\to c} \csc t = \csc c$

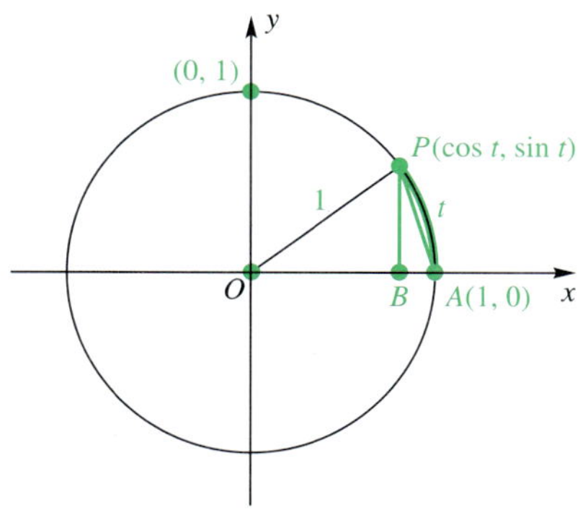

그림 1

공식 1의 증명 우선 $c=0$인 특별한 경우를 증명한다. 먼저 $t>0$인 경우, 그림 1과 같이 점 A, B, P를 잡는다. 그러면

$$0<|BP|<|AP|<\text{호}(AP)$$

그런데 $|BP|=\sin t$이고 호$(AP)=t$이므로,

$$0<\sin t<t$$

이제, $t<0$이면, $t<\sin t<0$. 따라서 조임 정리(1.3절 정리 D)를 적용할 수 있다. 그러면 $\lim_{t\to 0} \sin t=0$을 얻는다. 증명을 하는데 $\lim_{t\to 0} \cos t=1$이라는 결과가 필요하다. 이것은 삼각함수 공식들과 1.3절 정리 A를 적용하여 다음과 같이 얻을 수 있다.

$$\lim_{t\to 0} \cos t = \lim_{t\to 0} \sqrt{1-\sin^2 t} = \sqrt{1-\left(\lim_{t\to 0} \sin t\right)} = \sqrt{1-0^2} = 1$$

이제 $\lim_{t\to 0} \sin t = \sin c$임을 보이기 위해서, 우선 $h = t - c$라 놓는다. 그러면 $t \to c$일 때 $h \to 0$이다. 따라서

$$\begin{aligned}\lim_{t\to c} \sin t &= \lim_{h\to 0} \sin(c+h)\\ &= \lim_{h\to 0} (\sin c \cos h + \cos c \sin h) \quad \text{(덧셈 공식)}\\ &= (\sin c)(\lim_{h\to 0} \cos h) + (\cos c)(\lim_{h\to 0} \sin h)\\ &= (\sin c)(1) + (\cos c)(0) = \sin c\end{aligned}$$

■

공식 2의 증명 1.3절 정리 A와 삼각함수 공식을 사용한다. 먼저 $\cos c > 0$인 경우, c에 가까운 모든 t에 대해서, $\cos t = \sqrt{1-\sin^2 t}$이므로

$$\lim_{t\to c} \cos t = \lim_{t\to c} \sqrt{1-\sin^2 t} = \sqrt{1-(\lim_{t\to c} \sin t)^2} = \sqrt{1-\sin^2 c} = \cos c$$

한편, $\cos c < 0$이면, c에 가까운 모든 t에 대해서, $\cos t = -\sqrt{1-\sin^2 t}$. 따라서

$$\begin{aligned}\lim_{t\to c} \cos t &= \lim_{t\to c} (-\sqrt{1-\sin^2 t}) = -\sqrt{1-(\lim_{t\to c} \sin t)^2} = -\sqrt{1-\sin^2 c}\\ &= -\sqrt{\cos^2 c} = -|\cos c| = \cos c\end{aligned}$$

$c = 0$인 경우는 공식 1의 증명과정에서 이미 다루었다. ■

다른 공식들의 증명은 연습문제로 남겨두었다(연습문제 21, 22). 이 정리 A를 1.3절 정리 A와 함께 사용하여 여러 가지 극한들을 구할 수 있다.

예제 1 $\lim_{t\to 0} \dfrac{t^2 \cos t}{t+1}$를 구하여라.

풀이

$$\lim_{t\to 0} \frac{t^2 \cos t}{t+1} = \left(\lim_{t\to 0} \frac{t^2}{t+1}\right)\left(\lim_{t\to 0} \cos t\right) = 0 \cdot 1 = 0$$

■

대입정리로 구할 수 없는 다음 두 개의 중요한 극한이 있다.

$$\lim_{t\to 0} \frac{\sin t}{t}, \quad \lim_{t\to 0} \frac{1-\cos t}{t}$$

첫번째 극한에 대해서는 1.1절에서 그 극한이 1임을 추정했었는데 이제 그것이 사실임을 증명한다.

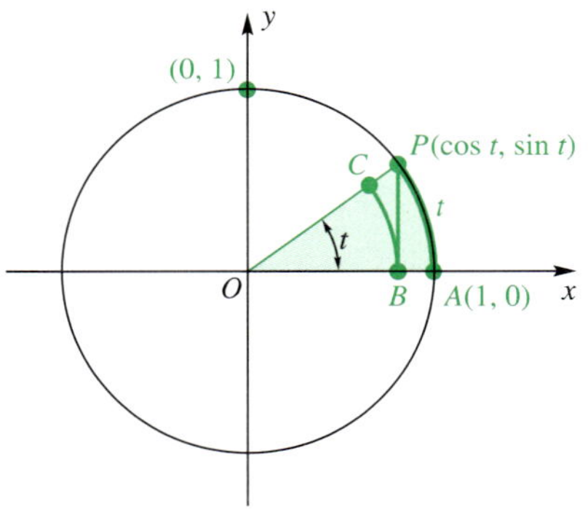

그림 2

정리 B 특별한 삼각함수의 극한

1. $\lim_{t\to 0} \dfrac{\sin t}{t} = 1$ 2. $\lim_{t\to 0} \dfrac{1-\cos t}{t} = 0$

공식 1의 증명 정리 A의 증명 과정에서, 다음이 성립함을 보였다.

$$\lim_{t\to 0} \cos t = 1 \quad \text{그리고} \quad \lim_{t\to 0} \sin t = 1$$

여기서 $-\pi/2 \le t \le \pi/2$, $t \ne 0$에 대해, 그림 2에서와 같이 수직 선분 BP와 원의 호 BC를 그린다. ($t<0$이면, 어두운 부분을 x축을 따라 뒤집어서 생각한다.) 그러면 그림 2에서, 다음 부등식이 성립함이 명백하다.

$$\text{넓이(부채꼴 } OBC) \le \text{넓이}(\triangle OBP) \le \text{넓이(부채꼴 } OAP)$$

삼각형의 넓이는 밑변 곱하기 높이의 절반이고, 중심각이 t이고 반지름이 r인 부채꼴의 넓이는 $\frac{1}{2}r^2|t|$이다(0.7절의 연습문제 42 참조). 이 넓이 공식을 세 부분에 적용하면,

$$\frac{1}{2}(\cos t)^2|t| \le \frac{1}{2}\cos t|\sin t| \le \frac{1}{2}1^2|t|$$

여기에다 2를 곱하고, 양수 $|t|\cos t$로 나누면,

$$\cos t \le \frac{|\sin t|}{|t|} \le \frac{1}{\cos t}$$

여기서 $-\pi/2 \le t \le \pi/2$, $t \ne 0$일 때 $(\sin t)/t$는 양수이므로, $|\sin t|/|t| = (\sin t)/t$. 따라서

$$\cos t \le \frac{\sin t}{t} \le \frac{1}{\cos t}$$

부등식의 양쪽 함수의 극한은 잘 알고 있으므로 조임정리를 이용하면 다음을 얻는다.

$$\lim_{t\to 0}\frac{\sin t}{t} = 1$$ ■

공식 2의 증명 두 번째 극한은 첫 번째 극한으로부터 쉽게 나온다. 분자와 분모에다 $(1+\cos t)$를 곱하기만 하면 된다. 그러면

$$\begin{aligned}\lim_{t\to 0}\frac{1-\cos t}{t} &= \lim_{t\to 0}\frac{1-\cos t}{t}\cdot\frac{1+\cos t}{1+\cos t} = \lim_{t\to 0}\frac{1-\cos^2 t}{t(1+\cos t)}\\ &= \lim_{t\to 0}\frac{\sin^2 t}{t(1+\cos t)}\\ &= \left(\lim_{t\to 0}\frac{\sin t}{t}\right)\frac{\lim_{t\to 0}\sin t}{\lim_{t\to 0}(1+\cos t)} = 1\cdot\frac{0}{2} = 0\end{aligned}$$ ■

2장에서 이 두 극한을 중요하게 사용할 것인데 지금은 우선 다른 극한을 구하는데 사용해 본다.

예제 2 다음 극한을 구하여라.

(a) $\lim_{x\to 0}\frac{\sin 3x}{x}$ (b) $\lim_{t\to 0}\frac{1-\cos t}{\sin t}$ (c) $\lim_{x\to 0}\frac{\sin 4x}{\tan x}$

풀이

(a) $$\lim_{x\to 0}\frac{\sin 3x}{x} = \lim_{x\to 0}3\frac{\sin 3x}{3x} = 3\lim_{x\to 0}\frac{\sin 3x}{3x}$$

여기서는 사인 함수의 변수가 $3x$인데, 정리 B에서는 변수가 단순하게 x이다. 그러나 $y=3x$라 놓으면, $x\to 0$은 $y\to 0$일 필요충분조건이므로

$$\lim_{x\to 0}\frac{\sin 3x}{3x}=\lim_{y\to 0}\frac{\sin 3y}{y}=1$$

따라서

$$\lim_{x\to 0}\frac{\sin 3x}{x}=3\lim_{x\to 0}\frac{\sin 3x}{3x}=3$$

(b)
$$\lim_{t\to 0}\frac{1-\cos t}{\sin t}=\lim_{t\to 0}\frac{\dfrac{1-\cos t}{t}}{\dfrac{\sin t}{t}}=\frac{\lim\limits_{t\to 0}\dfrac{1-\cos t}{t}}{\lim\limits_{t\to 0}\dfrac{\sin t}{t}}=\frac{0}{1}=0$$

(c)
$$\lim_{x\to 0}\frac{\sin 4x}{\tan x}=\lim_{x\to 0}\frac{\dfrac{4\sin 4x}{4x}}{\dfrac{\sin x}{x\cos x}}=\frac{4\lim\limits_{x\to 0}\dfrac{\sin 4x}{4x}}{\left(\lim\limits_{x\to 0}\dfrac{\sin 4x}{x}\right)\left(\lim\limits_{x\to 0}\dfrac{1}{\cos x}\right)}$$

$$=\frac{4}{1\cdot 1}=4$$ ■

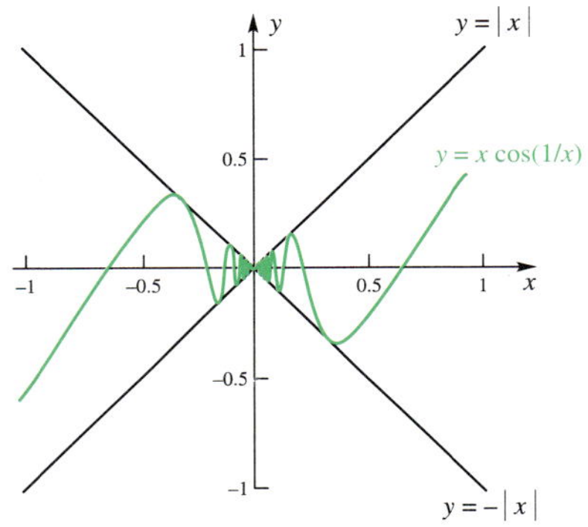

그림 3

예제 3 $u(x)=|x|$, $l(x)=-|x|$, $f(x)=x\cos\left(\frac{1}{x}\right)$의 그래프를 그리고 그래프와 조임 정리(1.3절의 정리 D)를 이용하여 $\lim\limits_{x\to 0}f(x)$를 구하여라.

풀이 $\cos\left(\frac{1}{x}\right)$의 값은 언제나 -1과 1 사이에 있으므로 $x\cos\left(\frac{1}{x}\right)$는 x가 양수일때 x와 $-x$ 사이에 있고 x가 음수일때 $-x$와 x 사이에 있다. 따라서 $y=x\cos\left(\frac{1}{x}\right)$의 그래프는 그림 3과 같이 $y=|x|$와 $y=-|x|$의 그래프 사이에 있다. 그런데 $\lim\limits_{x\to 0}|x|=\lim\limits_{x\to 0}-|x|=0$이고(연습문제 1.2의 27번) $y=f(x)=x\cos\left(\frac{1}{x}\right)$의 그래프가 $u(x)=|x|$와 $l(x)=-|x|$의 그래프 사이에 있으며 두 함수 $u(x)$와 $l(x)$가 $x\to 0$일 때 0으로 가므로 조임 정리에 의해 $\lim\limits_{x\to 0}f(x)=0$이다.

개념 복습

1. $\lim\limits_{t\to 0}\sin t=$______.

2. $\lim\limits_{t\to \pi/4}\tan t=$______.

3. 극한 $\lim\limits_{t\to 0}\frac{\sin t}{t}$는 대입법으로 구할 수 없다. 왜냐 하면 ______.

4. $\lim\limits_{t\to 0}\frac{\sin t}{t}=$______.

연습문제 1.4

문제 1~14에서 다음 극한을 구하여라.

1. $\lim\limits_{x\to 0}\frac{\cos x}{x+1}$

2. $\lim\limits_{\theta\to \pi/2}\theta\cos\theta$

3. $\lim\limits_{t\to 0}\frac{\cos^2 t}{1+\sin t}$

4. $\lim\limits_{x\to 0}\frac{3x\tan x}{\sin x}$

5. $\lim\limits_{x\to 0}\frac{\sin x}{2x}$

6. $\lim\limits_{\theta\to 0}\frac{\sin 3\theta}{2\theta}$

7. $\lim_{\theta\to0}\frac{\sin 3\theta}{\tan\theta}$

8. $\lim_{\theta\to0}\frac{\tan 5\theta}{\sin 2\theta}$

9. $\lim_{\theta\to0}\frac{\cot\pi\theta\sin\theta}{2\sec\theta}$

10. $\lim_{t\to0}\frac{\sin^2 3t}{2t}$

11. $\lim_{t\to0}\frac{\tan^2 3t}{2t}$

12. $\lim_{t\to0}\frac{\tan 2t}{\sin 2t-1}$

13. $\lim_{t\to0}\frac{\sin(3t)+4t}{t\sec t}$

14. $\lim_{\theta\to0}\frac{\sin^2\theta}{\theta}$

문제 15~19에서 $u(x)$, $l(x)$, $f(x)$의 그래프를 그리고 그래프와 조임 정리를 이용하여 $\lim_{x\to0}f(x)$를 구하여라.

15. $u(x)=|x|,\ l(x)=-|x|,\ f(x)=x\sin(1/x)$

16. $u(x)=|x|,\ l(x)=-|x|,\ f(x)=x\sin(1/x^2)$

17. $u(x)=|x|,\ l(x)=-|x|,\ f(x)=(1-\cos^2 x)x$

18. $u(x)=1,\ l(x)=1-x^2,\ f(x)=\cos^2 x$

19. $u(x)=2,\ l(x)=2-x^2,\ f(x)=1+\frac{\sin x}{x}$

20. $\lim_{t\to c}\sin t=\sin c$임을 증명한 것과 비슷한 방법으로 $\lim_{t\to c}\cos t=\cos c$임을 증명하여라.

21. 1.3절 정리 A를 써서, 정리 A의 극한 공식 3, 4를 증명하여라.

22. 1.3절 정리 A를 써서, 정리 A의 극한 공식 5, 6을 증명하여라.

23. 그림 4에서 $\triangle OBP\le$부채꼴 $OAP\le\triangle OBP+\square ABPQ$임을 이용하여, 다음을 보여라.

$$\cos t\le\frac{t}{\sin t}\le 2-\cos t$$

이것을 이용하여 $\lim_{t\to0+}(\sin t/t)=1$임을 증명하여라.

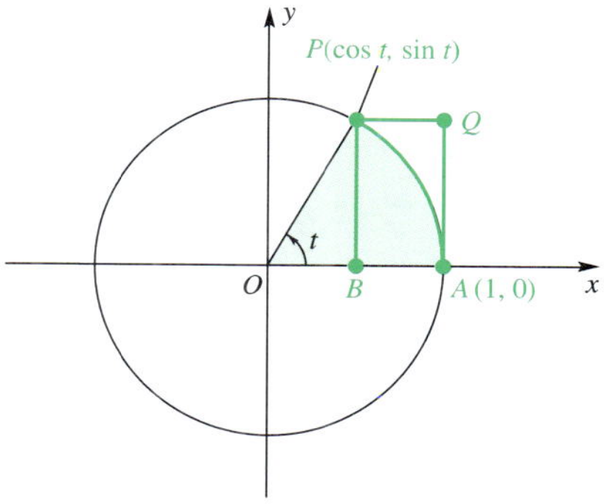

그림 4

24. 그림 5에서 삼각형 ABP의 넓이를 D라 하고, 어둡게 칠한 영역의 넓이를 E라 하자.

(a) 그림을 보고 $\lim_{t\to0^+}\frac{D}{E}$의 값을 추측하여라.

(b) D/E의 공식을 t를 사용하여 나타내어라.

C (c) 계산기를 써서 $\lim_{t\to0^+}\frac{D}{E}$를 정확하게 예측하여라.

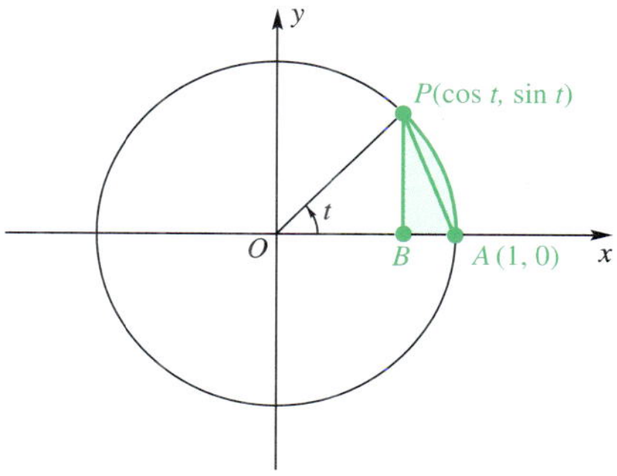

그림 5

개념 복습 해답: **1.** 0 **2.** 1 **3.** $t=0$일 때 분모가 0이 되기 때문이다. **4.** 1

1.5 무한에서의 극한, 무한대 극한

수학의 가장 어려운 문제들과 가장 심오한 모순들은 무한개념의 사용과 밀접하게 얽혀 있다. 그렇지만 수학의 발전은 무한 개념의 이해정도로 잴 수 있다. 이미 어떤 구간을 나타내는데 기호 ∞와 $-\infty$를 사용하고 있다. 즉, $(3, \infty)$는 3보다 큰 모든 실수들의 집합을 나타낸다. ∞는 실수가 아니다. 예를 들어 ∞에다 어떤 수를 더하거나 또는 어떤 수로 나눌 수 없다. 이 절에서 기호 ∞와 $-\infty$를 달리 사용하겠지만, 그래도 이들은 수를 나타내지 않는다.

무한에서의 극한 그래프가 그림 1과 같은 함수 $g(x)=x/(1+x^2)$에 대해 다음을 생각한다: x가 점점 더 커질 때, $g(x)$는 어떻게 되는가? 이것을 기호를 써서 바꿔 말하면, $\lim_{x\to\infty}g(x)$의 값을 묻는 것이다.

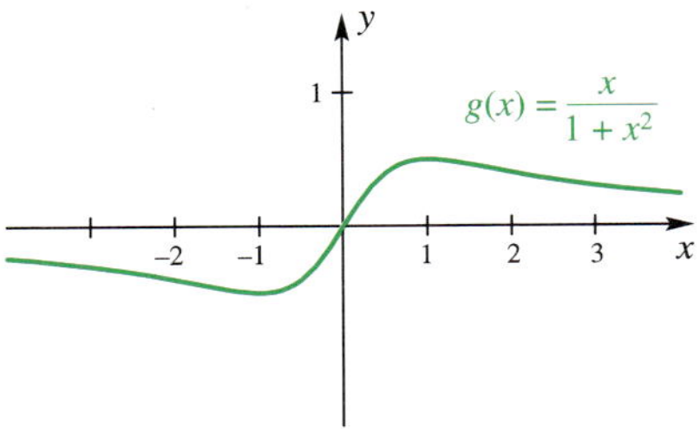

그림 1

x	$\frac{x}{1+x^2}$
10	0.099
100	0.010
1000	0.001
10000	0.0001
↓	↓
∞	?

그림 2

$x \to \infty$는 x가 모든 수들보다 큰 어떤 수가 있어서 그 수에 가까이 간다는 것이 아니다. 그보다는 x가 한없이 점점 커짐을 간단하게 나타내는 기호이다.

그림 2의 표에, 몇 개의 x 값들에 대한 $g(x)=x/(1+x^2)$의 값들을 구해 놓았다. 그것을 보면, x가 점점 커질 때, $g(x)$가 점점 작아지고 있다. 이것을 다음과 같이 나타낸다.

$$\lim_{x \to \infty} \frac{x}{1+x^2}=0$$

수직선상에서 원점의 왼쪽으로 멀리있는 음수들을 넣어서 계산해 보면, 다음을 얻게 된다.

$$\lim_{x \to -\infty} \frac{x}{1+x^2}=0$$

$x \to \pm\infty$일 때 극한의 엄밀한 정의 일반적인 극한을 ε-δ로 정의한 것과 같이 다음과 같이 정의한다.

정의 $x \to \infty$일 때의 극한

어떤 수 c에 대해 f가 $[c, \infty)$에서 정의된다고 하자. 기호 $\lim_{x \to \infty} f(x)=L$은 다음을 뜻한다. 임의의 $\varepsilon>0$에 대해, 그에 대응하는 수 M이 있어서,

$$x>M \Rightarrow |f(x)-L|<\varepsilon$$

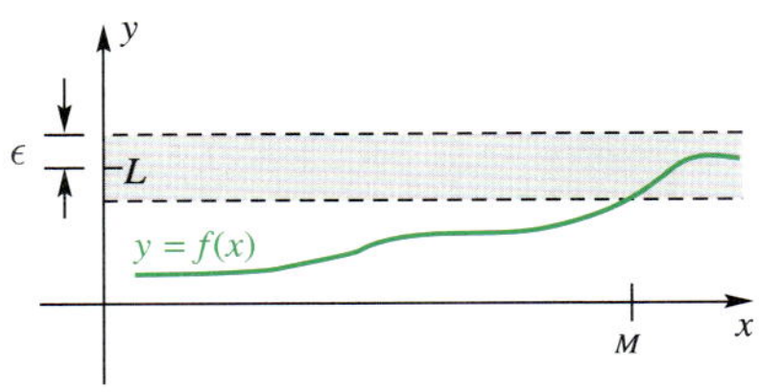

그림 3

M은 ε에 따라 결정됨을 주목하기 바란다. 대개의 경우 ε이 작으면 작을수록, M은 더 커야 한다. 그림 3의 그래프를 보면 이 정의를 이해하는 데 도움이 될 것이다.

정의 $x \to -\infty$일 때의 극한

어떤 수 c에 대해 f가 $(-\infty, c]$에서 정의된다고 하자. 기호 $\lim_{x \to \infty} f(x)=L$은 다음을 뜻한다. 임의의 $\varepsilon>0$에 대해, 그에 대응하여 수 M이 있어서,

$$x<M \Rightarrow |f(x)-L|<\varepsilon$$

예제 1 k가 양의 정수일 때, 다음을 보여라.

$$\lim_{x \to \infty} \frac{1}{x^k}=0, \quad \lim_{x \to -\infty} \frac{1}{x^k}=0$$

풀이 $\varepsilon>0$이 주어졌다고 하자. 분석 과정을 거쳐서(1.2절과 같이) $M=\sqrt[k]{1/\varepsilon}$로 잡는다. 그러면 $x>M$이면

$$\left|\frac{1}{x^k}-0\right|=\frac{1}{x^k}<\frac{1}{M^k}=\varepsilon$$

두 번째 극한도 마찬가지로 보일 수 있다. ■

이렇게 정의한 극한에 대해서도 주요극한 정리(1.3절 정리 A)가 성립한다. 증명 또한 같은 방법으로 할 수 있다. 다음 예제들에서 이 정리들을 어떻게 사용하는지 자세히 살피기 바란다.

예제 2 $\lim\limits_{x\to\infty}\dfrac{x}{1+x^2}=0$임을 보여라.

풀이 분모에 있는 x의 최고차항으로 분자와 분모를 나눈다. 즉, x^2으로 나눈다.

$$\lim_{x\to\infty}\frac{x}{1+x^2}=\lim_{x\to\infty}\frac{\dfrac{x}{x^2}}{\dfrac{1+x^2}{x^2}}=\lim_{x\to\infty}\frac{\dfrac{1}{x}}{\dfrac{1}{x^2+1}}$$

$$=\frac{\lim\limits_{x\to\infty}\dfrac{1}{x}}{\lim\limits_{x\to\infty}\dfrac{1}{x^2}+\lim\limits_{x\to\infty}1}=\frac{0}{0+1}=0$$ ■

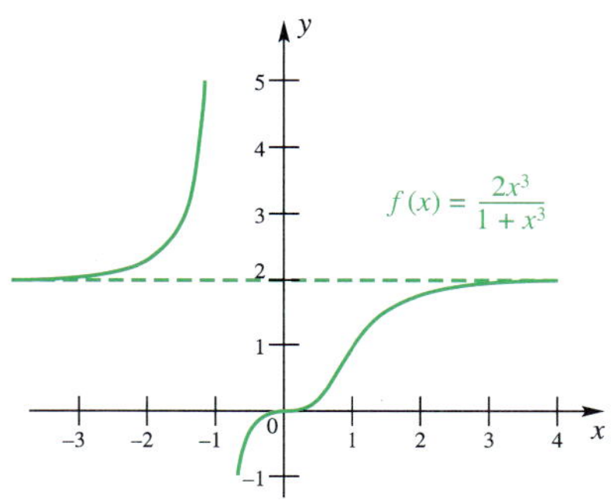

그림 4

예제 3 $\lim\limits_{x\to-\infty}\dfrac{2x^3}{1+x^3}$을 구하여라.

풀이 함수 $f(x)=2x^3/(1+x^3)$의 그래프가 그림 4와 같다. 극한을 구하기 위해서, 분자와 분모를 x^3으로 나눈다.

$$\lim_{x\to-\infty}\frac{2x^3}{1+x^3}=\lim_{x\to-\infty}\frac{2}{1/x^3+1}=\frac{2}{0+1}=2$$ ■

수열의 극한 어떤 함수의 정의역은 자연수의 집합 {1, 2, 3, ..., }이다. 이런 경우, 수열의 n번째 항을 나타내기 위하여 $a(n)$보다 a_n으로 표기하며, 수열 전체를 나타내기 위해 $\{a_n\}$으로 표기한다. 예를 들어, $a_n=n/(n+1)$으로 정의된 수열을 생각할 수 있다. 이 때 n이 커질수록 a_n이 어떻게 되는지 보자.

$$a_1=\frac{1}{2},\quad a_2=\frac{2}{3},\quad a_3=\frac{3}{4},\quad a_4=\frac{4}{5},\ \ldots,\ a_{100}=\frac{100}{101},\ \ldots$$

위의 계산들을 보면 a_n이 1에 가까이 간다는 것을 알 수 있으므로 $\lim\limits_{n\to\infty}a_n=1$이라 할 수 있다. 다음의 정의는 이러한 수열의 극한에 대한 것이다.

정의 수열의 극한

a_n이 어떠한 실수 c보다 크거나 같은 모든 자연수에 대해 정의된다고 하자. 임의의 $\varepsilon>0$에 대해

$$n>M \Rightarrow |a_n-L|<\varepsilon$$

을 만족하는 자연수 M이 존재할 때, $\lim\limits_{n\to\infty}a_n=L$이라 한다.

이 정의는 $\lim_{x\to\infty} f(x)$의 정의와 거의 같다. 차이점이 있다면 지금은 함수의 정의역이 자연수인 점이라는 것 뿐이다. 주극한정리(1.3절의 정리 A)는 수열에서도 성립한다.

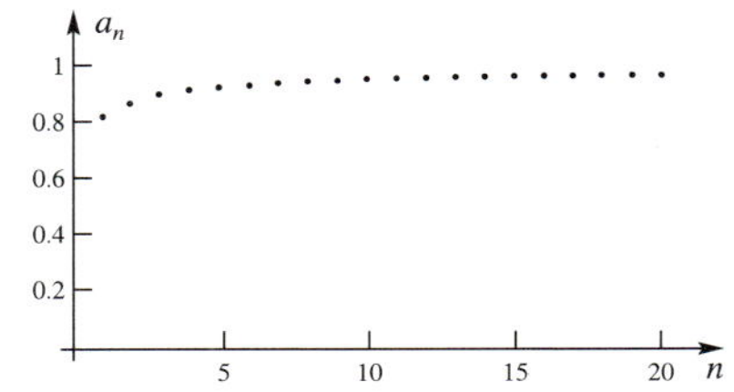

그림 5

예제 4 $\lim_{n\to\infty}\sqrt{\dfrac{n+1}{n+2}}$를 구하라.

풀이 $a_n=\sqrt{\dfrac{n+1}{n+2}}$의 그래프는 그림 5와 같다. 1.3절의 정리 A를 적용하면 다음을 얻을 수 있다.

$$\lim_{n\to\infty}\sqrt{\frac{n+1}{n+2}}=\left(\lim_{n\to\infty}\frac{n+1}{n+2}\right)^{1/2}=\left(\lim_{n\to\infty}\frac{1+1/n}{1+2n}\right)^{1/2}=\left(\frac{1+0}{1+0}\right)^{1/2}=1$$ ■

3.7절과 4장에서 수열의 극한 개념이 필요하다. 수열은 9장에서 자세히 다룰 것이다.

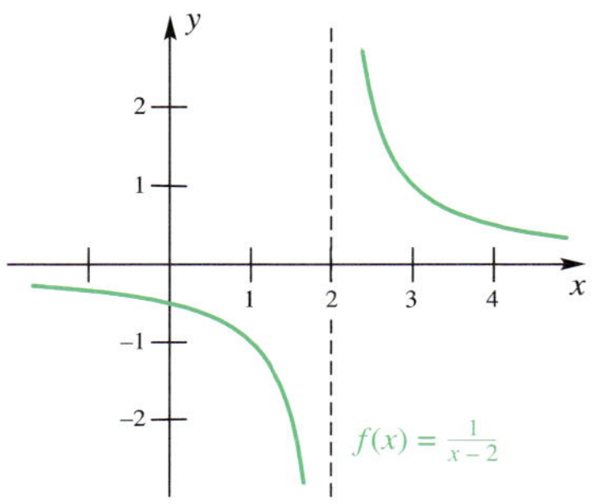

그림 6

무한대 극한 그래프가 그림 6과 같은 함수 $f(x)=1/(x-2)$를 생각해 보자. x가 왼쪽에서 2에 가까워질수록 함수값은 한없이 감소한다. 마찬가지로 x가 오른쪽에서 2에 가까워질수록 함수값은 한없이 증가한다. 따라서 $\lim_{x\to 2} 1/(x-2)$은 존재하지 않지만, 다음과 같이 나타낸다.

$$\lim_{x\to 2^-}\frac{1}{x-2}=-\infty \qquad \lim_{x\to 2^+}\frac{1}{x-2}=\infty$$

이에 대한 엄밀한 정의는 다음과 같다.

> **정의** 무한대 극한
>
> 기호 $\lim_{x\to c^+} f(x)=\infty$는 다음을 뜻한다. 어떠한 양수 M에 대해, 그에 대응하는 $\delta>0$가 있어서,
>
> $$0<x-c<\delta \Rightarrow f(x)>M$$

다시 말해 x를 c에 충분히 가깝게 잡으면 $f(x)$를 원하는 만큼 크게 할 수 있다는 것이다(M을 어떤 수로 잡던지 간에 그보다 크게) 만들 수 있다.

다음 극한들도 같은 방식으로 정의한다.

$\lim_{x\to c^+} f(x)=-\infty$ $\quad\lim_{x\to c^-} f(x)=\infty$ $\quad\lim_{x\to c^-} f(x)=-\infty$

$\lim_{x\to\infty} f(x)=\infty$ $\quad\lim_{x\to\infty} f(x)=-\infty$ $\quad\lim_{x\to-\infty} f(x)=-\infty$ $\quad\lim_{x\to-\infty} f(x)=\infty$

(연습문제 51, 52 참조.)

예제 5 $\lim_{x\to 1^-}\dfrac{1}{(x-1)^2}$과 $\lim_{x\to 1^+}\dfrac{1}{(x-1)^2}$을 구하여라.

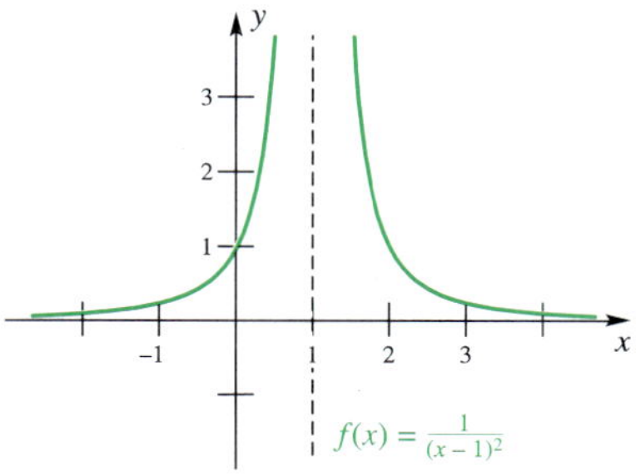

그림 7

풀이 함수 $f(x)=1/(x-1)^2$의 그래프는 그림 7과 같다. $x \to 1^+$일 때, 분모는 양의 방향에서 0으로 가고, 분자는 모든 x에 대해서 1이다. 그러므로 x가 1보다 더 크면서 1에 가깝게 하면, 그 비율 $1/(x-1)^2$이 얼마든지 커지도록 만들 수 있다. 마찬가지로, $x \to 1^-$일 때, 분모는 양의 방향에서 0에 얼마든지 가깝게 할 수 있다. 따라서 x가 1의 왼쪽에서 1에 가깝게 하면, $1/(x-1)^2$이 얼마든지 커지도록 만들 수 있다. 그러므로 결론은 다음과 같다.

$$\lim_{x\to1^+}\frac{1}{(x-1)^2}=\infty \qquad \text{그리고} \qquad \lim_{x\to1^-}\frac{1}{(x-1)^2}=\infty$$

극한이 둘 다 ∞이므로, 다음과 같이 나타낼 수 있다.

$$\lim_{x\to1}\frac{1}{(x-1)^2}=\infty$$ ■

예제 6 $\displaystyle\lim_{x\to2^+}\frac{x+1}{x^2-5x+6}$을 구하여라.

풀이

$$\lim_{x\to2^+}\frac{x+1}{x^2-5x+6}=\lim_{x\to2^+}\frac{x+1}{(x-3)(x-2)}$$

$x\to2^+$일 때, $x+1\to3$, $x-3\to-1$, 그리고 $x-2\to0^+$이다. 따라서 분자는 3으로 가며, 분모는 음수이면서 0으로 간다. 그러므로 결론은

$$\lim_{x\to2^+}\frac{x+1}{(x-3)(x-2)}=-\infty$$ ■

무한극한이 존재할까?

이전의 절에서 우리는 극한이 실수와 같은 경우만 보았다.

예를 들어 $\displaystyle\lim_{x\to2^+}\frac{1}{x-2}$는 존재하지 않는다고 한다. 왜냐하면 x가 2에 오른쪽으로 가까이 갈수록 $1/(x-2)$는 실수에 가까이 가지 않는다.

우리가 $\displaystyle\lim_{x\to2^+}\frac{1}{x-2}=\infty$라고 나타내어도 많은 수학자들은 이런 함수의 극한은 존재하지 않는다고 한다. 극한이 ∞라는 것은 극한이 존재하지 않는다는 것을 특별한 방법으로 표현한 것이다. 여기서 우리는 이러한 극한을 "무한개념에서 존재한다"라고 표현할 것이다.

점근선 관계 0.5절에서 간단히 다룬 점근선에 대해서 이제 좀 더 자세히 설명할 수 있다. 다음 네 극한 중 어느 하나가 성립할 때, 직선 $x=c$를 $y=f(x)$의 그래프의 **수직점근선**(vertical asymptote)이라고 한다.

1. $\displaystyle\lim_{x\to c^+}f(x)=\infty$
2. $\displaystyle\lim_{x\to c^+}f(x)=-\infty$
3. $\displaystyle\lim_{x\to c^-}f(x)=\infty$
4. $\displaystyle\lim_{x\to c^-}f(x)=-\infty$

따라서 그림 6에서, 직선 $x=2$는 수직점근선이다. 그래프를 그리지는 않았지만, 직선 $x=2$와 $x=3$은 예제 6의 수직점근선들이다.

마찬가지로, 다음 둘 중 하나가 성립할 때, 직선 $y=b$를 $y=f(x)$의 그래프의 **수평점근선**(horizontal asymptote)이라고 한다.

$$\lim_{x\to\infty}f(x)=b \qquad \text{또는} \qquad \lim_{x\to-\infty}f(x)=b$$

직선 $y=0$은 그림 6과 그림 7에서 수평점근선이다.

예제 7 $y=f(x)$의 그래프의 수직점근선과 수평점근선을 찾아라.

$$f(x)=\frac{2x}{x-1}$$

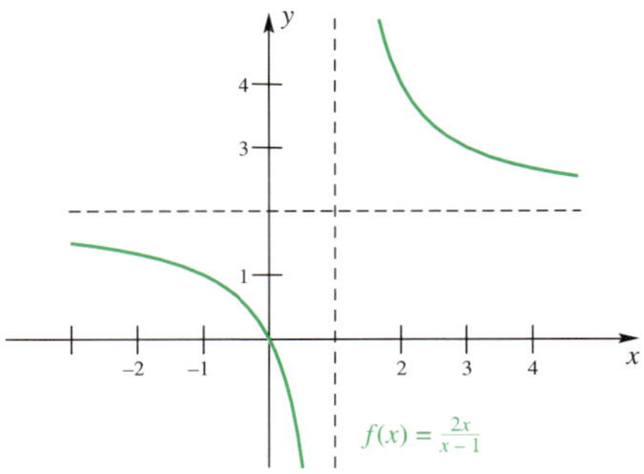

그림 8

풀이 흔히 분모가 0이 되는 점에서 수직점근선을 가지는 경우가 있다. 이 예제의 경우도 그렇다. 왜냐 하면

$$\lim_{x \to 1^+} \frac{2x}{x-1} = \infty, \qquad \lim_{x \to 1^-} \frac{2x}{x-1} = -\infty$$

이기 때문이다. 한편,

$$\lim_{x \to \infty} \frac{2x}{x-1} = \lim_{x \to \infty} \frac{2}{1-1/x} = 2, \qquad \lim_{x \to -\infty} \frac{2x}{x-1} = 2$$

이므로 $y=2$는 수평 점근선이다(그림 8 참조). ■

개념 복습

1. $x \to \infty$는 ______을 뜻한다. $\lim_{x \to \infty} f(x) = L$은 ______을 뜻한다. 해답을 말로 써 놓아라.
2. $\lim_{x \to c^+} f(x) = \infty$는 ______을 뜻한다. $\lim_{x \to c^-} f(x) = -\infty$는 ______을 뜻한다. 말로 답하여라.
3. $\lim_{x \to \infty} f(x) = 6$이면, 직선 ______은 $y=f(x)$의 그래프의 점근선이다.
4. $\lim_{x \to 6^+} f(x) = \infty$이면, 직선 ______은 $y=f(x)$의 그래프의 점근선이다.

연습문제 1.5

문제 1~42에서 극한을 구하여라.

1. $\lim_{x \to \infty} \frac{x}{x-5}$
2. $\lim_{x \to \infty} \frac{x^2}{5-x^3}$
3. $\lim_{t \to -\infty} \frac{t^2}{7-t^2}$
4. $\lim_{x \to -\infty} \frac{t}{t-5}$
5. $\lim_{x \to \infty} \frac{x^2}{(x-5)(3-x)}$
6. $\lim_{x \to \infty} \frac{x^2}{x^2-8x+15}$
7. $\lim_{x \to \infty} \frac{x^3}{2x^3-100x^2}$
8. $\lim_{\theta \to -\infty} \frac{\pi\theta^5}{\theta^5-5\theta^4}$
9. $\lim_{x \to \infty} \frac{3x^3-x^2}{\pi x^3-5x^2}$
10. $\lim_{\theta \to \infty} \frac{\sin^2\theta}{\theta^2-5}$
11. $\lim_{x \to \infty} \frac{3\sqrt{x^3}+3x}{\sqrt{2x^3}}$
12. $\lim_{x \to \infty} \sqrt[3]{\frac{\pi x^3+3x}{\sqrt{2}x^3+7x}}$
13. $\lim_{x \to \infty} \sqrt[3]{\frac{1+8x^2}{x^2+4}}$
14. $\lim_{x \to \infty} \sqrt{\frac{x^2+x+3}{(x-1)(x+1)}}$
15. $\lim_{n \to \infty} \frac{n}{2n+1}$
16. $\lim_{n \to \infty} \frac{n^2}{n^2+1}$
17. $\lim_{n \to \infty} \frac{n^2}{n+1}$
18. $\lim_{n \to \infty} \frac{n}{n^2+1}$
19. $\lim_{x \to \infty} \frac{2x+1}{\sqrt{x^2+3}}$
   도움말: 분자와 분모를 x로 나누어라. $x>0$일 때, $\sqrt{x^2+3}/x = \sqrt{(x^2+3)/x^2}$.
20. $\lim_{x \to \infty} \frac{\sqrt{2x+1}}{x+4}$
21. $\lim_{x \to \infty} (\sqrt{2x^2+3} - \sqrt{2x^2-5})$
   도움말: $\sqrt{2x^2+3} + \sqrt{2x^2-5}$를 곱하고 나누어라.
22. $\lim_{x \to \infty} (\sqrt{x^2+2x} - x)$
23. $\lim_{y \to -\infty} \frac{9y^3+1}{y^2-2y+2}$
   도움말: 분자와 분모를 y^2으로 나누어라.
24. $\lim_{x \to \infty} \frac{a_0x^n+a_1x^{n-1}+\cdots+a_{n-1}x+a_n}{b_0x^n+b_1x^{n-1}+\cdots+b_{n-1}x+b_n}$, 여기서 $a_0 \neq 0$, $b_0 \neq 0$, 그리고 n은 자연수이다.
25. $\lim_{n \to \infty} \frac{n}{\sqrt{n^2+1}}$
26. $\lim_{n \to \infty} \frac{n^2}{\sqrt{n^3+2n+1}}$
27. $\lim_{x \to 4^+} \frac{x}{x-4}$
28. $\lim_{t \to 3^+} \frac{t^2-9}{t+3}$
29. $\lim_{t \to 3^-} \frac{t^2}{9-t^2}$
30. $\lim_{x \to \sqrt[3]{5}^+} \frac{x^2}{5-x^3}$
31. $\lim_{x \to 5^-} \frac{x^2}{(x-5)(3-x)}$
32. $\lim_{\theta \to \pi^+} \frac{\theta^2}{\sin\theta}$
33. $\lim_{x \to 3^-} \frac{x^3}{x-3}$
34. $\lim_{\theta \to (\pi/2)^+} \frac{\pi\theta}{\cos\theta}$

35. $\lim_{x\to 3^-}\frac{x^2-x-6}{x-3}$ **36.** $\lim_{x\to 2^+}\frac{x^2+2x-8}{x^2-4}$

37. $\lim_{x\to 0^+}\frac{[\![x]\!]}{x}$ **38.** $\lim_{x\to 0^-}\frac{[\![x]\!]}{x}$

39. $\lim_{x\to 0^-}\frac{|x|}{x}$ **40.** $\lim_{x\to 0^+}\frac{|x|}{x}$

41. $\lim_{x\to 0^-}\frac{1+\cos x}{\sin x}$ **42.** $\lim_{x\to\infty}\frac{\sin x}{x}$

GC 문제 43~48에서 주어진 함수의 그래프의 수평 점근선과 수직 점근선을 찾아라. 또 그 그래프를 그려라.

43. $f(x)=\frac{3}{x+1}$ **44.** $f(x)=\frac{3}{(x+1)^2}$

45. $F(x)=\frac{2x}{x-3}$ **46.** $F(x)=\frac{3}{9-x^2}$

47. $g(x)=\frac{14}{2x^2+7}$ **48.** $g(x)=\frac{2x}{\sqrt{x^2+5}}$

49. 만약 $\lim_{x\to\infty}[f(x)-(ax+b)]=0$ 또는 $\lim_{x\to-\infty}[f(x)-(ax+b)]=0$이 성립하면, 직선 $y=ax+b$는 $y=f(x)$의 그래프의 **비스듬한 점근선**(oblique asymptote)이라고 부른다. 다음 함수의 비스듬한 점근선을 찾아라.

$$f(x)=\frac{2x^4+3x^3-2x-4}{x^3-1}$$

도움말: 분자를 분모로 나누어라.

50. 다음 함수의 비스듬한 점근선을 찾아라.

$$f(x)=\frac{3x^3+4x^2-x+1}{x^2+1}$$

51. 기호 M과 δ를 써서, 다음 표현의 엄밀한 정의를 제시하여라.

(a) $\lim_{x\to c^+}f(x)=-\infty$ (b) $\lim_{x\to c^-}f(x)=\infty$

52. 기호 M과 N을 써서, 다음 표현의 엄밀한 정의를 제시하여라.

(a) $\lim_{x\to\infty}f(x)=\infty$ (b) $\lim_{x\to-\infty}f(x)=\infty$

53. 만약 $\lim_{x\to\infty}f(x)=A$이고 $\lim_{x\to\infty}g(x)=B$이면, 다음이 성립함을 엄밀하게 증명하여라.

$$\lim_{x\to\infty}[f(x)+g(x)]=A+B$$

54. 우리는 $A=a,\ a^-,\ a^+,\ -\infty,\ +\infty$에 대해서 $\lim_{x\to A}f(x)$의 의미를 제시하였다. 그리고 각각의 경우 이 극한은 L(유한), $-\infty$, ∞가 되거나, 또는 어떠한 의미로도 존재하지 않을 수 있다. 이렇게 20가지 가능한 경우들을 예시하여서 표를 만들어라.

55. 다음 극한이 존재하고 구하고, 또 존재하지 않는 것 중에 무한대로도 되지 않는 것을 찾아라.

(a) $\lim_{x\to\infty}\sin x$ (b) $\lim_{x\to\infty}\sin\frac{1}{x}$

(c) $\lim_{x\to\infty}x\sin\frac{1}{x}$ (d) $\lim_{x\to\infty}x^{3/2}\sin\frac{1}{x}$

(e) $\lim_{x\to\infty}x^{-1/2}\sin x$ (f) $\lim_{x\to\infty}\sin\left(\frac{\pi}{6}+\frac{1}{x}\right)$

(g) $\lim_{x\to\infty}\sin\left(x+\frac{1}{x}\right)$ (h) $\lim_{x\to\infty}\left[\sin\left(x+\frac{1}{x}\right)-\sin x\right]$

56. 아인슈타인(Einstein)의 특수 상대성 이론에 따르면, 어떤 물체의 질량 $m(v)$는 그 물체의 속력 v와 다음과 같은 관계가 성립한다.

$$m(v)=\frac{m_0}{\sqrt{1-v^2/c^2}}$$

여기서 m_0는 정지 질량이고, c는 빛의 속력이다. $\lim_{v\to c^-}m(v)$는 얼마인가?

GC 문제 57~64에서 컴퓨터나 그래프 계산기를 써서 극한을 구하여라. 적당한 창에 그래프를 그리는 것으로 시작하여라.

57. $\lim_{x\to\infty}\frac{3x^2+x+1}{2x^2-1}$ **58.** $\lim_{x\to-\infty}\sqrt{\frac{2x^2-3x}{5x^2+1}}$

59. $\lim_{x\to-\infty}\left(\sqrt{2x^2+3x}-\sqrt{2x^2-5}\right)$

60. $\lim_{x\to\infty}\frac{2x+1}{\sqrt{3x^2+1}}$ **61.** $\lim_{x\to\infty}\left(1+\frac{1}{x}\right)^{10}$

62. $\lim_{x\to\infty}\left(1+\frac{1}{x}\right)^{x}$ **63.** $\lim_{x\to-\infty}\left(1+\frac{1}{x}\right)^{x^2}$

64. $\lim_{x\to\infty}\left(1+\frac{1}{x}\right)^{\sin x}$

CAS 문제 65~71에서 한쪽 극한을 구하여라. 적당한 창에다 그래프를 그리는 것으로 시작하여라. 혹시 컴퓨터가 이 극한이 존재하지 않는다고 답하거든, 답이 ∞ 또는 $-\infty$라고 해석할 줄 알아야 한다.

65. $\lim_{x\to 3^-}\frac{\sin|x-3|}{x-3}$ **66.** $\lim_{x\to 3^-}\frac{\sin|x-3|}{\tan(x-3)}$

67. $\lim_{x\to 3^-}\frac{\cos(x-3)}{x-3}$ **68.** $\lim_{x\to\frac{\pi}{2}^+}\frac{\cos x}{x-\pi/2}$

69. $\lim_{x\to 0^+}(1+\sqrt{x})^{1/\sqrt{x}}$ **70.** $\lim_{x\to 0^+}(1+\sqrt{x})^{1/x}$

71. $\lim_{x\to 0^+}(1+\sqrt{x})^{x}$

개념 복습 해답: **1.** x가 한없이 커짐, x가 한없이 커질 때 $f(x)$가 L에 가까이 감 **2.** x가 오른쪽에서 c로 갈 때 $f(x)$가 한없이 커짐, x가 왼쪽에서 c로 갈 때 $f(x)$가 한없이 감소함 **3.** $y=6$, 수평 **4.** $x=6$, 수직

1.6 함수의 연속

수학과 자연과학에서, 어떤 현상이 급격한 변화가 없이 계속되는 것을 설명할 때 연속이라는 말을 쓴다. 사실, 경험에서 알 수 있듯이, 이것은 수많은 자연 현상들의 핵심적인 성질이다. 이제 이 개념을 함수에 대하여 엄밀하게 정의할 것이다. 그림 1의 세 그래프 중에, 세 번째 그래프만이 c에서 연속이다. 처음 두 개의 그래프는 $\lim_{x\to c} f(x)$가 존재하지 않거나, 또는 존재하기는 하지만 $f(c)$와 다르다. 세 번째 그래프만이 $\lim_{x\to c} f(x)=f(c)$가 된다.

> *불연속 함수*
>
> 우편 요금은 불연속 함수의 좋은 예이다. 무게 25 그램 이하인 편지의 요금은 170원이지만, 무게가 조금만 더 나가면 요금은 190원이다.

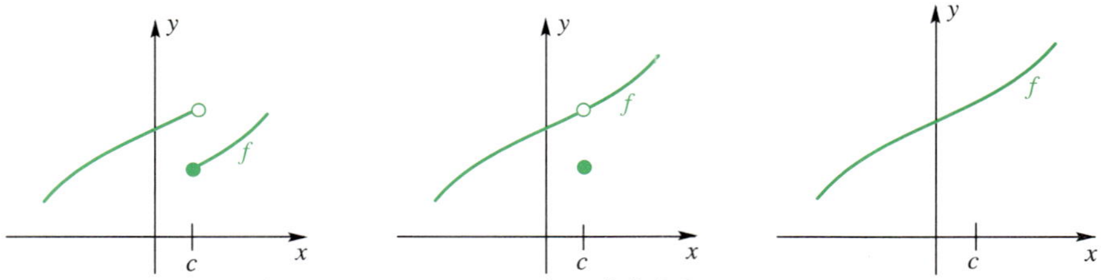

$\lim_{x\to c} f(x)$가 존재하지 않음. $\lim_{x\to c} f(x)$가 존재하지만, $\lim_{x\to c} f(x) \neq f(c)$ $\lim_{x\to c} f(x) = f(c)$

그림 1

엄밀한 정의는 다음과 같다.

> **정의** 한 점에서의 연속
>
> c를 포함하는 개구간에서 정의된 함수 f가 조건이 세 조건 중 한 개라도 성립하지 않을 때 f는 c에서 불연속이라고 한다.
>
> $$\lim_{x\to c} f(x)=f(c)$$
>
> 을 만족할 때, f는 c에서 연속(continuous)이라고 말한다.

위 정의는 다음 세 조건을 의미한다.

1. $\lim_{x\to c} f(x)$가 존재하고
2. $f(c)$가 존재하고(즉, c가 f의 정의역에 속하고),
3. $\lim_{x\to c} f(x)=f(c)$

이 세 조건 중 한 개라도 성립하지 않을 때 f는 c에서 불연속이라고 한다. 그림 1의 첫째, 둘째 그래프가 나타내는 함수들은 c에서 불연속이다. 그렇더라도 정의역의 다른 점들에서는 연속이다.

예제 1 $f(x)=\dfrac{x^2-4}{x-2}$, $x\neq 2$라 하자. f를 $x=2$에서 어떻게 정의하면 연속이 되겠는가?

풀이

$$\lim_{x\to 2}\frac{x^2-4}{x-2}=\lim_{x\to 2}\frac{(x-2)(x+2)}{x-2}=\lim_{x\to 2}(x+2)=4$$

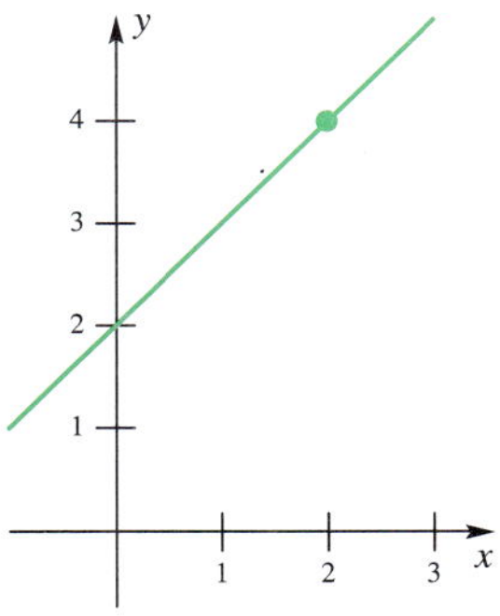

그림 2

따라서 $f(2)=4$로 정의한다. 그러면 이렇게 정의한 함수의 그래프가 그림 2와 같다. 실제로, 모든 x에 대해서 $f(x)=x+2$이다. ■

불연속점 c에서 함수를 정의하거나 다시 정의하면 함수가 연속이 되는 경우에 불연속점 c를 **제거가능 불연속점**이라 한다. 그렇지 않으면 제거불능이라고 한다. 예제 1에서의 함수 f는 $f(2)=4$라고 정의하면 그 결과 함수가 연속이 되었기 때문에 제거가능 불연속점 2를 갖는다.

함수의 연속성 이 책에서 다루는 대부분의 함수들은 모든 곳에서 연속이거나 또는 몇몇 점들을 제외하고 모든 곳에서 연속이다. 특히, 1.3절 정리 B로부터 다음 결과가 나온다.

정리 A 다항함수와 유리함수의 연속성

다항함수는 모든 실수에서 연속이다. 유리함수는 그 정의역에 속하는 모든 실수에서 연속이다. 즉, 분모가 0이 되는 점을 제외하고 모든 실수에서 연속이다.

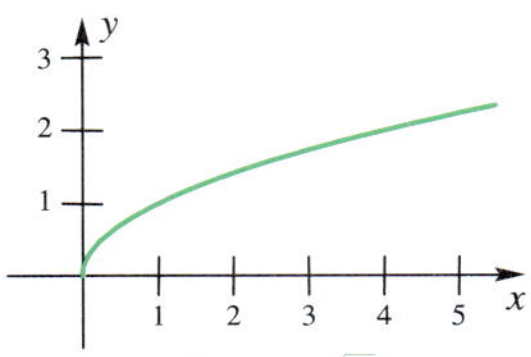

그림 3

절댓값 함수 $f(x)=|x|$를 생각해 보자(그림 3 참조). $x<0$일 때 $f(x)=-x$이고, 이것은 다항함수이다. $x>0$일 때 $f(x)=x$이고, 이것도 다항함수이다. 따라서 정리 A에 의하여 0 이외의 모든 점에서 $|x|$는 연속이다. 그런데

$$\lim_{x\to 0}|x|=0=|0|$$

(1.2절 연습문제 27 참조)이므로 $|x|$는 0에서도 연속이다. 따라서 절댓값 함수는 모든 곳에서 연속이다.

주극한 정리(1.3절 정리 A)에 의하여, n이 짝수이고 $c>0$일 때

$$\lim_{x\to c}\sqrt[n]{x}=\sqrt[n]{\lim_{x\to c}x}=\sqrt[n]{c}$$

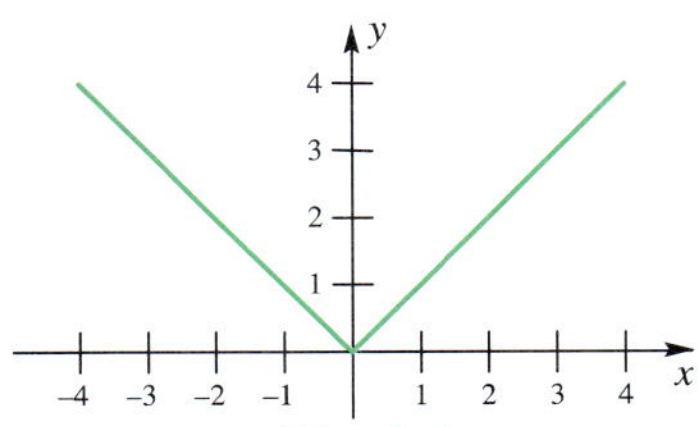

그림 4

그러므로 $f(x)=\sqrt[n]{x}$는 정의역의 모든 점에서 연속이다. 특히, $f(x)=\sqrt{x}$는 $c>0$인 모든 점에서 연속이다(그림 4). 이상의 내용을 다음과 같이 요약한다.

정리 B 절댓값 함수와 n거듭제곱 함수의 연속성

절댓값 함수는 모든 실수에서 연속이다. n이 홀수이면, n거듭제곱 함수는 모든 실수에서 연속이다. n이 짝수이면, n거듭제곱 함수는 모든 양의 실수에서 연속이다.

연산한 함수의 연속성 함수들을 연산하면 연속성이 유지될까? 다음 정리를 보면, 그렇다. 함수 f, g와 상수 k 그리고 양의 정수 n에 대해 다음 정리가 성립한다.

정리 C 연산한 함수의 연속성

f와 g가 c에서 연속이라고 하자. 그러면 kf, $f+g$, $f-g$, $f\cdot g$, f/g(단, $g(c)\neq 0$), f^n, $\sqrt[n]{f}$ (단, n이 짝수인 경우 $f(c)>0$)도 c에서 연속이다.

증명 1.3절의 정리 A에 의하여

$$\lim_{x\to c} f(x)g(x) = \lim_{x\to c} f(x)\cdot\lim_{x\to c} g(x) = f(c)g(c)$$

이므로, $f\cdot g$는 c에서 연속이다. 나머지 경우도 마찬가지 방법으로 쉽게 증명할 수 있다. ■

예제 2 $f(x)=(3|x|-x^2)/(\sqrt{x}+\sqrt[3]{x})$가 연속인 점을 구하여라.

풀이 f가 음수와 0에서는 정의되지 않으므로, 그 점들은 생각하지 않아도 된다. 임의의 양수에서, 함수 $\sqrt{x}$, $\sqrt[3]{x}$, $|x|$, 그리고 x^2은 모두 연속이다(정리 A, B). 그러므로 정리 C에 의하여 $3|x|$, $3|x|-x^2$, $\sqrt{x}+\sqrt[3]{x}$는 모두 연속이며, 따라서

$$\frac{(3|x|-x^2)}{(\sqrt{x}+\sqrt[3]{x})}$$

은 모든 양수에서 연속이다. ■

삼각함수의 연속성은 1.4절 정리 A에서 나온다.

정리 D 삼각함수의 연속성

사인 함수와 코사인 함수는 모든 실수에서 연속이다. 함수 $\tan x$, $\cot x$, $\sec x$, $\csc x$는 그 정의역에 속하는 모든 실수에서 연속이다.

증명 1.4절 정리 A에 의하여 함수의 정의역에 있는 모든 실수 c에 대하여 $\lim_{x\to c}\sin x=\sin c$, $\lim_{x\to c}\cos x=\cos x$이고, 나머지 4개의 삼각함수 역시 그러하다. 삼각함수가 각 정의역에서 연속이기 위한 조건이 바로 이것이다. ■

예제 3 $f(x)=\dfrac{\sin x}{x(1-x)}$, $x\neq 0$, 1일 때, 모든 불연속점을 구하고 각 불연속점이 제거가능인지 제거불능인지 말하여라.

풀이 정리 D에 의해 분자는 모든 실수에서 연속이다. 분모 역시 모든 실수에서 연속이지만 $x=0$나 $x=1$일때 분모는 0이 된다. 따라서 정리 C에 의해 함수 f는 $x=0$과 $x=1$일때를 제외한 모든 실수에서 연속이다. 그런데

$$\lim_{x\to 0}\frac{\sin x}{x(1-x)} = \lim_{x\to 0}\frac{\sin x}{x}\cdot\lim_{x\to 0}\frac{1}{(1-x)} = (1)(1) = 1$$

이므로 $f(0)=1$이라고 정의하면 연속이 된다. 따라서 $x=0$은 제거가능 불연속점이다. 그러나

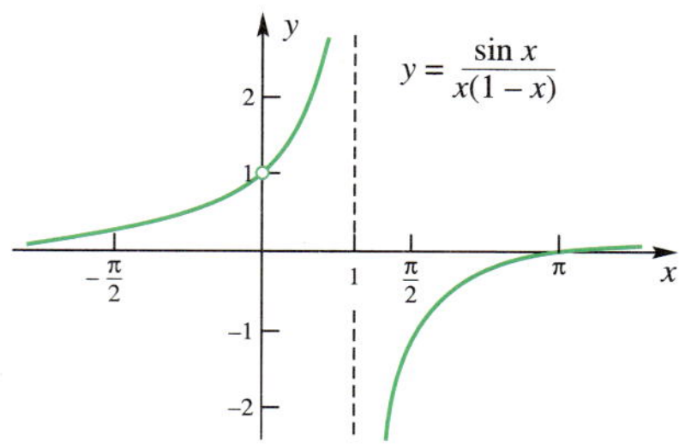

그림 5

$$\lim_{x\to 1^+}\frac{\sin x}{x(1-x)}=-\infty, \qquad \lim_{x\to 1^-}\frac{\sin x}{x(1-x)}=\infty$$

이므로 $x=1$에서 연속이 되도록 $f(1)$을 정의할 수 없다. 따라서 $x=1$은 제거 불능 불연속점이다. $y=f(x)$의 그래프는 그림 5와 같다. ■

함수의 또 다른 연산인 합성은 매우 중요하다. 이 역시 연속성을 보존한다.

정리 E 합성함수의 극한 정리

$\lim_{x\to c} g(x)=L$이고 f가 L에서 연속이면,

$$\lim_{x\to c} f(g(x))=f\left(\lim_{x\to c} g(x)\right)=f(L)$$

특히, g가 c에서 연속이고 f가 $g(c)$에서 연속이면, 합성함수 $f\circ g$는 c에서 연속이다.

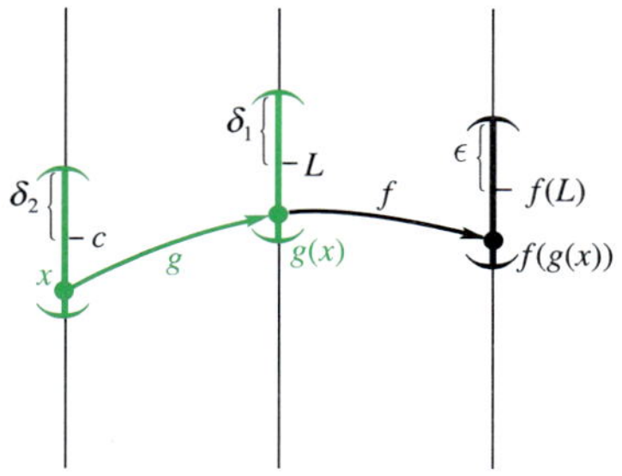

그림 6

정리 E의 증명(선택)

증명 $\varepsilon>0$이 주어졌다고 하자. f가 L에서 연속이므로 다음을 만족하는 $\delta_1>0$이 존재한다.

$$|t-L|<\delta_1 \Rightarrow |f(t)-f(L)|<\varepsilon$$

따라서(그림 6 참조)

$$|g(x)-L|<\delta_1 \Rightarrow |f(g(x))-f(L)|<\varepsilon$$

그런데 $\lim_{x\to c} g(x)=L$이므로, $\delta_1>0$에 대응하는 $\delta_2>0$가 존재하여 다음을 만족한다.

$$0<|x-c|<\delta_2 \Rightarrow |g(x)-L|<\delta_1$$

이 두 사실에서

$$0<|x-c|<\delta_2 \Rightarrow |f(g(x))-f(L)|<\varepsilon$$

그러므로

$$\lim_{x\to c} f(g(x))=f(L)$$

이제, g가 c에서 연속이면 $L=g(c)$이다. 이 때 위 사실에 의해 $f\circ g$는 c에서 연속이다. ■

예제 4 $h(x)=|x^2-3x+6|$은 모든 실수에서 연속임을 보여라.

풀이 $f(x)=|x|$, $g(x)=x^2-3x+6$이라 하자. 두 함수는 모든 실수에서 연속이다. 따라서 이들의 합성함수

$$h(x)=f(g(x))=|x^2-3x+6|$$

도 모든 실수에서 연속이다. ■

예제 5 $$h(x)=\sin\frac{x^4-3x+1}{x^2-x-6}$$

은 3과 -2를 제외한 모든 점에서 연속임을 보여라.

풀이 $x^2-x-6=(x-3)(x+2)$. 따라서 유리함수

$$g(x)=\frac{x^4-3x+1}{x^2-x-6}$$

은 3과 -2를 제외한 모든 점에서 연속이다(정리 A). 정리 D에 따라서 사인 함수는 모든 실수에서 연속임을 알고 있다. 그러므로 $h(x)=\sin(g(x))$이므로, 정리 E에 의해, h도 3과 -2를 제외한 모든 점에서 연속이다. ■

구간에서의 연속 지금까지 한점에서의 연속을 알아보았다. 이제 어떤 구간에서의 연속을 다루어 보자. 어떤 구간에서 연속이라는 말은, 그 구간의 모든 점에서 연속임을 뜻한다. 이것은 개구간에서는 정확히 의미가 일치한다.

그렇지만 닫힌 구간 $[a, b]$를 생각하면, f는 a의 왼쪽에서 아예 정의조차 되지 않을 수 있다. 따라서 $\lim_{x\to a} f(x)$는 존재하지 않는다. 이러한 문제를 피하기 위해서, 함수 f가 (a, b)의 모든 점에서 연속이고 $\lim_{x\to a^-} f(x)=f(a)$이고 $\lim_{x\to a^-} f(x)=f(b)$이면, f는 $[a, b]$에서 연속이라고 말한다. 이것을 다음 정의와 같이 요약하였다.

> **정의 구간에서의 연속**
>
> $\lim_{x\to a^+} f(x)=f(a)$이면, 함수 f는 a에서 **우연속**이라 하고, $\lim_{x\to b^-} f(x)=f(b)$이면, 함수 f는 b에서 **좌연속**이라고 한다.
>
> 함수 f가 개구간의 모든 점에서 연속이면, f는 그 **개구간에서 연속**이라고 한다. 함수 f가 (a, b)에서 연속이고, a에서 우연속이고, b에서 좌연속이면, f는 **폐구간 $[a, b]$에서 연속**이라고 말한다.

예를 들어, $f(x)=1/x$는 $(0, 1)$에서 연속이고, $g(x)=\sqrt{x}$는 $[0, 1]$에서 연속이다.

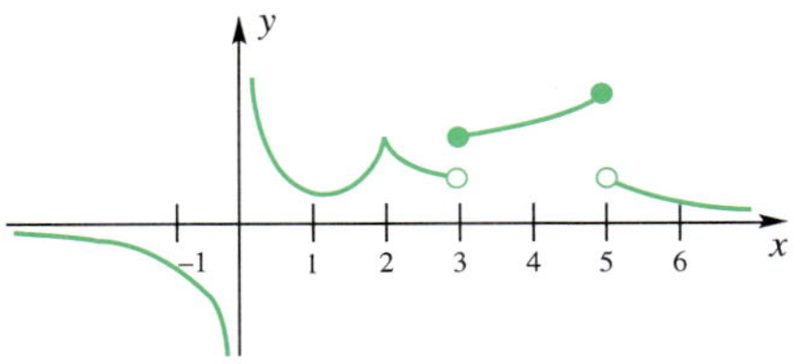

그림 7

예제 6 위의 정의를 사용하여, 그래프가 그림 7과 같은 함수의 연속성에 대하여 말하여라.

풀이 이 함수는 개구간 $(-\infty, 0)$, $(0, 3)$, $(5, \infty)$에서 연속이고, 또한 폐구간 $[3, 5]$에서도 연속이다. ■

예제 7 $g(x)=\sqrt{4-x^2}$으로 정의한 함수가 연속이 되는 최대 구간을 구하여라.

풀이 g의 정의역은 구간 $[-2, 2]$이다. c가 개구간 $(-2, 2)$에 속하면, 정리

E에 따라서, g는 c에서 연속이다. 한쪽 극한은

$$\lim_{x\to-2^+}\sqrt{4-x^2}=\sqrt{4-\left(\lim_{x\to-2^+}x\right)^2}\sqrt{4-4}=0=g(-2)$$

그리고

$$\lim_{x\to-2^-}\sqrt{4-x^2}=\sqrt{4-\left(\lim_{x\to-2^-}x\right)^2}\sqrt{4-4}=0=g(2)$$

따라서 g는 -2에서 우연속이고, 2에서 좌연속이다. 따라서 g는 그 정의역인 폐구간 $[-2, 2]$에서 연속이다. ■

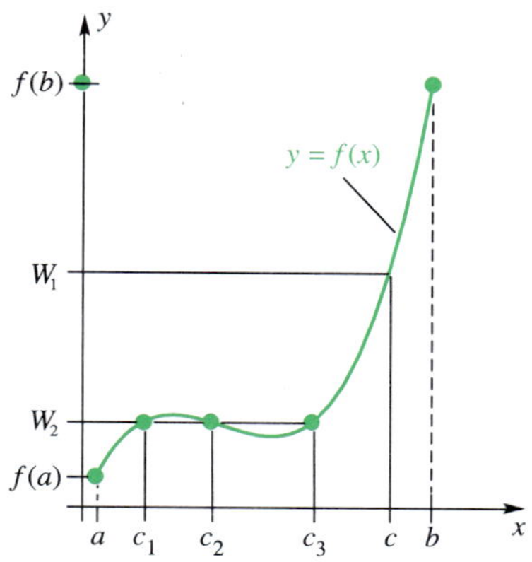

그림 8

직관적으로 보아서, f가 $[a, b]$에서 연속이라는 말은, 구간 $[a, b]$에서 f의 그래프는 튀어오르는(jump) 일이 없으며, 따라서 점 $(a, f(a))$에서 시작해 점 $(b, f(a))$에 이르도록, 함수 f의 그래프를, 연필을 종이에서 떼지 않고 "그을" 수 있다는 뜻이다. 그러므로 함수 f는 $f(a)$와 $f(b)$ 사이의 모든 값을 가져야 한다. 이 성질을 좀더 엄밀하게 언급한 것이 다음 정리 F이다.

정리 F 중간값 정리

구간 $[a, b]$에서 정의된 함수 f에 대해 W를 $f(a)$와 $f(b)$ 사이의 수라고 하자. 이때 f가 $[a, b]$에서 연속이면, $f(c)=W$를 만족하는 c가 a와 b 사이에 적어도 한 개 존재한다.

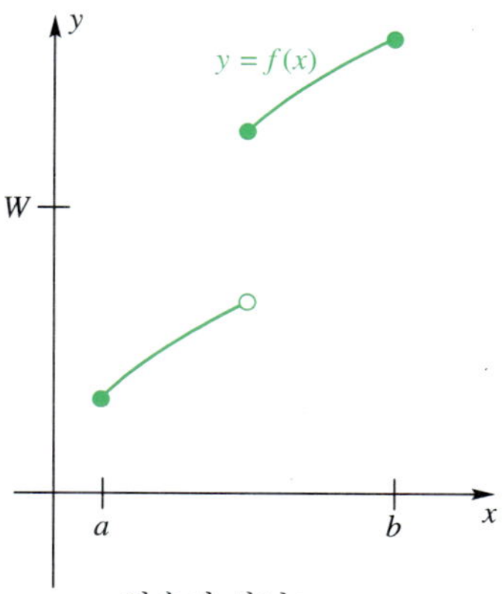

연속이 아님;
중간값을 가지지 않음.

그림 9

그림 8은 $[a, b]$에서 연속인 함수 $f(x)$의 그래프이다. 중간값 정리에 따르면, $(f(a), f(b))$에 속하는 모든 W에 대해서, $f(c)=W$가 되는 c가 $[a, b]$에 존재한다. 바꿔 말하면, f는 $f(a)$와 $f(b)$ 사이의 모든 값을 가진다. 이 정리에서는 연속조건이 꼭 필요하다. 왜냐 하면, 단약 연속이 아니면, $f(a)$와 $f(b)$ 사이에 어떤 W가 있어서, $f(c)=W$가 되는 c가 $[a, b]$에 존재하지 않을 수 있기 때문이다. 그림 9에서 그러한 함수의 예를 보여 준다.

연속성만으로 충분해 보이지만, 이 결과를 엄밀하게 증명하는 것은 어려운 일이다. 그 증명은 더 깊은 단계에서 다루게 된다.

이 정리의 역은, 일반적으로 참이 아니다. 그림 8과 그림 10의 함수들은 $f(a)$와 $f(b)$ 사이의 모든 값을 가지지만, 그림 10의 함수는 $[a, b]$에서 연속이 아니다. 이와 같이 중간값을 가지는 성질이 있다고 해서 그 함수가 연속이라는 보장은 없다.

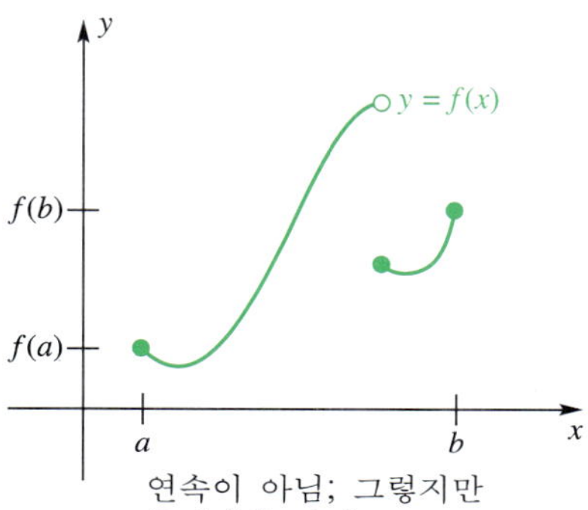

연속이 아님; 그렇지만
중간값을 가짐.

그림 10

중간값 정리를 이용하여, 다음 예제에서와 같이 방정식의 해에 대해 알 수 있다.

예제 8 중간값 정리를 이용하여, 방정식 $x-\cos x=0$은 $x=0$과 $x=\pi/2$ 사이에서 근을 가짐을 보여라.

풀이 $f(x)=x-\cos x$라 하고, $W=0$이라 하자. 그러면 $f(0)=0-\cos 0=-1$이

고 $f(\pi/2)=\pi/2-\cos\pi/2=\pi/2$. 함수 f는 $[0, \pi/2]$에서 연속이고, $W=0$은 $f(0)$과 $f(\pi/2)$ 사이에 있으므로, 중간값 정리에 의하여, $f(c)=0$이 되는 c가 구간 $(0, \pi/2)$에 존재한다. 그러한 c는 방정식 $x-\cos x=0$의 근이다. 그림 11에서 그러한 c는 단 한 개만 있음을 알 수 있다. 해에 대해 좀 더 알아보자.

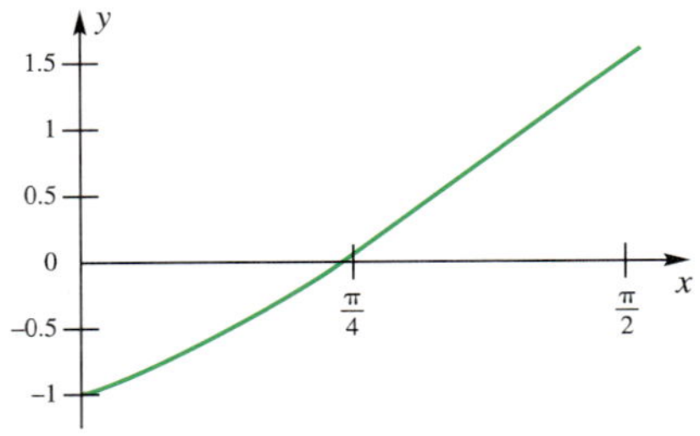

그림 11

구간 $[0, \pi/2]$의 중점은 점 $x=\pi/4$이다. $f(\pi/4)$를 계산해 보면,

$$f(\pi/4)=\frac{\pi}{4}-\cos\frac{\pi}{4}=\frac{\pi}{4}-\frac{\sqrt{20}}{2}\approx 0.0782914$$

이것은 0보다 더 크다. 따라서 $f(0)<0$이고 $f(\pi/4)>0$이고, 이제 중간값 정리를 다시 적용하면, 0과 $\pi/4$ 사이에 $f(c)=0$이 되는 c가 존재함을 알 수 있다. 그러므로 찾고자 하는 c가 들어 있는 구간을 $[0, \pi/2]$에서 $[0, \pi/4]$로 좁혀 들어갔다. 이제 구간 $[0, \pi/4]$의 중점을 잡은 다음에, 그 점에서 f를 계산해서, c를 포함하는 구간을 더욱 좁혀 들어갈 수 있다. 이 과정을 얼마든지 계속해서, 충분히 작은 구간에 c가 놓여 있도록 할 수 있다. 이러한 방법으로 근을 추적하는 것을 이분법(bisection method)이라고 부르며, 3.7절에서 다시 공부할 것이다. ■

중간값 정리를 이용하여 중요한 결과들을 얻을 수 있다.

예제 9 원 모양의 철사에는 서로 정반대 위치에 있으면서 온도가 같은 두 지점이 존재함을 중간값 정리를 써서 보여라.

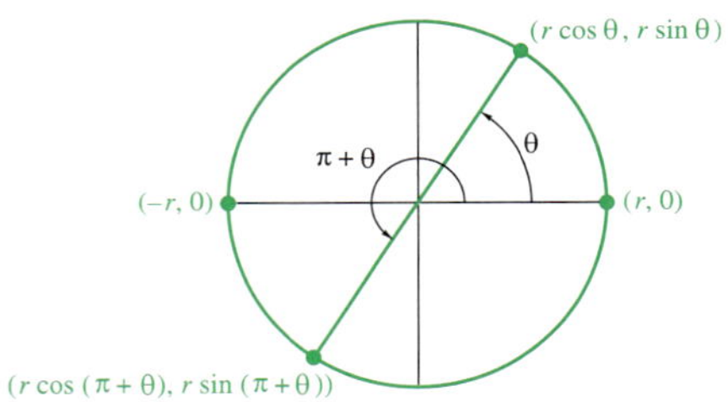

그림 12

풀이 이 원의 중점을 좌표의 원점과 일치시키고 반지름을 r이라고 하자(그림 12 참조). 점 (x, y)에서의 온도를 $T(x, y)$라고 놓는다. x축과 만드는 각이 θ가 되는 원의 지름을 생각하고, 각이 θ인 점과 $\theta+\pi$인 점의 온도 차이를 $f(\theta)$로 정의하자. 즉,

$$f(\theta)=T(r\cos\theta,\ r\sin\theta)-T(r\cos(\theta+\pi),\ r\sin(\theta+\pi))$$

이렇게 정의하고 나면,

$$f(0)=T(r,\ 0)-T(-r,\ 0)$$
$$f(\pi)=T(-r,\ 0)-T(r,\ 0)=-[T(r,\ 0)-T-(r,\ 0)]=-f(0)$$

그러므로 $f(0)$과 $f(\pi)$는 둘 다 0이거나, 서로 부호만 다르다. 만약 둘 다 0이면, $\theta=0$과 $\theta=\pi$인 점에서 온도가 서로 같다. 아닌 경우는, 중간값 정리를 적용할 수 있다. 온도가 연속으로 변화한다고 가정하면, $f(c)=0$이 되는 점 c가 0과 π 사이에 존재한다. 그러므로 각이 c인 점과 $c+\pi$인 점에서, 온도가 서로 같다.

개념 복습

1. 만약 ______$=f(c)$이면, 함수 f는 c에서 연속이다.

2. 함수 $f(x)=[\![x]\!]$는 ______에서 불연속이다.

3. 함수 f가 닫힌 구간 $[a,\ b]$에서 연속이라는 말은, 그 함수가 $(a,\ b)$의 모든 점에서 연속이고 ______이고 ______라는 뜻이다.

4. 중간값 정리에 따르면, 함수 f가 $[a, b]$에서 연속이고, W가 $f(a)$와 $f(b)$ 사이의 수이면, ______와 ______ 사이에 ______를 만족하는 수 c가 존재한다.

연습문제 1.6

문제 1~15에서 그 함수가 3에서 연속인지 여부를 말하여라. 만약 연속이 아니면, 그 이유를 설명하여라.

1. $f(x)=(x-3)(x-4)$

2. $g(x)=x^2-9$

3. $h(x)=\dfrac{3}{x-3}$

4. $g(t)=\sqrt{t-4}$

5. $h(x)=\dfrac{|t-3|}{t-3}$

6. $h(t)=\dfrac{|\sqrt{(t-3)^4}|}{t-3}$

7. $f(t)=|t|$

8. $g(t)=|t-2|$

9. $h(x)=\dfrac{x^2-9}{x-3}$

10. $f(x)=\dfrac{21-7x}{x-3}$

11. $r(t)=\begin{cases}\dfrac{t^3-27}{t-3}, & t\neq 3\text{인 경우}\\ 27, & t=3\text{인 경우}\end{cases}$

12. $r(t)=\begin{cases}\dfrac{t^3-27}{t-3}, & t\neq 3\text{인 경우}\\ 23, & t=3\text{인 경우}\end{cases}$

13. $f(t)=\begin{cases}t-3, & t\leq\text{인 경우}\\ 3-t, & t>3\text{인 경우}\end{cases}$

14. $f(t)=\begin{cases}t^2-9, & t\leq\text{인 경우}\\ (3-t)^2, & t>3\text{인 경우}\end{cases}$

15. $f(x)=\begin{cases}-3x+4, & x\leq 3\text{인 경우}\\ -2, & x>3\text{인 경우}\end{cases}$

16. 함수 g의 그래프를 보고(그림 13), g가 불연속인 점들을 찾아라. 그 점들에서 g가 오른쪽 연속인지, 왼쪽 연속인지, 어느 것도 아닌지 여부를 말하여라.

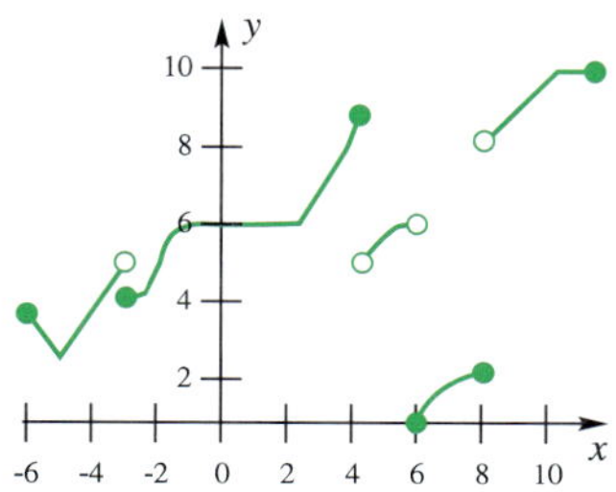

그림 13

17. 그림 14에 있는 함수 h의 그래프를 보고, h가 연속인 구간들을 찾아라.

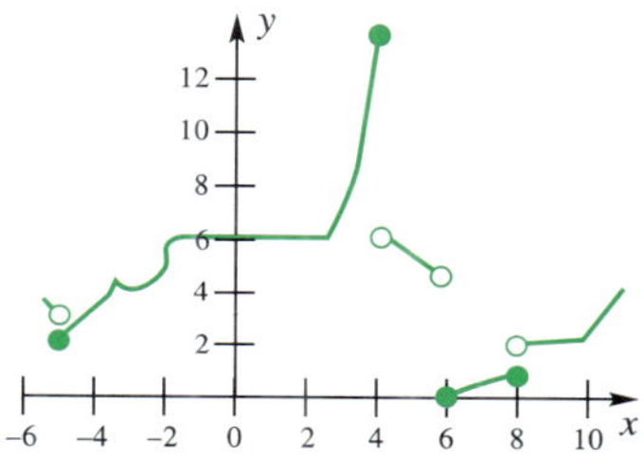

그림 14

문제 18~23은 주어진 함수가 정의되지 않는 점이 있다. 그 점에서 함수가 연속이 되도록 하려면, 어떻게 정의해 주어야 하는가? (예제 1 참조)

18. $f(x)=\dfrac{x^2-49}{x-7}$

19. $f(x)=\dfrac{2x^2-18}{3-x}$

20. $f(\theta)=\dfrac{\sin\theta}{\theta}$

21. $H(t)=\dfrac{\sqrt{t}-1}{t-1}$

22. $\phi(x)=\dfrac{x^4+2x^2-3}{x+1}$

23. $F(x)=\sin\dfrac{x^2-1}{x+1}$

문제 24~35에서 함수가 불연속인 점들을, 만약 있다면, 찾아라.

24. $f(x)=\dfrac{3x+7}{(x-30)(x-\pi)}$

25. $f(x)=\dfrac{33-x^2}{x\pi+3x-3\pi-x^2}$

26. $h(\theta)=|\sin\theta+\cos\theta|$

27. $r(\theta)=\tan\theta$

28. $f(u)=\dfrac{2u+7}{\sqrt{u+5}}$

29. $g(u)=\dfrac{u^2+|u-1|}{\sqrt[3]{u+1}}$

30. $F(x)=\dfrac{1}{\sqrt{4+x^2}}$

31. $G(x)=\dfrac{1}{\sqrt{4-x^2}}$

32. $f(x)=\begin{cases}x, & x<0\text{인 경우}\\ x^2, & 0\leq x\leq 1\text{인 경우}\\ 2-x, & x>1\text{인 경우}\end{cases}$

33. $g(x)=\begin{cases} x^2, & x<0\text{인 경우} \\ -x, & 0\le x\le 1\text{인 경우} \\ x, & x>1\text{인 경우} \end{cases}$

34. $f(t)=[\![t]\!]$

35. $g(t)=\left[\!\!\left[t+\frac{1}{2}\right]\!\!\right]$

36. 다음 조건을 모두 만족하도록, 함수 f의 그래프를 그려라.
(a) 정의역은 $[-2, 2]$.
(b) $f(-2)=f(-1)=f(1)=f(2)=1$
(c) -1과 1에서 불연속.
(d) -1에서 오른쪽 연속이고 1에서 왼쪽 연속.

37. 정의역이 $[0, 2]$이고 $[0, 2)$에서는 연속이지만 $[0, 2]$에서는 불연속인 함수의 그래프를 그려라.

38. 정의역이 $[0, 6]$이고 $[0, 2]$와 $(2, 6]$에서는 연속이지만 $[0, 6]$에서는 불연속인 함수의 그래프를 그려라.

39. 정의역이 $[0, 6]$이고, $(0, 6)$에서는 연속이지만 $[0, 6]$에서는 불연속인 함수의 그래프를 그려라.

40. $f(x)=\begin{cases} x, & x\text{가 유리수인 경우} \\ -x, & x\text{가 무리수인 경우} \end{cases}$
로 정의하자. 이 함수의 그래프를 가능한 한 잘 그려 보고, 어느 곳에서 연속인지 말하여라.

문제 41~48에서 함수가 주어진 점 c에서 연속인지 알아보아라. 만약 불연속이면 점 c가 제거가능불연속점인지 제거 불가능불연속점인지 알아보아라.

41. $f(x)=\sin x$; $c=0$

42. $f(x)=\dfrac{x^2-100}{x-10}$; $c=10$

43. $f(x)=\dfrac{\sin x}{x}$; $c=0$

44. $f(x)=\dfrac{\cos x}{x}$; $c=0$

45. $g(x)=\begin{cases} \dfrac{\sin x}{x}, & x\neq 0 \\ 0, & x=0 \end{cases}$

46. $F(x)=x\sin\dfrac{1}{x}$; $c=0$

47. $f(x)=\sin\dfrac{1}{x}$; $c=0$

48. $f(x)=\dfrac{4-x}{2-\sqrt{x}}$; $c=4$

49. 한 통신사에서 통화비를 100원에 분당 50원씩 더하여 청구하기로 했다. (예를 들어 2분 5초 통화하면 통화비는 $100+3\times 50$원이 된다.) 통화한 시간이 t일 때, 함수의 그래프를 그리고 이 함수의 연속성을 조사하여라.

50. 한 렌트카 회사에선 하루에 30km를 다닌다고 생각하여 차를 하루 빌릴 경우 30,000원을 청구하기로 했다. 15km를 더 달릴 경우 20,000원의 추가비용을 청구했다. 이때, 렌트비의 함수의 그래프를 그리고 이 함수의 연속성을 조사하여라.

51. 한 택시회사에서는 처음 400m까지는 2000원을 받고 200m가 추가될 때마다 200원을 더 받는다. 이때, 택시비의 함수의 그래프를 그리고 이 함수의 연속성을 조사하여라.

52. $x^3+3x-2=0$은 0과 1 사이에서 실수근을 가짐을, 중간값 정리를 써서 증명하여라.

53. $(\cos t)t^3+6\sin^5 t-3=0$은 0과 2π 사이에서 실수근을 가짐을, 중간값 정리를 써서 증명하여라.

GC **54.** $x^3-7x^2+14x-8=0$은 구간 $[0, 5]$에서 해가 적어도 하나가 있음을 중간값정리를 사용하여 증명하여라. 그리고 구간 $[0, 5]$에서 $y=x^3-7x^2+14x-8$의 그래프를 그려라. 이 방정식은 정확히 몇 개의 해를 가지는가?

GC **55.** $\sqrt{x}-\cos x=0$은 0과 $\pi/2$ 사이에서 해를 가짐을 중간값 정리를 사용하여 증명하여라. 그리고 $y=\sqrt{x}-\cos x$의 그래프를 이 해를 포함하여 간격 0.1로 그려라.

56. 방정식 $x^5+4x^3-7x+14=0$은 적어도 한 개의 실수근을 가짐을 보여라.

57. f가 c에서 연속일 필요충분조건은 $\lim_{t\to 0} f(t+c)=f(c)$임을 보여라.

58. 만약 f가 c에서 연속이고 $f(c)>0$이면, $f(x)>0$이 되는 구간 $(c-\delta, c+\delta)$가 존재함을 증명하여라.

59. 만약 f가 $[0, 1]$에서 연속이고, 거기에서 $0\le f(x)\le 1$이면, f는 부동점(fixed point)을 가짐을 보여라. 바꿔 말하면, $f(c)=c$가 되는 수 c가 $[0, 1]$에 존재한다. 도움말: 함수 $g(x)=x-f(x)$에다 중간값 정리를 적용하여라.

60. 다음 함수가 모든 곳에서 연속이 되도록, a와 b의 값을 결정하여라.

$$f(x)=\begin{cases} x+1, & x<1\text{인 경우} \\ ax+b, & 1\le x<2\text{인 경우} \\ 3x, & x\ge 2\text{인 경우} \end{cases}$$

61. 고무줄을 팽팽하게 당긴 것이 구간 $[0, 1]$에 놓여 있다. 이제 고무줄의 양 끝을 놓았더니, 고무줄이 줄어들어서, 구간 $[a, b]$에 놓여 있다. 여기서 $a\ge 0$, $b\le 1$. 이때 고무줄의 적어도 한 점은 원래 위치에 놓여 있음을 증명하여라. 문제 59 참조.

62. $f(x)=\dfrac{1}{x-1}$이라 하자. 그러면 $f(-2)=-\dfrac{1}{3}$이고 $f(2)=1$. 중간값 정리에 따라서 $f(c)=0$이 되는 수 c가 -2와 2 사이에 존재하는가? 설명하여라.

63. 등산가가 새벽 4시에 등산을 시작해서, 낮 12시에 산꼭대기에 올랐다. 그 다음 날, 그는 같은 길을 따라 새벽 5시

에 산꼭대기에서 내려가기 시작해서, 오전 11시에 산 아래에 이르렀다. 그 길의 어느 한 지점을 같은 시각에 지났음을 보여라.

64. 1사분면에 놓여 있는, 유계(bounded)인 임의의 영역 D와 각 $\theta(0 \le \theta \le \frac{\pi}{2})$에 대해서 각 θ를 주었을 때$(0 \le \theta \le \pi/2)$, 밑변이 x축과 만드는 각이 θ인 직사각형으로 그림 15에서와 같이 영역 D를 둘러 쌓을 수 있다. 적당한 각을 잡으면 이 직사각형이 정사각형이 됨을 보여라. (어떠한 유계 영역이든 정사각형으로 둘러 쌓을 수 있다.)

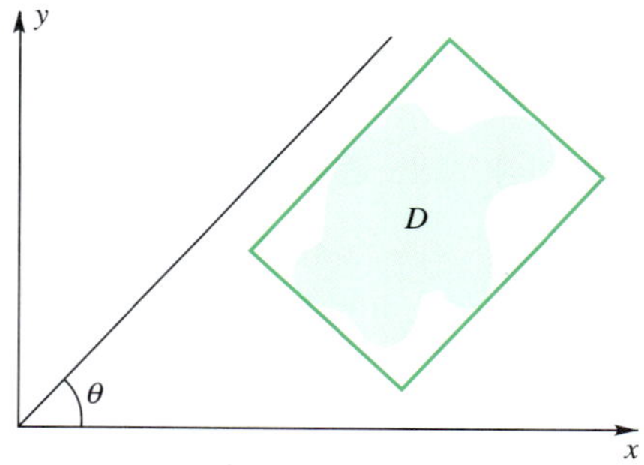

그림 15

65. 지구의 중심으로부터 거리가 r이고 질량이 m인 물체가 지구에서 받는 중력은

$$g(r)=\begin{cases} \dfrac{GMmr}{R^3}, & r<R \\ \dfrac{GMm}{r^2}, & r \ge R \end{cases}$$

이다. 여기서 G는 중력상수이고 R은 지구의 반지름 M은 지구의 질량이다. r에 관한 함수 g는 연속인가?

66. f가 $[a, b]$에서 연속이고 함수값이 0이 되는 점이 없다고 하자. 이 때 $[a, b]$에서 함수 f의 부호가 바뀔 수 있는가? 설명하여라.

67. 모든 실수 x, y에 대해서 $f(x+y)=f(x)+f(y)$라 하자. 그리고 f는 $x=0$에서 연속이라고 하자.

(a) f는 모든 곳에서 연속임을 보여라.

(b) 어떤 상수 m이 있어서, 모든 실수 t에 대해서 $f(t)= mt$임을 보여라(0.5절 문제 43 참조).

68. 함수 $f(x)$가 어떤 구간에서 연속이면, 함수 $|f(x)|=\sqrt{(f(x))^2}$도 연속임을 보여라.

69. 함수 $g(x)=|f(x)|$이 연속이라 하더라도, 함수 $f(x)$는 연속이 아닐 수도 있음을 보여라.

70. x가 무리수이면 $f(x)=0$이라 놓고, x가 유리수이고 약분한 형태가 p/q이면$(q>0)$ $f(x)=1/q$이라 놓자.

(a) 구간 (0, 1)에서 f의 그래프를 (가능한 한 잘) 그려 보아라.

(b) 함수 f는 구간 (0, 1)의 모든 무리수점에서 연속이고, 모든 유리수점에서 불연속임을 보여라.

71. 얇은 정삼각형 블록이 있는데, 변의 길이는 1이고, 그 면이 수직 xy평면에 놓여 있으며, 꼭짓점 V가 원점에 놓여 있다. 중력의 영향 때문에, V를 축으로 하여 회전하여서, 한 변이 x축 바닥에 놓이게 된다(그림 16). 꼭짓점 V의 대변의 중점을 M이라 하고, M의 처음 x좌표를 x라 하고, M의 최종 x좌표를 $f(x)$라 하자. M이 V의 바로 위에 있을 때는 블록이 쓰러지지 않는다고 가정하자.

(a) 함수 f의 정의역과 치역을 구하여라.

(b) 이 정의역의 어느 곳에서 f가 불연속인가?

(c) f의 부동점이 있으면 찾아라(문제 59 참조).

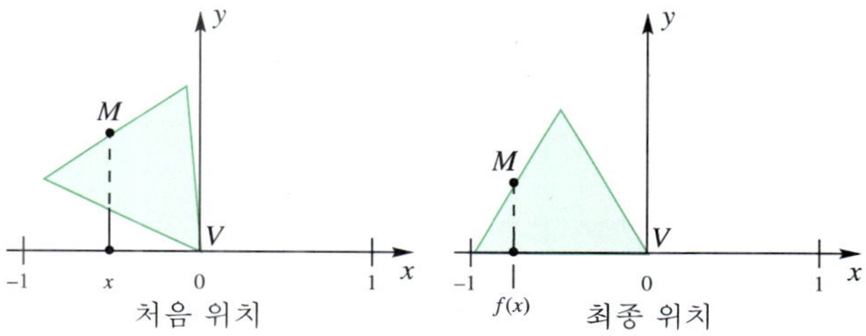

그림 16

개념 복습 해답: **1.** $\lim_{x \to c} f(x)$ **2.** 모든 정수점 **3.** $\lim_{x \to a^+} f(x)=f(a)$; $\lim_{x \to b^-} f(x)=f(b)$ **4.** a; b; $f(c)=W$

1.7 장 복습

개념 시험

다음 명제가 참인지 거짓인지 이유를 들어 답하여라.

1. 만약 $f(c)=L$이면 $\lim_{x \to c} f(x)=L$이다.

2. 만약 $\lim_{x \to c} f(x)=L$이면 $f(c)=L$이다.

3. 만약 $\lim_{x \to c} f(x)$가 존재하면 $f(c)$도 존재한다.

4. $\lim_{x \to c} f(x)=0$이면 모든 $\varepsilon>0$에 대하여 $0<|x|<\delta$이면

$|f(x)| < \varepsilon$인 $\delta > 0$이 존재한다.

5. $f(c)$가 정의되지 않으면 $\lim_{x\to c} f(x)$도 존재하지 않는다.

6. $y = \dfrac{x^2-25}{x-5}$의 그래프의 구멍의 좌표는 (5, 10)이다.

7. 만약 $p(x)$가 다항식이면, $\lim_{x\to c} p(x) = p(c)$이다.

8. $\lim_{x\to 0} \dfrac{\sin x}{x}$는 존재하지 않는다.

9. 모든 실수 c에 대해서, $\lim_{x\to c} \tan x = \tan c$.

10. $\tan x$는 정의역의 모든 점에서 연속이다.

11. 함수 $f(x) = 2\sin^2 x - \cos x$는 모든 실수에서 연속이다.

12. f가 c에서 연속이면 $f(c)$는 존재한다.

13. f가 구간 (1, 3)에서 연속이면 f는 2에서 연속이다.

14. f가 구간 [0, 4]에서 연속이면 $\lim_{x\to 0} f(x)$가 존재한다.

15. f가 모든 x에 대해 $A \le f(x) \le B$인 연속함수이면 $\lim_{x\to\infty} f(x)$가 존재하고 $A \le \lim_{x\to\infty} f(x) \le B$ 성립한다.

16. f가 (a, b)에서 연속이면 (a, b)에 속한 모든 c에 대하여 $\lim_{x\to c} f(x) = f(c)$이다.

17. $\lim_{x\to\infty} \dfrac{\sin x}{x} = 1$

18. $y = 2$가 $y = f(x)$의 그래프의 수평점근선이면 $\lim_{x\to\infty} f(x) = 2$이다.

19. $y = \tan x$의 그래프는 많은 수평점근선을 갖고 있다.

20. $y = \dfrac{1}{x^2-4}$의 그래프는 두개의 수직점근선을 가지고 있다.

21. $\lim_{t\to 1^+} \dfrac{2t}{t-1} = \infty$

22. 만약 $\lim_{x\to c^-} f(x) = \lim_{x\to c^+} f(x)$이면, f는 $x = c$에서 연속이다.

23. 만약 $\lim_{x\to c} f(x) = f\left(\lim_{x\to c} x\right)$이면, f는 $x = c$에서 연속이다.

24. 함수 $f(x) = [\![x/2]\!]$는 $x = 2.3$에서 연속이다.

25. 만약 $\lim_{x\to 2} f(x) = f(2) > 0$이면, 2를 포함하는 어떤 구간에 속하는 모든 x에 대해서 $f(x) < 1.001 f(2)$가 성립한다.

26. 만약 $\lim_{x\to c} [f(x) + g(x)]$가 존재하면, $\lim_{x\to c} f(x)$와 $\lim_{x\to c} g(x)$가 둘 다 존재한다.

27. 만약 모든 x에 대해서 $0 \le f(x) \le 3x^2 + 2x^4$이 성립하면, $\lim_{x\to 0} f(x) = 0$.

28. 만약 $\lim_{x\to a} f(x) = L$이고 $\lim_{x\to a} f(x) = M$이면, $L = M$.

29. 만약 모든 x에 대해서 $f(x) \ne g(x)$이면, $\lim_{x\to a} f(x) \ne \lim_{x\to a} g(x)$.

30. 만약 모든 x에 대해서 $f(x) < 0$이고 $\lim_{x\to 2} f(x)$가 존재하면, $\lim_{x\to 2} f(x) < 10$.

31. 만약 $\lim_{x\to a} f(x) = b$이면, $\lim_{x\to a} |f(x)| = |b|$.

32. 만약 구간 $[a, b]$에서 f가 연속이고 양수이면, $1/f$는 $1/f(a)$와 $1/f(b)$ 사이의 모든 값을 가지게 된다.

시험 보기 문제

문제 1~22에서 극한을 구하거나, 또는 존재하지 않는다고 나타내어라.

1. $\lim_{x\to 2} \dfrac{x-2}{x+2}$

2. $\lim_{u\to 1} \dfrac{u^2-1}{u+1}$

3. $\lim_{u\to 1} \dfrac{u^2-1}{u-1}$

4. $\lim_{u\to 1} \dfrac{u+1}{u^2-1}$

5. $\lim_{x\to 2} \dfrac{1-2/x}{x^2-4}$

6. $\lim_{z\to 2} \dfrac{z^2-4}{z^2+z-6}$

7. $\lim_{x\to 0} \dfrac{\tan x}{\sin 2x}$

8. $\lim_{y\to 1} \dfrac{y^3-1}{y^2-1}$

9. $\lim_{x\to 4} \dfrac{x-4}{\sqrt{x}-2}$

10. $\lim_{x\to 0} \dfrac{\cos x}{x}$

11. $\lim_{x\to 0^-} \dfrac{|x|}{x}$

12. $\lim_{x\to 1/2^+} [\![4x]\!]$

13. $\lim_{t\to 2^-} ([\![t]\!] - t)$

14. $\lim_{x\to 1^-} \dfrac{|x-1|}{x-1}$

15. $\lim_{x\to 0} \dfrac{\sin 5x}{3x}$

16. $\lim_{x\to 0} \dfrac{1-\cos 2x}{3x}$

17. $\lim_{x\to\infty} \dfrac{x-1}{x+2}$

18. $\lim_{t\to\infty} \dfrac{\sin t}{t}$

19. $\lim_{t\to 2} \dfrac{t+2}{(t-2)^2}$

20. $\lim_{x\to 0^+} \dfrac{\cos x}{x}$

21. $\lim_{x\to \pi/4^-} \tan 2x$

22. $\lim_{x\to 0^+} \dfrac{1+\sin x}{x}$

23. $\lim_{x\to 3} (2x+1) = 7$을 $\varepsilon - \delta$ 증명법으로 증명하여라.

24. $f(x) = \begin{cases} x^3, & x < -1\text{인 경우} \\ x, & -1 < x < 1\text{인 경우} \\ 1-x, & x \ge 1\text{인 경우} \end{cases}$

라고 하자. 다음 값을 구하여라.

(a) $f(1)$ (b) $\lim_{x\to 1^+} f(x)$

(c) $\lim_{x\to 1^-} f(x)$ (d) $\lim_{x\to -1} f(x)$

25. 문제 24의 함수 f에 대해서

(a) f가 불연속이 되는 x의 값은?

(b) $x=-1$에서 f가 연속이 되도록 하려면, 거기에서 어떻게 정의해 주어야 하는가?

26. 다음 각 경우의 ε, δ 정의를 제시하여라.

(a) $\lim_{u\to a} g(u)=M$ (b) $\lim_{x\to a^-} f(x)=L$

27. $\lim_{x\to 3} f(x)=3$, $\lim_{x\to 3} g(x)=-2$이고, g는 $x=3$에서 연속이라고 하자. 다음 값을 구하여라.

(a) $\lim_{x\to 3}[2f(x)-4g(x)]$ (b) $\lim_{x\to 3} g(x)=\dfrac{x^3-9}{x-3}$

(c) $g(3)$ (d) $\lim_{x\to 3} g(f(x))$

(e) $\lim_{x\to 3}\sqrt{f^2(x)-8g(x)}$ (f) $\lim_{x\to 3}\dfrac{|g(x)-g(3)|}{f(x)}$

28. 다음 조건을 모두 만족하는 함수 f의 그래프를 그려라.

(a) 정의역은 $[0, 6]$

(b) $f(0)=f(2)=f(4)=f(6)=2$

(c) $x=2$를 제외한 모든 곳에서 f는 연속

(d) $\lim_{x\to 2^-} f(x)$이고 $\lim_{x\to 5^+} f(x)=3$.

29. $f(x)=\begin{cases} -1, & x\le 0\text{인 경우} \\ ax+b, & 0<x<1\text{인 경우} \\ 1, & x\ge 1\text{인 경우}\end{cases}$

이라고 하자. f가 모든 곳에서 연속이 되도록, a와 b의 값을 결정하여라.

30. 중간값 정리를 써서, 방정식 $x^5-4x^3-3x+1=0$은 $x=2$와 $x=3$ 사이에서 적어도 한 개의 근을 가짐을 보여라.

문제 31~36에서 주어진 함수의 모든 수직, 수평점근선의 방정식을 구하여라.

31. $f(x)=\dfrac{x}{x^2+1}$ **32.** $g(x)=\dfrac{x^2}{x^2+1}$

33. $F(x)=\dfrac{x^2}{x^2-1}$ **34.** $G(x)=\dfrac{x^3}{x^2-4}$

35. $h(x)=\tan 2x$ **36.** $H(x)=\dfrac{\sin x}{x^2}$

복습과 예비문제

1. $f(x)=x^2$이라 하자. 다음을 구하고 간단히 하여라.

(a) $f(2)$ (b) $f(2.1)$

(c) $f(2.1)-f(2)$ (d) $\dfrac{f(2.1)-f(2)}{2.1-2}$

(e) $f(a+h)$ (f) $f(a+h)-f(a)$

(g) $\dfrac{f(a+h)-f(a)}{(a+h)-a}$ (h) $\lim_{h\to 0}\dfrac{f(a+h)-f(a)}{(a+h)-a}$

2. 함수 $f(x)=1/x$에 대하여 문제 1의 (a)부터 (h)까지 구하여라.

3. 함수 $f(x)=\sqrt{x}$에 대하여 문제 1의 (a)부터 (h)까지 구하여라.

4. 함수 $f(x)=x^3+1$에 대하여 문제 1의 (a)부터 (h)까지 구하여라.

5. 다음의 전개식에서 처음 두 항을 말하여라.

(a) $(a+b)^3$ (b) $(a+b)^4$ (c) $(a+b)^5$

6. 문제 5의 결과를 보고 임의의 수 n에 대해 $(a+b)^n$의 전개식의 처음 두 항을 추측해 보아라.

7. $\sin(x+h)$를 $\sin x$, $\sin h$, $\cos x$, $\cos h$를 사용하여 나타내어라.

8. $\cos(x+h)$를 $\cos x$, $\cos h$, $\sin x$, $\sin h$를 사용하여 나타내어라.

9. 중심이 원점이고 반지름이 10cm인 회전판이 반시계방향으로 초당 4회전 비율로 회전하고 있다. 회전판의 테 위에 있는 점 P는 시간 $t=0$일때 (10, 0)에 있다.

(a) 시간 $t=1$, 2, 3일 때 P의 좌표를 구하여라.

(b) P가 시작점(10, 0)으로 되돌아오는 시간은 언제인가?

10. 비누거품은 부풀면서 공모양을 유지한다고 하자. 시간 $t=0$일때 거품의 반지름은 2cm이다. $t=1$일때 반지름은 2.5cm로 증가했다. 1초동안 거품의 크기는 얼마나 변했는가?

11. 한 비행기가 정오에 북쪽을 향해 출발하여 500km/h의 속도로 간다. 한 시간 후 또 다른 비행기가 같은 지점에서 출발하여 600km/h의 속도로 간다.

(a) 오후 2시에 두 비행기는 얼마나 갔는가?

(b) 오후 2시에 두 비행기의 사이 거리는 얼마인가?

(c) 오후 2시 15분에 두 비행기의 사이 거리는 몇인가?

CHAPTER

2 미 분

2.1 같은 맥락의 두 문제

첫 번째 문제는 매우 오래 된 것으로서, 고대 그리스 시대로 거슬러 올라간다. 그 당시의 위대한 과학자 아르키메데스(Archimedes, 287~212 B.C.)가 제기했던 **접선의 기울기 문제**가 바로 이것이다.

두 번째 문제는 비교적 새로운 것이다. 이것은 **순간 속도 문제**로서 케플러(Kepler, 1571~1630), 갈릴레오(Galileo, 1564~1642), 뉴턴(Newton, 1642~1727) 등등의 과학자들이 움직이는 물체의 속력을 설명하려는 시도에서 비롯되었다.

이 두 문제는, 하나는 기하학적이고 다른 하나는 역학적이며, 서로 관계가 없어 보인다. 그러나 언뜻 보고 판단해서는 안되는데 사실 이 두 문제는 일란성 쌍둥이와 같다.

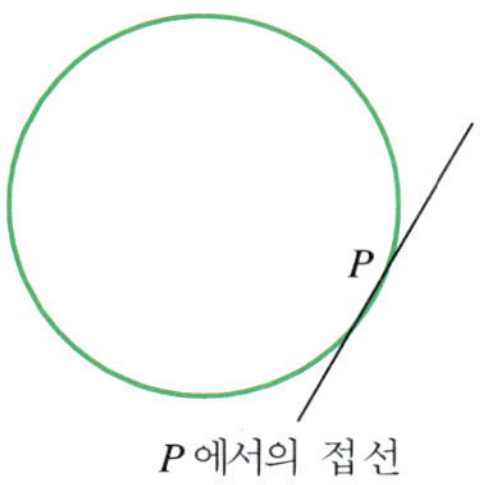

그림 1

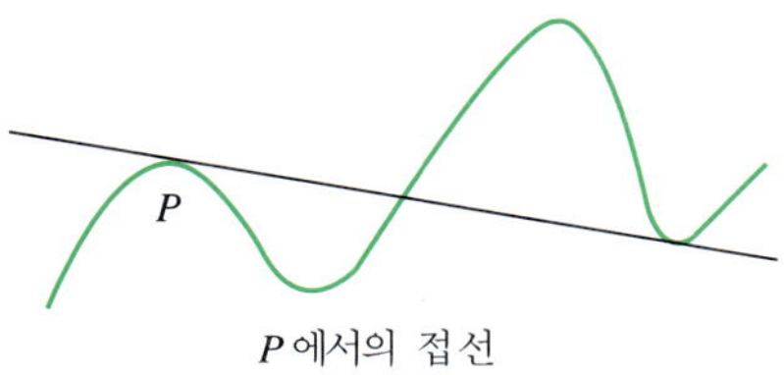

그림 2

접 선 유클리드의 접선의 개념은 곡선의 어느 한 점에서만 만나는 직선으로서 원의 경우는 이 개념에 문제가 없지만(그림 1), 다른 대부분의 곡선의 경우 이것은 적합하지 않다(그림 2). 점 P 근처에서 그 곡선과 가장 흡사한 직선이 바로 접선이라는 개념이 그 보다는 낫지만, 그러나 수학적으로는 엄밀하지 못하고 애매모호하다. 이를 가장 잘 설명하려면, 극한의 개념을 사용해야 한다.

곡선상의 한 점을 P라 하고, 그 점 근처에서 점 Q가 **곡선을 따라 움직인다**고 하자. P와 Q를 지나는 직선을 **할선**(secant line)이라고 부른다. P에서의 **접선**(tangent line)이란, 점 Q가 곡선을 따라 점 P로 움직일 때, 할선의 극한 위치를 (존재한다면) 의미한다(그림 3).

그 곡선이 함수 $y=f(x)$의 그래프라고 하자. 그러면 P의 좌표는 $(c, f(c))$이고, 근처에 있는 점 Q의 좌표는 $(c+h, f(c+h))$이고, P와 Q를 지나는 할선의 기울기 m_{sec}은 다음과 같다(그림 4).

$$m_{sec}=\frac{f(c+h)-f(c)}{h}$$

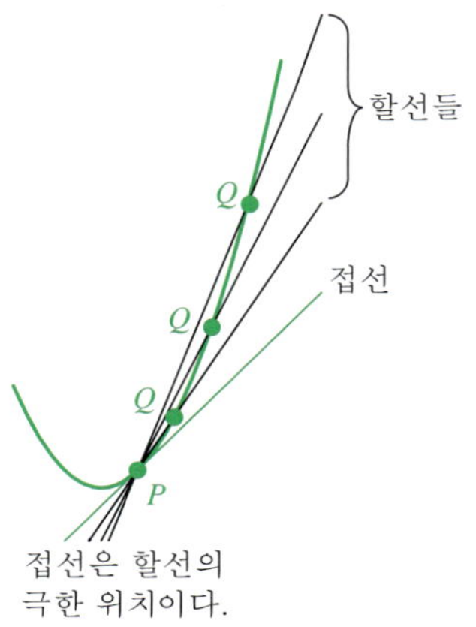

그림 3

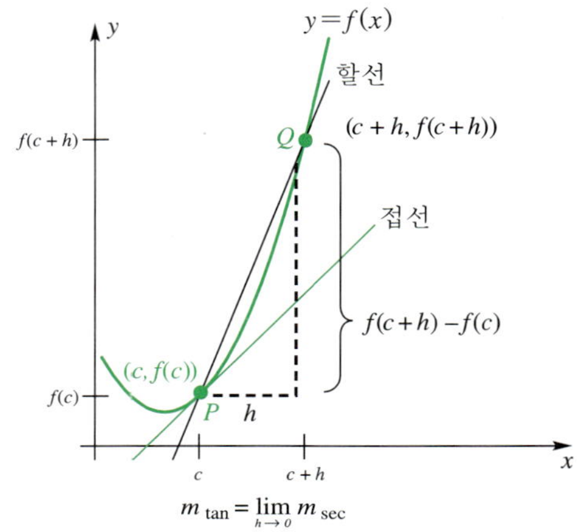

그림 4

이제 1장에서 배운 극한의 개념을 사용하여, 접선을 엄밀하게 정의한다.

정의 ; 접 선

곡선 $y=f(x)$상의 점 $P(c, f(c))$에서의 접선(tangent line)은 점 P를 지나고 기울기가

$$m_{\tan}=\lim_{h\to 0} m_{\sec}=\lim_{h\to 0}\frac{f(c+h)-f(c)}{h}$$

인 직선이다. 단, 이 극한이 존재하고, ∞ 또는 $-\infty$가 아니어야 한다.

예제 1 곡선 $y=f(x)=x^2$ 위의 점 (2, 4)에서 접선의 기울기를 구하여라.

풀이 기울기를 구하려고 하는 직선은 그림 5에서와 같다. 그림에서 기울기는 큰 양수임이 확실하다.

$$m_{\tan}=\lim_{h\to 0}\frac{f(2+h)-f(2)}{h}=\lim_{h\to 0}\frac{(2+h)^2-2^2}{h}$$
$$=\lim_{h\to 0}\frac{4+4h+h^2-4}{h}=4$$

■

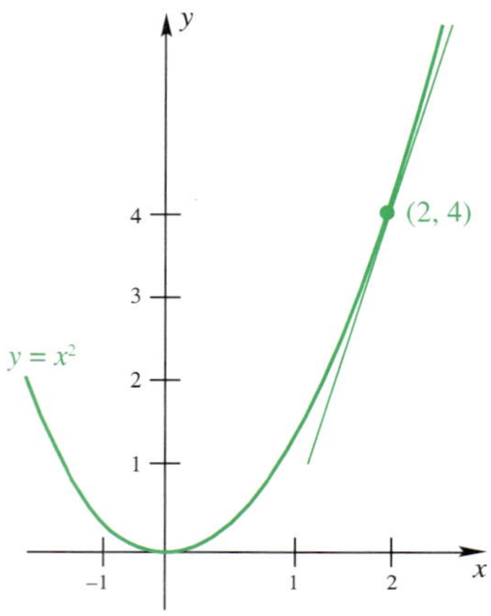

그림 5

예제 2 곡선 $y=f(x)=-x^2+2x+2$에서 x좌표가 -1, $\frac{1}{2}$, 2, 3인 점들에서 접선의 기울기를 구하여라.

풀이 네 개를 각각 계산하지 말고, x좌표가 c인 점에서의 기울기를 계산한 다음에, 대입하여 원하는 네 개의 답을 얻는 것이 더 편리한 방법 이다.

$$\begin{aligned} m_{\tan} &= \lim_{h\to 0}\frac{f(c+h)-f(c)}{h} \\ &= \lim_{h\to 0}\frac{-(c+h)^2+2(c+h)+2-(-c^2+2c+2)}{h} \\ &= \lim_{h\to 0}\frac{-c^2-2ch-h^2+2c+2h+2+c^2-2c-2}{h} \\ &= -2c+2 \end{aligned}$$

원하는 네 개의 기울기는($c=-1$, $\frac{1}{2}$, 2, 3을 넣어서 구하면) 4, 1, -2, -4이다. 이 값들은 그림 6의 그래프와 일치되는 것 같다. ■

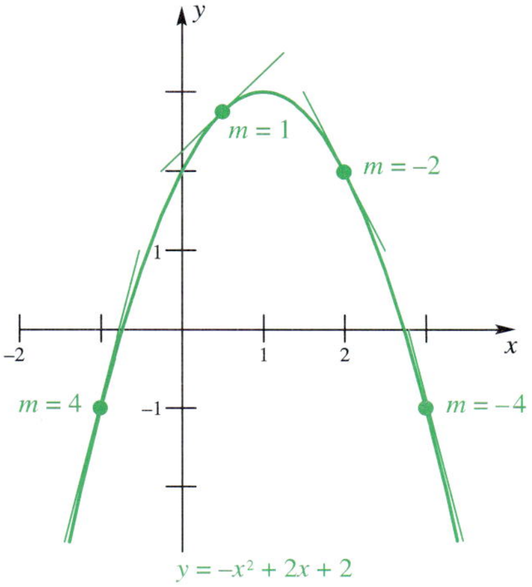

그림 6

예제 3 곡선 $y=\frac{1}{x}$ 위의 점$(2, \frac{1}{2})$에서 접선의 방정식을 구하여라(그림 7 참조).

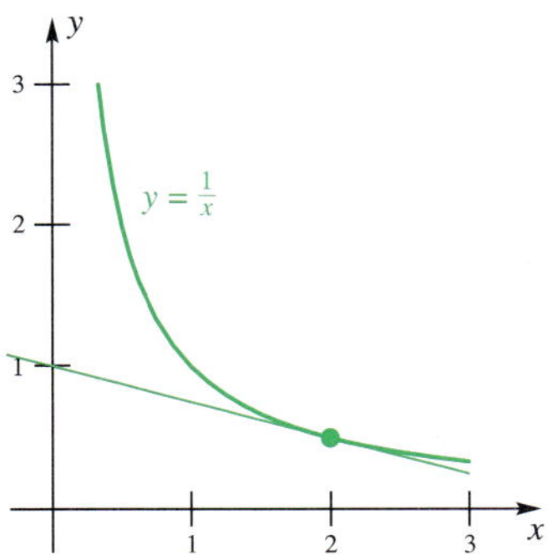

그림 7

풀이 $f(x)=\frac{1}{x}$이라 하자.

$$\begin{aligned} m_{\tan} &= \lim_{h\to 0}\frac{f(2+h)-f(2)}{h} \\ &= \lim_{h\to 0}\frac{\frac{1}{2+h}-\frac{1}{2}}{h} \\ &= \lim_{h\to 0}\frac{\frac{2}{2(2+h)}-\frac{2+h}{2(2+h)}}{h} \\ &= \lim_{h\to 0}\frac{2-(2+h)}{2(2+h)h} \\ &= \lim_{h\to 0}\frac{-h}{2(2+h)h} \\ &= \lim_{h\to 0}\frac{-1}{2(2+h)} = -\frac{1}{4} \end{aligned}$$

접선의 기울기가 $-\frac{1}{4}$임을 알았고, 점 $(2, \frac{1}{2})$이 직선상의 점이므로 점-기울기 형태의 방정식 $y-y_0=m(x-x_0)$로 쉽게 쓸 수 있다. 그 결과는 $y-\frac{1}{2}=-\frac{1}{4}(x-2)$. 즉 $y=1-\frac{1}{4}x$이다. ■

평균 속도와 순간 속도 어느 한 도시에서 80 마일 떨어진 다른 도시까지 차를 몰고 가는 데 2시간이 걸렸다면, 평균 속도는 시속 40 마일이다. 평균 속

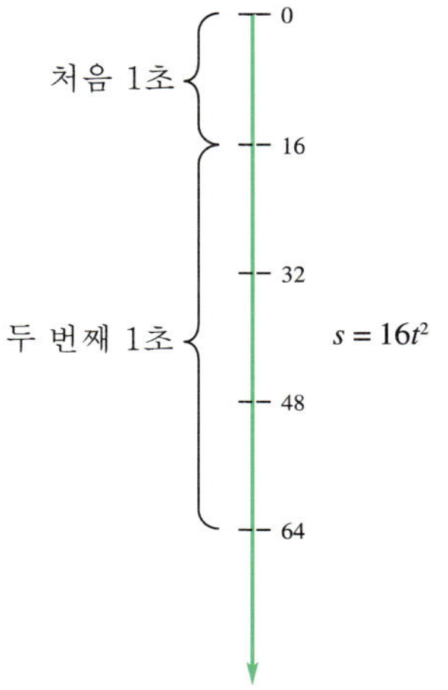

그림 8

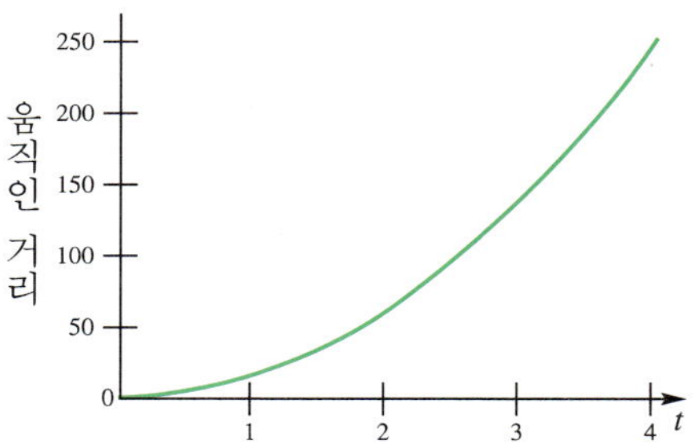

그림 9

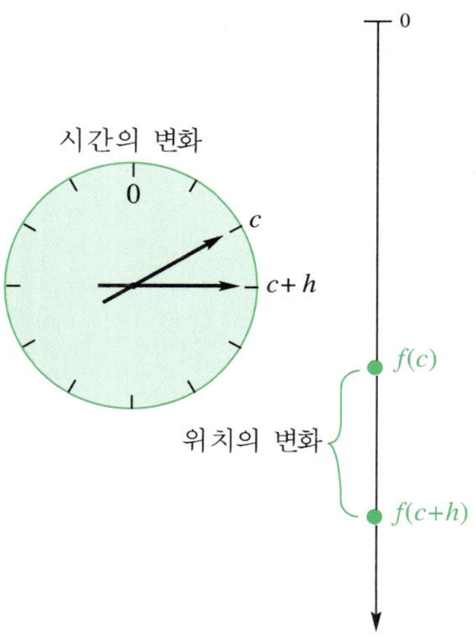

그림 10

도란 처음 지점과 두 번째 지점 사이의 거리를 그 동안 걸린 시간으로 나눈 것이다.

그런데 이렇게 운전하며 가는 동안, 속도계는 40과 다른 때가 많다. 처음 출발할 때 속도계는 0을 가리킨다. 속도계가 57까지 올라간 때도 있고, 맨 끝에 가서는 다시 0이 된다. 속도계는 도대체 무엇을 재는 것일까? 평균 속도는 아님이 확실하다.

좀 더 명확한 예로서, 진공에서 떨어지는 물체 P를 생각하자. 실험에 따르면, 물체 P가 정지 상태에서 떨어지기 시작하여 t초 동안 $16t^2$ 피트 떨어진다. 따라서 처음 1초 동안 16 피트를 떨어지고, 처음 2초 동안 64 피트를 떨어진다(그림 8). 이 물체는 시간이 가면 갈수록 점점 더 빨리 떨어짐이 확실하다. 그림 9는 그 움직인 거리를(수직 좌표축) 시간의 (수평 좌표축) 함수로 나타낸 것이다.

두 번째 1초 동안(즉, $t=1$에서 $t=2$에 이르는 시간 동안), P는 $64-16=48$ 피트 떨어진다. 따라서 평균 속도는

$$v_{\text{avg}}=\frac{64-16}{2-1}=48 \text{ (피트/초)}$$

또 $t=1$에서 $t=1.5$에 이르는 시간 동안, 물체는 $16(1.5)^2-16=20$ 피트를 떨어진다. 따라서 평균 속도는

$$v_{\text{avg}}=\frac{16(1.5)^2-16}{1.5-1}=\frac{20}{0.5}=40 \text{ (피트/초)}$$

마찬가지로, $t=1$에서 $t=1.1$에 이르는 시간 동안, 그리고 $t=1$에서 $t=1.01$에 이르는 시간 동안의 평균 속도를 계산해 보면 다음과 같다.

$$v_{\text{avg}}=\frac{16(1.1)^2-16}{1.1-1}=\frac{3.36}{0.1}=33.6 \text{ (피트/초)}$$

$$v_{\text{avg}}=\frac{16(1.01)^2-16}{1.01-1}=\frac{0.3216}{0.01}=32.16 \text{ (피트/초)}$$

지금까지 알아본 것은 $t=1$에서 시작하는, 점점 더 짧은 시간 간격에서 물체의 평균 속도를 계산한 것이다. **시간 간격이 짧으면 짧을수록**, $t=1$인 순간의 순간 속도에 더욱 가까울 것이다. 구한 수들 48, 40, 33.6, 32.16을 보면서 순간 속도는 초속 32 피트일 것이라고 추측할 수 있다.

그렇지만 좀 더 명확하게 해야 한다. 물체 P가 좌표 직선을 따라서 움직이는데, 시간이 t일 때의 위치가 $s=f(t)$로 주어진다고 하자. 시간이 c일 때 물체는 $f(c)$에 있으며, 가까운 시간인 $c+h$일 때 물체는 $f(c+h)$에 있다(그림 10 참조). 그러므로 이 시간 간격에서의 **평균 속도**는

$$v_{\text{avg}}=\frac{f(c+h)-f(c)}{h}$$

이제 순간 속도를 정의하고자 한다.

정의 순간 속도

수직선 위를 움직이는 어떤 물체의 위치가 함수 $f(t)$로 주어지면, 그 물체의 시간 c에서의 **순간 속도**(instantaneous velocity)는 다음과 같다.

$$v=\lim_{h\to 0} v_{\text{avg}}=\lim_{h\to 0}\frac{f(c+h)-f(c)}{h}$$

단, 이 극한이 존재하고, ∞ 또는 $-\infty$가 아니어야 한다.

$f(t)=16t^2$인 경우, $t=1$에서의 순간 속도는 다음과 같다.

$$\begin{aligned} v&=\lim_{h\to 0}\frac{f(1+h)-f(1)}{h}\\ &=\lim_{h\to 0}\frac{16(1+h)^2-16}{h}\\ &=\lim_{h\to 0}\frac{16+32h+16h^2-16}{h}\\ &=\lim_{h\to 0}(32+16h)=32 \end{aligned}$$

이 사실에서, 앞에서 추측한 것이 옳았다는 것을 알 수 있다.

같은 맥락의 두 문제

여기에서 우리는 이 절을 "같은 맥락의 두 문제"라고 부른 이유를 알 수 있다. 접선의 기울기와 속도의 정의를 보면, 같은 수학적 개념에 다른 이름을 준 것 뿐이다.

예제 4 어떤 물체가 정지상태에서 중력으로 떨어지기 시작한다. $t=3.8$초일 때와 $t=5.4$초일 때의 순간 속도를 구하여라.

풀이 $t=c$초일 때의 순간 속도를 계산하자. $f(t)=16t^2$이니,

$$\begin{aligned} v&=\lim_{h\to 0}\frac{f(c+h)-f(c)}{h}\\ &=\lim_{h\to 0}\frac{16(c+h)^2-16c^2}{h}\\ &=\lim_{h\to 0}\frac{16c^2+32ch+16h^2-16c^2}{h}\\ &=\lim_{h\to 0}(32c+16h)=32c \end{aligned}$$

따라서 3.8초일 때의 순간 속도는 초속 $32(3.8)=121.6$피트이고, 5.4초일 때의 순간 속도는 초속 $32(5.4)=172.8$피트이다. ■

예제 5 예제 4에서 물체의 순간 속도가 초속 112 피트가 되는 데에는 얼마의 시간이 필요한가?

풀이 c초 후의 순간 속도는 $32c$임을 예제 4에서 알았다. 따라서 방정식 $32c=112$를 풀면, $c=\frac{112}{32}=3.5$초이다. ■

예제 6 수직성 위를 움직이는 어떤 입자의 t초 후 위치를 s cm라 할 때, $s=f(t)=\sqrt{5t+1}$로 주어진다. 이 입자의 3초 후의 순간 속도를 구하여라.

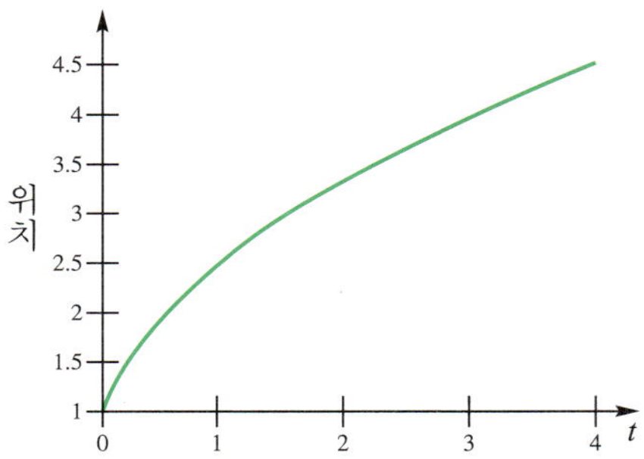

그림 11

풀이 움직인 거리를 시간의 함수로 나타낸 것이 그림 11이다. 시간이 $t=3$일 때의 순간 속도는 $t=3$에서의 접선의 기울기와 같다.

$$\begin{aligned} v &= \lim_{h\to 0}\frac{f(3+h)-f(3)}{h} \\ &= \lim_{h\to 0}\frac{\sqrt{5(3+h)+1}-\sqrt{5(3)+1}}{h} \\ &= \lim_{h\to 0}\frac{\sqrt{16+5h}-4}{h} \end{aligned}$$

이 극한을 구하기 위해서, 분자와 분모에다 $\sqrt{16+5h}+4$을 곱해서 분자를 유리화하면 다음과 같이 된다.

$$\begin{aligned} v &= \lim_{h\to 0}\left(\frac{\sqrt{16+5h}-4}{h}\cdot\frac{\sqrt{16+5h}+4}{\sqrt{16+5h}+4}\right) \\ &= \lim_{h\to 0}\frac{16+5h-16}{h(\sqrt{16+5h}+4)} \\ &= \lim_{h\to 0}\frac{5}{\sqrt{16+5h}+4}=\frac{5}{8} \end{aligned}$$

그러므로 3초 후의 순간 속도는 초속 $\frac{5}{8}$센티미터이다. ■

> **속도냐 속력이냐**
>
> 당분간 속도와 속력이라는 낱말을 같은 의미로 사용하기도 한다. 그러나 이 장의 뒤에 가서, 이 두 낱말을 구별할 것이다.

변화율 속도는 이 책에서 중요하게 다룰 여러 가지 변화율들 중의 하나이다. 속도는 시간에 대한 거리의 변화율이다. 그 이외에 흥미로운 변화율로는 철사줄의 밀도(길이에 대한 질량의 변화율), 한계 수익(제품의 생산량에 대한 수익의 변화율), 전류(시간에 대한 전하의 변화율)가 있다. 이들과 그 이외의 많은 변화율들을 문제를 통해서 다루고자 한다. 각각의 경우, 어떤 구간의 평균 변화율과 어떤 점에서의 순간 변화율을 구별해야 한다. 별다른 설명 없이 변화율이라는 말이 나오면, 순간 변화율을 의미한다.

개념 복습

1. 점 P 근처에서 어떤 곡선에 가장 가깝게 근접한 직선은 그 점을 지나는 ______이다.

2. 좀 더 엄밀하게 말해서, P에서의 접선은 Q가 그 곡선을 따라서 P에 가까이 갈 때, P와 Q를 지나는 ______의 극한 위치이다.

3. 곡선 $y=f(x)$의 $(c, f(c))$에서의 접선의 기울기 $m_{\tan}=\lim_{h\to 0}$ ______로 주어진다.

4. (직선을 따라 움직이는) 점 P의 시간 c일 때의 순간 속도는, h가 0으로 갈 때 c에서 $c+h$ 사이 시간의 ______의 극한이다.

연습문제 2.1

문제 1, 2에서 곡선의 접선을 그어 놓았다. 그 기울기를 추측하여라(기울기=세로/가로). 두 좌표축의 축척이 서로 다르니 주의하기 바란다.

1. 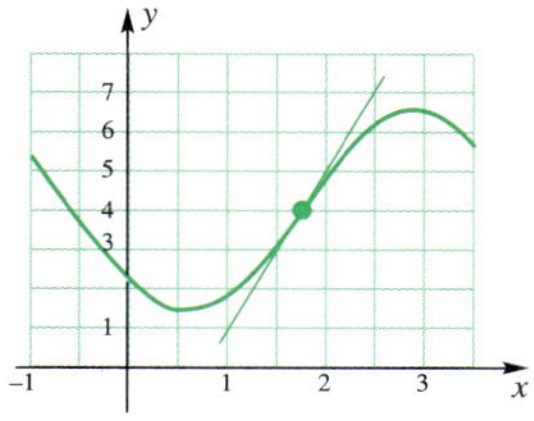

2. 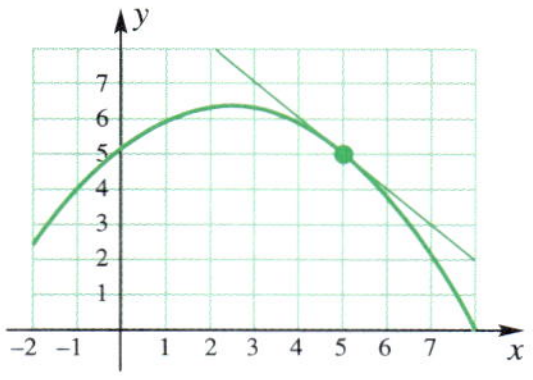

문제 3~6에서 주어진 점을 지나는 접선을 긋고, 그 기울기를 추정하여라.

3. 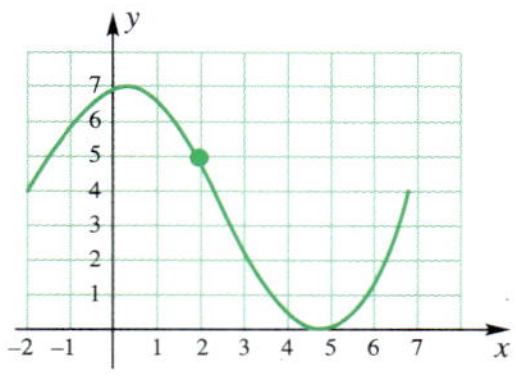

4. 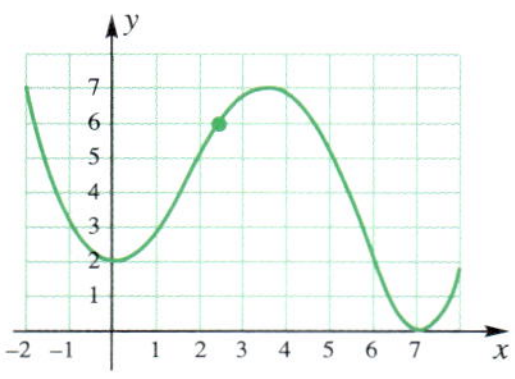

5. 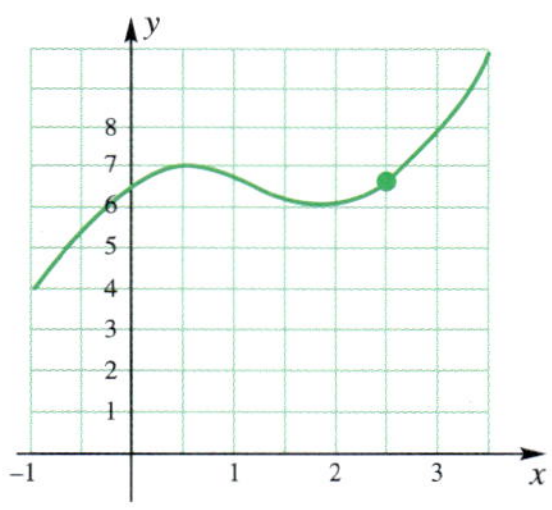

6. 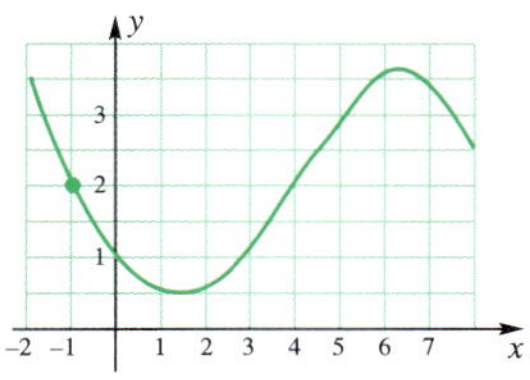

7. $y=x^2+1$에서
(a) 가능한 한 조심스럽게 그 그래프를 그려라.
(b) (1, 2)에서의 접선을 그어라.
≈ (c) 이 접선의 기울기를 추정하여라.
C (d) (1, 2)와 $(1.01, (1.01)^2+1.0)$을 지나는 할선의 기울기를 계산하여라.
(e) 극한 과정을 통해서 (예제 1 참조) (1, 2)에서의 접선의 기울기를 구하여라.

8. $y=x^3-1$에서
(a) 가능한 한 조심스럽게 그 그래프를 그려라.
(b) (2, 7)에서의 접선을 그어라.
≈ (c) 이 접선의 기울기를 추정하여라.
C (d) (2, 7)과 (수식)을 지나는 할선의 기울기를 계산하여라.
(e) 극한 과정을 통해서 (예제 1 참조) (2, 7)에서의 접선의 기울기를 구하여라.

9. 곡선 $y=x^2-1$의 $x=-2, -1, 0, 1, 2$에 해당하는 점에서 접선의 기울기를 구하여라(예제 2 참조).

10. 곡선 $y=x^3-3x$의 $x=-2, 1, 0, 1, 2$에 해당하는 점에서 접선의 기울기를 구하여라.

11. $y=1/(x+1)$의 그래프를 그리고, $\left(1, \frac{1}{2}\right)$에서의 접선의 방정식을 구하여라(예제 3 참조).

12. $y=1/(x-1)$상의 $(0, -1)$에서의 접선의 방정식을 구하여라.

13. 실험에 따르면, 자유낙하하는 물체는 t초 동안 약 $16t^2$ 피트로 떨어진다.
(a) $t=0$에서 $t=1$ 사이에 얼마만큼 떨어지는가?
(b) $t=1$에서 $t=2$ 사이에 얼마만큼 떨어지는가?
(c) 구간 $2\le t\le 3$에서의 평균 속도는?
C (d) 구간 $3\le t\le 3.01$에서의 평균 속도는?
≈ (e) $t=3$에서의 순간 속도를 구하여라(예제 4 참조).

14. 어떤 물체가 직선을 따라서 움직이는데, t초 후의 위치 s는 $s=t^2+1$ 미터이다.
(a) 구간 $2\le t\le 3$에서의 평균 속도는?
C (b) 구간 $2\le t\le 2.003$에서의 평균 속도는?
(c) 구간 $2\le t\le 2+h$에서의 평균 속도는?
≈ (d) $t=2$에서의 순간 속도를 구하여라.

15. 어떤 물체가 수직선을 따라서 움직이는데, t초 후의 원점으로부터의 유향 거리는 $\sqrt{2t+1}$ 피트이다.
(a) $t=\alpha$에서의 $(\alpha>0)$ 순간 속도를 구하여라.
(b) 속도가 초속 $\frac{1}{2}$ 피트가 되는 것은 언제인가? (예제 5 참조)

16. 어떤 입자가 수직선을 따라서 움직이는데, t초 후의 원점으로부터의 유향 거리는 $(-t^2+4t)$ 피트라고 한다. 이 입자가 일시 정지하는 때는(즉, 순간 속도가 0이 되는 때는)?

17. 어떤 박테리아를 배양하는데, t시간 후에 그 질량이 $\frac{1}{2}t^2+1$ 그램이 된다.
C (a) 시간 $2\le t\le 2.01$ 동안 얼마나 자랐는가?
(b) 시간 $2\le t\le 2.01$에서의 평균 증가 비율은?
≈ (c) $t=2$에서의 순간 증가 비율은?

18. 사업이 매우 번창하여서, t년 후의 총 (누계) 이익이

$1000t^2$ 달러이다.

(a) 셋째 해 동안 ($t=2$와 $t=3$ 사이) 사업으로 번 돈은 얼마인가?

(b) 셋째 해 전반기 동안, 즉, $t=2$와 $t=2.5$ 사이, 이익의 평균 비율은? (비율은 연간 몇 달러 단위로 계산한다.)

(c) $t=2$일 때의 이익의 순간 비율은?

19. 길이가 8 센티미터인 철사줄이 있는데, 왼쪽 끝에서 시작해 오른쪽으로 x 센티미터인 지점까지의 질량은 x^3 그램이다(그림 12).

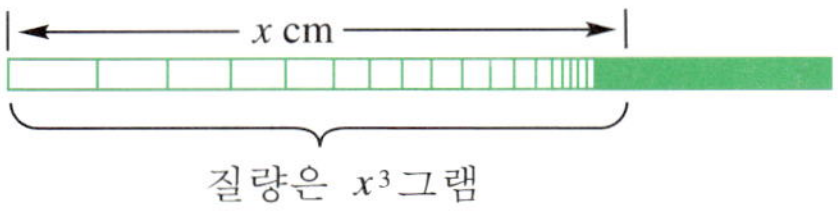

그림 12

(a) 이 철사줄의 한가운데 2 센티미터 토막의 평균 밀도는? 도움말: 평균 밀도는 질량/길이.

(b) 왼쪽 끝에서부터 3 센티미터인 지점의 실제 밀도는?

20. n대의 컴퓨터를 생산해서 얻는 수익 $R(n)$은 달러 단위로 $R(n)=0.4n-0.001n^2$으로 주어진다고 하자. $n=10$과 $n=100$일 때의 수익의 순간 변화 비율을 구하여라(생산한 제품의 수량에 대한 수익의 순간 변화 비율을 **한계 수익**(marginal revenue)이라고 부른다).

21. 시간에 대한 속도의 변화 비율을 **가속도**(acceleration)라고 부른다. 어떤 입자의 시간 t에서의 속도가 $v(t)=2t^2$이라고 한다. $t=1$일 때의 순간 가속도를 구하여라.

22. 어떤 도시에 홍콩 독감이 퍼졌다. 보건 당국에 따르면, 독감이 퍼지기 시작한지 t일 후 $0\le t\le 40$의 독감 환자 수는 $p(t)=120t^2-2t^3$으로 주어진다. 그러면 $t=10$, $t=20$, $t=40$일 때 독감은 얼마의 비율로 퍼지고 있는가?

23. 그림 13의 그래프는 어느 도시 수도국 물탱크의 하루 동안의 물의 양을 보여 준다. 물탱크로 들어가는 물의 양은 0이다. 평균해서, 물을 (시간당) 얼마의 비율로 사용하였는가? 오전 8시에는 물을 얼마나 빨리 사용하였는가?

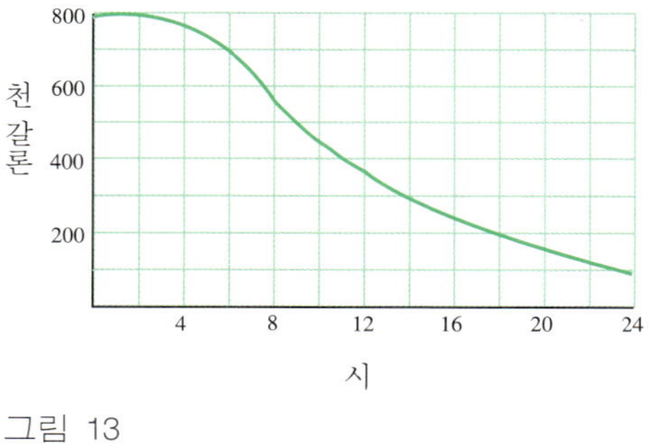

그림 13

24. 승객들이 맨 아래층(즉, 0층)에서 승강기를 탑승하여, 그로부터 84 피트 위에 있는 7층까지 타고 올라갔다. 승강기의 위치 s를 시간 t(초 단위)의 함수로 나타낸 것이 그림 14이다.

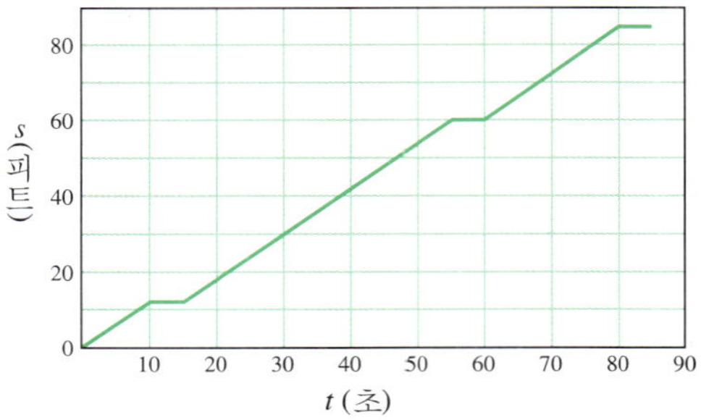

그림 14

(a) 승강기가 움직이기 시작해서 7층에 이르기까지의 평균 속도는?

(b) $t=20$일 때 승강기의 속도는 약 얼마인가?

(c) 맨 아래층과 7층 사이에서 승강기는 몇 번 (맨 아래층과 7층은 제외) 섰는가? 몇 층, 몇 층에서 섰다고 추측할 수 있는가?

25. 그림 15는 미주리주 세인트루이스시의 평년 최고기온을 시간의 함수로(1월 1일부터 날짜 단위로) 나타낸 것이다.

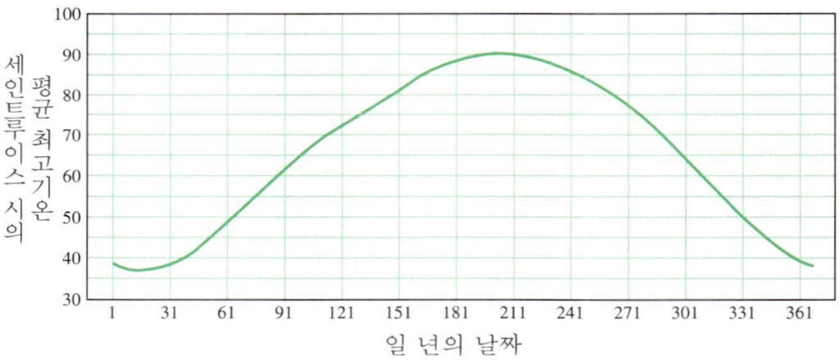

그림 15

(a) 3월 2일(즉, 61일째 되는 날)의 평년 최고기온의 변화 비율은 약 얼마인가? 이 변화 비율의 단위는?

(b) 7월 10일(즉, 191일째 되는 날)의 평년 최고기온의 변화 비율은 약 얼마인가?

(c) 변화 비율이 0이 되는 순간이 있는 달들은?

(d) 변화 비율의 절대값이 가장 큰 달들은?

26. 그림 16은 어느 개발도상국의 1900년에서 1999년에 걸친 인구를 백만 명 단위로 나타낸 것이다. 1930년의 인구 변화율은 약 얼마인가? 1990년은? 인구 증가율은 퍼센트 단위로 나타내는 것이 좀 더 나을 수 있다. 이것은 증가한 인구를 그 당시의 인구로 나눈 것이다. 이 나라 인구의 경우, 1930년에는 증가율이 약 몇 퍼센트인가? 1990년은?

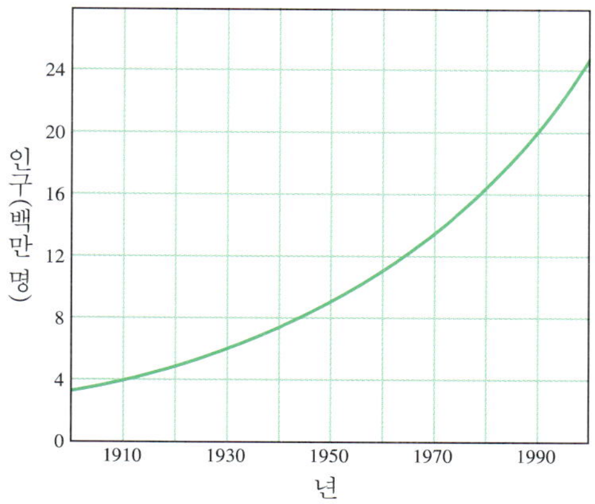

그림 16

27. 그림 17 (a)와 17 (b)는 직선을 따라 움직이는 두 입자의 위치 s를 시간 t의 함수로 나타낸 것이다. 이들 각각은 속도가 증가하는가, 아니면 감소하는가? 설명하여라.

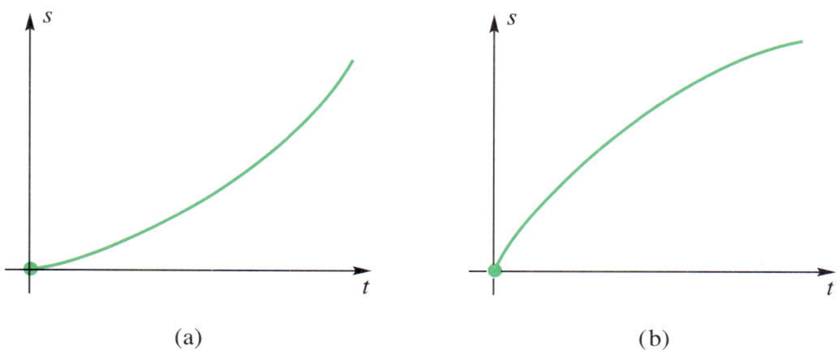

그림 17

28. 시간에 대한 전하의 변화 비율을 **전류**(current)라고 부른다. t초 동안 $\frac{1}{3}t^3+t$ 쿨롱의 전하가 전선으로 흘러간다고 하자. 3초 후의 전류를 암페어(초당 쿨롱) 단위로 구하여라. 20 암페어인 퓨즈가 끊어지는 것은 언제일까?

29. 유조선이 좌초하여 기름이 둥근 모양으로 퍼지는데, 그 반지름이 하루 2 킬로미터씩 일정한 비율로 커지고 있다. 퍼지기 시작한지 3일 후의 기름이 퍼지는 면적의 비율은?

30. 공 모양인 풍선의 반지름이 초당 0.25 인치의 비율로 커지고 있다. $t=0$일 때 반지름이 0이라면, $t=3$일 때의 부피의 변화율을 구하여라.

GC 문제 31~34에서 그래프 계산기 또는 컴퓨터를 사용하여라.

31. $y=f(x)=x^3-2x^2+1$의 그래프를 그려라. 그리고 x값이 다음과 같은 점들에서 접선의 기울기를 구하여라.
(a) -1 (b) 0 (c) 1 (d) 3.2

32. $y=f(x)=\sin x\sin^2 2x$의 그래프를 그려라. 그리고 x값이 다음과 같은 점들에서 접선의 기울기를 구하여라.
(a) $\pi/3$ (b) 2.8 (c) π (d) 4.2

33. 어떤 점이 직선을 따라서 움직이는데, 시간 t초일 때 원점으로부터의 거리 s가 (피트 단위로) $s=t+t\cos^2 t$로 주어졌다. $t=3$일 때의 순간 속도를 구하여라.

34. 어떤 점이 직선을 따라서 움직이는데, 시간 t분일 때 원점으로부터의 거리 s가 (미터 단위로) $s=(t+1)^3/(t+2)$으로 주어졌다. $t=1.6$일 때의 순간 속도를 구하여라.

개념 복습 해답: **1.** 접선 **2.** 할선
3. [(+)− ( )]/ **4.** 평균 속도

2.2 도함수

접선의 기울기와 순간 속도는 근본적으로 같은 개념을 표현해 놓은 것임을 살펴보았다. 생명체의 증가 비율(생물학), 한계 이익(경제학), 철사줄의 밀도(물리학), 용해 비율(화학) 등도 모두 대상만 다를 뿐 근본적으로 같은 개념이다. 수학적 관점에서는 이렇게 다양한 응용들과 특별한 용어들로부터 벗어나서, 이 개념만을 따로 공부하는 것이 필요하다. 이 개념에 미분이라는 용어를 사용하고, 미적분학의 핵심 용어로서, 함수, 극한에 이 용어를 추가한다.

정의 미 분

함수 f의 **도함수**(derivative)는 또 다른 함수 f'("f 프라임"이라 읽음)으로서, 실수 x에서의 값이 다음과 같이 정해지는 함수이다.

$$f'(x)=\lim_{h\to 0}\frac{f(x+h)-f(x)}{h}$$

이 극한이 존재하면, f는 x에서 **미분가능**(differentiable)하다고 말한다. 도함수를 구하는 것을 **미분한다**(differentiation)고 말한다. 도함수와 관련된 부분을 **미분학**(differential calculus)이라고 한다.

도함수 구하기 몇 가지 예를 든다.

예제 1 $f(x)=13x-6$일 때, $f'(4)$를 구하여라.

풀이

$$f'(4)=\lim_{h\to 0}\frac{f(4+h)-f(4)}{h}=\lim_{h\to 0}\frac{[13(4+h)-6]-[13(4)-6]}{h}$$

$$=\lim_{h\to 0}\frac{13h}{h}=\lim_{h\to 0}13=13$$ ■

예제 2 $f(x)=x^3+7x$일 때, $f'(x)$를 구하여라.

풀이

$$\begin{aligned}f'(x)&=\lim_{h\to 0}\frac{f(x+h)-f(x)}{h}\\&=\lim_{h\to 0}\frac{[(x+h)^3+7(x+h)]-[x^3+7x]}{h}\\&=\lim_{h\to 0}\frac{3x^2h+3xh^2+h^3+7h}{h}\\&=\lim_{h\to 0}(3x^2+3xh+h^2+7)\\&=3x^2+7\end{aligned}$$ ■

예제 3 $f(x)=1/x$일 때, $f'(x)$를 구하여라.

풀이

$$\begin{aligned}f'(x)&=\lim_{h\to 0}\frac{f(x+h)-f(x)}{h}=\lim_{h\to 0}\frac{\dfrac{1}{x+h}-\dfrac{1}{x}}{h}\\&=\lim_{h\to 0}\left[\frac{x-(x+h)}{(x+h)x}\cdot\frac{1}{h}\right]=\lim_{h\to 0}\left[\frac{-h}{(x+h)x}\cdot\frac{1}{h}\right]\\&=\lim_{h\to 0}\frac{-1}{(x+h)x}=\frac{-1}{x^2}\end{aligned}$$

따라서 f'은 $f'(x)=-1/x^2$로 주어지는 함수이다. 그 정의역은 $x=0$을 제외한 모든 실수이다. ■

예제 4 $F(x)=\sqrt{x}$, $x>0$일 때, $F'(x)$를 구하여라.

풀이

$$F'(x)=\lim_{h\to 0}\frac{F(x+h)-F(x)}{h}$$

$$= \lim_{h \to 0} \frac{\sqrt{x+h} - \sqrt{x}}{h}$$

이제는, 도함수를 구하기 위해서는 항상 분자와 분모가 둘 다 0으로 가는 분수의 극한을 계산해야 함을 알아차렸을 것이다. 우리가 해야 할 일은, 이 분수를 간단하게 만들어서, 분자와 분모에서 인수 h를 약분해서 없어지게 한 다음, 대입을 해서 극한을 구하는 것이다. 이 예제의 경우, 분자를 유리화함으로써 해결할 수 있다.

$$\begin{aligned} F'(x) &= \lim_{h \to 0} \left[\frac{\sqrt{x+h} - \sqrt{x}}{h} \cdot \frac{\sqrt{x+h} + \sqrt{x}}{\sqrt{x+h} + \sqrt{x}} \right] \\ &= \lim_{h \to 0} \frac{x+h-x}{h(\sqrt{x+h} + \sqrt{x})} \\ &= \lim_{h \to 0} \frac{h}{h(\sqrt{x+h} + \sqrt{x})} \\ &= \lim_{h \to 0} \frac{1}{\sqrt{x+h} + \sqrt{x}} \\ &= \frac{1}{\sqrt{x} + \sqrt{x}} = \frac{1}{2\sqrt{x}} \end{aligned}$$

따라서 F의 도함수 F'은 $F'(x) = 1/(2\sqrt{x})$로 주어지고 그 정의역은 $(0, \infty)$이다. ■

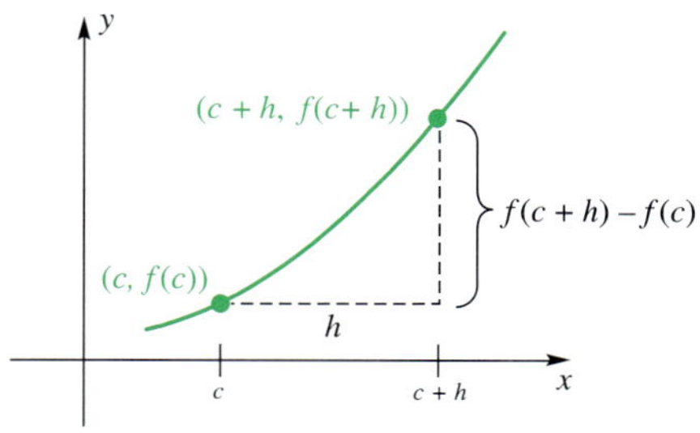

그림 1

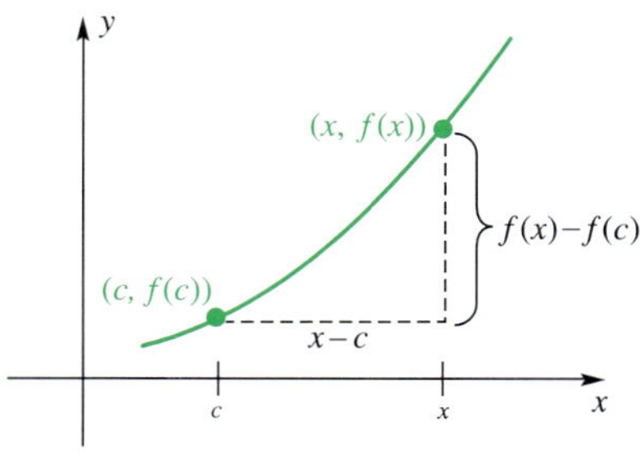

그림 2

도함수의 여러 가지 형태 $f'(c)$를 정의할 때 반드시 고정된 문자 h를 사용해야 하는 것은 아니다. 예를 들어,

$$\begin{aligned} f'(c) &= \lim_{h \to 0} \frac{f(c+h) - f(c)}{h} \\ &= \lim_{p \to 0} \frac{f(c+p) - f(c)}{p} \\ &= \lim_{s \to 0} \frac{f(c+s) - f(c)}{s} \end{aligned}$$

좀 더 근본적으로 바꾸어 보았는데, 그림 1과 그림 2를 비교해 보면 이것도 기호를 바꾼 것에 불과하다는 것을 알 수 있을 것이다. $c+h$ 대신에 x를 쓰고, h 대신에 $x-c$를 쓰는 방법이다. 그래서

$$\boxed{f'(c) = \lim_{x \to c} \frac{f(x) - f(c)}{x - c}}$$

이 모든 경우에, f'의 값을 구하려고 하는 점은 극한계산 과정에서 고정되어 있음을 주목하기 바란다.

예제 5 $g(x) = 2/(x+3)$일 때 바로 위의 박스 친 공식을 써서, $g'(c)$를 구하여라.

풀이

$$g'(c)=\lim_{x\to c}\frac{g(x)-g(c)}{x-c}=\lim_{x\to c}\frac{\frac{2}{x+3}-\frac{2}{c+3}}{x-c}$$

$$=\lim_{x\to c}\left[\frac{2(c+3)-2(x+3)}{(x+3)(c+3)}\cdot\frac{1}{x-c}\right]$$

$$=\lim_{x\to c}\left[\frac{-2(x+c)}{(x+3)(c+3)}\cdot\frac{1}{x-c}\right]$$

$$=\lim_{x\to c}\frac{-2}{(x+3)(c+3)}=\frac{-2}{(c+3)^3}$$

여기서 분수를 변형한 후, 분자와 분모를 인수 $x-c$로 약분하여 극한을 구하였다. ■

예제 6 다음의 각각은 도함수인데, 어떤 함수의 어떤 점에서의 도함수인가?

(a) $\lim_{h\to 0}\frac{(4+h)^2-16}{h}$ (b) $\lim_{x\to 3}\frac{\frac{2}{x}-\frac{2}{3}}{x-3}$

풀이

(a) 이것은 함수 $f(x)=x^2$의 $x=4$에서의 도함수값이다.

(b) 이것은 함수 $f(x)=2/x$의 $x=3$에서의 도함수값이다. ■

미분 가능하면 연속이다 곡선이 어떤 점에서 접선을 가지면, 그 곡선은 그 점에서 도약(jump)하거나 매우 심하게 요동칠 수 없다. 이 사실을 엄밀하게 표현한 것이 다음의 중요한 정리이다.

정리 A 미분 가능하면 연속이다

$f'(c)$가 존재하면, f는 c에서 연속이다.

증명 $\lim_{x\to c}f(x)=f(c)$임을 보여야 한다. 우선 $f(x)$를 다음과 같이 변형한다.

$$f(x)=f(c)+\frac{f(x)-f(c)}{x-c}\cdot(x-c),\quad x\neq c$$

따라서

$$\lim_{x\to c}f(x)=\lim_{x\to c}\left[f(c)+\frac{f(x)-f(c)}{x-c}\cdot(x-c)\right]$$

$$=\lim_{x\to c}f(c)+\lim_{x\to c}\frac{f(x)-f(c)}{x-c}\cdot\lim_{x\to c}(x-c)$$

$$=f(c)+f'(c)\cdot 0$$

$$=f(c)$$ ■

이 정리의 역은 성립하지 않는다. 함수 f가 c에서 연속이라 하더라도, f가

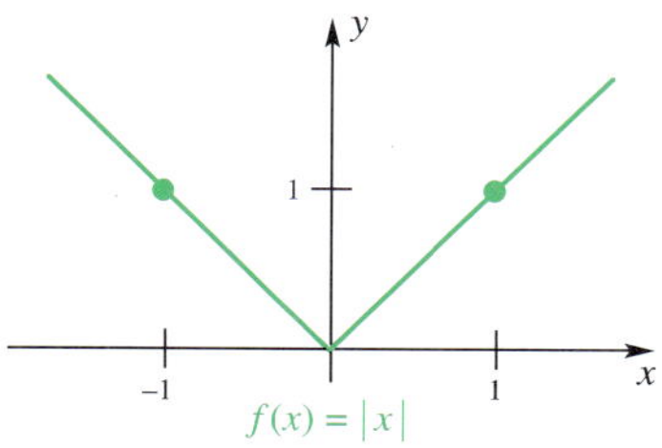

그림 3

c에서 미분가능하지 않을 수 있다. 이것은 함수 $f(x)=|x|$를 원점에서 생각해 보면 쉽게 알 수 있다(그림 3). 이 함수는 0에서 연속임이 확실하다. 그렇지만 0에서 도함수 값이 존재하지 않음을 보이겠다. 우선

$$\frac{f(0+h)-f(0)}{h}=\frac{|0+h|-|0|}{h}=\frac{|h|}{h}$$

따라서,

$$\lim_{h\to 0^+}\frac{f(0+h)-f(0)}{h}=\lim_{h\to 0^+}\frac{|h|}{h}=\lim_{h\to 0^+}\frac{h}{h}=1$$

반면에

$$\lim_{h\to 0^-}\frac{f(0+h)-f(0)}{h}=\lim_{h\to 0^-}\frac{|h|}{h}=\lim_{h\to 0^-}\frac{-h}{h}=-1$$

우극한과 좌극한이 서로 다르므로

$$\lim_{h\to 0}\frac{f(0+h)-f(0)}{h}$$

은 존재하지 않는다. 즉 $f'(0)$은 존재하지 않는다.

마찬가지 방법으로, 연속인 함수의 그래프에서 첨점(뾰족한 모서리를 가지는 점)에서는 그 함수를 미분할 수 없음을 보일 수 있다. 그림 4의 그래프는 함수가 미분 불가능한 여러 가지 경우들을 보여 준다.

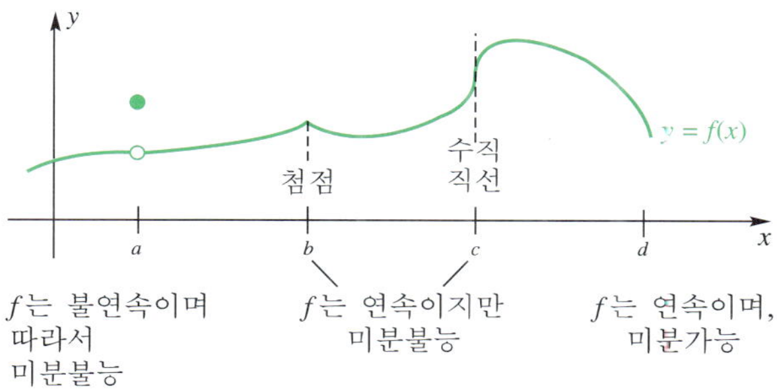

그림 4

그림 4의 함수와 같이 접선이 수직이 되는 점 c에서는 도함수 값이 존재하지 않는다. 왜냐 하면

$$\lim_{h\to 0}\frac{f(c+h)-f(c)}{h}=\infty$$

이기 때문이다. 이것은 수직직선의 기울기는 정의하지 않는 사실과 일치한다.

증 분 변수 x의 값이 x_1에서 x_2로 변하면, x_2-x_1은 x의 변화를 나타내며, 이것을 x의 **증분**(증가량, 변화량, increment)이라 부르고, 보통 기호 Δx("델타 x"라 읽음)로 나타낸다. Δx는 Δ 곱하기 x가 아님을 유의해야 한다. $x_1=4.1$이고 $x_2=5.7$이면,

$$\Delta x = x_2 - x_1 = 5.7 - 4.1 = 1.6$$

$x_1 = c$이고 $x_2 = c + h$이면,

$$\Delta x = x_2 - x_1 = c + h - c = h$$

예제 $y = f(x)$가 어떤 함수라고 하자. x가 x_1에서 x_2로 변하면, y는 $y_1 = f(x_1)$에서 $y_2 = f(x_2)$로 변한다. 그러므로 x의 증분 $\Delta x = x_2 - x_1$에 대응하여, y의 증분이 다음과 같이 주어진다.

$$\Delta y = y_2 - y_1 = f(x_2) - f(x_1)$$

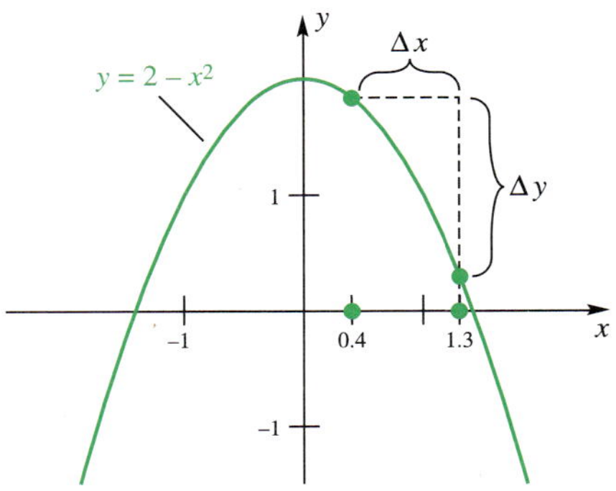

그림 5

예제 7 $y = f(x) = 2 - x^2$이라 하자. x가 0.4에서 1.3으로 바뀔 때 Δy를 구하여라(그림 5 참조).

풀이

$$\Delta y = f(1.3) - f(0.4) = [2 - (1.3)^2] - [2 - (0.4)^2] = -1.53$$ ■

미분을 나타내는 라이프니쯔 기호 독립변수가 x에서 $x + \Delta x$로 변한다고 하자. 그에 대응하는 종속변수 y의 변화는 다음과 같다.

$$\Delta y = f(x + \Delta x) - f(x)$$

그리고 비율

$$\frac{\Delta y}{\Delta x} = \frac{f(x + \Delta x) - f(x)}{\Delta x}$$

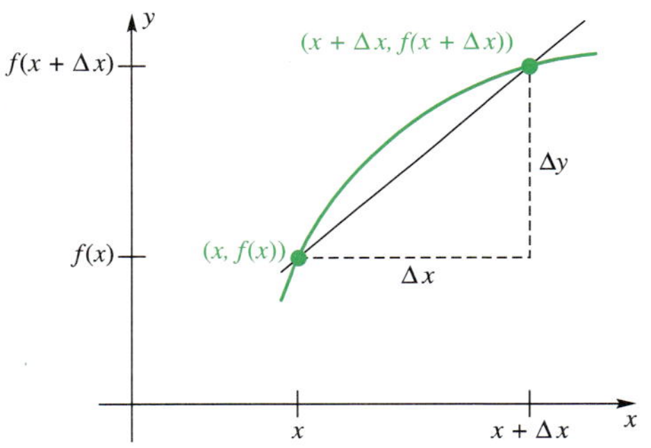

그림 6

그림 6에서와 같이 점 $(x, f(x))$를 지나는 할선의 기울기를 나타낸다. $\Delta x \to 0$일 때, 이 할선의 기울기는 접선의 기울기로 가까이 가며, 이 접선의 기울기를 기호 dy/dx로 나타낸다. 따라서

$$\frac{dy}{dx} = \lim_{\Delta x \to 0} \frac{\Delta y}{\Delta x} = \lim_{\Delta x \to 0} \frac{f(x + \Delta x) - f(x)}{\Delta x} = f'(x)$$

뉴턴(Issac Newton)과 같은 시대 사람인 라이프니쯔(Gottfried Wilhelm von Leibniz)는 dy/dx를 두 무한소들의 몫이라고 불렀다. 무한소(infnitesimal)라는 낱말의 의미는 약간 애매모호하므로, 이 용어를 앞으로 사용하지 않는다. 그렇지만 dy/dx는 도함수를 나타내는 표준 기호이며, 이제부터 이 기호를 자주 사용할 것이다.

도함수의 그래프 도함수 $f'(x)$는 x에서 함수 $y = f(x)$의 그래프의 접선의 기울기를 나타내는 함수이다. 따라서 접선의 오른쪽이 올라가 있으면 도함수값은 양수이고 오른쪽이 내려가 있으면 도함수값은 음수가 된다. 따라서 함수의 그래프가 주어지면 도함수의 대략적인 모습을 알 수 있다.

예제 8 그림 7의 첫 부분에 주어진 함수 $y = f(x)$의 그래프를 보고 도함수 $f'(x)$의 그래프를 대략 그려보아라.

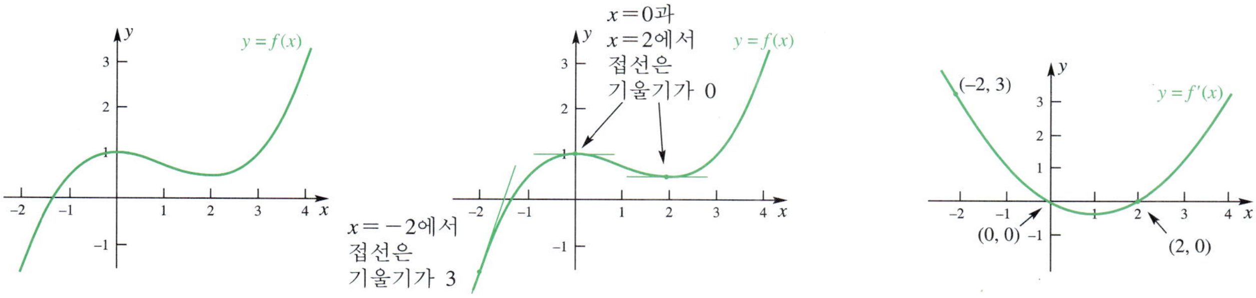

그림 7

풀이 $x<0$일 때 $y=f(x)$의 그래프의 접선의 기울기는 양수이다. $x=-2$일 때 주어진 함수로부터 기울기가 약 3임을 알 수 있다. 그림 7의 곡선을 따라서 왼쪽에서 오른쪽으로 이동하면 기울기가 (잠시동안은) 아직 양수임을 알 수 있다. 그러나 접선의 기울기는 점점 평평해진다. $x=0$일 때 접선은 수평선이 되고 이는 $f'(0)=0$이라는 뜻이다. x가 0과 2 사이일 때 접선의 기울기는 음수가 되고 이는 이 구간에서 도함수값이 음수라는 뜻이다. $x=2$일 때 접선은 다시 수평선이 되므로, $x=2$ 일때 미분값은 0이 된다. $x>2$일 때 접선의 기울기는 다시 양수가 된다. $f'(x)$의 그래프는 그림 7의 마지막 그림이다.

개념 복습

1. 함수 f의 x에서의 도함수는 $f'(x)=\lim_{h\to 0}$ ______. 마찬가지로, $f'(x)=\lim_{t\to 0}$ ______.
2. $y=f(x)$의 그래프위의 점 $(c, f(c))$에서의 접선의 기울기는 ______이다.
3. 함수 f가 c에서 미분가능하면 f는 c에서 ______. 그 역은 거짓인데, 함수 $f(x)=$______의 예를 보면 알 수 있다.
4. $y=f(x)$일 때, x에 대한 y의 도함수를 나타내는 기호는 두 가지 있다. 그것들은 ______, ______이다.

연습문제 2.2

문제 1~4에서 정의

$$f'(c)=\lim_{h\to 0}\frac{f(c+h)-f(c)}{h}$$

를 써서 다음 도함수의 값을 구하여라(예제 1, 2 참조).

1. $f(x)=x^2$일 때, $f'(1)$
2. $f(t)=(2t)^2$일 때, $f'(2)$
3. $f(t)=t^2-t$일 때, $f'(3)$
4. $f(s)=\dfrac{1}{s-1}$일 때, $f'(4)$

문제 5~22에서 $f'(x)=\lim_{h\to 0}[f(x+h)-f(x)]/h$를 써서 x에서의 도함수를 구하여라(예제 3, 4 참조).

5. $s(x)=2x+1$
6. $f(x)=\alpha x+\beta$
7. $r(x)=3x^2+4$
8. $f(x)=x^2+x+1$
9. $f(x)=ax^2+bx+c$
10. $f(x)=x^4$
11. $f(x)=x^3+2x^2+1$
12. $g(x)=x^4+x^2$
13. $h(x)=\dfrac{2}{x}$
14. $S(x)=\dfrac{1}{x+1}$
15. $F(x)=\dfrac{6}{x^2+1}$
16. $F(x)=\dfrac{x-1}{x+1}$
17. $G(x)=\dfrac{2x-1}{x-4}$
18. $G(x)=\dfrac{2x}{x^2-x}$
19. $g(x)=\sqrt{3x}$
20. $g(x)=\dfrac{1}{\sqrt{3x}}$
21. $H(x)=\dfrac{3}{\sqrt{x-2}}$
22. $H(x)=\sqrt{x^2+4}$

문제 23~26은 $f'(x)=\lim_{t\to x}[f(t)-f(x)]/[t-x]$를 써서 $f'(x)$를 구하여라(예제 5 참조).

23. $f(x)=x^2-3x$

24. $f(x)=x^3+5x$

25. $f(x)=\dfrac{x}{x-5}$

26. $f(x)=\dfrac{x+3}{x}$

문제 27~36은 주어진 극한이 도함수의 값인데, 어떤 함수의 어떤 점에서의 도함수의 값인가? (예제 6 참조)

27. $\lim_{h\to 0}\dfrac{2(5+h)^3-2(5)^3}{h}$

28. $\lim_{h\to 0}\dfrac{(3+h)^2+2(3+h)-15}{h}$

29. $\lim_{x\to 2}\dfrac{x^2-4}{x-2}$

30. $\lim_{x\to 3}\dfrac{x^3+x-30}{x-3}$

31. $\lim_{t\to x}\dfrac{t^2-x^2}{t-x}$

32. $\lim_{p\to x}\dfrac{p^3-x^3}{p-x}$

33. $\lim_{x\to t}\dfrac{\frac{2}{x}-\frac{2}{t}}{x-t}$

34. $\lim_{x\to y}\dfrac{\sin x-\sin y}{x-y}$

35. $\lim_{h\to 0}\dfrac{\cos(x+h)-\cos x}{h}$

36. $\lim_{h\to 0}\dfrac{\tan(t+h)-\tan t}{h}$

문제 37~44에서 주어진 함수 $y=f(x)$의 그래프를 보고 $y=f'(x)$의 그래프를 대충 그려보아라.

37.

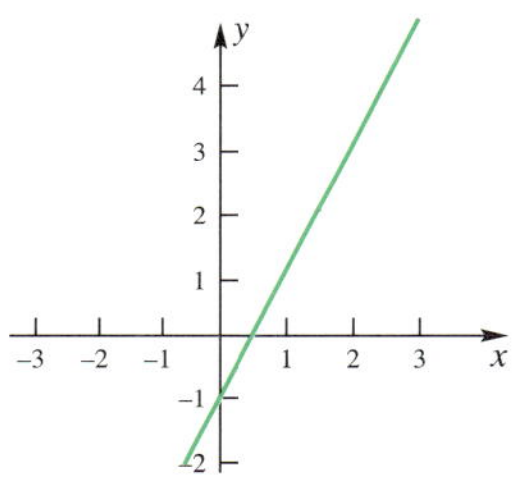

38.

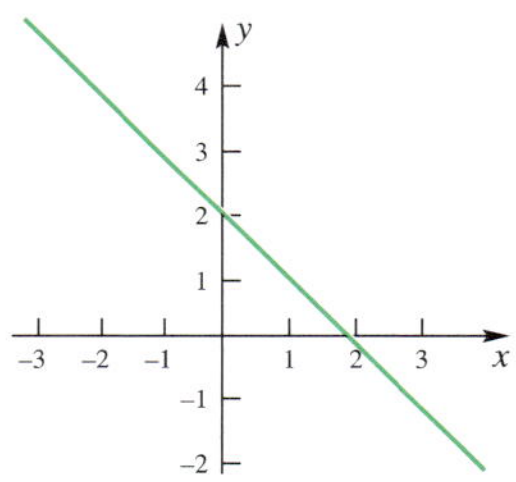

39.

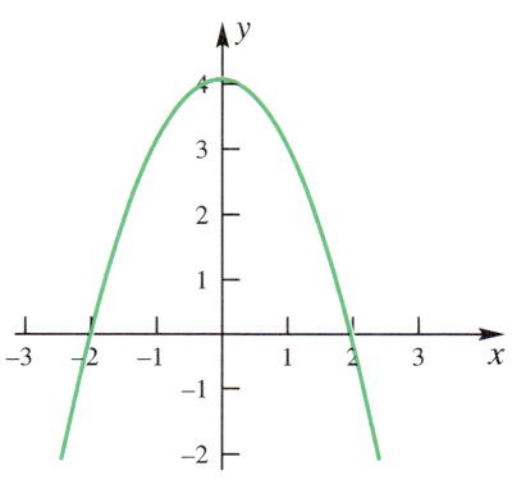

40.

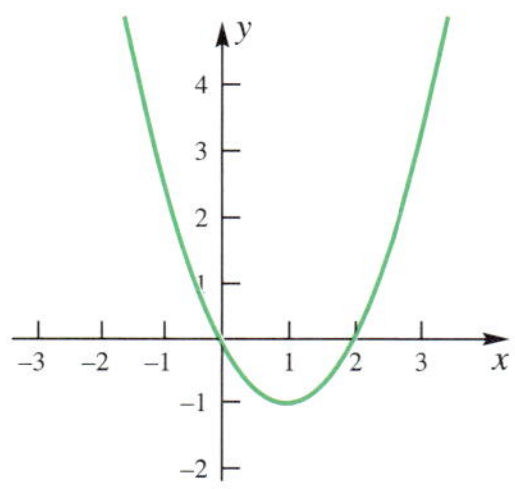

41.

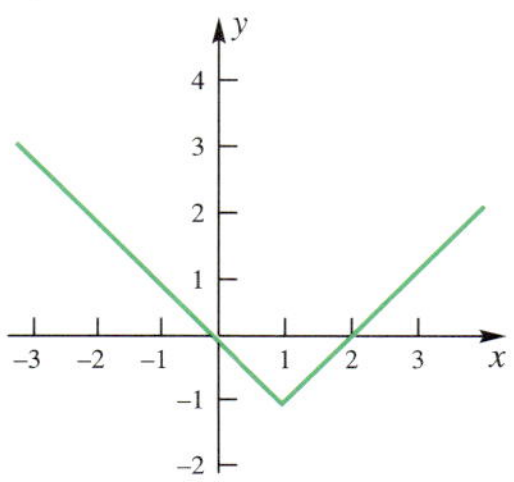

42.

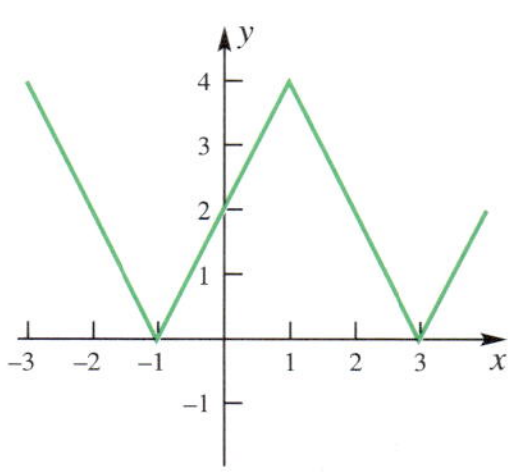

43.

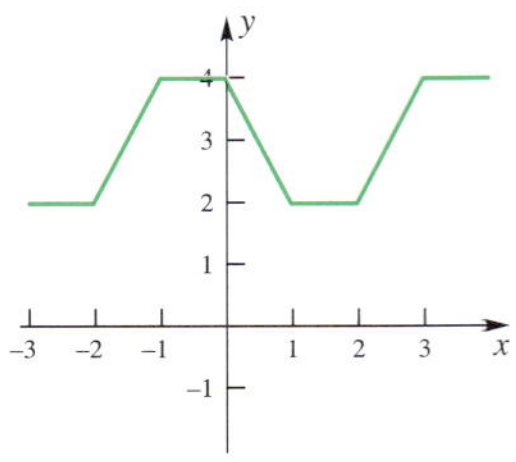

44.

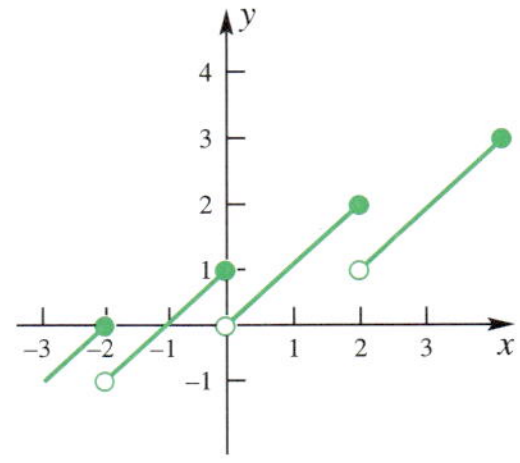

문제 45~50에서 주어진 값 x_1과 x_2에 대해서 Δy를 구하여라(예제 7 참조).

45. $y=3x+2,\ x_1=1,\ x_2=1.5$

46. $y=3x^2+2x+1,\ x_1=0.0,\ x_2=0.1$

47. $y=\dfrac{3}{x+1},\ x_1=2.34,\ x_2=2.31$

48. $y=\cos 2x,\ x_1=0.571,\ x_2=0.573$

C **49.** $y=\dfrac{3}{x+1},\ x_1=2.34,\ x_2=2.31$

C **50.** $y=\cos 2x,\ x_1=0.571,\ x_2=0.573$

문제 51~56에서 먼저 다음을 구하고 간단하게 하여라.

$$\frac{\Delta y}{\Delta x}=\frac{f(x+\Delta x)-f(x)}{\Delta x}$$

그 다음에 $\Delta x\to 0$일 때 극한을 취해서 dy/dx를 구하여라.

51. $y=x^2$

52. $y=x^3-3x^2$

53. $y=\dfrac{1}{x+1}$

54. $y=\dfrac{x^3+x^2}{x^3}$

55. $y=\dfrac{x-1}{x+1}$

56. $y=\dfrac{x^2-1}{x}$

57. 그림 8을 보고, $f'(0)$, $f'(2)$, $f'(5)$, $f'(7)$을 추정하여라.

58. 그림 9를 보고, $g'(-1)$, $g'(1)$, $g'(4)$, $g'(6)$을 추정하여라.

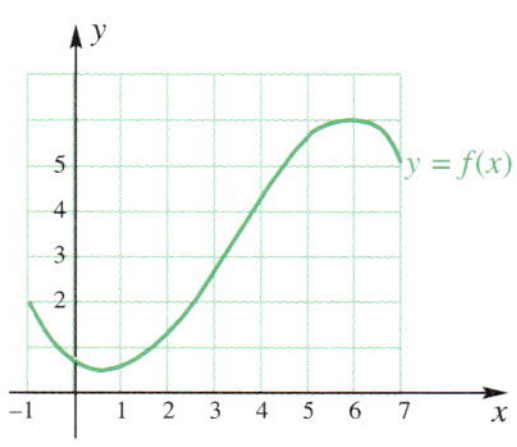

그림 8

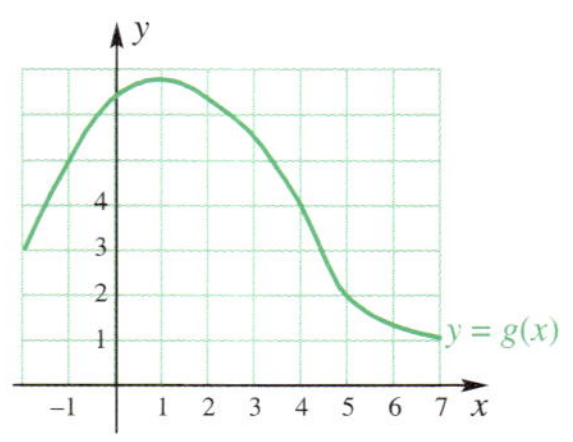

그림 9

59. 문제 57의 함수 f에 대해서, $y=f'(x)$의 그래프를 구간 $-1<x<7$에서 그려라.

60. 문제 58의 함수 g에 대해서, $y=g'(x)$의 그래프를 구간 $-1<x<7$에서 그려라.

61. 그림 10에 그래프를 그려 놓은 함수 $y=f(x)$를 생각하자.

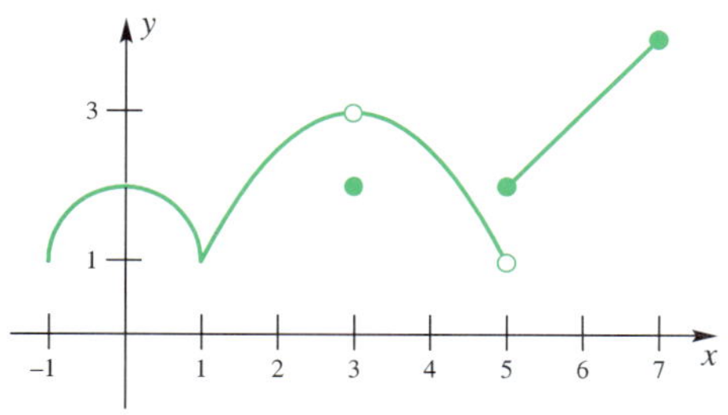

그림 10

(a) $f(2)$, $f'(2)$, $f(0.5)$, $f'(0.5)$를 추정하여라.

(b) 구간 $0.5 \le x \le 2.5$에서 f의 평균 변화율을 추정하여라.

(c) 구간 $-1 < x < 7$에서 $\lim_{u \to x} f(u)$가 존재하지 않는 점은?

(d) 구간 $-1 < x < 7$에서 f가 연속이 아닌 점은?

(e) 구간 $-1 < x < 7$에서 f가 미분 불능인 점은?

(f) 구간 $-1 < x < 7$에서 $f'(x) = 0$인 점은?

(g) 구간 $-1 < x < 7$에서 $f'(x) = 1$인 점은?

62. 2.1절의 그림 14는 승강기의 위치 s를 t의 함수로서 나타낸 것이다. 도함수가 존재하는 점들은? s의 도함수를 그려라.

63. 2.1절의 그림 15는 미주리주 세인트루이스시의 평년 최고 기온의 그래프이다. 그 도함수를 그려라.

64. 그림 11에는 두 개의 함수가 나오는데, 하나는 함수 f이고, 다른 하나는 그것의 도함수 f'이다. 그래프가 어느 것의 그래프인지 말하여라.

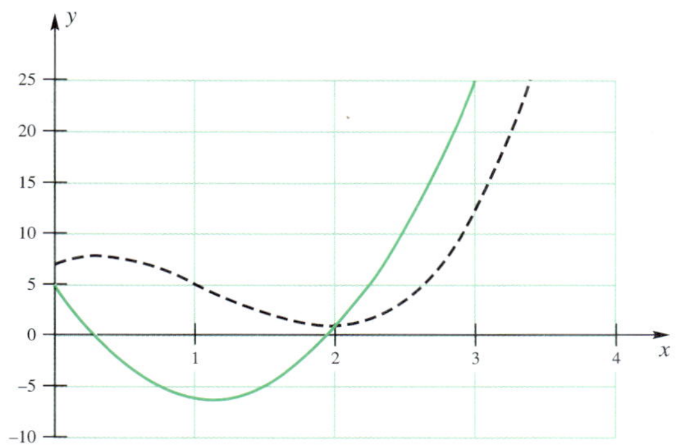

그림 11

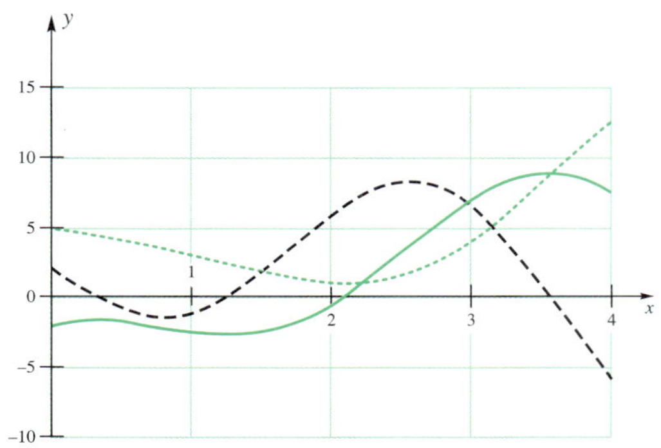

그림 12

65. 그림 12에는 세 개의 함수가 나온다. 한 개는 함수 f이다. 다른 하나는 그것의 도함수 f'인데, 이것을 g라고 부르자. 세 번째 것은 g의 도함수이다. 각각의 그래프를 찾아라.

EXPL **66.** 모든 x, y에 대해서 $f(x+y) = f(x)f(y)$가 성립한다. $f'(0)$이 존재하면, $f'(a)$도 존재하고 $f'(a) = f(a)f'(0)$임을 보여라.

67. $f(x) = \begin{cases} mx + b & x < 2\text{일 때} \\ x^2 & x \ge 2\text{일 때} \end{cases}$

f가 모든 곳에서 미분 가능이 되도록, m과 b의 값을 결정하여라.

EXPL **68.** **대칭 도함수**(symmetric derivative) $f_s(x)$는 다음과 같이 정의한다.

$$f_s(x) = \lim_{h \to 0} \frac{f(x+h) - f(x-h)}{2h}$$

$f'(x)$가 존재하면 $f_x(x)$도 존재하지만, 그 역은 성립하지 않음을 보여라.

69. 함수 f는 미분가능하고, $f'(x_0) = m$이다. 다음 경우에 $f'(-x_0)$를 구하여라.

(a) f는 기함수

(b) f는 우함수

70. 기함수의 도함수는 우함수임을 보여라. 우함수의 도함수는 기함수임을 보여라.

GC 71과 72는 CAS를 사용하여라.

EXPL **71.** 구간 $[-2, 5]$에서 함수 $f(x) = x^3 - 4x^2 + 3$의 그래프와 그 미분 $f'(x)$의 그래프를 같은 좌표를 써서 그려라.

(a) 이 구간에서 $f'(x) < 0$?

(b) 이 구간에서 x가 증가할 때 $f(x)$가 감소하는 곳은?

(c) 가설을 세워 브아라. 다른 함수들과 다른 구간들을 가지고, 이 가설이 맞는지 실험을 해 보아라.

EXPL **72.** 구간 $[0, 9]$에서 함수 $f(x) = \cos x - \sin(x/2)$의 그래프와 그 도함수 $f'(x)$의 그래프를 같은 좌표를 써서 그려라.

(a) 이 구간에서 $f'(x) > 0$인 곳은?

(b) 어 구간에서 x가 증가할 때 $f(x)$가 증가하는 곳은?

(c) 가설을 세워 보아라. 다른 함수들과 다른 구간들을 가지고, 이 가설이 맞는지 실험을 해 보아라.

개념 복습 해답: **1.** $[f(c+h) - f(c)]/h$, $[f(t) - f(x)]/(t - x)$ **2.** $f'(c)$ **3.** 연속, $|x|$ **4.** $f'(x)$; dy/dx

2.3 미분을 구하는 공식

어떤 함수의 도함수를 도함수의 정의로부터 직접 구하는 과정은 몫

$$\frac{f(x+h)-f(x)}{h}$$

에서 극한을 구하는 것으로서, 시간이 많이 걸리며 지루하다. 이제 이 지겨운 과정 대신에 지름길로 갈 수 있는 방법들을 배우도록 하겠다. 사실, 매우 복잡해 보이는 함수들도 이 방법들로 도함수를 구할 수 있다.

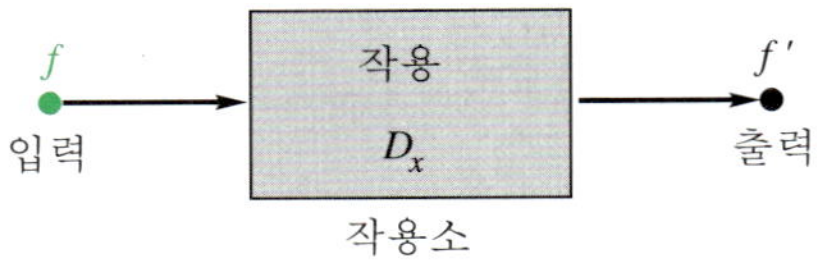

그림 1

함수 f의 도함수는 또 다른 함수 f'임을 기억하기 바란다. 앞절에서 보았듯이, f를 나타내는 식이 $f(x)=x^3+7x$이면, f'을 나타내는 식은 $f'(x)=3x^2+7$이다. 함수 f의 도함수를 구하는 것을, f를 미분한다고 한다. f에 미분을 작용하여 f'이 나온다. 기호 D_x를 써서 미분 작용을 나타내기도 한다(그림 1). 기호 D_x는 그 뒤에 기재한 함수의 도함수(변수 x에 대해서)를 구함을 나타낸다. 즉, $D_xf(x)=f'(x)$라고 쓸 수 있으며, (방금 위에서 다룬 함수의 경우는) $D_x(x^3+7x)=3x^2+7$. 이 D_x는 **작용소**(연산자, operator)의 한 예이다. 그림 1에서와 같이, 작용소란 일종의 함수인데, 그 입력이 하나의 함수이고, 그 출력은 또 다른 함수이다.

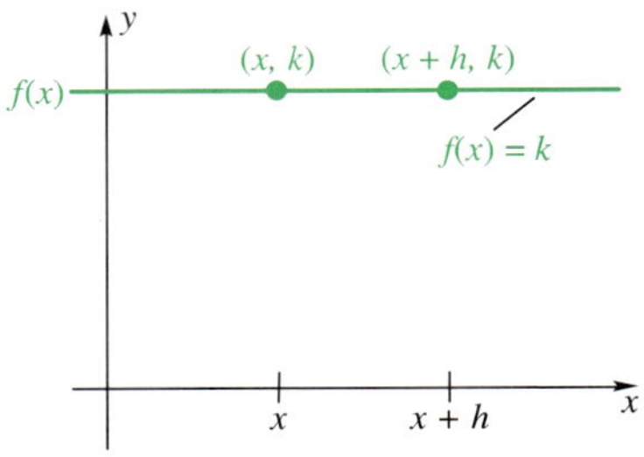

그림 2

이전 절에서 소개한 라이프니쯔 기호까지, 도함수를 표현하는 기호를 3가지 배웠다. $y=f(x)$일 때 f의 도함수를 다음과 같이 나타낼 수 있다.

$$f'(x), \qquad D_xf(x), \qquad \frac{dy}{dx}$$

작용소 D_x와 같은 의미로 d/dx를 사용할 것이다.

상수와 거듭제곱의 미분 공식 상수함수 $f(x)=k$의 그래프는 수평직선이며 (그림 2), 따라서 접선의 기울기는 모든 곳에서 0이다. 처음 정리는 이렇게 이해하기 바란다.

정리 A 상수함수의 미분 공식

만약 $f(x)=k$이면(여기서 k는 상수), 모든 x에 대해서, $f'(x)=0$. 즉,

$$D_x(k)=0$$

증명

$$f'(x)=\lim_{h\to 0}\frac{f(x+h)-f(x)}{h}=\lim_{h\to 0}\frac{k-k}{h}=\lim_{h\to 0}0=0 \qquad \blacksquare$$

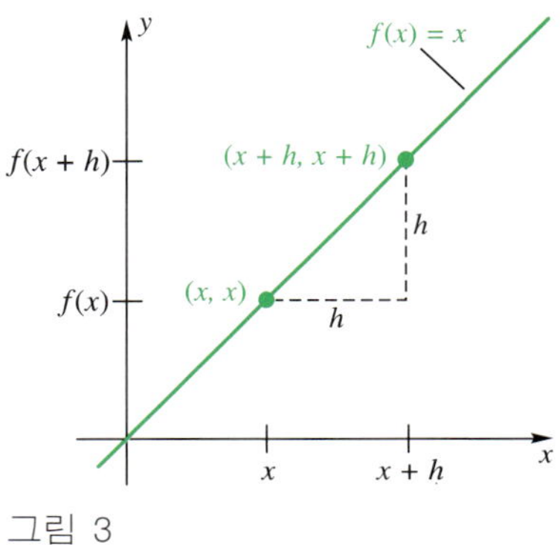

그림 3

함수 $f(x)=x$의 그래프는 원점을 지나고 기울기가 1인 직선이다(그림 3). 따라서 모든 x에 대해서, 이 함수의 미분은 1일 것으로 생각된다.

정리 B 항등함수의 미분 공식

만약 $f(x)=x$이면, $f'(x)=1$. 즉,

$$D_x(x)=1$$

증명

$$f'(x)=\lim_{h\to 0}\frac{f(x+h)-f(x)}{h}=\lim_{h\to 0}\frac{x+h-x}{h}=\lim_{h\to 0}\frac{h}{h}=1 \qquad \blacksquare$$

다음 정리로 넘어가기 전에, 대수학에서 배운 것을 되살펴보자: 이항을 거듭제곱하면 다음과 같다.

$$(a+b)^2=a^2+2ab+b^2$$
$$(a+b)^3=a^3+3a^2b+3ab^2+b^3$$
$$(a+b)^4=a^4+4a^3b+6a^2b^2+4ab^3+b^4$$
$$\vdots$$
$$(a+b)^n=a^n+na^{n-1}b+\frac{n(n-1)}{2}a^{n-2}b^2+\cdots nab^{n-1}+b^n$$

정리 C 거듭제곱의 미분 공식

$f(x)=x^n$이면(n은 양의 정수), $f'(x)=nx^{n-1}$. 즉,

$$D_x(x^n)=nx^{n-1}$$

증명

$$f'(x)=\lim_{h\to 0}\frac{f(x+h)-f(x)}{h}=\lim_{h\to 0}\frac{(x+h)^n-x^n}{h}$$

$$=\lim_{h\to 0}\frac{x^n+nx^{n-1}h+\frac{n(n-1)}{2}x^{n-2}h^2+\cdots+nxh^{n-1}+h^n-x^n}{h}$$

$$=\lim_{h\to 0}\frac{h\left[nx^{n-1}+\frac{n(n-1)}{2}x^{n-2}h+\cdots+nxh^{n-2}+h^{n-1}\right]}{h}$$

대괄호 속의 항들을 보면, 처음 것을 제외한 나머지는 모두 h를 인수로서 가지고 있다. 따라서 x가 어떤 값이든, h가 0으로 갈 때 이들의 극한은 0이 된다. 그러므로

$$f'(x)=nx^{n-1} \qquad \blacksquare$$

다음은 정리 C의 예를 든 것이다.

$$D_x(x^3)=3x^2 \qquad D_x(x^9)=9x^8 \qquad D_x(x^{100})=100x^{99}$$

D_x는 선형 작용소이다 작용소 D_x는 함수들의 상수 곱이나 또는 함수들의 합에 작용할 때 매우 알기 쉽게 된다.

정리 D 상수 곱의 미분 공식

k가 상수이고 f가 미분 가능한 함수이면, $(kf)'(x)=k\cdot f'(x)$. 즉,

$$D_x[k\cdot f(x)]=k\cdot D_xf(x)$$

이것은 말로 표현하면, 상수 k는 작용소 D_x 밖으로 나올 수 있다.

증명 $F(x)=k\cdot f(x)$라 하자. 그러면

$$
\begin{aligned}
F'(x) &= \lim_{h\to 0}\frac{F(x+h)-F(x)}{h} = \lim_{h\to 0}\frac{k\cdot f(x+h)-k\cdot f(x)}{h} \\
&= \lim_{h\to 0} k\cdot\frac{f(x+h)-f(x)}{h} = k\cdot\lim_{h\to 0}\frac{f(x+h)-f(x)}{h} \\
&= k\cdot f'(x)
\end{aligned}
$$

끝에서 두 번째 등호가 성립하는 것이 가장 핵심이다. 상수 k가 극한 기호 밖으로 나올 수 있는 까닭은, 주극한 정리 공식 3에 따라서이다. ■

이 결과의 예로서

$$D_x(-7x^3)=-7D_x(x^3)=-7\cdot 3x^2=-21x^2$$

그리고

$$D_x\left(\frac{4}{3}x^9\right)=\frac{4}{3}D_x(x^9)=\frac{4}{3}\cdot 9x^8=12x^8$$

정리 E 합의 미분 공식

f와 g가 미분 가능한 함수들이면, $(f+g)'(x)=f'(x)+g'(x)$. 즉,

$$D_x[f(x)+g(x)]=D_xf(x)+D_xg(x)$$

다시 말하면, 합의 미분은 미분들의 합이다.

증명 $F(x)=f(x)+g(x)$라고 하자. 그러면

$$
\begin{aligned}
F'(x) &= \lim_{h\to 0}\frac{[f(x+h)+g(x+h)]-[f(x)+g(x)]}{h} \\
&= \lim_{h\to 0}\left[\frac{f(x+h)-f(x)}{h}+\frac{g(x+h)-g(x)}{h}\right] \\
&= \lim_{h\to 0}\frac{f(x+h)-f(x)}{h}+\lim_{h\to 0}\frac{g(x+h)-g(x)}{h} \\
&= f'(x)+g'(x)
\end{aligned}
$$

여기서도, 끝에서 두 번째 등호가 성립하는 것이 가장 핵심인데 이것은 주극한 정리 공식 4에 따라서이다. ■

정리 D, E에서 말한 성질들을 가지는 연산자 L을 선형(linear)이라고 말한다. 즉, 모든 함수 f와 g에 대해서 다음이 성립하면, L은 **선형연산자**(linear operator)이다.

1. 모든 상수 k에 대해서, $L(kf)=kL(f)$
2. $L(f+g)=L(f)+L(g)$.

선형 연산자들은 이 책에서 반복하여 다룰 것이다. D_x는 선형연산자 중 특히 중요한 예이다. 선형연산자들은 항상 차의 공식 $L(f-g)=L(f)-L(g)$를 만족

> *선형 연산자*
>
> 수학에서 사용하는 선형(linear)이라는 낱말의 근본 의미를 이 절에 제시해 놓았다. 어떤 연산자(작용소) L이 다음 두 조건을 만족하면 선형이라고 말한다.
>
> - $L(ku)=kL(u)$
> - $L(u+v)=L(u)+L(v)$
>
> 선형 연산자는 선형 대수학 과목에서 핵심 역할을 하는데, 여러분들 중에 상당수가 이 과목을 공부하게 될 것이다.
>
> $f(x)=mx+b$ 형태의 함수를 선형 함수(linear function)라고 부르는데, 직선과 관련이 있기 때문이다. 그러나 이 용어는 혼동을 일으킬 수 있다. 왜냐 하면 선형 함수는 연산자의 의미로는 선형이 아니기 때문이다. 이 사실을 알아차리려면,
>
> $$f(kx)=m(kx)+b$$
>
> 이지만, 반면에
>
> $$kf(x)=k(mx+b)$$
>
> 임을 주목하기 바란다. 그러므로 b가 어쩌다가 0이 되는 경우 이외에는, $f(kx)\neq kf(x)$이다. 즉 선형함수와 선형연산자는 다른 의미인 것이다.

한다. D_x도 이 성질이 성립한다.

정리 F 차의 미분 공식

f와 g가 미분 가능한 함수들이면, $(f-g)'(x)=f'(x)-g'(x)$. 즉,

$$D_x[f(x)-g(x)]=D_xf(x)-D_xg(x)$$

정리 F의 증명은 연습문제로 남긴다(문제 54).

예제 1 $5x^2+7x-6$과 $4x^6-3x^5-10x^2+5x+16$의 미분을 구하여라.

풀이

$$\begin{aligned}
D_x(5x^2+7x-6) &= D_x(5x^2+7x)-D_x(6) && \text{(정리 F)}\\
&= D_x(5x^2)+D_x(7x)-D_x(6) && \text{(정리 E)}\\
&= 5D_x(x^2)+7D_x(x)-D_x(6) && \text{(정리 D)}\\
&= 5\cdot 2x+7.1+0 && \text{(정리 C, B, A)}\\
&= 10x+7
\end{aligned}$$

다음 함수를 미분하기 위해, 합과 차의 미분 공식은 임의의 유한 개수의 항들에 적용할 수 있음을 주목한다. 그러므로

$$\begin{aligned}
&D_x(4x^6-3x^5-10x^2+5x+16)\\
&= D_x(4x^6)-D_x(3x^5)-D_x(10x^2)+D_x(5x)+D_x(16)\\
&= 4D_x(x^6)-3D_x(x^5)-10D_x(x^2)+5D_x(x)+D_x(16)\\
&= 4(6x^5)-3(5x^4)-10(2x)+5(1)+0\\
&= 24x^5-15x^4-20x+5
\end{aligned}$$

■

예제 1의 방법을 쓰면, 임의의 다항식을 미분할 수 있다. 거듭제곱의 미분 공식을 기억하고, 그 다음은 자연스럽게 따라가면, 올바른 풀이가 된다. 그리고 약간만 연습하면, 중간 단계를 전혀 쓸 필요 없이, 바로 도함수를 구할 수 있게 될 것이다.

곱과 몫의 미분 공식 이제 좀 놀랄 일이 있다. 지금까지 배운 것을 보면, 합이나 차의 극한은 그 극한들의 합이나 차와 같고(정리 1.3A 공식 4, 5), 곱이나 몫의 극한은 그 극한들의 곱이나 몫과 같고(정리 1.3A 공식 6, 7), 합이나 차의 미분은 그 미분들의 합이나 차와 같다(정리 E, F). 그렇다면 곱의 도함수는 도함수의 곱이어야 함이 자연스럽지 않은가?

이것은 언뜻 자연스러워 보이지만, 사실은 그렇지 않다. 왜 그런지 알기 위해서, 다음 예제를 보자.

예제 2 $g(x)=x, h(x)=1+2x$, $f(x)=g(x)\cdot h(x)=x(1+2x)$라 하자. $D_xf(x)$, $D_xg(x)$, $D_xh(x)$를 구하고, $D_xf(x)\neq[D_xg(x)][D_xh(x)]$임을 보여라.

풀이

$$D_xf(x)=D_x[x(1+2x)]=D_x(x+2x^2)=1+4x$$
$$D_xg(x)=D_xx=1$$
$$D_xh(x)=D_x(1+2x)=2$$

따라서

$$D_x(g(x))D_x(h(x))=1\cdot 2=2$$

반면에

$$D_xf(x)=D_x[g(x)h(x)]=1+4x$$

그러므로 $D_xf(x)\neq[D_xg(x)][D_xh(x)]$. ■

곱의 도함수를 각 도함수의 곱이라는 생각이 얼마나 자연스러운지 미적분학을 창시한 라이프니쯔조차 깜박 속아 넘어갔다. 1675년 11월 11일에 쓴 원고에서, 그는 두 도함수들의 곱을 계산한 다음에, (확인해 보지 않고) 그것이 곱의 도함수와 같다고 말했다. 열흘 후에 그는 실수를 알아차리고, 올바른 곱의 미분 공식을 제시하였다. 그것이 정리 G이다.

정리 G 곱의 미분 공식

f와 g가 미분 가능한 함수들이면,

$$(f\cdot g)'(x)=f(x)g'(x)-g(x)f'(x)$$

즉,

$$D_x[f(x)g(x)]=f(x)D_xg(x)+g(x)D_xf(x)$$

외워라

달달 외우는 것은 옛날의 공부 방식이며, 수학에서는 논리적 추론만이 중요하다고 말하는 사람들이 있다. 그러나 그렇지 않다. 어떤 것들은 (이 절의 미분 공식들 포함) 우리들 머릿속에 심어 두어서, 궁리를 하지 않더라도 저절로 튀어나와서 사용할 수 있어야 한다.

"우리들이 생각하지 않고도 행할 수 있는 중요한 연산(작용)들의 개수가 많아지면 많아질수록, 문명은 더욱 발전한다."

화이트헤드(Alfred N. Whitehead)

이 공식은 다음과 같이 말로써 외울 수 있다: 두 함수의 곱의 도함수는, 첫째 곱하기 둘째 도함수, 더하기, 둘째 곱하기 첫째 도함수.

증명 $F(x)=f(x)g(x)$라고 하자. 그러면

$$\begin{aligned}F'(x)&=\lim_{h\to 0}\frac{F(x+h)-F(x)}{h}\\&=\lim_{h\to 0}\frac{f(x+h)g(x+h)-f(x)g(x)}{h}\\&=\lim_{h\to 0}\frac{f(x+h)g(x+h)-f(x)g(x)+f(x+h)g(x)-f(x)g(x)}{h}\\&=\lim_{h\to 0}\left[f(x+h)\cdot\frac{g(x+h)-g(x)}{h}+g(x)\cdot\frac{f(x+h)-f(x)}{h}\right]\\&=\lim_{h\to 0}(x+h)\lim_{h\to 0}\frac{g(x+h)-g(x)}{h}+g(x)\cdot\lim_{h\to 0}\frac{f(x+h)-f(x)}{h}\\&=f(x)g'(x)+g(x)f'(x)\end{aligned}$$

이 도함수를 구하기 위해서 조금 기교를 썼는데 우선 같은 것을 더하고 빼

주었다. 즉, $f(x+h)g(x)$를 더하고 뺐다. 그리고 맨 끝에 가서, 다음 사실을 이용하였다.

$$\lim_{h\to 0} f(x+h)=f(x)$$

이것은 2.2절 정리 A(미분가능하면 연속)와 한 점에서의 연속의 정의를 이용한 것에 불과하다. ■

예제 3 곱의 미분 공식을 써서, $(3x^2-5)(2x^4-x)$의 도함수를 구하여라. 또, 다른 방법으로 풀어 보고 답이 맞는지 확인해 보아라.

풀이

$$\begin{aligned} D_x[(3x^2-5)(2x^4-x)] &= (3x^2-5)D_x(2x^4-x)+(2x^4-x)D_x(3x^2-5) \\ &= (3x^2-5)(8x^3-1)+(2x^4-x)(6x) \\ &= 24x^5-3x^2-40x^3+5+12x^5-6x^2 \\ &= 36x^5-40x^3-9x^2+5 \end{aligned}$$

확인해 보기 위해서, 먼저 곱한 다음에 도함수를 구해보자.

$$(3x^2-5)(2x^4-x)=6x^6-10x^4-3x^3+5x$$

따라서

$$\begin{aligned} D_x[(3x^2-5)(2x^4-x)] &= D_x(6x^6)-D_x(10x^4)-D_x(3x^3)+D_x(5x) \\ &= 36x^5-40x^3-9x^2+5 \end{aligned}$$ ■

정리 H 몫(나눗셈)의 미분 공식

f와 g가 미분 가능한 함수들이고, $g(x)\neq 0$이라고 하자. 그러면

$$\left(\frac{f}{g}\right)'(x)=\frac{g(x)f'(x)-f(x)g'(x)}{g^2(x)}$$

즉,

$$D_x\left(\frac{f(x)}{g(x)}\right)=\frac{g(x)D_xf(x)-f(x)D_xg(x)}{g^2(x)}$$

이것은 다음과 같은 말로써 기억하기 바란다: 몫의 도함수는, 분모 곱하기 분자의 도함수, 빼기, 분자 곱하기 분모의 도함수, 그 다음에 전체를 분모의 제곱으로 나눈 것이다.

증명 $F(x)=f(x)/g(x)$라고 하자. 그러면

$$F'(x)=\lim_{h\to 0}\frac{F(x+h)-F(x)}{h}$$

$$=\lim_{h\to 0}\frac{\dfrac{f(x+h)}{g(x+h)}-\dfrac{f(x)}{g(x)}}{h}$$

$$=\lim_{h\to 0}\frac{g(x)f(x+h)-f(x)(x+h)}{h}\cdot\frac{1}{g(x)g(x+h)}$$

$$=\lim_{h\to 0}\left[\frac{g(x)f(x+h)-g(x)f(x)+f(x)g(x)-f(x)g(x+h)}{h}\cdot\frac{1}{g(x)g(x+h)}\right]$$

$$=\lim_{h\to 0}\left\{\left[g(x)\frac{f(x+h)-f(x)}{h}-f(x)\frac{g(x+h)-g(x)}{h}\right]\frac{1}{g(x)g(x+h)}\right\}$$

$$=[g(x)f'(x)-f(x)g'(x)]\frac{1}{g(x)g(x)}$$ ■

예제 4 $\dfrac{d}{dx}\dfrac{(3x-5)}{(x^2+7)}$를 구하여라.

풀이

$$\frac{d}{dx}\left[\frac{3x-5}{x^2+7}\right]=\frac{(x^2+7)\dfrac{d}{dx}(3x-5)-(3x-5)\dfrac{d}{dx}(x^2+7)}{(x^2+7)^2}$$

$$=\frac{(x^2+7)(3)-(3x-5)(2x)}{(x^2+7)^2}$$

$$=\frac{-3x^2+10x+21}{(x^2+7)^2}$$ ■

예제 5 $y=\dfrac{2}{x^4+1}+\dfrac{3}{x}$일 때, D_xy를 구하여라.

풀이

$$D_xy=D_x\left(\frac{2}{x^4+1}\right)+D_x\left(\frac{3}{x}\right)$$

$$=\frac{(x^4+1)D_x(2)-2D_x(x^4+1)}{(x^4+1)^2}+\frac{xD_x(3)-3D_x(x)}{x^2}$$

$$=\frac{(x^4+1)(0)-(2)(4x^3)}{(x^4+1)^2}+\frac{(x)(0)-(3)(1)}{x^2}$$

$$=\frac{-8x^3}{(x^4+1)^2}-\frac{3}{x^2}$$ ■

예제 6 거듭제곱의 미분 공식은 지수가 음의 정수일 때도 성립함을 보여라. 즉,

$$\boxed{D_x(x^{-n})=-nx^{-n-1}}$$

풀이

$$D_x(x^{-n})=D_x\left(\frac{1}{x^n}\right)=\frac{x^n\cdot 0-1\cdot nx^{n-1}}{x^{2n}}=\frac{-nx^{n-1}}{x^{2n}}=-nx^{-n-1}$$ ■

예제 5에서 우리는 $D_x(3/x)=-3/x^2$임을 보았다. 이제 이것을 위와 같이 다른 방법으로 구할 수 있다.

개념 복습

1. 두 함수의 곱의 도함수는 첫째 곱하기 ______ 더하기 ______ 곱하기 첫째의 도함수이다. 기호를 써서 나타내면, $D_x[f(x)g(x)]=$______.

2. 몫(나눗셈)의 도함수는 ______ 곱하기 분자의 도함수 빼기 분자 곱하기 ______의 도함수, 이 전체를 ______으로 나눈 것이다. 기호를 써서 나타내면, $D_x[f(x)/g(x)]=$______.

3. $(x+h)^n$을 전개했을 때, 두 번째 항(h를 포함하는 항)은 ______이다. 이 사실 때문에, 미분 공식 $D_x[x^n]=$______이 나온다.

4. 만약 $L(kf)=$______이고 $L(f+g)=$______이면, L은 선형 연산자라고 부른다. ______로 나타내는 미분 연산자는 선형 연산자의 일종이다.

연습문제 2.3

문제 1~44에서 이 절의 공식들을 사용하여 D_xy를 구하여라.

1. $y=2x^2$

2. $y=3x^3$

3. $y=\pi x$

4. $y=\pi x^3$

5. $y=2x^{-2}$

6. $y=-3x^{-4}$

7. $y=\dfrac{\pi}{x}$

8. $y=\dfrac{\alpha}{x^3}$

9. $y=\dfrac{100}{x^5}$

10. $y=\dfrac{3\alpha}{4x^5}$

11. $y=x^2+2x$

12. $y=3x^4+x^3$

13. $y=x^4+x^3+x^2+x+1$

14. $y=3x^4-2x^3-5x^2+\pi x+\pi^2$

15. $y=\pi x^7-2x^5-5x^{-2}$

16. $y=x^{12}+5x^{-2}-\pi x^{-10}$

17. $y=\dfrac{3}{x^3}+x^{-4}$

18. $y=2x^{-6}+x^{-1}$

19. $y=\dfrac{2}{x}-\dfrac{1}{x^2}$

20. $y\dfrac{2}{3x}-\dfrac{2}{3}$

21. $y=\dfrac{1}{2x}+2x$

22. $y=\dfrac{2}{3x}-\dfrac{2}{3}$

23. $y=x(x^2+1)$

24. $y=3x(x^3-1)$

25. $y=(2x+1)^2$

26. $y=(-3x+2)^2$

27. $y=(x^2+2)(x^3+1)$

28. $y=(x^4-1)(x^2+1)$

29. $y=(x^2+17)(x^3-3x+1)$

30. $y=(x^4+2x)(x^3+2x^2+1)$

31. $y=(5x^2-7)(3x^2-2x+1)$

32. $y=(3x^2+2x)(x^4-3x+1)$

33. $y=\dfrac{1}{3x^2+1}$

34. $y=\dfrac{2}{5x^2-1}$

35. $y=\dfrac{1}{4x^2-3x+9}$

36. $y=\dfrac{4}{2x^3-3x}$

37. $y=\dfrac{x-1}{x+1}$

38. $y=\dfrac{2x-1}{x-1}$

39. $y=\dfrac{2x^2-1}{3x+5}$

40. $y=\dfrac{5x-4}{3x^2+1}$

41. $y=\dfrac{2x^2-3x+1}{2x+1}$

42. $y=\dfrac{5x^2+2x-6}{3x-1}$

43. $y=\dfrac{x^2-x+1}{x^2+1}$

44. $y=\dfrac{x^2-2x+5}{x^2+2x-3}$

45. $f(0)=4$, $f'(0)=-1$, $g(0)=-3$, $g'(0)=5$일 때, 다음을 구하여라.

(a) $(f\cdot g)'(0)$ (b) $(f+g)'(0)$ (c) $(f/g)'(0)$

46. $f(3)=7$, $f'(3)=2$, $g(3)=6$, $g'(3)=-10$일 때, 다음을 구하여라.

(a) $(f-g)'(3)$ (b) $(f\cdot g)'(3)$ (c) $(g/f)'(3)$

47. 곱의 미분 공식을 사용하여, $D_x[f(x)]^2=2\cdot f(x)\cdot D_xf(x)$임을 보여라.

EXPL **48.** $D_x[f(x)g(x)h(x)]$의 공식을 이끌어 내어라.

49. $y=x^2-2x+2$의 점 (1, 1)에서의 접선의 방정식을 구하여라.

50. $y=1/(x^2+4)$의 점 (1, 1/5)에서의 접선의 방정식을 구하여라.

51. $y=x^3-x^2$의 그래프에서 접선이 수평이 되는 점들을 모두 찾아라.

52. $y=\frac{1}{3}x^3+x^2-x$의 그래프에서 접선의 기울기가 1이 되는 점들을 모두 찾아라.

53. $y=100/x^5$의 그래프에서 접선이 직선 $y=x$와 직교하는 점들을 모두 찾아라.

54. 정리 F를 두 가지 방법으로 증명하여라.

55. 어떤 공의 지면으로부터의 높이 s피트가 시간 t초의 함수로서, $s=-16t^2+40t+100$으로 주어졌다.

(a) $t=2$일 때의 순간 속도는?

(b) 순간 속도가 0이 되는 때는?

56. 경사면을 따라서 공이 굴러가는데, t초 후에 그 공은 출발 지점에서부터 $s=4.5t^2+2t$ 피트 거리에 있다. 순간 속도가 초속 30 피트가 되는 것은 언제인가?

≈ **57.** 곡선 $y=4x-x^2$의 접선들 중에 점 (2, 5)를 지나는 것은 두 개가 있다. 그 두 개의 방정식을 구하여라. 도움말: 접하는 점을 (x_0, y_0)이라 하자. (x_0, y_0)이 꼭 만족해야 할 두 조건을 찾아라. 그림 4 참조.

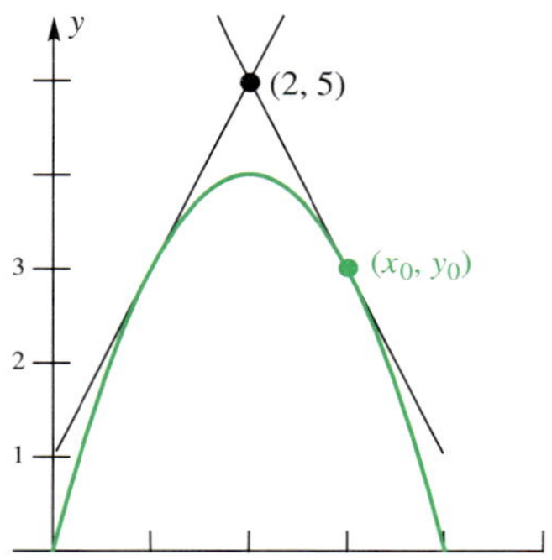

그림 4

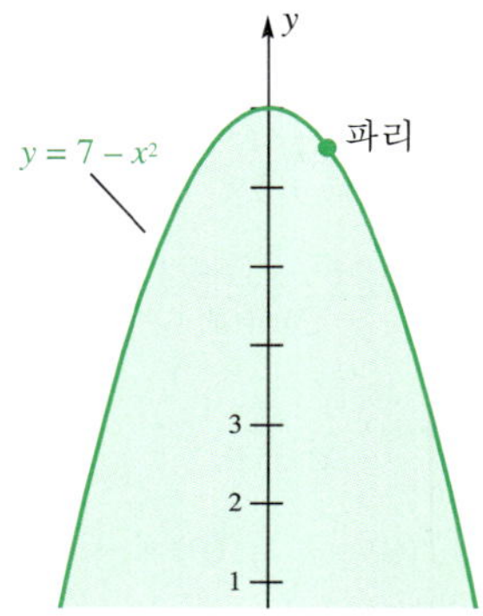

그림 5

≈ **58.** 우주 여행자가 곡선 $y=x^2$을 따라서 왼쪽에서 오른쪽으로 움직이고 있다. 우주선의 엔진을 끄면, 우주선은 그 순간 놓여 있던 지점에 접하는 접선을 따라서 움직이게 된다. 점 (4, 15)로 가려면, 어떤 지점에서 우주선의 엔진을 꺼야 하는가?

≈ **59.** 파리가 곡선 $y=7-x^2$의 위에 붙어서, 왼쪽에서 오른쪽으로 기어가고 있다(그림 5). 그런데 거미가 점 (4, 0)에 앉아 있다. 이들이 상대방을 처음 보게 되는 순간, 이들 사이의 거리를 구하여라.

60. 점 $P(a, b)$는 곡선 $y=1/x$의 제1사분면에 놓여 있는 점이라 하고, P에서 접하는 접선이 x축과 만나는 점을 A라 하자. 삼각형 AOP는 이등변삼각형임을 보이고, 그 넓이를 구하여라.

61. 공 모양의 수박이 있는데, 그 반지름은 매주 2 센티미터씩, 일정한 비율로 커진다. 그런데 껍질의 두께는 항상 반지름의 1/10이다. 5째 주의 주말에, 껍질의 부피는 얼마나 빨리 커지고 있는가? 반지름은 맨 처음에 0이었다고 가정한다.

CAS **62.** 문제 29~44를 컴퓨터를 써서 풀어 보고, 직접 구한 답과 비교해 보아라.

개념 복습 해답: **1.** 둘째의 도함수, 둘째, $f(x)D_xg(x)+g(x)D_xf(x)$ **2.** 분모, 분모, 분모의 제곱, $[g(x)D_xf(x)-f(x)D_xg(x)]/g^2(x)]$ **3.** $nx^{n-1}h$, nx^{n-1} **4.** $kL(f)$, $L(f)+L(g)$, D_x

2.4 삼각함수의 미분

그림 1을 보면 사인 함수와 코사인 함수의 정의가 떠오른다. 앞으로 다루는 내용에서, 변수 t는 단위원의 호의 길이를 나타내는 수 즉, 호에 대응하는 각을 라디안으로 나타낸 수라고 생각한다. 따라서 $f(t)=\sin t$와 $g(t)=\cos t$는 정의역이 실수인 함수들이다. 이들의 도함수를 구해 보자.

미분 공식 변수 t 대신에 x를 사용한다. $D_x(\sin x)$를 구하기 위해서, 도함수의 정의와 $\sin(x+h)$에 대한 덧셈 공식을 사용한다.

$$
\begin{aligned}
D_x(\sin x) &= \lim_{h\to 0}\frac{\sin(x+h)-\sin x}{h} \\
&= \lim_{h\to 0}\frac{\sin x\cos h+\cos x\sin h-\sin x}{h}
\end{aligned}
$$

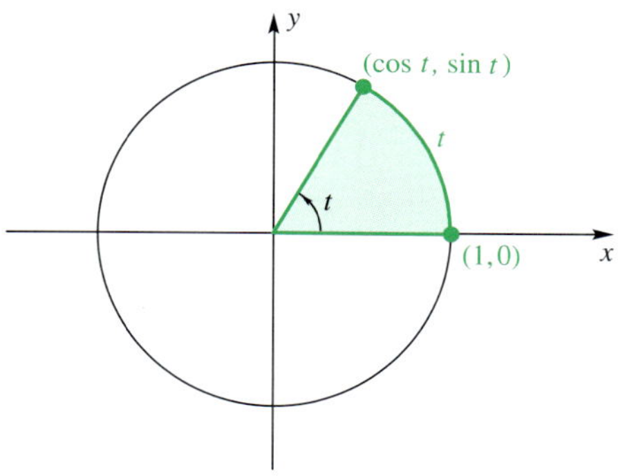

그림 1

$$= \lim_{h\to 0}\left(-\sin x\frac{1-\cos h}{h}+\cos x\frac{\sin h}{h}\right)$$
$$= (-\sin x)\left[\lim_{h\to 0}\frac{1-\cos h}{h}\right]+(\cos x)\left[\lim_{h\to 0}\frac{\sin h}{h}\right]$$

맨 끝의 두 극한은 1.4절에서 공부한 것들임을 주목하고 1.4절 정리 B를 이용하면 다음이 성립한다.

$$\lim_{h\to 0}\frac{\sin h}{h}=1 \text{ 그리고 } \lim_{h\to 0}\frac{1-\cos h}{h}=0$$

따라서

$$D_x(\sin x)=(-\sin x)\cdot 0+(\cos x)\cdot 1=\cos x$$

마찬가지로,

$$D_x(\cos x)=\lim_{h\to 0}\frac{\cos(x+h)-\cos x}{h}$$
$$=\lim_{h\to 0}\frac{\cos x\cos h-\sin x\sin h-\cos x}{h}$$
$$=\lim_{h\to 0}\left(-\cos x\frac{1-\cos h}{h}-\sin x\frac{\sin h}{h}\right)$$
$$=(-\cos x)\cdot 0-(\sin x)\cdot 1$$
$$=-\sin x$$

이 결과들을 요약한 것이 다음의 중요한 법칙이다.

다음을 추측할 수 있을까?

아래 실선으로 된 곡선은 $y=\sin x$의 그래프이다. 기울기는 $x=0$에서 1, $\pi/2$에서 0, π에서 -1, ⋯ 이다. 우리가 기울기 함수(즉, 도함수)의 그래프를 그린다면 우리는 그림의 점선과 같은 곡선을 얻을 수 있다. 그러면 $D_x\sin x=\cos x$라고 추측할 수 있겠는가?

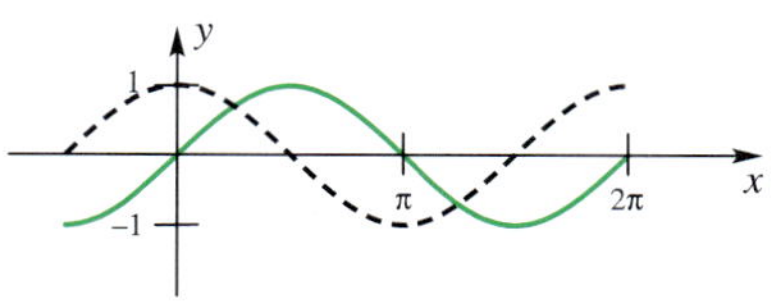

이 두 함수를 CAS나 그래픽 계산기를 이용하여 하나의 창에 그려보기 바란다.

정리 A

함수 $f(x)=\sin x$와 $g(x)=\cos x$는 둘 다 미분가능하다. 실제로

$$D_x(\sin x)=\cos x \quad D_x(\cos x)=-\sin x$$

예제 1 $D_x(3\sin x-2\cos x)$를 구하여라.

풀이

$$D_x(3\sin x-2\cos x)=3D_x(\sin x)-2D_x(\cos x)$$
$$=3\cos x)+2\sin x$$ ■

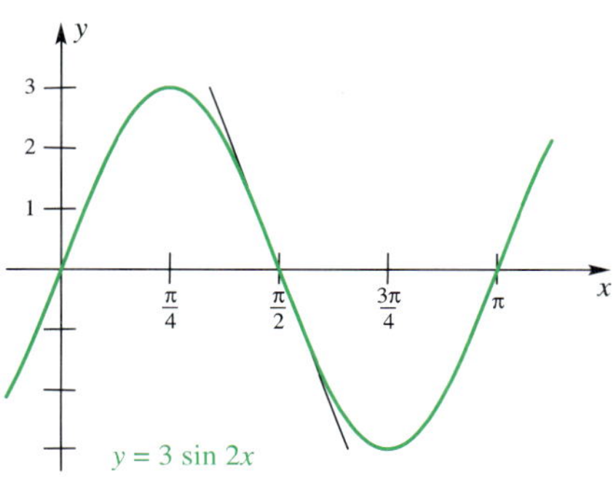

그림 2

예제 2 $y=3\sin x$의 그래프 위의 점 $(\pi, 0)$에서 접선의 방정식을 구하여라(그림 2 참조).

풀이 도함수는 $dy/dx=3\cos x$이므로 $x=\pi$일 때 기울기는 $3\cos\pi=-3$, 점-기울기 공식을 이용하여 접선의 방정식을 구하면 다음과 같다.

$$y-0=-3(x-\pi)$$
$$y=-3x+3\pi$$ ■

곱과 몫의 미분공식들은 삼각함수를 포함한 함수들의 도함수를 구할 때 유용하다.

예제 3 $D_x(x^2 \sin x)$를 구하여라.

풀이 여기에선 곱의 미분공식이 사용된다.

$$D_x(x^2 \sin x) = x^2 D_x(\sin x) + \sin x(D_x x^2) = x^2 \cos x + 2x \sin x$$ ■

예제 4 $\frac{d}{dx}\left(\frac{1+\sin x}{\cos x}\right)$를 구하여라.

풀이 이 문제에선 몫의 미분공식이 사용된다.

$$\begin{aligned}\frac{d}{dx}\left(\frac{1+\sin x}{\cos x}\right) &= \frac{\cos x\left(\frac{d}{dx}(1+\sin x)\right) - (1+\sin x)\left(\frac{d}{dx}\cos x\right)}{\cos^2 x} \\ &= \frac{\cos^2 x + \sin x + \sin^2 x}{\cos^2 x} \\ &= \frac{1+\sin x}{\cos^2 x}\end{aligned}$$ ■

예제 5 시간이 t초일 때 까딱거리는 낚시찌의 중심은 수면에서 $y = 2\sin t$(cm)의 위치에 있다. 시간이 $t=0$, $\pi/2$, π일 때의 낚시찌의 속도는 얼마인가?

풀이 속도는 위치의 도함수이고 $dy/dt = 2\cos t$이다. 따라서 $t=0$일 때, $dy/dt = 2\cos 0 = 2$, $t=\pi/2$일 때 $dy/dt = 2\cos \pi/2 = 0$, $t=\pi$일 때 $dy/dt = 2\cos\pi = -2$이다. ■

탄젠트, 코탄젠트, 시컨트, 코시컨트 함수들은 사인, 코사인 함수로 정의되므로 각 함수들의 도함수는 몫의 미분 법칙을 정리 A에 적용함으로써 얻을 수 있다. 그 결과를 요약한 것이 다음 정리 B이다. 이 증명은 연습문제 5~8로 남긴다.

정리 B

다음 각 함수의 정의역의 모든 x에 대하여

$$D_x \tan x = \sec^2 x \qquad D_x \cot x = -\csc^2 x$$

$$D_x \sec x = \sec x \tan x \qquad D_x \csc x = -\csc x \cot x$$

예제 6 $n \geq 1$일때 $D_x(x^n \tan x)$를 구하여라.

풀이 정리 B에 곱의 미분공식을 적용하면

$$D_x(x^n \tan x) = x^n D_x(\tan x) + \tan x(D_x x^n) = x^n \sec^2 x + nx^{n-1} \tan x$$ ■

예제 7 $y=\tan x$ 위의 점 $(\pi/4, 1)$에서 접선의 방정식을 구하여라.

풀이 $y=\tan x$의 도함수는 $dy/dx=\sec^2 x$이다. $x=\pi/4$일 때 도함수값은 $\sec^2\frac{\pi}{4}=\left(\frac{2}{\sqrt{2}}\right)^2=2$이다. 따라서 접선은 기울기는 2이고 $(\pi/4, 1)$을 지난다. 그러므로

$$y-1=2\left(x-\frac{\pi}{4}\right)$$

$$y=2x-\frac{\pi}{2}+1$$

■

예제 8 $y=\sin^2 x$의 접선이 수평선이 되는 모든 점을 구하여라.

풀이 접선이 수평선이 되려면 도함수값이 0이 되어야 한다. $\sin^2 x$의 도함수를 구하기 위해 곱의 미분법칙을 사용한다.

$$\frac{d}{dx}\sin^2 x=\frac{d}{dx}(\sin x\sin x)=\sin x\cos x+\sin x\cos x=2\sin x\cos x$$

$\sin x$와 $\cos x$의 곱이 0이 되는 것은 $\sin x$가 0이 되거나 $\cos x$가 0이 될 때이다. 즉 $x=0,\ \pm\frac{\pi}{2},\ \pm\pi,\ \pm\frac{3}{2}\pi,\ \ldots$ ■

개념 복습

1. 정의에 따라 $D_x(\sin x)=\lim_{h\to 0}$ ______.

2. 위의 극한을 구하기 위해서, 먼저 사인 함수의 덧셈 공식을 사용하고, 그 다음에 약간의 과정을 거쳐서 다음을 얻는다.

$D_x(\sin x)=$

$$(-\sin x)\left(\lim_{h\to 0}\frac{1-\cos h}{h}\right)+(\cos x)\left(\lim_{h\to 0}\frac{\sin h}{h}\right)$$

이 두 극한의 값은 각각 ______과 ______이다.

3. 이 계산의 결과로, 중요한 미분 공식 $D_x(\sin x)=$ ______를 얻는다. 대응하는 미분 공식 $D_x(\cos x)=$ ______도 비슷한 방법으로 얻는다.

4. $x=\pi/3$일 때, $D_x(\sin x)$의 값은 ______이다. 그러므로 $y=\sin x$의 $x=\pi/3$에서의 접선의 방정식은 ______이다.

연습문제 2.4

문제 1~18에서 $D_x y$를 구하여라.

1. $y=2\sin x+3\cos x$

2. $y=\sin^2 x$

3. $y=\sin^2 x+\cos^2 x$

4. $y=1-\cos^2 x$

5. $y=\sec x=1/\cos x$

6. $y=\csc x=1/\sin x$

7. $y=\tan x=\dfrac{\sin x}{\cos x}$

8. $y=\cot x\dfrac{\cos x}{\sin x}$

9. $y=\dfrac{\sin x+\cos x}{\cos x}$

10. $y=\dfrac{\sin x+\cos x}{\tan x}$

11. $y=\sin x+\cos x$

12. $y=\sin x\tan x$

13. $y=\dfrac{\sin x}{x}$

14. $y=\dfrac{1-\cos x}{x}$

15. $y=x^2\cos x$

16. $y=\dfrac{x\cos x+\sin x}{x^2+1}$

17. $y=\tan^2 x$

18. $y=\sec^3 x$

C **19.** $x=1$에서 $y=\cos x$에 접하는 접선의 방정식을 구하여라.

20. $x=\frac{\pi}{4}$에서 $y=\cot x$에 접하는 접선의 방정식을 구하여라.

21. 삼각항등식 $\sin 2x=2\sin x\cos x$와 곱의 미분공식을 사용하여 $D_x \sin 2x$를 구하여라.

22. 배각의 공식 $\cos 2x=2\cos^2 x-1$과 곱의 미분공식을 사용하여 $D_x \cos 2x$를 구하여라.

23. 유원지에 반지름이 30피트인 페리스 회전바퀴가 초속 2라디안의 각속도로 반시계 방향으로 돌고 있다. 바퀴 둘레에 달린 의자의 높이가 바퀴의 중심을 지나는 수평선에서 15피트 위에 있게 될때(수직방향으로) 의자가 올라가는 순간 속도는? 도움말: 문제 21의 결과를 이용하여라.

24. 반지름이 20피트인 페리스 회전바퀴가 초속 1라디안의 각속도로 반시계 방향으로 돌고 있다. 바퀴둘레에 달린 한 의자가 $t=0$일 때 (20, 0) 지점에 있다.

(a) $t=\pi/6$일 때 그 좌표는?

(b) $t=\pi/6$일 때 얼마나 빨리 (수직으로)올라가고 있는가?

(c) 가장 빨리 올라갈 때 얼마나 빨리 (수직으로) 올라가고 있는가?

25. $y=\tan x$와 $x=0$에서 접하는 접선의 방정식을 구하여라.

26. $y=\tan^2 x$의 그래프에서 접선이 수평이 되는 점들을 모두 찾아라.

27. $y=9\sin x\cos x$의 그래프에서 접선이 수평이 되는 점들을 모두 찾아라.

28. $f(x)=x-\sin x$라고 하자. $y=f(x)$의 그래프에서 접선이 수평이 되는 점들을 모두 찾아라. $y=f(x)$의 그래프에서 접선의 기울기가 2가 되는 점들을 모두 찾아라.

29. 곡선 $y=\sqrt{2}\sin x$와 $y=\sqrt{2}\cos x$는 구간 $0<x<\pi/2$의 어떤 점에서 서로 직교함을 보여라.

30. 시간 t초일 때 낚시찌의 중점이 수면에서 $2\sin t$ 센티미터 위에 있다. $t=0,\ \pi/2,\ \pi$일 때 찌의 속도는?

31. 미분의 정의를 써서, $D_x(\sin x^2)=2x\cos x^2$임을 보여라.

32. 미분의 정의를 써서, $D_x(\sin 5x)=5\cos 5x$임을 보여라.

GC 문제 33, 34는 컴퓨터 또는 그래프 계산기를 사용하여라.

33. $f(x)=x\sin x$에 대하여

(a) $f(x)$와 $f'(x)$의 그래프를 구간 $[\pi, 6\pi]$에서 그려라.

(b) 방정식 $f(x)=0$은 구간 $[\pi, 6\pi]$에서 몇 개의 근을 가지는가? 방정식 $f'(x)=0$은 이 구간에서 몇 개의 근을 가지는가?

(c) 다음 추정은 무엇이 잘못되었는가? f와 f'이 둘 다 구간 $[a, b]$에서 연속이고 미분가능이며, $f(a)=f(b)=0$이고, $f(x)=0$이 구간 $[a, b]$에서 꼭 n개의 근을 가지면, $f'(x)=0$은 구간 $[a, b]$에서 꼭 $n-1$개의 근을 가진다.

(d) 구간 $[\pi, 6\pi]$에서 $|f(x)-f'(x)|$의 최대값을 구하여라.

34. $f(x)=\cos^3 x-1.25\cos^2 x+0.225$라고 하자. 구간 $[\pi/2, \pi]$에서 $f(x_0)=0$이 되는 x_0에 대해서, $f(x_0)$를 구하여라.

개념 복습 해답: **1.** $[\sin(x+h)-\sin x]/h$ **2.** 0 : 1 **3.** $\cos x,\ -\sin x$ **4.** $\frac{1}{2},\ y-\sqrt{3}/2=\frac{1}{2}(x-\pi/3)$

2.5 연쇄법칙

다음 함수의 도함수를 생각해 보자.

$$F(x)=(2x^2-4x+1)^{60}$$

미분을 할 수는 있지만, 우선 이차인수 $2x^2-4x+1$을 60번 곱해야 하며, 그 결과로 나오는 다항식을 미분해야 한다. 그렇다면 다음 함수의 도함수를 구하려면 어떻게 해야 할까?

$$G(x)=\sin 3x$$

적당한 삼각함수 공식들을 써서, 이것을 $\sin x$와 $\cos x$만을 써서 표현한 다음에, 앞절의 미분공식들을 사용하면 될 것이다.

그런데 다행히, 훨씬 쉬운 방법이 있다. 연쇄법칙을 배우고 나면, 다음과 같이 답을 낼 수 있다.

$$F'(x)=(2x^2-4x+1)^{59}(4x-4)$$

그리고

$$G'(x)=3\cos 3x$$

연쇄법칙은 매우 중요하며, 거의 모든 함수의 도함수에 이것을 사용할 것이다.

합성함수의 미분 철수가 영희보다 2배 빨리 타자를 치고, 영희는 민수보다 3배 빨리 타자를 친다면, 철수는 민수보다 $2\cdot 3=6$배 빨리 타자를 친다.

이제 합성함수 $y=f(g(x))$를 생각해보자. $u=g(x)$라 놓으면 f를 u에 관한 함수라고 볼 수 있다. $f(u)$는 u보다 2배 빨리 변하고 $u=g(x)$는 x보다 3배 빨리 변한다면 y는 x보다 얼마나 빠르게 변할까? 두 문장 "$y=f(u)$는 u보다 2배 빠르게 변한다"와 "$u=g(x)$는 x보다 3배 빠르게 변한다"는 다음과 같이 표현할 수 있다.

$$\frac{dy}{du}=2, \quad \frac{du}{dx}=3$$

앞 문단에서처럼 y의 변화율은 이 둘을 서로 곱한 것처럼 보인다. 즉, x에 관한 y의 변화율은 u에 관한 y의 변화율과 x에 관한 u의 변화율을 곱한 것과 같아 보인다. 즉,

$$\frac{dy}{dx}=\frac{dy}{du}\times\frac{du}{dx}$$

이것은 실제로 성립하며, 증명은 이 절의 마지막 부분에서 할 것이다. 이 결과를 **연쇄법칙**(chain rule)이라 부른다.

정리 A 연쇄법칙

$y=f(u)$이고 $u=g(x)$라 하자. g가 x에서 미분 가능하고, f가 $u=g(x)$에서 미분가능하면, $(f\circ g)(x)=f(g(x))$로 정의한 합성함수 $f\circ g$는 x에서 미분가능하고,

$$(f\circ g)'(x)=f'(g(x))g'(x)$$

즉,

$$D_x(f\,g(x))=f'(g(x))g'(x)$$

또는

$$\frac{dy}{dx}=\frac{dy}{du}\frac{du}{dx}$$

연쇄법칙은 이렇게 외우면 된다: 합성함수의 도함수는 바깥쪽 함수를 안쪽 함수에서 미분한 것, 곱하기 안쪽 함수를 미분한 것.

연쇄법칙의 응용 우선 이 절의 시작 부분에 나온 함수 $(2x^2-4x+1)^{60}$을 생

각해보자.

예제 1 $y=(2x^2-4x+1)^{60}$일 때, D_xy를 구하여라.

풀이 y를 x의 함수의 60승이라고 생각한다. 즉,

$$y=u^{60}, \quad u=2x^2-4x+1$$

바깥쪽 함수는 $f(u)=u^{60}$이고, 안쪽 함수는 $u=g(x)=2x^2-4x+1$. 따라서

$$\begin{aligned}D_xy&=D_x(f\,g(x))\\&=f'(u)g'(x)\\&=(60u^{59})(4x-4)\\&=60(2x^2-4x+1)^{59}(4x-4)\end{aligned}$$

■

예제 2 $y=1/(2x^5-7)^3$일 때, $\dfrac{dy}{dx}$를 구하여라.

풀이 이것을 다음과 같이 생각한다.

$$y=\frac{1}{u^3}=u^{-3}, \quad u=2x^5-7$$

따라서

$$\begin{aligned}\frac{dy}{dx}&=\frac{dy}{du}\frac{du}{dx}\\&=(-3u^4)(10x^4)\\&=\frac{-3}{u^4}\cdot 10x^4\\&=\frac{-30x^4}{(2x^5-7)^4}\end{aligned}$$

■

> *맨 끝이 맨 앞으로*
>
> 미분 공식들을 적용할 때, 다음 요령을 염두에 두기 바란다.
>
> *계산의 맨 끝 단계가 미분할 때는 맨 앞 단계이다.*
>
> 예를 들어 어떤 x값에 대해서 $\sin^3(4x)$를 계산할 때, 맨 끝 단계 계산은 $\sin(4x)$를 세제곱하는 것이다. 그러므로 $\sin^3(4x)$를 미분할 때 맨 처음 적용해야 하는 미분 공식은 u^3의 미분 공식이다. 이와 마찬가지로,
>
> $$\frac{x^2-1}{x^2+1}$$
>
> 을 계산할 때 맨 끝 단계는 몫(나눗셈)을 취하는 것인데, 미분할 때는 몫(나눗셈)의 미분 공식을 맨 처음에 적용해야 한다.

예제 3 $D_t\left(\dfrac{t^3-2t+1}{t^4+3}\right)^{13}$을 구하여라.

풀이 미분할 식의 마지막 단계는 안에 있는 식을 13승하는 것이다. 따라서, $u=(t^3-2t+1)/(t^4+3)$일 때 $y=u^{13}$에 연쇄법칙을 적용하는 것으로 시작한다. 몫의 미분공식과 연쇄법칙을 적용하면

$$\begin{aligned}D_t\left(\frac{t^3-2t+1}{t^4+3}\right)^{13}&=13\left(\frac{t^3-2t+1}{t^4+3}\right)^{13-1}D_t\left(\frac{t^3-2t+1}{t^4+3}\right)\\&=13\left(\frac{t^3-2t+1}{t^4+3}\right)^{12}\frac{(t^4+3)(3t^2-2)-(t^3-2t+1)(4t^3)}{(t^4+3)^2}\\&=13\left(\frac{t^3-2t+1}{t^4+3}\right)^{12}\cdot\frac{-t^6+6t^4-4t^3+9t^2-6}{(t^4+3)^2}\end{aligned}$$

■

연쇄법칙을 사용하면 삼각함수를 포함한 도함수의 계산이 간단해진다. 삼각함수 공식(앞 절 문제 21참조)을 이용하여 $y=\sin 2x$를 미분할 수 있지만 연

쇄법칙을 이용하면 더 쉽게 미분할 수 있다.

예제 4 $y=\sin 2x$일 때 $\frac{dy}{dx}$를 구하여라.

풀이 이 식은 $2x$에 사인값을 취한 것이다. 따라서 $u=2x$로 놓고 $y=\sin u$에 연쇄법칙을 적용한다.

$$\frac{dy}{dx}=(\cos 2x)\left(\frac{d}{dx}2x\right)=2\cos 2x \qquad ■$$

예제 5 $F(y)=y\sin y^2$일 때 $F'(y)$를 구하여라.

풀이 이 식은 y와 $\sin y^2$을 곱하는 것이므로 곱의 미분법칙을 적용하는 것으로 시작한다. 또, $\sin y^2$을 미분할 때 연쇄법칙을 적용한다.

$$\begin{aligned}F'(y)&=yD_y[\sin y^2]+(\sin y^2)D_y(y)\\&=y(\cos y^2)D_y(y^2)+(\sin y^2)(1)\\&=2y^2\cos y^2+\sin y^2\end{aligned} \qquad ■$$

예제 6 $D_x\left(\frac{x^2(1-x)^3}{1+x}\right)$를 구하여라.

풀이 이 식은 분수이다. 따라서 몫의 미분법을 처음에 적용한다. 그리고 분자를 미분할 때 곱의 미분법칙과 연쇄법칙이 적용된다.

$$\begin{aligned}D_x\left(\frac{x^2(1-x)^3}{1+x}\right)&=\frac{(1+x)D_x(x^2(1-x)^3)-x^2(1-x)^3D_x(1+x)}{(1-x)^2}\\&=\frac{(1+x)[x^2D_x(1-x)^3+(1-x)^3D_x(x^2)]-x^2(1-x)^3(1)}{(1+x)^2}\\&=\frac{(1+x)[x^2(3(1-x)^2(-1))+(1-x)^3(2x)]-x^2(1-x)^3}{(1+x)^2}\\&=\frac{(1+x)[-3x^2(1-x)^2+2x(1-x)^3]-x^2(1-x)^3}{(1+x)^2}\\&=\frac{(1+x)(1-x)^2x(2-5x)-x^2(1-x)^3}{(1+x)^2}\end{aligned} \qquad ■$$

도함수의 표기법

이 절에서 우리는 도함수에 대한 다양한 표기법을 사용한다. 다시 말해

$$f'(x)$$
$$\frac{dy}{dx}$$
$$D_xf(x)$$

이제 이러한 기호들에 익숙해져야 한다. 이 기호들은 이 책의 나머지 부분에서 사용될 것이다.

예제 7 $\frac{d}{dx}\frac{1}{(2x-1)^3}$을 구하여라.

풀이

$$\begin{aligned}\frac{d}{dx}\frac{1}{(2x-1)^3}&=\frac{d}{dx}(2x-1)^{-3}\\&=-3(2x-1)^{-3-1}\frac{d}{dx}(2x-1)\\&=-\frac{6}{(2x-1)^4}\end{aligned} \qquad ■$$

마지막 예제에서 몫의 미분법칙의 사용하지 않았다. 몫의 미분공식을 사용했다면 분자의 도함수는 0이 됨을 명심하라. (몫의 미분공식을 사용하여 위의 결과와 같은지 확인해 보아라) 일반적으로 분수의 분자가 상수이면 몫의 미분법칙을 적용하지 않는다. 그 대신에 분수를 상수와 분모의 음의 거듭제곱식의 곱으로 나타내고 연쇄법칙을 적용한다.

예제 8 F가 미분가능할 때, 다음의 도함수들을 함수 $F(x)$를 사용하여 나타내어라.

(a) $D_x(F(x^3))$ (b) $D_x[(F(x))^3]$

풀이

(a) 이 식은 x^3에 함수 F를 취한다. (여기서 안쪽 함수를 $u=x^3$로 놓고 바깥쪽 함수를 $F(u)$로 놓는다) 따라서,

$$D_x(F(x^3))=F'(x^3)D_x(x^3)=3x^2F'(x^3)$$

(b) 이 식은 $F(x)$값에 세제곱을 한 것이다. (여기서 안쪽 함수를 $u=F(x)$, 바깥쪽 함수를 u^3으로 놓는다) 따라서 처음에 거듭제곱의 미분법칙을 적용한 후에 연쇄법칙을 적용한다.

$$D_x[(F(x))^3]=3[F(x)]^2D_x(F(x))=3[F(x)]^2F'(x)$$ ■

연쇄법칙의 반복 합성함수에다 연쇄법칙을 적용하다 보면, 안쪽 함수를 미분하는 데에 또 연쇄법칙을 써야 할 때가 있다. 이런 경우는, 연쇄법칙을 한 번 더 쓰면 된다.

예제 9 $D_x\sin^3(4x)$를 구하여라.

풀이 $\sin^3(4x)=[\sin(4x)]^3$임을 기억한다. 따라서 이것은 x의 함수의 세제곱이라고 봐야 한다. 그러므로 "바깥쪽 함수를 안쪽 함수에서 미분한 것, 곱하기 안쪽 함수의 미분한 것"이라는 방법을 적용하면, 다음을 얻는다.

$$D_x\sin^3(4x)=D_x[\sin(4x)]^3=3[\sin(4x)]^{3-1}D_x[\sin(4x)]$$

이제 안쪽 함수의 미분을 구하기 위해서, 연쇄법칙을 한 번 더 적용한다.

$$\begin{aligned}D_x\sin^3(4x)&=3[\sin(4x)]^{3-1}D_x\sin(4x)\\&=3[\sin(4x)]^2\cos(4x)D_x(4x)\\&=3[\sin(4x)]^2\cos(4x)4\\&=12\cos(4x)\sin^2(4x)\end{aligned}$$ ■

예제 10 $D_x\sin[\cos(x^2)]$을 구하여라.

풀이

$$D_x\sin[\cos(x^2)]=\cos[\cos(x^2)]\cdot[-\sin(x^2)]\cdot 2x$$

$$= -2x \sin(x^2)\cos[\cos(x^2)]$$ ■

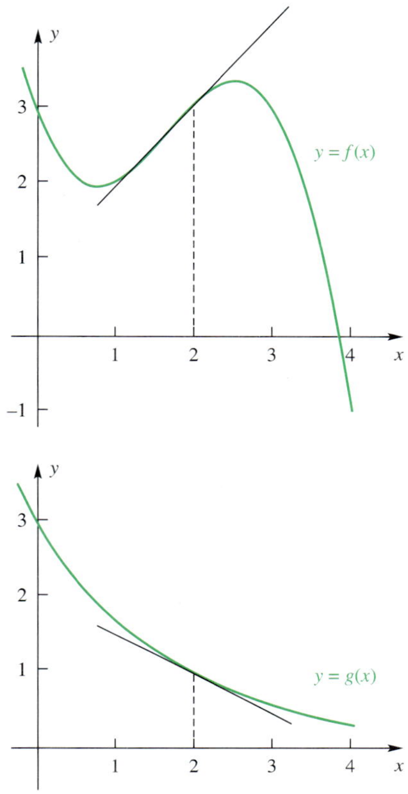

그림 1

예제 11 $y=f(x)$, $y=g(x)$의 그래프가 그림 1과 같다. 이 그래프를 이용하여 (a) $(f-g)'(2)$와 (b) $(f\circ g)'(2)$의 근사값을 구하여라.

풀이

(a) 2.3절의 정리 F에 의해, $(f-g)'(2)=f'(2)-g'(2)$이다. 그림 1에서 $f'(2)\approx 1$이고 $g'(2)\approx -\frac{1}{2}$이다. 따라서

$$(f-g)'(2)\approx 1-\left(-\frac{1}{2}\right)=\frac{3}{2}$$

(b) 그림 1에서 $f'(1)\approx\frac{1}{2}$이다. 따라서 연쇄법칙에 의해

$$(f\circ g)'(2)=f'(g(2))g'(2)=f'(1)g'(2)\approx\frac{1}{2}\left(-\frac{1}{2}\right)=-\frac{1}{4}$$ ■

연쇄법칙의 대략 증명 이제 연쇄법칙의 증명 방법의 개요를 제시한다.

증명 $y=f(u)$이고 $u=g(x)$라 하고, g는 x에서 미분가능, f는 $u=g(x)$에서 미분 가능이라 하자. x의 증분 Δx를 주었을 때, 그에 대응하는 u와 y의 증분은 다음과 같다.

$$\begin{aligned}\Delta u &= g(x+\Delta x)-g(x)\\ \Delta y &= f(g(x+\Delta x))-f(g(x))\\ &= f(u+\Delta u)-f(u)\end{aligned}$$

따라서

$$\begin{aligned}\frac{dy}{dx} &= \lim_{\Delta x\to 0}\frac{\Delta y}{\Delta x}=\lim_{\Delta x\to 0}\frac{\Delta y}{\Delta u}\frac{\Delta u}{\Delta x}\\ &= \lim_{\Delta x\to 0}\frac{\Delta y}{\Delta u}\cdot\lim_{\Delta x\to 0}\frac{\Delta u}{\Delta x}\end{aligned}$$

g는 x에서 미분가능하므로, 거기에서 연속이며(2.2절 정리 A), 따라서 $\Delta x\to 0$이면 $\Delta u\to 0$이 된다. 그러므로

$$\frac{dy}{dx}=\lim_{\Delta u\to 0}\frac{\Delta y}{\Delta u}\cdot\lim_{\Delta x\to 0}\frac{\Delta u}{\Delta x}=\frac{dy}{du}\cdot\frac{du}{dx}$$

이 증명은 매우 산뜻하지만, 유감스럽게도 미묘한 결함이 있다. 함수 $u=g(x)$들 중에서 x의 어떠한 근방에서든 $\Delta u=0$이 되는 점들이 존재하는 경우가 있다(상수함수 $g(x)=k$가 좋은 예이다). 그래서 첫 번째 단계에서 Δu로 나눈 것이 타당하지 않을 수 있다. 이 경우도 연쇄법칙은 여전히 성립하지만, 이 난점을 극복하고 증명하는 일은 상당히 어렵다. 연쇄법칙의 완전한 증명은 부록에 제시해 놓았다(A.2절 정리 B). ■

개념 복습

1. $y=f(u)$, $u=g(t)$이면, $D_t y=D_u y\cdot$______.
   함수 기호로 나타내면, $(f\circ g)'t=$__________.
2. $w=G(v)$, $v=H(s)$이면, $D_s w=$______$D_s v$.
   함수 기호로 나타내면, $(G\circ H)'(s)=$__________.
3. $D_x\cos[(f(x))^2]=-\sin($______$)\cdot D_x($______$)$
4. $y=(2x+1)^3\sin(x^2)$이면, $D_x y=(2x+1)^3\cdot$______ $+\sin(x^2)$______

연습문제 2.5

문제 1~20에서 $D_x y$를 구하여라.

1. $y=(1+x)^{15}$
2. $y=(7+x)^5$
3. $y=(3-2x)^5$
4. $y=(4+2x^2)^7$
5. $y=(x^3-2x^2+3x+1)^{11}$
6. $y=(x^2-x+1)^{-7}$
7. $y=\dfrac{1}{(x+3)^5}$
8. $y=\dfrac{1}{(3x^2+x-3)^9}$
9. $y=\sin(x^2+x)$
10. $y=\cos(3x^2-2x)$
11. $y=\cos^3 x$
12. $y=\sin^4(3x^2)$
13. $y=\left(\dfrac{x+1}{x-1}\right)^3$
14. $y=\left(\dfrac{x-2}{x-\pi}\right)^{-3}$
15. $y=\cos\left(\dfrac{3x^2}{x+2}\right)$
16. $y=\cos^3\left(\dfrac{x^2}{1-x}\right)$
17. $y=(3x-2)^2(3-x^2)^2$
18. $y=(2-3x^2)^4(x^7+3)^3$
19. $y=\dfrac{(x+)^2}{3x-4}$
20. $y=\dfrac{2x-3}{(x^2+4)^2}$

문제 21~28에서 다음 미분을 구하여라.

21. y', 단, $y=(x^2+4)^2$
22. y', 단, $y=(x+\sin x)^2$
23. $D_t\left(\dfrac{3t-2}{t+5}\right)^3$
24. $D_s\left(\dfrac{s^2-9}{s+4}\right)$
25. $\dfrac{d}{dt}\left(\dfrac{(3t-2)^3}{t+5}\right)$
26. $\dfrac{d}{d\theta}(\sin^3\theta)$
27. $\dfrac{dy}{dx}$, 단, $y=\left(\dfrac{\sin x}{\cos 2x}\right)^3$
28. $\dfrac{dy}{dt}$, 단, $y=[\sin t\tan(t^2+1)]$

문제 29~32에서 다음 도함수 값을 구하여라.

29. $f'(3)$, 단, $f(x)=\left(\dfrac{x^2+1}{x+2}\right)^3$
30. $G'(1)$, 단, $G(t)=(t^2+9)^3(t^2-2)^4$
31. C $F'(1)$, 단, $F(t)=\sin(t^2+3t+1)$
32. $g'\left(\dfrac{1}{2}\right)$, 단, $g(s)=\cos\pi s\sin^2\pi s$

문제 33~40에서 연쇄법칙을 여러 번 적용해서 다음 도함수를 구하여라.

33. $D_x[\sin^4(x^2+3x)]$
34. $D_t[\cos^5(4t-19)]$
35. $D_t[\sin^3(\cos t)]$
36. $D_u\left[\cos^4\left(\dfrac{u+1}{u-1}\right)\right]$
37. $D_\theta[\cos^4(\sin\theta^2)]$
38. $D_x[x\sin^2(2x)]$
39. $D_x\{\sin[\cos(\sin 2x)]\}$
40. $D_t\{\cos^2[\cos(\cos t)]\}$

문제 41~46에서, 그림 2, 3을 이용하여 다음의 근사값을 구하여라.

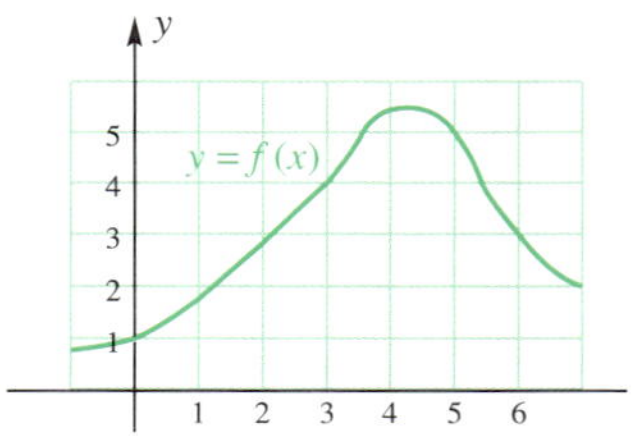

그림 2

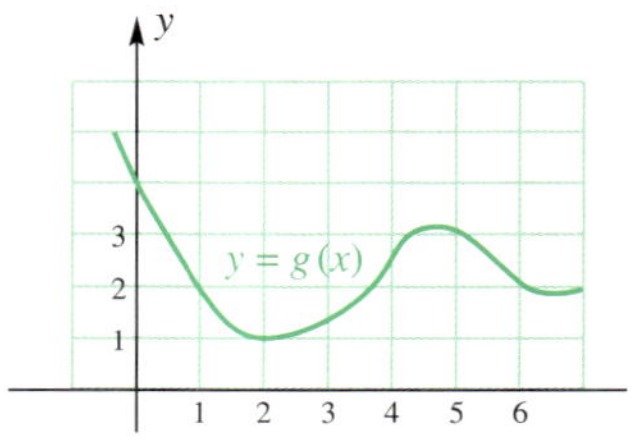

그림 3

41. $(f+g)'(4)$
42. $(f-2g)'(2)$
43. $(fg)'(2)$
44. $(f/g)'(2)$
45. $(f\circ g)'(6)$
46. $(g\circ f)'(3)$

문제 47~58에서 함수 $F(x)$의 항으로 다음 도함수를 나타내어라. 단, F는 미분가능하다고 한다.

47. $D_x(F(2x))$
48. $D_x(F(x^2+1))$
49. $D_t((F(t))^{-2})$
50. $\dfrac{d}{dz}\left(\dfrac{1}{(F(z))^2}\right)$
51. $\dfrac{d}{dz}(1+(F(2z)))^2$
52. $\dfrac{d}{dy}\left(y^2+\dfrac{1}{F(y^2)}\right)$
53. $\dfrac{d}{dx}F(\cos x)$
54. $\dfrac{d}{dx}\cos F(x)$
55. $D_x\tan F(2x)$
56. $\dfrac{d}{dx}g(\tan 2x)$

57. $D_x(F(x)\sin^2 F(x))$ **58.** $D_x \sec^3 F(x)$

59. $f(0)=1$, $f'(0)=2$일 때 $g'(0)$을 구하여라. 단, $g(x)=\cos f(x)$이다.

60. $F(0)=2$, $F'(0)=-1$일 때 $G'(0)$을 구하여라. 단, $G(x)=\dfrac{x}{1+\sec F(2x)}$이다.

61. $f(1)=2$, $f'(1)=-1$, $g(1)=0$, $g'(1)=1$일 때 $F'(1)$을 구하여라. 단, $F(x)=f(x)\cos g(x)$이다.

62. 점 $\left(\frac{\pi}{3}, 1\right)$에서 $y=1+x\sin 3x$의 접선의 방정식을 구하여라. 이 직선은 어디에서 x축과 만나는가?

63. $y=\sin^2 x$ 상에서 접선의 기울기가 1인 점들을 구하여라.

64. $(1, 32)$에서 $y=(x^2+1)^3(x^4+1)^2$에 접하는 접선의 방정식을 구하여라.

65. $\left(1, \frac{1}{4}\right)$에서 $y=(x^2+1)^{-2}$의 접하는 접선의 방정식을 구하여라.

66. $(0, 1)$에서 $y=(2x+1)^3$의 접선이 x축과 만나는 곳은 어디인가?

67. $\left(1, \frac{1}{4}\right)$에서 $y=(x^2+1)^{-2}$의 접선이 x축과 만나는 곳은 어디인가?

68. 점 P가 평면에서 움직이고 있는데, t초 후의 위치를 피트 단위로 나타낸 좌표는 $(4\cos 2t, 7\sin 2t)$이다.

(a) P는 타원을 따라서 움직임을 보여라. 도움말: $(x/4)^2+(y/7)^2=1$임을 보이면 된다. 이것은 타원의 방정식이다.

(b) 시간 t일 때 점 P의 원점으로부터의 거리 L을 구하여라.

(c) $t=\pi/8$일 때 P와 원점 사이의 거리는 얼마나 빨리 바뀌는가? $D_u(\sqrt{u})=1/(2\sqrt{u})$임을 이용한다. (2.2절 예제 4 참조)

69. 원점이 중심이고 반지름이 10 센티미터인 바퀴가 반시계 방향으로 초당 4회 회전하고 있다. 원둘레의 한 점 P는 $t=0$일 때 $(10, 0)$에 있었다.

(a) 시간 t초일 때 P의 좌표는?

(b) 시간 $t=1$일 때 P는 어떤 비율로 올라가고 (또는 내려가고) 있는가?

70. 그림 4의 바퀴-피스톤 장치를 생각한다. 바퀴의 반지름은 1 피트이고, 초당 2 라디안씩 반시계 방향으로 돌고 있다. 연결 막대의 길이는 5 피트이다. 점 P는 $t=0$일 때 $(1, 0)$에 있었다.

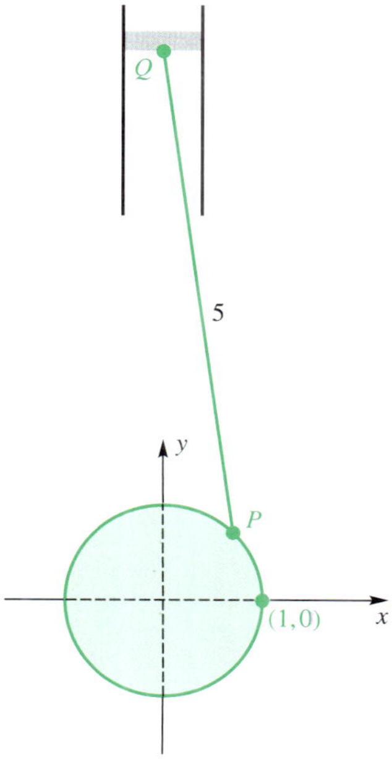

그림 4

(a) 시간 t일 때 P의 좌표를 구하여라.

(b) 시간 t일 때 Q의 y좌표를 구하여라(x좌표는 항상 0이다).

(c) 시간 t일 때 Q의 속도를 구하여라. $D_u(\sqrt{u})=1/(2\sqrt{u})$임을 이용한다.

71. 바퀴가 분당 60회 회전한다고 가정하고, 시간 t를 초 단위로 하여서, 문제 70을 풀어 보아라.

72. 어떤 시계의 문자판의 반지름이 10 센티미터이다. 고무줄의 한쪽 끝을 글자 12가 있는 가장자리에다 묶고, 다른 한쪽 끝을 길이가 10 센티미터인 분침의 끝에 묶어 놓았다. 12시 15분일 때, 이 고무줄은 어떤 비율로 늘어나는가? (고무줄을 묶었지만, 시계는 정상적으로 돌아간다고 가정한다.)

C **73.** 시계의 시침과 분침의 길이가 각각 6 인치, 8 인치이다. 12시 20분일 때, 그 끝점들은 얼마나 빨리 멀어지는가? (그림 5 참조) 도움말: 코사인 법칙

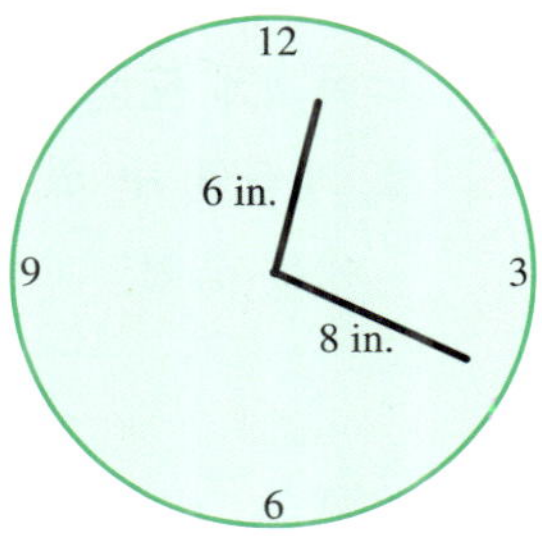

그림 5

≈ GC **74.** 12시와 1시 사이에서, 그림 5의 시계의 시침과 분침의 끝점들 사이의 거리 s가 가장 빨리 증가하는 때는 대략 언제인가? 즉, 도함수 ds/dt가 가장 큰 때는?

75. x_0를 두 곡선 $y=\sin x$와 $y=\sin 2x$가 만나는 x값의 가장 작은 양수라 하자. x_0을 구하고 또한 x_0에서 만나는 두 곡선이 이루는 예각을 구하여라. (0.7절의 문제 40을 보아라).

76. 이등변삼각형 위에 반원이 그림 6에서와 같이 붙어 있다. D를 삼각형 AOB의 넓이, E를 어두운 부분의 넓이라 하자. D/E에 관한 식을 t로 나타낸 후

$$\lim_{t\to 0^+}\frac{D}{E} \text{ 와 } \lim_{t\to \pi^-}\frac{D}{E}$$

를 계산하여라.

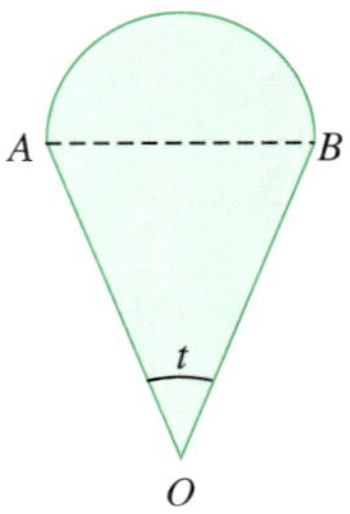

그림 6

77. $x\neq 0$일 때 $D_x|x|=|x|/x$임을 보여라. 도움말: $|x|=\sqrt{x^2}$이라 쓰고, $u=x^2$이라 하고 연쇄법칙을 적용.

78. 문제 77의 결과를 적용하여, 다음 도함수를 구하여라. $D_x|x^2-1|$

79. 문제 77의 결과를 적용하여, 다음 도함수를 구하여라. $D_x|\sin x|$

80. 6장에서, $L'(x)=1/x$이 되는 함수 L을 다룬다. 다음 도함수를 구하여라.

(a) $D_xL(x^2)$ (b) $D_xL(\cos^4 x)$

81. $f(0)=0$이고 $f'(0)=2$라고 하자. 함수 $f(f(f(f(x))))$의 $x=0$에서의 도함수 값을 구하여라.

82. f가 미분가능한 함수라 하자.

(a) $\dfrac{d}{dx}f(f(x))$를 구하여라.

(b) $\dfrac{d}{dx}f(f(f(x)))$를 구하여라.

(c) $f^{[n]}$을 다음과 같은 함수라 하자:

$$f^{[1]}=f,\ f^{[n]}=f\circ f^{[n-1]}\ (n\geq 2).$$

따라서 $f^{[2]}=f\circ f$, $f^{[3]}=f\circ f\circ f$, 등.

(a)와 (b)의 결과를 이용하여, $\dfrac{d}{dx}f^{[n]}$의 결과를 추정하여라. 그리고 문제를 증명하여라.

83. 몫의 미분법을 다른 방법으로 증명하여라.

$$D_x\left(\frac{f(x)}{g(x)}\right)=D_x\left(f(x)\frac{1}{g(x)}\right)$$

로 나타내고 곱의 미분법과 연쇄법칙을 이용한다.

84. f가 미분가능하고 $f(x_1)=x_2$, $f(x_2)=x_1$을 만족하는 실수를 x_1, x_2라 하자. $g(x)=f(f(f(f(x))))$일 때 $g'(x_1)=g'(x_2)$임을 보여라.

개념 복습 해답: **1.** D_tu : $f'(g(t))g'(t)$ **2.** D_vw : $G'(H(s))H's$ **3.** $(f(x)^2, (f(x))^2$ **4.** $2x\cos(x^2)$: $6(2x+1)^2$

2.6 고차 미분

미분이라는 연산은 어떤 함수 f에 대해서 새로운 함수 f'을 만드는 것이다. 이제 f'을 미분하면 또 새로운 함수가 생기는데, 이것을 f''("f 더블 프라임"이라 읽음)이라 쓰고, f의 **2계 도함수**(second derivative)이라 부른다. 이것을 다시 미분하면 f'''이 나오며, f의 **3계 도함수**이라고 부른다. 이런 식으로 계속하여 **4계 도함수**는 $f^{(4)}$로 나타내고, **5계 도함수**는 $f^{(5)}$로 나타내며, 이런 식으로 계속할 수 있다.

예를 들어

$$f(x)=2x^3-4x^2+7x-8$$

이면,

$$f'(x)=6x^2-8x+7$$

$$f''(x) = 12x - 8$$
$$f'''(x) = 12$$
$$f^{(4)}x = 0$$

영함수의 미분은 0이므로, 함수 f의 4계 도함수와 **모든 고계 도함수들은** 0이 된다.

$y = f(x)$의 도함수(1계 도함수)를 나타내는 기호 세 가지를 소개하였다. 그것들은

$$f'(x) \qquad D_x y \qquad \frac{dy}{dx}$$

이며, 이들을 각각 프라임 기호, D 기호, 라이프니쯔 기호라 부른다. 프라임 기호의 일종으로, y'도 가끔 사용한다. 이 세 기호들을 확장하여, 여러 번 미분한 것을 나타낼 수 있다(다음 표를 보기 바란다). 라이프니쯔 기호는 약간 복잡한 듯하지만, 라이프니쯔가 보기에는 이것이 가장 적당한 기호였다.

$$\frac{d}{dx}\left(\frac{dy}{dx}\right)\text{를 } \frac{d^2y}{dx^2}\text{으로}$$

쓰는 것이 가장 자연스럽지 않은가? **2계 도함수**를 나타내는 라이프니쯔의 기호를 x에 관한 y의 2계 도함수라고 읽는다.

$y = f(x)$의 미분들의 기호

도함수	f' 기호	y' 기호	D 기호	라이프니쯔 기호
1번	$f'(x)$	y'	$D_x y$	$\frac{dy}{dx}$
2번	$f''(x)$	y''	$D_x^2 y$	$\frac{d^2y}{dx^2}$
3번	$f'''(x)$	y'''	$D_x^3 y$	$\frac{d^3y}{dx^3}$
4번	$f^{(4)}(x)$	$y^{(4)}$	$D_x^4 y$	$\frac{d^4y}{dx^4}$
⋮	⋮	⋮	⋮	⋮
n번	$f^{(n)}(x)$	$y^{(n)}$	$D_x^n y$	$\frac{d^ny}{dx^n}$

예제 1 $y = \sin 2x$일 때, d^3y/dx^3, d^4y/dx^4, $d^{12}y/dx^{12}$을 구하여라.

풀이

$$\frac{dy}{dx} = 2\cos 2x$$
$$\frac{d^2y}{dx^2} = -2^2 \sin 2x$$
$$\frac{d^3y}{dx^3} = -2^3 \cos 2x$$

$$\frac{d^4y}{dx^4}=2^4\sin 2x$$

$$\frac{d^5y}{dx^5}=2^5\cos 2x$$

$$\vdots$$

$$\frac{d^{12}y}{dx^{12}}=2^{12}\sin 2x$$

■

속도와 가속도 2.1절에서 순간 속도 개념이, 도함수 정의의 계기가 되었었다. 예제를 통해서 이 개념을 복습한다. 그리고 순간 속도라는 거추장스러운 표현 대신에, 이제부터는 속도라는 용어를 사용하도록 하자.

예제 2 어떤 물체가 수직선을 따라서 움직이는데, 그 위치 s는 $s=2t^2-12t+8$을 만족한다(여기서 s는 센티미터, $t\geq 0$는 초). $t=1$일 때와 $t=6$일 때 이 물체의 속도를 구하여라. 속도가 0인 것은 언제인가? 또, 속도가 양수인 것은 언제인가?

풀이 시간 t일 때의 속도를 기호 $v(t)$로 나타내자. 그러면

$$v(t)=\frac{ds}{dt}=4t-12$$

따라서

$$v(1)=4(1)-12=-8(\text{cm/초})$$
$$v(6)=4(6)-12=12(\text{cm/초})$$

속도가 0인 것은 $4t-12=0$일 때, 즉, $t=3$일 때이고, 속도가 $4t-12>0$일 때 즉, $t>3$일 때 양수이다. 이 사실들을 그림 1에 체계적으로 정리하였다.

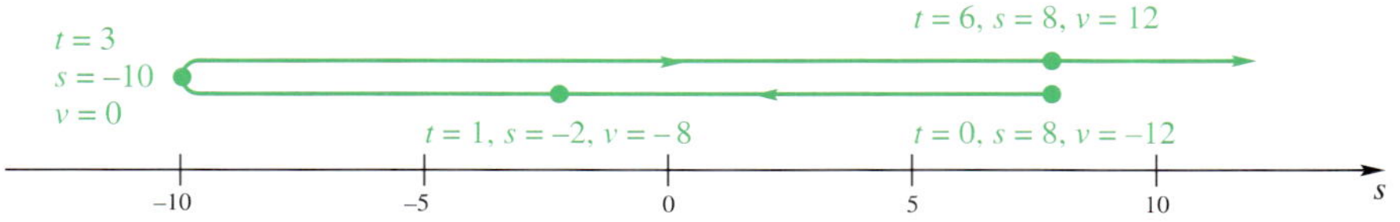

그림 1

물론 이 물체는 s축 위에서, s축 위쪽의 색칠해 놓은 방향으로 움직이고 있으며, 색칠해 놓은 부분 위에서 움직이는 것은 아니다. 그렇지만 색칠해 놓은 길이 이 물체의 움직임을 잘 보여 준다. $t=0$과 $t=3$ 사이에서는 속도가 음수이다. 이 물체가 왼쪽으로 (뒷걸음질쳐) 움직이는 것이다. 이것은 점점 "느려져서" $t=3$일 때 속도는 0이 된다. 그 다음에 속도가 양수가 되어서, 오른쪽으로 움직이기 시작한다. 즉, 음수인 속도는 s가 감소하는 방향으로 움직이는 것에 대응하며, 양수인 속도는 s가 증가하는 방향으로 움직이는 것에 대응한다. 3장에 가서 이러한 점들을 엄밀하게 다룰 것이다. ■

속도와 속력은 전문 용어들로서 구별해 사용해야 한다. 속도(velocity)는 부호가 붙어 있어서 양수일 수도 있고, 음수일 수도 있다. **속력**(speed)은 속도의 절댓값으로 정의한다. 따라서 앞의 예제에서, $t=1$일 때의 속력은 초속 $|-8|=8$센티미터이다. 자동차의 속도계는 사실 속력계라고 해야 옳다. 항상 음수가 아닌 값을 제시하기 때문이다.

이제 2계 도함수 d^2s/dt^2의 물리학적 의미를 생각해 보자. 이것은 물론 속도를 미분한 것이다. 그러므로 시간에 대한 속도의 변화율을 재는 것이며, 이것을 **가속도**(acceleration)라고 한다. 이것을 기호 a로 나타내면,

$$a=\frac{dv}{dt}=\frac{d^2s}{dt^2}$$

> **시간**
>
> $t=0$이 현재 순간에 대응하면, $t<0$은 과거에 대응하고, $t>0$은 미래에 대응한다. 많은 문제들에서, 우리는 주로 미래에 대해서만 관심을 기울일 것이다. 그렇지만 예제 3에서는 이것을 명시하지 않았으니, t가 양수인 경우는 물론, 음수인 경우에 대해서도 신경을 써야 한다.

예제 2에서, $s=2t^2-12t+8$. 따라서

$$v=\frac{ds}{dt}=4t-12$$

$$a=\frac{d^2s}{dt^2}=4$$

그러므로 속도는 매초 4센티미터의 일정한 비율로 증가하고 있다. 이것을 4센티미터 나누기 초 나누기 초, 즉, 4cm/sec^2으로 나타낸다.

예제 3 어떤 물체가 수직선을 따라 움직여서, 시간 t일 때 그 위치가 다음과 같다.

$$s=t^3-12t^2+36t-30$$

여기서 s는 피트 단위로 측정했으며, t는 츠 단위이다.

(a) 속도가 0인 것은 언제인가?

(b) 속도가 양수인 것은 언제인가?

(c) 점이 왼쪽으로 (즉, 음수 방향으로) 움직이는 것은 언제인가?

(d) 가속도가 양수인 것은 언제인가?

풀이

(a) $v=ds/dt=3t^2-24t+36=3(t-2)(t-6)$. 따라서 $v=0$인 것은 $t=2$일 때와 $t=6$일 때.

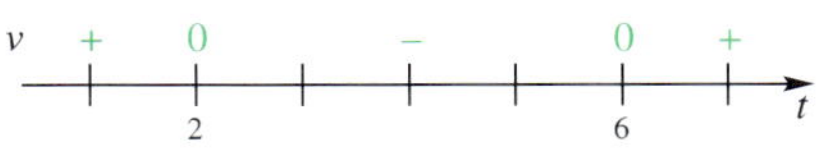

그림 2

(b) $(t-2)(t-6)>0$일 때 $v>0$. 1.3절에서 배운대로 이차부등식을 풀면 답은 $\{t : t<2 \text{ 또는 } t<6\}$, 이것을 구간 기호로 나타내면, $(-\infty, 2)\cup(6, \infty)$이다(그림 2 참조).

(c) 이 점이 왼쪽으로 움직이는 것은 $v<0$일 때이다. 즉, $(t-2)(t-6)<0$. 이 부등식을 풀면 답은 구간 $(2, 6)$이다.

(d) $a=dv/dt=6t-24=6(t-4)$. 따라서 $a>0$인 것은 $t>4$일 때이다. 그림 3에 이 점의 움직임을 체계적으로 그려 놓았다.

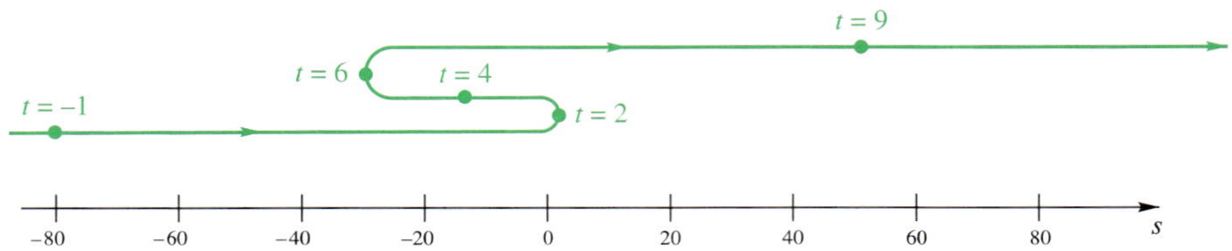

그림 3

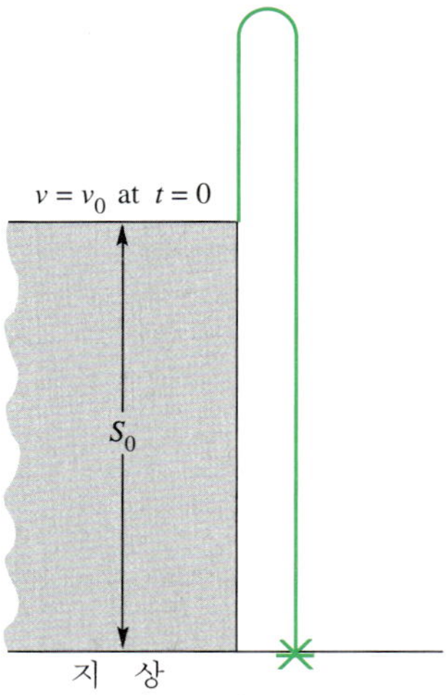

그림 4

낙하 물체 문제 어떤 물체를 똑바로 위로 (또는 아래로) 던졌을 때, 그 물체의 처음 높이가 s_0피트이고, 처음 속도가 초속 v_0피트라면, t초 후 그 물체의 지면으로부터의 높이 s피트는 다음과 같다.

$$s = -16t^2 + v_0 t + s_0$$

이 실험은 해수면에 가까운 높이에서 하고, 공기의 저항은 무시하는 것으로 한다. 이것을 그림 4에 나타내었다. 속도가 양수임은 그 물체가 위로 올라감을 뜻한다.

예제 4 높이가 160피트인 건물의 옥상에서, 초속 64피트의 초기 속도로 공을 위로 던졌다.

(a) 최고 높이에 이르는 것은 언제인가?

(b) 최고 높이는 얼마인가?

(c) 땅에 닿는 것은 언제인가?

(d) 땅에 닿을 때 속력은 얼마인가?

(e) $t=2$일 때 가속도는 얼마인가?

풀이 공을 던진 순간을 $t=0$이라 하자. 그러면 $s_0=160$이고 $v_0=64$이다(공을 위로 던졌으므로, v_0는 양수이다). 그러므로

$$s = -16t^2 + 64t + 160$$

$$v = \frac{ds}{dt} = -32t + 64$$

$$a = \frac{dv}{dt} = -32$$

(a) 공은 속도가 0일 때 최고 높이에 이르므로 $-32t+64=0$일 때. 즉, $t=2$초일 때.

(b) $t=2$일 때, $s=-16(2)^2+64(2)+160=224$ 피트.

(c) 공이 땅에 닿는 것은 $s=0$일 때이다. 즉,

$$-16t^2 + 64t + 160 = 0$$

일 때이다. -16으로 나누면,

$$t^2 - 4t - 10 = 0$$

근의 공식을 쓰면,

$$t=\frac{4\pm\sqrt{16+40}}{2}=\frac{4\pm2\sqrt{4}}{2}=2\pm\sqrt{14}$$

양수인 것만 문제의 뜻에 맞으므로 공이 땅에 닿는 것은 $t=2+\sqrt{14}\approx 5.74$ 초일 때이다.

(d) $t=2+\sqrt{14}$, $v=-32(2+\sqrt{14})+64\approx-119.73$일 때, 그러므로 공이 땅에 닿을 때의 속력은 초속 119.73 피트이다.

(e) 가속도는 항상 초당 초속 -32 피트이다. 이것은 해수면 근처에서의 중력 가속도이다. ■

개념 복습

1. $y=f(x)$일 때, x에 대한 y의 3계 도함수를 세가지 기호로 나타내면 : ______.

2. 수직선을 따라서 어떤 입자가 움직이는데, 시간 t일 때 그 위치가 $s=f(t)$이면, 그 속도는 ______이고, 그 속력은 ______이고, 그 가속도는 ______이다.

3. $s=f(t)$가 시각 t에서 어떤 물체의 위치라면, 물체는 ______일 때 오른쪽으로 움직인다.

4. 어떤 물체를 똑바로 위로 던져서, 시간 t일 때 높이 s가 $s=f(t)$로 주어졌다고 하자. 이 물체가 최고 높이에 이르는 것은 $ds/dt=$______일 때이고, 그 이후는 ds/dt ______.

연습문제 2.6

문제 1~8에서 d^3y/dx^3을 구하여라.

1. $y=x^3+3x^2+6x$ **2.** $y=x^5+x^4$

3. $y=(3x+5)^3$ **4.** $y=(3-5x)^5$

5. $y=\sin(7x)$ **6.** $y=\sin(x^3)$

7. $y=\dfrac{1}{x-1}$ **8.** $y=\dfrac{3x}{1-x}$

문제 9~16에서 $f''(2)$를 구하여라.

9. $f(x)=x^2+1$ **10.** $f(x)=5x^3+2x^2+x$

11. $f(t)=\dfrac{2}{t}$ **12.** $f(u)=\dfrac{2u^2}{5-u}$

13. $f(\theta)=(\cos\theta\pi)^{-2}$ **14.** $f(t)=t\sin(\pi/t)$

15. $f(s)=s(1-s^2)^3$ **16.** $f(x)=\dfrac{(x+1)^2}{x-1}$

17. $n!=n(n-1)(n-2)\cdots3\cdot2\cdot1$이라 하자. 즉, $4!=4\cdot3\cdot2\cdot1=24$이고 $5!=5\cdot4\cdot3\cdot2\cdot1$. $n!$을 n**계승**(factorial)이라 한다. $D_x^n(x^n)=n!$임을 보여라.

18. 문제 17의 계승 기호를 써서, 다음의 공식을 구하여라.

$$D_x^n(a_{n-1}x^{n-1}+\cdots+a_1x+a_0)$$

19. 계산을 전혀 하지 말고, 다음 도함수를 구하여라.

(a) $D_x^4(3x^3+2x-19)$ (b) $D_x^{12}(100x^{11}-79x^{10})$

(c) $D_x^{11}(x^2-3)^5$

20. $D_x^n(1/x)$의 공식을 구하여라.

21. $f(x)=x^3+3x^2-45x-6$이라 하자. f'이 0이 되는 점에서 f''의 값을 구하여라. 즉, $f'(\mathrm{c})=0$이 되는 각의 점 c에서.

22. $g(t)=at^2+bt-c$이고 $g(1)=5$, $g'(1)=3$, $g''(1)=-4$라 하자. a, b, c를 구하여라.

문제 23~28은 어떤 물체가 수직선을 따라 움직이며, 시간 t초일 때 원점으로부터의 유향 거리 s가 공식 $s=f(t)$로 주어진다. 다음 질문에 답하여라(예제 2, 3 참조).

(a) 시간 t일 때 속도 $v(t)$와 가속도 $a(t)$는?

(b) 물체가 오른쪽으로 움직이는 것은 언제인가?

(c) 왼쪽으로 움직이는 것은 언제인가?

(d) 가속이 음수인 것은 언제인가?

(e) 그림을 그려서, 이 물체의 움직임을 체계적으로 나타내어라.

23. $s=12t-2t^2$ **24.** $s=t^3-6t^2$

25. $s=t^3-9t^2+24t$

26. $s=2t^3-6t+5$

27. $s=t^2+\frac{16}{t}, t>0$

28. $s=t+\frac{4}{t}, t>0$

29. $s=\frac{1}{2}t^4-5t^3+12t^2$이라 하자. 가속도가 0일 때 이 물체의 속도를 구하여라.

30. $s=\frac{1}{10}(t^4-14t^3+60t^2)$이라 하자. 가속도가 0일 때 이 물체의 속도를 구하여라.

31. 두 입자가 수직선을 따라서 움직이고 있다. t초 후 이들의 원점으로부터의 유향 거리는, 피트 단위로, 각각 $s_1=4t-3t^2$과 $s_2=t^2-2t$이다.

(a) 이들의 속도가 같은 것은 언제인가?

(b) 이들의 속력이 같은 것은 언제인가?

(c) 이들의 위치가 같은 것은 언제인가?

32. 두 입자 P_1과 P_2가 수직선에서 움직이는데, t초 후의 위치는 각각 $s_1=3t^3-12t^2+18t+5$와 $s_2=-t^3+9t^2-12t$이다. 이 두 입자의 속도가 같은 것은 언제인가?

33. 어떤 물체를 똑바로 위로 던져서, t초 후의 높이가 $s=-16t^2+48t+256$ 피트이다(예제 4 참조).

(a) 처음 속도는 얼마인가?

(b) 최고 높이에 이르는 것은 언제인가?

(c) 최고 높이는?

C (d) 땅에 닿는 것은 언제인가?

C (e) 땅에 닿을 때의 속력은 얼마인가?

34. 어떤 물체를 지면 높이에서 똑바로 위로, 초속 48 피트로 던지면, t초 후의 높이는 약 $s=48t-16t^2$ 피트이다.

(a) 이르게 되는 최고 높이는?

(b) 1초 후 이 물체는 얼마나 빨리, 어느 방향으로 움직이고 있는가?

(c) 원래 위치로 돌아오기까지 얼마의 시간이 걸리는가?

C **35.** 지면에서 똑바로 위로, 초속 v_0피트로 포탄을 쏜다. 그러면 t초 후의 높이는 $s=v_0t-16t^2$ 피트이다. 이 포탄이 최고 1 다일 높이에 이르려면, 처음 속도가 얼마여야 하는가?

36. 절벽 꼭대기에서 똑바로 아래로, 초속 v_0피트로 물체를 던지면, 이 물체는 t초 동안 $s=v_0t-16t^2$피트를 떨어진다. 이 물체가 3초 후 초속 140피트의 속도로 바다에 떨어지면, 그 절벽의 높이는 얼마인가?

37. 어떤 물체가 수직선 직선을 따라서 움직이는데, 시간 t일 때 그 위치는 $s=t^3-3t^2-24t-6$으로 주어진다. 여기서 s는 센티미터 단위로 잰 것이며, t는 초 단위이다. 이 점이 느려지는 것은 언제인가? 즉, 그 속력이 감소하는 때는?

38. 직선을 따라서 움직이는 점은 그 속도와 가속도가 서로 다른 부호를 가질 때 느려지는 이유를 설명하여라(문제 37 참조).

EXPL **39.** 라이프니쯔는 $D_x^n(uv)$를 표현하는 일반적인 공식을 얻었다. 여기서 u와 v는 둘 다 x의 함수들이다. 여러분 힘으로 이것을 구해 보아라. 도움말: 우선 $n=1$인 경우, $n=2$인 경우, $n=3$인 경우를 고려해 보자.

40. 문제 39의 공식을 써서 $D_x^4(x^4\sin x)$를 구하여라.

GC **41.** $f(x)=x[\sin x-\cos(x/2)]$라 하자.

(a) 같은 좌표를 써서, 구간 [0, 6]에서 $f(x)$, $f'(x)$, $f''(x)$, $f'''(x)$의 그래프를 그려라.

(b) $f'''(2.13)$을 구하여라.

GC **42.** 함수 $f(x)=(x+1)/(x^2+2)$에 대해서, 문제 41을 풀어보아라.

개념 복습 해답: **1.** $f'''(x)$, D_x^3y, d^3y/dx^3 **2.** ds/dt, $|ds/dt|$, d^2s/dt^2 **3.** $f'(t)$ **4.** 0, <0

2.7 음함수 미분법

방정식

$$y^3+7y=x^3$$

을 풀이 y를 x의 식으로 나타낼 수 없다. 그렇기는 하지만, 각각의 x에 대해서 단 하나의 y가 대응한다. 예를 들어 $x=2$에 대응하는 y값이 (있다면) 무엇인지 따져 보자. 그럴려면 다음 방정식을 풀어야 한다.

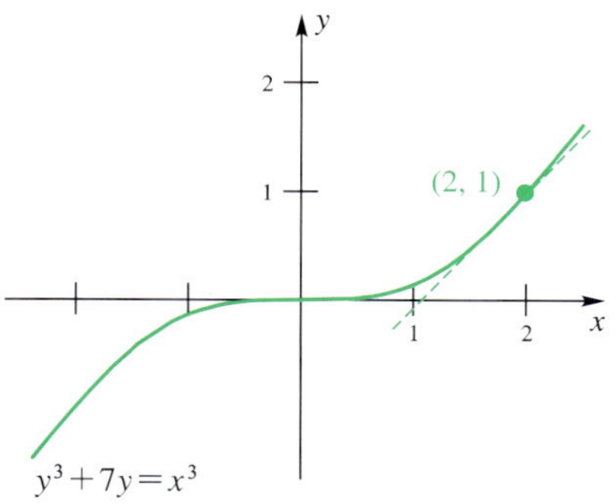

그림 1

$$y^3+7y=8$$

분명히 $y=1$이 해이고, 사실 $y=1$이 유일한 실수 해이다. $x=2$가 주어지면, 방정식 $y^3+7y=x^3$에서 대응하는 y값이 결정된다. 이러한 경우, 이 방정식이 y를 x의 **음함수**(implicit function)로 정의한다고 말한다. 그림 1에서와 같이 이 방정식의 그래프는 미분 가능인 함수의 그래프처럼 보인다. 새로운 사항은, $y=f(x)$ 형태의 방정식이 아니라는 사실이다. 그래프를 바탕으로, y가 변수 x의 어떤 형태의 함수라고 하자. 이 함수를 $y(x)$로 나타내면, 이 방정식을 다음과 같이 쓸 수 있다.

$$[y(x)]^3+7y(x)=x^3$$

비록 $y(x)$를 나타내는 식은 없지만, 그럼에도 불구하고, 이 방정식의 양변을 x에 대해서 미분하면, 우리는 x, $y(x)$, $y'(x)$ 사이의 관계를 얻을 수 있다. 연쇄법칙을 적용하여, 다음을 얻는다.

$$\frac{d}{dx}(y^3)+\frac{d}{dx}(7y)=\frac{d}{dx}x^3$$

$$3y^2\frac{dy}{dx}+7\frac{dy}{dx}=3x^2$$

$$\frac{dy}{dx}(3y^2+7)=3x^2$$

$$\frac{dy}{dx}=\frac{3x^2}{3y^2+7}$$

기호 dy/dx가 x와 y를 둘 다 사용하고 약간 귀찮을 수 있다. 그렇지만 x좌표와 y좌표를 아는 점에서 기울기를 구하는 것이 목적이라면, 조금도 문제가 될 게 없다. 점 (2, 1)에서,

$$\frac{dy}{dx}=\frac{3(2)^2}{3(1)^2+7}=\frac{12}{10}=\frac{6}{5}$$

따라서 기울기는 $\frac{6}{5}$이다.

방금 설명한 방법, 즉, 주어진 방정식을 풀어서 y를 x의 항들로 나타내는 과정을 거치지 않고 dy/dx를 구하는 방법을 **음함수 미분법**(implicit differentiation)이라 부른다. 그렇지만 이 방법이 타당한가? 이것이 과연 옳은 답을 제시하는가?

확인 예제 이 방법이 옳다는 증거로서, 다음 예제를 살펴보자. 이것은 두 가지 방법으로 풀 수 있다.

예제 1 $4x^2y-3y=x^3-1$일 때, dy/dx를 구하여라.

풀이

방법 1 주어진 방정식을 다음과 같이 y에 대해서 풀 수 있다.

$$y(4x^2-3)=x-1$$
$$y=\frac{x^3-1}{4x^2-3}$$

따라서

$$\frac{dy}{dx}=\frac{(4x^2-3)(3x^2)-(x^3-1)(8x)}{(4x^2-3)^2}=\frac{4x^4-9x^2+8x}{(4x^2-3)^2}$$

방법 2 음함수 미분법 양변을 미분한다.

$$\frac{d}{dx}(4x^2y-3y)=\frac{d}{dx}(x^3-1)$$

처음 항에 곱의 미분공식을 적용하면,

$$4x^2\cdot\frac{dy}{dx}+y\cdot 8x-3\frac{dy}{dx}=3x^2$$
$$\frac{dy}{dx}(4x^2-3)=3x^2-8xy$$
$$\frac{dy}{dx}=\frac{3x^2-8xy}{4x^2-3}$$

이 두 풀이는 달라 보인다. 우선, 방법 1로 얻은 답은 x만을 포함하고 있지만, 반면에 방법 2로 얻은 답은 x와 y, 둘 다 포함하고 있다. 그렇지만 원래 방정식을 y에 대해 풀어서 x의 항들로 나타내면, $y=(x^3-1)/(4x^2-3)$을 얻게 됨을 기억하기 바란다. 위의 dy/dx의 식에 $y=(x^3-1)/(4x^2-3)$을 대입하면 다음을 얻는다.

$$\frac{dy}{dx}=\frac{3x^2-8xy}{4x^2-3}=\frac{3x^2-8x\frac{x^3-1}{4x^2-3}}{4x^2-3}$$
$$=\frac{12x^4-9x^2-8x^4+8x}{(4x^2-3)^2}=\frac{4x^4-9x^2+8x}{(4x^2-3)^2}$$ ■

미묘한 문제점들 x와 y의 방정식이 함수 $y=f(x)$를 결정하고, 이 함수가 미분가능이면, 음함수 미분법으로 구한 dy/dx의 식은 항상 옳다. 그렇지만 이 방법은 위의 두 "조건"을 만족하는 경우에만 성립한다.

다음 방정식을 살펴 보자.

$$x^2+y^2=25$$

이 식은 두 함수 $y=f(x)=\sqrt{25-x^2}$과 $y=g(x)=\sqrt{25-x^2}$을 결정한다. 이들의 그래프는 그림 2와 같다.

다행히도, 이 두 함수들은 구간 $(-5, 5)$에서 미분 가능이다. 우선 f를 생각해 보자. 이것은 다음 방정식을 만족한다.

$$x^2+[f(x)]^2=25$$

음함수로 미분하고 $f'(x)$에 대해서 풀면, 다음을 얻는다.

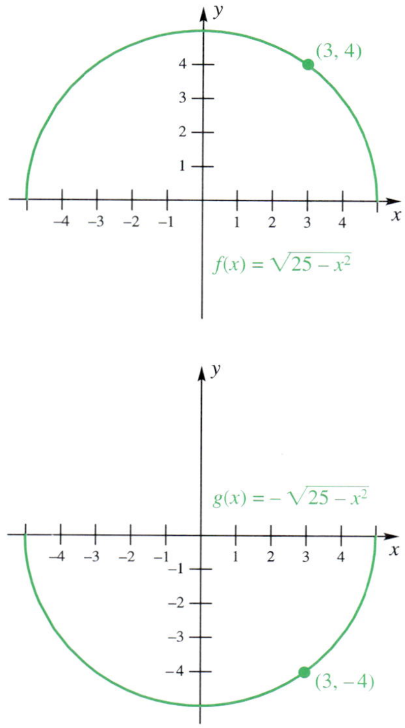

그림 2

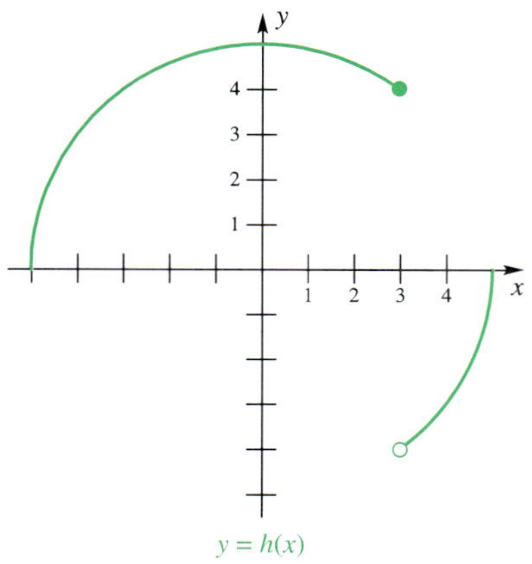

그림 3

$$2x + 2f(x)f'(x) = 0$$

$$f'(x) = -\frac{x}{f(x)} = -\frac{x}{\sqrt{25 - x^2}}$$

$g(x)$에 대해서도 마찬가지로, 다음을 얻는다.

$$g'(x) = -\frac{x}{g(x)} = \frac{x}{\sqrt{25 - x^2}}$$

그런데 사실은, 방정식 $x^2 + y^2 = 25$를 음함수로 미분하여서, 이 두 결과를 동시에 얻을 수 있다. 음함수로 미분하면,

$$2x + 2y\frac{dy}{dx} = 0$$

$$\frac{dy}{dx} = -\frac{x}{y} = \begin{cases} \dfrac{-x}{\sqrt{25 - x^2}} & y = f(x)\text{인 경우} \\ \dfrac{-x}{-\sqrt{25 - x^2}} & y = g(x)\text{인 경우} \end{cases}$$

물론, 이 결과들은 위에서 얻은 결과들과 일치한다.

이 결과들을 적용하려면, 대개의 경우 $dy/dx = -x/y$임을 알기만 하면 된다. 원 $x^2 + y^2 = 25$의 $x = 3$에서의 접선의 기울기를 구하고 싶다고 하자. $x = 3$일 때, 그에 대응하는 y값들은 4와 -4이다. (3, 4)에서의 기울기와 (3, -4)에서의 기울기는, $-x/y$에다 넣어서 구하면, 각각 $-\frac{3}{4}$과 $\frac{3}{4}$이다(그림 2 참조).

좀 더 복잡하게 생각되겠지만 방정식

$$x^2 + y^2 = 25$$

는 다른 많은 함수들을 결정한다. 예를 들어, 함수 h를 다음과 같이 정의하자.

$$h(x) = \begin{cases} \sqrt{25 - x^2} & -5 \le x \le 3\text{일 때} \\ -\sqrt{25 - x^2} & 3 < x \le 5\text{일 때} \end{cases}$$

이것도 $x^2 + y^2 = 25$를 만족한다. 왜냐 하면 $x^2 + [h(x)]^2 = 25$이기 때문이다. 그렇지만 이것은 $x = 3$에서 아예 불연속이므로, 거기에서 미분불능임이 확실하다(그림 3 참조).

음함수라는 주제는 어렵고 기술적인 의무를 내포하지만 (좀 더 고학년 과정에서 다룰) 문제들을 낳지만, 우리가 다루는 문제들을 바로 해결하게 한다.

추가 예제들 다음 예제들에서 다루는 방정식은 한 개 또는 여러 개의 미분가능인 함수들을 결정하며, 음함수 미분법으로 미분할 수 있다고 가정한다. 각각의 경우, 주어진 방정식의 양변을 적당한 변수에 대해 미분하고 필요하면 연쇄법칙을 사용한다.

예제 2 $x^2 + 5y^3 = x + 9$일 때, dy/dx를 구하여라.

풀이

$$\frac{d}{dx}(x^2+5y^3)=\frac{d}{dx}(x+9)$$

$$2x+15y^2\frac{dy}{dx}=1$$

$$\frac{dy}{dx}=\frac{1-2x}{15y^2}$$ ■

예제 3 곡선

$$y^3-xy^2+\cos xy=2$$

위의 점 (0, 1)에서 접선의 방정식을 구하여라.

풀이 간단히 하기 위해, dy/dx 대신 기호 y'으로 나타낸다. 양변을 미분한 다음에 정리하면, 다음을 얻는다.

$$3y^2y'-x(2yy')-y^2-(\sin xy)(xy'+y)=0$$

$$y'(3y^2-2xy-x\sin xy)=y^2+y\sin xy$$

$$y'=\frac{y^2+y\sin xy}{3y^2-2xy-x\sin xy}$$

(0, 1)에서 $y'=\frac{1}{3}$. 따라서 (0, 1)에서의 접선의 방정식은 다음과 같다.

$$y-1=\frac{1}{3}(x-0)$$

즉,

$$y=\frac{1}{3}x+1$$ ■

거듭제곱 미분 n이 정수일 때 $D_x(x^n)=nx^{n-1}$임을 배웠다. 이제 이것을 확장하여, 지수 n이 임의의 유리수인 경우를 다룬다.

정리 A 거듭제곱 미분 공식

r이 임의의 유리수라고 하자. 그러면 $x>0$일 때,

$$D_x(x^r)=rx^{r-1}$$

r을 기약분수 $r=p/q$로 나타내었을 때, q가 홀수이면, 모든 x에 대해서, $D_x(x^r)=rx^{r-1}$.

증명 r이 유리수이므로, r은 기약분수 p/q, $q>0$로 쓸 수 있다.
이제,

$$y=x^r=x^{p/q}$$

로 놓으면,

$$y^q = x^p$$

이것을 음함수로 미분하면,

$$qy^{q-1}D_x y = px^{p-1}$$

그러므로

$$D_x y = \frac{px^{p-1}}{qy^{q-1}} = \frac{p}{q}\frac{x^{p-1}}{(x^{p/q})^{q-1}} = \frac{p}{q}\frac{x^{p-1}}{x^{p-p/q}}$$

$$= \frac{p}{q}x^{p-1-p+p/q} = \frac{p}{q}x^{p/q-1} = rx^{r-1}$$

이것은 원하는 결과이다. 그렇지만 사실, 논리 전개에 약간의 결함이 있다. 음함수 미분을 하는 과정에서, $D_x y$가 존재한다고 가정하였다. 즉, $y = x^{p/q}$가 미분가능이라고 가정한 것이다. 이 결함을 메울 수 있지만, 이것은 상당히 힘든 일이기 때문에, 완전한 증명은 부록으로 남겨둔다(A.2절 정리 C). ■

예제 4 $y = 2x^{5/3} + \sqrt{x^2+1}$일 때, $D_x y$를 구하여라.

풀이 정리 A와 연쇄법칙을 써서, 다음을 얻는다.

$$D_x y = 2D_x x^{5/3} + D_x(x+1)^{1/2}$$

$$= 2\cdot\frac{5}{3}x^{5/3-1} + \frac{1}{2}(x^2+1)^{1/2-1}\cdot(2x)$$

$$= \frac{10}{3}x^{2/3} + \frac{x}{\sqrt{x^2+1}}$$ ■

개념 복습

1. 음함수 $yx^3 - 3y = 9$를 y에 대해서 구체적으로 풀면, $y =$ ______.
2. 방정식 $y^3 + x^3 = 2x$를 x에 대해서 음함수 미분하면, ______ $+ 3x^2 = 2$.
3. 방정식 $xy^2 + y^3 - y = x^3$을 x에 대해서 음함수 미분하면, ______ $=$ ______.
4. 유리수 지수에 대한 거듭제곱 미분 공식에 따르면, $D_x(x^{p/q}) =$ ______. 이 공식과 연쇄법칙을 적용하면, $D_x[(x^2-5x)^{5/3}] =$ ______.

연습문제 2.7

문제 1~12에서 각 방정식이 변수 x에 대해 미분 가능한 함수를 정의한다. 음함수 미분을 통해서 $D_x y$를 구하여라.

1. $y^2 - x^2 = 1$
2. $9x^2 + 4y^2 = 36$
3. $xy = 1$
4. $x^2 + \alpha^2 y^2 = 4\alpha^2$, 여기서 α는 상수
5. $xy^2 = x - 8$
6. $x^2 + 2x^2 y + 3xy = 0$
7. $4x^3 + 7xy^2 = 2y^3$
8. $x^2 y = 1 + y^2 x$
9. $\sqrt{5xy} + 2y = y^2 + xy^3$
10. $x\sqrt{y+1} = xy + 1$
11. $xy + \sin(xy) = 1$
12. $\cos(xy^2) = y^2 + x$

문제 13~18에서 주어진 점에서 접하는 접선의 방정식을 구하여라(예제 3 참조).

13. $x^3 y + y^3 x = 30$; $(1, 3)$

14. $x^2y^2+4xy=12y$; $(2, 1)$

15. $\sin(xy)=y$; $(\pi/2, 1)$

16. $y+\cos(xy^2)+3x^2=4$; $(1, 0)$

17. $x^{2/3}-y^{2/3}-2y=2$; $(1, -1)$

18. $\sqrt{y}+xy^2=5$; $(4, 1)$

문제 19~32에서 dy/dx를 구하여라(예제 4 참조).

19. $y=3x^{5/3}+\sqrt{x}$

20. $y=\sqrt[3]{x}-2x^{7/2}$

21. $y=\sqrt[3]{x}+\dfrac{1}{\sqrt[3]{x}}$

22. $y=\sqrt[4]{2x+1}$

23. $y=\sqrt[4]{3x^2-4x}$

24. $y=(x^3-2x)^{1/3}$

25. $y=\dfrac{1}{(x^3+2x)^{2/3}}$

26. $y=(3x-9)^{-5/3}$

27. $y=\sqrt{x^2+\sin x}$

28. $y=\sqrt{x^2\cos x}$

29. $y=\dfrac{1}{\sqrt[3]{x^2\sin x}}$

30. $y=\sqrt[4]{1+\sin 5x}$

31. $y=\sqrt[4]{1+\cos(x^2+2x)}$

32. $y=\sqrt{\tan^2x+\sin^2x}$

33. $s^2t+t^3=1$일 때, ds/dt와 dt/ds를 구하여라.

34. $y=\sin(x^2)+2x^3$일 때, dx/dy를 구하여라.

35. 원 $x^2+4x+y^2+3=0$의 그래프를 그리고, 원점을 지나는 두 접선들의 방정식들을 구하여라.

36. 곡선 $8(x^2+y^2)^2=100(x^2-y^2)$의 $(3, 1)$에서의 **법선**(접선에 수직인 직선, normal line)의 방정식을 구하여라.

37. $xy+y^3=2$라 하자. x에 대해서 음함수 미분을 1번, 2번 하면 다음과 같이 된다.

(a) $xy'+y+3y^2y'=0$

(b) $xy''+y'+y'+3y^2y''+6y(y')^2=0$

방정식 (a)를 y'에 대해서 풀고, 그것을 방정식 (b)에 넣고, 그 다음에 y''에 대해서 풀어라.

38. $x^3-4y^2+3=0$일 때, y''을 구하여라(문제 37 참조).

39. $2x^2y-4y^3=4$일 때, y''의 $(2, 1)$에서의 값을 구하여라(문제 37 참조).

40. $x^2+y^2=25$일 때, 음함수 미분을 2번 해서, y''의 $(3, 4)$에서의 값을 구하여라.

41. 곡선 $x^3+y^3=3xy$의 점 $\left(\dfrac{3}{2}, \dfrac{3}{2}\right)$에서의 법선은 원점을 지남을 보여라.

42. 쌍곡선 $xy=1$과 $x^2-y^2=1$은 서로 직교함을 보여라.

43. $2x^2+y^2=6$의 그래프와 $y^2=4x$의 그래프는 서로 직교함을 보여라.

44. 그림 4와 같이, 곡선 C_1과 C_2가 (x_0, y_0)에서 만나며, 그곳에서의 기울기가 각각 m_1과 m_2라고 하자. 그러면 (2.3절 문제 40 참조) C_1에서 (즉, C_1의 (x_0, y_0)에서의 접선에서) C_2로 가는 양의 각 θ는 다음을 만족한다.

$$\tan\theta=\frac{m_2-m_1}{1+m_1m_2}$$

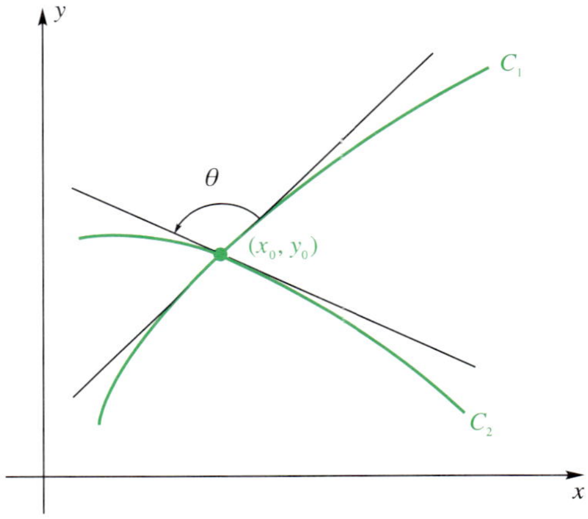

그림 4

두 교점들에서, 원 $x^2+y^2=1$과 원 $(x-1)^2+y^2=1$의 두 교점에서 처음 원에서 두 번째 원으로 가는 각들을 구하여라.

45. 직선 $y=2x$와 곡선 $x^2-xy+2y^2=28$의 교점 중 1사분면에 있는 교점에서 주어진 직선에서 곡선으로 가는 각을 구하여라(문제 44참조).

46. 질량이 m인 입자가 x축을 따라 움직이고 있는데, 그 위치 x와 속도 $v=dx/dt$가 다음을 만족한다.

$$m(v^2-v_0^2)=k(x_0^2-x^2)$$

여기서 v_0, x_0, k는 상수들이다. $v\neq0$일 때, 음함수 미분을 해서,

$$m\frac{dv}{dt}=-kx$$

임을 보여라.

47. 곡선 $x^2-xy+y^2=16$은 타원이며, 원점이 그 중심이고, 직선 $y=x$를 장축으로 가진다. 이 타원이 x축과 만나는 두 점에서의 접선들의 방정식들을 구하여라.

48. 곡선 x^2y-xy^2-2에서 접선이 수직이 되는 점들을 찾아라(즉, $dx/dy=0$이 되는 점들).

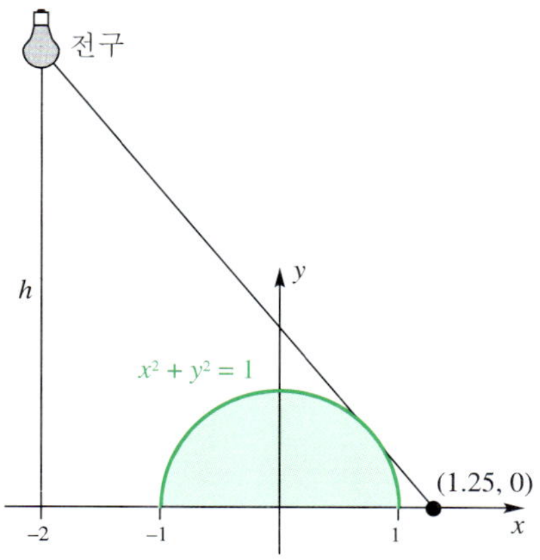

그림 5

≈ **49.** 그림 5에서 점 (1.25, 0)이 빛이 비치는 영역의 경계선에 놓이려면, 전구의 높이 h가 얼마여야 하는가?

개념 복습 해답: **1.** $9/(x-3)$ **2.** $3y^2\dfrac{dy}{dx}$

3. $x\cdot 2y\dfrac{dy}{dx}+y^2+3y^2\dfrac{dy}{dx}-\dfrac{dy}{dx}=3x^2$

4. $\dfrac{p}{q}x^{p/q-1}$, $\dfrac{5}{3}(x^2-5x)^{2/3}(2x-5)$

2.8 관련 비율

변수 y가 시간 t에 따라서 변할 때, 그 미분 dy/dt를 시간에 대한 **변화율**(time rate of change)이라고 한다. 예를 들어 y가 거리를 잰 것이면, 시간에 대한 변화율은 속도이다. 시간에 대한 여러 가지 변화율들에 관심이 있는데, 이를테면 물통으로 물이 흘러 들어가는 비율, 원유로 오염된 영역이 넓어지는 비율, 부동산 가격이 증가하는 비율 등등. 만약 y가 구체적으로 t의 식으로 표현되면, 문제는 간단하다. 그냥 미분을 하고, 원하는 시간일 때 그 미분의 값을 구하면 된다.

그런데 y가 t의 구체적인 식 대신에, y와 다른 어떤 변수 x 사이의 관계와, dx/dt에 대해서 약간 아는 경우가 있다. 이런 경우에도 dy/dt를 구할 수 있을 것이다. 왜냐 하면 dy/dt와 dx/dt는 서로 관련이 있는 **비율들**(related rates)이기 때문이다. 이런 경우 대개는 음함수 미분을 해야 한다.

두 개의 간단한 예제 관련 비율 문제들을 푸는 체계적인 과정을 제시하기 위한 준비로서, 우선 두 개의 예제를 살펴본다.

예제 1 평평한 지면에 관찰자가 있고, 그로부터 150 피트 떨어진 곳에 작은 풍선을 놓는다. 풍선이 초속 8 피트의 비율로 똑바로 위로 올라간다면, 풍선의 높이가 50 피트일 때, 풍선과 관찰자 사이의 거리는 얼마나 빨리 증가하는가?

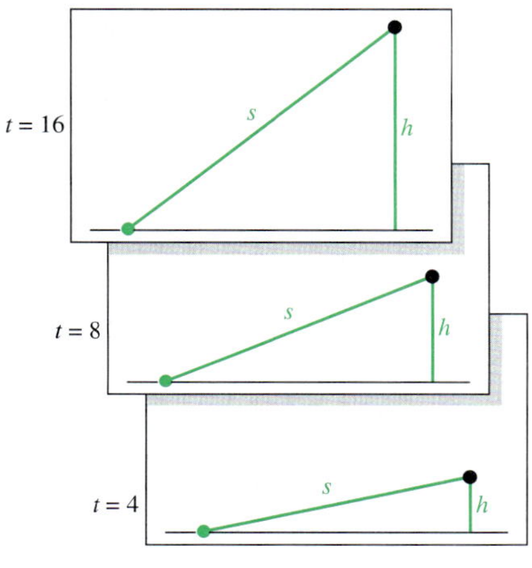

그림 1

풀이 풍선을 놓은 후 흐른 시간을 t초라 하자. 풍선의 높이를 h라 하고, 풍선과 관찰자 사이의 거리를 s라 하자(그림 1 참조). h와 s는 둘 다 t에 따라서 달라지는 변수들이다. 그렇지만 삼각형의 밑변(풍선을 놓은 지점과 관찰자 사이의 거리)은 t가 증가하더라도 바뀌지 않고 그대로이다. 그림 2에 핵심이 되는 양들을 간단하게 그려 놓았다.

≈ 좀더 나아가기 전에, 이 책의 앞부분에서 논한 주제를 따라서 답을 추측해 보자. 우선, 처음에는 s가 거의 바뀌지 않는다($ds/dt\approx 0$). 그렇지만 나중에

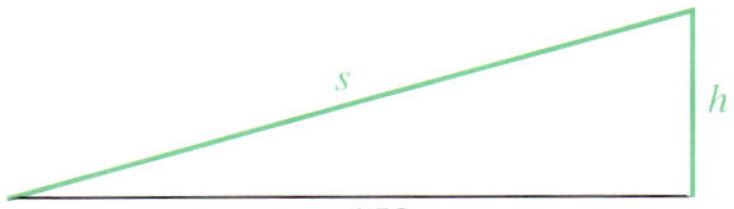

그림 2

가면, s는 거의 h가 바뀌는 것만큼 빨리 바뀐다($ds/dt \approx dh/dt = 8$). $h=50$일 때 ds/dt가 얼마일지 추측해 보면, 아마 dh/dt의 1/3에서 1/2 정도, 즉, 3 정도 될 것 같다. 만약 계산해서 얻은 답이 이 값과 차이가 크면, 계산 과정에서 실수를 한 것이다. 예를 들어 17이나 심지어 7이 나오더라도 틀렸음이 확실하다.

이제 정확한 해답을 구해 보자. 강조하는 의미에서, 세 가지 근본적인 질문을 하고 답을 제시한다.

(a) 주어진 것은? 대답: $dh/dt = 8$.

(b) 알고자 하는 것은? 대답: $h=50$일 때 ds/dt가 얼마인지 알고 싶다.

(c) s와 h 사이의 관계는? 대답: 변수 s와 h는 시간에 따라서 변화하지만(이들은 시간 t의 음함수들이다), 이들은 항상 피타고라스 방정식을 만족한다.

$$s^2 = h^2 + (150)^2$$

t에 대해서 음함수 미분을 하고, 연쇄법칙을 쓰면, 다음을 얻는다.

$$2s\frac{ds}{dt} = 2h\frac{dh}{dt}$$

즉,

$$s\frac{ds}{dt} = h\frac{dh}{dt}$$

이 관계는 $t>0$일 때 항상 성립한다.

이제는 앞 내용은 생각하지 말고 $h=50$인 순간을 생각한다.

$$s = \sqrt{(50)^2 + (150)^2} = 50\sqrt{10}$$

이것을 $s(ds/dt) = h(dh/dt)$에 대입하면,

$$50\sqrt{10}\frac{ds}{dt} = 50(8)$$

즉,

$$\frac{ds}{dt} = \frac{8}{\sqrt{10}} \approx 2.53$$

따라서 $h=50$인 순간, 풍선과 관찰자 사이의 거리는 초속 2.53 피트의 비율로 증가한다. ■

닮은꼴 삼각형

두 개의 삼각형이 대응하는 각들이 서로 크기가 같으면, 닮은꼴 삼각형들이다.

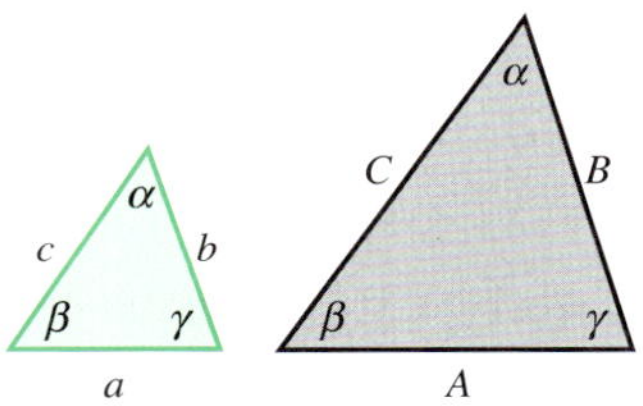

중학교 수학 시간에 배웠듯이, 닮은꼴 삼각형들은 대응하는 변들의 길이 비율이 같다. 예를 들어

$$\frac{b}{a} = \frac{B}{A}$$

예제 2에서 이 사실을 이용하였으며, 여러 문제들에서 이 사실을 흔히 이용해야 한다.

예제 2 원뿔 모양의 물탱크에 분당 8세제곱 피트의 비율로 물을 붓고 있다. 물탱크의 높이가 12피트이고, 꼭대기 원의 반지름이 6피트이면, 물의 깊이가 4피트일 때 수면은 얼마나 빨리 올라가는가?

풀이 물의 깊이를 h로 놓고, 그에 대응하는 물의 표면의 반지름을 r이라 하자(그림 3 참조).

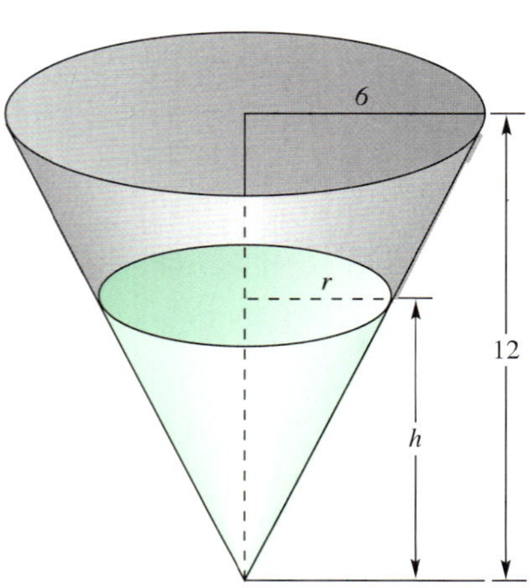

그림 3

주어진 것은, 물탱크에 든 물의 부피 V가 분당 8세제곱 피트의 비율로 증

가한다는 것이다. 즉, $dV/dt=8$. 우리가 알고 싶은 것은, $h=4$인 순간 물이 얼마나 빨리 올라가느냐(즉, dh/dt)이다.

V와 h 사이의 관계식을 찾아야 한다. 그 다음에 그 식을 미분하여서, dV/dt와 dh/dt 사이의 관계를 알아야 한다. 물탱크에 든 물의 부피 공식은 $V=\frac{1}{3}\pi r^2$이며, 원치 않는 변수 r이 여기에 들어 있다. 이것을 원치 않는 까닭은, 변화율 dr/dt를 모르기 때문이다. 그렇지만 삼각형의 닮음성질에 따라서 (옆의 네모 참조), $r/h=6/12$이다. 그러므로 $r=h/2$. 이것을 $V=\frac{1}{3}\pi r^2$에다 대입하면,

$$V=\frac{1}{3}\pi\left(\frac{h}{2}\right)^2 h=\frac{\pi h^3}{12}$$

V와 h는 둘 다 t에 따라서 변하므로, 이 식을 t에 관해 음함수 미분한다. 그러면 다음을 얻는다.

$$\begin{aligned}\frac{dV}{dt}&=\frac{3\pi h^2}{12}\frac{dh}{dt}\\&=\frac{\pi h^2}{4}\frac{dh}{dt}\end{aligned}$$

이제 dV/dt와 dh/dt 사이의 관계를 알았으므로, $h=4$인 순간을 생각한다. $h=4$와 $dV/dt=8$을 넣으면, 다음을 얻는다.

$$8=\frac{\pi(4)^2}{4}\frac{dh}{dt}$$

이것으로부터

$$\frac{dh}{dt}=\frac{2}{\pi}\approx 0.637$$

그러므로 물의 깊이가 4피트일 때, 수면은 분당 0.637피트 비율로 올라간다. ■

예제 2에 대해 잠시 생각해 보면, 시간이 흐름에 따라서 수면은 점점 더 느리게 올라감을 알 수 있다. 예를 들어 $h=10$일 때,

$$8=\frac{\pi(10)^2}{4}\frac{dh}{dt}$$

따라서 $dh/dt=32/100\pi\approx 0.102$ 분속 피트.

말하고자 하는 것은, 가속도 d^2h/dt^2이 음수라는 것이다. 계산을 해서 이것을 구할 수 있다. 시간이 t일 때,

$$8=\frac{\pi h^2}{4}\frac{dh}{dt}$$

따라서

$$\frac{32}{\pi}=h^2\frac{dh}{dt}$$

다시 음함수 미분을 하면,

$$0 = h^2\frac{d^2h}{dt^2} + \frac{dh}{dt}\left(2h\frac{dh}{dt}\right)$$

이것으로부터

$$\frac{d^2h}{dt^2} = \frac{-2\left(\frac{dh}{dt}\right)^2}{h}$$

이것은 음수임이 명백하다.

체계적인 과정 예제 1과 예제 2를 보면 알 수 있듯이, 관련된 비율의 문제를 풀 때 다음 방법을 따라야 한다.

1단계: 경과한 시간을 t로 나타낸다. $t>0$일 때 유효한 그림을 그린다. t가 증가할 때 값이 변하지 않는 양들은 그 주어진 상수값을 적어 놓는다. t에 따라서 변화하는 양들은 문자로 나타내고, 이 변수들을 그림의 적당한 부분에 적어 놓는다.

2단계: 변수들에 대해서 주어진 사항과 알고자 하는 정보를 명시한다. 이 정보는 t에 관한 도함수의 형태일 것이다.

3단계: 어느 특별한 순간이 아니라, $t>0$일 때 항상 성립하는 방정식을 써서, 변수들 사이의 관계를 나타낸다.

4단계: 3단계에서 구한 방정식을 t에 대해서 음함수 미분한다. 그 결과로 얻은 방정식은 t에 대한 도함수들을 포함하고 있으며, $t>0$일 때 항상 성립한다.

5단계: 4단계에서 얻은 방정식에다, 문제가 요구하는 특별한 순간에 해당하는 모든 값들을 대입하고(이보다 이전에 대입하면 안 된다). 원하는 도함수에 대해서 푼다.

예제 3 비행기가 시속 640마일의 속력으로 북쪽으로 날아가면서, 어떤 도시 상공을 정오에 지나갔다. 다른 비행기가 시속 600마일의 속력으로 동쪽으로 가는데, 같은 도시상공을 15분 후에 통과하였다. 이 비행기들의 고도가 같다면, 이들은 오후 1시 15분에 얼마나 빨리 멀어지고 있는가?

풀이

1단계: 오후 12시 15분 이후 지난 시간을 t시간이라 하자. 북쪽으로 가는 비행기가 오후 12시 15분 이후 날아간 거리를 y마일이라 하고, 동쪽으로 가는 비행기가 오후 12시 15분 이후 날아간 거리를 x마일이라 하고, 비행기들 사이의 거리를 s라 하자. 정오 이후 12시 15분이 되기까지의 15분 동안, 북쪽으로 가는 비행기는 $\frac{640}{4}=160$마일을 날아갔다. 따라서 t시간 동안 그 도시로부

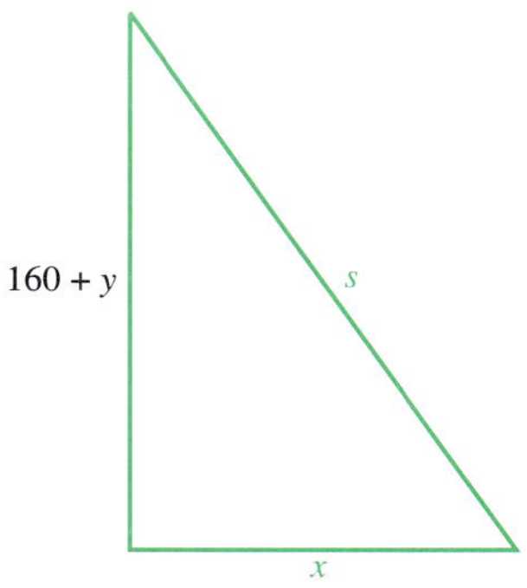

그림 4

터 북쪽으로 가는 비행기까지의 거리는 $y+160$ 마일이다(그림 4 참조).

2단계: 주어진 것은, 모든 $t>0$에 대해서, $dy/dt=640$이고 $dx/dt=600$. $t=1$일 때 즉, 오후 1시 15분일 때 ds/dt를 구하고 싶다.

3단계: 피타고라스의 정리에 따라서,

$$s^2=x^2+(y+160)^2$$

4단계: t에 대해서 음함수 미분을 하고, 연쇄법칙을 사용하면, 다음을 얻는다.

$$2s\frac{ds}{dt}=2x\frac{dx}{dt}+2(y+160)\frac{dy}{dt}$$

즉,

$$s\frac{ds}{dt}=x\frac{dx}{dt}+(y+160)\frac{dy}{dt}$$

5단계: 모든 $t>0$에 대해서, $dx/dt=600$이고 $dy/dt=640$. 한편 $t=1$인 순간에는, $x=600$, $y=640$, 그리고 $s=\sqrt{(600)^2+(640+160)^2}=1000$. 4단계에서 얻은 방정식들에다 이 값들을 대입하면, 다음을 얻는다.

$$1000\frac{ds}{dt}=(600)(600)+(640+160)(640)$$

이것으로부터

$$\frac{ds}{dt}=872$$

오후 1시 15분일 때, 비행기들은 시속 872 마일로 멀어지고 있다.

≈ 위에서 구한 답이 그럴 법한지 확인해 보자. 그림 4를 다시 보면, x 또는 y가 증가하는 것에 비해서, s는 더 빨리 증가함이 명백하다. 그러므로 ds/dt는 640보다 더 크다. 한편 x와 y를 더한 것에 비해서, s는 더 느리게 증가함이 명백하다. 즉, $ds/dt<600+640$. 따라서 구한 답 $ds/dt=872$는 그럴 법하다. ■

예제 4 어떤 소녀가 해안 절벽에 서서 망원경으로 보트를 보고 있는데, 그 보트는 소녀 바로 아래의 해안으로 다가오고 있다. 망원경은 해수면에서 250 피트 높이에 있고, 보트는 초속 20 피트로 다가올 때, 보트가 해안으로부터 250피트 거리에 있는 순간에 망원경이 수직면과 이루는 각이 변하는 비율은?

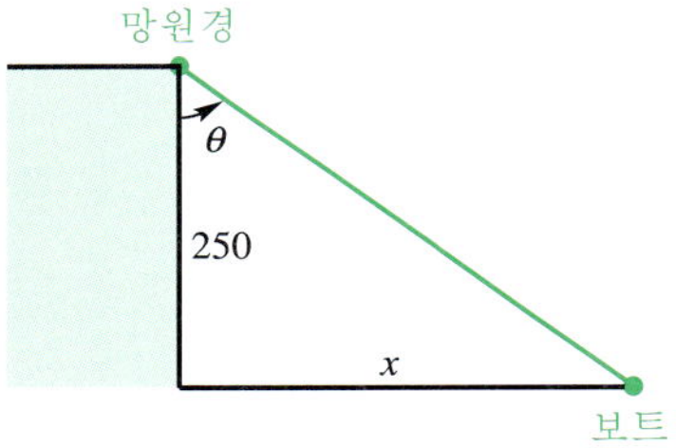

그림 5

풀이

1단계: 그림을 그리고(그림 5), 그림에서와 같이 변수 x와 θ를 도입한다.

2단계: $dx/dt=-20$임이 주어졌다. 부호가 음인 까닭은, 시간이 흐름에 따라서 x가 감소하기 때문이다. $x=250$인 순간 $d\theta/dt$가 얼마인지 알고 싶다.

3단계: 삼각함수에서,

$$\tan\theta = \frac{x}{250}$$

4단계: $D_\theta \tan\theta = \sec^2\theta$(3.4절 정리 B)임을 이용하여 음함수 미분을 한다. 그러면 다음을 얻는다.

$$\sec^2\theta \frac{d\theta}{dt} = \frac{1}{250}\frac{dx}{dt}$$

5단계: $x=250$인 순간, θ는 $\pi/4$ 라디안이고, $\sec^2\theta = \sec^2(\pi/4) = 2$. 따라서

$$2\frac{d\theta}{dt} = \frac{1}{250}(-20)$$

즉,

$$\frac{d\theta}{dt} = \frac{-1}{25} = -0.04$$

그러므로 각은 초당 -0.04라디안의 비율로 변하고 있다. 부호가 음인 것은 시간이 흐름에 따라서 θ가 감소하기 때문이다. ■

예제 5 120 피트 높이의 건물 뒤로 해가 지면서, 건물의 그림자가 점점 길어진다. 햇빛이 만드는 각이 $\pi/4$일 때, 그림자는 얼마나 빨리 (초속 몇 피트) 길어지는가?

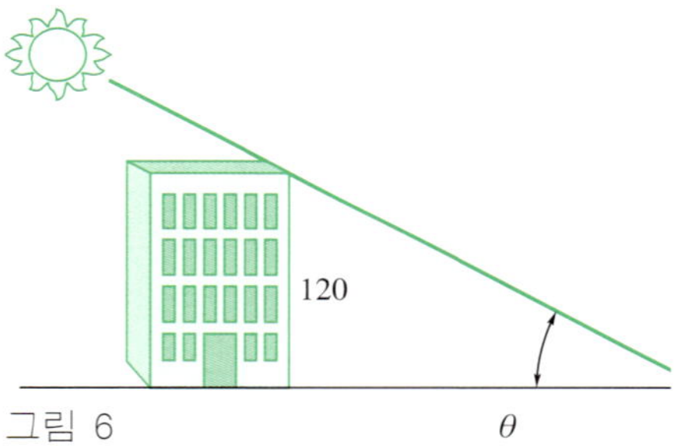

그림 6

풀이 그림 6에서와 같이, 자정부터 경과한 시간을 t(초), 그림자의 길이를 x(피트), 그리고 햇빛의 각을 θ(라디안)이라고 하자. 이제, $D_t x$를 구하려 한다. $x = 120\cot\theta$임을 알 수 있고, 지구는 24시간에 즉, 86,400초에 한 바퀴씩 돌고 있으므로, $D_t\theta = -2\pi/86{,}400$이다. (음수라 놓은 까닭은, 해가 짐에 따라서 θ가 감소하기 때문이다.) 연쇄법칙과 코탄젠트 미분 공식(3.4절 정리 B)을 쓰면, 다음을 얻는다.

$$\begin{aligned} D_t x &= D_\theta x \cdot D_t\theta = D_\theta(120\cot\theta)\cdot D_t\theta \\ &= 120(-\csc^2\theta)\left(-\frac{2\pi}{86{,}400}\right) \\ &= \frac{\pi}{360}\csc^2\theta \end{aligned}$$

$\theta = \pi/4$일 때, 그 값은

$$D_t x = \frac{\pi}{360}\csc^2\frac{\pi}{4} \approx 0.0175\frac{ft}{\sec}$$

해가 짐에 따라서 θ는 감소하며(그러므로 $D_t\theta$는 음수이다), 반면에 그림자 x는 증가함을(그러므로 $D_t x$는 양수이다) 주목하기 바란다. ■

관련 비율이 그래프로 주어지는 경우 이 세상의 실제 상황에서는, 어떤 함수의 식은 알 수 없고, 단지 경험을 통해서 얻은 그래프만이 있는 경우가 흔하다. 이런 경우에도 비율에 관한 문제에 대해서 답을 구할 수 있을 것이다.

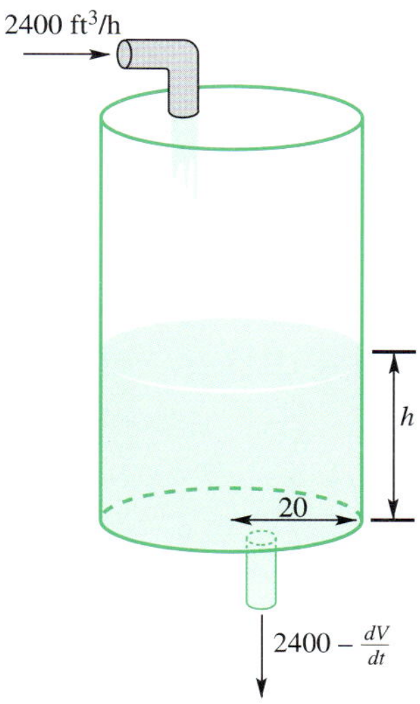

그림 7

예제 6 어떤 도시의 수도국은 원통 모양의 물탱크의 수면의 높이를 자동으로 기록해 두는 장치를 가지고 있다. 그림 7에서와 같이, 물탱크 속으로 시간당 2400세제곱 피트의 물을 계속 펌프질해 넣는다. 어느 날 오전 12시간 동안(자정부터 시작), 물의 높이는 그림 8의 그래프와 같이 올라가고 내려갔다. 물탱크의 반지름이 20피트라면, 오전 7시에 물을 어떤 비율로 사용하였는가?

풀이 자정 이후 지난 시간을 t시간이라 하자. 시간 t일 때 물탱크의 물의 높이를 h라 하고, 그 때 물탱크의 물의 양을 V라 하자(그림 7 참조). 그러면 dV/dt는 물이 들어오는 비율과 나가는 비율의 차이다. 그러므로 임의의 시간 t일 때 물을 사용하는 (물이 나가는) 비율은 $2400-dV/dt$이다. $t=7$에서 접선의 기울기는 약 -3이므로(그림 8), 그 때 $dh/dt\approx-3$이라고 결론을 내린다.

원통의 경우 $V=\pi r^2 h$이다. 그러므로

$$V=\pi(20)^2 h$$

이것으로부터

$$\frac{dV}{dt}=400\pi\frac{dh}{dt}$$

$t=7$일 때,

$$\frac{dV}{dt}\approx 400\pi(-3)\approx -3770$$

그러므로 이 도시 사람들은 오전 7시에 시간당 $2400+3770=6170$ 세제곱 피트의 비율로 물을 쓰고 있었다. ■

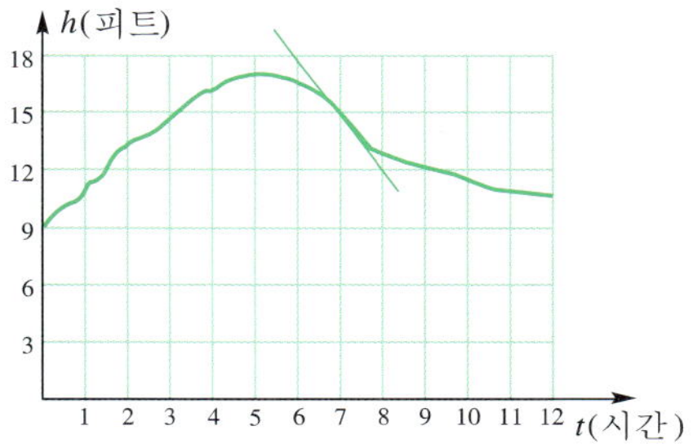

그림 8

개념 복습

1. 2시간 후에 u가 t에 대해서 얼마나 빨리 변화하느냐고 묻는 것은, ______의 값이 ______일 때 얼마냐고 묻는 것이다.

2. 비행기가 시속 400 마일의 일정한 속력으로 계속 날아가는데, 어떤 관찰자의 위를 똑바로 지나갔다. 관찰자와 비행기 사이의 거리는 점점 더 빠른 비율로 증가하며, 그 비율의 극한은 ______이다.

3. 시간 t가 증가할 때 dh/dt가 감소하면, d^2h/dt^2은 ______이다.

4. 공 모양의 물탱크에다 물을 일정한 비율로 부어 넣으면, 물의 높이가 올라가는 비율 dh/dt는 양수이며 계속 변화한다. 그렇지만 d^2h/dt^2은 h가 물탱크의 절반 높이에 이를 때까지 ______이고, 그 이후는 d^2h/dt^2이 ______가 된다.

연습문제 2.8

1. 정육면체의 모든 모서리가 초당 3 인치의 비율로 증가하고 있다. 한 모서리의 길이가 12 인치인 순간, 정육면체의 부피는 얼마나 빨리 증가하는가?

2. 비눗방울이 커지면서 계속 공 모양의 형태를 유지한다고 가정하자. 공기를 초당 3 세제곱 인치의 비율로 불어넣으면, 반지름이 3 인치일 때 반지름은 얼마나 빨리 증가하는가?

≈ **3.** 비행기가 고도 1 마일을 유지하며 수평으로 나는데, 어떤 관찰자 위를 지나갔다. 비행기가 시속 400 마일의 일정한 속력을 유지하면, 45초 후에 비행기와 관찰자 사이의 거리는 얼마나 빨리 증가하는가? 도움말: 45초$\left(\frac{3}{4}\frac{1}{60}=\frac{1}{80}\text{ 시간}\right)$ 동안, 비행기는 5 마일을 간다.

4. 어떤 학생이 원뿔 모양의 컵에 든 음료수를 빨대를 써서 마시는데, 원뿔컵의 축은 수직이고, 초당 3 세제곱 센티미터의 비율로 마시고 있다. 컵의 높이가 10 센티미터이고, 그 꼭대기의 지름이 6 센티미터이면, 음료수의 깊이가 5 센티미터인 순간, 그 표면은 얼마나 빨리 내려가는가?

≈ **5.** 비행기가 시속 300 마일의 일정한 속력으로 서쪽으로 날아가는데, 정오에 관제탑 위를 지나갔고, 다른 비행기가 같은 고도로서 시속 400 마일의 일정한 속력으로 북쪽으로 날아가는데, 1시간 후에 관제탑 위를 지나갔다. 오후 2시에, 이 두 비행기 사이의 거리는 얼마나 빨리 바뀌는가? 도움말: 예제 3 참조.

≈ **6.** 어떤 여자가 부두에 서서, 작은 보트에 묶어 놓은 줄을 당기고 있다. 보트에 줄을 묶어 놓은 지점에 비해서 이 여자의 손이 10 피트 위에 있고, 초속 2 피트의 비율로 줄을 당기고 있으면, 남은 줄의 길이가 25 피트인 순간, 보트는 얼마나 빨리 부두로 접근하는가?

≈ **7.** 20 피트 높이의 사다리를 건물에 기대 놓았다. 사다리의 밑이 지면을 따라 미끄러져서, 초속 1 피트의 속력으로 건물로부터 멀어지면, 사다리의 밑이 벽으로부터 5 피트 떨어진 순간, 사다리의 꼭대기는 얼마나 빨리 내려가는가?

8. 호수에 기름이 퍼져 나가는데, 기름을 분해하는 박테리아를 뿌려서, 이들이 시간당 4 세제곱 피트의 기름을 분해해서 없애준다. 그런데 기름이 퍼진 것은 매우 얇은 원판 모양이며, 기름의 두께가 그 높이이다. 두께가 0.001 피트일 때, 원판의 반지름은 500 피트이다. 만약 두께가 시간당 0.0005 피트의 비율로 줄어든다면, 기름이 퍼진 것의 넓이는 어떤 비율로 바뀌는가?

9. 파이프에서 초당 16 세제곱 피트의 비율로 모래가 쏟아져 나온다. 모래가 땅에 떨어져 원뿔 모양으로 쌓이는데, 그 높이가 항상 그 밑면 지름의 $\frac{1}{4}$이라면, 모랫더미의 높이가 4 피트인 순간, 높이는 얼마나 빨리 증가하는가? 도움말: 그림 8을 참고하고, $V=\frac{1}{3}\pi r^2 h$임을 이용.

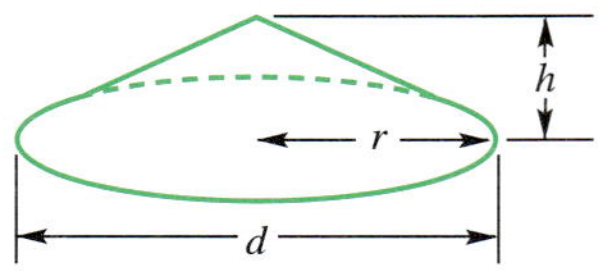

그림 9

≈ **10.** 어린이가 연을 날리고 있다. 연은 어린이의 손에 비해서 90 피트 더 높은 곳에 있고, 바람이 불어서, 초속 5 피트로 수평으로 움직이고 있다. 풀린 연줄의 길이가 150 피트인 순간, 얼레에서 얼마나 빨리 연줄을 풀어 주고 있는가? (사실과는 약간 거리가 있지만, 연줄이 얼레에서 연까지 직선을 이룬다고 가정하자.)

11. 사각형 수영장이 있는데, 길이는 40 피트, 폭은 20 피트, 깊은 쪽은 깊이가 8 피트, 얕은 쪽은 깊이가 3 피트이다. 수영장의 바닥은 직사각형이다(그림 10 참조). 분당 40 세제곱 피트의 일정한 비율로 물을 펌프질해 넣으면, 깊은 쪽에서 물의 깊이가 3 피트인 순간, 수면은 얼마나 빨리 올라가는가?

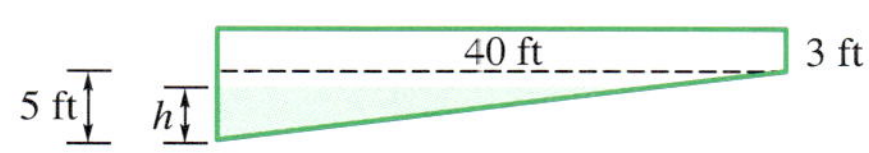

그림 10

≈ **12.** 입자 P가 $y=\sqrt{x^2-4}$ 의 $(x\geq 2)$ 그래프를 따라서 움직이는데, P의 x좌표는 초당 5단위의 비율로 증가한다. $x=3$인 순간, P의 y좌표는 얼마나 빨리 증가하는가?

13. 열을 가해서, 금속 원판이 팽창하고 있다. 그 반지름이 초당 0.02 인치의 비율로 증가하면, 반지름이 8.1 인치인 순간, 어느 한 원면의 넓이는 얼마나 빨리 증가하는가?

≈ **14.** 두 척의 배가 같은 항구에서 출항한다. 하나는 북쪽으로 24 노트(시간당 24 해리), 다른 하나는 동쪽으로 30 노트로 항해한다. 북쪽으로 가는 배는 오전 9시에 떠났고,

동쪽으로 가는 배는 오전 11시에 떠났다. 오후 2시일 때, 이들 사이의 거리는 얼마나 빨리 증가하는가? 도움말: 오전 11시를 $t=0$이라 하자.

15. 직선인 해안선으로부터 1 킬로미터 떨어진 곳에 등대가 있으며, 등댓불은 분당 2회 회전하고 있다. 등대로부터 가장 가까운 해안선 지점에서 $\frac{1}{2}$ 킬로미터 떨어진 지점을 지날 때, 등댓불은 해안선을 따라서 얼마나 빨리 움직이는가?

C **16.** 관찰병이 적기를 발견하였다. 적기는 고도 4000 피트를 유지하며, 관찰병의 머리 위로 날아오고 있었다. 관찰각이 $\frac{1}{2}$ 라디안인 순간, 그 각이 초당 $\frac{1}{10}$ 라디안의 비율로 증가함을 알아차렸다. 적기의 속력은 얼마인가?

17. 영철이의 키는 6 피트인데, 30 피트 높이의 가로등으로부터 초속 2 피트의 비율로 걸어간다.

(a) 영철이가 가로등에서 24 피트 거리에 있는 순간, 그림자의 길이는 얼마나 빨리 증가하는가? 30 피트일 때는?

(b) 그림자의 끝은 얼마나 빨리 움직이는가?

(c) 자신의 그림자의 끝을 계속 응시하려면, 그림자의 길이가 6 피트인 순간, 영철이는 눈을 얼마의 각속도로 올려야 하는가?

18. 등변의 길이가 100 센티미터인 이등변삼각형이 있는데, 밑변과 마주 보는 꼭지각 θ가 분당 $\frac{1}{10}$ 라디안의 비율로 커지고 있다. 꼭지각의 크기가 $\pi/6$ 라디안인 순간, 삼각형의 넓이는 얼마나 빨리 증가하고 있는가?
도움말: $A=\frac{1}{2}ab\sin\theta$

≈ **19.** 기찻길이 있고, 그 100 피트 위를 고속도로가 길게 수평으로, 기찻길과 직각을 이루며 지나간다. 시속 45 마일로 (초속 66 피트) 달리는 자동차가 시속 60 마일로 (초속 88 피트) 달리는 기관차 바로 위로 지나갔다면, 이들은 10초 후에 얼마나 빨리 멀어지는가?

20. 분당 2 리터의 (1 리터 = 1000 세제곱 센티미터) 일정한 비율로 물을 펌프질해 넣는데, 물탱크의 모양은 직원뿔을 수평으로 자른 원뿔대이다. 물탱크의 높이는 80 센티미터이고, 아래쪽 반지름은 20 센티미터, 위쪽 반지름은 40 센티미터이다(그림 11). 물의 깊이가 30 센티미터인 순간, 수면은 얼마나 빨리 올라가는가? 참고: 높이가 h, 아래쪽 반지름이 a, 위쪽 반지름이 b인 직원뿔 원뿔대의 부피 V는 $V=\frac{1}{3}\pi h\cdot(a^2+ab+b^2)$.

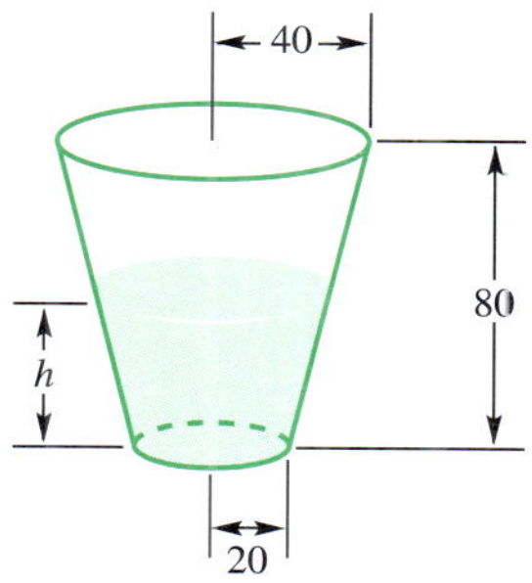

그림 11

21. 반지름이 8 피트인 반구 모양의 물탱크의 밑바닥에서, 물이 시간당 2 세제곱 피트의 비율로 새어나가고 있다. 물탱크는 한때 가득 차 있었다. 물의 높이 h가 3 피트인 순간, 수면의 높이는 얼마나 빨리 바뀌는가? 참고: 반지름이 r인 반구에서, 높이가 h인 부분의 부피는 $\pi h^2[r-(h/3)]$ (그림 12 참조).

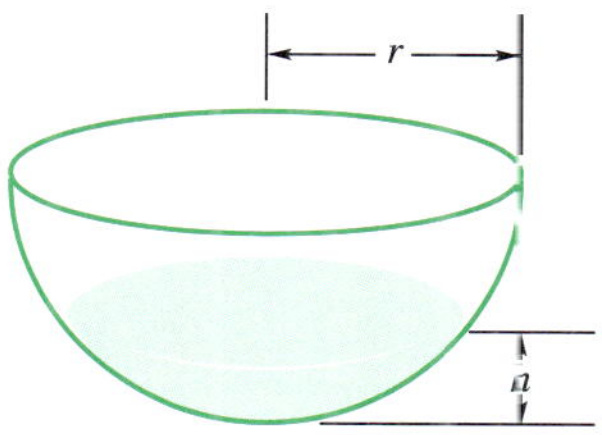

그림 12

22. 시계의 분침의 길이가 5 인치, 시침의 길이가 4 인치이다. 3시 정각인 순간, 침들의 끝점들 사이의 거리는 얼마나 빨리 바뀌는가?

23. 쇠공은 t초 동안 $16t^2$ 피트를 떨어진다. 높이가 48 피트인 가로등이 있는데, 그 옆으로 10 피트 거리인 지점의 높이 64 피트인 곳에서 쇠공을 떨어트렸다. 쇠공이 땅에 닿는 순간, 쇠공의 그림자는 얼마나 빨리 움직이고 있는가?

24. 물탱크가 반지름이 20 피트인 공 모양이라 하고, 예제 5를 다시 하여라. (공 모양 일부분의 부피는 문제 21 참조)

25. 물탱크가 위쪽 절반인 반구 모양이라 하고, 예제 5를 다시 하여라. (공 모양 일부분의 부피는 문제 21 참조)

26. 예제 5를 보아라. 자정에서 정오까지 12시간 동안, 이 도시가 사용한 물의 양은? 도움말: 이것은 미분 문제가 아님.

≈ **27.** 길이 18 피트인 사다리를 높이 12 피트인 수직 담장에 걸쳐 놓아서, 사다리의 꼭대기는 담장 너머에 있다. 지면을 따라 사다리의 밑을 당겨서, 초속 2 피트의 속력으로 담장에서 멀어진다.

(a) 사다리가 지면과 만드는 각이 60°인 순간, 사다리 꼭대기의 수직 속도를 구하여라.

(b) 그 순간, 수직 가속도를 구하여라.

28. 둥그런 쇠공이 문제 21의 물탱크 밑바닥에 놓여 있다. 쇠공의 반지름이 다음과 같을 때, 문제 21을 풀어 보아라.
(a) 6 인치 (b) 2 피트
(쇠공은 물이 새어나가는 것에 영향을 끼치지 않는다고 가정하자.)

29. 공 모양의 눈뭉치는 그 표면 넓이에 비례해서 녹는다.
(a) 그 반지름은 일정한 비율로 줄어듦을 보여라.
(b) 1시간 동안 녹아서 원래 부피의 $\frac{8}{27}$이 되었다면, 완전히 녹는데 얼마의 시간이 걸리는가?

30. 직각 원형 실린더의 한쪽 끝에 피스톤이 있고, 실린더 속에 기체가 들어 있다. 피스톤이 움직이기 때문에 부피가 계속 변화한다. 기체의 온도를 일정하게 유지하면, **보일(Boyle)의 법칙**에 따라서, $PV=k$. 여기서 P는 압력(제곱 인치당 파운드)이고, V는 부피(세제곱 인치)이고, k는 상수이다. 측정 기구를 써서, 10분 동안 압력을 기록하여 놓았다. 그것이 그림 13이다. $t=6.5$인 순간에 부피가 300 세제곱 인치였다면, 부피는 그 때 대략 얼마나 빨리 바뀌고 있는가? (예제 6 참조)

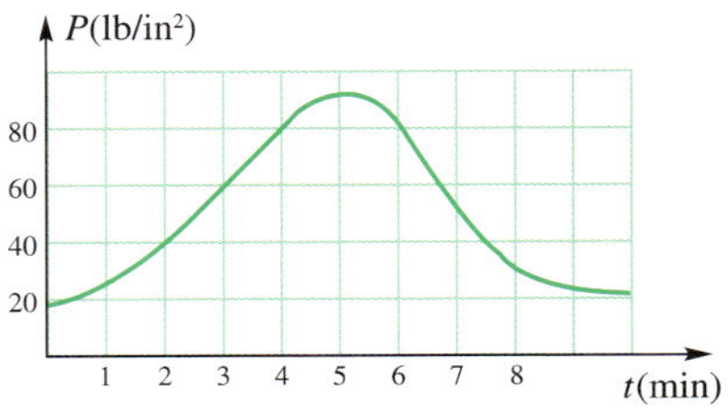

그림 13

31. 높이가 20 피트인 가로등을 향해서, 키가 5 피트인 소녀가 초속 4 피트의 속력으로 걸어가고 있다. 소녀의 남동생은 키가 3 피트이며, 소녀와 4 피트의 일정한 거리를 유지하며 소녀를 뒤따라오고 있다(그림 14).

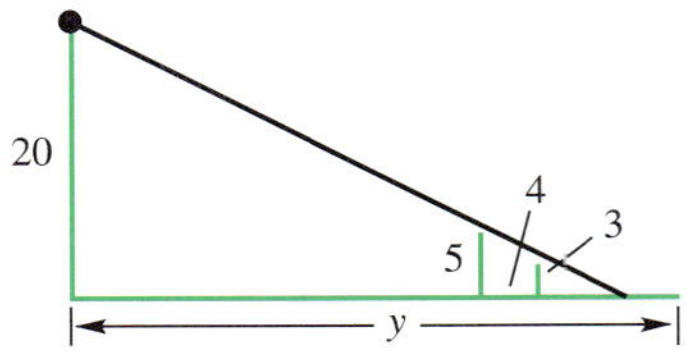

그림 14

그림자의 끝이 얼마나 빨리 움직이는지를 구하여라. 즉, dy/dt를 구하여라. 참고: 가로등에서 멀리 떨어져 있을 때는 소녀의 그림자가 끝이 되고, 가로등에 가까울 때는 남동생의 그림자가 끝이 된다.

개념 복습 해답: **1.** du/dt, $t=2$ **2.** 400 mi/h **3.** 음수 **4.** 음수, 양수

2.9 미분량과 근사

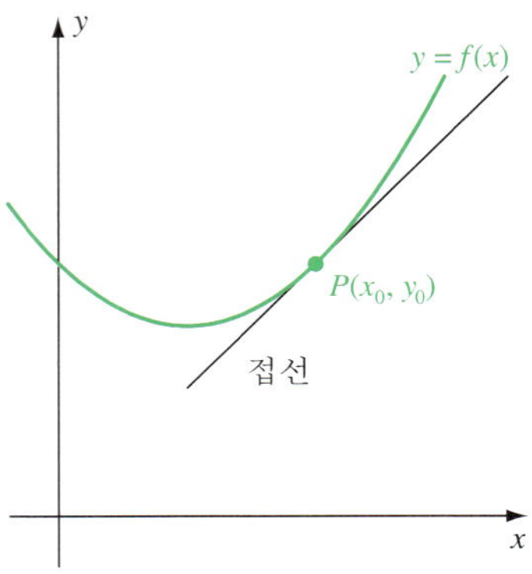

그림 1

라이프니쯔 기호 dy/dx는 x에 대한 y의 도함수를 뜻하는 것으로 사용하였다. 기호 d/dx는 (d/dx 분자의 글자가 무엇이든) x에 대해서 미분하라는 뜻의 연산자로 사용하였다. 그러므로 d/dx와 D_x는 동등하다. 우리는 지금까지 dy/dx(또는 d/dx)를 하나의 기호로서 다루었으며, 기호 dy와 기호 dx에다 제각각 어떤 의미를 부여하려 하지 않았다. 이 절에서 dy와 dx에 의미를 부여할 것이다.

f는 미분 가능인 함수라 하자. 도함수 정의에 동기를 부여하기 위해서, 함수 $y=f(x)$의 그래프 위의 한 점을 $P(x_0, y_0)$라 하자. 그림 1에서와 같이 함수 f가 미분가능하므로

$$\lim_{\Delta x\to 0}\frac{f(x_0-\Delta x)-f(x_0)}{\Delta x}=f'(x_0)$$

따라서 Δx가 작으면, 몫 $[f(x_0+\Delta x)-f(x_0)]/\Delta x$는 $f'(x_0)$와 거의 같을 것이다. 그러므로

$$f(x_0+\Delta x)-f(x_0)\approx \Delta x f'(x_0)$$

이 표현의 왼쪽 변을 Δy라고 부른다. x가 x_0에서 $x_0+\Delta x$로 변화할 때, y의 실제 변화가 이것이다. 이 표현의 오른쪽 변을 dy라고 부르며, Δy의 근사값

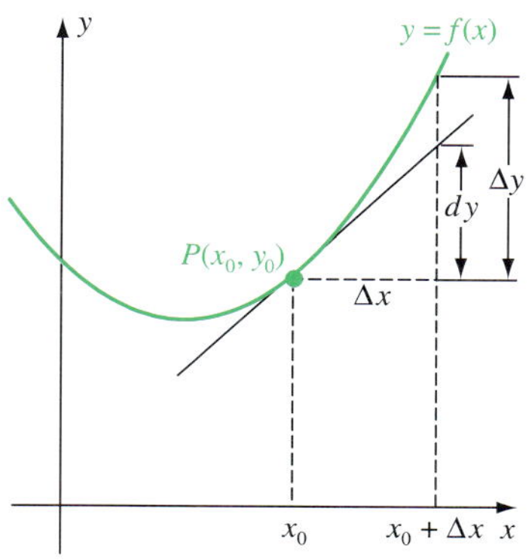

그림 2

역할을 한다. 그림 2에서와 같이, 양 dy는 점 P에서 곡선에 접하는 접선의, x가 x_0에서 $x_0+\Delta x$로 변화할 때의 변화량이다. Δx가 작으면, dy는 Δy에 매우 가까운 근사값이 될 것이고, 이것은 상수 곱하기 Δx이므로, 대개의 경우 계산하기가 훨씬 더 쉽다.

미분량의 정의 미분량 dx와 dy를 다음과 같이 정의한다.

> **정의 미분량**
>
> 함수 $y=f(x)$가 독립변수 x에 대해서 미분가능일 때
>
> Δx는 독립변수 x의 임의의 증분(변화량)이라고 한다.
> dx는 **독립변수 x의** 미분이라 하며, Δx와 같다.
> Δy는 x가 x에서 $x+\Delta x$로 변화할 때의 변수 y의 변화량이다. 즉, $\Delta y=f(x+\Delta x)-f(x)$.
> dy는 **종속변수 y의** 미분이라 하며, $dy=f'(x)dx$로 정의한다.

예제 1 다음 경우 dy를 구하여라.

(a) $y=x^3-3x+1$ (b) $y=\sqrt{x^2+3x}$

(c) $y=\sin(x^4-3x^2+11)$

풀이 미분을 계산할 줄 알면, 미분량을 계산할 수 있다. 미분을 계산해서 구한 다음에, 거기에다 dx를 곱하면 된다.

(a) $dy=(3x^2-3)dx$

(b) $dy=\frac{1}{2}(x^2+3x)^{-1/2}(2x+3)dx=\frac{2x+3}{2\sqrt{x^2+3x}}dx$

(c) $dy=\cos(x^4-3x^2+11)\cdot(4x^3-6x)dx$ ■

다음 두 가지를 주목해야 한다. 첫째, $dy=f'(x)dx$이므로, 양변을 dx로 나누면,

$$f'(x)=\frac{dy}{dx}$$

따라서 미분이란 두 미분량들의 몫이라고 해석해도 된다.

둘째, 모든 미분 공식에 대응해서, 그 공식에다 dx를 "곱하면" 얻게 되는 미분공식이 있다. 중요한 것들을 다음 표에 소개한다.

미분 공식	미분량 공식
1. $\frac{dk}{dx}=0$	1. $dk=0$
2. $\frac{d(ku)}{dx}=k\frac{du}{dx}$	2. $d(ku)=k\,du$
3. $\frac{d(u+v)}{dx}=\frac{du}{dx}+\frac{dv}{dx}$	3. $d(u+v)=du+dv$

미분과 미분량의 구별

미분과 미분량은 같지 않다. $D_x y$ 또는 dy/dx로 쓸 때, 미분에 관한 기호이고 dy로 나타낼때, 그것은 미분량을 나타낸다. 이것을 혼동하여 함수의 미분을 dy로 쓰는 일은 없어야겠다.

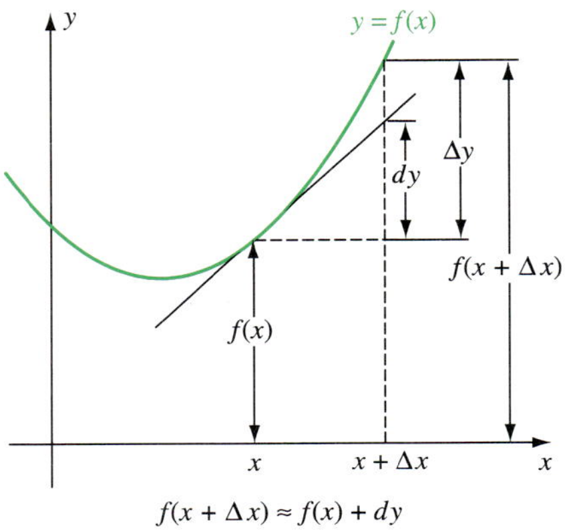

그림 3

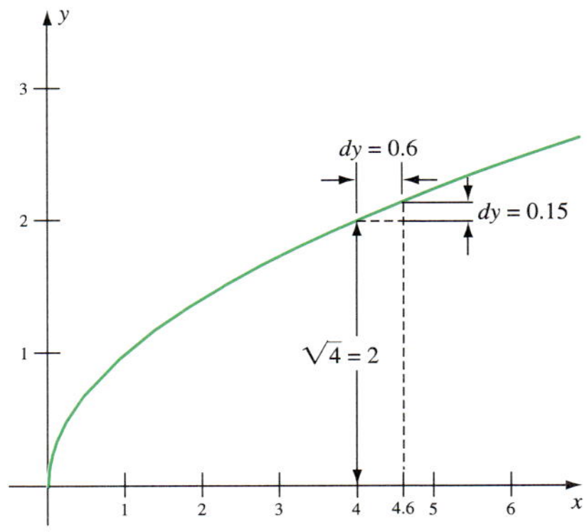

그림 4

4. $\dfrac{d(uv)}{dx}=u\dfrac{dv}{dx}+v\dfrac{du}{dx}$ 4. $d(uv)=u\,dv+v\,du$

5. $\dfrac{d(u/v)}{dx}=\dfrac{v(du/dx)-u(dv/dx)}{v^2}$ 5. $d\left(\dfrac{u}{v}\right)=\dfrac{v\,du-u\,dv}{v^2}$

6. $\dfrac{d(u^n)}{dx}=nu^{n-1}\dfrac{du}{dx}$ 6. $d(u^n)=nu^{n-1}du$

근 사 이 책에서 미분은 여러 가지 역할을 하지만, 지금 당장은 근사값을 제시하는 것이 주된 임무이다. 이것을 앞에서 잠시 다룬 바 있다.

그림 3처럼, $y=f(x)$라고 하자. 증분(변화량) Δx는 그에 대응하여 y의 변화량 Δy를 결정되며, 이것의 근사값은 dy로 구할 수 있다. 그러므로 $f(x+\Delta x)$의 근사값을 다음과 같이 구할 수 있다.

$$\boxed{f(x+\Delta x)\approx f(x)+dy=f(x)+f'(x)\Delta x}$$

앞으로 나올 모든 예제들의 풀이는 이 식에 바탕을 두고 있다.

예제 2 $\sqrt{4.6}$과 $\sqrt{8.2}$의 좋은 근사값을 알아야 하는데, 계산기가 사용불능이다. 어떻게 해야 할까?

풀이 그림 4에 그려 놓은 $y=\sqrt{x}$의 그래프를 생각하자. x가 4에서 4.6으로 바뀔 때, $\sqrt{x}$는 $\sqrt{4}=2$에서 (대략) $\sqrt{4}+dy$로 바뀐다. 여기서

$$dy=\frac{1}{2}x^{-1/2}dx=\frac{1}{2\sqrt{x}}=dx$$

이것에다 $x=4$와 $dx=0.6$을 넣으면, 값은 다음과 같다.

$$dy=\frac{1}{2\sqrt{4}}(0.6)=\frac{0.6}{4}=0.15$$

그러므로

$$\sqrt{4.6}\approx\sqrt{4}+dy=2+0.15=2.15$$

마찬가지로, $x=9$와 $dx=-0.8$을 넣으면,

$$dy=\frac{1}{2\sqrt{9}}(-0.8)=\frac{-0.8}{6}\approx-0.133$$

그러므로

$$\sqrt{8.2}\approx\sqrt{9}+dy\approx 3-0.133=2.867$$

이 경우 dx와 dy는 둘 다 음수이다.

근사값 2.15와 2.867을 (소수 네 자리까지) 정확한 값 2.1448과 2.8636과 비교해 보기 바란다. ■

예제 3 비눗방울이 반지름이 3 인치에서 3.025 인치로 커질 때, 그 표면적의 증가의 근사값을 미분량을 써서 구하여라.

풀이 공 모양인 비눗방울의 표면적은 $A=4\pi r^2$. 정확한 변화 ΔA의 근사값을 미분량 dA로 구할 수 있다. 여기서

$$dA=8\pi r\,dr$$

$r=3$이고 $dr=\Delta r=0.025$이니,

$$dA=8\pi(3)(0.025)\approx 1.885\text{제곱 인치}$$ ■

오차의 추정 과학자들이 흔히 접하는 전형적인 문제를 살펴보자. 어떤 연구원이 변수 x를 측정하여서, 그 값이 x_0이며, 가능한 오차의 범위는 $\pm\Delta x$이다. 변수 y는 x에 따라서 달라지는데, x_0을 넣어서 계산하니 y_0이 나왔다. y_0의 값은 x의 오차 때문에 약간 틀릴 텐데, 얼마나 차이가 생길 것인가? 표준적인 방법은, 미분량들을 써서 오차를 추정하는 것이다.

예제 4 정육면체의 한 변의 길이를 재었더니 11.4 센티미터였으며, 가능한 오차는 ± 0.05 센티미터 이내이다. 정육면체의 부피를 구하고, 이 값의 오차 범위를 추정하여라.

풀이 변의 길이가 x인 정육면체의 부피 V는 $V=x^3$. 그러므로 $dV=3x^2dx$. $x=11.4$와 $dx=0.05$를 넣으면, $V=(11.4)^3\approx 1482$이고,

$$dV=3(11.4)^2(0.05)\approx 19$$

그러므로 정육면체의 부피는 1482 ± 19 세제곱 센티미터이다. ■

예제 4의 양 ΔV를 **절대 오차**라고 부른다. 오차의 크기를 나타내는 다른 방법으로 **상대 오차**가 있으며, 이것은 절대 오차를 전체 부피로 나눈 것이다. 상대 오차 $\Delta V/V$의 근사값으로 dV/V를 쓸 수 있다. 예제 4에서, 상대 오차는 다음과 같다.

$$\frac{\Delta V}{V}\approx\frac{dV}{V}\approx\frac{19}{1482}\approx 0.0128$$

상대 오차는 흔히 퍼센트로 표현한다. 그러므로 예제 4의 정육면체의 경우, 상대 오차는 약 1.28%이다.

예제 5 혈액의 흐름에 관한 포와즐 법칙은 동맥을 타고 흐르는 혈액의 부피는 동맥반지름의 네제곱에 비례, 즉 $V=kR^4$을 말한다. 혈액흐름을 50% 증가시키기 위해서 필요한 동맥의 반지름의 증가량은 얼마인가?

풀이 미분량은 $dV=4kR^3dR$을 만족한다. 부피의 상대 변화는

$$\frac{\Delta V}{V} \approx \frac{dV}{V} = \frac{4kR^3 dR}{kR^4} = 4\frac{dR}{R}$$

이다. 따라서 부피에 50%의 변화를 갖기 위해서는

$$0.5 \approx \frac{dV}{V} = 4\frac{dR}{R}$$

이다. R의 상대변화는

$$\frac{\Delta R}{R} \approx \frac{dR}{R} \approx \frac{0.5}{4} = 0.125$$

따라서 동맥 반지름이 12.5% 증가하면 혈액의 흐름을 50% 증가시킬 것이다. ■

선형 근사식 만약 f가 a에서 미분 가능이면, 직선의 점-기울기 방정식에 따라서, $(a, f(a))$에서 f에 접하는 접선의 방정식은 $y=f(a)+f'(a)(x-a)$. 다음 함수

$$L(x)=f(a)+f'(a)(x-a)$$

를 a에서 f의 **선형 근사식**(linear approximation)이라 하며, x가 a에 가까울 때 흔히 좋은 근사값을 제시해 준다.

예제 6 $x=\pi/2$에서 $f(x)=1+\sin 2x$와 $x=\pi/2$의 선형 근사식을 구하고, 그래프를 그려라.

풀이 함수 f의 미분은 $f'(x)=2\cos 2x$. 따라서 선형 근사식은 다음과 같다.

$$\begin{aligned} L(x) &= f(\pi/2)+f'(\pi/2)(x-\pi/2) \\ &= (1+\sin\pi)+(2\cos\pi)(x-\pi/2) \\ &= 1-2(x-\pi/2)=(1+\pi)-2x \end{aligned}$$

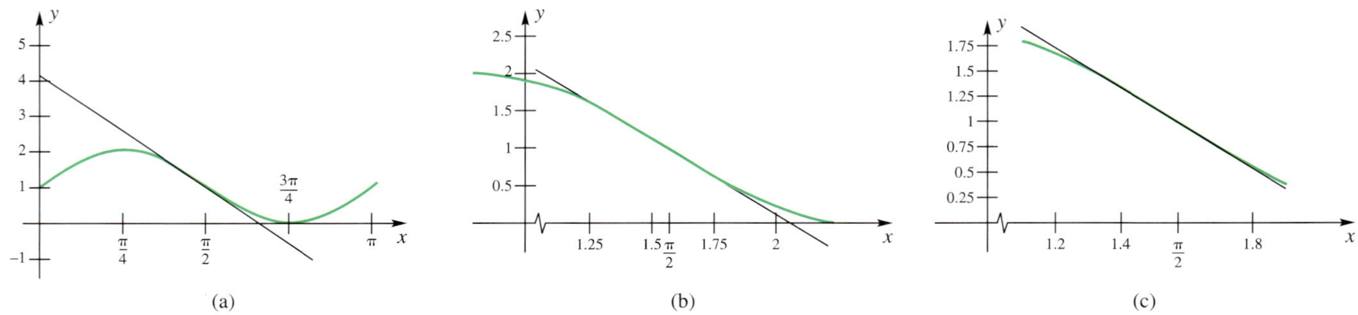

그림 5

그림 5 (a)는 함수 f의 그래프와 선형 근사식 L의 그래프를 구간 $[0, \pi]$에서 그린 것이다. $\pi/2$ 근처에서는 근사식이 원래 함수와 가깝지만, $\pi/2$에서 멀어지면 많이 달라짐을 알 수 있다. 그림 5 (b)와 (c)는 L과 f의 그래프를 점점 더 작은 구간에서 그린 것이다. $\pi/2$에 가까운 x에 대해서는, 선형 근사식이 원래 함수 f에 매우 가까움을 알 수 있다.

개념 복습

1. $y=f(x)$라 하자. dx를 써서 y의 미분량을 표현하면, $dy=$ ______.

2. 곡선 $y=f(x)$를 생각하고, x의 증분 Δx가 주어졌다고 하자. 곡선에서 그에 대응하는 y의 변화는 ______로 나타내고, 접선에서 그에 대응하는 y의 변화는 ______로 나타낸다.

3. ______ 경우는, dy가 Δy의 좋은 근사값이 될 것이다.

4. 곡선 $y=\sqrt{x}$의 경우, dy는 Δy에 가깝겠지만, 항상 Δy보다 ______. 곡선 $y=x^2$, $x\geq 0$의 경우, dy는 Δy에 가깝겠지만, 항상 Δy보다 ______.

연습문제 2.9

문제 1~8에서 dy를 구하여라.

1. $y=x^2+x-3$
2. $y=7x^3+3x^2+1$
3. $y=(2x+3)^{-4}$
4. $y=(3x^2+x+1)^{-2}$
5. $y=(\sin x+\cos x)^3$
6. $y=(\tan x+1)^3$
7. $y=(7x^2+3x-1)^{-3/2}$
8. $y=(x^{10}+\sqrt{\sin 2x})^2$
9. $s=\sqrt{(t^2-\cot t+2)^3}$일 때, ds를 구하여라.
10. $y=f(x)=x^3$이라 하자. 다음 각각의 경우 dy를 구하여라.
    (a) $x=0.5$, $dx=1$ (b) $x=-1$, $dx=0.75$
11. 문제 10에서 정의한 함수에 대해서, 구간 $-1.5\leq x\leq 1.5$에서 f의 그래프와 $x=0.5$에서의 접선, $x=-1$에서의 접선을 꼼꼼하게 그려라. (a)와 (b) 각각의 경우 주어진 값들을 가지고, 이 그림에다 dy와 dx를 표시하여라.
12. $y=1/x$이라 하자. 다음 각각의 경우 dy를 구하여라.
    (a) $x=1$, $dx=0.5$ (b) $x=-2$, $dx=0.75$
13. 문제 12에서 정의한 함수에 대해서, 구간 $-3\leq x<0$과 $0<x\leq 3$에서 그림을 크게 그려 보아라(문제 11에서 한 것처럼).
14. C 문제 10의 주어진 값들에 대해서, y의 실제 변화, 즉, Δy를 구하여라.
15. C 문제 12의 주어진 값들에 대해서, y의 실제 변화, 즉, Δy를 구하여라.
16. $y=x^2-3$일 때, 다음 각각의 경우 Δy와 dy를 구하여라.
    (a) $x=2$이고 $dx=\Delta x=0.5$
    C (b) $x=3$이고 $dx=\Delta x=-0.12$
17. $y=x^4+2x$일 때, 다음 각각의 경우 Δy와 dy를 구하여라.
    (a) $x=2$이고 $dx=\Delta x=0.5$
    C (b) $x=2$이고 $dx=\Delta x=0.005$

문제 18~20에서 미분량을 써서 주어진 수의 근사값을 구하여라(예제 2 참조). 계산기로 얻은 값과 비교해 보아라.

18. $\sqrt{402}$
19. $\sqrt{35.9}$
20. $\sqrt[3]{26.91}$
21. C 안쪽 반지름이 5 센티미터, 바깥쪽 반지름이 5.125 센티미터인, 공 모양의 껍데기를 만드는 데 들어간 재료의 부피를 추측하여라(예제 3 참조).
22. C 정육면체 모양 금속 상자의 여섯 면이 모두 두께가 0.25 인치이고, 상자 속의 부피는 40 세제곱 인치이다. 미분량을 써서, 상자를 만드는 데 들어간 금속의 부피의 근사값을 구하여라.
23. 공 모양의 얇은 껍데기의 바깥 지름이 12 피트이다. 껍데기의 두께가 0.3 인치일 때, 껍데기 속의 영역의 부피의 근사값을 미분을 써서 구하여라.
24. 위가 열려 있는 원통 모양의 물탱크의 내부 지름이 12 피트이고, 깊이가 8 피트이다. 밑면은 구리로 되어 있고, 옆면은 쇠로 되어 있다. 물탱크 내부의 쇠로 된 부분에다 0.05 인치 두께로 방수 페인트를 칠하려면, 몇 갤론의 페인트가 필요한지, 미분을 써서 근사값을 구하여라. (1 갈론≈231 세제곱 인치)
25. 적도는 반지름이 약 4000 마일인 원이라 가정하자. 적도와 중점이 같고, 같은 평면에 놓여 있으면서, 모든 점들이 적도보다 2 피트 위에 있는 원은 적도에 비해서 얼마나 더 긴가? 미분을 사용하여라.
26. 길이가 L 피트인 단진자의 주기는 $T=2\pi$(초)로 주어진다. 여기서 g는 지구 표면에서 (또는 지표면 근처에서) 중력에 의한 가속도이며, 초당 초속 32 피트라고 가정하자. 진자가 시계추인데, 길이가 $L=4$ 피트일 때 시간이 정확하게 맞았다면, 진자의 길이가 3.97 피트로 짧아지면,

시계는 24시간 동안 얼마나 빨리 가겠는가?

27. 공의 지름을 재었더니 20 ± 0.1 센티미터였다. 공의 부피를 계산하고, 절대 오차와 상대 오차를 추정하여라(예제 4 참조).

28. 원통 모양인 로울러의 길이는 정확하게 12 인치이고, 지름을 재었더니 6 ± 0.005 인치였다. 그 부피를 계산하고, 절대 오차와 상대 오차를 추정하여라.

C **29.** 이등변삼각형의 두 등변 사이의 각 θ를 재었더니 0.53 ± 0.005 라디안이었다. 등변의 길이는 정확하게 151 센티미터이다. 세 번째 변의 길이를 계산하고, 절대 오차와 상대 오차를 추정하여라.

C **30.** 문제 29의 삼각형의 넓이를 계산하고, 절대 오차와 상대 오차를 추정하여라.

도움말: $A = \frac{1}{2} ab \sin \theta$

31. 양 끝점이 c와 $c + \Delta x$인 닫힌 구간에서 $|d^2y/dx^2| \le M$이 성립하면,

$$|\Delta y - dy| \le \frac{1}{2} M (\Delta x)^2$$

임을 보일 수 있다. x가 2에서 2.001로 증가할 때, $y = 3x^2 - 2x + 11$의 변화를 미분을 써서 구하여라. 미분을 씀으로써 생긴 오차의 한계를 제시하여라.

32. 함수 f가 $f(1) = 10$이고, $f'(1.02) = 12$라고 하자. 이 정보를 이용하여, $f(1.02)$의 값을 추정하여라.

33. 함수 f가 $f(3) = 8$, $f'(3.05) = \frac{1}{4}$이라고 하자. 이 정보를 이용하여, $f(3.05)$를 추정하여라.

34. 원뿔 모양의 컵이 있는데, 높이가 10 센티미터이고, 위쪽의 폭이 8 센티미터인데, 9 센티미터 깊이로 물이 차 있다. 한 변의 길이가 3 센티미터인 정육면체 모양의 얼음을 이 컵에다 넣으려 한다. 미분을 써서, 물이 넘칠지 여부를 판단하여라.

35. 원통의 양쪽 끝에 반구들을 붙인 형태의 물탱크가 있다. 원통 부분의 길이가 100 센티미터이고, 바깥 지름이 20 센티미터이면, 물탱크의 바깥을 1 밀리미터 두께로 칠하는 데 필요한 페인트의 양은 얼마인가?

C **36.** 아인슈타인의 특수 상대성 이론에 따르면, 물체의 질량 m과 속도 v 사이에는 다음 관계식이 성립한다.

$$m = \frac{m_o}{\sqrt{1 - v^2/c^2}} = m_o \left(1 - \frac{v^2}{c^2}\right)^{-\frac{1}{2}}$$

여기서 m_0은 정지 질량이고, c는 빛의 속도이다. 어떤 물체의 속도가 $0.9c$에서 $0.92c$로 증가할 때, 그 질량이 몇 퍼센트나 증가하는지, 미분을 써서 구하여라.

문제 37~44에서, 오른쪽 점에서 주어진 함수의 선형근사식을 구하여라. 주어진 구간상에서 함수와 선형근사식을 그려라.

37. $f(x) = x^2$, $a = 2$, $[0, 3]$

38. $g(x) = x^2 \cos x$, $a = \pi/2$, $[0, \pi]$

39. $h(x) = \sin x$, $a = 0$, $[-\pi, \pi]$

40. $F(x) = 3x + 4$, $a = 3$, $[0, 6]$

41. $f(x) = \sqrt{1 - x^2}$, $a = 0$, $[-1, 1]$

42. $g(x) = x/(1 - x)^2$, $a = 1/2$, $[0, 1)$

43. $h(x) = x \sec x$, $a = 0$, $(-\pi/2, \pi/2)$

44. $G(x) = x + \sin 2x$, $a = \pi/2$, $[0, \pi]$

45. 임의의 a에서 $f(x) = mx + b$의 선형근사식을 구하여라. $f(x)$와 $L(x)$ 사이의 관계를 말하여라.

46. 모든 $a > 0$에 대하여, 함수 $f(x) = \sqrt{x}$의 $x = a$에서의 선형근사식 $L(x)$는 모든 x에 대해서 $f(x) \le L(x)$를 만족함을 보여라.

47. 모든 a에 대해서, 함수 $f(x) = x^2$의 a에서의 선형근사식 $L(x)$는 모든 x에 대해서 $L(x) \le f(x)$를 만족함을 보여라.

EXPL **48.** α가 임의의 수일대, $x = 0$에서 함수 $f(x) = (1 + x)^\alpha$의 선형근사식을 구하여라. 여러 α값에 대해서, $f(x)$와 선형근사식 $L(x)$를 그려라. 어떤 α값에서 선형근사식이 항상 $f(x)$보다 큰가? 어떤 α값에서 선형근사식이 항상 $f(x)$보다 작은가?

EXPL **49.** f가 미분가능하다고 하자. 선형근사식 $f(x + f) \approx f(x) + f'(x)h$를 사용하면, 오차는 $\varepsilon(h) = f(x + h) - f(x) - f'(x)h$이다. 다음을 보여라.

(a) $\lim_{h \to 0} \varepsilon(h) = 0$, (b) $\lim_{h \to 0} \frac{\varepsilon(h)}{h} = 0$.

개념 복습 해답: **1.** $f'(x)dx$ **2.** $\Delta y, dy$ **3.** Δx가 작은 **4.** 더 크다, 더 작다.

2.10 장 복습

개념 시험

다음 명제가 참인지, 거짓인지 답하여라. 답의 타당성을 보일 수 있어야 한다.

1. 곡선 위의 어떤 점에서의 접선은 그 점에서 곡선을 가로지를 수 없다.
2. 곡선의 접선은 단 한 점에서만 곡선과 만난다.
3. 곡선 $y=x^4$의 접선의 기울기는 그 곡선의 모든 점에서 서로 다르다.
4. 곡선 $y=\cos x$의 접선의 기울기는 그 곡선의 모든 점에서 서로 다르다.
5. 어떤 물체의 속력이 감소하면서 속도는 증가할 수 있다.
6. 어떤 물체의 속도가 감소하면서 속력은 증가할 수 있다.
7. 곡선 $y=f(x)$의 $x=c$에서의 접선이 수평이면, $f'(c)=0$.
8. 모든 x에 대해서 $f'(x)=g'(x)$이면, 모든 x에 대해서 $f(x)=g(x)$.
9. $g(x)=x$이면, $f'(g(x))=D_x f(g(x))$.
10. $y=\pi^5$이면, $D_x y=5\pi^4$.
11. $f'(c)$가 존재하면, f는 c에서 연속이다.
12. $y=\sqrt[3]{x}$의 그래프는 $x=0$에서 접선을 가지지만, $D_x y$는 거기에서 존재하지 않는다.
13. 곱의 미분은 그 미분들의 곱이다.
14. 어떤 물체의 가속도가 음수이면, 그 속도는 감소하고 있다.
15. 만약 x^3이 미분 가능한 함수 $f(x)$의 인수이면, x^2은 그 미분의 인수이다.
16. 곡선 $y=x^3$의 $(1, 1)$에서의 접선의 방정식은 $y-1=3x^2(x-1)$이다.
17. $y=f(x)g(x)$이면, $D_x^2 y=f(x)g''(x)+g(x)f''(x)$.
18. $y=(x^3+x)^8$이면, $D_x^{25} y=0$.
19. 다항식의 미분은 다항식이다.
20. 유리식의 미분은 유리식이다.
21. $f'(c)=g'(c)=0$이고 $h(x)=f(x)g(x)$이면, $h'(c)=0$.
22. 극한

$$\lim_{x\to\pi/2}\frac{\sin x-1}{x-\pi/2}$$

은 함수 $f(x)=\sin x$의 $x=\pi/2$에서의 도함수값이다.

23. 연산자 D^2은 선형이다.
24. $h(x)=f(g(x))$이고, f와 g가 둘 다 미분 가능하다고 하자. 이때 $g'(c)=0$이면, $h'(c)=0$이다.
25. $f'(2)=g'(2)=g(2)$이면, $(f\circ g)'(2)=4$.
26. f가 미분 가능하고, 증가하고, $dx=\Delta x>0$이면, $\Delta y>dy$이다.
27. 공의 반지름이 초당 3 피트씩 증가하면, 그 부피는 초당 27 세제곱 피트씩 증가한다.
28. 원의 반지름이 초당 4 피트씩 증가하면, 그 둘레 길이는 초당 8π 피트씩 증가한다.
29. 모든 양의 정수 n에 대해서, $D_x^{n+4}(\sin x)=D_x^n(\sin x)$.
30. 모든 양의 정수 n에 대해서, $D_x^{n+3}(\cos x)=-D_x^n(\sin x)$.
31. $\lim_{x\to 0}\frac{\tan x}{3x}=\frac{1}{3}$.
32. 어떤 물체가 수평 좌표 직선에서 움직이는데, 시간 t일 때의 위치가 $s=5t^3+6t-300$이면, 이 물체는 항상 오른쪽으로 (s가 증가하는 방향으로) 움직인다.
33. 고무로 만든 둥그런 풍선에다 초당 3 세제곱 인치의 일정한 비율로 공기를 불어넣으면, 반지름은 계속 증가하지만, 점점 더 느린 비율로 증가한다.
34. 고정된 반지름의 공 모양의 물탱크에다 초당 3 갈론의 비율로 물을 부어넣으면, 물탱크가 다 차 갈 때, 물의 높이는 점점 더 빨리 증가한다.
35. 공의 반지름을 재는 데 Δr의 오차가 생겼다면, 부피를 계산할 때 그에 따른 오차는 약 $S\cdot\Delta r$이 될 것이다. 여기서 S는 공의 표면 넓이이다.
36. $y=x^5$이면, $dy\geq 0$.
37. 함수 $f(x)=\cos x$의 $x=0$에서의 선형근사식은 양수 기울기를 가진다.

시험 보기 문제

1. $f'(x)=\lim_{h\to 0}[f(x+h)=f(x)]/h$를 써서, 다음 각각의 미분을 구하여라.

(a) $f(x)=3x^3$ (b) $f(x)=2x^5+3x$

(c) $f(x)=\frac{1}{3x}$ (d) $f(x)=\frac{1}{3x^2+2}$

(e) $f(x)=\sqrt{3x}$ (f) $f(x)=\sin 3x$

(g) $fx=\sqrt{x^2+5}$ (h) $f(x)=\cos \pi x$

2. $g'(x)=\lim_{t\to x}\dfrac{g(t)-g(x)}{t-x}$를 써서, 다음 각각의 경우 $g'(x)$를 구하여라.

(a) $g(x)=2x^2$ (b) $g(x)=x^3+x$

(c) $g(x)=\dfrac{1}{x}$ (d) $g(x)=\dfrac{1}{x^2+1}$

(e) $g(x)=\sqrt{x}$ (f) $g(x)=\sin \pi x$

(g) $g(x)=\sqrt{x^3+C}$ (h) $g(x)=\cos 2x$

3. 다음 극한은 도함수값이다. 미분인데, 어떤 함수 f의 어떤 점에서의 미분인가?

(a) $\lim_{h\to 0}\dfrac{3(1+h)-3}{h}$ (b) $\lim_{h\to 0}\dfrac{4(2+h)^3-4(2)^3}{h}$

(c) $\lim_{\Delta x\to 0}\dfrac{\sqrt{(1+\Delta x)^3}-1}{\Delta x}$ (d) $\lim_{\Delta x\to 0}\dfrac{\sin(\pi+\Delta x)}{\Delta x}$

(e) $\lim_{t\to x}\dfrac{4/t-4/x}{t-x}$ (f) $\lim_{t\to x}\dfrac{\sin 3x-\sin 3t}{t-x}$

(g) $\lim_{h\to 0}\dfrac{\tan(\pi/4+h)-1}{h}$ (h) $\lim_{h\to 0}\left(\dfrac{1}{\sqrt{5+h}}-\dfrac{1}{\sqrt{5}}\right)\dfrac{1}{h}$

4. 그림 1의 함수 $s=f(t)$의 그래프를 써서, 다음 값을 대략 구하여라.

(a) $f'(2)$ (b) $f'(6)$

(c) $v_{\text{avg}}[3,\ 7]$ (d) $\dfrac{d}{dt}f(t^2),\ t=2$

(e) $\dfrac{d}{dt}[f^2(t)],\ t=2$ (f) $\dfrac{d}{dt}(f(f(t))),\ t=2$

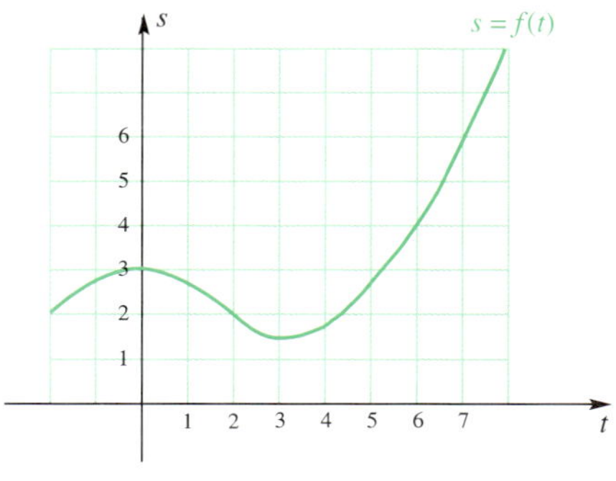

그림 1

문제 5~29에서 지금까지 배운 미분 공식들을 써서 다음 도함수를 구하여라.

5. $D_x(3x^5)$ **6.** $D_x(x^3-3x^2+x^{-2})$

7. $D_z(z^3+4z^2+z)$ **8.** $D_x\left(\dfrac{3x-5}{x^2+1}\right)$

9. $D_t\left(\dfrac{4t-5}{6t^2+2t}\right)$ **10.** $D_x^2(3x+2)^{2/3}$

11. $\dfrac{d}{dx}\left(\dfrac{4x^2-2}{x^3+x}\right)$ **12.** $D_t(t\sqrt{2t+6})$

13. $\dfrac{d}{dx}\left(\dfrac{1}{\sqrt{x^2+4}}\right)$ **14.** $\dfrac{d}{dx}\sqrt{\dfrac{x^2-1}{x^3-x}}$

15. $D_\theta^2(\sin\theta+\cos^3\theta)$ **16.** $\dfrac{d}{dt}[\sin(t^2)-\sin^2(t)]$

17. $D_\theta(\sin(\theta^2))$ **18.** $\dfrac{d}{dx}(\cos^3 5x)$

19. $\dfrac{d}{d\theta}[\sin^2(\sin(\pi\theta))]$ **20.** $\dfrac{d}{dt}[\sin^2(\cos 4t)]$

21. $D_\theta \tan 3\theta$ **22.** $\dfrac{d}{dx}\left(\dfrac{\sin 3x}{\cos 5x^2}\right)$

23. $f'(2)$, 여기서 $f(x)=(x^2-1)^2(3x^3-4x)$

24. $g''(0)$, 여기서 $g(x)=\sin 3x+\sin^2 3x$

25. $\dfrac{d}{dx}\left(\dfrac{\cot x}{\sec x^2}\right)$ **26.** $D_t\left(\dfrac{4t\sin t}{\cos t-\sin t}\right)$

27. $f'(2)$, 여기서 $f(x)=(x-1)^3(\sin \pi x-x)^2$

28. $h''(0)$, 여기서 $h(t)=(\sin 2t+\cos(3t))^5$

29. $g'''(1)$, 여기서 $g(r)=\cos^3 5r$

문제 30~34에서 주어진 함수들이 모두 미분가능할 때 주어진 도함수를 구하여라.

30. $f'(t)$, 여기서 $f(t)=h(g(t))+g^2(t)$

31. $G''(x)$, 여기서 $G(x)=F(r(x)+s(x))+s(x)$

32. $F(x)=Q(R(x))$, $R(x)=\cos x$, $Q(R)=R^3$일 때, $F'(x)$를 구하여라.

33. $F(z)=r(s(z))$, $r(x)=\sin 3x$, $s(t)=3t^3$일 때, $F'(z)$를 구하여라.

34. 곡선 $y=(x-2)^2$에서, 그 접선이 직선 $2x-y+2=0$과 직교하게 되는 곡선의 점의 좌표를 구하여라.

35. 공 모양의 풍선이 햇볕을 받아서 팽창하고 있다. 반지름이 5미터인 순간, 풍선 부피의 반지름에 대한 변화 비율을 구하여라.

36. 문제 35의 풍선의 부피가 시간당 10세제곱 미터의 일정한 비율로 증가하면, 반지름이 5미터인 순간, 반지름은 얼마나 빨리 증가하는가?

37. 길이가 12피트인 구유(단면이 V자 형인 물통)의 단면이 이등변삼각형(밑변이 위에 있는) 형태이며, 깊이가 4피트, 폭이 6피트이다. 구유에다 분당 9세제곱 피트의 비율로 물을 부으면, 물의 깊이가 3피트인 순간, 수면은 얼마나

빨리 올라가는가?

38. 어떤 물체를 땅바닥에서 똑바로 위로 던지는데, 처음 속도는 초속 128피트였다. 그러면 t초 후 그 높이 s는 약 $s = 128t - 16t^2$피트이다.

(a) 최고 높이에 이르는 것은 언제이며, 그 최고 높이는 얼마인가?

(b) 땅에 닿는 것은 언제이며, 그 때의 속도는 얼마인가?

39. 어떤 물체가 수평 좌표 직선을 따라서 움직인다. t초 후 원점으로부터의 유향 거리 s는 $s = t^3 - 6t^2 + 9t$ 피트이다.

(a) 이 물체가 왼쪽으로 움직이는 것은 언제인가?

(b) 속도가 0일 때 그 가속도는 얼마인가?

(c) 가속도가 양수인 것은 언제인가?

40. 다음 각각의 경우 D_x^{20}를 구하여라.

(a) $y = x^{19} + x^{12} + x^5 + 10$ (b) $y = x^{20} + x^{19} + x^{18}$

(c) $7x^{21} + 3x^{20}$ (d) $y = \sin x + \cos x$

(e) $y = \sin 2x$ (f) $y = \dfrac{1}{x}$

41. 다음 각각의 경우 dy/dx를 구하여라.

(a) $(x-1)^2 + y^2 = 5$ (b) $xy^2 + yx^2 = 1$

(c) $x^3 + y^3 = x^3y^3$ (d) $x\sin(xy) = x^2 + 1$

(e) $x\tan(xy) = 2$

42. 곡선 $y^2 = 4x^3$과 $2x^2 + 3y^2 = 14$의 (1, 2)에서의 접선들은 서로 직교함을 보여라. 도움말: 음함수 미분법 사용.

43. $y = \sin(\pi x) + x^2$이라 하자. x가 2에서 2.01로 바뀔 때, y는 대략 얼마나 바뀌는가?

44. $xy^2 + 2y(x+2)^2 + 2 = 0$이라 하자.

(a) x가 -2.00에서 -2.01로 바뀌고, $y > 0$이면, y는 대략 얼마나 바뀌는가?

(b) x가 -2.00에서 -2.01로 바뀌고, $y < 0$이면, y는 대략 얼마나 바뀌는가?

45. $f(2) = 3$, $f'(2) = 4$, $f''(2) = -1$, $g(2) = 2$, $g'(2) = 5$라고 하자. 다음 값을 구하여라.

(a) $x = 2$에서 $\dfrac{d}{dx}[f^2(x) + g^3(x)]$

(b) $x = 2$에서 $\dfrac{d}{dx}[f(x)g(x)]$

(c) $x = 2$에서 $\dfrac{d}{dx}[f(g(x))]$

(d) $x = 2$에서 $D_x^2[f^2(x)]$

≈ **46.** 높이가 13피트인 사다리를 수직인 벽에 기대어 놓았다. 사다리의 밑을 초속 2피트의 일정한 속력으로 당겨서 벽으로부터 멀어지면, 사다리의 위쪽 끝이 땅에서 5피트 높이에 있는 순간, 위쪽 끝은 벽을 따라서 얼마나 빨리 떨어지는가?

≈ **47.** 비행기가 수평면과 15°의 각으로 올라가고 있다. 비행기의 속력이 시속 400마일이면, 고도가 얼마나 빨리 높아지는가?

48. $x \neq 0$일 때 $D_x|x| = \dfrac{|x|}{x}$임을 이용하여, 다음의 공식을 구하여라.

(a) $D_x(|x|^2)$ (b) $D_x^2|x|$

(c) $D_x^3|x|$ (d) $D_x(|x|)^2$

49. $t \neq 0$일 때 $D_t|t| = \dfrac{|t|}{x}$임을 이용하여, 다음의 공식을 구하여라.

(a) $D_\theta|\sin\theta|$ (b) $D_\theta|\cos\theta|$

50. 주어진 점에서 다음 함수의 선형근사식을 구하여라.

(a) $\sqrt{x+1}$, $a = 3$에서

(b) $x\cos x$, $a = 1$에서

복습과 예비 문제

문제 1~6에서 부등식을 풀어라(0.2절을 보아라.).

1. $(x-2)(x-3) < 0$ **2.** $x^2 - x - 6 > 0$

3. $x(x-1)(x-2) \leq 0$ **4.** $x^3 + 3x^2 + 2x \geq 0$

5. $\dfrac{x(x-2)}{x^2-4} \geq 0$ **6.** $\dfrac{x^2-9}{x^2+2} > 0$

문제 7~14에서 도함수 $f'(x)$를 구하여라.

7. $f(x) = (2x+1)^4$ **8.** $f(x) = \sin \pi x$

9. $f(x) = (x^2-1)\cos 2x$ **10.** $f(x) = \dfrac{\sec x}{x}$

11. $f(x) = \tan^2 3x$ **12.** $f(x) = \sqrt{1 + \sin^2 x}$

13. $f(x) = \sin\sqrt{x}$ **14.** $f(x) = \sqrt{\sin 2x}$

15. $y = \tan^2 x$의 그래프에서 접선이 수평인 점들을 구하여라.

16. $y = x + \sin x$의 그래프에서 접선이 수평인 점들을 구하여라.

17. $y = x + \sin x$의 그래프에서 접선이 $y = 2 + x$와 평행한 점들을 구하여라.

18. 가로의 길이가 24인치이고 세로의 길이가 9인치인 마분지에서 그림 1처럼 네 모서리에서 넓이가 같은 정사각형 모양을 잘라내어 직사각형 상자를 만든다. 잘려나가는 정사각형의 한변의 길이가 x일때, 상사의 부피를 구하여라.

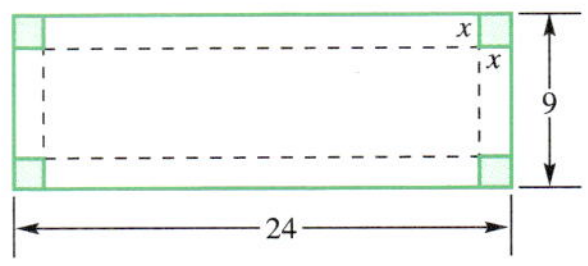

그림 1

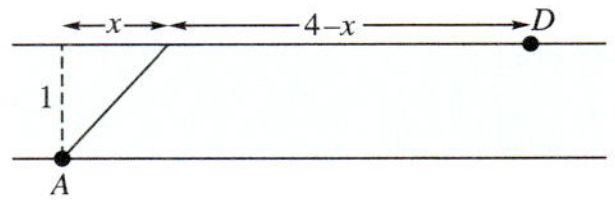

그림 2

19. 앤디는 폭이 1km인 강을 건너 그림 2처럼 강아래 4km 지점에 닿으려고 한다. 그는 시간당 4km를 수영할 수 있고 시간당 10km를 달릴 수 있다. 수영을 멀리 먼저하고 처음 출발지점 A에서 강아래로 $x$km 지점까지 수영을 한다. D지점까지 도달하는데 얼마나 걸릴까?

20. $f(x)=x-\cos x$라 하자.

(a) 방정식 $x-\cos x=0$은 $x=0$과 $x=\pi$ 사이에서 해를 갖는가?

(b) $x=\dfrac{\pi}{2}$에서 접선의 방정식을 구하여라.

(c) (b)로부터 접선의 x축과 어디에서 만나는가?

21. 미분이 다음과 같은 함수를 구하여라.

(a) $2x$ (b) $\sin x$ (c) x^2+x+1

22. 문제 21의 각 해답에 1을 더한다. 이 함수들도 문제 21의 해일까? 설명하여라.

CHAPTER

3 미분의 응용

3.1 최대 · 최소

생활에서 어떤 일을 하는 데 최선의 방법을 찾아야 하는 문제가 생긴다. 예를 들어 농부는 어떤 종류의 곡식들을 길러야 이익이 최대가 될 지 알고 싶어한다. 의사는 어떤 병을 치료하는데 약의 최소 복용량을 알고 싶어한다. 생산자는 그 제품을 유통시키는 비용이 최소가 되도록 만들려 한다. 이런 종류의 문제들은 흔히 공식화해서, 변수가 어느 특정한 영역일 때 함수의 최대값 또는 최소값을 구하는 문제로 귀착된다. 이런 경우, 미적분학은 그 문제를 푸는 유용한 도구가 된다.

이제 어떤 함수 f와 정의역 S가 그림 1처럼 주어져있다고 하자.

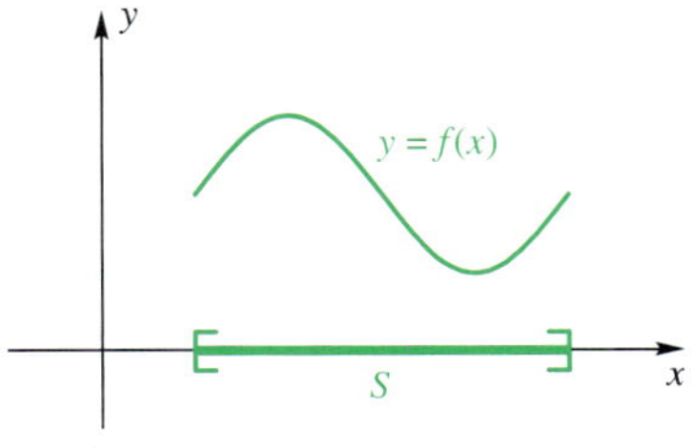

그림 1

1. $f(x)$는 S 위에서 최대값과 최소값을 갖는가?
2. 최대값과 최소값을 가지면 어디에서 갖는가?
3. 최대값과 최소값을 가지면 그 값들은 얼마인가?

이 질문에 관한 대답이 이 절의 중요한 과제이다.

우선 엄밀한 용어들을 소개한다.

정의

함수 f의 정의역 S에 점 c가 있을 때 다음을 정의한다.

(i) S에 속하는 모든 x에 대해서 $f(c) \geq f(x)$가 성립하면, $f(c)$는 S에서 f의 **최대값**(maximum value)이라고 한다.

(ii) S에 속하는 모든 x에 대해서 $f(c) \leq f(x)$가 성립하면, $f(c)$는 S에서 f의 **최소값**(minimum value)이라고 한다.

(iii) $f(c)$가 최대값 또는 최소값이면, $f(c)$는 S에서 f의 **극값**(extreme value)이라고 말한다.

(iv) 최대값 또는 최소값을 구하려고 하는 함수를 **대상 함수**(objective function)라고 부른다.

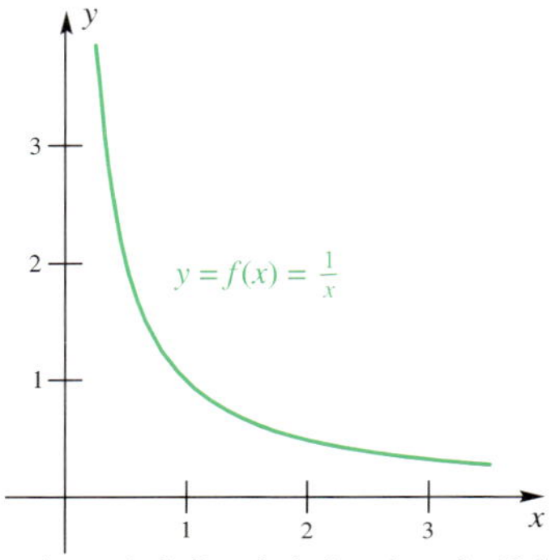

(0, ∞)에서, 최대값, 최소값 없음
[1, 3]에서, 최대값=1, 최소값$=\frac{1}{3}$
(1, 3]에서, 최대값 없음, 최소값$=\frac{1}{3}$

그림 2

존재 문제 함수 f는 S에서 최대값(또는 최소값)을 가질까? 그 대답은, 우선 집합 S에 달려 있다. 구간 $S=(0, \infty)$에서 함수 $f(x)=1/x$을 생각해 보자. 이 구간에서는 최대값도 그리고 최소값도 갖지 않는다(그림 2). 반면에, 이 함수가 구간 $S=[1, 3]$에서는 최대값 $f(1)=1$과 최소값 $f(3)=\frac{1}{3}$을 갖는다. 구간 $S=(1, 3]$에서는 f는 최대값을 갖지 않지만, 최소값 $f(3)=\frac{1}{3}$을 갖는다.

함수가 어떤 종류이냐에 따라서도 답이 달라진다. 다음과 같이 정의한 불연속 함수 g를 생각하자(그림 3).

$$g(x)=\begin{cases} x, & 1\leq x<2\text{인 경우} \\ x-2, & 2\leq x\leq 3\text{인 경우}\end{cases}$$

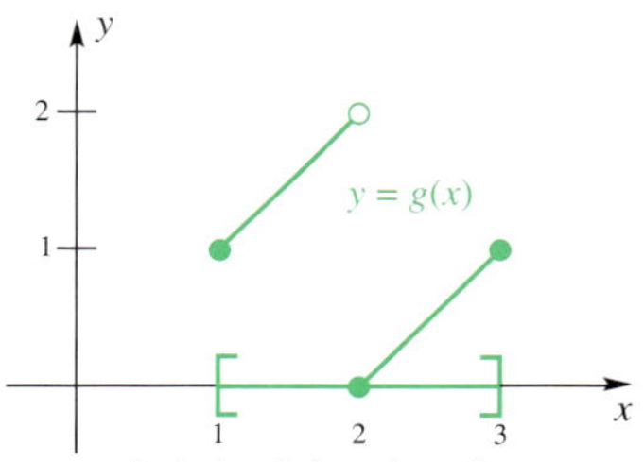

최대값 없음, 최소값=0

그림 3

구간 $S=[1, 3]$에서, g는 최대값을 갖지 않는다(g는 2에 얼마든지 가까이 가지만, 절대로 2가 되지 않는다). 그렇지만 g는 최소값 $g(2)=0$을 가진다.

실제로 다루는 여러 문제들에 대해서, 존재 여부를 답해 주는 멋진 정리가 있다. 이 정리는 직관적으로 명백해 보이지만, 엄밀하게 증명하는 것은 매우 어렵다. 증명은 더 깊은 과정의 책들에 나올 것이다.

정리 A 최대, 최소 존재 정리

함수 f가 폐구간 $[a, b]$에서 연속이면, f는 $[a, b]$에서 최대값과 최소값을 가진다.

정리 A에서 핵심사항은 f가 연속이어야 하고 집합 S가 폐구간이어야 한다는 것이다.

최대값, 최소값을 가지는 점 대개의 경우 대상함수는 어떤 구간 I를 정의역으로 가진다. 그런데 이 구간은 0.2절에서 다룬 아홉 종류의 구간들 중 어느 것이든 될 수 있다. 어떤 것은 끝점들을 포함하고 있고, 어떤 것은 포함하지 않고 있다. 예를 들어 $I=[a, b]$는 양쪽 끝점을 모두 포함하고 있지만, $[a, b)$

는 왼쪽 끝점만을 포함하고 있고, (a, b)는 양쪽 끝점을 모두 포함하지 않고 있다. 폐구간에서 정의된 함수들은 구간의 끝점에서 극값을 가지는 경우가 있다(그림 4 참조).

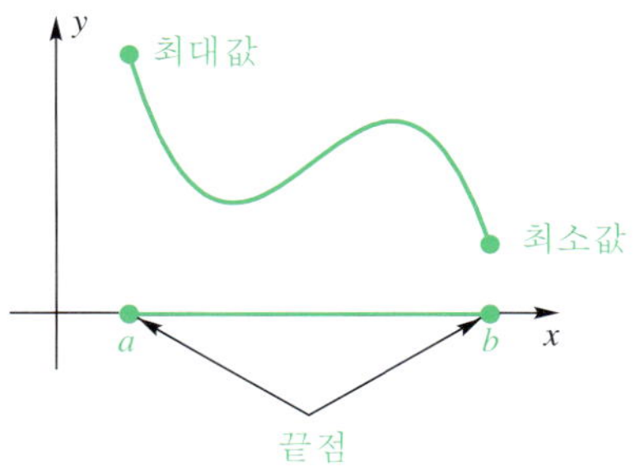

그림 4

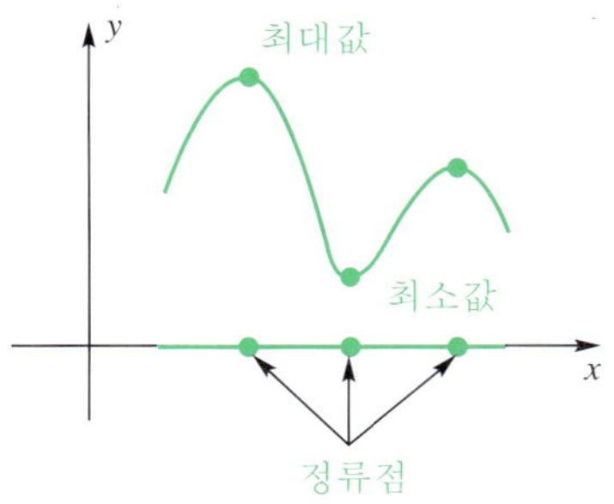

그림 5

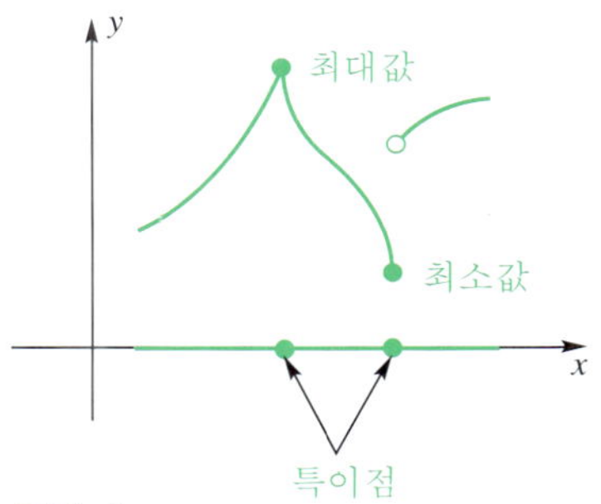

그림 6

만약 점 c에서 $f'(c)=0$이면, c는 **정류점**(stationary point)이라고 한다. 이렇게 이름을 붙인 까닭은, 정류점에서는 접선이 수평이어서 f의 그래프가 평탄해지기 때문이다. 대개 정류점에서 극값을 가진다(그림 5 참조).

마지막으로, 구간 I의 내부점 c에서 f'이 존재하지 않으면, c를 **특이점**(singular point)이라고 부른다. 이 점에서는 f의 그래프가 뾰족한 모서리를 가지거나, 접선이 수직이 되거나, 펄쩍 뛴다거나(jump), 또는 그 부근에서 그래프가 심하게 요동칠 수 있다. 특이점에서 극값을 갖는 경우도 있다(그림 6 참조). 그렇지만 실제 문제에서 드문 경우에 속한다.

이 세 종류의 점들(끝점, 정류점, 특이점)이 최대값, 최소값 이론의 핵심이다. 함수 f의 정의역에 있는 이러한 점들을 f의 **임계점**(critical point)이라고 한다.

예제 1 함수 $f(x)=-2x^3+3x^2$의 $\left[\frac{1}{2}, 2\right]$에서의 임계점을 찾아라.

풀이 끝점은 $-\frac{1}{2}$과 2이다. 정류점을 찾기 위해서, 방정식 $f'(x)=-6x^2+6x=0$을 x에 대해서 풀면 0과 1이 나온다. 특이점은 없다. 따라서 임계점은, $-\frac{1}{2}$, 0, 1, 2. ■

정리 B 임계점 정리

함수 f가 점 c를 포함하는 구간 I에서 정의되고, $f(c)$가 극값이면, c는 임계점이다. 즉, c는 다음 셋 중 하나이다.

(i) I의 끝점

(ii) f의 정류점. 즉, $f'(c)=0$이 되는 점

(iii) f의 특이점. 즉, $f'(c)$가 존재하지 않는 점

증명 먼저 $f(c)$가 구간 I에서 f의 최대값이고 c가 끝점도 아니고 특이점도

아니라고 가정하자. 그러면 c가 정류점임을 보여야 한다.

$f(c)$는 최대값이므로, I에 속하는 모든 x에 대해서, $f(x)\le f(c)$. 즉,

$$f(x)-f(c)\le 0$$

따라서, $x<c$이어서 $x-c<0$이면,

$$\frac{f(x)-f(c)}{x-c}\ge 0 \tag{1}$$

반면에 $x>c$이면,

$$\frac{f(x)-f(c)}{x-c}\le 0 \tag{2}$$

그런데 c는 특이점이 아니므로, $f'(c)$가 존재한다. 따라서 (1)에서 $x\to c^-$이고 (2)에서 $x\to c^+$이면, 각각 $f'(c)\ge 0$과 $f'(c)\le 0$이 된다. 그러므로 $f'(c)=0$이어야 한다. 즉 c는 정류점이다.

$f(c)$가 최소값인 경우도 마찬가지로 증명할 수 있다. ■

위의 증명에서, 극한을 취할 때, 부등호 $\le$의 방향이 그대로 유지됨을 이용하였다.

극값 구하기 정리 A와 정리 B의 관점으로 보면, 닫힌 구간 I에서 연속인 함수 f의 최대값, 최소값을 찾는 방법을 다음과 같은 간단한 과정으로 기술할 수 있다.

1단계: 구간 I에서 f의 임계점들을 찾는다.
2단계: 이 각각의 임계점들에서 f의 값을 계산한다. 그 중 가장 큰 값이 최대값이고, 가장 작은 값이 최소값이다.

예제 2 구간 $[-2, 2]$에서 함수 $f(x)=x^3$의 최대값과 최소값을 구하여라.

풀이 도함수 $f'(x)=3x^2$은 $(-2, 2)$에서 정의되고 $x=0$일 때만 영이다. 그러므로 임계점은 $x=0$과 끝점 $x=-2$, $x=2$이다. 임계점에서 f를 계산하면 $f(-2)=-8$, $f(0)=0$, $f(2)=8$이다. 그러므로 f의 최대값은 $8(x=2$일 때$)$이고 최소값은 $-8(x=-2$일 때$)$이다. ■

용 어

용어를 어떻게 사용하는지 유의하기 바란다. 최대값은 1이며, 이것은 $f\left(-\frac{1}{2}\right)$, 그리고 $f(1)$과 같다. 이때 $-\frac{1}{2}$과 1에서 최대값을 가진다고 말한다. 마찬가지로, 최소값은 -4이며, 2에서 가진다.

예제 2에서 $f'(0)=0$이지만, $x=0$에서 f는 최대값과 최소값을 갖지 않는다. 이것은 정리 B에 모순이 아니다. 정리 B는, c가 임계점이면 $f(c)$는 최대나 최소라는 것을 말하는 것이 아니다. 정리 B는, $f(c)$가 최대 또는 최소이면 c가 임계점이란 것을 말하는 것이다.

예제 3 구간 $\left[-\frac{1}{2}, 2\right]$에서 함수 $f(x)=-2x^3+3x^2$의 최대값과 최소값을 구하여라.

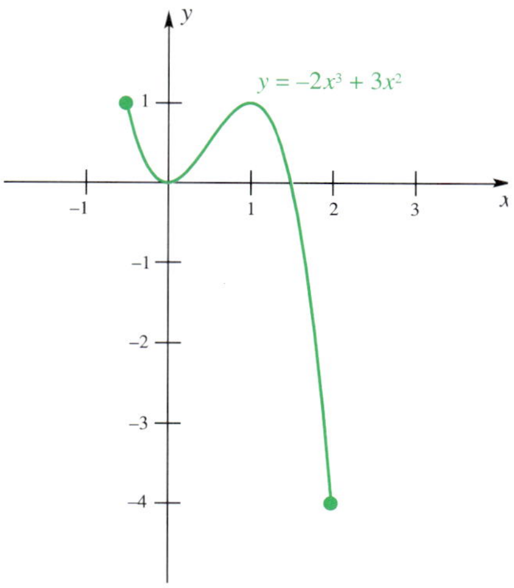

그림 7

풀이 예제 1에 따르면 임계점은 $-\frac{1}{2}$, 0, 1, 2이다. 이제 $f\left(-\frac{1}{2}\right)=1$, $f(0)=0$, $f(1)=1$, $f(2)=-4$이므로, 최대값은 1이고$\left(-\frac{1}{2}\text{과 1일 때}\right)$, 최소값은 -4이다(2일 때). 함수 f의 그래프는 그림 7과 같다. ■

예제 4 함수 $F(x)=x^{2/3}$은 모든 점에서 연속이다. 구간 $[-1, 2]$에서 최대값과 최소값을 구하여라.

풀이 $F'(x)=\frac{2}{3}x^{-1/3}$이고, 이것은 항상 0이 아니다. 그렇지만 $F'(0)$은 존재하지 않으며, 따라서 0은 임계점이다. 그리고 끝점 -1과 2도 임계점이다. 이제 $F(-1)=1$, $F(0)=0$, $F(2)=\sqrt[3]{4}\approx 1.59$이므로, 최대값은 $\sqrt[3]{4}$이고, 최소값은 0이다. 이 함수의 그래프는 그림 8과 같다. ■

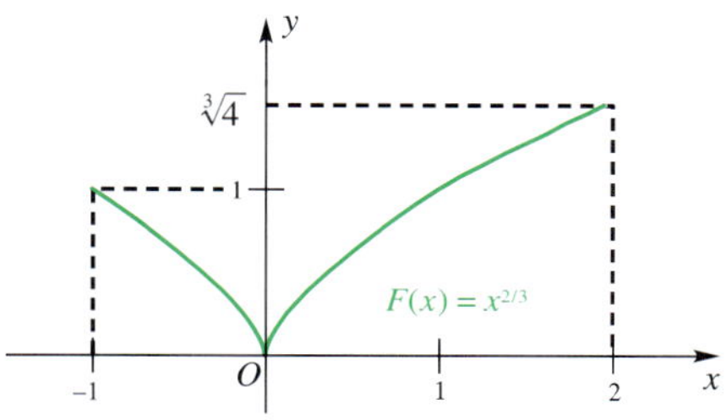

그림 8

예제 5 구간 $[-\pi, 2\pi]$에서 함수 $f(x)=x+2\cos x$의 최대값과 최소값을 구하여라.

풀이 $y=f(x)$의 그래프는 그림 9와 같다. 도함수는 $f'(x)=1-2\sin x$이고 $(-\pi, 2\pi)$에서 정의되며 $\sin x=\frac{1}{2}$일 때 $f'(x)=0$이다. 구간 $[-\pi, 2\pi]$에서 $\sin x=\frac{1}{2}$을 만족하는 값은 $x=\frac{\pi}{6}$와 $x=\frac{5}{6}\pi$이다. 이 두 수와 함께 끝점 $-\pi$와 2π는 임계점이다. 이제 각 임계점에서 f의 값을 구하면,

$$f(-\pi)=-2-\pi\approx -5.14 \qquad f(\pi/6)=\sqrt{3}+\frac{\pi}{6}\approx 2.26$$

$$f(5\pi/6)=-\sqrt{3}+\frac{5\pi}{6}\approx 0.89 \qquad f(2\pi)=2+2\pi\approx 8.28$$

따라서 $-2-\pi$가 최소값($x=-\pi$일 때)이고, 최대값은 $2+2\pi$($x=2\pi$일 때)이다. ■

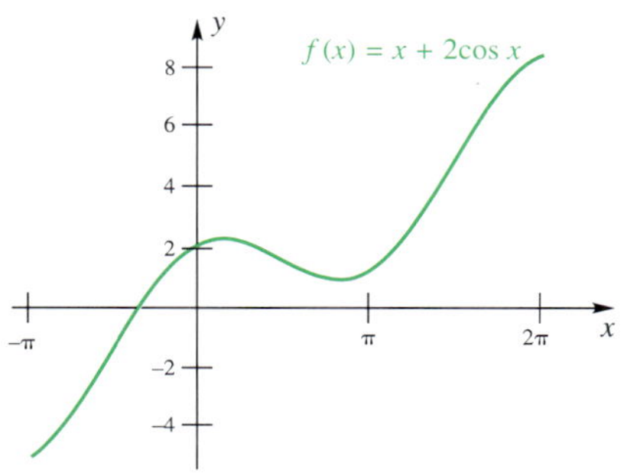

그림 9

개념 복습

1. ______ 구간에서 ______ 함수는 반드시 그 구간에서 최대값과 최소값을 가진다.

2. ______ 이라는 말은 최대값 또는 최소값을 가리킨다.

3. 함수가 최대값 또는 최소값을 가질 수 있는 점은 임계점뿐이다. 임계점에는 다음 세 종류가 있다: ________, ______, ______.

4. 함수 f의 정류점이란, ______인 점 c를 말한다. 함수 f의 특이점이란, ______ 점 c를 말한다.

연습문제 3.1

문제 1~4에서 모든 임계점을 구하고 그 함수의 최대와 최소값을 구하여라. 모든 함수의 정의구역은 $[-2, 4]$이다.

1.

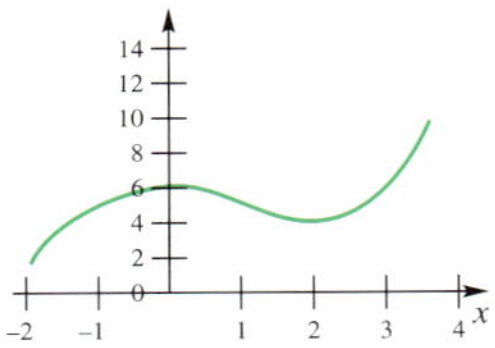

2.

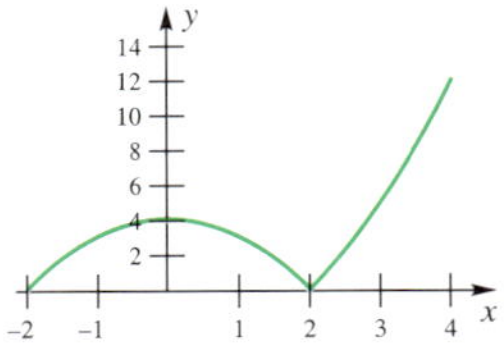

3.

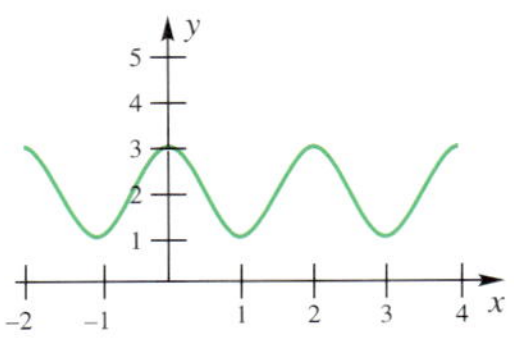

4.

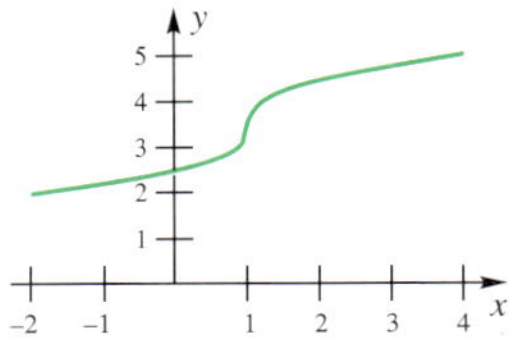

문제 5~26에서 임계점을 구하고 주어진 구간에서 최대값과 최소값을 구하여라.

5. $f(x)=x^2+4x+4$; $I=[-4, 0]$

6. $h(x)=x^2+x$; $I=[-2, 2]$

7. $\Psi(x)=x^2+3x$; $I=[-2, 1]$

8. $G(x)=\frac{1}{5}(2x^3+3x^2-12x)$; $I=[-3, 3]$

9. $f(x)=x^3-3x+1$; $I=\left(-\frac{3}{2}, 3\right)$ 도움말: 그래프를 그려라.

10. $f(x)=x^3-3x+1$; $I=\left[-\frac{3}{2}, 3\right]$

11. $h(r)=\frac{1}{r}$; $I=[-1, 3]$

12. $g(x)=\frac{1}{1+x^2}$; $I=[-3, 1]$

13. $f(x)=x^4-2x^2+2$; $I=[-2, 2]$

14. $f(x)=x^5-\frac{25}{3}x^3+20x-1$; $I=[-3, 2]$

15. $g(x)=\frac{1}{1+x^2}$; $I=(-\infty, \infty)$ 도움말: 그래프를 그려라.

16. $f(x)=\frac{x}{1+x^2}$; $I=[-1, 4]$

17. $r(\theta)=\sin\theta$; $I=\left[-\frac{\pi}{4}, \frac{\pi}{6}\right]$

18. $s(t)=\sin t-\cos t$; $I=[0, \pi]$

19. $a(x)=|x-1|$; $I=[0, 3]$

20. $f(s)=|3s-2|$; $I=[-1, 4]$

21. $g(x)=\sqrt[3]{x}$; $I=[-1, 27]$

22. $s(t)=t^{2/5}$; $I=[-1, 32]$

23. $H(t)=\cos t$; $I=[0, 8\pi]$

24. $g(x)=x-2\sin x$; $I=[-2\pi, 2\pi]$

25. $g(\theta)=\theta^2\sec\theta$; $I=\left[-\frac{\pi}{4}, \frac{\pi}{4}\right]$

26. $h(t)=\frac{t^{5/3}}{2+t}$; $I=[-1, 8]$

GC **27.** 다음 각 함수에 대한 임계점을 구하고 구간 $[-1, 5]$에서 극값을 구하여라.

(a) $f(x)=x^3-6x^2+x+2$ (b) $g(x)=|f(x)|$

GC **28.** 다음 각 함수에 대한 임계점을 구하고 구간 $[-1, 5]$에서 극값을 구하여라.

(a) $f(x)=\cos x+x\sin x+2$ (b) $g(x)=|f(x)|$

문제 29~36에서 주어진 성질을 만족하는 함수의 그래프를 그려라.

29. 정의역이 $[0, 6]$인 미분가능한 함수 f는 $x=3$에서 최대값이 6이고 $x=0$에서 최소값이 0이며, $x=5$는 정류점이다.

30. 정의역이 $[0, 6]$인 미분가능한 함수 f는 $x=6$에서 최대값이 4이고 $x=1$에서 최소값이 -2이며, $x=2, 3, 4, 5$는 정류점이다.

31. 정의역이 $[0, 6]$이고 연속이지만 반드시 미분가능한 것은 아닌 함수 f는 $x=5$에서 최대값이 6이고 $x=3$에서 최소값이 2이며, $x=1, 5$가 유일한 정류점이다.

32. 정의역이 $[0, 6]$이고 연속이지만 반드시 미분가능한 것은 아닌 함수 f는 $x=4$에서 최대값이 4이고 $x=2$에서 최소값이 2이며, 정류점은 없다.

33. 정의역이 $[0, 6]$이고 미분가능한 함수 f는 끝점이 아닌 서로 다른 두 x값에서 최대값 4를 갖고 오직 한 개가 끝점인 서로 다른 세 x값에서 최소값 1을 가진다.

34. 정의역이 $[0, 6]$이고 연속이지만 반드시 미분가능한 것은 아닌 함수 f는 $x=0$에서 최대값이 6이고 $x=6$에서 최소값이 0이다. 더욱이 f는 두 개의 정류점을 갖고 $(0, 6)$에서 두 개의 특이점을 갖는다.

35. 정의역이 $[0, 6]$이고 f는 반드시 연속인 것은 아니며 최대값이 없다.

36. 정의역이 $[0, 6]$이고 f는 반드시 연속인 것은 아니며 최대값과 최소값이 없다.

개념 복습 해답: **1.** 닫힌, 연속인 **2.** 극단값 **3.** 끝점, 정류점, 특이점 **4.** $f'(c)=0$; $f'(c)$가 존재하지 않는

3.2 단조성과 곡선의 오목

그림 1의 그래프에서 함수 f는 c의 왼쪽에서 감소하고 c의 오른쪽에서 증가한다고 말하면, 모두들 수긍할 것이다. 그렇지만 용어의 의미를 확실하게 하기 위해서, 엄밀한 정의가 필요하다.

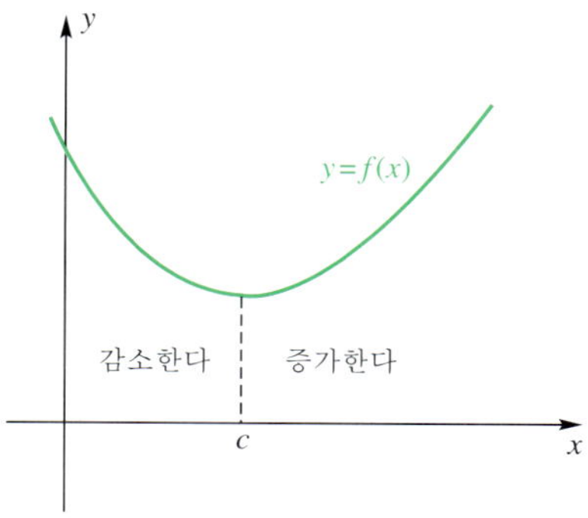

그림 1

정의

구간 I(어떤 종류의 구간이건)에서 정의된 함수 f에 대해, 다음과 같이 말한다.

(i) I에 속한 모든 x_1과 x_2에 대해서

$$x_1 < x_2 \Rightarrow f(x_1) < f(x_2)$$

이 성립할 때, f는 I에서 증가한다(증가함수)라고 한다.

(ii) I에 속한 모든 x_1과 x_2에 대해서

$$x_1 < x_2 \Rightarrow f(x_1) > f(x_2)$$

이 성립할 때, f는 I에서 감소한다(감소함수)라고 한다.

(iii) f가 I에서 증가하거나 감소하면, f는 I에서 **단조함수**라고 한다.

함수가 어디에서 증가하는지 어떻게 판단할 것인가? 그래프를 그려 관찰할려고 할지도 모른다. 그렇지만 대개의 경우 그래프는 점을 몇 개 찍은 후, 그 점들을 매끄럽게 이어서 그린다. 찍은 점들 사이에서 그래프가 요동치지 말라는 법이 있는가? 컴퓨터 수학 소프트웨어나 그래프 계산기도 점들을 이어서 그래프를 그린다. 그래서 좀 더 확실한 방법이 있어야 한다.

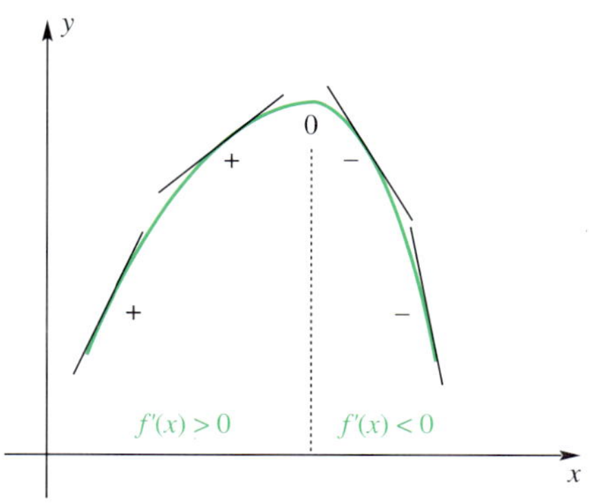

그림 2

1계 도함수와 단조성 함수의 1계 도함수 $f'(x)$는 f의 그래프의 점 x에서의 접선의 기울기를 의미함을 상기하기 바란다. 따라서 $f'(x)>0$이면, 접선은 오른쪽으로 올라가는데 그것은 f가 증가한다는 것을 의미한다(그림 2). 마찬가지 이유로, $f'(x)<0$이면, 접선은 오른쪽으로 내려가는데, 그것은 f가 감소한다는 것을 의미한다. 이것을 직선운동으로서도 알 수 있다. 물체가 시간 t에서 위치가 $s(t)$이고 속도가 항상 양 즉, $s'(t)=ds/dt>0$이라고 하자. 그러면 물체는 도함수가 양인 동안은 계속해서 오른쪽으로 움직인다는 것은 타당해 보인다. 달리 말하면, $s(t)$는 t에 관한 증가함수이다. 이런 관찰로는 정리 A를 증명하지 못하지만, 결과가 그럴듯하기는 하다. 엄밀한 증명은 3.6절로 미룬다.

정리 A **단조성 정리**

구간 I에서 f가 연속이고, I의 모든 내부점에서 미분가능이라고 하자.

(i) I의 모든 내부점 x에서 $f'(x)>0$이면, f는 I에서 증가한다.

(ii) I의 모든 내부점 x에서 $f'(x)<0$이면, f는 I에서 감소한다.

대개의 경우 이 정리를 사용하면, 미분 가능인 함수가 어디에서 증가하고

어디에서 감소하는지 정확하게 밝힐 수 있다. 부등식 두 개를 풀기만 하면 된다.

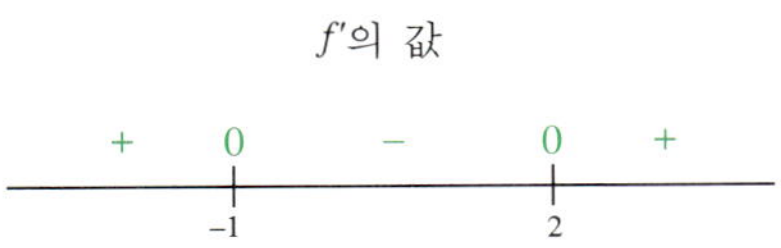

그림 3

예제 1 $f(x)=2x^3-3x^2-12x+7$일 때, f가 어디에서 증가하고 어디에서 감소하는지 말하여라.

풀이 먼저 f를 미분한다.

$$f'(x)=6x^2-6x-12=6(x+1)(x-2)$$

이제, 어디에서

$$(x+1)(x-2)>0$$

이고 어디에서

$$(x+1)(x-2)<0$$

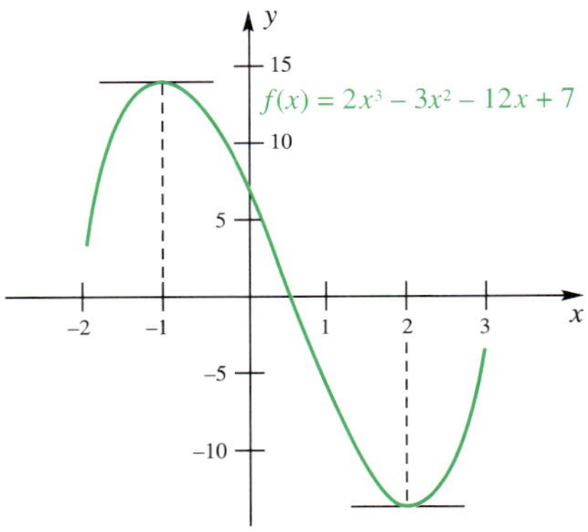

그림 4

인지 밝혀야 한다. 이 절 부등식은 0.2절에서 자세하게 다루었다(필요하면 그 부분을 복습하기 바란다). 분할점은 -1, 2이다. 이들은 x축을 세 구간 $(-\infty, -1)$, $(-1, 2)$, $(2, \infty)$로 나눈다. 시험점 -2, 0, 3을 사용하면, 이들 중 첫째와 마지막 구간에서 $f'(x)>0$이고, 가운데 구간에서 $f'(x)<0$임을 알 수 있다(그림 3). 따라서 정리 A에 의해, f는 $(-\infty, -1]$과 $[2, \infty)$에서 증가하고 f는 $[-1, 2]$에서 감소한다. 이 구간의 끝점에서 $f'(x)=0$이지만, 정리 A에 의해 끝점들도 이 구간에 넣을 수 있음을 유의한다. 함수 f의 그래프는 그림 4와 같다. ■

예제 2 함수 $g(x)=x/(1+x^2)$가 어디에서 증가하고 어디에서 감소하는지 말하여라.

풀이

$$g'(x)=\frac{(1+x^2)-x(2x)}{(1+x^2)^2}=\frac{1-x^2}{(1+x^2)^2}=\frac{(1-x)(1+x)}{(1+x^2)^2}$$

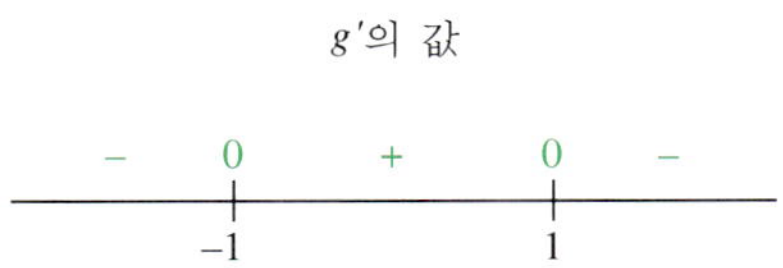

그림 5

분모는 항상 양수이므로, $g'(x)$는 분자 $(1-x)(1+x)$와 같은 부호를 가진다. 분할점 -1과 1은 세 구간 $(-\infty, -1)$, $(-1, 1)$, $(1, \infty)$로 나눈다. 값들을 시험해 보면, 첫째 구간과 마지막 구간에서 $g'(x)<0$이고, 가운데 구간에서 $g'(x)>0$임을 알 수 있다(그림 5). 그러므로 정리 A에 의해, g는 $(-\infty, -1]$과 $[1, \infty)$에서 감소하고, $[-1, 1]$에서 증가한다. g의 그래프는 조금 지나서 그릴텐데, 궁금하면 뒤의 예제 4의 그림 11을 보기 바란다. ■

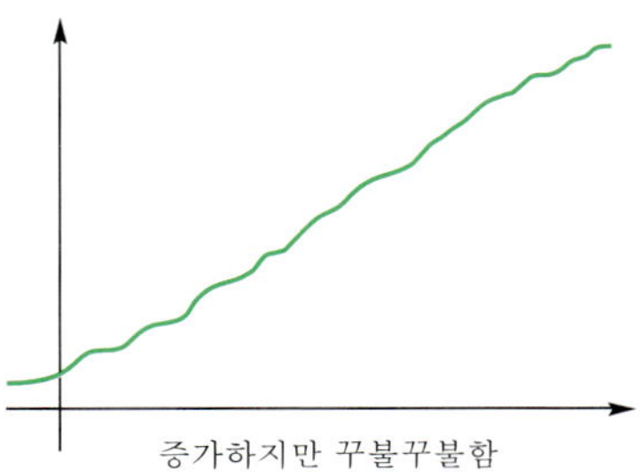

그림 6

2계 도함수와 곡선의 오목 어떤 함수는 증가하면서도 매우 꾸불꾸불한 그래프를 가질 수 있다(그림 6). 꾸불거리는 것을 분석하려면, 그래프를 따라 왼쪽에서 오른쪽으로 움직일 때, 접선의 방향이 어떻게 바뀌는지 공부해야 한다. 접선이 꾸준히 반시계 방향으로 돌면, 그래프가 위로 오목하다고 하고, 접선이 시계 방향으로 돌면, 그래프가 아래로 오목하다고 한다. 그렇지만 이것들을 함수와 그 도함수를 이용해서 정의하면 더 편리하다.

정의

함수 f가 개구간 I에서 미분가능이라고 하자. f'가 I에서 증가하면, f는 (그리고 그 그래프는) I에서 **위로 오목하다**(concave up)고 한다. 그리고 f'가 I에서 감소하면, f는 I에서 **아래로 오목하다**(concave down)고 한다.

그림 7의 그래프들로 이 개념을 명확히 이해할 수 있다. 위로 오목한 곡선은 컵처럼 생겼다.

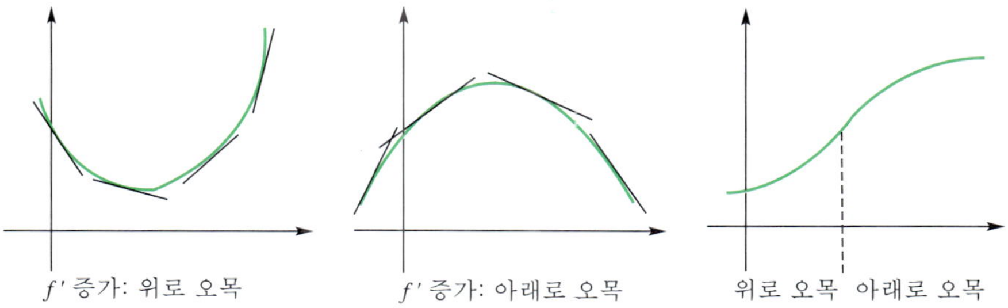

그림 7

정리 A, B에서의 조건들

정리 A, B에서 도함수에 관한 조건들은 결론을 이끌어내기에 충분하다. 그렇지만 이런 조건들이 필요한 것은 아니다. 도함수가 어떤 구간에서 항상 양은 아니더라도 그 함수는 그 구간에서 증가함수일 수가 있다. 구간 $[-4, 4]$에서 함수 $f(x)=x^3$을 생각하면, 증가함수이지만 그 구간에서 도함수가 항상 양은 아니다($f'(0)=0$). 함수 $g(x)=x^4$은 $[-4, 4]$에서 오목하지만, 그때 미분 $g''(x)=12x^2$은 그 구간에서 항상 양은 아니다.

정리 A 덕분에, 곡선이 어디에서 위로 오목하고 어디에서 아래로 오목한지 간단하게 판정하는 방법이 있다. f의 2계 도함수는 f'의 1계 도함수임을 기억하기만 하면 된다. 따라서, f''가 양수이면 f'는 증가하고, f''가 음수이면 f'는 감소한다.

정리 B 오목성 정리

개구간 I에서 함수 f는 두 번 미분가능하다고 하자.

(i) I에 속한 모든 x에 대해 $f''(x)>0$이면, f는 I에서 위로 오목하다.

(ii) I에 속한 모든 x에 대해 $f''(x)<0$이면, f는 I에서 아래로 오목하다.

이 정리를 쓰면, 대부분의 함수들의 오목함을 판단하는 문제는 부등식을 푸는 문제로 귀착된다. 이 시점에서 부등식 푸는 것은 숙달되었다고 본다.

예제 3 함수 $f(x)=\frac{1}{3}x^3-x^2-3x+4$는 어디에서 증가하고, 감소하고, 위로 오목하고, 아래로 오목한가?

풀이

$$f'(x)=x^2-2x-3=(x+1)(x-3)$$
$$f''(x)=2x-2=2(x-1)$$

부등식 $(x+1)(x-3)>0$과 그 반대 부등식 $(x+1)(x-3)<0$을 풀면, f는 $(-\infty, -1]$과 $[3, \infty)$에서 증가하고, $[-1, 3]$에서 감소한다는 결론을 얻는다(그

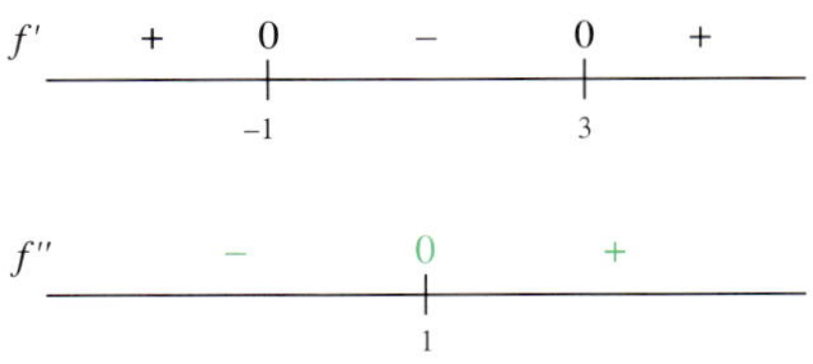

그림 8

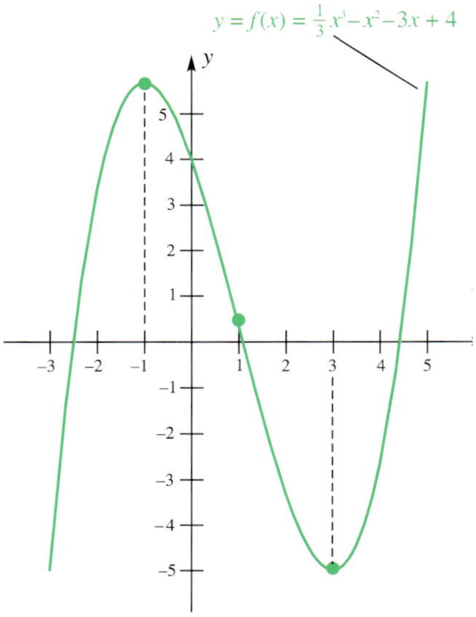

그림 9

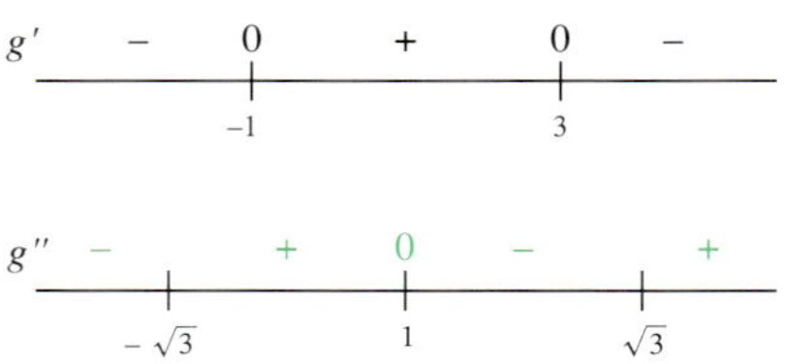

그림 10

림 8). 마찬가지로, 부등식 $2(x-1)>0$과 $2(x-1)<0$을 풀면, f는 $(1, \infty)$에서 위로 오목하고, $(-\infty, 1)$에서 아래로 오목함을 알 수 있다. f의 그래프는 그림 9와 같다. ■

예제 4 $g(x)=x/(1+x^2)$는 어디에서 위로 오목하고, 어디에서 아래로 오목한가? g의 그래프를 그려라.

풀이 예제 2에서 이 함수를 공부한 바 있다. g는 $(-\infty, 1]$과 $[1, \infty)$에서 증가하고, $[-1, 1]$에서 감소함을 배웠다. 오목함을 분석하기 위해 g''을 계산한다.

$$g'(x)=\frac{1-x^2}{(1+x^2)^2}$$

$$\begin{aligned} g''(x) &= \frac{(1+x^2)^2(-2x)-(1-x^2)(2)(1+x^2)(2x)}{(1+x^2)^4} \\ &= \frac{(1+x^2)[(1+x^2)(-2x)-(1-x^2)(4x)]}{(1+x^2)^4} \\ &= \frac{2x^3-6x}{(1+x^2)^3}=\frac{2x(x^2-3)}{(1+x^2)^3} \end{aligned}$$

분모는 항상 양수이므로, 부등식 $(x^2-3)>0$과 그 반대 부등식만 풀면 된다. 분할점은 $-\sqrt{3}$, 0, $\sqrt{3}$이다. 이 세 분할점이 만드는 네 개의 구간에 값들을 검사해 보면(그림 10), g는 $(-\sqrt{3}, 0)$과 $(\sqrt{3}, \infty)$에서 위로 오목하고, $(-\infty, -\sqrt{3})$과 $(0, \sqrt{3})$에서 아래로 오목함을 알 수 있다.

g의 그래프를 그리기 위해서, 지금까지 얻은 정보를 모두 이용하고, 그에 덧붙여서, g는 기함수이므로 그 그래프가 원점에 대해서 대칭임을 이용한다(그림 11).

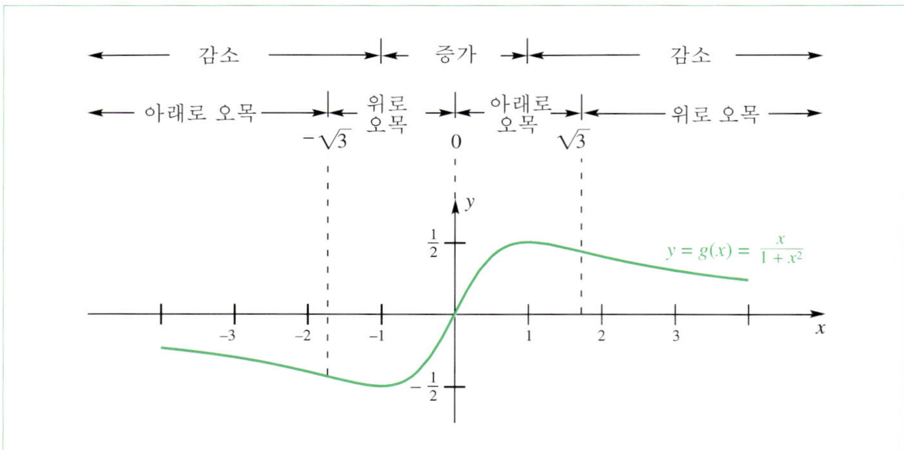

그림 11 ■

예제 5 그림 12와 같이 원뿔 물컵에다 초당 $\frac{1}{2}$세제곱 인치의 일정한 비율로 물을 붓는다. 시간 $t=0$에서부터 물컵이 넘칠 때까지, 물의 깊이 h를 시간 t의 함수로서 나타내고, $h(t)$의 그래프를 그려라.

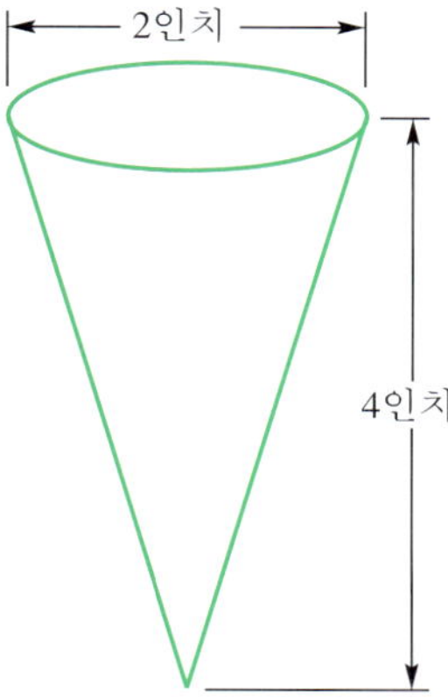

그림 12

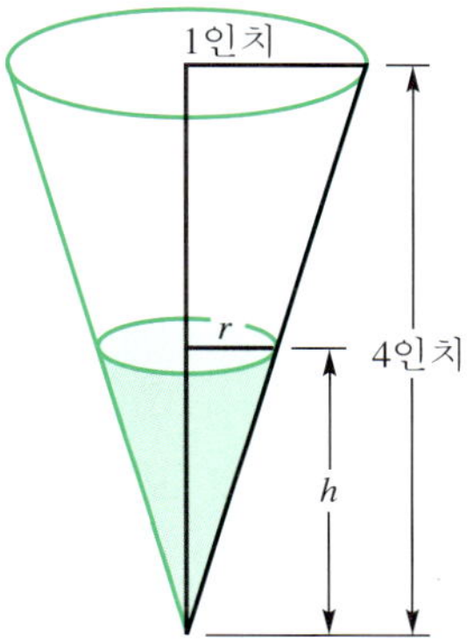

그림 13

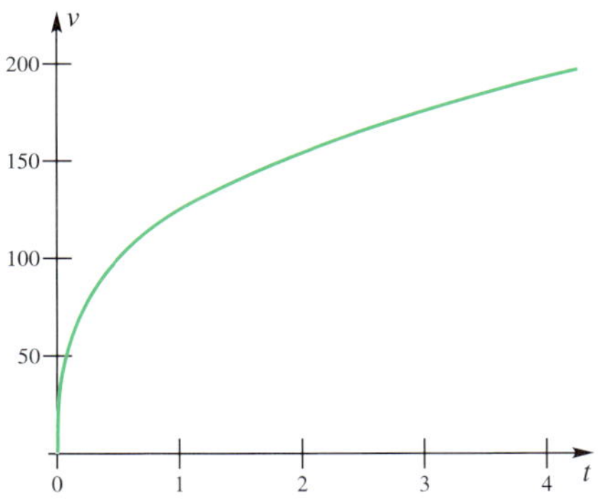

그림 14

풀이 이 문제를 풀기 전에, 그래프가 어떤 모양이 될지 생각을 해 보자. 처음에는 깊이가 매우 빨리 증가할 것이다. 왜냐 하면 원뿔의 아래를 채우는 데에는 매우 적은 양의 물로도 충분하기 때문이다. 물컵이 차오르면서, 깊이는 점점 느리게 증가할 것이다. 이러한 설명들로부터 함수 $h(t)$, 1계 도함수 $h'(t)$, 2계 도함수 $h''(t)$에 대해서 알 수 있는 것은 무엇일까? 물을 꾸준하게 붓기 때문에 깊이는 계속 증가하며, 따라서 $h'(t)$는 항상 양수이다. 수면이 올라감에 따라서, 깊이는 점점 더 느리게 증가할 것이다. 즉, $h'(t)$가 감소하며, 따라서 $h''(t)$는 음수이다. 그러므로 $h(t)$의 그래프는 증가하고($h'(t)$가 양수이므로), 아래로 오목하다($h''(t)$가 음수이므로).

그래프가 어떤 모양이 될지 (증가하고, 아래로 오목) 직관적으로 감을 잡았는데, 이제 이 문제를 체계적으로 풀어 보자. 직원뿔의 부피는 $V=\frac{1}{3}\pi r^2$이며, 여기서 V, r, h는 모두 시간의 함수들이다. 함수 h와 r은 서로 관계가 있다. 그림 13에서와 같이 닮은 삼각형들의 성질에 따라 다음 식을 얻는다.

$$\frac{r}{h}=\frac{1}{4}$$

따라서 $r=h/4$. 그러므로 원뿔 속에 든 물의 부피는

$$V=\frac{1}{3}\pi r^2 h=\frac{\pi}{3}\left(\frac{h}{4}\right)^2 h=\frac{\pi}{48}h^3$$

그런데 물컵으로 초당 $\frac{1}{2}$ 세제곱 인치의 일정한 비율로 물이 들어가니, 함수 V는 $V=\frac{1}{2}t$이다. 여기서, t는 초 단위 V에 대한 이 두 식이 같으므로

$$\frac{1}{2}t=\frac{\pi}{48}h^3$$

이제 $h=4$일 때, $t=\frac{2\pi}{48}4^3=\frac{8}{3}\pi\approx 8.4$이므로 물컵이 다 차기까지 약 8.4초가 걸린다. h와 t 사이의 관계를 보여 주는 위의 방정식을 h에 대해서 풀면,

$$h=\sqrt[3]{\frac{24}{\pi}t}$$

h의 1계 도함수는

$$h'(t)=D_t\sqrt[3]{\frac{24}{\pi}t}=\frac{8}{\pi}\left(\frac{24}{\pi}t\right)^{-2/3}=\frac{2}{\sqrt[3]{9\pi t^2}}$$

이고, 이것은 양수이다. h의 2계 도함수는

$$h''(t)=D_t\frac{2}{\sqrt[3]{9\pi t^2}}=-\frac{4}{3\sqrt[3]{9\pi t^5}}$$

이고, 이것은 음수이다. 함수 $h(t)$의 그래프를 그리면 그림 14와 같다. 앞에서 예상한 것처럼, h의 그래프는 증가하고, 아래로 오목하다. ■

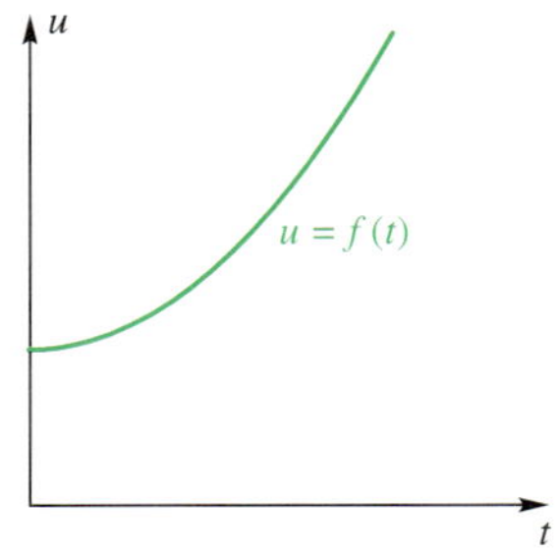

그림 15

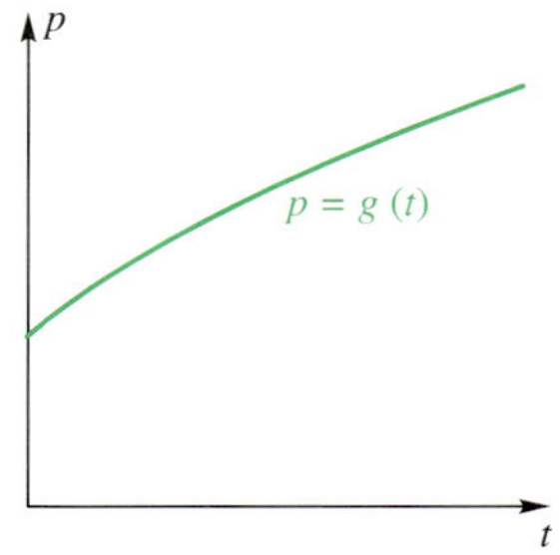

그림 16

용어

함수의 최소값 또는 최대값은 수이지만, 변곡점은 항상 순서쌍 $(c, f(c))$이다.

예제 6 2004년 5월 한 통신사는 동아시아에서의 실업이 증가하고 그 실업율도 계속 커지고 있다고 보도했다. 반면에 식품값은 증가하지만, 전보다는 증가율이 작아진다. 이 문장을 증가/감소 함수와 오목성으로서 해석하여라.

풀이 $u=f(t)$를 시각 t에서 실업자수라고 하자. 여기서 u는 실제로 단위량만큼씩 값을 갖지만 그림 15에서와 같이, u를 부드러운 곡선으로 나타내기로 한다. 실업률이 증가한다는 것은 $\dfrac{du}{dt}>0$을 의미한다. 실업률이 커진다는 것은 함수 $\dfrac{du}{dt}$가 증가한다는 것이다. 그런데 이것은 $\dfrac{du}{dt}$의 도함수가 양이어야 한다는 뜻이다. 즉, $\dfrac{d^2u}{dt^2}>0$이다. 그림 15에서 t가 증가할 때 접선의 기울기가 증가한다는 것을 알 수 있다. 따라서, 실업을 함수로 해석하면 증가하면서 위로 오목하다.

마찬가지로 $p=g(t)$가 시각 t에서 식료품의 가격을 나타낸다고 하자(예; 한 사람의 하루 식료품 가격). 그러면 $\dfrac{dp}{dt}$는 양수이지만 감소한다. 따라서 $\dfrac{dp}{dt}$의 도함수는 음수 즉, $\dfrac{d^2p}{dt^2}<0$이다. 그림 16에서 t가 증가할 때 접선의 기울기가 감소한다는 것을 알 수 있다. 식료품의 가격을 함수로 해석하면, 증가하지만, 아래로 오목하다.

변곡점 f가 c에서 연속이라고 하자. f가 c의 어느 한쪽에서 위로 오목하고 다른 한쪽에서 아래로 오목하면, 점 $(c, f(c))$는 f의 그래프의 **변곡점**(inflection point)이라고 한다. 그림 17의 그래프는 여러 가지 가능한 경우들을 보여 준다.

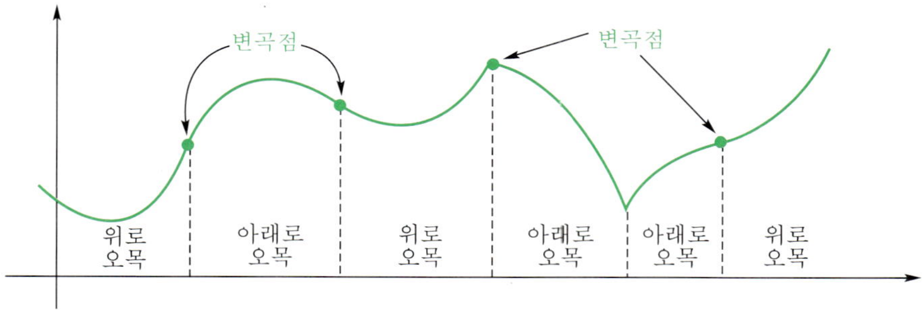

그림 17

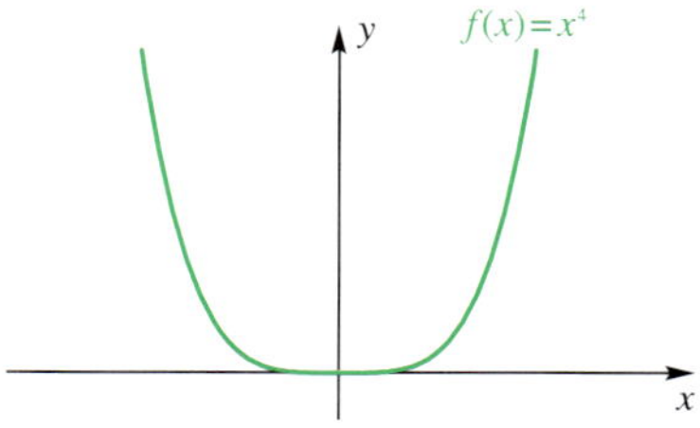

그림 18

짐작대로, $f''(x)=0$인 점 또는 $f''(x)$가 존재하지 않는 점이 변곡점의 후보이다. 여기서 후보라는 말에 유의하기 바란다. 국회의원 후보가 선거에서 떨어지면 국회의원이 아니듯이, 예를 들어 $f''(x)=0$인 점도 변곡점이 아닐 수 있다. 함수 $f(x)=x^4$을 생각해 보자. 그래프는 그림 18과 같다. $f''(0)=0$이지만, 원점은 변곡점이 아니다. 그러므로 변곡점을 찾으려면, 우선 $f''(x)=0$인 점들을 (그리고 $f''(x)$가 존재하지 않는 점들을) 찾아야 한다. 그리고 나서, 실제로 변곡점인지 확인을 해 보아야 한다.

예제 4의 그래프를 다시 보자. 세 개의 변곡점이 있음을 알 수 있다. 변곡점은 $(-\sqrt{3}, -\sqrt{3}/4)$, $(0, 0)$, $(\sqrt{3}, \sqrt{3}/4)$이다.

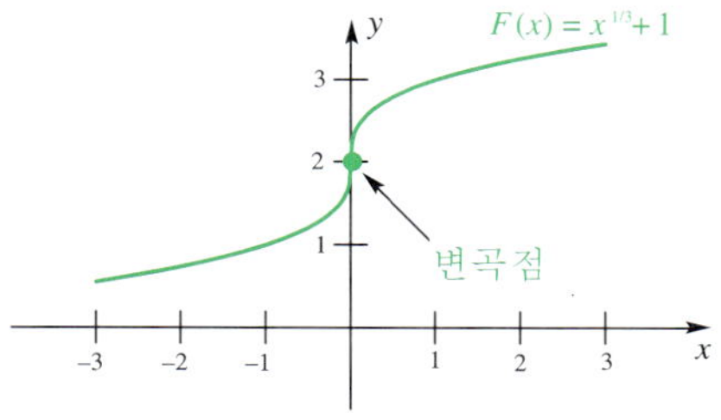

그림 19

예제 7 $F(x)=x^{1/3}+2$의 변곡점을 모두 찾아라.

풀이

$$F'(x)=\frac{1}{3x^{2/3}}, \qquad F''(x)=\frac{-2}{9x^{5/3}}$$

2계 도함수 $F''(x)$는 절대 0이 되지 않는다. 그렇지만 $x=0$에서 그 값이 존재하지 않는다. 점 (0, 2)는 변곡점이다. 왜냐 하면 $x<0$일 때 $F''(x)>0$이고, $x>0$일 때 $F''(x)<0$이기 때문이다. 이 함수의 그래프는 그림 19와 같다. ■

개념 복습

1. 모든 곳에서 $f'(x)>0$이면, f는 모든 곳에서 ______ 모든 곳에서 $f''(x)>0$이면, f는 모든 곳에서 ______.
2. 구간 I에서 ______이고 ______이면, f는 I에서 증가하고, 아래로 오목하다.
3. 연속인 함수의 그래프에서, 오목함이 바뀌는 점을 ______이라 부른다.
4. 함수 f의 그래프의 변곡점을 찾기 위해서, 우리는 ______ 또는 ______수 c를 찾아야 한다.

연습문제 3.2

문제 1~10에서 단조성 정리를 써서 주어진 함수가 증가하는 곳과 감소하는 곳을 찾아라.

1. $f(x)=3x+3$
2. $g(x)=(x+1)(x-2)$
3. $h(t)=t^2+2t-3$
4. $f(x)=x^3-1$
5. $G(x)=2x^3-9x^2+12x$
6. $f(t)=t^3+3t^2-12$
7. $h(z)=\frac{z^4}{4}-\frac{4z^3}{6}$
8. $f(x)=\frac{x-1}{x^2}$
9. $H(t)=\sin t,\ 0\le t\le 2\pi$
10. $R(\theta)=\cos^2\theta,\ 0\le\theta\le 2\pi$

문제 11~18에서 오목함 정리를 써서 주어진 함수가 위로 오목한 곳과 아래로 오목한 곳을 찾아라. 그리고 변곡점도 모두 찾아라.

11. $f(x)=(x-1)^2$
12. $G(w)=w^2-1$
13. $T(t)=3t^3-18t$
14. $f(z)=z^2-\frac{1}{z^2}$
15. $q(x)=x^4-6x^3-24x^2+3x+1$
16. $f(x)=x^4+8x^3-2$
17. $F(x)=2x^2+\cos^2 x$
18. $G(x)=24x^2+12\sin^2 x$

문제 19~28에서 주어진 함수의 그래프가 증가하는 곳, 감소하는 곳, 위로 오목한 곳, 아래로 오목한 곳을 찾고, 그래프를 그려라(예제 4 참조).

19. $f(x)=x^3-12x+1$
20. $g(x)=4x^3-3x^2-6x+12$
21. $g(x)=3x^4-4x^3+2$
22. $F(x)=x^6-3x^4$
23. $G(x)=3x^5-5x^3+1$
24. $H(x)=\frac{x^2}{x^2+1}$
25. $f(x)=\sqrt{\sin x},\ [0,\ \pi]$
26. $g(x)=x\sqrt{x-2}$
27. $f(x)=x^{2/3}(1-x)$
28. $g(x)=8x^{1/3}+x^{4/3}$

문제 29~34에서 제시한 조건을 모두 만족하고, 구간 [0, 6]에서 연속인 함수 f의 그래프를 그려라.

29. $f(0)=1$; $f(6)=3$; (0, 6)에서 증가하고 아래로 오목
30. $f(0)=8$; $f(6)=-2$; (0, 6)에서 감소; 점 (2, 3)은 변곡점임; 구간 (2, 6)에서 위로 오목
31. $f(0)=3$; $f(3)=0$; $f(6)=4$;
    (0, 3)에서 $f'(x)<0$; (3, 6)에서 $f'(x)>0$;
    (0, 5)에서 $f''(x)>0$; (5, 6)에서 $f''(x)<0$
32. $f(0)=3$; $f(2)=2$; $f(6)=0$;
    $(0, 2)\cup(2, 6)$에서 $f'(x)<0$; $f'(2)=0$;
    $(0, 1)\cup(2, 6)$에서 $f''(x)<0$; (1, 2)에서 $f''(x)>0$

33. $f(0)=f(4)=1$; $f(2)=2$; $f(6)=0$;
$(0, 2)$에서 $f'(x)>0$; $(2, 4)\cup(4, 6)$에서 $f'(x)<0$
$f'(2)=f'(4)=0$; $(0, 1)\cup(3, 4)$에서 $f''(x)>0$;
$(1, 3)\cup(4, 6)$에서 $f''(x)<0$

34. $f(0)=f(3)=3$; $f(2)=4$; $f(4)=2f(6)=0$;
$(0, 2)$에서 $f'(x)>0$; $(2, 4)\cup(4, 5)$에서 $f'(x)<0$;
$f'(2)=f'(4)=0$; $(5, 6)$에서 $f'(x)=-1$;
$(0, 3)\cup(4, 5)$에서 $f''(x)<0$; $(3, 4)$에서 $f''(x)>0$

35. 이차함수는 변곡점을 가지지 않음을 증명하여라.

36. 삼차함수는 꼭 한 개의 변곡점을 가짐을 증명하여라.

37. 어떤 구간 I에서 $f'(x)$가 존재하고, 연속이고, I의 모든 내부점에서 $f'(x)\neq 0$이면, f는 I에서 계속 증가하거나, 계속 감소함을 보여라. 도움말: 중간값 정리를 써서, f'가 서로 다른 부호를 가지는 점 x_1, x_2가 I에 존재할 수 없음을 보여라.

38. 어떤 함수 f의 도함수가 $f'(x)=(x^2-x+1)/(x^2+1)$이다. 문제 37을 이용해서, f는 모든 곳에서 증가함을 보여라.

39. 단조성 정리를 써서, $0<x<y$일 때 다음이 성립함을 보여라.
(a) $x^2<y^2$ (b) $\sqrt{x}<\sqrt{y}$ (c) $\dfrac{1}{x}>\dfrac{1}{y}$

40. 함수 $f(x)=ax^3+bx^2+cx+d$가 항상 증가하려면, a, b, c는 어떤 조건을 만족해야 하는가?

41. 함수 $f(x)=a\sqrt{x}+b/\sqrt{x}$가 점 $(4, 13)$을 변곡점으로 가지려면, a와 b는 얼마이어야 하는가?

42. 삼차함수 $f(x)$가 세 개의 실수 r_1, r_2, r_3에 대해 0이 된다. 이 때, 그 변곡점의 x좌표는 $(r_1+r_2+r_3)/3$임을 보여라. 도움말: $f(x)=a(x-r_1)(x-r_2)(x-r_3)$

43. 모든 x에 대해서 $f'(x)>0$이고 $g'(x)>0$이라 하자. 여기에다 어떤 간단한 조건을 (필요하다면) 추가하면, 다음을 보장할 수 있겠는가?
(a) 모든 x에 대해서 $f(x)+g(x)$가 증가
(b) 모든 x에 대해서 $f(x)\cdot g(x)$가 증가
(c) 모든 x에 대해서 $f(g(x))$가 증가

44. 모든 x에 대해서 $f''(x)>0$이고 $g''(x)>0$이라 하자. 여기에다 어떤 간단한 조건을 (만약 필요하다면) 추가하면, 다음을 보장할 수 있겠는가?
(a) 모든 x에 대해서 $f(x)+g(x)$가 위로 오목
(b) 모든 x에 대해서 $f(x)\cdot g(x)$가 위로 오목
(c) 모든 x에 대해서 $f(g(x))$가 위로 오목

GC 문제 45~48은 그래프 계산기나 컴퓨터를 사용하여라.

45. 구간 $I=(-2, 7)$에서 $f(x)=\sin x+\cos(x/2)$라 하자.
(a) 구간 I에서 f의 그래프를 그려라.
(b) 이 그래프를 보고, I의 어디에서 $f'(x)<0$일지 추측하여라.
(c) 이 그래프를 보고, I의 어디에서 $f''(x)<0$일지 추측하여라.
(d) f'의 그래프를 그려서, (b)에서 얻은 답을 확인해 보아라.
(e) f''의 그래프를 그려서, (c)에서 얻은 답을 확인해 보아라.

46. 구간 $(0, 10)$에서 함수 $f(x)=x\cos^2(x/3)$에 대해서, 문제 45를 다시 풀어 보여라.

47. 구간 $I=[-2, 4]$에서 $f'(x)=x^3-5x^2+2$라 하자. I의 어디에서 f가 증가하는가?

48. 구간 $I=[-2, 3]$에서 $f''(x)=x^4-5x^3+4x^2+4$라 하자. I의 어디에서 f가 아래로 오목한가?

49. 다음 각각을 시간에 관한 거리의 도함수로 나타내고 각각에 대하여, 시간 t에 대해 자동차의 위치 s를 그려라. 그리고 오목성에 대해 말하여라.
(a) 자동차의 속력은 이동한 거리에 비례한다.
(b) 자동차는 속력을 올린다.
(c) 자동차가 속력을 내렸다고 하지 않았다; 속력의 증가율이 떨어졌다고 했다.
(d) 자동차의 속력은 매분당 시속 10마일 증가한다.
(e) 자동차는 아주 조용하게 속력을 낮추어 멈춘다.
(f) 자동차는 같은 시간 간격에서는 같은 거리를 이동한다.

50. 다음 각각을 도함수로 나타내고 적당한 함수를 보고, 오목성에 대해 말하여라.
(a) 물이 일정한 비율로 탱크에서 증발한다.
(b) 물은 매분당 3갤론씩 탱크 안으로 들어오지만 매분당 1/2갤론씩 바깥으로 샌다.
(c) 물이 일정비율로 원추모양의 탱크로 들어오므로, 수위는 점점 느리게 올라온다.
(d) 인플레이션이 올해는 고정되었지만 앞으로 해를 거듭할수록 더 오를 것으로 기대된다.
(e) 현재 유류가격은 떨어지지만 이런 추세는 느려질 것으로 기대되고 2년 이내에 역전될 것이다.
(f) 데이비드의 체온은 오르고 있지만, 페니실린이 효과가 있어 보인다.

51. 다음 각각을 수학적 용어로 번역하고 적당한 함수를 그리고 오목성을 지적하여라.
(a) 차량가격이 계속 오르고 상승률도 더 빨라진다.
(b) 지난 2년동안, 미국은 오일소비를 줄여왔지만 비율은 점점 느리다.

(c) 세계 인구는 계속 성장하지만 상승률이 점점 느려진다.

(d) 피사의 탑이 수직선과 이루는 각이 점점 더 빠르게 증가한다.

(e) A회사의 이윤 성장이 느려진다.

(f) XYZ회사는 돈을 잃었지만, 곧 이 현상이 역전될 것이다.

52. 다음 신문컬럼의 문장을 도함수에 관한 문장으로 바꾸어라.

(a) 미국에서 정부의 수입에 대한 부채비율 R은 1981년까지 28% 늘어나는데 그쳐 있지만,

(b) 그 후 1983년 까지 36%에 이르도록 가파르게 증가하고 있다.

53. 그림 20의 컵에다 초당 2세제곱 인치의 비율로 커피를 붓고 있다. 위쪽 지름은 3.5인치, 아래쪽 지름은 3인치, 높이는 5인치이다. 이 컵에 약 23 온스의 액체를 담을 수 있다. 높이 h를 시간 t의 함수로서 구하고, 시간 $t=0$에서부터 컵이 가득 찰 때까지 그 그래프를 그려라.

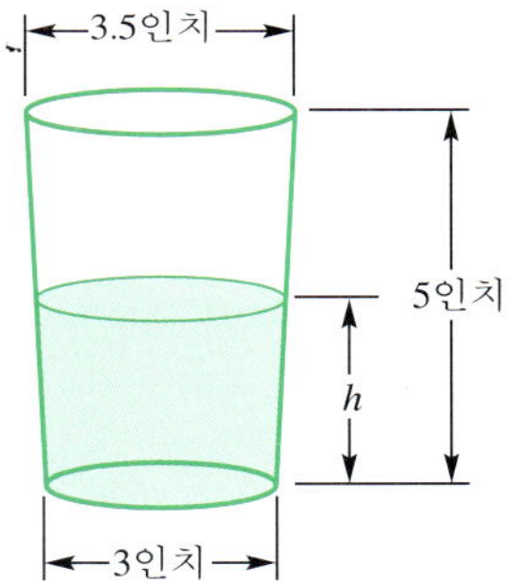

그림 20

54. 그림 21에 나오는 원통형 물탱크에다 분당 5갈론의 비율로 물을 붓고 있다. 물탱크의 지름은 3피트이고, 길이는 9.5피트이다. 물탱크의 부피는 $\pi r^2 l = \pi \times 1.5^2 \times 9.5 \approx 67.152$세제곱 피트 $\approx$ 500갈론. 계산을 전혀 하지 말고, 물의 높이 h를 시간 t의 함수로서 그래프를 그려라(예제 5 참조). h는 어디에서 위로 오목한가? 아래로 오목한가?

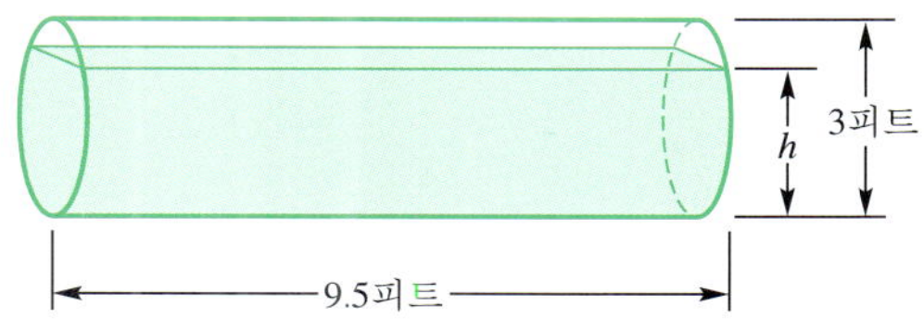

그림 21

55. 그림 22의 물통에다 초당 3세제곱 인치의 비율로 물을 붓고 있다. 이 물통에는 약 24세제곱 인치의 물을 담을 수 있다. 시간 t의 함수인 물의 높이 h의 그래프를 그려라. 그래프를 그릴 때, h의 오목성에 특히 주의하여라.

56. 그림 23에 있는, 20갈론 용량의 물통에서 매일 0.1갈론씩 물이 샌다. 시간 $t=0$일 때 물통이 가득 차 있었다고 가정하고, 물의 높이 h를 시간 t의 함수로서 그 그래프를 그려라. 그래프를 그릴 때, h의 오목성에 대해, 특히 주의하여라.

그림 22

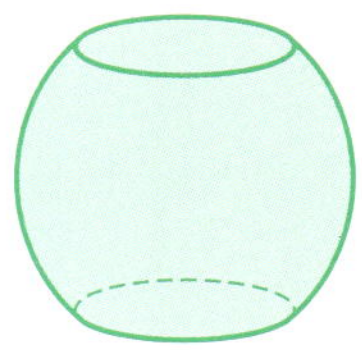

그림 23

57. 깊이의 함수로서 물의 깊이를 잴 때, 다음 각 표에 근거한 꽃병의 모양에 대하여 추론하여라.

(a)

깊이	1	2	3	4	5	6
부피	4	8	11	14	20	28

(b)

깊이	1	2	3	4	5	6
부피	4	9	12	14	20	28

개념 복습 해답: **1.** 증가한다, 위로 오목하다.
2. $f'(x)>0$; $f''(x)<0$ **3.** 변곡점
4. $f''(c)=0$, $f''(c)$가 존재하지 않는

3.3 극값과 개구간에서 최대 · 최소

3.1절을 보면, 집합 S에서 함수 f의 최대값은(존재하면), f가 집합 S에서 가질 수 있는 가장 큰 값이다. 예를 들어 그래프가 그림 1과 같고, 정의역 $S=[a, b]$를 가지는 함수 f의 경우, $f(a)$가 최대값이다. 그런데 $f(c)$는 무엇인가? 비록 한 나라의 왕은 못 되지만, 최소한 자기 동네 골목대장은 된다. 이것을 극대값이라고 부른다. 물론, 최대값은 당연히 극대값이다. 그림 2에서 여러 가지 가능한 경우들을 보여 준다. 최대값은 (존재하면) 극대값들 중에 가장 큰

것임을 주목하기 바란다. 마찬가지로, 최소값은 극소값들 중에 가장 작은 것이다.

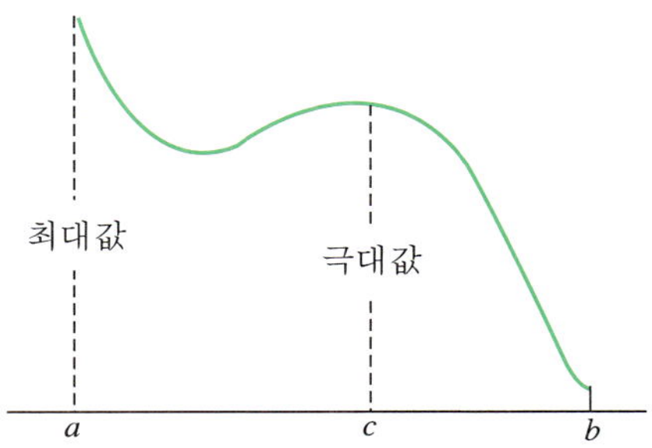

그림 1

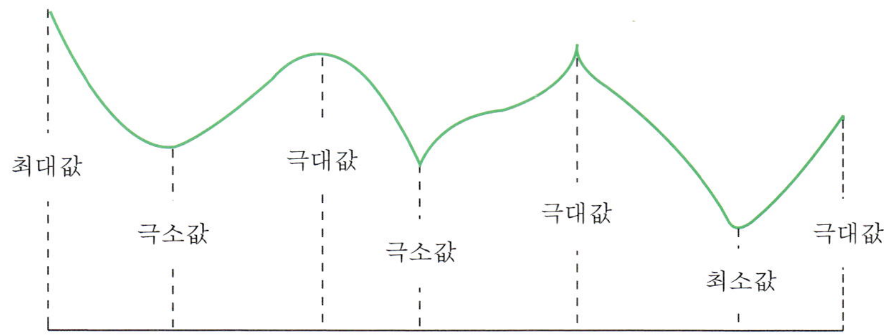

그림 2

이제, 극대값과 극소값을 정식으로 정의한다. 기호 ∩은 두 집합의 교집합(공통인 부분)을 나타냄을 상기하기 바란다.

> **정의**
>
> 함수 f의 정의역 S에 점 c가 속할 때 다음과 같이 정의한다.
>
> (i) c를 포함하는 구간 (a, b)가 있어서, $f(c)$가 $(a, b) \cap S$에서 f의 최대값이면, $f(c)$를 f의 극대값(local maximum value)이라고 한다.
>
> (ii) c를 포함하는 구간 (a, b)가 있어서, $f(c)$가 $(a, b) \cap S$에서 f의 최소값이면, $f(c)$를 f의 극소값(local minimum value)이라고 한다.
>
> (iii) $f(c)$가 극대값이거나 극소값이면, $f(c)$를 f의 극값(local extreme value)이라고 한다.

극값은 어디에서 생기는가? 임계점 정리(3.1절 정리 B)는 최대값 또는 최소값이라는 말 대신에 극대값 또는 극소값이라는 말을 넣어도 성립한다. 증명 방법은 사실상 똑같다. 그러므로 임계점들(끝점, 정류점, 특이점)은 극값이 생길 수 있는 후보들이다. 후보라고 말한 까닭은, 모든 임계점이 반드시 극값을

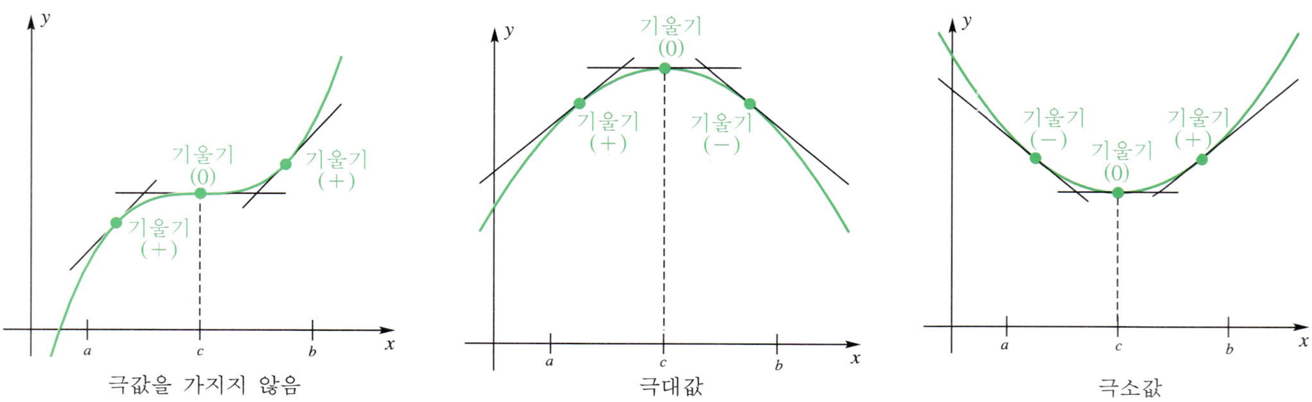

그림 3

가지는 것은 아니기 때문이다. 그림 3의 왼쪽 그래프를 보면, 이것은 명백하다. 그렇지만 그 도함수가 어느 한 쪽에서 양수이고 다른 한 쪽에서 음수이면, 극값을 가진다. 그림 3의 가운데 그래프와 오른쪽 그래프를 보기 바란다.

정리 A 1계 도함수 판정법

함수 f가 개구간 (a, b)에서 연속이고, 점 c가 이 구간에 속하는 임계점이라고 하자.

(i) (a, c)의 모든 x에 대해서 $f'(x)>0$이고, (c, b)의 모든 x에 대해서 $f'(x)<0$이면, $f(c)$는 함수 f의 극대값이다.

(ii) (a, c)의 모든 x에 대해서 $f'(x)<0$이고, (c, b)의 모든 x에 대해서 $f'(x)>0$이면, $f(c)$는 함수 f의 극소값이다.

(iii) $f'(x)$가 c의 양쪽에서 같은 부호를 가지면, $f(c)$는 함수 f의 극값이 아니다.

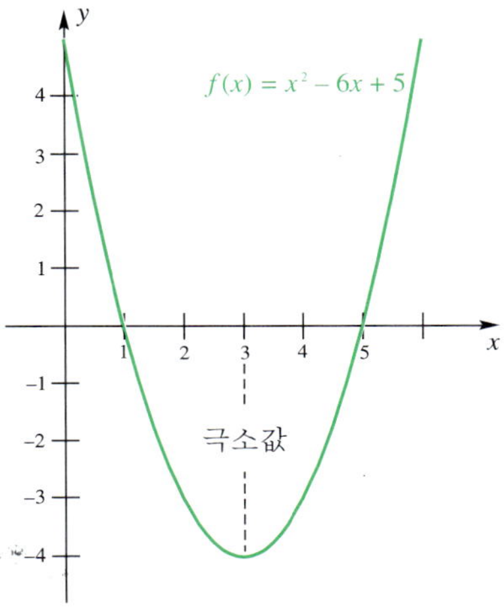

그림 4

(i)의 **증명** (a, c)의 모든 x에 대해서 $f'(x)>0$이므로, 단조성 정리에 의해, f는 구간 $(a, c]$에서 증가한다. 그리고 (c, b)의 모든 x에 대해서 $f'(x)<0$이므로 f는 구간 $[c, b)$에서 감소한다. 그러므로 $x=c$를 제외한 (a, b)의 모든 x에 대해서, $f(x)<f(c)$. 그러므로 $f(c)$는 극대값이다.

(ii)와 (iii)도 같은 방법으로 증명할 수 있다. ■

예제 1 $(-\infty, \infty)$에서 함수 $f(x)=x^2-6x+5$의 극값을 찾아라.

풀이 다항식 f는 모든 곳에서 연속이며, 그 도함수 $f'(x)=2x-6$은 모든 x에 대해서 존재한다. 따라서 f의 임계점은 모두 방정식 $f'(x)=0$의 해이다. 즉, $x=3$이 유일한 임계점이다.

$x<3$일 때 $f'(x)=2(x-3)<0$이므로 f는 $(-\infty, 3]$에서 감소한다. 그리고 $x>3$일 때 $2(x-3)>0$이므로, f는 $[3, \infty)$에서 증가한다. 그러므로 1계 도함수 판정법에 따라서, $f(3)=-4$는 f의 극소값이다. 3이 유일한 임계점이므로 다른 극값은 존재하지 않는다. 함수 f의 그래프는 그림 4와 같다. 이 경우 $f(3)$은 사실 최소값임을 주목하기 바란다.

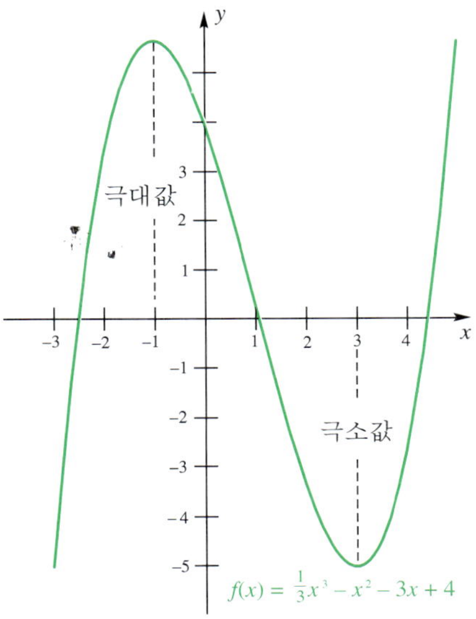

그림 5

예제 2 $(-\infty, \infty)$에서 함수 $f(x)=\frac{1}{3}x^3-x^2-3x+4$의 극값을 찾아라.

풀이 $f'(x)=x^2-2x-3=(x+1)(x-3)$이므로, f의 임계점은 -1과 3뿐이다. 시험점 -2, 0, 4를 사용하면, $(-\infty, -1)$과 $(3, \infty)$에서 $(x+1)(x-3)>0$이고, $(-1,3)$에서 $(x+1)(x-3)<0$임을 알 수 있다. 그러므로 1계 도함수 판정법에 따라서, $f(-1)=\frac{17}{3}$이 극대값이고, $f(3)=-5$가 극소값이다(그림 5). ■

예제 3 구간 $(-\pi/6, 2\pi/3)$에서 함수 $f(x)=(\sin x)^{2/3}$의 극값을 찾아라.

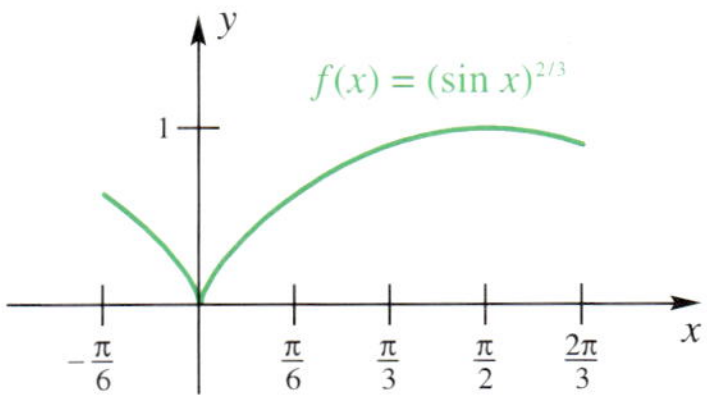

그림 6

풀이

$$f'(x)=\frac{2\cos x}{3(\sin x)^{1/3}}, \qquad x\neq 0$$

$f'(0)$은 존재하지 않고, $f'(\pi/2)=0$이므로, 0과 $\frac{\pi}{2}$은 임계점이다. $(-\pi/6,\ 0)$과 $(\pi/2,\ 2\pi/3)$에서 $f'(x)<0$이고, $(0,\ \pi/2)$에서 $f'(x)>0$이다. 1계 도함수 판정법에 따라서, $f(0)=0$은 극소값이고, $f(\pi/2)=1$은 극대값이다. f의 그래프가 그림 6이다. ■

2계 도함수 판정법 극대값과 극소값에 대한 다른 판정법이 있는데, 1계 도함수 판정법에 비해서 이것을 적용하기가 더 쉬운 경우도 있다. 이것은 정류점에서 2계 도함수를 구하는 것이다. 특이점에는 적용할 수 없다.

정리 B 2계 도함수 판정법

개구간 $(a,\ b)$의 모든 점에서 f'와 f''가 존재하고, 점 c는 이 구간에 속하고, $f'(c)=0$이라 하자.

(i) $f''(c)<0$이면, $f(c)$는 함수 f의 극대값이다.

(ii) $f''(c)>0$이면, $f(c)$는 함수 f의 극소값이다.

증명 (i) 언뜻 보면, $f''(c)<0$이기 때문에, f는 c 근처에서 아래로 오목하고, 따라서 (i)을 증명했다고 생각하기 쉽다. 그러나 f가 c 근방에서 아래로 오목하려면, c 근방에서 (c에서만이 아니라) $f''(x)<0$이라는 조건이 필요한데, 이 정리의 가정은 이 조건이 없다. 따라서 좀 더 조심해야 한다.

정의와 가정에서,

$$f''(c)=\lim_{x\to c}\frac{f'(x)-f'(c)}{x-c}=\lim_{x\to c}\frac{f'(x)-0}{x-c}<0$$

그러므로 c 근처에 어떤 (아마 작은) 구간 $(\alpha,\ \beta)$가 있어서, 거기에서

$$\frac{f'(x)}{x-c}<0, \qquad x\neq c$$

임을 알 수 있다. 그런데 이 부등식은 $\alpha<x<c$에 대해서 $f'(x)>0$이고, $c<x<\beta$에 대해서 $f'(x)<0$임을 보여 준다. 그러므로 1계 도함수 판정법에 의해 $f(c)$는 극대값이다.

(ii)도 마찬가지 방법으로 증명할 수 있다. ■

예제 4 2계 도함수 판정법을 써서, 함수 $f(x)=x^2-6x+5$의 극값을 확인하여라.

풀이 이 함수는 예제 1에서 나왔다. 미분을 하면,

$$f'(x)=2x-6=2(x-3)$$

$$f''(x)=2$$

따라서 $f'(3)=0$이고, $f''(3)>0$이므로 2계 도함수 판정법에 의해, $f(3)$은 극소값이다. ■

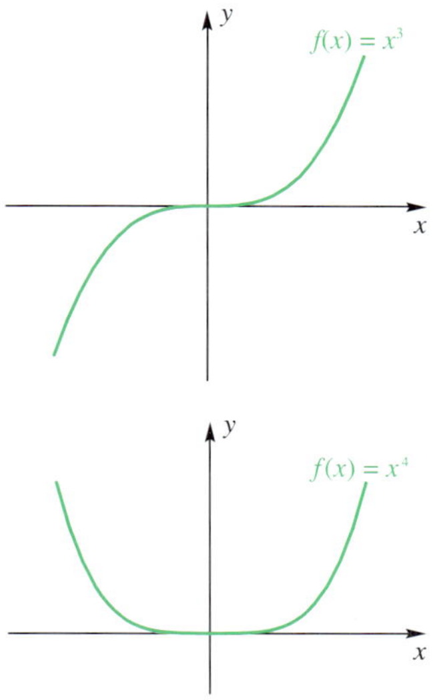

그림 7

예제 5 2계 도함수 판정법을 써서, 함수 $f(x)=\frac{1}{3}x^3-x^2-3x+4$의 극값을 확인하여라.

풀이 이 함수는 예제 2에서 다루었다. 미분을 하면,

$$f'(x)=x^2-2x-3=(x+1)(x-3)$$
$$f''(x)=2x-2$$

임계점은 -1과 3이다($f'(-1)=f'(3)=0$). $f''(-1)=-4$이고, $f'''(3)=4$이므로, 2계 도함수 판정법에 의해, $f(-1)$은 극대값이고, $f(3)$은 극소값이다. ■

안타깝게도, 2계 도함수 판정법은 항상 적용할 수 있는 것이 아니다. 정류점에서 $f''(x)$가 0이 될 수 있기 때문이다. 함수 $f(x)=x^3$과 $f'(x)=x^4$은 둘 다 $f'(0)=0$이고 $f''(0)=0$이다(그림 7 참조). 전자는 0에서 극대값이나 극소값을 가지지 않는다. 후자는 0에서 극소값을 가진다. 그러므로 정류점에서 $f''(x)=0$이면, 더 많은 정보를 얻기 전에는, 극대값 또는 극소값 여부에 대해 아무런 결론도 내릴 수 없다.

개구간에서의 최대값과 최소값 3.1절에서 공부한 문제들은, 어떤 함수의 최대값 또는 최소값을 구하는 집합이 폐구간인 경우이었다. 그렇지만 실제로 주어지는 구간들이 반드시 폐구간인 것은 아니다. 개구간도 있을 수 있고, 한쪽은 열리고 한쪽은 닫힌 구간도 있을 수 있다. 이 절에서 배운 이론을 잘 적용하면, 이러한 문제들도 다룰 수 있다.

개구간이나 또는 한 쪽이 열린 구간을 다루는 적당한 방법을 두 개의 예제를 통해서 알아본다.

예제 6 함수 $f(x)=x^4-4x$의 $(-\infty, \infty)$에서의 최소값과 최대값을 (존재하면) 구하여라.

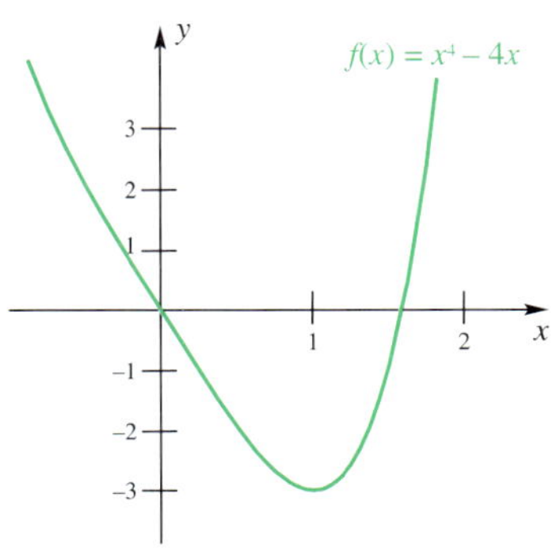

그림 8

풀이

$$f'(x)=4x^3-4=4(x^3-1)=4(x-1)(x^2+x+1)$$

x^2+x+1은 실수근을 가지지 않으므로(근의 공식), 임계점은 $x=1$, 단 한 개만 존재한다. $x<1$이면 $f'(x)<0$이고, 반면에 $x>1$이면 $f'(x)>0$이다. 그러므로 $f(1)=-3$은 함수 f의 극소값이다. 그런데 f는 1의 왼쪽에서 감소하고, 1의 오른쪽에서 증가하기 때문에, 사실은 함수 f의 최소값임이 명백하다.

위의 사실에서 f는 최대값을 가질 수 없다. f의 그래프는 그림 8과 같다. ■

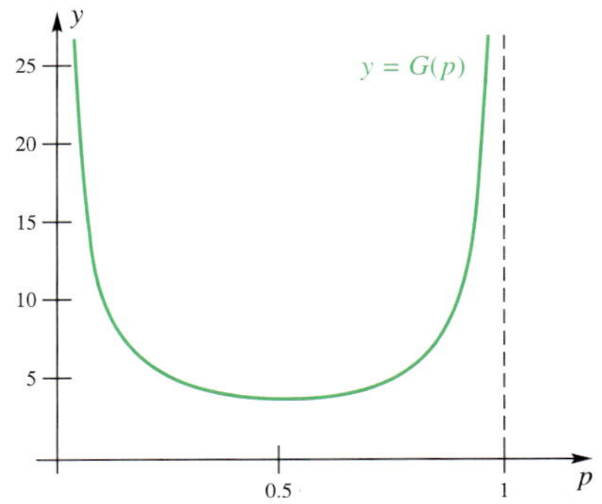

그림 9

예제 7 구간 (0, 1)에서 다음 함수의 최대값과 최소값을 (존재하면) 구하여라.

$$G(p)=\frac{1}{p(1-p)} \quad (0,\ 1)$$

풀이

$$G'(p)=\frac{2p-1}{p^2(1-p)^2}$$

유일한 임계점은 $p=1/2$이다. 구간 (0, 1)의 모든 p에 대해서 분모는 양수이다. 따라서 분자가 부호를 결정한다. p가 구간 (0, 1/2)에 있으면, 분자가 음수이다. 그러므로 $G'(p)<0$. 마찬가지로 생각하면, p가 구간 (1/2, 1)에 있으면, $G'(p)>0$. 그러므로 1계 도함수 판정법에 의해, $G(1/2)=4$는 극소값이다. 끝점들이 없으며, 특이점도 없으므로, $G(1/2)$은 최소값이다. $y=G(p)$의 그래프가 그림 9와 같다.

개념 복습

1. f가 c에서 연속이고, c의 왼쪽 근방에서 $f'(x)>0$이고, c의 오른쪽 근방에서 $f'(x)<0$이면, $f(c)$는 함수 f의 ______이다.
2. $f'(x)=(x+2)(x-1)$이면, $f(-2)$는 함수 f의 ______이고, $f(1)$은 함수 f의 ______이다.
3. $f'(c)=0$이고 $f''(c)<0$이면, f는 c에서 ______을 가질 것이다.
4. $f(x)=x^3$는, $f''(0)=$______이지만, $f(0)$은 ______도 아니고 ______도 아니다.

연습문제 3.3

문제 1~10에서 임계점을 찾아라. 그 다음에 (a) 1차 미분 판정법 (b) 2차 미분 판정법을 (만약 가능하면) 써서, 어디에서 극대값을 가지고 어디에서 극소값을 갖는지 밝혀라.

1. $f(x)=x^3-6x^2+4$
2. $f(x)=x^3-12x+\pi$
3. $f(\theta)=\sin 2\theta,\ 0<\theta<\frac{\pi}{4}$
4. $f(x)=\frac{1}{2}x+\sin x,\ 0<x<2\pi$
5. $\Psi(\theta)=\sin^2\theta,\ -\pi/2<\theta<\pi/2$
6. $r(z)=z^4+4$
7. $f(x)=\frac{x}{x^2+4}$
8. $g(z)=\frac{z^2}{1+z^2}$
9. $h(y)=y^2-\frac{1}{y}$
10. $f(x)=\frac{3x+1}{x^2+1}$

문제 11~20에서 임계점을 찾고, 적당한 판정법을 써서, 어디에서 극대값을 가지고 어디에서 극소값을 가지는지 밝혀라. 그 극대값과 극소값은 얼마인가?

11. $f(x)=x^3-3x$
12. $g(x)=x^4+x^2+3$
13. $H(x)=x^4-2x^3$
14. $f(x)=(x-2)^5$
15. $g(t)=\pi-(t-2)^{\frac{2}{3}}$
16. $r(s)=3s+s^{\frac{2}{5}}$
17. $f(t)=t-\frac{1}{t},\ t\neq 0$
18. $f(x)=\frac{x^2}{\sqrt{x^2+4}}$
19. $\Lambda(\theta)=\frac{\cos\theta}{1+\sin\theta},\ 0<\theta<2\pi$
20. $g(\theta)=|\sin\theta|,\ 0<\theta<2\pi$

문제 21~30에서 가능하다면 주어진 구간에서 함수의 최대값과 최소값을 구하여라.

21. $f(x)=\sin^2 2x,\ [0,\ 2]$

22. $f(x)=\dfrac{2x}{x^2+4}$, $[0, \infty)$

23. $g(x)=\dfrac{x^2}{x^3+32}$, $[0, \infty)$

24. $h(x)=\dfrac{1}{x^2+4}$, $[0, \infty)$

25. $F(x)=6\sqrt{x}-4x$, $[0, 4]$

26. $F(x)=6\sqrt{x}-4x$, $[0, \infty)$

27. $f(x)=\dfrac{64}{\sin x}+\dfrac{27}{\cos x}$, $(0, \pi/2)$

28. $g(x)=x^2+\dfrac{16x^2}{(8-x)^2}$, $(8, \infty)$

29. $H(x)=|x^2-1|$, $[-2, 2]$

30. $h(t)=\sin t^2$, $[0, \pi]$

문제 31~36에서 1차 미분 f'를 제시해 놓았다. 함수 f가 (a) 극소값 (b) 극대값을 가지는 x값을 모두 구하여라.

31. $f'(x)=x^3(1-x)^2$

32. $f'(x)=-(x-1)(x-2)(x-3)(x-4)$

33. $f'(x)=(x-1)^2(x-2)^2(x-3)(x-4)$

34. $f'(x)=(x-1)^2(x-2)^2(x-3)^2(x-4)^2$

35. $f'(x)=(x-A)^2(x-B)^2$, $A\neq B$

36. $f'(x)=x(x-A)(x-B)$, $0<A<B$

문제 37~42에서 주어진 성질을 만족하는 함수의 그래프를 그려라. 함수의 그래프를 그릴 수 없다면, 이를 지적하고 이유를 밝혀라.

37. 정의역 $[0, 6]$에서 f는 미분가능하고 $(0, 6)$에서 2개의 극대값과 극소값을 가진다.

38. 정의역 $[0, 6]$에서 f는 미분가능하고 $(0, 6)$에서 3개의 극대값과 2개의 극소값을 가진다.

39. 정의역 $[0, 6]$에서 f는 연속이지만 반드시 미분가능한 것은 아니고, $(0, 6)$에서 2개의 극소값과 극대값을 가진다.

40. 정의역 $[0, 6]$에서 f는 연속이지만 반드시 미분가능한 것은 아니고, $(0, 6)$에서 극소값이 1개이고 극대값은 없다.

41. 정의역 $[0, 6]$에서 f는 반드시 연속인 것은 아니고, $(0, 6)$에서 3개의 극대값이 존재하고 극소값은 없다.

42. 정의역 $[0, 6]$에서 f는 반드시 연속인 것은 아니고, $(0, 6)$에서 2개의 극대값이 존재하고 극소값은 없다.

43. 함수 $f(x)=Ax^2+Bx+C$를 생각하자. $A>0$일 때 모든 x에 대해서 $f(x)\geq 0$일 필요충분조건은 $B^2-4AC\leq 0$임을 보여라.

44. 함수 $f(x)=Ax^3+Bx^2+Cx+D$를 생각한다. $A>0$일 때 f가 한 개의 극대값과 극소값을 가질 필요충분조건은 $B^2-3AC>0$임을 보여라.

45. $f'(c)=f''(c)=0$이고 $f'''(c)>0$일 때, f에 대해서 어떤 결론을 내릴 수 있는가?

개념 복습 해답: **1.** 극대값 **2.** 극대값, 극소값 **3.** 극대값 **4.** 0, 극대값, 극소값

3.4 실용문제

이 장의 앞, 세 절에서 든 예제와 이론에 바탕을 두고 여러 실용적인 최적화 문제에 응용할 수 있는 다음과 같은 단계별 방법이 있다. 이 방법을 적용하더라도 때로 상식적으로 생각하다 보면, 다른 접근법을 발견하거나 어떤 단계를 생략할 수도 있을 것이다.

1단계: 문제에 대한 그림을 그리고 중요한 양에 대한 적당한 변수를 대응시킨다.
2단계: 1단계에서 세운 변수에 관한 항으로 최대나 최소가 될 대상 함수 Q에 관한 식을 세운다.
3단계: 문제의 조건을 사용하여 이들 변수중 하나를 제외한 나머지를 소거하고 단일변수에 관한 함수로서 Q를 나타낸다.
4단계: 임계점들을 구한다(끝점, 정류점, 특이점).
5단계: 대상 함수에 임계값들을 대입하든지 최소값이나 최대값을 결정하기 위하여 마지막 절의 이론을 사용한다(즉, 1계, 2계 도함수 판정법).

문제를 푸는 동안 문제의 해가 무엇일지에 관하여 어떤 아이디어를 얻기 위해 직관을 사용한다. 여러 실제문제에서 구체적으로 수행하기 전에 최적값에 여러가지 추정을 할 수 있다.

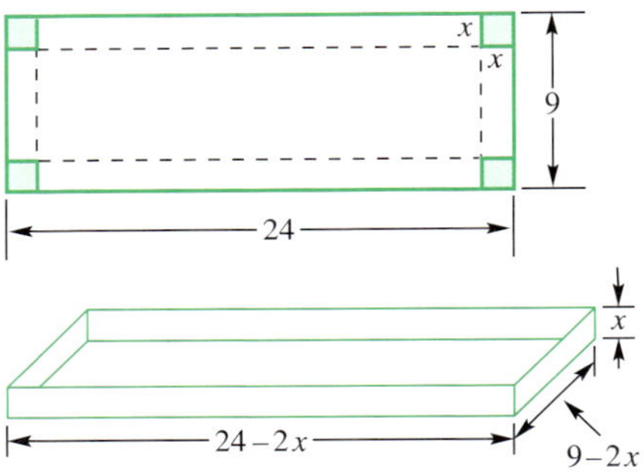

그림 1

예제 1 그림 1에서와 같이 길이가 24인치, 폭이 9인치인 판지의 네 귀퉁이에서 같은 크기의 정사각형들을 잘라 낸 다음에, 옆면을 세워서, 직육면체 모양의 상자를 만들려 한다. 부피가 최대가 되는 상자의 규격을 구하여라. 최대 부피는 얼마인가?

풀이 잘라 내려는 정사각형의 한 변의 길이를 x라 하고, 이때 생기는 상자의 부피를 V라 하자. 그러면

$$V = x(9-2x)(24-2x) = 216x - 66x^2 + 4x^3$$

여기서 x는 0보다 작을 수 없으며, 4.5보다 클 수 없다.

즉, 이 문제는 구간 [0, 4.5]에서 V가 최대가 되도록 만드는 것이다. 정류점을 찾으려면, dV/dx가 0이라고 놓은 다음에, 그 방정식을 풀어야 한다.

$$\frac{dV}{dx} = 216 - 132x + 12x^2 = 12(18 - 11x + x^2) = 12(9-x)(2-x) = 0$$

이것의 해는 $x=2$ 또는 $x=9$이지만, 9는 구간 [0, 4.5]에 속하지 않는다. 따라서 임계점은 0, 2, 4.5, 이렇게 세 개가 있다. 끝점 0과 4.5에서는 $V=0$이고 2에서는 $V=200$. 그러므로 $x=2$일 때, 이 상자는 최대 부피 200 inch^3 인치를 가진다. 즉, 상자의 길이가 20인치, 폭이 5인치, 깊이가 2인치일 때 최대 부피를 갖는다. ■

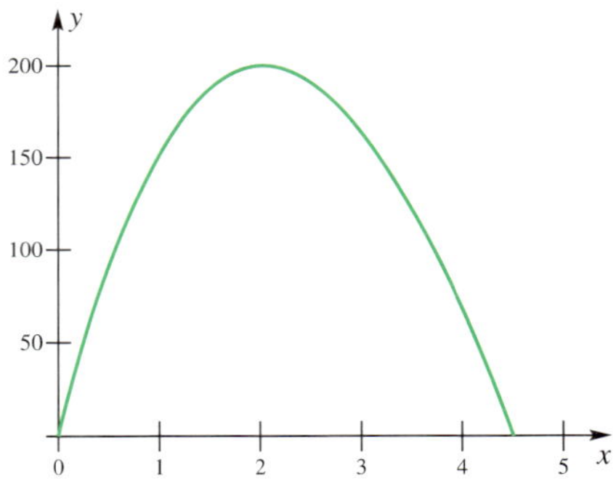

그림 2

대상 함수를 그래프로 그리면 도움이 될 때가 많다. 그래프 계산기나 컴퓨터 수학 소프트웨어를 쓰면 그래프를 쉽게 그릴 수 있다. 그림 2는 함수 $V(x) = 216x - 66x^2 + 4x^3$의 그래프이다. $x=0$일 때, $V(x)$는 0이다.

상자를 접는 것을 생각하면, 이 경우 귀퉁이를 잘라 내는 폭이 0이니, 옆면을 세울 것이 없으며, 따라서 부피가 0이다. 그리고 $x=4.5$인 경우는 판지를 절반으로 접은 것이 되며, 따라서 상자의 밑면이 없다. 이 상자도 부피가 0이다. 그러므로 $V(0)=0$이고, $V(4.5)=0$이다. 따라서 최대 부피는 0과 4.5 사이의 어떤 x값에 대해서 일어난다. 그래프를 보면, x가 대략 2일 때 최대 부피가 된다.

미적분학을 써서, 상자의 부피가 최대가 되도록 하는 x의 정확한 값이 $x=2$임을 구할 수 있다.

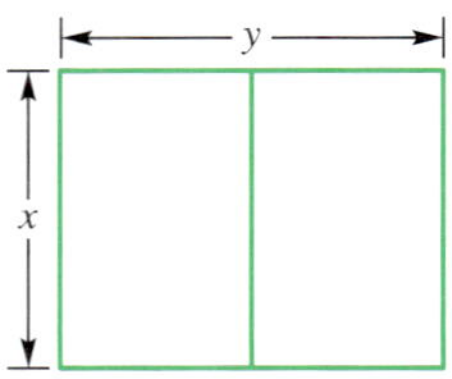

그림 3

예제 2 그림 3에서와 같이 농부가 100미터 길이의 철망으로 담장을 만들어서, 두 개의 우리를 같은 크기로, 나란히 붙여서 만들려 한다. 넓이가 최대가 되도록 하려면, 그 치수는 얼마여야 하는가?

풀이 우리의 폭을 x라 하고, 길이를 y라 하자. 둘 다 미터 단위이다. 담장을 칠 철망이 100미터이니, $3x+2y=100$; 즉,

$$y=50-\frac{3}{2}x$$

전체 넓이 A는 다음과 같다.

$$A=xy=50x-\frac{3}{2}x^2$$

길이 x인 변이 세 개이므로, $0\le x\le\frac{100}{3}$임을 알 수 있다. 따라서 이 문제는 구간 $\left[0,\ \frac{100}{3}\right]$에서 A가 최대가 되도록 하는 것이다. 이제

$$\frac{dA}{dx}=50-3x$$

$50-3x$를 0이라 놓고 풀면, 정류점 $x=\frac{50}{3}$이 나온다. 그러므로 임계점은 0, $\frac{50}{3}$, $\frac{100}{3}$ 이렇게 세 개이다. 양 끝점 0과 $\frac{100}{3}$에서는 $A=0$, 반면에 $x=\frac{50}{3}$에서는 $A\approx416.67$. 그러므로 원하는 치수는 $x=\frac{50}{3}\approx16.67$미터, $y=50-\frac{3}{2}\left(\frac{50}{3}\right)=25$미터.

이 답은 수긍이 갈 것이다. 당연히 주어진 담장을 x방향에 비해서 y방향에 더 많이 쓰는 것이 이치에 맞다. 왜냐 하면 x방향은 담장을 세 번 치지만, y방향은 담장을 두 번만 치기 때문이다. ■

예제 3 주어진 직원뿔에 내접하는 직원기둥 중에 부피가 최대인 것의 치수를 구하여라.

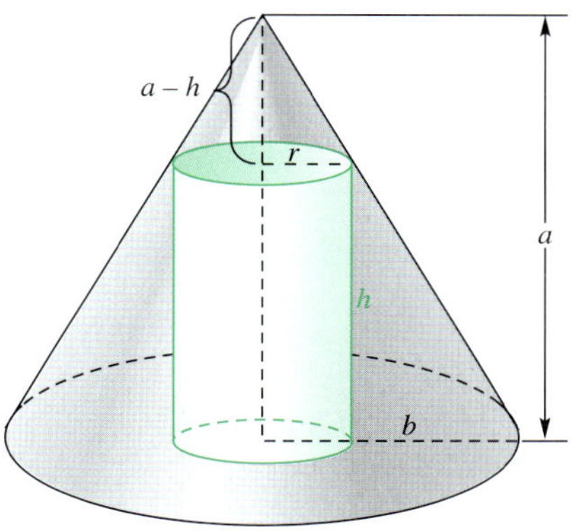

그림 4

풀이 주어진 원뿔의 높이를 a, 밑면의 반지름을 b라 하자(둘 다 상수). 내접하는 원기둥의 높이, 반지름, 부피를 각각 h, r, V로 놓는다(그림 4). 이 문제를 풀기 전에, 한 번 직관적으로 생각해 보자. 원기둥의 반지름이 원뿔 밑면의 반지름에 가까우면, 높이가 매우 낮으니, 원기둥의 부피는 0에 가깝게 된다. 이제 내접하는 원기둥이 높이가 점점 커지면서, 반지름은 줄어드는 것을 생각하면, 부피가 0에 가깝던 것이, 처음에는 점점 커지지만, 원기둥의 높이가 원뿔의 높이에 가까워지면, 부피는 점점 감소하여 0에 가깝게 될 것이다. 직관적으로 보면, 그 중간의 어떤 원기둥이 부피가 최대가 될 것이다.

내접하는 원기둥의 부피는 다음과 같다.

$$V=\pi r^2h$$

삼각형의 닮은 조건에서

$$\frac{a-h}{r}=\frac{a}{b}$$

> *대수학과 기하학*
>
> 될 수 있는 한, 어떤 문제를 기하학적 관점과 대수학적 관점, 이렇게 두 가지 방법으로 살펴보기 바란다. 예제 4가 좋은 보기이다. 이렇게 두 가지로 살펴보면, 문제에 대해서 통찰력을 얻을 수 있다.

따라서 다음을 얻는다.

$$h = a - \frac{a}{b}r$$

V를 나타내는 식의 h에다 이것을 대입하면,

$$V = \pi r^2\left(a - \frac{a}{b}r\right) = \pi a r^2 - \pi\frac{a}{b}r^3$$

구간 $[0, b]$에 속하는 r에 대해서, V가 최대가 되도록 만들고 싶다.

이제

$$\frac{dV}{dr} = 2\pi a r - 3\pi\frac{a}{b}r^2 = \pi a r\left(2 - \frac{3}{b}r\right)$$

따라서 정류점은 $r=0$과 $r=2b/3$이며, 구간 $[0, b]$에서 임계점은 0, $2b/3$, b. 그런데 $r=0$과 $r=b$는 부피가 0이 된다. 그러므로 $r=2b/3$에서 최대값이 된다. 위의 r과 h의 방정식의 r에 이 값을 대입하면, $h=a/3$가 된다. 다시 말하면, 내접하는 원기둥의 부피가 최대가 되는 것은, 그 반지름이 원뿔 밑면 반지름의 2/3이고, 그 높이가 원뿔 높이의 1/3일 때이다. ■

예제 4 물고기가 속도 v로 강을 거슬러 위쪽으로 오르고 있고 강물의 속도는 일정하고 $-v_c$(마이너스 부호는 물고기의 진행방향과 반대를 나타낸다)라고 한다. 강 위쪽으로 거리 d만큼 오르는데 소비한 에너지는 거리 d만큼 이동하는데 드는 시간과 속도의 세제곱에 비례한다. 이 거리를 이동하는데 소비하는 에너지를 최소화하기 위한 필요한 속도는 얼마인가?

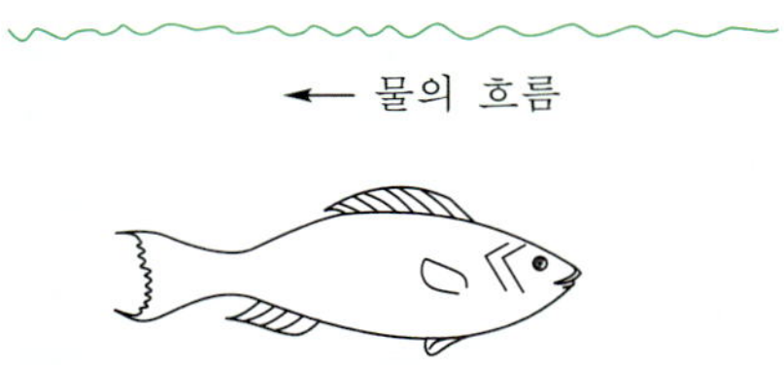

그림 5

풀이 그림 5와 같은 상황을 나타낸다. 물고기의 속도는 $v-v_c$이므로, 걸린시간이 t일 때, $d=(v-v_c)t$이다. 따라서 $t=d/(v-v_c)$. v가 고정된 값일 때, 물고기가 거리 d만큼 이동하는데 드는 에너지는

$$E(v) = k\frac{d}{v-v_c}v^3 = kd\frac{v^3}{v-v_c}$$

함수 E의 정의역은 개구간 (v_0, ∞)이다. 구하는 에너지를 최소화 하기 위한 v값을 구하기 위해, $E'(v)=0$으로 놓고 v에 관하여 풀면

$$E'(v) = kd\frac{(v-v_c)3v^2 - v^3(1)}{(v-v_c)^2} = \frac{kd}{(v-v_c)^2}v^2(2v-3v_c) = 0$$

구간 (v_0, ∞)에서 유일한 임계점은 $2v-3v_c=0$을 풀면 $v=\frac{3}{2}v_c$이다. 구간은 개구간이므로 끝점은 생각할 필요가 없다. 다른 식은 모두 양이므로 $E'(v)$의 부호는 식 $2v-v_c$에 달려있다. $v<\frac{3}{2}v_c$이면 $2v-3v_c<0$이므로 E는 $\frac{3}{2}v_c$의 왼쪽에서는 감소한다. 반면에, $v>\frac{3}{2}v_c$이면 $2v-3v_c>0$이므로 E는 $\frac{3}{2}v_c$의 오른쪽에서는 증가한다. 따라서 1계 도함수판정법에 의하여 $v=\frac{3}{2}v_c$에서 극소이다.

이것은 구간 (v_0, ∞)에서 유일한 임계점이므로, 이것은 최소이다. 소비한 에너지를 최소화하는데 필요한 속도는 물의 속도의 1.5배이다. ■

예제 5 그림 6과 같이 폭이 6피트인 복도가 직각으로 굽어있다. 가느다란 막대를 굽히지 않고 코너를 돌 수 있는 가장 긴 막대의 길이는 얼마인가?

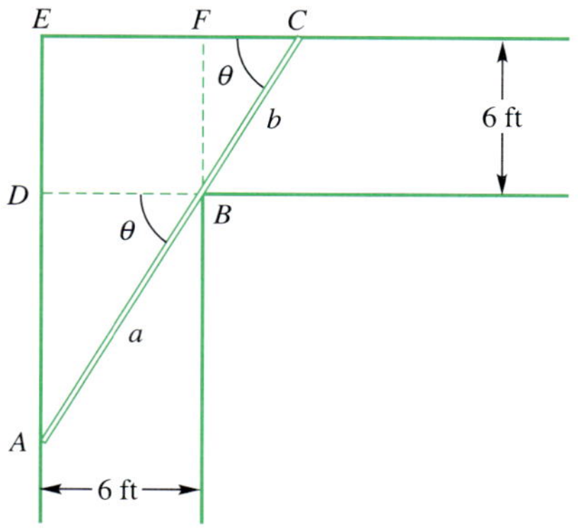

그림 6

풀이 코너에 간신히 딱 맞는 막대는 안쪽구석과 동시에 바깥쪽도 닿는다. 그림 6에서와 같이, a와 b는 각각 선분 AB와 BC의 길이라 하고 θ는 $\angle DBA$와 $\angle FCB$라 하자. 두개의 닮은 삼각형 ADB와 BFC에서 a와 b는 각각 두 직각삼각형의 빗변이다. 다음이 성립한다.

$$a = \frac{6}{\cos\theta} = 6\sec\theta \text{와 } b = \frac{6}{\sin\theta} = 6\csc\theta$$

각 θ는 막대의 위치를 결정한다는 사실에 주의하여라. 그림 6에서 막대의 총 길이는 다음과 같다.

$$L(\theta) = a + b = 6\sec\theta + 6\csc\theta$$

θ의 정의역은 개구간 $\left(0, \frac{\pi}{2}\right)$이다. L의 도함수는

$$\begin{aligned} L'(\theta) &= 6\sec\theta\tan\theta + 6\csc\theta\cot\theta \\ &= 6\left(\frac{\sin\theta}{\cos^2\theta} - \frac{\cos\theta}{\sin^2\theta}\right) \\ &= 6\frac{\sin^3\theta - \cos^3\theta}{\sin^2\theta\cos^2\theta} \end{aligned}$$

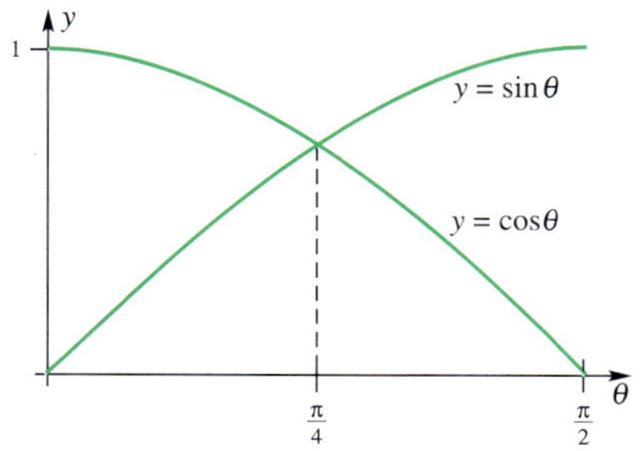

그림 7

따라서 $L'(\theta)=0$에서 $\sin^3\theta - \cos^3\theta = 0$이므로 $\sin\theta = \cos\theta$이다. $\left(0, \frac{\pi}{2}\right)$에서 $\sin\theta = \cos\theta$인 각은 $\frac{\pi}{4}$뿐이다(그림 7 참조).

다시 1계 도함수판정법을 적용한다. $0 < \theta < \frac{\pi}{4}$이면, $\sin\theta < \cos\theta$이다. 그러므로 $\sin^3\theta - \cos^3\theta < 0$이다. 따라서 $L(\theta)$는 $\left(0, \frac{\pi}{4}\right)$에서 감소한다. 반면, $\frac{\pi}{4} < \theta < \frac{\pi}{2}$이면 $\sin\theta < \cos\theta$이므로 $\sin^3\theta - \cos^3\theta > 0$이다. 따라서 $L(\theta)$는 $\left(\frac{\pi}{4}, \frac{\pi}{2}\right)$에서 증가한다. 1계 도함수판정법에 의하여 $\theta = \frac{\pi}{4}$일 때 최소이다. 그러나 문제에는 코너를 돌 수 있는 가장 긴 막대를 묻고 있다. 아래 그림 8에서와 같이 그림 6에서의 조건을 만족하는 가장 짧은 막대를 찾고 있다. 다시 말하면 코너를 돌 수 없는 가장 짧은 막대의 한계값을 찾는 것이다. 이것은 코너를 돌 수 있는 가장 긴 막대와 같고 그것은

$$L\left(\frac{\pi}{4}\right) = 6\sec\frac{\pi}{4} + 6\csc\frac{\pi}{4} = 12\sqrt{2} \approx 16.97\text{피트}$$ ■

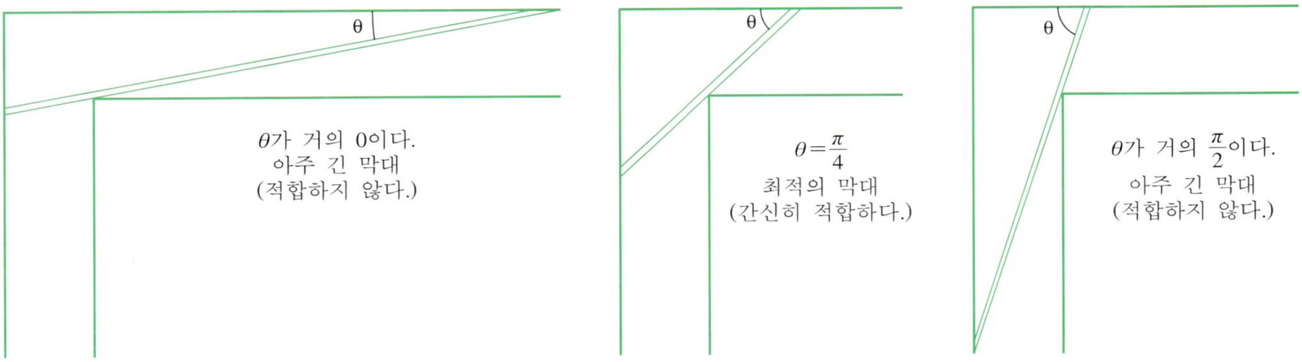

그림 8

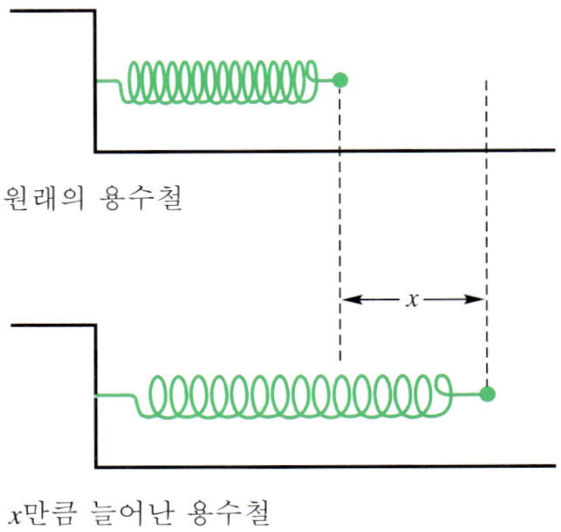

그림 9

늘어난 거리, x (미터)	용수철이 당기는힘, y (뉴턴)
0.005	8
0.010	17
0.015	22
0.020	32
0.025	36

그림 10

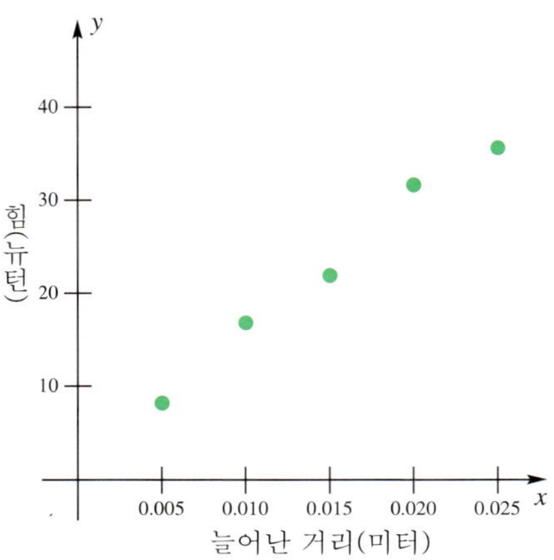

그림 11

최소 제곱(선택) 물리적, 경제적, 사회적 현상들 중에는, 한 변수가 다른 한 변수에 비례하는 것이 많다. 예를 들어 뉴턴의 제 2 법칙에 따르면, 질량이 m인 물체에 작용하는 힘 F는 그 가속도 a에 비례한다($F=ma$). 후크(Hooke)의 법칙에 따르면, 용수철이 당기는 힘은 그 늘어난 거리에 비례한다($F=kx$). (후크의 법칙을 $F=-kx$로 나타내는 경우가 많다. 여기서 − 부호는, 늘어난 것과 반대 방향으로 그 힘이 작용함을 나타낸다. 지금은 힘의 부호를 무시하고 생각한다.) 생산 비용은 생산한 제품의 개수에 비례한다. 교통사고의 수는 그 교통량에 비례한다. 이것들은 모델이고, 실험을 하면 관찰한 값들이 모델과 정확하게 맞아떨어지는 경우가 거의 없다.

용수철을 x센티미터 늘였을 때, 용수철이 잡아당기는 힘을 관찰한다고 하자(그림 9). 예를 들어 용수철을 0.5센티미터 늘였더니, 힘이 8뉴턴이고, 용수철을 1.0센티미터 늘였더니, 힘이 17뉴턴이고, 등등. 추가로 한 관찰들도 그림 10에 기록해 놓았으며, 그림 11은 순서쌍 $(x_i,\ y_i)$를 점으로 찍어 놓은 것이다. 여기서 x_i는 늘어난 길이이고, y_i는 용수철을 당기는 힘이다. 이와 같은 순서쌍의 점들을 **점도표**(scatter plot)라고 부른다.

이 문제를 일반화해서, n개의 점들 $(x_1,\ y_1)$, $(x_2,\ y_2)$, $\cdots$, $(x_n,\ y_n)$이 주어진 경우를 생각하자. 여기서 관점은 원점을 지나는 직선들 중에 이러한 점들에 가장 잘 맞는 직선을 찾는 것이다. 좀 더 설명하기 전에, 우선 시그마(Σ) 기호를 소개한다.

기호 $\sum_{i=1}^{n} a_i$는 수들 $a_1,\ a_2,\ \cdots,\ a_n$의 합을 뜻한다. 예를 들어

$$\sum_{i=1}^{3} i^2 = 1^2+2^2+3^2=14$$

그리고

$$\sum_{i=1}^{n} x_i y_i = x_1 y_1 + x_2 y_2 + \cdots + x_n y_n$$

두번째 경우, x_i와 y_i를 먼저 곱하고 난 다음 더한다.

이 n개의 점들에 최적의 직선을 찾기 위해서, 적합한 정도를 어떻게 잴 지 명시해야 한다. 원점을 지나는 최적의 직선이란, $(x_i,\ y_i)$와 직선 $y=bx$ 사이

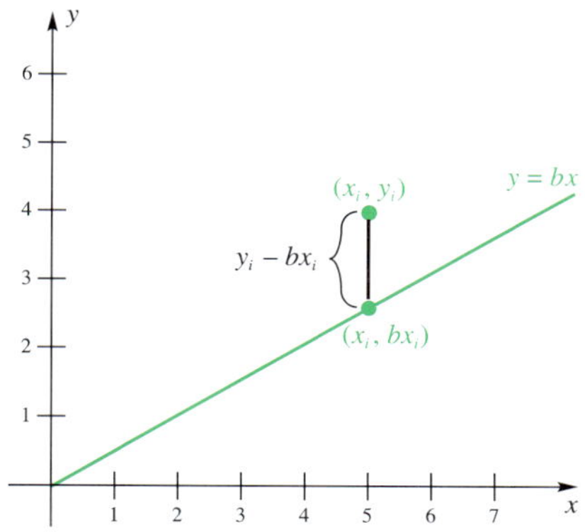

그림 12

세로 거리의 제곱의 합이 최소인 것으로 정의한다. (x_i, y_i)가 한 점이면, (x_i, bx_i)는 직선 $y=bx$에 있는 점으로서, (x_i, y_i)의 바로 위 또는 바로 아래에 있다. 따라서 (x_i, y_i)와 (x_i, bx_i) 사이의 세로 거리는 y_i-bx_i이다(그림 12 참조). 그러므로 거리의 제곱은 $(y_i-bx_i)^2$. 그러니 이러한 차이의 제곱의 합을 최소로 만드는 b를 찾는 것이 문제이다. S를 다음과 같이 정의하자.

$$S=\sum_{i=1}^{n}(y_i-bx_i)^2$$

그러면 S가 최소가 되게 하는 b의 값을 찾아야 한다. 이것은 앞에서 접한 최소화 문제와 같다. 그렇지만 순서쌍 (x_i, y_i)는 $(i=1, 2, \cdots, n)$ 고정된 수들임을 명심해야 한다. 이 문제에서 변수는 b이다.

앞에서와 마찬가지로, 우선 dS/db를 구하고, 이것이 0과 같다고 놓고, b에 대해서 푼다. 미분은 선형연산자이므로,

$$\begin{aligned}\frac{dS}{db}&=\frac{d}{db}\sum_{i=1}^{n}(y_i-bx_i)^2\\&=\sum_{i=1}^{n}\frac{d}{db}(y_i-bx_i)^2\\&=\sum_{i=1}^{n}2(y_i-bx_i)\left(\frac{d}{db}(y_i-bx_i)\right)\\&=-2\sum_{i=1}^{n}x_i(y_i-bx_i)\end{aligned}$$

이것이 0과 같다고 놓고 풀면,

$$\begin{aligned}0&=-2\sum_{i=1}^{n}x_i(y_i-bx_i)\\0&=\sum_{i=1}^{n}x_iy_i-b\sum_{i=1}^{n}x_i^2\\b\sum_{i=1}^{n}x_i^2&=\sum_{i=1}^{n}x_iy_i\\b&=\frac{\sum_{i=1}^{n}x_iy_i}{\sum_{i=1}^{n}x_i^2}\end{aligned}$$

이 때 S의 값이 최소가 됨을 확인하려면,

$$\frac{d^2S}{db^2}=2\sum_{i=1}^{n}x_i^2$$

이며, 이것은 항상 양수임을 생각하면 된다. 이 경우 끝점은 없기 때문에 2계 도함수 판정법에 의해, S가 최소가 되게 하는 의미에서, 최적의 직선 $y=bx$는 $b=\sum_{i=1}^{n}x_iy_i/\sum_{i=1}^{n}x_1^2$일 때이다. 직선 $y=bx$를 **원점을 지나는 최소 제곱 직선**(least-square line through the origin)이라고 한다.

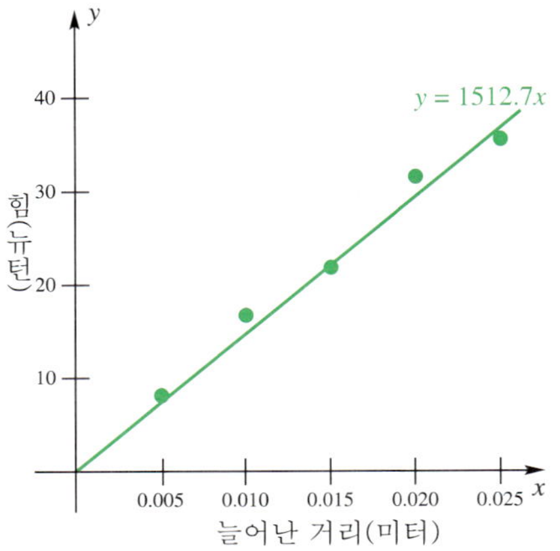

그림 13

예제 6 그림 10의 값들에 대해서, 원점을 지나는 최소 제곱 직선을 구하여라.

풀이

$$b = \frac{0.005 \cdot 8 + 0.010 \cdot 17 + 0.015 \cdot 22 + 0.020 \cdot 32 + 0.025 \cdot 36}{0.005^2 + 0.010^2 + 0.015^2 + 0.020^2 + 0.025^2}$$

$$\approx 1512.7$$

그러므로 원점을 지나는 최소 제곱 직선은 $y = 1512.7x$이며, 그림 13과 같다. 따라서 용수철 상수는 약 $k = 1512.7$이다. ■

대부분의 직선을 구하는 문제에 대하여 직선이 원점을 지난다고 가정하는 것은 비합리적이다. 보다 합리적인 가정은 $y = a + bx$에 의하여 y는 x에 관계한다고 보는 것이다. 이 경우 제곱의 합은 a와 b 모두의 함수가 된다. 따라서 12장에서 다룰 두 변수 함수에 대한 최소화문제에 직면한다.

경제학의 응용(선택) 전형적인 기업인 회사 ABC를 예로 든다. 문제를 간단하게 하기 위해서, ABC 회사는 한 개의 제품만을 만들어서 판다고 가정한다. 그 제품은 TV일 수도 있고, 자동차용 배터리, 또는 비누일 수도 있다. 이 회사가 일정한 기간(예를 들어 1년)동안 x개의 제품을 팔면, 각각의 제품마다 **가격** $p(x)$를 매길 수 있을 것이다. 바꿔 말하면, x개의 수요에 대해 한 개당 가격이 $p(x)$이다. ABC 회사가 기대하는 **총 수입**(total revenue)은 $R(x) = xp(x)$로 주어진다. 즉, 제품의 개수 곱하기 제품 하나의 가격이다.

x개의 제품을 만들어서 팔려면, 가나다 회사는 총 비용(total cost) $C(x)$를 들여야 한다. 대개의 경우 이것은 **고정 비용**(사무실 유지비와 부동산에 대한 세금 등등) 더하기 **유동 비용**이며, 이것은 생산한 제품의 개수에 비례한다.

회사 입장에서 중요한 것은 **총 이익** $P(x)$이다. 이것은 소득과 비용의 차이이다. 즉,

$$P(x) = R(x) - C(x) = xp(x) - C(x)$$

일반적으로, 회사는 총 이익이 최대가 되도록 하려고 한다.

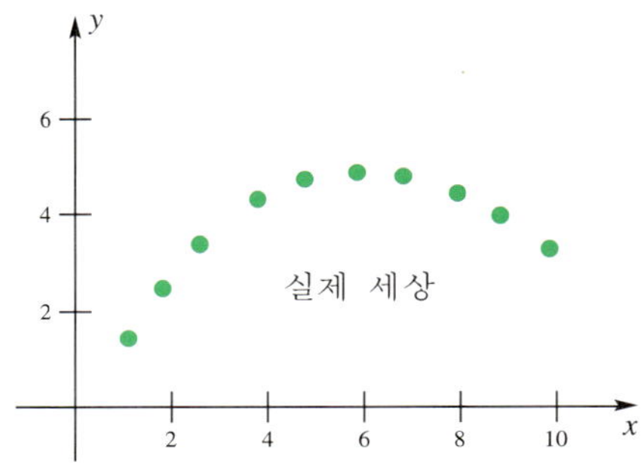

그림 14

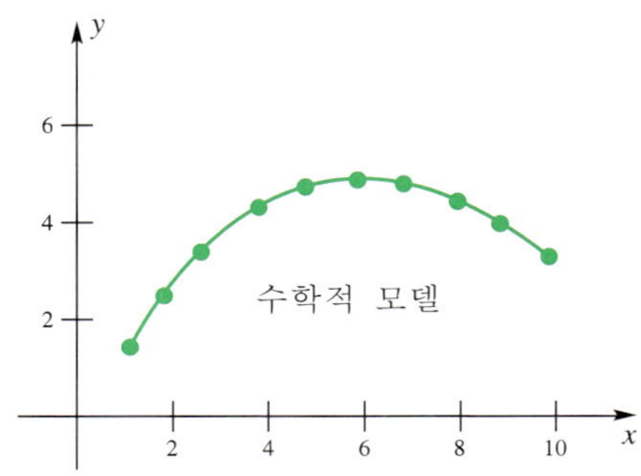

그림 15

경제학의 문제는 물리적 과학의 문제와 완전히 다른 특징이 있다. 대부분의 경우, ABC 회사의 제품은 불연속(이산)인 개수 단위로 되어 있다(텔레비전을 8.23대 만들어서 팔거나, 자동차용 배터리를 π대 만들어서 팔 수는 없다). 그러므로 함수 $R(x)$, $C(x)$, $P(x)$는 대개의 경우 $x = 0, 1, 2, \cdots$에서만 정의되며, 따라서 이들의 그래프는 띄엄띄엄 놓여 있는 점들로 구성된다(그림 14). 미적분학의 기술을 사용할 수 있도록 하기 위해서, 이 점들을 매끄러운 곡선으로 이어서(그림 15), R, C, P가 미분가능인 매끄러운 함수들인 것으로 생각한다. 이것은 수학적 모델화의 한 관점이며, 경제학의 경우 이것은 거의 항상 필요하다. 실제 상황의 문제들을 모델화하려면, 간단하게 만들기 위해서 가정을 해야 한다. 따라서 이렇게 얻는 답은 진짜 답의 근사값에 불과하다. 그렇기 때문에 경제학은 완벽한 과학이 아니다. 유명한 통계학자가 다음과 같이 말했

다: 정확한 모델은 없지만, 많은 모델이 유용하다.

이와 관련된 경제학의 문제는, 함수 $C(x)$와 $p(x)$의 공식을 어떻게 구하느냐이다. 아주 간단한 경우, $C(x)$는 다음과 같은 형태가 될 것이다.

$$C(x) = 10{,}000 + 50x$$

그렇다면, \$10,000는 **고정 비용**이고, \$50x는 **유동 비용**이며, 각각의 제품을 만드는 데 \$50의 직접 비용이 든다는 말이다. 좀더 일반적인 상황은 다음과 같을 것이다.

$$C_1(x) = 10{,}000 + 45x + 100\sqrt{x}$$

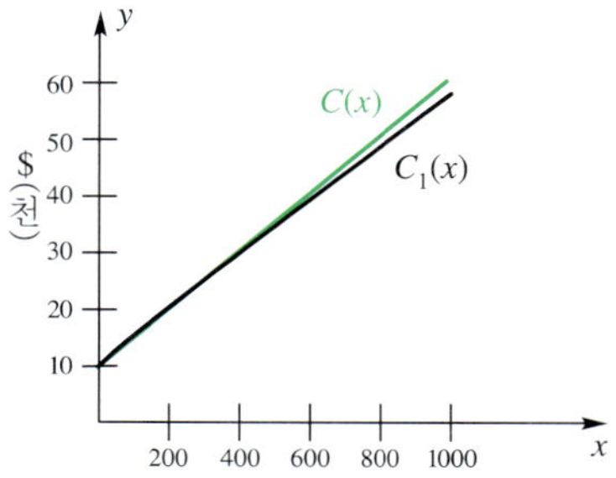

그림 16

두 비용함수는 그림 16에서와 같다.

비용함수 $C(x)$는 얼마를 만들든 상관없이 추가제품을 만드는 비용은 같다는 것을 지적한다. 반면에 비용함수 $C_1(x)$는 추가제품을 만드는 비용은 증가하지만 점점 증가율은 준다는 것을 지적한다. 따라서 $C_1(x)$는 경제학자들이 말하는 규모의 경제학을 나타낸다.

비용과 가격을 모델화하기 위해서 적당한 함수를 택하는 것은 매우 어려운 일이다. 기본 가설들로부터 유추할 수 있는 경우도 없잖아 있다. 그렇지 않은 경우는, 그 회사의 과거 경험을 꼼꼼하게 연구하면 괜찮은 함수를 택할 수 있을 것이다. 어떤 경우는, 머리를 써서 적절한 함수를 잘 추측해야 한다.

한계라는 용어 사용 ABC 회사가 그 비용 함수 $C(x)$를 알고 있고, 올해 2000개의 제품을 생산하기로 일단 계획을 세웠다고 가정하자. ABC 회사가 생산량을 약간 늘리면, 제품 1개당 추가 비용이 어떻게 될지, 결정하려고 한다. 이를테면 제품 1개당 추가 수입에 비해서 추가 비용이 더 작은가? 만약 그렇다면, 생산량을 늘리는 것이 이득이 된다.

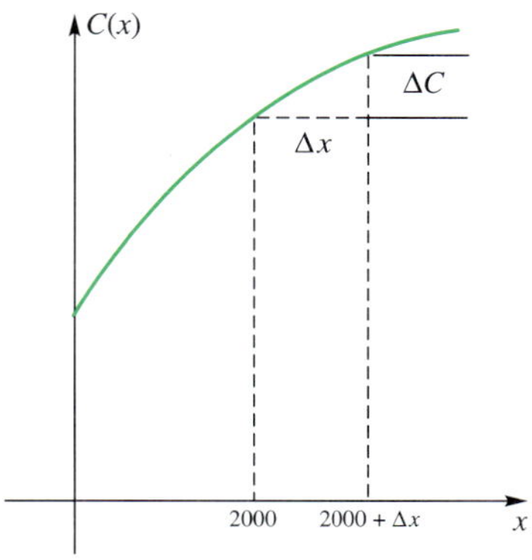

그림 17

그래프가 그림 17과 같은 비용함수에 대해, $\Delta x = 1$일 때 $\Delta C/\Delta x$의 값을 알고자 한다. 그런데 이 값은 $x = 2000$일 때의 극한값

$$\lim_{\Delta x \to 0} \frac{\Delta C}{\Delta x}$$

에 매우 가까울 것이다. 이 극한값을 **한계 비용**이라고 한다. 이것은 dC/dx이다. 즉, 변수 x에 대한 C의 도함수이다.

같은 맥락으로, **한계 가격**을 dp/dx로, **한계 수입**을 dR/dx로, **한계 이익**을 dP/dx로 정의한다.

이제 여러 종류의 경제학 문제들을 어떻게 푸는지 알아 본다.

예제 7 $C(x) = 8300 + 3.25x + 40\sqrt[3]{x}$ 달러라고 가정하자. 제품 1개당 평균 비용과 한계 비용을 구하고, $x = 1000$일 때 그 값들을 구하여라.

> *경제학 용어*
>
> 경제학은 불연속인 현상을 연구하기 때문에, x에서의 한계 비용을 1개 더 추가로 생산하는 데 드는 비용이라고 정의할 수 있다. 즉,
>
> $$C(x+1)-C(x)$$
>
> 로 정의할 수 있다. 수학적 모델에서, 이 값은 dC/dx와 매우 가까울 것이며, 후자는 미적분학의 주요 개념이기 때문에, 우리는 후자를 한계 비용의 정의로 택하였다. 한계 수익과 한계 이익의 경우도 마찬가지이다.

풀이

$$\text{평균 비용: } \frac{C(x)}{x}=\frac{8300+3.25x+40x^{1/3}}{x}$$

$$\text{한계 비용: } \frac{dC}{dx}=3.25+\frac{40}{3}x^{-2/3}$$

$x=1000$일 때, 이들의 값은 각각 11.95와 3.38이다. 다시 말하면, 처음 1000개의 제품을 만드는 데 평균 \$11.95의 비용이 들지만, 1000개 이후 1개를 추가로 만드는 데 드는 비용은 불과 \$3.38이다. ■

예제 8 어떤 제품 x개를 생산해서 파는데, 가격 함수 p와 비용 함수 C가 (달러 단위로) 다음과 같다.

$$p(x)=5.00-0.002x$$
$$C(x)=3.00+1.10x$$

한계 수입, 한계 비용, 한계 이익의 공식을 구하여라. 총 이익이 최대가 되게 하는 생산량을 구하여라.

풀이

$$R(x)=xp(x)=5.00x-0.002x^2$$
$$P(x)=R(x)-C(x)=-3.00+3.90x+0.002x^2$$

그러므로 미분은 다음과 같다.

$$\text{한계 수입: } \frac{dR}{dx}=5-0.004x$$

$$\text{한계 비용: } \frac{dC}{dx}=1.1$$

$$\text{한계 이익: } \frac{dP}{dx}=\frac{dR}{dx}-\frac{dC}{dx}=3.9-0.004x$$

이익이 최대가 되는 경우를 구하기 위해서, $dP/dx=0$이라 놓고 푼다. 그러면 $x=975$이며, 이것이 유일한 임계점이다. 이 때 실제로 최대가 됨을, 1계 도함수 판정법을 써서 확인할 수 있다. 그러므로 최대 이익은 $P(975)=\$1898.25$ ■

$x=975$일 때 한계 수입과 한계 비용이 둘다 \$1.10가 됨을 주목하기 바란다. 일반적으로, 제품 1개를 추가로 생산하는 비용이 그것으로부터 얻게 되는 소득과 같을 때, 회사의 이익이 최대가 된다.

개념 복습

1. 넓이가 100인 직사각형이 길이가 x, 폭이 y이면, x가 가질 수 있는 값의 범위는 ______.
2. 위 물음 1에서 직사각형의 둘레의 길이를 x의 식으로 나타내면 ______이다.
3. 원점을 지나는 최소 제곱 직선은 $S=\sum_{i=1}^{n}(______)^2$을 최소화 한다.
4. 경제학에서 $\frac{dR}{dx}$는 ______이라 하고, $\frac{dC}{dx}$는 ______라 한다.

연습문제 3.4

1. 두 수의 곱이 -16이고, 그 제곱들의 합이 최소가 되는, 두 수를 찾아라.
2. 어떤 수의 양수 제곱근이 그 수의 8배보다 더 큰 정도가 최대가 되려면, 그 수는 무엇이어야 하는가?
3. 어떤 수의 양수 4승근이 그 수의 2배보다 더 큰 정도가 최대가 되려면, 그 수는?
4. 두 수의 곱이 -12이고, 그 제곱들의 합이 최소가 되는, 두 수를 찾아라.
5. 포물선 $y=x^2$의 점들 중에, 점 $(0, 5)$에 가장 가까운 것을 찾아라. 도움말: (x, y)와 $(0, 5)$ 사이 거리의 제곱이 최소가 되도록 하여라.
6. 포물선 $x=2y^2$의 점들 중에, 점 $(10, 0)$에 가장 가까운 것을 찾아라. 도움말: (x, y)와 $(10, 0)$ 사이 거리의 제곱이 최소가 되도록 하여라.
7. 자신의 제곱에 비해서 더 큰 정도가 최대인 수는? 이 수는 구간 $[0, 1]$에 있음을 확인하는 것으로 시작하여라.
8. 주어진 둘레 길이가 K인 직사각형들 중에, 넓이가 최대인 것은 정사각형임을 보여라.
9. 한 변의 길이가 24 인치인 정사각형 판지의 네 귀퉁이에서 같은 크기의 정사각형들을 잘라 낸 다음에, 옆면을 세워서 만들 수 있는, 뚜껑이 없는 상자의 최대 부피를 구하여라(예제 1 참조).

≈ **10.** 농부가 80 피트 길이의 담장 재료를 가지고 그림 18과 같이 100 피트 길이의 헛간 한쪽 면을 따라서 직사각형 모양의 우리를 만들려고 한다. (헛간 방향에는 담장을 치지 않아도 된다). 우리의 넓이가 최대가 되려면, 우리의 치수는 얼마여야 하는가?

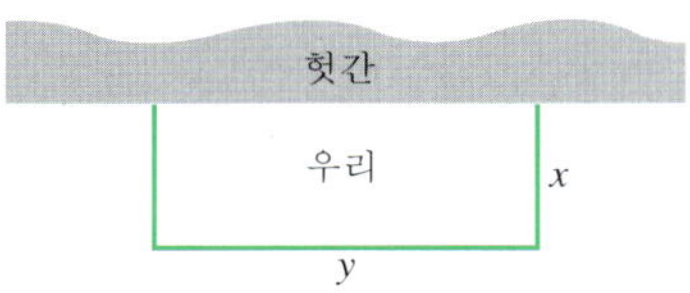

그림 18

≈ **11.** 문제 10의 농부가 80 피트의 담장 재료를 가지고 그림 19와 같이 세 개의 똑같은 우리를 만들려고 한다. 우리의 넓이를 가능한 한 넓게 하려면, 둘러싼 전체 영역의 치수는 얼마여야 하는가?

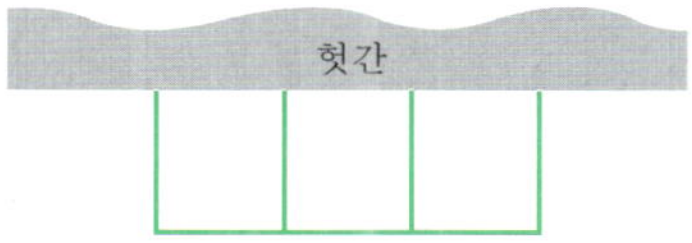

그림 19

12. 문제 10의 농부가 180 피트의 담장 재료를 가지고 그림 20과 같이 100 피트 길이의 헛간 한쪽 면 전부에 우리를 붙이고 싶다. 넓이가 최대가 되려면, 그 치수는 얼마여야 하는가? 이 경우 $0 \le x \le 40$임을 유의하기 바란다.

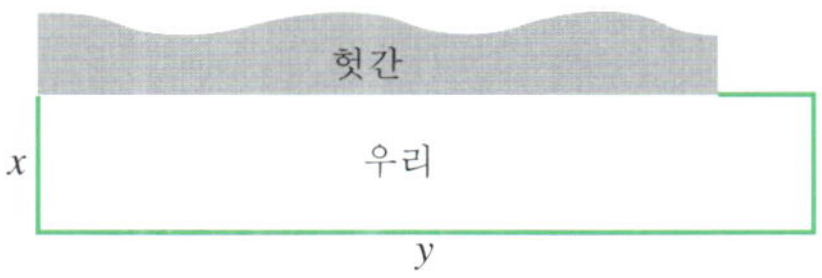

그림 20

13. 두 개의 직사각형 우리를, 그림 21과 같이 똑같은 모양으로, 나란히 붙여서, 각각 900 제곱 피트의 넓이가 되도록 만들려고 한다. 담장의 길이가 최소가 되게 하려면, x와 y는 얼마여야 하는가?

그림 21

14. 세 개의 직사각형 우리를 그림 22와 같이 똑같은 모양으로 나란히 붙여 각각 300 제곱 피트의 넓이가 되도록 만들려고 한다. 담장의 길이가 최소가 되게 하려면, 각 우리의 폭과 길이는 얼마여야 하는가?

그림 22

15. 문제 14의 우리의 바깥 담장은 좀 더 튼튼하게 만들어야 하기 때문에 피트당 \$3씩 돈이 들어가는데, 두 개의 안쪽 담장은 피트당 \$2씩 돈이 들어간다고 한다. 우리를 만드는 데 드는 돈이 최소가 되게 하려면, x와 y가 얼마여야 하는가?

16. 각각의 우리의 넓이가 900 제곱 피트라 가정하고, 문제 14를 풀어 보여라. 이 문제의 해답과 문제 14의 해답을 비교해서, 이런 종류의 모든 문제들에서 x/y의 비율이 어떻게 될 지 추측하여라. 그리고 그렇게 추측하는 이유를 말하여라.

17. 곡선 $y=x^2/4$, $0\le x\le 2\sqrt{3}$에 있는 점 중에, 점 (0, 4)와 가장 가까운 점 P와 가장 먼 점 Q를 찾아라. 도움말: 거리의 제곱을 사용하면, 계산이 훨씬 간단해진다.

18. 주어진 부피를 가지는 직원뿔에 다른 직원뿔을 내접시키는데, 같은 축을 가지도록 하고, 안쪽 원뿔의 꼭지가 바깥 원뿔의 밑면에 닿도록 한다. 내접하는 원뿔의 부피가 최대가 되려면, 그들의 높이의 비율이 얼마여야 하는가?

19. 커다란 호수에 조그마한 섬이 있는데, 직선으로 된 호숫가의 가장 가까운 지점 P로부터의 거리가 2 마일이다. 어떤 여자가 섬에서 출발하는데, 보트를 저어서 시속 3 마일로 갈 수 있고, 걷는 속력은 시속 4 마일이다. P로부터 호숫가를 따라 10 마일 거리에 있는 마을에 가장 빨리 가려면, 어느 지점에다 보트를 대야 하는가?

20. 문제 19에서, 이 여자가 호숫가에 도착하면, 시속 50 마일로 달리는 자동차가 이 여자를 태워줄 예정이다. 그러면 어느 지점에다 보트를 대야 하는가?

21. 문제 19에서, 시속 20 마일을 낼 수 있는 모터보트를 이용한다고 가정하자. 그러면 어느 지점에다 보트를 대야 하는가?

22. 쭉 곧은 강둑에 발전소가 있으며, 강의 폭은 w 피트이다. 반대편 강둑에 공장이 있는데, 발전소 바로 맞은편인 A 지점으로부터 L 피트 아래에 있다. 강물 아래로 고압선을 까는 데에는 피트당 a 달러가 들고, 육지를 따라서 고압선을 설치하는 데에는 피트당 b 달러가 든다면($a>b$), 발전소와 공장을 잇는 고압선을 어떻게 깔아야 돈이 가장 적게 들겠는가?

23. 오전 7시에 배 한 척이 다른 한 척의 배로부터 60 마일 동쪽에 있었다. 전자의 배가 시속 20 마일로 서쪽으로 항해하고, 후자의 배가 시속 30 마일로 동남쪽으로 항해하면, 이들이 서로 가장 가깝게 되는 것은 언제인가?

24. 1사분면에서 타원 $b^2x^2+a^2y^2=a^2b^2$에 접하는 직선들 중에, 좌표축과 만드는 삼각형의 넓이가 최소가 되는 직선의 방정식을 구하여라(a와 b는 양수 상수).

25. 반지름이 r인 구에 내접하는 직원뿔이 가질 수 있는 최대 부피를 구하여라.

26. 어떤 원에 내접하는 직사각형들 중에 둘레의 길이가 최대인 것은 정사각형임을 보여라.

27. 반지름이 r인 구에 내접하는 직원뿔들 중에, 곡면 부분의 넓이가 최대인 것의 치수는?

28. 어떤 지점의 밝기(조도)는 그 점에서 광원까지 거리의 제곱에 반비례하고, 그 광원의 세기(광도)에 비례한다. 두 개의 광원이 서로 s 피트 떨어져 있으며, 그들의 광도가 각각 I_1과 I_2이면, 그들 사이에서 조도의 합이 최소가 되는 지점은?

29. 길이가 100 센티미터인 철사를 둘로 잘라서, 하나는 굽혀서 정사각형을 만들고, 다른 하나는 굽혀서 정삼각형을 만든다. 두 넓이의 합이 (a) 최소 (b) 최대가 되려면, 철사를 어디에서 잘라야 하는가? (자르지 않는 것도 허용)

30. 밑면이 정사각형인 직육면체 모양의 닫힌 상자를 만들되 주어진 부피가 되도록 하고 싶다. 밑면을 만드는 재료는 옆면을 만드는 재료에 비해서 단위 넓이당 20% 더 비싸고, 윗면을 만드는 재료는 옆면을 만드는 재료에 비해서 단위 넓이당 50% 더 비싸다면, 상자의 비율이 어떻게 되어야 가장 돈이 적게 들겠는가?

31. 직원기둥의 윗면에 반구 모양을 덮은 형태로 관측소를 만들려 한다. 반구 모양인 부분은 원기둥 모양인 옆면에 비해서 단위 넓이당 두 배의 건축비가 든다면, 주어진 부피를 가지면서 건축비가 가장 적게 들도록 하려면, 그 비율이 어떻게 되어야 하는가?

32. 용수철에 연결한 추가 x축을 따라서 움직이는데, 시간 t일 때 그 x좌표는 다음과 같다.

$$x=\sin 2t+\sqrt{3}\cos t$$

이 추는 원점으로부터 얼마나 멀리 갈 수 있는가?

33. 반지름이 r이고 중심각이 θ인 부채꼴 모양으로 화단을 만들려고 한다. 넓이가 상수 A일 때, 둘레 길이가 최소가 되게 하는 r과 θ를 구하여라.

34. 높은 건물로부터 w 피트 떨어져서, 높이가 h 피트인 담장이 건물과 평행하게 서 있다(그림 23). 사다리를 놓아서, 땅에서부터 담장 위를 지나 건물의 벽에 닿도록 하고 싶다. 사다리의 최소 길이를 구하여라.

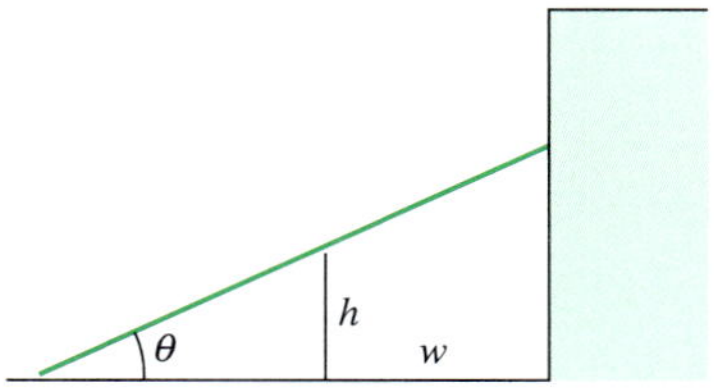

그림 23

35. 직사각형의 두 꼭지점이 x축에 놓여 있으며, 다른 두 꼭지점은 포물선 $y=12-x^2$의 $y\geq 0$인 부분에 놓여 있다(그림 24). 이런 조건의 직사각형의 넓이가 최대가 되려면, 그 치수는 얼마이어야 하는가?

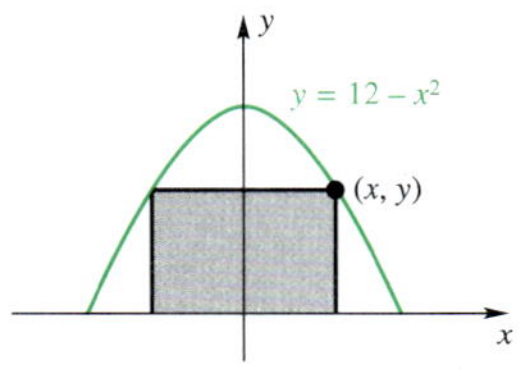

그림 24

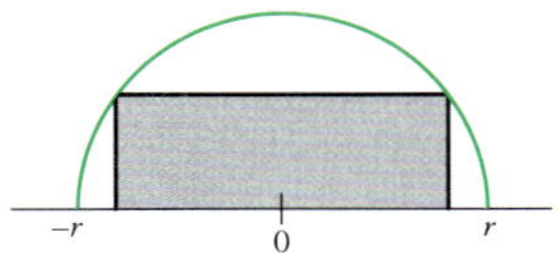

그림 25

36. 그림 25와 같이 반지름이 r인 반원에 직사각형이 내접해 있다. 그 넓이가 최대가 되려면, 직사각형의 치수는 얼마이여야 하는가?

37. 주어진 표면적을 갖는 모든 직원기둥 중에서 최대부피를 갖는 것을 구하여라. 도움말: 원주면의 끝은 닫혀 있다.

38. 타원 $x^2/a^2+y^2/b^2=1$에 내접하는 최대넓이를 갖는 직사각형의 치수를 구하여라.

39. 주어진 대각선을 갖는 모든 직사각형 중에서 최대넓이를 갖는 것을 구하여라.

40. 어떤 가습기가 반지름이 r인 회전 원판을 사용하는데, 원판의 아랫부분은 물에 잠긴다. 물에 젖었다가 공기중으로 드러난 부분(그림 26에서, 위쪽의 어둡게 칠한 부분)의 넓이가 최대일 때, 물이 가장 많이 증발한다. 원판의 중점에서 수면까지의 거리 h가 $r/\sqrt{1+\pi^2}$일 때 이렇게 됨을 보여라.

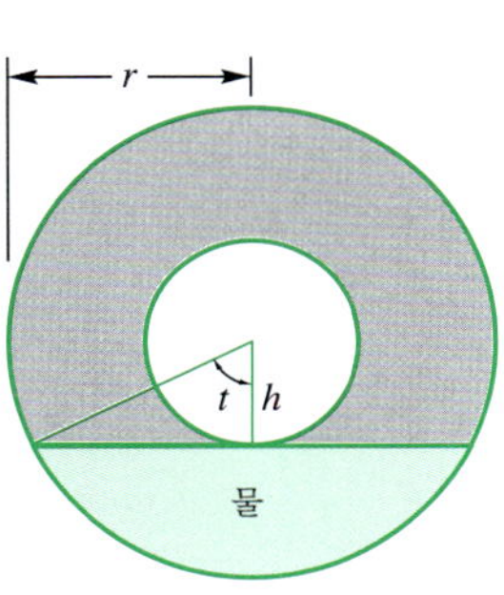

그림 26

41. 양철판으로 빗물받이를 옆면 3인치 밑면 3인치로 하고, 옆면들은 밑면과 각 θ를 이루게 만든다(그림 27). 빗물받이의 용량이 최대가 되려면, 각 θ는 얼마여야 하는가? 참고: $0\leq\theta\leq\pi/2$.

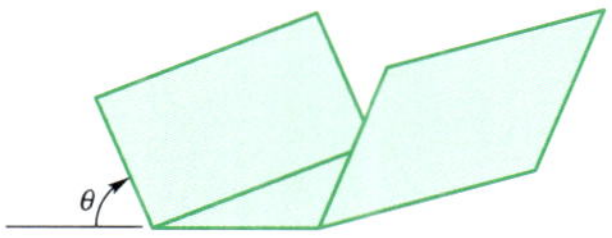

그림 27

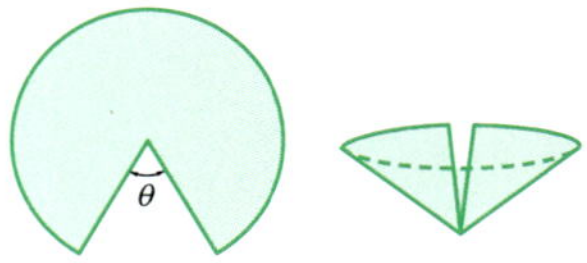

그림 28

42. 반지름이 10미터인 원형 양철판에서 중심각 θ인 부채꼴을 잘라 내고 남은 부분의 절단선을 용접해 붙여서, 원뿔 물탱크를 만들려고 한다(그림 28). 물탱크의 부피가 최대가 되게 하는 각 θ를 구하여라.

43. 5피트 곱하기 8피트인 직사각형 판지를 가지고 뚜껑이 있는 상자를 만들려고 한다. 그림 29의 어둡게 칠한 부분을 잘라서 버리고, 점선을 따라 접어서 만들면 된다. 부피가 최대가 되려면, 치수 x, y, z는 얼마이어야 하는가?

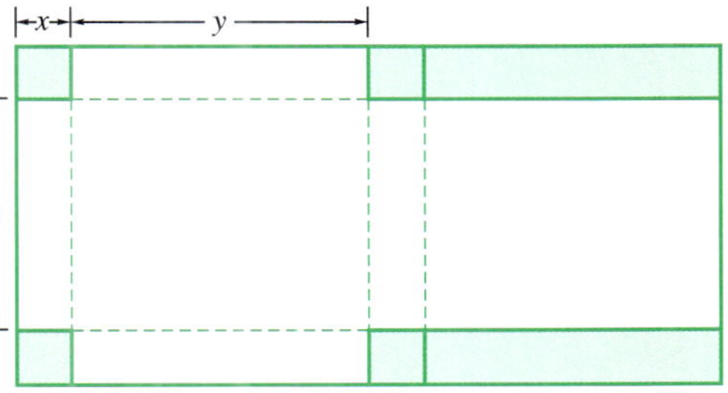

그림 29

44. 1 제곱 미터 넓이의 표면을 도금할 수 있는 순은을 갖고 있다. 이것을 가지고 구와 정육면체를 도금하려 한다. 은도금을 한 입체들의 총 부피가 최대가 되려면, 그것들의 치수는 얼마여야 하는가? 최소가 되려면? (한 입체를 도금하는 데 은을 모두 사용하는 것도 허용)

45. 그림 30에서와 같이 가늘고 긴 종이띠의 한쪽 귀퉁이를 접어서, 반대쪽 변에 살짝 닿도록 만들었다. 그림에서와 같이 변수를 정하였을 때, 다음 조건에 맞는 x를 구하

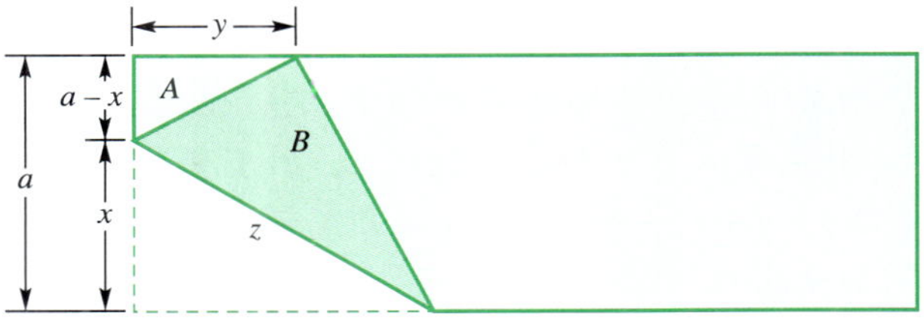

그림 30

여라.

(a) 삼각형 A의 넓이가 최대가 됨.

(b) 삼각형 B의 넓이가 최소가 됨.

(c) 길이 z가 최소가 됨.

46. 그림 31에 나오는 대칭인 십자가의 넓이가 최대가 되도록, 각 θ를 결정하여라. 이 최대 넓이를 구하여라.

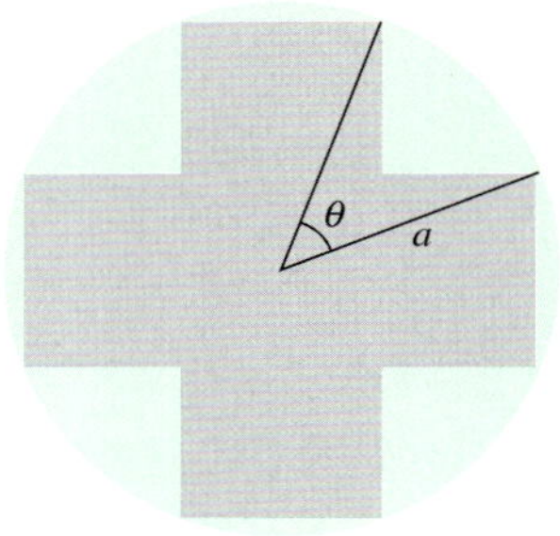

그림 31

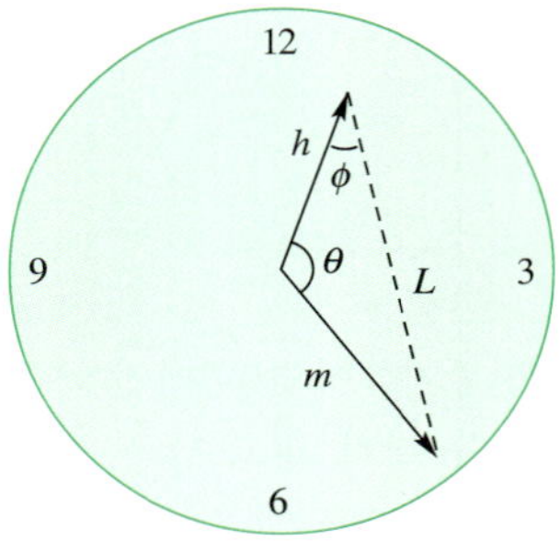

그림 32

CAS **47.** 시계의 시침의 길이가 h, 분침의 길이가 m이며, $h \le m$이다. 우리는 12:00에서 12:30 사이의 시간 동안 이 시계가 움직이는 것을 공부하려 한다. 변수 θ, ϕ, L은 그림 32와 같다. 여기서 θ는 일정한 비율로 증가함을 주목하기 바란다. 코사인 법칙에 의해,

$$L = L(\theta) = (h^2 + m^2 - 2hm\cos\theta)^{1/2}.$$
$$L'(\theta) = hm(h^2 + m^2 - 2hm\cos\theta)^{-1/2}\sin\theta$$

(a) $h=3$, $m=5$에 대해 L'이 최대인 순간 L', L, ϕ를 구하여라.

(b) $h=5$, $m=13$에 대해 (a)를 풀어 보아라.

(c) (a)와 (b)를 바탕으로, 침들의 끝부분들이 가장 빨리 멀어지는 순간, L', L, ϕ가 어떤 값인지 추측하여라.

(d) 추측의 이유를 말해 보아라.

= C **48.** 100피트 높이의 절벽에서 어떤 물체를 던졌더니, 곡선 $y = -\frac{x^2}{10} + x + 100$을 따라서 움직였다. 관찰자가 절벽의 아래에서 2 피트 떨어진 곳에 서 있다.

(a) 그 물체가 관찰자와 가장 가까울 때의 위치를 구하여라.

(b) 그 물체가 관찰자와 가장 멀 때의 위치를 구하여라.

= CAS **49.** 시간 t일 때 태양계에서 지구의 위치는 대략 $P(93\cos(2\pi t),\ 93\sin(2\pi t))$라고 나타낼 수 있다. 원점에 태양이 놓여 있고, 거리 단위는 백만 마일이다. 어떤 소행성의 위치가 $Q(60\cos[2\pi(1.51t-1)],\ 120\sin[2\pi(1.51t-1)])$이라고 가정하자. 시간이 $[0, 20]$인 동안(즉, 앞으로 20년 동안), 소행성이 지구에 가장 가까이 접근하는 것은 언제인가? 가장 가까이 접근하는 거리는?

50. 광고지에 50 제곱 인치 넓이로 인쇄를 하고 싶은데, 위, 아래에 4 인치의 여백을 두고, 양쪽 옆에 1인치의 여백을 두려고 한다. 최소의 종이를 사용하려면, 광고지는 가로, 세로 얼마이어야 하는가?

= **51.** 길이 27피트인 사다리의 한쪽 끝은 땅바닥에 놓여 있고, 다른 한쪽 끝은 높이 8 피트인 담장 위에 놓여 있다. 사다리의 아래쪽 끝을 땅바닥을 따라, 담장을 향해서 밀고 들어가면, 위쪽 끝은 담장을 가로질러 걸쳐지게 된다. 위쪽 끝이 담장 너머로, 수평 방향으로 쑥 내밀 수 있는 최대 거리를 구하여라.

C **52.** 놋쇠를 얇은 판으로 생산하고 있다. 품질을 관리하기 위해서, 검사원이 놋쇠판을 무작위로 골라서, 그 넓이를 재고, 표면의 흠의 개수를 센다. 넓이는 놋쇠판마다 제각각이다. 다음 표는 골라서 검사한 놋쇠판의 넓이(제곱 피트 단위)와, 그 놋쇠판 표면의 흠의 개수를 적어 놓은 것이다.

놋쇠판 번호	넓이 제곱 피트	표면의 흠의 개수
1	1.0	3
2	4.0	12
3	3.6	9
4	1.5	5
5	3.0	8

(a) 넓이를 가로 좌표로 하고, 표면의 흠의 개수를 세로 좌표로 해서, 점도표를 만들어라.

(b) 원점을 지나는 직선이 이 값들과 잘 맞아떨어지는 모델이 될 것 같은가? 설명하여라.

(c) 원점을 지나는 최소 제곱 직선의 방정식을 구하여라.

(d) (c)의 결과를 이용해서, 넓이가 2.0제곱 피트인 놋쇠판은 몇 개의 흠을 가질지 예측하여라.

C **53.** 가나다 회사는 고객들의 주문을 처리하는 데 서류 작업을 하느라고 꼭 5시간이 들어간다고 하자(예제 7 참조). 이 시간은 고정되어 있으며, 주문량에 따라서 달라지지 않는다. 그러므로 주문량이 x일 때, 그것을 만들고 처리하는 데 들어가는 전체 노동 시간은 다음과 같다.

$$y = (\text{주문량 } x\text{를 만드는 노동 시간}) + 5$$

주문량과 노동 시간에 대해서 가나다 회사가 얻은 자료가 다음 표이다.

주문 번호	주문량 x	전체 노동 시간 y
1	11	38
2	16	52
3	8	29
4	7	25
5	10	38

(a) 문제를 설명해 놓은 것에 따르면, 최소 제곱 직선은 5를 y절편으로 가져야 한다. 다음 제곱들의 합이 최소가 되게 하는 기울기 b의 공식을 구하여라.

$$S=\sum_{i=1}^{n}[y_i-(5+bx_i)]^2$$

(b) 이 공식을 사용해서, 기울기 b를 추정하여라.

(c) 이 최소 제곱 직선을 써서, 15개의 책장을 주문한 것을 처리하는 데 드는 전체 노동 시간을 예측하여라.

54. 의자를 만드는 공장을 돌리는 데 매달 \$7000의 고정 비용이 들며, 1개를 만드는 데 드는 비용은 \$100이다. 매달 x개의 의자를 만드는 데 드는 총 비용 $C(x)$의 공식을 구하여라.

55. 의자를 만드는 회사가 예측한 것에 따르면, 1개의 가격이 \$250이면 매달 100개를 팔 수 있고, 가격을 \$5씩 내릴 때마다 10개씩 더 많이 팔 수 있다. 매달 n개를 팔 때, 가격 $p(n)$와 소득 $R(n)$의 공식을 구하여라. 여기서 $n\geq 100$.

56. 문제 54, 55의 정보를 이용해서, 매달 총 이익 $P(n)$의 공식을 구하여라. 여기서 $n\geq 100$.

57. 문제 56의 $P(n)$의 그래프를 그리고, 그것을 보고 P가 최대가 되는 n의 값을 추정하여라. 미분을 해서, n의 정확한 값을 구하여라.

C **58.** 매달 x개의 의자를 만들어서 파는 데 드는 총 비용은 $C(x)=100+3.002x-0.0001x^2$이다. 매달 1600개씩 만든다면, 1개를 만드는 데 드는 평균 비용 $C(x)/x$와 한계 비용을 구하여라.

59. 어떤 제품을 매주 n개를 만들어서 파는 데 드는 총 비용은 $C(n)=1000+n^2/1200$이다. 매주 800개씩 만든다면, 1개를 만드는 데 드는 평균 비용 $C(n)/n$과 한계 비용을 구하여라.

60. 어떤 제품을 매주 $100x$개 만들어서 파는 데 드는 총 비용이 다음과 같다.

$$C(x)=1000+33x-9x^2+x^3$$

(a) 한계 비용이 최소가 되는 생산 개수와 (b) 그 최소 한계 비용을 구하여라.

61. 가격 함수 p가 다음과 같이 정의되었다.

$$p(x)=20+4x-\frac{x^2}{3}$$

여기서 $x\geq 0$은 생산 개수이다.

(a) 총 소득 함수와 한계 소득 함수를 구하여라.

(b) 총 소득 함수가 증가하는 구간은?

(c) 한계 소득이 최대가 되는 x는?

C **62.** 가격 함수가 다음과 같이 정의되었다.

$$p(x)=(182-x/36)^{1/2}$$

총 소득이 최대가 되게 하는 생산 개수 x_1을 구하고, 가능한 최대 소득이 얼마인지 말하여라. 최상의 개수 x_1을 팔았을 때, 한계 소득은 얼마인가?

63. 가격 함수가 다음과 같이 정의되었다.

$$p(x)=800/(x+3)-3$$

총 소득이 최대가 되게 하는 생산 개수 x_1을 구하고, 가능한 최대 소득이 얼마인지 말하여라. 최상의 개수 x_1을 팔았을 때, 한계 소득은 얼마인가?

64. 유람선 회사가 대학 동아리 연합회와 흥정을 하여서, 최소한 400명이 탄다는 조건으로 표를 팔기로 하였다. 표의 가격은 \$12.00인데, 승객이 400명이 넘으면 10명마다 \$0.20를 깎아주기로 하였다. 가격 함수 $p(x)$를 구하고, 총 소득이 최대가 되게 하는 승객의 수 x_1을 구하여라.

65. XYZ회사는 등나무의자를 만든다. 현재 갖고 있는 기계로는 매년 최대 500개를 만들 수 있다. x개의 의자를 만든다면 한 개에 $p(x)=200-0.15x$ 달러의 가격을 매길 수 있으며 1년의 총비용은 $C(x)=500+6x-0.002x^2$달러이다. 회사는 4000달러의 새 기계를 살려는데, 그것으로 매년 250개의 의자를 추가로 만들 수 있다. $500\leq x\leq 750$일 때 비용함수는 $C(x)=9000+6x-0.002x^2$달러이다. 내년에 대한 이익분석을 기초로 하여 다음 질문에 답하여라.

(a) 회사는 새 기계를 사야하는가?

(b) 생산수준은 어떤가?

66. 새 기계의 가격을 3000달러라 하고 문제 65를 반복하여라.

C **67.** ZEE회사는 유마기를 만드는데, $p(x)=10-0.001x$달러 가격에 판다. 여기서 x는 매달 생산 개수이다. 이 회사의 매달 총 비용은 $C(x)=200+4x-0.01x^2$이다. 이 회사는 최고 300개를 만들 수 있다. 매달 최고 이익은 얼마이며, 이 최고 이익을 얻으려면, 몇 개를 만들어야 하는가?

C **68.** 문제 67의 회사가 생산 설비를 늘려서, 매달 최고 450개까지 만들 수 있도록 하려 한다. 매달 생산 비용은 $300<x\leq 450$일 때 $C(x)=800+3x-0.01x^2$으로 주어진다. 매달 이익이 최대가 되게 하는 생산 개수를 구하고, 이 이익을 계산하여라. 매달 이익 함수 $P(x)$의 그래프를 구간 $0\leq x\leq 450$에서 그려라.

EXPL **69.** 두 수 a, b의 산술평균은 $\dfrac{a+b}{2}$이고 두 양수 a, b의 기하평균은 $\sqrt{ab}$이다. $a>0$, $b>0$이라 하자.

(a) 다음 부등식의 양변을 제곱하여, 이 부등식이 성립함을 증명하여라.

$$\sqrt{ab} \le \frac{a+b}{2}$$

(b) 미분을 이용해서, 양수 a와 b에 대해서 $\sqrt{ab} \le (a+b)/2$가 성립함을 보여라. 도움말: a를 고정하고 양변을 제곱하여 양수 b로 나눈다. 함수 $(b)=\frac{(a+b)^2}{4b}$을 정의하여 F는 a에서 최소값을 가짐을 보인다.

(c) 세 개의 양수 a, b, c의 기하평균은 $(abc)^{1/3}$으로 정의하며, 이때 다음 부등식이 성립함을 밝혀라.

$$(abc)^{1/3} \le \frac{a+b+c}{3}$$

도움말: a와 c를 고정하고 $F(b)=\frac{(a+b+c)^3}{27b}$을 정의하여 F는 $b=\frac{a+c}{2}$에서 최소이며 최소값은 $[(a+c)/2]^2$임을 보여라. 그리고 나서 (b)의 결과를 이용한다.

70. 주어진 표면적을 가지는 직육면체 상자들 중에 부피가 최대인 것은 정육면체임을 보여라. 도움말: 표면적은 $S=2(lw+lh+hw)$이며, 부피는 $V=lwh$이다. 문제 69를 이용해서, $(V^2)^{1/3} \le S/6$임을 보여라. 같아지는 것은 언제인가?

개념 복습 해답: **1.** $0<x<\infty$ **2.** $2x+200/x$ **3.** y_i-bx_i **4.** 한계소득; 한계비용

3.5 미적분을 이용한 함수의 그래프 그리기

0.4절에서 그래프를 개략적으로 다룬 바 있다. 즉 점들을 충분히 많이 찍어서, 그래프의 핵심 성질들이 명백하게 드러나도록 만들었다. 그래프가 대칭이면 수고를 반으로 줄일 수 있다고 언급하였고 점근선이 존재하는지 여부에 신경을 써야 한다고 했다. 그렇지만 그래프를 그리려고 하는 식이 매우 복잡하거나, 또는 매우 정확한 그래프를 그리고 싶다면, 0.4절에서 배운 것만 가지고는 충분하지 않다.

그래프의 미세한 구조를 분석하는 데 쓸 수 있는 강력한 도구가 미적분학이다. 그래프의 성격이 바뀌는 점들을 찾는 데에 특히 유용하다. 우리는 극대점, 극소점, 변곡점을 찾을 수 있다. 그래프가 어디에서 증가하는지, 어디에서 위로 오목한지 정확하게 구할 수 있다. 이러한 아이디어를 모두 포함시켜서 그래프를 그리는 것이 이 절의 목표이다.

다항함수 1차 또는 2차인 다항식은 그래프를 손으로 쉽게 그릴 수 있다. 50차 다항식을 그래프로 그리는 일은 사실상 불가능하다. 다항식의 차수가 3차에서 6차 정도로 적당하다면, 미적분학 도구들은 그래프를 그리는 데 큰 도움이 된다.

예제 1 함수 $f(x)=\frac{3x^5-20x^3}{32}$의 그래프를 그려라.

풀이 $f(-x)=-f(x)$이므로, f는 기함수이다. 따라서 그 그래프는 원점에 대해서 대칭이다. $f(x)=0$이라 놓으면, x절편은 0과 $\pm\sqrt{20/3}\approx\pm 2.6$임이 나온다. 여기까지는 미분을 사용하지 않고 구할 수 있다.

이제 f를 미분하면, 다음을 얻는다.

$$f'(x)=\frac{15x^4-60x^2}{32}=\frac{15x^2(x-2)(x+2)}{32}$$

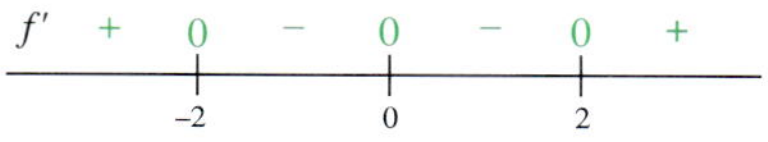

그림 1

따라서, 임계점은 -2, 0, 2이다. 구간 $(-\infty, -2)$와 $(2, \infty)$에서는 $f'(x)>0$이고, 구간 $(-2, 0)$과 $(0, 2)$에서는 $f'(x)<0$임을 쉽게 알 수 있다(그림 1). 그래서 f가 어디에서 증가하고 어디에서 감소하는지 알게 되었다. 그리고 $f(-2)=2$가 극대값이고, $f(2)=-2$가 극소값임도 알 수 있다.

다시 미분을 하면, 다음을 얻는다.

$$f''(x)=\frac{60x^3-120x}{32}=\frac{15x(x-\sqrt{2})(x+\sqrt{2})}{8}$$

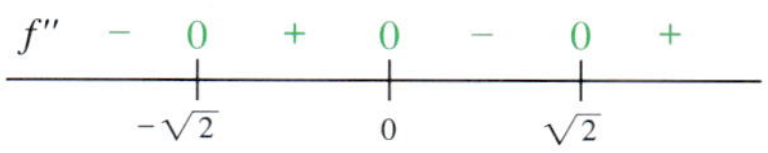

그림 2

$f''(x)$의 부호를 따져 보면(그림 2), f는 구간 $(-\sqrt{2}, 0)$과 $(\sqrt{2}, \infty)$에서 위로 오목하고, 구간 $(-\infty, -\sqrt{2})$와 $(0, \sqrt{2})$에서 아래로 오목함을 알 수 있다. 따라서, 세 개의 변곡점이 있다: $(-\sqrt{2}, 7\sqrt{2}/8)\approx(-1.4, 1.2)$, $(0, 0)$, $(\sqrt{2}, -7\sqrt{2}/8)\approx(-1.4, 1.2)$.

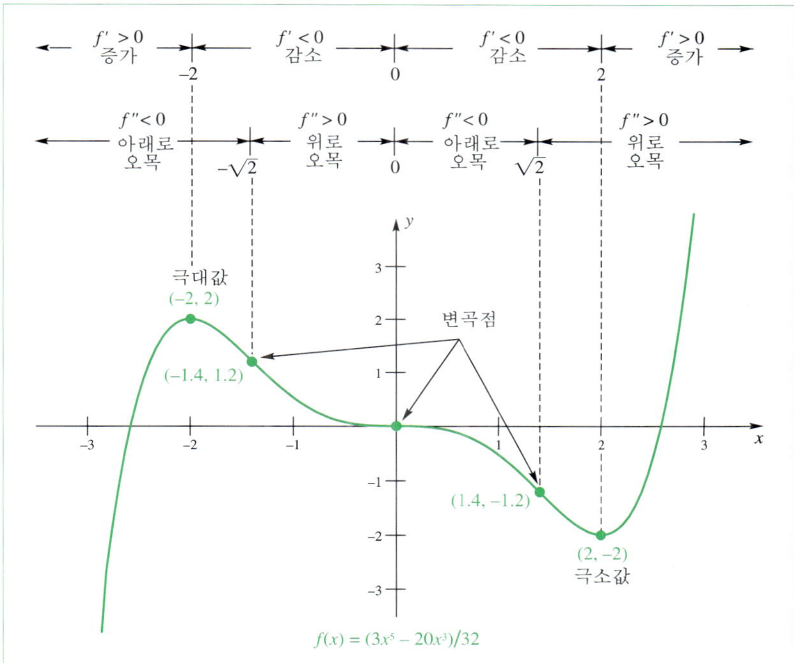

그림 3

이 사실들을 그림 3의 윗부분에 요약해 놓았으며, 이것들을 사용하여 그 아래에 그래프를 그렸다. ■

유리함수 유리함수는 두 다항식의 몫(나눗셈)이며, 다항식에 비해서 그래프를 그리기가 훨씬 더 복잡하다. 특히 분모가 0이 되는 점 근처에서 그래프는 급박하게 움직인다.

예제 2 함수 $f(x)=\dfrac{x^2-2x+4}{x-2}$의 그래프를 그려라.

풀이 이 함수는 우함수도, 기함수도 아니다. 따라서 보통의 대칭 구조는 가지지 않는다. 그리고 x절편이 없다. 왜냐 하면 방정식 $x^2-2x+4=0$은 실근을 갖지 않기 때문이다. y절편은 -2이며 $x=2$에서 수직 점근선을 가진다. 왜냐하면,

$$\lim_{x\to 2^-}\frac{x^2-2x+4}{x-2}=-\infty, \quad \lim_{x\to 2^+}\frac{x^2-2x+4}{x-2}=\infty$$

2번 미분하면,

$$f'(x)=\frac{x(x-4)}{(x-2)^2}, \quad f''(x)=\frac{8}{x-2}$$

이므로 정류점은 $x=0$과 $x=4$이다.

그리고 $(-\infty, 0)\cup(4, \infty)$에서 $f'(x)>0$이고, $(0, 2)\cup(2, 4)$에서 $f'(x)<0$이다. ($f'(x)$는 $x=2$에서 존재하지 않음을 명심하기 바란다.) 그리고 $(2, \infty)$에서 $f''(x)>0$이고, $(-\infty, 2)$에서 $f''(x)<0$이다. $f''(x)$는 절대 0이 되지 않으므로, 변곡점은 없다. 한편, $f(0)=-2$는 극대값이고, $f(4)=6$은 극소값이다.

$|x|$가 매우 클 때 $f(x)$가 어떻게 움직이는지 확인해 보는 것이 좋다.

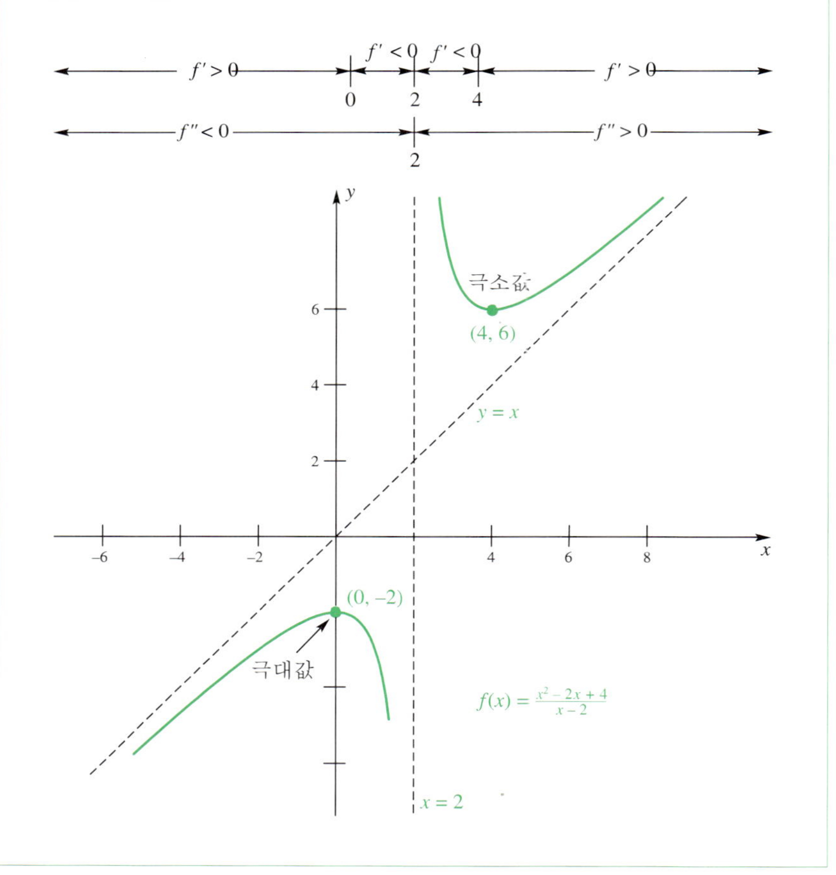

그림 4

$$f(x)=\frac{x^2-2x+4}{x-2}=x+\frac{4}{(x-2)}$$

이므로, $|x|$가 커지면 커질수록, $y=f(x)$의 그래프는 직선 $y=x$에 점점 더 가까워진다. 직선 $y=x$를 f의 그래프의 **비스듬한 점근선**(oblique asymptote)이라 부른다(1.5절 연습문제 49 참조).

이 모든 정보를 종합하면, 상당히 정확한 그래프를 그릴 수 있다(그림 4).

제곱근을 가지는 함수 제곱근을 가지는 함수는 수없이 많은 종류가 있다. 여기에 한 개를 소개한다.

예제 3 함수

$$F(x)=\frac{\sqrt{x}\,(x-5)^2}{4}$$

을 분석하고, 그 그래프를 그려라.

풀이 F의 정의역은 $[0, \infty)$이고, 치역은 $[0, \infty)$이다. 따라서 F의 그래프는 1사분면과 양의 좌표축에 한정되어 있다. x절편은 0과 5이고, y절편은 0이다.

$$F'(x)=\frac{5(x-1)(x-5)}{8\sqrt{x}},\quad x>0$$

에서 임계점 또는 정류점은 1과 5라는 것을 알았다. $(0, 1)$과 $(5, \infty)$에서 $F'(x)>0$이고, $(1, 5)$에서 $F'(x)<0$이므로, $F(1)=4$가 극대값이며, $F(5)=0$이 극소값이다.

여기까지는 무난하게 왔다. 그렇지만 2차도함수를 구해 보면

$$F''(x)=\frac{5(3x^2-6x-5)}{16x^{3/2}},\quad x>0$$

이것은 매우 복잡해 보인다. 그러나 $3x^2-6x-5$는 구간 $(0, \infty)$에서 한 개의 근을 가지며, 그 근은 $1+2\sqrt{6}/3\approx 2.6$.

시험점 1과 3을 사용하면, 구간 $(0, 2.6)$에서 $f''(x)<0$이고, $(2.6, \infty)$에서 $f''(x)>0$이라는 결론이 나온다. 따라서 점 $(2.6, 2.3)$은 변곡점이다.

x가 매우 커지면, $F(x)$는 한없이 커지며, 어떠한 일차함수보다 더욱 빨리 커진다. 그러므로 점근선은 없다. 이 함수의 그래프는 그림 5와 같다. ■

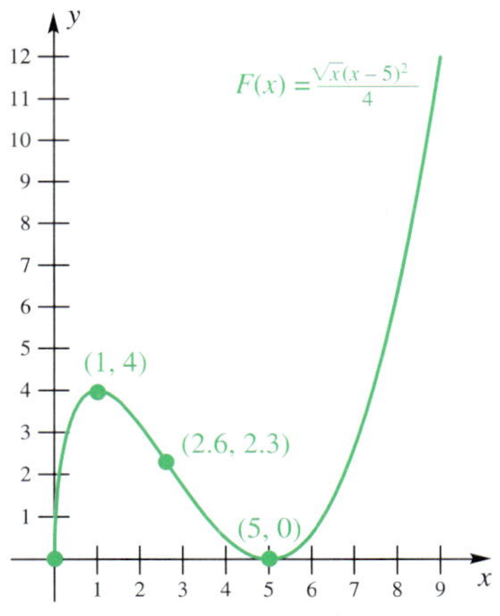

그림 5

방법 요약 함수의 그래프를 그릴 때, 상식을 대신할 수 있는 것은 없다. 그렇지만 대부분의 경우, 다음 단계를 따르면 도움이 될 것이다.

1단계: 미분을 사용하기 전의 분석.

(a) 함수의 정의역과 치역을 구해서, 평면의 어떤 부분이 제외되는지 여부를 확인한다.

(b) y축과 원점에 대한 대칭 여부를 확인한다. (함수가 우함수 또는 기함수인가?)

(c) 절편을 구한다.

2단계: 미분을 통한 분석.

(a) 1계 도함수를 이용해서 임계점을 찾고, 그래프가 증가하는 구간과 감소하는 구간을 구한다.

(b) 임계점에서 극대값, 극소값을 가지는지 확인한다.

(c) 2계 도함수를 이용해서 그래프가 위로 오목한 구간과 아래로 오목한 구간을 구하고, 변곡점을 찾는다.

(d) 점근선을 구한다.

3단계: 점을 몇 개 찍는다(임계점과 변곡점을 모두 포함해서).

4단계: 그래프를 그린다.

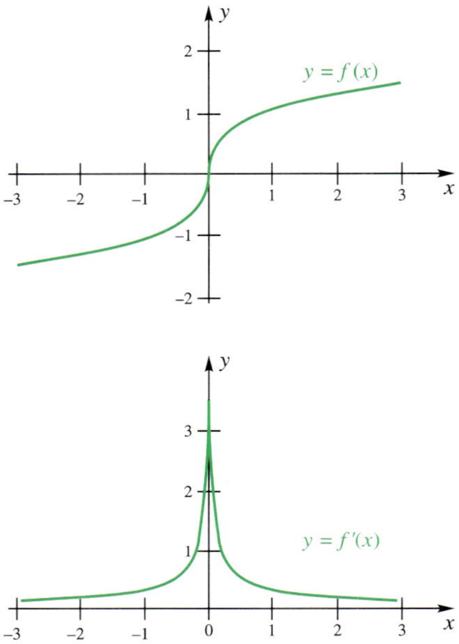

그림 6

예제 4 두 함수 $f(x)=x^{1/3}$과 $g(x)=x^{2/3}$의 그래프와 그들의 도함수의 그래프를 그려라.

풀이 두 함수의 정의역은 $(-\infty, \infty)$이다. (모든 실수의 세제곱근이 존재함을 기억하여라.) 모든 실수는 어떤 다른 수의 세제곱근이므로 $f(x)$의 치역은 $(-\infty, \infty)$이다. $g(x)=x^{2/3}=(x^{1/3})^2$으로 나타내면, $g(x)$는 음이 아니고 치역은 $[0, \infty)$임을 알 수 있다. $f(-x)=(-x)^{1/3}=-x^{1/3}=-f(x)$이므로, f는 기함수이다. 마찬가지로 $g(-x)=(-x)^{2/3}=((-x)^2)^{1/3}=(x^2)^{1/3}=g(x)$이므로 g는 우함수이다. 1계도함수는

$$f'(x)=\frac{1}{3}x^{-2/3}=\frac{1}{3x^{2/3}},$$

$$g'(x)=\frac{2}{3}x^{-1/3}=\frac{2}{3x^{1/3}}.$$

이고 2계도함수는

$$f''(x)=-\frac{2}{9}x^{-5/3}=-\frac{2}{9x^{5/3}},$$

$$g''(x)=-\frac{2}{9}x^{-4/3}=-\frac{2}{9x^{4/3}}.$$

이다.

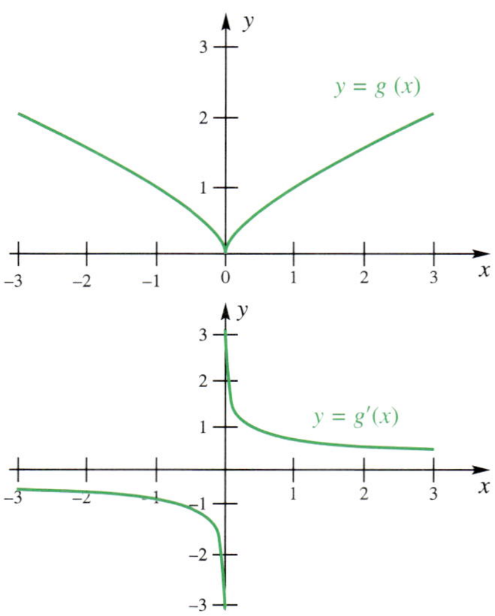

그림 7

두 함수 모두 도함수가 존재하지 않는 점인 유일한 임계점은 $x=0$이다. $x=0$을 제외하고 모든 x에 대해 $f'(x)>0$이다. 따라서 $(-\infty, 0]$와 $[0, \infty)$에서 f는 증가하고 $(-\infty, \infty)$에서 f는 연속함수이므로 f는 항상 증가함수가 된다. 결과적으로 f는 극소값이나 극대값이 없다. x가 음수일 때 f''는 양이고, x가 양일 때 f''는 음이므로, $(-\infty, 0)$에서 f는 위로 오목이고 $(0, \infty)$에서 아래로 오목이다. 점 $(0, 0)$에서는 곡선의 모양이 바뀌므로 이 점은 변곡점이다. 이제 함수 $g(x)$를 생각해 보자. $g'(x)$는 x가 음일 때 양이고, x가 양일 때 음이다. g는 $(-\infty, 0]$에서 감소하고 $[0, \infty)$에서 증가하므로, $g(0)=0$은 극소값이다. $x\neq 0$이면 $g''(x)$는 음이다. 따라서 g는 $(-\infty, 0)$에서 아래로 오목이고, (0,

∞)에서도 아래로 오목이다. 따라서 (0, 0)은 변곡점이 아니다.

f, f', g, g'의 그래프는 그림 6, 그림 7과 같다. ■

위의 예제에서, 두 함수 모두 도함수의 값이 존재하지 않는 $x=0$에서 임계점을 가졌다. 그렇지만 함수의 그래프는 근본적으로 다르다. $y=f(x)$의 그래프는 모든 점에서 접선을 갖지만, $x=0$에서는 접선이 y축이다. (이와 같이 접선이 수직일 때 그 점에서 도함수는 존재하지 않는다.)

$y=g(x)$의 그래프는 $x=0$에서 **첨점**(cusp)이라 부르는 점을 갖는다.

함수의 그래프 그리는데 도함수 그래프를 이용 함수의 도함수를 아는 것은 함수 그 자체에 대해 많은 정보를 알 수 있다.

예제 5 $y=f'(x)$의 그래프가 그림 8과 같을 때 구간 $[-1, 3]$에서 함수 f의 극점과 변곡점을 모두 구하여라. $f(1)=0$일 때, $y=f(x)$의 그래프를 그려라.

풀이 구간 $(-1, 0)$과 $(0, 2)$에서 도함수가 음수이고, 구간 $(2, 3)$에서 도함수가 양수이다. 그러므로 f는 $(-1, 0)$과 $(0, 2)$에서 감소하며, 따라서 왼쪽 끝점 $x=-1$에서 극대값을 가진다. $(2, 3)$에서 $f'(x)$가 양수이므로, f는 $(2, 3)$에서 증가하며, 따라서 오른쪽 끝점 $x=3$에서 극대값을 가진다. f는 $(0, 2)$에서 감소하고 $(2, 3)$에서 증가하므로, $x=2$에서 극소값을 가진다. 이 정보를 요약하면 그림 9와 같다.

$f(-1)$	극대값
$f(2)$	극소값
$f(3)$	극대값
$(0, f(0))$	변곡점
$(1, f(1))$	변곡점

f의 변곡점은 f의 오목함이 바뀌는 곳이다. $(-1, 0)$과 $(1, 3)$에서 f'가 증가하므로, f는 $(-1, 0)$과 $(1, 3)$에서 위로 오목하다. 그리고 $(0, 1)$에서 f'가 감소하므로, f는 $(0, 1)$에서 아래로 오목하다. 따라서 f의 오목함이 바뀌는 곳은 $x=0$과 $x=1$이다. 그러므로 변곡점은 $(0, f(0))$과 $(1, f(1))$이다.

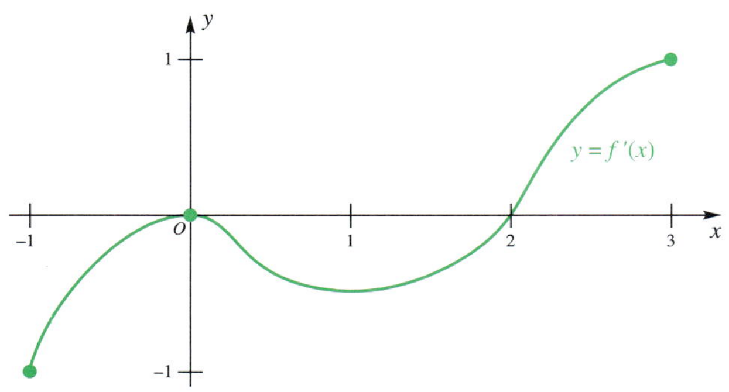

그림 8

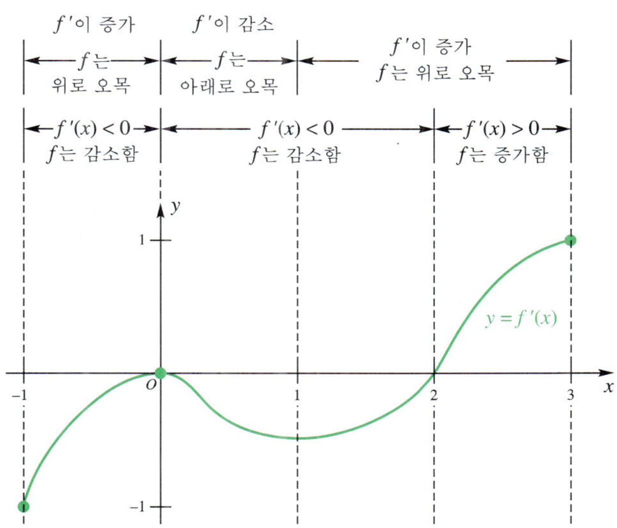

그림 9

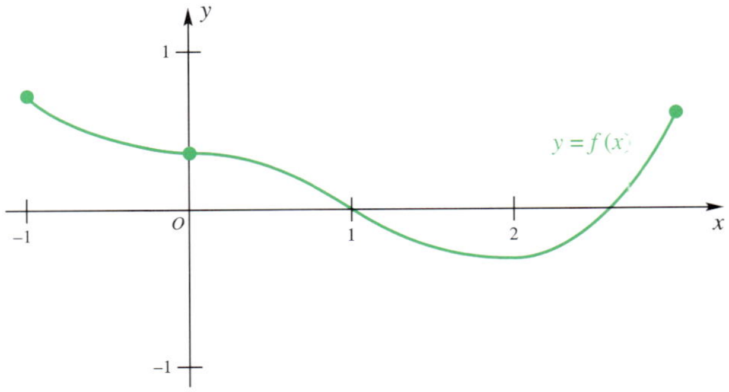

그림 10

위에서 알아본 내용과 $f(1)=0$이라는 사실을 종합하여, $y=f(x)$의 그래프를 그릴 수 있다. (f에 관한 정보가 여전히 제한되어 있어 그래프를 매우 정확하게 그릴 수는 없다.) 그래프를 그리면 그림 10과 같다. ■

개념 복습

1. 모든 x에 대해서 $f(-x)=$______이면, f의 그래프는 y축에 대해서 대칭이다. 모든 x에 대해서 $f(-x)=$______이면, f의 그래프는 원점에 대해서 대칭이다.

2. 구간 I의 모든 x에 대해서 $f'(x)<0$이고 $f''(x)>0$이면, 구간 I에서 f의 그래프는 ______하고 ______하다.

3. 함수 $f(x)=x^3/[(x+1)(x-2)(x-3)]$의 그래프는 직선들 ______을 수직 점근선들로 가지고, 직선 ______을 수평 점근선으로 가진다.

4. 함수 $f(x)=3x^5-2x^2+6$은 ______함수이고, 함수 $g(x)=(3x^5-2x^2+6)/(x^2-4)$는 ______함수이다.

연습문제 3.5

문제 1~27은 위의 요약에서 제시한 것처럼 분석을 해서 그래프를 그려라.

1. $f(x)=x^3-3x+5$

2. $f(x)=2x^3-3x-10$

3. $f(x)=2x^3-3x^2-12x+3$

4. $f(x)=(x-1)^3$

5. $G(x)=(x-1)^4$

6. $H(t)=t^2(t^2-1)$

7. $f(x)=x^3-3x^2+3x+10$

8. $F(s)=\dfrac{4s^4-8s^2-12}{3}$

9. $g(x)=\dfrac{x}{x+1}$

10. $g(s)=\dfrac{(s-\pi)^2}{s}$

11. $f(x)=\dfrac{x}{x^2+4}$

12. $\Lambda(\theta)=\dfrac{\theta^2}{\theta^2+1}$

13. $h(x)=\dfrac{x}{x-1}$

14. $P(x)=\dfrac{1}{x^2+1}$

15. $f(x)=\dfrac{(x-1)(x-3)}{(x+1)(x-2)}$

16. $w(z)=\dfrac{z^2+1}{z}$

17. $g(x)=\dfrac{x^2+x-6}{x-1}$

18. $f(x)=|x|^3$ 도움말: $\dfrac{d}{dx}|x|=\dfrac{x}{|x|}$

19. $R(z)=z|z|$

20. $H(q)=q^2|q|$

21. $g(x)=\dfrac{|x|+x}{2}(3x+2)$

22. $h(x)=\dfrac{|x|-x}{2}(x^2-x+6)$

23. $f(x)=|\sin x|$

24. $f(x)=\sqrt{\sin x}$

25. $h(t)=\cos^2 t$

26. $g(t)=\tan^2 t$

C **27.** $f(x)=\dfrac{5.235x^3-1.245x^2}{7.126x-3.141}$

28. 다음 성질을 가지는 함수 f의 그래프를 그려라.
(a) f는 모든 곳에서 연속
(b) $f(0)=0,\ f(1)=2$
(c) f는 짝함수
(d) $x>0$이면 $f'(x)>0$

(e) $x>0$이면 $f''(x)>0$

29. 다음 성질을 가지는 함수 f의 그래프를 그려라.

(a) f는 모든 곳에서 연속

(b) $f(2)=-3,\ f(6)=1$

(c) $f'(2)=0,\ x\neq 2$이면 $f'(x)>0,\ f'(6)=3$

(d) $f''(6)=0,\ 2<x<6$이면 $f''(x)>0,\ x>6$이면 $f''(x)<0$

30. 다음 성질을 가지는 함수 g의 그래프를 그려라.

(a) g는 모든 곳에서 매끄러움(연속이며, 1계 미분도 연속)

(b) $g(0)=0$

(c) 모든 x에 대해서 $g'(x)<0$

(d) $x<0$이면 $g''(x)<0$이고, $x>0$이면 $g''(x)>0$

31. 다음 성질을 가지는 함수 f의 그래프를 그려라.

(a) f는 모든 곳에서 연속

(b) $f(-3)=1$

(c) $x<-3$이면 $f'(x)<0,\ x>-3$이면 $f'(x)>0,\ x\neq -3$이면 $f''(x)<0$

32. 다음 성질을 가지는 함수 f의 그래프를 그려라.

(a) f는 모든 곳에서 연속

(b) $f(-4)=-3,\ f(0)=0,\ f(3)=2$

(c) $f'(-4)=0,\ f'(3)=0,\ x<-4$이면 $f'(x)>0,\ -4<x<3$이면 $f'(x)>0,\ x>3$이면 $f'(x)<0$

(d) $f''(-4)=0,\ f''(0)=0,\ x<-4$이면 $f''(x)<0,\ -4<x<0$이면 $f''(x)>0,\ x>0$이면 $f''(x)<0$

33. 다음 성질을 가지는 함수 f의 그래프를 그려라.

(a) 1계 미분의 연속

(b) $x<3$에서 감소하며, 위로 오목

(c) 극점 $(3,\ 1)$을 가짐

(d) $3<x<5$에서 증가하며, 위로 오목

(e) 변곡점 $(5,\ 4)$를 가짐

(f) $5<x<6$에서 증가하며, 아래로 오목

(g) 극점 $(6,\ 7)$을 가짐

(h) $x>6$에서 감소하며, 아래로 오목

GC 선형 근사식은 변곡점 근처에서 특히 좋은 근사값을 제공해 준다. 문제 34~36에서 그래프 계산기를 써서 이러한 성질을 확인해 보아라.

34. 함수 $y=\sin x$의 그래프와, 변곡점 $x=0$에서의 선형 근사식 $L(x)=x$의 그래프를 그려라.

35. 함수 $y=\cos x$의 그래프와, 변곡점 $x=\pi/2$에서의 선형 근사식 $L(x)=-x+\pi/2$의 그래프를 그려라.

36. 곡선 $y=(x-1)^5+3$의 변곡점에서의 선형 근사식을 구하여라. 변곡점 근처에서 이 함수와 그 선형 근사식의 그래프를 그려라.

37. $f'(x)=(x-2)(x-3)(x-4)$이고, $f(2)=2$일 때 $y=f(x)$의 그래프를 대략 그려라.

38. $f'(x)=(x-3)(x-)^2(x-1)$이고, $f(2)=0$일 때, f의 그래프를 대략 그려라.

39. $h'(x)=x^2(x-1)^2(x-2)$이고, $h(0)=0$일 때 $h(x)$의 그래프를 대략 그려라.

40. 일반적인 이차곡선 $y=ax^2+bx+c$를 생각한다. 이 곡선은 변곡점을 가지지 않음을 보여라.

41. 곡선 $y=ax^3+bx^2+cx+d(a\neq 0)$는 꼭 한 개의 변곡점을 가짐을 보여라.

42. 일반적인 사차곡선 $y=ax^4+bx^3+cx^2+dx+e(a\neq 0)$를 생각한다. 이러한 곡선이 가질 수 있는 변곡점의 최대 개수는?

EXPL CAS 문제 43~47은 $y=f(x)$의 그래프가 매개변수 c에 따라서 달라진다. 컴퓨터 수학 소프트웨어를 써서, c의 값에 따라서 극점과 변곡점이 어떻게 달라지는지 조사하여라. 곡선의 근본 형태가 바뀌게 되는 값 c를 구하여라.

43. $y=x^2\sqrt{x^2-c^2}$

44. $y=\dfrac{cx}{4+(cx)^2}$

45. $y=\dfrac{1}{(cx^2-4)^2+cx^2}$

46. $y=\dfrac{1}{x^2+4x+c}$

47. $f(x)=c+\sin cx$

48. $f'(c)=f''(c)=0$과 $f'''(c)>0$의 정보로 부터 f에 대한 어떤 정보를 끌어낼 수 있는가?

49. 함수 $g(x)$는 2번 미분가능하고, 다음 성질을 가진다.

(a) $g(1)=1$

(b) $x\neq 1$인 모든 x에 대해서 $g'(x)>0$

(c) $x<1$일 때 g는 아래로 오목, $x>1$일 때 위로 오목

(d) $f(x)=g(x^4)$

$f(x)$의 그래프를 대략 그리고, 그렇게 그린 이유를 말해보아라.

50. $H(x)$의 3계 도함수가 연속이고, $H(1)=H'(1)=H''(1)=0$이고, $H'''(1)\neq 0$이라 하자. $x=1$에서 $H(x)$는 극대값, 극소값, 또는 변곡점을 가지는가? 이유를들어 대답하여라.

51. 다음 각각의 경우, 함수 F의 2계 도함수가 연속이면서, 다음 성질을 만족할 수 있는가? 만약 그렇다면, 그 그래프를 그려라. 만약 그렇지 않다면, 그 이유를 설명하여라.

(a) 모든 x에 대해서 $F'(x)>0$, $F''(x)>0$이며, $F(x)<0$

(b) $F''(x)<0$이며, $F(x)>0$

(c) $F''(x)<0$이며, $F'(x)>0$

GC **52.** 그래프 계산기나 컴퓨터 수학 소프트웨어를 써서, 주어진 구간에서 다음 함수의 그래프를 그려라. 최대값, 최소값과 변곡점의 좌표를 구하여라. 최소한 소수 한 자리까지 정확한 답을 제시해야 한다. y축은 $-5\le y\le 5$로 제한하여라.

(a) $f(x)=x^2\tan x$; $\left(-\frac{\pi}{2}, \frac{\pi}{2}\right)$

(b) $f(x)=x^3\tan x$; $\left(-\frac{\pi}{2}, \frac{\pi}{2}\right)$

(c) $f(x)=2x+\sin x$; $[-\pi, \pi]$

(d) $f(x)=x-\frac{\sin x}{2}$; $[\pi, \pi]$

GC **53.** 다음 각각은 주기함수이다. 그래프 계산기나 컴퓨터 수학 소프트웨어를 써서, 한 주기 동안 함수의 그래프를 그리되, 구간의 중점이 원점에 놓이도록 하여라. 최대값, 최소값과 변곡점의 좌표를 구하여라. 최소한 소수 한 자리까지 정확한 답을 제시해야 한다.

(a) $f(x)=2\sin x+\cos^2 x$

(b) $f(x)=2\sin x+\sin^2 x$

(c) $f(x)=\cos 2x-2\cos x$

(d) $f(x)=\sin 3x-\sin x$

(e) $f(x)=\sin 2x-\cos 3x$

54. f는 연속인 함수이고, $f(-3)=f(0)=2$이다. $y=f'(x)$의 그래프가 그림 11과 같을 때, $y=f(x)$의 그래프를 대략 그려라.

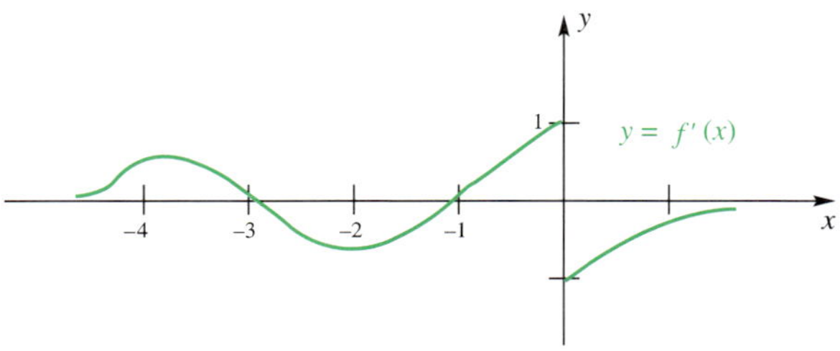

그림 11

55. f가 연속함수이고, f'의 그래프는 그림 12와 같다. f에 관한 그래프를 대략 그리고 다음 질문에 답하여라.

(a) 어디에서 f는 증가하고, 감소하는가?

(b) 어디에서 f는 위로 오목이고 아래로 오목인가?

(c) 어디에서 f는 극대값, 극소값을 갖는가?

(d) f의 변곡점은 어디인가?

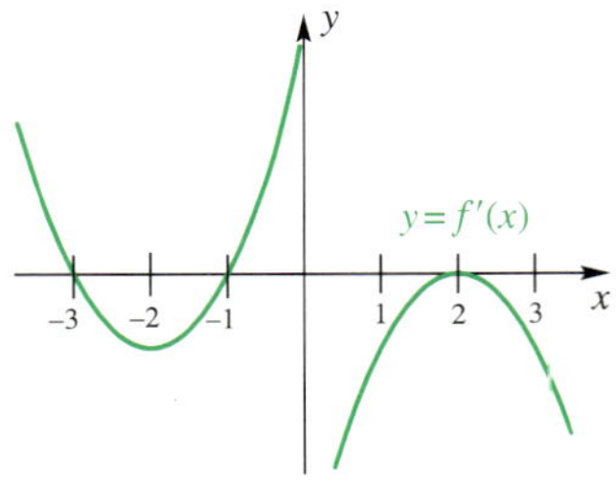

그림 12

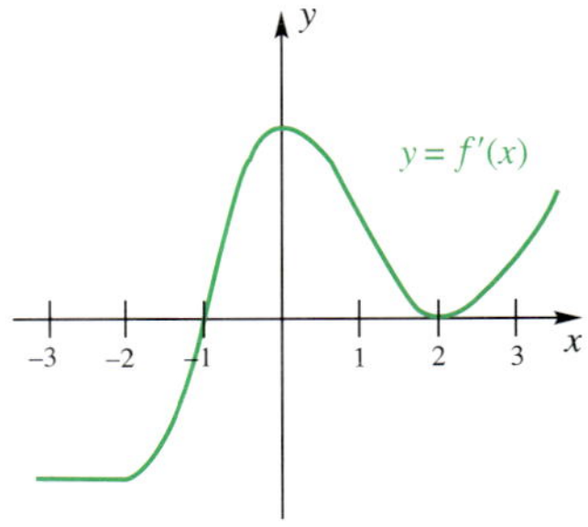

그림 13

56. 그림 13에 관하여 문제 55를 반복하여라.

57. f는 연속인 함수이고, $f(0)=f(2)=0$이다. $y=f'(x)$의 그래프가 그림 14와 같을 때, $y=f(x)$의 그래프를 대략 그려라.

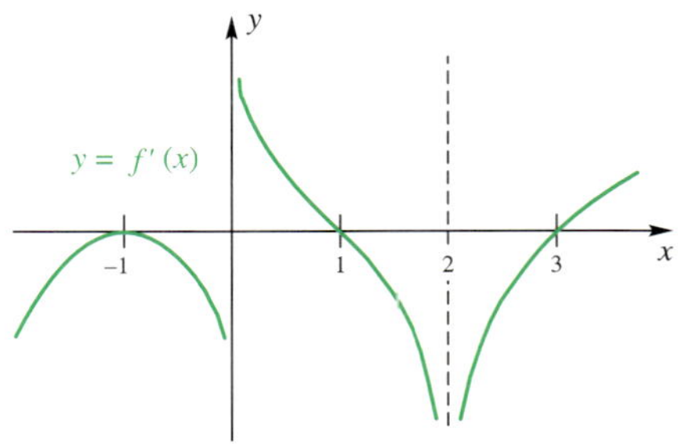

그림 14

58. $f'(x)=(x-3)(x-1)^2(x+2)$이고, $f(1)=2$라 하자. f의 그래프를 대략 그려라.

59. 그래프 계산기나 컴퓨터 수학 소프트웨어를 써서, 구간 $[-1, 7]$에서 다음 함수의 그래프를 그려라. 최대값, 최소값과 변곡점의 좌표를 구하여라. 최소한 소수 한 자리까지 정확한 답을 제시해야 한다.

(a) $f(x)=x\sqrt{x^2-6x+40}$

(b) $f(x)=\sqrt{|x|}(x^2-5x+40)$

(c) $f(x)=\sqrt{x^2-6x+40}/(x-2)$

(d) $f(x)=\sin[(x^2-6x+40)/6]$

GC **60.** 다음 함수들에 대해서, 문제 59를 풀어 보아라.

(a) $f(x)=x^3-8x^2+5x+4$

(b) $f(x)=|x^3-8x^2+5x+4|$

(c) $f(x)=(x^3-8x^2+5x+4)/(x-1)$

(d) $f(x)=(x^3-8x^2+5x+4)/(x^3+1)$

개념 복습 해답: **1.** $f(x)$, $-f(x)$ **2.** 감소, 위로 오목 **3.** $x=-1$, $x=2$, $x=3$; $y=1$ **4.** 다항, 유리

3.6 도함수에 관한 평균값 정리

기하학적으로 표현하면, 평균값 정리를 쉽게 설명하고 이해할 수 있다. 연속인 함수가 A와 B 사이의 모든 점에서 수직이 아닌 접선을 가지면, A와 B 사이 그래프의 적어도 한 점에서, 접선이 할선 AB와 평행하게 됨을 말하는 것이다. 그림 1에는 그러한 점 C가 한 개만 있으나 그림 2에는 그러한 점들이 여러 개 있다. 먼저 함수라는 용어를 사용하여 정리를 말하고 증명한다.

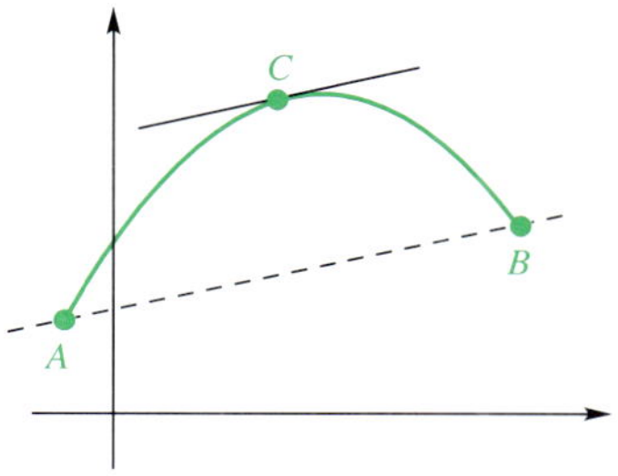

그림 1

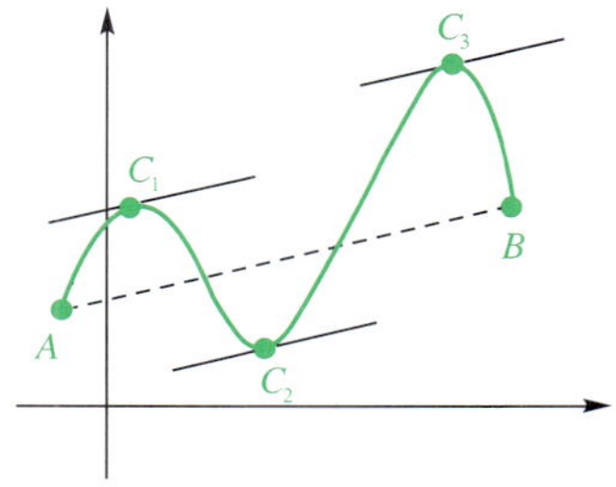

그림 2

정리 A 도함수의 평균값 정리

함수 f가 폐구간 $[a, b]$에서 연속이고, 그 내부 (a, b)에서 미분가능하면, 다음을 만족하는 c가 (a, b)에 적어도 한 개 존재한다.

$$\frac{f(b)-f(a)}{b-a}=f'(c)$$

식을 변형하면

$$f(b)-f(a)=f'(c)(b-a)$$

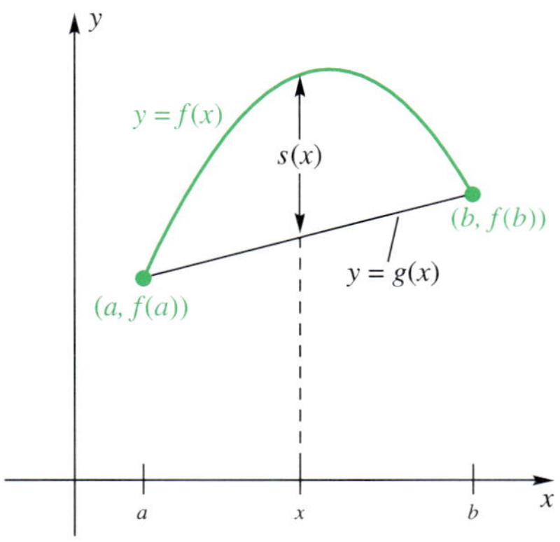

그림 3

증명 그림 3에 표시한 함수 $s(x)=f(x)-g(x)$를 조심스럽게 분석함으로써 증명할 수 있다. 여기서 $y=g(x)$는 점 $(a, f(a))$와 $(b, f(b))$를 지나는 직선의 방정식이다. 이 직선은 기울기가 $[f(b)-f(a)]/(b-a)$이고, 점 $(a, f(a))$를 지나므로, 점-기울기 형태의 방정식이 다음과 같다.

$$g(x)-f(a)=\frac{f(b)-f(a)}{b-a}(x-a)$$

따라서 $s(x)$의 식은 다음과 같다.

$$s(x)=f(x)-g(x)=f(x)-f(a)-\frac{f(b)-f(a)}{b-a}(x-a)$$

따라서 $s(b)=s(a)=0$이고, (a, b)에 속하는 모든 x에 대해서,

$$s'(x)=f'(x)-\frac{f(b)-f(a)}{b-a}$$

이제 핵심적인 관찰을 해보자. $s'(c)=0$이 되는 점 c가 구간 (a, b)에 있으면 증명이 끝난다. 왜냐 하면, 이렇게 되면 바로 위의 방정식에 따라서,

$$0=f'(c)-\frac{f(b)-f(a)}{b-a}$$

> **증명의 핵심**
>
> 이 증명의 핵심 열쇠는, c는 $f'(c)=\dfrac{f(b)-f(a)}{b-a}$이고 $s'(x)=0$이 되는 값이라는 사실이다. 대부분의 증명은 한두 개의 핵심 아이디어가 있게 마련이다. 그것을 파악해야, 증명을 제대로 이해할 수 있다.

가 되며, 이것이 바로 이 정리의 결론이기 때문이다.

$s'(c)=0$이 되는 점 c가 (a, b)에 존재하는 것은, 다음과 같이 추론할 수 있다. s는 연속인 두 함수의 차이이므로, s는 구간 $[a, b]$에서 연속이다. 그러므로 최대, 최소 존재 정리(3.1절 정리 A)에 의해, s는 $[a, b]$에서 최대값과 최소값을 가진다. 만약 최대값, 최소값이 둘 다 0이면, $s(x)$는 구간 $[a, b]$에서 항상 0이며, 따라서 (a, b)에 속하는 모든 x에 대해서 $s'(x)=0$이다. 이 경우 정리는 분명히 성립한다.

최대값 또는 최소값 중에 0이 아닌 것이 있으면, $s(a)=s(b)=0$이기 때문에 내부점 c에서 그 값을 가진다. s는 (a, b)의 모든 점에서 미분가능하므로 임계점 정리(3.1절 정리 B)에 의해, $s'(c)=0$. 따라서 증명이 끝났다. ■

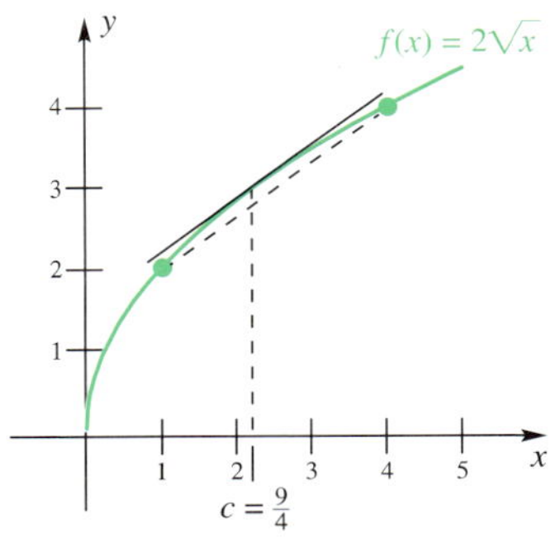

그림 4

정리의 보기

예제 1 구간 $[1, 4]$ 위의 함수 $f(x)=2\sqrt{x}$에 대해서, 평균값 정리에서 존재를 보장하는 수 c를 찾아라.

풀이

$$f'(x)=2\cdot\frac{1}{2}x^{-1/2}=\frac{1}{\sqrt{x}}$$

그리고

$$\frac{f(4)-f(1)}{4-1}=\frac{4-2}{3}=\frac{2}{3}$$

따라서 다음 식을 풀어야 한다.

$$\frac{1}{\sqrt{c}}=\frac{2}{3}$$

유일한 해는 $c=\frac{9}{4}$이다(그림 4). ■

예제 2 구간 $[-1, 2]$에서 $f(x)=x^3-x^2-x+1$이라 하자. 평균값 정리의 결론을 만족하는 수 c를 모두 찾아라.

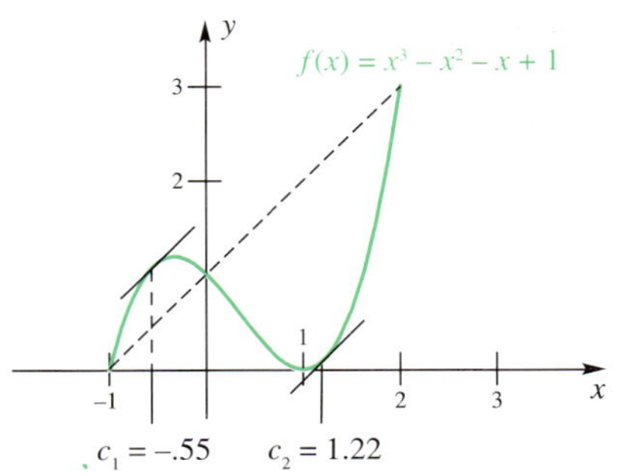

그림 5

풀이 함수 f의 그래프는 그림 5와 같다. 이 그래프를 보면, 요구하는 성질을 가지는 수는 c_1과 c_2, 두 개가 존재할 것 같다. 미분을 하면,

$$f'(x)=3x^2-2x-1$$

그리고

$$\frac{f(2)-f(-1)}{2-(-1)}=\frac{3-0}{3}=1$$

여기서 다음 식을 풀어야 한다.

$$3c^2-2c-1=1$$

다시 말하면,

$$3c^2-2c-2=0$$

근의 공식을 쓰면, 두 개의 해 $(2\pm\sqrt{4+24})/6$이 나오며, 이것들은 $c_1\approx -0.55$와 $c_2\approx 1.22$에 대응한다. 이들은 둘 다 구간 $(-1, 2)$에 속한다. ■

예제 3 구간 $[-8, 27]$에서 $f(x)=x^{2/3}$이라 하자. 평균값 정리의 결론이 성립하지 않음을 보이고, 그 이유를 설명하여라.

풀이

$$f'(x)=\frac{2}{3}x^{-1/3},\quad x\neq 0$$

그리고

$$\frac{f(27)-f(-8)}{27-(-8)}=\frac{9-4}{35}=\frac{1}{7}$$

다음 식을 풀어야 한다.

$$\frac{2}{3}c^{-1/3}=\frac{1}{7}$$

이것을 풀면,

$$c=\left(\frac{14}{3}\right)^3\approx 102$$

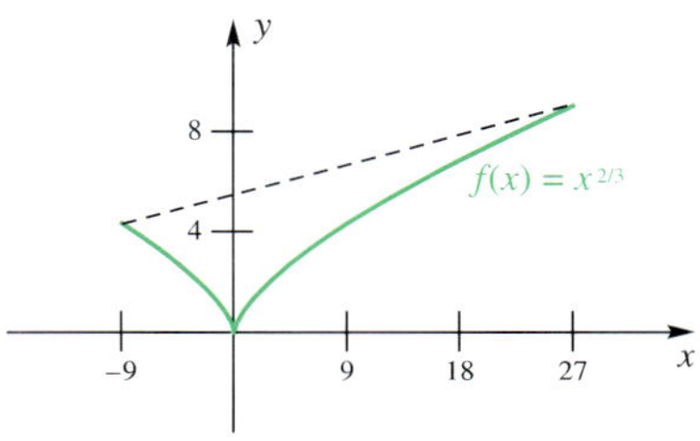

그림 6

그러나 $c=102$는 구간 $(-8, 27)$에 속하지 않는다. $y=f(x)$의 그래프를 보면 알 수 있듯이(그림 6), $f'(0)$이 존재하지 않기 때문에, $f(x)$가 구간 $(-8, 27)$의 모든 곳에서 미분가능하지는 않다. ■

함수 $s(t)$가 시각 t에서 어떤 물체의 위치라면, 평균값 정리는 어떤 시각 구간에서 순간속도가 평균속도와 같은 순간이 있음을 나타낸다.

예제 4 어떤 물체의 위치함수가 $s(t)=t^2-t-2$라 하자. 구간 $[3, 6]$에서 평균속도를 구하고 순간속도가 평균속도와 같은 시각을 구하여라.

풀이 구간 $[3, 6]$에서 평균속도는 $(s(6)-s(3))/(6-3)=8$이다. 순간속도는 $s'(t)=2t-1$이다. 평균속도가 순간속도와 같은 점을 구하려면, $8=2t-1$이다. 따라서 $t=9/2$이다. ■

정리의 사용 3.2절에 나오는 단조성 정리(3.2절 정리 A)를 뒤에 가서 엄밀하게 증명한다고 약속한 바 있다. 단조성 정리는 함수의 도함수의 부호와 그 함수의 증가, 감소를 연결시켜 주는 정리이다.

단조성 정리의 증명 함수 f가 구간 I에서 연속이고, I의 모든 내부점 x에서 $f'(x)>0$이라고 하자. I에서 $x_1<x_2$인 임의의 두 내부점 x_1과 x_2를 생각하자.

구간 $[x_1, x_2]$에다 평균값 정리를 적용하면, 다음을 만족하는 수 c가 (x_1, x_2)에 존재한다.

$$f(x_2)-f(x_1)=f'(c)(x_2-x_1)$$

$f'(c)>0$이므로, $f(x_2)-f(x_1)>0$임을 알 수 있다. 즉, $f(x_2)>f(x_1)$. 따라서 f가 I에서 증가함을 증명하였다.

구간 I에서 $f'(x)<0$인 경우도 마찬가지로 증명할 수 있다. ■

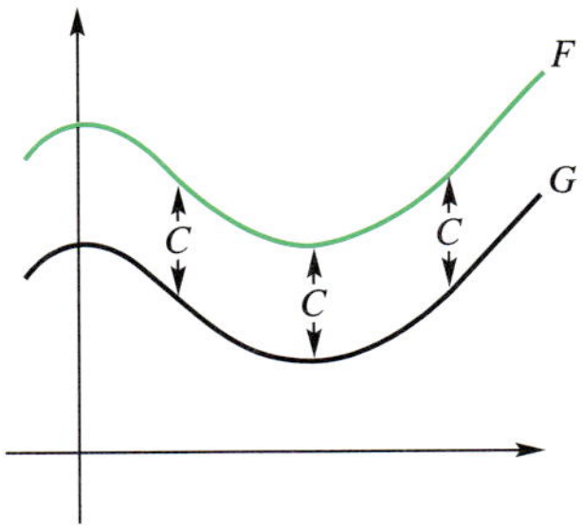

그림 7

기하학과 대수학

이 책의 대부분의 주제에서와 마찬가지로, 대수학적 관점과 기하학적 관점으로 보려고 해야 한다. 정리 B를 기하학적으로 보면, 만약 F와 G의 미분이 같으며, G의 그래프는 F의 그래프를 수직으로 이동한 것임을 말하고 있다.

다음 정리는 다음 장에서 되풀이해 사용할 것이다. 말로 표현하자면, 도함수가 같은 두 함수는 상수 차이가 난다(그림 7). 상수는 0이 될 수도 있다.

정리 B

구간 (a, b)의 모든 x에 대해서 $F'(x)=G'(x)$라 하자. 그러면 어떤 상수 C가 있어서, (a, b)의 모든 x에 대해서,

$$F(x)=G(x)+C$$

증명 $H(x)=F(x)-G(x)$라 하자. 그러면 (a, b)의 모든 x에 대해서,

$$H'(x)=F'(x)-G'(x)=0$$

(a, b)에서 어떤 고정된 점 x_1을 잡고, 이 구간에서 임의의 점을 x라 하자. x_1과 x를 끝점으로 가지는 폐구간에서, 함수 H는 평균값 정리의 가정을 만족한다. 따라서 x_1과 x 사이에 다음 식을 만족하는 수 c가 존재한다.

$$H(x)-H(x_1)=H'(c)(x-x_1)$$

그런데 가정에서 $H'(c)=0$이므로 (a, b)의 모든 x에 대해서, $H(x)-H(x_1)=0$, 다시 말하면, $H(x)=H(x_1)$. 그런데 $H(x)=F(x)-G(x)$이므로, $F(x)-G(x)=H(x_1)$이다. 이제 $C=H(x_1)$이라 놓으면, $F(x)=G(x)+C$라는 결론을 얻는다. ■

개념 복습

1. 평균값 정리에 따르면, f가 $[a, b]$에서 ______이고, ______에서 미분 가능이면, ______를 만족하는 점 c가 (a, b)에 존재한다.
2. 함수 $f(x)=|\sin x|$는 구간 $[0, 1]$에서 평균값 정리의 가정을 만족하지만, 구간 $[-1, 1]$에서는 만족하지 않는다. 왜냐 하면 ______ 때문이다.
3. 두 함수 F와 G가 구간 (a, b)에서 같은 도함수를 가지면, 어떤 상수 C가 있어서, ______.
4. $D_x(x^4)=4x^3$이므로, $F'(x)=4x^3$을 만족하는 모든 함수 F는 다음과 같은 형태이다. $F(x)=$______.

연습문제 3.6

문제 1~21은 어떤 함수와 닫힌 구간을 주었다. 주어진 구간의 주어진 함수에다 평균값 정리를 적용할 수 있는지 여부를 판단하여라. 적용할 수 있으면, c의 값을 모두 구하여라. 적용할 수 없으면, 그 이유를 말하여라. 각각의 문제마다 주어진 구간에서 주어진 함수의 그래프를 그려라.

1. $f(x)=|x|$; $[1, 2]$

2. $g(x)=|x|$; $[-2, 2]$

3. $f(x)=x^2+x$; $[-2, 2]$

4. $g(x)=(x+1)^3$; $[-1, 1]$

5. $H(s)=s^2+3s-1$; $[-3, 1]$

6. $F(x)=\dfrac{x^3}{3}$; $[-2, 2]$

7. $f(z)=\dfrac{1}{3}(z^3+z-4)$; $[-1, 2]$

8. $F(t)=\dfrac{1}{t-1}$; $[0, 2]$

9. $h(x)=\dfrac{x}{x-3}$; $[0, 2]$

10. $f(x)=\dfrac{x-4}{x-3}$; $[0, 4]$

11. $h(t)=t^{2/3}$; $[0, 2]$

12. $h(t)=t^{2/3}$; $[-2, 2]$

13. $g(x)=x^{5/3}$; $[0, 1]$

14. $g(x)=x^{5/3}$; $[-1, 1]$

15. $S(\theta)=\sin\theta$; $[-\pi, \pi]$

16. $C(\theta)=\csc\theta$; $[-\pi, \pi]$

17. $T(\theta)=\tan\theta$; $[0, \pi]$

18. $f(x)=x+\dfrac{1}{x}$; $\left[-1, \dfrac{1}{2}\right]$

19. $f(x)=x+\dfrac{1}{x}$; $[1, 2]$

20. $f(x)=[\![x]\!]$; $[1, 2]$

21. $f(x)=x+|x|$; $[-2, 1]$

22. (**롤의 정리**) f가 $[a, b]$에서 연속이고, (a, b)에서 미분가능이고, $f(a)=f(b)$이면, $f'(c)=0$인 수 c가 구간 (a, b)에 적어도 한 개 존재한다. 롤의 정리는 평균값 정리의 특별한 경우임을 보여라. (롤(Michel Rolle, 1652~1719)은 프랑스 수학자이다.)

23. 그림 8에 그래프를 그려 놓은 함수에 대해서, 구간 $[0, 8]$에서 평균값 정리의 결론을 만족하는 점 c들을 모두 (대략) 구하여라.

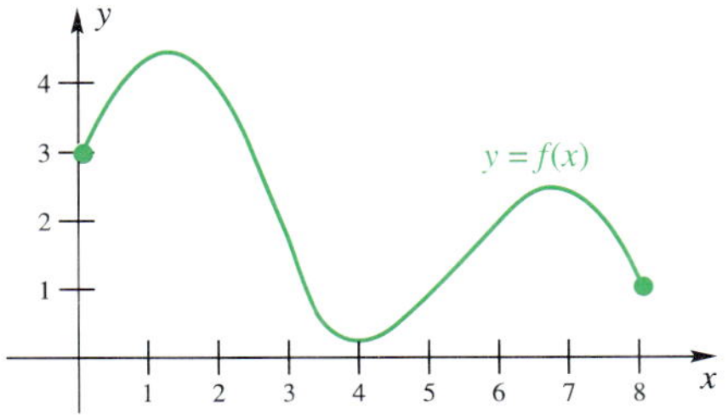

그림 8

24. f가 이차함수 $f(x)=\alpha x^2+\beta x+\gamma$, $\alpha\neq 0$일 때, 평균값 정리를 만족하는 수 c는 항상 주어진 구간 $[a, b]$의 중점임을 보여라.

25. 다음을 증명하여라: f가 구간 (a, b)에서 연속이고, $f'(x)$가 존재하고, (a, b)의 한 점 x_0을 제외한 모든 점에서 $f'(x)>0$이면, f는 구간 (a, b)에서 증가한다. 도움말: f를 구간 $(a, x_0]$과 $[x_0, b)$에서 따로따로 나누어 생각할 것.

26. 문제 25를 이용해서, 다음 함수가 구간 $(-\infty, \infty)$에서 증가함을 보여라.

(a) $f(x)=x^3$

(b) $f(x)=x^5$

(c) $f(x)=\begin{cases} x^3, & x\le 0 \\ x, & x>0 \end{cases}$

27. 평균값 정리를 써서, 함수 $s=1/t$은 이 함수가 정의된 모든 구간에서 감소함을 보여라.

28. 평균값 정리를 써서, 함수 $s=1/t^2$은 원점 오른쪽의 모든 구간에서 감소함을 보여라.

29. 구간 (a, b)의 모든 x에 대해서 $F'(x)=0$이면, 어떤 상수 C가 있어서, 구간 (a, b)의 모든 x에 대해서 $F(x)=C$임을 보여라. 도움말: $G(x)=0$이라 놓고, 정리 B를 적용.

30. 사인 함수와 코사인 함수에 대해서, $\cos(0)=1$, $\sin(0)=0$, $D_x\cos x=-\sin x$, $D_x\sin x=\cos x$임을 알고 있고, 그 이외에는 전혀 아는 것이 없다고 하자. $\cos^2 x+\sin^2 x=1$임을 보여라. 도움말: $F(x)=\cos^2 x+\sin^2 x$라 놓고, 문제 29를 사용.

31. 구간 (a, b)의 모든 x에 대해서 $F'(x)=D$이면, 어떤 상수 C가 있어서, 구간 (a, b)의 모든 x에 대해서 $F(x)=Dx+C$임을 보여라. 도움말: $G(x)=Dx$라 놓고, 정리 B를 적용.

32. $F'(x)=5$이고, $F(0)=4$라 하자. $F(x)$의 식을 구하여라. 도움말: 문제 31 참조.

33. 다음을 증명하여라: 함수 f가 구간 $[a, b]$에서 연속이고, (a, b)에서 미분가능이라고 하자. $f(a)$와 $f(b)$가 서로 반대 부호를 가지고, (a, b)의 모든 x에 대해서 $f'(x)\neq 0$이면, 방정식 $f(x)=0$은 a와 b 사이에서 꼭 한 개의 근을 가짐을 보여라. 도움말: 평균값 정리와 롤의 정리(문제 22)를 사용.

34. 방정식 $f(x)=2x^3-9x^2+1=0$은 각각의 구간 $(-1, 0)$, $(0, 1)$, $(4, 5)$에서 꼭 한 개씩 근을 가짐을 보여라. 도움말: 문제 33을 적용.

35. 구간 I에서 f가 미분가능하다고 하자. f'의 이웃한 근들

사이에서, f는 많아야 한 개의 근을 가짐을 보여라.
도움말: 모순을 이끌어 내는 방법으로 증명하고, 롤의 정리(문제 22)를 사용.

36. g는 구간 $[a, b]$에서 연속이고, (a, b)의 모든 x에 대해서 $g''(x)$가 존재한다고 하자. $g(x)=0$이 되는 x값들이 구간 $[a, b]$에 세 개가 있으면, $g''(x)=0$이 되는 x값이 구간 (a, b)에 적어도 한 개 존재함을 보여라.

37. $f(x)=(x-1)(x-2)(x-3)$이라 하자. 문제 36을 이용해서, 구간 $[0, 4]$에 $f''(x)=0$이 되는 값이 적어도 한 개 있음을 보여라. 그리고 이 구간에 $f'(x)=0$이 되는 값이 적어도 두 개 있음을 보여라.

38. 구간 (a, b)의 모든 x에 대해서 $|f'(x)|\le M$이고, x_1과 x_2가 구간 (a, b)의 임의의 두 점이면,

$$|f(x_2)-f(x_1)|\le M|x_2-x_1|$$

임을 보여라. 참고: 위의 부등식을 만족하는 함수를 가리켜, 상수 M인 립쉬츠 조건을 만족한다고 한다. (립쉬츠(Rudolph Lipschitz, 1832~1903)는 독일 수학자이다.)

39. 함수 $f(x)=\sin 2x$는 구간 $(-\infty, \infty)$에서 상수 2인 립쉬츠 조건을 만족함을 보여라. 문제 38 참조.

40. I에서 정의된 함수 f가, I의 x_1과 x_2에 대해서 $x_1<x_2 \Rightarrow f(x_1)\le f(x_2)$이면, f는 **감소하지 않는다**(nondecreasing)고 한다. 마찬가지로, I의 x_1과 x_2에 대해서 $x_1<x_2 \Rightarrow f(x_1)\ge f(x_2)$이면, f는 증가하지 않는다(nonincreasing)고 한다.

(a) 감소하지 않지만, 증가 함수가 아닌 함수의 그래프를 그려라.

(b) 증가하지 않지만, 감소 함수가 아닌 함수의 그래프를 그려라.

41. 구간 I에서 f가 연속이고, I의 내부에서 $f'(x)$가 존재하고, $f'(x)\ge 0$이면, f는 I에서 감소하지 않음을 보여라. 마찬가지로, $f'(x)\le 0$이면, f는 I에서 증가하지 않음을 보여라.

42. 구간 I에서 $f(x)\ge 0$이고 $f'(x)\ge 0$이면, f^2은 I에서 감소하지 않음을 보여라.

43. 구간 (a, b)의 모든 x에 대해서 $g'(x)\le h'(x)$이면, (a, b)의 모든 x_1과 x_2에 대해서,

$$x_1<x_2 \Rightarrow g(x_2)-g(x_1)\le h(x_2)-h(x_1)$$

임을 보여라. 도움말: $f(x)=h(x)-g(x)$에 대해서 문제 41을 적용.

44. 평균값 정리를 써서, 다음을 보여라.

$$\lim_{x\to\infty}(\sqrt{x+2}-\sqrt{x})=0$$

45. 평균값 정리를 써서, 다음을 보여라.

$$|\sin x-\sin y|\le|x-y|$$

46. 경주마 A와 경주마 B가 같은 지점에서 출발해서, 똑같은 순간에 들어왔다. 경마 도중, 이들의 속력이 서로 같았던 때가 있음을 증명하여라.

47. 문제 46에서, 이들이 같은 순간에 같은 속력으로 들어왔다고 하자. 경마 도중, 이들의 가속도가 서로 같았던 때가 있음을 증명하여라.

48. 평균값 정리를 써서, 위로 오목한 함수의 그래프는 항상 그 접선보다 위에 있음을 보여라. 즉, 다음을 보여라.

$$f(x)>f(c)+f'(c)(x-c), \quad x\ne c$$

49. 모든 x와 y에 대해서 $|f(y)-f(x)|\le M(y-x)^2$이면, f는 상수함수임을 보여라.

50. 다음을 만족하는 함수 f의 예를 들어 보아라. f는 구간 $[0, 1]$에서 연속이고, $(0, 1)$에서 미분가능이며, $[0, 1]$에서 미분가능이 아니고, $[0, 1]$의 모든 점에서 접선을 가진다.

51. 철수는 2시간 동안 112 마일을 운전하였는데, 시속 55 마일을 넘긴 적이 없다고 주장한다. 평균값 정리를 써서, 철수의 주장이 억지임을 보여라. 도움말: t시간 동안 운전한 거리를 $f(t)$라 하자.

52. 자동차가 톨게이트에서 멈추었다. 18분 후, 20 마일 아래 지점에서 시속 60 마일로 달리는 것이 찍혔다. 시간 t에 대한 속력 v의 가능한 그래프를 그려라. 시간 t에 대한 운전한 거리 s의 가능한 그래프를 그려라. 평균값 정리를 써서, 이 차는 톨게이트를 떠난 후, 시속 60 마일로 달리던 것이 찍히기 이전의 어느 순간, 시속 60 마일로 넘은 적이 있음을 보여라.

53. 자동차가 톨게이트에서 멈추었다. 20분 후, 20 마일 아래 지점에서 시속 60 마일로 달리는 것이 찍혔다. 톨게이트를 떠난 후, 시속 60 마일로 달리던 것이 찍히기 이전의 어느 순간, 시속 60 마일을 넘긴 적이 있음을 보여라.

54. 어떤 물체의 위치함수가 $s(t)=at^2+bt+c$로 주어질 때 구간 $[A, B]$에서의 평균속도는 $[A, B]$의 중점에서의 순간속도와 같음을 보여라.

개념 복습 해답: **1.** 연속, (a, b); $f(b)-f(a)-f'(c)(b-c)$ **2.** $f'(0)$이 존재하지 않기 **3.** $F(x)=G(x)+C$ **4.** x^4+C

3.7 수치적으로 방정식 풀기

수학이나 과학에서 종종 방정식 $f(x)=0$의 근(해)를 구할 필요가 있다. 이를 확인하기 위하여, $f(x)$가 1차나 2차의 다항식이라면, 정확한 해를 구할 수 있는 식이 잘 알려져 있다. 그러나 다른 대수방정식과 초월함수를 포함하는 방정식에 대해서는 정확한 해를 구하는 식을 모르는 경우가 많다. 그런 경우에는 어떻게 할 수 있을까?

재주많은 사람이 알고 있는 문제풀이에 관한 일반적인 방법이 있다. 차 한 잔에 적정한 맛이 들 때까지 한번에 조금씩 설탕을 넣는다. 구멍에 비해 큰 마개가 있을때, 맞을 때까지 깎는다. 한번에 조금씩 해를 바꾸어가면서 만족할 때까지 정확도를 더해 간다. 수학자들은 이것을 연속근사법(method of successive approximations) 또는 반복법(method of iterations)이라 한다.

이 절에서 방정식을 푸는데 세 가지 방법 즉, 이분법, 뉴턴의 방법, 부동점법을 소개한다. 모두 $f(x)=0$의 실제의 근을 근사시키는 방법을 제시하고 계산을 많이 요구한다. 곁에 계산기를 두어야 할 것이다.

이분법(bisection method) 1.6절의 예제 7에서, 해를 포함하는 구간을 연속적으로 두 개로 쪼개면서 $f(x)=0$의 해를 근사하기 위한 중간값정리를 사용하는 방법을 보았다. 이러한 이분법은 두가지 즉, 간결성과 신뢰성이라는 큰 잇점이 있다. 이것은 또한, 필요한 정확성을 얻기 위해 너무 많은 단계를 거쳐야 하는 중요한 결함이 있다(다른 말로 수렴이 느리다고 한다).

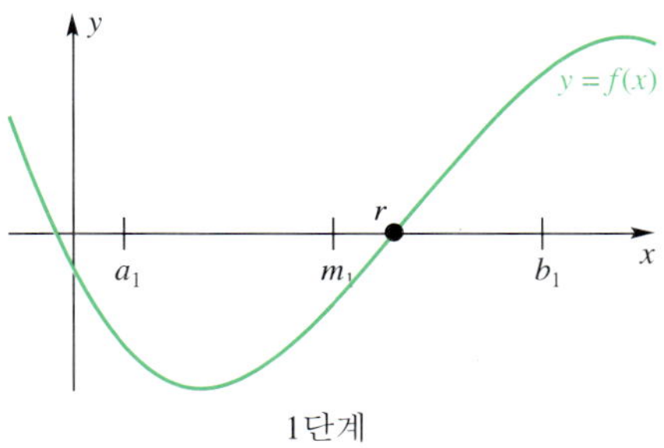

그림 1

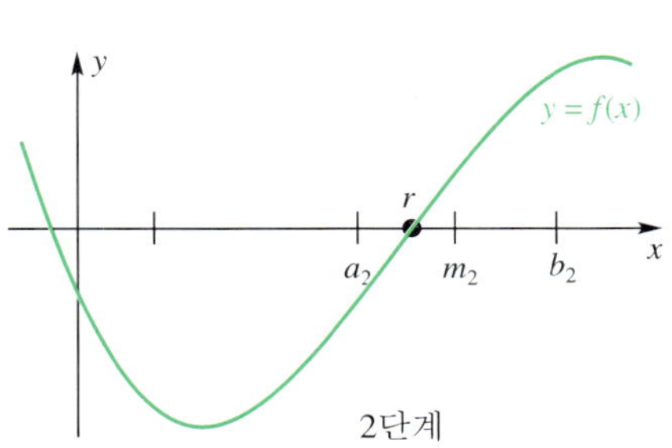

그림 2

f가 연속함수라 하고, 그림 1과 같이 f의 그래프를 그리는 것부터 시작한다. $f(x)=0$의 실근 r은 그래프가 x축과 만나는 점(기술적으로, 점의 x좌표)이다. 이 점을 찍기 위한 첫단계로서 f의 부호가 반대일 것으로 생각되는 두 점 $a_1<b_1$을 잡는다. a_1과 b_1에서 부호가 반대이면 곱 $f(a_1)\cdot f(b_1)$은 음수일 것이다(r에 관해 가장 잘 짐작하여 a_1과 b_1을 선택한다). 중간값 정리는 a_1과 b_1 사이에 근이 존재함을 보장한다. 다음으로, $[a_1, b_1]$의 중점 $m_1=(a_1+b_1)/2$에서 f의 값을 계산한다. m_1이 r에 관한 첫 근사값이다.

$f(m_1)=0$이면 근을 구한 것이므로 $f(m_1)\neq 0$인 경우를 생각한다. 이 경우 $f(m_1)$은 $f(a_1)$과 $f(b_1)$ 둘 중 하나와 부호가 다르게 된다. 부분구간 $[a_1, m_1]$이나 $[m_1, b_1]$중 부호가 바뀌는 것을 기호 $[a_2, b_2]$로 나타내고 중점 $m_2=(a_a+b_2)/2$에서 f값을 계산한다(그림 2). m_2가 r에 관한 두번째 근사값이다.

이런 과정을 계속해서, 근사값들 $m_1, m_2, m_3, \ldots$과 부분구간 $[a_1, b_1]$, $[a_2, b_2]$, $[a_3, b_3], \ldots$을 결정하고 각 부분구간은 근 r을 포함하며 각각은 바로 앞 구간의 길이를 반으로 한다. r이 필요한 정확성에 도달했을 때 멈춘다. 즉 $(b_n-a_n)/2$가 허용가능한 오차(E로 나타낸다)보다 작을 때 멈춘다.

알고리즘 이분법

$f(x)$가 연속함수이고 a_1과 b_1이 $a_1<b_1$과 $f(a_1)\cdot f(b_1)<0$을 만족한다고 하자. 오차 $|r-m_n|$에 대해 설정된 오차의 한계를 E라고 하자. $h_n<E$가 될

때까지 단계 1에서 5까지 반복한다($n=1,\ 2,\ \ldots$).

1. $m_n=(a_n+b_n)/2$를 계산한다.
2. $f(m_n)$을 계산하고, 만일 $f(m_n)=0$이면 멈춘다.
3. $h_n=(b_n-a_n)/2$를 계산한다.
4. $f(a_n)\cdot f(m_m)<0$이면, $a_{n+1}=a_n$, $b_{n+1}=m_n$으로 놓는다.
5. $f(a_n)\cdot f(m_m)>0$이면, $a_{n+1}=m_n$, $b_{n+1}=b_n$으로 놓는다.

예제 1 정확도가 0.0000001이내로 오도록 $f(x)=x^3-3x-5=0$의 실근을 구하여라.

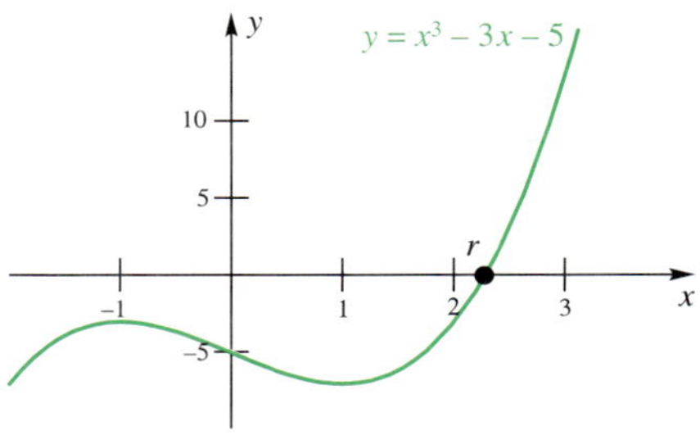

그림 3

풀이 먼저 $y=x^3-3x-5$(그림 3)의 그래프를 그린다. 이 그래프가 2와 3 사이에서 x축과 만나는 것을 알 수 있다. 그래서 $a_1=2,\ b_1=3$으로 시작한다.

1단계: $m_1=(a_1+b_1)/2=(2+3)/2=2.5$

2단계: $f(m_1)=f(2.5)=2.5^3-3\cdot 2.5-5=3.125$

3단계: $h_1=(b_1-a_1)/2=(3-2)/2=0.5$

4단계: $f(a_1)\cdot f(m_1)=f(2)f(2.5)=(-3)(3.125)=-9.375<0$이므로,
$a_2=a_1=2,\quad b_2=m_1=2.5$로 놓는다.

n	h_n	m_n	$f(m_n)$
1	0.5	2.5	3.125
2	0.25	2.25	−0.359
3	0.125	2.375	1.271
4	0.0625	2.3125	0.429
5	0.03125	2.28125	0.02811
6	0.015625	2.265625	−0.16729
7	0.0078125	2.2734375	−0.07001
8	0.0039063	2.2773438	−0.02106
9	0.0019532	2.2792969	0.00350
10	0.0009766	2.2783203	−0.00878
11	0.0004883	2.2788086	−0.00264
12	0.0002442	2.2790528	0.00043
13	0.0001221	2.2789307	−0.00111
14	0.0000611	2.2789918	−0.00034
15	0.0000306	2.2790224	0.00005
16	0.0000153	2.2790071	−0.00015
17	0.0000077	2.2790148	−0.00005
18	0.0000039	2.2790187	−0.000001
19	0.0000020	2.2790207	0.000024
20	0.0000010	2.2790197	0.000011
21	0.0000005	2.2790192	0.000005
22	0.0000003	2.2790189	0.0000014
23	0.0000002	2.2790187	−0.0000011
24	0.0000001	2.2790188	0.0000001

5단계: 조건 $f(a_n) \cdot f(m_n) > 0$은 거짓이다.

다음에 n이 2가 되도록 증가시키고 위 단계를 반복한다. 앞의 표를 얻을 수 있도록 이 단계를 계속한다.
마지막에서 기껏해야 오차가 0.0000001이므로 $r = 2.2790188$에서 멈춘다. ■

예제 1은 이분법의 단점을 말해주고 있다. 근사값들 m_1, m_2, m_3, …은 근 r에 매우 느리게 수렴한다. 그러나 수렴은 한다. 즉, $\lim_{n\to\infty} m_n = r$.

이 방법에 의하면 n단계에서 $E_n = r - m_n$에 관한 좋은 경계를 얻는다. 즉, $|E_n| \le h_n$.

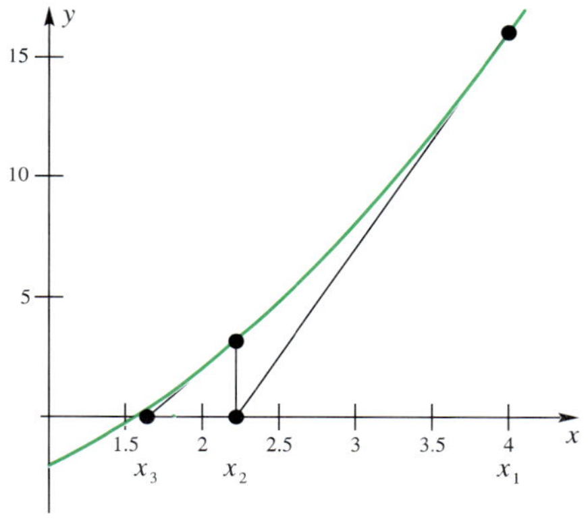

그림 4

뉴턴의 방법 여기서도 역시 근 r에 관한 방정식 $f(x) = 0$을 푸는 문제를 생각한다. $y = f(x)$의 그래프가 각 점에서 접선을 갖도록 f는 미분가능하다고 가정한다. 그래프를 그리든지 다른 방법에 의해 r에 관한 첫 근사값 x_1을 찾으면(그림 4 참조), 다음 근사값 x_2는 $(x_1, f(x_1))$에서의 접선이 x축과 만나는 점이다. x_2를 근사값으로 사용하여 또 다시 더 나은 근사값 x_3을 발견할 수 있다. 등등.

컴퓨터로 더 쉽게 계산할 수 있도록 이러한 과정을 체계화할 수 있다. $(x_1, f(x_1))$에서의 접선의 방정식은

$$y - f(x_1) = f'(x_1)(x - x_1)$$

이고 x절편 x_2는 $y = 0$으로 두고 x에 관해 풀면 구할 수 있다. 결과는

$$x_2 = x_1 - \frac{f(x_1)}{f'(x_1)}$$

이다. 보다 일반적으로 **순환공식**(recursion formula) 또는 **반복도표**(iteration scheme)라 부르는 알고리즘이 있다.

알고리즘 뉴턴의 방법

$f(x)$를 미분가능한 함수라 하고, x_1을 $f(x) = 0$의 근 r에 관해 최초로 잡은 근사값이라 하자. E를 오차 $|r - x_n|$에 대한 오차의 한계라 하자.

$|x_{n+1} - x_n| < E$가 될 때까지 $n = 1, 2, \cdots$에 관하여 다음 단계를 반복한다.

1. $x_{n+1} = x_n - \dfrac{f(x_n)}{f'(x_n)}$

예제 2 뉴턴의 방법을 이용하여 $f(x) = x^3 - 3x - 5 = 0$의 실근 r을 소수이하 7자리까지 구하여라.

풀이 이것은 예제 1에서 다룬 방정식이다. r의 최초의 근사값으로 $x_1 = 2.5$를 사용한다. $f'(x) = 3x^3 - 3x$이므로 알고리즘은 다음과 같다.

알고리즘

알고리즘은 사람들이 먼저 장제법을 배운 이후로 수학의 한 부분이 되었지만, 이것은 최근 인기를 얻고 있는 연산적 사고를 하는 컴퓨터 과학이다. 알고리즘이란 무엇인가? 컴퓨터과학자인 도날드 누스(Donald Knuth)는 말하기를
"유한회수의 주어진 입력 정보로부터 어떻게 특정한 출력 정보를 만들지 말해주는 정교하게 설계된 어떤 법칙의 연속이다." 이어서 컴퓨터 과학은 무엇인가라는 질문에 그는
"알고리즘을 공부하는 것이다."
라고 말한다.

$$x_{n+1}=x_n-\frac{x_n^3-3x_n-5}{3x_n^2-3}=\frac{2x_n^3+5}{3x_n^2-3}$$

여기에서 다음 표를 얻는다.

n	x_n
1	2.5
2	2.30
3	2.2793
4	2.2790188
5	2.2790188

$n=4$ 이후에 8자리의 수가 반복된다. 따라서 $r\approx 2.2790188$이라고 믿어도 된다. ■

예제 3 뉴턴의 방법을 이용하여 $f(x)=2-x+\sin x=0$의 양의 실근을 구하여라.

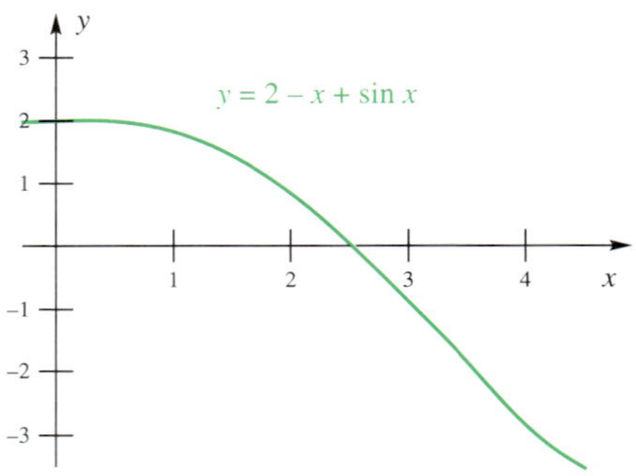

그림 5

풀이 $y=2-x+\sin x$의 그래프는 그림 5와 같다. 최초의 근사값으로 $x_1=2$를 사용한다. $f'(x)=-1+\cos x$이므로 반복단계는 다음과 같다.

$$x_{n+1}=x_n-\frac{2-x_n+\sin x_n}{-1+\cos x_n}$$

여기에서 다음 표를 얻는다.

n	x_n
1	2.0
2	2.6420926
3	2.5552335
4	2.5541961
5	2.5541960
6	2.5541960

$n=5$ 이후에 소수점이하 7자리에서 반복됨을 알 수 있다. 따라서 $r\approx 2.5541960$이란 결론을 얻는다. ■

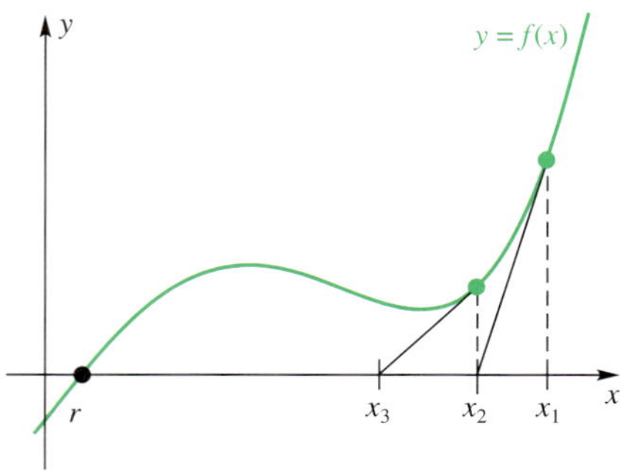

그림 6

뉴턴의 방법은 근에 대한 연속적인 근사값 수열을 만들어 낸다. (수열에 대해서는 1.5절에서 간단히 다뤘다.) 즉 뉴턴의 방법은 $\lim_{n\to\infty} x_n=r$이라는 $f(x)=0$의 근에 수렴하는 수열 $\{x_n\}$을 만들어낸다. 그러나 항상 그렇지는 않다. 그림 6은 그렇지 않은 예를 보여준다(마찬가지로 연습문제 22를 보아라). 그림 6의 함수에서는 수렴하는 수열을 얻기에 x_1이 r에 충분히 가깝지 않았기 때문에 어려움이 있게 된 것이다.

또 다른 어려움은 $f'(x)=0$이든지 어떤 점이나 r의 근방에서 정의되지 못할 때 발생한다. 뉴턴의 방법으로 해에 수렴하는 근사값을 만들 수 없다면 다른 출발점으로써 뉴턴의 방법을 재시도하든지 이분법과 같은 다른 방법을 사용

해야 한다.

부동점법(fixed-Point Algorithm) 부동점법은 간단하며 자주 사용된다. 방정식이 $x=g(x)$ 모양이라고 하자. 이 방정식을 푼다는 것은 함수 g에 의해 변하지 않는 수 r을 찾는 것이다. 이러한 수를 함수 g의 **부동점**(fixed point)이라 한다. 이 수를 구하기 위하여, 다음 알고리즘을 제시한다.

먼저 짐작으로 적당한 x_1을 잡는다. 다음에 $x_2=g(x_1)$, $x_3=g(x_2)$, …로 놓는다. 운이 좋으면, $n\to\infty$일 때 x_n은 근 r에 수렴한다.

알고리즘 부동점법

$g(x)$를 연속함수라 하고 x_1을 $x=g(x)$의 근 r의 최초의 근사값이라 하자. E를 오차 $|r-x_n|$의 오차의 한계라 하자.

$|x_{n+1}-x_n|<E$가 될 때까지 $n=1, 2, \cdots$에 관하여 다음 단계를 반복한다.

1. $x_{n+1}=g(x_n)$

예제 4 부동점법을 사용하여 $f(x)=x^2-2\sqrt{x+1}=0$의 해의 근사값을 구하여라.

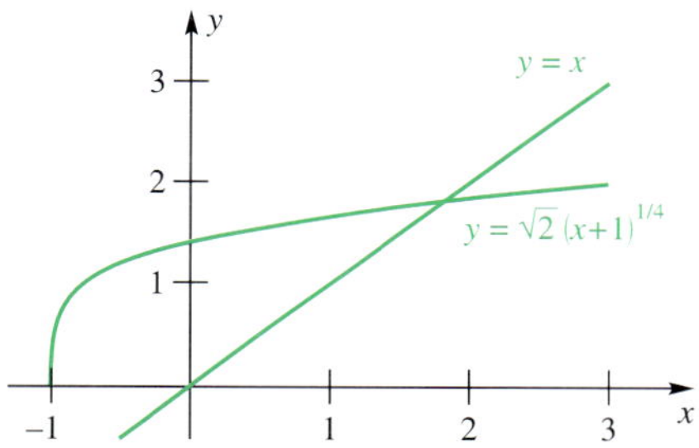

그림 7

풀이 $x^2=2\sqrt{x+1}$이라 두면 $x=\pm(2\sqrt{x+1})^{1/2}$이다. 해는 양수이므로 $x=(2\sqrt{x+1})^{1/2}$을 택하고 반복식을 다음과 같이 나타낸다.

$$x_{n+1}=(2\sqrt{x_n+1})^{1/2}=\sqrt{2}(x_n+1)^{1/4}$$

그림 7에서 $y=x$와 $y=\sqrt{2}(x+1)^{1/4}$의 교점은 1과 2 사이에 있으며 2에 더 가까우므로 시작점으로서 $x_1=2$를 잡는다. 여기에서 다음의 표를 만들 수 있으므로 해의 근사값은 1.8350867이다.

n	x_n	n	x_n
1	2.0	7	1.8350896
2	1.8612097	8	1.8350871
3	1.8392994	9	1.8350868
4	1.8357680	10	1.8350867
5	1.8351969	11	1.8350867
6	1.8351045	12	1.8350867

■

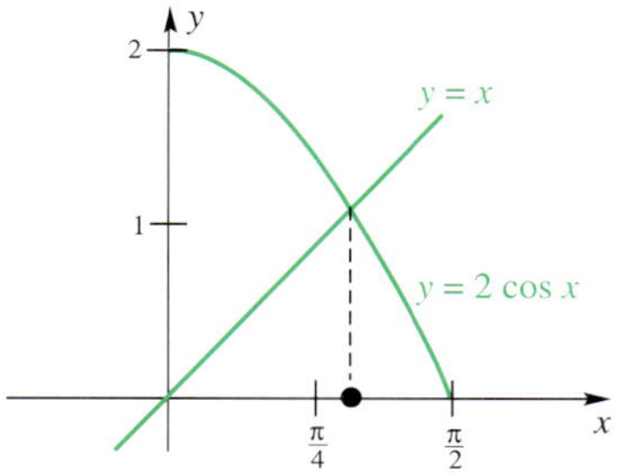

그림 8

예제 5 부동점법을 사용하여 $x=2\cos x_n$를 풀어라.

풀이 이 방정식을 푸는 것은 두 방정식 $y=x$와 $y=2\cos x$를 연립하여 푸는 것과 같다. 따라서 최초의 근사값을 얻기 위해서, 그림 8과 같이 두 그래프를 그리면 거의 $x=1$에서 만나는 것을 알 수 있다. $x_1=1$로 잡고 알고리즘 $x_{n+1}=2\cos x_n$을 적용하면 다음 표를 얻는다.

n	x_n	n	x_n
1	1	6	1.4394614
2	1.0806046	7	0.2619155
3	0.9415902	8	1.9317916
4	1.1770062	9	−0.7064109
5	0.7673820	10	1.5213931

최초의 근사값은 실제 근에 매우 가깝지만 진행과정은 안정적이진 못하다.

또 다른 방법을 보자. $x=2\cos x$를 $x=(x+2\cos x)/2$로 나타내고 알고리즘

$$x_{n+1}=\frac{x_n+2\cos x_n}{2}$$

을 사용한다. 이 과정은 다음 표에서 보는 것처럼, 수렴하는 수열을 만든다. (마지막 자리의 진동은 반올림 오차로 보인다.)

n	x_n	n	x_n	n	x_n
1	1	7	1.0298054	13	1.0298665
2	1.0403023	8	1.0298883	14	1.0298666
3	1.0261107	9	1.0298588	15	1.0298665
4	1.0312046	10	1.0298693	16	1.0298666
5	1.0293881	11	1.0298655		
6	1.0300374	12	1.0298668		

이제 뚜렷한 의문이 생긴다. 첫 알고리즘은 수렴에 실패했지만 두번째 알고리즘은 수렴하는 수열을 만들 수 있는 이유는 무엇인가? 부동점법은 두 개의 요인에 의존하는지 여부이다. 하나는 방정식 $x=g(x)$의 수식화이다. 예제 5는 $x=2\cos x$와 같은 방정식은 다른 근사수열 형태로 쓸 수 있다는 것을 보여주고 있다. 예제 5에서 $x=(x+2\cos x)/2$는 다르게 수식화 한 것이다.

일반적으로 방정식을 나타내는 방법은 여러가지가 있고 비결은 수렴하는 수열을 찾는 것이다. 부동점법이 수렴하는지 여부에 영향을 주는 또 하나의 요인은 출발점 x_1을 근 r에 얼마나 가깝게 잡는가이다. 뉴턴의 방법에서 제안했던 것처럼, 만일 고정점법이 어느 한 출발점으로써 실패했다면 다른 것으로 도전할 수 있다.

개념 복습

1. 이분법의 장점은 간결성, 신뢰성이고 단점은 ______ 이다.

2. f가 $[a, b]$에서 연속이고 $f(a)$와 $f(b)$가 부호가 다르면, a와 b 사이에서 $f(x)=0$의 ______이 존재한다. 이것은 ______ 정리 때문이다.

3. 이분법, 뉴턴의 방법 그리고 부동점법은 ______의 예이다.

4. $g(x)=x$를 만족하는 점 x를 g의 ______이라 부른다.

연습문제 3.7

C 문제 1-4에서 이분법을 사용하여 주어진 구간에서 방정식의 근의 근사값을 소수이하 둘째 자리까지 구하여라.

1. $x^3+2x-6=0$; $[1, 2]$ **2.** $x^4+5x^3+1=0$; $[-1, 0]$

3. $2\cos x-\sin x=0$; $[1, 2]$ **4.** $x-2+2\cos x=0$; $[1, 2]$

C 문제 5-14에서 뉴턴의 방법을 사용하여 각 방정식에서 주어진 근의 근사값을 소수이하 다섯째자리까지 구하여라. 그래프를 그리면서 시작하여라.

5. $x^3+6x^2+9x+1=0$의 가장 큰 근

6. $7x^3+x-5$의 실근

7. $x-2+2\cos x=0$의 가장 큰 근(문제 4를 보아라.)

8. $2\cos x-\sin x=0$의 가장 작은 양의 근(문제 3을 보아라.)

9. $\cos x=2x$의 근 **10.** $2x-\sin x=1$의 근

11. $x^4-8x^3+22x^2-24x+8=0$의 모든 실근

12. $x^4+6x^3+2x^2+24x-8=0$의 모든 실근

13. $2x^2-\sin x=0$의 양수근

14. $2\cot x=x$의 가장 작은 양수근

C **15.** 뉴턴의 방법을 사용하여, $\sqrt[3]{6}$을 소수 다섯째 자리까지 구하여라. 도움말: $x^3-6=0$을 풀어라.

C **16.** 뉴턴의 방법을 사용하여, $\sqrt[4]{47}$을 소수 다섯째 자리까지 구하여라.

GC 문제 17~20에서 함수가 최대값과 최소값을 갖는 x의 값의 근사값을 구하여라.

17. $f(x)=x^4+x^3+x^2+x$; $[-1, 1]$

18. $f(x)=\dfrac{x^3+1}{x^4+1}$; $[-4, 4]$

19. $f(x)=\dfrac{\sin x}{x}$; $[\pi, 3\pi]$

20. $f(x)=x^2\sin\dfrac{x}{2}$; $[0, 4\pi]$

C **21.** 케플러의 방정식 $x=m+E\sin x$는 천문학에서 중요하다. 부동점법을 사용하여 $m=0.8$, $E=0.2$일 때, 이 방정식을 풀어라.

22. $y=x^{1/3}$의 그래프를 그려라. 분명히 x절편은 0뿐이다. 뉴턴의 방법으로 수렴하지 않는 것을 확인하고, 그 이유를 설명하여라.

23. 어떤 가구를 살 때, 실제 이율을 알고 싶지만 불행하게도 이것은 복잡한 방정식을 내포하고 있다. i가 매월 이윤일 때, 어떤 사람이 오늘 한 아이템을 P달러에 사서 매월 말에 k개월 동안 R달러를 지불하기로 했다면,

$$P=\frac{R}{i}\left[1-\frac{1}{(1+i)^k}\right]$$

이다. 어떤 사람이 중고차를 2000달러에 샀고 다음 24개월동안 월말에 100달러씩 지불하기로 했다.

(a) i는 방정식

$$20i(1+i)^{24}-(1+i)^{24}+1=0$$

을 만족함을 보여라.

(b) 이 방정식에 대한 뉴턴의 방법은 다음과 같음을 보여라.

$$i_{n+1}=i_n-\left[\frac{20i_n^2+19i_n-1+(1+i_n)^{-23}}{500i_n-4}\right]$$

C (c) $i=0.012$로 시작하여, i의 소수 다섯째자리까지 구하고, 퍼센트로 연이율 r을 구하여라.

24. $f(x)=0$를 풀기 위해 뉴턴의 방법을 적용할 때, 수열이 수렴하는지 어떤지를 보통 단순히 수 x_1, x_2, x_3, …을 보고서 생각한다. 그러나 가령 수열이 $\bar{x}$에 수렴한다고 $\bar{x}$가 해라고 확신할 수 있는가? f와 f'가 $\bar{x}$에서 연속이고 $f'(\bar{x})\neq 0$이라면 대답은 옳음을 보여라.

C 문제 25~28에서 x_1을 출발점으로 부동점법을 사용하여 소수 다섯자리까지 방정식을 풀어라.

25. $x=\dfrac{3}{2}\cos x$; $x_1=1$ **26.** $x=2-\sin x$; $x_1=2$

27. $x=\sqrt{2.7+x}$; $x_1=1$ **28.** $x=\sqrt{3.2+x}$; $x_1=27$

GC **29.** 방정식 $x=2(x-x^2)=g(x)$를 생각한다.

(a) 같은 좌표계를 사용하여 $y=x$와 $y=g(x)$의 그래프를 그려라. 그리고 $x=g(x)$의 양의 근의 위치를 근사하여라.

(b) 출발점 $x_1=0.7$로 부동점법으로 이 방정식을 풀어라.

GC **30.** $x=5(x-x^2)=g(x)$로써 문제 29를 풀어라.

C **31.** $x=\sqrt{1+x}$를 생각한다.

(a) $x_1=0$을 출발점으로 부동점법을 사용하여 x_2, x_3, x_4, x_5를 구하여라.

(b) $x=\sqrt{5+x}$에서 x에 대하여 대수적으로 풀어라.

(c) $\sqrt{5+\sqrt{5+\sqrt{5+\cdots}}}$를 구하여라.

C **33.** $x=1+\dfrac{1}{x}$을 생각한다.

(a) $x_1=1$을 출발점으로 부동점법을 사용하여 x_2, x_3, x_4, x_5를 구하여라.

(b) $x=1+\frac{1}{x}$에서 x에 대하여 대수적으로 풀어라.

(c) 다음 식을 계산하여라. (이와 같은 식을 **연분수**(continued fraction)이라 한다.)

$$1+\cfrac{1}{1+\cfrac{1}{1+\cfrac{1}{1+\cdots}}}$$

EXPL **34.** 방정식 $x=x-f(x)/f'(x)$를 생각하고 $[a, b]$에서 $f'(x)\neq 0$라 하자.

(a) r이 구간 $[a, b]$안에 있으면 r은 방정식 $x=x-f(x)/f'(x)$의 근이기 위한 필요충분조건이 $f(r)=0$임을 보여라.

(b) $g'(r)=0$인 경우, 뉴턴의 방법은 부동점법의 특수한 경우임을 보여라.

35. a의 여러 다른 값을 사용하여 알고리즘

$$x_{n+1}=2x_n-ax_n^2$$

로써 실험한다.

(a) 이 알고리즘은 무엇을 계산하는지에 대한 문제를 만들어라.

(b) 그 문제를 증명하여라.

C 미분한 다음 그것을 0으로 놓고 풀게 되는데 여러 실용적인 최대-최소문제에서 이 방정식들은 정확한 해를 구하기 힘든 경우가 대부분이다. 다음 문제에서 수치적 방법을 사용하여 문제의 해에 대한 근사값을 구하여라.

36. 직사각형의 두 꼭지점은 x축 위에 있고 나머지 두 꼭지점은 곡선 $y=\cos x\left(-\frac{\pi}{2}<x<\frac{\pi}{2}\right)$ 위에 있다. 이런 모양의 직사각형에서 넓이가 최대일 때 변의 길이를 구하여라. (3.4절의 그림 24 참조)

37. 폭이 8.6피트와 6.2피트인 두 복도가 3.4절의 그림 6에서와 같이 직각으로 만나고 있다. 막대를 구부리지 않고 코너를 돌 수 있는 가장 긴 막대의 길이는 얼마인가?

38. 폭이 8피트인 복도가 그림 9와 같이 꺾여있다. 막대를 구부리지 않고 코너를 돌 수 있는 가장 긴 막대의 길이는 얼마인가?

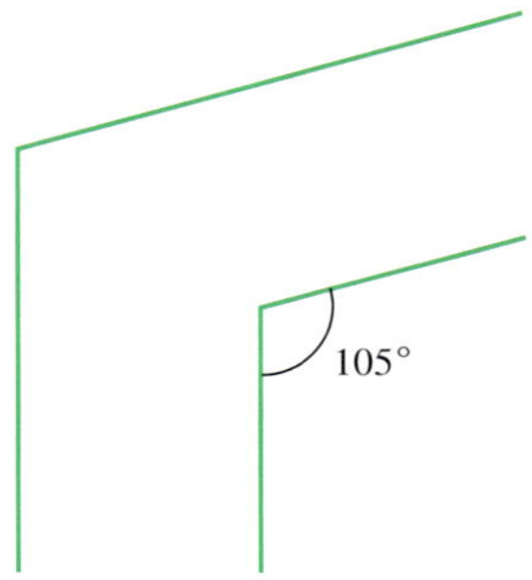

그림 9

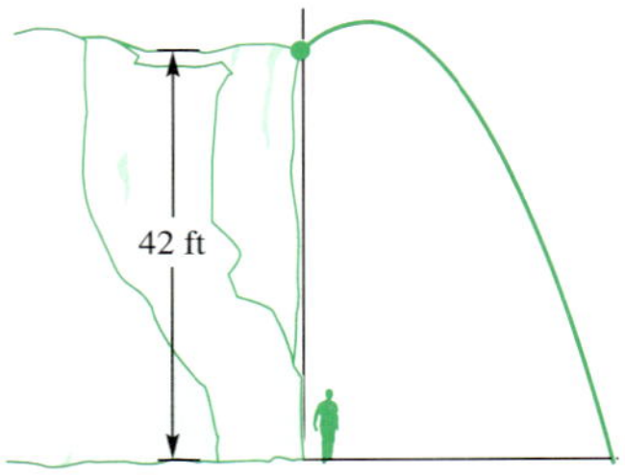

그림 10

39. 42피트 높이의 절벽에서 어떤 물체를 던졌더니, 곡선 $y=-\frac{2x^2}{25}+x+42$를 따라서 움직였다(그림 10). 관찰자가 절벽의 아래에서 2.6656피트 떨어진 곳에 서 있다.

(a) 그 물체가 관찰자와 가장 가까울 때의 위치를 구하여라.

(b) 그 물체가 관찰자와 가장 멀 때의 위치를 구하여라.

개념 복습 해답: **1.** 느린 수렴성 **2.** 근; 중간값 **3.** 알고리즘 **4.** 부동점

3.8 부정적분(역도함수)

우리가 다루는 수학적 연산들은 대부분 그 역들이 있다. 예를 들면 덧셈과 뺄셈, 곱셈과 나눗셈, 거듭제곱과 제곱근을 취하는 일들은 서로 역의 관계이다. 이렇게 역으로 하는 연산에 관심을 기울이는 이유 중의 하나는, 방정식을 푸는 데 유용하기 때문이다. 예를 들어 $x^3=8$을 풀려면 거듭제곱의 역인 제곱근을 취하는 과정이 들어간다. 앞 장과 이번 장에서 미분을 공부하였다. 도함수가 들어있는 방정식을 풀려면, 그 역과정인 적분(integration)이 필요한 것이다.

정의

구간 I에서 $D_xF(x)=f(x)$가 성립하면, 즉, I의 모든 x에 대해서 $F'(x)=f(x)$이면, 구간 I에서 F를 f의 **역도함수**(antiderivative)라고 한다.

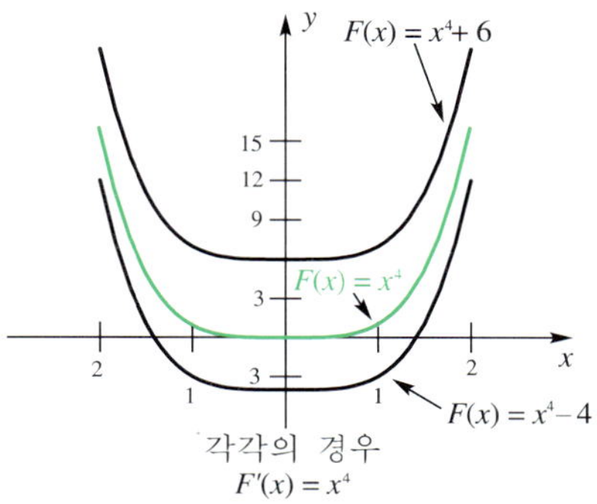

그림 1

예제 1 구간 $(-\infty, \infty)$에서 함수 $f(x)=4x^3$의 역도함수를 구하여라.

풀이 모든 실수 x에 대해서 $F'(x)=4x^3$이 되는 함수 F를 찾아야 한다. 미분을 많이 공부하였으니, 함수 $F(x)=x^4$이 이 조건을 만족함을 알 수 있다. ■

조금만 생각해 보면, 예제 1의 답으로 다른 함수들을 찾을 수 있음을 알 수 있다. 함수 $F(x)=x^4+6$도 또한 $F'(x)=4x^3$을 만족한다. 따라서 이것도 $f(x)=4x^3$의 역도함수이다. 사실 임의의 상수 C에 대해서, 함수 $F(x)=x^4+C$는 구간 $(-\infty, \infty)$에서 $4x^3$의 역도함수이다(그림 1 참조).

이제 중요한 질문을 던져 보자. $f(x)=4x^3$의 모든 역도함수는 $F(x)=x^4+C$ 형태인가? 답은 "그렇다"이다. 3.6절 정리 B에 의하면, 두 함수의 도함수가 서로 같으면, 그들은 상수만큼 차이가 나기 때문이다.

그러므로 결론은 다음과 같다. 어떤 함수 f가 역도함수를 가지면, f는 무수히 많은 역도함수의 집합을 가지며, 그 집합의 각각의 원소는 그 중 어느 하나에다 적당한 상수를 더해서 얻을 수 있다. 이러한 함수들의 집합을 f의 일반적인 **역도함수**(general antiderivative)라고 부른다. 이 개념에 익숙해진 후에는, '일반적인'이라는 말은 빼고 사용하기로 한다.

예제 2 구간 $(-\infty, \infty)$에서 $f(x)=x^2$의 일반적인 역도함수를 구하여라.

풀이 함수 $F(x)=x^3$은 답이 될 수 없다. 왜냐하면 이것의 미분은 $3x^2$이기 때문이다. $F(x)=\frac{1}{3}x^3$이면 이것의 도함수는 $F(x)=\frac{1}{3}\cdot 3x^2=x^2$이므로 역도함수가 된다. 그렇지만 일반적인 역도함수는 $\frac{1}{3}x^3+C$이다. ■

역도함수의 기호 미분을 하는 연산의 기호로 D_x를 사용하였으니, 적분을 구하는 연산의 기호로 A_x를 사용해도 될 것 같다. 그러면

$$A_x(x^2)=\frac{1}{3}x^3+C$$

몇몇 저자들은 이 기호를 사용하며, 사실 이 책도 초기 판본에서 이 기호를 사용하였다. 그러나 라이프니쯔의 원래 기호가 광범위하게 쓰이고 있기 때문에, 그것을 따르기로 하였다. 라이프니쯔는 기호 A_x가 아니라, 기호 $\int \cdots dx$를 사용하였다. 그의 표현은 다음과 같다.

$$\int x^2 dx=\frac{1}{3}x^3+C$$

그리고

$$\int 4x^3 dx=x^4+C$$

s를 길게 늘인 기호 $\int$와 기호 dx를 라이프니쯔가 택한 이유는 뒤에 가서 설명하겠다. 지금 당장은, 마치 기호 D_x가 변수 x에 대한 미분을 나타내듯이 기

호 $\int \cdots dx$는 변수 x에 대한 역도함수를 나타낸다고 생각하기 바란다. 다음을 잘 보아두기 바란다.

$$D_x \int f(x)dx = f(x) \quad \text{그리고} \quad \int D_x f(x)dx = f(x) + C$$

> **역도함수 증명법**
>
> $$\int f(x)dx = F(x) + C$$
> 모양의 결과를 얻기 위해 해야할 것은
> $$D_x[F(x)+C] = f(x)$$
> 를 보여주는 것이다.

정리 A 거듭제곱 적분 공식

r을 -1이 아닌 임의의 유리수라고 하자. 그러면

$$\int x^r dx = \frac{x^{r+1}}{r+1} + C$$

증명 우변의 도함수는

$$D_x\left[\frac{x^{r+1}}{r+1} + C\right] = \frac{1}{r+1}(r+1)x^r = x^r$$ ■

정리 A에 대해서 두 가지를 짚고 넘어가도록 한다. 첫째, 이것은 $r=0$인 경우도 포함하고 있다는 점이다.

$$\boxed{\int 1\, dx = x + C}$$

둘째, 구간 I를 명시하지 않았으므로, x^r이 정의되는 구간들에서만 이 결론이 유효하다는 점이다. 특히 $r<0$인 경우, 원점을 포함하는 구간을 제외해야 한다.

라이프니쯔를 따라서, 역도함수라는 말 대신에 **부정적분**(indefinite integral)이라는 용어를 사용한다. 미분의 역연산을 **적분한다**(integrate)고 한다. 기호 $\int f(x)dx$에서, $\int$는 **적분 기호**(integral sign)라고 하며, $f(x)$는 **피적분함수**(integrand)라고 한다. 즉, 피적분함수를 적분하여서, 부정적분을 구한다. 라이프니쯔가 '부정'이라는 말을 사용한 이유는, 부정적분은 항상 임의의 상수를 포함하기 때문일 것이다.

예제 3 $f(x)=x^{4/3}$의 일반적인 역도함수를 구하여라.

풀이

$$\int x^{4/3}dx = \frac{x^{7/3}}{\frac{7}{3}} + C = \frac{3}{7}x^{7/3} + C$$ ■

x의 거듭제곱을 적분하려면, 그 지수를 1만큼 증가시키고, 새로운 지수로 나누어야 한다.

사인과 코사인 함수의 역도함수공식은 도함수로부터 직접 알 수 있다.

정리 B

$$\int \sin x\, dx = -\cos x + C \qquad \int \cos x\, dx = \sin x + C$$

증명 $D_x(-\cos x) = \sin x$이고 $D_x(\sin x) = \cos x$ ■

부정적분은 선형적이다 2장에서 배운대로, D_x는 선형연산자이다. 이것은 다음 두 가지를 뜻한다.

1. $D_x[kf(x)] = kD_x f(x)$
2. $D_x[f(x) + g(x)] = D_x f(x) + D_x g(x)$

이 두 성질들로부터, 세 번째 성질이 바로 나온다.

3. $D_x[f(x) - g(x)] = D_x f(x) - D_x g(x)$

이들 결과에서 $\int \cdots dx$도 이러한 선형 연산자의 성질들을 가진다.

정리 C 부정적분은 선형 연산자이다
함수 f와 g가 역도함수(부정적분)를 가지고, k는 상수라고 하자. 그러면

(i) $\int kf(x)dx = k\int f(x)dx$

(ii) $\int [f(x) + g(x)]dx = \int f(x)dx + \int g(x)dx$; 그리고 따라서

(iii) $\int [f(x) - g(x)]dx = \int f(x)dx - \int g(x)dx$

증명 (i)과 (ii)를 보이기 위해, 오른쪽 변을 미분하면 왼쪽 변의 피적분함수가 됨을 관찰한다.

$$D_x\left[k\int f(x)dx\right] = kD_x\int f(x)dx = kf(x)$$

$$\begin{aligned} D_x\left[\int f(x)dx + \int g(x)dx\right] &= D_x\int f(x)dx + D_x\int g(x)dx \\ &= f(x) + g(x) \end{aligned}$$

성질 (iii)은 (i)과 (ii)로부터 나온다. ■

예제 4 $\int$이 선형임을 이용하여, 다음을 구하여라.

(a) $\int (3x^2 + 4x)dx$ (b) $\int (u^{3/2} - 3u + 14)du$ (c) $\int (1/t^2 + \sqrt{t})dt$

풀이

(a)
$$\begin{aligned} \int (3x^2 + 4x)dx &= \int 3x\, dx + \int 4x\, dx \\ &= 3\int x^2 dx + 4\int x\, dx \end{aligned}$$

$$=3\left(\frac{x^3}{3}+C_1\right)+4\left(\frac{x^2}{2}+C_2\right)$$
$$=x^3+2x^2+(3C_1+4C_2)$$
$$=x^3+2x^2+C$$

두 개의 임의의 상수 C_1과 C_2가 나왔지만, 이들을 결합하여도 상수이므로 한 개의 상수 C로 나타낼 수 있다. 앞으로 계속 이렇게 할 것이다.

(b) 여기서는 x 대신에 u를 변수로 사용하였다. 대응하는 적분 기호가 du이므로, 변수를 바꾼것일뿐 아무 상관이 없다.

$$\int(u^{3/2}-3u+14)du=\int u^{3/2}du-3\int u\,du+14\int 1\,du$$
$$=\frac{2}{5}u^{5/2}-\frac{3}{2}u^2+14u+C$$

(c)
$$\int\left(\frac{1}{t^2}+\sqrt{t}\right)dt=\int(t^{-2}+t^{1/2})dt=\int t^{-2}dt+\int t^{1/2}dt$$
$$=\frac{t^{-1}}{-1}+\frac{t^{3/2}}{\frac{3}{2}}+C=-\frac{1}{t}+\frac{2}{3}t^{3/2}+C$$ ■

일반화한 거듭제곱 적분 공식 함수의 거듭곱에다 연쇄법칙을 적용한 것을 다시 생각해 보자. $u=g(x)$가 미분 가능인 함수이고, r이 유리수이면($r\neq-1$),

$$D_x\left[\frac{u^{r+1}}{r+1}\right]=u^r\cdot D_xu$$

이것을 함수 기호로 나타내면,

$$D_x\left(\frac{[g(x)]^{r+1}}{r+1}\right)=[g(x)]^r\cdot g'(x)$$

이것으로부터 중요한 부정적분 공식을 얻는다.

정리 D **일반화한 거듭제곱 적분 공식**

g가 미분가능 함수이고, r은 -1이 아닌 유리수라고 하자. 그러면

$$\int[g(x)]^rg'(x)dx=\frac{[g(x)]^{r+1}}{r+1}+C$$

정리 D를 적용하기 위해서는 피적분함수 속에서 함수 g와 함수 g'를 구별해 내야 한다.

예제 5 다음 적분을 구하여라.

(a) $\int(x^4+3x)^{30}(4x^3+3)dx$ (b) $\int\sin^{10}x\cos x\,dx$

풀이

(a) $g(x)=x^4+3x$라 하자. 그러면 $g(x)'=4x^3+3$. 그러므로 정리 D에 의해서,

$$\int (x^4+3x)^{30}(4x^3+3)dx = \int [g(x)]^{30}g'(x)dx = \frac{[g(x)]^{31}}{31}+C$$
$$= \frac{(x^4+3x)^{31}}{31}+C$$

(b) $g(x)=\sin x$라 하자. 그러면 $g'(x)=\cos x$. 따라서

$$\int \sin^{10}x \cos x\, dx = \int [g(x)]^{10}g'(x)dx = \frac{[g(x)]^{11}}{11}+C$$
$$= \frac{\sin^{11}x}{11}+C$$

■

예제 5를 보면, 라이프니쯔가 미분량 dx를 적분 기호 $\int \cdots dx$에다 사용한 까닭을 알 수 있다. $u=g(x)$라 하면, $du=g'(x)dx$이다. 그러므로 정리 D의 결론은 다음과 같다.

$$\int u^r du = \frac{u^{r+1}}{r+1}+C, \quad r\neq -1$$

이것은 u를 변수로 하는, 평범한 거듭제곱 적분 공식이다. 그러므로 일반화한 거듭제곱 적분 공식은 평범한 거듭제곱 적분 공식을 함수에다 적용한 것에 불과하다. 그러나 이것을 적용할 때, u^r과 어울릴 du가 있음을 꼭 확인해야 한다. 다음 예제를 보면, 무슨 뜻인지 이해할 수 있을 것이다.

예제 6 다음 적분을 구하여라.

(a) $\int (x^3+6x)^5(6x^2+12)dx$ (b) $\int (x^2+4)^{10}x\, dx$

풀이

(a) $u=x^3+6x$라 하자. 그러면 $du=(3x^2+6)dx$이므로 $(6x^2+12)dx=2(3x^2+6)dx=2u$ 따라서,

$$\int (x^3+6x)^5(6x^2+12)dx = \int u^5\, 2\, du$$
$$= 2\int u^5\, du$$
$$= 2\left[\frac{u^6}{6}+C\right]$$
$$= \frac{u^6}{3}+2C$$
$$= \frac{(x^3+6x)^6}{3}+K$$

이 풀이 과정에서, 다음 두 가지를 주목하기 바란다. 첫째, $(6x^2+12)dx$는 du가 아니라 $2du$이지만, 이것은 전혀 문제가 될 게 없다. 적분 연산은 선형이니, 인수 2는 적분 기호 앞으로 옮길 수 있다. 둘째, 임의의 상수 $2C$가 나왔지만, 이것은 여전히 임의의 상수이므로, 이것을 K로 놓았다.

(b) $u=x^2+4$라 하자. 그러면 $du=2x\,dx$. 따라서

$$\begin{aligned}\int (x^2+4)^{10}x\,dx &= \int (x^2+4)^{10}\cdot\frac{1}{2}\cdot 2x\,dx\\ &=\frac{1}{2}\int u^{10}du\\ &=\frac{1}{2}\left(\frac{u^{11}}{11}+C\right)\\ &=\frac{(x^2+4)^{11}}{22}+K\end{aligned}$$

■

개념 복습

1. 거듭곱 미분공식에 의하면, $d(x^r)/dx=$______. 거듭곱 적분공식에 의하면, $\int x^r dx=$______.
2. 일반화한 거듭곱 미분공식에 의하면, $d[f(x)]^r/dx=$ ______. 일반화한 거듭곱 적분공식에 의하면, $\int$______$dx=[f(x)]^{r+1}/(r+1)+C,\ r\neq -1$.
3. $\int (x^4+3x^2+1)^8(4x^3+6x)dx=$______.
4. 적분은 선형이므로, $\int [c_1 f(x)+c_2 g(x)]dx=$______.

연습문제 3.8

문제 1~18에서 주어진 함수의 일반적인 역도함수 $F(x)+C$를 구하여라.

1. $f(x)=5$
2. $f(x)=x-4$
3. $f(x)=x^2+\pi$
4. $f(x)=3x^2+\sqrt{3}$
5. $f(x)=x^{5/4}$
6. $f(x)=3x^{2/3}$
7. $f(x)=1/\sqrt[3]{x^2}$
8. $f(x)=7x^{-3/4}$
9. $f(x)=x^2-x$
10. $f(x)=3x^2-\pi x$
11. $f(x)=4x^5-x^3$
12. $f(x)=x^{100}+x^{99}$
13. $f(x)=27x^7+3x^5-45x^3+\sqrt{2}x$
14. $f(x)=x^2(x^3+5x^2-3x+\sqrt{3})$
15. $f(x)=\dfrac{3}{x^2}-\dfrac{2}{x^3}$
16. $f(x)=\dfrac{\sqrt{2x}}{x}+\dfrac{3}{x^5}$
17. $f(x)=\dfrac{4x^6+3x^4}{x^3}$
18. $f(x)=\dfrac{x^6-x}{x^3}$

문제 19~26에서 적분을 구하여라.

19. $\int (x^2+x)dx$
20. $\int (x^3+\sqrt{x})dx$
21. $\int (x+1)^2dx$
22. $\int (z+\sqrt{2}z)^2dz$
23. $\int \dfrac{(z^2+1)^2}{\sqrt{z}}dz$
24. $\int \dfrac{s(s+1)^2}{\sqrt{s}}ds$
25. $\int (\sin\theta-\cos\theta)d\theta$
26. $\int (t^2-2\cos t)dt$

문제 27~36에서 예제 5, 6의 방법을 써서 부정적분을 구하여라.

27. $\int (\sqrt{2}x+1)^3\sqrt{2}\,dx$
28. $\int (\pi x^3+1)^4 3\pi x^2dx$
29. $\int (5x^2+1)(5x^3+3x-8)^6dx$
30. $\int (5x^2+1)\sqrt{5x^3+3x-2}\,dx$
31. $\int 3t\sqrt[3]{2t^2-11}\,dt$
32. $\int \dfrac{3y}{\sqrt{2y^2+5}}dy$
33. $\int x^2\sqrt{x^3+4}\,dx$
34. $\int (x^3+x)\sqrt{x^4+2x^2}\,dx$
35. $\int \sin x(1+\cos x)^4\,dx$
36. $\int \sin x\cos x\sqrt{1+\sin^2 x}\,dx$

문제 37~42에서 주어진 $f''(x)$를 두 번 적분하여서 $f(x)$를 구하여라. 적분할 때마다 상수가 생겨나므로, 답은 두 개의 임의의 상수를 포함하게 된다. 예를 들어 만약 $f''(x)=x$이면, $f'(x)=x^2/2+C_1$이고, $f(x)=x^3/6+C_1x+C_2$. 상수 C_1과 C_2

는 하나의 상수로 결합할 수 없다. 왜냐 하면 C_1x는 상수가 아니기 때문이다.

37. $f''(x)=3x+1$

38. $f''(x)=-2x+3$

39. $f''(x)=\sqrt{x}$

40. $f''(x)=x^{4/3}$

41. $f''(x)=\dfrac{x^4+1}{x^3}$

42. $f''(x)=2\sqrt[3]{x+1}$

43. 다음 공식을 증명하여라.

$$\int[f(x)g'(x)+g(x)f'(x)]dx=f(x)g(x)+C$$

도움말: 정리 A 증명의 첫 번째 문장 참조.

44. 다음 공식을 증명하여라.

$$\int\frac{g(x)f'(x)-f(x)g'(x)}{g^2(x)}dx=\frac{f(x)}{g(x)}+C$$

45. 문제 43의 공식을 이용하여, 다음을 구하여라.

$$\int\left[\frac{x^2}{2\sqrt{x-1}}+2x\sqrt{x-1}\right]dx$$

46. 문제 43의 공식을 이용하여, 다음을 구하여라.

$$\int\left[\frac{-x^3}{(2x+5)^{3/2}}+\frac{3x^2}{\sqrt{2x+5}}\right]dx$$

47. $f(x)=x\sqrt{x^3+1}$일 때, $\int f''(x)dx$를 구하여라.

48. 다음 공식을 증명하여라.

$$\int\frac{2g(x)f'(x)-f(x)g'(x)}{2[g(x)]^{3/2}}dx=\frac{f(x)}{\sqrt{g(x)}}+C$$

49. 다음 공식을 증명하여라.

$$\int f^{m-1}(x)g^{n-1}(x)[nf(x)g'(x)+mg(x)f'(x)]dx$$
$$=f^m(x)g^n(x)+C$$

50. 다음 부정적분을 구하여라.

$$\int\sin^3[(x^2+1)^4]\cos[(x^2+1)^4](x^2+1)^3x\,dx$$

도움말: $u=\sin(x^2+1)^4$로 놓는다.

51. $\int|x|\,dx$를 구하여라.

52. $\int\sin^2x\,dx$를 구하여라.

CAS **53.** 부정적분을 구할 수 있는 소프트웨어도 있다. 다음 각각에 소프트웨어를 사용해 보아라.

(a) $\int 6\sin(3(x-2))dx$

(b) $\int\sin^3(x/6)dx$

(c) $\int(x^2\cos 2x+x\sin 2x)dx$

EXPL CAS **54.** $F_0(x)=x\sin x$, $F_{n+1}(x)=\int F_n(x)dx$라 하자.

(a) $F_1(x)$, $F_2(x)$, $F_3(x)$, $F_4(x)$를 구하여라.

(b) (a)의 결과를 바탕으로, $F_{16}(x)$의 형태를 추측하여라.

개념 복습 해답: **1.** rx^{r-1}; $x^{r+1}/(r+1)+C$, $r\neq-1$ **2.** $r[f(x)]^{r-1}f'(x)$; $[f(x)]^rf'(x)$ **3.** $(x^4+3x^2+1)^9/9+C$ **4.** $c_1\int f(x)dx+c_2\int g(x)dx$

3.9 미분방정식의 소개

앞 절에서, 어떤 함수 f를 적분하여서 새로운 함수 F를 얻었다. 이것을

$$\boxed{\int f(x)dx=F(x)+C}$$

로 나타내었으며, $F'(x)=f(x)$이면, 정의에 따라 당연히 등식이 성립한다. 미분을 써서 표현한 $F'(x)=f(x)$는 미분량을 써서 표현한 $dF(x)=f(x)dx$와 같으므로, (2.9절), 위의 네모 속의 공식은 다음과 같이 쓸 수 있다.

$$\boxed{\int dF(x)dx=F(x)+C}$$

이 관점에서 보면, 함수의 미분량을 적분하면, 다시 그 함수(더하기 어떤 상수)를 얻을 수 있다는 것을 알 수 있다. 라이프니쯔의 관점이 바로 이것으로서 이는 미분방정식을 푸는 데 도움이 된다.

미분방정식이란 무엇인가? 이 질문에 답하기 위해 먼저 다음과 같은 간단한 예제를 본다.

예제 1 xy-평면에서 $(-1, 2)$를 지나고, 곡선 위의 임의의 점에서 접선의 기울기가 그 점의 x좌표의 두 배와 같은 곡선의 방정식을 구하여라.

풀이 이 곡선의 임의의 점 (x, y)에서

$$\frac{dy}{dx}=2x$$

가 성립해야 한다. 구하는 함수 $y=f(x)$는 이 방정식을 만족해야 하고, $x=-1$일 때 $y=2$라는 조건도 만족해야 한다. 이 문제를 두 가지 방법으로 풀어 보자.

방법 1 $dy/dx=g(x)$ 형태의 방정식이 있으면, y는 $g(x)$의 부정적분이어야 한다. 즉,

$$y=\int g(x)dx$$

이 경우는,

$$y=\int 2x\,dx=x^2+C$$

방법 2 dy/dx는 dy를 dx로 나누었다고 생각하자. $dy/dx=2x$의 양변에다 dx를 곱하면, 다음 식을 얻는다.

$$dy=2x\,dx$$

이제 양변의 미분들을 각각 적분하고, 같다고 놓고, 간단히 한다.

$$\int dy=\int 2x\,dx$$

$$y+C_1=x^2+C_2$$

$$y=x^2+C_2-C_1$$

$$y=x^2+C$$

뒤에 가서 살펴보겠지만, 방법 2는 $dy/dx=g(x)$와 같이 간단한 형태는 물론, 여러 가지 다양한 문제들을 푸는 데 사용할 수 있다.

답 $y=x^2+C$는 그림 1에 있는 곡선들의 집합을 나타낸다. 이 집합으로부터, $x=-1$일 때 $y=2$인 것을 골라야 한다. 즉,

$$2=(-1)^2+C$$

여기서 $C=1$이므로, 구하는 방정식은 $y=x^2+1$. ■

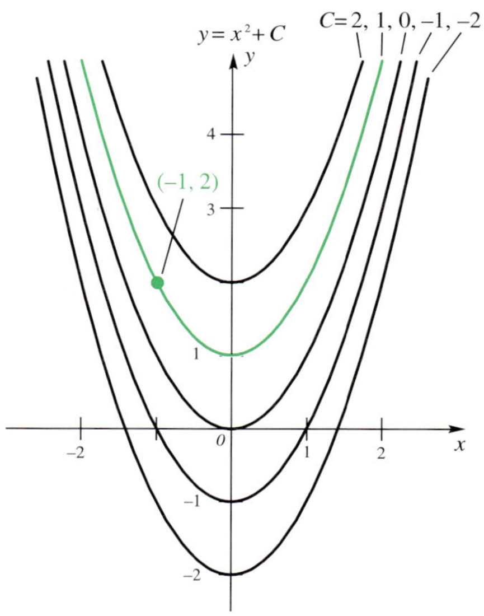

그림 1

여기에서 다른 방정식 $dy/dx=2x$와 방정식 $dy=2x\,dx$를 미분방정식이라고 한다. 다음 식들도 미분방정식이다.

$$\frac{dy}{dx} = 2xy + \sin x$$

$$y\,dy = (x^3 + 1)dx$$

$$\frac{d^2y}{dx^2} + 3\frac{dy}{dx} - 2xy = 0$$

어떤 미지의 함수와, 이 미지의 함수의 도함수(또는 미분)를 포함하는 방정식을 **미분방정식**(differential equation)이라고 한다. 미분방정식에 대입했을때 등식이 성립하는 함수를 그 미분방정식의 **해**라고 부른다. 즉, 미분방정식을 푸는 것은 그 미분방정식을 만족하는 미지의 함수를 구하는 것이다. 대개의 경우 이것은 어려운 일이며, 미분방정식에 관한 두꺼운 책들이 이것을 말해 준다. 여기서는 가장 간단한 종류인 **1계 변수 분리형**(first-order separable) 미분방정식만 다룬다. 이것은 미지 함수의 1계 도함수만을 포함하며, 변수들을 분리하여 방정식의 양변으로 각각 보낼 수 있는 경우를 말한다.

변수 분리 다음 방정식을 보자.

$$\frac{dy}{dx} = \frac{x + 3x^2}{y^2}$$

양변다 y^2dx를 곱하면, 다음 식을 얻는다.

$$y^2dy = (x + 3x^2)dx$$

이 형태는 미분방정식의 변수들이 서로 분리되어 있다. 즉, y항들은 방정식의 왼쪽에 있고, x항들은 오른쪽에 있다. 이렇게 분리한 형태는, 방법 2를 써서 (양변에 각각 적분하고, 결과를 같다고 놓고, 간단히 한다) 미분방정식을 풀 수 있다. 예제를 통해서 보도록 한다.

예제 2 다음 미분방정식을 풀어라.

$$\frac{dy}{dx} = \frac{x + 3x^2}{y^2}$$

또 $x = 0$일 때 $y = 6$인 해를 구하여라.

풀이 앞에서와 같이 주어진 방정식은 다음과 같이 쓸 수 있다.

$$y^2dy = (x + 3x^2)dx$$

따라서

$$\int y^2dy = \int (x + 3x^2)dx$$

$$\frac{y^3}{3} + C_1 = \frac{x^2}{2} + x^3 + C_2$$

$$y^3 = \frac{3x^2}{2} + 3x^3 + (3C_2 - 3C_1)$$

$$=\frac{3x^2}{2}+3x^3+C$$

$$y=\sqrt[3]{\frac{3x^2}{2}+3x^3+c}$$

상수 C를 구하기 위해, $x=0$일 때 $y=6$이라는 조건을 이용한다. 그러면,

$$6=\sqrt[3]{C}$$

$$216=C$$

그러므로

$$y=\sqrt[3]{\frac{3x^2}{2}+3x^3+216}$$

답이 맞는지 확인해 보자. 이 결과를 원래 미분방정식의 양변에다 넣어서, 등식이 성립하는지를 보면 된다. 그리고 $x=0$일 때 $y=6$이 되는지도 확인해야 한다.

왼쪽 변에다 넣으면,

$$\frac{dy}{dx}=\frac{1}{3}\left(\frac{3x^2}{2}+3x^3+216\right)^{-2/3}(3x+9x^2)$$

$$=\frac{x+3x^2}{\left(\frac{3}{2}x^2+3x^3+216\right)^{2/3}}$$

오른쪽 변에다 넣으면,

$$\frac{x+3x^2}{y^2}=\frac{x+3x^2}{\left(\frac{3}{2}x^2+3x^3+216\right)^{2/3}}$$

예상한대로, 양변이 서로 같다. 그리고 $x=0$이라 놓으면,

$$y=\sqrt[3]{\frac{3\cdot 0^2}{2}+3\cdot 0^3+216}=\sqrt[3]{216}=6$$

그러므로 $x=0$일 때 $y=6$이 됨도 확인을 했다. ■

운동 문제 수직선을 따라 움직이는 어떤 물체가 시간 t일 때 그 물체의 위치, 속도, 가속도를 각각 $s(t)$, $v(t)$, $a(t)$라 할 때,

$$v(t)=s'(t)=\frac{ds}{dt}$$

$$a(t)=v'(t)=\frac{dv}{dt}=\frac{d^2s}{dt^2}$$

이 성립한다. 앞에서(2.6절), 위치 $s(t)$를 안다고 가정하고, 이것으로부터 $v(t)$와 $a(t)$를 구할 수 있었는데 이제 그 역과정을 생각하여 가속도 $a(t)$를 주었을 때, 속도 $v(t)$와 위치 $s(t)$를 구해보아라.

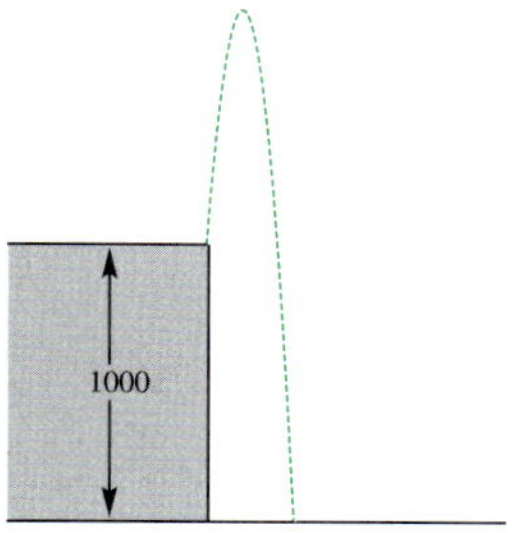

그림 2

예제 3

낙하 물체 문제 지표면 근처에서, 중력 때문에 떨어지는 물체의 가속도는 초당 32 제곱피트이다. 공기 저항은 없다고 가정한다. 어떤 물체를 처음 높이 1000 피트에서 초당 50 피트의 속도로 위로 던졌다(그림 2)면 4초 후 그 물체의 속도와 높이를 구하여라.

풀이 높이 s는 위쪽 방향이 양수가 되도록 잡는다. 그러면 $v=ds/dt$는 처음에는 양수이고(s가 증가한다) $a=dv/dt$는 음수이다(중력이 아래로 당기므로, v는 감소한다). 그러면 $t=0$일 때, $v=50$이고, $s=1000$인 다음과 같은 미분방정식을 얻는다.

$$\frac{dv}{dt}=-32$$

방법 1을 써도 (바로 적분함) 되고, 방법 2를 써도 (변수를 분리함)이 미분방정식의 해를 구할 수 있다.

$$\frac{dv}{dt}=-32$$

$$v=\int -32dt=-32t+C$$

$t=0$일 때 $v=50$이니, 상수는 $C=50$이다. 따라서

$$\boxed{v=-32t+50}$$

이제 $v=ds/dt$이므로, 또 하나의 미분방정식이 있다.

$$\frac{ds}{dt}=-32t+50$$

이것을 적분하면,

$$s=\int(-32t+50)dt$$

$$=-16t^2+50t+K$$

$t=0$일 때 $s=1000$이므로, 상수는 $K=1000$이다. 따라서

$$\boxed{s=-16t^2+50t+1000}$$

끝으로, $t=4$일 때,

$$v=-32(4)+50=-78\text{피트/초}$$

$$s=-16(4)^2+50(4)+1000=944\text{피트}$$ ■

$t=0$일 때 $v=v_0$이고 $s=s_0$이면, 예제 3의 풀이는 다음의 유명한 낙하 물체 공식을 유도한다.

$$a = -32$$
$$v = -32t + v_0$$
$$s = -16t^2 + v_0 t - s_0$$

예제 4 어떤 물체가 좌표 축을 따라서 움직이는데, 그 가속도가 초당 $a(t) = (2t+3)^{-3}$제곱미터로 주어졌다. $t=0$일 때의 속도가 초당 4미터라면, 2초 후의 속도를 구하여라.

풀이 주어진 미분방정식은 아래와 같다. 이것을 적분하기 위해서, 2를 곱하고 2로 나누면 거듭제곱 적분 공식을 적용할 수 있는 형태가 된다.

$$\frac{dv}{dt} = (2t+3)^{-3}$$
$$v = \int (2t+3)^{-3} dt = \frac{1}{2}\int (2t+3)^{-3} 2dt$$
$$= \frac{1}{2}\frac{(2t+3)^{-2}}{-2} + C = -\frac{1}{4(2t+3)^2} + C$$

$t=0$일 때 $v=4$이므로

$$4 = -\frac{1}{4(3)^2} + C$$

따라서 상수는 $C = \frac{145}{36}$이고 이 때

$$v = -\frac{1}{4(2t+3)^2} + \frac{145}{36}$$

여기서 $t=2$일 때,

$$v = -\frac{1}{4(49)} + \frac{145}{36} \approx 4.023\text{m/초}$$

예제 5 (선택)

탈출 속도 질량이 m인 물체가 지구 중심으로부터 거리 s에 놓여 있을 때, 지구가 그 물체를 당기는 중력 F는 $F = -mgR^2/s^2$으로 주어진다. 여기서 $-g$ ($g \approx 32$피트/초)는 지표면에서의 중력의 가속도이고, R($R \approx 3960$ 마일)은 지구 반지름이다(그림 3). 지구에서 처음 속도 $v_0 \geq \sqrt{2gR} \approx 6.93$마일/초로 지구밖으로 발사한 물체는 지구로 다시 떨어지지 않음을 보여라. 공기 저항은 무시해도 좋다.

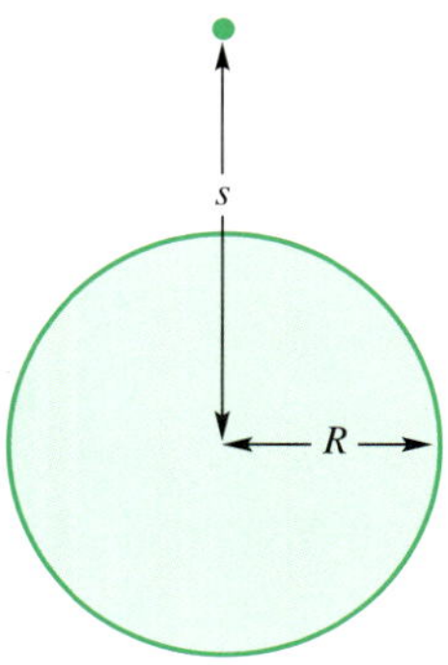

그림 3

풀이 뉴턴의 운동 법칙 2에 따르면, $F = ma$. 즉,

$$F = m\frac{dv}{dt} = m\frac{dv}{ds}\frac{ds}{dt} = m\frac{dv}{ds}v$$

따라서

$$mv\frac{dv}{ds} = -mg\frac{R^2}{s^2}$$

변수를 분리하여 적분하면,

$$v\,dv = -gR^2 s^{-2} ds$$

$$\int v\,dv = -gR^2 \int s^{-2} ds$$

$$\frac{v^2}{2} = \frac{gR^2}{s} + C$$

그런데 $s=R$일 때 $v=v_0$이다. 그러므로 $C=\frac{1}{2}v_0^2 - gR$이고 이 때

$$v^2 = \frac{2gR^2}{s} + v_0^2 - 2gR$$

s가 커지면 $2gR^2/s$은 매우 작아진다. 그러므로 v가 계속 양수로 남을 필요충분조건은 $v_0 \geq \sqrt{2gR}$. ■

개념 복습

1. $dy/dx = 3x^2+1$과 $dy/dx = x/y^2$은 ________의 예들이다.
2. 미분방정식 $dy/dx = g(x, y)$를 푼다는 말은, y에다 넣었을 때 등식이 성립하는 어떤 ________를 찾는 것이다.
3. 미분방정식 $dy/dx = x^3y^3$을 풀려면, 먼저 ________해야 한다.
4. 지표면 근처에서의 낙하 물체 문제를 풀기 위해서, 중력 가속도 a는 초당 -32(피트)²이라는 실험 결과를 사용한다. 즉, $a = dv/dt = -32$. 이 미분방정식을 풀어서 $v = ds/dt =$ ________를 얻고, 이 미분방정식을 풀어서 $s =$ ________를 얻는다.

연습문제 3.9

문제 1~4에서 제시한 함수가 주어진 미분방정식의 해임을 보여라. 즉, 제시한 함수를 y에 넣어서, 등식이 성립함을 보여라.

1. $\frac{dy}{dx} - \frac{x}{y} = 0$; $y = \sqrt{1-x^2}$
2. $-x\frac{dy}{dx} + y = 0$; $y = Cx$
3. $\frac{d^2y}{dx^2} + y = 0$; $y = C_1 \sin x + C_2 \cos x$
4. $\left(\frac{dy}{dx}\right)^2 + y^2 = 1$; $y = \sin(x+C)$와 $y = \pm 1$

문제 5~14에서 먼저 주어진 미분방정식의 일반해(상수 C를 포함)을 구하여라. 그 다음에 주어진 조건을 만족하는 특별해를 구하여라. (예제 2 참조)

5. $\frac{dy}{dx} = x^2 + 1$; $x=1$일 때 $y=1$
6. $\frac{dy}{dx} = x^{-3} + 2$; $x=1$일 때 $y=3$
7. $\frac{dy}{dx} = \frac{x}{y}$; $x=1$일 때 $y=1$
8. $\frac{dy}{dx} = \sqrt{\frac{x}{y}}$; $x=1$일 때 $y=4$
9. $\frac{dz}{dt} = t^2z^2$; $t=1$일 때 $z=1/3$
10. $\frac{dy}{dt} = y^4$; $t=0$일 때 $y=1$
11. $\frac{ds}{dt} = 16t^2 + 4t - 1$; $t=0$일 때 $s=100$
12. $\frac{du}{dt} = u^3(t^3 - t)$; $t=0$일 때 $u=4$
13. $\frac{dy}{dx} = (2x+1)^4$; $x=0$일 때 $y=6$

14. $\dfrac{dy}{dx}=-y^2x(x^2+2)^4$; $x=0$일 때 $y=1$

15. 점 (1, 2)를 지나고, 임의의 점에서의 기울기가 그 점의 x 좌표의 세 배인 곡선의 방정식을 구하여라(예제 1 참조).

16. 점 (1, 2)를 지나고, 임의의 점에서의 기울기가 그 점의 y 좌표의 제곱의 세 배인 곡선의 방정식을 구하여라.

문제 17~20에서 어떤 물체가 수직선을 따라서 움직이는데, 가속도 a(초당 제곱센티미터), 초기 속도 v_0(초당 센티미터), 초기 유향 거리 s_0(센티미터)는 제시해 놓은 것과 같다. 2초 후의 속도 v와 유향 거리 s를 구하여라(예제 4 참조).

17. $a=t$; $v_0=3$, $s_0=0$

18. $a=(1+t)^{-4}$; $v_0=0$, $s_0=10$

C **19.** $a=\sqrt[3]{2t+1}$; $v_0=0$, $s_0=10$

C **20.** $a=(3t+1)^{-3}$; $v_0=4$, $s_0=0$

21. 초당 96 피트의 초기 속도로 공을 지표면에서 위로 던졌다. 이 공이 올라가는 최고 높이는? (예제 3 참조)

22. 중력 가속도가 초당 k(음수인 상수) 제곱피트인 행성의 표면에서 물체를 위로 던졌다. 초기 속도가 v_0이면, 최고 높이는 $-v_0^2/2k$임을 보여라.

C **23.** 달 표면에서의 중력 가속도는 초당 -5.28 제곱피트이다. 초기 높이 1000 피트에서, 초당 56 피트의 초기 속도로 어떤 물체를 위로 던졌다. 4.5초 후 그 물체의 속도와 높이를 구하여라.

C **24.** 문제 23의 물체가 올라가는 최고 높이는?

25. 둥그런 눈뭉치가 녹을 때, 부피 V의 변화율은 눈뭉치의 겉넓이 S에 비례한다. 즉, $dV/dt=-kS$, 여기서 k는 양수인 상수이다. $t=0$일 때 눈뭉치의 반지름이 $r=2$이고, $t=10$일 때 $r=0.5$이면, $r=-\dfrac{3}{20}t+2$임을 보여라.

26. 땅바닥에 다다를 때의 속도가 초당 -136 피트가 되게 하려면, 얼마 높이에서 공을 떨어뜨려야 하는가?

C **27.** 다음 각각의 천체에서 발사하는 물체의 탈출 속도를 구하여라(예제 5 참조). 여기서 $g\approx 32$ 초당 제곱피트.

	중력 가속도	반지름(마일)
달	$-0.165g$	1,080
금성	$-0.85g$	3,800
목성	$-2.0g$	43,000
해	$-28g$	432,000

28. 자동차의 브레이크를 힘껏 밟으면, 초당 11 제곱피트의 일정한 비율로 감속이 된다. 시속 60 마일로 달리다가, 브레이크를 밟아서 설 수 있는 가장 짧은 거리는?

29. 자동차가 10초 동안 시속 45 마일에서 시속 60 마일로 속도가 증가하였다. 가속도가 일정하였다면, 그 가속도는?

30. 상자가 경사면을 따라서 미끄러져 내려오는데, 초당 8 제곱피트로 일정하게 가속되었다. 경사면의 길이가 75 피트이고, 상자가 바닥에 닿기까지 3.75초가 걸렸다면, 상자의 초기 속도는 얼마인가?

31. 어떤 로켓을 똑바로 위로 발사하였는데, 발사 후 처음 10초 동안 초당 $6t$ 제곱미터로 가속이 되었으며, 그 후 엔진을 꺼서, 초당 -10 제곱미터의 중력 가속도만을 받게 된다. 이 로켓은 얼마나 높이 올라가는가?

32. 지하철이 역 A에서 출발하여, 8초 동안 초당 3 제곱미터로 가속하고, 그 후 일정한 속도 v_m으로 100초 동안 움직여서, 역 B에 이르러 초당 4 제곱미터의 비율로 브레이크를 걸어서 (감속하여) 멈춘다.

(a) v_m을 구하여라.

(b) A와 B 사이의 거리를 구하여라.

33. 버스가 정지 상태에서 출발하여, 일정한 가속도 a_1로 속도가 증가하여서, 속도 v_m에 이르러 일정하게 움직이다가, 브레이크를 밟아서 일정한 가속도 $a_2(a_2<0)$로 멈추어 서게 된다. 정류소 C와 정류소 D 사이의 거리 2 마일을 가는 데 4분이 걸렸고, 정류소 D와 정류소 E 사이의 거리 1.4 마일을 가는 데 3분이 걸렸다.

(a) 속도 v를 시간 t의 함수로서 그래프를 그려라. $0\le t\le 7$.

(b) 최고 속도 v_m을 구하여라.

(c) $a_1=-a_2=a$라 하고, a를 구하여라.

34. 열기구가 땅바닥을 떠나서, 초당 4 피트의 속도로 계속 올라간다. 16초 후에 철수가 공을 똑바로 위로, 열기구를 타고 있는 영희를 향해 던졌다. 공이 간신히 영희에게 이르렀다면, 공을 던진 속도는 얼마인가?

35. 토리첼리(Torricelli)의 법칙에 의하면, 물탱크에서 물이 빠져나갈 때, 부피 V의 시간에 대한 변화 비율은 물의 깊이의 제곱근에 비례한다. 반지름이 $10/\sqrt{\pi}$ 센티미터이고 높이가 16 센티미터인 원통 물탱크가 있는데, 처음에 물이 가득 차 있었으며, 물이 빠지는 데 40초가 걸렸다.

(a) 부피 V의 시간 t에 대한 미분방정식과 두 개의 조건을 적어라.

(b) 이 미분방정식을 풀어라.

(c) 10초 후 물의 부피를 구하여라.

C 36. 어떤 지역의 늑대의 수는 그 수의 세제곱근에 비례하여 증가하고 있다. 늑대의 수는 1980년에 1000이었고, 1990년에 1700인 것으로 추정된다.

(a) 늑대의 수 P의 시간 t에 대한 미분방정식과 두 개의 조건을 적어라.

(b) 이 미분방정식을 풀어라.

(c) 늑대의 수가 4000이 되는 것은 언제일까?

37. $t=0$인 순간, 16 피트의 높이에서 공을 떨어트렸다. 공은 바닥에 닿은 후, 튀어서 높이 9 피트에 이르렀다(그림 4).

(a) 공이 두 번째로 바닥에 닿기까지의 시간을 둘로 갈라서, 속도 $v(t)$의 공식 두 개를 써라.

(b) 공의 높이가 9 피트인 것은 두 번 있는데, 언제 언제인가?

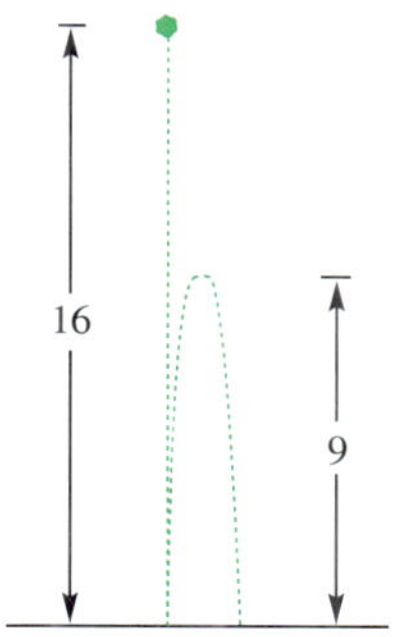

그림 4

개념 복습 해답: **1.** 미분방정식 **2.** 함수 **3.** 변수를 분리 **4.** $-32t+v_0$; $-16t^2+v_0t+s_0$

3.10 장 복습

개념 시험

다음 명제가 참인지, 거짓인지 이유를 들어 답하여라.

1. 폐구간에서 연속인 함수는 그 구간에서 반드시 최대값을 갖는다.

2. 미분가능인 함수 f가 그 정의역의 내부점 c에서 최대값을 가지면, $f'(c)=0$이다.

3. 함수는 임계점을 무수히 많이 가질 수 있다.

4. 구간 $(-\infty, \infty)$에서 증가하는 연속함수는 모든 곳에서 미분가능이다.

5. $f(x)=3x^6+4x^4+2x^2$이면, f의 그래프는 실수 전체에서 위로 오목하다.

6. 구간 I에서 함수 f가 미분가능인 증가함수이면, I의 모든 x에 대해서 $f'(x)>0$이다.

7. I의 모든 x에 대해서 $f'(x)>0$이면, f는 I에서 증가한다.

8. $f''(c)=0$이면, 점 $(c, f(c))$는 f의 변곡점이다.

9. 이차함수는 변곡점을 갖지 않는다.

10. $[a, b]$의 모든 x에 대해서 $f'(x)>0$이면, 구간 $[a, b]$에서 f가 최대값을 갖는 곳은 b이다.

11. 함수 $y=\tan^2 x$는 최소값을 갖지 않는다.

12. 함수 $y=2x^3+x$는 최대값도, 최소값도 갖지 않는다.

13. 함수 $y=2x^3+x+\tan x$는 최대값도, 최소값도 갖지 않는다.

14. $y=\dfrac{x^2-x-6}{x-3}=\dfrac{(x+2)(x-3)}{x-3}$의 그래프는 $x=3$에서 수직 점근선을 갖는다.

15. $y=\dfrac{x^2+1}{1-x^2}$의 그래프는 $y=-1$을 수평 점근선으로 갖는다.

16. $y=\dfrac{3x^2+2x+\sin x}{x}$의 그래프는 $y=3x+2$를 비스듬한 점근선으로 갖는다.

17. 함수 $f(x)=\sqrt{x}$는 구간 $[0, 2]$에서 평균값 정리의 가정을 만족한다.

18. 함수 $f(x)=|x|$는 구간 $[-1, 1]$에서 평균값 정리의 가정을 만족한다.

19. 구간 $[-1, 1]$에서, $y=x^3$의 접선이 할선과 평행한 점은 한 개만 있다.

20. 구간 (a, b)의 모든 x에 대해서 $f'(x)=0$이면, f는 이 구간에서 상수이다.

21. $f'(c)=f''(c)=0$이면, $f(c)$는 최대값도, 최소값도 아니다.

22. $y=\sin x$의 그래프는 무수히 많은 변곡점을 갖는다.

23. 고정된 넓이 K를 가지는 직사각형들 중에, 둘레의 길이가 최대인 것은 정사각형이다.

24. 미분가능인 함수의 그래프가 세 개의 x절편을 가지면, 접선이 수평인 점이 적어도 두 개 존재한다.

25. 두 개의 증가함수의 합은 증가함수이다.

26. 두 개의 증가함수의 곱은 증가함수이다.

27. $f'(0)=0$이고, $x \geq 0$에 대해서 $f''(x)>0$이면, f는 구간 $[0, \infty)$에서 증가함수이다.

28. 구간 $[0, 3]$의 모든 x에 대해서 $f'(x) \leq 2$이고, $f(0)=1$이면, $f(3)<4$이다.

29. f가 미분가능인 함수이면, 구간 (a, b)에서 f가 감소하지 않을 필요충분조건은 (a, b)에서 $f'(x) \geq 0$인 것이다.

30. 두 개의 미분가능인 함수가 구간 (a, b)에서 같은 도함수를 가질 필요충분조건은 (a, b)에서 상수 차이가 나는 것이다.

31. 모든 x에 대해서 $f''(x)>0$이면, $y=f(x)$의 그래프는 수평점근선을 가질 수 없다.

32. 최대값은 항상 극대값이다.

33. 삼차함수 $f(x)=ax^3+bx^2+cx+d$, $a \neq 0$은 어떠한 개구간에서도 많아야 한 개의 극대값을 가질 수 있다.

34. 일차함수 $f(x)=ax+b$, $a \neq 0$은 어떠한 개구간에서도 최소값을 갖지 않는다.

35. f가 $[a, b]$에서 연속이고 $f(a)f(b)<0$이면, $f(x)=0$은 a, b 사이에서 근을 갖는다.

36. 이분법의 장점 중 하나는 수렴이 빠른 것이다.

37. 뉴턴의 방법은 함수 $f(x)=x^{1/3}$에 대하여 수렴하는 수열을 만든다.

38. 뉴턴의 방법으로 하나의 출발점에 대해 수렴이 실패하면, 모든 출발점에 대해 수렴이 실패할 것이다.

39. g가 $[a, b]$에서 연속이고 $a<g(a)<g(b)<b$이면, g는 a, b 사이에서 부동점을 갖는다.

40. 이분법의 장점 중 하나는 항상 수렴하는 것이다.

41. 부정적분은 선형연산자이다.

42. $\int [f(x)g'(x)+g(x)f'(x)]dx=f(x)g(x)+C$

43. $y=\cos x$는 미분방정식 $(dy/dx)^2=1-y^2$의 해이다.

44. 역도함수인 모든 함수는 도함수를 갖는다.

45. 두 함수의 2계도함수가 같으면, 함수들은 상수만큼만 다르다.

46. 모든 미분가능한 함수 f에 대하여 $\int f'(x)dx=f(x)$이다.

47. $s=-16t^2+v_0t$가 지표면으로부터 위로 던진 공의 시각 t에서의 높이라면, 공은 속도 $-v_0$로 땅에 닿는다.

시험 보기 문제

문제 1~12에서 함수 f와 그 정의역이 주어져 있다. 임계점들을 찾고, 그 점들에서 f의 값을 구하고, 최대값과 최소값을 찾아라.

1. $f(x)=x^2-2x$; $[0, 4]$

2. $f(t)=\frac{1}{t}$; $[1, 4]$

3. $f(z)=\frac{1}{z^2}$; $\left[-2, -\frac{1}{2}\right]$

4. $f(x)=\frac{1}{x^2}$; $[-2, 0)$

5. $f(x)=|x|$; $\left[-\frac{1}{2}, 1\right]$

6. $f(s)=s+|s|$; $[-1, 1]$

7. $f(x)=3x^4-4x^3$; $[-2, 3]$

8. $f(u)=u^2(u-2)^{1/3}$; $[-1, 3]$

9. $f(x)=2x^5-5x^4+7$; $[-1, 3]$

10. $f(x)=(x-1)^3(x+2)^2$; $[-2, 2]$

11. $f(\theta)=\sin\theta$; $[\pi/4, 4\pi/3]$

12. $f(\theta)=\sin^2\theta-\sin\theta$; $[0, \pi]$

문제 13~19에서 주어진 함수 f는 정의역이 $(-\infty, \infty)$이다. f가 증가하는 곳과 아래로 오목한 곳을 찾아라.

13. $f(x)=3x-x^2$

14. $f(x)=x^9$

15. $f(x)=x^3-3x+3$

16. $f(x)=-2x^3-3x^2+12x+1$

17. $f(x)=x^4-4x^5$

18. $f(x)=x^3-\frac{6}{5}x^5$

19. $f(x)=x^3-x^4$

20. $g(t)=t^3+1/t$로 정의된 함수 g가 증가하는 곳과 감소하는 곳을 찾아라. g의 극대값, 극소값을 찾아라. 변곡점을 찾아라. 그래프를 그려라.

21. $f(x)=x^2(x-4)$로 정의된 함수 f가 증가하는 곳과 감소하는 곳을 찾아라. f의 극대값, 극소값을 찾아라. 변곡점을 찾아라. 그래프를 그려라.

22. 다음과 같이 정의된 함수의 최대값, 최소값을, 존재하면, 찾아라.

$$f(x)=\frac{4}{x^2+1}+2$$

문제 23~30에서 주어진 함수 f의 그래프를 그리고, 최대값, 최소값, 극대값, 극소값, 변곡점을 모두 표시하고, 점근선도 모두 보여라. f'과 f''을 사용해서 구하여라.

23. $f(x)=x^4-2x$

24. $f(x)=(x^2-1)^2$

25. $f(x)=x\sqrt{x-3}$

26. $f(x)=\dfrac{x-2}{x-3}$

27. $f(x)=3x^4-4x^3$

28. $f(x)=\dfrac{x^2-1}{x}$

29. $f(x)=\dfrac{3x^2-1}{x}$

30. $f(x)=\dfrac{2}{(x+1)^2}$

문제 31~36에서 따로 명시하지 않은 한 구간 $(-\pi,\ \pi)$에서 주어진 함수 f의 그래프를 그리고, 최대값, 최소값, 극대값, 극소값, 변곡점을 모두 표시하고, 점근선도 모두 보여라. f'과 f''을 사용해서 구하여라.

31. $f(x)=\cos x-\sin x$

32. $f(x)=\sin x-\tan x$

33. $f(x)=x\tan x$; $(-\pi/2,\ \pi/2)$

34. $f(x)=2x-\cot x$, $(0,\ \pi)$

35. $f(x)=\sin x-\sin^2 x$

36. $f(x)=2\cos x-2\sin x$

37. 다음 성질을 모두 가지는 함수 F의 그래프를 대략 그려라.

(a) F는 모든 곳에서 연속

(b) $F(-2)=3$, $F(2)=-1$

(c) $x>2$이면 $F'(x)=0$

(d) $x<2$이면 $F''(x)<0$

38. 다음 성질을 모두 가지는 함수 F의 그래프를 대략 그려라.

(a) F는 모든 곳에서 연속

(b) $F(-1)=6$, $F(3)=-2$

(c) $x<-1$이면 $F'(x)<0$, $F'(-1)=F'(3)=-2$, $F'(7)=0$

(d) $x<-1$이면 $F''(x)<0$, $-1<x<3$이면 $F''(x)=0$, $x>3$이면 $F''(x)>0$

39. 다음 성질을 모두 갖는 함수 F의 그래프를 대략 그려라.

(a) F는 모든 곳에서 연속

(b) F의 주기는 π

(c) $0\le F(x)\le 2$, $F(0)=0$, $F\left(\dfrac{\pi}{2}\right)=2$

(d) $0<x<\dfrac{\pi}{2}$이면, $F'(x)>0$, $\dfrac{\pi}{2}<x<\pi$이면 $F'(x)<0$

(e) $0<x<\pi$이면 $F''(x)<0$

40. 폭이 16 인치이고 길이는 매우 긴 양철판을 양 옆을 세워서, 밑면이 수평이고 옆면이 수직인 빗물받이를 만들려고 한다. 그 용량이 최대가 되게 하려면, 양 옆을 몇 인치씩 세워야 하는가?

41. 높이 8 피트인 담장이 건물의 벽과 평행하게 서 있으며, 건물로부터의 거리는 1 피트이다. 판자를 땅바닥에서부터 담장 위로 걸쳐서 건물의 벽에 받쳐 놓으려면, 판자의 길이가 최소한 얼마여야 하는가?

42. 책의 한 페이지에 27 제곱 인치의 넓이로 인쇄해야 한다. 페이지의 위, 아래, 한쪽 옆의 여백이 2 인치이고, 다른 한쪽 옆의 여백이 1 인치이면, 페이지의 가로, 세로가 얼마여야 종이를 가장 적게 사용하는가?

43. 그림 1과 같이 양철판으로 물통을 양 옆은 같은 크기의 반원으로 되어 있고, 위는 열려 있으며, 부피는 128π세제곱 피트가 되게 만들려고 한다. 양철판을 가장 적게 사용해서 만들려면, 그 반지름 r과 길이 h를 얼마로 해야 하는가?

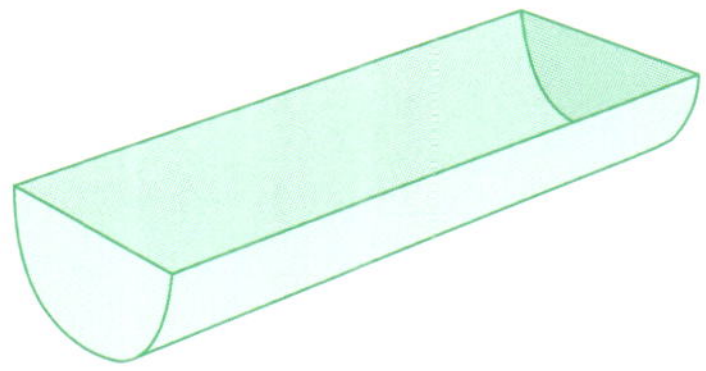

그림 1

44. 닫힌 구간 $[-2,\ 2]$에서 다음과 같이 정의한 함수의 최대값과 최소값을 구하여라.

$$f(x)=\begin{cases}\dfrac{1}{4}(x^2+6x+8), & -2\le x\le 0\text{인 경우}\\[2mm] -\dfrac{1}{6}(x^2-4x-12), & 0\le x\le 2\text{인 경우}\end{cases}$$

그래프가 위로 오목한 곳과 아래로 오목한 곳을 구하여라. 그래프를 그려라.

45. 다음 각 함수에 대해서, 주어진 구간 I에서 평균값 정리를 적용할 수 있는지 여부를 판단하여라. 적용할 수 있으면, c의 값을 모두 구하여라. 적용할 수 없으면, 그 이유를 설명하여라. 그래프를 그려 보아라.

(a) $f(x)=\dfrac{x^3}{3}$; $I=[-3,\ 3]$

(b) $F(x)=x^{3/5}+1$; $I=[-1,\ 1]$

(c) $g(x)=\dfrac{x+1}{x-1}$; $I=[2,\ 3]$

46. 다음 함수의 그래프의 변곡점에서 접하는 접선의 방정식을 구하여라.

$$y=x^4-6x^3+12x^2-3x+1$$

47. f는 연속인 함수이고, $f(1)=-1/4$, $f(2)=0$, $f(3)=-1/4$이다. $y=f'(x)$의 그래프가 그림 2와 같다면, $y=f(x)$의

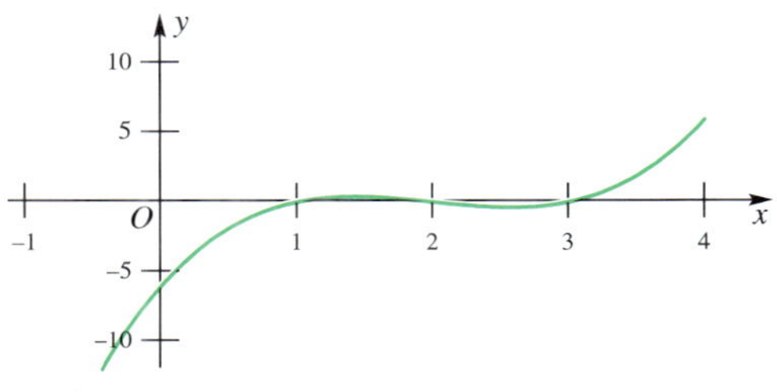

그림 2

가능한 그래프를 대략 그려라.

48. 다음 성질을 모두 가지는 함수 G의 그래프를 대략 그려라.

(a) $(-\infty, 0)\cup(0, \infty)$의 모든 x에 대해서 $G(x)$는 연속이고 $G''(x)>0$

(b) $G(-2)=G(2)=3$

(c) $\lim_{x\to-\infty} G(x)=2$, $\lim_{x\to\infty}[G(x)-x]=0$

(d) $\lim_{x\to 0^+} G(x)=\lim_{x\to 0^-} G(x)=\infty$

C **49.** 이분법을 사용하여 $3x-\cos 2x=0$을 소수 6째자리까지 구하여라. $a_1=0$, $b_1=1$

C **50.** 이분법을 사용하여 $3x-\cos 2x=0$을 소수 6째자리까지 구하여라. $x_1=0.5$

C **51.** 부동점법을 사용하여 $3x-\cos 2x=0$을 출발점 $x_1=0.5$로 구하여라.

C **52.** 뉴턴의 방법을 사용하여 구간 $(\pi, 2\pi)$에서 $x-\tan x=0$을 소수 4자리까지 구하여라. 도움말: x_1에 대해 좋은 출발점을 얻기 위해 같은 좌표축에 사용하여 $y=x$와 $y=\tan x$의 그래프를 그려라.

문제 53~67에서 적분을 구하여라.

53. $\int_0^1 (x^3-3x^2+3\sqrt{x})\,dx$ **54.** $\int \frac{2x^4-3x^2+1}{x^2}dx$

55. $\int \frac{y^3-9\sin y+26y^{-1}}{y}dy$ **56.** $\int y\sqrt{y^2-4}\,dy$

57. $\int z(2z^2-3)^{1/3}dz$ **58.** $\int \cos^4 x\sin x\,dx$

59. $\int (x+1)\tan^2(3x^2+6x)\sec^2(3x^2+6x)\,dx$

60. $\int \frac{t^3}{\sqrt{t^4+9}}dt$ **61.** $\int t^4(t^5+5)^{2/3}dt$

62. $\int \frac{x}{\sqrt{x^2+4}}dx$ **63.** $\int \frac{x}{\sqrt{x^3+9}}dx$

64. $\int \frac{1}{(y+1)^2}dy$ **65.** $\int \frac{2}{(2y-1)^3}dy$

66. $\int \frac{y^2-1}{(y^3-3y)^2}dy$ **67.** $\int \frac{(y^2+y+1)}{\sqrt[5]{2y^3+3y^2+6y}}dy$

문제 68~74에서 주어진 조건을 만족하는 미분방정식의 해를 구하여라.

68. $\frac{dy}{dx}=\sin x$; $x=0$일 때 $y=2$

69. $\frac{dy}{dx}=\frac{1}{\sqrt{x+1}}$; $x=3$일 때 $y=18$

70. $\frac{dy}{dx}=\csc y$; $x=0$일 때 $y=\pi$

71. $\frac{dy}{dt}=\sqrt{2t-1}$; $t=\frac{1}{2}$일 때 $y=-1$

72. $\frac{dy}{dt}=t^2y^4$; $t=1$일 때 $y=1$

73. $\frac{dy}{dx}=\frac{6x-x^3}{2y}$; $x=0$일 때 $y=3$

74. $\frac{dy}{dx}=x\sec y$; $x=0$일 대 $y=\pi$

75. 높이가 448 피트인 탑에서 똑바로 위를 향해 초속 48 피트의 속도로 공을 던졌다. 공은 몇 초 후에 땅에 떨어지며, 그 때의 속도는 얼마나 되는가? 중력 가속도 g는 초당 32 제곱피트라 가정하고, 공기 저항은 무시한다.

복습과 예비 문제

문제 1~12에서 어두운 영역의 부피를 구하여라.

1.

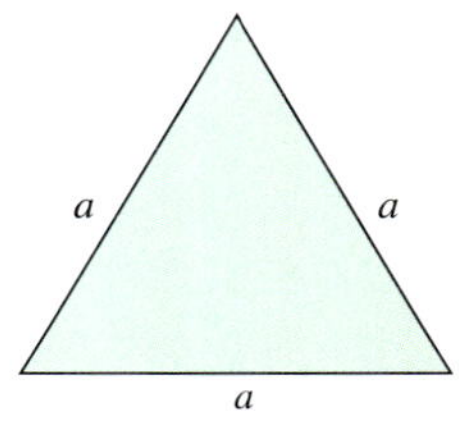

2.

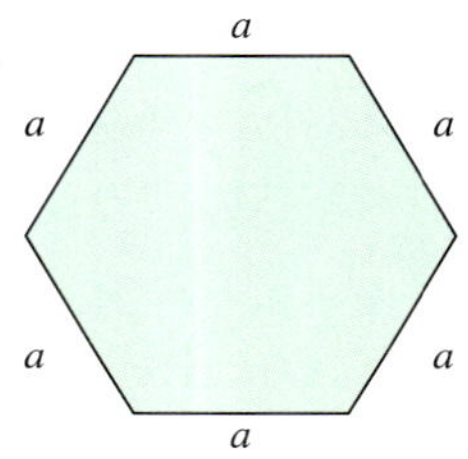

3.

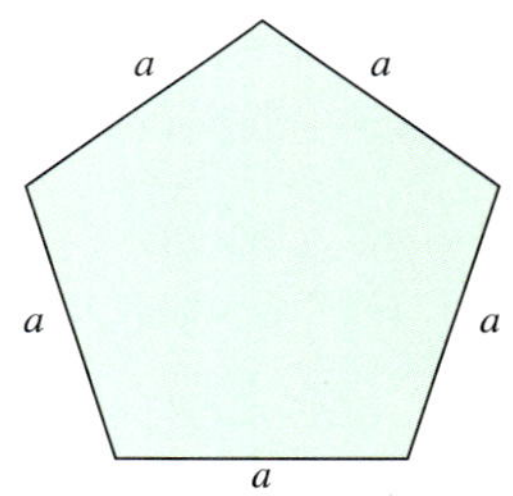

4.

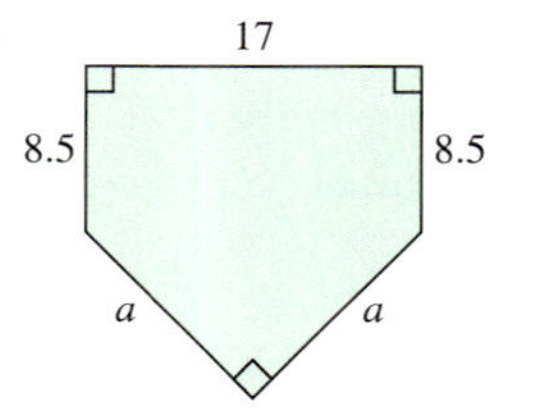

5.

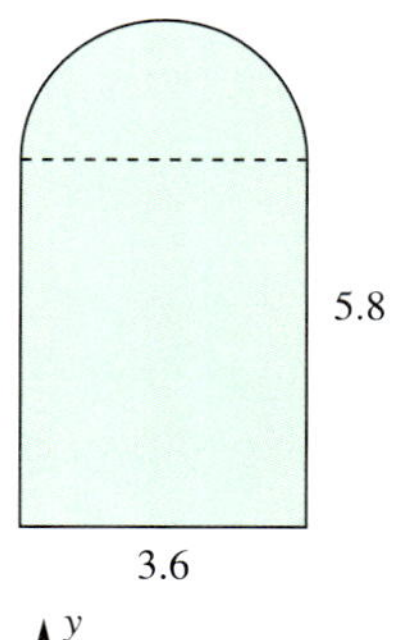

6.

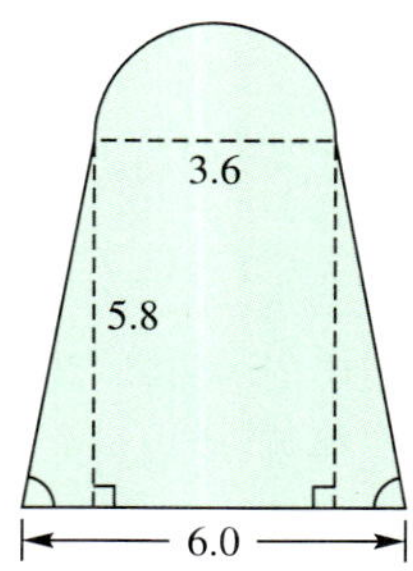

7.

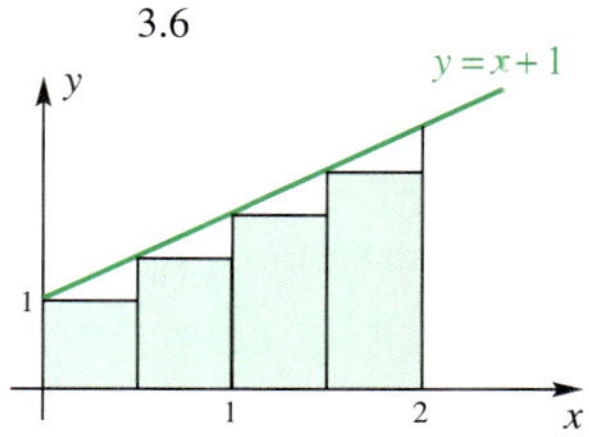

8.

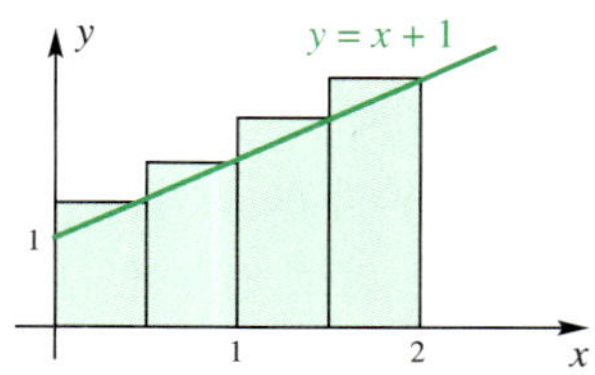

9.

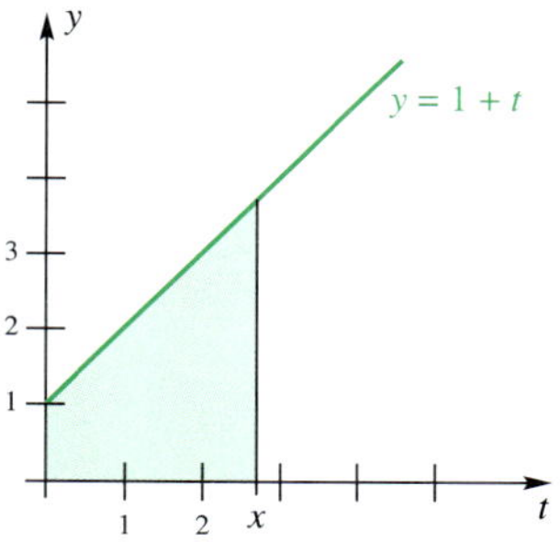

10.

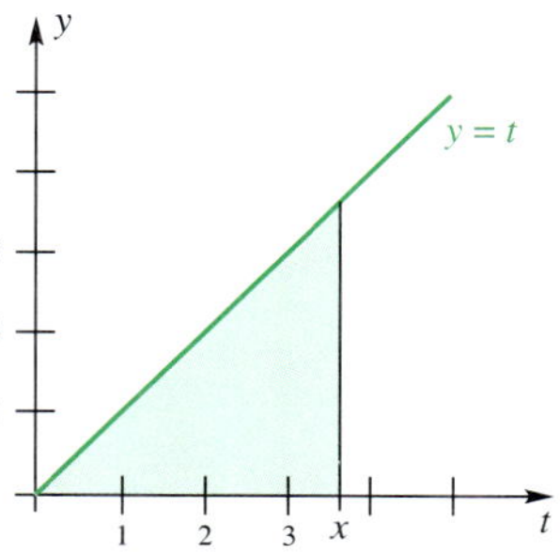

11.

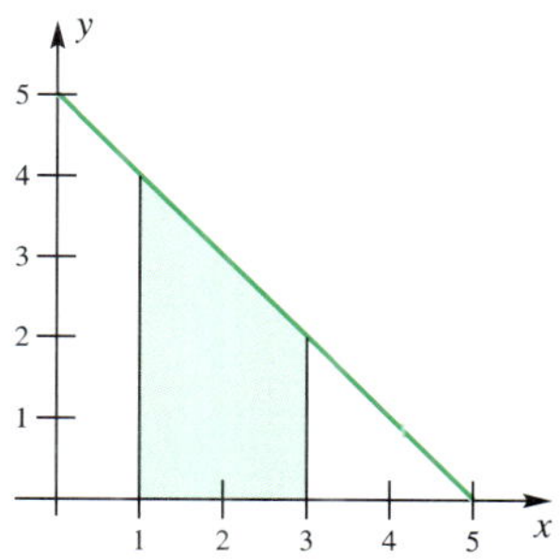

12.

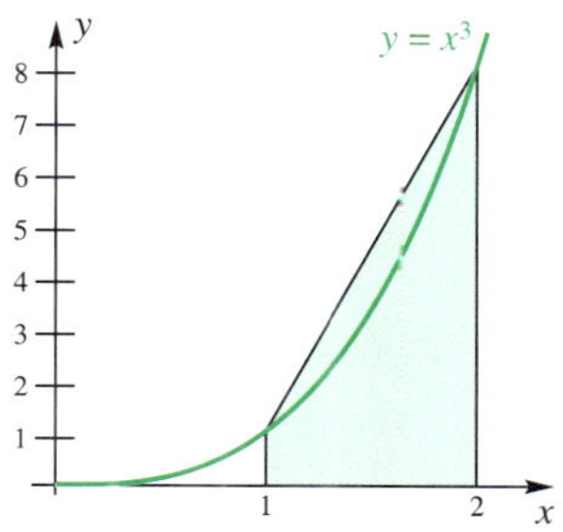

CHAPTER

4 정적분

4.1 면적의 소개

기하학에서 유래한 두 개의 문제, 즉 접선을 구하는 문제와 면적을 구하는 문제는 미적분학의 가장 중요한 개념인 미분과 적분에 대한 동기를 부여해 준다.

다각형(선분들로 둘러싸여 생기는 평면의 영역)들의 경우는 면적(넓이)을 구하는 것이 그리 어렵지 않다. 우선 직사각형의 면적은 길이 곱하기 폭이라 정의하고, 이것으로부터 차례차례 평행사변형, 삼각형, 임의의 다각형의 면적 공식을 이끌어 낼 수 있다. 그림 1에 차례차례 나오는 도형들이 이것을 보여 준다.

이렇게 간단하게 설정해 놓았지만, 면적(넓이)은 다음의 다섯 가지 성질들을 만족한다.

1. 평면 영역의 넓이는 음수가 아닌 실수이다.
2. 직사각형의 넓이는 그 길이와 폭의 (같은 단위로 재어서) 곱이다. 그 결과는 단위의 제곱으로 나타낸다. 예를 들어 제곱 피트 또는 제곱 센티미터.
3. 합동인 영역들은 넓이가 같다.
4. 선분만이 겹치는 두 영역의 합의 넓이는, 두 영역의 넓이들의 합과 같다.

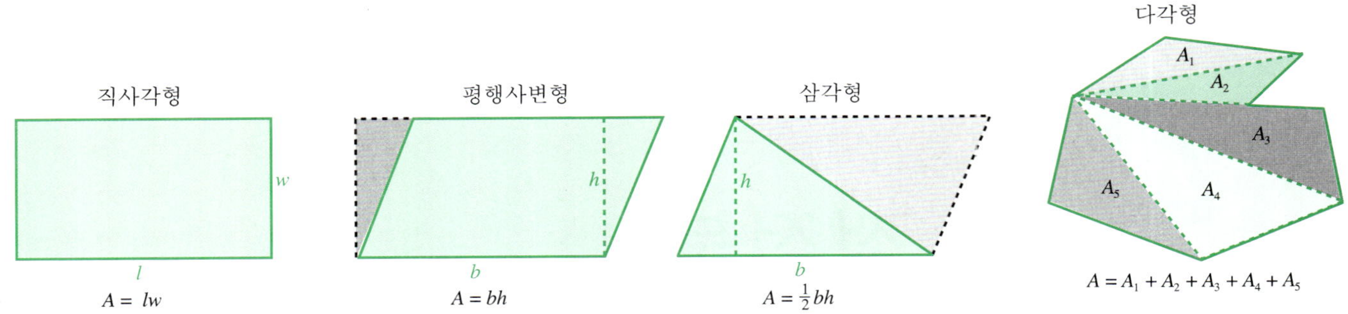

그림 1

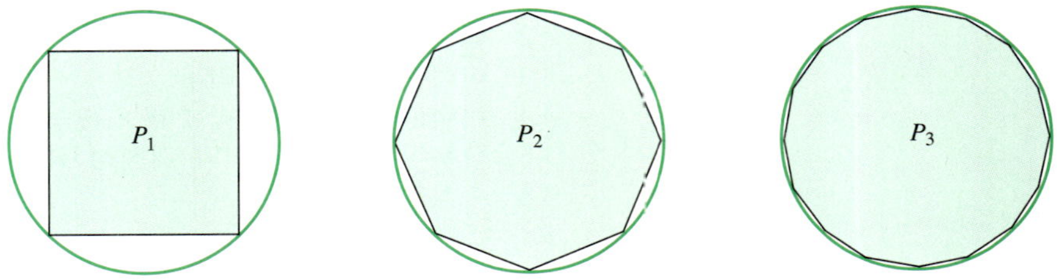

그림 2

5. 어느 한 영역이 다른 한 영역에 포함되어 있으면, 전자의 넓이는 후자의 넓이에 비해서 작거나 같다.

곡선으로 둘러싸인 영역을 생각하면, 그 넓이를 구하는 문제가 훨씬 더 어렵다. 그렇지만 이미 2000여 년 전에, 아르키메데스(Archimedes)가 해답의 열쇠를 제시하였다. 그는 다음과 같이 말했다. 내접하는 다각형들의 수열을 생각하여, 곡선으로 둘러싸인 영역을 점점 더 정확하게 근사시킬 수 있다. 예를 들어 반지름이 1인 원에다, 변이 4개, 8개, 16개, …인 정다각형 P_1, P_2, P_3, …을 내접시킨다. 그림 2를 참고한다. 그러면 원의 넓이는 $n \to \infty$일 때 P_n의 넓이의 극한이다. 즉, 영역 F의 넓이를 $A(F)$로 나타내면,

$$A(\text{원}) = \lim_{n \to \infty} A(P_n)$$

아르키메데스는 다른 방향으로도 생각하였다. 외접하는 다각형 $T_1, T_2, T_3, \cdots$을 고려한 것이다(그림 3). 내접하는 다각형을 사용하든, 외접하는 다각형을 사용하든, 반지름이 1인 원의 넓이로서 같은 값(즉, $\pi \approx 3.14159$)을 얻게 됨을 아르키메데스는 보였다. 넓이를 현대적으로 다루는 일은, 그가 이룩한 업적에서 약간 더 나아간 것이다.

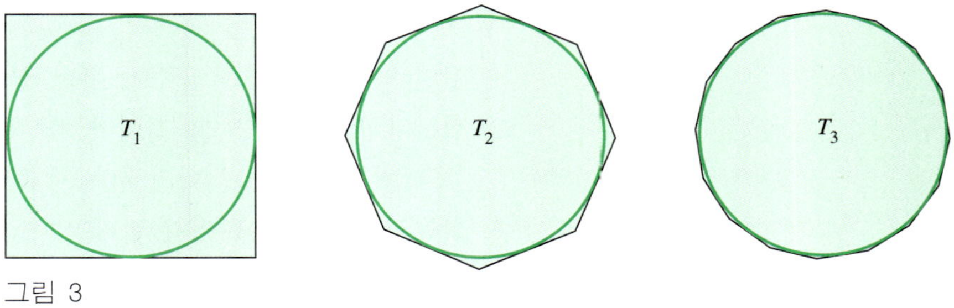

그림 3

용어의 사용과 남용

다들 그렇게 쓰기 때문에, 우리도 용어를 약간은 남용해서 쓰겠다. 삼각형, 직사각형, 다각형, 원이라는 용어들은, 그렇게 생긴 2차원 영역을 가리키기도 하고, 한편 그들의 1차원 경계선을 가리키기도 한다. 영역은 넓이를 가지며, 선은 길이를 가짐을 주목하기 바란다. 그러니 원의 넓이가 πr^2이고, 둘레가 $2\pi r$이라고 말하면, "원"이라는 용어가 영역을 뜻하는지, 경계선을 뜻하는지는 전후 내용을 보면 명백하다.

시그마 기호 곡선으로 둘러싸인 영역 R의 넓이를 구하는데 다음 단계를 거친다.

1. R을 포함하는 **외접다각형**으로 또는 R에 포함되는 **내접다각형**으로 n각형을 잡아 영역 R을 근사시킨다.
2. 각 직사각형의 넓이를 구한다.
3. n개의 직사각형의 넓이를 합한다.
4. $n \to \infty$일 때 극한을 취한다.

내접다각형과 외접다각형의 넓이가 같은 경우에, 이 극한을 영역 R의 넓이라고 한다. 넓이의 합을 조합하는 3단계는 시그마 기호가 필요하다. 예를 들어, 다음의 합을 생각해 보자.

$$1^2+2^2+3^2+4^2+\cdots+100^2$$

과

$$a_1+a_2+a_3+a_4+\cdots+a_n$$

이 합을 간단한 방법으로 나타내기 위해서, 이 합을 각각

$$\sum_{i=1}^{100} i^2 \text{ 과 } \sum_{i=1}^{n} a_i$$

로 나타낸다.

여기서 Σ(그리스어 대문자 시그마)는 영어의 S에 대응하며, 첨자 i가 Σ 아래에 써 놓은 정수에서 시작해 Σ 위에 써 놓은 정수에서 끝나기까지 양의 정수들을 거칠 때, 제시해 놓은 형태의 수들을 모두 더하라는 뜻이다. 따라서

$$\sum_{i=2}^{4} a_i b_i = a_2b_2+a_3b_3+a_4b_4$$

$$\sum_{j=1}^{n} \frac{1}{j} = \frac{1}{1}+\frac{1}{2}+\frac{1}{3}+\cdots+\frac{1}{n}$$

$$\sum_{k=1}^{4} \frac{k}{k^2+1} = \frac{1}{1^2+1}+\frac{2}{2^2+1}+\frac{3}{3^2+1}+\frac{4}{4^2+1}$$

$\sum_{i=1}^{n} c_i$에 있는 c_i들이 모두 같은 값 c를 가진다면,

$$\sum_{i=1}^{n} c_i = \underbrace{c+c+c+\cdots+c}_{n\text{개 항}}$$

따라서 다음 결과를 얻는다.

$$\boxed{\sum_{i=1}^{n} c = nc}$$

예를 들어,

$$\sum_{i=1}^{5} 2 = 5(2) = 10, \quad \sum_{i=1}^{100} (-4) = 100(-4) = -400$$

Σ의 성질 연산자라고 생각하면, Σ는 수열들에 작용하며, 선형적으로 작용한다.

정리 A Σ의 선형성

c는 상수일 때 다음이 성립한다.

(i) $\sum_{i=1}^{n} ca_i = c\sum_{i=1}^{n} a_i$;

(ii) $\sum_{i=1}^{n} (a_i + b_i) = \sum_{i=1}^{n} a_i + \sum_{i=1}^{n} b_i$;

(iii) $\sum_{i=1}^{n} (a_i - b_i) = \sum_{i=1}^{n} a_i - \sum_{i=1}^{n} b_i$.

증명 쉽게 증명된다 : (i)만 증명한다.

$$\sum_{i=1}^{n} ca_i = ca_1 + ca_2 + \cdots + ca_n = c(a_1 + a_2 + \cdots + a_n) = c\sum_{i=1}^{n} a_i$$ ■

예제 1 $\sum_{i=1}^{100} a_i = 60$이고 $\sum_{i=1}^{100} b_i = 11$일 때, 다음을 계산하여라.

$$\sum_{i=1}^{100} (2a_i - 3b_i + 4)$$

풀이

$$\begin{aligned}\sum_{i=1}^{100} (2a_i - 3b_i + 4) &= \sum_{i=1}^{100} 2a_i - \sum_{i=1}^{100} 3b_i + \sum_{i=1}^{100} 4 \\ &= 2\sum_{i=1}^{100} a_i - 3\sum_{i=1}^{100} b_i + \sum_{i=1}^{100} 4 \\ &= 2(60) - 3(11) + 100(4) = 487\end{aligned}$$ ■

예제 2 상쇄되어 없어지는 합

다음을 밝혀라.

(a) $\sum_{i=1}^{n} (a_{i+1} - a_i) = a_{n+1} - a_1$

(b) $\sum_{i=1}^{n} [(i+1)^2 - i^2] = (n+1)^2 - 1$

풀이

(a) 여기서는 선형성을 이용하지 않고, 합을 계속 적어 나가면 상쇄되어 사라지는 것을 생각한다.

$$\begin{aligned}\sum_{i=1}^{n} (a_{i+1} - a_i) &= (a_2 - a_1) + (a_3 - a_2) + (a_4 - a_3) + \cdots + (a_{n+1} - a_n) \\ &= -a_1 + a_2 - a_2 + a_3 - a_3 + a_4 - \cdots - a_n + a_{n+1}\end{aligned}$$

$$= -a_1 + a_{n+1} = a_{n+1} - a_1$$

(b) 이것은 (a)로부터 바로 나온다. ■

첨자로 사용하는 기호는 어느 것을 사용하여도 상관이 없다. 그래서

$$\sum_{i=1}^{n} a_i = \sum_{j=1}^{n} a_j = \sum_{k=1}^{n} a_k$$

이며, 이것들은 모두 $a_1 + a_2 + \cdots + a_n$과 같다. 그렇기 때문에, 첨자를 가리켜 허수아비 첨자라고 부르기도 한다.

합의 공식 영역의 넓이를 구할 때 그 제곱들의 합, 그 세제곱들의 합, 등과 같이 우리는 처음 n개의 양의 정수들의 합을 생각할 필요가 있다. 이것들을 나타내는 멋진 공식이 있다. 증명은 예제 4의 뒤에 가서 다룬다.

1. $\sum_{i=1}^{n} i = 1 + 2 + 3 + \cdots + n = \dfrac{n(n+1)}{2}$

2. $\sum_{i=1}^{n} i^2 = 1^2 + 2^2 + 3^2 + \cdots + n^2 = \dfrac{n(n+1)(2n+1)}{6}$

3. $\sum_{i=1}^{n} i^3 = 1^3 + 2^3 + 3^3 + \cdots + n^3 = \left[\dfrac{n(n+1)}{2}\right]^2$

4. $\sum_{i=1}^{n} i^4 = 1^4 + 2^4 + 3^4 + \cdots + n^4 = \dfrac{n(n+1)(6n^3 + 9n^2 + n - 1)}{30}$

예제 3 $\sum_{j=1}^{n} (j+2)(j-5)$을 공식으로 나타내어라.

풀이 위에 나오는 공식 1, 2와 선형성을 이용한다.

$$\begin{aligned}\sum_{j=1}^{n} (j+2)(j-5) &= \sum_{j=1}^{n} (j^2 - 3j - 10) = \sum_{j=1}^{n} j^2 - 3\sum_{j=1}^{n} j - \sum_{j=1}^{n} 10 \\ &= \frac{n(n+1)(2n+1)}{6} - 3\frac{n(n+1)}{2} - 10n \\ &= \frac{n}{6}[2n^2 + 3n + 1 - 9n - 9 - 60] \\ &= \frac{n(n^2 - 3n - 34)}{3}\end{aligned}$$

■

예제 4 그림 4에 피라미드 모양으로 쌓아 놓은 귤은 전부 몇 개인가?

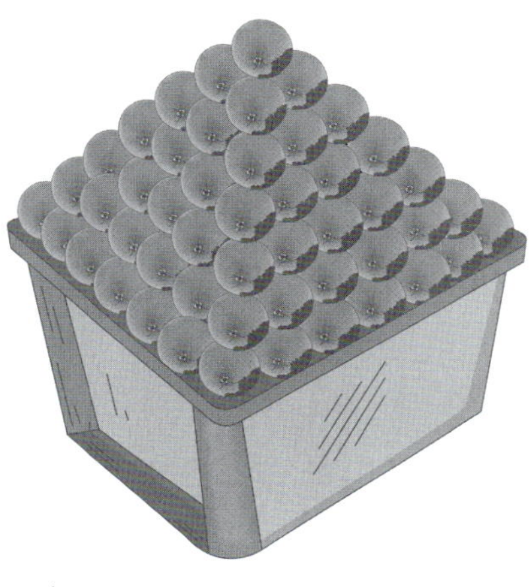

그림 4

풀이 $1^2 + 2^2 + \cdots + 7^2 = \sum_{i=1}^{7} i^2 = \dfrac{7(8)(15)}{6} = 140$ ■

합의 공식의 증명 합의 공식 1을 증명하기 위해서, 항등식 $(i+1)^2 - i^2 = 2i + 1$을 가지고 시작한다. 양변을 더하고, 왼쪽에다 예제 2를 적용하고, 오른쪽은 선형성을 이용한다.

$$(i+1)^2-i^2=2i+1$$

$$\sum_{i=1}^{n}[(i+1)^2-i^2]=\sum_{i=1}^{n}(2i+1)$$

$$(n+1)^2-1^2=2\sum_{i=1}^{n}i+\sum_{i=1}^{n}1$$

$$n^2+2n=2\sum_{i=1}^{n}i+n$$

$$\frac{n^2+n}{2}=\sum_{i=1}^{n}i$$

거의 비슷한 방법으로 공식 2, 3, 4를 증명할 수 있다(문제 29~31).

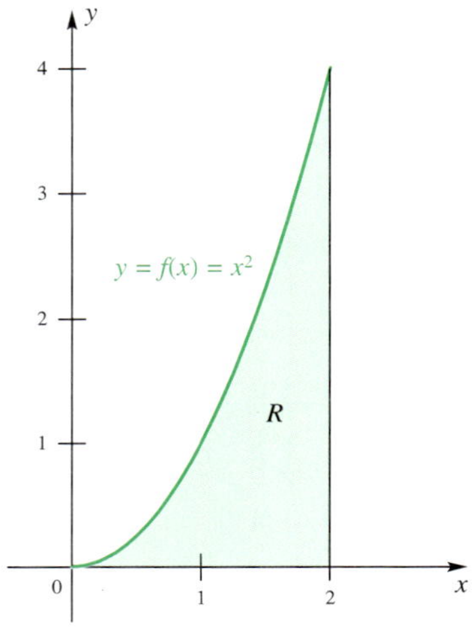

그림 5

내접다각형에 따른 넓이 포물선 $y=f(x)=x^2$, x축, 그리고 수직 직선 $x=2$로 둘러싼 영역 R을 생각하자(그림 5). R을 곡선 $y=x^2$ 아래의 $x=0$에서 $x=2$까지의 영역이라고 부른다. 목표는 그 넓이 $A(R)$을 계산하는 것이다.

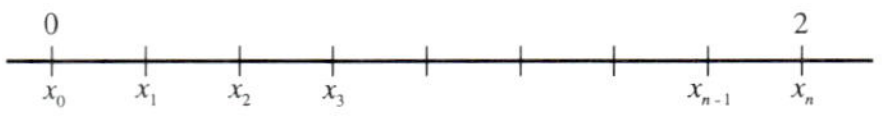

그림 6

구간 [0, 2]를 n개의 작은 구간들로 분할하되(그림 6에서와 같이), 각각의 길이가 $\Delta x=2/n$가 되도록 한다. $n+1$개의 점들

$$0=x_0<x_1<x_2<\cdots<x_{n-1}<x_n=2$$

를 잡아서 다음과 같이 할 수 있다. 즉,

$$x_0=0$$

$$x_1=\Delta x=\frac{2}{n}$$

$$x_2=2\cdot\Delta x=\frac{4}{n}$$

$$x_3=3\cdot\Delta x=\frac{6}{n}$$

$$\vdots$$

$$x_i=i\cdot\Delta x=\frac{2i}{n}$$

$$\vdots$$

$$x_{n-1}=(n-1)\cdot\Delta x=\frac{(n-1)2}{n}$$

$$x_n=n\cdot\Delta x=n\left(\frac{2}{n}\right)=2$$

밑변이 $[x_{i-1}, x_i]$이고 높이가 $f(x_{i-1})=x_{i-1}^2$인 직사각형을 생각한다. 그 넓이는 $f(x_{i-1})\Delta x$이다(그림 7의 왼쪽 윗부분 참조). 이러한 직사각형들을 전부 더한 R_n은, 그림 7의 오른쪽 아랫부분에서와 같이 내접하는 다각형이 된다.

그 넓이 $A(R_n)$은 이러한 직사각형들의 넓이들을 모두 더하여 계산할 수 있다.

$$A(R_n)=f(x_0)\Delta x+f(x_1)\Delta x+f(x_2)\Delta x+\cdots+f(x_{n-1})\Delta x$$

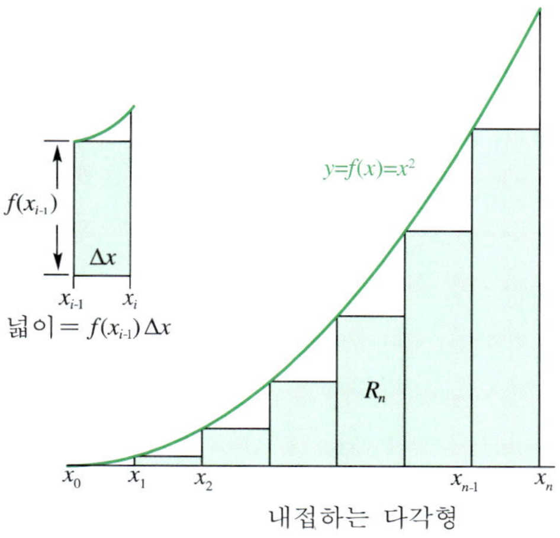

그림 7

여기서

$$f(x_i)\Delta x = x_i^2 \Delta x = \left(\frac{2i}{n}\right)^2 \cdot \frac{2}{n} = \left(\frac{8}{n^3}\right) i^2$$

따라서

$$\begin{aligned}
A(R_n) &= \left[\frac{8}{n^3}(0^2) + \frac{8}{n^3}(1^2) + \frac{8}{n^3}(2^2) + \cdots + \frac{8}{n^3}(n-1^2)\right] \\
&= \frac{8}{n^3}[1^2 + 2^2 + \cdots + (n-1)^2] \\
&= \frac{8}{n^3}\left[\frac{(n-1)n(2n-1)}{6}\right] \quad \text{(합의 공식 2, } n \text{ 대신에 } n-1\text{을 넣음)} \\
&= \frac{8}{6}\left(\frac{2n^3 - 3n^2 + n}{6}\right) \\
&= \frac{4}{3}\left(2 - \frac{3}{n} + \frac{1}{n^2}\right) \\
&= \frac{8}{3} - \frac{4}{n} + \frac{4}{3n^2}
\end{aligned}$$

그러므로 다음과 같은 결과를 얻는다.

$$A(R) = \lim_{n\to\infty} A(R_n) = \lim_{n\to\infty}\left(\frac{8}{3} - \frac{4}{n} + \frac{4}{3n^2}\right) = \frac{8}{3}$$

n이 점점 더 커지면 어떻게 되는지, 그림 8을 보면 알 수 있을 것이다.

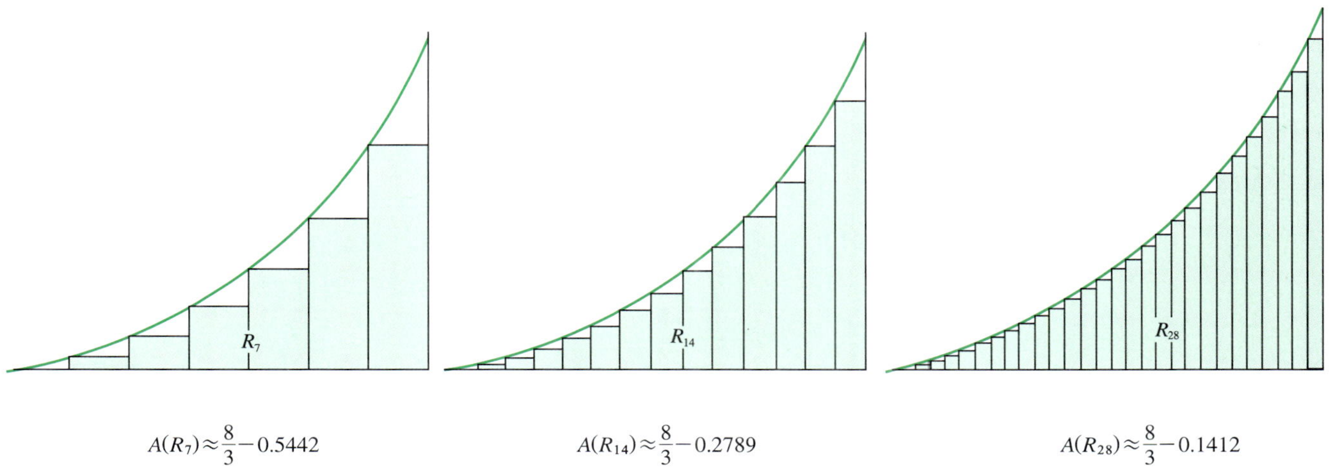

그림 8

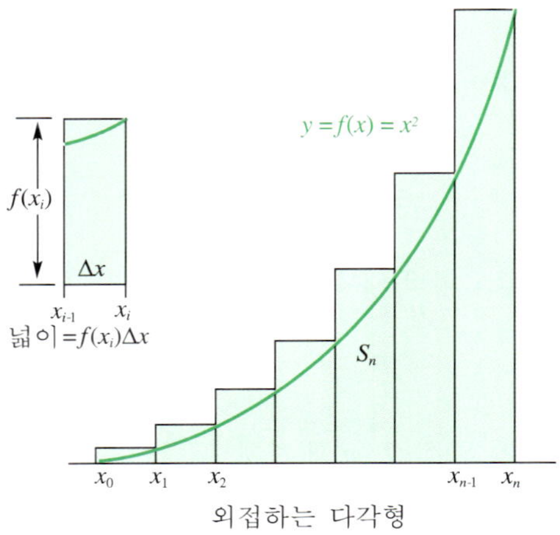

그림 9

외접다각형에 따른 넓이 $A(R)=\frac{8}{3}$임을 아직 수긍하지 못할지 모르므로 좀 더 근거를 제시해 보이도록 한다. 밑변이 $[x_{i-1}, x_i]$이고 높이가 $f(x_i)=x_i^2$인 직사각형을 생각한다(그림 9의 왼쪽 윗부분에 나옴). 그 넓이는 $f(x_i)\Delta x$이다. 이러한 직사각형들을 전부 더한 S_n은 영역 R에 외접하는 다각형이 된다. 그림 9의 오른쪽 아랫부분을 보기 바란다.

넓이 $A(S_n)$은 넓이 $A(R_n)$을 계산한 것과 비슷한 방법으로 계산할 수 있다.

$$A(S_n)=f(x_1)\Delta x+f(x_2)\Delta x+\cdots+f(x_n)\Delta x$$

앞에서와 마찬가지로, $f(x_i)\Delta x=x_i^2\Delta x=(8/n^3)i^2$. 따라서

$$\begin{aligned}A(S_n)&=\left[\frac{8}{n^3}(1^2)+\frac{8}{n^3}(2^2)+\cdots+\frac{8}{n^3}(n^2)\right]\\&=\frac{8}{n^3}[1^2+2^2+\cdots+n^2]\\&=\frac{8}{n^3}\left[\frac{n(n+1)(2n+1)}{6}\right]\quad\text{(합의 공식 2)}\\&=\frac{8}{6}\left[\frac{2n^3+3n^2+n}{n^3}\right]\\&=\frac{4}{3}\left[2+\frac{3}{n}+\frac{1}{n^2}\right]\end{aligned}$$

그러므로 다음과 같은 결과를 또 얻는다.

$$A(R)=\lim_{n\to\infty}A(S_n)=\lim_{n\to\infty}\frac{4}{3}\left[2+\frac{3}{n}+\frac{1}{n^2}\right]=\frac{8}{3}$$

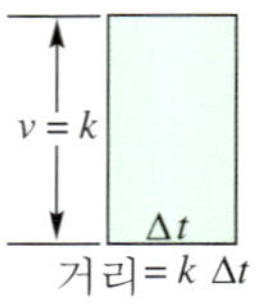

그림 10

다른 문제-같은 맥락 좌표축을 따라 움직이는 어떤 물체가 시간 t일 때의 속도가 초속 $v=f(t)=\frac{1}{4}t^3+1$피트라고 하자. $t=0$에서 $t=3$ 사이의 시간 동안, 이 물체는 얼마나 멀리 움직였는가? 이 문제는 미분방정식(3.9절)을 써서 풀 수도 있지만, 여기서는 적분의 개념을 염두에 두고 이 문제를 다루고자 한다.

어떤 물체가 일정한 속도 k로 Δt 시간 동안 움직이면, 그 움직인 거리는 $k\Delta t$라는 사실은 잘 알고 있다. 또한 이것은 그림 10에 나오는 직사각형의 넓이에 불과하다.

이제 주어진 문제를 생각하자. 여기서 $v=f(t)=\frac{1}{4}t^3+1$. 이 함수의 그래프가 그림 11의 위쪽 부분이다. 구간 $[0, 3]$을 n개의 작은 구간들로 분할하되, 각각의 길이가 $\Delta t=3/n$이 되도록 한다. $n+1$개의 점들 $0=t_0<t_1<t_2<\cdots<t_n=3$을 잡아서 이렇게 쪼갤 수 있다. 그 다음에 대응하는 외접다각형 S_n을 생각한다. 그림 11의 아래쪽 부분에 그려 놓았다(내접다각형을 잡아서 생각해도 된다). 그 넓이 $A(S_n)$은 움직인 거리의 좋은 근사값이 될 것이다. Δt가 작은 경우에 특히 그렇다. 왜냐 하면 각각의 작은 구간에서 실제 속도는 상수(그 작은 구간 끝에서의 v의 값)와 거의 같기 때문이다. 뿐만 아니라, n이 커지면 커질수록 이 근사값은 점점 더 정확해질 것이다. 그러므로 움직인 정확

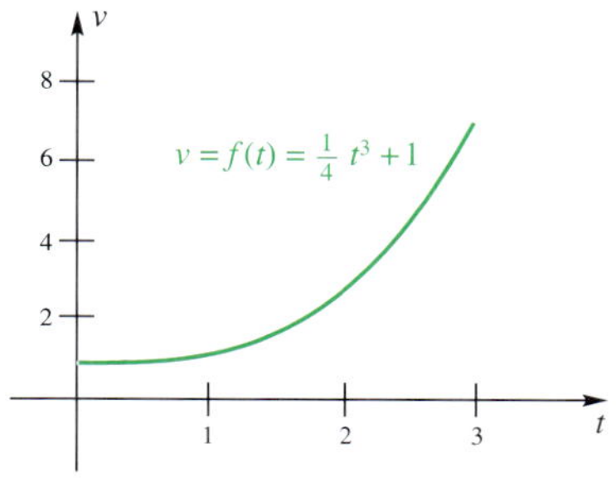

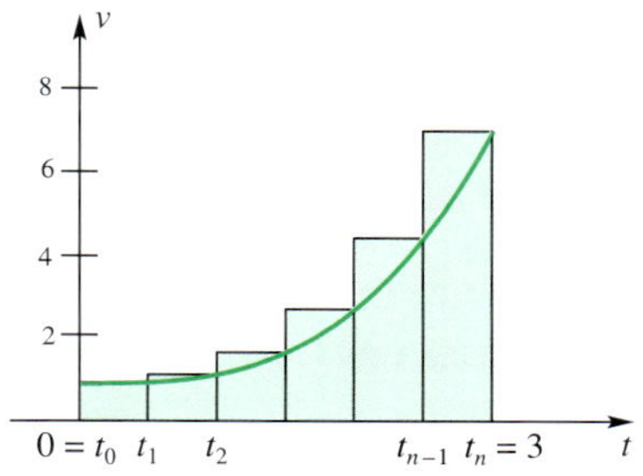

그림 11

한 거리는 $A(S_n)$이라고 결론을 내릴 수 있다. 즉, 속도 곡선의 아래의 $t=0$에서 $t=3$까지의 영역의 넓이이다.

$A(S_n)$을 계산하기 위해서, $t_i = 3i/n$임을 주목한다. 따라서 i번째 직사각형의 넓이는 다음과 같다.

$$f(t_i)\Delta t = \left[\frac{1}{4}\left(\frac{3i}{n}\right)^3 + 1\right]\frac{3}{n} = \frac{81}{4n^4}i^3 + \frac{3}{n}$$

그러므로

$$\begin{aligned}
A(S_n) &= f(t_1)\Delta t + f(t_2)\Delta t + \cdots + f(t_n)\Delta t \\
&= \sum_{i=1}^{n} f(t_i)\Delta t \\
&= \sum_{i=1}^{n}\left(\frac{81}{4n^4}i^3 + \frac{3}{n}\right) \\
&= \frac{81}{4n^4}\sum_{i=1}^{n} i^3 + \sum_{i=1}^{n}\frac{3}{n} \\
&= \frac{81}{4n^4}\left[\frac{n(n+1)}{2}\right]^3 + \frac{2}{n}\cdot n \quad \text{(합의 공식 3)} \\
&= \frac{81}{16}\left[n^2\frac{(n^2+2n+1)}{n^4}\right] + 3 \\
&= \frac{81}{16}\left(1 + \frac{2}{n} + \frac{1}{n^2}\right) + 3
\end{aligned}$$

그러므로 다음과 같은 결과를 얻는다.

$$\lim_{n\to\infty} A(S_n) = \frac{81}{16} + 3 = \frac{129}{16} \approx 8.06$$

이 물체는 $t=0$에서 $t=3$ 사이에 약 8.06 피트를 움직였다.

양수의 속도로 움직이는 모든 물체에 대해서, 이 예제에서 성립한 것이 똑같이 성립한다. 즉 움직인 거리는 속도 곡선 아래의 영역의 넓이이다.

개념 복습

1. $\sum_{i=1}^{5} 2i$의 값은 ______이고, $\sum_{i=1}^{5} 2$의 값은 ______이다.

2. $\sum_{i=1}^{10} a_i = 9$이고 $\sum_{i=1}^{10} b_i = 7$이면, $\sum_{i=1}^{10}(3a_i - 2b_i) =$ ______이고, $\sum_{i=1}^{10}(a_i + 4) =$ ______이다.

3. ______다각형의 넓이는 그 영역의 넓이보다 약간 작으며, ______다각형의 넓이는 그 영역의 넓이보다 약간 크다.

4. 곡선 $y = [\![x]\!]$의 아래의 0에서 4까지의 영역의 정확한 넓이는 ______이다.

연습문제 4.1

문제 1~8에서 주어진 합의 값을 구하여라.

1. $\sum_{k=1}^{6}(k-1)$

2. $\sum_{i=1}^{6}i^2$

3. $\sum_{k=1}^{7}\frac{1}{k+1}$

4. $\sum_{l=3}^{8}(l+1)^2$

5. $\sum_{m=1}^{8}(-1)^m 2^{m-2}$

6. $\sum_{k=3}^{7}\frac{(-1)^k 2^k}{(k+1)}$

7. $\sum_{n=1}^{6}n\cos(n\pi)$

8. $\sum_{k=1}^{6}k\sin(k\pi/2)$

문제 9~14에서 주어진 합을 시그마 기호를 이용하여 나타내어라.

9. $1+2+3+\cdots+41$

10. $2+4+6+8+\cdots+50$

11. $1+\frac{1}{2}+\frac{1}{3}+\frac{1}{4}+\cdots+\frac{1}{100}$

12. $1-\frac{1}{2}+\frac{1}{3}-\frac{1}{4}+\cdots-\frac{1}{100}$

13. $a_1+a_3+a_5+a_7+\cdots+a_{99}$

14. $f(w_1)\Delta x+f(w_2)\Delta x+\cdots+f(w_n)\Delta x$

문제 15~18에서 $\sum_{i=1}^{10}a_i=40$이고 $\sum_{i=1}^{10}b_i=50$이라 가정하자. 다음 각각을 계산하여라(예제 1 참조).

15. $\sum_{i=1}^{10}(a_i+b_i)$

16. $\sum_{n=1}^{10}(3a_n+2b_n)$

17. $\sum_{p=0}^{9}(a_{p+1}-b_{p+1})$

18. $\sum_{q=1}^{10}(a_q-b_q-q)$

문제 19~24에서 합의 공식 1~4를 써서 다음 합을 구하여라(예제 3~5 참조).

19. $\sum_{i=1}^{100}(3i-2)$

20. $\sum_{i=1}^{10}[(i-1)(4i+3)]$

21. $\sum_{k=1}^{10}(k^3-k^2)$

22. $\sum_{k=1}^{10}5k^2(k+4)$

23. $\sum_{i=1}^{n}(2i^2-3i+1)$

24. $\sum_{i=1}^{n}(2i-3)^2$

25. 아래 두 식의 양변을 더하고, S에 대해 풀어서, 공식 1을 다른 방법으로 증명해 보여라.

$S=1+2+3+\cdots+(n-2)+(n-1)+n$

$S=n+(n-1)+(n-2)+\cdots+3+2+1$

26. 다음 **등비수열의 합**(geometric sum)의 공식을 증명하여라.

$$\sum_{k=0}^{n}ar^k=a+ar+ar^2+\cdots+ar^n=\frac{a-ar^{n+1}}{1-r}(r\neq 1)$$

도움말: $S=a+ar+\cdots+ar^n$로 놓고, $S-rS$를 간단히 하여 S에 대해서 푼다.

27. 문제 26을 이용하여 다음 합을 구하여라.

(a) $\sum_{k=1}^{10}\left(\frac{1}{2}\right)^k$ (b) $\sum_{k=1}^{10}2^k$

28. 문제 25와 비슷한 방법을 써서, **등차수열의 합**의 공식을 구하여라.

$$\sum_{k=0}^{n}(a+kd)=a+(a+d)+(a+2d)+\cdots+(a+nd)$$

29. 항등식 $(i+1)^3-i^3=3i^2+3i+1$을 이용하여, 합의 공식 2를 증명하여라.

30. 항등식 $(i+1)^4-i^4=4i^3+6i^2+4i+1$을 이용하여, 합의 공식 3을 증명하여라.

$$1^3+2^3+\cdots+n^3=\left[\frac{n(n+1)}{2}\right]^2$$

31. 항등식 $(i+1)^5-i^5=5i^4+10i^3+10i^2+5i+1$을 이용하여, 합의 공식 4를 증명하여라.

$$1^4+2^4+\cdots+n^4=\frac{n(n+1)(6n^3+9n^2+n-1)}{30}$$

32. 그림 12의 도형들을 이용하여, 공식 1, 공식 3이 성립함을 밝혀라.

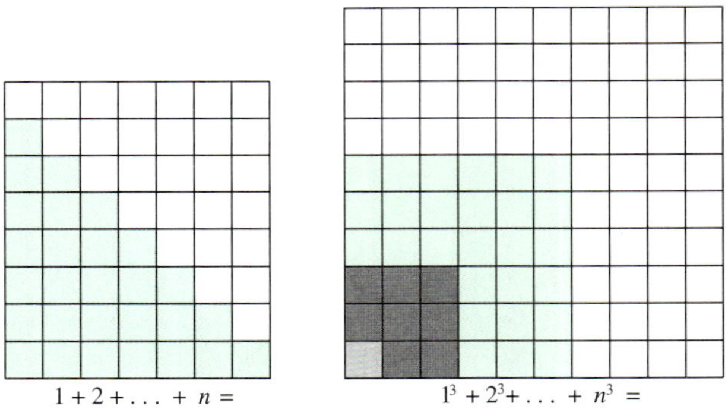

그림 12

33. 통계학에서, 어떤 수열 $x_1, x_2, \cdots, x_n$의 평균 $\bar{x}$와 분산 s^2을 다음과 같이 정의한다.

$$\bar{x}=\frac{1}{n}\sum_{i=1}^{n}x_i,\quad s^2=\frac{1}{n}\sum_{i=1}^{n}(x_i-\bar{x})^2$$

다음 수열에 대해서 $\bar{x}$와 s^2을 구하여라.

2, 5, 7, 8, 9, 10, 14

34. 문제 33의 정의를 써서, 다음 수열의 $\bar{x}$와 s^2을 구하여라.

(a) 1, 1, 1, 1, 1

(b) 1001, 1001, 1001, 1001, 1001

(c) 1, 2, 3

(d) 1,000,001; 1,000,002; 1,000,003

35. 문제 33의 정의를 써서, 다음이 성립함을 보여라.

(a) $\sum_{i=1}^{n}(x_i-\bar{x})=0$

(b) $s^2=\left(\frac{1}{n}\sum_{i=1}^{n}x_i^2\right)-\bar{x}^2$

36. 문제 34 (a)와 (b)의 답을 바탕으로, 똑같은 수 n개의 분산에 대해서 추측하여라. 추측을 증명하여라.

37. 임의의 실수 $x_1, x_2, \cdots, x_n$에 대해 $\sum_{i=1}^{n}(x_i-c)^2$이 최소가 되게 하는 c의 값을 구하여라.

38. 12일 동안의 크리스마스라는 노래를 보면, 사랑하는 사람이 나에게 선물을 주는데, 첫날은 1개를 주고, 둘째날은 1+2개를 셋째날은 1+2+3개를 주고, 이런 식으로 12일 동안 계속 선물을 준다.

(a) 12일 동안 주는 선물의 총 개수는?

(b) 처음 n일 동안 준 선물의 총 개수 T_n을 나타내는 간단한 공식을 구하여라.

39. 식료품 가게에서 귤을 피라미드 모양으로 쌓아 놓는다. 맨 밑면은 16개씩의 귤을 10줄로 놓는 직사각형 모양이고, 맨 위는 1줄의 귤만 있다. 쌓아 놓은 귤은 전부 몇 개인가?

40. 문제 39에서 맨 밑면이 60개씩의 귤이 50줄이라면 어떤지 답하여라.

41. 문제 39와 문제 40의 결과를 n개씩의 귤이 m줄인 경우에 대해서 일반화하여라.

42. 다음 합을 나타내는 간단한 공식을 구하여라.

$$\frac{1}{1\cdot 2}+\frac{1}{2\cdot 3}+\frac{1}{3\cdot 4}+\cdots+\frac{1}{n(n+1)}$$

도움말: $\frac{1}{i(i+1)}=\frac{1}{i}-\frac{1}{i+1}$

문제 43~48에서 주어진 내접다각형 또는 외접다각형의 넓이를 구하여라.

43.

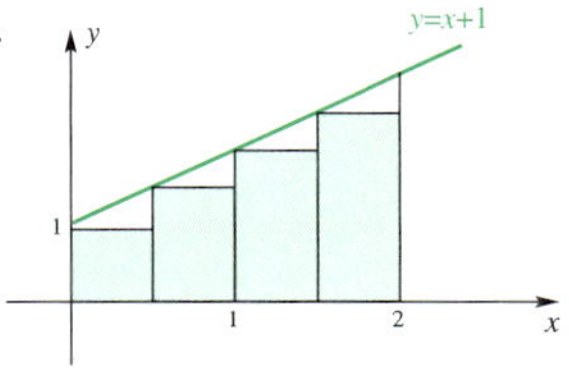

44.

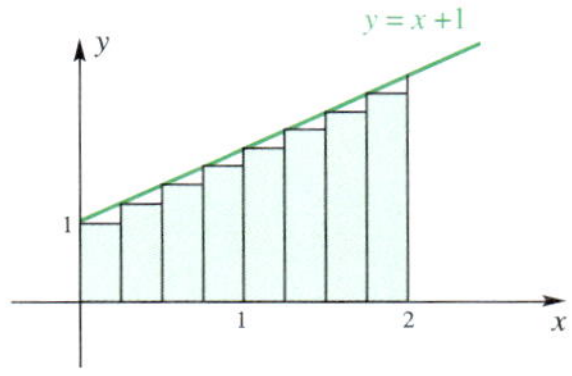

45.

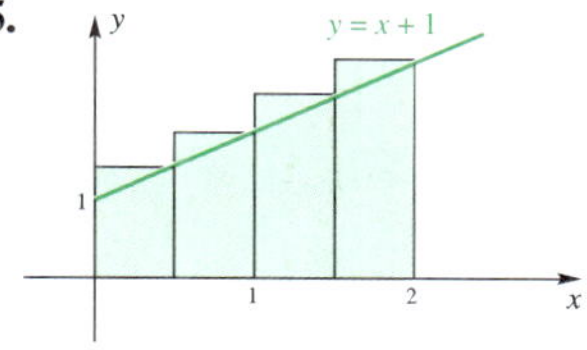

46.

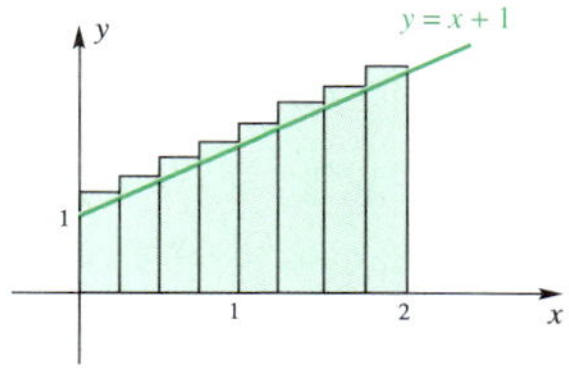

47.

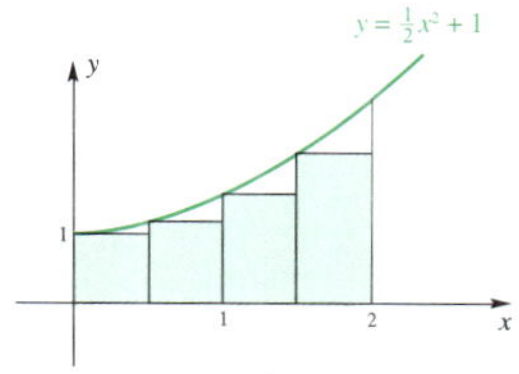

48.

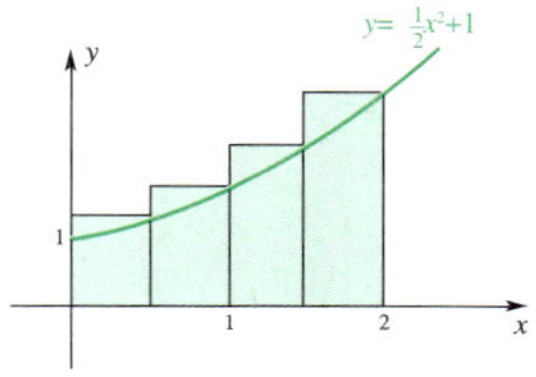

문제 49~52에서 구간 $[a, b]$에서 주어진 함수의 그래프를 그려라. 그 다음에 $[a, b]$를 n개의 같은 크기의 작은 구간들로 분할하여라. 끝으로, 대응하는 외접다각형의 넓이를 계산하여라.

49. $f(x)=x+1$; $a=-1$, $b=2$, $n=3$

50. $f(x)=3x-1$; $a=1$, $b=3$, $n=4$

C **51.** $f(x)=x^2-1$; $a=2$, $b=3$, $n=6$

C **52.** $f(x)=3x^2+x+1$; $a=-1$, $b=1$, $n=10$

문제 53~58에서, 구간 $[a, b]$에서 곡선 $y=f(x)$의 아래 영역의 넓이를 구하여라. 넓이를 구하기 위해서, 구간 $[a, b]$를 n개의 같은 크기의 작은 구간들로 분할하고, 그에 대응하는 외접다각형의 넓이를 계산하고, 그 다음에 $n\to\infty$. (본문에 나오는 $y=x^2$의 예 참조).

53. $y=x+2$; $a=0$, $b=1$

54. $y=\frac{1}{2}x^2+1$; $a=0$, $b=1$

55. $y=2x+2$; $a=-1$, $b=1$. 도움말: $x_i=-1+\frac{2i}{n}$

56. $y=x^2$; $a=-2$, $b=2$

≈ **57.** $y=x^3$; $a=0$, $b=1$

≈ **58.** $y=x^3+x$; $a=0$, $b=1$

59. 좌표축을 따라 움직이는 어떤 물체가 시간 t초일 때 그 속도는 초속 $v=t+2$ 피트이다. $t=0$에서 $t=1$ 사이 동안 얼마나 멀리 움직이는가?

도움말: 이 절 끝부분에서 속도 문제를 다룬 것을 보고, 문제 53의 결과를 이용하여라.

60. $v=\frac{1}{2}t^2+2$일 때, 문제 59의 지시를 따라서 풀어라. 문제 54의 결과를 이용해도 된다.

61. 구간 $[a, b]$에서 곡선 $y=x^2$의 아래 영역의 넓이를 A_a^b로

나타낸다.

(a) $A_0^b = b^3/3$임을 증명하여라.

도움말: $\Delta x = b/n$이니, 따라서 $x_i = ib/n$. 외접하는 다각형을 이용하여라.

(b) $A_a^b = b^3/3 - a^3/3$임을 보여라. $a \geq 0$이라 가정한다.

62. 좌표축을 따라 움직이는 어떤 물체가 시간 t초일 때 그 속도는 초속 $v = t^2$미터이다. $t=3$에서 $t=5$ 사이 동안 얼마나 멀리 움직이는가? 문제 61 참조.

63. 문제 61의 결과를 이용하여, 다음 구간에서 곡선 $y=x^2$ 아래 영역의 넓이를 계산하여라.

(a) $[0, 5]$ (b) $[1, 4]$ (c) $[2, 5]$

64. 4.1절의 합의 공식 1~4를 보면, 다음 식이 성립하리라고 추측할 수 있다.

$$1^m + 2^m + 3^m + + n^m = \frac{n^{m+1}}{m+1} + C_n$$

여기서 C_n은 변수 n의 m차 다항식이다. 이것이 성립한다고 가정하고(실제로 성립한다), $a \geq 0$에 대해서, 구간 $[a, b]$에서 곡선 $y = x^m$ 아래 영역의 넓이를 $A_a^b(x^m)$이라 하자.

(a) $A_0^b(x^m) = \dfrac{b^{m+1}}{(m+1)}$임을 증명하여라.

(b) $A_a^b(x^m) = \dfrac{b^{m+1}}{m+1} - \dfrac{a^{m+1}}{m+1}$임을 보여라.

65. 문제 64의 결과를 이용하여, 다음 각각의 넓이를 계산하여라.

(a) $A_0^2(x^3)$ (b) $A_1^2(x^3)$ (c) $A_1^2(x^5)$ (d) $A_0^2(x^9)$

66. 반지름이 r인 원에 내접하는 정 n각형과 외접하는 정 n각형의 넓이 공식 $A_n = \frac{1}{2}nr^2 \sin(2\pi/n)$와 $B_n = nr^2 \tan(\pi/n)$를 이끌어 내어라. 그 다음에 $\lim_{n\to\infty} A_n$과 $\lim_{n\to\infty} B_n$은 둘 다 πr^2임을 보여라.

개념 복습 해답: **1.** 30; 10 **2.** 13; 49 3. 내접; 외접 **4.** 6

4.2 정적분

이제 정적분을 정의하기 위해 필요한 모든 준비가 되었다. 정적분 개념의 초기 견해는 뉴턴과 라이프니쯔가 제시하였지만 현대적 정의를 제시한 사람은 리만(Riemann)이다. 리만에 의한 적분의 개념을 이해하기 위해서는, 앞 절에서 다룬 아이디어들을 따라가야 한다. 우선 리만 합의 개념을 배우도록 한다.

리만 합 폐구간 $[a, b]$에서 정의된 함수 f를 생각한다. 이 함수는 이 구간에서 양수값과 음수값, 둘 다를 가져도 되고, 심지어 불연속이더라도 상관이 없다. 따라서, 그 그래프는 그림 1에 있는 것처럼 될 것이다.

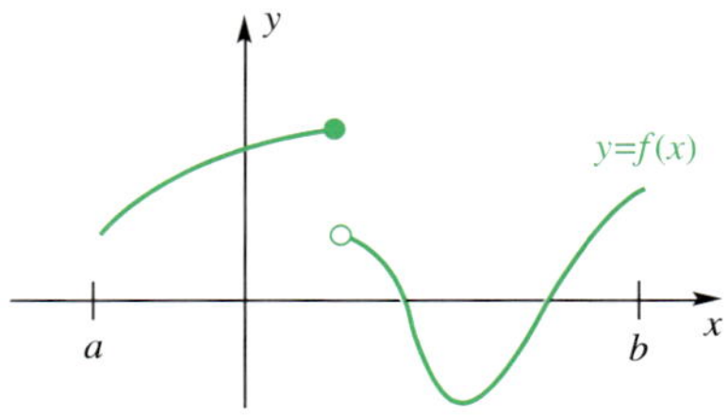

그림 1

점들 $a = x_0 < x_1 < x_2 < \cdots < x_{n-1} < x_n = b$를 잡아서, 구간 $[a, b]$를 n개의 작은 구간들(크기가 달라도 상관이 없음)로 쪼갠 분할(partition) P를 생각한다. 그리고 $\Delta x_i = x_i - x_{i-1}$로 놓는다. 각각의 작은 구간 $[x_{i-1}, x_i]$에서, 임의의 점 $\bar{x}_i$를 잡고(끝점이더라도 상관이 없다), 이것을 i번째 작은 구간의 표본점(sample point)이라고 부른다. $n=6$일 때 이런 보기를 만들면 그림 6과 같다.

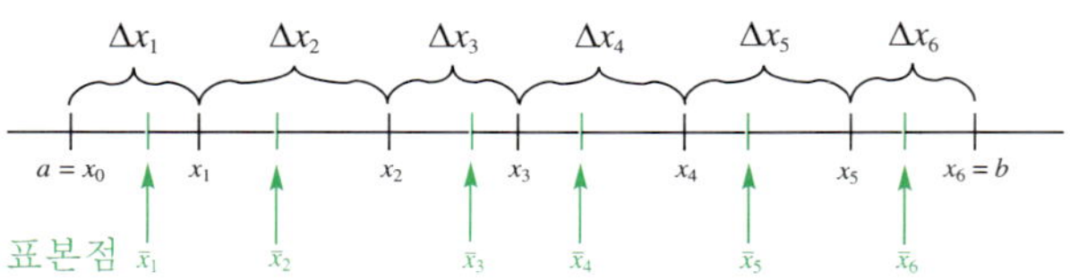

구간 $[a, b]$의 분할과 표본점 $\bar{x}_i$

그림 2

이 때, 합

$$R_P = \sum_{i=1}^{n} f(\bar{x}_i)\Delta x_i$$

를 분할 P에 대응하는 f의 **리만합**(Riemann sum)이라고 한다. 이에 관한 기하학적 의미는 그림 3에서와 같다.

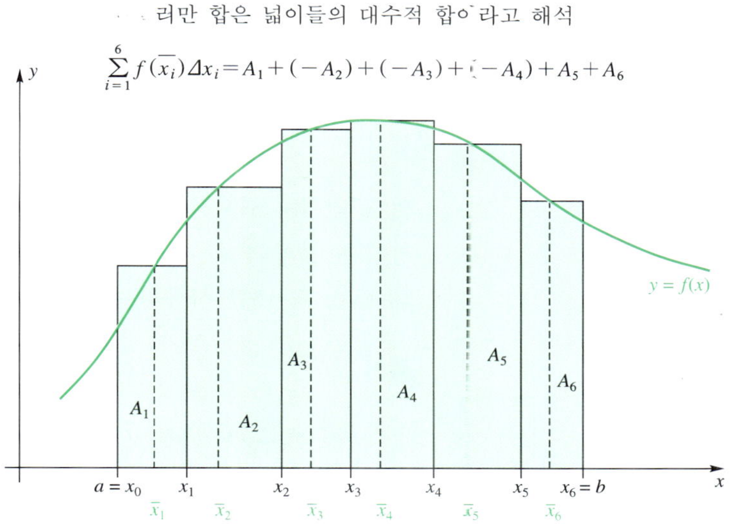

그림 3

예제 1 함수 $f(x)=x^2+1$의 구간 $[-1, 2]$에서의 리만합을 계산하되, 같은 간격으로 놓여 있는 분할점 $-1<-0.5<0<0.5<1<1.5<2$를 사용하고, 표본점 $\bar{x}_i$는 i번째 작은 구간의 중점을 사용하여라.

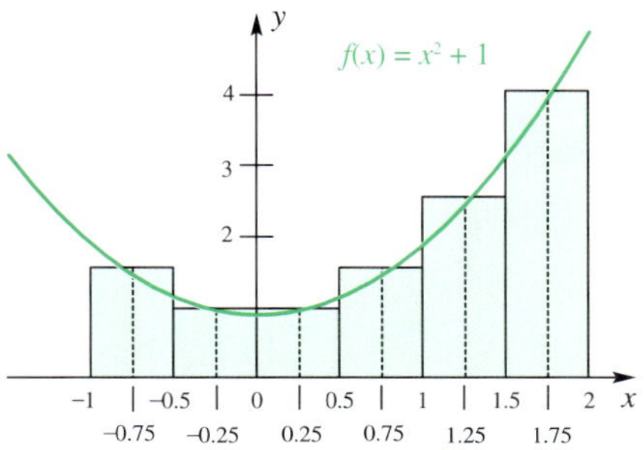

그림 4

풀이 그림 4와 같이 생각하면

$$\begin{aligned} R_P &= \sum_{i=1}^{6} f(\bar{x}_i)\Delta x_i \\ &= [f(-0.75)+f(-0.25)+f(0.25)+f(0.75)+f(1.25)+f(1.75)](0.5) \\ &= [1.5625+1.0625+1.0625+1.5625+2.5625+4.0625](0.5) \\ &= 5.9375 \end{aligned}$$

■

그림 3과 그림 4에서의 함수는 양의 값을 가졌다. 그 결과 리만합은 단순히

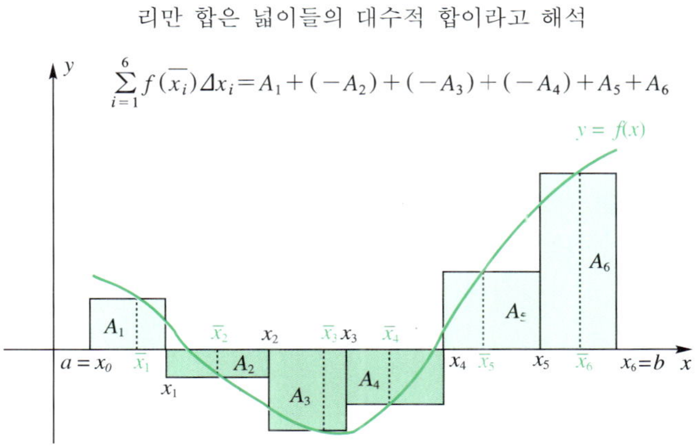

그림 5

직사각형의 넓이의 합이다. 그러나 f가 음의 값을 가지면 어떨까? 이 경우에는 $f(\bar{x}_i)<0$을 만족하는 점 $\bar{x}_i$는 x축 아래에 있는 직사각형을 이끌고 곱 $f(\bar{x}_i)\Delta x_i$는 음이 될 것이다. 이것은 리만합에 그러한 직사각형들이 끼치는 영향이 음이라는 것을 의미한다. 그림 5에서 이런 현상을 볼 수 있다.

예제 2 함수

$$f(x)=(x+1)(x-2)(x-4)=x^3-5x^2+2x+8$$

의 구간 [0, 5]에서의 리만합 R_P를 구하되, 분할점 $0<1.1<2<3.2<4<5$를 가지는 분할 P를 사용하고, 대응하는 표본점들은 $\bar{x}_1=0.5$, $\bar{x}_2=1.5$, $\bar{x}_3=2.5$, $\bar{x}_4=3.6$, $\bar{x}_5=5$를 사용하여라.

풀이

$$\begin{aligned}R_P&=\sum_{i=1}^{5}f(\bar{x}_i)\Delta x_i\\&=f(\bar{x}_1)\Delta x_1+f(\bar{x}_2)\Delta x_2+f(\bar{x}_3)\Delta x_3+f(\bar{x}_4)\Delta x_4+f(\bar{x}_5)\Delta x_5\\&=f(0.5)(1.1-0)+f(1.5)(2-1.1)+f(2.5)(3.2-2)\\&\quad+f(3.6)(4-3.2)+f(5)(5-4)\\&=(7.875)(1.1)+(3.125)(0.8)+(-2.625)(1.2)+(-2.944)(0.8)+18(1)\\&=23.9698\end{aligned}$$

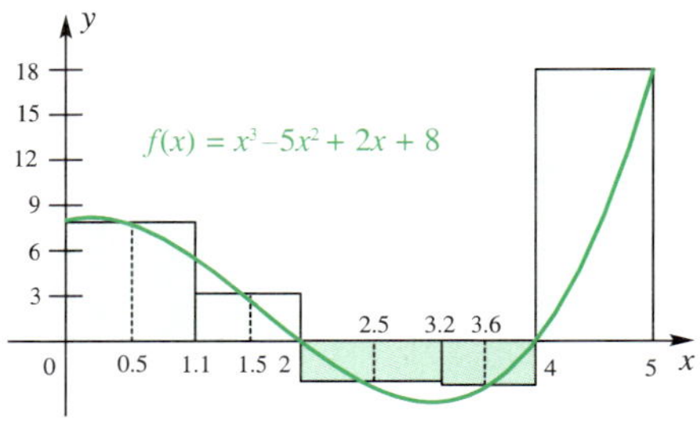

그림 6

이것을 기하학적 그림으로 나타내면 그림 6과 같다. ■

정적분의 정의 P, Δx, $\bar{x}_i$는 위에서 다룬 의미로 사용한다. 그리고 기호 $|P|$는 분할 P의 **놈**(크기, norm)이라고 하며, 분할 P의 작은 구간들 중에 가장 긴 것의 길이를 나타낸다. 예를 들어 예제 1에서는 $|P|=0.5$, 예제 2에서는 $|P|=3.2-2=1.2$.

적분 기호

정적분에 대한 기호로서, 마지막 장에서 부정적분에서 그랬듯이 "S"를 길게 늘인 것을 쓴다. 물론 "S"는, 정적분이 합의 특수한 모양의 극한인 리만합이므로 "합"을 상징한다.
3장에서의 부정적분과 이 절에서의 정적분의 연결은 미적분에 대한 제2 기본정리를 줄 때 4.4절에서 분명해질 것이다.

정의 정적분

구간 $[a, b]$에서 정의된 함수 f에 대해,

$$\lim_{|P|\to 0}\sum_{i=1}^{n}f(\bar{x}_i)\Delta x_i$$

가 존재하면, f는 구간 $[a, b]$에서 **적분 가능**하다고 한다. 그리고 아래와 같이 주어진 $\int_a^b f(x)dx$를 f의 a에서 b까지의 **정적분**(또는 리만 적분)이라고 한다.

$$\int_a^b f(x)\,dx=\lim_{|P|\to 0}\sum_{i=1}^{n}f(\bar{x}_i)\Delta x_i$$

이 정의의 핵심은 맨 끝의 식이다. 이 식은, 앞절에서 우리가 다루었던 넓이의 개념이 발전하여 적분의 개념으로 꽃을 피운 것이다. 하지만 앞절에서

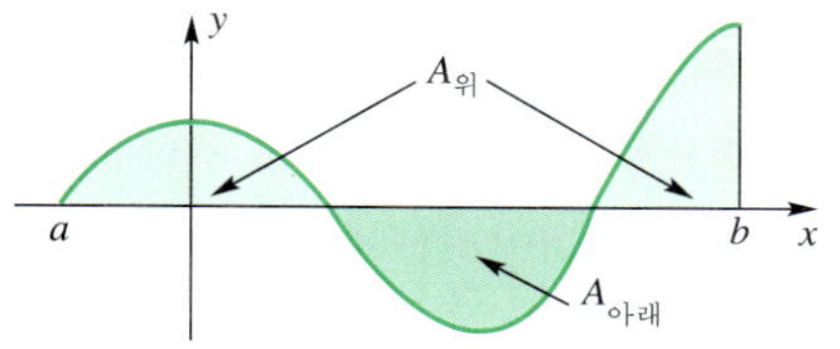

그림 7

다룬 개념들이 여기서 더욱 더 일반화되었다. 예를 들어 이제는 함수 f가 구간 $[a, b]$의 일부 또는 전부에서 음수가 되어도 상관이 없고, 작은 구간들이 서로 길이가 다르도록 분할해도 되며, x_i는 i번째 작은 구간의 어떠한 점이든 상관이 없다. 이렇게 많은 변화가 있으므로, 정적분이 넓이와 어떤 관계가 있는지 엄밀하게 기술하는 것이 중요하다. 일반적으로 $\int_a^b f(x)dx$는 구간 $[a, b]$에서 곡선 $y=f(x)$와 x축 사이에 놓인 영역의 부호를 가진 넓이(signed area)를 나타낸다. 즉, x축 위에 있는 영역의 넓이에는 양의 부호를 붙이고, x축 아래에 있는 영역의 넓이에는 음의 부호를 붙인 것이다. 식으로 나타내면,

$$\int_a^b f(x)dx = A_{위} - A_{아래}$$

여기서 $A_{위}$와 $A_{아래}$는 그림 7에서와 같다.

정적분의 정의에 나오는 극한은 그 의미가 앞에서 사용한 것에 비해서 더욱 일반적이므로, 좀 더 설명이 필요하다. 등식

$$\lim_{|P|\to 0} \sum_{i=1}^{n} f(\bar{x}_i)\Delta x_i = L$$

이 뜻하는 것은 다음과 같다. 각각의 $\varepsilon>0$에 대해서, 어떤 $\delta>0$가 존재하여서, 분할 P의 놈(크기) $|P|$가 δ보다 작으면, 함수 f의 구간 $[a, b]$에서의 모든 리만합 $\sum_{i=1}^{n} f(\bar{x}_i)\Delta x_i$가

$$\left| \sum_{i=1}^{n} f(\bar{x}_i)\Delta x_i - L \right| < \varepsilon$$

을 만족한다. 이 때 주어진 극한이 존재하며, 그 극한값이 L이라고 한다.

ε과 δ를 사용한 극한의 개념은 지금 당장 이해하려고 서둘 필요는 없다. 다만, 극한에 관한 대부분의 법칙들이 이러한 종류의 극한에 대해서도 성립함을 유의한다.

적분 기호 $\int_a^b f(x)dx$에서, a는 적분의 아래끝, b는 적분의 위끝이라고 한다. $\int_a^b f(x)dx$를 정의할 때, $a<b$라고 묵시적으로 가정하였다. 이제 다음과 같이 정의하여 이러한 제약을 없앨 수 있다.

$$\int_a^a f(x)dx = 0$$

$$\int_a^b f(x)dx = -\int_b^a f(x)dx, \ a>b$$

따라서

$$\int_2^2 x^3 dx = 0, \quad \int_6^2 x^3 dx = -\int_2^6 x^3 dx$$

마지막으로, 기호 $\int_a^b f(x)\,dx$에서 변수 x는 허수아비 변수임을 지적하고 싶다. 이 말이 뜻하는 것은, x를 다른 어떠한 문자로 바꾸든 상관이 없다는 뜻이다(물론, 그것이 나오는 모든 곳에서 다 바꾸어 주어야 한다). 따라서

$$\int_a^b f(x)\,dx = \int_a^b f(t)\,dx = \int_a^b f(u)\,dx$$

어떤 함수가 적분 가능한가? 폐구간 $[a,\ b]$에서 모든 함수가 적분 가능한 것은 아니다. 예를 들어 다음 함수

$$f(x) = \begin{cases} \dfrac{1}{x^2}, & x \neq 0\text{인 경우} \\ 1, & x = 0\text{인 경우} \end{cases}$$

는 구간 $[-2,\ 2]$에서 적분할 수 없다. 이것의 그래프가 그림 8이며, 이 함수는 유계가 아니다. 이 함수는 리만합을 얼마든지 크게 만들 수 있다. 그러므로 구간 $[-2,\ 2]$에서 리만합의 극한은 존재하지 않는다.

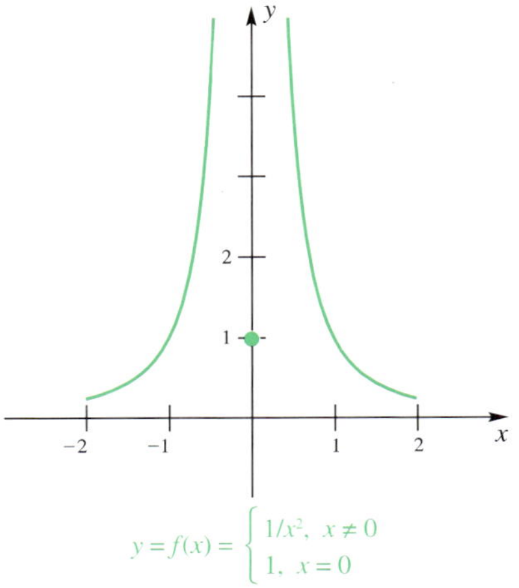

그림 8

유계인 함수들 중에도 적분할 수 없는 것이 있지만, 그것들은 매우 복잡한 모습이다(연습문제 39에 예가 나온다). 아래의 정리 A는 적분 가능 여부에 관한 가장 중요한 법칙이다. 그렇지만 이것은 증명하기가 매우 어렵고 이책의 수준을 넘어가므로 그냥 받아들이도록 한다.

정리 A 적분 가능성 정리

f가 $[a,\ b]$에서 유계이고, 불연속인 점들이 많아야 유한개이면, f는 $[a,\ b]$에서 적분 가능하다. 특히 f가 구간 $[a,\ b]$ 전체에서 연속이면, f는 $[a,\ b]$에서 적분 가능하다.

이 정리에 의해, 다음 함수들은 모든 폐구간 $[a, b]$에서 적분 가능하다.

1. 다항식
2. 사인 함수와 코사인 함수
3. 구간 $[a,\ b]$에서 0이 되는 점이 없는 유리함수

정적분의 계산 어떤 함수가 적분 가능함을 알고 있으면, 그 적분을 계산할 때, **균등 분할**(작은 구간들의 길이가 같음)을 사용하고, 표본점 $\bar{x}_i$를 편리하도록 골라서 사용해도 상관이 없다. 예제 3, 예지 4는 다항식의 정적분인데, 다항식은 적분 가능함을 방금 배웠다.

예제 3 $\int_{-2}^{3} (x+3)\,dx$를 계산하여라.

풀이 구간 $[-2,\ 3]$을 n개의 같은 길이의 작은 구간들로 균등분할한다. 그러면 각각의 길이는 $\Delta x = 5/n$. 각각의 작은 구간 $[x_{i-1},\ x_i]$에서, $\bar{x}_i = x_i$를 표본

점으로 사용한다. 그러면

$$\begin{aligned}
x_0 &= -2 \\
x_1 &= -2+\Delta x = -2-\frac{5}{n} \\
x_2 &= -2+2\Delta x = -2+2\left(\frac{5}{n}\right) \\
&\vdots \\
x_i &= -2+i\Delta x = -2+i\left(\frac{5}{n}\right) \\
&\vdots \\
x_n &= -2+n\Delta x = -2+n\left(\frac{5}{n}\right)=3
\end{aligned}$$

따라서 $f(x_i)=x_i+3=1+i(5/n)$. 따라서

$$\begin{aligned}
\sum_{i=1}^{n} f(\bar{x}_i)\Delta x_i &= \sum_{i=1}^{n} f(x_i)\Delta x \\
&= \sum_{i=1}^{n}\left[1+i\left(\frac{5}{n}\right)\right]\frac{5}{n} \\
&= \frac{5}{n}\sum_{i=1}^{n} 1+\frac{25}{n^2}\sum_{i=1}^{n} i \\
&= \frac{5}{n}(n)+\frac{25}{n^2}\left[\frac{n(n+1)}{2}\right] \quad \text{(합의 공식 1)} \\
&= 5+\frac{25}{2}\left(1+\frac{1}{n}\right)
\end{aligned}$$

P는 균등 분할이므로, $|P|\to 0$은 $n\to 0$과 동치이다. 따라서 다음이 성립한다.

$$\begin{aligned}
\int_{-2}^{3}(x+3)\,dx &= \lim_{|P|\to 0}\sum_{i=1}^{n} f(\bar{x}_i)\Delta x_i \\
&= \lim_{n\to 0}\left[5+\frac{25}{2}\left(1+\frac{1}{n}\right)\right] \\
&= \frac{35}{2}
\end{aligned}$$

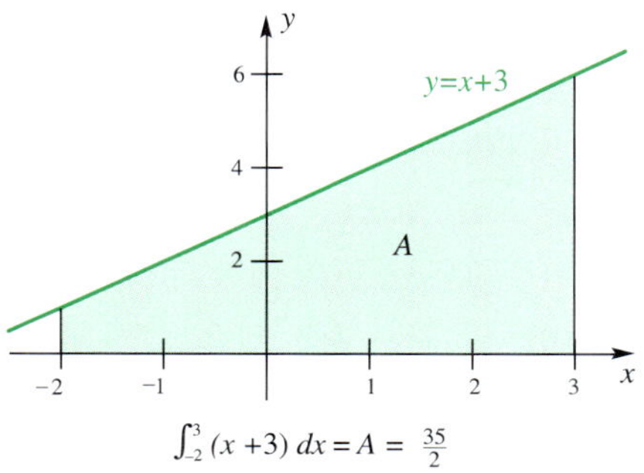

그림 9

이 답이 맞음을 쉽게 확인해 볼 수 있다. 왜냐 하면 이 적분은 그림 9의 사다리꼴의 넓이이기 때문이다. 사다리꼴의 넓이 공식 $A=\frac{1}{2}(a+b)h$를 쓰면, $\frac{1}{2}(1+6)5=35/2$. ■

예제 4 $\int_{-1}^{3}(2x^2-8)\,dx$를 계산하여라.

풀이 간단한 기하학 공식으로 이것을 구할 수는 없다. 그림 10을 보면, 이 적분은 $-A_1+A_2$임을 알 수 있다. 여기서 A_1은 x축 아래 영역의 넓이, A_2는 x축 위 영역의 넓이이다.

구간 $[-1, 3]$을 n개의 같은 길이의 작은 구간들로 쪼갠 균등 분할을 P라 하자. 그러면 각각의 길이는 $\Delta x=4/n$. 각각의 작은 구간 $[x_{i-1}, x_i]$에서, 오른

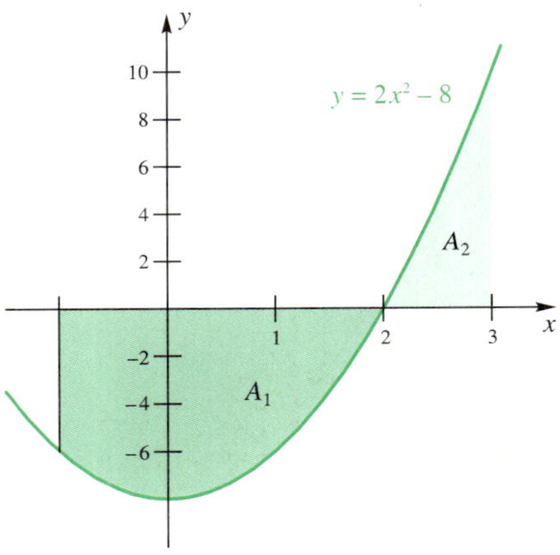

$\int_{-1}^{3}(2x^2 - 8)\,dx = -A_1 + A_2 = -\frac{40}{3}$

그림 10

≈ 일반 상식

함수의 그래프가 주어졌을 때, 그 정적분은 부호를 가진 넓이

$$A_{위} - A_{아래}$$

임을 이용하여, 정적분 값을 대략 추측할 수 있다. 그래서 예제 4에서, x축 위의 부분이 삼각형이고, 아래 부분이 직사각형이라 치고, 정적분 값을 대략 추측해 보자. 그 추측값은

$$\frac{1}{2}(1)(10) - (3)(6) = -13$$

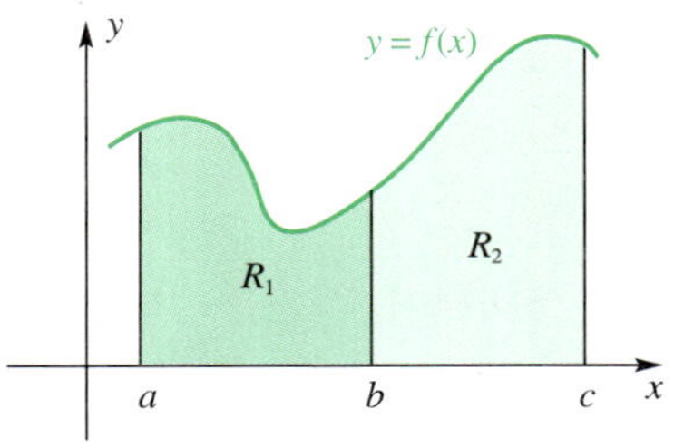

그림 11

쪽 끝점을 $\bar{x}_i$로 잡는다. 즉, $\bar{x}_i = x_i$. 그러면

$$x_i = -1 + i\Delta x = -1 + i\left(\frac{4}{n}\right)$$

이므로

$$f(x_i) = 2x_i^2 - 8 - 2 = 2\left[-1 + i\left(\frac{4}{n}\right)\right]^2 - 8$$
$$= -6 - \frac{16i}{n} + \frac{32i^2}{n^2}$$

따라서

$$\sum_{i=1}^{n} f(\bar{x}_i)\Delta x_i = \sum_{i=1}^{n} f(x_i)\Delta x$$
$$= \sum_{i=1}^{n}\left[-6 - \frac{16}{n}i + \frac{32}{n^2}i^2\right]\frac{4}{n}$$
$$= -\frac{24}{n}\sum_{i=1}^{n}1 - \frac{64}{n^2}\sum_{i=1}^{n}i + \frac{128}{n^3}\sum_{i=1}^{n}i^2$$
$$= \frac{-24}{n}(n) - \frac{64}{n^2}\frac{n(n+1)}{2} + \frac{128}{n^3}\frac{n(n+1)(2n+1)}{6}$$
$$= -24 - 32\left(1 + \frac{1}{n}\right) + \frac{128}{6}\left(2 + \frac{3}{n} + \frac{1}{n^2}\right)$$

그러므로 다음이 성립한다.

$$\int_{-1}^{3}(2x^2 - 8)\,dx = \lim_{|P|\to 0}\sum_{i=1}^{n} f(\bar{x}_i)\Delta x_i$$
$$= \lim_{n\to 0}\left[-24 - 32\left(1 + \frac{1}{n}\right) + \frac{128}{6}\left(2 + \frac{3}{n} + \frac{1}{n^2}\right)\right]$$
$$= -24 - 32 + \frac{128}{3} = -\frac{40}{3}$$

답이 음수임은 어느 정도 예상했던 일이다. 왜냐 하면 x축 아래의 영역이 x축 위의 영역보다 더 커 보이기 때문이다(그림 10). 위에서 구한 답은 옆의 네모 안의 '일반 상식'으로 추측한 답에 가깝다. 따라서 구한 답이 맞다고 확신해도 될 것 같다. ■

구간의 덧셈 성질 정적분 정의는 곡선으로 된 영역의 넓이 문제로부터 동기를 부여받았다. 그림 11에 나오는, 곡선으로 된 두 영역 R_1과 R_2를 생각하고, $R = R_1 \cup R_2$라 하자. 그러면 분명히

$$A(R) = A(R_1 \cup R_2) = A(R_1) + A(R_2)$$

따라서 다음이 성립할 것 같다.

$$\int_a^c f(x)\,dx = \int_a^b f(x)\,dx + \int_b^c f(x)\,dx$$

그렇지만 이것이 적분에 관한 이 성질을 증명한 것은 아니다. 왜냐 하면, 우선 4.1절에서 넓이를 엄밀하지 않게 다루었으며, 둘째로 이 그림은 f가 양수라고 가정하고 있는데, 양수가 아닐 수도 있기 때문이다. 그렇기는 하지만, 정적분은 실제로 이러한 구간의 덧셈 성질을 만족하며, 세 점 a, b, c의 순서가 어떻든 상관이 없이 성립한다. 엄밀한 증명은 좀 더 깊은 단계에서 다룬다.

정리 B 구간 덧셈 성질

점 a, b, c를 포함하는 어떤 구간에서 함수 f가 적분 가능하다고 하자. 그러면 a, b, c의 순서에 관계없이 다음이 성립한다.

$$\int_a^c f(x)\,dx = \int_a^b f(x)\,dx + \int_b^c f(x)\,dx$$

예를 들어,

$$\int_0^2 x^2 dx = \int_0^1 x^2 dx + \int_1^2 x^2 dx$$

이것은 누구라도 믿을 것이다. 그러나 식

$$\int_0^2 x^2 dx = \int_0^3 x^2 dx + \int_3^2 x^2 dx$$

도 성립하는데, 이것은 약간 놀라울 수도 있다. 이 정리를 믿기 어려우면, 위의 적분들을 각각 계산해서 등식이 성립함을 확인해 보기 바란다.

속도와 위치 4.1절 끝부분에서, 속도함수 $v(t)$가 양일 때 속도곡선 아래의 넓이가 어떻게 여행한 거리와 같은지를 설명했다. 일반적인 위치(양이거나 음일 수도)는 속도함수(양이거나 음일 수도)의 정적분과 같다. 더욱 상세히 말하자면, $v(t)$가 $t \geq 0$일 때 시각 t에서 어떤 물체의 속도이고 시각 0에서 물체의 위치가 0이라면, 시각 a에서 물체의 위치는 $\int_0^a v(t)\,dt$이다.

예제 5 시각 $t=0$일 때 원점에 있는 어떤 물체의 속도가 초당 미터단위로 다음과 같다.

$$v(t) = \begin{cases} t/20, & (0 \leq t \leq 40) \\ 2, & (40 < t \leq 60) \\ 5 - t/20, & (t > 60) \end{cases}$$

속도곡선을 그려라. 정적분으로 $t=140$에서 물체의 위치를 나타내고 평면기하학의 공식을 사용하여 이것을 계산하여라.

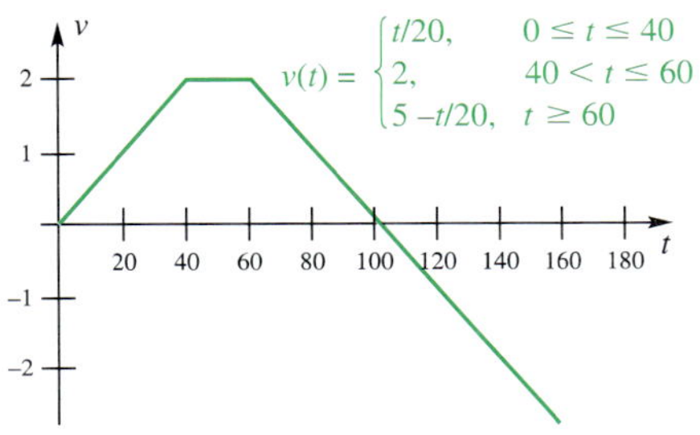

그림 12

풀이 그림 12는 속도곡선을 나타낸다. $t=140$에서의 위치는 정적분 $\int_0^{140} v(t)\,dt$와 같고 삼각형과 사각형의 넓이공식과 정리 B의 구간의 덧셈성질을 이용하여 다음과 같이 구할 수 있다.

$$\int_0^{140} v(t)\,dt = \int_0^{40} \frac{t}{20}dt + \int_{40}^{60} 2\,dt + \int_{60}^{140}\left(5-\frac{t}{20}\right)dt$$
$$= 40+40+40-40=80$$

개념 복습

1. $\sum_{i=1}^{n} f(\bar{x}_i)\Delta x_i$ 형태의 합을 ______이라고 한다.
2. 구간 $[a, b]$에서 정의된 함수 f의 위의 합의 극한을 ______이라 하고, 기호 ______로 나타낸다.
3. 기하학적으로 보면, 정적분은 부호를 가지는 넓이에 대응한다. $A_{위}$와 $A_{아래}$를 써서 나타내면, $\int_a^b f(x)\,dx$ =______.
4. 따라서 $\int_{-1}^{4} x\,dx$의 값은 ______.

연습문제 4.2

문제 1, 2에서 각각의 그림이 제시하는 리만 합을 계산하여라(예제 1 참조).

1.

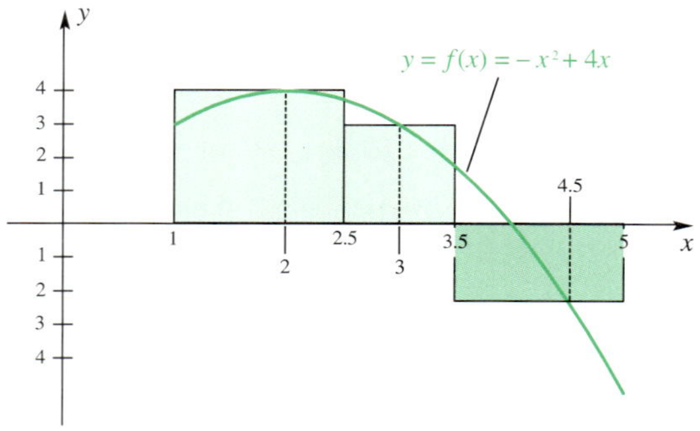

2.

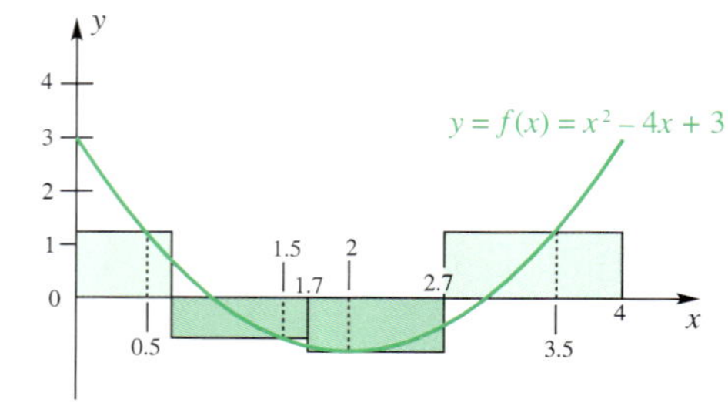

문제 3~6에서 주어진 값들을 가지고, 리만 합 $\sum_{i=1}^{n} f(\bar{x}_i)\Delta x_i$를 계산하여라.

3. $f(x)=x-1$; $P: 3<3.75<4.25<5.5<6<7$; $\bar{x}_1=3$, $\bar{x}_2=4$, $\bar{x}_3=4.75$, $\bar{x}_4=6$, $\bar{x}_5=6.5$

4. $f(x)=-x/2+3$; $P: -3<-1.3<0<0.9<2$; $\bar{x}_1=-2$, $\bar{x}_2=-0.5$, $\bar{x}_3=0$, $\bar{x}_4=2$

C 5. $f(x)=x^2/2+x$; $[-2, 2]$를 8개의 같은 크기의 작은 구간들로 쪼개고, $\bar{x}_i$는 중점(예제 2 참조).

C 6. $f(x)=4x^3+1$; $[0, 3]$을 6개의 같은 크기의 작은 구간들로 쪼개고, $\bar{x}_i$는 오른쪽 끝점.

문제 7~10에서 주어진 a, b 값들을 이용하여 주어진 극한을 정적분으로 표현하여라.

7. $\lim_{|P|\to 0} \sum_{i=1}^{n} (\bar{x}_i)^3 \Delta x_i$; $a=1$, $b=3$

8. $\lim_{|P|\to 0} \sum_{i=1}^{n} (\bar{x}_i+1)^3 \Delta x_i$; $a=0$, $b=2$

9. $\lim_{|P|\to 0} \sum_{i=1}^{n} \frac{\bar{x}_i^2}{1+\bar{x}_i}\Delta x_i$; $a=-1$, $b=1$

10. $\lim_{|P|\to 0} \sum_{i=1}^{n} (\sin \bar{x}_i)^2 \Delta x_i$; $a=0$, $b=\pi$

C 문제 11~16에서 예제 3, 4처럼 정의를 이용하여 정적분을 계산하여라.

11. $\int_0^2 (x+1)\,dx$

12. $\int_0^2 (x^2+1)\,dx$

도움말: $\bar{x}_i=2i/n$를 사용

13. $\int_{-2}^{1} (2x+\pi)\,dx$

14. $\int_{-2}^{1} (3x^2+2)\,dx$

도움말: $\bar{x}_i=-2+3i/n$를 사용

15. $\int_0^5 (x+1)\,dx$

16. $\int_{-10}^{10} (x^2+x)\,dx$

문제 17~22에서 $\int_a^b f(x)\,dx$를 계산하여라. 여기서 a, b는 함수 f가 정의된 구간의 왼쪽 끝점, 오른쪽 끝점이다. 구간의 덧셈 성질과 평면기하학의 적당한 넓이 공식을 이용해서 계산하여라. 주어진 함수의 그래프를 그리는 것으로 시작하여라.

17. $f(x)=\begin{cases} 2x, & 0\le x\le 1\text{일 때} \\ 2, & 1<x\le 2\text{일 때} \\ x, & 2<x\le 5\text{일 때} \end{cases}$

18. $f(x)=\begin{cases} 2x, & 0\le x\le 1\text{일 때} \\ 2(x-1)+2, & 1<x\le 2\text{일 때} \end{cases}$

19. $f(x)=\begin{cases} \sqrt{1-x^2}, & 0\le x\le 1\text{일 때} \\ x-1, & 1<x\le 2\text{일 때} \end{cases}$

20. $f(x)=\begin{cases} -\sqrt{4-x^2}, & -2\le x\le 0\text{일 때} \\ -2x-2, & 0<x\le 2\text{일 때} \end{cases}$

21. $f(x)=\sqrt{A^2-x^2}$; $-A\le x\le A$, $0<A$

22. $f(x)=4-|x|$, $-4\le x\le 4$

문제 23~26에서 물체의 속도함수가 주어져 있다. 물체는 시각 $t=0$일 때 원점에 있다고 가정한다. $t=4$에서의 위치를 구하여라.

23. $v(t)=t/60$

24. $v(t)=1+2t$

25. $v(t)=\begin{cases} t/2 & 0\le t\le 2\text{일 때} \\ 1 & 2<t\le 4\text{일 때} \end{cases}$

26. $v(t)=\begin{cases} \sqrt{4-t^2} & 0\le t\le 2)\text{일 때} \\ 0 & (2<t\le 4\text{일 때} \end{cases}$

문제 27~30에서 물체의 속도함수가 주어져 있다. 이 그래프를 이용하여, 물체는 $t=0$일 때 원점에 있다 가정하고, 시각 $t=20, 40, 60, 80, 100, 120$에서 물체의 위치를 구하여라.

27.

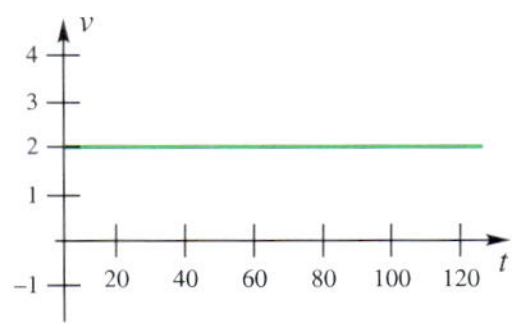

28.

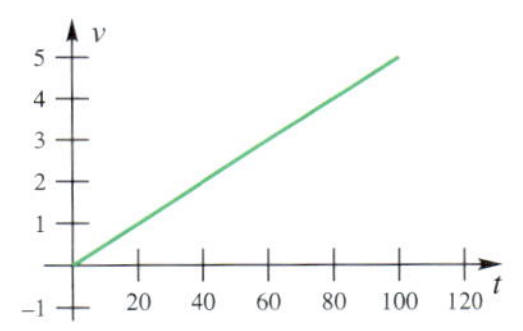

29.

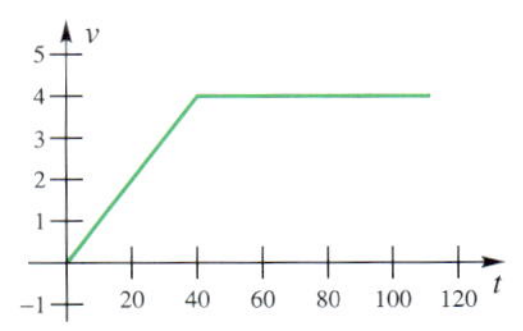

30.

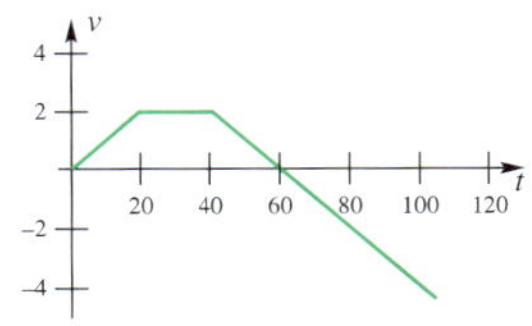

31. 기호 $[\![x]\!]$는 x보다 작거나 같은 최대 정수를 나타냄을 배웠다. 다음 각각의 적분을 계산하여라. 기하학적 추론과 $\int_0^b x^2dx=b^3/3$이라는 사실(문제 34에서 증명함)을 이용한다.

(a) $\int_{-3}^{3}[\![x]\!]dx$　　(b) $\int_{-3}^{3}[\![x]\!]^2dx$

(c) $\int_{-3}^{3}(x-[\![x]\!])dx$　　(d) $\int_{-3}^{3}(x-[\![x]\!])^2dx$

(e) $\int_{-3}^{3}|x|\,dx$　　(f) $\int_{-3}^{3}x|x|\,dx$

(g) $\int_{-1}^{2}|x|[\![x]\!]dx$　　(h) $\int_{-1}^{2}x^2[\![x]\!]dx$

32. f는 기함수, g는 우함수이다. 그리고 $\int_0^1|f(x)|dx=\int_0^1 g(x)dx=3$이라고 하자. 기하학적으로 추론해서, 다음 각각을 구하여라.

(a) $\int_{-1}^{1}f(x)dx$　　(b) $\int_{-1}^{1}g(x)dx$

(c) $\int_{-1}^{1}|f(x)|\,dx$　　(d) $\int_{-1}^{1}[-g(x)]dx$

(e) $\int_{-1}^{1}xg(x)dx$　　(f) $\int_{-1}^{1}f^3(x)g(x)dx$

33. 아래 단계에 따라 $\int_a^b x\,dx=\frac{1}{2}(b^2-a^2)$임을 보여라. 분할 $a=x_0<x_1<\cdots<x_n=b$에 대해서, $\bar{x}_i=\frac{1}{2}(x_{i-1}+x_i)$로 잡는다. 그러면 $R_P=\sum_{i=1}^{n}\bar{x}_i\Delta x=\frac{1}{2}\sum_{i=1}^{n}(x_i+x_{i-1})(x_i-x_{i-1})$. 이제 R_P를 간단하게 만들고(상쇄되어 없어지는 합), 극한을 잡는다.

34. 문제 33과 비슷한 방법으로 $0\le a<b$에 대해, $\int_a^b x^2dx=\frac{1}{3}(b^3-a^3)$임을 보이되, $\bar{x}_i=\left[\frac{1}{3}(x_{i-1}^2+x_{i-1}x_i+x_i^2)\right]^{1/2}$을 이용하여라.

CAS 상당수의 컴퓨터 수학 소프트웨어들은 왼쪽 끝점, 오른쪽 끝점, 또는 중점에서 함수값을 계산하여 리만 합을 구할 수 있게 되어 있다. 문제 35~38은 그러한 소프트웨어를 이용하여, 주어진 구간을 10개의 작은 구간들로 쪼개서, 왼쪽 끝점, 오른쪽 끝점, 중점에서의 함수값을 이용하여 리만 합들을 구하여라.

35. $\int_0^2(x^3+1)dx$　　**36.** $\int_0^1\tan x\,dx$

37. $\int_0^1\cos x\,dx$　　**38.** $\int_1^3(1/x)dx$

39. $f(x)=\begin{cases} 1, & x\text{가 유리수일 때} \\ 0, & x\text{가 무리수일 때} \end{cases}$

로 정의된 함수 f는 구간 $[0, 1]$에서 적분할 수 없음을 보여라. 도움말: 분할의 크기(놈) $|P|$가 아무리 작더라도, 리만 합이 0이 될 수도 있고, 1이 될 수도 있음을 보여라.

개념 복습 해답: **1.** 리만 합 **2.** 정적분, $\int_a^b f(x)dx$ **3.** $A_{위}-A_{아래}$ **4.** $\frac{15}{2}$

4.3 미적분학의 기본 정리 1

미적분학은 극한을 연구하는 것이며, 지금까지 공부한 극한들 중에 가장 중요한 두 개의 극한은 도함수와 정적분이다. 함수 f의 도함수는 다음과 같다.

$$f'(x)=\lim_{h\to 0}\frac{f(x+h)-f(x)}{h}$$

그리고 정적분은 다음과 같다.

$$\int_a^b f(x)\,dx=\lim_{|P|\to 0}\sum_{i=1}^{n}f(\bar{x}_i)\Delta x_i$$

이 두 종류의 극한은 서로 아무런 관계가 없는 것처럼 보인다. 그렇지만 실은 매우 밀접한 관계가 있음을 이 절에서 공부할 것이다.

뉴턴과 라이프니쯔가 동시에, 서로 독립적으로 미적분학을 발견하였다고 인정받고 있지만 접선의 기울기의 개념은 (이것으로부터 미분이 유래하였다) 그 이전부터 알려져 있었으며, 뉴턴과 라이프니쯔보다 수십년 전에 파스칼(Blaise Pascal)과 바로우(Isaac Barrow)에 의해 연구되었다. 그리고 아르키메데스는 이보다 1800년 이전인 기원전 3세기에 곡선으로 둘러쌓인 영역의 넓이를 연구하였다. 그럼에도 불구하고 미적분학 발견에서 공을 뉴턴과 라이프니쯔에게 돌리는 까닭은 무엇일까? 뉴턴과 라이프니쯔는 역도함수와 정적분 사이의 밀접한 관계를 깨닫고 그것을 활용하였다는 점이다. 이 중요한 관계를 미적분학의 기본정리 1(The First Fundamental Theorem of Calculus)라고 한다.

기본정리 1 수학을 공부해 오면서, "기본정리"들을 몇 번 만났을 것이다. 산술의 기본정리에 따르면, 자연수는 소수들의 곱으로 단 한 가지 방법으로 인수분해된다. 대수학의 기본정리에 따르면, n차 다항식은 n개의 근을 가진다. 복소수근과 중근을 모두 센 경우이다. "기본정리"는 모두 꼼꼼하게 공부해야 하며, 철저히 암기하여야 한다.

4.1절의 끝부분에서, 시각 t일 때 어떤 물체의 속도가 $v=f(t)=\frac{1}{4}t^3+1$로 주어진 문제를 다루었다. $t=0$에서 $t=3$에 이르는 시간 동안 움직인 거리는 다음과 같음을 알았다.

$$\lim_{n\to\infty}\sum_{i=1}^{n}f(t_i)\Delta t=\frac{129}{16}$$

4.2절의 용어로 나타내면, $t=0$에서 $t=3$에 이르는 시간 동안 움직인 거리는 다음 정적분과 같음을 알 수 있다.

$$\lim_{n\to\infty}\sum_{i=1}^{n}f(t_i)\Delta t=\int_0^3 f(t)\,dt$$

(모든 $t\geq 0$에 대해서 속도가 양이므로, 시간이 t일 때까지 움직인 거리는 시간이 t일 때의 물체의 위치와 같다. 어떤 t에 대해서 속도가 음이면, 그 때 물체는 뒤로 움직일 것이다. 그런 경우는 움직인 거리와 위치가 같지 않다.) 이와 같은 추론을 하면, $t=0$에서 $t=x$에 이르는 시간 동안 움직인 거리 s는 다음과 같음을 알 수 있다.

$$s(x)=\int_0^x f(t)\,dt$$

이제 질문을 해 보자: s의 도함수는 무엇일까?

움직인 거리의 도함수는 (속도가 항상 양수라면) 속도이므로, 다음 식을 얻는다.

$$s'(x)=v=f(x)$$

다시 말하면,

$$\boxed{\frac{d}{dx}s(x)=\frac{d}{dx}\int_0^x f(t)\,dt=f(x)}$$

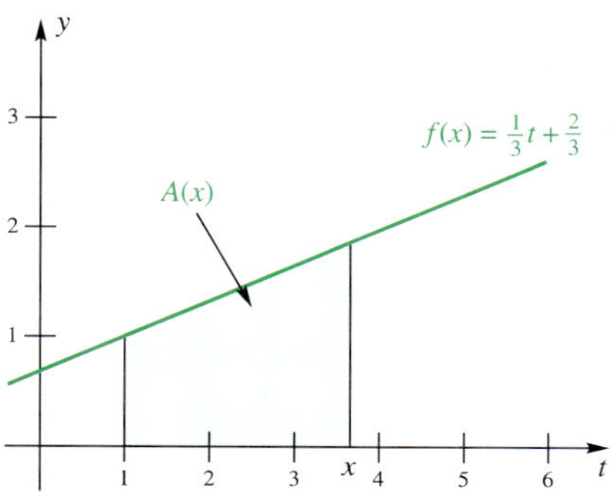

그림 1

이제 $x\geq 1$일 때 직선 $y=\frac{1}{3}t+\frac{2}{3}$의 아래, t축의 위, 수직 직선들 $t=1$과 $t=x$ 사이 영역의 넓이를 $A(x)$라고 하자(그림 1 참조). 이와 같은 함수를 **축적함수**(accumulation function)라고 한다. 왜냐 하면 어떤 고정된 값(이 경우 $t=1$)에서 어떤 변하는 값(이 경우 $t=x$)에 이르기까지 곡선 아래의 넓이를 축적한 것이기 때문이다. A의 도함수는 무엇인가?

넓이 $A(x)$는 다음 정적분과 같다.

$$A(x)=\int_1^x\left(\frac{2}{3}+\frac{1}{3}t\right)dt$$

이 경우는 기하로 이 정적분을 구할 수 있다. $A(x)$는 사다리꼴의 넓이이므로

$$A(x)=(x-1)\frac{1+\left(\frac{2}{3}+\frac{1}{3}x\right)}{2}=\frac{1}{6}x^2+\frac{2}{3}x-\frac{5}{6}$$

따라서, A의 도함수는 다음과 같다.

$$A'(x)=\frac{d}{dx}\left(\frac{1}{6}x^2+\frac{2}{3}x-\frac{5}{6}\right)=\frac{1}{3}x+\frac{2}{3}$$

다시 말하면,

$$\boxed{\frac{d}{dx}\int_1^x\left(\frac{2}{3}+\frac{1}{3}t\right)dt=\frac{1}{3}x+\frac{2}{3}}$$

용어

- 부정적분 $\int f(x)dx$는 x의 함수들의 집합이다.
- 정적분 $\int_a^b f(x)dx$는 어떤 수이다. 단, a와 b는 고정되어 있어야 한다.
- 정적분의 위끝이 변수 x이면 $\left[\text{예를 들어 } \int_a^x f(t)dt\right]$, 그 정적분은 x의 함수이다.
- $F(x)=\int_a^x f(t)dt$ 형태의 함수를 축적함수라고 부른다.

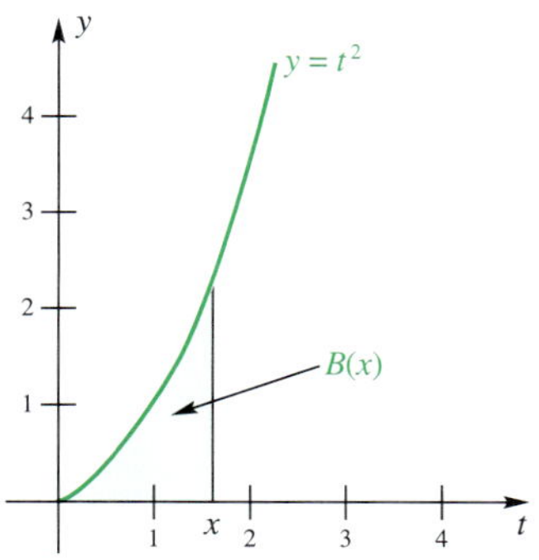

그림 2

이제 다음 축적함수를 정의해 보자. $x\geq 0$일 때 곡선 $y=t^2$의 아래, t축의 위, 원점의 오른쪽, 직선 $t=x$의 왼쪽의 영역의 넓이를 $B(x)$라고 하자(그림 2 참조). 이 넓이는 정적분 $\int_0^x t^2dt$로 주어진다. 이 넓이를 구하기 위해서, 우선 리만합을 만들어야 한다. $[0, x]$의 균등 분할을 사용하고, 각각의 작은 구간의 오른쪽 끝점에서 함수값을 계산한다. 그러면 $\Delta t=x/n$이고, i번째 작은 구간의 오른쪽 끝점은 $t_i=0+i\Delta t=ix/n$이다. 그러므로 리만합은 다음과 같다.

$$\begin{aligned}\sum_{i=1}^{n} f(t_i)\Delta t &= \sum_{i=1}^{n} f\left(\frac{ix}{n}\right)\frac{x}{n}\\ &= \frac{x}{n}\sum_{i=1}^{n}\left(\frac{ix}{n}\right)^2\\ &= \frac{x^3}{n^3}\sum_{i=1}^{n} i^2\\ &= \frac{x^3}{n^3}\frac{n(n+1)(2n+1)}{6}\end{aligned}$$

정적분은 이러한 리만합의 극한이다.

$$\begin{aligned}\int_0^x t^2\,dt &= \lim_{n\to\infty}\sum_{i=1}^{n} f(t_i)\Delta t\\ &= \lim_{n\to\infty}\frac{x^3}{n^3}\frac{n(n+1)(2n+1)}{6}\\ &= \frac{x^3}{6}\lim_{n\to\infty}\frac{2n^3+3n^2+n}{n^3}\\ &= \frac{x^3}{6}\cdot 2 = \frac{x^3}{3}\end{aligned}$$

그러므로 $B(x)=x^3/3$이며, 이 때 B의 도함수는

$$B'(x)=\frac{d}{dx}\frac{x^3}{3}=x^2$$

다시 말하면,

$$\boxed{\frac{d}{dx}\int_0^x t^2\,dt = x^2}$$

네모 속의 결과를 보면, 축적함수의 도함수는 축적하고 있는 그 함수와 같다. 이것이 항상 그런가? 그렇다면 왜 그렇게 되는가?

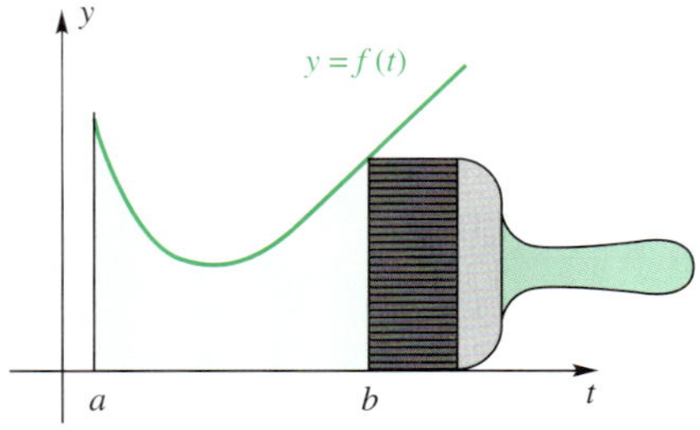

그림 3

"신축적인" 페인트 붓을 가지고 곡선 아래의 영역을 칠한다고 상상해 보자. (신축적이라는 말은, 붓이 왼쪽에서 오른쪽으로 움직이는 동안 폭이 넓어지거나 좁아져서, 칠하려는 높이를 꼭 알맞게 덮는다는 뜻이다. 적분하려는 값이 크면 붓이 넓어지고, 적분하려는 값이 작으면 붓이 좁아진다. 그림 3을 보기 바란다.) 이렇게 비유해 보면, 축적한 넓이는 페인트를 칠한 넓이이고, 축적 비율은 페인트를 칠하고 있는 비율이다. 그런데 페인트를 칠하고 있는 비율은 붓의 폭과 같으며, 이것은 함수의 높이이다. 이 결과를 다음과 같이 표현할 수 있다.

> $t=x$에서 축적하는 비율은, $t=x$에서 축적하고 있는 함수의 값과 같다.

이것이 바로 미적분학의 기본 정리 1이다. 이것이 기본인 까닭은, 지금까지 다룬 극한들 중에 가장 중요한 도함수와 정적분을 연결해 주기 때문이다.

정리 A 미적분학의 기본 정리 1

함수 f가 폐구간 $[a, b]$에서 연속일 때, (a, b)에서의 변수 x에 대해

$$\frac{d}{dx}\int_a^x f(t)\,dt = f(x)$$

증명의 개요 지금은 우선 증명의 대략적인 줄거리를 제시한다. 증명의 중요한 특징을 보이겠지만, 완전한 증명은 몇 가지 다른 결과들을 얻은 이후에 제시한다. $[a, b]$에 속하는 x에 대해서, $G(x)=\int_a^x f(t)\,dt$라고 놓는다. 이제, x가 (a, b)에 속하면,

$$\begin{aligned}\frac{d}{dx}\int_a^x f(t)\,dt &= G'(x)\\ &= \lim_{h\to 0}\frac{G(x+h)-G(h)}{h}\\ &= \lim_{n\to 0}\frac{1}{h}\left[\int_a^{x+h} f(t)\,dt-\int_a^x f(t)\,dt\right]\\ &= \lim_{h\to 0}\frac{1}{h}\int_x^{x+h} f(t)\,dt\end{aligned}$$

맨 끝의 등호는 구간 덧셈 성질(4.2절 정리 B)로부터 나온다. 여기서 h가 매우 작으면, f는 구간 $[x, x+h]$에서 크게 바뀌지 않는다. 이 구간에서 f는 이 구간 왼쪽 끝점에서의 f의 값 $f(x)$와 거의 같다(그림 4 참조). x에서 $x+h$까지 곡선 $y=f(t)$의 아래 영역의 넓이는, 폭이 h이고 높이가 $f(x)$인 직사각형의 넓이와 거의 같다. 즉, $\int_x^{x+h} f(t)\,dt \approx hf(x)$. 그러므로

$$\frac{d}{dx}\int_a^x f(t)\,dt \approx \lim_{h\to 0}\frac{1}{h}[hf(x)] = f(x) \qquad \blacksquare$$

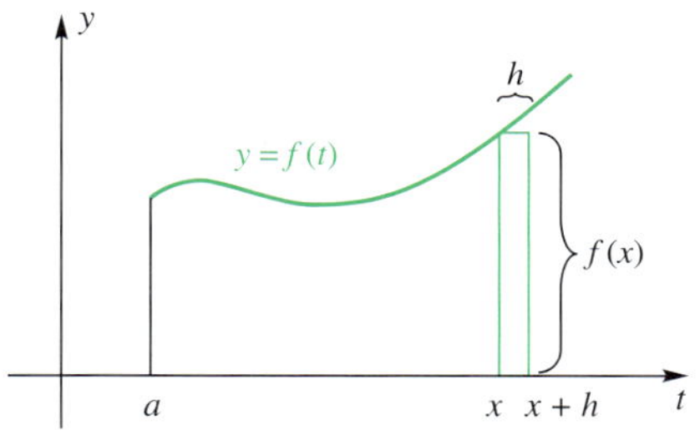

그림 4

이 논리 전개의 흠이라면, h가 0이 아니므로, f가 구간 $[x, x+h]$에서 변화하지 않는다고 주장할 수 없다는 것이다. 완전한 증명은 이 절의 끝에 가서 제시한다.

비교 성질들 그림 5에 나오는 영역 R_1과 R_2의 넓이를 살펴보면, 정적분의 또 다른 성질을 알 수 있다.

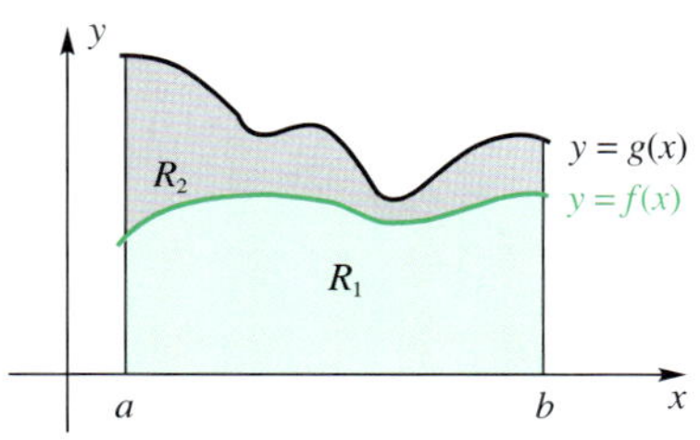

그림 5

정리 B 비교 성질

f와 g가 $[a, b]$에서 적분 가능하고, $[a, b]$의 모든 x에 대해서 $f(x)\le g(x)$라고 하자. 그러면

$$\int_a^b f(x)\,dx \le \int_a^b g(x)\,dx$$

말로 표현하면, 정적분은 부등호를 보전한다.

증명 구간 $[a, b]$의 임의의 분할을 P: $a=x_0<x_1<x_2<\cdots<x_n=b$라 하자. 그리고 각각의 i에 대해서, i번째 작은 구간 $[x_{i-1}, x_i]$의 임의의 표본점을 $\bar{x}_i$라 하자. 그러면 다음과 같이 차례로 단계를 거쳐 결론을 얻는다.

$$f(\bar{x}_i)\le g(\bar{x}_i)$$

$$f(\bar{x}_i)\Delta x_i\le g(\bar{x}_i)\Delta x_i$$

$$\sum_{i=1}^{n} f(\bar{x}_i)\Delta x_i\le \sum_{i=1}^{n} g(\bar{x}_i)\Delta x_i$$

$$\lim_{|P|\to 0}\sum_{i=1}^{n} f(\bar{x}_i)\Delta x_i\le \lim_{|P|\to 0}\sum_{i=1}^{n} g(\bar{x}_i)\Delta x_i$$

$$\int_a^b f(x)\,dx\le\int_a^b g(x)\,dx$$

■

정리 C 유계 성질

f는 $[a, b]$에서 적분 가능하고, $[a, b]$의 모든 x에 대해서 $m\le f(x)\le M$이라고 하자. 그러면

$$m(b-a)\le\int_a^b f(x)\,dx\le M(b-a)$$

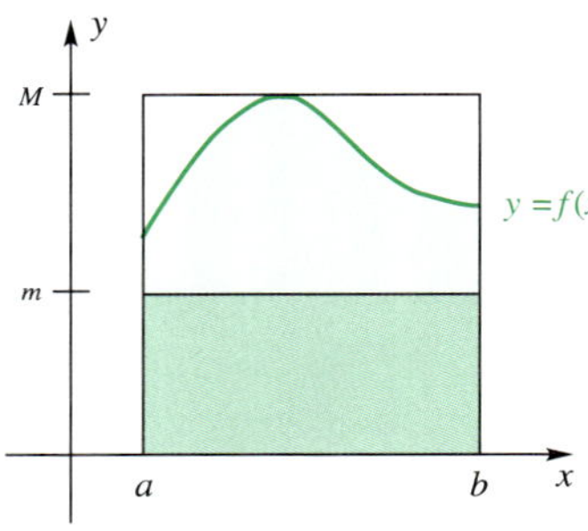

그림 6

증명 그림 6을 보면 이 정리를 쉽게 이해할 수 있다. $m(b-a)$는 아래에 있는 작은 직사각형의 넓이이고, $M(b-a)$는 커다란 직사각형의 넓이이고, $\int_a^b f(x)dx$는 곡선 아래의 넓이이다.

오른쪽 부등식을 증명하기 위해서, $[a, b]$의 모든 x에 대해서 $g(x)=M$이라 하자. 그러면 정리 B에 따라서,

$$\int_a^b f(x)\,dx\le\int_a^b g(x)\,dx$$

그런데 $\int_a^b g(x)dx$는 폭이 $b-a$이고 높이가 M인 직사각형의 넓이와 같으므로

$$\int_a^b g(x)\,dx=M(b-a)$$

왼쪽 부등식도 마찬가지 방법으로 증명할 수 있다. ■

정적분은 선형연산자이다 앞에서 D_x, $\int\cdots dx$, 그리고 Σ가 선형연산자임을 배웠다. 그 목록에다 $\int_a^b\cdots dx$를 추가하자.

정리 D 정적분의 선형성

f와 g가 $[a, b]$에서 적분 가능하고, k는 상수라고 하자. 그러면 kf와 $f+g$도 적분 가능하고 다음이 성립한다.

(i) $\int_a^b kf(x)\,dx = k\int_a^b f(x)\,dx$;

(ii) $\int_a^b [f(x)+g(x)]\,dx = \int_a^b f(x)\,dx + \int_a^b g(x)\,dx$; 따라서

(iii) $\int_a^b [f(x)-g(x)]\,dx = \int_a^b f(x)\,dx - \int_a^b g(x)\,dx$

증명 (i)과 (ii)의 증명은 Σ의 선형성과 극한의 성질로부터 나온다. 이 중에서 (ii)를 보인다.

$$\begin{aligned}\int_a^b [f(x)+g(x)]\,dx &= \lim_{|P|\to 0}\sum_{i=1}^{n}[f(\bar{x}_i)+g(\bar{x}_i)]\Delta x_i \\ &= \lim_{|P|\to 0}\left[\sum_{i=1}^{n} f(\bar{x}_i)\Delta x_i + \sum_{i=1}^{n} g(\bar{x}_i)\Delta x_i\right] \\ &= \lim_{|P|\to 0}\sum_{i=1}^{n} f(\bar{x}_i)\Delta x_i + \lim_{|P|\to 0}\sum_{i=1}^{n} g(\bar{x}_i)\Delta x_i \\ &= \int_a^b f(x)\,dx + \int_a^b g(x)\,dx\end{aligned}$$

(iii)은 $f(x)-g(x)$를 $f(x)+(-1)g(x)$라 쓸 수 있기 때문에 (i)과 (ii)로부터 나온다. ■

미적분학의 기본 정리 1의 증명 위와 같은 결과들을 얻었으므로, 이제 미적분학의 기본 정리 1을 증명해 보자.

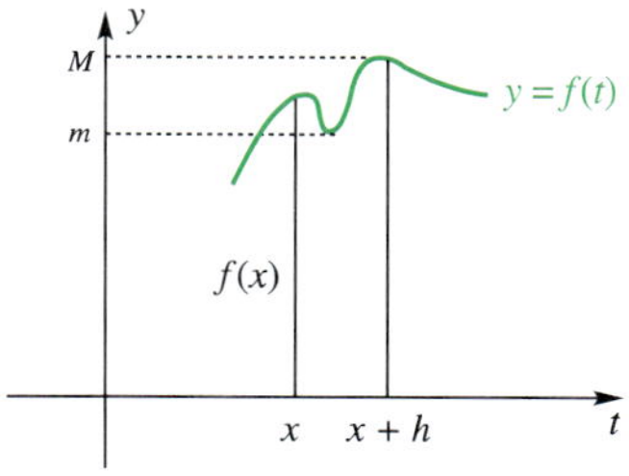

그림 7

증명 앞에서 제시한 증명의 개요에서, $G(x)=\int_a^x f(t)\,dt$로 놓았고, 다음 사실이 성립하였다.

$$G(x+h)-G(x) = \int_x^{x+h} f(t)\,dt$$

우선 $h>0$이라고 가정하자. 구간 $[x,\ x-h]$에서 f의 최소값을 m, 최대값을 M이라 하면(그림 7). 정리 C에 의해,

$$mh \le \int_x^{x+h} f(t)\,dt \le Mh$$

즉,

$$mh \le G(x+h)-G(x) \le Mh$$

h로 나누면, 다음 부등식을 얻는다.

$$m \le \frac{G(x+h)-G(x)}{h} \le M$$

여기서 m과 M은 사실 h에 따라서 달라진다. 그리고 f가 연속이므로, $h\to 0$일 때 m과 M은 둘 다 $f(x)$로 가까이 간다. 그러므로 조임 정리에 의해,

$$\lim_{h\to 0}\frac{G(x+h)-G(x)}{h}=f(x)$$

$h<0$인 경우도 마찬가지로 보일 수 있다. ■

이 정리에 따른 결과의 하나로, 모든 연속함수 f는 다음의 축적함수로 주어지는 역도함수 F를 가진다.

$$F(x)=\int_a^x f(t)\,dt$$

그러나 어느 특정한 역도함수의 간단한 공식을 얻는 데에 이 사실은 도움이 되지 않는다. 7.6절에서, 축적함수로서 정의한 몇 가지 중요한 함수들을 제시한다. 6장에서 자연 로그함수를 축적함수로 정의할 것이다.

예제 1 $\dfrac{d}{dx}\left[\int_1^x t^3\,dt\right]$를 구하여라.

풀이 미적분학의 기본정리 1에 의해서,

$$\frac{d}{dx}\left[\int_1^x t^3\,dt\right]=x^3$$ ■

예제 2 $\dfrac{d}{dx}\left[\int_2^x \dfrac{t^{3/2}}{\sqrt{t^2+17}}\,dt\right]$를 구하여라.

풀이 적분을 먼저 구해서 이 문제를 풀려고 하면 매우 어렵다. 그렇지만 미적분학의 기본정리 1에 의해서, 쉽게 답이 나온다.

$$\frac{d}{dx}\left[\int_2^x \frac{t^{3/2}}{\sqrt{t^2+17}}\,dt\right]=\frac{x^{3/2}}{\sqrt{x^2+17}}$$ ■

예제 3 $\dfrac{\pi}{2}<x<\dfrac{3\pi}{2}$일 때, $\dfrac{d}{dx}\left[\int_x^4 \tan^2 u\cos u\,du\right]$를 구하여라. .

풀이 t 대신에 u를 꼭두각시 변수로 사용해도 전혀 상관이 없다. 그렇지만 x가 위끝이 아니라 아래끝인 사실은 약간 골치가 아프다. 이 어려움을 다음과 같이 극복할 수 있다.

$$\frac{d}{dx}\left[\int_x^4 \tan^2 u\cos u\,du\right]=\frac{d}{dx}\left[-\int_4^x \tan^2 u\cos u\,du\right]$$

$$=-\frac{d}{dx}\left[\int_4^x \tan^2 u\cos u\,du\right]=-\tan^2 x\cos x$$

음의 부호를 붙이면, 적분의 위끝과 아래끝을 바꿀 수 있다. $\left[\text{정의에 따라 } \int_b^a f(x)\,dx=-\int_a^b f(x)\,dx\text{임을 상기한다.}\right]$ ■

예제 4 $D_x\left[\int_1^{x^2}(3t-1)\,dt\right]$를 두 가지 방법으로 구하여라.

풀이 이 도함수를 구하는 한 가지 방법은 미적분학의 기본정리 1을 적용하는 것이다. 그렇지만 새로운 난점이 있다. 위끝이 x가 아니라 x^2이다. 이 난점은 연쇄법칙을 써서 다룰 수 있다. 대괄호 속에 든 것을 다음과 같이 생각한다.

$$\int_1^{u}(3t-1)\,dt,\ \text{여기서}\ u=x^2$$

그러면 연쇄법칙에 의해, 이 합성함수를 x에 대해서 미분한 것은

$$D_u\left[\int_1^{u}(3t-1)\,dt\right]\cdot D_x u=(3u-1)(2x)=(3x^2-1)(2x)=6x^3-2x$$

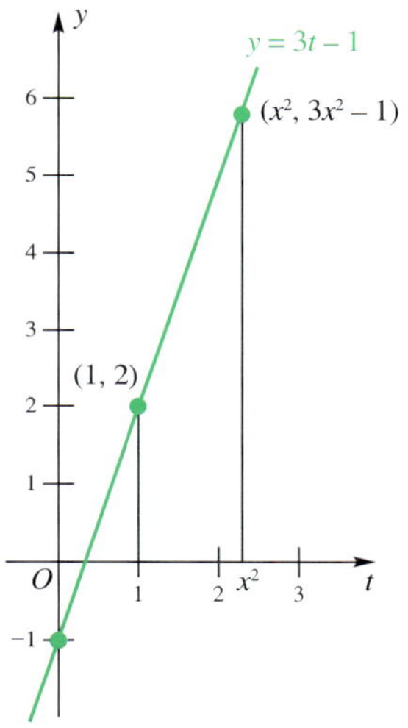

그림 8

이 도함수를 구하는 다른 한 가지 방법은, 먼저 정적분을 구하고, 그 다음에 미분 공식을 적용하는 것이다. 정적분 $\int_1^{x^2}(3t-1)\,dt$는 직선 $y=3t-1$의 아래, $t=1$에서 $t=x^2$까지의 넓이이다(그림 8 참조). 이 사다리꼴의 넓이는

$$\frac{x^2-1}{2}+[2+(3x^2-1)]=\frac{3}{2}x^4-x^2-\frac{1}{2}$$

이므로,

$$\int_1^{x^2}(3t-1)\,dt=\frac{3}{2}x^4-x^2-\frac{1}{2}$$

따라서

$$D_x\int_1^{x^2}(3t-1)\,dt=D_x\left(\frac{3}{2}x^4-x^2-\frac{1}{2}\right)=6x^3-2x$$ ■

속도와 위치 바로 앞절에서, 원점에서 출발한 물체의 위치가 속도함수의 정적분과 어떻게 같은지를 보았다. 이것은 다음 예제에서 보여주는 것과 같이 축적함수를 종종 이끌어준다.

예제 5 시각 $t=0$일 때 원점에서 출발한 물체의 속도가 초당 미터 단위로 다음과 같다.

$$v(t)=\begin{cases} t/20 & (0\le t\le 40)\\ 2 & (40<t\le 60)\\ 5-t/20 & (t>60)\end{cases}$$

물체는 언제 원점으로 돌아오는가?

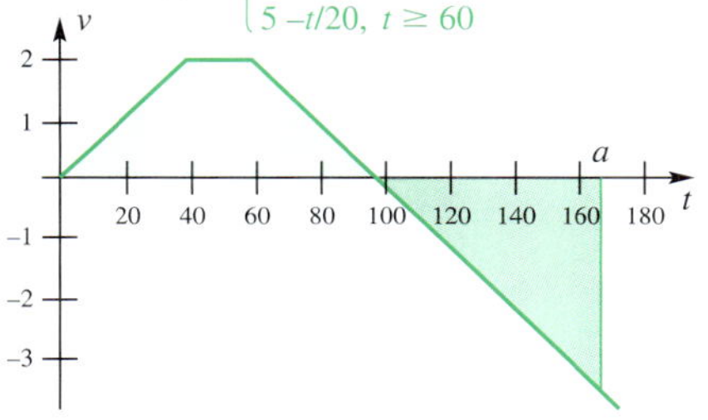

그림 9

풀이 $F(a)=\int_0^a v(t)\,dt$가 시각 a일 때 물체의 위치라 하자. 누적치가 그림 9에 나타나 있다. 어떤 시각 a일 때 원점으로 물체가 돌아온다면, a는 $F(a)=0$을 만족해야 한다. a에 필요한 값은 분명히 100보다 크다. 왜냐하면 0과 100 사이의 곡선아래의 넓이가 100에서 a 사이의 x축 위 아래의 넓이와 같아야 하

기 때문이다. 따라서

$$F(a)=\int_0^a v(t)\,dt=\int_0^{100} v(t)\,dt+\int_{100}^a v(t)\,dt$$

$$=\frac{1}{2}40\cdot 2+20\cdot 2+\frac{1}{2}40\cdot 2-\int_{100}^a (5-t/20)\,dt$$

$$=120+\frac{1}{2}(a-100)(5-a/20)$$

$$=-130+5a-\frac{1}{40}a^2$$

여기서 $F(a)=0$를 풀어야 한다. 이 이차방정식의 두 해는 $a=100\pm 40\sqrt{3}$이다. 100보다 작은 값은 해가 아니므로 버린다. 다른 해는 $100+40\sqrt{3}\approx 169.3$. 이제, 이 해를 검토해 보자.

$$F(a)=\int_0^{100+40\sqrt{3}} v(t)\,dt$$

$$=\int_0^{100} v(t)\,dt+\int_{100}^{100+40\sqrt{3}} v(t)\,dt$$

$$=120+\frac{1}{2}(100+40\sqrt{3}-100)(5-(100+40\sqrt{3})/20)$$

$$=0$$

따라서 시각 $t=100+40\sqrt{3}\approx 169.3$초일 때 원점으로 돌아온다. ■

정적분을 계산하는 방법 다음의 예제는 정적분을 계산하는 방법(틀림없이 서투른 방법)을 보여준다. 이 방법이 만일 길고 귀찮아도 참아야 한다. 다음 절에서 정적분을 계산하는 효율적인 방법을 다룬다.

예제 5 $A(x)=\int_1^x t^3\,dt$라 하자.

(a) $y=A(x)$인 경우, dy/dx를 구하여라.

(b) 이 때 나오는 미분방정식의 해 중에, $x=1$일 때 $y=0$인 것을 구하여라.

(c) $\int_1^4 t^3\,dt$를 구하여라.

풀이

(a) 미적분학의 기본정리 1에 의해,

$$\frac{dy}{dx}=A'(x)=x^3$$

(b) 미분방정식 $dy/dx=x^3$은 변수를 분리할 수 있으므로, 다음과 같이 쓸 수 있다.

$$dy=x^3\,dx$$

양변을 적분하면,

$$y=\int x^3 dx=\frac{x^4}{4}+C$$

$x=1$일 때, $y=A(1)=\int_1^1 t^3 dt=0$이어야 하므로, 다음 식이 성립하는 상수 C를 구해야 한다.

$$0=A(1)=\frac{1^4}{4}+C$$

따라서 $C=-1/4$이고, 이때 미분방정식의 해는 $y=x^4/4-1/4$.

(c) $y=A(x)=x^4/4-1/4$이므로,

$$\int_1^4 t^3 dt=A(4)=\frac{4^4}{4}-\frac{1}{4}=64-\frac{1}{4}=\frac{255}{4}$$ ■

개념 복습

1. [2, 4]의 모든 x에 대해서 $4\le x^2\le 16$이므로, 정적분의 유계 성질에 의해, ______ $\le\int_2^4 x^2 dx\le$ ______.

2. $\frac{d}{dx}\left[\int_1^x \sin^3 t\, dt\right]=$ ______.

3. 선형성에 의해, $\int_1^4 cf(x)dx=c\cdot$ ______ 이고,

$\int_2^5 (x+\sqrt{x})dx=\int_2^5 x\, dx+$ ______.

4. $\int_1^4 f(x)dx=5$이고, [1, 4]의 모든 x에 대해서 $g(x)\le f(x)$이면, 비교 성질에 의해, $\int_1^4 g(x)dx\le$ ______.

연습문제 4.3

문제 1~8에서 지정된 넓이와 같은 축적함수 A의 식을 구하고 그래프를 그려라.

1.

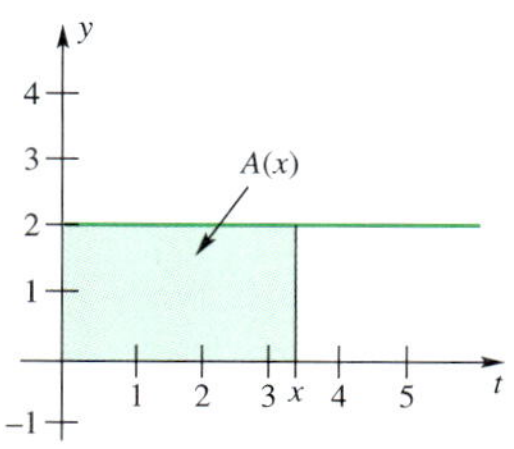

2.

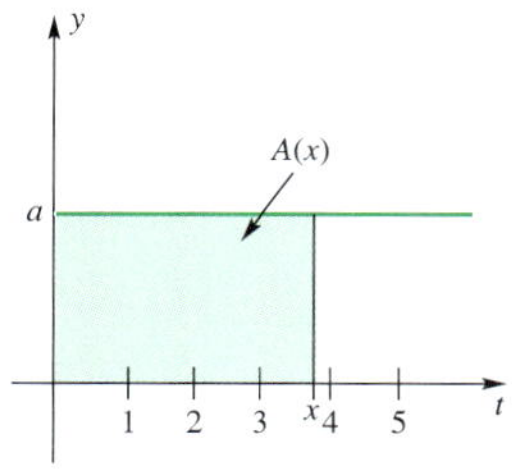

3.

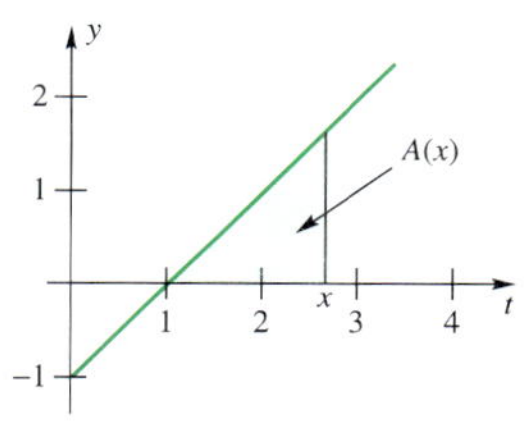

4.

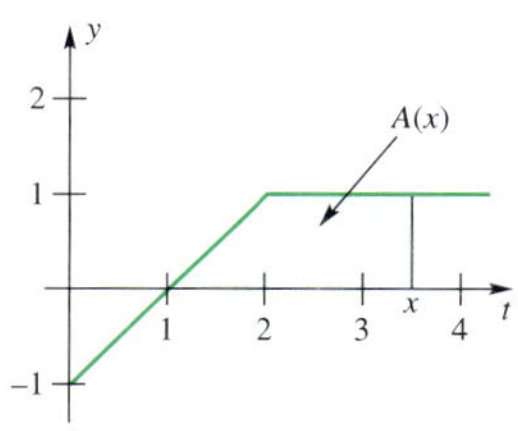

5.

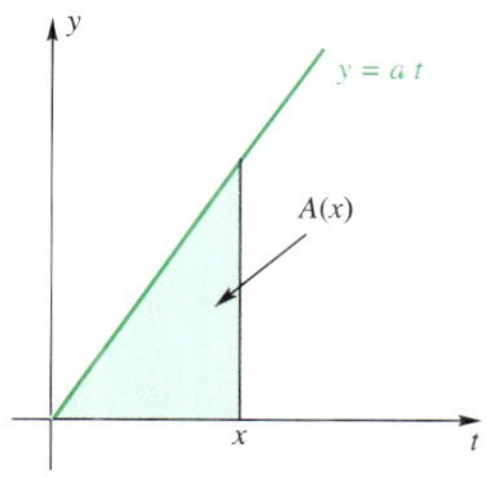

6.

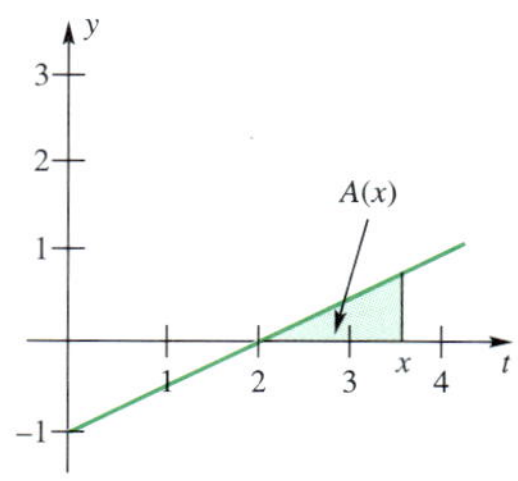

7.

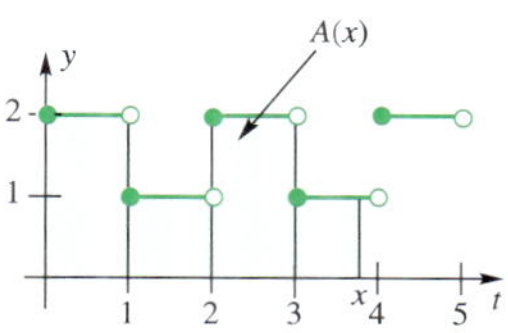

8.

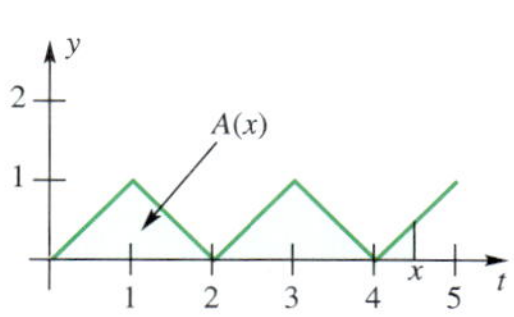

$\int_0^1 f(x)dx=2$, $\int_1^2 f(x)dx=3$, $\int_0^1 g(x)dx=-1$, $\int_0^2 g(x)dx=4$라 하자. 정적분의 성질들(선형성, 구간의 덧셈 성질, 등등)을 이용하여, 문제 9~16의 적분을 계산하여라.

9. $\int_1^2 2f(x)dx$

10. $\int_0^2 2f(x)dx$

11. $\int_0^2 [2f(x)+g(x)]dx$ **12.** $\int_0^1 [2f(s)+g(s)]ds$

13. $\int_2^1 [2f(s)+5g(s)]ds$ **14.** $\int_1^1 [3f(x)+2g(x)]dx$

15. $\int_0^2 [3f(t)+2g(t)]dt$

16. $\int_0^2 [\sqrt{3}f(t)+\sqrt{2}\,g(t)+\pi]dt$

문제 17~26에서 $G'(x)$를 구하여라.

17. $G(x)=\int_1^x 2t\,dt$

18. $G(x)=\int_x^1 2t\,dt$

19. $G(x)=\int_0^x (2t^2+\sqrt{t})dt$

20. $G(x)=\int_1^x \cos^3 2t \tan t\,dt$; $-\pi/2<x<\pi/2$

21. $G(x)=\int_x^{\pi/2} (s-2)\cot 2s\,ds$; $0<x<\pi/2$

22. $G(x)=\int_1^x xt\,dt$ (주의 필요.)

23. $G(x)=\int_1^{x^2} \sin t\,dt$

24. $G(x)=\int_1^{x^2+x} \sqrt{2z+\sin z}\,dz$

25. $G(x)=\int_{-x^2}^x \frac{t^2}{1+t^2}dt$ 도움말: $\int_{-x^2}^x = \int_0^x + \int_{-x^2}^0$

26. $G(x)=\int_{\cos x}^{\sin x} t^5 dt$

문제 27~32에서 $y=f(x)$, $x\ge 0$의 그래프가 (a) 증가하는 (b) 위로 오목한 구간을 구하여라.

27. $f(x)=\int_0^x \frac{s}{\sqrt{1+s^2}}ds$ **28.** $f(x)=\int_0^x \frac{1+t}{1+t^2}dt$

29. $f(x)=\int_0^x \cos u\,du$ **30.** $f(x)=\int_0^x (t+\sin t)dt$

31. $f(x)=\int_1^x \frac{1}{\theta}d\theta$

32. $f(x)$는 문제 8의 축적함수 $A(x)$이다.

문제 33~36에서 구간 덧셈 성질과 선형성을 사용하여 $\int_0^4 f(x)dx$를 구하여라. f의 그래프를 먼저 그려라.

33. $f(x)=\begin{cases} 2, & 0\le x<2\text{일 때} \\ x, & 2\le x\le 4\text{일 때} \end{cases}$

34. $f(x)=\begin{cases} 1, & 0\le x<1\text{일 때} \\ x, & 1\le x<2\text{일 때} \\ 4-x, & 2\le x\le 4\text{일 때} \end{cases}$

35. $f(x)=|x-2|$

36. $f(x)=3+|x-3|$

37. 함수 $G(x)=\int_0^x f(t)dt$를 생각한다. $f(t)$는 x영역 [0, 10]에서 직선 $y=2$를 축으로 하여 진동하며, 그 그래프는 그림 10과 같다.

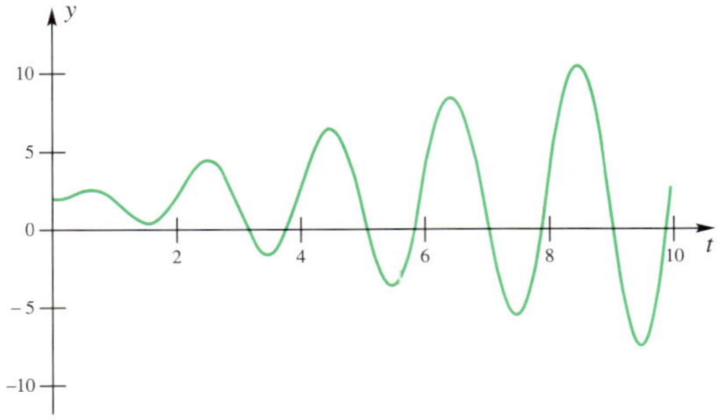

그림 10

(a) 이 영역의 어떤 x 값에서 $G(x)$가 극대값, 극소값을 가지는가?

(b) $G(x)$가 최대값, 최소값을 가지는 곳은?

(c) $G(x)$가 아래로 오목한 구간은?

(d) $G(x)$의 그래프를 대략 그려라.

38. 그림 11을 가지고, 함수 $G(x)=\int_0^x f(t)dt$에 대해서 문제 37을 풀어 보아라. $f(t)$는 구간 [0, 10]에서 직선 $y=2$를 축으로 하여 진동한다.

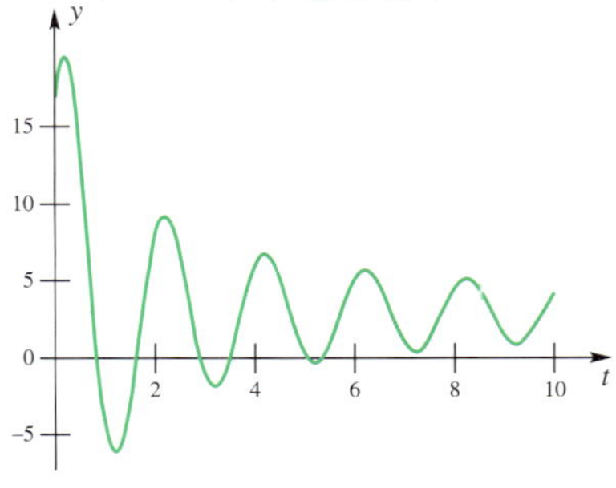

그림 11

39. $F(x)=\int_0^x (t^4+1)dt$에 대해 다음에 답하여라.

(a) $F(0)$을 구하여라.

(b) $y=F(x)$라 하자. 미적분학의 기본정리 1을 적용하여 $dy/dx=F'(x)=x^4+1$을 얻어라. 미분방정식 dy/dx

$=x^4+1$을 풀어라.

(c) $x=0$일 때 $y=F(0)$이 되는 미분방정식의 해를 구하여라.

(d) $\int_0^1 (x^4+1)\,dx=\frac{6}{5}$임을 보여라.

40. $G(x)=\int_0^x \sin t\,dt$에 대해 다음에 답하여라.

(a) $G(0)$과 $G(2\pi)$를 구하여라.

(b) $y=G(x)$라 하자. 미적분학의 기본정리 1을 적용하여 $dy/dx=G'(x)=\sin x$를 얻어라. 미분방정식 $dy/dx=\sin x$를 풀어라.

(c) $x=0$일 때 $y=G(0)$이 되는 미분방정식의 해를 구하여라.

(d) $\int_0^{\pi} \sin x\,dx=2$임을 보여라.

(e) 구간 $[0, 4\pi]$에서 G의 극대점, 극소점, 변곡점을 모두 구하여라.

(f) 구간 $[0, 4\pi]$에서 $y=G(x)$의 그래프를 그려라.

41. $1\le\int_0^1 \sqrt{1+x^4}\,dx\le\frac{6}{5}$임을 보여라.

도움말: 폐구간 [0, 1]의 모든 x에 대해서 $1\le\sqrt{1+x^4}\le 1+x^4$임을 설명하여라. 그 다음에 비교 성질(정리 B)과 문제 39 (d)의 결과를 이용하여라.

42. $2\le\int_0^1 \sqrt{4+x^4}\le\frac{21}{5}$임을 보여라. (문제 41의 도움말 참조)

GC 문제 43~48에서 그래프 계산기를 써서 피적분함수를 그려 보아라. 그 다음에 유계 성질(정리 C)을 이용하여 각 정적분의 하계와 상계를 구하여라.

43. $\int_0^4 (5+x^3)\,dx$

44. $\int_2^4 (x+6)^5\,dx$

45. $\int_1^5 \left(3+\frac{2}{x}\right)dx$

46. $\int_{10}^{20} \left(1+\frac{1}{x}\right)^5 dx$

47. $\int_{4\pi}^{8\pi} \left(5+\frac{1}{20}\sin^2 x\right)dx$

48. $\int_{0.2}^{0.4} (0.002+0.0001\cos^2 x)\,dx$

49. $\lim_{x\to 0}\frac{1}{x}\int_0^x \frac{1+t}{2+t}\,dt$를 구하여라.

50. $\lim_{x\to 1}\frac{1}{x-1}\int_1^x \frac{1+t}{2+t}\,dt$를 구하여라.

51. $\int_1^x f(t)\,dt=2x-2$일 때, $f(x)$를 구하여라.

52. $\int_0^x f(t)\,dt=x^2$일 때, $f(x)$를 구하여라.

53. $\int_0^{x^2} f(t)\,dt=\frac{1}{3}x^3$일 때, $f(x)$를 구하여라.

54. $\int_0^x f(t)\,dt=x+1$이 되는 함수 f가 존재할 수 있는가? 설명하여라.

문제 55~60에서 주어진 명제가 참인지, 거짓인지 이유를 들어 설명하여라.

55. 함수 f가 연속이고, 구간 $[a, b]$의 모든 x에 대해서 $f(x)\ge 0$이면, $\int_a^b f(x)\,dx\ge 0$이다.

56. $\int_a^b f(x)\,dx\ge 0$이면, $[a, b]$의 모든 x에 대해서, $f(x)\ge 0$.

57. $\int_a^b f(x)\,dx=0$이면, $[a, b]$의 모든 x에 대해서, $f(x)=0$.

58. $f(x)\ge 0$이고 $\int_a^b f(x)\,dx=0$이면, $[a, b]$의 모든 x에 대해서, $f(x)=0$.

59. $\int_a^b f(x)\,dx>\int_a^b g(x)\,dx$이면,

$$\int_a^b [f(x)-g(x)]\,dx>0$$

60. f와 g가 연속이고, $[a, b]$의 모든 x에 대해서

$$f(x)>g(x)\text{이면, } \left|\int_a^b f(x)\,dx\right|>\left|\int_a^b g(x)\,dx\right|.$$

61. 어떤 물체의 속도는 $v(t)=2-|t-2|$이다. 이 물체가 $t=0$에서 원점에 있을 때, 시각 t일 때의 위치에 관한 식을 구하여라. (도움말: 구간을 $0\le t\le 2$와 $t>2$로 나누어 생각하여라.) 언제 물체가 원점으로 되돌아오는가?

62. 어떤 물체의 속도는 다음과 같다.

$$v(t)=\begin{cases} 5, & 0\le t<100\text{일 때} \\ 6-t/100, & 100<t\le 700\text{일 때} \\ -1, & t>700\text{일 때} \end{cases}$$

(a) 물체가 시각 $t=0$에서 원점에 있을 때 시각 $t(t\ge 0)$에 관한 위치를 구하여라.

(b) 이 물체가 원점에서 오른쪽으로 가장 멀리 떨어진 곳은?

(c) 언제 물체가 원점으로 되돌아오는가?

63. f가 $[a, b]$에서 연속이고, 그래서 그 구간에서 적분가능하다. 이 때, 다음이 성립함을 보여라.

$$\left|\int_a^b f(x)\,dx\right|\le\int_a^b |f(x)|\,dx$$

도움말: $-|f(x)|\le f(x)\le|f(x)|$; 정리 B를 이용.

64. f'가 적분가능하고, 모든 x에 대해서 $|f'(x)| \leq M$이라고 하자. 그러면 $|f(x)| \leq |f(a)| + M|x-a|$임을 보여라.

개념 복습 해답: **1.** 8; 32 **2.** $\sin^3 x$ **3.** $\int_1^4 f(x)\,dx$; $\int_2^5 \sqrt{x}\,dx$ **4.** 5

4.4 미적분학의 기본 정리 2와 치환법

이것이 왜 중요한가?

미적분학의 기본정리 2는 정적분을 계산하는 데 유용한 도구로서, 중요하다. 그러나 그보다도, 이것은 미분과 적분 사이를 연결해주는 다리라는 사실이 가장 중요하다. 이 정리에서 $f(x)$ 대신에 $g'(x)$를 써서 표현하면, 이 사실이 분명하게 잘 드러난다.

$$\int_a^b g'(x)dx = g(b) - g(a)$$

앞 절에서 다른 미적분학의 기본정리 1은 정적분과 도함수가 서로 역의 과정임을 보여 준다. 아직은 명백하지 않지만, 이 관계를 이용하여 정적분을 구하는 강력한 도구를 얻을 수 있다. 이 도구를 미적분학의 기본정리 2라고 하며, 미적분학의 기본정리 1보다 훨씬 더 자주 사용할 것이다.

정리 A 미적분학의 기본정리 2

함수 f가 $[a, b]$에서 연속(따라서 적분 가능)일 때, F를 $[a, b]$에서 f의 임의의 역도함수라 하면,

$$\int_a^b f(x)\,dx = F(b) - F(a)$$

증명 구간 $[a, b]$의 x에 대해서, $G(x) = \int_a^x f(t)\,dt$라 놓는다. 그러면 미적분학의 기본정리 1에 의해, (a, b)의 모든 x에 대해서, $G'(x) = f(x)$. 따라서 G는 f의 역도함수이다. 그런데 F도 f의 역도함수이다. $F'(x) = G'(x)$이므로, 정리 3.6B에 의해, 함수 F와 함수 G는 상수만큼 차이가 난다. 따라서 (a, b)의 모든 x에 대해서,

$$F(x) = G(x) + C$$

함수 F와 함수 G는 폐구간 $[a, b]$에서 연속이므로(연습문제 77), $F(a) = G(a) + C$이고 $F(b) = G(b) + C$. 즉, 폐구간 $[a, b]$에서 $F(x) = G(x) + C$이다.

그런데 $G(a) = \int_a^a f(t)\,dt = 0$이므로,

$$F(a) = G(a) + C = 0 + C = C$$

그러므로

$$F(a) - F(b) = [G(b) + C] - C = G(b) = \int_a^b f(t)\,dt$$ ■

3.8절에서, 부정적분을 도함수의 역으로 정의하였다. 그리고 4.2절에서, 정적분을 리만합의 극한으로 정의하였다. 이 두 경우에 적분이라는 같은 용어를 사용하였지만, 그 당시에는 이 둘 사이에 아무런 관계도 없어 보였다. 하지만 정리 A는 부정적분(도함수의 역)과 정적분(부호를 가지는 넓이) 사이의 관계를 보여 주기 때문에 매우 중요하고 기본이 되는 정리이다. 예제들을 다루기 전에, 정리의 내용에서 임의의라는 낱말을 사용할 수 있는 까닭을 곰곰이 생각해 보기 바란다.

예제 1 k가 상수일 때, $\int_a^b k\,dx = k(b-a)$임을 보여라.

풀이 $F(x)=kx$는 $f(x)=k$의 역도함수이다. 따라서 미적분학의 기본정리 2에 의해,

$$\int_a^b k\,dx = F(b)-F(a) = kb-ka = k(b-a)$$ ■

예제 2 $\int_a^b x\,dx = \frac{b^2}{2}-\frac{a^2}{2}$임을 보여라.

풀이 $F(x)=x^2/2$은 $f(x)=x$의 역도함수이다. 따라서

$$\int_a^b x\,dx = F(b)-F(a) = \frac{b^2}{2}-\frac{a^2}{2}$$ ■

예제 3 r이 -1이 아닌 유리수일 때,

$$\int_a^b x^r\,dx = \frac{b^{r+1}}{r+1}-\frac{a^{r+1}}{r+1}$$

임을 보여라.

풀이 $F(x)=x^{r+1}/(r+1)$은 $f(x)=x^r$의 역도함수이다. 따라서 미적분학의 기본정리 2에 의해,

$$\int_a^b x^r\,dx = F(b)-F(a) = \frac{b^{r+1}}{r+1}-\frac{a^{r+1}}{r+1}$$

$r<0$이면, 구간 $[a, b]$에 0이 속하지 않아야 한다. 그 이유는? ■

$F(b)-F(a)$를 나타내는 특별한 기호를 도입해서 편리하게 사용한다. 이것을

$$F(b)-F(a) = [F(x)]_a^b$$

로 나타낸다. 이 기호를 사용하면,

$$\int_2^5 x^2\,dx = \left[\frac{x^3}{3}\right]_2^5 = \frac{125}{3}-\frac{8}{3} = \frac{117}{3} = 39$$

예제 4 $\int_{-1}^2 (4x-6x^2)\,dx$를 다음 방법으로 구하여라.

(a) 미적분학의 기본정리 2를 바로 적용해서

(b) 먼저 선형성(정리 4.3D)을 이용하여

풀이

(a)
$$\begin{aligned}\int_{-1}^2 (4x-6x^2)\,dx &= [2x^2-2x^3]_{-1}^2 \\ &= (8-16)-(2+2) = -12\end{aligned}$$

(b) 먼저 선형성을 이용하면, 다음을 얻는다.

$$\begin{aligned}\int_{-1}^{2}(4x-6x^2)\,dx &= 4\int_{-1}^{2}x\,dx-6\int_{-1}^{2}x^2dx\\ &= 4\left[\frac{x^2}{2}\right]_{-1}^{2}-6\left[\frac{x^3}{3}\right]_{-1}^{2}\\ &= 4\left(\frac{4}{2}-\frac{1}{2}\right)-6\left(\frac{8}{3}+\frac{1}{3}\right)\\ &= -12\end{aligned}$$

■

예제 5 $\int_{1}^{8}(x^{1/3}+x^{4/3})\,dx$를 구하여라.

풀이

$$\begin{aligned}\int_{1}^{8}(x^{1/3}+x^{4/3})\,dx &= \left[\frac{3}{4}x^{4/3}+\frac{3}{7}x^{7/3}\right]_{1}^{8}\\ &= \left(\frac{3}{4}\cdot 16+\frac{3}{7}\cdot 128\right)-\left(\frac{3}{4}\cdot 1+\frac{3}{7}\cdot 1\right)\\ &= \frac{45}{4}+\frac{381}{7}\approx 65.68\end{aligned}$$

■

예제 6 $D_x\int_{0}^{x}3\sin t\,dt$를 두 가지 방법으로 구하여라.

풀이 쉬운 방법은, 미적분학의 기본정리 1을 적용하는 것이다.

$$D_x\int_{0}^{x}3\sin t\,dt=3\sin x$$

이 문제를 해결하는 두 번째 방법은, 미적분학의 기본정리 2를 적용하여 0에서 x까지의 적분을 구하는 것이다. 그 다음에 미분 공식을 적용하면 된다.

$$\int_{0}^{x}3\sin t\,dt=[-3\cos t]_{0}^{x}=-3\cos x-(-3\cos 0)=-3\cos x+3$$

이므로

$$D_x\int_{0}^{x}3\sin t\,dt=D_x(-3\cos x+3)=3\sin x$$

■

부정적분 기호를 사용하면, 미적분학의 기본정리 2의 결론을 다음과 같이 쓸 수 있다.

$$\int_{a}^{b}f(x)\,dx=\left[\int f(x)\,dx\right]_{a}^{b}$$

이 정리를 적용할 때, 항상 어려운 단계는 부정적분 $\int f(x)dx$를 구하는 것이다. 이 단계에서 가장 강력한 기법 중의 하나가 치환법이다.

치환법 3.8절에서 멱법칙에 관한 치환법을 소개했다. 이 법칙은 다음 정리와 같이 보다 일반적인 경우로 확장할 수 있다. 이해가 빠른 독자는 치환법이 연쇄법칙의 역에 불과하다는 것을 알 것이다.

미적분학의 기본정리 2의 사용

$\int_a^b f(x)dx$와 같이 정적분을 계산하는데 미적분학의 기본정리 2를 사용하는 방법은

(1) 피적분함수 $f(x)$의 부정적분 $F(x)$ 찾기와

(2) 극한을 치환하고 $F(b)-F(a)$를 계산하는 것이다.

모든 요점은 부정적분을 찾을 수 있는 것이다.

정리 B 부정적분에 대한 치환법

g를 미분가능한 함수, F를 f의 부정적분이라 하자. 그러면

$$\int f(g(x))g'(x)dx = F(g(x))+C$$

증명 이 결과를 증명하는데 필요한 모든 것은 우변의 도함수가 좌변의 적분의 피적분함수와 같다는 것을 보이는 것이다. 이것은 연쇄법칙의 간단한 응용이다.

$$D_x[F(g(x))+C] = F'(g(x))g'(x) = f(g(x))g'(x) \qquad \blacksquare$$

정리 B를 다음과 같이 적용한다. $\int f(g(x))g'(x)dx$와 같은 적분에서 $u=g(x)$라 두면 $du/dx=g'(x)$이므로 $du=g'(x)dx$. 따라서 적분은 다음과 같다.

$$\int f(\underbrace{g(x)}_{u})\underbrace{g'(x)dx}_{du} = \int f(u)dx = F(u)+C = F(g(x))+C$$

그러므로 $f(x)$에 대한 부정적분을 찾을 수 있으면, $\int f(g(x))g'(x)dx$를 계산할 수 있다. 치환법을 적용하기 위한 기술은 치환할 함수를 알맞게 선택하는 것이다. 어떤 경우에는 치환이 쉽게 바로 보이고, 다른 경우에는 그렇게 분명하지 않다. 치환법을 사용하는데 능률은 결국 연습에서 길러진다.

예제 7 $\int \sin 3x\, dx$를 구하여라.

풀이 여기에서 치환은 $u=3x$과 자명하다. 그러면 $du=3dx$. 따라서

$$\int \sin 3x\, dx = \int \frac{1}{3}\sin(\underbrace{3x}_{u})\,\underbrace{3\,dx}_{du}$$

$$= \frac{1}{3}\int \sin u\, du = -\frac{1}{3}\cos u + C = -\frac{1}{3}\cos 3x + C$$

적분에서 $3dx=du$를 얻기 위하여 $\frac{1}{3}\cdot 3$을 곱해야 한다는 것을 주의한다. ■

예제 8 $\int x \sin x^2\, dx$를 구하여라.

풀이 여기에서 적절한 치환은 $u=x^2$이다. 그러면 피적분함수에서 $\sin x^2 = \sin u$이고 더 중요한 것은 피적분함수에 있는 x는 $du=2x\,dx$이므로 미분과 함께 두면 된다. 따라서

$$\int x \sin x^2\,dx = \int \frac{1}{2} \sin(\underbrace{x^2}_{u})\ \underbrace{2x\,dx}_{du}$$

$$= \frac{1}{2}\int \sin u\,du = -\frac{1}{2}\cos u + C = -\frac{1}{2}\cos x^2 + C \qquad ■$$

반드시 u로 해야한다는 법은 없다. 치환을 마음 속으로 할 수 있으면 그것이 좋다. 여기에 한 예를 든다.

예제 9 $\int x^3\sqrt{x^4+11}\,dx$를 구하여라.

풀이 마음속으로 $u=x^4+11$로 치환한다.

$$\int x^3\sqrt{x^4+11}\,dx = \frac{1}{4}\int (x^4+11)^{1/2}(4x^3 dx)$$

$$= \frac{1}{6}(x^4+11)^{3/2} + C \qquad ■$$

> *좋은 치환은?*
>
> 예제 10에서 u의 도함수는 $2x+1$이다. 이것은 치환이 어떤 역할을 하는지를 보여준다. 만일 괄호 안의 식이 $2x+1$이 아니고 $3x+1$이라면, 이 치환법은 적용할 수 없고 보다 어려운 문제를 만날 것이다.

예제 10 $\int_0^4 \sqrt{x^2+x}\,(2x+1)\,dx$를 구하여라.

풀이 $u=x^2+x$라 하자. 그러면 $du=(2x+1)dx$. 그러므로

$$\int \sqrt{x^2+x}\,(2x+1)\,dx = \int u^{1/2}du = \frac{2}{3}u^{3/2} + C$$

$$= \frac{2}{3}(x^2+x^3)^{3/2} + C$$

그러므로 미적분학의 기본정리 2에 따라서,

$$\int_0^4 \sqrt{x^2+x}\,(2x+1)\,dx = \left[\frac{2}{3}(x^2+x)^{3/2} + C\right]_0^4$$

$$= \left[\frac{2}{3}(20)^{3/2} + C\right] - [0+C]$$

$$= \frac{2}{3}(20)^{3/2} \approx 59.63 \qquad ■$$

부정적분의 상수 C는 정적분을 구할 때 상쇄되어 없어짐을 주목한다. 언제나 이와 같이 된다. 그렇기 때문에, 미적분학의 기본정리 2의 내용에서 임의의 역도함수라는 말을 사용할 수 있다. 특히, 미적분학의 기본정리 2를 적용할 때, 항상 $C=0$이라 놓아도 된다.

예제 11 $\int_0^{\pi/4} \sin^3 2x \cos 2x\,dx$를 구하여라.

풀이 $u=\sin 2x$라 하자. 그러면 $du=2\cos 2x\,dx$. 따라서

$$\int \sin^3 2x \cos 2x\, dx = \frac{1}{2}\int (\sin^3 2x)(2\cos 2x)\, dx = \frac{1}{2}\int u^3 du$$
$$= \frac{1}{2}\frac{u^4}{4} + C = \frac{\sin^4 2x}{8} + C$$

그러므로 미적분학의 기본정리 2에 의해,

$$\int_0^{\pi/4} \sin^3 2x \cos 2x\, dx = \left[\frac{\sin^4 2x}{8}\right]_0^{\pi/4} = \frac{1}{8} - 0 = \frac{1}{8}$$ ■

예제 10과 예제 11에서 보여준 두 단계 과정에서 기본정리 2를 적용하기 전에 x의 항으로 부정적분을 나타내야 한다는 것에 주의한다. 왜냐하면 정적분의 아래끝과 위끝이 예제 10에서 0, 4이고 예제 11에서 0, $\frac{\pi}{4}$를 u가 아니고 x에 적용하기 때문이다. 그러나 예제 11에서 치환 $u = \sin 2x$로 하면, 적분의 아래끝과 위끝도 u에 대응되게 해야 한다.

$$x = 0\text{이면} \quad u = \sin(2.0) = 0$$
$$x = \frac{\pi}{4}\text{이면} \quad u = \sin(2(\pi/4)) = \sin(\pi/2) = 1$$

그러면 u의 항으로 정적분으로서 적분을 끝낼 수 있는가?
그렇다.

$$\int_0^{\pi/4} \sin^3 2x \cos 2x\, dx = \left[\frac{1}{2}\frac{u^4}{4}\right]_0^1 = \frac{1}{8} - 0 = \frac{1}{8}$$

이에 대한 일반적인 결과는 다음과 같다.

정적분에서의 치환

정적분에서 치환을 할 때, 세 가지 변화가 필요하다:

1. 피적분 함수의 치환
2. 미분에서 적절한 변경
3. 하한과 상한을 a, b에서 $g(a)$, $g(b)$로 변경

정리 C 정적분에 대한 치환법

g는 $[a, b]$에서 연속인 도함수를 가지고, f가 $u = g(x)$의 치역에서 연속이라 하자. 그러면

$$\int_a^b f(g(x))g'(x)\,dx = \int_{g(a)}^{g(b)} f(u)\,du$$

증명 F를 f의 부정적분이라 하자(F가 존재한다는 것은 정리 4.3A에서 보장된다). 미적분학의 기본정리 2에 의하여

$$\int_{g(a)}^{g(b)} f(u)\,du = [F(u)]_{g(a)}^{g(b)} = F(g(b)) - F(g(a))$$

반면에 부정적분의 치환법(정리 B)에 의하여

$$\int f(g(x))g'(x)dx = F(g(x)) + C$$

따라서 다시 한번 미적분학의 기본정리 2를 적용하면

$$\int_a^b f(g(x))g'(x)\,dx = [F(g(x))]_a^b = F(g(b)) - F(g(a))$$ ■

예제 12 $\displaystyle\int_0^1 \frac{x+1}{(x^2+2x+6)^2}dx$를 구하여라.

풀이 $u=x^2+2x+6$으로 놓으면 $du=(2x+2)dx=2(x+1)$이다. $x=0$일 때 $u=6$, $x=1$일 때 $u=9$이다. 따라서

$$\begin{aligned}\int_0^1 \frac{x+1}{(x^2+2x+6)^2}dx &= \frac{1}{2}\int_0^1 \frac{2x+2}{(x^2+2x+6)^2}dx \\ &= \frac{1}{2}\int_6^9 u^{-2}du = \left[-\frac{1}{2}\frac{1}{u}\right]_6^9 \\ &= -\frac{1}{18}-\left(-\frac{1}{12}\right)=\frac{1}{36}\end{aligned}$$

■

예제 13 $\displaystyle\int_{\pi^2/9}^{\pi^2/4} \frac{\cos\sqrt{x}}{\sqrt{x}}dx$를 구하여라.

풀이 $u=\sqrt{x}$로 놓으면, $du=dx/(2\sqrt{x})$. 따라서

$$\begin{aligned}\int_{\pi^2/9}^{\pi^2/4} \frac{\cos\sqrt{x}}{\sqrt{x}}dx &= 2\int_{\pi^2/9}^{\pi^2/4} \cos\sqrt{x}\cdot\frac{1}{2\sqrt{x}}dx \\ &= 2\int_{\pi/3}^{\pi/2} \cos u\, du \\ &= [2\sin u]_{\pi/3}^{\pi/2} = 2-\sqrt{3}\end{aligned}$$

두 번째 등호에서 적분구간의 변경은 $x=\pi^2/9$일 때, $u=\sqrt{\pi^2/9}=\pi/3$이고, $x=\pi^2/4$일 때 $u=\pi/2$이다. ■

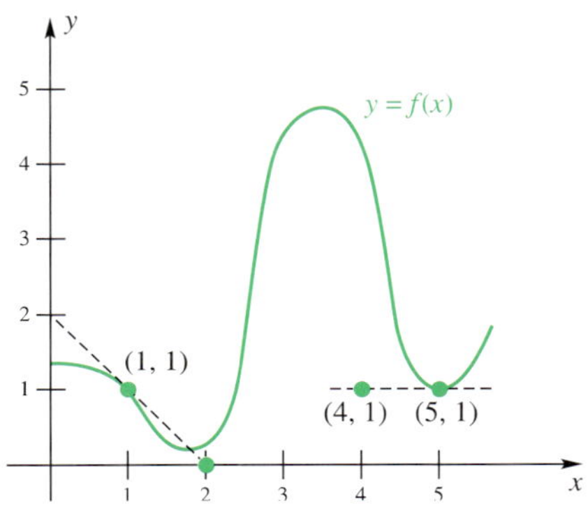

그림 1

예제 14 그림 1은 함수 f의 그래프이며, 이 함수는 3계 도함수가 연속이다. 접선들은 (1, 1)과 (5, 1)에서 $y=f(x)$의 그래프에 접하는 접선들이다. 이 그림을 바탕으로, 다음 적분이 양수인지, 음수인지, 아니면 0인지, 따져 보아라.

(a) $\displaystyle\int_1^5 f(x)\,dx$ (b) $\displaystyle\int_1^5 f'(x)\,dx$

(c) $\displaystyle\int_1^5 f''(x)\,dx$ (d) $\displaystyle\int_1^5 f'''(x)\,dx$

풀이

(a) 구간 [1, 5]의 모든 x에 대해서 함수 f는 양수이다. 그리고 그래프를 보면, x축 위에 약간의 넓이가 있음을 알 수 있다. 그러므로 $\displaystyle\int_1^5 f(x)\,dx>0$.

(b) 미적분학의 기본정리 2에 의해,

$$\int_1^5 f'(x)\,dx=f(5)-f(1)=1-1=0$$

(c) 미적분학의 기본정리 2에 의해(이번에는 f'가 f''의 역도함수임을 이용하여),

$$\int_1^5 f''(x)\,dx=f'(5)-f'(1)=0-(-1)=1$$

(d) 함수 f는 $x=5$에서 위로 오목하므로, $f''(5)>0$. 그리고 $x=1$에서 아래로 오목하므로, $f''(1)<0$. 그러므로

$$\int_1^5 f'''(x)\,dx = f''(5)-f''(1)>0$$ ■

이 예제를 보면, 어떤 정적분을 구하기 위해서, 양 끝점 a와 b에서의 역도함수의 값들만 알면 된다는 놀라운 성질이 잘 드러나 있다. 예를 들어 $\int_1^5 f''(x)dx$를 구하고 싶으면, $f'(5)$와 $f'(1)$만 알면 된다. 열린 구간 (a, b)의 점들에서의 f'와 f''는 전혀 알 필요가 없다.

변화의 축적율 미적분학의 기본정리 2는 다음과 같이 나타낼 수 있다.

$$\int_a^b F'(t)\,dt = F(b)-F(a)$$

$F(t)$가 시각 t일 때 어떤 양을 나타낸다면, 미적분학의 기본정리 2는 $t=a$에서 $t=b$까지 축적된 변화율은 구간 $[a, b]$상에서 그 양의 순변화와 같다는 것을 말한다. 즉, $t=b$일 때의 양에서 $t=a$일 때의 양을 뺀 것이다.

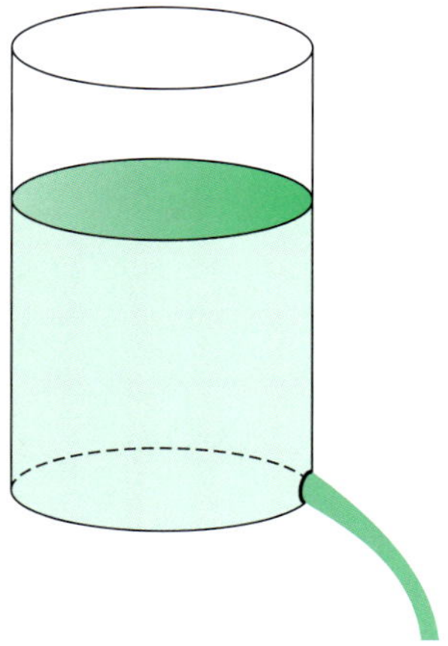

그림 2

예제 15 t는 시간, V는 갤론을 나타낼 때 물이 $V'(t)=11=1.1t$의 비율로 55갤론의 탱크로부터 새어나온다(그림 2를 보아라). 처음에 탱크는 가득차 있었다.
(a) $t=3$과 $t=5$ 사이에 얼마나 많은 물이 새어나올까?
(b) 탱크에 5갤론이 남을 때까지 얼마나 걸릴까?

풀이 $V(t)$는 t시간 동안 새어나온 물의 양을 나타낸다.
(a) $t=3$과 $t=5$ 시간 사이에 흘러나온 물의 양은 3에서 5가지 $V'(t)$곡선의 아래부분의 넓이다(그림 3). 따라서

$$V(5)-V(3)=\int_3^5 V'(t)\,dt=\int_3^5 (11-1.1t)\,dt=\left[11t-\frac{1.1}{2}t^2\right]_3^5=13.2$$

따라서 $t=3$과 $t=5$ 사이의 두 시간 동안 13.2갤론이 새어나온다.

(b) t_1을 탱크 안에 5갤론이 남을 때의 시간이라 하자. 그러면 새어나온 물의 양은 50이다. 즉 $V(t_1)=50$. 처음에 탱크는 가득차 있었으므로(즉 새어나올 것이 없으므로), $V(0)=0$이다. 따라서

$$V(t_1)-V(0)=\int_0^{t_1}(11-1.1t)\,dt$$

$$50-0=\left[11t-\frac{1.1}{2}t^2\right]_0^{t_1}$$

$$0=-50+11t_1-0.55t_1^2$$

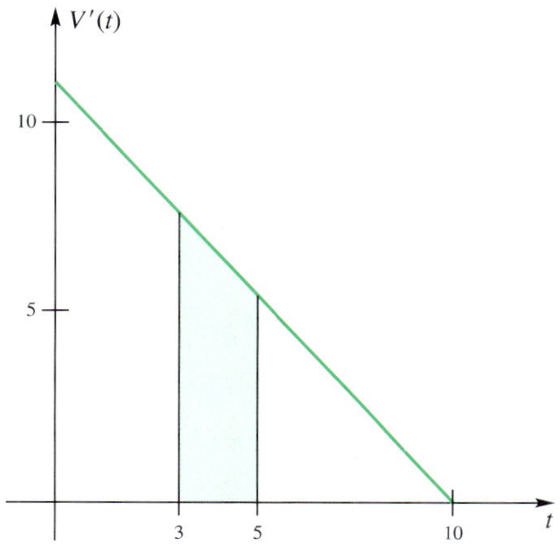

그림 3

마지막 방정식의 해는 $10(11\pm\sqrt{11})/11$이므로 근사값은 6.985와 13.015이다. $\int_0^{10}(11-1.1t)dt=55$이므로 탱크 전체는 $t=10$일 때 말라버리고 두번째 해는 10보다 크기 때문에 버린다. 따라서 6,985시간 후에 5갤론이 남는다. ■

개념 복습

1. f가 $[a, b]$에서 연속이고, F가 그 구간에서 f의 한 ______이면, $\int_a^b f(x)dx=$______.

2. 기호 $[F(x)]_a^b$는 ______를 나타내는 표현이다.

3. 미적분학의 기본정리 2에 의하여 $\int_a^b F'(x)\,dx =$ ______이다.

4. 치환 $u=x^3+1$에 의하여 정적분 $\int_0^1 x^2(x^3+1)^4dx$이 ______로 변환된다.

연습문제 4.4

문제 1~14에서 미적분학의 기본정리 2를 이용하여 각각의 정적분을 구하여라.

1. $\int_0^2 x^3 dx$

2. $\int_{-1}^2 x^4 dx$

3. $\int_{-1}^2 (3x^2-2x+3)\,dx$

4. $\int_1^2 (4x^3+7)\,dx$

5. $\int_1^4 \frac{1}{w^2}dw$

6. $\int_1^3 \frac{2}{t^3}dt$

7. $\int_0^4 \sqrt{t}\,dt$

8. $\int_1^8 \sqrt[3]{w}\,dw$

9. $\int_{-4}^{-2}\left(y^2+\frac{1}{y^3}\right)dy$

10. $\int_1^4 \frac{s^4-8}{s^2}ds$

11. $\int_0^{\pi/2} \cos x\,dx$

12. $\int_{\pi/6}^{\pi/2} 2\sin t\,dt$

13. $\int_0^1 (2x^4-3x^2+5)\,dx$

14. $\int_0^1 (x^{4/3}-2x^{1/3})\,dx$

문제 15~34에서 치환법을 사용하여 부정적분을 구하여라.

15. $\int \sqrt{3x+2}\,dx$

16. $\int \sqrt[3]{2x-4}\,dx$

17. $\int \cos(3x+2)dx$

18. $\int \sin(2x-4)dx$

19. $\int \sin(6x-7)dx$

20. $\int \cos(\pi v-\sqrt{7})dv$

21. $\int x\sqrt{x^2+4}\,dx$

22. $\int x^2(x^3+5)^9dx$

23. $\int x(x^2+3)^{-12/7}dx$

24. $\int v(\sqrt{3}\,v^2+\pi)^{7/8}dv$

25. $\int x\sin(x^2+4)dx$

26. $\int x^2\cos(x^3+5)dx$

27. $\int \frac{x\sin\sqrt{x^2+4}}{\sqrt{x^2+4}}dx$

28. $\int \frac{z\cos(\sqrt[3]{z^2+3})}{(\sqrt[3]{z^2+3})^2}dz$

29. $\int x^2(x^3+5)^8\cos[(x^3+5)^9]dx$

30. $\int x^6(7x^7+\pi)^8\sin[(7x^7+\pi)^9]dx$

31. $\int x\cos(x^2+4)\sqrt{\sin(x^2+4)}\,dx$

32. $\int x^6\sin(3x^7+9)\sqrt[3]{\cos(3x^7+9)}\,dx$

33. $\int x^2\sin(x^3+5)\cos^9(x^3+5)dx$

34. $\int x^{-4}\sec^2(x^{-3}+1)\sqrt[3]{\tan(x^{-3}+1)}\,dx$

   도움말: $D_x \tan x=\sec^2 x$

문제 35~58에서 정적분의 치환법을 사용하여 정적분을 구하여라.

35. $\int_0^1 (x^2+1)^{10}(2x)\,dx$

36. $\int_{-1}^0 \sqrt{x^3+1}\,(3x^2)\,dx$

37. $\int_{-1}^3 \frac{1}{(t+2)^2}dt$

38. $\int_2^{10} \sqrt{y-1}\,dy$

39. $\int_5^8 \sqrt{3x+1}\,dx$

40. $\int_1^7 \frac{1}{\sqrt{2x+2}}dx$

41. $\int_{-3}^3 \sqrt{7+2t^2}\,(8t)\,dt$

42. $\int_1^3 \frac{x^2+1}{\sqrt{x^3+3x}}dx$

43. $\int_0^{\pi/2} \cos^2x\sin x\,dx$

44. $\int_0^{\pi/2} \sin^2 3x\cos 3x\,dx$

45. $\int_0^1 (x+1)(x^2+2x)^2dx$

46. $\int_1^4 \frac{(\sqrt{x}-1)^3}{\sqrt{x}}dx$

47. $\int_0^{\pi/6} \sin^3\theta\cos\theta\,d\theta$

48. $\int_0^{\pi/6} \frac{\sin\theta}{\cos^3\theta}d\theta$

49. $\int_0^1 \cos(3x-3)\,dx$

50. $\int_0^{1/2} \sin(2\pi x)\,dx$

51. $\int_0^1 x\sin(\pi x^2)\,dx$

52. $\int_0^{\pi} x^4\cos(2x^5)\,dx$

53. $\int_0^{\pi/4} (\cos 2x + \sin 2x)\,dx$ **54.** $\int_{-\pi/2}^{\pi/2} (\cos 3x + \sin 5x)\,dx$

55. $\int_0^{\pi/2} \sin x \sin(\cos x)\,dx$ **56.** $\int_{-\pi/2}^{\pi/2} \cos\theta \cos(\pi \sin\theta)\,d\theta$

57. $\int_0^1 x \cos^3(x^2)\sin(x^2)\,dx$ **58.** $\int_{-\pi/2}^{\pi/2} x^2\sin^2(x^3)\cos(x^3)\,dx$

59. 그림 4는 함수 f의 그래프이며, 이 함수는 3계 도함수가 미분이 연속이다. 점선들은 점 (0, 2)와 (3, 0)에서 $y=f(x)$의 그래프에 접하는 접선들이다. 이 그림을 바탕으로, 다음 적분들이 양수인지, 음수인지, 아니면 0인지, 가능하면 밝혀 보아라.

(a) $\int_0^3 f(x)\,dx$ (b) $\int_0^3 f'(x)\,dx$

(c) $\int_0^3 f''(x)\,dx$ (d) $\int_0^3 f'''(x)\,dx$

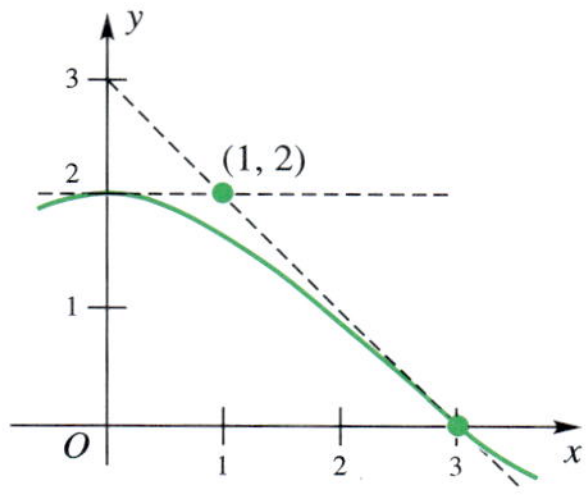

그림 4

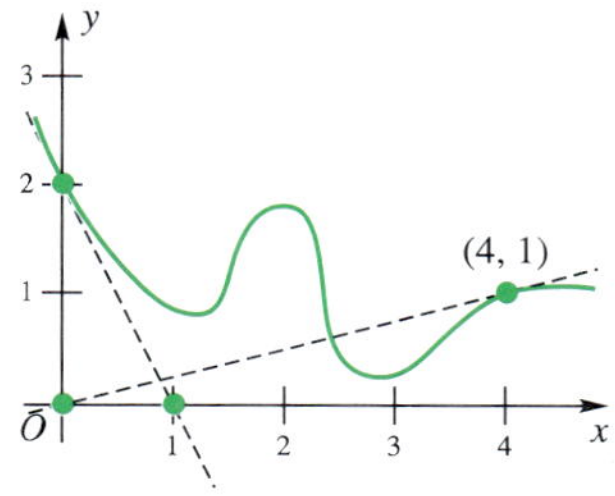

그림 5

60. 그림 5는 함수 f의 그래프이며, 이 함수는 3계 도함수가 연속이다. 점선들은 점 (0, 2)와 (4, 1)에서 $y=f(x)$의 그래프에 접하는 접선들이다. 이 그림을 바탕으로, 다음 적분들이 양수인지, 음수인지, 아니면 0인지, 가능하면 밝혀 보아라.

(a) $\int_0^4 f(x)\,dx$ (b) $\int_0^4 f'(x)\,dx$

(c) $\int_0^4 f''(x)\,dx$ (d) $\int_0^4 f'''(x)\,dx$

61. 물이 가득찬 200갤론인 탱크에서 물이 매초 $V'(t)=20-t$ 갤론의 비율로 새어나오고 있다. 10시간과 20시간 사이에 새어나온 물의 양은 얼마인가? 탱크가 완전히 마를 때까지 얼마나 걸리는가?

62. 기름이 최초에 55갤론이 들어있는 탱크에서 $V'(t)=1-t/110$의 비율로 새고 있다. 최초 한 시간 동안 새어나오는 기름의 양은? 10시간 동안은? 완전히 탱크가 마를 때까지 걸리는 시간은?

63. 작은 마을에서 물 사용량을 시간 당 갤론으로 측정한다. 측정한 날 자정에서 정오까지 시간별 사용비율은 그림 6에 나타나 있다. 이 마을에서 12시간동안 사용한 물의 양을 추정하여라.

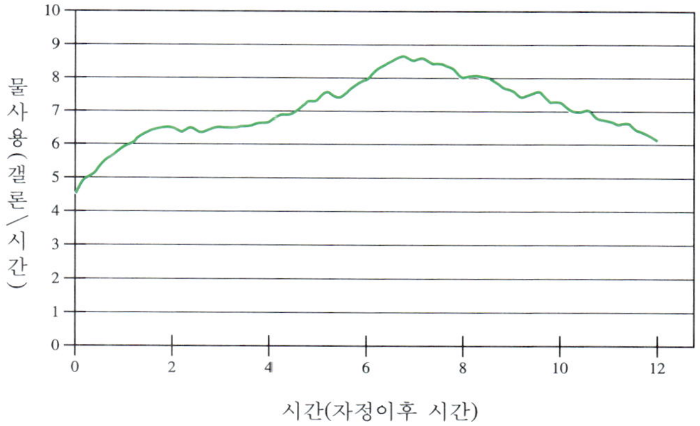

그림 6

64. 그림 7은 1973년에서 2003년까지 미국에서 매년 사용한 기름소비량을 백만버럴 단위로 나타낸 것이다. 1990년에서 2000년까지 소비한 기름의 양을 추정하여라.

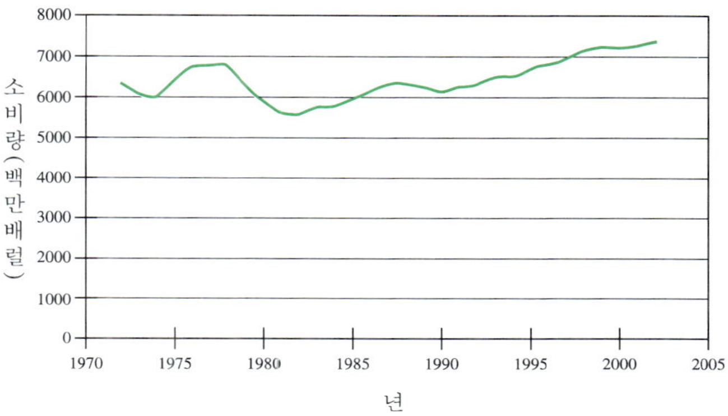

그림 7

65. 그림 8은 어느날 어느 마을에서 사용한 전력을 매가와트 단위로 나타낸 것이다(자정에서 다음날 자정까지). 그날 사용한 에너지 양을 매가와트 단위로 추정하여라. 도움말: 전력은 에너지의 도함수이다.

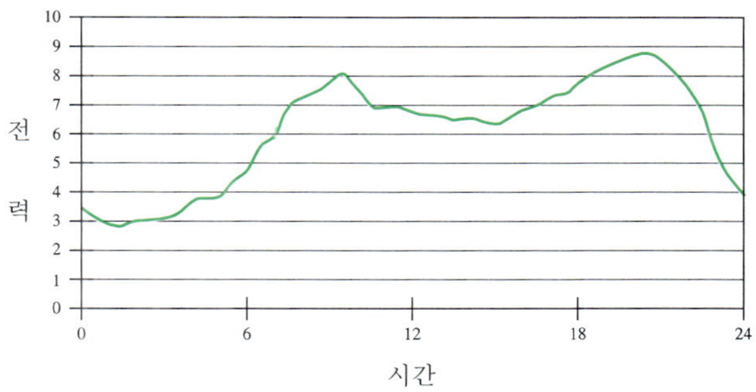

그림 8

66. 어떤 막대의 왼쪽 끝에서 x미터 떨어진 점까지 측정한 킬로그램단위의 질량은 $m(x)=x+x^2/8$이다. 1미터당 킬로그램으로 측정한 막대의 질량 $\delta(x)$를 구하여라. 막대의 길이가 2미터라 가정하고 밀도에 관한 항으로 막대의 총

질량을 나타내어라.

67. 등식

$$\int_a^b x^n dx + \int_{a^n}^{b^n} \sqrt[n]{y}\, dy = b^{n+1} - a^{n+1}$$

이 성립함을 보이려 한다.

(a) 그림 9를 이용하여, 이것이 성립함을 기하학적으로 보여라.

(b) 미적분학의 기본정리 2를 이용하여 이 결과를 증명하여라.

(c) $A_n = nB_n$임을 보여라.

68. 4.3절의 예제 6에서 제안한 방법을 따라서 미적분학의 기본정리 2를 증명하여라.

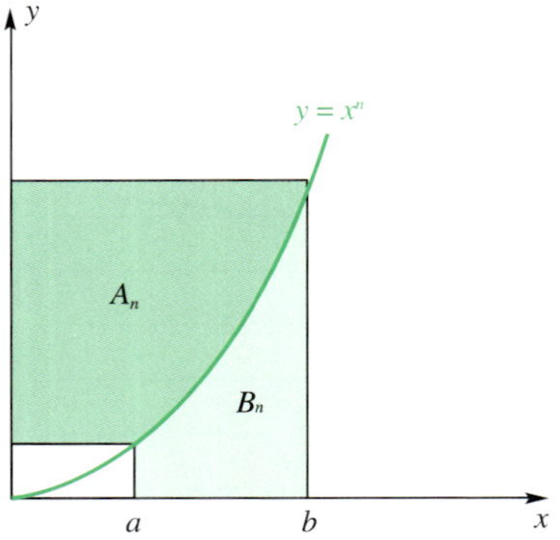

그림 9

문제 69~72에서 먼저 주어진 극한을 정적분으로 나타내고, 그 다음에 미적분학의 기본정리 2를 써서 그 적분을 구하여라.

69. $\lim_{n\to\infty} \sum_{i=1}^{n} \left(\frac{3i}{n}\right)^2 \frac{3}{n}$

70. $\lim_{n\to\infty} \sum_{i=1}^{n} \left(\frac{2i}{n}\right)^3 \frac{2}{n}$

71. $\lim_{n\to\infty} \sum_{i=1}^{n} \left[\sin\left(\frac{\pi i}{n}\right)\right] \frac{\pi}{n}$

72. $\lim_{n\to\infty} \sum_{i=1}^{n} \left[1 + \frac{2i}{n} + \left(\frac{2i}{n}\right)^2\right] \frac{2}{n}$

C **73.** n이 매우 크면 $(1/n^3)\sum_{i=1}^{n} i^2$이 $\int_0^1 x^2 dx$의 좋은 근사값이 되는 이유를 설명하여라. $n=10$에 대해서 이 합을 계산해 보고, 미적분학의 기본정리 2를 써서 적분을 구하여라. 값들을 비교해 보아라.

74. $\int_{-2}^{4} (2[\![x]\!] - 3|x|)$를 구하여라.

75. $\frac{1}{2}x|x|$가 $|x|$의 역도함수임을 보이고, 이 사실을 이용하여 $\int_a^b |x|\,dx$를 나타내는 간단한 공식을 구하여라.

76. $\int_0^b [\![x]\!] dx$를 나타내는 간단한 공식을 구하여라. 여기서 $b>0$.

77. f가 $[a, b]$에서 연속일 때, 다음에 답하여라.

(a) $G(x) = \int_a^x f(t)\,dt$라 하자. G는 $[a, b]$에서 연속임을 보여라.

(b) $F(x)$는 $[a, b]$에서 f의 임의의 역도함수라고 하자. F는 $[a, b]$에서 연속임을 보여라.

78. f는 연속이 아니더라도, 축적함수 $G(x) = \int_a^x f(x)\,dx$는 연속이 될 수 있음을 예를 들어 보여라.

개념 복습 해답: **1.** 역도함수, $F(b)-F(a)$ **2.** $F(b)-F(a)$ **3.** $F(b)-F(a)$ **4.** $\int_1^2 \frac{4}{3}u^4\,du$

4.5 적분의 평균값 정리와 대칭성 사용

n개의 수 $y_1, y_2, \cdots, y_n$의 평균은 이들을 모두 합한 다음 n으로 나누면 된다.

$$\bar{y} = \frac{y_1 + y_2 + \cdots + y_n}{n}$$

구간 $[a, b]$ 위에서 함수 f의 평균개념을 정의할 수 있을까? 그러기 위해 $[a, b]$의 균등분할 P: $a = x_0 < x_1 < x_2 < \cdots < x_n = b$, $\Delta x = \frac{b-a}{n}$를 잡는다. n개의 값 $f(x_1), f(x_2), \cdots, f(x_n)$의 평균은

$$\frac{f(x_1) + f(x_2) + \cdots + f(x_n)}{n} = \frac{1}{n}\sum_{i=1}^{n} f(x_i) = \sum_{i=1}^{n} f(x_i)\frac{b-a}{n}\,\frac{1}{b-a}$$

$$= \frac{1}{b-a}\sum_{i=1}^{n} f(x_i)\Delta x$$

마지막 합은 $[a, b]$ 위에서 f에 관한 리만합이므로

$$\frac{f(x_1)+f(x_2)+\cdots+f(x_n)}{n}=\frac{1}{b-a}\sum_{i=1}^{n}f(x_i)\Delta x$$
$$=\frac{1}{b-a}\int_a^b f(x)\,dx$$

이것은 다음 정의를 암시한다.

정의 **함수의 평균값**

f가 $[a, b]$ 위에서 미분 가능하면, $[a, b]$에서 f의 **평균값**은

$$\frac{1}{b-a}\int_a^b f(x)\,dx$$

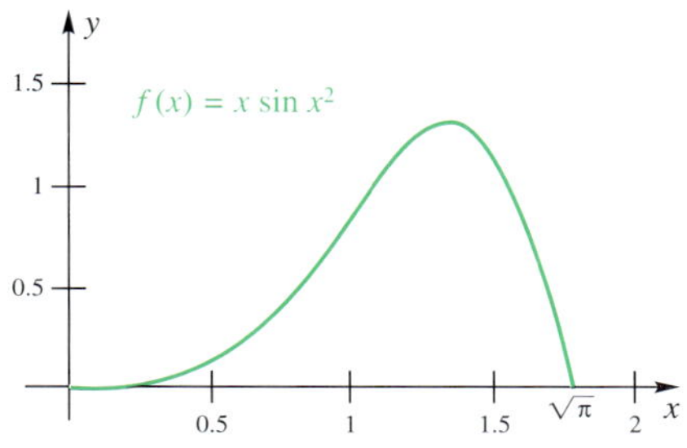

그림 1

예제 1 구간 $[0, \sqrt{\pi}]$에서 $f(x)=x\sin x^2$으로 정의된 함수의 평균값을 구하여라(그림 1 참조).

풀이 평균값은

$$\frac{1}{\sqrt{\pi}-0}\int_0^{\sqrt{\pi}} x\sin x^2\,dx$$

이 적분을 구하기 위하여 $u=x^2$으로 치환하면 $du=2x\,dx$이다. $x=0$일 때 $u=0$이고 $x=\sqrt{\pi}$일 때 $u=\pi$이다. 따라서

$$\frac{1}{\sqrt{\pi}-0}\int_0^{\sqrt{\pi}} x\sin x^2\,dx=\frac{1}{\sqrt{\pi}}\int_0^{\pi}\frac{1}{2}\sin u\,du=\frac{1}{2\sqrt{\pi}}[-\cos u]_0^{\pi}$$
$$=\frac{1}{2\sqrt{\pi}}(2)=\frac{1}{\sqrt{\pi}}$$ ■

예제 2 길이가 2피트인 금속막대의 화씨온도는 위치 x에 따라 $T(x)=40+20x(2-x)$로 된다. 막대의 평균온도를 구하여라. 실제온도와 막대의 평균온도가 같은 점이 있는가?

풀이 평균온도는

$$\frac{1}{2}\int_0^2[40+20x(2-x)]\,dx=\int_0^2(20+20x-10x^2)\,dx$$
$$=\left[20x+10x^2-\frac{10}{3}x^3\right]_0^2$$
$$=\left(40+40-\frac{80}{3}\right)=\frac{160}{3}\text{°F}$$

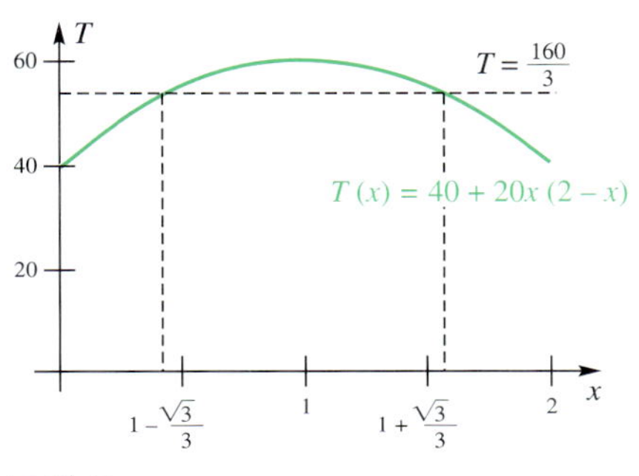

그림 2

x의 함수로서 온도 T를 나타내는 그림 2에서 실제온도가 막대의 평균온도와 같은 점이 2개라고 기대하게 된다. 이 두 점을 구하기 위하여, $T(x)=160/3$으로 두고 x에 관해 푼다.

$$40+20x(2-x)=\frac{160}{3}$$

$$3x^2-6x+2=0$$

이 이차방정식을 풀면

$$x=\frac{1}{3}(3-\sqrt{3})\approx 0.42265 \text{와 } x=\frac{1}{3}(3+\sqrt{3})\approx 1.5774$$

두 해는 모두 0과 2 사이에 있으므로 실제온도가 막대의 평균온도와 같은 점은 두 점이 있다. ■

$f(x)$가 함수의 평균값과 같다는 성질을 갖는 x의 값은 항상 존재하는 것처럼 보인다. 이 사실은 함수 f가 연속이면 항상 참이다.

두가지 중간값 정리

도함수에 대한 평균값정리는 구간 $[a, b]$안에 f의 평균변화율 $(f(b)-f(a))/(b-a)$가 순간변화율 $f'(c)$와 같은 점 c가 존재한다는 것이다. 적분에 대한 평균값정리는 구간 $[a, b]$안에 f의 평균값 $\frac{1}{b-a}\int_a^b f(t)dt$가 함수의 실제값 $f(c)$와 같은 점 c가 존재한다는 것이다.

정리 A 적분의 평균값정리

만일 f가 $[a, b]$ 위에서 연속이라면, a와 b 사이에 다음을 만족하는 c가 존재한다:

$$f(c)=\frac{1}{b-a}\int_c^b f(t)dt$$

증명 $a\le x\le b$에 대하여 $G(x)=\int_a^x f(t)dt$로 놓는다. 도함수에 대한 평균값정리(G에 적용)에 의하여

$$G'(c)=\frac{G(b)-G(a)}{b-a}$$

를 만족하는 점 c가 (a, b) 안에 존재한다는 것이다.

$G(a)=\int_a^a f(t)dt=0$, $G(b)=\int_a^b f(t)dt$, $G'(c)=f(c)$이므로,

$$G'(c)=f(c)=\frac{1}{b-a}\int_c^b f(t)dt$$ ■

적분의 평균값정리는 종종 다음과 같이 나타낸다: f가 $[a, b]$에서 적분가능하면,

$$\int_a^b f(t)dt=(b-a)f(c)$$

를 만족하는 c가 (a, b) 안에 존재한다.

이 식으로 보면, 적분의 평균값정리는, 구간 $[a, b]$안에 높이가 $f(c)$이고 폭이 $b-a$인 직사각형의 넓이가 곡선 아래의 넓이와 같은 점 c가 존재한다는 것을 말한다. 그림 3에서, 곡선 아래의 넓이는 직사각형의 넓이와 같다.

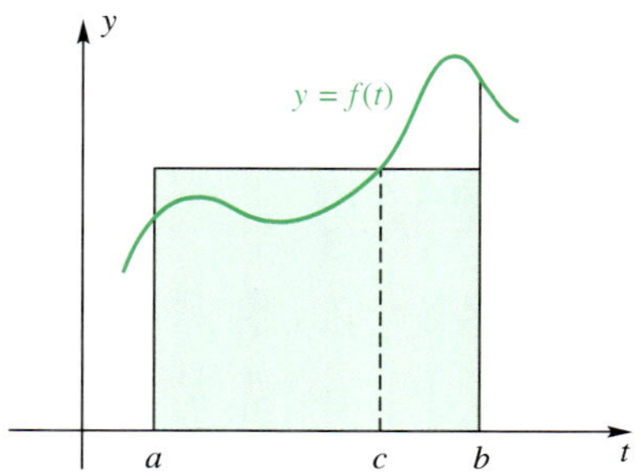

그림 3

예제 3 구간 $[-3, 3]$에서 $f(x)=x^2$에 대한 적분의 평균값정리를 만족하는 c의 값을 모두 구하여라.

> ≈ *정적분을 추측함*
>
> 그림 3과 같이 적분의 평균값정리는 정적분의 값을 추정하는 좋은 생각을 제공한다. 곡선 아래 부분의 넓이는 직사각형의 넓이와 같다. 그 영역을 "뚫어져라 바라보아서" 이 직사각형을 잡을 수 있다. 그림 2에서, 곡선 위의 어둡게 칠한 부분의 넓이는, 곡선 아래의 하얀 부분의 넓이와 같아야 한다.

풀이 그림 4에서와 같이 $f(x)$의 그래프는 적분의 평균값정리를 만족하는 c의 값이 2개라는 사실을 암시한다. 함수의 평균값은

$$\frac{1}{3-(-3)}\int_{-3}^{3} x^2\,dx = \frac{1}{6}\left[\frac{x^3}{3}\right]_{-3}^{3} = \frac{1}{18}[27-(-27)] = 3$$

c의 값을 구하면

$$3 = f(c) = c^2$$
$$c = \pm\sqrt{3}$$

$-\sqrt{3}$과 $\sqrt{3}$ 둘 다 $[-3, 3]$ 안에 있으므로, 두 값 모두 적분의 평균값정리를 만족한다. ■

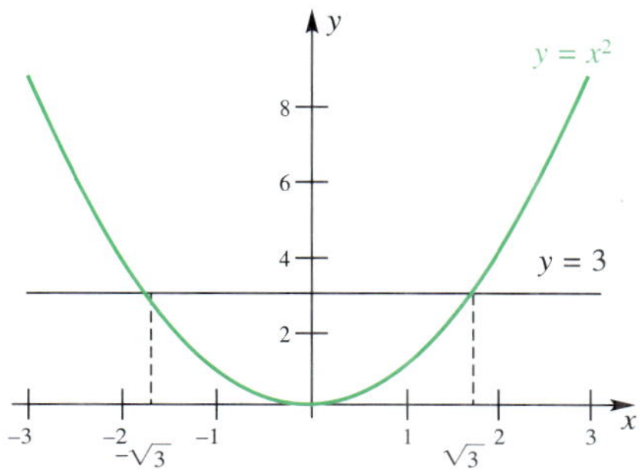

그림 4

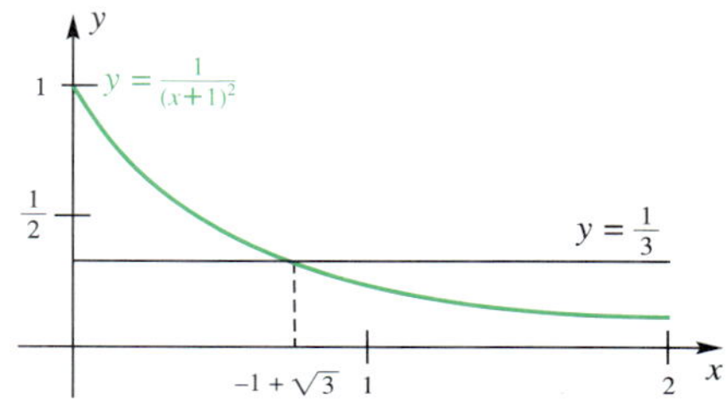

그림 5

예제 4 구간 $[0, 2]$에서 $f(x) = \dfrac{1}{(x+1)^2}$에 대한 적분의 평균값정리를 만족하는 c의 값을 모두 구하여라.

풀이 그림 5에서와 같이 $f(x)$의 그래프는 적분의 평균값정리를 만족하는 c의 값이 한 개라는 사실을 암시한다. 함수의 평균값은 $u = x+1$, $du = dx$로 치환하여 구할 수 있다. $x = 0$일 때 $u = 1$이고 $x = 2$일 때 $u = 3$이다:

$$\frac{1}{2-0}\int_0^2 \frac{1}{(x+1)^2}dx = \frac{1}{2}\int_1^3 \frac{1}{u^2}du = \frac{1}{2}[-u^{-1}]_1^3 = \frac{1}{2}\left(-\frac{1}{3}+1\right) = \frac{1}{3}$$

c의 값을 구하기 위하여

$$\frac{1}{3} = f(c) = \frac{1}{(c+1)^2}$$

을 푼다.

$$c^2 + 2c + 1 = 3$$
$$c = \frac{-2 \pm \sqrt{2^2 - 4(1)(-2)}}{2} = -1 \pm \sqrt{3}$$

$-1-\sqrt{3} \approx -2.7321$, $-1+\sqrt{3} \approx 0.73205$. 두 해 중에서 $[0, 2]$ 안에 들어가는 해는 $c = -1+\sqrt{3}$ 하나이다. 따라서 이것이 적분의 평균값정리를 만족하는 c의 유일한 값이다. ■

정적분 계산에 대칭성 이용 우함수는 $f(-x)=f(x)$를 만족하는 함수이고, 기함수는 $f(-x)=-f(x)$를 만족하는 함수임을 상기한다. 전자의 그래프는 y축에 대해서 대칭이고, 후자의 그래프는 원점에 대해서 대칭이다. 이러한 함수들의 적분에 유용한 정리가 있다.

정리 B 대칭 정리

f가 우함수이면,

$$\int_{-a}^{a} f(x)\,dx = 2\int_{0}^{a} f(x)\,dx$$

f가 기함수이면,

$$\int_{-a}^{a} f(x)\,dx = 0$$

우함수에 대한 **증명** 그림 6, 7에 이 정리의 기하학적 의미를 나타내었고 이 결과를 해석학적으로 증명하기 위해서, 우선 다음 등식을 이용한다.

$$\int_{-a}^{a} f(x)\,dx = \int_{-a}^{0} f(x)\,dx + \int_{0}^{a} f(x)\,dx$$

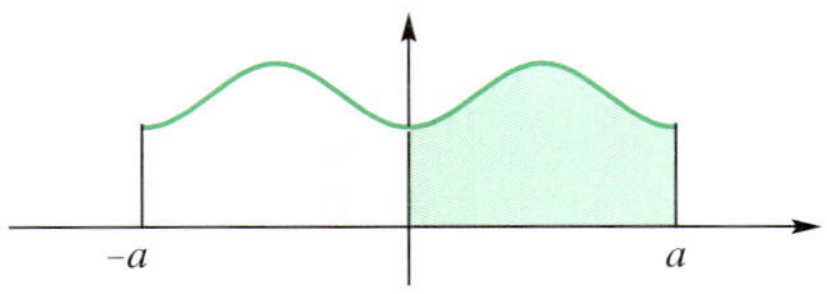

우함수

왼쪽 넓이=오른쪽 넓이

그림 6

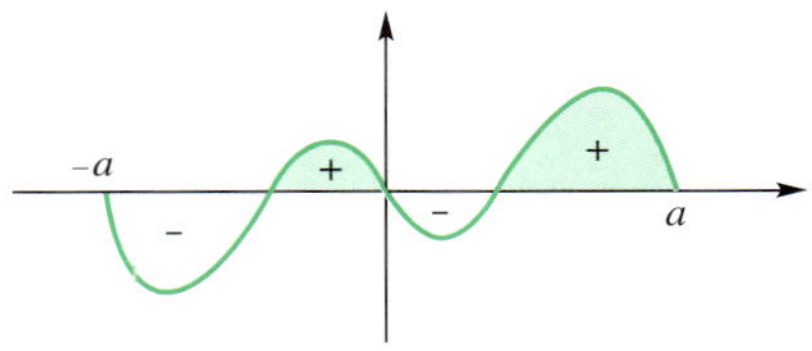

기함수

왼쪽 넓이가 오른쪽 넓이를 상쇄해서 없앰

그림 7

우변의 첫째 적분에 대해서, $u=-x$, $du=-dx$라 놓아서 치환한다. f가 우함수이면, $f(-x)=f(x)$이므로

$$\int_{-a}^{0} f(x)\,dx = -\int_{-a}^{0} f(-x)(-dx) = -\int_{a}^{0} f(u)\,du$$

$$= \int_{0}^{a} f(u)\,du = \int_{0}^{a} f(x)\,dx$$

따라서

$$\int_{-a}^{a} f(x)\,dx = \int_{0}^{a} f(x)\,dx + \int_{0}^{a} f(x)\,dx$$

$$= 2\int_{0}^{a} f(x)\,dx$$

기함수에 대한 증명은 연습문제로 남겨 둔다(연습문제 60). ■

> **강한 조건**
>
> 대칭 정리의 가정에 주목한다. 적분할 함수는 우함수 또는 기함수이고, 적분구간은 원점에 대해서 대칭이어야 한다. 이것은 엄격한 제약이지만, 응용문제들에서 흔히 성립하곤 한다. 이 조건이 성립하면, 적분 계산이 훨씬 간단해진다.

예제 5 $\int_{-\pi}^{\pi} \cos\left(\frac{x}{4}\right) dx$를 구하여라.

풀이 $\cos(-x/4) = \cos(x/4)$이므로, $f(x) = \cos(x/4)$는 우함수이다. 따라서

$$\int_{-\pi}^{\pi} \cos\left(\frac{x}{4}\right) dx = 2\int_{0}^{\pi} \cos\left(\frac{x}{4}\right) dx = 8\int_{0}^{\pi} \cos\left(\frac{x}{4}\right) \cdot \frac{1}{4} dx$$
$$= 8\int_{0}^{\pi/4} \cos u\, du = [8 \sin u]_{0}^{\pi/4} = 4\sqrt{2}$$ ■

예제 6 $\int_{-5}^{5} \frac{x^5}{x^2+4} dx$를 구하여라.

풀이 $f(x) = x^5/(x^2+4)$는 기함수이다. 따라서 위의 적분은 값이 0이다. ■

예제 7 $\int_{-2}^{2} (x \sin^4 x + x^3 - x^4)\, dx$를 구하여라.

풀이 앞의 두 개의 항은 기함수이고, 맨 끝의 항은 우함수이다. 따라서 이 적분은 다음과 같이 쓸 수 있다.

$$\int_{-2}^{2} (x \sin^4 x + x^3)\, dx - \int_{-2}^{2} x^4\, dx = 0 - 2\int_{0}^{2} x^4 dx$$
$$= \left[-2\frac{x^5}{5}\right]_{0}^{2} = -\frac{64}{5}$$ ■

예제 8 $\int_{-\pi}^{\pi} \sin^3 x \cos^5 x\, dx$를 구하여라.

풀이 $\sin x$는 기함수이고 $\cos x$는 우함수이다. 기함수의 홀수거듭제곱은 기함수이므로 $\sin^3 x$도 기함수이다. 우함수의 정수 거듭제곱은 우함수이므로 $\cos^5 x$는 우함수이다. 기함수와 우함수의 곱은 기함수이다. 따라서 적분안의 피적분 함수는 기함수이고 적분구간이 0에 관해 대칭이다. 따라서 적분값은 0이다. ■

주기성의 이용 어떤 함수 f가 주기 함수라는 말은, 어떤 수 p가 있어서, f의 정의역에 속하는 모든 x에 대해서 $f(x+p) = f(x)$가 성립한다는 뜻임을 상기한다. 이것을 만족하는 가장 작은 양수 p를 f의 **주기**(period)라고 한다. 삼각함수들은 주기 함수의 좋은 예이다.

정리 C

f가 주기 함수이고, 그 주기가 p이면,

$$\int_{a+p}^{b+p} f(x)\, dx = \int_{a}^{b} f(x)\, dx$$

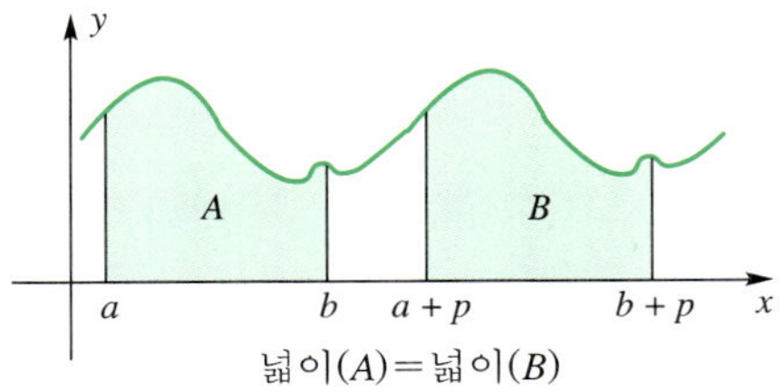

그림 8

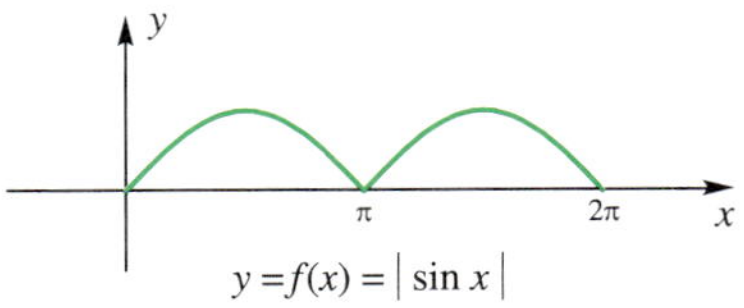

그림 9

증명 기하학적 의미를 그림 8에 나타내었다. 이것을 증명하기 위해서, $u=x-p$라 하자. 그러면 $x=u+p$이고, $du=dx$. 따라서

$$\int_{a+p}^{b+p} f(x)\,dx=\int_a^b f(u+p)\,dx=\int_a^b f(u)\,du=\int_a^b f(x)\,dx$$

두 번째 등호에서 $f=(u+p)$ 대신에 $f(u)$를 넣어도 되는 이유는, f가 주기 함수이기 때문이다. ■

예제 9 (a) $\int_0^{2\pi} |\sin x|\,dx$ (b) $\int_0^{100\pi} |\sin x|\,dx$를 구하여라.

풀이 (a) $f(x)=|\sin x|$는 주기 함수이며, 그 주기는 π이다(그림 9). (a)의 적분은

$$\begin{aligned}\int_0^{2\pi} |\sin x|\,dx &= \int_0^{\pi} |\sin x|\,dx+\int_{\pi}^{2\pi} |\sin x|\,dx\\ &= \int_0^{\pi} |\sin x|\,dx+\int_0^{\pi} |\sin x|\,dx\\ &= 2\int_0^{\pi} \sin x\,dx=[-2\cos x]_0^{\pi}=2-(-2)=4\end{aligned}$$

(b) (b)의 적분은

$$\int_0^{100\pi} |\sin x|\,dx=\underbrace{\int_0^{\pi} |\sin x|\,dx+\int_{\pi}^{2\pi} |\sin x|\,dx+\cdots+\int_{99\pi}^{100\pi} |\sin x|\,dx}_{100\text{개의 적분은 } \int_0^{\pi}\sin x\,dx\text{와 같다.}}$$

$$\begin{aligned}&=100\int_0^{\pi} \sin x\,dx=100[-\cos x]_0^{\pi}\\ &=100(2)=200\end{aligned}$$ ■

예제 9에서는, 구간 $[0,\ 100\pi]$에서 $|\sin x|$의 역도함수를 구할 수 없으므로 대칭성을 이용해야 함에 주의하여라.

개념 복습

1. 구간 $[a,\ b]$에서 함수 f의 평균값은 ______이다.

2. 적분의 평균값정리는 $[a,\ b]$에서 함수의 평균값이 ______와 같은 c가 구간 $(a,\ b)$ 안에 존재한다는 것을 말한다.

3. f가 기함수이면, $\int_{-2}^{2} f(x)\,dx=$______. f가 우함수이면, $\int_{-2}^{2} f(x)\,dx=$______.

4. 어떤 수 p가 있어서, f의 정의역에 속하는 모든 x에 대해서 ______이면, f는 주기 함수이다. 이러한 가장 작은 양수 p를 이 함수의 ______라고 부른다.

연습문제 4.5

문제 1~14에서 주어진 구간에서 함수 f의 평균값을 구하여라.

1. $f(x)=4x^3$; $[1, 3]$ **2.** $f(x)=5x^2$; $[1, 4]$

3. $f(x)=\dfrac{x}{\sqrt{x^2+16}}$; $[0, 3]$ **4.** $f(x)=\dfrac{x^2}{\sqrt{x^3+16}}$; $[0, 2]$

5. $f(x)=2+|x|$; $[-2, 1]$ **6.** $f(x)=x+|x|$; $[-3, 2]$

7. $f(x)=\cos x$; $[0, \pi]$ **8.** $f(x)=\sin x$; $[0, \pi]$

9. $f(x)=x\cos x^2$; $[0, \sqrt{\pi}]$ **10.** $f(x)=\sin^2 x\cos x$; $[0, \pi/2]$

11. $F(y)=y(1+y^2)^3$; $[1, 2]$

12. $g(x)=\tan x\sec^2 x$; $[0, \pi/4]$

13. $h(z)=\dfrac{\sin\sqrt{z}}{\sqrt{z}}$; $[\pi/4, \pi/2]$

14. $G(v)=\dfrac{\sin v\cos v}{\sqrt{1+\cos^2 v}}$; $[0, \pi/2]$

문제 15~28에서 주어진 구간에서 적분의 평균값정리를 만족하는 모든 c의 값을 찾아라.

15. $f(x)=\sqrt{x+1}$; $[0, 3]$ **16.** $f(x)=x^2$; $[-1, 1]$

17. $f(x)=1-x^2$; $[-4, 3]$ **18.** $f(x)=x(1-x)$; $[0, 1]$

19. $f(x)=|x|$; $[0, 2]$ **20.** $f(x)=|x|$; $[-2, 2]$

21. $H(z)=\sin z$; $[-\pi, \pi]$ **22.** $g(y)=\cos 2y$; $[0, \pi]$

23. $R(v)=v^2-v$; $[0, 2]$ **24.** $T(x)=x^3$; $[0, 2]$

25. $f(x)=ax+b$; $[1, 4]$ **26.** $S(y)=y^2$; $[0, b]$

27. $f(x)=ax+b$; $[A, B]$ **28.** $q(y)=ay^2$; $[0, b]$

GC ≈ 그래프 계산기를 써서 문제 29~32의 피적분함수의 그래프를 그려라. 그 다음에 정리 B 옆의 네모 속에 언급해 놓은 방법을 써서 적분을 추정하여라.

29. $\int_0^{2\pi}(5+\sin x)^4 dx$ **30.** $\int_0^2[3+\sin(x^2)]dx$

31. $\int_{-1}^1\dfrac{2}{1+x^2}dx$ **32.** $\int_{10}^{20}\left(1+\dfrac{1}{x}\right)^5 dx$

33. 그림 10은 어떤 사무실 건물의 상대 습도 H를 시간 (일요일 이후 날 단위로 잼) t의 함수로 나타낸 것이다. 그 주일의 평균 상대 습도를 대략 말해 보아라.

34. 그림 11은 미주리주 세인트루이스시의 어느 하루의 기온 T를 시간 (자정 이후 시간 단위로 잼) t의 함수로 나타낸 것이다.

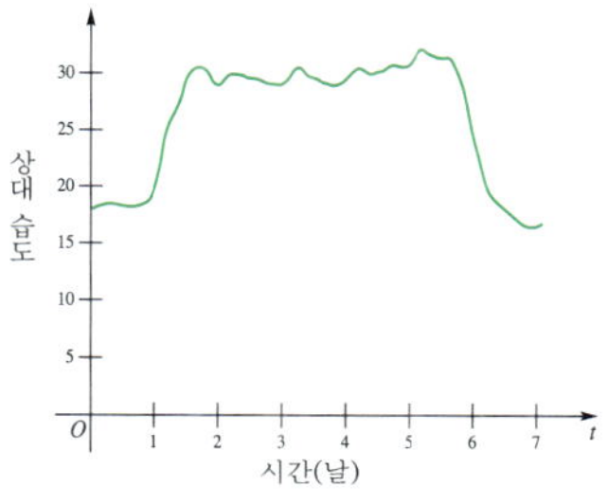

그림 10

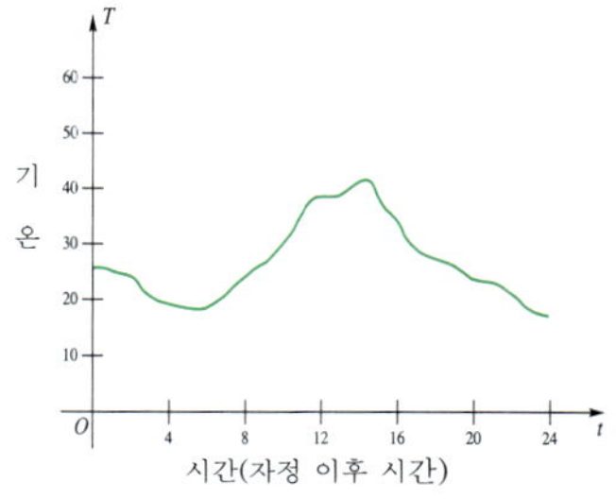

그림 11

(a) 그 날의 평균 기온을 대략 말해보아라.

(b) 기온이 그 날의 평균 기온과 같은 때가 있는가? 설명하여라.

문제 35~44에서 대칭성을 이용하여 주어진 적분을 좀 더 쉽게 구하여라.

35. $\int_{-\pi}^{\pi}(\sin x+\cos x)dx$ **36.** $\int_{-1}^{1}\dfrac{x^3}{(1+x^2)^4}dx$

37. $\int_{-\pi/2}^{\pi/2}\dfrac{\sin x}{1+\cos x}dx$ **38.** $\int_{-\sqrt[3]{\pi}}^{\sqrt[3]{\pi}}x^2\cos(x^3)dx$

39. $\int_{-\pi}^{\pi}(\sin x+\cos x)^2 dx$

40. $\int_{-\pi/2}^{\pi/2}z\sin^2(z^3)\cos(z^3)dz$

41. $\int_{-1}^{1}(1+x+x^2+x^3)dx$

42. $\int_{-100}^{100}(v+\sin v+v\cos v+\sin^3 v)^5 dv$

43. $\int_{-1}^{1}(|x^3|+x^3)dx$

44. $\int_{-\pi/4}^{\pi/4}(|x|\sin^5 x+|x|^2\tan x)dx$

45. f가 우함수인 경우, $\int_{-b}^{-a}f(x)dx$를 $\int_a^b f(x)dx$와 비교해 보면? 기함수인 경우는?

46. (치환법으로) 다음을 증명하여라.

$$\int_a^b f(-x)dx=\int_{-b}^{-a}f(x)dx$$

47. 주기 함수임을 이용하여 $\int_0^{4\pi}|\cos x|dx$를 계산하여라.

48. $\int_0^{4\pi}|\sin 2x|dx$를 계산하여라.

49. f가 주기 함수이고, 그 주기가 p이면,

$$\int_a^{a+p} f(x)\,dx = \int_0^p f(x)\,dx$$

그림을 그려서 이것이 성립함을 확인하여라. 이 결과를 이용하여 $\int_1^{1+\pi} |\sin x|\,dx$를 계산하여라.

50. 문제 49의 결과를 이용하여 $\int_2^{2+\pi/2} |\sin 2x|\,dx$를 계산하여라.

51. $\int_1^{1+\pi} |\cos x|\,dx$를 계산하여라.

52. 다음이 참인지, 거짓인지 밝혀라. 어떤 구간에서 함수의 평균값의 적분은 그 함수의 적분과 같다: $\int_a^b \bar{f}\,dx = \int_a^b f(x)\,dx$, 여기서 $\bar{f}$는 함수 f의 구간 $[a, b]$에서의 평균값이다.

EXPL **53.** u와 v는 구간 $[a, b]$에서 적분가능 하고, 이 구간에서의 평균값을 $\bar{u}$와 $\bar{v}$로 나타낸다. 다음이 참인지, 거짓인지 밝혀라.

(a) $\bar{u}+\bar{v}=\overline{u+v}$

(b) $k\bar{u}=\overline{ku}$, 여기서 k는 임의의 상수이다.

(c) $u \le v$이면, $\bar{u} \le \bar{v}$이다.

54. 가정에서 사용하는 전기는 전압 $V=\hat{V}\sin(120\pi t+\phi)$로 모델화할 수 있다. 여기서 t는 초 단위로 잰 시간이며, $\hat{V}$는 V가 얻을 수 있는 최대값이며, ϕ는 위상각(phase angle)이다. 이런 전압은 주파수가 60이라고 흔히 말한다. 왜냐 하면 1초 동안 전압이 60번 진동하기 때문이다. 제곱-평균-제곱근 전압은 V_{rms}로 나타내며, V^2의 평균의 제곱근으로 정의한다. 즉,

$$V_{\text{rms}} = \sqrt{\int_\phi^{1+\phi} (\hat{V}\sin(120\pi t+\phi))^2\,dt}$$

주어진 전압이 얼마나 많은 열을 낼 수 있는지를 잘 보여주는 척도가 V_{rms}이다.

(a) 1초 동안의 평균 전압을 계산하여라.

(b) 1/120초 동안의 평균 전압을 계산하여라.

(c) V_{rms}의 적분을 계산하여서, $V_{\text{rms}}=\dfrac{\hat{V}\sqrt{2}}{2}$임을 보여라.

도움말: $\int \sin^2 t\,dt = -\frac{1}{2}\cos t \sin t + \frac{1}{2}t + C$

(d) 가정용 전류의 V_{rms}가 120 볼트라고 하자. 이 경우 $\hat{V}$의 값은 얼마인가?

55. 미적분학의 기본정리 1을 사용하지 말고, 적분의 평균값 정리(정리 A)를 증명해 보아라.

도움말: 최대-최소 존재 정리와 평균값 정리를 적용하여라.

56. 응용 문제에서 흔히 나오는 적분으로 $\int_0^{2\pi} \cos^2 x\,dx$와 $\int_0^{2\pi} \sin^2 x\,dx$가 있다.

(a) 삼각함수의 공식을 이용하여 다음을 보여라.

$$\int_0^{2\pi} (\sin^2 x + \cos^2 x)\,dx = 2\pi$$

(b) 그래프를 바탕으로 다음을 보여라.

$$\int_0^{2\pi} \cos^2 x\,dx = \int_0^{2\pi} \sin^2 x\,dx$$

(c) $\int_0^{2\pi} \cos^2 x\,dx = \int_0^{2\pi} \sin^2 x\,dx = \pi$라는 결론을 이끌어 내어라.

GC **57.** $f(x)=|\sin x|\sin(\cos x)$라 하자.

(a) f는 우함수인가, 기함수인가, 둘 다 아닌가?

(b) f는 주기 함수이다. 그 주기를 구하여라.

(c) 다음 각각의 구간에서 f의 정적분을 구하여라.
$[0, \pi/2]$, $[-\pi/2, \pi/2]$, $[0, 3\pi/2]$, $[-3\pi/2, 3\pi/2]$, $[0, 2\pi]$, $[\pi/6, 13\pi/6]$, $[\pi/6, 4\pi/3]$, $[13\pi/6, 10\pi/3]$.

58. 함수 $f(x)=\sin x\,|\sin(\sin x)|$에 대해서 문제 57을 해 보아라.

59. 0.3절의 문제 59에서 시작한 피타고라스의 정리의 일반화를 이제 완성하려 한다. 그림 12에서 $A+B=C$임을 보여라. 이들은 직각삼각형의 직각을 끼고 있는 두 변과 빗변에다 만들어 놓은 닮은꼴 영역들의 넓이들이다.

(a) 도형들이 닮은꼴이므로

$$g(x)=\frac{a}{c}f\left(\frac{c}{a}x\right) \quad \text{그리고} \quad h(x)=\frac{b}{c}f\left(\frac{c}{b}x\right)$$

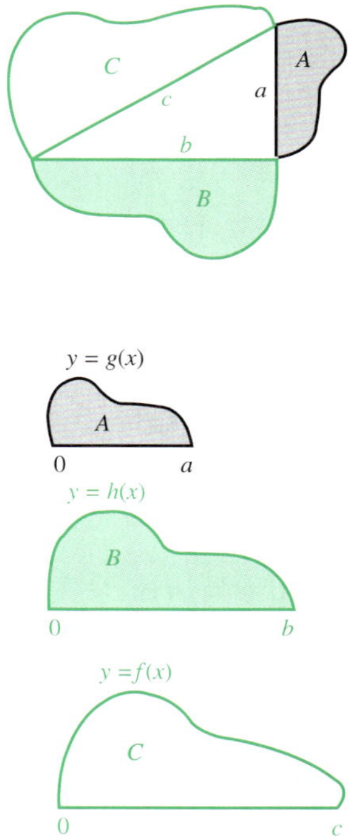

그림 12

임을 확인하여라.

(b) $\int_0^a g(x)\,dx + \int_0^b h(x)\,dx = \int_0^c f(x)\,dx$임을 보여라.

60. 기함수에 대한 대칭 정리를 증명하여라.

개념 복습 해답: **1.** $\frac{1}{b-a}\int_a^b f(x)\,dx$ 2. $f(c)$
3. 0; $2\int_0^2 f(x)\,dx$ **4.** $f(x+p)=f(x)$, 주기

4.6 수치적분

f가 폐구간 $[a, b]$에서 연속함수이면 정적분 $\int_a^b f(x)dx$는 반드시 존재한다는 사실을 알고 있다. 존재성의 문제와 계산은 다른 문제이다. 우리가 배운 미적분학의 기본정리 2에 의하여 계산할 수 없는 정적분은 많이 있다. 예를 들면, 부정적분

$$\int \sin(x^2)dx,\ \int \sqrt{1-x^4}\,dx,\ \int \frac{\sin x}{x}\,dx$$

들은 기초 미적분 과정에서 다룬 초등함수들에 관한 항으로 대수적으로 나타낼 수 없다. 초등부정적분을 발견했더라도 이 절의 근사법을 사용하는 것이 종종 도움이 된다. 왜냐하면 이것이 컴퓨터에 직접 프로그래밍할 수 있는 효과적인 알고리즘을 주기 때문이다. 4.2절에서 리만합이 어떻게 정적분의 근사값을 구하는데 이용되는지를 보았다. 이 절에서는 이 리만합을 복습하고 두 가지 추가적인 방법: 사다리꼴 공식과 포물선공식을 다룬다.

리만합 4.2절에서 리만합 개념을 소개했다. f가 $[a, b]$에서 정의될 때, 구간 $[a, b]$를 작은 n개의 구간으로 분할한다: $a=x_0<x_1<x_2<\cdots<x_{n-1}<x_n=b$. 그러면 리만합은, $\bar{x}_i$가 구간 $[x_{i-1}, x_i]$ 안의 어떤 점(심지어 끝점이라도 가능)이고 $\Delta x_i = x_i - x_{i-1}$일 때

$$\sum_{i=1}^{n} f(\bar{x}_i)\Delta x_i$$

로 정의한다. 지금 분할은 균등분할 즉, $\Delta x_i = (b-a)/n$로 한다. 리만합은 4.2절에서 정적분을 리만합의 극한으로서 정의하면서 소개했다. 여기에서 리만합은 정적분을 근사하는 한 가지 방법으로서 살펴본다.

점 $\bar{x}_i$가 $[x_{i-1}, x_i]$의 왼쪽 끝점, 오른쪽 끝점 그리고 중점인 세가지 경우를 생각한다.

구간 $[x_{i-1}, x_i]$의 왼쪽 끝점, 오른쪽 끝점, 중점은

$$\text{왼쪽 끝점} = x_{i-1} = a + (i-1)\frac{b-a}{n}$$

$$\text{오른쪽 끝점} = x_i = a + i\frac{b-a}{n}$$

$$\text{중점} = \frac{x_{i-1}+x_i}{2} = \frac{a+(i-1)\frac{b-a}{n} + a + i\frac{b-a}{n}}{2} = a + \left(i - \frac{1}{2}\right)\frac{b-a}{n}$$

좌리만합을, $\bar{x}_i$를 왼쪽 끝점 x_{i-1}로 잡는 경우로 하면,

$$\text{좌리만합}=\sum_{i=1}^{n} f(\bar{x}_i)\Delta x_i=\frac{b-a}{n}\sum_{i=1}^{n} f\left(a+(i-1)\frac{b-a}{n}\right)$$

우리만합을, $\bar{x}_i$를 오른쪽 끝점 x_i로 잡는 경우로 하면,

$$\text{우리만합}=\sum_{i=1}^{n} f(\bar{x}_i)\Delta x_i=\frac{b-a}{n}\sum_{i=1}^{n} f\left(a+i\,\frac{b-a}{n}\right)$$

중점리만합을, $\bar{x}_i$를 구간 $[x_{i-1}, x_i]$의 중점 $(x_{i-1}+x_i)/2$로 잡는 경우로 하면,

$$\text{중점리만합}=\sum_{i=1}^{n} f(\bar{x}_i)\Delta x_i=\frac{b-a}{n}\sum_{i=1}^{n} f\left(a+\left(i-\frac{1}{2}\right)\frac{b-a}{n}\right)$$

다음 쪽의 큰 표에 있는 그림들은 이들 근사값이 어떻게 역할하는지를 보여준다. (나머지 두 경우는 이 절의 뒷부분에서 소개한다).

예제 1 $n=4$로써 좌, 우, 중점리만합을 사용하여 정적분 $\int_1^3 \sqrt{4-x}\,dx$의 근사값을 구하여라.

풀이 $f(x)=\sqrt{4-x}$로 놓으면 $a=1$, $b=3$, $n=4$이므로 $(b-a)/n=0.5$이다. 따라서, x_i와 $f(x_i)$의 값은 다음과 같다.

$$x_0=1.0 \qquad f(x_0)=f(1.0)=\sqrt{4-1}\approx 1.7321$$
$$x_0=1.0 \qquad f(x_0)=f(1.0)=\sqrt{4-1.5}\approx 1.7321$$
$$x_0=1.0 \qquad f(x_0)=f(1.0)=\sqrt{4-2}\approx 1.7321$$
$$x_0=1.0 \qquad f(x_0)=f(1.0)=\sqrt{4-2.5}\approx 1.7321$$
$$x_0=1.0 \qquad f(x_0)=f(1.0)=\sqrt{4-3}\approx 1.7321$$

좌리만합을 사용하여 근사값을 다음과 같이 구할 수 있다:

$$\begin{aligned}\int_1^3 \sqrt{4-x}\,dx &\approx \text{좌리만합}\\ &=\frac{b-a}{n}[f(x_0)+f(x_1)+f(x_2)+f(x_3)]\\ &=0.5[f(1.0)+f(1.5)+f(2.0)+f(2.5)]\\ &\approx 0.5(1.7321+1.5811+1.4142+1.2247)\\ &\approx 2.97761\end{aligned}$$

우리만합으로 근사값을 다음과 같이 구할 수 있다.

$$\begin{aligned}\int_1^3 \sqrt{4-x}\,dx &\approx \text{우리만합}\\ &=\frac{b-a}{n}[f(x_1)+f(x_2)+f(x_3)+f(x_4)]\\ &=0.5[f(1.5)+f(2.0)+f(2.5)+f(3.0)]\\ &\approx 0.5(1.5811+1.4142+1.2247+1.000)\\ &\approx 2.6100\end{aligned}$$

$\int_a^b f(x)dx$의 근사법

1. 좌리만합

i번째 직사각형의 넓이$=f(x_{i-1})\Delta x_i=\dfrac{b-a}{n}f\left(a+(i-1)\dfrac{b-a}{n}\right)$

$$\int_a^b f(x)dx \approx \frac{b-a}{n}\sum_{i=1}^{n} f\left(a+(i-1)\frac{b-a}{n}\right)$$

$$E_n=\frac{(b-a)^2}{2n}f'(c),\ c\in[a,\ b]$$

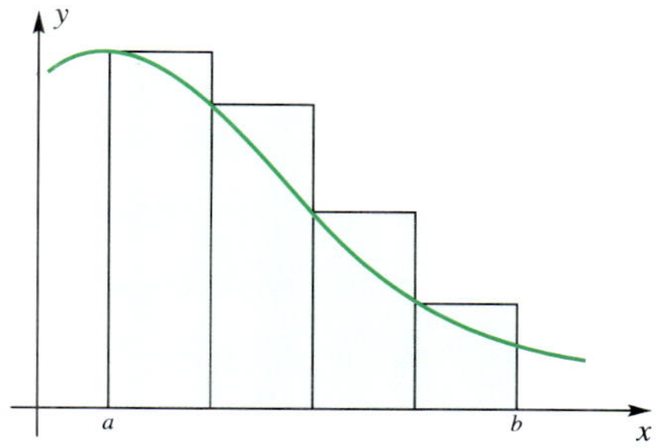

2. 우리만합

i번째 직사각형의 넓이$=f(x_{i-1})\Delta x_i=\dfrac{b-a}{n}f\left(a+i\dfrac{b-a}{n}\right)$

$$\int_a^b f(x)dx \approx \frac{b-a}{n}\sum_{i=1}^{n} f\left(a+i\frac{b-a}{n}\right)$$

$$E_n=-\frac{(b-a)^2}{2n}f'(c),\ c\in[a,\ b]$$

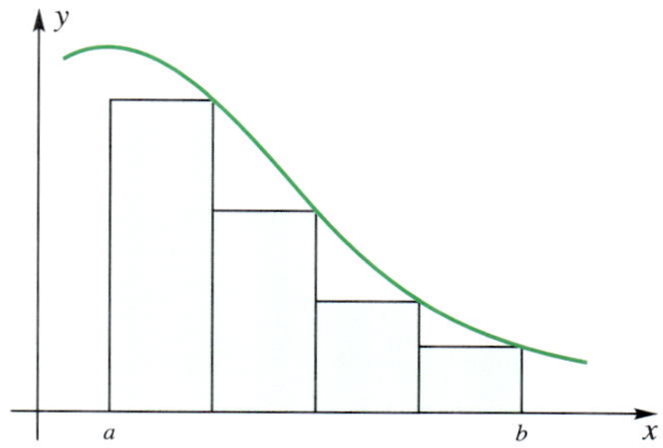

3. 중점리만합

i번째 직사각형의 넓이$=f\left(\dfrac{x_{i-1}+x_i}{2}\right)\Delta x_i=\dfrac{b-a}{n}f\left(a+\left(i-\dfrac{1}{2}\right)\dfrac{b-a}{n}\right)$

$$\int_a^b f(x)dx \approx \frac{b-a}{n}\sum_{i=1}^{n}\left(a+\left(i-\frac{1}{2}\right)\frac{b-a}{n}\right)$$

$$E_n=\frac{(b-a)^3}{24n^2}f''(c),\ c\in[a,\ b]$$

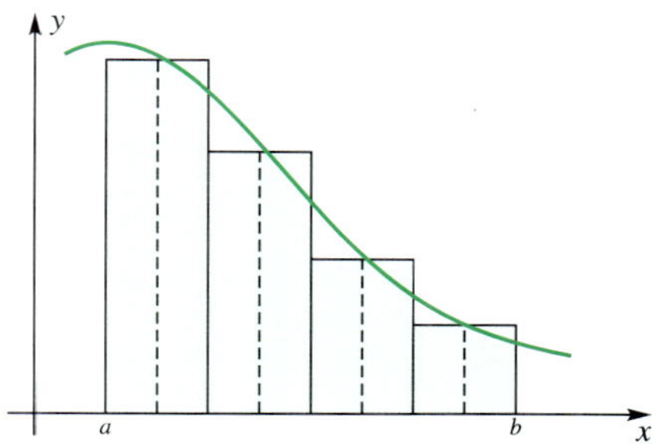

4. 사다리꼴 공식

i번째 사다리꼴의 넓이$=\dfrac{b-a}{n}\dfrac{f(x_{i-1})+f(x_i)}{2}$

$$\int_a^b f(x)dx \approx \frac{b-a}{n}\sum_{i=1}^{n}\frac{f(x_{i-1})+f(x_i)}{2}$$

$$=\frac{b-a}{2n}\left[f(a)+2\sum_{i=1}^{n-1} f\left(a+i\frac{b-a}{n}\right)+f(b)\right]$$

$$E_n=-\frac{(b-a)^3}{12n^2}f''(c),\ c\in[a,\ b]$$

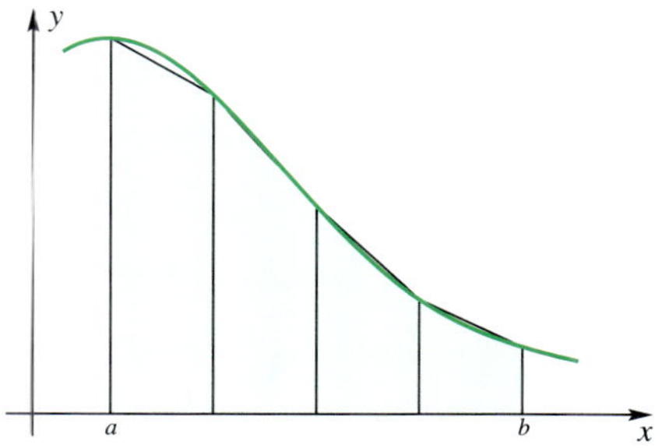

5. 포물선 공식(n은 짝수)

$$\int_a^b f(x)dx \approx \frac{b-a}{3n}[f(x_0)+4f(x_1)+2f(x_2)+4f(x_3)+2f(x_4)+\cdots$$

$$+4f(x_{n-3})+2f(x_{n-2})+4f(x_{n-1})+f(x_n)]$$

$$=\frac{b-a}{3n}\left[f(a)+4\sum_{i=1}^{n/2} f\left(a+(2i-1)\frac{b-a}{n}\right)+2\sum_{i=1}^{n/2-1} f\left(a+2i\frac{b-a}{n}\right)+f(b)\right]$$

$$E_n=-\frac{(b-a)^3}{12n^2}f''(c),\ c\in[a,\ b]$$

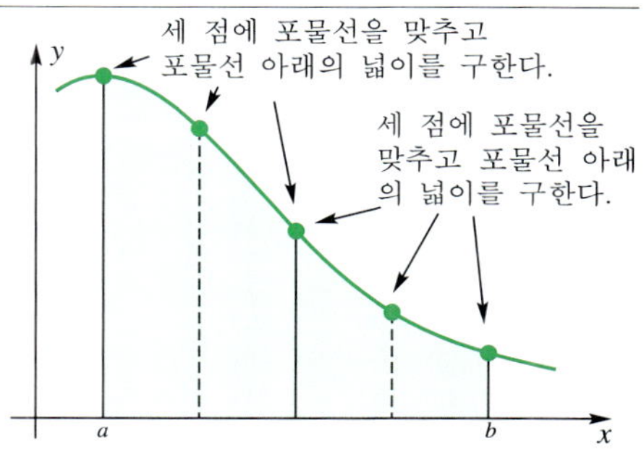

마지막으로 정적분에 대한 중점리만합 근사값은 다음과 같다.

$$\begin{aligned}\int_1^3 \sqrt{4-x}\,dx &\approx \text{중점 리만합} \\ &= \frac{b-a}{n}\left[f\left(\frac{x_0+x_1}{2}\right)+f\left(\frac{x_1+x_2}{2}\right)+f\left(\frac{x_2+x_3}{2}\right)+f\left(\frac{x_3+x_4}{2}\right)\right] \\ &= 0.5[f(1.25)+f(1.75)+f(2.25)+f(2.75)] \\ &\approx 0.5(1.6583+1.5000+1.3229+1.1180) \\ &\approx 2.7996\end{aligned}$$

■

이 예제에서, 근사식을 쓰지 않고 미적분학의 기본정리 2를 사용하여 이 적분을 구할 수 있다:

$$\begin{aligned}\int_1^3 \sqrt{4-x}\,dx &= \left[-\frac{2}{3}(4-x)^{3/2}\right]_1^3 = -\frac{2}{3}(4-3)^{3/2}+\frac{2}{3}(4-1)^{3/2} \\ &= 2\sqrt{3}-\frac{2}{3} \approx 2.7974\end{aligned}$$

직접 구한 이 값과 비교해 보면 중점리만합 근사식이 가장 가깝다는 것이 판명된다. 앞 쪽의 큰 표에서의 그림들이 종종 이런 경우라는 것을 보여주고 있다.

다음 예제는 미적분학의 기본정리 2를 적용할 수 없다는 의미에서 보다 현실적이다.

예제 2 $n=8$일 때 우 리만합을 사용하여 정적분 $\int_0^2 \sin x^2\,dx$의 근사값을 구하여라.

풀이 $f(x)=\sin x^2$으로 놓는다. $a=0$, $b=2$, $n=8$이므로 $(b-a)/n=0.25$이다. 우리만합으로 근사값을 구하면 다음과 같다.

$$\begin{aligned}\int_0^2 \sin x^2\,dx &\approx \text{우리만합} \\ &= \frac{b-a}{n}\left[\sum_{i=1}^{8} f\left(a+i\,\frac{b-a}{n}\right)\right] \\ &= 0.25(\sin 0.25^2+\sin 0.5^2+\sin 0.75^2+\sin 1^2 \\ &\quad +\sin 1.25^2+\sin 1.5^2+\sin 1.75^2+\sin 2^2) \\ &\approx 0.69622\end{aligned}$$

■

사다리꼴 공식 그림 1에서와 같이 두 점 $(x_{i-1}, f(x_{i-1}))$과 $(x_i, f(x_i))$를 선분으로 연결하여 n개의 사다리꼴을 만든다. 그러면 직사각형의 넓이를 합하여 곡선 아래 부분의 넓이를 근사하는 대신에 사다리꼴의 넓이를 합하여 근사한다. 이 방법을 **사다리꼴 공식**(trapezoidal rule)이라 한다.

그림 2에서와 같이 넓이공식을 써서 i번째 사다리꼴의 넓이를 다음과 같이 나타낼 수 있다.

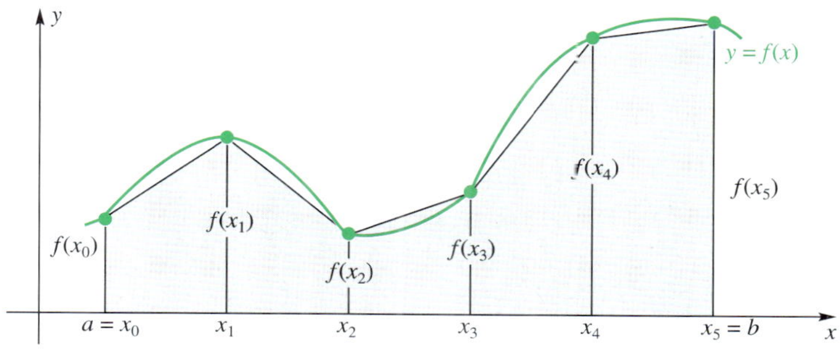

그림 1

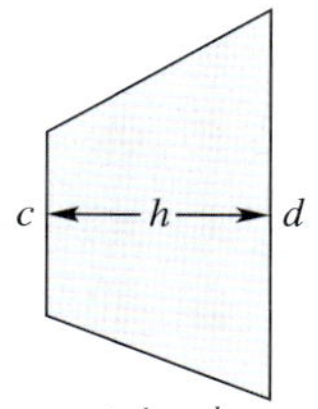

$A = h\,\frac{c+d}{2} = \frac{h}{2}(c+d)$

그림 2

$$A_i = \frac{h}{2}[f(x_{i-1}) + f(x_i)]$$

보다 정확하게, A_i는 f가 음일 때 부분구간에서 음이므로 부호가 붙은(siqned) 넓이를 나타낸다. 정적분 $\int_a^b f(x)dx$는 근사적으로 $A_1 + A_2 + \cdots + A_n$ 즉,

$$\frac{h}{2}[f(x_0) + f(x_1)] + \frac{h}{2}[f(x_1) + f(x_2)] + \cdots + \frac{h}{2}[f(x_{n-1}) + f(x_n)]$$

와 같다. 이제 사다리꼴공식을 요약한다:

사다리꼴 공식

$$\int_a^b f(x)dx \approx \frac{h}{2}[f(x_0) + 2f(x_1) + 2f(x_2) + \cdots + 2f(x_{n-1}) + f(x_n)]$$
$$= \frac{b-a}{2n}\left[f(a) + 2\sum_{i=1}^{n-1} f\left(a + i\,\frac{b-a}{n}\right) + f(b)\right]$$

예제 3 $n=8$일 때 사다리꼴 공식을 사용하여 정적분 $\int_0^2 \sin x^2\,dx$의 근사값을 구하여라.

풀이 이것은 예제 2의 피적분함수와 구간과 같다.

$$\int_0^2 \sin x^2\,dx \approx \frac{b-a}{2n}\left[f(a) + 2\sum_{i=1}^{7} f\left(a + i\,\frac{b-a}{n}\right) + f(b)\right]$$
$$= 0.125[\sin 0^2 + 2(\sin 0.25^2 + \sin 0.5^2 + \sin 0.75^2 + \sin 1^2$$
$$+ \sin 1.25^2 + \sin 1.5^2 + \sin 1.75^2) + \sin 2^2]$$
$$\approx 0.79082$$

■

아마도 n이 더 큰 정수이면 더 나은 근사값을 구할 수 있다; 이것은 컴퓨터를 사용하면 쉽다. 그러나 n이 더 클 때 n이 커서 방법상 오차는 더 줄 것이지만, 적어도 계산오차는 더 늘어날 수 있다. 예를 들어, $n=1{,}000{,}000$으로 잡으면 현명하진 못하다. 왜냐하면 반올림하면서 생기는 오차가 n을 늘려 줄인 오차보다 더 클 것이기 때문이다. 여기서 오차에 대하여 간단하게 좀 더 언급해 둔다.

포물선 공식(심프슨 공식) 사다리꼴 공식에서는 선분으로 연결하여 곡선 $y=f(x)$에 근사시켰다. 포물선분을 사용하면 더 나을 수 있을 것이다. 앞과 비슷하게, 구간 $[a, b]$를 길이가 $h=(b-a)/n$인 n개의 부분구간으로 분할한다. 그러나 이 경우 n은 짝수로 잡는다. 그러면 그림 3에서와 같이 이웃한 세 점씩 포물선으로 연결한다.

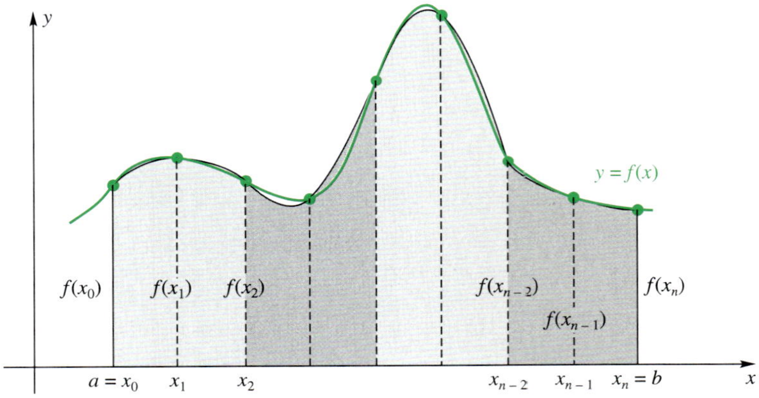

그림 3

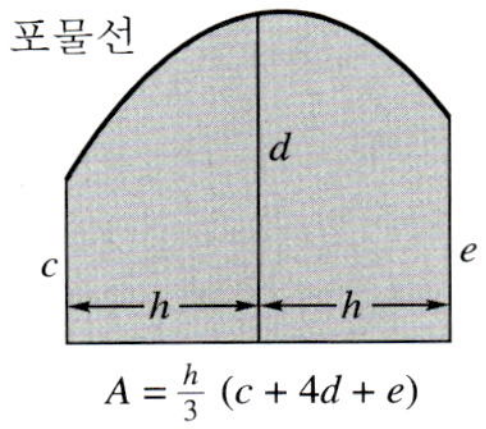

그림 4

그림 4에서 넓이공식을 사용하면 (연습문제 17 참조) **포물선 공식**(parabolic rule)이라 부르는 근사식을 유도한다. 이것은 또한 영국의 수학자 토마스 심프슨(Thomas Simpson(1710~1761))을 따라서 **심프슨 공식**(Simpson's rule)이라고도 한다.

포물선 공식(n은 짝수)

$$\int_a^b f(x)dx \approx \frac{h}{3}[f(x_0)+4f(x_1)+2f(x_2)+\cdots+4f(x_{n-1})+f(x_n)]$$

$$=\frac{b-a}{3n}\left[f(a)+4\sum_{i=1}^{n/2}f\left(a+(2i-1)\frac{b-a}{n}\right)+2\sum_{i=1}^{n/2-1}f\left(a+2i\frac{b-a}{n}\right)+f(b)\right]$$

계수들의 형태는 1, 4, 2, 4, 2, ⋯, 2, 4, 1이다.

예제 4 $n=6$일 때 포물선 공식을 사용하여 정적분 $\int_0^3 \frac{1}{1+x^2}dx$의 근사값을 구하여라.

풀이 $f(x)=1/(1+x^2)$으로 놓는다. $a=0$, $b=3$, $n=6$이다. $x_0=0$, $x_1=0.5$, $x_2=1.0$, ⋯, $x_6=3.0$

$$\int_0^3 \frac{1}{1+x^2}dx \approx \frac{3-0}{3\cdot 6}[f(0)+4f(0.5)+2f(1.0)+4f(1.5)+2f(2.0)+4f(2.5)+f(3.0)]$$

$$=\frac{1}{6}(1+4\cdot 0.8+2\cdot 0.5+4\cdot 0.30769+2\cdot 0.2+4\cdot 0.13793+0.1)$$

$$=1.2471$$

■

오차 분석 이 절에서 다룬 근사법을 실제 사용할 때, 오차의 크기에 대한 어떤 생각이 필요하다. 다행히도 이 절에서 다룬 방법은 피적분함수가 충분히 많은 고계도함수를 가지면 상당히 간단한 오차 공식을 갖는다.

$$\int_a^b f(x)dx = n\text{개 부분구간상의 근사값} + E_n$$

을 만족할 때 E_n을 오차라 한다. 오차 공식은 다음 정리에 있다. 이 결과들의 증명은 힘들기 때문에 여기서는 생략한다.

정리 A

구간 $[a, b]$에서 필요한 도함수가 존재한다고 가정하면, 좌, 우, 중점 리만합과 사다리꼴 공식, 심프슨의 공식에 대한 오차는 다음과 같다.

좌리만합: $[a, b]$에 있는 적당한 c에 대해 $E_n = \frac{(b-a)^2}{2n}f'(c)$

우리만합: $[a, b]$에 있는 적당한 c에 대해 $E_n = -\frac{(b-a)^2}{2n}f'(c)$

중점리만합: $[a, b]$에 있는 적당한 c에 대해 $E_n = \frac{(b-a)^3}{24n^2}f''(c)$

사다리꼴 공식: $[a, b]$에 있는 적당한 c에 대해 $E_n = -\frac{(b-a)^3}{12n^2}f''(c)$

포물선 공식: $[a, b]$에 있는 적당한 c에 대해 $E_n = -\frac{(b-a)^5}{180n^4}f^{(4)}(c)$

오차 공식에서 주의할 가장 중요한 것은 부분공간의 수 n의 위치이다. 모든 경우에 n은 분모에서 어떤 거듭제곱으로 나타난다. 따라서 n이 증가하면 오차는 감소한다. 또한 n의 지수가 더 커지면, 오차항은 더 빠르게 영에 접근한다. 예를 들면 포물선 공식에서 오차항은 분모에 n^4을 포함한다. n^4은 n^2보다 더 빠르게 커지므로 포물선 공식의 오차항은 사다리꼴 공식이나 중점 리만합 공식의 오차항보다 더 빠르게 영에 접근한다. 비슷하게, 사다리꼴 공식의 오차항은 좌 혹은 우리만합공식의 오차항보다 더 빠르게 영에 접근한다. 오차항에 대해 주의해야 할 또 다른 한 가지는 "$[a, b]$에 있는 적당한 c에 대하여"라는 것이다. 대부분의 실제 상황에서 c의 값이 얼마인지 말할 수 없다는 것이다. 바랄 수 있는 모든 것은 오차가 얼마나 클 수 있는지 상계를 구하는 것이다. 다음 예제에서 이것을 볼 수 있다.

예제 5 $n=6$일 때 포물선 공식을 사용하여 정적분 $\int_1^4 \frac{1}{1+x}dx$의 근사값을 구하고 오차의 절대값에 대한 한계를 구하여라.

풀이 $f(x) = \frac{1}{1+x}$이라 하자. $a=1$, $b=4$, $n=6$이다.

$$\int_1^4 \frac{1}{1+x}dx \approx \frac{b-a}{3n}[f(x_0)+4f(x_1)+2f(x_2)+4f(x_3)+2f(x_4)+4f(x_5)+f(x_6)]$$

$$= \frac{3}{3(6)}[f(1.0)+4f(1.5)+2f(2.0)+4f(2.5)+2f(3.0)+4f(3.5)+f(4.0)]$$

$$\approx \frac{1}{6}(5.4984) \approx 0.9164$$

포물선 공식에 대한 오차항은 피적분함수의 4계 도함수를 포함한다:

$$f'(x) = -\frac{1}{(1+x)^2}$$

$$f''(x) = \frac{2}{(1+x)^3}$$

$$f'''(x) = -\frac{6}{(1+x)^4}$$

$$f^{(4)}(x) = \frac{24}{(1+x)^5}$$

지금 직면한 질문은 구간 [1, 4] 위에서 $|f^{(4)}(x)|$가 얼마나 클 수 있는가이다. $f^{(4)}(x)$는 이 구간에서 음이 아닌 감소함수이므로 절댓값은 좌측 끝점 즉, $x=1$에서 가장 큰 값을 갖는다.

$x=1$에서 4계 도함수의 값은 $f^{(4)}(1)=24/(1+1)^5=3/4$. 즉

$$|E_6| = \left| -\frac{(b-a)^5}{180n^4} f^{(4)}(c) \right| = \frac{(4-1)^5}{180 \cdot 6^4} |f^{(4)}(c)| \le \frac{(4-1)^5}{180 \cdot 6^4} \frac{3}{4} \approx 0.00078$$

따라서 오차는 0.0078보다 크지 않다. ■

다음 예제에서 분위기를 바꾸어, n이 얼마이고 오차를 묻기보다는 필요한 오차를 구하고 n이 얼마나 큰가를 알아본다.

예제 6 $\int_1^4 \frac{1}{1+x}dx$를 추정하기 위하여 (a) 우리만합 (b) 사다리꼴 공식 (c) 포물선 공식을 사용할 때 오차의 절댓값이 0.00001보다 작게 하기 위해 n이 얼마나 커야하는가?

풀이 피적분함수 $f(x)=1/(1+x)$의 도함수는 앞의 예제에서 구했다.

(a) 우리만합에 대한 오차항의 절댓값은

$$|E_n| = \left| -\frac{(4-1)^2}{2n} f'(c) \right| = \frac{3^2}{2n} \left| \frac{1}{(1+c)^2} \right| \le \frac{9}{2n} \frac{1}{(1+1)^2} = \frac{9}{8n}$$

$|E_n| \le 0.00001$이기 때문에

$$\frac{9}{8n} \le 0.00001$$

$$n \ge \frac{9}{8 \cdot 0.00001} = 112{,}500$$

(b) 사다리꼴 공식에 대하여

$$|E_n|=\left|-\frac{(4-1)^3}{12n^2}f''(c)\right|=\frac{3^2}{12n^2}\left|\frac{2}{(1+c)^3}\right|\leq\frac{54}{12n^2(1+1)^3}=\frac{9}{16n^2}$$

$|E_n|\leq 0.00001$이기 때문에 n은 다음을 만족해야 한다.

$$\frac{9}{16n^2}\leq 0.00001$$

$$n^2\geq\frac{9}{16\cdot 0.00001}=65{,}250$$

$$n\geq\sqrt{56{,}250}\approx 237.17$$

따라서 $n=238$이다.

(c) 포물선 공식에 대하여

$$|E_n|=\left|-\frac{(b-a)^5}{180n^4}f^{(4)}(c)\right|=\frac{3^5}{180n^4}\left|\frac{24}{(1+c)^5}\right|\leq\frac{3^5\cdot 24}{180n^4(1+1)^5}=\frac{81}{80n^4}$$

$|E_n|\leq 0.00001$이기 때문에

$$\frac{81}{80n^4}\leq 0.00001$$

$$n^4\geq\frac{81}{80\cdot 0.00001}=101{,}250$$

$$n\geq 101{,}250^{1/4}\approx 17.8$$

n이 짝수이어야 하므로 $n=18$이다. ■

앞 예제의 세 경우에 대하여 답이 얼마나 다른지 주의할 필요가 있다. 우리만합의 경우 100,000개의 부분구간보다 큰데 비해 포물선 공식에서는 18개의 부분구간이 같은 정확도를 주고 있다. 포물선 공식은 정말로 정적분의 근사에 대한 강력한 방법이다.

표로 정의된 함수 앞의 모든 예제들에서, 적분한 함수들은 항상 적분 구간 전체에서 정의되어 있다. 그러나 이렇지 않은 경우도 실제 생활에서 많이 있다. 예를 들어 매분마다 속력을 재고, 물탱크에서 흘러나오는 물을 매 10초마다 재고, 매 0.1 밀리미터마다 단면적을 재고. 이러한 모든 경우에, 적분은 잘 정의된 의미를 가진다. 적분을 정확하게 구할 수는 없지만, 리만 합을 이용하여 적분의 근사값을 구할 수 있다.

분	속력
0	0
10	55
20	57
30	60
40	70
50	70
60	70
70	70
80	19
90	0
100	59
110	63
120	65
130	62
140	0
150	0
160	0
170	22
180	38
190	35
200	25
210	0

예제 7 세인트루이스에서 제퍼슨 시티(Jefferson City)로 아버지가 운전을 하는데, 크리스는 매 10분마다, 즉, 매 1/6시간마다 자동차의 속도계를 보았다. 그가 본 속도계 눈금이 옆의 표이다. 이들은 얼마나 멀리 운전하였는지를 사다리꼴 공식을 이용하여 구하여라.

풀이 시간 t일 때 자동차의 속도를 $v(t)$로 나타내자. 여기서 t는 여행을 시작한 순간부터 시간 단위로 잰 것이다. 구간 [0, 3.5]의 모든 t에 대해서 $v(t)$를

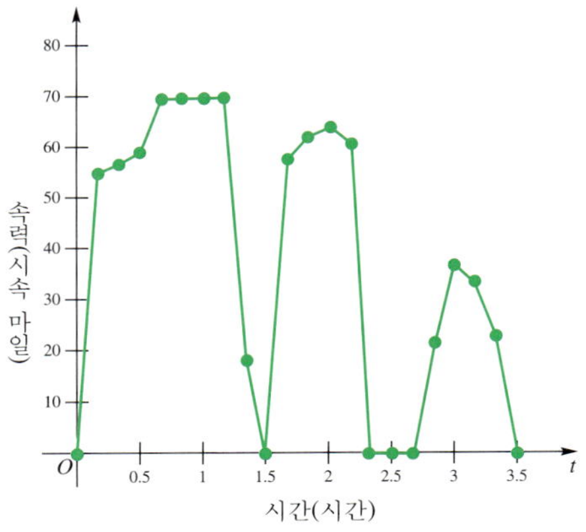

그림 5

안다면, $\int_0^{3.5} v(t)\,dt$를 구하므로써, 여행한 거리를 알 수 있다. 그렇지만 문제는, 22개의 t들에 대해서만 $v(t)$를 안다는 것이다. 즉, t: $t_i = k/6$, $k = 0, 1, 2, \cdots, 21$에 대해서만 안다. 이 정보를 바탕으로 그래프를 그리면 그림 5와 같다.

구간 [0, 3.5]를 폭 $\frac{1}{6}$(10분은 1시간의 1/6임)인 21개의 작은 구간들로 쪼갠다. 그러면 사다리꼴 공식으로부터 다음을 알 수 있다.

$$\int_0^{3.5} v(t)\,dt \approx \frac{3.5-0}{2\cdot 21}\left[v(0) + 2\sum_{i=1}^{20} v\left(0 + i\,\frac{3.5-0}{21}\right) + v(21)\right]$$

$$= \frac{3.5}{42}[0 + 2(55+57+60+70+70+70+70+19+0+59$$

$$+63+65+62+0+0+0+22+38+35+25)+0]$$

$$= 140$$

그들은 대략 140 마일을 달렸다. ■

개념 복습

1. 사다리꼴 공식에서 계수의 형태는 ______이다.
2. 포물선 공식에서 계수의 형태는 ______이다.
3. 사다리꼴 공식에서 오차는 분모에 n^2이 있고 포물선 공식에서 오차는 분모에 ______이 있으므로, 후자가 정적분에서 더 나은 근사값을 기대할 수 있다.
4. f가 양이고 위로 오목하면, 사다리꼴 공식은 항상 너무 ______ $\int_a^b f(x)\,dx$에 대한 값을 가진다.

연습문제 4.6

C 문제 1~6에서 $n=8$일 때 정적분의 근사값을 구하는데 (1) 좌리만합, (2) 우리만합, (3) 사다리꼴 공식, (4) 포물선 공식을 사용하여라. 그런 다음 각 적분의 실제값을 구하는데 미적분학의 기본정리 2를 사용하여라.

1. $\int_1^3 \frac{1}{x^2}\,dx$ **2.** $\int_1^3 \frac{1}{x^3}\,dx$

3. $\int_0^2 \sqrt{x}\,dx$ **4.** $\int_1^3 x\sqrt{x^2+1}\,dx$

5. $\int_0^1 x(x^2+1)^5\,dx$ **6.** $\int_1^4 (x+1)^{3/2}\,dx$

C 문제 7~10에서 $n=4, 8, 16$일 때 정적분의 근사값을 구하는데 (1) 좌리만합, (2) 우리만합, (3) 중점리만합, (4) 사다리꼴 공식, (5) 포물선 공식을 사용하여라. (이들 중 어느것도 지금까지 배운 기법으로써 미적분학의 기본정리 2를 사용하여 구할 수 없다는데 주의하여라.) 근사값을 다음 표에 나타내어라.

	좌리만합	우리만합	중점리만합	사다리꼴	포물선
$n=4$					
$n=8$					
$n=16$					

7. $\int_1^3 \frac{1}{1+x^2}\,dx$ **8.** $\int_1^3 \frac{1}{x}\,dx$

9. $\int_0^2 \sqrt{x^2+1}\,dx$ **10.** $\int_1^3 x\sqrt{x^3+1}\,dx$

C 문제 11~14에서 사다리꼴 공식이 오차 E_n이 $|E_n| \le 0.01$을 만족하는 적분의 근사값을 구할 수 있도록 n을 정하여라. 그리고 구한 n으로써 적분의 근사값을 구하여라.

11. $\int_1^3 \frac{1}{x}\,dx$ **12.** $\int_1^3 \frac{1}{1+x}\,dx$

13. $\int_1^4 \sqrt{x}\,dx$ **14.** $\int_1^3 \sqrt{x+1}\,dx$

C 문제 15~16에서 포물선 공식이 오차 E_n이 $|E_n| \le 0.01$을 만족하는 적분의 근사값을 구할 수 있도록 n을 정하여라. 그리고 구한 n으로써 적분의 근사값을 구하여라.

15. $\int_1^3 \frac{1}{x} dx$ **16.** $\int_4^8 \sqrt{x+1}\, dx$

17. $f(x) = ax^2 + bx + c$라 하자.

$$\int_{m-h}^{m+h} f(x)dx \text{와 } \frac{h}{3}[f(m-h) + 4f(m) + f(m+h)]$$

는 둘 다 값 $(h/3)[a(6m^2 + 2h^2) + b(6m) + 6c]$를 가짐을 보여라. 이것은 포물선 공식의 토대인 넓이공식을 만든다.

18. 포물선 공식이 임의의 3차 다항식에 대하여 성립함을 다음 두 가지 다른 방법으로 보여라.

(a) 직접계산

(b) $E_n = 0$을 보임

문제 19~22에서 (1) 함수의 그래프 성질, (2) 정리 A로부터 오차공식을 사용하여 답이 옳음을 보여라.

19. 함수 f가 $[a, b]$에서 증가하면, 좌리만합이 $\int_a^b f(x)dx$보다 더 큰가 또는 더 작은가?

20. 함수 f가 $[a, b]$에서 증가하면, 우리만합이 $\int_a^b f(x)dx$보다 더 큰가 또는 더 작은가?

21. 함수 f가 $[a, b]$에서 아래로 오목하면, 중점리만합이 $\int_a^b f(x)dx$보다 더 큰가 또는 더 작은가?

22. 함수 f가 $[a, b]$에서 아래로 오목하면, 사다리꼴 공식 근사값이 $\int_a^b f(x)dx$보다 더 큰가 또는 더 작은가?

23. 포물선 공식은 k가 홀수일 때, $\int_{-a}^{a} x^k\, dx$의 실제값을 주는 것을 보여라.

24. 사다리꼴 공식의 수정판은 포물선 공식보다 일반적으로 더 정확하다는 것이 밝혀진 것은 흥미롭다. 그 수정판은 T가 표준사다리꼴 추정치일 때

$$\int_a^b (x)\, dx \approx T - \frac{[f'(b) - f'(a)]h^2}{12}$$

이다.

(a) $n = 8$일 때 이 공식을 사용하여 $\int_1^3 x^4 dx$를 구하여라.

(b) $n = 12$일 때 이 공식을 사용하여 $\int_0^{\pi} \sin x\, dx$를 구하여라.

25. 어떤 계산도 하지 않고 좌리만합, 우리만합, 중점리만합, 사다리꼴 공식에 대하여 $\int_0^1 \sqrt{x^2+1}\, dx$의 가장 작은 근사값에서 가장 큰 근사값까지 나열하여라.

26. 어떤 계산도 하지 않고 좌리만합, 우리만합, 사다리꼴 공식, 포물선 공식에 대하여 $\int_1^3 (x^3 + x^2 + x + 1)\, dx$의 가장 작은 근사값에서 가장 큰 근사값까지 나열하여라.

27. 사다리꼴 공식을 이용하여 그림 6의 호수부지의 넓이의 근사값을 구하여라. 단위는 피트이다.

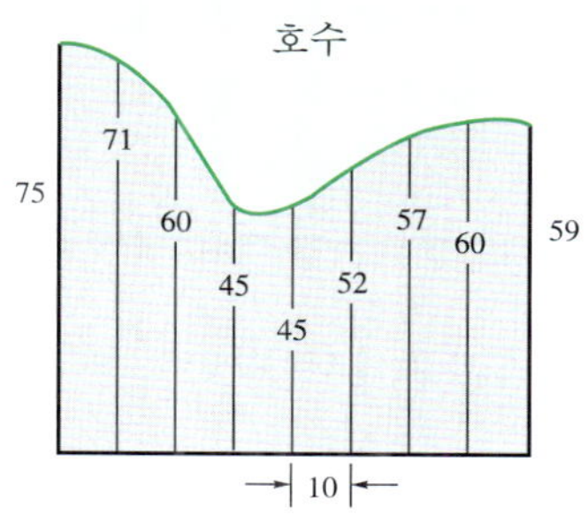

그림 6

28. 포물선 공식을 이용하여 그림 7과 같이 길이가 6피트인 저수지를 가득 채우는데 필요한 물의 양의 근사값을 구하여라. 모든 단위는 피트이다.

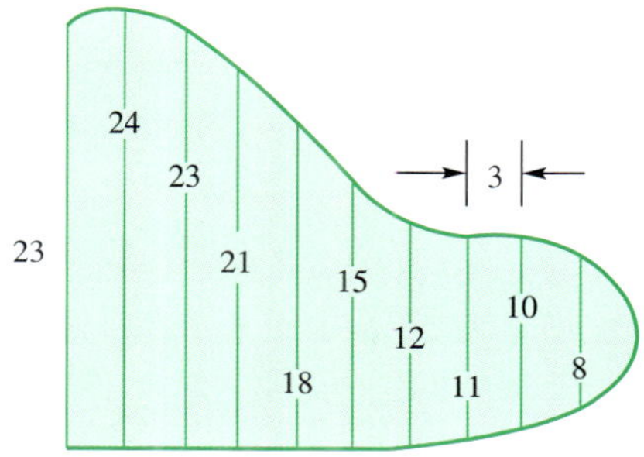

그림 7

C **29.** 그림 8은 강폭에 걸쳐 20피트 구간으로 측정한 강의 깊이를 피트 단위로 나타내고 있다. 만일 강물이 시간당 4마일씩 흐른다면 이 측정 장소를 하루에 얼마나 많은 물이(세제곱 피트 단위로) 흘러가는가? 포물선 공식을 사용하여라.

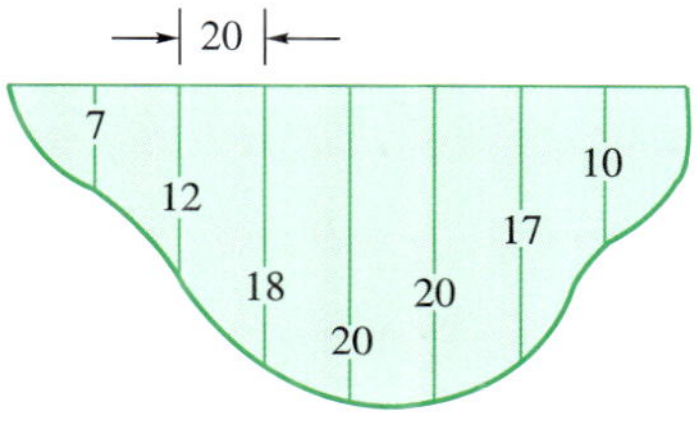

그림 8

30. 출근하는 길에, 세리는 매 3분마다 속도를 확인했다. 그 결과가 아래 표이다. 세리는 얼마나 멀리 운전하였는가?

시간(분)	0	3	6	9	12	15	18	21	24
속도(시속 마일)	0	31	54	53	52	35	31	28	0

31. 오후 4시부터 오후 6시까지 매 12분마다, 어느 도시의 물 탱크에서 물이 흘러 나가는 비율을 (분당 갤론 단위) 재었다. 그 결과가 아래 표이다. 이 2시간 동안 사용한 물의 양은 얼마인가?

시간	4:00	4:12	4:24	4:36	4:48	5:00	5:12	5:24	5:36	5:48	6:00
물(분당 갤론)	65	71	68	78	105	111	108	144	160	152	148

개념 복습 해답: **1.** 1, 2, 2, $\cdots$, 2, 1 **2.** 1, 4, 2, 4, 2, $\cdots$, 4, 1 **3.** n^2 **4.** 큰

4.7 장 복습

개념 시험

다음 명제가 참인지, 거짓인지 이유를 들어 답하여라.

1. 부정적분은 선형 연산자이다.

2. $\int[f(x)g'(x)+g(x)f'(x)]dx=f(x)g(x)+C$

3. 역도함수인 모든 함수들은 미분을 가진다.

4. 두 함수의 2계 도함수가 서로 같으면, 두 함수는 상수만큼 차이가 난다.

5. 미분가능한 모든 함수 f에 대해서, $\int f'(x)dx=f(x)$.

6. 지구 표면에서 똑바로 위로 던진 공이 시간 t일 때의 높이가 $s=-16t^2+v_0t$이면, 이 공은 $-v_0$의 속도로 땅바닥에 닿을 것이다.

7. $\sum_{i=1}^{n}(a_i+a_{i+1})=a_0+a_n+2\sum_{i=1}^{n-1}a_i$.

8. $\sum_{i=1}^{100}(2i-1)=10{,}000$.

9. $\sum_{i=1}^{10}a_i^2=100$이고 $\sum_{i=1}^{10}a_i=20$이면, $\sum_{i=1}^{10}(a_i+1)^2=150$이다.

10. f가 $[a, b]$에서 유계이면, f는 거기에서 적분가능하다.

11. $\int_a^a f(x)dx=0$.

12. $\int_a^b f(x)dx=0$이면, $[a, b]$의 모든 x에 대해서, $f(x)=0$.

13. $\int_a^b [f(x)]^2dx=0$이면, $[a, b]$의 모든 x에 대해서, $f(x)=0$.

14. $a>x$이고 $G(x)=\int_a^x f(z)dz$이면, $G'(x)=-f(x)$.

15. $\int_x^{x+2\pi}(\sin t+\cos t)dt$의 값은 x와 상관이 없다.

16. 연산자 lim은 선형이다.

17. $\int_{-\pi}^{\pi}\sin^{13}x\,dx=0$.

18. $\int_1^5\sin^2x\,dx=\int_1^7\sin^2x\,dx+\int_7^5\sin^2x\,dx$.

19. f가 연속이고 모든 곳에서 양수이면, $\int_c^d f(x)dx$는 양수이다.

20. $D_x\left[\int_0^{x^2}\frac{1}{1+t^2}dt\right]=\frac{1}{1+x^4}$.

21. $\int_0^{2\pi}|\sin x|\,dx=\int_0^{2\pi}|\cos x|\,dx$.

22. $\int_0^{2\pi}|\sin x|\,dx=4\int_0^{\pi/2}\sin x\,dx$.

23. 기함수의 역도함수는 우함수이다.

24. $F(x)$가 $f(x)$의 역도함수이면, $F(5x)$는 $f(5x)$의 역도함수이다.

25. $F(x)$가 $f(x)$의 역도함수이면, $F(2x+1)$은 $f(2x+1)$의 역도함수이다.

26. $F(x)$가 $f(x)$의 역도함수이면, $F(x)+1$은 $f(x)+1$의 역도함수이다.

27. $F(x)$가 $f(x)$의 역도함수이면,

$$\int f(v(x))dx=F(v(x))+C$$

28. $F(x)$가 $f(x)$의 역도함수이면,

$$\int f^2(x)dx=\frac{1}{3}F^3(x)+C$$

29. $F(x)$가 $f(x)$의 역도함수이면,

$$\int f(x)\frac{df}{dx}dx=\frac{1}{2}F^2(x)+C$$

30. [0, 3]에서 $f(x)=4$이면, 이 구간에서 f의 모든 리만 합은 값이 12이다.

31. $[a, b]$의 모든 x에 대해서 $F'(x)=G'(x)$이면, $F(b)-F(a)=G(b)-G(a)$.

32. $[-a, a]$의 모든 x에 대해서 $f(x)=f(-x)$이면, $\int_{-a}^{a} f(x)dx=0$.

33. $\bar{z}=\frac{1}{2}\int_{-1}^{1} z(t)dt$이면, $z(t)-\bar{z}$는 $-1\le t\le 1$에 대해서 기함수이다.

34. $[0, b]$의 모든 x에 대해서 $F'(x)=f(x)$이면, $\int_0^b f(x)dx=F(b)$.

35. $\int_{-99}^{99}(ax^3+bx^2+cx)dx=2\int_0^{99} bx^2dx$.

36. $[a, b]$에서 $f(x)\le g(x)$이면, $\int_a^b |f(x)|dx\le\int_a^b |g(x)|dx$.

37. $[a, b]$에서 $f(x)\le g(x)$이면, $\left|\int_a^b f(x)dx\right|\le\left|\int_a^b g(x)dx\right|$.

38. $\left|\sum_{i=1}^{n} a_i\right|\le\sum_{i=1}^{n}|a_i|$.

39. f가 $[a, b]$에서 연속이면, $\left|\int_a^b f(x)dx\right|\le\int_a^b |f(x)|dx$.

40. $\lim_{n\to\infty}\sum_{i=1}^{n}\sin\left(\frac{2i}{n}\right)\cdot\frac{2}{n}=\int_0^2 \sin x\,dx$.

41. $|P|\to 0$이면, 분할 P의 작은 구간들의 개수는 ∞로 간다.

42. 초등함수의 부정적분은 항상 초등함수로 나타낼 수 있다.

43. 증가함수에 대하여, 좌리만합은 항상 우리만합보다 작다.

44. 선형함수 $f(x)$에 대하여, 중점리만합은 n이 무엇이든 상관없이 $\int_a^b f(x)dx$의 실제값이 된다.

45. $n=10$일 때 사다리꼴 공식은 실제값보다 작은 $\int_0^5 x^3dx$에 대한 추정치를 준다.

46. $n=10$일 때 포물선 공식은 $\int_0^5 x^3dx$의 실제값을 준다.

시험 보기 문제

문제 1~12에서 주어진 적분을 구하여라.

1. $\int_0^1 (x^3-3x^2+3\sqrt{x})dx$ **2.** $\int \frac{2x^4-3x^2+1}{x^2}dx$

3. $\int \frac{y^3-9\sin y+26y^{-1}}{y}dy$ **4.** $\int y\sqrt{y^2-4}\,dy$

5. $\int z(2z^2-3)^{1/3}dz$ **6.** $\int_0^{\pi/2}\cos^4 x\sin x\,dx$

7. $\int_0^{\pi}(x+1)\tan^2(3x^2+6x)\sec^2(3x^2+6x)dx$

8. $\int_0^2 \frac{t^3}{\sqrt{t^4+9}}dt$ **9.** $\int_1^2 t^4(t^5+5)^{2/3}dt$

10. $\int \frac{y^2-1}{(y^3-3y)^2}dy$ **11.** $\int (x+1)\sin(x^2+2x+3)dx$

12. $\int \frac{(y^2+y+1)}{\sqrt[5]{2y^3+3y^2+6y}}dy$

13. 구간 [0, 2]를 4개의 같은 크기의 작은 구간들로 분할한 것이 P이다. 그리고 $f(x)=x^2-1$. 함수 f의 P에서의 리만 합을 잡되, $\bar{x}_i$는 P의 각각의 작은 구간의 오른쪽 끝점을 잡아라. 여기서 $i=1, 2, 3, 4$. 이 리만합의 값을 구하고, 그림을 그려라.

14. $f(x)=\int_{-2}^{x}\frac{1}{t+3}dt$, $-2\le x$이다. $f'(7)$을 구하여라.

15. $\int_0^3 (2-\sqrt{x+1})^2dx$를 구하여라.

16. $f(x)=3x^2\sqrt{x^3-4}$이다. 구간 [2, 5]에서 f의 평균값을 구하여라.

17. $\int_2^4 \frac{5x^2-1}{x^2}dx$를 구하여라.

18. $\sum_{i=1}^{n}(3^i-3^{i-1})$를 구하여라.

19. $\sum_{i=1}^{10}(6i^2-8i)$를 구하여라.

20. 다음 합을 구하여라.

(a) $\sum_{m=2}^{4}\left(\frac{1}{m}\right)$ (b) $\sum_{i=1}^{6}(2-i)$ (c) $\sum_{k=0}^{4}\cos\left(\frac{k\pi}{4}\right)$

21. 시그마 기호를 써서 나타내어라.

(a) $\frac{1}{2}+\frac{1}{3}+\frac{1}{4}+\cdots-\frac{1}{78}$

(b) $x^2+2x^4+3x^6+4x^8+\cdots+50x^{100}$

22. 곡선 $y=16-x^2$의 아래, $x=0$에서 $x=3$ 사이 영역을 그리고, 구간 [0, 3]을 n개의 같은 크기의 작은 구간들로 쪼갠 것에 대응하는 내접다각형을 그려라. 이 다각형의 넓이 공식을 구하고, 극한을 취해서 곡선 아래 영역의 넓이를 구하여라.

23. $\int_0^1 f(x)dx=4$, $\int_1^2 f(x)dx=2$, $\int_0^2 g(x)dx=-3$이다. 다음 각각의 적분을 구하여라.

(a) $\int_1^2 f(x)\,dx$ (b) $\int_1^0 f(x)\,dx$

(c) $\int_0^2 3f(u)\,du$ (d) $\int_0^2 [2g(x)-3f(x)]\,dx$

(e) $\int_0^{-2} f(-x)\,dx$

24. 다음 각각의 적분을 구하여라.

(a) $\int_0^4 |x-1|\,dx$ (b) $\int_0^4 [\![x]\!]\,dx$

(c) $\int_0^4 (x-[\![x]\!])\,dx$

도움말: (a)와 (b)는 먼저 그래프를 그려라.

25. $f(x)=f(-x)$, $f(x)\le 0$, $g(-x)=-g(x)$, $\int_0^2 f(x)dx=-4$, $\int_0^2 g(x)\,dx=5$라고 하자. 다음 각각의 적분을 구하여라.

(a) $\int_{-2}^2 f(x)\,dx$ (b) $\int_{-2}^2 |f(x)|\,dx$

(c) $\int_{-2}^2 g(x)\,dx$ (d) $\int_{-2}^2 [f(x)+f(-x)]\,dx$

(e) $\int_0^2 [2g(x)+3f(x)]\,dx$ (f) $\int_{-2}^0 g(x)\,dx$

26. $\int_{-100}^{100} (x^3+\sin^5 x)\,dx$를 구하여라.

27. 구간 $[-4, -1]$에서 함수 $f(x)=3x^2$에 대해 적분의 평균값 정리를 만족하는 c를 구하여라.

28. 다음 각각의 함수 G에 대해서, $G'(x)$를 구하여라.

(a) $G(x)=\int_1^x \frac{1}{t^2+1}dt$ (b) $G(x)=\int_1^{x^2} \frac{1}{t^2+1}dt$

(c) $G(x)=\int_x^{x^3} \frac{1}{t^2+1}dt$

29. 다음 각각의 함수 G에 대해서, $G'(x)$를 구하여라.

(a) $G(x)=\int_1^x \sin^2 z\,dz$ (b) $G(x)=\int_x^{x+1} f(z)\,dz$

(c) $G(x)=\frac{1}{x}\int_0^x f(z)\,dz$

(d) $G(x)=\int_0^x \left(\int_0^u f(t)\,dt\right)du$

(e) $G(x)=\int_0^{g(x)} \left(\frac{d}{du}g(u)\right)du$

(f) $G(x)=\int_0^{-x} f(-t)\,dt$

30. 다음 극한이 정적분임을 이용하여, 그 값을 구하여라.

(a) $\lim_{n\to\infty}\sum_{i=1}^{n}\sqrt{\frac{4i}{n}}\cdot\frac{4}{n}$ (b) $\lim_{n\to\infty}\sum_{i=1}^{n}\left(1+\frac{2i}{n}\right)^2\frac{2}{n}$

31. $f(x)=\int_{2x}^{5x}\frac{1}{t}\,dt$이면, f는 구간 $(0, \infty)$에서 상수함수임을 보여라.

32. $n=8$일 때 좌, 우, 그리고 중점 리만합을 사용하여 $\int_1^2 \frac{1}{1+x^4}dx$의 근사값을 구하여라.

33. $n=8$일 때 사다리꼴 공식을 사용하여 $\int_1^2 \frac{1}{1+x^4}dx$의 근사값을 구하고 오차의 절대값에 대한 상계를 구하여라.

34. $n=8$일 때 포물선 공식을 사용하여 $\int_0^4 \frac{1}{1+2x}dx$의 근사값을 구하고 오차의 절대값에 대한 상계를 구하여라.

35. 오차가 0.0001보다 크지 않도록 $\int_1^2 \frac{1}{1+x^4}dx$의 근사값을 구하기 위하여 사다리꼴 공식에 대한 가장 큰 n은 얼마인가?

36. 오차가 0.0001보다 크지 않도록 $\int_0^4 \frac{1}{1+2x}dx$의 근사값을 구하기 위하여 포물선 공식에 대한 가장 큰 n은 얼마인가?

37. 어떤 계산도 하지 않고 좌리만합, 우리만합, 사다리꼴 공식에 대하여 $\int_1^6 \frac{1}{x}dx$의 가장 작은 근사값에서 가장 큰 근사값까지 나열하여라.

복습과 예비 문제

문제 1~6에서

1.

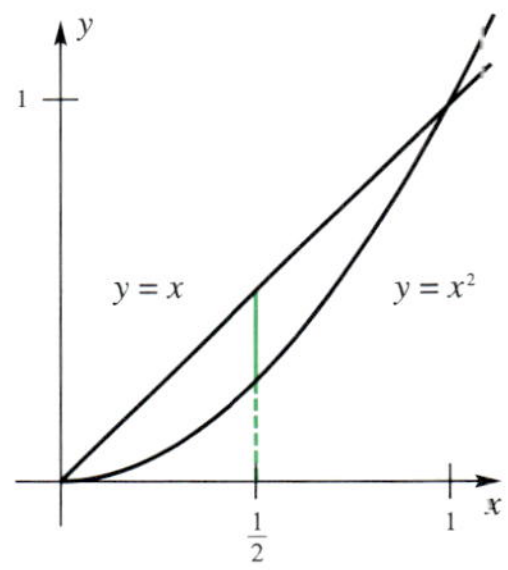

2.

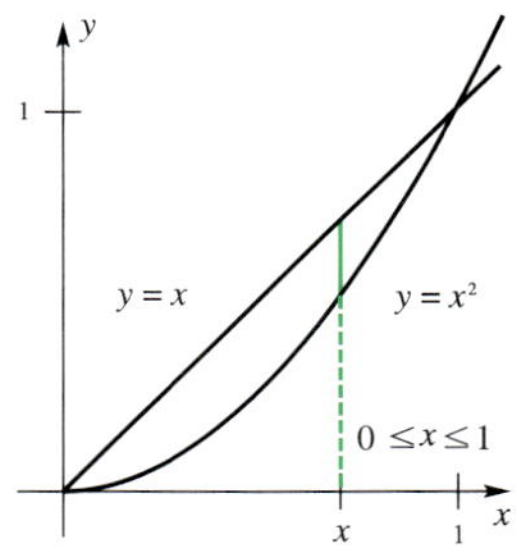

3.

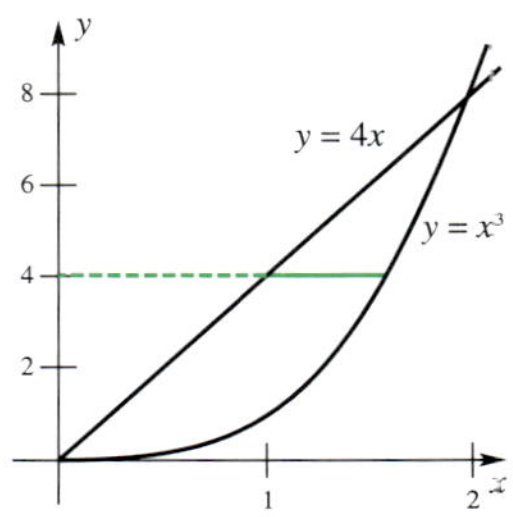

4.

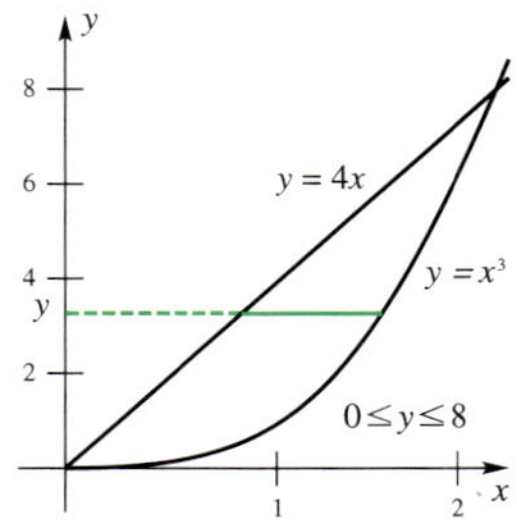

5.

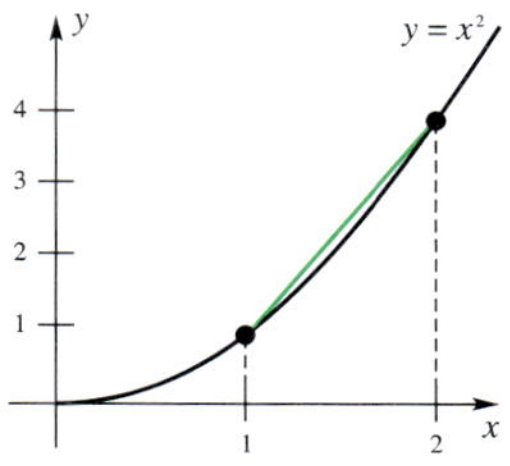

6.

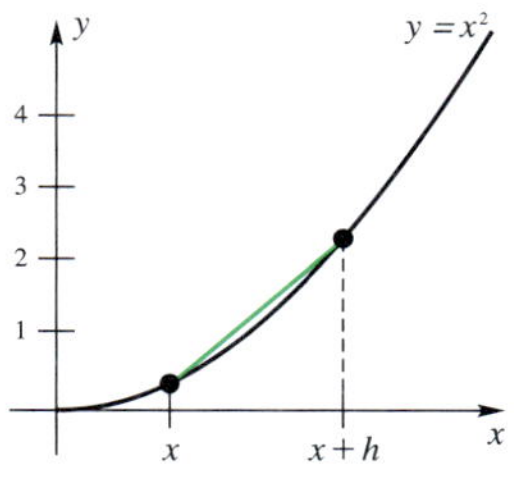

문제 7~10에서

7.

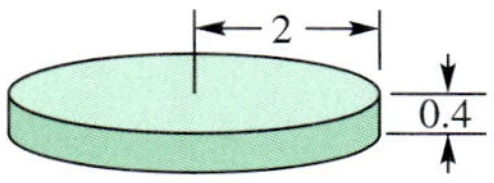

8.

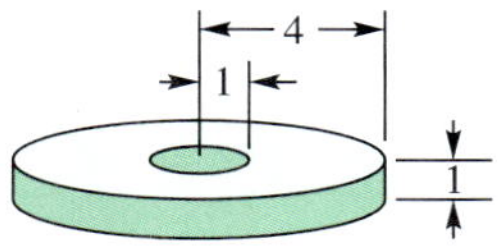

9.

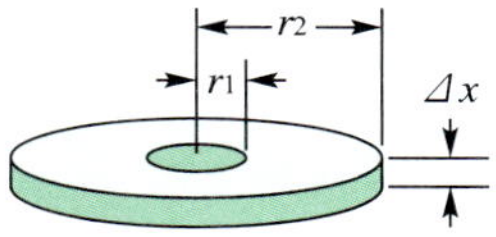

10.

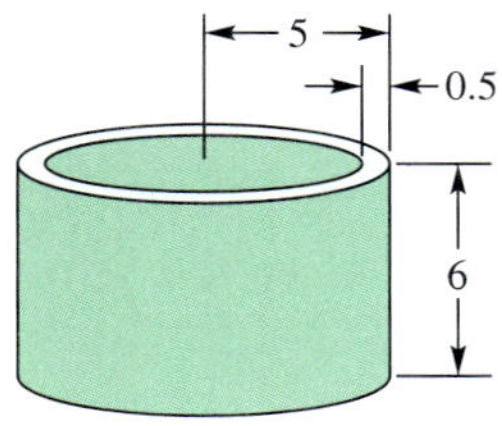

문제 **11~14**

11. $\int_{-1}^{2}(x^4-2x^3+2)\,dx$

12. $\int_{0}^{3} y^{2/3}\,dy$

13. $\int_{0}^{2}\left(1-\frac{x^2}{2}+\frac{x^4}{16}\right)dx$

14. $\int_{1}^{4}\sqrt{1+\frac{9}{4}x}\,dx$

CHAPTER

5 적분의 응용

5.1 평면영역의 넓이

4.1절에서 넓이에 대하여 간단히 다루었으며, 그것을 동기로 삼아 정적분을 정의하였다. 이제 튼튼히 한 정적분의 개념을 바탕으로, 정적분을 이용하여 점점 더 복잡한 모양의 영역의 넓이를 계산할 수 있다. 이제, 간단한 경우부터 다루기 시작한다.

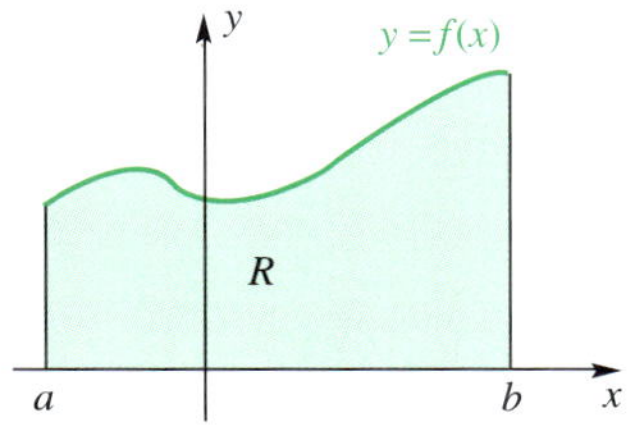

그림 1

x축 위의 영역 xy평면에서 곡선의 식 $y=f(x)$가, 구간 $a \le x \le b$에서 f는 연속이고, 음이 아니라고 하자(그림 1). 그래프 $y=f(x)$, $x=a$, $x=b$, 그리고 $y=0$으로 둘러싸인 영역 R을 $y=f(x)$의 아래, $x=a$에서 $x=b$ 사이의 영역이라고 부르며 그 넓이 $A(R)$은 다음 적분으로 주어진다.

$$A(R)=\int_a^b f(x)\,dx$$

예제 1 $y=x^4-2x^3+2$의 아래, $x=-1$에서 $x=2$ 사이의 영역 R의 넓이를 구하여라.

≈ **풀이** R의 그래프는 그림 2와 같다. R의 넓이에 대한 대략의 추측은,

밑변 곱하기 평균 높이이다. 즉, (3)(2)=6 정도될 것이다. 정확한 값은

$$A(R)=\int_{-1}^{2}(x^4-2x^3+2)\,dx=\left[\frac{x^5}{5}-\frac{x^4}{2}+2x\right]_{-1}^{2}$$
$$=\left(\frac{32}{5}-\frac{16}{2}+4\right)-\left(-\frac{1}{5}-\frac{1}{2}-2\right)=\frac{51}{10}=5.1$$

계산해서 얻은 값 5.1은 대충 추측한 6에 충분히 가까우므로, 맞는다고 확신할 수 있다. ■

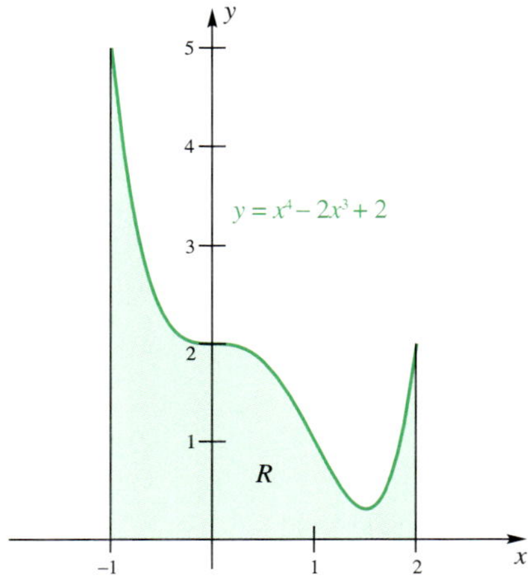

그림 2

x축 아래의 영역 넓이는 음이 아닌 수이다. $y=f(x)$의 그래프가 x축 아래에 놓이면, $\int_a^b f(x)\,dx$는 음수이므로, 넓이가 될 수 없다. 그렇지만 이것은 $y=f(x)$, $x=a$, $x=b$, $y=0$으로 둘러싼 영역의 넓이에다 음의 부호를 붙인 것이다.

예제 2 $y=x^3/3-4$, x축, $x=-2$, $x=3$으로 둘러싸인 영역 R의 넓이를 구하여라.

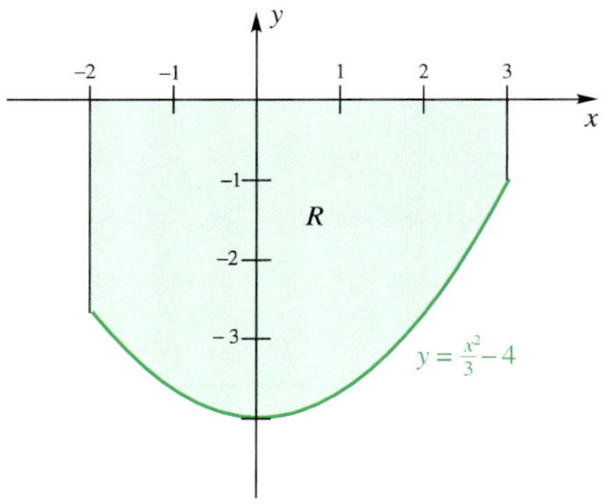

그림 3

≈ **풀이** 영역 R은 그림 3과 같다. 넓이를 대충 예측해 보면, (5)(3)=15. 정확한 값은

$$A(R)=-\int_{-2}^{3}\left(\frac{x^2}{3}-4\right)dx=\int_{-2}^{3}\left(-\frac{x^2}{3}+4\right)dx$$
$$=\left[-\frac{x^3}{9}+4x\right]_{-2}^{3}=\left(-\frac{27}{9}+12\right)+\left(\frac{8}{9}-8\right)=\frac{145}{9}\approx 16.11$$

16.11은 우리가 예측한 값에 가까우므로, 더욱 확신할 수 있다. ■

예제 3 $y=x^3-3x^2-x+3$, $x=-1$과 $x=2$ 사이의 x축의 부분, 그리고 직선 $x=2$로 둘러싸인 영역 R의 넓이를 구하여라.

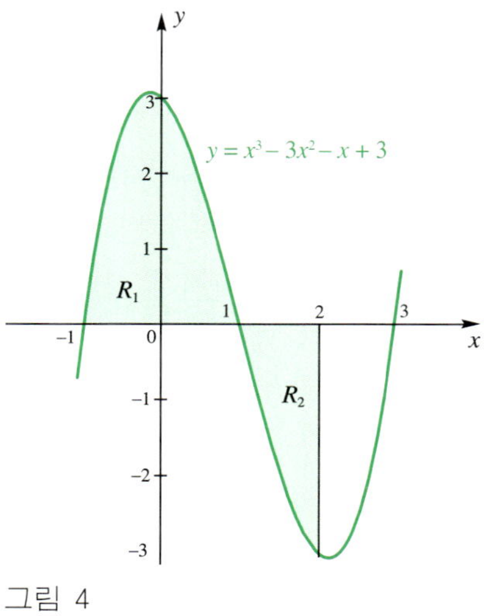

그림 4

풀이 영역 R은 그림 4의 어둡게 칠한 부분이다. 일부분은 x축 위에 놓여 있고, 일부분은 x축 아래에 놓여 있음을 주목한다. 이 두 부분 R_1과 R_2의 넓이를 따로따로 계산해야 한다. 곡선이 x축과 교차하는 지점이 -1, 1, 3임을 확인할 수 있다. 그러므로

$$A(R)=A(R_1)+A(R_2)$$
$$=\int_{-1}^{1}(x^3-3x^2-x+3)\,dx-\int_{1}^{2}(x^3-3x^2-x+3)\,dx$$
$$=\left[\frac{x^4}{4}-x^3-\frac{x^2}{2}+3x\right]_{-1}^{1}-\left[\frac{x^4}{4}-x^3-\frac{x^2}{2}+3x\right]_{1}^{2}$$
$$=4-\left(-\frac{7}{4}\right)=\frac{23}{4}$$

절대값 기호를 사용하면, 이 넓이를 하나의 적분으로 나타낼 수 있다.

$$A(R)=\int_{-1}^{2}|x^3-3x^2-x+3|\,dx$$

이 적분을 구하려면 두 부분으로 갈라야 하며, 방금 위에서 계산한 것처럼 해야 하므로 식을 간단히 나타냈다 하여 계산이 간단해진 것은 아니다. ■

단계별로 생각하기 위에서 다룬 것과 같은 간단한 영역은 적분값을 쉽게 계산할 수 있으나, 좀 더 복잡한 영역(예를 들어 두 곡선들 사이의 영역)에 대한 적분값을 계산하는 것은 쉽지 않다. 이럴 때는 단계별로 나누어서 생각하면 훨씬 도움이 된다. 넓이의 정의와 정적분의 정의로 거슬러 올라가 복잡한 영역에 대한 적분값을 계산하는 다섯 단계를 여기에 소개한다.

1단계: 영역을 그린다.

2단계: 영역을 잘게 나누어 좁은 조각(띠)들로 만든다. 대표적인 조각 하나에 이름을 붙인다.

3단계: 이 대표적인 조각을 직사각형으로 간주하고, 넓이의 근사값을 구한다.

4단계: 조각들의 넓이의 근사값들을 더한다.

5단계: 조각들의 폭이 0으로 갈 때 극한을 취한다. 그리고 정적분을 얻는다.

이 방법을 예시하기 위해서, 다른 간단한 예제를 살펴본다.

예제 4 $y=1+\sqrt{x}$의 아래, $x=0$과 $x=4$ 사이의 영역의 넓이를 적분으로 나타내어라(그림 5).

풀이

1. 그린다 2. 잘게 나눈다

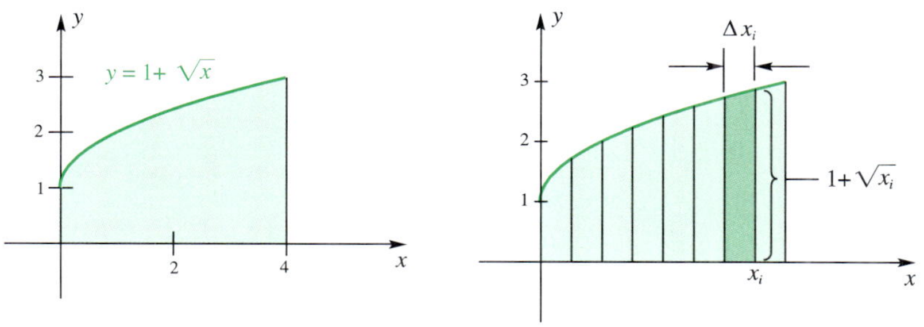

3. 대표적인 한 조각의 넓이의 근사값: $\Delta A_i \approx (1+\sqrt{x_i})\Delta x_i$
4. 더한다: $A\approx \sum(1+\sqrt{x_i})\Delta x_i$
5. 극한을 구한다: $A=\int_0^4(1+\sqrt{x})\,dx$

그림 5

이 다섯 단계의 과정을 완벽하게 이해하고 나면, 이것을 세 단계로 줄일 수 있다: 잘게 나눈다, 근사값을 구한다, 적분한다. 여기서 적분한다는 말은, 조각들의 넓이를 모두 더하고, 폭은 0으로 보내는 극한을 취하는 것이라고 이해하면 된다. 이렇게 극한을 취하는 과정에서, 기호 $\sum \ldots \Delta x$는 기호 $\int \ldots dx$로 바뀐다. 같은 문제를 이렇게 세 단계로 풀어 놓은 것이 그림 6이다.

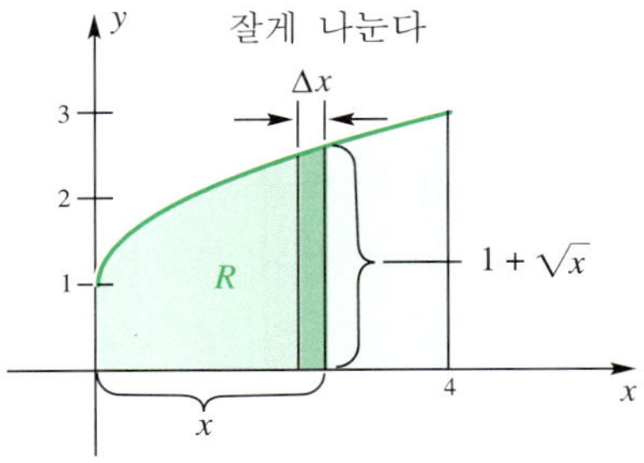

근사값을 구한다

$\Delta A \approx (1+\sqrt{x})\Delta x$

적분한다

$A = \int_0^4 (1+\sqrt{x})\,dx$

그림 6

두 곡선 사이의 영역 곡선 $y=f(x)$와 $y=g(x)$를 생각한다. 구간 $a \leq x \leq b$에서 $g(x) \leq f(x)$라고 하자. 이들은 그림 7에서와 같은 영역을 결정한다. 이 경우에도 잘게 나눈다, 근사값을 구한다, 적분한다의 방법을 사용하여 그 넓이를 구할 수 있다. g의 그래프가 x축 아래에 놓이는 경우에도, $f(x)-g(x)$가 잘게 나누어진 작은 조각의 정확한 높이가 됨을 확인해 보기 바란다. 이 경우 $g(x)$는 음수이다. 따라서 $g(x)$를 빼는 것은 양수를 더하는 것과 같다. 그리고 $f(x)$와 $g(x)$가 둘 다 음수인 경우에도, $f(x)-g(x)$가 정확한 높이가 됨을 알 수 있다.

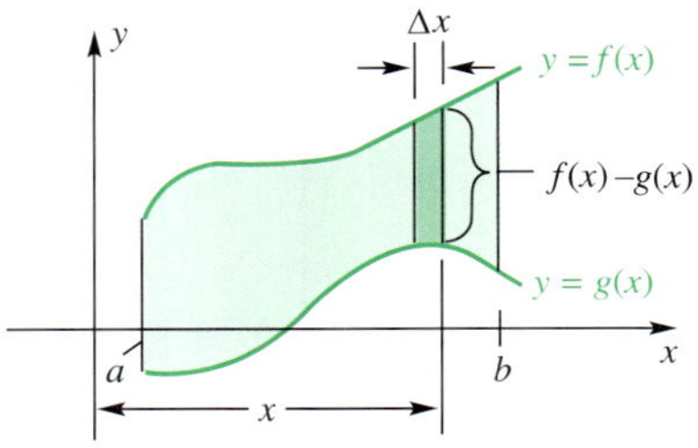

$\Delta A \approx [f(x)-g(x)]\Delta x$

$A \approx \int_a^b [f(x)-g(x)]\,dx$

그림 7

예제 5 곡선 $y=x^4$과 $y=2x-x^2$ 사이 영역의 넓이를 구하여라.

풀이 우선 두 곡선이 교차하는 곳을 찾아야 한다. 그러기 위해서, 방정식 $2x-x^2=x^4$을 풀어야 한다. 이것은 4차방정식이어서 풀기가 어려울 것 같지만, 이 경우는 $x=0$과 $x=1$이 해임은 명백하다. 이 영역을 그리고, 적당한 근사값을 구하고, 대응하는 적분을 나타내면 그림 8과 같다.

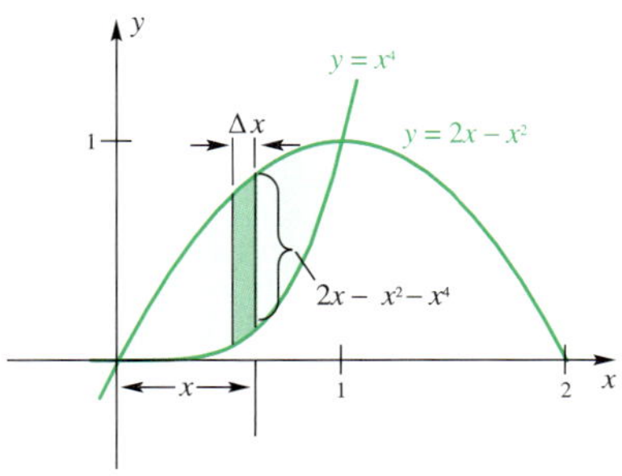

$\Delta A \approx [2x-x^2-x^4]\Delta x$

$A = \int_a^b [2x-x^2-x^4]\,dx$

그림 8

이제 남은 일은 적분을 계산하는 일로 다음과 같다.

$$\int_0^1 (2x-x^2-x^4)\,dx=\left[x^2-\frac{x^3}{5}-\frac{x^5}{5}\right]_0^1=1-\frac{1}{3}-\frac{1}{5}=\frac{7}{15}$$ ■

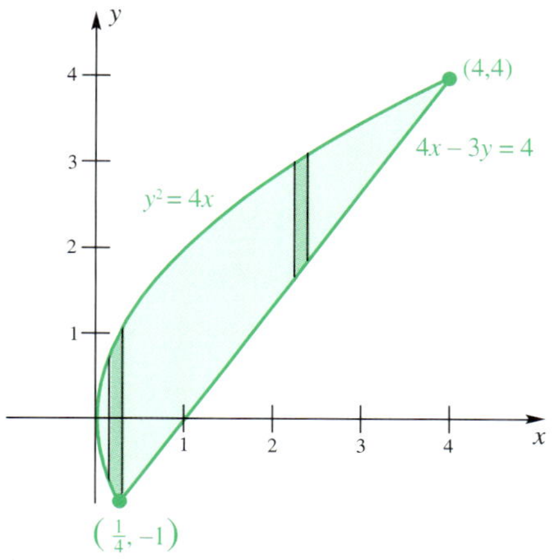

그림 9

예제 6 수평으로 잘게 나누기 포물선 $y^2=4x$와 직선 $4x-3y=4$로 둘러싸인 영역의 넓이를 구하여라.

풀이 두 곡선의 교점을 구해야 한다. 교점의 y좌표를 구하기 위해서, 두 번째 방정식을 $4x=3y+4$라 하고, $4x$의 두 표현들이 서로 같다고 놓는다.

$$\begin{aligned} y^2&=3y+4\\ y^2-3y-4&=0\\ (y-4)(y+1)&=0\\ y&=4,\ -1 \end{aligned}$$

$y=4$일 때 $x=4$, $y=-1$일 때, $x=\frac{1}{4}$이므로 교점은 $(4,\ 4)$과 $\left(\frac{1}{4},\ -1\right)$이다. 두 곡선이 이루는 영역은 그림 9와 같다.

이제 이 영역을 수직으로 잘게 나누는 것을 생각해 본다. 그러면 문제가 생긴다. 아래쪽 경계선이 두 개의 다른 곡선들로 구성되기 때문이다. 왼쪽 끝 부분에서는, 가는 조각들이 포물선의 아래 가지에서 시작해 포물선의 위쪽 가지에서 끝난다. 수직으로 잘게 나누어 이 문제를 풀려면, 우선 영역을 두 부분으로 가르고, 각각에 대해 적분을 적고, 각각의 적분을 계산해야 한다.

그에 비해서 훨씬 더 쉬운 방법이 있는데, 그림 10에서와 같이, 영역을 수평으로 나누는 것이다. 즉, x가 아니라 y를 적분변수로 사용한다. 수평으로 잘게 나눈 조각은 항상 포물선에서(왼쪽) 시작해 직선으로(오른쪽) 가는 것을 주목한다. 이러한 조각의 길이는, 큰 x값$\left(x=\frac{1}{4}(3y+4)\right)$ 빼기 작은 x값 $\left(x=\frac{1}{4}y^2\right)$이다.

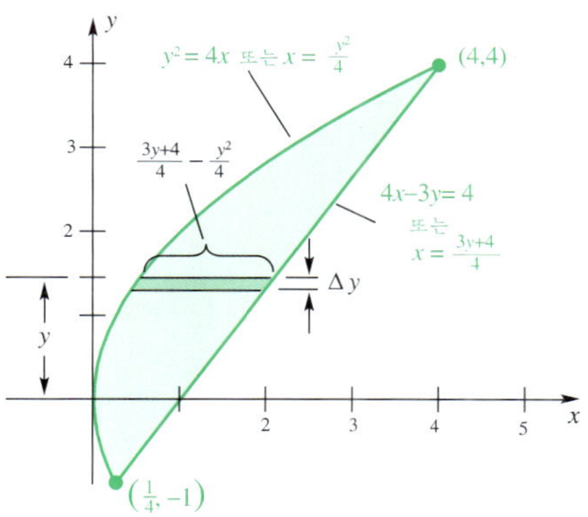

$$\Delta A\approx\left[\frac{3y+4}{4}-\frac{y^2}{4}\right]\Delta y$$

$$A=\int_{-1}^{4}\left[\frac{3y+4}{4}-\frac{y^2}{4}\right]dx$$

그림 10

$$A=\int_{-1}^{4}\left[\frac{3y+4-y^2}{4}\right]dy=\frac{1}{4}\int_{-1}^{4}(3y+4-y^2)\,dy$$
$$=\frac{1}{4}\left[\frac{3y^2}{2}+4y-\frac{y^3}{3}\right]_{-1}^{4}$$
$$=\frac{1}{4}\left[\left(24+16-\frac{64}{3}\right)-\left(\frac{3}{2}-4+\frac{1}{3}\right)\right]$$
$$=\frac{125}{24}\approx 5.21$$

이 때 두 가지를 주목해야 한다. (1) 수평으로 잘게 잘라 나오는 적분할 함수는 x가 아니라 y로 표현된다. (2) 적분할 함수를 얻기 위해서, 두 방정식을 x에 대해서 풀고, 큰 x값에서 작은 x값을 뺀다. ■

거리와 변위 직선을 따라서 움직이는 어떤 물체가 시각 t일 때의 속도가 $v(t)$라고 하자. $v(t)\geq 0$이면, $\int_a^b v(t)$는 $a\leq t\leq b$의 시간 동안 움직인 거리를 나타낸다. 그렇지만 $v(t)$가 음수인(물체가 뒤로 움직이는 것에 대응) 경우가 있으면,

$$\int_a^b v(t)\,dt=s(b)-s(a)$$

는 그 물체의 **변위**(displacement)를 나타낸다. 즉, 시작 지점 s(a)에서 끝 지점 s(b)까지의 유향 거리를 나타낸다. 그 물체가 $a\leq t\leq b$ 동안 움직인 **총 거리**를 구하려면, $\int_a^b |v(t)|\,dt$를 계산해야 한다. 이것은 속도 곡선과 t축 사이의 도형의 넓이이다.

예제 7 어떤 물체가 시각 $t=0$일 때, $s=3$인 위치에 놓여있다. 이 물체의 시간이 t일 때 속도가 $v(t)=5\sin 6\pi t$로 주어진다. $t=2$일 때, 이 물체의 위치는 어떻게 되는가? 또한, 이동거리는 얼마인가?

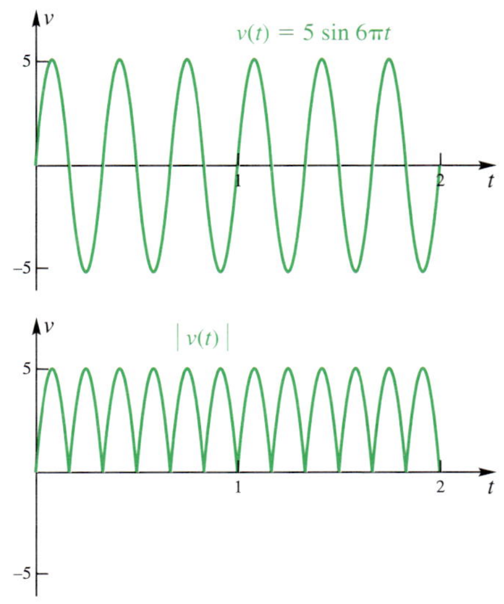

그림 11

풀이 물체의 변위 즉, 위치의 변화는

$$s(2)-s(0)=\int_0^2 v(t)\,dt=\int_0^2 5\sin 6\pi t\,dt=\left[-\frac{5}{6\pi}\cos 6\pi t\right]_0^2=0$$

따라서 $s(2)=s(0)+0=3+0=3$. $t=2$일 때, 물체의 위치는 3이다. 총 움직인 이동거리는

$$\int_0^2 |v(t)|\,dt=\int_0^2 |5\sin 6\pi t|\,dt$$

이 적분을 풀기 위해서, 대칭의 방법을 사용한다(그림 11 참고). 그러면,

$$\int_0^2 |v(t)|\,dt=12\int_0^{2/12} 5\sin 6\pi t\,dt$$
$$=60\left[-\frac{1}{6\pi}\cos 6\pi t\right]_0^{1/6}=\frac{20}{\pi}\approx 6.3662$$ ■

개념 복습

1. 구간 $[a, b]$에서 곡선 $y=f(x)$와 x축 사이의 영역을 R이라 하자. $[a, b]$의 모든 x에 대해서 $f(x) \geq 0$이면, $A(R)=$_________. 그러나 $[a, b]$의 모든 x에 대해서 $f(x) \leq 0$이면, $A(R)=$_________.
2. 두 곡선 사이 영역의 넓이를 구하려면, 다음 세 단계로 생각하는 것이 좋다: _________.
3. 곡선 $y=f(x)$와 $y=g(x)$가 둘러싼 영역 R이 있으며, 거기에서 $f(x) \leq g(x)$라고 하자. 그러면 R의 넓이는 $A(R)=\int_a^b$ _________ dx로 주어진다. 여기서 a와 b는 방정식 _________를 풀어서 구한다.
4. 구간 $[c, d]$의 모든 y에 대해서 $p(y) \leq q(y)$이면, 곡선 $x=p(y)$와 $x=q(y)$로 둘러싸인 $y=c$에서 $y=d$ 사이 영역 R의 넓이 $A(R)$은 __________로 주어진다.

연습문제 5.1

문제 1~10에서 세 단계 과정(잘게 나눈다, 근사값을 구한다, 적분한다)을 통해서, 제시한 영역의 넓이를 적분(또는 여러 개의 적분)으로 나타내어라.

1.

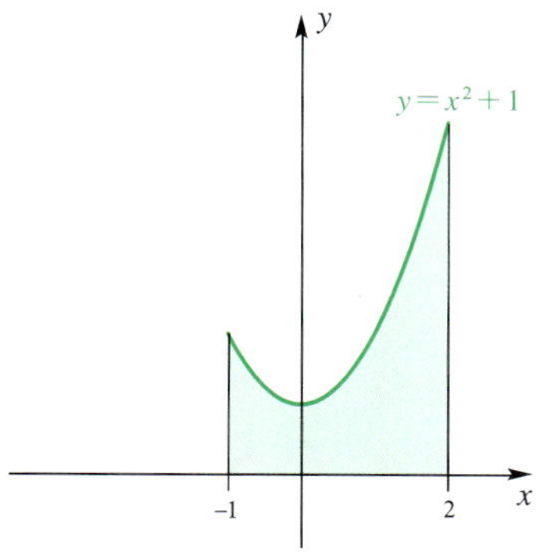

2.

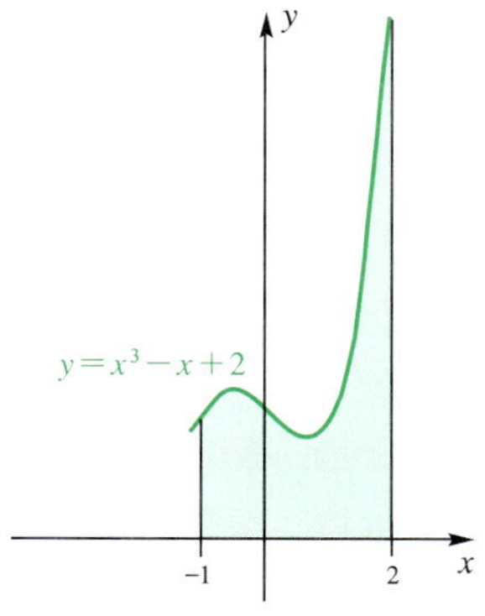

3.

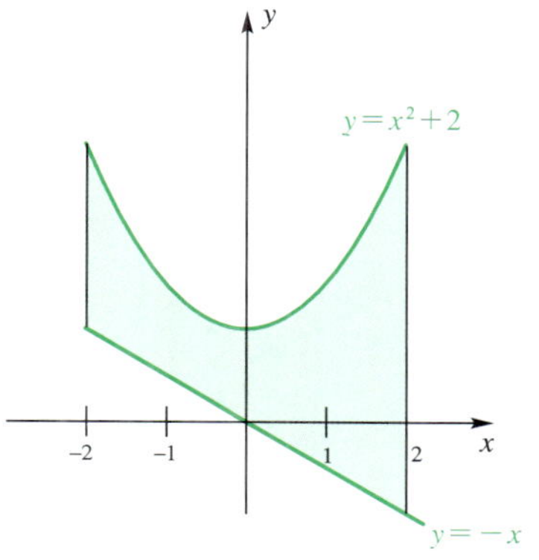

4.

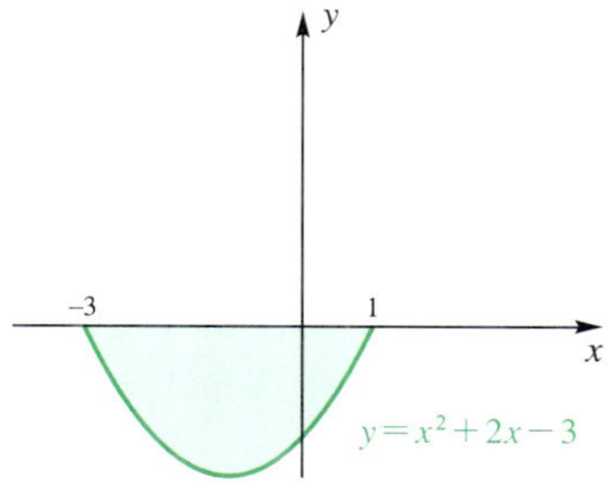

5.

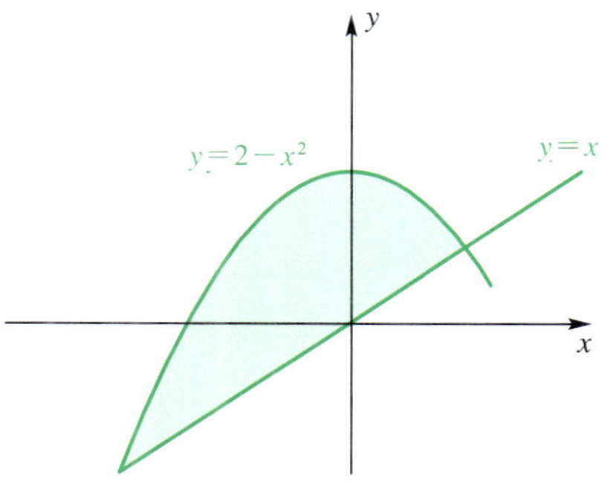

6.

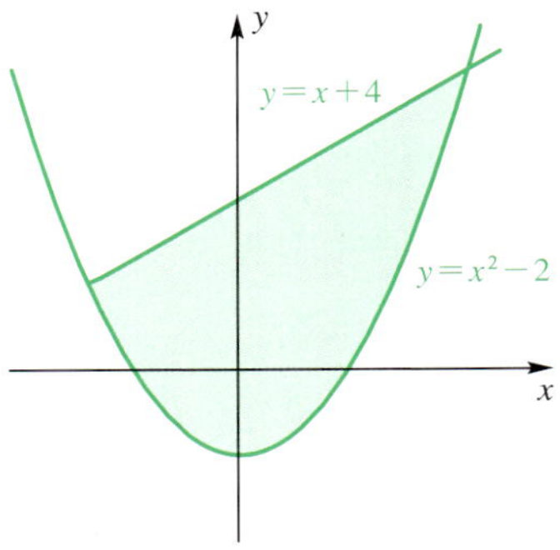

7.

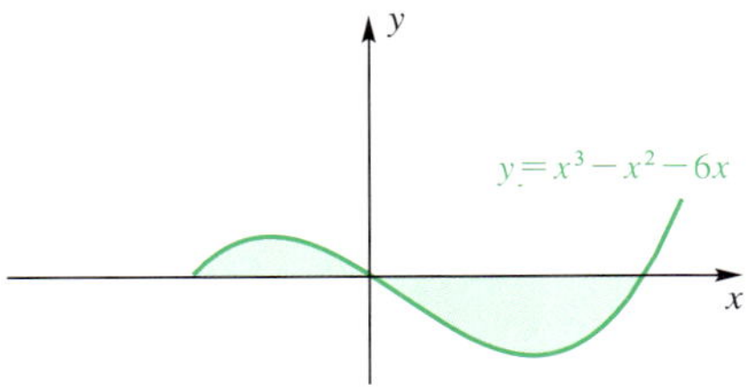

8.

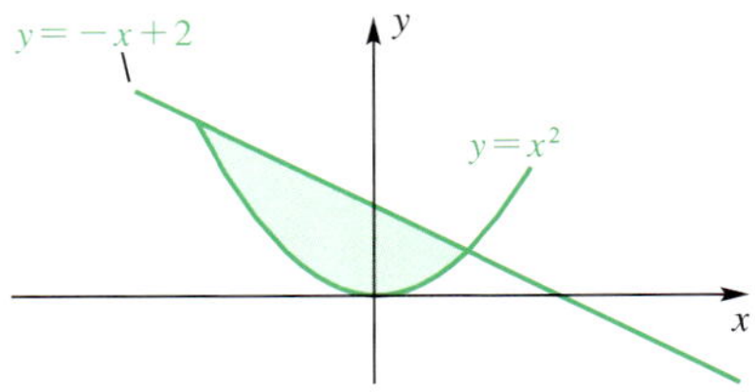

9.

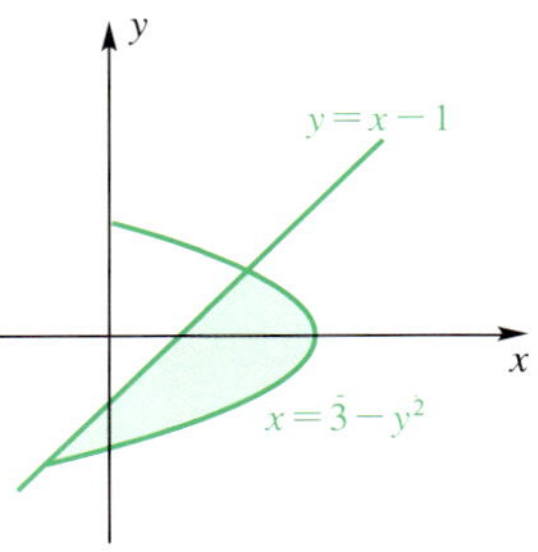

10.

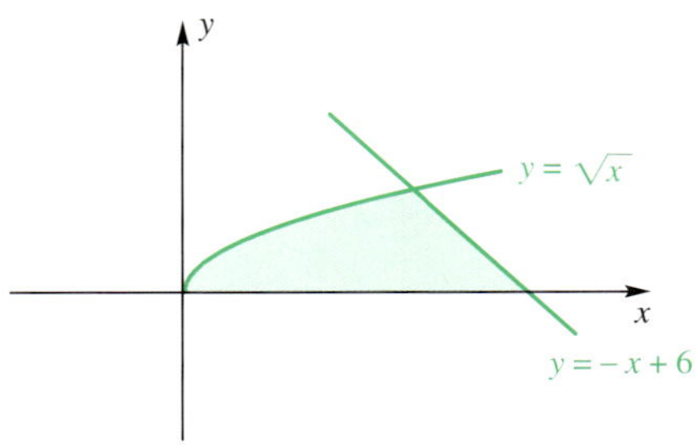

≈ 문제 11−28에서 주어진 방정식들의 그래프들로 둘러싸인 영역을 그리고, 가늘게 자른 대표적인 한 조각에 대해서, 그 넓이의 근사값을 구하고, 적분을 적어서, 그 영역의 넓이를 계산하여라. 넓이를 대충 추정해 보고, 답을 한 번 확인해 보아라.

11. $y=3-\frac{1}{3}x^2$, $y=0$, $x=0$과 $x=3$ 사이

12. $y=5x-x^2$, $y=0$, $x=1$과 $x=3$ 사이

13. $y=(x-4)(x+2)$, $y=0$, $x=0$과 $x=3$ 사이

14. $y=x^2-4x-5$, $y=0$, $x=-1$과 $x=4$ 사이

15. $y=\frac{1}{4}(x^2-7)$, $y=0$, $x=0$과 $x=2$ 사이

16. $y=x^3$, $y=0$, $x=-3$과 $x=3$ 사이

17. $y=\sqrt[3]{x}$, $y=0$, $x=-2$과 $x=2$ 사이

18. $y=\sqrt{x}-10$, $y=0$, $x=0$과 $x=9$ 사이

19. $y=(x-3)(x-1)$, $y=x$

20. $y=\sqrt{x}$, $y=x-4$, $x=0$

21. $y=x^2-2x$, $y=-x^2$

22. $y=x^2-9$, $y=(2x-1)(x+3)$

23. $x=8y-y^2$, $x=0$

24. $x=(3-y)(y+1)$, $x=0$

25. $x=-6y^2+4y$, $x+3y-2=0$

26. $x=y^2-2y$, $x-y-4=0$

27. $4y^2-2x=0$, $4y^2+4x-12=0$

28. $x=4y^4$, $x=8-4y^4$

29. $y=x+6$, $y=x^3$, 그리고 $2y+x=0$으로 둘러싸인 영역 R을 그려라. 그 넓이를 구하여라. 도움말: R을 둘로 나누어라.

30. 꼭지점이 $(-1, 4)$, $(2, -2)$, $(5, 1)$인 삼각형의 넓이를 적분으로 구하여라.

31. 어떤 물체가 직선을 따라서 움직이는 데, 시간 t일 때의 속도가 초속 $v(t)=3t^2-24t+36$ 피트이다. 시간 $-1\le t\le 9$ 동안, 이 물체가 움직인 위치와 움직인 총 거리를 구하여라.

32. 속도가 $v(t)=\frac{1}{2}+\sin 2t$이고, 시간이 $0\le t\le 3\pi/2$일 때, 문제 31을 풀어 보아라.

33. $t=0$일 때 $s=0$에서 출발하여, 어떤 물체가 직선을 따라서 움직이는데, 시간 t일 때의 속도가 초속 $v(t)=2t-4$ 센티미터이다. $s=12$에 이르기까지 시간이 얼마나 걸리는가? 움직인 총 거리가 12 센티미터가 되기까지는?

34. 곡선 $y=1/x^2$을 구간 $1\le x\le 6$에서 생각한다.

(a) 이 곡선 아래의 넓이를 계산하여라.

(b) 직선 $x=c$가 이 넓이를 이등분하도록, c를 결정하여라.

(c) 직선 $y=d$가 이 넓이를 이등분하도록, d를 결정하여라.

35. 그림 12의 넓이 A, B, C, D를 계산하여라. $A+B+C+D$를 한 적분으로 계산하여 검산해 보아라.

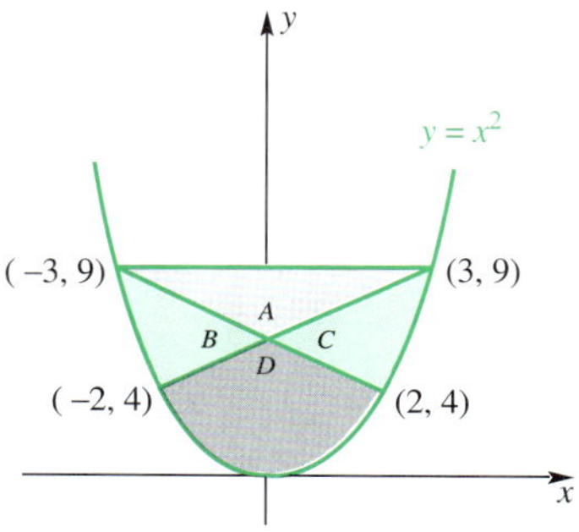

그림 12

36. 카발리에리의 원리를 증명하여라. (카발리에리(Bonaventura Cavalieri, 1598–1647)가 1635년에 이 원리를 발견하였다.) 두 영역이 구간 $[a, b]$의 모든 x에서 높이가 같으면, 이들은 넓이가 같다(그림 13 참조).

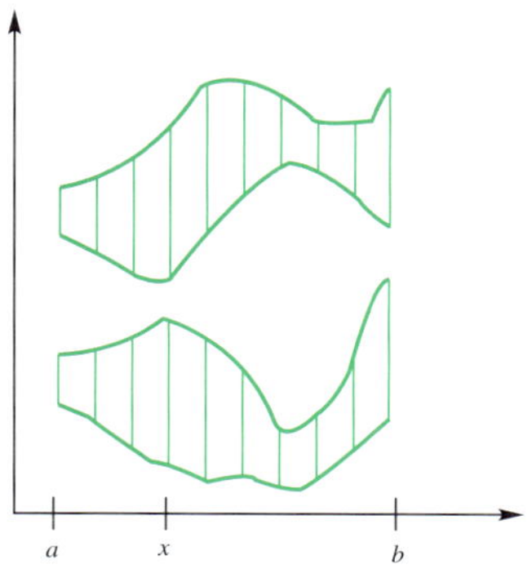

그림 13

37. 카발리에리의 원리를 이용하여(적분을 하지 말고, 문제 36 참조), 그림 14의 어둡게 칠한 영역들이 넓이가 같음을 보여라.

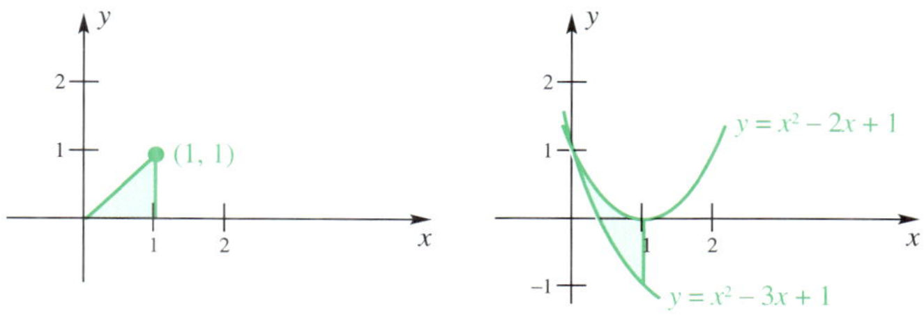

그림 14

38. 구간 $0 \le x \le 17\pi/6$에서 $y = \sin x$와 $y = \frac{1}{2}$ 사이 영역의 넓이를 구하여라.

개념 복습 해답: **1.** $\int_a^b f(x)\,dx;\ -\int_a^b f(x)\,dx$

2. 썬다, 근사값을 구한다, 적분한다

3. $g(x) - f(x);\ f(x) = g(x)$

4. $\int_c^d [q(y) - p(y)]\,dy$

5.2 입체의 부피 : 판, 원판, 도넛원판

동전의 부피

예를 들어 25센트 동전을 생각해 보자.

이 동전의 반지름은 약 1 센티미터이며, 두께는 약 0.2 센티미터이다. 그 부피는 밑면의 넓이 $A = \pi(1^2)$, 곱하기 두께 $h = 0.2$이다. 즉,

$$V = (1\pi)(0.2) \approx 0.63$$

세제곱 센티미터이다.

정적분은 넓이를 계산하기 위하여 발명되었으므로 넓이를 계산하는데 사용됨은 당연한 일이다. 그렇지만 정적분을 사용하는 응용 범위는 단지 그것에 그치지는 않는다. 정적분이란 많은 양들에 대해서, 어떤 것을 매우 작은 조각들로 자르고, 각각의 근사값을 구한 후, 모두 더해서, 그 조각들이 작아질 때까지 극한을 취하는 것이라고 생각할 수 있다. 이렇게 자르고, 근사값을 구하고, 적분하는 방법을 사용하여, 입체의 부피를 구할 수 있다. 각각의 조각의 부피의 근사값을 쉽게 구할 수 있다면 그렇다는 것이다.

부피란 무엇인가? 우선 수직 기둥이라 부르는 간단한 입체들을 생각한다. 이들 네 개를 그림 1에 그려 놓았다. 여기 나오는 입체들은, 평면영역(밑면)을 그 영역에 수직인 방향으로 거리 h만큼 음직여서 만들었다. 각각의 경우, 그 입체의 부피는 밑면의 넓이 A 곱하기 높이 h로 정의한다. 즉,

$$V = A \cdot h$$

이제 주어진 직선에 수직인 단면의 넓이를 알고 있는 입체를 생각하자. 그 직선이 x축이고, x에서의 단면적이 $A(x)$라고 가정한다. 여기서 $a \le x \le b$(그림 2). 구간 $[a, b]$에서 점들 $a = x_0 < x_1 < x_2 < \cdots < x_n = b$를 잡아서, 이 구간을 분

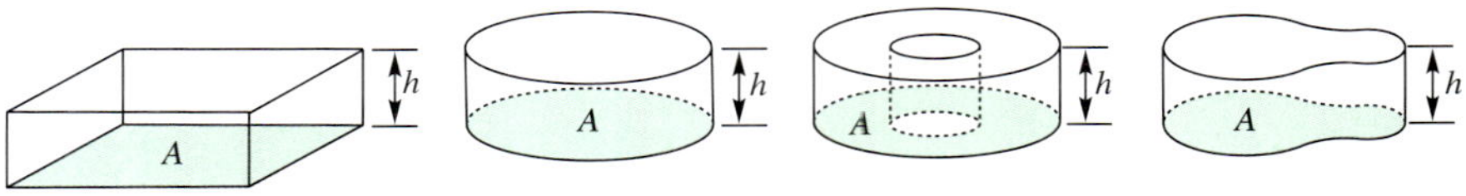

그림 1

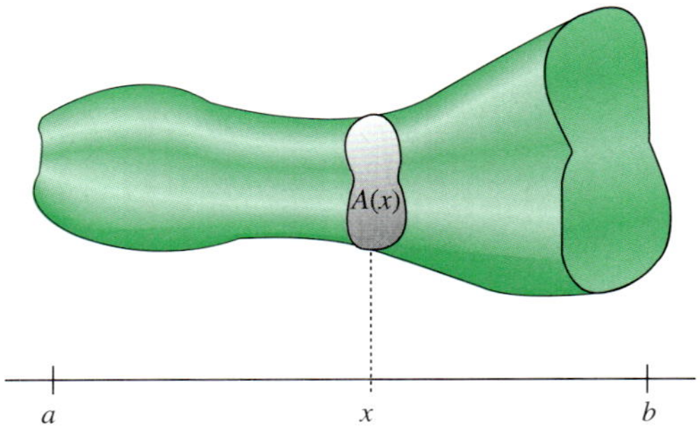

그림 2

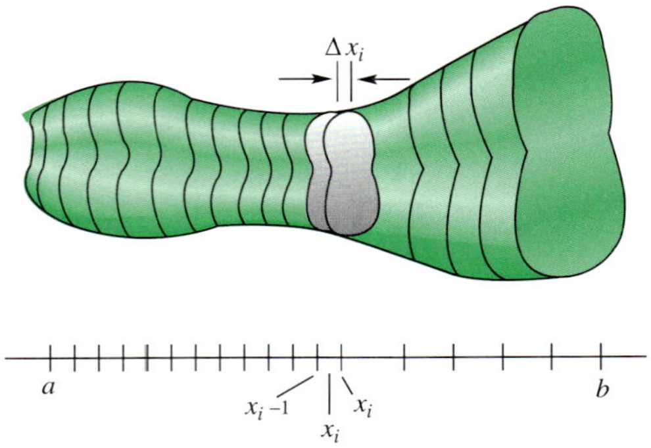

그림 3

할한다. 그 다음에 이 점들을 지나고 x축에 수직인 평면들을 그려서, 이 입체를 잘라서, 얇은 **판**(slab)들을 만든다(그림 3). 판의 부피 ΔV_i는 수직 기둥의 부피와 거의 같을 것이다. 즉,

$$\Delta V_i \approx A(\bar{x}_i)\Delta x_i$$

(표본점 $\bar{x}_i$는 구간 $[x_{i-1}, x_i]$의 임의의 수임을 상기한다.)

따라서 입체의 "부피" V는 다음 리만합과 거의 같을 것이다.

$$V \approx \sum_{i=1}^{n} A(\bar{x}_i)\Delta x_i$$

분할의 크기(놈)가 0에 가까이 가도록 하면, 정적분을 얻게 된다. 이 정적분을 입체의 **부피**(volume)라고 정의한다.

$$\boxed{V = \int_a^b A(x)\,dx}$$

부피를 구할 때, 이 네모 속의 공식을 별 생각 없이 적용하지 말고, 각각의 문제마다 이 공식에 이르는 과정을 거치기 바란다. 넓이의 경우와 마찬가지로, 이 과정을 잘게 자르고, 근사값을 구하고, 적분한다라는 과정이라 부른다. 앞으로 다룰 예제들에서, 이 과정을 예시해 놓는다.

회전 입체: 원판 방법 평면에서 어떤 직선의 어느 한쪽에 완전히 놓여 있는 평면영역이 그 직선에 관하여 회전하면, **회전체**가 생긴다. 이 때 그 직선을 회전체의 **축**(axis)이라고 부른다.

이러한 예로서, 반원과 그 지름으로 둘러싸인 영역이 그 지름을 축으로 하여 회전하면, 공이 생긴다(그림 4). 직각삼각형 속의 영역을 (빗변이 아닌) 어느 한 변을 축으로 하여 회전하면, 직원뿔이 생긴다(그림 5). 원을 그 원과 만

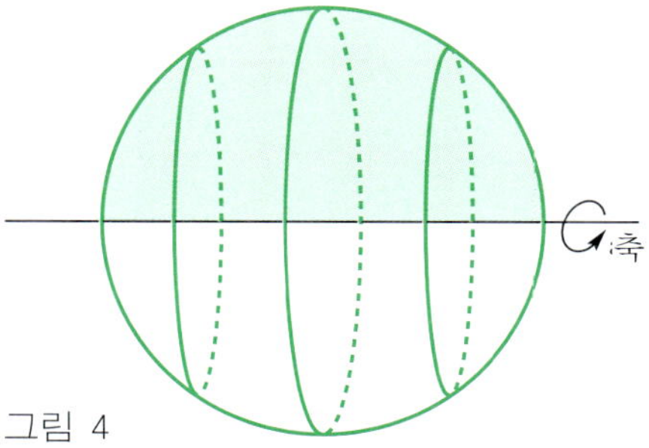

그림 4

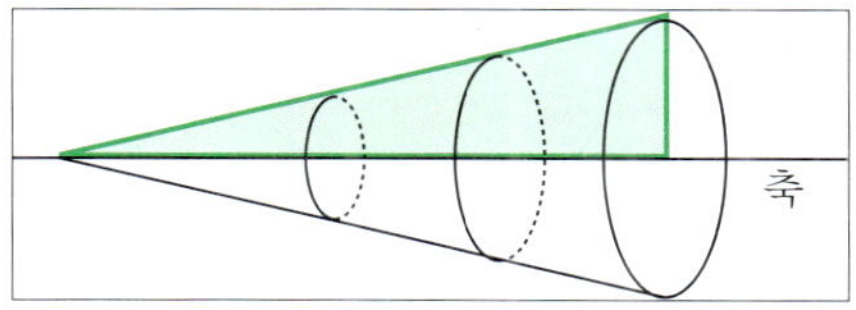

그림 5

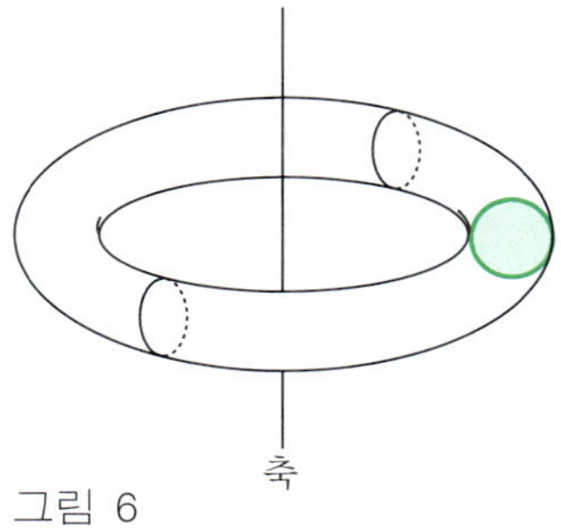

그림 6

나지 않고 같은 평면에 있는 직선을 축으로 회전하면(그림 6), 원환면(도넛)이 생긴다. 이 각각의 경우, 그 부피를 정적분으로 나타낼 수 있다.

예제 1 $y=\sqrt{x}$, x축, 직선 $x=4$로 둘러싸인 영역 R을 x축에 대해 회전해서 생기는 회전체의 부피를 구하여라.

풀이 영역 R을 잘게 자른 대표적인 것이 그림 7의 왼쪽 부분이다. x축에 관하여 회전하면, 이 영역은 회전체를 만들며, 한 조각은 동전 모양의 얇은 원판을 만든다.

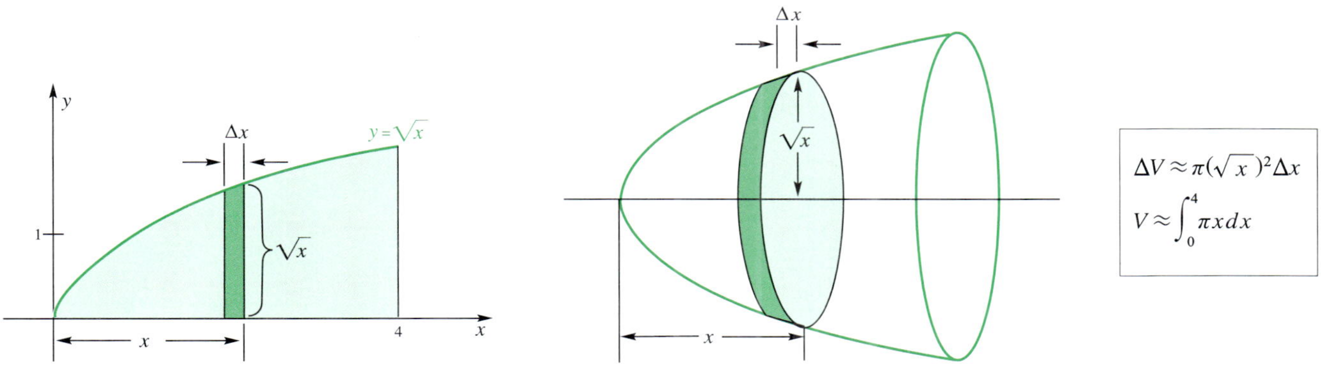

그림 7

원기둥의 부피는 $\pi r^2 h$이므로 이 원판의 부피 ΔV의 근사값을 $\Delta V \approx \pi(\sqrt{x})^2 \Delta x$라 하고, 적분을 한다.

$$V=\pi\int_0^4 x\,dx=\pi\left[\frac{x^2}{2}\right]_0^4=\pi\frac{16}{2}=8\pi\approx 25.13$$

≈ 이 답은 적합한가? 직원기둥의 부피는 $V=\pi\cdot 2^2\cdot 4=16\pi$이므로 이 값의 $\frac{1}{2}$이면 적합하다. ■

예제 2 곡선 $y=x^3$, y축, 직선 $y=3$으로 둘러싸인 영역을 y축에 관하여 회전해서 생기는 입체의 부피를 구하여라(그림 8).

풀이 여기서는 수평으로 잘라야 하며, 그래서 y를 적분 변수로 택해야 한다. $y=x^3$은 $x=\sqrt[3]{y}$와 같으므로 $\Delta V \approx \pi(\sqrt[3]{y})^2 \Delta y$.

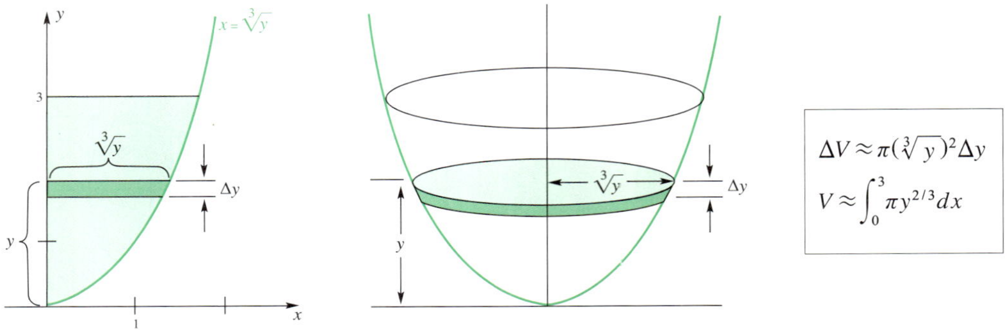

그림 8

따라서 부피는 다음과 같다.

$$V = \pi\int_0^3 y^{2/3} dy = \pi\left[\frac{3}{5}y^{5/3}\right]_0^3 = \pi\frac{9\sqrt[3]{9}}{5} \approx 11.76$$

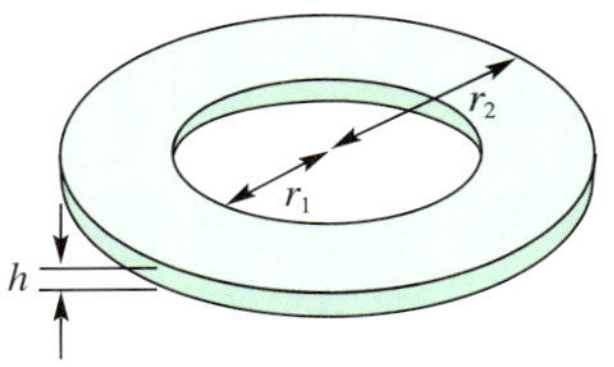

$V = A \cdot h$
$= \pi(r_2^2 - r_1^2)h$

그림 9

구멍원판 방법 어떤 경우는 회전체를 썰면 가운데에 구멍이 있는 원판이 생긴다. 이것을 **도넛원판**(washer)이라고 부르자. 그림 9에 나오는 입체와 그 부피 공식을 참고한다.

예제 3 포물선 $y = x^2$과 $y^2 = 8x$로 둘러싸인 영역을 x축에 대해 회전해서 생기는 입체의 부피를 구하여라.

풀이 여기에서도 가장 중요한 것은 잘게 자르고 조사한 후 적분한다는 점이다(그림 10 참조).

$$V = \pi\int_0^2 (8x - x^4)\,dx = \pi\left[\frac{8x^2}{2} - \frac{x^5}{5}\right]_0^2 = \frac{48\pi}{5} \approx 30.16$$

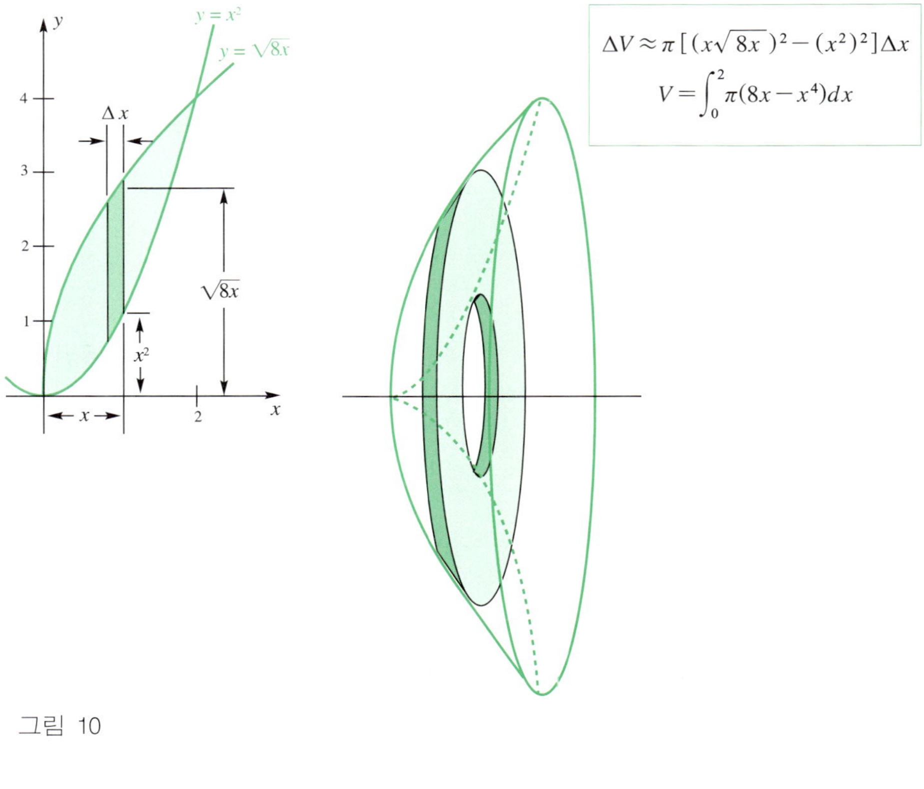

그림 10

예제 4 곡선 $x=\sqrt{4-y^2}$ 과 y축으로 둘러싸인 반원 영역을 직선 $x=-1$에 대해 회전시켰다. 그 부피를 나타내는 적분을 적어라.

풀이 여기서 도넛원판의 바깥쪽 반지름은 $1+\sqrt{4-y^2}$ 이고, 안쪽 반지름은 1이다. 그림 11에 풀이를 나타내었다. 이 적분은 좀 더 간단하게 만들 수 있다.

x축 위쪽 부분과 x축 아래쪽 부분은 부피가 같다(적분할 함수가 우함수이므로, 이 사실이 명백하다). 그러므로 0에서 2까지 적분한 다음, 2를 곱하면 된다. 그리고 적분할 함수도 좀 더 간단하게 만들 수 있다.

$$V=\pi\int_{-2}^{2}[(1+\sqrt{4-y^2})^2-1^2]\,dy$$

$$=2\pi\int_{0}^{2}[2\sqrt{4-y^2}+4-y^2]\,dy$$

이 적분을 계산하는 방법은 연습문제 35를 보기 바란다.

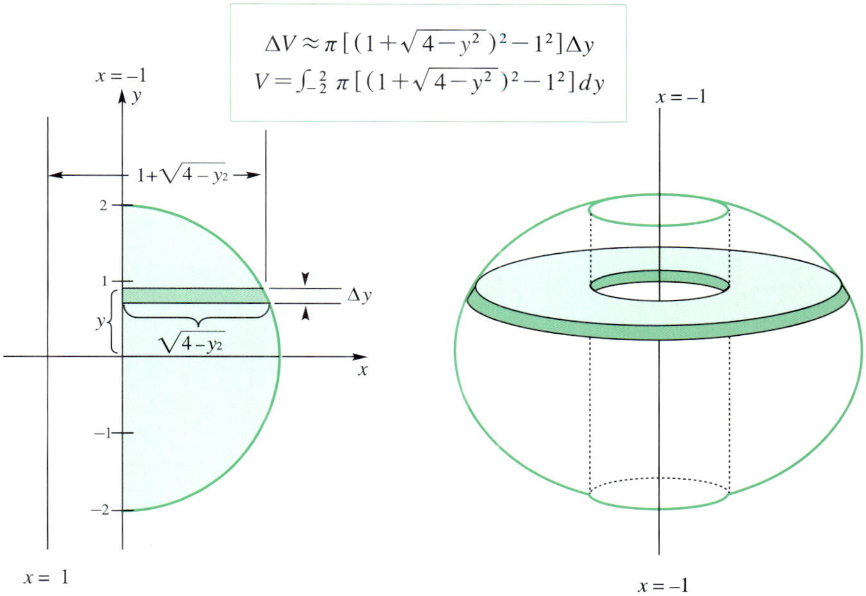

그림 11

단면을 아는 다른 입체들 지금까지는 원형 단면을 가지는 입체들만 다루었다. 그렇지만 단면이 직사각형이거나 삼각형인 입체들도 마찬가지 방법으로 부피를 구할 수 있다. 사실, 단면의 넓이만 구할 수 있으면 된다. 왜냐 하면 이 경우 단면을 이용하여, 얇게 자른 판의 부피의 근사값을 구할 수 있기 때문이다. 그러므로 적분을 하여 부피를 구할 수 있다.

예제 5 $y=1-x^2/4$, x축, y축으로 둘러싸인 1사분면의 영역을 밑면으로 하는 입체가 있다. 이 입체의 x축에 수직인 단면은 정사각형이다. 이 입체의 부피를 구하여라.

풀이 이 입체를 x축에 수직이 되도록 자르면, 마치 치즈처럼 얇은 정사각형 판들이 생긴다(그림 12).

$$V=\int_0^2\left(1-\frac{x^2}{2}+\frac{x^4}{16}\right)dx=\left[x-\frac{x^3}{6}+\frac{x^5}{80}\right]_0^2$$

$$=2-\frac{8}{6}+\frac{32}{80}=\frac{16}{15}\approx 1.07$$

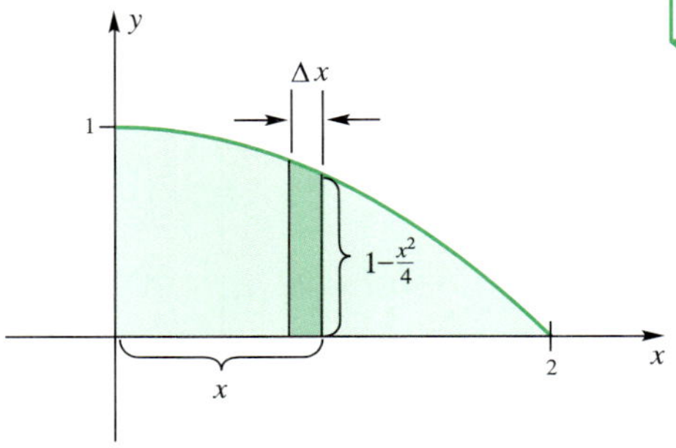

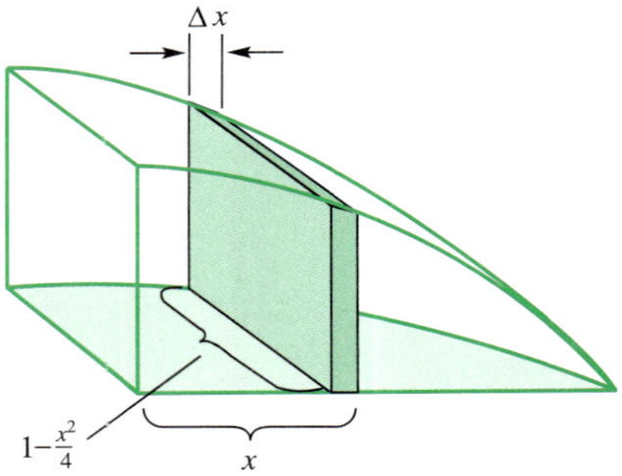

$$\Delta V\approx\left(1-\frac{x^2}{4}\right)^2\Delta x$$

$$V=\int_0^2\left(1-\frac{x^2}{4}\right)^2dx$$

그림 12

예제 6 $y=\sin x$의 한 호와 x축으로 둘러싸인 영역을 밑면으로 하는 입체가 있다. x축에 수직인 각각의 단면은 정삼각형이며, 이 밑면에 놓여 있다. 이 입체의 부피를 구하여라.

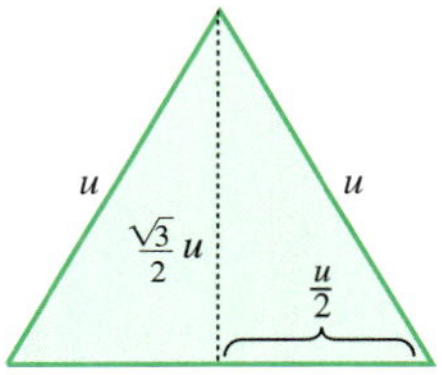

$A=\frac{1}{2}u\ \ \frac{\sqrt{3}}{2}u=\frac{\sqrt{3}}{4}u^2$

그림 13

풀이 한 변이 u인 정삼각형의 넓이는 $\sqrt{3}\,u^2/4$이다(그림 13 참조). 이제 그림 14에서와 같이 구해 나간다.

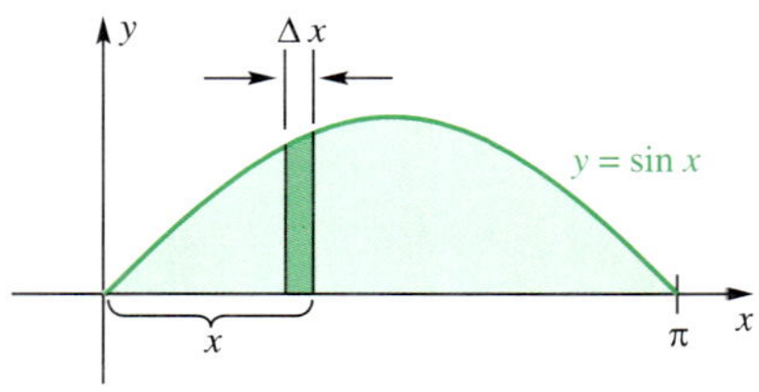

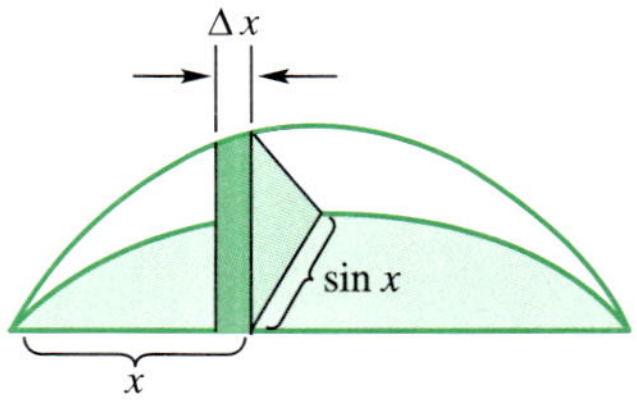

그림 14

$$\Delta V\approx\left(\frac{\sqrt{3}}{4}\sin^2 x\right)\Delta x$$

$$A=\int_0^{\pi}\left(\frac{\sqrt{3}}{4}\sin^2 x\right)dx$$

이 적분을 구하기 위해서, 반각 공식 $\sin^2 x=(1-\cos 2x)/2$를 이용한다.

$$V=\frac{\sqrt{3}}{4}\int_0^{\pi}\frac{1-\cos 2x}{2}dx=\frac{\sqrt{3}}{8}\int_0^{\pi}(1-\cos 2x)\,dx$$

$$=\frac{\sqrt{3}}{8}\left[\int_0^{\pi}1\,dx-\frac{1}{2}\int_0^{\pi}\cos 2x\cdot 2dx\right]$$

$$=\frac{\sqrt{3}}{8}\left[x-\frac{1}{2}\sin 2x\right]_0^{\pi}=\frac{\sqrt{3}}{8}\pi\approx 0.68$$

개념 복습

1. 반지름이 r이고 두께가 h인 원판의 부피는 ________.
2. 안쪽 반지름이 r, 바깥쪽 반지름이 R, 두께가 h인 도넛원판의 부피는 __________.
3. $y=x^2$, $y=0$, $x=3$으로 둘러싸인 영역 R을 x축에 대해 회전시키면, x에서의 원판의 부피는 $\Delta V \approx$ ________.
4. 문제 3의 영역 R을 직선 $y=-2$에 대해 회전시키면, x에서의 도넛원판의 부피는 $\Delta V \approx$ __________.

연습문제 5.2

문제 1~4에서 주어진 영역을 주어진 축에 대해 회전시켜서 생기는 입체의 부피를 구하여라. 잘게 자르고, 근사값을 구하고, 적분한다.

1. x축

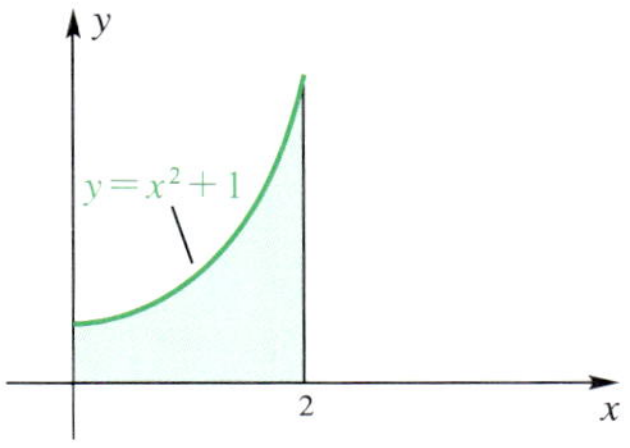

2. x축

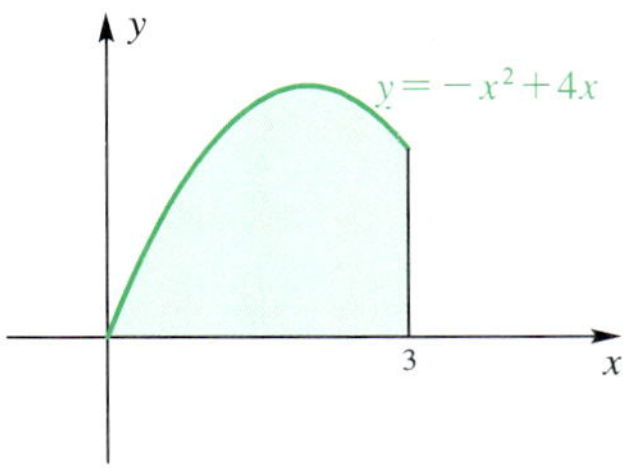

3. (a) x축
   (b) y축

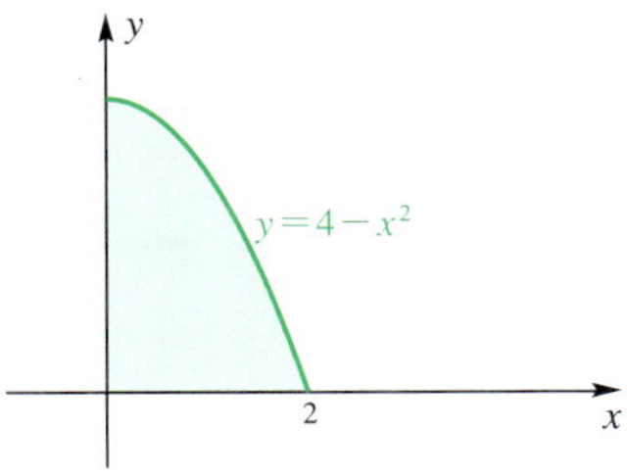

4. (a) x축
   (b) y축

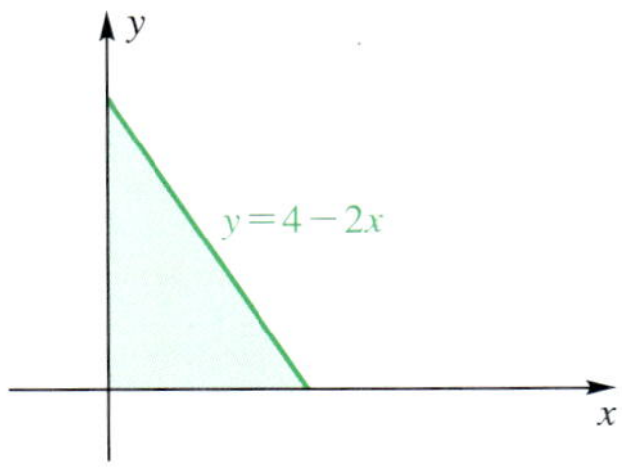

≈ 문제 5~10에서 주어진 방정식들의 그래프들로 둘러싸인 영역 R을 그리고, 수직으로 자른 대표적인 한 조각을 보여라. 그 다음에 R을 x축에 대해 회전시켰을 때 생기는 입체의 부피를 구하여라.

5. $y=\dfrac{x^2}{\pi}$, $x=4$, $y=0$
6. $y=x^3$, $x=3$, $y=0$
7. $y=\dfrac{1}{x}$, $x=2$, $x=4$, $y=0$
8. $y=x^{3/2}$, $y=0$, $x=2$와 $x=3$ 사이
9. $y=\sqrt{9-x^2}$, $y=0$, $x=-2$와 $x=3$ 사이
10. $y=x^{2/3}$, $y=0$, $x=1$과 $x=27$ 사이

≈ 문제 11~16에서 주어진 방정식들의 그래프들로 둘러싸인 영역 R을 그리고, 수평으로 자른 대표적인 한 조각을 보여라. R을 y축에 대해 회전시켰을 때 생기는 입체의 부피를 구하여라.

11. $x=y^2$, $x=0$, $y=3$
12. $x=\dfrac{2}{y}$, $y=2$, $y=6$, $x=0$
13. $x=2\sqrt{y}$, $y=4$, $x=0$
14. $x=y^{2/3}$, $y=27$, $x=0$
15. $x=y^{3/2}$, $y=9$, $x=0$
16. $x=\sqrt{4-y^2}$, $x=0$
17. 타원

$$\frac{x^2}{a^2}+\frac{y^2}{b^2}=1$$

의 위쪽 절반과 x축으로 둘러싸인 영역을 x축에 대해 회전시켰을 때 생기는 입체의 부피를 구하여라. 즉, 길쭉한 회전타원체(prolate spheroid)의 부피를 구하여라. 여기서 a와 b는 $a>b$인 양의 상수.

18. 직선 $y=6x$와 포물선 $y=6x^2$으로 둘러싸인 영역을 x축에 대해 회전시켜서 생기는 입체의 부피를 구하여라.
19. 직선 $x-2y=0$과 포물선 $y^2=4x$로 둘러싸인 영역을 x축에 대해 회전시켜서 생기는 입체의 부피를 구하여라.
20. 원 $x^2+y^2=r^2$, x축, 그리고 직선 $x=r-h$ $(0<h<r)$로 둘러싸인 1사분면의 영역을 x축에 대해 회전시켜서 생기는 입체의 부피를 구하여라. 즉, 반지름이 r인 구에서 높이 h인 구대(spherical segment)의 부피를 구하여라.

21. 직선 $y=4x$와 포물선 $y=4x^2$으로 둘러싸인 영역을 y축에 대해 회전시켜서 생기는 입체의 부피를 구하여라.

22. 포물선 $3x^2-16y+48=0$과 $x^2-16y+80=0$, 그리고 y축으로 둘러싸인 1사분면의 영역을 직선 $y=2$에 대해 회전시켜서 생기는 입체의 부피를 구하여라.

23. 원 $x^2+y^2=4$의 내부를 밑면으로 하는 입체가 있다. 이 입체를 x축에 수직인 평면으로 자른 모든 단면이 정사각형이다. 이 입체의 부피를 구하여라. 도움말: 예제 5, 6 참조.

24. 문제 23에서, x축에 수직인 평면으로 자른 모든 단면이 이등변삼각형이며, 밑변이 xy평면에 놓여 있고, 높이가 4라고 하자. 부피를 구하여라. 도움말: 적분을 계산하기 위해서, $\int_{-2}^{2}\sqrt{4-x^2}\,dx$를 반원의 넓이라고 해석하여라.

25. 어떤 입체의 밑면이 호 $y=\sqrt{\cos x}\,(-\pi/2\le x\le \pi/2)$와 x축으로 둘러싸인 영역이다. x축에 수직인 평면으로 자른 각각의 단면은 모두 정사각형이며, 이 밑면에 놓여 있다. 이 입체의 부피를 구하여라.

26. 어떤 입체의 밑면은 $y=1-x^2$과 $y=1-x^4$으로 둘러싸인 영역이다. 이 입체의 x축에 수직인 평면으로 자른 단면은 정사각형이다. 이 입체의 부피를 구하여라.

27. 반지름이 1인 두 개의 직원기둥의 축들이 서로 직각으로 만난다. 이 두 원기둥이 만나는 공통부분의 부피의 1/8을 구하여라. 도움말: 수평 단면이 정사각형이다(그림 15 참조).

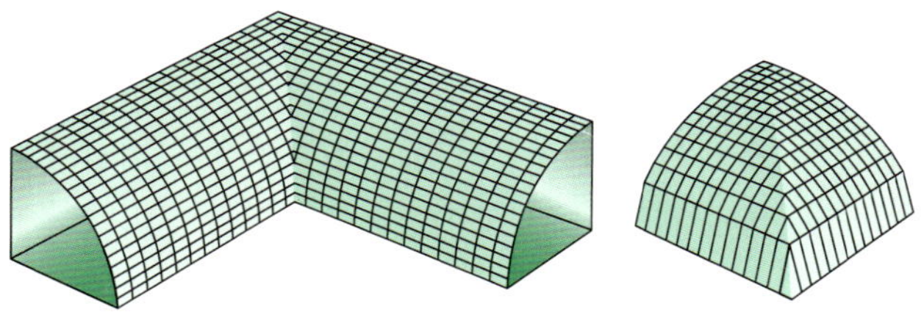

그림 15

28. 그림 16에 나오는 "+" 모양 속의 부피를 구하여라. 원기둥은 둘 다 반지름이 2 인치이고 길이가 12 인치이다. 도움말: 이 부피는 첫째 원기둥의 부피 더하기 둘째 원기둥의 부피 빼기 공통부분의 부피이다. 문제 27의 결과를 이용하여라.

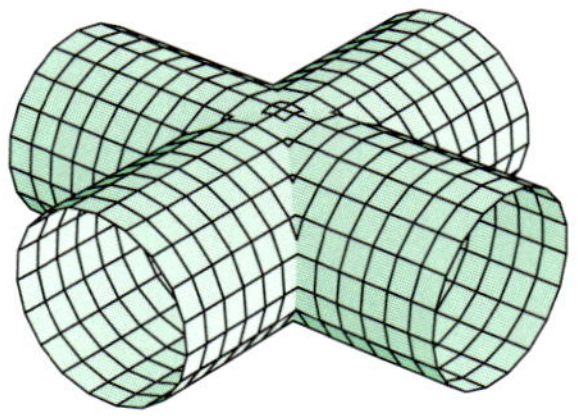

그림 16

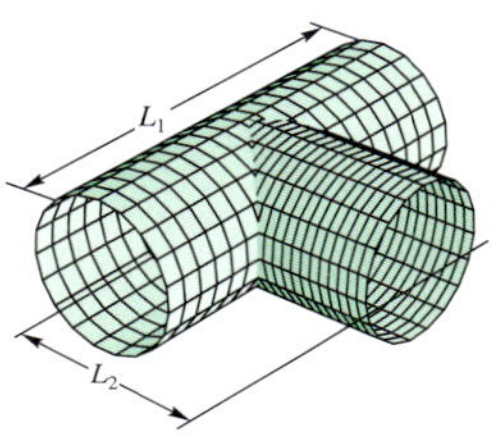

그림 17

29. 원기둥이 둘 다 반지름이 r, 길이가 L이라 하고, 그림 16의 "+" 모양 속의 부피를 구하여라.

30. 그림 17에 나오는 "T" 모양 속의 부피를 구하여라. 반지름은 둘 다 $r=2$ 인치이고, 길이는 각각 $L_1=12$ 인치, $L_2=8$ 인치이다.

31. 임의의 r, L_1, L_2에 대해 문제 30을 풀어 보아라.

32. 어떤 입체의 밑면은 $y=\sqrt{x}$와 $y=x^2$으로 둘러싸인 영역 R이다. x축에 수직인 평면으로 자른 각각의 단면은 반원이며, 그 지름이 R에 놓여 있다. 이 입체의 부피를 구하여라.

33. 곡선 $y^2=x^3$, 직선 $x=4$, 그리고 x축으로 둘러싸인 1사분면의 영역을 다음에 대해 회전시켜서 생기는 입체의 부피를 구하여라.

(a) 직선 $x=4$ (b) 직선 $y=8$

34. 곡선 $y^2=x^3$, 직선 $y=8$, 그리고 y축으로 둘러싸인 영역을 다음에 대해 회전시켜서 생기는 입체의 부피를 구하여라.

(a) 직선 $x=4$ (b) 직선 $y=8$

35. 다음을 이용하여 예제 4의 적분을 계산하여라.

$$\int_0^2[2\sqrt{4-y^2}+4-y^2]\,dy$$

$$=2\int_0^2\sqrt{4-y^2}\,dy+\int_0^2(4-y^2)\,dy$$

여기서 첫째 적분을 원의 넓이의 1/4로 해석하여라.

36. 반지름 r, 높이 h인 뜨껑이 없는 원통에 처음에는 물이 가득 차 있었다. 원통을 기울여서 물이 흘러 나가서, 이제 수면이 밑면의 지름과 일치하고, 원통 위의 가장자리에 살짝 닿아 있다. 원통에 남은 물의 부피를 구하여라(그림 18 참조).

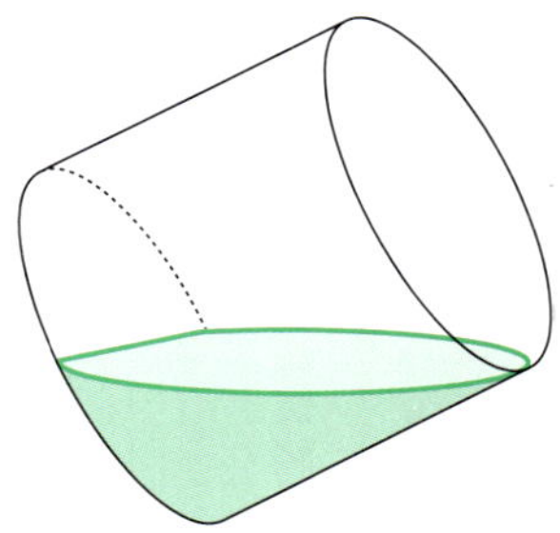

그림 18

37. 반지름이 r인 직원기둥에서 쐐기를 잘라낸다(그림 19). 쐐기의 윗면은 원기둥의 밑면의 지름을 지나는 평면이며, 밑면과 만드는 각은 θ이다. 쐐기의 부피를 구하여라.

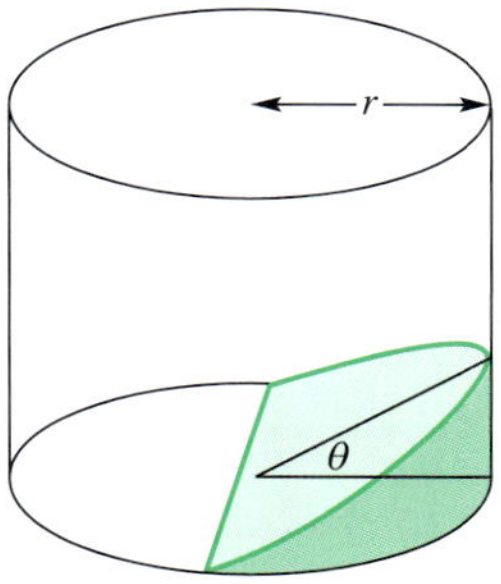

그림 19

38. (물시계) 곡선 $y=kx^4$을$(k>0)$ y축에 대해 회전시켜서 물탱크를 만든다.

(a) 물탱크에 든 물의 부피 $V(y)$를 깊이 y의 함수로서 구하여라.

(b) 토리첼리의 법칙$(dV/dt=-m\sqrt{y})$에 따라, 조그마한 구멍으로 물이 빠져나간다. 수면은 일정한 비율로 내려감을 보여라.

39. 그림 20과 같이 밑면의 넓이가 A이고 높이가 h인 일반적인 뿔의 부피는 $\frac{1}{3}Ah$임을 보여라. 이 결과를 이용하여, 다음의 부피 공식을 구하여라.

(a) 반지름이 r이고 높이가 h인 직원뿔

(b) 모서리의 길이가 r인 정사면체

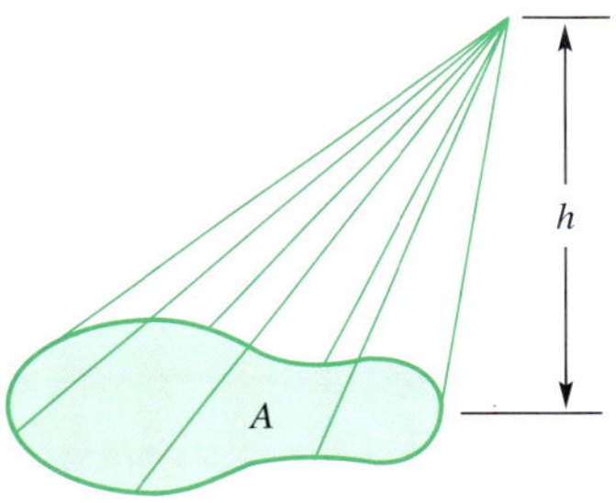

그림 20

40. 부피에 대한 카발리에리의 원리를 제시하여라(5.1절 연습문제 36 참조).

41. 그림 21의 두 입체에다 부피에 대한 카발리에리의 원리를 적용하여 보아라. (하나는 반지름이 r인 반구이고, 다른 하나는 반지름이 r이고 높이가 r인 원기둥에서 반지름이 r이고 높이가 r인 직원뿔을 뺀 것이다.) 직원뿔의 부피가 $\frac{1}{3}\pi r^2 h$라 하고, 반지름이 r인 반구의 부피를 구하여라.

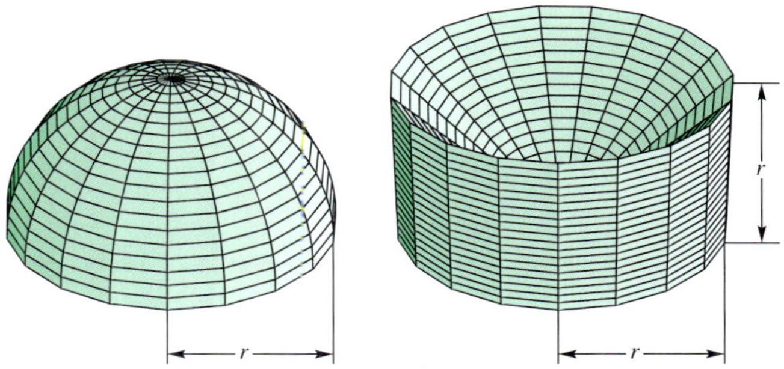

그림 21

개념 복습 해답: **1.** $\pi r^2 h$ **2.** $\pi(R^2-r^2)h$ **3.** $\pi x^4 \Delta x$
4. $\pi[(x^2+2)^2-4]\Delta x$

5.3 회전체의 부피 : 원주각

회전체의 부피를 구하는 다른 방법이 있다: 원기둥형 껍질을 이용하는 방법이다. 많은 문제들의 경우, 이 방법이 원판 방법이나 도넛원판 방법에 비해서 더욱 쉽다.

원주각(cylindrical shell)이란, 중심축이 같은 두 개의 수직 원기둥 사이의 입체를 말한다(그림 1). 안쪽 반지름이 r_1, 바깥쪽 반지름이 r_2, 높이가 h이면, 그 부피는 다음과 같다.

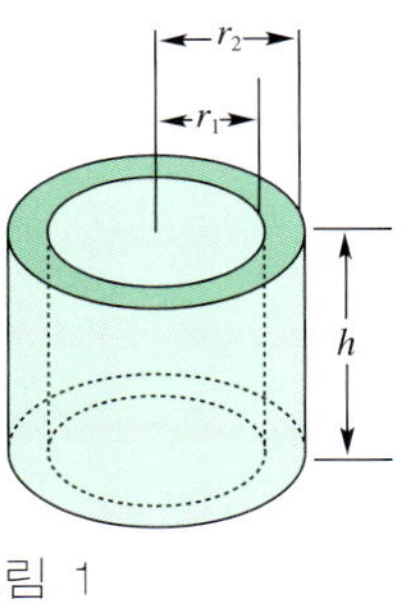

그림 1

$$V=(\text{밑면의 넓이})\cdot(\text{높이})=(\pi r_2^2-\pi r_1^2)h$$
$$=\pi(r_2+r_1)(r_2-r_1)h \;=2\pi\left(\frac{r_2+r_1}{2}\right)h(r_2-r_1)$$

여기서 $(r_1+r_2)/2$는 r_1과 r_2의 평균인데, 이것을 r로 나타낸다. 그러면,

$$\begin{aligned} V &= 2\pi \cdot (\text{평균 반지름}) \cdot (\text{높이}) \cdot (\text{두께}) \\ &= 2\pi rh\, \Delta r \end{aligned}$$

이 공식을 기억하는 좋은 방법이 있다: 이 외각이 매우 얇고, (마치 종이처럼) 자유롭게 굽히거나 펼 수 있다고 하자. 이것의 옆을 잘라서, 펼쳐서 직사각형 모양의 판을 만들자. 그래서 이 판이 길이 $2\pi r$, 높이 h, 두께 Δr인 얇은 상자인 것처럼(그림 2), 그 부피를 계산하자.

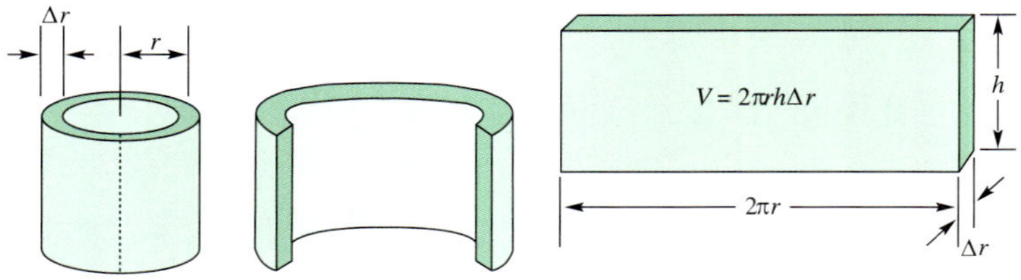

그림 2

원주각 방법 이제 그림 3에서와 같은 형태의 영역을 생각하자. 이것을 수직으로 썰고, y축에 대하여 회전시킨다. 그러면 회전체가 생기며, 각각의 조각은 원기둥형 외각과 흡사한 것을 만들게 된다. 이 입체의 부피를 구하기 위해서, 잘게 자른 대표적인 원주각의 부피 ΔV를 계산하고, 더하고, 원주각들의 두께가 0으로 갈 때 그 극한을 잡는다. 그 극한이란, 물론 적분을 말한다.

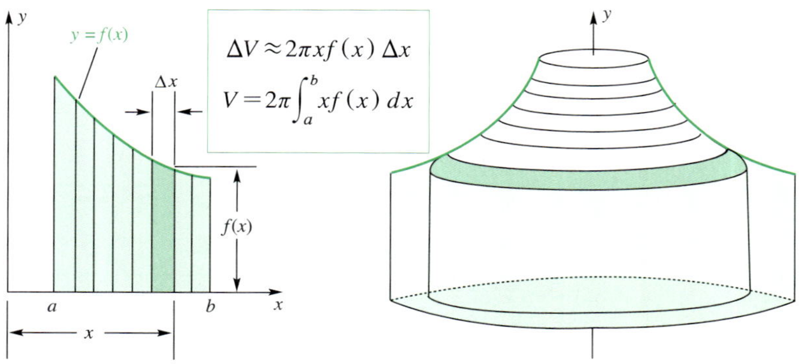

그림 3

예제 1 $y=2/1\sqrt{x}$, x축, $x=1$, $x=4$로 둘러싸인 영역을 y축에 대해 회전시켰다. 그 결과로 나오는 입체의 부피를 구하여라.

풀이

그림 3을 보면, 잘게 자른 한 조각이 만드는 원주각의 부피는 다음과 같음을 알 수 있다.

$$\Delta V \approx 2\pi x f(x) \Delta x$$

여기서 $f(x)=1/\sqrt{x}$이므로, 이것은

$$\Delta V \approx 2\pi x \frac{1}{\sqrt{x}} \Delta x$$

이제 적분을 하여 부피를 구할 수 있다.

$$\begin{aligned} V &= 2\pi \int_1^4 x \frac{1}{\sqrt{x}}\, dx = 2\pi \int_1^4 x^{1/2} dx \\ &= 2\pi \left[\frac{2}{3} x^{3/2} \right]_1^4 = 2\pi \left(\frac{2}{3} \cdot 8 - \frac{2}{3} \cdot 1 \right) = \frac{28\pi}{3} \approx 29.32 \end{aligned}$$

■

예제 2 직선 $y=(r/h)x$, x축, 그리고 $x=h$로 둘러싸인 영역을 x축에 대해 회전시켜서 원뿔을 만들었다($r>0$, $h>0$). 원판 방법과 원주각 방법으로 그 부피를 구하여라.

풀이

원판 방법 그림 4에 제시해 놓은 과정을 따라간다. 즉, 잘게 자르고, 근사값을 구하고, 적분한다.

$$V = \pi \frac{r^2}{h^2} \int_0^h x^2\, dx = \pi \frac{r^2}{h^2} \left[\frac{x^3}{3} \right]_0^h = \frac{\pi r^2 h^3}{3h^2} = \frac{1}{3} \pi r^2 h$$

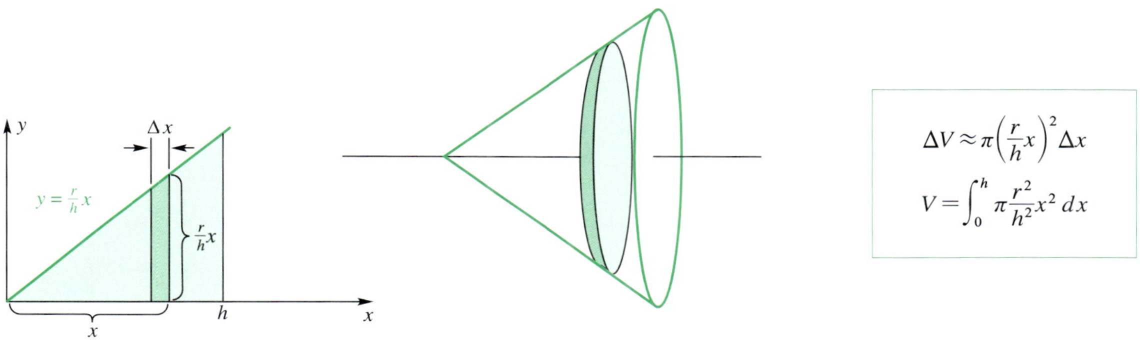

그림 4

원주각 방법 그림 5에 제시해 놓은 과정을 따라간다. 그러면 부피는 다음과 같다.

$$\begin{aligned} V &= \int_0^r 2\pi y \left(h - \frac{h}{r} y \right) dy \\ &= 2\pi h \int_0^r \left(y - \frac{1}{r} y^2 \right) dy \\ &= 2\pi h \left[\frac{y^2}{2} - \frac{y^3}{3r} \right]_0^r \\ &= 2\pi h \left[\frac{r^2}{2} - \frac{r^2}{3} \right] \\ &= \frac{1}{3} \pi r^2 h \end{aligned}$$

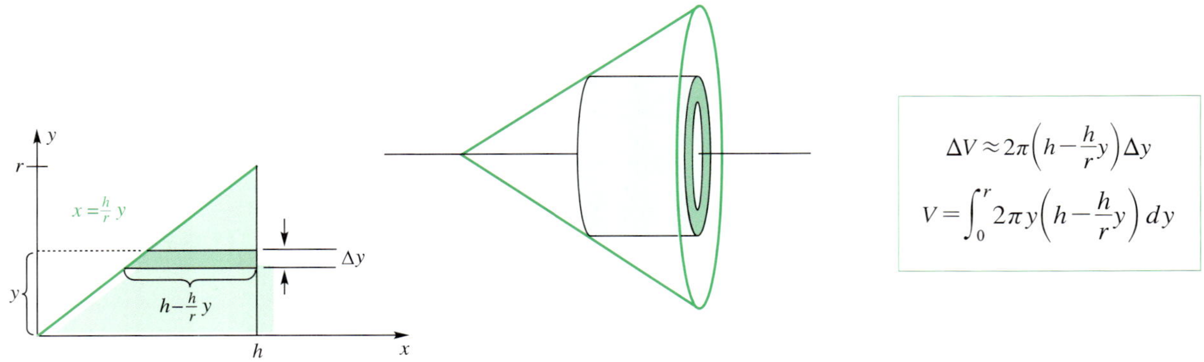

그림 5

두 방법 모두, 수직 원뿔의 부피에 관한 널리 알려진 공식을 얻게 되며, 이것은 기대한 바와 같다. ■

예제 3 제1사분면에서, 포물선 $y=x^2$의 위, 포물선 $y=2-x^2$의 아래 영역을 y축에 관하여 회전시켜서 생기는 입체의 부피를 구하여라.

풀이 이 영역(그림 6의 왼쪽 부분)을 유심히 보면, 수평으로 자르는 원판 방법은 그리 좋지 않음을 알 수 있다(왜냐 하면 오른쪽 경계선이 두 개의 곡선으로 구성되어 있어서, 두 개의 적분을 사용해야 한다). 그것보다는, 수직으로 잘라서 원주각 방법을 적용하면, 좀 더 쉽게 구할 수 있다.

$$V=\int_0^1 2\pi x(2-2x^2)\,dx=4\pi\int_0^1 (x-x^3)\,dx$$

$$=4\pi\left[\frac{x^2}{2}-\frac{x^4}{4}\right]_0^1=4\pi\left[\frac{1}{2}-\frac{1}{4}\right]=\pi\approx 3.14$$

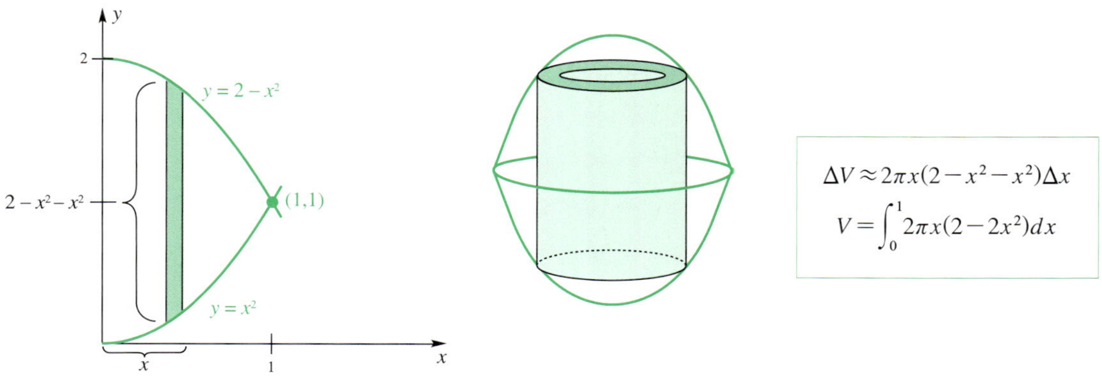

그림 6

이것들을 종합하여 대부분의 학생들이 평면영역은 괜찮게 그릴 줄 알지만, 3차원 입체를 그릴 때에는 고전을 하는 학생들이 많이 있다. 그렇지만 부피를 계산하기 위해서 반드시 입체를 그려야 하는 것은 아니다. 대응하는 입체를

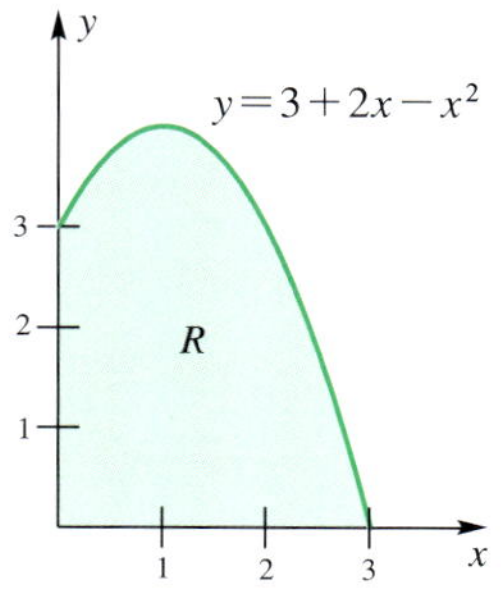

그림 7

머리 속으로 상상할 수 있으면, 평면도형의 그림만 있어도 충분하다. 다음 예제에서, 그림 7의 영역 R을 여러 가지 축들에 대해 회전시킨다고 상상할 것이다. 해야 할 일은, 그 결과로 나오는 입체의 부피를 적분으로 나타내고, 적분을 계산하는 것이다. 평면도형만을 보면서 이 일을 할 것이다. 이 예제를 꼼꼼하게 공부하기 바란다.

예제 4 그림 7의 영역 R을 다음 각 직선에 관하여 회전시켰을 때 생기는 입체의 부피를 적분으로 나타내고 계산하여라.

(a) x축 (b) y축

(c) 직선 $y=-1$ (d) 직선 $x=4$

풀이

(a)

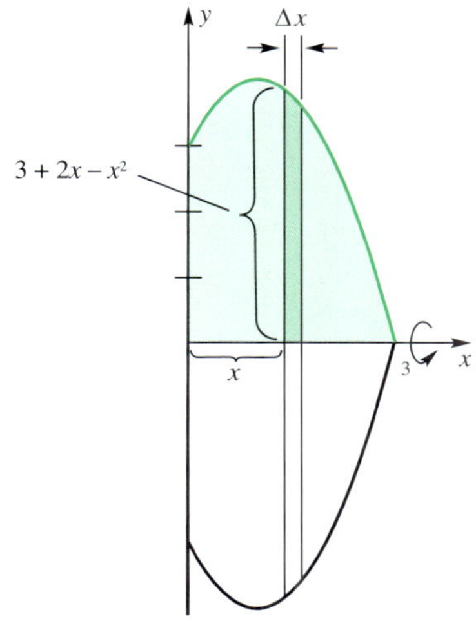

원판 방법

$$\Delta V \approx \pi(3+2x^2-x^2)\Delta x$$

$$V=\pi\int_0^3 (3+2x-x^2)^2 dx$$

$$V=\pi\int_0^3 (3+2x-x^2)^2 dx=\frac{153}{5}\pi\approx 96.13$$

(b)

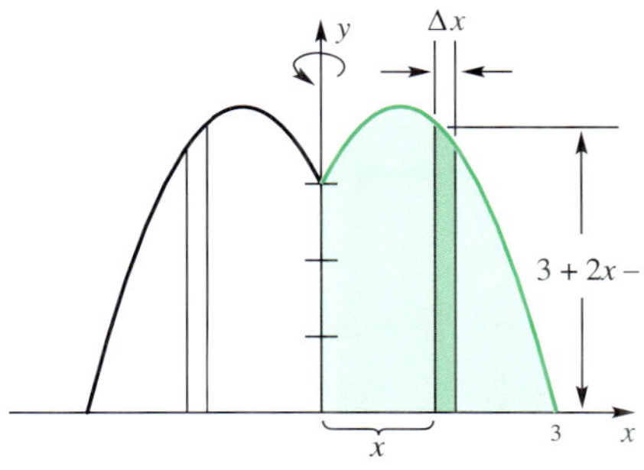

원주각 방법

$$\Delta V \approx 2\pi x(3+2x-x^2)\Delta x$$

$$V=2\pi\int_0^3 x(3+2x-x^2)dx$$

$$V=2\pi\int_0^3 x(3+2x-x^2)dx=\frac{45}{2}\pi\approx 70.69$$

컴퓨터 사용

이 예제의 네 가지 적분 모두, 함수는 다항식이 나온다. 그렇지만 그 다항식을 구하려면 전개를 해야 하며, 상당히 복잡해진다. 일단 적분을 적고 나면, 컴퓨터를 사용하여 구하는 것이 좋다.

(c)

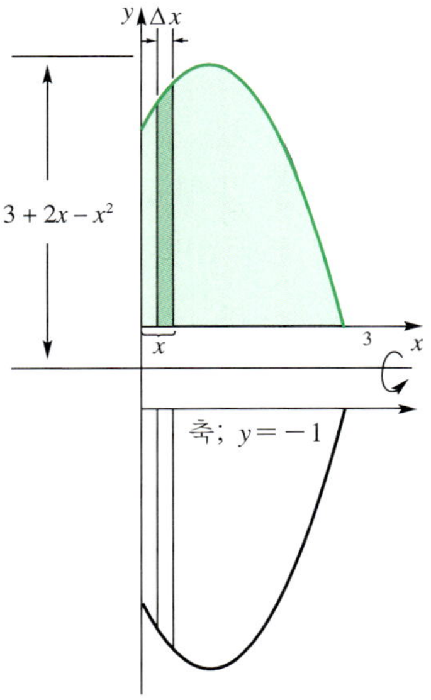

도넛원판 방법

$\Delta V \approx \pi[(4+2x-x^2)^2-1^2]\Delta x$

$V=\pi\int_0^3[(4+2x-x^2)^2-1]dx$

$$V=\pi\int_0^3[(4+2x-x^2)^2-1]\,dx=\frac{243}{5}\pi\approx 152.68$$

(d)

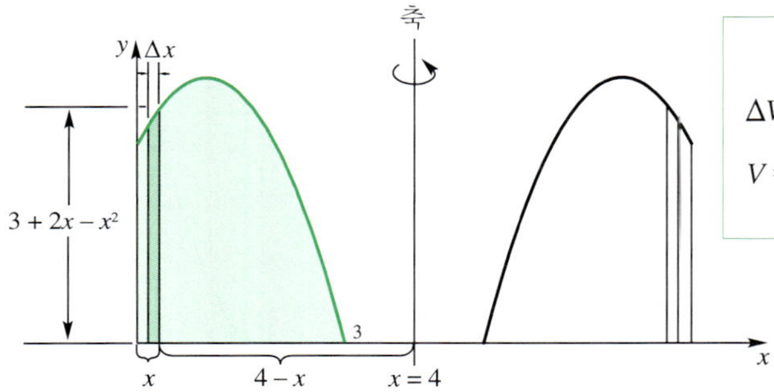

원주각 방법

$\Delta V \approx 2\pi(4-x)(3+2x-x^2)\Delta x$

$V=\pi\int_0^3(4-x)(3+2x-x^2)dx$

$$V=2\pi\int_0^3(4-x)(3+2x-x^2)\,dx=\frac{99}{2}\pi\approx 155.51$$

네 경우 모두 적분의 끝점들은 같음을 주목해야 한다. 원래의 평면영역이 적분의 끝점들을 결정하기 때문이다. ■

개념 복습

1. 얇은 원기둥의 반지름이 x, 높이가 $f(x)$, 두께가 Δx이면, 그 부피 ΔV는 다음 식으로 주어진다. $\Delta V \approx$ __________.
2. $y=x$, $y=0$, 그리고 $x=2$로 둘러싸인 삼각형 영역 R을 y축에 대해 회전시키면, 입체가 생긴다. 원주각 방법을 쓰면, 그 부피는 적분 __________로 주어진다. 도넛원판 방법을 쓰면, 그 부피는 적분 __________로 주어진다.
3. 문제 2의 영역을 직선 $x=-1$에 대해 회전시키면, 입체가 생긴다. 원주각 방법을 쓰면, 그 부피는 적분 __________로 주어진다.
4. 문제 2의 영역을 직선 $y=-1$에 대해 회전시키면, 입체가 생긴다. 원주각 방법을 쓰면, 그 부피는 적분 __________로 주어진다.

연습문제 5.3

문제 1~12에서 주어진 선들로 둘러싸인 영역 R을 주어진 축에 대해 회전시켰을 때 생기는 입체의 부피를 구하여라. 다음 과정을 밟아서 이것을 구하여라.

(a) 영역 R을 그린다.

(b) 잘게 썰은 직사각형 조각을 보이고, 적당한 치수를 붙인다.

(c) 이 조각이 만드는 원주각의 부피의 근사값을 식으로 나타낸다.

(d) 대응하는 적분을 세운다.

(e) 이 적분을 계산한다.

1. $y=\frac{1}{x}$, $x=1$, $x=4$, $y=0$; y축에 대해

2. $y=x^2$, $x=1$, $y=0$; y축에 대해

3. $y=\sqrt{x}$, $x=3$, $y=0$; y축에 대해

4. $y=9-x^2(x\geq 0)$, $x=0$, $y=0$; y축에 대해

5. $y=\sqrt{x}$, $x=5$, $y=0$; 직선 $x=5$에 대해

6. $y=9-x^2(x\geq 0)$, $x=0$, $y=0$; 직선 $x=3$에 대해

7. $y=\frac{1}{4}x^3+1$, $y=1-x$, $x=1$; y축에 대해

8. $y=x^2$, $y=3x$; y축에 대해

9. $x=y^2$, $y=1$, $x=0$; x축에 대해

10. $x=\sqrt{y}+1$, $y=4$, $x=0$, $y=0$; x축에 대해

11. $x=y^2$, $y=2$, $x=0$; 직선 $y=2$에 대해

12. $x=\sqrt{2y}+1$, $y=2$, $x=0$, $y=0$; 직선 $y=3$에 대해

13. 영역 R을 생각하자(그림 8). R을 주어진 직선에 대해 회전시켰을 때 생기는 입체의 부피를 주어진 방법을 이용하여 적분으로 적어라.

(a) x축 (도넛원판) (b) y축 (원주각)

(c) 직선 $x=a$ (원주각) (d) 직선 $x=b$ (원주각)

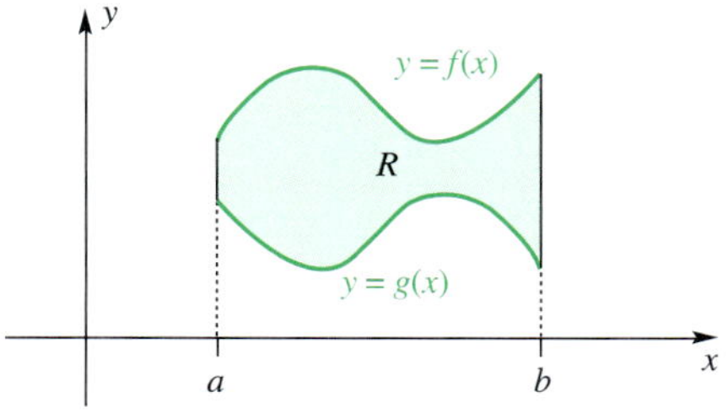

그림 8

14. 그림 9에 영역 R이 나온다. R을 주어진 직선에 대해 회전시켰을 때 생기는 입체의 부피를 적분으로 적어라. 주어진 방법을 이용하여라.

(a) y축 (도넛원판) (b) x축 (원주각)

(c) 직선 $y=3$ (원주각)

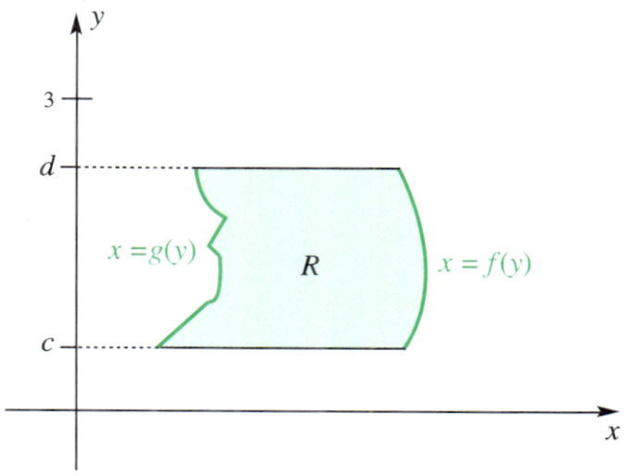

그림 9

15. $y=1/x^3$, $x=1$, $x=3$, $y=0$으로 둘러싸인 영역 R을 그려라. 다음 각각을 적분으로 나타내어라(계산하지는 말아라).

(a) R의 넓이

(b) R을 y축에 대해 회전시켜서 생기는 입체의 부피

(c) R을 $y=-1$에 대해 회전시켜서 생기는 입체의 부피

(d) R을 $x=4$에 대해 회전시켜서 생기는 입체의 부피

16. $y=x^3+1$과 $y=0$으로 둘러싸인, $x=0$에서 $x=2$ 사이의 영역 R에 대해서, 문제 15를 풀어 보아라.

17. 곡선 $x=\sqrt{y}$와 $x=y^3/32$으로 둘러싸인 영역 R을 x축에 대해 회전시켜서 생기는 입체의 부피를 구하여라.

18. 문제 17처럼 하되, R을 직선 $y=4$에 대해 회전시켜라.

19. 반지름이 b인 구의 한가운데를 지나도록, 반지름이 a인 둥그런 구멍을 뚫는다($b>a$). 남아 있는 입체의 부피를 구하여라.

20. 원 $x^2+y^2=a^2$의 내부 영역을 직선 $x=b$에 ($b>a$) 대해 회전시켜서 얻는 원환면의 부피를 (원주각 방법을 이용하여) 적분으로 적어라. 이 적분을 계산하여라.

도움말: 간단하게 하기 위해서, 이 적분의 일부를 넓이로 생각하여라.

21. $x=0$, $y=\sin(x^2)$, $y=\cos(x^2)$으로 둘러싸인 영역 중 제1 사분면에 있는 부분을 y축에 대해 회전시켜 나오는 입체의 부피를 구하여라.

22. $y=2+\sin x$, $y=0$, $x=0$, $x=2\pi$로 둘러싸인 영역을 y축에 대해 회전시켜 나오는 입체의 부피를 구하여라. 도움말: $\int x\sin x\,dx=\sin x-x\cos x+C$

23. R은 $y=x^2$과 $y=x$로 둘러싸인 영역이다. R을 다음에 대

해 회전시켰을 때 생기는 입체의 부피를 구하여라.

(a) x축 (b) y축 (c) 직선 $y=x$

24. 구의 겉넓이 공식 $S=4\pi r^2$을 알고 있는데, 부피 V의 공식은 모른다고 하자. 입체구를 같은 중점을 가지는 얇은 원주각으로 잘라서(그림 10), 부피 공식을 구하여라. 도움말: 바깥 반지름이 x인 얇은 원주각의 부피 ΔV는 $\Delta V \approx 4\pi r^2 \Delta x$.

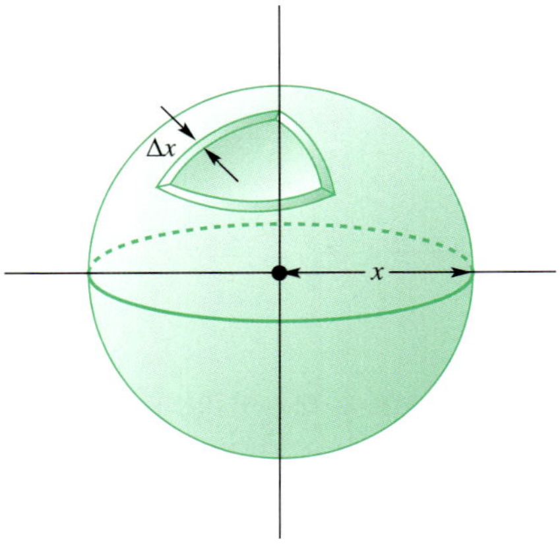

그림 10

25. 반지름이 r인 구의 표면에 있는, 넓이가 S인 영역을 생각한다. 이 영역의 모든 점을 구의 중점과 연결하는 선분이 모여서 생기는 입체의 부피를 구하여라(그림 11).

도움말: 문제 24에서 언급한 원주각의 방법을 사용하여라.

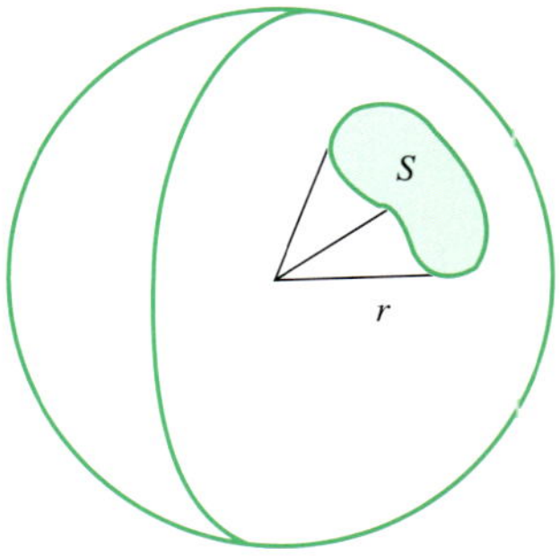

그림 11

개념 복습 해답: **1.** $2\pi x f(x)\Delta x$

2. $2\pi\int_0^2 x^2\,dx$; $\pi\int_0^2 (4-y^2)\,dy$ **3.** $2\pi\int_0^2 (1+x)x\,dx$

4. $2\pi\int_0^2 (1+y)(2-y)\,dy$

5.4 평면곡선의 길이

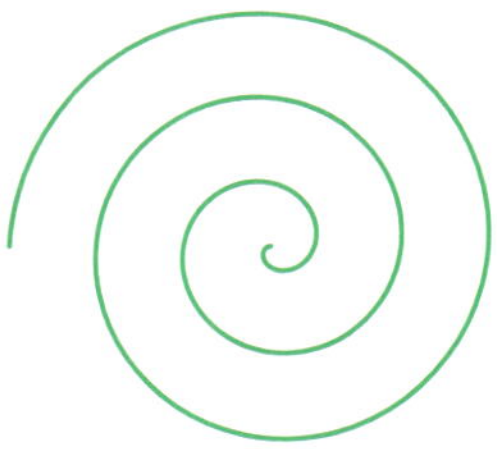

그림 1

그림 1에 있는 나선 곡선의 길이는 얼마인가? 이것이 실이라면, 팽팽하게 당긴 다음에 자를 가지고 길이를 재면 된다. 그렇지만 방정식의 그래프라면, 길이를 그런 방법으로 잴 수는 없다.

좀 더 생각해 보면, 그에 앞서 던져야 할 질문이 있다. 평면곡선이란 무엇인가? 지금까지 곡선(curve)이라는 낱말을 거리낌없이 사용해 왔으며, 흔히 함수의 그래프를 언급하는 말로 사용하였다. 이제 좀 더 엄밀해야 한다. 함수의 그래프가 아닌 곡선들에 대해서도 마찬가지다. 우선 몇 가지 예들을 살펴보자.

$y=\sin x$, $0\le x\le\pi$의 그래프는 평면곡선이다(그림 2). $x=y^2$, $-2\le y\le 2$의 그래프도 마찬가지이다(그림 3). 이 두 경우 모두 곡선은 함수의 그래프이다. 전자는 $y=f(x)$ 형태이고, 후자는 $x=g(y)$ 형태이다. 그러나 나선 곡선은 이런 형태에 해당하지 않는다. 원 $x^2+y^2=a^2$도 마찬가지이다. 그렇지만 이 경우는, 두 함수 $y=f(x)=\sqrt{a^2-x^2}$과 $y=g(x)=-\sqrt{a^2-x^2}$의 그래프를 결합한 것이라고 생각할 수 있다.

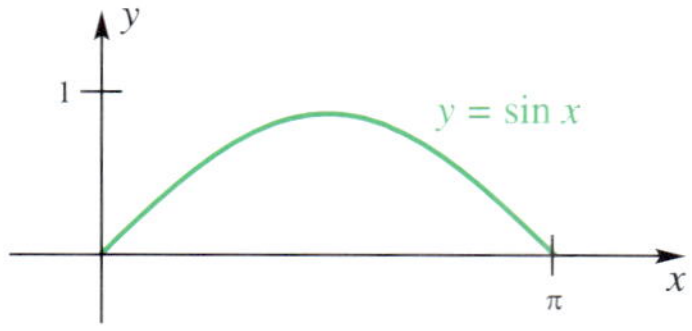

그림 2

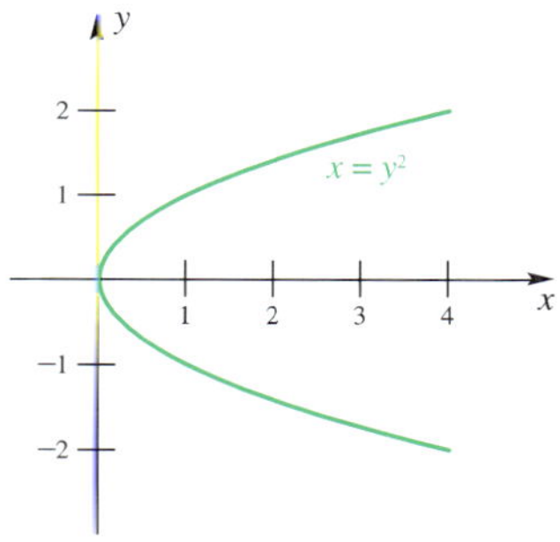

그림 3

원을 통해서, 곡선에 대해 생각하는 다른 방법을 떠올릴 수 있다. 상기해 보면, 두 개의 삼각함수로 나타낸 방정식

$$x = a\cos t, \qquad y = a\sin t, \qquad 0 \le t \le 2\pi$$

는 원 $x^2+y^2=a^2$을 나타낸다(그림 4). t를 시간이라 하고, x와 y는 시간 t일 때 어떤 입자의 위치를 나타낸다고 생각하자. 변수 t를 **매개변수**(parameter)라고 부른다. 이 매개변수를 사용하여 x와 y를 표현한다. $x=a\cos t$, $y=a\sin t$, $0\le t\le 2\pi$를 원을 나타내는 **매개변수 방정식**이라고 한다.

매개변수 방정식 $x=t\cos t$, $y=t\sin t$, $0\le t\le 5\pi$를 그래프로 그리면, 이 절의 맨 앞에 나온 나선과 비슷한 곡선을 얻게 된다. 그리고 사인 곡선(그림 2)과 포물선(그림 3)도 매개변수 형태로 생각할 수 있다. 다음과 같이 쓰면 된다.

$$y=\sin t, \qquad x=t, \qquad 0\le t\le \pi$$
$$y=t, \qquad x=t^2, \qquad -2\le t\le 2$$

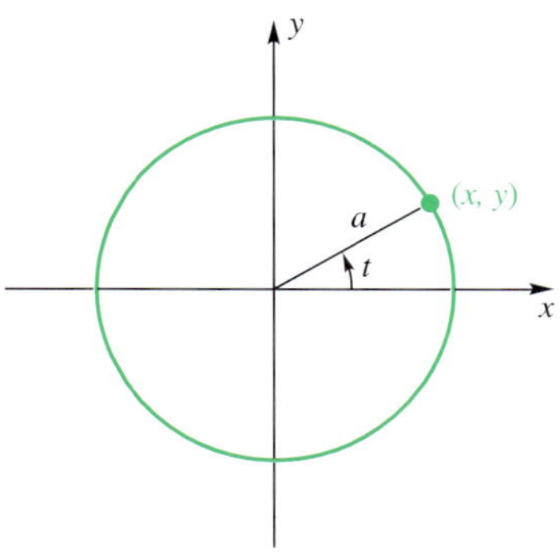

$x=a\cos t,\ y=a\sin t$
$0\le t\le 2\pi$

그림 4

따라서 **평면곡선**은 매개변수 방정식 $x=f(t)$, $y=g(t)$, $a\le t\le b$로 결정되는 곡선이다. 여기서 f와 g는 주어진 구간에서 연속이라고 가정한다. 변수 t가 a에서 b로 증가함에 따라, 점 (x, y)는 평면의 어떤 곡선을 따라서 움직인다. 이제 다른 예를 소개한다.

$x=2t+1,\ y=t^2-1$
$0\le t\le 3$

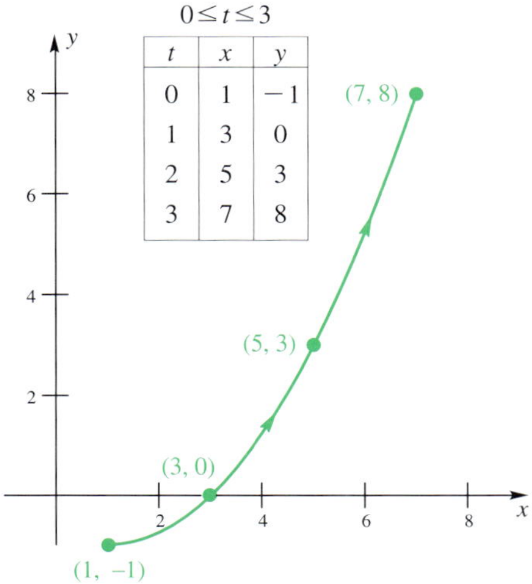

t	x	y
0	1	−1
1	3	0
2	5	3
3	7	8

그림 5

예제 1 매개변수 방정식 $x=2t+1$, $y=t^2-1$, $0\le t\le 3$으로 결정되는 곡선을 그려라.

풀이 값들의 표를 만들고, 순서쌍 (x, y)를 점으로 찍고, t가 증가하는 순서에 따라서 이 점들을 연결하면 된다. 그림 5를 보기 바란다. 그래프 계산기나 컴퓨터 수학 소프트웨어를 써서 이러한 그래프를 그릴 수 있다. 방금 우리가 한 것처럼, 그런 소프트웨어는 표를 만들고, 점들을 연결하여서 그래프를 그린다. ■

사실, 우리가 염두에 두고 있는 목적에 비해서, 위에서 제시한 정의는 너무 광범위하므로 우리의 관심을 매끄러운 곡선(smooth curve)으로 제한하도록 하자. 매끄럽다는 말은, 어떤 물체가 곡선을 따라 움직여서, 시간 t일 때의 위치가 (x, y)인데, 그것이 갑자기 방향을 바꾸는 일이 없고(f'와 g'가 연속이면,

이것을 보장해 준다), 멈추거나 뒤로가는 일이 없음을($f'(t)$와 $g'(t)$가 동시에 0이 아니면, 이것을 보장해 준다) 나타낸다.

정의

어떤 평면곡선이 **매끄럽다**(smooth)는 말은, 그 곡선을 매개변수 방정식 $x=f(t)$, $y=g(t)$, $a\le t\le b$로 나타낼 수 있고, f'과 g'이 $[a, b]$에서 존재하고 연속이며, $f'(t)$와 $g'(t)$가 (a, b)에서 동시에 0이 되지는 않음을 말한다.

곡선을 매개변수화함에 따라서, 즉, 함수 $x(t)$와 $y(t)$, 그리고 t의 정의역을 결정함에 따라서, 양의 방향(positive direction)이 결정된다. 예를 들어 예제 1에서(그림 5), $t=0$일 때 그 곡선은 점 $(1, -1)$에 있으며, $t=1$일 때 그 곡선은 점 $(3, 0)$에 있다. 변수 t가 $t=0$에서 $t=3$으로 증가할 때, 그 곡선은 어떤 길을 따라서 $(1, -1)$에서 $(7, 8)$로 간다. 그림 5에서와 같이, 곡선에다 화살표를 그려서 이 방향을 나타내기도 한다. 이 방향을 그 곡선의 **방향성**(향, orientation)이라고 부른다. 곡선의 길이를 재는 것은 그 방향성과 관계가 없다. 그렇지만 이 책의 뒤에 가서 다루게 될 문제들에서, 방향성은 중요한 역할을 한다.

$x=t-\sin t,\ y=1-\cos t$
$0\le t\le 4\pi$

t	$x(t)$	$y(t)$
0	0.00	0
$\pi/2$	0.57	1
π	3.14	2
$3\pi/2$	5.71	1
2π	6.28	0
$5\pi/2$	6.85	1
3π	9.42	2
$7\pi/2$	10.00	1
4π	12.57	0

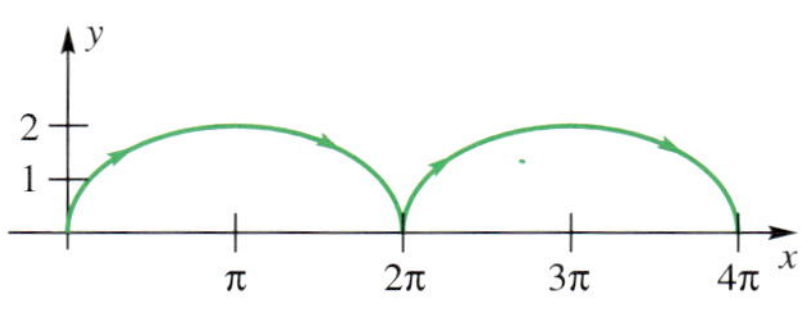

그림 6

예제 2 매개변수 방정식 $x=t-\sin t$, $y=1-\cos t$, $0\le t\le 4\pi$로 결정되는 곡선을 그려라.

풀이 그림 6은 $0\le t\le 4\pi$인 몇 개의 t의 값에 대해 x, y값을 나타내는 표이다. x, y가 둘다 t에 관해 미분가능한 함수이지만, 이 곡선은 매끄럽지 않다. 문제는 $t=2\pi$일때 $\dfrac{dx}{dt}=1-\cos t$와 $\dfrac{dy}{dt}=\sin t$가 동시에 0이 된다는 것이다. 물체는 $t=2\pi$에서 서서히 멈추게 된다. 그리고 새로운 방향으로 운동을 시작한다. ■

예제 2에서 설명하고 있는 곡선을 **사이클로이드**(cycloid)라고 한다. 이것은 수레바퀴가 x축을 따라서 굴러갈 때, 반지름이 1인 수레바퀴 가장자리에 고정된 한 점이 그리는 자취이다. (이 결과의 유도과정은 문제 18번 참조)

호의 길이 이제 본론으로 돌아가자. 매개변수 방정식 $x=f(t)$, $y=g(t)$, $a\le t\le b$로 주어진 매끄러운 곡선의 길이란 무엇인가?

구간 $[a, b]$에서 점들 t_i를 잡아서, n개의 작은 구간들로 쪼개라.

$$a=t_0<t_1<t_2<\cdots<t_n=b$$

그러면 그림 7에서와 같이 곡선을 n개의 조각들로 쪼개게 되며, 대응하는 끝점들을 $Q_0, Q_1, Q_2, \ldots, Q_{n-1}, Q_n$이라 하자.

이제 곡선을 다각형을 이루는 선분들로 근사할 수 있다는 점에 착안하여,

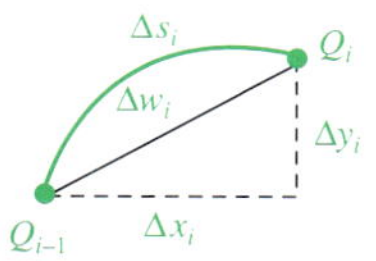

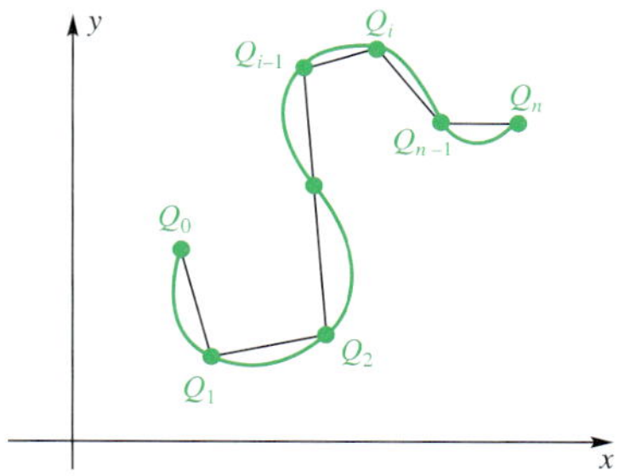

그림 7

이들 선 조각들의 총 길이를 구한 다음 이 분할의 노옴을 0으로 보내는 극한값을 계산함으로써 곡선의 길이를 계산한다. 특히, i번째 선분(그림 7 참조)의 길이 Δs_i는 다음과 같이 근사할 수 있다.

$$\begin{aligned}\Delta s_i \approx \Delta w_i &= \sqrt{(\Delta x_i)^2+(\Delta y_i)^2}\\ &= \sqrt{[f(t_i)-f(t_{i-1})]^2+[g(t_i)-g(t_{i-1})]^2}\end{aligned}$$

미분의 평균값 정리(정리 3.6A)에 의해, 다음을 만족하는 점들 $\bar{t}_i$와 $\hat{t}_i$가 (t_{i-1}, t_i)에 존재한다.

$$\begin{aligned}f(t_i)-f(t_{i-1}) &= f'(\bar{t}_i)\Delta t_i\\ g(t_i)-g(t_{i-1}) &= g'(\hat{t}_i)\Delta t_i\end{aligned}$$

여기서 $\Delta t_i = t_i - t_{i-1}$. 따라서

$$\begin{aligned}\Delta w_i &= \sqrt{[f'(\bar{t}_i)\Delta t_i]^2+[g'(\hat{t}_i)\Delta t_i]^2}\\ &= \sqrt{[f'(\bar{t}_i)]^2+[g'(\hat{t}_i)]^2}\,\Delta t_i\end{aligned}$$

그러므로 선분들의 전체 길이는

$$\sum_{i=1}^{n}\Delta w_i = \sum_{i=1}^{n}\sqrt{[f'(\bar{t}_i)]^2+[g'(\hat{t}_i)]^2}\,\Delta t_i$$

이 표현은 거의 리만합인데, 문제가 있다면 $\bar{t}_i$와 $\hat{t}_i$가 같은 점이 아니라는 것이다. 그렇지만 고등 미적분학 수준에서 (분할의 크기가 0으로 갈 때) 극한을 취하면 이것은 아무런 상관이 없음이 증명된다. 그러므로 곡선의 **호의 길이** L을, 분할의 크기가 0으로 갈 때 위의 표현의 극한이라고 정의해도 된다. 즉,

$$L=\int_a^b\sqrt{[f'(t)]^2+[g'(t)]^2}\,dt=\int_a^b\sqrt{\left(\frac{dx}{dt}\right)^2+\left(\frac{dy}{dt}\right)^2}\,dt$$

다음의 특별한 두 경우는 매우 흥미롭다. 곡선이 $y=f(x)$, $a\le x\le b$로 주어지면, x가 매개변수인 것처럼 다루어서, 네모 속의 결과가 다음 형태가 된다.

$$L=\int_a^b\sqrt{1+\left(\frac{dy}{dx}\right)^2}\,dx$$

이와 마찬가지로, 만약 곡선이 $x=g(y)$, $c\le y\le d$로 주어지면, y가 매개변수인 것처럼 다루어서, 다음을 얻는다.

$$L=\int_c^d\sqrt{1+\left(\frac{dx}{dy}\right)^2}\,dy$$

다음 두 예제에서와 같이, 이 공식들을 적용하면, 원과 선분의 경우 공식과 일치하는 결과를 얻는다.

예제 3 원 $x^2+y^2=a^2$의 둘레 길이를 구하여라.

풀이 원의 방정식을 매개변수 형태로 나타내자: $x=a\cos t$, $y=a\sin t$, $0\leq t\leq 2\pi$. 그러면 $dx/dt=-a\sin t$, $dy/dt=a\cos t$. 이제 첫째 공식을 적용하여,

$$L=\int_0^{2\pi}\sqrt{a^2\sin^2 t+a^2\cos^2 t}\,dt$$
$$=\int_0^{2\pi}a\,dt=[at]_0^{2\pi}=2\pi a$$

■

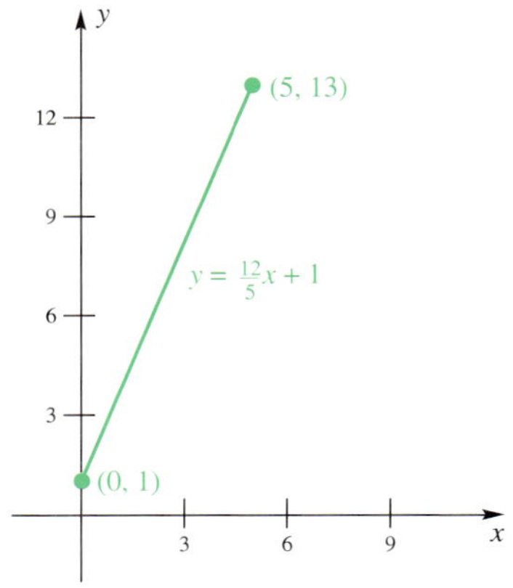

그림 8

예제 4 A(0, 1)과 B(5, 13)을 잇는 선분의 길이를 구하여라.

풀이 주어진 선분이 그림 8에 나온다. 이것에 대응하는 직선의 방정식은 $y=\frac{12}{5}x+1$이다. 그러므로 $dy/dx=\frac{12}{5}$. 이제 두 번째 길이 공식을 적용하여,

$$L=\int_0^5\sqrt{1+\left(\frac{12}{5}\right)^2}\,dx=\int_0^5\sqrt{\frac{5^2+12^2}{5^2}}\,dx=\frac{13}{5}\int_0^5 1\,dx$$
$$=\left[\frac{13}{5}x\right]_0^5=13$$

이것은 거리 공식을 써서 얻은 결과와 일치한다. ■

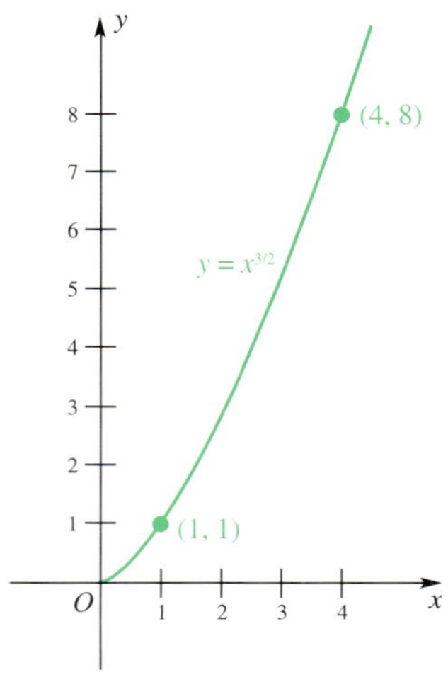

그림 9

예제 5 곡선 $y=x^{3/2}$ 위의 점 (1, 1)에서 점 (4, 8)까지의 호의 길이를 구하여라(그림 9 참조).

≈ **풀이** (1, 1)과 (4, 8)을 잇는 선분의 길이를 구하여, 이 호의 길이를 대강 추측해 보자: $\sqrt{(4-1)^2+(8-1)^2}=\sqrt{58}\approx 7.6$. 실제 길이는 이보다 좀 더 클 것이다.

정확하게 계산하기 위해서, $dy/dx=\frac{3}{2}x^{1/2}$임을 주목한다. 그러면

$$L=\int_1^4\sqrt{1+\left(\frac{3}{2}x^{1/2}\right)^2}\,dx=\int_1^4\sqrt{1+\frac{9}{4}x}\,dx$$

$u=1+\frac{9}{4}x$ 놓으면, $du=\frac{9}{4}dx$. 따라서

$$\int\sqrt{1+\frac{9}{4}x}\,dx=\frac{4}{9}\int\sqrt{u}\,du=\frac{4}{9}\frac{2}{3}u^{3/2}+C$$
$$=\frac{8}{27}\left(1+\frac{9}{4}x\right)^{3/2}+C$$

그러므로

$$\int_1^4\sqrt{1+\frac{9}{4}x}\,dx=\left[\frac{8}{27}\left(1+\frac{9}{4}x\right)^{3/2}\right]_1^4$$
$$=\frac{8}{27}\left(10^{3/2}-\frac{13^{3/2}}{8}\right)\approx 7.63$$

■

대부분의 곡선의 길이를 구하는 문제들어서, 주어진 곡선의 길이를 정적분으로 나타내는 것은 쉽다. 이것은 공식에 드함수들을 구해 넣는 문제이다. 하지만 종종 미적분학의 기본정리 2를 이용하여 푸는 것이 어렵거나 불가능할 때가 있다. 왜냐하면 원시함수를 찾는 것이 어렵기 때문이다. 정적분의 근사값을 구하기 위해 4.6절에서 다룬 바 있는 포물선 공식과 같은 여러 가지 기술들을 사용해야 한다.

예제 6 매개변수 방정식 $x=2\cos t$, $y=4\sin t$, $0\le t\le\pi$로 주어진 곡선을 그려라. 주어진 곡선의 길이를 정적분으로 나타내고, $n=8$인 포물선 법칙을 이용하여 이 정적분의 근사값을 구하여라.

$x=2\cos t,\ y=4\sin t$
$0\le t\le\pi$

t	x	y
0	2	0
$\pi/6$	$\sqrt{3}$	2
$\pi/3$	1	$2\sqrt{3}$
$\pi/2$	0	4
$2\pi/3$	-1	$2\sqrt{3}$
$5\pi/6$	$-\sqrt{3}$	2
π	-2	0

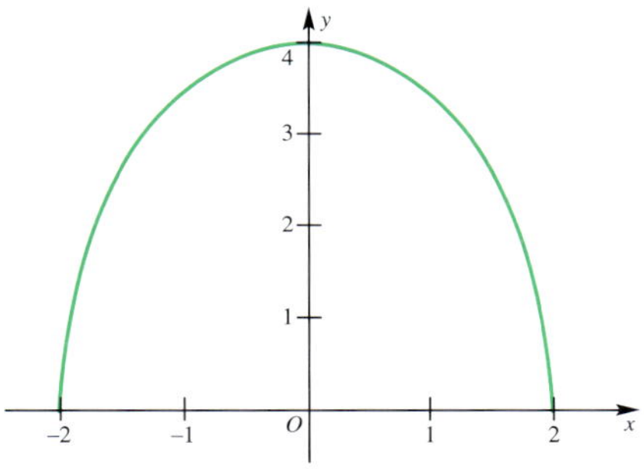

그림 10

풀이 앞의 예와 같은 방법으로, 우선 값들의 표를 만들고, 그래프를 그린다 (그림 10). 주어진 곡선의 길이를 정적분을 이용하여 나타내면

$$\begin{aligned}L&=\int_0^\pi\sqrt{\left(\frac{dx}{dt}\right)^2+\left(\frac{dy}{dt}\right)^2}\,dt\\&=\int_0^\pi\sqrt{(-2\sin t)^2+(4\cos t)^2}\,dt\\&=2\int_0^\pi\sqrt{\sin^2 t+4\cos^2 t}\,dt\\&=2\int_0^\pi\sqrt{1+3\cos^2 t}\,dt\end{aligned}$$

이 정적분은 미적분학의 기본정리 2를 이용하여 계산할 수 없다. $f(t)=\sqrt{1+3\cos^2 t}$로 놓고 $n=8$인 포물선 공식을 이용하여 근사값을 계산하면,

$$\begin{aligned}L&\approx 2\frac{\pi-0}{3\cdot 8}\Big[f(0)+4f\left(\frac{\pi}{8}\right)+2f\left(\frac{2\pi}{8}\right)+4f\left(\frac{3\pi}{8}\right)+2f\left(\frac{4\pi}{8}\right)\\&\qquad+4f\left(\frac{5\pi}{8}\right)+2f\left(\frac{6\pi}{8}\right)+4f\left(\frac{7\pi}{8}\right)+f(n)\Big]\\&\approx 2\frac{\pi}{24}[2.0+4\cdot 1.8870+2\cdot 1.5811+4\cdot 1.1997+2\cdot 1.0\\&\qquad+4\cdot 1.1997+2\cdot 1.5811+4\cdot 1.8870+2.0)]\\&\approx 9.6913.\end{aligned}$$

■

호의 길이의 미분 구간 $[a, b]$에서 f의 도함수가 연속이라고 하자. (a, b)에 있는 각각의 x에 대해서, $s(x)$를 다음과 같이 정의한다.

$$s(x)=\int_a^x\sqrt{1+[f'(u)]^2}\,du$$

그러면 $s(x)$는 점 $(a, f(a))$에서 점 $(x, f(x))$까지 곡선 $y=f(u)$의 호의 길이를 나타낸다. 미적분학의 기본 정리 1(정리 4.3A)에 의해,

$$s'(x)=\frac{ds}{dx}=\sqrt{1+[f'(x)]^2}=\sqrt{1+\left(\frac{dy}{dx}\right)^2}$$

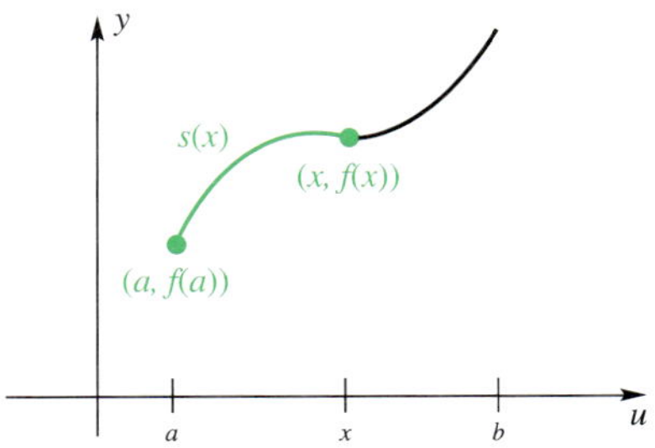

그림 11

따라서 **호의 길이의 미분** ds를 다음과 같이 나타낼 수 있다.

$$ds=\sqrt{1+\left(\frac{dy}{dx}\right)^2}\,dx$$

사실, 곡선을 어떻게 매개변수화 하느냐에 따라서, ds의 공식은 세 가지로 나타내어진다:

$$\boxed{ds=\sqrt{1+\left(\frac{dy}{dx}\right)^2}\,dx=\sqrt{1+\left(\frac{dx}{dy}\right)^2}\,dy=\sqrt{\left(\frac{dx}{dt}\right)^2+\left(\frac{dy}{dt}\right)^2}\,dt}$$

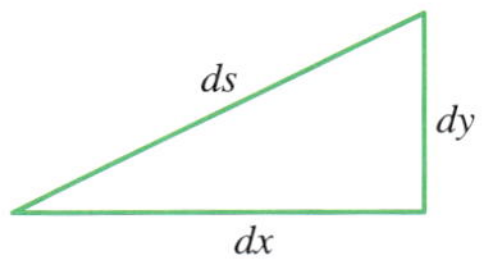

그림 12

어떤 학생들은 이 공식을 다음과 같이 나타내어 기억한다(그림 12 참조).

$$(ds)^2=(dx)^2+(dy)^2$$

여기서 우변을 $(dx)^2$, $(dy)^2$, 또는 $(dt)^2$으로 나누고 곱하면, 위의 세 가지 공식들이 나온다. 예를 들어

$$(ds)^2=\left[\frac{(dx)^2}{(dx)^2}+\frac{(dy)^2}{(dx)^2}\right](dx)^2=\left[1+\left(\frac{dy}{dx}\right)^2\right](dx)^2$$

이것은 세 가지 공식들 중 처음 것을 나타낸다.

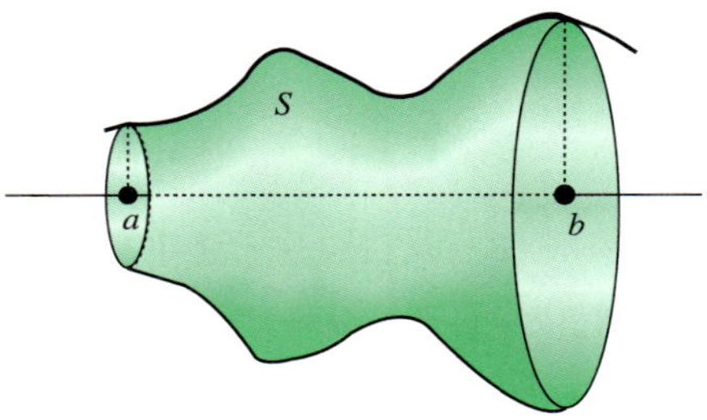

그림 13

회전면의 면적 매끄러운 평면곡선을 그 평면에 놓여 있는 축에 대해 회전시키면, 그림 13에서와 같이 회전면이 생긴다. 그러한 곡면의 넓이를 결정하는 것이 우리의 목표이다.

시작하기 전에 원뿔대의 넓이 공식을 알아본다. **원뿔대**(frustum)란, 그 원뿔의 축에 수직인 두 평면들 사이에 놓이는 원뿔 표면의 부분을 말한다(그림 14에서 어둡게 칠한 부분). 원뿔대의 밑면의 반지름이 각각 r_1과 r_2이고, 경사진 높이가 l이면, 그 넓이 A는 다음과 같다.

$$A=2\pi\left(\frac{r_1+r_2}{2}\right)l=2\pi\ (\text{평균 반지름})\cdot(\text{경사진 높이})$$

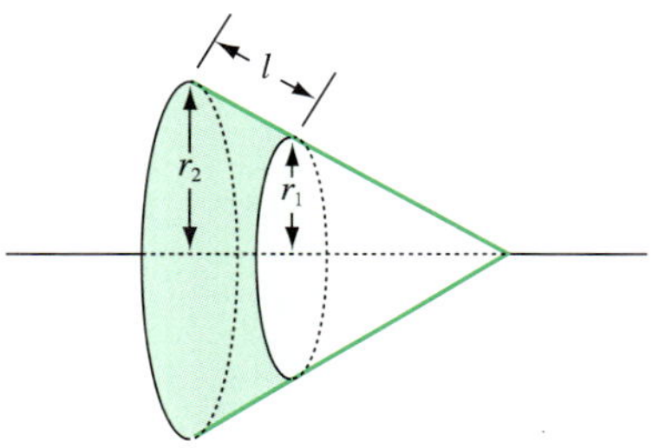

그림 14

이 공식을 이끌어내는 방법은, 원의 넓이 공식만 알면 된다(연습문제 31 참조).

$y=f(x)$, $a\le x\le b$가 그림 15와 같이 xy평면의 위쪽에 있는 매끄러운 곡선을 그린다고 하자. 구간 $[a, b]$에서 점들 $a=x_0<x_1<\cdots<x_n=b$를 잡아서, 이 구간을 n개의 작은 구간들로 분할한다. 그러면 곡선도 n개의 조각들로 분할된다. i번째 조각의 길이를 Δs_i로 나타내고, 이 조각의 한 점의 y좌표를 y_i라 하자. 이 곡선을 x축에 대해 회전시키면 곡면이 생기며, 조각들은 가는 띠를 만들게 된다. 이 띠의 "넓이"는 원뿔대의 넓이와 비슷할 것이다. 즉, 거의 $2\pi y_i\Delta s_i$일 것이다. 이 조각들이 만드는 것을 모두 더하고, 분할의 크기가 0으로 갈 때 그 극한을 잡아서, 그것이 회전면의 넓이라고 정의한다. 그림 16에 이것이 나타나 있다. 그러므로 회전면의 넓이는 다음과 같다.

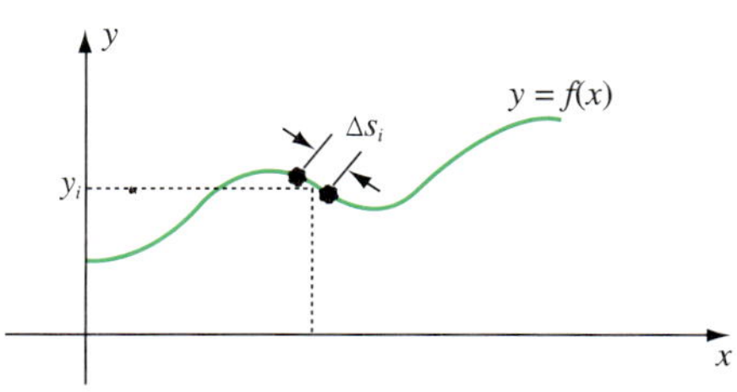

그림 15

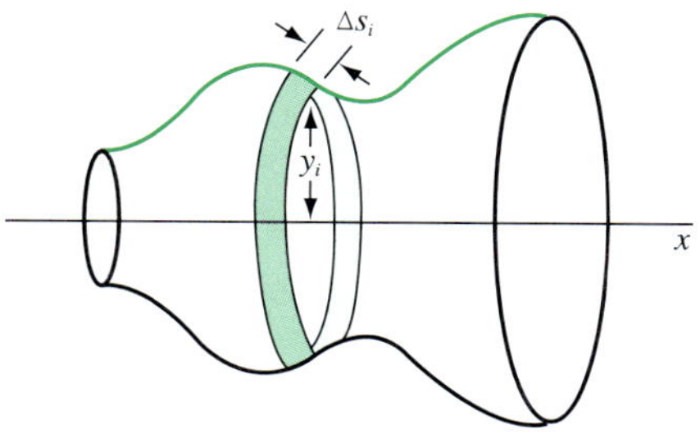

그림 16

$$A = \lim_{|P| \to 0} \sum_{i=1}^{n} 2\pi y_i \Delta s_i$$
$$= 2\pi \int_a^b y\, ds$$
$$= 2\pi \int_a^b f(x)\sqrt{1+[f'(x)]^2}\, dx$$

예제 7 곡선 $y=\sqrt{x}$, $0 \le x \le 4$를 x축에 대해 회전시켜서 생기는 회전면의 넓이를 구하여라(그림 17).

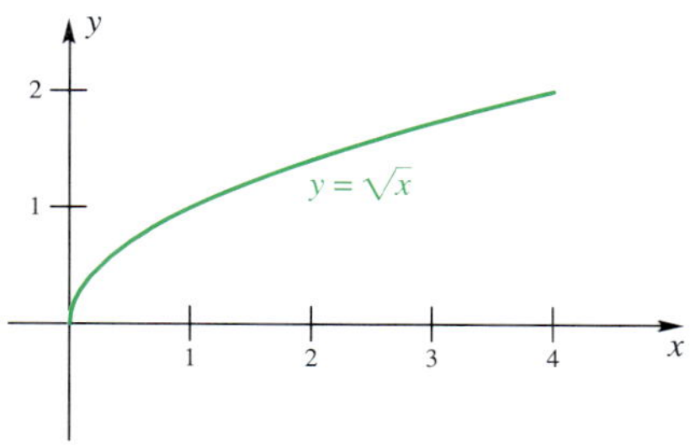

그림 17

풀이 여기서 $f(x)=\sqrt{x}$이고 $f'(x)=1/(2\sqrt{x})$. 그러므로

$$A = 2\pi \int_0^4 \sqrt{x}\sqrt{1+\frac{1}{4x}}\, dx$$
$$= 2\pi \int_0^4 \sqrt{x}\sqrt{\frac{4x+1}{4x}}\, dx$$
$$= \pi \int_0^4 \sqrt{4x+1}\, dx$$
$$= \left[\pi \cdot \frac{1}{4} \cdot \frac{2}{3}(4x+1)^{3/2}\right]_0^4$$
$$= \frac{\pi}{6}(17^{3/2} - 1^{3/2})$$
$$\approx 36.18$$
■

곡선이 매개변수를 사용하여 $x=f(t)$, $y=g(t)$, $a \le t \le b$로 주어지면, 넓이 공식은 다음과 같이 된다.

$$A = 2\pi \int_a^b y\, ds = 2\pi \int_a^b g(t)\sqrt{[f'(t)]^2 + [g'(t)]^2}\, dt$$

개념 복습

1. 매개변수 방정식 $x=4\cos t$, $y=4\sin t$, $0 \le t \le 2\pi$의 그래프는 ________이다.
2. $y=x^2+1$, $0 \le x \le 4$로 주어지는 곡선을, x를 매개변수로 사용하여 매개변수 방정식으로 나타내면, y = ________, x = ________.
3. 곡선 $x=f(t)$, $y=g(t)$, $a \le t \le b$의 길이 L의 공식은, L = ________.
4. 곡선의 길이 공식을 증명하는 것은, 앞에서 나온 정리인 ________에 크게 의존한다.

연습문제 5.4

≈ 문제 1~6에서 주어진 곡선의 길이를 구하여라.

1. $y=4x^{3/2}$, $x=1/3$과 $x=5$ 사이

2. $y=\frac{2}{3}(x^2+1)^{3/2}$, $x=1$과 $x=2$ 사이

3. $y=(4-x^{2/3})^{3/2}$, $x=1$과 $x=8$ 사이

4. $y=(x^4+3)/(6x)$, $x=1$과 $x=3$ 사이

5. $x=y^4/16+1/(2y^2)$, $y=-3$과 $y=-2$ 사이 도움말: 부호에 주의, $u<0$일 때 $\sqrt{u^2}=-u$

6. $30xy^3-y^8=15$, $y=1$과 $y=3$ 사이

문제 7~10에서 매개변수 방정식으로 주어진 곡선을 그리고, 그 길이를 구하여라.

7. $x=t^3/3$, $y=t^2/2$; $0\le t\le 1$

8. $x=3t^2+2$, $y=2t^3-1/2$; $1\le t\le 4$

9. $x=4\sin t$, $y=4\cos t-5$; $0\le t\le \pi$

10. $x=\sqrt{5}\sin 2t-2$, $y=\sqrt{5}\cos 2t-\sqrt{3}$; $0\le t\le \pi/4$

11. 변수 x에 대해 적분하여서, 직선 $y=2x+3$의 $x=1$에서 $x=3$ 사이의 길이를 구하여라. 거리 공식을 이용하여 검산해 보아라.

12. 변수 y에 대해 적분하여서, 직선 $2y-2x+3=0$의 $y=1$에서 $y=3$ 사이의 길이를 구하여라. 거리 공식을 이용하여 검산해 보아라.

문제 13~16에서 주어진 곡선의 호의 길이를 나타내는 정적분을 나타내어라. $n=8$일 때 포물선 공식을 사용하여 적분의 근사값을 구하여라.

13. $x=t$, $y=t^2$; $0\le t\le 2$

14. $x=t^2$, $y=\sqrt{t}$; $1\le t\le 4$

15. $x=\sin t$, $y=\cos 2t$; $0\le t\le \frac{\pi}{2}$

16. $x=t$, $y=\tan t$; $0\le t\le \frac{\pi}{4}$

17. 네 개의 뾰족한 끝을 가지는 하이포사이클로이드(hypocycloid) $x=a\sin^3 t$, $y=a\cos^3 t$, $0\le t\le 2\pi$의 그래프를 그려라. 그 길이를 구하여라. 도움말: 대칭이므로, 제1사분면에 놓이는 부분의 길이를 구한 다음 4를 곱하면 된다.

18. 반지름이 a인 바퀴의 가장자리에 점 P가 있는데, 맨 처음에는 원점에 놓여 있다. 바퀴가 x축을 따라 오른쪽으로 굴러감에 따라, P는 사이클로이드(cycloid)라 부르는 곡선을 그리게 된다. 사이클로이드의 매개변수 방정식을 다음 과정을 통해서 구하여라. 매개변수는 θ이다.

(a) $\overline{OT}=a\theta$임을 보여라.

(b) $0\le\theta\le\pi/2$일 때 $\overline{PQ}=a\sin\theta$, $\overline{QC}=a\cos\theta$임을 확인하여라.

(c) $x=a(\theta-\sin\theta)$, $y=a(1-\cos\theta)$임을 보여라.

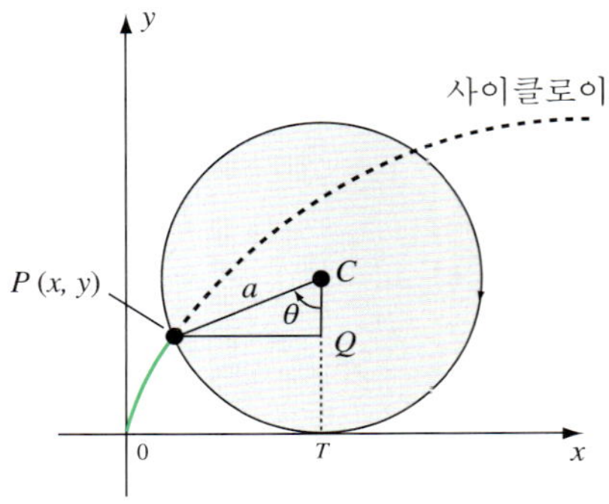

그림 18

19. 문제 18의 사이클로이드의 호 한 개의 길이를 구하여라. 도움말: 우선 다음을 보여라.

$$\left(\frac{dx}{d\theta}\right)^2+\left(\frac{dy}{d\theta}\right)^2=4a^2\sin^2\left(\frac{\theta}{2}\right)$$

20. 문제 18의 바퀴가 일정한 비율 $\omega=d\theta/dt$로 회전한다고 하자. 여기서 t는 시간이다. 그러면 $\theta=\omega t$.

(a) P가 사이클로이드를 따라서 움직이는 속력 ds/dt는 다음과 같음을 보여라.

$$\frac{ds}{dt}=2a\omega\left|\sin\frac{\omega t}{2}\right|$$

(b) 속력은 언제 최대이고, 언제 최소인가?

(c) 시속 60 마일로 달리는 자동차의 바퀴에 벌레가 앉아 있으면, 그 벌레는 시속 120 마일로 움직이는 때가 있음을 설명하여라.

21. 다음 곡선의 길이를 구하여라.

(a) $y=\int_1^x\sqrt{u^3-1}\,du$, $1\le x\le 2$

(b) $x=t-\sin t$, $y=1-\cos t$, $0\le t\le 4\pi$

22. 다음 곡선의 길이를 구하여라.

(a) $y=\int_{\pi/6}^x\sqrt{64\sin^2 u\cos^4 u-1}\,du$, $\frac{\pi}{6}\le x\le\frac{\pi}{3}$

(b) $x=a\cos t+at\sin t$, $y=a\sin t-at\cos t$, $-1\le t\le 1$

문제 23－30에서 주어진 곡선을 x축에 대해 회전시켰을 때

생기는 곡면의 넓이를 구하여라.

23. $y=6x,\ 0\le x\le 1$

24. $y=\sqrt{25-x^2},\ -2\le x\le 3$

25. $y=x^3/3,\ 1\le x\le\sqrt{7}$

26. $y=(x^6+2)/(8x^2),\ 1\le x\le 3$

27. $x=t,\ y=t^3,\ 0\le t\le 1$

28. $x=1-t^2,\ y=2t,\ 0\le t\le 1$

29. $y=\sqrt{r^2-x^2},\ -r\le x\le r$

30. $x=r\cos t,\ y=r\sin t,\ 0\le t\le\pi$

31. 경사진 높이가 l이고 밑면의 반지름이 r인 원뿔의 면을 잘라서 편편하게 펴 놓으면, 반지름이 l이고 중심각이 θ인 부채꼴이 된다(그림 19 참조).

(a) $\theta=2\pi r/l$ 라디안임을 보여라.

(b) 반지름이 l이고 중심각이 θ인 부채꼴의 넓이는 $\frac{1}{2}l^2\theta$이라는 공식을 이용하여, 부채꼴의 옆면의 넓이는 πrl임을 보여라.

(c) (b)의 결과를 이용하여, 밑면의 반지름이 각각 r_1과 r_2이고 경사진 높이가 l인 원뿔대의 옆면의 넓이는 $A=2\pi[(r_1+r_2)/2]l$임을 보여라.

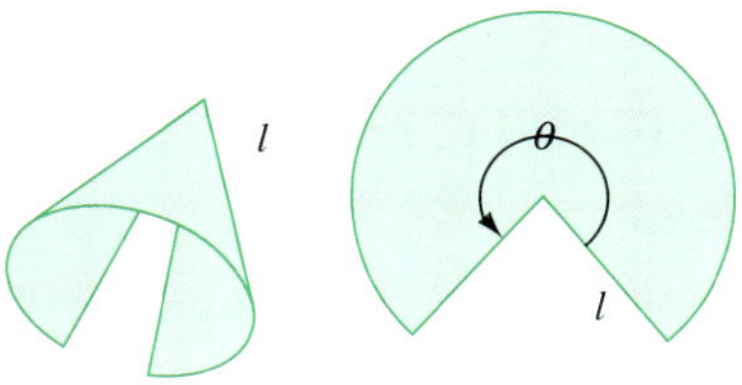

그림 19

32. 반지름이 a인 구의 표면 중에, 거리 h만큼 $(h<2a)$ 떨어져 있는 두 평행면들 사이에 놓이는 부분의 넓이는 $2\pi ah$임을 보여라. 그러므로 어떤 구에 직원기둥이 외접하면, 원기둥의 밑면에 평행한 두 평면은 구의 표면과 원기둥을 같은 넓이로 자르게 됨을 보여라.

33. 그림 20은 사이클로이드의 한 호이다. 그 매개변수 방정식은 다음과 같다(문제 18 참조).

$$x=a(t-\sin t),\quad y=a(1-\cos t),\quad 0\le t\le 2\pi$$

(a) 이 곡선을 x축에 대해 회전시켰을 때 생기는 곡면의 넓이는 다음과 같음을 보여라.

$$A=2\sqrt{2}\,\pi a^2\int_0^{2\pi}(1-\cos t)^{3/2}dt$$

(b) 반각공식 $1-\cos t=2\sin^2(t/2)$를 이용하여, A를 계산하여라.

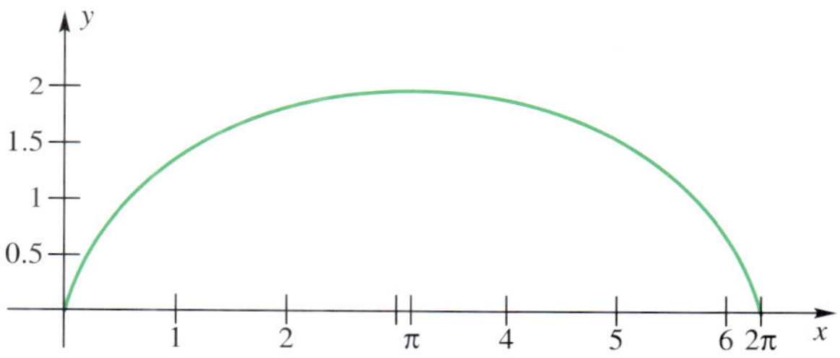

그림 20

34. 원 $x=a\cos t,\ y=a\sin t,\ 0\le t\le 2\pi$를 직선 $x=b$에 $(0<a<b)$ 대해 회전시켜서, 원환면(도넛)을 만들었다. 그 표면 넓이를 구하여라.

GC **35.** 다음 매개변수 방정식의 그래프를 그려라.

(a) $x=3\cos t,\ y=3\sin t,\ 0\le t\le 2\pi$

(b) $x=3\cos t,\ y=\sin t,\ 0\le t\le 2\pi$

(c) $x=t\cos t,\ y=t\sin t,\ 0\le t\le 6\pi$

(d) $x=\cos t,\ y=\sin 2t,\ 0\le t\le 2\pi$

(e) $x=\cos 3t,\ y=\sin 2t,\ 0\le t\le 2\pi$

(f) $x=\cos t,\ y=\sin\pi t,\ 0\le t\le 40$

CAS **36.** 문제 35의 곡선의 길이를 구하여라. 우선 적당한 적분을 적은 다음, 컴퓨터를 사용하여 값을 구해야 한다.

CAS **37.** 같은 좌표축을 사용하여, [0, 1]에서 $n=1,\ 2,\ 4,\ 10,\ 100$에 대해 $y=x^n$의 그래프를 그려라. 이들 각각의 길이를 구하여라. $n=10{,}000$인 경우의 길이를 추정하여라.

개념 복습 해답: **1.** 원 **2.** x^2+1; x

3. $\int_a^b\{[f'(t)]^2+[g'(t)]^2\}^{1/2}dt$ **4.** 미분의 평균값 정리

5.5 일과 유압

물리학에서, 어떤 물체에 일정한 힘 F를 가해서, 그 물체가 힘과 같은 방향으로 직선을 따라 거리 d만큼 움직이면, 그 **힘이 행한 일**은

$$\text{일} = (\text{힘}) \cdot (\text{거리})$$

임을 배웠다. 즉,

$$W = F \cdot D$$

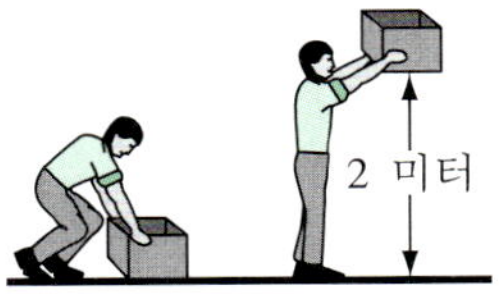

그림 1

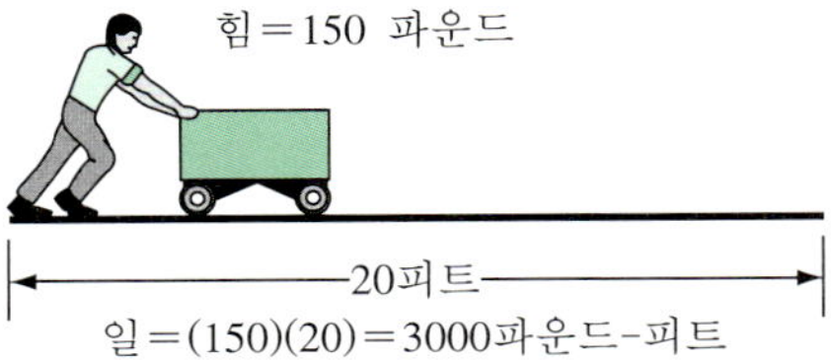

그림 2

힘을 뉴턴(1킬로그램인 질량을 초당 1미터로 가속시키는 힘) 단위로 재면, 일은 뉴턴-미터 단위이며, 이것을 줄(joule)이라고 한다. 힘을 파운드 단위로 재고, 거리를 피트 단위로 재면, 일은 파운드-피트 단위이다. 예를 들어 어떤 사람이 3뉴턴인 무게(힘)를 2미터 거리만큼 들어올리면, 그는 3·2=6줄의 일을 한 것이다(그림 1). (엄밀히 말해, 그 무게를 짧은 거리 들어 올리는데는 3뉴턴보다 힘이 더 들고, 2미터 들어올린 상태에서 짧은 거리 이동하는 데는 3뉴턴보다 힘이 덜 든다. 그렇더라도 이 경우에 일의 양을 6줄이다. 그러나 그 이유를 보이기는 어렵다.) 마찬가지로 어떤 일꾼이 150파운드의 일정한 힘으로 손수레를 밀어서 20피트 거리를 움직였으면, 그는 150·20=3000파운드-피트의 일을 한 것이다(그림 2).

그런데 많은 실제 상황에서, 힘은 일정하지 않고, 물체가 직선을 따라 움직일 때 힘도 변화한다. x축을 따라서 a에서 b까지 움직이는 어떤 물체가 x 지점에서 받는 힘이 $F(x)$이고, F는 연속함수라고 하자. 그러면 얼마나 많은 일을 하였는가? 다시 한 번, 자르고, 근사값을 구하고, 적분하는 전략으로 답을 얻을 수 있다. 여기서 자른다는 말은, 구간 $[a, b]$를 작은 조각들로 분할한다는 뜻이다. 근사값을 구한다는 말은, x에서 $x+\Delta x$까지의 조각에서, 힘이 일정한 값 $F(x)$를 가진다고 가정하자는 뜻이다. 힘이 구간 $[x_{i-1}, x_i]$에서 일정한 값 $F(x_i)$를 가지면, 물체가 x_{i-1}에서 x_i로 움직이는 데 필요한 일은 $F(x_i)(x_i - x_{i-1})$이다(그림 3). 적분한다는 말은, 일들의 이러한 조각들을 모두 더하고, 구간의 조각들의 길이가 0으로 갈 때 그 극한을 취하라는 뜻이다. 그러므로 물체가 a에서 b까지 움직이도록 한 일은 다음과 같다.

$$W = \lim_{\Delta x \to 0} \sum_{i=1}^{n} F(x_i)\Delta x = \int_a^b F(x)\,dx$$

$$\Delta W \approx F(x)\Delta x$$
$$W = \int_a^b F(x)\,dx$$

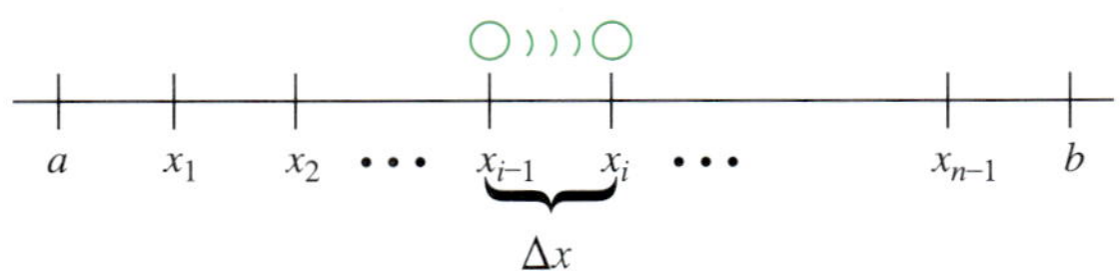

그림 3

스프링에 응용함 물리학에 나오는 후크(Hooke) 법칙에 따르면, 스프링을 그

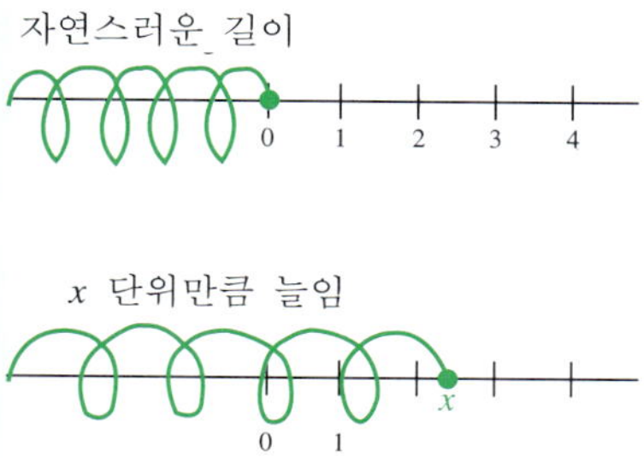

그림 4

그림 5

원래의 길이에서(그림 4) x 단위만큼 더 길게 (또는 더 짧게) 늘인 (또는 압축한) 상태를 유지하는 데 필요한 힘은 다음과 같다.

$$F(x) = kx$$

여기서 상수 k는 스프링 상수인데, 이것은 양수이며, 다루게 되는 특정한 스프링에 따라서 결정되는 값이다. 스프링이 강하면 강할수록, k의 값이 커진다.

예제 1 어떤 스프링의 원래의 길이가 0.2미터이며, 이것을 0.04미터 늘인 상태로 유지하는 데 12뉴턴의 힘이 필요하다. 이 스프링을 원래의 길이에서 0.3미터 길이로 늘이는 동안 한 일을 구하여라.

풀이

후크 법칙에 따라서, 스프링을 x 미터 늘인 상태로 유지하는 데 필요한 힘 $F(x)$는 $F(x) = kx$로 주어진다. 이 특정한 스프링의 스프링 상수 k를 구하기 위해서, $F(0.04) = 12$임을 주목한다. 그러면 $k \cdot 0.04 = 12$, 즉, $k = 300$. 따라서

$$F(x) = 300x$$

스프링이 원래의 길이인 0.2미터일 때, $x = 0$이다. 스프링의 길이가 0.3미터일 때, $x = 0.1$이다. 그러므로 스프링을 늘인 일은 다음과 같다.

$$W = \int_0^{0.1} 300x\,dx = [150x^2]_0^{0.1} = 1.5\text{줄}$$ ■

액체를 퍼올리는 데 응용함 수동식 펌프를 사용해 본 적이 있는 사람은 누구나 알 수 있듯이 물탱크에서 물을 펌프질해 퍼올리는 것은 일이다(그림 5). 그렇다면 얼마만큼의 일인가? 이 질문에 대한 답은, 앞에서 알아본 것과 같은 근본 원리에 바탕을 두고 있다.

예제 2 직원뿔 모양의 물탱크에 물이 가득 차 있다(그림 6). 물탱크의 높이가 10피트이고, 꼭대기의 반지름이 4피트일 때 (a) 물탱크의 꼭대기에서 물을 퍼내는 일과 (b) 물탱크의 꼭대기보다 10피트 더 높은 지점까지 물을 퍼올리는 일을 구하여라.

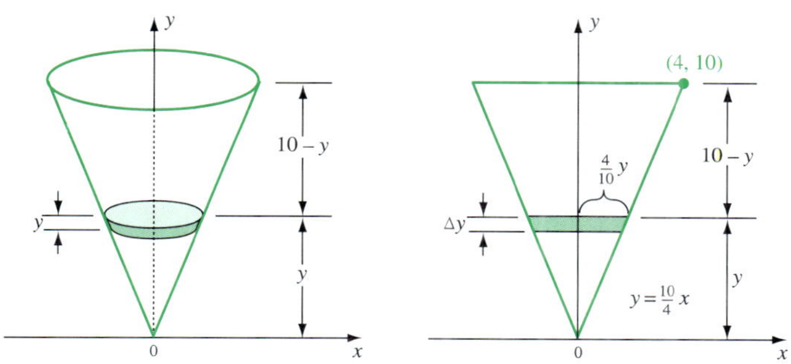

$$\Delta W \approx \delta\pi\left(\frac{4y}{10}\right)^2(10-y)\Delta y$$

$$W = \delta\pi\int_0^{10}\left(\frac{4y}{10}\right)^2(10-y)\,dy$$

그림 6

풀이

(a) 그림 6에서와 같이, 물탱크에 좌표를 잡는다. 3차원으로 보는 것과, 2차원 단면을 그려 놓았다. 물을 매우 얇은 수평 원판으로 자른다고 생각한다. 이들 각각을 물탱크의 꼭대기까지 올려야 한다. 높이가 y인 곳에 있는 원판은 반지름이 $4y/10$이며(삼각형의 닮음조건에서), 두께는 Δy이다. 그러므로 그 부피는 약 $\pi(4y/10)^2\Delta y$ 세제곱 피트이며, 그 무게는 약 $\delta\pi(4y/10)^2\Delta y$ 파운드이다. 여기서, $\delta=62.4$는 물 1세제곱 피트의 무게(밀도)이다. 이 물의 원판을 들어올리는 데 필요한 힘은 그 무게이며, 이 원판을 10−y피트 거리만큼 올려야 한다. 따라서 이 원판에다 하는 힘 ΔW는 약

$$\Delta W=(\text{힘})\cdot(\text{거리})\approx\delta\pi\left(\frac{4y}{10}\right)^2\Delta y\cdot(10-y)$$

그러므로

$$\begin{aligned}W&=\int_0^{10}\delta\pi\left(\frac{4y}{10}\right)^2(10-y)\,dy=\delta\pi\frac{4}{25}\int_0^{10}(10y^2-y^3)\,dy\\&=\frac{(4\pi)(62.4)}{25}\left[\frac{10y^3}{3}-\frac{y^4}{4}\right]_0^{10}\\&\approx 26{,}138\ \text{피트-파운드}\end{aligned}$$

(b) 이것은 (a) 부분과 비슷하지만, 각각의 물의 원판을 올려야 하는 거리가 $10-y$가 아니라 $20-y$이다. 그러므로

$$\begin{aligned}W&=\delta\pi\int_0^{10}\left(\frac{4y}{10}\right)^2(20-y)\,dy=\frac{4\delta\pi}{25}\int_0^{10}(20y^2-y^3)\,dy\\&=\frac{4(62.4)(\pi)}{25}\left[\frac{20y^3}{3}-\frac{y^4}{4}\right]_0^{10}\\&\approx 130{,}690\ \text{피트-파운드}\end{aligned}$$

적분의 아래끝, 위끝은 여전히 0과 10임을 주목하기 바란다(0과 20이 아니다). 왜 그럴까? ■

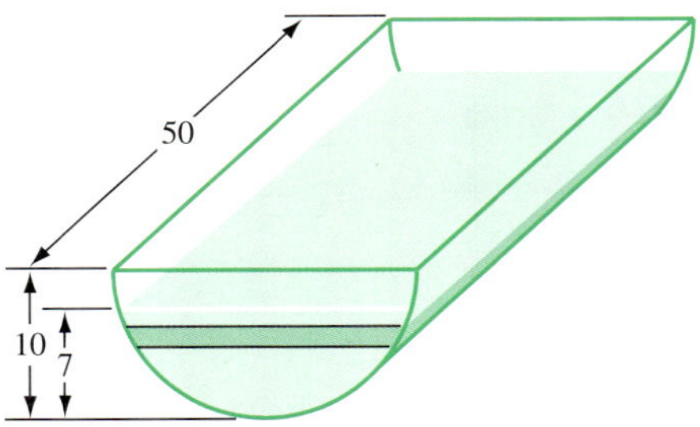

그림 7

예제 3 길이가 50피트이고, 양쪽 끝이 반지름 10피트인 반원으로 된 물탱크가 있는데, 7피트 깊이로 물이 차 있다(그림 7). 이 물을 물탱크의 위에서 퍼낼때의 일을 구하여라.

풀이 그림 8에서와 같이, 물탱크의 한쪽 끝을 좌표계에 놓는다. 수평으로 자른 단면 한 조각을 이 이차원 좌표 그림과 그림 7의 삼차원 그림에다 그려 놓았다. 이 한 조각은 얇은 상자로 볼 수 있으며, 따라서 그 길이, 폭, 두께를 곱하면 부피가 나온다. 그 무게는 밀도 $\delta=62.4$ 곱하기 그 부피이다. 마지막으로, 이 조각을 거리 $-y$만큼 (−부호를 붙여야 하는 까닭은, 좌표 그림에서 y가 음수이기 때문이다) 올려야 함을 주목하기 바란다.

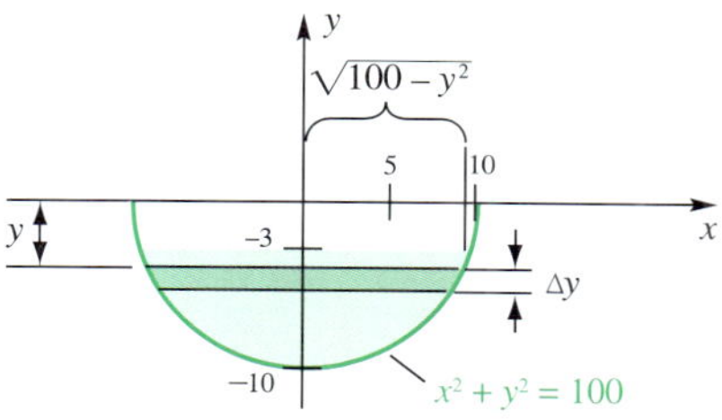

그림 8

$$\Delta W \approx \delta \cdot 50(2\sqrt{100-y^2})(\Delta y)(-y)$$
$$W=\delta\int_{-10}^{-3} 100\sqrt{100-y^2}\,(-y)\,dy$$

$$W=\delta\int_{-10}^{-3} 100\sqrt{100-y^2}\,(-y)\,dy=50\delta\int_{-10}^{-3}(100-y^2)^{1/2}(-2y)\,dy$$
$$=\left[(50\delta)\left(\frac{2}{3}\right)(100-y^2)^{3/2}\right]_{-10}^{-3}=\frac{100}{3}(91)^{3/2}\delta$$
$$\approx 1{,}805{,}616 \text{ 피트-파운드}$$

■

유압(Fluid Force) 그림 9에서와 같이 밀도가 δ인 유체가 깊이가 h만큼 물탱크에 가득차 있다고 생각해 보자. 면적이 A인 바닥면이 유체에 의해 받고 있는 힘이 그 직사각형의 면적에 수직으로 세워진 유체의 무게와 같다(그림 10). 즉, $F=\delta hA$.

이 사실을 가장 먼저 발표한 사람은 파스칼(Blaise Pascal, 1623~1662)이다. 그는 유체에 의해 생기는 압력(단위면적 당 받는 힘)은 어느 방향에서나 같다고 했다. 따라서, 표면 위의 모든 지점에서의 압력은 그 지점에서의 깊이가 같다면 그 표면과 평행이건, 수직이건, 어떤 방향에서이든지 같다는 것이다.

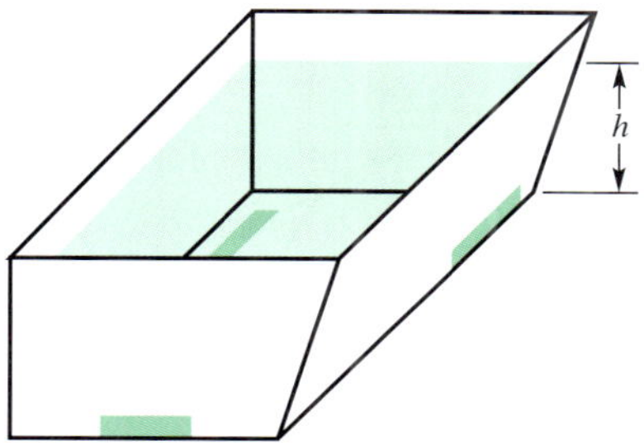

그림 9

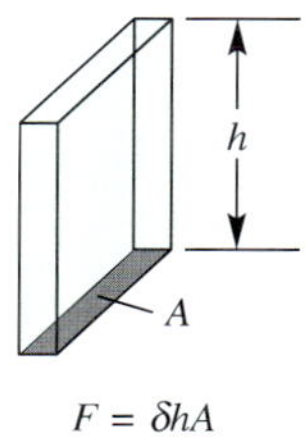

그림 10

특히 그림 9에서와 같이 작은 직사각형의 세 개의 면에 작용하는 힘들은 거의 같다(세 면적이 모두 같을 때). 우리는 "거의 같다"라고 말할 수 있는데, 왜냐하면 직사각형의 두 면에서는 모든 점이 같은 높이를 갖는 것은 아니기 때문이다. 이 직사각형들이 점점 더 좁아질수록 점점 더 그 값은 같아진다. 이렇게 물탱크의 한쪽 끝면에 유체로부터 받는 힘의 총합을 계산하여 근사값을 구한다.

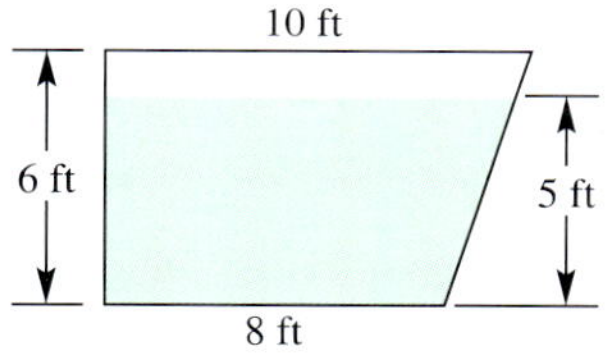

그림 11

예제 4 그림 9에서 물탱크 끝의 수직면이 그림 11과 같다고 하고, 물의 높이가 5피트가 되도록 물탱크에 물이 차 있다(δ=62.4lb/피트^3). 물에 의해서 물탱크의 끝면이 받고 있는 힘은 얼마인가?

풀이 탱크의 끝면을 그림 12와 같이 좌표계 위에 나타내보자. 오른쪽 모서리는 기울기가 3이므로 $y-0=3(x-8)$ 또는 $x=\frac{1}{3}y+8$과 같이 쓸 수 있다. 깊이가 $5-y$인 좁은 직사각형에 의해서 받고 있는 힘은 대략 $\delta hA=\delta(5-y)\left(\frac{1}{3}y+8\right)\Delta y$이다.

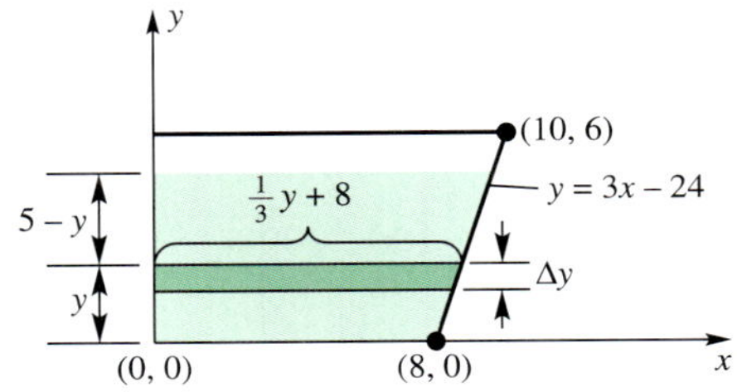

$$\Delta F\approx\delta(5-y)\left(\frac{1}{3}y+8\right)\Delta y$$
$$F=\int_0^5\delta(5-y)\left(\frac{1}{3}y+8\right)dy$$

그림 12

$$F=\delta\int_0^5\left(40-\frac{19}{3}y-\frac{1}{3}y^2\right)dy=\delta\left[40y-\frac{19}{6}y^2-\frac{1}{9}y^3\right]_0^5$$
$$=62.4\left(200-\frac{475}{6}-\frac{125}{9}\right)\approx 6673\text{파운드}$$

■

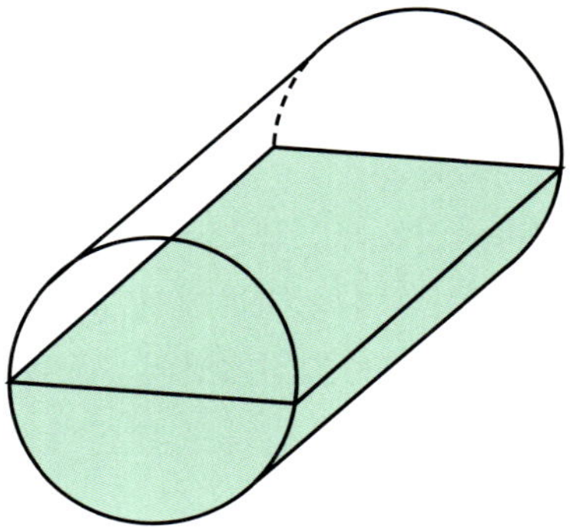

그림 13

예제 5 기름이 반쯤 찬 원통이 있다(그림 13). 끝면이 지름이 8피트인 원이다. 기름에 의해서 원통의 한쪽 끝면이 받고 있는 힘은 얼마인가? 기름의 밀도는 $\delta=50$파운드/피트^{3}이다.

풀이 원통의 끝을 그림 14와 같이 좌표계 위에 나타낸다. 풀이 과정은 예제 4와 같다.

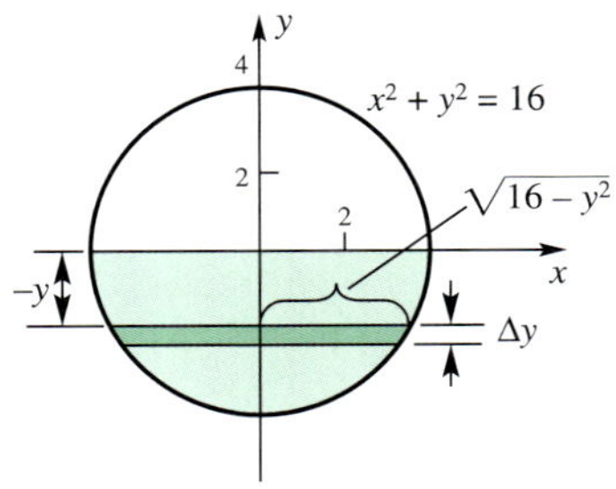

$$\Delta F\approx\delta(-y)(2\sqrt{16-y^2})\Delta y$$
$$F=\int_{-4}^0\delta(-y)(2\sqrt{16-y^2})dy$$

그림 14

$$F=\delta\int_{-4}^0(16-y^2)^{1/2}(-2y\,dy)=\delta\left[\frac{2}{3}(16-y^2)^{3/2}\right]_{-4}^0$$
$$=(50)\left(\frac{2}{3}\right)(16)^{3/2}\approx 2133\text{파운드}$$

■

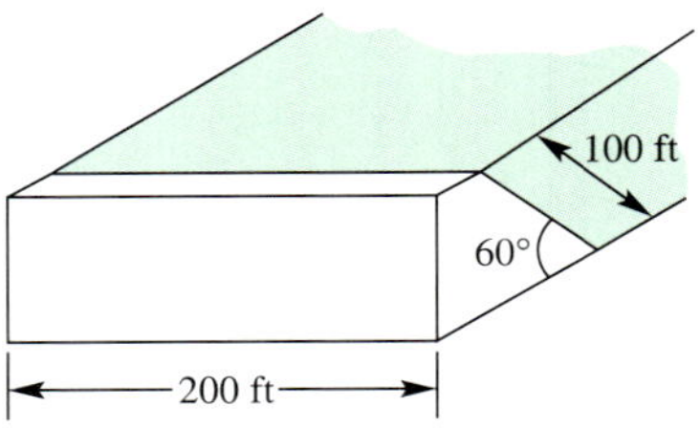

그림 15

$$\Delta F\approx\delta(86.6-y)(200)(1.155\Delta y)$$
$$F=\int_0^{86.6}\delta(86.6-y)(200)(1.155)dy$$

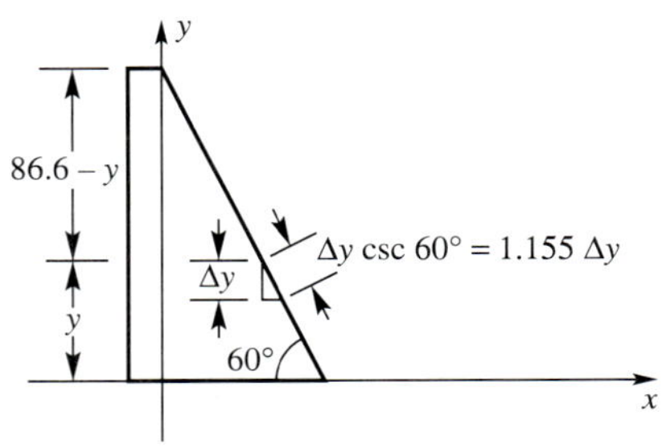

그림 16

예제 6 댐에서 물이 닿는 면이 그림 15와 같이 수평면에서 60° 경사진 가로 200피트, 세로 100피트 직사각형이다. 수위가 댐의 꼭대기일 때, 물에 의해서 댐이 받고 있는 힘을 구하여라.

풀이 댐의 끝부분을 그림 16과 같이 좌표계 위에 나타내보자. 댐의 수직높이는 $100\sin 60^\circ\approx 86.6$피트이다.

$$F=(62.4)(200)(1.155)\int_0^{86.6}(86.6-y)\,dy$$

$$=(62.4)(200)(1.155)\left[86.6y-\frac{y^2}{2}\right]_0^{86.6}$$

$$=65{,}100{,}000 \text{ lb}$$

개념 복습

1. 어떤 물체에 힘 F를 가하여 직선을 따라 a에서 b로 움직였을 때 한 일은, F가 상수이면 ______이고, $F=F(x)$가 변화하면 ______이다.

2. 무게가 30 파운드인 물체를 땅에서 10 피트 높이로 올리는 데 한 일은 ______ 파운드-피트이다.

3. 유체에 의해 주어진 표면이 받는 힘은 오직 ______에만 의존한다.

4. 높이가 h, 넓이가 A인 땅 위의 유력에 수직인 힘은 ______이다.

연습문제 5.5

1. 어떤 스프링을 그 원래 길이보다 $\frac{1}{2}$피트 늘어난 상태를 유지하려면 6파운드의 힘이 필요하다. 스프링 상수의 값을 구하고, 그 원래 길이에서 스프링을 $\frac{1}{2}$피트만큼 늘이는데 한 일을 구하여라.

2. 문제 1의 스프링을 2피트 늘였다면, 한 일은?

3. 어떤 스프링의 원래 길이는 0.08미터인데, 길이가 0.07미터가 되도록 압축한 상태를 유지하려면 0.6뉴턴의 힘이 필요하다. 이 스프링을 원래 길이 상태로부터 길이가 0.06미터가 되도록 압축하느라 행한 일을 구하여라. (후크의 법칙은 늘이는 경우는 물론 압축하는 경우에도 마찬가지로 적용된다.)

4. 어떤 스프링의 길이를 8센티미터에서 9센티미터로 늘이는 데 0.05줄(뉴턴-미터)의 일이 필요하고, 9 센티미터에서 10센티미터로 늘이는 데 0.10줄의 일이 필요하다. 스프링 상수를 구하고, 이 스프링의 원래 길이를 구하여라.

5. 후크의 법칙을 따르는 임의의 스프링의 경우, 거리 d만큼 늘이는데 한 일은 $W=\frac{1}{2}kd^2$임을 보여라.

6. 선형적이 아닌 어떤 특수한 스프링이 있어서, 거리 s만큼 늘인 상태를 유지하는 데 필요한 힘이 공식 $F=ks^{4/3}$로 주어진다. 길이를 8인치 늘인 상태를 유지하는 데 필요한 힘이 2파운드라면, 이 스프링을 27인치 늘이려면 얼마의 일을 해야 하는가?

7. 어떤 스프링을 s피트 늘인 상태를 유지하려면 $F=9s$파운드의 힘이 필요하다. 이 스프링을 2피트 늘이려면 해야 하는 일은 얼마인가?

8. 두 개의 똑같은 스프링 S_1과 S_2가 있는데, 각각의 원래 길이는 3피트이며, 거리 s피트를 늘인 상태를 유지하려면 $F=6s$파운드의 힘이 필요하다. 이들의 끝을 서로 묶은 다음, 이들을 당겨서 10피트 거리로 놓여 있는 벽들에다 묶어 놓았다(그림 17). 그 중점 P를 오른쪽으로 1피트 움직이는 데 필요한 일은 얼마인가?

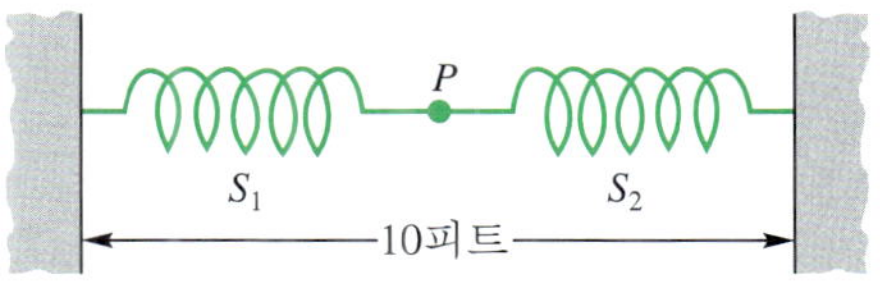

그림 17

문제 9~12는 물탱크의 수직 단면을 그려 놓았다. 물탱크의 길이는 10피트이고, 물이 가득 차 있다고 가정하자. 물탱크의 꼭대기보다 5피트 더 높은 곳까지 물을 퍼올리려 한다. 물을 모두 퍼올리는 데 필요한 일을 구하여라.

9.

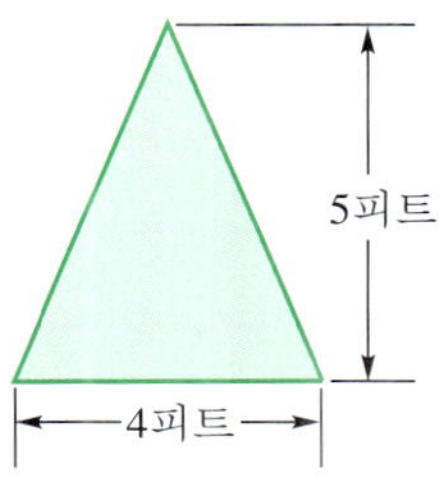

10.

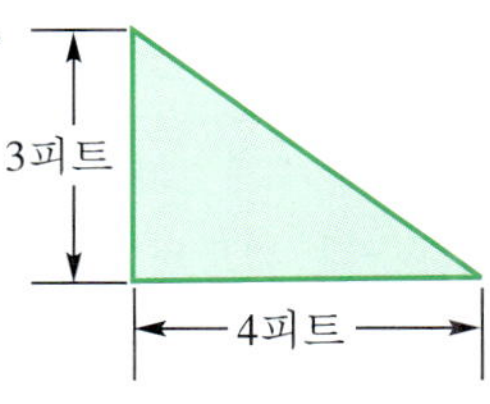

11.

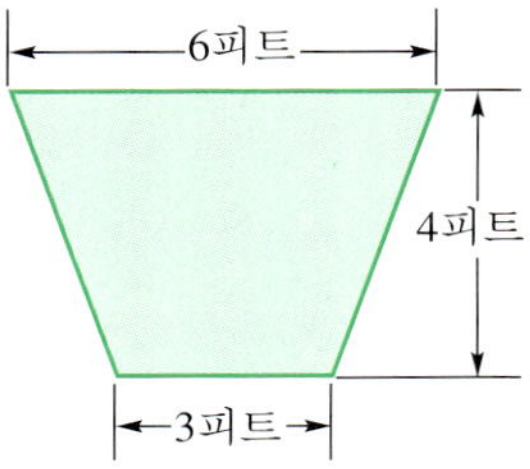

12.

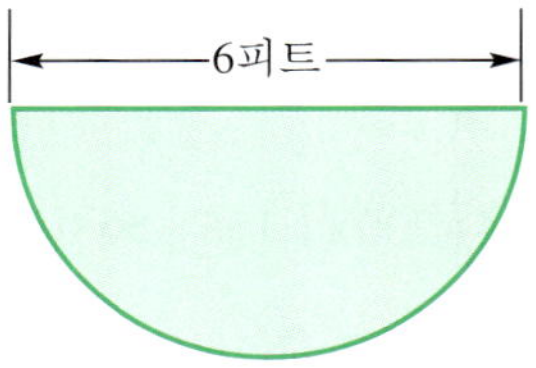

13. 밑면의 반지름이 4피트이고, 높이가 10피트인 원통 모양의 탱크가 있는데, 기름이 가득 차 있다. 기름을 (1세제곱 피트의 무게는 $\delta=50$파운드) 모두 탱크 위로 퍼올리는 데 필요한 일을 구하여라.

14. 탱크의 밑면에서 x피트 위에 있는 수평 단면이 반지름이 $4+x$ 피트인 원이라 하고, 문제 13을 풀어 보아라.

15. 부피가 v인 가스가 실린더에 들어 있으며, 한쪽 끝은 피스톤으로 막아 놓았으며, 피스톤은 움직일 수 있다. 피스톤의 면의 넓이가 A제곱 인치라 하고, 실린더 헤드에서 피스톤까지의 거리가 x인치라 하면, $v=Ax$이다. 실린더에 갇혀 있는 가스의 압력은 부피에 대한 연속 함수 p이고, $p(v)=p(Ax)$를 $f(x)$로 나타낸다. 이때 피스톤이 가스를 부피 $v_1=Ax_1$에서 부피 $v_2=Ax_2$로 압축하는 일은

$$W=A\int_{x_2}^{x_1} f(x)\,dx$$

임을 보여라. 도움말: 피스톤의 면이 받는 힘은 $p(v)\cdot A=p(Ax)\cdot A=A\cdot f(x)$.

C **16.** 실린더와 피스톤이 있는데, 그 단면의 넓이는 1제곱 인치이고, 16세제곱 인치의 가스를 담고 있으며, 압력은 제곱 인치당 40파운드이다. 가스의 압력과 부피가 공식 $pv^{1.4}=c$(상수)에 따라 단열상태로 (즉, 열의 손실이 없음) 변화한다. 가스의 부피가 2세제곱 인치가 되도록 압축하였다면, 피스톤이 한 일은 얼마인가?

C **17.** 문제 16에서 피스톤의 단면의 넓이가 2제곱 인치라 하고, 피스톤이 한 일을 구하여라.

18. 1세제곱 피트인 공기의 압력이 제곱 인치당 80파운드인데, 공식 $pv^{1.4}=c$에 따라서 단열상태로 팽창하여, 부피가 4세제곱 피트가 되었다. 공기가 한 일을 구하여라.

19. 피트당 무게가 2파운드인 쇠줄을 이용하여, 깊이가 500피트인 수직 갱도의 꼭대기로 200파운드의 짐을 끌어올렸다. 한 일은 얼마인가?

20. 무게가 10파운드인 원숭이가 20피트 길이의 쇠사슬 끝에 매달려 있으며, 쇠사슬의 무게는 피트당 $\frac{1}{2}$파운드이다. 원숭이가 쇠사슬의 꼭대기로 기어 올라갔다면, 한 일은 얼마인가? 쇠사슬의 끝을 원숭이에게 묶어 놓았다고 가정하자.

21. 무게가 5000파운드인 우주선을 지구 표면에서 200마일 높이로 쏘아올렸다. 중력에 거슬려서 얼마의 일을 하였는가? 지구는 반지름이 4000마일인 구이고, 중력의 힘은 $f(x)=-k/x^2$라고 하자. 여기서 x는 지구 중점에서 우주선까지의 거리이다. (중력은 거리의 제곱에 반비례한다.) 즉, 끌어올리는 데 필요한 힘은 k/x^2이며, $x=4000$일 때 이 힘은 5000이다.

22. 쿨롱(Coulomb)의 법칙에 따르면, 같은 종류의 두 전하는 그들 사이의 거리의 제곱에 반비례하는 힘으로 서로 민다. 전하들이 2센티미터 떨어져 있을 때 미는 힘이 10다인(1다인$=10^5$뉴턴)이라고 하자. 이들을 5센티미터 거리에서 1센티미터 거리로 당겼다면, 한 일을 구하여라.

23. 통의 무게는 100파운드이고, 여기에 500파운드 무게의 모래를 담아 놓았다. 크레인이 이 통을 땅바닥에서 80피트 높이로, 초속 2피트의 비율로 끌어올렸다. 그런데 통에 구멍이 나 있어서, 초당 3파운드의 비율로 모래가 새어 나가고 있었다. 마찰과 줄의 무게는 무시하고, 한 일을 구하여라. 도움말: 통을 y에서 $y+\Delta y$로 끌어올리는 데 필요한 일 ΔW를 추정하는 것부터 시작한다.

C **24.** 어느 도시에서 새 급수탑을 만들었다(그림 18). 급수탑의 중요한 구성 요소로는, 내부 반지름이 10피트인 공 모양의 물탱크와, 내부 지름이 1피트이고 길이가 30피트인 급수관이 있다. 지면 높이에서 물을 퍼올려서, 급수관을 통해서 물탱크를 채운다. 급수관과 물탱크에 물을 가득 채우려면, 얼마의 일을 해야 하는가?

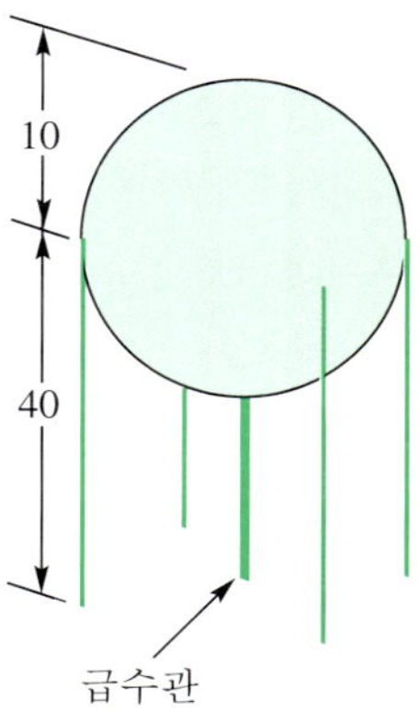

그림 18

문제 25~30에서 색칠되어 있는 부분이 물로 차있는 물탱크의 옆면에 수직인 면이다. ($\delta=62.4$파운드/피트^3) 물에 의해서 색칠되어 있는 부분이 받고 있는 힘을 구하여라.

25.

26.

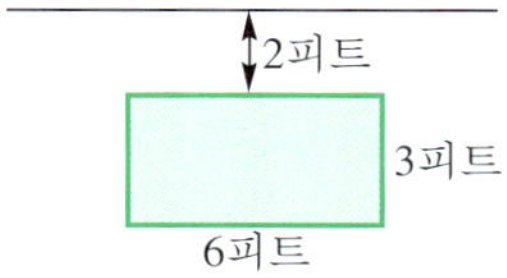

27.

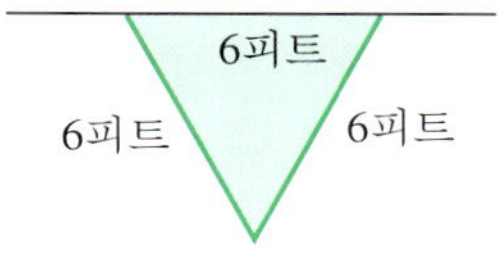

28.

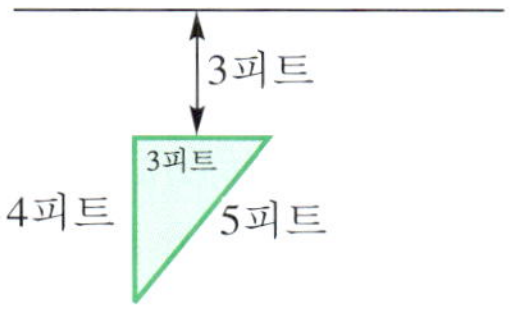

29.

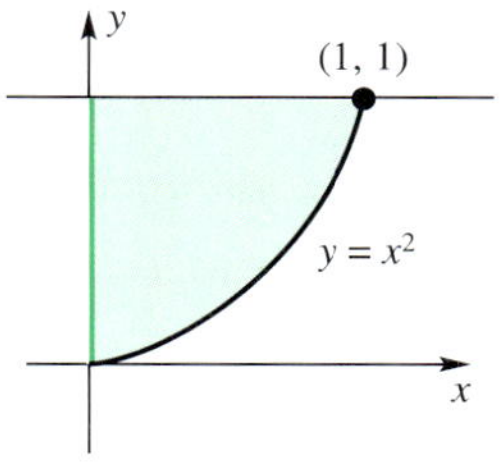

30.

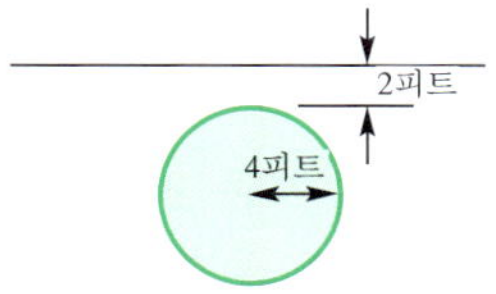

31. 직사각형 모양의 수직댐이 대각선으로 2등분된다면, 댐의 반쪽면 중 하나가 물에 의해서 받고 있는 힘은 다른 한쪽에 비해 두 배라는 것을 보여라. 댐의 꼭대기는 물의 표면과 평행하다.

32. 모서리의 길이가 2피트인 정육면체의 모든 옆면이 물에 의해 받고 있는 힘을 구하여라. 그것의 꼭대기는 호수의 표면보다 100피트 아래에 있고, 평행하다.

33. 그림 19와 같이 생긴 수영장의 바닥면이 물에 의해서 받고 있는 힘을 구하여라. 단, 수영장은 물로 가득차 있다.

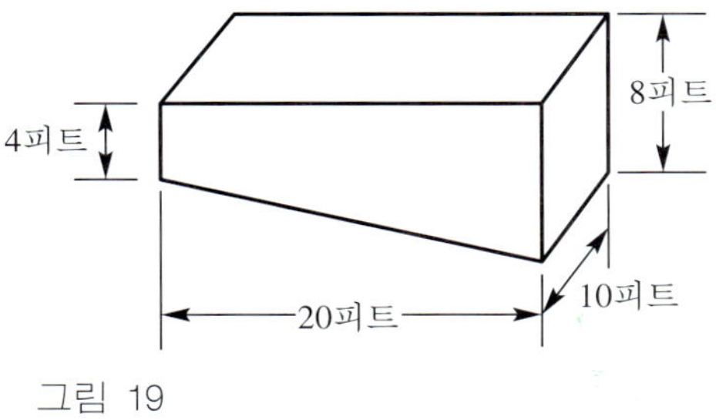

그림 19

34. 높이가 6피트인 직원형실린더의 옆면이 유체에 의해서 받고 있는 힘을 구하여라. 실린더의 반지름은 5피트이고, 실린더는 기름으로 가득차 있다. (기름의 밀도 $\delta=50$파운드/피트^3)

35. 무게가 m파운드인 원뿔모양의 부표가 그 꼭지점 V가, 수면에서 h피트 깊이에 놓인 상태로 떠 있다(그림 20). 선박의 크레인이 부표를 갑판으로 들어올려서, V가 수면에서 15피트 위에 놓이게 되었다. 한 일은 얼마인가? 도움말: 아르키메데스(Archimedes)의 원리에 따르면, 부표를 원래 위치에서 y피트만큼 ($0\le y\le h$) 더 높은 곳에 있도록 하는 데 필요한 힘은, 그 부표의 무게 빼기 그 부표의 잠긴 부피만큼의 물의 무게이다.

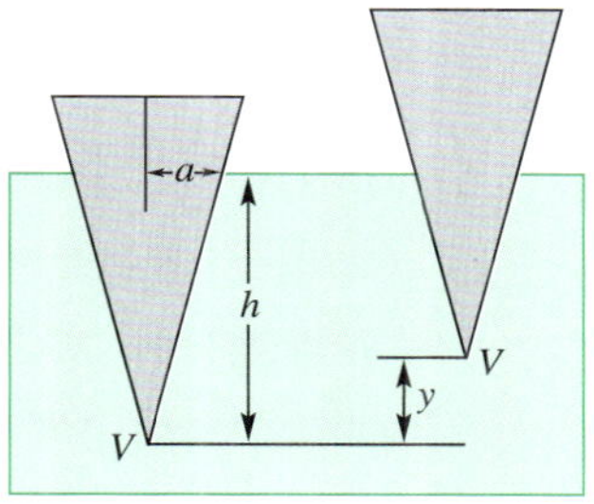

그림 20

36. 그림 21의 아래쪽 물탱크는 물이 가득 차 있고, 위쪽 물탱크는 텅 비어 있다. 물 전부를 위쪽 물탱크로 퍼 올렸다면, 한 일을 구하여라(그림의 숫자들은 피트 단위이다).

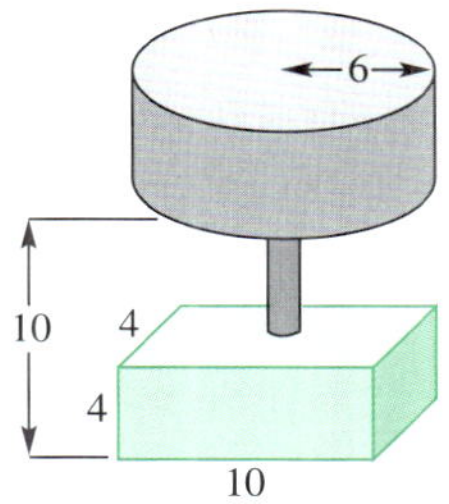

그림 21

37. 문제 35와 그림 20의 부표를 물 위로 들어올리는 대신에, 이 부표를 눌러서, 그 꼭때기면이 수면과 편편하게 되도록 만든다고 하자. $h=8$이라 하고, 꼭대기면이 원래 수면에서 2피트 위에 있었다고 하고, 부표의 무게는 300파운드라고 하자. 얼마의 일을 해야 하는가? 도움말: 수면에서의 반지름 a를 알 필요는 없고, $\delta\left(\frac{1}{3}\pi a^2\right)(8)=300$임을 알면 도움이 된다. 아르키메데스의 원리에 따르면, 부표를 원래 위치에서 z피트만큼 ($0\le z\le 2$) 더 아래에 있도록 하는 데 필요한 힘은, 더 잠긴 부피만큼의 물의 무게와 같다.

개념 복습 해답: **1.** $F\cdot(b-a)$; $\int_a^b F(x)\,dx$ **2.** 300 **3.** 표면까지의 깊이 **4.** δhA

5.6 모멘트와 무게중심

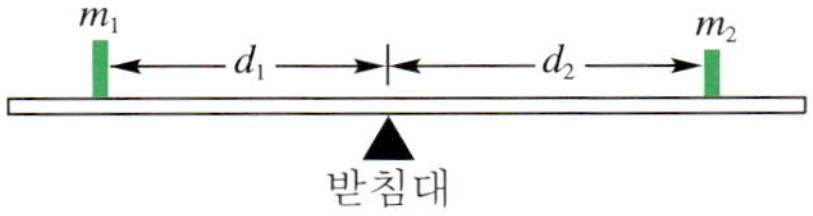

그림 1

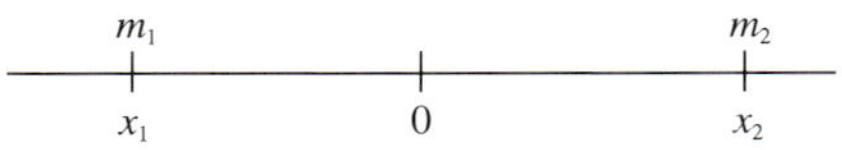

그림 2

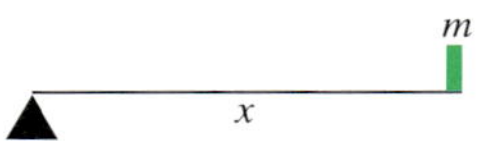

모멘트=(지렛대의 길이)·(무게)
$M = x\sum m$

그림 3

무게가 각각 m_1과 m_2인 두 물체가 시소의 양쪽에 놓여 있으며, 받침점으로부터의 거리는 각각 d_1과 d_2라고 하자(그림 1). 그러면 시소가 평형을 이룰 필요충분조건은 $d_1m_1 = d_2m_2$.

이 상황을 나타내는 적당한 수학적 모델은, 시소 대신에 수평 좌표 직선을 그려서 그 원점이 받침대에 놓이도록 한 것이다(그림 2). 그러면 m_1의 좌표 x_1은 $x_1 = -d_1$이고, m_2의 좌표는 $x_2 = d_2$이다. 그리고 평형의 조건은

$$x_1m_1 + x_2m_2. = 0$$

입자의 무게 m 곱하기 어떤 점으로부터 그 입자의 유향 거리(그 지렛대의 길이)를 그 점에 대한 입자의 **모멘트**(moment, 능률)라고 한다(그림 3). 무게가 그 점을 축으로 하여 회전을 일으키려는 경향을 잰 것이다. 직선에 놓여 있는 두 무게들이 그 직선의 한 점에 대해서 평형을 이룰 조건은, 그 점에 대한 모멘트의 합이 0이 되는 것이다.

이러한 상황을 일반화할 수 있다. x축의 점 $x_1, x_2, \cdots, x_n$에 각각 놓여 있는 질량 $m_1, m_2, \cdots, m_n$인 n개의 물체의 (원점에 대한) 전체 모멘트 M은 각각의 모멘트의 합이다. 즉,

$$M = x_1m_1 + x_2m_2 + \cdots + x_nm_n = \sum_{i=1}^{n} x_im_i$$

원점에 대해 평형이 될 조건은 $M = 0$이다. 물론, 원점에 대해 평형이 되는 것은 특별한 상황에서나 가능한 일이다. 그렇지만 어떤 무게의 물체들이건, 평형이 되는 지점이 있게 마련이다. 문제는 그게 어느 곳이냐이다. 그림 4에서, 받침대의 x좌표가 얼마여야 이 물체들이 평형이 되는가?

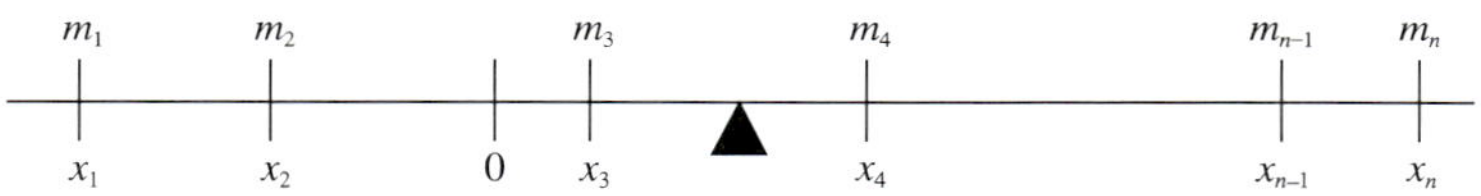

그림 4

찾으려 하는 좌표를 $\bar{x}$라 하자. 이 점에 대한 전체 모멘트가 0이 되어야 한다. 즉,

$$(x_1 - \bar{x})m_1 + (x_2 - \bar{x})m_2 + \cdots + (x_n - \bar{x})m_n = 0$$

또는

$$x_1m_1 + x_2m_2 + \cdots + x_nm_n = \bar{x}m_1 + \bar{x}m_2 + \cdots + xm_n$$

이것을 $\bar{x}$에 대해서 풀면, 다음을 얻는다.

$$\boxed{\bar{x} = \frac{M}{m} = \frac{\sum_{i=1}^{n} x_im_i}{\sum_{i=1}^{n} m_i}}$$

점 $\bar{x}$를 **무게중심**이라 하며, 평형이 되는 점이다. 원점에 대한 전체 모멘트 나누기 전체 무게가 바로 이 점이 됨을 주목하기 바란다.

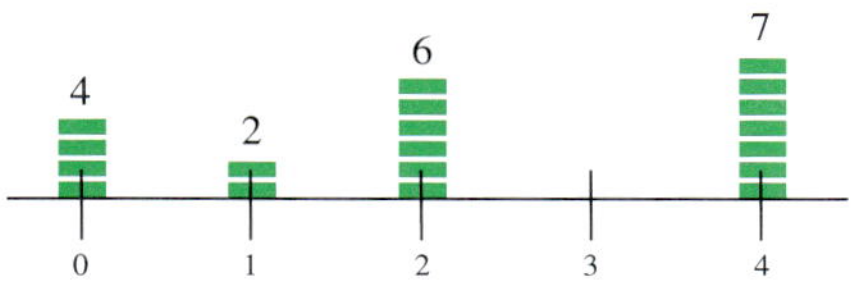

그림 5

예제 1 무게 4, 2, 6, 7 킬로그램이 x축을 따라서, 각각 0, 1, 2, 4 지점에 놓여 있다(그림 5). 무게중심을 구하여라.

풀이

$$\bar{x}=\frac{(0)(4)+(1)(2)+(2)(6)+(4)(7)}{4+2+6+7}=\frac{42}{19}\approx 2.21$$

직감적으로 살펴보아도, 평형이 되는 점은 대략 $x=2.21$임을 알 수 있다. ■

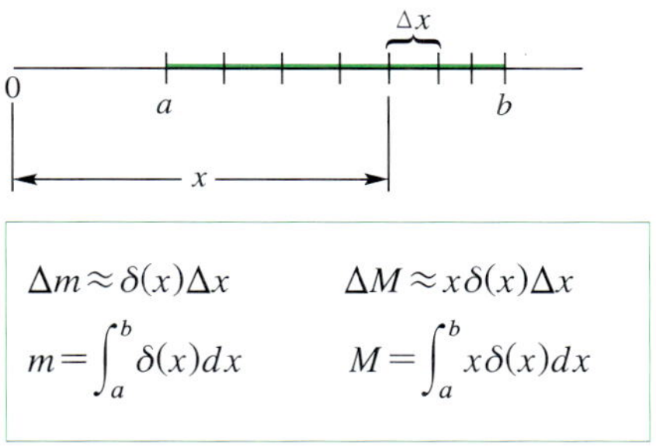

그림 6

직선을 따른 무게의 연속분포 밀도(단위 길이당 무게)가 일정하지 않은 가늘고 쭉 곧은 철사 토막이 있는데, 평형이 되는 점을 찾고 싶다. 철사를 따라서 좌표 직선을 부여하고, 늘 하는 과정을 따라서 자르고, 근사값을 구하고, 적분한다. x에서 밀도가 $\delta(x)$라 하고, 우선 전체 무게 m과 원점에 대한 전체 모멘트 M을 구한다(그림 6). 그러면 다음 공식을 얻을 수 있다.

$$\bar{x}=\frac{M}{m}=\frac{\int_a^b x\delta(x)\,dx}{\int_a^b \delta(x)\,dx}$$

두 가지를 설명한다. 첫째, 이 공식은 무게가 점점이 분포된 경우의 공식과 유사함을 이용하여 기억하기 바란다.

$$\frac{\sum x_i m_i}{\sum m_i}\sim\frac{\sum x\Delta m}{\sum \Delta m}\sim\frac{\int x\delta(x)\,dx}{\int \delta(x)\,dx}$$

둘째, 무게가 점점이 분포된 경우에서와 같이, 철사의 작은 조각들의 모멘트를 모두 더하면 전체 모멘트가 나온다고 가정해 보자. 길이가 Δx인 잘게 자른 한 조각의 무게가 점 x에 모여 있다고 생각하면, 이것은 자연스러운 가정일 것이다.

예제 2 철사의 한쪽 끝에서 x센티미터 떨어진 지점의 밀도 $\delta(x)$가 센티미터당 $\delta(x)=3x^2$ 그램이다. $x=0$과 $x=10$ 사이 토막의 무게중심을 구하여라.

그림 7

풀이 $\bar{x}$는 0보다 10에 더 가까울 것이다. 왜냐 하면 오른쪽 끝으로 가면 갈수록 철사가 더 무겁기 때문이다(그림 7).

$$\bar{x}=\frac{\int_0^{10} x\cdot 3x^2\,dx}{\int_0^{10} 3x^2\,dx}=\frac{[3x^4/4]_0^{10}}{[x^3]_0^{10}}=\frac{7500}{1000}=7.5\text{cm}$$ ■

평면에서의 무게 분포 n개의 무게 $m_1, m_2, \cdots, m_n$이 좌표평면의 점 (x_1, y_1), (x_2, y_2), $\cdots$, (x_n, y_n)에 놓여 있다고 하자(그림 8). 그러면 y축, x축에 대한 전체 모멘트 M_y와 M_x는 각각 다음과 같다.

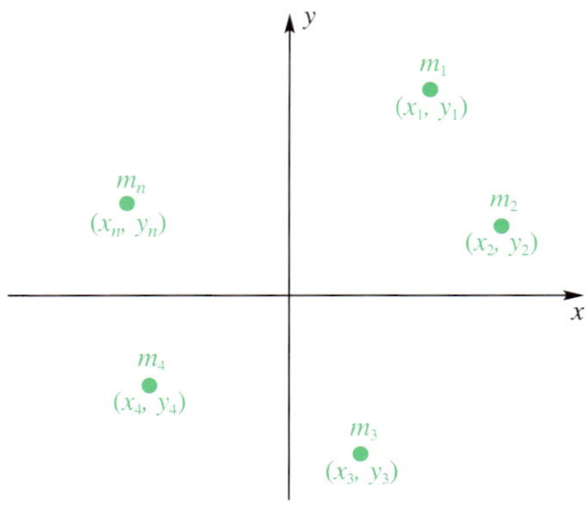

그림 8

$$M_y=\sum_{i=1}^{n} x_i m_i \qquad M_x=\sum_{i=1}^{n} y_i m_i$$

무게중심(평형이 되는 점)의 좌표 $(\bar{x}, \bar{y})$는 다음과 같다.

$$\bar{x}=\frac{M_y}{m}=\frac{\sum_{i=1}^{n} x_i m_i}{\sum_{i=1}^{n} m_i} \qquad \bar{y}=\frac{M_x}{m}=\frac{\sum_{i=1}^{n} y_i m_i}{\sum_{i=1}^{n} m_i}$$

예제 3 무게가 각각 1, 4, 2, 3, 2인 입자들이 점 (6, −1), (2, 3), (−4, 2), (−7, 4), (2, −2)에 놓여 있다. 무게중심을 구하여라.

풀이

$$\bar{x}=\frac{(6)(1)+(2)(4)+(-4)(2)+(-7)(3)+(2)(2)}{1+4+2+3+2}=\frac{-11}{12}$$

$$\bar{y}=\frac{(-1)(1)+(3)(4)+(2)(2)+(4)(3)+(-2)(2)}{1+4+2+3+2}=\frac{23}{12}$$ ■

이제 얇은 판(lamina)의 무게중심을 구하는 문제를 다룬다. 쉽게 계산하기 위해서, 판이 고르다고 가정한다. 즉, 일정한 무게 밀도 δ를 가진다고 하자. 고른 직사각형판의 경우, 무게중심(질량중심)은 그 기하학적 중심이다. 그림 9의 (a), (b)를 보기 바란다.

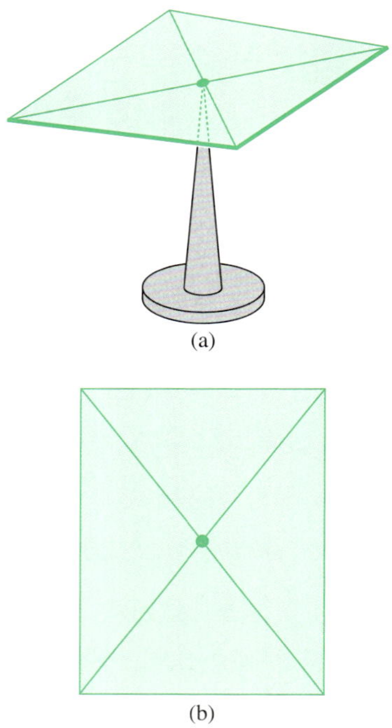
그림 9

이제 $x=a$, $x=b$, $y=f(x)$, 그리고 $y=g(x)$로 둘러싸인 (여기서 $g(x)\le f(x)$) 고른 판을 생각한다. 이 판을 y축에 평행한 가는 띠들로 분할한다. 가는 띠들은 모양이 거의 직사각형이다. 가는 띠들의 무게가 그 기하학적 중심에 모여 있다고 생각한다. 그 다음에 근사값을 구하고, 적분한다(그림 10). 이것으로부터, 다음 공식을 사용하여 무게중심의 좌표 $(\bar{x}, \bar{y})$를 구할 수 있다.

$$\bar{x}=\frac{M_y}{m}, \qquad \bar{y}=\frac{M_x}{m}$$

이것을 계산하면, 인수 δ는 분자와 분모에서 상쇄되어 없어지며, 다음을 얻게 된다.

$$x=\frac{\int_a^b x[f(x)-g(x)]\,dx}{\int_a^b [f(x)-g(x)]\,dx},$$

$$\bar{y}=\frac{\int_a^b \frac{f(x)+g(x)}{2}[f(x)-g(x)]\,dx}{\int_a^b [f(x)-g(x)]\,dx}=\frac{\frac{1}{2}\int_a^b [(f(x))^2-(g(x))^2]\,dx}{\int_a^b [f(x)-g(x)]\,dx}$$

x축에 평행하도록 자르는 것이 y축에 평행하도록 자르는 것보다 더 나은 경우도 있다. 그러면 $\bar{x}$와 $\bar{y}$의 공식들이 y를 적분 변수로 하여서 나오게 된다. 이러한 공식들을 모두 외우려고 애쓰지 말아라. 그것보다는, 그 공식들을 유도한 과정을 기억하는 편이 낫다.

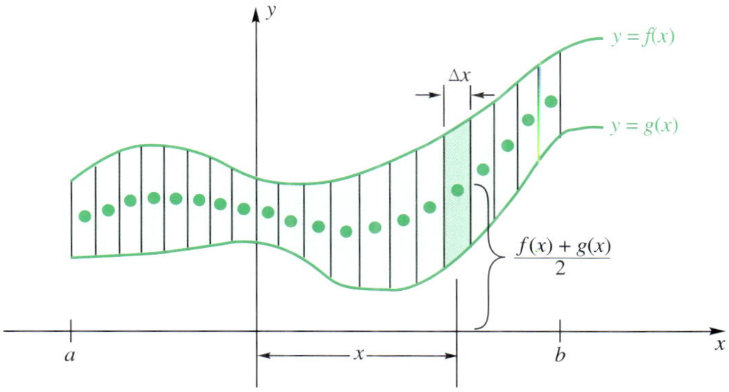

$$\Delta m \approx \delta[f(x)-g(x)]\Delta x \qquad \Delta M_y \approx x\delta[f(x)-g(x)]\Delta x \qquad \Delta M_x \approx \frac{\delta}{2}[(f(x))^2-(g(x))^2]\Delta x$$

$$m=\delta\int_a^b [f(x)-g(x)]dx \qquad M_y=\delta\int_a^b x[f(x)-g(x)]dx \qquad M_x=\frac{\delta}{2}\int_a^b [f^2(x)-g^2(x)]dx$$

그림 10

고른 판의 무게중심은 그 밀도나 무게와 상관이 없으며, 대응하는 평면영역의 생김새에 따라서 완전히 결정된다. 따라서 이것은 물리학 문제가 아니라 기하학 문제이다. 그렇기 때문에, 고른 판의 무게중심이라는 말 대신에, 평면영역의 **도심**(centroid)이라는 말을 쓰기도 한다.

예제 4 곡선 $y=x^3$과 $y=\sqrt{x}$로 둘러싼 영역의 도심을 구하여라.

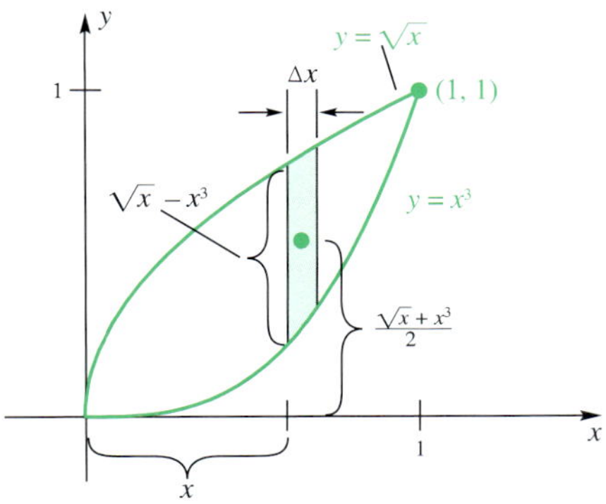

그림 11

풀이 그림 11을 보기 바란다.

$$\bar{x}=\frac{\int_0^1 x[\sqrt{x}-x^3]\,dx}{\int_0^1 [\sqrt{x}-x^3]\,dx}=\frac{\left[\frac{2}{5}x^{5/2}-\frac{x^5}{5}\right]_0^1}{\left[\frac{2}{3}x^{3/2}-\frac{x^4}{4}\right]_0^1}=\frac{\frac{1}{5}}{\frac{5}{12}}=\frac{12}{25}$$

$$\bar{y}=\frac{\int_0^1 \frac{1}{2}(\sqrt{x}+x^3)(\sqrt{x}-x^3)\,dx}{\int_0^1 (\sqrt{x}-x^3)\,dx}=\frac{\frac{1}{2}\int_0^1 [(\sqrt{x})^2-(x^3)^2]\,dx}{\int_0^1 (\sqrt{x}-x^3)\,dx}$$

$$=\frac{\frac{1}{2}\left[\frac{x^2}{2}-\frac{x^7}{7}\right]_0^1}{\frac{5}{12}}=\frac{\frac{5}{28}}{\frac{5}{12}}=\frac{3}{7}$$

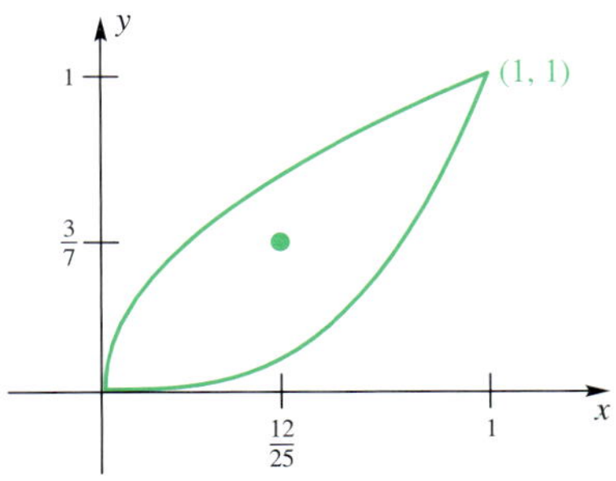

그림 12

그림 12에 도심을 표시해 놓았다. ■

예제 5 곡선 $y=\sin x$의 $(0\le x\le \pi)$ 아래 영역의 도심을 구하여라(그림 13).

풀이 이 도형은 직선 $x=\pi/2$에 대해서 대칭이다. 그러므로 (적분을 하지 않고도) $\bar{x}=\pi/2$라고 결론을 내릴 수 있다. 어떤 영역이 수평 직선이나 수직 직선에 대해 대칭이 되면, 도심이 그 직선에 놓여 있음이 직관적으로 명백하

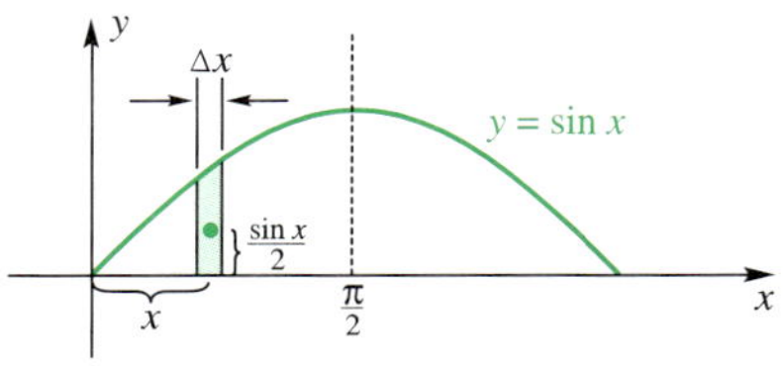

그림 13

며, 실제로도 그렇다.

직관적으로 보아서, $\bar{y}$가 $\frac{1}{2}$보다 작음을 알 수 있다. 왜냐 하면 그 영역은 $\frac{1}{2}$의 아래에 더 많이 놓여 있기 때문이다. 그렇지만 정확한 값을 구하려면, 다음을 계산해야 한다.

$$\bar{y}=\frac{\int_0^{\pi}\frac{1}{2}\sin x\cdot\sin x\,dx}{\int_0^{\pi}\sin x\,dx}=\frac{\frac{1}{2}\int_0^{\pi}\sin^2 x\,dx}{\int_0^{\pi}\sin x\,dx}$$

분모는 쉽게 계산할 수 있으며, 값이 2이다. 분자를 계산하기 위해서, 반각 공식 $\sin^2 x=(1-\cos 2x)/2$를 이용한다.

$$\int_0^{\pi}\sin^2 x\,dx=\frac{1}{2}\left(\int_0^{\pi}1\,dx-\int_0^{\pi}\cos 2x\,dx\right)$$
$$=\frac{1}{2}\left[x-\frac{1}{2}\sin 2x\right]_0^{\pi}=\frac{\pi}{2}$$

그러므로

$$\bar{y}=\frac{\frac{1}{2}\cdot\frac{\pi}{2}}{2}=\frac{\pi}{8}\approx 0.39$$

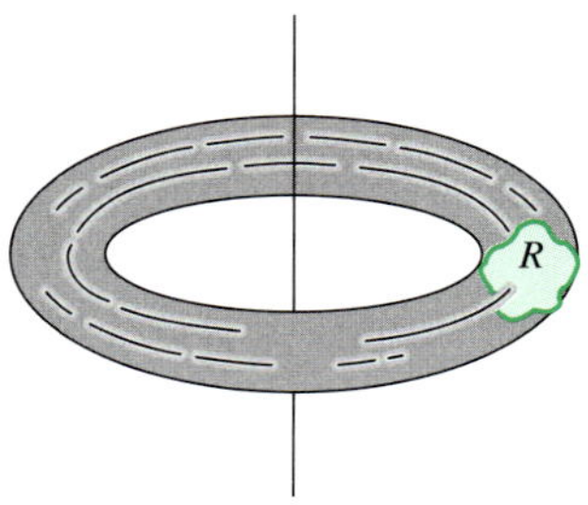

그림 14

파푸스의 정리 서기 300년 무렵, 그리스 기하학자 파푸스(Pappus)는 멋진 결과를 발표하였다. 이것은 도심과 회전체의 부피와의 관계를 보여 준다(그림 14).

정리 A 파푸스의 정리

동일 평면상에 영역 R과 R을 지나지 않는 직선 l이 있다고 하자. 그 직선을 축으로 하여 회전시켰을 때 생기는 입체의 부피는, R의 넓이에 그 도심이 움직인 거리를 곱한 것과 같다.

사실 이 정리는 쉽게 증명할 수 있는데(연습문제 28 참조), 여기서는 예제를 통해서 살펴본다.

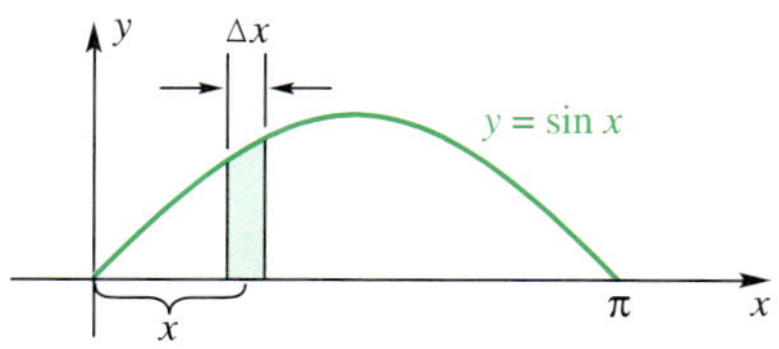

그림 15

예제 6 $y=\sin x(0\le x\le\pi)$의 아래 영역을 x축에 대해 회전한 것에 대해서, 파푸스의 정리가 성립함을 확인하여라(그림 15).

풀이 이 영역은 예제 5에서 다루었으며, $\bar{y}=\pi/8$이다. 이 영역의 넓이 A는

$$A=\int_0^{\pi}\sin x\,dx=[-\cos x]_0^{\pi}=2$$

대응하는 회전 입체의 부피 V는

$$V=\pi\int_0^{\pi}\sin^2 x\,dx=\frac{\pi}{2}\int_0^{\pi}[1-\cos 2x]\,dx=\frac{\pi}{2}\left[x-\frac{1}{2}\sin 2x\right]_0^{\pi}=\frac{\pi^2}{2}$$

파푸스의 정리가 성립함을 확인하려면, 다음을 보여야 한다.

$$A\cdot(2\pi\bar{y})=V$$

그런데 이것은 다음 식과 동등하다.

$$2\left(2\pi\frac{\pi}{8}\right)=\frac{\pi^2}{2}$$

이 식은 참임이 명백하다. ■

개념 복습

1. 무게 4인 물체가 $x=1$에 놓여 있고, 무게 6인 물체가 $x=3$에 놓여 있다. 기하학적 직관으로 생각해 보면, 무게중심은 $x=2$의 ________에 놓여 있다. 사실, 무게중심은 $\bar{x}=$________에 놓여 있다.

2. x축을 따라서 $x=0$과 $x=5$ 사이에 고른 철사줄이 놓여 있다면, 평형을 이루는 지점은 $\bar{x}=$________. 그렇지만 철사줄의 밀도가 $\delta(x)=1+x$이면, 평형을 이루는 점은 2.5의 ________에 있을 것이다. 사실, 평형을 이루는 점 $\bar{x}$는 다음과 같다.

   $\bar{x}=\int_0^5$ ________ $dx/\int_0^5$ ________ dx.

3. 고른 직사각형 판의 꼭지점이 (0, 0), (2, 0), (2, 6), (0, 6)이면, 평형을 이루는 점의 좌표는 $\bar{x}=$________, $\bar{y}=$________.

4. 꼭지점이 (2, 0), (4, 0), (4, 2), (2, 2)인 고른 정사각형 판을 문제 3의 판에다 붙여 놓았다. 두 판들이 같은 상수 밀도를 가진다고 가정하면, 그 결과로 나오는 L 모양의 판이 평형을 이루는 점의 좌표는 $\bar{x}=$________, $\bar{y}=$________.

연습문제 5.6

1. 무게가 $m_1=5$, $m_2=7$, $m_3=9$인 입자들이 직선을 따라서 $x_1=2$, $x_2=-2$, $x_3=1$에 놓여 있다. 무게중심은 어디인가?

2. 아빠, 엄마의 몸무게는 각각 180, 110파운드인데, 길이가 12피트인 시소의 양 끝에 앉아 있으며, 시소의 가운데에 받침점이 있다. 몸무게가 80파운드인 아들이 어디에 앉아야 시소가 평형이 되겠는가?

3. 길이가 7인 곧은 철사줄이 있는데, 한쪽 끝으로부터의 거리가 x인 지점의 밀도는 $\delta(x)=\sqrt{x}$이다. 이 끝으로부터 무게중심까지의 거리를 구하여라.

4. $\delta(x)=1+x^3$이라 하고, 문제 3을 풀어 보아라.

5. 좌표평면에 놓여 있는 입자들의 무게와 좌표가 다음과 같다: 2, (1, 1); 3, (7, 1); 4, (−2, −5); 6, (−1, 0); 2, (4, 6). 좌표축들에 대한 이 체계의 모멘트를 구하고, 무게중심의 좌표를 구하여라.

6. 입자들의 무게와 좌표가 다음과 같다: 5, (−3, 2); 6, (−2, −2) 2, (3, 5); 7, (4, 3); 1, (7, −1). 좌표축들에 대한 이 체계의 모멘트를 구하고, 무게중심의 좌표를 구하여라.

7. 그림 10의 네모 속에 있는 ΔM_y, ΔM_x, M_y, M_x의 공식이 옳음을 증명하여라.

문제 8~16에서 주어진 선들로 둘러싸인 영역의 도심을 구하여라. 그림을 그리고, 대칭이 있다면 이용하여라.

8. $y=2-x$, $y=0$, $x=0$

9. $y=2-x^2$, $y=0$

10. $y=\frac{1}{3}x^2$, $y=0$, $x=4$

11. $y=x^3$, $y=0$, $x=1$

12. $y=\frac{1}{2}(x^2-10)$, $y=0$, $x=-2$와 $x=2$ 사이

13. $y=2x-4$, $y=2\sqrt{x}$, $x=1$

14. $y=x^2$, $y=x+3$ **15.** $x=y^2$, $x=2$

16. $x=y^2-3y-4$, $x=-y$

17. 그림 16의 고른 판 R_1과 R_2 각각에 대해서, m, M_y, M_x, $\bar{x}$, $\bar{y}$를 구하여라.

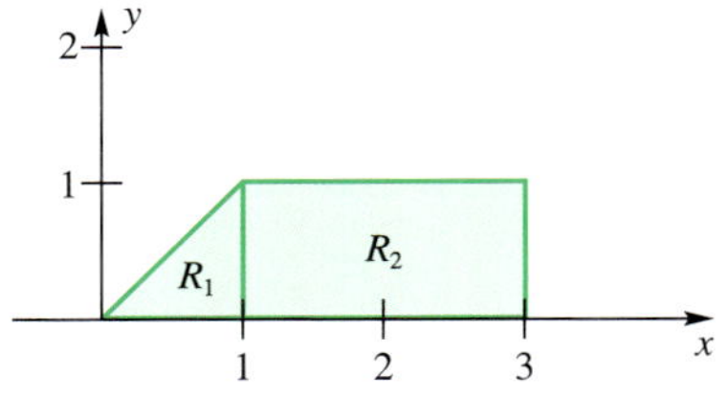

그림 16

18. 그림 17의 고른 판에 대해서, m, M_y, M_x, $\bar{x}$, $\bar{y}$를 구하여라.

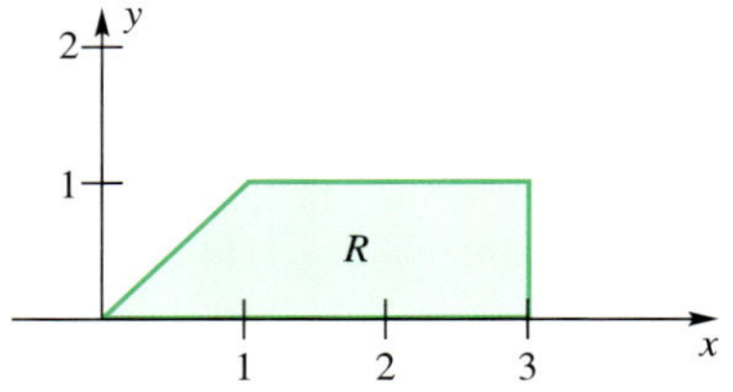

그림 17

19. 그림 18의 고른 판 R_1과 R_2를 생각한다. 그리고 R_1과 R_2의 합을 R_3이라 한다. $i=1, 2, 3$에 대해서, $m(R_i)$, $M_y(R_i)$, $M_x(R_i)$, 는 각각 R_i의 무게, y축에 대한 모멘트, x축에 대한 모멘트를 나타낸다. 다음이 성립함을 보여라.

$$m(R_3)=m(R_1)+m(R_2)$$
$$M_y(R_3)=M_y(R_1)+M_y(R_2)$$
$$M_x(R_3)=M_x(R_1)+M_x(R_2)$$

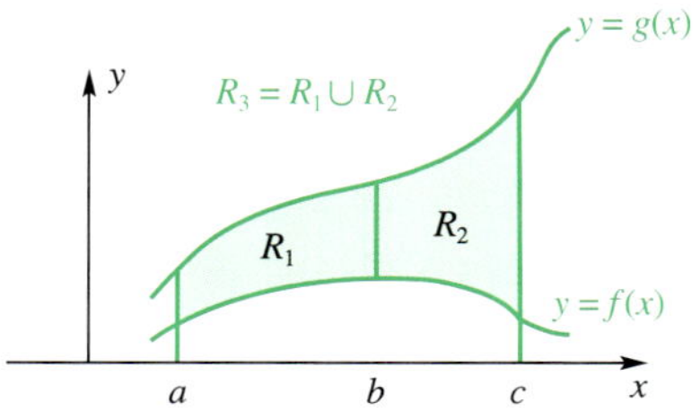

그림 18

20. 그림 19의 고른 판 R_1과 R_2에 대해서, 문제 19를 풀어보아라.

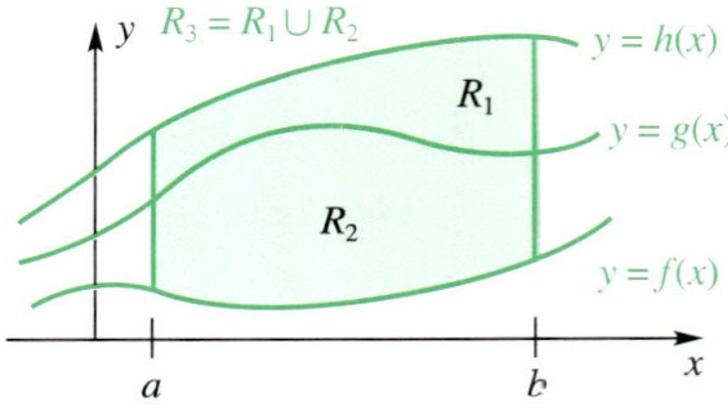

그림 19

문제 21~24에서 주어진 영역을 직사각형들로 쪼개고, 전체 영역의 모멘트 M_x와 M_y는 조각들의 대응하는 모멘트들을 더하면 얻게 된다고 하자. (문제 19, 20 참조) 이것을 이용하여, 주어진 영역의 도심을 구하여라.

21.

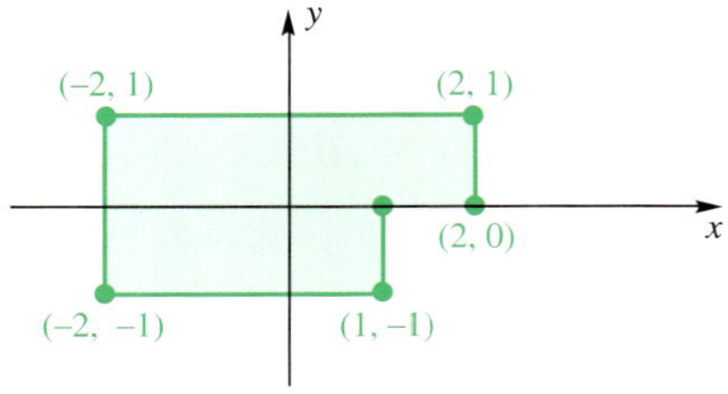

22.

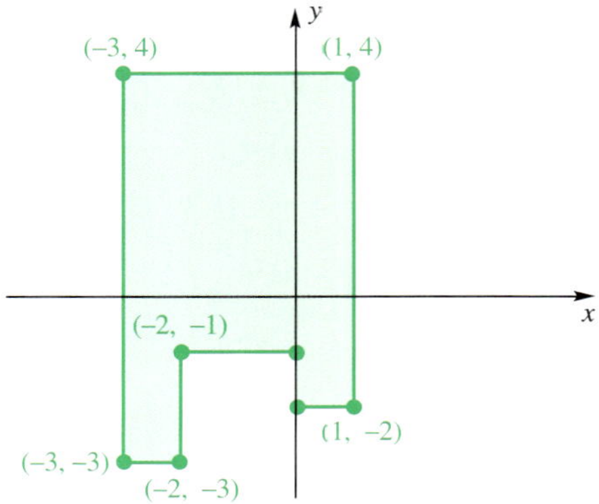

23.

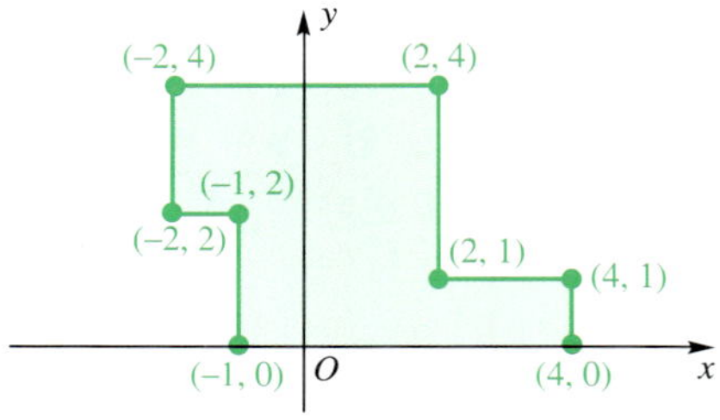

24.

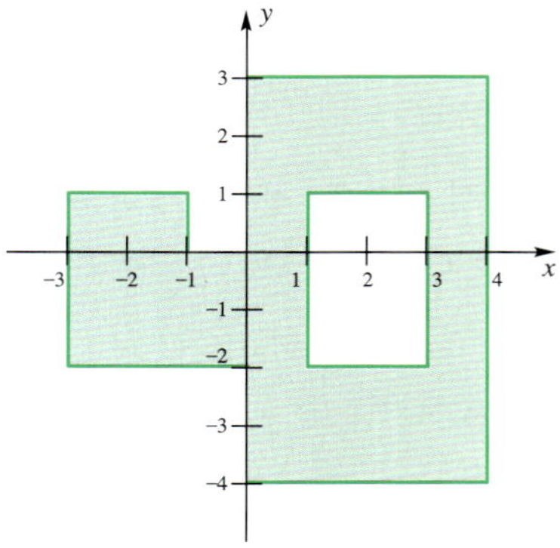

25. 파푸스의 정리를 이용하여, $y=x^3$, $y=0$, $x=1$로 둘러싼 영역을 y축에 대해 회전시켰을 때 생기는 입체의 부피를 구하여라(도심은 문제 11 참조). 원주각방법을 이용하여 이 문제를 풀어 보고, 답이 일치하는지 확인하여라.

26. 파푸스의 정리를 이용하여, 원 $x^2+y^2=a^2$의 내부 영역을 직선 $x=2a$에 대해 회전시켰을 때 생기는 토러스의 부피를 구하여라.

27. 파푸스의 정리와, 우리가 익히 알고 있는 구의 부피 공식을 이용하여, 반지름이 a인 반원 영역의 도심을 구하여라.

28. 그림 20은 넓이가 A인 영역인데, 이것을 y축에 대해 회전시키는 것을 생각하고, 파푸스의 정리를 증명하여라.

도움말: $V=2\pi\int_a^b xh(x)ds$ 그리고 $\bar{x}=\int_a^b (xh(x)dx)/A$.

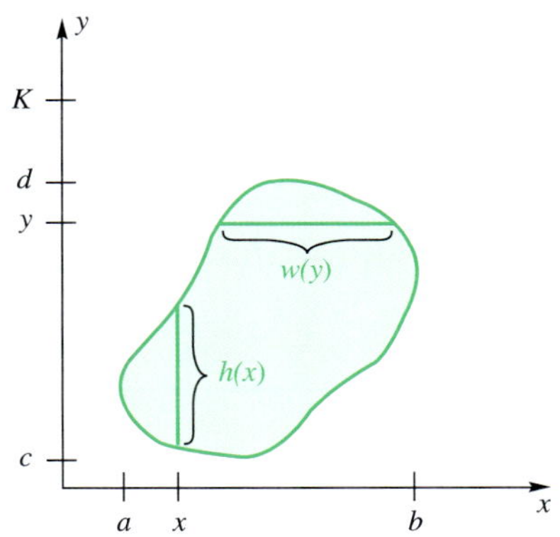

그림 20

29. 그림 20의 영역을 직선 $y=K$에 대해 회전시켜서 입체를 만들었다.

(a) 원주각방법을 이용하여, 부피의 공식을 $w(y)$를 써서 나타내어라.

(b) 파푸스의 공식을 쓰고, 이것을 좀 더 간단하게 만들면, 같은 결과가 나옴을 보여라.

30. 그림 21의 삼각형 T를 생각한다.

(a) $\bar{y}=h/3$임을 보여라(따라서 삼각형의 도심은 중선들의 교점이다).

(b) T를 직선 $y=k$에 대해 회전시켰을 때 생기는 입체의 부피를 구하여라(파푸스의 정리).

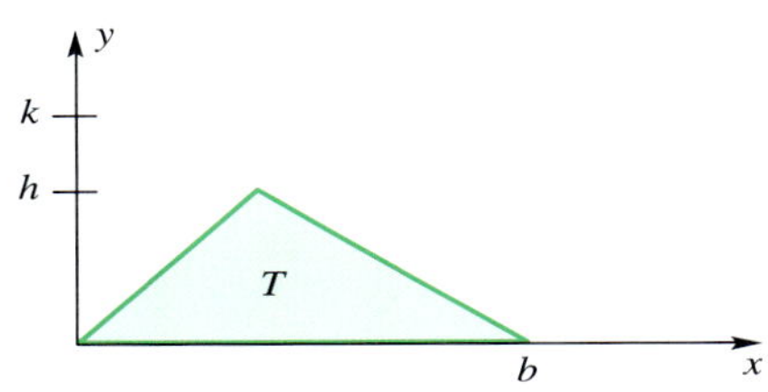

그림 21

31. 변의 개수가 $2n$개인 정다각형 P가 반지름이 r인 원에 내접하고 있다.

(a) P를 자신의 한 변에 대해 회전시켰을 때 생기는 입체의 부피를 구하여라.

(b) $n\to\infty$로 하여서, 답이 맞음을 확인해 보아라.

32. f는 [0, 1]에서 연속이며, 음이 아닌 함수이다.

(a) $\int_0^\pi xf(\sin x)\,dx=(\pi/2)\int_0^\pi f(\sin x)\,dx$임을 보여라.

(b) (a)를 이용하여, $\int_0^\pi x\sin x\cos^4 x\,dx$를 계산하여라.

33. 구간 [0, 1]의 모든 x에 대해서 $0\le f(x)\le g(x)$이다. f와 g의 그래프 아래 영역을 각각 R, S라 하자. $\bar{y}_R\le\bar{y}_S$가 성립하는지 여부를 밝혀라.

C **34.** 그림 22에 나오는 판의 도심을 대략 구하여라. 거리 단위는 센티미터이며, 수평으로 잰 것들은 5 센티미터 간격으로 재었다.

C **35.** 문제 34의 판에다 반지름 2.5센티미터인 구멍을 뚫었다. 구멍의 위치는 그림 23과 같다. 구멍을 뚫은 판의 도심을 구하여라.

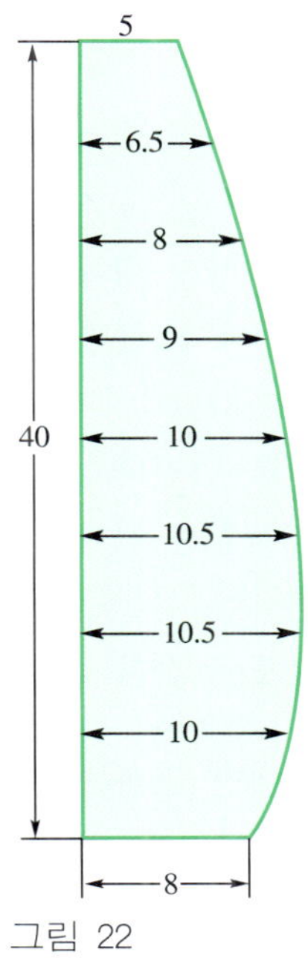

그림 22

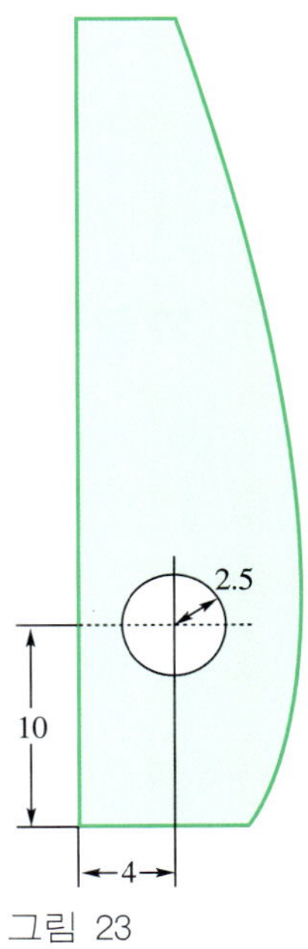

그림 23

C **36.** 어떤 지역(나라, 도, 군)의 지리학적 중심(geographic center)은 그 지역의 도심(centroid)이라고 정의한다. 그림 24의 지도를 이용하여, 일리노이주의 지리학적 중심을 대략 구하여라. 모든 거리는 대략의 값이며, 마일 단위이다. 주어진 동-서 거리들은 20마일씩 떨어져서 잰 것들이다. 주의 동쪽 경계선과, 가운데 부분에서 주의 동쪽 경계선이 되는 남-북 방향 직선과의 거리도 알아야 한다. 가

장 북쪽에서부터 시작해서, 이 거리는 13, 10마일이다. 그리고 가장 남쪽에서부터 시작해서, 이 거리는 85(남쪽 끝 뾰족한 부분), 50, 30, 25, 15, 10마일이다. 기타 가운데 부분들은 동쪽 최고 끝에서부터 동-서 거리를 잰 것이라고 가정해라.

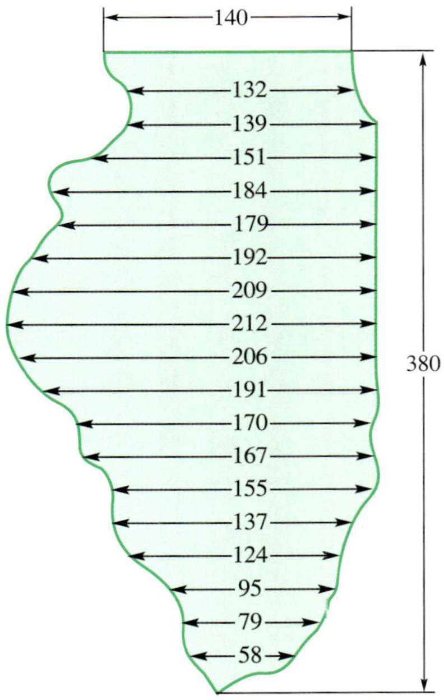

그림 24

개념 복습 해답: **1.** 오른쪽; $(4 \cdot 1+6 \cdot 3)/(4+6)$ **2.** 2.5; 오른쪽; $x(1+x)$; $1+x$ **3.** 1; 3 **4.** $\frac{24}{16}$; $\frac{40}{16}$

5.7 확률과 확률변수

여러가지 상황에서 실험의 결과는 처음 시도할 때와 다음 시도할 때는 다르다. 예를 들면, 동전을 던질 때 어떨 때는 앞면이 나오고 다른 때는 뒷면이 나온다. 메이저리그 피처는 한 게임에 두 이닝을 던지고 다른 게임에서는 7이닝을 던진다. 어느 자동차의 베터리는 20개월 동안 쓸 수 있고 다른 자동차는 40개월을 간다. 우리는 결과가 한 번 시도할 때에서 다른 시도를 할 때 변하면 실험결과는 **무작위**(random)라고 한다. 그러나 시행이 많으면 결과는 정규분포로 간다.

어떤 결과는 비행 후에 목적지에 안전하게 도착하는 것처럼 빈번히 발생하고, 반면에 어떤 사건은 추첨에서 이기는 것처럼 빈번하지 않는 것도 있다. 결과나 사건(결과들의 집합)이 어떤가를 측정하기 위하여 확률을 사용한다. 거의 확실하게 일어나는 사건은 1에 가까운 확률을 갖는다. 거의 일어나지 않는 사건은 확률이 0에 가깝다. 동전을 한 번 던졌을 때 앞면이 나오는 것처럼, 무작위로 일어나는 사건은 확률이 $\frac{1}{2}$이다. 일반적으로, 사건의 확률은 사건이 일어날 전체 시도에 대해 실제 일어난 회수의 비율이다.

만일 A가 사건 즉, 가능한 결과의 집합이라면, A의 확률을 $P(A)$로 나타낸다. 확률은 다음 성질을 만족한다.

1. 모든 사건 A에 대하여, $0 \le P(A) \le 1$이다.
2. S가 **표본공간**(sample space)이라 부르는 모든 가능한 결과들의 집합이라면, $P(S)=1$이다.
3. 사건 A와 B가 **서로소**(disjoint) 즉, 둘 다 공통으로 나오는 결과가 없다면, $P(A$ 또는 $B)=P(A)+P(B)$이다.

이상의 사실로부터, 다음을 말할 수 있다. A^c가 사건 A의 여집합이면, 즉, A^c는 사건 A가 아닌 표본공간 S안의 모든 결과들의 집합이면, $P(A^c)=1-P(A)$이다. 또한, A_1, A_2, $\cdots$, A_n이 서로소이면, $P(A_1$ 또는 A_2 또는 $\cdots$ 또는 $A_n)=P(A_1)+P(A_2)+\cdots+P(A_n)$이다.

한 실험의 결과에 수값을 대응시키는 규칙을 **확률변수**(random variable)라고 한다. 관습적으로 확률변수를 대문자로 나타내고 확률변수에 관한 가능한 또는 실제값을 나타내기 위해 소문자를 사용한다. 예를 들면, 세 개의 동전을 던지는 실험을 한다고 하자. 이 경우에, 표본공간은 집합 $\{HHH, HHT, HTH, THH, HTT, THT, TTH, TTT\}$이다. 확률변수 X를 세 번 던지는 시행에서 앞면이 나오는 수로 정의할 수 있다. X의 **확률분포**(probability distribution) 즉, 모든 가능한 X의 값과 그들에 대응하는 확률을 함께 나타낸 표는 아래와 같다.

x	0	1	2	3
$P(X=x)$	$\frac{1}{8}$	$\frac{3}{8}$	$\frac{3}{8}$	$\frac{1}{8}$

확률과 통계에서 중요한 개념은 확률변수의 기대에 관한 것이다. 아래 정의에 동기부여를 위해서, 다음 실험을 생각해 보자. 한 번에 세 개의 동전을 반복해서 던진다고 하자. 예를 들어, 세 동전을 10,000번 던졌다고 하자. 확률의 정의에 의하여, 앞면이 0개, 나오는 것은 10,000회 던질 때 $\frac{1}{8}$ 즉, $\frac{1}{8}\cdot 10{,}000=1{,}250$회라고 '기대'한다. 똑같이 앞면이 1개 나오는 것은 $\frac{3}{8}\cdot 10{,}000=3{,}750$회, 앞면이 2개 나오는 것은 $\frac{3}{8}\cdot 10{,}000=3{,}750$회, 앞면이 3개 나오는 것은 $\frac{1}{8}\cdot 10{,}000=1{,}250$회를 기대한다. 세 동전을 10,000회 던져 얼마나 많은 앞면을 함께 볼 수 있을까? 다음과 같이 기대한다.

앞면 0개 1,250회, 앞면 합계 0개
앞면 1개 3,750회, 앞면 합계 3,750개
앞면 2개 3,750회, 앞면 합계 7,500개
앞면 3개 1,250회, 앞면 합계 3,750개

전부 합하여 앞면은 $0+3{,}750+7{,}500+3{,}750=15{,}000$개를 기대한다. 따라서 세 동전을 던지는 한 번의 시행에서 $15{,}000/10{,}000=1.5$개의 앞면이 나올 것으로 기대한다. 기대도수를 얻기 위해 각 확률에 10,000을 곱했지만 나중에 10,000으로 나누었다. 즉,

$$\begin{aligned}1.5 &= \frac{15,000}{10,000} \\ &= \frac{1}{10,000}\,[0P(X=0)\ 10,000 + 1P(X=1)\ 10,000 \\ &\qquad + 2P(X=2)\ 10,000 + 3P(X=3)\ 10,000] \\ &= 0P(X=0) + 1P(X=1) + 2P(X=2) + 3P(X=3)\end{aligned}$$

마지막 줄이 우리가 기대하는 것의 의미이다.

정의 확률변수의 기대값

X가 다음 확률분포를 갖는 확률변수일 때

x	x_1	x_2	$\cdots$	x_n
$P(X=x)$	p_1	p_2	$\cdots$	p_n

$E(X)$로 나타내는 X의 **기대값**(expectation)은 X의 **평균**(mean)이라고도 하고 μ로도 나타내며 다음과 같다.

$$\mu = E(X) = x_1p_1 + x_2p_2 + \cdots + x_np_n = \sum_{i=1}^{n} x_ip_i$$

$E(x)$에 관한 공식 $\sum_{i=1}^{n} x_ip_i$(모든 확률의 합은 1)은, x_1, x_2, $\cdots$, x_n에 위치하여 질량이 p_1, p_2, $\cdots$, p_n을 갖는 입자들의 집합의 무게중심에 관한 공식과 같다.

$$\text{질량중심} = \frac{M}{m} = \frac{\sum_{i=1}^{n} x_ip_i}{\sum_{i=1}^{n} p_i} = \frac{\sum_{i=1}^{n} x_ip_i}{1} = \sum_{i=1}^{n} x_ip_i = E(X)$$

예제 1 플라스틱을 틀에 투입하여 한 번에 20개의 플라스틱 부품을 만든다. 20개의 부품에서 진공(부품안의 거품)과 금 같은 결함을 조사한다. 결함수에 대한 확률분포는 다음과 같다고 가정한다.

x_i	0	1	2	3
p_i	0.90	0.06	0.03	0.01

다음을 구하여라.

(a) 적어도 한 개의 부품결함이 있을 확률

(b) 결함부품의 기대 수

풀이 (a) $P(X \geq 1) = P(X=1) + P(X=2) + P(X=3)$

$$= 0.06 + 0.03 + 0.01 = 0.10$$

(b) 결함부품수에 대한 기대값은

$$E(X) = 0.090 + 1 \cdot 0.06 + 2 \cdot 0.03 + 3 \cdot 0.01 = 0.15$$

따라서 20개 부품당 0.15개의 결함부품을 기대한다. ■

> **모델**
>
> 유명한 통계학자가 말하기를, "정확한 모델은 하나도 없다. 그러나 유용한 것은 많이 있다." 이 절에 있는 것과 같은 확률모델은 우리가 사는 세상의 완벽하게 정확한 표현은 아니지만 실제 세상의 근사한 것으로 간주해야만 한다.

이 절에서 지금까지는 가능한 값의 수가 유한한 확률변수를 취급했다. 이 상황은 앞 절에서 점질량을 갖는 것과 비슷하다. 결과가 무한한 다른 상황도 있다. 확률변수 X의 모든 값들의 집합이 $\{x_1, x_2, \cdots, x_n\}$과 같이 유한하든지 $\{x_1, x_2, \cdots\}$와 같이 무한하다면, 확률변수 X는 **이산적**(discrete)이라 한다. 확률변수 X가 어떤 실수구간에서 모든 값을 가질 수 있으면, X를 **연속**(continuous) 확률변수라 한다. 예를 들면, 정지 등의 대기시간, 플라스틱 성형 부품의 질량 또는 배터리의 수명과 같이 최소한 이론적으로 결과가 구간 내의 임의의 실수인 상황들이 있다. 물론 실제로는, 모든 측정값은 반올림한다. 이 상황에서 확률변수는 실제로 이산적(굉장히 여러 가능한 결과에)이지만 연속확률변수도 종종 훌륭한 근사값이 된다.

연속확률변수는 앞 절에서 질량의 연속분포와 비슷한 방법으로 공부하였다. 연속확률변수 X에 대해 확률밀도함수(PDF)를 정의한다. 구간 $[A, B]$에서 값을 갖는 확률변수 X에 관한 PDF는 다음을 만족하는 함수이다.

1. $f(x) \geq 0$
2. $\int_A^B f(x)\,dx = 1$
3. $[A, B]$ 안의 모든 $a, b (a \leq b)$에 대하여, $p(a \leq X \leq b) = \int_a^b f(x)\,dx$이다.

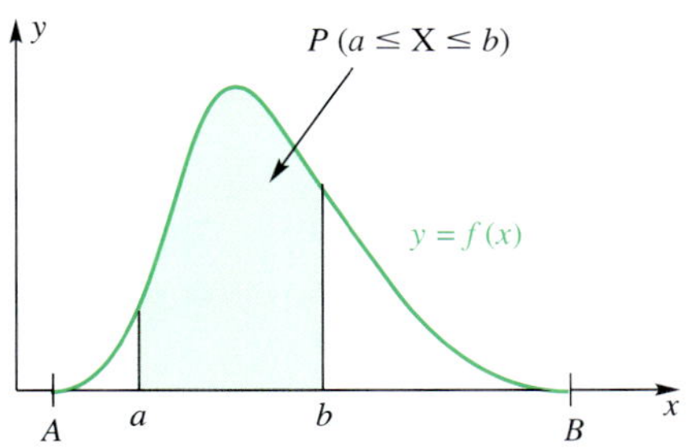

그림 1

세 번째 성질은 그림 1에서 보는 것처럼, PDF 아래의 넓이를 구하여 연속확률변수에 관한 확률을 구할 수 있다는 것을 말해 둔다.

관습적으로 구간 $[A, B]$ 밖에서는 PDF를 영으로 정의한다.

연속확률변수 X의 **기대값** 또는 **평균**은

$$\mu = E(X) = \int_A^B x f(x)\,dx$$

이다. 이산확률변수의 경우처럼, 밀도가 일정하지 않은 물체의 무게중심과 비슷하다.

$$\text{무게중심} = \frac{M}{m} = \frac{\int_A^B x f(x)\,dx}{\int_A^B f(x)\,dx} = \frac{\int_A^B x f(x)\,dx}{1} = \int_A^B x f(x)\,dx = E(X)$$

예제 2 연속확률변수 X는 다음 PDF를 갖는다.

$$f(x) = \begin{cases} \dfrac{1}{10}, & 0 \leq x \leq 10 \\ 0, & \text{그 외} \end{cases}$$

다음을 구하여라.

(a) $P(1 \le X \le 9)$ (b) $P(X \ge 4)$ (c) $E(X)$

풀이 확률변수 X는 구간 [0, 10]에서 값을 갖는다.

(a) $P(1 \le X \le 9) = \int_1^9 \frac{1}{10} dx = \frac{1}{10} \cdot 8 = \frac{4}{5}$

(b) $P(X \ge 4) = \int_4^{10} \frac{1}{10} dx = \frac{1}{10} \cdot 6 = \frac{3}{5}$

(c) $E(X) = \int_0^{10} x \frac{1}{10} dx = \left[\frac{x^2}{20} \right]_0^{10} = 5$

≈ 이 답은 합리적인가? 확률변수 X는 구간 [0, 10]에서 일양적으로(uniformly) 분포하므로, 고른 막대기의 질량의 80%가 1과 9 사이에 있듯이 확률의 80%가 1과 9 사이에 있어야 한다. 대칭성에 의해, 길이가 10인 고른 막대기의 무게중심이 어느 쪽으로 부터도 5단위에 있는 것처럼, X의 기대값 또는 평균은 5라고 기대한다. ■

PDF에 밀접하게 연관되어 있는 함수는, 확률변수 X에 대해

$$F(x) = P(X \le x)$$

로 정의하는 함수인 **누적분포함수**(cumulative distribution function-CDF)이다. 이 함수는 이산 그리고 연속확률변수 모두에 대하여 정의된다. 예제 1에 주어진 것과 같은 이산확률변수에 대해, CDF는 값 x_i에서 $p_i = P(X = x_i)$의 도약(jump)을 갖는 계단함수이다(문제 33). 구간 $[A, B]$에서 값을 갖고 PDF $f(x)$를 갖는 연속확률변수 X에 대해, CDF는 다음 정적분과 같다(그림 2).

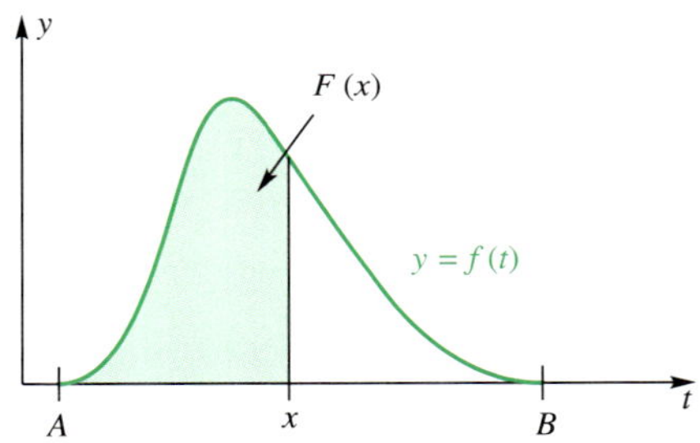

그림 2

$$F(x) = \int_A^x f(t)\,dt, \quad A \le x \le B$$

$x < A$에 대해, CDF $F(x)$는 영이다. 왜냐하면 A보다 같거나 작을 확률이 영이기 때문이다. $x > B$에 대해서도 비슷하게, B보다 클 값과 같거나 작을 확률은 1이기 때문에 CDF는 1이다.

제4장에서 이런 방식으로 정의된 함수를 참조하기 위하여 누적함수(accumulation function)를 사용하였다. CDF는 PDF 아래의 누적넓이로 정의하였다. 그러므로 이것은 누적함수이다. 다음 정리는 CDF의 여러 성질을 나타내고 있다. 증명은 쉽기 때문에 연습문제로 남긴다(연습문제 19).

정리 A

X가 구간 $[A, B]$에서 값을 갖는 연속확률변수라 하고 그의 PDF를 $f(x)$, CDF를 $F(x)$라 하면,

1. $F'(x) = f(x)$
2. $F(A) = 0$이고 $F(B) = 1$
3. $p(a \le X \le b) = F(b) - F(a)$

예제 3 신뢰성 이론에서, 확률변수는 종종 휴대용 컴퓨터의 배터리와 같은 어떤 품목에 대한 수명이다. 수명에 대해 확률과 기대값을 구하는 데 PDF가 사용된다. 배터리 수명(시간단위)을 연속확률변수로 하는 다음 PDF에 대하여 답하여라.

$$f(x)=\begin{cases}\dfrac{12}{625}x^2(5-x), & 0\le x\le 5\\ 0, & \text{그 외}\end{cases}$$

(a) 이것은 PDF가 확실함을 보이고 그 그래프를 그려라.

(b) 배터리가 적어도 3시간은 지속될 확률을 구하여라.

(c) 수명의 기대값을 구하여라.

(d) CDF를 구하고 그래프를 그려라.

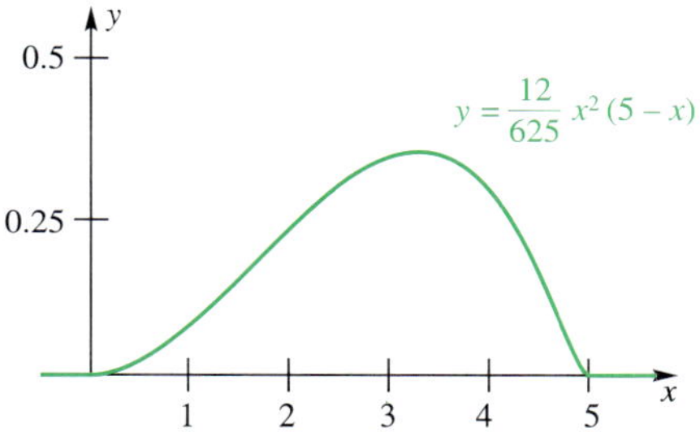

그림 3

풀이 이 문제의 적분을 구하는데 그래프용 계산기나 CAS가 도움이 된다.

(a) 모든 x에 대해 $f(x)\ge 0$이고

$$\int_0^5 \frac{12}{625}x^2(5-x)\,dx=\frac{12}{625}\int_0^5(5x^2-x^3)\,dx=\frac{12}{625}\left[\frac{5}{3}x^3-\frac{1}{4}x^4\right]_0^5=1$$

PDF의 그래프는 그림 3과 같다.

(b) 확률은 적분으로 구한다.

$$\begin{aligned}P(X\ge 3)&=\int_3^5\frac{12}{625}x^2(5-x)\,dx\\&=\frac{12}{625}\left[\frac{5}{3}x^3-\frac{1}{4}x^4\right]_3^5\\&=\frac{328}{625}\\&=0.5248\end{aligned}$$

(c) 기대수명은 다음과 같다.

$$\begin{aligned}E(X)&=\int_0^5 x\left[\frac{12}{625}x^2(5-x)\right]dx\\&=\frac{12}{625}\int_0^5(5x^3-x^4)\,dx\\&=\frac{12}{625}\left[\frac{5}{4}x^4-\frac{1}{5}x^5\right]_0^5\\&=3\text{시간}\end{aligned}$$

(d) 0과 5 사이의 x에 대해

$$F(x)=\int_0^x\frac{12}{625}t^2(5-t)\,dt$$

$$=\frac{4}{125}x^3-\frac{3}{625}x^4$$

$x<0$일 때, $F(x)=0$, $x>5$일 때 $F(x)=1$이다. 그래프는 그림 4와 같다. ■

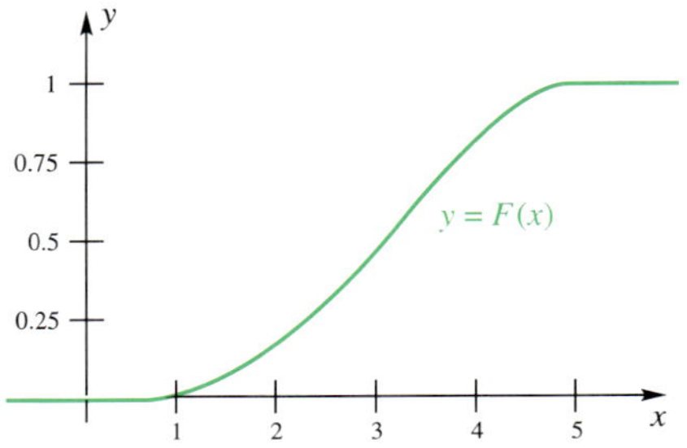

그림 4

개념 복습

1. 가능한 결과의 집합이 유한이거나 무한이더라도 나열할 정도인 확률변수는 ________ 확률변수라 한다. 가능한 결과들의 집합이 실구간에서 이루어지는 확률변수를 ________ 확률변수라 한다.
2. 이산확률변수에 대해서는 ________을 계산하여 확률과 기대값을 구하고, 연속확률변수에 대해서는 ________을 계산하여 확률과 기대값을 구한다.
3. 연속확률변수 X가 $[0, 20]$에서 값을 갖고 PDF가 $f(x)$라면, ________을 계산하여 $P(X\leq 5)$를 찾을 수 있다.
4. 확률(PDF 아래의 넓이)을 누적하는 누적함수 $\int_A^x f(t)\,dt$를 ________라고 한다.

연습문제 5.7

문제 1~8에서, 확률변수 X에 관한 이산확률분포가 주어져 있다. 주어진 분포를 사용하여 다음을 구하여라.

(a) $P(X\geq 2)$ (b) $E(X)$

1.

x_i	0	1	2	3
p_i	0.80	0.10	0.05	0.05

2.

x_i	0	1	2	3	4
p_i	0.70	0.15	0.05	0.05	0.05

3.

x_i	−2	−1	0	1	2
p_i	0.2	0.2	0.2	0.2	0.2

4.

x_i	−2	−1	0	1	2
p_i	0.1	0.2	0.4	0.2	0.1

5.

x_i	1	2	3	4
p_i	0.4	0.2	0.2	0.2

6.

x_i	−0.1	100	1000
p_i	0.980	0.018	0.002

7. $p_i=(5-i)/10,\ x_i=i,\ i=1, 2, 3, 4$

8. $p_i=(2-i)^2/10,\ x_i=i,\ i=0, 1, 2, 3, 4$

문제 9~18에서 연속확률변수 X에 관한 PDF가 주어져 있다. PDF를 사용하여 다음을 구하여라.

(a) $P(X\geq 2)$ (b) $E(X)$ (c) CDF

9. $f(x)=\begin{cases}\frac{1}{20}, & 0\leq x\leq 20\\ 0, & \text{그 외}\end{cases}$

10. $f(x)=\begin{cases}\frac{1}{40}, & -20\leq x\leq 20\\ 0, & \text{그 외}\end{cases}$

11. $f(x)=\begin{cases}\frac{3}{256}x(8-x), & 0\leq x\leq 8\\ 0, & \text{그 외}\end{cases}$

12. $f(x)=\begin{cases}\frac{3}{4000}x(20-x), & 0\leq x\leq 20\\ 0, & \text{그 외}\end{cases}$

13. $f(x)=\begin{cases}\frac{3}{64}x^2(4-x), & 0\leq x\leq 4\\ 0, & \text{그 외}\end{cases}$

14. $f(x)=\begin{cases} \frac{8-x}{32}, & 0 \le x \le 8 \\ 0, & \text{그 외} \end{cases}$

15. $f(x)=\begin{cases} \frac{\pi}{8}\sin\left(\frac{\pi x}{4}\right), & 0 \le x \le 4 \\ 0, & \text{그 외} \end{cases}$

16. $f(x)=\begin{cases} \frac{\pi}{8}\cos\left(\frac{\pi x}{8}\right), & 0 \le x \le 4 \\ 0, & \text{그 외} \end{cases}$

17. $f(x)=\begin{cases} \frac{4}{3}x^{-2}, & 1 \le x \le 4 \\ 0, & \text{그 외} \end{cases}$

18. $f(x)=\begin{cases} \frac{81}{40}x^{-3}, & 1 \le x \le 9 \\ 0, & \text{그 외} \end{cases}$

19. 정리 A에서 CDF의 세 성질을 증명하여라.

20. 연속확률변수 X는 PDF가 다음과 같을 때, 구간 $[a, b]$에서 **일양분포**(uniform distribution)를 가진다고 한다.

$$f(x)=\begin{cases} \frac{1}{b-a}, & a \le x \le b \\ 0, & \text{그 외} \end{cases}$$

(a) X값이 b보다 a에 더 가까울 확률을 구하여라.

(b) X의 기대값을 구하여라.

(c) X의 CDF를 구하여라.

21. 연속확률변수 X의 **중앙값**(median)은 $P(X \le x_0)=0.5$인 값 x_0이다. 구간 $[a, b]$에서 일양확률변수의 중앙값을 구하여라.

22. 적분을 하지 않고 $0 \le x \le 4$에서 PDF가 $f(x)=\frac{15}{512}x^2(4-x)^2$인 확률변수의 중앙값을 구하여라. 도움말: 대칭을 이용한다.

23. $f(x)=kx(5-x)$, $0 \le x \le 5$가 PDF가 되도록 k의 값을 구하여라. 도움말: PDF는 1로 적분해야 한다.

24. $f(x)=kx^2(5-x)^2$, $0 \le x \le 5$가 PDF가 되도록 k의 값을 구하여라.

25. 근로자가 어떤 일을 마치는데 걸리는 시간(분단위)이 확률변수인 PDF가 $f(x)=k(2-|x-2|)$, $0 \le x \le 4$이다.

(a) PDF가 될 k의 값을 구하여라.

(b) 일을 마치는데 3분이상 걸릴 확률은?

(c) 일을 마치는데 걸리는 시간의 기대값은?

(d) CDF $F(x)$를 구하여라.

(e) Y를 일을 마치는데 걸리는 시간(초 단위로)이라 할때 Y의 CDF는?

도움말: $P(Y \le y)=P(60X \le y)$

26. 여름날 세인트루이스의 대기질지수(AQI)를 확률변수로 하는 PDF가 $f(x)=kx^2(180-x)$, $0 \le x \le 180$이다.

(a) PDF가 될 k의 값을 구하여라.

(b) AQI가 100과 150 사이면 '오렌지 주의보'날이다. 여름날이 '오렌지 주의보'일 확률은?

(c) 여름 AQI의 기대값을 구하여라.

CAS 27. 드릴로 뚫는 구멍을 밀리미터 단위로 잴 때 지름을 확률변수로 하는 PDF가 $f(x)=kx^6(0.6-x)^8$, $0 \le x \le 0.6$이다.

(a) PDF가 될 k의 값을 구하여라.

(b) 시방서에서는 구멍의 지름이 0.35와 0.45mm 사이이길 요구한다. 이러한 조건을 만족하지 못하는 것들은 버린다. 어느 하나가 버려질 확률은?

(c) 구멍지름의 기대값은?

(d) CDF $F(x)$를 구하여라.

(e) Y를 인치단위로 구멍의 지름을 나타낸다고 하자(1인치=25.4mm). Y의 CDF는?

CAS 28. 회사는 수입하는 화학제품 묶음에서 총 불순물을 모니터한다. 한 묶음에서 100만개당 불순물수(PPM)로 재었을 때 불순물 수 X를 확률변수로 하는 PDF는 $f(x)=kx^2(200-x)^8$, $0 \le x \le 200$이다.

(a) PDF가 될 k의 값을 구하여라.

(b) 회사는 총 불순물이 100이나 그 이상인 묶음은 받지 않는다. 받아들이지 않는 묶음의 확률은?

(c) PPM단위로 총불순물의 기대값은?

(d) CDF $F(x)$를 구하여라.

(e) Y를 PPM 단위가 아닌 %(퍼센트) 단위로 잰 총불순물이라 하자. Y의 CDF는?

29. X는 구간 $[0, 1]$에서 일양분포를 갖는 확률변수라 하자(문제 20 참조). 점 $(1, X)$가 평면에 있다. Y를 $(1, X)$에서 원점까지의 거리라 하자. 확률변수 Y의 CDF와 PDF를 구하여라. 도움말: 먼저 CDF를 구하여라.

30. X는 연속확률변수라 하자. 왜 $P(X=x)=0$인지 설명하여라. 다음 확률 중 어느 것이 같은가? 설명하여라.

$$P(a<X<b),\quad P(a \le X \le b),$$
$$P(a<X \le b),\quad P(a \le X<b)$$

31. A^c가 A의 여집합 즉, A에 들어있지 않는 표본공간 S안의 모든 결과들의 집합이라면, $P(A^c)=1-P(A)$임을 보여라.

32. 문제 31의 결과를 이용하여 문제 1, 2, 5에서 $P(X \geq 1)$을 구하여라.

33. X가 이산확률변수라면 CDF는 계단함수이다. 0보다 작은 x값, 0과 1 사이의 x값 등을 생각하면서 문제 1의 확률변수 X에 대한 CDF를 구하고 그의 그래프를 그려라.

34. 문제 2에 있는 확률변수 X의 CDF를 구하고 그래프를 그려라.

35. 확률변수 Y는 다음의 CDF를 갖는다.

$$F(y)=\begin{cases} 0, & y<0 \\ \dfrac{2y}{y+1}, & 0 \leq y \leq 1 \\ 1, & y>1 \end{cases}$$

다음을 구하여라.

(a) $P(Y<2)$

(b) $P(0.5<Y<0.6)$

(c) Y의 PDF

(d) 포물선 법칙을 사용하여 $n=8$일 때 $E(Y)$의 근사값을 구하여라.

36. 확률변수 Z는 다음의 CDF를 갖는다.

$$F(y)=\begin{cases} 0, & z<0 \\ \dfrac{z^2}{9}, & 0 \leq z \leq 3 \\ 1, & z>3 \end{cases}$$

다음을 구하여라.

(a) $P(Z>1)$

(b) $P(1<Z<2)$

(c) Z의 PDF

(d) $E(Z)$

CAS **37.** PDF $f(x)$를 갖는 연속확률변수 X의 함수 $g(X)$의 기대값은 $E[g(X)]=\int_A^B g(x)f(x)dx$로 정의한다. X의 PDF가 $f(x)=\frac{15}{512}x^2(4-x)^2$, $0 \leq x \leq 4$일 때, $E(X)$와 $E(X^2)$을 구하여라.

CAS **38.** 연속확률변수 X는 PDF $f(x)=\frac{3}{256}x(8-x)$, $0 \leq x \leq 8$을 갖는다. $E(X^2)$과 $E(X^3)$을 구하여라.

CAS **39.** $V(X)$ 또는 σ^2으로 나타내는 연속확률변수 X의 **분산**은 $V(X)=E[(X-\mu)^2]$으로 정의한다. 단, μ는 확률변수 X의 기대값 또는 평균이다. 문제 37의 확률변수의 분산을 구하여라.

CAS **40.** 확률변수의 분산은 $E(X^2)-\mu^2$과 같음을 보이고 이 결과를 사용하여 문제 37의 확률변수의 분산을 구하여라.

개념 복습 해답: **1.** 이산; 연속 **2.** 합; 적분 **3.** $\int_0^5 f(x)\,dx$ **4.** 누적분포함수

5.8 장 복습

개념 시험

다음 명제가 참인지, 거짓인지 이유를 들어 답하여라.

1. $y=\cos x$, $y=0$, $x=0$, $x=\pi$로 둘러싸인 영역의 넓이는 $\int_0^\pi \cos x\,dx$.

2. 반지름이 a인 원의 넓이는 $4\int_0^a \sqrt{a^2-x^2}\,dx$.

3. $y=f(x)$, $y=g(x)$, $x=a$, $x=b$로 둘러싸인 영역의 넓이는 $\int_a^b [f(x)-g(x)]dx$이거나, 아니면 이것의 부호를 바꾼 것이다.

4. 밑면의 넓이가 같고 높이가 같은 수직 기둥들은 모두 부피가 같다.

5. 두 입체의 밑면들이 같은 평면에 놓여 있고, 밑면에 평행한 모든 평면으로 자른 단면들이 서로 넓이가 같으면, 두 입체는 부피가 같다.

6. 원뿔의 밑면의 반지름을 두 배로 만들고, 높이를 절반으로 만들면, 부피는 그대로이다.

7. $y=-x^2+x$와 $y=0$으로 둘러싸인 영역을 y축에 대해 회전시켰을 때 생기는 입체의 부피를 계산하려면, 원주각 방법보다 도넛원판의 방법을 쓰는 편이 낫다.

8. 문제 7의 영역을 $x=0$에 대해 회전시켰을 때 생기는 입체, $x=1$에 대해 회전시켰을 때 생기는 입체는 부피가 같다.

9. 평면의 매끄러운 곡선이 단위원 속에 완전히 놓여 있으면, 그 길이가 유한하다.

10. 스프링을 그 원래 길이에서 2인치 늘이는 데 필요한 일은 1 인치 늘이는 데 필요한 일의 두 배이다(후크 법칙을 가정한다).

11. 원뿔 모양의 물탱크와 원통 물탱크가 높이와 부피가 같으면, 물을 퍼올려서 물탱크가 비도록 만드는 데 필요한 일은 같다.

12. 반지름이 6인치인 원형창문이 있는 보트가 물 위에 떠 있다. 물에 의해서 창문이 받고 있는 힘은 깊이와 관계없이 같다.

13. 수직선 위에서 좌표가 $x_1, x_2, \cdots, x_n$인 위치에 놓인 질량이 $m_1, m_2, \cdots, m_n$인 물체들의 무게중심을 $\bar{x}$라고 하면 $\sum_{i=1}^{n}(x_i-\bar{x})m_i=0$.

14. $y=\cos x$, $y=0$, $x=0$, $x=2\pi$로 둘러싸인 영역의 도심의 좌표는 $(\pi, 0)$.

15. 파푸스의 정리에 의하면, $y=\sin x$, $y=0$, $x=0$, $x=\pi$로 둘러싸인 영역(넓이가 2임)을 y축에 대해 회전시켰을 때 생기는 입체의 부피는 $2(2\pi)\left(\frac{\pi}{2}\right)=2\pi^2$.

16. $y=\sqrt{x}$, $y=0$, $x=9$로 둘러싸인 영역의 넓이는 $\int_0^3 (9-y^2)dy$.

17. 철사줄의 밀도가 그 중점으로부터 거리의 제곱에 비례하면, 그 무게중심은 중점이다.

18. 밑변이 x축에 놓여 있는 삼각형의 도심은 y좌표가 그 삼각형의 높이의 1/3이다.

19. 오직 유한한 값만을 갖는 확률변수가 이산확률변수이다.

20. 어떤 철사가 밀도가 $\delta(x)$이고, $0<x<a$에서 확률밀도함수 $f(x)$를 갖는다고 가정해보자. $[0, a]$에 모든 x에 대해서 $\delta(x)=f(x)$라고 한다면, 철사의 무게중심은 확률변수의 기대값과 같다.

21. 5일 때의 확률이 1인 확률변수는 기대값이 5이다.

22. $F(x)$가 연속확률변수 X의 누적분포함수이면, $F(x)$는 확률밀도함수 $f(x)$와 같다.

23. x가 연속확률변수이면, $P(X=1)=0$이다.

시험 보기 문제

문제 1~7에서 곡선 $y=x-x^2$과 x축으로 둘러싸인 영역 R에 대해(그림 1) 물음에 답하여라.

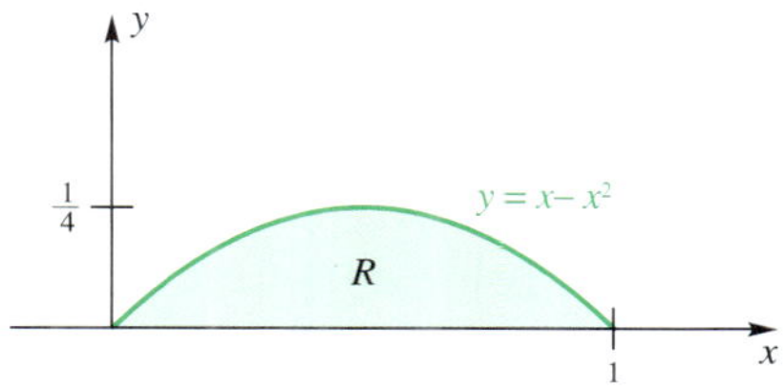

그림 1

1. R의 넓이를 구하여라.

2. R을 x축에 대해 회전시켰을 때 생기는 입체 S_1의 부피를 구하여라.

3. 원주각 방법을 써서, R을 y축에 대해 회전시켰을 때 생기는 입체 S_2의 부피를 구하여라.

4. R을 직선 $y=-2$에 대해 회전시켰을 때 생기는 입체 S_3의 부피를 구하여라.

5. R을 직선 $x=3$에 더해 회전시켰을 때 생기는 입체 S_4의 부피를 구하여라.

6. R의 도심의 좌표를 구하여라.

7. 파푸스의 정리와 문제 1, 6을 이용하여, 위의 입체 S_1, S_2, S_3, S_4의 부피를 구하여라.

8. 어떤 스프링의 원래 길이는 16인치이고, 8인치 늘인 상태를 유지하는데 필요한 힘은 8파운드이다. 다음 각각의 경우 한 일을 구하여라.

(a) 길이 18인치에서 길이 24인치로 늘임.

(b) 원래 길이에서 길이 12인치로 압축함.

9. 원통 물탱크가 수직으로 서 있는데, 지름은 10피트이고, 높이는 10피트이다. 물탱크에 6피트 깊이로 물이 차 있으면, 물을 전부 물탱크 위로 퍼올리는 데 필요한 일은 얼마인가?

10. 무게가 200파운드인 물체를 고른 줄에 묶어서 빌딩 옥상에서 매달아 놓았다. 줄의 길이가 100피트, 줄의 무게가 120파운드라면, 물체와 줄을 옥상으로 끌어올리는 데 필요한 일은 얼마인가?

11. 영역 R은 직선 $y=4x$와 포물선 $y=x^2$으로 둘러싸여 있다. R의 넓이를 다음 방법으로 구하여라.

(a) x를 적분 변수로 하여서

(b) y를 적분 변수르 하여서

12. 문제 11의 영역 R의 도심을 구하여라.

13. 문제 11의 영역 R을 x축에 대해 회전시켰을 때 생기는 입체의 부피를 구하여라. 파푸스의 정리를 사용하여 답을 확인해 보아라.

14. 높이가 3피트, 반지름이 8피트인 직원기둥실린더에서 물

에 의해 받고 있는 모든 힘을 찾아라.

(a) 옆면에서 받고 있는 힘

(b) 밑면에서 받고 있는 힘

15. 곡선 $y=x^3/3+1/(4x)$의 $x=1$에서 $x=3$까지의 호의 길이를 구하여라.

16. 다음 매개변수 방정식의 그래프를 그려라.

$$x=t^2, \qquad y=\frac{1}{3}(t^3-3t)$$

이 곡선의 고리(loop)의 길이를 구하여라.

17. 어떤 입체의 밑면은 $y=\sqrt{9-x^2}$과 $y=0$으로 둘러싼 반원이고, x축에 수직인 평면으로 자른 단면은 정사각형이다. 이 입체의 부피를 구하여라.

문제 18~23에서 요구하는 것을 적분으로 나타내어라(그림 2 참조).

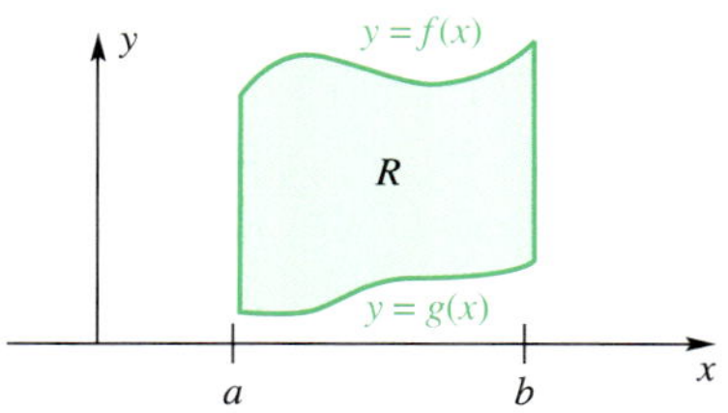

그림 2

18. R의 넓이

19. R을 x축에 대해 회전시켰을 때 생기는 입체의 부피

20. R을 $x=a$에 대해 회전시켰을 때 생기는 입체의 부피

21. R 모양인 고른 판의 모멘트 M_x와 M_y. 밀도는 δ라 가정

22. R의 경계선의 전체 길이

23. 문제 19의 입체의 전체 표면 넓이

24. 연속확률변수 X의 확률밀도함수가 다음과 같다.

$$f(x)=\begin{cases} \dfrac{8-x^3}{12}, & 0\le x\le 2\text{일 때} \\ 0, & x<0,\ x>2\text{일 때} \end{cases}$$

(a) $P(X\ge 1)$을 구하여라.

(b) X가 1보다 0에 가까운 확률을 구하여라.

(c) $E(X)$를 구하여라.

(d) X의 누적분포함수를 구하여라.

25. 확률변수 X의 누적분포함수가 다음과 같다.

$$F(x)=\begin{cases} 0, & x<0 \\ 1-\dfrac{(6-x)^2}{36}, & 0\le x\le 6 \\ 0, & x>6 \end{cases}$$

(a) $P(X\le 3)$을 구하여라.

(b) 확률밀도함수 $f(x)$를 구하여라.

(c) $E(X)$를 구하여라.

복습과 예비 문제

문제 1~4에서 적분을 하여라.

1. $\displaystyle\int \frac{1}{x^2}dx$

2. $\displaystyle\int \frac{1}{x^{1.5}}dx$

3. $\displaystyle\int \frac{1}{x^{1.01}}dx$

4. $\displaystyle\int \frac{1}{x^{0.99}}dx$

문제 5~8에서 $F(x)=\displaystyle\int_1^x \frac{1}{t}\,dt$라고 할 때, 다음을 구하여라.

5. $F(1)$

6. $F'(x)$

7. $D_xF(x^2)$

8. $D_xF(x^3)$

문제 9~12에서 주어진 값에 대해 식을 계산하여라.

9. $(1+h)^{1/h}$; $h=1,\ \frac{1}{5},\ \frac{1}{10},\ \frac{1}{50},\ \frac{1}{100}$

10. $\left(1+\frac{1}{n}\right)^n$; $n=1,\ 10,\ 100,\ 1000$

11. $\left(1+\frac{h}{2}\right)^{2/h}$; $h=1,\ \frac{1}{5},\ \frac{1}{10},\ \frac{1}{50},\ \frac{1}{100}$

12. $\left(1+\frac{2}{n}\right)^{n/2}$; $n=1,\ 10,\ 100,\ 1000$

문제 13~16에서 주어진 식을 만족하는 x값을 찾아라.

13. $\sin x=\frac{1}{2}$

14. $\cos x=-1$

15. $\tan x=1$

16. $\sec x=0$

문제 17~20에서 주어진 삼각형에 대해서 $\sin\theta$, $\cos\theta$, $\tan\theta$, $\cot\theta$, $\sec\theta$, $\csc\theta$ 값을 x에 관해서 나타내어라.

17.

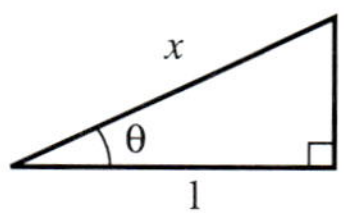

18.

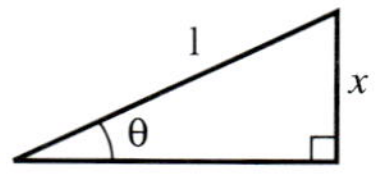

19.

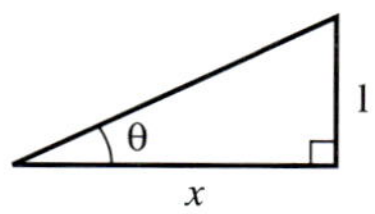

20.

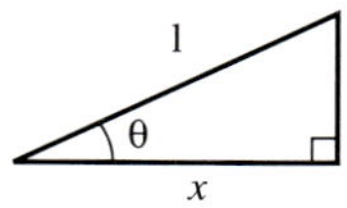

문제 21~22에서 주어진 미분방정식을 풀어라.

21. $y'=xy^2$, $x=0$일때 $y=1$

22. $y'=\dfrac{\cos x}{y}$, $x=0$일때 $y=4$

CHAPTER

6 초월함수

6.1 자연로그함수

미분과 적분의 대략적인 것은 이미 살펴보았다. 그렇지만 아직 응용 가능성의 기초적인 부분만 다루어졌을 뿐이다. 좀 더 깊이 파고들려면, 함수들의 종류를 확장해야 한다. 이것이 바로 이 장의 목적이다.

미분 내용 중에 이상한 빈틈이 발견된다.

$$D_x\left(\frac{x^2}{2}\right)=x^1,\quad D_x(x)=x^0,\quad D_x(x)=x^{-1},$$

$$D_x\left(-\frac{1}{x}\right)=x^{-2},\quad D_x\left(-\frac{x^{-2}}{2}\right)=x^{-3}$$

도함수가 $1/x$인 함수가 존재하는가? 역으로 말하면, 부정적분 $\int 1/x\,dx$가 존재하는가? 미적분학의 기본정리 1에 따르면, 축적함수

$$F(x)=\int_a^x f(t)\,dt$$

는 그 미분이 $f(x)$이다. 단, a와 x를 포함하는 구간 I에서 f가 연속이어야 한다. 이런 의미로 보면, 임의의 연속함수의 역도함수를 찾을 수 있다. 그렇지만 역도함수가 존재한다 하더라도, 그것을 지금까지 다룬 함수들로 나타낼 수 있

다는 보장은 없다. 이 장에서 새로운 함수들을 소개하고 공부할 것이다.

제일 먼저 소개할 새로운 함수는 위의 빈틈을 메울 함수이다. 이것을 **자연로그함수**라고 하며, 대수에서 공부한 로그함수와 관계가 있다. 그렇지만 이 관계는 나중에 다룬다. 이제 새로운 함수를 정의하고 그 성질에 관하여 알아보자.

> **정의 자연로그함수**
>
> **자연로그함수**는 ln으로 나타내며, 다음과 같이 정의한다.
>
> $$\ln x = \int_1^x \frac{1}{t}dt, \quad x > 0$$
>
> 자연로그함수의 정의역은 양수인 실수의 집합이다.

그림 1은 $\ln x$의 기하학적 의미를 나타낸다. 자연로그함수는 $x>1$인 경우 곡선 $y=1/t$ 아래의 1에서 x까지의 넓이이고, $0<x<1$인 경우 그 넓이의 음수이다. 자연로그함수는 축적함수이다. 왜냐하면 곡선 $y=1/t$ 아래의 넓이를 축적하기 때문이다. $x>0$이면 $\ln x$는 잘 정의되며, $x \le 0$이면 $\ln x$는 정의되지 않는다. 왜냐하면 이 정적분은 0을 포함하는 구간에서 존재하지 않기 때문이다.

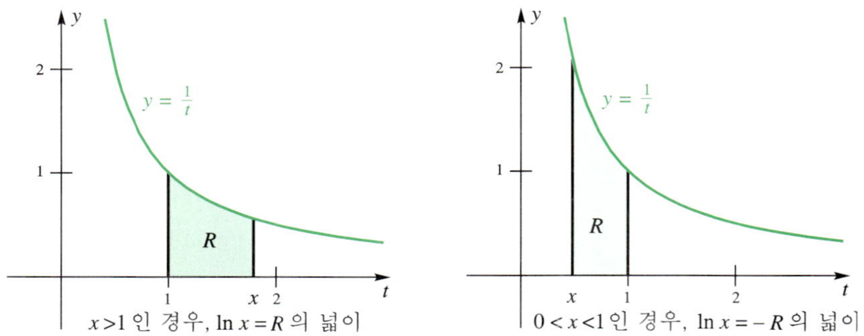

그림 1

이 새로운 함수의 도함수가 바로 원하던 것이다.

자연로그함수의 미분 미적분학의 기본정리 1에 의해, 다음이 성립한다.

$$D_x \int_1^x \frac{1}{t}dt = D_x \ln x = \frac{1}{x}, \quad x > 0$$

이것과 연쇄법칙을 결합할 수 있다. $u=f(x)>0$이고, f가 미분가능이라고 하자. 그러면

$$D_x \ln u = \frac{1}{u} D_x u$$

예제 1 $D_x \ln \sqrt{x}$를 구하여라.

풀이 $u=\sqrt{x}=x^{1/2}$으로 놓으면

$$D_x \ln\sqrt{x}=\frac{1}{x^{1/2}}\cdot D_x(x^{1/2})=\frac{1}{x^{1/2}}\cdot\frac{1}{2}x^{-1/2}=\frac{1}{2x}$$ ■

예제 2 $D_x \ln(x^2-x-2)$를 구하여라.

풀이 이 문제는 $x^2-x-2>0$인 경우에 의미를 가진다. 여기서 $x^2-x-2=(x-2)(x+1)$이며, 이것은 $x<-1$ 또는 $x>2$인 경우에 양수이다. 그러므로 (x^2-x-2)의 정의역은 $(-\infty, -1)\cup(2, \infty)$. 이 정의역에서,

$$D_x \ln(x^2-x-2)=\frac{1}{x^2-x-2}D_x(x^2-x-2)=\frac{2x-1}{x^2-x-2}$$ ■

예제 3 다음이 성립함을 보여라.

$$\boxed{D_x \ln|x|=\frac{1}{x}, \quad x\neq 0}$$

풀이 $x>0$인 경우, $|x|=x$, 따라서

$$D_x \ln|x|=D_x \ln x=\frac{1}{x}$$

$x<0$인 경우, $|x|=-x$, 따라서

$$D_x \ln|x|=D_x \ln(-x)=\frac{1}{-x}D_x(-x)=\left(\frac{1}{-x}\right)(-1)=\frac{1}{x}$$ ■

모든 미분 공식에 대해, 그에 대응하는 적분 공식이 존재한다. 즉, 예제 3에 대응하는 적분 공식으로,

$$\int \frac{1}{x}\,dx=\ln|x|+C, \quad x\neq 0$$

여기서 x대신에 u를 넣으면,

$$\boxed{\int \frac{1}{u}\,du=\ln|u|+C, \quad u\neq 0}$$

적분 공식에서 오랫동안 남아 있던 빈틈을 이것이 메꾸어 준다: $\int u^r du=u^{r+1}/(r+1)$, 여기서 지수가 $r=-1$인 경우는 제외해야 했다.

예제 4 $\int \frac{5}{2x+7}\,dx$를 구하여라.

풀이 $u=2x+7$으로 놓으면 $du=2dx$. 따라서

$$\int \frac{5}{2x+7}\,dx=\frac{5}{2}\int \frac{1}{2x+7}\,2\,dx=\frac{5}{2}\int \frac{1}{u}\,du$$
$$=\frac{5}{2}\ln|u|+C=\frac{5}{2}\ln|2x+7|+C$$ ■

예제 5 $\int_{-1}^{3} \frac{x}{10-x^2}\,dx$를 계산하여라.

풀이 $u=10-x^2$으로 놓으면 $du=-2x\,dx$. 따라서

$$\int \frac{x}{10-x^2}\,dx = -\frac{1}{2}\int \frac{-2x}{10-x^2}\,dx = -\frac{1}{2}\int \frac{1}{u}\,du$$
$$= -\frac{1}{2}\ln|u| + C = -\frac{1}{2}\ln|10-x^2| + C$$

그러므로 미적분학의 기본정리 2에 의해,

$$\int_{-1}^{3} \frac{x}{10-x^2}\,dx = \left[-\frac{1}{2}\ln|10-x^2|\right]_{-1}^{3}$$
$$= -\frac{1}{2}\ln 1 + \frac{1}{2}\ln 9 = \frac{1}{2}\ln 9$$

위의 계산이 유효하려면, $10-x^2$은 구간 $[-1, 3]$에서 절대 0이 되지 않아야 한다. 이것은 사실임을 쉽게 알 수 있다. ■

피적분함수가 두 다항식의 몫 (즉, 유리함수)이 될 때, 또는 분자가 분모와 차수가 같거나 클 때, 항상 분자를 분모로 먼저 나눈다.

예제 6 $\int \frac{x^2-x}{x+1}\,dx$를 계산하여라.

풀이 분자를 분모로 나누면(그림 2)

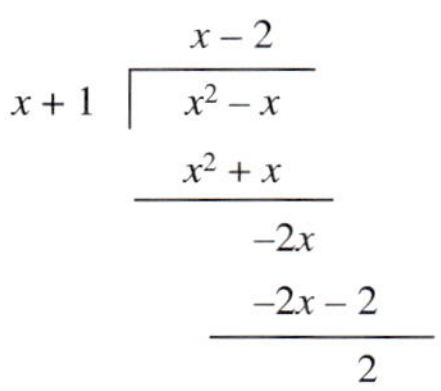

그림 2

$$\frac{x^2-x}{x+1} = x-2+\frac{2}{x+1}$$

따라서

$$\int \frac{x^2-x}{x+1}dx = \int (x-2)\,dx + 2\int \frac{1}{x+1}dx$$
$$= \frac{x^2}{2} - 2x + 2\int \frac{1}{x+1}dx$$
$$= \frac{x^2}{2} - 2x + 2\ln|x+1| + C$$ ■

자연로그함수의 성질 다음 정리는 상용로그와 유사하다.

정리 A

a와 b는 양수이고, r이 임의의 유리수라고 하자. 그러면

(i) $\ln 1 = 0$ (ii) $\ln ab = \ln a + \ln b$

(iii) $\ln \frac{a}{b} = \ln a - \ln b$ (iv) $\ln a^r = r\ln a$

상용로그

상용로그(밑이 10인 로그)도 성질 (ii)와 (iii)을 가지며, 그것이 로그를 발명하게 한 동기였다. 네이피어(John Napier, 1550~1617)는 천문학과 항해술에서 생겨나는 복잡한 계산을 간단하게 만들고 싶었다. 곱셈 대신에 덧셈을 사용하고, 나눗셈 대신에 뺄셈을 사용하는 것이 목표였으며, (ii)와 (iii)이 바로 그것을 성취해 주었다. 그 이후 350여 년 간, 상용로그는 계산의 필수 도구였지만, 오늘날 우리들은 전자계산기와 컴퓨터를 사용하여 계산을 한다. 그렇지만 자연로그는 다른 이유 때문에 여전히 매우 중요하다. 그 이유는 차차 알게 될 것이다.

증명

(i) $\ln 1 = \int_1^1 \frac{1}{t}\,dt = 0$

(ii) $x>0$에 대해서,

$$D_x \ln ax = \frac{1}{ax}\cdot a = \frac{1}{x}$$

그리고

$$D_x \ln x = \frac{1}{x}$$

두 함수가 도함수가 같으므로 (정리 3.6B에 의해)

$$\ln ax = \ln x + C$$

C를 구하기 위해서, $x=1$을 대입한다. 그러면 $\ln a = C$를 얻는다. 따라서

$$\ln ax = \ln x + \ln a$$

이제, $x=b$로 놓으면 증명이 끝난다.

(iii) 위의 (ii)에서 a 대신에 $1/b$을 넣으면, 다음을 얻는다.

$$\ln\frac{1}{b} + \ln b = \ln\left(\frac{1}{b}\cdot b\right) = \ln 1 = 0$$

그러므로

$$\ln\frac{1}{b} = -\ln b$$

(ii)를 다시 적용하면, 다음을 얻는다.

$$\ln\frac{a}{b} = \ln\left(a\cdot\frac{1}{b}\right) = \ln a + \ln\frac{1}{b} = \ln a - \ln b$$

(iv) $x>0$에 대해서,

$$D_x(\ln x^r) = \frac{1}{x^r}\cdot rx^{r-1} = \frac{r}{x}$$

그리고

$$D_x(r\ln x) = r\cdot\frac{1}{x} = \frac{r}{x}$$

(ii)의 증명에서 사용한 것처럼, 정리 3.6B에 의해,

$$\ln x^r = r\ln x + C$$

$x=1$로 놓으면 $C=0$임이 나온다. 따라서

$$\ln x^r = r\ln x$$

이제, $x=a$로 놓는다. ■

예제 7 $y = \ln\sqrt[3]{(x-1)/x^2}$, $x>1$일 때, dy/dx를 구하여라.

풀이 먼저 자연로그의 성질을 이용하여 y를 간단하게 만든다. 그러면 더 쉽게 미분할 수 있다.

$$y=\ln\left(\frac{x-1}{x^2}\right)^{1/3}=\frac{1}{3}\ln\left(\frac{x-1}{x^2}\right)$$
$$=\frac{1}{3}[\ln(x-1)-\ln x^2]=\frac{1}{3}[\ln(x-1)-2\ln x]$$

따라서

$$\frac{dy}{dx}=\frac{1}{3}\left[\frac{1}{x-1}-\frac{2}{x}\right]=\frac{2-x}{3x(x-1)}$$ ■

로그를 이용한 미분 몫(분수), 곱, 지수를 포함하고 있는 것을 미분할 때, 먼저 자연로그함수를 잡고 그 성질을 이용하면 좀 더 쉽게 할 수 있다. 이 방법을 로그를 이용한 미분이라 하며, 예제 8을 통해서 알아본다.

예제 8 $y=\dfrac{\sqrt{1-x^2}}{(x+1)^{2/3}}$을 미분하여라.

풀이 양변에 로그를 취하면

$$\ln y=\frac{1}{2}\ln(1-x^2)-\frac{2}{3}\ln(x+1)$$
$$\frac{1}{y}\frac{dy}{dx}=\frac{-2x}{2(1-x^2)}-\frac{2}{3(x+1)}=\frac{-(x+2)}{3(1-x^2)}$$

따라서

$$\frac{dy}{dx}=\frac{-y(x+2)}{3(1-x^2)}=\frac{-\sqrt{1-x^2}\,(x+2)}{3(x+1)^{2/3}(1-x^2)}$$
$$=\frac{-(x+2)}{3(x+1)^{2/3}(1-x^2)^{1/2}}$$ ■

위의 예제는 로그를 취하지 않고 미분할 수도 있다. 그러나 이 경우 분수식의 미분법을 사용하여야 하기 때문에 다소 복잡하다.

자연로그함수의 그래프 $\ln x$의 정의역은 모든 양의 실수의 집합이다. 그러므로 $y=\ln x$의 그래프는 오른쪽 반평면에 놓인다. 그리고 $x>0$에 대해서,

$$D_x \ln x=\frac{1}{x}>0$$

그리고

$$D_x^2 \ln x=-\frac{1}{x^2}<0$$

1회 미분한 결과를 보면, 자연로그함수는 연속이고(왜?), x가 증가할 때 올라감을 알 수 있다. 2회 미분한 결과를 보면, 그래프는 모든 곳에서 아래로 오목함을 알 수 있다. 연습문제 43, 44에, 다음 증명을 넘긴다.

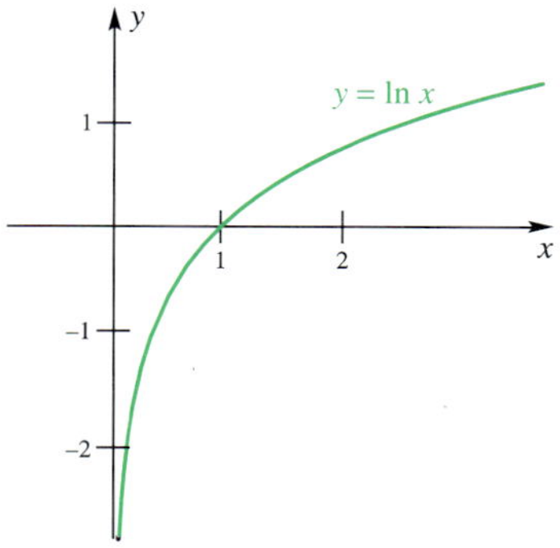

그림 3

$$\lim_{x\to\infty} \ln x = \infty$$

그리고

$$\lim_{x\to\infty} \ln x = -\infty$$

마지막으로, $\ln 1 = 0$. 이러한 사실들에 따라서, $y = \ln x$의 그래프는 그림 3과 같은 모양이 된다.

계산기를 이용하여 자연로그의 근사값을 구할 수 있다.
예를 들면

$$\ln 2 \approx 0.6931$$
$$\ln 3 \approx 1.0986$$

삼각함수적분 몇몇 삼각함수의 적분은 자연로그함수를 이용하여 계산한다.

예제 9 $\int \tan x\, dx$를 계산하여라.

풀이 $\tan x = \dfrac{\sin x}{\cos x}$이므로 $u = \cos x$로 치환한다. 그러면 $du = -\sin x\, dx$.
따라서,

$$\int \tan x\, dx = \int \frac{\sin x}{\cos x} dx = \int \frac{-1}{\cos x}(-\sin x\, dx)$$
$$= -\ln|\cos x| + C$$ ■

이와 같은 방법으로 구하면, $\int \cot dx = \ln|\sin x| + C$임을 알 수 있다.

예제 10 $\int \sec x \csc x\, dx$를 계산하여라.

풀이 $\sec x \csc x = \tan x + \cot x$임을 이용한다.
그러면

$$\int \sec x \csc x\, dx = \int (\tan x + \cot x) dx$$
$$= -\ln|\cos x| + \ln|\sin x| + C$$ ■

개념 복습

1. 함수 ln는 $\ln x =$ ______로 정의한다. 이 함수의 정의역은 ______이고, 그 치역은 ______이다.
2. 앞의 정의에 따라, $x > 0$에 대해서 $D_x \ln x =$ ______.
3. 좀 더 일반적으로, $x \neq 0$에 대해서 $D_x \ln|x| =$ ______ 그리고 $\int (1/x) dx =$ ______.
4. ln의 일반적인 성질들로는 $\ln(xy) =$ ______, $\ln(x/y) =$ ______ 그리고 $\ln(x^r) =$ ______.

연습문제 6.1

1. 근사값 $\ln 2 = 0.693$, $\ln 3 = 1.099$, 그리고 정리 A에 나오는 성질들을 이용하여, 다음 각각의 근사값을 구하여라. 예를 들어, $\ln 6 = \ln(2\cdot 3) = \ln 2 + \ln 3 = 0.693 + 1.099 = 1.792$.
   (a) $\ln 6$ (b) $\ln 1.5$ (c) $\ln 81$
   (d) $\ln\sqrt{2}$ (e) $\ln\left(\frac{1}{36}\right)$ (f) $\ln 48$

C 2. 계산기를 사용하여 문제 1의 값들을 계산해 보아라.

문제 3~14에서 주어진 도함수를 구하여라(예제 1, 2 참조). 각각의 경우 x가 적당한 구역에 속해서, ln이 잘 정의된다고 가정한다.

3. $D_x \ln(x^2+3x+\pi)$
4. $D_x \ln(3x^3+2x)$
5. $D_x \ln(x-4)^3$
6. $D_x \ln\sqrt{3x-2}$
7. $y = 3\ln x$일 때 $\dfrac{dy}{dx}$
8. $y = x^2\ln x$일 때 $\dfrac{dy}{dx}$
9. $z = x^2\ln x^2 + (\ln x)^3$일 때 $\dfrac{dz}{dx}$
10. $r = \dfrac{\ln x}{x^2\ln x^2} + \left(\ln\dfrac{1}{x}\right)^3$일 때 $\dfrac{dr}{dx}$
11. $g(x) = \ln(x+\sqrt{x^2+1})$일 때 $g'(x)$
12. $h(x) = \ln(x+\sqrt{x^2-1})$일 때 $h'(x)$
13. $f(x) = \ln\sqrt[3]{x}$일 때 $f'(81)$
14. $f(x) = \ln(\cos x)$일 때 $f'\left(\dfrac{\pi}{2}\right)$

문제 15~22에서 다음 적분을 구하여라(예제 4, 5 참조).

15. $\displaystyle\int \frac{1}{2x+1}\,dx$
16. $\displaystyle\int \frac{1}{1-2x}\,dx$
17. $\displaystyle\int \frac{6v+9}{3v^2+9v}\,dv$
18. $\displaystyle\int \frac{z}{2z^2+8}\,dz$
19. $\displaystyle\int \frac{2\ln x}{x}\,dx$
20. $\displaystyle\int \frac{-1}{x(\ln x)^2}\,dx$
21. $\displaystyle\int_0^3 \frac{x^4}{2x^5+\pi}dx$
22. $\displaystyle\int_0^1 \frac{t+1}{2t^2+4t+3}dt$
23. $\displaystyle\int \frac{x^2}{x-1}\,dx$
24. $\displaystyle\int \frac{x^2+x}{2x-1}\,dx$
25. $\displaystyle\int \frac{x^4}{x+4}\,dx$
26. $\displaystyle\int \frac{x^3+x^2}{x+2}\,dx$

문제 27~30에서 정리 A를 이용하여 다음 식을 하나의 로그로 나타내어라.

27. $2\ln(x+1) - \ln x$
28. $\dfrac{1}{2}\ln(x-9) + \dfrac{1}{2}\ln x$
29. $\ln(x-2) - \ln(x+2) + 2\ln x$
30. $\ln(x^2-9) - 2\ln(x-3) - \ln(x+3)$

문제 31~34에서 로그를 이용한 미분으로 dy/dx를 구하여라 (예제 7참조).

31. $y = \dfrac{x+11}{\sqrt{x^3-4}}$
32. $y = (x^2+3x)(x-2)(x^2+1)$
33. $y = \dfrac{\sqrt{x+13}}{(x-4)\sqrt[3]{2x+1}}$
34. $y = \dfrac{(x^2+3)^{2/3}(3x+2)^2}{\sqrt{x+1}}$

문제 35~38에서 $y=\ln x$의 그래프를 이용하여 방정식의 그래프를 그려라.

35. $y = \ln|x|$
36. $y = \ln\sqrt{x}$
37. $y = \ln\left(\dfrac{1}{x}\right)$
38. $y = \ln(x-2)$
39. 구간 $(-\pi/2, \pi/2)$에서 $y = \ln\cos x + \ln\sec x$의 그래프를 그려라. 미리 잘 살펴보고 그릴 것.
40. $\displaystyle\lim_{x\to 0}\ln\frac{\sin x}{x} = 0$이 되는 이유를 설명하여라.
41. 함수 $f(x) = 2x^2\ln x - x^2$의 정의역에서 극대값, 극소값을 모두 구하여라.
42. 전화선의 전송 비율은 $x^2\ln(1/x)$에 비례함이 관찰되었다. 여기서 x는 구리핵의 반지름의 절연체 두께에 대한 비율이다$(0<x<1)$. x가 어떤 값이어야 전송 비율이 최대가 되는가?
43. $\ln 4 > 1$이라는 사실을 이용하여, $m>0$에 대해서 $\ln 4^m > m$임을 보여라. 만일 x를 충분히 크게 잡으면, $\ln x$가 원하는 만큼 얼마든지 커지도록 할 수 있다. 그러면 $\displaystyle\lim_{x\to\infty}\ln x$는 어떻게 되는가?
44. $\ln x = -\ln(1/x)$이라는 사실과 문제 39를 이용하여, $\displaystyle\lim_{x\to 0^+}\ln x = -\infty$임을 보여라.
45. x에 대해서 풀어라: $\displaystyle\int_{1/3}^{x}\frac{1}{t}\,dt = 2\int_1^x \frac{1}{t}\,dt$
46. 다음을 증명하여라.
   (a) $t>1$에 대해서 $1/t < 1/\sqrt{t}$이므로, $x>1$에 대해서 $x < 2(\sqrt{x}-1)$.
   (b) $\displaystyle\lim_{x\to\infty}(\ln x)/x = 0$

47. $$\lim_{n\to\infty}\left[\frac{1}{n+1}+\frac{1}{n+2}+\cdots+\frac{1}{2n}\right]$$
을 계산하되, 대괄호 속에 든 것을
$$\left[\frac{1}{1+1/n}+\frac{1}{1+2/n}+\cdots+\frac{1}{1+n/n}\right]\frac{1}{n}$$
과 같이 적고 이것이 리만합임을 이용하여라.

C **48.** 유명한 정리(소수 정리)에 따르면, n이 매우 클 때, n보다 작은 소수의 개수는 대략 $n/(\ln n)$개이다. 1,000,000보다 더 작은 소수는 대략 몇 개가 있는가?

49. $f'(1)$을 구하고 간단하게 하여라.

(a) $f(x)=\ln\left(\frac{ax-b}{ax+b}\right)^c$, 여기서 $c=\frac{a^2-b^2}{2ab}$.

(b) $f(x)=\int_1^u \cos^2 t\,dt$, 여기서 $u=\ln(x^2+x-1)$.

50. $\int_0^{\pi/3}\tan x\,dx$을 계산하여라.

51. $\int_{\pi/4}^{\pi/3}\sec x\csc x\,dx$을 계산하여라.

52. $\int\frac{\cos x}{\sin x}dx$을 계산하여라.

53. $y=(x^2+4)^{-1}$, $y=0$, $x=1$, $x=4$로 둘러싸인 영역을 y축에 대해 회전시켜서 만든 입체의 부피를 구하여라.

54. 곡선 $y=x^2/4-\ln\sqrt{x}\,(1\le x\le 2)$의 길이를 구하여라.

55. $y=1/x$의 그래프를 이용하여, 다음이 성립함을 보여라.
$$\frac{1}{2}+\frac{1}{3}+\cdots+\frac{1}{n}<\ln n<1+\frac{1}{2}+\frac{1}{3}+\cdots+\frac{1}{n-1}$$

56. $0<x<y$에 대해, 다음 부등식이 성립함을 증명하여라.
$$\frac{1}{y}<\frac{\ln y-\ln x}{y-x}<\frac{1}{x}$$
이 부등식을 네이피어(Napier)이라고 한다.

CAS **57.** $f(x)=\ln(1.5+\sin x)$라 하자.

(a) 구간 $[0, 3\pi]$에서 최대값, 최소값을 가지는 점들을 찾아라.

(b) 구간 $[0, 3\pi]$에서 변곡점을 찾아라.

(c) $\int_0^{3\pi}\ln(1.5+\sin x)dx$를 계산하여라.

CAS **58.** $f(x)=\cos(\ln x)$라 하자.

(a) 구간 [0.1, 20]에서 최대값, 최소값을 가지는 점들을 찾아라.

(b) 구간 [0.01, 20]에서 최대값, 최소값을 가지는 점들을 찾아라.

(c) $\int_{0.1}^{20}\cos(\ln x)dx$를 계산하여라.

CAS **59.** 구간 (0, 1]에서 $f(x)=x\ln(1/x)$과 $g(x)=x^2\ln(1/x)$의 그래프를 그려라.

(a) 구간 (0, 1]에서 이 곡선들 사이 영역의 넓이를 구하여라.

(b) 구간 (0, 1]에서 $|f(x)-g(x)|$의 최대값을 구하여라.

CAS **60.** 함수 $f(x)=x\ln x$와 $g(x)=\sqrt{x}\ln x$에 대해서 문제 59를 풀어 보아라.

개념 복습 해답: **1.** $\int_1^x(1/t)dt$; $(0,\infty)$; $(-\infty,\infty)$
2. $1/x$ **3.** $1/x$; $\ln|x|+C$
4. $\ln x+\ln y$; $\ln x-\ln y$; $r\ln x$

6.2 역함수와 그 도함수

이 장의 목표는 우리가 다룰 줄 아는 함수들의 개수를 늘리는 것이라고 말했다. 새로운 함수들을 만드는 한 가지 방법은, 기존의 함수들을 취한 다음, 그것들을 역으로 만드는 것이다. 자연로그함수에 대해서 이 방법으로 자연지수함수를 얻게 되고 6.3절에서 배울 것이다. 이 절에서는, 함수를 역으로 만드는 일반적인 문제를 알아본다. 그 아이디어는 다음과 같다.

함수 f는 정의역 D에 속하는 수 x에 대하여, 그 치역 R에 속하는 한 개의 값 y가 대응된다. 그림 1, 2에 그래프를 그려 놓은 두 함수들의 경우처럼 f를 역으로 갈 수 있다. 즉, R에 속하는 어떠한 y에 대해서든, y가 나오게 한 한 개의 x를 찾을 수 있다. 이와 같이 y에 대해서 x가 대응되는 이 새로운 함수를 f^{-1}로 나타낸다. 이것의 정의역은 R이고, 치역은 D임을 주의하기 바란다.

이것을 f의 **역함수**, 또는 f의 역이라고 한다. 여기서 첨자 -1은 완전히 새로운 의미로 사용하고 있다. 기호 f^{-1}은 $1/f$이 아니고 f의 역함수를 나타내는 기호이다.

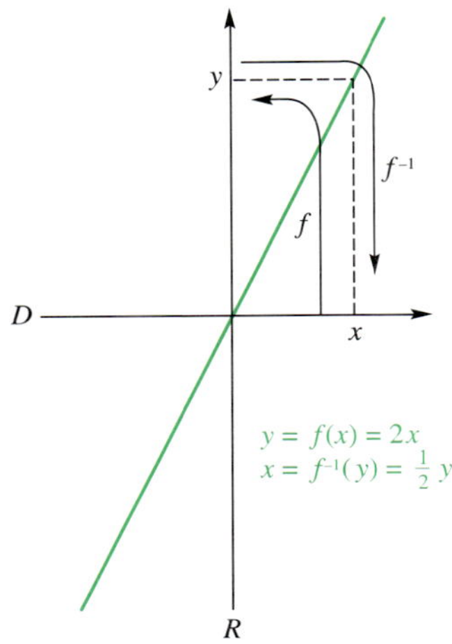

그림 1

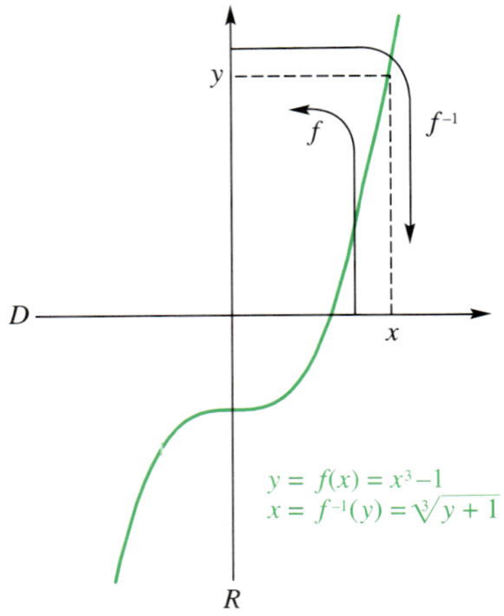

그림 2

f^{-1}의 식을 구할 수 있는 경우도 있다. $y=f(x)=2x$이면, $x=f^{-1}(y)=\frac{1}{2}y$이다(그림 1 참조). 이와 비슷하게, $y=f(x)=x^3-1$이면, $x=f^{-1}(y)=\sqrt[3]{y+1}$이다(그림 2). 각각의 경우, f를 결정하는 방정식을 x에 대해서 풀어서, y의 항들로 표현해 주면 된다. 그 결과가 $x=f^{-1}(y)$이다.

그렇지만 이 두 예들에서 보는 것보다 실제 함수들은 훨씬 더 복잡하다. 모든 함수가 다 역함수가 존재하는 것은 아니다. 예를 들어 $y=f(x)=x^2$을 보자. 주어진 y에 대해서, 그에 대응하는 두 개의 x가 존재한다(그림 3). 함수 $y=g(x)=\sin x$는 각각의 y에 대해서, 그에 대응하는 무수히 많은 x들이 존재한다(그림 4). 이러한 함수들은 역함수를 가지지 않는다. 이 경우 x값들의 집합을 적당히 제한해 주면 상황이 달라지지만, 그 문제는 뒤에 가서 다룬다.

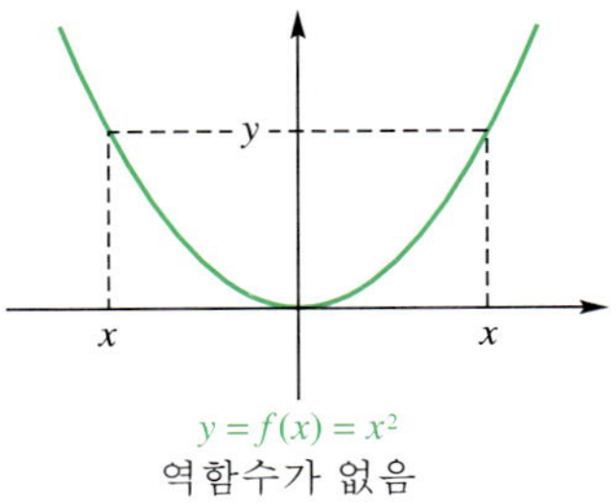

그림 3

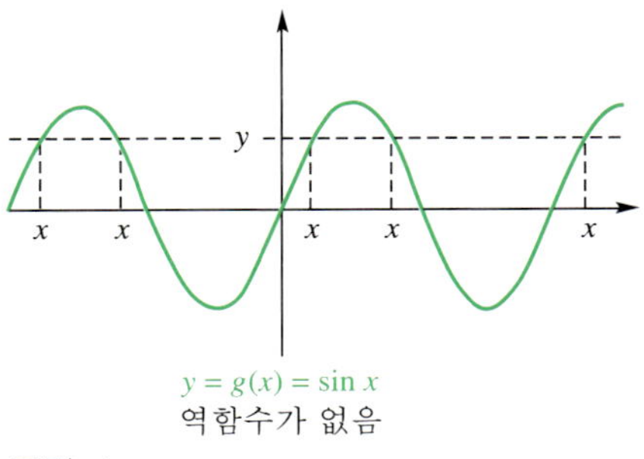

그림 4

역함수의 존재 함수 f가 역함수를 가지는지 여부를 판단할 수 있는 간단한 조건 중의 하나는, 그 함수가 **일대일**(one-to-one)이라는 것이다. 즉, $x_1 \neq x_2$이면 $f(x_1) \neq f(x_2)$을 만족하는 것이다. 이것은 기하학적으로, 모든 수평 직선이 $y=f(x)$의 그래프와 단 한 점에서 만난다는 것을 의미한다. 그렇지만 주어진 상황에서, 이 조건을 적용하기가 매우 어려울 수 있다. 왜냐하면 그 그래프에 대해서 완벽하게 알아야 하기 때문이다. 좀 더 실용적인 조건은, 함수가 강한 단조(strictly monotonic)함수라는 것이다. 이 말의 의미는, 그 정의역에서 증가하거나 또는 감소한다는 뜻이다(3.2절 정의들 참조).

정리 A

f가 그 정의역에서 강한 단조함수이면, f는 역함수를 가진다.

증명 정의역 내에 $x_1 < x_2$를 만족하는 서로 다른 수 x_1, x_2에 대해서, f가 단조함수이므로 $f(x_1) < f(x_2)$ 또는 $f(x_1) > f(x_2)$이다. 어느 쪽이건 간에 $f(x_1) \neq f(x_2)$이다. 따라서 $x_1 \neq x_2$이면 $f(x_1) \neq f(x_2)$이다. f가 일대일함수이므로, 역함수를 가진다. ■

이것은 아주 유용한 결과이다. 왜냐 하면 미분가능인 함수 f가 강한 단조함수인지 여부를 쉽게 판단할 수 있기 때문이다. f'의 부호만 조사하면 된다.

예제 1 $f(x) = x^5 + 2x + 1$은 역함수를 가짐을 보여라.

풀이 모든 x에 대해서, $f'(x) = 5x^4 + 2 > 0$. 따라서 f는 실수 전체 구간에 증가하며, 따라서 f는 거기에서 역함수를 가진다. ■

f^{-1}의 식을 항상 구할 수 있는 것은 아니다. 방금 다룬 예제에서, f^{-1}의 식을 구하려면, 식 $y = x^5 + 2x + 1$을 x에 대해서 풀어야 한다. y에다 어떤 특정한 값을 주었을 때, 컴퓨터 소프트웨어나 그래프 계산기를 써서 이 방정식을 x에 대해 풀 수도 있지만, 임의의 y에 대해 x를 y의 항들로 나타내 주는 간단한 식은 존재하지 않는다.

일대일함수가 아니어서 역함수가 존재하지 않는 함수들의 역함수를 구하려면 그 정의역을 제한(restrict the domain)하여서, 함수가 증가하거나 또는 감소하는 구간을 잡으면 된다. 즉, $y = f(x) = x^2$의 경우, 정의역을 $x \geq 0$으로 제한한다($x \leq 0$으로 제한해도 된다). 함수 $y = g(x) = \sin x$의 경우, 정의역을 구간 $[-\pi/2, \pi/2]$로 제한한다. 그러면 둘 다 역함수를 가지며(그림 5 참조), 전자의 경우 역함수를 식으로 $f^{-1}(x) = \sqrt{x}$로 나타낼 수 있다.

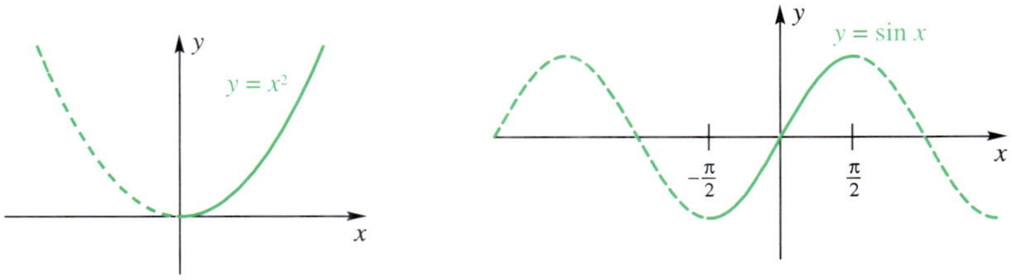

정의역을 $x \geq 0$으로 제한 정의역을 $[-\frac{\pi}{2}, \frac{\pi}{2}]$로 제한

그림 5

f가 역함수 f^{-1}를 가지면, f^{-1}도 역함수를 가진다. 즉, f가 f^{-1}의 역함수이다. 그러므로 f와 f^{-1}는 한 쌍의 역함수들이다. 한 함수는 다른 함수가 한 일을 거꾸로 (즉, 역으로) 한다. 바꿔 말하면,

$$f^{-1}(f(x)) = x, \quad f^{-1}(f(y)) = y$$

예제 2 $f(x) = 2x + 6$은 역함수를 가짐을 보이고, $f^{-1}(y)$의 식을 구하여라. 그리고 위의 네모 속의 결과를 확인하여라.

거꾸로 하는 기계

함수란 어떤 입력을 받아서 출력을 만들어 내는 기계라고 볼 수 있다. 기계 f와 기계 f^{-1}를 나란히 연결해 놓으면, 이들은 상대방이 한 일을 거꾸로 행한다.

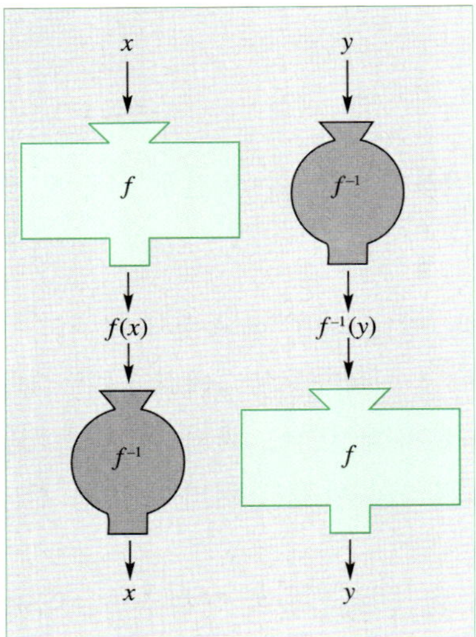

풀이 f는 증가함수이므로, 역함수를 가진다. $f^{-1}(y)$를 구하기 위해서, $y=2x+6$을 x에 대해서 푼다. 그러면 $x=(y-6)/2=f^{-1}(y)$. 이제, 다음을 확인해 본다.

$$f^{-1}(f(x))=f^{-1}(2x+6)=\frac{(2x+6)-6}{2}=x$$

그리고

$$f(f^{-1}(y))=f\left(\frac{y-6}{2}\right)=2\left(\frac{y-6}{2}\right)+6=y \qquad ■$$

$y=f^{-1}(x)$의 그래프 f가 역함수를 가지면, 다음이 성립한다.

$$\boxed{x=f^{-1}(y) \iff y=f(x)}$$

따라서 $y=f(x)$와 $x=f^{-1}(y)$는 같은 $(x,\ y)$쌍들을 결정하며, 그러므로 똑같은 그래프를 가진다. 그렇지만 함수의 정의역의 변수는 x를 써서 나타내는 것이 관례이다. 그래서 $y=f^{-1}(x)$의 그래프에 대해서 생각해 본다(x와 y의 역할을 바꾸었음을 주목하기 바란다). 약간만 생각해 보면, 그래프에서 x와 y의 역할을 바꾸면, 그 그래프는 직선 $y=x$에 대해 대칭인 것임을 알 수 있다. 그러므로 $y=f^{-1}(x)$의 그래프는 $y=f(x)$의 그래프를 직선 $y=x$에 대해 대칭시킨 것이다(그림 6).

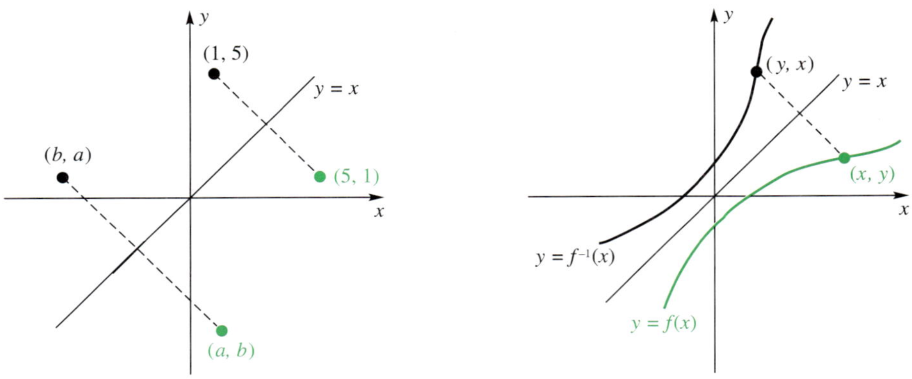

그림 6

이와 관련된 것으로, $f^{-1}(x)$의 식을 구하는 문제가 있다. 이것을 구하려면, 우선 $f^{-1}(y)$를 구하고, 그 다음에 이 식에서 y대신에 x를 넣으면 된다. 그러므로 다음 세 단계 과정을 통해서 $f^{-1}(x)$를 구할 수 있다.

1단계: 방정식 $y=f(x)$를 x에 대해 풀어서, y의 항들로 나타낸다.

2단계: 그렇게 y로 나타낸 결과를 $f^{-1}(y)$로 놓는다.

3단계: y대신에 x를 넣어서, $f^{-1}(x)$의 식을 얻는다.

특정한 함수 f에 대해 세 단계 과정을 적용하기 전에, f가 역함수를 가짐을 먼저 확인해야 된다고 생각할 수 있다. 그렇지만 1단계를 실제로 수행할 수 있고, 각각의 y에 대해 한 개의 x를 얻으면, f^{-1}는 존재한다. (함수 $y=f(x)=$

x^2에 대해서 이것을 시도하면, $x=\pm\sqrt{y}$를 얻게 되고 이 사실에서 바로 f^{-1}가 존재하지 않음을 알 수 있다. 물론, 정의역을 제한하여서, + 또는 −중의 어느 한 부호를 없애고 나면, 상황이 달라진다.)

예제 3 $y=f(x)=x/(1-x)$에 대해서, $f^{-1}(x)$의 식을 구하여라.

풀이 이 예제를 세 단계로 푼다.

1단계:
$$y=\frac{x}{1-x}$$
$$(1-x)y=x$$
$$y-xy=x$$
$$x+xy=y$$
$$x(1+y)=y$$
$$x=\frac{y}{1+y}$$

2단계: $f^{-1}(y)=\dfrac{y}{1+y}$

3단계: $f^{-1}(x)=\dfrac{x}{1+x}$ ■

역함수의 도함수 함수의 도함수와 그 역함수의 도함수와의 관계를 조사하고 이 절을 마친다. 우선 직선 l_1을 직선 $y=x$에 대해 대칭시키면 어떻게 되는지 생각해 보자. 그림 7의 왼쪽을 보면 알 수 있듯이, l_1를 $y=x$에 대칭시키면 직선 l_2가 된다. 그리고 $m_1 \neq 0$일 때 이들 각각의 기울기 m_1과 m_2는 $m_2=1/m_1$을 만족한다. 직선 l_1이 f의 그래프의 점 (c, d)에서의 접선이면, 직선 l_2는 f^{-1}의 그래프의 점 (d, c)에서의 접선이다(그림 7 오른쪽 참조). 따라서

$$(f^{-1})'(d)=m_2=\frac{1}{m_1}=\frac{1}{f'(c)}$$

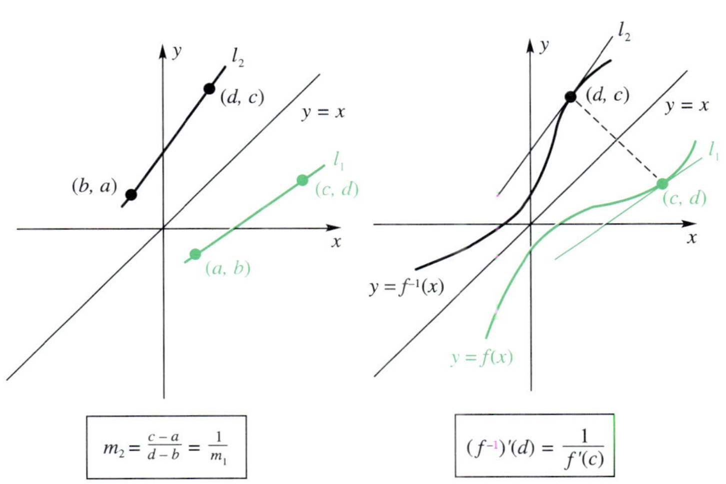

그림 7

정리 B 역함수 정리

함수 f는 구간 I에서 미분가능이고, 강한 단조함수라고 하자. I의 한 점 x에서 $f'(x)\neq 0$이면, f^{-1}는 f의 치역에 있는 대응점 $y=f(x)$에서 미분가능하고,

$$(f^{-1})'(y)=\frac{1}{f'(x)}$$

정리 B의 결론은 기호를 사용하여 다음과 같이 표현할 수 있다.

$$\frac{dx}{dy}=\frac{1}{dy/dx}$$

예제 4 예제 1에서와 같이, $y=f(x)=x^5+2x+1$이라 하자. $(f^{-1})'(4)$를 구하여라.

풀이 이 경우 f^{-1}의 식을 구할 수 없다. 그렇지만 $y=4$는 $x=1$에 대응하고, $f'(x)=5x^4+2$이므로,

$$(f^{-1})'(4)=\frac{1}{f'(1)}=\frac{1}{5+2}=\frac{1}{7}$$ ■

개념 복습

1. 어떤 함수가 일대일이라는 말은, $x_1\neq x_2$이면, ______ 라는 뜻이다.
2. 일대일함수 f는 역함수 f^{-1}를 가져서, $f^{-1}(f(x))=$ ______ 그리고 $f($______$)=y$.
3. f가 그 정의역에서 일대일이 될 (따라서 역함수를 가짐) 유용한 판별조건은 f가 거기에서 강한 ______인 것이다. 즉, f가 ______이거나 또는 ______이다.
4. $y=f(x)$라 하고, f가 역함수 f^{-1}를 가진다고 하자. f의 도함수와 f^{-1}의 드함수 사이의 관계는 ______.

연습문제 6.2

문제 1~6에서 $y=f(x)$의 그래프를 그려 놓았다. 각각의 경우 f가 역함수를 가지는지 여부를 판단하고, 가진다면, $f^{-1}(2)$를 추정하여라.

1.

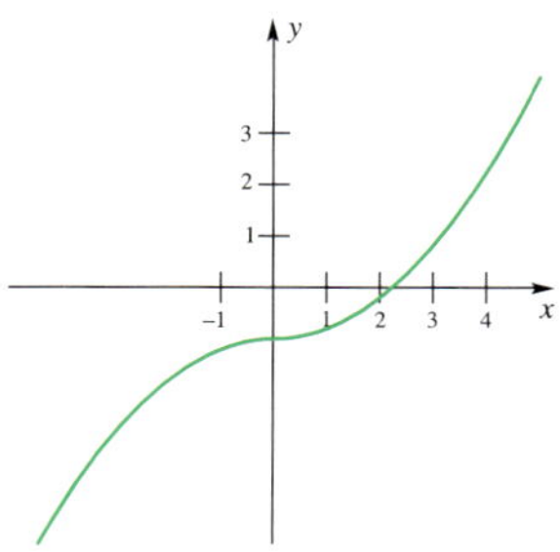

2.

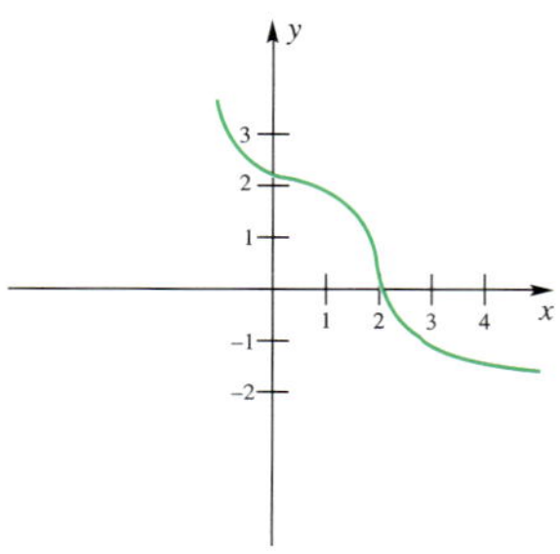

3.

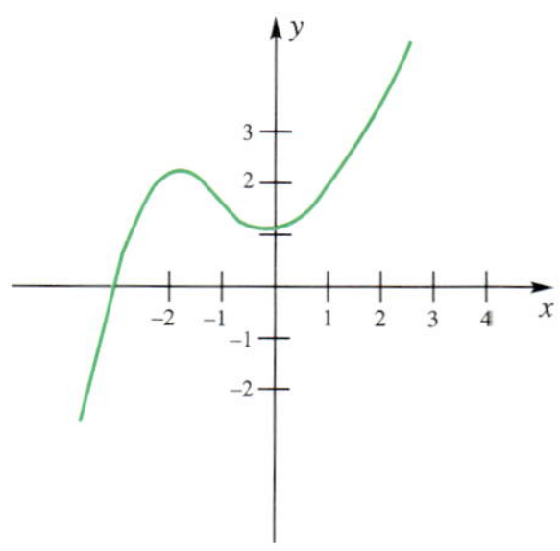

4.

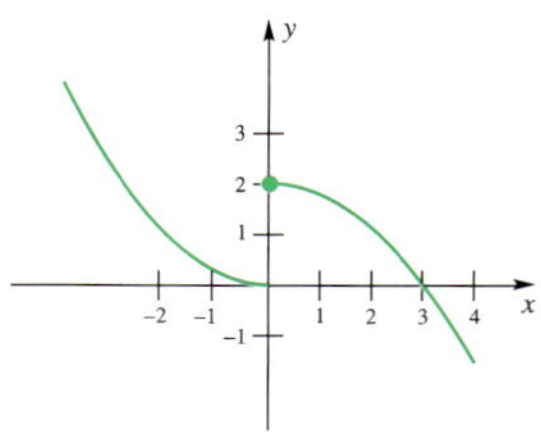

5.

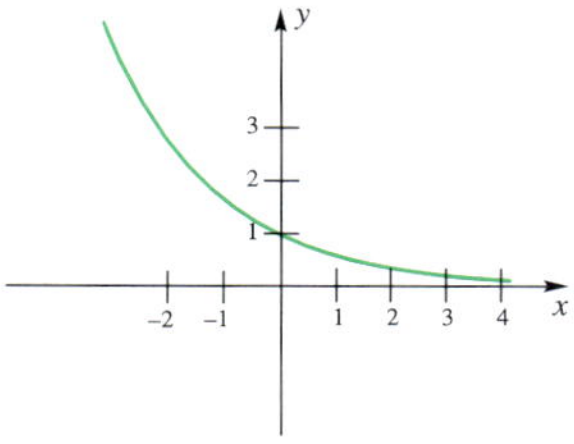

6.

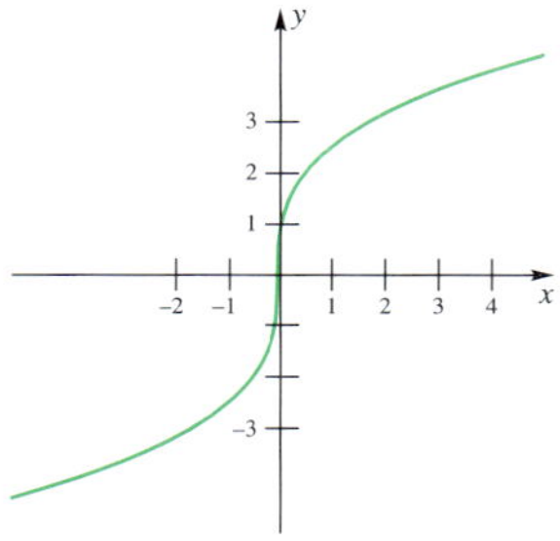

문제 7~14에서 f가 강한 단조함수임을 보임으로써, f가 역함수를 가짐을 보여라(예제 1 참조).

7. $f(x)=-x^5-x^3$

8. $f(x)=x^7+x^5$

9. $f(\theta)=\cos\theta,\ 0\leq\theta\leq\pi$

10. $f(x)=\cot x=\dfrac{\cos x}{\sin x},\ 0<x<\dfrac{\pi}{2}$

11. $f(z)=(z-1)^2,\ z\geq 1$

12. $f(x)=x^2+x-6,\ x\geq 2$

13. $f(x)=\displaystyle\int_0^x \sqrt{t^4+t^2+10}\,dt$

14. $f(r)=\displaystyle\int_r^1 \cos^4 t\,dt$

문제 15~28에서 $f^{-1}(x)$의 식을 구하고, $f^{-1}(f(x))=x$이고 $f(f^{-1}(x))=x$임을 확인해 보아라(예제 2, 3 참조).

15. $f(x)=x+1$

16. $f(x)=-\dfrac{x}{3}+1$

17. $f(x)=\sqrt{x+1}$

18. $f(x)=-\sqrt{1-x}$

19. $f(x)=-\dfrac{1}{x-3}$

20. $f(x)=\sqrt{\dfrac{1}{x-2}}$

21. $f(x)=4x^2,\ x\leq 0$

22. $f(x)=(x-3)^2,\ x\geq 3$

23. $f(x)=(x-1)^3$

24. $f(x)=x^{5/2},\ x\geq 0$

25. $f(x)=\dfrac{x-1}{x+1}$

26. $f(x)=\left(\dfrac{x-1}{x+1}\right)^3$

27. $f(x)=\dfrac{x^3+2}{x^3+1}$

28. $f(x)=\left(\dfrac{x^3+2}{x^3+1}\right)^5$

29. 그림 8의 원뿔 물탱크에 든 물의 부피 V를 높이 h의 함수로 나타내어라. 그 다음에 높이 h를 부피 V의 함수로 나타내어라.

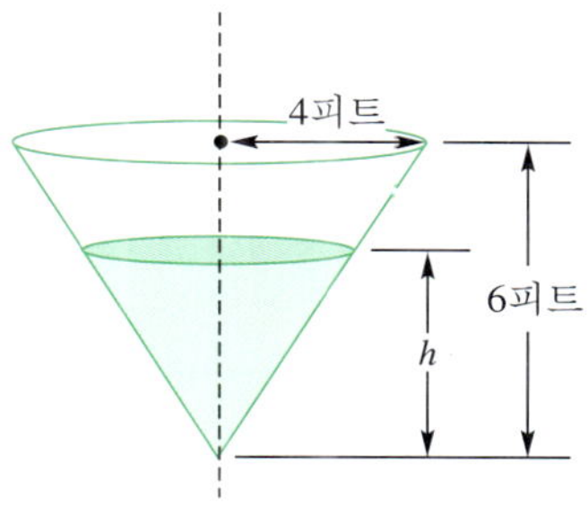

그림 8

30. 공을 똑바로 위로, 속도 v_0로 던졌다. 공의 최고 높이 H를 v_0의 함수로 나타내어라. 그 다음에 높이 H에 이르기 위해서 필요한 속도 v_0를 구하여라.

문제 31, 32에서 f의 정의역을 제한하여 f가 역함수를 가지도록 만들되, 그 치역은 가능한 한 크도록 하여라. 그 다음에 $f^{-1}(x)$를 구하여라. 제안: 먼저 f의 그래프를 그려라.

31. $f(x)=2x^2+x-4$

32. $f(x)=x^2-3x+1$

문제 33~36에서 $y=f(x)$의 그래프를 그려 놓았다. $y=f^{-1}(x)$의 그래프를 그리고, $(f^{-1})'(3)$을 추정하여라.

33.

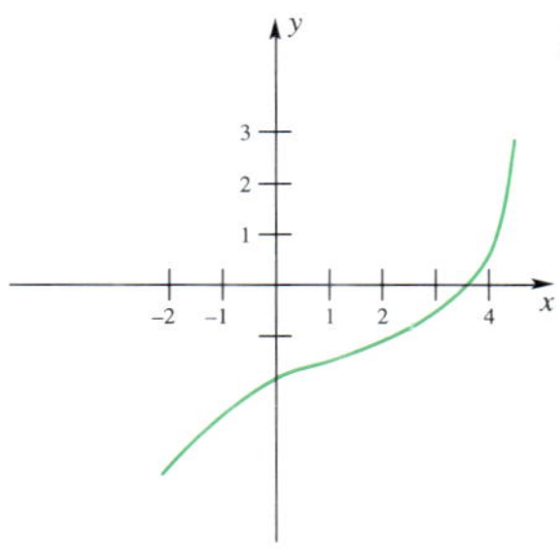

34.

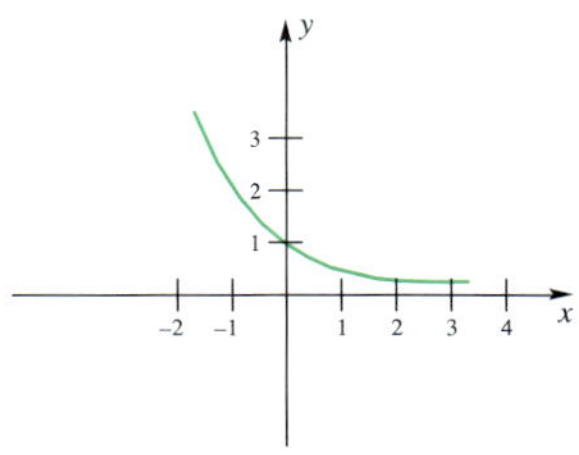

35.

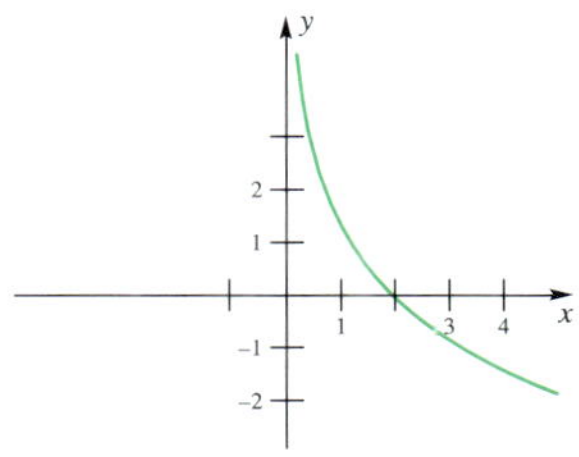

36.

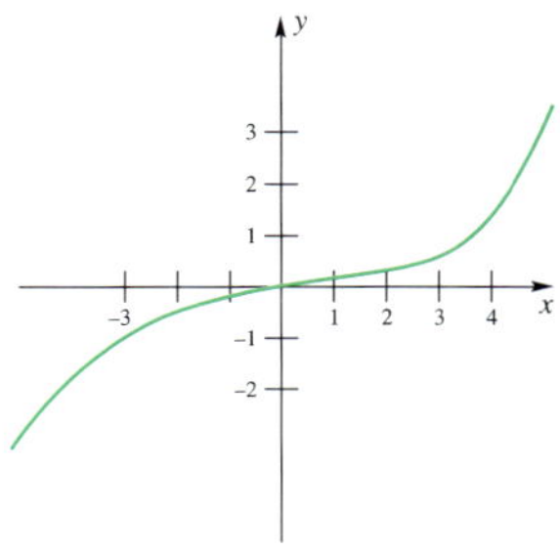

문제 37~40에서 정리 3를 이용하여 $(f^{-1})'(2)$를 구하여라(예제 4 참조). 꼼꼼하게 따져 보면, $y=2$에 대응하는 x를 찾을 수 있다.

37. $f(x)=3x^5+x-2$

38. $f(x)=x^5+5x-4$

39. $f(x)=2\tan x,\ -\dfrac{\pi}{2}<x<\dfrac{\pi}{2}$

40. $f(x)=\sqrt{x+1}$

41. f와 g가 둘 다 역함수를 가지고, $h(x)=(f\circ g)(x)=f(g(x))$

라 하자. 그러면 h는 역함수 $h^{-1}=g^{-1}\circ f^{-1}$를 가짐을 보여라.

42. $f(x)=1/x$, $g(x)=3x+2$에 대해서, 문제 41의 결과를 확인해 보여라.

43. $f(x)=\int_0^x \sqrt{1+\cos^2 t}\,dt$라 하자. 그러면 f는 역함수를 가진다. (왜?) $A=f(\pi/2)$ 그리고 $B=f(5\pi/6)$라 하자. 다음을 구하여라.

(a) $(f^{-1})'(A)$ (b) $(f^{-1})'(B)$

(c) $(f^{-1})'(0)$

44. $f(x)=\dfrac{ax+b}{cx+d}$이고, $bc-ad\neq 0$이라 하자.

(a) $f^{-1}(x)$의 식을 구하여라.

(b) $bc-ad\neq 0$이라는 조건이 왜 필요한가?

(c) a, b, c, d가 어떤 조건을 만족하면 $f=f^{-1}$이 되는가?

45. 함수 f가 구간 $[0, 1]$에서 연속이고, 증가함수이고, $f(0)=0$, $f(1)=1$이라 하자. $\int_0^1 f(x)\,dx=\frac{2}{5}$일 때, $\int_0^1 f^{-1}(y)\,dy$를 구하여라. 도움말: 그래프를 그려라.

EXPL **46.** 함수 f가 구간 $[0, \infty)$에서 연속이고, 증가함수이며, $f(0)=0$, 그리고 $x\to\infty$이면 $f(x)\to\infty$라고 하자. 기하학적으로 추론하여, 다음 **영 부등식**(Young's inequality)을 증명하여라. $a>0$, $b>0$에 대해서,

$$ab\leq \int_0^a f(x)\,dx+\int_0^b f^{-1}(y)\,dy$$

여기서 등호가 성립할 조건은?

EXPL **47.** $p>1$, $q>1$, 그리고 $1/p+1/q=1$이라 하자. $f(x)=x^{p-1}$의 역함수가 $f^{-1}(y)=y^{q-1}$임을 보이고, 이것과 문제 46을 이용하여, 다음 **민코스키 부등식**(Minkowski's inequality)을 증명하여라.

$$ab\leq \frac{a^p}{p}+\frac{b^q}{q},\quad a>0,\ b>0$$

개념 복습 해답: **1.** $f(x_1)\neq f(x_2)$ **2.** x; $f^{-1}(y)$ **3.** 단조함수, 증가함수, 감소함수 **4.** $(f^{-1})'(y)=1/f'(x)$

6.3 자연지수함수

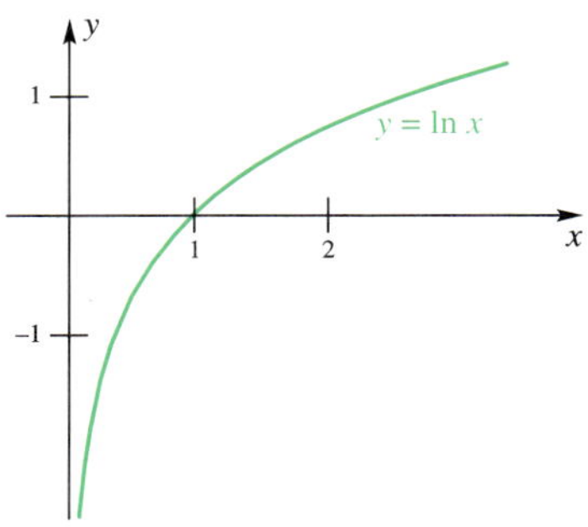

그림 1

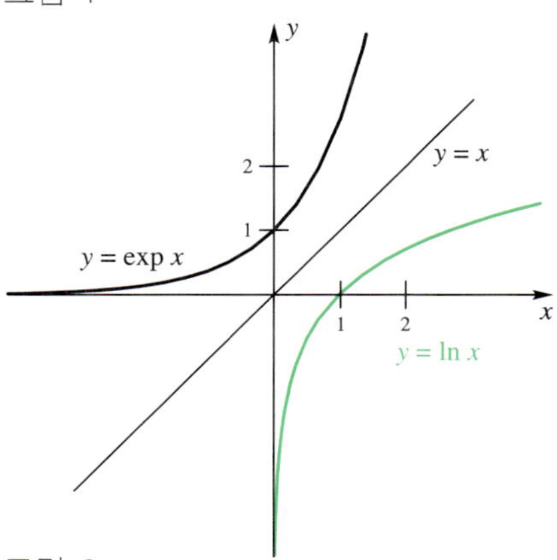

그림 2

6.1절의 끝에서 $y=f(x)=\ln x$의 그래프를 그렸다. 그림 1이 바로 그 그래프이다. 자연로그함수는 그 정의역 $D=(0, \infty)$에서 미분가능이며(따라서 연속이다), 증가함수이다. 그 치역은 $R=(-\infty, \infty)$. 사실, 자연로그함수는 6.2절에서 다룬 바로 그런 종류의 함수이며, 따라서 역함수 $\ln^{-1}$을 가진다. 역함수의 정의역은 $(-\infty, \infty)$이고, 치역은 $(0, \infty)$이다. 이 역함수는 매우 중요하기 때문에, 고유의 이름과 고유의 기호를 갖고 있다.

> **정의**
>
> ln의 역함수를 **자연지수함수**(natural exponential function)라고 하며, exp로 나타낸다. 즉,
>
> $$x=\exp y \Leftrightarrow y=\ln x$$

이 정의로부터 다음 성질이 바로 나온다:

(i) $\exp(\ln x)=x$, $x>0$

(ii) $\ln(\exp y)=y$, 모든 y에 대해서

exp와 ln은 서로 역함수이므로, $y=\exp x$의 그래프는 $y=\ln x$의 그래프를 직선 $y=x$에 대해 대칭이동한 것이다(그림 2).

그런데 왜 지수함수라고 이름 붙였는가? 차차 알게 될 것이다.

지수함수의 성질 우선 새로운 수 e를 소개한다. 이 수는 마치 π처럼 수학에

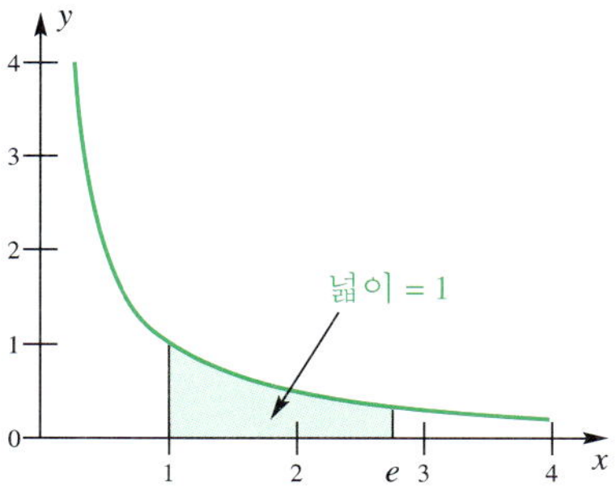

그림 3

*e*의 정의

*e*를 정의하는 방법은 세 가지가 있다.

1. $e = \ln^{-1} 1$ (우리의 정의)
2. $e = \lim_{h \to 0} (1+h)^{1/h}$
3. $e = \lim_{n \to \infty} \left(1 + \frac{1}{1!} + \frac{1}{2!} + \cdots + \frac{1}{n!}\right)$

우리 책에서, 2와 3은 정리가 된다(6.5절 정리 A,9.7절 예제 3참조).

서 매우 중요한 무리수 중의 하나이며 오일러(Leonard Euler)에 의하여 현대적 논의 방법이 소개되었다.

정의

문자 e는 $\ln e = 1$이 되는 유일한 양의 실수를 나타낸다.

그림 3으로 이 정의를 설명한다. $y = 1/x$의 그래프의 아래, $x = 1$에서 $x = e$ 사이 영역의 넓이는 1이다. $\ln e = 1$이므로, $\exp 1 = e$가 된다. 수 e는 π와 마찬가지로 무리수이다. 그 소수 전개는 수억 자리까지 알려져 있으며 앞의 몇 자리는 다음과 같다.

$$e \approx 2.718281828459045$$

이제 핵심이 되는 내용을 살펴본다. 이 내용은 이미 설명한 사실들, 즉, 위의 (i)과 6.1절 정리 A로부터 나오는 것으로, 임의의 유리수 r에 대해서, 다음이 성립한다.

$$e^r = \exp(\ln e^r) = \exp(r \ln e) = \exp r$$

이 결과를 다시 강조한다. 유리수 r에 대해서, $\exp r$은 e^r과 똑같다. 함수 exp는 자연로그의 역함수라는 추상적인 방법으로 정의하였으며, 자연로그 자신도 적분을 이용하여 정의하였는데, 결과적으로 단순한 지수가 된 것이다.

그렇지만 r이 무리수인 경우는 고등학교 교육과정에서는 다루지 않았다. $e^{\sqrt{2}}$는 무엇을 뜻하는가? 고등학교 교육과정을 바탕으로 이 수를 구하기란 사실상 불가능하다. 그렇지만 이 수를 구할 수 있어야, $D_x e^x$와 같은 것들을 논할 수 있다. 위에서 배운 것을 바탕으로, 모든 x에 대해서 (유리수이든 또는 무리수이든) e^x를 다음과 같이 정의하자.

$$e^x = \exp x$$

이 절의 시작 부분에 나온 (i), (ii)는 이제 다음 형태가 된다.

(i)′ $e^{\ln x} = x, \quad x > 0$
(ii)′ $\ln(e^y) = y$, 모든 y에 대해서

(i)′에 따르면, x를 얻기 위해서 e에다 붙여야 하는 지수가 $\ln x$이다. 대부분의 고등학교 수학책은 e를 밑으로 하는 로그를 바로 이렇게 정의한다.

이제 지수에 관한 유명한 공식 두 개를 쉽게 증명할 수 있다.

정리 A

a와 b는 임의의 실수라고 하자. 그러면 $e^a e^b = e^{a+b}$ 그리고 $e^a / e^b = e^{a-b}$.

증명 처음 등식을 다음과 같이 증명한다.

> 불사조
>
> 수 e는 수학에서 널리 나타나지만, 자연지수함수의 밑으로 사용된다는 사실이 가장 중요하다. 그렇다면 자연지수함수는 왜 그렇게 중요한가?
> "불사조가 자신이 불탄 재에서 다시 생겨나듯이, 함수 $y=e^x$는 자기 자신의 미분이다. 정말 놀랍지 않은가?"
>
> Francois LeLionnais

$$
\begin{aligned}
e^a e^b &= \exp(\ln e^a e^b) && ((\text{i})\text{에 따라서}) \\
&= \exp(\ln e^a + \ln e^b) && (6.1\text{절 정리 A}) \\
&= \exp(a+b) && ((\text{ii})'\text{에 따라서}) \\
&= e^{a+b} && (\exp x = e^x\text{이니까})
\end{aligned}
$$

두 번째 등식도 비슷하게 증명할 수 있다. ■

e^x의 도함수 exp와 ln은 서로 역함수이므로, 정리 6.2B에 의해, $\exp x = e^x$는 미분가능이다. $D_x e^x$의 공식을 구하기 위해서, 그 정리를 이용할 수 있다. 또는 다음과 같이 구할 수 있다. $y=e^x$라 하자. 그러면

$$x = \ln y$$

이제 양변을 x에 대해 미분한다. 연쇄법칙을 사용하면, 다음을 얻는다.

$$1 = \frac{1}{y} D_x y$$

따라서

$$D_x y = y = e^x$$

이제 e^x가 자기 자신의 미분이라는 놀라운 사실을 증명하였다. 즉,

$$\boxed{D_x e^x = e^x}$$

그러므로 $y=e^x$는 미분방정식 $y'=y$의 해이다.

$u=f(x)$가 미분가능하면, 연쇄법칙에 따라서,

$$D_x e^u = e^u D_x u$$

예제 1 $D_x e^{\sqrt{x}}$를 구하여라.

풀이 $u=\sqrt{x}$로 놓으면, 다음을 얻는다.

$$D_x e^{\sqrt{x}} = e^{\sqrt{x}} D_x \sqrt{x} = e^{\sqrt{x}} \cdot \frac{1}{2} x^{-1/2} = \frac{e^{\sqrt{x}}}{2\sqrt{x}}$$ ■

예제 2 $D_x e^{x^2 \ln x}$를 구하여라.

풀이

$$
\begin{aligned}
D_x e^{x^2 \ln x} &= e^{x^2 \ln x} D_x (x^2 \ln x) \\
&= e^{x^2 \ln x}\left(x^2 \cdot \frac{1}{x} + 2x \ln x\right) \\
&= x e^{x^2 \ln x}(1 + \ln x^2)
\end{aligned}
$$ ■

예제 3 $f(x)=xe^{x/2}$에 대해, f가 증가하는 곳, 감소하는 곳, 위로 오목한 곳, 아래로 오목한 곳을 구하여라. 그리고 최대값, 최소값, 변곡점을 구하고 f의 그래프를 그려라.

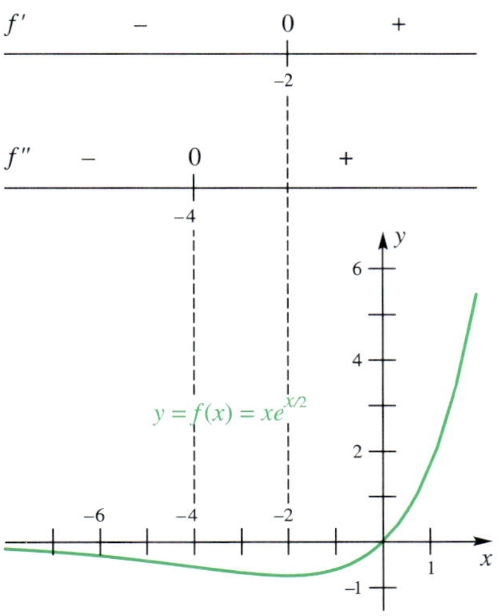

그림 4

풀이

$$f'(x)=\frac{xe^{x/2}}{2}+e^{x/2}=e^{x/2}\left(\frac{x+2}{2}\right)$$

그리고

$$f''(x)=\frac{e^{x/2}}{2}+\left(\frac{x+2}{2}\right)\frac{e^{x/2}}{2}=e^{x/2}\left(\frac{x+4}{4}\right)$$

모든 x에 대해서 $e^{x/2}>0$임을 생각하면, $x<-2$인 경우 $f'(x)<0$이고, $f'(-2)=0$, $x>-2$인 경우 $f'(x)>0$임을 알 수 있다. 따라서 f는 구간 $(-\infty, -2]$에서 감소하고, 구간 $[-2, \infty)$에서 증가하고, $x=-2$에서 최소값 $f(-2)=-2/e\approx-0.7$을 가진다.

그리고 $x<-4$일 때 $f''(x)<0$이고, $f''(-4)=0$, $x>-4$일 때 $f''(x)>0$이다. 그러므로 f의 그래프는 구간 $(-\infty, -4)$에서 아래로 오목하고, 구간 $(-4, \infty)$에서 위로 오목하다. 그리고 변곡점은 $(-4, -4e^{-2})\approx(-4, -0.54)$이다. 그런데 $\lim_{x\to-\infty} xe^{x/2}=0$이므로, 직선 $y=0$은 수평 점근선이다. 이를 바탕으로 그래프를 그리면 그림 4와 같다. ■

미분 공식 $D_x e^x=e^x$에 따라서 자동으로 적분공식 $\int e^x dx=e^x+C$가 나온다. x 대신에 u를 넣으면,

$$\boxed{\int e^u du=e^u+C}$$

예제 4 $\int e^{-4x}dx$를 구하여라.

풀이 $u=-4x$로 놓으면 $du=-4dx$. 따라서

$$\int e^{-4x}dx=-\frac{1}{4}\int e^{-4x}(-4dx)=-\frac{1}{4}\int e^u du=-\frac{1}{4}e^u+C$$
$$=-\frac{1}{4}e^{-4x}+C$$ ■

예제 5 $\int x^2e^{-x^3}dx$를 구하여라.

풀이 $u=-x^3$으로 놓으면, $du=-3x^2dx$. 따라서

$$\int x^2e^{-x^3}dx=-\frac{1}{3}\int e^{-x^3}(-3x^2dx)$$
$$=-\frac{1}{3}\int e^u du=-\frac{1}{3}e^u+C$$
$$=-\frac{1}{3}e^{-x^3}+C$$ ■

예제 6 $\int_1^3 xe^{-3x^2}dx$를 구하여라.

풀이 $u=-3x^2$으로 놓으면, $du=-6x\,dx$. 다라서

$$\int xe^{-3x^2}dx=-\frac{1}{6}\int e^{-3x^2}(-6x\,dx)=-\frac{1}{6}\int e^u du$$
$$=-\frac{1}{6}e^u+C=-\frac{1}{6}e^{-3x^2}+C$$

그러므로 미적분학의 기본정리 2에 의해,

$$\int_1^3 xe^{-3x^2}dx=\left[-\frac{1}{6}e^{-3x^2}\right]_1^3=-\frac{1}{6}(e^{-27}-e^{-3})$$
$$=\frac{e^{-3}-e^{-27}}{6}\approx 0.0082978$$

맨 끝의 결과는 계산기를 써서 얻을 수 있다. ■

예제 7 $\displaystyle\int\frac{6e^{1/x}}{x^2}dx$를 계산하여라.

풀이 $\displaystyle\int e^u\,du$를 생각하면서 $u=\dfrac{1}{x}$로 놓으면 $du=\left(-\dfrac{1}{x^2}\right)dx$. 따라서

$$\int\frac{6e^{1/x}}{x^2}dx=-6\int e^{1/x}\cdot\left(-\frac{1}{x^2}\right)dx=-6\int e^u du$$
$$=-6e^u+C=-6e^{1/x}+C$$ ■

이 책의 나머지 부분에서 $\exp x$ 대신에 기호 e^x를 사용하겠지만, 과학 저술에서 기호 exp도 자주 등장한다. 지수 x가 복잡한 경우에 특히 그렇다. 예를 들어 통계학에서, 다음 정규 분포의 확률밀도 함수를 흔히 접하게 된다.

$$f(x)=\frac{1}{\sigma\sqrt{2\pi}}\exp\left[-\frac{(x-\mu)^2}{2\sigma^2}\right]$$

개념 복습

1. 함수 ln은 구간 $(0,\infty)$에서 ______이며, 따라서 역함수 $\ln^{-1}$을 가지는 데, 이것을 ______로 나타낸다.
2. 수 e는 ln를 이용하여 ______로 정의한다. 소수 두 자리까지 값을 구해 보면, ______.
3. $e^x=\exp x=\ln^{-1}x$이므로, $e^{\ln x}=$______이고 $\ln(e^x)=$______.
4. e^x에 관한 두 가지 놀라운 사실은, $D_x(e^x)=$______ 그리고 $\int e^x dx=$ ______.

연습문제 6.3

C **1.** 계산기를 사용하여 다음을 계산하여라. 참고: 계산기에 따라서 e^x 단추가 있는 것도 있다. 없으면, INV (또는 2nd) 그리고 ln x 단추를 눌러야 한다.

(a) e^3 (b) $e^{2.1}$ (c) $e^{\sqrt{2}}$ (d) $e^{\cos(\ln 4)}$

C **2.** 다음을 계산하고, 답이 그렇게 나오는 이유를 설명하여라.

(a) $e^{3\ln 2}$ (b) $e^{(\ln 64)/2}$

문제 3~10에서 주어진 식을 간단하게 하여라.

3. $e^{3\ln x}$
4. $e^{-2\ln x}$
5. $\ln e^{\cos x}$
6. $\ln e^{-2x-3}$
7. $\ln(x^3 e^{-3x})$
8. $e^{x-\ln x}$
9. $e^{\ln 3+2\ln x}$
10. $e^{\ln x^2 - y\ln x}$

문제 11~22에서 $D_x y$를 구하여라(예제 1, 2 참조).

11. $y=e^{x+2}$
12. $y=e^{2x^2-x}$
13. $y=e^{\sqrt{x+2}}$
14. $y=e^{-1/x^2}$
15. $y=e^{2\ln x}$
16. $y=e^{x/\ln x}$
17. $y=x^3 e^x$
18. $y=e^{x^3\ln x}$
19. $y=\sqrt{e^{x^2}}+e^{\sqrt{x^2}}$
20. $y=e^{1/x^2}+1/e^{x^2}$
21. $e^{xy}+xy=2$ 도움말: 음함수 미분법 사용.
22. $e^{x+y}=x+y$
23. $y=e^x$의 그래프에 대해서 아는 것을 이용하여, 다음 함수의 그래프를 그려라.
 (a) $y=-e^x$ (b) $y=e^{-x}$
24. 다음이 성립하는 이유를 설명하여라.
$$a<b \Rightarrow e^{-a}>e^{-b}$$

문제 25~36에서 주어진 함수의 정의역과 증가, 감소하는 구간을 찾고, 위아래로 오목한 부분과 극점, 변곡점을 찾아라. 그리고 $y=f(x)$의 그래프를 그려라.

25. $f(x)=e^{2x}$
26. $f(x)=e^{-x/2}$
27. $f(x)=xe^{-x}$
28. $f(x)=e^x+x$
29. $f(x)=\ln(x^2+1)$
30. $f(x)=\ln(2x-1)$
31. $f(x)=\ln(1+e^x)$
32. $f(x)=e^{1-x^2}$
33. $f(x)=e^{-(x-2)^2}$
34. $f(x)=e^x-e^{-x}$
35. $f(x)=\int_0^x e^{-t^2}\,dt$
36. $f(x)=\int_0^x e^{-t}\,dt$

문제 37~44에서 적분을 구하여라.

37. $\int e^{3x+1}dx$
38. $\int xe^{x^2-3}dx$
39. $\int (x+3)e^{x^2+6x}dx$
40. $\int \frac{e^x}{e^x-1}\,dx$
41. $\int \frac{e^{-1/x}}{x^2}\,dx$
42. $\int e^{x+e^x}dx$
43. $\int_0^1 e^{2x+3}dx$
44. $\int_1^2 \frac{e^{3/x}}{x^2}\,dx$
45. $y=e^x$, $y=0$, $x=0$, $x=\ln 3$으로 둘러싸인 영역을 x축에 대해 회전시켜서 생긴 입체의 부피를 구하여라.
46. $y=e^{-x^2}$, $y=0$, $x=0$, $x=1$로 둘러싸인 영역을 y축에 대해 회전시켰다. 이 때 생기는 입체의 부피를 구하여라.
47. 곡선 $y=e^{-x}$와, 점 $(0,\ 1)$과 $(1,\ 1/e)$을 지나는 직선으로 둘러싸인 영역의 넓이를 구하여라.
48. 함수 $f(x)=\frac{x}{e^x-1}-\ln(1-e^{-x})$는 $x>0$에서 감소함을 보여라.

C 49. **스털링**(Stirling) **공식**에 의하면, 매우 큰 n에 대해서, $n!=1\cdot 2\cdot 3\cdots n$의 근사값은 다음과 같다.
$$n!\approx\sqrt{2\pi n}\left(\frac{n}{e}\right)^n$$
 (a) 10!의 정확한 값을 계산하고, 위의 공식을 사용하여 근사값을 구하여라.
 (b) 60!의 근사값을 구하여라.

C 50. 뒤에 가서 (9.9절) 보이겠지만, 작은 x에 대해서,
$$e^x\approx 1+x+\frac{x^2}{2!}+\frac{x^3}{3!}+\frac{x^4}{4!}$$
이 결과를 이용하여 $e^{0.3}$의 근사값을 구하고, 이것을 직접 구한 값과 비교해 보아라. (컴퓨터와 계산기는 이와 같은 합을 사용하여 e^x의 근사값을 구한다.)

51. 다음 매개변수로 주어진 곡선의 길이를 구하여라.
$$x=e^t\sin t,\ y=e^t\cos t,\ 0\le t\le\pi$$
52. 고객들이 분당 평균 k명의 비율로 창구에 도착하면, x분의 기간 동안 꼭 n명의 고객이 창구에 도착할 확률은 다음 공식으로 주어진다(확률에 관한 책 참조).
$$P_n(x)=\frac{(kx)^n e^{-kx}}{n!},\quad n=0,\ 1,\ 2,\ \cdots$$
평균 고객도착 비율이 매 4분당 1명일 때, 30분 동안 꼭 8명의 고객이 나타날 확률을 구하여라.
53. 구간 $(0,\ \infty)$의 x에 대해서 $f(x)=\frac{\ln x}{1+(\ln x)^2}$라 하자. 다음을 구하여라.
 (a) $\lim_{x\to 0^+} f(x)$ 그리고 $\lim_{x\to\infty} f(x)$
 (b) $f(x)$의 최대값과 최소값
 (c) $F(x)=\int_1^{x^2} f(t)\,dt$일 때, $F'(\sqrt{e})$
54. R은 $x=0$, $y=e^x$, 그리고 원점에서 $y=e^x$에 그은 접선으로 둘러싸인 도형이라고 하자. 다음을 구하여라.
 (a) R의 넓이
 (b) R을 x축에 대해 회전시켰을 때, 생기는 입체의 부피
55. 다음을 계산하여라.

(a) $\int_{-3}^{3} \exp(-1/x^2)\,dx$ (b) $\int_{0}^{8\pi} e^{-0.1x} \sin x\,dx$

56. 다음을 계산하여라.

(a) $\lim_{x\to 0}(1+x)^{1/x}$ (b) $\lim_{x\to 0}(1+x)^{-1/x}$

57. 구간 $[-3, 3]$에서 $y=f(x)=\exp(-x^2)$의 그래프와 $y=f''(x)$의 그래프 사이 영역의 넓이를 구하여라.

58. 여러 가지 양수 p값들에 대해서, $y=x^p e^{-x}$의 그래프들을 같은 좌표축을 사용하여 그려라. 다음에 대해서 추정해 보아라.

(a) $\lim_{x\to\infty} x^p e^{-x}$

(b) $f(x)=x^p e^{-x}$가 최대값을 가지는 점의 x좌표

59. x가 매우 큰 음수일 때, x가 매우 큰 양수일 때, (x^2+e^{-x})의 모양을 설명하여라.

60. $f(x)=1/(1+e^{1/x})$에 대해, f와 f'의 그래프들을 그려라. 그리고 나서 다음을 구하여라.

(a) $\lim_{x\to 0^+} f(x)$ (b) $\lim_{x\to 0^-} f(x)$

(c) $\lim_{x\to\pm\infty} f(x)$ (d) $\lim_{x\to 0} f'(x)$

(e) f의 최대값과 최소값(존재하면).

개념 복습 해답: 증가함수, exp **2.** $\ln e=1$; 2.72 **3.** x; x **4.** e^x; e^x+C

6.4 일반적인 지수함수와 로그함수

> *2^π는 무엇인가?*
>
> 대수학에서, 2^n은 먼저 자연수 n에 대해서 정의한다. 즉, $2^1=2$ 그리고 $2^4=2\cdot 2\cdot 2\cdot 2$. 그 다음, 0에 대해서 2^n을
>
> $$2^0=1$$
>
> 이라 정의하고, 음의 정수들에 대해서 다음과 같이 정의한다.
>
> $$2^{-n}=1/2^n, \quad n>0\text{인 경우}$$
>
> 그러므로 $2^{-3}=1/2^3=1/8$. 마지막으로, 유리수 r에 대해서 제곱근을 사용하여 2^r을 정의한다. 즉,
>
> $$2^{7/3}=\sqrt[3]{2^7}$$
>
> 2^x의 정의를 실수의 집합으로 확장하려면, 미적분학을 사용해야 한다. 2^π를 정의하는 한 가지 방법은, 다음 수열의 극한이라고 하는 것이다.
>
> $$2^3,\ 2^{3.1},\ 2^{3.14},\ 2^{3.141},\ \cdots$$
>
> 우리가 사용한 정의는
>
> $$2^\pi=e^{\pi\ln 2}$$
>
> 이 정의는 미적분학을 포함하고 있다. 왜냐 하면 우리는 정적분을 사용하여 자연로그함수를 정의하였기 때문이다.

우리는 $e^{\sqrt{2}}$, e^π, 그리고 e의 다른 모든 무리수 지수를 앞절에서 정의하였다. 그렇다면 $2^{\sqrt{2}}$, π^π, π^e, 그리고 다른 수들의 이와 비슷한 무리수 지수는 어떻게 되는가? 사실, $a>0$과 임의의 실수 x에 대해서, a^x의 의미를 부여하고 싶다. $r=p/q$가 유리수이면, $a=(\sqrt[q]{a})^p$이다. 그런데

$$a^r=\exp(\ln a^r)=\exp(r\ln a)=e^{r\ln a}$$

이므로 ***a*를 밑으로 하는 지수함수**를 다음과 같이 정의할 수 있다.

> **정의**
>
> $a>0$과 임의의 실수 x에 대해서,
>
> $$a^x=e^{x\ln a}$$

물론, 지수에 관한 여러가지 성질들이 이 정의에 대해 성립해야, 이것이 적합한 정의라고 말할 수 있는데 이 문제는 잠시 뒤에 다루겠다. 이 정의에 대해서 확신을 심어 주기 위해서, 이것을 사용하여 3^2을 계산해 보자(계산기의 도움을 받아서).

$$3^2=2^{2\ln 3}\approx e^{2(1.0986123)}\approx 9.000000$$

계산기가 제시하는 답은 9와 약간 다를 수 있다. 계산기는 e^x와 $\ln x$에 대해서 근사값들을 사용하여, 소수점 아래 몇 자리에서(대개 8자리 정도) 잘라버리기 때문이다.

6.1절 자연로그의 성질에서 남아 있던 약간의 빈틈을 이제 메울 수 있다.

$$\ln(a^x)=\ln(e^{x\ln a})=x\ln a$$

즉, 정리 6.1A의 성질 ⅳ가 유리수 x에 대해서는 물론이고, 모든 실수 x에 대

해서 성립한다. 아래 정리 A의 증명에서 이 사실을 사용한다.

a^x의 성질 정리 A는 지수에 관한 친숙한 성질들을 요약한 것이며, 이제 매우 엄밀하게 증명할 수 있다. 정리 B는 a^x의 미분과 적분에 관한 것이다.

정리 A 지수의 성질

$a>0$, $b>0$이고, x와 y가 실수일 때, 다음이 성립한다.

(i) $a^x a^y = a^{x+y}$

(ii) $\dfrac{a^x}{a^y} = a^{x-y}$

(iii) $(a^x)^y = a^{xy}$

(iv) $(ab)^x = a^x b^x$

(v) $\left(\dfrac{a}{b}\right)^x = \dfrac{a^x}{b^x}$

증명 여기서는 (ii)와 (iii)만 증명한다. 나머지는 연습용으로 남긴다.

(ii) $\dfrac{a^x}{a^y} = e^{\ln(a^x/a^y)} = e^{\ln a^x - \ln a^y}$

$= e^{x \ln a - y \ln a} = e^{(x-y)\ln a} = a^{x-y}$

(iii) $(a^x)^y = e^{y \ln a^x} = e^{yx \ln a} = a^{yx} = a^{xy}$ ■

정리 B 지수함수의 미분과 적분공식

$$D_x a^x = a^x \ln a$$

$$\int a^x dx = \left(\frac{1}{\ln a}\right) a^x + C, \quad a \neq 1$$

증명

$$D_x a^x = D_x(e^{x \ln a}) = e^{x \ln a} D_x(x \ln a)$$
$$= a^x \ln a$$

적분공식은 미분공식으로부터 바로 나온다. ■

> *다른 밑이 필요한가?*
>
> e 이외의 다른 밑이 꼭 필요한가? 아니오. 공식
> $$a^x = e^{x \ln a}$$
> 그리고
> $$\log_a x = \frac{\ln x}{\ln a}$$
> 를 이용하여, 밑이 a인 지수함수 또는 로그함수를 포함한 어떠한 문제이든, 그에 대응하는, 밑이 e인 함수로 바꿀 수 있다. 따라서 우리가 자연 지수, 자연로그라는 용어를 사용한 것이 적절하다. 수준 높은 수학에서 이 함수들을 널리 사용하는 까닭이 바로 이것이다.

예제 1 $D_x(3^{\sqrt{x}})$를 구하여라.

풀이 $u=\sqrt{x}$로 놓고 연쇄법칙을 사용한다.

$$D_x(3^{\sqrt{x}}) = 3^{\sqrt{x}} \ln 3 \cdot D_x\sqrt{x} = \frac{3^{\sqrt{x}} \ln 3}{2\sqrt{x}}$$ ■

예제 2 $y=(x^4+2)^5+5^{x^4+2}$일 때, dy/dx를 구하여라.

풀이

$$\frac{dy}{dx} = 5(x^4+2)^4 \cdot 4x^3 - 5x^{x^4+2} \ln 5 \cdot 4x^3$$
$$= 4x^3[5(x^4+2)^4 + 5x^{x^4+2} \ln 5]$$
$$= 20x^3[(x^4+2)^4 + 5x^{x^4+1} \ln 5]$$ ■

예제 3 $\int 2^{x^3} x^2 dx$를 구하여라.

풀이 $u = x^3$으로 놓으면 $du = 3x^2 dx$. 따라서

$$\int 2^{x^3} x^2 dx = \frac{1}{3}\int 2^{x^3}(3x^2 dx) = \frac{1}{3}\int 2^u du$$
$$= \frac{1}{3}\frac{2^u}{\ln 2} + C = \frac{2^{x^3}}{3\ln 2} + C$$ ■

함수 $\log_a$ 마지막으로, 고등학교에서 배운 로그함수와 관련을 짓는다. $0 < a < 1$이면, $f(x) = a^x$는 감소함수이고 $a > 1$이면, 이것은 증가함수이다. 미분을 해서 확인해 볼 수 있다. 따라서 두 경우 모두, f는 역함수를 가진다. 이 역함수를 **a를 밑으로 하는 로그함수**라고 한다. 이것은 다음 정의와 같다.

> **정의**
>
> a를 1이 아닌 양수라 하면
>
> $$y = \log_a x \Leftrightarrow x = a^y$$

역사적으로 가장 많이 사용된 로그함수는 밑이 10인 로그이며 이를 **상용로그**라고 한다. 그러나 미적분학과 앞으로 배울 고등 수학에서, 가장 중요한 밑은 e이다. $\log_e$는 함수 $f(x) = e^x$의 역함수이며, ln을 나타내는 또 다른 기호에 불과함을 주목하기 바란다. 즉,

$$\log_e x = \ln x$$

이다(그림 1 참조). 함수 ln는 6.1절에서 도입하였는데, 이는 특별한 밑 e를 가지는 평범한 로그함수임이 밝혀졌다.

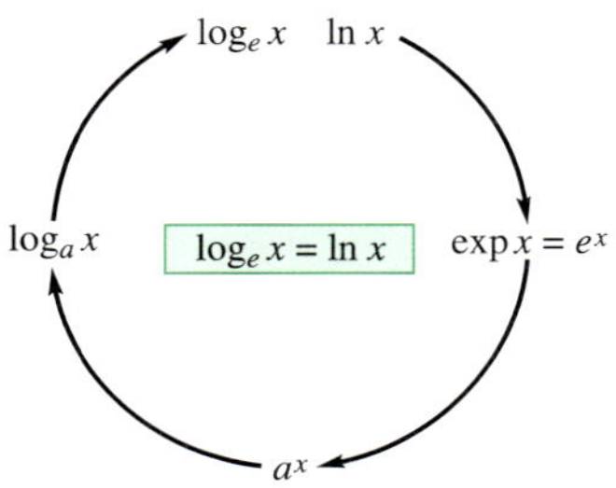

그림 1

$y = \log_a x$이고, 그래서 $x = a^y$이면,

$$\ln x = y \ln a$$

임을 주목하기 바란다. 그러므로 다음이 성립한다.

$$\boxed{\log_a x = \frac{\ln x}{\ln a}}$$

이것으로부터, $\log_a$는 로그함수와 관련된 일반적인 성질들을 (정리 6.1A 참조) 만족함을 알 수 있다. 그리고

$$\boxed{D_x \log_a x = \frac{1}{x \ln a}}$$

예제 4 $y = \log_{10}(x^4 + 13)$일 때, $\frac{dy}{dx}$를 구하여라.

풀이 $u = x^4 + 13$으로 놓고, 연쇄법칙을 적용한다.

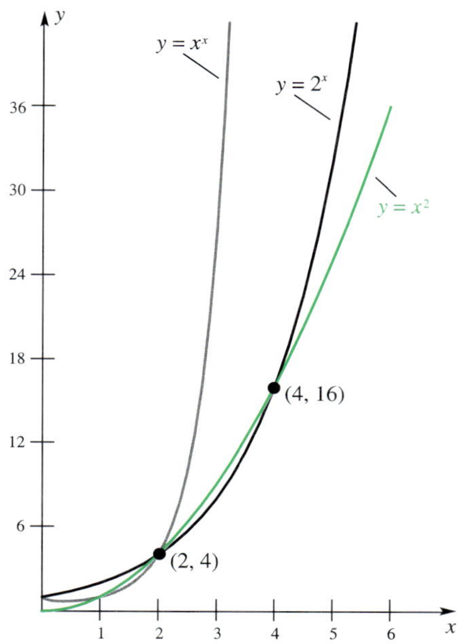

그림 2

$$\frac{dy}{dx}=\frac{1}{(x^4+13)\ln 10}\cdot 4x^3=\frac{4x^3}{(x^4+13)\ln 10}$$ ■

함수 a^x, x^a, 그리고 x^x 우선 그림 2의 세 그래프를 비교해 보기 바란다. 좀 더 일반적으로, a가 상수라고 하자. 지수함수 $f(x)=a^x$와 지수가 상수인 함수 $g(x)=x^a$를 혼동하면 안 된다. 그들의 미분도 혼동하지 말아야 한다. 방금 배웠듯이,

$$\boxed{D_x(a^x)=a^x\ln a}$$

그렇다면 $D_x(x^a)$는? a가 유리수인 경우, 3장에서 거듭제곱 미분 공식을 증명하였으며, 그에 따르면,

$$D_x(x^a)=ax^{a-1}$$

a가 무리수인 경우도 이것이 성립함을 다음과 같이 보인다.

$$D_x(x^a)=D_x(e^{a\ln x})=e^{a\ln x}\cdot\frac{a}{x}$$

$$=x^a\cdot\frac{a}{x}=ax^{a-1}$$

그에 대응하는 적분 공식도 a가 무리수인 경우에도 성립한다.

$$\boxed{\int x^a dx=\frac{x^{a+1}}{a+1}+C,\quad a\neq -1}$$

마지막으로, $f(x)=x^x$를 생각해 보자. 이것은 밑도 변수이고 지수도 변수이다. $D_x(x^x)$의 공식이 있기는 있지만, 외울 필요는 없다. 이제 이것을 구하는 두 가지 방법을 살펴본다.

예제 5 $x>0$에 대해서, $y=x^x$일 때, D_xy를 두 가지 방법으로 구하여라.

풀이

방법 1

$$y=x^x=e^{x\ln x}$$

연쇄법칙에 의해,

$$D_xy=e^{x\ln x}D_x(x\ln x)=x^x\left(x\cdot\frac{1}{x}+\ln x\right)=x^x(1+\ln x)$$

방법 2 6.1절의 로그를 이용한 미분을 사용하면

$$y=x^x$$

$$\ln y=x\ln x$$

$$\frac{1}{y}D_xy=x\cdot\frac{1}{x}+\ln x$$

$$D_xy=y(1+\ln x)=x^x(1+\ln x)$$ ■

a^x에서 $[f(x)]^{g(x)}$으로

우리가 다루는 함수들이 점점 더 복잡해짐을 주목하기 바란다. a^x에서 x^a를 지나 x^x로 간 것이 하나의 길이다. 좀더 복잡한 길은 $a^{f(x)}$에서 $[f(x)]^a$를 지나 $[f(x)]^{g(x)}$로 가는 것이다. 우리는 이 모든 함수들의 미분을 구할 수 있다. 맨 끝의 함수의 미분을 구하려면, 로그를 이용하여 미분하는 것이 가장 좋은 방법이다. 이 기술은 6.1절에서 소개하였으며, 여기 예제 5와 예제 7에도 나온다.

예제 6 $y=(x^2+1)^\pi+\pi^{\sin x}$일 때, dy/dx를 구하여라.

풀이

$$\frac{dy}{dx}=\pi(x^2+1)^{\pi-1}(2x)+\pi^{\sin x}\ln\pi\cdot\cos x$$ ■

예제 7 $y=(x^2+1)^{\sin x}$일 때, $\dfrac{dy}{dx}$를 구하여라.

풀이 로그를 이용해서 미분한다.

$$\ln y=(\sin x)\ln(x^2+1)$$

$$\frac{1}{y}\frac{dy}{dx}=(\sin x)\frac{2x}{x^2+1}+(\cos x)\ln(x^2+1)$$

$$\frac{dy}{dx}=(x^2+1)^{\sin x}\left[\frac{2x\sin x}{x^2+1}+(\cos x)\ln(x^2+1)\right]$$ ■

예제 8 $\displaystyle\int_{1/2}^{1}\frac{5^{1/x}}{x^2}dx$를 계산하여라.

풀이 $u=1/x$로 놓으면 $du=(-1/x^2)$. 따라서

$$\int\frac{5^{1/x}}{x^2}dx=-\int 5^{-1/x}\left(-\frac{1}{x^2}dx\right)=-\int 5^u du$$

$$=-\frac{5^u}{\ln 5}+C=-\frac{5^{1/x}}{\ln 5}+C$$

그러므로 미적분학의 기본정리 2에 의해

$$\int_{1/2}^{1}\frac{5^{1/x}}{x^2}dx=\left[-\frac{5^{1/x}}{\ln 5}\right]_{1/2}^{1}=\frac{1}{\ln 5}(5^2-5)$$

$$=\frac{20}{\ln 5}\approx 12.43$$ ■

개념 복습

1. e와 ln을 써서 나타내면, $\pi^{\sqrt{3}}=$______. 좀 더 일반적으로, $a^x=$______.
2. $x=\log_a x$, 여기서 $a=$______.
3. $\log_a x$를 ln을 써서 나타내면, $\log_a x=$______.
4. 함수 $f(x)=x^a$의 도함수는 $f'(x)=$______.지수함수 $g(x)=a^x$의 도함수는 $g'(x)=$______.

연습문제 6.4

문제 1~8에서 x를 구하여라. 도움말: $\log_a b=c \Leftrightarrow a=b$.

1. $\log_2 8=x$

2. $\log_x x=2$

3. $\log_4 x=\dfrac{3}{2}$

4. $\log_x 64=4$

5. $2\log_9\left(\dfrac{x}{3}\right)=1$

6. $\log_4\left(\dfrac{1}{2x}\right)=3$

7. $\log_2(x+3)-\log_2 x=2$

8. $\log_5(x+3)-\log_5 x=1$

C $\log_a x=(\ln x)/(\ln a)$를 이용하여, 문제 9~12의 로그를 계산하여라.

9. $\log_5 12$

10. $\log_7(0.11)$

11. $\log_{11}(8.12)^{1/5}$

12. $\log_{10}(8.57)^7$

C 문제 13~16은 자연 로그를 사용하여 다음 지수 방정식을 풀어라. 도움말: $3^x=11$을 풀려면, 양변에다 ln를 잡아라. 그러면 $x\ln 3=\ln 11$을 얻는다. 그러므로 $x=(\ln 11)/(\ln 3)\approx 2.1827$.

13. $2^x=17$

14. $5^x=13$

15. $5^{2s-3}=4$

16. $12^{1/(\theta-1)}=4$

다음 미분 또는 적분을 구하여라(예제 1－4 참조).

17. $D_x(6^{2x})$

18. $D_x(3^{2x2-3x})$

19. $D_x\log_3 e^x$

20. $D_x\log_{10}(x^3+9)$

21. $D_z[3^z\ln(z+5)]$

22. $D_\theta\sqrt{\log_{10}(3^{\theta^2-\theta})}$

23. $\int x2^{x^2}dx$

24. $\int 10^{5x-1}dx$

25. $\int_1^4\frac{5^{\sqrt{x}}}{\sqrt{x}}dx$

26. $\int_0^1(10^{3x}+10^{-3x})dx$

문제 27~32에서 dy/dx를 구하여라. 참고: 예제 5~7에서 보았듯이, a^x형태, x^a형태, x^x형태를 잘 구별해야 한다.

27. $y=10^{(x^2)}+(x^2)^{10}$

28. $y=\sin^2 x+2^{\sin x}$

29. $y=x^{\pi+1}+(\pi+1)^x$

30. $y=2^{(e^x)}+(2^e)^x$

31. $y=(x^2+1)^{\ln x}$

32. $y=(\ln x^2)^{2x+3}$

33. $f(x)=x^{\sin x}$일 때, $f'(1)$을 구하여라.

C **34.** $f(x)=\pi^x$ 그리고 $g(x)=x^\pi$라 하자. $f(e)$와 $g(e)$ 중에 누가 더 큰가? $f'(e)$와 $g'(e)$ 중에는?

문제 35~40에서 주어진 함수의 정의역과 증가, 감소하는 구간을 찾고, 위아래로 오목한 부분과 극점, 변곡점을 찾아라. 그리고 $y=f(x)$의 그래프를 그려라.

35. $f(x)=2^{-x}$

36. $f(x)=x\cdot 2^{-x}$

37. $f(x)=\log_2(x^2+1)$

38. $f(x)=x\log_3(x^2+1)$

39. $f(x)=\int_1^x 2^{-t^2}dt$

40. $f(x)=\int_0^x\log_{10}(t^2+1)dt$

41. $\log_{1/2}x$와 $\log_2 x$ 사이의 관계는?

42. $\log_{1/3}x$와 $\log_3 x$의 그래프들을 같은 좌표축에 그려라.

C **43.** 지진의 진도(강도) M은 리히터 규모(Richter scale)로

$$M=0.67\log_{10}(0.37E)+1.46$$

여기서 E는 킬로와트-시간 단위로 나타낸 지진의 에너지이다. 진도 7인 지진의 에너지를 구하여라. 진도 8인 지진의 에너지를 구하여라.

C **44.** 소리의 크기는 데시벨 단위로 재는데, 전화기를 발명한 벨(Alexander Graham Bell, 1847~1922)을 기념해서이다. 압력의 변화가 제곱 인치당 P파운드이면, 소리의 크기 L은 데시벨 단위로

$$L=20\log_{10}(121.3P)$$

115데시벨의 소리를 낸 음악회에 따른 압력의 변화를 구하여라.

C **45.** 바하(J. S. Bach, 1685~1750)시대부터, 건반악기의 음계는 일정한 비율을 유지하게 되었다. 즉, C, C#, D, D#, E, F, F#, G, G#, A, A#, B, $\bar{\text{C}}$ 음계의 진동수들은 등비수열이 되며, $\bar{\text{C}}$의 진동수는 C의 진동수의 두 배이다. (C#는 C샤프라고 읽는다.) 연달아 나오는 음계들의 진동수들 사이의 비율 r은 얼마인가? A의 진동수가 440이라 하고, $\bar{\text{C}}$의 진동수를 구하여라.

46. $\log_2 3$은 무리수임을 보여라. 도움말: 모순을 이끌어 내는 방법으로 증명.

GC **47.** 어떤 xy데이터를 얻었는데, 이것들이 지수함수 곡선 $y=Ab^x$ 아니면 곡선 $y=Cx^d$에 놓여 있는 것 같다. 확인해 보기 위해서, x에 대해서 $\ln y$를 찍어서 그래프를 그려보고, $\ln x$에 대해서 $\ln y$를 찍어서 그래프를 그려 보았다. (그래프 계산기나 컴퓨터 수학 소프트웨어는 수직 좌표, 또는 수직 좌표와 수평 좌표 둘 다 로그 축척으로 잡는 기능이 있다.) 이 두 그래프들이 결론을 내리는 데 어떻게 도움이 되는지 설명하여라.

48. (심심풀이 땅콩) $y=x^x$에 대해서 도함수 y'를 구하라는 문제를 주었는데, 학생 A는 다음과 같이 풀었다.

$$\begin{aligned}&y=x^x\\ \text{틀림 1}\quad &y'=x\cdot x^{x-1}\cdot 1\quad\left(\begin{array}{l}\text{거듭곱 미분공식을}\\ \text{잘못 적용}\end{array}\right)\\ &\ \ =x^x\end{aligned}$$

학생 B는 다음과 같이 풀었다.

$$\begin{aligned}&y=x^x\\ \text{틀림 2}\quad &y'=x^x\cdot\ln x\cdot 1\quad\left(\begin{array}{l}\text{지수함수 미분공식을}\\ \text{잘못 적용}\end{array}\right)\\ &\ \ =x^x\ln x\end{aligned}$$

이것들을 더한 $x^x+x^x\ln x$가 올바른 답이다(예제 5). 즉,

틀림 1＋틀림 2＝정답

$y=f(x)^{g(x)}$에 대해서 이와 같은 과정을 적용하면 정답이 나옴을 보여라.

49. $f(x)=(x^x)^x$와 $g(x)=x^{(x^x)}$는 서로 다른 함수임을 확인하여라. 그 다음에 $f'(x)$와 $g'(x)$를 구하여라. 참고: 수학자들이 x^{x^x}라 쓰면, 이것은 $x^{(x^x)}$를 뜻한다.

50. $f(x)=\dfrac{a^x-1}{a^x+1}$을 생각한다. 여기서 a는 상수이며, $a>0$,

$a\neq 1$. f는 역함수를 가짐을 보이고, $f^{-1}(x)$의 식을 구하여라.

51. 상수 $a>1$에 대해서, 구간 $[0, \infty)$에서 $f(x)=x^x/a^x$라 하자. 다음을 보여라.

(a) $\lim_{x\to\infty} f(x)=0$ ($\ln f(x)$를 연구)

(b) $f(x)$는 $x_0=a/\ln a$에서 최대값을 가진다.

(c) $x^a=a^x$는 $a\neq e$일 때 두 개의 양수근을 가지고, $a=e$일 때 한 개의 양수근을 가진다.

(d) $\pi^e<e^\pi$

52. $x\geq 0$에 대해서 $f_u(x)=x^u e^{-x}$라 하자. 임의의 상수 $u>0$에 대해서 다음이 성립함을 보여라.

(a) $f_u(x)$는 $x_0=u$에서 최대값을 가진다.

(b) $f_u(u)>f_u(u+1)$이고 $f_{u+1}(u+1)>f_{u+1}(u)$이면,

$$\left(\frac{u+1}{u}\right)^u<e<\left(\frac{u+1}{u}\right)^{u+1}$$

(c) $\dfrac{u}{u+1}e<\left(\dfrac{u+1}{u}\right)^u<e.$

(c)로부터 $\lim_{u\to\infty}\left(1+\dfrac{1}{u}\right)^u=e$라는 결론이 나온다.

GC **53.** $\lim_{x\to 0^+} x^x$을 구하여라. 구간 $[0, 4]$에서 $f(x)=x^x$이 최소값의 좌표를 구하여라.

GC **54.** 같은 좌표 평면에 $y=x^3$과 $y=3^x$의 그래프를 그리고, 교점들을 모두 찾아라.

CAS **55.** $\int_0^{4\pi} x^{\sin x}\,dx$를 구하여라.

CAS **56.** 문제 49에서 같은 좌표 평면에 f와 g의 그래프를 그려라. 같은 좌표 평면에 f'와 g'의 그래프를 그려라.

지금까지 그래프를 그릴 때, 표준(선형) 좌표 체계만을 사용하였다. 그러나 지수함수와 로그함수를 다룰 때, 어느 한 좌표, 또는 두 좌표 모두 로그 축척을 사용하면, 결과가 더욱 알기 쉽게 나오기도 한다. 문제 57, 58에서 이 기법을 탐구해 본다.

GC **57.** 그래프 계산기를 사용하여, 구간 $0<x<4$에서 $y=2^x$, $y=3^x$, $y=4^x$의 그래프를 같은 좌표평면에 그려라. 역함수 $y=\log_2 x$, $y=\log_3 x$, $y=\log_4 x$를 마찬가지로 그려라. 컴퓨터 프로그램을 사용하여, x축은 표준 축척으로, y축은 로그 축척으로 잡아서, 구간 $-5<x<5$에서 $y=2^x$, $y=3^x$, $y=4^x$의 그래프를 그리면, 세 개의 직선이 나온다 (그림 3)

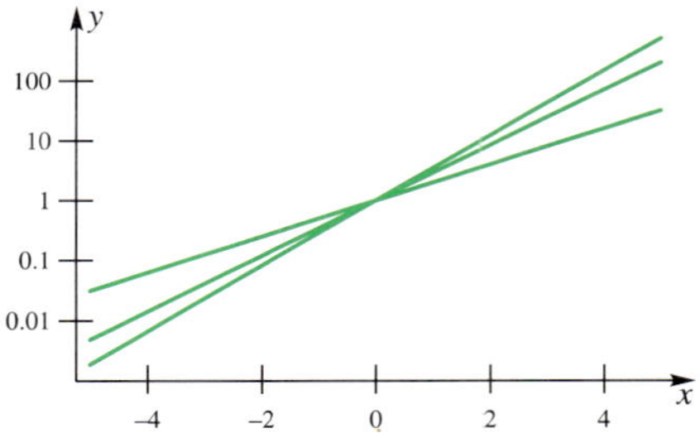

그림 3

(a) 그림 3의 어떤 선이 어떤 함수를 나타내는가?

(b) $y=Cb^x$일 때 $\ln y=\ln C+x\ln b$임을 이용하여, 그림 3의 선들이 모두 점 (0, 1)을 지나는 직선임을 설명하여라.

(c) 그림 4의 y축은 로그 축척이다. 그래프를 보고, 방정식 $y=Cb^x$의 C와 b를 구하여라.

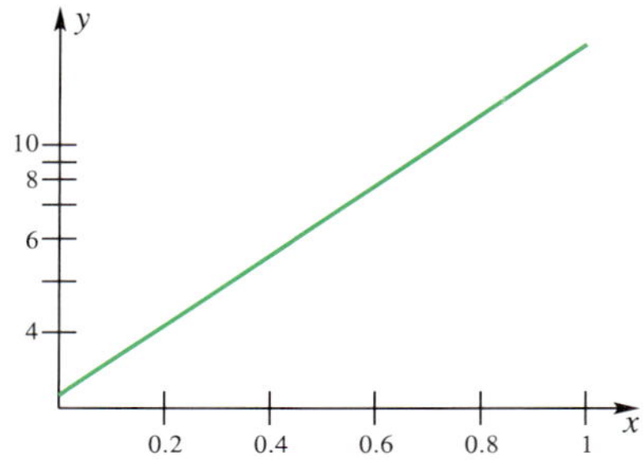

그림 4

58. y축은 물론 x축도 로그 축척을 사용하여 (로그-로그 도면이라 부름) 거듭곱 함수들의 그래프를 그리면, 직선들이 나오게 된다. $y=Cx^r$은 로그를 잡으면 $\log y=\log C+r\log x$가 됨을 이용하여, 그림 5의 그래프의 방정식을 구하여라.

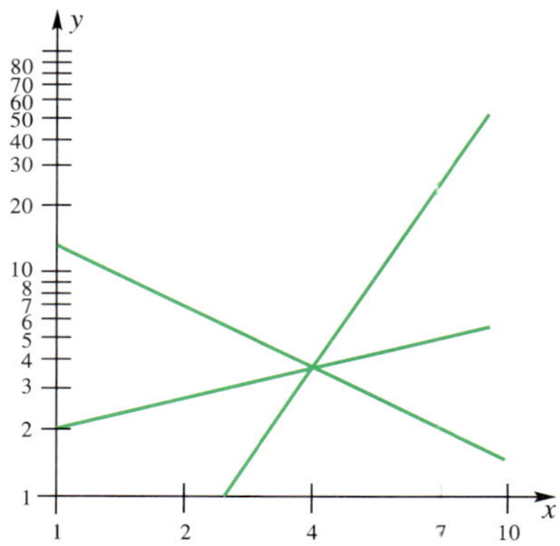

그림 5

개념 복습 해답: **1.** $e^{\sqrt{3}\ln\pi}$; $e^{x\ln a}$ **2.** e **3.** $(\ln x)/(\ln a)$ **4.** ax^{a-1}; $a^x\ln a$

6.5 기하급수적 증가와 감소

2004년이 시작될 때, 세계의 인구는 약 64억 명이었다. 2020년에는 인구가 79억 명이 될 거라고 한다. 어떻게 이런 예상을 할 수 있는가?

이 문제를 수학적으로 다루기 위해서, 시간 t일 때의 인구를 $y=f(t)$로 나타내자. 여기서 t는 2004년 이후 몇 년인가를 나타내는 수이다. 사실, $f(t)$는 정수이며, 누가 태어나거나 죽을 때, 그 그래프는 불연속적으로 오르내린다. 그렇지만 인구가 매우 많기 때문에, 전체 인구에 비해서 이러한 불연속적인 움직임은 매우 작으며, 따라서 f가 미분가능인 매끄러운 함수로 보아도 문제될 게 없다.

짧은 기간 Δt 동안의 인구의 증가(출생자 수 빼기 사망자 수) Δy는 그 기간이 시작할 때의 인구에 비례하고, 그 기간의 길이에 비례한다고 보아도 될 것 같다. 그러면 $\Delta y = ky\Delta t$. 즉,

$$\frac{\Delta y}{\Delta t} = ky$$

극한을 취하면, 이것은 다음과 같은 미분방정식이 된다.

$$\boxed{\frac{dy}{dt} = ky}$$

$k>0$이면 인구는 증가하고 있고 $k<0$이면 인구는 감소하고 있다. 세계 인구의 경우, 연구기관마다 약간씩 다르지만 k는 약 0.0132이다(t는 년 단위임).

미분방정식풀기 3.9절에서 미분방정식 공부를 시작하였다. 필요하면 그 절을 다시 보기 바란다. 이제, $t=0$일 때 $y=y_0$인 조건에서 $dy/dt=ky$를 풀려고 한다. 변수들을 분리한 다음 적분하면, 다음을 얻는다.

$$\frac{dy}{y} = k\,dt$$

$$\int \frac{dy}{y} = \int k\,dt$$

$$\ln y = kt + C$$

$t=0$일 때 $y=y_0$이라는 조건에 의해, $C=\ln y_0$. 따라서

$$\ln y - \ln y_0 = kt$$

즉,

$$\ln\frac{y}{y_0} = kt$$

지수함수 형태로 고치면,

$$\frac{y}{y_0} = e^{kt}$$

따라서.

$$\boxed{y = y_0 e^{kt}}$$

$k>0$이면, 이런 종류의 증가를 **지수적 증가**라고 한다. $k<0$이면, 이것을 **지수적 감소**라고 한다.

세계 인구 문제를 다시 살펴보자. 시간 t는 2004년 1월 1일부터의 년 단위이고, y는 인구를 억 단위로 나타낸 것이다. 즉, $y_0=64$이고, $k=0.0132$이므로,

$$y=64e^{0.0132t}$$

2020년이 되면, $t=22$이고, y는 대략 다음과 같다고 예상할 수 있다.

$$y=64e^{0.0132(22)}\approx 79\text{억}$$

예제 1 위와 같이 가정하면, 세계 인구가 2배가 되는 데 몇 년이 걸리는가?

풀이 이 질문은 "2004년 이후 몇 년이 지나야 세계 인구가 128억이 되는가?"라고 묻는 것과 같다. 이제 다음을 t에 대해서 풀어야 한다.

$$128=64e^{0.0132t}$$
$$2=e^{0.0132t}$$

양변에 로그를 잡으면,

$$\ln 2=0.0132t$$
$$t=\frac{\ln 2}{0.0132}\approx 53\text{년}$$ ■

세계 인구가 2004년 이후 53년 동안에 2배가 되면, 세계 인구는 어느 시점에서건 53년 기간 동안에 2배가 된다. 예를 들어, 106년 동안에는 4배가 된다. 좀더 일반적으로, 지수적으로 증가하는 어떤 양이 있어서, 길이 T인 처음 기간 동안 y_0에서 $2y_0$로 증가하여 2배가 되었다면, 길이 T인 어떠한 기간 동안이든 2배가 된다. 왜냐 하면

$$\frac{y(t+T)}{y(t)}=\frac{y_0e^{k(t+T)}}{y_0e^{kt}}=\frac{y_0e^{kT}}{y_0}=\frac{2y_0}{y_0}=2$$

이 수 T를 **배증 시간**(doubling time)이라고 부른다.

예제 2 박테리아를 배양하고 있는데, 그 수가 매우 빨리 늘어서, 정오에 10,000이었으며, 2시간 후에는 40,000이었다. 오후 5시에는 박테리아의 수가 얼마나 될지 예측하여라.

풀이 미분방정식 $dy/dt=ky$를 적용할 수 있다고 하자. 그러면 $y=y_0e^{kt}$. 두 개의 조건이 주어졌으므로($y_0=10{,}000$, 그리고 $t=2$일 때 $y=40{,}000$), 이것으로부터 다음을 얻는다.

$$40{,}000=10{,}000e^{k(2)}$$

즉,

$$4=e^{2k}$$

로그를 잡으면,

$$\ln 4 = 2k$$

즉,

$$k = \frac{1}{2}\ln 4 = \ln\sqrt{4} = \ln 2$$

따라서

$$y = 10{,}000e^{(\ln 2)t}$$

여기서, $t=5$일 때, 다음 값이 나온다.

$$y = 10{,}000e^{0.693(5)} \approx 320{,}000$$

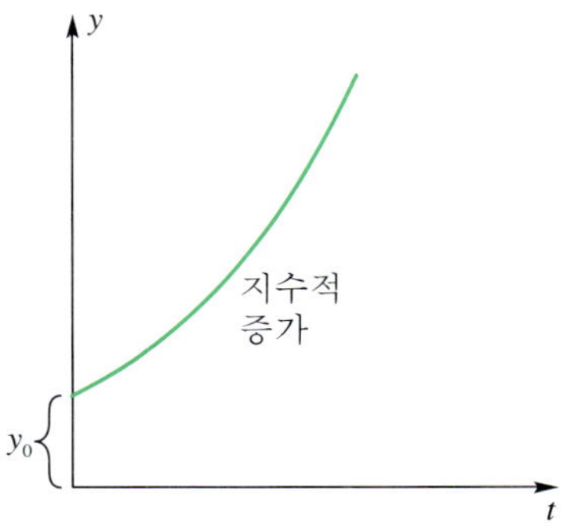

그림 1

인구 증가에 관한 지수적 증가 모델 $y=y_0e^{kt}$, $k>0$은 결함이 있다. 왜냐하면 미래로 얼마를 가든, 인구가 더욱 많이, 한없이 계속 증가하리라고 예측하고 있기 때문이다. 대부분의 경우(세계 인구의 예를 포함하여), 공간과 자원이 한계가 있기 때문에, 결국에 가서는 증가 비율이 느려지게 된다. 이제 인구 증가에 대한 새로운 모델을 도입한다. **로지스틱 모델**(logistic model)에서는, 먹여 살릴 수 있는 최대인구를 L이라 할 때 인구의 증가가 당시의 인구 y와 $L-y$의 곱에 비례한다고 가정한다. 그러면 다음 미분방정식을 얻는다.

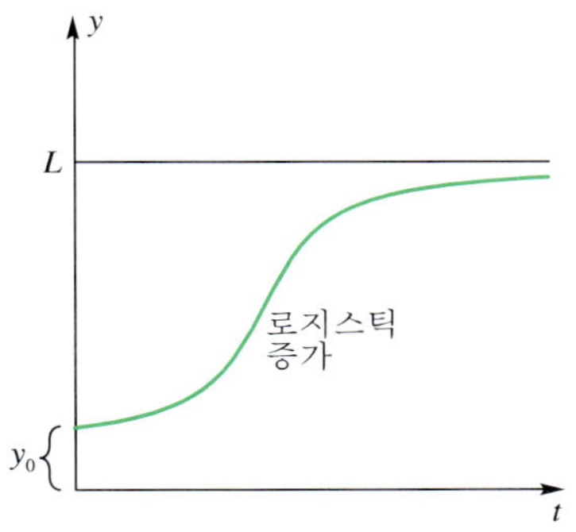

그림 2

$$\frac{dy}{dt} = ky(L-y)$$

y가 매우 작으면, $dy/dt \approx kLy$임을 주목하기 바란다. 그래서 거의 기하급수적 증가를 한다. 그렇지만 y가 L에 가까워지면, 증가가 억제되어서, dy/dt는 점점 더 작아져서 그 증가곡선이 그림 2와 같이 된다. 이 모델은 이 절 연습문제 34, 35, 39, 그리고 7.5절에서 다루도록 한다.

방사성 물질의 붕괴 모든 것들이 다 증가하지는 않는다. 시간이 흐름에 따라서 줄어드는 것도 있다. 예를 들어 방사성 원소들은 붕괴(decay)하며, 현재의 양에 비례해서 붕괴한다. 그러므로 그들의 변화 비율도 미분방정식

$$\frac{dy}{dt} = ky$$

를 만족하지만, 이 경우 k는 음수이다. $y=y_0e^{kt}$가 이 방정식의 근이며 그래프는 그림 3과 같다.

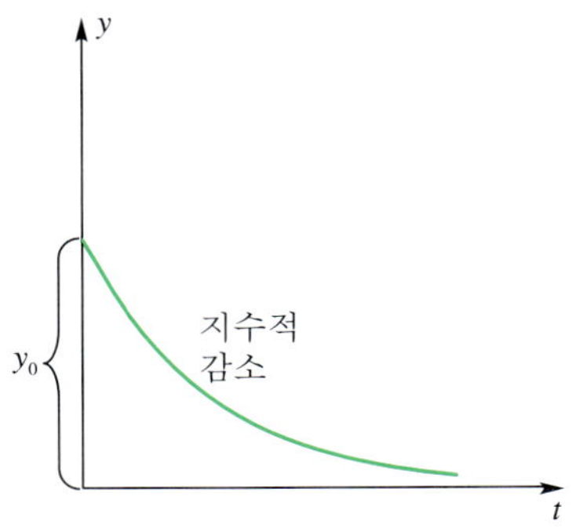

그림 3

예제 3 탄소의 동위원소인 탄소 14는 방사성 물질이며, 현재의 양에 비례하여 붕괴한다. 그 **반감기**(half-life)는 5730년이다. 즉, 주어진 탄소 14가 붕괴하여 원래 양의 1/2이 되기까지 5730년이 걸린다. 만약 원래 10그램이 있었다면, 2000년 후에 얼마가 남아 있겠는가?

풀이 반감기가 5730이므로, k를 다음과 같이 구할 수 있다.

$$\frac{1}{2} = 1e^{k(5730)}$$

로그를 잡으면,

$$-\ln 2 = 5730k$$

$$k = \frac{-\ln 2}{5730} \approx -0.000121$$

따라서

$$y = 10e^{-0.000121t}$$

$t = 2000$일 때, 이 값은

$$y = 10e^{-0.000121(2000)} \approx 7.85\text{그램}$$

■

연습문제 17에서, 예제 3을 이용하여 화석이나 또는 한때 살아 있던 것들의 연대를 측정하는 방법을 소개한다.

뉴턴의 냉각법칙 뉴턴의 냉각법칙(Newton's Law of Cooling)은 어떤 물체가 냉각되는(또는 따뜻해지는) 비율은 물체와 그 물체 주위의 매개체 사이의 온도 차이에 비례한다는 것이다. 예를 들어, 온도가 T_1인 방에 처음 온도가 T_0인 물체가 있다고 하자. 시간이 t일 때 물체의 온도를 $T(t)$로 나타낼 때, 뉴턴의 냉각법칙은 다음과 같다.

$$\frac{dT}{dt} = k(T - T_1)$$

이 미분방정식은 분리가능하고, 이 절에서 다룬 증가와 감소 문제와 같이 풀 수 있다.

예제 4 어떤 물체를 온도가 350°F인 오븐에서 꺼내어, 온도가 70°F인 방에서 식혔다. 한 시간 후에 물체의 온도가 250°F로 떨어졌다면, 오븐에서 꺼낸지 3시간 후에는 물체의 온도가 얼마일까?

풀이 미분방정식을 다음과 같이 나타낼 수 있다.

$$\frac{dT}{dt} = k(T - 70)$$

$$\frac{dT}{T - 70} = k\,dt$$

$$\int \frac{dT}{T - 70} = \int k\,dt$$

$$\ln|T - 70| = kt + C$$

처음 온도가 70보다 크기 때문에 $T - 70$은 양수가 된다. 따라서 절대값은 필요없다.

$$T - 70 = e^{kt+C}$$

$$T = 70 + C_1 e^{kt}$$

$C_1 = e^c$로 놓고, 처음 온도가 70°F, 즉 $T(0)=350$을 대입하여 C_1을 구한다.

$$350 = T(0) = 70 + C_1 e^{k \cdot 0}$$
$$280 = C_1$$

따라서 미분방정식은 다음과 같다.

$$T(t) = 70 + 280e^{kt}$$

k값을 구하기 위해서, $t=1$일 때의 값을 대입한다. $T(1)=250$을 대입하면

$$250 = T(1) = 70 + 280e^{k \cdot 1}$$
$$280e^k = 180$$
$$e^k = \frac{180}{280}$$
$$k = \ln\frac{180}{280} \approx -0.44183$$

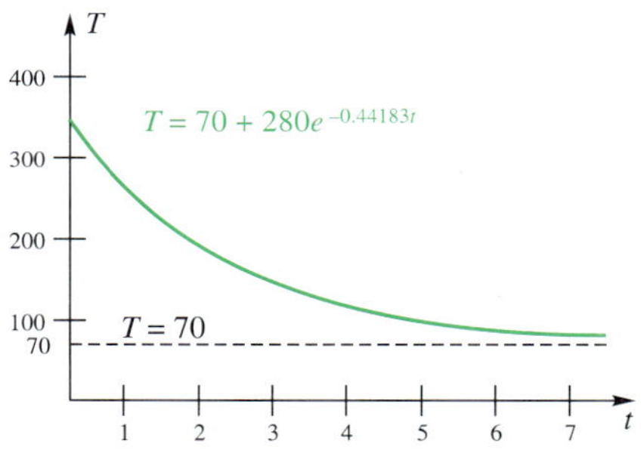

그림 4

따라서,

$$T(t) = 70 + 280e^{-0.44183t}$$

그래프는 그림 4와 같고, 3시간 후의 온도는

$$T(3) = 70 + 280e^{-0.44183 \cdot 3} \approx 144.4°\text{F}$$ ■

복리 은행에다 \$100를 예금하였을 때, 이율이 연리 12%이고, 매달 복리로 계산하면, 1개월 후에는 \$100(1.01)가 되고, 2개월 후에는 $\$100(1.01)^2$가 되고, 12개월 후, 즉, 1년 후에는 $\$100(1.01)^{12}$가 된다. 좀 더 일반적으로, 은행에 A_0 달러를 예금하였을 때, 이율이 연리 $100r$퍼센트이고, 매년 n번 복리로 계산하면, t년 후의 금액 $A(t)$달러는 다음과 같다.

$$A(t) = A_0\left(1+\frac{r}{n}\right)^{nt}$$

예제 5 \$500를 은행에 예금하였는데, 연리 4%로 매일 복리로 계산해 준다. 3년 후에는 얼마가 되겠는가?

풀이 여기서 $r=0.04$이고, $n=365$이다. 그러므로

$$A = 500\left(1+\frac{0.04}{365}\right)^{365(3)} \approx \$563.74$$ ■

이제 이자가 **연속 복리로**(compounded continuously) 붙으면 어떻게 되는지 생각해 본다. 즉, 매년 이자를 계산해 주는 횟수 n이 무한대로 가면 어떻게 되는가? 그러면 다음과 같이 된다.

$$A(t) = \lim_{n\to\infty} A_0\left(1+\frac{r}{n}\right)^{nt} = A_0 \lim_{n\to\infty}\left[\left(1+\frac{r}{n}\right)^{n/r}\right]^{rt}$$
$$= A_0\left[\lim_{h\to 0}(1+h)^{1/h}\right]^{rt} = A_0 e^{rt}$$

여기서 r/n대신에 h를 넣었으며, 이 때 $n\to\infty$는 $h\to 0$에 대응된다. 그렇지만 가장 중요한 것은, 대괄호 속에 든 것이 수 e임을 아는 것이다. 이 결과는 다음 정리로 나타낼 만큼 매우 중요하다.

정리 A

$$\lim_{n\to 0}(1+h)^{1/h}=e$$

> **연속을 보는 관점**
>
> 어떤 함수가 x_0에서 연속이면
> $$\lim_{x\to x_0} f(x)=f(x_0)$$
> 를 만족한다. 즉,
> $$\lim_{x\to x_0} f(x)=f\left(\lim_{x\to x_0} x\right)$$
> 이다.
> 그러므로 함수가 연속이라는 말은, 극한을 함수 속으로 넣을 수 있다는 뜻이다. 정리 A 증명의 거의 끝 단계에서, 함수 $f(x)=\exp(x)$에 대해서 이렇게 하였다.

증명 함수 $f(x)=\ln x$의 미분은 $f'(x)=1/x$이고, 특히 $f'(1)=1$임을 상기한다. 따라서, 미분의 정의와 ln의 성질에 의해,

$$1=f'(1)=\lim_{n\to 0}\frac{f(1+h)-f(1)}{h}=\lim_{n\to 0}\frac{\ln(1+h)-\ln 1}{h}$$
$$=\lim_{n\to 0}\frac{1}{h}\ln(1+h)=\lim_{n\to 0}\ln(1+h)^{1/h}$$

그러므로 $\lim_{n\to 0}\ln(1+h)^{1/h}=1$이다. 한편 $g(x)=e^x=\exp x$는 연속함수이므로 다음과 같이 극한을 지수함수 속으로 넣을 수 있다.

$$\lim_{n\to 0}(1+h)^{1/h}=\lim_{n\to 0}\exp[\ln(1+h)^{1/h}]=\exp\left[\lim_{n\to 0}\ln(1+h)^{1/h}\right]$$
$$=\exp 1=e$$ ■

정리 A를 달리 증명하는 방법은, 6.4절 연습문제 52를 참조한다.

예제 6 예제 5에서 은행이 연속복리로 이자를 계산해준다면, 3년 후에 돈은 얼마가 되는가?

풀이

$$A(t)=A_0e^{rt}=500e^{(0.04)(3)}\approx \$563.75$$

연속복리로 이자를 계산해 준다고 선전하여서, 고객을 끌어 모으려는 은행이 없잖아 있지만, 연속복리로 계산하는 것과 매일 복리로 계산하는 것과의(많은 은행들이 이렇게 함) 차이는 거의 없음을 주목하기 바란다. ■

연속복리로 이자를 계산하는 문제를 다른 방향으로 접근해 보자. A_0달러를 이자율 r로 예금하였는데, 시간 t일 때 A달러가 되었다고 하자. 연속복리로 이자를 계산해 준다는 말은, A의 시간에 대한 순간적인 변화율이 rA라는 뜻이다. 즉,

$$\frac{dA}{dt}=rA$$

이 절의 시작 부분에서 이 미분방정식을 풀었다. 그 해는 $A=A_0e^{rt}$.

개념 복습

1. 어떤 양 y가 지수적으로 증가하면, 그 변화율 dy/dt는 미분방정식 $dy/dt=$______를 만족한다. 반면에 y가 상한값 L을 향해서 로지스틱 증가하면, $dy/dt=$______.

2. 어떤 양이 지수적으로 증가하여, T년 후 2배가 되면, $3T$년 후에는 ______배가 될 것이다.

3. 지수적으로 감소하는 양 y가 y_0에서 $y_0/2$로 줄어드는 데 걸리는 시간을 ______라고 부른다.

4. 수 e는 다음 극한으로 나타낼 수 있다. $e=\lim_{n\to 0}$______.

연습문제 6.5

문제 1~4에서 주어진 미분방정식을 주어진 조건을 만족하도록 풀어라. $y(a)$는 $t=a$인 순간 y의 값을 나타낸다.

1. $\frac{dy}{dt}=-6y,\ y(0)=4$

2. $\frac{dy}{dt}=6y,\ y(0)=1$

3. $\frac{dy}{dt}=0.005y,\ y(10)=2$

4. $\frac{dy}{dt}=-0.003y,\ y(-2)=3$

5. 박테리아의 수가 그 순간의 수에 비례해서 증가한다. 그 수는 처음에 10,000이었으며, 10일 후에는 20,000이다. 25일 후에는 얼마가 되겠는가? 예제 2 참조.

6. 문제 5의 수가 2배가 되는 데 걸리는 기간은? 예제 1 참조.

7. 문제 5의 수가 3배가 되는 데 걸리는 기간은? 예제 1 참조.

8. 미국의 인구는 1790년에 390만이었으며, 1960년에 1억 7800만이었다. 그 당시의 인구에 비례해서 증가한다고 가정하고, 2000년의 인구는 얼마가 될 것인지 예측해 보아라. (2000년의 실제 인구인 2억 7500만과 비교해 보아라.)

9. 어떤 나라의 인구가 매년 3.2% 증가한다. 즉, 한 해가 시작할 때의 인구가 A이면, 그 해가 끝날 때의 인구는 $1.032A$이다. 현재 인구가 450만이라 하고, 1년 후, 2년 후, 10년 후, 100년 후의 인구는?

10. 문제 9에서 미분방정식 $dy/dt=ky$의 변화율 상수 k를 구하여라. 그 다음에 $y=5e^{kt}$를 사용하여, 100년 후의 인구를 구하여라.

11. 인구수가 일정한 비율로 증가한다고 할 때, 5년 후에 인구수는 164,000명이고, 12년 후에 인구수는 235,000명이다. 원래 인구수는 얼마였는가?

12. 종양의 크기는 일정한 비율로 증가한다. 맨 처음 측정한 종양은 4.0g이었다. 그로부터 4개월 지난 후에는 6.76g이였다. 이 종양이 처음 측정하기 6개월 전에는 크기가 얼마였는가? 기계가 1g 이상의 종양만을 발견할 수 있다면, 그 당시에 종양을 발견할 수 있었는가?

13. 어떤 방사성 물질의 반감기가 700년이다. 원래 10g이 있었다면, 300년 후에는 얼마가 남아있겠는가?

14. 어떤 방사성 물질이 2일 동안 방사능의 15%를 잃었다. 반감기는 얼마인가?

15. 세슘 137과 스트론튬 90인 두 방사성 화학물질은 1986년 4월 체르노빌 핵폭발로 인해 방출되었다. 세슘 137의 반감기는 30.22년이고, 스트론튬 90의 반감기는 28.8년이다. 세슘 137과 스트론튬 90의 잔량이 방출된 양의 1%가 되는 해는 각각 언제인가?

16. 알려지지 않은 어떤 방사성 물질이 있다. 이틀 후, 그 양이 15.231g이였다. 8일후, 그 양이 9.086g이였다. 처음에 있던 양은 얼마인가? 그리고 이 물질의 반감기는 얼마인가?

17. (탄소 연대 측정법) 살아 있는 생명체는 모두 탄소를 지니고 있는데, 탄소 12는 안정된 원소이고, 탄소 14는 방사성 원소이다. 식물이나 동물이 살아 있는 동안은, 이 두 탄소 동위원소들의 비율이 일정하게 유지된다. 왜냐하면 탄소 14가 계속 들어오기 때문이다. 그러나 죽은 후에는 탄소 14를 흡수할 수 없다. 탄소 14의 반감기는 5730년이다. 고대 요새에서, 통나무가 타서 숯이 되었는데, 살아 있는 생명체에 비해서 70%만의 탄소 14가 나왔다. 요새가 불탄 것은 언제인가? 통나무를 잘라서 요새를 만든 직후에 불에 탔다고 가정한다.

18. 아프리카의 무덤에서 사람 머리카락을 발견하였는데, 살아 있는 세포에 비해서 51%만의 탄소 14가 나왔다. 시체를 묻은 것은 언제인가?

19. 어떤 물체를 300°F의 오븐에서 꺼내어 75°F인 방에서 식힌다. 물체의 온도가 200°F까지 떨어지는데 30분이 걸렸다고 하면, 3시간 후 물체의 온도는 얼마인가?

20. 온도계를 바깥에 두었더니 눈금이 $-20^\circ C$였다. 그 온도계를 집안으로 가지고 들어왔는데, 집안의 온도는 $24^\circ C$이다. 5분 후 온도계가 $0^\circ C$를 가리켰다. $20^\circ C$를 가리키는 것은 언제일까?

21. 처음 온도가 $26^\circ C$인 물체를 온도가 $90^\circ C$인 물에 넣었다. 물체의 온도가 5분후에 $70^\circ C$가 되었다면, 10분 후의 온도는 얼마인가?

22. 빵을 $350^\circ F$인 오븐에서 구워낸 후, $40^\circ F$인 냉장고에 보관하였다. 15분 후에 빵의 온도가 $250^\circ F$가 되었다. 빵의 온도가 $110^\circ F$가 되려면 시간이 얼마나 걸리는가?

23. 시체 한 구가 오후 10시에 온도가 $82^\circ F$인 상태로 발견되었다. 1시간 지나고 나니 시체의 온도가 $76^\circ F$였다. 방의 온도는 $70^\circ F$로 유지되고 있었다. 사람이 살아있었을 때의 온도가 $98.6^\circ F$였다고 가정하면, 이 사람의 사망시각을 예측해 보아라.

24. 임의의 T_0, T_1, k에 대해 세운 뉴턴의 냉각법칙의 미분방정식을 풀어라. 이 때, $T_0 > T_1$이라고 가정한다. 또한, $\lim_{t\to\infty} T(t) = T_1$임을 보여라.

25. \$375를 오늘 은행에 예금하였다. 연리 9.5%로 다음과 같이 복리로 계산해 주면, 2년 후에는 얼마가 되겠는가?

(a) 매년 (b) 매달

(c) 매일 (d) 연속적으로

26. 연리 14.4%라 하고, 문제 17을 풀어 보아라.

27. 이자율이 다음과 같으면, 돈이 두 배가 되는 데 걸리는 기간은?

(a) 연리 12%, 매달 복리로 계산

(b) 연리 12%, 연속 복리로 계산

28. 1977년에서 1981년 사이 물가상승률(inflation)은 매년 약 11.5%였다. 1977년에 \$4000이던 자동차가 1981년에는 값이 얼마가 될 지, 이것을 바탕으로 예측해 보아라.

29. 미누이트(Peter Minuit)는 1626년에 맨하탄(Manhattan) 섬을 \$24에 샀다고 한다. 미누이트가 맨하탄을 사는 대신에, \$24를 은행에 예금하였고, 이자율은 6%에 매년 복리로 계산해 준다고 가정하자. 그 \$24가 2000년에는 얼마가 되었겠는가? 이 결과를 2000년 현재 맨하탄의 실제 가격과 비교해 보면 재미있다.

30. 므두셀라가 태어났을 때 그의 부모가 \$100를 은행에 예금하였고, 이자율 8%로 매년 복리로 계산해 주면, 므두셀라가 죽을 때(969년 후) 그 돈은 얼마가 되었겠는가?

31. 연이율 5%로 연속복리로 이자를 계산해 준다고 하면, 1000\$는 1년후 얼마가 되겠는가? 이것을 **미래가격**(future value)이라고 부른다.

32. 1년후 은행 예금이 1000\$가 되도록 만들고 싶다. 연이율 5%로 연속복리로 이자를 준다고 하면, 오늘 은행에 얼마를 예금해야 하는가? 이것을 **현재가격**(present value)이라고 부른다.

33. x가 작으면, $\ln(1+x) \approx x$. 이 사실을 이용하여, 이자율 p %로 매년 복리로 계산해 주면, 돈이 2배가 되기까지 약 $70/p$년이 걸림을 보여라.

34. 로지스틱 증가의 방정식은

$$\frac{dy}{dt} = ky(L-y)$$

이 미분방정식은 다음 해를 가짐을 보여라.

$$y = \frac{Ly_0}{y_0 + (L-y_0)e^{-Lkt}}$$

도움말: $\dfrac{1}{y(L-y)} = \dfrac{1}{Ly} + \dfrac{1}{L(L-y)}$

35. $y_0 = 5,\ L = 15,\ k = 0.00186$일 때, 문제 24의 해의 그래프를 그려라. (세계 인구의 로지스틱 모델. 단위는 10억. 이 절 시작 부분의 설명 참조.) $\lim_{t\to\infty} y = 16$임을 주목하기 바란다.

36. 다음 극한을 구하여라.

(a) $\lim_{x\to 0}(1+x)^{1000}$ (b) $\lim_{x\to 0}(1)^{1/x}$

(c) $\lim_{x\to 0^+}(1+\varepsilon)^{1/x},\ \varepsilon > 0$ (d) $\lim_{x\to 0^-}(1+\varepsilon)^{1/x},\ \varepsilon > 0$

(e) $\lim_{x\to 0}(1+x)^{1/x}$

37. $e = \lim_{h\to 0}(1+h)^{1/h}$임을 이용하여, 다음 극한을 구하여라.

(a) $\lim_{x\to 0}(1-x)^{1/x}$ 도움말: $(1-x)^{1/x} = [(1-x)^{1/(-x)}]^{-1}$

(b) $\lim_{x\to 0}(1+3x)^{1/x}$ (c) $\lim_{n\to\infty}\left(\dfrac{n+2}{n}\right)^n$

(d) $\lim_{n\to\infty}\left(\dfrac{n-1}{n}\right)^{2n}$

38. 미분방정식

$$\frac{dy}{dt} = ay + b$$

는 다음 해를 가짐을 보여라.

$$y = \left(y_0 + \frac{b}{a}\right)e^{at} - \frac{b}{a}$$

여기서 $a \neq 0$.

39. 어떤 나라의 인구가 1985년에 1000만이고, 증가율은 매년 1.2%이고, 해마다 다른 나라에서 6만명이 이민해 온다고 하자. 문제 28의 미분방정식을 이용하여, 이 상황을

모델화하고, 2010년의 인구를 예측하여라. $a=0.012$라 놓아라.

40. 어떤 사회에서 성인 L명 사이에 중요한 소식이 퍼지는 비율은, 그 소식을 아직 듣지 않은 사람들의 수에 비례한다고 한다. 국회에서의 추문이 보도된 지 5일 후, 여론 조사에 따르면, 사람들의 절반이 그 소식을 들었다고 한다. 사람들의 99%가 그 소식을 듣기까지, 시간이 얼마나 걸리겠는가?

EXPL 로그를 이용한 미분법으로 곱을 쉽게 미분할 수 있을 뿐만 아니라 y'/y로 정의하는 **상대적 변화율**(relative rate of change) 즉, **분수적 변화율**(fractional rate of change)을 제시해 준다. 이 개념을 문제 41~44에서 연구해 본다.

41. t의 함수로서, e^{kt}의 상대적 변화율은 k임을 보여라.

42. 임의의 다항식의 상대적 변화율은, 변수가 무한대로 갈 때, 0으로 가까이 감을 보여라.

43. 상대적 변화율이 양의 상수이면, 그 함수는 기하급수적 증가를 나타냄을 보여라.

44. 상대적 변화율이 음의 상수이면, 그 함수는 지수적 감소를 나타냄을 보여라.

45. 다음과 같이 가정한다. (1) 세계 인구는 지수적으로 계속 증가하며, 증가 상수는 $k=0.0132$, (2) 한 사람을 먹여 살리는 데 1/2에이커의 농경지가 필요하며, (3) 전 세계의 농사를 지을 수 있는 땅의 넓이는 1350만 제곱 마일이다. 세계 인구가 최대 인구에 이르기까지 걸리는 기간은? 참고: 1998년의 세계 인구는 59억이며, 1제곱 마일은 640에이커임.

GC **46.** 인구 조사청에 따르면, 세계 인구의 증가 비율 k는 매년 약 0.0002씩, 다음 수십 년 동안 내려갈 것이라고 한다. 1998년에 k는 0.0132였다.

(a) k를 시간 t의 함수로 나타내어라. 여기서 t는 1998년부터 년 단위로 잰 것이다.

(b) 이 문제의 인구 y를 모델화한 미분방정식을 찾아라.

(c) 1998년의 $(t=0)$인구가 59억이라는 조건을 추가하여서, 미분방정식을 풀어라.

(d) 다음 150년 동안의 인구 y의 그래프를 그려라.

(e) 이 모델을 가지고, 인구가 최대가 되는 때는? 인구가 1998년 수준 아래로 떨어지는 때는?

GC **47.** k가 매년 0.0001씩 내려간다고 가정하고, 문제 46을 다시 풀어 보아라.

EXPL **48.** 미분가능인 함수 E가 모든 u, v에 대해서 $E(u+v)=E(u)E(v)$를 만족한다. $E(x)$의 공식을 구하여라.
도움말: 먼저 $E'(x)$를 찾아라.

GC **49.** 같은 좌표평면에 세계 인구 증가에 대한 다음 두 모델을 (둘 다 이 절에서 다루었음) 구간 $0\le t\le 100$에서 그려라.

(a) 지수적 증가: $y=5.9e^{0.0132t}$

(b) 로지스틱 증가: $y=94.4/(6+10e^{-0.030t})$

2010년, 2040년, 2090년의 세계 인구를 두 모델이 얼마로 예측하는지 비교해 보아라. 참고: 두 모델 모두 1998년의 $(t=0)$세계 인구가 59억이라고 가정하고 있다.

GC **50.** 다음을 계산하여라.

(a) $\lim_{x\to 0}(1+x)^{1/x}$ (b) $\lim_{x\to 0}(1-x)^{1/x}$

(a)의 극한은 e가 된다. (b)의 극한은 어떤 특별한 수가 되는가?

개념 복습 해답: **1.** ky; $ky(L-y)$ **2.** 8 **3.** 반감기 **4.** $(1+h)^{1/h}$

6.6 1계 선형 미분방정식

3.9절에서 미분방정식의 해를 구하는 데 변수분리방법을 도입하였고, 앞 절에서는 변수분리방법으로 증가와 감소를 둘러싼 미분방정식을 풀었다.

모든 미분방정식이 분리가능한 것은 아니다. 예를 들어 다음 미분방정식을 보자.

$$\frac{dy}{dx}=2x-3y$$

dy와 y를 포함한 모든 식이 어느 한쪽 변에 놓이고, dx와 x를 포함한 모든 식이 다른 한쪽 변에 놓이도록 변수를 분리하는 것이, 이 미분방정식의 경우

는 불가능하다. 그렇지만 이 방정식은 다음 형태로 놓을 수 있다.

$$\frac{dy}{dx}+P(x)y=Q(x)$$

여기서 $P(x)$와 $Q(x)$는 x만의 함수들이다. 이런 형태의 미분방정식을 **1계 선형 미분방정식**(first-order linear differential equation)이라고 한다. 1계라는 말은, 도함수가 1계 도함수만 있음을 가리킨다. 선형이라는 말은, 방정식을 $D_x(y)+P(x)Iy=Q(x)$ 형태로 쓸 수 있음을 가리킨다. 여기서 D_x는 미분연산자이고, I는 항등연산자이다(즉, $Iy=y$). D_x와 I는 둘 다 선형연산자이다.

미분방정식의 모든 해의 집합을 **일반해**라고 한다. 많은 문제에서 a와 b를 주고, $x=a$일 때 $y=b$인 조건이 붙는다. 이러한 조건을 **초기조건**(initial condition)이라고 하며, 미분방정식과 초기조건을 만족하는 해를 **특수해**(particular solution)라고 한다.

1계 선형 미분방정식의 풀이 1계 선형 미분방정식을 풀려면, 우선 양변에다 **적분인자**(integrating factor)

$$e^{\int P(x)dx}$$

를 곱해야 한다. 그러면 미분방정식은 다음 형태가 된다.

$$e^{\int P(x)dx}\frac{dy}{dx}+e^{\int P(x)dx}P(x)y=e^{\int P(x)dx}Q(x)$$

좌변은 곱 $y\cdot e^{\int P(x)dx}$의 미분이다. 따라서 미분방정식은 다음 형태가 된다.

$$\frac{d}{dx}(y\cdot e^{\int P(x)dx})=e^{\int P(x)dx}Q(x)$$

이제 양변을 적분하면,

$$ye^{\int P(x)dx}=\int(Q(x)e^{\int P(x)dx})dx$$

그러므로 일반해는 다음과 같다.

$$y=e^{-\int P(x)dx}\int(Q(x)e^{\int P(x)dx})dx$$

이 결과를 기억할 필요는 없다. 이것을 얻기까지의 과정을 기억하기가 더 쉬우며, 예제들을 통해서 그러한 풀이법을 보여 주겠다.

예제 1 다음 미분방정식을 풀어라.

$$\frac{dy}{dx}+\frac{2}{x}y=\frac{\sin 3x}{x^2}$$

풀이 적분인자는 다음과 같다.

$$e^{\int P(x)dx}=e^{\int(2/x)dx}=e^{2\ln|x|}=e^{\ln x^2}=x^2$$

(적분 $\int P(x)dx$의 적분상수를 0으로 놓았다. 상수를 어떻게 잡든, 답은 상관이 없다. 연습문제 27, 28 참조.) 원래 방정식의 양변에다 x^2을 곱하면,

$$x^2\frac{dy}{dx}+2xy=\sin 3x$$

이 방정식의 좌변은 곱 x^2y의 미분이다. 따라서

$$\frac{d}{dx}(x^2y)=\sin 3x$$

양변을 적분하면,

$$x^2y=\int \sin 3x\,dx=-\frac{1}{3}\cos 3x+C$$

즉,

$$y=\left(-\frac{1}{3}\cos 3x+C\right)x^{-2}$$ ■

예제 2 다음 미분방정식

$$\frac{dy}{dx}-3y=xe^{3x}$$

의 해 중에, $x=0$일 때 $y=4$가 되는 특수해를 구하여라.

풀이 여기서 알맞은 적분인자는

$$e^{\int(-3)dx}=e^{-3x}$$

이 인자를 곱하면, 미분방정식은 다음 형태가 된다.

$$\frac{d}{dx}(e^{-3x}y)=x$$

즉,

$$e^{-3x}y=\int x\,dx=\frac{1}{2}x^2+C$$

따라서 일반해는

$$y=\frac{1}{2}x^2e^{3x}+Ce^{3x}$$

$x=0$일 때 $y=4$로 놓으면, $C=4$가 된다. 그러므로 찾고자 하는 특수해는

$$y=\frac{1}{2}x^2e^{3x}+4e^{3x}$$ ■

응용 우선 혼합 문제를 다루는데, 화학에서 나오는 전형적인 문제이다.

예제 3 물탱크에 처음에 120갈론의 소금물이 들어 있으며, 용액에 녹아 있는 소금의 양은 75파운드이다. 갈론당 1.2파운드의 소금이 녹아 있는 소금물

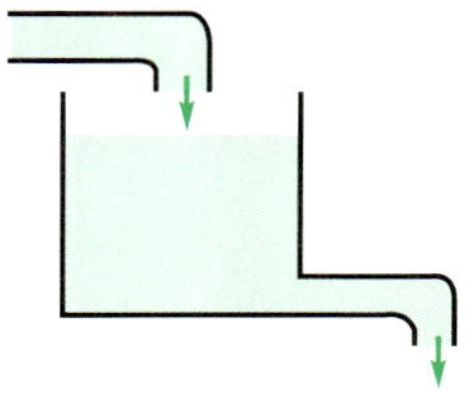

그림 1

일반적인 원리

예제 3과 같은 문제에 적용하는 일반적인 원리가 있다. 시간 t일 때 탱크에 들어 있는 용액의 양을 y라 하자. 그러면 시간에 대한 y의 변화 비율은, 들어오는 비율 빼기 나가는 비율이다. 즉,

$$\frac{dy}{dt}=\text{들어오는 비율}-\text{나가는 비율}$$

이 이 물탱크로 분당 2갈론의 비율로 흘러 들어오며, 같은 비율로 소금물이 이 물탱크에서 흘러 나간다(그림 1). 소금물을 계속 저어서, 물탱크 속의 용액은 항상 고른 상태가 되도록 해 준다면, 1시간 후 물탱크에 든 소금의 양을 구하여라.

풀이 t분 후 물탱크에 든 소금의 양을 y파운드라 하자. 흘러 들어오는 소금물로부터 물탱크는 분당 2.4파운드의 소금을 얻는다. 흘러 나가는 소금물에 의해서, 분당 $\frac{2}{120}y$ 파운드의 소금을 잃는다. 따라서

$$\frac{dy}{dt}=2.4-\frac{1}{60}y$$

그리고 $t=0$일 때 $y=75$라는 조건이 있다. 방정식의 모양을 바꾸면,

$$\frac{dy}{dt}+\frac{1}{60}y=2.4$$

이것의 적분인자는 $e^{t/60}$이므로

$$\frac{d}{dt}[ye^{t/60}]=2.4e^{t/60}$$

이제 적분을 하면,

$$ye^{t/60}=\int 2.4e^{t/60}dt=(60)(2.4)e^{t/60}+C$$

$t=0$일 때 $y=75$를 대입하면, $C=-69$가 나온다. 그러므로

$$y=e^{-t/60}[144e^{t/60}-69]=144-69e^{-t/60}$$

1시간 후($t=60$),

$$y=144-69e^{-1}\approx 118.62\text{파운드}$$

$t\to\infty$일 때 y의 극한값은 144가 됨을 주목하기 바란다. 이것은 결국에 가면 그 물탱크로 들어오는 것과 같은 농도의 소금물을 물탱크가 담게 될 것이라는 사실을 말한다. 갈론당 1.2파운드의 소금을 지니고 있는 소금물이 120갈론이면, 144파운드의 소금을 지니게 된다. ■

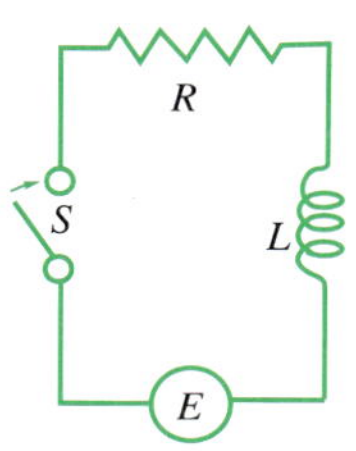

그림 2 단순전기회로

이제 전기에서 나오는 예제를 보도록 한다. **키르히호프**(Kirchhope) 법칙에 의하면, 저항이 R옴(ohm)인 저항기와 인덕턴스 L헨리(henry)인 인덕터(코일)를 전원(건전지 또는 발전기)과 직렬 연결하여서(그림 2), 시간 t일 때 전원이 $E(t)$볼트의 전압을 공급하면,

$$L\frac{dI}{dt}+RI=E(t)$$

가 성립한다. 여기서 I는 전류를 암페어 단위로 잰 것이다. 이것은 선형 미분방정식이므로, 이 절에서 다룬 방법으로 풀 수 있다.

예제 4 $L=2$헨리, $R=6$옴, 그리고 건전지가 12볼트의 일정한 전압을 공급해 주는 회로를 생각한다(그림 2). $t=0$일 때(스위치 S를 막 연결하는 순간) $I=0$이라 하고, 시간 t일 때 I를 구하여라.

풀이 미분방정식은 다음과 같다.

$$2\frac{dI}{dt}+6I=12 \quad \text{즉,} \quad \frac{dI}{dt}+3I=6$$

정형화된 과정을 거치면(적분인자 e^{-3t}를 곱하고, 적분하고, e^{-3t}를 곱하고), 다음을 얻게 된다.

$$I=e^{-3t}(2e^{3t}+C)=2+Ce^{-3t}$$

$t=0$일 때 $I=0$이라는 초기조건에 따라서, $C=-2$이다. 그러므로

$$I=2-2e^{-3t}$$

t가 증가함에 따라서, 전류는 2암페어로 꾸준하게 접근한다.

개념 복습

1. 일반적인 1계 선형 미분방정식은 $dy/dx+P(x)y=Q(x)$ 형태이다. 이 방정식의 적분인자는 ______.
2. 문제 1의 1계 선형 미분방정식의 양변에다 적분인자를 곱하면, 왼쪽 변은 $\frac{d}{dx}$(______)가 된다.
3. 미분방정식 $dy/dx-(1/x)y=x(x>0)$의 적분인자는 ______이다. 양변에다 이 적분인자를 곱하면, 방정식은 ______형태가 된다. 이 방정식의 일반해는 y = ______.
4. 문제 1의 미분방정식의 해 중에 $y(a)=b$를 만족하는 해를 ______라고 한다.

연습문제 6.6

문제 1~14에서 다음 미분방정식을 풀어라.

1. $\frac{dy}{dx}+y=e^{-x}$
2. $(x+1)\frac{dy}{dx}+y=x^2-1$
3. $(1-x^2)\frac{dy}{dx}+xy=ax, \ |x|<1$
4. $y'+y\tan x=\sec x$
5. $\frac{dy}{dx}-\frac{y}{x}=xe^x$
6. $y'-ay=f(x)$
7. $\frac{dy}{dx}+\frac{y}{x}=\frac{1}{x}$
8. $y'+\frac{2y}{x+1}=(x+1)^3$
9. $y'+yf(x)=f(x)$
10. $\frac{dy}{dx}+2y=x$ 도움말: $\int xe^{2x}dx=\frac{x}{2}e^{2x}-\frac{1}{4}e^{2c}+C$
11. $\frac{dy}{dx}-\frac{y}{x}=3x^3$; $x=1$일 때 $y=3$.
12. $y'=e^{2x}-3y$; $x=0$일 때 $y=1$.
13. $xy'+(1+x)y=e^{-x}$; $x=1$일 때 $y=0$.
14. $\sin x\frac{dy}{dx}+2y\cos x=\sin 2x$; $x=\frac{\pi}{6}$일 때 $y=2$.
15. 탱크에 20갈론의 용액이 들어 있으며, 10파운드의 화학물질 A가 용액에 녹아 있다. 어느 순간부터, 같은 화학물질이 갈론당 2파운드씩 녹아 있는 용액을 탱크로 흘러 들어오게 하였다. 분당 2갈론의 비율로 들어오며, 그와 동시에 같은 비율로 (잘 섞은) 용액을 흘러 나가게 한다. 20분 후 탱크에 있는 화학물질 A의 양을 구하여라.
16. 어떤 탱크에 원래 200갈론의 소금물이 담겨 있으며, 녹아 있는 소금은 50파운드이다. 갈론당 2파운드의 소금이 녹

아 있는 소금물이 이 탱크 속으로, 분당 4갈론의 비율로 흘러 들어오며, 같은 비율로 흘러 나간다. 소금물을 계속 저어서, 탱크 속의 소금물을 고르게 유지한다면, 40분 후 탱크에 있는 소금의 양을 구하여라.

17. 어떤 탱크에 원래 120갈론의 순수한 물이 담겨 있다. 갈론당 1파운드의 소금이 녹아 있는 소금물이 분당 4갈론씩 탱크 속으로 흘러 들어오며, 잘 저은 용액이 분당 6갈론씩 흘러 나가고 있다. t분 후 탱크에 든 소금의 양은 얼마인가? 여기서 $0 \le t \le 60$.

18. 탱크에 원래 50갈론의 소금물이 들어 있으며, 30파운드의 소금이 녹아 있다. 순수한 물이 분당 3갈론씩 탱크로 흘러 들어가며, 잘 저은 용액이 분당 2갈론씩 흘러 나간다. 탱크에 든 소금의 양이 25파운드가 되기까지 걸리는 시간은?

19. 그림 3의 회로의 전류 I를 시간 t의 함수로 나타내어라. 스위치 S를 연결하는 순간인 $t=0$일 때 $I=0$이다.

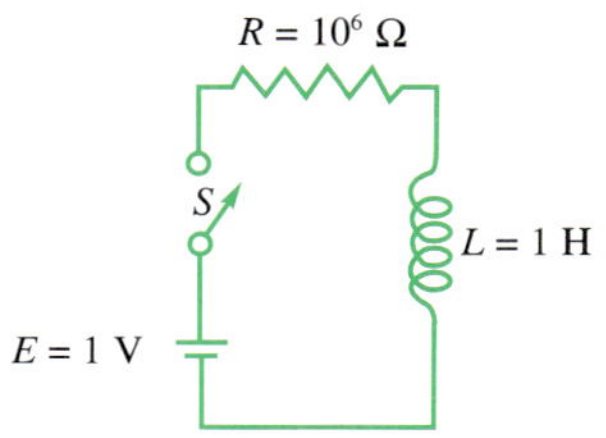

그림 3

20. 그림 4의 회로의 전류 I를 시간 t의 함수로 나타내어라. 스위치 S를 연결하는 순간인 $t=0$일 때 $I=0$이다.

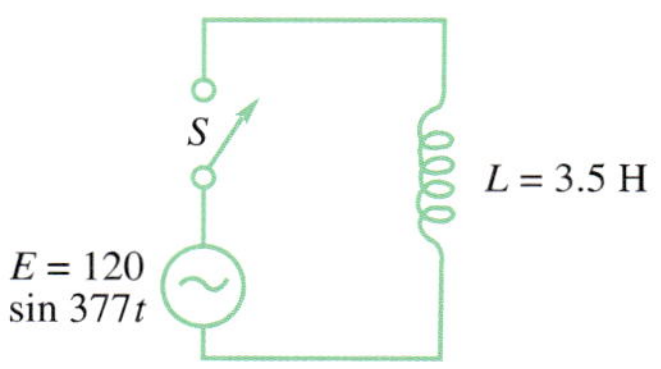

그림 4

21. 그림 5의 회로의 전류 I를 시간 t의 함수로 나타내어라. 스위치 S를 연결하는 순간인 $t=0$일 때 $I=0$이다.

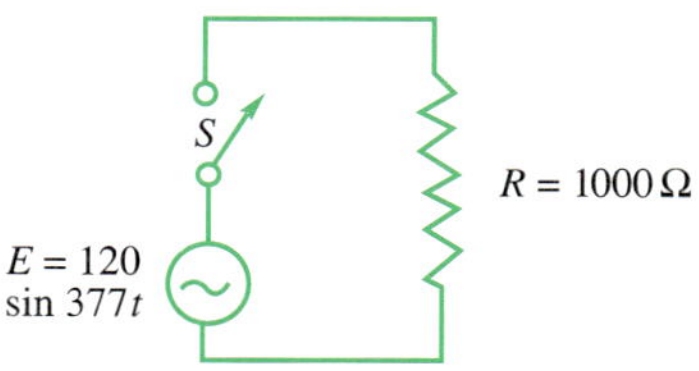

그림 5

22. 탱크 1은 원래 100갈론의 소금물이 들어 있으며, 50파운드의 소금이 녹아 있다. 탱크 2는 200갈론의 소금물이 들어 있으며, 150파운드의 소금이 녹아 있다. 순수한 물이 분당 2갈론씩 탱크 1로 흘러 들어가며, 잘 섞은 용액이 같은 비율로 흘러 나와서 탱크 2로 들어가며, 탱크 2의 용액도 같은 비율로 흘러 나간다. 시간 t일 때 탱크 1, 2에 든 소금의 양을 각각 $x(t)$, $y(t)$로 나타낸다. $y(t)$를 구하여라. 도움말: 먼저 $x(t)$를 구하고, 이것을 사용하여 탱크 2의 미분방정식을 적어라.

23. 용량이 100갈론인 탱크에 원래 순수한 알콜이 가득 들어 있다. 배수 파이프로 흘러 나가는 비율은 분당 5갈론이다. 급수 파이프로 흘러 들어오는 비율은 분당 c갈론으로 조절할 수 있다. 알콜 농도 25%인 용액을 급수 파이프를 통해서 얼마든지 많이 공급할 수 있다. 우리의 목표는 탱크에 든 알콜의 양을 줄여서, 농도 50%의 알콜 용액 100갈론이 되도록 하는 것이다. 이 변화를 완결하는 데 필요한 시간을 T분이라 하자.

(a) $c=5$이고, 파이프를 둘 다 연 경우, T를 구하여라.

(b) 먼저 순수한 알콜을 충분히 비우고 나서, 배수 파이프를 닫고 급수 파이프를 열었으며, $c=5$인 경우, T를 구하여라.

(c) 방법 (a)에 비해서 방법 (b)가 더 빠른 시간에 결과를 낳으려면(그게 가능하다면), c의 값이 얼마가 되어야 하는가?

(d) $c=4$라고 하자. 처음에 파이프를 둘 다 열고, 그 후 배수 파이프를 닫는 경우, T에 대한 방정식을 구하여라.

EXPL **24.** 지표면 근처에서, 속도 v에 비례하는 공기 저항을 받으면서 떨어지는 물체에 관한 미분방정식은 $dv/dt = -g-av$이다. 여기서 중력 가속도는 $g=32$(피트)^2/초이며, $a>0$는 저항 계수(drag coefficient)이다. 다음이 성립함을 보여라.

(a) $v(t)=(v_0-v_\infty)e^{-at}-v_\infty$, 여기서 $v_0=v(0)$,

$$v_\infty=-g/a=\lim_{t\to\infty} v(t)$$

는 최종 속도라고 한다.

(b) 고도를 $y(t)$로 나타내면,

$$y(t)=y_0+tv_\infty+(1/a)(v_0-v_\infty)(1-e^{-at})$$

25. 지면에서 똑바로 위로 공을 던졌는 데, 초기 속도는 $v_0=120$ 피트/초이다. 저항 계수가 $a=0.05$라 가정하고, 다음을 구하여라.

(a) 최고 높이

(b) 공이 땅에 떨어지는 시간 T의 방정식

26. 특공대원이 고도 8000피트에서 비행기에서 뛰어내렸으며, 15초 동안 자유낙하를 하고, 그 다음에 낙하산을 폈다. 자유낙하의 저항 계수는 $a=0.10$, 낙하산을 편 다음의 저항 계수는 $a=1.6$이라 가정한다. 땅에 내린 것은 언제인가?

27. 다음 미분방정식을 생각한다. $\dfrac{dy}{dx}-\dfrac{y}{x}=x^2,\ x>0$. 적분인자는 $e^{\int(-1/x)dx}$이다. 일반적인 부정적분 $\int\left(-\dfrac{1}{x}\right)dx$는 $-\ln x+C$이다.

(a) 미분방정식의 양변에다 $\exp\left(\int\left(-\dfrac{1}{x}\right)dx\right)=\exp(-\ln x+C)$를 곱하고, 모든 C값들에 대해서, $\exp(-\ln x+C)$는 적분인자임을 보여라.

(b) 그 결과의 방정식을 y에 대해서 풀고, 그 해가 $C=0$이라 가정한 경우에 얻은 해와 일치함을 보여라.

28. 방정식 $\dfrac{dy}{dx}+P(x)y=Q(x)$의 양변에다 인자 $e^{\int P(x)dx+C}$를 곱하여라.

(a) 모든 C값들에 대해서, $e^{\int P(x)dx+C}$는 적분인자임을 보여라.

(b) 그 결과의 방정식을 y에 대해서 풀고, 그 해가 예제 1 직전에 나온 일반해와 일치함을 보여라.

개념 복습 해답: **1.** $\exp\left(\int P(x)dx\right)$ **2.** $y\exp\left(\int P(x)dx\right)$ **3.** $1/x$; $\dfrac{d}{dx}\left(\dfrac{y}{x}\right)=1$; x^2+Cx **4.** 특수해

6.7 미분방정식의 근사적 풀이

물리학적인 응용에서 생겨나는 몇 가지 미분방정식을 앞 절에서 공부하였다. 각각의 미분방정식에 대해서, 우리는 **해석적 해**(analytic solution)를 찾을 수 있었다. 즉, 그 방정식을 만족하는 구체적인 함수를 구하였다. 그러나 많은 미분방정식들이 이러한 해석적 해를 가지지 않는다. 그런 미분방정식들에 대해서는 근사적 해답을 구해야 한다. 이 절에서, 미분방정식을 근사적으로 푸는 두 가지 방법을 공부한다. 한 가지 방법은 기하학적이고, 다른 한 방법은 수치해석적이다.

이변수 함수

함수 f는 이변수 함수이다. 그런데 $y'(x)=f(x, y)$이니, 해의 기울기는 x, y 값에 의해서 좌우된다. 이변수 또는 더욱 많은 변수의 함수는 0.5절에서 소개하였다. 12장에 가서 이들을 자세히 공부할 것이다.

기울기 장(slope fields) 다음 형태의 1계 미분방정식을 생각하자.

$$y'=f(x, y)$$

이 방정식에 따르면, 점 (x, y)에서 해의 기울기는 $f(x, y)$로 주어진다. 예를 들어 미분방정식이 $y'=y$라면, 점 (x, y)를 지나는 곡선의 기울기는 y와 같다.

미분방정식 $y'=\frac{1}{5}xy$의 경우, 점 $(5, 3)$에서 해의 기울기는 $y'=\frac{1}{5}\cdot 5\cdot 3=3$이다. 점 $(1, 4)$에서의 기울기는 $y'=\frac{1}{5}\cdot 1\cdot 4=\frac{4}{5}$. 후자의 결과를 기하학적으로 나타내려면, 점 $(1, 4)$를 지나고, 기울기가 $\frac{4}{5}$인 짧은 선분을 그으면 된다(그림 1 참조).

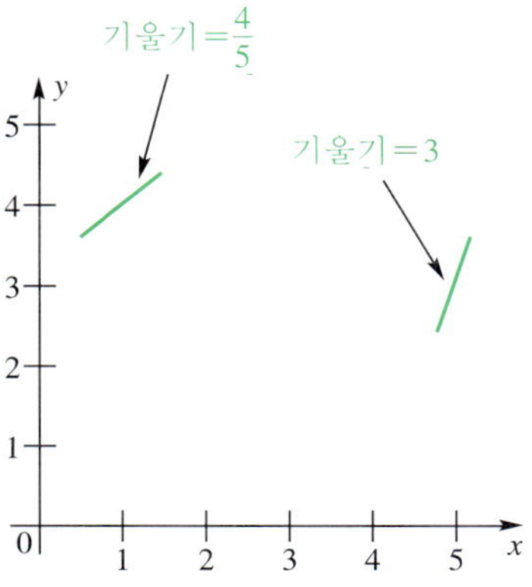

그림 1

많은 개수의 순서쌍 (x, y)에 대해서 이 과정을 되풀이하면, 기울기 장(slope field)을 얻게 된다. 기울기 장을 손으로 일일이 그리는 것은 대우 지루한 작업이므로, 컴퓨터를 사용하는 것이 좋다. 메스매티카(Mathematica)와 메이플(Maple)을 이용하여 기울기 장을 그릴 수 있다. 미분방정식 $y'=\frac{1}{5}xy$ 기울기 장을 그리면 그림 2와 같다. 초기 조건이 주어지면, 기울기들을 따라감으로써, 특수해의 근사값을 구할 수 있다. 기울기 장을 관찰하면, 그 미분방정식의 모든 해들의 움직임을 볼 수 있다.

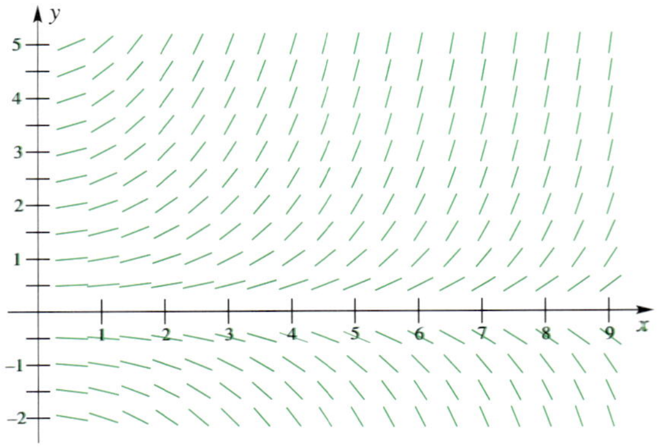

그림 2

예제 1 인구의 수 y가 미분방정식 $y' = 0.2y(16 - y)$를 만족하고. 이 미분방정식의 기울기 장이 그림 3과 같다.

(a) 초기 조건 $y(0) = 3$을 만족하는 해를 그려라. 다음 초기 조건이 주어졌을 때 해의 움직임을 설명하여라.

(b) $y(0) > 16$ (c) $0 < y(0) < 16$

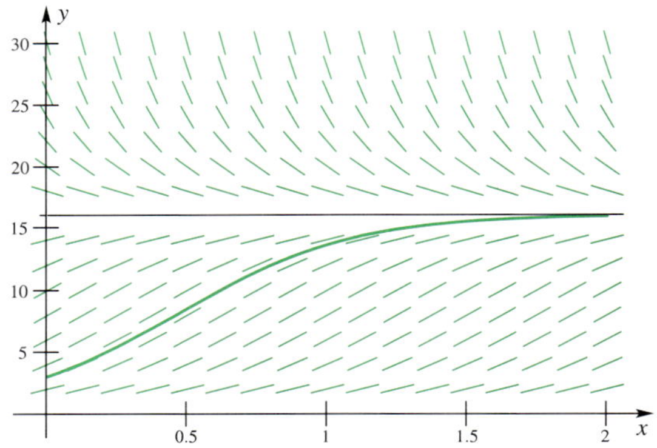

그림 3

풀이

(a) 초기 조건 $y(0) = 3$을 만족하는 해는 점 $(0, 3)$을 포함한다. 해는 이 점에서부터 오른쪽으로 기울기 선분들을 따라간다. 그림 3에 나오는 곡선이 바로 해의 그래프이다.

(b) $y(0) > 16$이면, 해는 수평 점근선 $y = 16$을 향해서 감소한다.

(c) $0 < y(0) < 16$이면, 해는 수평 점근선 $y = 16$을 향해서 증가한다.

(b)와 (c) 부분을 보면, 초기 인구의 수가 얼마이든, 인구의 수는 16을 향해서 수렴해 감을 알 수 있다. ■

오일러 방법 $y' = f(x, y)$ 형태의 미분방정식에 초기 조건 $y(x_0) = y_0$인 경우를 다시 생각해보자. 분명하게 써 놓지 않더라도, y는 x의 함수임을 항상 염두에 두어야 한다. 초기 조건이 $y(x_0) = y_0$이므로, 순서쌍(x_0, y_0)는 해의 그래프 위

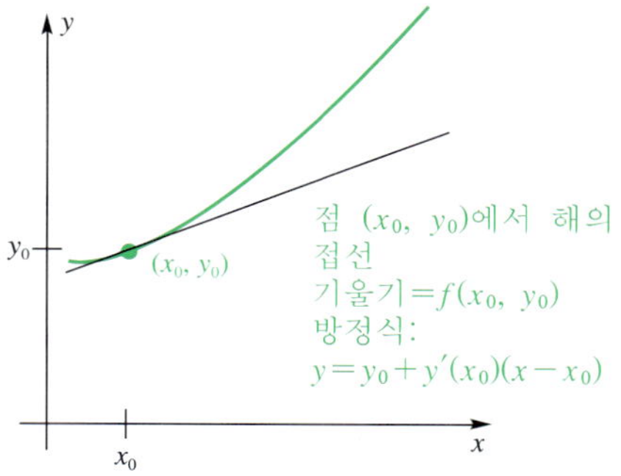

그림 4

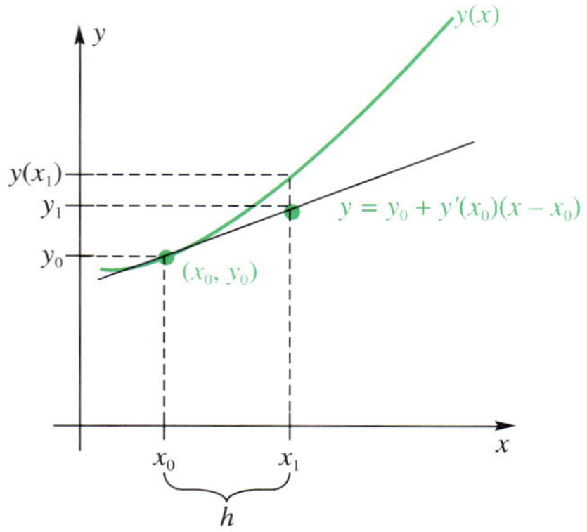

그림 5

에 있는 점이다. 이 미지의 해에 대해서 약간 더 알고 있다: x_0에서 해의 접선의 기울기는 $f(x_0,\ y_0)$이다. 이 정보를 요약해 놓은 것이 그림 4이다.

h는 매우 작은 양수라고 하자. 접선의 방정식은 (x_0을 기준점으로 한 1계 테일러 다항식)

$$P_1(x)=y_0+y'(x_0)(x-x_0)=y_0+f(x_0,\ y_0)(x-x_0)$$

인데, 이것은 구간 $[x_0,\ x_0+h]$에서 해 $y(x)$에 "가까울" 것이다. $x_1=x_0+h$로 놓으면 x_1에서,

$$P_1(x_1)=y_0+hy'(x_0)=y_0+hf(x_0,\ y_0)$$

$y_1=y_0+hf(x_0,\ y_0)$로 놓으면, 이제 x_1에서 해의 근사값 y_1을 구하였다. 그림 5에 지금까지 설명한 것을 나타내었다.

$y'=f(x,\ y)$이므로, $x=x_1$에서의 해의 기울기는 $f(x_1,\ y(x_1))$임을 알고 있다. 이 점에서, $y(x_1)$ 값을 모르지만, 이것의 근사값으로 y_1을 구하였다. 그러므로 이 과정을 되풀이하여서, 점 $x_2=x_1+h$에서의 해의 근사값으로 $y_2=y_1+hf(x_1,\ y_1)$을 얻을 수 있다. 이런 방법으로 계속해 나가는 과정을 **오일러 방법**(Euler's Method)이라고 하는데, 스위스 수학자 오일러(Leonhard Euler, 1707-1783) 의 이름을 딴 것이다. 여기서 h를 가리켜 **간격크기**(step size)라고 부르기도 한다.

알고리즘 오일러 방법

미분방정식 $y'=f(x,\ y)$과 초기 조건 $y(x_0)=y_0$을 만족하는, 해의 근사해를 구하기 위해서, 간격크기 h를 택하고, 다음 단계들을 $n=1,\ 2,\ \cdots$에 대해서 반복한다.

1. $x_n=x_{n-1}+h$로 놓는다.
2. $y_n=y_{n-1}+hf(x_{n-1},\ y_{n-1})$으로 놓는다.

미분방정식의 해는 함수임을 상기한다. 그러나 오일러 방법에 의해서 생성되어진 해는 함수가 아니며, 대신에 해 y에 가깝게 되는 순서쌍 $(x_i,\ y_i)$를 나타낸다. 이 순서쌍들의 집합으로 미분방정식의 해를 충분히 묘사할 수 있는 경우도 흔히 있다.

$y(x_n)$과 y_n의 차이를 주목하기 바란다. $y(x_n)$은 (대개의 경우 모름) 정확한 해의 x_n에서의 값이고 y_n은 x_n에서 정확한 해의 근사값을 구한 것이다. 바꿔 말하면, $y(x_n)$의 근사값으로 구한 것이 y_n이다.

예제 2 $h=0.2$로 하고, 오일러 방법을 사용하여, 미분방정식

$$y'=y, \qquad y(0)=1$$

의 해의 근사값을 구간 $[0,\ 1]$에서 구하여라.

풀이 이 문제의 경우, $f(x,\ y)=y$. $x_0=0$과 $y_0=1$로 시작하면, 다음을 얻게 된다.

$$y_1 = y_0 + hf(x_0,\ y_0) = 1 + 0.2 \cdot 1 = 1.2$$
$$y_2 = 1.2 + 0.2 \cdot 1.2 = 1.44$$
$$y_3 = 1.44 + 0.2 \cdot 1.44 = 1.728$$
$$y_4 = 1.728 + 0.2 \cdot 1.728 = 2.0736$$
$$y_5 = 2.0736 + 0.2 \cdot 2.0736 = 2.48832$$

■

n	x_n	y_n	e^{x_n}
0	0.0	1.0	1.00000
1	0.2	1.2	1.22140
2	0.4	1.44	1.49182
3	0.6	1.728	1.82212
4	0.8	2.0736	2.22554
5	1.0	2.48832	2.71828

미분방정식 $y' = y$에 따르면, y는 자신의 도함수이다. 그러므로 이 미분방정식의 한 해는 $y(x) = e^x$이다. 사실, $y(x) = e^x$가 유일한 해이다. 왜냐하면 $y(0) = 1$이기 때문이다. 이 경우 오일러 방법으로 얻은 y의 근사값 다섯 개와 y의 정확한 값들을 옆의 표에서 비교해 보자. 해 y의 다섯 개의 근사값들 $(x_i,\ y_i)$, $i = 1,\ 2,\ 3,\ 4,\ 5$를 나타낸 것이 그림 6(a)이다. 정확한 해 $y(x) = e^x$도 그림 6에 나온다. h를 더 작게 잡으면, 대개의 경우 좀 더 정확한 근사값이 나온다. 물론, h를 더 작게 잡으면, $x = 1$에 이르기까지 좀 더 많은 계산 단계를 거쳐야 한다.

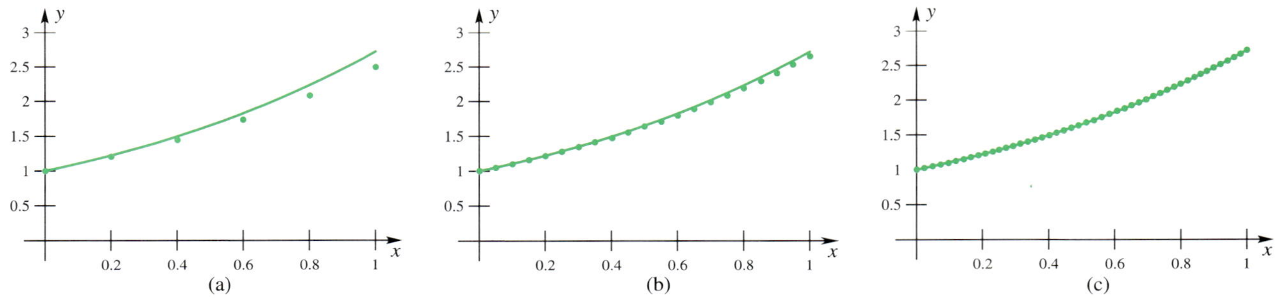

그림 6

예제 3 $h = 0.05$, 그리고 $h = 0.01$로 잡아서, 오일러 방법을 사용하여

$$y' = y, \qquad y(0) = 1$$

의 해의 근사값을 구간 [0, 1]에서 구하여라.

풀이 예제 2에서처럼 계산해 나가는데, 간격크기 h를 0.05 줄이면 다음 표를 얻는다.

n	x_n	y_n	n	x_n	y_n
0	0.00	1.000000	11	0.55	1.710339
1	0.05	1.050000	12	0.60	1.795856
2	0.10	1.102500	13	0.65	1.885649
3	0.15	1.157625	14	0.70	1.979932
4	0.20	1.215506	15	0.75	2.078928
5	0.25	1.276282	16	0.80	2.182875
6	0.30	1.340096	17	0.85	2.292018
7	0.35	1.407100	18	0.90	2.406619
8	0.40	1.477455	19	0.95	2.526950
9	0.45	1.551328	20	1.00	2.653298
10	0.50	1.628895			

그림 6(b)에서 $h=0.05$로 하여 오일러 방법으로 얻은 근사값과 정확한 해를 보여준다.

$h=0.01$인 경우도 마찬가지로 계산해 나가면 된다. 그 결과를 요약한 것이 옆의 표와 그림 6(c)이다. ■

n	x_n	y_n
0	0.00	1.000000
1	0.01	1.010000
2	0.02	1.020100
3	0.03	1.030301
⋮	⋮	⋮
99	0.99	2.678033
100	1.00	2.704814

이 예제들을 보면, 간격크기 h가 작아지면, $y(1)$의 (지금 이 경우 이 값은 $e^1 \approx 2.718282$) 근사값이 더욱 정확해짐을 알 수 있다. $h=0.2$인 경우, 오차는 대략 $e-y_5=2.718282-2.488320=0.229952$. 여러 간격크기에 대한 오차를 다음 표에 제시해 놓았다.

h	y(1)의 오일러 근사값	오차=정확한 값−근사값
0.2	2.488320	0.229962
0.1	2.593742	0.124540
0.05	2.653298	0.064984
0.01	2.704814	0.013468
0.005	2.711517	0.006765

간격크기 h가 반으로 줄면, 오차도 거의 반으로 줄어짐을 주목한다. 그러므로 주어진 점에서의 오차는 간격크기 h에 거의 비례한다. 11.2절의 수치해석적 적분에서 이와 유사한 결과가 나왔다. 거기에서 보면, 사다리꼴 공식의 오차는 $h^2=1/n^2$에 비례하였다. 여기서 n은 작은 구간들의 개수이다. 심슨 공식은 훨씬 효율적이어서, 오차가 $h^4=1/n^4$에 비례하였다. 그렇다면 미분방정식 $y'=f(x, y)$와 초기 조건 $y(x_0)=y_0$을 주었을 때, 해의 근사값을 구하는 더 좋은 방법이 있지 않을까? 실제로 오일러 방법보다 더 좋은 방법이 여러 가지가 있다. 즉, 오차가 h의 거듭제곱에 비례하는 방법이 있다.

이들 방법은 개념상으로 오일러의 방법과 비슷하다: 단계 방법 즉, 초기조건으로부터 시작하여 해를 오른쪽으로 여러 단계의 각각에 근사해 가는 방법이다. **4계 룽게-쿠타 방법**(Fourth-order Runge-Kutta method)이라는 한 가지 방법은 $h^2=1/n^4$에 비례하는 오차를 가진다.

개념 복습

1. 미분방정식 $y'=f(x, y)$에 대해서, 기울기가 $f(x, y)$인 짧은 선분들을 그어 놓은 것을 ______이라 부른다.

2. 오일러 방법은, x_0에서 해의 ______이 구간 $[x_0, x_0+h]$에서 해의 좋은 근사값이 될 것이라는 사실을 바탕으로 한다.

3. 오일러 방법을 사용할 때, 미분방정식의 해의 근사값을 구하는 점화식은 $y_n=$______.

4. 미분방정식의 해가 아래로 오목하면, 오일러 방법은 해를 ______ (과소추정 또는 과대추정)한다.

연습문제 6.7

문제 1-4에서 $y'=f(x, y)$ 형태의 미분방정식의 기울기 장을 제시해 놓았다. 이 기울기 장을 사용하여, 주어진 초기 조건을 만족하는 해를 그려라. 각각의 경우 $\lim_{x \to \infty} y(x)$를 구하고, $y(2)$의 근사값을 구하여라.

1. $y(0)=5$

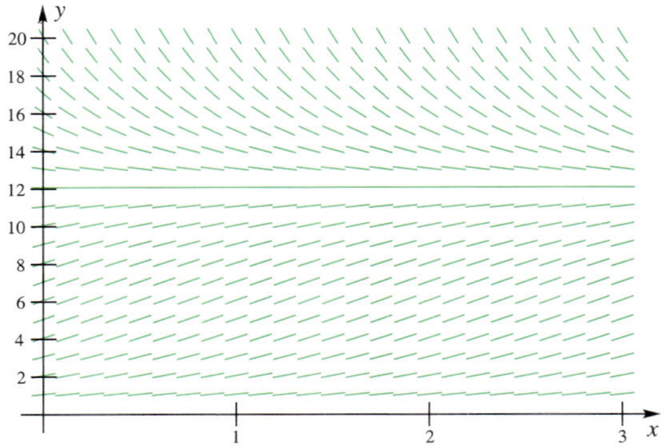

2. $y(0)=6$

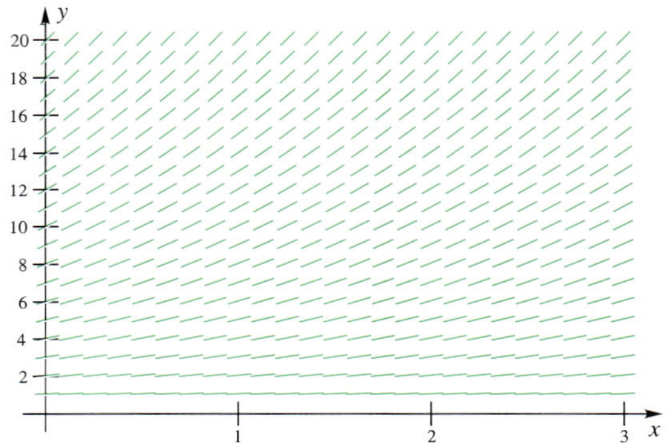

3. $y(0)=16$

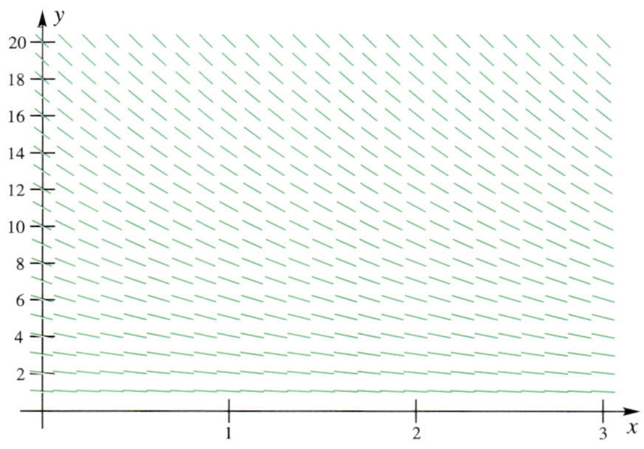

4. $y(1)=3$

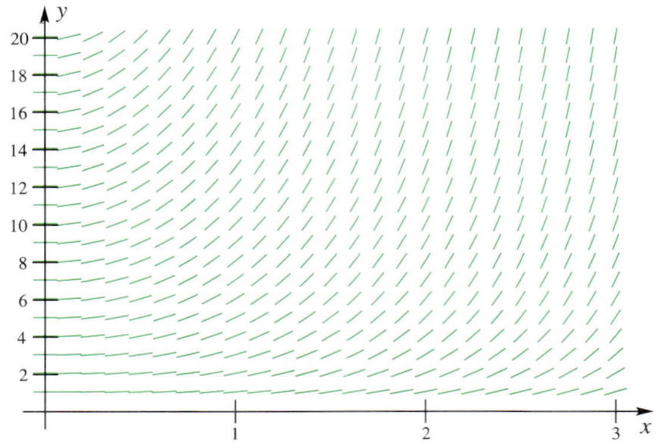

문제 5, 6은 $y'=f(x, y)$ 형태의 미분방정식의 기울기 장을 제시해 놓았다. 각각의 경우, 모든 해는 같은 비스듬한 점근선을 가진다(3.5절 참조). 주어진 초기 조건을 만족하는 해를 그리고, 비스듬한 점근선의 방정식을 구하여라.

5. $y(0)=6$

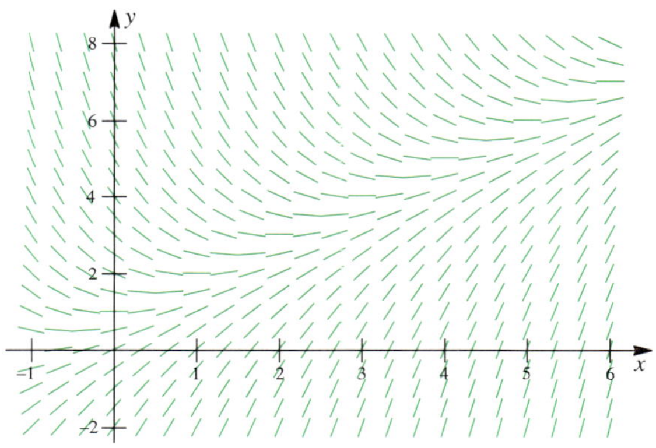

6. $y(0)=8$

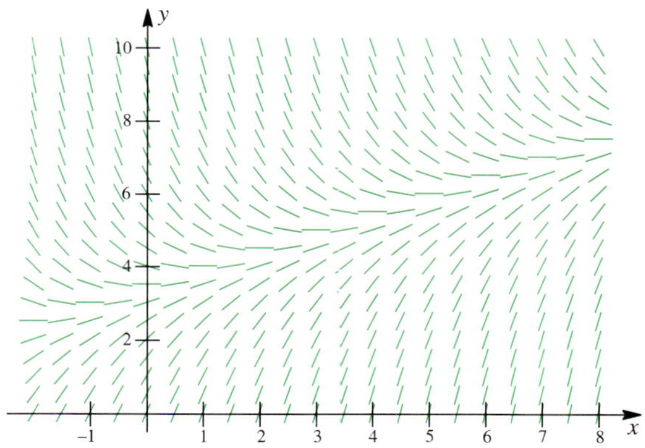

CAS 문제 7-10에서 각각의 미분방정식의 기울기 장을 그려라. 변수분리법(3.9절) 또는 적분인자를 이용하여(6.6절), 주어진 초기 조건을 만족하는 특수해를 구하여라. 그 특수해

해를 그려라.

7. $y'=\frac{1}{2}y$; $y(0)=\frac{1}{2}$

8. $y'=-y$; $y(0)=4$

9. $y'=x-y+2$; $y(0)=4$

10. $y'=2x-y+\frac{3}{2}$; $y(0)=3$

C 문제 11-16에서 $h=0.2$로 잡고, 오일러 방법을 사용하여, 주어진 구간에서 해의 근사값을 구하여라.

11. $y'=2y$, $y(0)=3$, $[0, 1]$

12. $y'=-y$, $y(0)=2$, $[0, 1]$

13. $y'=x$, $y(0)=0$, $[0, 1]$

14. $y'=x^2$, $y(0)=0$, $[0, 1]$

15. $y'=xy$, $y(1)=1$, $[1, 2]$

16. $y'=-2xy$, $y(1)=2$, $[1, 2]$

17. 미분방정식 $y'=y$, $y(0)=1$에 오일러 방법을 적용하되, 간격크기를 $h=1/N$로 하여라. 여기서 N은 양의 정수이다.

(a) 관계식 $y_n=y_0(1+h)^n$을 유도하여라.

(b) y_N이 e의 근사값이 되는 이유를 설명하여라.

18. 함수 $f(x, y)$가 x에 의해서만 값이 정해진다고 하자. 그러면 미분방정식을 다음과 같이 쓸 수 있다.

$$y'=f(x), \qquad y(x_0)=0$$

이 미분방정식에 오일러 방법을 어떻게 적용해야 하는지 설명하여라.

19. 문제 18의 미분방정식 $y'=f(x)$, $y(x_0)=0$을 생각한다. 이 문제의 경우, $f(x)=\sin x^2$, $x_0=0$, 그리고 $h=0.1$이라 하자.

(a) 방정식의 양변을 x_0에서 $x_1=x_0+h$까지 적분하여라. 적분의 근사값을 구하기 위해서, 한 개의 구간을 가지는 리만 합을 사용하고, 피적분함수를 왼쪽 끝점에서 값을 사용하여라.

(b) 방정식의 양변을 x_0에서 $x_2=x_0+2h$까지 적분하여라. 적분의 근사값을 구하기 위해서, 두 개의 구간을 가지는 리만 합을 사용하고, 왼쪽 끝점에서 값을 사용하여라.

(c) $x_n=1$이 될 때까지, (a)와 (b)에 설명해 놓은 과정을 되풀이 하여라. 열 개의 구간을 잡고, 왼쪽 끝점에서의 값을 이용한, 리만 합을 구하여 적분의 근사값을 구하여라.

(d) 이 방법이 오일러 방법과 어떤 관계가 있는지 설명하여라.

20. 미분방정식 $y'=\sqrt{x+1}$, $y(0)=0$에 대해서, 문제 19 (a), (b), (c)를 반복하여라.

21. (개량된 오일러 방법) x_0과 x_1 사이에서 해의 변화 Δy를 생각한다. 오일러 방법으로부터 다음 근사값을 얻는다.

$$\frac{\Delta y}{\Delta x}=\frac{y(x_1)-y_0}{h}\approx\frac{\hat{y}(x_1)-y_0}{h}=f(x_0,\ y_0)$$

(여기에서 x_1에서 해의 오일러 근사값을 나타내기 위해 $\hat{y}_1$를 사용했다.) 또 다른 근사값으로, x_1에서 해의 기울기 대한 근사값을 다음과 같이 찾는다:

$$\frac{\Delta y}{\Delta x}=\frac{y(x_1)-y_0}{h}\approx f(x_1,\ y_1)\approx f(x_1,\ \hat{y}_1)$$

(a) $\frac{\Delta y}{\Delta x}$에 관한 한 근사값을 얻기 위하여 두 해의 평균을 구한다.

(b) $y_1=y(x_1)$을 풀어

$$y_1=y_0+\frac{h}{2}\left[f(x_0,\ y_0)+f(x_1,\ \hat{y}_1)\right]$$

을 얻는다.

(c) 이것은 개량된 오일러 방법에서 첫 단계이다.
추가적 단계는 같은 형태를 따른다.
계량된 오일러 방법을 말하는 다음 세 단계 알고리즘에 대한 괄호를 메워라:

1. $x_n=$ ________________
2. $\hat{y}_n=$ ________________
3. $y_n=$ ________________

C 문제 22-27에서 $h=0.2$로 잡고 개량된 오일러의 방법을 사용하여 문제 11-16의 방정식에 적용하여라. 답을 오일러 방법을 사용해서 얻은 답과 비교하여라.

CAS **28.** 구간 $[0, 1]$에서 해의 근사값을 얻기 위해 $h=0.2$, 0.1, 0.05, 0.01, 0.005로써 방정식 $y'=y$, $y(0)=1$에 개량된 오일러 방법을 적용하여라. (정확한 해는 $y=e^x$이므로 $y(1)=e$임을 주의하여라.) $y(1)=e$의 근사값의 오차를 계산하고(예제 3과 뒤에 따른 이야기를 보아라.) 다음 표를 메워라. 개량된 오일러 방법에 대하여 오차는 h, h^2 또는 h의 다른 멱(거듭제곱)에 비례하는가?

h	오일러 방법의 오차	개량된 오일러 방법의 오차
0.2	0.229962	0.015574
0.1	0.124540	
0.05	0.064984	0.001091
0.01	0.013468	0.000045
0.005	0.006765	

개념 복습 해답: **1.** 기울기장
2. 접선(즉, x_0을 기준점으로 한 1계 테일러 다항식)
3. $y_{n-1}+hf(x_{n-1},\ y_{n-1})$ **4.** 과소추정

6.8 역삼각함수와 그 도함수

0.7절에서 여섯 개의 기본 삼각함수(사인, 코사인, 탄젠트, 코탄젠트, 시컨트, 코시컨트)를 정의하였으며, 가끔 예제와 연습문제에서 이들을 사용하였다. 역함수의 관점에서 보면, 일반적으로 역함수가 존재하지 않는다. 왜냐하면 치역에 속하는 각각의 y에 대해서, 그에 대응하는 x들이 무수히 많이 존재하기 때문이다(그림 1). 그럼에도 불구하고, 우리는 이들의 역함수 개념을 도입할 것이다. 이것이 가능하려면, 6.2절에서 간단히 다룬, **정의역을 제한**하는 과정에 의존해야 한다.

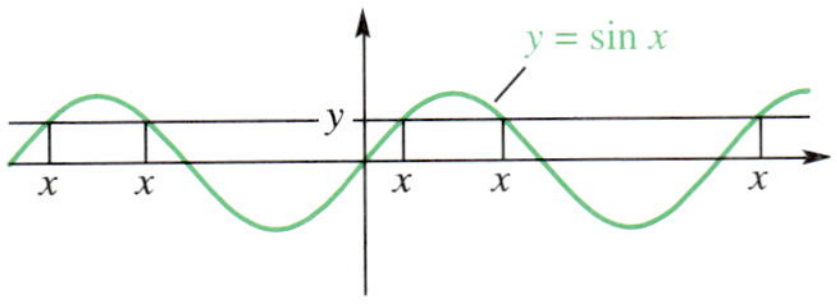

그림 1

역사인과 역코사인 사인과 코사인의 경우, 그 정의역을 제한하면서, 그 치역은 가능한 한 크도록, 그러면서 그 결과로 나오는 함수가 역함수를 가지도록 해야 한다. 이렇게 정의역을 제한하는 방법은 여러가지가 있지만, 수학자들은 그림 2, 그림 3과 같이 잡는 데에 동의를 하였다. 그에 대응하는 역함수의 그래프는 $y=x$에 대칭되게 그리면 된다.

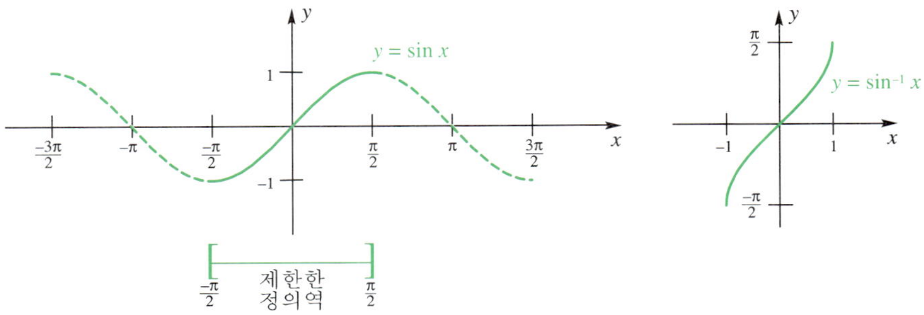

그림 2

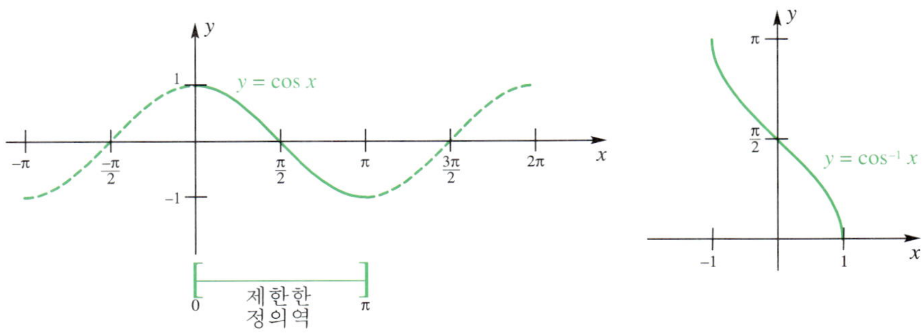

그림 3

이제까지 알아본 것을 다음 정의에서 공식화 한다.

정의

사인과 코사인의 역함수를 얻기 위해서, 이들의 정의역을 각각 $[-\pi/2, \pi/2]$, $[0, \pi]$로 제한한다. 이 때,

$$x=\sin^{-1}y \Leftrightarrow y=\sin x \text{ 그리고 } -\frac{\pi}{2}\le x\le\frac{\pi}{2}$$

$$x=\cos^{-1}y \Leftrightarrow y=\cos x \text{ 그리고 } 0\le x\le\pi$$

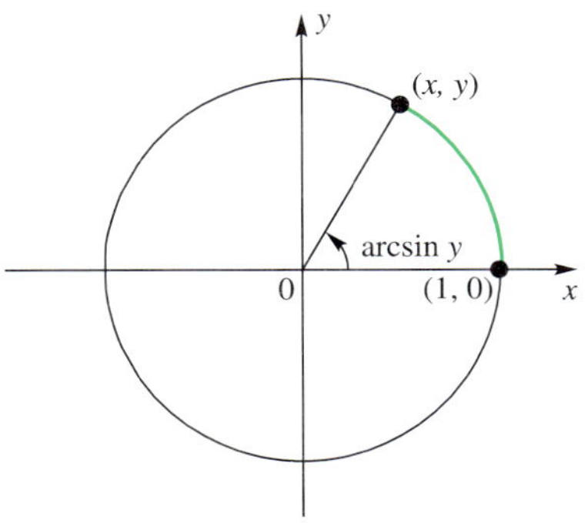

그림 4

$\sin^{-1}$ 대신에 기호 arcsin을 사용하기도 하며, 마찬가지로 $\cos^{-1}$ 대신에 기호 arccos을 사용하기도 한다. 기호 arcsin은 "호(arc)로서, 그 사인이 인 것" 또는 "각으로서, 그 사인이 인 것"을 뜻한다고 생각하기 바란다(그림 4). 이 책에서는 두 형태를 모두 사용하겠다.

예제 1 다음을 계산하여라.

(a) $\sin^{-1}(\sqrt{2}/2)$ (b) $\cos^{-1}\left(-\frac{1}{2}\right)$

(c) $\cos(\cos^{-1}0.6)$ (d) $\sin^{-1}(\sin 3\pi/2)$

풀이

(a) $\sin^{-1}\left(\frac{\sqrt{2}}{2}\right)=\frac{\pi}{4}$ (b) $\cos^{-1}\left(-\frac{1}{2}\right)=\frac{2\pi}{3}$

(c) $\cos(\cos^{-1}0.6)=0.6$ (d) $\sin^{-1}\left(\sin\frac{3\pi}{2}\right)=-\frac{\pi}{2}$

이들 중에 유일하게 까다로운 것은 (d)이다. $3\pi/2$라고 답하면 틀리니 주의해야 한다. 왜냐 하면 $\sin^{-1}y$는 항상 구간 $[-\pi/2, \pi/2]$에 놓이기 때문이다. 다음과 같이, 한 단계씩 풀어야 한다.

$$\sin^{-1}\left(\sin\frac{3\pi}{2}\right)=\sin^{-1}(-1)=-\pi/2$$ ■

예제 2 다음을 계산하여라.

(a) $\cos^{-1}(-0.61)$ (b) $\sin^{-1}(1.21)$ (c) $\sin^{-1}(4.13)$

풀이 계산기를 라디안 상태로 사용해야 한다. 그러면 정의와 일치하는 답이 나오도록 만들어져 있다.

(a) $\cos^{-1}(-0.61)=2.2268569$

(b) 계산기에 Error가 뜰 것이다. 왜냐하면 $\sin^{-1}(1.21)$은 존재하지 않기 때문이다.

(c) $\sin^{-1}(4.13)=-0.9884073$. ■

다른 표현 방법

$\sin^{-1}y$

는 구간 $[-\pi/2, \pi/2]$에 속하는 수로서, 그 사인이 y인 것이다.

$\cos^{-1}y$

는 구간 $[0, \pi]$에 속하는 수로서, 그 코사인이 y인 것이다.

$\tan^{-1}y$

는 구간 $(-\pi/2, \pi/2)$에 속하는 수로서, 그 탄젠트가 y인 것이다.

역탄젠트와 역시컨트 그림 5에 탄젠트 함수의 그래프와, 제한한 정의역, 그리고 $y=\tan^{-1}x$의 그래프를 나타내었다.

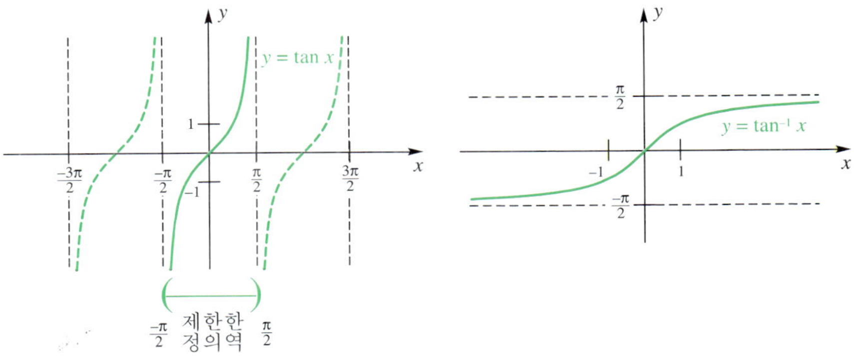

그림 5

코탄젠트 함수의 경우, 정의역을 $(0, \pi)$로 제한해서, 역함수를 가지도록 하는 것이 표준 방법이다. 그렇지만 이 함수는 미적분학에서 그리 큰 역할을 하지 않는다.

시컨트의 역함수를 얻으려면, $y=\sec x$의 그래프를 그리고, 정의역을 적당히 제한한 다음, $y=\sec^{-1}x$의 그래프를 그리면 된다(그림 6).

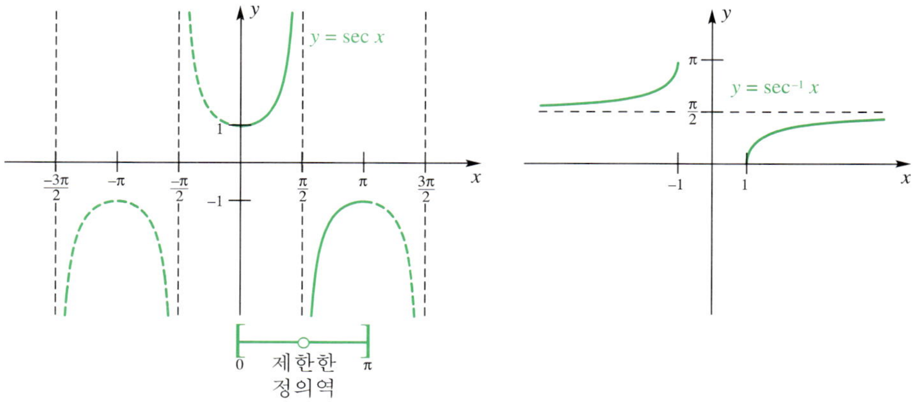

그림 6

정의

탄젠트와 시컨트의 역함수를 얻기 위해서, 이들의 정의역을 각각 $(-\pi/2, \pi/2)$와 $[0, \pi/2)\cup(\pi/2, \pi]$로 제한한다. 이 때,

$$x=\tan^{-1}y \Leftrightarrow y=\tan x \text{ 그리고 } -\frac{\pi}{2}<x<\frac{\pi}{2}$$

$$x=\sec^{-1}y \Leftrightarrow y=\sec x \text{ 그리고 } 0\le x\le \pi,\ x\neq\frac{\pi}{2}$$

어떤 책들은 시컨트의 정의역을 이것과 다르게 제한한다. 그러므로 다른 책들을 볼 때, 그 책의 정의를 확인해 봐야 한다. 이 책에서는 $\csc^{-1}$을 다루지 않기 때문에, 정의하지 않는다.

예제 3 다음을 계산하여라.

(a) $\tan^{-1}(1)$ (b) $\tan^{-1}(-\sqrt{3})$

(c) $\tan^{-1}(\tan 5.236)$ (d) $\sec^{-1}(-1)$

(e) $\sec^{-1}(2)$ (f) $\sec^{-1}(-1.32)$

풀이

(a) $\tan^{-1}(1)=\frac{\pi}{4}$ (b) $\tan^{-1}(-\sqrt{3})=-\frac{\pi}{3}$

(c) $\tan^{-1}(\tan 5.236)=-1.0471853$

대부분의 학생들은 시컨트를 제한한 것을 기억하기 힘들어 한다. 뿐만 아니라, 대부분의 계산기들은 시컨트 단추가 없다. 그래서 $\sec x=1/\cos x$이라고 기억해 두기 바란다. 이것으로부터, 다음이 성립한다.

$$\sec^{-1}y = \cos^{-1}\left(\frac{1}{y}\right)$$

따라서 코사인에 대해 알고 있는 사실들을 이용하면 된다.

(d) $\sec^{-1}(-1) = \cos^{-1}(-1) = \pi$

(e) $\sec^{-1}(2) = \cos^{-1}\left(\frac{1}{2}\right) = \frac{\pi}{3}$

(f) $\sec^{-1}(-1.32) = \cos^{-1}\left(-\frac{1}{1.32}\right) = \cos^{-1}(0.7575758)$

$= 2.4303875$ ■

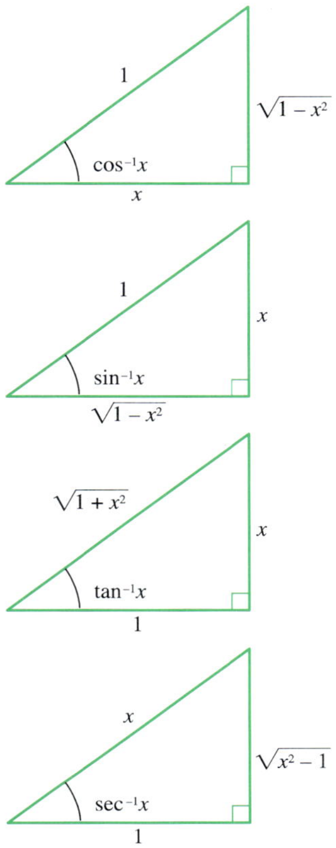

그림 7

네 개의 유용한 공식 유용한 공식들을 정리 A에 소개해 놓는다. 그림 7의 삼각형들을 참고하여, 이것들을 기억하면 편리하다.

정리 A

(i) $\sin(\cos^{-1}x) = \sqrt{1-x^2}$

(ii) $\cos(\sin^{-1}x) = \sqrt{1-x^2}$

(iii) $\sec(\tan^{-1}x) = \sqrt{1+x^2}$

(iv) $\tan(\sec^{-1}x) = \begin{cases} \sqrt{x^2-1}, & x \geq 1\text{인 경우} \\ -\sqrt{x^2-1}, & x \leq -1\text{인 경우} \end{cases}$

증명 (i)을 증명하기 위해서, $\sin^2\theta + \cos^2\theta = 1$임을 상기한다. $0 \leq \theta \leq \pi$에서,

$$\sin\theta = \sqrt{1-\cos^2\theta}$$

이제 $\theta = \cos^{-1}x$에다 이것을 적용하고, $\cos(\cos^{-1}x) = x$라는 사실을 이용하면, 다음을 얻는다.

$$\sin(\cos^{-1}x) = \sqrt{1-\cos^2(\cos^{-1}x)} = \sqrt{1-x^2}$$

공식 (ii)는 이와 비슷한 방법으로 증명할 수 있다. (iii)과 (iv)를 증명하려면, 공식 $\sin^2\theta + \cos^2\theta = 1$ 대신에 $\sec^2\theta = 1 + \tan^2\theta$를 이용하면 된다. ■

$\sin\left[2\cos^{-1}\left(\frac{2}{3}\right)\right]$를 계산하여라.

풀이 배각공식 $\sin 2\theta = 2\sin\theta\cos\theta$에 의해,

$$\sin\left[2\cos^{-1}\left(\frac{2}{3}\right)\right] = 2\sin\left[\cos^{-1}\left(\frac{2}{3}\right)\right]\cos\left[\cos^{-1}\left(\frac{2}{3}\right)\right]$$

$$= 2\cdot\sqrt{1-\left(\frac{2}{3}\right)^2}\cdot\frac{2}{3} = \frac{4\sqrt{5}}{9}$$ ■

삼각함수의 미분 2.4절에서 여섯 개의 삼각함수의 미분공식을 배웠다. 이것들은 외워두어야 한다.

$D_x \sin x = \cos x$	$D_x \cos x = -\sin x$
$D_x \tan x = \sec^2 x$	$D_x \cot x = -\csc^2 x$
$D_x \sec x = \sec x \tan x$	$D_x \csc x = -\csc x \cot x$

위의 미분공식과 연쇄법칙을 결합할 수 있다. 예를 들어, $u=f(x)$가 미분가능하면,

$$D_x \sin u = \cos x \cdot D_x u$$

역삼각함수의 도함수 역함수 정리(6.2절 정리 B)에 의해, $\sin^{-1}$, $\cos^{-1}$, $\tan^{-1}$, $\sec^{-1}$은 미분가능이라는 결론이 나온다. 이제 이들의 미분공식을 구한다. 먼저 결과를 제시하고, 그것들을 이끌어 내는 방법을 보인다.

정리 B

네 개의 역삼각함수의 도함수

(i) $D_x \sin^{-1} x = \dfrac{1}{\sqrt{1-x^2}}, \quad -1<x<1$

(ii) $D_x \cos^{-1} x = \dfrac{-1}{\sqrt{1-x^2}}, \quad -1<x<1$

(iii) $D_x \tan^{-1} x = \dfrac{1}{1+x^2}$

(iv) $D_x \sec^{-1} x = \dfrac{1}{|x|\sqrt{x^2-1}}, \quad |x|>1$

증명 각각의 경우 같은 방식으로 증명할 수 있다. (i)을 증명하기 위해서, $y=\sin^{-1}x$로 놓는다. 그러면

$$x = \sin y$$

이제 양변을 x에 대해서 미분하는데, 우변은 연쇄법칙과 정리 A(ii)를 적용하면

$$\begin{aligned} 1 &= \cos y\, D_x y = \cos(\sin^{-1}x) D_x(\sin^{-1}x) \\ &= \sqrt{1-x^2}\, D_x(\sin^{-1}x) \end{aligned}$$

따라서 다음 결론이 나온다.

$$D_x(\sin^{-1}x) = \frac{1}{\sqrt{1-x^2}}$$

(ii), (iii), (iv)의 미분공식도 비슷하게 증명할 수 있지만, (iv)는 약간 조심해야 한다. $y=\sec^{-1}x$로 놓는다. 그러면

$$x = \sec y$$

$D_x \sec^{-1}x$

$\sec^{-1}x$의 미분을 구하는 다른 방법을 소개하겠다.

$$\begin{aligned} D_x\sec^{-1}x &= D_x\cos^{-1}\left(\frac{1}{x}\right) \\ &= \frac{-1}{\sqrt{1-1/x^2}}\cdot\frac{-1}{x^2} \\ &= \frac{1}{\sqrt{x^2-1}}\cdot\frac{\sqrt{x^2}}{x^2} \\ &= \frac{1}{\sqrt{x^2-1}}\cdot\frac{|x|}{x^2} \\ &= \frac{1}{|x|\sqrt{x^2-1}} \end{aligned}$$

양변을 x에 대해서 미분하고, 정리 A (iv)를 이용하면, 다음을 얻는다.

$$\begin{aligned} 1 &= \sec y \tan y D_x y \\ &= \sec(\sec^{-1}x)\tan(\sec^{-1}x)D_x(\sec^{-1}x) \\ &= \begin{cases} x\sqrt{x^2-x}\ D_x(\sec^{-1}x), & x\geq 1\text{인 경우} \\ x(-\sqrt{x^2-1})\ D_x(\sec^{-1}x), & x\leq -1\text{인 경우} \end{cases} \\ &= |x|\sqrt{x^2-1}\ D_x(\sec^{-1}x) \end{aligned}$$

그러므로 $D_x(\sec^{-1}x)=\dfrac{1}{|x|\sqrt{x^2-1}}$ ■

예제 5 $D_x\sin^{-1}(3x-1)$을 구하여라.

풀이 정리 B (i)과 연쇄법칙을 이용한다.

$$\begin{aligned} D_x\sin^{-1}(3x-1) &= \frac{1}{\sqrt{1-(3x-1)^2}}D_x(3x-1) \\ &= \frac{3}{\sqrt{-9x^2+6x}} \end{aligned}$$ ■

물론, 모든 미분공식은 적분공식을 만들어 낸다. 다음 장에서 이것을 매우 상세히 다룰 것이다. 특히,

1. $\displaystyle\int \frac{1}{\sqrt{1-x^2}}\,dx = \sin^{-1}x + C$
2. $\displaystyle\int \frac{1}{1+x^2}\,dx = \tan^{-1}x + C$
3. $\displaystyle\int \frac{1}{x\sqrt{x^2-1}}\,dx = \sec^{-1}|x| + C$

이들 미분공식은 다음 형태로 약간 일반화할 수 있다(문제 81-84 참조).

1′. $\displaystyle\int \frac{1}{\sqrt{a^2-x^2}}\,dx = \sin^{-1}\left(\frac{x}{a}\right) + C$

2′. $\displaystyle\int \frac{1}{a^2+x^2}\,dx = \frac{1}{a}\tan^{-1}\left(\frac{x}{a}\right) + C$

3′. $\displaystyle\int \frac{1}{x\sqrt{x^2-a^2}}\,dx = \frac{1}{a}\sec^{-1}\left(\frac{|x|}{a}\right) + C$

예제 6 $\displaystyle\int_0^1 \frac{dx}{\sqrt{4-x^2}}$를 계산하여라.

풀이

$$\begin{aligned} \int_0^1 \frac{dx}{\sqrt{4-x^2}}\,dx &= \left[\sin^{-1}\frac{x}{2}\right]_0^1 = \sin^{-1}\frac{1}{2} - \sin^{-1}0 \\ &= \frac{\pi}{6} - 0 = \frac{\pi}{6} \end{aligned}$$ ■

예제 7 $\displaystyle\int \frac{3}{\sqrt{5-9x^2}}\,dx$를 계산하여라.

풀이 $\displaystyle\int \frac{du}{\sqrt{a^2-u^2}}$을 상기한다. $u=3x$로 놓으견 $du=3dx$. 따라서

$$\int \frac{3}{\sqrt{5-9x^2}}\,dx=\int \frac{1}{\sqrt{5-u^2}}\,du=\sin^{-1}\left(\frac{u}{\sqrt{5}}\right)+C$$
$$=\sin^{-1}\left(\frac{3x}{\sqrt{5}}\right)+C$$ ■

예제 8 $\displaystyle\int \frac{e^x}{4+9e^{2x}}\,dx$를 계산하여라.

풀이 $\displaystyle\int \frac{1}{a^2+u^2}\,du$를 상기한다. $u=3e^x$로 놓으면 $du=3e^x dx$. 따라서

$$\int \frac{e^x}{4+9e^{2x}}\,dx=\frac{1}{3}\int \frac{1}{4+9e^{2x}}(3e^x dx)=\frac{1}{3}\int \frac{1}{4+u^2}\,du$$
$$=\frac{1}{3}\cdot\frac{1}{2}\tan^{-1}\left(\frac{u}{2}\right)+C=\frac{1}{6}\tan^{-1}\left(\frac{3e^x}{2}\right)+C$$ ■

예제 9 $\displaystyle\int_6^{18} \frac{1}{x\sqrt{x^2-9}}\,dx$를 계산하여라.

풀이 $$\int_6^{18} \frac{1}{x\sqrt{x^2-9}}\,dx=\frac{1}{3}\left[\sec^{-1}\frac{|x|}{3}\right]_6^{18}$$
$$=\frac{1}{3}\left(\sec^{-1}\frac{|18|}{3}-\sec^{-1}\frac{|6|}{3}\right)$$
$$=\frac{1}{3}\left(\sec^{-1}6-\frac{\pi}{3}\right)\approx 0.1187$$ ■

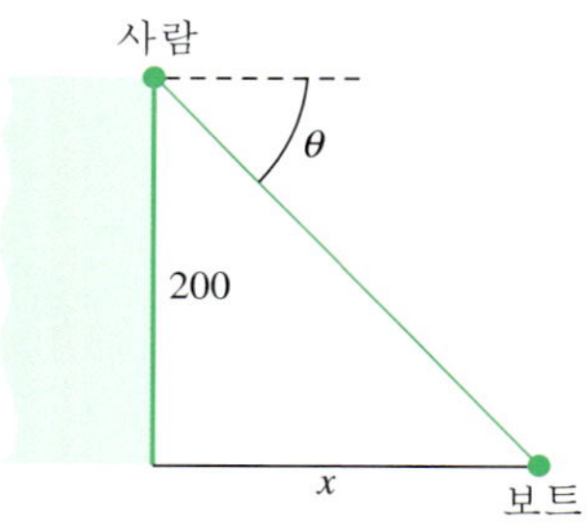

그림 8

예제 10 호숫가 수직 절벽의 꼭대기에 어떤 사람이 서 있는데, 호수로부터의 높이는 200피트이다. 모터보트가 절벽 바로 아래로부터, 초속 25피트의 속도로 멀어지는 것을 이 사람이 지켜 보고 있다. 보트가 절벽 아래로부터 150피트 거리에 이르는 순간, 이 사람의 시선이 아래로 향하는 각이 바뀌는 변화율은?

풀이 핵심이 되는 사항들을 그림 8에 그려 놓았다. 아래로 향하는 각 θ는 다음을 만족한다.

$$\theta=\tan^{-1}\left(\frac{200}{x}\right)$$

따라서

$$\frac{d\theta}{dt}=\frac{1}{1+(200/x)^2}\cdot\frac{-200}{x^2}\cdot\frac{dx}{dt}=\frac{-200}{x^2+40000}+\frac{dx}{dt}$$

$x=150$, $dx/dt=25$를 대입하면, $d\theta/dt=-0.08$ 라디안/초. ■

피적분함수 변형. 치환을 하기 전에, 피적분함수를 보다 편리한 모양으로 다시 나타내면 편리한 방법을 찾을 수 있다. 분모에서 2차식 표현의 적분은 자주 완전제곱식에 의해 표준형으로 고칠 수 있다. x^2+bx는 $\left(\frac{b}{2}\right)^2$을 더함으로써 완전제곱이 된다는 것을 기억한다.

예제 11 $\int \frac{7}{x^2-6x+25}\,dx$를 계산하여라.

풀이

$$\int \frac{7}{x^2-6x+25}\,dx = \int \frac{7}{x^2-6x+9+16}\,dx$$
$$=7\int \frac{7}{(x-3)^2+4^2}\,dx$$
$$=\frac{7}{4}\tan^{-1}\left(\frac{x-3}{4}\right)+C$$

■

개념 복습

1. 사인함수의 역함수를 얻기 위해서, 그 정의역을 ______로 제한한다. 그 결과로 나오는 역함수를 $\sin^{-1}$ 또는 ______로 나타낸다.
2. 탄젠트함수의 역함수를 얻기 위해서, 그 정의역을 ______로 제한한다. 그 결과로 나오는 역함수를 $\tan^{-1}$ 또는 ______로 나타낸다.
3. $D_x \sin(\arcsin x)=$______.
4. $D_x \arcsin x = 1/(1+x^2)$이므로, 다음이 성립한다.

$$4\int_0^1 1/(1+x^2)\,dx=\text{\_\_\_\_\_\_}.$$

연습문제 6.8

문제 1~10에서 계산기를 사용하지 말고, 정확한 값을 구하여라.

1. $\arccos\left(\frac{\sqrt{2}}{2}\right)$
2. $\arcsin\left(-\frac{\sqrt{3}}{2}\right)$
3. $\sin^{-1}\left(-\frac{\sqrt{3}}{2}\right)$
4. $\sin^{-1}\left(-\frac{\sqrt{2}}{2}\right)$
5. $\arctan(\sqrt{3})$
6. $\operatorname{arcsec}(2)$
7. $\arcsin\left(-\frac{1}{2}\right)$
8. $\tan^{-1}\left(-\frac{\sqrt{3}}{3}\right)$
9. $\sin(\sin^{-1}0.4567)$
10. $\cos(\sin^{-1}0.56)$

C 문제 11~18에서 다음의 근사값을 구하여라.

11. $\sin^{-1}(0.1113)$
12. $\arccos(0.6341)$
13. $\cos(\operatorname{arccot} 3.212)$
14. $\sec(\arccos 0.5111)$
15. $\sec^{-1}(-2.222)$
16. $\tan^{-1}(-60.11)$
17. $\cos(\sin(\tan^{-1}2.001))$
18. $\sin^2(\ln(\cos 0.5555))$

문제 19~24에서 역삼각함수 $\sin^{-1}$, $\cos^{-1}$, $\tan^{-1}$, $\sec^{-1}$을 사용하여, θ를 x의 함수로서 나타내 보아라.

19. 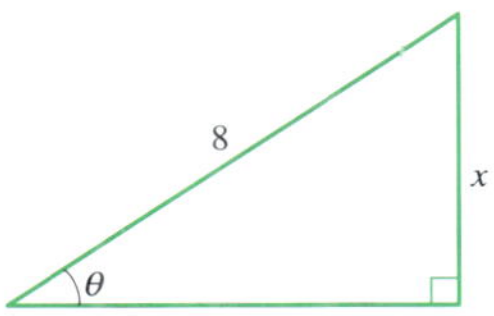

20. 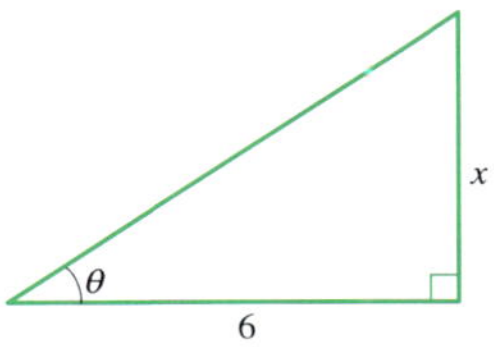

21. 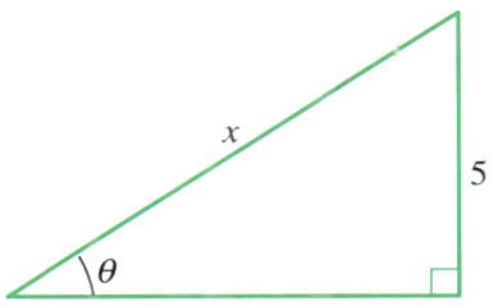

22. 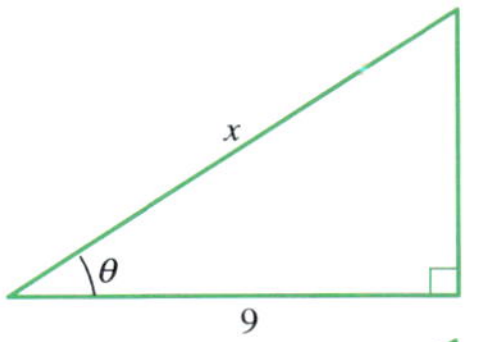

23. 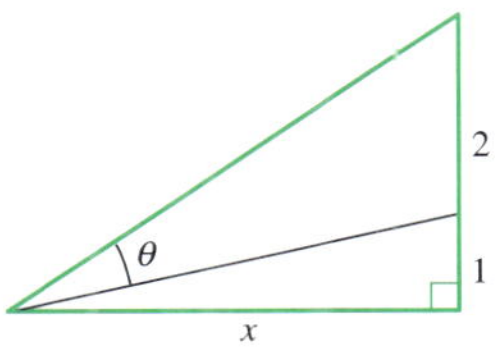

24. 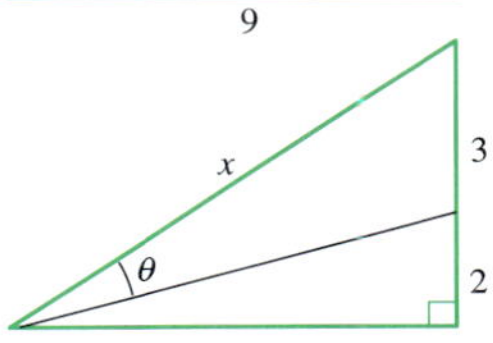

문제 25~28에서 계산기를 사용하지 말고, 다음 값을 구하여라.(예제 4 참조.)

25. $\cos\left[2\sin^{-1}\left(-\frac{2}{3}\right)\right]$ **26.** $\tan\left[2\tan^{-1}\left(\frac{1}{3}\right)\right]$

27. $\sin\left[\cos^{-1}\left(\frac{3}{5}\right)+\cos^{-1}\left(\frac{5}{13}\right)\right]$

28. $\cos\left[\cos^{-1}\left(\frac{4}{5}\right)+\sin^{-1}\left(\frac{12}{13}\right)\right]$

문제 29~32에서 다음 방정식이 항등식임을 보여라.

29. $\tan(\sin^{-1}x)=\frac{x}{\sqrt{1-x^2}}$ **30.** $\sin(\tan^{-1}x)=\frac{x}{\sqrt{1+x^2}}$

31. $\cos(2\sin^{-1}x)=1-2x^2$ **32.** $\tan(2\sin^{-1}x)=\frac{2x}{1-x^2}$

33. 다음 극한을 구하여라.

(a) $\lim_{x\to\infty}\tan^{-1}x$ (b) $\lim_{x\to-\infty}\tan^{-1}x$

34. 다음 극한을 구하여라.

(a) $\lim_{x\to\infty}\sec^{-1}x$ (b) $\lim_{x\to-\infty}\sec^{-1}x$

35. 다음 극한을 구하여라.

(a) $\lim_{x\to1^-}\sin^{-1}x$ (b) $\lim_{x\to-1^+}\sin^{-1}x$

36. $\lim_{x\to1}\sin^{-1}x$가 존재하는가? 설명하여라.

37. c가 왼쪽에서 1에 가까워질 때 점 c에서 $y=\sin^{-1}x$의 그래프에서 접선의 기울기에 무슨 현상이 일어나는지 설명하여라.

38. 코탄젠트의 정의역을 $(0, \pi)$로 제한해서 역함수를 얻었다고 하고, $y=\cot^{-1}x$의 그래프를 그려라.

문제 39~54에서 dy/dx를 구하여라.

39. $y=\ln(2+\sin x)$ **40.** $y=e^{\tan x}$

41. $y=\ln(\sec x+\tan x)$ **42.** $y=-\ln(\csc x+\cot x)$

43. $y=\sin^{-1}(2x^2)$ **44.** $y=\arccos(e^x)$

45. $y=x^3\tan^{-1}(e^x)$ **46.** $y=e^x\arcsin x^2$

47. $y=(\tan^{-1}x)^3$ **48.** $y=\tan(\cos^{-1}x)$

49. $y=\sec^{-1}(x^3)$ **50.** $y=(\sec^{-1}x)^3$

51. $y=(1+\sin^{-1}x)^3$ **52.** $y=\sin^{-1}\left(\frac{1}{x^2+4}\right)$

53. $y=\tan^{-1}(\ln x^2)$ **54.** $y=x\,\mathrm{arcsec}(x^2+1)$

문제 55–72에서 적분을 계산하여라.

55. $\int\cos 3x\,dx$ **56.** $\int x\sin(x^2)\,dx$

57. $\int\sin 2x\cos 2x\,dx$ **58.** $\int\tan x\,dx=\int\frac{\sin x}{\cos x}\,dx$

59. $\int_0^1 e^{2x}\cos(e^{2x})\,dx$ **60.** $\int_0^{\pi/2}\sin^2x\cos x\,dx$

61. $\int_0^{\sqrt{2}/2}\frac{1}{\sqrt{1-x^2}}\,dx$ **62.** $\int_{\sqrt{2}}^2\frac{dx}{x\sqrt{x^2-1}}$

63. $\int_{-1}^1\frac{1}{1+x^2}\,dx$ **64.** $\int_0^{\pi/2}\frac{\sin\theta}{1+\cos^2\theta}\,d\theta$

65. $\int\frac{1}{1+4x^2}\,dx$ **66.** $\int\frac{e^x}{1+e^{2x}}\,dx$

67. $\int\frac{1}{\sqrt{12-9x^2}}\,dx$ **68.** $\int\frac{x}{\sqrt{12-9x^2}}\,dx$

69. $\int\frac{1}{x^2-6x+13}\,dx$ **70.** $\int\frac{1}{2x^2+8x+25}\,dx$

71. $\int\frac{1}{x\sqrt{4x^2-9}}\,dx$ **72.** $\int\frac{x+1}{\sqrt{4-9x^2}}\,dx$

C **73.** 높이가 5피트인 그림을 벽에 걸어서, 그 밑부분이 바닥으로부터 8피트 높이에 있다. 그림 9와 같이 관람객의 눈의 높이가 5.4피트이고, 벽으로부터 b피트 떨어져 있다. 관람객의 눈에서 그림을 대하는 수직각 θ를 b의 함수로 나타내어라. 그 다음에 $b=12.9$피트일 때 θ를 구하여라.

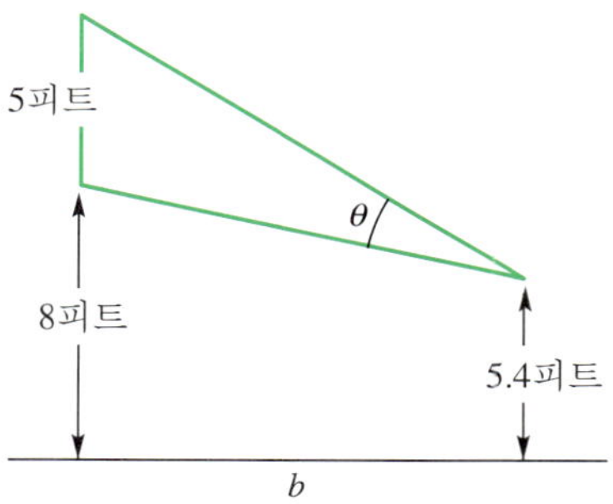

그림 9

74. 다음 각각의 함수 f의 역함수 $f^{-1}(x)$의 식을 구하되, 먼저 f가 역함수를 가지도록 정의역을 제한해서 제시하여라. 예를 들어 $f(x)=3\sin 2x$의 경우, 정의역을 $-\pi/4\le x\le\pi/4$로 제한하고, 그러면 역함수는 $f^{-1}(x)=\frac{1}{2}\sin^{-1}(x/3)$.

(a) $f(x)=3\cos 2x$ (b) $f(x)=2\sin 3x$

(c) $f(x)=\frac{1}{2}\tan x$ (d) $f(x)=\sin\frac{1}{x}$

75. 덧셈공식 $\tan(x+y)=(\tan x+\tan y)/(1-\tan x\tan y)$를 되풀이해 사용하여서, 다음이 성립함을 보여라.

$$\frac{\pi}{4}=3\tan^{-1}\left(\frac{1}{4}\right)+\tan^{-1}\left(\frac{5}{99}\right)$$

76. 다음이 성립함을 보여라.

$$\frac{\pi}{4}=4\tan^{-1}\left(\frac{1}{5}\right)-\tan^{-1}\left(\frac{1}{239}\right)$$

이 식은 마친(John Machin)이 1706년에 발견하였으며, 이것을 이용하여 π를 소수 100자리까지 계산하였다.

77. 미적분학을 사용하지 말고, 그림 10의 어둡게 칠한 영역의 넓이를 a와 b의 식으로 나타내어라. 큰 원의 중점이 작은 원의 가장자리에 놓여 있음을 주의하기 바란다.

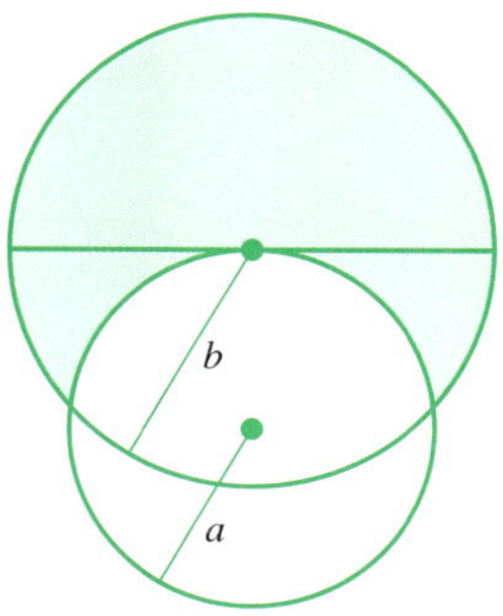

그림 10

GC **78.** 같은 좌표평면에 다음 그래프들을 그려라.

$$y=\arcsin x,\ y=\arctan(x/\sqrt{1-x^2})$$

추측해 보고, 그것을 증명하여라.

GC **79.** $y=\pi/2-\arcsin x$의 그래프를 그려라. 추측해 보고, 그것을 증명하여라.

GC **80.** $y=\sin(\arcsin x)$의 그래프를 구간 $[-1, 1]$에서 그려라. 그 다음에 $y=\arcsin(\sin x)$의 그래프를 구간 $[-2\pi, 2\pi]$에서 그려라. 차이를 관찰하고, 설명하여라.

81. 다음을 아래 제시하는 방법으로 증명하여라.

$$\int\frac{dx}{\sqrt{a^2-x^2}}=\sin^{-1}\frac{x}{a}+C,\quad a>0$$

먼저 $a^2-x^2=a^2[1-(x/a)^2]$으로 변형하고, 변수를 $u=x/a$로 놓는다..

82. 문제 81의 우변을 미분하면 좌변 적분 기호 속의 함수가 나오는 것을 이용하여, 그것을 증명하여라.

83. 다음이 성립함을 보여라.

$$\int\frac{dx}{a^2+x^2}=\frac{1}{a}\tan^{-1}\frac{x}{a}+C,\quad a\neq 0$$

84. 다음이 성립함을 보여라.

$$\int\frac{dx}{x\sqrt{x^2-a^2}}=\frac{1}{a}\sec^{-1}\frac{|x|}{a}+C,\quad a>0$$

85. 우변을 미분하는 방법으로, 다음이 성립함을 보여라.

$$\int\sqrt{a^2-x^2}\,dx=\frac{x}{2}\sqrt{a^2-x^2}+\frac{a^2}{2}\sin^{-1}\frac{x}{a}+C,\quad a>0$$

86. 문제 85의 결과를 이용하여, 다음이 성립함을 보여라.

$$\int_{-a}^{a}\sqrt{a^2-x^2}\,dx=\frac{\pi a^2}{2}$$

이 결과는 미리 예상할 수 있었다. 어떻게?

87. 높이가 10피트인 그림이 벽에 걸려 있어서, 그 밑부분이 관람객의 눈보다 2피트 위에 있다. 이 그림을 가장 잘 볼 수 있는 벽으로부터의 거리 b를 구하여라. 즉, 관람객의 눈이 그림을 바라보는 각이 최대가 되게 하는 b를 구하여라. (문제 73 참조)

88. $d\theta/dt$를 x, dx/dt, 그리고 상수 a, b의 함수로 나타내어라.

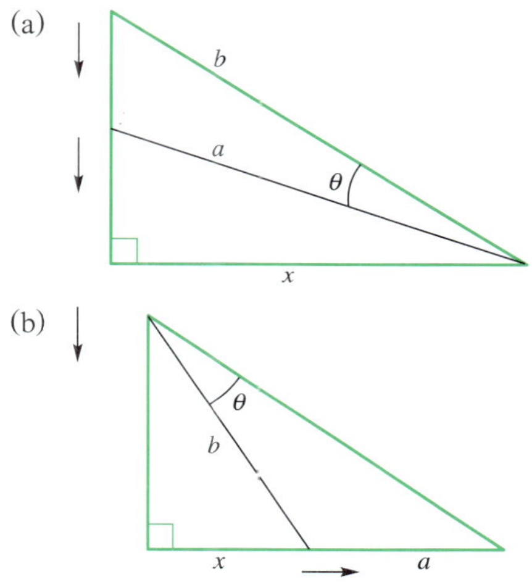

89. 건물의 골조 공사가 마무리되었다. 건물의 화물용 승강기가 초속 15피트의 일정한 비율로 올라가고 있는데, 승강기로부터 수평거리로 60피트 떨어진 곳에서 관찰자가 승강기를 지켜보고 있다. 관찰자의 시선이 수평이던 순간에서 6초가 지난 후, 승강기를 향한 관찰자의 시선의 상승각은 얼마나 빨리 증가하는가?

90. 비행기가 고도 2마일을 유지하며, 일정하게 시속 600마일로, 직선을 따라서 날아가는데, 그 바로 아래 지면에 관찰자가 있다. 관찰자로부터 비행기까지의 거리가 3마일인 순간, 관찰자의 시선의 상승각은 얼마나 빨리 증가하는가? 결과를 분당 라디안 단위로 제시하여라.

91. 어떤 섬에 등대 불빛이 회전하고 있다. 육지에 있는 해변은 직선으로 되어 있으며, 섬에서 육지의 가장 가까운 지점 P까지의 거리는 2마일이다. 등대 불빛이 회전하기 때문에, 해변을 따라서 불빛의 점이 움직인다. 불빛의 점이 P로부터 1마일 떨어진 지점을 지나는 순간, 불빛의 점이

해변을 따라서 움직이는 속도는 분속 5π 마일이다. 그렇다면 등대 불빛은 얼마나 빨리 회전하는가?

92. 보트에 밧줄을 묶어 놓았는데, 어떤 사람이 부두에서 그 밧줄을 초속 5피트의 비율로 당기고 있다. 보트에 밧줄을 묶어 놓은 지점보다 사람의 손이 8피트 위에 있다고 하자. 밧줄이 17피트 남은 순간, 밧줄의 내려다보는 각(angle of depression)은 얼마나 빨리 바뀌는가?

C **93.** 외계인이 탄 우주선이 초속 2킬로미터의 속도로 지구를 향해 오고 있다. (지구의 반지름=6376킬로미터) 지구 표면으로부터 3000킬로미터 떨어진 순간, 외계인의 눈이 지구를 대하는 각 θ는 얼마나 빨리 증가하는가?

개념 복습 해답: **1.** $[-\pi/2, \pi/2]$; arcsin **2.** $(-\pi/2, \pi/2)$ **3.** 1 **4.** π

6.9 쌍곡선함수와 그 역함수

수학과 과학에서, e^x와 e^{-x}를 적당히 조합한 것들이 자주 등장하기 때문에, 여기에 특별한 이름을 붙이게 되었다.

정의 쌍곡선함수

쌍곡사인(hyperbolic sine), 쌍곡코사인(hyperbolic cosine), 그리고 네 개의 관련된 함수들을 다음과 같이 정의한다.

$$\sinh x = \frac{e^x - e^{-x}}{2} \qquad \cosh x = \frac{e^x + e^{-x}}{2}$$

$$\tanh x = \frac{\sinh x}{\cosh x} \qquad \coth x = \frac{\cosh x}{\sinh x}$$

$$\operatorname{sech} x = \frac{1}{\cosh x} \qquad \operatorname{csch} x = \frac{1}{\sinh x}$$

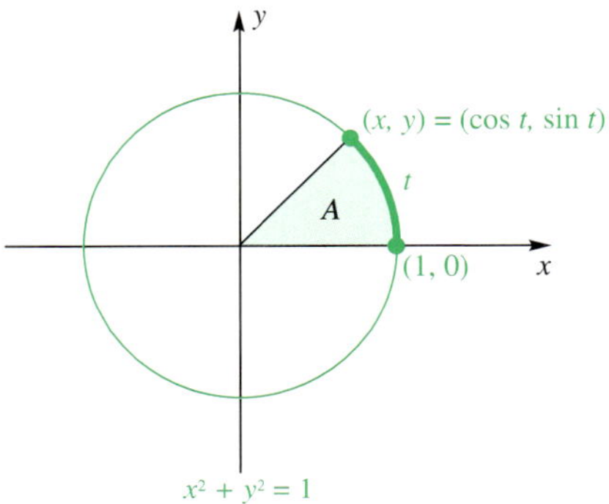

그림 1

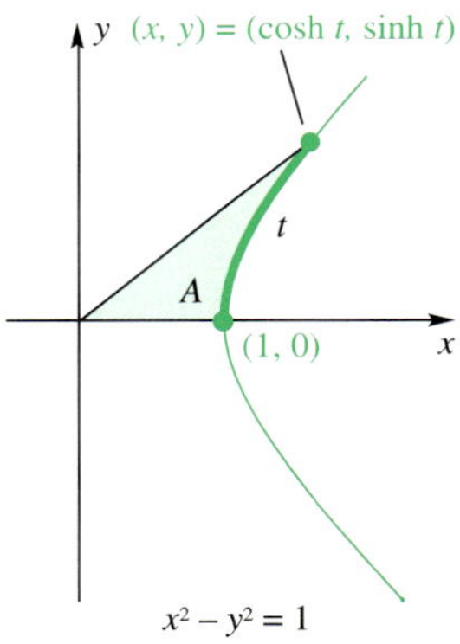

그림 2

이 이름을 보면, 삼각함수와 어떤 연관이 있을 것 같은데, 실제로 그렇다. 첫째, 쌍곡선함수에 관한 가장 중요한 공식은 다음이다. (삼각함수의 공식 $\cos^2 x + \sin^2 x = 1$이 생각나게 한다.)

$$\cosh^2 x - \sinh^2 x = 1$$

이것은 다음과 같이 증명할 수 있다.

$$\cosh^2 x - \sinh^2 x = \frac{e^{2x} + 2 + e^{-2x}}{4} - \frac{e^{2x} - 2 + e^{-2x}}{4} = 1$$

둘째, 삼각함수는 단위원과 밀접한 관계가 있음을 상기한다(그림 1).그렇기 때문에 원함수(circular function)라 부르기도 한다. 사실, 매개변수 방정식 $x = \cos t$, $y = \sin t$는 단위원을 그린다. 이와 비슷하게, 매개변수 방정식 $x = \cosh t$, $y = \sinh t$는 단위쌍곡선 $x^2 - y^2 = 1$의 오른쪽 부분을 그린다(그림 2). 뿐만 아니라, 두 경우 모두 매개변수 t와 어둡게 칠한 영역의 넓이 A 사이에는 $t = 2A$라는 관계가 성립한다. 다만 쌍곡선함수의 경우 이것은 바로 자명하게 확인되지는 않는다(연습문제 56).

$\sinh(-x) = -\sinh x$이므로, sinh은 기함수이다. 그리고 $\cosh(-x) = \cosh x$이

므로, cosh은 우함수이다. 따라서, $y = \sinh x$의 그래프는 원점에 대해서 대칭이고, $y = \cosh x$의 그래프는 y축에 대해서 대칭이다. 그리고 tanh는 기함수이고, sech는 우함수이다. 이들의 그래프는 그림 3과 같다.

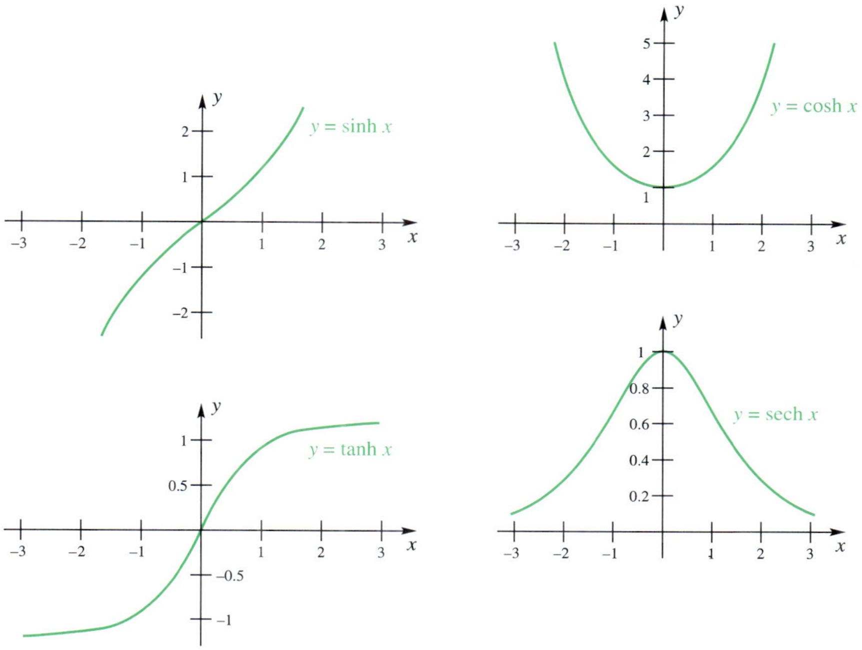

그림 3

쌍곡선함수의 도함수 $D_x \sinh x$와 $D_x \cosh x$는 정의로부터 바로 구할 수 있다.

$$D_x \sinh x = D_x\left(\frac{e^x - e^{-x}}{2}\right) = \frac{e^x + e^{-x}}{2} = \cosh x$$

그리고

$$D_x \cosh x = D_x\left(\frac{e^x + e^{-x}}{2}\right) = \frac{e^x - e^{-x}}{2} = \sinh x$$

이 사실들은 그림 3의 그래프의 모양을 결정함을 주목하기 바란다. 예를 들어 $D_x(\sinh x) = \cosh x > 0$이므로, 쌍곡사인의 그래프는 항상 증가한다. 그리고 $D_x^2(\cosh x) = \cosh x > 0$이므로, 쌍곡코사인의 그래프는 위로 오목하다.

다른 네 개의 쌍곡함수의 도함수는 처음 둘의 도함수와 몫의 미분공식을 이용하여 구할 수 있다. 그 결과를 요약한 것이 정리 A이다.

정리 A 쌍곡함수의 도함수

$D_x \sinh x = \cosh x$ $\qquad$ $D_x \cosh x = \sinh x$

$D_x \tanh x = \operatorname{sech}^2 x$ $\qquad$ $D_x \coth x = -\operatorname{csch}^2 x$

$D_x \operatorname{sech} x = -\operatorname{sech} x \tanh x$

$D_x \operatorname{csch} x = -\operatorname{csch} x \coth x$

삼각함수와 쌍곡선함수가 서로 연관된 또 다른 사항은, 미분방정식에 대해서이다. 함수 $\sin x$와 $\cos x$는 2계 미분방정식 $y''=-y$의 해이고, 함수 $\sinh x$와 $\cosh x$는 미분방정식 $y''=y$의 해이다.

예제 1 $D_x \tanh(\sin x)$를 구하여라.

풀이

$$D_x \tanh(\sin x)=\operatorname{sech}^2(\sin x)D_x(\sin x)$$
$$=\cos x\cdot\operatorname{sech}^2(\sin x)$$

■

예제 2 $D_x \cosh^2(3x-1)$을 구하여라.

풀이 연쇄법칙을 두 번 적용한다.

$$D_x\cosh^2(3x-1)=2\cosh(3x-1)D_x\cosh(3x-1)$$
$$=2\cosh(3x-1)\sinh(3x-1)D_x(3x-1)$$
$$=6\cosh(3x-1)\sinh(3x-1)$$

■

예제 3 $\int \tanh x\,dx$를 구하여라.

풀이 $u=\cosh x$로 놓으면 $du=\sinh x\,dx$.

$$\int \tanh x\,dx=\int\frac{\sinh x}{\cosh x}dx=\int\frac{1}{u}du$$
$$=\ln|u|+C=\ln|\cosh x|+C=\ln(\cosh x)+C$$

절대값 기호를 없애도 되는 까닭은, $\cosh x>0$이기 때문이다. ■

쌍곡선함수의 역함수 쌍곡사인과 쌍곡탄젠트는 도함수가 양수이므로, 증가함수이며, 자동적으로 역함수를 가진다. 쌍곡코사인과 쌍곡시컨트의 역함수를 얻으려면, 정의역을 $x\geq 0$으로 제한해야 한다. 그래서

$$x=\sinh^{-1}y \Leftrightarrow y=\sinh x$$
$$x=\cosh^{-1}y \Leftrightarrow y=\cosh x \quad \text{그리고} \quad x\geq 0$$
$$x=\tanh^{-1}y \Leftrightarrow y=\tanh x$$
$$x=\operatorname{sech}^{-1}y \Leftrightarrow y=\operatorname{sech} x \quad \text{그리고} \quad x\geq 0$$

쌍곡선함수들은 e^x와 e^{-x}를 이용하여 정의되므로, 그 역함수들을 자연로그를 이용하여 나타낼 수 있다. 예를 들어 $x\geq 0$에 대해 $y=\cosh x$의 역함수를 구하여 본다. 이제, 방정식

$$y=\frac{e^x+e^{-x}}{2}, \quad x\geq 0$$

을 x에 관하여 풀기 위하여 양변에 $2e^x$를 곱하면 $2ye^x=e^{2x}+1$. 즉,

$$(e^x)^2 - 2ye^x + 1 = 0, \quad x \geq 0$$

이것은 e^x의 이차방정식이며, 이것을 풀면,

$$e^x = \frac{2y + \sqrt{(2y)^2 - 4}}{2} = y + \sqrt{y^2 - 1}$$

이차방정식의 근의 공식은 두 개의 해답을 제시해 준다. 하나는 위에 적어 놓은 것이고, 다른 하나는 $(2y - \sqrt{(2y)^2 - 4})/2$. 그런데 후자는 무의미하므로 버려야 한다. 왜냐하면 후자는 1보다 더 작은데, 모든 $x > 0$에 대해서 e^x는 1보다 더 크기 때문이다. 그러므로 $x = \ln(y + \sqrt{y^2 - 1})$. 즉,

$$x = \cosh^{-1} y = \ln(y + \sqrt{y^2 - 1})$$
$$y = \cosh^{-1} x = \ln(x + \sqrt{x^2 - 1})$$

다른 역함수도 이러한 방법으로 구할 수 있다. 그 결과는 다음과 같다. 그림 3을 보면, 정의역을 어떻게 제한해야 할지 알 수 있다. 역쌍곡선함수들의 그래프는 그림 4와 같다.

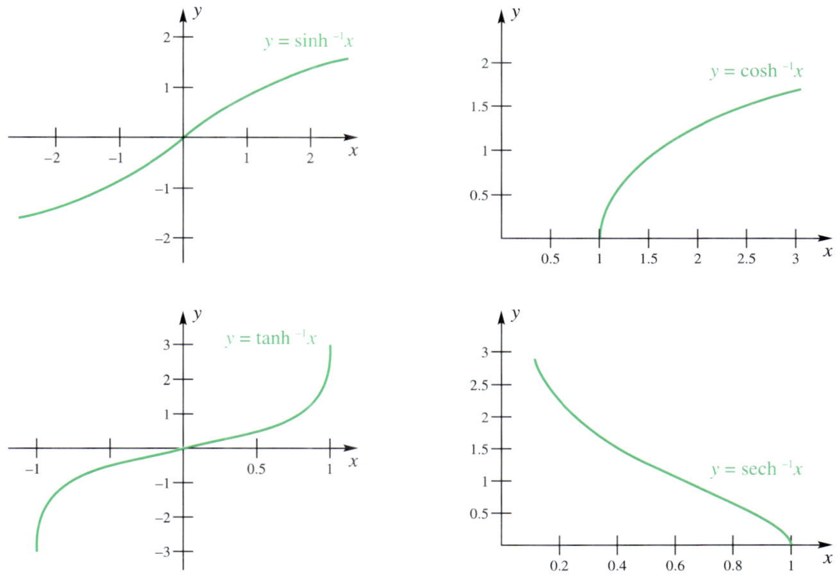

그림 4

$$\sinh^{-1} x = \ln(x + \sqrt{x^2 + 1})$$
$$\cosh^{-1} x = \ln(x + \sqrt{x^2 - 1}), \quad x \geq 1$$
$$\tanh^{-1} x = \frac{1}{2} \ln \frac{1 + x}{1 - x}, \quad -1 < x < 1$$
$$\operatorname{sech}^{-1} x = \ln\left(\frac{1 + \sqrt{1 - x^2}}{x}\right), \quad 0 < x \leq 1$$

이 함수들은 모두 미분할 수 있다. 그 도함수는 다음과 같다.

$$D_x \sinh^{-1} x = \frac{1}{\sqrt{x^2 + 1}}$$

$$D_x \cosh^{-1} x = \frac{1}{\sqrt{x^2-1}}, \quad x \geq 1$$

$$D_x \tanh^{-1} x = \frac{1}{1-x^2}, \quad -1 < x < 1$$

$$D_x \operatorname{sech}^{-1} x = \frac{-1}{x\sqrt{1-x^2}}, \quad 0 < x \leq 1$$

거꾸로 된 현수선

예제 4 $D_x \sinh^{-1} x = 1/\sqrt{x^2+1}$임을 두 가지 방법으로 보여라.

풀이

방법 1 $y = \sinh^{-1} x$로 놓으면

$$x = \sinh y$$

이제 양변을 x에 대해서 미분한다.

$$1 = (\cosh y) D_x y$$

따라서

$$D_x y = D_x(\sinh^{-1} x) = \frac{1}{\cosh y} = \frac{1}{\sqrt{1+\sinh^2 y}} = \frac{1}{\sqrt{1+x^2}}$$

방법 2 $\sinh^{-1} x$를 로그를 사용하여 표현해 놓은 것을 이용하자.

$$\begin{aligned} D_x(\sinh^{-1} x) &= D_x \ln\left(x + \sqrt{x^2+1}\right) \\ &= \frac{1}{x+\sqrt{x^2+1}} D_x\left(x+\sqrt{x^2+1}\right) \\ &= \frac{1}{x+\sqrt{x^2+1}}\left(1+\frac{x}{\sqrt{x^2+1}}\right) \\ &= \frac{1}{\sqrt{x^2+1}} \end{aligned}$$

■

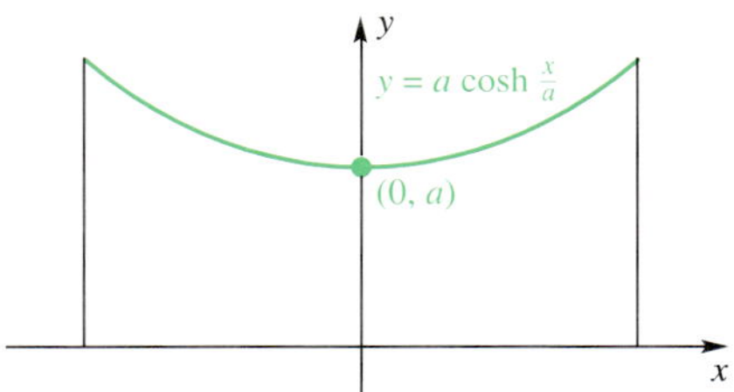

그림 5

응용: 현수선 고르게 잘 휘어지는 줄 또는 체인을, 같은 높이의 고정된 두 점들에 묶어서 늘어뜨려 놓으면, 현수선(catenary)이라 부르는 곡선을 그리게 된다(그림 5). 뿐만 아니라(연습문제 53 참조), 좌표 체계에다 현수선을 놓아서, 그 방정식이 다음 형태가 되도록 할 수 있다.

$$y = a \cosh \frac{x}{a}$$

예제 5 현수선 $y = a\cosh(x/a)$의 $x = -a$에서 $x = a$ 사이의 길이를 구하여라.

풀이 구하고자 하는 길이는 다음과 같다(5.4절 참조)

$$\begin{aligned} \int_{-a}^{a} \sqrt{1+\left(\frac{dy}{dx}\right)^2}\, dx &= \int_{-a}^{a} \sqrt{1+\sinh^2\left(\frac{x}{a}\right)}\, dx \\ &= \int_{-a}^{a} \sqrt{\cosh^2\left(\frac{x}{a}\right)}\, dx \end{aligned}$$

$$=2\int_0^a \cosh\left(\frac{x}{a}\right)dx$$
$$=2\int_0^a \cosh\left(\frac{x}{a}\right)\left(\frac{1}{a}dx\right)$$
$$=\left[2a\sinh\frac{x}{a}\right]_0^a$$
$$\approx 2a\sinh 1$$
$$\approx 2.35a$$

개념 복습

1. sinh과 cosh은 $\sinh x=$ ______ 그리고 $\cosh x=$ ______ 로 정의한다.
2. 쌍곡삼각법에서, $\sin^2 x+\cos^2 x=1$에 대응하는 공식은 ______이다.
3. 문제 2의 공식에 따라서, 매개변수 방정식 $x=\cosh t$, $y=\sinh t$의 그래프는 ______이다.
4. $y=a\cosh(x/a)$의 그래프는 ______이라 부르는 곡선이다. 이 곡선은 ______의 모델로서 중요하다.

연습문제 6.9

문제 1~12에서 주어진 방정식이 항등식임을 보여라.

1. $e^x=\cosh x+\sinh x$
2. $e^{2x}=\cosh 2x+\sinh 2x$
3. $e^{-x}=\cosh x-\sinh x$
4. $e^{-2x}=\cosh 2x-\sinh 2x$
5. $\sinh(x+y)=\sinh x\cosh y+\cosh x\sinh y$
6. $\sinh(x-y)=\sinh x\cosh y-\cosh x\sinh y$
7. $\cosh(x+y)=\cosh x\cosh y+\sinh x\sinh y$
8. $\cosh(x-y)=\cosh x\cosh y-\sinh x\sinh y$
9. $\tanh(x+y)=\dfrac{\tanh x+\tanh y}{1+\tanh x\tanh y}$
10. $\tanh(x-y)=\dfrac{\tanh x-\tanh y}{1-\tanh x\tanh y}$
11. $\sinh 2x=2\sinh x\cosh x$
12. $\cosh 2x=\cosh^2 x+\sinh^2 x$

문제 13~36에서 $D_x y$를 구하여라.

13. $y=\sinh^2 x$
14. $y=\cosh^2 x$
15. $y=5\sinh^2 x$
16. $y=\cosh^3 x$
17. $y=\cosh(3x+1)$
18. $y=\sinh(x^2+x)$
19. $y=\ln(\sinh x)$
20. $y=\ln(\coth x)$
21. $y=x^2\cosh x$
22. $y=x^{-2}\sinh x$
23. $y=\cosh 3x\sinh x$
24. $y=\sinh x\cosh 4x$
25. $y=\tanh x\sinh 2x$
26. $y=\coth 4x\sinh x$
27. $y=\sinh^{-1}(x^2)$
28. $y=\cosh^{-1}(x^3)$
29. $y=\tanh^{-1}(2x-3)$
30. $y=\coth^{-1}(x^5)$
31. $y=x\cosh^{-1}(3x)$
32. $y=x^2\sinh^{-1}(x^5)$
33. $y=\ln(\cosh^{-1}x)$
34. $y=\cosh^{-1}(\cos x)$
35. $y=\tanh(\cot x)$
36. $y=\coth^{-1}(\tanh x)$
37. $y=\cosh 2x$, $y=0$, $x=0$, $x=\ln 3$으로 둘러싸인 영역의 넓이를 구하여라.

문제 38~45에서 다음 적분을 구하여라.

38. $\int \sinh(3x+2)dx$
39. $\int x\cosh(\pi x^2+5)dx$
40. $\int \frac{\cosh\sqrt{z}}{\sqrt{z}}dz$
41. $\int \frac{\sinh(2z^{1/4})}{\sqrt[4]{z^3}}dz$
42. $\int e^x\sinh e^x\,dx$
43. $\int \cos x\sinh(\sin x)dx$
44. $\int \tanh x\ln(\cosh x)dx$
45. $\int x\coth x^2\ln(\sinh x^2)dx$
46. $y=\cosh 2x$, $y=0$, $x=-\ln 5$, $x=\ln 5$로 둘러싸인 영역의 넓이를 구하여라.
47. $y=\sinh x$, $y=0$, $x=\ln 2$로 둘러싸인 영역의 넓이를 구하

여라.

48. $y=\tanh x,\ y=0,\ x=-8,\ x=8$로 둘러싸인 영역의 넓이를 구하여라.

49. $y=\cosh x,\ y=0,\ x=0,\ x=1$로 둘러싸인 영역을 x축에 대해 회전시켰다. 그 결과로 생기는 입체의 부피를 구하여라. 도움말: $\cosh^2 x=(1+\cosh 2x)/2$.

50. $y=\sinh x,\ y=0,\ x=0,\ x=\ln 10$으로 둘러싸인 영역을 x축에 대해 회전시켰다. 그 결과로 생기는 입체의 부피를 구하여라.

51. 곡선 $y=\cosh x$를 $(0\le x\le 1)$ x축에 대해 회전시켰다. 그 결과로 생기는 곡면의 넓이를 구하여라.

52. 곡선 $y=\sinh x$를 $(0\le x\le 1)$ x축에 대해 회전시켰다. 그 결과로 생기는 곡면의 넓이를 구하여라.

53. 매달려 있는 줄(현수선)의 방정식을 유도해 내기 위해서, 줄의 가장 아래 지점 A에서 임의의 점 $P(x,\ y)$까지의 부분 AP를 생각하고(그림 6 참조), 줄의 다른 부분은 없앴다고 상상한다.

줄에 작용하는 힘들은 다음과 같다.

1. $H=A$에서 당기는 수평 장력
2. $T=P$에서 당기는 접선 장력
3. $W=27s=$밀도가 피트당 27 파운드인 줄 s피트의 무게

평형이 되려면, T의 수평성분, 수직성분이 각각 H, W와 균형을 이루어야 한다. 즉, $T\cos\phi=H$ 그리고 $T\sin\phi=W=\delta s$. 그러므로

$$\frac{T\sin\phi}{T\cos\phi}=\tan\phi=\frac{\delta s}{H}$$

그런데 $\tan\phi=dy/dx$이므로, 다음을 얻는다.

$$\frac{dy}{dx}=\frac{\delta s}{H}$$

따라서

$$\frac{d^2y}{dx^2}=\frac{\delta}{H}\frac{ds}{dx}=\frac{\delta}{H}\sqrt{1+\left(\frac{dy}{dx}\right)^2}$$

이제 $y=a\cosh(x/a)+C$가 이 미분방정식을 만족함을 보여라. 여기서 $a=H/\delta$.

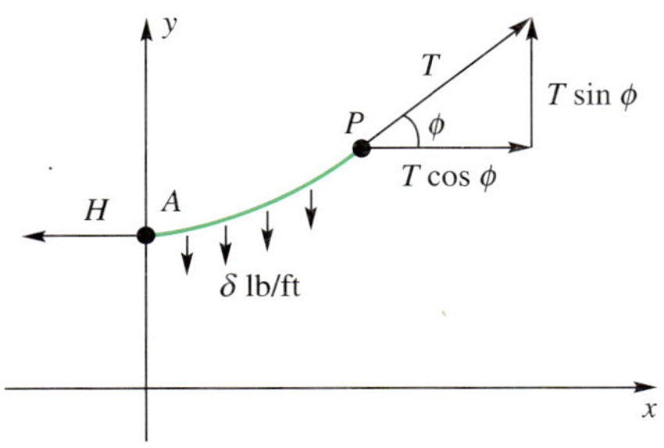

그림 6

C **54.** $y=b-a\cosh(x/a)$의 그래프를 역현수선이라고 하는데, 이것을 x축에 발을 딛고 서 있는 호라고 상상하자. x축을 따라서 이 호의 폭이 $2a$일 때, 다음이 성립함을 보여라.

(a) $b=a\cosh 1\approx 1.54308a$

(b) 이 호의 높이는 약 $0.54308a$.

(c) 폭이 48인 호의 높이는 약 13.

C **55.** 어떤 농부가 커다란 건초 창고를 만들었는데, 길이가 100피트, 폭이 48피트이다. 그 단면은 역현수선 모양이며(문제 54 참조), 방정식 $y=37-24\cosh(x/24)$로 주어진다.

(a) 건초 창고를 그림으로 그려라.

(b) 창고의 부피를 구하여라.

(c) 창고 지붕의 넓이(표면적)를 구하여라.

56. 이 절 그림 2에 나오는 넓이를 A라 하면, $A=t/2$임을 보여라. 도움말: 이 책 뒷표지 속의 공식 44를 적당한 단계에서 사용해야 한다.

57. 임의의 실수 r에 대해서, 다음을 증명하여라.

(a) $(\sinh x+\cosh x)^r=\sinh rx+\cosh rx$

(b) $(\cosh x-\sinh x)^r=\cosh rx-\sinh rx$

(c) $(\cos x+i\sin x)^r=\cos rx+i\sin rx$

(d) $(\cos x-i\sin x)^r=\cos rx-i\sin rx$

58. t의 **거더마니안**(gudermannian)은 다음과 같이 정의한다.

$$gd(t)=\tan^{-1}(\sinh t)$$

다음이 성립함을 보여라.

(a) gd는 기함수, 증가함수이며, 원점이 변곡점이다.

(b) $\mathrm{gd}(t)=\sin^{-1}(\tanh t)=\int_0^t \operatorname{sech} u\,du$

59. $y=\cosh t$의 $(0\le t\le x)$ 곡선 아래의 넓이는 그 호의 길이와 수치상으로 같음을 브여라.

60. 미주리주 세인트루이스시의 게이트웨이 아치(Gateway Arch)는 역현수선이다. x축에 발을 딛고 서 있다고 하고, y축에 대해서 대칭이며, 밑에서의 폭은 630피트, 가운데에서의 높이는 630피트라 할 때, 그 방정식을 구하여라.

GC **61.** $y=\sinh x,\ y=\ln(x+\sqrt{x^2+1})$, 그리고 $y=x$의 그래프를 같은 좌표축에 그려라. 축척은 $-3\le x\le 3$ 그리고 $-3\le y\le 3$을 사용하여라. 이것을 보고 무엇을 알 수 있는가?

CAS **62.** 문제 58에서 $\mathrm{gd}^{-1}(x)$의 공식을 유도해 내어라. 그

그래프와 gd(x)의 그래프를 같은 좌표축에 그려라. 그래서 역함수의 공식이 옳음을 확인해 보아라.

개념 복습 해답: **1.** $(e^x - e^{-x})/2$; $(e^x + e^{-x})/2$
2. $\cosh^2 x - \sinh^2 x = 1$ **3.** 쌍곡선 $x^2 - y^2 = 1$
4. 현수선, 매달려 있는 줄

6.10 장 복습

개념 시험

다음 명제가 참인지, 거짓인지 답하고 그 이유를 말하여라.

1. $\ln|x|$는 모든 실수 x에 대해서 정의된다.

2. $y = \ln x$의 그래프는 변곡점을 가지지 않는다.

3. $\int_1^{e^3} \frac{1}{t} dt = 3$

4. 함수 $y = f(x)$가 역함수를 가지면, 그 그래프는 모든 수평직선과 꼭 한 점에서 만난다.

5. $\ln^{-1}$의 정의역은 모든 실수의 집합이다.

6. $\ln x / \ln y = \ln x - \ln y$

7. $(\ln x)^4 = 4 \ln x$

8. 모든 실수 x에 대해서, $\ln(2e^{x+1}) - \ln(2e^x) = 1$.

9. 함수 $f(x) = 4 + e^x$와 $g(x) = \ln(x-4)$는 서로 역함수이다.

10. $\exp x + \exp y = \exp(x + y)$

11. $x > y$이면, $\ln x > \ln y$.

12. $a \ln x < b \ln x$이면, $a < b$.

13. $a < b$이면, $ae^x < be^x$.

14. $a < b$이면, $e^a < e^b$.

15. $\lim_{x \to 0^+} (\ln \sin x - \ln x) = 0$

16. $\pi^{\sqrt{2}} = e^{\sqrt{2} \ln \pi}$

17. $\frac{d}{dx}(\ln \pi) = \frac{1}{\pi}$

18. $\int \frac{1}{x} dx = \ln 3|x| + C$

19. $D_x(x^e) = ex^{e-1}$

20. $x = x_0$에 대해서 $f(x) \cdot \exp[g(x)] = 0$이면, $f(x_0) = 0$.

21. $D_x(x^x) = x^x \ln x$

22. $y = \tan x + \sec x$는 미분방정식 $2y' - y^2 = 1$의 해이다.

23. $y' + \frac{4}{x} y = e^x$의 적분인자는 x^4이다.

24. 점 (2, 1)을 지나는 미분방정식 $y' = 2y$의 해는 그 점에서 기울기가 2이다.

25. 오일러 방법은 초기조건 $y(0) = 1$을 갖는 미분방정식 $y' = 2y$의 해를 항상 과대평가한다.

26. 모든 실수 x에 대해서, $\sin(\arcsin x) = x$.

27. 모든 실수 x에 대해서, $\arcsin(\sin x) = x$.

28. $a < b$이면, $\sinh a < \sinh b$.

29. $a < b$이면, $\cosh a < \cosh b$.

30. $\cosh x \le e^{|x|}$

31. $|\sinh x| \le e^{|x|}/2$

32. $\tan^{-1} x = \sin^{-1} x / \cos^{-1} x$

33. $\cosh(\ln 3) = \frac{5}{6}$

34. $\lim_{x \to 0} \ln\left(\frac{\sin x}{x}\right) = 1$

35. $\lim_{x \to -\infty} \tan^{-1} x = -\frac{\pi}{2}$

36. $\sin^{-1}(\cosh x)$는 모든 실수 x에 대해서 정의된다.

37. $f(x) = \tanh x$는 기함수이다.

38. 함수 $y = \sinh x$와 $y = \cosh x$는 둘 다 미분방정식 $y'' + y = 0$을 만족한다.

39. $\ln(3^{100}) > 100$

40. 모든 실수 x에 대해서, $\ln(2x^2 - 18) - \ln(x-3) - \ln(x+3) = \ln 2$.

41. y가 기하급수적으로 증가하고, $t = 0$과 $t = t_1$ 사이에서 y가 3배가 되면, y는 $t = 2t_1$과 $t = 3t_1$ 사이에서도 3배가 된다.

42. $x(t) = Ce^{-kt}$의 값이 절반으로 떨어지기까지 걸리는 시간은 $\frac{\ln 2}{\ln k}$.

43. $y'(t) = ky(t)$이고 $z'(t) = kz(t)$이면, $(y(t) + z(t))' = k(y(t) + z(t))$.

44. $y_1(t)$와 $y_2(t)$가 둘 다 $y'(t) = ky(t) + C$를 만족하면, $(y_1(t) + y_2(t))$도 이것을 만족한다.

45. $\lim_{h \to 0} (1 - h)^{-1/h} = e^{-1}$

46. 연이율 6%로 매달 복리로 이자를 쳐 주는 것에 비해서, 연이율 5%로 연속복리로 이자를 쳐 주는 편이 예금자에게 더 이득이 된다.

47. $a>0$에 대해서 $D_x(a^x)=a^x$이면, $a=e$이다.

시험 보기 문제

문제 1~24에서 함수를 미분하여라.

1. $\ln \frac{x^4}{2}$ **2.** $\sin^2(x^3)$

3. e^{x^2-4x} **4.** $\log_{10}(x^5-1)$

5. $\tan(\ln e^x)$ **6.** $e^{\ln \cot x}$

7. $2\tanh\sqrt{x}$ **8.** $\tanh^{-1}(\sin x)$

9. $\sinh^{-1}(\tan x)$ **10.** $2\sin^{-1}\sqrt{3x}$

11. $\sec^{-1}e^x$ **12.** $\ln \sin^2\left(\frac{x}{2}\right)$

13. $3\ln(e^{5x}+1)$ **14.** $\ln(2x^3-4x+5)$

15. $\cos e^{\sqrt{x}}$ **16.** $\ln(\tanh x)$

17. $2\cos^{-1}\sqrt{x}$ **18.** $4^{3x}+(3x)^4$

19. $2\csc e^{\ln\sqrt{x}}$ **20.** $(\log_{10}2x)^{2/3}$

21. $4\tan 5x \sec 5x$ **22.** $x\tan^{-1}\frac{x^2}{2}$

23. x^{1+x} **24.** $(1+x^2)^e$

문제 25~34에서 함수의 역도함수(부정적분)를 구하고, 답이 옳음을 미분을 해서 확인해 보아라.

25. e^{3x-1} **26.** $6\cot 3x$

27. $e^x\sin e^x$ **28.** $\frac{6x+3}{x^2+x-5}$

29. $\frac{e^{x+2}}{e^{x+3}+1}$ **30.** $4x\cos x^2$

31. $\frac{4}{\sqrt{1-4x^2}}$ **32.** $\frac{\cos x}{1+\sin^2 x}$

33. $\frac{-1}{x+x(\ln x)^2}$ **34.** $\operatorname{sech}^2(x-3)$

문제 35, 36에서 f가 증가하는 구간, 감소하는 구간을 찾아라. f의 그래프가 위로 오목한 곳과 아래로 오목한 곳을 찾아라. 최대값, 최소값과 변곡점을 찾아라. 그 다음에 f의 그래프를 그려라.

35. $f(x)=\sin x+\cos x,\ \frac{-\pi}{2}\le x\le\frac{\pi}{2}$

36. $f(x)=\frac{x^2}{e^x},\ -\infty<x<\infty$

37. $f(x)=x^5+2x^3+4x,\ -\infty<x<\infty$라 하자.

(a) f는 역함수 $g=f^{-1}$을 가짐을 보여라.

(b) $g(7)=f^{-1}(7)$을 계산하여라.

(c) $g'(7)$을 계산하여라.

38. 어떤 방사성 물질의 반감기가 10년이다. 100그램이 붕괴하여 1그램이 되기까지 걸리는 시간은?

C **39.** 구간 [1, 2] 위에서 초기조건 $y(1)=2$를 갖는 미분방정식 $y'=xy$의 해의 근사값을 구하기 위해 $h=0.2$를 가지고 오일러 방법을 사용하여라.

40. 비행기가 고도 500피트를 유지하며 수평으로 날고 있는데, 속력은 초속 300피트이며, 땅에 있는 탐조등 바로 위를 지나서 멀어진다. 탐조등은 계속 비행기를 향하고 있다. 탐조등 광선과 지면이 만드는 각은, 이 각이 30°인 순간, 어떤 비율로 변화하고 있는가?

41. $y=(\cos x)^{\sin x}$의 (0, 1)에서의 접선의 방정식을 구하여라.

42. 어느 작은 도시의 인구가 1990년에 10,000명에서 2000년에 14,000명으로, 기하급수적으로 증가하였다. 계속 이런 식으로 증가한다고 하면, 2010년에는 인구가 얼마가 되겠는가?

문제 43~47에서 다음 미분방정식을 풀어라.

43. $\frac{dy}{dx}+\frac{y}{x}=0$ **44.** $\frac{dy}{dx}-\frac{x^2-2y}{x}=0$

45. $\frac{dy}{dx}+2x(y-1)=0,\ x=0$일 때 $y=3$

46. $\frac{dy}{dx}-ay=e^{ax}$ **47.** $\frac{dy}{dx}-2y=e^x$

48. 환자의 핏속으로, 분당 3그램의 비율로 포도당을 주사해 넣고 있다. 그런데 환자의 몸은 현재의 양에 비례하여(비례 상수는 0.02) 핏속에서 포도당을 변환하여 없애고 있다. 시간 t일 때 포도당의 양을 $Q(t)$라 하고, $Q(0)=120$이라 하자.

(a) Q에 대한 미분방정식을 구하라.

(b) 이 미분방정식을 풀어라.

(c) 시간이 오래 흐른 뒤 Q는 어떻게 되는가?

복습과 예비 문제

다음 적분을 구하여라.

1. $\int \sin 2x\, dx$

2. $\int e^{3t} dt$

3. $\int x \sin x^2 dx$

4. $\int x e^{3x^2} dx$

5. $\int \frac{\sin t}{\cos t} dt$

6. $\int \sin^2 x \cos x\, dx$

7. $\int x\sqrt{x^2+2}\, dx$

8. $\int \frac{x}{x^2+1} dx$

문제 9-12에서 함수의 도함수를 구하고 간단히 하여라.

9. $f(x)=x \ln x - x$

10. $f(x)=x \arcsin x+\sqrt{1-x^2}$

11. $f(x)=-x^2 \cos x+2x \sin x+2 \cos x$

12. $f(x)=e^x(\sin x-\cos x)$

13. 배각공식(0.7절)을 이용하여 $\cos 2x$를 포함하는 $\sin^2 x$에 관한 식을 구하여라.

14. 배각공식을 이용하여 $\cos 2x$를 포함하는 $\cos^2 x$에 관한 식을 구하여라.

15. 배각공식을 이용하여 $\cos 2x$를 포함하는 $\cos^4 x$에 관한 식을 구하여라.

16. 삼각함수 공식(0.7절)을 이용하여 $\sin 3x \cos 4x$를 두 개의 삼각함수가 함께 곱해지지 않는 방식으로 sine 함수만 포함하는 항으로써 나타내어라.

17. 삼각함수 공식을 이용하여 $\cos 3x \cos 5x$를 두 개의 삼각함수가 함께 곱해지지 않는 방식으로 cosine 함수만 포함하는 항으로써 나타내어라.

18. 삼각함수 공식을 이용하여 $\sin 2x \sin 3x$를 두 개의 삼각함수가 함께 곱해지지 않는 방식으로 cosine 함수만 포함하는 항으로써 나타내어라.

19. $-\frac{\pi}{2} \le t \le \frac{\pi}{2}$에서 $x=a \sin t$일 때 $\sqrt{a^2-x^2}$을 계산하여라.

20. $-\frac{\pi}{2} < t < \frac{\pi}{2}$에서 $x=a \tan t$일 때 $\sqrt{a^2+x^2}$을 계산하여라.

21. $0 \le t \le \pi$, $t \ne \frac{\pi}{2}$에서 $x=a \sec t$일 때 $\sqrt{x^2-a^2}$을 계산하여라.

22. 방정식 $\int_0^a e^{-x} dx=\frac{1}{2}$에서 a를 구하여라.

문제 23-26에서 공통분모를 구하여 합을 구하고 간단히 하여라.

23. $\frac{1}{1-x}-\frac{1}{x}$

24. $\frac{7/5}{x+2}+\frac{8/5}{x-3}$

25. $-\frac{1}{x}-\frac{1/2}{x+1}+\frac{3/2}{x-3}$

26. $\frac{1}{y}+\frac{1}{2000-y}$

Answers to Odd-Numbered Problems

Problem Set 0.1

1. 16 **3.** -148 **5.** $\frac{58}{91}$ **7.** $\frac{1}{24}$ **9.** $\frac{6}{49}$ **11.** $\frac{7}{15}$
13. $\frac{1}{3}$ **15.** 2 **17.** $3x^2 - x - 4$ **19.** $6x^2 - 15x - 9$
21. $9t^4 - 6t^3 + 7t^2 - 2t + 1$ **23.** $x + 2, x \neq 2$
25. $t - 7, t \neq -3$ **27.** $\dfrac{2(3x + 10)}{x(x + 2)}$
29. (a) 0; **(b)** Undefined; **(c)** 0; **(d)** Undefined; **(e)** 0; **(f)** 1
31. 0.08333... **33.** 0.142857... **35.** 3.6666...
37. $\frac{41}{333}$ **39.** $\frac{254}{99}$ **41.** $\frac{1}{5}$
43. Those rational numbers that can be expressed by a terminating decimal followed by zeros
49. Irrational **51.** 20.39230485 **53.** 0.00028307388
55. 0.000691744752 **59.** 132,700,874 ft
61. 651,441 board ft
63. (a) If I stay home from work today then it rains. If I do not stay home from work, then it does not rain.
(b) If the candidate will be hired then she meets all the qualifications. If the candidate will not be hired then she does not meet all the qualifications.
65. (a) If a triangle is a right triangle, then $a^2 + b^2 = c^2$. If a triangle is not a right triangle, then $a^2 + b^2 \neq c^2$.
(b) If the measure of angle ABC is greater than 0° and less than 90°, it is acute. If the measure of angle ABC is less than 0° or greater than 90°, then it is not acute.
67. (a) The statement, converse, and contrapositive are all true.
(b) The statement, converse, and contrapositive are all true.
69. (a) Some isosceles triangles are not equilateral. The negation is true.
(b) All real numbers are integers. The original statement is true.
(c) Some natural number is larger than its square. The original statement is true.
71. (a) True; **(b)** False; **(c)** False; **(d)** True; **(e)** True
75. (a) $3 \cdot 3 \cdot 3 \cdot 3 \cdot 3$ or 3^5; **(b)** $2 \cdot 2 \cdot 31$ or $2^2 \cdot 31$
(c) $2 \cdot 2 \cdot 3 \cdot 5 \cdot 5 \cdot 17$ or $2^2 \cdot 3 \cdot 5^2 \cdot 17$
81. (a) Rational; **(b)** Rational; **(c)** Rational; **(d)** Irrational

Problem Set 0.2

1. (a) 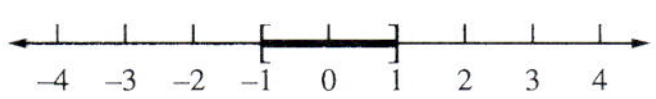

(b) 

(c) 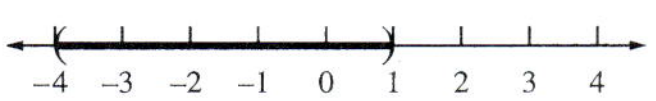

(d) 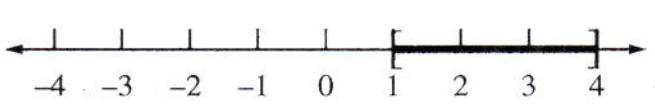

(e) 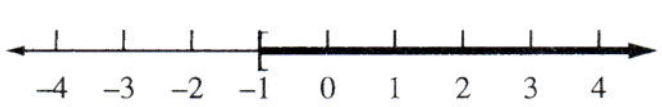

(f) 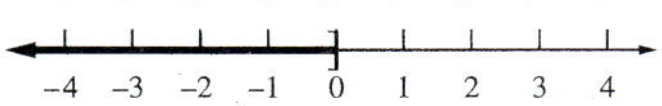

3. $(-2, \infty)$; 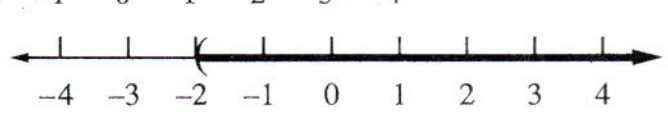

5. $\left[-\frac{5}{2}, \infty\right)$; 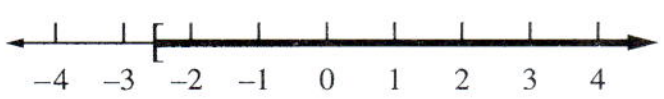

7. $(-2, 1)$; 

9. $\left[-\dfrac{1}{2}, \dfrac{2}{3}\right)$; 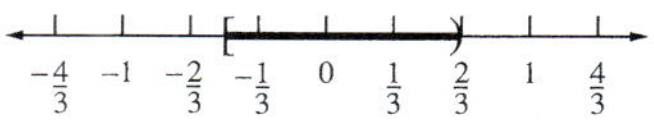

11. $\left(-1 - \sqrt{13}, -1 + \sqrt{13}\right)$; 

13. $(-\infty, -3) \cup \left(\frac{1}{2}, \infty\right)$; 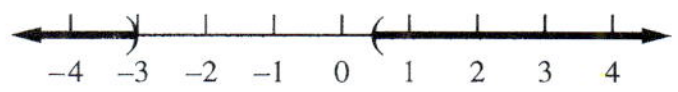

15. $[-4, 3)$; 

17. $(-\infty, 0) \cup \left(\frac{2}{5}, \infty\right)$; 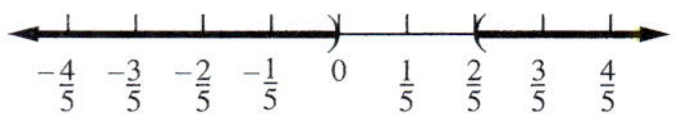

19. $\left(-\infty, \frac{2}{3}\right) \cup \left[\frac{3}{4}, \infty\right)$; 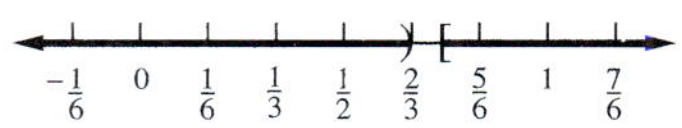

21. $(-2, 1) \cup (3, \infty)$; 

23. $\left(-\infty, \frac{3}{2}\right] \cup [3, \infty)$; 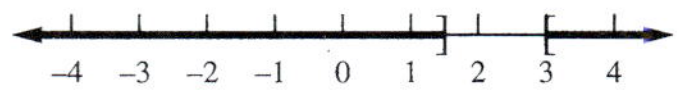

25. $(-\infty, -1) \cup (0, 6)$; 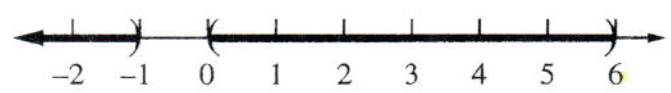

27. (a) False; **(b)** True; **(c)** False
31. (a) $(-2, 1)$; **(b)** $(-2, \infty)$; **(c)** No values
33. (a) $[-3, -1] \cup [2, \infty)$; **(b)** $(-\infty, -2] \cup [2, \infty)$; **(c)** $(-2, -1) \cup (1, 2)$
35. $(-\infty, -3] \cup [7, \infty)$ **37.** $\left[-\dfrac{15}{4}, \dfrac{5}{4}\right]$
39. $(-\infty, -7] \cup [42, \infty)$ **41.** $(-\infty, 1) \cup \left(\dfrac{7}{5}, \infty\right)$
43. $\left(-\dfrac{1}{3}, 0\right) \cup \left(0, \dfrac{1}{9}\right)$ **45.** $(-\infty, -1] \cup [4, \infty)$
47. $(-\infty, -6) \cup \left(\frac{1}{3}, \infty\right)$ **53.** $\frac{\varepsilon}{3}$ **55.** $\frac{\varepsilon}{6}$ **57.** 0.0064 in.
59. $\left(-\infty, \frac{7}{3}\right) \cup (5, \infty)$ **61.** $\left(-\frac{4}{5}, \frac{16}{3}\right)$ **77.** $\dfrac{60}{11} \leq R \leq \dfrac{120}{13}$

Problem Set 0.3

1. 2 **3.** $\sqrt{170}$

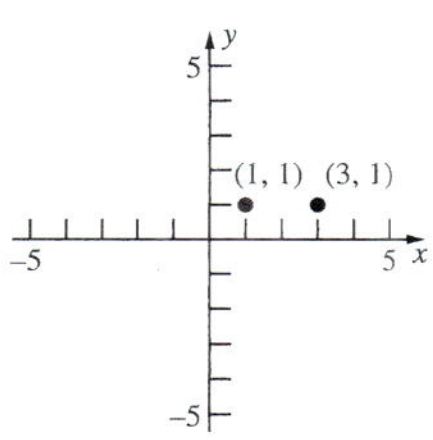

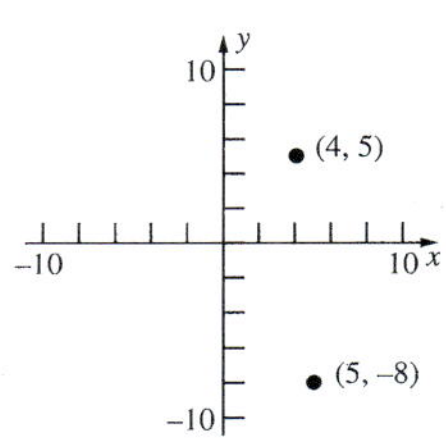

7. $(-1, 3), (-1, -1); (7, 3), (7, -1); (1, 1), (5, 1)$
9. $\dfrac{\sqrt{61}}{2}$ **11.** $(x - 1)^2 + (y - 1)^2 = 1$

13. $(x-2)^2+(y+1)^2=25$ **15.** $(x-2)^2+(y-5)^2=5$
17. Center $=(-1,3)$; radius $=\sqrt{10}$
19. Center $=(6,0)$; radius $=1$
21. Center $=\left(-2,-\frac{3}{4}\right)$; radius $=\dfrac{\sqrt{13}}{4}$
23. 1 **25.** $\frac{9}{7}$ **27.** $-\frac{5}{3}$ **29.** $y=-x+4$; $x+y-4=0$
31. $y=2x+3$; $2x-y+3=0$
33. $y=\frac{5}{2}x-2$; $5x-2y-4=0$
35. Slope $=-\frac{2}{3}$; y-intercept $=\frac{1}{3}$
37. Slope $=-5$; y-intercept $=4$
39. **(a)** $y=2x-9$; **(b)** $y=-\frac{1}{2}x-\frac{3}{2}$; **(c)** $y=-\frac{2}{3}x-1$; **(d)** $y=\frac{3}{2}x-\frac{15}{2}$; **(e)** $y=-\frac{3}{4}x-\frac{3}{4}$; **(f)** $x=3$; **(g)** $y=-3$
41. $y=\frac{3}{2}x+2$ **43.** It lies above the line.
45. $(-1,2)$; $y=\frac{3}{2}x+\frac{7}{2}$ **47.** $(3,1)$; $y=-\frac{4}{3}x+5$
49. Inscribed: $(x-4)^2+(y-1)^2=4$; circumscribed: $(x-4)^2+(y-1)^2=8$
55. $d=2\sqrt{3}+4$ **61.** $18+2\sqrt{17}+4\pi\approx 38.8$
63. $\dfrac{7}{5}$ **65.** $\dfrac{18}{13}$ **67.** $\dfrac{\sqrt{5}}{5}$ **69.** $y=\frac{3}{5}x+\frac{4}{5}$ **71.** $r=1$
73. $x+\sqrt{3}y=12$ and $x-\sqrt{3}y=12$ **77.** 8

Problem Set 0.4

1.

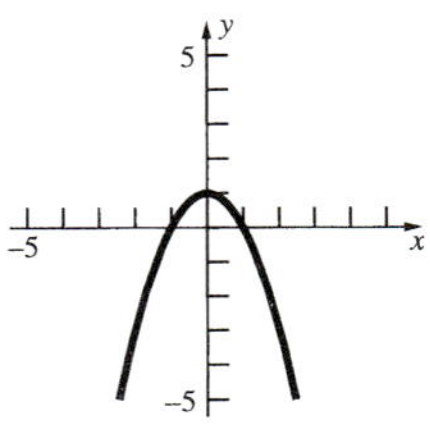

3.

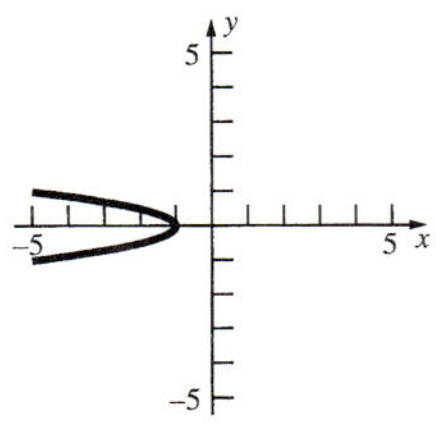

5.

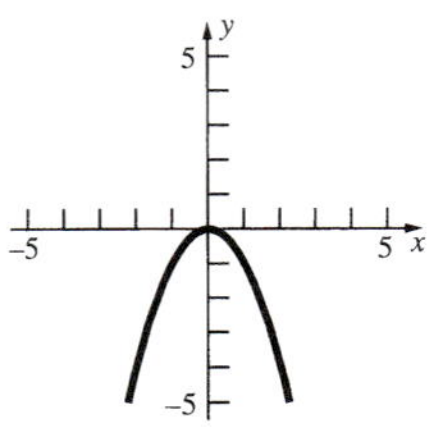

7.

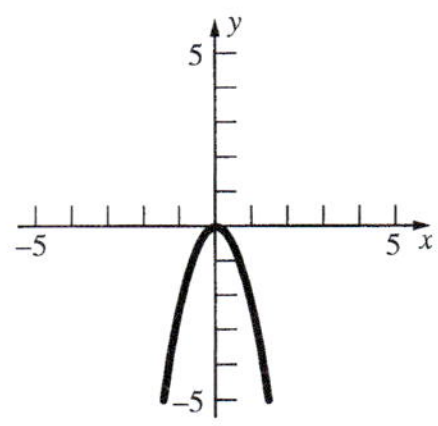

9.

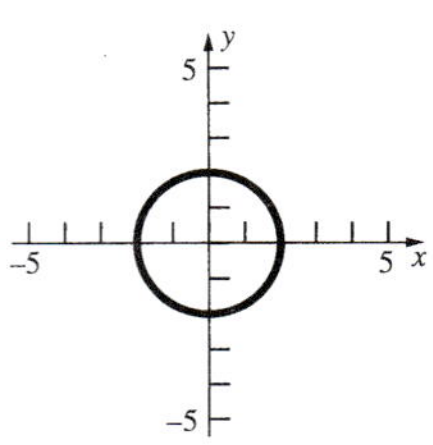

11.

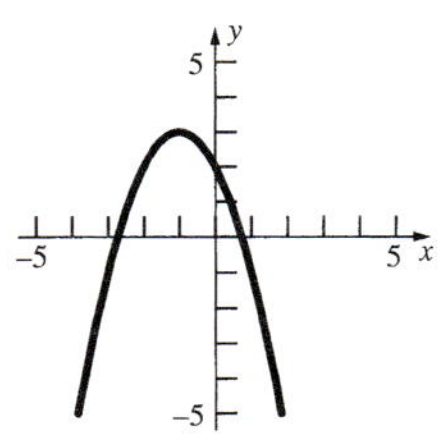

13.

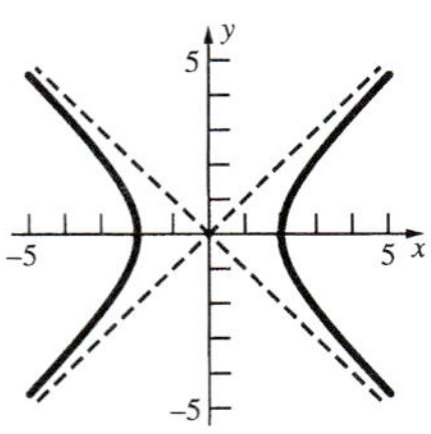

15.

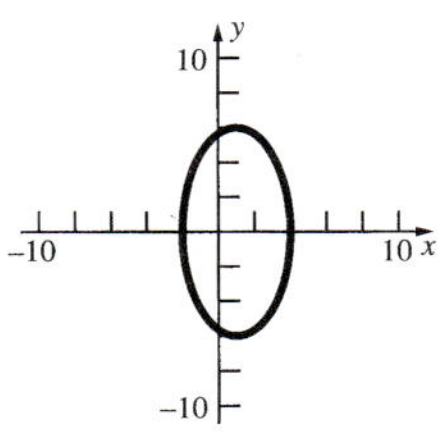

17.

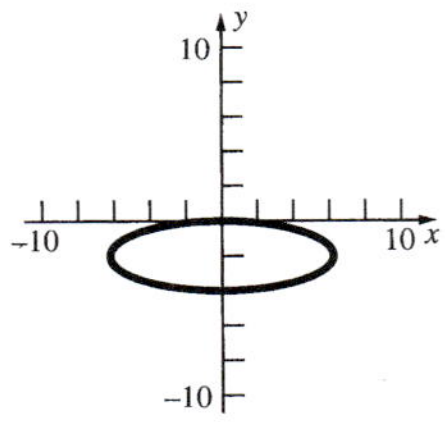

19.

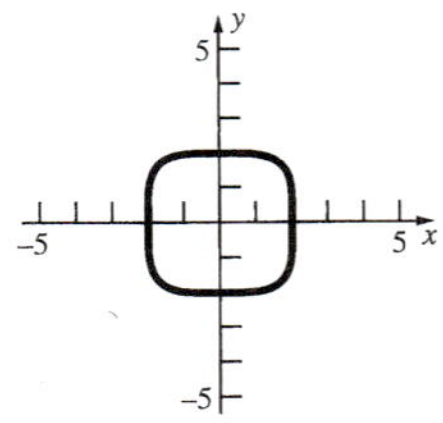

21.

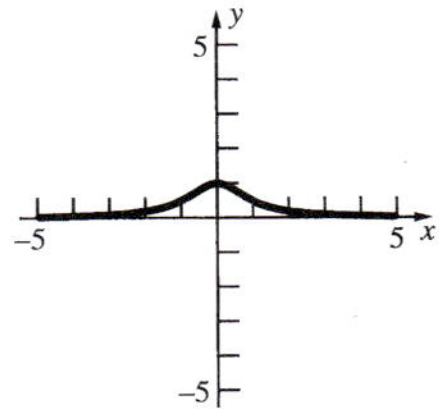

23.

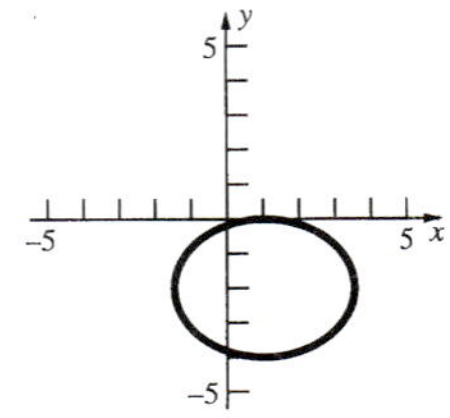

25.

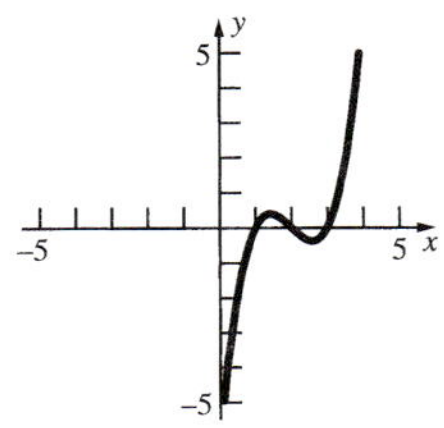

27.

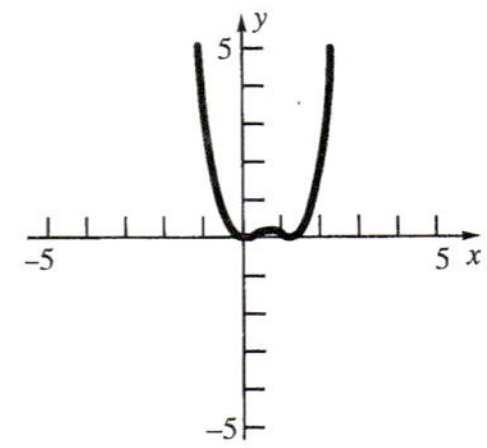

29.

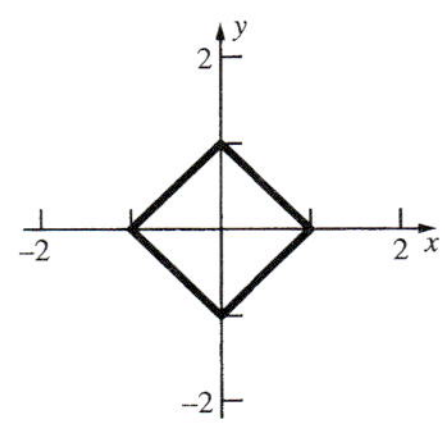

31.

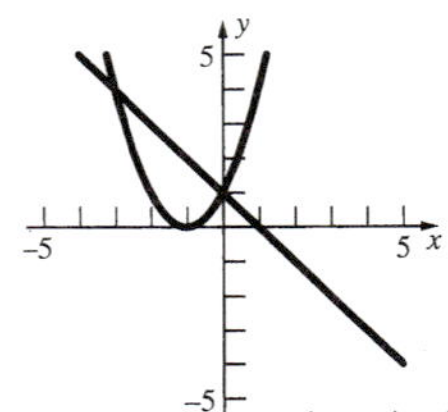

$(0,1)$, $(-3,4)$

33.

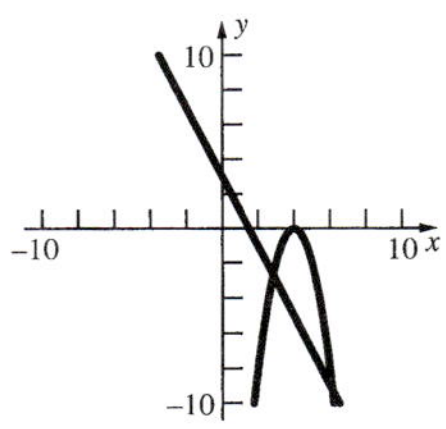

$\left(\frac{9}{2}-\frac{1}{2}\sqrt{11},\,-6+\sqrt{11}\right)$,
$\left(\frac{9}{2}+\frac{1}{2}\sqrt{11},\,-6-\sqrt{11}\right)$

35.

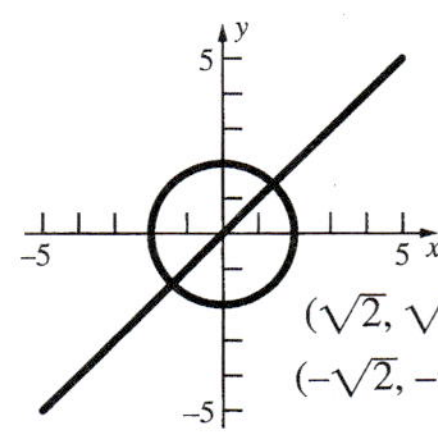

$(\sqrt{2},\sqrt{2})$, $(-\sqrt{2},-\sqrt{2})$

37.

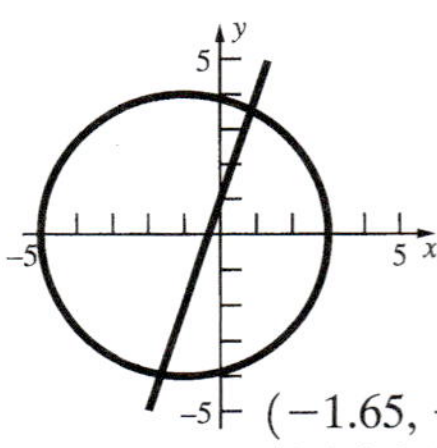

$(-1.65,-3.95)$, $(0.85,3.55)$

39. **(a)** (2) **(b)** (1) **(c)** (3) **(d)** (4)
41. Four distinct distances

Problem Set 0.5

1. **(a)** 0; **(b)** -3; **(c)** 1; **(d)** $1-k^2$; **(e)** -24; **(f)** $\frac{15}{16}$; **(g)** $-2h-h^2$; **(h)** $-2h-h^2$; **(i)** $-4h-h^2$
3. **(a)** -1; **(b)** -1000; **(c)** 100; **(d)** $\dfrac{1}{y^2-1}$; **(e)** $-\dfrac{1}{x+1}$; **(f)** $\dfrac{x^2}{1-x^2}$

5. **(a)** Undefined; **(b)** 2.658; **(c)** 0.841

7. **(a)** Not a function; **(b)** $f(x) = \frac{1-x}{x+1}$; **(c)** $f(x) = \frac{1}{2}(x^2 - 1)$; **(d)** $f(x) = \frac{x}{1-x}$

9. $4a + 2h$ **11.** $-\frac{3}{x^2 - 4x + hx - 2h + 4}$

13. **(a)** $\{z \in \text{reals}: z \geq -\frac{3}{2}\}$; **(b)** $\{v \in \text{reals}: v \neq \frac{1}{4}\}$; **(c)** $\{x \in \text{reals}: |x| \geq 3\}$; **(d)** $\{y \in \text{reals}: |y| \leq 5\}$

15. Even

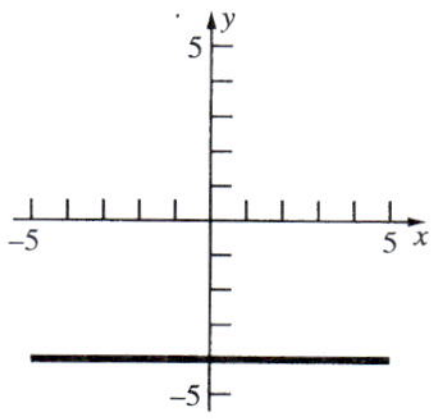

17. Neither

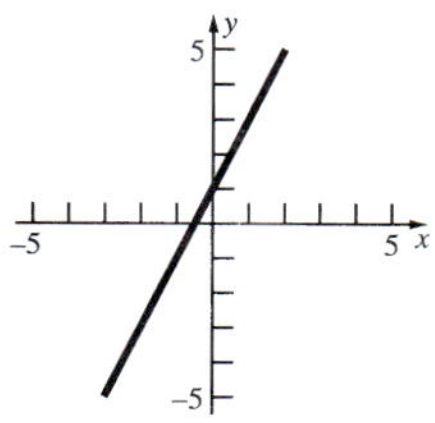

19. Neither

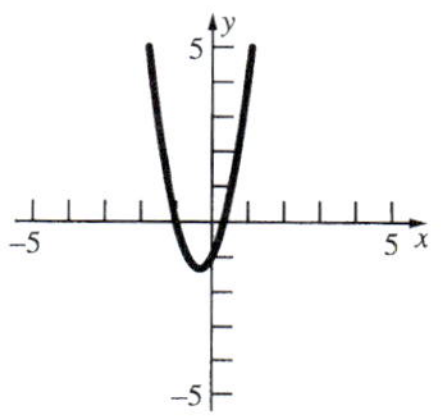

21. Odd

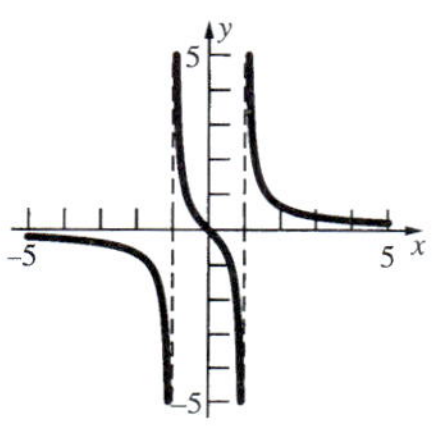

23. Neither

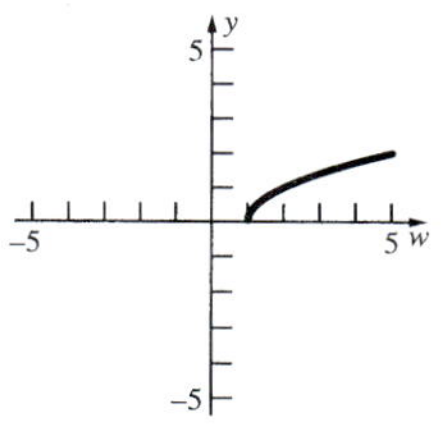

25. Even

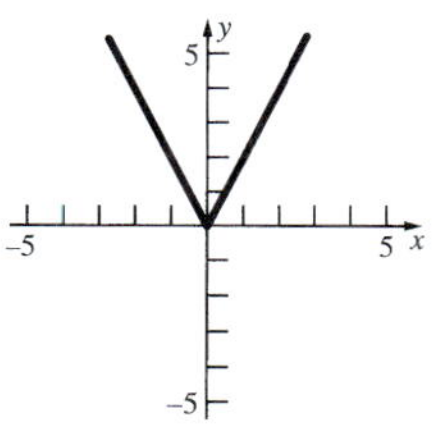

27. Neither

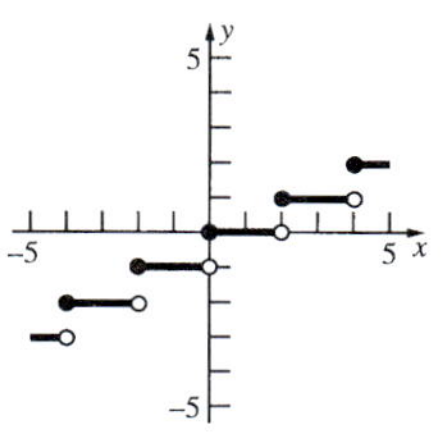

29. Neither

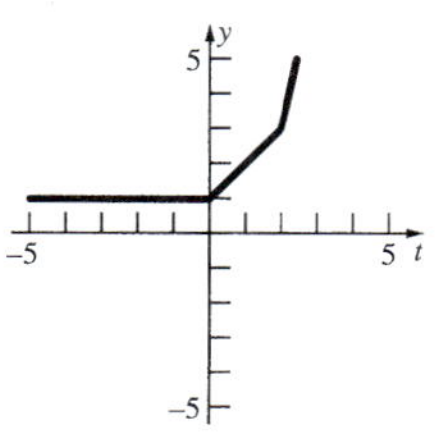

31. $T(x) = 5000 + 805x$, $\{x \in \text{integers}: 0 \leq x \leq 100\}$; $u(x) = \frac{5000}{x} + 805$, $\{x \in \text{integers}: 0 < x \leq 100\}$

33. $E(x) = x - x^2$

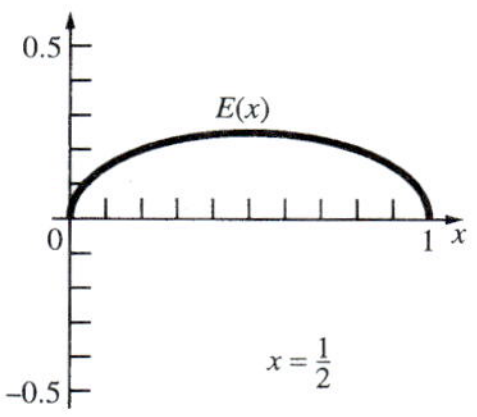

35. $L(x) = \sqrt{h^2 - x^2}$

37. **(a)** $E(x) = 24 + 0.40x$; **(b)** 240 miles

39. $A(d) = \frac{2d - \pi d^2}{4}$, $\left\{d \in \text{reals}: 0 < d < \frac{1}{\pi}\right\}$

41. **(a)** $B(0) = 0$ **(b)** $B(\frac{1}{2}) = \frac{1}{2}B(1) = \frac{1}{2}\cdot\frac{1}{6} = \frac{1}{12}$

(c)

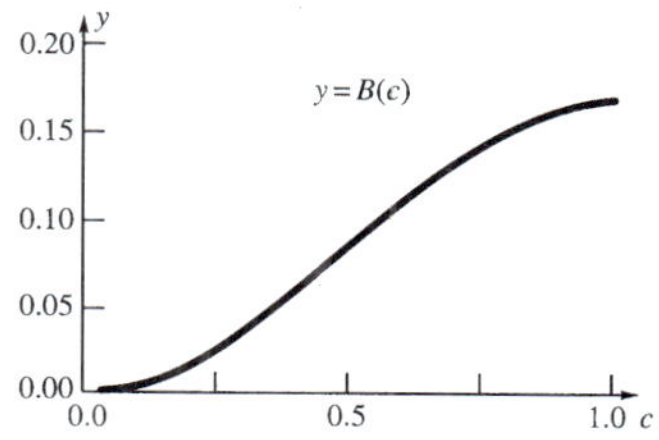

45. **(a)** $f(1.38) \approx 0.2994$, $f(4.12) \approx 3.6852$

(b)

x	$f(x)$
−4	−4.05
−3	−3.1538
−2	−2.375
−1	−1.8
0	−1.25
1	−0.2
2	1.125
3	2.3846
4	3.55

47.

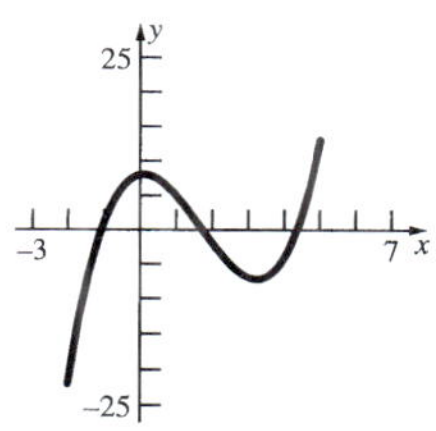

(a) $\{y \in \text{reals}: -22 \leq y \leq 13\}$; **(b)** $[-1.1, 1.7] \cup [4.3, 5]$

49.

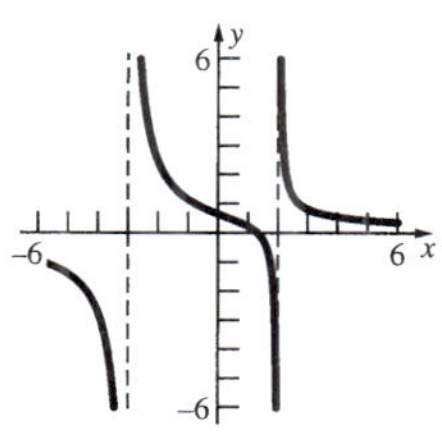

(a) x-intercept $\frac{4}{3}$, y-intercept $\frac{2}{3}$; **(b)** all reals: **(c)** $x = -3, x = 2$; **(d)** $y = 0$

Problem Set 0.6

1. **(a)** 9; **(b)** 0; **(c)** $\frac{3}{2}$; **(d)** 4; **(e)** 16; **(f)** 25

3. **(a)** $t^3 + 1 + \frac{1}{t}$; **(b)** $\frac{1}{r^3} + 1$; **(c)** $\frac{1}{r^3 + 1}$; **(d)** $(z^3 + 1)^3$; **(e)** $125t^3 + 1 - \frac{1}{5t}$; **(f)** $\frac{1}{t^3} + 1 - t$

5. $(f \circ g)(x) = \sqrt{x^2 + 2x - 3}$; $(g \circ f)(x) = 1 + \sqrt{x^2 - 4}$

7. 1.188 **9.** 4.789

11. **(a)** $g(x) = \sqrt{x}$, $f(x) = x + 7$; **(b)** $g(x) = x^{15}$, $f(x) = x^2 + x$

13. $p = f \circ g \circ h$ if $f(x) = 1/x$, $g(x) = \sqrt{x}$, $h(x) = x^2 + 1$; $p = f \circ g \circ h$ if $f(x) = 1/\sqrt{x}$, $g(x) = x + 1$, $h(x) = x^2$

15.

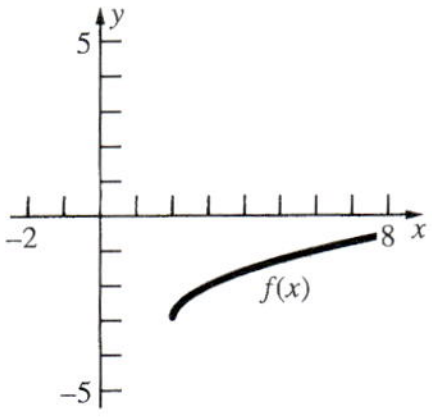

17.

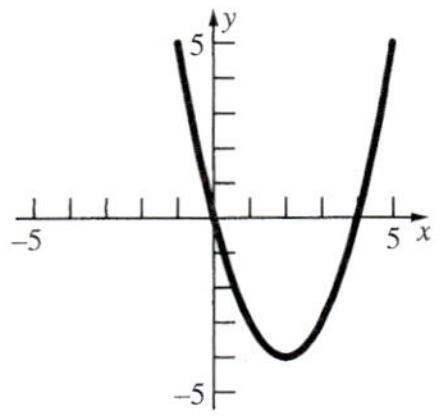

19.

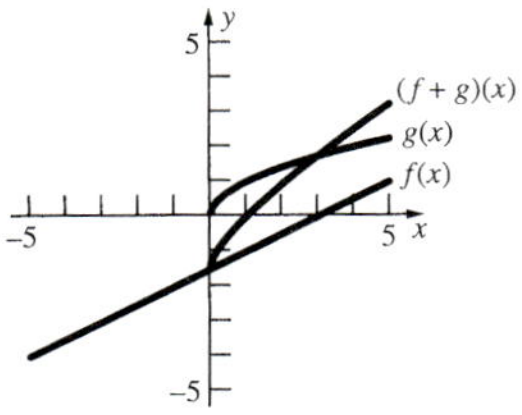

21.

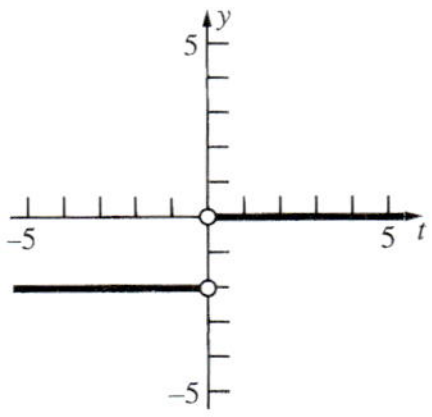

23. **(a)** Even; **(b)** Odd; **(c)** Even; **(d)** Even; **(e)** Odd

25. No, in both cases. (Consider $f(x) = x^2 + x$ and $f(x) = x^3 + 1$.)

27. **(a)** $P = \sqrt{t + \sqrt{t} + 27}$; **(b)** $P \approx 7$

29. $D(t) = \begin{cases} 400t & \text{if } 0 \le t \le 1 \\ \sqrt{250{,}000t^2 - 180{,}000t + 90{,}000} & \text{if } t > 1 \end{cases}$

33. **(a)** $\dfrac{1}{1-x}$; **(b)** x; **(c)** $1 - x$

37.

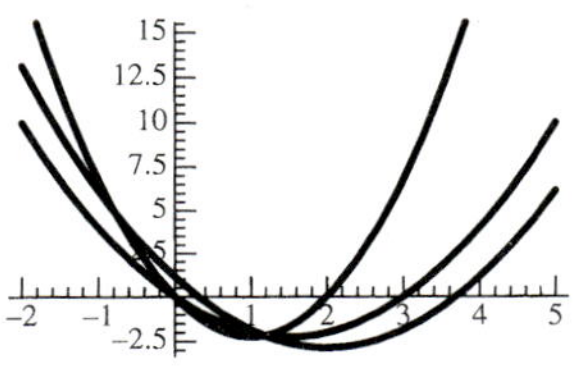

39.

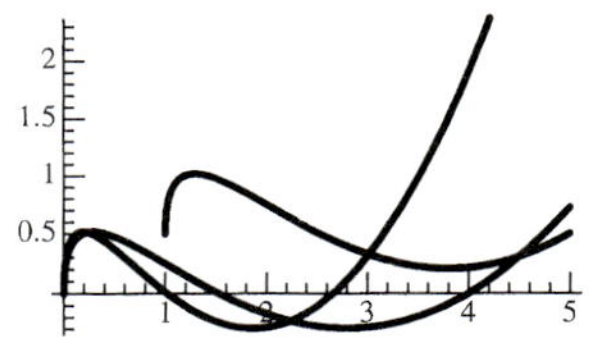

41. **(a)**

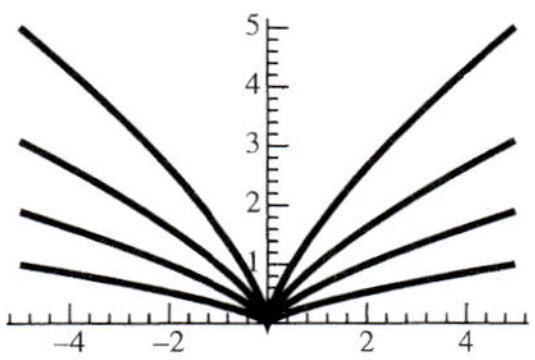

(b)

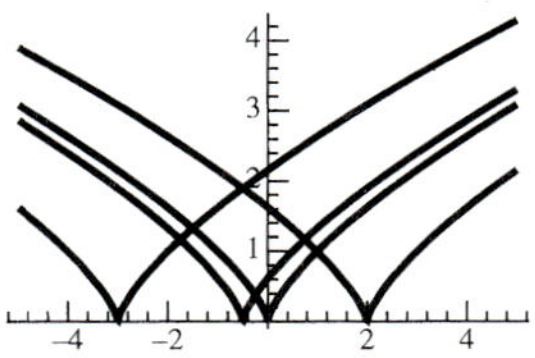

(c)

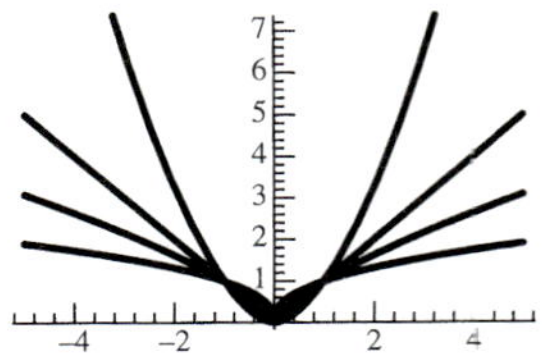

Problem Set 0.7

1. **(a)** $\frac{\pi}{6}$; **(b)** $\frac{\pi}{4}$; **(c)** $-\frac{\pi}{3}$; **(d)** $\frac{4\pi}{3}$; **(e)** $-\frac{37\pi}{18}$; **(f)** $\frac{\pi}{18}$;

3. **(a)** 0.5812; **(b)** 0.8029; **(c)** −1.1624; **(d)** 4.1907; **(e)** −6.4403; **(f)** 0.1920;

5. **(a)** 68.37; **(b)** 0.8845; **(c)** 0.4855; **(d)** −0.3532;

7. **(a)** 46.097; **(b)** 0.0789

9. **(a)** $\dfrac{\sqrt{3}}{3}$; **(b)** −1; **(c)** $-\sqrt{2}$; **(d)** 1; **(e)** 1; **(f)** −1

15. **(a)**

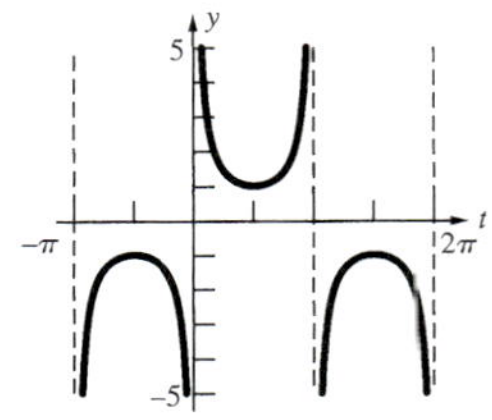

(b)

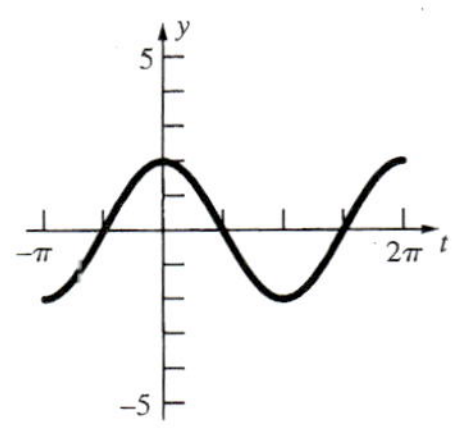

(c)

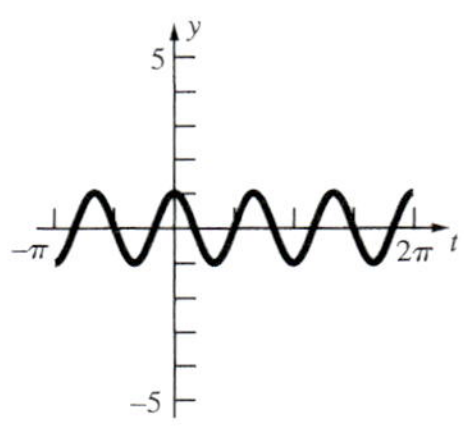

(d)

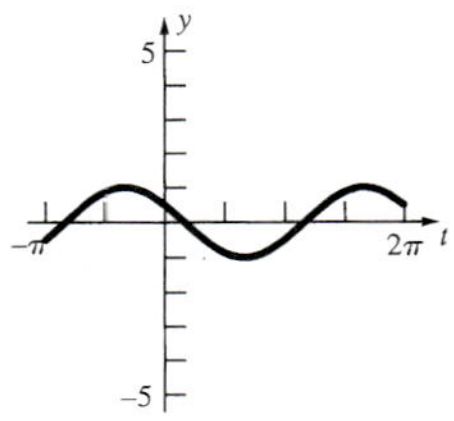

17. Period = π; Amplitude = 2

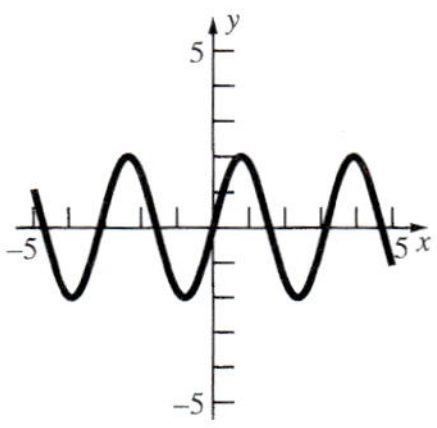

19. Period = $\frac{\pi}{2}$; shift: 2 units up

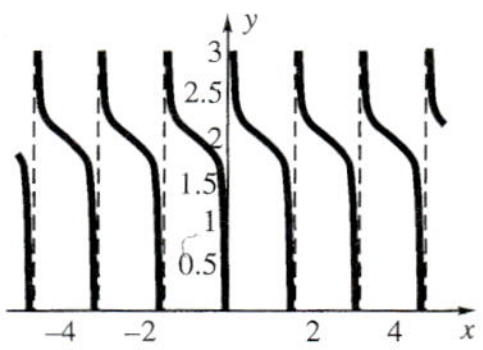

21. Period $= \pi$; amplitude $= 7$; shift: 21 units up, $\frac{3}{2}$ units left

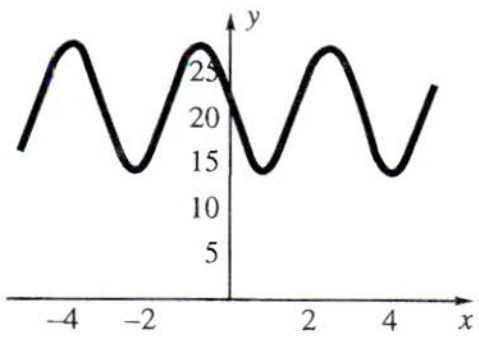

23. Period $= \frac{\pi}{2}$; shift: $\frac{\pi}{6}$ units right

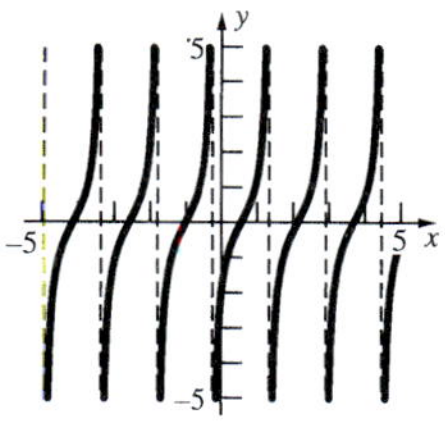

25. **(a)** Even; **(b)** Even; **(c)** Odd; **(d)** Even; **(e)** Even; **(f)** Odd

27. $\frac{1}{4}$ **29.** $\frac{1}{8}$ **31.** $\dfrac{2-\sqrt{2}}{4}$

35. 336 rev/min **37.** 28 rev/sec

39. **(a)** $\frac{\pi}{3}$; **(b)** $\frac{5\pi}{6}$

41. **(a)** 0.1419; **(b)** 1.8925; **(c)** 1.7127

43. 25 cm^2 **45.** $r^2 \sin\frac{t}{2}\cos\frac{t}{2} + \frac{\pi r^2}{2}\sin^2\frac{t}{2}$

47. 67.5°F

49. As t increases, the point on the rim of the wheel will move around the circle of radius 2.

(a) $x(2) \approx 1.902$; $y(2) \approx 0.618$; $x(6) \approx -1.176$; $y(6) \approx -1.618$; $x(10) = 0$; $y(10) = 2$; $x(0) = 0$; $y(0) = 2$

(b) $x(t) = -2\sin\left(\frac{\pi}{5}t\right)$, $y(t) = 2\cos\left(\frac{\pi}{5}t\right)$

(c) The point is at $(2, 0)$ when $\frac{\pi}{5}t = \frac{\pi}{2}$; that is, when $t = \frac{5}{2}$.

51. **(c)** $A_1\sin(\omega t + \phi_1) + A_2\sin(\omega t + \phi_2) + A_3\sin(\omega t + \phi_3)$
$= (A_1\cos\phi_1 + A_2\cos\phi_2 + A_3\cos\phi_3)\sin\omega t$
$+ (A_1\sin\phi_1 + A_2\sin\phi_2 + A_3\sin\phi_3)\cos\omega t$

53. **(a)**

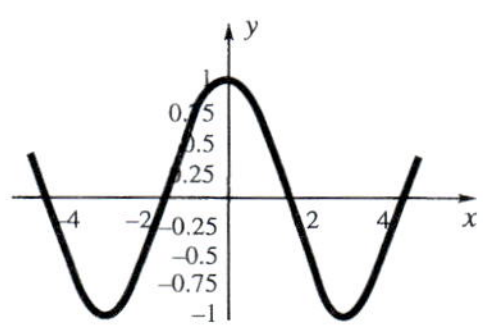

(b)

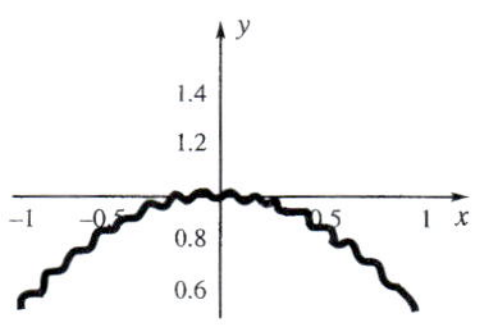

(c)

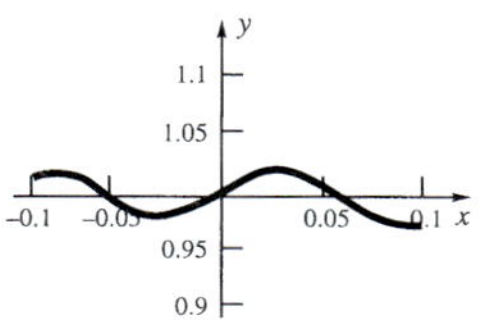

Chapter Review 0.8

Concepts Test

1. False **3.** False **5.** False **7.** False **9.** True
11. True **13.** True **15.** False **17.** True **19.** True
21. True **23.** True **25.** True **27.** True **29.** True
31. True **33.** True **35.** True **37.** False **39.** False
41. True **43.** True **45.** False **47.** True **49.** True
51. False **53.** True **55.** False **57.** True **59.** False
61. True **63.** False

Sample Test Problems

1. **(a)** $2, \frac{25}{4}, \frac{4}{25}$; **(b)** $1, 9, 49$; **(c)** $64, 8, \frac{1}{8}$; **(d)** $1, \frac{\sqrt{2}}{2}, \sqrt{2}$

7. 2.66

9. $\{x: x < \frac{1}{3}\}$; $(-\infty, \frac{1}{3})$;

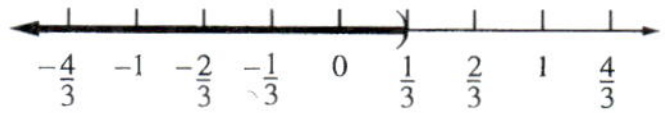

11. $\{x: \frac{1}{3} \le x \le 3\}$; $[\frac{1}{3}, 3]$;

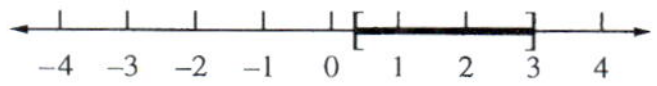

13. $\{t: \frac{3}{7} \le t \le \frac{5}{3}\}$; $[\frac{3}{7}, \frac{5}{3}]$;

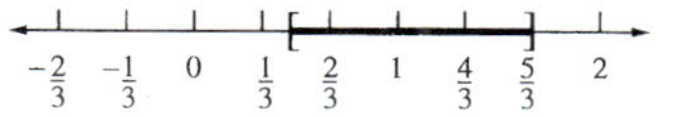

15. $\{x: -4 \le x \le 3\}$; $[-4, 3]$;

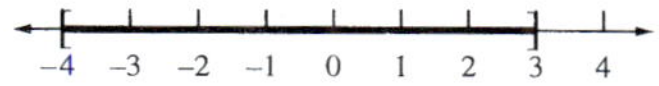

17. $\{x: x \le -\frac{1}{2} \text{ or } x > 1\}$; $(-\infty, -\frac{1}{2}] \cup (1, \infty)$;

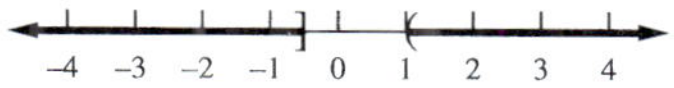

19. Any negative number **21.** $t \le 5$

25.

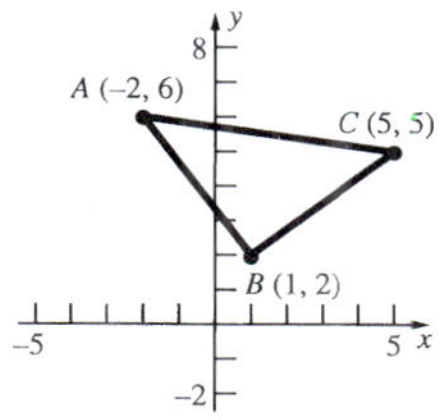

27. $(x-6)^2 + (y-2)^2 = 20$ **29.** 5

31. **(a)** $y = \frac{2}{9}x + \frac{13}{9}$; **(b)** $y = \frac{3}{2}x + 4$; **(c)** $y = \frac{4}{3}x + \frac{11}{3}$; **(d)** $x = -2$; **(e)** $y = x + 3$

33. (b)

35.

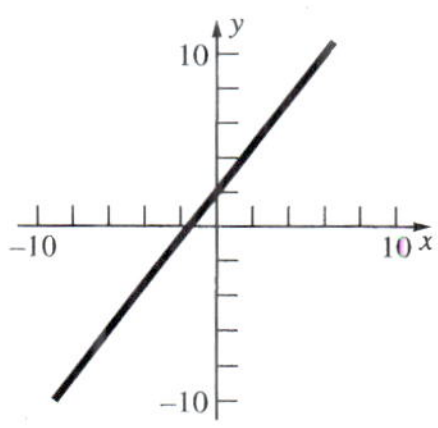

37.

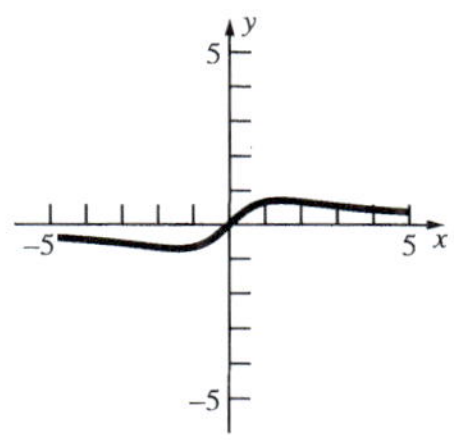

39. $(0, 4)$ and $(3, 7)$

41. **(a)** $-\frac{1}{2}$; **(b)** 4; **(c)** Does not exist; **(d)** $\dfrac{1}{t} - \dfrac{1}{t-1}$; **(e)** $\dfrac{t}{1+t} - t$

43. **(a)** $\{x \in \text{reals}: x \ne -1, 1\}$; **(b)** $\{x \in \text{reals}: |x| \le 2\}$;

45. **(a)**

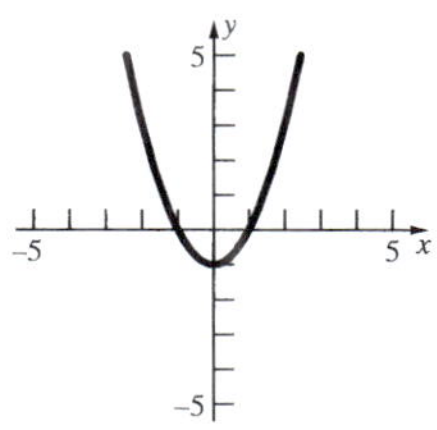

(b)

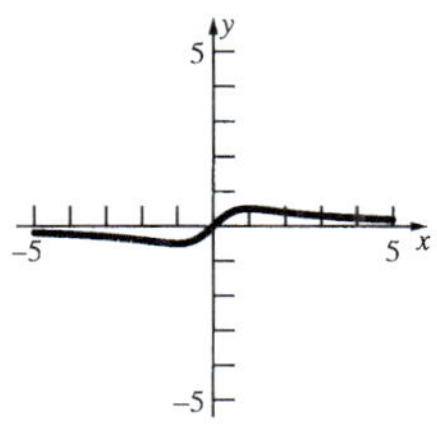

(c)

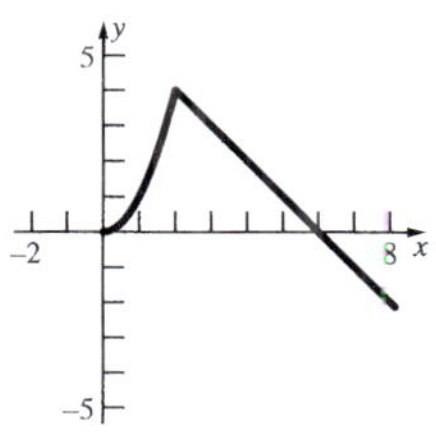

47. $V(x) = x(32 - 2x)(24 - 2x)$, $\{x \in \text{reals}: 0 \le x \le 12\}$

49. (a)

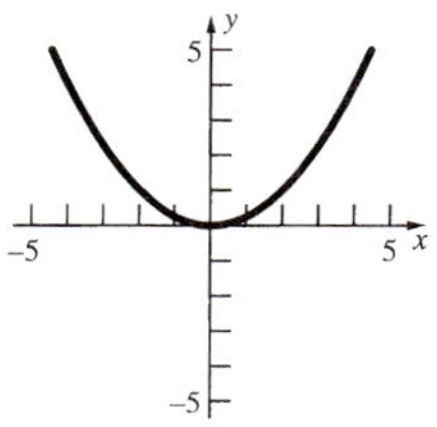

(b)

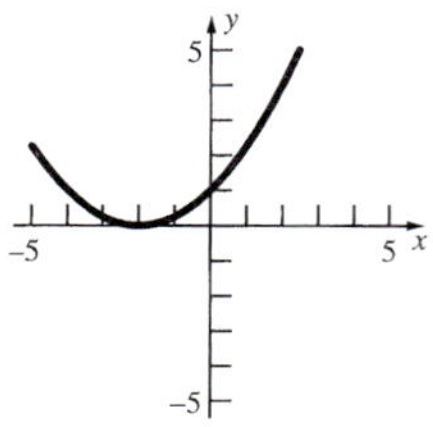

(c)

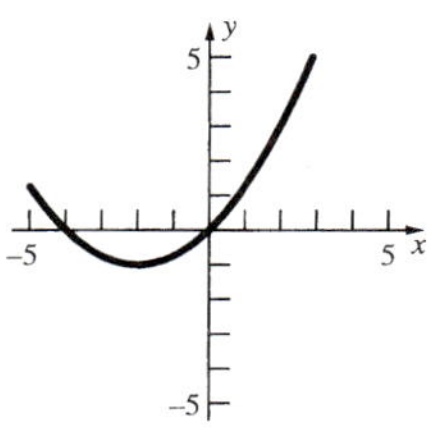

51. $f(x) = \sqrt{x}, g(x) = 1 + x, h(x) = x^2, k(x) = \sin x$

53. (a) -0.8; **(b)** -0.6; **(c)** -0.96; **(d)** -1.333; **(e)** 0.8; **(f)** -0.8

55. 18.85 in.

Chapter 1 Review and Preview Problems

1. (a) $0 < x < 2$; **(b)** $-6 < x < 8$

3. 4,10 **5.** 4,10

7. (a) $4 < x < 10$; **(b)** $4 \le x \le 10$; **(c)** $6 \le x \le 8$; **(d)** $6.9 < x < 7.1$

9. (a) $x \ne 1$; **(b)** $x \ne 1, -0.5$

11. 1, 1.9, 1.99, 1.999, 2.001, 2.01, 2.1, 3; −1, −0.0357143, −0.0033557, −0.000333556, 0.000333111, 0.00331126, 0.03125, 0.2

13. $4.9 < x < 5.1$

15. (a) True; **(b)** False; **(c)** True; **(d)** True

Problem Set 1.1

1. -2 **3.** -1 **5.** 0 **7.** 4 **9.** 12 **11.** $-2t$

13. $\frac{\sqrt{6}}{9}$ **15.** 36 **17.** 4 **19.** 0.5 **21.** 0 **23.** 2

25. 0 **27.** 0.25

29. (a) 2; **(b)** 1; **(c)** Does not exist; **(d)** $\frac{5}{2}$; **(e)** 2; **(f)** Does not exist; **(g)** 2; **(h)** 1; **(i)** 2.5

31. (a) 2; **(b)** undefined; **(c)** 2; **(d)** 4; **(e)** does not exist; **(f)** does not exist

33.

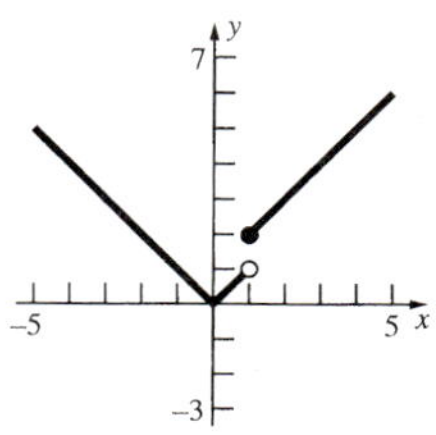

(a) 0; **(b)** Does not exist; **(c)** 2; **(d)** 2

35.

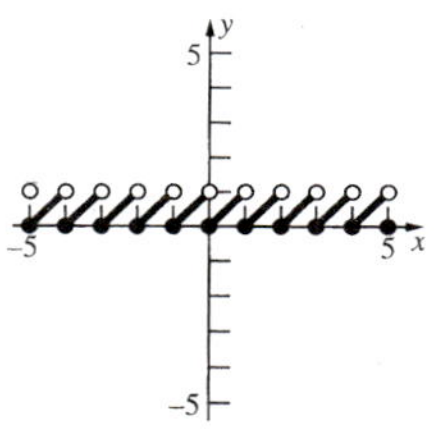

(a) 0; **(b)** Does not exist; **(c)** 1; **(d)** $\frac{1}{2}$

37. Does not exist

39. (a) Does not exist; **(b)** 0

41. $a = -1, 0, 1$

43. (a) Does not exist; **(b)** -1; **(c)** -3; **(d)** Does not exist

45. (a) 1; **(b)** 0; **(c)** -1; **(d)** -1

47. Does not exist **49.** 0 **51.** $\frac{1}{2}$ **53.** Does not exist

55. 6 **57.** -3

Problem Set 1.2

1. $0 < |t - a| < \delta \Rightarrow |f(t) - M| < \varepsilon$

3. $0 < |z - d| < \delta \Rightarrow |h(z) - P| < \varepsilon$

5. $0 < c - x < \delta \Rightarrow |f(x) - L| < \varepsilon$

7. 0.001

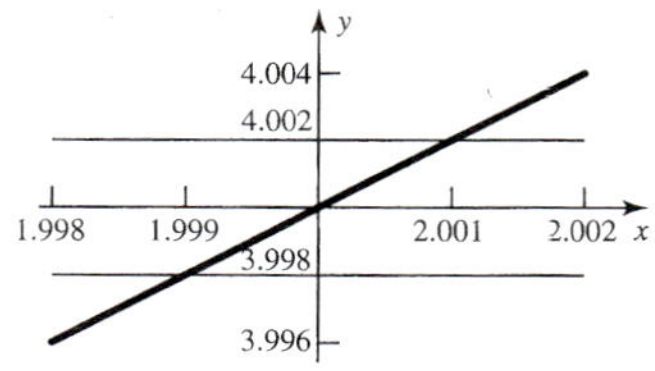

9. 0.0019

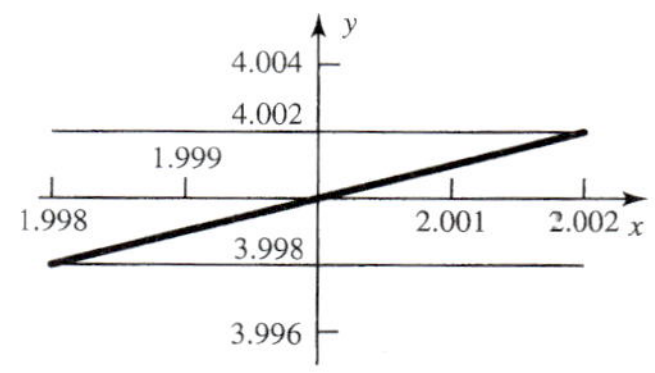

31. (b), (c)

33. (a) $\frac{x^3 - x^2 - 2x - 4}{x^4 - 4x^3 + x^2 + x + 6}$; **(b)** No; **(c)** 3

Problem Set 1.3

1. 3 **3.** -3 **5.** -5 **7.** 2 **9.** -1 **11.** 2 **13.** 0

15. -4 **17.** $-\frac{2}{3}$ **19.** $\frac{3}{2}$ **21.** $\frac{x+2}{5}$ **23.** -1

25. $\sqrt{10}$ **27.** -6 **29.** 6 **31.** 12 **33.** $-\frac{1}{4}$ **41.** 0

43. 0 **45.** $\frac{2}{5}$ **47.** -1 **51. (a)** 1; **(b)** 0

Problem Set 1.4

1. 1 **3.** 1 **5.** $\frac{1}{2}$ **7.** 3 **9.** $\frac{1}{2\pi}$ **11.** 0 **13.** 7

15. 0

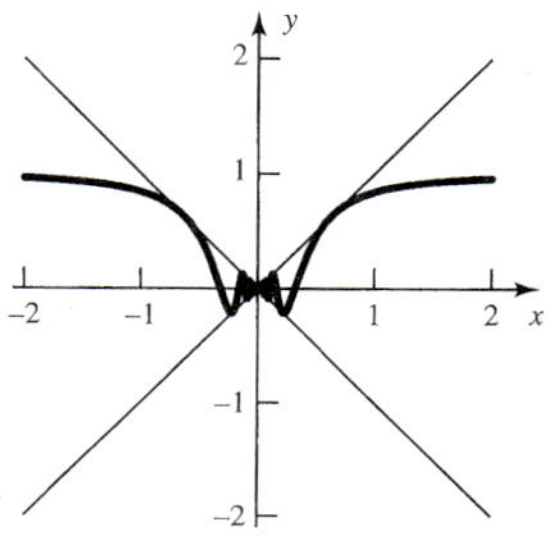

17. 0

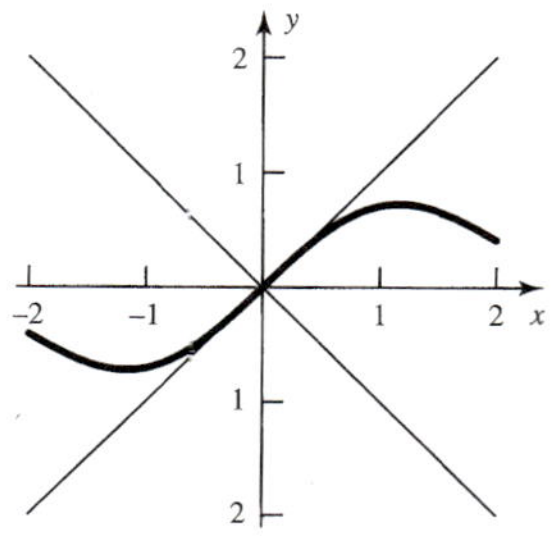

19. 2

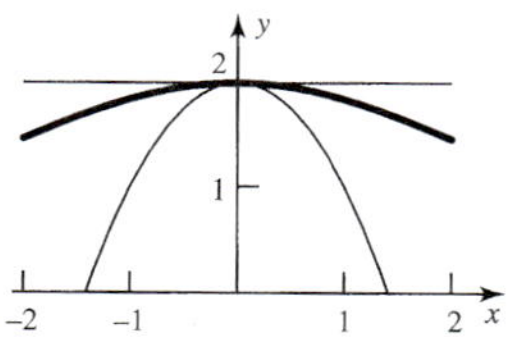

Problem Set 1.5

1. 1 **3.** −1 **5.** −1 **7.** $\frac{1}{2}$ **9.** $\frac{3}{\pi}$ **11.** $\frac{3}{\sqrt{2}}$

13. 2 **15.** $\frac{1}{2}$ **17.** ∞ **19.** 2 **21.** 0 **23.** $-\infty$

25. 1 **27.** ∞ **29.** ∞ **31.** ∞ **33.** $-\infty$ **35.** 5

37. 0 **39.** −1 **41.** $-\infty$

43. Horizontal asymptote $y = 0$
Vertical asymptote $x = -1$

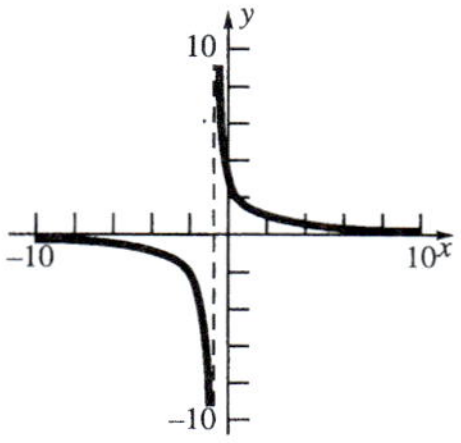

45. Horizontal asymptote $y = 2$
Vertical asymptote $x = 3$

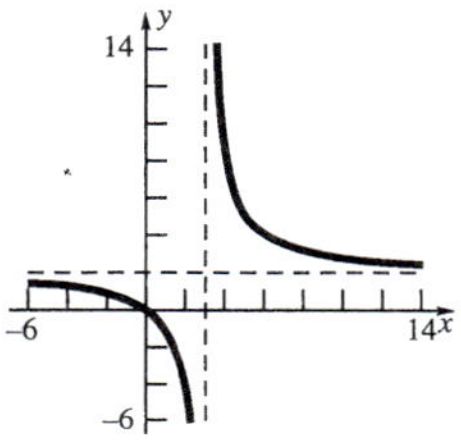

47. Horizontal asymptote $y = 0$
No vertical asymptotes

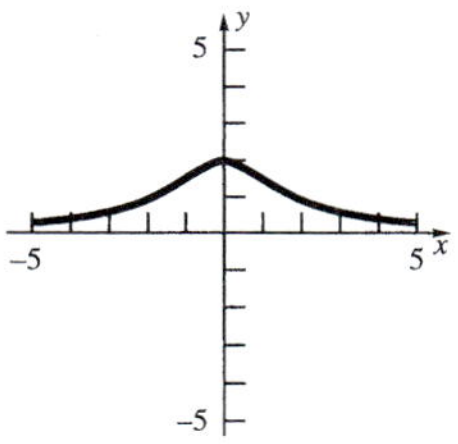

49. The oblique asymptote is $y = 2x + 3$.

51. **(a)** We say that $\lim_{x \to c^+} f(x) = -\infty$ if for each negative number M there corresponds a $\delta > 0$ such that $0 < x - c < \delta \Rightarrow f(x) < M$.
(b) We say that $\lim_{x \to c^-} f(x) = \infty$ if for each positive number M there corresponds a $\delta > 0$ such that $0 < c - x < \delta \Rightarrow f(x) > M$.

55. **(a)** Does not exist. **(b)** 0 **(c)** 1 **(d)** ∞ **(e)** 0 **(f)** $\frac{1}{2}$ **(g)** Does not exist. **(h)** 0

57. $\frac{3}{2}$ **59.** $-\frac{3}{2\sqrt{2}}$ **61.** 1 **63.** ∞ **65.** −1

67. $-\infty$ **69.** e **71.** 1

Problem Set 1.6

1. Continuous

3. Not continuous; $\lim_{x \to 3} \frac{3}{x - 3}$ and $h(3)$ do not exist.

5. Not continuous; $\lim_{t \to 3} \frac{|t - 3|}{t - 3}$ and $h(3)$ do not exist.

7. Continuous **9.** Not continuous; $h(3)$ does not exist.

11. Continuous **13.** Continuous **15.** Continuous

17. $(-\infty, -5), [-5, 4], (4, 6), [6, 8], (8, \infty)$

19. Define $f(3) = -12$. **21.** Define $H(1) = \frac{1}{2}$.

23. Define $F(-1) = -\sin 2$. **25.** $3, \pi$

27. Every $\theta = n\pi + \frac{\pi}{2}$ where n is any integer. **29.** −1

31. $(-\infty, -2] \cup [2, \infty)$ **33.** 1

35. Every $t = n + \frac{1}{2}$ where n is any integer.

37.

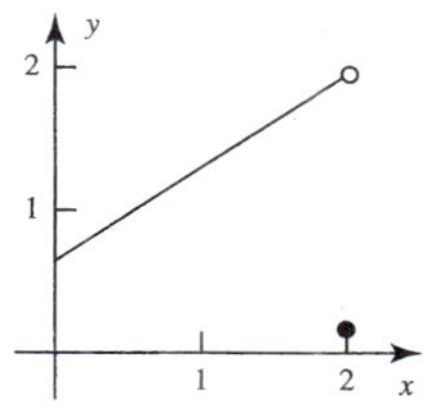

39.

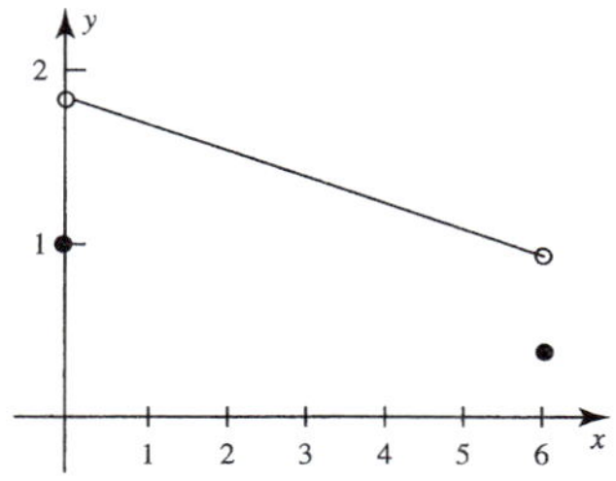

41. Continuous.

43. Discontinuous: removable, define $f(0) = 1$

45. Discontinuous, removable, redefine $g(0) = 1$

47. Discontinuous: nonremovable.

49. The function is continuous on the intervals $(0, 1], (1, 2], (2, 3], \ldots$

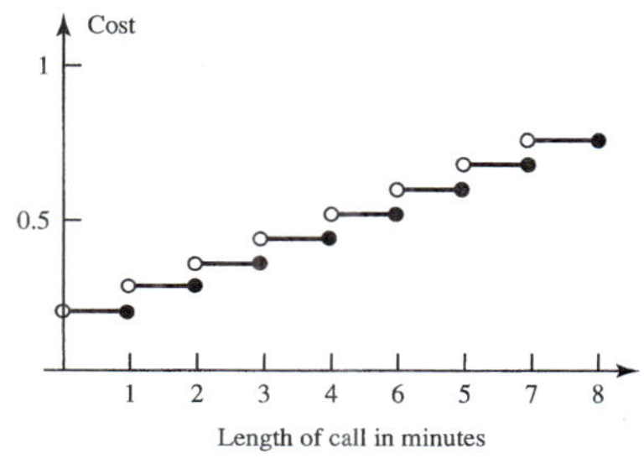

51. The function is continuous on the intervals $(0, 0.25], (0.25, 0.375], (0.375, 0.5], \ldots$

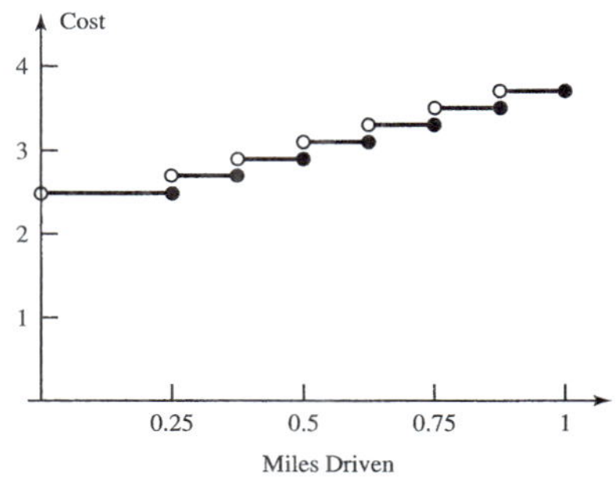

55. The interval [0.6,0.7] contains the solution.

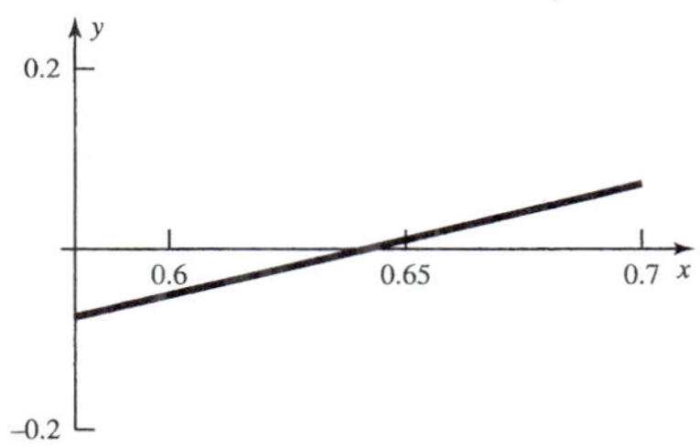

65. Yes, g is continuous.

71. **(a)** Domain $\left[-\frac{3}{4}, \frac{3}{4}\right]$, Range $\{-3/4, 0, 3/4\}$

(b) Discontinuous at $x = 0$ **(c)** $-\frac{3}{4}, 0, \frac{3}{4}$

Chapter Review 1.7

Concepts Test

1. False **3.** False **5.** False **7.** True **9.** False
11. True **13.** True **15.** False **17.** False **19.** False
21. True **23.** True **25.** True **27.** True **29.** False
31. True

Sample Test Problems

1. 0 **3.** 2 **5.** $\frac{1}{8}$ **7.** $\frac{1}{2}$ **9.** 4 **11.** -1 **13.** -1

15. $\frac{5}{3}$ **17.** 1 **19.** ∞ **21.** ∞

25. (a) $x = -1, 1$ **(b)** $f(-1) = -1$

27. (a) 14 **(b)** -12 **(c)** -2 **(d)** -2 **(e)** 5 **(f)** 0

29. $a = 2, b = -1$ **31.** Vertical: none, Horizontal $y = 0$

33. Vertical: $x = -1, 1$, Horizontal: $y = 1$

35. Vertical: $x = \pm\pi/4, \pm 3\pi/4, \pm 5\pi/4, \ldots$, Horizontal: none

Chapter 2 Review and Preview Problems

1. (a) 4 **(b)** 4.41 **(c)** 0.41 **(d)** 4.1 **(e)** $a^2 + 2ah + h^2$ **(f)** $2ah + h^2$ **(g)** $2a + h$ **(h)** $2a$

3. (a) $\sqrt{2} \approx 1.41$ **(b)** $\sqrt{2.1} \approx 1.45$ **(c)** 0.035 **(d)** 0.35 **(e)** $\sqrt{a + h}$ **(f)** $\sqrt{a + h} - \sqrt{a}$ **(g)** $(\sqrt{a + h} - \sqrt{a})/h$ **(h)** $\frac{1}{2\sqrt{a}}$

5. (a) $a^3 + 3a^2b$ **(b)** $a^4 + 4a^3b$ **(c)** $a^5 + 5a^4b$

7. $\sin(x + h) = \sin x \cos h + \cos x \sin h$

9. (a) $(10, 0), (10, 0), (10, 0)$ **(b)** $t = 1/4$

11. (a) North plane has traveled 600 miles. East plane has traveled 400 miles. **(b)** 721 miles **(c)** 840 miles

Problem Set 2.1

1. 4

3. -2

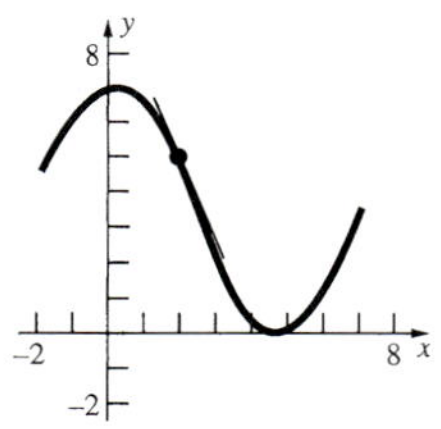

5. $\frac{5}{2}$

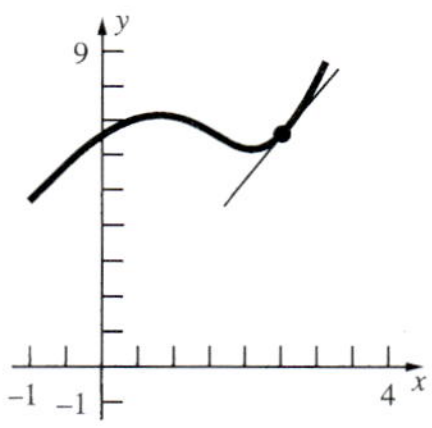

7. (a), (b)

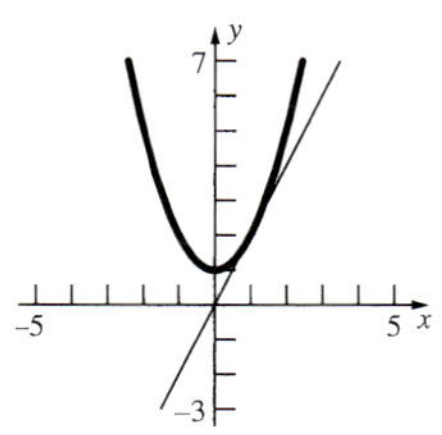

(c) 2; **(d)** 2.01; **(e)** 2

9. $-4, -2, 0, 2, 4$

11.

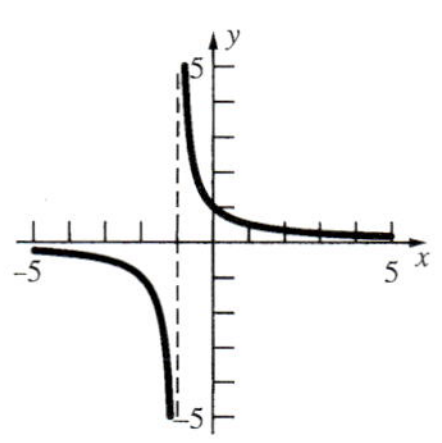

$y - \frac{1}{2} = -\frac{1}{4}(x - 1)$

13. (a) 16 ft; **(b)** 48 ft; **(c)** 80 ft/s; **(d)** 96.16 ft/s; **(e)** 96 ft/s

15. (a) $\frac{1}{\sqrt{2\alpha + 1}}$ ft/s; **(b)** 1.5 sec

17. (a) 0.02005 g; **(b)** 2.005 g/h; **(c)** 2 g/h

19. (a) 49 g/cm; **(b)** 27 g/cm

21. 4 **23.** 29,167 gal/h; 75,000 gal/h

25. (a) 0.5 °F/day **(b)** 0.067 °F/day **(c)** January and July **(d)** March and November

27. (a) Increasing **(b)** Decreasing

29. 24π km^2/day

31.

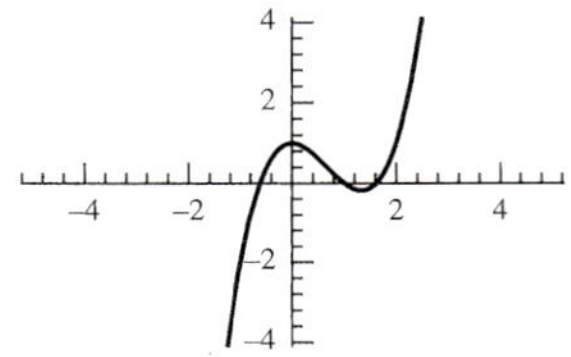

(a) 7; **(b)** 0; **(c)** -1; **(d)** 17.92

33. 2.818

Problem Set 2.2

1. 2 **3.** 5 **5.** 2 **7.** $6x$ **9.** $2ax + b$

11. $3x^2 + 4x$ **13.** $-\frac{2}{x^2}$ **15.** $-\frac{12x}{(x^2 + 1)^2}$

17. $-\frac{7}{(x - 4)^2}$ **19.** $\frac{3}{2\sqrt{3x}}$ **21.** $-\frac{3}{2(x - 2)^{3/2}}$

23. $2x - 3$ **25.** $-\frac{5}{(x - 5)^2}$ **27.** $f(x) = 2x^3$ at $x = 5$

29. $f(x) = x^2$ at $x = 2$ **31.** $f(x) = x^2$ at x

33. $f(t) = \frac{2}{t}$ at t **35.** $f(x) = \cos x$ at x

37.

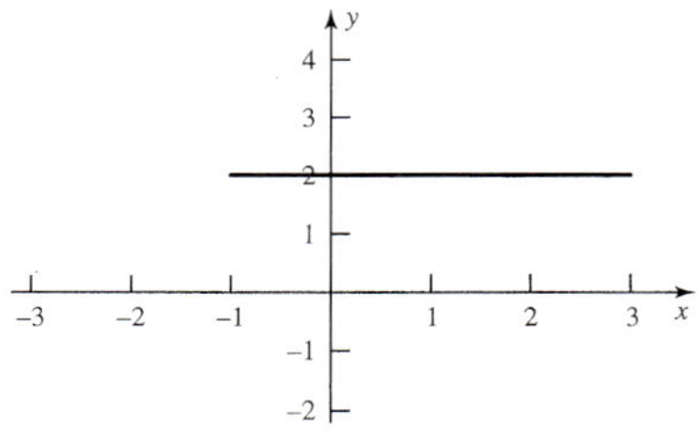

39.

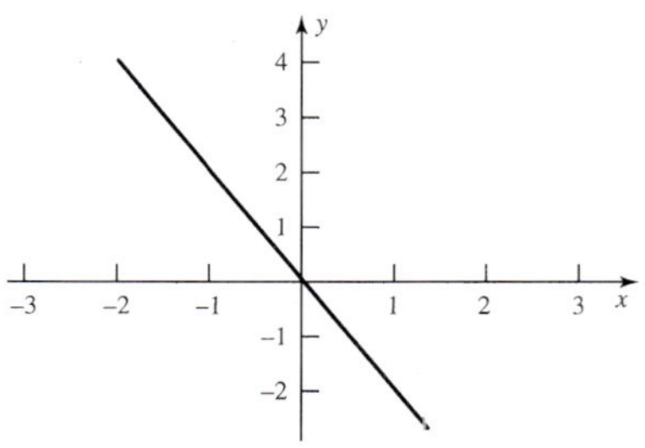

41.

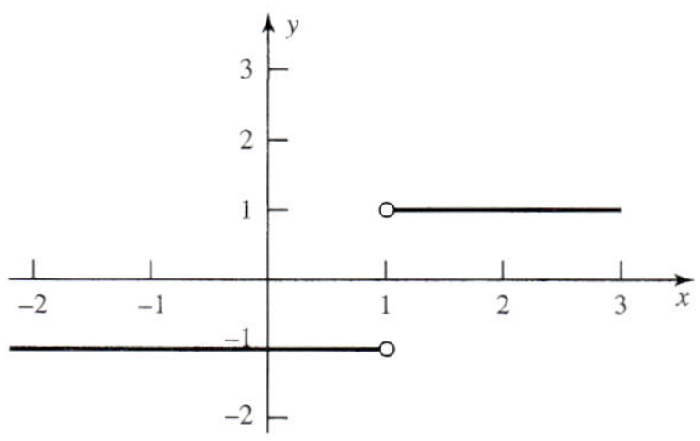

43.

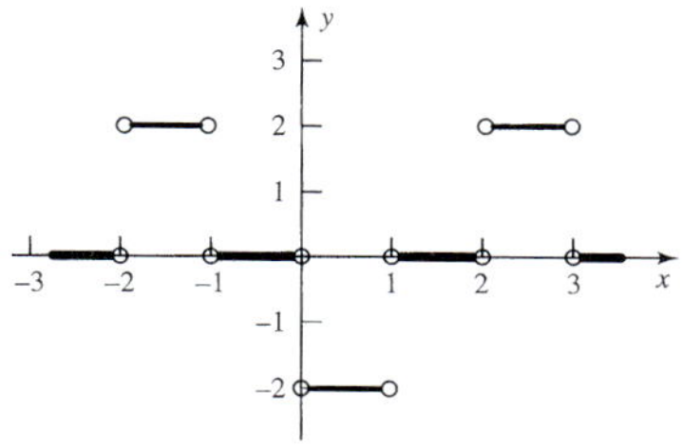

45. 1.5 **47.** −0.1667 **49.** 0.0081 **51.** $2x$

53. $-1/(x+1)^2$ **55.** $2/(x+1)^2$ **57.** $-\frac{1}{2}, 1, \frac{2}{3}, -3$

59.

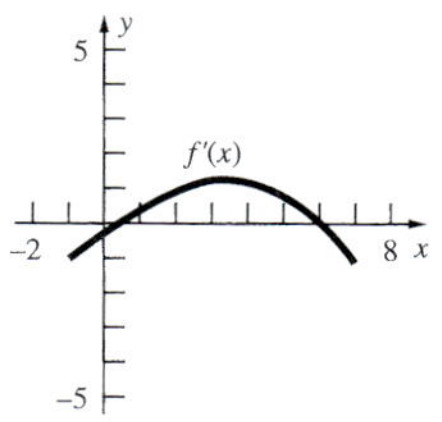

61. **(a)** $\frac{5}{2}, \frac{3}{2}, 1.8, -0.6$; **(b)** 0.5; **(c)** 5; **(d)** 3, 5; **(e)** 1, 3, 5; **(f)** 0; **(g)** −0.7, 1.5, (5, 7)

63.

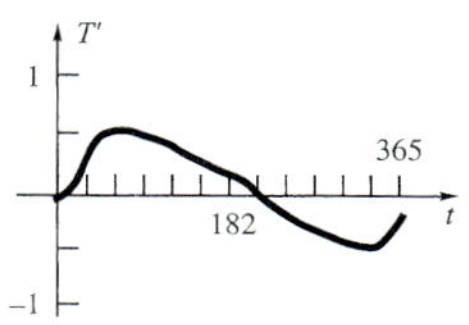

65. f is short-dashed; $g = f'$ is solid; g' is long-dashed

67. $m = 4, b = -4$

69. **(a)** m; **(b)** $-m$

71.

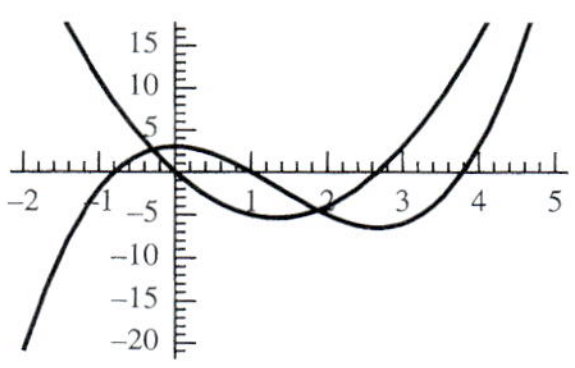

(a) $\left(0, \frac{8}{3}\right)$; **(b)** $\left[0, \frac{8}{3}\right]$; **(c)** $f(x)$ decreases as x increases when $f'(x) < 0$.

Problem Set 2.3

1. $4x$ **3.** π **5.** $-4x^{-3}$ **7.** $-\dfrac{\pi}{x^2}$ **9.** $-\dfrac{500}{x^6}$

11. $2x + 2$ **13.** $4x^3 + 3x^2 + 2x + 1$

15. $7\pi x^6 - 10x^4 + 10x^{-3}$ **17.** $-\dfrac{9}{x^4} - 4x^{-5}$

19. $-\dfrac{2}{x^2} + \dfrac{2}{x^3}$ **21.** $-\dfrac{1}{2x^2} + 2$ **23.** $3x^2 + 1$

25. $8x + 4$ **27.** $5x^4 + 6x^2 + 2x$

29. $5x^4 + 42x^2 + 2x - 51$ **31.** $60x^3 - 30x^2 - 32x + 14$

33. $-\dfrac{6x}{(3x^2+1)^2}$ **35.** $\dfrac{-8x+3}{(4x^2-3x+9)^2}$ **37.** $\dfrac{2}{(x+1)^2}$

39. $\dfrac{6x^2+20x+3}{(3x+5)^2}$ **41.** $\dfrac{4x^2+4x-5}{(2x+1)^2}$ **43.** $\dfrac{x^2-1}{(x^2+1)^2}$

45. **(a)** 23; **(b)** 4; **(c)** $-\frac{17}{9}$

49. $y = 1$ **51.** $(0, 0)$ and $\left(\frac{2}{3}, -\frac{4}{27}\right)$

53. $(2.817, 0.563)$ and $(-2.817, -0.563)$

55. **(a)** −24 ft/s; **(b)** 1.25 s

57. $y = 2x + 1, y = -2x + 9$ **59.** $3\sqrt{5}$

61. 681 cm^3 per week

Problem Set 2.4

1. $2\cos x - 3\sin x$ **3.** 0 **5.** $\sec x \tan x$ **7.** $\sec^2 x$

9. $\sec^2 x$ **11.** $\cos^2 x - \sin^2 x$ **13.** $\dfrac{x\cos x - \sin x}{x^2}$

15. $-x^2 \sin x + 2x\cos x$ **17.** $2\tan x \sec^2 x$

19. $y - 0.5403 = -0.8415(x-1)$ **21.** $-2\sin^2 x + 2\cos^2 x$

23. $30\sqrt{3}$ ft/sec **25.** $y = x$

27. $x = \frac{\pi}{4} + k\frac{\pi}{2}$ where k is an integer.

33. **(a)**

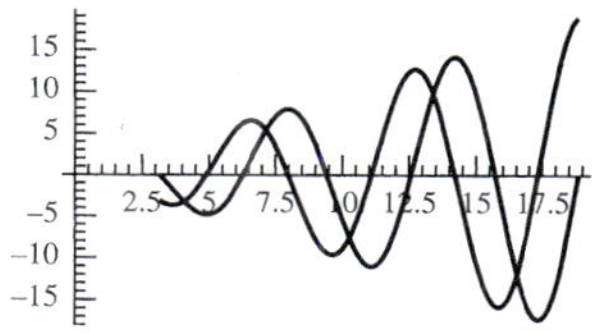

(b) 6; 5; **(c)** $f(x) = x\sin x$ with $a = 0$ and $b = \pi$ is a counterexample; **(d)** 24.93

Problem Set 2.5

1. $15(1+x)^{14}$ **3.** $-10(3-2x)^4$

5. $11(3x^2 - 4x + 3)(x^3 - 2x^2 + 3x + 1)^{10}$

7. $-\dfrac{5}{(x+3)^6}$ **9.** $(2x+1)\cos(x^2+x)$

11. $-3\sin x \cos^2 x$ **13.** $-\dfrac{6(x+1)^2}{(x-1)^4}$

15. $-\dfrac{3x^2+12x}{(x+2)^2}\sin\left(\dfrac{3x^2}{x+2}\right)$

17. $2(3x-2)(3-x^2)(9+4x-9x^2)$

19. $\dfrac{(x+1)(3x-11)}{(3x-4)^2}$ **21.** $4x(x^2+4)$

23. $\dfrac{51(3t-2)^2}{(t+5)^4}$ **25.** $\dfrac{(6t+47)(3t-2)^2}{(t+5)^2}$

27. $\dfrac{3\sin^2 x(\cos x\cos 2x + 2\sin x \sin 2x)}{\cos^4 2x}$ **29.** 9.6

31. 1.4183 **33.** $4(2x+3)\sin^3(x^2+3x)\cos(x^2+3x)$

35. $-3\sin t \sin^2(\cos t)\cos(\cos t)$

37. $-8\theta\cos^3(\sin\theta^2)\sin(\sin\theta^2)(\cos\theta^2)$

39. $-2\cos[\cos(\sin 2x)]\sin(\sin 2x)(\cos 2x)$

41. 2 **43.** 1 **45.** −1 **47.** $2F'(2x)$

49. $-2(F(t))^{-3}F'(t)$ **51.** $4(1+F(2z))F'(2z)$

53. $-\sin x F'(\cos x)$ **55.** $2F'(2x)\sec^2(F(2x))$

57. $2F(x)F'(x)\sin F(x)\cos F(x) + F'(x)\sin^2 F(x)$

59. $-2\sin 1$ **61.** −1 **63.** $x = \pi/4 + k\pi, k = 0, \pm 1, \pm 2, \ldots$

65. $y = -\dfrac{1}{2}x + \dfrac{3}{4}$ **67.** $x = 3/2$

69. **(a)** $(10\cos 8\pi t, 10\sin 8\pi t)$; **(b)** 80π cm/s

71. **(a)** $(\cos 2\pi t, \sin 2\pi t)$; **(b)** $\sin 2\pi t + \sqrt{25 - \cos^2 2\pi t}$; **(c)** $2\pi\cos 2\pi t\left(1 + \dfrac{\sin 2\pi t}{\sqrt{25-\cos^2 2\pi t}}\right)$

73. 0.38 in/min **75.** $x_0 = \pi/3; \theta = 1.25$ rad.

79. $\cot x|\sin x|$ **81.** 16

Problem Set 2.6

1. 6 **3.** 162 **5.** $-343\cos(7x)$ **7.** $-\dfrac{6}{(x-1)^4}$

9. 2 **11.** $\frac{1}{2}$ **13.** $2\pi^2$ **15.** −900

19. **(a)** 0; **(b)** 0; **(c)** 0

21. $f''(-5) = -24$; $f''(3) = 24$

23. **(a)** $v(t) = 12 - 4t$; $a(t) = -4$ **(b)** $(-\infty, 3)$; **(c)** $(3, \infty)$; **(d)** All t; **(e)**

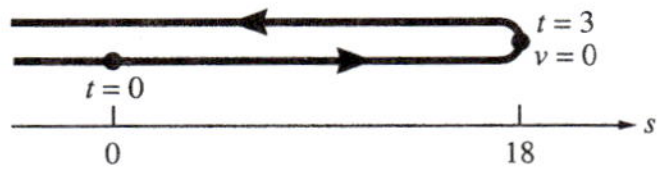

25. **(a)** $v(t) = 3t^2 - 18t + 24$; $a(t) = 6t - 18$; **(b)** $(-\infty, 2) \cup (4, \infty)$; **(c)** $(2, 4)$; **(d)** $(-\infty, 3)$;

(e)

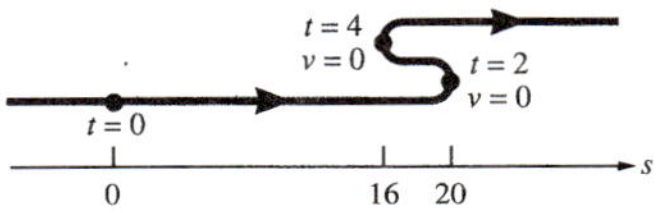

27. **(a)** $v(t) = 2t - \dfrac{16}{t^2}$; $a(t) = 2 + \dfrac{32}{t^3}$; **(b)** $(2, \infty)$; **(c)** $(0, 2)$; **(d)** No t;

(e)

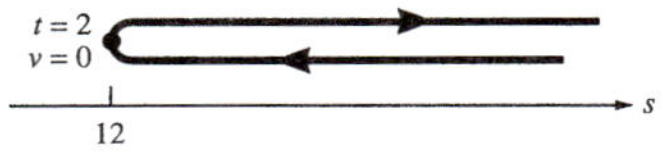

29. $v(1) = 11$; $v(4) = -16$

31. **(a)** $\frac{3}{4}$ s; **(b)** $\frac{1}{2}$ s, $\frac{3}{4}$ s; **(c)** 0 s, $\frac{3}{2}$ s

33. **(a)** 48 ft/s; **(b)** $\frac{3}{2}$ s; **(c)** 292 ft; **(d)** 5.77 s; **(e)** 137 ft/s

35. 581 ft/s **37.** $(-\infty, -2) \cup (1, 4)$

39. $D_x^n(uv) = \sum_{k=0}^{n} \binom{n}{k} D_x^{n-k}(u) D_x^k(v)$ where $\binom{n}{k}$ is the binomial coefficient $\dfrac{n!}{(n-k)!k!}$.

41. **(a)**

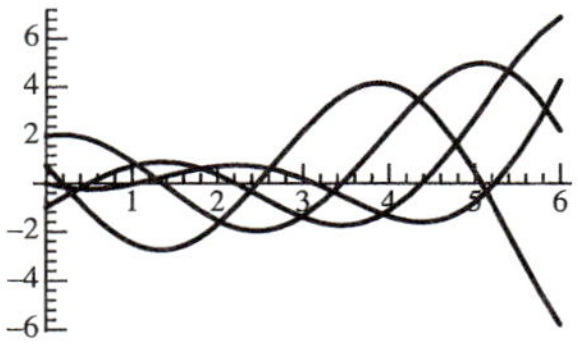

(b) -1.2826

Problem Set 2.7

1. $\dfrac{x}{y}$ **3.** $-\dfrac{y}{x}$ **5.** $\dfrac{1 - y^2}{2xy}$ **7.** $\dfrac{12x^2 + 7y^2}{6y^2 - 14xy}$

9. $\dfrac{y^3 - \dfrac{5y}{2\sqrt{5xy}}}{\dfrac{5x}{2\sqrt{5xy}} + 2 - 2y - 3xy^2}$ **11.** $-\dfrac{y}{x}$

13. $y - 3 = -\frac{9}{7}(x - 1)$ **15.** $y = 1$

17. $y + 1 = \frac{1}{2}(x - 1)$ **19.** $5x^{2/3} + \dfrac{1}{2\sqrt{x}}$

21. $\dfrac{1}{3\sqrt[3]{x^2}} - \dfrac{1}{3\sqrt[3]{x^4}}$ **23.** $\dfrac{3x - 2}{2\sqrt[4]{(3x^2 - 4x)^3}}$

25. $-\dfrac{6x^2 + 4}{3\sqrt[3]{(x^3 + 2x)^5}}$ **27.** $\dfrac{2x + \cos x}{2\sqrt{x^2 + \sin x}}$

29. $-\dfrac{x^2 \cos x + 2x \sin x}{3\sqrt[3]{(x^2 \sin x)^4}}$ **31.** $-\dfrac{(x + 1)\sin(x^2 + 2x)}{2\sqrt[4]{[1 + \cos(x^2 + 2x)]^3}}$

33. $\dfrac{ds}{dt} = -\dfrac{s^2 + 3t^2}{2st}$; $\dfrac{dt}{ds} = -\dfrac{2st}{s^2 + 3t^2}$

35. $\sqrt{3}y + x = 0$, $\sqrt{3}y - x = 0$

37. **(a)** $y' = -\dfrac{y}{x + 3y^2}$; **(b)** $y'' = \dfrac{2xy}{(x + 3y^2)^3}$

39. -15; **45.** $\theta \approx 2.0344$

47. $y = 2(x + 4)$; $y = 2(x - 4)$ **49.** $\frac{13}{3}$

Problem Set 2.8

1. 1296 in.^{3}/s **3.** 392 mi/h **5.** 471 mi/h **7.** 0.258 ft/s

9. 0.0796 ft/s **11.** $\frac{1}{12}$ ft/min **13.** 1.018 in.^{2}/s

15. 15.71 km/min

17. **(a)** $\frac{1}{2}$ ft/s; **(b)** $\frac{5}{2}$ ft/s **(c)** $\frac{1}{24}$ rad/s

19. 110 ft/s **21.** -0.016 ft/h **23.** 13.33 ft/s

25. 4049 ft^3/hr

27. **(a)** -1.125 ft/s; **(b)** -0.08 ft/s^2

29. **(b)** 3 hours

31. $\frac{16}{3}$ ft/s when the girl is at least 30 ft from the light pole and $\frac{80}{17}$ ft/s when she is less than 30 ft from the pole.

Problem Set 2.9

1. $dy = (2x + 1)\,dx$ **3.** $dy = -8(2x + 3)^{-5}\,dx$

5. $dy = 3(\sin x + \cos x)^2(\cos x - \sin x)\,dx$

7. $dy = -\frac{3}{2}(14x + 3)(7x^2 + 3x - 1)^{-5/2}\,dx$

9. $ds = \frac{3}{2}(2t + \csc^2 t)\sqrt{t^2 - \cot t + 2}\,dt$

11.

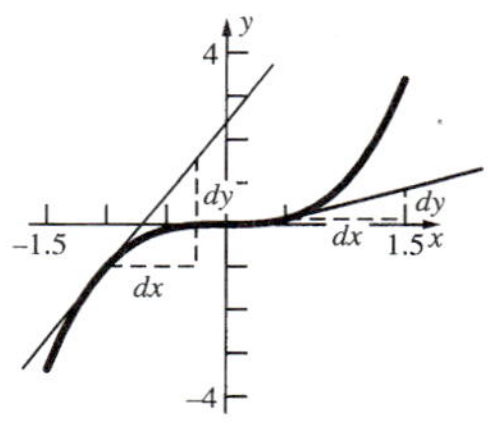

13.

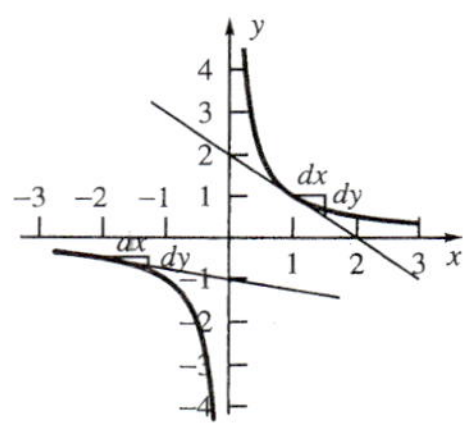

15. **(a)** $\Delta y = -\frac{1}{3}$ **(b)** $\Delta y = -0.3$

17. **(a)** $\Delta y = 67$ $dy = 34$ **(b)** $\Delta y \approx 0.1706$ $dy = 0.17$

19. 5.9917 **21.** 39.27 cm^3 **23.** 893 ft^3 **25.** 12.6 ft

27. 4189 ± 62.8 cm^3; relative error ≈ 0.015

29. 79.097 ± 0.729 cm; relative error ≈ 0.0092

31. $dy = 0.01$; $|\Delta y - dy| \leq 0.000003$ **33.** 8.0125

35. 754 cm^3

37. $L(x) = 4x - 4$

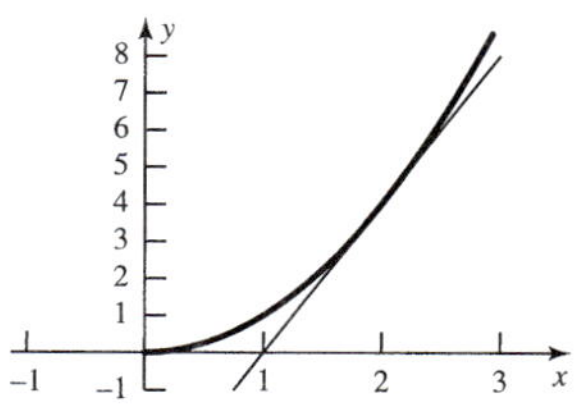

39. $L(x) = x$

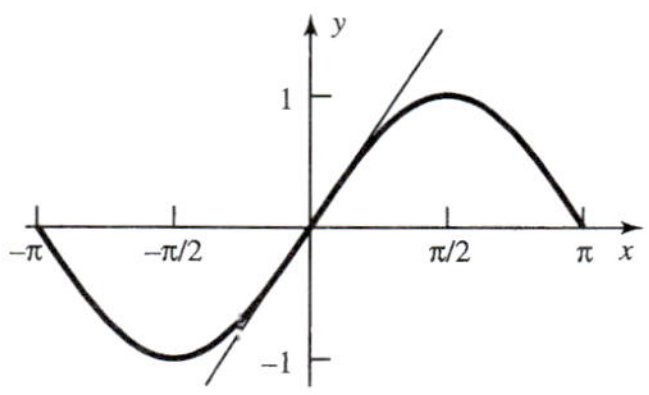

41. $L(x) = 1$

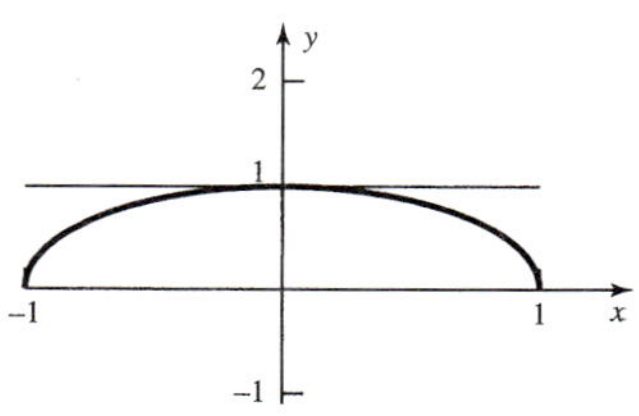

43. $L(x) = x$

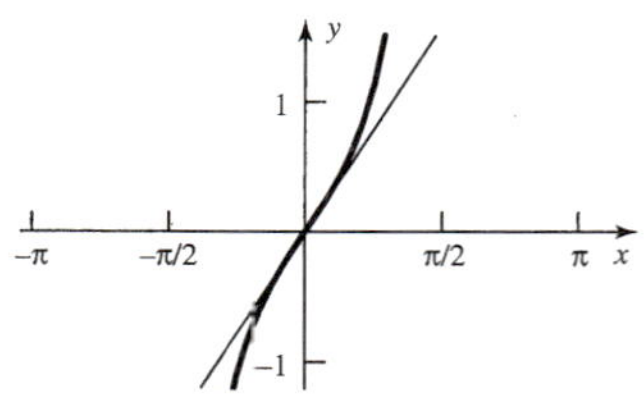

45. $L(x) = f(x)$

Chapter Review 2.10

Concepts Test

1. False **3.** True **5.** True **7.** True **9.** True
11. True **13.** False **15.** True **17.** False **19.** True
21. True **23.** True **25.** True **27.** False **29.** True
31. True **33.** True **35.** True **37.** False

Sample Test Problems

1. (a) $9x^2$; **(b)** $10x^4 + 3$; **(c)** $-\dfrac{1}{3x^2}$; **(d)** $-\dfrac{6x}{(3x^2+2)^2}$;
(e) $\dfrac{3}{2\sqrt{3x}}$; **(f)** $3\cos 3x$; **(g)** $\dfrac{x}{\sqrt{x^2+5}}$; **(h)** $-\pi \sin \pi x$

3. (a) $f(x) = 3x$ at $x = 1$; **(b)** $f(x) = 4x^3$ at $x = 2$;
(c) $f(x) = \sqrt{x^3}$ at $x = 1$; **(d)** $f(x) = \sin x$ at $x = \pi$;
(e) $f(x) = \dfrac{4}{x}$ at x; **(f)** $f(x) = -\sin 3x$ at x;
(g) $f(x) = \tan x$ at $x = \dfrac{\pi}{4}$; **(h)** $f(x) = \dfrac{1}{\sqrt{x}}$ at $x = 5$

5. $15x^4$ **7.** $3z^2 + 8z + 2$ **9.** $\dfrac{-24t^2 + 60t + 10}{(6t^2 + 2t)^2}$

11. $\dfrac{-4x^4 + 10x^2 + 2}{(x^3 + x)^2}$ **13.** $-\dfrac{x}{\sqrt{(x^2+4)^3}}$

15. $-\sin\theta + 6\sin^2\theta\cos\theta - 3\cos^3\theta$ **17.** $2\theta\cos(\theta^2)$

19. $2\pi\sin(\sin(\pi\theta))\cos(\sin(\pi\theta))\cos(\pi\theta)$ **21.** $3\sec^2 3\theta$

23. 672 **25.** $\dfrac{-\csc^2 x - 2x\cot x\tan x^2}{\sec x^2}$ **27.** $16 - 4\pi$

29. 458.8

31. $F'(r(x) + s(x))(r''(x) + s''(x))$
$+ (r'(x) + s'(x))^2 F''(r(x) + s(x)) + s''(x)$

33. $27z^2\cos(9z^3)$

35. 314 m^3 per meter increase in the radius. **37.** 0.167 ft/min

39. (a) $(1, 3)$ **(b)** $a(1) = -6, a(3) = 6$; **(c)** $(2, \infty)$

41. (a) $\dfrac{1-x}{y}$; **(b)** $-\dfrac{y^2 + 2xy}{x^2 + 2xy}$; **(c)** $\dfrac{x^2y^3 - x^2}{y^2 - x^3y^2}$;
(d) $\dfrac{2x - \sin(xy) - xy\cos(xy)}{x^2\cos(xy)}$; **(e)** $-\dfrac{\tan(xy) + xy\sec^2(xy)}{x^2\sec^2(xy)}$

43. 0.0714

45. (a) 84; **(b)** 23; **(c)** 20; **(d)** 26

47. 104 mi/h

49. (a) $\cot\theta\,|\sin\theta|$; **(b)** $-\tan\theta\,|\cos\theta|$

Chapter 3 Review and Preview Problems

1. $(2, 3)$ **3.** $(-\infty, 0] \cup [1, 2]$
5. $(-\infty, -2) \cup [0, 2) \cup (2, \infty)$
7. $8(2x + 1)^3$ **9.** $-2(x^2 - 1)\sin 2x + 2x\cos 2x$

11. $6(\sec^2 3x)(\tan 3x)$ **13.** $\dfrac{\cos\sqrt{x}}{2\sqrt{x}}$

15. $x = k\pi$, where k is an integer
17. $x = (2k + 1)\pi/2$, where k is an integer

19. $\dfrac{\sqrt{x^2+1}}{4} + \dfrac{4-x}{10}$

21. (a) $x^2 + 3$ is one such function
(b) $-\cos x + 8$ is one such function
(c) $\dfrac{1}{3}x^3 + \dfrac{1}{2}x^2 + x + 2$ is one such function

Problem Set 3.1

1. Critical points: $-2, 0, 2, 4$; maximum value 10; minimum value 1
3. Critical points: $-2, -1, 0, 1, 2, 3, 4$; maximum value 3; minimum value 1
5. Critical points: $-4, -2, 0$; maximum value 4, minimum value 0
7. Critical points: $-2, -\frac{3}{2}, 1$; maximum value 4, minimum value $-\frac{9}{4}$
9. Critical points: $-1, 1$; No maximum value, minimum value -1
11. Critical points: $-1, 3$; No maximum value, no minimum value
13. Critical points: $-2, -1, 0, 1, 2$; maximum value 10; minimum value 1
15. Critical point: 0; maximum value 1, no minimum value
17. Critical points: $-\frac{\pi}{4}, \frac{\pi}{6}$; Maximum value $\frac{1}{2}$, minimum value $-\dfrac{1}{\sqrt{2}}$
19. Critical points: $0, 1, 3$; maximum value 2, minimum value 0
21. Critical points: $-1, 0, 27$; Maximum value 3, minimum value -1
23. Critical points: $0, \pi, 2\pi, 3\pi, 4\pi, 5\pi, 6\pi, 7\pi, 8\pi$; maximum value 1; minimum value -1
25. Critical points: $-\dfrac{\pi}{4}, 0, \dfrac{\pi}{4}$; maximum value $\dfrac{\pi^2\sqrt{2}}{16}$; minimum value: 0
27. (a) Critical points: $-1, 2 - \dfrac{\sqrt{33}}{3}, 2 + \dfrac{\sqrt{33}}{3}, 5$; maximum value ≈ 2.04; minimum value ≈ -26.04
(b) Critical points: $-1, -0.4836, 2 - \dfrac{\sqrt{33}}{3}, 0.7172, 2 + \dfrac{\sqrt{33}}{3}, 5$; maximum value ≈ 26.04; minimum value $= 0$

29. Answers will vary. One possibility:

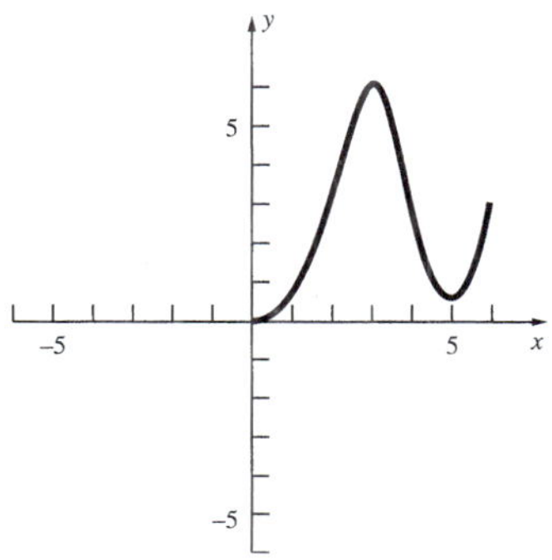

31. Answers will vary. One possibility:

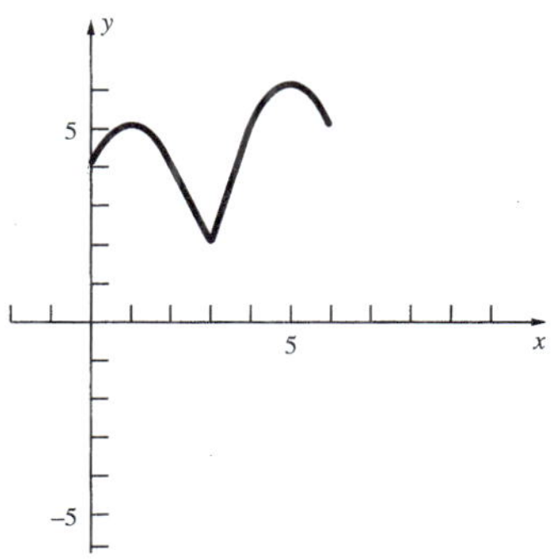

33. Answers will vary. One possibility:

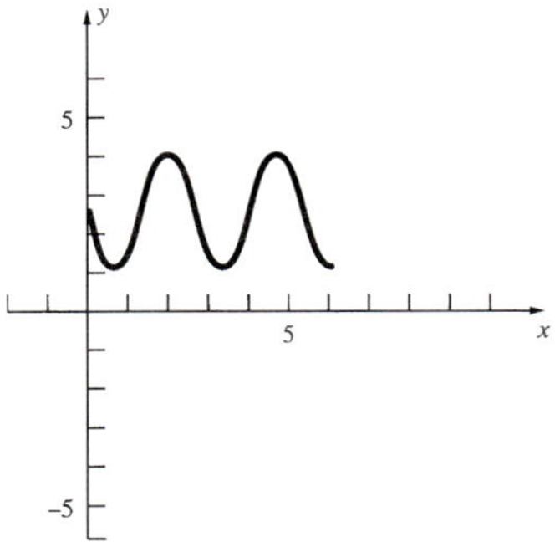

35. Answers will vary. One possibility:

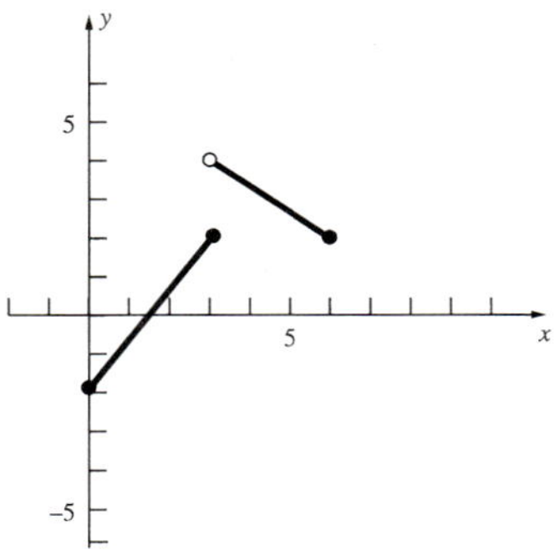

Problem Set 3.2

1. Increasing on $(-\infty, \infty)$
3. Increasing on $[-1, \infty)$, decreasing on $(-\infty, -1]$
5. Increasing on $(-\infty, 1] \cup [2, \infty)$, decreasing on $[1, 2]$
7. Increasing on $[2, \infty)$, decreasing on $(-\infty, 2]$
9. Increasing on $\left[0, \frac{\pi}{2}\right] \cup \left[\frac{3\pi}{2}, 2\pi\right]$, decreasing on $\left[\frac{\pi}{2}, \frac{3\pi}{2}\right]$
11. Concave up for all x; no inflection points
13. Concave up on $(0, \infty)$, concave down on $(-\infty, 0)$; inflection point $(0, 0)$
15. Concave up on $(-\infty, -1) \cup (4, \infty)$, concave down on $(-1, 4)$; inflection points $(-1, -19)$ and $(4, -499)$
17. Concave up for all x; no inflection points
19. Increasing on $(-\infty, -2] \cup [2, \infty)$, decreasing on $[-2, 2]$; concave up on $(0, \infty)$, concave down on $(-\infty, 0)$

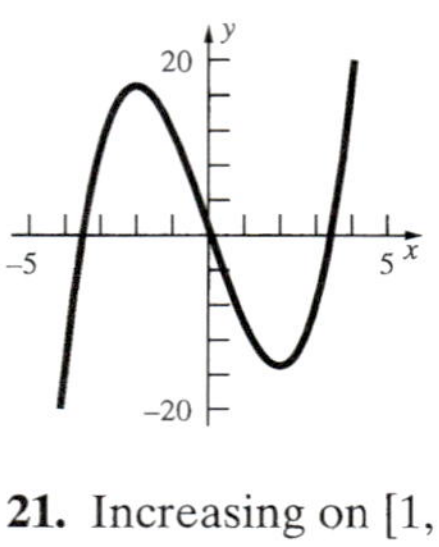

21. Increasing on $[1, \infty)$, decreasing on $(-\infty, 1]$; concave up on $(-\infty, 0) \cup \left(\frac{2}{3}, \infty\right)$, concave down on $\left(0, \frac{2}{3}\right)$

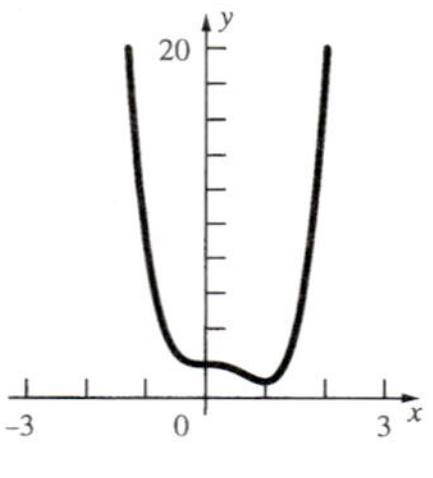

23. Increasing on $(-\infty, -1] \cup [1, \infty)$, decreasing on $[-1, 1]$; concave up on $\left(-\frac{1}{\sqrt{2}}, 0\right) \cup \left(\frac{1}{\sqrt{2}}, \infty\right)$, concave down on $\left(-\infty, -\frac{1}{\sqrt{2}}\right) \cup \left(0, \frac{1}{\sqrt{2}}\right)$.

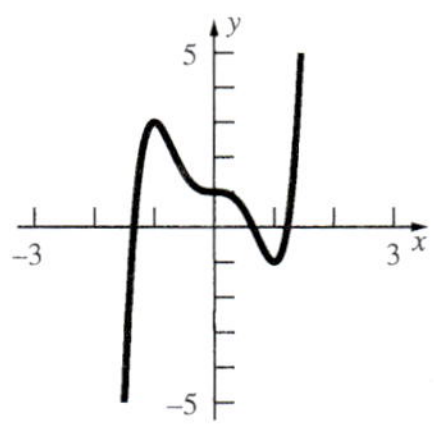

25. Increasing on $\left[0, \frac{\pi}{2}\right]$, decreasing on $\left[\frac{\pi}{2}, \pi\right]$; concave down on $(0, \pi)$.

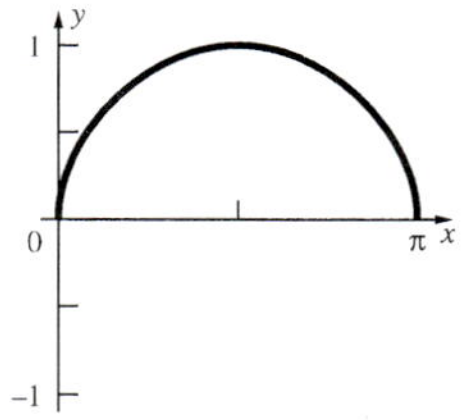

27. Increasing on $\left[0, \frac{2}{5}\right]$, decreasing on $(-\infty, 0] \cup \left[\frac{2}{5}, \infty\right)$; concave up on $\left(-\infty, -\frac{1}{5}\right)$, concave down on $\left(-\frac{1}{5}, 0\right) \cup (0, \infty)$.

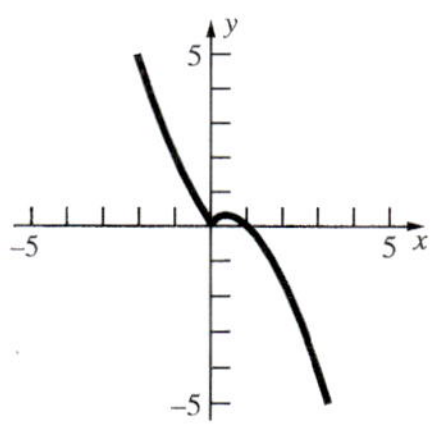

29.

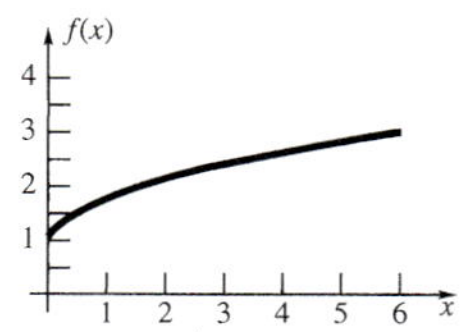

31.

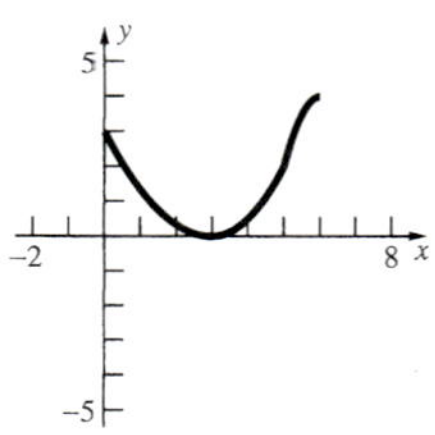

33.

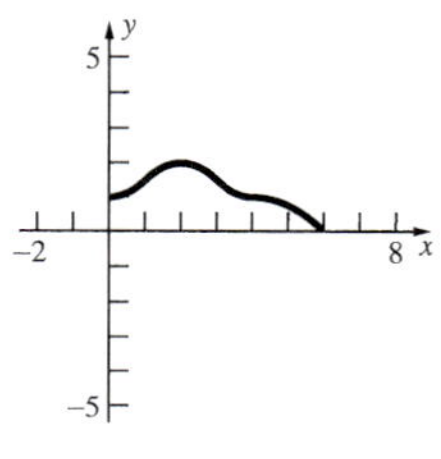

41. $a = \frac{39}{8}, b = \frac{13}{2}$

43. **(a)** No conditions needed;
(b) $f(x) > -\dfrac{f'(x)}{g'(x)}g(x)$ for all x;
(c) No conditions needed

45. **(a)**

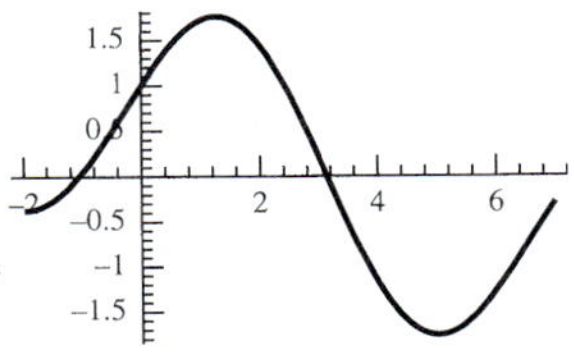

(b) $(1.3, 5)$; **(c)** $(-0.25, 3.1) \cup (6.5, 7]$

(d)

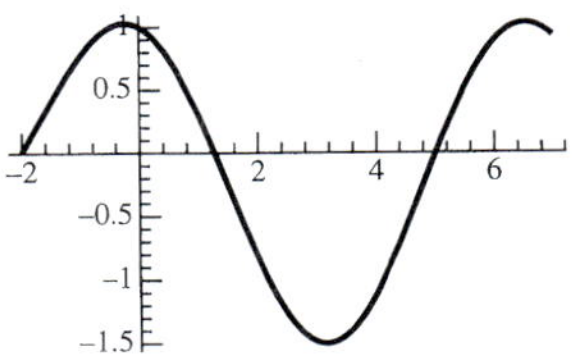

(e)

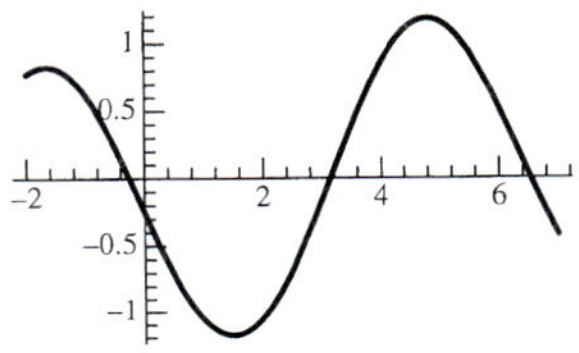

47. $[-0.598, 0.680]$

49. **(a)** $\dfrac{ds}{dt} = ks$, k a constant; **(b)** $\dfrac{d^2s}{dt^2} > 0$
(c) $\dfrac{d^3s}{dt^3} < 0, \dfrac{d^2s}{dt^2} > 0$ **(d)** $\dfrac{d^2s}{dt^2} = 10$ mph/min
(e) $\dfrac{ds}{dt}$ and $\dfrac{d^2s}{dt^2}$ are approaching zero. **(f)** $\dfrac{ds}{dt}$ is constant.

51. **(a)** $\dfrac{dC}{dt} > 0, \dfrac{d^2C}{dt^2} > 0$, where C is the car's cost. Concave up.
(b) $f(t)$ is oil consumption at time t. $\dfrac{df}{dt} < 0, \dfrac{d^2f}{dt^2} > 0$. Concave up.
(c) $\dfrac{dP}{dt} > 0, \dfrac{d^2P}{dt^2} < 0$, where P is world population. Concave down.
(d) $\dfrac{d\theta}{dt} > 0, \dfrac{d^2\theta}{dt^2} > 0$, where θ is the angle that the tower makes with the vertical. Concave up.
(e) $P = f(t)$ is profit at time t. $\dfrac{dP}{dt} > 0, \dfrac{d^2P}{dt^2} < 0$. Concave down.
(f) R is revenue at time t. $R < 0, \dfrac{dR}{dt} > 0$. Could be either concave up or down.

53. $h(t) = \sqrt[3]{\dfrac{2400}{\pi}t + 27000} - 30$

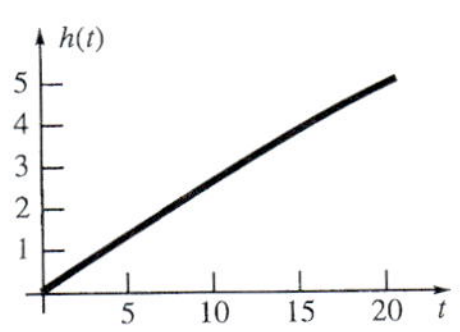

55.

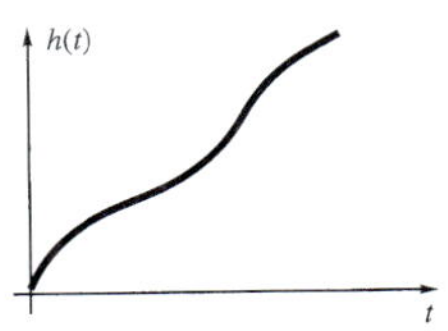

57. **(a)**

Depth	V	$A \approx \Delta V$	$r \approx \sqrt{\Delta V/\pi}$
1	4	4	1.13
2	8	4	1.13
3	11	3	0.98
4	14	3	0.98
5	20	6	1.38
6	28	8	1.60

(b)

Depth	V	$A \approx \Delta V$	$r \approx \sqrt{\Delta V/\pi}$
1	4	4	1.13
2	9	5	1.26
3	12	3	0.98
4	14	2	0.80
5	20	6	1.38
6	28	8	1.60

Problem Set 3.3

1. Critical points: 0, 4; local minimum at $x = 4$; local maximum at $x = 0$
3. No critical points; no local minima or maxima on $\left(0, \frac{\pi}{4}\right)$
5. Critical point: 0; local minimum at $\theta = 0$
7. Critical points $-2, 2$; local minimum at $x = -2$, local maximum at $x = 2$
9. Critical point $-\dfrac{\sqrt[3]{4}}{2}$; local minimum at $-\dfrac{\sqrt[3]{4}}{2}$
11. Critical points: $-1, 1$; local minimum value $f(1) = -2$; local maximum value $f(-1) = 2$
13. Critical points $0, \frac{3}{2}$; local minimum value $H\left(\frac{3}{2}\right) = -\frac{27}{16}$; no local maximum
15. Critical point: 2; no local minimum values; local maximum value $g(2) = \pi$
17. No critical points
No local minimum or maximum values
19. No critical points
No local minimum or maximum values
21. Maximum value $f(\pi/4) = 1$; minimum value $f(0) = f(\pi/2) = 0$
23. Maximum value $g(4) = \dfrac{1}{6}$; minimum value $g(0) = 0$
25. Maximum value $F(9/16) = 9/4$; minimum value $F(4) = -4$
27. Minimum value $f(\tan^{-1}(4/3)) = 125$; no maximum value
29. Maximum value $H(-2) = H(2) = 3$; minimum value $H(-1) = H(1) = 0$
31. Local minimum at $x = 0$
33. Local minimum at $x = 4$; local maximum at $x = 3$
35. No local extrema
37. Answers will vary. One possibility:

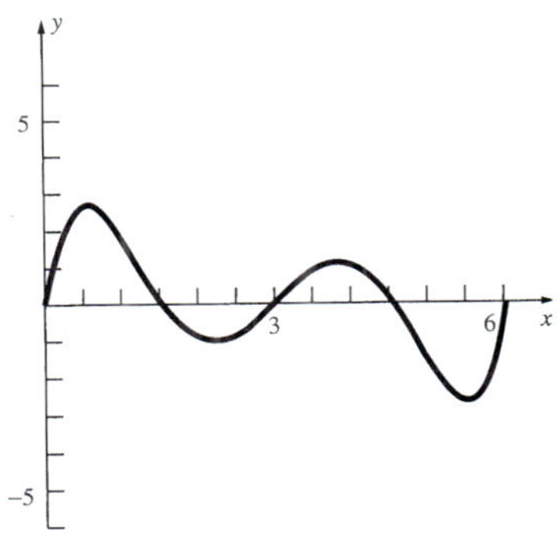

39. Answers will vary. One possibility:

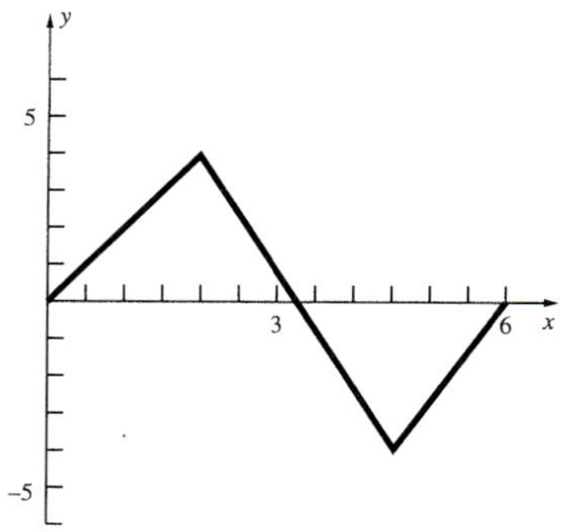

41. Answers will vary. One possibility:

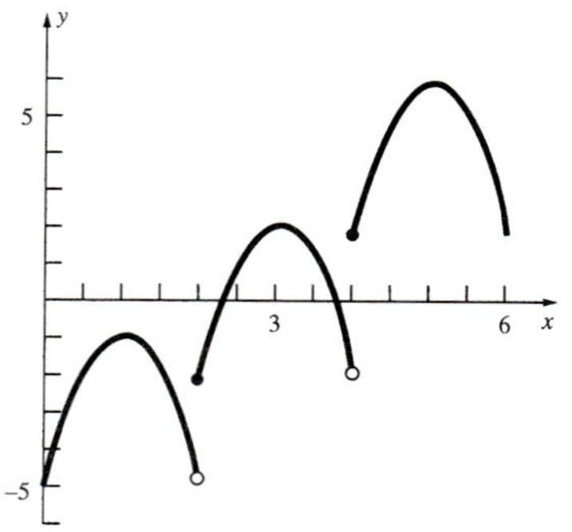

45. f has an inflection point at c.

Problem Set 3.4

1. −4 and 4 **3.** $\frac{1}{16}$ **5.** $\left(-\frac{3}{\sqrt{2}}, \frac{9}{2}\right), \left(\frac{3}{\sqrt{2}}, \frac{9}{2}\right)$ **7.** $\frac{1}{2}$

9. 1024 in^3 **11.** $x = 10$ ft, $y = 40$ ft

13. $x = 15\sqrt{3}$ ft, $y = 20\sqrt{3}$ ft

15. $x = \dfrac{10\sqrt{5}}{\sqrt{3}}$ ft, $y = 6\sqrt{15}$ ft **17.** $P(2\sqrt{2}, 2), Q(0, 0)$

19. $\dfrac{6}{\sqrt{7}}$ miles down the shore from P **21.** At the town

23. about 8:09 A.M. **25.** $\dfrac{4\pi\sqrt{3}}{9}r^3$

27. $h = \sqrt{2}r$, $x = \dfrac{r}{\sqrt{2}}$ where h = height of the cylinder, x = radius of the cylinder, r = radius of the sphere

29. (a) 43.50 cm from one end; shorter length bent to form square
(b) No cut, wire bent to form square

31. height $= \left(\dfrac{3V}{\pi}\right)^{1/3}$, radius $= \frac{1}{2}\left(\dfrac{3V}{\pi}\right)^{1/3}$

33. $r = \sqrt{A}, \theta = 2$ **35.** 4 by 8

37. $r = \sqrt{A/(6\pi)}$, $h = 2r$

39. Maximum area is for a square. **41.** $\pi/3$

43. $x = 1, y = 3, z = 3$

45. (a) $x = 2a/3$ maximizes area of A.
(b) $x = 2a/3$ minimizes area of B.
(c) $x = 3a/4$ minimizes length z.

47. (a) $L' = 3, L = 4, \phi = 90°$; **(b)** $L' = 5, L = 12, \phi = 90°$;
(c) $\phi = 90°, L = \sqrt{m^2 - h^2}, L' = h$

49. $t \approx 13.8279$, distance ≈ 0.047851 million miles

51. $5\sqrt{5}$ ft

53. (a) $b = \left(\sum_{i=1}^{n} x_i y_i - 5\sum_{i=1}^{n} x_i\right) \Big/ \sum_{i=1}^{n} x_i^2$ **(b)** $b \approx 3.0119$
(c) 50.179 hours

55. $p(n) = 300 - \dfrac{n}{2}$; $R(n) = 300n - \dfrac{n^2}{2}$

57. $n = 200$

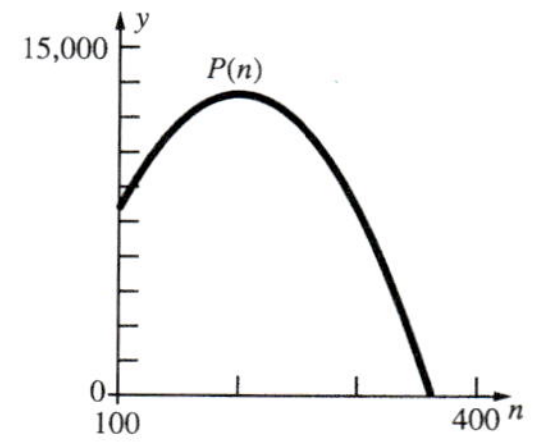

59. \$1.92 per unit; \$1.33

61. (a) $R(x) = 20x + 4x^2 - \dfrac{x^3}{3}$; $\dfrac{dR}{dx} = 20 + 8x - x^2$
(b) $0 \le x \le 10$ **(c)** 4

63. $x_1 = 25$, $\dfrac{dR}{dx} = 0$ at x_1

65. (a) No.
(b) $x = 500$.

67. $P(300) = \$2410$

Problem Set 3.5

1.

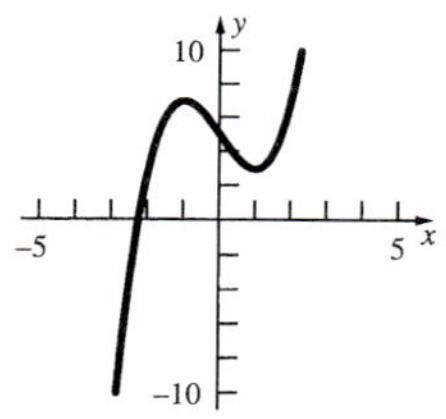

3.

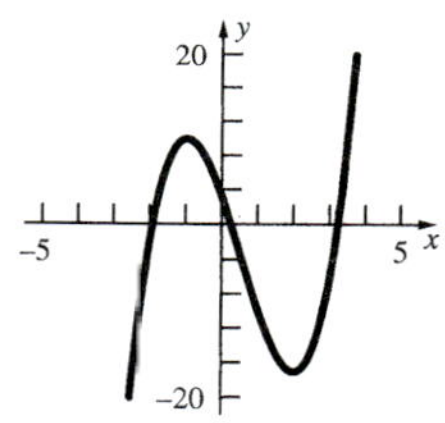

5.

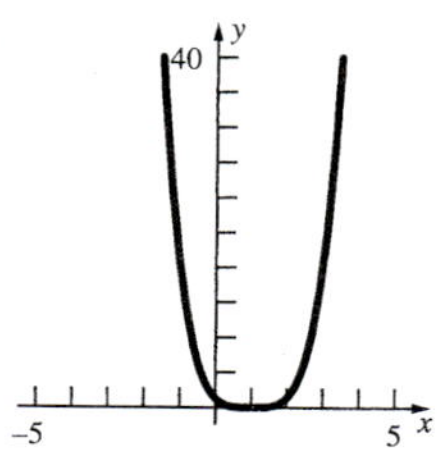

7.

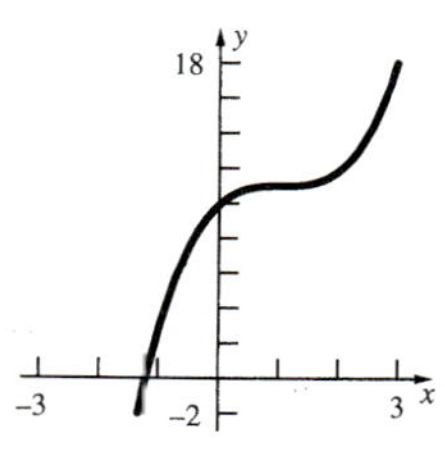

9.

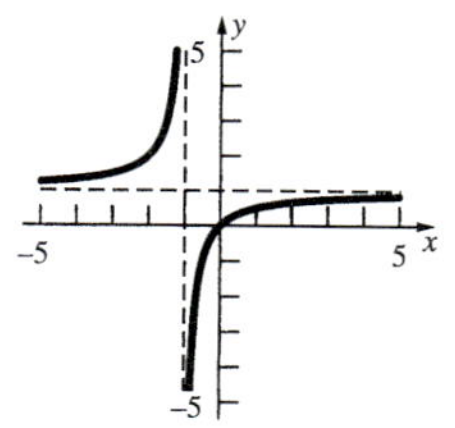

11.

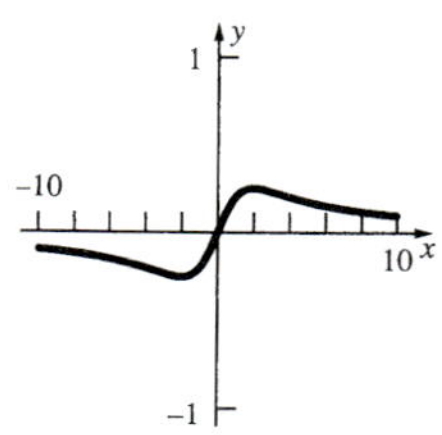

13.

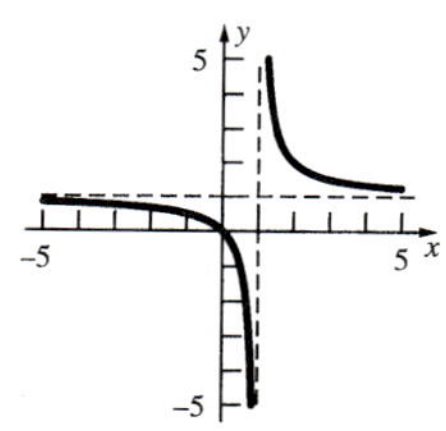

15.

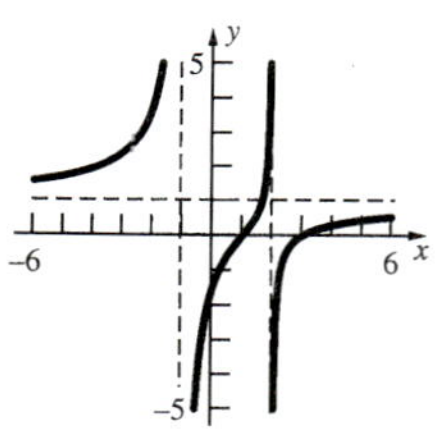

17.

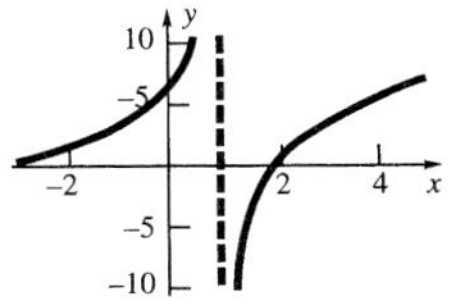

19.

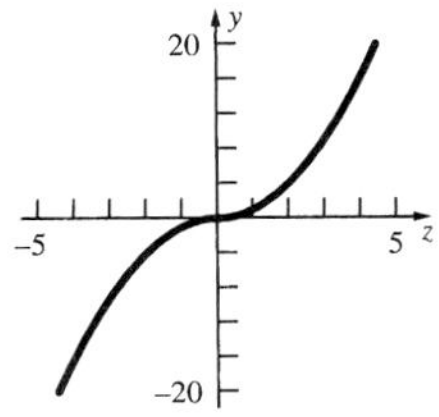

45.

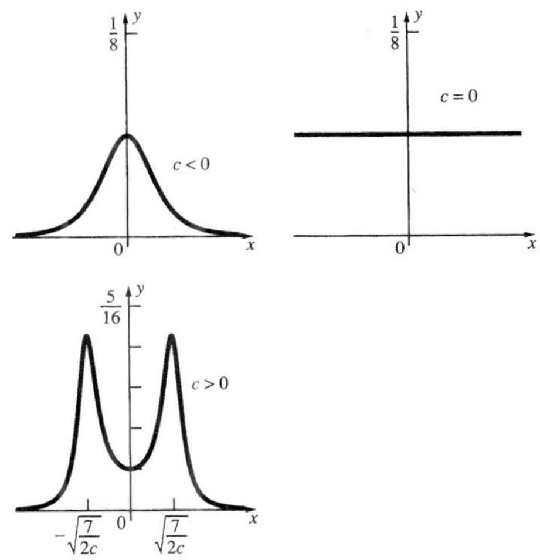

21.

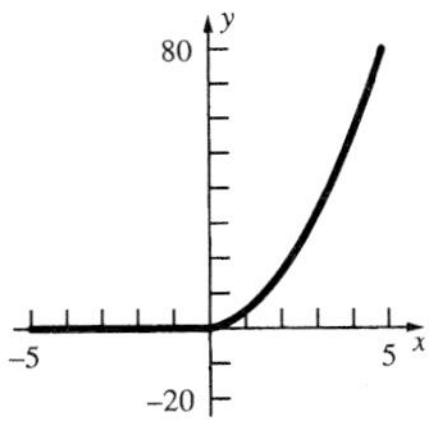

23.

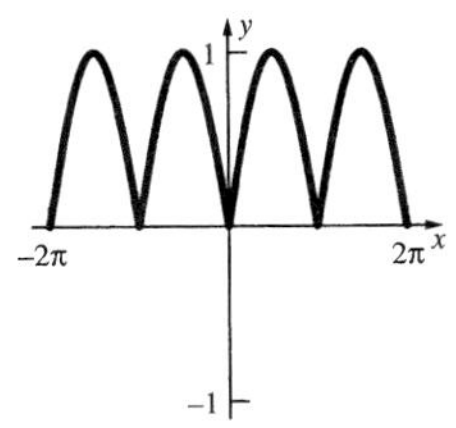

25.

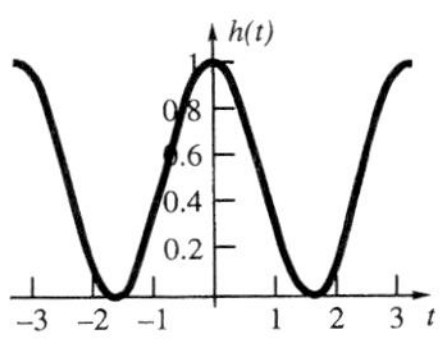

27.

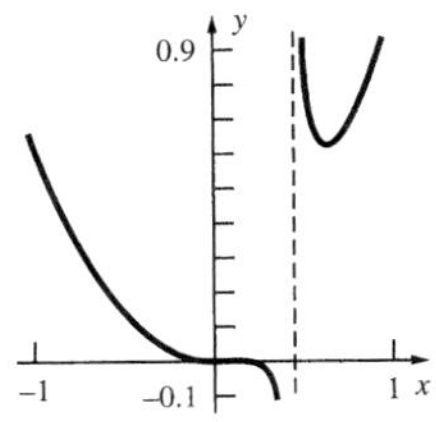

47.

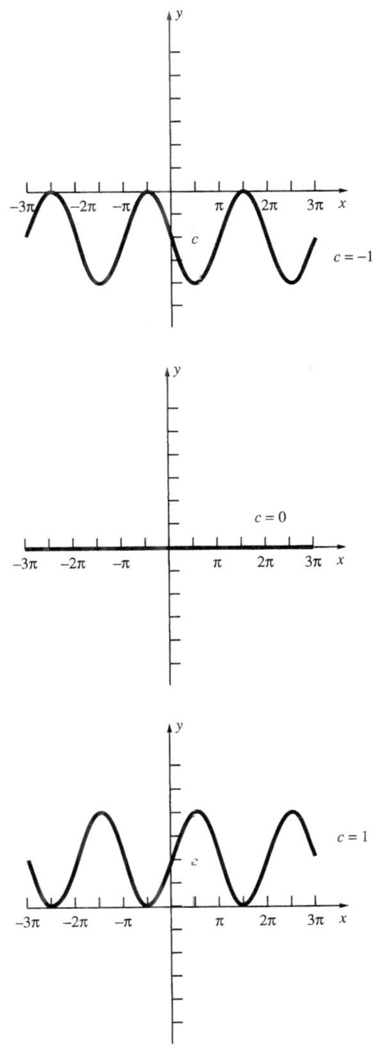

29.

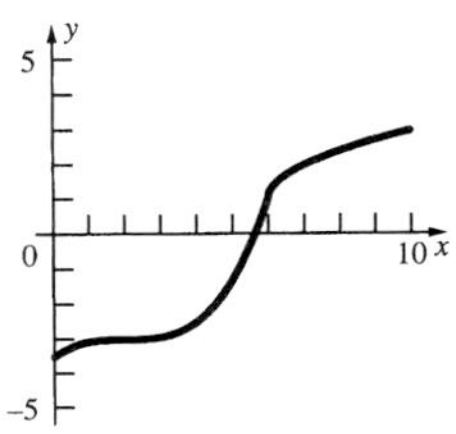

31.

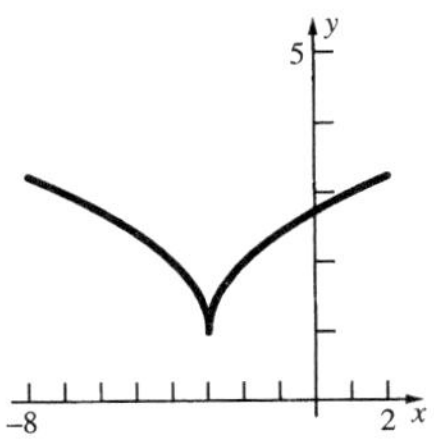

33.

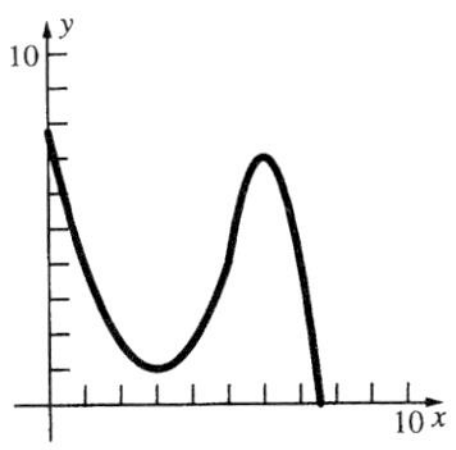

35.

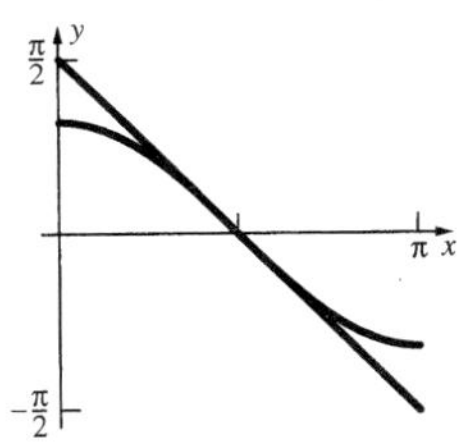

37.

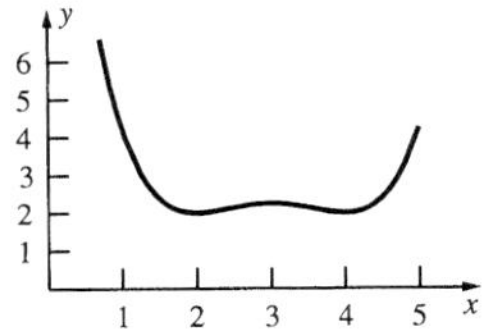

39.

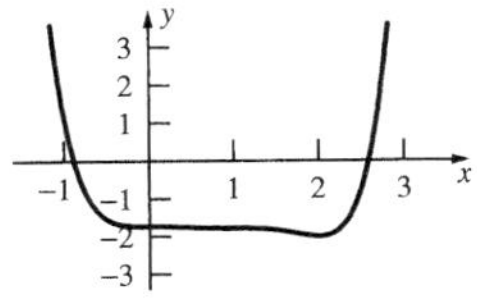

43.

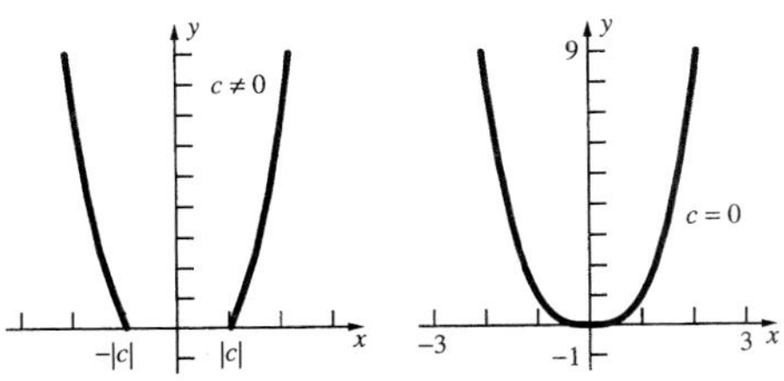

49.

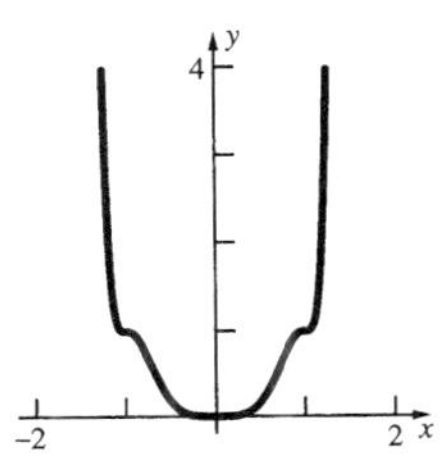

51. (a) Not possible; **(b)** Not possible;
(c)

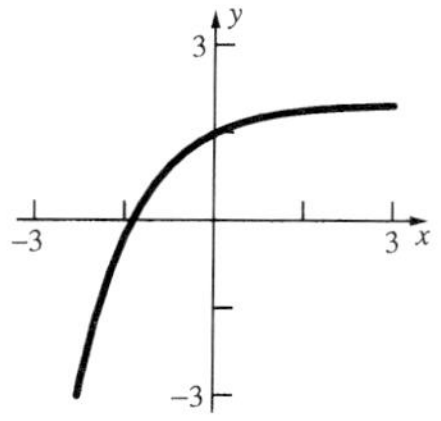

53. (a)

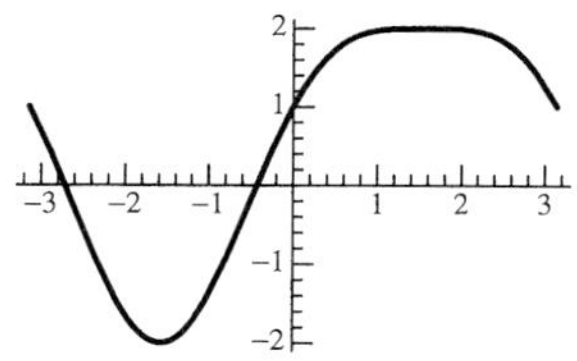

Global minimum: $f\left(-\frac{\pi}{2}\right) = -2$

Global maximum: $f\left(\frac{\pi}{2}\right) = 2$

Inflection points: $\left(-\frac{\pi}{6}, -\frac{1}{4}\right), \left(-\frac{5\pi}{6}, -\frac{1}{4}\right)$

(b)

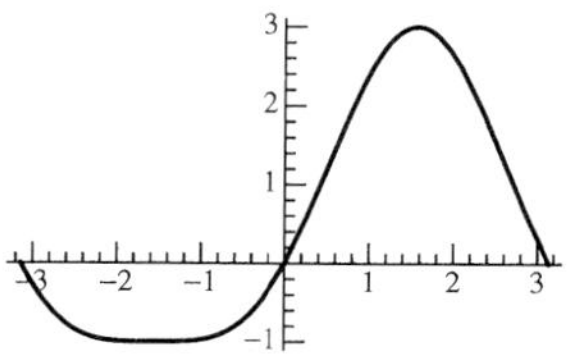

Global minimum: $f\left(-\frac{\pi}{2}\right) = -1$

Global maximum: $f\left(\frac{\pi}{2}\right) = 3$

Inflection points: $\left(\frac{\pi}{6}, \frac{5}{4}\right), \left(\frac{5\pi}{6}, \frac{5}{4}\right)$

(c)

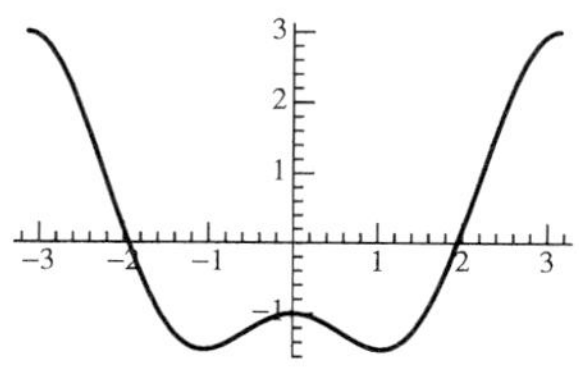

Global minimum: $f\left(-\frac{\pi}{3}\right) = f\left(\frac{\pi}{3}\right) = -1.5$

Global maximum: $f(-\pi) = f(\pi) = 3$

Inflection points: $\approx(-2.206, 0.890), (-0.568, -1.265), (0.568, -1.265), (2.206, 0.890)$

(d)

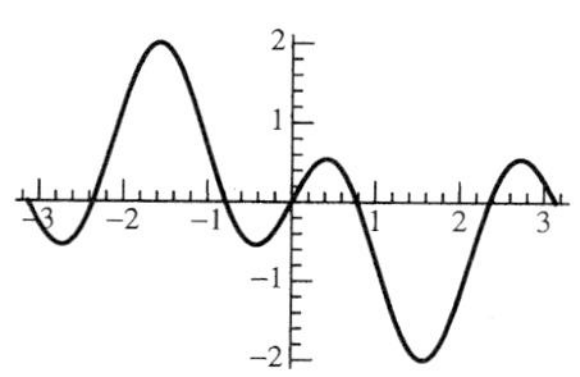

Global minimum: $f\left(\frac{\pi}{2}\right) = -2$

Global maximum: $f\left(-\frac{\pi}{2}\right) = 2$

Inflection points: $(0, 0), \approx(-2.126, 0.755), (-1.016, 0.755), (1.016, -0.755), (2.126, -0.755)$

(e)

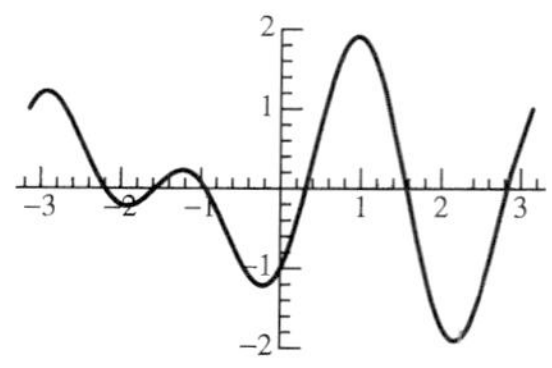

Global minimum: $f(2.17) \approx -1.9$

Global maximum: $f(0.97) \approx 1.9$

Inflection points: $\left(-\frac{\pi}{2}, 0\right), \left(\frac{\pi}{2}, 0\right), \approx(-2.469, 0.542), (-0.673, -0.542), (0.413, 0.408), (2.729, -0.408)$

55. (a) Increasing on $(-\infty, -3] \cup [-1, 0]$ decreasing on $[-3, -1] \cup [0, \infty)$;

(b) Concave up on $(-2, 0) \cup (0, 2)$; concave down on $(-\infty, -2) \cup (2, \infty)$;

(c) Local maximum at $x = -3$; local minimum at $x = -1$;
(d) $x = -2, 2$

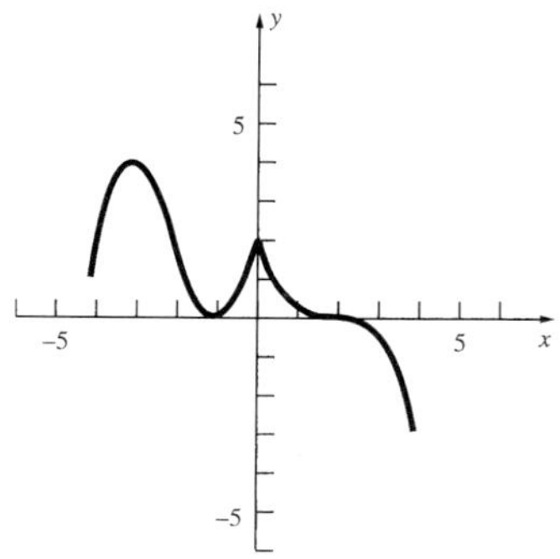

57.

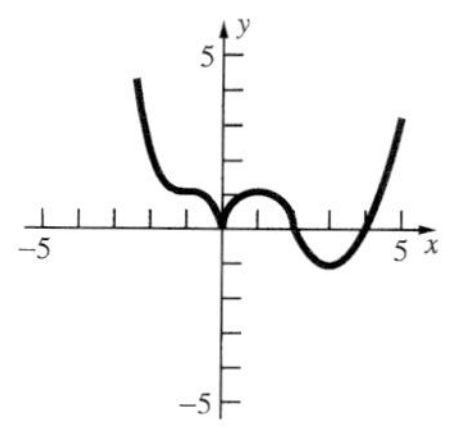

59. (a)

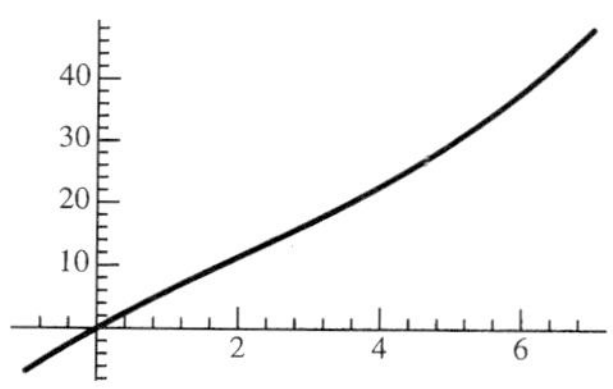

Global minimum: $f(-1) \approx -6.9$

Global maximum: $f(7) \approx 48.0$

Inflection point: $\approx(2.02, 11.4)$

(b)

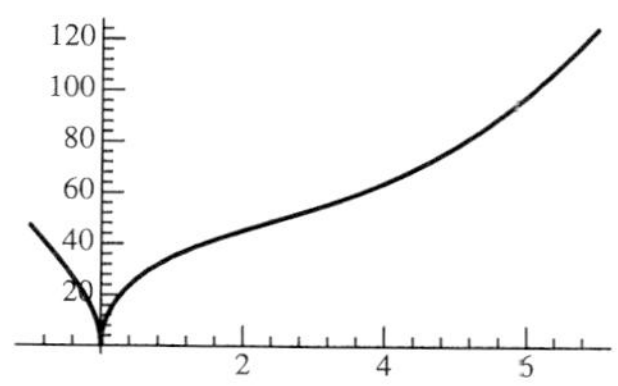

Global minimum: $f(0) = 0$

Global maximum: $f(7) \approx 124.4$

Inflection point: $\approx(2.34, 48.09)$

(c)

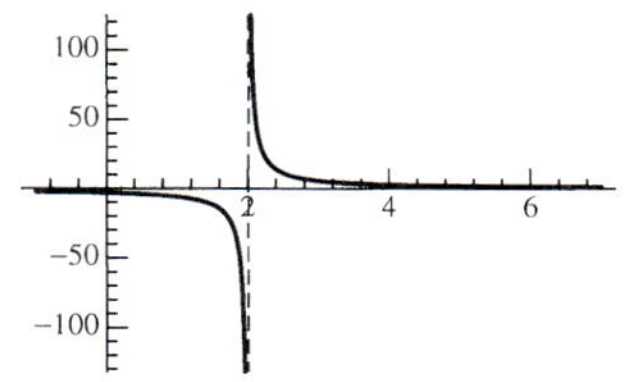

No global minimum or maximum.
No inflections points.

(d)

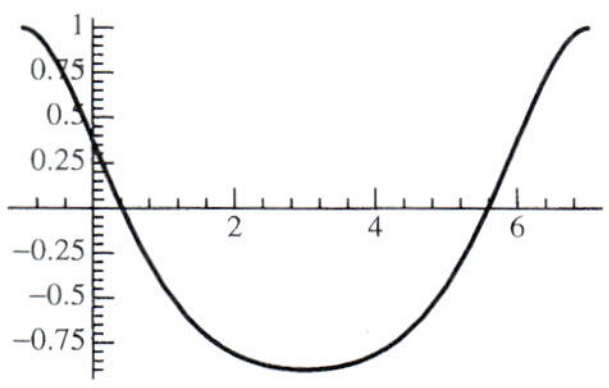

Global minimum: $f(3) \approx -0.9$
Global maximum: $f(-1) = f(7) \approx 1.0$
Inflection points: $\approx(0.05, 0.3)$, $(5.9, 0.3)$

Problem Set 3.6

1. $1 < c < 2$

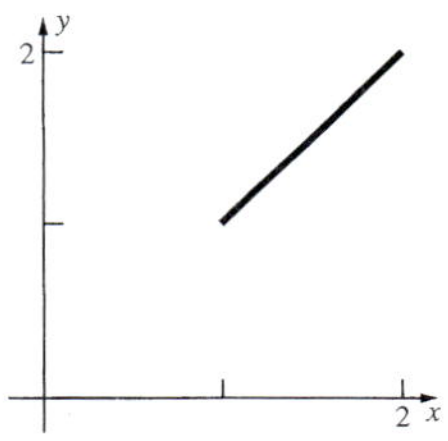

3. $c = 0$

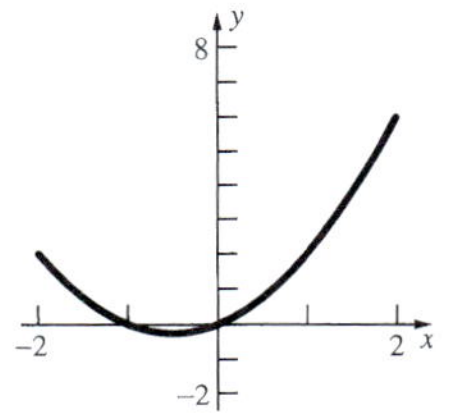

5. $c = -1$

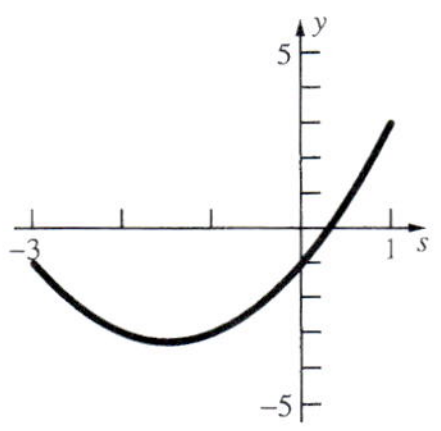

7. $c = 1$

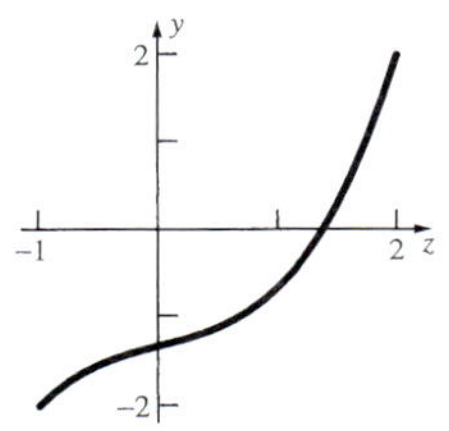

9. $c = 3 - \sqrt{3} \approx 1.27$

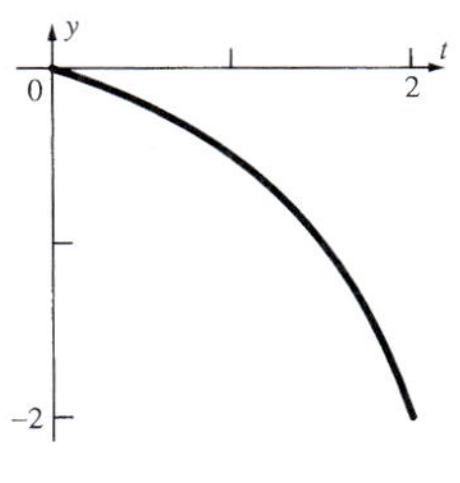

11. $c = \frac{16}{27} \approx 0.59$

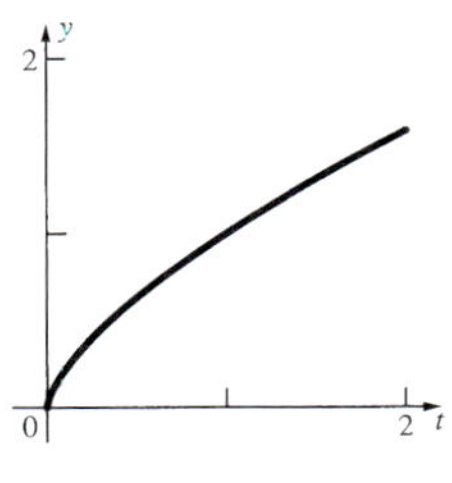

13. $c = \left(\frac{3}{5}\right)^{3/2} \approx 0.46$

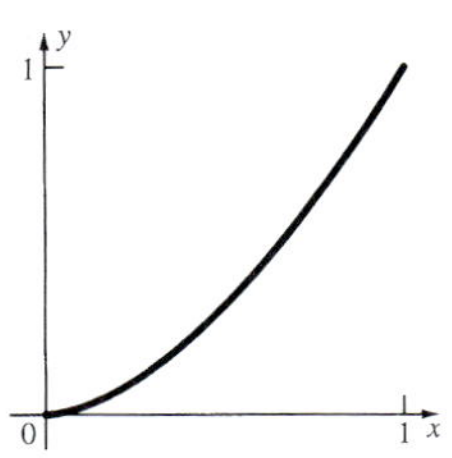

15. $c = \pm\frac{\pi}{2}$

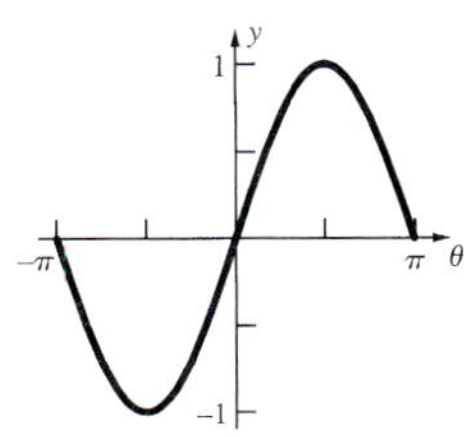

17. Does not apply, $T(\theta)$ not continuous at $\theta = \frac{\pi}{2}$

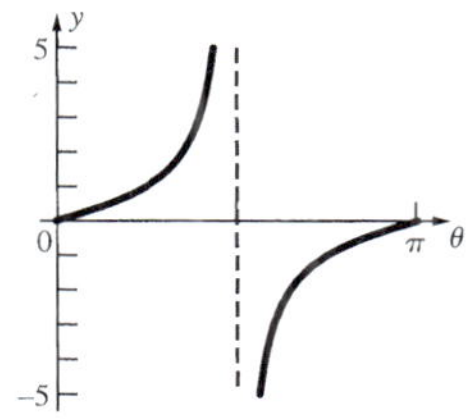

19. $c = \sqrt{2} \approx 1.41$

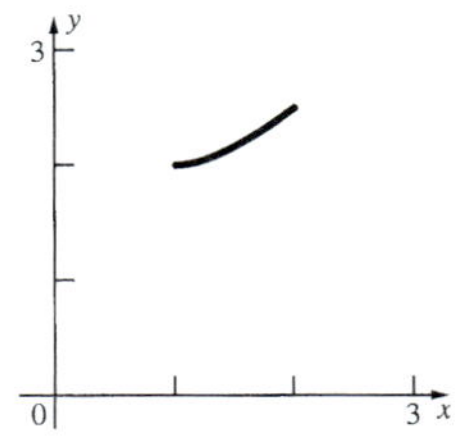

21. Does not apply, $f(x)$ is not differentiable at $x = 0$

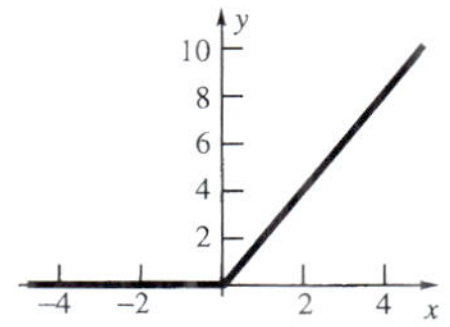

23. $\approx 1.5, 3.75, 7$

Problem Set 3.7

1. 1.46 **3.** 1.11 **5.** −0.12061 **7.** 3.69815
9. 0.45018 **11.** 2, 0.58579, 3.41421 **13.** 0.48095
15. 1.81712
17. Minimum $f(-0.60583) \approx -0.32645$; Maximum $f(1) = 4$
19. Minimum $f(4.493409) \approx -0.21723$
Maximum $f(7.725252) \approx 0.128375$
21. 0.9643 **23.** **(c)** $i = 0.0151308$; $r = 18.157\%$
25. 0.91486 **27.** 2.21756

29. **(a)**

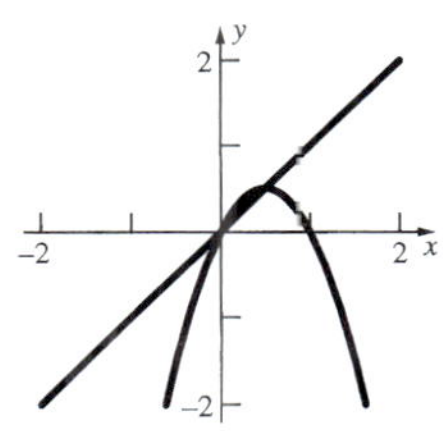

(b) 0.5; **(c)** $\frac{1}{2}$;

31. **(a)** $x_1 = 0, x_2 = 1, x_3 = 1.4142136, x_4 = 1.553774,$ $x_5 = 1.5980532$; **(b)** $x = \frac{1}{2}(1 + \sqrt{5}) \approx 1.618034$
(c) $x = 1.618034$
33. **(a)** $x_1 = 1, x_2 = 2, x_3 = 1.5, x_4 \approx 1.6666667, x_5 = 1.6$
(b) $x = \dfrac{1 + \sqrt{5}}{2} \approx 1.618034.$ **(c)** $(1 + \sqrt{5})/2 \approx 1.618034.$
35. **(a)** The algorithm computes the root of $\frac{1}{x} - a = 0$ for x_1 close to $\frac{1}{a}$. **37.** 20.84 ft.
39. **(a)** (28.0279, 7.1828) **(b)** (6.7728, 45.1031)

Problem Set 3.8

1. $5x + C$ **3.** $\frac{1}{3}x^3 + \pi x + C$ **5.** $\frac{4}{9}x^{9/4} + C$
7. $3\sqrt[3]{x} + C$ **9.** $\frac{1}{3}x^3 - \frac{1}{2}x^2 + C$ **11.** $\frac{2}{3}x^6 - \frac{1}{4}x^4 + C$
13. $\dfrac{27}{8}x^8 + \dfrac{1}{2}x^6 - \dfrac{45}{4}x^4 + \dfrac{\sqrt{2}}{2}x^2 + C$ **15.** $-\dfrac{3}{x} + \dfrac{1}{x^2} + C$
17. $x^4 + \frac{3}{2}x^2 + C$ **19.** $\frac{1}{3}x^3 + \frac{1}{2}x^2 + C$ **21.** $\frac{1}{3}(x + 1)^3 + C$
23. $\frac{2}{9}z^{9/2} + \frac{4}{5}z^{5/2} + 2z^{1/2} + C$ **25.** $-\cos\theta - \sin\theta + C$
27. $\frac{1}{4}(\sqrt{2}x + 1)^4 + C$ **29.** $\frac{1}{21}(5x^3 + 3x - 8)^7 + C$
31. $\frac{9}{16}\sqrt[3]{(2t^2 - 11)^4} + C$ **33.** $\frac{2}{9}(x^3 + 4)^{3/2} + C$
35. $-\frac{1}{5}(1 + \cos x)^5 + C$ **37.** $\frac{1}{2}x^3 + \frac{1}{2}x^2 + C_1x + C_2$

39. $\frac{4}{15}x^{5/2} + C_1x + C_2$ **41.** $\frac{1}{6}x^3 + \frac{1}{2x} + C_1x + C_2$

45. $x^2\sqrt{x-1} + C$ **47.** $\dfrac{5x^3+2}{2\sqrt{x^3+1}} + C$

51. $\frac{1}{2}x^2 + C$ if $x \ge 0$, $-\frac{1}{2}x^2 + C$ if $x < 0$

53. **(a)** $-2\cos(3(x-2)) + C$ **(b)** $\dfrac{1}{2}\cos\dfrac{x}{2} - \dfrac{9}{2}\cos\dfrac{x}{6} + C$
(c) $\dfrac{1}{2}x^2 \sin 2x + C$

Problem Set 3.9

5. $y = \frac{1}{3}x^3 + x + C;\ y = \frac{1}{3}x^3 + x - \frac{1}{3}$

7. $y = \pm\sqrt{x^2 + C};\ y = \sqrt{x^2}$ **9.** $z = \dfrac{3}{C - t^3};\ z = \dfrac{3}{10 - t^3}$

11. $s = \frac{16}{3}t^3 + 2t^2 - t + C;\quad s = \frac{16}{3}t^3 + 2t^2 - t + 100$

13. $y = \frac{1}{10}(2x+1)^5 + C;\quad y = \frac{1}{10}(2x+1)^5 + \frac{59}{10}$

15. $y = \frac{3}{2}x^2 + \frac{1}{2}$ **17.** $v = 5$ cm/s; $s = \frac{22}{3}$ cm

19. $v \approx 2.83$ cm/s; $s \approx 12.6$ cm **21.** 144 ft

23. $v = 32.24$ ft/s; $s = 1198.54$ ft

27. Moon: ≈ 1.470 mi/s; Venus: ≈ 6.257 mi/s
Jupiter: ≈ 36.812 mi/s; Sun: ≈ 382.908 mi/s

29. 2.2 ft/s^2 **31.** 5500 m

33. **(a)**

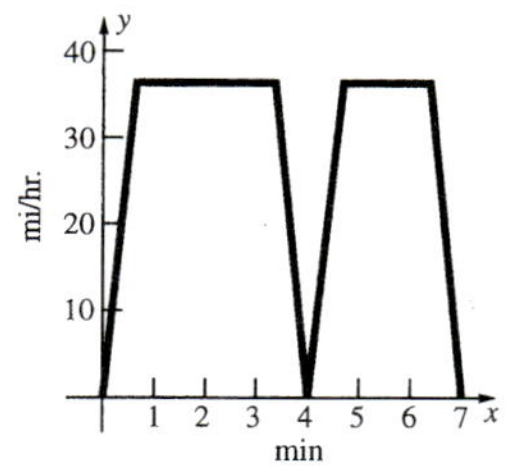

(b) 36 mi/h;
(c) 0.9 mi/min^2

35. **(a)** $\dfrac{dV}{dt} = C_1\dfrac{\sqrt{V}}{10}$, $V(0) = 1600$, $V(40) = 0$;
(b) $V = \frac{1}{400}(-20t + 800)^2$; **(c)** 900 cm^3

37. **(a)** $v(t) = \begin{cases} -32t & \text{for } 0 \le t < 1 \\ -32(t-1) + 24 & \text{for } 1 < t \le 2.5 \end{cases}$
(b) $t \approx 0.66, 1.75$ s

Chapter Review 3.10

Concepts Test

1. True **3.** True **5.** True **7.** True **9.** True
11. False **13.** True **15.** True **17.** True **19.** False
21. False **23.** False **25.** True **27.** True **29.** True
31. False **33.** True **35.** True **37.** False **39.** True
41. True **43.** True **45.** False **47.** True

Sample Test Problems

1. Critical points: 0, 1, 4; minimum value $f(1) = -1$; maximum value $f(4) = 8$

3. Critical points: $-2, -\frac{1}{2}$; minimum value $f(-2) = \frac{1}{4}$; maximum value $f\left(-\frac{1}{2}\right) = 4$

5. Critical points: $-\frac{1}{2}$, 0, 1; minimum value $f(0) = 0$; maximum value $f(1) = 1$

7. Critical points: $-2, 0, 1, 3$; minimum value $f(1) = -1$; maximum value $f(3) = 135$

9. Critical points: $-1, 0, 2, 3$; minimum value $f(2) = -9$; maximum value $f(3) = 88$

11. Critical points: $\frac{\pi}{4}, \frac{\pi}{2}, \frac{4\pi}{3}$; minimum value $f\left(\frac{4\pi}{3}\right) \approx -0.87$; maximum value $f\left(\frac{\pi}{2}\right) = 1$

13. Increasing: $\left(-\infty, \frac{3}{2}\right]$; concave down: $(-\infty, \infty)$

15. Increasing: $(-\infty, -1] \cup [1, \infty)$; concave down: $(-\infty, 0)$

17. Increasing: $\left[0, \frac{1}{5}\right]$; concave down: $\left(\frac{3}{20}, \infty\right)$

19. Increasing: $\left(-\infty, \frac{3}{4}\right]$; concave down: $(-\infty, 0) \cup \left(\frac{1}{2}, \infty\right)$

21. Increasing: $\left(-\infty, 0\right] \cup \left[\frac{8}{3}, \infty\right)$; decreasing: $\left[0, \frac{8}{3}\right]$;
Local minimum value $f\left(\frac{8}{3}\right) = -\frac{256}{27}$
Local maximum value $f(0) = 0$
Inflection point: $\left(\frac{4}{3}, -\frac{128}{27}\right)$

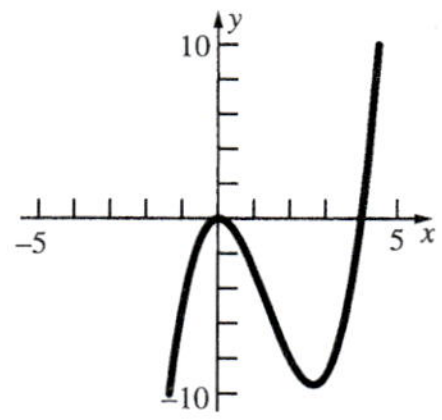

23.

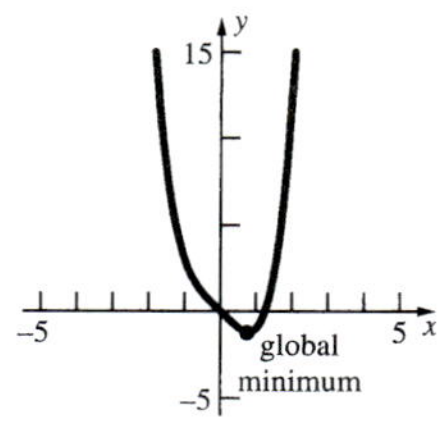

25.

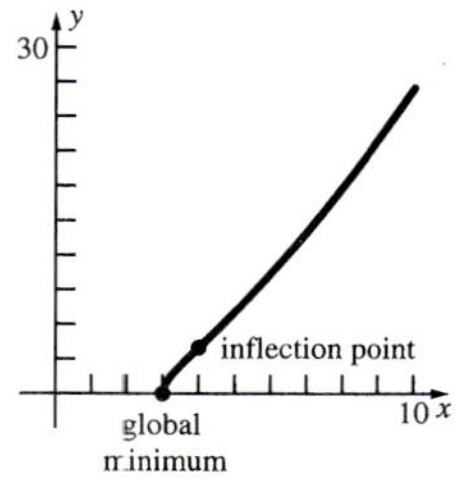

27.

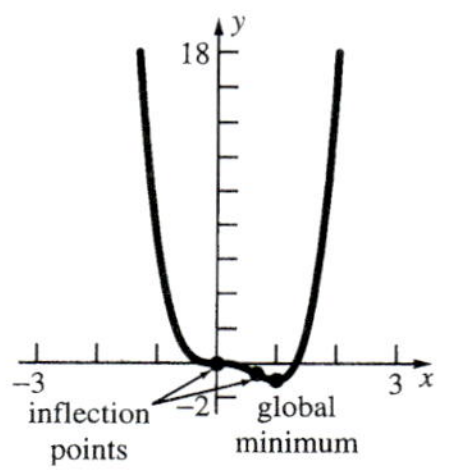

29.

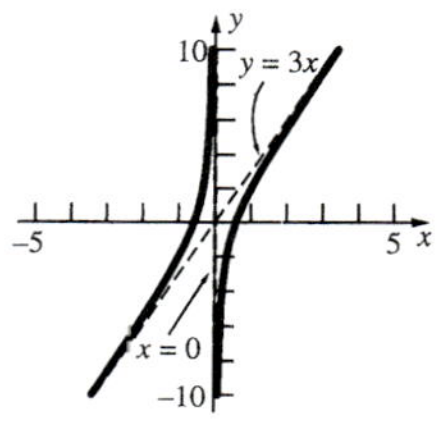

31.

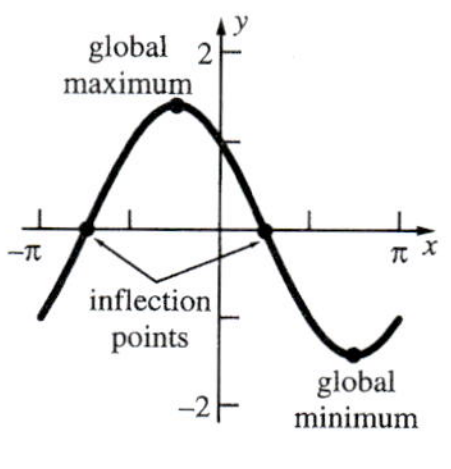

33.

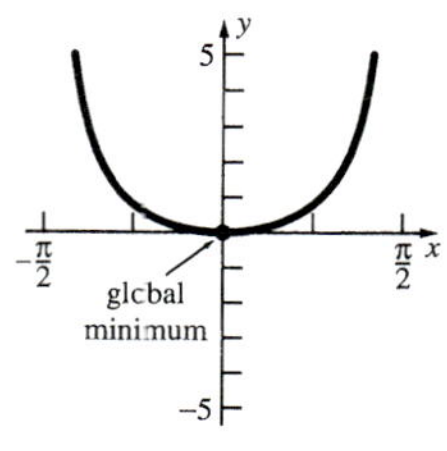

35.

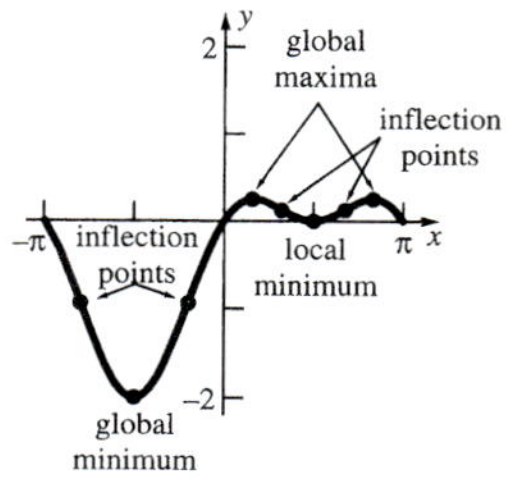

37.

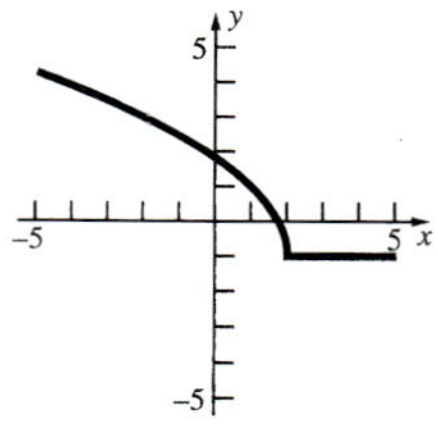

39.

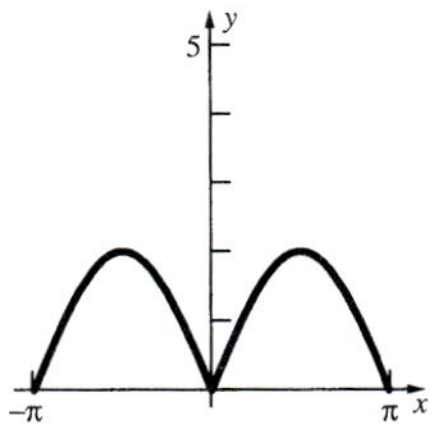

41. 11.18 ft **43.** $r = 4\sqrt[3]{2}, h = 8\sqrt[3]{2}$

45. (a) $c = \pm\sqrt{3}$

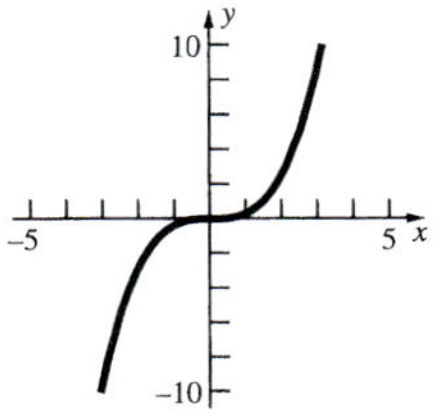

(b) Does not apply, $F'(0)$ does not exist.

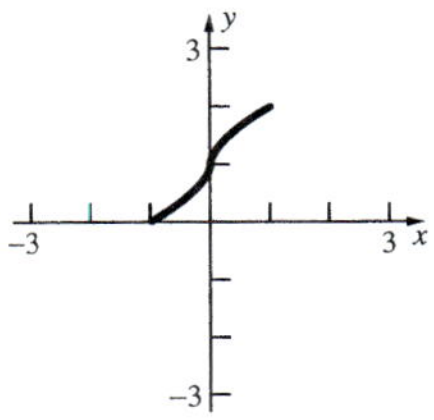

(c) $c = 1 + \sqrt{2}$

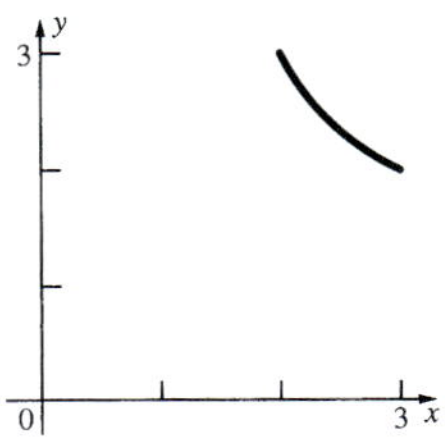

47.

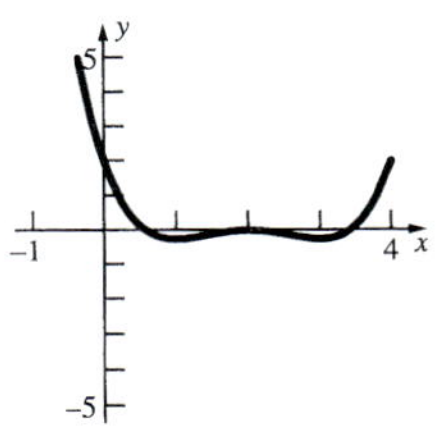

49. 0.281785 **51.** 0.281785 **53.** $\frac{1}{4}x^4 - x^3 + 2x^{3/2} + C$

55. $\frac{1}{3}y^3 + 9\cos y - \frac{26}{y} + C$ **57.** $\frac{3}{16}(2z^2 - 3)^{4/3} + C$

59. $\frac{1}{18}\tan^3(3x^2 + 6x) + C$ **61.** $\frac{3}{25}(t^5 + 5)^{5/3} + C$

63. $\frac{2}{3}\sqrt{x^3 + 9} + C$ **65.** $-\frac{1}{2(2y - 1)^2} + C$

67. $\frac{5}{24}(2y^3 + 3y^2 + 6y)^{4/5} + C$ **69.** $y = 2\sqrt{x + 1} + 14$

71. $y = \frac{1}{3}(2t - 1)^{3/2} - 1$ **73.** $y = \sqrt{3x^2 - \frac{1}{4}x^4 + 9}$

75. 7 s; −176 ft/s

Chapter 4 Review and Preview Problems

1. $\frac{\sqrt{3}}{4}a^2$ **3.** $\frac{5}{4}a^2 \cot 36°$ **5.** $3.6 \cdot 5.8 + \frac{1}{2}\pi(1.8)^2 \approx 25.97$

7. 3.5 **9.** $\frac{1}{2}x^2 + x$ **11.** 6

Problem Set 4.1

1. 15 **3.** $\frac{481}{280}$ **5.** $\frac{85}{2}$ **7.** 3 **9.** $\sum_{i=1}^{41} i$ **11.** $\sum_{i=1}^{100} \frac{1}{i}$

13. $\sum_{i=1}^{50} a_{2i-1}$ **15.** 90 **17.** −10 **19.** 14,950

21. 2640 **23.** $\frac{4n^3 - 3n^2 - n}{6}$

27. (a) $1 - \left(\frac{1}{2}\right)^{10}$; **(b)** $2^{11} - 2$

33. $\bar{x} = 55/7 \approx 7.86$; $s^2 \approx 12.41$ **37.** $c = \bar{x}$ **39.** 715

41. $S = \frac{m(m + 1)(3n - m + 1)}{6}$ **43.** $\frac{7}{2}$ **45.** $\frac{9}{2}$ **47.** $\frac{23}{8}$

49. $A = 6$

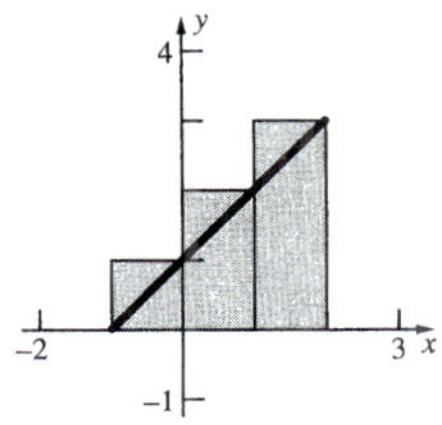

51. $A = \frac{1243}{216}$

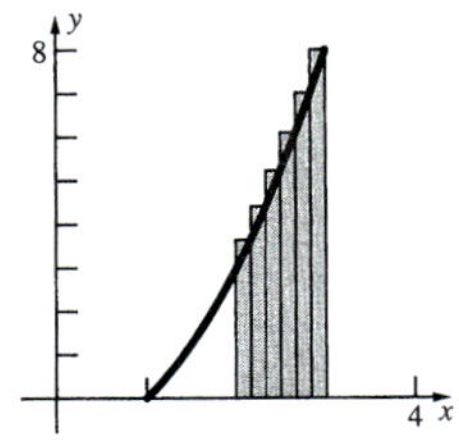

53. $\frac{5}{2}$ **55.** 4 **57.** $\frac{1}{4}$ **59.** $2\frac{1}{2}$ ft

63. (a) $\frac{125}{3}$; **(b)** 21; **(c)** 39

65. (a) 4; **(b)** $\frac{15}{4}$; **(c)** 10.5; **(d)** 102.4

Problem Set 4.2

1. 5.625 **3.** 15.6875 **5.** 2.625 **7.** $\int_1^3 x^3\,dx$

9. $\int_{-1}^{1} \frac{x^2}{1 + x}\,dx$ **11.** 4 **13.** $3\pi - 3$ **15.** $\frac{35}{2}$

17. $\frac{27}{2}$ **19.** $\frac{1}{2} + \frac{\pi}{4}$ **21.** $\frac{1}{2}\pi A^2$ **23.** $\frac{2}{15}$ **25.** 3

27. 40, 80, 120, 160, 200, 240 **29.** 20, 80, 160, 240, 320, 400

31. (a) −3; **(b)** 19; **(c)** 3; **(d)** 2; **(e)** 9; **(f)** 0; **(g)** 1; **(h)** 2

35. Left: 5.24; Right: 6.84; Midpoint: 5.98

37. Left: 0.8638; Right: 0.8178; Midpoint: 0.8418

Problem Set 4.3

1. $A(x) = 2x$

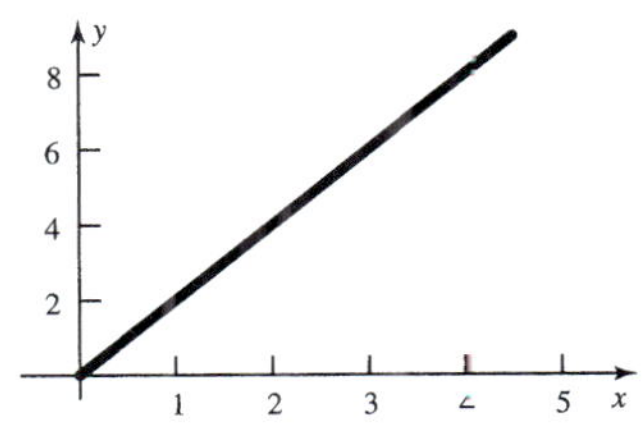

3. $A(x) = \frac{1}{2}(x - 1)(-1 + x), x > 1$

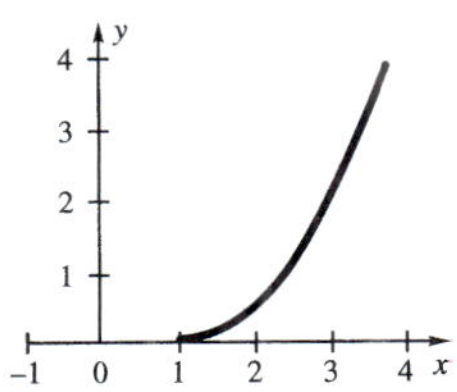

5. $A(x) = ax^2/2$

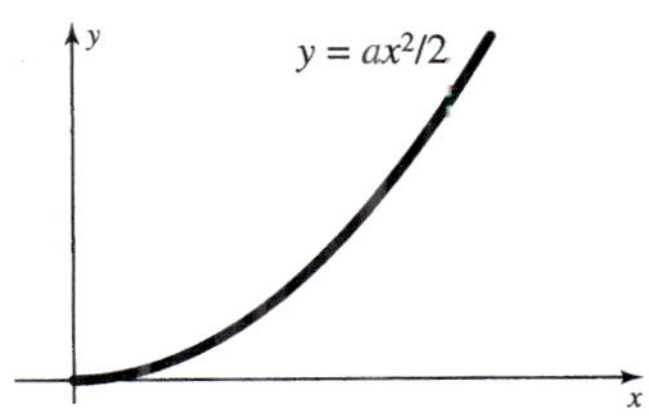

7. $A(x) = \begin{cases} 2x & \text{if } 0 \le x \le 1 \\ 2 + (x-1) & \text{if } 1 < x \le 2 \\ 3 + 2(x-2) & \text{if } 2 < x \le 3 \\ 5 + (x-3) & \text{if } 3 < x \le 4 \\ \text{etc.} \end{cases}$

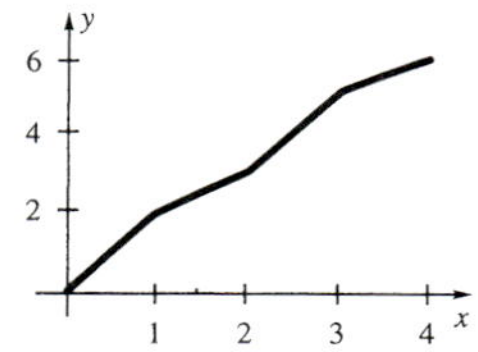

9. 6 **11.** 14 **13.** −31 **15.** 23 **17.** $2x$
19. $2x^2 + \sqrt{x}$ **21.** $-(x-2)\cot 2x$ **23.** $2x\sin(x^2)$

25. $\dfrac{2x^5}{1+x^4} + \dfrac{x^2}{1+x^2}$

27. $f(x)$ is increasing on $[0, \infty)$ and concave up on $(0, \infty)$

29. $f(x)$ is increasing on $\left[0, \frac{\pi}{2}\right], \left[\frac{3\pi}{2}, \frac{5\pi}{2}\right], \ldots$ and concave up on $(\pi, 2\pi), (3\pi, 4\pi), \ldots$

31. $f(x)$ is increasing on $(0, \infty)$ and never concave up.

33. 10;

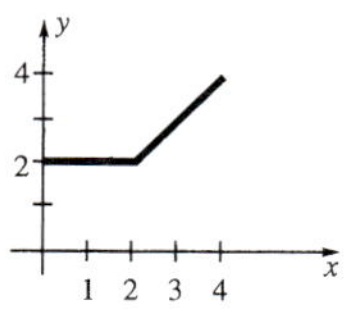

35. 4;

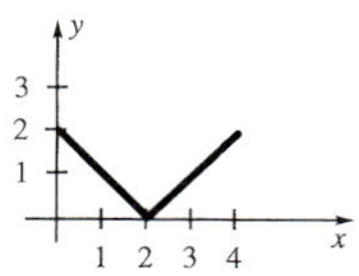

37. (a) Local minima at 0, ≈3.8, ≈5.8, ≈7.9, ≈9.9, 10; local maxima at ≈3.1, ≈5.0, ≈7.1, ≈9.0
(b) $G(0) = 0$ is global minimum, $G(9)$ is global maximum
(c) G is concave down on ≈(0.7, 1.5), (2.5, 3.5), (4.5, 5.5), (6.5, 7.5), (8.5, 9.5)
(d)

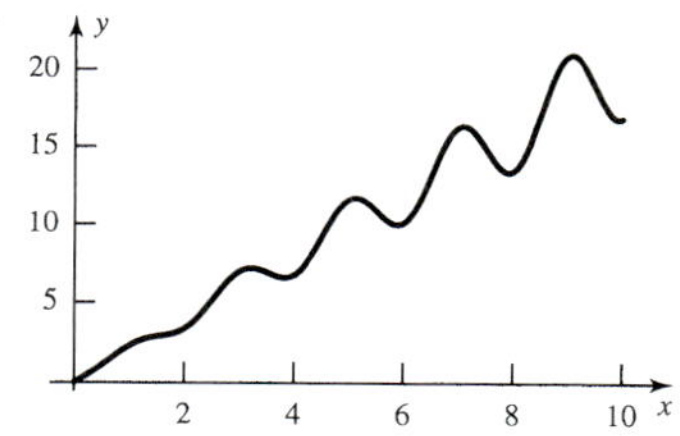

39. (a) 0 **(b)** $\frac{1}{5}x^5 + x + C$ **(c)** $\frac{1}{5}x^5 + x$ **(d)** $\frac{6}{5}$

43. Lower bound 20; upper bound 276

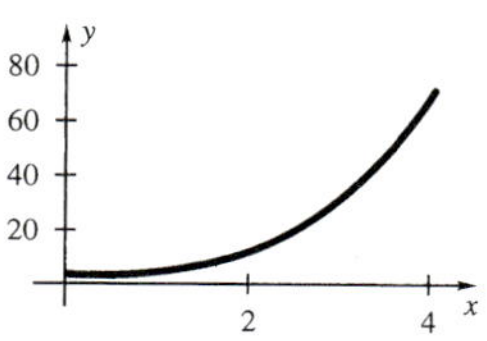

45. Lower bound $\frac{68}{5}$; upper bound 20

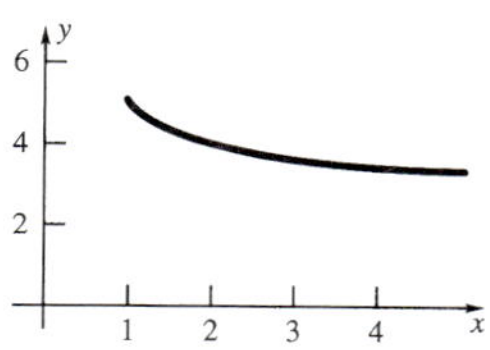

47. Lower bound 20π; upper bound $\frac{101}{5}\pi$

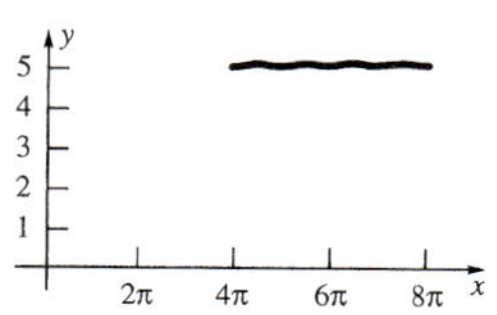

49. $\frac{1}{2}$ **51.** 2 **53.** $\sqrt{x}/2$ **55.** True **57.** False
59. True

61. $s(t) = \begin{cases} t^2/2, & 0 \le t \le 2 \\ -4 + 4t - t^2/2, & t > 2 \end{cases}$

$t = 4 + 2\sqrt{2} \approx 6.83$

Problem Set 4.4

1. 4 **3.** 15 **5.** $\frac{3}{4}$ **7.** $\frac{16}{3}$ **9.** $\frac{1783}{96}$ **11.** 1 **13.** $\frac{22}{5}$

15. $\frac{2}{9}(3x+2)^{3/2} + C$ **17.** $\frac{1}{3}\sin(3x+2) + C$

19. $-\frac{1}{6}\cos(6x-7) + C$ **21.** $\frac{1}{3}(x^2+4)^{3/2} + C$

23. $-\frac{7}{10}(x^2+3)^{-5/7} + C$ **25.** $-\frac{1}{2}\cos(x^2+4) + C$

27. $-\cos\sqrt{x^2+4} + C$ **29.** $\frac{1}{27}\sin[(x^3+5)^9] + C$

31. $\frac{1}{3}[\sin(x^2+4)]^{3/2} + C$ **33.** $-\frac{1}{30}\cos^{10}(x^3+5) + C$

35. $\frac{2047}{11}$ **37.** $\frac{4}{5}$ **39.** $\frac{122}{9}$ **41.** 0 **43.** $\frac{1}{3}$ **45.** $\frac{9}{2}$

47. $\frac{1}{64}$ **49.** $\frac{\sin 3}{3}$ **51.** [illegible]$/\pi$ **53.** 1 **55.** $1 - \cos 1$

57. $\dfrac{1 - \cos^4 1}{8}$

59. (a) positive, **(b)** negative, **(c)** negative, **(d)** positive
61. 50 gallons; 20 hours **63.** 86 gallons **65.** 134
69. 9 **71.** 2

Problem Set 4.5

1. 40 **3.** $\frac{1}{3}$ **5.** $\frac{17}{6}$ **7.** 0 **9.** 0 **11.** $\frac{609}{8}$

13. $\frac{8}{\pi}\left(-\cos\sqrt{\frac{\pi}{2}} + \cos\sqrt{\frac{\pi}{4}}\right)$ **15.** $\frac{115}{81}$ **17.** $\frac{\sqrt{39}}{3}$

19. $c = 1$ **21.** $c = 0$ **23.** $c = \frac{\sqrt{21}+3}{6}$ **25.** $c = \frac{5}{2}$
27. $(A+B)/2$

29. $\approx 1250\pi$

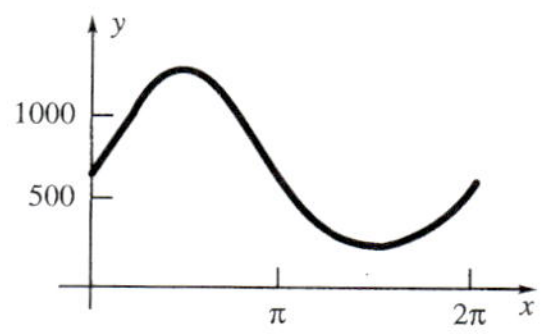

31. ≈3.2

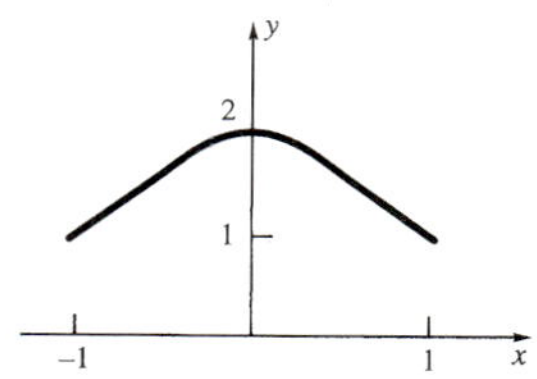

33. ≈25 **35.** 0 **37.** 0 **39.** 2π **41.** $\frac{8}{3}$ **43.** $\frac{1}{2}$

45. Even: $\int_{-b}^{-a} f(x)\,dx = \int_a^b f(x)\,dx$;

Odd: $\int_{-b}^{-a} f(x)\,dx = -\int_a^b f(x)\,dx$

47. 8 **49.** 2 **51.** 2
57. (a) Even; **(b)** 2π

(c)

Interval	Value of Integral
$\left[0, \frac{\pi}{2}\right]$	0.46
$\left[-\frac{\pi}{2}, \frac{\pi}{2}\right]$	0.92
$\left[0, \frac{3\pi}{2}\right]$	−0.46
$\left[-\frac{3\pi}{2}, \frac{3\pi}{2}\right]$	−0.92
$[0, 2\pi]$	0
$\left[\frac{\pi}{6}, \frac{13\pi}{6}\right]$	0
$\left[\frac{\pi}{6}, \frac{4\pi}{3}\right]$	−0.44
$\left[\frac{13\pi}{6}, \frac{10\pi}{3}\right]$	−0.44

Problem Set 4.6

1. 0.7877, 0.5654, 0.6766, 0.6671, $\frac{2}{3}$

3. 1.6847, 2.0382, 1.8615, 1.8755, $\frac{4\sqrt{2}}{3}$

5. 3.4966, 7.4966, 5.4966, 5.2580, 5.25

7.

	LRS	RRS	MRS	Trap	Parabolic
$n = 4$	0.5728	0.3728	0.4590	0.4728	0.4637
$n = 8$	0.5159	0.4159	0.4625	0.4659	0.4636
$n = 16$	0.4892	0.4392	0.4634	0.4642	0.4636

9.

	LRS	RRS	MRS	Trap	Parabolic
$n = 4$	2.6675	3.2856	2.9486	2.9765	2.9580
$n = 8$	2.8080	3.1171	2.9556	2.9625	2.9579
$n = 16$	2.8818	3.0363	2.9573	2.9591	2.9579

11. 12, 1.1007 **13.** 8, 4.6637 **15.** 6, 1.0989 **19.** smaller
21. larger **25.** LRS < MRS < Parabolic < Trap < RRS
27. 4570 ft^2 **29.** 1,074,585,600 ft^3
31. Using a right Riemann sum ≈13,740 gallons

Chapter Review 4.7

Concepts Test

1. True **3.** True **5.** False **7.** True **9.** True
11. True **13.** True **15.** True **17.** True **19.** False
21. True **23.** True **25.** False **27.** False **29.** False
31. True **33.** False **35.** True **37.** False **39.** True
41. True **43.** True **45.** False

Sample Test Problems

1. $\frac{5}{4}$ **3.** $\frac{50}{3} - \frac{26}{\pi} + \frac{\pi^3}{3} - 9\cos 1$

5. $\frac{1}{16}\left[-15\left(-125 + \sqrt[3]{5}\right)\right]$ **7.** $\frac{1}{18}\tan^3(3\pi^2 + 6\pi)$

9. 46.9 **11.** $-\frac{1}{2}\cos(x^2 + 2x + 3) + C$

13. $\frac{7}{4}$

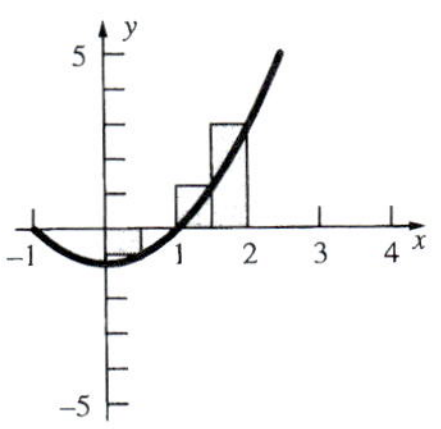

15. $\frac{5}{6}$ **17.** $\frac{39}{4}$ **19.** 1870

21. (a) $\sum_{n=2}^{78} \frac{1}{n}$; (b) $\sum_{n=1}^{50} nx^{2n}$

23. (a) −2; (b) −4; (c) 6; (d) −12; (e) −2
25. (a) −8; (b) 8; (c) 0; (d) −16; (e) −2 (f) −5
27. $c = -\sqrt{7}$
29. (a) $\sin^2 x$; (b) $f(x + 1) - f(x)$
(c) $-\frac{1}{x^2}\int_0^x f(z)\,dz + \frac{1}{x}f(x)$; (d) $\int_0^x f(t)\,dt$;
(e) $g'(g(x))g'(x)$; (f) $-f(x)$
33. 0.2043 **35.** 372 **37.** MRS < Trap < LRS

Chapter 5 Review and Preview Problems

1. $\frac{1}{4}$ **3.** $\sqrt[3]{4} - 1$ **5.** $\sqrt{10}$ **7.** 1.6π
9. $[\pi(r_2{}^2 - r_1{}^2)]\,\Delta x$ **11.** $\frac{51}{10}$ **13.** $\frac{16}{15}$

Problem Set 5.1

1. 6 **3.** $\frac{40}{3}$ **5.** $\frac{9}{2}$ **7.** $\frac{253}{12}$ **9.** $\frac{9}{2}$

11. 6

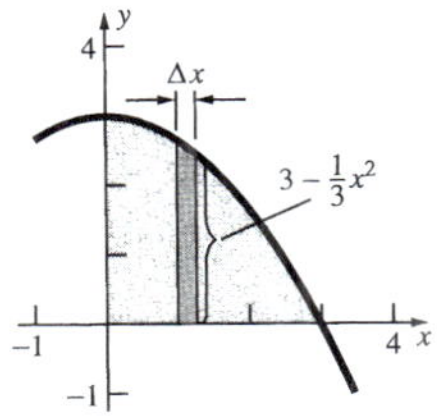

13. 24

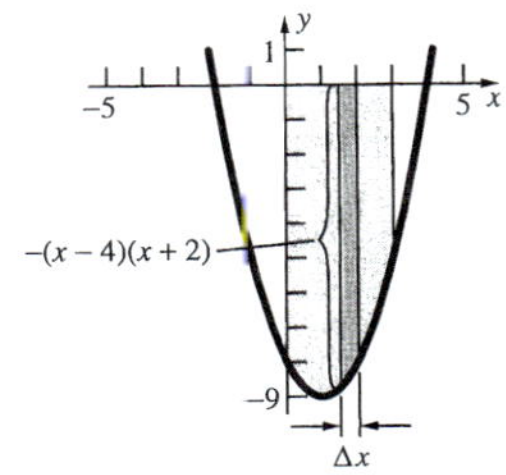

15. $\frac{17}{6}$

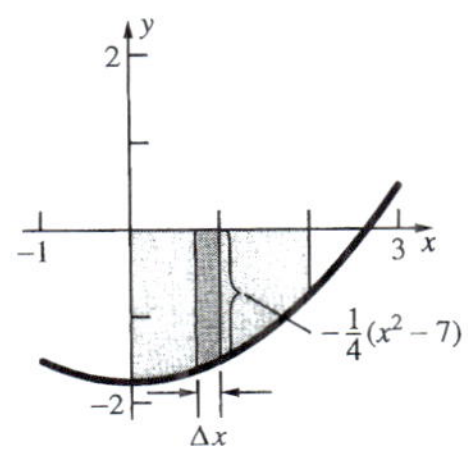

17. $3\sqrt[3]{2}$

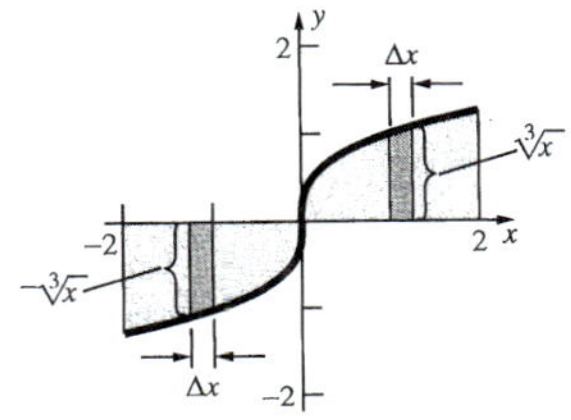

19. $\frac{13\sqrt{13}}{6}$

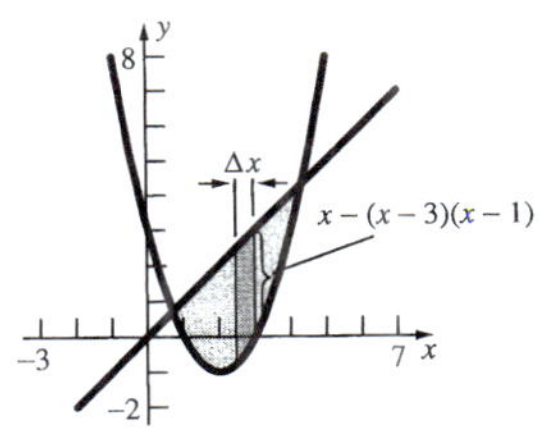

21. $\frac{1}{3}$

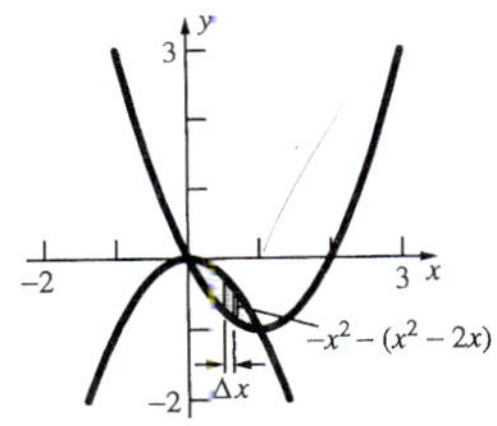

23. $\frac{256}{3}$

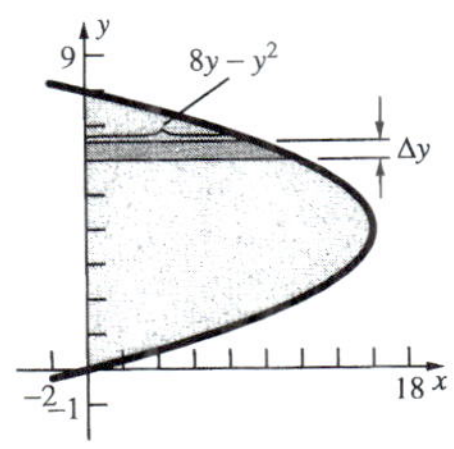

25. $\frac{1}{216}$

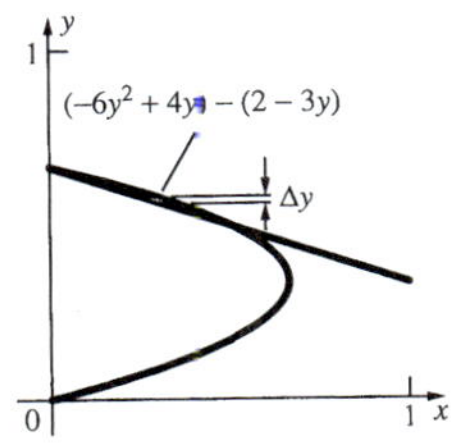

27. 4

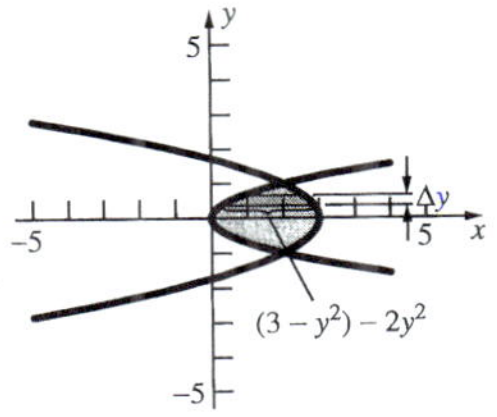

29. 22

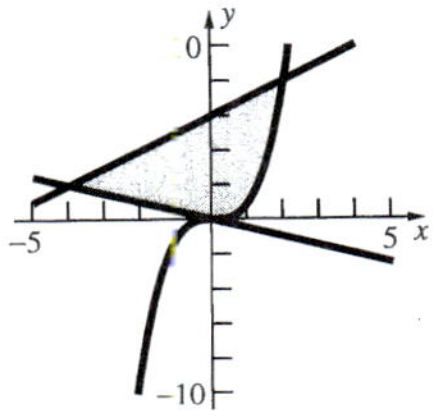

31. 130 ft; 194 ft **33.** 6 s; $2 + 2\sqrt{2}$ s
35. Area $(A) = 9$; $A(B) = \frac{37}{6}$; $A(C) = \frac{37}{6}$; $A(D) = \frac{44}{3}$;
$A(A + B + C + D) = 36$

Problem Set 5.2

1. $\frac{206\pi}{15}$

3. (a) $\frac{256\pi}{15}$; **(b)** 8π

5. $\frac{1024}{5\pi}$

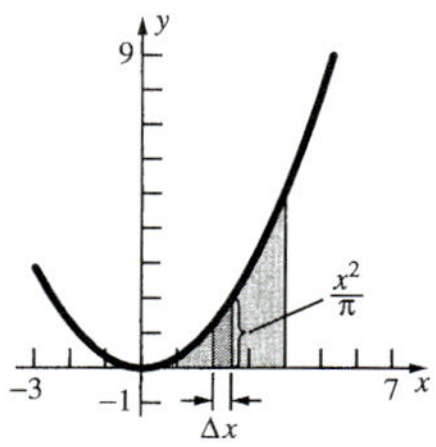

7. $\frac{\pi}{4}$

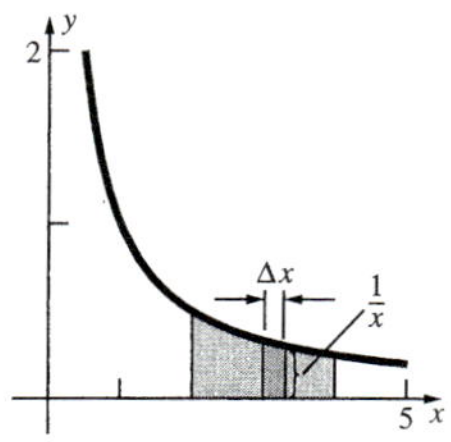

9. $\frac{100\pi}{3}$

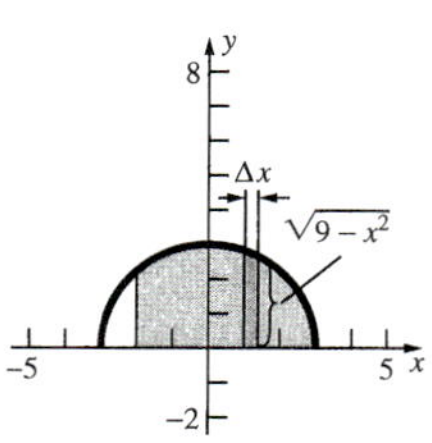

11. $\frac{243\pi}{5}$

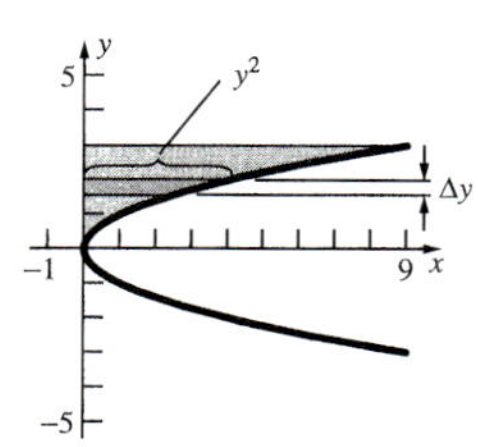

13. 32π

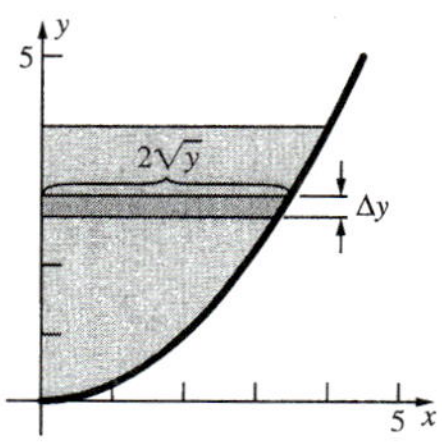

15. $\frac{6561\pi}{4}$

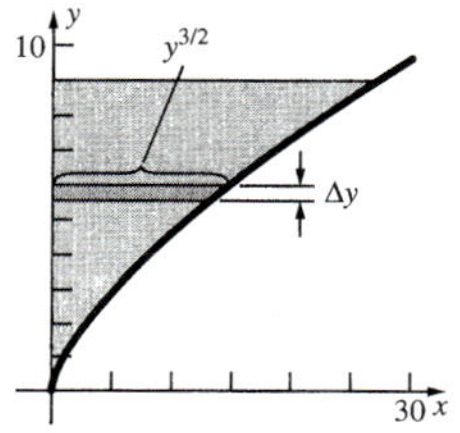

17. $\frac{4}{3}ab^2\pi$ **19.** $\frac{512\pi}{3}$ **21.** $\frac{2\pi}{3}$ **23.** $\frac{128}{3}$ **25.** 2 **27.** $\frac{2}{3}$

29. $2\pi r^2 L - \frac{16}{3}r^3$ **31.** $\pi r^2(L_1 + L_2) - \frac{8}{3}r^3$

33. (a) $\frac{1024\pi}{35}$; **(b)** $\frac{704\pi}{5}$

35. $2\pi + \frac{16}{3}$ **37.** $\frac{2}{3}r^3 \tan\theta$

39. (a) $\frac{1}{3}\pi r^2 h$; **(b)** $\frac{\sqrt{2}}{12}r^3$

41. $\frac{2}{3}\pi r^3$

Problem Set 5.3

1. (a), (b)

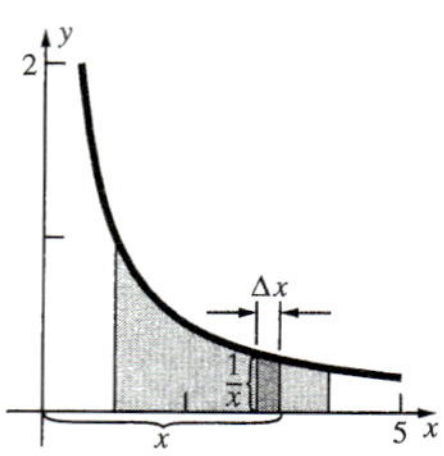

(c) $\Delta V \approx 2\pi \Delta x$;

(d) $2\pi \int_1^4 dx$; **(e)** 6π

3. (a), (b)

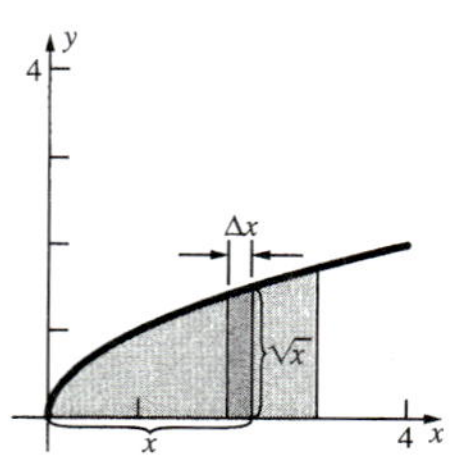

(c) $\Delta V \approx 2\pi x^{3/2}\Delta x$;

(d) $2\pi \int_0^3 x^{3/2}\, dx$;

(e) $\frac{36\sqrt{3}}{5}\pi$

5. (a), (b)

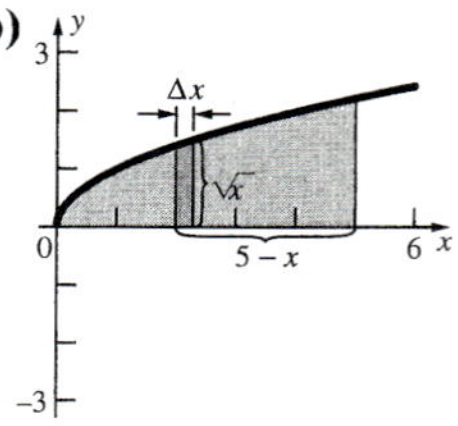

(c) $\Delta V \approx 2\pi(5x^{1/2} - x^{3/2})\Delta x$

(d) $2\pi \int_0^5 (5x^{1/2} - x^{3/2})\, dx$

(e) $\frac{40\sqrt{5}}{3}\pi$

7. (a), (b)

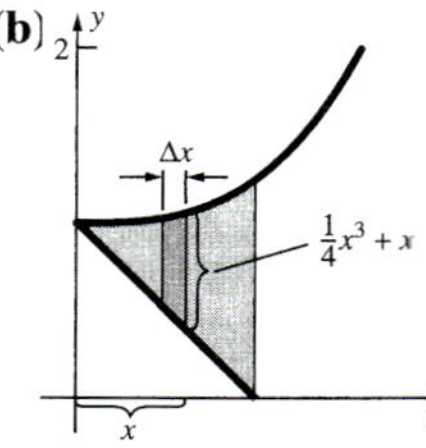

(c) $\Delta V \approx 2\pi\left(\frac{1}{4}x^4 + x^2\right)\Delta x$;

(d) $2\pi \int_0^1 \left(\frac{1}{4}x^4 + x^2\right) dx$

(e) $\frac{23\pi}{30}$

9. (a), (b)

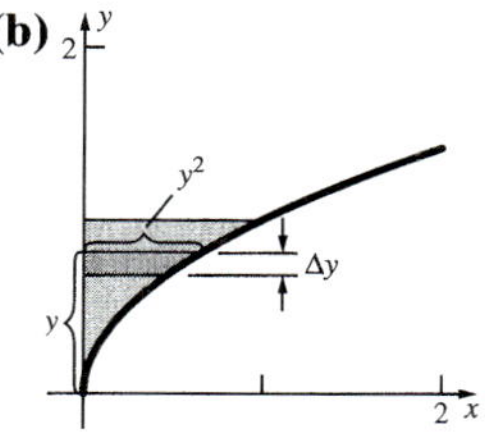

(c) $\Delta V \approx 2\pi y^3 \Delta y$;

(d) $2\pi \int_0^1 y^3\, dy$

(e) $\frac{\pi}{2}$

11. (a), (b)

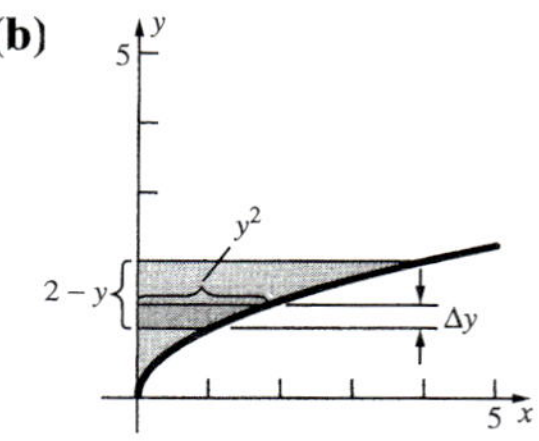

(c) $\Delta V \approx 2\pi(2y^2 - y^3)\Delta y$

(d) $2\pi \int_0^2 (2y^2 - y^3)\, dy$;

(e) $\frac{8\pi}{3}$

13. (a) $\pi \int_a^b [f(x)^2 - g(x)^2]\, dx$;

(b) $2\pi \int_a^b x[f(x) - g(x)]\, dx$;

(c) $2\pi \int_a^b (x - a)[f(x) - g(x)]\, dx$;

(d) $2\pi \int_a^b (b - x)[f(x) - g(x)]\, dx$

15.

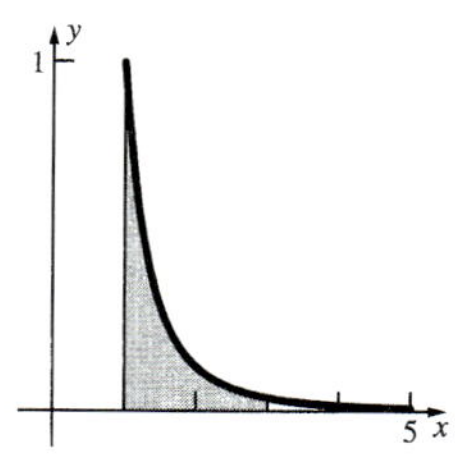

(a) $\int_1^3 \frac{1}{x^3} dx$;

(b) $2\pi \int_1^3 \frac{1}{x^2} dx$;

(c) $\pi \int_1^3 \left(\frac{1}{x^6} + \frac{2}{x^3}\right) dx$;

(d) $2\pi \int_1^3 \left(\frac{4}{x^3} - \frac{1}{x^2}\right) dx$

17. $\frac{64\pi}{5}$ **19.** $\frac{4\pi}{3}(b^2 - a^2)^{3/2}$ **21.** $\pi\left(\sqrt{2} - 1\right)$

23. (a) $\frac{2\pi}{15}$; **(b)** $\frac{\pi}{6}$; **(c)** $\frac{\pi}{60}$

25. $\frac{1}{3}rS$

Problem Set 5.4

1. $\frac{1}{54}\left(181\sqrt{181} - 13\sqrt{13}\right)$ **3.** 9 **5.** $\frac{595}{144}$

7. $\frac{1}{3}\left(2\sqrt{2} - 1\right)$ **9.** 4π

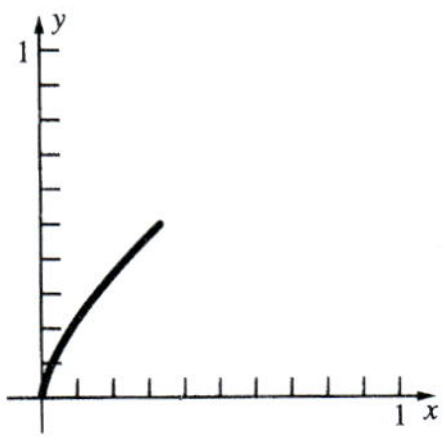

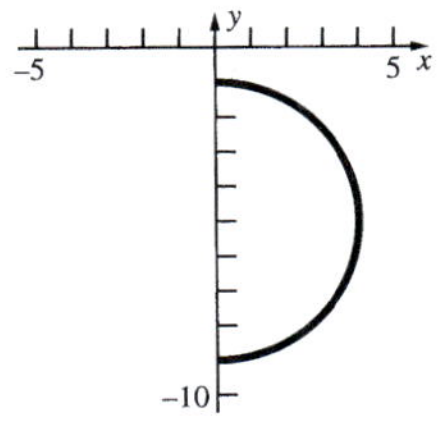

11. $2\sqrt{5}$ **13.** $\displaystyle\int_0^2 \sqrt{1 + 4t^2}\,dt \approx 4.6468$

15. $\displaystyle\int_0^{\pi/2} \sqrt{\cos^2 t + 4\sin^2 2t}\,dt \approx 2.3241$

17. $6a$

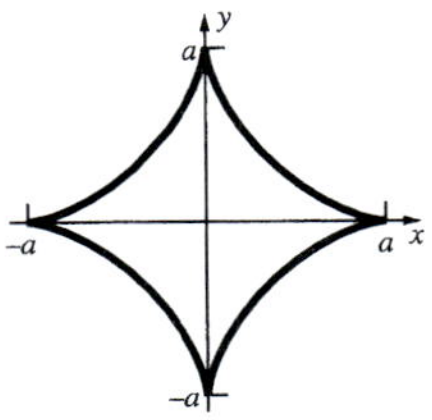

19. $8a$

21. (a) $\frac{2}{5}\left(4\sqrt{2} - 1\right)$; **(b)** 16

23. $6\sqrt{37}\pi$ **25.** $248\sqrt{2}\pi/9$ **27.** $\frac{\pi}{27}\left(10\sqrt{10} - 1\right)$

29. $4\pi r^2$

33. (b) $\frac{64}{3}\pi a^2$

35. (a)

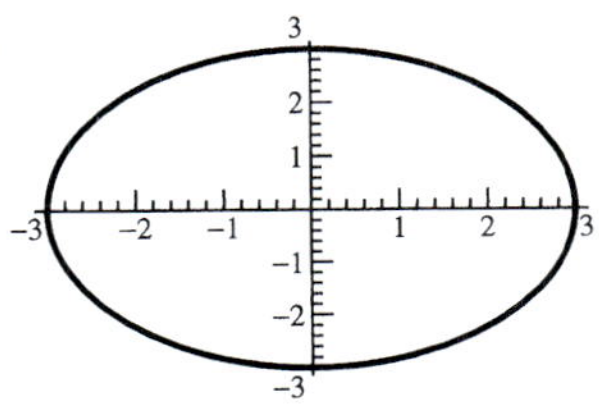

(b)

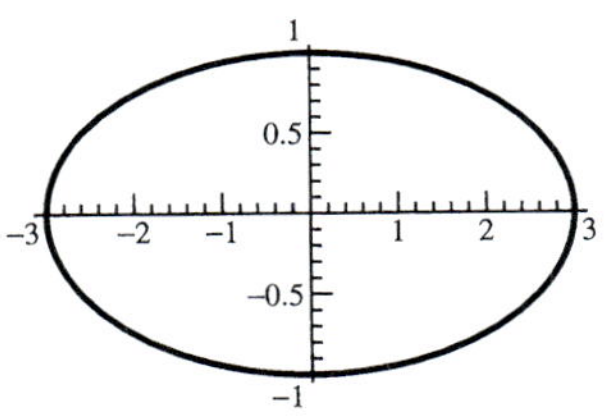

(c)

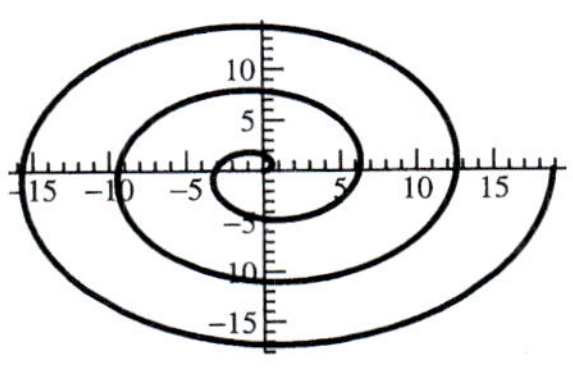

(d)

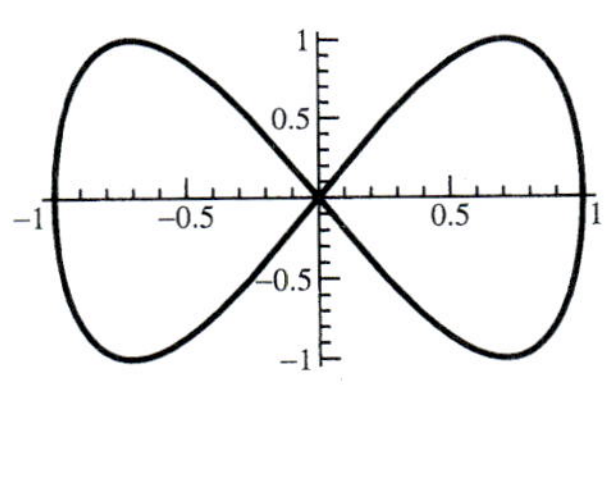

(e)

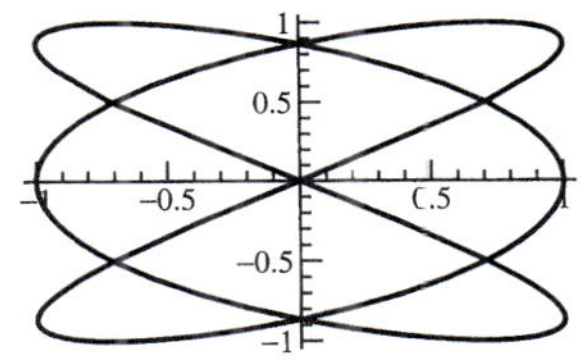

(f)

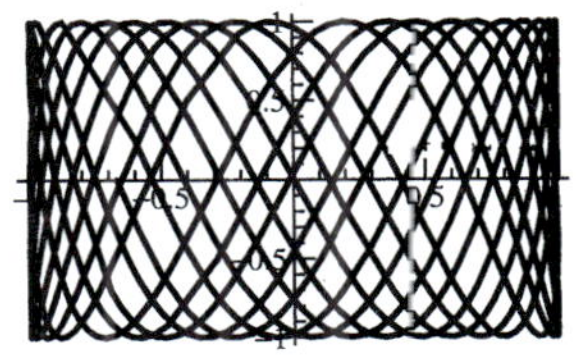

37. $n = 1$: $L \approx 1.41$; $n = 2$: $L \approx 1.48$; $n = 4$: $L \approx 1.60$
$n = 10$: $L \approx 1.75$; $n = 100$: $L \approx 1.95$; $n = 10{,}000$: $L \approx 2$

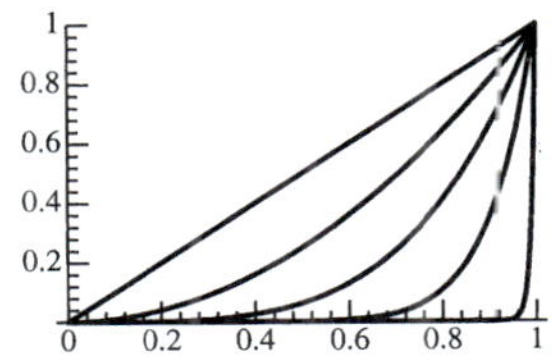

Problem Set 5.5

1. 1.5 ft-lb **3.** 0.012 Joules **7.** 18 ft-lb **9.** 52,000 ft-lb
11. 76.128 ft-lb **13.** 125.664 ft-lb **17.** 2075.83 in.-lb
19. 350,000 ft-lb **21.** 952.381 mi-lb **23.** 43,200 ft-lb
25. 1684.8 pounds **27.** 1684.8 pounds **29.** 16.64 pounds
33. 74,880 pounds **35.** $\frac{3mh}{4} + 15m$ **37.** $\dfrac{8475}{32}$ ft-lb

Problem Set 5.6

1. $\frac{5}{21}$ **3.** $\frac{21}{5}$ **5.** $M_y = 17, M_x = -3; \bar{x} = 1, \bar{y} = -\frac{3}{17}$

9. $\bar{x} = 0, \bar{y} = \frac{4}{5}$ **11.** $\bar{x} = \frac{4}{5}, \bar{y} = \frac{2}{7}$

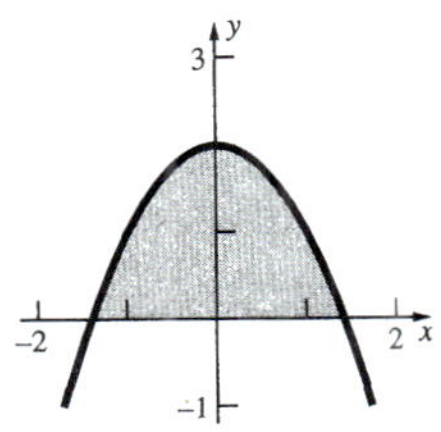

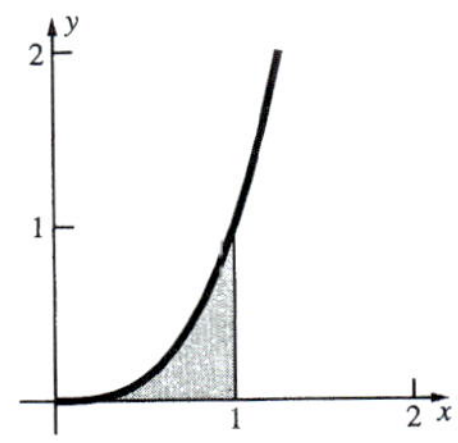

13. $\bar{x} = \frac{192}{95}, \bar{y} = \frac{27}{19}$ **15.** $\bar{x} = \frac{6}{5}, \bar{y} = 0$

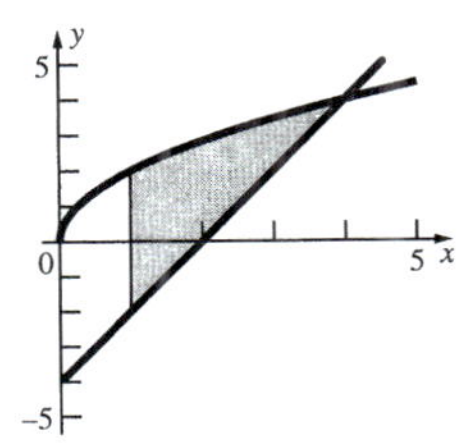

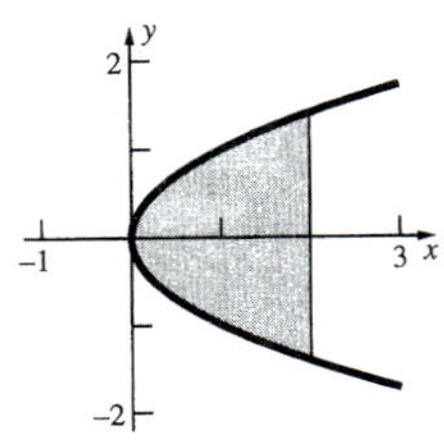

17. $m(R_1) = \frac{1}{2}\delta, \bar{x}_1 = \frac{2}{3}, \bar{y} = \frac{1}{3}, M_y(R_1) = \frac{1}{3}\delta, M_x(R_1) = \frac{1}{6}\delta;$
$m(R_2) = 2\delta, \bar{x}_2 = 2, \bar{y}_2 = \frac{1}{2}, M_y(R_2) = 4\delta, M_x(R_2) = \delta.$

21. $\bar{x} = -\frac{3}{14}, \bar{y} = \frac{1}{14}$ **23.** $\bar{x} = \frac{9}{16}, \bar{y} = \frac{31}{16}$ **25.** $\frac{2\pi}{5}$

27. The centroid is $\frac{4c}{3\pi}$ units perpendicular from the center of the diameter. $\left(\bar{y} = \frac{4a}{3\pi}, \bar{x} = 0\right)$

29. (a) $V = 2\pi \displaystyle\int_c^d (K - y)w(y)\,dy$

31. **(a)** $4\pi r^3 n \sin\frac{\pi}{2n}\cos^2\frac{\pi}{2n}$

35. $\bar{x} \approx 7.00$ cm above the center of the hole; $\bar{y} \approx 0.669$ cm to the right of the center of the hole

Problem Set 5.7

1. **(a)** 0.1 **(b)** 0.35
3. **(a)** 0.2 **(b)** 0
5. **(a)** 0.6 **(b)** 2.2
7. **(a)** 0.6 **(b)** 2

9. **(a)** 0.9 **(b)** 10 **(c)** $F(x) = \begin{cases} 0, & x < 0 \\ x/20, & 0 \le x \le 20 \\ 1, & x > 20 \end{cases}$

11. **(a)** $\frac{27}{32}$ **(b)** 4

(c) $F(x) = \begin{cases} 0, & x < 0 \\ \frac{3}{64}x^2 - \frac{1}{256}x^3, & 0 \le x \le 8 \\ 1, & x > 8 \end{cases}$

13. **(a)** 0.6875 **(b)** 2.4

(c) $F(x) = \begin{cases} 0, & x < 0 \\ \frac{1}{16}x^3 - \frac{3}{256}x^4, & 0 \le x \le 4 \\ 1, & x > 4 \end{cases}$

15. **(a)** $\frac{1}{2}$ **(b)** 2

(c) $F(x) = \begin{cases} 0, & x < 0 \\ \frac{1}{2} - \frac{1}{2}\cos\frac{\pi x}{4}, & 0 \le x \le 4 \\ 1, & x > 4 \end{cases}$

17. **(a)** $\frac{1}{3}$ **(b)** $\frac{4}{3}\ln 4$ **(c)** $F(x) = \begin{cases} 0, & x < 1 \\ \frac{4x - 4}{3x}, & 1 \le x \le 4 \\ 1, & x > 4 \end{cases}$

21. $\frac{a + b}{2}$ **23.** $k = \frac{6}{125}$

25. **(a)** $\frac{1}{4}$ **(b)** $\frac{1}{8}$ **(c)** 2

(d) $F(x) = \begin{cases} 0, & \text{if } x < 0 \\ x^2/8, & \text{if } 0 \le x \le 2 \\ -x^2/8 + x - 1, & \text{if } 2 < x \le 4 \\ 1, & \text{if } x > 4 \end{cases}$

(e) $F(y) = \begin{cases} 0, & \text{if } y < 0 \\ y^2/28800, & \text{if } 0 \le y \le 120 \\ -y^2/28800 + y/60 - 1, & \text{if } 120 < y \le 240 \\ 1, & \text{if } y > 240 \end{cases}$

27. **(a)** $\approx$95,802,719 **(b)** $\approx$0.884 **(c)** 0.2625
(d) For $0 \le x \le 0.6$, $F(x) \approx 6.3868 \times 10^6 x^{15}$ $- 3.2847 \times 10^7 x^{14} + 7.4284 \times 10^7 x^{13} - 9.6569 \times 10^7 x^{12}$ $+ 7.9011 \times 10^7 x^{11} - 4.1718 \times 10^7 x^{10} + 1.3906 \times 10^7 x^9$ $- 2.6819 \times 10^6 x^8 + 2.2987 \times 10^5 x^7$
(e) $F(25.4y)$ where F is as in (d)

29. $G(y) = \begin{cases} 0, & y < 0 \\ \sqrt{y^2 - 1}, & 0 \le y \le \sqrt{2} \\ 1, & y > \sqrt{2} \end{cases}$

$g(y) = y/\sqrt{y^2 - 1}, 0 \le y \le \sqrt{2}$.

33. $F(x) = \begin{cases} 0, & x < 0 \\ 0.8, & 0 \le x < 1 \\ 0.9, & 1 \le x < 2 \\ 0.95, & 2 \le x < 3 \\ 1, & x \ge 3 \end{cases}$

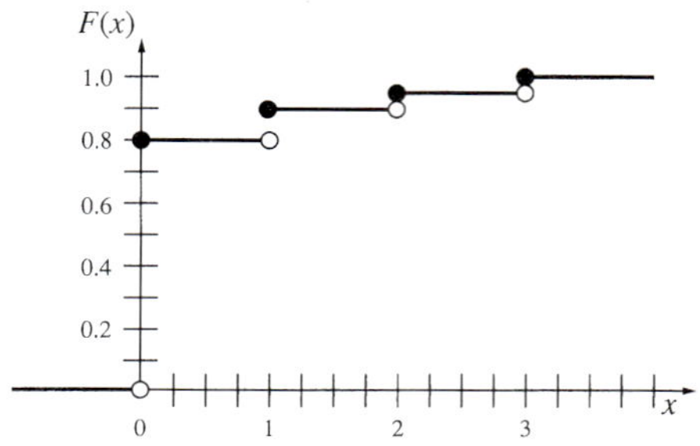

35. **(a)** 1 **(b)** $\frac{1}{12}$ **(c)** $\frac{2}{(y + 1)^2}$ for $0 \le y \le 1$ **(d)** 0.38625

37. $2, \frac{32}{7}$ **39.** $\frac{4}{7}$

Chapter Review 5.8

Concepts Test

1. False **3.** False **5.** True **7.** False **9.** False
11. False **13.** True **15.** True **17.** True **19.** True
21. True **23.** True

Sample Test

1. $\frac{1}{6}$ **3.** $\frac{\pi}{6}$ **5.** $\frac{5\pi}{6}$
7. $V(S_1) = \frac{\pi}{30}$; $V(S_2) = \frac{\pi}{6}$; $V(S_3) = \frac{7\pi}{10}$; $V(S_4) = \frac{5\pi}{6}$
9. 205,837 ft-lb **11.** **(a), (b)** $\frac{32}{3}$ **13.** $\frac{2048\pi}{15}$

15. $\frac{53}{6}$ **17.** 36 **19.** $\pi\int_a^b [f^2(x) - g^2(x)]\,dx$

21. $M_y = \delta\int_a^b x[f(x) - g(x)]\,dx$

$M_x = \frac{\delta}{2}\int_a^b [f^2(x) - g^2(x)]\,dx$

23. $2\pi\int_a^b f(x)\sqrt{1 + [f'(x)]^2}\,dx$

$+ 2\pi\int_a^b g(x)\sqrt{1 + [g'(x)]^2}\,dx$

$+ \pi[f^2(a) - g^2(a)] + \pi[f^2(b) - g^2(b)]$

25. **(a)** $\frac{3}{4}$ **(b)** $\frac{6 - x}{18}$ for $0 \le x \le 6$ **(c)** 2

Chapter 6 Review and Preview Problems

1. $-\frac{1}{x} + C$ **3.** $-\frac{100}{x^{0.01}} + C$ **5.** 0 **7.** $\frac{2}{x}$

9. **(a)** 2; **(b)** 2.48832; **(c)** 2.593742; **(d)** 2.691588; **(e)** 2.704814

11. **(a)** 2.25; **(b)** 2.593742; **(c)** 2.6533; **(d)** 2.70481; **(e)** 2.71152

13. $x = \frac{12k + 1}{6}\pi$ or $x = \frac{12k + 5}{6}\pi$ **15.** $x = \frac{4k + 1}{4}\pi$

17. $\sin\theta = \dfrac{\sqrt{x^2-1}}{x}$; $\cos\theta = \dfrac{1}{x}$; $\tan\theta = \sqrt{x^2-1}$

$\cot\theta = \dfrac{1}{\sqrt{x^2-1}}$; $\sec\theta = x$; $\csc\theta = \dfrac{x}{\sqrt{x^2-1}}$

19. $\sin\theta = \dfrac{1}{\sqrt{1+x^2}}$; $\cos\theta = \dfrac{x}{\sqrt{1+x^2}}$; $\tan\theta = \dfrac{1}{x}$

$\cot\theta = x$; $\sec\theta = \dfrac{\sqrt{1+x^2}}{x}$; $\csc\theta = \sqrt{1+x^2}$

21. $y = \dfrac{-2}{x^2-2}$

Problem Set 6.1

1. **(a)** 1.792; **(b)** 0.406; **(c)** 4.396; **(d)** 0.3465; **(e)** −3.584; **(f)** 3.871

3. $\dfrac{2x+3}{x^2+3x+\pi}$ **5.** $\dfrac{3}{x-4}$ **7.** $\dfrac{3}{x}$

9. $2x + 4x\ln x + \frac{3}{x}(\ln x)^2$ **11.** $\dfrac{1}{\sqrt{x^2+1}}$ **13.** $\frac{1}{243}$

15. $\frac{1}{2}\ln|2x+1| + C$ **17.** $\ln|3v^2+9v| + C$

19. $(\ln x)^2 + C$ **21.** $\frac{1}{10}[\ln(486+\pi) - \ln\pi]$

23. $\dfrac{x^2}{2} + x + \ln|x-1| + C$

25. $\dfrac{x^4}{4} - \dfrac{4x^3}{3} + 8x^2 - 64x + 256\ln|x+4| + C$

27. $\ln\dfrac{(x+1)^2}{x}$ **29.** $\ln\dfrac{x^2(x-2)}{x+2}$ **31.** $-\dfrac{x^3+33x^2+8}{2(x^3-4)^{3/2}}$

33. $-\dfrac{10x^2+219x-118}{6(x-4)^2(x+13)^{1/2}(2x+1)^{4/3}}$

35.

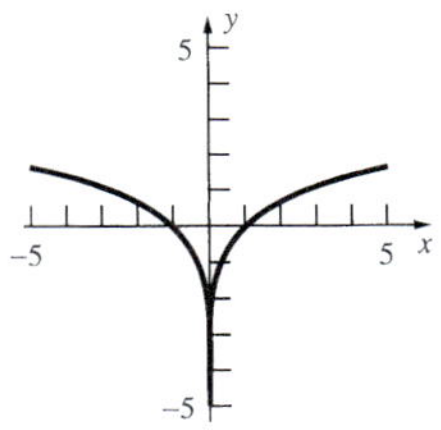

37.

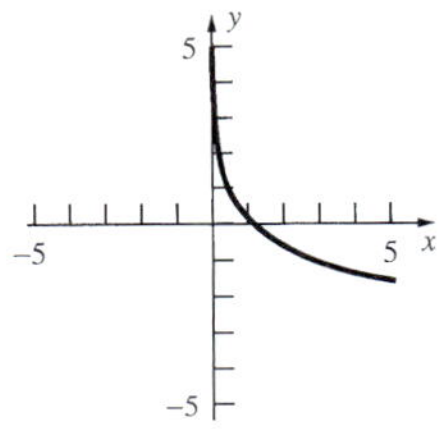

39.

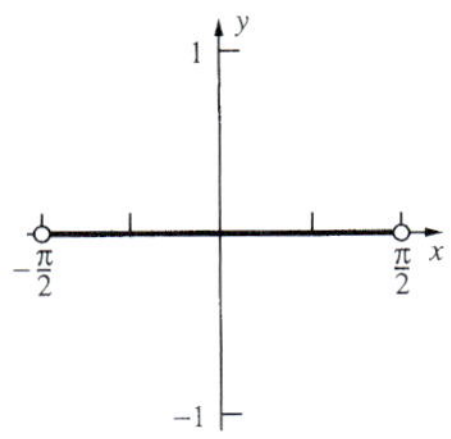

41. Minimum $f(1) = -1$ **43.** $\lim_{x\to\infty} \ln x = \infty$

45. $x = 3$ **47.** $\ln 2$

49. **(a)** 1 **(b)** 3

51. $\ln\sqrt{3} \approx 0.5493$ **53.** $\pi\ln 4 \approx 4.355$

57. **(a)** Maxima: $\left(\frac{\pi}{2}, 0.916\right)$, $\left(\frac{5\pi}{2}, 0.916\right)$; minimum: $\left(\frac{3\pi}{2}, -0.693\right)$; **(b)** (3.871, −0.182), (5.553, −0.183); **(c)** 4.042

59.

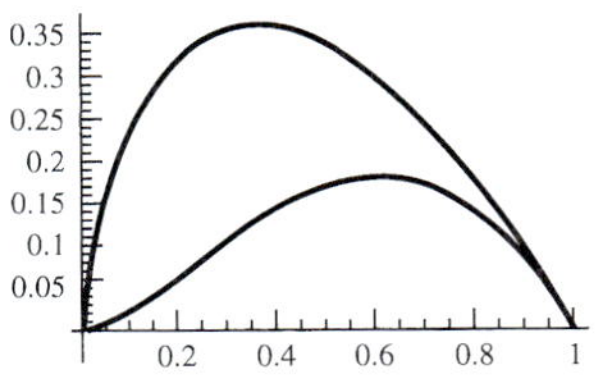

(a) 0.139;
(b) 0.260

Problem Set 6.2

1. $f^{-1}(2) = 4$ **3.** No inverse **5.** $f^{-1}(2) \approx -1.3$

15. $f^{-1}(x) = x - 1$ **17.** $f^{-1}(x) = x^2 - 1, x \ge 0$

19. $f^{-1}(x) = 3 - \dfrac{1}{x}$ **21.** $f^{-1}(x) = -\dfrac{\sqrt{x}}{2}$

23. $f^{-1}(x) = 1 + \sqrt[3]{x}$ **25.** $f^{-1}(x) = \dfrac{1+x}{1-x}$

27. $f^{-1}(x) = \left(\dfrac{2-x}{x-1}\right)^{1/3}$ **29.** $V = \dfrac{4\pi h^3}{27}$; $h = 3\sqrt[3]{\dfrac{V}{4\pi}}$

31. $(-\infty, -0.25]$ or $[-0.25, \infty)$; then $f^{-1}(x) = \frac{1}{4}\left(-1 - \sqrt{8x+33}\right)$ or $f^{-1}(x) = \frac{1}{4}\left(-1 + \sqrt{8x+33}\right)$

33. $(f^{-1})'(3) \approx \frac{1}{3}$ **35.** $(f^{-1})'(3) \approx -\frac{1}{3}$

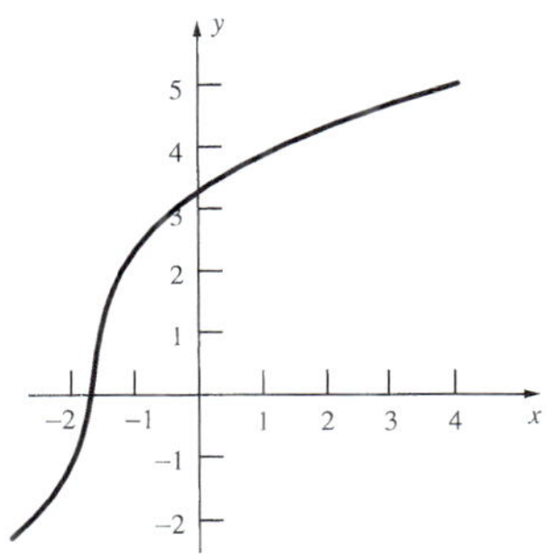

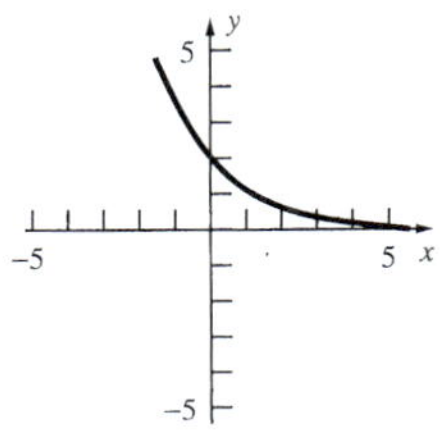

37. $\frac{1}{16}$ **39.** $\frac{1}{4}$

43. **(a)** 1 **(b)** $\dfrac{2}{\sqrt{7}}$ **(c)** $\dfrac{1}{\sqrt{2}}$

45. $\frac{3}{5}$

Problem Set 6.3

1. **(a)** 20.086; **(b)** 8.1662; **(c)** 4.1; **(d)** 1.20

3. x^3 **5.** $\cos x$ **7.** $3\ln x - 3x$ **9.** $3x^2$ **11.** e^{x+2}

13. $\dfrac{e^{\sqrt{x+2}}}{2\sqrt{x+2}}$ **15.** $2x$ **17.** $x^2e^x(x+3)$

19. $x\sqrt{e^{x^2}} + \dfrac{x}{|x|}e^{\sqrt{x^2}}$ **21.** $-\dfrac{y}{x}$

23. **(a)**

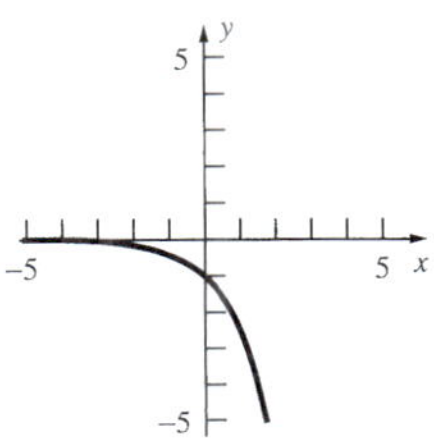

(b)

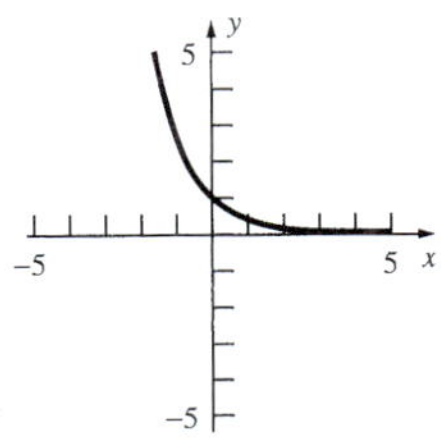

25. Domain $= (-\infty, \infty)$; increasing on $(-\infty, \infty)$; concave up on $(-\infty, \infty)$; no extreme values or points of inflection.

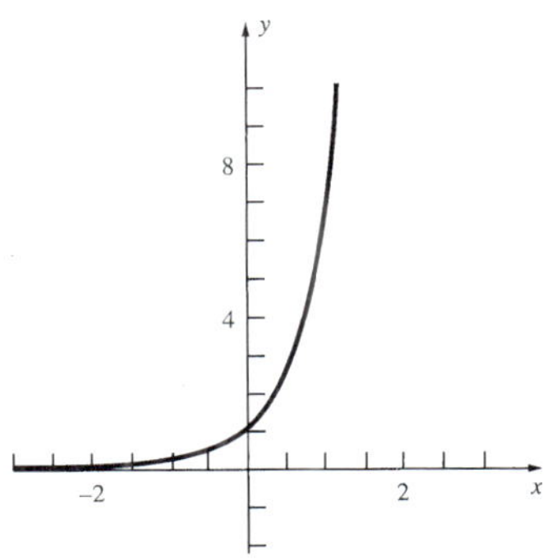

27. Domain $= (-\infty, \infty)$; increasing on $(-\infty, 1)$ and decreasing on $(1, \infty)$; maximum at $(1, 1/e)$; concave up on $(2, \infty)$ and concave down on $(-\infty, 2)$; point of inflection at $(2, 2/e^2)$

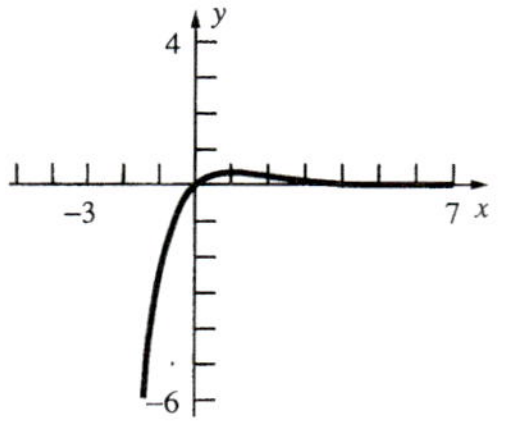

29. Domain $= (-\infty, \infty)$; increasing on $(0, \infty)$ and decreasing on $(-\infty, 0)$; minimum at $(0, 0)$; concave up on $(-1, 1)$ and concave down on $(-\infty, -1) \cup (1, \infty)$; points of inflection at $(-1, \ln 2)$ and $(1, \ln 2)$

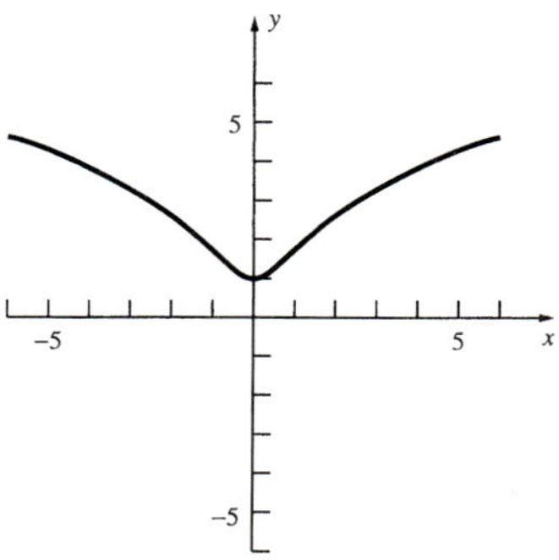

31. Domain $= (-\infty, \infty)$; increasing on $(-\infty, \infty)$; concave up on $(-\infty, \infty)$; no extreme values or points of inflection.

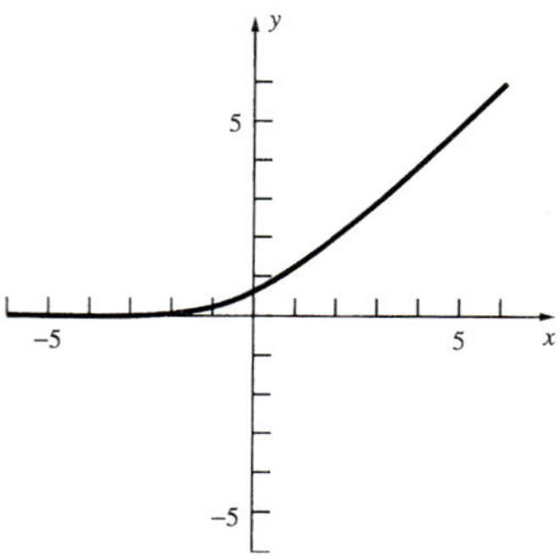

33. Domain $= (-\infty, \infty)$; increasing on$(-\infty, 2)$ and decreasing on $(2, \infty)$; maximum at $(2, 1)$; concave up on $\left(-\infty, \frac{4-\sqrt{2}}{2}\right) \cup \left(\frac{4+\sqrt{2}}{2}, \infty\right)$ and concave down on $\left(\frac{4-\sqrt{2}}{2}, \frac{4+\sqrt{2}}{2}\right)$; points of inflection at $\left(\frac{4-\sqrt{2}}{2}, \frac{1}{\sqrt{e}}\right)$ and $\left(\frac{4+\sqrt{2}}{2}, \frac{1}{\sqrt{e}}\right)$

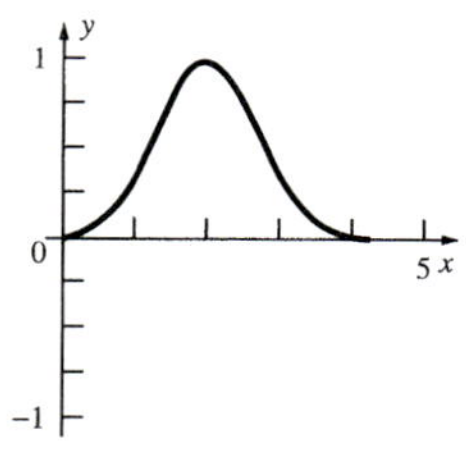

35. Domain $= (-\infty, \infty)$; increasing on $(-\infty, \infty)$; concave up on $(-\infty, 0)$ and concave down on $(0, \infty)$; point of inflection at $(0, 0)$; no extreme values.

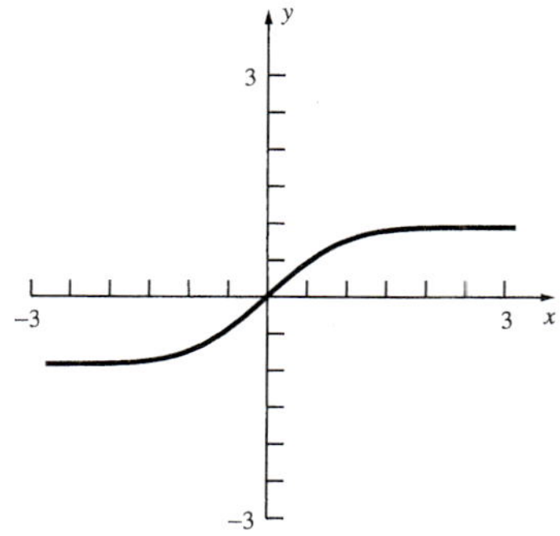

37. $\frac{1}{3}e^{3x+1} + C$ **39.** $\frac{1}{2}e^{x^2+6x} + C$ **41.** $e^{-1/x} + C$

43. $\frac{1}{2}e^3(e^2 - 1)$ **45.** 4π **47.** $\dfrac{3 - e}{2e}$

49. **(a)** 3,628,800; 3,598,696; **(b)** 8.31×10^{81}

51. $\sqrt{2}(e^\pi - 1)$

53. **(a)** 0; 0 **(b)** Maximum: $\left(e, \frac{1}{2}\right)$; minimum: $\left(\frac{1}{e}, -\frac{1}{2}\right)$ **(c)** $\sqrt{e}$

55. **(a)** 3.11; **(b)** 0.910

57. 4.2614 **59.** Behaves like $-x$; behaves like $2 \ln x$

Problem Set 6.4

1. 3 **3.** 8 **5.** 9 **7.** 1 **9.** 1.544 **11.** 0.1747

13. 4.08746 **15.** 1.9307 **17.** $2 \cdot 6^{2x} \ln 6$ **19.** $\dfrac{1}{\ln 3}$

21. $3^z\left[\dfrac{1}{z+5} + \ln(z+5)\ln 3\right]$ **23.** $\dfrac{2^{x^2-1}}{\ln 2} + C$

25. $\dfrac{40}{\ln 5}$ **27.** $10^{x^2}2x \ln 10 + 20x^{19}$

29. $(\pi + 1)x^\pi + (\pi + 1)^x \ln(\pi + 1)$

31. $(x^2 + 1)^{\ln x}\left(\dfrac{\ln(x^2+1)}{x} + \dfrac{2x \ln x}{x^2 + 1}\right)$ **33.** $\sin 1$

35. Domain $= (-\infty, \infty)$; decreasing on $(-\infty, \infty)$; concave upward on $(-\infty, \infty)$; no extreme values or points of inflection.

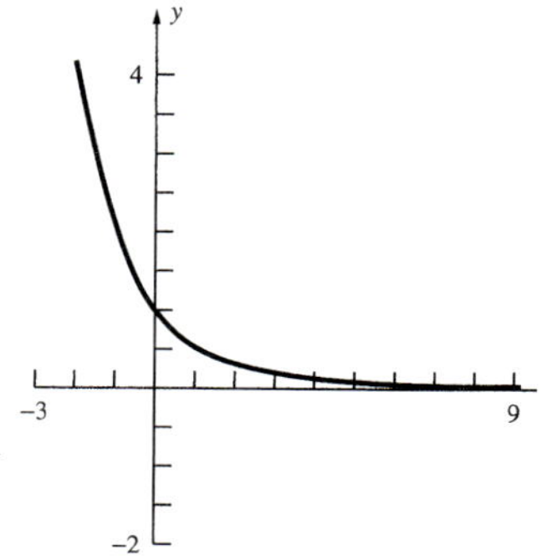

37. Domain $= (-\infty, \infty)$; increasing on $(0, \infty)$ and decreasing on $(-\infty, 0)$; concave up on $(-1, 1)$ and concave down on

$(-\infty, -1) \cup (1, \infty)$; minimum at $(0, 0)$; points of inflection at $(-1, 1)$ and $(1, 1)$

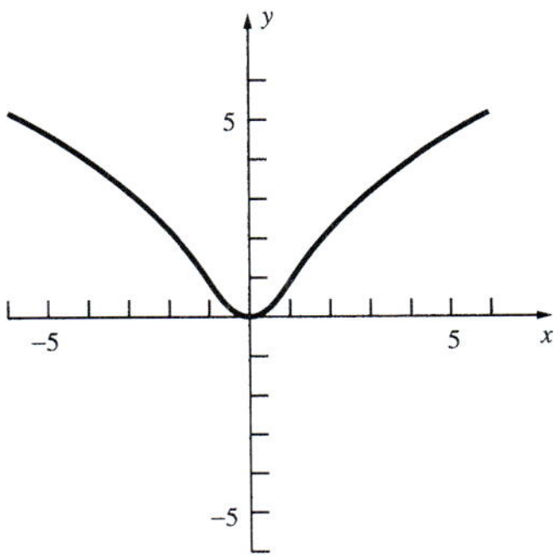

39. Domain $= (-\infty, \infty)$; increasing on $(-\infty, \infty)$; concave up on $(-\infty, 0)$ and concave down on $(0, \infty)$; no extreme values; point of inflection at $\left(0, \int_1^0 2^{-t^2}\, dt\right) \approx (0, -0.81)$

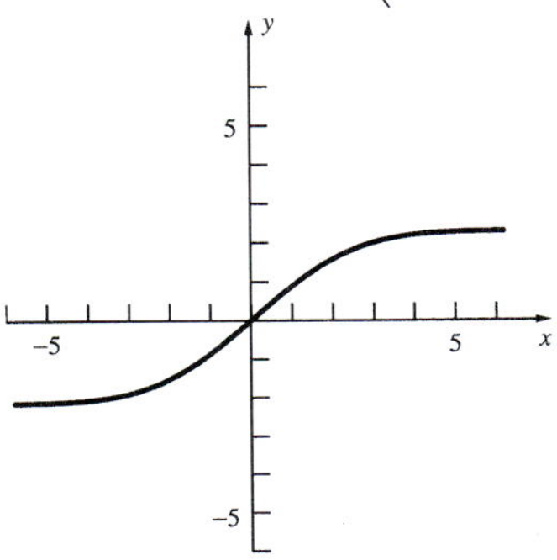

41. $\log_{1/2} x = -\log_2 x$

43. $E \approx 5.017 \times 10^8$ kW-h for magnitude 7; $E \approx 1.560 \times 10^{10}$ kW-h for magnitude 8

45. $r = 2^{1/12} \approx 1.0595$; frequency of $\overline{C} = 440\sqrt[4]{2} \approx 523.25$

47. If $y = A \cdot b^x$, then $\ln y = \ln A + x \ln b$, so the $\ln y$ vs. x plot will be linear. If $y = C \cdot x^d$, then $\ln y = \ln C + d \ln x$, so the $\ln y$ vs $\ln x$ plot will be linear.

49. $f'(x) = x^{(x^2)}(2x \ln x + x)$

$g'(x) = x^{x^x + x}\left[\ln x + (\ln x)^2 + \dfrac{1}{x}\right]$

53. $\lim_{x \to 0^+} x^x = 1$; minimum: $(e^{-1}, e^{-1/e})$ **55.** 20.2259

57. $b \approx 2^{5/2}, C \approx 2^{3/2}$

Problem Set 6.5

1. $y = 4e^{-6t}$ **3.** $y = 2e^{0.005(t-10)}$ **5.** 56,569

7. 15.8 days **9.** 4.64 million; 4.79 million; 6.17 million; 105 million

11. 126,822 **13.** 7.43 g

15. $t_c \approx 201$ yrs(2187) $t_s \approx 191$ yrs(2177)

17. 2950 years ago **19.** 81.6°F **21.** 83.7°C **23.** 8:45 pm

25. **(a)** \$401.71 **(b)** \$402.15 **(c)** \$402.19 **(d)** \$402.19

27. **(a)** 11.58 yrs. **(b)** 11.55 yrs.

29. \$133.6 billion **31.** \$1051.27 **33.** $t = \dfrac{100 \ln 2}{p}$

35.

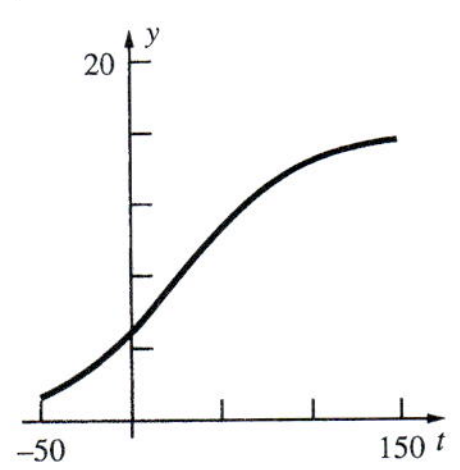

37. **(a)** $\dfrac{1}{e}$; **(b)** e^3; **(c)** e^2; **(d)** $\dfrac{1}{e^2}$

39. 15.25 million **45.** 75.25 years from 2004

47. **(a)** $k = 0.0132 - 0.0001t$ **(b)** $y' = (0.0132 - 0.0001t)y$
(c) $y = 6.4^{0.0132t - 0.00005t^2}$

(d)

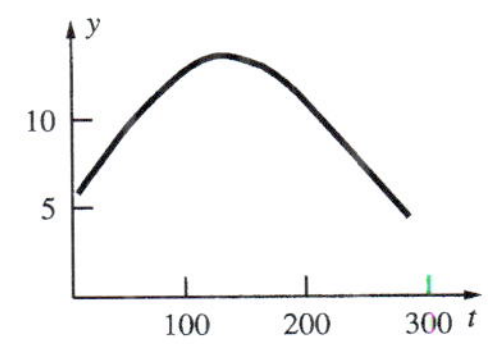

(e) The maximum population will occur when $t = 132$, which is year 2136. The model predicts that the population will return to the 2004 level in year 2268.

49.

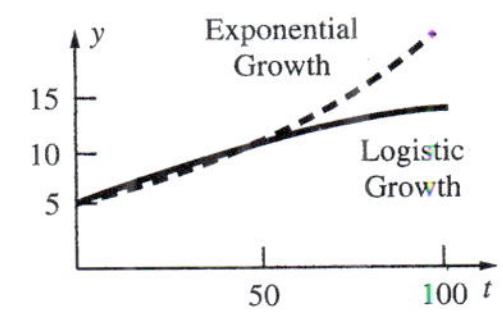

Exponential growth: 6.93 billion in 2010; 10.29 billion in 2040; 19.92 billion in 2090:
Logistic growth: 7.13 billion in 2010; 10.90 billion in 2040; 15.15 billion in 2090

Problem Set 6.6

1. $y = e^{-x}(x + C)$ **3.** $y = a + C(1 - x^2)^{1/2}$

5. $y = xe^x + Cx$ **7.** $y = 1 + Cx^{-1}$

9. $y = 1 + Ce^{-\int f(x)\, dx}$ **11.** $y = x^4 + 2x$ goes through $(1, 3)$.

13. $y = e^{-x}(1 - x^{-1})$ goes through $(1, 0)$. **15.** 38.506 lb.

17. $y(t) = 2(60 - t) - \left(\dfrac{1}{1800}\right)(60 - t)^3$

19. $I(t) = 10^{-6}(1 - \exp(-10^6 t))$

21. $I(t) = 0.12 \sin 377t$

23. **(a)** 21.97 min **(b)** 26.67 min **(c)** $c > 7.7170$
(d) $400e^{-0.04T} + T = 150$.

25. **(a)** 200.32 ft **(b)** $95 - 4T - 95e^{-0.05T} = 0$

Problem Set 6.7

1. $\lim_{t \to \infty} y(t) = 12$ and $y(2) \approx 10.5$

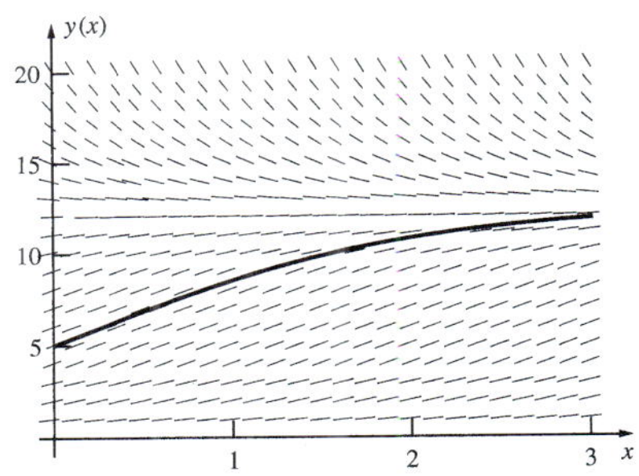

3. $\lim_{t \to \infty} y(t) = 0$ and $y(2) \approx 6$

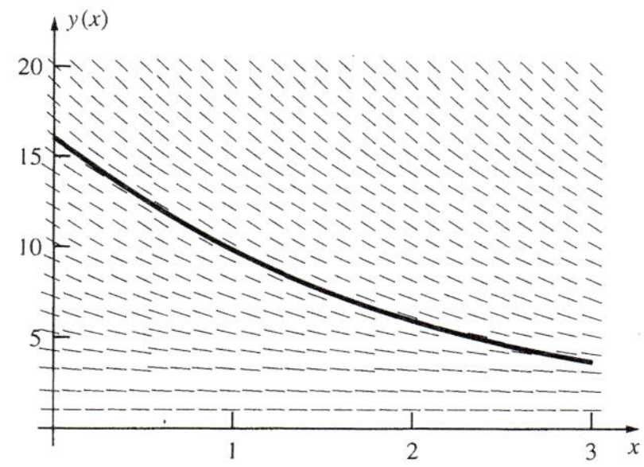

5. The oblique asymptote is $y = x$.

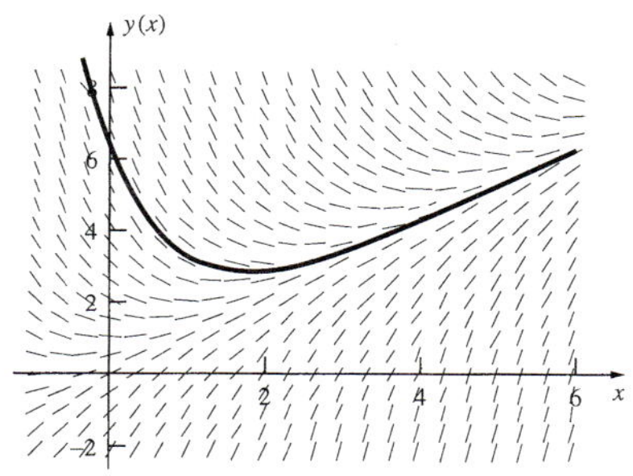

7. $y = \frac{1}{2}e^{x/2}$

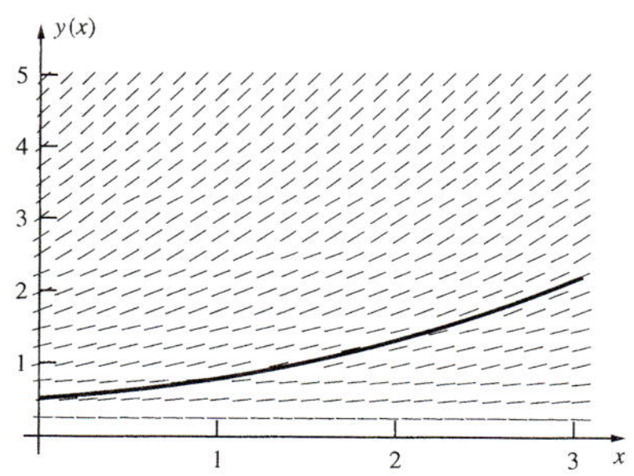

9. $y = x + 1 + 3e^{-x}$.

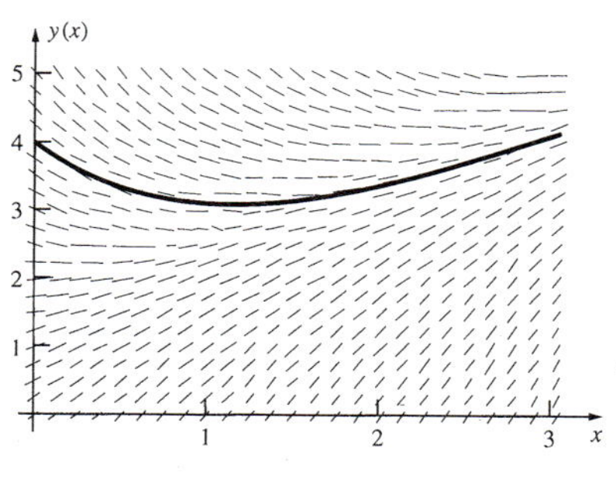

11.

x_n	Euler's Method y_n
0.0	3.0
0.2	4.2
0.4	5.88
0.6	8.232
0.8	11.5248
1.0	16.1347

13.

x_n	Euler's Method y_n
0.0	0.0
0.2	0.0
0.4	0.04
0.6	0.12
0.8	0.24
1.0	0.40

15.

x_n	Euler's Method y_n
1.0	1.0
1.2	1.2
1.4	1.488
1.6	1.90464
1.8	2.51412
2.0	3.41921

19. **(a)** $y(x_1) \approx 0$ **(b)** $y(x_2) \approx 0.00099998$
(c) $y(x_{10}) \approx 0.269097$

21. **(a)** $\Delta y = \frac{1}{2}[f(x_0, y_0) + f(x_1, \hat{y}_1)]$
(c) $x_n = x_{n-1} + h$
$\hat{y}_n = y_{n-1} + h \cdot f(x_{n-1}, y_{n-1})$
$y_n = y_{n-1} + \frac{h}{2}[f(x_{n-1}, y_{n-1}) + f(x_n, \hat{y}_n)]$

23.

x_n	y_n
0.0	2.0
0.2	1.64
0.4	1.3448
0.6	1.10274
0.8	0.90424
1.0	0.74148

25.

x_n	y_n
0.0	0.0
0.2	0.004
0.4	0.024
0.6	0.076
0.8	0.176
1.0	0.340

27.

x_n	y_n
1.0	2.0
1.2	1.312
1.4	0.80609
1.6	0.46689
1.8	0.25698
2.0	0.13568

Problem Set 6.8

1. $\frac{\pi}{4}$ **3.** $-\frac{\pi}{3}$ **5.** $\frac{\pi}{3}$ **7.** $-\frac{\pi}{6}$ **9.** 0.4567 **11.** 0.1115
13. 0.9548 **15.** 2.038 **17.** 0.6259 **19.** $\theta = \sin^{-1}\frac{x}{8}$
21. $\theta = \sin^{-1}\frac{5}{x}$ **23.** $\theta = \tan^{-1}\frac{3}{x} - \tan^{-1}\frac{1}{x}$ **25.** $\frac{1}{9}$ **27.** $\frac{56}{65}$
33. **(a)** $\frac{\pi}{2}$; **(b)** $-\frac{\pi}{2}$
35. **(a)** $\frac{\pi}{2}$; **(b)** $-\frac{\pi}{2}$
37. The tangent lines approach the vertical
39. $\frac{\cos x}{2 + \sin x}$ **41.** $\sec x$ **43.** $\frac{4x}{\sqrt{1 - 4x^4}}$

45. $x^2\left[\dfrac{xe^x}{1+e^{2x}} + 3\tan^{-1}(e^x)\right]$ **47.** $\dfrac{3(\tan^{-1}x)^2}{1+x^2}$

49. $\dfrac{3}{|x|\sqrt{x^6-1}}$ **51.** $\dfrac{3(1+\sin^{-1}x)^2}{\sqrt{1-x^2}}$ **53.** $\dfrac{2}{x[1+(\ln x^2)^2]}$

55. $\frac{1}{3}\sin 3x + C$ **57.** $\frac{1}{4}\sin^2 2x + C$ **59.** $\dfrac{\sin e^2 - \sin 1}{2}$

61. $\dfrac{\pi}{4}$ **63.** $\dfrac{\pi}{2}$ **65.** $\frac{1}{2}\arctan 2x + C$

67. $\dfrac{1}{3}\sin^{-1}\left(\dfrac{\sqrt{3}}{2}x\right) + C$ **69.** $\dfrac{1}{2}\tan^{-1}\left(\dfrac{x-3}{2}\right) + C$

71. $\dfrac{1}{3}\sec^{-1}\left(\dfrac{2|x|}{3}\right) + C$

73. $\theta = \tan^{-1}\dfrac{7.6}{b} - \tan^{-1}\dfrac{2.6}{b}$; if $b = 12.9$, $\theta \approx 0.3335$

77. $\pi b^2 - b^2\cos^{-1}\dfrac{b}{2a} - 2a^2\sin^{-1}\dfrac{b}{2a} + \dfrac{1}{2}b\sqrt{4a^2-b^2}$

79.

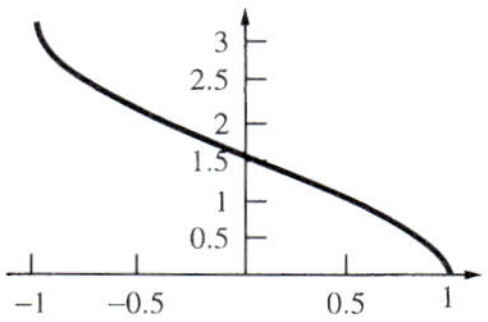

$\dfrac{\pi}{2} - \arcsin x = \arccos x$

87. 4.9 ft **89.** $\frac{1}{13}$ rad/s **91.** 1 rev/min

93. 3.96×10^{-4} rad/s

Problem Set 6.9

13. $2\sinh x\cosh x = \sinh 2x$

15. $10\sinh x\cosh x = 5\sinh 2x$ **17.** $3\sinh(3x+1)$

19. $\coth x$ **21.** $x^2\sinh x + 2x\cosh x$

23. $\cosh 3x\cosh x + 3\sinh 3x\sinh x$

25. $2\tanh x\cosh 2x + \sinh 2x\operatorname{sech}^2 x$

27. $\dfrac{2x}{\sqrt{x^4+1}}$ **29.** $-\dfrac{1}{2(x^2-3x+2)}$

31. $\dfrac{3x}{\sqrt{9x^2-1}} + \cosh^{-1}3x$ **33.** $\dfrac{1}{\sqrt{x^2-1}\cosh^{-1}x}$

35. $-\csc^2 x\operatorname{sech}^2(\cot x)$ **37.** $\frac{20}{9}$

39. $\frac{1}{2\pi}\sinh(\pi x^2+5) + C$ **41.** $2\cosh(2z^{1/4}) + C$

43. $\cosh(\sin x) + C$ **45.** $\frac{1}{4}[\ln(\sinh x^2)]^2 + C$ **47.** $\frac{1}{4}$

49. $\frac{\pi}{2} + \frac{\pi}{4}\sinh 2$ **51.** $\pi + \frac{\pi}{2}\sinh 2$

55. (a)

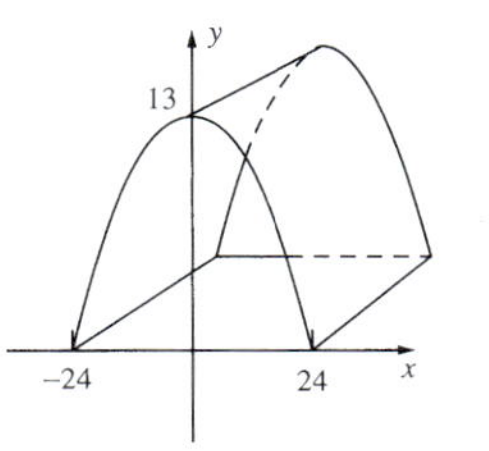

(b) 42,200 ft^3; **(c)** 5640 ft^2

61.

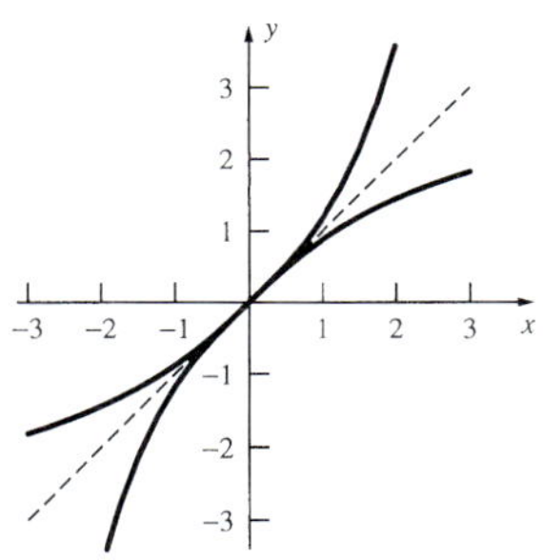

$y = \sinh x$ and $y = \ln\left(x + \sqrt{x^2+1}\right)$ are inverse functions.

Chapter Review 6.10

Concepts Test

1. False **3.** True **5.** True **7.** False **9.** True
11. True **13.** True **15.** True **17.** False **19.** True
21. False **23.** True **25.** False **27.** False **29.** False
31. True **33.** False **35.** True **37.** True **39.** True
41. True **43.** True **45.** False **47.** True

Sample Test Problems

1. $\dfrac{4}{x}$ **3.** $(2x-4)e^{x^2-4x}$ **5.** $\sec^2 x$ **7.** $\dfrac{\operatorname{sech}^2\sqrt{x}}{\sqrt{x}}$

9. $|\sec x|$ **11.** $\dfrac{1}{\sqrt{e^{2x}-1}}$ **13.** $\dfrac{15e^{5x}}{e^{5x}+1}$

15. $-\dfrac{e^{\sqrt{x}}\sin e^{\sqrt{x}}}{2\sqrt{x}}$ **17.** $-\dfrac{1}{\sqrt{x-x^2}}$ **19.** $-\dfrac{\csc\sqrt{x}\cot\sqrt{x}}{\sqrt{x}}$

21. $20\sec 5x(2\sec^2 5x - 1)$ **23.** $x^{1+x}\left(\ln x + 1 + \frac{1}{x}\right)$

25. $\frac{1}{3}e^{3x-1} + C$ **27.** $-\cos e^x + C$ **29.** $\dfrac{\ln(e^{x+3}+1)}{e} + C$

31. $2\sin^{-1}2x + C$ **33.** $-\tan^{-1}(\ln x) + C$

35. Increasing: $[-\frac{\pi}{2}, \frac{\pi}{4}]$; decreasing: $[\frac{\pi}{4}, \frac{\pi}{2}]$; concave up: $(-\frac{\pi}{2}, -\frac{\pi}{4})$; concave down: $(-\frac{\pi}{4}, \frac{\pi}{2})$; inflection point: $(-\frac{\pi}{4}, 0)$; global minimum: $(-\frac{\pi}{2}, -1)$ global maximum: $\left(\frac{\pi}{4}, \sqrt{2}\right)$

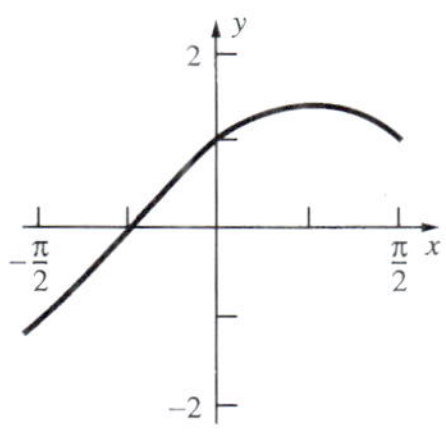

37. (b) 1 **(c)** $\frac{1}{15}$

39.

x_n	y_n
1.0	2.0
1.2	2.4
1.4	2.976
1.6	3.80928
1.8	5.02825
2.0	6.83842

41. $y = 1$ **43.** $y = Cx^{-1}$ **45.** $y = 1 + 2e^{-x^2}$

47. $y = -e^x + Ce^{2x}$

찾 아 보 기

[ㅈ]

[ㅊ]

[ㅋ]

[ㅌ]

[ㅍ]

1-4 찾아보기

[ㅎ]

역자위원 (가나다순)

신중상·박춘성·신현경·문경숙·권태인·전재복

미분적분학 (9/e) 상권

2009년 2월 20일 1판 1쇄 발행
2013년 3월 5일 1판 4쇄 발행

저 자 / Dale Varberg·Edwin J.Purcell·Steven E.Ringdon
역 자 / 수학교재편찬위원회
발행자 / 오판근
발행처 / 교우사

주 소 / 서울 동대문구 제기2동 148-19
전 화 / 925-2861(代), 편집부 / 925-2825
팩 스 / 925-2860
E-mail / kyowoo@kyowoo.co.kr
http://www.kyowoo.co.kr

등록 / 1994. 3. 24 제6-0256호

ISBN 978-89-8172-774-1 (93410)

상하권 세트 가격 33,000원

Table of Integrals

ELEMENTARY FORMS

1 $\int u\,dv = uv - \int v\,du$

2 $\int u^n\,du = \frac{1}{n+1}u^{n+1} + C \quad \text{if } n \neq -1$

3 $\int \frac{du}{u} = \ln|u| + C$

4 $\int e^u\,du = e^u + C$

5 $\int a^u\,du = \frac{a^u}{\ln a} + C$

6 $\int \sin u\,du = -\cos u + C$

7 $\int \cos u\,du = \sin u + C$

8 $\int \sec^2 u\,du = \tan u + C$

9 $\int \csc^2 u\,du = -\cot u + C$

10 $\int \sec u \tan u\,du = \sec u + C$

11 $\int \csc u \cot u\,du = -\csc u + C$

12 $\int \tan u\,du = -\ln|\cos u| + C$

13 $\int \cot u\,du = \ln|\sin u| + C$

14 $\int \sec u\,du = \ln|\sec u + \tan u| + C$

15 $\int \csc u\,du = \ln|\csc u - \cot u| + C$

16 $\int \frac{du}{\sqrt{a^2 - u^2}} = \sin^{-1}\frac{u}{a} + C$

17 $\int \frac{du}{a^2 + u^2} = \frac{1}{a}\tan^{-1}\frac{u}{a} + C$

18 $\int \frac{du}{a^2 - u^2} = \frac{1}{2a}\ln\left|\frac{u+a}{u-a}\right| + C$

19 $\int \frac{du}{u\sqrt{u^2 - a^2}} = \frac{1}{a}\sec^{-1}\left|\frac{u}{a}\right| + C$

TRIGONOMETRIC FORMS

20 $\int \sin^2 u\,du = \frac{1}{2}u - \frac{1}{4}\sin 2u + C$

21 $\int \cos^2 u\,du = \frac{1}{2}u + \frac{1}{4}\sin 2u + C$

22 $\int \tan^2 u\,du = \tan u - u + C$

23 $\int \cot^2 u\,du = -\cot u - u + C$

24 $\int \sin^3 u\,du = -\frac{1}{3}(2 + \sin^2 u)\cos u + C$

25 $\int \cos^3 u\,du = \frac{1}{3}(2 + \cos^2 u)\sin u + C$

26 $\int \tan^3 u\,du = \frac{1}{2}\tan^2 u + \ln|\cos u| + C$

27 $\int \cot^3 u\,du = -\frac{1}{2}\cot^2 u - \ln|\sin u| + C$

28 $\int \sec^3 u\,du = \frac{1}{2}\sec u \tan u + \frac{1}{2}\ln|\sec u + \tan u| + C$

29 $\int \csc^3 u\,du = -\frac{1}{2}\csc u \cot u + \frac{1}{2}\ln|\csc u - \cot u| + C$

30 $\int \sin au \sin bu\,du = \frac{\sin(a-b)u}{2(a-b)} - \frac{\sin(a+b)u}{2(a+b)} + C \quad \text{if } a^2 \neq b^2$

31 $\int \cos au \cos bu\,du = \frac{\sin(a-b)u}{2(a-b)} + \frac{\sin(a+b)u}{2(a+b)} + C \quad \text{if } a^2 \neq b^2$

32 $\int \sin au \cos bu\,du = -\frac{\cos(a-b)u}{2(a-b)} - \frac{\cos(a+b)u}{2(a+b)} + C \quad \text{if } a^2 \neq b^2$

33 $\int \sin^n u\,du = -\frac{1}{n}\sin^{n-1}u \cos u + \frac{n-1}{n}\int \sin^{n-2}u\,du$

34 $\int \cos^n u\,du = \frac{1}{n}\cos^{n-1}u \sin u + \frac{n-1}{n}\int \cos^{n-2}u\,du$

35 $\int \tan^n u\,du = \frac{1}{n-1}\tan^{n-1}u - \int \tan^{n-2}u\,du \quad \text{if } n \neq 1$

36 $\int \cot^n u\,du = \frac{-1}{n-1}\cot^{n-1}u - \int \cot^{n-2}u\,du \quad \text{if } n \neq 1$

37 $\int \sec^n u\,du = \frac{1}{n-1}\sec^{n-2}u \tan u + \frac{n-2}{n-1}\int \sec^{n-2}u\,du \quad \text{if } n \neq 1$

38 $\int \csc^n u\,du = \frac{-1}{n-1}\csc^{n-2}u \cot u + \frac{n-2}{n-1}\int \csc^{n-2}u\,du \quad \text{if } n \neq 1$

39a $\int \sin^n u \cos^m u\,du = -\frac{\sin^{n-1}u \cos^{m+1}u}{n+m} + \frac{n-1}{n+m}\int \sin^{n-2}u \cos^m u\,du \quad \text{if } n \neq -m$

39b $\int \sin^n u \cos^m u\,du = \frac{\sin^{n+1}u \cos^{m-1}u}{n+m} + \frac{m-1}{n+m}\int \sin^n u \cos^{m-2}u\,du \quad \text{if } m \neq -n$

40 $\int u \sin u\,du = \sin u - u\cos u + C$

41 $\int u \cos u\,du = \cos u + u \sin u + C$

42 $\int u^n \sin u\,du = -u^n \cos u + n\int u^{n-1}\cos u\,du$

43 $\int u^n \cos u\,du = u^n \sin u - n\int u^{n-1}\sin u\,du$

FORMS INVOLVING $\sqrt{u^2 \pm a^2}$

44 $$\int \sqrt{u^2 \pm a^2}\, du = \frac{u}{2}\sqrt{u^2 \pm a^2} \pm \frac{a^2}{2}\ln\left|u + \sqrt{u^2 \pm a^2}\right| + C$$

45 $$\int \frac{du}{\sqrt{u^2 \pm a^2}} = \ln\left|u + \sqrt{u^2 \pm a^2}\right| + C$$

46 $$\int \frac{\sqrt{u^2 + a^2}}{u}\, du = \sqrt{u^2 + a^2} - a\ln\left(\frac{a + \sqrt{u^2 + a^2}}{u}\right) + C$$

47 $$\int \frac{\sqrt{u^2 - a^2}}{u}\, du = \sqrt{u^2 - a^2} - a\sec^{-1}\frac{u}{a} + C$$

48 $$\int u^2\sqrt{u^2 \pm a^2}\, du = \frac{u}{8}(2u^2 \pm a^2)\sqrt{u^2 \pm a^2} - \frac{a^4}{8}\ln\left|u + \sqrt{u^2 \pm a^2}\right| + C$$

49 $$\int \frac{u^2\, du}{\sqrt{u^2 \pm a^2}} = \frac{u}{2}\sqrt{u^2 \pm a^2} \mp \frac{a^2}{2}\ln\left|u + \sqrt{u^2 \pm a^2}\right| + C$$

50 $$\int \frac{du}{u^2\sqrt{u^2 \pm a^2}} = \mp\frac{\sqrt{u^2 \pm a^2}}{a^2u} + C$$

51 $$\int \frac{\sqrt{u^2 \pm a^2}}{u^2}\, du = -\frac{\sqrt{u^2 \pm a^2}}{u} + \ln\left|u + \sqrt{u^2 \pm a^2}\right| + C$$

52 $$\int \frac{du}{(u^2 \pm a^2)^{3/2}} = \frac{\pm u}{a^2\sqrt{u^2 \pm a^2}} + C$$

53 $$\int (u^2 \pm a^2)^{3/2}\, du = \frac{u}{8}(2u^2 \pm 5a^2)\sqrt{u^2 \pm a^2} + \frac{3a^4}{8}\ln\left|u + \sqrt{u^2 \pm a^2}\right| + C$$

FORMS INVOLVING $\sqrt{a^2 - u^2}$

54 $$\int \sqrt{a^2 - u^2}\, du = \frac{u}{2}\sqrt{a^2 - u^2} + \frac{a^2}{2}\sin^{-1}\frac{u}{a} + C$$

55 $$\int \frac{\sqrt{a^2 - u^2}}{u}\, du = \sqrt{a^2 - u^2} - a\ln\left|\frac{a + \sqrt{a^2 - u^2}}{u}\right| + C$$

56 $$\int \frac{u^2\, du}{\sqrt{a^2 - u^2}} = -\frac{u}{2}\sqrt{a^2 - u^2} + \frac{a^2}{2}\sin^{-1}\frac{u}{a} + C$$

57 $$\int u^2\sqrt{a^2 - u^2}\, du = \frac{u}{8}(2u^2 - a^2)\sqrt{a^2 - u^2} + \frac{a^4}{8}\sin^{-1}\frac{u}{a} + C$$

58 $$\int \frac{du}{u^2\sqrt{a^2 - u^2}} = -\frac{\sqrt{a^2 - u^2}}{a^2u} + C$$

59 $$\int \frac{\sqrt{a^2 - u^2}}{u^2}\, du = -\frac{\sqrt{a^2 - u^2}}{u} - \sin^{-1}\frac{u}{a} + C$$

60 $$\int \frac{du}{u\sqrt{a^2 - u^2}} = -\frac{1}{a}\ln\left|\frac{a + \sqrt{a^2 - u^2}}{u}\right| + C$$

61 $$\int \frac{du}{(a^2 - u^2)^{3/2}} = \frac{u}{a^2\sqrt{a^2 - u^2}} + C$$

62 $$\int (a^2 - u^2)^{3/2}\, du = \frac{u}{8}(5a^2 - 2u^2)\sqrt{a^2 - u^2} + \frac{3a^4}{8}\sin^{-1}\frac{u}{a} + C$$

EXPONENTIAL AND LOGARITHMIC FORMS

63 $$\int ue^u\, du = (u - 1)e^u + C$$

64 $$\int u^n e^u\, du = u^n e^u - n\int u^{n-1}e^u\, du$$

65 $$\int \ln u\, du = u\ln u - u + C$$

66 $$\int u^n \ln u\, du = \frac{u^{n+1}}{n+1}\ln u - \frac{u^{n+1}}{(n+1)^2} + C$$

67 $$\int e^{au}\sin bu\, du = \frac{e^{au}}{a^2 + b^2}(a\sin bu - b\cos bu) + C$$

68 $$\int e^{au}\cos bu\, du = \frac{e^{au}}{a^2 + b^2}(a\cos bu + b\sin bu) + C$$

INVERSE TRIGONOMETRIC FORMS

69 $$\int \sin^{-1}u\, du = u\sin^{-1}u + \sqrt{1 - u^2} + C$$

70 $$\int \tan^{-1}u\, du = u\tan^{-1}u - \frac{1}{2}\ln(1 + u^2) + C$$

71 $$\int \sec^{-1}u\, du = u\sec^{-1}u - \ln\left|u + \sqrt{u^2 - 1}\right| + C$$

72 $$\int u\sin^{-1}u\, du = \frac{1}{4}(2u^2 - 1)\sin^{-1}u + \frac{u}{4}\sqrt{1 - u^2} + C$$

73 $$\int u\tan^{-1}u\, du = \frac{1}{2}(u^2 + 1)\tan^{-1}u - \frac{u}{2} + C$$

74 $$\int u\sec^{-1}u\, du = \frac{u^2}{2}\sec^{-1}u - \frac{1}{2}\sqrt{u^2 - 1} + C$$

75 $$\int u^n\sin^{-1}u\, du = \frac{u^{n+1}}{n+1}\sin^{-1}u - \frac{1}{n+1}\int \frac{u^{n+1}}{\sqrt{1 - u^2}}\, du \quad \text{if } n \neq -1$$

76 $$\int u^n\tan^{-1}u\, du = \frac{u^{n+1}}{n+1}\tan^{-1}u - \frac{1}{n+1}\int \frac{u^{n+1}}{1 + u^2}\, du \quad \text{if } n \neq -1$$

77 $$\int u^n\sec^{-1}u\, du = \frac{u^{n+1}}{n+1}\sec^{-1}u - \frac{1}{n+1}\int \frac{u^n}{\sqrt{u^2 - 1}}\, du \quad \text{if } n \neq -1$$

HYPERBOLIC FORMS

78 $\int \sinh u\, du = \cosh u + C$

79 $\int \cosh u\, du = \sinh u + C$

80 $\int \tanh u\, du = \ln(\cosh u) + C$

81 $\int \coth u\, du = \ln|\sinh u| + C$

82 $\int \operatorname{sech} u\, du = \tan^{-1}|\sinh u| + C$

83 $\int \operatorname{csch} u\, du = \ln\left|\tanh \frac{u}{2}\right| + C$

84 $\int \sinh^2 u\, du = \frac{1}{4}\sinh 2u - \frac{u}{2} + C$

85 $\int \cosh^2 u\, du = \frac{1}{4}\sinh 2u + \frac{u}{2} + C$

86 $\int \tanh^2 u\, du = u - \tanh u + C$

87 $\int \coth^2 u\, du = u - \coth u + C$

88 $\int \operatorname{sech}^2 u\, du = \tanh u + C$

89 $\int \operatorname{csch}^2 u\, du = -\coth u + C$

90 $\int \operatorname{sech} u \tanh u\, du = -\operatorname{sech} u + C$

91 $\int \operatorname{csch} u \coth u\, du = -\operatorname{csch} u + C$

MISCELLANEOUS ALGEBRAIC FORMS

92 $\int u(au + b)^{-1}\, du = \frac{u}{a} - \frac{b}{a^2}\ln|au + b| + C$

93 $\int u(au + b)^{-2}\, du = \frac{1}{a^2}\left[\ln|au + b| + \frac{b}{au + b}\right] + C$

94 $\int u(au + b)^n\, du = \frac{(au + b)^{n+1}}{a^2}\left(\frac{au + b}{n + 2} - \frac{b}{n + 1}\right) + C \quad \text{if } n \neq -1, -2$

95 $\int \frac{du}{(a^2 \pm u^2)^n} = \frac{1}{2a^2(n - 1)}\left(\frac{u}{(a^2 \pm u^2)^{n-1}} + (2n - 3)\int \frac{du}{(a^2 \pm u^2)^{n-1}}\right) \quad \text{if } n \neq 1$

96 $\int u\sqrt{au + b}\, du = \frac{2}{15a^2}(3au - 2b)(au + b)^{3/2} + C$

97 $\int u^n\sqrt{au + b}\, du = \frac{2}{a(2n + 3)}\left(u^n(au + b)^{3/2} - nb\int u^{n-1}\sqrt{au + b}\, du\right)$

98 $\int \frac{u\, du}{\sqrt{au + b}} = \frac{2}{3a^2}(au - 2b)\sqrt{au + b} + C$

99 $\int \frac{u^n\, du}{\sqrt{au + b}} = \frac{2}{a(2n + 1)}\left(u^n\sqrt{au + b} - nb\int \frac{u^{n-1}\, du}{\sqrt{au + b}}\right)$

100a $\int \frac{du}{u\sqrt{au + b}} = \frac{1}{\sqrt{b}}\ln\left|\frac{\sqrt{au + b} - \sqrt{b}}{\sqrt{au + b} + \sqrt{b}}\right| + C \quad \text{if } b > 0$

100b $\int \frac{du}{u\sqrt{au + b}} = \frac{2}{\sqrt{-b}}\tan^{-1}\sqrt{\frac{au + b}{-b}} + C \quad \text{if } b < 0$

101 $\int \frac{du}{u^n\sqrt{au + b}} = -\frac{\sqrt{au + b}}{b(n - 1)u^{n-1}} - \frac{(2n - 3)a}{(2n - 2)b}\int \frac{du}{u^{n-1}\sqrt{au + b}} \quad \text{if } n \neq 1$

102 $\int \sqrt{2au - u^2}\, du = \frac{u - a}{2}\sqrt{2au - u^2} + \frac{a^2}{2}\sin^{-1}\frac{u - a}{a} + C$

103 $\int \frac{du}{\sqrt{2au - u^2}} = \sin^{-1}\frac{u - a}{a} + C$

104 $\int u^n\sqrt{2au - u^2}\, du = -\frac{u^{n-1}(2au - u^2)^{3/2}}{n + 2} + \frac{(2n + 1)a}{n + 2}\int u^{n-1}\sqrt{2au - u^2}\, du$

105 $\int \frac{u^n\, du}{\sqrt{2au - u^2}} = -\frac{u^{n-1}}{n}\sqrt{2au - u^2} + \frac{(2n - 1)a}{n}\int \frac{u^{n-1}\, du}{\sqrt{2au - u^2}}$

106 $\int \frac{\sqrt{2au - u^2}}{u}\, du = \sqrt{2au - u^2} + a\sin^{-1}\frac{u - a}{a} + C$

107 $\int \frac{\sqrt{2au - u^2}}{u^n}\, du = \frac{(2au - u^2)^{3/2}}{(3 - 2n)au^n} + \frac{n - 3}{(2n - 3)a}\int \frac{\sqrt{2au - u^2}}{u^{n-1}}\, du$

108 $\int \frac{du}{u^n\sqrt{2au - u^2}} = \frac{\sqrt{2au - u^2}}{a(1 - 2n)u^n} + \frac{n - 1}{(2n - 1)a}\int \frac{du}{u^{n-1}\sqrt{2au - u^2}}$

109 $\int (\sqrt{2au - u^2})^n\, du = \frac{u - a}{n + 1}(2au - u^2)^{n/2} + \frac{na^2}{n + 1}\int (\sqrt{2au - u^2})^{n-2}\, du$

110 $\int \frac{du}{(\sqrt{2au - u^2})^n} = \frac{u - a}{(n - 2)a^2}(\sqrt{2au - u^2})^{2-n} + \frac{n - 3}{(n - 2)a^2}\int \frac{du}{(\sqrt{2au - u^2})^{n-2}}$

DEFINITE INTEGRALS

111 $\int_0^\infty u^n e^{-u}\, du = \Gamma(n + 1) = n! \quad (n \geq 0)$

112 $\int_0^\infty e^{-au^2}\, du = \frac{1}{2}\sqrt{\frac{\pi}{a}} \quad (a > 0)$

113 $\int_0^{\pi/2} \sin^n u\, du = \int_0^{\pi/2} \cos^n u\, du = \begin{cases} \dfrac{1 \cdot 3 \cdot 5 \cdot \cdots \cdot (n - 1)}{2 \cdot 4 \cdot 6 \cdot \cdots \cdot n}\dfrac{\pi}{2} & \text{if } n \text{ is an even integer and } n \geq 2 \\[2ex] \dfrac{2 \cdot 4 \cdot 6 \cdot \cdots \cdot (n - 1)}{3 \cdot 5 \cdot 7 \cdot \cdots \cdot n} & \text{if } n \text{ is an odd integer and } n \geq 3 \end{cases}$

1600 1700

Descartes

Newton

Leibniz

Euler

J. Kepler (1571-1630)

R. Descartes (1596-1650)

B. Pascal (1623-1662)

I. Newton (1642-1727)

G. Leibniz (1646-1716)

L'Hôpital (1661-1704)

J. Bernoulli (1667-1748)

L. Euler (1707-1783)

M. Agnesi (171

Kepler

Pascal

L'Hôpital

Bernoulli

Contributors to Calculus

[Calculus is] the outcome of a dramatic intellectual struggle which has lasted for twenty-five hundred years.

—*Richard Courant*

1609 Kepler's laws of planetary motion

1637 Descartes' analytic geometry

1665 Newton discovers calculus

1696 First calculus text (L'Hôpital)

1728 Euler introduces e

1800

1900

Other Contributors

Pierre de Fermat (1601-1665)
Michel Rolle (1652-1719)
Brook Taylor (1685-1731)
Colin Maclaurin (1698-1746)
Thomas Simpson (1710-1761)
Pierre-Simon de Laplace (1749-1827)
George Green (1793-1841)
George Gabriel Stokes (1819-1903)

Lagrange

Gauss

Cauchy

Riemann

Lebesgue

nge (1736-1813)

C. Gauss (1777-1855)

A. Cauchy (1789-1857)

K. Weierstrass (1815-1897)

G. Riemann (1826-1866)

J. Gibbs (1839-1903)

S. Kovalevsky (1850-1891)

H. Lebesgue (1875-1941)

Agnesi

Weierstrass

Kovalevsky

Gibbs

56 — ge begins *nique tique*

1799 — Gauss proves Fundamental Theorem of Algebra

1821 — Precise notion of limit (Cauchy)

1854 — Riemann integral

1873 — e is transcendental (Hermite)

1902 — Lebesgue integral

FORMULAS FROM GEOMETRY

Triangle

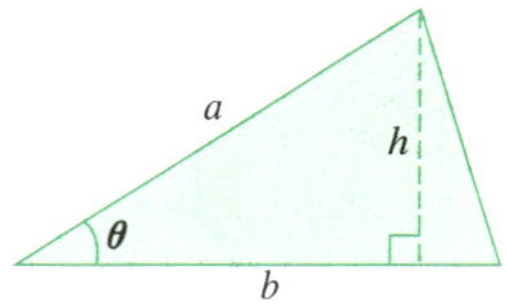

$$\text{Area} = \frac{1}{2}bh$$

$$\text{Area} = \frac{1}{2}ab\sin\theta$$

Parallelogram

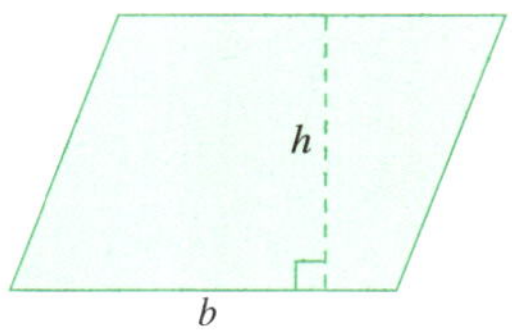

$$\text{Area} = bh$$

Trapezoid

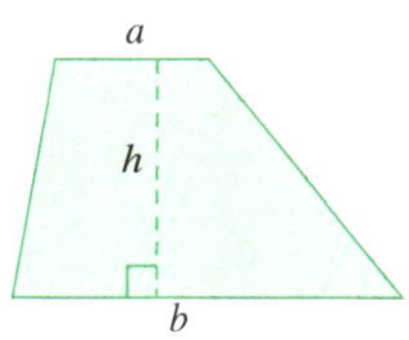

$$\text{Area} = \frac{a+b}{2}h$$

Circle

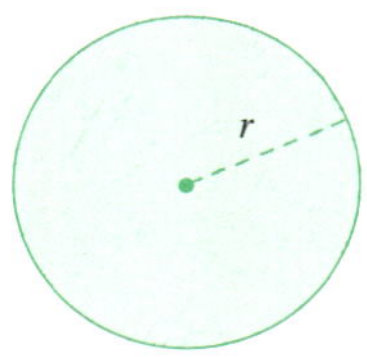

$$\text{Circumference} = 2\pi r$$

$$\text{Area} = \pi r^2$$

Sector of Circle

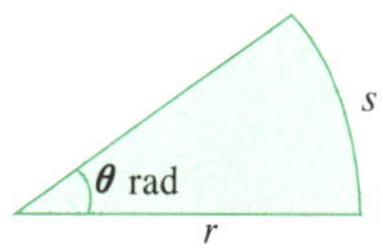

$$\text{Arc length } s = r\theta$$

$$\text{Area} = \frac{1}{2}r^2\theta$$

Polar Rectangle

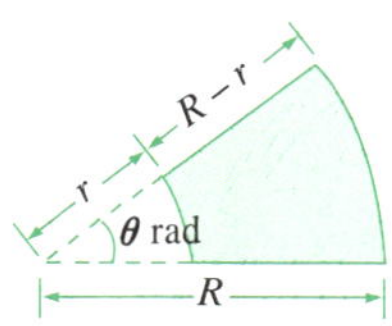

$$\text{Area} = \frac{R+r}{2}(R-r)\theta$$

Right Circular Cylinder

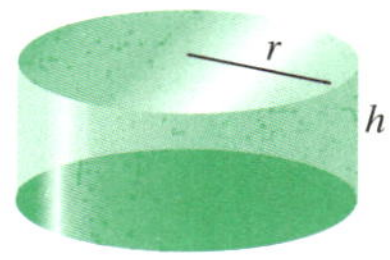

$$\text{Lateral area} = 2\pi rh$$

$$\text{Volume} = \pi r^2 h$$

Ball

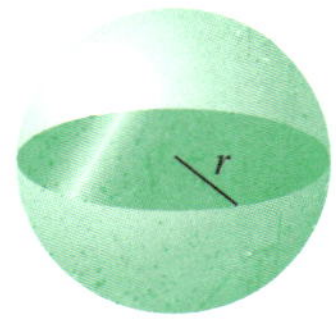

$$\text{Area} = 4\pi r^2$$

$$\text{Volume} = \frac{4}{3}\pi r^3$$

Right Circular Cone

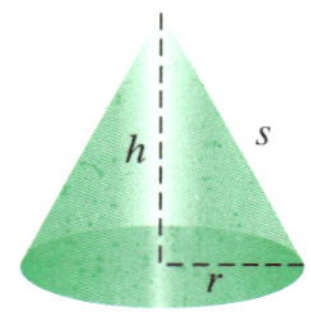

$$\text{Lateral area} = \pi rs$$

$$\text{Volume} = \frac{1}{3}\pi r^2 h$$

Frustum of Right Circular Cone

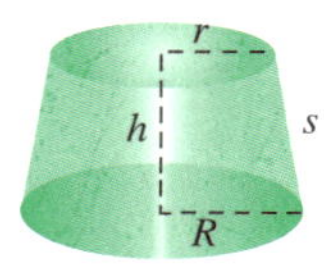

$$\text{Lateral area} = \pi s(r+R)$$

$$\text{Volume} = \frac{1}{3}\pi(r^2 + rR + R^2)h$$

General Cone

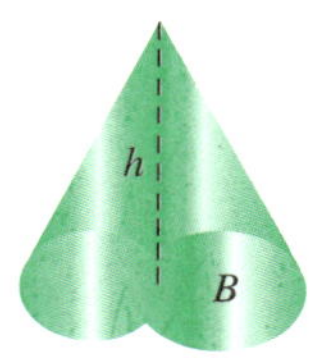

$$\text{Volume} = \frac{1}{3}(\text{area } B)h$$

Wedge

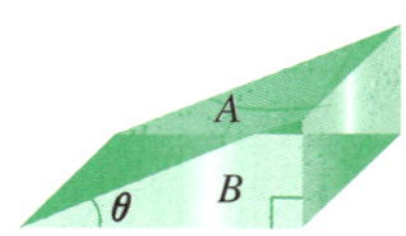

$$\text{Area } A = (\text{area } B)\sec\theta$$

NINTH EDITION

미분적분학 하

DALE VARBERG EDWIN J. PURCELL STEVEN E.RIGDON 지음
수학교재편찬위원회 옮김

PEARSON 教友社

PEARSON

차 례

CHAPTER

7 적분의 기법

7.1 기본적인 적분공식

이제까지 다룬 함수들은 모든 초등함수를 포함한다. 이들은 상수함수, 멱함수, 대수함수, 로그함수와 지수함수, 삼각함수와 역삼각함수, 그리고 이들을 합, 차, 곱, 몫, 합성을 하여 얻어지는 모든 함수들이다. 따라서 다음도 초등함수이다.

$$f(x)=\frac{e^x+e^{-x}}{2}=\cosh x$$

$$g(x)=(1+\cos^4 x)^{1/2}$$

$$h(x)=\frac{3^{x^2-2x}}{\ln(x^2+1)}-\sin[\cos(\cosh x)]$$

초등함수의 미분은 직접 우리가 배운 법칙의 체계적인 사용만 필요로 한다. 그리고 그 결과는 항상 초등함수이다. 적분은 아주 다른 문제이다. 그것은 작은 기법과 많은 트릭을 품고 있다. 더 나쁜 것은 그것이 항상 초등함수가 되지는 않는다는 사실이다. 예를 들면, e^{-x^2}과 $(\sin x)/x$의 역도함수는 초등함수가 아니다.

적분에 관한 두 가지의 중요한 기법은 치환과 부분적분이다. 치환법은 4.4절에서 소개하였고 때때로 사이사이의 장에서 사용하였다.

표준형 치환법과 부분적분법의 효율적인 사용은 알고 있는 적분표의 활용에 달려 있다. (기억하긴 너무 길지만) 그런 표중의 하나가 본 교과서 뒷표지에 있다. 아래에 나열한 몇가지는 반드시 외워야한다고 생각되는 것으로서 매우 유용하다.

표준 적분형

상수, 멱

1. $\int k\,du = ku + C$
2. $\int u^r\,du = \begin{cases} \dfrac{u^{r+1}}{r+1} + C & r \neq -1 \\ \ln|u| + C & r = -1 \end{cases}$

지수

3. $\int e^u\,du = e^u + C$
4. $\int a^u\,du = \dfrac{a^u}{\ln a} + C,\ a \neq 1,\ a > 0$

삼각함수

5. $\int \sin u\,du = -\cos u + C$
6. $\int \cos u\,du = \sin u + C$
7. $\int \sec^2 u\,du = \tan u + C$
8. $\int \csc^2 u\,du = -\cot u + C$
9. $\int \sec u \tan u\,du = \sec u + C$
10. $\int \csc u \cot u\,du = -\cot u + C$
11. $\int \tan u\,du = -\ln|\cos u| + C$
12. $\int \cot u\,du = \ln|\sin u| + C$

대수함수

13. $\int \dfrac{du}{\sqrt{a^2 - u^2}} = \sin^{-1}\left(\dfrac{u}{a}\right) + C$
14. $\int \dfrac{du}{a^2 + u^2} = \dfrac{1}{a}\tan^{-1}\left(\dfrac{u}{a}\right) + C$
15. $\int \dfrac{du}{u\sqrt{u^2 - a^2}} = \dfrac{1}{a}\sec^{-1}\left(\dfrac{|u|}{a}\right) + C = \dfrac{1}{a}\cos^{-1}\left(\dfrac{a}{|u|}\right) + C$

쌍곡선함수

16. $\int \sinh u\,du = \cosh u + C$
17. $\int \cosh u\,du = \sinh u + C$

부정적분에서의 치환 부정적분을 하는 경우에 적분이 표준형이면, 답을 바로 쓰면 된다. 그렇지 못하면 그것을 표준형으로 바꿀 수 있는 치환을 찾는다. 만일 시도한 첫 치환이 적당하지 않으면 다른 치환을 찾는다. 숙달되려면 많은 연습이 가장 효과적이다.

치환법은 정리 4.4B에 소개했고 보다 쉽게 참조할 수 있도록 여기에 다시 언급한다.

정리 A 부정적분에서의 치환

g는 미분가능한 함수이고 F가 f의 부정적분일 때, $u = g(x)$로 놓으면,

$$\int f(g(x))g'(x)\,dx = \int f(u)\,du = F(u) + C = F(g(x)) + C$$

예제 1 $\int \dfrac{x}{\cos^2(x^2)}\,dx$를 구하여라.

풀이 잠시 이 적분을 살펴보면, $1/\cos^2 x = \sec^2 x$이므로 표준형 $\int \sec^2 u\,du$이 생각난다. $u = x^2$으로 놓으면, $du = 2x\,dx$. 따라서

$$\int \frac{x}{\cos^2(x^2)}dx = \frac{1}{2}\int \frac{1}{\cos^2(x^2)} \cdot 2x\,dx = \frac{1}{2}\int \sec^2 u\,du$$
$$= \frac{1}{2}\tan u + C = \frac{1}{2}\tan(x^2) + C$$ ■

예제 2 $\int \frac{3}{\sqrt{5-9x^2}}dx$를 구하여라.

풀이 $\int \frac{du}{\sqrt{a^2-u^2}}$을 생각한다. $u=3x$로 놓으면, $du=3dx$. 따라서

$$\int \frac{3}{\sqrt{5-9x^2}}dx = \int \frac{1}{\sqrt{5-u^2}}du = \sin^{-1}\left(\frac{u}{\sqrt{5}}\right) + C$$
$$= \sin^{-1}\left(\frac{3x}{\sqrt{5}}\right) + C$$ ■

예제 3 $\int \frac{6e^{1/x}}{x^2}dx$를 구하여라.

풀이 $\int e^u\,du$를 생각한다. $u=\frac{1}{x}$로 놓으면, $du=(-1/x^2)dx$. 따라서

$$\int \frac{6e^{1/x}}{x^2}dx = -6\int e^{1/x}\left(\frac{-1}{x^2}dx\right) = -6\int e^u\,du$$
$$= -6e^u + C = -6e^{1/x} + C$$ ■

예제 4 $\int \frac{e^x}{4+9e^{2x}}dx$를 구하여라.

풀이 $\int \frac{1}{a^2+u^2}du$를 생각한다. $u=3e^x$로 놓으면, $du=3e^x\,dx$. 따라서

$$\int \frac{e^x}{4+9e^{2x}}dx = \frac{1}{3}\int \frac{1}{4+9e^{2x}}(3e^x\,dx) = \frac{1}{3}\int \frac{1}{4+u^2}du$$
$$= \frac{1}{3}\cdot\frac{1}{2}\tan^{-1}\left(\frac{u}{2}\right) + C = \frac{1}{6}\tan^{-1}\left(\frac{3e^x}{2}\right) + C$$ ■

u치환을 꼭 기재할 필요는 없다. 머리 속으로 치환을 할 수 있으면, 그것으로 좋다. 다음 두 예를 든다.

예제 5 $\int x\cos x^2 dx$를 구하여라.

풀이 머리 속으로 $u=x^2$으로 치환한다. 그러면 바로 다음이 성립한다.

$$\int x\cos x^2 dx = \frac{1}{2}\int (\cos x^2)(2x\,dx) = \frac{1}{2}\sin x^2 + C$$ ■

예제 6 $\int \frac{a^{\tan t}}{\cos^2 t}dt$를 구하여라.

풀이 머리 속으로 $u=\tan t$로 치환한다. 그러면

$$\int \frac{a^{\tan t}}{\cos^2 t}dt = \int a^{\tan t}(\sec^2 t\,dt) = \frac{a^{\tan t}}{\ln a}+C \qquad ■$$

정적분에서의 치환 이 내용은 4.4절에서 다루었다. 이것은 부정적분에서 치환과 같지만, 적분구간의 적절한 변환에 주의해야 한다.

예제 7 $\int_2^5 t\sqrt{t^2-4}\,dt$를 계산하여라.

풀이 $u=t^2-4$로 치환하면, $du=2t\,dt$. $t=2$이면 $u=0$, $t=5$면 $u=21$이다. 따라서

$$\int_2^5 t\sqrt{t^2-4}\,dt=\frac{1}{2}\int_2^5 (t^2-4)^{1/2}(2t\,dt)=\frac{1}{2}\int_0^{21} u^{1/2}\,du$$
$$=\left[\frac{1}{3}u^{3/2}\right]_0^{21}=\frac{1}{3}(21)^{3/2}\approx 32.08 \qquad ■$$

예제 8 $\int_1^3 x^3\sqrt{x^4+11}\,dx$를 구하여라.

풀이 머리 속으로, $u=x^4+11$로 치환하면

$$\int_1^3 x^3\sqrt{x^4+11}\,dx=\frac{1}{4}\int_1^3 (x^4+11)^{1/2}(4x^3\,dx)=\left[\frac{1}{6}(x^4+11)^{3/2}\right]_1^3$$
$$=\frac{1}{6}[92^{3/2}-12^{3/2}]\approx 140.144 \qquad ■$$

개념 복습

1. 초등함수의 미분은 바로 구할 수 있지만, 초등함수의 부정적분은 ______로 나타낼 수 없는 경우도 있다.
2. $u=1+x^3$으로 치환하면 적분 $\int 3x^2(1+x^3)^5 dx$는 ______가 된다.
3. $u=$______로 치환하면 $\int e^x/(4+e^{2x})dx$는 $\int 1/(4+u^2)\,du$로 변환된다.
4. $u=1+\sin x$로 치환하면 $\int_0^{\pi/2}(1+\sin x)^3\cos x\,dx$는 ______가 된다.

연습문제 7.1

문제 1~54에서 주어진 적분을 구하여라.

1. $\int (x-2)^5 dx$
2. $\int \sqrt{3x}\,dx$
3. $\int_0^2 x(x^2+1)^5 dx$
4. $\int_0^1 x\sqrt{1-x^2}\,dx$
5. $\int \frac{dx}{x^2+4}$
6. $\int \frac{e^x}{2+e^x}dx$
7. $\int \frac{x}{x^2+4}dx$
8. $\int \frac{2t^2}{2t^2+1}dt$
9. $\int 6z\sqrt{4+z^2}\,dz$
10. $\int \frac{5}{\sqrt{2t+1}}dt$
11. $\int \frac{\tan z}{\cos^2 z}dz$
12. $\int e^{\cos z}\sin z\,dz$

13. $\int \frac{\sin\sqrt{t}}{\sqrt{t}}dt$

14. $\int \frac{2x\,dx}{\sqrt{1-x^4}}$

15. $\int_0^{\pi/4} \frac{\cos x}{1+\sin^2 x}dx$

16. $\int_0^{3/4} \frac{\sin\sqrt{1-x}}{\sqrt{1-x}}dx$

17. $\int \frac{3x^2+2x}{x+1}dx$

18. $\int \frac{x^3+7x}{x-1}dx$

19. $\int \frac{\sin(\ln 4x^2)}{x}dx$

20. $\int \frac{\sec^2(\ln x)}{2x}dx$

21. $\int \frac{6e^x}{\sqrt{1-e^{2x}}}dx$

22. $\int \frac{x}{x^4+4}dx$

23. $\int \frac{3e^{2x}}{\sqrt{1-e^{2x}}}dx$

24. $\int \frac{x^3}{x^4+4}dx$

25. $\int_0^1 t\,3^{t^2}\,dt$

26. $\int_0^{\pi/6} 2^{\cos x}\sin x\,dx$

27. $\int \frac{\sin x-\cos x}{\sin x}dx$

28. $\int \frac{\sin(4t-1)}{1-\sin^2(4t-1)}dt$

29. $\int e^x \sec e^x\,dx$

30. $\int e^x \sec^2(e^x)\,dx$

31. $\int \frac{\sec^3 x+e^{\sin x}}{\sec x}dx$

32. $\int \frac{(6t-1)\sin\sqrt{3t^2-t-1}}{\sqrt{3t^2-t-1}}dt$

33. $\int \frac{t^2\cos(t^3-2)}{\sin^2(t^3-2)}dt$

34. $\int \frac{1+\cos 2x}{\sin^2 2x}dx$

35. $\int \frac{t^2\cos^2(t^3-2)}{\sin^2(t^3-2)}dt$

36. $\int \frac{\csc^2 2t}{\sqrt{1+\cot 2t}}dt$

37. $\int \frac{e^{\tan^{-1}2t}}{1+4t^2}dt$

38. $\int (t+1)e^{-t^2-2t-5}dt$

39. $\int \frac{y}{\sqrt{16-9y^4}}dy$

40. $\int \cosh 3x\,dx$

41. $\int x^2\sinh x^3\,dx$

42. $\int \frac{5}{\sqrt{9-4x^2}}dx$

43. $\int \frac{e^{3t}}{\sqrt{4-e^{6t}}}dt$

44. $\int \frac{dt}{2t\sqrt{4t^2-1}}$

45. $\int_0^{\pi/2} \frac{\sin x}{16+\cos^2 x}dx$

46. $\int_0^1 \frac{e^{2x}-e^{-2x}}{e^{2x}+e^{-2x}}dx$

47. $\int \frac{1}{x^2+2x+5}dx$

48. $\int \frac{1}{x^2-4x+9}dx$

49. $\int \frac{dx}{9x^2+18x+10}$

50. $\int \frac{dx}{\sqrt{16+6x-x^2}}$

51. $\int \frac{x+1}{9x^2+18x+10}dx$

52. $\int \frac{3-x}{\sqrt{16+6x-x^2}}dx$

53. $\int \frac{dt}{t\sqrt{2t^2-9}}$

54. $\int \frac{\tan x}{\sqrt{\sec^2 x-4}}dx$

55. $x=0$에서 $x=\pi/4$까지 곡선 $y=\ln(\cos x)$의 길이를 구하여라.

56. 항등식

$$\sec x=\frac{\sin x}{\cos x}+\frac{\cos x}{1+\sin x}$$

을 증명하고 이를 사용하여 다음 식을 유도하여라.

$$\int \sec x\,dx=\ln|\sec x+\tan x|+C$$

57. $\int_0^{2\pi} \frac{x|\sin x|}{1+\cos^2 x}dx$를 구하여라. 도움말: $u=x-\pi$로 치환하고 나서 대칭 성질을 사용하여라.

58. R을 $-\pi/4\le x\le 3\pi/4$에서 $y=\sin x$, $y=\cos x$로 둘러싸인 영역이라 하자. R을 $x=-\pi/4$를 축으로 회전할 때 생기는 입체의 부피를 구하여라. 도움말: 단일 적분으로 나타내기 위하여 원주각 적분을 이용하고 $u=x-\pi/4$로 치환하여 대칭성을 이용한다.

개념 복습 해답: **1.** 초등함수 **2.** $\int u^5\,du$ **3.** e^x **4.** $\int_1^2 u^3\,du$

7.2 부분적분

변수를 바꾸는 방법이 어려울 때, 이중으로 바꾸어 주면 되는 경우도 있다. 이 방법을 부분적분(integration by parts)이라고 한다. 이 방법은 두 함수의 곱의 미분공식을 적분하는 것에 바탕을 두고 있다.

$u=u(x)$ 그리고 $v=v(x)$라 하자. 그러면

$$D_x[u(x)v(x)]=u(x)v'(x)+v(x)u'(x)$$

즉,

$$u(x)v'(x) = D_x[u(x)v(x)] - v(x)u'(x)$$

이 방정식의 양변을 적분하면, 다음을 얻는다.

$$\int u(x)v'(x)dx = u(x)v(x) - \int v(x)u'(x)dx$$

그런데 $dv = v'(x)dx$이고 $du = u'(x)dx$이므로, 이 방정식은 다음과 같이 간단하게 표현하는 것이 보통이다.

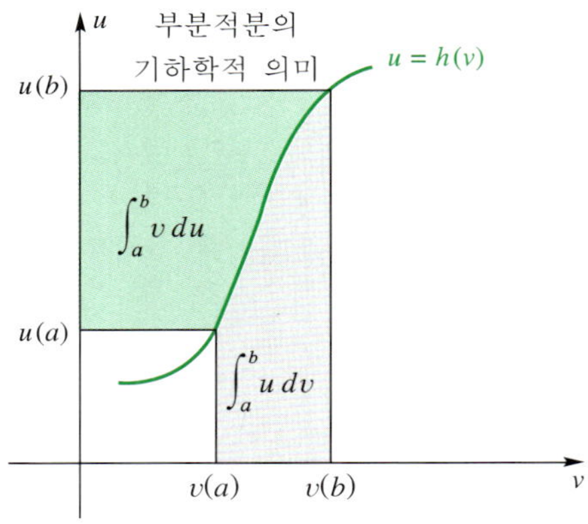

$\int_a^b u\,dv = u(b)v(b) - u(a)v(a) - \int_a^b v\,du$

그림 1

부분적분: 부정적분

$$\int u\,dv = uv - \int v\,du$$

이에 대응하는 정적분의 공식은 다음과 같다.

$$\int_a^b u(x)v'(x)dx = [u(x)v(x)]_a^b - \int_a^b v(x)u'(x)dx$$

그림 1은 부분적분을 기하학적으로 해석한 것을 나타낸다. 이것을 다음과 같이 요약할 수 있다.

부분적분: 정적분

$$\int_a^b u\,dv = [uv]_a^b - \int_a^b v\,du$$

이 공식들을 이용하면, $u\,dv$를 적분하는 문제를 $v\,du$를 적분하는 문제로 바꿀 수 있다. 이 방법이 성공하려면, u와 dv를 적절하게 선택해야 한다. 따라서 선택하는 연습을 많이 해야 한다.

예제 1 $\int x\cos x\,dx$를 구하여라.

풀이 $x\cos x\,dx$를 $u\,dv$라 쓰고 싶다. 가능한 한 가지 방법은, $u = x$, $dv = \cos x\,dx$로 놓는 것이다. 그러면 $du = dx$이고, $v = \int \cos x\,dx = \sin x$(이 단계에서는 적분 상수를 적지 않아도 된다). 이렇게 이중으로 바꾼 것을 간결하게 요약하면 다음과 같다.

$$\begin{aligned} u &= v, & dv &= \cos x\,dx \\ du &= dx, & v &= \sin x \end{aligned}$$

부분적분 공식에 따라서,

$$\begin{aligned} \int \underbrace{x}_{u}\,\underbrace{\cos x\,dx}_{dv} &= \underbrace{x}_{u}\,\underbrace{\sin x}_{v} - \int \underbrace{\sin x}_{v}\,\underbrace{dx}_{du} \\ &= x\sin x + \cos x + C \end{aligned}$$

이 경우는 처음 시도에서 성공한 것이다. 달리 바꾸는 방법은

$$u = \cos x \qquad dv = x\,dx$$

$$du = -\sin x\,dx \qquad v = \frac{x^2}{2}$$

이번에도 부분적분 공식을 적용하면,

$$\int \underbrace{\cos x}_{u}\,\underbrace{x\,dx}_{dv} = \underbrace{(\cos x)}_{u}\underbrace{\frac{x^2}{2}}_{v} - \int \underbrace{\frac{x^2}{2}}_{v}\underbrace{(-\sin x\,dx)}_{du}$$

이것은 옳기는 하지만, 전혀 쓸모가 없다. 오른쪽 변에 등장한 새 적분이 원래의 적분보다 더욱 복잡하고 어렵기 때문이다. 따라서 u와 dv를 잘 택해야 한다. ■

일반적으로 x에 관한 다항식과 삼각함수 또는 지수함수와의 곱에 관한 적분은 삼각함수 또는 지수함수를 dv로 선택하여야 한다.

예제 2 $\int_1^2 \ln x\,dx$를 구하여라.

풀이 다음과 같이 놓는다.

$$u = \ln x, \qquad dv = dx$$

$$du = \left(\frac{1}{x}\right)dx, \qquad v = x$$

그러면

$$\int_1^2 \ln x\,dx = [x \ln x]_1^2 - \int_1^2 x\frac{1}{x}dx$$

$$= 2\ln 2 - \int_1^2 dx$$

$$= 2\ln 2 - 1 \approx 0.386$$ ■

예제 3 $\int \arcsin x\,dx$를 구하여라.

풀이 다음과 같이 놓는다.

$$u = \arcsin x \qquad dv = dx$$

$$du = \frac{1}{\sqrt{1-x^2}}dx, \qquad v = x$$

그러면

$$\int \arcsin x\,dx = x \arcsin x - \int \frac{x}{\sqrt{1-x^2}}dx$$

$$= x \arcsin x + \frac{1}{2}\int (1-x^2)^{-1/2}(-2x\,dx)$$

$$= x \arcsin x + \frac{1}{2}\cdot 2(1-x^2)^{1/2} + C$$

$$= x \arcsin x + \sqrt{1-x^2} + C$$ ■

예제 4 $\int_1^2 t^6 \ln t\, dt$를 구하여라.

풀이 다음과 같이 놓는다.

$$u = \ln t \qquad dv = t^6\, dt$$
$$du = \frac{1}{t}\, dt \qquad v = \frac{1}{7}t^7$$

그러면

$$\begin{aligned}\int_1^2 t^6 \ln t\, dt &= \left[\frac{1}{7}t^7 \ln t\right]_1^2 - \int_1^2 \frac{1}{7}t^7\left(\frac{1}{t}dt\right)\\ &= \frac{1}{7}(128 \ln 2 - \ln 1) - \frac{1}{7}\int_1^2 t^6\, dt\\ &= \frac{128}{7}\ln 2 - \frac{1}{49}[t^7]_1^2\\ &= \frac{128}{7}\ln 2 - \frac{127}{49} \approx 10.083\end{aligned}$$

■

부분적분의 반복 부분적분을 여러 번 적용해야 하는 경우도 있다.

예제 5 $\int x^2 \sin x\, dx$를 구하여라.

풀이 다음과 같이 놓는다.

$$u = x^2 \qquad dv = \sin x\, dx$$
$$du = 2x\, dx \qquad v = -\cos x$$

그러면

$$\int x^2 \sin x\, dx = -x^2 \cos x + 2\int x \cos x\, dx$$

이제 우변 적분에 부분적분을 다시 적용하면 될 것이다. 사실, 이 적분은 예제 1에서 한 것이다. 따라서 거기에서 얻은 결과를 이용하면

$$\begin{aligned}\int x^2 \sin x\, dx &= -x^2 \cos x + 2(x \sin x + \cos x + C)\\ &= -x^2 \cos x + 2x \sin x + 2 \cos x + K\end{aligned}$$

■

예제 6 $\int e^x \sin x\, dx$를 구하여라.

풀이 $u = e^x$, $dv = \sin x\, dx$로 놓으면, $du = e^x dx$, $v = -\cos x$. 따라서

$$\int e^x \sin x\, dx = -e^x \cos x + \int e^x \cos x\, dx$$

이제 한번 더 부분적분을 한다. 우변의 적분에서, $u = e^x$, $dv = \cos x\, dx$로 놓으면 $du = e^x dx$, $v = \sin x$. 따라서

$$\int e^x \cos x\, dx = -e^x \sin x - \int e^x \sin x\, dx$$

이것을 처음 얻은 결과에 적용하면, 다음을 얻는다.

$$\int e^x \sin x\, dx = -e^x \cos x + e^x \sin x - \int e^x \sin x\, dx$$

마지막 항을 좌변으로 옮겨서 더하면, 다음을 얻는다.

$$2\int e^x \sin x\, dx = e^x(\sin x - \cos x) + C$$

이것으로부터,

$$\int e^x \sin x\, dx = \frac{1}{2} e^x (\sin x - \cos x) + K$$

■

앞에서 구한 적분이 우변에 다시 나타난다는 사실을 보여주기 위해, 예제 6을 예로 든 것이다.

차수를 줄이는 공식 $k < n$일 때

$$\int f^n(x) dx = g(x) + \int f^k(x) dx$$

와 같은 형태의 공식을 **차수를 줄이는 공식**(reduction formula)이라 한다(f의 지수가 줄어든다). 이러한 공식은 흔히 부분적분법으로 얻게 된다.

예제 7 $\int \sin^n x\, dx$의 차수를 줄이는 공식을 이끌어 내어라.

풀이 $u = \sin^{n-1} x$, $dv = \sin x\, dx$로 놓으면

$$du = (n-1)\sin^{n-2} x \cos x\, dx, \quad v = -\cos x$$

이것으로부터,

$$\int \sin^n x\, dx = -\sin^{n-1} x \cos x + (n-1)\int \sin^{n-2} x \cos^2 x\, dx$$

우변의 적분에서 $\cos^2 x$ 대신에 $1 - \sin^2 x$를 넣으면, 다음을 얻는다.

$$\int \sin^n x\, dx = -\sin^{n-1} x \cos x + (n-1)\int \sin^{n-2} x\, dx - (n-1)\int \sin^n x\, dx$$

우변 끝의 적분을 좌변으로 넘겨서 더한 다음, $\int \sin^n x\, dx$에 대해 풀면, 차수를 줄이는 다음 공식을 얻게 된다($n \geq 2$인 경우 유효함).

$$\int \sin^n x\, dx = \frac{-\sin^{n-1} x \cos x}{n} + \frac{n-1}{n}\int \sin^{n-2} x\, dx$$

■

예제 8 위의 차수를 줄이는 공식을 이용하여, $\int_0^{\pi/2} \sin^8 x\, dx$를 계산하여라.

풀이 우선 다음을 주목한다.

$$\int_0^{\pi/2} \sin^n x\,dx = \left[\frac{-\sin^{n-1}x\cos x}{n}\right]_0^{\pi/2} + \frac{n-1}{n}\int_0^{\pi/2}\sin^{n-2}x\,dx$$

$$= 0 + \frac{n-1}{n}\int_0^{\pi/2}\sin^{n-2}x\,dx$$

그러므로

$$\int_0^{\pi/2}\sin^8 x\,dx = \frac{7}{8}\int_0^{\pi/2}\sin^6 x\,dx$$

$$= \frac{7}{8}\cdot\frac{5}{6}\int_0^{\pi/2}\sin^4 x\,dx$$

$$= \frac{7}{8}\cdot\frac{5}{6}\cdot\frac{3}{4}\int_0^{\pi/2}\sin^2 x\,dx$$

$$= \frac{7}{8}\cdot\frac{5}{6}\cdot\frac{3}{4}\cdot\frac{1}{2}\int_0^{\pi/2}1\,dx$$

$$= \frac{7}{8}\cdot\frac{5}{6}\cdot\frac{3}{4}\cdot\frac{1}{2}\cdot\frac{\pi}{2} = \frac{35}{256}\pi$$ ■

$\int_0^{\pi/2}\sin^n x\,dx$의 일반적인 공식을 이와 비슷한 방법으로 구할 수 있다(이 책 뒷표지 속 공식 113).

개념 복습

1. 부분적분 공식에 따르면, $\int u\,dv =$ ______.
2. 이 공식을 $\int x\sin x\,dx$에다 적용하기 위해서, $u=$ ______ 그리고 $dv=$ ______라 놓자.
3. 부분적분 공식을 적용하면, $\int_0^{\pi/2} x\sin x\,dx$의 값은 ____ 이 나온다.
4. $\int f^n(x)dx$를 $\int f^k(x)dx$로 표현하는 공식을(여기서 $k<n$) ______ 공식이라고 부른다.

연습문제 7.2

문제 1~36에서 부분적분법으로 다음 적분을 구하여라.

1. $\int xe^x dx$
2. $\int xe^{3x}dx$
3. $\int te^{5t+\pi}dt$
4. $\int (t+7)e^{2t+3}dt$
5. $\int x\cos x\,dx$
6. $\int x\sin 2x\,dx$
7. $\int (t-3)\cos(t-3)dt$
8. $\int (x-\pi)\sin x\,dx$
9. $\int t\sqrt{t+1}\,dt$
10. $\int t\sqrt[3]{2t+7}\,dt$
11. $\int \ln(3x)dx$
12. $\int \ln(7x^5)dx$
13. $\int \arctan x\,dx$
14. $\int \arctan 5x\,dx$
15. $\int \frac{\ln x}{x^2}dx$
16. $\int_2^3 \frac{\ln 2x^5}{x^2}dx$
17. $\int_1^e \sqrt{t}\ln t\,dt$
18. $\int_1^5 \sqrt{2x}\ln(x^3)dx$
19. $\int z^3\ln z\,dz$
20. $\int t\arctan t\,dt$
21. $\int \arctan(1/t)dt$
22. $\int t^5\ln(t^7)dt$
23. $\int_{\pi/6}^{\pi/2} x\csc^2 x\,dx$
24. $\int_{\pi/6}^{\pi/4} x\sec^2 x\,dx$

25. $\int x^5\sqrt{x^3+4}\,dx$

26. $\int x^{13}\sqrt{x^7+1}\,dx$

27. $\int \frac{t^7}{(7-3t^4)^{3/2}}dt$

28. $\int x^3\sqrt{4-x^2}\,dx$

29. $\int \frac{z^7}{(4-z^4)^2}dz$

30. $\int x\cosh x\,dx$

31. $\int x\sinh x\,dx$

32. $\int \frac{\ln x}{\sqrt{x}}dx$

33. $\int x(3x+10)^{49}dx$

34. $\int t(t-1)^{12}dt$

35. $\int x\,2^x dx$

36. $\int z\,a^z dz$

문제 37~48에서 부분적분법을 두 번 적용하여 다음 적분을 구하여라(예제 5, 6 참조).

37. $\int x^2e^x dx$

38. $\int x^5e^{x^2}dx$

39. $\int \ln^2 z\,dz$

40. $\int \ln^2 x^{20}dx$

41. $\int e^t\cos t\,dt$

42. $\int e^{at}\sin t\,dt$

43. $\int x^2\cos x\,dx$

44. $\int r^2\sin r\,dr$

45. $\int \sin(\ln x)dx$

46. $\int \cos(\ln x)dx$

47. $\int (\ln x)^3dx$ 도움말: 문제 39를 이용.

48. $\int (\ln x)^4dx$ 도움말: 문제 39, 47을 이용.

문제 49~54에서 부분적분을 이용하여 다음 공식을 이끌어 내어라.

49. $\int \sin x\sin 3x\,dx$
$$=-\frac{3}{8}\sin x\cos 3x+\frac{1}{8}\cos x\sin 3x+C$$

50. $\int \cos 5x\sin 7x\,dx$
$$=-\frac{7}{24}\cos 5x\cos 7x-\frac{5}{24}\sin 5x\sin 7x+C$$

51. $\int e^{\alpha z}\sin\beta z\,dz=\frac{e^{\alpha z}(\alpha\sin\beta z-\beta\cos\beta z)}{\alpha^2+\beta^2}+C$

52. $\int e^{\alpha z}\cos\beta z\,dz=\frac{e^{\alpha z}(\alpha\cos\beta z+\beta\sin\beta z)}{\alpha^2+\beta^2}+C$

53. $\int x^\alpha\ln x\,dx=\frac{x^{\alpha+1}}{\alpha+1}\ln x-\frac{x^{\alpha-1}}{(\alpha+1)^2}+C,\ \alpha\neq-1$

54. $\int x^\alpha(\ln x)^2dx=\frac{x^{\alpha+1}}{\alpha+1}(\ln x)^2$
$$-2\frac{x^{\alpha+1}}{(\alpha+1)^2}\ln x+2\frac{x^{\alpha+1}}{(\alpha+1)^3}+C,\ \alpha\neq-1$$

문제 55~61에서 부분적분법을 이용하여 다음 차수를 줄이는 공식을 이끌어 내어라.

55. $\int x^\alpha e^{\beta x}dx=\frac{x^\alpha e^{\beta x}}{\beta}-\frac{\alpha}{\beta}\int x^{\alpha-1}e^{\beta x}dx$

56. $\int x^\alpha\sin\beta x\,dx=-\frac{x^\alpha\cos\beta x}{\beta}+\frac{\alpha}{\beta}\int x^{\alpha-1}\cos\beta x\,dx$

57. $\int x^\alpha\cos\beta x\,dx=\frac{x^\alpha\sin\beta x}{\beta}-\frac{\alpha}{\beta}\int x^{\alpha-1}\sin\beta x\,dx$

58. $\int(\ln x)^\alpha dx=x(\ln x)^\alpha-\alpha\int(\ln x)^{\alpha-1}dx$

59. $\int(a^2-x^2)^\alpha dx=x(a^2-x^2)^\alpha+2\alpha\int x^2(a^2-x^2)^{\alpha-1}dx$

60. $\int\cos^\alpha x\,dx=\frac{\cos^{\alpha-1}x\sin x}{\alpha}+\frac{\alpha-1}{\alpha}\int\cos^{\alpha-2}x\,dx$

61. $\int\cos^\alpha\beta x\,dx$
$$=\frac{\cos^{\alpha-1}\beta x\sin\beta x}{\alpha\beta}+\frac{\alpha-1}{\alpha}\int\cos^{\alpha-2}\beta x\,dx$$

62. 문제 55를 이용하여 다음을 이끌어 내어라.
$$\int x^4e^{3x}dx=\frac{1}{3}x^4e^{3x}-\frac{4}{9}x^3e^{3x}+\frac{4}{9}x^2e^{3x}-\frac{8}{27}xe^{3x}+\frac{8}{81}e^{3x}+C$$

63. 문제 56, 57을 이용하여 다음을 이끌어 내어라.
$$\int x^4\cos 3x\,dx=\frac{1}{3}x^4\sin 3x+\frac{4}{9}x^3\cos 3x-\frac{4}{9}x^2\sin 3x$$
$$-\frac{8}{27}x\cos 3x+\frac{8}{81}\sin 3x+C.$$

64. 문제 61을 이용하여 다음을 이끌어 내어라.
$$\int\cos^6 3x\,dx=\frac{1}{18}\sin 3x\cos^5 3x+\frac{5}{72}\sin 3x\cos^3 3x$$
$$+\frac{5}{48}\sin 3x\cos 3x+\frac{5}{16}x+C.$$

≈ **65.** 곡선 $y=\ln x$, x축, 직선 $x=e$로 둘러싸인 영역의 넓이를 구하여라.

≈ **66.** 문제 65의 영역을 x축에 대해 회전시켰을 때 생기는 입체의 부피를 구하여라.

≈ **67.** 곡선 $y=3e^{-x/3}$, $y=0$, $x=0$, $x=9$로 둘러싸인 영역의 넓이를 구하여라. 그림을 그려라.

≈ **68.** 문제 67의 영역을 x축에 대해 회전시켰을 때 생기는 입체의 부피를 구하여라.

≈ **69.** $x=0$에서 $x=\pi/4$까지, $y=x\sin x$의 그래프와 $y=x\cos x$의 그래프로 둘러싸인 영역의 넓이를 구하여라.

≈ **70.** $x=0$에서 $x=2\pi$까지, $y=\sin(x/2)$의 그래프의 아래 영역을 y축에 대해 회전시켰을 때 생기는 입체의 부피를 구하여라.

≈ **71.** $x=1$에서 $x=e$까지, $y=\ln x^2$과 x축으로 둘러싸인 영역의 도심을 구하여라(5.6절 참조).

72. 부분적분으로 $\int \cot x \csc^2 x\,dx$를 구하되, 다음 두 가지 방법으로 구하여라.

(a) $\cot x$를 미분하여서

(b) $\csc x$를 미분하여서

(c) 이 두 결과는 상수 차이가 날 뿐, 사실상 같음을 보여라.

73. $p(x)$는 n차 다항식이고, 함수 g의 부정적분을 계속한 것이 $G_1, G_2, \cdots, G_{n+1}$이라 하자. 그러면 부분적분을 되풀이해 다음을 얻을 수 있다.

$$\int p(x)g(x)dx = p(x)G_1(x) - p'(x)G_2(x) + p''(x)G_3(x) - \cdots + (-1)^n p^{(n)}(x)G_{n+1}(x) + C$$

이 결과를 이용하여 다음을 구하여라.

(a) $\int (x^3-2x)e^x dx$ (b) $\int (x^2-3x+1)\sin x\,dx$

≈ **74.** $x\geq 0$에서 $y=x\sin x$의 그래프가 그림 2와 같다.

(a) n번째 호가 만드는 도형의 넓이 공식을 구하여라.

(b) 2번째 호가 만드는 도형을 y축에 대해 회전시켰을 때 생기는 입체의 부피를 구하여라.

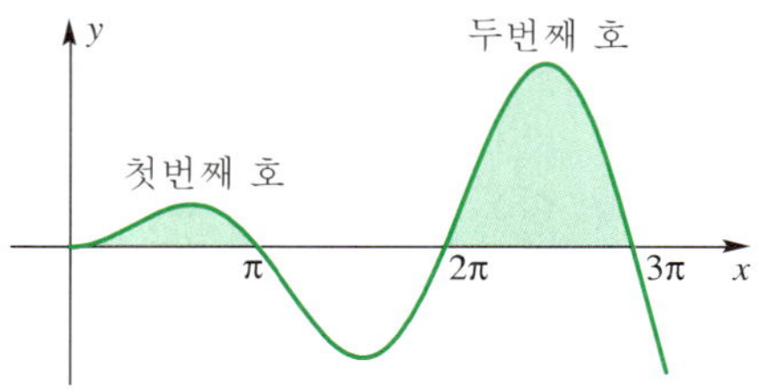

그림 2

75. $a_n = \frac{1}{\pi}\int_{-\pi}^{\pi} f(x)\sin nx\,dx$는 응용수학에서 매우 중요한 역할을 한다. $f'(x)$가 $[-\pi, \pi]$에서 연속이면, $\lim_{n\to\infty} a_n = 0$임을 보여라. 도움말: 부분적분을 이용하여라.

76. $G_n = \sqrt[n]{(n+1)(n+2)\cdots(n+n)}$이라 하자. 그러면 $\lim_{n\to\infty}(G_n/n) = 4/e$임을 보여라. 도움말: $\ln(G_n/n)$을 생각하고, 이것을 리만 합이라 보고, 예제 2를 이용.

77. $0=1$임을 다음과 같이 "증명"하였다. 틀린 부분을 지적하여라. 적분 $\int (1/t)dt$에서, $u=1/t$ 그리고 $dv=dt$라 놓자. 그러면 $du=-t^{-2}dt$ 그리고 $uv=1$. 부분적분을 하면,

$$\int (1/t)dt = 1 - \int (-1/t)dt$$

그러므로 $0=1$이다.

78. 다음 적분을 계산하고 싶다.

$$\int e^{5x}(4\cos 7x + 6\sin 7x)dx$$

그런데 이 결과는 $e^{5x}(C_1\cos 7x + C_2\sin 7x) + C_3$ 형태가 됨을 경험을 통해서 알고 있다. 이것을 미분한 것이 위의 피적분함수와 같다고 놓아서, C_1과 C_2를 구하여라.

부분적분을 통해서, 여러 가지 놀라운 이론상의 결과들을 얻을 수 있다. 이 모든 경우, 하나의 적분을 출발점으로 삼는다. 두 가지를 여기에서 다룬다.

79. 다음이 성립함을 보여라.

$$\int_a^b f(x)dx = [xf(x)]_a^b - \int_a^b xf'(x)dx$$
$$= [(x-a)f(x)]_a^b - \int_a^b (x-a)f'(x)dx$$

80. 문제 79를 이용하고, f 대신에 f'를 넣어서, 다음이 성립함을 보여라.

$$f(b)-f(a) = \int_a^b f'(x)dx$$
$$= f'(b)(b-a) - \int_a^b (x-a)f''(x)dx$$
$$= f'(a)(b-a) - \int_a^b (x-b)f''(x)dx$$

81. f를 $n+1$번 미분할 수 있을 때, 다음이 성립함을 보여라.

$$f(t) = f(a) + \sum_{i=1}^{n}\frac{f^{(i)}(a)}{i!}(t-a)^i + \int_a^t \frac{(t-a)^n}{n!}f^{(n+1)}(x)dx$$

82. 베타 함수(Beta function)는 수학의 여러 분야에서 중요한 역할을 하는데, 다음과 같이 정의한다.

$$B(\alpha, \beta) = \int_0^1 x^{\alpha-1}(1-x)^{\beta-1}dx,$$

여기서 $\alpha\geq 1$, $\beta\geq 1$.

(a) 변수를 바꾸어서, 다음을 보여라.

$$B(\alpha, \beta) = \int_0^1 x^{\beta-1}(1-x)^{\alpha-1}dx = B(\beta, \alpha)$$

(b) 부분적분법으로, 다음을 보여라.

$$B(\alpha, \beta) = \frac{\alpha-1}{\beta}B(\alpha-1, \beta+1) = \frac{\beta-1}{\alpha}B(\alpha+1, \beta-1)$$

(c) $\alpha=n$ 그리고 $\beta=m$이고, n과 m은 양의 정수일 때, (b)의 결과를 되풀이해 적용하여서, 다음을 보여라.

$$B(n, m) = \frac{(n-1)!(m-1)!}{(n+m+1)!}$$

사실 이 결과는 n과 m이 정수가 아닌 경우에도 유효하다. $n!$, $m!$, $(n+m+1)!$에다 의미를 부여해 주면 말이다.

83. 함수 $f(t)$는 $f'(\mathrm{a})=f'(\mathrm{b})=0$이고, $f(t)$의 2계 도함수가 연속이라고 하자. 부분적분법으로 $\int_a^b f''(t)f(t)dt \le 0$이 성립함을 보여라. 도움말: $f(t)$를 미분하고 $f''(t)$를 적분해서, 부분적분을 하여라. 이 결과는 응용수학과 편미분방정식 분야에서 널리 쓰인다.

84. 부분적분법으로 다음 공식을 이끌어 내어라.

$$\int_0^x \left(\int_0^t f(z)\,dz\right)dt = \int_0^x f(t)(x-t)\,dt$$

85. 문제 84의 공식을 일반화하여서, n번 되풀이한 적분에 대한 다음 공식을 이끌어 내어라.

$$\int_0^x \int_0^{t_1} \cdots \int_0^{t_{n-1}} f(t_n)\,dt_n \ldots dt_1$$
$$= \frac{1}{(n-1)!}\int_0^x f(t_1)(x-t_1)^{n-1}dt_1$$

86. $P_n(x)$가 n차 다항식일 때 다음이 성립함을 보여라.

$$\int e^x P_n(x)\,dx = e^x \sum_{j=0}^{n} (-1)^j \frac{d^j P_n(x)}{dx^j}$$

87. 문제 86의 결과를 이용하여, $\int (3x^4+2x^2)e^x dx$를 구하여라.

개념 복습 해답: **1.** $uv - \int v\,du$ **2.** x; $\sin x\,dx$ **3.** 1 **4.** 차수를 줄이는

7.3 삼각함수의 적분

변수를 치환하는 방법과 삼각함수의 여러 가지 공식들을 적절히 결합하면, 삼각함수들의 수많은 형태를 적분할 수 있다. 흔히 접하게 되는 세 개의 유형을 다룬다.

1. $\int \sin^n x\,dx.\ \int \cos^n x\,dx$
2. $\int \sin^m x \cos^n x\,dx$
3. $\int \sin mx \cos nx\,dx,\ \int \sin mx \sin nx\,dx,\ \int \cos mx \cos nx\,dx$
4. $\int \tan^n x\,dx,\ \int \cot^n x\,dx$
5. $\int \tan^m x \sec^n x\,dx,\ \int \cot^m x \csc^n x\,dx$

유형 1$\left(\int \sin^n x\,dx,\ \int \cos^n x\,dx\right)$ 먼저 n이 홀수의 자연수인 경우를 생각한다. $\sin x$ 또는 $\cos x$ 인수 한 개를 빼내고 나서, 공식 $\sin^2 x+\cos^2 x=1$을 이용한다.

예제 1 **(n 홀수)** $\int \sin^5 x\,dx$를 구하여라.

풀이

$$\begin{aligned}\int \sin^5 x\,dx &= \int \sin^4 x \sin x\,dx\\ &= \int (1-\cos^2 x)^2 \sin x\,dx\\ &= \int (1-2\cos^2 x+\cos^4 x)\sin x\,dx\\ &= -\int (1-2\cos^2 x+\cos^4 x)(-\sin x\,dx)\\ &= -\cos x+\frac{2}{3}\cos^3 x-\frac{1}{5}\cos^5 x+C\end{aligned}$$

■

> **유용한 공식**
>
> 이 절에서 삼각함수들의 다음 공식들을 요긴하게 사용할 것이다.
>
> 피타고라스 공식
>
> $\sin^2 x + \cos^2 x = 1$
>
> $1 + \tan^2 x = \sec^2 x$
>
> $1 + \cot^2 x = \csc^2 x$
>
> 반각 공식
>
> $\sin^2 x = \dfrac{1 - \cos 2x}{2}$
>
> $\cos^2 x = \dfrac{1 + \cos 2x}{2}$

예제 2 **(n 짝수)** $\int \sin^2 x\, dx$와 $\int \cos^4 x\, dx$를 구하여라.

풀이 여기서는 반각공식을 이용한다.

$$\begin{aligned}\int \sin^2 x\, dx &= \int \frac{1 - \cos 2x}{2} dx \\ &= \frac{1}{2}\int dx - \frac{1}{4}\int (\cos 2x)(2\, dx) \\ &= \frac{1}{2}x - \frac{1}{4}\sin 2x + C\end{aligned}$$

$$\begin{aligned}\int \cos^4 x\, dx &= \int \left(\frac{1 + \cos 2x}{2}\right)^2 dx \\ &= \frac{1}{4}\int (1 + 2\cos 2x + \cos^2 2x)\, dx \\ &= \frac{1}{4}\int dx + \frac{1}{4}\int (\cos 2x)(2)\, dx + \frac{1}{8}\int (1 + \cos 4x)\, dx \\ &= \frac{3}{8}\int dx + \frac{1}{4}\int \cos 2x(2\, dx) + \frac{1}{32}\int \cos 4x(4\, dx) \\ &= \frac{3}{8}x + \frac{1}{4}\sin 2x + \frac{1}{32}\sin 4x + C\end{aligned}$$

■

유형 2($\int \sin^m x \cos^n x\, dx$) m 또는 n이 홀수이면, 다른 지수가 어떠한 수이든 상관없이, $\sin x$ 또는 $\cos x$ 인수 한 개를 빼고 나서, 공식 $\sin^2 x + \cos^2 x = 1$을 이용한다.

예제 3 **(m 또는 n이 홀수)** $\int \sin^3 x \cos^{-4} x\, dx$를 구하여라.

풀이

$$\begin{aligned}\int \sin^3 x \cos^{-4} x\, dx &= \int (1 - \cos^2 x)(\cos^{-4} x)(\sin x)\, dx \\ &= -\int (\cos^{-4} x - \cos^{-4} x)(-\sin x\, dx) \\ &= -\left[\frac{(\cos x)^{-3}}{-3} - \frac{(\cos x)^{-1}}{-1}\right] + C \\ &= \frac{1}{3}\sec^3 x - \sec x + C\end{aligned}$$

■

m과 n이 둘 다 짝수이면, 반각공식을 이용하여, 적분할 함수의 차수를 절반으로 줄인다. 예제 4를 통해 알아본다.

예제 4 **(m과 n 둘 다 짝수)** $\int \sin^2 x \cos^4 x\, dx$를 구하여라.

풀이

$$\begin{aligned}&\int \sin^2 x \cos^4 x\, dx \\ &= \int \left(\frac{1 - \cos 2x}{2}\right)\left(\frac{1 + \cos 2x}{2}\right) dx\end{aligned}$$

이들은 서로 다른가?

부정적분을 하였을 때 방법에 따라 서로 다른 것 같은 답들이 나올 수 있다.

$$\int \sin x \cos x\,dx$$
$$=-\int \cos x(-\sin x)dx$$
$$=-\frac{1}{2}\cos^2 x+C$$

다른 방법으로 구해 보니,

$$\int \sin x \cos x\,dx=\int \sin x(\cos x)dx$$
$$=\frac{1}{2}\sin^2 x+C$$

그러나 이러한 답들은 기껏해야 상수 차이가 날 뿐이다. 다음을 참고하기 바란다.

$$\frac{1}{2}\sin^2 x+C=\frac{1}{2}(1-\cos^2 x)+C$$
$$=-\frac{1}{2}\cos^2 x+\left(\frac{1}{2}+C\right)$$

이 두 답들과 다음 세 번째 답 사이의 관계를 확인해 보기 바란다.

$$\int \sin x \cos x\,dx=\frac{1}{2}\int \sin 2x\,dx$$
$$=-\frac{1}{4}\cos 2x+C$$

$$=\frac{1}{8}\int (1+\cos 2x-\cos^2 2x-\cos^3 2x)\,dx$$
$$=\frac{1}{8}\int \left[1+\cos 2x-\frac{1}{2}(1+\cos 4x)-(1-\sin^2 2x)\cos 2x\right]dx$$
$$=\frac{1}{8}\int \left[\frac{1}{2}-\frac{1}{2}\cos 4x+\sin^2 2x\cos 2x\right]dx$$
$$=\frac{1}{8}\left[\int \frac{1}{2}dx-\frac{1}{8}\int \cos 4x(4\,dx)+\frac{1}{2}\int \sin^2 2x(2\cos 2x\,dx)\right]$$
$$=\frac{1}{8}\left[\frac{1}{2}x-\frac{1}{8}\sin 4x+\frac{1}{6}\sin^3 2x\right]+C$$ ■

유형 3 $\left(\int \sin mx \cos nx\,dx,\ \int \sin mx \sin nx\,dx,\ \int \cos mx \cos nx\,dx\right)$ 이러한 유형의 적분은 교류 전기 이론, 열의 전파 문제, 기타 여러 응용 문제들에서 나타난다. 이러한 적분을 다루려면, 곱셈공식을 이용해야 한다.

1. $\sin mx \cos nx=\frac{1}{2}[\sin(m+n)x+\sin(m-n)x]$

2. $\sin mx \sin nx=-\frac{1}{2}[\cos(m+n)x-\cos(m-n)x]$

3. $\cos mx \cos nx=\frac{1}{2}[\cos(m+n)x+\cos(m-n)x]$

예제 5 $\int \sin 2x \cos 3x\,dx$를 구하여라.

풀이 곱셈공식 1을 적용한다.

$$\int \sin 2x \cos 3x\,dx=\frac{1}{2}\int [\sin 5x+\sin(-x)]\,dx$$
$$=\frac{1}{10}\int \sin 5x(5\,dx)-\frac{1}{2}\int \sin x\,dx$$
$$=-\frac{1}{10}\cos 5x+\frac{1}{2}\cos x+C$$ ■

예제 6 m과 n이 자연수(양의 정수)일 때, 다음이 성립함을 보여라.

$$\int_{-\pi}^{\pi} \sin mx \sin nx\,dx=\begin{cases}0, & n\neq m\text{인 경우}\\ \pi, & n=m\text{인 경우}\end{cases}$$

풀이 곱셈공식 2를 적용한다. $m\neq n$이면,

$$\int_{-\pi}^{\pi} \sin mx \sin nx\,dx=-\frac{1}{2}\int_{-\pi}^{\pi}[\cos(m+n)x-\cos(m-n)x]\,dx$$
$$=-\frac{1}{2}\left[\frac{1}{m+n}\sin(m+n)x-\frac{1}{m-n}\sin(m-n)x\right]_{-\pi}^{\pi}$$
$$=0$$

한편, $m=n$이면,

$$\begin{aligned}\int_{-\pi}^{\pi} \sin mx \sin nx\, dx &= -\frac{1}{2}\int_{-\pi}^{\pi} [\cos 2mx - 1]\, dx \\ &= -\frac{1}{2}\left[\frac{1}{2m}\sin 2mx - x\right]_{-\pi}^{\pi} \\ &= -\frac{1}{2}[-2\pi] = \pi\end{aligned}$$ ■

예제 7 m과 n이 자연수일 때 다음을 구하여라.

$$\int_{-L}^{L} \sin\frac{m\pi x}{L}\sin\frac{n\pi x}{L}dx$$

풀이 $u=\pi x/L$로 놓으면 $du=\pi\, dx/L$. 이제 $x=-L$일 때 $u=-\pi$이고, $x=L$일 때 $u=\pi$이다. 그러므로

$$\begin{aligned}\int_{-L}^{L} \sin\frac{m\pi x}{L}\sin\frac{n\pi x}{L}dx &= \frac{L}{\pi}\int_{-\pi}^{\pi}\sin mu \sin nu\, du \\ &= \begin{cases}\dfrac{L}{\pi}\cdot 0 & n\neq m\text{인 경우} \\[2ex] \dfrac{L}{\pi}\cdot\pi & n=m\text{인 경우}\end{cases} \\ &= \begin{cases}0 & n\neq m\text{인 경우} \\ L & n=m\text{인 경우}\end{cases}\end{aligned}$$

여기서 예제 6의 결과를 이용하였다. ■

어떤 문제를 대수학적 관점과 기하학적 관점으로 관찰하라고 여러 번 지적하였다. 지금까지 이 절의 내용은 완전히 대수학적이었지만, 예제 6, 7의 정적분에서, 이것을 기하학적 관점으로 살펴보도록 한다.

그림 1은 $y=\sin(3x)\sin(2x)$와 $y=\sin(3\pi x/10)\sin(2\pi x/10)$의 그래프이다. 이 그래프를 보면, x축 위의 영역과 x축 아래의 영역은 넓이가 같음을 알 수 있다. 따라서 $A_{위}-A_{아래}=0$. 예제 6과 7에서 이것을 확인할 수 있다.

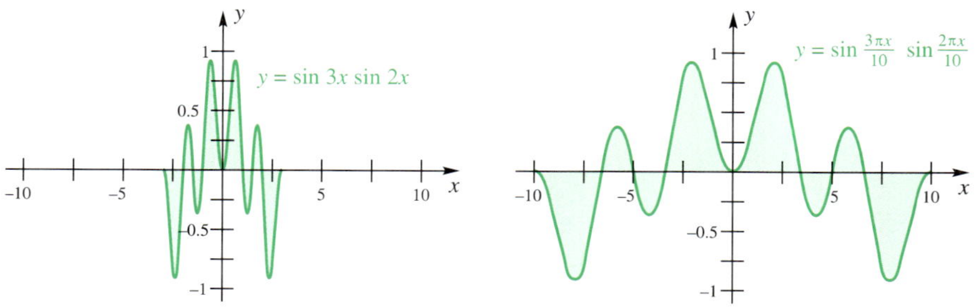

그림 1

그림 2는 $y=\sin 2x \sin 2x=\sin^2 2x$, $-\pi\le x\le\pi$의 그래프와 $y=\sin(2\pi x/10)\sin(2\pi x/10)=\sin^2(2\pi x/10)$, $-10\le x\le 10$의 그래프이다. 이 두 그래프는 비슷해 보이는데, 왼쪽 그래프를 수평 방향으로 $10/\pi$배 늘인 것이 오른쪽 그래프

이다. 따라서 넓이도 이 비율로 증가하지 않을까? 그렇다면, 오른쪽 그림의 어둡게 칠한 영역의 넓이는, 왼쪽 그림의 어둡게 칠한 영역의 넓이 곱하기 $10/\pi$이 될 것이다. 즉, 오른쪽 그림의 넓이는 $(10/\pi)\cdot\pi = 10$이 될 것이며, 이것은 예제 7에서 $L=10$인 경우의 답과 일치한다.

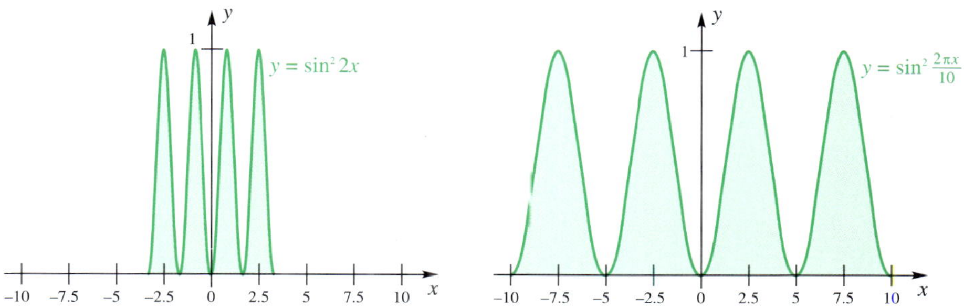

그림 2

유형 4 $\left(\int \tan^n x\,dx,\ \int \cot^n x\,dx\right)$ 탄젠트의 경우, $\tan x^2 = \sec^2 x - 1$로 분해하고, 코탄젠트의 경우는 $\cot^2 x - \csc^2 x - 1$로 분해한다.

예제 8 $\int \cot^4 x\,dx$를 구하여라.

풀이

$$\begin{aligned}\int \cot^4 x\,dx &= \int \cot^4 x(\csc^2 x - 1)dx\\ &= \int \cot^2 x \csc^2 x\,dx - \int \cot^2 x\,dx\\ &= -\int \cot^2 x(-\csc^2 x\,dx) - \int (\csc^2 x - 1)dx\\ &= -\frac{1}{3}\cot^3 x + \cot x + x + C\end{aligned}$$

■

예제 9 $\int \tan^5 x\,dx$를 구하여라.

풀이

$$\begin{aligned}\int \tan^5 x\,dx &= \int \tan^3 x(\sec^2 x - 1)dx\\ &= \int \tan^3 x \sec^2 x\,dx - \int \tan^3 x\,dx\\ &= \int \tan^3 x\,(\sec^2 x\,dx) - \int \tan x(\sec^2 x - 1)dx\\ &= \int \tan^3 x(\sec^2 x\,dx) - \int \tan x(\sec^2 x\,dx) + \int \tan x\,dx\\ &= \frac{1}{4}\tan^4 x - \frac{1}{2}\tan^2 x - \ln|\cos x| + C\end{aligned}$$

■

유형 5 $\left(\int \tan^m x \sec^n x\,dx,\ \int \cot^m x \csc^n x\,dx\right)$

예제 10 (n 짝수, m 임의의 수) $\int \tan^{-3/2} x \sec^4 x\,dx$를 구하여라.

풀이

$$\int \tan^{-3/2} x \sec^4 x\,dx = \int (\tan^{-3/2} x)(1+\tan^2 x)\sec^2 x\,dx$$
$$= \int (\tan^{-3/2} x)\sec^2 x\,dx + \int (\tan^{1/2} x)\sec^2 x\,dx$$
$$= -2\tan^{-1/2} x + \frac{2}{3}\tan^{3/2} x + C$$ ■

예제 11 (m 홀수, n 임의의 수) $\int \tan^3 x \sec^{-1/2} x\,dx$를 구하여라.

풀이

$$\int \tan^3 x \sec^{-1/2} x\,dx = \int (\tan^2 x)(\sec^{-3/2} x)(\sec x \tan x)dx$$
$$= \int (\sec^2 x - 1)\sec^{-3/2} x(\sec x \tan x\,dx)$$
$$= \int \sec^{-1/2} x(\sec x \tan x\,dx) - \int \sec^{-3/2} x(\sec x \tan x)dx$$
$$= \frac{2}{3}\sec^{3/2} x + 2\sec^{-1/2} x + C$$ ■

개념 복습

1. $\int \cos^2 x\,dx$를 다루려면, 먼저 이것을 ______로 바꾼다.
2. $\int \cos^3 x\,dx$를 다루려면, 먼저 이것을 ______로 바꾼다.
3. $\int \sin^2 x \cos^3 x\,dx$를 다루려면, 먼저 이것을 ______로 바꾼다.
4. $\int_{-\pi}^{\pi} \cos mx \cos nx\,dx$를 다루려면, 여기서 $m \neq n$인 경우, 삼각함수 공식 ______를 이용해야 한다.

연습문제 7.3

문제 1~28에서 다음 적분을 구하여라.

1. $\int \sin^2 x\,dx$
2. $\int \sin^4 6x\,dx$
3. $\int \sin^3 x\,dx$
4. $\int \cos^3 x\,dx$
5. $\int_0^{\pi/2} \cos^5\theta\,d\theta$
6. $\int_0^{\pi/2} \sin^6\theta\,d\theta$
7. $\int \sin^5 4x \cos^2 4x\,dx$
8. $\int (\sin^3 2t)\sqrt{\cos 2t}\,dt$
9. $\int \cos^3 3\theta \sin^{-2} 3\theta\,d\theta$
10. $\int \sin^{1/2} 2z \cos^3 2z\,dz$
11. $\int \sin^4 3t \cos^4 3t\,dt$
12. $\int \cos^6\theta \sin^2\theta\,d\theta$
13. $\int \sin 4y \cos 5y\,dy$
14. $\int \cos y \cos 4y\,dy$
15. $\int \sin^4\left(\frac{w}{2}\right)\cos^2\left(\frac{w}{2}\right)dw$
16. $\int \sin 3t \sin t\,dt$
17. $\int x\cos^2 x \sin x\,dx$ 도움말: 부분적분을 이용한다.
18. $\int x\sin^3 x \cos x\,dx$
19. $\int \tan^4 x\,dx$
20. $\int \cot^4 x\,dx$
21. $\int \tan^3 x\,dx$
22. $\int \cot^3 2t\,dt$
23. $\int \tan^5\left(\frac{\theta}{2}\right)d\theta$
24. $\int \cot^5 2t\,dt$
25. $\int \tan^{-3} x \sec^4 x\,dx$
26. $\int \tan^{-3/2} x \sec^4 x\,dx$
27. $\int \tan^3 x \sec^2 x\,dx$
28. $\int \tan^3 x \sec^{-1/2} x\,dx$
29. 정수 m, $n(m \neq n)$에 대하여 $\int_{-\pi}^{\pi} \cos mx \cos nx\,dx$를 구하여라.

30. 정수 m, $n(m \neq n)$에 대하여 $\int_{-L}^{L} \cos\frac{m\pi x}{L}\cos\frac{n\pi x}{L}dx$를 구하여라.

≈ **31.** $y=x+\sin x$, $y=0$, $x=\pi$로 둘러싸인 영역을 x축에 대해 회전시켜 생기는 입체의 부피를 구하여라.

≈ **32.** $y=\sin^2(x^2)$, $y=0$, $x=\sqrt{\pi/2}$로 둘러싸인 영역을 y축에 대해 회전시켜 생기는 입체의 부피를 구하여라.

33. $f(x)=\sum_{n=1}^{N} a_n \sin(nx)$라 하자. 예제 6을 이용하여, 다음이 성립함을 보여라.

(a) $\frac{1}{\pi}\int_{-\pi}^{\pi} f(x)\sin(mx)\,dx=\begin{cases} a_m, & m \le N\text{인 경우} \\ 0, & m > N\text{인 경우}\end{cases}$

(b) $\frac{1}{\pi}\int_{-\pi}^{\pi} f^2(x)\,dx=\sum_{n=1}^{N} a_n^2$

참고: 이러한 유형의 적분은 푸리에 급수(Fourier series)에서 나온다. 푸리에 급수는 열, 진동하는 현, 기타 여러 가지 물리적 현상들에 응용된다.

34. 아래 제시된 단계를 밟아서 등식

$$\lim_{n\to\infty}\cos\frac{x}{2}\cos\frac{x}{4}\cos\frac{x}{8}\cdots\cos\frac{x}{2^n}=\frac{\sin x}{x}$$

를 증명하여라.

(a) $\cos\frac{x}{2}\cos\frac{x}{4}\cdots\cos\frac{x}{2^n}$

$$\left[\cos\frac{1}{2^n}x+\cos\frac{3}{2^n}x+\cdots+\cos\frac{2^n-1}{2^n}x\right]\frac{1}{2^{n-1}}$$

(0.7절 문제 46 참조.)

(b) 리만 합임을 확인하고, 정적분을 이끌어 내어라.

(c) 이 정적분을 계산하여라.

35. 문제 34의 결과를 이용하여, 다음 비에타(Francois Viete, 1540~1603)의 유명한 공식을 이끌어 보아라:

$$\frac{2}{\pi}=\frac{\sqrt{2}}{2}\cdot\frac{\sqrt{2+\sqrt{2}}}{2}\cdot\frac{\sqrt{2+\sqrt{2+\sqrt{2}}}}{2}\cdots$$

36. 그림 3의 어둡게 칠한 영역은 $y=\sin x$, $0 \le x \le \pi$의 호와 직선 $y=k$ 사이이다. 여기서 $0 \le k \le 1$. 이 영역을 직선 $y=k$에 대해 회전시켜서 입체 S를 만든다. S가 다음과 같이 되는 k값을 구하여라.

(a) 최소 부피가 됨 (b) 최대 부피가 됨

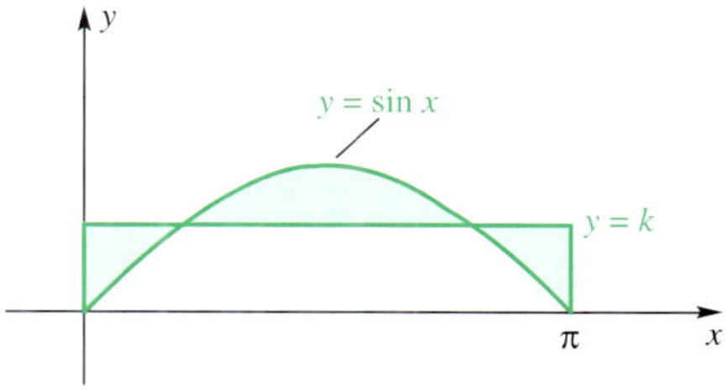

그림 3

개념 복습 해답: **1.** $\int[(1+\cos 2x)/2]dx$

2. $\int(1-\sin^2 x)\cos x\,dx \quad \int \sin^2 x(1-\sin^2 x)\cos x\,dx$

4. $\cos mx\cos nx=\frac{1}{2}[\cos(m+n)x+\cos(m-n)x]$

7.4 변수를 바꾸어 유리화

피적분함수에 제곱근이 들어 있으면 골치가 아프다. 그래서 제거하려 해야 한다. 대개의 경우 변수를 적당히 잘 바꾸어 주면, 피적분함수를 유리화할 수 있다.

$\sqrt[n]{ax+b}$를 포함한 피적분함수 피적분함수에 $\sqrt[n]{ax+b}$가 들어 있으면, $u=\sqrt[n]{ax+b}$로 놓고, 제곱근을 없앨 수 있다.

예제 1 $\int\frac{dx}{x-\sqrt{x}}$를 구하여라.

풀이 $u=\sqrt{x}$로 놓으면 $u^2=x$이고, 따라서 $2u\,du=dx$. 따라서

$$\int\frac{dx}{x-\sqrt{x}}=\int\frac{2u}{u^2-u}du=2\int\frac{1}{u-1}du$$
$$=2\ln|u-1|+C=2\ln|\sqrt{x}-1|+C$$

■

예제 2 $\int x\sqrt[3]{x-4}\,dx$를 구하여라.

풀이 $u=\sqrt[3]{x-4}$로 놓으면 $u^3=x-4$이고, $3u^2du=dx$. 따라서

$$\int x\sqrt[3]{x-4}\,dx=\int(u^3+4)u\cdot(3u^2du)=3\int(u^6+4u^3)du$$
$$=3\left[\frac{u^7}{7}+u^4\right]+C=\frac{3}{7}(x-4)^{7/3}+3(x-4)^{4/3}+C$$ ■

예제 3 $\int x\sqrt[5]{(x+1)^2}\,dx$를 구하여라.

풀이 $u=(x+1)^{1/5}$로 놓으면 $u^5=x+1$이고, $5u^4du=dx$. 따라서

$$\int x(x+1)^{2/5}dx=\int(u^5-1)u^2\cdot5u^4du$$
$$=5\int(u^{11}-u^6)du=\frac{5}{12}u^{12}-\frac{5}{7}u^7+C$$
$$=\frac{5}{12}(x+1)^{12/5}-\frac{5}{7}(x+1)^{7/5}+C$$ ■

$\sqrt{a^2-x^2}$, $\sqrt{a^2+x^2}$, $\sqrt{x^2-a^2}$을 포함한 피적분함수 이 세 식을 유리화하려면, a가 양수라 가정해도 되고, 다음과 같이 삼각함수로 치환한다.

제곱근	변수 바꿈	t의 범위
1. $\sqrt{a^2-x^2}$	$x=a\sin t$	$-\pi/2\le t\le\pi/2$
2. $\sqrt{a^2+x^2}$	$x=a\tan t$	$-\pi/2<t<\pi/2$
3. $\sqrt{x^2-a^2}$	$x=a\sec t$	$0\le t\le\pi,\ t\ne\pi/2$

이렇게 변수를 치환하면, 다음과 같이 간단하게 된다.

1. $\sqrt{a^2-x^2}=\sqrt{a^2-a^2\sin^2t}=\sqrt{a^2\cos^2t}=|a\cos t|=a\cos t$
2. $\sqrt{a^2+x^2}=\sqrt{a^2+a^2\tan^2t}=\sqrt{a^2\sec^2t}=|a\sec t|=a\sec t$
3. $\sqrt{x^2-a^2}=\sqrt{a^2\sec^2t-a^2}=\sqrt{a^2\tan^2t}=|a\tan t|=a\tan t$

t의 범위를 적당히 제한했기 때문에, 처음 두 경우 절대값 기호를 없앨 수 있다. 그리고 또 다른 장점이 있다. 이렇게 범위를 제한한 것은, 6.7절에서 사인, 탄젠트, 시컨트 함수가 역함수를 가지도록 변수의 범위를 제한한 것과 완전히 일치한다. 그렇기 때문에, 각각의 경우 변수를 바꾼 방정식을 t에 관해서 풀 수 있으며, 그래서 다음 예제들에서 최종 답을 x를 써서 표현할 수 있다.

예제 4 $\int\sqrt{a^2-x^2}\,dx$를 구하여라.

풀이 다음과 같이 변수를 치환한다.

$$x=a\sin t,\qquad -\frac{\pi}{2}\le t\le\frac{\pi}{2}$$

그러면 $dx = a\cos t\,dt$, $\sqrt{a^2 - x^2} = a\cos t$. 따라서

$$\begin{aligned}\int \sqrt{a^2-x^2}\,dx &= \int a\cos t \cdot a\cos t\,dt = a^2\int \cos^2 t\,dt \\ &= \frac{a^2}{2}\int (1+\cos 2t)\,dt \\ &= \frac{a^2}{2}\left(t+\frac{1}{2}\sin 2t\right)+C \\ &= \frac{a^2}{2}(t+\sin t\cos t)+C\end{aligned}$$

■

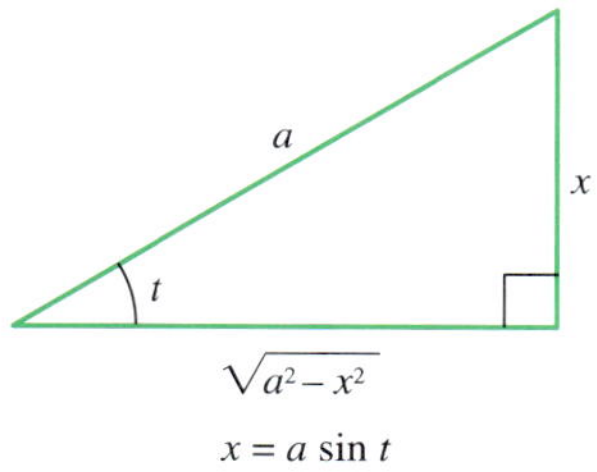

그림 1

여기서 방정식 $x = a\sin t$는 $x/a = \sin t$와 동치이며, 사인함수가 역함수를 가지도록 t의 범위를 제한하였으므로,

$$t = \sin^{-1}\left(\frac{x}{a}\right)$$

그림 1의 직각삼각형을 이용하면(7.7절에서와 같이), 다음을 얻는다.

$$\cos t = \cos\left[\sin^{-1}\left(\frac{x}{a}\right)\right] = \sqrt{1-\frac{x^2}{a^2}} = \frac{1}{a}\sqrt{a^2-x^2}$$

따라서

$$\int \sqrt{a^2-x^2}\,dx = \frac{a^2}{2}\sin^{-1}\left(\frac{x}{a}\right) + \frac{x}{2}\sqrt{a^2-x^2} + C$$

■

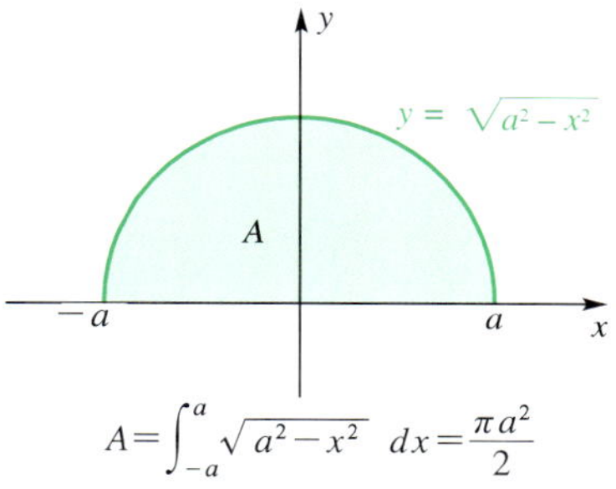

그림 2

예제 4의 결과를 이용하여, 반원의 넓이를 나타내는 다음 정적분을 계산할 수 있다(그림 2). 즉, 이미 알고 있는 결과를 미적분학을 통해서 다시 확인할 수 있다.

$$\int_{-a}^{a}\sqrt{a^2-x^2}\,dx = \left[\frac{a^2}{2}\sin^{-1}\left(\frac{x}{a}\right)+\frac{x}{2}\sqrt{a^2-x^2}\right]_{-a}^{a} = \frac{a^2}{2}\left[\frac{\pi}{2}+\frac{\pi}{2}\right] = \frac{\pi a^2}{2}$$

예제 5 $\displaystyle\int \frac{dx}{\sqrt{9+x^2}}$를 구하여라.

풀이 $x = 3\tan t$, $-\pi/2 < t < \pi/2$로 놓으면 $dx = 3\sec^2 t\,dt$, $\sqrt{9+x^2} = 3\sec t$.

$$\begin{aligned}\int \frac{dx}{\sqrt{9+x^2}} &= \int \frac{3\sec^2 t}{3\sec t}\,dt = \int \sec t\,dt \\ &= \ln|\sec t + \tan t| + C\end{aligned}$$

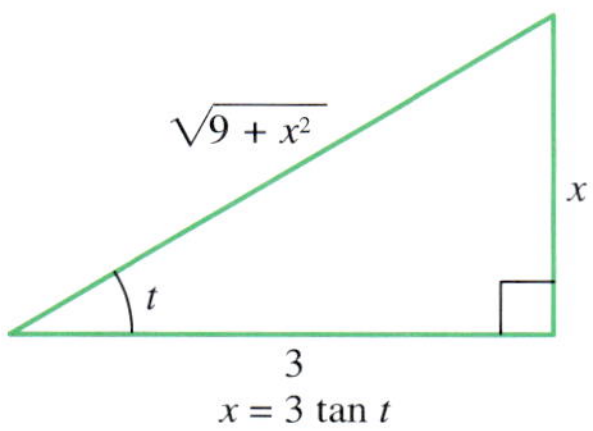

그림 3

$\sec t$를 적분하는 마지막 단계는 7.1절 연습문제 56에서 다루었다. 여기서 $\tan t = x/3$이므로, 그림 3의 직각삼각형에서 $\sec t = \sqrt{9+x^2}/3$임을 알 수 있다. 따라서

$$\begin{aligned}\int \frac{dx}{\sqrt{9+x^2}} &= \ln\left|\frac{\sqrt{9+x^2}+x}{3}\right| + C \\ &= \ln\left|\sqrt{9+x^2}+x\right| - \ln 3 + C\end{aligned}$$

$$=\ln\left|\sqrt{9+x^2}+x\right|+K$$ ■

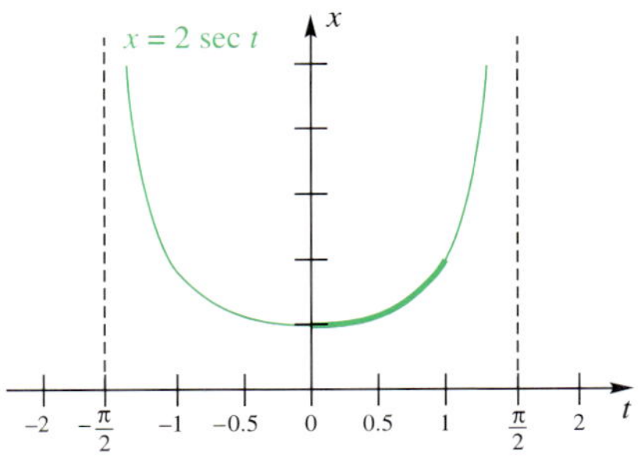

그림 4

예제 6 $\int_2^4 \frac{\sqrt{x^2-4}}{x}dx$를 계산하여라.

풀이 $x=2\sec t$라 놓는다. 여기서 $0\le t<\pi/2$. t를 이 구간으로 제한해도 됨을 주의하기 바란다. 왜냐하면 x가 구간 $2\le x\le 4$에 놓여 있기 때문이다(그림 4 참조). 이 사실은 중요하다. $\sqrt{x^2-a^2}$을 간단하게 할 때 나타나는 절대값 기호를 없애도 되는 이유가 바로 이것이다. 지금 이 경우

$$\sqrt{x^2-4}=\sqrt{4\sec^2 t-4}=\sqrt{4\tan^2 t}=2|\tan t|=2\tan t$$

이제 정적분의 변수를 치환하는 정리를 이용하여(적분의 아래끝, 위끝들도 바꾸어야 한다.) 다음과 같이 계산한다.

$$\begin{aligned}\int_2^4 \frac{\sqrt{x^2-4}}{x}dx&=\int_0^{\pi/3}\frac{2\tan t}{2\sec t}2\sec t\tan t\,dt\\&=\int_0^{\pi/3}2\tan^2 t\,dt=2\int_0^{\pi/3}(\sec^2 t-1)dt\\&=2[\tan t-t]_0^{\pi/3}=2\sqrt{3}-\frac{2\pi}{3}\approx 1.37\end{aligned}$$ ■

완전제곱을 만듦 x^2+Bx+C와 같은 형태의 이차식이 제곱근 속에 들어 있으면, 완전제곱을 만든 다음에 삼각함수를 대입해야 한다.

예제 7 $\int\frac{dx}{\sqrt{x^2+2x+26}}$와 $\int\frac{2x}{\sqrt{x^2+2x+26}}dx$를 구하여라.

풀이 $x^2+2x+26=x^2+2x+1+25=(x+1)^2+25$. $u=x+1$로 놓으면 $du=dx$. 따라서

$$\int\frac{dx}{\sqrt{x^2+2x+26}}=\int\frac{du}{\sqrt{u^2+25}}$$

이제 $u=5\tan t$, $-\pi/2<t<\pi/2$로 놓으면 $du=5\sec^2 t\,dt$, $\sqrt{u^2+25}=\sqrt{25(\tan^2 t+1)}=5\sec t$. 따라서

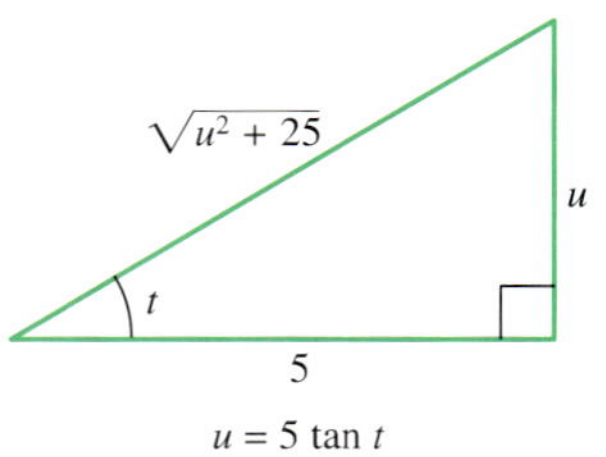

그림 5

$$\begin{aligned}\int\frac{du}{\sqrt{u^2+25}}&=\int\frac{5\sec^2 t\,dt}{5\sec t}=\int\sec t\,dt\\&=\ln|\sec t+\tan t|+C\\&=\ln\left|\frac{\sqrt{u^2+25}}{5}+\frac{u}{5}\right|+d \text{ (그림 5에 의해)}\\&=\ln\left|\sqrt{u^2+25}+u\right|-\ln 5+C\\&=\ln\left|\sqrt{x^2+2x+26}+x+1\right|+K\end{aligned}$$

두 번째 적분을 구하기 위해서, 다음과 같이 나타낸다.

$$\int \frac{2x}{\sqrt{x^2+2x+26}}dx = \int \frac{2x+2}{\sqrt{x^2+2x+26}}dx - 2\int \frac{1}{\sqrt{x^2+2x+26}}dx$$

우변의 첫째 적분은 $u=x^2+2x+26$을 대입하여 구할 수 있다. 둘째 적분은 방금 구한 것이다. 그러므로

$$\int \frac{2x}{\sqrt{x^2+2x+26}}dx$$
$$=2\sqrt{x^2+2x+26} - 2\ln\left|\sqrt{x^2+2x+26}+x+1\right| + K$$ ■

개념 복습

1. $\int x\sqrt{x-3}\,dx$를 다루려면, $u=$______로 변수를 바꾼다.
2. $\sqrt{4-x^2}$을 포함하는 적분을 다루려면, $x=$______로 변수를 바꾼다.
3. $\sqrt{4+x^2}$을 포함하는 적분을 다루려면, $x=$______로 변수를 바꾼다.
4. $\sqrt{x^2-4}$를 포함하는 적분을 다루려면, $x=$______로 변수를 바꾼다.

연습문제 7.4

문제 1~16에서 다음 적분을 구하여라.

1. $\int x\sqrt{x+1}\,dx$
2. $\int x\sqrt[3]{x+\pi}\,dx$
3. $\int \frac{t\,dt}{\sqrt{3t+4}}$
4. $\int \frac{x^2+3x}{\sqrt{x+4}}dx$
5. $\int_1^2 \frac{dt}{\sqrt{t}+e}$
6. $\int_0^1 \frac{\sqrt{t}}{t+1}dt$
7. $\int t(3t+2)^{3/2}dt$
8. $\int x(1-x)^{2/3}dx$
9. $\int \frac{\sqrt{4-x^2}}{x}dx$
10. $\int \frac{x^2dx}{\sqrt{16-x^2}}$
11. $\int \frac{dx}{(x^2+4)^{3/2}}$
12. $\int_2^3 \frac{dt}{t^2\sqrt{t^2-1}}$
13. $\int_{-2}^{-3} \frac{\sqrt{t^2-1}}{t^3}dt$
14. $\int \frac{t}{\sqrt{1-t^2}}dt$
15. $\int \frac{2z-3}{\sqrt{1-z^2}}dz$
16. $\int_0^{\pi} \frac{\pi x-1}{\sqrt{x^2+\pi^2}}dx$

문제 17~26에서 완전제곱을 만들고, 필요하면 삼각함수를 대입하여서, 다음 적분을 구하여라.

17. $\int \frac{dx}{\sqrt{x^2+2x+5}}$
18. $\int \frac{dx}{\sqrt{x^2+4x+5}}$
19. $\int \frac{3x}{\sqrt{x^2+2x+5}}dx$
20. $\int \frac{2x-1}{\sqrt{x^2+4x+5}}dx$
21. $\int \sqrt{5-4x-x^2}\,dx$
22. $\int \frac{dx}{\sqrt{16+6x-x^2}}$
23. $\int \frac{dx}{\sqrt{4x-x^2}}$
24. $\int \frac{x}{\sqrt{4x-x^2}}dx$
25. $\int \frac{2x+1}{x^2+2x+2}dx$
26. $\int \frac{2x-1}{x^2-6x+18}dx$
27. $y=1/(x^2+2x+5)$, $y=0$, $x=0$, $x=1$로 둘러싸인 영역을 x축에 대해 회전시켰다. 이 때 생기는 입체의 부피를 구하여라.
28. 문제 27의 영역을 y축에 대해 회전시켰다. 이때 생기는 입체의 부피를 구하여라.
29. 적분 $\int \frac{x\,dx}{x^2+9}$를 다음 방법으로 구하여라.
    (a) 대수적으로 치환하여
    (b) 삼각함수로 치환하여 구하고, 그 다음에 답이 일치하도록 만들어라.
30. 적분 $\int_0^3 \frac{x^3\,dx}{\sqrt{9+x^2}}$를 다음과 같이 대입하여 구하여라.

$$u=\sqrt{9+x^2},\ u^2=9+x^2,\ 2u\,du=2x\,dx$$

31. 적분 $\int \frac{\sqrt{4-x^2}}{x}dx$를 다음 방법으로 구하여라.

(a) $u=\sqrt{4-x^2}$로 치환하여서.

(b) 삼각함수로 치환하여 구하고, 그 다음에 답이 일치하도록 만들어라.

도움말: $\int \csc x\,dx=\ln|\csc x-\cot x|+C.$

32. 반지름이 b인 두 원이 그림 6처럼 교차하고 있으며, 중점들은 $2a$만큼 떨어져 있다($0\leq a\leq b$). 이들이 겹치는 영역의 넓이를 구하여라.

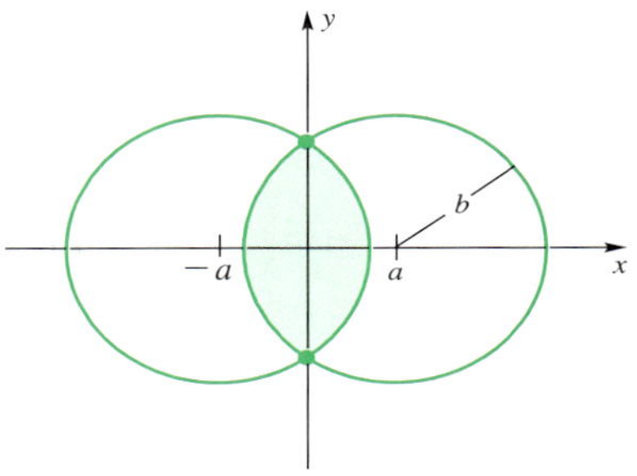

그림 6

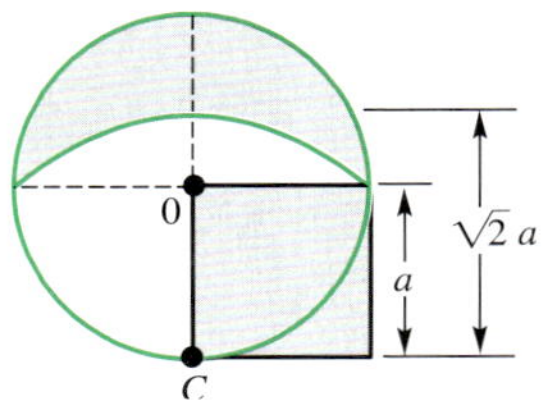

그림 7

33. 키오스의 히포크라테스(Hippocrates of Chios)는 (기원전 430년 무렵) 그림 7의 어둡게 칠한 두 영역의 넓이가 같음을 보였다(초생달 모양 도형과 넓이가 같은 정사각형을 만들었다). 초생달 모양 도형 아래쪽 호의 중점이 C이다. 다음 방법으로 히포크라테스의 결과를 증명하여라.

(a) 미적분학을 사용하여

(b) 미적분학을 사용하지 말고

34. 문제 33의 아이디어를 일반화하여서, 그림 8의 어둡게 칠한 도형의 넓이 공식을 구하여라.

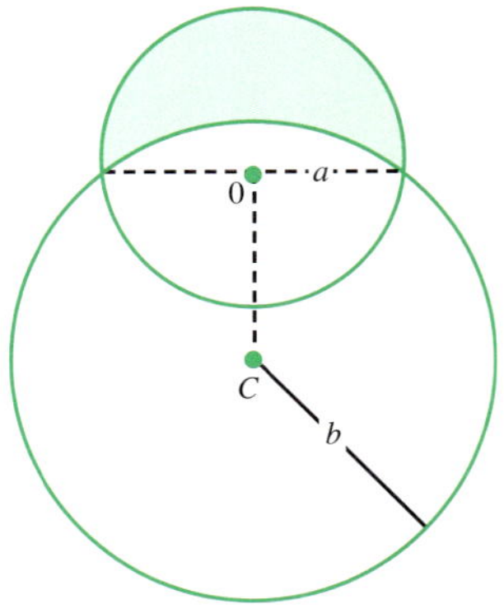

그림 8

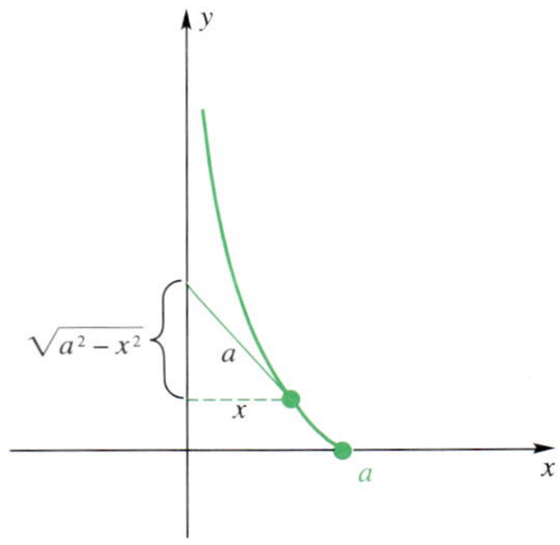

그림 9

35. 점 $(a,\ 0)$에서 출발하여, 어떤 물체를 길이 a인 줄에 묶어서 끌어당기며, 줄의 당기는 끝은 y축의 양의 방향을 따라서 움직인다. 이 때 물체가 그리는 곡선을 추적선(*t*ractrix)이라고 하며, 줄은 항상 이 곡선에 접하게 된다(그림 9 참조). 추적선의 미분방정식을 세우고, 그것을 풀어라.

개념 복습 해답: **1.** $\sqrt{x-3}$ **2.** $2\sin t$ **3.** $2\tan t$ **4.** $2\sec t$

7.5 부분분수를 이용한 유리함수의 적분

유리함수(rational function)는 두 다항식의 몫(나눗셈)으로 정의된다. 유리함수의 예들로는

$$f(x)=\frac{2}{(x+1)^3},\qquad g(x)=\frac{2x+2}{x^2-4x+8},\qquad h(x)=\frac{x^5+2x^3-x+1}{x^3+5x}$$

이것들 중에, f와 g는 **진분수의 유리함수**(proper rational function)이다. 이 말은, 분자의 차수가 분모의 차수보다 더 작음을 뜻한다. 모든 유리함수는 항상 다항식 더하기 진분수의 유리함수로 나타낼 수 있다. 예를 들어

$$h(x)=\frac{x^5+2x^3-x+1}{x^3+5x}=x^2-3+\frac{14x+1}{x^3+5x}$$

$$\begin{array}{r|l} & x^2-3 \\ x^3+5x & x^5+2x^3-x+1 \\ & x^5+5x^3 \\ & \quad -3x^3-x \\ & \quad -3x^3-15x \\ & \qquad\quad 14x+1 \end{array}$$

그림 1

이 결과는 그림 1과 같이 나눗셈을 해서 얻은 것이다. 다항식들은 쉽게 적분할 수 있으므로, 유리함수를 적분하는 문제는 사실 진분수의 유리함수를 적분하는 문제라 할 수 있다. 모든 유리함수를 적분할 수 있는가? 이론상으로, 그렇다. 적분할 수 있다. 그렇지만 세세한 사항을 모두 따지려면, 그리 간단한

일이 아니다. 우선 위에서 나온 f와 g의 적분을 생각해보자.

예제 1 $\int \frac{2}{(x+1)^3}dx$를 구하여라.

풀이 $u=x+1$로 놓으면

$$\int \frac{2}{(x+1)^3}dx = 2\int (x+1)^{-3}dx = \frac{2(x+1)^{-2}}{-2}+C$$
$$= \frac{-1}{(x+1)^2}+C$$

■

예제 2 $\int \frac{2x+2}{x^2-4x+8}dx$를 구하여라.

풀이 먼저 $u=x^2-4x+8$로 놓으면 $du=(2x-4)dx$. 그 다음에 주어진 적분을 두 개의 적분으로 나누어 구한다.

$$\int \frac{2x+2}{x^2-4x+8}dx = \int \frac{2x-4}{x^2-4x+8}dx + \int \frac{6}{x^2-4x+8}dx$$
$$= \ln|x^2-4x+8| + 6\int \frac{1}{x^2-4x+8}dx$$

두 번째 적분은, 완전제곱을 만든다.

$$\int \frac{1}{x^2-4x+8}dx = \int \frac{1}{x^2-4x+4+4}dx = \int \frac{1}{(x-2)^2+4}dx$$
$$= \int \frac{1}{(x-2)^2+4}dx = \frac{1}{2}\tan^{-1}\left(\frac{x-2}{2}\right)+C$$

따라서 구하는 적분은 다음과 같다.

$$\int \frac{2x+2}{x^2-4x+8}dx = \ln|x^2-4x+8| + 3\tan^{-1}\left(\frac{x-2}{2}\right)+K$$

■

임의의 진분수의 유리함수는 예제 1, 2게 나오는 것과 같은 단순한 진분수의 유리함수들의 합으로 나타낼 수 있다. 이것은 정말 놀라운 사실이다.

부분분수로 분해(선형 인수) 분수들을 더하는 일은 간단한 대수 문제이다. 공통분모를 찾고, 더하면 된다. 예를 들어

$$\frac{2}{x-1}+\frac{3}{x+1} = \frac{2(x+1)+3(x-1)}{(x-1)(x+1)} = \frac{5x-1}{(x-1)(x+1)} = \frac{5x-1}{x^2-1}$$

이제 어떤 분수를 좀 더 간단한 분수들의 합으로 분해하는 역과정에 관심이 있다. 이 경우 분모에 초점을 맞추어야 하며, 여러 경우들을 알아본다.

예제 3 **다른 선형 인수** $(3x-1)/(x^2-x-6)$을 분해하고, 그 부정적분을 구하여라.

풀이 분모를 인수분해하면 $(x+2)(x-3)$이므로, 분해하면 다음 형태가 될 거

라고 예상할 수 있다.

(1) $$\frac{3x-1}{(x+2)(x-3)}=\frac{A}{x+2}+\frac{B}{x-3}$$

물론, 해야 할 일은 (1)이 항등식이 되도록 A와 B의 값을 결정하는 것이다. 양변에 $(x+2)(x-3)$을 곱하면,

(2) $$3x-1=A(x-3)+B(x+2)$$

따라서

(3) $$3x-1=(A+B)x+(-3A+2B)$$

그런데 (3)이 항등식이 될 필요충분조건은, 양변의 x의 같은 차수의 항들의 계수가 서로 같은 것이다. 즉,

$$A+B=3$$
$$-3A+2B=-1$$

이 연립방정식을 A와 B에 대해서 풀면, $A=\frac{7}{5}$, $B=\frac{8}{5}$을 얻는다. 따라서,

$$\frac{3x-1}{x^2-x-6}=\frac{3x-1}{(x+2)(x-3)}=\frac{\frac{7}{5}}{x+2}+\frac{\frac{8}{5}}{x-3}$$

그러므로

$$\int\frac{3x-1}{x^2-x-6}dx=\frac{7}{5}\int\frac{1}{x+2}dx+\frac{8}{5}\int\frac{1}{x-3}dx$$
$$=\frac{7}{5}\ln|x+2|+\frac{8}{5}\ln|x-3|+C$$ ■

> *이 미분방정식을 풀어 보세요*
>
> "미분방정식과 그 해답은 전혀 닮지 않은 경우가 흔히 있다.
> $$\frac{dy}{dx}=\frac{1}{a^2-x^2}$$
> 처럼 간단한 미분방정식이
> $$y=\frac{1}{2a}\log_e\left(\frac{a+x}{a-x}\right)+C$$
> 라는 해답을 낳을 줄이야, 상상이나 할 수 있었겠는가? 마치 번데기가 나비로 변신하는 것 같다."
>
> 톰슨(Silvanus P. Thompson)
>
> 부분분수로 분해하면, 이렇게 변신하는 것이 약간 쉬워진다. 이것을 풀 수 있겠는가?

이 계산 과정에서 어려운 단계라면, A와 B를 구하는 것이다. 이제 수치대입법을 써서 A, B를 구하는 방법을 알아보자. 방정식 (2)에 $x=3$과 $x=-2$를 넣어 보면, 다음을 얻는다.

$$8=A\cdot0+B\cdot5$$
$$-7=A\cdot(-5)=B\cdot0$$

두 식으로부터 $A=\frac{7}{5}$, $B=\frac{8}{5}$을 얻는다.

예제 4 다른 선형 인수 $\int\frac{5x+3}{x^3-2x^2-3x}dx$를 구하여라.

풀이 분모를 인수분해하면 $x(x+1)(x-3)$이므로, 다음과 같이 나타낸다.

$$\frac{5x+3}{x(x+1)(x-3)}=\frac{A}{x}+\frac{B}{x+1}+\frac{C}{x-3}$$

이제 A, B, C를 결정해야 한다. 분수를 없애면,

$$5x+3=A(x+1)(x-3)+Bx(x-3)+Cx(x+1)$$

여기서, $x=0$, $x=-1$, $x=3$을 대입하면 다음을 얻는다.

$$3=A(-3)$$
$$-2=B(4)$$
$$18=C(12)$$

즉, $A=-1$, $B=-\frac{1}{2}$, $C=\frac{3}{2}$. 따라서

$$\int\frac{5x+3}{x^3-2x^2-3x}dx=-\int\frac{1}{x}dx-\frac{1}{2}\int\frac{1}{x+1}dx+\frac{3}{2}\int\frac{1}{x-3}dx$$
$$=-\ln|x|-\frac{1}{2}\ln|x+1|+\frac{3}{2}\ln|x-3|+C$$ ■

예제 5 중복 선형 인수 $\int\frac{x}{(x-3)^2}dx$를 구하여라.

풀이 이 경우 다음 형태로 분해된다.

$$\frac{x}{(x-3)^2}=\frac{A}{x-3}+\frac{B}{(x-3)^2}$$

이제 A와 B를 결정해야 한다. 분수를 없애면,

$$x=A(x-3)+B$$

여기서 $x=3$을 대입하면 편리하고, 다른 어떠한 값이든 하나 더 넣어 보면, 이를테면 $x=0$을 대입하면, $B=3$와 $A=1$을 얻는다. 따라서

$$\int\frac{x}{(x-3)^2}dx=\int\frac{1}{x-3}dx+3\int\frac{1}{(x-3)^2}dx$$
$$=\ln|x-3|-\frac{3}{x-3}+C$$ ■

예제 6 다른 인수, 중복 선형 인수 $\int\frac{3x^2-8x+13}{(x+3)(x-1)^2}dx$를 구하여라.

풀이 피적분함수를 다음과 같이 분해한다.

$$\frac{3x^2-8x+13}{(x+3)(x-1)^2}=\frac{A}{x+3}-\frac{B}{x-1}+\frac{C}{(x-1)^2}$$

분수를 없애면,

$$3x^2-8x+13=A(x-1)^2+B(x+3)(x-1)+C(x+3)$$

$x=1$, $x=-3$, $x=0$을 대입하면, $C=2$, $A=4$, $B=-1$이 나온다. 따라서

$$\int\frac{3x^2-8x+13}{(x+3)(x-1)^2}dx=4\int\frac{dx}{x+3}-\int\frac{dx}{x-1}+2\int\frac{dx}{(x-1)^2}$$
$$=4\ln|x+3|-\ln|x-1|-\frac{2}{x-1}+C$$ ■

위의 분해에서, 두 개의 분수 $B/(x-1)$와 $C/(x-1)^2$가 들어가 있음을 주목해야 한다. 분모에 선형 인수가 중복되어 들어 있는 경우, 부분분수로 분해하는 일반적인 규칙은 다음과 같다. 분모에 있는 각각의 인수 $(ax+b)^k$에 대해서, 부분분수 분해에 다음 k개의 항들이 나타난다:

$$\frac{A_1}{ax+b}+\frac{A_2}{(ax+b)^2}+\frac{A_3}{(ax+b)^3}+\cdots+\frac{A_k}{(ax+b)^k}$$

부분분수로 분해(이차 인수) 분수의 분모를 인수분해할 때, 복소수를 사용하지 않으면 선형 인수로 인수분해할 수 없는 이차 인수가 (예를 들어, x^2+1) 나오는 경우도 있다.

예제 7 한 개의 이차 인수 $\dfrac{6x^2-3x+1}{(4x+1)(x^2+1)}$을 분해하고, 그 부정적분을 구하여라.

풀이 다음 형태로 분해될 것으로 기대할 수 있다.

$$\frac{6x^2-3x+1}{(4x+1)(x^2+1)}=\frac{A}{4x+1}+\frac{Bx+C}{x^2+1}$$

상수 A, B, C를 결정하기 위해서, 양변에 $(4x+1)(x^2+1)$을 곱하면

$$6x^2-3x+1=A(x^2+1)+(Bx+C)(4x+1)$$

여기에 $x=-\frac{1}{4}$, $x=0$, $x=1$을 대입하면,

$$\begin{aligned}\frac{6}{16}+\frac{3}{4}+1&=A\left(\frac{17}{16}\right) &&\Rightarrow A=2\\ 1&=2+C &&\Rightarrow C=-1\\ 4&=4+(B-1)5 &&\Rightarrow B=1\end{aligned}$$

그러므로

$$\begin{aligned}\int\frac{6x^2-3x+1}{(4x+1)(x^2+1)}dx&=\int\frac{2}{4x+1}dx+\int\frac{x-1}{x^2+1}dx\\ &=\frac{1}{2}\int\frac{4\,dx}{4x+1}+\frac{1}{2}\int\frac{2x\,dx}{x^2+1}-\int\frac{dx}{x^2+1}\\ &=\frac{1}{2}\ln|4x+1|+\frac{1}{2}\ln(x^2+1)-\tan^{-1}x+C\end{aligned}$$

■

예제 8 중복된 이차 인수 $\displaystyle\int\frac{6x^2-15x+22}{(x+3)(x^2+2)^2}dx$를 구하여라.

풀이 이것은 다음 형태로 분해된다.

$$\frac{6x^2-15x+22}{(x+3)(x^2+2)^2}=\frac{A}{x+3}+\frac{Bx+C}{x^2+2}+\frac{Dx+E}{(x^2+2)^2}$$

상당한 계산 과정을 거쳐서, $A=1$, $B=-1$, $C=3$, $D=-5$, $E=0$임을 얻을

수 있다. 그러므로

$$\int \frac{6x^2-15x+22}{(x+3)(x^2+2)^2}dx$$
$$=\int \frac{dx}{x+3}-\int \frac{x-3}{x^2+2}dx-5\int \frac{x}{(x^2-2)^2}dx$$
$$=\int \frac{dx}{x+3}-\frac{1}{2}\int \frac{2x}{x^2+2}dx+3\int \frac{dx}{x^2+2}-\frac{5}{2}\int \frac{2x\,dx}{(x^2+2)^2}$$
$$=\ln|x+3|-\frac{1}{2}\ln(x^2+2)+\frac{3}{\sqrt{2}}\tan^{-1}\left(\frac{x}{\sqrt{2}}\right)+\frac{5}{2(x^2+2)}+C$$ ■

요 약 유리함수 $f(x)=p(x)/q(x)$를 부분분수로 분해하려면, 다음과 같이 한다.

1단계: $f(x)$가 진분수가 아니면, 즉, $p(x)$의 차수가 $q(x)$의 차수보다 높거나 같으면, $p(x)$ 나누기 $q(x)$를 하여서, 다음을 얻어라.

$$f(x)=\text{다항식}+\frac{N(x)}{D(x)}$$

2단계: $D(x)$를 인수분해하여서, 선형(일차) 인수들, 실계수 기약 이차 인수들의 곱으로 나타낸다. 대수학 법칙에서, 이것은 (이론적으로) 항상 가능하다.

3단계: $(ax+b)^k$ 형태의 각각의 인수들에 대응하여, 부분분수로 분해하면 다음 항들이 나타난다.

$$\frac{A_1}{(ax+b)}+\frac{A_2}{(ax+b)^2}+\cdots+\frac{A_k}{(ax+b)^k}$$

4단계: $(ax^2+bx+c)^m$ 형태의 각각의 인수들에 대응하여, 부분분수로 분해하면 다음 항들이 나타난다.

$$\frac{B_1x+C_1}{ax^2+bx+c}+\frac{B_2x+C_2}{(ax^2+bx+c)^2}+\cdots+\frac{B_mx+C_m}{(ax^2+bx+c)^m}$$

5단계: $N(x)/D(x)$가 3단계, 4단계에서 찾은 모든 항들의 합과 같다고 놓는다. 이때 결정해야 할 상수들의 개수는, 분모 $D(x)$의 차수와 같게 된다.

6단계: 5단계에서 얻은 방정식의 양변에다 $D(x)$를 곱하고, 미지의 상수들에 대해서 푼다. 푸는 방법은 두 가지이다. (1) 같은 차수의 항들의 계수가 같다고 놓거나, 또는 (2) 변수 x에다 적당한 값들을 넣어서 편리하게 구한다.

생장 미분방정식 앞 장에서 인구성장율은 규모에 비례하는 즉, $y'=ky$라는 가정은 기하급수적임을 알았다.

이 가정은 이런 체계에서 활용가능한 자원이 인구를 지탱할 수 없을 때까지 현실적으로 가능하다. 그런 경우, 보다 더 합리적인 가정은 이 체계가 유지할 수 있는 최대인구를 L이라 할 때 성장율이 인구 y와 수용가능한 여분의 인구 $L-y$의 곱에 비례한다는 것이다. 이 가정으로부터 미분방정식

$$y' = ky(L-y)$$

를 유도할 수 있다. 이것을 **생장 미분방정식**(logistic differential equations)이라 한다. 이것은 분리가능하고 부분분수를 사용하여 필요한 적분을 할 수 있다.

> *≈ 해의 범위*
>
> 최초 인구가 800이고 인구 변화율 y'은 양이므로, 인구는 증가한다. 인구가 2000에 가까와지면 변화율은 0에 가까와진다. $t \to 0$이면 $y \to 2000$이다. $t=2$일 때 인구는 800과 2000 사이에 있을 것이다.

예제 9 인구가 생장 미분방정식 $y' = 0.0003y(2000-y)$를 따라 증가한다. 최초의 인구가 800일 때, 이 미분방정식을 풀고 그 해를 사용하여 $t=2$일 때 인구수를 예상하여라.

풀이 y'을 dy/dt로 나타내면, 미분방정식은 다음과 같다.

$$\frac{dy}{dt} = 0.0003y(2000-y)$$

$$\frac{dy}{y(2000-y)} = 0.0003dt$$

$$\int \frac{dy}{y(2000-y)} = \int 0.0003dt$$

좌변의 적분은 부분분수법을 사용해서 계산할 수 있다.

$$\frac{1}{y(2000-y)} = \frac{A}{y} + \frac{B}{2000-y}$$

여기에서 $1 = A(2000-y) + By$가 성립한다.

$y=0$와 $y=2000$을 대입하면

$$1 = 2000A$$

$$1 = 2000B$$

따라서 $A = \frac{1}{2000}$, $B = \frac{1}{2000}$이므로 다음을 알 수 있다.

$$\int \left(\frac{1}{2000y} + \frac{1}{2000(2000-y)} \right) dy = 0.0003t + C$$

$$\frac{1}{2000} \ln y - \frac{1}{2000} \ln(2000-y) = 0.0003t + C$$

$$\ln \frac{y}{2000-y} = 0.6t + 2000C$$

$$\frac{y}{2000-y} = e^{0.6t+2000C}$$

$$\frac{y}{2000-y} = C_1 e^{0.6t}$$

여기에서 $C_1 = e^{2000C}$. 여기에 초기조건 $y(0) = 800$을 대입하면 C_1을 정할 수 있다.

$$\frac{800}{2000-800} = C_1 e^{0.6t}$$

$$C_1 = \frac{800}{1200} = \frac{2}{3}$$

따라서

$$\frac{y}{2000-y}=\frac{2}{3}e^{0.6t}$$

$$y=\frac{2}{3}(2000-y)e^{0.6t}$$

$$y+\frac{2}{3}ye^{0.6t}=\frac{4000}{3}e^{0.6t}$$

$$y=\frac{(4000/3)e^{0.6t}}{1+(2/3)e^{0.6t}}=\frac{4000/3}{2/3+e^{-0.6t}}$$

그러므로 $t=2$일 때 인구는

$$y=\frac{4000/3}{2/3+e^{-0.6\cdot 2}}\approx 1378$$

t의 함수로서 인구규모를 그려보면 그림 2와 같다. ■

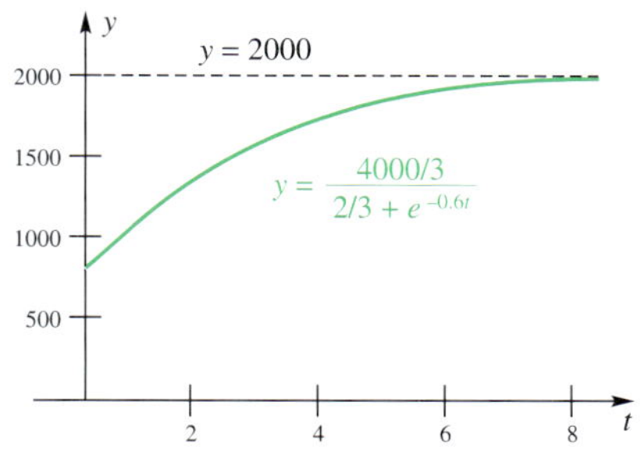

그림 2

개념 복습

1. 다항식 $p(x)$의 차수가 $q(x)$의 차수보다 낮으면, $f(x)=p(x)/q(x)$는 ______ 유리함수라고 부른다.
2. 진분수가 아닌 유리함수 $f(x)=(x^2+4)/(x+1)$를 적분하려면, 먼저 이것을 $f(x)=$______로 써야 한다.
3. $(x-1)(x+1)+3x+x^2=ax^2+bx+c$이면, $a=$______, $b=$______, $c=$______이다.
4. $(3x+1)/[(x-1)^2(x^2+1)]$을 분해하면 다음 형태가 된다______.

연습문제 7.5

문제 1~40에서 부분분수로 분해하는 방법을 이용하여 다음 적분을 구하여라.

1. $\int \frac{1}{x(x+1)}dx$
2. $\int \frac{2}{x^2+3x}dx$
3. $\int \frac{3}{x^2-1}dx$
4. $\int \frac{5x}{2x^3+6x^2}dx$
5. $\int \frac{x-11}{x^2+3x-4}dx$
6. $\int \frac{x-7}{x^2-x-12}dx$
7. $\int \frac{3x-13}{x^2+3x-10}dx$
8. $\int \frac{x+\pi}{x^2-3\pi x+2\pi^2}dx$
9. $\int \frac{2x+21}{2x^2+9x-5}dx$
10. $\int \frac{2x^2-x-20}{x^2+x-6}dx$
11. $\int \frac{17x-3}{3x^2+x-2}dx$
12. $\int \frac{5-x}{x^2-x(\pi+4)+4\pi}dx$
13. $\int \frac{2x^2+x-4}{x^3-x^2-2x}dx$
14. $\int \frac{7x^2+2x-3}{(2x-1)(3x+2)(x-3)}dx$
15. $\int \frac{6x^2+22x-23}{(2x-1)(x^2+x-6)}dx$
16. $\int \frac{x^3-6x^2+11x-6}{4x^3-28x^2+56x-32}dx$
17. $\int \frac{x^3}{x^2+x-2}dx$
18. $\int \frac{x^3+x^2}{x^2+5x+6}dx$
19. $\int \frac{x^4+8x^2+8}{x^3-4x}dx$
20. $\int \frac{x^6+4x^3+4}{x^3-4x^2}dx$
21. $\int \frac{x+1}{(x-3)^2}dx$
22. $\int \frac{5x+7}{x^2+4x+4}dx$
23. $\int \frac{3x+2}{x^3+3x^2+3x+1}dx$
24. $\int \frac{x^6}{(x-2)^2(1-x)^5}dx$
25. $\int \frac{3x^2-21x+32}{x^3-8x^2+16x}dx$
26. $\int \frac{x^2+19x+10}{2x^4+5x^3}dx$
27. $\int \frac{2x^2+x-8}{x^3+4x}dx$
28. $\int \frac{3x+2}{x(x+2)^2+16x}dx$

29. $\int \frac{2x^2-3x-36}{(2x-1)(x^2+9)}dx$ **30.** $\int \frac{1}{x^4-16}dx$

31. $\int \frac{1}{(x-1)^2(x+4)^2}dx$

32. $\int \frac{x^3-8x^2-1}{(x+3)(x^2-4x+5)}dx$

33. $\int \frac{(\sin^3 t-8\sin^2 t-1)\cos t}{(\sin t+3)(\sin^2 t-4\sin t+5)}dt$

34. $\int \frac{\cos t}{\sin^4 t-16}dt$ **35.** $\int \frac{x^3-4x}{(x^2+1)^2}dx$

36. $\int \frac{(\sin t)(4\cos^2 t-1)}{(\cos t)(1+2\cos^2 t+\cos^4 t)}dt$

37. $\int \frac{2x^3+5x^2+16x}{x^5+8x^3+16x}dx$ **38.** $\int_4^6 \frac{x-17}{x^2+x-12}dx$

39. $\int_0^{\pi/4} \frac{\cos\theta}{(1-\sin^2\theta)(\sin^2\theta+1)^2}d\theta$

40. $\int_1^5 \frac{3x+13}{x^2+4x+3}dx$

문제 41~44에서 주어진 초기조건을 가지고 인구성장을 나타내는 생장 미분방정식을 풀어라. 그리고 이 해를 사용하여 $t=3$에서 인구규모를 예상하여라.

41. $y'=y(1-y),\ y(0)=0.5$

42. $y'=\frac{1}{10}y(12-y),\ y(0)=2$

43. $y'=0.0003y(8000-y),\ y(0)=1000$

44. $y'=0.001y(4000-y),\ y(0)=100$

45. 임의의 비례상수 k, 최대인구 L 그리고 초기조건 $y(0)=y_0$로써 생장 미분방정식을 풀어라.

46. 최초인구가 최대인구보다 많다면 생장 미분방정식에 어떤 현상이 발생하는지를 설명하여라.

47. 생장 미분방정식을 풀지 않거나 해를 참조하지 않고, $y_0<L$이면 인구가 증가한다는 것을 어떻게 알 수 있는지를 설명하여라.

48. $y_0<L$이라 가정할 때, 어느 t의 값에서 인구 그래프 $y(t)$가 위로 오목한가?

49. 인구 증가 문제에서 흔히, 인구가 더 이상 증가할 수 없는 상한값이 있다. 지구에는 160억보다 더 많은 인구가 살 수 없으며, 1925년의 인구는 20억, 1975년의 인구는 40억이라고 가정한다. 그러면 1925년부터 t년 후의 인구를 y라 하면, 적당한 모델은 다음 미분방정식으로 주어진다(단위는 10억).

$$\frac{dy}{dt}=ky(16-yv)$$

(a) 이 미분방정식을 풀어라.

(b) 2015년의 인구를 구하여라.

(c) 인구가 90억이 되는 것은 언제인가?

50. 인구의 상한값이 100억이라 가정하고, 문제 49를 다시 풀어 보아라.

51. 화학에서 물질들의 반응 법칙은 다음 미분방정식에 따른다.

$$\frac{dx}{dt}=k(a-x)(b-x),\quad k>0,\ a>0,\ b>0$$

여기서 x는 다른 두 물질들의 반응으로 생기는 물질의 시간 t일 때의 양이고 $t=0$일 때 $x=0$이다.

(a) $b>a$인 경우 이 미분방정식을 풀어라.

(b) $t\to\infty$일 때 $x\to a$임을 보여라($b>a$일 경우).

(c) $a=2,\ b=4$이고, 20분 동안 1그램의 물질이 생겼다고 가정하자. 1시간 후에는 얼마나 있겠는가?

(d) $a=b$인 경우 이 미분방정식을 풀어라.

52. 다음 미분방정식을 모델로 이용하는 어떤 증가문제가 있다.

$$\frac{dy}{dt}=k(y-m)(M-y)$$

여기서 $k>0$이고, $0\le m<y_0<M$. 이 미분방정식을 풀고, $\lim_{t\to\infty} y$를 구하여라.

53. 소화를 할 때 트립시노젠(trypsinogen)으로부터 트립신(trypsin)을 생산하는 것에 대한 모델로서, 생화학자들은 다음 미분방정식을 만들었다.

$$\frac{dy}{dt}=k(A-y)(B+y)$$

여기서 $k>0$이고, A는 트립시노젠의 원래 양, B는 트립신의 원래 양이다. 이 미분방정식을 풀어라.

54. 다음을 구하여라.

$$\int_{\pi/6}^{\pi/2} \frac{\cos x}{\sin x(\sin^2 x+1)^2}dx$$

개념 복습 해답: **1.** 진분수의 **2.** $x-1+\frac{5}{x+1}$
3. $2;3;-1$ **4.** $\frac{A}{x-1}+\frac{B}{(x-1)^2}+\frac{Cx+D}{x^2+1}$

7.6 적분의 전략

이 장을 통해 주어진 함수의 부정적분을 구하기 위한 여러 가지 기법을 소개했다. 미분하는 과정은 직접 순서대로 하던 되지만 적분은 그렇지 않다. 합, 곱, 몫의 법칙과 연쇄법칙을 사용하여 거의 모든 함수의 도함수를 구할 수 있지만, 부정적분을 항상 구할 수 있는 확실한 방법은 없다. 대신에 적용할 수 있는 일련의 기법만 있다. 따라서 적분은 한 가지 방법이 안되면 다른 방법을 찾는 시행착오의 과정을 거치게 된다.

1. 이 장의 첫 절부터 기본 적분공식 중 하나로 다룬 적분기법인 치환을 찾는다. 예를 들면

$$\int \sin 2x\,dx,\quad \int xe^{-x^2}\,dx,\quad \int x\sqrt{x^2-1}\,dx$$

 는 간단한 치환을 사용하여 계산할 수 있다.

2. 두 함수의 곱이 주어지면 그 중 하나의 도함수와 다른 것의 부정적분을 곱하는 방법이 1.7부터 다룬 기본 적분공식 중 하나인 부분적분이다. 예를 들면 $\int xe^x\,dx$와 $\int x\sin hx\,dx$는 부분적분을 사용하여 구할 수 있다.
3. 삼각치환

 피적분함수가 $\sqrt{a^2-x^2}$을 포함하면, $x=a\sin t$로 치환한다.

 피적분함수가 $\sqrt{x^2+a^2}$을 포함하면, $x=a\tan t$로 치환한다.

 피적분함수가 $\sqrt{x^2-a^2}$을 포함하면, $x=a\sec t$로 치환한다.
4. 피적분함수가 진분수의 유리함수, 즉 분자의 차수가 분모의 차수보다 작다면, 피적분함수를 부분분수식으로 분해한다. 종종 부분분수식으로 나눈 항들은 한번에 적분할 수 있다. 피적분함수가 진분수의 유리함수가 아니라면, 다항식과 진분수의 유리함수의 합으로써 고칠 수 있다. 그런 다음 진분수의 유리함수에 부분분수법을 적용한다.

이런 방법들에 약간의 기교를 더하면 다양한 부정적분을 구할 수 있다.

적분표 이 교재의 뒷 표지 안에 110개의 부정적분 공식을 실었다. CRC에서 출판된 "CRC Standard Mathematical Tables and Formulas"와 Dover출판사에서 나온 (Abramowitz와 Stegun이 편집한) "Handbook of Mathenatical Functions"에는 더 큰 표가 있지만, 이 교재에서 소개한 110개면 충분할 것이다. 명심해야 할 중요한 것은 부정적분을 계산하는데 치환법에 이 공식들을 자주 사용해야 한다는 것이다. 이런 이유에서 이 교재의 끝에서 그리고 많은 적분표에서 적분변수에 x보다는 u를 사용한다. u를 x에 관한 함수로 생각해야 한다. 다음 예제는 공식이 치환법을 사용하여 여러 적분을 어떻게 계산하는데 사용하는지를 볼 수 있다.

예제 1 공식

$$\int \sqrt{a^2-u^2}\,du=\frac{u}{2}\sqrt{a^2-u^2}+\frac{a^2}{2}\sin^{-1}\frac{u}{a}+C \tag{54}$$

를 사용하여 다음 적분을 구하여라.

(a) $\int \sqrt{9-x^2}\,dx$ (b) $\int \sqrt{16-4y^2}\,dy$

(c) $\int y\sqrt{1-4y^4}\,dy$ (d) $\int e^t\sqrt{100-e^{2t}}\,dt$

풀이 (a) 이 적분에서 $a=3$이고 $u=x$이므로

$$\int \sqrt{9-x^2}\,dx=\frac{x}{2}\sqrt{9-x^2}+\frac{9}{2}\sin^{-1}\frac{x}{3}+C$$

(b) $4y^2$을 $(2y)^2$으로 보고, 치환 $u=2y$, $du=2dy$를 이용한다. 따라서

$$\begin{aligned}\int \sqrt{16-4y^2}\,dy&=\frac{1}{2}\int \sqrt{4^2-(2y)^2}\,(2\,dy)\\&=\frac{1}{2}\left(\frac{2y}{2}\sqrt{4^2-(2y)^2}+\frac{4^2}{2}\sin^{-1}\frac{2y}{4}\right)+C\\&=\frac{y}{2}\sqrt{16-4y^2}+4\sin^{-1}\frac{y}{2}+C\end{aligned}$$

(c) 약간 예측이 필요하다. $u=1-4y^4$으로 치환하면 $du=-16y^3dy$이다. 이때 du에 y^3이 들어 있고 피적분함수에 y가 남아 있기 때문에 어렵다. 여기서는 공식 (54)를 사용하기 위해 근호 안을 $\sqrt{1-(2y^2)^2}$ 으로 보고 $u=2y^2$으로 치환하고 $du=4y\,dy$를 활용한다. 따라서

$$\begin{aligned}\int y\sqrt{1-4y^4}\,dy&=\frac{1}{4}\int \sqrt{1-(2y^2)^2}\,(4y\,dy)\\&=\frac{1}{4}\left(\frac{2y^2}{2}\sqrt{1-(2y^2)^2}+\frac{1}{2}\sin^{-1}\frac{2y^2}{1}\right)+C\\&=\frac{y^2}{4}\sqrt{1-4y^4}+\frac{1}{8}\sin^{-1}2y^2+C\end{aligned}$$

(d) 근호를 $\sqrt{100-(e^t)^2}$ 으로 나타내고, $u=e^t$, $du=e^t\,dt$로 치환해야 한다. 따라서

$$\begin{aligned}\int e^t\sqrt{100-e^{2t}}\,dt&=\int \sqrt{10^2-(e^t)^2}\,(e^t\,dt)\\&=\frac{e^t}{2}\sqrt{10^2-(e^t)^2}+\frac{10^2}{2}\sin^{-1}\frac{e^t}{10}+C\\&=\frac{e^t}{2}\sqrt{100-e^{2t}}+50\sin^{-1}\frac{e^t}{10}+C\end{aligned}$$

■

치환표

예제 1에서는 적분표로부터 같은 공식을 사용하여 외관상으로는 관련이 없어 보이는 4개의 적분을 구할 수 있었다. 각각은 다른 치환이 필요했다. 적분을 계산할 때 도움이 되는 적분표를 사용할 때 치환법을 명심해야 한다.

컴퓨터와 계산기 오늘날에는 Maple, Mathematica나 Derive와 같은 소프트웨어를 사용하여 부정적분이나 정적분을 구할 수 있다. 여러가지 계산기로도 마찬가지로 적분을 구할 수 있다. 이러한 시스템을 정적분계산에 사용한다면, 그 시스템이 미적분학의 기본정리 2를 적용하여 얻는 정확한 답과 일치하는지 아니면 (아마도 조금 더 복잡하지만, 4.6절의 쌍곡선법과 비슷한 방법을 사용한) 근사값을 주는지 구분할 필요가 있다.

이 두 방법은 실제 상황에서 계산할 적분문제가 하나라면 둘다 좋다고 할 수 있다. 그렇지만 많은 경우에 정적분의 결과를 연속적으로 사용하게 된다. 이와 같은 경우, 정확한 답을 구하여 계속되는 계산에 이 정확한 답을 사용하는 것이 보다 정확하고 때로는 더 쉽다. 예를 들면, $\int_0^1 \frac{1}{1+x^2}dx$의 결과가 뒤이은 계산에 필요하면, 부정적분을 구한 다음 미적분학의 기본정리 2를 사용하여

$$\int_0^1 \frac{1}{1+x^2}dx = [\tan^{-1} x]_0^1 = \tan^{-1} 1 - \tan^{-1} 0 = \frac{\pi}{4}$$

를 얻는 것이 더 좋다. 뒤 이은 계산에서 $\pi/4$를 사용할 때 0.785398를 쓰면 좋다. 이것은 Mathematica가 적분에 대한 수치근사값을 주는 것이다.

그렇지만 어떤 경우에는 미적분학의 기본정리 2를 적용하여 정적분을 구할 수 없다. 왜냐하면 어떤 함수는 초등함수의 항으로 나타낼 수 있는 부정적분을 갖지 못하기 때문이다.

부정적분에 대한 간단한 공식을 찾을 수 없다고 해서 정적분의 값을 구하지 않아도 되는 것은 아니다. 이것은 정적분의 근사값을 구하는 수치적 방법을 사용해야 한다는 의미이다. 많은 실용적인 문제들에서 이런 상황이 나타나는데, 주어진 적분이 다루기 힘들기 때문에 수치적 방법으로만 가능하게 된다. 4.6절에서 수치적분을 다루었다. 보통은 조금 더 복잡하지만 포물선법칙과 비슷한 CAS방법을 사용한다.

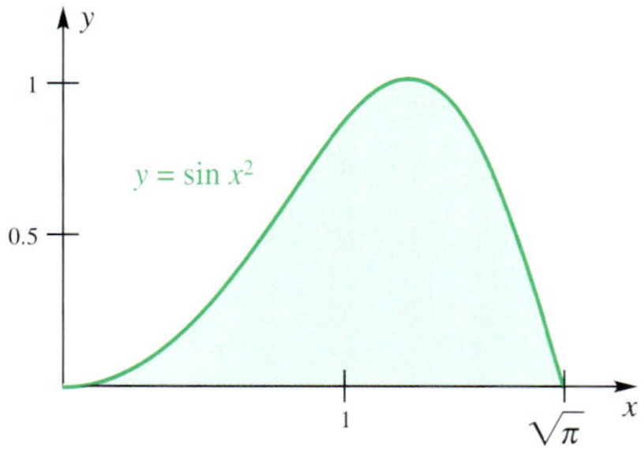

그림 1

예제 2 그림 1에서와 같은 균질의 얇은 판자의 무게중심을 구하여라.

풀이 5.6절의 공식을 사용하면 다음을 얻는다.

$$m = \delta \int_0^{\sqrt{\pi}} \sin x^2\, dx$$

$$M_y = \delta \int_0^{\sqrt{\pi}} x \sin x^2\, dx$$

$$M_x = \frac{\delta}{2} \int_0^{\sqrt{\pi}} \sin^2 x^2\, dx$$

이 적분들 중에 두 번째 것만 미적분학의 기본정리 2를 사용하여 구할 수 있다. 첫째와 셋째 적분은 초등함수의 항으로 나타낼 수 있는 부정적분이 없다. 따라서 수치적분의 방법을 써야 한다. CAS를 이용하면 다음과 같다.

$$m = \delta \int_0^{\sqrt{\pi}} \sin x^2\, dx \approx 0.89483\,\delta$$

$$M_y = \delta \int_0^{\sqrt{\pi}} x \sin x^2\, dx = \delta\left[-\frac{1}{2}\cos x^2\right]_0^{\sqrt{\pi}} = \delta$$

$$M_x = \frac{\delta}{2} \int_0^{\sqrt{\pi}} \sin^2 x^2\, dx \equiv 0.33494\,\delta$$

CAS로써 두 번째 적분에 대해서는 정확한 값은 얻을 수 있고 첫 번째와 세번째는 근사값을 얻을 수 있음에 주의한다. 이들 결과로부터 다음을 얻는다.

$$\bar{x}=\frac{M_y}{m}\approx\frac{\delta}{0.89483\,\delta}\approx 1.1175$$

$$\bar{y}=\frac{M_x}{m}\approx\frac{0.33494\,\delta}{0.89483\,\delta}\approx 0.3743$$ ■

적분의 위끝을 알 수 없는 상황도 있다. 이런 경우에는, 미적분학의 기본정리 2를 사용하는 것이 수치근사값을 사용하는 것보다 더 좋다. 다음 두 예제는 이런 상황을 말해준다. 두 예제는 원리는 같지만 풀이 방법은 다르다.

≈ *근사해*

질량은 밀도의 적분이므로, 질량은 밀도곡선 아래의 넓이로 생각할 수 있다. $x=0$의 위치에서 밀도는 1이고 x가 증가하면 곡선은 천천히 감소한다. 밀도곡선 아래의 넓이가 1이 되도록 하기 위해서, 끊는 점은 1보다 약간 크게 선택해야 할 것이다.

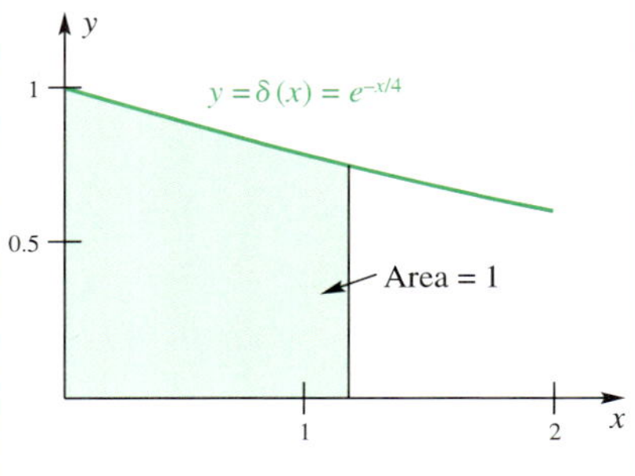

예제 3 $x>0$일 때 밀도가 $\delta(x)=\exp(-x/4)$인 막대가 있다. 0에서 자르는 점까지의 질량이 1이 되도록 하려면 어디에서 막대를 잘라야 하는가?

풀이 a를 자르는 점이라 하자. 그러면

$$1=\int_0^a \delta(x)dx=\int_0^a \exp(-x/4)dx=4-4e^{-a/4}$$

a에 대해 풀면

$$1=4-4e^{-a/4}$$

$$4e^{-a/4}=3$$

$$a=-4\ln\frac{3}{4}\approx 1.1507$$

여기에서 얻은 정확한 해는 $a=-4\ln(3/4)$이고, 필요한 경우 근사값으로 1.1507을 쓸 수 있다. ■

예제 4 $x>0$일 때 밀도가 $\delta(x)=\exp\left(\frac{1}{2}x^{3/2}\right)$인 막대가 있다. 0에서 자르는 점까지의 질량이 1이 되도록 하려면 어디에서 막대를 잘라야 하는가? 소수점 두 자리까지 자르는 점을 근사하기 위해 이분법을 사용하여라.

풀이 a를 자르는 점이라 하자. 그러면 다음 식이 성립한다.

$$1=\int_0^a \delta(x)dx=\int_0^a \exp\left(\frac{1}{2}x^{3/2}\right)dx$$

$\exp\left(\frac{1}{2}x^{3/2}\right)$의 부정적분은 초등함수의 항으로 나타낼 수 없으므로, 정적분을 구하기 위해 미적분학의 기본정리 2를 사용할 수 없다. 따라서 수치적 해법으로 근사값을 구해야 할 것이다. 문제는 근사값을 구하기 위해서 적분에 대한 위끝과 아래끝을 가져야 하지만, 이 경우에는 위끝이 변수 a이다. 조금의 시행착오를 하면, 정적분의 근사값을 구하는 프로그램을 따라서 다음을 얻을 수 있다:

≈ 다른 근사해

질량은 밀도곡선 아래의 넓이라는 사실을 사용하면, 아래의 그림으로부터 자르는 점은 0.5와 1의 사이라는 것을 알 수 있다. 이것이 해를 근사하는데 출발점을 제공한다.

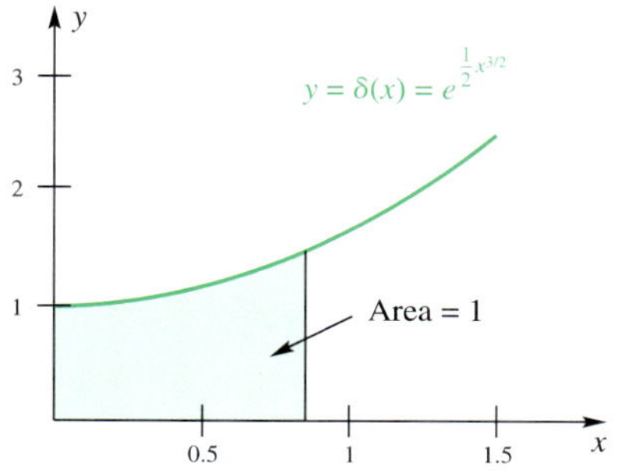

$a=1$;	$\int_0^1 \exp\left(\frac{1}{2}x^{3/2}\right)dx \approx 1.2354$	$a=1$은 너무 크다.
$a=0.5$;	$\int_0^{0.5} \exp\left(\frac{1}{2}x^{3/2}\right)dx \approx 0.5374$	$a=0.5$는 너무 작다.

이 점에서 a의 값은 0.5와 1.0 사이라는 것을 알 수 있다. [0.5, 1.0]의 중점은 0.75이다. 따라서 0.75로 다시 시도해 본다.:

$a=0.75$;	$\int_0^{0.75} \exp\left(\frac{1}{2}x^{3/2}\right)dx \approx 0.85815$	$a=0.75$는 너무 작다.

이런 식으로 계속 해보면,

$a=0.875$;	$\int_0^{0.875} \exp\left(\frac{1}{2}x^{3/2}\right)dx \approx 1.0385$	$a=0.875$는 너무 크다.
$a=0.8125$;	$\int_0^{0.8125} \exp\left(\frac{1}{2}x^{3/2}\right)dx \approx 0.94643$	$a=0.8125$는 너무 작다.
$a=0.84375$;	$\int_0^{0.84375} \exp\left(\frac{1}{2}x^{3/2}\right)dx \approx 0.99198$	$a=0.84375$는 너무 작다.
$a=0.859375$;	$\int_0^{0.859375} \exp\left(\frac{1}{2}x^{3/2}\right)dx \approx 1.0151$	$a=0.859375$는 너무 크다.
$a=0.8515625$;	$\int_0^{0.8515625} \exp\left(\frac{1}{2}x^{3/2}\right)dx \approx 1.0035$	$a=0.8515625$는 너무 크다.
$a=0.84765625$;	$\int_0^{0.84765625} \exp\left(\frac{1}{2}x^{3/2}\right)dx \approx 0.99775$	$a=0.84765625$는 너무 너무 작다.

이 점에서, a는 0.84765625와 0.8515625 사이에 있으므로 소수점 두자리로 고치면 자르는 점은 $a=0.85$이다. ■

예제 5 예제 4의 방정식의 해를 근사하기 위해 뉴턴의 방법을 사용하여라.

풀이 풀어야 할 방정식은

$$\int_0^a \exp\left(\frac{1}{2}x^{3/2}\right)dx - 1 = 0$$

$F(a)$를 이 방정식의 좌변이라 하자. 이제 $F(a)=0$의 해의 근사값을 구하면 된다. 뉴턴의 방법은 다음과 같이 정의되는 반복법이다.

$$a_{n+1} = a_n - \frac{F(a_n)}{F'(a_n)}$$

이 경우, 미적분학의 기본정리 1을 사용하면

$$F'(a) = \exp\left(\frac{1}{2}a^{3/2}\right)$$

처음 예상값으로 $a_1=1$로 시작한다. (이것은 예제 4에서 너무 큰 값임을 알았다.)

$$a_2=1-\frac{\int_0^1 \exp\left(\frac{1}{2}x^{3/2}\right)dx-1}{\exp\left(\frac{1}{2}1^{3/2}\right)}\approx 0.857197$$

$$a_3=0.857197-\frac{\int_0^{0.857197} \exp\left(\frac{1}{2}x^{3/2}\right)dx-1}{\exp\left(\frac{1}{2}0.867197^{3/2}\right)}\approx 0.849203$$

$$a_4=0.849203-\frac{\int_0^{0.849203} \exp\left(\frac{1}{2}x^{3/2}\right)dx-1}{\exp\left(\frac{1}{2}0.849203^{3/2}\right)}\approx 0.849181$$

$$a_5=0.849181-\frac{\int_0^{0.849181} \exp\left(\frac{1}{2}x^{3/2}\right)dx-1}{\exp\left(\frac{1}{2}0.849181^{3/2}\right)}\approx 0.849181$$

자르는 점의 근사값은 0.849181이다. 뉴턴의 방법이 수고가 덜하고 보다 정확한 해를 준다는 것을 주의하여라. ■

표로 주어지는 함수 컴퓨터에서 초단위로 매우 자주 주기적으로 자료를 수집하는 것은 흔히 있는 일이다. 모아진 자료가 축적된 함수를 나타낼 때 실제로는 미적분학의 기본정리 2를 사용할 수가 없다. 그 대신에 샘플링한 점을 사용하는 수치적 방법을 적용해야 한다.

문제 6 자동차에는 순간적인 연료소비(갤론당 마일)를 모니터 하는 장치가 있다. 순간속도뿐만 아니라 순간연료소모량을 알 수 있도록 컴퓨터가 차안에 붙어 있다고 가정한다. 2시간 동안의 속력(시간 당 마일)과 연료소모(갤론당 마일)를 나타내는 그래프가 그림 2에 나타나 있다. 위의 (검은색) 곡선은 속력을, 아래의 곡선은 연료소모를 나타낸다. 연료소모는 주로 자동차가 언덕을 올라가느냐 내려가느냐에 따라 아주 많이 변한다. 자료의 일부가 아래표에 나타나 있다. 두 시간동안 자동차는 얼마나 달렸으며 소모된 연료는 얼마인가?

시간 (분)	속력 (마일/시간)	연료소모 (마일/갤론)	속력/소모연료
0	36	20.00	1.80
1	37	22.35	1.66
2	36	23.67	1.52
3	36	28.75	1.25
⋮	⋮	⋮	⋮
118	42	24.30	1.73
119	40	24.83	1.61
120	41	26.19	1.57

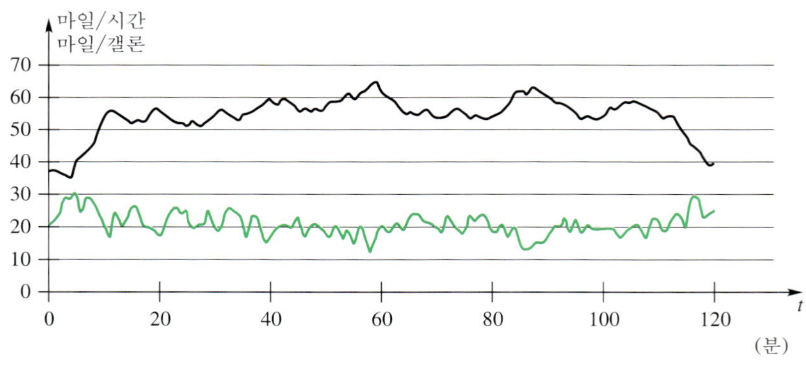

그림 2

≈ *거친 근사값*

그림에서 보면 평균 연료소모량은 갤론당 20마일이고 평균속도는 시간당 50마일이다. 2시간 후 자동차는 약 100마일을 달렸고, 그것은 갤론당 20마일이며, 소모된 연료는

$$\frac{100\text{마일}}{\text{갤론당 }20\text{마일}}=5\text{갤론}.$$

따라서 답은 약 5갤론이라고 기대된다.

풀이 적분의 근사값을 구하기 위하여 사다리꼴법칙을 사용한다. 달린 거리는 순간속도의 정적분이므로

$$D=\int_0^2 \frac{ds}{dt}\approx\frac{2-0}{2\cdot 120}[36+2(37+36+\cdots+40)+41]=109.4\text{마일}$$

소모된 총연료량은, $f(t)$가 시각 t에서 자동차의 탱크 안에 들어 있는 연료의 양일 때, $\dfrac{df}{dt}$의 적분이다. 소모된 연료는 갤론당 마일인 ds/df이다. 위의 표에서 마지막 열은 속력 ds/dt를 ds/df로 나눈 것이다. 따라서 소모된 연료는

$$\begin{aligned}\int_0^2 \frac{df}{dt}\,dt&=\int_0^2 \frac{ds/dt}{ds/df}\,dt\\&\approx\frac{2-0}{2\cdot 120}[1.80+2(1.66+1.52+\cdots+1.61)+1.57]\\&\approx 5.30\text{갤론}\end{aligned}$$

■

특수함수 미적분학의 기본정리 2를 사용하여 계산할 수 없는 여러가지 정적분들이 응용수학에서 자주 나타나는데, 이들에 특별한 이름을 붙여 사용한다. 여기에 그들의 이름과 약자를 따라서 몇가지 누적함수를 소개한다:

오차함수	$\operatorname{erf}(x)=\dfrac{2}{\sqrt{\pi}}\displaystyle\int_0^x e^{-t^2}\,dt$
사인적분	$\operatorname{Si}(x)=\displaystyle\int_0^x \frac{\sin t}{t}\,dt$
프레넬 사인적분	$S(x)=\displaystyle\int_0^x \sin\left(\frac{\pi t^2}{2}\right)dt$
프레넬 코사인적분	$C(x)=\displaystyle\int_0^x \cos\left(\frac{\pi t^2}{2}\right)dt$

또 다른 여러 가지 함수들에 대해서는 "Handbook of Mathematical Functions"를 참조한다. 그 동안 이들 함수들의 근사값을 구하는 알고리즘들이 계속 발전되어 왔다. 그 중에는 종종 무한급수(9장에서 다룬다)가 포함되어 있다. 이들 알고리즘은 대개 정확하고 효율적이다. 사실, 1의 사인값의 근사값을 구하기 보다는 프레넬 적분 $S(1)$의 근사값은 구하는 것이 어렵지 않다. 많은 실용적인 문제들이 그런 함수를 포함하여 풀 수 있으므로, 그들이 존재하는 사실과 그들의 근사값을 구하는 방법을 아는 것은 매우 중요하다.

예제 7 예제 2에서 얇은 판자의 질량을 프레넬 사인적분으로 나타내어라.

풀이 질량은

$$m=\delta\int_0^{\sqrt{\pi}} \sin^2 x\,dx$$

$x=t\sqrt{\pi/2}$로 치환하면, $x^2=t^2\pi/2$이고 $dx=\sqrt{\pi/2}\,dt$. 정적분에서 위끝과 아래끝은 다음과 같이 변환된다.

$$x=0 \Rightarrow t=0$$
$$x=\sqrt{\pi} \Rightarrow t=\sqrt{2}$$

따라서

$$\begin{aligned} m &= \delta \int_0^{\sqrt{2}} \sin\left(\frac{t^2\pi}{2}\right)\sqrt{\frac{\pi}{2}}\, dt \\ &= \delta\sqrt{\frac{\pi}{2}} \int_0^{\sqrt{2}} \sin\left(\frac{\pi t^2}{2}\right) dt \\ &= \delta\sqrt{\frac{\pi}{2}}\, S(\sqrt{2}) \approx 0.895\,\delta \end{aligned}$$

개념 복습

1. 적분표는 ______법과 연결하여 사용할 때 아주 유용하다.
2. $\int (x^2+9)^{3/2}\, dx$와 $\int (\sin^2 x+1)^{3/2} \cos x\, dx$는 공식표 ______을 사용하여 계산할 수 있다.
3. 정적분을 계산하기 위해 CAS를 사용할 때, 시스템이 정확한 답을 주는지 아니면 ______을 주는지 아는 것은 중요하다.
4. $t=0$에서 사인적분은 $S(0)=$______이다.

연습문제 7.6

문제 1~12에서 적분을 구하여라.

1. $\int xe^{-5x} dx$
2. $\int \frac{x}{x^2+9} dx$
3. $\int_1^2 \frac{\ln x}{x} dx$
4. $\int \frac{x}{x^2-5x+6} dx$
5. $\int \cos^4 2x\, dx$
6. $\int \sin^3 x \cos x\, dx$
7. $\int_1^2 \frac{1}{x^2+6x+8} dx$
8. $\int_0^{1/2} \frac{1}{1-t^2} dt$
9. $\int_0^5 x\sqrt{x+2}\, dx$
10. $\int_3^4 \frac{1}{t-\sqrt{2t}} dt$
11. $\int_{-\pi/2}^{\pi/2} \cos^2 x \sin x\, dx$
12. $\int_0^{2\pi} |\sin 2x|\, dx$

문제 13~30에서 뒤 표지 안쪽의 적분표를 사용하여, 필요하면 치환을 이용하여 적분을 구하여라.

13. (a) $\int x\sqrt{3x+1}\, dx$ (b) $\int e^x\sqrt{3e^x+1}\, e^x\, dx$
14. (a) $\int 2t\sqrt{3-4t}\, dt$
    (b) $\int \cos t\sqrt{3-4\cos t}\, \sin t\, dt$
15. (a) $\int \frac{dx}{9-16x^2}$ (b) $\int \frac{e^x}{9-16e^{2x}} dx$
16. (a) $\int \frac{dx}{5x^2-11}$ (b) $\int \frac{x}{5x^4-11} dx$
17. (a) $\int x^2\sqrt{9-2x^2}\, dx$
    (b) $\int \sin^2 x \cos x\sqrt{9-2\sin^2 x}\, dx$
18. (a) $\int \frac{\sqrt{16-3t^2}}{t} dt$ (b) $\int \frac{\sqrt{16-3t^6}}{t} dt$
19. (a) $\int \frac{dx}{\sqrt{5+3x^2}}$ (b) $\int \frac{x}{\sqrt{5+3x^4}} dx$
20. (a) $\int t^2\sqrt{3+5t^2}\, dt$ (b) $\int t^8\sqrt{3+5t^6}\, dt$
21. (a) $\int \frac{dt}{\sqrt{t^2+2t-3}}$ (b) $\int \frac{dt}{\sqrt{t^2+3t-5}}$
22. (a) $\int \frac{\sqrt{x^2+2x-3}}{x+1} dx$ (b) $\int \frac{\sqrt{x^2-4x}}{x-2} dx$
23. (a) $\int \frac{y}{\sqrt{3y+5}} dy$ (b) $\int \frac{\sin t \cos t}{\sqrt{3\sin t+5}} dt$
24. (a) $\int \frac{dz}{z\sqrt{5-4z}}$ (b) $\int \frac{\sin x}{\cos x\sqrt{5-4\cos x}} dx$

25. $\int \sinh^2 3t\,dt$

26. $\int \frac{\operatorname{sech}\sqrt{x}}{\sqrt{x}}\,dx$

27. $\int \frac{\cos t \sin t}{\sqrt{2\cos t + 1}}\,dt$

28. $\int \cos t \sin t \sqrt{4\cos t - 1}\,dt$

29. $\int \frac{\cos^2 t \sin t}{\sqrt{\cos t + 1}}\,dt$

30. $\int \frac{1}{(9+x^2)^3}\,dx$

문제 31~40에서 CAS를 이용하여 정적분을 구하여라. 만일 CAS가 초등함수의 항으로 정확한 답을 주지 못하면 수치근사해를 구하여라.

31. $\int_0^{\pi} \frac{\cos^2 x}{1+\sin x}\,dx$

32. $\int_0^1 \operatorname{sech} \sqrt[3]{x}\,dx$

33. $\int_0^{\pi/2} \sin^{12} x\,dx$

34. $\int_0^{\pi} \cos^4 \frac{x}{2}\,dx$

35. $\int_1^4 \frac{\sqrt{t}}{1+t^8}\,dt$

36. $\int_0^3 x^4 e^{-x/2}\,dx$

37. $\int_0^{\pi/2} \frac{1}{1+2\cos^5 x}\,dx$

38. $\int_{-\pi/4}^{\pi/4} \frac{x^3}{4+\tan x}\,dx$

39. $\int_2^3 \frac{x^2+2x-1}{x^2-2x+1}\,dx$

40. $\int_1^3 \frac{du}{u\sqrt{2u-1}}$

문제 41~48에서 막대기의 밀도가 주어져 있다. 0에서 c까지 질량이 1이 되도록 c를 구하여라. 가능하다면 정확한 해를 구하여라. 만일 불가능하다면, c에 관한 해를 구하여라(예제 4와 5를 보아라.).

41. $\delta(x) = \frac{1}{x+1}$

42. $\delta(x) = \frac{2}{x^2+1}$

43. $\delta(x) = \ln(x+1)$

44. $\delta(x) = \frac{x}{x^2+1}$

45. $\delta(x) = 2e^{-x^{3/2}}$

46. $\delta(x) = \ln(x^3+1)$

47. $\delta(x) = 6\cos\left(\frac{x^2}{x}\right)$

48. $\delta(x) = 4\frac{\sin x}{x}$

49. $\int_0^c \frac{1}{3\sqrt{2\pi}} x^{3/2} e^{-x/2}\,dx = 0.90$이 되도록 c를 구하여라.

50. $\int_{-c}^{c} \frac{1}{\sqrt{2\pi}} e^{-x^2/2}\,dx = 0.95$이 되도록 c를 구하여라.
(도움말: 대칭성을 이용하여라.)

문제 51~54에서 $y=f(x)$의 그래프가 직선의 그래프를 따라 주어져 있다. 어두운 균질의 얇은 판의 무게중심의 x성분이 2가 되도록 c를 구하여라.

51.
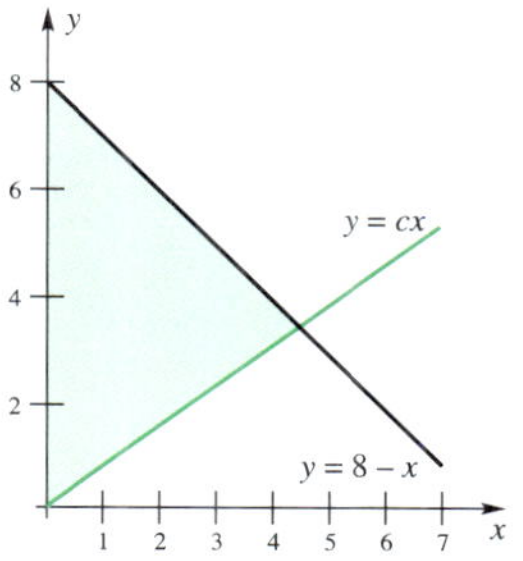

52.
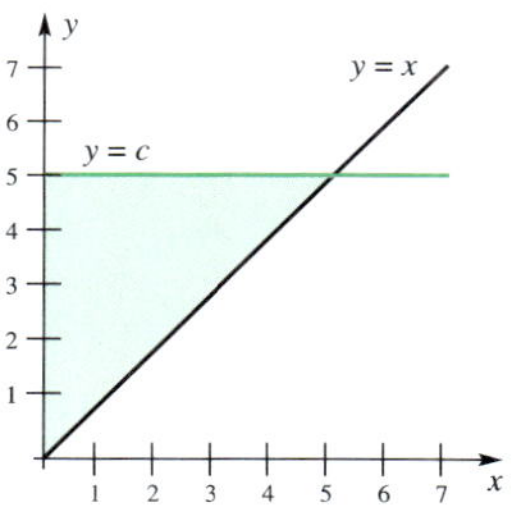

53.
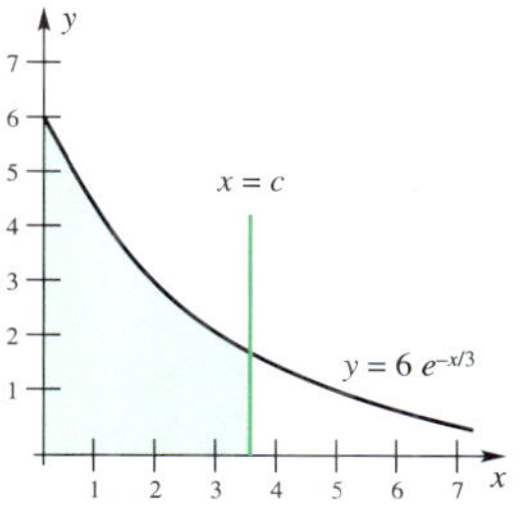

54.
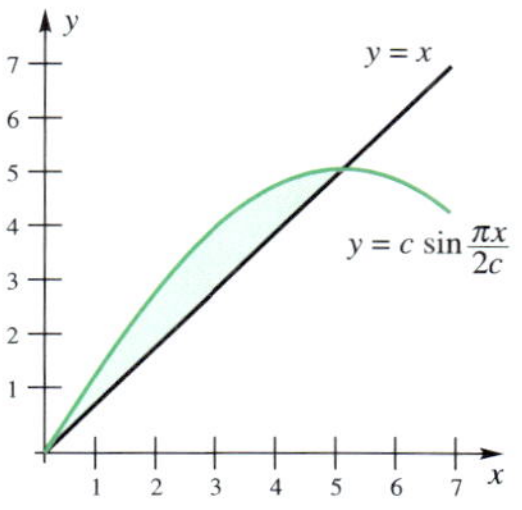

55. 도함수를 구하여라.

(a) $\frac{d}{dx}\operatorname{erf}(x)$ (b) $\frac{d}{dx}\operatorname{Si}(x)$

56. 프레넬 함수의 도함수를 구하여라.

(a) $\frac{d}{dx}S(x)$ (b) $\frac{d}{dx}C(x)$

57. (수직선의 양의 쪽에서) 어느 구간상에서 오차함수는 증가하는가? 위로 오목한가?

58. $[0, 2]$의 어느 부분구간상에서 프레넬 함수 $S(x)$는 증가하는가? 위로 오목한가?

59. $[0, 2]$의 어느 부분구간상에서 프레넬 함수 $C(x)$는 증가하는가? 위로 오목한가?

60. 원점의 오른쪽으로 프레넬 함수 $S(x)$의 첫 변곡점의 좌표를 구하여라.

개념 복습 해답: **1.** 치환 **2.** 53 **3.** 근사값 **4.** 0

7.7 장 복습

개념 시험

다음 명제가 참인지, 거짓인지 이유를 들어 답하여라.

1. $\int x\sin(x^2)\,dx$를 구하려면, 변수를 $u=x^2$으로 바꾼다.

2. $\int \frac{x}{9+x^4}dx$를 구하려면, 변수를 $u=x^2$으로 바꾼다.

3. $\int \frac{x^3}{9+x^4}dx$를 구하려면, 변수를 $u=x^2$으로 바꾼다.

4. $\int \frac{2x-3}{x^2-3x+5}dx$를 구하려면, 우선 분모를 완전제곱으로 만들어야 한다.

5. $\int \frac{3}{x^2-3x+5}dx$를 구하려면, 우선 분모를 완전제곱으로 만들어야 한다.

6. $\int \frac{1}{\sqrt{4-5x^2}}dx$를 구하려면, 변수를 $u=\sqrt{5}\,x$로 바꾼다.

7. $\int \frac{t+2}{t^3-9t}dt$를 구하려면, 부분분수로 분해한다.

8. $\int \frac{t^4}{t^2-1}dt$를 구하려면, 부분적분법을 이용한다.

9. $\int \sin^6 x\cos^2 x\,dx$를 구하려면, 반각공식을 이용한다.

10. $\int \frac{e^x}{1+e^x}dx$를 구하려면, 부분적분법을 이용한다.

11. $\int \frac{x+2}{\sqrt{-x^2-4x}}dx$를 구하려면, 삼각함수로 치환한다.

12. $\int x^2\sqrt[3]{3-2x}\,dx$를 구하려면, $u=\sqrt[3]{3-2x}$으로 놓는다.

13. $\int \sin^2 x\cos^5 x\,dx$를 구하려면, 피적분함수를 $\sin^2 x(1-\sin^2 x)^2\cos x$로 변형한다.

14. $\int \frac{1}{x^2\sqrt{9-x^2}}dx$를 구하려면, 삼각함수로 치환한다.

15. $\int x^2\ln x\,dx$를 구하려면, 부분적분법을 이용한다.

16. $\int \sin 2x\cos 4x\,dx$를 구하려면, 반각공식을 이용한다.

17. $\frac{x^2}{x^2-1}$은 $\frac{A}{x-1}+\frac{B}{x+1}$ 형태로 나타낼 수 있다.

18. $\frac{x^2+2}{x(x^2-1)}$는 $\frac{A}{x}+\frac{B}{x-1}+\frac{C}{x+1}$ 형태로 나타낼 수 있다.

19. $\frac{x^2+2}{x(x^2+1)}$는 $\frac{A}{x}+\frac{Bx+C}{x^2+1}$ 형태로 나타낼 수 있다.

20. $\frac{x+2}{x^2(x^2-1)}$는 $\frac{A}{x^2}+\frac{B}{x-1}+\frac{C}{x+1}$ 형태로 나타낼 수 있다.

21. ax^2+bx를 완전제곱으로 만들려면, $(b/2)^2$을 더한다.

22. 실수 계수를 가진 임의의 다항식은, 실수 계수를 가진 선형(일차) 다항식들의 곱으로 인수분해할 수 있다.

23. x의 두 다항식들이 모든 x에 대해서 같은 값을 가질 필요충분조건은, 같은 차수인 항들의 계수들이 서로 같은 것이다.

24. 적분 $\int x^2\sqrt{25-4x^2}\,dx$는 적당한 치환을 하여 적분표의 공식 57을 사용하여 구할 수 있다.

25. 적분 $\int x\sqrt{25-4x^2}\,dx$는 적당한 치환을 하여 적분표의 공식 57을 사용하여 구할 수 있다.

26. $\mathrm{erf}(0)<\mathrm{erf}(1)$

27. $C(x)=\int_0^x \cos\left(\frac{\pi t^2}{2}\right)dt$이면, $C'(x)=\cos\left(\frac{\pi t^2}{2}\right)$이다.

28. 사인적분 $\mathrm{Si}(x)=\int_0^x \frac{\sin t}{t}dt$는 구간 $[0, \infty)$에서 증가함수이다.

표본 테스트 문제

문제 1~42에서 다음 적분을 구하여라.

1. $\int_0^4 \frac{t}{\sqrt{9+t^2}}dt$

2. $\int \cot^2(2\theta)\,d\theta$

3. $\int_0^{\pi/2} e^{\cos x}\sin x\,dx$

4. $\int_0^{\pi/4} x\sin 2x\,dx$

5. $\int \frac{y^3+y}{y+1}dy$

6. $\int \sin^3(2t)\,dt$

7. $\int \frac{y-2}{y^2-4y+2}dy$

8. $\int_0^{3/2} \frac{dy}{\sqrt{2y+1}}$

9. $\int \frac{e^{2t}}{e^t-2}dt$

10. $\int \frac{\sin x+\cos x}{\tan x}dx$

11. $\int \frac{dx}{\sqrt{16+4x-2x^2}}$

12. $\int x^2e^x\,dx$

13. $\int \frac{dy}{\sqrt{2+3y^2}}$

14. $\int \frac{w^3}{1-w^2}dw$

15. $\int \frac{\tan x}{\ln|\cos x|}dx$

16. $\int \frac{3\,dt}{t^3-1}$

17. $\int \sinh x\, dx$

18. $\int \frac{(\ln y)^5}{y} dy$

19. $\int x \cot^2 x\, dx$

20. $\int \frac{\sin\sqrt{x}}{\sqrt{x}} dx$

21. $\int \frac{\ln t^2}{t} dt$

22. $\int \ln(y^2+9)\, dy$

23. $\int e^{t/3} \sin 3t\, dt$

24. $\int \frac{t+9}{t^3+9t} dt$

25. $\int \sin\frac{3x}{2} \cos\frac{x}{2}\, dx$

26. $\int \cos^4\left(\frac{x}{2}\right) dx$

27. $\int \tan^3 2x \sec 2x\, dx$

28. $\int \frac{\sqrt{x}}{1+\sqrt{x}} dx$

29. $\int \tan^{3/2} x \sec^4 x\, dx$

30. $\int \frac{dt}{t(t^{1/6}+1)}$

31. $\int \frac{e^{2y} dy}{\sqrt{9-e^{2y}}}$

32. $\int \cos^5 x \sqrt{\sin x}\, dx$

33. $\int e^{\ln(3\cos x)} dx$

34. $\int \frac{\sqrt{9-y^2}}{y} dy$

35. $\int \frac{e^{4x}}{1+e^{8x}} dx$

36. $\int \frac{\sqrt{x^2+a^2}}{x^4} dx$

37. $\int \frac{w}{\sqrt{w+5}} dw$

38. $\int \frac{\sin t\, dt}{\sqrt{1+\cos t}}$

39. $\int \frac{\sin y \cos y}{9+\cos^4 y} dy$

40. $\int \frac{dx}{\sqrt{1-6x-x^2}}$

41. $\int \frac{4x^2+3x+6}{x^2(x^2+3)} dx$

42. $\int \frac{dx}{(16+x^2)^{3/2}}$

43. 다음 유리함수를 부분분수로 분해해서 나타내되, 정확한 계수를 계산하지는 말아라. 예를 들어

$$\frac{3x+1}{(x-1)^2} = \frac{A}{(x-1)} + \frac{B}{(x-1)^2}$$

(a) $\frac{3-4x^2}{(2x+1)^3}$ (b) $\frac{7x-41}{(x-1)^2(2-x)^3}$

(c) $\frac{3x+1}{(x^2+x+10)^2}$ (d) $\frac{(x+1)^2}{(x^2-x+10)^2(1-x^2)^2}$

(e) $\frac{x^5}{(x+3)^4(x^2+2x+10)^2}$ (f) $\frac{(3x^2+2x-1)^2}{(2x^2+x+10)^3}$

44. $x=1$에서 $x=2$까지, 그래프

$$y = \frac{1}{\sqrt{3x-x^2}}$$

의 아래의 영역을 다음 직선을 축으로 하여 회전시켰을 때 생기는 입체의 부피를 구하여라.

(a) x축 (b) y축

45. 곡선 $y=x^2/16$의 $x=0$에서 $x=4$까지의 길이를 구하여라.

46. $x=0$에서 $x=3$까지, 곡선

$$y = \frac{1}{x^2+5x+6}$$

의 아래의 영역을 x축에 대해 회전시켰다. 이 때 생기는 입체의 부피를 계산하여라.

47. 문제 46의 곡선을 y축에 대해 회전시켰다. 입체의 부피를 구하여라.

48. x축과 곡선 $y=4x\sqrt{2-x}$로 둘러싼 영역을 y축에 대해 회전시켰을 때 생기는 입체의 부피를 구하여라.

49. x축, y축, 곡선 $y=2(e^x-1)$, 그리고 $x=\ln 3$으로 둘러싸인 영역을 직선 $x=\ln 3$에 대해 회전시켰을 때 생기는 입체의 부피를 구하여라.

50. x축, 곡선 $y=18/(x^2\sqrt{x^2+9})$, 그리고 직선 $x=\sqrt{3}$, $x=3\sqrt{3}$으로 둘러싸인 영역의 넓이를 구하여라.

51. 곡선 $s=t/(t-1)^2$, $s=0$, $t=-6$, $t=0$으로 둘러싸인 영역의 넓이를 구하여라.

≈ 52. 영역

$$\left\{(x, y):\ -3 \le x \le -1,\ \frac{6}{x\sqrt{x+4}} \le y \le 0\right\}$$

를 x축에 대해 회전시켰을 때 생기는 입체의 부피를 구하여라. 그림을 그려라.

≈ 53. 곡선 $y=\ln(\sin x)$ $x=\pi/6$에서 $x=\pi/3$까지의 길이를 구하여라.

54. 적분표를 이용하여 적분을 하여라.

(a) $\int \frac{\sqrt{81-4x^2}}{x} dx$ (b) $\int e^x(9-e^{2x})^{3/2} dx$

55. 적분표를 이용하여 적분을 하여라.

(a) $\int \cos x \sqrt{\sin^2 x+4}\, dx$ (b) $\int \frac{1}{1-4x^2} dx$

56. 사인적분 $\mathrm{Si}(x) = \int_0^x \frac{\sin t}{t} dt$의 2계 도함수를 구하여라.

57. 막대기의 밀도가 $\delta(x) = \frac{1}{1+x^3}$이다. 뉴턴의 방법을 사용하여 0에서 c까지 막대기의 질량이 0.5가 되도록 c의 값을 구하여라.

복습과 예비 문제

문제 1~14에서 극한을 구하여라.

1. $\lim_{x\to 2} \frac{x^2+1}{x^2-1}$

2. $\lim_{x\to 3} \frac{2x+1}{x+5}$

3. $\lim_{x\to 3} \frac{x^2-9}{x-3}$

4. $\lim_{x\to 2} \frac{x^2-5x+6}{x-2}$

5. $\lim_{x\to 0} \frac{\sin 2x}{x}$

6. $\lim_{x\to 0} \frac{\tan 3x}{x}$

7. $\lim_{x\to\infty} \frac{x^2+1}{x^2-1}$

8. $\lim_{x\to\infty} \frac{2x+1}{x+5}$

9. $\lim_{x\to\infty} e^{-x}$

10. $\lim_{x\to\infty} e^{-x^2}$

11. $\lim_{x\to\infty} e^{2x}$

12. $\lim_{x\to\infty} e^{-2x}$

13. $\lim_{x\to\infty} \tan^{-1} x$

14. $\lim_{x\to\infty} \sec^{-1} x$

정의구역 $0\le x\le 10$ 위에서 문제 15~18에서 주어진 함수를 그리고 $\lim_{x\to\infty} f(x)$에 대한 문제를 만들어라.

15. $f(x)=xe^{-x}$

16. $f(x)=x^2e^{-x}$

17. $f(x)=x^3e^{-x}$

18. $f(x)=x^4e^{-x}$

19. $\lim_{x\to\infty} x^{10}e^{-x}$에 대한 문제를 만들 수 있는 어떤 정의구역 상에서 $y=x^{10}e^{-x}$의 그래프를 그려라.

20. $\lim_{x\to\infty} x^n e^{-x}$에 대하여 몇 개의 자연수 n으로써 실험을 하고 문제를 만들어라.

문제 21~28에서 a의 주어진 값에 대하여 적분을 구하여라.

21. $\int_0^a e^{-x}\,dx$; $a=1, 2, 4, 8, 16$

22. $\int_0^a xe^{-x^2}\,dx$; $a=1, 2, 4, 8, 16$

23. $\int_0^a \frac{x}{1+x^2}\,dx$; $a=1, 2, 4, 8, 16$

24. $\int_0^a \frac{1}{1+x}\,dx$; $a=1, 2, 4, 8, 16$

25. $\int_0^a \frac{1}{x^2}\,dx$; $a=2, 4, 8, 16$

26. $\int_0^a \frac{1}{x^3}\,dx$; $a=2, 4, 8, 16$

27. $\int_a^4 \frac{1}{\sqrt{x}}\,dx$; $a=1, \frac{1}{2}, \frac{1}{4}, \frac{1}{8}, \frac{1}{16}$

28. $\int_a^4 \frac{1}{x}\,dx$; $a=1, \frac{1}{2}, \frac{1}{4}, \frac{1}{8}, \frac{1}{16}$

CHAPTER

8 부정형과 이상적분

8.1 부정형 0/0

다음 세 개의 극한 문제는 낯설지 않을 것이다.

$$\lim_{x \to 0} \frac{\sin x}{x}, \qquad \lim_{x \to 3} \frac{x^2-9}{x^2-x-6}, \qquad \lim_{x \to a} \frac{f(x)-f(a)}{x-a}$$

처음 것은 1.4절에서 자세히 다루었으며, 세 번째 것은 사실 도함수 $f'(a)$의 정의이다. 이 세 극한은 공통된 특징이 있다. 각각의 경우, 몫(나눗셈)으로 되어 있으며, 분자와 분모는 둘 다 극한값이 0이다. 주극한 정리(정리 1.3A) 공식 7에 의하면, 몫의 극한은 그 극한들의 몫과 같은데, 이것을 적용할려는데, 0/0이라는 무의미한 결과가 나온다. 사실, 그 정리를 적용할 수 없다. 왜냐하면 분모의 극한이 0이 아니어야 하기 때문이다. 그렇다고 이 극한들이 존재하지 않는다는 말은 아니다. 다만, 주극한 정리를 사용하여 그 극한을 구할 수 없다는 말이다.

앞에서 기하학적 방법으로, $\lim_{x \to 0} (\sin x)/x = 1$이라는 사실을 얻었다(정리 1.4B). 한편, 인수분해라는 대수적 기법을 써서 다음을 얻는다.

$$\lim_{x \to 3} \frac{x^2-9}{x^2-x-6} = \lim_{x \to 3} \frac{(x-3)(x+3)}{(x-3)(x+2)} = \lim_{x \to 3} \frac{x+3}{x+2} = \frac{6}{5}$$

분자와 분모의 극한이 둘 다 0인 모든 문제들을 다룰 수 있는, 어떤 표준 과정이 있다면 좋을텐데… 이것은 지나친 욕심이다. 그렇지만, 온갖 종류의 그러한 문제들에 적용할 수 있는 간단한 법칙이 있다.

로피탈의 법칙 로피탈(Guillaume Francois Antoine de l'Hopital, 1661-1704)은 1696년에 미분학에 관한 첫 교과서를 출판하였다. 그 책에 다음 법칙이 들어 있는데, 그의 스승인 베르누이(Johann Bernoulli)에게서 배운 것이다.

정리 A 부정형 0/0에 대한 로피탈의 법칙

$\lim_{x\to u} f(x)=\lim_{x\to u} g(x)=0$이라고 하자. $\lim_{x\to u}[f'(x)/g'(x)]$가 유한 또는 무한의 의미로 존재하면(즉, 이 극한이 유한한 수이거나, 또는 $-\infty$, 또는 $+\infty$), 다음이 성립한다.

$$\lim_{x\to u}\frac{f(x)}{g(x)}=\lim_{x\to u}\frac{f'(x)}{g'(x)}$$

로피탈의 법칙의 기하학적 해석

아래 그림들을 비교하여 생각해 보세요. 그러면 로피탈의 법칙이 그럴 법해 보일 것이다(연습문제 38-42 참조).

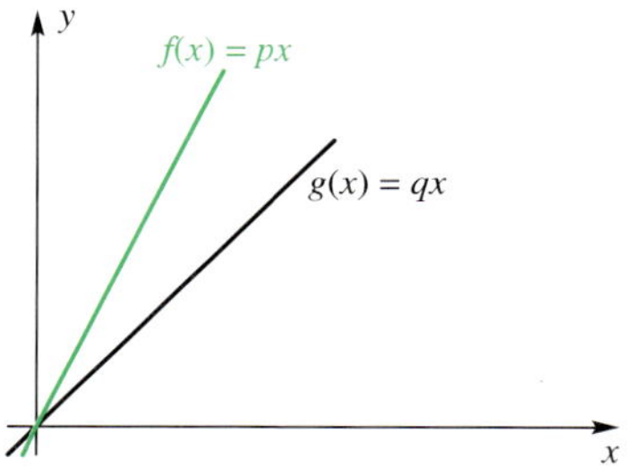

$$\lim_{x\to 0}\frac{f(x)}{g(x)}=\lim_{x\to 0}\frac{px}{qx}=\frac{p}{q}=\lim_{x\to 0}\frac{f'(x)}{g'(x)}$$

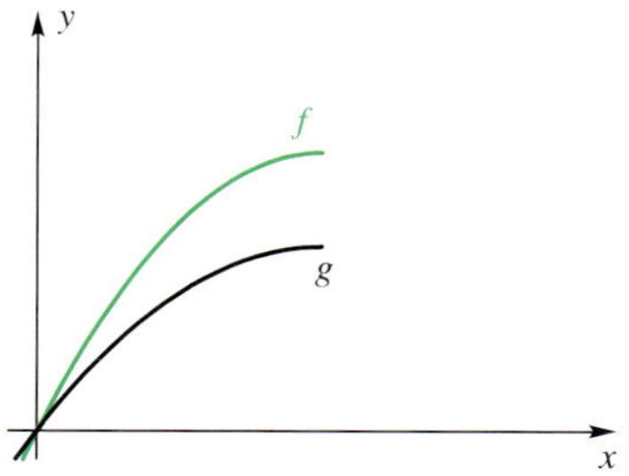

$$\lim_{x\to 0}\frac{f(x)}{g(x)}=\lim_{x\to 0}\frac{f'(x)}{g'(x)}$$

이 정리를 증명하기 전에, 그 사용법을 먼저 본다. 로피탈의 법칙을 적용하면, 주어진 극한을 다른 극한으로 바꿀 수 있으며, 후자는 좀 더 간단할 수 있다. 특히, 0/0 형이 아닐 수 있다.

예제 1 로피탈의 법칙을 사용하여 다음을 보여라.

$$\lim_{x\to 0}\frac{\sin x}{x}=1,\ \lim_{x\to 0}\frac{1-\cos x}{x}=0$$

풀이 1.4절에서 기하학적인 방법과 대수적 방법으로 이것들을 증명하였다. 그러나 이제는 로피탈의 법칙을 이용하여 쉽게 구할 수 있다. 로피탈의 법칙에 따라서,

$$\lim_{x\to 0}\frac{\sin x}{x}=\lim_{x\to 0}\frac{D_x\sin x}{D_x x}=\lim_{x\to 0}\frac{\cos x}{1}=1$$

$$\lim_{x\to 0}\frac{1-\cos x}{x}=\lim_{x\to 0}\frac{D_x(1-\cos x)}{D_x x}=\lim_{x\to 0}\frac{\sin x}{1}=0$$ ■

예제 2 $\lim_{x\to 3}\frac{x^2-9}{x^2-x-6}$와 $\lim_{x\to 2^+}\frac{x^2+3x-10}{x^2-4x-4}$을 구하여라.

풀이 이 두 극한은 0/0 형태이다. 그러므로 로피탈의 법칙에 의해서,

$$\lim_{x\to 3}\frac{x^2-9}{x^2-x-6}=\lim_{x\to 3}\frac{2x}{2x-1}=\frac{6}{5}$$

$$\lim_{x\to 2^+}\frac{x^2+3x-10}{x^2-4x+4}=\lim_{x\to 2^+}\frac{2x+3}{2x-4}=\infty$$

전자의 극한은 이 절 시작 부분에서 인수분해를 하고 약분해서 구한 것이다.

물론, 답은 일치한다. ■

예제 3 $\lim_{x\to 0}\frac{\tan 2x}{\ln(1+x)}$를 구하여라.

풀이 분자와 분모는 둘 다 극한이 0이다. 그러므로

$$\lim_{x\to 0}\frac{\tan 2x}{\ln(1+x)}=\lim_{x\to 0}\frac{2\sec^2 2x}{1/(1+x)}=\frac{2}{1}=2$$ ■

$\lim f'(x)/g'(x)$도 0/0 형의 부정형이 되는 경우가 있다. 그런 경우는 로피탈의 법칙을 다시 적용하면 된다. 예제를 통해서 보도록 한다. 로피탈의 법칙을 적용할 때마다, 기호 Ⓛ로 표시해 놓았다.

예제 4 $\lim_{x\to 0}\frac{\sin x-x}{x^3}$를 구하여라.

풀이 로피탈의 법칙을 세 번 연달아 적용하면,

$$\begin{aligned}\lim_{x\to 0}\frac{\sin x-x}{x^3}&\overset{Ⓛ}{=}\lim_{x\to 0}\frac{\cos x-1}{3x^2}\\&\overset{Ⓛ}{=}\lim_{x\to 0}\frac{-\sin x}{6x}\\&\overset{Ⓛ}{=}\lim_{x\to 0}\frac{-\cos x}{6}\\&=-\frac{1}{6}\end{aligned}$$ ■

로피탈의 법칙은 부정형의 경우에만 사용할 수 있으므로, 극한이 0/0 형의 부정형임을 확인해야 한다. 이것을 소홀히 하면, 온갖 종류의 틀리는 답이 나온다. 다음 예제를 통해서 살펴본다.

예제 5 $\lim_{x\to 0}\frac{1-\cos x}{x^2+3x}$를 구하여라.

풀이

$$\lim_{x\to 0}\frac{1-\cos x}{x^2+3x}\overset{Ⓛ}{=}\lim_{x\to 0}\frac{\sin x}{2x+3}\overset{Ⓛ}{=}\lim_{x\to 0}\frac{\cos x}{2}=\frac{1}{2}\qquad \text{틀림}$$

로피탈의 법칙을 처음에 적용한 것은 올바르다. 그러나 두 번째에 적용한 것은 틀렸다. 왜냐하면 그 단계에서 극한은 0/0 형태가 아니기 때문이다. 다음과 같이 구했어야 한다.

$$\lim_{x \to 0} \frac{1-\cos x}{x^2+3x} \overset{\text{Ⓛ}}{=} \lim_{x \to 0} \frac{\sin x}{2x+3} = 0 \qquad \text{옳음}$$

분자 또는 분모 중에 어느 하나라도 극한이 0이 아니면, 미분하는 것을 즉시 멈추어야 한다. ■

로피탈의 법칙을 적용할 수 있는 상황이더라도, 적용해 봐야 아무런 도움이 안 되는 경우가 있다. 다음 예제를 보기 바란다.

예제 6 $\lim_{x \to \infty} \frac{e^{-x}}{x^{-1}}$를 구하여라.

풀이 분자와 분모, 둘 다 0으로 가므로, 극한은 0/0 형의 부정형이다. 따라서 정리 A의 조건을 만족한다. 로피탈의 법칙을 계속 적용할 수 있다.

$$\lim_{x \to \infty} \frac{e^{-x}}{x^{-1}} \overset{\text{Ⓛ}}{=} \lim_{x \to \infty} \frac{e^{-x}}{x^{-2}} \overset{\text{Ⓛ}}{=} \lim_{x \to \infty} \frac{e^{-x}}{2x^{-3}} = \cdots$$

문제가 점점 더 복잡해지기만 한다. 좀더 나은 방법은, 먼저 간단히 대수적으로 처리하는 것이다.

$$\lim_{x \to \infty} \frac{e^{-x}}{x^{-1}} = \lim_{x \to \infty} \frac{x}{e^x}$$

이렇게 변형하면, 이 극한은 ∞/∞ 형의 부정형인데, 다음 절에서 이러한 부정형을 다룰 것이다. 그렇지만 이 극한은 0이 됨을 추측할 수 있다. 왜냐하면 e^x는 x보다 훨씬 더 빨리 증가하기 때문이다(그림 1 참조). 엄밀한 증명은 뒤에 가서 다룬다(8.2절 예제 1). ■

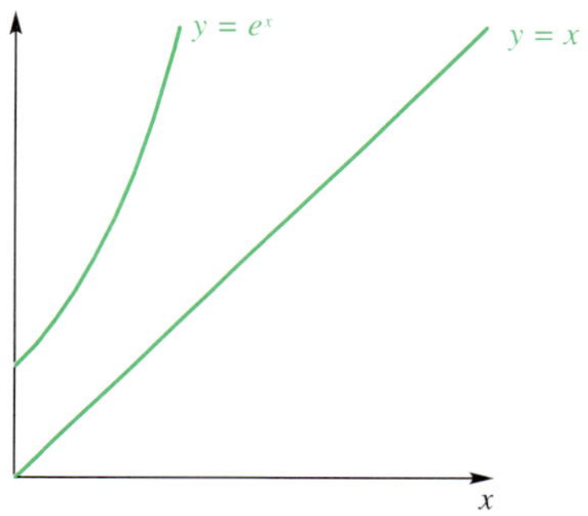

그림 1

코시의 평균값 정리 미분의 평균값 정리를 코시(Augustin Louis Cauchy, 1789-1857)가 확장하였는데, 로피탈의 법칙의 증명은 이것을 이용한다.

정리 B 코시의 평균값 정리

함수 f와 g가 (a, b)에서 미분가능하고, $[a, b]$에서 연속이라고 하자. (a, b)의 모든 x에 대해서 $g'(x) \neq 0$이면, 다음을 만족하는 수 c가 (a, b)에 존재한다.

$$\frac{f(b)-f(a)}{g(b)-g(a)} = \frac{f'(c)}{g'(c)}$$

여기서 $g(x)=x$로 놓으면, 이 정리는 미분의 평균값 정리(정리 3.6A)가 됨을 주목한다.

증명 좌변의 분자와 분모, 둘 다 평균값 정리를 적용하고 싶을 것이다. 그러면 다음을 얻게 된다.

(1) $$f(b)-f(a)=f'(c_1)(b-a)$$

그리고

(2) $$g(b)-g(a)=g'(c_2)(b-a)$$

여기서 c_1과 c_2는 (a, b)에 속하는 적당한 수들이다. 만약에 c_1과 c_2가 일치하면, 방정식 (1) 나누기 방정식 (2)를 하고, 증명이 끝난다. 그러나 이들이 일치할 이유가 전혀 없다. 그렇다고 해서, 이 시도에서 전혀 수확이 없는 것은 아니다. 왜냐하면 (2)는 $g(b)-g(a)\neq 0$이라는 값진 정보를 제공해 주며, 잠시 뒤에 이 사실을 이용할 것이다(이것은 (a, b)의 모든 x에 대해서 $g'(x)\neq 0$이라는 가정으로부터 나온다).

미분의 평균값 정리(3.6절 정리 A)의 증명을 다시 보면, s라는 어떤 함수를 도입하여 사용하였다. 그 증명을 참고로, $s(x)$를

$$s(x)=f(x)-f(a)-\frac{f(b)-f(a)}{g(b)-g(a)}[g(x)-g(a)]$$

라 하자. 이 때 $s(a)=0=s(b)$임을 주목하기 바란다. 그리고 s는 $[a, b]$에서 연속이고, (a, b)에서 미분가능이다. 따라서 미분의 평균값 정리에 의해, 다음을 만족하는 수 c가 (a, b)에 존재한다.

$$s'(c)=\frac{s(b)-s(a)}{b-a}=\frac{0-0}{b-a}=0$$

그런데

$$s'(c)=f'(c)-\frac{f(b)-f(a)}{g(b)-g(a)}g'(c)=0$$

그러므로

$$\frac{f'(c)}{g'(c)}=\frac{f(b)-f(a)}{g(b)-g(a)}$$ ■

로피탈의 법칙의 증명

증명 정리 A를 뒤돌아 보면, 여러 개의 정리들을 한꺼번에 주장하고 있다. 여기서는 L이 유한하고 그 극한이 한쪽 극한 $\lim_{x\to a^+}$인 경우만 증명한다.

정리 A의 가정은 언뜻 눈에 보이는 것 이상의 많은 사실을 내포하고 있다. 특히, $\lim_{x\to a^+}[f'(x)/g'(x)]$가 존재한다는 사실은, $f'(x)$와 $g'(x)$ 둘 다 어떤 작은 구간 $(a, b]$에서 존재하며, 거기에서 $g'(x)\neq 0$임을 나타낸다. f와 g가 a에서 정의되었는지 여부조차 알 수 없지만, $\lim_{x\to a^+}f(x)=0$이고 $\lim_{x\to a^+}g(x)=0$임을 알고 있다. 따라서 (만약 필요하면) $f(a)$와 $g(a)$는 둘 다 0이라고 정의한다. 그러면 f와 g는 둘 다 a에서 (오른쪽) 연속이 된다. 그러므로 f와 g는 구간 $[a, b]$에서 코시의 평균값 정리의 가정을 만족한다. 따라서 다음을 만족하는 수 c가

(a, b)에 존재한다.

$$\frac{f(b)-f(a)}{g(b)-g(a)}=\frac{f'(c)}{g'(c)}$$

$f(a)=0=g(a)$이므로,

$$\frac{f(b)}{g(b)}=\frac{f'(c)}{g'(c)}$$

이제 $b\to a^+$이면, $c\to a^+$가 되며, 우리는 다음을 얻는다.

$$\lim_{b\to a^+}\frac{f(b)}{g(b)}=\lim_{c\to a^+}\frac{f'(c)}{g'(c)}$$

이것이 바로 우리가 증명하려는 것이다.

왼쪽 극한의 경우도 이와 비슷하게 증명할 수 있으며, 따라서 양쪽 극한도 증명할 수 있다. a 또는 L이 무한대인 경우의 증명은 다소 어려워, 이 책에서는 생략한다. ■

개념 복습

1. ______와 ______가 둘 다 0인 경우, 로피탈의 법칙은 극한 $\lim_{x\to a}[f(x)/g(x)]$를 구하는 데 유용하다.
2. 로피탈의 법칙에 따르면, 적당한 조건을 만족할 때, $\lim_{x\to a} f(x)/g(x)=\lim_{x\to a}$ ______.
3. 로피탈의 법칙을 써서, 다음을 얻을 수 있다. $\lim_{x\to 0}(\tan x)/x=\lim_{x\to 0}$ ______ = ______. 그렇지만 $\lim_{x\to 0}(\cos x)$의 경우는 로피탈의 법칙을 쓸 수 없다. 왜냐하면 ______이기 때문이다.
4. 로피탈의 법칙의 증명은 ______ 정리에 바탕을 둔다.

연습문제 8.1

문제 1-24에서 극한을 구하여라. 로피탈의 법칙을 적용하기 전에, 부정형임을 확인해야 한다.

1. $\lim_{x\to 0}\frac{2x-\sin x}{x}$
2. $\lim_{x\to \pi/2}\frac{\cos x}{\frac{1}{2}\pi-x}$
3. $\lim_{x\to 0}\frac{x-\sin 2x}{\tan x}$
4. $\lim_{x\to 0}\frac{\tan^{-1}3x}{\sin^{-1}x}$
5. $\lim_{x\to -2}\frac{x^2+6x+8}{x^2-3x-10}$
6. $\lim_{x\to 0}\frac{x^3-3x^2+x}{x^3-2x}$
7. $\lim_{x\to 1^-}\frac{x^2-2x+2}{x^2-1}$
8. $\lim_{x\to 1}\frac{\ln x^2}{x^2-1}$
9. $\lim_{x\to \pi/2}\frac{\ln(\sin x)^3}{\tan x}$
10. $\lim_{x\to 0}\frac{e^x-e^{-x}}{2\sin x}$
11. $\lim_{t\to 1}\frac{\sqrt{t}-t^2}{\ln t}$
12. $\lim_{x\to 0^+}\frac{7^{\sqrt{x}}-1}{2^{\sqrt{x}}-1}$
13. $\lim_{x\to 0}\frac{\ln\cos 2x}{7x^2}$
14. $\lim_{x\to 0^-}\frac{3\sin x}{\sqrt{x}}$
15. $\lim_{x\to 0}\frac{\tan x-x}{\sin 2x-2x}$
16. $\lim_{x\to 0}\frac{\sin x-\tan x}{x^2\sin x}$
17. $\lim_{x\to 0^+}\frac{x^2}{\sin x-x}$
18. $\lim_{x\to 0}\frac{e^x-\ln(1+x)-1}{x^2}$
19. $\lim_{x\to 0}\frac{\tan^{-1}x-x}{8x^3}$
20. $\lim_{x\to 0}\frac{\cosh x-1}{x^2}$
21. $\lim_{x\to 0^+}\frac{1-\cos x-x\sin x}{2-2\cos x-\sin^2 x}$
22. $\lim_{x\to 0^-}\frac{\sin x+\tan x}{e^x+e^{-x}-2}$
23. $\lim_{x\to 0}\frac{\int_0^x\sqrt{1+\sin t}\,dt}{x}$
24. $\lim_{x\to 0^+}\frac{\int_0^x\sqrt{t}\cos t\,dt}{x^2}$
25. 1.4절에서, $\lim_{x\to 0}(\sin x)/x=1$임을 증명하기 위해서 고생을

했다. 로피탈의 법칙을 쓰면, 이것을 한 줄에 보일 수 있다. 그렇지만 로피탈의 법칙을 알았다 하더라도, 예를 들어 1.3절 무렵에는 전혀 도움이 되지 않는다. 그 이유를 설명하여라.

26. $\lim_{x\to 0}\dfrac{x^2\sin(1/x)}{\tan x}$을 구하여라.

도움말: 로피탈의 법칙을 적용할 수 없는 이유는? 다른 방법으로 구하여라.

27. 그림 2에서, 다음 극한을 계산하여라.

(a) $\lim_{t\to 0^+}\dfrac{\text{삼각형 } ABC\text{의 넓이}}{\text{곡선 영역 } ABC\text{의 넓이}}$

(b) $\lim_{t\to 0^+}\dfrac{\text{곡선 영역 } BCD\text{의 넓이}}{\text{곡선 영역 } ABC\text{의 넓이}}$

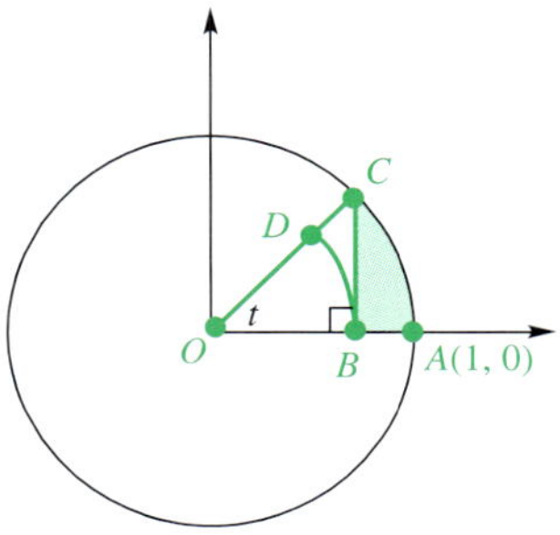

그림 2

28. 그림 3에서, $CD=DE=DF=t$이다. 다음 극한을 구하여라.

(a) $\lim_{t\to 0^+} y$ (b) $\lim_{t\to 0^+} x$

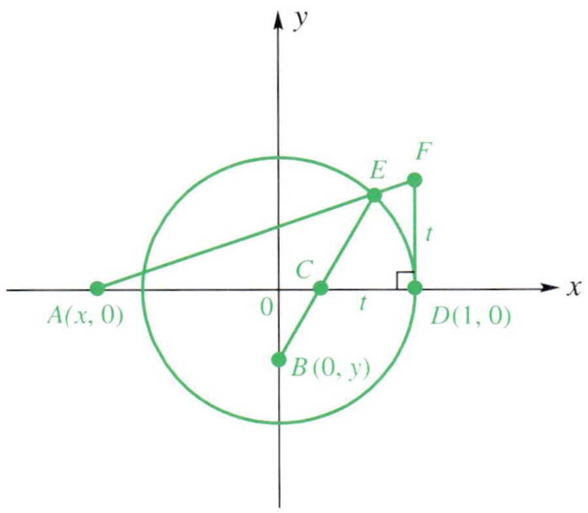

그림 3

29. $f(x)=\begin{cases}\dfrac{e^x-1}{x} & (x\neq 0\text{일 때})\\ c & (x=0\text{일 때})\end{cases}$

$x=0$에서 $f(x)$가 연속이 되게 하는 c의 값을 구하여라.

30. $f(x)=\begin{cases}\dfrac{\ln x}{x-1} & (x\neq 1\text{일 때})\\ c & (x=1\text{일 때})\end{cases}$

$x=1$에서 $f(x)$가 연속이 되게 하는 c의 값을 구하여라.

31. 5.4절의 개념을 이용하여, 타원 $x^2/a^2+y^2/b^2=1$을 ($a>b$) x축에 대해 회전시켜서 얻은 길쭉한 회전타원체의 표면 넓이는 다음과 같음을 보일 수 있다.

$$A=2\pi b^2+2\pi ab\left[\frac{a}{\sqrt{a^2-b^2}}\arcsin\frac{\sqrt{a^2-b^2}}{a}\right]$$

$a\to b^+$일 때 A는 어떤 값으로 가까이 가겠는가? 로피탈의 법칙을 써서, 그렇게 됨을 보여라.

32. 다음이 성립하도록 상수 a, b, c를 결정하여라.

$$\lim_{x\to 1}\frac{ax^4+bx^3+1}{(x-1)\sin\pi x}=c$$

33. 1696년에 발표한 로피탈의 법칙은 다음을 말하고 있다: $\lim_{x\to a}f(x)=\lim_{x\to a}g(x)=0$이면, $\lim_{x\to a}f(x)/g(x)=f'(a)/g'(a)$이다. 단, $f'(a)$와 $g'(a)$가 둘 다 존재하고, $g'(a)\neq 0$이어야 한다. 코시의 평균값 정리를 사용하지 말고, 이것을 증명하여라.

CAS 문제 34~37에서 컴퓨터 수학 프로그램을 사용하여 극한을 구하여라.

34. $\lim_{x\to 0}\dfrac{\cos x-1+x^2/2}{x^4}$

35. $\lim_{x\to 0}\dfrac{e^x-1-x-x^2/2-x^3/6}{x^4}$

36. $\lim_{x\to 0}\dfrac{1-\cos(x^2)}{x^3\sin x}$

37. $\lim_{x\to 0}\dfrac{\tan x-x}{\arcsin x-x}$

GC 문제 38~41에서 분자 $f(x)$와 분모 $g(x)$를 같은 그래프창(graph window)에다, 다음 구간들을 정의역으로 하여 그려 보아라. $-1\leq x\leq 1$, $-0.1\leq x\leq 0.1$, $-0.01\leq x\leq 0.01$. 그래프를 보고 $f'(x)$와 $g'(x)$의 값들을 추측하여라. 이 값들을 사용하여, 주어진 극한을 추측해 보아라.

38. $\lim_{x\to 0}\dfrac{3x-\sin x}{x}$

39. $\lim_{x\to 0}\dfrac{\sin x/2}{x}$

40. $\lim_{x\to 0}\dfrac{x}{e^{2x}-1}$

41. $\lim_{x\to 0}\dfrac{e^x-1}{e^{-x}-1}$

42. 함수의 선형 근사(linear approximation)의 개념을(2.9절) 사용하여, 정리 A 옆의 네모 속에서 로피탈의 법칙을 기하학적으로 해석해 놓은 것을 설명하여라.

개념 복습 해답: **1.** $\lim_{x\to a}f(x)$; $\lim_{x\to a}g(x)$ **2.** $f'(x)/g'(x)$ **3.** $\sec^2 x$; 1; $\lim_{x\to 0}\cos x\neq 0$ **4.** 코시의 평균값 정리

8.2 기타 부정형

앞절 예제 6을 푸는 과정에서, 다음 극한을 만났다.

$$\lim_{x\to\infty} \frac{x}{e^x}$$

이것은 $\lim_{x\to\infty} f(x)/g(x)$ 형태 문제로서, 분자와 분모가 둘 다 한없이 크게 증가하는 전형적인 예이다. 이것을 ∞/∞ 형의 부정형이라고 한다. 이 경우에도 로피탈의 법칙을 적용할 수 있음이 알려져 있다. 즉,

$$\lim_{x\to\infty} \frac{f(x)}{g(x)} = \lim_{x\to\infty} \frac{f'(x)}{g'(x)}$$

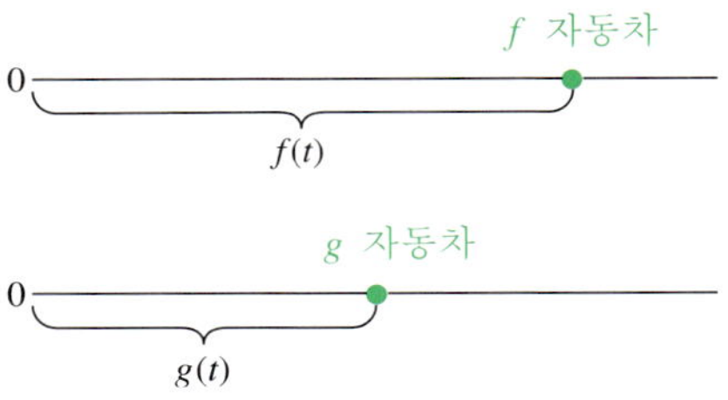

그림 1

엄밀하게 증명하는 일은 상당히 어렵지만, 이 결과가 사실임을 직관적으로 살펴볼 수 있다. 수직선을 따라서 두 대의 자동차가 움직이는데, 시간 t일 때 이들의 위치가 $f(t)$, $g(t)$라고 하자(그림 1). f 자동차와 g 자동차, 이 두 자동차가 끝없이 각각 속도 $f'(t)$, $g'(t)$로 여행한다. 이제

$$\lim_{t\to\infty} \frac{f'(t)}{g'(t)} = L$$

이라고 하자. 그러면 궁극적으로 f 자동차는 g 자동차보다 L배 빨리 움직일 것이다. 따라서 결국에 가서는, L배 멀리 움직임이 분명하다. 즉,

$$\lim_{t\to\infty} \frac{f(t)}{g(t)} = L$$

이것이 증명은 아니지만, 다음 법칙이 그럴법함을 보여준다.

정리 A 부정형 ∞/∞에 대한 로피탈의 법칙

$\lim_{x\to u} |f(x)| = \lim_{x\to u} |g(x)| = \infty$라고 하자. $\lim_{x\to u} [f'(x)/g'(x)]$가 유한 또는 무한의 의미로 존재하면, 다음이 성립한다.

$$\lim_{x\to u} \frac{f(x)}{g(x)} = \lim_{x\to u} \frac{f'(x)}{g'(x)}$$

여기서 u는 a, a^-, a^+, $-\infty$, 또는 $+\infty$, 어떠한 기호이든 될 수 있다.

부정형 ∞/∞ 정리 A를 써서, 앞절 예제 6을 마무리한다.

예제 1 $\lim_{x\to\infty} \dfrac{x}{e^x}$를 구하여라.

풀이 $x\to\infty$일 때, x와 e^x는 둘 다 ∞로 간다. 따라서 로피탈의 법칙에 의해,

$$\lim_{x\to\infty} \frac{x}{e^x} = \lim_{x\to\infty} \frac{D_x x}{D_x e^x} = \lim_{x\to\infty} \frac{1}{e^x} = 0$$ ■

이와 같은 유형에 대한 일반적인 결과를 제시한다.

예제 2 양수 a에 대하여, $\lim_{x\to\infty}\frac{x^a}{e^x}=0$임을 보여라.

풀이 예를 들어 $a=2.5$인 경우를 생각해 보자. 로피탈의 법칙을 세 번 적용하면,

$$\lim_{x\to\infty}\frac{x^{2.5}}{e^x}\overset{Ⓛ}{=}\lim_{x\to\infty}\frac{2.5x^{1.5}}{e^x}\overset{Ⓛ}{=}\lim_{x\to\infty}\frac{(2.5)(1.5)x^{0.5}}{e^x}\overset{Ⓛ}{=}\lim_{x\to\infty}\frac{(2.5)(1.5)(0.5)}{x^{0.5}e^x}=0$$

어떠한 $a>0$에 대해서든, 이와 비슷하게 증명할 수 있다. a보다 작은 최대의 정수를 m이라 하자. 로피탈의 법칙을 $m+1$번 적용하면,

$$\lim_{x\to\infty}\frac{x^a}{e^x}\overset{Ⓛ}{=}\lim_{x\to\infty}\frac{ax^{a-1}}{e^x}\overset{Ⓛ}{=}\lim_{x\to\infty}\frac{a(a-1)x^{a-2}}{e^2}\overset{Ⓛ}{=}\cdots=\lim_{x\to\infty}\frac{a(a-1)\cdots(a-m)}{x^{m+1-a}e^x}=0 \quad ■$$

커지는 정도를 비교해 보세요

컴퓨터 과학에서는, 어떤 작업을 행하는 데 필요한 시간의 양에 매우 신경을 쓴다. 예를들어 x개의 항목들을 정렬(sort)할 때, "버블 소트(bubble sort)" 알고리즘을 사용하면 걸리는 시간이 x^2에 비례하지만, "퀵 소트(quick sort)" 알고리즘을 사용하면 걸리는 시간이 $x\ln x$에 비례하며, 이것은 매우 개선된 것이다. x가 10에서 100으로, 1000으로 증가할 때, 흔히 사용하는 함수들이 얼마나 커지는지, 아래 표에 나타내 놓았다.

$\ln x$	2.3	4.6	6.9
$\sqrt{x}$	3.2	10	31.6
x	10	100	1000
$x\ln x$	23	461	6908
x^2	100	10000	10^6
e^x	2.2×10^4	2.7×10^{43}	10^{434}

예제 3 양수 a에 대하여, $\lim_{x\to\infty}\frac{\ln x}{x^a}=0$임을 보여라.

풀이 $x\to\infty$일 때, $\ln x$와 x^a는 둘 다 ∞로 간다. 그러므로 로피탈의 법칙을 한 번 적용하여,

$$\lim_{x\to\infty}\frac{\ln x}{x^a}\overset{Ⓛ}{=}\lim_{x\to\infty}\frac{1/x}{ax^{a-1}}=\lim_{x\to\infty}\frac{1}{ax^a}=0 \quad ■$$

예제 2와 3은 다음 중요한 사실을 말하고 있다: x가 충분히 크면, x가 증가할 때 e^x는 x의 어떠한 거듭제곱(멱)보다도 더 빨리 증가하며, 반면에 $\ln x$는 x의 어떠한 거듭제곱(멱)보다도 더 느리게 증가한다. 예를들어, x가 충분히 크면, e^x는 x^{100} 보다 더 빨리 증가하며, $\ln x$는 $\sqrt[100]{x}$ 보다 더 느리게 증가한다. 옆의 표와 그림 2가 이러한 사항을 보여준다.

예제 4 $\lim_{x\to0^+}\frac{\ln x}{\cot x}$를 구하여라.

풀이 $x\to0^+$일 때, $\ln x\to-\infty$ 그리고 $\cot x\to\infty$. 따라서 로피탈의 법칙을 적용할 수 있다.

$$\lim_{x\to0^+}\frac{\ln x}{\cot x}\overset{Ⓛ}{=}\lim_{x\to0^+}\left[\frac{1/x}{-\csc^2 x}\right]$$

지금 이 형태는 부정형이지만, 로피탈의 법칙을 다시 적용하지 말고(그랬다가는 더욱 복잡해진다), 대괄호 속의 식을 다음과 같이 바꾼다.

$$\frac{1/x}{-\csc^2 x}=-\frac{\sin^2 x}{x}=-\sin x\frac{\sin x}{x}$$

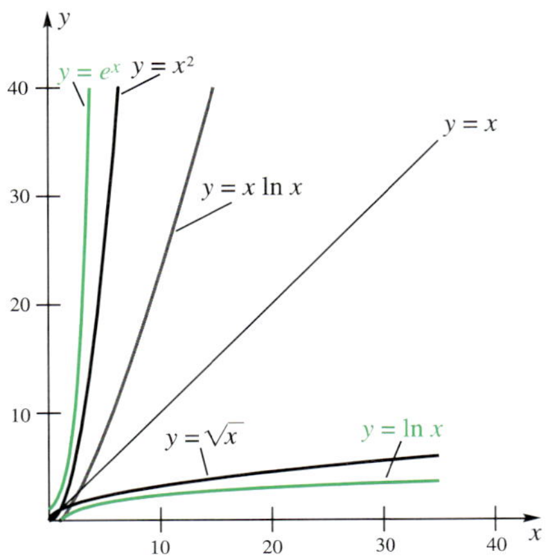

그림 2

그러므로

$$\lim_{x \to 0^+} \frac{\ln x}{\cot x} = \lim_{x \to 0^+} \left[-\sin x \frac{\sin x}{x} \right] = 0 \cdot 1 = 0 \quad \blacksquare$$

부정형 $0 \cdot \infty$과 $\infty - \infty$ $A(x) \to 0$이고 $B(x) \to \infty$라고 하자. 이들의 곱 $A(x)B(x)$는 어떻게 될까? 두 개의 힘이 경쟁하며 작용하여서, 서로 반대 방향으로 잡아당기려 한다. 이 싸움은 누가 이길까? A? B? 아니면 무승부? 어느 쪽이 더 강하냐(즉, 더 빠른 비율로 그 일을 하느냐)에 따라서, 또는 비슷하냐에 따라서 결론이 나온다. 로피탈의 법칙을 써서 판정을 할 수 있지만, 그러자면 먼저 그 문제를 $0/0$형, 또는 ∞/∞형으로 바꾸어야 한다.

예제 5 $\lim_{x \to \pi/2} (\tan x \cdot \ln \sin x)$를 구하여라.

풀이 $\lim_{x \to \pi/2} \ln \sin x = 0$이고 $\lim_{x \to \pi/2} |\tan x| = \infty$이므로, 이것은 $0 \cdot \infty$형의 부정형이다. $\tan x$를 $1/\cot x$로 바꾸어 주면, 이것은 $0/0$형의 부정형이 된다. 그러므로

$$\lim_{x \to \pi/2} (\tan x \cdot \ln \sin x) = \lim_{x \to \pi/2} \frac{\ln \sin x}{\cot x} \stackrel{\text{Ⓛ}}{=} \lim_{x \to \pi/2} \frac{\frac{1}{\sin x} \cdot \cos x}{-\csc^2 x} = \lim_{x \to \pi/2} (-\cos x \cdot \sin x) = 0 \quad \blacksquare$$

예제 6 $\lim_{x \to 1^+} \left(\frac{x}{x-1} - \frac{1}{\ln x} \right)$을 구하여라.

풀이 첫째 항은 한없이 커지며, 둘째 항도 한없이 커진다. 이 극한은 $\infty - \infty$형의 부정형이다. 로피탈의 법칙을 써서 결과를 판단할 수 있지만, 그러자면 먼저 로피탈의 법칙을 적용할 수 있는 형으로 바꾸어야 한다. 이 경우는 두 분수를 통분해서 결합하면, $0/0$형으로 바뀌게 된다. 로피탈의 법칙을 두 번 적용하여서,

$$\lim_{x \to 1^+} \left(\frac{x}{x-1} - \frac{1}{\ln x} \right) \stackrel{\text{Ⓛ}}{=} \lim_{x \to 1^+} \frac{x \ln x - x + 1}{(x-1) \ln x} = \lim_{x \to 1^+} \frac{x \cdot 1/x + \ln x - 1}{(x-1)(1/x) + \ln x}$$

$$\stackrel{\text{Ⓛ}}{=} \lim_{x \to 1^+} \frac{x \ln x}{x - 1 + x \ln x} = \lim_{x \to 1^+} \frac{1 + \ln x}{2 + \ln x} = \frac{1}{2} \quad \blacksquare$$

부정형 0^0, ∞^0, 1^∞ 이제 지수 형태의 세 가지 부정형을 알아본다. 이들을 다루는 기술은, 원래 표현 그대로 따지지 말고, 로그를 취한 형태를 생각하는 것이다. 대개의 경우, 로그를 취한 형태에다 로피탈의 법칙을 적용할 수

있다.

예제 7 $\lim_{x\to 0^+}(x+1)^{\cot x}$를 구하여라.

풀이 이것은 1^∞ 형의 부정형이다. $y=(x+1)^{\cot x}$로 놓으면

$$\ln y=\cot x\ln(x+1)=\frac{\ln(x+1)}{\tan x}$$

0/0형에 대한 로피탈의 법칙을 쓰면,

$$\lim_{x\to 0^+}\ln y=\lim_{x\to 0^+}\frac{\ln(x+1)}{\tan x}\overset{\text{Ⓛ}}{=}\lim_{x\to 0^+}\frac{\frac{1}{x+1}}{\sec^2 x}=1$$

그런데 $y=e^{\ln y}$이고, 지수함수 $f(x)=e^x$는 연속이므로,

$$\lim_{x\to 0^+}y=\lim_{x\to 0^+}\exp(\ln y)=\exp\left(\lim_{x\to 0^+}\ln y\right)=\exp 1=e$$ ■

예제 8 $\lim_{x\to\pi/2^-}(\tan x)^{\cos x}$를 구하여라.

풀이 이것은 ∞^0형의 부정형이다. $y=(\tan x)^{\cos x}$로 놓으면

$$\ln y=\cos x\cdot\ln\tan x=\frac{\ln\tan x}{\sec x}$$

따라서

$$\begin{aligned}\lim_{x\to\pi/2^-}\ln y&=\lim_{x\to\pi/2^-}\frac{\ln\tan x}{\sec x}\overset{\text{Ⓛ}}{=}\lim_{x\to\pi/2^-}\frac{\frac{1}{\tan x}\cdot\sec^2 x}{\sec x\tan x}\\&=\lim_{x\to\pi/2^-}\frac{\sec x}{\tan^2 x}=\lim_{x\to\pi/2^-}\frac{\cos x}{\sin^2 x}=0\end{aligned}$$

그러므로

$$\lim_{x\to\pi/2^-}y=e^0=1$$ ■

요 약 이제까지 극한 문제들을 부정형으로 분류하였으며, 일곱 개의 기호 $0/0$, ∞/∞, $0\cdot\infty$, $\infty-\infty$, 0^0, ∞^0, 1^∞를 사용하여 나타내었다. 이것들은 모두 서로 반대되는 힘들이 작용한다. 그래서 언뜻 보면 결과가 명백하지 않다. 로피탈의 법칙은 0/0형, ∞/∞형에만 직접 적용할 수 있지만, 대개의 경우 로피탈의 법칙을 써서 극한을 구할 수 있다.

기호들은 다른 여러 가지가 있을 수 있다. 예를 들어 $0/\infty$, $\infty/0$, $\infty+\infty$, $\infty\cdot\infty$, 0^∞, ∞^∞. 이들은 왜 부정형이라 부르지 않는가? 그 이유는, 이들 각각의 경우 힘들이 서로 반대가 아니라, 협력해서 작용하기 때문이다.

예제 9 $\lim_{x\to0^+}(\sin x)^{\cot x}$를 구하여라.

풀이 이것은 0^∞형이라 불러도 된다. 그러나 이것은 부정형이 아니다. $\sin x$가 0으로 가며, 그것을 지수 $\cot x$로 거듭곱하는데, $\cot x$는 점점 더 커져, 그 결과는 더욱 빨리 0으로 간다. 그러므로

$$\lim_{x\to0^+}(\sin x)^{\cot x}=0$$

■

개념 복습

1. $\lim_{x\to a}f(x)=\lim_{x\to a}g(x)$이면, 로피탈의 법칙은 다음을 말해 준다. $\lim_{x\to a}f(x)/g(x)=\lim_{x\to a}$ ______.
2. $\lim_{x\to a}f(x)=0$이고 $\lim_{x\to a}g(x)=\infty$이면, $\lim_{x\to a}f(x)g(x)$는 부정형이다. 로피탈의 법칙을 적용하려면, 이 극한을 다음과 같이 표현해야 한다______.
3. 이 책에서 일곱 종류의 부정형을 다루었다. 이들을 기호로 나타내면, $0/0$, ∞/∞, $0\cdot\infty$, 그리고 ______.
4. e^x는 x의 어떠한 거듭제곱보다도 더 빨리 증가하며, 반면에 ______는 x의 어떠한 거듭제곱보다도 더 느리게 증가한다.

연습문제 8.2

문제 1~40에서 극한을 구하여라. 로피탈의 법칙을 적용하기 전에, 부정형임을 확인하여라.

1. $\lim_{x\to\infty}\dfrac{\ln x^{1000}}{x}$
2. $\lim_{x\to\infty}\dfrac{(\ln x)^2}{2^x}$
3. $\lim_{x\to\infty}\dfrac{x^{10000}}{e^x}$
4. $\lim_{x\to\infty}\dfrac{3x}{\ln(100x+e^x)}$
5. $\lim_{x\to\pi/2}\dfrac{3\sec x+5}{\tan x}$
6. $\lim_{x\to0^+}\dfrac{\ln\sin^2 x}{3\ln\tan x}$
7. $\lim_{x\to\infty}\dfrac{\ln(\ln x^{1000})}{\ln x}$
8. $\lim_{x\to(1/2)^-}\dfrac{\ln(4-8x)^2}{\tan\pi x}$
9. $\lim_{x\to0^+}\dfrac{\cot x}{\sqrt{-\ln x}}$
10. $\lim_{x\to0}\dfrac{2\csc^2 x}{\cot^2 x}$
11. $\lim_{x\to0}(x\ln x^{1000})$
12. $\lim_{x\to0}3x^2\csc^2 x$
13. $\lim_{x\to0}(\csc^2 x-\cot^2 x)$
14. $\lim_{x\to\pi/2}(\tan x-\sec x)$
15. $\lim_{x\to0^+}(3x)^{x^2}$
16. $\lim_{x\to0}(\cos x)^{\csc x}$
17. $\lim_{x\to(\pi/2)^-}(5\cos x)^{\tan x}$
18. $\lim_{x\to0}\left(\csc^2 x-\dfrac{1}{x^2}\right)^2$
19. $\lim_{x\to0}(x+e^{x/3})^{3/x}$
20. $\lim_{x\to(\pi/2)^-}(\cos 2x)^{x-\pi/2}$
21. $\lim_{x\to\pi/2}(\sin x)^{\cos x}$
22. $\lim_{x\to\infty}x^x$
23. $\lim_{x\to\infty}x^{1/x}$
24. $\lim_{x\to0}(\cos x)^{1/x^2}$
25. $\lim_{x\to0^+}(\tan x)^{2/x}$
26. $\lim_{x\to-\infty}(e^{-x}-x)$
27. $\lim_{x\to0^+}(\sin x)^x$
28. $\lim_{x\to0}(\cos x-\sin x)^{1/x}$
29. $\lim_{x\to0}\left(\csc x-\dfrac{1}{x}\right)$
30. $\lim_{x\to\infty}\left(1+\dfrac{1}{x}\right)^x$
31. $\lim_{x\to0^+}(1+2e^x)^{1/x}$
32. $\lim_{x\to1}\left(\dfrac{1}{x-1}-\dfrac{x}{\ln x}\right)$
33. $\lim_{x\to0}(\cos x)^{1/x}$
34. $\lim_{x\to0^+}(x^{1/2}\ln x)$
35. $\lim_{x\to\infty}e^{\cos x}$
36. $\lim_{x\to\infty}[\ln(x+1)-\ln(x-1)]$
37. $\lim_{x\to0^+}\dfrac{x}{\ln x}$
38. $\lim_{x\to0^+}(\ln x\cot x)$
39. $\lim_{x\to\infty}\dfrac{\int_1^x\sqrt{1+e^{-t}}\,dt}{x}$
40. $\lim_{x\to1^+}\dfrac{\int_1^x\sin t\,dt}{x-1}$
41. 다음 극한을 구하여라. 도움말: 연속인 변수 x로 표현한 문제로 바꾸어라.
   (a) $\lim_{x\to\infty}\sqrt[n]{a}$ (b) $\lim_{n\to\infty}\sqrt[n]{n}$
   (c) $\lim_{n\to\infty}n(\sqrt[n]{a}-1)$ (d) $\lim_{x\to\infty}n(\sqrt[n]{n}-1)$
42. 다음 극한을 구하여라.

(a) $\lim_{x\to0^+} x^x$ (b) $\lim_{x\to0^+} (x^x)^x$

(c) $\lim_{x\to0^+} x^{(x^x)}$ (d) $\lim_{x\to0^+} ((x^x)^x)^x$

(e) $\lim_{x\to0^+} x^{(x^{(x^x)})}$

GC **43.** $x>0$에 대해서 $y=x^{1/x}$의 그래프를 그려라. x가 매우 작을 때, 매우 클 때, 어떻게 되는지 보여라. 최대값을 나타내어라.

44. 다음 극한을 구하여라.

(a) $\lim_{x\to0^+}(1^x+2^x)^{1/x}$ (b) $\lim_{x\to0^-}(1^x+2^x)^{1/x}$

(c) $\lim_{x\to\infty}(1^x+2^x)^{1/x}$ (d) $\lim_{x\to-\infty}(1^x+2^x)^{1/x}$

45. $k\geq0$에 대해서, 다음을 구하여라.

$$\lim_{n\to\infty}\frac{1^k+2^k+\cdots+n^k}{n^{k+1}}$$

도움말: 이것은 ∞/∞ 형이지만, 로피탈의 법칙은 쓸 수 없다. 흔히 사용하는 다른 기술은?

46. $c_1, c_2, ..., c_n$은 양의 상수들이며, $\sum_{i=1}^{n} c_i=1$이고, $x_1, x_2, ..., x_n$은 양수들이다. 자연로그를 잡고, 그 다음에 로피탈의 법칙을 써서, 다음을 보여라.

$$\lim_{t\to0^+}\left(\sum_{i=1}^{n} c_i x_i^t\right)^{1/t}=x_1^{c_1}x_2^{c_2}\cdots x_n^{c_n}=\prod_{i=1}^{n} x_i^{c_i}$$

여기서 $\prod$는 곱을 뜻한다. 즉, $\prod_{i=1}^{n} a_i$는 $a_1\cdot a_2\cdot\cdots\cdot a_n$을 뜻한다. 특히, a, b, x, y가 양수이고, $a+b=1$이면,

$$\lim_{t\to0^+}(ax^t+by^t)^{1/t}=x^a y^b$$

GC **47.** 다음 각각을 계산하여서, 문제 46의 맨 끝의 수식을 확인해 보아라.

(a) $\lim_{t\to0^+}\left(\frac{1}{2}2^t+\frac{1}{2}5^t\right)^{1/t}$ (b) $\lim_{t\to0^-}\left(\frac{1}{5}2^t+\frac{4}{5}5^t\right)^{1/t}$

(c) $\lim_{t\to0^+}\left(\frac{1}{10}2^t+\frac{9}{10}5^t\right)^{1/t}$

GC **48.** $f(x)=n^2xe^{-nx}$를 생각한다.

(a) $n=1, 2, 3, 4, 5, 6$에 대해서, 구간 $[0, 1]$에서 $f(x)$의 그래프를 같은 창에다 그려라.

(b) $x>0$에 대해서, $\lim_{n\to\infty}f(x)$을 구하여라.

(c) $n=1, 2, 3, 4, 5, 6$에 대해서, $\int_0^1 f(x)\,dx$를 계산하여라.

(d) $\lim_{n\to\infty}\int_0^1 f(x)\,dx$를 추측하여라. 그리고 그 추측이 옳은 이유를 명확히 설명하여라.

GC **49.** 구간 $[0, \infty)$에서 함수 $f(x)=(x^{25}+x^3+2^x)e^{-x}$가 최대값, 최소값을 가지는 점을 (존재한다면) 찾아라.

개념 복습 해답: **1.** $f'(x)/g'(x)$
2. $\lim_{x\to a}f(x)/[1/g(x)]$ 또는 $\lim_{x\to a}f(x)/[1/f(x)]$
3. $\infty-\infty$, 0^0, ∞^0, 1^∞ **4.** $\ln x$

8.3 이상적분: 끝점이 무한인 적분

적분 $\int_a^b f(x)\,dx$의 정의에서, 구간 $[a, b]$가 유한하다고 가정하였다. 그러나 물리학, 경제학, 확률론의 여러 응용 문제들에서, 끝점 a 또는 b가 (또는 둘 다) $-\infty$ 또는 ∞가 되는 경우가 많다. 그러므로 다음과 같은 적분들에 어떤 의미를 부여할 방법을 찾아야 한다.

$$\int_0^\infty \frac{1}{1+x^2}\,dx, \quad \int_{-\infty}^{-1} xe^{-x^2}\,dx, \quad \int_{-\infty}^{\infty} x^2e^{-x^2}\,dx$$

이러한 적분들을 끝점이 무한인 **이상적분**(improper integral)이라고 한다.

한 끝점이 무한 함수 $f(x)=xe^{-x}$를 생각해보자. b가 어떤 양수라고 해도 $\int_0^1 xe^{-x}\,dx$, $\int_0^2 xe^{-x}\,dx$ 그리고 b가 양수일 때 $\int_0^b e^{-x}\,dx$도 완벽하게 의미를 가진다. 밑의 표에서와 같이, 정의역 내에서 위끝을 증가시키면 적분값(곡선 아래의 넓이)도 증가한다. 그러나 명백하게 한계가 존재한다. (적어도 이 예에서는) $\int_0^\infty xe^{-x}dx$에 의미를 주기 위해서 0부터 임의의 위끝 b까지 적분하는 것에서부터 시작하고, 이것에 부분적분법을 적용하면

$$\int_0^b xe^{-x}dx = [-xe^{-x}]_0^b - \int_0^b (e^{-x})dx = 1 - e^{-b} - be^{-b}$$

이제 b를 무한으로 보내는 것을 생각해 보자. (아래의 표 참고)

아래의 표에서 보여주듯이, $b \to \infty$이면 적분값은 1에 수렴한다. 따라서, 이 것을 다음과 같이 나타낼 수 있다.

$$\int_0^\infty xe^{-x}dx = \lim_{b\to\infty}\int_0^b xe^{-x}dx = \lim_{b\to\infty}(1 - e^{-b} - be^{-b}) = 1$$

적분	그 림	정확한 값	근사값
$\int_0^1 xe^{-x}\,dx$	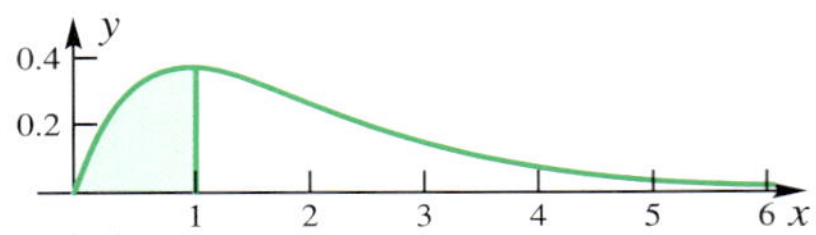	$1-e^{-1}-1e^{-1}$	0.2642
$\int_0^2 xe^{-x}\,dx$	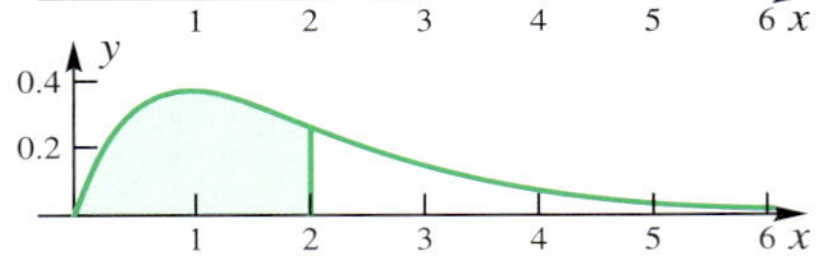	$1-e^{-2}-2e^{-2}$	0.5940
$\int_0^3 xe^{-x}\,dx$	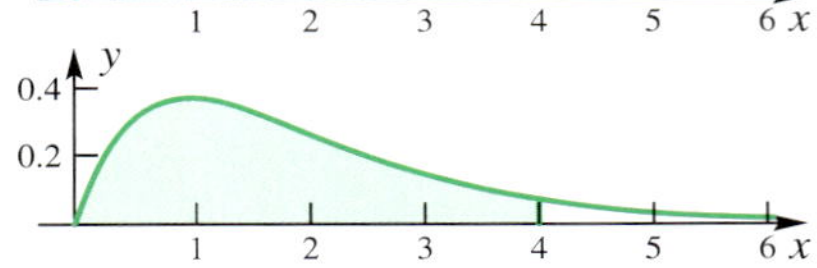	$1-e^{-3}-3e^{-3}$	0.8009
$\int_0^b xe^{-x}\,dx$	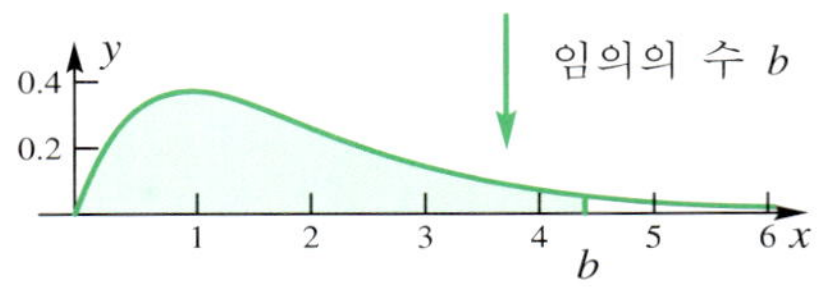	$1-e^{-b}-be^{-b}$	
$\int_0^\infty xe^{-x}\,dx$	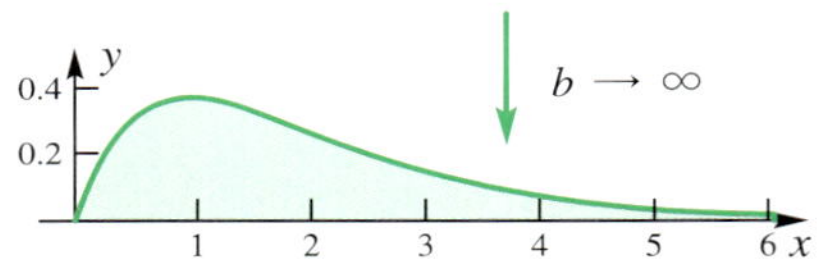	$\lim_{b\to\infty}[1-e^{-b}-be^{-b}]=1$	

이제, 일반적인 정의를 소개한다.

정의

$$\int_{-\infty}^b f(x)dx = \lim_{a\to-\infty}\int_a^b f(x)dx$$

$$\int_a^\infty f(x)dx = \lim_{b\to\infty}\int_a^b f(x)dx$$

우변의 극한이 존재하고, 유한한 값을 가지면, 그에 대응하는 이상적분이 **수렴**(converge)하고, 그 값을 가진다고 한다. 그렇지 않은 경우는, 그 적분이 **발산**(diverge)한다고 한다.

예제 1 $\int_{-\infty}^{-1} xe^{-x^2}dx$가 존재하면 구하여라.

풀이

$$\int_a^{-1} xe^{-x^2}dx = -\frac{1}{2}\int_a^{-1} e^{-x^2}(-2x\,dx) = \left[-\frac{1}{2}e^{-x^2}\right]_a^{-1}$$
$$= -\frac{1}{2}e^{-1} + \frac{1}{2}e^{-a^2}$$

그러므로

$$\int_{-\infty}^{-1} xe^{-x^2}dx = \lim_{a\to-\infty}\left[-\frac{1}{2}e^{-1} + \frac{1}{2}e^{-a^2}\right] = -\frac{1}{2e}$$

이 적분은 수렴하며, 그 값은 $-1/2e$이라고 한다. ■

예제 2 $\int_0^\infty \sin x\,dx$가 존재하면, 구하여라.

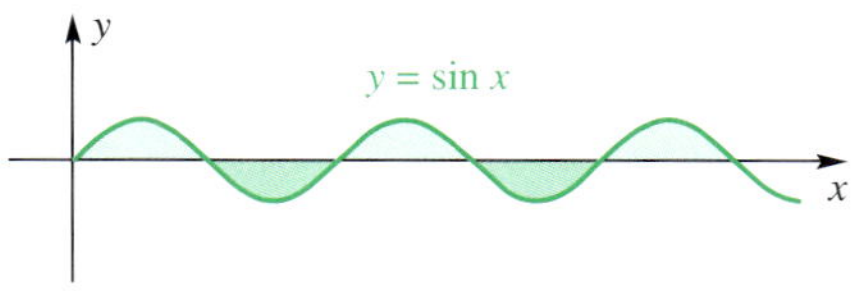

그림 1

풀이

$$\int_0^\infty \sin x\,dx = \lim_{b\to\infty}\int_0^b \sin x\,dx = \lim_{b\to\infty}[-\cos x]_0^b$$
$$= \lim_{b\to\infty}[1-\cos b]$$

후자의 극한은 존재하지 않는다. 그러므로 주어진 적분은 발산한다. $\int_0^\infty \sin x\,dx$의 기하학적 의미를 생각해 보면, 이 결론이 옳음을 알 수 있다(그림 1). ■

예제 3 뉴턴의 역제곱 법칙에 의하면, 지구 중점으로부터 거리 x인 (예를들어, 단위는 마일) 곳에 있는 우주선에서, 지구가 당기는 힘은 $-k/x^2$이다(그림 2). 그러므로 우주선을 끌어올리는 데 필요한 힘 $F(x)$는 $F(x)=k/x^2$이다. 무게 1000 파운드인 우주선을 지구 중력권 밖으로 보내려면, 얼마의 일을 해야 하는가?

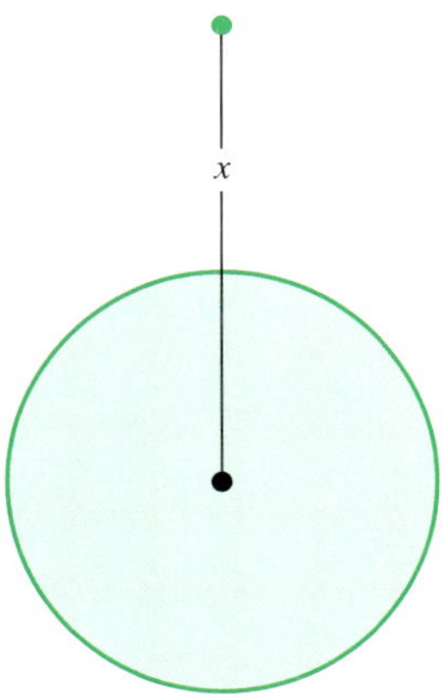

그림 2

풀이 k를 구하기 위해서, $x=3960$ 마일일 (지구 반지름) 때 $F=1000$ 파운드임을 주목한다. 따라서 $k=1000(3960)^2 \approx 1.568\times10^{10}$ 그러므로 일은 마일-파운드 단위로 다음과 같다.

$$1.568\times10^{10}\int_{3960}^\infty \frac{1}{x^2}dx = \lim_{b\to\infty} 1.568\times10^{10}\left[-\frac{1}{x}\right]_{3960}^b$$
$$= \lim_{b\to\infty} 1.568\times10^{10}\left[-\frac{1}{b}+\frac{1}{3960}\right]$$
$$= \frac{1.568\times10^{10}}{3960} \approx 3.96\times10^6$$
■

양 끝점이 무한 이제 $\int_{-\infty}^\infty f(x)\,dx$를 정의한다.

정의

$\int_{-\infty}^0 f(x)\,dx$와 $\int_0^\infty f(x)\,dx$가 모두 수렴할 때, $\int_{-\infty}^\infty f(x)\,dx$가 수렴한다고 하

며, 그 값은 다음과 같이 정의한다.

$$\int_{-\infty}^{\infty} f(x)\,dx = \int_{-\infty}^{0} f(x)\,dx + \int_{0}^{\infty} f(x)\,dx$$

그 이외의 경우는, $\int_{-\infty}^{\infty} f(x)\,dx$는 발산한다고 한다.

예제 4 $\int_{-\infty}^{\infty} \frac{1}{1+x^2}\,dx$이 존재하면 구하고, 아니면 발산함을 보여라.

풀이

$$\begin{aligned}\int_{0}^{\infty} \frac{1}{1+x^2}\,dx &= \lim_{b\to\infty}\int_{0}^{b} \frac{1}{1+x^2}\,dx \\ &= \lim_{b\to\infty}[\tan^{-1}x]_0^b \\ &= \lim_{b\to\infty}[\tan^{-1}b - \tan^{-1}0] = \frac{\pi}{2}\end{aligned}$$ ■

피적분함수가 우함수이므로,

$$\int_{-\infty}^{0} \frac{1}{1+x^2}\,dx = \int_{0}^{\infty} \frac{1}{1+x^2}\,dx = \frac{\pi}{2}$$

따라서

$$\int_{-\infty}^{\infty} \frac{1}{1+x^2}\,dx = \int_{-\infty}^{0} \frac{1}{1+x^2}\,dx + \int_{0}^{\infty} \frac{1}{1+x^2}\,dx = \frac{\pi}{2} + \frac{\pi}{2} = \pi$$ ■

앞으로 $[F(x)]_a^{\infty}$를 $\lim_{b\to\infty} F(b) - F(a)$로 나타낸다. 이와 유사한 정의를 $[F(x)]_{-\infty}^{a}$, $[F(x)]_{-\infty}^{\infty}$에 적용할 수 있다. 이때, 무한대를 치환하는 것이 아니라는 것에 주의한다. 이상적분에 올바르게 접근하기 위해서 끝점을 극한으로 정의하는 것이다.

확률 밀도함수 5.7절에서 이미 확률변수와 확률밀도함수를 소개한 바 있다. 그렇지만, 나오는 결과가 유계인 경우만을 다루었다. 그러나 많은 경우에서 나올 수 있는 결과에 상한(혹은 하한)이 존재하지 않는다. 예를 들어, 배터리가 얼마나 오래 지속될 수 있는가 또는 콘크리트 혼합물이 얼마나 단단한가에는 상한이 없다. 이제부터 이상적분을 사용하는데, 다음과 같이 제한한다.

연속확률변수 X에 대한 확률밀도함수 $f(x)$가 나올 수 있는 X의 값 이외에서는 값이 0일 때, $f(x)$는 다음 성질을 갖는다.

1. $f(x) \geq 0$
2. $\int_{-\infty}^{\infty} f(x)\,dx = 1$

확률밀도함수는 적분법에 의해서 확률을 구할 수 있다. 예를 들어, 그림 3

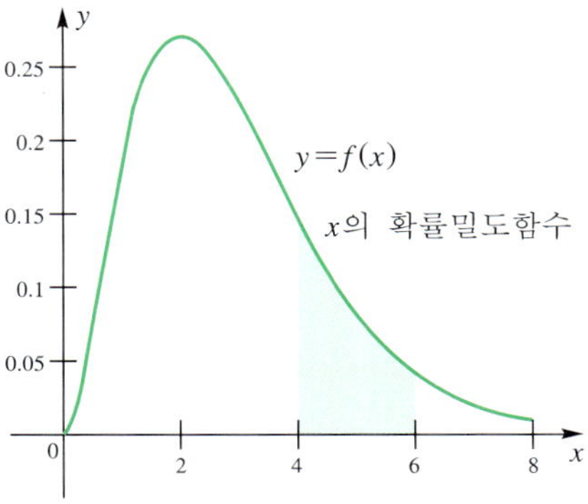

그림 3

은 X가 $4 \le X \le 6$일 때 확률값을 나타내고 있다.

확률변수의 평균과 분산을 다음과 같이 정의한다.

$$\mu = E(X) = \int_{-\infty}^{\infty} xf(x)\,dx$$

$$\sigma^2 = V(X) = \int_{-\infty}^{\infty} (x-\mu)^2 f(x)\,dx$$

확률변수의 분산 σ^2은 확률의 흩어짐의 정도 또는 퍼져있는 정도를 나타낸다. 이것은 다음과 같이 계산된다. (5.7절의 문제 41 참고)

$$\sigma^2 = E(X^2) - \mu^2$$

분산 σ^2이 작으면 확률의 분포가 평균 주위에 밀집되어 있는 것이고, σ^2이 크면 멀리 퍼져있는 것이다.

다음 두 개의 예제와 연습문제에서 확률분포의 몇 가지 유용한 유형을 소개한다.

예제 5 전기기구나 기계의 수명을 측정할 때 쓰이는 **지수분포**(exponential distribution)는 다음과 같은 확률밀도함수를 가진다.

$$f(x) = \begin{cases} \lambda e^{\lambda x} & x \ge 0\text{일 때} \\ 0 & x < 0\text{일 때} \end{cases}$$

단, λ는 양의 상수이다.

(a) $f(x)$가 확률밀도함수임을 보여라.

(b) 평균 μ와 분산 σ^2을 구하여라.

(c) 누적 분포함수 $F(x)$를 구하여라.

(d) 수명이 X인 어떤 기계가 $\lambda = 0.01$인 지수분포를 이룬다면, 그 기계가 20시간 이상 작동될 확률은 얼마인가?

풀이

(a) 함수 f는 항상 양의 값을 갖는다. 그리고

$$\int_{-\infty}^{\infty} f(x)\,dx = \int_{-\infty}^{0} 0\,dx + \int_{0}^{\infty} \lambda e^{-\lambda x}\,dx$$
$$= 0 + [-e^{-\lambda x}]_0^{\infty}$$
$$= 1$$

따라서 $f(x)$는 확률밀도함수이다.

(b)

$$E(X) = \int_{-\infty}^{\infty} x\,f(x)\,dx$$
$$= \int_{-\infty}^{0} x \cdot 0\,dx + \int_{0}^{\infty} x \cdot \lambda^{-\lambda x}\,dx$$

두 번째 부분에 부분적분을 적용하기 위해 $u=x$, $dv=\lambda e^{-\lambda x}\,dx$로 놓으면 $du=dx$, $v=-e^{-\lambda x}$. 따라서,

$$\begin{aligned} E(X) &= [-x\lambda e^{-\lambda x}]_0^\infty - \int_0^\infty (-e^{-\lambda x})\,dx \\ &= (-0+0) + \left[-\frac{1}{\lambda}e^{-\lambda x}\right]_0^\infty \\ &= \frac{1}{\lambda} \end{aligned}$$

분산은

$$\begin{aligned} \sigma^2 &= E(X^2) - \mu^2 \\ &= \int_{-\infty}^\infty x^2 f(x)\,dx - \left(\frac{1}{\lambda}\right)^2 \\ &= \int_{-\infty}^0 x^2 \cdot 0\,dx + \int_0^\infty x^2 \lambda e^{-\lambda x}\,dx - \frac{1}{\lambda^2} \\ &= [-x^2 e^{-\lambda x}]_0^\infty - \int_0^\infty (-e^{-\lambda x})2x\,dx - \frac{1}{\lambda^2} \\ &= (-0+0) + 2\int_0^\infty x e^{-\lambda x}\,dx - \frac{1}{\lambda^2} \\ &= 2\frac{1}{\lambda^2} - \frac{1}{\lambda^2} = \frac{1}{\lambda^2} \end{aligned}$$

(c) $x<0$에 대하여, 누적분포함수 $F(x)=P(X\le x)=0$.
$x\ge 0$에 대하여,

$$\begin{aligned} F(x) &= \int_{-\infty}^x f(t)\,dt \\ &= \int_{-\infty}^0 0\,dx + \int_0^x \lambda e^{-\lambda t}\,dt \\ &= 0 + [-e^{-\lambda t}]_0^x \\ &= 1 - e^{-\lambda x} \end{aligned}$$

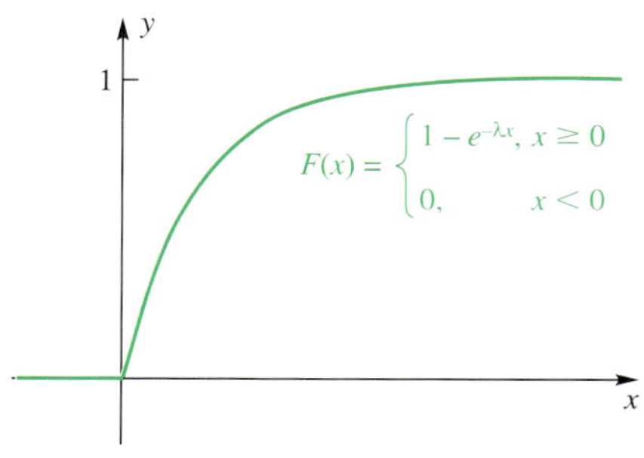

그림 4

누적분포함수의 그래프는 그림 4와 같다.

(d) $\lambda=0.01$로 놓는다. 기계가 20시간 이상 작동할 확률은 기계의 수명이 20시간 이상일 확률이다.

$$\begin{aligned} P(X>20) &= \int_{20}^\infty 0.01 e^{-0.01x}\,dx \\ &= [-e^{-0.01x}]_{20}^\infty \\ &= 0 - (-e^{-0.01\cdot 20}) \\ &= -e^{-0.2} \\ &\approx 0.819 \end{aligned}$$

■

정규분포(normal distribution)는 종 모양에 가깝다. 평균 μ가 어떤 수라도 될 수 있고, 분산 σ^2도 모든 양수가 될 수 있기 때문에 이것은 분포의 일종이다.

정규분포는 매개변수 μ와 σ^2으로 나타내지는 확률밀도함수이다.

$$f(x)=\frac{1}{\sqrt{2\pi}\,\sigma}\exp[-(x-\mu)^2/2\sigma^2]$$

(매개변수 μ, σ^2은 각각 평균, 분산과 같은 것으로 판명되었다. 따라서 그리스 문자 μ, σ를 사용하는 것은 적절하고 타당하다.)

그림 5는 평균 $\mu=0$이고 분산 $\sigma^2=1$인 정규분포를 이루는 확률밀도함수의 그래프이다.

다음을 증명하는 것은 매우 복잡하다.

$$\int_{-\infty}^{\infty}\frac{1}{\sqrt{2\pi}\,\sigma}\exp[-(x-\mu)^2/2\sigma^2]dx=1$$

이것은 좀 더 후에 증명한다. (13.4절) 정규분포가 가지는 별도의 성질들은 다음과 같다.

(a) 정규분포의 그래프는 $x=\mu$에 대해서 대칭이다.
(b) $x=\mu$에서 최대값을 갖는다.
(c) $x=\mu\pm\alpha$에서 변곡점이다.
(d) 평균은 μ이다.
(e) 분산은 σ^2이다.

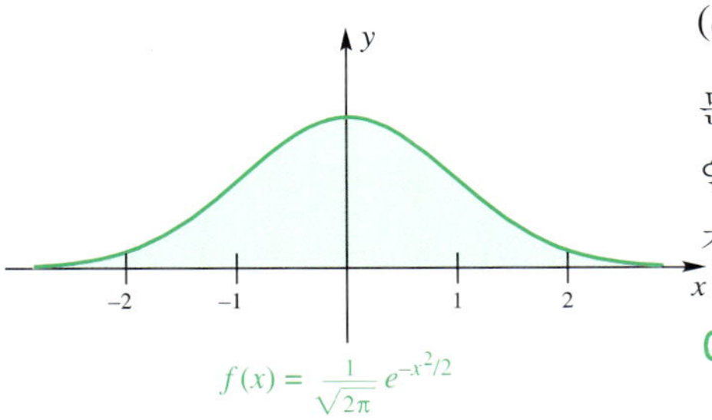

그림 5

문제 33에서 정규확률밀도함수의 그 외의 성질들을 다룬다. $\mu=0$이고 $\sigma^2=1$인 정규분포를 **표준 정규분포**(standard normal distribution)라고 한다. 그림 5는 정규분포의 그래프이다.

예제 6 다음이 성립함을 보여라.

(a) $\frac{1}{\sqrt{2\pi}}\int_{-\infty}^{\infty}xe^{-x^2/2}dx=0$　　(b) $\frac{1}{\sqrt{2\pi}}\int_{-\infty}^{\infty}x^2e^{-x^2/2}dx=1$

풀이

(a)
$$\begin{aligned}\frac{1}{\sqrt{2\pi}}\int_{-\infty}^{\infty}xe^{-x^2/2}dx&=\lim_{b\to\infty}\left[-\frac{1}{\sqrt{2\pi}}\int_0^b e^{-x^2/2}(-x)\,dx\right]\\&=\lim_{b\to\infty}\left[-\frac{1}{\sqrt{2\pi}}e^{-x^2/2}\right]_0^b\\&=\frac{1}{\sqrt{2\pi}}\end{aligned}$$

$xe^{-x^2/2}$은 기함수이므로,

$$\frac{1}{\sqrt{2\pi}}\int_{-\infty}^{0}xe^{-x^2/2}dx=-\frac{1}{\sqrt{2\pi}}\int_0^{\infty}xe^{-x^2/2}dx=-\frac{1}{\sqrt{2\pi}}$$

그러므로

$$\frac{1}{\sqrt{2\pi}}\int_{-\infty}^{\infty}xe^{-x^2/2}dx=\frac{1}{\sqrt{2\pi}}\int_{-\infty}^{0}xe^{-x^2/2}dx+\frac{1}{\sqrt{2\pi}}\int_0^{\infty}xe^{-x^2/2}dx$$

$$=-\frac{1}{\sqrt{2\pi}}+\frac{1}{\sqrt{2\pi}}=0$$

(b) $e^{-x^2/2}$은 우함수이고, $\int_{-\infty}^{\infty}\frac{1}{\sqrt{2\pi}}e^{-x^2/2}dx=1$이므로,

$$\frac{1}{\sqrt{2\pi}}\int_0^{\infty}e^{-x^2/2}dx=\frac{1}{2}$$

부분적분을 하고 로피탈의 법칙을 쓰면,

$$\frac{1}{\sqrt{2\pi}}\int_0^{\infty}x^2e^{-x^2/2}dx=\lim_{b\to\infty}\frac{1}{\sqrt{2\pi}}\int_0^b(x)(e^{-x^2/2}x)\,dx$$

$$=\lim_{b\to\infty}\frac{1}{\sqrt{2\pi}}\left([-xe^{-x^2/2}]_0^b+\int_0^b e^{-x^2/2}dx\right)$$

$$=\frac{1}{\sqrt{2\pi}}\left(0+\int_0^{\infty}e^{-x^2/2}dx\right)=\frac{1}{2}$$

그런데 $x^2e^{-x^2/2}$은 우함수이므로, 0의 왼쪽 부분도 값이 같다. 그러므로

$$\frac{1}{\sqrt{2\pi}}\int_{-\infty}^{\infty}x^2e^{-x^2/2}dx=\frac{1}{2}+\frac{1}{2}=1$$ ■

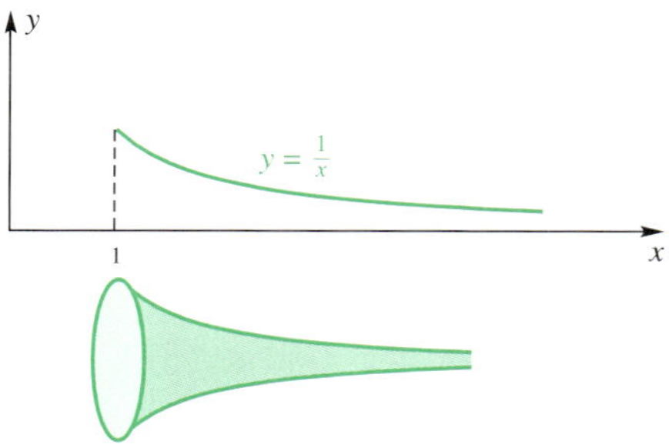

그림 6

한스 멤링(1425/40~1494) 최후의 심판 정밀화 : 나팔부는 천사와 지옥의 악령, 포모르스키 박물관, 갠스크, 폴란드, 스칼라 예술박물관, 뉴욕

가브리엘 나팔의 모순 구간 $[1, \infty)$에서 곡선 $y=1/x$을 그리고, 이것을 x축에 대해 회전시키면, 천사 **가브리엘**(Gabriel)**의 나팔**이라 부르는 곡면이 생긴다(그림 6). 이 곡면은 다음을 만족함을 보인다.

1. 이 나팔의 부피 V는 유한하다.
2. 이 나팔의 표면 넓이 A는 무한하다.

이 결과를 달리 표현하면, 유한한 양의 페인트로 나팔 속을 가득 채울 수 있지만, 나팔 속을 칠하려면 전 세계의 페인트를 다 동원해도 부족하다는 의미이다. 이 모순을 해소하기 전에, 우선 (1)과 (2)를 보인다. 5.2절에서 부피를 배운 것과 5.4절에서 곡면의 넓이를 배운 것을 이용한다.

$$V=\int_1^{\infty}\pi\left(\frac{1}{x}\right)^2dx=\lim_{b\to\infty}\pi\int_1^b x^{-2}dx=\lim_{b\to\infty}\left[-\frac{\pi}{x}\right]_1^b=\pi$$

$$A=\int_1^{\infty}2\pi y\,dx=\int_1^{\infty}2\pi y\sqrt{1+\left(\frac{dy}{dx}\right)^2}\,dx$$

$$=2\pi\int_1^{\infty}\frac{1}{x}\sqrt{1+\left(\frac{-1}{x^2}\right)^2}\,dx$$

$$=\lim_{b\to\infty}2\pi\int_1^b\frac{\sqrt{x^4+1}}{x^3}\,dx$$

그런데

$$\frac{\sqrt{x^4+1}}{x^3}>\frac{\sqrt{x^4}}{x^3}=\frac{1}{x}$$

따라서

$$\int_1^b\frac{\sqrt{x^4+1}}{x^3}\,dx>\int_1^b\frac{1}{x}\,dx=\ln b$$

> *가브리엘이 도로를 포장함*
>
> 한없이 긴 도로 $0 \le x < \infty$, $0 \le y \le 1$을 순금으로 포장하라는 명령을 받았다. 가브리엘은 그 명령을 따랐지만, x 지점에서의 순금의 두께 h가
>
> $$h = e^{-x}$$
>
> 가 되도록 하였다. 그렇다면 순금을 얼마나 많이 사용하였는가?
>
> $$V = \int_0^\infty e^{-x} dx = \lim_{b\to\infty} \int_0^b e^{-x} dx = \lim_{b\to\infty} [-e^{-x}]_0^b = 1$$
>
> 겨우 1 단위부피를 사용하였다.

여기서 $b\to\infty$일 때 $\ln b \to \infty$이므로, A는 무한하다는 결론이 나온다.

수학이 뭔가 잘못되었는가? 아니다. 나팔의 옆을 죽 잘라서, 나팔을 열어 편편하게 만든다고 상상해 보아라. 유한한 양의 페인트로는, 그 표면을 일정한 두께로 칠할 수 없다(왜?). 그러나 나팔의 넓적한 끝부분에서 멀어지면 멀어질수록 점점 더 얇게 칠해도 된다면, 유한한 양으로 다 칠할 수 있다. 부피 π의 페인트로 원래 나팔을 가득 채웠을 때, 바로 이렇게 한 것이다(상상 속의 페인트이니, 얼마든지 얇게 칠할 수 있다).

이 문제에는 $\int_1^\infty 1/x^p dx$ 형태의 적분이 두 개가 나왔다. 후에 참조하기 위해서, 모든 p값들에 대해서, 이 적분을 분석한다.

예제 7 적분 $\int_1^\infty 1/x^p dx$는 $p \le 1$에 대해서 발산하고, $p > 1$에 대해서 수렴함을 보여라.

풀이 가브리엘의 나팔을 푸는 과정에서, $p=1$인 경우 적분이 발산함을 보였다. $p \ne 1$인 경우,

$$\int_1^\infty \frac{1}{x^p} dx = \lim_{b\to\infty} \int_1^b x^{-p} dx = \lim_{b\to\infty}\left[\frac{x^{-p+1}}{-p+1}\right]_1^b$$
$$= \lim_{b\to\infty}\left[\frac{1}{1-p}\right]\left[\frac{1}{b^{p-1}} - 1\right] = \begin{cases} \infty & p<1\text{인 경우} \\ \dfrac{1}{p-1} & p>1\text{인 경우} \end{cases}$$

그러므로 이러한 결론이 나온다. ■

개념 복습

1. $\lim_{b\to\infty}\int_a^\infty f(x)dx$가 존재하고 유한이면, $\int_a^\infty f(x)dx$가 ______고 말한다.
2. $\int_0^\infty \cos x\, dx$는 수렴하지 않는다. 왜냐하면 ______가 존재하지 않기 때문이다.
3. ______ 또는 ______가 발산하면, $\int_{-\infty}^\infty f(x)dx$는 발산한다고 말한다.
4. $\int_1^\infty (1/x^p)$가 수렴할 필요충분조건은 ______.

연습문제 8.3

문제 1~24에서 이상적분을 구하거나, 아니면 발산함을 보여라.

1. $\int_{100}^\infty e^x dx$
2. $\int_{-\infty}^{-5} \frac{dx}{x^4}$
3. $\int_1^\infty 2xe^{-x^2} dx$
4. $\int_{-\infty}^1 e^{4x} dx$
5. $\int_9^\infty \frac{x\,dx}{\sqrt{1+x^2}}$
6. $\int_1^\infty \frac{dx}{\sqrt{\pi x}}$
7. $\int_1^\infty \frac{dx}{x^{1.00001}}$
8. $\int_{10}^\infty \frac{x}{1+x^2} dx$
9. $\int_1^\infty \frac{dx}{x^{0.99999}}$
10. $\int_1^\infty \frac{x}{(1+x^2)^2} dx$
11. $\int_e^\infty \frac{1}{x \ln x} dx$
12. $\int_e^\infty \frac{\ln x}{x} dx$
13. $\int_2^\infty \frac{\ln x}{x^2} dx$
14. $\int_1^\infty xe^{-x} dx$

15. $\int_{-\infty}^{1} \frac{dx}{(2x-3)^3}$

16. $\int_{4}^{\infty} \frac{dx}{(\pi-x)^{2/3}}$

17. $\int_{-\infty}^{\infty} \frac{x}{\sqrt{x^2+9}}\,dx$

18. $\int_{-\infty}^{\infty} \frac{dx}{(x^2+16)^2}$

19. $\int_{-\infty}^{\infty} \frac{1}{x^2+2x+10}\,dx$

20. $\int_{-\infty}^{\infty} \frac{x}{e^{2|x|}}dx$

21. $\int_{-\infty}^{\infty} \operatorname{sech} x\,dx$ 도움말: 적분표 또는 컴퓨터를 사용.

22. $\int_{1}^{\infty} \operatorname{csch} x\,dx$

23. $\int_{0}^{\infty} e^{-x}\cos x\,dx$ 도움말: 적분표 또는 컴퓨터를 사용.

24. $\int_{0}^{\infty} e^{-x}\sin x\,dx$

25. 곡선 $y=2/(4x^2-1)$의 아래 영역, $x=1$의 오른쪽 부분의 넓이를 구하여라. 도움말: 부분분수를 이용.

26. 곡선 $y=1/(x^2+x)$이 아래 영역, $x=1$의 오른쪽 부분의 넓이를 구하여라.

27. 만유인력 법칙에 따른 중력이 $-k/x^2$ 형태가 아니라 $-k/x$ 형태라고 가정해 보자(예제 3 참조). 그러면 어떠한 물체이든 지구 중력장 밖으로 보낼 수 없음을 보여라.

28. 1000 파운드인 우주선이 달 (반지름 1080 마일) 표면에서는 무게가 165 파운드가 된다. 이 우주선을 달의 중력권 밖으로 보내려면, 얼마의 일을 해야 하는가? (예제 3 참조)

29. 어떤 회사가 현재로부터 t년 후의 연간 수익이 $f(t)$ 달러일 것으로 예상되며, 이자는 연이율 r로 연속복리로 계산한다. 그러면 미래의 모든 수익이 현재의 값어치로는 다음과 같음을 보일 수 있다.

$$FP=\int_{0}^{\infty} e^{-rt}f(t)\,dt$$

$r=0.08$이고 $f(t)=100{,}000$일 때, FP를 구하여라.

30. $f(t)=100{,}000+1000t$라 가정하고, 문제 29를 풀어 보아라.

31. 연속 확률변수 X가 다음 형태의 확률밀도함수를 가지면, X는 **일양분포**(uniform distribution)한다고 말한다.

$$f(x)=\begin{cases}\dfrac{1}{b-a} & a<x<b\text{인 경우}\\ 0 & x\le a \text{ 또는 } x\ge b \text{ 인 경우}\end{cases}$$

(a) $\int_{-\infty}^{\infty} f(x)\,dx=1$임을 보여라.

(b) 일양분포의 평균 μ와 분산 σ^2을 구하여라.

(c) $a=0$이고 $b=10$인 경우, X가 2보다 더 작을 확률을 구하여라.

32. 확률변수 X가 다음 확률밀도함수를 가지면, X는 **웨이불 분포**(weibull distribution)를 가진다고 말한다.

$$f(x)=\begin{cases}\dfrac{\beta}{\theta}\left(\dfrac{x}{\theta}\right)^{\beta-1} e^{-(x/\theta)\beta} & x>0\text{인 경우}\\ 0 & x\le 0\text{인 경우}\end{cases}$$

(a) $\int_{-\infty}^{\infty} f(x)\,dx=1$임을 보여라($\beta>1$이라 가정).

(b) $\theta=3$이고 $\beta=2$인 경우, 평균 μ와 분산 σ^2을 구하여라.

(c) 컴퓨터 모니터의 수명이 확률변수 X로서, $\theta=3$이고 $\beta=2$인 웨이불 분포를 가지면(수명은 년 단위로 측정), 모니터가 2년 안에 고장날 확률을 구하여라.

33. 정규확률밀도함수의 그래프를 그려라.

$$f(x)=\frac{1}{\sqrt{2\pi}\,\sigma}e^{-(x-\mu)^2/2\sigma^2}$$

그리고 σ는 평균 μ로부터 한 변곡점의 x좌표까지의 거리와 같다는 것을 계산하여 보여라.

34. 파레토(Pareto) 확률밀도함수는 다음과 같다.

$$f(x)=\begin{cases}\dfrac{CM^k}{x^{k+1}} & x\ge M\text{일 때}\\ 0 & x<M\text{일 때}\end{cases}$$

단, k와 M은 양의 상수이다.

(a) $f(x)$가 확률밀도함수가 되게 하는 상수 C를 찾아라.

(b) (a)에서 찾은 상수 C에 대해서 평균 μ를 찾아라. 평균은 모든 양수 k에 대해서 유한한가? 그렇지 않다면 평균은 k와 어떤 관계를 이루는가?

(c) (a)에서 찾은 상수 C에 대해서 분산 σ^2을 찾아라. 분산은 k와 어떤 관계를 이루는가?

35. 파레토(Pareto)의 분배법칙은 소득분배의 모형으로 종종 쓰인다. 어떤 경제 체제에서 소득 분배가 $k=3$인 파레토의 분배법칙을 따른다고 하자. 평균 소득을 20,000$라고 가정하자.

(a) M과 c를 찾아라.

(b) 분산 σ^2를 찾아라.

(c) 100,000$ 이상을 버는 생산자의 비율을 구하여라. (참고: 이것은 임의로 한명을 뽑을 때, 그 사람의 소득이 100,00$ 이상일 확률을 구하라는 것과 같다.)

36. 전자기학 이론에 따르면, 원형 코일의 축의 한 점에서의 자기 퍼텐셜은 다음 식으로 주어진다.

$$u=Ar\int_{a}^{\infty} \frac{dx}{(r^2+x^2)^{3/2}}$$

여기서 A, r, a는 상수들이다. u를 계산하여라.

37. 다음을 보면 알 수 있듯이, $\int_{-\infty}^{\infty} f(x)dx$의 정의는 미묘하므로 조심해야 한다. 다음을 증명하여라.
(a) $\int_{-\infty}^{\infty} \sin x\, dx$는 발산한다. 그러나
(b) $\lim_{a\to\infty} \int_{-a}^{a} \sin x\, dx = 0$.

38. 한없이 긴 철사가 있는데, 양의 x축과 일치하며, 질량 밀도는 $\delta(x)=(1+x^2)^{-1}$, $0\le x<\infty$.
(a) 이 철사의 총 질량을 계산하여라(예제 4).
(b) 이 철사는 무게중심이 없음을 보여라.

39. 제1사분면에 놓여 있는 도형으로서, x축에 대해 회전시키면 유한한 부피의 입체가 생기고, y축에 대해 회전시키면 무한한 부피의 입체가 생기는, 그러한 도형의 예를 들어라.

40. f는 구간 $0\le x<\infty$에서 정의된, 음수가 아닌 (0 이상인) 연속 함수로서, $\int_0^{\infty} f(x)dx<\infty$이다. 다음을 보여라.
(a) $\lim_{x\to\infty} f(x)$가 존재하면, 그 값은 0이어야 한다.
(b) $\lim_{x\to\infty} f(x)$가 존재하지 않을 수도 있다.

CAS **41.** $\int_1^{\infty} f(x)dx$가 수렴함을 알고 있다면, 매우 큰 b에 대해서 $\int_1^{b} f(x)dx$를 컴퓨터로 구하여, 전자의 적분의 근사값을 얻을 수 있다. $p=2$, 1.1, 1.01, 1, 0.99에 대해서 $\int_1^{100}(1/x^p)dx$를 계산하여라. 적분 $\int_1^{\infty}(1/x^p)dx$가 $p>1$에 대해서 수렴하고, $p\le 1$에 대해서 발산하지만, 이 계산 결과만 가지고는 그것을 알 수 없음을 주목하기 바란다.

CAS **42.** $a=10$, 50, 100에 대해서 $\int_0^{a}\frac{1}{\pi}(1+x^2)^{-1}dx$를 계산하여라.

CAS **43.** $a=1$, 2, 3, 4에 대해서 $\int_0^{a}\frac{1}{\sqrt{2\pi}}\exp(-x^2/2)dx$를 계산하여라.

개념 복습 해답: **1.** 수렴한다. **2.** $\lim_{b\to\infty}\int_0^{b}\cos x\, ds$
3. $\int_{-\infty}^{0} f(x)dx$; $\int_0^{\infty} f(x)dx$ **4.** $p>1$

8.4 이상적분: 함수가 무한인 적분

지금까지 다루어 본 여러 가지 복잡한 적분들에 비하면, 다음 적분 계산은 아주 간단해 보이지만, 사실은 그렇지 않다.

$$\int_{-2}^{1}\frac{1}{x^2}dx=\left[-\frac{1}{x}\right]_{-2}^{1}=-1-\frac{1}{2}=-\frac{3}{2} \qquad \text{틀림}$$

그림 1을 보면 뭔가 잘못되었음을 알 수 있다. 이 적분값은 (존재한다면) 양수이어야 한다. (왜?)

뭐가 잘못되었는가? 이에 답하기 위해서 4.2절을 다시 뒤돌아 본다. 어떤 함수를 적분하는 것은 적분의 정의에서 반드시 유계이어야 한다. 여기 이 함수 $f(x)=1/x^2$은 유계가 아니다. 따라서 정상적인 의미로는 적분할 수 없다. $\int_{-2}^{1}x^{-2}dx$는 피적분함수가 유계가 아닌(unbounded) 이상적분이라고 말한다.

지금에 이르기까지, 예제와 연습문제에 나오는 함수들이 무한이 되지 않도록 조심해서 피해 왔다. 계속 그래도 되지만, 그러면 중요하게 응용되는 어떤 종류의 적분을 할 수 없게 된다. 이 절의 목적은, 이 새로운 종류의 적분을 정의하고 분석하는 것이다.

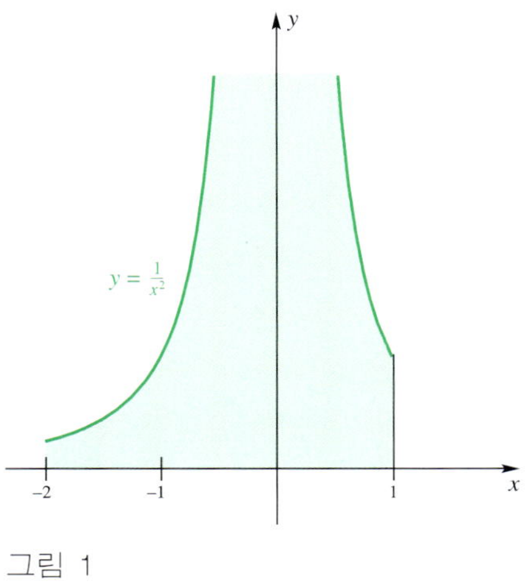

그림 1

함수가 끝점에서 무한이 되는 경우 함수 f가 적분 구간의 오른쪽 끝점에서 무한대로 가는 경우에 대해 정의한다. f가 왼쪽 끝점에서 무한대로 가는 경우도 마찬가지 방법으로 정의할 수 있다.

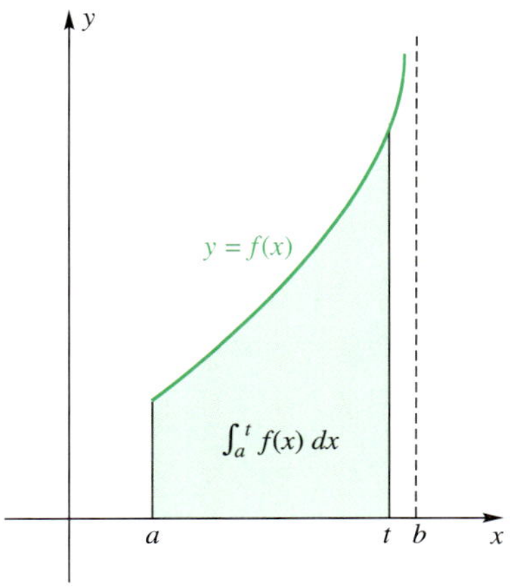

그림 2

정의

반개구간 $[a,\ b)$에서 함수 f가 연속이고, $\lim_{x \to b^-} |f(x)| = \infty$라고 하자. 그러면

$$\int_a^b f(x)\,dx = \lim_{t \to b^-} \int_a^t f(x)\,dx$$

단, 이 극한이 존재하고 유한해야 하며, 이 경우 이 적분이 수렴한다고 한다. 그 이외의 경우는, 이 적분이 발산한다고 한다.

그림 2에 제시해 놓은 기하학적 의미를 참고하기 바란다.

예제 1 이상적분 $\int_0^2 \frac{dx}{\sqrt{4-x^2}}$가 존재하면 계산하여라.

풀이 피적분함수가 2에서 무한대로 감을 주목하기 바란다.

$$\int_0^2 \frac{dx}{\sqrt{4-x^2}} = \lim_{t \to 2^-} \int_0^t \frac{dx}{\sqrt{4-x^2}} = \lim_{t \to 2^-} \left[\sin^{-1}\left(\frac{x}{2}\right) \right]_0^t$$

$$= \lim_{t \to 2^-} \left[\sin^{-1}\left(\frac{t}{2}\right) - \sin^{-1}\left(\frac{0}{2}\right) \right] = \frac{\pi}{2}$$

■

> *두 개의 핵심 예제*
>
> 8.3절의 예제 7에서, 적분
>
> $$\int_1^\infty \frac{1}{x^p}\,dx$$
>
> 가 수렴할 필요충분조건은 $p > 1$임을 배웠다. 그리고 이 절의 예제 6에서, 적분
>
> $$\int_0^1 \frac{1}{x^p}\,dx$$
>
> 가 수렴할 필요충분조건은 $p < 1$임을 배운다. 전자는 끝점이 무한인 적분이고, 후자는 적분하려는 함수가 무한인 적분이다. 이 두 적분을 완벽하게 이해하면, 다른 어떠한 이상적분을 접하게 되더라도 그리 낯설지 않을 것이다.

예제 2 $\int_0^{16} \frac{1}{\sqrt[4]{x}}\,dx$가 존재하면 구하여라.

풀이

$$\int_0^{16} x^{-1/4}\,dx = \lim_{t \to 0^+} \int_t^{16} x^{-1/4}\,dx = \lim_{t \to 0^+} \left[\frac{4}{3} x^{3/4} \right]_t^{16}$$

$$= \lim_{t \to 0^+} \left[\frac{32}{3} - \frac{4}{3} t^{3/4} \right] = \frac{32}{3}$$

■

예제 3 $\int_0^1 \frac{1}{x}\,dx$가 존재하면 구하여라.

풀이

$$\int_0^1 \frac{1}{x}\,dx = \lim_{t \to 0^+} \int_t^1 \frac{1}{x}\,dx = \lim_{t \to 0^+} [\ln x]_t^1$$

$$= \lim_{t \to 0^+} [-\ln t] = \infty$$

따라서 이 적분은 발산한다. ■

예제 4 적분 $\int_0^1 \frac{1}{x^p}\,dx$는 $p < 1$인 경우 수렴하고, $p \geq 1$인 경우 발산함을 보여라.

풀이 $p=1$인 경우는 예제 3에서 다루었다. $p \neq 1$인 경우,

$$\int_0^1 \frac{1}{x^p}\,dx = \lim_{t\to 0^+}\int_t^1 x^{-p}dx = \lim_{t\to 0^+}\left[\frac{x^{-p+1}}{-p+1}\right]_t^1$$

$$= \lim_{t\to 0^+}\left[\frac{1}{1-p} - \frac{1}{1-p}\cdot\frac{1}{t^{p-1}}\right] = \begin{cases} \dfrac{1}{1-p} & p<1\text{인 경우} \\ \infty & p>1\text{인 경우} \end{cases}$$ ■

예제 5 네 개의 뾰족점을 가지는 하이포사이클로이드(hypocycloid) $x^{2/3}+y^{2/3}=1$의 그래프를 그리고, 그 둘레의 길이를 구하여라.

≈ **풀이** 그림 3이 그의 그래프이다. 둘레의 길이를 구하려면, 제1사분면 부분의 길이 L을 구한 다음, 4배를 하면 된다. L은 아마 $\sqrt{2}\approx 1.4$보다 약간 더 클 것으로 추정한다. 그 정확한 값은 (5.4절 참조)

$$L=\int_0^1 \sqrt{1+(y')^2}\,dx$$

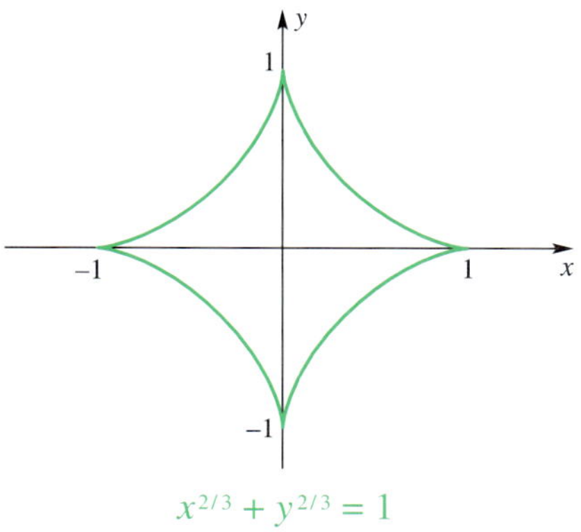

그림 3

$x^{2/3}+y^{2/3}=1$의 음함수 미분에 의하여, 다음을 얻는다.

$$\frac{2}{3}x^{-1/3}+\frac{2}{3}y^{-1/3}y'=0$$

즉,

$$y' = -\frac{y^{1/3}}{x^{1/3}}$$

따라서

$$1+(y')^2 = 1+\frac{y^{2/3}}{x^{2/3}} = 1+\frac{1-x^{2/3}}{x^{2/3}} = \frac{1}{x^{2/3}}$$

그러므로

$$L=\int_0^1 \sqrt{1+(y')^2}\,dx = \int_0^1 \frac{1}{x^{1/3}}\,dx$$

이 이상적분의 값은 예제 4의 풀이에 나와 있다. 그 값은 $L=1/\left(1-\frac{1}{3}\right)=\frac{3}{2}$. 그러므로 하이포사이클로이드의 둘레의 길이는 $4L=6$. ■

함수가 내부점에서 무한이 되는 경우 이 절의 맨 앞에서 제시한 적분 $\int_{-2}^1 1/x^2dx$는 피적분함수가 $x=0$에서 무한대로 간다. $x=0$은 구간 [−2, 1]의 내부점이다. 이러한 적분에 의미를 부여하는 적절한 정의를 소개한다.

정의

$a<c<b$일 때 함수 f가 구간 $[a, b]$의 한 점 c를 제외한 곳에서 연속이고 $\lim_{x\to c}|f(x)|=\infty$라고 하자. 그러면

$$\int_a^b f(x)\,dx = \int_a^c f(x)\,dx + \int_c^b f(x)\,dx$$

로 정의한다. 단, 우변의 적분들이 둘 다 수렴해야 한다. 그 이외의 경우는, $\int_a^b f(x)\,dx$가 발산한다고 한다.

예제 6 $\int_{-2}^{1} 1/x^2\,dx$는 발산함을 보여라.

풀이

$$\int_{-2}^{1} \frac{1}{x^2}\,dx = \int_{-2}^{0} \frac{1}{x^2}\,dx + \int_{0}^{1} \frac{1}{x^2}\,dx$$

예제 4에 따라서, 우변의 두 번째 적분은 발산한다. 그러므로 주어진 적분은 발산한다.

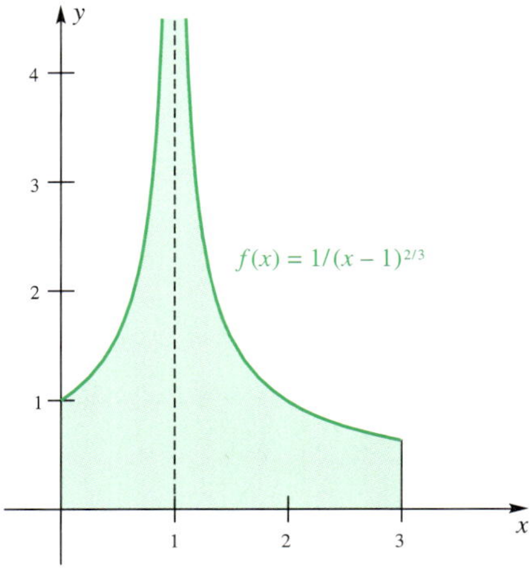

그림 4

예제 7 이상적분 $\int_0^3 \frac{dx}{(x-1)^{2/3}}$가 존재하면 구하여라.

풀이 피적분함수가 $x=1$에서 무한대로 간다(그림 4 참조). 그러므로

$$\begin{aligned}
\int_0^3 \frac{dx}{(x-1)^{2/3}} &= \int_0^1 \frac{dx}{(x-1)^{2/3}} + \int_1^3 \frac{dx}{(x-1)^{2/3}} \\
&= \lim_{t\to1^-}\int_0^t \frac{dx}{(x-1)^{2/3}} + \lim_{s\to1^+}\int_s^3 \frac{dx}{(x-1)^{2/3}} \\
&= \lim_{t\to1^-}[3(x-1)^{1/3}]_0^t + \lim_{s\to1^+}[3(x-1)^{1/3}]_s^3 \\
&= 3\lim_{t\to1^-}[(t-1)^{1/3}+1] + 3\lim_{s\to1^+}[2^{1/3}-(s-1)^{1/3}] \\
&= 3+3(2^{1/3}) \approx 6.78
\end{aligned}$$

■

개념 복습

1. 적분 $\int_0^1 (1/\sqrt{x})\,dx$는 정상적인 의미로 존재하지 않는다. 왜냐하면 함수 $f(x)=1/\sqrt{x}$이 구간 (0, 1]에서 ______ 때문이다.

2. 이상적분으로 생각하면,

$$\int_0^1 (1/\sqrt{x})\,dx = \lim_{a\to0^+}\int_a^1 x^{-1/2}\,dx = \_\_\_\_\_\_.$$

3. 이상적분 $\int_0^4 (1/\sqrt{4-x})\,dx$는 ______로 정의한다.

4. 이상적분 $\int_0^1 (1/x^p)\,dx$가 수렴할 필요충분조건은 ______이다.

연습문제 8.4

문제 1~32에서 다음 이상적분을 구하거나, 아니면 그것이 발산함을 보여라.

1. $\int_1^3 \frac{dx}{(x-1)^{1/3}}$

2. $\int_1^3 \frac{dx}{(x-1)^{4/3}}$

3. $\int_3^{10} \frac{dx}{\sqrt{x-3}}$

4. $\int_0^9 \frac{dx}{\sqrt{9-x}}$

5. $\int_0^1 \frac{dx}{\sqrt{1-x^2}}$

6. $\int_{100}^{\infty} \frac{x}{\sqrt{1+x^2}}\,dx$

7. $\int_{-1}^3 \frac{1}{x^3}\,dx$

8. $\int_5^{-5} \frac{1}{x^{2/3}}\,dx$

9. $\int_{-1}^{128} x^{-5/7}dx$

10. $\int_0^1 \frac{x}{\sqrt[3]{1-x^2}}\,dx$

11. $\int_0^4 \frac{dx}{(2-3x)^{1/3}}$

12. $\int_{\sqrt{5}}^{\sqrt{8}} \frac{x}{(16-2x^2)^{2/3}}\,dx$

13. $\int_0^{-4} \frac{x}{16-2x^2}\,dx$

14. $\int_0^3 \frac{x}{\sqrt{9-x^2}}\,dx$

15. $\int_{-2}^{-1} \frac{dx}{(x+1)^{4/3}}$

16. $\int_0^3 \frac{dx}{x^2+x-2}$

17. $\int_0^3 \frac{dx}{x^3-x^2-x+1}$

18. $\int_0^{27} \frac{x^{1/3}}{x^{2/3}-9}\,dx$

19. $\int_0^{\pi/4} \tan 2x\,dx$

20. $\int_0^{\pi/2} \csc x\,dx$

21. $\int_0^{\pi/2} \frac{\sin x}{1-\cos x}\,dx$

22. $\int_0^{\pi/2} \frac{\cos x}{\sqrt[3]{\sin x}}\,dx$

23. $\int_0^{\pi/2} \tan^2 x \sec^2 x\,dx$

24. $\int_0^{\pi/4} \frac{\sec^2 x}{(\tan x-1)^2}\,dx$

25. $\int_0^{\pi} \frac{dx}{\cos x-1}$

26. $\int_{-3}^{-1} \frac{dx}{x\sqrt{\ln(-x)}}$

27. $\int_0^{\ln 3} \frac{e^x dx}{\sqrt{e^x-1}}$

28. $\int_2^4 \frac{dx}{\sqrt{4x-x^2}}$

29. $\int_1^e \frac{dx}{x\ln x}$

30. $\int_1^{10} \frac{dx}{x\ln^{100}x}$

31. $\int_{2c}^{4c} \frac{dx}{\sqrt{x^2-4c^2}}$

32. $\int_c^{2c} \frac{x\,dx}{\sqrt{x^2+xc-2c^2}}$, $c>0$

33. 부분적분을 사용해서 이상적분을 정상적분으로 바꿀 수 있는 경우도 있다. $\lim_{c\to 0^+}\int_c^1 \frac{dx}{\sqrt{x}\,(1+x)}$를 생각해 보자. $c>0$이라 하고, 구간 $[c, 1]$에서 부분적분을 하여, 다음을 보여라.

$$\int_c^1 \frac{dx}{\sqrt{x}\,(1+x)} = 1-\frac{2\sqrt{c}}{c+1}+2\int_c^1 \frac{\sqrt{x}\,dx}{(1+x)^2}$$

그러므로 $c\to 0$일 때 극한을 잡으면, 이상적분이 바뀌어서 정상적분이 된다.

34. 문제 33에서 설명해 놓은 기술과 부분적분을 써서, 이상적분 $\int_0^1 \frac{dx}{\sqrt{x(1+x)}}$를 정상적분으로 바꾸어라.

35. $f(x)$가 끝점 a와 b에서 무한대로 가면, 다음과 같이 이상적분을 정의한다.

$$\int_a^b f(x)\,dx = \int_a^c f(x)\,dx + \int_c^b f(x)\,dx,$$

여기서 c는 a와 b 사이의 임의의 점이다. 단, 오른쪽의 적분들이 둘 다 수렴해야 한다. 그 이외의 경우는, 주어진 적분이 발산한다고 말한다. 이렇게 하여 $\int_{-3}^3 \frac{x}{\sqrt{9-x^2}}$를 구하거나, 아니면 이것이 발산함을 보여라.

36. $\int_{-3}^3 \frac{x}{9-x^2}\,dx$를 구하거나, 아니면 이것이 발산함을 보여라.(문제 35 참조.)

37. $\int_{-4}^4 \frac{1}{16-x^2}\,dx$를 구하거나, 아니면 이것이 발산함을 보여라.(문제 35 참조.)

38. $\int_{-1}^1 \frac{1}{x\sqrt{-\ln|x|}}\,dx$를 구하거나, 아니면 이것이 발산함을 보여라.

39. $\lim_{x\to 0^+} f(x)=\infty$이면, 다음과 같이 정의한다.

$$\int_0^{\infty} f(x)\,dx = \lim_{c\to 0^+}\int_c^1 f(x)\,dx + \lim_{b\to\infty}\int_1^b f(x)\,dx$$

단, 극한들이 둘 다 존재해야 한다. 그 이외의 경우는, $\int_0^{\infty} f(x)\,dx$가 발산한다고 말한다. $\int_0^{\infty} \frac{1}{x^p}\,dx$는 모든 p에 대해서 발산함을 보여라.

40. 함수 f는 구간 $[0, \infty)$의 $x=1$을 제외한 곳에서 연속이며, $\lim_{x\to 1}|f(x)|=\infty$. 그렇다면 $\int_0^{\infty} f(x)\,dx$를 어떻게 정의해야 할까?

41. 구간 $0\le x<8$에서 곡선 $y=(x-8)^{-2/3}$과 $y=0$ 사이 영역의 넓이를 구하여라.

42. 구간 $0<x\le 1$에서 곡선 $y=1/x$과 $y=1/(x^3+x)$ 사이 영역의 넓이를 구하여라.

43. 제1사분면에서 곡선 $y=x^{-2/3}$의 아래, $x=1$의 왼쪽 영역을 R이라 하자.

(a) R의 넓이를 구하고, 넓이가 유한함을 보여라.

(b) R을 x축에 대해 회전시켰을 때 생기는 입체의 부피는 무한함을 보여라.

44. $\int_0^b \ln x\,dx=0$이 되는 b를 구하여라.

45. $\int_0^1 \frac{\sin x}{x}dx$는 이상적분인가? 설명하여라.

EXPL **46. 비교 판정법** 구간 $[a, \infty)$에서 $0\le f(x)\le g(x)$라고 하자. $\int_a^\infty g(x)dx$가 수렴하면 $\int_a^\infty f(x)dx$도 수렴하고, $\int_a^\infty f(x)dx$가 발산하면 $\int_a^\infty g(x)dx$도 발산함을 보일 수 있다. 이것을 이용하여, $\int_1^\infty \frac{1}{x^4(1+x^4)}dx$가 수렴함을 보여라. 도움말: 구간 $[1, \infty)$에서, $1/[x^4(1+x^4)]\le 1/x^4$.

47. 문제 46의 비교 판정법을 써서, $\int_1^\infty e^{-x^2}dx$가 수렴함을 보여라. 도움말: 구간 $[1, \infty)$에서, $e^{-x^2}\le e^{-x}$.

48. 문제 46의 비교 판정법을 써서, $\int_2^\infty \frac{1}{\sqrt{x+2}-1}dx$가 발산함을 보여라.

49. 문제 46의 비교 판정법을 써서, $\int_1^\infty \frac{1}{x^2\ln(x+1)}dx$가 수렴하는지, 아니면 발산하는지 판단하여라.

50. 무한으로 발산하는 피적분함수를 가지는 이상적분에 대해서, 비교 판정법을 제시하여라.

51. (a) 9.2절 예제 2를 이용하여, 어떠한 양수 n에 대해서든, 다음을 만족하는 수 M이 존재함을 보여라.

$$x\ge M\text{인 경우, } 0<\frac{x^{n-1}}{e^x}\le\frac{1}{x^2}$$

(b) (a) 부분과 문제 46을 이용하여, $\int_1^\infty x^{n-1}e^{-x}dx$가 수렴함을 보여라.

52. 문제 50을 이용하여, $n>0$에 대해서 $\int_0^1 x^{n-1}e^{-x}dx$가 수렴함을 보여라.

EXPL **53. 감마 함수** $\Gamma(n)=\int_0^\infty x^{n-1}e^{-x}dx$, $n>0$라 하자. 문제 51과 52에 의해, 이 적분은 수렴한다. 다음이 성립함을 보여라(감마 함수는 모든 양의 실수 n에 대해서 정의됨을 주목하기 바란다).

(a) $\Gamma(1)=1$ (b) $\Gamma(n+1)=n\Gamma(n)$

(c) n이 양의 정수인 경우, $\Gamma(n+1)=n!$

CAS **54.** $n=1, 2, 3, 4, 5$에 대해서 $\int_0^\infty x^{n-1}e^{-x}dx$를 구하여라. 그래서 문제 53 (c)를 확인해 보아라.

CAS **55.** 감마확률밀도함수는 다음과 같다.

$$f(x)=\begin{cases} Cx^{\alpha-1}e^{-\beta x}, & x>0\text{인 경우} \\ 0, & x\le 0\text{인 경우}\end{cases}$$

단, α와 β는 양의 상수이다(감마 분포, 웨이블 분포는 사람이나 동물, 기계의 수명 모델로 사용된다).

(a) $f(x)$가 확률밀도함수가 되도록, α와 β에 따라서 C의 값을 결정하여라.

(b) (a)에서 찾은 C에 대해서, 평균 μ를 찾아라.

(c) (a)에서 찾은 C에 대해서, 분산 σ^2을 찾아라.

EXPL **56. 라플라스 변환**(Laplace transform)은 프랑스의 수학자 라플라스(Pierre-Simon de Laplace, 1749-1827)의 이름을 딴 것이며, 함수 $f(x)$의 라플라스 변환은 $L\{f(t)\}(s)=\int_0^\infty f(t)e^{-st}dt$이다. 라플라스 변환은 미분방정식을 푸는데 유용하게 쓴다.

(a) t^α의 라플라스 변환은 $\Gamma(\alpha+1)/s^{\alpha+1}$로 주어지며, 이것은 $s>0$에 대해서 정의됨을 보여라.

(b) $e^{\alpha t}$의 라플라스 변환은 $1/(s-\alpha)$로 주어지며, 이것은 $s>\alpha$에 대해서 정의됨을 보여라.

(c) $\sin(\alpha t)$의 라플라스 변환은 $\alpha/(s^2+\alpha^2)$로 주어지며, 이것은 $s>0$에 대해서 정의됨을 보여라.

(d) $\cos(\alpha t)$의 라플라스 변환은 $s/(s^2+\alpha^2)$로 주어지며, 이것은 $s>0$에 대해서 정의됨을 보여라.

57. 다음 적분이 어떤 넓이를 나타내는지를 말하고, 그 넓이를 y에 대해 적분해 구함으로써, 적분값을 구하여라.

(a) $\int_0^1 \sqrt{\frac{1-x}{x}}\,dx$ (b) $\int_{-1}^1 \sqrt{\frac{1+x}{1-x}}\,dx$

EXPL **58.** $0<p<q$이고, $\int_0^\infty \frac{1}{x^p+x^q}dx$가 수렴한다고 하자. 이때, p와 q에 대해서 무엇을 알 수 있는가?

개념 복습 해답: **1.** 갇혀 있지 않기 **2.** 2

3. $\lim_{b\to 4^-}\int_0^b (1/\sqrt{4-x})dx$ **4.** $p<1$

8.5 장 복습

개념 시험

다음 명제가 참인지, 거짓인지 이유를 들어 답하여라.

1. $\lim_{x\to\infty}\frac{x^{100}}{e^x}=0$

2. $\lim_{x\to\infty}\frac{x^{1/10}}{\ln x}=\infty$

3. $\lim_{x\to\infty}\frac{1000x^4+1000}{0.001x^4+1}=\infty$

4. $\lim_{x\to\infty}xe^{-1/x}=0$

5. $\lim_{x\to a}f(x)=\lim_{x\to a}g(x)=\infty$이면, $\lim_{x\to a}\frac{f(x)}{g(x)}=1$이다.

6. $\lim_{x\to a}f(x)=1$이고 $\lim_{x\to a}g(x)=\infty$이면, $\lim_{x\to a}[f(x)]^{g(x)}=1$ 이다.

7. $\lim_{x\to a}f(x)=1$이면, $\lim_{n\to\infty}\left\{\lim_{x\to a}[f(x)]^n\right\}=1$이다.

8. $\lim_{x\to a}f(x)=0$이고 $\lim_{x\to a}g(x)=\infty$이면, $\lim_{x\to a}[f(x)]^{g(x)}=0$ 이다($x\neq a$에 대해서 $f(x)\geq 0$이라 가정).

9. $\lim_{x\to a}f(x)=-1$이고 $\lim_{x\to a}g(x)=\infty$이면, $\lim_{x\to a}[f(x)]^{g(x)}=-\infty$이다.

10. $\lim_{x\to a}f(x)=0$이고 $\lim_{x\to a}g(x)=\infty$이면, $\lim_{x\to a}[f(x)g(x)]=0$이다.

11. $\lim_{x\to a}\frac{f(x)}{g(x)}=3$이면, $\lim_{x\to a}[f(x)-3g(x)]=0$이다.

12. $\lim_{x\to a}f(x)=2$이고 $\lim_{x\to a}g(x)=0$이면, $\lim_{x\to a}\frac{f(x)}{|g(x)|}=\infty$ 이다($x\neq a$에 대해서 $g(x)\neq 0$이라 가정).

13. $\lim_{x\to\infty}\ln f(x)=2$이면, $\lim_{x\to\infty}f(x)=e^2$이다.

14. $x\neq a$에 대해서 $f(x)\neq 0$이고 $\lim_{x\to a}f(x)=0$이면, $\lim_{x\to a}[1+f(x)]^{1/f(x)}=e$이다.

15. $p(x)$가 다항식이면, $\lim_{x\to\infty}\frac{p(x)}{e^x}=0$이다.

16. $p(x)$가 다항식이면, $\lim_{x\to 0}\frac{p(x)}{e^x}=p(0)$이다.

17. $f(x)$와 $g(x)$가 둘 다 미분가능이고 $\lim_{x\to 0}\frac{f'(x)}{g'(x)}=L$이면, $\lim_{x\to 0}\frac{f(x)}{g(x)}=L$이다.

18. $\int_0^1\frac{1}{x^{1.001}}dx$는 수렴한다.

19. 모든 $p>0$에 대해서 $\int_0^\infty\frac{1}{x^p}dx$는 발산한다.

20. f가 $[0, \infty)$에서 연속이고 $\lim_{x\to\infty}f(x)=0$이면, $\int_0^\infty f(x)dx$는 수렴한다.

21. f가 우함수이고 $\int_0^\infty f(x)dx$가 수렴하면, $\int_{-\infty}^\infty f(x)dx$는 수렴한다.

22. $\lim_{b\to\infty}\int_{-b}^b f(x)dx$가 존재하고 유한하면, $\int_{-\infty}^\infty f(x)dx$는 수렴한다.

23. f'가 $[0, \infty)$에서 연속이고 $\lim_{x\to\infty}f(x)=0$이면, $\int_0^\infty f'(x)dx$는 수렴한다.

24. $[0, \infty)$에서 $0\leq f(x)\leq e^{-x}$이면, $\int_0^\infty f(x)dx$는 수렴한다.

25. $\int_0^{\pi/4}\frac{\tan x}{x}dx$는 이상적분이다.

시험 보기 문제

문제 1~18에서 극한을 구하여라.

1. $\lim_{x\to 0}\frac{4x}{\tan x}$

2. $\lim_{x\to 0}\frac{\tan 2x}{\sin 3x}$

3. $\lim_{x\to 0}\frac{\sin x-\tan x}{\frac{1}{3}x^2}$

4. $\lim_{x\to 0}\frac{\cos x}{x^2}$

5. $\lim_{x\to 0}2x\cot x$

6. $\lim_{x\to 1^-}\frac{\ln(1-x)}{\cot \pi x}$

7. $\lim_{t\to\infty}\frac{\ln t}{t^2}$

8. $\lim_{x\to\infty}\frac{2x^3}{\ln x}$

9. $\lim_{x\to 0^+}(\sin x)^{1/x}$

10. $\lim_{x\to 0^+}x\ln x$

11. $\lim_{x\to 0^+}x^x$

12. $\lim_{x\to 0}(1+\sin x)^{2/x}$

13. $\lim_{x\to 0^+}\sqrt{x}\ln x$

14. $\lim_{t\to\infty}t^{1/t}$

15. $\lim_{x\to 0^+}\left(\frac{1}{\sin x}-\frac{1}{x}\right)$

16. $\lim_{x\to\pi/2}\frac{\tan 3x}{\tan x}$

17. $\lim_{x\to\pi/2}(\sin x)^{\tan x}$

18. $\lim_{x\to\pi/2}\left(x\tan x-\frac{\pi}{2}\sec x\right)$

문제 19~38에서 주어진 이상적분을 구하거나, 아니면 그것이 발산함을 보여라.

19. $\int_0^\infty \frac{dx}{(x+1)^2}$

20. $\int_0^\infty \frac{dx}{1+x^2}$

21. $\int_{-\infty}^1 e^{2x}dx$

22. $\int_{-1}^1 \frac{dx}{1-x}$

23. $\int_0^\infty \frac{dx}{x+1}$

24. $\int_{1/2}^2 \frac{dx}{x(\ln x)^{1/5}}$

25. $\int_1^\infty \frac{dx}{x^2+x^4}$

26. $\int_{-\infty}^1 \frac{dx}{(2-x)^2}$

27. $\int_{-2}^0 \frac{dx}{2x+3}$

28. $\int_1^4 \frac{dx}{\sqrt{x-1}}$

29. $\int_2^\infty \frac{dx}{x(\ln x)^2}$

30. $\int_0^\infty \frac{dx}{e^{x/2}}$

31. $\int_3^5 \frac{dx}{(4-x)^{2/3}}$

32. $\int_2^\infty xe^{-x^2}dx$

33. $\int_{-\infty}^\infty \frac{x}{x^2+1}dx$

34. $\int_{-\infty}^\infty \frac{x}{1+x^4}dx$

35. $\int_0^\infty \frac{e^x}{e^{2x}+1}dx$

36. $\int_{-\infty}^\infty x^2e^{-x^3}dx$

37. $\int_{-3}^3 \frac{x}{\sqrt{9-x^2}}dx$

38. $\int_{\pi/3}^{\pi/2} \frac{\tan x}{(\ln\cos x)^2}dx$

39. 적분 $\int_1^\infty \frac{1}{x^p}dx$는 p가 어떤 값일 때 수렴하고, 어떤 값일 때 발산하는가?

40. 적분 $\int_0^1 \frac{1}{x^p}dx$는 p가 어떤 값일 때 수렴하고, 어떤 값일 때 발산하는가?

문제 41~44에서 비교 판정법(8.4절 연습문제 46 참조)을 써서 다음 적분이 수렴하는지, 발산하는지 판단하여라.

41. $\int_1^\infty \frac{dx}{\sqrt{x^6+x}}$

42. $\int_1^\infty \frac{\ln x}{e^{2x}}dx$

43. $\int_3^\infty \frac{\ln x}{x}dx$

44. $\int_1^\infty \frac{\ln x}{x^3}dx$

복습과 예비 문제

0.1절에서 $P\Rightarrow Q$라는 명제의 역은 $Q\Rightarrow P$, 대우는 $\sim Q\Rightarrow \sim P$라고 했던 것을 기억해 보자. 문제 1~8에서 주어진 명제의 역과 대우를 찾자. 그리고 항상 참인 것을 찾아보자.

1. $x>0$이면 $x^2>0$

2. $x^2>0$이면 $x>0$

3. f가 c에서 미분가능하면, f는 c에서 연속이다.

4. f가 c에서 연속이면, f는 c에서 미분가능하다.

5. f가 c에서 우연속이면, f는 c에서 연속이다.

6. f의 도함수가 항상 0이면, f는 상수함수이다. (f는 모든 x에 대해서 미분가능하다고 가정하자)

7. $f(x)=x^2$이면 $f'(x)=2x$

8. $a<b$이면, $a^2<b^2$.

문제 9~12에서 주어진 합을 계산하여라.

9. $1+\frac{1}{2}+\frac{1}{4}$

10. $1+\frac{1}{2}+\frac{1}{4}+\frac{1}{8}+\frac{1}{16}+\frac{1}{32}$

11. $\sum_{i=1}^4 \frac{1}{i}$

12. $\sum_{k=1}^4 \frac{(-1)^k}{2^k}$

다음 극한값을 계산하여라.

13. $\lim_{x\to\infty}\frac{x}{2x+1}$

14. $\lim_{x\to\infty}\frac{n^2}{2n^2+1}$

15. $\lim_{x\to\infty}\frac{x^2}{e^x}$

16. $\lim_{x\to\infty}\frac{n^2}{e^n}$

다음 중 어떤 이상적분이 수렴하는가?

17. $\int_1^\infty \frac{1}{x}dx$

18. $\int_1^\infty \frac{1}{x^2}dx$

19. $\int_1^\infty \frac{1}{x^{1.001}}dx$

20. $\int_1^\infty \frac{x}{x^2+1}dx$

21. $\int_2^\infty \frac{1}{x\ln x}dx$

22. $\int_2^\infty \frac{1}{x(\ln x)^2}dx$

CHAPTER

9 무한급수

9.1 무한 수열

간단하게 말해서, 수열

$$a_1,\ a_2,\ a_3,\ a_4,\ \cdots$$

은 어떤 실수들을 나열해 놓은 것으로서, 각각의 양의 정수에 하나의 실수가 대응한다. 좀 더 엄밀하게 표현하면, **무한수열**은 정의역이 양의 정수들의 집합이고 치역이 실수들의 집합인 함수이다. 수열 a_1, a_2, a_3, $\cdots$, 을 $\{a_n\}_{n=1}^{\infty}$으로, 또는 간단히 $\{a_n\}$으로 나타낸다. 가끔, 이 개념을 약간 확장하여, 어떤 특정한 정수보다 크거나 같은 정수들의 집합을 정의역으로 하기도 한다. 예를 들어 b_0, b_1, b_2, $\cdots$와 c_8, c_9, c_{10}, $\cdots$, 과 같은 것들이며, 이것들을 각각 $\{b_n\}_{n=0}^{\infty}$와 $\{c_n\}_{n=8}^{\infty}$로 나타낸다.

수열을 구체적으로 나타내는 방법은 여러 가지가 있다. 다음처럼 처음 항들을 충분히 많이 나열하여, 그 규칙을 확립해 주면 된다.

$$1,\ 4,\ 7,\ 10,\ 13,\ \cdots$$

또는 다음처럼 n번째 항을 **명확한 공식**으로 제시해 주면 된다.

$$a_n = 3n-2, \quad n \geq 1$$

> 규칙
>
> $$1,\ 4,\ 7,\ 10,\ 13$$
>
> 으로 시작하는 수열은 여러 가지가 있다고 우길 수 있으며, 사실 그렇다. 예를 들어 다음 공식
>
> $$3n-2+(n-1)\cdot(n-2)\cdots(n-5)$$
>
> 도 n에 따라 다섯 개의 수들을 나타낸다. 이런 공식을 생각해내다니, 정말 엉뚱하다고 할 밖에. 우리가 어떤 규칙(유형)을 찾으라고 말하면, 단순하고 명확한 규칙을 찾으라는 뜻이다.

또는 다음처럼 **점화식**으로 나타내어도 된다.

$$a_1=1, \quad a_n=a_{n-1}+3, \quad n\geq 2$$

위의 세 개의 예들은 모두 같은 수열을 나타낸다. 다음으로 네 개의 구체적인 공식들과, 이들이 나타내는 수열의 처음 몇몇 항들을 제시한다.

(1) $a_n=1-\dfrac{1}{n}$, $\quad n\geq 1$: $0, \dfrac{1}{2}, \dfrac{2}{3}, \dfrac{3}{4}, \dfrac{4}{5}, \cdots$

(2) $b_n=1+(-1)^n\dfrac{1}{n}$, $\quad n\geq 1$: $0, \dfrac{3}{2}, \dfrac{2}{3}, \dfrac{5}{4}, \dfrac{4}{5}, \dfrac{7}{6}, \dfrac{6}{7}, \cdots$

(3) $c_n=(-1)^n+\dfrac{1}{n}$, $\quad n\geq 1$: $0, \dfrac{3}{2}, -\dfrac{2}{3}, \dfrac{5}{4}, -\dfrac{4}{5}, \dfrac{7}{6}, -\dfrac{6}{7}, \cdots$

(4) $d_n=0.999$, $\quad n\geq 1$: $0.999, 0.999, 0.999, 0.999, \cdots$

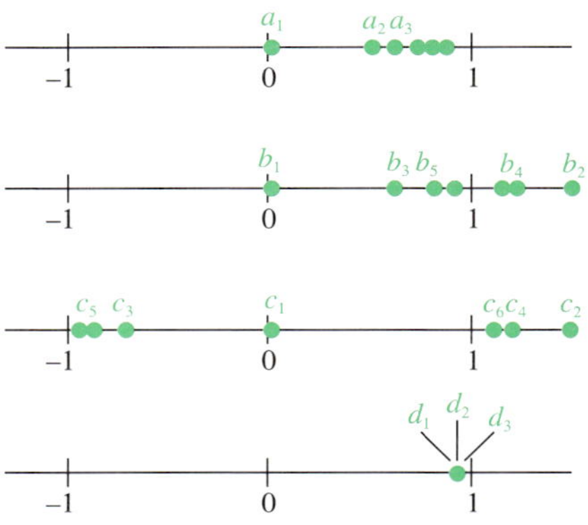

그림 1

수렴 방금 정의한 네 개의 수열을 보자. 이들 각각은 1 근처에 많은 항들이 모여 있다(그림 1 참조). 그렇다면 이들은 모두 1로 수렴하는가? 그 답은, 수열 $\{a_n\}$과 $\{b_n\}$은 1로 수렴하지만, $\{c_n\}$과 $\{d_n\}$은 1로 수렴하지 않는다.

어떤 수열이 1로 수렴하려면, 우선 수열의 값들이 1에 가까워져야 한다. 그러나 그것만으로는 충분하지 않으며, 어떤 특정한 값 이후의 모든 n들에 대해서, 계속 가까이 남아 있어야 한다. 따라서 수열 $\{c_n\}$은 해당되지 않는다. 가깝다는 말은, 얼마든지 가까워야 한다는 뜻이다. 즉, 1로부터 임의의 0이 아닌 거리 안에 놓여 있어야 한다는 뜻이며, 따라서 수열 $\{d_n\}$도 해당되지 않는다. 수열 $\{d_n\}$은 1로 수렴하지 않지만, 0.999로 수렴한다. 수열 $\{c_n\}$은 전혀 수렴하지 않는다. 이것을 발산한다고 말한다.

이제 엄밀한 정의를 소개한다. 이것은 먼저 1.5절에서 소개한 바 있다.

정의

임의의 양수 ε에 대하여, 그에 대응하는 자연수 N이 있어서,

$$n\geq N \Rightarrow |a_n-L|<\varepsilon$$

일 때 수열 $\{a_n\}$은 L로 **수렴한다**(converge)고 하고,

$$\lim_{n\to\infty} a_n=L$$

로 나타낸다.

어떠한 유한한 수 L로도 수렴하지 않는 수열은 **발산한다**(diverge)고 한다.

무한에서의 극한(1.5절)과의 관계를 살펴보기 위해서, $a_n=1-1/n$과 $a(x)=1-1/x$의 그래프를 보자. 이들의 차이점이라면, 수열의 경우 정의역을 양의 정수의 집합으로 제한하였다는 것이다. 전자의 경우, $\lim_{n\to\infty} a_n=1$이라 쓰고, 후자의 경우, $\lim_{x\to\infty} a(x)=1$이라고 쓴다. 그림 2에서 ε과 N의 의미를 자세히 살펴보기 바란다.

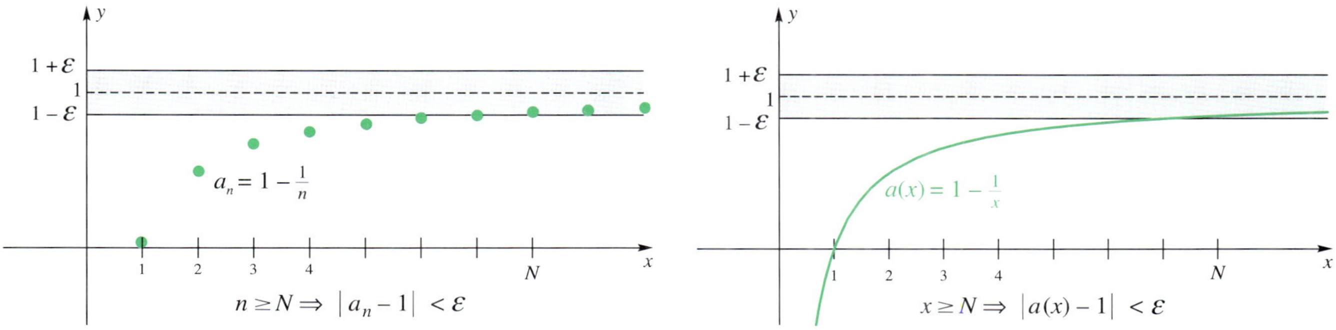

그림 2

예제 1 p가 양의 정수일 때, 다음이 성립함을 보여라.

$$\lim_{n\to\infty} \frac{1}{n^p} = 0$$

풀이 지금까지 배운 것들에 의해 이것은 거의 명백하지만, 엄밀한 증명을 제시한다. 임의의 $\varepsilon > 0$이 주어졌다고 하자. $\sqrt[p]{1/\varepsilon}$보다 큰 정수 N을 잡는다. 그러면 $n \geq N$이면 다음이 성립한다.

$$|a_n - L| = \left|\frac{1}{n^p} - 0\right| = \frac{1}{n^p} \leq \frac{1}{N^p} < \frac{1}{(\sqrt[p]{1/\varepsilon})^p} = \varepsilon$$ ■

극한에 관한 친숙한 정리들이 모두 수렴하는 수열들에 대해서도 성립한다. 이것들을 증명없이 제시한다.

정리 A 수열의 극한의 성질

$\{a_n\}$과 $\{b_n\}$이 수렴하는 수열이고, k는 상수라고 하자. 그러면

1. $\lim_{n\to\infty} k = k$;
2. $\lim_{n\to\infty} ka_n = k \lim_{n\to\infty} a_n$;
3. $\lim_{n\to\infty} (a_n \pm b_n) = \lim_{n\to\infty} a_n \pm \lim_{n\to\infty} b_n$;
4. $\lim_{n\to\infty} (a_n \cdot b_n) = \lim_{n\to\infty} a_n \cdot \lim_{n\to\infty} b_n$;
5. $\lim_{n\to\infty} \frac{a_n}{b_n} = \frac{\lim_{n\to\infty} a_n}{\lim_{n\to\infty} b_n}$, 단, $\lim_{n\to\infty} b_n \neq 0$

예제 2 $\lim_{n\to\infty} \frac{3n^2}{7n^2+1}$을 구하여라.

풀이 n이 매우 커질 때, n의 두 다항식들의 몫이 어떻게 되는지 판단하기 위해서, 분모에 나오는 n의 최고차항으로 분자와 분모를 나누는 것이 좋은 방법이다. 아래 계산의 처음 단계가 바로 이것이다. 다른 단계들은 정리 A를 이용한 것이며, 몇 번 공식을 이용하였는지 동그라미 속의 숫자로 나타내었다.

$$\lim_{n\to\infty}\frac{3n^2}{7n^2+1}=\lim_{n\to\infty}\frac{3}{7+(1/n^2)}$$

$$\overset{⑤}{=}\frac{\lim_{n\to\infty}3}{\lim_{n\to\infty}[7+(1/n^2)]}$$

$$\overset{③}{=}\frac{\lim_{n\to\infty}3}{\lim_{n\to\infty}7+\lim_{n\to\infty}1/n^2}$$

$$\overset{①}{=}\frac{3}{7+\lim_{n\to\infty}1/n^2}=\frac{3}{7+0}=\frac{3}{7}$$

이제, 극한 정리들에 어느 정도 친숙해졌으므로, 처음 단계부터 바로 최종 결과를 써 놓아도 될 것 같다. ■

예제 3 수열 $\{(\ln n)/e^n\}$은 수렴하는가? 수렴하면, 그 값은 얼마인가?

> *예측해 보기*
>
> 8장에서 로피탈의 정리를 써서 e^x가 x의 거듭제곱꼴보다 더 빨리 증가하고, $\ln x$가 x의 거듭제곱꼴보다 더 천천히 증가한다는 것을 알아보았다. 따라서, $\ln x/e^x$, $\ln n/e^n$이 0으로 가까이 간다는 것을 예측할 수 있다.

풀이 이 문제를 비롯한 여러 가지 수열 문제에서, 다음의 거의 자명한 사실을 이용하면 편리하다(그림 2 참조).

$$\lim_{x\to\infty}f(x)=L\text{이면, }\lim_{n\to\infty}f(n)=L\text{이다.}$$

이것이 편리한 까닭은, 연속인 변수에 대해서는 로피탈의 법칙을 적용할 수 있기 때문이다. 지금 이 문제의 경우, 로피탈의 법칙에 의해,

$$\lim_{x\to\infty}\frac{\ln x}{e^x}=\lim_{x\to\infty}\frac{1/x}{e^x}=0$$

그러므로

$$\lim_{n\to\infty}\frac{\ln n}{e^n}=0$$

즉, $\{(\ln n)/e^n\}$은 0으로 수렴한다. ■

다음 정리도, 약간 다른 형태로 이미 만난 적이 있다(정리 1.3D).

정리 B 조임 정리
수열 $\{a_n\}$과 $\{c_n\}$이 둘 다 L에 수렴하고, 모든 $n\geq K$에 대해서(K는 고정된 정수) $a_n\leq b_n\leq c_n$이라고 하자. 그러면 수열 $\{b_n\}$도 L에 수렴한다.

예제 4 $\lim_{n\to\infty}\dfrac{\sin^3 n}{n}=0$임을 보여라.

풀이 $n\geq 1$에 대해서, $-1/n\leq(\sin^3 n)/n\leq 1/n$. 그런데 $\lim_{n\to\infty}(-1/n)=0$이고 $\lim_{n\to\infty}(1/n)=0$이므로, 조임 정리에 의해 이 결과가 나온다. ■

부호가 바뀌는 수열에 대해서는 다음 결과가 유용하다.

정리 C

$\lim_{n\to\infty}|a_n|=0$이면, $\lim_{n\to\infty} a_n=0$이다.

증명 $-|a_n|\le a_n\le|a_n|$이므로, 조임 정리에 의해 이 결과가 나온다. ■

수열 $\{0.999^n\}$은 $n\to\infty$일 때 어떻게 되는가? 계산기를 가지고, $n=10$, 100, 1000, 10000에 대해서 0.999^n을 계산해보기 바란다. 그러면 추측할 수 있을 것이다. 이제 다음 예제를 보자.

예제 5 $-1<r<1$이면, $\lim_{n\to\infty} r^n=0$임을 보여라.

풀이 $r=0$인 경우, 이 결과는 당연하다. 따라서 r이 0이 아닌 경우를 생각한다. 그러면 $1/|r|>1$이고, 따라서 적당한 $p>0$에 대해 $1/|r|=1+p$. 이항정리에 의해,

$$\frac{1}{|r|^n}=(1+p)^n=1+pn+(\text{양수 항들})\ge pn$$

즉,

$$0\le|r|^n\le\frac{1}{pn}$$

그런데 $\lim_{n\to\infty}(1/pn)=(1/p)\lim_{n\to\infty}(1/n)=0$이므로, 조임 정리에 의해 $\lim_{n\to\infty}|r|^n=0$를 얻는다. 즉, $\lim_{n\to\infty}|r^n|=0$. 그러므로 정리 C에 의해 $\lim_{n\to\infty} r^n=0$. ■

$r>1$인 경우는 어떻게 되는가? 예를 들어 $r=1.5$이면? 그러면 r^n은 ∞를 향해서 빠르게 다가갈 것이다. 이 경우, 다음과 같이 나타낸다.

$$\lim_{n\to\infty} r^n=\infty,\quad r>1$$

그렇지만 수열 $\{r^n\}$은 발산한다고 말한다. 수렴하려면, 수열이 유한 극한값을 향해서 다가가야 한다. $r\le-1$인 경우도 수열 $\{r^n\}$은 발산한다.

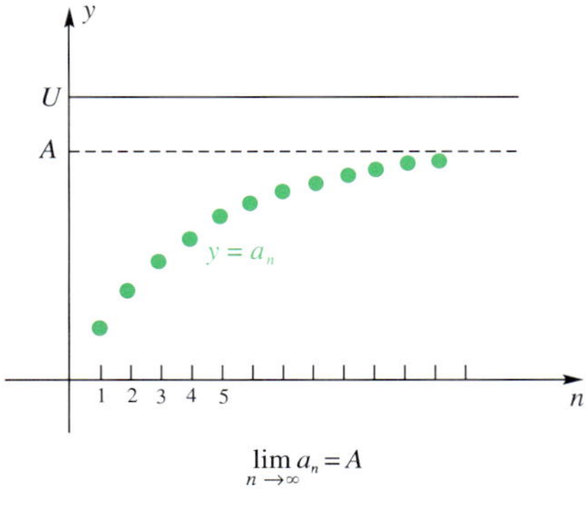

그림 3

단조 수열 이제 임의의 **감소하지 않는 수열**(nondecreasing sequence) $\{a_n\}$을 생각한다. 감소하지 않는다는 뜻은, $n\ge1$에 대해서, $a_n\le a_{n+1}$임을 의미한다. 이러한 예로는 수열 $a_n=n^2$이 있다. 또 다른 예로는 $a_n=1-1/n$. 곰곰이 생각해 보면, 감소하지 않는 수열의 움직임은 다음 둘 중의 하나가 됨을 알 수 있다. 무한대를 향해서 진행하거나, 아니면 위로 유계가 되어 무한대로 갈 수 없는 경우는, 그 상계를 향해서 가까이 가게 된다(그림 3 참조). 이 중요한 결과에 대해 다음 정리가 있다.

정리 D 단조수열정리

감소하지 않는 수열 $\{a_n\}$이 상계 U를 가지면, 그 수열은 어떤 값 A로 수렴하며, 극한값 A는 U보다 작거나 같다. 마찬가지로, 증가하지 않는 수열 $\{b_n\}$이 하계 L을 가지면, 수열 $\{b_n\}$은 어떤 값 B로 수렴하며, 극한값 B는 L보다 크거나 같다.

단조수열(monotonic sequence)이라는 말은 감소하지 않는 수열이나 증가하지 않는 수열을 가리킨다. 그래서 이 정리의 이름을 단조수열정리라고 한다.

정리 D는 실수체계의 매우 심오한 성질을 설명해 준다. 이것은 실수체계의 완비성(completeness property)과 동치이다. 쉽게 설명하자면, 수직선은 "틈새"가 없다는 말이다(연습문제 47, 48 참조). 수직선이 유리수 직선과 구별되는 성질이 바로 이것이다(유리수 직선은 틈새가 수없이 많이 있다). 이것을 주제로 하여 많은 것들을 말할 수 있지만, 정리 D를 직관적으로 파악하여, 고학년이 된 후 배울 때까지, 이것을 인정하기로 한다.

정리 D에 대해서 한 가지 더 말한다. 수열 $\{a_n\}$과 $\{b_n\}$이 처음부터 단조수열이어야 할 필요는 없다. 어느 순간 이후부터, 즉, $n \geq K$에 대해서 단조 수열이면 된다. 사실, 수열의 수렴, 발산은 앞의 항들의 특성과는 상관이 없으며, 큰 n에 대해서 성립하는 특성에 달려 있다.

예제 6 정리 D를 이용하여, 수열 $b_n = n^2/2^n$이 수렴함을 보여라.

풀이 수열의 앞의 몇몇 항들을 적으면, 다음과 같다.

$$\frac{1}{2},\ 1,\ \frac{9}{8},\ 1,\ \frac{25}{32},\ \frac{36}{64},\ \frac{49}{128},\ \cdots$$

$n \geq 3$에 대해서, 이 수열은 감소하는 $(b_n > b_{n+1})$ 것처럼 보이는데, 이것이 사실임을 이제 증명한다. 다음 각각의 부등식은 다른 부등식들과 동치이다.

$$\frac{n^2}{2^n} > \frac{(n+1)^2}{2^{n+1}}$$

$$n^2 > \frac{(n+1)^2}{2}$$

$$2n^2 > n^2 + 2n + 1$$

$$n^2 - 2n > 1$$

$$n(n-2) > 1$$

맨 끝의 부등식은 $n \geq 3$에 대해서 성립함이 명백하다. 이 수열이 감소하고(증가하지 않는다는 것보다 더 강한 조건임), 하계 0을 가지므로 단조수열정리에 의해서, 극한을 가진다.

로피탈의 법칙을 써서, 극한이 0임을 보일 수 있다. ■

개념 복습

1. 수들을 나열한 $a_1, a_2, a_3, \cdots$을 ______이라고 부른다.
2. ______, 수열 $\{a_n\}$은 수렴한다고 말한다.
3. 증가하는 수열이 ______, 그 수열은 반드시 수렴한다.
4. 수열 $\{r^n\}$이 수렴할 필요충분조건은 ______ $< r \leq$ ______.

연습문제 9.1

문제 1~20에서 $\{a_n\}$의 공식을 구체적으로 제시해 놓았다. 수열 $\{a_n\}$의 처음 5개 항들을 적고, 수열이 수렴하는지, 발산하는지 판정하고, 수렴하면 $\lim_{n\to\infty} a_n$을 구하여라.

1. $a_n=\dfrac{n}{3n-1}$
2. $a_n=\dfrac{3n+2}{n+1}$
3. $a_n=\dfrac{4n^2+2}{n^2+3n-1}$
4. $a_n=\dfrac{3n^2+2}{2n-1}$
5. $a_n=\dfrac{n^3+3n^2+3n}{(n+1)^3}$
6. $a_n=\dfrac{\sqrt{3n^2+2}}{2n+1}$
7. $a_n=(-1)^n\dfrac{n}{n+2}$
8. $a_n=\dfrac{n\cos(n\pi)}{2n-1}$
9. $a_n=\dfrac{\cos(n\pi)}{n}$
10. $a_n=e^{-n}\sin n$
11. $a_n=\dfrac{e^{2n}}{n^2+3n-1}$
12. $a_n=\dfrac{e^{2n}}{4^n}$
13. $a_n=\dfrac{(-\pi)^n}{5^n}$
14. $a_n=\left(\dfrac{1}{4}\right)^n+3^{n/2}$
15. $a_n=2+(0.99)^n$
16. $a_n=\dfrac{n^{100}}{e^n}$
17. $a_n=\dfrac{\ln n}{\sqrt{n}}$
18. $a_n=\dfrac{\ln(1/n)}{\sqrt{2n}}$
19. $a_n=\left(1+\dfrac{2}{n}\right)^{n/2}$
   도움말: 정리 6.5A
20. $a_n=(2n)^{1/2n}$

문제 21~30에서 각각의 수열에 대해서 구체적인 공식 $a_n=$ ______을 구하고, 수열이 수렴하는지, 발산하는지 판정하고, 수렴하면 $\lim_{n\to\infty} a_n$을 구하여라.

21. $\dfrac{1}{2}, \dfrac{2}{3}, \dfrac{3}{4}, \dfrac{4}{5}, \cdots$
22. $\dfrac{1}{2^2}, \dfrac{2}{2^3}, \dfrac{3}{2^4}, \dfrac{4}{2^5}, \cdots$
23. $-1, \dfrac{2}{3}, -\dfrac{3}{5}, \dfrac{4}{7}, -\dfrac{5}{9}, \cdots$
24. $1, \dfrac{1}{1-\frac{1}{2}}, \dfrac{1}{1-\frac{2}{3}}, \dfrac{1}{1-\frac{3}{4}}, \cdots$
25. $1, \dfrac{2}{2^2-1^2}, \dfrac{3}{3^2-2^2}, \dfrac{4}{4^2-3^2}, \cdots$
26. $\dfrac{1}{2-\frac{1}{2}}, \dfrac{2}{3-\frac{1}{3}}, \dfrac{3}{4-\frac{1}{4}}, \dfrac{4}{5-\frac{1}{5}}, \cdots$
27. $\sin 1,\ 2\sin\dfrac{1}{2},\ 3\sin\dfrac{1}{3},\ 4\sin\dfrac{1}{4}, \cdots$
28. $-\dfrac{1}{3}, \dfrac{4}{9}, -\dfrac{9}{27}, \dfrac{16}{81}, \cdots$
29. $2, 1, \dfrac{2^3}{3^2}, \dfrac{2^4}{4^2}, \dfrac{2^5}{5^2}, \cdots$
30. $1-\dfrac{1}{2}, \dfrac{1}{2}-\dfrac{1}{3}, \dfrac{1}{3}-\dfrac{1}{4}, \dfrac{1}{4}-\dfrac{1}{5}, \cdots$

문제 31~36에서 수열 $\{a_n\}$의 처음 4개 항들을 적어라. 그 다음에 정리 D를 이용하여 수열이 수렴함을 보여라.

31. $a_n=\dfrac{4n-3}{2^n}$
32. $a_n=\dfrac{n}{n+1}\left(2-\dfrac{1}{n^2}\right)$
33. $a_n=\left(1-\dfrac{1}{4}\right)\left(1-\dfrac{1}{9}\right)\cdots\left(1-\dfrac{1}{n^2}\right),\quad n\geq 2$
34. $a_n=1+\dfrac{1}{2!}+\dfrac{1}{3!}+\cdots+\dfrac{1}{n!}$
35. $a_n=1,\ a_{n+1}=1+\dfrac{1}{2}a_n$
36. $a_1=2,\ a_{n+1}=\dfrac{1}{2}\left(a_r+\dfrac{2}{a_n}\right)$

C 37. $u_1=\sqrt{3},\ u_{n+1}=\sqrt{3+u_n}$이 수렴하는 수열을 결정한다고 가정하자. $\lim_{n\to\infty} u_n$을 소수 네 자리까지 구하여라.

38. 문제 37의 수열 $\{v_n\}$이 위로 유계이고, 증가함을 보여라. 정리 D로부터, 수열 $\{u_n\}$은 수렴한다는 결론이 나온다.
도움말: 수학적 귀납법 사용.

39. 문제 37의 $\lim_{n\to\infty} u_n$을 대수적으로 구하여라. 도움말: $u=\lim_{n\to\infty} u_n$이라 하자. 그러면 $u_{n+1}=\sqrt{3+u_n}$이므로 $u=\sqrt{3+u}$이다. 이제 양변을 제곱하고, u에 대해서 풀면 된다.

40. 문제 39의 기법을 사용하여, 문제 36의 $\lim_{n\to\infty} a_n$을 구하여라.

C **41.** $u_n=0$, $u_{n+1}=1.1^{u_n}$이 수렴하는 수열을 결정한다고 가정하자. $\lim_{n\to\infty} u_n$을 소수 네 자리까지 구하여라.

42. 문제 41의 수열 $\{u_n\}$은 증가하고, 2에 의해 위로 유계임을 보여라.

43. 다음을 구하여라.

$$\lim_{n\to\infty}\sum_{k=1}^{n}\left(\sin\frac{k}{n}\right)\frac{1}{n}$$

도움말: 이와 동치인 정적분을 적어라.

44. 다음을 보여라.

$$\lim_{n\to\infty}\sum_{k=1}^{n}\left[\frac{1}{1+(k/n)^2}\right]\frac{1}{n}=\frac{\pi}{4}$$

45. 극한의 정의를 사용하여, $\lim_{n\to\infty} n/(n+1)=1$임을 보여라. 즉, 주어진 $\varepsilon>0$에 대해서, 다음을 만족하는 N을 찾아라.

$$n\geq N \Rightarrow |n/(n+1)-1|<\varepsilon$$

46. 문제 45와 같이 $\lim_{n\to\infty} n/(n^2+1)=0$임을 보여라.

47. $S=\{x: x$는 유리수이고, $x^2<2\}$라 하자. S는 유리수 집합에서 상한(least upper bound)을 가지지 않지만, 실수 집합에서는 그것을 가짐을 확인하여라. 바꿔 말하면, 유리수들의 수열 1, 1.4, 1.41, 1.414, ⋯, 는 유리수 집합에서 극한을 가지지 않는다.

EXPL **48.** 실수의 완비성(completeness) 성질에 의하면, 실수들의 부분집합 중에 위로 유계인 것에 대해서, 그 집합의 상한인 실수가 존재한다. 이 성질은 실수체계의 공리로 받아들이는 것이 보통이다. 이 성질을 이용하여 정리 D를 증명하여라.

49. $\lim_{n\to\infty} a_n=0$이고, $\{b_n\}$이 유계이면, $\lim_{n\to\infty} a_nb_n=0$임을 보여라.

50. $\{a_n\}$이 수렴하고, $\{b_n\}$이 발산하면, $\{a_n+b_n\}$은 발산함을 보여라.

51. $\{a_n\}$과 $\{b_n\}$이 둘 다 발산하면, $\{a_n+b_n\}$은 반드시 발산하는가?

EXPL **52.** 피보나치(Leonardo Fibonacci)가 서기 1200년 무렵에 소개한, **피보나치 수열**이라 부르는 유명한 수열 $\{f_n\}$은 다음과 같은 점화식으로 정의한다.

$$f_1=f_2=1,\quad f_{n+2}=f_{n+1}+f_n$$

(a) f_3부터 f_{10}까지 구하여라.

(b) $\phi=\frac{1}{2}(1+\sqrt{5})\approx 1.618034$라 하자. 그리스 수학자들은 이 수를 황금비라고 불렀으며, 가로, 세로의 비율이 이러한 직사각형이 완벽하다고 여겼다. 다음이 성립함을 보일 수 있다.

$$f_n=\frac{1}{\sqrt{5}}\left[\left(\frac{1+\sqrt{5}}{2}\right)^n-\left(\frac{1-\sqrt{5}}{2}\right)^n\right]$$
$$=\frac{1}{\sqrt{5}}[\phi^n-(-1)^n\phi^{-n}]$$

$n=1$, $n=2$일 때 이 공식의 결과를 올바름을 확인하여라. 일반적인 결과는 수학적 귀납법으로 증명할 수 있다(좋은 도전거리이다). 이 절의 내용과 일맥상통하는 것으로, 이 구체적인 공식을 이용하여 $\lim_{n\to\infty} f_{n+1}/f_n=\phi$임을 보여라.

(c) 위에서 증명한 극한을 이용하여, ϕ는 방정식 $x^2-x-1=0$을 만족함을 보여라. 그 다음에 이차방정식의 근의 공식을 써서, 이 방정식의 두 근이 ϕ와 $-1/\phi$임을 보여라. 참고로 이들은 f_n을 나타내는 구체적인 공식에서 나타났다.

53. 지름이 1인 원 $1+2+3+\cdots+n=n(n+1)/2$개를 차곡차곡 쌓아서 담고 있는 정삼각형을 생각한다. $n=4$인 경우를 그려 놓은 것이 그림 4이다. 원들의 전체 넓이를 A_n이라 하고, 정삼각형의 넓이를 B_n이라 하였을 때, $\lim_{n\to\infty} A_n/B_n$을 구하여라.

그림 4

C 문제 54~59에서 $\lim_{x\to\infty} f(x)=\lim_{x\to 0^+} f\left(\frac{1}{x}\right)$임을 이용하여, 다음 극한을 구하여라.

54. $\lim_{n\to\infty}\left(1+\frac{1}{n}\right)^n$

55. $\lim_{n\to\infty}\left(1+\frac{1}{2n}\right)^n$

56. $\lim_{n\to\infty}\left(1+\frac{1}{n^2}\right)^n$

57. $\lim_{n\to\infty}\left(\frac{n-1}{n+1}\right)^n$

58. $\lim_{n\to\infty}\left(\frac{2+n^2}{3+n^2}\right)^n$

59. $\lim_{n\to\infty}\left(\frac{2+n^2}{3+n^2}\right)^{n^2}$

개념 복습 해답: **1.** 수열 **2.** $\lim_{n\to\infty} a_n$이(유한한 수로) 존재하면 **3.** 위로 유계이면 **4.** -1; 1

9.2 무한급수

컴퓨터나 계산기를 사용하여 사인값이나 e의 거듭제곱값 등을 구할 때 이 근사값을 구하기 위하여 어떤 알고리즘을 사용한다. 이처럼 많은 알고리즘은 **무한급수**(infinite series)에 기초하고 있다. 이것은 9.8절에서 다룰 내용이다.

$$\sin x = x - \frac{x^3}{3!} + \frac{x^5}{5!} - \frac{x^7}{7!} + \cdots$$

$$e^x = 1 + x + \frac{x^2}{2!} + \frac{x^3}{3!} + \frac{x^4}{4!} + \cdots$$

이 장의 마지막 절은 이러한 급수들을 사용하여 주어진 함수를 정확한 값에 가깝게 추정하는 것에 초점을 둔다. 그러나 이 부분에 도달하기 전에 해야할 것이 있다. 위에 나온 급수들 중의 하나인 "무한"급수에 대해서 이해하는 것이다. 이를 위해 먼저 숫자로 나타나있는 무한급수를 살펴보고, 멱급수라고 불리는 x에 관한 무한급수는 9.6절에서 다루기로 한다. 다음 예를 살펴보자.

$$\frac{1}{2} + \frac{1}{4} + \frac{1}{8} + \cdots$$

먼저 첫 번째 항을 더하여, 합 $\frac{1}{2}$을 얻는다. 처음 두 항을 계산하여 합 $\frac{1}{2}+\frac{1}{4}=\frac{3}{4}$을 얻고, 처음 세 항을 계산하여 합 $\frac{1}{2}+\frac{1}{4}+\frac{1}{8}=\frac{7}{8}$을 얻는다. 같은 방법으로 계속 구해나간다. 이것이 **부분합**(partial sum)의 개념이다. 일반적으로, n번째 부분합, 즉 처음 n개의 항들을 더한 합을 S_n으로 나타낸다.

다음 부분합들을 생각해 보자.

$$S_1 = \frac{1}{2}$$

$$S_2 = \frac{1}{2} + \frac{1}{4} = \frac{3}{4}$$

$$S_3 = \frac{1}{2} + \frac{1}{4} + \frac{1}{8} = \frac{7}{8}$$

$$\vdots$$

$$S_n = \frac{1}{2} + \frac{1}{4} + \frac{1}{8} + \cdots + \frac{1}{2^n} = 1 - \frac{1}{2^n}$$

이 부분합들은 1에 점점 더 가까이 감이 명백하다. 사실,

$$\lim_{n\to\infty} S_n = \lim_{n\to\infty}\left(1 - \frac{1}{2^n}\right) = 1$$

따라서 무한개의 합은 이 부분합 S_n의 극한으로 정의된다.

좀 더 일반적으로, **무한급수**

$$a_1+a_2+a_3+a_4+\cdots$$

을 생각하고, 이것을 $\sum_{k=1}^{\infty} a_k$ 또는 $\sum a_k$로 나타낸다. 이 때 **n번째 부분합** S_n은 다음과 같이 주어진다.

$$S_n=a_1+a_2+a_3+\cdots+a_n=\sum_{k=1}^{n} a_k$$

이제 다음과 같이 정식으로 정의한다.

정의

무한급수 $\sum_{k=1}^{\infty} a_k$가 **수렴**(converge)하고, 그 **합**(sum)이 S라는 말은, 부분합의 수열 $\{S_n\}$이 S로 수렴한다는 뜻이다. $\{S_n\}$이 발산하면, 이 급수는 **발산**(diverge)한다고 한다. 발산하는 급수는 합이 없다.

$a\neq 0$에 대해서, 다음 형태의 급수를 **등비 급수**(또는 기하급수)라고 부른다.

$$\sum_{k=1}^{\infty} ar^{k-1}=a+ar+ar^2+ar^3+\cdots$$

예제 1 등비급수는 $|r|<1$인 경우 수렴하며, 합이 $S=a/(1-r)$이지만, $|r|\geq 1$인 경우는 발산함을 보여라.

풀이 $S_n=a+ar+ar^2+\cdots+ar^{n-1}$이다. $r=1$인 경우, $S_n=na$이며, 이것은 한없이 커진다. 그러므로 $\{S_n\}$은 발산한다. $r\neq 1$인 경우, 다음과 같이 나타낼 수 있다.

$$S_n-rS_n=(a+ar+\cdots+ar^{n-1})-(ar+ar^2+\cdots+ar^n)=a-ar^n$$

따라서

$$\boxed{S_n=\frac{a-ar^n}{1-r}=\frac{a}{1-r}-\frac{a}{1-r}r^n}$$

$|r|<1$인 경우, $\lim_{n\to\infty} r^n=0$(9.1절 예제 5), 그러므로

$$S=\lim_{n\to\infty} S_n=\frac{a}{1-r}$$

$|r|>1$인 경우와 $r=-1$인 경우, 수열 $\{r^n\}$은 발산하며, 따라서 $\{S_n\}$도 발산한다. ■

예제 2 예제 1의 결과를 이용하여, 다음 등비급수의 합을 구하여라.

(a) $\frac{4}{3}+\frac{4}{9}+\frac{4}{27}+\frac{4}{81}+\cdots$

(b) $0.515151\cdots = \frac{51}{100} + \frac{51}{10,000} + \frac{51}{1,000,000} + \cdots$

풀이

(a) $S = \frac{a}{1-r} = \frac{\frac{4}{3}}{1-\frac{1}{3}} = \frac{\frac{4}{3}}{\frac{2}{3}} = 2$ (b) $S = \frac{\frac{51}{100}}{1-\frac{1}{100}} = \frac{\frac{51}{100}}{\frac{99}{100}} = \frac{51}{99} = \frac{17}{33}$

부수적으로 (b)의 연산 과정을 보면, 임의의 순환 소수는 유리수임을 증명하는 방법을 암시하고 있다. ■

예제 3 그림 1의 도형은 정삼각형 속에 원들이 무수히 많이 들어 있다. 원들은 모두 삼각형에 접하고, 이웃한 원들에 접하며, 꼭짓점들을 향해서 끝없이 계속 나열해 있다. 삼각형의 넓이에서 원들이 차지하는 비율은 얼마인가?

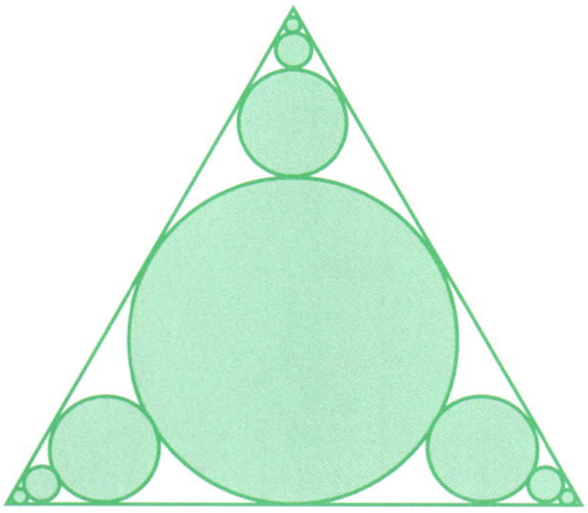

그림 1

풀이 계산하기 편하도록, 큰 원의 반지름이 1이라고 하자. 그러면 삼각형의 변의 길이는 $2\sqrt{3}$이다. 원들이 수직으로 쌓여 있는 것에 관심을 집중하자. 기하학적으로 추론해 보면(큰 원의 중심은 꼭짓점에서 밑변으로 가는 길의 2/3인 곳에 있다), 원들의 반지름은 1, $\frac{1}{3}$, $\frac{1}{9}$, $\cdots$임을 알 수 있으며, 따라서 수직으로 쌓여 있는 원들의 넓이는 다음과 같다.

$$\pi\left[1^2 + \left(\frac{1}{3}\right)^2 + \left(\frac{1}{9}\right)^2 + \left(\frac{1}{27}\right)^2 + \cdots\right] = \pi\left[1 + \frac{1}{9} + \frac{1}{81} + \frac{1}{729} + \cdots\right]$$

$$= \pi\left[\frac{1}{1-\frac{1}{9}}\right] = \frac{9\pi}{8}$$

모든 원들의 총 넓이는, 이 수의 3배에서 큰 원 넓이의 2배를 뺀 값이다. 즉, $27\pi/8 - 2\pi = 11\pi/8$이다. 삼각형의 넓이는 $3\sqrt{3}$이므로, 이 넓이에서 원들이 차지하는 비율은 다음과 같다.

$$\frac{11\pi}{24\sqrt{3}} \approx 0.83$$

■

예제 4 피터와 폴이 동전던지기 게임을 한다. 동전을 던져서 먼저 앞면이 나오는 사람이 이기는 게임이다. 피터가 먼저 시작했다면, 피터가 이길 확률은 얼마인가?

풀이 피터가 처음 동전을 던졌을 때, 바로 앞면이 나올 확률은 $\frac{1}{2}$이다. 또한 세 번 던지고 나서 피터가 이기는 경우도 있다. 즉 피터가 뒷면, 폴이 뒷면, 피터가 앞면이 나오면 된다. 이것은 매번 확률이 $\frac{1}{2}$이므로 이 경우의 확률은 $\frac{1}{2} \times \frac{1}{2} \times \frac{1}{2} = \frac{1}{8}$이다. 또 다른 경우로 다섯번 던지고 나서 피터가 이기는 경우도 있다. 이 경우의 확률은 $\frac{1}{2} \times \frac{1}{2} \times \frac{1}{2} \times \frac{1}{2} \times \frac{1}{2} = \frac{1}{32}$이 된다. 이 과정을 반복하면, 피터가 이길 확률은 등비급수가 된다.

$$\frac{1}{2}+\frac{1}{8}+\frac{1}{32}+\frac{1}{128}+\cdots=\frac{\frac{1}{2}}{1-\frac{1}{4}}=\frac{2}{3}$$

따라서 폴이 이길 확률은 $1-\frac{2}{3}=\frac{1}{3}$이다. 피터가 먼저 시작했기 때문에 이길 확률이 더 높다. ■

> *논리학*
>
> 다음 두 명제를 생각하자.
>
> 1. $\sum_{k=1}^{\infty} a_n$이 수렴하면, $\lim_{n\to\infty} a_n=0$이다.
> 2. $\lim_{n\to\infty} a_n=0$이면, $\sum_{n=1}^{\infty}$은 수렴한다.
>
> 처음 명제는 임의의 수열 $\{a_n\}$에 대해서 참이지만, 두 번째 명제는 그렇지 않다. 이것은 어떤 명제가 참이지만, 그 역은 거짓인 예이다.
>
> 참인 명제의 대우는 항상 참임을 상기하기 바란다. 처음 명제의 대우는 다음과 같다.
>
> 3. $\lim_{n\to\infty} a_n\neq 0$이면, $\sum_{n=1}^{\infty} a_n$은 발산한다.

일반적인 발산 판정법 등비급수 $ar^2+\cdots+ar^{n-1}+\cdots$을 다시 생각해 보자. n번째 항 a_n은 $a_n=ar^{n-1}$로 주어진다. 예제 1을 보면, 등비급수가 수렴할 필요충분조건은 $\lim_{n\to\infty} a_n=0$임을 알 수 있다.

이것이 모든 급수에 대해서 수렴과 발산을 판정할 수 있을까? 해답은 "아니오"이다. 그렇지만 이 명제의 절반은 ("필요조건"이라는 부분) 옳다. 이것으로부터 급수의 발산 판정법을 얻을 수 있다.

정리 A ***n*항 판정법**

급수 $\sum_{n=1}^{\infty} a_n$이 수렴하면, $\lim_{n\to\infty} a_n=0$이다. 즉, $\lim_{n\to\infty} a_n\neq 0$이거나 $\lim_{n\to\infty} a_n$이 존재하지 않으면, 이 급수는 발산한다.

증명 S_n을 부분합이라 하고, $S=\lim_{n\to\infty} S_n$이라 하자. $a_n=S_n-S_{n-1}$임을 주목하기 바란다. 그런데 $\lim_{n\to\infty} S_{n-1}=\lim_{n\to\infty} S_n=S$이므로, 다음이 성립한다.

$$\lim_{n\to\infty} a_n=\lim_{n\to\infty} S_n-\lim_{n\to\infty} S_{n-1}=S-S=0$$ ■

예제 5 $\sum_{n=1}^{\infty}\frac{n^3}{3n^3+2n^2}$은 발산함을 보여라.

풀이

$$\lim_{n\to\infty} a_n=\lim_{n\to\infty}\frac{n^3}{3n^3+2n^2}=\lim_{n\to\infty}\frac{1}{3+2/n}=\frac{1}{3}$$

그러므로 n항 판정법에 의해, 이 급수는 발산한다. ■

조화급수 정리 A를 역으로, $a_n\to 0$이면 a_n이 수렴한다고 주장하고 싶을 것이다. 그러나 이것은 참이 아니다. **조화급수**

$$\sum_{n=1}^{\infty}\frac{1}{n}=1+\frac{1}{2}+\frac{1}{3}+\cdots+\frac{1}{4}+\cdots$$

을 보면 알 수 있다. $\lim_{n\to\infty} a_n=\lim_{n\to\infty}(1/n)=0$임은 명백하다. 그러나 이 급수는 발산함을 증명한다.

예제 6 앞의 조화급수는 발산함을 보여라.

풀이 S_n이 한없이 커짐을 보이겠다. n이 상당히 크다고 하고, 다음과 같이 적는다.

$$\begin{aligned} S_n &= 1+\frac{1}{2}+\frac{1}{3}+\frac{1}{4}+\frac{1}{5}+\cdots+\frac{1}{n} \\ &= 1+\frac{1}{2}+\left(\frac{1}{3}+\frac{1}{4}\right)+\left(\frac{1}{5}+\frac{1}{6}+\frac{1}{7}+\frac{1}{8}\right)+\left(\frac{1}{9}+\cdots+\frac{1}{16}\right)+\cdots+\frac{1}{n} \\ &> 1+\frac{1}{2}+\frac{2}{4}+\frac{4}{8}+\frac{8}{16}+\cdots+\frac{1}{n} \\ &= 1+\frac{1}{2}+\frac{1}{2}+\frac{1}{2}+\frac{1}{2}+\cdots+\frac{1}{n} \end{aligned}$$

따라서 n을 충분히 크게 잡으면, 맨 끝의 표현의 $\frac{1}{2}$이 원하는 만큼 얼마든지 많아지도록 만들 수 있다. 따라서 S_n은 한없이 계속 커지며, 따라서 $\{S_n\}$은 발산한다. 그러므로 주어진 조화급수는 발산한다. ■

상쇄하는 급수 S_n의 식을 구체적으로 구할 수 있는 드문 예 중의 하나가 등비급수이다. **상쇄하는 급수**도 그러한 예이다(4.1절 예제 2 참조).

예제 7 다음 급수가 수렴함을 보이고, 그 합을 구하여라.

$$\sum_{k=1}^{\infty} \frac{1}{(k+2)(k+3)}$$

풀이 부분분수로 분해하여, 다음과 같이 나타낸다.

$$\frac{1}{(k+2)(k+3)} = \frac{1}{k+2} - \frac{1}{k-3}$$

그러면

$$\begin{aligned} S_n &= \sum_{k=1}^{n}\left(\frac{1}{k+2}-\frac{1}{k+3}\right) = \left(\frac{1}{3}-\frac{1}{4}\right)+\left(\frac{1}{4}-\frac{1}{5}\right)+\cdots+\left(\frac{1}{n+2}-\frac{1}{n+3}\right) \\ &= \frac{1}{3}-\frac{1}{n+3} \end{aligned}$$

따라서

$$\lim_{n\to\infty} S_n = \frac{1}{3}$$

이 급수는 수렴하며, 합은 $\frac{1}{3}$이다. ■

수렴하는 급수의 성질 수렴하는 급수들은 유한개의 합들과 비슷한 성질을 갖는다. 즉, 짐작으로 성립할 것으로 믿는 것들이 실제로 성립한다.

기호에 대해서

이 정리를 통해서, 기호의 의미가 슬며시 바뀌고 있다. 이제부터 기호 $\sum_{k=1}^{\infty} a_k$는 두 가지 의미로 사용한다. 즉, 무한급수 $a_1+a_2+\cdots$을 나타내기도 하고, 이 급수의 합인 어떤 수를 나타내기도 한다.

정리 B 수렴하는 급수의 선형성

$\sum_{k=1}^{\infty} a_k$와 $\sum_{k=1}^{\infty} b_k$가 둘 다 수렴하고, c는 상수라고 하자. 그러면 $\sum_{k=1}^{\infty} ca_k$와 $\sum_{k=1}^{\infty} (a_k+b_k)$도 수렴하며,

(i) $\sum_{k=1}^{\infty} ca_k = c\sum_{k=1}^{\infty} a_k$;

(ii) $\sum_{k=1}^{\infty} (a_k+b_k) = \sum_{k=1}^{\infty} a_k + \sum_{k=1}^{\infty} b_k$.

증명 가정에 의해서, $\lim_{n\to\infty}\sum_{k=1}^{n} a_k$와 $\lim_{n\to\infty}\sum_{k=1}^{n} b_k$는 둘 다 존재한다. 따라서 유한 개의 합의 성질과 수열의 극한의 성질을 이용한다.

(i)
$$\sum_{k=1}^{\infty} ca_k = \lim_{n\to\infty}\sum_{k=1}^{n} ca_k = \lim_{n\to\infty} c\sum_{k=1}^{n} a_k = c\lim_{n\to\infty}\sum_{k=1}^{n} a_k = c\sum_{k=1}^{\infty} a_k$$

(ii)
$$\sum_{k=1}^{\infty} (a_k+b_k) = \lim_{n\to\infty}\sum_{k=1}^{n} (a_k+b_k) = \lim_{n\to\infty}\left[\sum_{k=1}^{n} a_k + \sum_{k=1}^{n} b_k\right] = \lim_{n\to\infty}\sum_{k=1}^{n} a_k + \lim_{n\to\infty}\sum_{k=1}^{n} b_k = \sum_{k=1}^{\infty} a_k + \sum_{k=1}^{\infty} b_k$$ ■

예제 8 $\sum_{k=1}^{\infty}\left[3\left(\frac{1}{8}\right)^k - 5\left(\frac{1}{3}\right)^k\right]$를 계산하여라.

풀이 정리 B와 예제 1에 의해

$$\sum_{k=1}^{\infty}\left[3\left(\frac{1}{8}\right)^k - 5\left(\frac{1}{3}\right)^k\right] = 3\sum_{k=1}^{\infty}\left(\frac{1}{8}\right)^k - 5\sum_{k=1}^{\infty}\left(\frac{1}{3}\right)^k = 3\frac{\frac{1}{8}}{1-\frac{1}{8}} - 5\frac{\frac{1}{3}}{1-\frac{1}{3}} = \frac{3}{7} - \frac{5}{2} = -\frac{29}{14}$$ ■

정리 C

$\sum_{k=1}^{\infty} a_k$가 발산하고 $c \neq 0$이면, $\sum_{k=1}^{\infty} ca_k$도 발산한다.

이 정리의 증명은 스스로 해 보기 바란다(연습문제 41). 예를 들어 급수

$$\sum_{k=1}^{\infty}\frac{1}{3k} = \sum_{k=1}^{\infty}\frac{1}{3}\cdot\frac{1}{k}$$

은 이 정리에 의해 발산한다. 예제 6의 조화급수가 발산하기 때문이다.

덧셈의 결합법칙에 의하면, 유한 개의 덧셈에서는 항들을 마음대로 묶어도 상관이 없다. 예를 들어

$$2+7+3+4+5=(2+7)+(3+4)+5=2+(7+3)+(4+5)$$

그러나 무한급수의 정의는 부분합의 수열의 극한이기 때문에, 이것을 깜빡 잊으면 안 된다. 직관을 따라 움직이다가는 므순들이 쏟아져 나온다. 예를 들어 다음 급수를 보자.

$$1-1+1-1+\cdots+(-1)^{n+1}+\cdots$$

이것의 부분합은 다음과 같다.

$$S_1=1$$
$$S_2=1-1=0$$
$$S_3=1-1+1=1$$
$$S_4=1-1+1-1=0$$
$$\vdots$$

부분합의 수열 1, 0, 1, 0, 1, …은 발산한다. 그러므로 급수 $1-1+1-1+\cdots$은 발산한다. 그런데 이 급수를

$$(1-1)+(1-1)+\cdots$$

으로 보면, 합이 0이라고 억지를 부릴 수 있다. 또는 이 급수를

$$1-(1-1)-(1-1)-\cdots$$

으로 보고, 합이 1이라고 우길 수 있다. 급수의 합이 0이면서 동시에 1일 수는 없다. 급수의 항들을 묶어 주는 일은, 그 급수가 수렴하는 경우는 상관이 없다. 수렴하는 경우는, 항들을 마음대로 묶어 계산하여도 된다.

정리 D 무한급수의 항 묶기

수렴하는 급수의 항들을 어떻게든 마음대로 묶어도(항들의 순서는 원래대로 유지해야 한다), 급수는 원래 급수와 같은 합으로 수렴하게 된다.

증명 수렴하는 원래 급수를 $\sum a_n$이라 하고, 그 부분합의 수열을 $\{S_n\}$이라 하자. $\sum a_n$의 항들을 묶어서 만든 급수를 $\sum b_m$이라 하고, 이것의 부분합의 수열을 $\{T_m\}$이라 하자. 그러면 각각의 T_m은 S_n들 중의 하나이다. 예를 들어 T_4가

$$T_4=a_1+(a_2+a_3)+(a_4+a_5+a_6)+(a_7+a_8)$$

이라 하자. 이 경우 $T_4=S_8$. 이와 같이 $\{T_m\}$은 $\{S_n\}$의 "부분수열"이다. 약간만 생각해 보면, $S_n\to S$이면 $T_m\to S$임을 수긍할 수 있을 것이다. ■

개념 복습

1. $a_1+a_2+a_3+\cdots$과 같은 형태의 표현을 가리켜 ______라 부른다.

2. 급수 $a_1+a_2+\cdots$이 수렴한다는 말은, 수열 $\{S_n\}$이 수렴한다는 뜻이다. 여기서 $S_n=$______.

3. ______이면, 등비급수 $a+ar+ar^2+\cdots$은 수렴한다. 이 경우 이 급수의 합은 ______이다.

4. $\lim\limits_{n\to\infty} a_n \neq 0$이면, 급수 $\sum\limits_{n=1}^{\infty} a_k$은 ______고 확언할 수 있다.

연습문제 9.2

문제 1~14에서 주어진 급수가 수렴하는지, 발산하는지 판정하여라. 수렴하면, 그 합을 구하여라. 도움말: 처음 몇몇 항들을 적어 보면 도움이 될 것이다.

1. $\sum\limits_{k=1}^{\infty}\left(\frac{1}{7}\right)^k$

2. $\sum\limits_{k=1}^{\infty}\left(-\frac{1}{4}\right)^{-k-2}$

3. $\sum\limits_{k=1}^{\infty}\left[2\left(\frac{1}{4}\right)^k+3\left(-\frac{1}{5}\right)^k\right]$

4. $\sum\limits_{k=1}^{\infty}\left[5\left(\frac{1}{2}\right)^k-3\left(\frac{1}{7}\right)^{k+1}\right]$

5. $\sum\limits_{k=1}^{\infty}\frac{k-5}{k+2}$

6. $\sum\limits_{k=1}^{\infty}\left(\frac{9}{8}\right)^k$

7. $\sum\limits_{k=2}^{\infty}\left(\frac{1}{k}-\frac{1}{k-1}\right)$

8. $\sum\limits_{k=1}^{\infty}\frac{3}{k}$

9. $\sum\limits_{k=1}^{\infty}\frac{k!}{100^k}$

10. $\sum\limits_{k=1}^{\infty}\frac{2}{(k+2)k}$

11. $\sum\limits_{k=1}^{\infty}\left(\frac{e}{\pi}\right)^{k+1}$

12. $\sum\limits_{k=1}^{\infty}\frac{4^{k+1}}{7^{k-1}}$

13. $\sum\limits_{k=2}^{\infty}\left(\frac{3}{(k-1)^2}-\frac{3}{k^2}\right)$

14. $\sum\limits_{k=6}^{\infty}\frac{2}{k-5}$

문제 15~20에서 주어진 소수를 무한급수로 나타내고, 그 급수의 합을 구하여라. 그 결과를 이용하여, 주어진 소수를 두 정수들의 비율로 나타내어라(예제 2 참조).

15. $0.2222\cdots$

16. $0.2122121\cdots$

17. $0.013013013\cdots$

18. $0.125125125\cdots$

19. $0.49999\cdots$

20. $0.36717171\cdots$

21. $\sum\limits_{k=0}^{\infty} r(1-r)^k$를 구하여라. 여기서 $0<r<2$.

22. $\sum\limits_{k=0}^{\infty}(-1)^k x^k$를 구하여라. 여기서 $-1<x<1$.

23. $\sum\limits_{k=1}^{\infty}\ln\frac{k}{k+1}$는 발산함을 보여라. 도움말: S_n의 공식을 구하여라.

24. $\sum\limits_{k=2}^{\infty}\ln\left(1-\frac{1}{k^2}\right)=-\ln 2$임을 보여라.

25. 100 피트 높이에서 공을 떨어뜨렸다. 공은 바닥에 튕겨서, 매번 이전 높이의 $\frac{2}{3}$만큼 올라간다. 공이 멈추기까지 움직이는 총 거리를 구하여라.

26. 세 사람이 사과 한 개를 다음과 같이 나누어 가진다. 먼저 사과를 4등분하여, 한 명이 한 조각씩 가진다. 그 다음에 남은 한 조각을 4등분하여, 한 명이 한 조각씩 가지고, 이런 식으로 계속한다. 이들은 사과를 1/3씩 가지게 됨을 보여라.

27. 정부가 남은 예산 10억 달러를 경제 활동에 투입하였다. 모든 기업과 개인이 수입의 25%를 저축하고, 나머지를 소비한다고 가정한다. 그러므로 처음 10억 달러 중에, 개인과 기업이 75%를 다시 소비하게 된다. 그것의 75%를 다시 소비하고, 이런 식으로 계속된다. 정부의 지출에 의하여 소비는 전체적으로 얼마나 증가하는가? (경제학에서는 이것을 승수 효과(multiplier effect)라고 부른다.)

28. 각각의 단계에서 수입의 10%만을 저축한다고 가정하고, 문제 27을 풀어 보아라.

≈ **29.** 정사각형 $ABCD$의 변의 길이는 1이고, E, F, G, H는 변의 중점이다(그림 2). 이 그림에 나오는 규칙을 따라서 계속 칠해 나가면, 칠한 부분의 넓이는 얼마가 되겠는가?

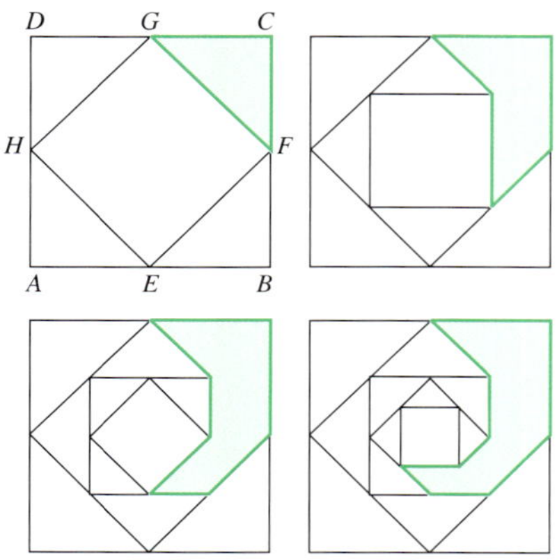

그림 2

≈ **30.** 그림 3에 나오는 규칙을 따라서 계속 칠해 나가면, 원래 정사각형의 얼마만큼을 칠하게 되겠는가?

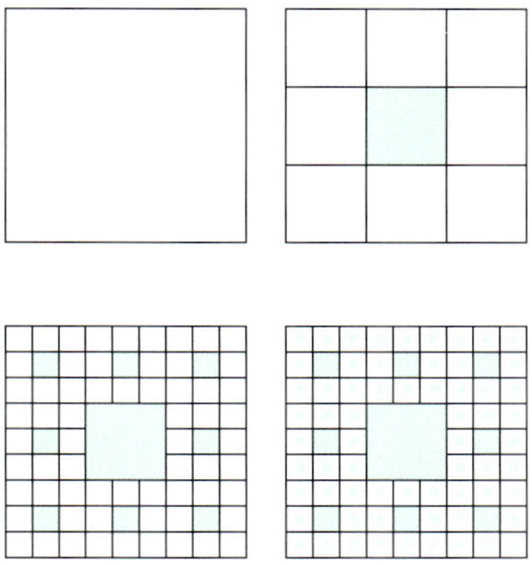

그림 3

≈ **31.** 삼각형들이 점점 작아지는데, 각각의 삼각형의 꼭지점은 그 옆의 큰 삼각형의 변의 중점에 놓여 있다(그림 4). 이 그림에 나오는 규칙을 따라서 계속 칠해 나가면, 원래 삼각형의 얼마만큼을 칠하게 되겠는가? 원래 삼각형이 정삼각형이 아닌 경우에도 이것이 성립하는가?

그림 4

≈ **32.** 문제 31의 삼각형들 속에다 원들을 내접시켰다. 그림 5을 보기 바란다. 원래 삼각형이 정삼각형이라면, 결국에 가면 넓이의 얼마만큼을 칠하게 되겠는가?

그림 5

33. 코흐의 눈송이(Koch snowflake)는 다음과 같이 만들어진다. 먼저 정삼각형에서부터 시작한다. 여기서 우리는 한 변의 길이를 9라 가정한다. 각 변을 3등분하여 가운데 부분에 한 변의 길이가 3인 정삼각형을 붙인다. 그런 다음에 12개의 모서리를 각각 3등분하여 가운데 부분에 한 변의 길이가 1인 정삼각형을 붙인다. 코흐의 눈송이는 이러한 과정을 무한히 반복하여 만든다. 아래 그림 6을 참고한다.

(a) 코흐의 눈송이의 둘레의 길이를 구하거나 아니면 그 값이 무한함을 보여라.

(b) 코흐의 눈송이의 넓이를 구하거나 아니면 그 값이 무한함을 보여라.

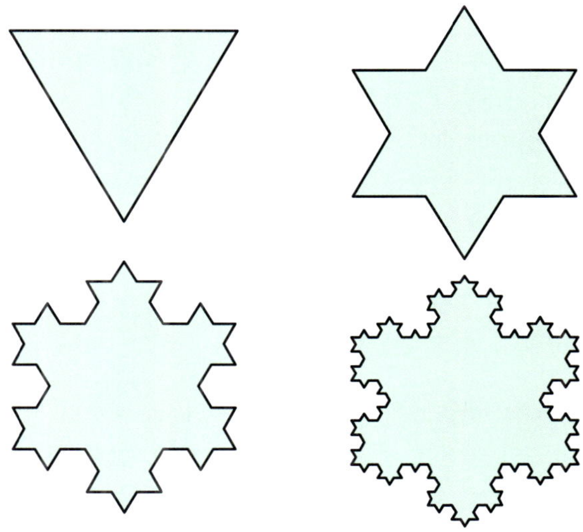

그림 6

34. 그림 7의 직각삼각형 ABC를 살펴보자. 점 A_1은 점 C에서 선분 AB에 수선을 내린 것이고, 점 B_1은 점 A_1에서 선분 AC에 평행하게 선을 그은 것이다. 이 과정을 반복해 A_1, A_2, A_3, $\cdots$ 그리고 B_1, B_2, B_3, $\cdots$를 만들어 나간다. 이런 식으로 만들어진 삼각형들의 합을 구하고, 그 합이 삼각형 ABC의 넓이와 같음을 보여라.

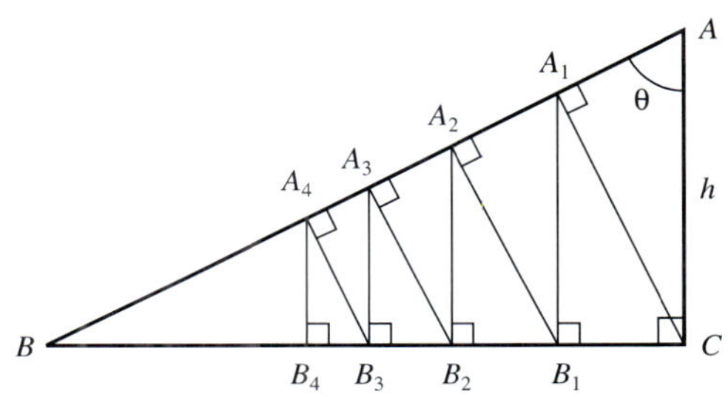

그림 7

35. 제논의 역설(Zeno's paradox)을 하나 더 소개한다. 아킬레우스는 거북보다 10배 빨리 달리는데, 대신에 거북은 100 야드 앞에서 출발한다. 제논에 따르면, 아킬레우스는 거북을 따라잡을 수 없다. 왜냐 하면 아킬레우스가 100 야드를 달리면, 거북은 10 야드 앞에 가 있으며, 아킬레우스가 10 야드를 달리면, 거북은 1 야드 앞에 가 있으며, 이런 식으로 계속되기 때문이다. 아킬레우스가 거북을 따라잡을 수 있다고 제논을 설득하고, 정확하게 얼마 거리를 달려서 따라잡게 되는지 말하여라.

36. 철수와 민수는 달리기 선수이다. 이들은 시속 10 마일로 꾸준히 달릴 수 있다. 이들이 기르는 개 멍멍이는 더욱 잘 달린다. 멍멍이는 시속 20 마일로 달린다. 60 마일 떨어져 있는 두 도시에서 철수와 민수가 각각 출발하여, 서로를 향해서 달려가며, 멍멍이는 두 사람 사이에서 계속 왔다갔다한다. 철수와 민수가 만나게 될 때까지, 멍멍이는 얼마만큼의 거리를 달리겠는가? 멍멍이는 철수와 같이 출발하여, 민수를 향해 달렸으며, 멍멍이는 순간적으로 방향을 바꿔 달릴 수 있다고 가정한다. 이 문제를 두 가지 방법으로 풀어라.

(a) 기하 급수를 사용하여

(b) 다른 쉽고 간단한 방법으로

37. 철수와 영수가 앞면이 나올 확률이 $\frac{1}{3}$, 뒷면이 나올 확률이 $\frac{2}{3}$인 동전을 번갈아 가면서 던진다. 먼저 동전의 앞면이 나오는 사람이 이기는 게임이다. 철수가 먼저 던지기 시작했다면, 철수가 이길 확률은 얼마인가?

38. 앞면이 나올 확률은 P, 뒷면이 나올 확률을 $1-P$라고 하고, 37번 문제를 다시 풀어보자.

39. 영희가 주사위 눈이 6이 나올 때까지 주사위를 던진다. 확률 변수 X가 주사위 눈이 6이 나올 때까지 주사위를 던진 횟수라고 하자. X의 확률 분포를 찾고, 모든 확률의 합이 1이 됨을 보여라.

40. $\sum_{x=1}^{\infty} xp^x = \frac{p}{(1-p)^2}$이라는 사실(이것은 9.7절에서 다룬다)을 이용하여, 39번 문제의 확률변수 X의 기대값을 구하여라.

41. 다음을 증명하여라: $\sum_{k=1}^{\infty} a_k$가 발산하면, $c \neq 0$에 대해서, $\sum_{k=1}^{\infty} ca_k$도 발산한다.

42. 문제 41를 이용하여, $\frac{1}{2}+\frac{1}{4}+\frac{1}{6}+\frac{1}{8}+\cdots$은 발산함을 보여라.

43. 길이가 1인, 똑같은 벽돌이 무수히 많이 있다.

(a) 이들을 그림 8처럼 쌓으면 쓰러지지 않음을 확인하여라. 도움말: 무게중심을 생각한다.

(b) 이 방법으로 계속 쌓으면, 맨 꼭대기 벽돌은 맨 아래 벽돌에 비해서 오른쪽으로 얼마나 튀어나오게 할 수 있는가?

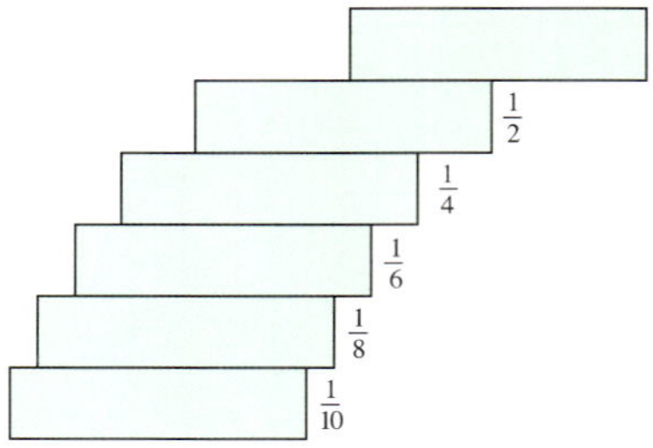

그림 8

44. $S_N = \sum_{k=1}^{N} (1/k)$이 4보다 더 커지려면, N은 얼마나 커야 하는가? 참고: 컴퓨터로 계산해 보면, S_N이 20보다 더 커지려면, $N=272{,}400{,}600$이어야 하고, S_N이 100보다 더 커지려면, $N \approx 1.5 \times 10^{43}$이어야 한다.

45. $\sum a_n$이 발산하고 $\sum b_n$이 수렴하면, $\sum(a_n+b_n)$은 발산함을 보여라.

46. $\sum a_n$과 $\sum b_n$이 둘 다 발산해도, $\sum(a_n+b_n)$은 수렴하는 경우가 있음을 보여라.

47. 그림 9의 영역을 먼저 수직으로 보고, 그 다음에 수평으로 보아서, 다음이 성립함을 확인하여라.

$$1+\frac{1}{2}+\frac{1}{4}+\frac{1}{8}+\cdots = \frac{1}{2}+\frac{2}{4}+\frac{3}{8}+\frac{4}{16}\cdots$$

이 사실을 이용하여 다음을 계산하여라.

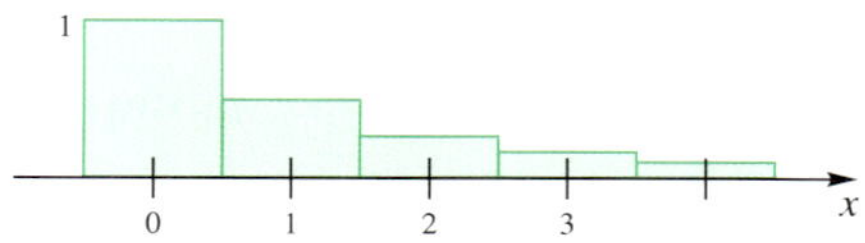

그림 9

(a) $\sum_{k=1}^{\infty} \frac{k}{2^k}$

(b) 이 영역의 도심(centroid)의 수평 좌표 $\bar{x}$

48. r은 고정된 수로서, $|r|<1$이라 하자. 그러면 $\sum_{k=1}^{\infty} kr^k$가 수렴함을 보일 수 있다. 이 합을 S라 하자. $\sum$의 성질을 이용하여, 다음을 보여라.

$$(1-r)S = \sum_{k=1}^{\infty} r^k$$

그 다음에 S의 공식을 얻어라. 즉, 문제 47 (a)를 일반화하였다.

49. 대부분의 약은 몸에서 지수 함수적으로 흡수된다. 즉, 어떤 약을 양 C만큼, t시간 간격으로 복용하면, $(n+1)$번 복용한 후 몸 속에 남아 있는 약의 양 A_n은 다음과 같다.

$$A_n = C + Ce^{-kt} + Ce^{-2kt} + \cdots + Ce^{-nkt}$$

여기서 k는 양의 상수로서, 약의 종류에 따라서 결정된다.

(a) 어떤 환자가 매우 오랜 기간 (무한히 긴 시간이라 가정) 약을 복용하였다고 하고, 약을 먹은 직후 몸 속의 약의 양 A의 공식을 구하여라.

(b) 어떤 약이 6시간이면 몸에서 절반이 제거되는데, 2 밀리그램씩 매 12시간마다 복용하였다. A를 구하여라.

50. 다음 급수의 합을 구하여라.

$$\sum_{k=1}^{\infty} \frac{2^k}{(2^{k+1}-1)(2^k-1)}$$

51. $\sum_{k=1}^{\infty} \frac{1}{f_k f_{k+2}}$을 구하여라. 여기서 $\{f_k\}$는 9.1절 연습문제 52에서 소개한 피보나치 수열이다. 도움말: 우선 다음을 보여라.

$$\frac{1}{f_k f_{k+2}} = \frac{1}{f_k f_{k+1}} - \frac{1}{f_{k+1} f_{k+2}}$$

개념 복습 해답: **1.** 구한급수 **2.** $a_1 + a_2 + a_3 + \cdots + a_n$ **3.** $|r| < 1$; $a/(1-r)$ **4.** 발산한다

9.3 양의 급수 : 적분 판정법

9.2절에서 중요한 개념들을 도입하였지만, 등비급수와 상쇄하는 급수라는 두 종류의 특별한 급수에 대해서만 예를 들어 보였다. 등비급수와 상쇄하는 급수는 부분합 S_n의 명확한 공식을 제시할 수 있기 때문인데, 다른 대부분의 급수들에 대해서는 이것이 불가능하다. 이제 대우 일반적인 무한급수를 공부하기 시작한다.

급수에 대해서는 항상 두 가지 중요한 질문을 던져야 한다.

1. 이 급수는 수렴하는가?
2. 수렴하면, 그 합은 무엇인가?

이 질문들에 어떻게 답해야 할까? 컴퓨터를 사용하자고 할 학생도 있을 것이다. 처음 질문에 답하기 위해서, 급수의 항들을 계속 더해 나가면서, 얻게 되는 부분합의 값을 살펴보자. 이 값들이 어떤 고정된 수 S에 한없이 가까워지면, 이 급수는 수렴한다. 그리고 이 경우 S가 급수의 합이므로, 두 번째 질문의 답도 나왔다. 이 방법은 질문 1의 답으로는 완전히 틀렸으며, 질문 2의 답으로도 반쯤 틀렸다. 그 이유를 살펴보도록 하자.

> *분명하게 구별하자*
>
> $$a_1, a_2, a_3, \cdots$$
> 은 수열(sequence)이다.
> $$a_1 + a_2 + a_3 + \cdots$$
> 은 급수(series)이다.
> $$S_n = a_1 + a_2 + a_3 + \cdots + a_n$$
> 은 급수의 n번째 부분합이다.
> $$S_1, S_2, S_3, \cdots$$
> 은 급수의 부분합의 수열이다. 급수가 수렴할 필요충분조건은
> $$S = \lim_{n\to\infty} S_n$$
> 가 존재하고 유한한 것이다. 이 경우 S를 급수의 합이라고 부른다.

조화급수를 생각해 보자.

$$1 + \frac{1}{2} + \frac{1}{3} + \frac{1}{4} + \cdots$$

이것은 9.2절에서 소개하였으며, 그 절 예제 6과 연습문제 44에서 다루었다. 이제 이 급수가 발산함을 알고 있다. 그러나 컴퓨터를 사용하여 이 사실을 발견할 수는 없다. 이 급수의 부분합 S_n은 한없이 커지지만, 매우 느리게 커지기 때문에, S_n이 20이 되려면, 2억 7200만개가 넘는 항들을 더해야 하며, S_n이 100이 되려면, 10^{43}개가 넘는 항들을 더해야 한다. 그런데 컴퓨터는 다룰 수 있는 자릿수에 한계가 있기 때문에, 결국에 가면 S_n의 값으로 똑같은 수가 되풀이해 나올 것이며, 마침내는 S_n이 수렴한다는 틀린 결론이 나온다. 조화급수의 경우에 일어나는 일들이, 느리게 발산하는 다른 급수들의 경우에도 일어나게 된다. 이런 내용을 다음과 같이 강조한다: 급수의 수렴, 발산에

대한 수학적인 판단을 컴퓨터가 이것을 대신할 수 없다. 그래서 이제 방향을 바꾼다.

이 절과 다음 절에서, 양수인(또는 음수가 아닌) 항들을 가지는 급수만 다룬다. 이렇게 제한해 놓으면, 놀랍도록 간단한 수렴 판정법들을 얻을 수 있다. 임의의 부호의 항들을 가지는 급수들에 대한 판정법은 9.5절에서 다룬다.

유계인 부분합 처음 결과는 단조수열정리(정리 9.1D)에서 바로 나온다.

정리 A 합의 유계 판정법
음이 아닌 항들의 급수 $\sum a_k$가 수렴할 필요충분조건은 그 부분합들이 위로 유계인 것이다.

증명 $S_n = a_1 + a_2 + \cdots + a_n$이라 하자. $a_k \geq 0$이므로, $S_{n+1} \geq S_n$이다. 즉, $\{S_n\}$은 감소하지 않는 수열이다. 따라서 어떤 수 U가 있어서, 모든 n에 대해서 $S_n \leq U$이면, 정리 9.1D에 의해 수열 $\{S_n\}$은 수렴한다. 그렇지 않은 경우는 S_n들이 한없이 커지며, 따라서 $\{S_n\}$은 발산한다. ■

예제 1 급수 $\frac{1}{1!} + \frac{1}{2!} + \frac{1}{3!} + \cdots$은 수렴함을 보여라.

풀이 우선, 부분합 S_n이 위로 유계임을 보인다. 그런데

$$n! = 1 \cdot 2 \cdot 3 \cdots n \geq 1 \cdot 2 \cdot 2 \cdots 2 = 2^{n-1}$$

이므로 $1/n! \leq 1/2^{n-1}$. 따라서

$$\begin{aligned} S_n &= \frac{1}{1!} + \frac{1}{2!} + \frac{1}{3!} + \cdots + \frac{1}{n!} \\ &\leq 1 + \frac{1}{2} + \frac{1}{4} + \cdots + \frac{1}{2^{n-1}} \end{aligned}$$

후자의 항들은 $r = \frac{1}{2}$인 등비급수의 항들이다. 9.2절 예제 1의 공식을 이용하여, 이들을 더할 수 있고, 다음 부등식을 얻는다.

$$S_n \leq \frac{1 - \left(\frac{1}{2}\right)^n}{1 - \frac{1}{2}} = 2\left[1 - \left(\frac{1}{2}\right)^n\right] < 2$$

그러므로 합의 유계 판정법에 의하여, 주어진 급수는 수렴한다. 증명 과정을 보면, 그 합 S가 기껏해야 2이다. 나중에 가서 $S = e - 1 \approx 1.71828$임을 보일 것이다. ■

급수와 이상적분의 관계 급수 $\sum_{k=1}^{\infty} f(x)$와 적분 $\int_1^{\infty} f(x)\,dx$는 수렴 여부에 관해서 비슷하며, 이것으로부터 매우 유용한 판정법이 나온다.

정리 B 적분판정법

f는 구간 $[1, \infty)$에서 연속이고, 양수이고, 증가하지 않는 함수라고 하자. 그리고 모든 양의 정수 k에 대해서 $a_k = f(k)$라고 하자. 그러면 무한급수

$$\sum_{k=1}^{\infty} a_k$$

가 수렴할 필요충분조건은 이상적분

$$\int_1^{\infty} f(x)\,dx$$

가 수렴하는 것이다.

이 정리에서, 정수 1은 임의의 양의 정수 M으로 바꾸어 놓아도 된다(예제 4 참조).

증명 그림 1의 도형들은, 급수 $\sum a_k$의 부분합을 넓이로 나타낸 것이며, 이것을 이용하여 급수와 그에 대응하는 적분 사이의 관계를 얻을 수 있다. 각각의 직사각형의 넓이는 그 높이와 같음을 주목하기 바란다. 왜냐 하면 각각의 경우 폭이 1이기 때문이다. 이 도형들로부터 다음이 성립함을 쉽게 알 수 있다.

$$\sum_{k=2}^{n} a_k \le \int_1^n f(x)\,dx \le \sum_{k=1}^{n-1} a_k$$

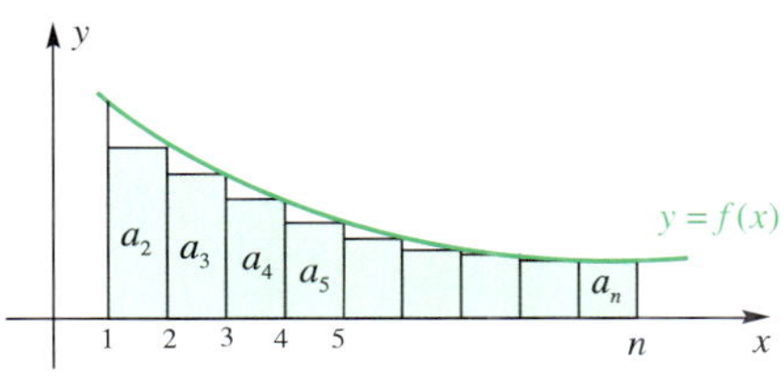

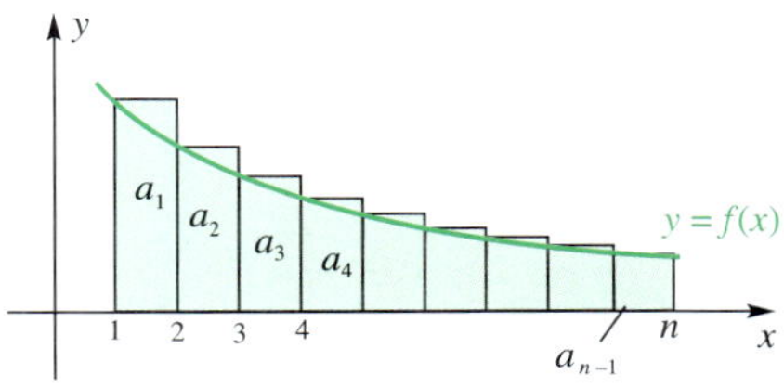

그림 1

이제 $\int_1^{\infty} f(x)\,dx$가 수렴한다고 가정하자. 그러면 위의 왼쪽 부등식에 의해,

$$S_n = a_1 + \sum_{k=2}^{n} a_k \le a_1 + \int_1^n f(x)\,dx \le a_1 + \int_1^{\infty} f(x)\,dx$$

따라서 합의 유계 판정법에 의해, $\sum_{k=1}^{\infty} a_k$는 수렴한다.

역으로, $\sum_{k=1}^{\infty} a_k$가 수렴한다고 가정하자. 그러면 위의 오른쪽 부등식에 의해, $t \le n$인 경우,

$$\int_1^t f(x)\,dx \le \int_1^n f(x)\,dx \le \sum_{k=1}^{n-1} a_k \le \sum_{k=1}^{\infty} a_k$$

따라서 $\int_1^t f(x)\,dx$는 위로 유계이고 또 t가 증가할 때 증가하므로 $\lim_{t\to\infty} \int_1^t f(x)\,dx$는 존재해야 한다. 즉, $\int_1^{\infty} f(x)\,dx$는 수렴한다. ■

정리 B의 결론을 "급수 $\sum_{k=1}^{\infty} f(k)$와 이상적분 $\int_1^{\infty} f(x)\,dx$는 동시에 수렴하거나 발산한다."고 표현하기도 한다. 이것은 정리 B의 표현과 동치임을 알 수 있을 것이다.

예제 2 **(p급수 판정법)** 상수 p에 대해서, 급수

$$\sum_{k=1}^{\infty} \frac{1}{k^p} = 1 + \frac{1}{2^p} + \frac{1}{3^p} + \frac{1}{4^p} + \cdots$$

을 ***p*-급수**(p-series)라고 한다. 다음이 성립함을 보여라.

(a) $p > 1$인 경우 p급수는 수렴한다.

(b) $p \le 1$인 경우 p급수는 발산한다.

풀이 $p \ge 0$인 경우, 함수 $f(x) = 1/x^p$은 구간 $[1, \infty)$에서 연속이고, 양수이며, 증가하지 않는다. 그리고 $f(k) = 1/x^p$이므로 적분판정법에 의하여, $\sum(1/x^p)$이 수렴할 필요충분조건은 $\lim_{t\to\infty}\int_1^t x^{-p}\,dx$가 (유한한 수로서) 존재하는 것이다.

$p \ne 1$인 경우,

$$\int_1^t x^{-p}\,dx = \left[\frac{x^{1-p}}{1-p}\right]_1^t = \frac{t^{1-p}-1}{1-p}$$

$p = 1$인 경우,

$$\int_1^t x^{-1}\,dx = [\ln x]_1^t = \ln t$$

$p > 1$인 경우 $\lim_{t\to\infty} t^{1-p} = 0$이고, $p < 1$인 경우 $\lim_{t\to\infty} t^{1-p} = \infty$이며, $\lim_{t\to\infty} \ln t = \infty$이므로, p급수는 $p > 1$인 경우 수렴하고, $0 \le p \le 1$인 경우 발산한다는 결론이 나온다.

이제 $p < 0$인 경우도 생각해야 한다. 이 경우 $\sum(1/k^p)$의 n번째 항 $1/n^p$은 0을 향해 가지도 않는다. 따라서 n항 판정법에 의해, 이 급수는 발산한다.

$p = 1$인 경우는 조화급수가 되고 이 9.2절에서 다룬 결과와 일치한다. 따라서 이는 발산한다. ■

> **급수의 꼬리**
>
> 급수의 시작 부분은 그 수렴, 발산 여부에 영향을 끼치지 않는다. 꼬리 부분만이 중요하다(꼬리가 운명을 좌지우지하는 것이다). 급수의 꼬리(tail)라는 말은,
>
> $$a_N + a_{N+1} + a_{N+2} + \cdots$$
>
> 을 뜻한다. 여기서 N은 임의의 큰 수이다. 그러므로 급수의 수렴, 발산을 판단할 때, 앞부분의 항들은 무시하거나 마음대로 바꾸어도 된다. 그렇지만 그 급수의 합은 모든 항들에 따라서 결정되며, 시작 부분의 항들도 당연히 영향을 끼친다.

예제 3 $\sum_{k=4}^{\infty} \frac{1}{k^{1.001}}$은 수렴하는가, 아니면 발산하는가?

풀이 p급수 판정법에 의해, $\sum_{k=1}^{\infty}(1/k^{1.001})$은 수렴한다. 급수에서 유한 개수의 항들을 없애거나 추가해도, 그 수렴, 발산에는 영향을 끼치지 않는다(그 합에는 영향을 끼치지만). 그러므로 주어진 급수는 수렴한다. ■

예제 4 $\sum_{k=2}^{\infty} \frac{1}{k \ln k}$이 수렴하는지, 발산하는지 판단하여라.

풀이 함수 $f(x) = 1/(x \ln x)$은 구간 $[2, \infty)$에서 적분판정법의 가정을 만족한

다. 정리 B 바로 아래에서 지적한대로, 구간이 [1, ∞)가 아니라 [2, ∞)인 것은 전혀 상관이 없다. 이제

$$\int_2^{\infty}\frac{1}{x\ln x}dx=\lim_{t\to\infty}\int_2^t\frac{1}{\ln x}\left(\frac{1}{x}dx\right)=\lim_{t\to\infty}[\ln\ln x]_2^t=\infty$$

그러므로 $\sum 1/(k\ln k)$은 발산한다. ■

급수의 합의 근사값 이제까지 우리는 급수가 수렴하는지, 발산하는지 여부에 관심을 두었다. 등비급수, 상쇄하는 급수와 같이 몇 가지 특별한 경우를 제외하고는 수렴하는 급수가 어떤 값에 수렴하는지 알아내기가 어렵다. 그래서 이 부분에서 급수의 합의 근사값을 구하기 위해서 적분판정법을 사용하는 방법을 알아본다.

급수의 합의 근사값을 구하기 위해서, 부분합 S_n을 사용하면

$$S=a_1+a_2+a_3+\cdots$$

이 때 오차는

$$E_n=S-S_n=a_{n+1}+a_{n+2}+\cdots$$

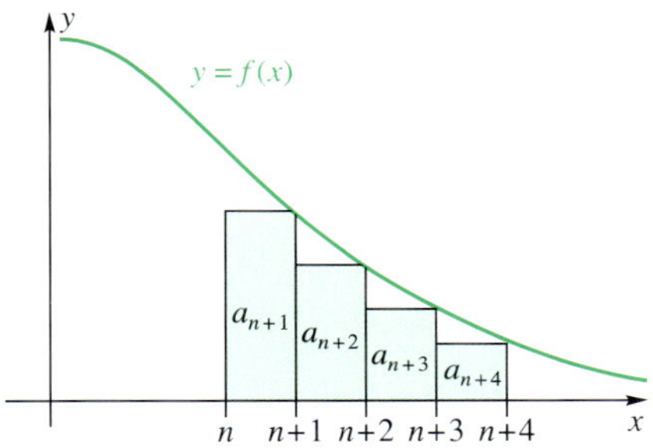

그림 2

$f(x)$를 구간 [1, ∞)에서 $a_n=f(n)$이고 양수이며, 연속이고, 증가하지 않는 함수라고 하자. 이와 같은 성질은 정리 B를 만족한다. 따라서 다음이 성립한다.

$$E_n=a_{n+1}+a_{n+2}+\cdots<\int_n^{\infty}f(x)dx$$

(그림 2 참조) n번째 항 이후 항들의 합을 구함으로써 오차의 상계를 구한다. 이 결과도 급수의 합 S의 근사값으로 사용할 수 있다. 이때 n이 크면 클수록, S는 더욱 정확한 값으로 예측될 수 있다.

예제 5 수렴하는 급수의 합 $S=\sum_{k=1}^{\infty}\frac{1}{k^{3/2}}$의 근사값을 구하기 위해서 처음 20개 항의 합을 이용하여, 오차의 상계를 구하여라.

풀이 $f(x)=\frac{1}{x^{3/2}}$로 놓는다. $f(x)$는 구간 [1, ∞)에서 양수이고, 연속이고, 증가하지 않는 함수이다. 이때 오차는

$$E_{20}=\sum_{k=20+1}^{\infty}\frac{1}{k^{3/2}}<\int_{20}^{\infty}\frac{1}{x^{3/2}}dx=\lim_{A\to\infty}\left[-2x^{-1/2}\right]_{20}^{A}=\frac{2}{\sqrt{20}}\approx 0.44721$$

n을 20으로 잡았지만, 오차가 다소 크다. ■

예제 6 예제 5에서 오차를 0.005보다 작게 하려면, n을 얼마 이상으로 택해야 하는가?

$$E_n=\sum_{k=n+1}^{\infty}\frac{1}{k^{3/2}}<\int_n^{\infty}\frac{1}{x^{3/2}}dx=\lim_{A\to\infty}\left[-2x^{-1/2}\right]_n^A=\frac{2}{\sqrt{n}}$$

따라서 오차를 0.005보다 작게 하려면,

$$\frac{2}{\sqrt{n}}<0.005$$

$$\sqrt{n}>\frac{2}{0.005}$$

$$n>\left(\frac{2}{0.005}\right)^2=400^2=160.000$$

■

개념 복습

1. 음수가 아닌 항들의 급수가 수렴할 필요충분조건은 그 부분합들이 ______.

2. 적분판정법은 $\sum_{k=1}^{\infty} a_k$와 $\int_1^{\infty} f(x)\,dx$의 수렴 여부를 관련짓는다. 단, 여기서 $a_k=$______, 그리고 f는 구간 $[1, \infty)$에서 ______, ______ 그리고 ______ 함수이어야 한다.

3. 급수에서 유한 개수의 항들을 없애거나 추가해도, 그 ____________에는 영향을 끼치지 않는다. 그러나 그 합에는 영향을 끼친다.

4. p급수 $\sum_{k=1}^{\infty}(1/k^p)$이 수렴할 필요충분조건은 ______.

연습문제 9.3

문제 1~12에서 적분판정법을 사용하여, 주어진 급수의 수렴, 발산을 판정하여라.

1. $\sum_{k=0}^{\infty} \frac{1}{k+3}$ **2.** $\sum_{k=1}^{\infty} \frac{3}{2k-3}$

3. $\sum_{k=0}^{\infty} \frac{k}{k^2+3}$ **4.** $\sum_{k=1}^{\infty} \frac{3}{2k^2+1}$

5. $\sum_{k=1}^{\infty} \frac{-2}{\sqrt{k+2}}$ **6.** $\sum_{k=100}^{\infty} \frac{3}{(k+2)^2}$

7. $\sum_{k=2}^{\infty} \frac{7}{4k+2}$ **8.** $\sum_{k=1}^{\infty} \frac{k^2}{e^k}$

9. $\sum_{k=1}^{\infty} \frac{3}{(4+3k)^{7/6}}$ **10.** $\sum_{k=1}^{\infty} \frac{1000k^2}{1+k^3}$

11. $\sum_{k=1}^{\infty} ke^{-3k^2}$ **12.** $\sum_{k=5}^{\infty} \frac{1000}{k(\ln k)^2}$

문제 13~22에서 지금까지 배운 어떠한 (9.2절에서 배운 것들 포함) 판정법이든 이용하여, 급수의 수렴, 발산을 판정하여라. 그렇게 판단한 이유를 말하여라.

13. $\sum_{k=1}^{\infty} \frac{k^2+1}{k^2+5}$ **14.** $\sum_{k=1}^{\infty} \left(\frac{3}{\pi}\right)^k$

15. $\sum_{k=1}^{\infty} \left[\left(\frac{1}{2}\right)^k+\frac{k-1}{2k+1}\right]$ **16.** $\sum_{k=1}^{\infty} \left(\frac{1}{k^2}+\frac{1}{2^k}\right)$

17. $\sum_{k=1}^{\infty} \sin\left(\frac{k\pi}{2}\right)$ **18.** $\sum_{k=1}^{\infty} k\sin\frac{1}{k}$

19. $\sum_{k=1}^{\infty} k^2e^{-k^3}$ **20.** $\sum_{k=1}^{\infty} \left(\frac{1}{k}-\frac{1}{k+1}\right)$

21. $\sum_{k=1}^{\infty} \frac{\tan^{-1}k}{1+k^2}$ **22.** $\sum_{k=1}^{\infty} \frac{1}{1+4k^2}$

문제 23~26에서 처음 다섯 개의 항들을 더한 값을, 급수의 합의 근사값으로 사용하였을 때, 오차를 추정하여라(예제 5 참조).

23. $\sum_{k=1}^{\infty} \frac{k}{e^k}$ **24.** $\sum_{k=1}^{\infty} \frac{1}{k\sqrt{k}}$

25. $\sum_{k=1}^{\infty} \frac{1}{1+k^2}$

26. $\sum_{k=1}^{\infty} \frac{1}{k(k+1)}=\sum_{k=1}^{\infty}\left(\frac{1}{k}-\frac{1}{k-1}\right)$

문제 27~32에서 주어진 급수에 대해서 n번째 부분합을 급수의 합의 근사값으로 사용했을 때, 오차가 0.0002 이하가 되게 하려면 n을 얼마 이상으로 택해야 하는가?

27. $\sum_{k=1}^{\infty} \frac{1}{k^2}$ **28.** $\sum_{k=1}^{\infty} \frac{1}{k^3}$

29. $\sum_{k=1}^{\infty} \frac{1}{1+k^2}$ **30.** $\sum_{k=1}^{\infty} \frac{k}{e^{k^2}}$

31. $\sum_{k=1}^{\infty} \frac{k}{1+k^4}$ **32.** $\sum_{k=1}^{\infty} \frac{1}{k(k+1)}$

33. 어떤 p값에 대해서 $\sum_{n=2}^{\infty} 1/[n(\ln n)^p]$이 수렴하는가? 설명하여라.

34. $\sum_{n=3}^{\infty} 1[n \cdot \ln n \cdot \ln(\ln n)]$은 수렴하는가, 발산하는가? 설명하여라.

35. 그림 1처럼 도형을 그려서, 다음을 보여라.

$$\ln(n+1) < 1+\frac{1}{2}+\frac{1}{3}+\cdots+\frac{1}{n} < 1+\ln n$$

도움말: $\int_1^n (1/x)\,dx = \ln n$

36. 문제 35를 이용하여, 수열

$$B_n = 1+\frac{1}{2}+\frac{1}{3}+\cdots+\frac{1}{n}-\ln(n+1)$$

은 증가하고, 1에 의해서 위로 유계임을 보여라.

37. 문제 35의 결과를 이용하여, $\lim_{n\to\infty} B_n$이 존재함을 보여라. (이 극한을 γ로 나타내며, **오일러 상수**라고 한다. 이것은 약 0.5772이다. γ가 유리수인지, 아니면 무리수인지, 현재까지 밝혀지지 않았다. 그렇지만 γ가 유리수이면, 그 기약분수의 분모가 $10^{244,663}$ 이상이어야 함이 알려져 있다.)

38. 문제 37을 이용하여, 조화급수의 처음 1000만개의 항들을 더한 값의 상계와 하계를 (좋은 값을) 얻어라.

39. 문제 37로부터, 다음을 추론할 수 있다.

$$1+\frac{1}{2}+\frac{1}{3}+\cdots+\frac{1}{n} \approx \gamma + \ln(n+1)$$

이것을 이용하여, t가 증가할 때 조화급수의 항들을 몇 개나 더해야 그 합이 20보다 커지게 되는지 추정하여라. 9.2절 연습문제 44에 적어 놓은 결과와 비교해 보아라.

40. 오일러 상수가 존재함을 어려운 방법으로 보였는데(문제 35~37), 이제 좀 더 일반적인 문제를 쉽게 풀어서, γ가 나오는 것을 보도록 하자. 함수 f는 구간 $[1, \infty)$에서 연속이고, 감소한다고 하자. 이제

$$B_n = f(1)+f(2)+\cdots+f(n)-\int_1^{n+1} f(x)\,dx$$

라 하자. B_n은 그림 3의 어둡게 칠한 영역의 넓이임을 주목하자.

(a) n이 증가하면 B_n이 증가함이 명백하다. 왜?

(b) $B_n \le f(1)$임을 보여라. 도움말: 어둡게 칠한 작은 조각들을 모두 왼쪽으로 옮겨서, 가장 왼쪽의 직사각형 속에 넣을 수 있다.

(c) $\lim_{n\to\infty} B_n$이 존재함을 보여라.

(d) 이것으로부터 어떻게 γ를 얻을 수 있는가?

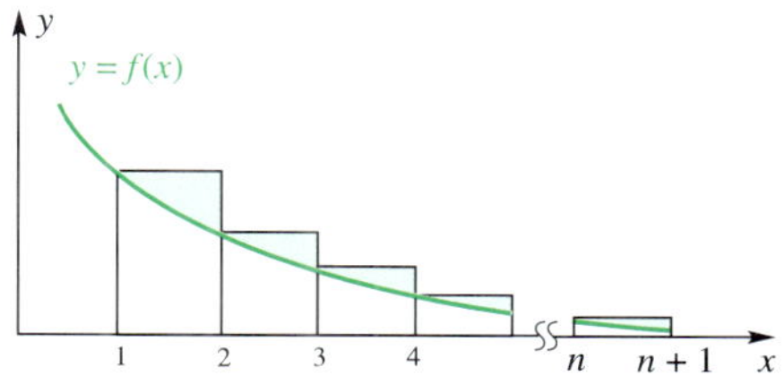

그림 3

41. 그림 4에서와 같이, 함수 f는 구간 $[1, \infty)$에서 연속이고, 증가하며, 아래로 오목하다고 하자. 그리고 어둡게 칠한 영역의 넓이를 A_n이라 하자. n이 증가하면 A_n도 증가하고, $A_n \le T$임을 보여라. 여기서 T는 왼쪽에 그려 놓은 삼각형의 넓이이다. 그러므로 $\lim_{n\to\infty} A_n$이 존재한다.

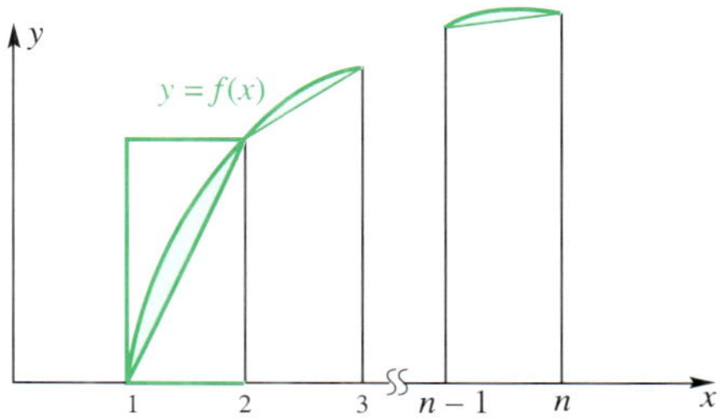

그림 4

42. 문제 41에서, 함수 f를 $f(x)=\ln x$라 하자.

(a) 다음을 보아라.

$$A_n = \int_1^n \ln x\,dx - \left[\frac{\ln 1+\ln 2}{2}+\cdots+\frac{\ln(n-1)+\ln n}{2}\right]$$
$$= n\ln n - n + 1 - \ln n! + \ln\sqrt{n}$$
$$= 1 + \ln\frac{(n/e)^n\sqrt{n}}{n!}$$

(b) 문제 41과 (a)로부터,

$$k = \lim_{n\to\infty} \frac{n!}{(n/e)^n\sqrt{n}}$$

이 존재한다는 결론이 나온다. 그리고 $k=\sqrt{2\pi}$임을 보일 수 있다.

(c) 그러므로 $n! \approx \sqrt{2\pi n}\,(n/e)^n$이다. 이것을 **스털링 공식**(Stirling's Formula)이라 한다. 이것을 사용하여 15!의 근사값을 구하고, 계산기로 얻은 15!의 값과 비교해 보아라.

43. S를 어림하기 위하여 S_n을 사용했을 때, 오차가 다음 식을 만족함을 보여라.

$$E_n \ge \int_{n+1}^{\infty} f(x)\,dx$$

개념 복습 해답: **1.** 위로 유계 **2.** $f(k)$, 연속이고, 양수이며, 감소하지 않는 **3.** 수렴, 발산 **4.** $p>1$

9.4 양의 급수 : 다른 판정법들

등비급수와 p-급수, 이 두 종류의 급수는 수렴, 발산을 완전히 파악하였다.

$$\sum_{n=1}^{\infty} r^n \text{은 } -1<r<1\text{인 경우 수렴, 다른 경우는 발산}$$

$$\sum_{n=1}^{\infty} \frac{1}{n^p}\text{은 } p>1\text{인 경우 수렴, 다른 경우는 발산}$$

전자의 경우, 그 급수가 수렴하면 어떤 값으로 수렴하는지 구하였다. 후자의 경우, 수렴하더라도 그 값은 구할 수 없었다. 이 두 급수는 다른 급수들의 크기를 재는 데 비교할 기준, 즉, 기본 모델이 된다. 여기서도 여전히 항들이 양수인 (또는 최소한 음수가 아닌) 급수들만 다룸을 염두에 두기 바란다.

급수의 비교 수렴하는 급수와 비교해서, 대응하는 항들이 더 작은 급수는 수렴해야 한다. 발산하는 급수와 비교해서, 대응하는 항들이 더 큰 급수는 발산해야 한다. 이것은 엄연한 사실이다.

정리 A 비교판정법
모든 $n \geq N$에 대해서 $0 \leq a_n \leq b_n$이라고 하자.
(i) $\sum b_n$이 수렴하면, $\sum a_n$도 수렴한다.
(ii) $\sum a_n$이 발산하면, $\sum b_n$도 발산한다.

증명 여기서 $N=1$이라고 가정하자. $N>1$인 경우는 약간 더 어려울 뿐이다. (i)을 증명하기 위해서, $S_n = a_1 + a_2 + \cdots + a_n$이라 하고, $\{S_n\}$은 감소하지 않는 수열임을 주목하자. $\sum b_n$이 수렴하여, 그 합이 B라면, 다음이 성립한다.

$$S_n \leq b_1 + b_2 + \cdots + b_n \leq \sum_{n=1}^{\infty} b_n = B$$

합의 유계 판정법(정리 9.3A)에 의해 $\sum a_n$은 수렴한다.

성질 (ii)는 (i)로부터 나온다. $\sum b_n$이 수렴하면, $\sum a_n$도 수렴해야 하기 때문이다. ■

예제 1 $\sum \dfrac{n}{5n^2-4}$은 수렴하는가, 아니면 발산하는가?

풀이 아마 발산할 것이라고 추측할 수 있다. 왜냐 하면 n이 매우 큰 경우, n번째 항이 $1/5n$과 거의 같기 때문이다. 사실,

$$\frac{n}{5n^2-4} > \frac{n}{5n^2} = \frac{1}{5} \cdot \frac{1}{n}$$

그런데 $\sum \dfrac{1}{5} \cdot \dfrac{1}{n}$이 발산함을 알고 있다. 왜냐 하면 조화급수의 $1/5$이기 때문이다(정리 9.2C). 그러므로 비교 판정법에 의해 주어진 급수는 발산한다. ■

예제 2 $\sum \frac{n}{2^n(n+1)}$은 수렴하는가, 아니면 발산하는가?

풀이 아마 수렴하리라고 추측할 수 있다. 왜냐 하면 n이 매우 큰 경우, n번째 항이 $(1/2)^n$과 거의 같기 때문이다. 추측한 것을 뒷받침하기 위해서, 다음 부등식이 성립함을 참고한다.

$$\frac{n}{2^n(n+1)} = \left(\frac{1}{2}\right)^n \frac{n}{n+1} < \left(\frac{1}{2}\right)^n$$

$\sum \left(\frac{1}{2}\right)^n$은 수렴하므로($r = \frac{1}{2}$인 등비급수), 주어진 급수는 수렴한다.

비교판정법을 적용할 때 약간 골치 아픈 점이라면, 판정하려는 급수와 비교할 알맞은 급수를 찾는 일이다. 예를 들어 다음 급수의 수렴, 발산을 판정하고 싶다고 하자.

$$\sum_{n=3}^{\infty} \frac{1}{(n-2)^2} = \sum_{n=3}^{\infty} \frac{1}{n^2-4n+4}$$

아마 수렴할 것 같다. 그래서 $1/(n-2)^2$을 $1/n^2$과 비교해 보려는 마음이 굴뚝같다. 그러나 안타깝게도

$$\frac{1}{(n-2)^2} > \frac{1}{n^2}$$

이 부등식을 가지고는 판단을 할 수 없다(원하는 것과 반대 방향으로 부등호가 성립한다). 약간 따져 본 후, $n \geq 3$에 대해서 다음 부등식이 성립함을 알 수 있다.

$$\frac{1}{(n-2)^2} \leq \frac{9}{n^2}$$

$\sum 9/n^2$은 수렴하므로, $\sum 1/(n-2)^2$도 수렴한다.

이런 골칫거리 부등호들을 피할 방법이 없을까? 직관적으로 생각해 보아서, 매우 큰 n들에 대해서 a_n과 b_n이 거의 같은 크기라면(상수는 곱해도 상관 없음), $\sum a_n$과 $\sum b_n$은 동시에 수렴하거나 발산할 것이다. 다음 정리의 핵심 내용이 바로 이것이다. ■

정리 B **극한비교판정법**

$a_n \geq 0$, $b_n > 0$이고,

$$\lim_{n\to\infty} \frac{a_n}{b_n} = L$$

이라 하자. $0 < L < \infty$이면, $\sum a_n$과 $\sum b_n$은 동시에 수렴하거나 발산한다. $L = 0$이고 $\sum b_n$이 수렴하면, $\sum a_n$은 수렴한다.

증명 수열의 극한의 정의에서(9.1절), $\varepsilon = L/2$이라 잡자. 그러면 어떤 수 N이

있어서, $n \geq N \Rightarrow |(a_n/b_n) - L| < L/2$. 즉,

$$-\frac{L}{2} < \frac{a_n}{b_n} - L < \frac{L}{2}$$

이 부등식은 다음 부등식과 동치이다(모든 변들에다 L을 더해 줌).

$$\frac{L}{2} < \frac{a_n}{b_n} < \frac{3L}{2}$$

따라서 $n \geq N$에 대해서,

$$b_n < \frac{2}{L} a_n, \quad a_n < \frac{3L}{2} b_n$$

이 두 부등식과 비교판정법에 의해, $\sum a_n$과 $\sum b_n$은 동시에 수렴하거나 발산함이 나온다. 이 정리의 마지막 명제는 스스로 증명해 보기 바란다(연습문제 37). ■

예제 3 다음 급수의 수렴, 발산을 판정하여라.

(a) $\displaystyle\sum_{n=1}^{\infty} \frac{3n-2}{n^3 - 2n^2 + 11}$ (b) $\displaystyle\sum_{n=1}^{\infty} \frac{1}{\sqrt{n^2 + 19n}}$

풀이 극한비교판정법을 적용하기 위하여, n번째 항을 무엇과 비교해야 할지 선택해야 한다. 분자와 분모의 최고 차수 항들을 보면, 매우 큰 n에 대해서, n번째 항이 무엇과 비슷한지 알 수 있다. 첫째 급수는 n번째 항이 $3/n^2$과 비슷하다. 둘째 급수는 n번째 항이 $1/n$과 비슷하다.

(a) $\displaystyle\lim_{n \to \infty} \frac{a_n}{b_n} = \lim_{n \to \infty} \frac{(3n-2)/(n^3 - 2n^2 + 11)}{3/n^2} = \lim_{n \to \infty} \frac{3n^3 - 2n^2}{3n^3 - 6n^2 + 33} = 1$

(b) $\displaystyle\lim_{n \to \infty} \frac{a_n}{b_n} = \lim_{n \to \infty} \frac{1/\sqrt{n^2 + 19n}}{1/n} = \lim_{n \to \infty} \sqrt{\frac{n^2}{n^2 + 19n}} = 1$

$\sum 3/n^2$은 수렴하고, $\sum 1/n$은 발산하므로, (a)의 급수는 수렴하고, (b)의 급수는 발산한다. ■

예제 4 $\displaystyle\sum_{n=1}^{\infty} \frac{\ln n}{n^2}$은 수렴하는가, 아니면 발산하는가?

풀이 $(\ln n)/n^2$을 무엇과 비교해야 할까? $1/n^2$과 비교해 보면, 다음을 얻는다.

$$\lim_{n \to \infty} \frac{a_n}{b_n} = \lim_{n \to \infty} \frac{\ln n}{n^2} \div \frac{1}{n^2} = \lim_{n \to \infty} \ln n = \infty$$

이것은 극한비교판정법의 조건을 만족하지 않는다. 그러므로 아무런 결론도 이끌어 낼 수 없다. 반면에 $1/n$과 비교해 보면, 다음을 얻는다.

$$\lim_{n \to \infty} \frac{a_n}{b_n} = \lim_{n \to \infty} \frac{\ln n}{n^2} \div \frac{1}{n} = \lim_{n \to \infty} \frac{\ln n}{n} = 0$$

이것을 가지고도 아무런 결론도 이끌어 낼 수 없다. $1/n^2$과 $1/n$ 사이에 있는 $1/n^{3/2}$과 비교해 보면 혹시 될지 모른다.

$$\lim_{n\to\infty}\frac{a_n}{b_n}=\lim_{n\to\infty}\frac{\ln n}{n^2}\div\frac{1}{n^{3/2}}=\lim_{n\to\infty}\frac{\ln n}{\sqrt{n}}=0$$

(마지막 등호는 로피탈의 법칙을 써서 얻었다.) 그러므로 극한비교판정법의 두 번째 부분에 의해 $\sum(\ln n)/n^2$은 수렴한다($\sum 1/n^{3/2}$이 수렴하기 때문이다).

■

급수를 자신과 비교함 비교판정법을 이용하여 유용한 결과를 얻자면 통찰력이나 인내가 필요하다. 우리가 알고 있는 급수들 중에, 판정하고자 하는 급수와 비교하기에 꼭 알맞은 급수를 잘 골라야 한다. 급수를 자기 자신과 비교해서 수렴, 발산을 판단하는 방법이 있다면 좋지 않을까? 비판정법이 바로 이러한 방법이다.

정리 C 비판정법

$\sum a_n$은 양수인 항들로 된 급수이고, 다음이 성립한다고 하자.

$$\lim_{n\to\infty}\frac{a_{n+1}}{a_n}=\rho$$

(i) $\rho<1$이면, 이 급수는 수렴한다.

(ii) $\rho>1$이거나, 또는 $\lim_{n\to\infty} a_{n+1}/a_n=\infty$이면, 이 급수는 발산한다.

(iii) $\rho=1$이면, 이 판정법으로는 아무런 결론도 내릴 수 없다.

증명 비판정법의 배경을 알아본다. $\lim_{n\to\infty} a_{n+1}/a_n=\rho$이므로, $a_{n+1}\approx\rho a_n$이다. 즉, 이 급수는 비(공비)가 ρ인 등비급수와 비슷하다. 등비급수는 비가 1보다 작으면 수렴하고, 비가 1보다 크면 발산한다. 이 명제를 명확하게 확립하는 것이 해야 할 일이다.

(i) $\rho<1$이면, $\rho<r<1$이 되는 수 r을 잡을 수 있다. 예를 들어, $r=(\rho+1)/2$이라 잡으면 된다. 그 다음에 N을 충분히 크게 잡아서, $n\geq N$이면 $a_{n+1}/a_n<r$이다. (이렇게 되도록 잡을 수 있는 까닭은, $\lim a_{n+1}/a_n=\rho<r$이기 때문이다.) 그러면

$$\begin{aligned}&a_{N+1}<ra_N\\&a_{N+2}<ra_{N+1}<r^2a_N\\&a_{N+3}<ra_{N+2}<r^3a_N\\&\quad\vdots\end{aligned}$$

$ra_N+r^2a_N+r^3a_N+\cdots$은 등비급수이고, $0<r<1$이므로, 이것은 수렴한다. 비교판정법에 의해 $\sum_{n=N+1}^{\infty}a_n$은 수렴한다. 따라서 $\sum_{n=1}^{\infty}a_n$도 수렴한다.

(ii) $\rho>1$이면, 어떤 수 N이 있어서, $n\geq N$인 모든 n들에 대해서, $a_{n+1}/a_n>1$.

따라서

$$a_{N+1} > a_N$$
$$a_{N+2} > a_{N+1} > a_N$$
$$\vdots$$

그러면 $n > N$인 모든 n에 대해서, $a_n > a_N > 0$. 따라서 $\lim_{n\to\infty} a_n$은 0이 될 수 없다. 그러므로 n항 판정법에 의해, $\sum a_n$은 발산한다.

(iii) $\sum 1/n$은 발산하고, 반면에 $\sum 1/n^2$은 수렴함을 이미 알고 있다. 전자의 급수에 대해서,

$$\lim_{n\to\infty} \frac{a_{n+1}}{a_n} = \lim_{n\to\infty} \frac{1}{n+1} \div \frac{1}{n} = \lim_{n\to\infty} \frac{n}{n+1} = 1$$

후자의 급수에 대해서,

$$\lim_{n\to\infty} \frac{a_{n+1}}{a_n} = \lim_{n\to\infty} \frac{1}{(n+1)^2} \div \frac{1}{n^2} = \lim_{n\to\infty} \frac{n^2}{(n+1)^2} = 1$$

그러므로 $\rho = 1$인 경우, 비판정법으로는 수렴, 발산을 구별할 수 없다. ■

n번째 항이 n의 유리식인 급수들에 대해서는, 비판정법이 항상 쓸모가 없다. 왜냐 하면 이 경우 $\rho = 1$이 되기 때문이다($a_n = 1/n$과 $a_n = 1/n^2$인 경우들을 위에서 다루었다). 그렇지만 n번째 항이 $n!$ 또는 r^n을 포함하는 급수들에 대해서는, 비판정법이 멋지게 들어맞는다.

예제 5 급수 $\sum_{n=1}^{\infty} \frac{2^n}{n!}$의 수렴, 발산을 판정하여라.

풀이

$$\rho = \lim_{n\to\infty} \frac{a_{n+1}}{a_n} = \lim_{n\to\infty} \frac{2^{n+1}}{(n+1)!} \frac{n!}{2^n} = \lim_{n\to\infty} \frac{2}{n+1} = 0$$

비판정법에 의해 이 급수는 수렴한다. ■

예제 6 급수 $\sum_{n=1}^{\infty} \frac{2^n}{n^{20}}$의 수렴, 발산을 판정하여라.

풀이

$$\rho = \lim_{n\to\infty} \frac{a_{n+1}}{a_n} = \lim_{n\to\infty} \frac{2^{n+1}}{(n+1)^{20}} \frac{n^{20}}{2^n}$$
$$= \lim_{n\to\infty} \left(\frac{n}{n+1}\right)^{20} \cdot 2 = 2$$

그러므로 이 급수는 발산한다. ■

예제 7 급수 $\sum_{n=1}^{\infty} \frac{n!}{n^n}$의 수렴, 발산을 판단하여라.

풀이 다음 사실을 알고 있어야 한다.

$$\lim_{n\to\infty}\left(1+\frac{1}{n}\right)^n=\lim_{n\to\infty}(1+h)^{1/h}=e$$

이것은 정리 6.5A로부터 나온다. 이 사실을 바탕으로, 다음과 같이 비를 구할 수 있다.

$$\rho=\lim_{n\to\infty}\frac{a_{n+1}}{a_n}=\lim_{n\to\infty}\frac{(n+1)!}{(n+1)^{n+1}}\frac{n^n}{n!}=\lim_{n\to\infty}\left(\frac{n}{n+1}\right)^n$$

$$=\lim_{n\to\infty}\frac{1}{((n+1)/n)^n}=\lim_{n\to\infty}\frac{1}{(1+1/n)^n}=\frac{1}{e}<1$$

그러므로 이 급수는 수렴한다. ■

요 약 양항 급수 $\sum a_n$의 수렴, 발산을 판정하려면, a_n을 꼼꼼히 살펴보아야 한다.

1. $\lim_{n\to\infty} a_n\neq 0$이면, n항 판정법에 의해 이 급수를 판정한다.
2. a_n이 $n!$, r^n, 또는 n^n을 포함하고 있으면, 비판정법을 적용한다.
3. a_n이 n의 상수승만을 포함하고 있으면, 극한비교판정법을 적용한다. 특히 a_n이 n의 유리식이면, 분자와 분모의 최고차항의 몫 b_n과 비교하도록 한다.
4. 위의 판정법들이 실패로 끝나면, 비고판정법, 적분판정법, 또는 합의 유계판정법을 적용해 본다.
5. 어떤 급수들에 대해서는 적절하게 재구성하거나 특별한 사실을 이용하여 수렴, 발산을 판단할 수 있다.

개념 복습

1. 비교판정법에 의하면, ______이고 $\sum b_n$가 수렴하면, $\sum a_n$도 또한 수렴한다.

2. $a_k\geq 0$이고 $b_k>0$이라 가정하자. 극한비교판정법에 의하면, $0<$______$<\infty$이면, $\sum a_n$와 $\sum b_n$는 동시에 수렴하거나 발산한다.

3. $\rho=\lim_{n\to\infty}\frac{a_{n+1}}{a_n}$이라 하자. 비판정법에 의하면, 급수 $\sum a_n$는 ______이면 수렴하고, ______이면 발산하고, ______이면 수렴할 수도 있고 발산할 수도 있다.

4. 급수 $\sum(3^k/k!)$은 ______ 판정법을 적용해야 함이 명백하며, 반면에 급수 $\sum k/(k^3-k-1)$는 ______ 판정법을 적용해야 함이 명백하다.

연습문제 9.4

문제 1~4에서 극한 비교판정법을 써서 수렴, 발산을 판정하여라.

1. $\sum_{n=1}^{\infty}\frac{n}{n^2+2n+3}$

2. $\sum_{n=1}^{\infty}\frac{3n+1}{n^3-4}$

3. $\sum_{n=1}^{\infty}\frac{1}{n\sqrt{n+1}}$

4. $\sum_{n=1}^{\infty}\frac{\sqrt{2n+1}}{n^2}$

문제 5~10에서 비판정법을 써서 수렴, 발산을 판정하여라.

5. $\sum_{n=1}^{\infty} \frac{8^n}{n!}$ **6.** $\sum_{n=1}^{\infty} \frac{5^n}{n^5}$

7. $\sum_{n=1}^{\infty} \frac{n!}{n^{100}}$ **8.** $\sum_{n=1}^{\infty} n\left(\frac{1}{3}\right)^n$

9. $\sum_{n=1}^{\infty} \frac{n^3}{(2n)!}$ **10.** $\sum_{k=1}^{\infty} \frac{3^k+k}{k!}$

문제 11~34에서 주어진 급수의 수렴, 발산을 판정하여라. 어떤 판정법을 사용하였는지 밝혀라.

11. $\sum_{n=1}^{\infty} \frac{n}{n+200}$ **12.** $\sum_{n=1}^{\infty} \frac{n!}{5+n}$

13. $\sum_{n=1}^{\infty} \frac{n+3}{n^2\sqrt{n}}$ **14.** $\sum_{n=1}^{\infty} \frac{\sqrt{n+1}}{n^2+1}$

15. $\sum_{n=1}^{\infty} \frac{n^2}{n!}$ **16.** $\sum_{n=1}^{\infty} \frac{\ln n}{2^n}$

17. $\sum_{n=1}^{\infty} \frac{4n^3+3n}{n^5-4n^2+1}$ **18.** $\sum_{n=1}^{\infty} \frac{n^2+1}{3^n}$

19. $\frac{1}{1\cdot 2}+\frac{1}{2\cdot 3}+\frac{1}{3\cdot 4}+\frac{1}{4\cdot 5}+\cdots$ 도움말: $a_n=\frac{1}{n(n+1)}$

20. $\frac{1}{2^2}+\frac{2}{3^2}+\frac{3}{4^2}+\frac{4}{5^2}+\cdots$

21. $\frac{2}{1\cdot 3\cdot 4}+\frac{3}{2\cdot 4\cdot 5}+\frac{4}{3\cdot 5\cdot 6}+\frac{5}{4\cdot 6\cdot 7}+\cdots$

22. $\frac{1}{1^2+1}+\frac{2}{2^2+1}+\frac{3}{3^2+1}+\frac{4}{4^2+1}+\cdots$

23. $\frac{1}{3}+\frac{2}{3^2}+\frac{3}{3^3}+\frac{4}{3^4}+\cdots$

24. $3+\frac{3^2}{2!}+\frac{3^3}{3!}+\frac{3^4}{4!}+\cdots$

25. $1+\frac{1}{2\sqrt{2}}+\frac{1}{3\sqrt{3}}+\frac{1}{4\sqrt{4}}+\cdots$

26. $\frac{\ln 2}{2^2}+\frac{\ln 3}{3^2}+\frac{\ln 4}{4^2}+\frac{\ln 5}{5^2}+\cdots$

27. $\sum_{n=1}^{\infty} \frac{1}{2+\sin^2 n}$ **28.** $\sum_{n=1}^{\infty} \frac{5}{3^n+1}$

29. $\sum_{n=1}^{\infty} \frac{4+\cos n}{n^3}$ **30.** $\sum_{n=1}^{\infty} \frac{5^{2n}}{n!}$

31. $\sum_{n=1}^{\infty} \frac{n^n}{(2n)!}$ **32.** $\sum_{n=2}^{\infty} \left(1-\frac{1}{n}\right)^n$

33. $\sum_{n=1}^{\infty} \frac{4^n+n}{n!}$ **34.** $\sum_{n=1}^{\infty} \frac{n}{2+n5^n}$

35. $a_n>0$이고, $\sum a_n$이 수렴한다고 하자. 그러면 $\sum a_n^2$이 수렴함을 보여라.

36. 급수 $\sum n!/n^n$을 생각하여서, $\lim_{n\to\infty}(n!/n^n)=0$임을 보여라. 도움말: 예제 7과 n번째 항 판정법을 이용.

37. $a_n\geq 0$, $b_n>0$, $\lim_{n\to\infty} a_n/b_n=0$, 그리고 $\sum b_n$이 수렴하면, $\sum a_n$이 수렴함을 보여라.

38. $a_n\geq 0$, $b_n>0$, $\lim_{n\to\infty} a_n/b_n=\infty$, 그리고 $\sum b_n$이 발산하면, $\sum a_n$이 발산함을 보여라.

39. $\lim_{n\to\infty} na_n=1$이라고 하자. $\sum a_n$은 발산함을 보여라.

40. $\sum a_n$이 수렴하는 양항급수라고 하자. 그러면 $\sum \ln(1+a_n)$은 수렴함을 보여라.

41. **근 판정법**(Root Test) $a_n>0$이고, $\lim_{n\to\infty}(a_n)^{1/n}=R$이라고 하자. 그러면 $R<1$이면 $\sum a_n$이 수렴하고, $R>1$이면 $\sum a_n$이 발산함을 보여라.

42. 근 판정법을 써서 수렴, 발산을 판정하여라.

(a) $\sum_{n=2}^{\infty}\left(\frac{1}{\ln n}\right)^n$ (b) $\sum_{n=1}^{\infty}\left(\frac{n}{3n+2}\right)^n$

(c) $\sum_{n=1}^{\infty}\left(\frac{1}{2}+\frac{1}{n}\right)^n$

43. 다음 급수의 수렴, 발산을 판정하여라. 어떤 경우는 로그의 성질을 이용하여 적절하게 재구성하여 문제를 쉬운 형태로 바꾸어야 한다.

(a) $\sum_{n=1}^{\infty} \ln\left(1+\frac{1}{n}\right)$ (b) $\sum_{n=1}^{\infty} \ln\left[\frac{(n+1)^2}{n(n+2)}\right]$

(c) $\sum_{n=2}^{\infty} \frac{1}{(\ln n)^{\ln n}}$ (d) $\sum_{n=3}^{\infty} \frac{1}{[\ln(\ln n)]^{\ln n}}$

(e) $\sum_{n=2}^{\infty} \frac{1}{(\ln n)^4}$ (f) $\sum_{n=1}^{\infty}\left[\frac{\ln n}{n}\right]^2$

EXPL **44.** $p(n)$과 $q(n)$은 n의 다항식들로서, 계수들이 음수가 아니라고 하자. 급수 $\sum_{n=1}^{\infty}\frac{p(n)}{q(n)}$의 수렴, 발산을 결정하는 간단한 조건을 구하여라.

EXPL **45.** 급수 $\sum_{n=1}^{\infty}\frac{1}{n^p}\left(1+\frac{1}{2^p}+\frac{1}{3^p}+\cdots+\frac{1}{n^p}\right)$의 수렴, 발산을 결정하는 p의 조건을 구하여라.

46. 다음 급수의 수렴, 발산을 판정하여라.

(a) $\sum_{n=1}^{\infty} \sin^2\left(\frac{1}{n}\right)$ (b) $\sum_{n=1}^{\infty} \tan\left(\frac{1}{n}\right)$

(c) $\sum_{n=1}^{\infty} \sqrt{n}\left[1-\cos\left(\frac{1}{n}\right)\right]$

개념 복습 해답: **1.** $0\leq a_k\leq b_k$ **2.** $\lim_{k\to\infty}(a_k/b_k)$
3. $\rho<1$; $\rho>1$; $\rho=1$ **4.** 비, 극한비교

9.5 교대급수, 절대수렴과 조건부수렴

앞의 두 절에서, 음수가 아닌 항들로 된 급수들을 다루었다. 이제 그러한 제약을 두지 않는다. 따라서 항들이 음수가 될 수 있다. 특히 **교대급수**(alternating series)라고 하는 다음 형태의 급수를 다룬다.

$$a_1-a_2+a_3-a_4+\cdots \quad (\text{모든 } n\text{에 대해서, } a_n>0)$$

중요한 예로서, **교대조화급수**라고 하는 다음 급수가 있다.

$$1-\frac{1}{2}+\frac{1}{3}-\frac{1}{4}+\cdots$$

조화급수가 발산함을 공부하였다. 그러나 이 교대조화급수는 수렴함을 곧 배울 것이다.

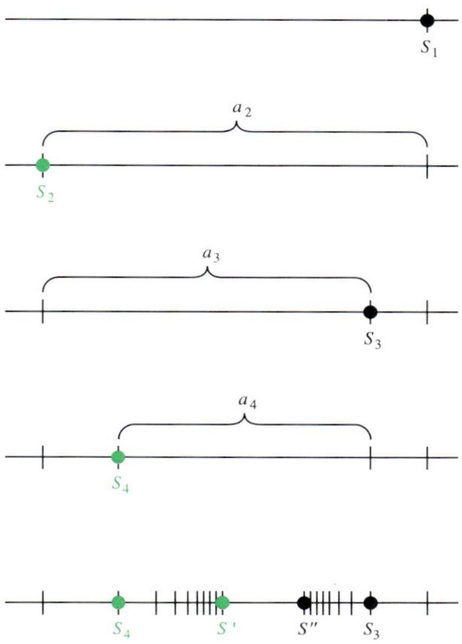

그림 1

수렴 판정법 수열 $\{a_n\}$이 감소한다고 가정하자. 즉, 모든 n에 대해서, $a_{n+1}<a_n$. 그리고 S_n을 부분합이라고 하자. 그러면 교대급수 $a_1-a_2+a_3-a_4+\cdots$에 대해서, 다음이 성립한다.

$$S_1=a_1$$
$$S_2=a_1-a_2=S_1-c_2$$
$$S_3=a_1-a_2+a_3=S_2+a_3$$
$$S_4=a_1-a_2+a_3-a_4=S_3-a_4$$

이런 식으로 계속된다. 이 부분합들을 기하학적으로 나타낸 것이 그림 1이다. 번호가 짝수인 항들 S_2, S_4, S_6, …은 증가하고, 위로 유계이므로, 어떤 극한으로 수렴해야 한다. 그것을 S'이라 하자. 마찬가지로 번호가 홀수인 항들 S_1, S_3, S_5, …은 감소하고, 아래로 유계이다. 이들도 어떤 값으로 수렴해야 한다. 그것을 S''이라 하자.

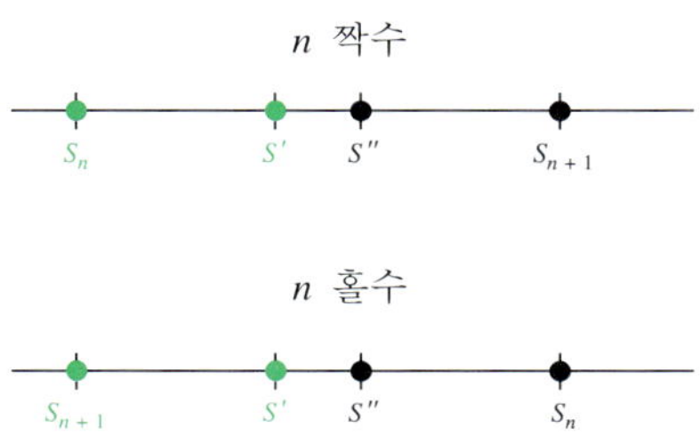

그림 2

S'와 S''은 둘 다, 모든 n에 대해서 S_n과 S_{n+1} 사이에 놓여 있다(그림 2 참조). 그리고

$$|S''-S'|\le|S_{n+1}-S_n|=a_{n+1}$$

그러므로 $n\to\infty$일 때 $a_{n+1}\to 0$이라는 조건을 주면, $S'=S''$가 되며, 따라서 이 급수는 공통인 값으로 수렴한다. 이 값을 S라 하자. 그러면 S는 S_n과 S_{n+1} 사이에 놓여 있으므로,

$$|S-S_n|\le|S_{n+1}-S_n|=a_{n+1}$$

임을 알 수 있다. 즉, 전체 급수의 합 S의 근사값으로 S_n을 사용할 때의 오차는, 나머지 항들의 첫번째의 크기보다 작거나 같다. 이상의 내용은 다음 정리를 증명한 것이다.

정리 A 교대급수판정법

교대급수

$$a_1 - a_2 + a_3 - a_4 + \cdots$$

가 모든 n에 대하여 $a_n > a_{n+1} > 0$이라 하자. $\lim_{n\to\infty} a_n = 0$이면, 이 급수는 수렴한다. 뿐만 아니라, 급수의 합 S의 근사값으로 처음 n개 항들의 합 S_n을 사용할 때의 오차는 a_{n+1}보다 작거나 같다.

예제 1 교대조화급수

$$1 - \frac{1}{2} + \frac{1}{3} - \frac{1}{4} + \cdots$$

이 수렴함을 보여라. 부분합 S_n이 전체 급수의 합 S와의 오차가 0.01 이내에 놓이도록 하려면, 항들을 몇 개나 잡아야 하는가?

풀이 주어진 교대조화급수는 정리 A의 가정을 만족하며, 따라서 수렴한다. 이제 $|S - S_n| \le 0.01$이 되도록 만들고 싶으며, $a_{n+1} \le 0.01$이면 이것이 성립한다. 그런데 $a_{n+1} = 1/(n+1)$이므로, $1/(n+1) \le 0.01$이어야 한다. 이것은 $n \ge 99$이면 된다. 따라서 원하는 정확도를 얻기 위해서, 항들을 99개를 잡아야 한다. 이것을 보면, 교대조화급수는 매우 느리게 수렴함을 알 수 있다. (연습문제 45를 보면, 이 급수의 정확한 합을 구하는 특이한 방법이 있다.) ■

예제 2 급수

$$\frac{1}{1!} - \frac{1}{2!} + \frac{1}{3!} - \frac{1}{4!} + \cdots$$

이 수렴함을 보여라. S_5를 계산하고, 급수의 합으로 이것을 사용할 때의 오차를 추정하여라.

풀이 교대급수판정법(정리 A)을 적용하면, 이 급수는 수렴한다.

$$S_5 = 1 - \frac{1}{2} + \frac{1}{6} - \frac{1}{24} + \frac{1}{120} \approx 0.6333$$

$$|S - S_5| \le a_6 = \frac{1}{6!} \approx 0.0014$$

■

예제 3 급수 $\sum_{n=1}^{\infty} (-1)^{n-1} \frac{n^2}{2^n}$이 수렴함을 보여라.

풀이 급수를 살펴보기 위해서, 앞의 항들을 몇 개 적어 본다.

$$\frac{1}{2} - 1 + \frac{9}{8} - 1 + \frac{25}{32} - \frac{36}{64} + \cdots$$

이것은 교대급수이며, $\lim_{n\to\infty} n^2/2^n=0$(로피탈의 법칙). 그러나 안타깝게도, 처음에는 항들이 감소하지 않는다. 그렇지만 서 번째 항 이후로는 감소하는 것으로 보인다. 그렇다면 됐다. 왜냐 하면 급수의 시작 부분에서 일어나는 일들은 수렴, 발산에 영향을 끼치지 않기 때문이다. 수열 수식이 셋째 항 이후에는 감소하는 것을 보이기 위해서, 다음 함수를 생각한다.

$$f(x)=\frac{x^2}{2^x}$$

$x\geq 3$인 경우, 이 함수의 도함수는

$$f'(x)=\frac{2x\cdot 2^x-x^2 2^x\ln 2}{2^{2x}}=\frac{x2^x(2-x\ln 2)}{2^{2x}}$$

$$\approx\frac{x(2-0.69x)}{2^x}<0$$

따라서 f는 $[3, \infty)$에서 감소한다. 그러므로 $\{n^2/2^n\}$도 $n\geq 3$에서 감소한다. 이 사실을 달리 증명하는 방법으로는, 9.1절 예제 6을 보기 바란다. ■

절대수렴 급수

$$1+\frac{1}{4}-\frac{1}{9}+\frac{1}{16}+\frac{1}{25}-\frac{1}{36}+\cdots$$

은 양수 항이 두 개 나오고, 음수 항이 한 개 나오고, 이런 식으로 계속되는데, 이것은 수렴하는가, 아니면 발산하는가? 교대급수 판정법을 적용할 수는 없다. 그렇지만 이것과 대응하는, 모든 항들이 양수인 급수

$$1+\frac{1}{4}+\frac{1}{9}+\frac{1}{16}+\frac{1}{25}+\frac{1}{36}+\cdots$$

이 수렴하므로($p=2$인 p급수), 일부 항들을 음수로 바꿔 놓은 급수는 (더욱 잘) 수렴한다고 예상할 수 있다. 다음 정리의 내용이 바로 이것이다.

정리 B 절대수렴판정법

$\sum|u_n|$이 수렴하면, $\sum u_n$은 수렴한다.

증명 $v_n=u_n+|u_n|$으로 놓는다. 그러면

$$u_n=v_n-|u_n|$$

이때 $0\leq v_n\leq 2|u_n|$이므로 비교판정법에 의해 $\sum v_n$은 수렴한다. 따라서 선형성 정리(정리 9.2B)에 의해 $\sum u_n=\sum(v_n-|u_n|)$은 수렴한다. ■

$\sum|u_n|$이 수렴하면, 급수 $\sum u_n$은 **절대수렴한다**고 한다. 절대수렴하면 원래 급수는 수렴함을 정리 B는 말하고 있다. 양항 급수에 대한 모든 수렴 판정법은, 일부 항들이 음수인 급수에 대한 절대수렴판정법이 된다. 특히 비판정법도 그러한데, 그것을 여기에 기술한다.

정리 C 절대 비판정법

$\sum u_n$은 0이 아닌 항들로 된 급수이며, 다음이 성립한다고 하자.

$$\lim_{n\to\infty}\frac{|u_{n+1}|}{|u_n|}=\rho$$

(i) $\rho<1$이면, 이 급수는 절대 수렴한다(따라서 수렴한다).

(ii) $\rho>1$이면, 이 급수는 발산한다.

(iii) $\rho=1$이면, 이 판정법으로는 아무런 결론도 내릴 수 없다.

증명 (i)과 (iii)의 증명은 비판정법으로부터 바로 나온다. (ii)의 경우, 원래 비판정법으로부터 $\sum|u_n|$이 발산함이 나오지만, 여기서는 더 많은 것을 주장하고 있다. 즉, $\sum u_n$이 발산함을 보여야 한다.

$$\lim_{n\to\infty}\frac{|u_{n+1}|}{|u_n|}>1$$

이므로, n이 충분히 크면, 이를테면 $n\geq N$이면, $|u_{n+1}|>|u_n|$이 성립한다. 따라서 $n\geq N$인 모든 n에 대해서 $|u_n|>|u_N|>0$이 성립하며, 따라서 $\lim_{n\to\infty}u_n$은 0이 될 수 없다. 그러므로 n항 판정법에 의해 $\sum u_n$은 발산한다. ■

예제 4 급수 $\sum_{n=1}^{\infty}(-1)^{n+1}\frac{3^n}{n!}$은 절대수렴함을 보여라.

풀이

$$\rho=\lim_{n\to\infty}\frac{|u_{n+1}|}{|u_n|}=\lim_{n\to\infty}\frac{3^{n+1}}{(n+1)!}\div\frac{3^n}{n!}$$

$$=\lim_{n\to\infty}\frac{3}{n+1}=0$$

따라서 절대 비판정법에 의해, 이 급수는 절대수렴한다(그러므로 수렴한다). ■

예제 5 급수 $\sum_{n=1}^{\infty}\frac{\cos(n!)}{n^2}$의 수렴, 발산을 판정하여라.

풀이 급수의 처음 100개 항들을 적어 보면, 항들의 부호가 약간 불규칙하게 바뀜을 알 수 있다. 사실 이 급수를 직접 분석하기는 어렵다. 그렇지만

$$\left|\frac{\cos(n!)}{n^2}\right|\leq\frac{1}{n^2}$$

따라서 비교판정법에 의해 이 급수는 절대수렴한다. 그러므로 절대수렴판정법(정리 B)에 의해 이 급수는 수렴한다. ■

조건부수렴 흔히 범하는 실수는, 정리 B를 역으로 만드는 것이다. 수렴한다고 해서 절대수렴한다는 보장은 없다. 이것은 명백히 틀리다. 다음 교대조화

급수를 보기 바란다. 급수

$$1-\frac{1}{2}+\frac{1}{3}-\frac{1}{4}+\cdots$$

은 수렴하지만,

$$1+\frac{1}{2}+\frac{1}{3}+\frac{1}{4}+\cdots$$

은 발산함을 이미 알고 있다. $\sum u_n$은 수렴하지만 $\sum|u_n|$은 발산하면, 급수 $\sum u_n$은 **조건부수렴한다**(conditionally converge)고 말한다. 조건부수렴하는 급수의 가장 중요한 예는 위의 교대조화급수이지만, 그 이외에도 많이 있다.

예제 6 급수 $\sum_{n=1}^{\infty}(-1)^{n+1}\frac{1}{\sqrt{n}}$은 조건부수렴함을 보여라.

풀이 교대급수판정법에 의해 $\sum_{n=1}^{\infty}(-1)^{n+1}[1/\sqrt{n}]$은 수렴한다. 그러나 $\sum_{n=1}^{\infty}1/\sqrt{n}$은 발산한다. 왜냐 하면 $p=\frac{1}{2}$인 p급수이기 때문이다. ■

절대수렴하는 급수들은 조건부수렴하는 급수들에 비해서 훨씬 편한 모양을 가진다. 절대수렴하는 급수들에 대한 중요한 성질을 소개한다. 조건부수렴하는 급수들에 대해서는, 이 성질은 거의 성립하지 않는다(연습문제 35~38 참조). 이 성질의 증명은 어려우므로, 생략하고 넘어간다.

정리 D 재배열 정리

절대수렴하는 급수의 항들을 어떻게 재배열하든, 그 급수의 수렴과 급수의 합에 영향을 미치지 않는다.

예를 들어, 급수

$$1+\frac{1}{4}-\frac{1}{9}+\frac{1}{16}+\frac{1}{25}-\frac{1}{36}+\frac{1}{49}+\frac{1}{64}-\frac{1}{81}+\cdots$$

은 절대수렴한다. 이것을 재배열한

$$1+\frac{1}{4}+\frac{1}{16}-\frac{1}{9}+\frac{1}{25}+\frac{1}{49}+\frac{1}{64}-\frac{1}{36}+\cdots$$

도 수렴하며, 그 합은 원래 급수의 합과 같다.

개념 복습

1. 모든 n에 대해 $a_n \geq 0$이면, 교대 급수 $a_1 - a_2 + a_3 - \cdots$이 수렴할 충분조건은, 항들의 크기가 작아지고, ______.

2. $\sum |u_k|$가 수렴하면, 급수 $\sum u_k$가 ______ 수렴한다고 말한다. $\sum u_k$가 수렴하지만, $\sum |u_k|$는 발산하면, 급수 $\sum u_k$가 ______ 수렴한다고 말한다.

3. 조건부수렴하는 급수의 가장 중요한 예는 ________ 이다.

4. 절대수렴하는 급수의 항들은 마음대로 ______해도, 수렴과 합에 영향을 미치지 않는다.

연습문제 9.5

문제 1~6에서 다음 교대급수가 수렴함을 보이고, 급수의 합 S의 근사값으로 부분합 S_9를 사용할 때의 오차를 추정하여라 (예제 1~3 참조).

1. $\sum_{n=1}^{\infty} (-1)^{n+1} \frac{2}{3n+1}$

2. $\sum_{n=1}^{\infty} (-1)^{n+1} \frac{1}{\sqrt{n}}$

3. $\sum_{n=1}^{\infty} (-1)^{n+1} \frac{1}{\ln(n+1)}$

4. $\sum_{n=1}^{\infty} (-1)^{n+1} \frac{n}{n^2+1}$

5. $\sum_{n=1}^{\infty} (-1)^{n+1} \frac{\ln n}{n}$

6. $\sum_{n=1}^{\infty} (-1)^{n+1} \frac{\ln n}{\sqrt{n}}$

문제 7~12에서 다음 급수가 절대수렴함을 보여라.

7. $\sum_{n=1}^{\infty} \left(-\frac{3}{4}\right)^n$

8. $\sum_{n=1}^{\infty} (-1)^{n} \frac{1}{n\sqrt{n}}$

9. $\sum_{n=1}^{\infty} (-1)^{n+1} \frac{n}{2^n}$

10. $\sum_{n=1}^{\infty} (-1)^{n+1} \frac{n^2}{e^n}$

11. $\sum_{n=1}^{\infty} (-1)^{n+1} \frac{1}{n(n+1)}$

12. $\sum_{n=1}^{\infty} (-1)^{n+1} \frac{2^n}{n!}$

문제 13~30에서 다음 급수를 절대수렴, 조건부수렴, 발산으로 분류하여라.

13. $\sum_{n=1}^{\infty} (-1)^{n+1} \frac{1}{5n}$

14. $\sum_{n=1}^{\infty} (-1)^{n+1} \frac{1}{5n^{1.1}}$

15. $\sum_{n=1}^{\infty} (-1)^{n+1} \frac{n}{10n+1}$

16. $\sum_{n=1}^{\infty} (-1)^{n+1} \frac{n}{10n^{1.1}+1}$

17. $\sum_{n=2}^{\infty} (-1)^{n} \frac{1}{n \ln n}$

18. $\sum_{n=1}^{\infty} (-1)^{n+1} \frac{1}{n(1+\sqrt{n})}$

19. $\sum_{n=1}^{\infty} (-1)^{n+1} \frac{n^4}{2^n}$

20. $\sum_{n=2}^{\infty} (-1)^{n} \frac{1}{\sqrt{n^2-1}}$

21. $\sum_{n=1}^{\infty} (-1)^{n+1} \frac{n}{n^2+1}$

22. $\sum_{n=1}^{\infty} (-1)^{n+1} \frac{n-1}{n}$

23. $\sum_{n=1}^{\infty} \frac{\cos n\pi}{n}$

24. $\sum_{n=1}^{\infty} \frac{\sin(n\pi/2)}{n^2}$

25. $\sum_{n=1}^{\infty} (-1)^{n} \frac{\sin n}{n\sqrt{n}}$

26. $\sum_{n=1}^{\infty} n \sin\left(\frac{1}{n}\right)$

27. $\sum_{n=1}^{\infty} (-1)^{n+1} \frac{1}{\sqrt{n(n+1)}}$

28. $\sum_{n=1}^{\infty} \frac{(-1)^{n+1}}{\sqrt{n+1}+\sqrt{n}}$

29. $\sum_{n=1}^{\infty} \frac{(-3)^{n+1}}{n^2}$

30. $\sum_{n=1}^{\infty} (-1)^{n+1} \sin\frac{\pi}{n}$

31. $\sum a_n$이 발산하면, $\sum |a_n|$도 발산함을 보여라.

32. $\sum a_n$과 $\sum b_n$은 둘 다 수렴하지만, $\sum a_n b_n$은 발산하는 예를 제시하여라.

33. 교대조화급수의 양의 항들은 발산하는 급수를 만듦을 보여라. 음의 항들도 그러함을 보여라.

34. 조건부수렴하는 모든 급수에 대해서, 문제 33의 결과가 성립함을 보여라.

35. 교대조화급수

$$1 - \frac{1}{2} + \frac{1}{3} - \frac{1}{4} + \frac{1}{5} - \frac{1}{6} + \cdots$$

을 (이 합은 실제로 $\ln 2 \approx 0.69$) 다음 단계를 따라 재배열하여서, 1.3으로 수렴하도록 만들 수 있음을 보여라.

(a) 양수 항들 $1 + \frac{1}{3} + \frac{1}{5} + \cdots$을 충분히 많이 더하여서, 1.3보다 약간 더 커지도록 만든다.

(b) 이제 음수 항들 $-\frac{1}{2} - \frac{1}{4} - \frac{1}{6} - \cdots$을 충분히 많이 더하여서, 부분합 S_n이 1.3보다 약간 더 작아지도록 만든다.

(c) 1.3보다 약간 더 커지도록 양수 항들을 더하고, 1.3보다 약간 더 작아지도록 음수 항들을 더하고, 이런 식으로 계속한다.

C **36.** 계산기를 사용하여, 문제 35에서 설명한 급수의 처음 20개 항들을 구하여라. S_{20}을 계산하여라.

37. 조건부수렴하는 급수는 적당하게 재배열하여서, 임의의 주어진 수로 수렴하도록 만들 수 있음을 설명하여라.

38. 조건부수렴하는 급수는 적당하게 재배열하여서, 발산하도록 만들 수 있음을 보여라.

39. $\lim_{n\to\infty} a_n=0$이라는 조건만 가지고는, 교대급수 $\sum(-1)^{n+1}a_n$의 수렴을 보장할 수 없음을 보여라. 도움말: $\sum 1/n$과 $\sum(-1/n^2)$의 항들을 번갈아 넣어라.

40. 다음의 수렴, 발산을 조사하여라.

$$\frac{1}{\sqrt{2}-1}-\frac{1}{\sqrt{2}+1}+\frac{1}{\sqrt{3}-1}-\frac{1}{\sqrt{3}+1}+\frac{1}{\sqrt{4}-1}-\frac{1}{\sqrt{4}+1}+\cdots$$

41. $\sum_{k=1}^{\infty} a_k^2$과 $\sum_{k=1}^{\infty} b_k^2$이 둘 다 수렴하면, $\sum_{k=1}^{\infty} a_k b_k$가 절대수렴함을 보여라. 도움말: 우선 $2|a_k b_k| \le a_k^2+b_k^2$을 보여라.

42. $y=(\sin x)/x$의 그래프를 그리고, $\int_0^\infty (\sin x)/x$는 수렴함을 보여라.

43. $\int_0^\infty |\sin x|/x\,dx$는 발산함을 보여라.

44. 구간 (0, 1]에서 $y=x\sin\frac{\pi}{x}$의 그래프는 길이가 무한함을 보여라.

45. 다음을 주목하자.

$$\begin{aligned}1-\frac{1}{2}+\frac{1}{3}-\frac{1}{4}+\cdots-\frac{1}{2n} &= 1+\frac{1}{2}+\frac{1}{3}+\cdots+\frac{1}{2n}-\left(1+\frac{1}{2}+\frac{1}{3}+\cdots+\frac{1}{n}\right)\\ &= \frac{1}{n+1}+\frac{1}{n+2}+\cdots+\frac{1}{2n}\end{aligned}$$

맨 끝의 표현을 리만 합으로 나타내고, 이것을 이용하여, 교대조화급수의 합을 구하여라.

개념 복습 해답: **1.** $\lim_{n\to\infty} a_n=0$ **2.** 절대, 조건부 **3.** 교대 조화 급수 **4.** 재배열

9.6 멱 급 수

지금까지 배운 것은 상수들의 급수라고 할 수 있다. 즉, $\sum u_n$ 형태의 급수이며, 여기서 각각의 u_n은 상수이다. 이제 함수들의 급수를 생각한다. 이것은 $\sum u_n(x)$ 형태의 급수이다. 이러한 급수의 대표적인 예로는,

$$\sum_{n=1}^{\infty}\frac{\sin nx}{n^2}=\frac{\sin x}{1}+\frac{\sin 2x}{4}+\frac{\sin 3x}{9}+\cdots$$

이 급수의 x에 어떤 값을 대입하면(예를 들어 $x=2.1$), 친숙한 급수가 된다. 즉, 상수들의 급수가 된 것이다.

함수들의 급수에 대해서, 두 개의 중요한 질문을 제기해야 한다.

1. 어떤 x에 대해서, 이 급수가 수렴하는가?
2. 어떤 함수로 수렴하게 되는가? 즉, 급수의 합 $S(x)$는 무엇인가?

이것을 일반적으로 깊게 다루려면, 고학년용 과목이 되어야 한다. 그렇지만 기본적인 미적분학 과목에서도, 특별한 경우의 멱급수들에 대해서 상당히 공부할 수 있다. 다음 형태의 급수를 **x에 관한 멱급수**(power series)라고 한다.

$$\sum_{n=1}^{\infty} a_n x^n = a_0+a_1x+a_1x^2+\cdots$$

(여기에서 $x=0$인 경우에 a_0x^0는 a_0이라고 본다.) 다음 멱급수에 대해서는, 앞에서 제기한 두 개의 질문에 대해 바로 답할 수 있다.

> *푸리에 급수*
>
> 이 절의 시작 부분에 나오는 사인 함수들의 급수는 푸리에 급수(Fourier series)의 예이다. 이 용어는 푸리에(Jean Baptiste Joseph Fourier, 1768~1830)의 이름을 딴 것이다. 푸리에 급수는 파동 현상을 연구할 때 매우 중요하다. 왜냐 하면 푸리에 급수를 사용하여 복잡한 파동을 기본 파동들(음파의 경우 순음조라고 부른다)의 합으로 나타낼 수 있기 때문이다. 이것은 매우 광범위한 분야인데, 다른 책들을 보기 바란다.

예제 1 어떤 x에 대해서, 멱급수

$$\sum_{n=1}^{\infty} ax^n = a+ax+ax^2+ax^3+\cdots$$

이 수렴하며, 그 합은 얼마인가? 단, $a \neq 0$.

풀이 사실 이 급수를 9.2절에서 공부하였으며(x 대신에 r이 있었음), 이것을 등비급수라고 불렀다. 이것은 $-1<x<1$에 대해서 수렴하며, 합 $S(x)$는 다음 식으로 주어진다.

$$S(x)=\frac{a}{1-x}, \quad -1<x<1$$ ■

수렴 집합

그림 1

수렴집합 멱급수가 수렴하는 집합을 **수렴집합**(convergence set)이라고 한다. 어떤 종류의 집합이 수렴집합이 될 수 있는가? 예제 1을 보면, 개구간이 될 수 있다(그림 1 참조). 다른 가능성들도 있을까?

예제 2 다음 멱급수의 수렴집합은 무엇인가?

$$\sum_{n=0}^{\infty}\frac{x^n}{(n+1)2^n}=1+\frac{1}{2}\frac{x}{2}+\frac{1}{3}\frac{x^2}{2^2}+\frac{1}{4}\frac{x^3}{2^3}+\cdots$$

풀이 일부 항들은 음수가 될 수 있음을(x가 음수이면) 주목해야 한다. 절대 비판정법(정리 9.5C)을 써서, 절대 수렴을 판단해 보자.

$$\rho=\lim_{n\to\infty}\left|\frac{x^{n+1}}{(n+2)2^{n+1}}\div\frac{x^n}{(n+1)2^n}\right|=\lim_{n\to\infty}\frac{|x|}{2}\cdot\frac{n+1}{n+2}=\frac{|x|}{2}$$

이 급수는 $\rho=|x|/2<1$일 때 절대 수렴하며(따라서 수렴한다), $|x|/2>1$일 때 발산한다. 따라서 $|x|<2$일 때 수렴하고, $|x|>2$일 때 발산한다.

수렴 집합

그림 2

$x=2$ 또는 $x=-2$일 때, 비판정법으로는 결론을 내릴 수 없다. 그렇지만 $x=2$일 때, 이 급수는 조화급수가 되며 발산한다. 그리고 $x=-2$일 때, 이 급수는 교대조화급수가 되며 수렴한다. 그러므로 주어진 급수의 수렴집합은 $-2 \leq x<2$이다(그림 2). ■

예제 3 급수 $\sum_{n=0}^{\infty}\frac{x^n}{n!}$의 수렴집합을 구하여라.

수렴 집합

그림 3

풀이

$$\rho=\lim_{n\to\infty}\left|\frac{x^{n+1}}{(n+1)!}\div\frac{x^n}{n!}\right|=\lim_{n\to\infty}\frac{|x|}{n+1}=0$$

그러므로 절대 비율 판정법에 의해, 이 급수는 모든 x에 대해서 수렴한다(그림 3). ■

예제 4 급수 $\sum_{n=0}^{\infty} n!x^n$의 수렴집합을 구하여라.

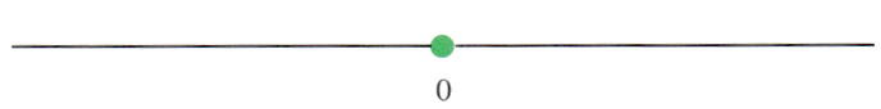

수렴 집합

그림 4

풀이

$$\rho=\lim_{n\to\infty}\left|\frac{(n+1)!x^{n+1}}{n!x^n}\right|=\lim_{n\to\infty}(n+1)|x|=\begin{cases}0, & x=0\text{인 경우}\\ \infty, & x\neq 0\text{인 경우}\end{cases}$$

그러므로 이 급수는 $x=0$에서만 수렴한다. ■

이제까지 다룬 예제들에서, 수렴집합은 항상 어떤 구간이다(마지막 예제의 경우 퇴화한 구간). 예를 들어, 멱급수는 두 개의 떨어져 있는 구간들로 $[0, 1]\cup[2, 3]$처럼 된 수렴집합을 가질 수 없다. 다음 정리가 이 모든 것을 말해 준다.

정리 A

멱급수 $\sum a_n x^n$의 수렴집합은 항상 다음 세 종류 중의 하나인 구간이다.

(i) 한 점 $x=0$.

(ii) 구간 $(-R, R)$, 또는 여기에다 한 쪽 끝점이나 양 끝점을 포함한 것.

(iii) 수직선 전체.

(i), (ii), (iii) 각각의 경우, 이 멱급수는 **수렴반경**이 0, R, ∞라고 한다.

증명 이 급수가 $x=x_1\neq 0$에서 수렴한다고 하자. 그러면 $\lim_{n\to\infty} a_n x_1^n=0$이며, 따라서 어떤 수 N이 있어서, 모든 $n\geq N$에 대해서 $|a_n x_1^n|<1$. 그러면 $|x|<|x_1|$을 만족하는 모든 x에 대해서,

$$|a_n x^n|=|a_n x_1^n|\left|\frac{x}{x_1}\right|^n<\left|\frac{x}{x_1}\right|^n$$

이 부등식이 모든 $n\geq N$에 대해서 성립한다. 그러고 $\sum|x/x_1|^n$은 수렴한다. 왜냐 하면 공비가 1보다 작은 등비급수이기 때문이다. 따라서 비교판정법 정리 9.4A에 의해, $\sum|a_n x^n|$은 수렴한다. 멱급수가 x_1에서 수렴하면, 그 멱급수는 $|x|<|x_1|$을 만족하는 모든 x에서 (절대)수렴함을 증명한 것이다.

한편, 멱급수가 x_2에서 발산한다고 하자. 그러면 $|x|>|x_2|$인 모든 x에서 발산해야 한다. 왜냐 하면, 이 멱급수가 $|x_1|>|x_2|$인 x_1에서 수렴하면, 방금 증명한 것에 의해, x_2에서 수렴해야 하기 때문이다. 이것은 가정에 어긋난다.

이 두 사실을 결합하면, 수렴집합은 정리에서 세 종류 이외의 집합이 될 수 없다. ■

사실 정리 A에서 주장한 것보다 더 많은 것을 보였다. 이것을 또 다른 정리로 기술한다.

정리 B

멱급수 $\sum a_n x^n$은 그 수렴 구간의 내부점에서 절대수렴한다.

물론, 수렴구간의 끝점에서도 절대수렴하는 경우가 있을 것이다. 그러나 이것은 자신할 수 없다. 예제 2를 보기 바란다.

$x-a$의 멱급수 급수

$$\sum a_n(x-a)^n = a_0 + a_1(x-a) + a_2(x-a)_2 + \cdots$$

의 형태를 **$x-a$에 관한 멱급수**라고 한다. x의 멱급수에 대해서 배운 것들은 모두 $x-a$에 관한 멱급수에 대해서도 그대로 잘 성립한다. 특히, 그 수렴집합은 항상 다음 세 종류 중의 하나이다.

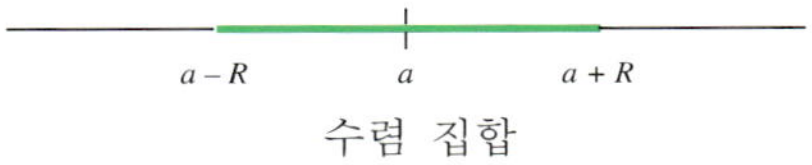

그림 5

1. 한 점 $x=a$.
2. 구간 $(a-R,\ a+R)$ 또는 여기에 한쪽 끝점이나 양 끝점을 포함한 것(그림 5).
3. 수직선 전체.

예제 5 급수 $\sum_{n=0}^{\infty} \frac{(x+1)^n}{(n+1)^2}$의 수렴집합을 구하여라.

풀이 절대 비판정법을 적용한다.

$$\rho = \lim_{n\to\infty}\left|\frac{(x-1)^{n+1}}{(n+2)^2} \div \frac{(x-1)^n}{(n+1)^2}\right| = \lim_{n\to\infty}|x-1|\frac{(n+1)^2}{(n+2)^2}$$
$$= |x-1|$$

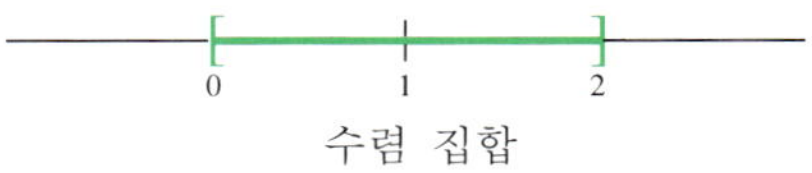

그림 6

따라서, $|x-1|<1$이면 이 급수는 수렴한다. 즉, $0<x<2$이면 수렴한다. 그리고 $|x-1|>1$이면 발산한다. 그리고 양쪽 끝점 0과 2를 넣어 보면, 여기서도 수렴함을 (사실 절대수렴함) 알 수 있다. 그러므로 수렴구간은 닫힌 구간 $[0,\ 2]$이다(그림 6). ■

예제 6 다음 멱급수의 수렴집합을 구하여라.

$$\frac{(x+2)^2 \ln 2}{2\cdot 9} + \frac{(x+2)^3 \ln 3}{3\cdot 27} + \frac{(x+2)^4 \ln 4}{4\cdot 81} + \cdots$$

풀이 n번째 항은 $u_n = \frac{(x+2)^n \ln n}{n\cdot 3^n}$, $n\geq 2$. 따라서

$$\rho = \lim_{n\to\infty}\left|\frac{(x+2)^{n+1}\ln(n+1)}{(n+1)3^{n+1}}\cdot\frac{n3^n}{(x+2)^n \ln n}\right|$$
$$= \frac{|x+2|}{3}\lim_{n\to\infty}\frac{n}{n+1}\frac{\ln(n+1)}{\ln n} = \frac{|x+2|}{3}$$

$\rho<1$인 경우는 $|x+2|<3$이고 따라서 $-5<x<1$인 경우 이 급수가 수렴한다. 끝점 -5와 1을 확인해 보아야 한다.

$x=-5$이면,

$$u_n = \frac{(-3)^n \ln n}{n3^n} = (-1)^n\frac{\ln n}{n}$$

그리고 $\sum(-1)^n(\ln n)/n$은 교대급수판정법에 의해 수렴한다.

$x=1$이면, $u_n=(\ln n)/n$이고, $\sum(\ln n)/n$은 조화급수와 비교해 보면 발산함을

알 수 있다.

그러므로 이 급수는 구간 $-5 \le x < 1$에서 수렴한다. ■

개념 복습

1. $a_0 + a_1 x + a_2 x^2 + \cdots$ 형태의 급수를 ______라고 부른다.
2. 멱급수에 대해서는 수렴하는가를 묻는 대신에, ______고 물어야 한다.
3. 멱급수는 항상 어떤 ______에서 수렴하며, 그 ______은 포함할 수도 있고, 포함하지 않을 수도 있다.
4. 멱급수 $5 + x + x^2 + x^3 + \cdots$은 구간 ______에서 수렴한다.

연습문제 9.6

문제 1~8에서 주어진 멱급수의 수렴집합을 구하여라.

1. $\displaystyle\sum_{n=1}^{\infty} \frac{x^n}{(n-1)!}$
2. $\displaystyle\sum_{n=1}^{\infty} \frac{x^n}{3^n}$
3. $\displaystyle\sum_{n=1}^{\infty} \frac{x^n}{n^2}$
4. $\displaystyle\sum_{n=1}^{\infty} nx^n$
5. $\displaystyle\sum_{n=1}^{\infty} (-1)^{n+1} \frac{x^n}{n^2}$
6. $\displaystyle\sum_{n=1}^{\infty} (-1)^n \frac{x^n}{n}$
7. $\displaystyle\sum_{n=1}^{\infty} (-1)^n \frac{(x-2)^n}{n}$
8. $\displaystyle\sum_{n=1}^{\infty} \frac{(x+1)^n}{n!}$

문제 9~28에서 주어진 멱급수의 수렴구간을 구하여라. 도움말: 우선 n번째 항을 구하고, 그 다음에 절대 비판정법을 적용.

9. $\dfrac{x}{1\cdot 2} - \dfrac{x^2}{2\cdot 3} + \dfrac{x^3}{3\cdot 4} - \dfrac{x^4}{4\cdot 5} + \dfrac{x^5}{5\cdot 6} - \cdots$
10. $1 + x + \dfrac{x^2}{2!} + \dfrac{x^3}{3!} + \dfrac{x^4}{4!} + \cdots$
11. $x - \dfrac{x^3}{3!} + \dfrac{x^5}{5!} - \dfrac{x^7}{7!} + \dfrac{x^9}{9!} + \cdots$
12. $1 - \dfrac{x^2}{2!} + \dfrac{x^4}{4!} - \dfrac{x^6}{6!} + \dfrac{x^8}{8!} - \dfrac{x^{10}}{10!} + \cdots$
13. $x + 2x^2 + 3x^3 + 4x^4 + \cdots$
14. $x + 2^2x^2 + 3^2x^3 + 4^2x^4 + \cdots$
15. $1 - x + \dfrac{x^2}{2} - \dfrac{x^3}{3} + \dfrac{x^4}{4} - \cdots$
16. $1 + x + \dfrac{x^2}{\sqrt{2}} + \dfrac{x^3}{\sqrt{3}} + \dfrac{x^4}{\sqrt{4}} + \dfrac{x^5}{\sqrt{5}} + \cdots$
17. $1 - \dfrac{x}{1\cdot 3} + \dfrac{x^2}{2\cdot 4} - \dfrac{x^3}{3\cdot 5} + \dfrac{x^4}{4\cdot 6} - \cdots$
18. $\dfrac{x}{2^2-1} + \dfrac{x^2}{3^2-1} + \dfrac{x^3}{4^2-1} + \dfrac{x^4}{5^2-1} + \cdots$
19. $1 - \dfrac{x}{2} + \dfrac{x^2}{2^2} - \dfrac{x^3}{2^3} + \dfrac{x^4}{2^4} - \cdots$
20. $1 + 2x + 2^2x^2 + 2^3x^3 + 2^4x^4 + \cdots$
21. $1 + 2x + \dfrac{2^2x^2}{2!} + \dfrac{2^3x^3}{3!} + \dfrac{2^4x^4}{4!} + \cdots$
22. $\dfrac{x}{2} + \dfrac{2x^2}{3} + \dfrac{3x^3}{4} + \dfrac{4x^4}{5} + \dfrac{5x^5}{6} + \cdots$
23. $\dfrac{x-1}{1} + \dfrac{(x-1)^2}{2} + \dfrac{(x-1)^3}{3} + \dfrac{(x-1)^4}{4} + \cdots$
24. $1 + (x+2) + \dfrac{(x+2)^2}{2!} + \dfrac{(x+2)^3}{3!} + \cdots$
25. $1 + \dfrac{x+1}{2} + \dfrac{(x+1)^2}{2^2} + \dfrac{(x+1)^3}{2^3} + \cdots$
26. $\dfrac{x-2}{1^2} + \dfrac{(x-2)^2}{2^2} + \dfrac{(x-2)^3}{3^2} + \dfrac{(x-2)^4}{4^2} + \cdots$
27. $\dfrac{x+5}{1\cdot 2} + \dfrac{(x+5)^2}{2\cdot 3} + \dfrac{(x+5)^3}{3\cdot 4} + \dfrac{(x+5)^4}{4\cdot 5} + \cdots$
28. $(x+3) - 2(x+3)^2 + 3(x+3)^3 - 4(x+3)^4 + \cdots$
29. 예제 3에서, 모든 x에 대해서 $\sum x^n/n!$이 수렴함을 알았다. 모든 x에 대해서 $\lim_{n\to\infty} x^n/n! = 0$이라고 결론을 내릴 수 있는 이유는?
30. k는 임의의 수이고, $-1 < x < 1$이라고 하자. 다음을 증명하여라.
$$\lim_{n\to\infty} \frac{k(k-1)(k-2)\cdots(k-n)}{n!} x^n = 0$$
도움말: 문제 29 참조.
31. 다음 급수의 수렴반경을 구하여라.
$$\sum_{n=1}^{\infty} \frac{1\cdot 2\cdot 3\cdots n}{1\cdot 3\cdot 5\cdots(2n-1)} x^{2n+1}$$

32. 다음 급수의 수렴반경을 구하여라.

$$\sum_{n=0}^{\infty} \frac{(pn)!}{(n!)^p} x^n$$

여기서 p는 양의 정수이다.

33. 멱급수 $\sum_{n=0}^{\infty}(x-3)^n$의 합 $S(x)$를 구하여라. 수렴구간은?

34. 멱급수 $\sum_{n=0}^{\infty} a_n(x-3)^n$이 $x=-1$에서 수렴한다고 하자. 그러면 $x=6$에서도 수렴한다고 결론을 내릴 수 있는 까닭은 무엇인가? $x=7$에서 수렴한다고 확신할 수 있는가? 설명하여라.

35. 다음 급수의 수렴구간을 구하여라.

(a) $\sum_{n=1}^{\infty} \frac{(3x+1)^n}{n \cdot 2^n}$

(b) $\sum_{n=1}^{\infty} (-1)^n \frac{(2x-3)^2}{4^n \sqrt{n}}$

36. 9.1절 연습문제 52에서 피보나치 수열 f_1, f_2, f_3, $\cdots$을 정의한 것을 참조하여, 급수 $\sum_{n=1}^{\infty} f_n x^n$의 수렴반경을 구하여라.

37. $a_{n+3}=a_n$이라 하고, $S(x)=\sum_{n=0}^{\infty} a_n x^n$이라 놓자. 이 급수는 $|x|<1$에 대해서 수렴함을 보이고, $S(x)$의 공식을 구하여라.

38. 어떤 고정된 양의 정수 p에 대해서 $a_{n+p}=a_n$인 경우, 문제 37를 풀어 보아라.

개념 복습 해답: **1.** 멱급수 **2.** 어디에서 수렴하느냐 **3.** 구간, 끝점 **4.** $(-1, 1)$

9.7 멱급수의 연산

멱급수 $\sum a_n x^n$의 수렴집합은 어떤 구간 I임을 앞절에서 배웠다. 이 구간은 급수의 합 $S(x)$라는 함수의 정의역이다. $S(x)$에 대해서 당연히 던져야 할 질문은 이것을 간단한 식으로 나타낼 수 있느냐하는 점이다. 등비급수에 대해서는 그러한 식을 구하였다.

$$\sum_{n=0}^{\infty} ax^n = \frac{a}{1-x}, \quad -1<x<1$$

사실, 임의의 멱급수가 주어졌을 때, 그 합이 앞부분에서 공부한 기본 함수들 중의 하나가 될 이유는 없을 것이다. 그렇지만 이 절과 9.8절에서, 이 방향으로 약간 다룰 것이다.

지금 시점에서 좀 더 나은 질문은, $S(x)$의 성질들에 대해서 무엇을 말할 수 있느냐이다. 예를 들어, 이것을 미분할 수 있는가? 적분할 수 있는가? 이 두 질문에 대한 답은 "예"이다.

항별 미분과 적분 멱급수란 한없이 많은 항들을 가진 다항식이라고 생각해라. 미분과 적분에 대해서, 멱급수는 다항식과 유사한 성질을 갖는다. 다음과 같이, 항별로 미분, 적분을 해 줄 수 있다.

정리 A

$S(x)$는 구간 I에서 어떤 멱급수의 합이라고 하자. 즉,

$$S(x)=\sum_{n=0}^{\infty} a_n x^n = a+a_1x+a_2x^2+a_3x^3+\cdots$$

그러면 x가 I의 내부점이면,

$$\text{(i) } S'(x) = \sum_{n=0}^{\infty} D_x(a_n x^n) = \sum_{n=1}^{\infty} n a_n x^{n-1}$$
$$= a_1 + 2a_2 x + 3a_3 x^2 + \cdots$$

$$\text{(ii) } \int_0^x S(t)\,dt = \sum_{n=0}^{\infty} \int_0^x a_n t^n dt = \sum_{n=0}^{\infty} \frac{a_n}{n+1} x^{n+1}$$
$$= a_0 x + \frac{1}{2}a_1 x^2 + \frac{1}{3}a_2 x^3 + \frac{1}{4}a_3 x^4 + \cdots$$

이 정리는 여러 가지를 함축하고 있다. S를 미분, 적분할 수 있음을 말하고 있고, 미분과 적분을 어떻게 계산할 수 있는지, 그리고 미분한 급수와 적분한 급수는 둘 다 원래 급수와 수렴 반경이 같음을 주장하고 있다(그렇지만 수렴 구간의 끝점들에 대해서는 아무것도 말하지 않고 있다). 이 정리를 증명하기는 어렵다. 고학년용 책들을 보기 바란다.

정리 A에 따른 유용한 결과로, 합의 공식을 알고 있는 멱급수에 이것을 적용하여, 다른 멱급수의 합의 공식을 얻을 수 있다.

예제 1 정리 A를 등비급수

$$\frac{1}{1-x} = 1 + x + x^2 + x^3 + \cdots, \quad -1 < x < 1$$

에 적용하여, 새로운 두 급수의 공식을 구하여라.

풀이 항별로 미분을 하면, 다음을 얻는다.

$$\frac{1}{(1-x)^2} = 1 + 2x + 3x^2 + 4x^3 + \cdots, \quad -1 < x < 1$$

항별로 적분을 하면,

$$\int_0^x \frac{1}{1-t}dt = \int_0^x 1\,dt + \int_0^x t\,dt + \int_0^x t^2 dt + \cdots$$

즉,

$$-\ln(1-x) = x + \frac{x^2}{2} + \frac{x^3}{3} + \cdots, \quad -1 < x < 1$$

x 대신에 $-x$를 넣고, 양변에다 -1을 곱하면, 다음 공식을 얻는다.

$$\boxed{\ln(1+x) = x - \frac{x^2}{2} + \frac{x^3}{3} - \frac{x^4}{4} + \cdots, \quad -1 < x < 1}$$

9.5절 연습문제 45에서, 끝점 $x=1$에서도 이 공식이 성립함을 배웠다(옆의 여백의 설명 참조). ■

끝점에서의 결과

어떤 멱급수의 수렴구간의 끝점에서 무엇이 성립하는가 하는 것은 까다로운 질문이다. 노르웨이의 위대한 수학자 아벨(Niels Henrik Abel, 1802~1829)은 다음 결과를 얻었다. $|x| < R$에 대해서

$$f(x) = \sum_{n=0}^{\infty} a_n x^n$$

이 성립한다고 하자. f가 끝점(R 또는 $-R$)에서 연속이고, 멱급수가 그 점에서 수렴하면, 그 끝점에서도 이 공식이 성립한다.

예제 2 $\tan^{-1}x$를 멱급수로 나타내 보아라.

풀이 다음을 상기한다.

$$\tan^{-1}x=\int_0^x \frac{1}{1+t^2}dt$$

$1/(1-x)$을 등비급수로 나타낸 것에서, x 대신에 $-t^2$을 넣으면, 다음을 얻는다.

$$\frac{1}{1+t^2}=1-t^2+t^4-t^6+\cdots,\quad -1<t<1$$

그러므로

$$\tan^{-1}x=\int_0^x (1-t^2+t^4-t^6+\cdots)\,dt$$

즉,

$$\boxed{\tan^{-1}x=x-\frac{x^3}{3}+\frac{x^5}{5}-\frac{x^7}{7}+\cdots,\quad -1<x<1}$$

(옆의 여백의 설명에 따라서, 이것은 $x=\pm 1$에서도 성립한다.) ■

예제 3 다음 멱급수의 합의 공식을 구하여라.

$$S(x)=1+x+\frac{x^2}{2!}+\frac{x^3}{3!}+\cdots$$

풀이 이 급수는 모든 x에 대해서 수렴함을 앞에서 (9.6절 예제 3) 배웠다. 항별로 미분하면, 다음을 얻게 된다.

$$S'(x)=1+x+\frac{x^2}{2!}+\frac{x^3}{3!}+\cdots$$

즉, 모든 x에 대해서, $S'(x)=S(x)$. 뿐만 아니라, $S(0)=1$. 이 미분방정식은 $S(x)=e^x$를 유일한 해로 가진다(6.5절 참조). 그러므로

$$\boxed{e^x=1+x+\frac{x^2}{2!}+\frac{x^3}{3!}+\cdots}$$ ■

예제 4 e^{-x^2}을 멱급수로 나타내어라.

풀이 e^x에 대한 멱급수에서, x 대신에 $-x^2$을 넣으면 된다.

$$e^{-x^2}=1-x^2+\frac{x^4}{2!}+\frac{x^6}{3!}+\cdots$$ ■

대수적 연산 수렴하는 멱급수들은 항별로 더하거나 뺄 수 있다(9.2절 정리 B). 이런 의미에서, 이들은 다항식과 비슷한 성질을 갖는다. 그리고 수렴하는 멱급수들은 다항식처럼 곱하거나 나누어 줄 수도 있다.

예제 5 $\ln(1+x)$의 멱급수에 e^x의 멱급수를 곱하고 그리고 나누어라.

풀이 이들의 멱급수는 예제 1, 3에 나온다. 곱셈을 하는 방법은, 먼저 상수

항을 구하고, 그 다음에 x항을 구하고, 그 다음에 x^2항을 구하고, 이런 방법으로 계속해 나가는 것이다. 다음과 같이 계산하면 된다.

$$0+x-\frac{x^2}{2}+\frac{x^3}{3}-\frac{x^4}{4}+\cdots$$

$$1+x+\frac{x^2}{2!}+\frac{x^3}{3!}+\frac{x^4}{4!}+\cdots$$

$$\begin{aligned}0+(0+1)x+\left(0+1-\frac{1}{2}\right)x^2+\left(0+\frac{1}{2!}-\frac{1}{2}+\frac{1}{3}\right)x^3 \\ +\left(0+\frac{1}{3!}-\frac{1}{2!2}+\frac{1}{3}-\frac{1}{4}\right)x^4+\cdots \\ =0+x+\frac{1}{2}x^2+\frac{1}{3}x^3+0\cdot x^4+\cdots\end{aligned}$$

나눗셈은 다음과 같이 계산한다.

$$\begin{array}{r|l} & x-\frac{3}{2}x^2+\frac{4}{3}x^3-x^4+\cdots \\ \hline 1+x+\frac{1}{2}x^2+\frac{1}{6}x^3+\cdots & x-\frac{1}{2}x^2+\frac{1}{3}x^3-\frac{1}{4}x^4+\cdots \\ & x+\ x^2+\frac{1}{2}x^3+\frac{1}{6}x^4+\cdots \\ \hline & -\frac{3}{2}x^2-\frac{1}{6}x^3-\frac{5}{12}x^4+\cdots \\ & -\frac{3}{2}x^2-\frac{3}{2}x^3-\frac{3}{4}x^4+\cdots \\ \hline & \frac{4}{3}x^3+\frac{1}{3}x^4+\cdots \\ & \frac{4}{3}x^3+\frac{4}{3}x^4+\cdots \\ \hline & -x^4+\cdots \end{array}$$

■

예제 5에서 가장 중요한 사항은, 이렇게 계산하여 얻은 급수들이 실제로 $[\ln(1+x)]e^x$와 $[\ln(1+x)]/e^x$로 각각 수렴하느냐이다. 다음 정리가 이것에 답해 주는데, 증명은 생략한다.

정리 B

두 급수 $f(x)=\sum a_n x^n$와 $g(x)=\sum b_n x^n$이 적어도 $|x|<r$에 대해서 수렴한다고 하자. 이 급수들을 다항식처럼 덧셈, 뺄셈, 곱셈을 하면, 그 결과로 나오는 급수는 $|x|<r$에 대해서 수렴하며, 각각 $f(x)+g(x)$, $f(x)-g(x)$, $f(x)\cdot g(x)$가 된다. $b_0\neq 0$이면, 나눗셈에 대해서도 이것이 성립하지만, $|x|$가 충분히 작은 경우에만 유효함이 보장된다.

$|x|$가 충분히 작은 경우, 멱급수를 다른 멱급수에 대입하는 연산도 유효하

다. 단, 대입하는 급수의 상수항이 0이어야 한다. 예제를 통해서 알아본다.

예제 6 $e^{\tan^{-1}x}$의 멱급수를 4차항까지 구하여라.

풀이

$$e^u = 1 + u + \frac{u^2}{2!} + \frac{u^3}{3!} + \frac{u^4}{4!} + \cdots$$

이므로,

$$e^{\tan^{-1}x} = 1 + \tan^{-1}x + \frac{(\tan^{-1}x)^2}{2!} + \frac{(\tan^{-1}x)^3}{3!} + \frac{(\tan^{-1}x)^4}{4!} + \cdots$$

예제 2에 나오는 $\tan^{-1}x$의 급수를 대입하고, 같은 차수의 항들끼리 더한다.

$$e^{\sin^{-1}x} = 1 + \left(x - \frac{x^3}{3} + \cdots\right) + \frac{\left(x - \frac{x^3}{3} + \cdots\right)^2}{2!} + \frac{\left(x - \frac{x^3}{3} + \cdots\right)^3}{3!} + \frac{\left(x - \frac{x^3}{3} + \cdots\right)^4}{4!} \cdots$$

$$= 1 + \left(x - \frac{x^3}{3} + \cdots\right) + \frac{\left(x^2 - \frac{2}{3}x^4 + \cdots\right)}{2} + \frac{(x^3 + \cdots)}{6} + \frac{(x^4 + \cdots)}{24} + \cdots$$

$$= 1 + x + \frac{x^2}{2} - \frac{x^3}{6} - \frac{7x^4}{24} + \cdots$$

■

> *라마누잔(1887~1920)*
>
> 20세기 초의 가장 놀라운 인물은 인도 수학자 라마누잔(Srinivasa Ramanujan)이다. 그는 혼자서 수학을 공부하였으며, 자기가 발견한 것들을 기록해 놓은 공책들을 유품으로 남겼다. 최근에야 비로소 그 공책들을 철저히 연구하게 되었다. 거기에는 여러 가지 이상하고 놀라운 공식들이 있는데, 무한 급수의 합에 관한 것들도 다수 있다. 다음은 그 예이다.
>
> $$\frac{1}{\pi} = \frac{\sqrt{8}}{9801}\sum_{n=0}^{\infty}\frac{(4n)![1103 + 26{,}390n]}{(n!)^4(396)^{4n}}$$
>
> 이와 같은 공식을 사용하여, 1989년에 π를 소수 10억 자리가 넘게 계산하였다. (연습문제 35 참조.)

$x-a$에 관한 멱급수 x에 관한 멱급수의 정리들을 이 절에서 배웠다. 이 모든 정리들은 $x-a$에 관한 멱급수에 대해서도 유효한데, 물론 수렴구간은 그에 맞도록 고쳐야 한다.

개념 복습

1. 멱급수는 그 수렴구간의 ______에서 항별로 미분하거나 ______할 수 있다.
2. $\ln(1-x)$의 멱급수 전개의 처음 5개의 항들은 ______.
3. $\exp(x^2)$의 멱급수 전개의 처음 4개의 항들은 ______.
4. $\exp(x^2) - \ln(1-x)$의 멱급수 전개의 처음 5개의 항들은 ______.

연습문제 9.7

문제 1~10에서 $f(x)$를 멱급수로 나타내고, 그 수렴반경을 명시하여라. 이들은 모두 등비급수와 관련이 있다(예제 1, 2 참조).

1. $f(x) = \dfrac{1}{1+x}$
2. $f(x) = \dfrac{1}{(1+x)^2}$ 도움말: 문제 1을 미분하여라.
3. $f(x) = \dfrac{1}{(1-x)^3}$
4. $f(x) = \dfrac{x}{(1+x)^2}$
5. $f(x) = \dfrac{1}{2-3x} = \dfrac{\frac{1}{2}}{1-\frac{3}{2}x}$
6. $f(x) = \dfrac{1}{3+2x}$
7. $f(x) = \dfrac{x^2}{1+x^4}$
8. $f(x) = \dfrac{x^3}{2-x^3}$

9. $f(x)=\int_0^x \ln(1+t)\,dt$ **10.** $f(x)=\int_0^x \tan^{-1}t\,dt$

11. $\ln[(1+x)/(1-x)]$를 x의 멱급수로 나타내고, 그 수렴 반경을 명시하여라. 도움말:

$$\ln[(1+x)/(1-x)]=\ln(1+x)-\ln(1-x)$$

12. 임의의 양수 M을 $(1+x)/(1-x)$로 나타낼 수 있음을 보여라. 여기서 x는 문제 11의 멱급수의 수렴구간에 속하는 점이다. 그러므로 임의의 양수의 자연로그를 이 급수를 이용하여 구할 수 있다. 이 방법으로 $\ln 8$을 소수 세 자리까지 구하여라.

문제 13~16에서 예제 3의 결과를 이용하여, 주어진 함수에 대한 x의 멱급수를 구하여라.

13. $f(x)=e^{-x}$ **14.** $f(x)=xe^{x^2}$

15. $f(x)=e^x+e^{-x}$ **16.** $f(x)=e^{2x}-1-2x$

문제 17~24에서 예제 5의 방법을 이용하여, 주어진 함수 f에 대한 x의 멱급수를 구하여라.

17. $f(x)=e^{-x}\cdot\dfrac{1}{1-x}$ **18.** $f(x)=e^x\tan^{-1}x$

19. $f(x)=\dfrac{\tan^{-1}x}{e^x}$ **20.** $f(x)=\dfrac{e^x}{1+\ln(1+x)}$

21. $f(x)=(\tan^{-1}x)(1+x^2+x^4)$

22. $f(x)=\dfrac{\tan^{-1}x}{1+x^2+x^4}$

23. $f(x)=\int_0^x \dfrac{e^t}{1+t}dt$ **24.** $f(x)=\int_0^x \dfrac{\tan^{-1}t}{t}dt$

25. 다음 급수들이 친숙한 어떤 것과 관련이 있는지 생각하여서, 그 합을 구하여라.

(a) $x-x^2+x^3-x^4+x^5-\cdots$

(b) $\dfrac{1}{2!}+\dfrac{x}{3!}+\dfrac{x^2}{4!}+\dfrac{x^3}{5!}+\cdots$

(c) $2x+\dfrac{4x^2}{2}+\dfrac{8x^3}{3}+\dfrac{16x^4}{4}+\cdots$

26. 문제 25와 같은 방법으로 구하여라.

(a) $1+x^2+x^4+x^6+x^8+\cdots$

(b) $\cos x+\cos^2 x+\cos^3 x+\cos^4 x+\cdots$

(c) $\dfrac{x^2}{2}+\dfrac{x^4}{4}+\dfrac{x^6}{6}+\dfrac{x^8}{8}+\cdots$

27. 급수 $\sum_{n=1}^{\infty} nx^n$의 합을 구하여라.

28. 급수 $\sum_{n=1}^{\infty} n(n+1)x^n$의 합을 구하여라.

29. 대입하는 방법을 이용하여(예제 6), 멱급수를 3차항까지 구하여라.

(a) $\tan^{-1}(e^x-1)$ (b) e^{e^x-1}

30. $|x|<R$에 대해서 $f(x)=\sum_{n=0}^{\infty} a_nx^n=\sum_{n=0}^{\infty} b_nx^n$이라고 하자. 그러면 모든 n에 대해서 $a_n=b_n$임을 보여라. 도움말: 먼저 $x=0$이라 놓아 보자. 그 다음에 미분을 하고, 다시 $x=0$이라 놓자. 이렇게 계속해라.

31. $x/(x^2-3x+2)$를 나타내는 멱급수를 구하여라. 도움말: 부분분수를 이용.

32. $y=y(x)=x-\dfrac{x^3}{3!}+\dfrac{x^5}{5!}+\dfrac{x^7}{7!}+\cdots$이라 하자. 그러면 y는 미분방정식 $y''+y=0$을 만족하고, $y(0)=0$, $y'(0)=1$임을 보여라. 이것으로부터, y가 어떤 함수인지 추측하여라.

33. f_n은 피보나치 수열로서, 다음과 같이 정의하였다.

$$f_0=0,\quad f_1=1,\quad f_{n+2}=f_{n+1}+f_n$$

(9.1절 연습문제 52, 9.6절 연습문제 36 참조.) $F(x)=\sum_{n=0}^{\infty} f_nx^n$이면, 다음이 성립함을 보여라.

$$F(x)-xF(x)-x^2F(x)=x$$

이 사실을 이용하여, $F(x)$를 나타내는 간단한 공식을 구하여라.

34. $y=y(x)=\sum_{n=0}^{\infty}\dfrac{f_n}{n!}x^n$이라 하자. 여기서 f_n은 문제 33에서와 같다. y는 미분방정식 $y''-y'-y=0$을 만족함을 보여라.

C **35.** 원주율 π를 소수점 아래 엄청나게 많은 자리수까지 구하다니, 정말 신기하지 않는가? 구하는 한 가지 방법은, 다음 항등식을 이용하는 것이다(6.8절 연습문제 76 참조).

$$\pi=16\tan^{-1}\left(\frac{1}{5}\right)-4\tan^{-1}\left(\frac{1}{239}\right)$$

이 항등식과, $\tan^{-1}x$의 멱급수를 이용하여, π의 처음 여섯 자리 수들을 구하여라. ($\tan^{-1}\left(\frac{1}{5}\right)$은 $x^9/9$까지 계산해야 하지만, $\tan^{-1}(1/239)$은 처음 항만 계산하면 된다.) 1706년에, 마친(John Machin)은 이 방법을 이용하여, π를 100자리까지 계산하였다. 1973년에, 굴루드(Jean Guilloud)와 보이어(Martine Bouyer)는 이와 관련된 다음 항등식을 이용하여, π를 100만 자리까지 계산하였다.

$$\pi=48\tan^{-1}\left(\frac{1}{18}\right)+32\tan^{-1}\left(\frac{1}{57}\right)-20\tan^{-1}\left(\frac{1}{239}\right)$$

1983년에, 이것과는 약간 다른 방법으로, π를 1600만 자리가 넘게 계산하였다. 물론, 최근에는 컴퓨터를 사용하여 계산한 것이다.

36. 수 e는 다음 급수로 나타낼 수 있다.

$$e=1+1+\frac{1}{2!}+\frac{1}{3!}+\frac{1}{4!}+\cdots$$

이 급수는 매우 빠르게 수렴하기 때문에, e는 많은 자리 수까지 쉽게 계산할 수 있다. 그리고 이 급수를 이용하여, e가 무리수임을 보일 수 있다. 다음과 같이 보이도록 하여라. $e=p/q$라고 가정해 보자. 여기서 p와 q는 양의 정수들이다. 정수 n을 충분히 크게 잡아서, $n>q$가 되도록 하자. 이제

$$M=n!\left(e-1-1-\frac{1}{2!}-\frac{1}{3!}-\cdots-\frac{1}{n!}\right)$$

이라 놓자. 그러면 M은 양의 정수이다. (왜?) 그런데

$$M=n!\left[\frac{1}{(n+1)!}+\frac{1}{(n+2)!}+\frac{1}{(n+3)!}+\cdots\right]$$

$$=\frac{1}{n+1}+\frac{1}{(n+1)(n+2)}+\frac{1}{(n+1)(n+2)(n+3)}+\cdots$$

$$<\frac{1}{n+1}+\frac{1}{(n+1)^2}+\frac{1}{(n+1)^3}+\cdots$$

$$=\frac{1}{n}$$

이것은 모순이다. (무엇과?)

개념 복습 해답: **1.** 내부, 적분

2. $-x-\frac{1}{2}x^2-\frac{1}{3}x^3-\frac{1}{4}x^4-\frac{1}{5}x^5$ **3.** $1+x^2+\frac{1}{2}x^4+\frac{1}{6}x^6$

4. $1+x+\frac{3}{2}x^2+\frac{1}{3}x^3+\frac{3}{4}x^4$

9.8 테일러 급수와 맥클로린 급수

아직도 중요한 의문이 남아 있다: 어떤 함수 f(예를 들어 $\sin x$ 또는 $\ln\cos^2 x$)가 주어질 때, 이것을 x의 멱급수로 나타낼 수 있는가? 또는 좀 더 일반적으로, $x-a$에 관한 멱급수로 나타낼 수 있는가? 좀 더 정확하게 말하면, a 근방의 어떤 구간에서

$$f(x)=c_0+c_1(x-a)+c_2(x-a)^2+c_3(x-a)^3+\cdots$$

이 성립하도록, 수 c_1, c_2, c_3, $\cdots$들을 찾을 수 있는가?

그렇게 나타낼 수 있다고 가정해 보자. 그러면 급수의 미분에 관한 정리에 의해(정리 9.7A),

$$f'(x)=c_1+2c_2(x-a)+3c_3(x-a)^2+4c_4(x-a)^3+\cdots$$
$$f''(x)=2!c_2+3!c_3(x-a)+4\cdot 3c_4(x-a)^2+\cdots$$
$$f'''(x)=3!c_3+4!c_4(x-a)+5\cdot 4\cdot 3c_5(x-a)^2+\cdots$$
$$\vdots$$

$x=a$로 놓고, c_n에 대해서 풀면, 다음을 얻는다.

$$c_0=f(a)$$
$$c_1=f'(a)$$
$$c_2=\frac{f''(a)}{2!}$$
$$c_3=\frac{f'''(a)}{3!}$$

그리고 일반적으로,

$$c_n=\frac{f^{(n)}(a)}{n!}$$

($n=0$인 경우에도 이것이 유효하도록, $f^{(0)}(a)$는 $f(a)$로 정의하고, 0!은 1로 정의한다.) 그러므로 계수 c_n들은 함수 f에 의하여 결정된다. 그리고 이것을 보

면, 함수 f를 나타내는 $x-a$에 관한 멱급수는 단 하나만 존재할 수 있음을 알 수 있다. 이것은 중요한 사항인데, 지금에 이르기까지 이것을 말하지 않고 있었다. 이러한 내용을 요약한 것이 다음 정리이다.

정리 A 유일성 정리

함수 f가 a 근방의 모든 x에 대해서, 다음이 성립한다고 하자.

$$f(x)=c_0+c_1(x-a)+c_2(x-a)^2+c_3(x-a)^3+\cdots$$

그러면

$$c_n=\frac{f^{(n)}(a)}{n!}$$

그러므로 어떤 함수를 $x-a$에 관한 멱급수로 나타내는 방법은 단 한 가지만 있을 수 있다. 함수를 $x-a$에 관한 멱급수로 나타낸 것을 **테일러 급수**(Taylor series)라고 부른다. 영국 수학자 테일러(Brook Taylor, 1685~1731)의 이름을 딴 것이다. $a=0$이면, 그 멱급수를 **맥클로린 급수**(Maclaurin series)라고 부른다. 스코틀랜드의 수학자 맥클로린(Colin Maclaurin, 1698~1746)의 이름을 딴 것이다.

테일러 급수의 수렴 그 급수가 실제로 존재하는지 여부가 문제이다. 함수 f가 주어졌을 때, 이것을 $x-a$의 멱급수로 나타낼 수 있는가? (나타낼 수 있다면, 이것이 바로 테일러 급수이다.) 다음 두 정리들이 답을 제시해 준다.

정리 B 나머지가 있는 테일러 공식

함수 f가 a를 포함하는 개구간 I에 속하는 모든 x에 대해서, f의 $(n+1)$계 도함수 $f^{(n+1)}(x)$가 존재한다고 하자. 그러면 I에 속하는 모든 x에 대해서,

$$f(x)=f(a)+f'(a)(x-a)+\frac{f''(a)}{2!}(x-2)^2+\cdots$$
$$+\frac{f^{(n)}(a)}{n!}(x-a)^n+R_n(x)$$

여기서 나머지 (즉, 오차) $R_n(x)$는 식

$$R_n(x)=\frac{f^{(n+1)}(c)}{(n+1)!}(x-a)^{n+1}$$

로 주어지며, c는 x와 a 사이의 어떤 점이다.

증명 $n=4$인 특별한 경우에 대해서 이 정리를 증명한다. 임의의 n에 대한 증명도 마찬가지로 할 수 있는데, 스스로 해 보기 바란다. (연습문제 37을 보아라.) 우선 구간 I에서 함수 $R_4(x)$를 다음과 같이 정의하자.

$$R_4(x)=f(x)-f(a)-f'(a)(x-a)-\frac{f''(a)}{2!}(x-a)^2$$
$$-\frac{f'''(a)}{3!}(x-a)^3-\frac{f^{(4)}(a)}{4!}(x-a)^4$$

이제 x와 a를 상수처럼 생각하고, 구간 I에서 새로운 함수 g를 다음과 같이 정의한다.

$$g(t)=f(x)-f(t)-f'(t)(x-t)-\frac{f''(t)(x-t)^2}{2!}-\frac{f'''(t)(x-t)^3}{3!}$$
$$-\frac{f^{(4)}(t)(x-t)^4}{4!}-R_4(x)\frac{(x-t)^5}{(x-a)^5}$$

그러면 $g(x)=0$임이 명백하다(x는 고정된 것으로 간주한다). 그리고

$$\begin{aligned}g(a)&=f(x)-f(a)-f'(a)(x-a)-\frac{f''(a)(x-a)^2}{2!}-\frac{f'''(a)(x-a)^3}{3!}\\&\quad-\frac{f^{(4)}(a)(x-a)^4}{4!}-R_4(x)\frac{(x-a)^5}{(x-a)^5}\\&=R_4(x)-R_4(x)\\&=0\end{aligned}$$

a와 x는 I의 점들이고, $g(a)=g(x)=0$이므로, 미분에 관한 평균값정리를 적용할 수 있다. 그러므로 $g'(c)=0$이 되는 어떤 수 c가 a와 x 사이에 존재한다. g의 도함수를 얻으려면, 곱을 미분하는 공식을 여러 번 적용해야 한다.

$$\begin{aligned}g'(t)&=0-f'(t)-[f'(t)(-1)-(x-t)f''(t)]\\&\quad-\frac{1}{2!}[f''(t)2(x-t)(-1)+(x-t)^2f'''(t)]\\&\quad-\frac{1}{3!}[f'''(t)3(x-t)^2(-1)+(x-t)^3f^{(4)}(t)]\\&\quad-\frac{1}{4!}[f^{(4)}(t)4(x-t)^3(-1)+(x-t)^4f^{(5)}(t)]-R_4(x)\frac{5(x-t)^4(-1)}{(x-a)^5}\\&=-\frac{1}{4!}(x-t)^4f^{(5)}(t)+5R_4(x)\frac{(x-t)^4}{(x-a)^5}\end{aligned}$$

따라서 미분에 관한 평균값정리에 의해, 다음을 만족하는 수 c가 x와 a 사이에 존재한다.

$$0=g'(c)=-\frac{1}{4!}(x-c)^4f^{(5)}(c)+5R_4(x)\frac{(x-c)^4}{(x-a)^5}$$

그러므로 다음을 얻는다.

$$\frac{1}{4!}(x-c)^4f^{(5)}(c)=5R_4(x)\frac{(x-c)^4}{(x-a)^5}$$
$$R_4(x)=\frac{f^{(5)}(c)}{5!}(x-a)^5$$

■

어떤 함수를 테일러 급수의 유한 개의 항들로 근사값을 구했을 때, 오차가 어

떻게 되는지, 이 정리가 말해 준다. 다음 장에서 정리 B가 제시하는 관계를 좀 더 깊이 알아볼 것이다.

이제 어떤 함수 f를 $x-a$에 관한 멱급수로 나타낼 수 있는가라는 질문에 답한다.

정리 C 테일러 정리

함수 f가 구간 $(a-r,\ a+r)$에서 무한 번 미분가능하다고 하자. 그러면 테일러 급수

$$f(a)+f'(a)(x-a)+\frac{f''(a)}{2!}(x-a)^2+\frac{f'''(a)}{3!}(x-a)^3+\cdots$$

가 구간 $(a-r,\ a+r)$에서 함수 f를 나타내는 필요충분조건은

$$\lim_{n\to\infty} R_n(x)=0$$

인 것이다. 여기서 $R_n(x)$는 테일러 공식에 나오는 나머지로서,

$$R_n(x)=\frac{f^{(n+1)}(c)}{(n+1)!}(x+a)^{n+1}$$

이고, c는 구간 $(a-r,\ a+r)$의 어떤 점이다.

주의

깜짝 놀랄 일이 있다. $f(x)$의 테일러 급수가 어떤 구간에서 수렴하지만, 그 구간에서 $f(x)$를 나타내지 않을 수도 있다. 연습문제 40이 그러한 예이다. 물론, 이 경우

$$\lim_{n\to\infty} R_n(x)\neq 0$$

이다.

증명 나머지가 있는 테일러 공식(정리 B)을 보기만 하면 된다.

$$f(x)=f(a)+f'(a)(x-a)+\cdots+\frac{f^{(n)}(a)}{n!}(x-a)^n+R_n(x)$$

그러려면 이 결과가 나온다. ■

$a=0$이면, 맥클로린 급수를 얻게 된다.

$$f(x)=f(0)+f'(0)x+\frac{f''(0)}{2!}x^2+\frac{f'''(0)}{3!}x^3+\cdots$$

예제 1 $\sin x$의 맥클로린 급수를 구하고, 모든 x에 대해서 $\sin x$를 나타냄을 증명하여라.

풀이

$$\begin{array}{ll}
f(x)=\sin x & f(0)=0 \\
f'(x)=\cos x & f'(0)=1 \\
f''(x)=-\sin x & f''(0)=0 \\
f'''(x)=-\cos x & f'''(0)=-1 \\
f^{(4)}(x)=\sin x & f^{(4)}(0)=0 \\
\vdots & \vdots
\end{array}$$

그러므로

$$\sin x = x - \frac{x^3}{3!} + \frac{x^5}{5!} - \frac{x^7}{7!} - \cdots$$

이것이 모든 x에 대해서 유효함을 보이려면, 다음을 증명하면 된다.

$$\lim_{n\to\infty} R_n(x) = \lim_{n\to\infty} \frac{f^{(n+1)}(c)}{(n+1)!} x^{n+1} = 0$$

그런데 $|f^{(n+1)}(x)| = |\cos x|$ 또는 $|f^{(n+1)}(x)| = |\sin x|$이므로,

$$|R_n(x)| \le \frac{|x|^{n+1}}{(n+1)!}$$

그런데 모든 x에 대해서, $\lim_{n\to\infty} x^n/n! = 0$. 왜냐 하면 $x^n/n!$은 수렴하는 급수의 n번째 항이기 때문이다(9.6절 예제 3, 연습문제 29 참조). 따라서, $\lim_{n\to\infty} R_n(x) = 0$. ■

예제 2 $\cos x$의 맥클로린 급수를 구하고, 모든 x에 대해서 $\cos x$를 나타냄을 증명하여라.

풀이 예제 1처럼 해 나갈 수도 있지만, 예제 1의 급수를 미분하면 간단하게 (정리 9.7A에 의해, 미분은 타당하다). 다음을 얻게 된다.

$$\cos x = 1 - \frac{x^2}{2!} + \frac{x^4}{4!} - \frac{x^6}{6!} + \cdots$$ ■

예제 3 $f(x) = \cosh x$의 맥클로린 급수를 두 가지 방법으로 구하고, 모든 x에 대해서 이 급수가 $\cosh x$를 나타냄을 보여라.

풀이

방법 1. 직접 구한다.

$$\begin{array}{ll} f(x) = \cosh x & f(0) = 1 \\ f'(x) = \sinh x & f'(0) = 0 \\ f''(x) = \cosh x & f''(0) = 1 \\ f'''(x) = \sinh x & f'''(0) = 0 \\ \vdots & \vdots \end{array}$$

그러므로

$$\cosh x = 1 + \frac{x^2}{2!} + \frac{x^4}{4!} + \frac{x^6}{6!} + \cdots$$

단, 모든 x에 대해서 $\lim_{n\to\infty} R_n(x) = 0$임을 보여야 한다.

B를 임의의 수라 하고, $|x| \le B$라 하자. 그러면

$$|\cosh x| = \left|\frac{e^x + e^{-x}}{2}\right| \le \frac{e^x}{2} + \frac{e^{-x}}{2} \le \frac{e^B}{2} + \frac{e^B}{2} = e^B$$

마찬가지 이유로, $|\sinh x| \le e^B$. 그런데 $f^{(n+1)}(x)$는 $\cosh x$ 또는 $\sinh x$이므로, 다음이 성립한다.

$$|R_n(x)| = \left|\frac{f^{(n+1)}(c)x^{n+1}}{(n+1)!}\right| \le \frac{e^B|x|^{n+1}}{(n+1)!}$$

$n\to\infty$일 때, 맨 오른쪽 식은 0으로 간다. 이제 1과 마찬가지이다.

방법 2. $\cosh x = (e^x + e^{-x})/2$임을 이용한다. 9.7절 예제 3으로부터,

$$e^x = 1 + x + \frac{x^2}{2!} + \frac{x^3}{3!} + \frac{x^4}{4!} + \cdots$$

$$e^{-x} = 1 - x + \frac{x^2}{2!} - \frac{x^3}{3!} + \frac{x^4}{4!} - \cdots$$

이 두 급수를 더한 다음에 2로 나누면, 앞에서와 같은 결과를 얻게 된다. ■

예제 4 $\sinh x$의 맥클로린 급수를 구하고, 모든 x에 대해서 $\sinh x$를 나타냄을 보여라.

풀이 $\cosh x$의 급수를 항별로 미분하고, 정리 9.7A를 이용하면, 바로 다음 결과를 얻는다.

$$\boxed{\sinh x = x + \frac{x^3}{3!} + \frac{x^5}{5!} + \frac{x^7}{7!} + \cdots}$$ ■

이항급수 이미 다음 이항 공식을 알고 있다. 양의 정수 p에 대해서,

$$(1+x)^p = 1 + \binom{p}{1}x + \binom{p}{2}x^2 + \cdots + \binom{p}{p}x^p$$

여기서

$$\binom{p}{k} = \frac{p!}{k!(p-k)!} = \frac{p(p-1)(p-2)\cdots(p-k+1)}{k!}$$

$\binom{p}{k}$를 다음과 같이 다시 정의해 주면,

$$\binom{p}{k} = \frac{p(p-1)(p-2)\cdots(p-k+1)}{k!}$$

그러면 $\binom{p}{k}$는 임의의 실수 p에 대해서 잘 정의된다. 단, k는 양의 정수이어야 한다. 물론, p가 양의 정수인 경우는, 이 새로운 정의는 원래 정의 $p!/[k!(p-k)!]$이 된다.

정리 D 이항급수

임의의 실수 p와 $|x|<1$에 대해서,

$$(1+x)^p = 1 + \binom{p}{1}x + \binom{p}{2}x^2 + \binom{p}{3}x^3 + \cdots$$

부분적인 증명 $f(x)=(1+x)^p$라 하자. 그러면

$$\begin{aligned} f(x) &= (1+x)^p & f(0) &= 1 \\ f'(x) &= p(1+x)^{p-1} & f'(0) &= p \\ f''(x) &= p(p-1)(1+x)^{p-2} & f''(0) &= p(p-1) \\ f'''(x) &= p(p-1)(p-2)(1+x)^{p-3} & f'''(0) &= p(p-1)(p-2) \\ &\vdots & &\vdots \end{aligned}$$

따라서 $(1+x)^p$의 맥클로린 급수는 이 정리에 나오는 것과 같다. 이것이 $(1+x)^p$을 나타냄을 보이려면, $\lim_{n\to\infty} R_n(x)=0$임을 증명해야 한다. 안타깝게도, 이것은 매우 어렵다. 그래서 고학년용 과목으로 넘긴다. (연습문제 38을 보면, 정리 D를 완전히 다른 방법으로 증명할 수 있다.) ■

p가 양의 정수이면, $k>p$ 대해서 $\binom{p}{k}=0$이다. 그러므로 이항급수가 유한 개수의 항들을 가진 급수로 된다. 즉, 보통의 이항 공식이 된다.

예제 5 $-1<x<1$에 대해서, $(1-x)^{-2}$을 맥클로린 급수로 나타내어라.

풀이 정리 D에 따라서,

$$\begin{aligned} (1+x)^{-2} &= 1 + (-2)x + \frac{(-2)(-3)}{2!}x^2 + \frac{(-2)(-3)(-4)}{3!}x^3 + \cdots \\ &= 1 - 2x + 3x^2 - 4x^3 + \cdots \end{aligned}$$

따라서

$$(1-x)^{-2} = 1 + 2x + 3x^2 + 4x^3 + \cdots$$

물론, 이것은 9.7절 예제 1에서 다른 방법으로 얻은 결과와 일치한다. ■

예제 6 $\sqrt{1+x}$를 맥클로린 급수로 나타내고, 이것을 이용하여 $\sqrt{1.1}$을 소수 다섯 자리까지 구하여라.

풀이 정리 D에 의해, $|x|<1$일 때

$$\begin{aligned} (1+x)^{\frac{1}{2}} = 1 + \frac{1}{2}x + \frac{\left(\frac{1}{2}\right)\left(-\frac{1}{2}\right)}{2!}x^2 + \frac{\left(\frac{1}{2}\right)\left(-\frac{1}{2}\right)\left(-\frac{3}{2}\right)}{3!}x^3 + \\ + \frac{\left(\frac{1}{2}\right)\left(-\frac{1}{2}\right)\left(-\frac{3}{2}\right)\left(-\frac{5}{2}\right)}{4!}x^4 + \cdots \end{aligned}$$

$$=1+\frac{1}{2}x-\frac{1}{8}x^2+\frac{1}{16}x^3-\frac{5}{128}x^4+\cdots$$

$|0.1|<1$이므로, 다음을 얻는다.

$$\sqrt{1.1}=(1+0.1)^{1/2}=1+\frac{0.1}{2}-\frac{0.01}{8}+\frac{0.001}{16}-\frac{5(0.0001)}{128}+\cdots$$
$$\approx 1.04881$$

■

예제 7 정적분 $\int_0^{0.4}\sqrt{1+x^4}\,dx$를 소수 다섯 자리까지 계산하여라.

풀이 예제 6에 의해

$$\sqrt{1+x^4}=1+\frac{1}{2}x^4-\frac{1}{8}x^8+\frac{1}{16}x^{12}-\frac{1}{128}x^{16}+\cdots$$

따라서

$$\int_0^{0.4}\sqrt{1+x^4}\,dx=\left[x+\frac{x^5}{10}-\frac{x^9}{72}+\frac{x^{13}}{208}-\cdots\right]_0^{0.4}=\approx 0.40102$$

■

요약 이제까지 구한 중요한 맥클로린 급수들을 나열하는 것으로, 급수에 관한 공부를 끝마무리한다. 이 급수들은 문제들을 푸는 데 유용하지만, 그보다 더욱 중요하게 수학과 과학 여러 분야에서 응용된다.

중요한 맥클로린 급수

1. $\frac{1}{1-x}=1+x+x^2+x^3+x^4+\cdots$ $\quad -1<x<1$
2. $\ln(1+x)=x-\frac{x^2}{2}+\frac{x^3}{3}-\frac{x^4}{4}+\frac{x^5}{5}-\cdots$ $\quad -1<x\le 1$
3. $\tan^{-1}=x-\frac{x^3}{3}+\frac{x^5}{5}-\frac{x^7}{7}+\frac{x^9}{9}+\cdots$ $\quad -1\le x\le 1$
4. $e^x=1+x+\frac{x^2}{2!}+\frac{x^3}{3!}+\frac{x^4}{4!}+\cdots$
5. $\sin x=x-\frac{x^3}{3!}+\frac{x^5}{5!}-\frac{x^7}{7!}+\frac{x^9}{9!}-\cdots$
6. $\cos x=1-\frac{x^2}{2!}+\frac{x^4}{4!}-\frac{x^6}{6!}+\frac{x^8}{8!}-\cdots$
7. $\sinh x=x+\frac{x^3}{3!}+\frac{x^5}{5!}+\frac{x^7}{7!}+\frac{x^9}{9!}+\cdots$
8. $\cosh x=1+\frac{x^2}{2!}+\frac{x^4}{4!}+\frac{x^6}{6!}+\frac{x^8}{8!}+\cdots$
9. $(1+x)^p=1+\binom{p}{1}x+\binom{p}{2}x^2+\binom{p}{3}x^3+\binom{p}{4}x^4+\cdots$ $\quad -1<x<1$

개념 복습

1. 함수 $f(x)$를 멱급수 $\sum a_k x^k$로 나타낼 수 있으면, c_k = ______이다.
2. 테일러 공식의 나머지 $R_n(x)$가 ______을 만족하는 x들에 대해서, 함수의 테일러 급수는 그 함수를 나타낸다.
3. $\sin x$의 맥클로린 급수는 ______$<x<$______에 대해서 $\sin x$를 나타낸다.
4. 함수 $(1+x)^{1/3}$의 맥클로린 급수의 처음 4개 항들은 ______.

연습문제 9.8

문제 1~18에서 $f(x)$의 맥클로린 급수를 x^5항까지 구하여라. 도움말: 알고 있는 맥클로린 급수들을 이용하고, 그 다음에 곱셈, 나눗셈 등등을 하여 구하면 쉽다. 예를 들어 $\tan x = (\sin x)/(\cos x)$.

1. $f(x)=\tan x$
2. $f(x)=\tanh x$
3. $f(x)=e^x \sin x$
4. $f(x)=e^{-x}\cos x$
5. $f(x)=(\cos x)\ln(1+x)$
6. $f(x)=(\sin x)\sqrt{1+x}$
7. $f(x)=e^x+x+\sin x$
8. $f(x)=\dfrac{\cos x-1+x^2/2}{x^4}$
9. $f(x)=\dfrac{1}{1-x}\cosh x$
10. $f(x)=\dfrac{1}{1+x}\ln\left(\dfrac{1}{1+x}\right)=\dfrac{-\ln(1+x)}{1+x}$
11. $f(x)=\dfrac{1}{1+x+x^2}$
12. $f(x)=\dfrac{1}{1-\sin x}$
13. $f(x)=\sin^3 x$
14. $f(x)=x(\sin 2x+\sin 3x)$
15. $f(x)=x\sec(x^2)+\sin x$
16. $f(x)=\dfrac{\cos x}{\sqrt{1+x}}$
17. $f(x)=(1+x)^{3/2}$
18. $f(x)=(1-x^2)^{2/3}$

문제 19~24에서 $x-a$에 관한 테일러 급수를 $(x-a)^3$항까지 구하여라.

19. e^x, $a=1$
20. $\sin x$, $a=\dfrac{\pi}{6}$
21. $\cos x$, $a=\dfrac{\pi}{3}$
22. $\tan x$, $a=\dfrac{\pi}{4}$
23. $1+x^2+x^3$, $a=1$
24. $2-x+3x^2-x^3$, $a=-1$
25. 함수 $f(x)=\sum a_n x^n$은 구간 $(-R, R)$의 x에 대해서 우함수라고 하자($f(-x)=f(x)$). n이 홀수이면, $a_n=0$임을 보여라. 도움말: 유일성 정리.
26. 기함수에 대해서, 문제 25와 유사하게 정리를 제시하고 증명하여라.
27. 다음을 상기하자.

$$\sin^{-1}x=\int_0^x \frac{1}{\sqrt{1-t^2}}dt$$

함수 $\sin^{-1}x$의 맥클로린 급수의 0이 아닌 처음 4개 항들을 구하여라.

28. 다음이 성립한다.

$$\sinh^{-1}x=\int_0^x \frac{1}{\sqrt{1+t^2}}dt$$

함수 $\sinh^{-1}x$의 맥클로린 급수의 0이 아닌 처음 4개 항들을 구하여라.

C 29. 다음을 소수 4자리까지 정확하게 계산하여라.

$$\int_0^1 \cos(x^2)\,dx$$

C 30. 다음을 소수 5자리까지 정확하게 계산하여라.

$$\int_0^{0.5} \sin\sqrt{x}\,dx$$

31. $1/x=1/[1-(1-x)]$이라 쓰고, 이미 알고 있는 $1/(1-x)$의 전개 공식을 이용하여, $1/x$을 $x-1$에 관한 멱급수로 나타내는 테일러 급수를 구하여라.
32. $f(x)=(1+x)^{1/2}+(1-x)^{1/2}$이라 하자. f의 맥클로린 급수를 구하고, 이것을 사용하여 $f^{(4)}(0)$과 $f^{(51)}(0)$을 구하여라.
33. 알고 있는 급수를 이용하여 $f(x)$의 맥클로린 급수를 구하고, 이것을 사용하여 $f^{(4)}(0)$을 계산하여라.
   (a) $f(x)=e^{x+x^2}$
   (b) $f(x)=e^{\sin x}$
   (c) $f(x)=\displaystyle\int_0^x \frac{e^{t^2}-1}{t^2}dt$
   (d) $f(x)=e^{\cos x}=e\cdot e^{\cos x-1}$
   (e) $f(x)=\ln(\cos^2 x)$
34. 계수비교법으로 맥클로린 급수를 구할 수도 있다. 예를 들어

$$\tan x=\frac{\sin x}{\cos x}=a_0+a_1x+a_2x^2+\cdots$$

이라 하자. 그 다음에 $\cos x$를 곱하고, $\sin x$와 $\cos x$ 대신에 이들의 급수를 넣으면,

$$x-\frac{x^3}{6}+\cdots=(a_0+a_1x+a_2x^2+\cdots)\left(1-\frac{x^2}{2}+\cdots\right)$$
$$=a_0+a_1x+\left(a_2-\frac{a_0}{2}\right)x^2+\left(a_3-\frac{a_1}{2}\right)x^3+\cdots$$

그러므로

$$a_0=0,\ a_1=1,\ a_2-\frac{a_0}{2}=0,\ a_3-\frac{a_1}{2}=-\frac{1}{6},\ \cdots$$

즉,

$$a_0=0,\ a_1=1,\ a_2=0,\ a_3=\frac{1}{3},\ \cdots$$

따라서

$$\tan x=0+x+0+\frac{1}{3}x^3+\cdots$$

이것은 문제 1과 일치한다. 이 방법을 써서, $\sec x$의 급수를 x^4항까지 구하여라.

35. 문제 34의 방법을 써서, $\tanh x$의 맥클로린 급수를 x^5항까지 구하여라.

36. 문제 34의 방법을 써서, $\operatorname{sech} x$의 맥클로린 급수를 x^4항까지 구하여라.

37. 다음 경우 정리 B를 증명하여라.

(a) $n=3$인 특별한 경우.

(b) 일반적인 n에 대해서.

38. $f(x)$를 다음과 같이 놓고 정리 D를 순서에 따라 증명하여라.

$$f(x)=1+\sum_{n=1}^{\infty}\binom{p}{n}x^n$$

(a) 이 급수는 $|x|<1$에 대해서 수렴함을 보여라.

(b) $(1+x)f'(x)=pf(x)$이고, $f(0)=1$임을 보여라.

(c) 이 미분방정식을 풀어서, $f(x)=(1+x)^p$을 얻어라.

39. 다음과 같이 정지된 함수 $f(x)$를 생각한다.

$$f(t)=\begin{cases}0, & t<0\text{인 경우}\\ t^4, & t\ge 0\text{인 경우}\end{cases}$$

$f(t)$를 맥클로린 급수로 나타낼 수 없는 이유를 설명하여라. 어떤 자동차가 시간 $t<0$일 때 정지해 있다가, $t\ge 0$일 때 앞으로 움직였는데, 그 움직인 거리를 $g(t)$라 하면, $g(t)$는 맥클로린 급수로 나타낼 수 없음을 보여라.

40. $f(x)=\begin{cases}e^{-1/x^2}, & x\ne 0\text{인 경우}\\ 0, & x=0\text{인 경우}\end{cases}$

이라 하자.

(a) 미분의 정의를 사용하여, $f'(0)=0$임을 보여라.

(b) $f''(0)=0$임을 보여라.

(c) 모든 n에 대해서 $f^{(n)}(0)=0$임이 알려져 있다. 이것을 이용하여, $f(x)$의 맥클로린 급수를 구하여라.

(d) 맥클로린 급수가 $f(x)$를 나타내는가?

(e) $a=0$일 때, 정리 B의 공식을 **맥클로린 공식**(Maclaurin's Formula)이라고 부른다. $f(x)$의 맥클로린 공식에서 나머지는 얼마인가?

이것을 보면, 맥클로린 급수가 존재하더라도, 그것이 주어진 함수를 나타내지 않을 수 있다($n\to\infty$일 때 나머지가 0으로 가지 않는다).

CAS 컴퓨터 수학 소프트웨어를 써서, 다음 함수의 맥클로린 급수의 0이 아닌 처음 4개항들을 구하여라. 문제 43~48에서 9.7절의 결과를 이용하여 얻은 답과 일치하는지 확인해 보아라.

41. $\sin x$

42. $\exp x$

43. $3\sin x-2\exp x$

44. $\exp(x^2)$

45. $\sin(\exp x-1)$

46. $\exp(\sin x)$

47. $(\sin x)(\exp x)$

48. $(\sin x)/(\exp x)$

개념 복습 해답: **1.** $f^{(k)}(0)/k!$ **2.** $\lim_{n\to\infty}R_n(x)=0$ **3.** $-\infty,\ \infty$ **4.** $1+\frac{1}{3}x-\frac{1}{9}x^2+\frac{5}{81}x^3$

9.9 함수의 테일러 근사

앞 절에서 소개한 테일러 급수와 맥클로린 급수는 e^x나 $\tan x$와 같은 함수의 근사값을 구하는데 직접 이용할 수 없다. 그러나 테일러 또는 맥클로린 급수에서 꼬리를 자르면 즉, 유한 항 뒤의 급수를 자르면 함수의 근사값으로 사용할 수 있는 다항식을 유도할 수 있다. 그러한 다항식을 테일러 또는 맥클로린 다항식이라고 한다.

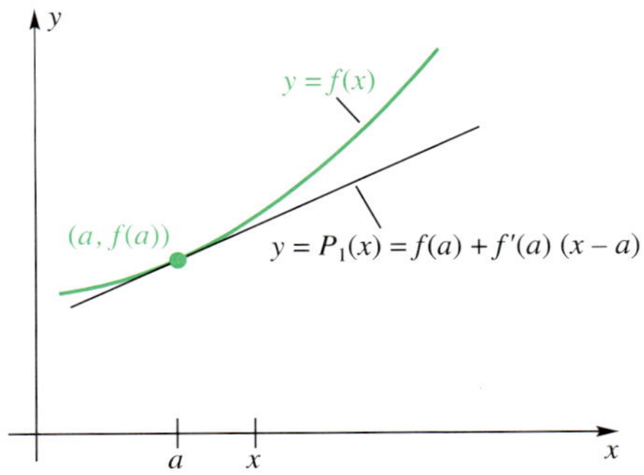

그림 1

1계 테일러 다항식 2.9절에서 함수 f는 점 a의 근방에서 점 $(a, f(a))$를 지나는 접선으로 근사할 수 있다는 것을 강조하였다(그림 1 참조). 그러한 직선을 a 가까이에서 f의 선형근사식이라 하였고 그 식은 다음과 같다.

$$\boxed{P_1(x)=f(a)+f'(a)(x-a)}$$

9.8절에서 테일러 급수를 공부하였으므로, $P_1(x)$는 함수 f를 a에서 테일러 급수 전개한 것의 처음 두 개의 항들로, 즉, 0차 항과 1차 항으로 되어 있음을 알 수 있다. 그러므로 P_1을 **a에서의 1계 테일러 다항식**이라고 한다. 그림 1을 보면 짐작할 수 있듯이, $P_1(x)$는 $x=a$ 가까이에서만 $f(x)$의 좋은 근사값이 된다.

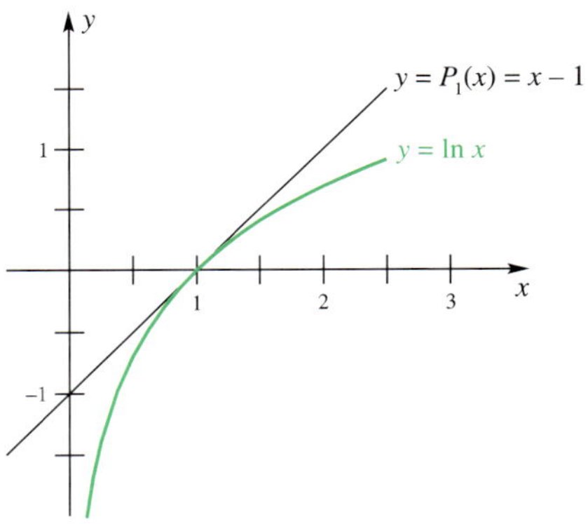

그림 2

예제 1 함수 $f(x)=\ln x$에 대해서, $a=1$에서 $P_1(x)$를 구하고, 이것을 사용하여 $\ln 0.9$와 $\ln 1.5$의 근사값을 구하여라.

풀이 $f(x)=\ln x$에서, $f'(x)=1/x$이고 $f(1)=0$, $f'(1)=1$이므로

$$P_1(x)=0+1(x-1)=x-1$$

따라서(그림 2 참조), x가 1에 가까우면,

$$\ln x \approx x-1$$

그리고

$$\ln 0.9 \approx 0.9-1=-0.1$$
$$\ln 1.5 \approx 1.5-1=0.5$$

소수 네 자리까지 정확한 값은, $\ln 0.9$는 -0.1054, $\ln 1.5$는 0.4055이다. 짐작한대로 $\ln 0.9$의 근사값은 $\ln 1.5$의 근사값보다 훨씬 더 정확하다. 왜냐 하면 1.5에 비해서 0.9는 1에 더 가깝기 때문이다. ■

n계 테일러 다항식 선형 근사식 $P_1(x)$는 x가 a에 가까울 때 좋은 결과를 갖지만, x가 a에서 먼 경우는 그렇지 않다. 짐작하는 대로, 테일러 급수의 고차 항들까지 더해서 이용하면, 대개의 경우 더 좋은 근사값이 된다. 다음 2차 다항식

$$\boxed{P_2(x)=f(a)+f'(a)(x-a)+\frac{f''(a)}{2}(x-a)^2}$$

은 f의 테일러 급수의 처음 3개 항들로 되어 있으며, 선형근사식 $P_1(x)$에 비해서 이것이 f의 근사값을 더욱 정확하게 제시해 줄 것이다. **a에서 n계 테일러 다항식**은 다음과 같다.

$$P_n(x) = f(a) + f'(a)(x-a) + \frac{f''(a)}{2!}(x-a)^2 + \cdots + \frac{f^{(n)}(a)}{n!}(x-a)^n$$

예제 2 함수 $f(x) = \ln x$에 대해서, $a=1$에서 $P_2(x)$를 구하고, 이것을 사용하여 $\ln 0.9$와 $\ln 1.5$의 근사값을 구하여라.

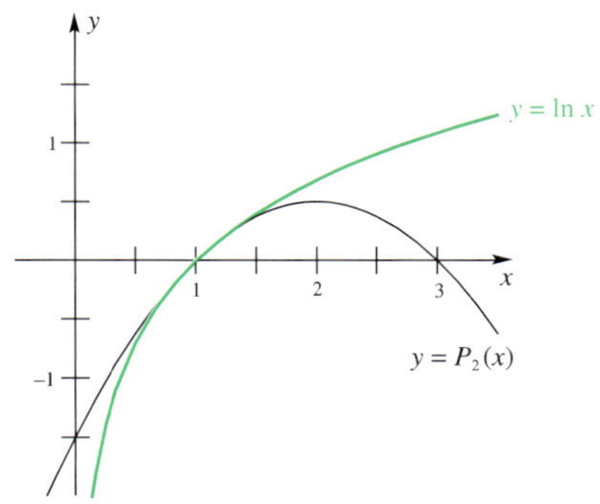

그림 3

풀이 $f(x) = \ln x$, $f'(x) = 1/x$, $f''(x) = -1/x^2$이고 $f(1) = 0$, $f'(1) = 1$, $f''(1) = -1$이므로

$$P_2(x) = 0 + 1(x-1) - \frac{1}{2}(x-1)^2$$

따라서, x가 1에 가까우면,

$$\ln x \approx (x-1) - \frac{1}{2}(x-1)^2$$

그리고

$$\ln 0.9 \approx (0.9-1) - \frac{1}{2}(0.9-1)^2 = -0.1050$$

$$\ln 1.5 \approx (1.5-1) - \frac{1}{2}(15-1)^2 = 0.3750$$

예상한대로, 선형근사식 $P_1(x)$를 사용하여 얻은 값들에 비해서(예제 1), 더 좋은 근사값을 구하였다. 그림 3에 $y = \ln x$와 근사식 $P_2(x)$의 그래프를 그려 놓았다. ■

맥클로린 다항식 $a=0$이면, n계 테일러 다항식은 **n계 맥클로린 다항식**이 되어 간단해지며, $x=0$ 가까이에서 특히 유용한 근사값을 제공해 준다.

$$f(x) \approx f(0) + f'(0)x + \frac{f''(0)}{2!}x^2 + \cdots + \frac{f^{(n)}(0)}{n!}x^n$$

예제 3 e^x와 $\cos x$의 n계 맥클로린 다항식들을 구하여라. 그리고 $n=4$를 사용하여 $e^{0.2}$와 $\cos(0.2)$의 근사값을 구하여라.

풀이 필요한 도함수들을 계산해서 구한 것이 다음 표이다.

n			$x=0$에서		$x=0$에서
0	$f(x)$	e^x	1	$\cos x$	1
1	$f'(x)$	e^x	1	$-\sin x$	0
2	$f''(x)$	e^x	1	$-\cos x$	-1
3	$f^{(3)}(x)$	e^x	1	$\sin x$	0
4	$f^{(4)}(x)$	e^x	1	$\cos x$	1
5	$f^{(5)}(x)$	e^x	1	$-\sin x$	0
⋮	⋮	⋮	⋮	⋮	⋮

따라서 다음과 같이 된다.

$$e^x \approx 1 + x + \frac{1}{2!}x^2 + \frac{1}{3!}x^3 + \frac{1}{4!}x^4 + \cdots + \frac{1}{n!}x^n$$

$$\cos x \approx 1 - \frac{1}{2!}x^2 + \frac{1}{4!}x^4 - \cdots + (-1)^{n/2}\frac{1}{n!}x^n \quad (n\text{은 짝수})$$

그러므로 $n=4$와 $x=0.2$를 사용하면, 다음을 얻게 된다.

$$e^{0.2} \approx 1 + 0.2 + \frac{(0.2)^2}{2} + \frac{(0.2)^3}{6} + \frac{(0.2)^4}{24} = 1.2214000$$

$$\cos(0.2) \approx 1 - \frac{(0.2)^2}{2} + \frac{(0.2)^4}{24} = 0.9800667$$

이 계산 결과를 소수 일곱 자리까지 정확한 값인 1.2214028, 0.9800666과 비교해 보아라. ■

계(Order)와 차(Degree)

n계 테일러(그리고 맥클로린) 다항식이라는 용어를 택한 까닭은, 그것을 만드는 데 최고 n계의 도함수를 사용하기 때문이다. $f^{(n)}(a)=0$이면, 이 다항식의 차수(degree)는 n보다 낮을 수 있음을 주목하자. 예제 3에서 n이 홀수이면, $\cos x$의 n계 맥클로린 다항식은 $n-1$차이다. 예를 들어 $\cos x$의 5계 맥클로린 다항식은

$$1 - \frac{1}{2}x^2 + \frac{1}{24}x^4$$

이며, 이것은 4차 다항식이다.

그림 4에서, 맥클로린 다항식들이 $\cos x$와 얼마나 가깝게 되는지 시각적으로 확인할 수 있도록, $P_1(x)$에서 $P_5(x)$까지, 그리고 $P_8(x)$의 그래프를 $\cos x$의 그래프와 같이 그려 놓았다.

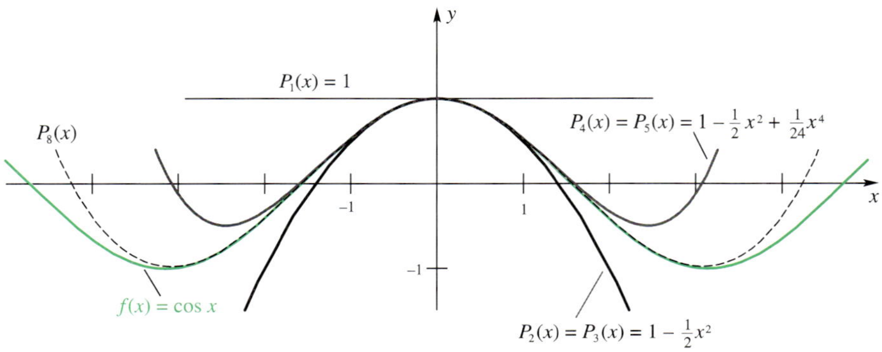

$f(x)=\cos x$에 대한 맥클로린 근사식들

그림 4

예제 3에서, 4계 맥클로린 다항식을 사용하여 $\cos(0.2)$의 근사값을 다음과 같이 계산하였다.

(첫째 단계 오차) (둘째 단계 오차)

$$\cos(0.2) \overset{\text{첫째 단계 오차}}{\approx} 1-\frac{1}{2!}(0.2)^2+\frac{1}{4!}(0.2)^4 \overset{\text{둘째 단계 오차}}{\approx} 0.980067$$

이 예제를 보면, 근사값을 구하는 과정에서 두 종류의 오차가 생김을 알 수 있다. 첫째, **방법오차**가 있다. 위의 예제에서, $\cos x$의 정확한 값을 계산하는 대신에, 4차 다항식을 이용하여 $\cos x$의 근사값을 구하였다. 둘째, **계산오차**가 있다. 위의 맨 끝 항에서, 끝없이 계속되는 소수 0.9800666⋯를 반올림하여 0.9800667로 대치하는 과정에서 생기는 오차는 이에 속한다.

수치해석학자가 접하게 되는 진퇴양난의 비극을 주목하기 바란다. 좀 더 높은 계수의 맥클로린 다항식을 사용하면, 방법오차를 줄일 수 있다. 그러나 좀 더 높은 계수의 다항식을 사용하면 계산이 더욱 많아지며, 따라서 계산오차는 더욱 커질 것이다. 훌륭한 수치해석학자가 되려면, 이 두 종류의 오차를 조율할 줄 알아야 한다. 안타깝게도, 이것은 과학 기술이 아니라 예술의 영역에 속한다. 그렇지만 방법오차에 관해서는 분명하게 결론을 내릴 수 있다. 이제 이것을 살펴보도록 한다.

방법의 오차 9.8절에서, 어떤 함수를 그 테일러 다항식으로 근사식을 구할 때의 오차에 관한 공식을 제시하였다. 나머지를 포함한 테일러 공식은 다음과 같다.

$$\begin{aligned} f(x) &= f(a)+f'(a)(x-a)+\frac{f''(a)}{2!}(x-a)^2+\cdots \\ &\quad +\frac{f^{(n)}(a)}{n!}(x-a)^n+R_n(x) \\ &= P_n(x)+R_n(x) \end{aligned}$$

이 때 오차 즉, 나머지 $R_n(x)$는 다음과 같다.

$$R_n(x)=\frac{f^{(n+1)}(c)}{(n+1)!}(x-a)^{n+1}$$

여기서 c는 a와 x 사이의 어떤 실수이다. 오차에 관한 이 공식은 프랑스-이탈리아의 **수학자인 라그랑주**(Joseph Louis Lagrange, 1736-1813)가 발견하였으며, 테일러 다항식에 관한 라그랑주 오차 한계라고 부르기도 한다. $a=0$이면, 테일러 공식을 **맥클로린 공식**이라 부른다.

이 시점에서 예상할 수 있는 한 가지 난점은, c가 무엇인지 모른다는 것이다. 아는 것은, c가 a와 x 사이의 어떤 실수라는 사실 뿐이다. 대부분의 문제에서 c의 한계를 사용하여, 나머지의 한계를 설정해 주어야 한다.

예제 4 $e^{0.8}$의 근사값을 오차 0.001 이내로 구하여라.

풀이 함수 $f(x)=e^x$에 대해서, 맥클로린 공식의 나머지는 다음과 같다.

$$R_n(x) = \frac{f^{(n+1)}(c)}{(n+1)!}x^{n+1} = \frac{e^c}{(n+1)!}x^{n+1}$$

따라서

$$R_n(0.8) = \frac{e^c}{(n+1)!}(0.8)^{n+1}$$

이고, 여기서 $0 < c < 0.8$이다. 이제 목표는, n을 충분히 크게 잡아서 $|R_n(0.8)| < 0.001$이 되게 하는 것이다. 그런데 $e^c < e^{0.8} < 3$ 이고 $(0.8)^{n+1} < (1)^{n+1}$이므로

$$|R_n(0.8)| < \frac{3(1)^{n+1}}{(n+1)!} = \frac{3}{(n+1)!}$$

$n \geq 6$이면 $3/(n+1)! < 0.001$임을 쉽게 확인할 수 있다. 그러므로 6계 맥클로린 다항식을 사용하면, 원하는 만큼 정확한 답을 얻을 수 있다.

$$e^{0.8} \approx 1 + (0.8) + \frac{(0.8)^2}{2!} + \frac{(0.8)^3}{3!} + \frac{(0.8)^4}{4!} + \frac{(0.8)^5}{5!} + \frac{(0.8)^6}{6!}$$

계산해 보면, 이 합은 2.2254948이다.

이 값과 실제값의 차이가 0.001 이내라고 확신할 수 있는가? 방법오차는 0.001보다 작음이 확실하다. 그렇지만 계산오차가 답을 왜곡해 놓았는지 알 수 없잖는가? 그럴 지도 모른다. 그러나 매우 간단한 계산이므로, 답 2.2255는 오차가 0.001 이내라고 확언할 수 있다. ■

$|R_n|$의 한계에 관한 유용한 방법 R_n의 정확한 값을 구할 수 있는 경우는 거의 없다. 왜냐 하면 c가 어떤 구간에 놓여 있음을 알 뿐, c의 정확한 값을 모르기 때문이다. 그러므로 해야 할 일은, 주어진 구간에 놓여 있는 c에 대한 $|R_n|$의 가능한 최대값을 구하는 것이다. 이것을 정확하게 구하는 것은 어려우므로, 대개의 경우 $|R_n|$의 "알맞은" 상계를 구하는 것으로 만족할 것이다. 이 과정에서 부등식을 적재적소에서 사용해야 한다. 이 때 주로 사용하는 방법은, 삼각부등식 $|a \pm b| \leq |a| + |b|$, 그리고 분자가 커지거나 분모가 작아지면 분수는 커진다는 사실이다.

예제 5 c가 구간 [2, 4]에 놓여 있을 때 다음 최대값의 알맞은 한계를 구하여라.

$$\left|\frac{c^2 - \sin c}{c}\right|$$

풀이

$$\left|\frac{c^2 - \sin c}{c}\right| = \frac{|c^2 - \sin c|}{|c|} \leq \frac{|c^2| + |\sin c|}{|c|} \leq \frac{4^2 + 1}{2} = 8.5$$

다음과 같이 계산하면, 좀 더 좋은 한계를 구할 수 있다.

$$\left|\frac{c^2 - \sin c}{c}\right| = \left|c - \frac{\sin c}{c}\right| \leq |c| + \left|\frac{\sin c}{c}\right| \leq 4 + \frac{1}{2} = 4.5$$ ■

예제 6 2계 테일러 다항식을 사용하여 $\cos 62°$의 근사값을 구하고, 이 근사값의 오차에 대해서 알맞은 한계를 제시하여라.

풀이 62°는 60°에 가까우므로(60°의 사인, 코사인을 알고 있다), 라디안 단위를 사용하고, $a=\pi/3$에서 테일러 다항식을 사용한다.

$$f(x)=\cos x \qquad f\left(\frac{\pi}{3}\right)=\frac{1}{2}$$

$$f'(x)=-\sin x \qquad f'\left(\frac{\pi}{3}\right)=-\frac{\sqrt{3}}{2}$$

$$f''(x)=-\cos x \qquad f''\left(\frac{\pi}{3}\right)=-\frac{1}{2}$$

$$f'''(x)=\sin x \qquad f'''(c)=\sin c$$

그런데

$$62°=\frac{\pi}{3}+\frac{\pi}{90} \text{ 라디안}$$

이므로,

$$\cos x=\frac{1}{2}-\frac{\sqrt{3}}{2}\left(x-\frac{\pi}{3}\right)-\frac{1}{4}\left(x-\frac{\pi}{3}\right)^2+R_2(x)$$

그리고

$$\cos\left(\frac{\pi}{3}+\frac{\pi}{90}\right)=\frac{1}{2}-\frac{\sqrt{3}}{2}\left(\frac{\pi}{90}\right)-\frac{1}{4}\left(\frac{\pi}{90}\right)^2+R_2\left(\frac{\pi}{3}+\frac{\pi}{90}\right)$$
$$\approx 0.4694654+R_2$$

그리고

$$|R_2|=\left|\frac{\sin c}{3!}\left(\frac{\pi}{90}\right)^3\right|<\frac{1}{6}\left(\frac{\pi}{90}\right)^3\approx 0.0000071$$

이 경우도 간단한 계산이므로, $\cos 62°=0.4694654$이고, 이 때 오차는 0.0000071 이내라고 간주할 수 있다. ■

계산의 오차 지금까지 나온 예제들에서, 계산오차는 매우 작기 때문에 무시해도 된다고 가정하였다. 이 책에서 대개의 경우 그렇게 가정할 것이다. 왜냐하면 다루는 문제들은 계산 과정이 짧기 때문이다. 그렇지만 컴퓨터를 사용하여 수만 번, 또는 수백만 번 연산을 하면 계산의 오차들이 쌓여서, 답을 왜곡할 수 있음을 염두에 두기 바란다.

계산기를 사용하는 경우에도, 다음 두 종류의 원인에 의해서 계산 과정에서 심각한 오차가 생길 수 있다. 다음 덧셈을 생각해 보자.

$$a+b_1+b_2+b_3+\cdots+b_m$$

여기서 a는 b들에 비해서 훨씬 더 크다고 하자. 예를 들어 $a=10{,}000{,}000$이고 $b_i=0.4$, $i=1, 2, ..., m$. 만약 여덟 자리 부동점 연산을 사용하고, 왼쪽에서 오른쪽으로 계산해 나가면, 먼저 a에 b_1을 더하고, 그 결과에 b_2를 더하고, 이렇게 계속해 나가면, 매 단계마다 그냥 10,000,000이 나올 뿐이다. 그렇지만 b들을 25개만 더해도, 전체 합의 십단위 자리에 영향을 끼치게 된다. 여기서 얻을 수 있는 교훈은, 많은 개수의 작은 값들을 하나 또는 몇 개의 큰 값들에 더하는 경우, 먼저 작은 값들의 합을 구하라는 것이다. 가능하다면, 가장 작은 수에서 가장 큰 수로 더하는 것이다.

계산오차의 원인으로 좀 더 흔한 것은, 거의 같은 수들을 뺄 때 유효 자릿수를 상당히 많이 잃게 되는 것에서 기인한다. 예를 들어 0.823445에서 0.823421을 빼면 답은 0.000024가 된다. 유효 자릿수가 6개이던 것들이 유효 자릿수 2개로 줄어들어 버렸다. 이것이 큰 말썽을 부릴 수 있음은, 도함수의 근사값을 수치 연산으로 구하는 예를 통해서 확인해 볼 수 있다.

함수 $f(x)=x^4$에 대해서 $f'(2)$를 계산하는데, 다음의 근사식을 사용한다고 하자.

$$f'(2)\approx\frac{f(2+h)-f(2)}{h}=\frac{(2+10^{-n})^4-2^4}{10^{-n}}$$

이론적으로, n이 커지면 (그래서 $h=10^{-n}$이 매우 작아지면) 이 결과는 정확한 값 32에 점점 더 가까워진다. 그렇지만 8자리 계산기를 사용하는 경우, n이 커질 때 어떤 일이 벌어지는지 주목하기 바란다.

n	$(2+10^{-n})^4-2^4$	$[(2+10^{-n})^4-2^4]10^n$
2	0.32240801	32.240801
3	0.03202301	32.024010
4	0.00320024	32.002400
5	0.00032000	32.000000
6	0.00003200	32.000000
7	0.00000320	32.000000
8	0.00000032	32.000000
9	0.00000003	30.000000
10	0.00000000	0.000000
⋮	⋮	⋮

16자리 또는 32자리 부동점 연산을 사용하는 경우에도, 이와 같은 문제가 일어나게 된다. 아무리 많은 유효 자릿수를 사용해서 계산하더라도, 위의 표의 근사값은 충분히 큰 n에 대해서 결국은 0이 나오게 된다. 수치해석학자들은 이러한 계산 과정의 오차들에 신경을 써야 한다.

개념 복습

1. $P_2(x)$를 함수 $f(x)$의 1에서의 2계 테일러 다항식이라고 하자. 그러면 $P_2(1)=$______, $P_2'(1)=$______, 그리고 $P_2''(1)=$______.

2. 함수 $f(x)$의 9계 맥클로린 다항식의 x^6의 계수는 ______.

3. 근사값을 구하는 데 생기는 두 종류의 오차는 ______ 그리고 ______이다.

4. 테일러 공식을 사용할 때, n이 커지면 계산오차는 ______, 반면에 n이 커지면 방법오차는 ______.

연습문제 9.9

C 문제 1-8에서 주어진 $f(x)$의 4계 맥클로린 다항식을 구하고, 그것을 사용하여 $f(0.12)$의 근사값을 구하여라.

1. $f(x)=e^{2x}$ **2.** $f(x)=e^{-3x}$

3. $f(x)=\sin 2x$ **4.** $f(x)=\tan x$

5. $f(x)=\ln(1+x)$ **6.** $f(x)=\sqrt{1+x}$

7. $f(x)=\tan^{-1} x$ **8.** $f(x)=\sinh x$

C 문제 9-14에서 주어진 함수에 대해서, a를 기준점으로 하는 3계 테일러 다항식을 구하여라.

9. e^x; $a=1$ **10.** $\sin x$; $a=\frac{\pi}{4}$

11. $\tan x$; $a=\frac{\pi}{6}$ **12.** $\sec x$; $a=\frac{\pi}{4}$

13. $\cot^{-1} x$; $a=1$ **14.** $\sqrt{x}$; $a=2$

15. 함수 $f(x)=x^3-2x^2+3x+5$에 대해서 1을 기준점으로 하는 3계 테일러 다항식을 구하고, 이것이 $f(x)$를 정확하게 나타냄을 보여라.

16. 함수 $f(x)=x^4$에 대해서, 2를 기준점으로 하는 4계 테일러 다항식을 구하고, 이것이 $f(x)$를 정확하게 나타냄을 보여라.

17. 함수 $f(x)=1/(1-x)$의 n계 맥클로린 다항식을 구하여라. $n=4$인 다항식을 사용하여, 다음의 근사값을 구하여라.
(a) $f(0.1)$ (b) $f(0.5)$ (c) $f(0.9)$ (d) $f(2)$

C **18.** 함수 $\sin x$에 대해서, n계 (n은 홀수) 맥클로린 다항식을 구하여라. $n=5$인 다항식을 사용하여, 다음의 근사값을 구하여라. (이 예를 보면, x가 0에서 멀리 떨어져 있으면, 맥클로린 근사값은 아주 나빠질 수 있음을 알 수 있다.) 이 답을 계산기가 제시해 주는 값과 비교해 보아라. 어떤 결론을 내릴 수 있는가?
(a) $\sin(0.1)$ (b) $\sin(0.5)$ (c) $\sin(1)$ (d) $\sin(10)$

문제 19~28에서 1, 2, 3, 4계의 맥클로린 다항식을 따라 주어진 함수를 같은 축에 그려라.

19. $\cos 2x$ **20.** $\sin x$

21. $\sin x^2$ **22.** $\cos(x-\pi)$

23. e^{-x^2} **24.** $e^{\sin x}$

25. $\sin e^x$ **26.** $\sin(\ln(1+x))$

27. $\frac{\sin x}{2+\sin x}$ **28.** $\frac{1}{1+x^2}$

문제 29-36에서 주어진 구간에 놓여 있는 c에 대하여 주어진 식에 대한 최대값의 알맞은 상계를 구하여라. 어떤 기법을 사용하느냐에 따라서, 답이 다르게 나올 것이다(예제 5 참조).

29. $|e^{2c}+e^{-2c}|$; $[0, 3]$ **30.** $|\tan c+\sec c|$; $\left[0, \frac{\pi}{4}\right]$

31. $\left|\frac{4c}{\sin c}\right|$; $\left[\frac{\pi}{4}, \frac{\pi}{2}\right]$ **32.** $\left|\frac{4c}{c+4}\right|$; $[0, 1]$

33. $\left|\frac{e^c}{c+5}\right|$; $[-2, 4]$ **34.** $\left|\frac{\cos c}{c+2}\right|$; $\left[0, \frac{\pi}{4}\right]$

35. $\left|\frac{c^2+\sin c}{10\ln c}\right|$; $[2, 4]$ **36.** $\left|\frac{c^2-c}{\cos c}\right|$; $\left[0, \frac{\pi}{4}\right]$

문제 37-42에서 a를 기준점으로 하는 6계 테일러 다항식의 나머지 $R_6(x)$의 공식을 구하여라. 그 다음에 $|R_6(0.5)|$의 알맞은 상계를 구하여라. 예제 4, 6을 참조하여라.

37. $\ln(2+x)$; $a=0$ **38.** e^{-x}; $a=1$

39. $\sin x$; $a=\pi/4$ **40.** $\frac{1}{x-3}$; $a=1$

41. $\frac{1}{x}$; $a=1$ **42.** $\frac{1}{x^2}$; $a=1$

43. e를 소수 다섯 자리까지 정확하게 구하려면, 즉, $|R_n(1)| \le 0.000005$가 되게 하려면 e^x의 몇 계의 맥클로린 다항식

을 사용해야 하는가? (예제 4 참조)

44. $\pi=4\tan^{-1}1$을 소수 다섯자리까지 정확하게 구하려면, 즉 $|R_n(1)|\le 0.000005$가 되게 하려면 $4\tan^{-1}x$의 몇 계의 맥클로린 다항식을 사용해야 하는가?

45. $(1+x)^{1/2}$의 3계 맥클로린 다항식을 구하고, $-0.5\le x\le 0.5$인 경우 오차 $R_3(x)$의 상계를 구하여라.

46. $(1+x)^{3/2}$의 3계 맥클로린 다항식을 구하고, $-0.1\le x\le 0$인 경우 오차 $R_3(x)$의 상계를 구하여라.

47. $(1+x)^{-1/2}$의 3계 맥클로린 다항식을 구하고, $-0.05\le x\le 0.05$인 경우 오차 $R_3(x)$의 상계를 구하여라.

48. $\ln[(1+x)/(1-x)]$의 4계 맥클로린 다항식을 구하고, $-0.5\le x\le 0.5$인 경우 오차 $R_4(x)$의 상계를 구하여라.

49. $\sin x$의 4계 맥클로린 다항식은 사실 3차임을 주목하기 바란다. 왜냐 하면 x^4의 계수가 0이기 때문이다. 따라서

$$\sin x=x-\frac{x^3}{6}+R_4(x)$$

$0\le x\le 0.5$인 경우, $|R_4(x)|\le 0.0002605$임을 보여라. 이 결과를 사용하여 $\int_0^{0.5}\sin x\,dx$의 근사값을 구하고, 오차의 상계를 구하여라.

50. 문제 49와 같은 방법으로,

$$\cos x=1-\frac{x^2}{2}+\frac{x^4}{24}+R_5(x)$$

임을 보여라. $0\le x\le 1$인 경우, $|R_5(x)|$의 알맞은 상계를 구하여라. 이 결과를 사용하여 $\int_0^1\cos x\,dx$의 근사값을 구하고, 오차의 상계를 구하여라.

51. 문제 49는 n이 홀수이면 $\sin x$에 대한 n계 맥클로린 다항식은 $(n+1)$계의 다항식이므로 오차는 R_{n+1}을 사용하여 계산할 수 있음을 암시한다. 이 결과를 사용하여 $0\le x\le \pi/2$의 모든 x에 대하여 $|R_{n+1}(x)|\le 0.00005$가 되는 가장 큰 자연수 n을 구하여라(n은 홀수임에 주의하여라).

52. 문제 50은, n이 짝수이면 $\cos x$에 대한 n계 맥클로린 다항식은 $(n+1)$계의 다항식이므로 오차는 R_{n+1}을 사용하여 계산할 수 있음을 암시한다. 이 결과를 사용하여 $0\le x\le \pi/2$의 모든 x에 대하여 $|R_{n+1}(x)|\le 0.00005$가 되는 가장 큰 자연수 n을 구하여라(n은 짝수임에 주의하여라).

53. 그림 5의 어둡게 칠한 영역의 넓이의 근사값 $A\approx r^2t^3/12$를 맥클로린 다항식을 사용하여 구하여라. 먼저 A를 정확하게 나타내고, 그 다음에 근사값을 구하여라.

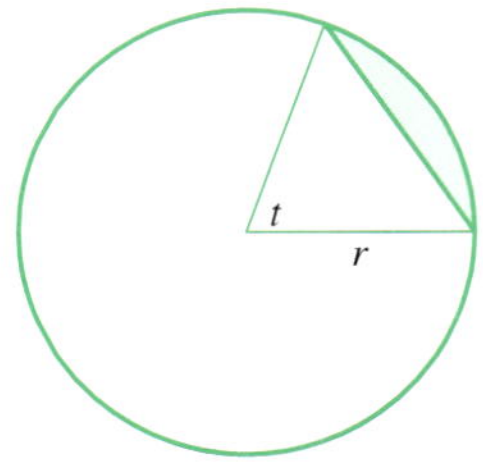

그림 5

54. 정지해 있을 때의 질량이 m_0인 어떤 물체가, 속도가 v일 때의 질량 m은 (상대성 이론에 따르면) $m=m_0/\sqrt{1-v^2/c^2}$으로 주어진다. 여기서 c는 빛의 속도이다. 물리학자들이 다음 근사값을 구한 방법을 설명하여라.

$$m\approx m_0+\frac{m_0}{2}\left(\frac{v}{c}\right)^2$$

55. 은행에 예금한 돈에 이자가 붙는데, 연이율 r로, 매달 복리로 이자를 계산한다면, 돈이 두 배가 되기까지 걸리는 기간 n년은 다음을 만족한다.

$$\left(1+\frac{r}{12}\right)^{12n}=2$$

(a) 다음을 보여라.

$$n=\ln 2\left[\frac{1}{12\ln(1+r/12)}\right]$$

(b) $\ln(1+x)$의 2계 맥클로린 다항식과 부분분수 분해하여, 다음 근사식을 구하여라.

$$n\approx\frac{0.693}{r}+0.029$$

C (c) 어떤 사람들은 72의 법칙(Rule of 72, 즉, $n\approx 72/(100r)$)을 사용하여 n의 근사값을 구한다. 다음 표를 완성하여, 이 세 공식들로 얻게 되는 값들을 비교해 보아라.

r	n (정확한 값)	n (근사값)	n (72의 법칙)
0.05			
0.10			
0.15			
0.20			

56. 어느 생물학 교과서에, 매우 작은 k에 대하여 방정식 $x=1-e^{-(1+k)x}$의 가장 작은 양수근은 거의 $x=2k$라고 되어 있다. 이 결론을 어떻게 얻었는지 보이고, $k=0.01$인 경우를 확인해 보아라.

57. $x^4-3x^3+2x^2+x-2$를 1을 기준점으로 하는 4계 테일러

다항식으로 전개하고, 모든 x에 대해서 $R_4(x)=0$임을 보여라.

58. 함수 $f(x)$는 $x=a$에서 최소한 n번 미분할 수 있고, $P_n(x)$는 a를 기준점으로 하는 n계 테일러 다항식이라고 하자. 다음이 성립함을 보여라.

$Pn(a)=f(a)$, $P_n'(a)=f'(a)$, $P_n''(a)=f''(a)$, ..., $P_n^{(n)}(a)=f^{(n)}(a)$

C **59.** $\pi/4$를 기준점으로 하는 $\sin x$의 3계 테일러 다항식을 사용하여, $\sin 43^\circ = \sin(43\pi/180)$를 계산하여라. 그리고 오차의 알맞은 상계를 구하여라. 예제 6을 참조하여라.

C **60.** 예제 6에서 제시된 방법으로, $\cos 63^\circ$를 계산하여라. $|R_n|\le 0.0005$가 되게 하는 충분히 큰 n을 구하여라.

C **61.** x가 $[0, \pi/2]$에 놓여 있는 경우,

$$\sin x \approx x-\frac{x^3}{3!}+\frac{x^5}{5!}+\frac{x^7}{7!}+\frac{x^9}{9!}$$

을 사용할 때의 오차는 5×10^{-5}보다 작음을 보여라. 그러므로 네 자리까지 정확한 사인 표를 만들려면, 이 공식으로 충분함을 보여라.

62. 로피탈 법칙을 사용하지 말고, 맥클로린 공식을 써서 다음을 구하여라.

(a) $\lim_{x\to 0}\dfrac{\sin x - x + x^3/6}{x^5}$

(b) $\lim_{x\to 0}\dfrac{\cos x - 1 + x^2/2 - x^4/24}{x^6}$

EXPL **63.** $g(x)=p(x)+x^{n+1}f(x)$라 하자. 여기서 $p(x)$는 n차 이하의 다항식이고, f는 n번 미분가능하다. $p(x)$는 g의 n계 맥클로린 다항식임을 보여라.

EXPL **64.** $f''(c)=0$인 경우는 극값의 2계 도함수 판정법을 적용할 수 없음을 상기하자(3.3절). 다음과 같이 일반화한 것을 증명하여라. $f''(c)=0$인 경우 극대값, 극소값을 결정하는 데 이것이 도움이 될 수 있다.

$$f'(c)=f''(c)=f'''(c)=\cdots=f^{(n)}(c)=0$$

이라고 가정하자. 여기서 n은 홀수이고, $f^{(n+1)}(x)$는 c 가까이에서 연속이라고 하자.

1. $f^{(n+1)}(c)<0$이면 $f(c)$는 극대값이다.
2. $f^{(n+1)}(c)>0$이면 $f(c)$는 극소값이다.

이 결과로 $f(x)=x^4$을 판정하여라.

개념 복습 해답: 1. $f(1)$; $f'(1)$; $f''(1)$ 2. $f^{(6)}(0)/6!$ 3. 방법의 오차, 계산 과정의 오차 4. 증가한다. 감소한다.

9.10 장 복습

개념 시험

다음 명제가 참인지, 거짓인지 이유를 들어 답하여라.

1. 모든 자연수 n에 대해서 $0\le a_n\le b_n$이고, $\lim_{n\to\infty} a_n$이 존재하면, $\lim_{n\to\infty} b_n$도 존재한다.
2. 모든 양의 정수 n에 대해서, $n!\le n^n\le(2n-1)!$이 성립한다.
3. $\lim_{n\to\infty} a_n=L$이면, $\lim_{n\to\infty} a_{3n+4}=L$이다.
4. $\lim_{n\to\infty} a_{2n}=L$이고 $\lim_{n\to\infty} a_{3n}=L$이면, $\lim_{n\to\infty} a_n=L$이다.
5. 모든 양의 정수 $m\ge 2$에 대해서 $\lim_{n\to\infty} a_{mn}=L$이면, $\lim_{n\to\infty} a_n=L$이다.
6. $\lim_{n\to\infty} a_{2n}=L$이고 $\lim_{n\to\infty} a_{2n+1}=L$이면, $\lim_{n\to\infty} a_n=L$이다.
7. $\lim_{n\to\infty}(a_n-a_{n+1})=0$이면, $\lim_{n\to\infty} a_n$이 존재하며 유한하다.
8. $\{a_n\}$과 $\{b_n\}$이 둘 다 발산하면, $\{a_n+b_n\}$도 발산한다.
9. $\{a_n\}$이 수렴하면, $\{a_n/n\}$은 0으로 수렴한다.
10. $\sum_{n=1}^{\infty} a_n$이 수렴하면, $\sum_{n=1}^{\infty} a_n^2$도 수렴한다.
11. 모든 자연수 n에 대해서 $0<a_{n+1}<a_n$이고, $\lim_{n\to\infty} a_n=0$이면, $\sum_{n=1}^{\infty}(-1)^{n+1}a_n$이 수렴하며, 그 합 S는 $0<S<a_1$을 만족한다.
12. $\sum_{n=1}^{\infty}\left(\frac{1}{n}\right)^n$은 수렴하며, 그 합은 S는 $1<S<2$를 만족한다.
13. 급수 $\sum a_n$이 발산하면, 그 부분합의 수열은 유계가 아니다.
14. 모든 자연수 n에 대해서 $0\le a_n\le b_n$이고, $\sum_{n=1}^{\infty} b_n$이 발산하면, $\sum_{n=1}^{\infty} a_n$도 발산한다.
15. 비판정법으로는 $\sum_{n=1}^{\infty}\dfrac{2n+3}{3n^4+2n^3+3n+1}$의 수렴, 발산을 판단할 수 없다.
16. 모든 자연수 n에 대해서 $a_n>0$이고, $\sum_{n=1}^{\infty} a_n$이 수렴하면, $\lim_{n\to\infty}(a_{n+1}/a_n)<1$이다.

17. $\sum_{n=1}^{\infty}\left(1-\frac{1}{n}\right)^n$은 수렴한다.

18. $\sum_{n=1}^{\infty}\frac{1}{\ln(n^4+1)}$은 수렴한다.

19. $\sum_{n=2}^{\infty}\frac{n+1}{(n\ln n)^2}$은 수렴한다.

20. $\sum_{n=1}^{\infty}\frac{\sin^2(n\pi/2)}{n}$은 수렴한다.

21. 모든 자연수 n에 대해서 $0\le a_{n+100}\le b_n$이고, $\sum_{n=1}^{\infty}b_n$이 수렴하면, $\sum_{n=1}^{\infty}a_n$도 수렴한다.

22. 어떤 $c>0$가 있어서, 모든 자연수 n에 대해서 $ca_n\ge 1/n$이면, $\sum_{n=1}^{\infty}a_n$은 발산한다.

23. $\frac{1}{3}+\left(\frac{1}{3}\right)^2+\left(\frac{1}{3}\right)^3+\cdots+\left(\frac{1}{3}\right)^{1000}<\frac{1}{2}$.

24. $\sum_{n=1}^{\infty}a_n$이 수렴하면, $\sum_{n=1}^{\infty}(-1)^n a_n$은 수렴한다.

25. 모든 자연수 n에 대해서 $b_n\le a_n\le 0$이고, $\sum_{n=1}^{\infty}b_n$이 수렴하면, $\sum_{n=1}^{\infty}a_n$도 수렴한다.

26. 모든 자연수 n에 대해서 $0\le a_n$이고, $\sum_{n=1}^{\infty}a_n$이 수렴하면, $\sum_{n=1}^{\infty}(-1)^n a_n$도 수렴한다.

27. $\left|\sum_{n=1}^{\infty}(-1)^{n+1}\frac{1}{n}-\sum_{n=1}^{99}(-1)^{n+1}\frac{1}{n}\right|<0.01$.

28. $\sum_{n=1}^{\infty}a_n$이 발산하면, $\sum_{n=1}^{\infty}|a_n|$도 발산한다.

29. 멱급수 $\sum_{n=0}^{\infty}a_n(x-3)^n$이 $x=-1.1$에서 수렴하면, $x=7$에서도 수렴한다.

30. $\sum_{n=0}^{\infty}a_n x^n$이 $x=-2$에서 수렴하면, $x=2$에서도 수렴한다.

31. $f(x)=\sum_{n=0}^{\infty}a_n x^n$이고, 이 급수가 $x=1.5$에서 수렴하면, $\int_0^1 f(x)\,dx=\sum_{n=1}^{\infty}a_n/(n+1)$이다.

32. 모든 멱급수는 최소한 두 점에서 수렴한다.

33. $f(0)$, $f'(0)$, $f''(0)$, $\cdots$이 모두 존재하면, $f(x)$의 맥클로린 급수는 $x=0$의 어떤 근방에서 $f(x)$로 수렴한다.

34. 함수 $f(x)=1+x+x^2+x^3+\cdots$는 구간 $(-1,\ 1)$에서 미분방정식 $y'=y^2$을 만족한다.

35. 함수 $f(x)=\sum_{n=0}^{\infty}(-1)^n x^n/n!$는 실직선 전체에서 미분방정식 $y'+y=0$을 만족한다.

36. $p(x)$가 $f(x)$에 대한 2계의 맥클로린 다항식이라면, $p(0)=f(0)$, $p'(0)=f'(0)$, $p''(0)=f''(0)$이다.

37. $f(x)$에 대한 a를 기준점으로 하는 n계 테일러 다항식은 유일하다. 즉, $f(x)$는 그런 다항식을 하나만 갖는다.

38. $f(x)=x^{5/2}$는 2계 맥클로린 다항식을 갖는다.

39. $f(x)=2x^3-x^2+7x-11$에 대한 3계 맥클로린 다항식은 $f(x)$에 관한 정확한 표현이다.

40. $\cos x$에 대한 16계 맥클로린 다항식은 x에 관한 짝수거듭제곱항만 포함한다.

41. 우함수에 대한 $f'(0)$이 존재하면 $f'(0)=0$이다.

42. 나머지를 갖는 테일러 공식은 특수한 경우로 도함수에 관한 평균값정리를 포함한다.

시험 보기 문제

문제 1~8은 주어진 수열이 수렴하는지, 발산하는지 판정하고, 수렴하면 $\lim_{n\to\infty}a_n$을 구하여라.

1. $a_n=\frac{9n}{\sqrt{9n^2+1}}$

2. $a_n=\frac{\ln n}{\sqrt{n}}$

3. $a_n=\left(1+\frac{4}{n}\right)^n$

4. $a_n=\frac{n!}{3^n}$

5. $a_n=\sqrt[n]{n}$

6. $a_n=\frac{1}{\sqrt[3]{n}}+\frac{1}{\sqrt[n]{3}}$

7. $a_n=\frac{\sin^2 n}{\sqrt{n}}$

8. $a_n=\cos\left(\frac{n\pi}{6}\right)$

문제 9~18은 주어진 급수가 수렴하는지, 발산하는지 판정하고, 수렴하면 그 합을 구하여라.

9. $\sum_{k=1}^{\infty}\left(\frac{1}{\sqrt{k}}-\frac{1}{\sqrt{k+1}}\right)$

10. $\sum_{k=1}^{\infty}\left(\frac{1}{k}-\frac{1}{k+2}\right)$

11. $\ln\frac{1}{2}+\ln\frac{2}{3}+\ln\frac{3}{4}+\cdots$

12. $\sum_{k=0}^{\infty}\cos k\pi$

13. $\sum_{k=0}^{\infty}e^{-2k}$

14. $\sum_{k=0}^{\infty}\left(\frac{3}{2^k}+\frac{4}{3^k}\right)$

15. $0.91919191\cdots=\sum_{k=1}^{\infty}91\left(\frac{1}{100}\right)^k$

16. $\sum_{k=1}^{\infty}\left(\frac{1}{\ln 2}\right)^k$

17. $1-\frac{2^2}{2!}+\frac{2^4}{4!}-\frac{2^6}{6!}+\cdots$

18. $1-\frac{1}{1!}+\frac{1}{2!}-\frac{1}{3!}+\frac{1}{4!}-\cdots$

문제 19~32는 주어진 급수의 수렴, 발산을 판정하고, 그렇게 결론을 내린 이유를 말하여라.

19. $\sum_{n=1}^{\infty}\frac{n}{1+n^2}$

20. $\sum_{n=1}^{\infty}\frac{n+5}{1+n^3}$

21. $\sum_{n=1}^{\infty}(-1)^{n+1}\frac{1}{\sqrt[3]{n}}$

22. $\sum_{n=1}^{\infty}(-1)^{n+1}\frac{1}{\sqrt[n]{3}}$

23. $\sum_{n=1}^{\infty}\frac{2^n+3^n}{4^n}$

24. $\sum_{n=1}^{\infty}\frac{n}{e^{n^2}}$

25. $\sum_{n=1}^{\infty}(-1)^{n+1}\frac{n+1}{10n+12}$

26. $\sum_{n=1}^{\infty}\frac{\sqrt{n}}{n^2+7}$

27. $\sum_{n=1}^{\infty}\frac{n^2}{n!}$

28. $\sum_{n=1}^{\infty}\frac{n^3 3^n}{(n+1)!}$

29. $\sum_{n=1}^{\infty}\frac{2^n n!}{(n+2)!}$

30. $\sum_{n=2}^{\infty}\left(1-\frac{1}{n}\right)^n$

31. $\sum_{n=1}^{\infty}n^2\left(\frac{2}{3}\right)^n$

32. $\sum_{n=1}^{\infty}\frac{(-1)^n}{1+\ln n}$

문제 33~36은 주어진 급수가 절대수렴하는지, 조건부수렴하는지, 발산하는지 판정하여라.

33. $\sum_{n=1}^{\infty}(-1)^n\frac{1}{3n-1}$

34. $\sum_{n=1}^{\infty}\frac{(-1)^n n^3}{2^n}$

35. $\sum_{n=1}^{\infty}(-1)^n\frac{3^n}{2^{n+8}}$

36. $\sum_{n=2}^{\infty}\frac{(-1)^n\sqrt[n]{n}}{\ln n}$

문제 37~42는 멱급수의 수렴구간을 구하여라.

37. $\sum_{n=0}^{\infty}\frac{x^n}{n^3+1}$

38. $\sum_{n=0}^{\infty}\frac{(-2)^{n+1}x^n}{2n+3}$

39. $\sum_{n=0}^{\infty}\frac{(-1)^n(x-4)^n}{n+1}$

40. $\sum_{n=0}^{\infty}\frac{3^n x^{3n}}{(3n)!}$

41. $\sum_{n=0}^{\infty}\frac{(x-3)^n}{2^n+1}$

42. $\sum_{n=0}^{\infty}\frac{n!(x+1)^n}{3^n}$

43. 등비급수

$$\frac{1}{1+x}=1-x+x^2-x^3+x^4-\cdots,\quad |x|<1$$

을 미분하여서, $1/(1+x)^2$을 나타내는 멱급수를 구하여라. 수렴구간은 무엇인가?

44. 구간 $(-1,\ 1)$에서 $1/(1+x)^3$을 나타내는 멱급수를 구하여라.

45. $\sin^2 x$의 맥클로린 급수를 구하여라. 어떤 x값에 대해서 급수가 이 함수를 나타내는가?

46. 점 $x=2$를 기준점으로 하는, e^x의 테일러 급수의 처음 5개 항들을 구하여라.

47. $f(x)=\sin x+\cos x$의 맥클로린 급수를 써라. 어떤 x값에 대해서 급수가 함수 f를 나타내는가?

48. 급수 $\sum_{k=1}^{\infty}\frac{1}{9+k^2}$의 근사값의 오차가 0.00005보다 작게 하기 위해 n차 부분합을 이용하여 n이 얼마나 커야할지 결정하여라.

49. 급수 $\sum_{k=1}^{\infty}\frac{k}{e^{k^2}}$의 근사값의 오차가 0.000005보다 작게 하기 위해 n차 부분합을 이용하여 n이 얼마나 커야할지 결정하여라.

50. 수렴하는 급수

$$1-\frac{1}{\sqrt{2}}+\frac{1}{\sqrt{3}}-\frac{1}{\sqrt{4}}+\frac{1}{\sqrt{5}}+\frac{1}{\sqrt{6}}+\cdots$$

의 항들을 몇 개나 잡아야 합을 0.001 이내로 정확하게 구할 수 있는가?

51. 가능한 한 간단한 방법을 사용하여, 다음 함수의 맥클로린 급수의 0이 아닌 처음 3개 항들을 구하여라.

(a) $\frac{1}{1-x^3}$ (b) $\sqrt{1+x^2}$

(c) $e^{-x}-1+x$ (d) $x\sec x$

(e) $e^{-x}\sin x$ (f) $\frac{1}{1+\sin x}$

52. $f(x)=\cos x$에 대한 2계 맥클로린 다항식을 구하고 이것을 이용하여 $\cos 0.1$의 근사값을 구하여라.

53. $f(x)=x\cos x^2$에 대한 1계 맥클로린 다항식을 구하고 이것을 이용하여 $f(0.2)$의 근사값을 구하여라.

54. 다음의 함수 $f(x)$에 대한 4계 맥클로린 다항식을 구하고, 이것을 이용하여 $f(0.1)$의 근사값을 구하여라.

(a) $f(x)=xe^x$

(b) $f(x)=\cosh x$

55. $g(x)=x^3-2x^2+5x+7$에 대하여 2를 기준점으로 하는 3계 테일러 다항식을 구하고, 이것은 $g(x)$에 대한 정확한 표현임을 보여라.

56. 문제 55의 결과를 사용하여 $g(2.1)$을 계산하여라.

57. $f(x)=1/(x+1)$에 대한 1을 기준점으로 하는 4계 테일러 다항식을 구하여라.

58. 문제 57에서 오차항 $R_4(x)$에 대한 식을 구하여라.

59. $f(x)=\sin^2 x=\frac{1}{2}(1-\cos 2x)$에 대한 4계 맥클로린 다항식을 구하고 $|x|\leq 0.2$일 때 오차 $R_4(x)$에 대한 상계를 구하여라. 도움말: $R_4(x)=R_5(x)$를 관찰하면 더 좋은 상계를 얻는다.

60. $f(x)=\ln x$라 하면 $f^{(n)}(x)=(-1)^{n-1}(n-1)!/x^n$이다. 따라서 $\ln x$에 대한 1을 기준점으로 하는 n계 테일러 다항식은 다음과 같다.

$$\ln x=(x-1)-\frac{1}{2}(x-1)^2+\frac{1}{3}(x-1)^3+\cdots$$
$$+\frac{(-1)^{n-1}}{n}(x-1)^n+R_n(x)$$

$0.8\le x\le 1.2$라면 $|R_n(x)|\le 0.00005$가 되는 가장 큰 n은 얼마인가?

C **61.** 문제 60을 참조하여, $\int_{0.8}^{1.2}\ln x\,dx$의 근사값을 구하기 위해 1을 기준점으로 하는 5계 테일러 다항식을 사용하고 위의 오차를 구하기 위한 알맞은 상계를 찾아라.

복습과 예비 문제

1. $y=x^2/4$의 그래프에 대하여, 점 (2, 1)을 지나는 접선과 법선(즉 접선에 수직인 직선)의 방정식을 구하여라.

2. $y=x^2/4$의 그래프 위에서 (a) 접선이 직선 $y=x$에 평행한 (b) 법선이 직선 $y=x$에 평행한 모든 점을 구하여라.

3. $\frac{x^2}{16}+\frac{y^2}{9}=1$과 $\frac{x^2}{9}+\frac{y^2}{16}=1$의 교점을 구하여라.

4. $\frac{x^2}{16}+\frac{y^2}{9}=1$과 $x^2+y^2=9$의 교점을 구하여라.

5. 음함수의 미분법을 이용하여 점 $\left(-\frac{\sqrt{3}}{2},\ 1\right)$에서 곡선 $x^2+y^2/4=1$의 접선의 방정식을 구하여라.

6. 음함수의 미분법을 이용하여 점 $(9,\ 8\sqrt{2})$에서 곡선 $\frac{x^2}{9}-\frac{y^2}{16}=1$의 접선의 방정식을 구하여라.

7. $\frac{x^2}{100}+\frac{y^2}{64}=1$과 $\frac{x^2}{9}-\frac{y^2}{27}=1$의 교점을 구하여라. 제1사분면의 교점에 대하여, 음함수 미분법을 이용하여 두 곡선의 접선의 방정식을 구하여라. 두 접선 사이의 각을 구하여라.

8. $x=2\cos t,\ y=2\sin t$라 하자. 아래의 표를 채우고 순서쌍 $(x,\ y)$를 그려라.

t	$x=2\cos t$	$y=2\sin t$
0		
$\pi/6$		
$\pi/4$		
$\pi/3$		
$\pi/2$		
π		
$3\pi/2$		
2π		

문제 9~10에서, r과 θ의 값을 정하여라.

9.

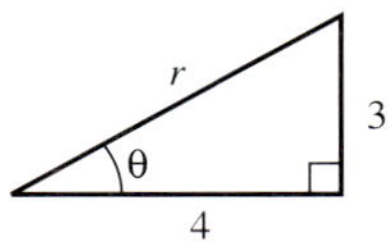

10.

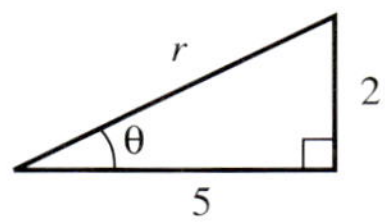

문제 11~12에서 x와 y의 값을 정하여라.

11.

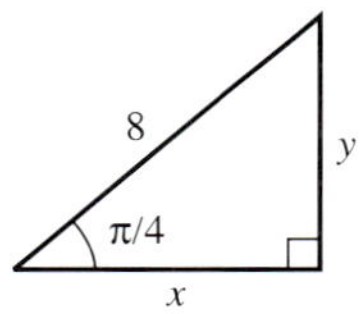

12.

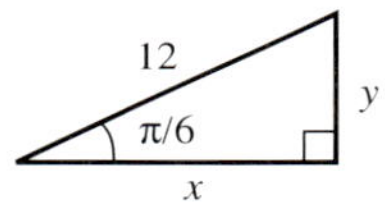

CHAPTER

10 원뿔곡선과 극좌표

10.1 포물선

위, 아래 양쪽으로 벌어진 직원뿔을 여러 각도의 평면으로 그림 1과 같이 잘라 본다. 그러면 타원, 포물선, 쌍곡선을 곡선들을 얻을 수 있다. (자르는 방법에 따라 여러 가지 극단적인 형태도 얻을 수 있다: 즉, 한 개의 원이나 점,

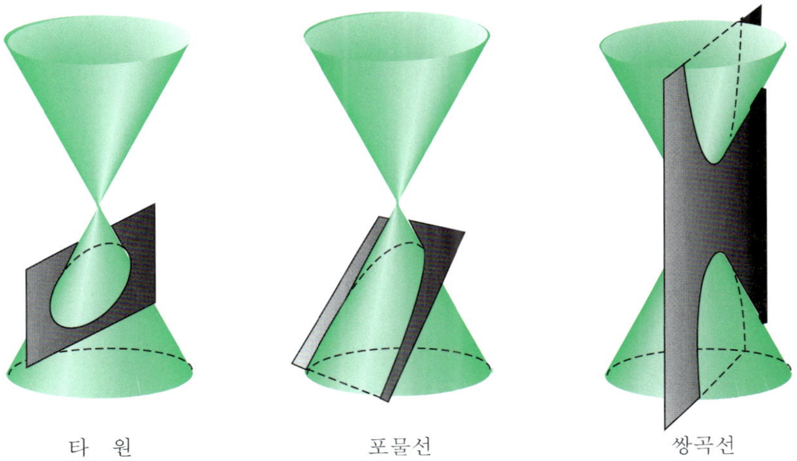

그림 1

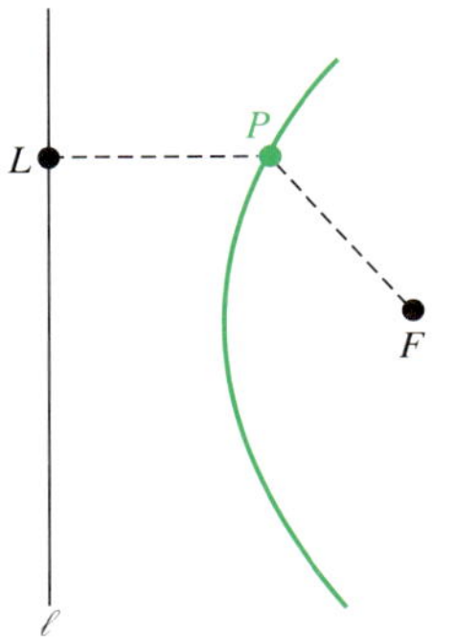

그림 2

직선 또는 교차하는 직선들.) 이러한 곡선들을 원뿔곡선(conic section, conic)이라 부른다. 고대 그리스 수학자들이 그렇게 정의하였고 이 책에서는 좀 다르게 정의하겠지만, 이 두 개념은 서로 일치함을 보일 수 있다.

평면에서 **고정된 직선**(준선) ℓ과, 그 직선에 놓여 있지 않은 **고정점**(초점) F를 잡는다. 그림 2에서 초점에서의 거리 $|PF|$와 직선에서의 거리 $|PL|$의 비율이 **양의 상수 e**(이심률)인 점 P들의 집합 즉,

$$|PF| = e|PL|$$

을 만족하는 점 P들의 집합을 **원뿔곡선**이라 부른다. 이때 $0<e<1$이면, 이 원뿔곡선은 **타원**이고, $e=1$이면, 이 원뿔곡선은 **포물선**이다. 그리고 $e>1$이면, 이 원뿔곡선은 **쌍곡선**이다.

$e=\frac{1}{2}$, $e=1$, $e=2$에 대응하는 곡선들을 그리면, 그림 3과 같은 세 개의 곡선들을 얻는다.

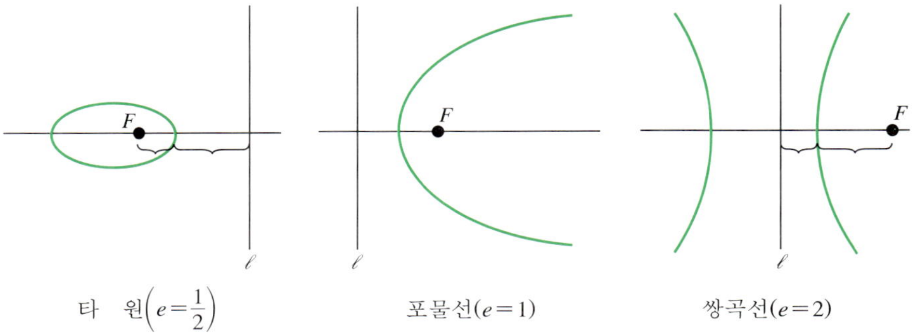

그림 3

각각의 경우, 초점을 지나고 준선에 수직인 직선에 대해서 곡선은 대칭이 된다. 이 직선을 원뿔곡선의 **장축**(또는 그냥 축)이라 한다. 원뿔곡선과 축이 교차하는 점을 **꼭짓점**이라 한다. 포물선은 꼭짓점이 한 개이지만, 타원과 쌍곡선은 꼭짓점이 두 개이다.

포물선 ($e=1$) 포물선은 준선 ℓ과 초점 F로부터 같은 거리에 놓여 있는 점 P의 집합이다. 즉, 다음을 만족하는 점들의 집합이다.

$$|PF| = |PL|$$

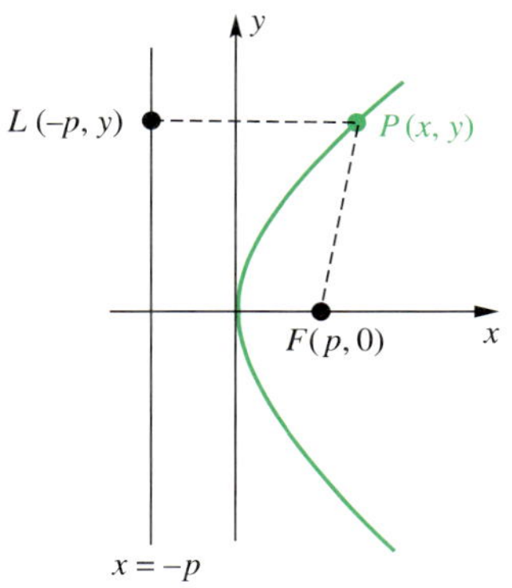

그림 4

이 정의로부터 xy방정식을 유도하되, 방정식의 형태를 간단히 하려고 한다. 좌표축의 위치는 곡선에는 아무런 영향도 미치지 않지만, 곡선의 방정식이 간단해지느냐, 복잡해지느냐에는 영향을 미친다. 포물선은 축에 대해서 대칭이기 때문에, 좌표축 중의 어느 하나를, 예를 들어 x축을, 포물선의 축과 일치하도록 놓는 것이 자연스럽다. 초점 F를 원점의 오른쪽에 놓아서, 이를테면 $(p, 0)$이 초점이라 하자. 그리고 준선은 원점의 왼쪽에 놓아서, 준선의 방정식이 $x=-p$라 하자. 그러면 꼭짓점은 원점에 놓인다. 이 내용을 나타낸 것이 그림 4이다.

조건 $|PF|=|PL|$과 거리공식으로부터, 다음을 얻는다.

$$\sqrt{(x-p)^2+(y-0)^2}=\sqrt{(x+p)^2+(y-y)^2}$$

양변을 제곱하고 간단히 하면, 다음 식을 얻는다.

$$\boxed{y^2=4px}$$

이것을 오른쪽으로 열린 수평 포물선의(축이 수평임) **표준방정식**이라고 한다. 여기서 $p>0$이고, 초점에서 꼭짓점까지의 거리가 p임을 주목하기 바란다.

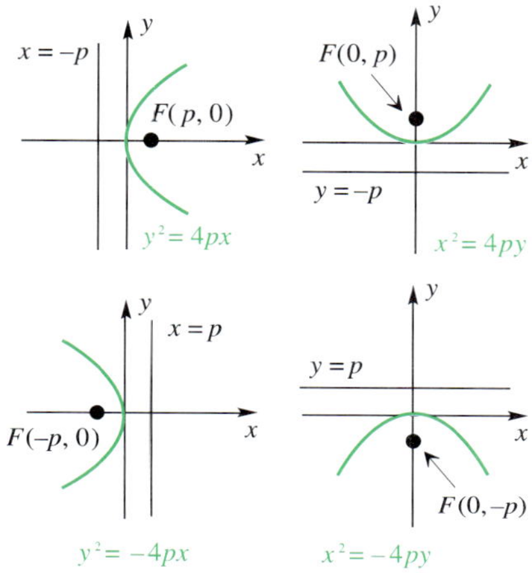

그림 5

예제 1 방정식이 $y^2=12x$인 포물선의 초점과 준선을 구하여라.

풀이 $y^2=4(3)x$이므로, $p=3$임을 알 수 있다. 그러므로 초점은 (3, 0)이고, 준선은 직선 $x=-3$이다. ■

표준방정식은 다른 세 가지 형태로 변형할 수 있다. x와 y의 역할을 바꾸면, 방정식 $x^2=4py$를 얻는다. 이것은 초점이 $(0, p)$이고 준선이 $y=-p$인 수직 포물선의 방정식이다. 마지막으로, 방정식의 어느 한 변에 음수 부호를 붙이면, 포물선이 반대 방향으로 열리게 된다. 그림 5에 모든 경우들을 나타내 놓았다.

예제 2 포물선 $x^2=-y$의 초점과 준선을 구하고, 그래프를 그려라.

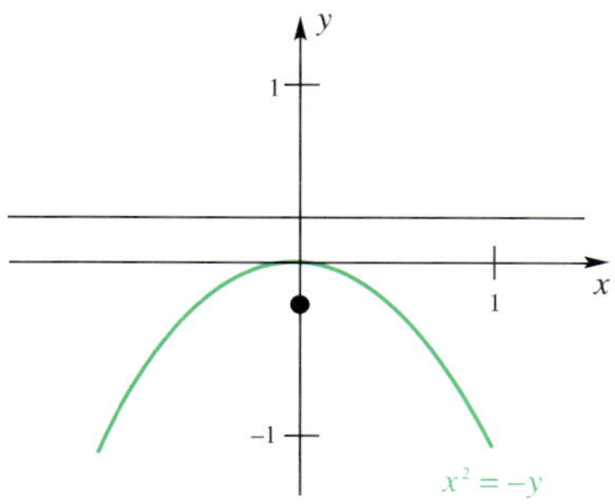

그림 6

풀이 $x^2=-4\left(\frac{1}{4}\right)y$라 쓰면, $p=\frac{1}{4}$임을 알 수 있다. 이 방정식의 형태를 보면, 포물선은 수직이고 아래로 열려 있음을 알 수 있다. 초점은 $\left(0,\ -\frac{1}{4}\right)$, 준선은 직선 $y=\frac{1}{4}$이다. 그래프는 그림 6과 같다. ■

예제 3 꼭짓점이 원점이고 초점이 (0, 5)인 포물선의 방정식을 구하여라.

풀이 이 포물선은 위로 열려 있으며, $p=5$. 그 방정식은 $x^2=4(5)y$, 즉, $x^2=20y$. ■

예제 4 꼭짓점이 원점이고, 점 $(-2, 4)$를 지나며, 왼쪽으로 열린 포물선의 방정식을 구하고, 그래프를 그려라.

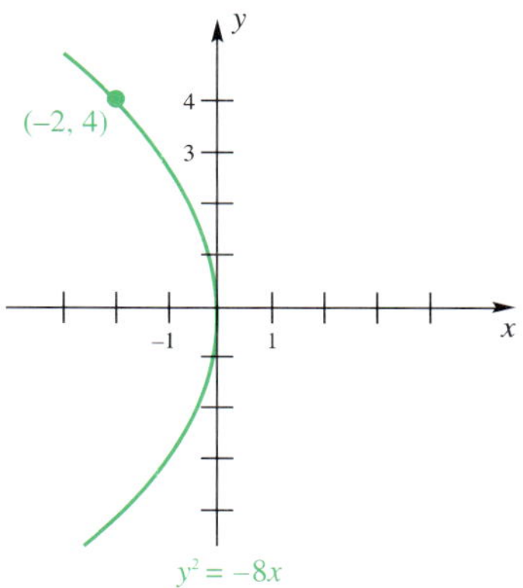

그림 7

풀이 이 방정식은 $y^2=-4px$ 형태이다. 점 $(-2, 4)$를 지나므로 $(4)^2=-4p(-2)$. 이것으로부터, $p=2$. 구하는 방정식은 $y^2=-8x$이며, 그래프는 그림 7과 같다. ■

광학적 성질 포물선의 한 가지 단순한 기하학적 성질이 여러 분야에 중요하게 쓰인다. 초점이 F이고, 포물선의 임의의 점을 P라 하자. 포물선의 축에 평행하도록 직선 GP를 긋는다. 그러면 P에서의 접선은 직선 FP, 직선 GP와 같은 크기의 각을 만든다(그림 8 참조). 광학의 원리에 따르면, 빛(광선)이 반사면에 부딪혀 반사되어 나올 때, 그 입사각과 반사각은 크기가 같다. 그러므로 포물선을 그 축에 대해 회전시켜서 오목한 반사 거울을 만들면, 그 초점에서 나오는 모든 광선은 그 반사 거울을 비친 후 축에 평행하게 밖으로 나아간다. 포물선의 이 성질을 이용하여 전조등을 만들며, 광원을 그 초점에 놓는다. 역으로, 천체망원경의 포물면은 멀리 있는 별로부터 오는 평행한 광선들을 초점에 모이게 만든다.

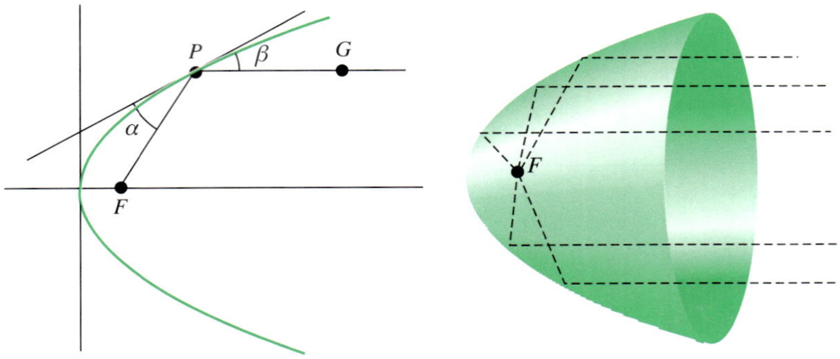

그림 8

예제 5 포물선의 광학적 성질을 증명하여라.

풀이 그림 9와 같이 P에서의 접선을 QP라 하고, 직선 GP는 x축에 평행하다고 하자. 그러면 $\alpha=\beta$임을 보여야 한다. 그런데 $\angle FQP=\beta$이므로 삼각형 FQP가 이등변삼각형임을 보이면 된다.

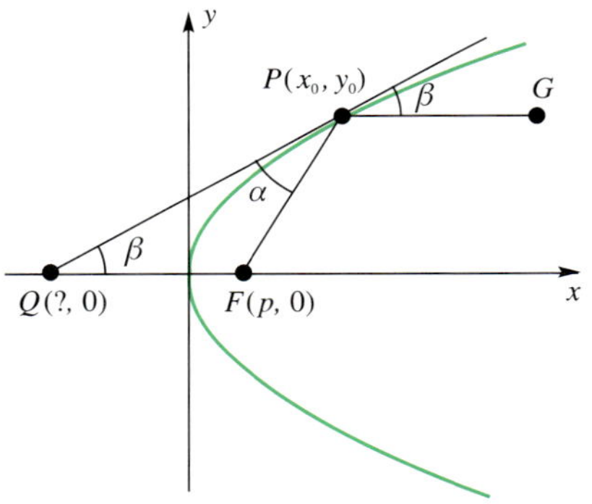

그림 9

먼저 Q의 x좌표를 구한다. 방정식 $y^2=4px$를 음함수 미분하면, $2y'y=4p$. 이것으로부터, $P(x_0,\ y_0)$에서의 접선의 기울기는 $2p/y_0$이다. 따라서 접선의 방정식은

$$y-y_0=\frac{2p}{y_0}(x-x_0)$$

$y=0$이라 놓고 x에 대해서 풀면, $-y_0=(2p/y_0)(x-x_0)$, 즉, $x-x_0=-y_0^2/2p$. 여기서 $y_0^2=4px_0$이므로 $x-x_0=-2x_0$. 즉, $x=-x_0$. 그러므로 Q의 좌표는 $(-x_0,\ 0)$.

선분 FP와 선분 FQ의 길이가 같음을 보이기 위해, 거리공식을 사용한다.

$$\begin{aligned}|FP|&=\sqrt{(x_0-p)^2+y_0^2}=\sqrt{x_0^2-2x_0p+p^2+4px_0}\\&=\sqrt{x_0^2+2x_0p+p^2}=x_0+p=|FQ|\end{aligned}$$ ■

소리도 빛과 같은 법칙에 따라서 반사된다. 그러므로 포물면 마이크를 사용하여, 예를 들어 축구 경기장의 멀리에서 나는 소리를 모아서 들을 수 있다. 전파 송수신용, 또는 위성 방송 시청용 접시 안테나도 이 원리에 바탕을 두고 있다.

포물선은 기타 여러 분야에 쓰인다. 예를 들어 공기 저항과 기타 사소한 사항들을 무시하면, 공중에 던진 물체는 포물선을 그리게 된다. 무게가 고르게 걸리는 현수교의 케이블은 포물선 형태여야 한다. 아치는 흔히 포물선 형태이며 어떤 혜성들도 포물선 궤도를 가진다.

개념 복습

1. $|PF|=e|PL|$을 만족하는 (즉, 초점까지의 거리는 e와 준선까지의 거리의 곱과 같은) 점 P의 집합은, ______인 경우 타원이고, ______인 경우 포물선이고, ______인 경우 쌍곡선이다.

2. 꼭지점이 원점에 놓여 있고 오른쪽으로 열린 포물선의 표준방정식은 ______.

3. 포물선 $y=\frac{1}{4}x^2$의 초점은 ______이고 준선은 ______이다.

4. 초점에 놓여 있는 광원으로부터 나오는 광선은 포물면에 반사되어 ______ 방향으로 나아가게 된다.

연습문제 10.1

문제 1~8에서 각 포물선의 초점의 좌표와 준선의 방정식을 구하여라. 포물선의 그래프를 그리고, 초점, 준선을 나타내어라.

1. $y^2=4x$ **2.** $y^2=-12x$

3. $x^2=-12y$ **4.** $x^2=-16y$

5. $y^2=x$ **6.** $y^2+3x=0$

7. $6y-2x^2=0$ **8.** $3x^2-9y=0$

문제 9~14에서 주어진 조건을 바탕으로 포물선의 표준 방정식을 구하여라. 꼭짓점은 원점에 놓여 있다.

9. 초점이 $(2, 0)$임 **10.** 준선이 $x=3$임

11. 준선이 $y-2=0$임 **12.** 초점이 $\left(0, -\frac{1}{9}\right)$임

13. 초점이 $(-4, 0)$임 **14.** 준선이 $y=\frac{7}{2}$임

15. 꼭짓점이 원점에 놓여 있고, 축이 x축인 포물선이 점 $(3, -1)$을 지난다. 이 포물선의 방정식을 구하고 그래프를 그려라.

16. 꼭짓점이 원점에 놓여 있고, 축이 x축인 포물선이 점 $(-2, 4)$를 지난다. 이 포물선의 방정식을 구하고 그래프를 그려라.

17. 꼭짓점이 원점에 놓여 있고, 축이 y축인 포물선이 점 $(6, -5)$를 지난다. 이 포물선의 방정식을 구하고 그래프를 그려라.

18. 꼭짓점이 원점에 놓여 있고, 축이 y축인 포물선이 점 $(-3, 5)$를 지난다. 이 포물선의 방정식을 구하고 그래프를 그려라.

문제 19~26에서 주어진 포물선의 주어진 점에서의 접선과 법선의 방정식을 구하여라. 포물선, 접선, 법선을 그려라.

19. $y^2=16x$, $(1, -4)$ **20.** $x^2=-10y$, $(2\sqrt{5}, -2)$

21. $x^2=2y$, $(4, 8)$ **22.** $y^2=-9x$, $(-1, -3)$

23. $y^2=-15x$, $(-3, -3\sqrt{5})$ **24.** $x^2=4y$, $(4, 4)$

25. $x^2=-6y$, $(3\sqrt{2}, -3)$ **26.** $y^2=20x$, $(2, -2\sqrt{10})$

27. 포물선 $y^2=5x$의 어떤 점에서의 접선의 기울기가 $\sqrt{5}/4$이다. 그 점의 좌표를 구하고 그래프를 그려라.

28. 포물선 $x^2=-14y$의 어떤 점에서의 접선의 기울기가 $-2\sqrt{7}/7$이다. 그 점의 좌표를 구하여라.

29. 포물선 $y^2=-18x$의 접선들 중에, 직선 $3x-2y+4=0$에 평행한 것의 방정식을 구하여라.

30. 포물선의 초점을 지나고, 양 끝점이 포물선에 놓여 있는 선분을 **초점현**(focal chord)이라고 부른다. 포물선의 임의의 초점현의 양 끝점에서의 포물선의 접선은 준선에서 교차함을 증명하여라.

31. 임의의 초점현의 양 끝점에서의 접선들은 서로 직교함을 증명하여라(문제 30 참조).

32. 포물선의 어떤 현이 축과 직교하고 꼭짓점으로부터의 거리가 1인데, 이 현의 길이는 1이다. 꼭짓점에서 초점까지의 거리는 얼마인가?

33. 초점에 가장 가까운 포물선의 점은 꼭짓점임을 보여라.

34. 멀리 우주 공간에 있는 혜성을 발견하였는데, 태양을 초점으로 하여 포물선 궤도를 따라 움직이고 있다. 태양으로부터 혜성으로 그은 직선이 포물선의 축과 90° 각도를 이룰 때, 혜성과 태양의 거리는 4000만 마일이었다. 혜성은 태양에 얼마나 가까이 가게 될까(문제 33 참조)? 태양을 한 점이라고 간주하자.

C **35.** 문제 34에서, 각이 90°가 아니라 75°라 하고 풀어 보아라.

36. 현수교의 가운데 구간의 케이블이 포물선 모양을 하고 있다(문제 41 참조). 교각들 사이 거리는 800 미터이고, 케이블은 다리 상판으로부터 400 미터 높이에서 교각에 묶어 놓았다면, 교각으로부터 100 미터 떨어진 지점에 있는 수직 지탱선의 길이는 얼마인가? 케이블은 다리의 중점에서 다리 상판에 닿아 있다고 가정한다(그림 10).

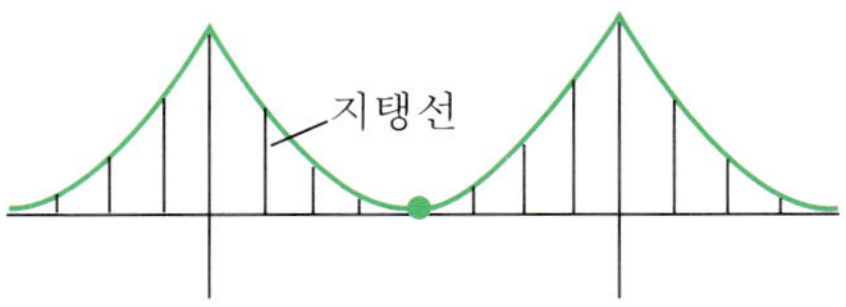

그림 10

37. 초점을 지나고 포물선의 축에 수직인 현을 **통경**(latus rectum)이라고 부른다. 그림 11의 포물선 $y^2=4px$에서, 초점을 F라 하고, 통경의 왼쪽에 있는 포물선의 임의의 점을 R이라 하고, R을 지나고 축에 평행한 직선이 통경과 만나는 점을 G라 하자. $|FR|+|RG|$를 구하고, 이것이 상수임을 확인하여라.

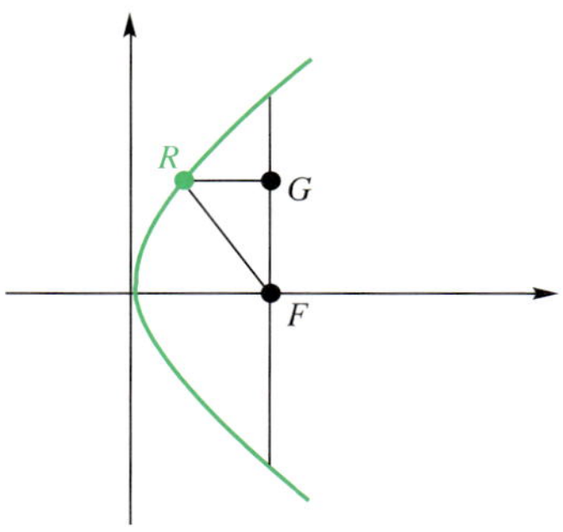

그림 11

38. 그림 12의 포물선 $y^2=4px$에서, P는 포물선의 꼭짓점을 제외한 임의의 점이고, P에서의 법선이 PB이고, 포물선의 축에 평행한 직선이 PA이고, A와 B는 축에 놓여 있다. $|AB|$를 구하고, 이것이 상수임을 확인하여라.

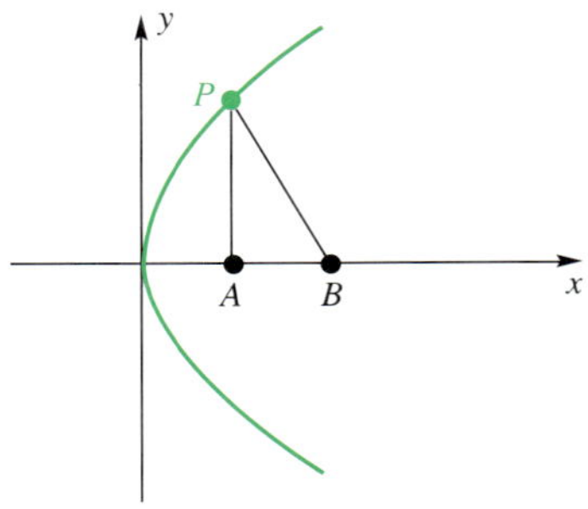

그림 12

39. 포물선 $y^2=4px$에서 끝점이 (x_1, y_1)과 (x_2, y_2)인 초점현은 길이가 x_1+x_2+2p임을 밝혀라. 이것을 이용하여, 통경의 길이 L을 구하여라.

40. 어떤 원과 교차하지 않는 직선이 있다. 이 원과 직선으로부터 같은 거리에 있는 점들의 집합은 포물선임을 밝혀라.

EXPL **41.** 다리 상판이 있는데, 그 무게는 피트당 δ 파운드이고, 케이블이 이 상판을 지탱하고 있다. 다리 상판의 무게와 비교해서 케이블의 무게는 무시해도 될 만큼 작다고 하자. 가장 낮은 지점(원점)에서 한 점 $P(x, y)$까지의 케이블 부분 OP를 그린 것이 그림 13이다. 케이블의 이 부분에 작용하는 힘들은 다음과 같다.

$H=O$에서 수평으로 당기는 장력

$T=P$에서 접선 방향으로 당기는 장력

$W=\delta x=$길이 x피트인 다리 상판의 무게

평형을 이루려면, T의 수평성분, 수직성분이 각각 H, W와 같아야 한다. 그러므로

$$\frac{T\sin\phi}{T\cos\phi}=\tan\phi=\frac{\delta x}{H}$$

즉,

$$\frac{dy}{dx}=\frac{\delta x}{H}, \qquad y(0)=0$$

이 미분방정식을 풀어서, 케이블은 포물선 형태여야 함을 보여라. (6.9절 연습문제 53에, 다른 무게가 걸리지 않는 케이블의 형태가 나온다. 이 결과를 그것과 비교해 보아라.)

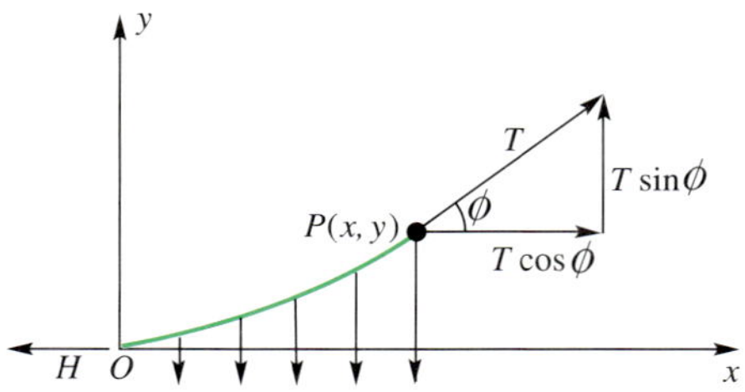

그림 13

EXPL **42.** 포물선 $y=x^2$을 구간 $[a, b]$에서 생각한다. $[a, b]$의 중점을 $c=(a+b)/2$라 하고, $[a, c]$의 중점을 d라 하고, $[c, b]$의 중점을 e라 하자. 포물선의 a, c, b를 꼭짓점으로 가지는 삼각형을 T_1이라 하고, 포물선의 a, d, c를 꼭짓점으로 가지는 삼각형과 포물선의 c, e, b를 꼭짓점으로 가지는 삼각형의 합을 T_2라 하자(그림 14). 이런 식으로 삼각형들을 계속 만들어서, 집합 T_3, T_4, …을 얻는다.

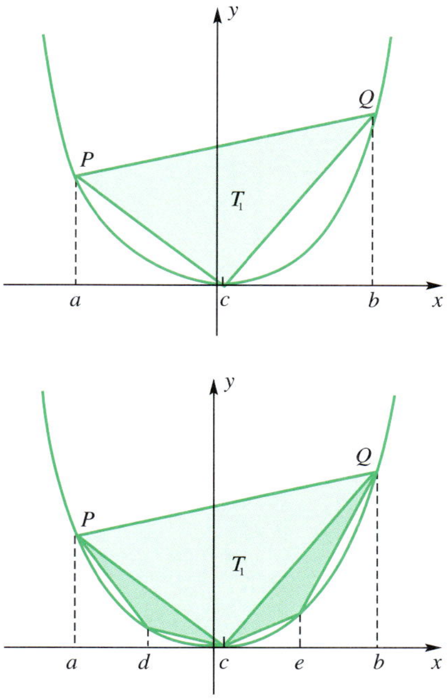

그림 14

(a) $A(T_1)=(b-a)^3/8$임을 밝혀라.

(b) $A(T_2)=A(T_1)/4$임을 밝혀라.

(c) 현 PQ로 잘라 낸 포물선 활꼴을 S라 하자. S의 넓이는 다음을 만족함을 보여라.

$$A(S)=A(T_1)+A(T_2)+A(T_3)+\cdots=\frac{4}{3}A(T_1)$$

이것은 아르키메데스가 알아 낸 유명한 결과인데, 그는 좌표를 사용하지 않고 이것을 구하였다.

(d) 이 결과들을 이용하여, 포물선 $y=x^2$의 아래, a와 b 사이의 면적은 $b^3/3-a^3/3$임을 밝혀라.

CAS **43.** 포물선 $y=\frac{1}{4}x^2+2$에 대해서 준선, x축에 평행한 초점현, 그리고 초점현의 끝점에서의 접선들을 같은 그래프 상에 그려서, 문제 30, 31을 예시해 보여라.

CAS **44.** 6.9절의 연습문제 60에서 미주어리주의 세인트루이스에 있는 게이트웨이 아치의 방정식을 구하였다.

(a) 꼭짓점이 (0, 630)이고 x-축과 ±315에서 만나는 포물선의 방정식은?

(b) 같은 그래프창에서, 게이트웨이 아치인 현수선과 (a)에서 구한 포물선을 그려라.

(c) 현수선과 포물선 사이의 가장 큰 수직거리의 근사값(가장 가까운 발까지의)을 구하여라.

개념 복습 해답: **1.** $e<1$; $e=1$; $e>1$ **2.** $y^2=4px$ **3.** (0, 1); $y=-1$ **4.** 축에 평행한

10.2 타원과 쌍곡선

조건 $|PF|=e|PL|$로 결정되는 원뿔곡선은 $0<e<1$인 경우 **타원**이고, $e>1$인 경우 **쌍곡선**임을 상기하기 바란다(10.1절 앞부분 참조). 이 두 원뿔곡선의 경우 두 개의 꼭짓점을 가지는데, 이것들을 A'과 A라 하자. 장축에 있는 점들 중에, A'과 A의 한가운데 있는 점을 이 원뿔곡선의 **중심**이라 한다. 타원과 쌍곡선은 그 중심에 대해서 대칭이다(잠시 뒤에 증명한다). 그래서 타원과 쌍곡선을 유심 이차곡선(유심 원뿔곡선)이라 부른다.

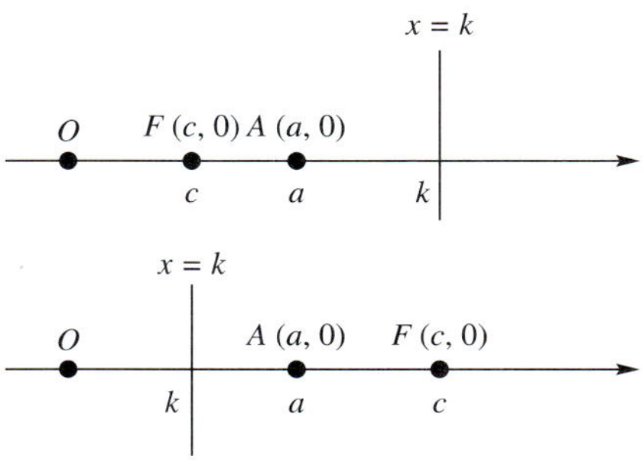

그림 1

유심 이차곡선의 방정식을 유도하기 위해서, 장축을 x축에 놓이도록 하고, 중심이 원점에 놓이도록 한다. 초점이 $F(c, 0)$, 준선은 $x=k$, 꼭짓점들은 $A'(-a, 0)$과 $A(a, 0)$이라고 하자. 여기서 c, k, a는 모두 양수이다. A는 F와 직선 $x=k$ 사이에 있는 것은 분명하다. 가능한 두 가지 경우를 나타낸 것이 그림 1이다.

첫째 경우, $|PF|=e|PL|$을 점 $P=A$에 적용하면

$$a-c=e(k-a)=ek-ea \tag{1}$$

두 번째 경우, $|PF|=e|PL|$을 점 $P=A$에 적용하면

$$c-a=e(a-k)=ea-ek$$

인데 양변에 -1을 곱하면, 이것은 (1)과 같다. 다음에 관계식 $|PF|=e|PL|$을 점 $A'(-a,\ 0)$, $F'(-c,\ 0)$, 직선 $x=-k$에 적용한다. 그러면 다음을 얻는다.

$$a+c=e(k+a)=ek+ea \tag{2}$$

이제 방정식 (1), (2)를 c와 k에 관해 풀면 다음을 얻는다.

$$c=ea, \quad k=\frac{a}{e}$$

이때 $0<e<1$이면, $c=ea<a$, $k=a/e>a$이다. 따라서 타원의 경우, 초점 F는 꼭짓점 A의 왼쪽에 있고, 준선 $x=k$는 A의 오른쪽에 있다. 반면에 $e>1$이면, $c=ea>0$, $k=a/e<a$이다. 쌍곡선의 경우, 준선 $x=k$는 A의 왼쪽에 있고, 초점 F는 A의 오른쪽에 있다. 두 가지 경우가 그림 2와 그림 3에 나타나 있다.

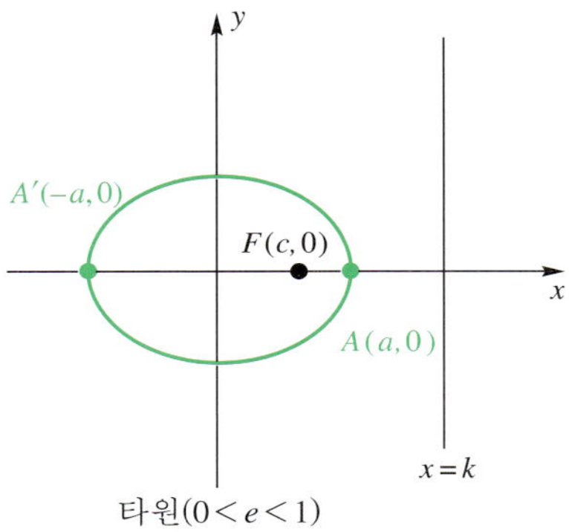

그림 2

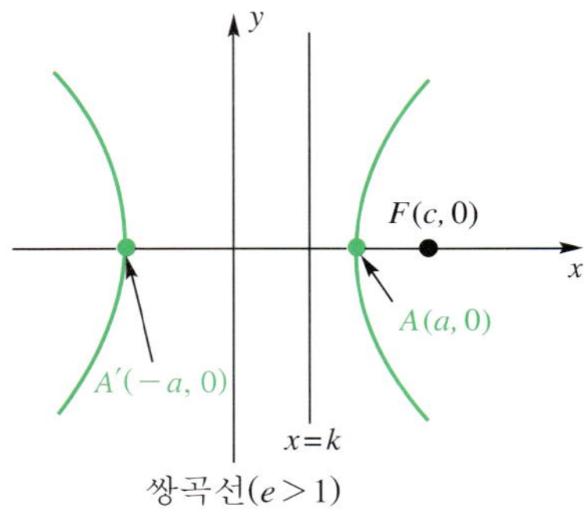

그림 3

이제 $P(x,\ y)$를 타원(또는 쌍곡선)의 임의의 점이라 하자. 그러면 $L(a/e,\ y)$는 그 점을 준선에다 사영한 것이다(타원의 경우 그림 4 참조). 그러면 조건 $|PF|=e|PL|$은 다음과 같이 된다.

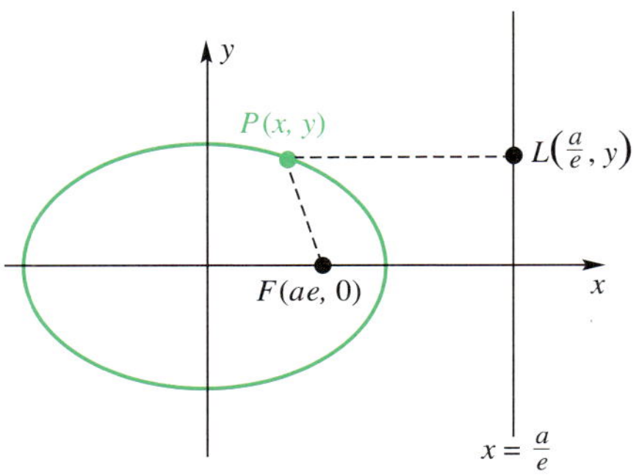

그림 4

$$\sqrt{(x-ae)^2+y^2}=e\sqrt{\left(x-\frac{a}{e}\right)^2}$$

양변을 제곱하고, 동류항들을 모으면, 다음 방정식을 얻게 되며, 이것은 원래 방정식과 같다.

$$x^2-2aex+a^2e^2+y^2=e^2\left(x^2-\frac{2a}{e}x+\frac{a^2}{e^2}\right)$$

즉,

$$(1-e^2)x^2+y^2=a^2(1-e^2)$$

이것을 정리하면

$$\frac{x^2}{a^2}+\frac{y^2}{a^2(1-e^2)}=1$$

이 마지막 방정식은 x와 y의 짝수제곱만을 포함하고 있어, 이 방정식의 곡선은 x축, y축, 원점에 대해서 대칭이다. 그리고 이 대칭성 때문에, 제 2의 초점 $(-ae, 0)$에 그리고 제 2의 준선 $x=-a/e$에 있게 된다. 두 꼭짓점들을 (그리고 두 초점들을) 포함하는 축이 **장축**이고, 그것에 수직이고 중심을 지나는 축이 **단축**이다.

타원의 표준방정식 타원의 경우 $0<e<1$이므로 $(1-e^2)$은 양수이다. 식을 간단히 하기 위해서, $b=a\sqrt{1-e^2}$로 놓는다. 그러면 위에서 유도한 방정식은 다음 형태가 된다.

$$\boxed{\frac{x^2}{a^2}+\frac{y^2}{b^2}=1}$$

이것을 **타원의 표준방정식**이라 한다. $c=ae$이므로, a, b, c는 피타고라스 관계식 $a^2=b^2+c^2$을 만족한다. 그림 5에서, 어둡게 칠한 직각삼각형이 조건 $a^2=b^2+c^2$을 나타낸다. 여기서 **장지름**은 $2a$이고, **단지름**은 $2b$이다.

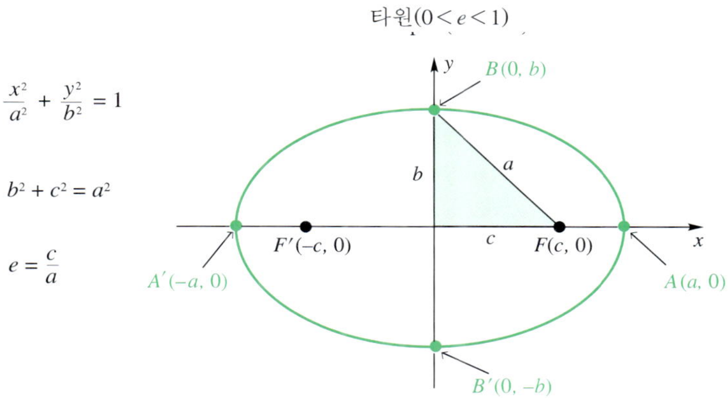

그림 5

그림 6

e의 값을 바꾸면 어떻게 되는지 생각해보자. e가 1에 가까우면, $b=a\sqrt{1-e^2}$는 a에 비해서 매우 작다. 그러면 타원은 매우 납작하게 된다. 반면에 e가 0에 가까우면(이심률이 거의 0이 되면), b는 거의 a만큼 커진다. 그러면 타원은 통통하고 둥글게 된다(그림 6). $b=a$인 경우, 방정식은 다음 형태가 된다.

$$\frac{x^2}{a^2}+\frac{y^2}{a^2}=1$$

이것은 $x^2+y^2=a^2$과 같다. 이것은 원점이 중심이고 반지름이 a인 원의 방정식이다.

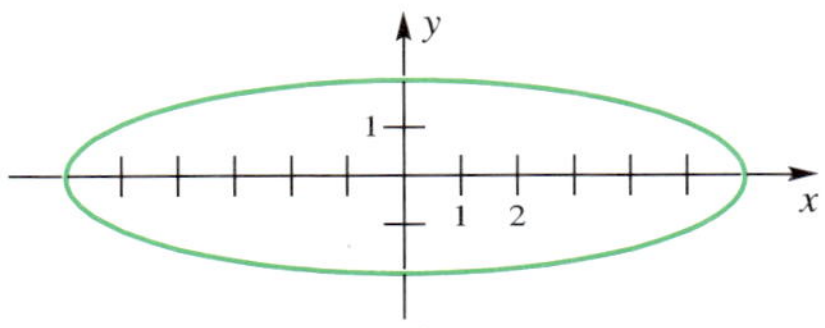

그림 7

예제 1 방정식

$$\frac{x^2}{36}+\frac{y^2}{4}=1$$

의 그래프를 그리고, 초점과 이심률을 구하여라.

풀이 $a=6$이고 $b=2$이므로

$$c=\sqrt{a^2-b^2}=\sqrt{36-4}=4\sqrt{2}\approx 5.66$$

따라서 초점은 $(\pm c,\ 0)=(\pm 4\sqrt{2}\ \ 0)$, 그리고 이심률은 $e=c/a\approx 0.94$. 그림 7이 그래프이다. ■

지금까지 그린 타원들을 수평타원이라 부른다. 왜냐 하면 그 장축이 x축이기 때문이다. x와 y의 역할을 바꾸면, 수직타원의 방정식을 얻는다.

$$\frac{y^2}{a^2}+\frac{x^2}{b^2}=1 \quad \text{또는} \quad \frac{x^2}{b^2}+\frac{y^2}{a^2}=1$$

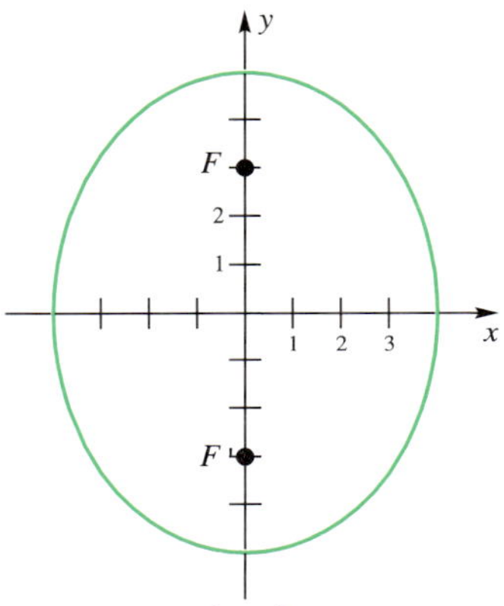

그림 8

예제 2 방정식

$$\frac{x^2}{16}+\frac{y^2}{25}=1$$

의 그래프를 그리고, 초점과 이심률을 구하여라.

풀이 이제 y^2 밑의 분모가 더 크므로, 장축이 수직선임을 알 수 있다. $a=5$이고 $b=4$이므로, $c=\sqrt{25-16}=3$이다. 따라서 초점은 $(0,\ \pm 3)$, 그리고 이심률은 $e=c/a=\frac{3}{5}=0.6$(그림 8). ■

쌍곡선의 표준방정식 쌍곡선의 경우 $e>1$이고, 따라서 e^2-1은 양수이다. 그러므로 $b=a\sqrt{e^2-1}$로 놓으면, 앞에서 유도한 방정식 $x^2/a^2+y^2/(1-e^2)a^2=1$은 다음 형태가 된다.

$$\boxed{\frac{x^2}{a^2}-\frac{y^2}{b^2}=1}$$

이것을 **쌍곡선의 표준방정식**이라 부른다. 그런데 $c=ae$이므로, $c^2=a^2+b^2$이 된다. (타원의 경우 이에 대응하는 관계식이 이것과 어떻게 다른지 이해하기 바란다.)

b의 의미를 파악하기 위해서, 방정식을 y에 대해 풀어서 x로 나타내면,

$$y=\pm\frac{b}{a}\sqrt{x^2-a^2}$$

x가 매우 크면, $\sqrt{x^2-a^2}$은 x와 거의 같게 된다. (즉, $x\to\infty$일 때 $(\sqrt{x^2-a^2}-x)\to 0$. 연습문제 70 참조.) 따라서 y는 다음과 거의 비슷하게 된다.

$$y=\frac{b}{a}x \text{ 또는 } y=-\frac{b}{a}x$$

좀 더 엄밀하게 말하면, 주어진 쌍곡선의 그래프는 이 두 직선을 점근선으로 가진다.

쌍곡선에 관한 중요한 사실들을 요약한 것이 그림 9이다. 타원의 경우와 마찬가지로, 변의 길이가 a와 b인 중요한 직각삼각형이 있다(어둡게 칠한 부분). 이 기본삼각형은 원점이 중심이고 변들의 길이가 $2a$, $2b$인 직사각형을 결정하게 된다. 이 직사각형의 대각선들을 연장한 것이 위에서 말한 점근선이다.

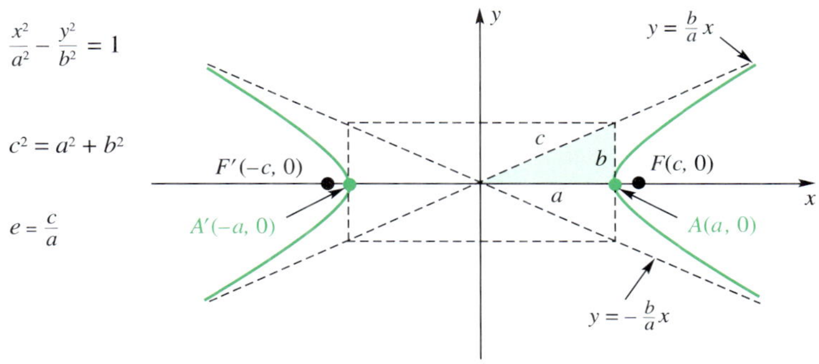

그림 9

예제 3 방정식

$$\frac{x^2}{9}-\frac{y^2}{16}=1$$

의 그래프를 그리고, 점근선도 나타내어라. 점근선의 방정식과 초점을 구하여라.

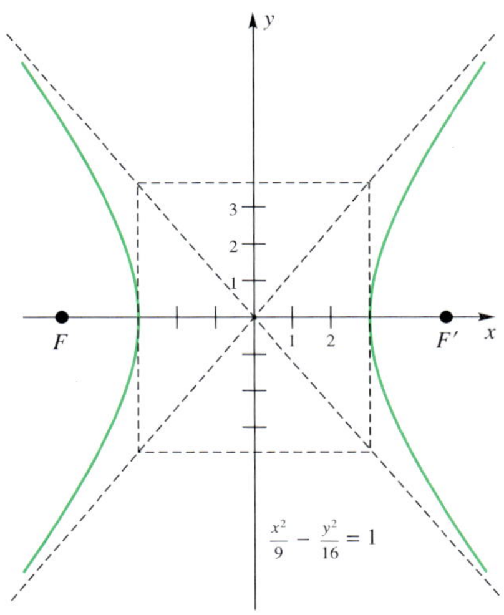

그림 10

풀이 우선 기본삼각형을 구한다. 기본삼각형의 수평변은 길이가 3이고, 수직변은 길이가 4이다. 이것을 그리고 나서 점근선들을 나타내면 그래프를 그릴 수 있다(그림 10). 점근선들은 $y=\frac{4}{3}x$와 $y=-\frac{4}{3}x$. 그리고 $c=\sqrt{a^2+b^2}=\sqrt{9+16}=5$이므로, 초점은 $(\pm 5,\ 0)$. ■

이제 x와 y의 역할을 바꾸면 어떻게 되는지 살펴본다. 방정식은 다음 형태가 된다.

$$\frac{y^2}{a^2}-\frac{x^2}{b^2}=1$$

이것은 수직쌍곡선의 방정식이다(장축이 수직임). 그 꼭짓점들은 $(0,\ \pm a)$, 그 초점은 $(0,\ \pm c)$.

타원과 쌍곡선의 경우 둘 다 a는 중심에서 꼭짓점까지의 거리이다. 타원의 경우, $a>b$. 그러나 쌍곡선의 경우는 이 조건을 만족하지 않아도 된다.

예제 4 쌍곡선

$$-\frac{x^2}{4}+\frac{y^2}{9}=1$$

의 초점을 구하고, 그래프를 그려라.

풀이 이것은 수직쌍곡선임을 바로 알 수 있다. 왜냐 하면 y^2항의 부호가 양이기 때문이다. 따라서 $a=3$, $b=2$이고, $c=\sqrt{9+4}=\sqrt{13}\approx 3.61$. 그러므로 초점은 $(0, \pm\sqrt{13})$이다(그림 11). ■

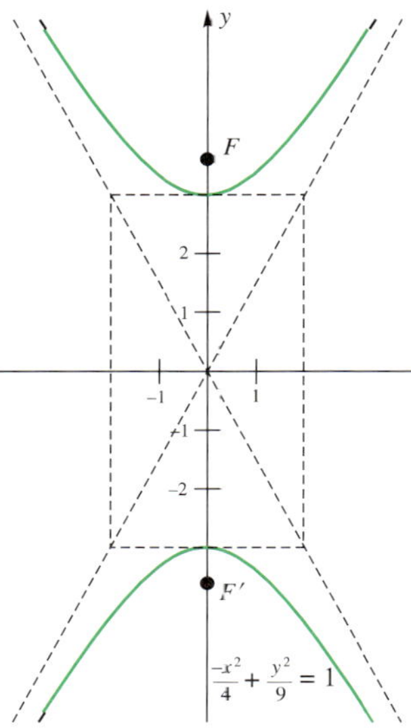

그림 11

예제 5 케플러(Johannes Kepler, 1571－1630)에 따르면, 행성들은 타원 궤도를 따라 태양의 둘레를 돌며, 한 초점에 태양이 놓여 있다. 태양으로부터 지구까지의 최대 거리는 9456만 마일, 최소 거리는 9145만 마일이다. 궤도의 이심률은 얼마이며, 장지름과 단지름은 얼마인가?

풀이 그림 12처럼 나타내면, 다음이 성립한다(거리는 100만 마일 단위).

$$a+c=94.56 \qquad a-c=91.45$$

이 방정식들을 a와 c에 대해서 풀면, $a=93.01$, $c=1.56$. 따라서

$$e=\frac{c}{a}=\frac{1.56}{93.01}\approx 0.017$$

그리고 장지름과 단지름은 각각 다음과 같다.

$$2a\approx 186.02, \qquad 2b=2\sqrt{a^2-c^2}\approx 185.99$$ ■

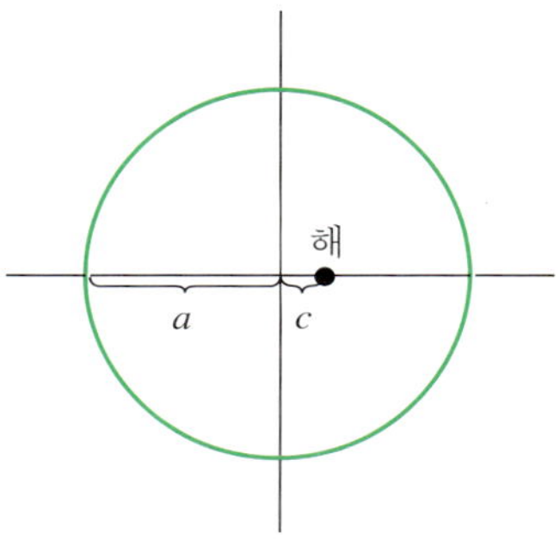

그림 12

타원과 쌍곡선의 다른 응용은, 이 곡선들의 광학적 성질로부터 나온다. 이것은 다음 절에서 다룬다.

타원과 쌍곡선의 끈의 성질 조건 $|PF|=e|PL|$으로 원추곡선을 정의하였고 이 때 $0<e<1$이면 그림이 타원, $e>1$이면 쌍곡선이었다. 이러한 접근법은 통일된 방법으로 모든 원추곡선을 다룰 수 있다. 많은 저자들은 타원과 쌍곡선을 다음의 정의를 통하여 정의하기를 선호한다.

타원은 평면상에서 두 개의 고정점(초점)으로부터 거리의 합이 주어진 상수 $2a$인 점들의 집합이다. 쌍곡선은 평면에서 두 개의 고정점(초점)으로부터 거리의 차가 주어진 상수 $2a$인 점들의 집합이다. (여기에서 차는 큰 값에서 작은 거리를 뺀 것이다.)

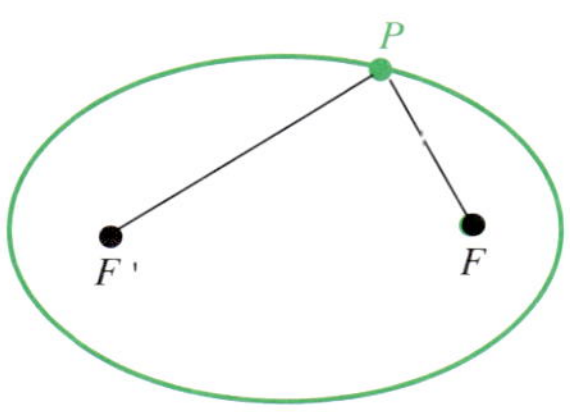

타원: $|PF'|+|PF|=2a$
그림 13

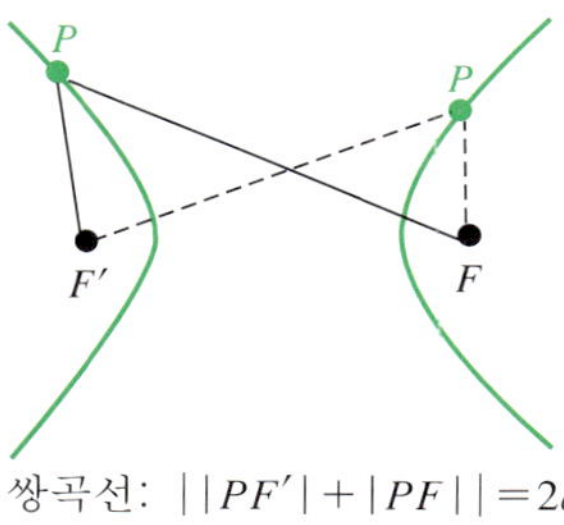

쌍곡선: $||PF'|+|PF||=2a$
그림 14

이 정의는 그림 13과 그림 14에서 보여주고 있다. 타원에 대하여 두 끝점을 압정으로 길이가 $2a$인 끈을 고정시켰다고 생각한다. 그런 다음 연필로 점 P에서 끈을 잡아당기면서 연필을 움직이면 타원이 그려진다.

'끈의 성질'이라는 이 성질은 이심율 정의의 결과이다. 그것을 지금 유도해 본다.

a와 e가 주어졌다고 하자. 두 초점은 $(\pm ae, 0)$이고 준선은 $x = \pm a/e$이다. 타원과 쌍곡선의 경우를 그림 15에 나타내었다.

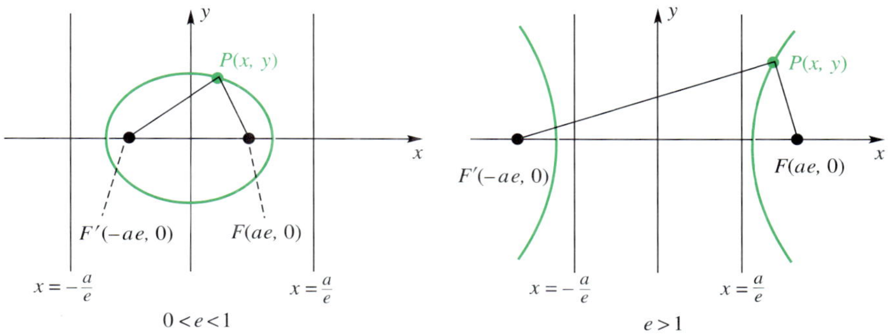

그림 15

이제 타원상에 임의의 점 $P(x, y)$를 잡고, 조건 $|PF| = e|PL|$로부터 먼저 왼쪽 초점과 준선에 적용하고, 다음에 오른쪽에 적용하면 다음을 얻는다.

$$|PF'| = e\left(x + \frac{a}{e}\right) = ex + a, \qquad |PF| = e\left(\frac{a}{e} - x\right) = a - ex$$

따라서

$$\boxed{|PF'| + |PF| = 2a}$$

다음에 그림 15의 오른쪽에서와 같이 오른쪽 날개 위에 점 $P(x, y)$를 갖는 쌍곡선을 생각한다. 그러면 다음을 얻는다.

$$|PF'| = e\left(x + \frac{a}{e}\right) = ex + a, \qquad |PF| = e\left(x - \frac{a}{e}\right) = ex - a$$

따라서 $|PF'| - |PF| = 2a$이다. $P(x, y)$가 왼쪽 날개 위에 있다면, $2a$ 대신에 $-2a$가 될 것이다. 두 경우 모두에서 다음 식을 얻는다.

$$\boxed{\big||PF'| - |PF|\big| = 2a}$$

예제 6 $(\pm 3, 0)$으로부터 거리의 합이 10이 되는 점들의 집합이 나타내는 방정식을 구하여라.

풀이 이것은 $a = 5$, $c = 3$인 수평타원이다. 이때 $b = \sqrt{a^2 - c^2} = 4$이므로, 구하는 방정식은

$$\frac{x^2}{25} + \frac{y^2}{16} = 1$$ ■

예제 7 $(0, \pm 6)$으로부터 거리의 차가 4인 점들의 집합이 나타내는 방정식을 구하여라.

풀이 이것은 $a = 2$, $c = 6$인 수직쌍곡선이다. 이때 $b = \sqrt{c^2 - a^2} = \sqrt{32} = 4\sqrt{2}$

이므로, 구하는 방정식은

$$-\frac{x^2}{32}+\frac{y^2}{4}=1$$

렌 즈

원뿔곡선의 광학적 성질은 수백 년간 렌즈를 만드는 데 이용해 왔다. 최근의 혁신기술로 이중 초점 렌즈를 대치할 수 있는 연속 초점 렌즈가 도입되었다. 이러한 렌즈는 위에서 아래로 가면서 이심률이 연속적으로, $e<1$에서 $e=1$을 거쳐 $e>1$로 변화한다. 즉, 수평단면이 타원에서 시작하여 포물선을 거쳐 쌍곡선이 된다. 이러한 렌즈는 시선을 고정한 채로 머리를 적당한 각도로 숙이면, 어떠한 거리의 물체이든 초점을 맞출 수 있게 해준다.

광학적 성질 타원 모양으로 된 거울과 쌍곡선 모양으로 된 거울을 생각해 보자. 한 초점에서 나온 광선이 거울에 닿으면, 타원의 경우 그 광선은 반사되어 다른 초점으로 가며, 쌍곡선의 경우 그 광선은 반사되어 다른 초점과 정반대 방향으로 (즉, 마치 다른 초점에서 그 광선이 나온 것처럼) 나아간다. 그림 16에 이러한 사실들을 나타내 놓았다.

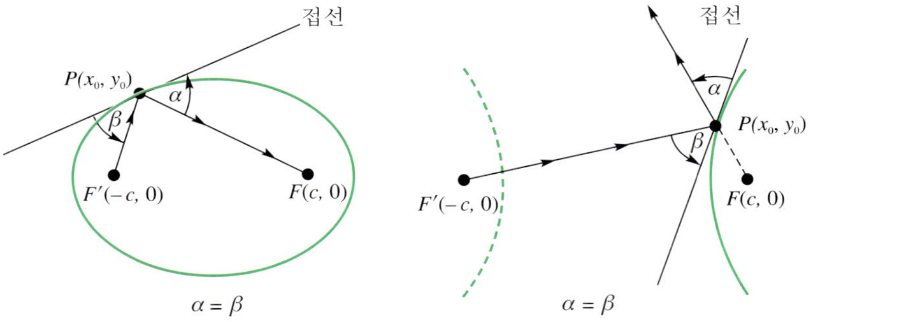

그림 16

이러한 광학적 성질을 증명하기 위해서(즉, 그림 16의 두 경우 모두 $\alpha=\beta$임) 이 곡선들이 표준 위치에 놓여 있고, 이들의 방정식이 각각 $x^2/a^2+y^2/b^2=1$과 $x^2/a^2-y^2/b^2=1$이라고 가정한다. 타원의 경우, 음함수 미분을 하고, 그 다음에 (x_0, y_0)을 넣어서, 접선의 기울기 m을 구한다.

$$\frac{2x}{a^2}+\frac{2yy'}{b^2}=0$$

$$y'=-\frac{b^2}{a^2}\frac{x}{y}$$

$$m=-\frac{b^2}{a^2}\frac{x_0}{y_0}$$

접선의 방정식의 형태를 다음 순서대로 변화시키면 아래와 같다.

$$y-y_0=-\frac{b^2x_0}{a^2y_0}(x-x_0)$$

$$\frac{x_0}{a^2}(x-x_0)+\frac{y_0}{b^2}(y-y_0)=0$$

$$\frac{x_0x}{a^2}+\frac{y_0y}{b^2}=\frac{x_0^2}{a^2}+\frac{y_0^2}{b^2}=1$$

타원의 경우, $\tan\alpha$를 계산하기 위해서, 기울기가 m_1인 직선 l_1과 기울기가 m인 직선 l 사이의 반시계 방향 각의 탄젠트의 공식을 이용한다(0.7절 연습문제 40).

$$\tan\alpha=\frac{m-m_1}{1+mm_1}$$

이제 그림 16에서 직선 FP를 l_1이라 하고, P에서의 접선을 직선 l이라 하자. 그러면

$$\tan\alpha=\frac{\dfrac{-b^2x_0}{a^2y_0}-\dfrac{y_0-0}{x_0-c}}{1+\left(\dfrac{-b^2x_0}{a^2y_0}\right)\left(\dfrac{y_0-0}{x_0-c}\right)}=\frac{-b^2x_0(x_0-c)-a^2y_0^2}{a^2y_0(x_0-c)-b^2x_0y_0}$$
$$=\frac{b^2cx_0-(b^2x_0^2+a^2y_0^2)}{(a^2-b^2)x_0y_0-a^2cy_0}=\frac{b^2cx_0-a^2b^2}{c^2x_0y_0-a^2cy_0}$$
$$=\frac{b^2(cx_0-a^2)}{cy_0(cx_0-a^2)}=\frac{b^2}{cy_0}$$

c대신에 $-c$를 넣어서 이 계산을 하면,

$$\tan(-\beta)=\frac{b^2}{-cy_0}$$

그리고 $\tan\beta=b^2/cy_0$이므로 $\tan\alpha=\tan\beta$라는 결론이 나온다. 따라서 $\alpha=\beta$.

쌍곡선의 경우도 마찬가지로 계산하여, 상응하는 결과를 이끌어 낼 수 있다.

응 용 타원의 반사 성질은 속삭임 회랑(whispering gallery : 소리가 울리는 방) 현상의 근본 바탕이 된다. 미국 국회 의사당, 모르몬 성전, 그리고 많은 과학 박물관들에 이러한 방이 있다. 사람이 한 초점에 서서 말하면, 그 방의 다른 부분에서는 그 목소리를 들을 수 없다 하더라도, 다른 한 초점에 서 있는 사람은 그 말을 들을 수 있다.

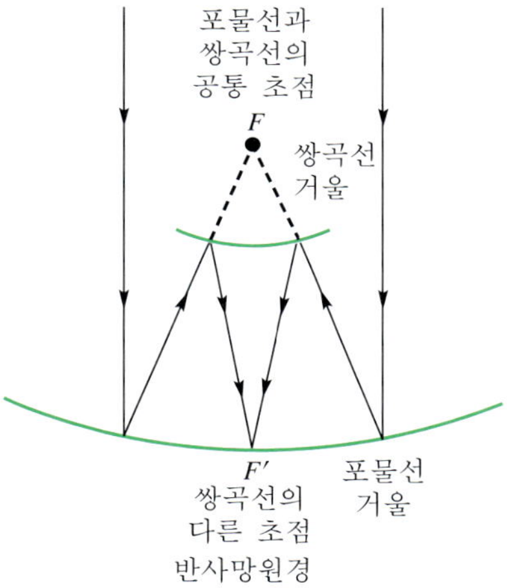

그림 17

포물선의 광학적 성질과 쌍곡선의 광학적 성질을 결합하여서, 천체망원경의 반사거울을 설계하기도 한다(그림 17). 별로부터 오는 평행 광선들이 마지막에 가서 F'에 있는 대안렌즈에 모인다.

쌍곡선의 거리 성질은 항해에도 이용된다. 두 개의 고정된 전파송신소에서 동기화한 전파 신호를 보내면, 바다에 있는 배가 그 전파 신호를 받아서, 시간 차이를 측정하여, 두 전파송신소들과의 거리들의 차이 $2a$를 구할 수 있다. 그러면 그 배의 위치는, 두 전파송신소 F와 F'를 초점으로 하는 타원에 놓여

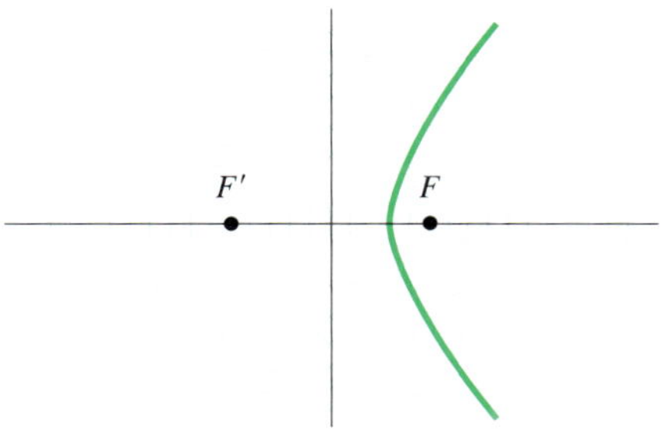

그림 18

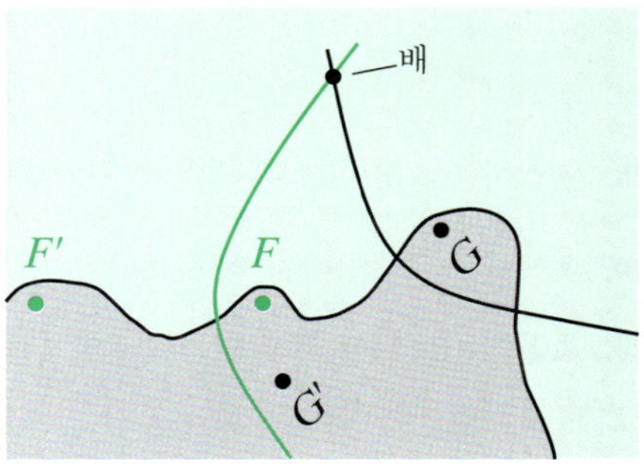

그림 19

있다. 또 다른 한 쌍의 전파송신소 G와 G'가 있으면, 그 배의 위치는 대응하는 두 쌍곡선들의 교점에 놓여 있다(그림 19 참조). 장거리 항해 체계인 *LORAN*은 이 원리를 바탕으로 하고 있다.

개념 복습

1. 중심이 (0, 0)인 수평 타원의 표준 방정식은 ______.

2. 중심이 (0, 0)이고, 장지름이 8, 단지름이 6인 수직 타원의 xy방정식은 ______.

3. 타원은, $|PF|+|PF'|=2a$를 만족하는 점 P들의 집합이다. 단, F와 F'은 타원의 ______이라 부르는 고정점들이다.

4. 타원형 거울의 한 초점에서 광원으로부터 들어온 빛은 ______ 반사되고, 쌍곡형거울의 한 초점에서 광원으로부터 들어온 빛은 ______ 반사된다.

연습문제 10.2

문제 1~8에서 주어진 방정식에 대응하는 원뿔곡선의 종류를 (수평 타원, 수직 쌍곡선, 등등) 말하여라.

1. $\frac{x^2}{9}+\frac{y^2}{4}=1$

2. $\frac{x^2}{9}-\frac{y^2}{4}=1$

3. $\frac{-x^2}{9}+\frac{y^2}{4}=1$

4. $\frac{-x^2}{9}+\frac{y^2}{4}=-1$

5. $\frac{-x^2}{9}+\frac{y}{4}=0$

6. $\frac{-x^2}{9}=\frac{y}{4}$

7. $9x^2+4y^2=9$

8. $x^2-4y^2=4$

문제 9~16에서 주어진 방정식의 그래프를 그리고, 꼭지점, 초점, 점근선을(쌍곡선인 경우) 나타내어라.

9. $\frac{x^2}{16}+\frac{y^2}{4}=1$

10. $\frac{x^2}{16}-\frac{y^2}{4}=1$

11. $\frac{-x^2}{9}+\frac{y^2}{4}=1$

12. $\frac{x^2}{7}+\frac{y^2}{4}=1$

13. $16x^2+4y^2=32$

14. $4x^2+25y^2=100$

15. $10x^2-25y^2=100$

16. $x^2-4y^2=8$

문제 17~30에서 주어진 유심 이차곡선의 방정식을 구하여라.

17. 초점이 $(-3, 0)$이고 꼭지점이 (6, 0)인 타원

18. 초점이 (6, 0)이고 이심률이 $\frac{2}{3}$인 타원

19. 초점이 $(0, -5)$이고 이심률이 $\frac{1}{3}$인 타원

20. 초점이 (0, 3)이고 단지름이 8인 타원

21. 꼭지점이 (5, 0)이고 점 (2, 3)을 지나는 타원

22. 초점이 (5, 0)이고 꼭지점이 (4, 0)인 쌍곡선

23. 꼭지점이 $(0, -4)$이고 초점이 $(0, -5)$인 쌍곡선

24. 꼭지점이 $(0, -3)$이고 이심률이 $\frac{3}{2}$인 쌍곡선

25. 점근선이 $2x\pm 4y=0$이고 꼭지점이 (8, 0)인 쌍곡선

26. 이심률이 $\sqrt{6}/2$이고 점 (2, 4)를 지나는 수직 쌍곡선

27. 초점이 $(\pm 2, 0)$이고 준선이 $x=\pm 8$인 타원

28. 초점이 $(\pm 4, 0)$이고 준선이 $x=\pm 1$인 쌍곡선

29. 점근선이 $x\pm 2y=0$이고 점 (4, 3)을 지나는 쌍곡선

30. 점 $(-5, 1)$과 $(-4, -2)$를 지나는 수평타원

문제 31~34에서 주어진 조건을 만족하는 점 P의 집합이 만족하는 방정식을 구하여라.

31. 점 $(0, \pm 9)$로부터 거리의 합이 26인 점 P

32. 점 $(\pm 4, 0)$으로부터 거리의 합이 14인 점 P

33. 점 $(\pm 7, 0)$으로부터 거리의 차가 12인 점 P

34. 점 $(0, \pm 6)$으로부터 거리의 차가 10인 점 P

문제 35~42에서 주어진 곡선상의 점에서 접선의 방정식을 구하여라.

35. $\frac{x^2}{27}+\frac{y^2}{9}=1, \quad (3, \sqrt{6})$

36. $\frac{x^2}{24}+\frac{y^2}{16}=1, \quad (3\sqrt{2}, -2)$

37. $\frac{x^2}{27}+\frac{y^2}{9}=1, \quad (3, -\sqrt{6})$

38. $\frac{x^2}{2}-\frac{y^2}{4}=1$, $(\sqrt{3}, \sqrt{2})$

39. $x^2+y^2=169$, $(5, 12)$

40. $x^2-y^2=-1$, $(\sqrt{2}, \sqrt{3})$

41. 문제 31 곡선, $(0, 13)$

42. 문제 32 곡선, $(7, 0)$

43. 통로의 단면이 타원 호(타원을 절반 자른) 모양인데, 폭은 10 피트이고, 한가운데의 높이는 4피트이다. 높이 2 피트인 상자를 바닥에 놓고 밀어서, 이 통로를 지나려 한다. 상자의 폭은 얼마 이하로 해야 하는가?

44. 문제 43에서, 한가운데에서 2피트 오른쪽 지점의 높이는 얼마인가?

45. 타원 $x^2/a^2+y^2/b^2=1$의 통경(latus rectum, 초점을 지나고 장축에 수직인 현)의 길이는?

46. 쌍곡선 $x^2/a^2-y^2/b^2=1$의 통경의 길이는? (문제 45 참조)

C 47. 핼리(Halley) 혜성은 타원 궤도를 그리는데, 장지름은 36.18*AU*이고, 단지름은 9.12*AU*이다(1*AU*는 1 천문단위로서, 태양에서 지구까지의 평균 거리이다). 태양으로부터의 최소 거리는 얼마인가? (태양이 초점에 놓여 있다고 가정)

C 48. 카후텍(Kahoutek) 혜성은 타원 궤도를 그리는데, 이심률은 $e=0.999925$이고, 태양이 초점에 놓여 있다. 태양으로부터의 최소 거리가 0.13*AU*이면, 태양으로부터의 최대 거리는 얼마인가?(문제 47 참조.)

C 49. 1957년에 소련은 스푸트니크 1호를 발사하였다. 이것은 지구 둘레를 타원 궤도를 그리며 회전하였는데, 지표면으로부터 최대 거리, 최소 거리는 각각 583마일, 132 마일이었다. 지구의 중심이 초점에 놓여 있다고 가정하고, 지구는 반지름이 4000마일인 공 모양이라 하고, 그 궤도의 이심률을 구하여라.

50. 혹성 플루토의 궤도는 이심율이 0.249이다. 플루토가 태양에 가장 근접하는 것은 29.65AU이고 가장 멀리 떨어질 때는 49.31AU이다. 장지름과 단지름을 구하여라.

51. 타원 $9x^2+4y^2=36$의 두 접선이 y축과 $(0, 6)$에서 만날 때, 접촉점을 구하여라.

52. 쌍곡선 $9x^2-y^2=36$의 두 접선이 y축과 $(0, 6)$에서 만날 때, 접촉점을 구하여라.

53. 쌍곡선 $2x^2-7y^2-35=0$ 위의 두 점에서 접선의 기울기가 $-\frac{2}{3}$이다. 접점의 좌표를 구하여라.

54. 직선 $3x-3\sqrt{2}y-7=0$에 평행한 타원 $x^2+2y^2-2=0$의 접선의 방정식을 구하여라.

55. 타원 $b^2x^2+a^2y^2=a^2b^2$의 넓이를 구하여라.

56. 타원 $b^2x^2+a^2y^2=a^2b^2$을 y축 둘레에 회전할 때 생기는 입체의 부피를 구하여라.

57. 쌍곡선 $b^2x^2-a^2y^2=a^2b^2$과 초점을 지나는 수직직선으로 둘러싸인 영역을 x축 둘레에 회전할 때 생기는 입체의 부피를 구하여라.

58. 문제 56의 입체를 x축 둘레에 회전할 때 생기는 입체의 부피를 구하여라.

59. 타원 $b^2x^2+a^2y^2=a^2b^2$에 내접하는 최대 넓이의 직사각형을 구하여라. 직사각형의 모서리는 타원의 축들과 평행하다고 가정한다.

60. 쌍곡선에 임의의 접선의 접점은 접선과 점근선이 만나는 점들 사이의 중간에 있음을 보여라.

61. 두 쌍곡선 $25x^2-9y^2=225$와 $-25x^2+18y^2=450$이 만나는 제1사분면의 점을 구하여라.

62. $x^2+4y^2=20$과 $x+2y=6$의 교점을 구하여라.

63. 이 책에서 그리고 그림 17에서 보여준 쌍곡선과 포물선보다는 쌍곡선과 타원을 이용한 반사망원경의 디자인을 스케치하여라.

64. 공이 쿠션을 무한히 계속 튀길 수 있도록 굉장한 힘으로 타원형의 당구대 위의 초점에 놓여있는 공을 쏜다. 공이 지나는 최종적인 길을 그려라.

65. 문제 64의 공이 최초로 초점과 이웃한 꼭지점 사이의 장축상에 있다. 공이 지나는 경로에 대해 어떤 이야기를 할 수 있는가?

66. 초점이 같은 타원과 쌍곡선은 수직으로 만남을 보여라. 도움말: 그림을 그리고 광학적 성질을 이용하여라.

67. 쌍곡선을 만들기 위한 끈 장치를 그려라. (여러가지 가능성이 있다.)

68. 소리는 초당 u피트만큼, 총알은 $v(>u)$피트만큼 진행한다. 총을 쏜 소리와 타겟을 맞춘 총알의 충돌소리가 동시에 들렸다. 총은 점 $A(-c, 0)$에, 타겟은 점 $B(c, 0)$에 있고 소리를 들은 사람은 $P(x, y)$에 있다. P가 놓여있는 곡선의 방정식을 (u, v, c를 이용하여) 구하여라.

69. 소리를 들은 사람 $A(-8, 0)$, $B(8, 0)$, $C(8, 10)$은 폭발 소리를 들은 정확한 시간을 기록하였다. B와 C가 동시에 소리를 들었고 A는 12초 뒤에 들었다. 폭발이 일어난 위

치는 어디인가? 거리는 킬로미터 단위이고 소리는 초당 1/3킬로미터를 나아간다고 가정한다.

70. $x \to \infty$일 때 $(\sqrt{x^2 - a^2} - x) \to 0$임을 밝혀라. 도움말: 분자를 유리화하여라.

71. 타원의 초점에서 두 꼭지점까지의 거리를 각각 p, q라 하자. 그러면 $b = \sqrt{pq}$임을 보여라. 여기서 $2b$는 단지름임.

72. 그림 20의 바퀴가 초당 t 라디안씩 회전하여, Q의 좌표는 $(a \cos t, a \sin t)$이다. 시각 t일 때 R의 좌표 (x, y)를 구하고, R은 타원 궤도를 따라 움직임을 보여라. 도움말: $P \neq R$이고 $R \neq Q$인 경우, PQR은 직각삼각형이다.

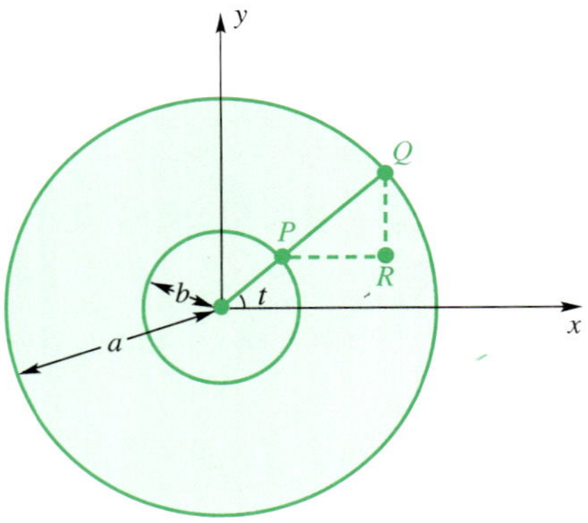

그림 20

73. 길이가 $a+b$인 사다리가 있는데, 이 사다리의 맨 꼭대기에서 거리 a인 곳에 점 P가 놓여 있다. 사다리의 맨 꼭대기가 y축에, 맨 아래가 x축에 놓여 있으면서 사다리가 미끄러져 내릴 때, P는 어떤 곡선을 그리게 된다. 이 곡선의 방정식을 구하여라.

74. 쌍곡선의 초점을 지나고 점근선과 수직인 직선은, 그 점근선과 교차하는 지점이 그 초점과 가까운 준선에 놓여 있음을 밝혀라.

75. 수평 쌍곡선과 수직 쌍곡선이 같은 점근선을 가지면, 그들의 이심률 e와 E는 $e^{-2} + E^{-2} = 1$을 만족함을 밝혀라.

76. 직원기둥의 축과 만드는 각이 ϕ인 $(0 < \phi < \pi/2)$ 평면이 있다. 이 직원기둥과 평면이 교차해서 생기는 곡선 C는 타원임을 밝혀라.

GC EXPL **77.** 구간을 $-2 \le x \le 2$와 $-2 \le y \le 2$로 잡고, $a = -2, -1, -0.5, -0.1, 0, 0.1, 0.6, 1$에 대해서, 원뿔곡선 $y = \pm(ax^2 + 1)^{1/2}$을 같은 그래프 위에 그려라. a에 따라서 그래프의 모양이 어떻게 달라지는지 추측해 보아라.

개념 복습 해답: **1.** $x^2/a^2 + y^2/b^2 = 1$
2. $x^2/9 + y^2/16 = 1$ **3.** 초점
4. 다른 초점으로, 다른 초점에서 나온 것처럼 .

10.3 평행이동과 축의 회전

지금까지 원뿔곡선을 좌표평면에서 특별한 위치 즉, 장축은 항상 어느 한 좌표축에 놓고, 꼭짓점(포물선의 경우) 또는 중심(타원 또는 쌍곡선의 경우)이 원점에 놓이도록 했다. 이제 원뿔곡선을 좀 더 일반적인 위치에 놓을려고 한다. 그러나 장축은 여전히 어느 한 좌표축과 평행하게 한다. 이 절의 후반부에 가서는 이러한 제약도 없이 다룬다.

예를 들어 원의 경우에 대해 살펴본다. 반지름이 5이고 중심이 (2, 3)인 원의 방정식은

$$(x-2)^2 + (y-3)^2 = 25$$

또는 이것을 전개하면 다음 형태이다.

$$x^2 + y^2 - 4x - 6y = 12$$

같은 원이 uv좌표 체계에서는 그 중심이 원점에 놓여 있으므로(그림 1), 다음과 같이 간단한 방정식을 가진다.

$$u^2 + v^2 = 25$$

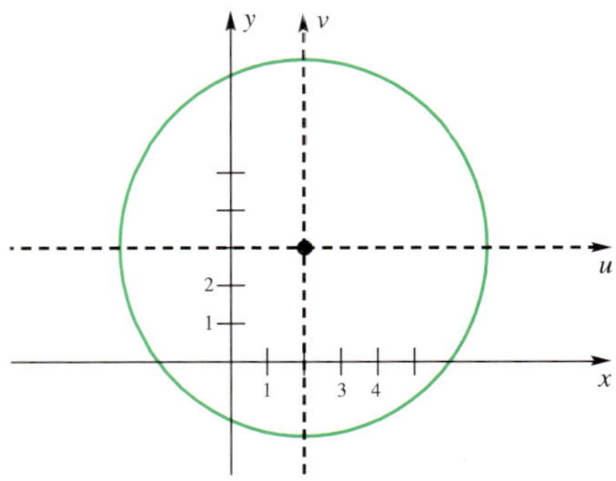

$(x-2)^2 + (y-3)^2 = 25$
또는
$u^2 + v^2 = 25$

그림 1

새로운 좌표축을 도입하면, 곡선의 모양이나 크기는 바뀌지 않지만, 그 방정식은 훨씬 간단하게 표현할 수 있다. 이러한 좌표축의 평행이동과 그에 대응

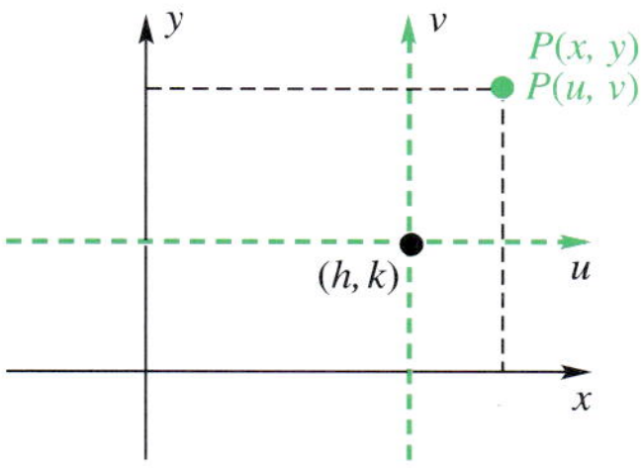

그림 2

하는 방정식의 변수들의 변화를 공부하도록 하자.

평행이동 평면에서 새로운 좌표축을 잡으면, 모든 점은 두 쌍의 좌표를 가지게 된다. 즉 기존의 축에 대한 좌표(x, y)와 새로운 축에 대한 좌표(u, v)를 갖는다. 이 때 원래 좌표가 **변환**된다고 말한다. 새로운 좌표축이 기존의 좌표축과 평행하고 방향이 같으면, 이 변환을 **축의 평행이동**이라고 한다.

그림 2를 보면, 새로운 좌표(u, v)가 기존의 좌표(x, y)와 어떤 관계가 있는지 쉽게 알 수 있다. 기존 좌표축에 대한, 새로운 원점의 좌표를 (h, k)라 하자. 그러면

$$\boxed{u=x-h, \qquad v=y-k}$$

또는

$$\boxed{x=u+h, \qquad y=v+k}$$

예제 1 축을 평행이동하여, $(2, -4)$가 새로운 원점이 되었다. $P(-6, 5)$의 새로운 좌표를 구하여라.

풀이 $h=2$이고 $k=-4$이므로, 다음과 같이 된다.

$$u=x-h=-6-2=-8, \qquad v=y-k=5-(-4)=9$$

따라서 새로운 좌표는 $(-8, 9)$. ■

예제 2 주어진 방정식 $4x^2+y^2+40x-2y+97=0$에 대하여 좌표축을 평행이동하여 $(-5, 1)$이 새로운 원점이 되게 하였을 때, 그래프의 방정식을 구하여라.

풀이 주어진 방정식에서 x 대신에 $u+h=u-5$, y 대신에 $v+k=v+1$을 대입하면 다음을 얻는다.

$$4(u-5)^2+(v+1)^2+40(u-5)-2(v+1)+97=0$$

즉,

$$4u^2-40u+100+v^2+2v+1+40u-200-2v-2+97=0$$

이것을 간단히 하면,

$$4u^2+v^2=4$$

즉,

$$u^2+\frac{v^2}{4}=1$$

이것은 타원의 방정식임을 알 수 있다. ■

완전제곱을 만듦 복잡한 이차방정식에 대하여 어떻게 평행이동을 해야, 그 방정식이 간단한 형태가 될까? 다음과 같은 형태가 주어질 때, 완전제곱을 만들어서 일차항들을 없앨 수 있다.

$$Ax^2+Cy^2+Dx+Ey+F=0, \quad A\neq0, \quad C\neq0$$

예제 3 평행이동을 하여, 방정식

$$4x^2+9y^2+8x-90y+193=0$$

의 일차항들을 없애고, 이 사실을 이용하여, 주어진 방정식의 그래프를 그려라.

풀이 x^2+ax를 완전제곱으로 만들려면, $a^2/4$(x의 계수의 절반의 제곱)을 더해야 함을 상기하기 바란다. 이것을 이용하여, 주어진 방정식의 양변에 같은 수들을 더해 방정식의 형태를 바꾼다.

$$4(x^2+2x\quad\ )+9(y^2-10y\quad\ )=-193$$
$$4(x^2+2x+1)+9(y^2-10y+25)=-193+4+225$$
$$4(x+1)^2+9(y-5)^2=36$$
$$\frac{(x+1)^2}{9}+\frac{(y-5)^2}{4}=1$$

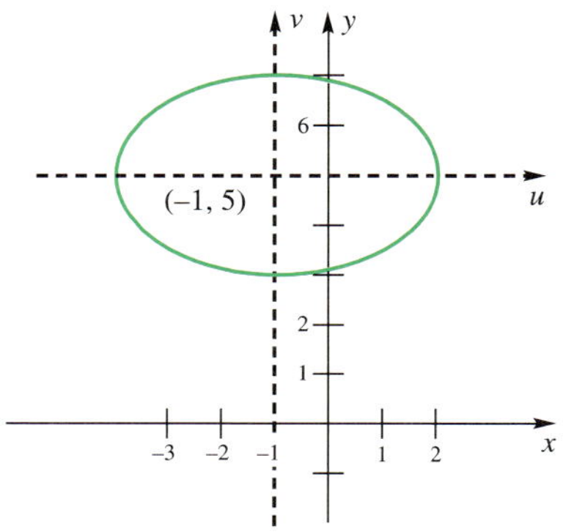

그림 3

$u=x+1$, $v=y-5$로 놓으면, 이 방정식이 다음과 같이 변환된다.

$$\frac{u^2}{9}+\frac{v^2}{4}=1$$

이것은 수평타원의 표준방정식이다. 그래프는 그림 3과 같다. ■

예제 4 축을 평행이동하여

$$y^2-4x-12y+28=0$$

을 간단한 형태로 만들어라. 이것이 어떤 원뿔곡선을 나타내는지 밝히고, 이 원뿔곡선의 중요한 특성들을 열거하고 그래프를 그려라.

풀이 완전제곱을 만든다.

$$y^2-12y=4x-28$$
$$y^2-12y+36=4x-28+36$$
$$(y-6)^2=4(x+2)$$

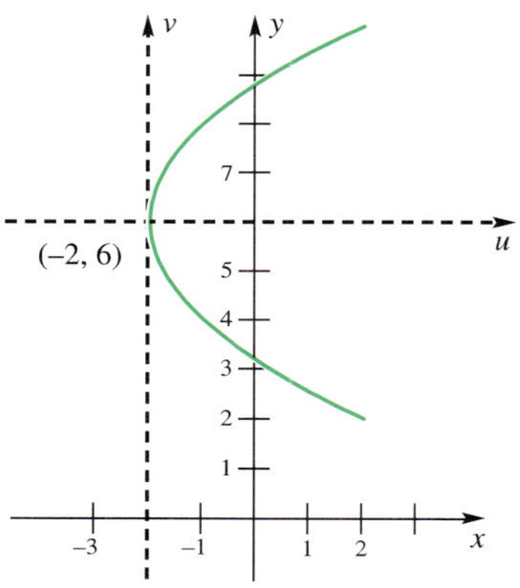

그림 4

$u=x+2$, $v=y-6$으로 잡아서 평행이동하면, 이 방정식은 $v^2=4u$가 된다. 이것은 오른쪽으로 열린 수평포물선이며, $p=1$(그림 4). ■

일반적인 이차방정식 이제 중요한 질문을 던져 보자. 방정식이

$$Ax^2+Cy^2+Dx+Ey+F=0$$

형태인 그래프는 항상 원뿔곡선인가? 답은 아니오이다. 어떤 극단적 예외의 형태들이 있기 때문이다. 여러 가지 가능한 경우와 그 방정식의 예를 다음과 같이 표로 만들었다.

원뿔곡선	극단적 예외의 형태
1. $(AC=0)$ 포물선: $y^2=4x$	평행한 직선들: $y^2=4$ 한 직선: $y^2=0$ 공집합: $y^2=-1$
2. $(AC>0)$ 타원: $\frac{x^2}{9}+\frac{y^2}{4}=1$	원: $x^2+y^2=4$ 점: $2x^2+y^2=0$ 공집합: $2x^2+y^2=-1$
3. $(AC<0)$ 쌍곡선: $\frac{x^2}{9}-\frac{y^2}{4}=1$	교차하는 직선들: $x^2-y^2=0$

그러므로 위의 일반적인 이차방정식의 그래프는 세 종류로 구별할 수 있지만, 극단적 예외의 형태를 포함해서 생각하면 아홉 가지 가능성들이 있다.

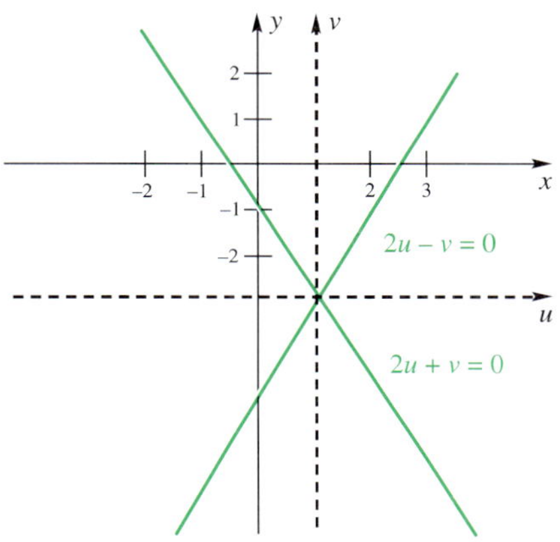

그림 5

예제 5 평행이동을 이용하여

$$4x^2-y^2-8x-6y-5=0$$

을 간단한 형태로 만들고, 그래프를 그려라.

풀이 방정식을 다음과 같이 모양을 바꾼다.

$$4(x^2+2x\qquad)+(y^2-6y\qquad)=-5$$
$$4(x^2-2x+1)+(y^2+6y+9)=-5+4-9$$
$$4(x-1)^2-(y+3)^2=0$$

$u=x-1$, $v=y+3$으로 놓으면, 위의 방정식은 다음과 같이 된다.

$$4u^2-v^2=0$$

즉,

$$(2u-v)(2u+v)=0$$

이것은 교차하는 두 직선들의 방정식이다(그림 5). ■

예제 6 초점이 (1, 1), (1, 11)이고, 꼭짓점이 (1, 3), (1, 9)인 쌍곡선의 방정식을 구하여라.

풀이 수직 장축에 놓여 있는 두 꼭짓점의 한가운데 점 (1, 6)이 중심이다. 따라서 $a=3$, $c=5$이고, 이때 $b=\sqrt{c^2-a^2}=4$. 그러므로 방정식은

$$\frac{(y-6)^2}{9}-\frac{(x-1)^2}{16}=1$$ ■

원뿔곡선의 일반방정식 방정식

$$Ax^2+Cy^2+Dx+Ey+F=0$$

을 생각해보자. A와 C가 모두 0이면, 이것은 직선의 방정식이다(물론, D와 E가 모두 0인 경우는 제외). A와 C 중의 어느 하나라도 0이 아니면, 완전제곱을 만들 수 있다. 여러 가지 형태가 나올 수 있지만, 다음 세 가지가 가장 전형적인 형태이다.

(1) $$(y-k)^2=\pm 4p(x-h)$$

(2) $$\frac{(x-h)^2}{a^2}+\frac{(y-k)^2}{b^2}=1$$

(3) $$\frac{(x-h)^2}{a^2}-\frac{(y-k)^2}{b^2}=1$$

이것들은 꼭짓점이 (h, k)인 수평포물선, 중심이 (h, k)인 수평 ($a^2>b^2$인 경우) 타원, 중심이 (h, k)인 수평쌍곡선의 방정식임을 알 수 있다.

이 경우 모두 장축과 단축이 x축과 y축에 평행한 그림을 얻는다. 그런데

$$Ax^2+Bxy+Cx^2+Dx+Ey+F=0$$

에서와 같이 Bxy항을 포함하면 여전히 원뿔곡선(또는 하나의 극단적 예외형)을 얻는다. 그러나 장축과 단축이 회전된 x축, y축과 평행한 원뿔곡선이다.

회 전 새로운 한 쌍의 좌표축 u축과 v축을 도입한다. u, v는 원점은 같지만 x축과 y축을 각 θ만큼 회전한 것이다. 그림 6을 보기 바란다. 그러면 점 P는 두 쌍의 좌표를 가진다: (x, y), 그리고 (u, v). 이들 사이의 관계는?

OP의 길이를 r이라 하고, 양의 u축에서 OP까지의 각을 ϕ라 하자. 그러면 x, y, u, v는 그림에서와 같은 의미를 가진다.

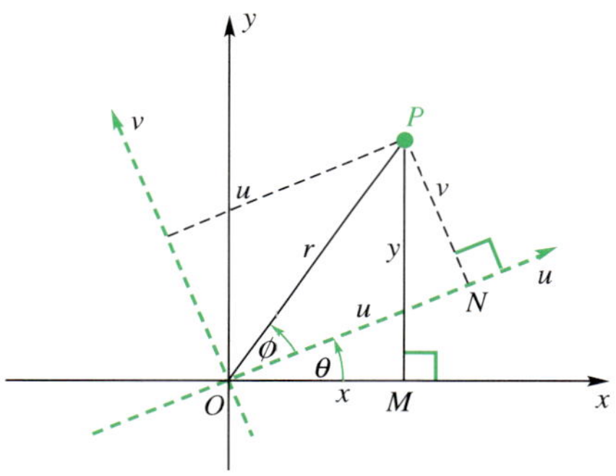

그림 6

직각삼각형 OPM에서, 다음이 성립한다.

$$\cos(\phi+\theta)=\frac{x}{r}$$

따라서

$$x=r\cos(\phi+\theta)=r(\cos\phi\cos\theta-\sin\phi\sin\theta)$$
$$=(r\cos\phi)\cos\theta-(r\sin\phi)\sin\theta$$

그런데 삼각형 OPN에서 $u=r\cos\phi$이고 $v=r\sin\phi$임을 알 수 있다. 그러므로

$$\boxed{x=u\cos\theta-v\sin\theta}$$

마찬가지로 다음을 이끌어 낼 수 있다.

$$\boxed{y=u\sin\theta+v\cos\theta}$$

이 공식이 **좌표축의 회전**이라는 좌표변환을 결정한다.

예제 7 축을 $\theta=\pi/4$만큼 회전하였을 때, $xy=1$로부터 나오는 새로운 방정

식을 구하여라. 그래프를 그려라.

풀이 다음과 같이 대입해야 한다.

$$x = u\cos\frac{\pi}{4} - v\sin\frac{\pi}{4} = \frac{\sqrt{2}}{2}(u-v)$$
$$y = u\sin\frac{\pi}{4} + v\cos\frac{\pi}{4} = \frac{\sqrt{2}}{2}(u+v)$$

그러면 방정식 $xy=1$은 다음 형태가 된다.

$$\frac{\sqrt{2}}{2}(u-v)\frac{\sqrt{2}}{2}(u+v) = 1$$

이것을 간단히 하면,

$$\frac{u^2}{2} - \frac{v^2}{2} = 1$$

이것은 쌍곡선의 방정식이며, $a=b=\sqrt{2}$임을 알 수 있다. 변수들을 서로 곱한 항은 회전의 결과로 상쇄되는 것을 주목하기 바란다. 각 $\theta=\pi/4$를 택한 것이 꼭 맞아서, 사라진 것이다. 그래프는 그림 7과 같다. ■

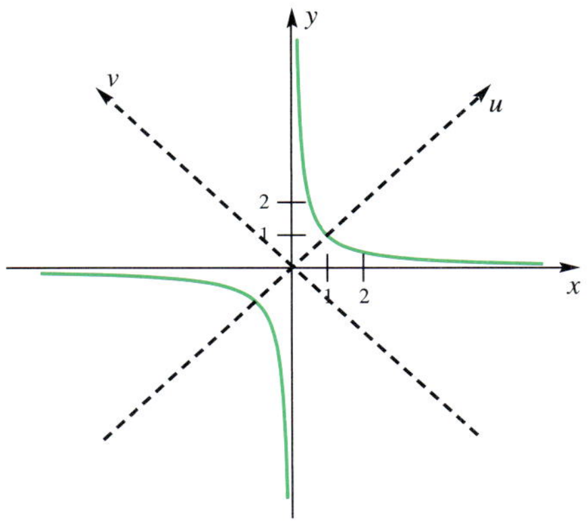

그림 7

각 θ의 결정 변수들을 서로 곱한 항이 사라지도록 하려면, 얼마만큼 회전시켜야 하는가? 다음 방정식을 생각해본다.

$$Ax^2 + Bxy + Cy^2 + Dx + Ey + F = 0$$

이 방정식에

$$x = u\cos\theta - v\sin\theta$$
$$y = u\sin\theta + v\cos\theta$$

를 대입하면 다음 형태가 된다.

$$au^2 + buv + cv^2 + du + ev + f = 0$$

여기서 a, b, c, d, e, f는 θ에 따라 결정되는 수들이고, 이들의 종류를 모두 구할 수 있지만, 지금 여기서는 b가 주된 관심사이다. 필요한 계산을 하고 나면 다음 식을 얻는다.

$$b = B(\cos^2\theta - \sin^2\theta) - 2(A-C)\sin\theta\cos\theta$$
$$= B\cos 2\theta - (A-C)\sin 2\theta$$

$b=0$이 되도록 하려면, 다음이 성립해야 한다.

$$B\cos 2\theta = (A-C)\sin 2\theta$$

즉,

$$\boxed{\cot 2\theta = \frac{A-C}{B}}$$

이 공식이 바로 구하는 답이다. 변수들을 서로 곱한 항을 없애려면, 이 공식을 만족하는 θ를 택하여야 한다. 예제 1의 방정식 $xy=1$에서, $A=0$, $B=1$, $C=0$이다. 그러므로 $\cot 2\theta=0$을 만족하는 θ를 택해야 한다. $\theta=\pi/4$가 그러한 각이다. 이때 $\theta=3\pi/4$ 또는 $\theta=-5\pi/4$를 사용할 수도 있지만, 1사분면의 각을 택하는 것이 보통이다. 즉, $0\le 2\theta<\pi$를 만족하도록 2θ를 골라서, $0\le\theta<\pi/2$가 되도록 한다.

예제 8 좌표축을 회전하여 다음 방정식에 나오는 변수들을 서로 곱한 항을 없애라.

$$4x^2+2\sqrt{3}\,xy+2y^2+10\sqrt{3}\,x+10y=5$$

그 다음에 그래프를 그려라.

풀이

$$\cot 2\theta=\frac{A-C}{B}=\frac{4-2}{2\sqrt{3}}=\frac{1}{\sqrt{3}}$$

따라서 $2\theta=\pi/3$ 즉, $\theta=\pi/6$. 그러므로 다음과 같이 대입해야 한다.

$$x=u\frac{\sqrt{3}}{2}-v\frac{1}{2}=\frac{\sqrt{3}\,u-v}{2}$$

$$y=u\frac{1}{2}+v\frac{\sqrt{3}}{2}=\frac{u+\sqrt{3}\,v}{2}$$

그러면 방정식이 다음과 같이 바뀐다.

$$4\frac{(\sqrt{3}\,u-v)^2}{4}+2\sqrt{3}\,\frac{(\sqrt{3}\,u-v)(u+\sqrt{3}\,v)}{4}$$

$$+2\frac{(u+\sqrt{3}\,v)^2}{4}+10\sqrt{3}\,\frac{\sqrt{3}\,u-v}{2}+10\frac{u+\sqrt{3}\,v}{2}=5$$

이것을 간단히 하면

$$5u^2+v^2+20u=5$$

완전제곱을 만들어, 잘 아는 형태로 만든다.

$$5(u^2+4u+4)+v^2=5+20$$

$$\frac{(u+2)^2}{5}+\frac{v^2}{25}=1$$

이것은 수직타원의 방정식이며, 중심의 위치는 $u=-2$, $v=0$이다. 그리고 $a=5$, $b=\sqrt{5}$이다. 이것을 이용하여 그래프를 그리면 그림 8과 같다. 좀 더 간단히 하려면, $r=u+2$, $s=v$로 놓고 평행이동하면 된다. 그러면 표준방정식 $r^2/5+s^2/25=1$이 나온다. ■

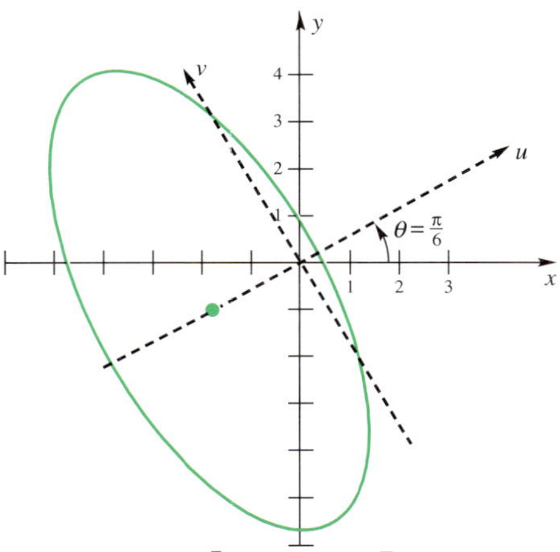

$4x^2+2\sqrt{3}xy+2y^2+10\sqrt{3}x+10y=5$
or $\frac{(u+2)^2}{5}+\frac{v^2}{25}=1$

그림 8

개념 복습

1. 이차식 x^2+ax를 완전제곱으로 만들려면, ______을 더해야 한다.

2. $x^2+6x+2(y^2-2y)=3$은 $(x+3)^2+2(y-1)^2=$______과 동치이다. 이것은 ______의 방정식이다.

3. 변수들을 서로 곱한 항(xy항)을 없애려면, $\cot 2\theta=$______를 만족하는 각 θ만큼 좌표축들을 회전시켜야 한다.

4. 일반적인 이차방정식을 표준 형태로 바꾸려면, 먼저 좌표축을 ______하고, 그 다음에 좌표축을 ______하면 된다.

연습문제 10.3

문제 1~14에서 주어진 방정식이 나타내는 이차곡선을 말하여라.

1. $x^2+y^2-2x+2y+1=0$
2. $x^2+y^2+6x-2y+6=0$
3. $9x^2+4y^2+72x-16y+124=0$
4. $16x^2-9y^2+192x+90y-495=0$
5. $9x^2+4y^2+72x-16y+160=0$
6. $16x^2+9y^2+192x+90y+1000=0$
7. $y^2-5x-4y-6=0$
8. $4x^2+4y^2+8x-28y-11=0$
9. $3x^2+3y^2-6x+12y+60=0$
10. $4x^2-4y^2-2x+2y+1=0$
11. $4x^2-4y^2+8x+12y-5=0$
12. $4x^2-4y^2+8x+12y-6=0$
13. $4x^2-24x+36=0$
14. $4x^2-24x+35=0$

문제 15~28에서 주어진 방정식의 그래프를 그려라.

15. $\dfrac{(x+3)^2}{4}+\dfrac{(y+2)^2}{16}=1$
16. $(x+3)^2+(y-4)^2=25$
17. $\dfrac{(x+3)^2}{4}-\dfrac{(y+2)^2}{16}=1$
18. $4(x+3)=(y+2)^2$
19. $(x+2)^2=8(y-1)$
20. $(x+2)^2=4$
21. $(y-1)^2=16$
22. $\dfrac{(x+3)^2}{4}+\dfrac{(y-2)^2}{8}=0$
23. $x^2+4y^2-2x+16y+1=0$
24. $25x^2+9y^2+150x-18y+9=0$
25. $9x^2-16y^2+54x+64y-127=0$
26. $x^2-4y^2-14x-32y-11=0$
27. $4x^2+16x-16y+32=0$
28. $x^2-4x+8y=0$
29. 포물선 $2y^2-4y-10x=0$의 초점과 준선을 찾아라.
30. $-9x^2+18x+4y^2+24y=0$의 꼭지점 사이의 거리를 구하여라.
31. 타원 $16(x-1)^2+25(y+2)^2=400$의 초점을 구하여라.
32. 포물선 $x^2-6x+4y+3=0$의 초점과 준선을 구하여라.

문제 33~42에서, 주어진 이차곡선의 방정식을 구하여라.

33. 중심이 (5, 1), 장지름이 10, 단지름이 8인 수평타원
34. 중심이 (2, −1), 꼭지점이 (4, −1), 초점이 (5, −1)인 쌍곡선
35. 꼭지점이 (2, 3)이고 초점이 (2, 5)인 포물선
36. 중심이 (2, 3)이고 두 점 (6, 3), (2, 5)를 지나는 타원
37. 꼭지점이 (0, 0), (0, 6)이고 초점이 (0, 8)인 쌍곡선
38. 초점이 (2, 0), (2, 12)이고 꼭지점이 (2, 14)인 타원
39. 초점이 (2, 5)이고 준선이 $x=10$인 포물선
40. 초점이 (2, 5)이고 꼭지점이 (2, 6)인 포물선
41. 원점을 지나고 초점이 (±2, 2)인 타원
42. (12, 9)를 지나고 초점이 (0, 0), (0, 4)인 쌍곡선

문제 43~48에서, 좌표축을 적당히 회전하고 필요하다면 평행이동하여 xy항을 소거하고 방정식을 표준형으로 고쳐라. 회전한 좌표축을 나타내고 그래프를 그려라.

43. $x^2+xy+y^2=6$
44. $3x^2+10xy+3y^2+10=0$
45. $4x^2+xy+4y^2=56$
46. $4xy-3y^2=64$

47. $-\frac{1}{2}x^2+7xy-\frac{1}{2}y^2-6\sqrt{2}\,x-6\sqrt{2}\,y=0$

48. $\frac{3}{2}x^2+xy+\frac{3}{2}y^2+\sqrt{2}\,x+\sqrt{2}\,y=13$

문제 49~52에서 문제 43~48에 관한 지시사항을 계속하여라. $\cot 2\theta$를 찾은 후, θ를 결정하기 위하여 항등식

$\sin\theta=\pm\sqrt{(1-\cos 2\theta)/2}$ 또는 $\cos\theta=\pm\sqrt{(1+\cos 2\theta)/2}$

중 하나를 사용하여라.

49. $4x^2-3xy=18$

50. $11x^2+96xy+39y^2+240x+570y+875=0$

51. $34x^2+24xy+41y^2+250y=-325$

52. $16x^2+24xy+9y^2-20x-15y-150=0$

53. 곡선 C는 세 점 $(-1, 2)$, $(0, 0)$, $(3, 6)$을 지난다. C가

(a) 수직 쌍곡선 (b) 수평 쌍곡선

(c) 원

일 때 C의 방정식을 각각 구하여라.

54. $K(x, y)$에 매듭이 지워진 고무줄의 양 끝이 중심이 $(0, 0)$이고 반지름이 r인 바퀴 둘레 위의 점 P와 고정점 $A(a, b)$에 붙어 있다. 바퀴가 돌 때 K는 곡선 C를 그린다. C의 방정식을 구하여라. 단, 고무줄은 팽팽하고 일정하게 뻗는다 한다(즉, $|KP|/|AP|$는 상수).

55. K의 값에 따라 원뿔곡선 $y^2=Lx+Kx^2$이 어떤 곡선인지 말하고, 모든 경우 $|L|$은 원뿔곡선의 통경의 길이임을 보여라. $L\neq 0$을가정한다.

56. 꼭지점이 $(a, 0)$, 초점이 $(c, 0)$ $(c>a>0)$인 포물선과 쌍곡선의 방정식은 각각 $y^2=4(c-a)(x-a)$, $y^2=(b^2/a^2)(x^2-a^2)$으로 나타낼 수 있는 것을 보여라. y^2에 관한 이 식을 사용하여 포물선은 항상 쌍곡선의 오른 날개의 '안쪽'에 있음을 보여라.

57. 방정식 $x\cos\alpha+y\sin\alpha=d$의 그래프는 직선이다. 좌표축을 각 α만큼 회전하여 원점에서 이 직선까지의 수직 거리는 $|d|$임을 밝혀라.

58. 방정식 $x^{1/2}+y^{1/2}=a^{1/2}$에 대해서, 좌표축을 45°회전하고, 그 다음에 두 번 제곱을 하여, 제곱근 기호를 없애라. 대응하는 곡선이 무엇인지 밝혀라.

59. 회전 공식을 u, v에 대해 풀어서, x, y로 나타내어라.

60. 문제 59의 결과를 이용하여, 좌표축을 60° 회전하였을 때, $(x, y)=(5, -3)$의 uv좌표를 구하여라.

61. $x^2+14xy+49y^2=100$의 그래프에서 원점에 가장 가까운 점을 찾아라.

62. 방정식 $Ax^2+Bxy+Cy^2+Dx+Ey+F=0$은 좌표축을 회전시키면 $au^2+buv+cv^2+du+ev+f=0$이 됨을 상기하자. a와 c의 공식을 구하여라. 그리고 $a+c=A+C$임을 밝혀라.

63. $b^2-4ac=B^2-4AC$임을 밝혀라(문제 62 참조).

64. 문제 63의 결과를 이용하여, 일반적인 이차방정식의 그래프는

(a) $B^2-4AC=0$인 경우 포물선,

(b) $B^2-4AC<0$인 경우 타원,

(c) $B^2-4AC>0$인 경우 쌍곡선,

또는 그 원뿔곡선의 극단적인 형태가 됨을 확인하여라.

65. 좌표축을 회전시켜서, $Ax^2+Bxy+Cy^2=1$이 바뀌어 $au^2+cv^2=1$이 되었다. 여기서 $\Delta=4AC-B^2$이라고 하자. 문제 62, 63을 이용하여 다음을 밝혀라.

(a) $1/ac=4/\Delta$.

(b) $1/a+1/c=4(A+C)/\Delta$,

(c) $1/a$과 $1/c$은 다음 두 값들이다.

$$(2/\Delta)(A+C\pm\sqrt{(A-C)^2+B^2}$$

66. $A+C$와 $\Delta=4AC-B^2$이 둘 다 양수이면, $Ax^2+Bxy+Cy^2=1$의 그래프는 타원(또는 원)이며, 넓이는 $2\pi/\sqrt{\Delta}$임을 보여라(10.2절 연습문제 55로부터, 타원 $x^2/p^2+y^2/q^2=1$의 넓이는 πpq임을 상기한다.)

67. B가 어떤 값일 때, $x^2+Bxy+y^2=1$의 그래프가 다음 곡선이 되는가?

(a) 타원 (b) 원

(c) 쌍곡선 (d) 평행한 두 직선

68. 문제 65, 66의 결과를 이용하여, 다음 타원의 초점들 사이 거리와 넓이를 구하여라.

$$25x^2+8xy+y^2=1$$

69. 그림 6에서 $y=u\sin\theta+v\cos\theta$임을 보여라.

개념 복습 해답: **1.** $a^2/4$ **2.** 14; 타원 **3.** $(A-C)/B$ **4.** 회전, 평행이동

10.4 평면에서 곡선의 매개변수표현

5.4절에서 평면곡선의 일반적인 정의를 제시하였는데, 곡선의 길이 공식과 관련된 것이었다. **평면곡선**은 구간 I에서 연속인 두 함수 f와 g에 대해 매개변수 방정식

$$x=f(t),\ y=g(t),\ t\in I$$

로 결정되는 곡선이다. I는 대개의 경우 폐구간 $[a, b]$이다. t를 **매개변수**라고 하며, 시간을 측정한다고 생각하자. t가 a에서 b로 갈 때, 점 (x, y)는 xy평면에서 어떤 곡선을 그리게 된다. I가 폐구간 $[a, b]$인 경우, 점 $P=(x(a), y(a))$와 $Q=(x(b), y(b))$를 **시작점**과 **끝점**이라고 한다. 시작점과 끝점이 일치하면, 그 곡선은 **닫혀있다**(폐곡선)고 말한다. 서로 다른 t값에 대하여 평면의 서로 다른 점들을 대응시키면($t=a$와 $t=b$는 예외로 함), 그 곡선은 단순하다(simple)고 말한다(그림 1). 구간 I에서 관계식 $x=f(t)$, $y=g(t)$를 그 곡선의 **매개변수화**라고 한다.

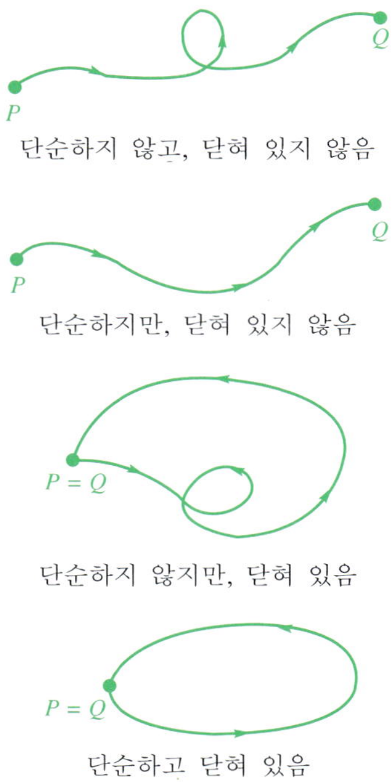

그림 1

매개변수를 소거함 매개변수 방정식으로 주어진 곡선을 파악하기 위해서, 매개변수를 소거하는 편이 나을 수도 있다. 어느 한 방정식을 t에 대해서 풀고, 그것을 다른 방정식에 대입하여 매개변수를 소거할 수도 있다(예제 1). 또는 예제 2에서처럼, 친숙한 항등식들을 사용해서 소거할 수도 있다.

예제 1 매개변수 방정식

$$x=t^2+2t, \qquad y=t-3, \qquad -2\le t\le 3$$

에서 매개변수를 소거하여라. 그 다음에 대응하는 곡선이 무엇인지 밝히고, 그래프를 그려라.

풀이 두 번째 방정식에서 $t=y+3$을 얻는다. t를 이렇게 표현한 것을 첫 번째 방정식에 대입하면,

$$x=(y+3)^2+2(y+3)=y^2+8y+15$$

즉,

$$x+1=(y+4)^2$$

이것은 포물선이며 꼭짓점이 $(-1, -4)$이고, 오른쪽으로 열려 있음을 알 수 있다.

주어진 방정식의 그래프를 그릴 때, 구간 $-2\le t\le 3$에 대응하는 부분만을 그리도록 주의를 기울여야 한다. 표와 그래프가 그림 2에 있다. 화살표는 **곡선의 방향**을 나타낸다. 즉, t가 증가할 때 움직이는 방향이다. ■

t	x	y
−2	0	−5
−1	−1	−4
0	0	−3
1	3	−2
2	8	−1
3	15	0

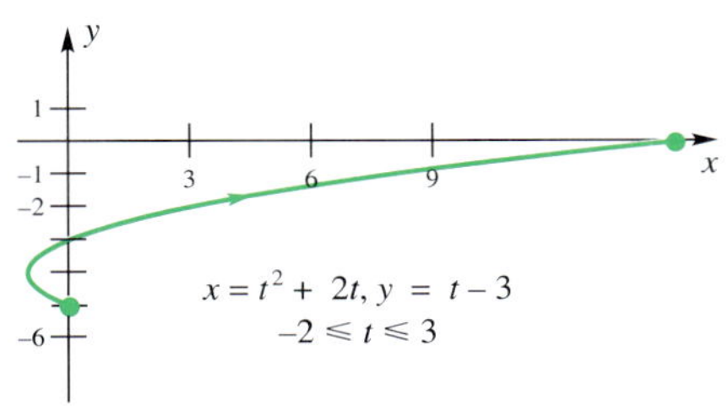

그림 2

예제 2 매개변수 방정식

$$x=a\cos t, \qquad y=b\sin t, \qquad 0\le t\le 2\pi$$

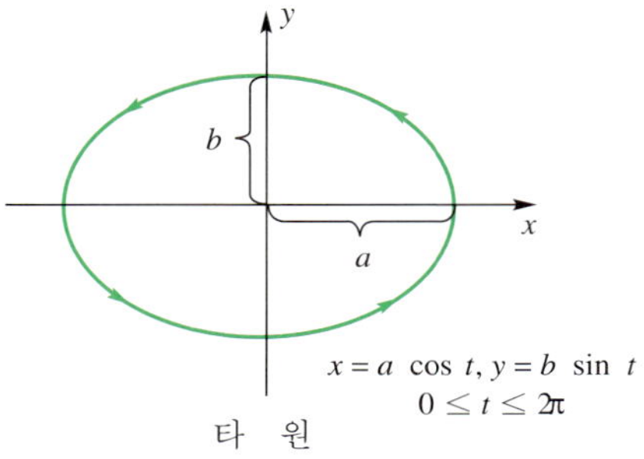

그림 3

는 그림 3의 타원임을 밝혀라.

풀이 방정식을 $\cos t$와 $\sin t$에 대해서 풀고, 그 다음에 제곱을 하고, 더한다. 그러면

$$\left(\frac{x}{a}\right)^2+\left(\frac{y}{b}\right)^2=\cos^2 t+\sin^2 t=1$$

$$\frac{x^2}{a^2}+\frac{y^2}{b^2}=1$$

t에 몇개의 값을 대입하여 확인해 보면, 완전한 타원을 얻게 됨을 알 수 있다. 특히, $t=0$과 $t=2\pi$는 같은 점 $(a, 0)$을 갖는다.

$a=b$이면, 원 $x^2+y^2=a^2$을 얻는다. ■

서로 다른 매개변수 방정식들이 같은 그래프를 가질 수도 있다. 바꿔 말하면, 주어진 곡선을 여러 가지로 매개변수화할 수 있다.

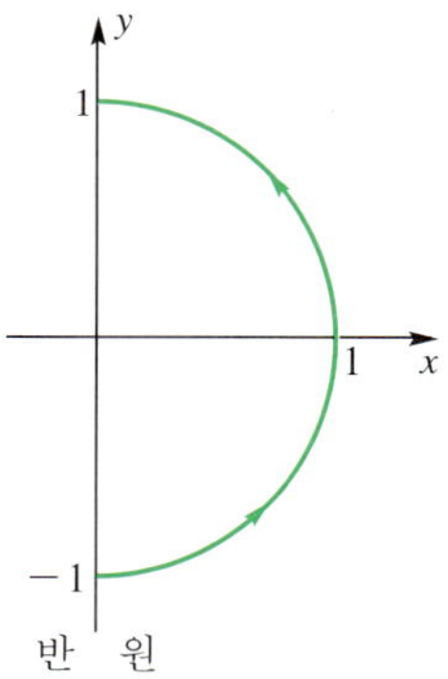

그림 4

예제 3 다음 각각의 매개변수 방정식은 같은 그래프, 즉 그림 4의 반원을 가짐을 밝혀라.

(a) $x=\sqrt{1-t^2},\ y=t,\ -1\le t\le 1$

(b) $x=\cos t,\ y=\sin t,\ -\frac{\pi}{2}\le t\le\frac{\pi}{2}$

(c) $x=\frac{1-t^2}{1+t^2},\ y=\frac{2t}{1+t^2},\ -1\le t\le 1$

풀이 각각의 경우,

$$x^2+y^2=1$$

이 됨을 알 수 있다. 따라서 t에 몇 개의 값들을 넣어 보면, 주어진 t의 구간에서 원의 같은 부분에 있음을 확인할 수 있다. ■

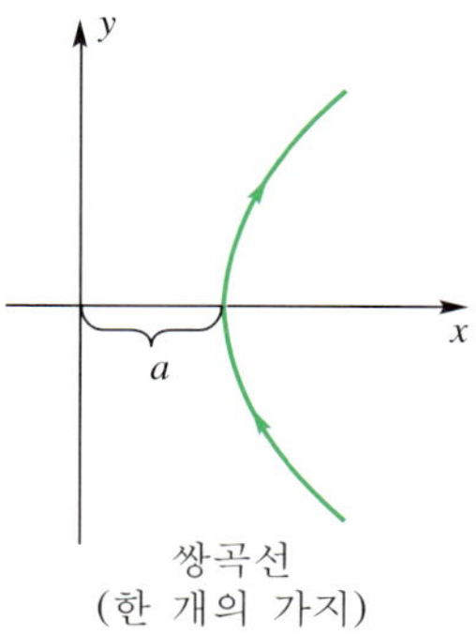

그림 5

예제 4 다음 각각의 매개변수 방정식은 같은 쌍곡선의 나타냄을 한쪽 부분을 밝혀라. 두 경우 모두 $a>0,\ b>0$이라고 가정한다.

(a) $x=a\sec t,\ y=b\tan t,\ -\frac{\pi}{2}<t<\frac{\pi}{2}$

(b) $x=a\cosh t,\ y=b\sin t,\ -\infty<t<\infty$

풀이

(a) 첫 번째 경우,

$$\left(\frac{x}{a}\right)^2-\left(\frac{y}{b}\right)^2=\sec^2 t-\tan^2 t=1$$

(b) 두 번째 경우,

$$\left(\frac{x}{a}\right)^2-\left(\frac{y}{b}\right)^2=\cosh^2 t-\sinh^2 t$$

$$=\left(\frac{e^t+e^{-t}}{2}\right)^2-\left(\frac{e^t-e^{-t}}{2}\right)^2=1$$

두 경우 모두, t에 값들을 몇 개 넣어서 확인해 보면, 그림 5에 나오는 쌍곡선 $x^2/a^2-y^2/b^2=1$의 한쪽 부분을 얻음을 알 수 있다. ■

예제 4의 (a)는 개구간 $(-\pi/2,\ \pi/2)$에서 정의한 매개변수 곡선이고, (b)는 무한 구간 $(-\infty,\ \infty)$에서 정의한 매개변수 곡선임을 주목한다. 이 곡선은 끝점을 포함하고 있지 않으므로, 닫혀 있지 않다.

사이클로이드 어떤 바퀴가 직선을 따라서, 미끄러지지 않으면서 굴러갈 때, 바퀴의 가장자리(둘레)의 한 점 P가 그리는 곡선이 **사이클로이드**(cycloid)이다(그림 6). 사이클로이드의 직교좌표 방정식은 매우 복잡하지만, 다음 예제에서 보듯이 매개변수 방정식은 비교적 간단하다.

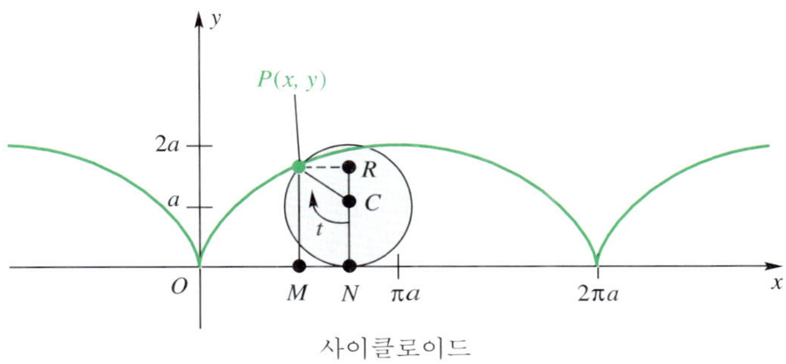

그림 6

예제 5 사이클로이드의 매개변수 방정식을 구하여라.

풀이 P는 맨 처음에 원점에 놓여 있었고, 바퀴가 x축을 따라 굴러간다고 하자. 바퀴의 중심을 C라 하고, 바퀴의 반지름을 a라 하자. 바퀴는 시계 방향으로 회전한다. P가 원점에 있을 때 선분 CP는 x축에 수직인데, 선분 CP가 그 수직 위치에서 회전한 시계 방향의 각을 라디안 단위로 잰 t를 매개변수로 택한다. 그림 6에 이것들을 모두 나타내 놓았다.

$|ON|=$호 $PN=at$이므로,

$$x=|OM|=|ON|-|MN|=at-a\sin t=a(t-\sin t)$$

그리고

$$y=|MP|=|NR|=|NC|+|CR|=a-a\cos t=a(1-\cos t)$$

그러므로 사이클로이드의 매개변수 방정식은 다음과 같다.

$$x=a(t-\sin t),\qquad y=a(1-\cos t),\qquad t>0$$ ■

사이클로이드는 여러 가지로 응용되는데, 특히 역학 분야에서 흥미롭게 쓰인다. 사이클로이드는 "최단시간 하강 곡선(curve of fastest descent)"이다. 점

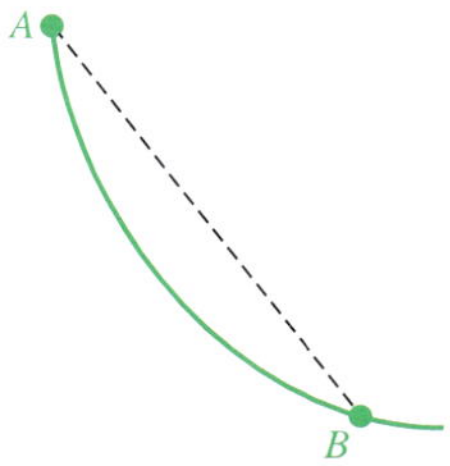

그림 7

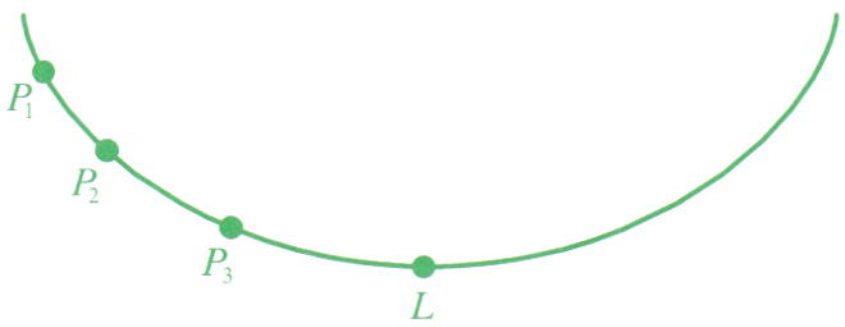

그림 8

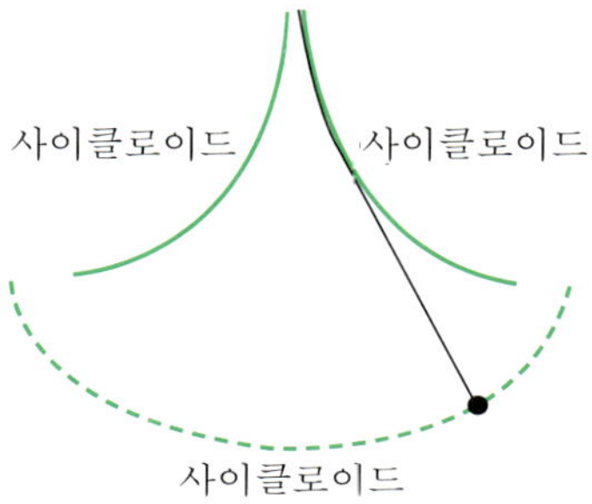

그림 9

B는 점 A의 바로 (수직) 아래는 아니라고 하고, 어떤 입자가 중력의 영향만을 받아서, 점 A에서 출발해 어떤 곡선을 따라서 점 B로 내려가는 경우, 그 곡선이 뒤집어 놓은 사이클로이드일 때 가장 짧은 시간에 갈 수 있다(그림 7). 물론, 최단거리는 선분 AB이다. 그러나 사이클로이드를 따라서 움직일 때 최단시간이 걸린다. 이렇게 되는 까닭은, 입자가 처음 움직일 때 얼마나 가파르게 내려가느냐에 따라서 가속이 되기 때문이다. 직선을 따라 움직이는 것에 비해, 사이클로이드를 따라 움직일 때 훨씬 빨리 속도가 커진다.

또 다른 흥미로운 특성을 소개한다. 뒤집어 놓은 사이클로이드의 가장 아래 지점을 L이라 하자. 그러면 입자 P가 뒤집어 놓은 호의 어느 지점에서 출발하든, 사이클로이드를 따라 L에 이르기까지 걸리는 시간이 같다. 즉, 여러 개의 입자 P_1, P_2, P_3이 사이클로이드의 다른 위치에 놓여 있다가(그림 8), 동시에 미끄러져 움직이기 시작하면, 이들은 가장 아래 지점 L에 동시에 도착하게 된다.

네덜란드의 천문학자 호이겐스(Christian Huygens, 1629−1695)는 이상적인 진자 시계를 설명한 논문을 1673년에 발표하였다. 시계추의 줄이 사이클로이드로 된 "벽들" 사이에서 움직이게 하면, 시계추는 사이클로이드를 따라서 움직이게 된다(그림 9). 그러므로 시계추의 진동 주기는 진폭과 관계가 없으며, 즉 시계의 태엽이 풀림에 따라서 주기가 달라지는 일이 없게 된다.

위에서 언급한 세 가지 결과들이 17세기에 나왔다는 것은 놀라운 일이다. 이것을 증명하기는 상당히 어려운데, 미분적분학의 역사에 관한 책들을 보면 나올 것이다.

매개변수로 정의한 곡선의 미적분 매개변수 방정식으로 곡선이 주어졌을 때, 매개변수를 소거하지 않고 접선의 기울기를 구할 수 있는가? 답은 예이다.

정리 A

구간 $\alpha < t < \beta$에서 f와 g가 연속미분가능하고, $f'(t) \neq 0$이라고 하자. 그러면 매개변수 방정식

$$x = f(t), \qquad y = g(t)$$

는 y를 x에 대해 미분가능한 함수로 정의한다. 그리고

$$\frac{dy}{dx} = \frac{dy/dt}{dx/dt}$$

증명 구간 $\alpha < t < \beta$에서 $f'(t) \neq 0$이므로, f는 강한 단조함수이며, 따라서 미분가능한 역함수 f^{-1}를 가진다(역함수 정리 6.2B참조). 함수 F를 $F = g \circ f^{-1}$로 정의한다. 그러면

$$y = g(t) = g(f^{-1}(x)) = F(x) = F(f(t))$$

따라서 연쇄법칙에 의해,

$$\frac{dy}{dt}=F'(f(t))\cdot f'(t)=\frac{dy}{dx}\cdot\frac{dx}{dt}$$

그런데 $dx/dt\neq 0$이므로, 다음을 얻는다.

$$\frac{dy}{dx}=\frac{dy/dt}{dx/dt}$$ ■

예제 6 매개변수 방정식

$$x=5\cos t,\qquad y=4\sin t,\qquad 0<t<3$$

로 결정되는 함수에 대해서, 도함수 dy/dx와 d^2y/dx^2을 구하여라. 그 다음에 $t=\pi/6$에서 그 값을 계산하여라(예제 2 참조).

풀이 dy/dx를 y'로 나타낸다. 그러면

$$\frac{dy}{dx}=\frac{dy/dt}{dx/dt}=\frac{4\cos t}{-5\sin t}=-\frac{4}{5}\cot t$$

$$\frac{d^2y}{dx^2}=\frac{dy'}{dx}=\frac{dy'/dt}{dx/dt}=\frac{\frac{4}{5}\csc^2 t}{-5\sin t}=-\frac{4}{25}\cos^3 t$$

$t=\pi/6$에서,

$$\frac{dy}{dx}=\frac{-4\sqrt{3}}{5},\qquad \frac{d^2y}{dx^2}=\frac{-4}{25}(8)=\frac{-32}{25}$$

처음 값은 타원 $x^2/25+y^2/16=1$의 점 $(5\sqrt{3}/2,\ 2)$에서의 접선의 기울기이다. 음함수 미분법으로 이것을 확인해 볼 수 있다. ■

정적분의 피적분함수(integrand)와 미분량(differential)에 x와 y, 두 개의 변수가 등장하고, x와 y를 매개변수 t로 나타내는 방정식을 통해서, y는 x의 함수로 정의할 수 있는 경우가 있다. 이러한 경우, 피적분함수와 미분량을 t와 dt로 표현해 주고, 적분의 아래끝, 위끝도 t에 맞도록 바꾸어 준 후, 정적분을 계산하면 편리하다.

예제 7 정적분 (a) $\int_1^3 y\,dx$와 (b) $\int_1^3 xy^2dx$를 계산하여라. 여기서 $x=2t-1$이고, $y=t^2+2$.

풀이 $x=2t-1$이므로, $dx=2\,dt$. $x=1$일 때 $t=1$이고, $x=3$일 때 $t=2$.

(a) $\displaystyle\int_1^3 y\,dx=\int_1^2 (t^2+2)2\,dt=2\left[\frac{t^3}{3}+2t\right]_1^2=\frac{26}{3}$

(b) $\displaystyle\int_1^3 xy^2dy=\int_1^2 (2t-1)(t^2+2)^2 2\,dt$

$$=2\int_1^2 (2t^5-t^4+8t^3-4t^2+8t-4)\,dt=86\frac{14}{15}$$ ■

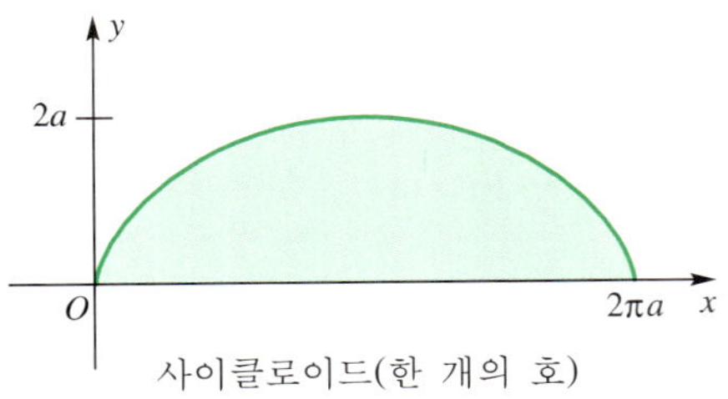

그림 10

예제 8 사이클로이드의 한 개의 호 아래 영역의 넓이 A를 구하고(그림 10), 이 호의 길이 L을 구하여라.

풀이 예제 5에서, 사이클로이드의 한 개의 호를 다음과 같이 나타낼 수 있음을 배웠다.

$$x=a(t-\sin t),\qquad y=a(1-\cos t),\qquad 0\le t\le 2\pi$$

따라서 $dx=a(1-\cos t)dt$. 넓이 A는 다음과 같다.

$$\begin{aligned}A&=\int_0^{2\pi a} y\,dx\\&=a^2\int_0^{2\pi}(1-\cos t)(1-\cos t)\,dt\\&=a^2\int_0^{2\pi}(1-2\cos t+\cos^2 t)\,dt\\&=a^2\int_0^{2\pi}\left(1-2\cos t+\frac{1}{2}+\frac{1}{2}\cos 2t\right)dt\\&=a^2\left[\frac{3}{2}t-2\sin t+\frac{1}{4}\sin 2t\right]_0^{2\pi}=3\pi a^2\end{aligned}$$

길이 L을 계산하기 위해서, 5.4절 호의 길이 공식을 다시 본다.

$$L=\int_\alpha^\beta\sqrt{\left(\frac{dx}{dt}\right)^2+\left(\frac{dy}{dt}\right)^2}\,dt$$

지금 이 경우는 다음과 같이 된다.

$$\begin{aligned}L&=\int_0^{2\pi}\sqrt{a^2(1-\cos t)^2+a^2(\sin^2 t)}\,dt\\&=a\int_0^{2\pi}\sqrt{2(1-\cos t)}\,dt\\&=a\int_0^{2\pi}\sqrt{4\sin^2\frac{t}{2}}\,dt\\&=2a\int_0^{2\pi}\sin\frac{t}{2}\,dt\\&=\left[-4a\cos\frac{t}{2}\right]_0^{2\pi}=8a\end{aligned}$$

■

세발자전거를 타는 개미들

다솜이는 세발자전거를 타고 놀이터에서 집으로 돌아온다. 그런데 개미 두 마리가 붙어서 오는데, 이들은 자기가 움직이는 거리가 더 멀다고 서로 싸운다. 개미 A는 앞 타이어 접지면 사이에 끼어 있고, 개미 B는 뒷 타이어 접지면 사이에 끼어 있다. 이들이 움직이는 거리는 서로 같음을 보여서, 싸움을 말려라. 예제 8을 참조한다.

개념 복습

1. 원은 ______, ______ 곡선의 중요한 예이다. 그림 8처럼 생긴 곡선은 폐곡선이지만 ______ 않은 예이다.

2. 방정식 $x=f(t)$와 $y=g(t)$를 가리켜 곡선의 ______라고 부른다. 그리고 t는 ______라고 부른다.

3. 굴러가는 바퀴의 가장자리의 한 점이 그리는 곡선은 ______이다.

4. 매개변수 방정식 $x=f(t)$와 $y=g(t)$로 주어진 곡선의 경우, $dy/dx=$______.

연습문제 10.4

문제 1~20은 곡선을 매개변수화해 나타낸 것이다.

(a) 곡선의 그래프를 그려라.

(b) 곡선은 폐곡선인가? 단순곡선인가?

(c) 매개변수를 소거하여, 곡선의 직교좌표 방정식을 구하여라(예제 1-4 참조).

1. $x=3t$, $y=2t$; t는 $\mathbb{R}$에 속함
2. $x=2t$, $y=3t$; t는 $\mathbb{R}$에 속함
3. $x=3t-1$, $y=t$; $0\le t\le 4$
4. $x=4t-2$, $y=2t$; $0\le t\le 3$
5. $x=4-t$, $y=\sqrt{t}$; $0\le t\le 4$
6. $x=t-3$, $y=\sqrt{2t}$; $0\le t\le 8$
7. $x=\dfrac{1}{s}$, $y=s$; $1\le s\le 10$
8. $x=s$, $y=\dfrac{1}{s}$; $1\le s\le 10$
9. $x=t^3-4t$, $y=t^2-4$; $-3\le t\le 3$
10. $x=t^3-2t$, $y=t^2-2t$; $-3\le t\le 3$
11. $x=2\sqrt{t-2}$, $y=3\sqrt{4-t}$; $2\le t\le 4$
12. $x=3\sqrt{t-3}$, $y=2\sqrt{4-t}$; $3\le t\le 4$
13. $x=2\sin t$, $y=3\cos t$; $0\le t\le 2\pi$
14. $x=3\sin r$, $y=-2\cos r$; $0\le r\le 2\pi$
15. $x=-2\sin r$, $y=-3\cos r$; $0\le r\le 4\pi$
16. $x=2\cos^2 r$, $y=3\sin^2 r$; $0\le r\le 2\pi$
17. $x=9\sin^2\theta$, $y=9\cos^2\theta$; $0\le \theta\le \pi$
18. $x=9\cos^2\theta$, $y=9\sin^2\theta$; $0\le r\le \pi$
19. $x=\cos\theta$, $y=-2\sin^2 2\theta$; θ는 $\mathbb{R}$에 속함
20. $x=\sin\theta$, $y=2\cos^2 2\theta$; θ는 $\mathbb{R}$에 속함

문제 21~30에서 매개변수를 소거하지 말고, dy/dx와 d^2y/d^2x을 구하여라.

21. $x=3\tau^2$, $y=4\tau^3$; $\tau\ne 0$
22. $x=6s^2$, $y=-2s^3$; $s\ne 0$
23. $x=2\theta^2$, $y=\sqrt{5}\,\theta^3$; $\theta\ne 0$
24. $x=\sqrt{3}\,\theta^2$, $y=-\sqrt{3}\,\theta^3$; $\ne 0$
25. $x=1-\cos t$, $y=1+\sin t$; $t\ne n\pi$
26. $x=3-2\cos t$, $y=-1+5\sin t$; $t\ne n\pi$
27. $x=3\tan t-1$, $y=5\sec t+2$; $t\ne\dfrac{(2n+1)\pi}{2}$
28. $x=\cot t-2$, $y=-2\csc t+5$; $0<t<\pi$
29. $x=\dfrac{1}{1+t^2}$, $y=\dfrac{1}{t(1-t)}$; $0<t<1$
30. $x=\dfrac{2}{1+t^2}$, $y=\dfrac{2}{t(1+t^2)}$; $t\ne 0$

문제 31~34에서 매개변수를 소거하지 말고, 주어진 곡선의 주어진 점에서의 접선의 방정식을 구하여라. 간략하게 그림을 그려라.

31. $x=t^2$, $y=t^3$; $t=2$
32. $x=3t$, $y=8t^3$; $t=-\dfrac{1}{2}$
33. $x=2\sec t$, $y=2\tan t$; $t=-\dfrac{\pi}{6}$
34. $x=2e^t$, $y=\dfrac{1}{3}e^{-t}$; $t=0$

문제 35~46에서 주어진 구간에서 정의된 매개변수 곡선의 길이를 구하여라.

35. $x=2t-1$, $y=3t-4$; $0\le t\le 3$
36. $x=2-t$, $y=2t-3$; $-3\le t\le 3$
37. $x=t$, $y=t^{3/2}$; $0\le t\le 3$
38. $x=2\sin t$, $y=2\cos t$; $0\le t\le \pi$
39. $x=3t^2$, $y=t^3$; $0\le t\le 2$
40. $x=t+\dfrac{1}{t}$, $y=\ln t^2$; $1\le t\le 4$
41. $x=2e^t$, $y=3e^{3t/2}$; $3\le t\le 2\ln 3$
42. $x=\sqrt{1-t^2}$, $y=1-t$; $0\le t\le\dfrac{1}{4}$
43. $x=4\sqrt{t}$, $y=t^2+\dfrac{1}{2t}$; $\dfrac{1}{4}\le t\le 1$
44. $x=\tanh t$, $y=\ln(\cosh^2 t)$; $-3\le t\le 3$
45. $x=\cos t$, $y=\ln(\sec t+\tan t)-\sin t$; $0\le t\le\dfrac{\pi}{4}$
46. $x=\sin t-t\cos t$, $y=\cos t+t\sin t$; $\dfrac{\pi}{4}\le t\le\dfrac{\pi}{2}$
47. 다음 매개변수 방정식에서 곡선의 길이를 구하여라.
    (a) $x=\sin\theta$, $y=\cos\theta$, $0\le\theta\le 2\pi$
    (b) $x=\sin 3\theta$, $y=\cos 3\theta$, $0\le\theta\le 2\pi$
    (c) (a)와 (b)의 길이가 다르게 나오는 이유를 설명하여라.

매개변수 방정식으로 주어진 매끄러운 곡선을 좌표축에 대해 회전시켜서 곡면을 만들 수 있다. t가 a에서 b로 증가할 때,

매끄러운 곡선 $x=F(t)$, $y=G(t)$를 꼭 한 번 그린다고 하자. $y \geq 0$이라 하고, 이 곡선을 x축에 대해 회전시킬 때 생기는 곡면의 넓이는 다음과 같다. 5.4절 참조.

$$S=\int_a^b 2\pi y\sqrt{\left(\frac{dx}{dt}\right)^2+\left(\frac{dy}{dt}\right)^2}\,dt$$

문제 48−54는 이러한 회전면에 관한 문제이다.

48. 곡선 $x=F(t)$, $y=G(t)$, $a \leq t \leq b$를 y축에 대해 회전시켰을 때 생기는 곡면의 넓이 공식을 유도하고 그 결과가 다음과 같음을 밝혀라. 단, $x \geq 0$.

$$S=\int_a^b 2\pi x\sqrt{\left(\frac{dx}{dt}\right)^2+\left(\frac{dy}{dt}\right)^2}\,dt$$

49. 반지름 1, 중심 (1, 0)인, xy평면의 원을 다음과 같이 매개변수화할 수 있다. $x=1+\cos t$, $y=\sin t$, $0 \leq t \leq 2\pi$. 이 곡선을 y축에 대해 회전시켰을 때 생기는 곡면의 넓이를 구하여라.

50. 곡선 $x=\cos t$, $y=3+\sin t$, $0 \leq t \leq 2\pi$를 x축에 대해 회전시켰을 때 생기는 곡면의 넓이를 구하여라.

51. 곡선 $x=2+\cos t$, $y=1+\sin t$, $0 \leq t \leq 2\pi$를 x축에 대해 회전시켰을 때 생기는 곡면의 넓이를 구하여라.

52. 곡선 $x=(2/3)t^{3/2}$, $y=2\sqrt{t}$, $0 \leq t \leq 2\sqrt{3}$를 y축에 대해 회전시켰을 때 생기는 곡면의 넓이를 구하여라.

53. 곡선 $x=t+\sqrt{7}$, $y=t^2/2+\sqrt{7}\,t$, $-\sqrt{7} \leq t \leq \sqrt{7}$를 y축에 대해 회전시켰을 때 생기는 곡면의 넓이를 구하여라.

54. 곡선 $x=t^2/2+at$, $y=t+a$, $-\sqrt{a} \leq t \leq \sqrt{a}$를 x축에 대해 회전시켰을 때 생기는 곡면의 넓이를 구하여라.

문제 55, 56에서 정적분을 계산하여라.

55. $\int_0^1 (x^2-4y)\,dx$, 여기서 $x=t+1$, $x=t+1$, $y=t^3+4$.

56. $\int_1^{\sqrt{3}} xy\,dy$, 여기서 $x=\sec t$, $y=\tan t$.

57. 곡선 $x=e^{2t}$, $y=e^{-t}$와 x축 사이, $t=0$에서 $t=\ln 5$까지 영역의 넓이를 구하고 그림을 그려라.

58. 지면에서 포탄을 발사하는데, 초기 속도는 초속 v_0 피트이고, 지면과의 각이 α이면, 포탄의 자취는 다음 매개변수 방정식으로 주어진다.

$$x=(v_0\cos\alpha)t, \qquad y=-16t^2+(v_0\sin\alpha)t$$

(a) 자취는 포물선임을 밝혀라.

(b) 날아가는 시간을 구하여라.

(c) 사정거리(수평으로 움직인 거리)는 $(v_0^2/32)$임을 밝혀라.

(d) v_0가 일정할 때, α의 값이 얼마이어야 사정거리가 최대가 되는가?

59. 본문에서 사이클로이드를 설명한 것을 (그림까지) 약간 변형시켜서, 바퀴 중심으로부터 점 P까지의 거리가 b인 경우를 다룰 수 있다. 여기서 $b<a$. 그에 대응하는 매개변수 방정식은 다음과 같음을 밝혀라.

$$x=at-b\sin t, \qquad y=a-b\cos t$$

$a=8$, $b=4$일 때, 이 방정식의 그래프를 그려라. 이것을 **짧아진 사이클로이드**(curtate cycloid)라고 부른다.

60. $b>a$인 경우 문제 59를 따라서 풀어 보아라(기차 바퀴의 테두리처럼). 그러면 같은 매개변수 방정식을 얻게 됨을 밝혀라. $a=6$, $b=8$일 때, 이 방정식의 그래프를 그려라. 이것을 **늘어난 사이클로이드**(prolate cycloid)라고 부른다.

61. 반지름이 a인 커다란 원이 고정되어 있고, 그 속에서 반지름이 b인 작은 원이 미끄러지지 않으면서 굴러간다고 하자. 여기서 $a>b$. 굴러가는 원의 한 점 P가 그리는 곡선을 **하이포사이클로이드**(hypocycloid, 내파선)이라고 부른다. 하이포사이클로이드의 매개변수 방정식을 구하여라. 도움말: 고정된 커다란 원의 중심에 직교좌표의 원점 O를 놓고, 점 P의 처음 위치를 $A(a, 0)$이라 하자. 두 원이 접하는 점을 B라 하고, 각 AOB를 라디안 단위로 잰 t를 매개변수로 사용하자(그림 11 참조).

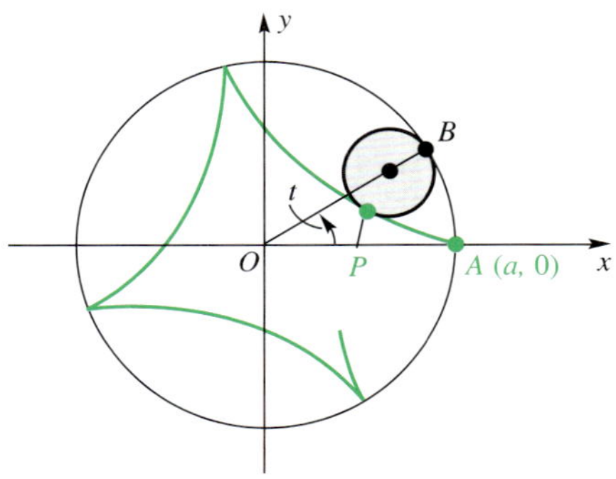

그림 11

62. 문제 61에서, $b=a/4$인 경우 매개변수 방정식이 다음과 같이 간단하게 됨을 밝혀라.

$$x=a\cos^3 t, \qquad y=a\sin^3 t$$

이것을 **네 개의 뾰족점을 가진 하이포사이클로이드**(hypocycloid of four cusps)라고 부른다. 이것을 꼼꼼하게 그리고, 직교좌표 방정식은 $x^{2/3}+y^{2/3}=a^{2/3}$임을 밝혀라.

63. 반지름이 a인 원이 고정되어 있고, 그 바깥에 반지름이 b인 원이 미끄러지지 않으면서 굴러갈 때, 한 점이 그리는 곡선을 **에피사이클로이드**(epicycloid, 외파선)라고 부른다. 이것의 매개변수 방정식은 다음과 같음을 밝혀라.

$$x=(a+b)\cos t-b\cos\frac{a+b}{b}t$$

$$y=(a+b)\sin t-b\sin\frac{a+b}{b}t$$

(문제 61 도움말 참조.)

64. $b=a$인 경우, 문제 63의 방정식은 다음과 같다.

$$x=2a\cos t-a\cos 2t$$
$$y=2a\sin t-a\sin 2t$$

방정식에서 매개변수 t를 소거하여 에피사이클로이드의 직교좌표 방정식을 구하여라.

65. 문제 61에서, $b=a/3$인 경우 세 개의 뾰족점을 가진 하이포사이클로이드를 얻게 되며, 이것을 **델토이드**(deltoid)라고 부른다. 매개변수 방정식은 다음과 같다.

$$x=\left(\frac{a}{3}\right)(2\cos t+\cos 2t),\qquad y=\left(\frac{a}{3}\right)(2\sin t-\sin 2t)$$

델토이드의 길이를 구하여라.

66. 타원 $x^2/a^2+y^2/b^2=1$을 생각한다.

(a) 그 둘레 길이는 다음과 같음을 밝혀라.

$$P=4a\int_0^{\pi/2}\sqrt{1-e^2\cos^2 t}\,dt,$$

여기서 e는 이심률이다.

C (b) (a)에 나오는 적분을 타원적분(elliptic integral)이라고 부르며, 많은 수학자들이 연구를 하였는데, 이 함수의 역도함수는 초등 함수가 아님이 알려져 있다. 그러므로 P를 계산하려면, 근사값을 구하는 방법을 사용해야 한다. $a=1$이고 $e=\frac{1}{4}$인 경우, $n=4$라 하고, 심슨 공식을 써서 구하여라. (답은 2π에 가까울 것이다. 이유는?)

CAS (c) $n=20$이라 하고, (b)의 계산을 해 보아라.

CAS **67.** 매개변수 방정식 $x=\cos 3t$, $y=\sin 5t$로 주어진 곡선을 손으로 그리기는 어렵다. 이 결과를 리사주(Lissajous) 도형(그림)이라고 부른다. t가 0에서 2π로 가는 동안, x좌표는 1과 -1 사이에서 3번 진동하며, 반면에 y좌표는 그 동안 5번 진동한다. 그리고 길이 2π인 시간 동안, 이러한 움직임을 되풀이한다. 이 모든 움직임은 정사각형 속에서 일어난다. 다음 리사주 도형을 그려라. 단, 적당한 t의 구간을 잡아서 도형이 폐곡선이 되어야 한다. 각각의 경우, 곡선이 정사각형의 수평 경계선, 수직 경계선과 접한 횟수는 얼마인가?

(a) $x=\sin t$, $y=\cos t$ (b) $x=\sin 3t$, $y=\cos 5t$

(c) $x=\cos 5t$, $y=\sin 15t$ (d) $x=\sin 2t$, $y=\cos 9t$

68. $x=\cos 2t$, $y=\sin 7t\,(0\le t\le 2\pi)$로 정의된 리사쥬 그림을 그려라. 그래프가 닫혀있지 않은 것처럼 보이지만 이것은 폐곡선임을 설명하여라.

69. $0\le t\le 2\pi$일 때 a, b가 다음과 같은 조합의 경우 리사쥬 그림을 그려라.

(a) $a=1$, $b=2$ (b) $a=4$, $b=8$

(c) $a=5$, $b=10$ (d) $a=2$, $b=3$

(e) $a=6$, $b=9$ (f) $a=12$, $b=18$

CAS **70.** 문제 67~69의 결과(필요하면 다른 문제의 결과)를 이용하여, $0\le t\le 2\pi$일 때 곡선이 모서리 또는 사각형의 모퉁이와 만나는 횟수는 비 a/b와 연관이 있음을 설명하여라.

도움말 : 만일 곡선이 사각형의 모퉁이와 만나면 $1/2-$접촉으로 계산한다.

CAS **71.** 다음 매개변수 곡선을 그려라. 각각의 경우 점이 곡선을 따라서 어떻게 움직이는지 설명하여라.

(a) $x=\cos(t^2-t)$, $y=\sin(t^2-t)$

(b) $x=\cos(2t^2+3t+1)$, $y=\sin(2t^2+3t+1)$

(c) $x=\cos(-2\ln t)$, $y=\sin(-2\ln t)$

(d) $x=\cos(\sin t)$, $y=\sin(\sin t)$

CAS **72.** 컴퓨터 수학 소프트웨어를 사용하여, $0\le t\le 2$에 대해서 다음 매개변수 곡선을 그려라. 각각의 경우 곡선의 모양을 설명하고, 곡선들 사이의 유사점과 차이점을 설명하여라.

(a) $x=t$, $y=t^2$ (b) $x=t^3$, $y=t^6$

(c) $x=-t^4$, $y=-t^8$ (d) $x=t^5$, $y=t^{10}$

CAS EXPL **73.** 다음 각각의 경우, t의 구간을 적당하게 잡아서, 다음 하이포사이클로이드의 그래프를 그려라(문제 61 참조).

$$x=(a-b)\cos t+b\cos\frac{a-b}{b}t,$$

$$y=(a-b)\sin t-b\sin\frac{a-b}{b}t$$

(a) $a=4$, $b=1$ (b) $a=3$, $b=1$

(c) $a=5$, $b=2$ (d) $a=7$, $b=4$

a와 b에 다른 양의 정수을 대입하여 실험해 보고, 곡선이 시작점으로 돌아오기까지 걸리는 t구간의 길이와, 뾰족점의 개수에 대해서 추측하여라. 만약 a/b가 무리수이면 어떻게 되는가?

CAS EXPL **74.** a와 b에 여러 가지 값을 대입하여, 다음 에피사이클로이드의 그래프를 그려라(문제 73 참조).

$$x=(a+b)\cos t-b\cos\frac{a+b}{b}t,$$

$$y=(a+b)\sin t-b\sin\frac{a+b}{b}t$$

무엇을 추측할 수 있는가(문제 73 참조)?

75. 데카르트의 엽선(Folium of Descartes) $x=3t/(t^3-1)$, $y=3t^2/(t^3+1)$의 그래프를 그려라. 이 그래프가 각각의 사분면에 놓이게 되는 t의 값을 구하여라.

개념 복습 해답: **1.** 단순, 폐, 단순하지 **2.** 매개변수화, 매개변수 **3.** 사이클로이드 **4.** $(dy/dt)/(dx/dt)$

10.5 극좌표계

프랑스 수학자 페르마(Pierre de Fermat, 1601-1665)와 데카르트(Rene Descartes, 1596-1650)가 이른바 직교좌표계(또는 cartesian 좌표계)를 도입하였다. 이들의 아이디어는, 평면의 각각의 점 P에, 두 직교좌표축까지의 유향거리를 두 수 (x, y)로 명시해 주는 것이다(그림 1). 이 개념은 이제 매우 친숙하여서, 이것을 거의 무의식적으로 사용하고 있다. 그렇지만 이것은 해석기하학의 근본 바탕이 되며, 지금까지 배운 미적분학의 발전이 가능하게 하였다.

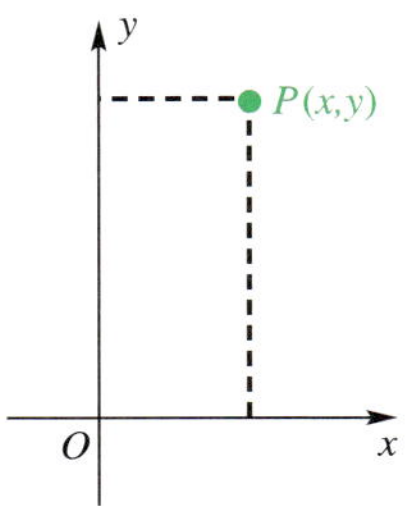

직교좌표

그림 1

그러나 두 직교좌표축까지의 유향거리를 제시하는 것이 점을 나타내는 유일한 방법은 아니다. 점을 나타내는 다른 방법은 극좌표를 사용하는 것이다.

극좌표 먼저 고정된 반직선을 잡는다. 이 반직선을 **극축**(polar axis)이라 하는데, 고정된 점 O에서부터 뻗어 나온다. 점 O는 **극**(pole) 또는 **원점**이라 한다(그림 2 참조). 극축은 수평으로, 오른쪽을 향하도록 잡는 것이 관례이며, 그래서 직교좌표계의 x축 양의 부분과 같게 놓을 수 있다. 임의의 (극점을 제외한) 점 P는, O를 중심으로 하는 원과 O에서 뻗어 나오는 반직선과의 교점이다. 원의 반지름이 r이고, 반직선이 극축과 이루는 각이 θ이면, 점 P의 극좌표는 (r, θ)이다(그림 2). 그림 3에 여러 점들의 극좌표를 나타었다.

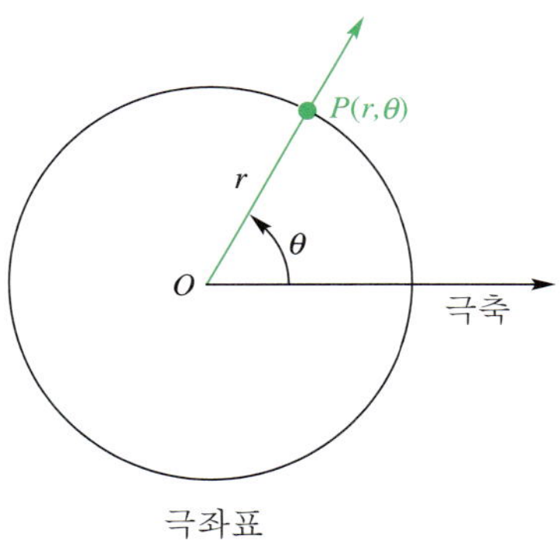

극좌표

그림 2

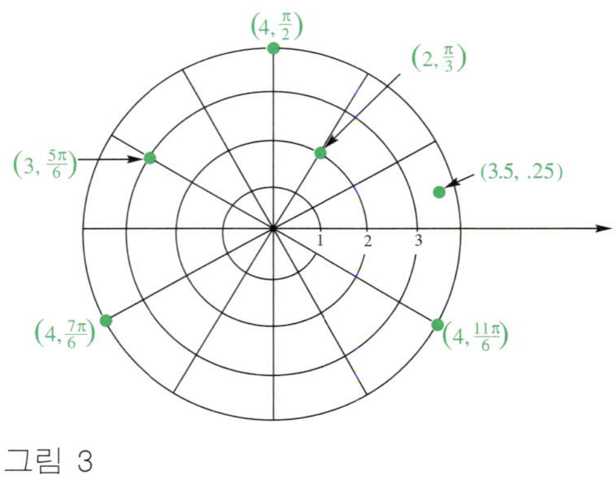

그림 3

극방정식 극방정식의 예로는

$$r=8\sin\theta \text{ 그리고 } r=\frac{2}{1-\cos\theta}$$

를 들 수 있다. 직교좌표 방정식과 마찬가지로, 극방정식도 그래프를 그려야 그 모습을 제대로 알 수 있다. **극방정식의 그래프**는 적어도 한 쌍의 극좌표가 그 방정식을 만족하는 점들을 모두 모은 것이다. 그래프를 그리는 기본 방법은, 값들의 표를 만들고, 대응하는 점들을 찍어서 나타내고, 그 점들을 잇는 것이다. 그래프 계산기나 컴퓨터 수학 소프트웨어도 이런 방법으로 극방정식의 그래프를 그린다.

예제 1 극방정식 $r=8\sin\theta$의 그래프를 그려라.

풀이 $\pi/6$의 양의 정수배를 θ에 대입하여, r값들을 계산한다. 그림 5의 표를 보기 바란다. θ가 0에서 2π로 증가할 때, 그림 5의 그래프를 두 번 그리게 됨을 주목하기 바란다. ■

예제 2 $r=\dfrac{2}{1-\cos\theta}$의 그래프를 그려라.

풀이 그림 6을 참고한다. ■

직교좌표에서는 없었던 현상이 생겨남을 주목하기 바란다. 극좌표 $(-2, 3\pi/2)$는 이 방정식을 만족하지 않는다. 그렇지만 점 $P(-2, 3\pi/2)$는 이 그래프에 놓여 있다. 왜냐 하면 $(2, \pi/2)$가 같은 점을 나타내며, 이 방정식을 만족하기 때문이다. 즉, 어떤 극좌표에 대응하는 점이 방정식의 그래프에 놓여 있다 하더라도, 그 극좌표가 방정식을 만족하지 않을 수도 있다. 이것은 매우 골치 아픈 현상인데 꾹 참고 견디는 수밖에 없다.

직교좌표와의 관계 극축이 직교좌표계의 x축의 양의 부분과 일치한다고 가정하자. 그러면 점 P의 극좌표 (r, θ)와 같은 점의 직교좌표 (x, y)는 다음 방정식을 만족한다.

θ	r
0	0
$\pi/6$	4
$\pi/3$	6.93
$\pi/2$	8
$2\pi/3$	6.93
$5\pi/6$	4
π	0
$7\pi/6$	−4
$4\pi/3$	−6.93
$3\pi/2$	−8
$5\pi/3$	−6.93
$11\pi/6$	−4

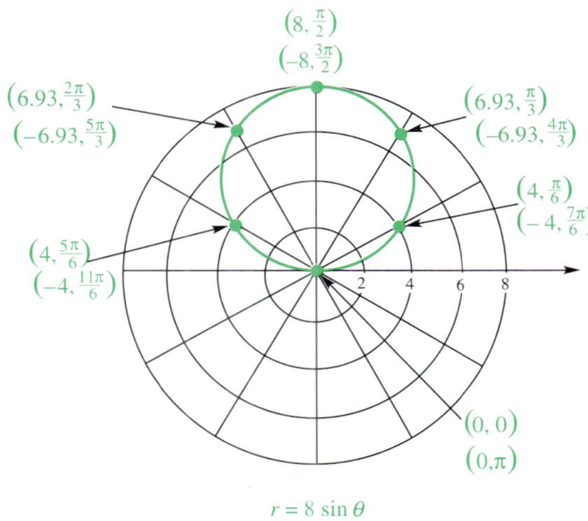

$r = 8\sin\theta$

그림 5

θ	r
0	–
π/4	6.8
π/2	2
3π/4	1.2
π	1
5π/4	1.2
3π/2	2
7π/4	6.8
2π	–

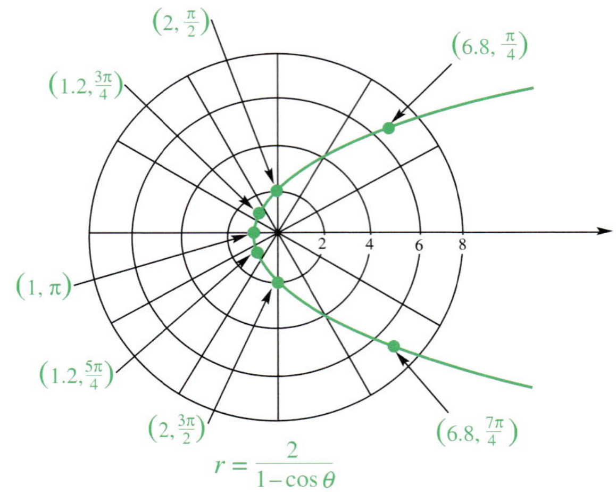

그림 6

극좌표를 직교좌표로	직교좌표를 극좌표로
$x=r\cos\theta$	$r^2=x^2+y^2$
$y=r\sin\theta$	$\tan\theta=y/x$

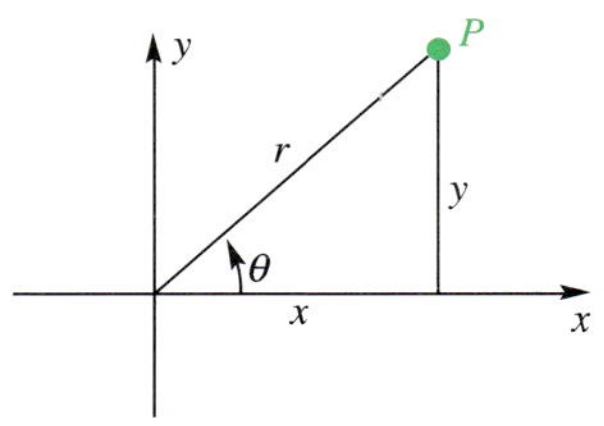

그림 7

그림 7을 보면, 1사분면의 점 P에 대해서 이것이 성립함을 쉽게 알 수 있다. 다른 사분면의 점들에 대해서도 마찬가지로 알 수 있다.

예제 3 $(4, \pi/6)$에 대응하는 직교좌표를 구하고, $(-3, \sqrt{3})$에 대응하는 극좌표를 구하여라.

풀이 $(r, \theta)=(4, \pi/6)$이면,

$$x=4\cos\frac{\pi}{6}=4\cdot\frac{\sqrt{3}}{2}=2\sqrt{3}$$

$$y=4\sin\frac{\pi}{6}=4\cdot\frac{1}{2}=2$$

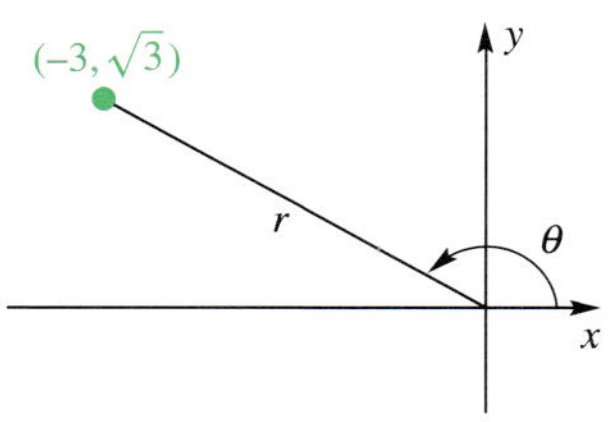

그림 8

$(x, y)=(-3, \sqrt{3})$인 경우는(그림 8 참조),

$$r^2=(-3)^2+(\sqrt{3})^2=12$$

$$\tan\theta=\frac{\sqrt{3}}{-3}$$

(r, θ)의 한 값은 $(2\sqrt{3}, 5\pi/6)$. 다른 값은 $(-2\sqrt{3}, -\pi/6)$ ■

극방정식의 그래프에 대해서, 그와 동치의 직교좌표 방정식을 구해서 판명할 수도 있다. 예제를 통해 본다.

예제 4 직교좌표로 바꾸어, $r=8\sin\theta$의 (예제 1) 그래프는 원이고, $r=2/(1-\cos\theta)$의 (예제 2) 그래프는 포물선임을 밝혀라.

풀이 $r=8\sin\theta$에 r을 곱하면,

$$r^2 = 8r\sin\theta$$

이것을 직교좌표로 나타내면,

$$x^2 + y^2 = 8y$$

이것을 변형하면,

$$x^2 + y^2 - 8y = 0$$
$$x^2 + y^2 - 8y + 16 = 16$$
$$x^2 + (y-4)^2 = 16$$

맨 끝의 것은 반지름이 4이고 중심이 (0, 4)인 원의 방정식임을 알 수 있다.

두 번째 방정식은 다음과 같이 바꿀 수 있다.

$$r = \frac{2}{1-\cos\theta}$$
$$r - r\cos\theta = 2$$
$$r - x = 2$$
$$r = x + 2$$
$$r^2 = x^2 + 4x + 4$$
$$x^2 + y^2 = x^2 + 4x + 4$$
$$y^2 = 4(x+1)$$

맨 끝의 식은 꼭짓점이 $(-1, 0)$이고 원점이 초점인 포물선의 방정식임을 알 수 있다. ■

> **주 의**
>
> r이 0이 될 수 있으니, 극방정식의 양변에다 r을 곱하거나 나눌 때 조심해야 한다. 곱하는 경우, 극을 그래프에 다 추가할 지도 모른다. 나누는 경우, 극을 그래프에서 빠질 지도 모른다. 예제 4에서, 방정식 $r = 8\sin\theta$의 양변에다 r을 곱했다. 이 경우는 아무런 영향도 없다. 왜냐 하면 극은 θ좌표가 0인 점으로서 이미 그래프에 있기 때문이다.

직선, 원, 원뿔곡선의 극방정식 어떤 직선이 극을 지나면, 그 방정식은 $\theta = \theta_0$인 간단한 방정식이다. 어떤 직선이 극을 지나지 않는 경우, 극으로부터의 거리를 $d > 0$라 하자. 그리고 극에서 그 직선에 내린 수선이 극축과 이루는 각을 θ_0라 하자(그림 9). 그러면 직선위의 임의의 점 $P(r, \theta)$는 방정식 $\cos(\theta - \theta_0) = d/r$를 만족한다. 즉,

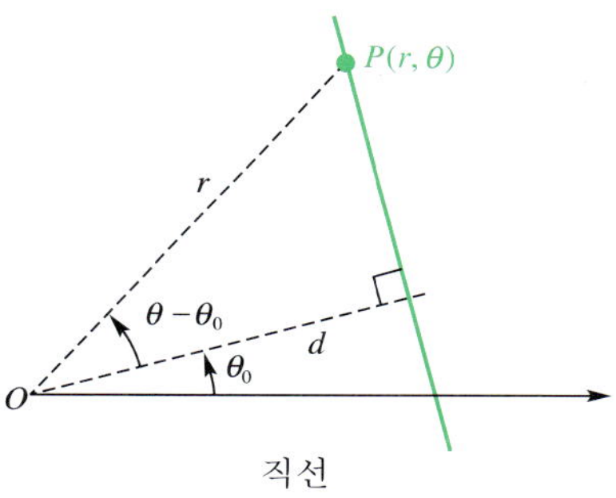

그림 9

$$\text{직선:} \quad r = \frac{d}{\cos(\theta - \theta_0)}$$

반지름이 a인 원의 중심이 극에 놓여 있으면, 원의 방정식은 매우 간단하다. 즉, $r = a$. 중심이 (r_0, θ_0)이면, 방정식이 매우 복잡하므로 식을 간편히 하기 위해서 $r_0 = a$로 놓는다. 그림 10을 보기 바란다. 그러면 코사인 법칙에 의해서, $a^2 = r^2 + a^2 - 2ra\cos(\theta - \theta_0)$. 이것을 간단히 하면

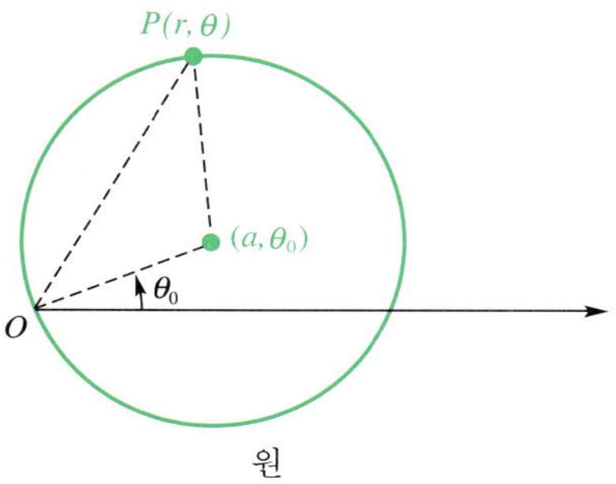

그림 10

$$\text{원:} \quad r = 2a\cos(\theta - \theta_0)$$

특히, $\theta_0 = 0$ 또는 $\theta_0 = \pi/2$인 경우는 간단한 형태가 된다. 전자의 경우는 $r = 2a\cos\theta$, 후자의 경우는 $r = 2a\cos(\theta - \pi/2)$, 즉, $r = 2a\sin\theta$가 된다. 이것을 예제 1과 비교해 보기 바란다.

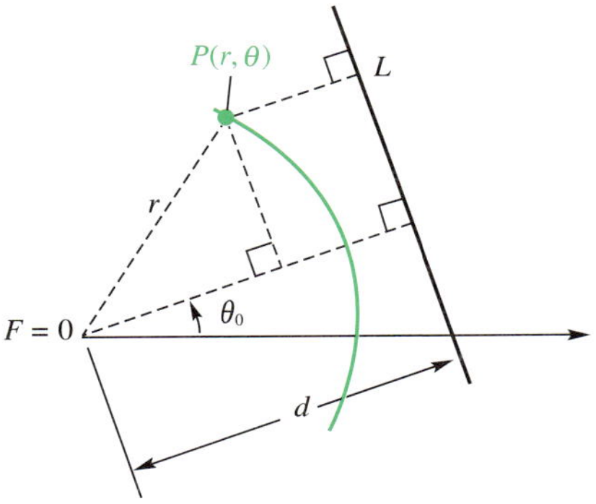

원뿔곡선

그림 11

마지막으로, 원뿔곡선(타원, 포물선, 또는 쌍곡선)의 초점이 극에 놓여 있고, 준선이 d만큼 떨어져 있으면(그림 11 참조), 정의하는 방정식 $|PF|=e|PL|$은 다음 형태가 된다.

$$r=e[d-r\cos(\theta-\theta_0)]$$

이것을 다음 방정식과 동치이다.

$$\text{원뿔곡선:}\quad r=\frac{ed}{1+e\cos(\theta-\theta_0)}$$

원뿔곡선도 $\theta_0=0$ 또는 $\theta_0=\pi/2$인 경우가 특히 관심의 대상이다. $e=1$, $d=2$, $\theta_0=0$인 경우 예제 2의 방정식이 됨을 주목하기 바란다.

지금까지의 결과들을 요약하면 다음 표와 같다.

극방정식의 요약

도형의 종류	일반적인 경우	$\theta_0=0$	$\theta_0=\pi/2$
직선	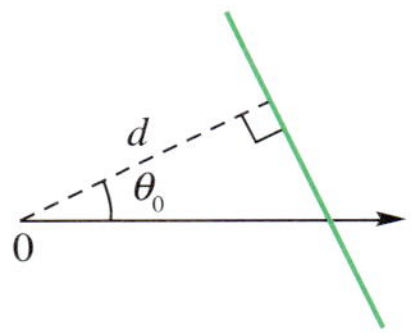 $r=\dfrac{d}{\cos(\theta-\theta_0)}$	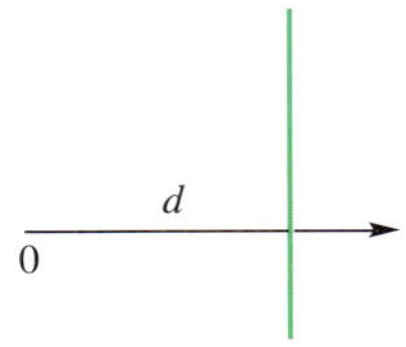 $r=\dfrac{d}{\cos\theta}$	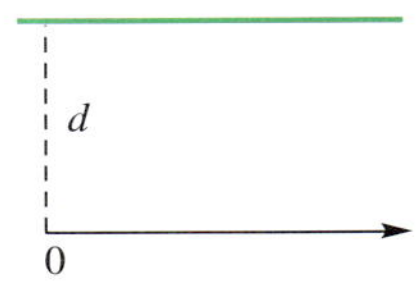 $r=\dfrac{d}{\sin\theta}$
원	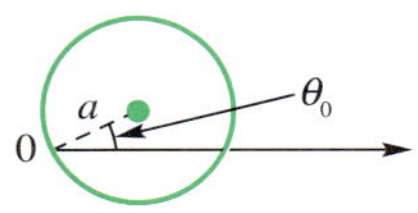 $r=2a\cos(\theta-\theta_0)$	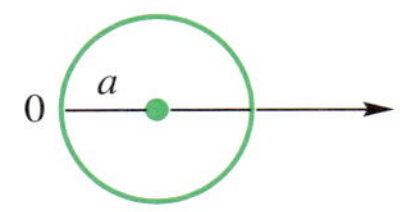 $r=2a\cos\theta$	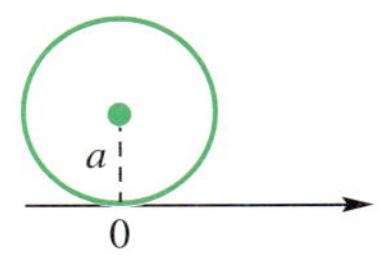 $r=2a\sin\theta$
타원($0<e<1$) 포물선($e=1$) 쌍곡선($e>1$)	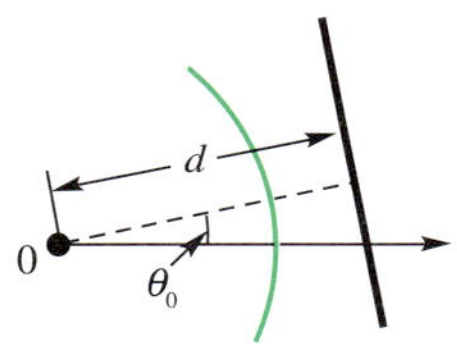 $r=\dfrac{ed}{1+e\cos(\theta-\theta_0)}$	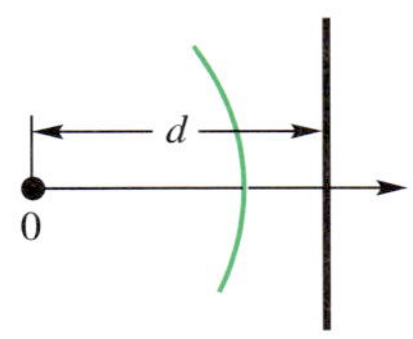 $r=\dfrac{ed}{1+e\cos\theta}$	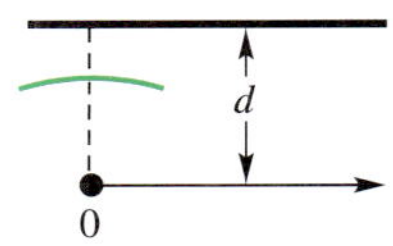 $r=\dfrac{ed}{1+e\sin\theta}$

예제 5 이심률 $\frac{1}{2}$, 극점이 초점, 극점에서 오른쪽으로 10만큼 떨어진 곳에 수직 준선이 있는 수평타원의 방정식을 구하여라.

풀 이

$$r=\frac{\frac{1}{2}\cdot 10}{1+\frac{1}{2}\cos\theta}=\frac{10}{2+\cos\theta}$$

■

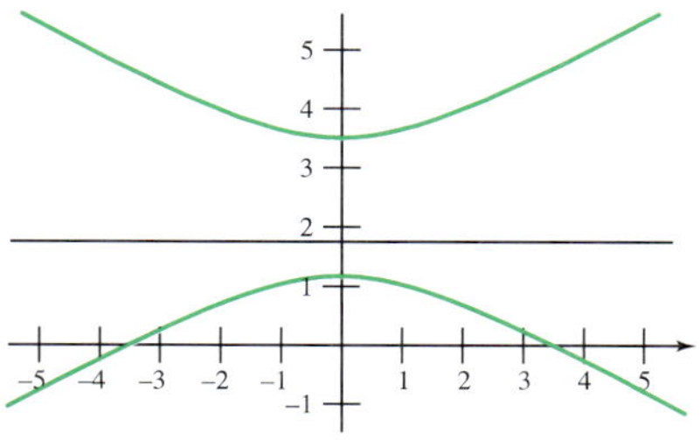

그림 12

예제 6 $r=\dfrac{7}{2+4\sin\theta}$이 어떤 곡선인지 밝히고, 그래프를 그려라.

풀 이 이 방정식을 보면, 수직 장축을 가지는 원뿔곡선임을 알 수 있다. 극방정식의 표에 나오는 형태로 만들면,

$$r=\frac{7}{2+4\sin\theta}=\frac{\frac{7}{2}}{1+2\sin\theta}=\frac{2\left(\frac{7}{4}\right)}{1+2\sin\theta}$$

이것은 쌍곡선의 극방정식인데, $e=2$, 극이 초점, 그리고 극축에서 $\frac{7}{4}$만큼 위에 수평 준선이 있다(그림 12). ■

개념 복습

1. 평면의 모든 점은 한 쌍의 직교좌표 $(x,\ y)$를 가지지만, ______ 쌍들의 극좌표 $(r,\ \theta)$를 가진다.

2. 관계식 $x=$______, $y=$______가 직교좌표와 극좌표 사이의 관계를 나타내 준다. 그리고 ______$=x^2+y^2$.

3. 극방정식 $r=5$의 그래프는 ______이다. $\theta=5$의 그래프는 ______이다.

4. 극방정식 $r=ed/(1+e\cos\theta)$의 그래프는 ______이다.

연습문제 10.5

1. 극좌표가 $\left(3,\ \frac{1}{3}\pi\right)$, $\left(1,\ \frac{1}{2}\pi\right)$, $\left(4,\ \frac{1}{3}\pi\right)$, $(0,\ \pi)$, $(1,\ 4\pi)$, $\left(3,\ \frac{11}{7}\pi\right)$, $\left(\frac{5}{3},\ \frac{1}{2}\pi\right)$, $(4,\ 0)$인 점들을 찍어서 나타내어라.

2. 극좌표가 $(3,\ 2\pi)$, $\left(2,\ \frac{1}{2}\pi\right)$, $\left(4,\ -\frac{1}{3}\pi\right)$, $(0,\ 0)$, $(1,\ 54\pi)$, $\left(3,\ -\frac{1}{6}\pi\right)$, $\left(1,\ \frac{1}{2}\pi\right)$, $\left(3,\ -\frac{3}{2}\pi\right)$인 점들을 찍어서 나타내어라.

3. 극좌표가 $(3,\ 2\pi)$, $\left(-2,\ \frac{1}{3}\pi\right)$, $\left(-2,\ -\frac{1}{4}\pi\right)$, $(-1,\ 1)$, $(1,\ -4\pi)$, $\left(\sqrt{3},\ -\frac{7}{6}\pi\right)$, $\left(-2,\ \frac{1}{4}\pi\right)$, $\left(-1,\ -\frac{1}{2}\pi\right)$인 점들을 찍어서 나타내어라.

4. 극좌표가 $\left(3,\ \frac{9}{4}\pi\right)$, $\left(-2,\ \frac{1}{2}\pi\right)$, $\left(-2,\ -\frac{1}{3}\pi\right)$, $(-1,\ -1)$, $(1,\ -7\pi)$, $\left(-3,\ -\frac{1}{6}\pi\right)$, $\left(-2,\ -\frac{1}{2}\pi\right)$, $\left(3,\ -\frac{33}{2}\pi\right)$인 점들을 찍어서 나타내어라.

5. 다음 극좌표를 가지는 점을 찍어서 나타내어라. 각각의 점에 대해서, 다른 네 쌍의 극좌표를 제시하되, 둘은 r이 양수, 둘은 r이 음수가 되도록 하여라.

(a) $\left(1,\ \frac{1}{2}\pi\right)$ (b) $\left(-1,\ \frac{1}{4}\pi\right)$

(c) $\left(\sqrt{2},\ -\frac{1}{3}\pi\right)$ (d) $\left(-\sqrt{2},\ \frac{5}{2}\pi\right)$

6. 다음 극좌표를 가지는 점을 찍어서 나타내어라. 각각의 점에 대해서, 다른 네 쌍의 극좌표를 제시하되, 둘은 r이 양수, 둘은 r이 음수가 되도록 하여라.

(a) $\left(3\sqrt{2},\ \frac{7}{2}\pi\right)$ (b) $\left(-1,\ \frac{15}{4}\pi\right)$

(c) $\left(-\sqrt{2},\ -\frac{2}{3}\pi\right)$ (d) $\left(-2\sqrt{2},\ \frac{29}{2}\pi\right)$

7. 문제 5의 점들의 직교좌표를 구하여라.

8. 문제 6의 점들의 직교좌표를 구하여라.

9. 주어진 직교좌표를 가지는 점의 극좌표를 구하여라.

(a) $(3\sqrt{3},\ 3)$ (b) $(-2\sqrt{3},\ 2)$

(c) $(-\sqrt{2},\ -\sqrt{2})$ (d) $(0,\ 0)$

10. 주어진 직교좌표를 가지는 점의 극좌표를 구하여라.

(a) $(-3/\sqrt{3},\ 1/\sqrt{3})$ (b) $(-\sqrt{3}/2,\ \sqrt{3}/2)$

(c) $(0,\ -2)$ (d) $(3,\ -4)$

문제 11~16에서 주어진 직교좌표 방정식의 그래프를 그리고, 그것의 극방정식을 구하여라.

11. $x-3y+2=0$

12. $x=0$

13. $y=-2$

14. $x-y=0$

15. $x^2+y^2=4$

16. $x^2=4py$

문제 17~22에서 주어진 극방정식의 그래프의 직교좌표 방정식을 구하여라.

17. $\theta=\frac{1}{2}\pi$

18. $r=3$

19. $r\cos\theta+3=0$

20. $r-5\cos\theta=0$

21. $r\sin\theta-1=0$

22. $r^2-6r\cos\theta-4r\sin\theta+9=0$

문제 23~36에서 주어진 극방정식이 어떤 종류의 곡선인지 말하여라. 원뿔곡선이면 이심률을 구하여라. 그래프를 그려라.

23. $r=6$

24. $\theta=\frac{2\pi}{3}$

25. $r=\frac{3}{\sin\theta}$

26. $r=\frac{-4}{\cos\theta}$

27. $r=4\sin\theta$

28. $r=-4\cos\theta$

29. $r=\frac{4}{1+\cos\theta}$

30. $r=\frac{4}{1+2\sin\theta}$

31. $r=\frac{6}{2+\sin\theta}$

32. $r=\frac{6}{4-\cos\theta}$

33. $r=\frac{4}{2+2\cos\theta}$

34. $r=\frac{4}{2+2\cos(\theta-\pi/3)}$

35. $r=\frac{4}{\frac{1}{2}+\cos(\theta-\pi)}$

36. $r=\frac{4}{3\cos(\theta-\pi/3)}$

37. 중심이 $(c,\ \alpha)$이고 반지름이 a인 원의 극방정식은 $r^2+c^2-2rc\cos(\theta-\alpha)=a^2$임을 밝혀라.

38. 극방정식 $r=a\sin\theta+b\cos\theta$는 원을 나타냄을 보이고, 중심과 반지름을 구하여라.

39. 일반적인 원뿔곡선 $r=ed/[1+e\cos(\theta-\theta_0)$의 통경의 길이를 e와 d를 써서 나타내어라.

40. 타원 $r=ed/[1+e\cos(\theta-\theta_0)$의 초점으로부터 최소 거리와 최대거리(**각각 근일점**과 **원일점**임)가 r_1과 r_2라고 하자. 다음을 보여라.

(a) $r_1=ed/(1+e)$, $r_2=ed/(1-e)$,

(b) 장지름$=2ed/(1-e^2)$, 단지름$=2ed/\sqrt{1-e^2}$

41. 소행성 이카루스(Icarus)의 궤도의 근일점과 원일점은 각각 1700만 마일, 1억 8300만 마일이다. 이 타원 궤도의 이심률은 얼마인가?

42. 태양의 둘레를 도는 지구의 궤도는 타원이며, 이심률 0.0167, 장지름 1억 8580만 마일이다. 근일점을 구하여라.

43. 어떤 혜성이 태양을 초점으로 하여 포물선 궤도를 그린다. 혜성이 태양으로부터 1억 마일 떨어져 있을 때, 포물선의 축과, 태양으로부터 혜성으로 가는 광선이 만드는 각은 (근일점에서 태양으로, 태양으로부터 혜성으로 선분들을 그어서 잼) 120°이다. 혜성은 태양에 얼마나 가까이 가게 되는가?

44. 매우 길쭉한 타원 (e가 1에 매우 가까움) 궤도를 가지는 혜성의 위치를 두 번 측정하였다. 고정된 극축에 대한 (태양이 초점에 놓여 있지만, 극축은 타원의 축이 아님) 궤도의 두 지점은 $(4,\ \pi/2)$와 $(3,\ \pi/4)$이다. 여기서 거리는 천문 단위로 1AU≈9300만 마일. 궤도가 태양에 가까운 부분에서는 $e=1$이라 가정하자. 그러면 궤도는 방정식 $r=d/[1+\cos(\theta-\theta_0)]$로 주어진다.

(a) 두 지점이 d와 θ_0에 대해서 두 개의 조건을 주게 된다. 이것들을 사용하여, $4.24\cos\theta_0-3.76\sin\theta_0-2=0$임을 밝혀라.

(b) 뉴턴 방법으로 θ_0을 구하여라.

(c) 혜성은 태양에 얼마나 가까이 가게 되는가?

CAS **45.** 극방정식 $r=f(t)$의 그래프를 그리기 위하여, 매개변수 방정식의 그래프를 그리는 도구를 사용하려면, 이 방정식 대신에 $x=f(t)\cos t$와 $y=f(t)\sin t$를 써야 한다. 방정식 $r=f(t)$의 양변에 $\cos t$를 곱하면 전자의 방정식이, 그리고 $\sin t$를 곱하면 후자의 방정식이 나온다. $r=4e/(1+e\cos t)$의 그래프를 $e=0.1,\ 0.5,\ 0.9,\ 1,\ 1.1,\ 1.3$에 대해서 구간 $[-\pi,\ \pi]$에서 그리고, 본문에서 원뿔곡선에 대해 논한 것을 확인해 보아라.

개념 복습 해답: **1.** 한없이 많은 **2.** $r\cos\theta$; $r\sin\theta$; r^2 **3.** 원, 직선 **4.** 원뿔곡선

10.6 극방정식의 그래프

앞 절에서 다룬 극방정식들은 친숙한 그래프들이었다. 즉 직선, 원, 원뿔곡선이 주로 나왔다. 이제 좀 더 색다른 그래프들을 살펴본다. 심장형, 리마송, 연주형, 장미, 나선이 그러한 것들이다. 이러한 곡선들의 극방정식들은 사실 간단한 형태이다. 그러나 그것에 대응하는 직교좌표 방정식은 매우 복잡하다. 그러므로 좌표계를 하나 더 가지고 있으면 이렇게 편리해진다. 어떤 곡선들은 한 좌표계에서 간단한 방정식들을 가지고, 다른 곡선들은 다른 좌표계에서 간단한 방정식들을 가진다. 뒤에 가서, 어떤 문제를 풀 때 그에 적당한 좌표계를 선택하여 그 이점을 활용한다.

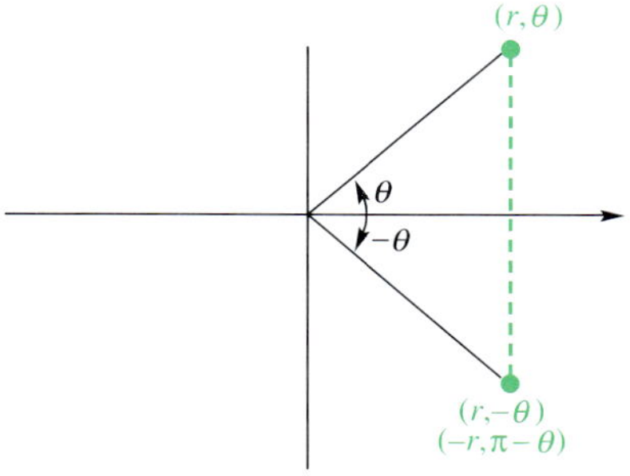

그림 1

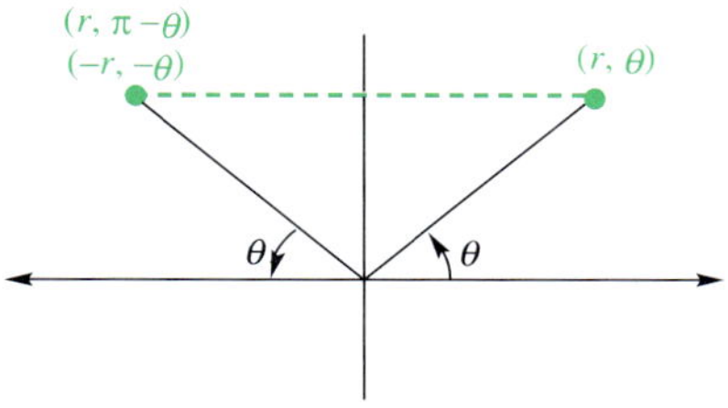

그림 2

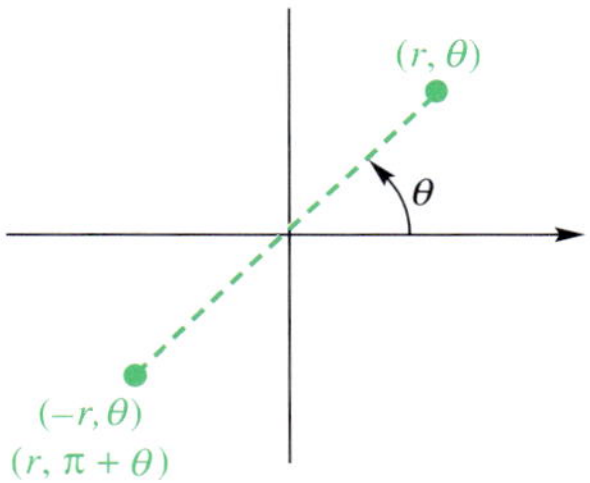

그림 3

대칭성을 잘 알면, 그래프를 이해하는 데 도움이 된다. 아래의 세 가지 판정법은, 극좌표계에서 대칭이기 위한 충분조건이다. 옆의 그림을 보면, 쉽게 이해할 수 있을 것이다.

1. (r, θ) 대신에 $(r, -\theta)$ 또는 $(-r, \pi-\theta)$를 넣어도 같은 방정식이 되면, 극방정식의 그래프는 x축(극축)에 대해서 대칭이다(그림 1).
2. (r, θ) 대신에 $(-r, -\theta)$ 또는 $(r, \pi-\theta)$를 넣어도 같은 방정식이 되면, 극방정식의 그래프는 y축(직선 $\theta=\pi/2$)에 대해서 대칭이다(그림 2).
3. (r, θ) 대신에 $(-r, \theta)$ 또는 $(r, \pi+\theta)$를 넣어도 같은 방정식이 되면, 극방정식의 그래프는 원점(극)에 대해서 대칭이다(그림 3).

극좌표계에서는 점들을 나타내는 방법이 여러 가지이기 때문에, 이 세 가지 조건을 만족하지 않더라도 대칭이 될 수 있다(연습문제 39 참조).

심장형과 리마송 다음 형태의 방정식들을 살펴본다.

$$r=a\pm b\cos\theta \qquad r=a\pm b\sin\theta$$

여기서 a와 b는 양수이다. 이들의 그래프를 **리마송**(limaçons)이라 부르며, $a=b$인 특별한 경우를 **심장형**(cardioid)이라 부른다. 전형적인 그래프들을 그림 4에 그려 놓았다.

예제 1 방정식 $r=2+4\cos\theta$의 대칭성을 확인하고, 그래프를 그려라.

풀 이 코사인 함수는 우함수이므로($\cos(-\theta)=\cos\theta$), 그래프는 x축에 대해서 대칭이다. 다른 대칭 판정법은 만족하지 않는다. 값들의 표와 그래프를 그림 5에 제시해 놓았다. ■

그림 4

θ	r
0	6
π/6	5.5
π/3	4
π/2	2
7π/12	1.0
2π/3	0
3π/4	–0.8
5π/6	–1.5
π	–2

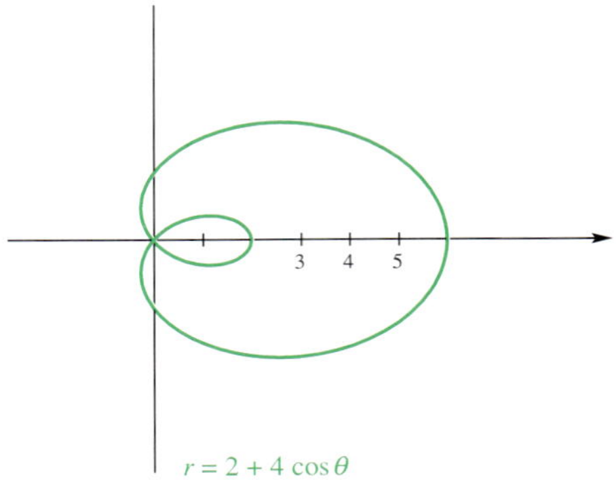

그림 5

연주형 방정식

$$r^2 = \pm a\cos 2\theta, \qquad r^2 = \pm a\sin 2\theta$$

의 그래프는 8자 모양의 곡선이며, **연주형** 또는 **렘니스케이트**(lemniscate)라 부른다.

예제 2 방정식 $r^2 = 8\cos 2\theta$의 대칭성을 확인하고, 그래프를 그려라.

풀 이 $\cos(-2\theta) = \cos 2\theta$이고,

$$\cos[2(\pi - \theta)] = \cos(2\pi - 2\theta) = \cos(-2\theta) = \cos 2\theta$$

이므로, 그래프는 두 축에 관해서 대칭이다. 그러므로 원점에 대해서도 대칭임이 명백하다. 값들의 표와 그래프를 그림 6에 제시해 놓았다.

θ	r
0	±2.8
π/12	±2.6
π/6	±2
π/4	0

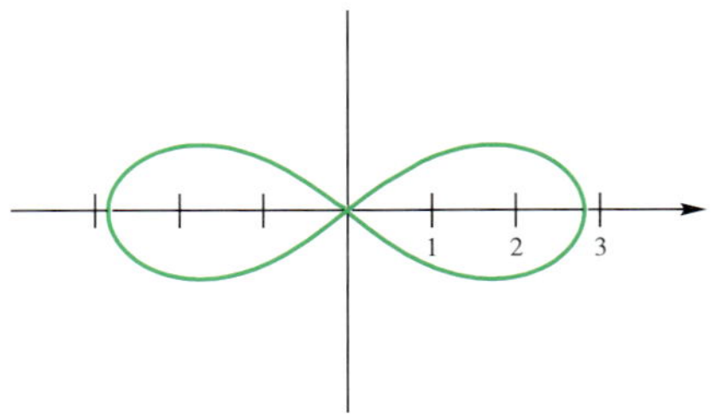

그림 6

■

장미 극방정식이

$$r = a\cos n\theta, \qquad r = a\sin n\theta$$

형태의 그래프는 꽃잎 모양의 곡선이 되며, **장미**(rose)라고 부른다. n이 홀수인 경우는 n개의 꽃잎을 가지고, n이 짝수인 경우는 $2n$개의 꽃잎을 가진다.

예제 3 방정식 $r = 4\sin 2\theta$의 대칭성을 확인하고, 그래프를 그려라.

풀 이 $r = 4\sin 2\theta$는 세 가지 대칭 판정법을 모두 만족함을 확인해 보기 바란다. 예를 들어

$$\sin 2(\pi-\theta)=\sin(2\pi-2\theta)=-\sin 2\theta$$

이므로, $(r,\ \theta)$ 대신에 $(-r,\ \pi-\theta)$를 넣어도 같은 방정식이 되며, 따라서 판정법 1을 만족한다.

구간 $0\le\theta\le\pi/2$에 속하는 값들은 많이 잡았으며, 구간 $\pi/2\le\theta\le 2\pi$에 속하는 값들은 대충 듬성듬성 잡아서, 그림 7의 표를 만들었다. 그리고 대응하는 그래프를 그려 놓았다. 곡선에 나오는 화살표들은, θ가 0에서 2π로 증가할 때 $P(r,\ \theta)$가 움직이는 방향을 나타낸다.

θ	r	θ	r
0	0	2π/3	–3.5
π/12	2	5π/6	–3.5
π/8	2.8	π	0
π/6	3.5	7π/6	3.5
π/4	4	4π/3	3.5
π/3	3.5	3π/2	0
3π/8	2.8	5π/3	–3.5
5π/12	2	11π/6	–3.5
π/2	0	2π	0

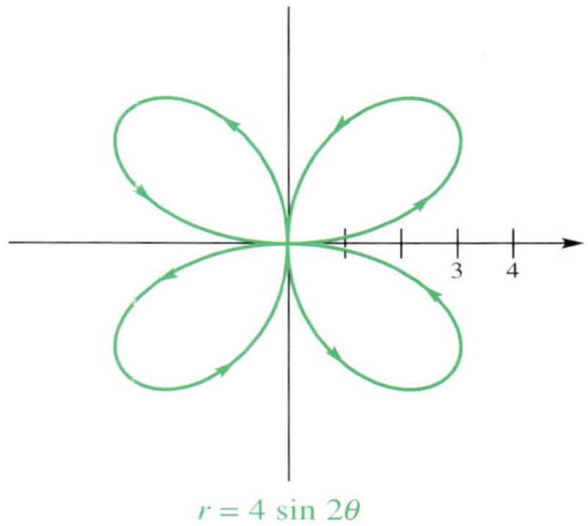

그림 7 ■

나선 $r=a\theta$의 그래프를 **아르키메데스의 나선**(spiral of Archimedes)이라 부르며, $r=ae^{b\theta}$의 그래프를 **로그나사선**(logarithmic spiral)이라 부른다.

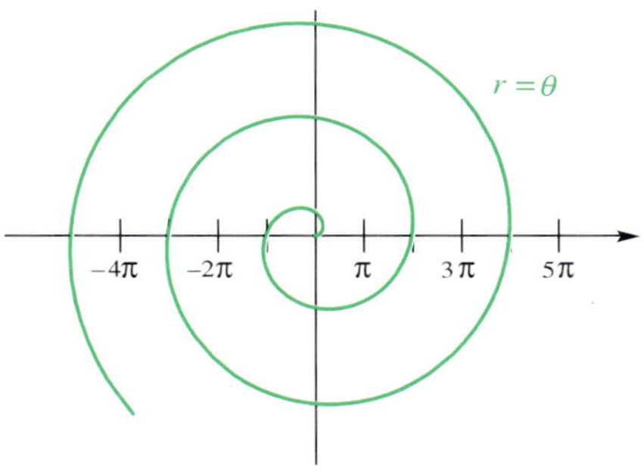

그림 8

예제 4 $r=\theta,\ \theta\ge 0$의 그래프를 그려라.

풀 이 값들의 표는 생략하였다. 그렇지만 그림 8에서와 같이 그래프는 극축과 $(0,\ 0)$, $(2\pi,\ 2\pi)$, $(4\pi,\ 4\pi)$, ... 에서 만나고, 극축을 왼쪽으로 늘인 것과 $(\pi,\ \pi)$, $(3\pi,\ 3\pi)$, $(5\pi,\ 5\pi)$, ... 에서 만남을 주목하기 바란다. ■

극좌표계에서 곡선들의 교점 직교좌표계에서는, 두 곡선들의 교점을 모두 구하려면, 그 곡선들의 방정식들을 (연립으로) 동시에 풀기만 하면 된다. 그러나 극좌표계에서는, 항상 이렇게 구할 수 있는 것이 아니다. 왜냐 하면 한 점 P가 여러 개의 극좌표를 가지므로, 하나의 극좌표가 한 곡선의 극방정식을 만족하고, 다른 어떤 극좌표가 또 다른 곡선의 극방정식을 만족할 수 있기 때문이다. 예를 들어 (그림 9 참조), 원 $r=4\cos\theta$는 직선 $\theta=\pi/3$와 두 점에서, 즉, 극과 $(2,\ \pi/3)$에서 교차한다. 그렇지만 점 $(2,\ \pi/3)$만이 두 방정식의 공통 해이다. 그 이유는 극의 좌표들 중에 직선의 방정식을 만족하는 것은 $(0,\ \pi/3)$이고, 원의 방정식을 만족하는 것은 $(0,\ \pi/2+n\pi)$이기 때문이다.

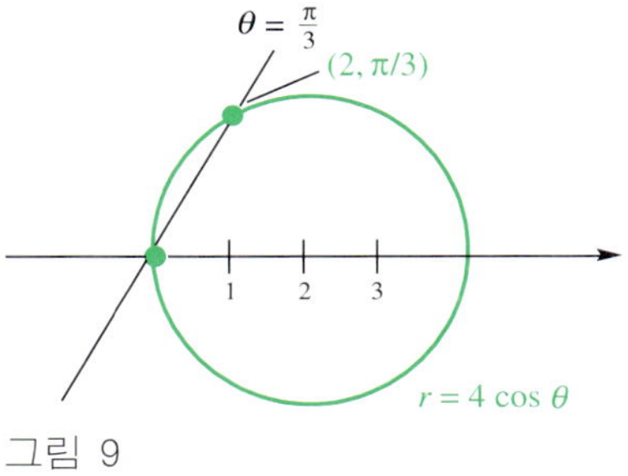

그림 9

이제 결론을 내린다. 극방정식으로 주어진 두 곡선의 교점을 모두 찾으려면, 먼저 방정식들을 (연립으로) 동시에 푼다. 그 다음에 두 방정식의 그래프를 그린 후 혹시 다른 교점이 있는지 살펴보아야 한다.

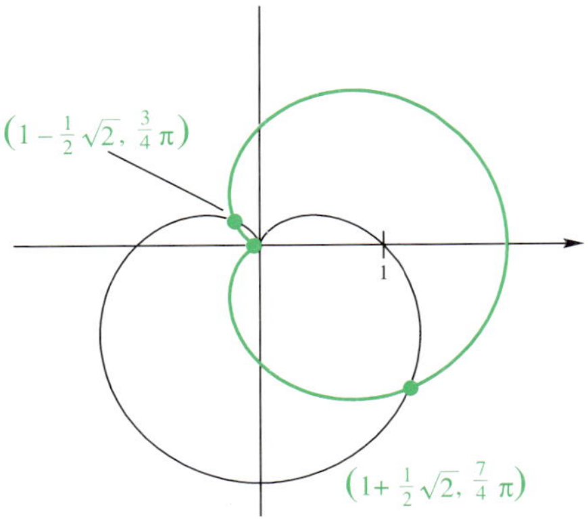

그림 10

예제 5 두 심장형 $r=1+\cos\theta$, $r=1-\sin\theta$의 교점들을 찾아라.

풀 이 두 방정식에서 r을 없애고 같다고 놓으면, 방정식 $1+\cos\theta=1-\sin\theta$를 얻는다. 따라서 $\cos\theta=-\sin\theta$ 즉, $\tan\theta=-1$. 그러므로 $\theta=\frac{3}{4}\pi$ 또는 $\theta=\frac{7}{4}\pi$라는 결론이 나오며, 이것들로부터 두 개의 교점 $\left(1-\frac{1}{2}\sqrt{2}, \frac{3}{4}\pi\right)$와 $\left(1+\frac{1}{2}\sqrt{2}, \frac{7}{4}\pi\right)$를 얻는다. 그렇지만 그림 10의 그래프를 보면, 세 번째 교점을 놓쳤음을 알 수 있다. 그것은 바로 극이다. 이것을 빠뜨린 까닭은 방정식 $r=1+\cos\theta$는 $\theta=\pi$일 때 $r=0$인데, 방정식 $r=1-\sin\theta$는 $6=\pi/2$일 때 $r=0$이기 때문이다. ■

개념 복습

1. $r=3+2\cos\theta$의 그래프는 ______이다.
2. $r=2+2\cos\theta$의 그래프는   이다.
3. $r=4\sin n\theta$의 그래프는 ______인데, n이 ______인 경우는 n개의 잎을, n이 ______인 경우는 $2n$개의 잎을 가진다.
4. $r=\theta/3$의 그래프는 ______이다.

연습문제 10.6

문제 1~32에서 주어진 극방정식의 그래프를 그리고, 대칭성을 확인하여라(예제 1-3 참조).

1. $\theta^2-\pi^2/16=0$
2. $(r-3)\left(\theta-\frac{\pi}{4}\right)=0$
3. $r\sin\theta+4=0$
4. $r=-4\sec\theta$
5. $r=2\cos\theta$
6. $r=4\sin\theta$
7. $r=\dfrac{2}{1-\cos\theta}$
8. $r=\dfrac{4}{1+\sin\theta}$
9. $r=3-3\cos\theta$ (심장형)
10. $r=5-5\sin\theta$ (심장형)
11. $r=1-\sin\theta$ (심장형)
12. $r=\sqrt{2}-\sqrt{2}\sin\theta$ (심장형)
13. $r=1-2\sin\theta$ (리마송)
14. $r=4-3\cos\theta$ (리마송)
15. $r=2-3\sin\theta$ (리마송)
16. $r=5-3\cos\theta$ (리마송)
17. $r^2=4\cos 2\theta$ (연주형)
18. $r^2=9\sin 2\theta$ (연주형)
19. $r^2=-9\cos 2\theta$ (연주형)
20. $r^2=-16\cos 2\theta$ (연주형)
21. $r=5\cos 3\theta$ (세 잎 장미)
22. $r=3\sin 3\theta$ (세 잎 장미)
23. $r=6\sin 2\theta$ (네 잎 장미)
24. $r=4\cos 2\theta$ (네 잎 장미)
25. $r=7\cos 5\theta$ (다섯 잎 장미)
26. $r=3\sin 5\theta$ (다섯 잎 장미)
27. $r=\frac{1}{2}\theta$, $\theta\geq 0$ (아르키메데스의 나선)
28. $r=2\theta$, $\theta\geq 0$ (아르키메데스의 나선)
29. $r=e^{\theta}$, $\theta\geq 0$ (로그나사선)
30. $r=e^{\theta/2}$, $\theta\geq 0$ (로그나사선)
31. $r=\frac{2}{\theta}$, $\theta\geq 0$ (역수 나선)
32. $r=-\frac{1}{\theta}$, $\theta\geq 0$ (역수 나선)

문제 33~38에서 주어진 곡선들을 그리고, 교점들을 구하여라.

33. $r=6,\ r=4+4\cos\theta$ **34.** $r=1-\cos\theta,\ r=1+\cos\theta$

35. $r=3\sqrt{3}\cos\theta,\ r=3\sin\theta$ **36.** $r=5,\ r=\dfrac{5}{1-2\cos\theta}$

37. $r=6\sin\theta,\ r=\dfrac{6}{1+2\sin\theta}$ **38.** $r^2=4\cos 2\theta,\ r=2\sqrt{2}\sin\theta$

39. 본문에 나오는 대칭 판정법은 대칭이기 위한 충분조건이며, 필요조건은 아니다. 극방정식 $r=f(\theta)$의 그래프가 y축에 대해 대칭이 되지만, $(r,\ \theta)$ 대신에 $(-r,\ -\theta)$ 또는 $(r,\ \pi-\theta)$를 넣으면 동치인 방정식이 되지 않는 예를 제시하여라.

40. a와 b는 고정된 양수들이라고 하자. 선분 AP는 (0, 0)을 지나는 직선의 일부분으로, 점 A는 직선 $x=a$에 놓여 있고, $|AP|=b$라고 하자. 이 때 점 P의 집합을 **콘코이드**(conchoid)라 부른다. 이것의 극방정식과 직교좌표 방정식을 구하고, 그래프를 그려라.

41. F와 F'는 고정된 점들로서, 극좌표가 각각 $(a,\ 0)$, $(-a,\ 0)$이다. $|PF||PF'|=a^2$을 만족하는 점 P의 집합의 극방정식을 구하면, 이것이 연주형임을 밝혀라.

42. 길이 $2a$인 선분 L의 양 끝점이 각각 x축, y축에 놓여 있다. 점 P는 선분 L에 놓여 있으며, OP가 L과 직교한다. 이 조건을 만족하는 점 P의 집합의 극방정식을 구하면, 이것이 네 잎 장미임을 밝혀라.

43. 다음 직교좌표 방정식이 그리는 곡선의 극방정식을 구하여라.

(a) $y=45$ (b) $x^2+y^2=36$

(c) $x^2-y^2=1$ (d) $4xy=1$

(e) $y=3x+2$ (f) $3x^2+4y=2$

(g) $x^2+2x+4y^2-4y-25=0$

컴퓨터와 그래프 계산기를 사용하여, $r=f(\theta)$ 형태의 극방정식의 그래프를 그려 보는 것은 좋은 경험이 될 것이다. 방정식을 매개변수 방정식 형태로 표현해 주어야 하는 경우도 있다. $x=r\cos\theta=f(\theta)\cos\theta$이고 $y=r\sin\theta=f(\theta)\sin\theta$이니, 매개변수 방정식 $x=f(t)\cos t$와 $y=f(t)\sin t$의 그래프를 그리도록 하면 된다.

GC **44.** 그래프 계산기 또는 컴퓨터의 매개변수 방정식의 그래프를 그리는 기능을 사용하여, $r=\cos(8\theta/5)$의 그래프를 그려라. θ의 알맞은 정의역을 결정해 주어야 한다. $\theta=0$에서 시작한다고 가정하고, 곡선을 한 번 완전히 그리고 그것을 되풀이하기 시작하는 값 θ를 찾아야 한다. 올바른 정의역은 $0\le\theta\le 10\pi$임을 보여라.

45. 다음 극방정식에 대응하는 그래프를 그림 11의 I-VIII에서 찾고, 그렇게 되는 이유를 제시하여라.

(a) $r=\cos(\theta/2)$ (b) $r=\sec(3\theta)$

(c) $r=2-3\sin(5\theta)$ (d) $r=1-2\sin(5\theta)$

(e) $r=3+2\cos\theta$ (f) $r=\theta\cos\theta$

(g) $r=1/\theta^{3/2}$ (h) $r=2\cos 3\theta$

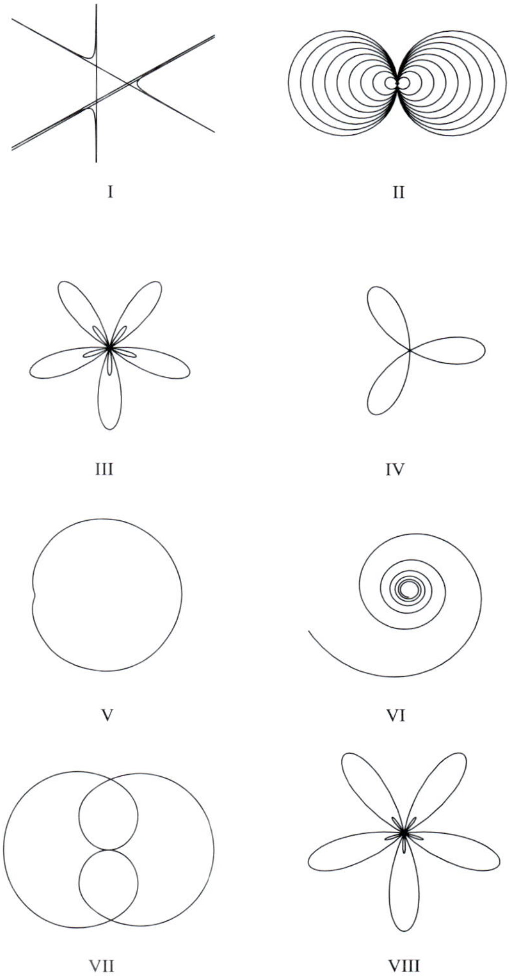

그림 11

GC 문제 46~49에서 컴퓨터 또는 그래프 계산기를 사용하여, 주어진 방정식의 그래프를 그려라. 그래프 전체를 그리도록 매개변수의 구간을 충분히 크게 잡아라.

46. $r=\sqrt{1-0.5\sin^2\theta}$ **47.** $r=\cos(13\theta/5)$

48. $r=\sin(5\theta/7)$ **49.** $r=1+3\cos(\theta/3)$

GC EXPL **50.** 극방정식의 그래프들은 회전에 의해서 서로 관련이 있는 경우가 많다. 그 개념을 여기에서 연구해 보자.

(a) $r=1+\sin(\theta-\pi/3)$의 그래프와 $r=1+\sin(\theta+\pi/3)$의 그래프는 $r=1+\sin\theta$의 그래프와 어떤 관계가 있는가?

(b) $r=1+\sin\theta$의 그래프는 $r=1-\sin\theta$의 그래프와 어떤 관계가 있는가?

(c) $r=1+\sin\theta$의 그래프는 $r=1+\cos\theta$의 그래프와 어떤

관계가 있는가?

(d) $r=f(\theta)$의 그래프는 $r=f(\theta-\alpha)$의 그래프와 어떤 관계가 있는가?

GC EXPL **51.** $r=a+b\cos(n(\theta+\phi))$로 주어진 곡선들을 조사해 보자. 여기서 a, b, ϕ는 실수들이고, n은 양의 정수이다. 다음 질문들에 답할 때, 충분히 많은 개수의 그래프들을 그려 보아서, 결론에 대한 이유를 말하여라.

(a) $\phi=0$인 경우의 그래프는 $\phi\neq0$인 경우의 그래프와 어떤 관계가 있는가?

(b) n이 증가하면 그래프는 어떻게 변화하는가?

(c) a와 b의 상대적 크기와 부호는 그래프의 특성을 어떻게 바꾸는가?

52. 극방정식 $r=|\cos n\theta|$로 주어진 곡선들을 조사해 보자. 여기서 n은 어떤 양의 정수이다. 잎의 개수는 n에 따라서 어떻게 되는가?

53. 극방정식을 사용하여, 여러 가지 다른 나선들을 나타낼 수 있다. 시계 방향으로 풀리는 나선도 있고, 반시계 방향으로 풀리는 나선도 있다. 아르키메데스의 나선 $r=c\theta$가 시계 방향으로 풀리기 위한 c의 조건, 반시계 방향으로 풀리기 위한 c의 조건을 구하여라.

54. $r=c/\theta$로 주어진 역수 나선의 그래프를 그려라. $c>0$인 경우, 이것은 시계 방향으로 풀리는가?

55. 다음 극방정식들의 그래프가 그림 12이다. 각각의 방정식과 그래프를 짝지어라.

(a) $r=\sin 3\theta+\sin^2 2\theta$ (b) $r=\cos 2\theta+\cos^2 4\theta$

(c) $r=\sin 4\theta+\sin^2 5\theta$ (d) $r=\cos 2\theta+\cos^2 3\theta$

(e) $r=\cos 4\theta+\cos^2 4\theta$ (f) $r=\sin 4\theta+\sin^2 4\theta$

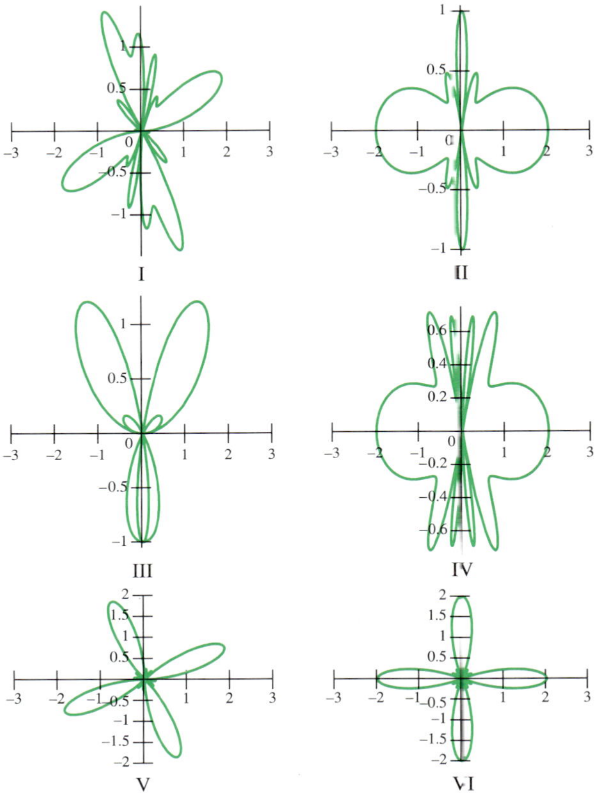

그림 12

개념 복습 해답: **1.** 리마송 **2.** 심장형 **3.** 장미, 홀수, 짝수 **4.** 나선

10.7 극좌표계에서의 미적분학

미적분학에서 가장 기본이 되는 두 문제는 접선의 기울기와 곡선으로 둘러싸인 영역의 넓이를 구하는 것이다. 이 절에서는 이 두 문제를 극좌표계에서 다루도록 한다. 넓이 문제는 이 책의 뒷부분에서 매우 중요한 역할을 하기 때문에, 넓이 문제를 먼저 공부한다.

직교좌표계에서, 넓이 문제를 풀 때 기본이 되는 구성 요소는 직사각형이다. 극좌표계에서는 원의 부채꼴(그림 1에 나오는, 피자 조각같은 영역)이 기본이 된다. 원의 넓이는 πr^2이므로, 중심각의 크기가 θ 라디안인 부채꼴의 넓이는 $(\theta/2\pi)\pi r^2$임을 알 수 있다. 즉,

$$\text{부채꼴의 넓이:}\quad A=\frac{1}{2}r^2\theta$$

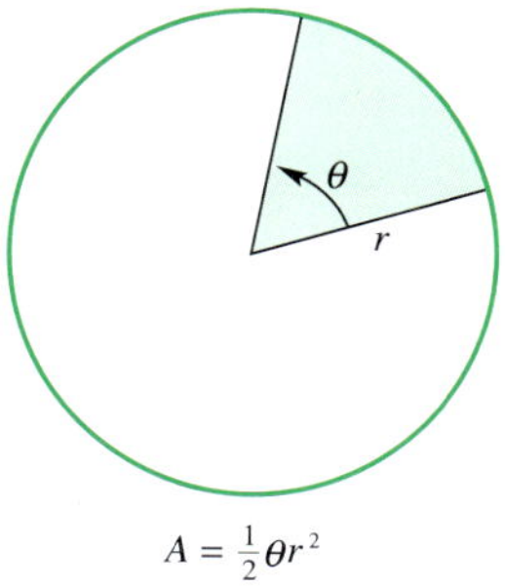

그림 1

극좌표계에서의 넓이 극방정식 $r=f(\theta)$가 평면에서 어떤 곡선을 그린다고 하자. 여기서 $\beta-\alpha\leq 2\pi$이고, f는 구간 $\alpha\leq\theta\leq\beta$에서 음이 아닌 연속함수이다. 곡선 $r=f(\theta)$와 $\theta=\alpha$, $\theta=\beta$이 결정하는 영역 R에 대해(그림 2의 왼쪽), 넓이 $A(R)$을 구하려고 한다.

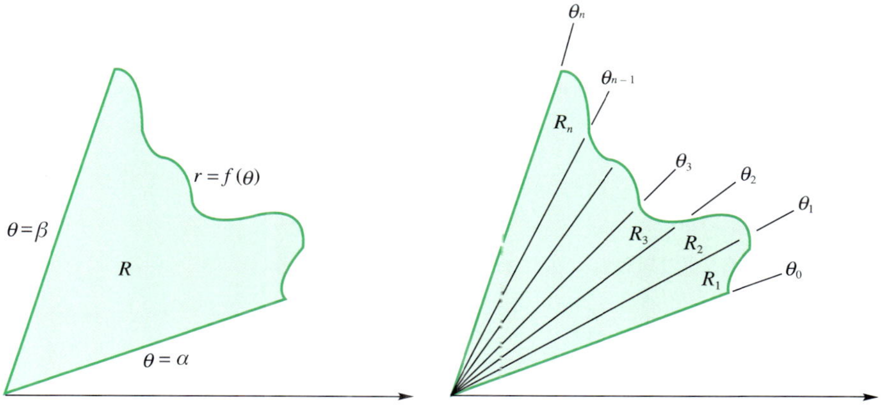

그림 2

구간 $[\alpha, \beta]$에서 수들 $\alpha=\theta_0<\theta_1<\theta_2<\cdots<\theta_n=\beta$를 취해서, 이 구간을 n개의 작은 구간들로 분할한다. 그래서 그림 2의 오른쪽에서와 같이 영역 R을 부챗살을 따라 잘라서, n개의 작은 영역들 R_1, R_2, ..., R_n으로 분할한다. 그러면 분명히, $A(R)=A(R_1)+A(R_2)+\cdots+A(R_n)$.

i번째 조각의 넓이 $A(R_i)$의 근사값을 구하자. 사실, 두 가지 방법으로 구할 것이다. i번째 구간 $[\theta_{i-1}, \theta_i]$에서, f는 최소값과 최대값을 가진다. 이를테면 u_i와 v_i에서 각각 최소값, 최대값을 가진다고 하자(그림 3). 이때 $\Delta\theta_i=\theta_i-\theta_{i-1}$이라면,

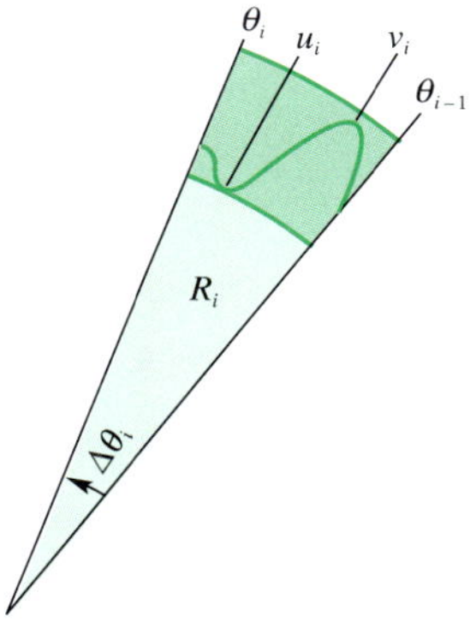

그림 3

$$\frac{1}{2}[f(u_i)]^2\Delta\theta_i\leq A(R_i)\leq\frac{1}{2}[f(v_i)]^2\Delta\theta_i$$

이들을 모두 더하면,

$$\sum_{i=1}^{n}\frac{1}{2}[f(u_i)]^2\Delta\theta_i\leq\sum_{i=1}^{n}A(R_i)\leq\sum_{i=1}^{n}\frac{1}{2}[f(v_i)]^2\Delta\theta_i$$

이 부등식의 첫째 식과 세번째 식은 같은 적분 $\int_\alpha^\beta\frac{1}{2}[f(\theta)]^2d\theta$의 리만 합들이다. 분할의 크기가 0으로 가도록 하면, 조임정리에 의해, 다음 넓이 공식을 얻는다.

$$A=\frac{1}{2}\int_\alpha^\beta[f(\theta)]^2d\theta$$

이 공식을 그냥 외워도 되지만, 그것보다는 이 공식을 이끌어 낸 과정을 기억해 두기 바란다. 사실 극좌표계에서의 넓이 문제도 잘게 자르고, 근사값을 구하고, 적분한다는 친숙한 과정을 적용하면 된다. 예제를 통해서 살펴보도록 하자.

등현점

원과 마찬가지로, 리마송은 등현점(equichordal point, 그 점을 지나는 모든 현들이 길이가 같음)을 가진다. 예제 1의 리마송 $r=2+\cos\theta$에 대해서, 극을 지나는 모든 현들의 길이는 4이다. 이 리마송의 넓이는 $9\pi/2$인데, 지름 4인 원의 넓이는 4π임을 주목하기 바란다. 즉, 한 점을 지나는 모든 현들의 길이가 같다고 해서, 넓이가 정해지지는 않는다.

1916년에 처음 제기되었고, 현재까지 미해결 상태인 문제를 소개한다. 한 평면영역이 두 개의 등현점을 가질 수 있는가? 이 문제에 대해서 답을 제시하면(그러한 영역의 예를 제시하거나, 아니면 그러한 영역이 존재하지 않음을 증명하거나), 단번에 매우 유명해질 것이다. 그러나 이런 어려운 문제에 매달리기 전에, 먼저 이 절의 연습문제들을 풀어 보기 바란다.

예제 1 리마송 $r=2+\cos\theta$의 내부 영역의 넓이를 구하여라.

풀 이 이것의 그래프가 그림 4이다. θ는 0에서 2π까지 변화함을 주목하기 바란다. 자르고, 근사값을 구하고 적분한다.

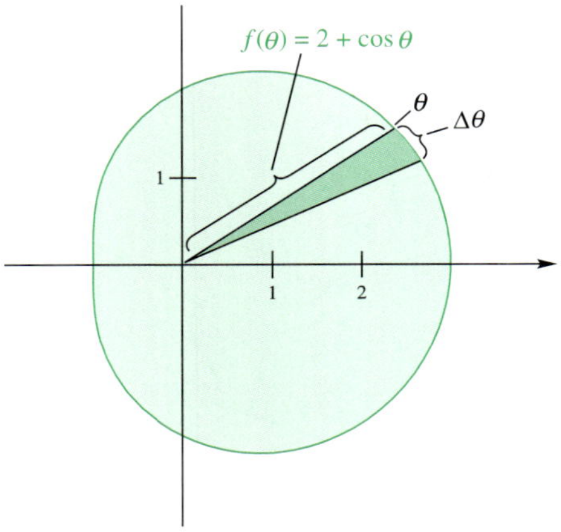

$$\Delta A \approx \frac{1}{2}[f(\theta)]^2\Delta\theta$$
$$A=\frac{1}{2}\int_0^{2\pi}(2+\cos\theta)^2 d\theta$$

그림 4

대칭이기 때문에, 0에서 π까지의 적분에 2를 곱하면 된다. 그러므로

$$\begin{aligned}
A&=\int_0^{\pi}(2+\cos\theta)^2 d\theta \\
&=\int_0^{\pi}(4+4\cos\theta+\cos^2\theta)\,d\theta \\
&=\int_0^{\pi}4\,d\theta+4\int_0^{\pi}\cos\theta\,d\theta+\frac{1}{2}\int_0^{\pi}(1+\cos 2\theta)\,d\theta \\
&=\int_0^{\pi}\frac{9}{2}d\theta+4\int_0^{\pi}\cos\theta\,d\theta+\frac{1}{4}\int_0^{\pi}\cos 2\theta\cdot 2\,d\theta \\
&=\left[\frac{9}{2}\theta\right]_0^{\pi}+[4\sin\theta]_0^{\pi}+\left[\frac{1}{4}\sin 2\theta\right]_0^{\pi} \\
&=\frac{9\pi}{2}
\end{aligned}$$

■

예제 2 네 잎 장미 $r=4\sin 2\theta$의 한 잎의 넓이를 구하여라.

≈ **풀 이** 앞 절 예제 3에서 이 장미 전체를 그렸다. 여기서는 1사분면의 잎만을 그려 놓았다(그림 5). 이 잎의 길이는 4이고, 폭은 1.5정도 될 것 같으므로, 넓이는 6정도 될 것이다. 정확한 넓이 A는 다음과 같다.

$$\Delta A \approx \frac{1}{2}[f(\theta)]^2\Delta\theta$$
$$A=\frac{1}{2}\int_0^{\pi/2}(4+\sin 2\theta)^2 d\theta$$

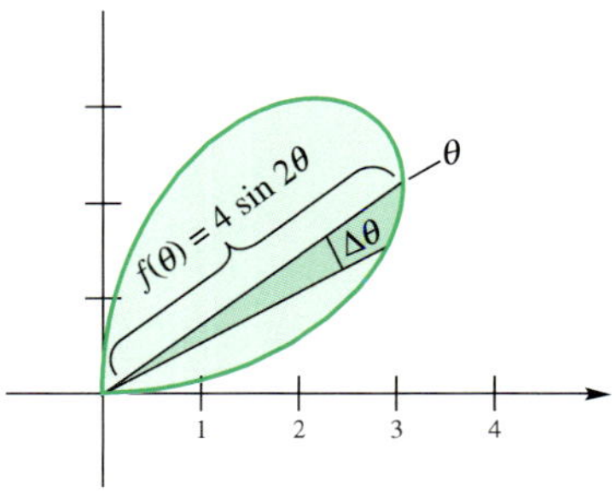

그림 5

$$\begin{aligned}
A&=\frac{1}{2}\int_0^{\pi/2}16\sin^2 2\theta\,d\theta \\
&=8\int_0^{\pi/2}\frac{1-\cos 4\theta}{2}\,d\theta \\
&=4\int_0^{\pi/2}d\theta-\int_0^{\pi/2}\cos 4\theta\cdot 4\,d\theta \\
&=[4\theta]_0^{\pi/2}-[\sin 4\theta]_0^{\pi/2}=2\pi
\end{aligned}$$

$$\Delta A \approx \frac{1}{2}[3\sin^2\theta-(1+\cos\theta)^2]\Delta\theta$$

$$A=\frac{1}{2}\int_{\pi/3}^{\pi}[3\sin^2\theta-(1+\cos\theta)^2]\,d\theta$$

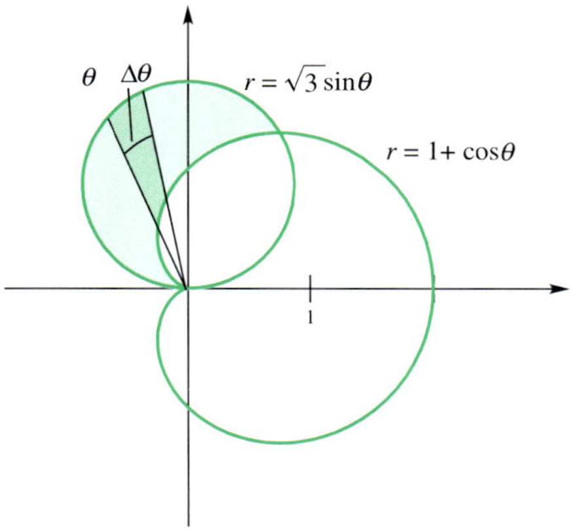

그림 6

예제 3 심장형 $r=1+\cos\theta$의 바깥과 원 $r=\sqrt{3}\sin\theta$의 안쪽에 있는 영역의 넓이를 구하여라.

풀 이 그림 6에 이 두 곡선을 그려 놓았다. 먼저 교점의 θ좌표를 구해야 한다. 두 방정식을 연립으로 푼다.

$$\begin{aligned}
1+\cos\theta&=\sqrt{3}\sin\theta\\
1+2\cos\theta+\cos^2\theta&=3\sin^2\theta\\
1+2\cos\theta+\cos^2\theta&=3(1-\cos^2\theta)\\
4\cos^2\theta+2\cos\theta-2&=0\\
2\cos^2\theta+\cos\theta-1&=0\\
(2\cos\theta-1)(\cos\theta+1)&=0\\
\cos\theta=\frac{1}{2}\ \text{또는}\ \cos\theta&=-1\\
\theta=\frac{\pi}{3}\ \text{또는}\ \theta&=\pi
\end{aligned}$$

이제 잘게 자른 후, 근사값을 구하고 적분한다.

$$\begin{aligned}
A&=\frac{1}{2}\int_{\pi/3}^{\pi}[3\sin^2\theta-(1+\cos\theta)^2]\,d\theta\\
&=\frac{1}{2}\int_{\pi/3}^{\pi}[3\sin^2\theta-1-2\cos\theta-\cos^2\theta]\,d\theta\\
&=\frac{1}{2}\int_{\pi/3}^{\pi}\left[\frac{3}{2}(1-\cos 2\theta)-1-2\cos\theta-\frac{1}{2}(1+\cos 2\theta)\right]d\theta\\
&=\frac{1}{2}\int_{\pi/3}^{\pi}[-2\cos\theta-2\cos 2\theta]\,d\theta\\
&=\frac{1}{2}[-2\sin\theta-\sin 2\theta]_{\pi/3}^{\pi}\\
&=\frac{1}{2}\left[2\frac{\sqrt{3}}{2}+\frac{\sqrt{3}}{2}\right]=\frac{3\sqrt{3}}{4}\approx 1.299
\end{aligned}$$

■

극좌표계에서의 접선 직교좌표계에서, 곡선에 대한 접선의 기울기 m은 $m=dy/dx$로 주어진다. 극좌표계에서 기울기 공식은 $dr/d\theta$가 아님을 즉시 알 수 있다. 방정식 $r=f(\theta)$가 곡선을 결정할 때, 다음과 같이 쓸 수 있다.

$$y=r\sin\theta=f(\theta)\sin\theta$$
$$x=r\cos\theta=f(\theta)\cos\theta$$

따라서

$$\frac{dy}{dx}=\lim_{\Delta x\to 0}\frac{\Delta y}{\Delta x}=\lim_{\Delta\theta\to 0}\frac{\Delta y/\Delta\theta}{\Delta x/\Delta\theta}=\frac{dy/d\theta}{dx/d\theta}$$

즉,

$$m=\frac{f(\theta)\cos\theta+f'(\theta)\sin\theta}{-f(\theta)\sin\theta+f'(\theta)\cos\theta}$$

$r=f(\theta)$의 그래프가 극을 지날 때는 이 공식이 매우 간단해진다. 예를 들어 어떤 각 α에 대해서, $r=f(\alpha)=0$이고, $f'(\alpha)\neq 0$이라고 하자. 그러면 (극에서) 기울기 m의 공식은

$$m=\frac{f'(\alpha)\sin\alpha}{f'(\alpha)\cos\alpha}=\tan\alpha$$

직선 $\theta=\alpha$의 기울기도 $\tan\alpha$이므로, 이 직선은 극에서 곡선에 접한다. 즉, 극에서의 접선을 구하려면, 방정식 $f(\theta)=0$을 풀면 된다. 다음 예제에서 이것을 보도록 하자.

예제 4 극방정식 $r=4\sin 3\theta$에 대해서,

(a) $\theta=\pi/6$와 $\theta=\pi/4$에서 접선의 기울기를 구하여라.

(b) 극에서의 접선들을 구하여라.

(c) 그래프를 그려라.

(d) 한 잎의 넓이를 구하여라.

풀 이

(a) $m=\dfrac{f(\theta)\cos\theta+f'(\theta)\sin\theta}{-f(\theta)\sin\theta+f'(\theta)\cos\theta}=\dfrac{4\sin 3\theta\cos\theta+12\cos 3\theta\sin\theta}{-4\sin 3\theta\sin\theta+12\cos 3\theta\cos\theta}$

$\theta=\pi/6$에서,

$$m=\frac{4\cdot 1\cdot\frac{\sqrt{3}}{2}+12\cdot 0\cdot\frac{1}{2}}{-4\cdot 1\cdot\frac{1}{2}+12\cdot 0\cdot\frac{\sqrt{3}}{2}}=-\sqrt{3}$$

$\theta=\pi/4$에서,

$$m=\frac{4\cdot\frac{\sqrt{2}}{2}\cdot\frac{\sqrt{2}}{2}-12\cdot\frac{\sqrt{2}}{2}\cdot\frac{\sqrt{2}}{2}}{-4\cdot\frac{\sqrt{2}}{2}\cdot\frac{\sqrt{2}}{2}-12\cdot\frac{\sqrt{2}}{2}\cdot\frac{\sqrt{2}}{2}}=\frac{2-6}{-2-6}=\frac{1}{2}$$

(b) $f(\theta)=4\sin 3\theta=0$으로 놓고 푼다. 그러면 $\theta=0,\ \theta=\pi/3,\ \theta=2\pi/3,\ \theta=\pi,$ $\theta=4\pi/3,\ \theta=5\pi/3.$

(c) 다음을 주목한다.

$$\begin{aligned}\sin 3(\pi-\theta)&=\sin(3\pi-3\theta)=\sin 3\pi\cos 3\theta-\cos 3\pi\sin 3\theta\\&=\sin 3\theta\end{aligned}$$

그러므로 y축에 대해서 대칭이다. 값들의 표를 만들어서 그래프를 그린 것이 그림 7이다.

θ	r
0	0
$\pi/12$	2.8
$\pi/6$	4
$\pi/4$	2.8
$\pi/3$	0
$5\pi/12$	−2.8
$\pi/2$	−4

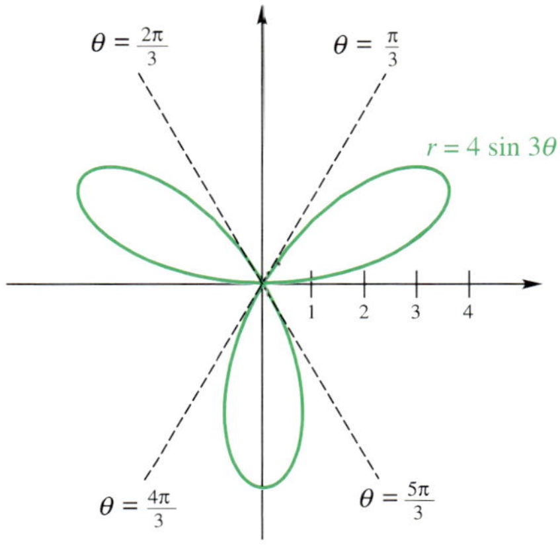

그림 7

(d) $A=\dfrac{1}{2}\displaystyle\int_0^{\pi/3}(4\sin 3\theta)^2 d\theta=8\int_0^{\pi/3}\sin^2 3\theta\, d\theta$

$$\begin{aligned}&=4\int_0^{\pi/3}(1-\cos 6\theta)\,d\theta=4\int_0^{\pi/3}d\theta-\frac{4}{6}\int_0^{\pi/3}\cos 6\theta\cdot 6\,d\theta\\&=\left[4\theta-\frac{2}{3}\sin 6\theta\right]_0^{\pi/3}=\frac{4\pi}{3}\end{aligned}$$

개념 복습

1. 반지름이 r이고 중심각이 θ 라디안인 부채꼴의 넓이 A의 공식은 $A=$______.

2. 위의 공식으로부터, $\theta=\alpha$와 $\theta=\beta$ 사이에서 곡선 $r=f(\theta)$로 둘러싼 영역의 넓이 A의 공식 $A=$______가 나온다.

3. 2의 공식으로부터, 심장형 $r=2+2\cos\theta$의 안쪽 영역의 넓이 A는 $A=$______로 나타낼 수 있다.

4. 극방정식 $r=f(\theta)$의 극에서의 접선을 구하려면, 방정식 ______을 풀면 된다.

연습문제 10.7

문제 1~10에서 주어진 방정식의 그래프를 그리고, 그것이 둘러싼 영역의 넓이를 구하여라.

1. $r=a,\ a>0$
2. $r=2a\cos\theta,\ a>0$
3. $r=2+\cos\theta$
4. $r=5+4\cos\theta$
5. $r=3-3\sin\theta$
6. $r=3+3\sin\theta$
7. $r=a(1+\cos\theta),\ a>0$
8. $r^2=6\cos 2\theta$
9. $r^2=9\sin 2\theta$
10. $r^2=a\cos 2\theta,\ a>0$

11. 리마송 $r=3-4\sin\theta$의 그래프를 그리고, 작은 고리의 영역의 넓이를 구하여라.

12. 리마송 $r=2-4\cos\theta$의 그래프를 그리고, 작은 고리의 영역의 넓이를 구하여라.

13. 리마송 $r=2-3\cos\theta$의 그래프를 그리고, 큰 고리의 영역의 넓이를 구하여라.

14. 네 잎 장미 $r=3\cos 2\theta$의 한 잎을 그리고, 그것이 둘러싼 영역의 넓이를 구하여라.

15. 세 잎 장미 $r=4\cos 3\theta$를 그리고, 그것이 둘러싼 영역의 넓이를 구하여라.

16. 세 잎 장미 $r=2\sin 3\theta$를 그리고, 그것이 둘러싼 영역의 넓이를 구하여라.

17. 두 개의 동심원 $r=7$과 $r=10$ 사이 영역의 넓이를 구하여라.

18. 원 $r=3\sin\theta$의 안쪽, 심장형 $r=1+\sin\theta$의 바깥 영역을 그리고, 그 넓이를 구하여라.

19. 원 $r=2$의 바깥, 연주형 $r^2=8\cos 2\theta$의 안쪽 영역을 그리고, 그 넓이를 구하여라.

20. 리마송 $r=3-6\sin\theta$를 그리고, 큰 고리의 안쪽, 작은 고리의 바깥 영역의 넓이를 구하여라.

21. 심장형 $r=3+3\cos\theta$의 안쪽, 심장형 $r=3+3\sin\theta$의 바깥으로 1사분면에 놓여 있는 영역을 그리고, 넓이를 구하여라.

22. 심장형 $r=2+2\sin\theta$의 안쪽, 심장형 $r=2+2\cos\theta$의 바깥으로 2사분면에 놓여 있는 영역을 그리고, 넓이를 구하여라.

23. $\theta=\pi/3$에서 다음 곡선의 접선의 기울기를 구하여라.
   (a) $r=2\cos\theta$ (b) $r=1+\sin\theta$
   (c) $r=\sin 2\theta$ (d) $r=4-3\cos\theta$

24. 심장형 $r=a(1+\cos\theta)$의 접선이 다음과 같이 되는 점을 모두 찾아라.
   (a) 수평 (b) 수직

25. 리마송 $r=1-2\sin\theta$에서 접선이 수평이 되는 점을 모두 찾아라.

26. $r=f(\theta)$라 하자. 여기서 f는 폐구간 $[\alpha, \beta]$에서 연속이라고 하자. 대응하는 극방정식의 $\theta=\alpha$에서 $\theta=\beta$까지 길이 L의 다음 공식을 이끌어 내어라.
$$L=\int_\alpha^\beta \sqrt{[f(\theta)]^2+[f'(\theta)]^2}\,d\theta$$

27. 문제 26의 공식을 사용하여, 심장형 $r=a(1+\cos\theta)$의 둘레 길이를 구하여라.

28. 로그나사선 $r=e^{\theta/2}$의 $\theta=0$에서 $\theta=2\pi$까지의 길이를 구하여라.

29. 장미 $r=a\cos n\theta$의 전체 넓이를 구하여라. 여기서 n은 양의 정수이다.

30. 스트로포이드(strophoid) $r=\sec\theta-2\cos\theta$의 그래프를 그리고, 고리의 넓이를 구하여라.

31. 두 원 $r=2a\sin\theta$와 $r=2b\cos\theta$를 생각한다. 여기서 a와 b는 양수이다.

(a) 두 원의 안쪽에 놓이는 영역의 넓이를 구하여라.

(b) 두 원은 직각으로 교차함을 보여라.

32. 질량이 m인 행성이 태양의 둘레를 도는데(태양은 극에 놓여 있음), 일정한 각운동량 $mr^2d\theta/dt$를 가진다고 하자. 케플러의 제 2 법칙을 이끌어 내어라: 태양으로부터 행성으로 그은 선분은 같은 시간 동안 같은 넓이를 그린다.

33. 염소 풀뜯기 문제 1 반지름 a인 연못의 가장자리에 말뚝을 박고, 길이 ka인 $(0<k\leq 2)$ 밧줄에다 염소를 묶어 놓았다. 이 절의 방법을 사용하여, 염소가 풀을 뜯을 수 있는 영역(그림 8의 어둡게 칠한 부분)의 넓이를 구하여라. 참고: 이 문제는 이미 풀어 보았다(6.8절 연습문제 77). 답이 일치해야 함은 물론이다.

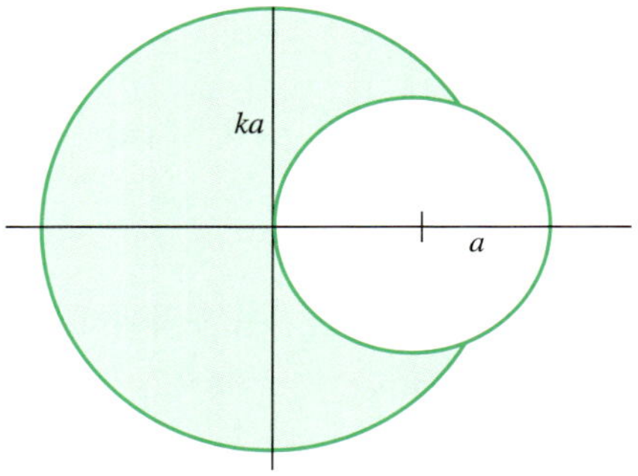

그림 8

34. 염소 풀뜯기 문제 2 문제 33을 다시 풀되, 연못 둘레에 울타리를 쳐 놓아서, 쐐기모양 부분 A의 풀을 뜯을 때, 밧줄이 울타리를 감싸게 된다고 가정한다(그림 9). 도움말: 자신이 있다면, 이 절의 방법으로 풀려고 해 보아라. 그러나 쉬운 길은, 쐐기모양 부분 A에서

$$\Delta A \approx \frac{1}{2}|PT|^2\Delta\phi$$

임을 주목하고, 적분의 리만 합을 구하여라. 정답은 $a^2(\pi k^2/2+k^3/3)$인데, 문제 35에서 이것이 필요하다.

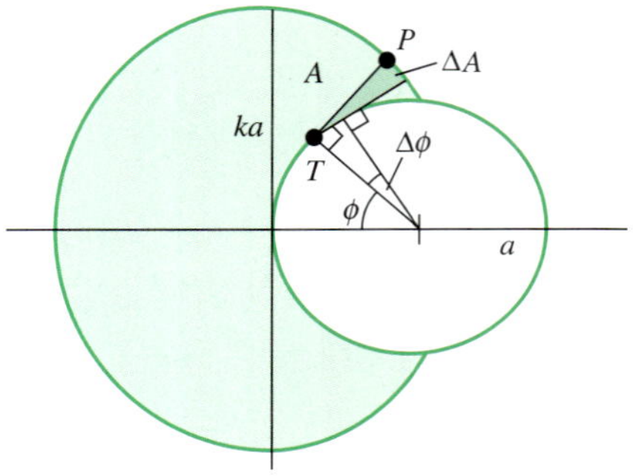

그림 9

C **35. 염소 풀뜯기 문제 3** 반지름 a인 원형 울타리 안에서 염소 한 마리가 마음껏 풀을 뜯고 있고, 다른 한 마리는 울타리 바깥에다 밧줄을 묶어 놓아서, 마치 문제 34에서처럼 풀을 뜯고 있다. 밧줄의 길이가 얼마여야, 풀을 뜯는 넓이가 같아지겠는가?

CAS 문제 36~39에서 컴퓨터를 사용하여라. 각각의 경우, 먼저 머리 속으로 대충 계산을 해 보아라. 문제 26의 길이 공식을 참고하여라.

36. 리마송 $r=2+\cos\theta$와 $r=2+4\cos\theta$의 길이를 구하여라(이 절 예제 1과 12.7절 예제 1 참조).

37. 세 잎 장미 $r=4\sin 3\theta$의 넓이와 길이를 구하여라(예제 4 참조).

38. 연주형 $r^2=8\cos 2\theta$의 넓이와 길이를 구하여라(10.6절 예제 2 참조).

39. 곡선 $r=4\sin(3\theta/2)$, $0\leq\theta\leq 4\pi$를 그리고, 길이를 구하여라.

개념 복습 해답: **1.** $\frac{1}{2}r^2\theta$ **2.** $\frac{1}{2}\int_\alpha^\beta [f(\theta)]^2 du$ **3.** $\frac{1}{2}\int_0^{2\pi}(2+2\cos\theta)^2 d\theta$ **4.** $f(\theta)=0$

10.8 장 복습

개념 시험

다음 명제가 참인지, 거짓인지 이유를 들어 답하여라.

1. 모든 a, b, c에 대하여, $y=ax^2+bx+c$의 그래프는 포물선이다.

2. 포물선의 꼭지점은 초점과 준선의 가운데에 있다.

3. 타원의 꼭지점은 초점보다 준선에 더 가깝다.

4. 포물선에서 초점에 가장 가까운 점은 바로 꼭지점이다.

5. 쌍곡선 $x^2/a^2-y^2/b^2=1$과 $y^2/b^2-x^2/a^2=1$은 같은 점근선을 가진다.

6. $b<a$일 때, 타원 $x^2/a^2+y^2b^2=1$의 둘레 길이 C는 $2\pi b<C<2\pi a$를 만족한다.

7. 타원의 이심률 e가 작으면 작을수록, 타원은 더욱 둥글게 된다.

8. 타원 $6x^2+4y^2=24$의 초점들은 x축에 놓여 있다.

9. 방정식 $x^2-y^2=0$은 쌍곡선을 나타낸다.

10. 방정식 $(y^2-4x+1)^2=0$은 포물선을 나타낸다.

11. $k \neq 0$이면, $x^2/a^2-y^2/b^2=k$는 쌍곡선의 방정식이다.

12. $k \neq 0$이면, $x^2/a^2+y^2/b^2=k$는 타원의 방정식이다.

13. $x^2/a^2+y^2/b^2=1$의 그래프에서 초점들 사이의 거리는 $2\sqrt{a^2-b^2}$이다.

14. $x^2/9-y^2/8=-2$의 그래프는 x축과 만나지 않는다.

15. 타원 거울의 초점과 그에 가까운 꼭지점 사이의 점에서 나오는 광선은, 다른 초점보다 더 먼 곳을 향해 반사된다.

16. 2만큼 떨어진 초점에 길이 8인 줄의 양끝을 묶어서 타원을 그리면, 단지름의 길이는 $\sqrt{60}$이 된다.

17. $x^2+y^2+Cx+Dy+F=0$의 그래프는 원, 또는 한 점, 또는 공집합이 된다.

18. $2x^2+y^2+Cx+Dy+F=0$의 그래프는 한 점이 될 수 없다.

19. A, B, C, D, E, F가 어떠한 값이든, $Ax^2+Bxy+Cy^2+Dyx+Ey+F=0$의 그래프는 양쪽으로 펼쳐진 원뿔과 평면의 교선이다.

20. 양쪽으로 펼쳐진 원뿔과 평면의 교선은, 적당한 좌표계에서 $Ax^2+Cy^2+Dx+Ey+F=0$ 형태의 방정식을 가진다.

21. 쌍곡선의 그래프는 네 개의 사분면 모두에 나타난다.

22. 원뿔곡선이 네 점 $(1, 0)$, $(-1, 0)$, $(0, 1)$, $(0, -1)$을 지나면, 그것은 반드시 원이다.

23. 곡선의 매개변수표현은 유일하다.

24. $x=2t^3$, $y=t^3$의 그래프는 곡선이다.

25. $x=f(t)$, $y=g(t)$이면, $y=h(x)$인 함수 h를 찾을 수 있다.

26. 매개변수표현이 $x=\ln t$, $y=t^2-1$인 곡선은 원점을 지난다.

27. $x=f(t)$, $y=g(t)$이고 f''와 g''가 둘 다 존재하면 $f''(t) \neq 0$일 때 $d^2y/dx^2=g''(t)/f''(t)$이다.

28. 곡선은 그 위의 한 점에서 하나 이상의 접선을 가진다.

29. 극방정식 $r=4\cos(\theta-\pi/3)$의 그래프는 원이다.

30. 평면의 모든 점은 무수히 많은 극좌표를 가진다.

31. 극방정식 $r=f(\theta)$와 $r=g(\theta)$를 (연립으로) 동시에 풀면, 그래프의 교점을 모두 구할 수 있다.

32. f가 기함수이면, $r=f(\theta)$의 그래프는 y축(직선 $\theta=\pi/2$)에 대해서 대칭이다.

33. f가 우함수이면, $r=f(\theta)$의 그래프는 x축(직선 $\theta=0$)에 대해서 대칭이다.

34. $r=4\cos 3\theta$의 그래프는 세 잎 장미이며, 이것의 넓이는 원 $r=4$의 넓이의 $\frac{1}{2}$보다 더 작다.

시험 보기 문제

1. 다음 방정식은 어떤 그래프를 나타내는지, 올바른 답을 골라서 번호를 적어라.

(1) 그래프가 없음(공집합)	(2) 한 점
(3) 한 직선	(4) 평행한 두 직선
(5) 교차하는 두 직선	(6) 원
(7) 포물선	(8) 타원
(9) 쌍곡선	(10) 이들 중 어느 것도 아님

____ (a) $x^2-4y^2=0$
____ (b) $x^2-4y^2=0.01$
____ (c) $x^2-4=0$
____ (d) $x^2-4x+4=0$
____ (e) $x^2+4y^2=0$
____ (f) $x^2+4y^2=x$
____ (g) $x^2+4y^2=-x$
____ (h) $x^2+4y^2=-1$
____ (i) $(x^2+4y-1)^2=0$
____ (j) $3x^2+4y^2=-x^2+1$

문제 2~10에서 주어진 방정식을 가지는 원뿔곡선의 종류를 밝혀라. 꼭지점과 초점을 구하고, 그래프를 그려라.

2. $y^2-6x=0$

3. $9x^2+4y^2-36=0$

4. $25x^2-36y^2+900=0$

5. $x^2+9y=0$

6. $x^2-4y^2-16=0$

7. $9x^2+25y^2-225=0$

8. $9x^2+9y^2-225=0$

9. $r=\dfrac{5}{2+2\sin\theta}$

10. $r(2+\cos\theta)=3$

문제 11~18에서 주어진 조건을 만족하는 원뿔곡선의 직교좌표 방정식을 구하여라.

11. 꼭지점 $(\pm 4, 0)$, 이심률 $\frac{1}{2}$

12. 이심률 1, 초점 $(0, -3)$, 꼭지점 $(0, 0)$

13. 이심률 1, 꼭지점 $(0, 0)$, x축에 대해서 대칭, 점 $(-1, 3)$

을 지남

14. 이심률 $\frac{5}{3}$, 꼭지점 $(0,\ \pm 3)$

15. 꼭지점 $(\pm 2,\ 0)$, 점근선 $x \pm 2y = 0$

16. 포물선, 초점 $(3,\ 2)$, 꼭지점 $(3,\ 3)$

17. 타원, 중점 $(1,\ 2)$, 초점 $(4,\ 2)$, 장지름 10

18. 쌍곡선, 꼭지점 $(2,\ 0)$과 $(2,\ 6)$, 이심률 $\frac{10}{3}$

문제 19~22에서 완전제곱을 만들어서, 주어진 방정식을 표준형의로 바꾸어라. 그 다음에 대응하는 곡선의 종류를 밝히고, 그래프를 그려라.

19. $4x^2+4y^2-24x+36y+81=0$

20. $4x^2+9y^2-24x-36y+36=0$

21. $x^2+8x+6y+28=0$

22. $3x^2-10y^2+36x-20y+68=0$

23. 축을 $\theta=45°$만큼 회전시키면, 방정식 $x^2+3xy+y^2=10$은 $ru^2+sv^2=10$이 된다. r과 s를 구하고, 대응하는 원뿔곡선의 종류를 밝히고, 초점들 사이의 거리를 구하여라.

24. 방정식 $7x^2+8xy+y^2=9$에서 변수들을 서로 곱한 항을 없애려면, 축을 어떤 각 θ만큼 회전시켜야 하는지 결정하여라. 그 다음에 대응하는 uv방정식을 구하고, 이것이 나타내는 원뿔곡선의 종류를 밝혀라.

문제 25~28에서 곡선의 매개변수 표현이 주어져 있다. 대응하는 직교좌표 방정식을 얻기 위하여 매개변수를 소거하여라. 그리고 곡선을 그려라.

25. $x=6t+2,\ y=2t;\ -\infty<t<\infty$

26. $x=4t^2,\ y=4t;\ -1\le t\le 2$

27. $x=4\sin t-2,\ y=3\cos t+1;\ 0\le t\le 2\pi$

28. $x=2\sec t,\ y=\tan t;\ -\frac{\pi}{2}<t<\frac{\pi}{2}$

문제 29와 30에서 $t=0$에서의 접선의 방정식을 구하여라.

29. $x=2t^3-4t+7,\ y=t+\ln(t+1)$

30. $x=3e^{-t},\ y=\frac{1}{2}e^t$

31. 곡선 $x=1+t^{3/2},\ y=2+t^{3/2}$의 $t=0$에서 $t=9$까지 길이를 구하여라.

32. 곡선 $x=\cos t+t\sin t,\ y=\sin t-t\cos t$의 $t=0$에서 $t=2\pi$까지 길이를 구하여라. 그림을 그려라.

문제 33~44에서 주어진 극방정식을 분석하고, 그래프를 그려라.

33. $r=6\cos\theta$

34. $r=\frac{5}{\sin\theta}$

35. $r=\cos 2\theta$

36. $r=\frac{3}{\cos\theta}$

37. $r=4$

38. $r=5-5\cos\theta$

39. $r=4-3\cos\theta$

40. $r=2-3\cos\theta$

41. $u=\frac{2}{3}\pi$

42. $r=4\sin 3\theta$

43. $r^2=16\sin 2\theta$

44. $r=-\theta,\ \theta\ge 0$

45. 다음 극방정식

$$r^2-6r(\cos\theta+\sin\theta)+9=0$$

의 그래프의 직교좌표 방정식을 구하고, 그래프를 그려라.

46. $r^2\cos 2\theta=9$의 그래프의 직교좌표 방정식을 구하고, 그래프를 그려라.

47. $r=3+3\cos\theta$의 그래프의 $\theta=\frac{1}{6}\pi$인 점에서의 접선의 기울기를 구하여라.

48. $r=5\sin\theta$와 $r=2+\sin\theta$의 그래프를 그리고, 교점들을 구하여라.

49. $r=5-5\cos\theta$의 그래프로 둘러싼 영역의 넓이를 구하여라.

50. 리마송 $r=2+\sin\theta$의 바깥, 원 $r=5\sin\theta$의 안쪽 영역의 넓이를 구하여라.

51. 타원 $x^2/400+y^2/100=1$ 모양의 자동차 경주장에서 자동차가 달리다가, $(16,\ 6)$ 지점에서 미끄러져서, 접선을 따라 움직이다가 $(14,\ k)$에서 나무를 들이받았다. k를 구하여라.

52. 다음 극방정식과 그래프를 짝지어라.

(a) $r=1-2\sin\theta$

(b) $r=1+\frac{\sin\theta}{2}$

(c) $r=1+2\cos\theta$

(d) $r=1+\frac{\cos\theta}{2}$

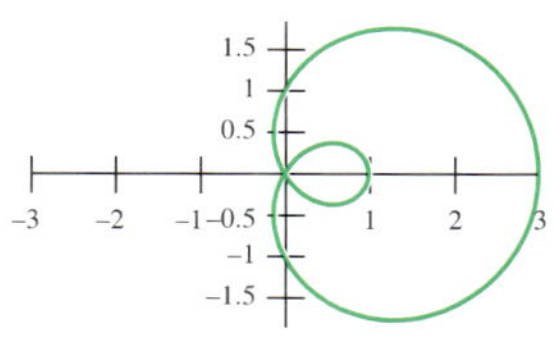

I

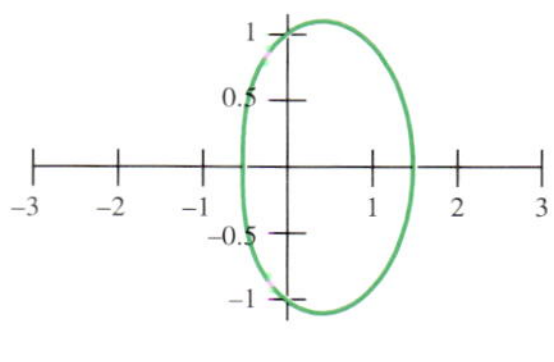

II

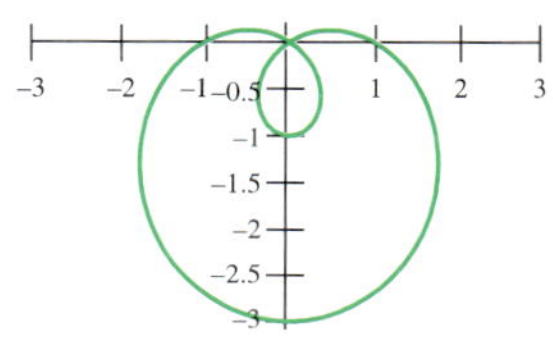

III

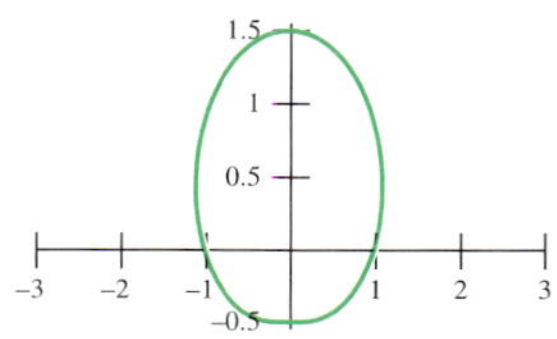

IV

53. 다음 극방정식과 그래프를 짝지어라.

(a) $r=4\cos 2\theta$ (b) $r=3\cos 3\theta$

(c) $r=5\cos 5\theta$ (d) $r=3\sin 2\theta$

I

II

III

IV

복습과 예비 문제

문제 1~6에서 매개변수방정식으로 주어진 곡선을 그려라.

1. $x=2t,\ y=t-3;\ 1\le t\le 4$

2. $x=t/2,\ y=t^2;\ -1\le t\le 2$

3. $x=2\cos t,\ y=2\sin t;\ 0\le t\le 2\pi$

4. $x=2\sin t,\ y=-2\cos t;\ 0\le t\le 2\pi$

5. $x=t,\ y=\tan 2t;\ -\pi/4<t<\pi/4$

6. $x=\cosh t,\ y=\sinh t;\ -4\le t\le 4$

문제 7~8에서 h와 θ의 항으로 x와 y에 관한 식을 구하여라.

7.

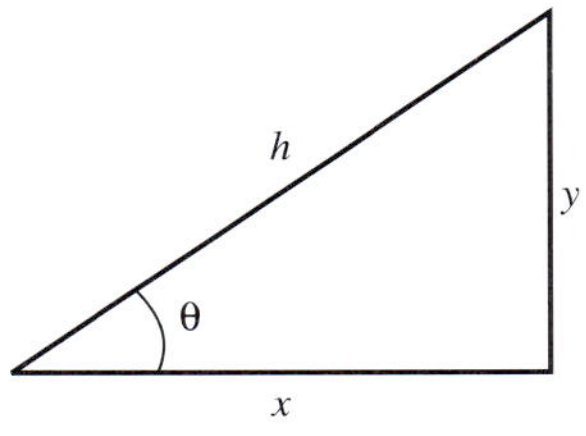

8.

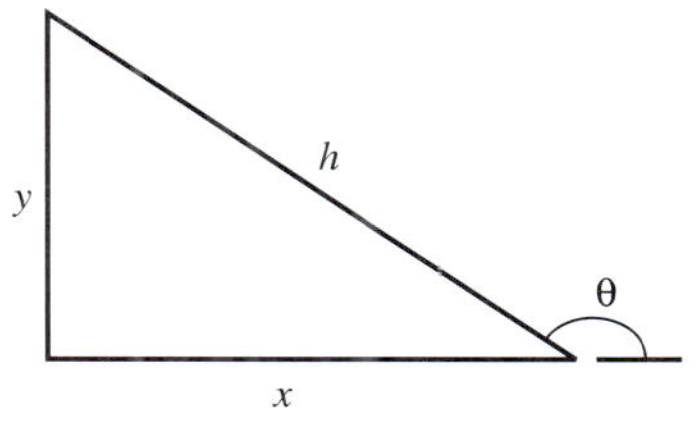

문제 9~12에서 주어진 곡선의 길이를 구하여라.

9. $x=t,\ y=3t^{3/2};\ 0\le t\le 4$

10. $x=t+2,\ y=2t-3;\ 1\le t\le 5$

11. $x=a\cos 2t,\ y=a\sin 2t;\ 0\le t\le \pi/2$

12. $x=\tanh t,\ y=\operatorname{sech} t;\ 0\le t\le 4$

13. 점 (0, 3)에 가장 가까운 직선 $y=2x+1$ 위의 점을 구하여라. 그 점과 직선 사이의 최단거리는 얼마인가?

14. 점 (1, −1)과 (3, 3)을 지나는 직선에 대하여 $x=a_1t+b_1$, $y=a_2t+b_2$ 형태의 매개변수방정식을 구하여라.

15. x축을 따라 움직이는 물체의 위치가 $s(t)=t^2-6t+8$이다.

(a) 속도와 가속도를 구하여라.

(b) 물체가 앞 쪽으로 움직이는 것은 언제인가?

16. 위치 $x=20$에서 최초로 쉬고 있는 물체의 가속도가 $a=2$이다.

(a) 속도와 위치를 구하여라.

(b) 언제 물체가 위치 100에 이를까?

문제 17~20에서 주어진 원뿔곡선을 그려라.

17. $8x=y^2$

18. $\dfrac{x^2}{4}+\dfrac{y^2}{9}=1$

19. $x^2-4y^2=0$

20. $x^2-y^2=4$

문제 21~24에서 주어진 극방정식의 그래프를 그려라.

21. $r=2$

22. $\theta=\pi/6$

23. $r=4\sin\theta$

24. $r=\dfrac{1}{1+1/2\cos\theta}$

CHAPTER

11 공간상의 기하와 벡터

11.1 3차원 공간상의 직교좌표

이제 미적분학을 공부하는데 중요한 전환점에 와 있다. 지금까지는 유클리드 평면 또는 유클리드 2차원 공간이라고 하는 광활하지만 평평한 곳을 여행하였다. 미적분학의 개념을 단일변수의 함수로서 그래프가 평면에서 표현되는 함수에 적용해 왔다. 지금부터는 3차원의 미적분학을 공부하려고 한다. 잘 알고있는 개념들(극한, 도함수, 적분 등)을 보다 높은 관점에서 알아볼 것이다.

이 단원을 시작하기 위해서, 원점이라 부르는 공통점 O를 영점으로 갖는 서로 수직인 좌표선(x축, y축, z축)을 생각한다. 비록 이 좌표선들에 여러 가지 방향을 정할 수 있지만, y, z축이 이 지면 위에서 각각 오른쪽과 위쪽방향을 양의 방향으로 생각하는 관례를 따르기로 한다. 그리고 x축은 그 평면에 수직이고 양의 방향이 우리쪽을 향하도록 정한다. 즉, **오른손 나사계** (right-handed system)를 만든다. 이것은 오른손의 손가락에서 둘째와 세째가 각각 양의 x축과 양의 y축 쪽으로 향하고, 엄지손가락이 양의 z축 방향을 향하도록 비틀어지기 때문이다(그림 1).

세 개의 좌표축은 3개의 평면을 결정하고(yz, xz, xy평면), 이것은 공간을 8개의 팔분공간으로 나눈다(그림 2). 공간상의 점 P에는 순서쌍 (x, y, z)가 대

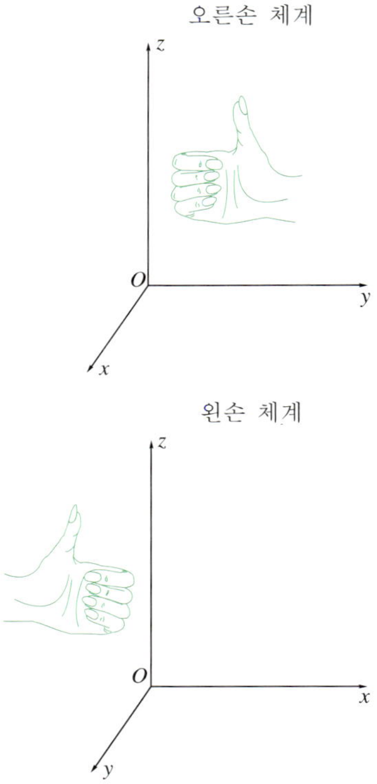

그림 1

응하고 이를 **직교좌표**라 하는데, 이것은 세 평면으로부터 유향거리를 나타낸다(그림 3). 제 1 팔분공간(세 좌표 모두 양수인 팔분공간)에서 점을 지정하는 것은 비교적 쉽다. 그림 4, 그림 5에서, 다른 팔분공간에 두 점, $P(2, -3, 4)$, $Q(-3, 2, -5)$를 지정하기는 좀 어렵다.

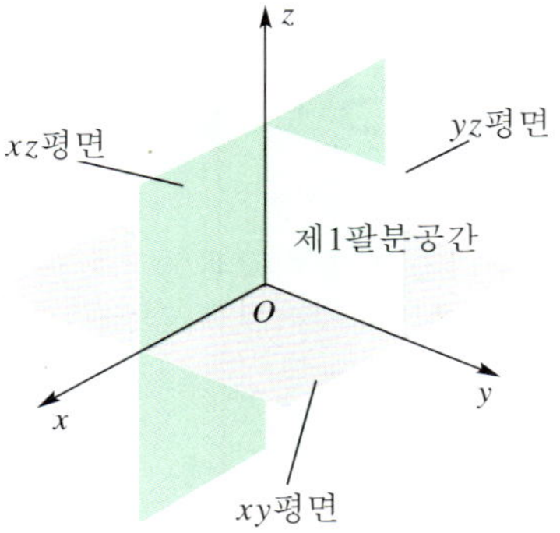

그림 2

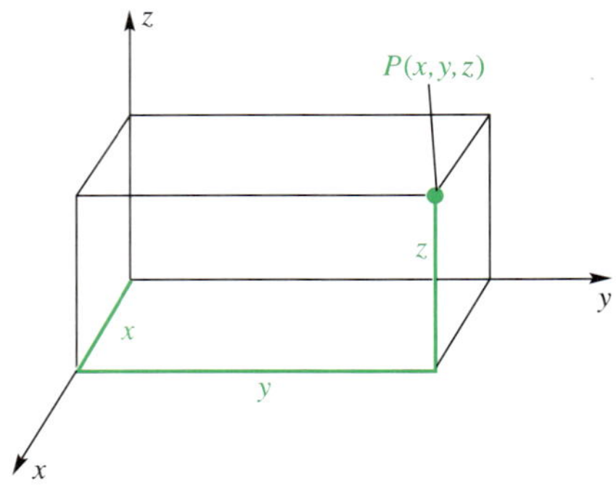

그림 3

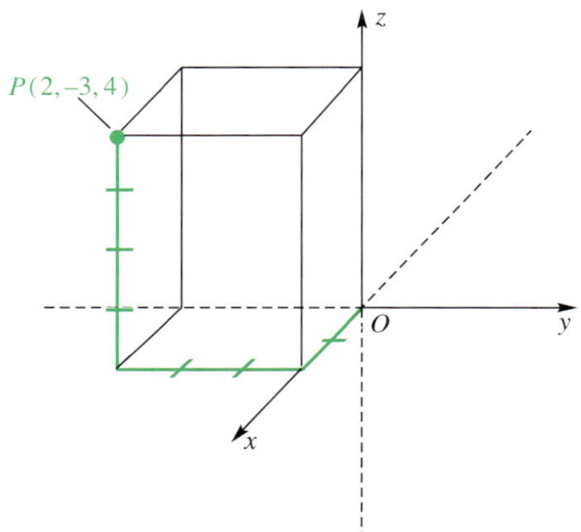

그림 4

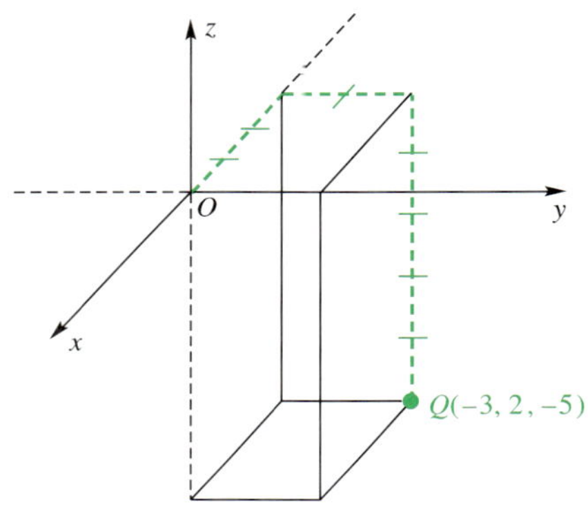

그림 5

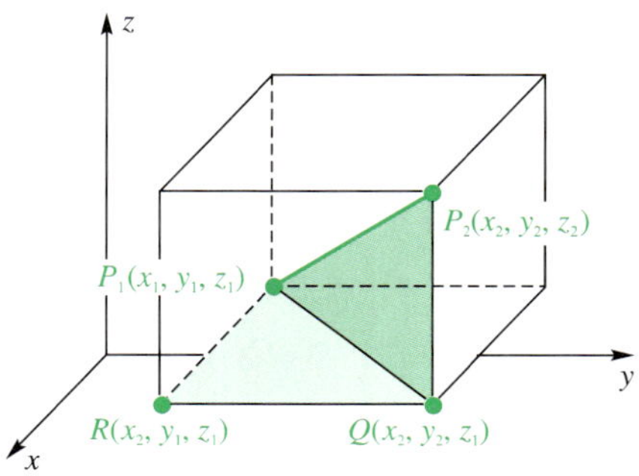

그림 6

거리 공식 3차원 공간에서 두 점 $P_1(x_1, y_1, z_1)$, $P_2(x_2, y_2, z_2)$ $(x_1 \neq x_2, y_1 \neq y_2, z_1 \neq z_2)$를 생각한다. P_1과 P_2를 반대편 꼭짓점, 좌표축에 평행한 모서리를 갖는 평행육면체(즉, 직사각형 상자)를 결정한다(그림 6). 삼각형 P_1QP_2와 P_1RQ는 직각삼각형이고, 피타고라스정리에 의하여 다음이 성립한다.

$$|P_1P_2|^2 = |P_1Q|^2 + |QP_2|^2$$
$$|P_1Q|^2 = |P_1R|^2 + |RQ|^2$$

따라서

$$\begin{aligned}|P_1P_2|^2 &= |P_1R|^2 + |RQ|^2 + |QP_2|^2 \\ &= (x_2-x_1)^2 + (y_2-y_1)^2 + (z_2-z_1)^2\end{aligned}$$

이것이 3차원 공간에서의 **거리공식**이다.

$$|P_1P_2| = \sqrt{(x_2-x_1)^2 + (y_2-y_1)^2 + (z_2-z_1)^2}$$

예제 1 그림 4, 그림 5에서 지정한 두 점 $P(2, -3, 4)$와 $Q(-3, 2, -5)$ 사이의 거리를 구하여라.

풀이

$$|PQ| = \sqrt{(-3-2)^2+(2+3)^2+(-5-4)^2} = \sqrt{131} \approx 11.45$$ ■

구면이란?

구는 어떤 점으로부터 주어진 거리만큼 떨어진 점들의 집합이라 정의하였다. 즉 $(x-h)^2+(y-k)^2+(z-l)^2=r^2$을 만족하는 점 (x, y, z)들이다. 한편 '원'은 그 위의 점과 원의 경계안을 뜻한다. (예, 원의 넓이에 대하여 얘기할 때 πr^2이다.) 이와 마찬가지로 구를 말할 때도 그 내부와 더불어 경계를 함께 말한다. (이것은 때로는 '공' 또는 '입체구'를 말한다.) 다른 말로 표현하면,

$$(x-h)^2+(y-k)^2+(z-l)^2 \le r^2$$

을 만족하는 점들의 집합을 뜻한다. 구의 부피가 $\frac{4}{3}\pi r^3$이라 말할 때, 물론 후자의 의미로 해석한다.

구와 그 방정식 거리공식으로부터 구의 방정식을 알아보자. **구**(sphere)는 3차원 공간에서 고정점(중심)으로부터 일정한 거리(반지름)에 있는 점들의 집합을 말한다. (원은 평면에서 고정점으로부터 거리가 일정한 점들의 집합으로 정의한 것을 기억하자.) 사실, (x, y, z)가 반지름이 r, 중심이 (h, k, l)인 구위의 점이라면(그림 7), 다음이 성립한다.

$$(x-h)^2+(y-k)^2+(z-l)^2=r^2$$

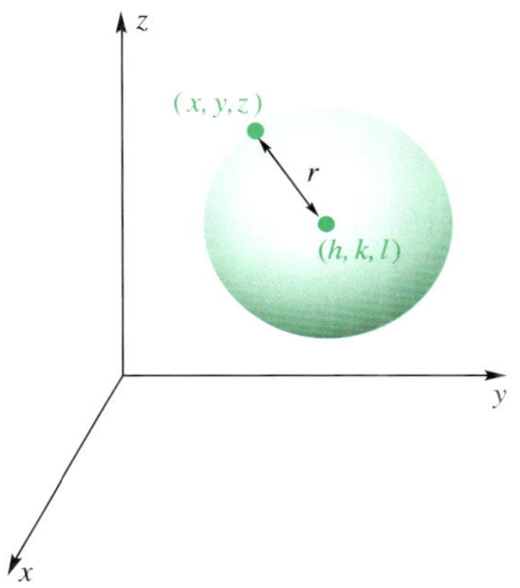

그림 7

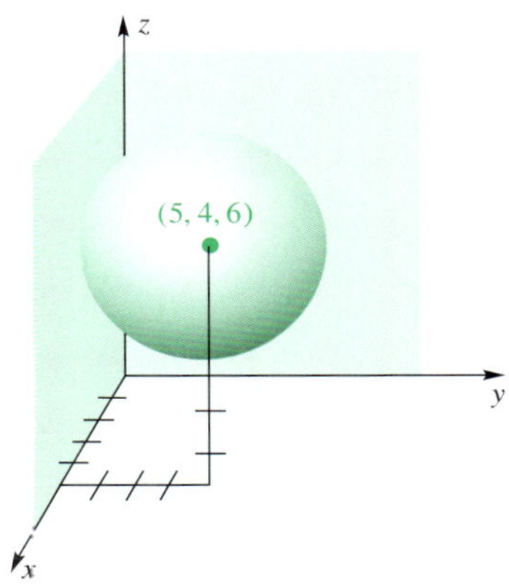

그림 8

이것을 **구의 표준방정식**이라 한다.

네모 상자 안의 식을 풀어 쓰면 다음과 같다.

$$x^2+y^2+z^2+Gx+Hy+Iz+J=0$$

역으로, 위 방정식이 나타내는 그래프는 구, 점(퇴화구) 또는 공집합 중 하나이다. 그 이유를 알기 위해 다음 예를 보자.

예제 2 방정식

$$x^2+y^2+z^2-10x-8y-12z+68=0$$

이 나타내는 구의 중심과 반지름을 구하여라. 그리고 그래프를 그려라.

풀이 완전제곱식 과정을 사용하면 다음과 같다.

$$(x^2-10x+\quad)+(y^2-8y+\quad)+(z^2-12z+\quad)=-68$$
$$(x^2-10x+25)+(y^2-8y+16)+(z^2-12z+36)=-68+25+16+36$$
$$(x-5)^2+(y-4)^2+(z-6)^2=9$$

따라서 방정식은 중심이 (5, 4, 6)이고, 반지름이 3인 구를 나타낸다. 그래프는 그림 8과 같다. ■

예제 2에서 완전제곱을 이용하여 방정식이

$$(x-5)^2+(y-4)^2+(z-6)^2=0$$

이면, 그래프는 하나의 점 (5, 4, 6)이 된다: 또한 윗 식의 우변이 음수이면, 그래프는 공집합이 될 것이다.

거리공식 이외에 간단한 **중점 공식**이 있다. 두 점 $P_1(x_1, y_1, z_1)$과 $P_2(x_2, y_2, z_2)$가 선분의 끝점이면, 중점 $M(m_1, m_2, m_3)$는 다음과 같다.

$$m_1=\frac{x_1+x_2}{2}, \qquad m_2=\frac{y_1+y_2}{2}, \qquad m_3=\frac{z_1+z_2}{2}$$

다시 말하면, 선분의 중점의 좌표를 구하기 위하여 끝점의 대응하는 좌표의 평균을 구한다.

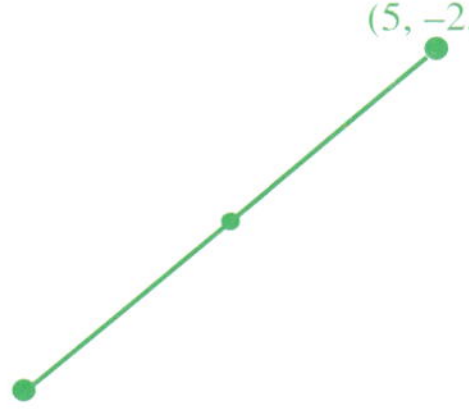

그림 9

예제 3 두 점 (−1, 2, 3)과 (5, −2, 7)을 잇는 선분을 지름으로 하는 구의 방정식을 구하여라(그림 9).

풀이 이 구의 중심은 선분의 중점이다. 즉, (2, 0, 5)이고, 반지름 r은

$$r^2=(5-2)^2+(-2-0)^2+(7-5)^2=17$$

이다. 따라서 구의 방정식은 다음과 같다.

$$(x-2)^2+y^2+(z-5)^2=17$$ ■

3차원 공간에서의 그래프 거리공식과 연관이 있기 때문에 먼저 이차방정식을 생각하는 것은 자연스럽다. 그러나 추측컨데, x, y, z에 관하여, 방정식이

$$Ax+By+Cz=D, \qquad A^2+B^2+C^2\neq 0$$

모양인 **일차방정식**은 훨씬 파악하기가 쉽다. ($A^2+B^2+C^2\neq 0$은 A, B, C 모두가 영은 아니라는 것임에 주의하라.) 사실, 11.3절에서 일차방정식의 그래프는 평면인 것을 보여준다. 지금 이 사실을 의심할 여지가 없다고 생각하고, 어떻게 그러한 방정식을 그릴지를 생각하자.

흔히 있는 일이지만, 평면이 세 좌표축과 만나면, 이들 만나는 점, 즉 x, y, z절편을 구하는 것으로부터 시작한다. 이 세 점은 평면을 결정하고 (좌표평면) 자취를 그릴 수 있다. 그러면 보기 편하게 평면에서 어둡게 칠할 수 있다.

예제 4 $3x+4y+2z=12$의 그래프를 그려라.

풀이 x절편을 구하기 위하여, y와 z를 0으로 두고 x에 관하여 풀면 $x=4$를 얻는다. 여기에 대응하는 점이 (4, 0, 0)이다. 마찬가지로, y절편과 z절편은

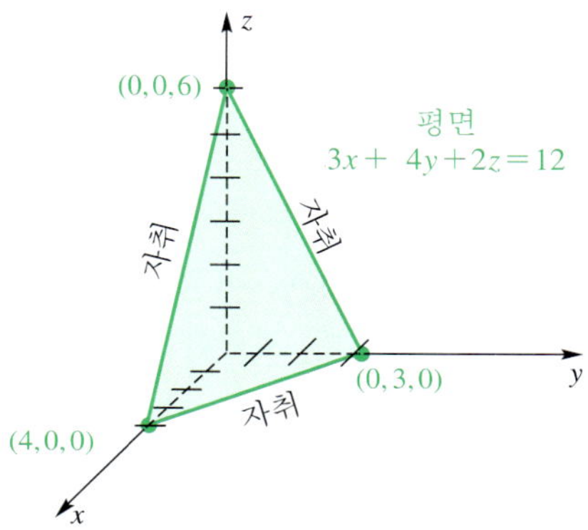

그림 10

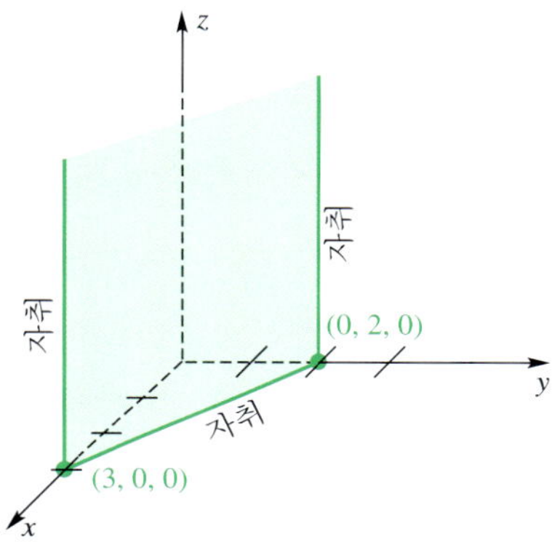

그림 11

(0, 3, 0), (0, 0, 6)이다. 다음에 이 점들을 선분으로 연결하여 교선을 얻는다. 그리고 평면(의 제 1 팔분공간)에서 어둡게 칠한다. 그래서 얻은 결과가 그림 10이다. ■

평면이 세 좌표축과 전혀 만나지 않으면 어떨까? 예를 들어, 평면의 방정식에서 어느 한 변수가 없을 때 발생한다(즉, 그 계수가 0이다).

예제 5 3차원 공간에서 일차방정식

$$2x+3y=6$$

의 그래프를 그려라.

풀이 x절편과 y절편은 각각 (3, 0, 0), (0, 2, 0)이고 이 점들은 xy평면에서의 교선을 결정한다. 평면은 z축과는 만나지 않으므로(x, y는 둘다 0이 될 수 없다), 평면은 z축과 평행하다. 그래프는 그림 11과 같다. ■

각 예제에서 3차원 공간에서 방정식의 그래프는 '곡면'이었다. 이는 방정식의 그래프가 곡선이었던 2차원의 경우와는 대조적이다. 11.8절에서 방정식과 그 대응곡면을 그리는 것에 대해 주로 말할 것이다.

3차원 공간의 곡선 5.4절에서 평면에서의 매개변수화 곡선을 보았다. 이 개념을 3차원으로 쉽게 일반화한다. 3차원 공간의 곡선은 매개변수방정식

$$x=f(t), \qquad y=g(t), \qquad z=h(t);\ a\le t\le b$$

로 결정된다. $f'(t)$, $g'(t)$, $h'(t)$가 존재하고 동시에 영은 아닐 때, 곡선은 **매끄럽다**(smooth)고 한다.

호의 길이 개념도 3차원의 곡선으로 쉽게 일반화할 수 있다. 위에서 정의한 매개변수곡선에 대하여 호의 길이는

$$L=\int_0^b \sqrt{[f'(t)]^2+[g'(t)]^2+[h'(t)]^2}\,dt$$

이다.

예제 6 시각 t일 때 입자의 위치가 매개변수화된 곡선 $x=\cos t$, $y=\sin t$, $z=t/\pi(0\le t\le 2\pi)$으로 주어진다. 이 곡선을 그리고, 호의 길이를 구하여라.

풀이 t, x, y, z값에 대한 표를 만들어 시작한다. 그리고 3차원 공간에 점을 연결한다. 곡선을 그리면 그림 12와 같고, 호의 길이는 다음과 같다.

$$L=\int_0^{2\pi} \sqrt{(-\sin t)^2+(\cos t)^2+(1/\pi)^2}\,dt$$

$$=\int_0^{2\pi} \sqrt{\sin^2 t+\cos^2+1/\pi^2}\,dt$$

t	x	y	z
0	1	0	0
$\frac{\pi}{4}$	$\frac{\sqrt{2}}{2}$	$\frac{\sqrt{2}}{2}$	$\frac{1}{4}$
$\frac{\pi}{2}$	0	1	$\frac{1}{2}$
$\frac{3\pi}{4}$	$-\frac{\sqrt{2}}{2}$	$\frac{\sqrt{2}}{2}$	$\frac{3}{4}$
π	-1	0	1
$\frac{5\pi}{4}$	$-\frac{\sqrt{2}}{2}$	$-\frac{\sqrt{2}}{2}$	$\frac{5}{4}$
$\frac{3\pi}{2}$	0	-1	$\frac{3}{2}$
$\frac{7\pi}{4}$	$\frac{\sqrt{2}}{2}$	$-\frac{\sqrt{2}}{2}$	$\frac{7}{4}$
2π	1	0	2

$$=\int_0^{2\pi}\sqrt{1+1/\pi^2}\,dt$$
$$=2\pi\sqrt{1+1/\pi^2}$$

예제 6의 곡선을 **나선**(helix)이라 한다. z축에서 운동을 무시하면, 입자는 균일한 원운동을 한다. z축에서의 운동은 나중에 소개할텐데, 그것은 일정속도를 유지하고 입자는 위로 움직임에 따라 마치 달팽이가 계단을 오르듯이 움직인다.

이 곡선의 길이를 얻는 다른 방법이 있다. 나선은 그림 13에서와 같이, 원기둥 곡면 위에 얹혀 있다. 지금 원기둥을 그림과 같이 자르고, 직사각형을 만들듯이 껍질을 벗긴다고 생각하면 나선은 직사각형의 대각선이므로, 길이는 $\sqrt{4+4\pi^2}=\sqrt{4\pi^2(1+1)\pi^2}=2\pi\sqrt{1+1/\pi^2}$ 이다.

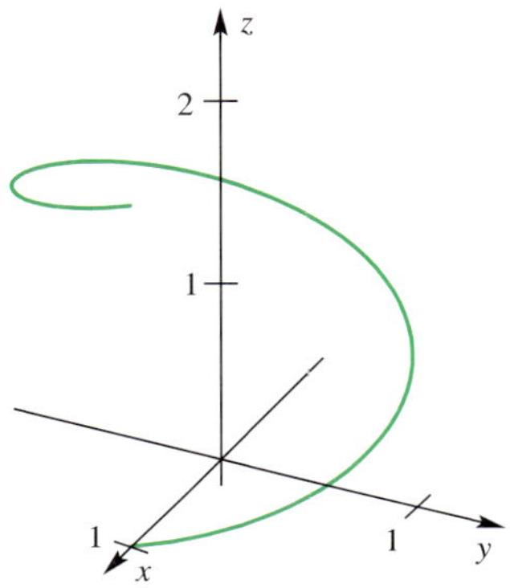

그림 12

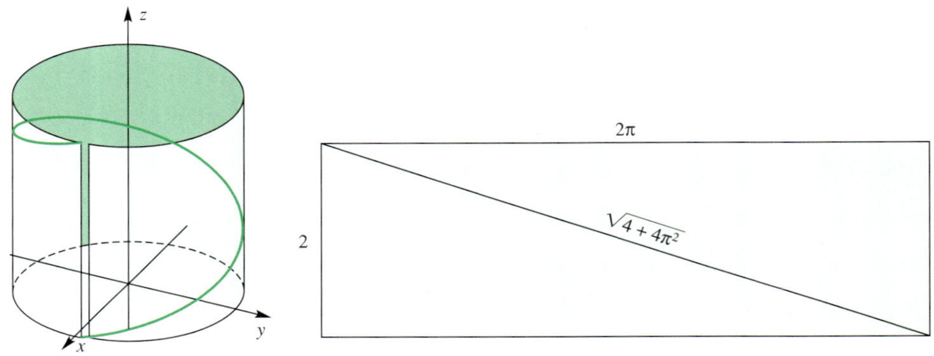

그림 13

개념 복습

1. (x, y, z)에서 수 x, y, z는 3차원 공간에서 점의 ______(이)라 한다.

2. 두 점 $(-1, 3, 5)$, (x, y, z) 사이의 거리는 ______이다.

3. 방정식 $(x+1)^2+(y-3)^2+(z-5)^2=16$은 반지름이 ______, 중심이 ______인 구이다.

4. $3x-2y+4z=12$의 그래프의 x절편은 ______, y절편은 ______, z절편은 ______이다.

연습문제 11.1

1. 좌표가 (1, 2, 3), (2, 0, 1), (−2, 4, 5), (0, 3, 0), (−1, −2, −3)인 점을 그려라. 그림 4, 5처럼 "상자"를 보여라.

2. $(\sqrt{3}, -3, 3)$, $(0, \pi, -3)$, $\left(-2, \frac{1}{3}, 2\right)$, $(0, 0, e)$에 대하여 문제 1의 지시방향을 따르라.

3. yz평면안의 점의 좌표에 특이한 점은 무엇인가? z축에 대해서는?

4. xz평면안의 점의 좌표에 특이한 점은 무엇인가? y축에 대해서는?

5. 다음 점들 사이의 거리를 구하여라.

(a) (6, −1, 0), (1, 2, 3)

(b) (−2, −2, 0), (2, −2, −3)

(c) $(e,\ \pi,\ 0)$, $(-\pi,\ -4,\ \sqrt{3})$

6. (4, 5, 3), (1, 7, 4), (2, 4, 6)은 이등변삼각형의 꼭지점인 것을 보여라.

7. (2, 1, 6), (4, 7, 9), (8, 5, -6)은 직각삼각형의 꼭지점인 것을 보여라. 도움말: 직각삼각형은 피타고라스정리를 만족한다.

8. 점 $(2,\ 3,\ -1)$에서 다음까지의 거리를 구하여라.

(a) xy평면 (b) y축

(c) 원점

9. 직사각형 상자가 좌표평면과 평행한 면을 가지고 있고 (2, 3, 4), $(6,\ -1,\ 0)$은 대각선의 끝점이다. 이 상자를 그리고 여덟 개의 꼭지점 좌표를 구하여라.

10. 점 $P(x,\ 5,\ z)$는 좌표축의 하나와 평행한 $Q(2,\ -4,\ 3)$을 지나는 직선 위에 있다. 어느 좌표축이며 x와 z는 얼마인가?

11. 주어진 중심과 반지름을 갖는 구의 방정식을 구하여라.

(a) (1, 2, 3); 5 (b) $(-2,\ -3,\ -6)$; $\sqrt{5}$

(c) $(\pi,\ e,\ \sqrt{2})$; $\sqrt{\pi}$

12. 중심이 (2, 4, 5)이고 xy평면에 접하는 구의 방정식을 구하여라.

문제 13~16에서, 주어진 방정식에서 구의 중심과 반지름을 구하기 위해 완전제곱식으로 고쳐라.

13. $x^2+y^2+z^2-12x+14y-8z+1=0$

14. $x^2+y^2+z^2+2x-6y-10z+34=0$

15. $4x^2+4y^2+4z^2-4x+8y+16z-13=0$

16. $x^2+y^2+z^2+8x-4y-22z+77=0$

문제 17~24에서 주어진 방정식의 그래프를 그려라. 좌표평면에서 자취를 그리면서 시작하여라(예제 4와 5를 보아라).

17. $2x+6y+3z=12$ **18.** $3x-4y+2z=24$

19. $x+3y-z=6$ **20.** $-3x+2y+z=6$

21. $x+3y=8$ **22.** $3x+4z=12$

23. $x^2+y^2+z^2=9$ **24.** $(x-2)^2+y^2+z^2=4$

문제 25~32에서 주어진 곡선의 호의 길이를 구하여라.

25. $x=t,\ y=t,\ z=2t;\ 0\le t\le 2$

26. $x=t/4,\ y=t/3,\ z=t/2;\ 1\le t\le 3$

27. $x=t^{3/2},\ y=3t,\ z=4t;\ 1\le t\le 4$

28. $x=t^{3/2},\ y=t^{3/2},\ z=t;\ 2\le t\le 4$

29. $x=t^2,\ y=(4/3)t^{3/2},\ z=t;\ 0\le t\le 8$

30. $x=t^2,\ y=\frac{4\sqrt{3}}{3}t^{3/2},\ z=3t;\ 1\le t\le 4$

31. $x=2\cos t,\ y=2\sin t,\ z=3t;\ -\pi\le t\le \pi$

32. $x=2\cos t,\ y=2\sin t,\ z=t/20;\ 0\le t\le 8\pi$

문제 33~36에서, 주어진 곡선의 호의 길이를 구하기 위한 정적분을 세워라. 적분의 근사값을 위한 $n=10$일 때 포물선법칙이나 CAS를 사용하여라.

33. $x=\sqrt{t},\ y=t,\ z=t;\ 1\le t\le 6$

34. $x=t,\ y=t^2,\ z=t^3;\ 1\le t\le 2$

35. $x=2\cos t,\ y=\sin t,\ z=t;\ 0\le t\le 6\pi$

36. $x=\sin t,\ y=\cos t,\ z=\sin t;\ 0\le t\le 2\pi$

37. $(-2,\ 3,\ 6)$과 $(4,\ -1,\ 5)$를 잇는 선분을 지름으로 갖는 구의 방정식을 구하여라.

38. 중심이 각각 $(-3,\ 1,\ 2)$, $(5,\ -3,\ 6)$이며 반지름이 같고 접하는 구의 방정식을 구하여라.

39. 반지름이 6이고 중심이 제1사분면에 있을 때 좌표평면에 접하는 구의 방정식을 구하여라.

40. 중심이 (1, 1, 4)이고 평면 $x+y=12$에 접하는 구의 방정식을 구하여라.

41. 각 방정식의 3차원 공간안에서의 그래프를 그려라.

(a) $z=2$ (b) $x=y$

(c) $xy=0$ (d) $xyz=0$

(e) $x^2+y^2=4$ (f) $z=\sqrt{9-x^2-y^2}$

42. 구 $(x-1)^2+(y+2)^2+(z+1)^2=10$과 평면 $z=2$와의 교선은 원이다. 원의 중심과 반지름을 구하여라.

43. 입자의 위치 P는 $(1,\ 2,\ -3)$으로부터의 거리가 (1, 2, 3)으로부터의 거리의 두 배가 되도록 변한다. 이 때 P는 구 위에 있음을 보이고 중심과 반지름을 구하여라.

44. 입자의 위치 P는 $(1,\ 2,\ -3)$으로부터의 거리가 (2, 3, 2)로부터의 거리와 같게 움직인다. P가 놓여있는 평면의 방정식을 구하여라.

45. 입체구 $(x-1)^2+(y-2)^2+(z-1)^2\le 4$와 $(x-2)^2+(y-4)^2+(z-3)^2\le 4$는 입체로 만난다. 그의 부피를 구하여라.

46. 둘째 입체구가 $(x-2)^2+(y-4)^2+(z-3)^2\le 9$일 때, 문제 45를 실시하여라.

CAS **47.** $x=a\cos t$, $y=a\sin t$, $z=ct$로 정의되는 곡선은 나선이다. a를 고정하고 c가 여러 값으로 변할 때 나선의 매개변수 곡선을 얻기 위해 CAS를 사용하여라.

CAS **48.** 문제 47에서의 나선에 대하여, c를 고정하고 a가 여러 값으로 변할 때 나선의 매개변수 곡선을 얻기 위해 CAS를 이용하여라.

개념 복습 해답: **1.** 좌표 **2.** $\sqrt{(x+1)^2+(y-3)^2+(z-5)^2}$ **3.** $(-1, 3, 5)$; 4 **4.** 평면; 4; -6; 3

11.2 평면의 벡터 : 기하학적 접근

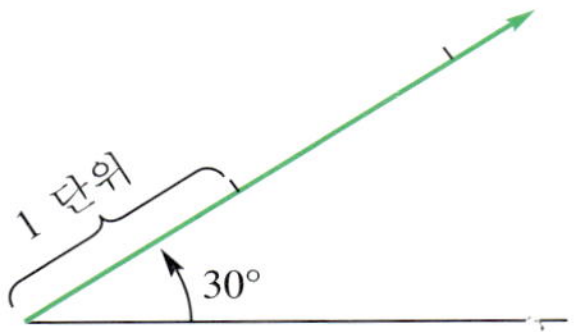

그림 1

그림 2

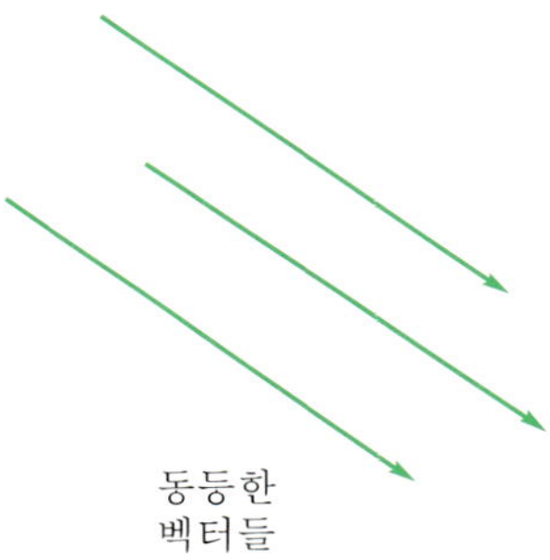

그림 3

과학에서 접하는 여러 가지 양들(예를 들어 길이, 질량, 부피, 전하량)은 하나의 수를 가지고 명시할 수 있다. 이러한 양들(그리고 이들을 측정하는 수들)을 **스칼라**(scalar)라고 부른다. 반면에 속도, 힘, 돌림힘, 위치 이동, 등등의 양은 크기와 방향을 제시하여야 완전하게 명시할 수 있다. 이러한 양들을 **벡터**(vector)라고 부르며, 화살표(유향선분)로 나타낸다. 화살표의 길이는 벡터의 **크기**, 즉, **길이**를 나타내고, 그 방향은 벡터의 **방향**이다. 그림 1의 벡터는 길이가 2.3 단위이고, 방향은 동에서 북으로 30°이다(즉, x축 양의 방향에서 30°임).

활을 쏘는 실제 화살처럼, 우리가 그리는 화살표는 양 끝이 있다. 깃털로 된 끝(시작점)을 **꼬리**라고 부르며, 뾰족한 끝(끝점)을 **머리**라고 부른다(그림 2). 두 벡터가 크기와 방향이 같으면, 이들은 서로 **같다**(equivalent)고 말한다(그림 3). 벡터를 나타낼 때는, **u**와 **v**처럼 굵은 글자체를 사용할 것이다. 그런데 손으로 쓸 때는 이것이 어려우므로, $\vec{u}$와 $\vec{v}$를 사용해도 된다. 벡터 **u**의 크기를 기호 $\|\mathbf{u}\|$로 나타낸다.

벡터의 연산 벡터 **u**와 **v**의 **합** **u**+**v**는 **v**의 크기와 방향을 그대로 유지하면서, 그 꼬리(시작점)가 **u**의 머리(끝점)에 일치하도록 움직여서 **u**의 꼬리와 **v**의 머리를 잇는 벡터이다. 그림 4의 왼쪽이 이 방법을 제시해 놓은 것이다. 이것을 삼각형 법칙이라고 한다.

u+**v**를 구하는 다른 방법으로는, **v**를 옮겨서, 그 꼬리가 **u**의 꼬리와 일치하도록 만들 때 **u**+**v**는 이 공통인 꼬리를 가지고, **u**와 **v**를 변으로 하는 평행사변형의 대각선과 일치하는 벡터이다. 그림 4의 오른쪽이 이 방법을 제시해 놓은 것이다. 이것을 평행사변형 법칙이라고 한다.

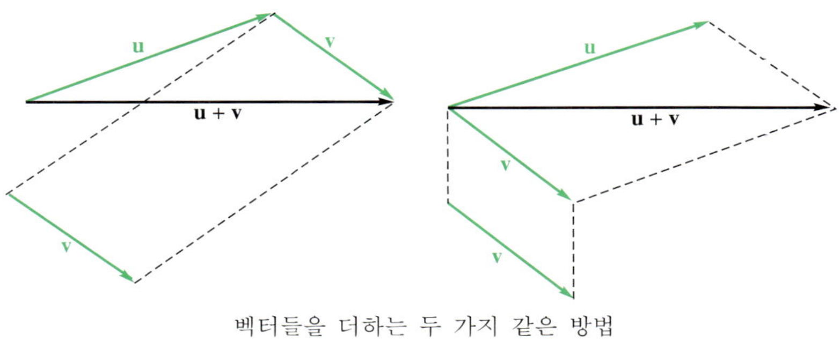

벡터들을 더하는 두 가지 같은 방법

그림 4

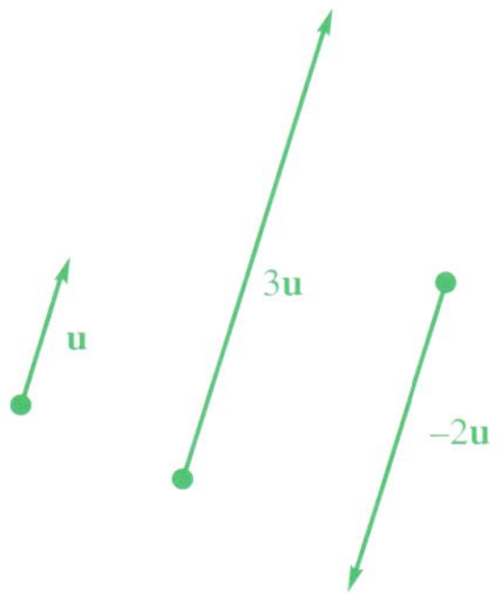

그림 5

이 두 방법은 서로 동치이며, 두 벡터의 합을 정의하고 있다. 벡터의 덧셈은 교환법칙과 결합법칙을 만족함을 알 수 있다. 즉,

$$\mathbf{u}+\mathbf{v}=\mathbf{v}+\mathbf{u}$$
$$(\mathbf{u}+\mathbf{v})+\mathbf{w}=\mathbf{u}-(\mathbf{v}+\mathbf{w})$$

u가 벡터이면, 3**u**는 **u**와 방향이 같지만 크기가 3배인 벡터이다. $-2\mathbf{u}$는 크기가 2배이지만 방향이 반대인 벡터이다(그림 5). 일반적으로 $c\mathbf{u}$는 **u**의 **스칼라배**라고 하며, 크기는 **u**의 $|c|$배이고, c가 양수이면 **u**와 같은 방향, c가 음수이면 **u**와 반대 방향인 벡터이다. 특히, $(-1)\mathbf{u}$는 (대개의 경우 $-\mathbf{u}$라 씀) **u**와 크기가 같지만, 방향이 반대이다. 이것을 **u**의 **음벡터**라고 한다. **u**에 이것을 더하면, 그 결과는 점에 불과한 벡터가 되기 때문이다. 이 후자의 벡터(방향을 정의해 줄 수 없는 유일한 벡터)를 **영벡터**라고 하며, **0**으로 나타낸다. 영벡터는 덧셈 연산의 항등원이다. 즉, $\mathbf{u}+\mathbf{0}=\mathbf{0}+\mathbf{u}=\mathbf{u}$. 끝으로, 뺄셈은 다음과 같이 정의한다.

$$\mathbf{u}-\mathbf{v}=\mathbf{u}+(-\mathbf{v})$$

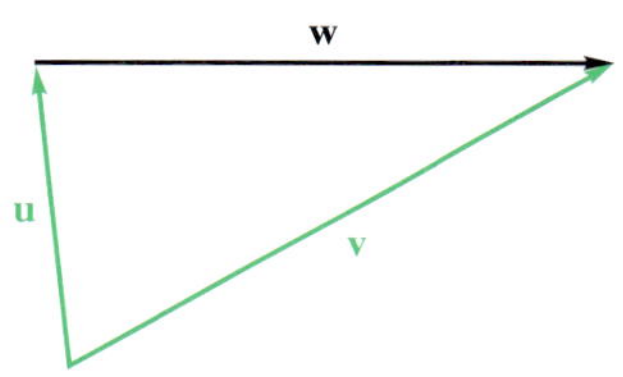

그림 6

예제 1 그림 6에서, **u**와 **v**를 사용하여 **w**를 나타내어라.

풀이 $\mathbf{u}+\mathbf{w}=\mathbf{v}$이므로, 다음과 같이 된다.

$$\mathbf{w}=\mathbf{v}-\mathbf{u}$$ ■

P와 Q가 평면의 점들이면, $\overrightarrow{PQ}$는 꼬리(시작점)가 P이고 머리(끝점)가 Q인 벡터를 나타낸다.

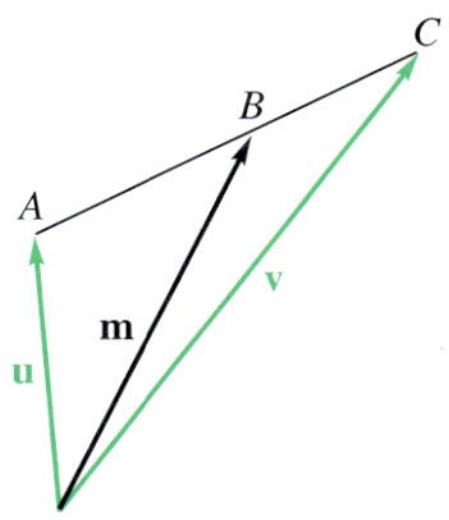

그림 7

예제 2 그림 7에서, $\overrightarrow{AB}=\frac{2}{3}\overrightarrow{AC}$. **u**와 **v**를 사용하여 **m**을 나타내어라.

풀이

$$\begin{aligned}\mathbf{m}&=\mathbf{u}+\overrightarrow{AB}=\mathbf{u}+\frac{2}{3}\overrightarrow{AC}\\&=\mathbf{u}+\frac{2}{3}(\mathbf{v}-\mathbf{u})\\&=\frac{1}{3}\mathbf{u}+\frac{2}{3}\mathbf{v}\end{aligned}$$

일반적으로, $\overrightarrow{AB}=t\overrightarrow{AC}$, $0<t<1$이면 다음이 성립한다.

$$\mathbf{m}=(1-t)\mathbf{u}+t\mathbf{v}$$ ■

방금 얻은 **m**의 식을 다음과 같이 나타낼 수도 있다.

$$\mathbf{u}+t(\mathbf{v}-\mathbf{u})$$

이때 t가 모든 실수라고 하면 시작점이 **u**의 시작점과 같고, 끝점이 직선 ℓ에

놓이는 모든 벡터들의 집합을 얻게 된다(그림 8 참조). 뒤에 가서, 벡터를 사용하여 직선을 나타낼 때 이 사실이 중요하다.

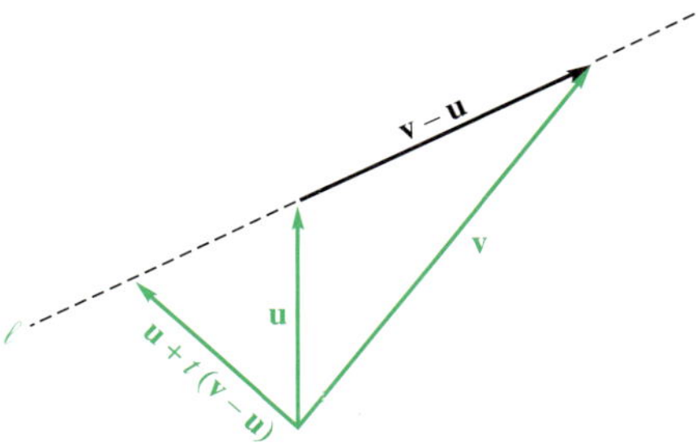

그림 8

응용 힘은 크기와 방향을 가진다. 두 개의 힘 **u**와 **v**가 한 점에 작용하면, 그 결과의 힘은 두 힘의 벡터합이다.

예제 3 그림 9에 나타낸 것과 같이 무게 200 뉴턴을 두 개의 철사줄이 지탱하고 있다. 각각의 철사줄의 장력의 크기를 구하여라.

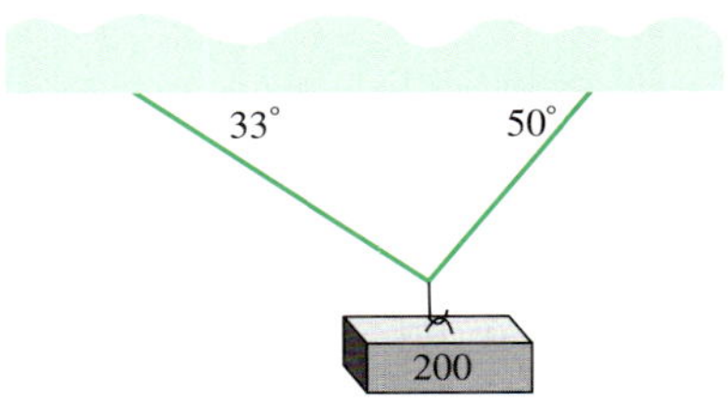

그림 9

풀이 모든 힘은 한 평면 안에 있으므로, 문제의 벡터들은 2차원이다. 무게 **w**와 두 장력 **u**, **v**는 힘들이며, 벡터로서 작용한다(그림 10). 이들은 각각 수평성분과 수직성분의 합으로 나타낼 수 있다. 평형이 되려면, (1) 왼쪽으로 당기는 힘의 크기와 오른쪽으로 당기는 힘의 크기가 같아야 하며, (2) 위로 당기는 힘의 크기와 아래로 당기는 힘의 크기가 같아야 한다. 따라서

$$\text{(1)} \qquad \|\mathbf{u}\|\cos 33^\circ = \|\mathbf{v}\|\cos 50^\circ$$

$$\text{(2)} \qquad \|\mathbf{u}\|\sin 33^\circ + \|\mathbf{v}\|\sin 50^\circ = \|\mathbf{w}\| = 200$$

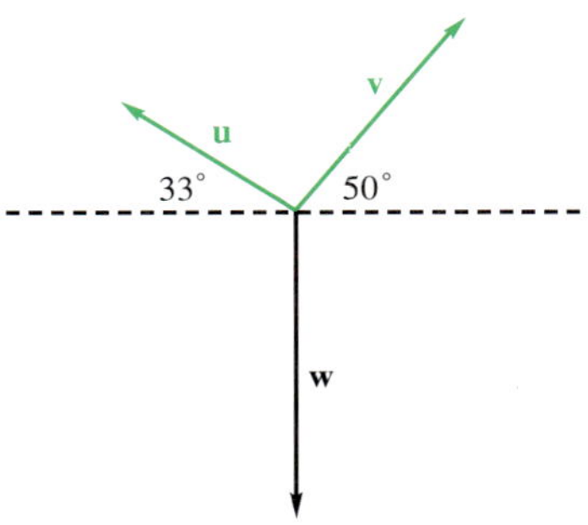

그림 10

(1)을 $\|\mathbf{v}\|$에 대해서 풀고, 그것을 (2)에 대입하면,

$$\|\mathbf{u}\|\sin 33^\circ + \frac{\|\mathbf{u}\|\cos 33^\circ}{\cos 50^\circ}\sin 50^\circ = 200$$

즉,

$$\|\mathbf{u}\| = \frac{200}{\sin 33^\circ + \cos 33^\circ \tan 50^\circ} \approx 129.52 \text{ 뉴턴}$$

따라서

$$\|\mathbf{v}\| = \frac{\|\mathbf{u}\|\cos 33^\circ}{\cos 50^\circ} \approx \frac{129.52\cos 33^\circ}{\cos 50^\circ} \approx 168.99 \text{ 뉴턴}$$

■

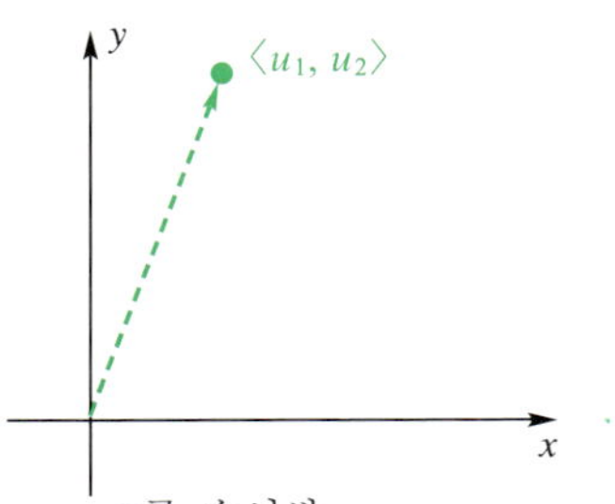

u를 순서쌍 (u_1, u_2)와 동일시한다

그림 11

벡터의 대수적 접근 평면에 주어진 벡터 **u**에 대하여 원점을 시점으로 하는 화살을 대표로 선택한다(그림 11). 이 화살은 머리의 좌표 u_1, u_2에 의해 유일하게 결정된다; 즉, 벡터 **u**는 순서쌍 $\langle u_1, u_2 \rangle$에 의하여 완전히 결정된다. 수 u_1, u_2를 벡터 **u**의 **성분**이라 한다. 원점을 시점으로 하고 좌표 u_1, u_2를 갖는 점을 종점으로 갖는 벡터를 u_1, u_2를 좌표로 갖는 점과 구분하기 위하여 (u_1, u_2) 보다는 $\langle u_1, u_2 \rangle$로 표기한다.

3차원 공간의 벡터에 대하여, 일반화는 똑같다. 원점을 시점으로 하고 좌표 u_1, u_2, u_3을 갖는 점에서 끝나는 화살로써 벡터를 나타내고 $\langle u_1, u_2, u_3 \rangle$으로 나타낸다(그림 12). 이 절의 나머지에서 3차원에서 벡터의 성질을 연구한다:

벡터 $\mathbf{u} = \langle u_1, u_2, u_3 \rangle$와 $\mathbf{v} = \langle v_1, v_2, v_3 \rangle$이 같기 위한 필요충분조건은 대응하는 성분이 같은 것이다: 즉, $u_1 = v_1$, $u_2 = v_2$, $u_3 = v_3$. 스칼라 c와 벡터 **u**를 곱하기 위하여, 모든 성분을 c를 곱한다: 즉,

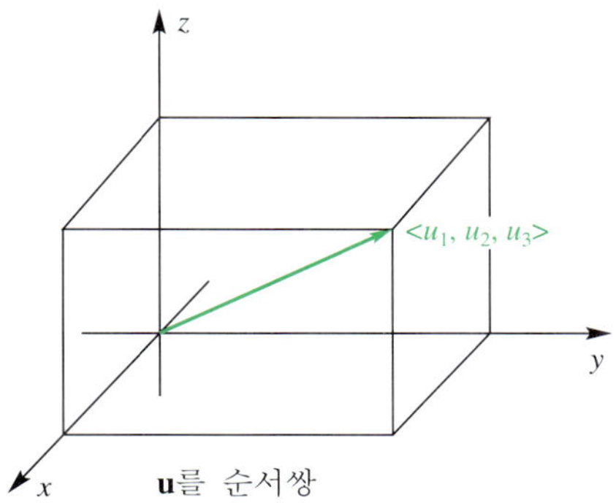

u를 순서쌍 (u_1, u_2, u_3)와 동일시한다

그림 12

$$c\mathbf{u}=\mathbf{u}c=\langle cu_1,\ cu_2,\ cu_3\rangle$$

기호 $-\mathbf{u}$는 벡터 $(-1)\mathbf{u}=\langle -u_1,\ -u_2,\ -u_3\rangle$를 말한다. 모든 성분이 영인 벡터를 영벡터라 한다: 즉, $\mathbf{0}=\langle 0,\ 0,\ 0\rangle$. 두 벡터 **u**, **v**의 합은 다음과 같다.

$$\mathbf{u}+\mathbf{v}=\langle u_1+v_1,\ u_2+v_2,\ u_3+v_3\rangle$$

벡터 $\mathbf{u}-\mathbf{v}$는 다음과 같이 정의한다.

$$\mathbf{u}-\mathbf{v}=\mathbf{u}+(-1)\mathbf{v}=\langle u_1-v_1,\ u_2-v_2,\ u_3-v_3\rangle$$

그림 13은 정의들이 이 절 앞부분에 주어진 기하학적 성질과 같다는 것을 나타낸다.

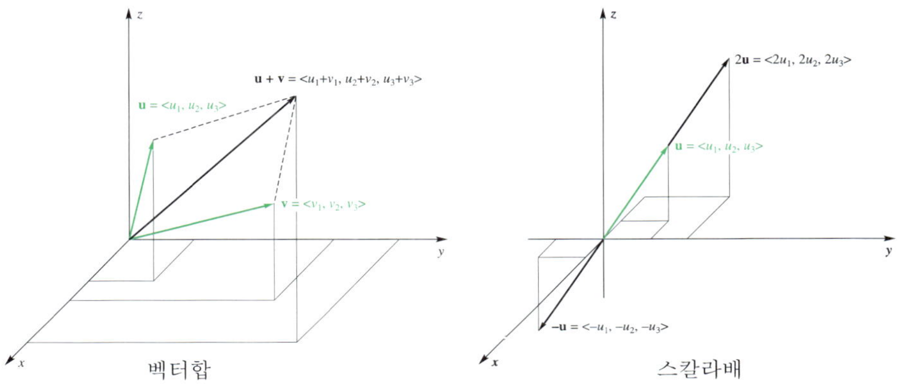

그림 13

> *2차원 공간의 벡터*
>
> 2차원 공간 벡터들에 관한 정의를 복습한다. $\mathbf{u}=\langle u_1,\ u_2\rangle$, $\mathbf{v}=\langle v_1,\ v_2\rangle$와 스칼라 c에 대하여
>
> $c=\langle cu_1,\ cu_2\rangle$
> $\mathbf{u}+\mathbf{v}=\langle u_1+v_1,\ u_2+v_2\rangle$
> $\mathbf{u}-\mathbf{v}=\langle u_1-v_1,\ u_2-v_2\rangle$
> $\mathbf{i}=\langle 1,\ 0\rangle$; $\mathbf{j}=\langle 0,\ 1\rangle$
> $\|\mathbf{u}\|=\sqrt{u_1^2+u_2^2}$

3차원 공간에서 3가지 특별한 벡터는 $\mathbf{i}=\langle 1, 0, 0\rangle$, $\mathbf{j}=\langle 0, 1, 0\rangle$, $\mathbf{k}=\langle 0, 0, 1\rangle$이다. 이들을 **표준단위벡터** 또는 **기저벡터**라 한다. 모든 벡터 $\mathbf{u}=\langle u_1,\ u_2,\ u_3\rangle$은 다음과 같이 **i**, **j**, **k**로 나타낼 수 있다.

$$\mathbf{u}=\langle u_1,\ u_2,\ u_3\rangle=u_1\mathbf{i}+u_2\mathbf{j}+u_3\mathbf{k}$$

벡터의 **크기**는 그것을 나타내는 화살의 길이이다. 화살이 원점에서 시작하여 $(u_1,\ u_2,\ u_3)$에서 끝난다면, 길이는 거리 공식에 의하여 다음과 같이 결정된다:

$$\|\mathbf{u}\|=\sqrt{(u_1-0)^2+(u_2-0)^2+(u_3-0)^2}=\sqrt{u_1^2+u_2^2+u_3^2}$$

수직선에서 $|c|$가 원점에서 점 c까지 거리를 나타내는 것과 마찬가지로, $|\mathbf{u}|$는 공간상의 원점에서 순서쌍이 $\mathbf{u}=\langle u_1, u_2, u_3\rangle$인 점까지의 거리이다(그림 14).

벡터에 관한 이러한 대수적 의미를 이용하여, 벡터연산에 관한 다음 법칙들을 쉽게 만들 수 있다.

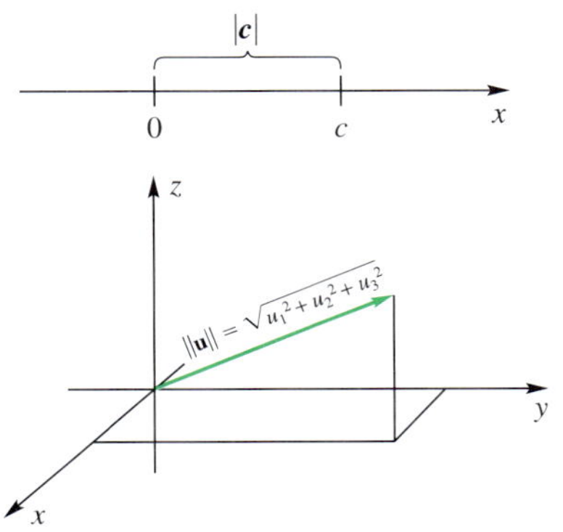

그림 14

정리 A

임의의 벡터 **u**, **v**, **w**와 임의의 스칼라 a, b에 대해서, 다음 관계식이 성립한다.

1. $\mathbf{u}+\mathbf{v}=\mathbf{v}+\mathbf{u}$
2. $(\mathbf{u}+\mathbf{v})+\mathbf{w}=\mathbf{u}+(\mathbf{v}+\mathbf{w})$

3. $\mathbf{u}+\mathbf{0}=\mathbf{0}+\mathbf{u}=\mathbf{u}$
4. $\mathbf{u}+(-\mathbf{u})=\mathbf{0}$
5. $a(b\mathbf{u})=(ab)\mathbf{u}$
6. $a(\mathbf{u}+\mathbf{v})=a\mathbf{u}+b\mathbf{v}$
7. $(a+b)\mathbf{u}=a\mathbf{u}+b\mathbf{u}$
8. $1\mathbf{u}=\mathbf{u}$
9. $\|a\mathbf{u}\|=|a|\|\mathbf{u}\|$

증명 3차원 공간 벡터인 경우에 대하여 6과 9 성질만 증명한다.

$$\begin{aligned} a(\mathbf{u}+\mathbf{v}) &= a(\langle u_1, u_2, u_3\rangle+\langle v_1, v_2, v_3\rangle) \\ &= a\langle u_1+v_1, u_2+v_2, u_3+v_3\rangle \\ &= \langle a(u_1+v_1), a(u_2+v_2), a(u_3+v_3)\rangle \\ &= \langle au_1+av_1, au_2+av_2, au_3+av_3\rangle \\ &= \langle au_1, au_2, au_3\rangle+\langle av_1, av_2, av_3\rangle \\ &= a\langle u_1, u_2, u_3\rangle+a\langle v_1, v_2, v_3\rangle \\ &= a\mathbf{u}+a\mathbf{v} \end{aligned}$$

이것으로서 6이 증명되었고 9의 증명은 다음과 같다.

$$\begin{aligned} \|a\mathbf{u}\| &= \|\langle au_1, au_2, au_3\rangle\| \\ &= \sqrt{(au_1)^2+(au_2)^2+(au_3)^2} \\ &= \sqrt{a^2(u_1^2+u_2^2+u_3^2)} \\ &= \sqrt{a^2}\sqrt{u_1^2+u_2^2+u_3^2}=|a|\|\mathbf{u}\| \end{aligned}$$ ■

예제 4 $\mathbf{u}=\langle 1, 1, 2\rangle$, $\mathbf{v}=\langle 0, -1, 2\rangle$에 대하여 (a) $\mathbf{u}+\mathbf{v}$, (b) $\mathbf{u}-2\mathbf{v}$를 구하고 그들을 $\mathbf{i}$, $\mathbf{j}$, $\mathbf{k}$에 관한 합으로써 나타내어라.
(c) $\|\mathbf{u}\|$, (d) $\|-3\mathbf{u}\|$를 구하여라.

풀이 (a) $\mathbf{u}+\mathbf{v}=\langle 1, 1, 2\rangle+\langle 0, -1, 2\rangle=\langle 1+0, 1+(-1), 2+2\rangle$
$=\langle 1, 0, 4\rangle=1\mathbf{i}+0\mathbf{j}+4\mathbf{k}=\mathbf{i}+4\mathbf{k}$

(b) $\mathbf{u}-2\mathbf{v}=\langle 1, 1, 2\rangle-2\langle 0, -1, 2\rangle=\langle 1-0, 1-(-2), 2-4\rangle$
$=\langle 1, 3, -2\rangle=\mathbf{i}+3\mathbf{j}-2\mathbf{k}$

(c) $\|\mathbf{u}\|=\sqrt{1^2+1^2+2^2}=\sqrt{6}$

(d) $\|-3\mathbf{u}\|=|-3|\|\mathbf{u}\|=3\sqrt{6}$ ■

정의 단위벡터
길이가 1인 벡터를 **단위벡터**라고 한다.

예제 5 $\mathbf{v}=\langle 4, -3\rangle$일 때 $\|\mathbf{v}\|$를 구하고, $\mathbf{v}$와 방향이 같은 단위벡터 $\mathbf{u}$를 구하여라.

풀이 이 문제에서 모든 벡터는 2차원이다. $\mathbf{v}$의 길이 또는 크기는 $\|\mathbf{v}\|=\sqrt{4^2+(-3)^2}=5$. $\mathbf{u}$를 구하기 위하여 $\mathbf{v}$를 자신의 길이인 $\|\mathbf{v}\|$로 나눈다; 즉,

$$\mathbf{u}=\frac{\mathbf{v}}{\|\mathbf{v}\|}=\frac{\langle 4,\ -3\rangle}{\sqrt{4^2+(-3)^2}}=\frac{\langle 4,\ -3\rangle}{5}=\frac{1}{5}\langle 4,\ -3\rangle=\left\langle\frac{4}{5},\ -\frac{3}{5}\right\rangle$$

u의 크기는

$$\|\mathbf{u}\|=\left\|\frac{\mathbf{v}}{\|\mathbf{v}\|}\right\|=\left\|\frac{1}{\|\mathbf{v}\|}\mathbf{v}\right\|=\left|\frac{1}{\|\mathbf{v}\|}\right|\ \|\mathbf{v}\|=\frac{1}{\|\mathbf{v}\|}\|\mathbf{v}\|=1$$ ■

스칼라로 벡터 나누기

v를 스칼라 c로 '나눈다'는 얘기를 종종한다. 이것은 벡터에 c의 역수를 곱하는 것을 뜻한다. 즉

$$\frac{\mathbf{v}}{c}=\frac{1}{c}\mathbf{v}$$

단 $c\neq 0$이다. 이 식의 우변은 단순히 이 절의 앞에서 정의했던 스칼라와 벡터의 곱을 뜻한다. 한 벡터를 다른 벡터로 나누는 것은 넌센스이다.

개념 복습

1. 벡터는 ______와 ______을 갖는다는 의미에서 스칼라와 다르다.

2. _________ 때 두 벡터는 동치이다.

3. **v**의 시점이 **u**의 종점과 일치하면, **u**+**v**는 시점이 ______이고 종점이 ______인 벡터이다.

4. $\mathbf{u}=\langle 6, 3, 3\rangle$은 $\mathbf{v}=\langle 2, 1, 1\rangle$보다 크기가 ____배이다.

연습문제 11.2

문제 1~4에서 벡터 **w**를 그려라.

1. $\mathbf{w}=\mathbf{u}+\frac{3}{2}\mathbf{v}$

2. $\mathbf{w}=2\mathbf{u}-3\mathbf{v}$

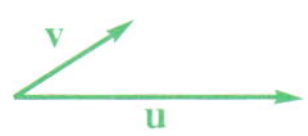

3. $\mathbf{w}=\mathbf{u}_1+\mathbf{u}_2+\mathbf{u}_3$

4. $\mathbf{w}=\mathbf{u}_1+\mathbf{u}_2+\mathbf{u}_3$

5. 그림 15는 평행사변형이다. **u**와 **v**를 사용하여 **w**를 표현하여라.

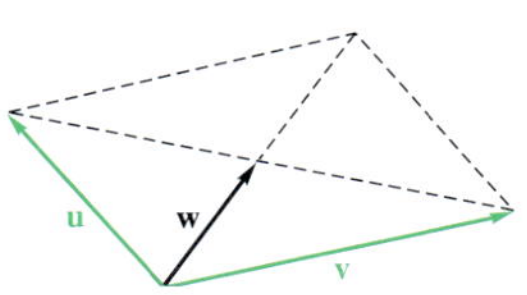

그림 15

6. 그림 16의 커다란 삼각형에서, **m**은 중선이다(**m**의 끝점이 삼각형의 밑변을 이등분한다). **u**와 **v**를 사용하여 **m**과 **n**을 표현하여라.

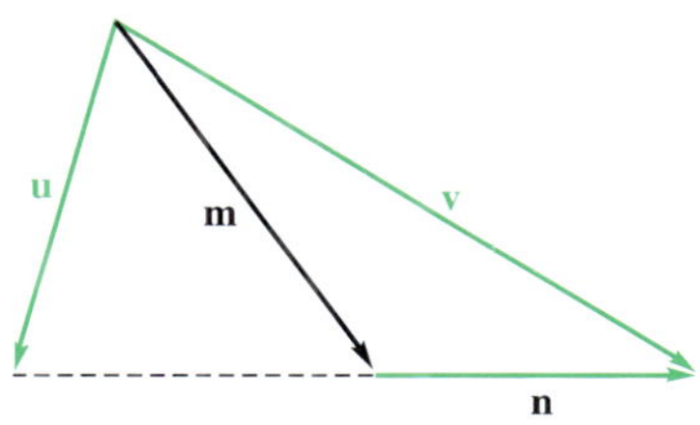

그림 16

7. 그림 17에서, $\mathbf{w}=-(\mathbf{u}+\mathbf{v})$이고 $\|\mathbf{u}\|=\|\mathbf{v}\|=1$. $\|\mathbf{w}\|$를 구하여라.

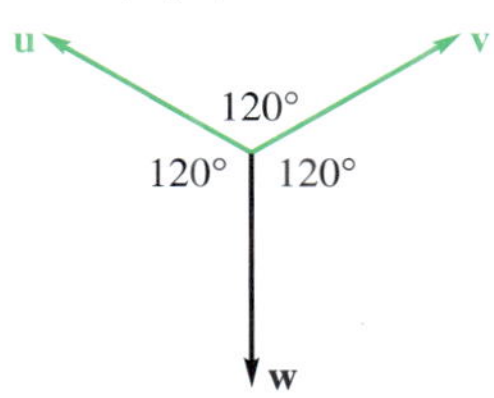

그림 17

8. 맨 위의 각이 90°, 양 옆의 두 각이 135°라 하고, 문제 7을 풀어 보아라.

문제 9~12에서 2차원 벡터 **u**와 **v**에 대하여 합 **u**+**v**와 차 **u**−**v**, 크기 $\|\mathbf{u}\|$, $\|\mathbf{v}\|$를 구하여라.

9. $\mathbf{u}=\langle -1, 0\rangle$, $\mathbf{v}=\langle 3, 4\rangle$

10. $\mathbf{u}=\langle 0, 0\rangle$, $\mathbf{v}=\langle -3, 4\rangle$

11. $\mathbf{u}=\langle 12, 12\rangle$, $\mathbf{v}=\langle -2, 2\rangle$

12. $\mathbf{u}=\langle -0.2, 0.8\rangle$, $\mathbf{v}=\langle -2.1, 1.3\rangle$

문제 13~16에서 3차원 벡터 $\mathbf{u}$와 $\mathbf{v}$에 대하여 합 $\mathbf{u}+\mathbf{v}$와 차 $\mathbf{u}-\mathbf{v}$, 크기 $\|\mathbf{u}\|$, $\|\mathbf{v}\|$를 구하여라.

13. $\mathbf{u}=\langle -1, 0, 0\rangle$, $\mathbf{v}=\langle 3, 4, 0\rangle$

14. $\mathbf{u}=\langle 0, 0, 0\rangle$, $\mathbf{v}=\langle -3, 3, 1\rangle$

15. $\mathbf{u}=\langle 1, 0, 1\rangle$, $\mathbf{v}=\langle -5, 0, 0\rangle$

16. $\mathbf{u}=\langle 0.3, 0.3, 0.5\rangle$, $\mathbf{v}\langle 2.2, 1.3, -0.9\rangle$

C **17.** 그림 18에서, 힘 $\mathbf{u}$와 $\mathbf{v}$는 각각 크기가 50파운드이다. $\mathbf{u}$, $\mathbf{v}$와 평형을 이루기 위한 힘 $\mathbf{w}$의 크기와 방향을 구하여라.

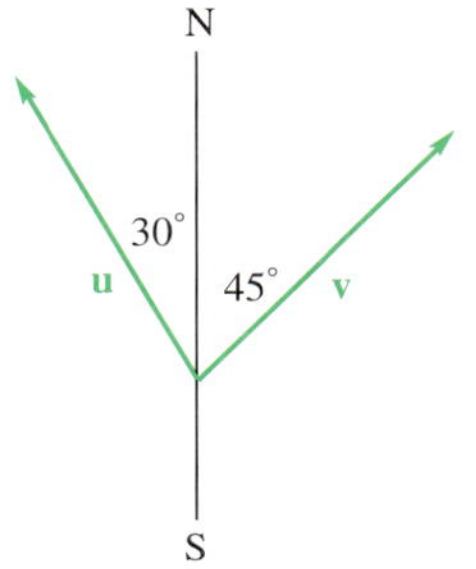

그림 18

≈ **18.** 철수는 말뚝을 남에서 동으로 30° 방향으로, 60 파운드의 힘으로 밀고 있다. 민수는 같은 말뚝을 남에서 서로 60° 방향으로, 80 파운드의 힘으로 밀고 있다. 그 결과(합)의 힘의 크기와 방향은?

≈ **19.** 300 뉴턴의 무게가 매끄러운(마찰은 무시해도 됨) 경사면에 놓여 있는데, 그 경사면은 수평면과 30°의 각을 이룬다. 경사면에 평행한 방향으로 얼마 크기의 힘을 가해야, 이 무게가 경사면을 따라 미끄러지는 것을 막을 수 있겠는가? 도움말: 아래로 향하는 300 뉴턴의 힘을 두 힘의 합으로 생각하자. 경사면에 평행한 힘과 경사면에 수직인 힘.

C **20.** 무게 258.5 파운드인 물체에 두 개의 줄을 묶어서, 평형을 이루고 있다. 두 개의 줄이 수직선과 만드는 각은 각각 27.34°, 39.22°이다. 각각의 줄이 이 물체에 가하는 힘의 크기를 구하여라.

C **21.** 바람이 시속 45마일의 속력으로, 북에서 서로 20° 방향으로 불고 있다. 잠잠한 공중에서 시속 425마일로 날 수 있는 여객기가, 똑바로 북으로 날아가려고 한다. 이 여객기는 어느 방향으로 향해야 하는가? 그러면 지면에 대한 여객기의 속력은 얼마인가?

22. 배가 시속 20마일로, 남쪽으로 항해하고 있다. 어떤 선원이 갑판에서 시속 3마일로, 서쪽으로 (즉, 배의 옆 난간과 직각으로) 걷고 있다. 수면에 대한 선원의 속도의 크기와 방향은?

23. 시속 40마일로, 남쪽으로 바람이 부는 속에서, 영희는 비행기를 조종하고 있다. 비행기가 북에서 동으로 60° 방향으로 향하게 하니, 똑바로 동쪽으로 움직이고 있다. 비행기의 대기속력(잠잠한 공중에서의 속력)을 구하여라.

C **24.** 바람이 시속 63마일의 속력으로, 남에서 동으로 11.5° 방향으로 불고 있다. 비행기가 시속 837마일로, 똑바로 북쪽으로 날아가려면, 비행기가 향하는 방향과 대기속력은 얼마여야 하는가?

25. 2차원 벡터의 경우에 대하여 정리 A를 증명하여라.

26. 3차원 벡터의 경우에 대하여 정리 A의 1~5, 7~8을 증명하여라.

27. 벡터를 사용하여 다음을 증명하여라. 삼각형의 두 변의 중점을 잇는 선분은 나머지 변과 평행하다.

28. 임의의 사각형의 네 변들의 중점들은 평행사변형의 꼭짓점임을 증명하여라.

29. 그림 19에서 $\mathbf{v}_1$, $\mathbf{v}_2$, ..., $\mathbf{v}_n$은 다각형의 변들을 따라서 돌아가는 벡터들이라고 하자. 그러면 $\mathbf{v}_1+\mathbf{v}_2+\cdots+\mathbf{v}_n=\mathbf{0}$임을 밝혀라.

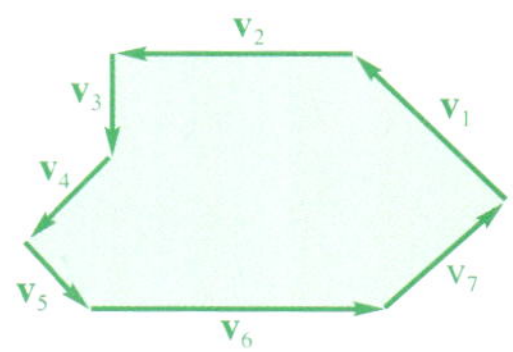

그림 19

30. 원에서 일정한 간격으로 n개의 점들을 잡고, 원의 중심에서 이 n개의 점들로 가는 벡터를 각각 $\mathbf{v}_1$, $\mathbf{v}_2$, ..., $\mathbf{v}_n$이라 하자. 그러면 $\mathbf{v}_1+\mathbf{v}_2+\cdots+\mathbf{v}_n=\mathbf{0}$임을 밝혀라.

31. 삼각형 탁자가 수평으로 놓여 있으며, 꼭지각의 크기는 120°보다 더 작다. 모든 꼭지각에 도르래를 설치해 놓아서, 마찰이 없이 줄이 움직이며, 각각의 줄에 무게 W를 매달아 놓았으며, 이 줄들을 P에서 묶어 놓았다. 그림 20을 보기 바란다. 이들이 평형을 이루면, P에서 세 각들은 서로 크기가 같음을 밝혀라. 즉, $\alpha+\beta=\alpha+\gamma=\beta+\gamma=120°$임을 밝혀라.

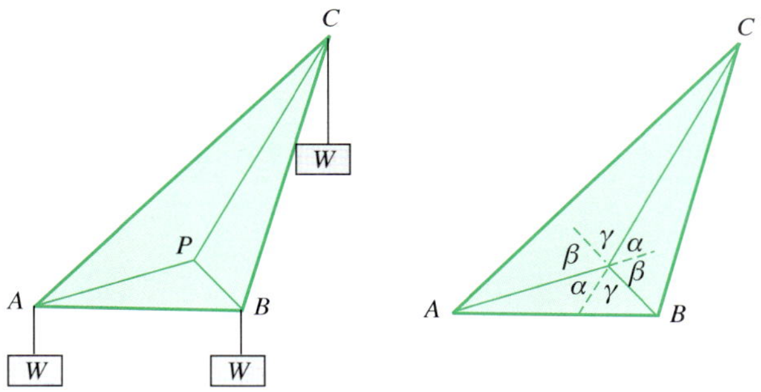

그림 20

32. 문제 31의 삼각형에서, $|AP|+|BP|+|CP|$가 최소가 되게 하는 점 P가 바로 P에서의 세 각의 크기가 같아지는 점임을 밝혀라. 도움말: 무게를 매단 지점을 A', B', C'라 하자. 그러면 무게중심은 삼각형이 만드는 평면에 비해서 $\frac{1}{3}(|AA'|+|BB'|+|CC'|)$만큼 아래에 놓여 있다. 무게중심이 가장 아래에 놓여 있을 때, 이 체계는 평형을 이룬다.

33. 문제 31의 A, B, C에 작용하는 무게가 각각 $3w$, $4w$, $5w$라 하자. 평형을 이룰 때, P에서의 세 각의 크기를 구하여라. 이제 어떤 기하학적 양이 (문제 32처럼) 최소가 되는가?

34. 전자회사가 냉장고 공장을 세우려고 하는데, 세 도시 A, B, C에서 해마다 각각 a, b, c대의 냉장고를 팔 것이다. 공장 건설의 최적지는? 즉, 운송 비용이 최소가 되게 하는 지점은(문제 33 참조)?

개념 복습 해답: **1.** 크기, 방향 **2.** 서로 같은 크기와 같은 방향을 가질 **3.** **u**의 시점(꼬리), **v**의 종점(머리) **4.** 3

11.3 내적

스칼라를 곱하는 것, 즉, 벡터 **u**와 스칼라 c의 곱을 앞에서 다루었다. 그 결과인 c**u**는 항상 벡터이다. 이제 두 벡터 **u**와 **v**의 곱을 소개한다. 이것은 **내적**이라고 하며, 기호 $\mathbf{u}\cdot\mathbf{v}$로 나타낸다. 이것은 2차원 벡터에 관하여 다음 공식으로 정의한다.

$$\mathbf{u}\cdot\mathbf{v}=\langle u_1,\ u_2\rangle\cdot\langle v_1,\ v_2\rangle=u_1v_1+u_2v_2$$

또 3차원 벡터에 관하여 다음과 같이 정의한다.

$$\mathbf{u}\cdot\mathbf{v}=\langle u_1,\ u_2,\ u_3\rangle\cdot\langle v_1,\ v_2,\ v_3\rangle=u_1v_1+u_2v_2+u_3v_3$$

예제 1 $\mathbf{u}=\langle 0,\ 1,\ 1\rangle$, $\mathbf{v}=\langle 2,\ -1,\ 1\rangle$, $\mathbf{w}=\langle 6,\ -3,\ 3\rangle$이라 하자. 다음 중 정의되는 것을 계산하여라:
(a) $\mathbf{u}\cdot\mathbf{v}$, (b) $\mathbf{v}\cdot\mathbf{u}$, (c) $\mathbf{v}\cdot\mathbf{w}$, (d) $\mathbf{u}\cdot\mathbf{u}$, (e) $(\mathbf{u}\cdot\mathbf{v})\cdot\mathbf{w}$.

풀이 (a) $\mathbf{u}\cdot\mathbf{v}=\langle 0,\ 1,\ 1\rangle\cdot\langle 2,\ -1,\ 1\rangle=(0)(2)+(1)(-1)+(1)(1)=0$
(b) $\mathbf{v}\cdot\mathbf{u}=\langle 2,\ -1,\ 1\rangle\cdot\langle 0,\ 1,\ 1\rangle=(2)(0)+(-1)(1)+(1)(1)=0$
(c) $\mathbf{v}\cdot\mathbf{w}=\langle 2,\ -1,\ 1\rangle\cdot\langle 6,\ -3,\ 3\rangle=(2)(6)+(-1)(-3)+(1)(3)=18$
(d) $\mathbf{u}\cdot\mathbf{u}=\langle 0,\ 1,\ 1\rangle\cdot\langle 0,\ 1,\ 1\rangle=0^2+1^2+1^2=2$
(e) $(\mathbf{u}\cdot\mathbf{v})\cdot\mathbf{w}$는 정의되지 않는다. $\mathbf{u}\cdot\mathbf{v}$는 스칼라이다. 스칼라와 벡터의 내적은 의미가 없다. ■

내적의 성질은 쉽게 밝힐 수 있다(문제 46~50 참조). 이 절의 남은 부분뿐만 아니라 이 정리도 2차원과 3차원 벡터 모두에 적용됨을 주목한다.

정리 A 내적의 성질

u, **v**, **w**가 벡터이고, c는 스칼라라고 하자. 그러면 다음 성질들이 성립한다.

1. $\mathbf{u}\cdot\mathbf{v}=\mathbf{v}\cdot\mathbf{u}$
2. $\mathbf{u}\cdot(\mathbf{v}+\mathbf{w})=\mathbf{u}\cdot\mathbf{v}+\mathbf{u}\cdot\mathbf{w}$
3. $c(\mathbf{u}\cdot\mathbf{v})=(c\mathbf{u})\cdot\mathrm{v}=\mathbf{u}\cdot(c\mathbf{v})$
4. $\mathbf{0}\cdot\mathbf{u}=0$
5. $\mathbf{u}\cdot\mathbf{u}=\|\mathbf{u}\|^2$

내적의 의미를 강조하기 위하여, 벡터 **u**, **v**의 기하학적 성질을 내포하고 있는 다음과 같은 또 하나의 공식을 제공한다.

정리 B

영벡터가 아닌 두 벡터 **u**, **v** 사이의 각을 θ라 하면 다음이 성립한다.

$$\mathbf{u}\cdot\mathbf{v}=\|\mathbf{u}\|\|\mathbf{v}\|\cos\theta$$

증명 이 결과를 증명하기 위하여, 그림 1에서 삼각형에 코사인 법칙을 적용한다.

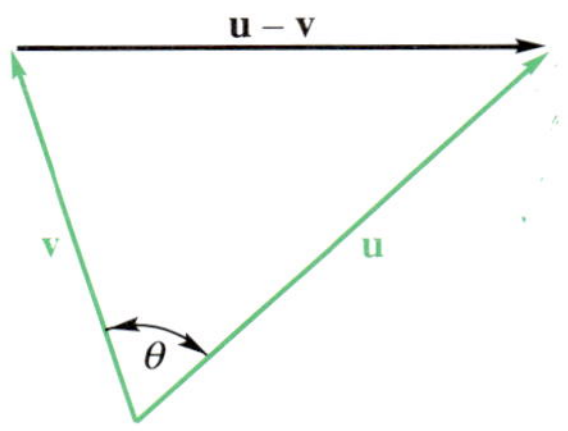

그림 1

$$\|\mathbf{u}-\mathbf{v}\|^2=\|\mathbf{u}\|^2+\|\mathbf{v}\|^2-2\|\mathbf{u}\|\|\mathbf{v}\|\cos\theta$$

반면에 정리 A에서의 내적에 관한 성질로부터

$$\begin{aligned}\|\mathbf{u}-\mathbf{v}\|^2&=(\mathbf{u}-\mathbf{v})\cdot(\mathbf{u}-\mathbf{v})\\&=\mathbf{u}\cdot(\mathbf{u}-\mathbf{v})-\mathbf{v}\cdot(\mathbf{u}-\mathbf{v})\\&=\mathbf{u}\cdot\mathbf{u}-\mathbf{u}\cdot\mathbf{v}-\mathbf{v}\cdot\mathbf{u}+\mathbf{v}\cdot\mathbf{v}\\&=\|\mathbf{u}\|^2+\|\mathbf{v}\|^2-2\mathbf{u}\cdot\mathbf{v}\end{aligned}$$

$\|\mathbf{u}-\mathbf{v}\|^2$에 대한 두 식을 계산하면 다음이 성립한다.

$$\begin{aligned}\|\mathbf{u}\|^2+\|\mathbf{v}\|^2-2\|\mathbf{u}\|\|\mathbf{v}\|\cos\theta&=\|\mathbf{u}\|^2+\|\mathbf{v}\|^2-2\mathbf{u}\cdot\mathbf{v}\\-2\|\mathbf{u}\|\|\mathbf{v}\|\cos\theta&=-2\mathbf{u}\cdot\mathbf{v}\\\mathbf{u}\cdot\mathbf{v}&=\|\mathbf{u}\|\|\mathbf{v}\|\cos\theta\end{aligned}$$

■

예제 2 벡터 $\mathbf{u}=\langle 8,\ 6\rangle$와 $\mathbf{v}=\langle 5,\ 12\rangle$ 사이의 각을 구하여라(그림 2 참조).

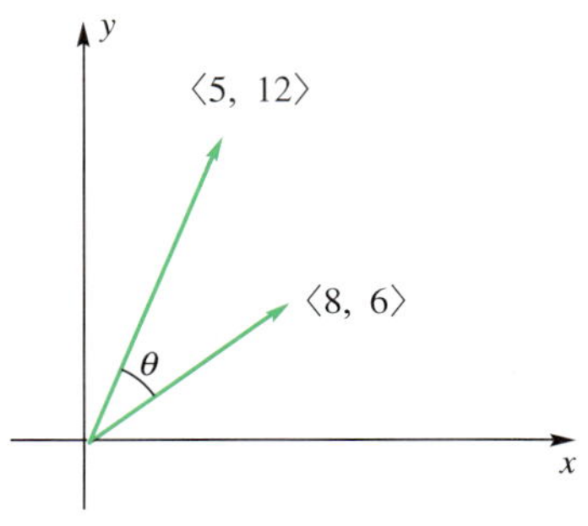

그림 2

풀이 정리 B에서 $\cos\theta$에 대해 풀면

$$\cos\theta=\frac{\mathbf{u}\cdot\mathbf{v}}{\|\mathbf{u}\|\|\mathbf{v}\|}=\frac{(8)(5)+(6)(12)}{(10)(13)}=\frac{112}{130}\approx 0.862$$

그러면

$$\theta\approx\cos^{-1}(0.862)\approx 0.532(\text{또는 } 30.5^\circ)$$

■

정리 B의 중요한 결과는 다음과 같다.

정리 C 수직 판정법
두 벡터 $\mathbf{u}$와 $\mathbf{v}$가 서로 수직일 필요충분조건은 내적 $\mathbf{u}\cdot\mathbf{v}$가 0인 것이다.

증명 영벡터가 아닌 두 벡터가 서로 수직일 필요충분조건은, 그들 사이의 각 θ가 $\pi/2$인 것이다. 즉, 필요충분조건은 $\cos\theta=0$. 그런데 $\cos\theta=0$일 필요충분조건은 $\mathbf{u}\cdot\mathbf{v}=0$. 영벡터는 모든 벡터들과 수직이라고 동의를 하면, 이 결과는 영벡터에 대해서도 유효하다. ■

정의 수직
서로 직교하는 두 벡터는 **수직**(orthogonal)이라 한다.

예제 3 예제 1의 세 벡터 사이의 각을 구하여라. 어느 쌍이 수직인가?

풀이 벡터 $\mathbf{u}$, $\mathbf{v}$에 대하여

$$\cos\theta_1=\frac{\mathbf{u}\cdot\mathbf{v}}{\|\mathbf{u}\|\|\mathbf{v}\|}=\frac{(0)(2)+(1)(-1)+(1)(1)}{\|\langle 0,\ 1,\ 1\rangle\|\|\langle 2,\ -1,\ 1\rangle\|}=\frac{0}{\sqrt{2}\sqrt{6}}=0$$

벡터 $\mathbf{u}$, $\mathbf{w}$에 대하여

$$\cos\theta_2=\frac{\mathbf{u}\cdot\mathbf{w}}{\|\mathbf{u}\|\|\mathbf{w}\|}=\frac{(0)(6)+(1)(-3)+(1)(3)}{\|\langle 0,\ 1,\ 1\rangle\|\|\langle 6,\ -3,\ 3\rangle\|}=\frac{0}{\sqrt{2}\,(3\sqrt{6})}=0$$

벡터 $\mathbf{v}$, $\mathbf{w}$에 대하여

$$\cos\theta_3=\frac{\mathbf{v}\cdot\mathbf{w}}{\|\mathbf{v}\|\|\mathbf{w}\|}=\frac{(2)(6)+(-1)(-3)+(1)(3)}{\|\langle 2,\ -1,\ 1\rangle\|\|\langle 6,\ -3,\ 3\rangle\|}=\frac{18}{\sqrt{6}\,(3\sqrt{6})}=1$$

따라서 벡터 $\mathbf{u}$와 $\mathbf{v}$, $\mathbf{u}$와 $\mathbf{w}$는 서로 수직이다. 그러므로 $\theta_1=\theta_2=\frac{\pi}{2}$. 벡터 $\mathbf{v}$와 $\mathbf{w}$는 사이 각의 cosine값이 1이므로 $\theta_3=0$; 즉 두 벡터는 같은 방향을 가르키고 있다. ■

$\mathbf{i}=\langle 1,\ 0\rangle$, $\mathbf{j}=\langle 0,\ 1\rangle$일 때 모든 평면 벡터 $\mathbf{u}$는 $\mathbf{u}=u_1\mathbf{i}+u_2\mathbf{j}$로 나타낼 수 있고, $\mathbf{i}=\langle 1,\ 0,\ 0\rangle$, $\mathbf{j}=\langle 0,\ 1,\ 0\rangle$, $\mathbf{k}=\langle 0,\ 0,\ 1\rangle$일 때 3차원 공간 벡터 $\mathbf{v}$는 $\mathbf{v}=v_1\mathbf{i}+v_2\mathbf{j}+v_3\mathbf{k}$로 나타낼 수 있다.

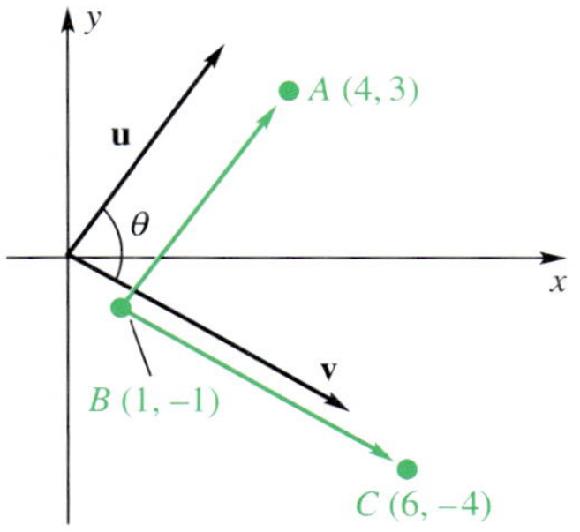

그림 3

예제 4 그림 3에 나오는 세 점 $A(4,\ 3)$, $B(1,\ -1)$, $C(6,\ -4)$에 대해서, 각 ABC의 크기를 구하여라.

풀이

$$\mathbf{u}=\overrightarrow{BA}=(4-1)\mathbf{i}+(3+1)\mathbf{j}=3\mathbf{i}+4\mathbf{j}=\langle 3,\ 4\rangle$$
$$\mathbf{v}=\overrightarrow{BC}=(6-1)\mathbf{i}+(-4+1)\mathbf{j}=5\mathbf{i}-3\mathbf{j}=\langle 5,\ -3\rangle$$
$$\|\mathbf{u}\|=\sqrt{3^2+4^2}=5$$

$$\|\mathbf{v}\| = \sqrt{5^2 + (-3)^2} = \sqrt{34}$$
$$\mathbf{u}\cdot\mathbf{v} = (3)(5) + (4)(-3) = 3$$
$$\cos\theta = \frac{\mathbf{u}\cdot\mathbf{v}}{\|\mathbf{u}\|\|\mathbf{v}\|} = \frac{3}{5\sqrt{34}} \approx 0.1029$$
$$\theta \approx 1.468(\text{약 } 84.09°)$$ ■

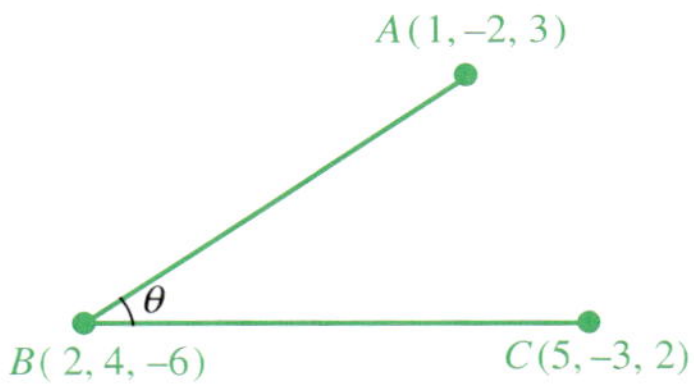

그림 4

예제 5 $A(1, -2, 3)$, $B(2, 4, -6)$, $C(5, -3, 2)$일 때 각 ABC의 크기를 구하여라(그림 4).

풀이 $\overrightarrow{BA}$와 $\overrightarrow{BC}$와 동치인 벡터 **u**, **v**(원점으로부터 나오는)를 결정한다. 이것은 종점의 좌표에서 시점의 좌표를 빼면 된다. 즉,

$$\mathbf{u} = \overrightarrow{BA} = \langle 1-2,\ -2-4,\ 3+6\rangle = \langle -1,\ -6,\ 9\rangle$$
$$\mathbf{v} = \overrightarrow{BC} = \langle 5-2,\ -3-4,\ 2+6\rangle = \langle 3,\ -7,\ 8\rangle$$

따라서

$$\cos\theta = \frac{\mathbf{u}\cdot\mathbf{v}}{\|\mathbf{u}\|\|\mathbf{v}\|} = \frac{(-1)(3)+(-6)(-7)+(9)(8)}{\sqrt{1+36+81}\sqrt{9+49+64}} \approx 0.9251$$
$$\theta = 0.3894(\text{약 } 22.31°)$$ ■

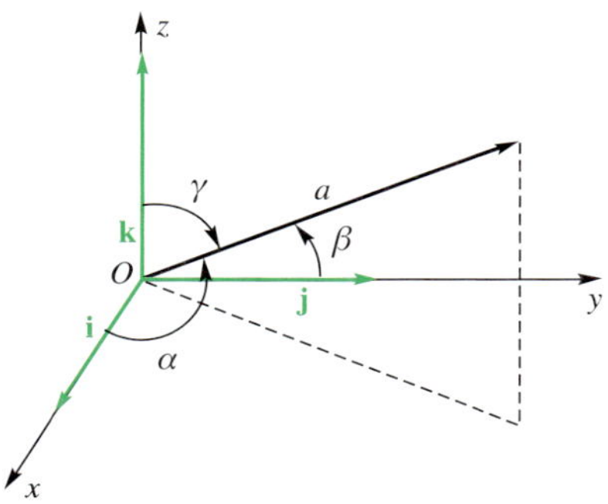

그림 5

방향각과 방향코사인 영벡터가 아닌 3차원 벡터 **a**와 기저벡터 **i**, **j**, **k** 사이의 음이 아닌 제일 작은 각을 **a**의 **방향각**이라 하고, 그림 5와 같이 α, β, γ로 나타낸다. 때로는 **방향코사인** $\cos\alpha$, $\cos\beta$, $\cos\gamma$를 이용하면 더욱 편리하다.

$\mathbf{a} = a_1\mathbf{i} + a_2\mathbf{j} + a_3\mathbf{k}$일 때

$$\cos\alpha = \frac{\mathbf{a}\cdot\mathbf{i}}{\|\mathbf{a}\|\|\mathbf{i}\|} = \frac{a_1}{\|\mathbf{a}\|},$$
$$\cos\beta = \frac{\mathbf{a}\cdot\mathbf{j}}{\|\mathbf{a}\|\|\mathbf{j}\|} = \frac{a_2}{\|\mathbf{a}\|},$$
$$\cos\gamma = \frac{\mathbf{a}\cdot\mathbf{k}}{\|\mathbf{a}\|\|\mathbf{k}\|} = \frac{a_3}{\|\mathbf{a}\|}$$

이때 다음 식이 항상 성립한다.

$$\cos^2\alpha + \cos^2\beta + \cos^2\gamma = \frac{a_1^2}{\|\mathbf{a}\|^2} + \frac{a_2^2}{\|\mathbf{a}\|^2} + \frac{a_3^2}{\|\mathbf{a}\|^2} = 1$$

따라서 벡터 $\langle\cos\alpha, \cos\beta, \cos\gamma\rangle$는 **a**와 같은 방향을 갖는 단위벡터이다.

예제 6 벡터 $\mathbf{a} = 4\mathbf{i} - 5\mathbf{j} + 3\mathbf{k}$의 방향각을 구하여라.

풀이 $\|\mathbf{a}\| = \sqrt{4^2 + (-5)^2 + 3^2} = 5\sqrt{2}$이므로

$$\cos\alpha = \frac{4}{5\sqrt{2}} = \frac{2\sqrt{2}}{5}, \quad \cos\beta = -\frac{5}{5\sqrt{2}} = -\frac{\sqrt{2}}{2}, \quad \cos\gamma = \frac{3}{5\sqrt{2}} = \frac{3\sqrt{2}}{10}$$

따라서

$$\alpha \approx 55.55^\circ, \qquad \beta = 135^\circ, \qquad \gamma \approx 64.90^\circ$$ ■

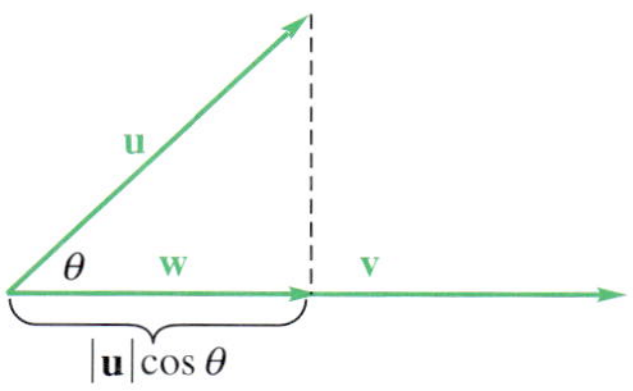

그림 6

사영 $\mathbf{u}$와 $\mathbf{v}$는 벡터이고, θ는 이들 사이의 각이라고 하자. 우선 $0 \le \theta \le \pi/2$인 경우를 생각한다. 벡터 $\mathbf{w}$는 $\mathbf{v}$와 같은 방향이고, 크기는 $\|\mathbf{u}\|\cos\theta$라고 하자(그림 6 참조). $\mathbf{w}$는 $\mathbf{v}$와 방향이 같으므로, 어떤 양의 스칼라(실수) c가 있어서, $\mathbf{w} = c\mathbf{v}$. 그런데 한편으로, $\mathbf{w}$의 크기는 $\|\mathbf{u}\|\cos\theta$가 되어야 한다. 그러므로

$$\|\mathbf{u}\|\cos\theta = \|\mathbf{w}\| = \|c\mathbf{v}\| = c\|\mathbf{v}\|$$

따라서 상수 c는 다음과 같다.

$$c = \frac{\|\mathbf{u}\|}{\|\mathbf{v}\|}\cos\theta = \frac{\|\mathbf{u}\|}{\|\mathbf{v}\|}\frac{\mathbf{u}\cdot\mathbf{v}}{\|\mathbf{u}\|\|\mathbf{v}\|} = \frac{\mathbf{u}\cdot\mathbf{v}}{\|\mathbf{v}\|^2}$$

그러므로

$$\mathbf{w} = \left(\frac{\mathbf{u}\cdot\mathbf{v}}{\|\mathbf{v}\|^2}\right)\mathbf{v}$$

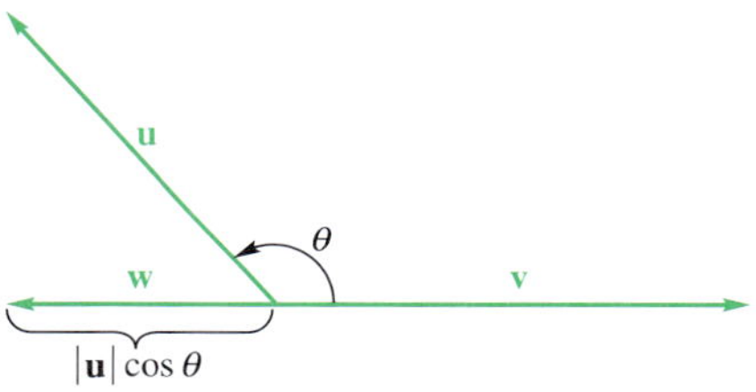

그림 7

$\pi/2 < \theta \le \pi$인 경우, $\mathbf{w}$는 $\mathbf{v}$가 결정하는 직선에 놓여 있고, $\mathbf{v}$와 반대 방향인 벡터로 정한다(그림 7 참조). 이 벡터의 크기는 $\|\mathbf{w}\| = -\|\mathbf{u}\|\cos\theta = c\|\mathbf{v}\|$이며, 이때 c는 $c = (-\|\mathbf{u}\|\cos\theta)/(\|\mathbf{v}\|) = -\mathbf{u}\cdot\mathbf{v}/\|\mathbf{v}\|^2$인 양의 스칼라이다. $\mathbf{w}$는 $\mathbf{v}$와 반대 방향을 가리키므로, $\mathbf{w} = -c\mathbf{v} = (\mathbf{u}\cdot\mathbf{v}/\|\mathbf{v}\|^2)\mathbf{v}$. 그러므로 두 경우 모두 $\mathbf{w} = (\mathbf{u}\cdot\mathbf{v}/\|\mathbf{v}\|^2)\mathbf{v}$. 벡터 $\mathbf{w}$를 **$\mathbf{v}$위로 $\mathbf{u}$의 벡터 사영** 또는 **$\mathbf{v}$위로 $\mathbf{u}$의 사영**이라하고, $\mathrm{pr}_{\mathbf{v}}\,\mathbf{u}$로 나타낸다. 즉,

$$\mathrm{pr}_{\mathbf{v}}\,\mathbf{u} = \left(\frac{\mathbf{u}\cdot\mathbf{v}}{\|\mathbf{v}\|^2}\right)\mathbf{v}$$

$\mathbf{v}$위로 $\mathbf{u}$의 **스칼라 사영**은 $\|\mathbf{u}\|\cos\theta$로 정의한다. 각 θ가 예각, 직각, 둔각인 경우, 이것은 양수, 0, 음수가 된다. $0 \le \theta \le \pi/2$인 경우, 스칼라 사영은 $\mathrm{pr}_{\mathbf{v}}\,\mathbf{u}$의 크기와 같다. 그리고 $\pi/2 < \theta \le \pi$인 경우, 스칼라 사영은 $\mathrm{pr}_{\mathbf{v}}\,\mathbf{u}$의 크기에 음수 부호를 붙인 것이다.

예제 7 $\mathbf{u} = \langle -1, 5\rangle$, $\mathbf{v} = \langle 3, 3\rangle$에 대해, $\mathbf{v}$위로 $\mathbf{u}$의 벡터 사영과 $\mathbf{v}$위로 $\mathbf{u}$의 스칼라 사영을 구하여라.

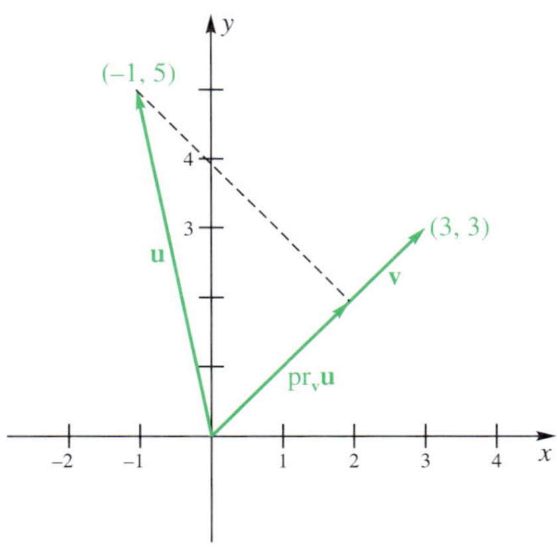

그림 8

풀이 그림 8에 두 벡터가 나온다. 벡터 사영은 다음과 같다.

$$\begin{aligned}\mathrm{pr}_{\langle 3,3\rangle}\langle -1, 5\rangle &= \left(\frac{\langle -1, 5\rangle\cdot\langle 3, 3\rangle}{\|\langle 3, 3\rangle\|^2}\right)\langle 3, 3\rangle \\ &= \frac{-3+15}{3^2+3^2}\langle 3, 3\rangle \\ &= \langle 2, 2\rangle = 2\mathbf{i} + 2\mathbf{j}\end{aligned}$$

그리고 스칼라 사영은 다음과 같다.

$$\|\mathbf{u}\|\cos\theta = \|\langle -1, 5\rangle\|\frac{\langle -1, 5\rangle\cdot\langle 3, 3\rangle}{\|\langle -1, 5\rangle\|\|\langle 3, 3\rangle\|} = \frac{-3+15}{\sqrt{3^2+3^2}} = 2\sqrt{2}$$ ■

일정한 힘 **F**가 작용하여서, 물체가 P에서 Q로 직선을 따라서 움직였다면, 이 힘이 한 일은 움직인 방향으로의 힘의 크기와 움직인 거리를 곱한 것이다. 즉, P에서 Q로 가는 벡터를 **D**라 하면, 한 일은 다음과 같다.

$$(\mathbf{D}\text{위로 } \mathbf{F}\text{의 스칼라 사영})\|\mathbf{D}\| = \|\mathbf{F}\|\cos\theta\|\mathbf{D}\|$$

즉,

$$\text{일} = \mathbf{F}\cdot\mathbf{D}$$

예제 8 힘 $\mathbf{F}=8\mathbf{i}+5\mathbf{j}$(뉴턴단위)를 작용하여 물체가 (1, 0)에서 (7, 1)로 움직였다. 여기서 거리는 미터 단위이다(그림 9). 한 일은 얼마인가?

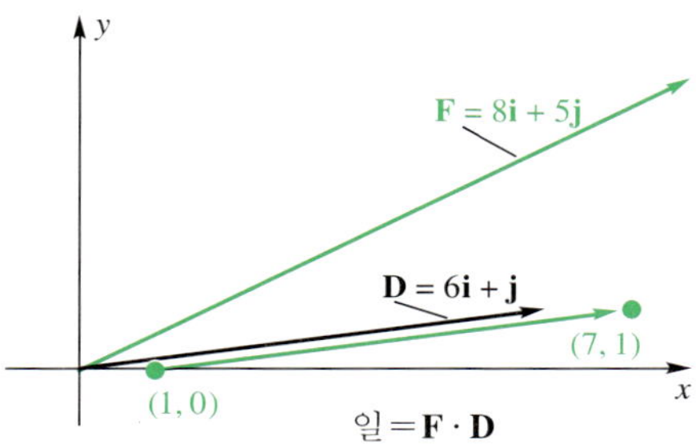

그림 9

풀이 (1, 0)에서 (7, 1)로 가는 벡터를 **D**라 하자. 즉, $\mathbf{D}=6\mathbf{i}+\mathbf{j}$. 그러면

$$\text{일}=\mathbf{F}\cdot\mathbf{D}=(8)(6)+(5)(1)=53\text{뉴턴}\cdot\text{미터}=53\text{줄}$$ ■

평면 벡터를 사용하여 평면을 나타내면 여러 가지로 유용하다. $\mathbf{n}=\langle A, B, C\rangle$는 영이 아닌 고정된 벡터라 하고, $P_1(x_1, y_1, z_1)$은 고정된 점이라 하자. $\overrightarrow{P_1P}\cdot\mathbf{n}=0$을 만족하는 점 $P(x, y, z)$들의 집합은 P_1을 지나고 **n**에 수직인 **평면**이다. 임의의 평면은 어떤 점을 지나고, 어떤 벡터에 수직이므로, 이 방법으로 평면을 결정해 줄 수 있다.

평면의 직교좌표 방정식을 얻기 위해서, 벡터 $\overrightarrow{P_1P}$를 성분 형태로 나타낸다. 즉,

$$\overrightarrow{P_1P}=\langle x-x_1, y-y_1, z-z_1\rangle$$

그러면 $\overrightarrow{P_1P}\cdot\mathbf{n}$은 다음 방정식과 같다.

$$A(x-x_1)+B(y-y_1)+C(z-z_1)=0$$

이 방정식을 (A, B, C 중의 최소한 하나는 0이 아니어야 한다.) **평면방정식의 표준형**이라 한다.

괄호를 없애고 간단히 하면, 네모 속의 방정식은 다음과 같은 일반적인 일차방정식이 된다.

$$Ax+By+Cz=D, \qquad A^2+B^2+C\neq 0$$

그러므로 모든 평면은 일차방정식을 가진다. 역으로, 삼차원 공간에서 일차방정식의 그래프는 항상 평면이 된다. 후자를 확인하기 위해서, (x_1, y_1, z_1)가 이 방정식을 만족한다고 하자. 즉,

$$Ax_1+By_1+Cz_1=D$$

이 방정식을 위의 방정식에서 빼면, 네모 속의 방정식이 나오며, 그것은 평면

을 나타냄을 알고 있다.

예제 9 점 (5, 1, −2)를 지나고 벡터 $\mathbf{n}=\langle 2, 4, 3\rangle$에 수직인 평면의 방정식을 구하여라. 그리고 이 평면과 방정식 $3x-4y+7z=5$를 가지는 평면 사이의 각을 구하여라.

풀이 먼저 문제를 풀기 위하여 평면방정식의 표준형에 이 문제를 적용하면 된다. 그러면

$$2(x-5)+4(y-1)+3(z+2)=0$$

이것을 정리하면 다음과 같다.

$$2x+4y+3z=8$$

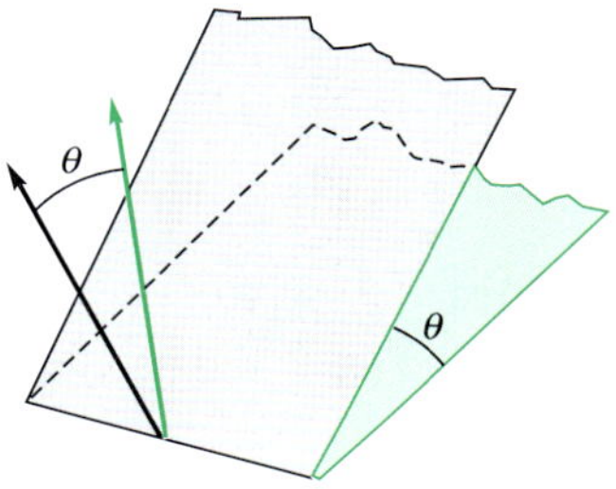

그림 10

두 번째 평면에 수직인 벡터는 $\mathbf{m}=\langle 3, -4, 7\rangle$이며, 두 평면들 사이의 각 θ는 그림 10에서와 같이 그들의 법선벡터들 사이의 각과 같다. 그러므로

$$\cos\theta=\frac{\mathbf{m}\cdot\mathbf{n}}{\|\mathbf{m}\|\|\mathbf{n}\|}=\frac{(3)(2)+(-4)(4)+(7)(3)}{\sqrt{9+16+49}\sqrt{4+16+9}}\approx 0.2375$$

$$\theta\approx 76.26^\circ$$

사실, 평면들 사이의 각은 두 개가 있지만, 그들은 서로 보각들이다. 방금 설명한 계산 과정은 그 중 어느 한 각만을 얻는다. 다른 한 각을 얻고 싶으면, 180°에서 첫번째 값을 빼면 된다. 지금 이 경우는 103.74°가 될 것이다. ■

예제 10 점 (x_0, y_0, z_0)로부터 평면 $Ax+By+Cz=D$까지의 거리 L은 다음 공식으로 주어짐을 밝혀라.

$$L=\frac{|Ax_0+By_0+Cz_0-D|}{\sqrt{A^2+B^2+C^2}}$$

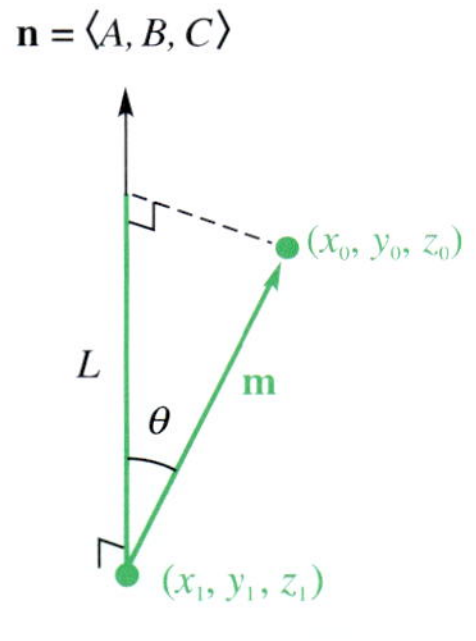

그림 11

풀이 그림 11에서와 같이 평면의 한 점을 (x_1, y_1, z_1)이라 하고, (x_1, y_1, z_1)에서 (x_0, y_0, z_0)으로 가는 벡터를 $\mathbf{m}=\langle x_0-x_1, y_0-y_1, z_0-z_1\rangle$이라 하자. $\mathbf{n}=\langle A, B, C\rangle$는 주어진 평면에 수직인 벡터인데, 이 그림에 나오는 것과는 반대 방향을 가리킬 수도 있다. 구하는 수 L은 $\mathbf{m}$을 $\mathbf{n}$위로 사영한 것의 길이이다. 즉,

$$\begin{aligned}L=|\|\mathbf{m}\|\cos\theta|&=\frac{|\mathbf{m}\cdot\mathbf{n}|}{\|\mathbf{n}\|}\\&=\frac{|A(x_0-x_1)+B(y_0-y_1)+C(z_0-z_1)|}{\sqrt{A^2+B^2+C^2}}\\&=\frac{|Ax_0+By_0+Cz_0-(Ax_1+By_1+Cz_1)|}{\sqrt{A^2+B^2+C^2}}\end{aligned}$$

그런데 (x_1, y_1, z_1)은 평면에 놓여 있으며, 따라서

$$Ax_1+By_1+Cz_1=D$$

L의 식에 이 결과를 대입하면, 원하는 공식이 나온다. ■

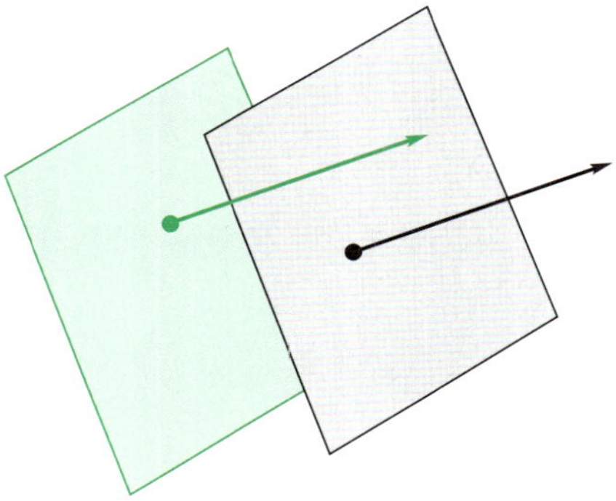

그림 12

예제 11 평행한 두 평면 $3x-4y+5z=9$와 $3x-4y+5z=4$ 사이의 거리를 구하여라.

풀이 벡터 $\langle 3, -4, 5\rangle$가 두 평면들과 수직이므로, 이들은 서로 평행하다(그림 12). 점 $(1, 1, 2)$는 첫 번째 평면에 놓여 있음을 쉽게 알 수 있다. 예제 6의 공식을 사용하여, 점 $(1, 1, 2)$로부터 두 번째 평면까지의 거리 L을 구하면 된다.

$$L=\frac{|3(1)-4(1)+5(2)-4|}{\sqrt{9+16+25}}=\frac{5}{5\sqrt{2}}\approx 0.7071$$ ■

개념 복습

1. $\mathbf{u}=\langle u_1, u_2, u_3\rangle$와 $\mathbf{v}=\langle v_1, v_2, v_3\rangle$의 내적은 ______로 정의한다. $\mathbf{u}\cdot\mathbf{v}$에 대한 기하학적 의미는 θ가 $\mathbf{u}$와 $\mathbf{v}$의 사이 각일 때 ______이다.
2. 두 벡터 $\mathbf{u}$, $\mathbf{v}$가 수직일 필요충분조건은 그들의 내적이 ______일 때이다.
3. 벡터 $\mathbf{D}$를 따라서 물체를 움직이는데 일정한 힘 $\mathbf{F}$로 써 행한 일의 양은 ______이다.

연습문제 11.3

1. $\mathbf{a}=-2\mathbf{i}+3\mathbf{j}$, $\mathbf{b}=2\mathbf{i}-3\mathbf{j}$, $\mathbf{c}=-5\mathbf{j}$라 하자. 다음을 구하여라.
   (a) $2\mathbf{a}-4\mathbf{b}$ (b) $\mathbf{a}\cdot\mathbf{b}$
   (c) $\mathbf{a}\cdot(\mathbf{b}+\mathbf{c})$ (d) $(-2\mathbf{a}+3\mathbf{b})\cdot 5\mathbf{c}$
   (e) $\|\mathbf{a}\|\mathbf{c}\cdot\mathbf{a}$ (f) $\mathbf{b}\cdot\mathbf{b}-\|\mathbf{b}\|$
2. $\mathbf{a}=\langle 3, -1\rangle$, $\mathbf{b}=\langle 1, -1\rangle$, $\mathbf{c}=\langle 0, 5\rangle$라 하자. 다음을 구하여라.
   (a) $-4\mathbf{a}+3\mathbf{b}$ (b) $\mathbf{b}\cdot\mathbf{c}$
   (c) $(\mathbf{a}+\mathbf{b})\cdot\mathbf{c}$ (d) $2\mathbf{c}\cdot(3\mathbf{a}+4\mathbf{b})$
   (e) $\|\mathbf{b}\|\mathbf{b}\cdot\mathbf{a}$ (f) $\|\mathbf{c}\|^2-\mathbf{c}\cdot\mathbf{c}$
3. $\mathbf{a}$와 $\mathbf{b}$ 사이의 각의 코사인을 구하고, 그림을 그려라.
   (a) $\mathbf{a}=\langle 1, -3\rangle$, $\mathbf{b}=\langle -1, 2\rangle$
   (b) $\mathbf{a}=\langle -1, -2\rangle$, $\mathbf{b}=\langle 6, 0\rangle$
   (c) $\mathbf{a}=\langle 2, -1\rangle$, $\mathbf{b}=\langle -2, -4\rangle$
   (d) $\mathbf{a}=\langle 4, -7\rangle$, $\mathbf{b}=\langle -8, 10\rangle$
4. $\mathbf{a}$와 $\mathbf{b}$ 사이의 각을 구하고, 그림을 그려라.
   (a) $\mathbf{a}=12\mathbf{i}$, $\mathbf{b}=-5\mathbf{i}$
   (b) $\mathbf{a}=4\mathbf{i}+3\mathbf{j}$, $\mathbf{b}=-8\mathbf{i}-6\mathbf{j}$
   (c) $\mathbf{a}=-\mathbf{i}+3\mathbf{j}$, $\mathbf{b}=2\mathbf{i}-6\mathbf{j}$
   (d) $\mathbf{a}=\sqrt{3}\,\mathbf{i}+\mathbf{j}$, $\mathbf{b}=3\mathbf{i}+\sqrt{3}\,\mathbf{j}$
5. $\mathbf{a}=\mathbf{i}+2\mathbf{j}-\mathbf{k}$, $\mathbf{b}=\mathbf{j}+\mathbf{k}$, $\mathbf{c}=-\mathbf{i}+\mathbf{j}+2\mathbf{k}$일 때 다음을 구하여라.
   (a) $\mathbf{a}\cdot\mathbf{b}$ (b) $(\mathbf{a}+\mathbf{c})\cdot\mathbf{b}$
   (c) $\mathbf{a}/\|\mathbf{a}\|$ (d) $(\mathbf{b}-\mathbf{c})\cdot\mathbf{a}$
   (e) $\dfrac{\mathbf{a}\cdot\mathbf{b}}{\|\mathbf{a}\|\|\mathbf{b}\|}$ (f) $\mathbf{b}\cdot\mathbf{b}-\|\mathbf{b}\|^2$
6. $\mathbf{a}=\langle\sqrt{2}, \sqrt{2}, 0\rangle$, $\mathbf{b}=\langle 1, -1, 1\rangle$, $\mathbf{c}=\langle -2, 2, 1\rangle$일 때 다음을 구하여라.
   (a) $\mathbf{a}\cdot\mathbf{c}$ (b) $(\mathbf{a}-\mathbf{c})\cdot\mathbf{b}$
   (c) $\mathbf{a}/\|\mathbf{a}\|$ (d) $(\mathbf{b}-\mathbf{c})\cdot\mathbf{a}$
   (e) $\dfrac{\mathbf{b}\cdot\mathbf{c}}{\|\mathbf{b}\|\|\mathbf{c}\|}$ (f) $\mathbf{a}\cdot\mathbf{a}-\|\mathbf{a}\|^2$
7. 문제 6의 벡터 $\mathbf{a}$, $\mathbf{b}$, $\mathbf{c}$에 대하여, 각 벡터들 사이의 각을 구하여라.
8. $\mathbf{a}=\left\langle\dfrac{\sqrt{3}}{3}, \dfrac{\sqrt{3}}{3}, \dfrac{\sqrt{3}}{3}\right\rangle$, $\mathbf{b}=\langle 1, -1, 0\rangle$, $\mathbf{c}=\langle -2, -2, 1\rangle$일때, 각 벡터들 사이의 각을 구하여라.
9. 문제 6의 벡터 $\mathbf{a}$, $\mathbf{b}$, $\mathbf{c}$에 대하여, 방향각과 방향코사인을 구하여라.

10. 문제 8의 벡터 **a**, **b**, **c**에 대하여, 방향각과 방향코사인을 구하여라.

11. 벡터 $\langle 6, 3\rangle$과 $\langle -1, 2\rangle$는 서로 직교함을 보여라.

12. 벡터 $\mathbf{a}=\langle 1, 1, 1\rangle$, $\mathbf{b}=\langle 1, -1, 0\rangle$, $\mathbf{c}=\langle -1, -1, 2\rangle$는 서로서로 수직임을 보여라.

13. 벡터 $\mathbf{a}=\mathbf{i}-\mathbf{j}$, $\mathbf{b}=\mathbf{i}+\mathbf{j}$, $\mathbf{c}=2\mathbf{k}$는 서로서로 수직임을 보여라.

14. $\mathbf{u}+\mathbf{v}$와 $\mathbf{u}-\mathbf{v}$가 수직이면 **u**, **v**의 상대적 크기에 대해 어떤 이야기를 할 수 있는가?

15. 각각 $-4\mathbf{i}+5\mathbf{j}+\mathbf{k}$와 $4\mathbf{i}+\mathbf{j}$에 수직인 길이가 10인 두 벡터를 구하여라.

16. $\langle 1, -2, -3\rangle$과 $\langle -3, 2, 0\rangle$에 각각 수직인 벡터를 모두 구하여라.

17. 세 점이 $A(1, 2, 3)$, $B(-4, 5, 6)$, $C(1, 0, 1)$인 삼각형 ABC의 각을 구하여라.

18. 꼭지점이 $A(6, 3, 3)$, $B(3, 1, -1)$, $C(-1, 10, -2.5)$인 삼각형 ABC는 직각삼각형임을 보여라. 도움말 : 꼭지점 B에서의 각을 구하여라.

19. $\langle c, 6\rangle$과 $\langle c, -4\rangle$가 수직이 되기 위한 c를 구하여라.

20. $2c\mathbf{i}-8\mathbf{j}$와 $3\mathbf{i}+c\mathbf{j}$가 수직이 되기 위한 c를 구하여라.

21. $\mathbf{u}=c\mathbf{i}+\mathbf{j}+\mathbf{k}$와 $\mathbf{v}=2\mathbf{j}+d\mathbf{k}$가 수직이 되기 위한 c와 d를 구하여라.

22. 세 벡터 $\langle a, 0, 1\rangle$, $\langle 0, 2, b\rangle$, $\langle 1, c, 1\rangle$이 서로서로 수직이 되기 위한 a, b, c의 값을 구하여라.

문제 23~28에서, $\mathbf{u}=\mathbf{i}+2\mathbf{j}$, $\mathbf{v}=2\mathbf{i}-\mathbf{j}$, $\mathbf{w}=\mathbf{i}+5\mathbf{j}$일 때 다음 값을 구하여라.

23. $\text{proj}_{\mathbf{v}}\,\mathbf{u}$ **24.** $\text{proj}_{\mathbf{u}}\,\mathbf{v}$

25. $\text{proj}_{\mathbf{u}}\,\mathbf{w}$ **26.** $\text{proj}_{\mathbf{u}}\,(\mathbf{w}-\mathbf{v})$

27. $\text{proj}_{\mathbf{j}}\,\mathbf{u}$ **28.** $\text{proj}_{\mathbf{i}}\,\mathbf{u}$

문제 29~34에서, $\mathbf{u}=3\mathbf{i}+2\mathbf{j}+\mathbf{k}$, $\mathbf{v}=2\mathbf{i}-\mathbf{k}$, $\mathbf{w}=\mathbf{i}+5\mathbf{j}-3\mathbf{k}$일 때 다음 값을 구하여라.

29. $\text{proj}_{\mathbf{v}}\,\mathbf{u}$ **30.** $\text{proj}_{\mathbf{u}}\,\mathbf{v}$

31. $\text{proj}_{\mathbf{u}}\,\mathbf{w}$ **32.** $\text{proj}_{\mathbf{u}}\,(\mathbf{w}+\mathbf{v})$

33. $\text{proj}_{\mathbf{k}}\,\mathbf{u}$ **34.** $\text{proj}_{\mathbf{i}}\,\mathbf{u}$

35. 임의의 벡터 **u**에 대하여 다음 각각에 대한 간단한 식을 구하여라.

(a) $\text{proj}_{\mathbf{u}}\,\mathbf{u}$ (b) $\text{proj}_{-\mathbf{u}}\,\mathbf{u}$

36. 임의의 벡터 **u**에 대하여 다음 각각에 대한 간단한 식을 구하여라.

(a) $\text{proj}_{\mathbf{u}}(-\mathbf{u})$ (b) $\text{proj}_{-\mathbf{u}}(-\mathbf{u})$

37. $\mathbf{v}=-\mathbf{i}+\mathbf{j}-\mathbf{k}$ 위에 $\mathbf{u}=-\mathbf{i}+5\mathbf{j}+3\mathbf{k}$의 스칼라사영을 구하여라.

38. $\mathbf{v}=-\sqrt{5}\,\mathbf{i}+\sqrt{5}\,\mathbf{j}+\mathbf{k}$ 위에 $\mathbf{u}=5\mathbf{i}+5\mathbf{j}+2\mathbf{k}$의 스칼라사영을 구하여라.

39. 제 1 팔분공간에 원점이 시점인 벡터 $\mathbf{u}=2\mathbf{i}+3\mathbf{j}+z\mathbf{k}$가 있다. $\|\mathbf{u}\|=5$일 때 z를 구하여라.

40. $\alpha=46^\circ$, $\beta=108^\circ$는 벡터 **u**의 방향각이다. 세 번째 각으로 가능한 두 각을 구하여라.

41. $\mathbf{w}=\langle -4, 2, 5\rangle$에 수직이면서 서로 수직인 두 벡터 **u**, **v**를 구하여라.

42. 중점이 $(3, 2, -1)$과 $(5, -7, 2)$를 연결하는 선분의 중점이면서 원점이 시점인 벡터를 구하여라.

43. 의미가 없는 것은 어느 것인가?

(a) $\mathbf{u}\cdot(\mathbf{v}\cdot\mathbf{w})$ (b) $(\mathbf{u}\cdot\mathbf{w})+\mathbf{w}$

(c) $\|\mathbf{u}\|(\mathbf{v}\cdot\mathbf{w})$ (d) $(\mathbf{u}\cdot\mathbf{v})\mathbf{w}$

44. 의미가 없는 것은 어느 것인가?

(a) $\mathbf{u}\cdot(\mathbf{v}+\mathbf{w})$ (b) $(\mathbf{u}\cdot\mathbf{w})\|\mathbf{w}\|$

(c) $\|\mathbf{u}\|\cdot(\mathbf{v}+\mathbf{w})$ (d) $(\mathbf{u}+\mathbf{v})\mathbf{w}$

문제 45~50에서, 두 개의 2차원 벡터에 대해 주어진 성질을 증명하여라. $\mathbf{u}=\langle u_1, u_2\rangle$, $\mathbf{v}=\langle v_1, v_2\rangle$, $\mathbf{w}=\langle w_1, w_2\rangle$를 사용하여라.

45. $(a+b)\mathbf{u}=a\mathbf{u}+b\mathbf{u}$

46. $\mathbf{u}\cdot\mathbf{v}=\mathbf{v}\cdot\mathbf{u}$

47. $c(\mathbf{u}\cdot\mathbf{v})=(c\mathbf{u})\cdot\mathbf{v}$

48. $\mathbf{u}\cdot(\mathbf{v}+\mathbf{w})=\mathbf{u}\cdot\mathbf{v}+\mathbf{u}\cdot\mathbf{w}$

49. $\mathbf{0}\cdot\mathbf{u}=0$

50. $\mathbf{u}\cdot\mathbf{u}=\|\mathbf{u}\|^2$

51. 평행이 아닌 두 벡터 $\mathbf{a}=3\mathbf{i}-2\mathbf{j}$와 $\mathbf{b}=-3\mathbf{i}+4\mathbf{j}$와 다른 벡터 $\mathbf{r}=7\mathbf{i}-8\mathbf{j}$ 주어졌을 때, $\mathbf{r}=k\mathbf{a}+m\mathbf{b}$를 만족하는 스칼라 k와 m을 구하여라.

52. 평행이 아닌 두 벡터 $\mathbf{a}=-4\mathbf{i}+3\mathbf{j}$와 $\mathbf{b}=2\mathbf{i}-\mathbf{j}$와 다른 벡터 $\mathbf{r}=6\mathbf{i}-7\mathbf{j}$가 주어졌을 때, $\mathbf{r}=k\mathbf{a}+m\mathbf{b}$를 만족하는 스칼라 k와 m을 구하여라.

53. 벡터 $\mathbf{n}=a\mathbf{i}+b\mathbf{j}$는 방정식 $ax+by=c$로 표현되는 직선과 수직임을 밝혀라. 도움말: 직선의 두 점을 $P_1(x_1, y_1)$,

$P_2(x_2, y_2)$라 하자. 그러면 $\mathbf{n}\cdot\overrightarrow{P_1P_2}=0$임을 밝혀라.

54. $\|\mathbf{u}+\mathbf{v}\|^2+\|\mathbf{u}-\mathbf{v}\|^2=2\|\mathbf{u}\|^2+2\|\mathbf{v}\|^2$을 증명하여라.

55. $\mathbf{u}\cdot\mathbf{v}=\frac{1}{4}\|\mathbf{u}+\mathbf{v}\|^2-\frac{1}{4}\|\mathbf{u}-\mathbf{v}\|^2$을 증명하여라.

56. 정육면체의 대각선과 한 면 사이의 각을구하여라.

57. 세 변의 길이가 4피트, 6피트, 10피트인 직사각형 상자의 대각선 사이에 최소각을 구하여라.

58. 정육면체의 대각선으로 만들어지는 각을 구하여라.

59. 힘 $\mathbf{F}=3\mathbf{i}+10\mathbf{j}$ 뉴턴이 어떤 물체를 북쪽으로 (즉, $\mathbf{j}$ 방향으로) 10미터 움직였다. 한 일을 구하여라.

60. 힘 100 뉴턴이 남에서 동으로 70°방향으로 작용하여서, 어떤 물체를 동쪽으로 30미터 움직였다. 한 일을 구하여라.

61. 힘 $\mathbf{F}=6\mathbf{i}+8\mathbf{j}$ 파운드가 어떤 물체를 (1, 0)에서 (6, 8)로 옮겼다. 여기서 거리는 피트 단위이다. 한 일을 구하여라.

62. 힘 $\mathbf{F}=-5\mathbf{i}+8\mathbf{j}$ 뉴턴이 어떤 물체를 북쪽으로 12미터 움직였다. 한 일을 구하여라.

63. 힘 $\mathbf{F}=-4\mathbf{k}$ 뉴턴이 어떤 물체를 (0, 0, 8)에서 (4, 4, 0)까지 움직였다. 한 일을 구하여라. 거리는 미터이다.

64. 힘 $\mathbf{F}=3\mathbf{i}-6\mathbf{j}+7\mathbf{k}$ 파운드로 어떤 물체를 (2, 1, 3)에서 (9, 4, 6)까지 움직였다. 한 일을 구하여라. 거리는 피트이다.

문제 65~68에서, 주어진 법선 벡터 $\mathbf{n}$과 주어진 점 P를 지나는 평면의 방정식을 구하여라.

65. $\mathbf{n}=2\mathbf{i}-4\mathbf{j}+3\mathbf{k}$; $P(1, 2, -3)$

66. $\mathbf{n}=3\mathbf{i}-2\mathbf{j}-1\mathbf{k}$; $P(-2, -3, 4)$

67. $\mathbf{n}=\langle 1, 4, 4\rangle$; $P(1, 2, 1)$

68. $\mathbf{n}=\langle 0, 0, 1\rangle$; $P(1, 2, -3)$

69. 문제 65, 66의 두 평면 사이의 작은 각을 구하여라.

70. 점 $(-1, 2, -3)$을 지나고 평면 $2x+4y-z=6$에 평행한 평면의 방정식을 구하여라.

71. 다음에 평행하고 점 $(-4, -1, 2)$를 지나는 평면의 방정식을 구하여라.

(a) xy평면

(b) 평면 $2x-3y-4z=0$

72. 다음에 평행하고 원점을 지나는 평면의 방정식을 구하여라.

(a) xy평면

(b) 평면 $x+y+z=1$

73. 점 $(1, -1, 2)$에서 평면 $x+3y+z=7$까지의 거리를 구하여라.

74. 점 $(2, 6, 3)$에서 평면 $-3x+2y+z=9$까지의 거리를 구하여라.

75. 평행한 두 평면 $-3x+2y+z=9$와 $6x-4y-2z=19$ 사이의 거리를 구하여라.

76. 평행한 두 평면 $5x-3y-2z=5$와 $-5x+3y+2z=7$ 사이의 거리를 구하여라.

77. 구 $x^2+y^2+z^2+2x+6y-8z=0$에서 평면 $3x+4y+z=15$ 까지의 거리를 구하여라.

78. 각 점이 $(-2, 1, 4)$와 $(6, 1, -2)$로부터 같은 거리에 있는 평면의 방정식을 구하여라.

79. 다음 **코시-슈바르쯔 부등식**(Cauchy-Schwarz Inequality)을 증명하여라.

$$|\mathbf{u}\cdot\mathbf{v}|\le\|\mathbf{u}\|\|\mathbf{v}\|$$

80. 다음 **삼각부등식**(Triangle Inequality)을 증명하여라(그림 13 참조).

$$\|\mathbf{u}+\mathbf{v}\|\le\|\mathbf{u}\|+\|\mathbf{v}\|$$

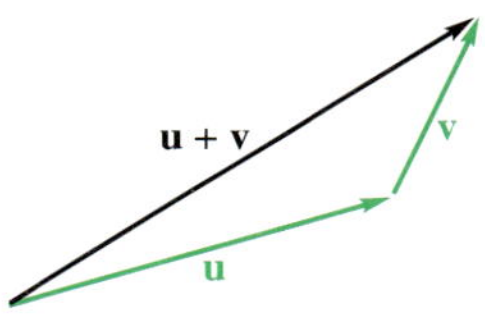

그림 13

81. 30 파운드의 무게가 장력이 각각 $3\mathbf{i}+4\mathbf{j}+15\mathbf{k}$. $-8\mathbf{i}-2\mathbf{j}+10\mathbf{k}$, $a\mathbf{i}+b\mathbf{j}+c\mathbf{k}$인 세 줄에 매달려 있다. 줄이 팽팽하도록 힘이 작용할 때 a, b, c의 값을 구하여라.

82. 폐다각형 둘레를 완전히 움직이는데 물체에 일정한 힘 $\mathbf{F}$로써 행한 일은 0임을 보여라.

83. $\mathbf{a}=\langle a_1, a_2, a_3\rangle$, $\mathbf{b}=\langle b_1, b_2, b_3\rangle$는 고정벡터이다. $(\mathbf{x}-\mathbf{a})\cdot(\mathbf{x}-\mathbf{b})=0$은 구면 방정식임을 보이고, 중심과 반지름을 구하여라.

84. 평행한 두 평면 $Ax+By+Cz=D$와 $Ax+By+Cz=E$ 사이의 거리 L은

$$L=\frac{|D-E|}{\sqrt{A^2+B^2+C^2}}$$

임을 보임으로써 예제 10의 방법을 상세히 설명하여라.

85. 삼각형의 세 중선은 한 꼭지점에서 대변의 중점까지 2/3 거리에 있는 점 P(5.6절 문제 30의 무게중심)에서 만난다. $\mathbf{a}$, $\mathbf{b}$, $\mathbf{c}$가 꼭지점의 위치벡터일 때 P는 위치벡터

$\dfrac{\mathbf{a}+\mathbf{b}+\mathbf{c}}{3}$의 종점임을 보여라. 이 사실을 사용하여 꼭지점이 (2, 6, 5), (4, −1, 2), (6, 1, 2)일 때 P를 구하여라.

86. **a**, **b**, **c**, **d**가 사면체의 꼭지점의 위치벡터들이다. 꼭지점을 그 마주보는 면의 무게중심과 잇는 직선은 점 P에서 만남을 보여라. 그리고 그것에 대한 벡터식을 보임으로써 문제 85를 일반화하여라.

87. 제 1 팔분공간을 경계짓는 세 좌표평면을 거울이라 가정하자. 방향 $a\mathbf{i}+b\mathbf{j}+c\mathbf{k}$를 갖는 광선이 xy평면, yz평면, zx평면으로부터 연속적으로 반사된다. 각 반사후 광선의 방향을 결정하고 마지막으로 반사된 광선에 관한 결론을 설명해 보아라.

개념 복습 해답: **1.** $u_1v_1+u_2v_2+u_3v_3$; $|\mathbf{u}||\mathbf{v}|\cos\theta$ **2.** 0 **3.** $\mathrm{F}\cdot\mathrm{D}$ **4.** $\langle A, B, C\rangle$

11.4 외적

두 벡터의 내적은 스칼라이다. 앞의 절들에서 그 용도를 공부하였다. 이제 벡터의 **외적**(cross product)을 소개하는데, 이것도 여러 가지 용도로 쓰인다. 벡터 $\mathbf{u}=\langle u_1, u_2, u_3\rangle$와 $\mathbf{v}=\langle v_1, v_2, v_3\rangle$의 외적 $\mathbf{u}\times\mathbf{v}$는 다음과 같이 정의한다.

$$\mathbf{u}\times\mathbf{v}=\langle u_2v_3-u_3v_2,\ u_3v_1-u_1v_3,\ u_1v_2-u_2v_1\rangle$$

이 형태로는 공식을 기억하기가 어려우며, 그 의미로 분명하지 않다. 그렇지만 한 가지는 명백하다. 두 벡터의 외적은 벡터이다.

외적의 공식을 쉽게 외울 수 있도록, 행렬의 행렬식을 상기해 보자. 우선, 2×2 행렬의 행렬식은

$$\begin{vmatrix} a & b \\ c & d \end{vmatrix}=ad-bc$$

그리고 3×3 행렬의 행렬식은(1행을 따라 전개하여)

$$\begin{vmatrix} a_1 & a_2 & a_3 \\ b_1 & b_2 & b_3 \\ c_1 & c_2 & c_3 \end{vmatrix}=a_1\begin{vmatrix} a_1 & a_2 & a_3 \\ b_1 & b_2 & b_3 \\ c_1 & c_2 & c_3 \end{vmatrix}-a_2\begin{vmatrix} a_1 & a_2 & a_3 \\ b_1 & b_2 & b_3 \\ c_1 & c_2 & c_3 \end{vmatrix}+a_3\begin{vmatrix} a_1 & a_2 & a_3 \\ b_1 & b_2 & b_3 \\ c_1 & c_2 & c_3 \end{vmatrix}$$
$$=a_1\begin{vmatrix} b_2 & b_3 \\ c_2 & c_3 \end{vmatrix}-a_2\begin{vmatrix} b_1 & b_3 \\ c_1 & c_3 \end{vmatrix}+a_3\begin{vmatrix} b_1 & b_2 \\ c_1 & c_2 \end{vmatrix}$$

행렬식을 사용하여, $\mathbf{u}\times\mathbf{v}$의 정의를 다음과 같이 나타낼 수 있다.

$$\mathbf{u}\times\mathbf{v}=\begin{vmatrix} \mathbf{i} & \mathbf{j} & \mathbf{k} \\ u_1 & u_2 & u_3 \\ v_1 & v_2 & v_3 \end{vmatrix}=\begin{vmatrix} u_2 & u_3 \\ v_2 & v_3 \end{vmatrix}\mathbf{i}-\begin{vmatrix} u_1 & u_3 \\ v_1 & v_3 \end{vmatrix}\mathbf{j}+\begin{vmatrix} u_1 & u_2 \\ v_1 & v_2 \end{vmatrix}\mathbf{k}$$

왼쪽 벡터 **u**의 성분들은 2행이 되고, 오른쪽 벡터 **v**의 성분들은 3행이 됨을 주목하기 바란다. 이것은 중요하다. 왜냐 하면 **u**와 **v**의 위치를 바꾸면, 행렬식의 2행과 3행이 서로 바뀌므로 행렬식의 값의 부호가 바뀐다. 이것은 쉽게 확인할 수 있다. 그러므로

$$\mathbf{u}\times\mathbf{v}=-(\mathbf{v}\times\mathbf{u})$$

이것을 **반교환법칙**이라 부르기도 한다.

토 크

외적은 역학에서 중요한 역할을 한다. 어떤 물체의 한 점 O를 고정시켜 놓고, 물체의 다른 지점 P에 힘 **F**를 가한다고 하자. 그러면 힘 **F**는 물체를 돌리려 하는데, 그 회전축은 O를 지나고, OP와 **F**의 평면에 수직이다. 벡터

$$\tau=\overrightarrow{OP}\times\mathbf{F}$$

를 토크(torque)라고 부른다. 이 벡터는 회전축의 방향을 가리키며, 크기는 $\|\overrightarrow{OP}\|\|\mathbf{F}\|\sin\theta$이다. 이 크기는 회전축에 대해서, **F**에 의한 힘의 모멘트이다.

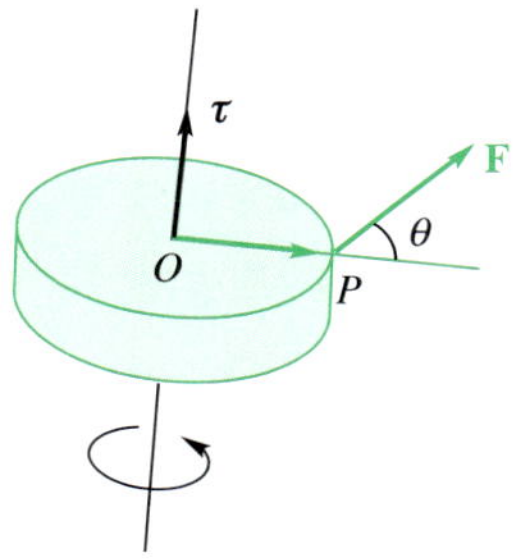

예제 1 $\mathbf{u}=\langle 1, -2, -1\rangle$와 $\mathbf{v}=\langle -2, 4, 1\rangle$에 대하여 행렬식 정의를 사용하여, $\mathbf{u}\times\mathbf{v}$와 $\mathbf{v}\times\mathbf{u}$를 계산하여라.

풀이

$$\mathbf{u}\times\mathbf{v}=\begin{vmatrix}\mathbf{i} & \mathbf{j} & \mathbf{k}\\ 1 & -2 & -1\\ -2 & 4 & 1\end{vmatrix}=\begin{vmatrix}-2 & -1\\ 4 & 1\end{vmatrix}\mathbf{i}-\begin{vmatrix}1 & -1\\ -2 & 1\end{vmatrix}\mathbf{j}+\begin{vmatrix}1 & -2\\ -2 & 4\end{vmatrix}\mathbf{k}$$
$$=2\mathbf{i}+\mathbf{j}+0\mathbf{k}$$
$$\mathbf{v}\times\mathbf{u}=\begin{vmatrix}\mathbf{i} & \mathbf{j} & \mathbf{k}\\ -2 & 4 & 1\\ 1 & -2 & -1\end{vmatrix}=\begin{vmatrix}4 & 1\\ -2 & -1\end{vmatrix}\mathbf{i}-\begin{vmatrix}-2 & 1\\ 1 & -1\end{vmatrix}\mathbf{j}+\begin{vmatrix}-2 & 4\\ 1 & -2\end{vmatrix}\mathbf{k}$$
$$=-2\mathbf{i}-\mathbf{j}+0\mathbf{k}$$ ■

u×v의 기하학적 의미 내적과 마찬가지로, 외적도 기하학적 의미 때문에 매우 중요하다.

정리 A

$\mathbf{u}$와 $\mathbf{v}$는 삼차원 공간의 벡터이고, θ는 이들 사이의 각이라고 하자. 그러면

1. $\mathbf{u}\cdot(\mathbf{u}\times\mathbf{v})=0=\mathbf{v}\cdot(\mathbf{u}\times\mathbf{v})$ 즉, $\mathbf{u}\times\mathbf{v}$는 $\mathbf{u}$와 $\mathbf{v}$에 각각 수직이다.
2. $\mathbf{u}$, $\mathbf{v}$와 $\mathbf{u}\times\mathbf{v}$는 오른손 체계의 세 벡터가 된다.
3. $\|\mathbf{u}\times\mathbf{v}\|=\|\mathbf{u}\|\|\mathbf{v}\|\sin\theta$

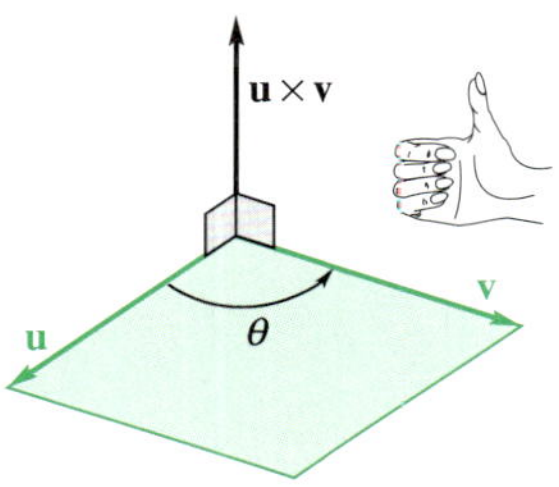

그림 1

증명 $\mathbf{u}=\langle u_1, u_2, u_3\rangle$, $\mathbf{v}=\langle v_1, v_2, v_3\rangle$이라 하자.

1. $\mathbf{u}\cdot(\mathbf{u}\times\mathbf{v})=u_1(u_2v_3-u_3v_2)+u_2(u_3v_1-u_1v_3)+u_3(u_1v_2-u_2v_1)$. 괄호를 없애면, 여섯 개의 항들이 한 쌍씩 상쇄되어 없어진다. $\mathbf{v}\cdot(\mathbf{u}\times\mathbf{v})$를 전개하는 경우에도 마찬가지이다.
2. 세 개의 벡터 $\mathbf{u}$, $\mathbf{v}$, $\mathbf{u}\times\mathbf{v}$가 오른손 체계를 이룬다는 의미를 그림 1에 나타내 놓았다. θ는 $\mathbf{u}$와 $\mathbf{v}$ 사이의 각이며, 오른손 손가락들이 각 θ를 따라서 $\mathbf{u}$에서 $\mathbf{v}$를 향해 감고 있다. 그러면 엄지손가락이 $\mathbf{u}\times\mathbf{v}$ 방향을 가리킨다. 이 세 벡터들이 오른손 체계를 이룸을 엄밀하게 증명하기는 어렵다. 그렇지만 몇 개의 예를 확인해 볼 수 있다. 특히 $\mathbf{i}\times\mathbf{j}=\mathbf{k}$이며, 정의에 의해 세 벡터 $\mathbf{i}$, $\mathbf{j}$, $\mathbf{k}$는 오른손 체계를 이룬다.
3. 다음 라그랑주 항등식(Lagrange's Identity)이 필요하다.

$$\|\mathbf{u}\times\mathbf{v}\|^2=\|\mathbf{u}\|^2\|\mathbf{v}\|^2-(\mathbf{u}\cdot\mathbf{v})^2$$

이것은 대수적으로 간단하게 증명할 수 있다(연습문제 31). 이 항등식을 이용하여,

$$\begin{aligned}\|\mathbf{u}\times\mathbf{v}\|^2&=\|\mathbf{u}\|^2\|\mathbf{v}\|^2-(\|\mathbf{u}\|\|\mathbf{v}\|\cos\theta)^2\\&=\|\mathbf{u}\|^2\|\mathbf{v}\|^2(1-\cos^2\theta)\\&=\|\mathbf{u}\|^2\|\mathbf{v}\|^2\sin^2\theta\end{aligned}$$

그런데 $0 \le \theta \le \pi$이므로, $\sin\theta \ge 0$이고, 제곱근을 잡으면 다음과 같다.

$$\|\mathbf{u}\times\mathbf{v}\| = \|\mathbf{u}\|\|\mathbf{v}\|\sin\theta \qquad \blacksquare$$

$\mathbf{u}\cdot\mathbf{v}$와 $\mathbf{u}\times\mathbf{v}$가 둘 다 기하학적 의미를 가짐은 중요하다. 두 곱은 원래 성분들을 사용하여 정의하였으며, 성분들은 좌표계의 선택에 따라서 달라진다. 그러나 두 곱의 결과는 좌표계의 선택과 관계가 없다. 이들은 고유한 기하학적 양들이며, 어떠한 좌표계를 선택하여 계산하더라도, $\mathbf{u}\cdot\mathbf{v}$와 $\mathbf{u}\times\mathbf{v}$는 항상 같은 결과가 나온다.

벡터들이 서로 평행할 필요충분조건은 그들 사이의 각 θ가 0° 또는 180°라는 사실과 정리 A(3번 공식)로부터, 다음의 간단한 결과가 나온다.

정리 B
삼차원 공간의 두 벡터 $\mathbf{u}$와 $\mathbf{v}$가 서로 평행할 필요충분조건은 $\mathbf{u}\times\mathbf{v}=\mathbf{0}$이다.

응용 첫 번째 응용으로, 한 직선에 놓여 있지 않은 세 점을 지나는 평면의 방정식을 구해본다.

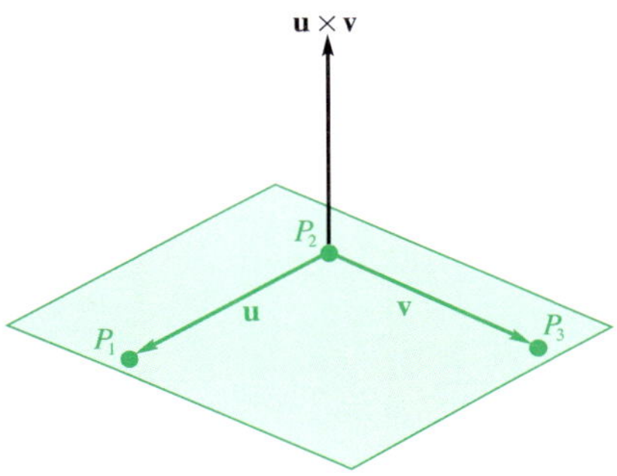

그림 2

예제 2 세 점 $P_1(1, -2, 3)$, $P_2(4, 1, -2)$, $P_3(-2, -3, 0)$을 지나는 평면의 방정식을 구하여라(그림 2).

풀이 $\mathbf{u}=\overrightarrow{P_2P_1}=\langle -3, -3, 5\rangle$, $\mathbf{v}=\overrightarrow{P_2P_3}=\langle -6, -4, 2\rangle$라 하자. 정리 A의 1번 공식으로부터, 벡터

$$\mathbf{u}\times\mathbf{v}=\begin{vmatrix} \mathbf{i} & \mathbf{j} & \mathbf{k} \\ -3 & -3 & 5 \\ -6 & -4 & 2 \end{vmatrix}=14\mathbf{i}-24\mathbf{j}-6\mathbf{k}$$

는 $\mathbf{u}$와 $\mathbf{v}$에 각각 수직이므로 이들을 포함하는 평면과 수직이다. 점 $(4, 1, -2)$를 지나고 벡터 $14\mathbf{i}-24\mathbf{j}-6\mathbf{k}$에 수직인 평면의 방정식은(11.3절 참조)

$$14(x-4)-24(y-1)-6(z+2)=0$$

즉,

$$14x-24y-6z=44 \qquad \blacksquare$$

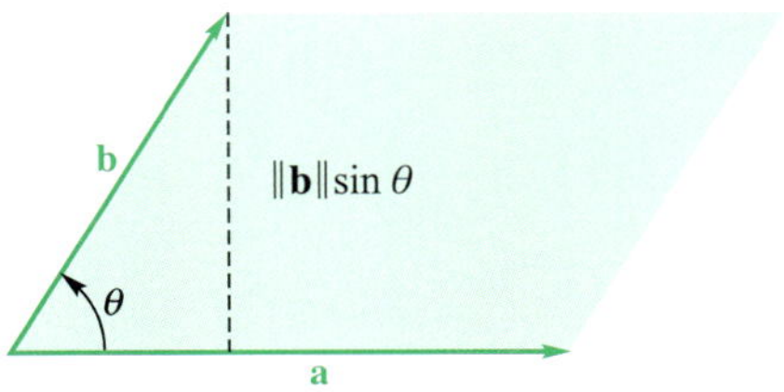

그림 3

예제 3 $\mathbf{a}$와 $\mathbf{b}$를 이웃한 변으로 가지는 평행사변형의 넓이는 $\|\mathbf{a}\times\mathbf{b}\|$임을 밝혀라.

풀이 평행사변형의 넓이는 밑변 곱하기 높이임을 상기한다. 이제 그림 3을 보고, $\|\mathbf{a}\times\mathbf{b}\|=\|\mathbf{a}\|\|\mathbf{b}\|\sin\theta$라는 사실을 이용하면 된다. $\blacksquare$

예제 4 벡터 $\mathbf{a}$, $\mathbf{b}$, $\mathbf{c}$가 결정하는 평행육면체의 부피는 다음 식으로 주어짐을 밝혀라.

$$V = |\mathbf{a} \cdot (\mathbf{b} \times \mathbf{c})| = \left\| \begin{matrix} a_1 & a_2 & a_3 \\ b_1 & b_2 & b_3 \\ c_1 & c_2 & c_3 \end{matrix} \right\|$$

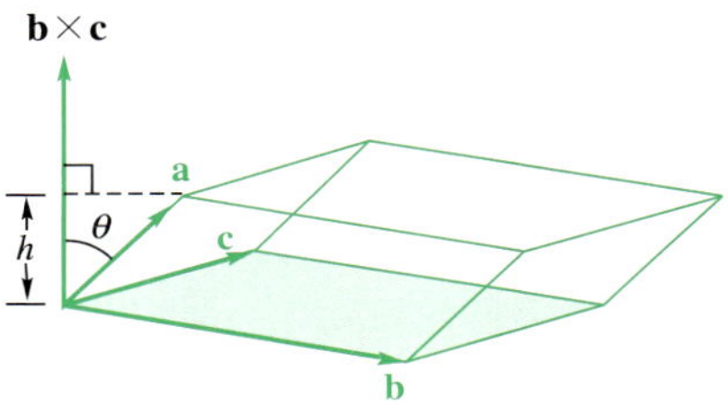

그림 4

풀이 그림 4에서, $\mathbf{b}$와 $\mathbf{c}$가 결정하는 평행사변형이 평행육면체의 밑면이라고 하자. 예제 3에 의해, 밑면의 넓이는 $|\mathbf{b} \times \mathbf{c}|$이다. 평행육면체의 높이 h는 $\mathbf{a}$의 $\mathbf{b} \times \mathbf{c}$로의 스칼라 사영의 절댓값이다. 따라서

$$h = \|\mathbf{a}\| |\cos\theta| = \frac{\|\mathbf{a}\| |\mathbf{a} \cdot (\mathbf{b} \times \mathbf{c})|}{\|\mathbf{a}\| \|\mathbf{b} \times \mathbf{c}\|} = \frac{|\mathbf{a} \cdot (\mathbf{b} \times \mathbf{c})|}{\|\mathbf{b} \times \mathbf{c}\|}$$

따라서 다음 결과를 얻는다.

$$V = h\|\mathbf{b} \times \mathbf{c}\| = |\mathbf{a} \cdot (\mathbf{b} \times \mathbf{c})|$$ ■

> *극단적인 경우를 확인해라*
>
> 수학책을 느긋하게 읽으면 안 된다. 읽어 나가면서 계속 의문을 제기해야 한다. 특히, 극단적인 경우를 매번 확인해야만 한다. 여기서는 벡터 $\mathbf{a}$, $\mathbf{b}$, $\mathbf{c}$가 같은 평면에 놓여 있는 경우를 확인해 보자. 이 때 평행육면체의 부피는 0이 되어야 하며, 이 공식은 실제로 0을 제시해 준다. 예제 3에서 벡터 $\mathbf{a}$, $\mathbf{b}$가 서로 평행한 경우는 어떻게 되는가?

앞의 예제의 벡터 $\mathbf{a}$, $\mathbf{b}$, $\mathbf{c}$가 같은 평면에 놓여 있다고 가정하자. 이 경우는 평행육면체의 높이가 0이 되며, 따라서 부피는 0이다. 이 공식을 적용하면 부피가 $V=0$이 되는가? $\mathbf{b}$와 $\mathbf{c}$가 결정하는 평면에 $\mathbf{a}$가 놓여 있으면, $\mathbf{b}$, $\mathbf{c}$와 수직인 벡터는 모두 $\mathbf{a}$와도 수직이 된다. 벡터 $\mathbf{b} \times \mathbf{c}$는 $\mathbf{b}$, $\mathbf{c}$와 수직이다. 그러므로 $\mathbf{b} \times \mathbf{c}$는 $\mathbf{a}$와 수직이다. 그러므로 $\mathbf{a} \cdot (\mathbf{b} \times \mathbf{c}) = 0$.

대수적 성질 외적과 관련한 계산 규칙들을 요약한 것이 다음 정리이다. 이 정리를 증명하려면, 모든 것들을 성분들로 나타내어 적어야 하는데, 연습문제로 남긴다.

정리 C

$\mathbf{u}$, $\mathbf{v}$, $\mathbf{w}$는 삼차원 공간의 벡터이고, k는 스칼라라고 하자. 그러면

1. $\mathbf{u} \times \mathbf{v} = -(\mathbf{v} \times \mathbf{u})$ (반교환법칙);
2. $\mathbf{u} \times (\mathbf{v} + \mathbf{w}) = (\mathbf{u} \times \mathbf{v}) + (\mathbf{u} \times \mathbf{w})$ (왼쪽 배분법칙);
3. $k(\mathbf{u} \times \mathbf{v}) = (k\mathbf{u}) \times \mathbf{v} = \mathbf{u} \times (k\mathbf{v})$;
4. $\mathbf{u} \times \mathbf{0} = \mathbf{0} \times \mathbf{u} = \mathbf{0}$, $\mathbf{u} \times \mathbf{u} = \mathbf{0}$;
5. $(\mathbf{u} \times \mathbf{v}) \cdot \mathbf{w} = \mathbf{u} \cdot (\mathbf{v} \times \mathbf{w})$;
6. $\mathbf{u} \times (\mathbf{v} \times \mathbf{w}) = (\mathbf{u} \cdot \mathbf{w})\mathbf{v} - (\mathbf{u} \cdot \mathbf{v})\mathbf{w}$.

정리 C의 공식에 숙달하면, 벡터에 관한 복잡한 계산도 비교적 쉽게 할 수 있다. 벡터의 외적을 새로운 방법으로 계산하는 예를 든다. 그러기 위해, 간단하면서도 중요한 다음 외적 공식이 필요하다.

$$\mathbf{i} \times \mathbf{j} = \mathbf{k}, \qquad \mathbf{j} \times \mathbf{k} = \mathbf{i}, \qquad \mathbf{k} \times \mathbf{i} = \mathbf{j}$$

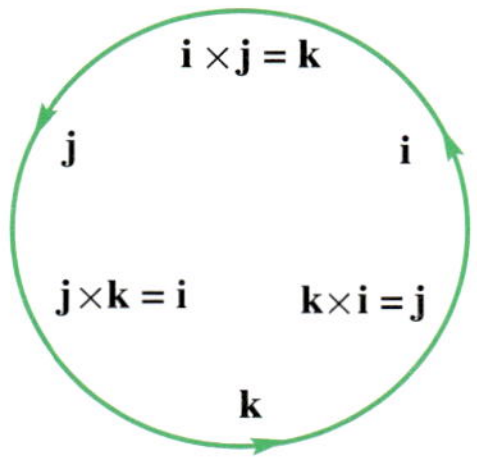

그림 5

이 결과는 순환성을 갖는데, 그림 5를 보고 기억해 두기 바란다.

예제 5 $\mathbf{u} = 3\mathbf{i} - 2\mathbf{j} + \mathbf{k}$, $\mathbf{v} = 4\mathbf{i} + 2\mathbf{j} - 3\mathbf{k}$에 대해 $\mathbf{u} \times \mathbf{v}$를 계산하여라.

풀이 정리 C를 이용해야 하며, 특히 배분법칙과 반교환법칙을 유용하게 사용한다.

$$\begin{aligned}\mathbf{u}\times\mathbf{v}&=(3\mathbf{i}-2\mathbf{j}+\mathbf{k})\times(4\mathbf{i}+2\mathbf{j}-3\mathbf{k})\\&=12(\mathbf{i}\times\mathbf{i})+6(\mathbf{i}\times\mathbf{j})-9(\mathbf{i}\times\mathbf{k})-8(\mathbf{j}\times\mathbf{i})-4(\mathbf{j}\times\mathbf{j})\\&\quad+6(\mathbf{j}\times\mathbf{k})+4(\mathbf{k}\times\mathbf{i})+2(\mathbf{k}\times\mathbf{j})-3(\mathbf{k}\times\mathbf{k})\\&=12(\mathbf{0})+6(\mathbf{k})-9(-\mathbf{j})-8(-\mathbf{k})-4(\mathbf{0})\\&\quad+6(\mathbf{i})+4(\mathbf{j})+2(-\mathbf{i})-3(\mathbf{0})\\&=4\mathbf{i}+13\mathbf{j}+14\mathbf{k}\end{aligned}$$

익숙해지면, 이 계산을 거의 모두 머리 속으로 할 수 있다. 그러나 초보자들은 행렬식 방법을 사용하는 것이 편할 수도 있다. ■

개념 복습

1. $\mathbf{u}=\langle -1, 2, 1\rangle$와 $\mathbf{v}=\langle 3, 1, -1\rangle$의 외적은 어떤 행렬식으로 주어진다. 이 행렬식을 계산하고 나면, $\mathbf{u}\times\mathbf{v}=$______.

2. 기하학적으로 보면, $\mathbf{u}\times\mathbf{v}$는 $\mathbf{u}$와 $\mathbf{v}$의 평면에 수직이고 길이가 $\|\mathbf{u}\times\mathbf{v}\|=$______인 벡터이다.

3. 벡터의 외적은 반교환법칙을 만족한다. 즉, $\mathbf{u}\times\mathbf{v}=$______.

4. 두 벡터가 서로 ______ 할 필요충분조건은 그들의 외적이 $\mathbf{0}$인 것이다.

연습문제 11.4

1. $\mathbf{a}=-3\mathbf{i}+2\mathbf{j}-2\mathbf{k}$, $\mathbf{b}=-\mathbf{i}+2\mathbf{j}-4\mathbf{k}$, $\mathbf{c}=7\mathbf{i}+3\mathbf{j}-4\mathbf{k}$이다. 다음 각각을 구하여라.
   (a) $\mathbf{a}\times\mathbf{b}$ (b) $\mathbf{a}\times(\mathbf{b}+\mathbf{c})$
   (c) $\mathbf{a}\cdot(\mathbf{b}+\mathbf{c})$ (d) $\mathbf{a}\times(\mathbf{b}\times\mathbf{c})$

2. $\mathbf{a}=\langle 3, 3, 1\rangle$, $\mathbf{b}=\langle -2, -1, 0\rangle$, $\mathbf{c}=\langle -2, -3, -1\rangle$일 때, 다음 각각을 구하여라.
   (a) $\mathbf{a}\times\mathbf{b}$ (b) $\mathbf{a}\times(\mathbf{b}+\mathbf{c})$
   (c) $\mathbf{a}\cdot(\mathbf{b}+\mathbf{c})$ (d) $\mathbf{a}\times(\mathbf{b}\times\mathbf{c})$

3. 벡터 $\mathbf{a}=\mathbf{i}+2\mathbf{j}+3\mathbf{k}$, $\mathbf{b}=-2\mathbf{i}+2\mathbf{j}-4\mathbf{k}$에 각각 수직인 벡터를 모두 구하여라.

4. 벡터 $\mathbf{a}=-2\mathbf{i}+5\mathbf{j}-2\mathbf{k}$, $\mathbf{b}=3\mathbf{i}-2\mathbf{j}+4\mathbf{k}$에 각각 수직인 벡터를 모두 구하여라.

5. 세 점 (1, 3, 5), (3, −1, 2), (4, 0, 1)이 결정하는 평면에 수직인 단위 벡터들을 구하여라.

6. 세 점 (−1, 3, 0), (5, 1, 2), (4, −3, −1)이 결정하는 평면에 수직인 단위 벡터들을 구하여라.

7. $\mathbf{a}=-\mathbf{i}+\mathbf{j}-3\mathbf{k}$, $\mathbf{b}=4\mathbf{i}+2\mathbf{j}-4\mathbf{k}$를 인접한 변들로 가지는 평행사변형의 넓이를 구하여라.

8. $\mathbf{a}=2\mathbf{i}+2\mathbf{j}-\mathbf{k}$, $\mathbf{b}=-\mathbf{i}+\mathbf{j}-4\mathbf{k}$를 인접한 변들로 가지는 평행사변형의 넓이를 구하여라.

9. (3, 2, 1), (2, 4, 6), (−1, 2, 5)를 꼭지점으로 가지는 삼각형의 넓이를 구하여라.

10. (1, 2, 3), (3, 1, 5), (4, 5, 6)을 꼭지점으로 가지는 삼각형의 넓이를 구하여라.

문 11~14에서 주어진 점을 지나는 평면의 방정식을 구하여라.

11. (1, 3, 2), (0, 3, 0), (2, 4, 3)

12. (1, 1, 2), (0, 0, 1), (−2, −3, 0)

13. (7, 0, 0), (0, 3, 0), (0, 0, 5)

14. $(a, 0, 0)$, $(0, b, 0)$, $(0, 0, c)$ (a, b, c는 모두 0이 아니다)

15. 평면 $x-y+2z=4$와 평행하고 점 (2, 5, 1)을 지나는 평면의 방정식을 구하여라.

16. 평면 $x+y+z=1$과 평행하고 점 (0, 0, 2)를 지나는 평면의 방정식을 구하여라.

17. 점 $(-1, -2, 3)$을 지나고, 두 평면 $x-3y+2z=7$, $2x-2y-z=-3$과 수직인 평면의 방정식을 구하여라.

18. 두 평면 $x+y+z=2$와 $x-y-z=4$에 수직이고 점 $(2, -1, 4)$를 지나는 평면의 방정식을 구하여라.

19. 점 $(2, -3, 2)$를 지나고, 두 벡터 $4\mathbf{i}+3\mathbf{j}-\mathbf{k}$, $2\mathbf{i}-5\mathbf{j}+6\mathbf{k}$를 포함하는 평면과 평행한 평면의 방정식을 구하여라.

20. xy평면과 평면 $3x-2y+z=4$에 수직이며 원점을 지나는 평면의 방정식을 구하여라.

21. 점 $(6, 2, -1)$을 지나고, 두 평면 $4x-3y+2z+5=0$, $3x+2y-z+11=0$의 교선과 수직인 평면의 방정식을 구하여라.

22. $\mathbf{a}$와 $\mathbf{b}$는 서로 평행하지 않은 벡터이고, $\mathbf{c}$는 영벡터가 아닌 임의의 벡터라고 하자. 그러면 $(\mathbf{a}\times\mathbf{b})\times\mathbf{c}$는 $\mathbf{a}$와 $\mathbf{b}$의 평면에 놓이는 벡터임을 밝혀라.

23. 모서리가 $\langle 2, 3, 4\rangle$, $\langle 0, 4, -1\rangle$, $\langle 5, 1, 3\rangle$인 평행육면체의 부피를 구하여라(예제 4 참조).

24. 모서리가 $3\mathbf{i}-4\mathbf{j}+2\mathbf{k}$, $-\mathbf{i}+2\mathbf{j}+\mathbf{k}$, $3\mathbf{i}-2\mathbf{j}+5\mathbf{k}$인 평행육면체의 부피를 구하여라.

25. $\mathbf{u}=\langle 3, 2, 1\rangle$, $\mathbf{v}=\langle 1, 1, 2\rangle$, $\mathbf{w}=\langle 1, 3, 3\rangle$이 결정하는 평행육면체가 K이다.

(a) K의 부피를 구하여라.

(b) $\mathbf{u}$와 $\mathbf{v}$가 결정하는 면의 넓이를 구하여라.

(c) $\mathbf{v}$와 $\mathbf{w}$가 결정하는 면을 포함하는 평면과 $\mathbf{u}$ 사이의 각을 구하여라.

26. 예제 4에서 이끌어 낸 평행육면체의 부피 공식은, 세 벡터 중에 어떤 것을 $\mathbf{a}$, 어떤 것을 $\mathbf{b}$, 어떤 것을 $\mathbf{c}$로 부르느냐와 상관이 없어야 한다. 이 결과를 사용하여, $|\mathbf{a}\cdot(\mathbf{b}\times\mathbf{c})|=|\mathbf{b}\cdot(\mathbf{a}\times\mathbf{c})|=|\mathbf{c}\cdot(\mathbf{a}\times\mathbf{b})|$임을 설명하여라.

27. 다음 중에서 의미가 없는 것은?

(a) $\mathbf{u}\cdot(\mathbf{v}\times\mathbf{w})$ (b) $\mathbf{u}+(\mathbf{v}\times\mathbf{w})$

(c) $(\mathbf{a}\cdot\mathbf{b})\times\mathbf{c}$ (d) $(\mathbf{a}\times\mathbf{b})+k$

(e) $(\mathbf{a}\cdot\mathbf{b})+k$ (f) $(\mathbf{a}+\mathbf{b})\times(\mathbf{c}+\mathbf{d})$

(g) $(\mathbf{u}\times\mathbf{v})\times\mathbf{w}$ (h) $(k\mathbf{u})\times\mathbf{v}$

28. $\mathbf{a}$, $\mathbf{b}$, $\mathbf{c}$, $\mathbf{d}$가 모두 같은 평면에 놓여 있으면,

$$(\mathbf{a}\times\mathbf{b})\times(\mathbf{c}\times\mathbf{d})=\mathbf{0}$$

임을 밝혀라.

29. 사면체의 부피는 $\frac{1}{3}\times$(밑면의 넓이)$\times$(높이)임이 알려져 있다. 이것을 사용하여, 모서리가 $\mathbf{a}$, $\mathbf{b}$, $\mathbf{c}$인 사면체의 부피는 $\frac{1}{6}|\mathbf{a}\cdot(\mathbf{b}\times\mathbf{c})|$임을 밝혀라.

30. 꼭지점이 $(-1, 2, 3)$, $(4, -1, 2)$, $(5, 6, 3)$, $(1, 1, -2)$인 사면체의 부피를 구하여라(문제 29 참조).

31. 정리 A를 사용하지 말고, 다음 라그랑즈 항등식(Lagrange's Identity)을 증명하여라.

$$\|\mathbf{u}\times\mathbf{v}\|^2=\|\mathbf{u}\|^2\|\mathbf{v}\|^2-(\mathbf{u}\cdot\mathbf{v})^2$$

32. 다음 배분법칙을 증명하여라.

$$\mathbf{u}\times(\mathbf{v}+\mathbf{w})=(\mathbf{u}\times\mathbf{v})+(\mathbf{u}\times\mathbf{w})$$

33. 문제 32와 반교환법칙을 사용하여, 다음 배분법칙을 증명하여라.

$$(\mathbf{u}+\mathbf{v})\times\mathbf{w}=(\mathbf{u}\times\mathbf{w})+(\mathbf{v}\times\mathbf{w})$$

34. $\mathbf{u}\times\mathbf{v}=\mathbf{0}$이고 $\mathbf{u}\cdot\mathbf{v}=\mathbf{0}$이면, $\mathbf{u}$ 또는 $\mathbf{v}$에 대해서 어떤 결론을 내릴 수 있는가?

35. 예제 3을 이용하여, 꼭지점이 $P(a, 0, 0)$, $Q(0, b, 0)$, $R(0, 0, c)$인 삼각형의 넓이 공식을 이끌어 내어라. 그림 6의 왼쪽 그림을 보기 바란다.

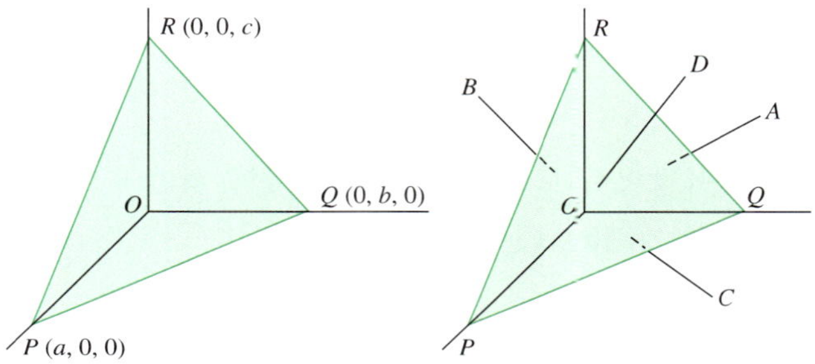

그림 6

36. 평면에 놓여 있는, 꼭지점이 (x_1, y_1), (x_2, y_2), (x_3, y_3)인 삼각형의 넓이는 다음 행렬식의 절디값의 1/2임을 밝혀라.

$$\begin{vmatrix} x_1 & y_1 & 1 \\ x_2 & y_2 & 1 \\ x_3 & y_3 & 1 \end{vmatrix}$$

37. **삼차원 공간의 피타고라스의 정리** 그림 6에서, (직각) 사면체의 꼭지점들을 P, Q, R, O라 하고, 이들이 마주보는 면의 넓이를 A, B, C, D라 하자. 그러면 $A^2+B^2+C^2=D^2$임을 밝혀라.

38. 시작점이 같은 세 벡터 $\mathbf{a}$, $\mathbf{b}$, $\mathbf{c}$가 사면체를 만든다. 벡터 $\mathbf{m}$, $\mathbf{n}$, $\mathbf{p}$, $\mathbf{q}$는 네 면들에 각각 수직이며, 그 길이는 대응하는 면의 넓이와 같다면 $\mathbf{m}+\mathbf{n}+\mathbf{p}+\mathbf{q}=\mathbf{0}$가 됨을 밝혀라.

39. $\mathbf{a}$, $\mathbf{b}$, $\mathbf{a}-\mathbf{b}$는 삼각형의 세 변을 나타내며, 세 변의 길이는 각각 a, b, c라고 하자. 라그랑주 항등식과 $2\mathbf{a}\cdot\mathbf{b}=\|\mathbf{a}\|^2+\|\mathbf{b}\|^2-\|\mathbf{a}-\mathbf{b}\|^2$을 사용하여, 삼각형의 넓이 A에 대한 헤론의 공식

$$A=\sqrt{s(s-a)(s-b)(s-c)}$$

를 증명하여라. 여기서 s는 둘레 길이의 절반인 $(a+b+c)/2$이고 $a=\|\mathbf{a}\|$, $b=\|\mathbf{b}\|$, $c=\|\mathbf{c}\|$이다.

40. 예제 5의 방법을 사용하여, $\mathbf{u}=u_1\mathbf{i}+u_2\mathbf{j}+u_3\mathbf{k}$이고 $\mathbf{v}=v_1\mathbf{i}+v_2\mathbf{j}+v_3\mathbf{k}$이면

$$\mathbf{u}\times\mathbf{v}=(u_2v_3-u_3v_2)\mathbf{i}+(u_3v_1-u_1v_3)\mathbf{j}+(u_1v_2-u_2v_1)\mathbf{k}$$

임을 직접 밝혀라.

개념 복습 해답: **1.** $\langle -3, 2, -7\rangle$ 또는 $-3\mathbf{i}+2\mathbf{j}-7\mathbf{k}$ **2.** $\|\mathbf{u}\|\|\mathbf{v}\|\sin\theta$ **3.** $-(\mathbf{v}\times\mathbf{u})$ **4.** 평행

11.5 벡터값 함수와 곡선운동

함수 f는 어떤 집합(정의역)에 속하는 각각의 t에 대해서 다른 어떤 집합의 하나의 값 $f(t)$를 할당해 주는 규칙임을 상기하자(그림 1). 이렇게 얻은 값들의 집합을 함수의 치역이라고 부른다. 이 책에서 지금까지 다룬 함수들은 실수값 함수(스칼라 값을 가지는 함수)들이었다. 즉, 정의역과 치역이 둘 다 실수의 (부분) 집합들이었다. 예를 들어, $f(t)=t^2$이 있으며, 이것은 각각의 실수 t에 실수 t^2을 대응시킨다.

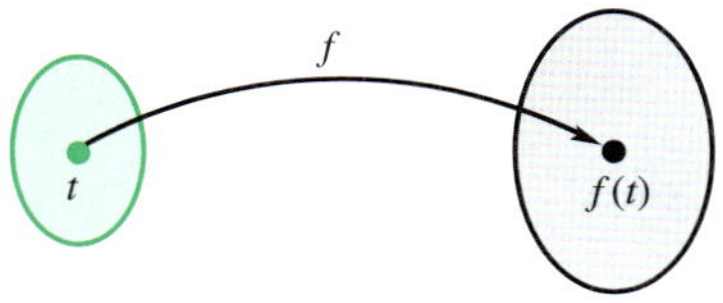

그림 1

이제 여러 일반화되어 있는 함수들 중에서 그 첫째 예를 소개한다(그림 2). 실변수 t에 대한 **벡터값 함수**(vector-valued function) $\mathbf{F}$는 각각의 실수 t에 하나의 벡터 $\mathbf{F}(t)$를 대응시킨다. 즉,

$$\mathbf{F}(t)=f(t)\mathbf{i}+g(t)\mathbf{j}+h(t)\mathbf{k}=\langle f(t),\ g(t),\ h(t)\rangle$$

여기서 f와 g는 보통의 실수값 함수들이다. 전형적인 예로는,

$$\mathbf{F}(t)=t^2\mathbf{i}+e^t\mathbf{j}+2\mathbf{k}=\langle t^2,\ e^t,\ 2\rangle$$

굵은 글자체는 벡터를 나타냄을 유의하기 바란다. 그러므로 벡터값 함수와 스칼라값 함수를 쉽게 구별할 수 있다.

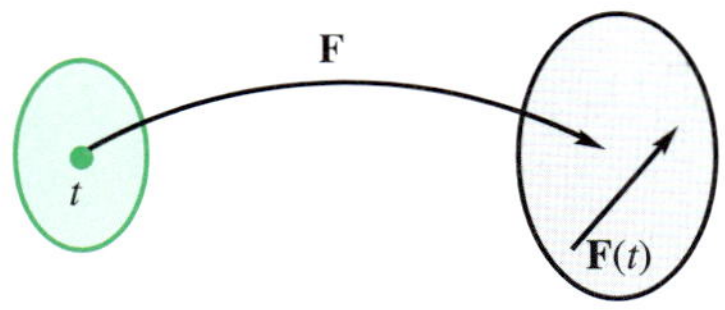

그림 2

벡터값 함수의 미적분학 미적분학에서 가장 근본이 되는 개념은 극한의 개념이다. 직관적으로 생각하면, $\lim_{t\to c}\mathbf{F}(t)=\mathbf{L}$이 뜻하는 것은, t가 c로 가까이 감에 따라 벡터 $\mathbf{F}(t)$가 벡터 $\mathbf{L}$로 가까이 간다는 말이다. 이것과 동치인 의미로, $t\to c$일 때 벡터 $\mathbf{F}(t)-\mathbf{L}$이 $\mathbf{0}$으로 간다는 뜻이다(그림 3). ε, δ를 사용한 엄밀한 정의를 제시하겠는데, 1.2절에서 실수값 함수들에 대해서 정의한 것과 사실상 같다.

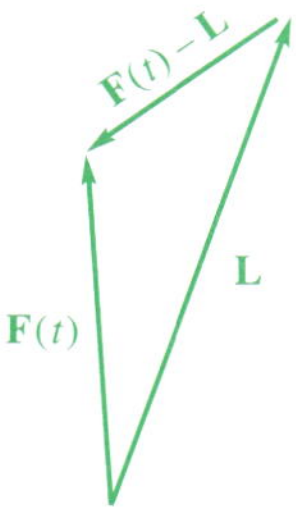

그림 3

정의 벡터값 함수의 극한

$\lim_{t\to c}\mathbf{F}(t)=\mathbf{L}$이 뜻하는 것은 다음과 같다. 임의의 (아무리 작은) $\varepsilon>0$에 대해서, 그에 대응하여 적당한 $\delta>0$가 있어서, $0<|t-c|<\delta$이면 $|\mathbf{F}(t)-\mathbf{L}|<\varepsilon$. 즉,

$$0<|t-c|<\delta\Rightarrow|\mathbf{F}(t)-\mathbf{L}|<\varepsilon$$

$\lim_{t\to c}\mathbf{F}(t)=\mathbf{L}$의 정의는 제 1 장에서 극한의 정의와 거의 비슷하다. $\|\mathbf{F}(t)-\mathbf{L}\|$은 벡터 $\mathbf{F}(t)-\mathbf{L}$의 길이이다. 정의는 t가 c에 충분히 가까워 질 때(δ안으로) $\mathbf{F}(t)$

는 (ε범위안에서) **L**에 한없이 가깝게 할 수 있다는 것이다. 다음 정리는, 부록 A.2, 정리 D에서 2차원 벡터에 관하여 증명되어 있는데, $\mathbf{F}(t)$의 극한과 $\mathbf{F}(t)$의 성분의 극한 사이의 관계를 말해주고 있다.

정리 A

$\mathbf{F}(t)=f(t)\mathbf{i}+g(t)\mathbf{j}+h(t)\mathbf{k}$라 하자. 그러면 **F**가 c에서 극한을 가질 필요충분조건은 f, g, h가 c에서 극한을 가지는 것이다. 이 경우,

$$\lim_{t\to c}\mathbf{F}(t)=\left[\lim_{t\to c}f(t)\right]\mathbf{i}+\left[\lim_{t\to c}g(t)\right]\mathbf{j}+\left[\lim_{t\to c}h(t)\right]\mathbf{k}$$

2차원 벡터

이 절에서의 정의와 정리는 3차원 벡터에 관하여 주어진다. 2차원 벡터에 관한 결과들은 분명하다. 예를 들어, $\mathbf{F}(t)=\langle f(t),\ g(t)\rangle=f(t)\mathbf{i}+g(t)\mathbf{j}$이면 정리 A는

$$\lim_{t\to c}\mathbf{F}(t)=\left[\lim_{t\to c}f(t)\right]\mathbf{i}+\left[\lim_{t\to c}g(t)\right]\mathbf{j}$$

를 뜻한다.

기대하는 바대로, 모든 표준적인 극한정리가 성립한다. 또한 연속성도 보통 의미와 같다: 즉, $\lim_{t\to c}\mathbf{F}(t)=\mathbf{F}(c)$일 때 **F**는 c에서 **연속**이라 한다. 정리 A로부터, **F**가 c에서 연속이기 위한 필요충분조건은 f, g, h가 모두 c에서 연속인 것이다. 곧, **도함수** $\mathbf{F}'(t)$는 실수값 함수와 마찬가지로 다음과 같이 정의한다.

$$\mathbf{F}'(t)=\lim_{\Delta t\to 0}\frac{\mathbf{F}(t+\Delta t)-\mathbf{F}(t)}{\Delta t}$$

그 성분을 사용하여 다음과 같이 나타낼 수도 있다.

$$\begin{aligned}\mathbf{F}'(t)&=\lim_{\Delta t\to 0}\frac{[f(t+\Delta t)\mathbf{i}+g(t+\Delta t)\mathbf{j}+h(t+\Delta t)\mathbf{k}]-[f(t)\mathbf{i}+g(t)\mathbf{j}+h(t)\mathbf{k}]}{\Delta t}\\&=\lim_{\Delta t\to 0}\frac{f(t+\Delta t)-f(t)}{\Delta t}\mathbf{i}+\lim_{\Delta t\to 0}\frac{g(t+\Delta t)-g(t)}{\Delta t}\mathbf{j}+\lim_{\Delta t\to 0}\frac{h(t+\Delta t)-h(t)}{\Delta t}\mathbf{k}\\&=f'(t)\mathbf{i}+g'(t)\mathbf{j}+h'(t)\mathbf{k}\end{aligned}$$

요약하면, $\mathbf{F}(t)=f(t)\mathbf{i}+g(t)\mathbf{j}+h(t)\mathbf{k}$일 때,

$$\boxed{\mathbf{F}'(t)=f'(t)\mathbf{i}+g'(t)\mathbf{j}+h'(t)\mathbf{k}=\langle f'(t),\ g'(t),\ h'(t)\rangle}$$

예제 1 $\mathbf{F}(t)=(t^2+t)\mathbf{i}+e^t\mathbf{j}+2\mathbf{k}$일 때, $\mathbf{F}'(t)$, $\mathbf{F}''(t)$를 구하여라. $\mathbf{F}'(0)$과 $\mathbf{F}''(0)$ 사이의 각 θ를 구하여라.

풀이 $\mathbf{F}'(t)=(2t+1)\mathbf{i}+e^t\mathbf{j}$, $\mathbf{F}''(t)=2\mathbf{i}+e^t\mathbf{j}$이므로 $\mathbf{F}'(0)=\mathbf{i}+\mathbf{j}$, $\mathbf{F}''(0)=2\mathbf{i}+\mathbf{j}$. 따라서

$$\cos\theta=\frac{\mathbf{F}'(0)\cdot\mathbf{F}''(0)}{\|\mathbf{F}'(0)\|\|\mathbf{F}''(0)\|}=\frac{(1)(2)+(1)(1)+(0)(0)}{\sqrt{1^2+1^2}\sqrt{2^2+1^2}}=\frac{3}{\sqrt{2}\sqrt{5}}$$

$\theta\approx 0.3218$ (약 $18.43°$) ■

미분법에 관한 법칙들을 여기에 소개한다.

정리 B 미분 공식

$\mathbf{F}$와 $\mathbf{G}$는 미분가능한 벡터값 함수이고, p는 미분가능한 실수값 함수이고, c는 스칼라라고 하자. 그러면

1. $D_t[\mathbf{F}(t)+\mathbf{G}(t)]=\mathbf{F}'(t)+\mathbf{G}'(t)$
2. $D_t[c\mathbf{F}(t)]=c\mathbf{F}'(t)$
3. $D_t[p(t)\mathbf{F}(t)]=p(t)\mathbf{F}'(t)+p'(t)\mathbf{F}(t)$
4. $D_t[\mathbf{F}(t)\cdot\mathbf{G}(t)]=\mathbf{F}(t)\cdot\mathbf{G}'(t)+\mathbf{G}(t)\cdot\mathbf{F}'(t)$
5. $D_t[\mathbf{F}(t)\times\mathbf{G}(t)]=\mathbf{F}(t)\times\mathbf{G}'(t)+\mathbf{F}'(t)\times\mathbf{G}(t)$
6. $D_t[\mathbf{F}(p(t))]=\mathbf{F}'(p(t))p'(t)$ (연쇄법칙)

증명 공식 4를 여기서 증명하고, 다른 공식들은 각자에게 맡긴다.

$$\mathbf{F}(t)=f_1(t)\mathbf{i}+f_2(t)\mathbf{j}+f_3(t)\mathbf{k},$$
$$\mathbf{G}(t)=g_1(t)\mathbf{i}+g_2(t)\mathbf{j}+g_3(t)\mathbf{k}$$

라 하자. 그러면

$$\begin{aligned}D_t[\mathbf{F}(t)\cdot\mathbf{G}(t)]&=D_t[f_1(t)g_1(t)+f_2(t)g_2(t)+f_3(t)g_3(t)]\\&=f_1(t)g_1'(t)+g_1(t)f_1'(t)+f_2(t)g_2'(t)+g_2(t)f_2'(t)\\&\quad+f_3(t)g_3'(t)+g_3(t)f_3'(t)\\&=[f_1(t)g_1'(t)+f_2(t)g_2'(t)+f_3(t)g_3'(t)]\\&\quad+[g_1(t)f_1'(t)+g_2(t)f_2'(t)+g_3(t)f_3'(t)]\\&=\mathbf{F}(t)\cdot\mathbf{G}'(t)+\mathbf{G}(t)\cdot\mathbf{F}'(t)\end{aligned}$$ ■

벡터값 함수의 도함수는 각각의 성분들을 미분하여 구했으므로, 적분도 각각의 성분들에 대해서 정의하는 것이 자연스럽다. 즉, $\mathbf{F}(t)=f(t)\mathbf{i}+g(t)\mathbf{j}+h(t)\mathbf{k}$에 대해서,

$$\int\mathbf{F}(t)\,dt=\left[\int f(t)\,dt\right]\mathbf{i}+\left[\int g(t)\,dt\right]\mathbf{j}+\left[\int h(t)\,dt\right]\mathbf{k}$$
$$\int_a^b\mathbf{F}(t)\,dt=\left[\int_a^b f(t)\,dt\right]\mathbf{i}+\left[\int_a^b g(t)\,dt\right]\mathbf{j}+\left[\int_a^b h(t)\,dt\right]\mathbf{k}$$

예제 2 $\mathbf{F}(t)=t^2\mathbf{i}+e^{-t}\mathbf{j}-2\mathbf{k}$일 때, 다음을 구하여라.

(a) $D_t[t^3\mathbf{F}(t)]$ (b) $\int_0^1\mathbf{F}(t)\,dt$.

풀이

(a) $$\begin{aligned}D_t[t^3\mathbf{F}(t)]&=t^3(2t\mathbf{i}-e^{-t}\mathbf{j})+3t^2(t^2\mathbf{i}+e^{-t}\mathbf{j}-2\mathbf{k})\\&=5t^4\mathbf{i}+(3t^2-t^3)e^{-t}\mathbf{j}-6t^2\mathbf{k}\end{aligned}$$

(b) $$\begin{aligned}\int_0^1\mathbf{F}(t)\,dt&=\left(\int_0^1 t^2\,dt\right)\mathbf{i}+\left(\int_0^1 e^{-t}\,dt\right)\mathbf{j}+\left(\int_0^1(-2)\,dt\right)\mathbf{k}\\&=\frac{1}{3}\mathbf{i}+(1-e^{-1})\mathbf{j}-2\mathbf{k}\end{aligned}$$ ■

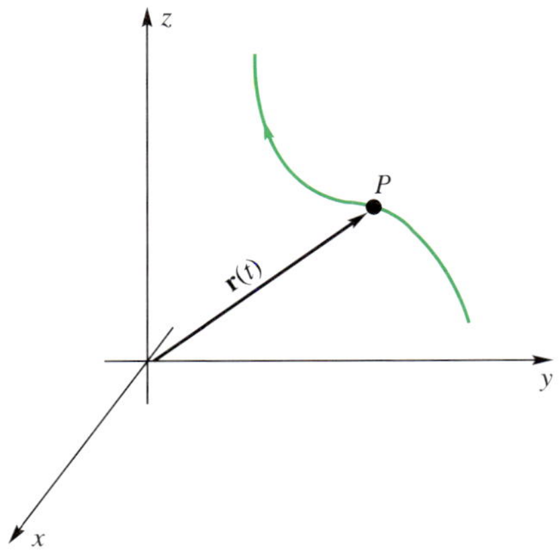

그림 4

곡선 운동 벡터값 함수들에 대한 여러 가지 성질을 이용하여, 평면에서 점의 움직임을 연구한다. 시간을 재는 변수를 t라 하고, 움직이는 점 P의 좌표가 매개변수 방정식 $x=f(t)$, $y=g(t)$, $z=h(t)$로 주어진다고 하자. 그러면 벡터

$$\mathbf{r}(t)=f(t)\mathbf{i}+g(t)\mathbf{j}+h(t)\mathbf{k}$$

의 시점을 원점이라고 가정하고, 이것을 그 점의 **위치벡터**(position vector)라고 한다. t가 변함에 따라, $\mathbf{r}(t)$의 머리(끝점)는 움직이는 점 P의 자취를 그리게 된다(그림 4). 이것은 곡선이며, 그에 대응하는 움직임을 **곡선운동**이라고 한다.

직선운동(직선을 따른 운동)의 경우와 마찬가지로 움직이는 점 P의 **속도** $\mathbf{v}(t)$와 **가속도** $\mathbf{a}(t)$를 다음과 같이 정의한다.

$$\mathbf{v}(t)=\mathbf{r}'(t)=f'(t)\mathbf{i}+g'(t)\mathbf{j}+h'(t)\mathbf{k}$$
$$\mathbf{a}(t)=\mathbf{r}''(t)=f''(t)\mathbf{i}+g''(t)\mathbf{j}+h''(t)\mathbf{k}$$

그런데

$$\mathbf{v}(t)=\lim_{\Delta t\to 0}\frac{\mathbf{r}(t+\Delta t)-\mathbf{r}(t)}{\Delta t}$$

이므로, $\mathbf{v}(t)$의 방향은 접선의 방향임이 분명하다(그림 5). 속도 벡터의 크기 $\|\mathbf{v}(t)\|$를 움직이는 점 P의 **속력**이라고 부른다. 가속도 벡터 $\mathbf{a}(t)$는 곡선의 **오목한** 쪽을 향한다(즉, 곡선이 굽어 가는 안쪽).

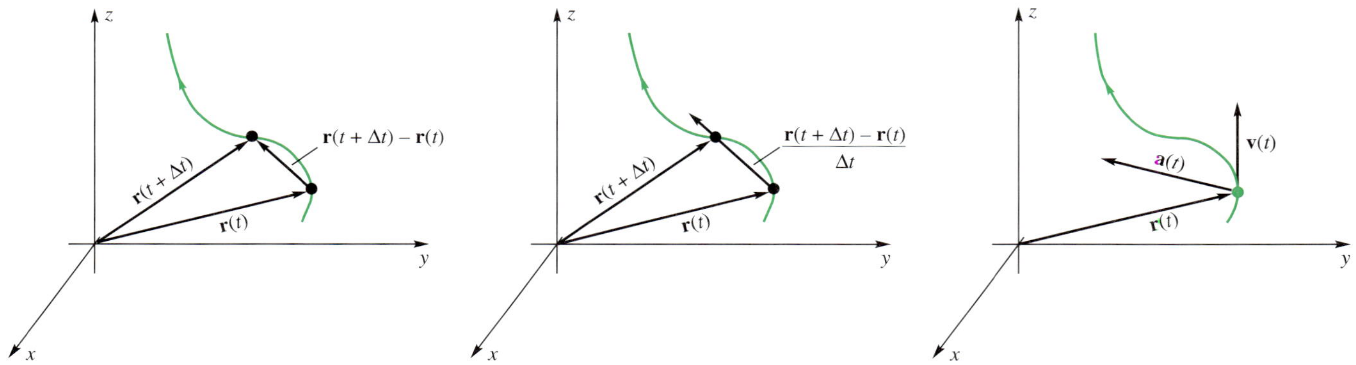

그림 5

$\mathbf{r}(t)$가 어떤 입자의 위치벡터이면, 시각 $t=a$에서 $t=b$까지 지나간 길(호)의 길이는 다음과 같다.

$$L=\int_a^b\sqrt{[f'(t)]^2+[g'(t)]^2+[h'(t)]^2}\,dt=\int_a^b\|\mathbf{r}'(t)\|dt$$

$t=a$에서 임의의 시각 t까지 움직인 전체 호의 길이는

$$s=\int_a^t\sqrt{[f'(u)]^2+[g'(u)]^2+[h'(u)]^2}\,du=\int_a^t\|\mathbf{r}'(u)\|du$$

미적분의 기본정리로부터 호의 길이의 도함수 ds/dt는 다음과 같다.

$$\frac{ds}{dt}=\sqrt{[f'(t)]^2+[g'(t)]^2+[h'(t)]^2}=\|\mathbf{r}'(t)\|$$

그러나 호의 길이 함수의 도함수(즉, 변화율)는 우리가 알고 있는 속력이다. 그러므로 입자의 **속력**(speed)은

$$\text{속력}=\frac{ds}{dt}=\|\mathbf{r}'(t)\|=\|\mathbf{v}(t)\|$$

입자의 속력은 스칼라양이고 속도는 벡터양이다.

곡선운동의 가장 중요한 응용인 **등속 원운동**(uniform circular motion)은 2차원에서 일어난다. 입자가 xy평면에서 매초당 ω 라디안의 각속력으로 중심이 (0, 0), 반지름이 a인 원둘레를 반시계방향으로 움직인다고 하자. 초기위치를 $(a, 0)$라 하면, 위치벡터는

$$\mathbf{r}(t)=a\cos\omega t\mathbf{i}+a\sin\omega t\mathbf{j}$$

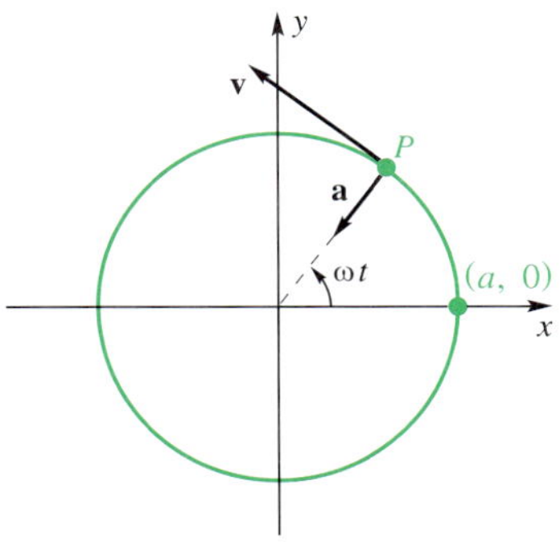

그림 6

예제 3 등속원운동하는 입자의 속도, 가속도, 속력을 구하여라.

풀이 $\mathbf{v}(t)$와 $\mathbf{a}(t)$를 얻기 위하여 위치벡터 $\mathbf{r}(t)=a\cos\omega t\mathbf{i}+a\sin\omega t\mathbf{j}$를 미분한다.

$$\mathbf{v}(t)=\mathbf{r}'(t)=-a\omega\sin\omega t\mathbf{i}+a\omega\cos\omega t\mathbf{j}$$
$$\mathbf{a}(t)=\mathbf{v}'(t)=-a\omega^2\cos\omega t\mathbf{i}-a\omega^2\sin\omega t\mathbf{j}$$

속력은

$$\frac{ds}{dt}=\|\mathbf{v}(t)\|=\sqrt{(-a\omega\sin\omega t)^2+(a\omega\cos\omega t)^2}$$
$$=\sqrt{a^2\omega^2(\sin^2\omega t+\cos^2\omega t)}=a\omega$$

벡터 $\mathbf{a}$를 점 P가 시점으로 생각하면, $\mathbf{a}$는 원점을 향하며, $\mathbf{v}$와 수직이다(그림 6). ■

11.1절의 예제 6에서 **나선**(helix)의 특별한 경우를 보았다. 여기에서 개념을 조금 더 일반화하여 위치벡터가

$$\mathbf{r}(t)=a\cos\omega t\mathbf{i}+a\sin\omega t\mathbf{j}+ct\mathbf{k}$$

로 주어지는 입자가 지나간 자취를 **나선**(helix)이라고 한다.

이때 운동에 대한 x, y성분만 본다면, 등속원운동임을 알 수 있고, 운동의 z성분만 본다면 등속직선운동을 한다는 것을 알 수 있다. 이 두 가지를 함께 생각하면, 입자가 점점 위로 움직일 때($c>0$) 입자는 달팽이처럼 빙빙 돌면서 올라가는 것을 알 수 있다.

예제 4 나선을 따라 운동하는 입자에 대하여 속도, 가속도, 속력을 구하여라.

풀이 속도와 가속도 벡터는 다음과 같다.

$$\mathbf{v}(t)=\mathbf{r}'(t)=-a\omega\sin\omega t\mathbf{i}+a\omega\cos\omega t\mathbf{j}+c\mathbf{k}$$
$$\mathbf{a}(t)=\mathbf{v}'(t)=-a\omega^2\cos\omega t\mathbf{i}-a\omega^2\sin\omega t\mathbf{j}$$

속력은

$$\frac{ds}{dt}=\|\mathbf{v}(t)\|=\sqrt{(-a\omega\sin\omega t)^2+(a\omega\cos\omega t)^2+c^2}=\sqrt{a^2\omega^2+c^2}$$ ■

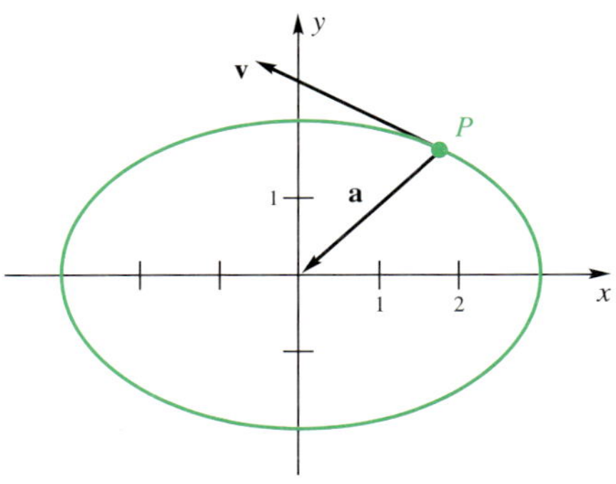

$\mathbf{r}(t)=3\cos t\,\mathbf{i}+2\sin t\,\mathbf{j}$

그림 7

예제 5 평면에서 움직이는 점 P의 매개변수 방정식이 $x=3\cos t$, $y=2\sin t$이다. 여기서 t는 시간을 나타내고 $0\le t\le 2\pi$이다.

(a) P의 자취를 그려라.

(b) 속도 $\mathbf{v}(t)$, 속력 $\|\mathbf{v}(t)\|$, 가속도 $\mathbf{a}(t)$의 식을 구하여라.

(c) 최고 속력과 최저 속력을 구하여라. 속력이 그렇게 되는 지점을 구하여라.

(d) P을 시점으로 하는 가속도 벡터는 항상 원점을 향함을 밝혀라.

풀이

(a) $x^2/9+y^2/4=1$이므로, 자취는 그림 7의 타원이다.

(b) 위치벡터는

$$\mathbf{r}(t)=3\cos t\mathbf{i}+2\sin t\mathbf{j}$$

이므로,

$$\mathbf{v}(t)=-3\sin t\mathbf{i}+2\cos t\mathbf{j}$$
$$\|\mathbf{v}(t)\|=\sqrt{9\sin^2 t+4\cos^2 t}=\sqrt{5\sin^2 t+4}$$
$$\mathbf{a}(t)=-3\cos t\mathbf{i}-2\sin t\mathbf{j}$$

(c) 속력은 $\sqrt{5\sin^2 t+4}$이므로, $\sin t=\pm 1$일 때 최고 속력 3이 된다. 즉, $t=\pi/2$ 또는 $3\pi/2$일 때이고, 이것은 타원상의 점 (0, ± 2)에 대응한다. 그리고 $\sin t=0$일 때 최저 속력 2가 되며, 이것은 점 (± 3, 0)에 대응한다.

(d) $\mathbf{a}(t)=-\mathbf{r}(t)$임을 주목한다. 따라서 $\mathbf{a}(t)$의 시작점이 P라면, 이 벡터는 원점을 향하고, 꼭 원점에서 끝나게 된다. 따라서 $\|\mathbf{a}(t)\|$는 (± 3, 0)에서 가장 크고, (0, ± 2)에서 가장 작다. ■

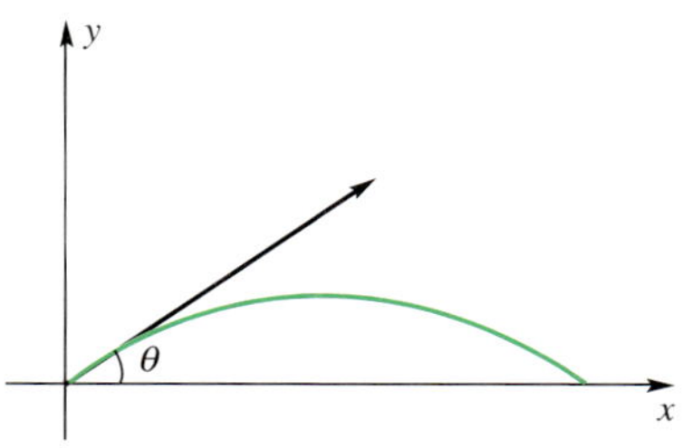

그림 8

예제 6 어떤 물체를 원점에서 양의 x축으로부터 각 θ가 되도록 발사하였으며, 초기 속력은 초속 v_0 피트이다(그림 8). 마찰은 무시하고, 속도 $\mathbf{v}(t)$와 위치벡터 $\mathbf{r}(t)$를 구하여라. 이 자취는 포물선임을 밝혀라.

풀이 중력에 의한 가속도는 $\mathbf{a}(t)=-32\mathbf{j}$ ft/sec²이다. 초기 조건은 $\mathbf{r}(0)=\mathbf{0}$, 그리고 $\mathbf{v}(0)=v_0\cos\theta\mathbf{i}+v_0\sin\theta\mathbf{j}$. $\mathbf{a}(t)=-32\mathbf{j}$를 가지고, 두 번 적분을 하자.

$$\mathbf{v}(t)=\int\mathbf{a}(t)\,dt=\int -32\,dt\,\mathbf{j}=-32t\,\mathbf{j}+\mathbf{C}_1$$

초기 조건 $\mathbf{v}(0)=v_0\cos\theta\mathbf{i}+v_0\sin\theta\mathbf{j}$에서 $\mathbf{C}_1$를 계산할 수 있다. 그러면 $\mathbf{C}_1=v_0\cos\theta\mathbf{i}+v_0\sin\theta\mathbf{j}$. 따라서

$$\mathbf{v}(t)=(v_0\cos\theta)\mathbf{i}+(v_0\sin\theta-32t)\mathbf{j}$$

그리고

$$\mathbf{r}(t)=\int\mathbf{v}(t)dt=(tv_0\cos\theta)\mathbf{i}+(tv_0\sin\theta-16t^2)\mathbf{j}+\mathbf{C}_2$$

초기 조건 $\mathbf{r}(0)=\mathbf{0}$에서 $\mathbf{C}_2=\mathbf{0}$. 따라서

$$\mathbf{r}(t)=(tv_0\cos\theta)\mathbf{i}+(tv_0\sin\theta-16t^2)\mathbf{j}$$

자취의 방정식을 구하려면, 방정식

$$x=(v_0\cos\theta)t, \qquad y=(v_0\sin\theta)t-16t^2$$

에서 매개변수 t를 없애야 한다. 구체적으로 말하면, 처음 방정식을 t에 대해서 풀고, 그것을 두 번째 방정식에 넣는다. 그러면 다음을 얻는다.

$$y=(\tan\theta)x-\left(\frac{4}{v_0\cos\theta}\right)^2x^2$$

이것은 포물선의 방정식이다. ■

예제 7 어떤 야구경기에서 높이가 8피트인 지점에서 x축이 양의 방향으로 수평선보다 1도 위로 야구공을 시간당 75가일(초당 110피트)의 속도로 공을 던졌다. 처음의 위치는 $\mathbf{r}(0)=8\mathbf{k}$이다. 중력가속도 이외에, 공에 스핀이 생겨 y축의 양의 방향으로 초당 2피트의 가속도가 붙는다. x성분이 60.5피트일 때 공의 위치는 어디인가?

풀이 처음 위치벡터는 $\mathbf{r}(0)=8\mathbf{k}$이고 처음속도 벡터는 $\mathbf{v}(0)=110\cos 1^\circ\mathbf{i}+110\sin 1^\circ\mathbf{k}$이다. 가속도 벡터는 $\mathbf{a}(t)=2\mathbf{j}-32\mathbf{k}$이다. 앞의 예제로부터 응용하면,

$$\mathbf{v}(t)=\int\mathbf{a}(t)dt=\int(2\mathbf{j}-32\mathbf{k})dt=2t\,\mathbf{j}-32t\mathbf{k}+\mathbf{C}_1$$

한편 $110\cos 1^\circ\mathbf{i}+110\sin 1^\circ=\mathbf{v}(0)=\mathbf{C}_1$이므로 다음이 성립한다.

$$\mathbf{v}(t)=110\cos 1^\circ\mathbf{i}+2t\mathbf{j}+(110\sin 1^\circ-32t)\mathbf{k}$$

속도벡터를 적분하면

$$\begin{aligned}\mathbf{r}(t)&=\int\mathbf{v}(t)dt=\int[110\cos 1^\circ\mathbf{i}+2t\mathbf{j}+(110\sin 1^\circ-32t)\mathbf{k}]dt\\&=110(\cos 1^\circ)t\mathbf{i}+t^2\mathbf{j}+[110(\sin 1^\circ)t-16t^2]\mathbf{k}+\mathbf{C}_2\end{aligned}$$

처음 위치가 $\mathbf{r}(0)=8\mathbf{k}$이므로, $\mathbf{C}_2=8\mathbf{k}$임을 알 수 있다. 따라서

$$\mathbf{r}(t)=110(\cos 1^\circ)t\mathbf{i}+t^2\mathbf{j}+[8+110(\sin 1^\circ)t-16t^2]\mathbf{k}$$

다음에 x성분이 60.5피트일 때 t의 값은 $110(\cos 15)t=60.5$에서

$$t=60.5/(110\cos 15)\approx 0.55008\text{초}$$

이 시각에서 공의 위치는 다음과 같다.

$$\mathbf{r}(0.55008)=110(\cos 15)0.55008\mathbf{i}+(0.55008)^2\mathbf{j}$$

$$+[8+110(\sin 15)0.55008-16(0.55008)^2]\mathbf{k}$$
$$\approx 60.5\mathbf{i}+0.303\mathbf{j}+4.21\mathbf{k}$$

메이저리그의 투수가 타자에게 공을 던졌다면, 공은 바로 허리위(땅에서 4.21 피트 높이의)로 홈플레이트의 중앙으로부터 4인치(0,303피트) 떨어져 들어올 것이다. ■

혹성운동의 케플러법칙 17세기초 케플러(Johannes Kepler(1951~1630))는 덴마크의 천문학자인 Tycho Brache로부터 혹성에 관한 자료집을 물러받았다. 케플러는 수년간 자료들을 연구하였고 시행착오도 하였다. 그러나 다행스럽게도 그는 혹성운동에 관한 세가지 법칙을 얻게 되었다.

1. 혹성은 태양을 한 초점으로 하는 타원궤도를 따라 태양 주위를 공전한다.
2. 태양과 혹성을 연결하는 선분은 같은 시간동안 같은 넓이를 유지하며 지난다.
3. 혹성의 공전주기의 제곱은 태양에서 혹성까지의 평균거리의 세제곱에 비례한다.

얼마 후 혹성운동에 관한 케플러의 법칙은 뉴턴의 운동법칙의 결과로부터 얻을 수 있다는 것을 알게 되었다. 케플러의 제 1 법칙은 타원의 극방정식인 다음 식으로 주어진다:

$$r(\theta)=\frac{r_0(1+e)}{1+e\cos\theta}$$

여기에서 $r(\theta)$는 각 θ에 대한 태양으로부터 혹성까지의 거리이고, e는 타원의 이심율이다. 케플러의 제 1 법칙을 유도하게 하는 문제 48은 다음 식을 보여준다.

$$e=\frac{r_0v_0^2}{GM}-1=\frac{1}{r_0GM}\left(2\frac{dA}{dt}\right)^2-1$$

단, M은 태양의 질량, G는 만유인력상수, r_0는 태양에서 혹성까지의 최단거리, v_0은 태양에 가장 가까울 때의 혹성의 속력이고 dA/dt는 태양과 혹성을 연결하는 선분이 지나간 넓이의 변화율(케플러의 제 2 법칙에 의하여 상수)이다. 지금부터 케플러의 제 1 법칙이 성립한다고 가정한다.

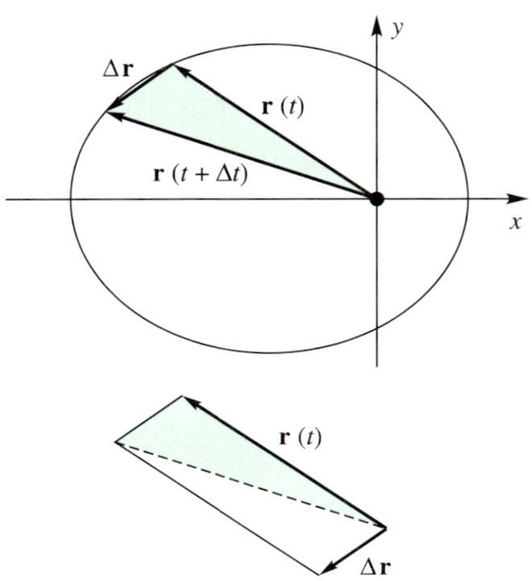

그림 9

예제 8 케플러의 제 2 법칙을 유도하여라.

풀이 $\mathbf{r}(t)$를 시각 t에서 혹성의 위치벡터라 하자. $\mathbf{r}(t+\Delta t)$는 Δt 단위시간후의 위치라 하자(그림 9). Δt 시각동안 지나간 넓이 ΔA는 근사적으로 $\mathbf{r}(t)$와 $\Delta\mathbf{r}=\mathbf{r}(t+\Delta t)-\mathbf{r}(t)$에 의해 만들어지는 평행사변형 넓이의 반이다. 앞절에서 배운 두 벡터에 의해 만들어진 삼각형의 넓이는 외적의 크기의 반이라는 사실을 이용하여 다음 식을 얻는다.

$$\Delta A \approx \frac{1}{2}\|\mathbf{r}(t)\times\Delta\mathbf{r}\|$$

따라서

$$\frac{\Delta A}{\Delta t} \approx \frac{1}{2}\left\|\mathbf{r}(t)\times\frac{\Delta\mathbf{r}}{\Delta t}\right\|$$

이고, 이때 $\Delta t \to 0$라 두면 다음을 얻는다.

$$\frac{dA}{dt} \approx \frac{1}{2}\|\mathbf{r}(t)\times\mathbf{r}'(t)\|$$

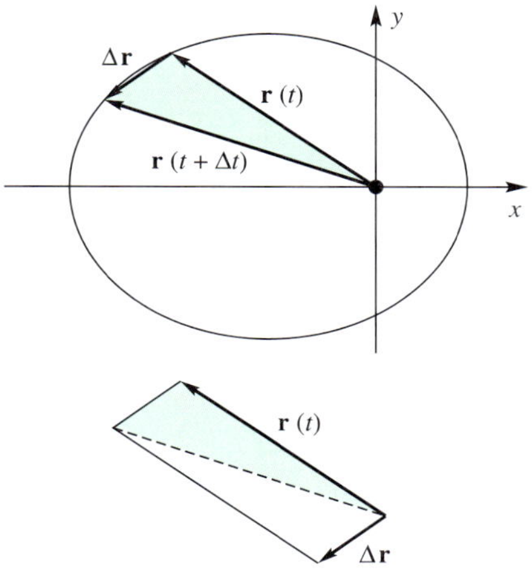

그림 9

혹성에 작용하는 유일한 힘은 태양으로부터 혹성까지의 선분을 따라 작용하는 태양의 인력이고 그 크기는 $GMm/\|\mathbf{r}(t)\|^2$이다. 단, m은 혹성의 질량이다. 뉴턴의 제 2 법칙($\mathbf{F}=m\mathbf{a}$)로부터

$$-\frac{GMm}{\|\mathbf{r}(t)\|^3}\mathbf{r}(t)=m\mathbf{a}(t)=m\mathbf{r}''(t)$$

양변을 m으로 나누면 $\mathbf{r}''(t)=-(GM/\|\mathbf{r}(t)\|^3)\mathbf{r}(t)$. 이제 위 dt/dt의 식에서 벡터 $\mathbf{r}(t)\times\mathbf{r}'(t)$를 생각한다. 정리 B의 성질 5를 이용하여 이 벡터를 미분하면 다음을 얻는다.

$$\begin{aligned}\frac{d}{dt}(\mathbf{r}(t)\times\mathbf{r}'(t)) &= \mathbf{r}(t)\times\mathbf{r}''(t)+\mathbf{r}'(t)\times\mathbf{r}'(t)\\ &= \mathbf{r}(t)\times\left(-\frac{GM}{\|\mathbf{r}(t)\|^3}\mathbf{r}(t)\right)+\mathbf{0}\\ &= \left(-\frac{GM}{\|\mathbf{r}(t)\|^3}\right)\mathbf{r}(t)\times\mathbf{r}(t)=\mathbf{0}\end{aligned}$$

이 식으로부터 벡터 $\mathbf{r}(t)\times\mathbf{r}'(t)$는 상수인 것을 알 수 있고 결과적으로 그의 크기 $\|\mathbf{r}(t)\times\mathbf{r}'(t)\|$는 상수이다. 따라서 dA/dt는 상수이다. ■

예제 9 케플러의 제 3 법칙을 유도하여라.

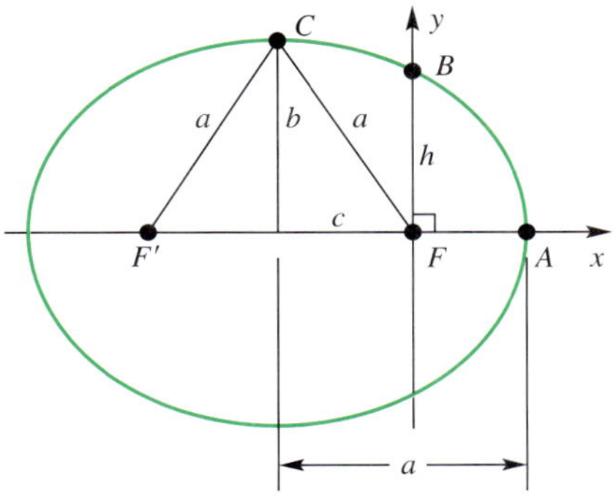

그림 10

풀이 태양을 좌표원점에 두고 혹성의 근일점(태양에 가장 가까운 궤도상의 점)이 x축을 따라 놓이도록 x축을 둔다. 근일점은 그림 10에서 점 A이다. C를 단축에 놓여 있는 궤도상의 점이라 하고, B를 그림 10에서와 같이 원점에서 장축에 수직인 직선에 놓여있는 궤도상의 점이라 하자.

a, b를 각각 타원의 장축과 단축의 길이의 반이라 하고, c를 타원의 중심으로부터 한 초점까지의 거리라고 하자. 타원에 대한 끈의 성질은 두 초점에서 임의의 점까지 거리의 합은 $2a$이다. 따라서 $\overline{F'C}+\overline{CF}=2a$이고 $\overline{F'C}=\overline{CF}$이므로 $\overline{F'C}=\overline{CF}=a$이다. 점 B에 대해 끈 성질을 적용하면 $\overline{F'B}+\overline{BF}=2a$이다.

피타고라스 정리를 사용하면, $a^2=b^2!c^2$이고 $(\overline{F'B})^2=h^2+(2c)^2$ (그림 11을 참조). 윗식에서 $\overline{F'B}=2a-\overline{BF}=2a-h$이다. 이 두 식으로부터

$$h^2+(2c)^2=(\overline{F'B})^2=(2a-h)^2=4a^2-4ah+h^2$$

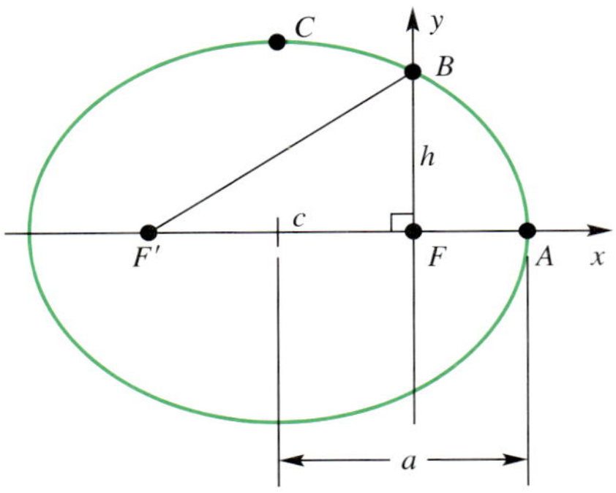

그림 11

따라서 $4c^2=4a^2-4ah$이고 $c^2=a^2-ah$이다. $a^2=b^2+c^2$이므로

$$a^2-b^2=c^2=a^2-ah$$

따라서 $b^2=ah$.

점 B는 또한 각 θ가 $\pi/2$일 때도 일어난다. 케플러의 제 1 법칙을 사용하면

$$h=r\left(\frac{\pi}{2}\right)=\frac{r_0(1+e)}{1+e\cos(\pi/2)}=\frac{1}{GM}\left(2\frac{dA}{dt}\right)^2$$

T를 혹성의 주기라 하자. 태양둘레을 한 바퀴 돌면 넓이가 πab이다. 넓이가 휩쓸고 지나간 평균비율은 $\pi ab/T$이지만 dA/dt가 상수(케플러의 제 2 법칙)이므로 $dA/dt=ab\pi/T$이다. 따라서

$$T=\frac{\pi ab}{dA/dt}$$

이제 위의 모든 사실을 종합한다. 관계식 $b^2=ah$, $h=\left(2\frac{dA}{dt}\right)^2\Big/GM$을 사용하면 다음을 얻는다.

$$T^2=\left(\frac{\pi ab}{dA/dt}\right)^2=\frac{\pi^2 a^2}{(dA/dt)^2}ah$$
$$=\frac{\pi^2 a^3}{(dA/dt)^2}\frac{(2dA/dt)^2}{GM}=\frac{4\pi^2}{GM}a^3$$

혹성이 태양에 가장 가까울 때는 $a-c$이고 가장 멀 때는 $a!c$이다. 케플러는 이 두 값의 평균 $(a-c!a!c)/2=a$를 태양으로부터 평균거리라 하였다. 따라서 마지막 식은 주기의 제곱은 태양으로부터 평균거리의 세제곱에 비례한다는 것을 의미한다. ■

개념 복습

1. 각각의 실수에 벡터를 대응시키는 함수를 ______라고 부른다.

2. 함수 $\mathbf{F}(t)=f(t)\mathbf{i}+g(t)\mathbf{j}$가 $t=c$에서 연속일 필요충분조건은 ______. $\mathbf{F}$의 미분을 f와 g를 사용하여 나타내면, $\mathbf{F}'(t)=$______.

3. 어떤 점이 곡선을 따라 움직여서, 시간 t일 때 점 P에 놓여 있다면, 원점에서 P로 가는 벡터 $\mathbf{r}(t)$를 P의 ______라고 부른다.

4. $\mathbf{r}(t)$를 사용하여 표현하면, 점 P의 속도는 ______이고, 가속도는 ______이다. t에서의 속도 벡터는 곡선에 ______, 가속도 벡터는 곡선의 ______ 쪽을 향한다.

연습문제 11.5

문제 1~8에서 요구하는 극한을 구하거나, 아니면 그것이 존재하지 않는다고 하여라.

1. $\lim_{t\to 1}[2t\mathbf{i}-t^2\mathbf{j}]$

2. $\lim_{t\to 3}[2(t-3)^2\mathbf{i}-7t^3\mathbf{j}]$

3. $\lim_{t\to 1}\left[\frac{t-1}{t^2-1}\mathbf{i}-\frac{t^2+2t-3}{t-1}\mathbf{j}\right]$

4. $\lim_{t\to -2}\left[\frac{2t^2-10t-28}{t+2}\mathbf{i}-\frac{7t^3}{t-3}\mathbf{j}\right]$

5. $\lim_{t\to 0}\left[\frac{\sin t\cos t}{t}\mathbf{i}-\frac{7t^3}{e^t}\mathbf{j}+\frac{t}{t+1}\mathbf{k}\right]$

6. $\lim_{t\to\infty}\left[\frac{t\sin t}{t^2}\mathbf{i}-\frac{7t^3}{t^3-3t}\mathbf{j}-\frac{\sin t}{t}\mathbf{k}\right]$

7. $\lim_{t\to 0^+}\langle \ln(t^3),\ t^2\ln t,\ t\rangle$

8. $\lim_{t\to 0^-}\left\langle e^{-1/t^2},\ \frac{t}{|t|},\ |t|\right\rangle$

9. 벡터값 함수의 정의에서 정의역을 명시해 놓지 않았다면, 그 정의역은 함수를 표현한 공식이 의미를 가지고, 실벡터(즉, 실수 성분들을 가지는 벡터)를 제시해 주는 모든 실수들의 집합이라고 이해한다. 다음 벡터값 함수의 정의역을 구하여라.

(a) $\mathbf{r}(t)=\frac{2}{t-4}\mathbf{i}+\sqrt{3-t}\,\mathbf{j}+\ln|4-t|\mathbf{k}$

(b) $\mathbf{r}(t)=[\![t^2]\!]\mathbf{i}-\sqrt{20-t}\,\mathbf{j}+3\mathbf{k}$. ($[\![\ ]\!]$는 최대 정수 함수를 나타냄.)

(c) $\mathbf{r}(t)=\cos t\mathbf{i}+\sin t\mathbf{j}+\sqrt{9-t^2}\,\mathbf{k}$.

10. 다음 벡터값 함수의 정의역을 구하여라.

(a) $\mathbf{r}(t)=\ln(t-1)\mathbf{i}+\sqrt{20-t}\,\mathbf{j}$

(b) $\mathbf{r}(t)=\ln(t^{-1})\mathbf{i}+\tan^{-1}t\mathbf{j}+t\mathbf{k}$

(c) $\mathbf{r}(t)=\frac{1}{\sqrt{1-t^2}}\mathbf{j}+\frac{1}{\sqrt{9-t^2}}\mathbf{k}$

11. 문제 9의 각각의 함수가 연속이 되는 t값을 구하여라.

12. 문제 10의 각각의 함수가 연속이 되는 t값을 구하여라.

13. 다음 각각의 경우 $D_t\mathbf{r}(t)$와 $D_t^2\mathbf{r}(t)$를 구하여라.

(a) $\mathbf{r}(t)=(3t+4)^3\mathbf{i}+e^{t^2}\mathbf{j}+\mathbf{k}$

(b) $\mathbf{r}(t)=\sin^2 t\mathbf{i}+\cos 3t\mathbf{j}+t^2\mathbf{k}$

14. 다음 각각의 경우 $\mathbf{r}'(t)$와 $\mathbf{r}''(t)$를 구하여라.

(a) $\mathbf{r}(t)=(e^t+e^{-t^2})\mathbf{i}+2^t\mathbf{j}+t\mathbf{k}$

(b) $\mathbf{r}(t)=\tan 2t\mathbf{i}+\arctan t\mathbf{j}$

15. $\mathbf{r}(t)=e^{-t}\mathbf{i}-\ln(t^2)\mathbf{j}$이다. $D_t[\mathbf{r}(t)\cdot\mathbf{r}''(t)]$를 구하여라.

16. $\mathbf{r}(t)=\sin 3t\mathbf{i}-\cos 3t\mathbf{j}$이다. $D_t[\mathbf{r}(t)\cdot\mathbf{r}'(t)]$를 구하여라.

17. $\mathbf{r}(t)=\sqrt{t-1}\,\mathbf{i}+\ln(2t^2)\mathbf{j}$이고 $h(t)=e^{-3t}$이다. $D_t[h(t)\mathbf{r}(t)]$를 구하여라.

18. $\mathbf{r}(t)=\sin 2t\mathbf{i}+\cosh t\mathbf{j}$이고 $h(t)=\ln(3t-2)$이다. $D_t[h(t)\mathbf{r}(t)]$를 구하여라.

문제 19~30에서 주어진 시간 $t=t_1$일 때 속도 $\mathbf{v}$, 가속도 $\mathbf{a}$, 속력 s를 구하여라.

19. $\mathbf{r}(t)=4t\mathbf{i}+5(t^2-1)\mathbf{j}+2t\mathbf{k}$; $t_1=1$

20. $\mathbf{r}(t)=t\mathbf{i}+(t-1)^2\mathbf{j}+(t-3)^3\mathbf{k}$; $t_1=0$

21. $\mathbf{r}(t)=(1/t)\mathbf{i}+(t^2-1)^{-1}\mathbf{j}+t^5\mathbf{k}$; $t_1=2$

22. $\mathbf{r}(t)=t^6\mathbf{i}+(6t^2-5)^6\mathbf{j}+t\mathbf{k}$; $t_1=1$

23. $\mathbf{r}(t)=\mathbf{i}+\left(\int_0^t x^2dx\right)\mathbf{j}+t^{2/3}\mathbf{k}$; $t_1=2$

24. $\mathbf{r}(t)=\int_1^t[x^2\mathbf{i}+5(x-1)^3\mathbf{j}+(\sin\pi x)\mathbf{k}]dx$; $t_1=2$

25. $\mathbf{r}(t)=\cos t\mathbf{i}+\sin t\mathbf{j}+t\mathbf{k}$; $t_1=\pi$

26. $\mathbf{r}(t)=\sin 2t\mathbf{i}+\cos 3t\mathbf{j}+\cos 4t\mathbf{k}$; $t_1=\frac{\pi}{2}$

27. $\mathbf{r}(t)=\tan t\mathbf{i}+3e^t\mathbf{j}+\cos 4t\mathbf{k}$; $t_1=\frac{\pi}{4}$

28. $\mathbf{r}(t)=\left(\int_t^1 e^x dx\right)\mathbf{i}+\left(\int_t^\pi sin\ \pi\theta\ d\theta\right)\mathbf{j}+t^{2/3}\mathbf{k}$; $t_1=2$

29. $\mathbf{r}(t)=t\sin\pi t\mathbf{i}+t\cos\pi t\mathbf{j}+e^{-t}\mathbf{k}$; $t_1=2$

30. $\mathbf{r}(t)=\ln t\mathbf{i}+\ln t^2\mathbf{j}+\ln t^3\mathbf{k}$; $t_1=2$

31. 움직이는 입자의 속력이 상수이면, 가속도 벡터는 항상 속도 벡터와 수직임을 밝혀라.

32. $\|\mathbf{r}(t)\|$가 상수일 필요충분조건은 $\mathbf{r}(t)\cdot\mathbf{r}'(t)=0$임을 밝혀라.

문제 33~38에서 주어진 벡터 방정식을 가지는 곡선의 길이를 구하여라.

33. $\mathbf{r}(t)=t\mathbf{i}+\sin t\mathbf{j}+\cos t\mathbf{k}$; $0\le t\le 2$

34. $\mathbf{r}(t)=t\cos t\mathbf{i}+t\sin t\mathbf{j}+\sqrt{2}\,t\mathbf{k}$; $0\le t\le 2$

35. $\mathbf{r}(t)=\sqrt{6}\,t^2\mathbf{i}+\frac{2}{3}t^3\mathbf{j}+6t\mathbf{k}$; $3\le t\le 6$

36. $\mathbf{r}(t)=t^2\mathbf{i}-2t^3\mathbf{j}+6t^3\mathbf{k}$; $0\le t\le 1$

37. $\mathbf{r}(t)=t^3\mathbf{i}-2t^3\mathbf{j}+6t^3\mathbf{k}$; $0\le t\le 1$

38. $\mathbf{r}(t)=\sqrt{7}\,t^7\mathbf{i}-\sqrt{2}\,t^7\mathbf{j}+6t^7\mathbf{k}$; $0\le t\le 1$

문제 39, 40에서 $\mathbf{F}(t)=\mathbf{f}(u(t))$. $\mathbf{F}'(t)$를 t를 사용하여 나타내어라.

39. $\mathbf{f}(u)=\cos u\mathbf{i}+e^{3u}\mathbf{j}$ 그리고 $u(t)=3t^2-4$.

40. $\mathbf{f}(u)=u^2\mathbf{i}+\sin^2 u\mathbf{j}$ 그리고 $u(t)=\tan t$.

문제 41, 42에서 적분을 구하여라.

41. $\int_0^1(e^t\mathbf{i}+e^{-t}\mathbf{j})dt$

42. $\int_{-1}^1[(1+t)^{3/2}\mathbf{i}+(1-t)^{3/2}\mathbf{j}]dt$

43. 어떤 점이 원 $x^2+y^2=25$를 따라서 움직이는데, 각속도는 초속 6라디안으로 일정하며, (5, 0)에서 출발하였다. $\mathbf{r}(t)$,

$\mathbf{v}(t)$, $\|\mathbf{v}(t)\|$, $\mathbf{a}(t)$의 공식을 구하여라(예제 3 참조).

44. 어떤 입자의 운동이 $\mathbf{r}(t)=\sin t\mathbf{i}+\cos t\mathbf{j}+(t^2-3t+2)\mathbf{k}$로 주어져서, 나선을 따라서 움직인다. 여기서 $\mathbf{k}$ 성분은 지면에서의 높이를 미터 단위로 잰 것이며, $t\geq 0$.

(a) 입자가 아래로 움직이는 때가 있는가?

(b) 입자가 움직임을 멈추는 때가 있는가?

(c) 지면에서 12 미터 높은 위치에 도달한 때는?

(d) 지면에서 12 미터 높이에 있을 때 입자의 속도는?

(e) 지면에서 12 미터 높이에 도달한 순간, 입자가 나선을 떠나 접선을 따라서 움직인다고 하자. 그 경로를 나타내는 벡터를 제시하여라.

EXPL **45.** 태양계의 여러 곳에서, 위성이 행성 둘레를 돌며, 행성은 태양의 둘레를 돈다. 이 궤도들이 원에 매우 가까운 경우도 있다. 이 궤도들이 원이라 하고, 행성 궤도의 중심에 태양이 있고, 위성 궤도의 중심에 행성이 있다고 하자. 그리고 모든 운동은 하나의 xy평면에 놓여 있다고 하자. 행성이 태양의 둘레를 한 번 도는 동안, 위성은 행성의 둘레를 열 번 돈다고 하자.

(a) 위성 궤도의 반지름이 R_m이고, 행성 궤도의 반지름이 R_p라고 하자. 태양을 원점으로 한 위성의 운동을 다음과 같이 표현할 수 있음을 밝혀라.

$$x=R_p\cos t+R_m\cos 10t, \qquad y=R_p\sin t+R_m\sin 10t$$

(b) R_p, R_m을 적당히 잘 잡아서, 위성이 태양에 대해서 움직이지 않는 순간이 있도록 하여라. 그 순간의 t를 구하여라.

46. 태양 둘레의 지구의 궤도, 지구 둘레의 달의 궤도가 같은 평면에 놓여 있고, 원이라고 하자. 그러면 달의 움직임을 다음 식으로 나타낼 수 있다.

$$\mathbf{r}(t)=[93\cos(2\pi t)+0.24\cos(26\pi t)]\mathbf{i}+[93\sin(2\pi t)+0.24\sin(26\pi t)]\mathbf{j}$$

여기서 $\mathbf{r}(t)$는 백만 마일 단위로 잰 것이다.

(a) t의 단위는 무엇인가?

(b) 두 운동의 각각의 주기는?

(c) 태양에서 달까지의 최대 거리는?

(d) 태양에서 달까지의 최소 거리는?

(e) 태양에 대해서 달이 움직임을 멈추는 순간이 있는가?

(f) $t=1/2$인 순간 달의 속도, 속력, 가속도는?

47. 다음 "나선" 종류의 운동을 말로 설명하여라.

(a) $\mathbf{r}(t)=\sin t\mathbf{i}+\cos t\mathbf{j}+t\mathbf{k}$

(b) $\mathbf{r}(t)=\sin t^3\mathbf{i}+\cos t^3\mathbf{j}+t^3\mathbf{k}$

(c) $\mathbf{r}(t)=\sin(t^3+\pi)\mathbf{i}+t^3\mathbf{j}+\cos(t^3+\pi)\mathbf{k}$

(d) $\mathbf{r}(t)=t\sin t\mathbf{i}+t\cos t\mathbf{j}+t\mathbf{k}$

(e) $\mathbf{r}(t)=t^{-2}\sin t\mathbf{i}+t^{-2}\cos t\mathbf{j}+t\mathbf{k},\ t>0$

(f) $\mathbf{r}(t)=t^2\sin(\ln t)\mathbf{i}+\ln t\mathbf{j}+t^2\cos(\ln t)\mathbf{k},\ t>1$

EXPL **48.** 이 연습문제에서 혹성은 타원궤도를 따라 여행한다는 케플러의 제 1 법칙을 유도할 것이다. 기호를 먼저 정의한다. 태양을 원점에 두고 태양에 혹성이 가장 가깝게 접근하는 것(근일점)이 $t=0$에서 일어나며 양의 x축상이 되도록 한다. $\mathbf{r}(t)$를 위치벡터, $r(t)=\|\mathbf{r}(t)\|$를 시각 t에서 태양으로부터의 거리라 하자. 또한 $\theta(t)$를 벡터 $\mathbf{r}(t)$가 시간 t에서 양의 x축과 이루는 각이라 하자. 따라서 $(r(t), \theta(t))$는 혹성의 위치에 대한 극좌표 표현이다.

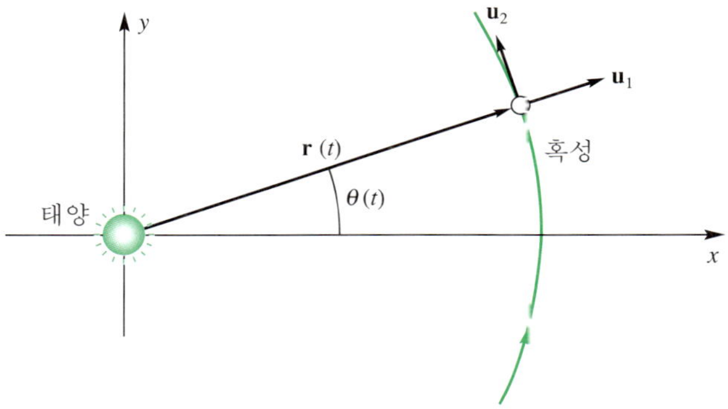

그림 12

$$\mathbf{u}_1=\frac{\mathbf{r}}{r}=(\cos\theta)\mathbf{i}+(\sin\theta)\mathbf{j},\ \mathbf{u}_2=(-\sin\theta)\mathbf{i}+(\cos\theta)\mathbf{j}$$

라 하자. 벡터 $\mathbf{u}_1$과 $\mathbf{u}_2$는 각각 r과 θ가 증가하는 방향을 가르키는 서로 수직인 단위벡터이다. 그림 12가 이러한 기호를 잘 알려주고 있다.

자주 t는 생략하기도 하지만 $\mathbf{r}$, θ, $\mathbf{u}_1$, $\mathbf{u}_2$가 모두 t의 함수라는 사실을 명심해야 한다. 프라임은 시각 t에 대한 미분을 나타낸다.

(a) $\mathbf{u}_1'=\theta'\mathbf{u}_2$, $\mathbf{u}_2'=-\theta'\mathbf{u}_1$임을 보여라.

(b) 속도벡터와 가속도벡터는 다음을 만족함을 보여라.

$$\mathbf{v}=r'\mathbf{u}_1+r\theta'\mathbf{u}_2$$
$$\mathbf{a}=(r''-r(\theta')^2)\mathbf{u}_1+(2r'\theta'+r\theta'')\mathbf{u}_2$$

(c) $\mathbf{a}$가 $\mathbf{u}_1$의 배수로서 나타내기 위해 혹성에 작용하는 유일한 힘은 태양의 인력이라는 것을 사용하여 어떻게 다음 사실을 이야기할 수 있는지 설명하여라.

$$r''-r(\theta')^2=\frac{-GM}{r^2}$$
$$2r'\theta'+r\theta''=0$$

(d) 예제 8에서 보였던 $\mathbf{r}\times\mathbf{r}'$이 상수벡터, 즉 D라는 것을 생각한다. (b)의 결과를 사용하여 $D=r^2\theta'k$임을 보여라.

(e) $r_0=r(0)$, $v_0=\|\mathbf{v}(0)\|$일 때, $t=0$을 대입하여 $D=r_0v_0k$를 얻는다. 그리고 모든 t에 대하여 $r^2\theta'=r_0v_0$임을

논하여라.

(f) $q=r'$을 대입하고 (e)의 결과를 사용하여 q에 관한 1차(비선형) 미분방정식

$$q\frac{dq}{dr}=\frac{r_0^2v_0^2}{r^3}-\frac{GM}{r^2}$$

을 얻는다.

(g) 윗 식의 양변에서 r에 관해 미분하고

$$q^2=2GM\left(\frac{1}{r}-\frac{1}{r_0}\right)+v_0^2\left(1-\frac{r_0^2}{r^2}\right)$$

을 얻기 위해 초기조건을 사용한다.

(h) $p=\frac{1}{r}$을 윗 식에 대입하여

$$\frac{r_0^2v_0^2}{(\theta')^2}\left(\frac{dp}{dt}\right)^2=2GM(p-p_0)+v_0^2\left(1-\frac{p^2}{p_0^2}\right)$$

을 얻는다.

(i) $$\left(\frac{dp}{d\theta}\right)^2=\left(p_0-\frac{p_0^2GM}{v_0^2}\right)^2-\left(p-\frac{p_0^2GM}{v_0^2}\right)^2$$

을 보여라.

(j) (i)로부터 다음을 얻을 수 있다.

$$\frac{dp}{d\theta}=\pm\sqrt{\left(p_0-\frac{p_0^2GM}{v_0^2}\right)^2-\left(p-\frac{p_0^2GM}{v_0^2}\right)^2}$$

이 경우 마이너스 부호가 정확한 부호임을 설명하여라.

(k) 변수분리하고 적분하면 다음을 얻는다.

$$\cos^{-1}\left(\frac{p-p_0^2GM/v_0^2}{p_0-p_0^2GM/v_0^2}\right)=\theta$$

(l) 마지막으로 θ의 함수로서 r을 얻는다.

$$r=\frac{r_0(1+e)}{1+e\cos\theta}$$

단, $e=\frac{r_0v_0^2}{GM}-1$은 이심률이다.

개념 복습 해답: **1.** 실변수의 벡터값 함수 **2.** f와 g가 c에서 연속, $f'(t)\mathbf{i}+g'(t)\mathbf{j}$ **3.** 위치벡터 **4.** $\mathbf{r}'(t)$, $\mathbf{r}''(t)$, 접하고, 오목한

11.6 3차원 공간상의 직선과 접선

선들 중에 가장 간단한 선은 직선이다. 직선은 한 점 P_0와 직선의 **방향벡터**라 부르는 한 벡터 $\mathbf{v}=a\mathbf{i}+b\mathbf{j}+c\mathbf{k}$에 의하여 결정된다. 이 직선은 벡터 $\overrightarrow{P_0P}$가 $\mathbf{v}$에 평행한 모든 점 P들의 집합이다. 즉, 어떤 실수 t가 있어서,

$$\overrightarrow{P_0P}=t\mathbf{v}$$

를 만족하는 점 P들의 집합이다(그림 1). $\mathbf{r}=\overrightarrow{OP}$와 $\mathbf{r}_0=\overrightarrow{OP_0}$이 P와 P_0의 위치벡터이면, $\overrightarrow{P_0P}=\mathbf{r}-\mathbf{r}_0$이며, 따라서 직선의 방정식은 다음과 같이 나타낼 수 있다.

$$\mathbf{r}=\mathbf{r}_0+t\mathbf{v}$$

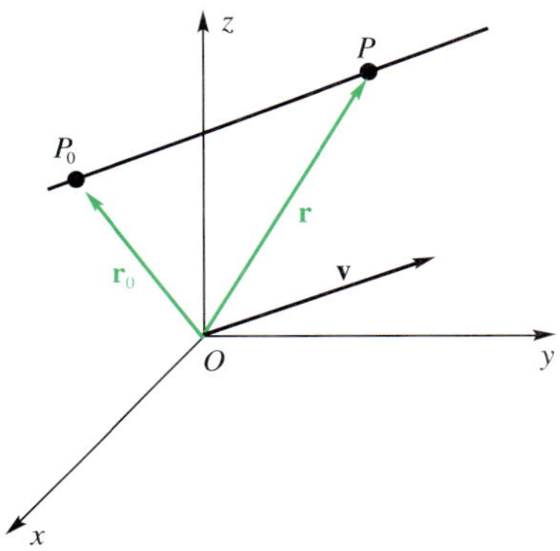

그림 1

$\mathbf{r}=\langle x, y, z\rangle$, $\mathbf{r}_0=\langle x_0, y_0, z_0\rangle$라 쓰고, 위의 방정식에서 성분들을 같다고 놓으면, 다음 식을 얻게 된다.

$$x=x_0+at, \qquad y=y_0+bt, \qquad z=z_0+ct$$

이 식은 점 (x_0, y_0, z_0)을 지나고 벡터 $\mathbf{v}=\langle a, b, c\rangle$에 평행한 직선의 매개변수 방정식이다. 수 a, b, c는 그 직선의 **방향수**(direction number)라고 부른다. 이들은 유일하지 않다. 0이 아닌 임의의 상수를 곱한 ka, kb, kc도 방향수이다.

예제 1 점 (3, −2, 4)와 (5, 6, −2)를 지나는 직선의 매개변수 방정식을 구하여라(그림 2 참조).

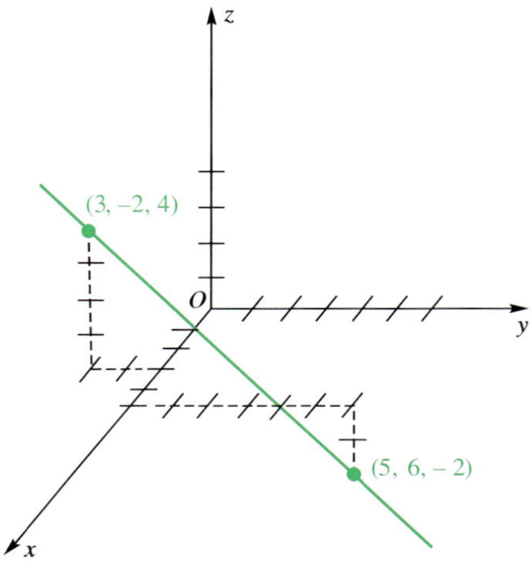

그림 2

풀이 주어진 직선에 평행한 벡터는

$$\mathbf{v} = \langle 5-3,\ 6+2,\ -2-4 \rangle = \langle 2,\ 8,\ -6 \rangle$$

여기서 (x_0, y_0, z_0)을 $(3, -2, 4)$로 택하면, 다음 매개변수 방정식을 얻게 된다.

$$x = 3+2t, \qquad y = -2+8t, \qquad z = 4-6t$$

$t=0$이면 점 $(3, -2, 4)$가 되고, $t=1$은 점 $(5, 6, -2)$가 됨을 주목하기 바란다. 사실, $0 \le t \le 1$은 두 점을 잇는 선분에 대응한다. ■

매개변수 방정식을 t에 대해서 풀고(a, b, c가 모두 0이 아닌 경우), 그 결과를 서로 같다고 놓으면, 점 (x_0, y_0, z_0)을 지나고 방향수가 a, b, c인 직선의 **대칭방정식**(symmetric equation)을 얻게 된다. 즉,

$$\boxed{\frac{x-x_0}{a} = \frac{y-y_0}{b} = \frac{z-z_0}{c}}$$

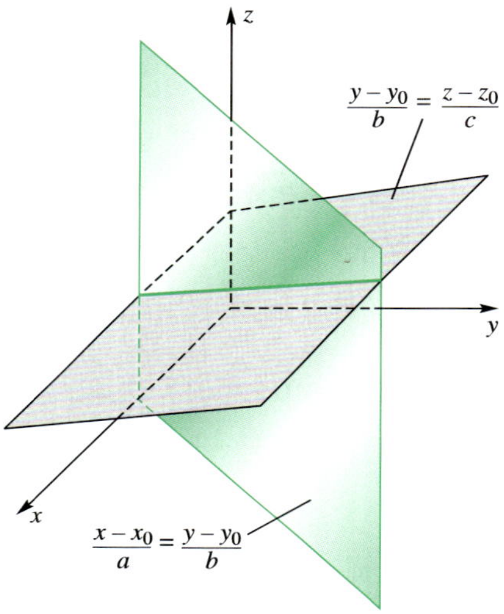

그림 3

이것은 다음 두 방정식을 결합한 것이다.

$$\frac{x-x_0}{a} = \frac{y-y_0}{b}, \qquad \frac{y-y_0}{b} = \frac{z-z_0}{c}$$

이들은 둘 다 평면의 방정식이다(그림 3). 물론, 두 평면의 교집합(교선)은 직선이 된다.

예제 2 벡터 $\langle 4, -3, 2 \rangle$와 평행하고 점 $(2, 5, -1)$을 지나는 직선의 대칭방정식을 구하여라.

풀이

$$\frac{x-2}{4} = \frac{y-5}{-3} = \frac{z+1}{2}$$ ■

예제 3 다음 두 평면이 만나는 교선의 대칭방정식을 구하여라.

$$2x-y-5z=-14, \qquad 4x+5y+4z=28$$

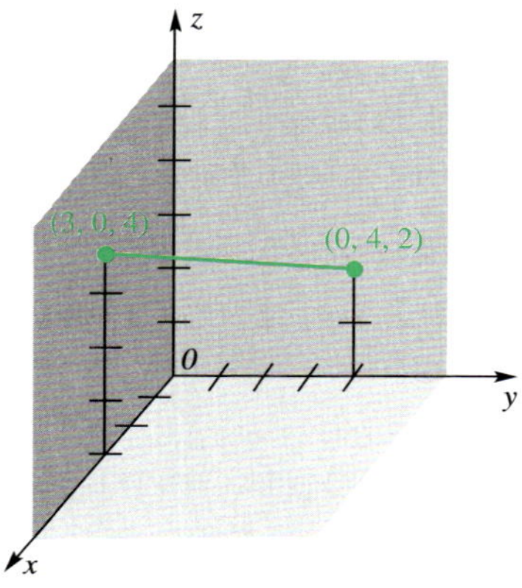

그림 4

풀이 우선 직선의 두 점을 잡아야 한다. 어떠한 두 점이든 상관이 없지만, 직선이 yz평면, xz평면을 뚫고 지나가는 점들을 잡도록 한다(그림 4). 전자의 점은 $x=0$이라 놓고, 그 결과로 나오는 방정식 $-y-5z=-14$와 $5y+4z=28$을 연립으로 풀면 된다. 그러면 점 $(0, 4, 2)$가 나온다. 다음에 후자의 점은 $y=0$이라 놓고 마찬가지로 풀어서, $(3, 0, 4)$를 얻을 수 있다. 따라서 구하는 직선과 평행한 벡터는

$$\langle 3-0,\ 0-4,\ 4-2 \rangle = \langle 3,\ -4,\ 2 \rangle$$

점 (3, 0, 4)를 (x_0, y_0, z_0)으로 사용하면, 다음 방정식을 얻게 된다.

$$\frac{x-3}{3}=\frac{y-0}{-4}=\frac{z-4}{2}$$

다른 방법으로 풀 수도 있다. 두 평면의 교선은 두 평면의 법선들과 수직임을 이용한다. 벡터 $\mathbf{u}=\langle 2, -1, -5\rangle$는 첫째 평면의 법선 벡터이고, 벡터 $\mathbf{v}=\langle 4, 5, 4\rangle$는 둘째 평면의 법선 벡터이다. 그런데

$$\mathbf{u}\times\mathbf{v}=\begin{vmatrix} \mathbf{i} & \mathbf{j} & \mathbf{k} \\ 2 & -1 & -5 \\ 4 & 5 & 4 \end{vmatrix}=21\mathbf{i}-28\mathbf{j}+14\mathbf{k}$$

이므로, 벡터 $\mathbf{w}=\langle 21, -28, 14\rangle$는 원하는 직선과 평행하다. 그러므로 벡터 $\frac{1}{7}\mathbf{w}=\langle 3, -4, 2\rangle$도 이 성질을 가진다. 그 다음, 교선에서 임의의 점을 찾아야 한다. 예를 들어 (3, 0, 4)를 잡아서, 앞에서와 같이 풀면 된다. ■

예제 4 점 (1, −2, 3)을 지나고, x축과 직선

$$\frac{x-4}{2}=\frac{y-3}{-1}=\frac{z}{5}$$

에 각각 수직인 직선의 매개방정식을 구하여라.

풀이 x축의 방향은 $\mathbf{u}=\langle 1, 0, 0\rangle$이고, 주어진 직선의 방향은 $\mathbf{v}=\langle 2, -1, 5\rangle$이다. $\mathbf{u}$와 $\mathbf{v}$에 각각 수직인 벡터는 다음과 같다.

$$\mathbf{u}\times\mathbf{v}=\begin{vmatrix} \mathbf{i} & \mathbf{j} & \mathbf{k} \\ 1 & 0 & 0 \\ 2 & -1 & 5 \end{vmatrix}=0\mathbf{i}-5\mathbf{j}-\mathbf{k}$$

그러므로 원하는 직선은 $\langle 0, -5, -1\rangle$과 평행하며, 또한 $\langle 0, 5, 1\rangle$과 평행하다. 그런데 첫째 방향수가 0이므로, 이 직선은 대칭방정식을 가지지 않으며, 이 직선의 매개변수 방정식은 다음과 같다.

$$x=1, \qquad y=-2+5t, \qquad z=3+t$$ ■

곡선의 접선 위치벡터

$$\mathbf{r}=\mathbf{r}(t)=f(t)\mathbf{i}+g(t)\mathbf{j}+h(t)\mathbf{k}=\langle f(t), g(t), h(t)\rangle$$

가 3차원 공간에서 곡선을 결정한다고 하자(그림 5). 곡선의 접선은 방향벡터

$$\mathbf{r}'(t)=f'(t)\mathbf{i}+g'(t)\mathbf{j}+h'(t)\mathbf{k}=\langle f'(t), g'(t), h'(t)\rangle$$

를 갖는다.

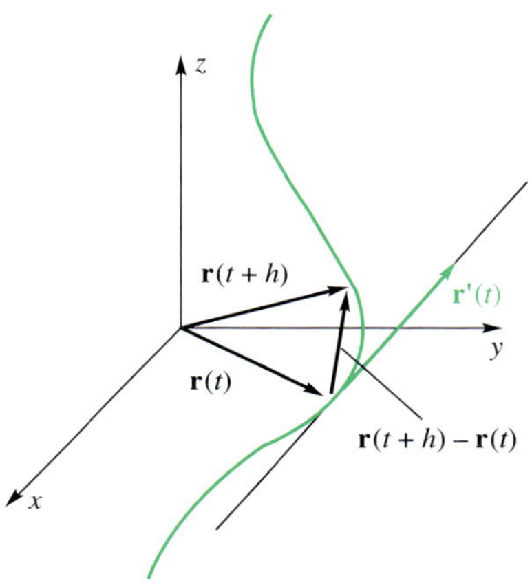

그림 5

예제 5 위치벡터

$$\mathbf{r}(t)=t\mathbf{i}+\frac{1}{2}t^2\mathbf{j}+\frac{1}{3}t^3\mathbf{k}$$

가 결정하는 곡선상의 점 $\left(2,\ 2,\ \frac{8}{3}\right)$에서의 접선의 대칭방정식과 매개방정식을 구하여라.

풀이

$$\mathbf{r}'(t) = \mathbf{i} + t\mathbf{j} + t^2\mathbf{k}$$

그리고 $\mathbf{r}(2) = 2\mathbf{i} + 2\mathbf{j} + \frac{8}{3}\mathbf{k}$에서,

$$\mathbf{r}'(2) = \mathbf{i} + 2\mathbf{j} + 4\mathbf{k}$$

이므로 접선의 방향은 $\langle 1,\ 2,\ 4\rangle$. 따라서 그 대칭방정식은 다음과 같다.

$$\frac{x-2}{1} = \frac{y-2}{2} = \frac{z-\frac{8}{3}}{4}$$

매개방정식은

$$x = 2 + t, \qquad y = 2 + 2t, \qquad z = \frac{8}{3} + 4t$$ ■

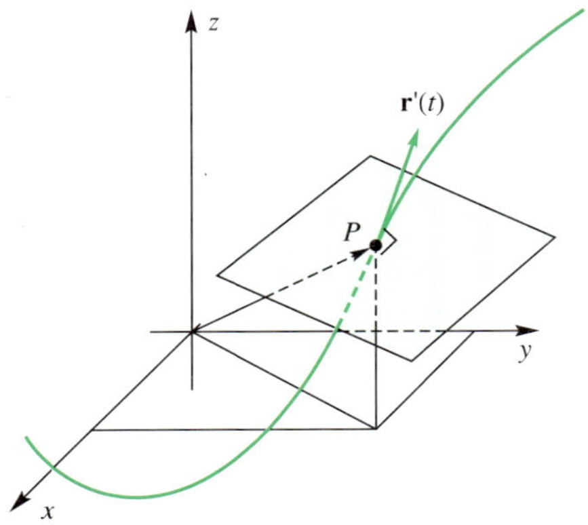

그림 6

주어진 점 P에서 매끄러운 곡선에 수직인 평면은 하나뿐이다. 점 P에서 곡선의 접선에 대한 방향벡터는 그 평면의 법선벡터이다(그림 6). 주어진 점과 함께 구하고자 하는 평면의 방정식을 얻을 수 있다.

예제 6 점 $P(2,\ 0,\ 8)$에서 곡선 $\mathbf{r}(t) = 2\cos\pi t\mathbf{i} + \sin\pi t\mathbf{j} + t^3\mathbf{k}$에 수직인 평면의 방정식을 구하여라.

풀이 첫째는 주어진 점에 해당하는 t의 값을 구하는 것이다. z-성분을 계산하면 $t^3 = 8$이므로 $t = 2$이다. 또한 $t = 2$로부터 점 P의 x, y-성분을 알 수 있다. $\mathbf{r}'(t) = -2\pi\sin\pi t\mathbf{i} + \pi\cos t\mathbf{j} + 3t^2\mathbf{k}$이므로, 점 P에서 접선에 대한 방향벡터는, 구하는 평면의 법선벡터이므로, $\mathbf{r}'(2) = \pi\mathbf{j} + 12\mathbf{k} = \langle 0,\ \pi,\ 12\rangle$이다. 따라서 평면의 방정식은

$$0x + \pi y + 12z = D$$

D를 결정하기 위하여, $x = 2$, $y = 0$, $z = 8$을 대입한다.

$$D = 0(2) + \pi(0) + 12(8) = 96$$

그러므로 구하는 평면의 방정식은 $\pi y + 12z = 96$ ■

개념 복습

1. 점 (1, −3, 2)를 지나고 벡터 ⟨4, −2, −1⟩에 평행한 직선의 매개변수 방정식은 $x=$______, $y=$______, $z=$______.

2. 문제 1의 직선의 대칭 방정식은 ______.

3. $\mathbf{r}(t)=t^2\mathbf{i}-3t\mathbf{j}+t^3\mathbf{k}$이면, $\mathbf{r}'(t)=$______.

4. 문제 3의 위치벡터 $\mathbf{r}(t)$가 결정하는 곡선의 $t=1$에서의 접선과 평행한 벡터는 ______. 접선의 대칭방정식은 ______.

연습문제 11.6

문제 1~4에서 주어진 두 점을 지나는 직선의 매개변수 방정식을 구하여라.

1. (1, −2, 3), (4, 5, 6)

2. (2, −1, −5), (7, −2, 3)

3. (4, 2, 3), (6, 2, −1)

4. (5, −3, −3), (5, 4, 2)

문제 5~8에서 주어진 점을 지나고 주어진 벡터와 평행한 직선의 매개변수 방정식, 대칭방정식을 제시하여라.

5. (4, 5, 6), ⟨3, 2, 1⟩

6. (−1, 3, −6), ⟨−2, 0, 5⟩

7. (1, 1, 1), ⟨−10, −100, −1000⟩

8. (−2, 2, −2), ⟨7, −6, 3⟩

문제 9~12에서 주어진 평면들의 교선의 대칭방정식을 구하여라.

9. $4x+3y-7z=1,\ 10x+6y-5z=10$

10. $x+y-z=2,\ 3x-2y+z=3$

11. $x+4y-2z=13,\ 2x-y-2z=5$

12. $x-3y+z=-1,\ 6x-5y+4z=9$

13. 점 (4, 0, 6)을 지나고 평면 $x-5y+2z=10$에 수직인 직선의 대칭방정식을 구하여라.

14. 점 (−5, 7, −2)를 지나고 두 벡터 ⟨2, 1, −3⟩, ⟨5, 4, −1⟩과 수직인 직선의 대칭방정식을 구하여라.

15. 점 (5, −3, 4)를 지나고 z축과 수직으로 교차하는 직선의 매개변수 방정식을 구하여라.

16. 점 (2, −4, 5)를 지나고, 평면 $3x+y-2z=5$와 평행하며, 직선

$$\frac{x+3}{2}=\frac{y-5}{3}=\frac{z-1}{-1}$$

과 수직인 직선의 대칭방정식을 구하여라.

17. 다음 두 개의 평행한 직선들을 포함하는 평면의 방정식을 구하여라.

$$\begin{cases} x=-2+2t \\ y=1+4t \\ z=2-t \end{cases} \quad \text{그리고} \quad \begin{cases} x=2-2t \\ y=3-4t \\ z=1+t \end{cases}$$

18. 다음 두 직선

$$\frac{x-1}{-4}=\frac{y-2}{3}=\frac{z-4}{-2}$$

그리고

$$\frac{x-2}{-1}=\frac{y-1}{1}=\frac{z+2}{6}$$

는 서로 만남을 보이고, 이들이 결정하는 평면의 방정식을 구하여라.

19. 직선 $x=1+2t,\ y=-1+3t,\ z=4+t$와 점 (1, −1, 5)를 포함하는 평면의 방정식을 구하여라.

20. 직선 $x=3t,\ y=1+t,\ z=2t$를 포함하고, 두 평면 $2x-y+z=0,\ y+z+1=0$의 교선과 평행한 평면의 방정식을 구하여라.

21. 서로 꼬여 있는(교차하지 않고 평행하지 않음) 직선 $x=2-t,\ y=3+4t,\ z=2t$와 직선 $x=-1+t,\ y=2,\ z=-1+2t$ 사이의 거리를 다음 단계를 밟아서 구하여라.

(a) $t=0$이라 놓으면, 점 (2, 3, 0)은 첫째 직선의 점임을 알 수 있다.

(b) 주어진 두 직선과 평행하고(즉, 법선이 두 직선과 수직임) 점 (2, 3, 0)을 지나는 평면 π의 방정식을 구하여라.

(c) 두 번째 직선의 점 Q를 구하여라.

(d) Q에서 평면 π까지의 거리를 구하여라(11.3절 예제 10 참조).

이 문제를 푸는 다른 방법이 문제 32에 나온다.

22. 서로 꼬여 있는 직선 $x=1+2t,\ y=-3+4t,\ z=-1-t$와 직선 $x=4-2t,\ y=1+3t,\ z=2t$ 사이의 거리를 구하여라(문제 21 참조).

23. 방정식

$$\mathbf{r}(t)=2\cos t\mathbf{i}+6\sin t\mathbf{j}+t\mathbf{k}$$

로 주어진 곡선의 $t=\pi/3$에서의 접선의 대칭방정식을 구하여라.

24. 곡선 $x=2t^2$, $y=4t$, $z=t^3$의 $t=1$에서의 접선의 매개변수 방정식을 구하여라.

25. $t=-1$에서 곡선 $x=3t$, $y=2t^2$, $z=t^5$과 수직인 평면의 방정식을 구하여라.

26. $t=\pi/2$에서 곡선

$$\mathbf{r}(t)=t\sin t\mathbf{i}+3t\mathbf{j}+2t\cos t\mathbf{k}$$

와 수직인 평면의 방정식을 구하여라.

27. 곡선

$$\mathbf{r}(t)=2t\mathbf{i}+\sqrt{7}\,t\mathbf{j}+\sqrt{9-7t-4t^2}\,\mathbf{k}\ \left(0\le t\le\frac{1}{2}\right)$$

에 대하여 다음에 답하여라.

(a) 곡선은 중심이 원점인 구면 위에 있음을 보여라.

(b) $t=1/4$일 때 접선이 xz평면과 어디에서 만나는가?

28. 곡선

$$\mathbf{r}(t)=\sin t\cos t\mathbf{i}+\sin^2 t\mathbf{j}+\cos t\mathbf{k}\ (0\le t\le 2\pi)$$

에 대하여 다음에 답하여라.

(a) 곡선은 중심이 원점인 구면 위에 있음을 보여라.

(b) $t=\pi/6$일 때 접선이 어디에서 xy평면과 만나는가?

29. 곡선

$$\mathbf{r}(t)=2t\mathbf{i}+t^2\mathbf{j}+(1-t^2)\mathbf{k}$$

에 대하여 다음에 답하여라.

(a) 곡선은 평면곡선임을 보이고 평면의 방정식을 구하여라.

(b) $t=2$일 때 접선이 어디에서 xy평면과 만나는가?

30. P를 법선 벡터가 $\mathbf{n}$인 평면상의 점, Q를 평면 밖의 점이라고 하자. 11.3절의 예제 10의 결과인, 점 Q와 평면사이의 거리 d는 다음과 같음을 보여라.

$$d=\frac{|\overrightarrow{PQ}\cdot\mathbf{n}|}{\|\mathbf{n}\|}$$

이 결과를 사용하여, 점 $(4,\ -2,\ 3)$에서 평면 $4x-4y+2z=2$까지의 거리를 구하여라.

31. 점에서 직선으로(Point to Line) 방향 벡터가 $\mathbf{n}$인 직선 위의 한 점이 P이고, Q는 그 직선에 놓여 있지 않은 점이라고 하자(그림 7). 점 Q에서 직선까지의 거리 d는 다음 식으로 주어짐을 밝혀라.

$$d=\frac{\|\overrightarrow{PQ}\times\mathbf{n}\|}{\|\mathbf{n}\|}$$

이 결과를 이용하여, (a)와 (b)의 거리를 구하여라.

(a) 점 $Q(1,\ 0,\ -4)$에서 직선 $\dfrac{x-3}{2}=\dfrac{y+2}{-2}=\dfrac{z-1}{1}$까지

(b) 점 $Q(2,\ -1,\ 3)$에서 직선 $x=1+2t$, $y=-1+3t$, $z=-6t$까지

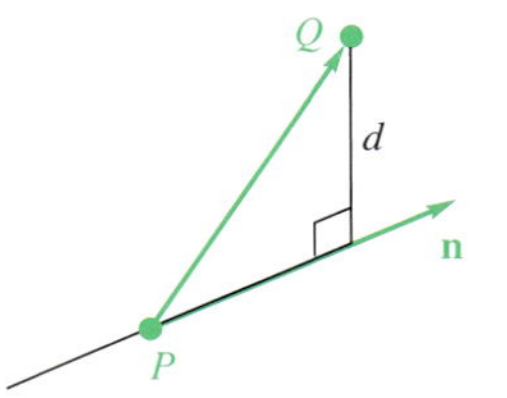

그림 7

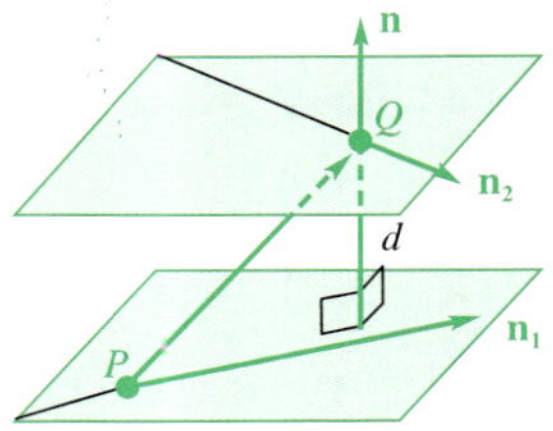

그림 8

32. 직선에서 직선으로(Line to Line) 방향 벡터가 $\mathbf{n}_1$, $\mathbf{n}_2$인, 서로 만나지 않고 꼬여 있는 직선들의 점들이 P, Q이고, $\mathbf{n}=\mathbf{n}_1\times\mathbf{n}_2$라 하자(그림 8). 이 두 직선들 사이의 거리 d는 다음 식으로 주어짐을 밝혀라.

$$d=\frac{|\overrightarrow{PQ}\cdot\mathbf{n}|}{\|\mathbf{n}\|}$$

이 결과를 이용하여, (a)와 (b)에 나오는 직선들 사이의 거리를 구하여라.

(a) $\dfrac{x-3}{1}=\dfrac{y+2}{1}=\dfrac{z-1}{2}$,

$\dfrac{x+4}{3}=\dfrac{y+5}{4}=\dfrac{z}{5}$

(b) $x=1+2t$, $y=-2+3t$, $z=-4t$ 그리고 $x=3t$, $y=1+t$, $z=-5t$

개념 복습 해답: **1.** $1+4t$; $-3-2t$; $2-t$

2. $\dfrac{x-1}{4}=\dfrac{y+3}{-2}=\dfrac{z-2}{-1}$ **3.** $2t\mathbf{i}-3\mathbf{j}+3t^2\mathbf{k}$

4. $\langle 2,\ -3,\ 3\rangle$; $\dfrac{x-1}{2}=\dfrac{y+3}{-3}=\dfrac{z-1}{3}$

11.7 곡률과 가속도성분

주어진 점에서 곡선이 얼마나 많이 휘어지는 정도를 나타내는 **곡률**(curvature)이라 부르는 수를 소개한다. 직선의 곡률은 0이고 많이 굽은 곡선은 곡률이 크다(그림 1).

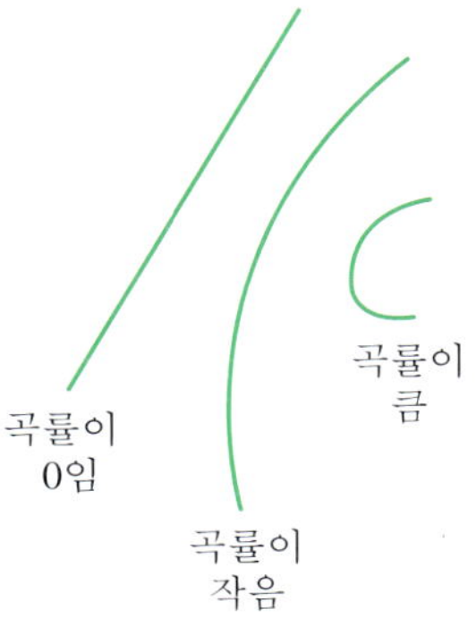

그림 1

$\mathbf{r}(t)=f(t)\mathbf{i}+g(t)\mathbf{j}+h(t)\mathbf{k}$를 시각 t에서 입자의 위치벡터라 하자. $\mathbf{r}'(t)$가 연속이고 영벡터가 아니라고 가정한다. 마지막 조건은 t가 증가할 때 호의 길이 $s(t)$는 증가한다는 사실을 말한다. 곡률을 측정하여 접선벡터가 얼마나 빠르게 변하는지를 알 수 있다. 접선벡터 $\mathbf{r}'(t)$ 보다는 단위접선벡터

$$\mathbf{T}(t)=\frac{\mathbf{r}'(t)}{\|\mathbf{r}'(t)\|}=\frac{\mathbf{v}(t)}{\|\mathbf{v}(t)\|}$$

를 진행할 것이다(그림 2).

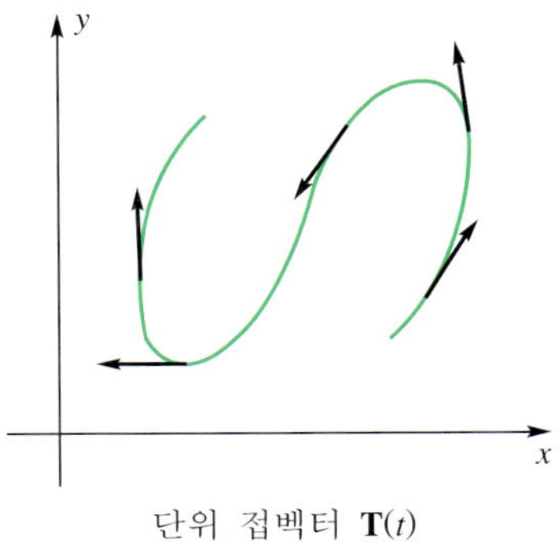

그림 2

곡률을 정의하기 위하여, 단위접선벡터의 변화율을 생각한다. 그림 3과 그림 4는 주어진 곡선에 대한 이 개념을 나타내고 있다. 시간 Δt에서 입자가 점 A에서 점 B까지 움직일 때(그림 3), 단위접선벡터는 아주 작게 변한다; 달리 말하면 $\mathbf{T}(t+\Delta t)-\mathbf{T}(t)$의 크기는 작다.

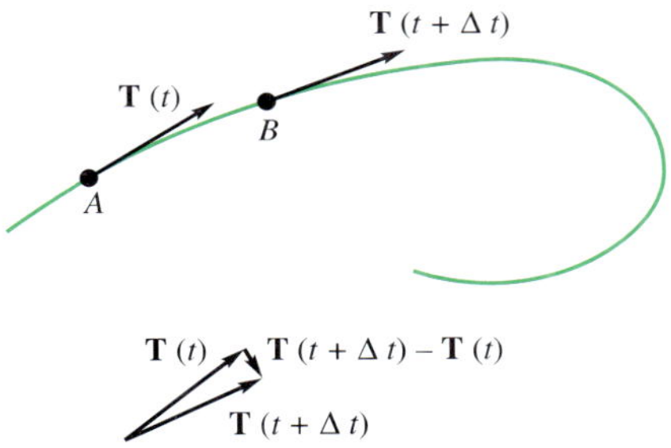

그림 3

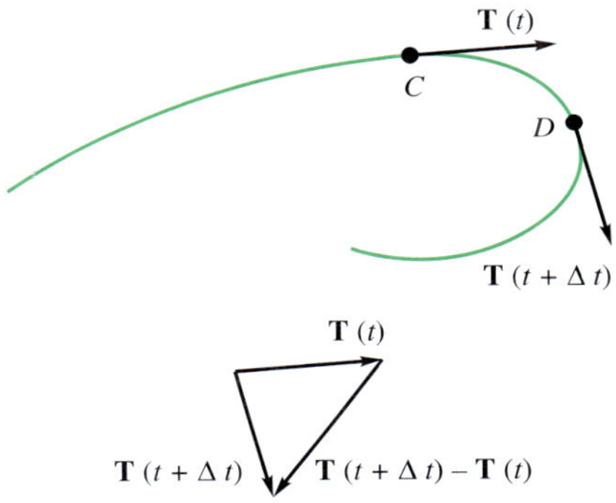

그림 4

반면에 입자가 C에서 D로 이동할 때(그림 4), 시간 Δt에서 단위접선벡터는 조금 더 많이 변했다; 달리 말하면 $\mathbf{T}(t+\Delta t)-\mathbf{T}(t)$의 크기는 크다. 따라서 곡률 κ를 호의 길이 s에 관한 단위접선벡터의 변화율로 정의한다. 즉,

$$\kappa=\left\|\frac{d\mathbf{T}}{ds}\right\|$$

입자가 얼마나 빠르게 곡선을 따라서 움직이는지가 아니라, 곡률이 곡선의 본질적 성질이기 때문에 t 보다는 호의 길이 s에 관하여 미분한다. (원운동을 생각하라; 원의 곡률은 입자가 곡선 둘레를 얼마나 빠르게 여행하는지에 의존하지 않는다.)

위에서 주어진 곡률의 정의는 특별한 곡선의 곡률을 실제로 계산하는데 도움이 되질 않는다. 활용이 편한 공식을 얻기 위해, 다음과 같이 진행한다. 11.5절에서 입자의 속력이

$$\text{속력}=\|\mathbf{v}(t)\|=\frac{ds}{dt}$$

임을 다루었다. t가 증가할 때 s도 증가하므로, 역함수정리(정리 6.2B)를 적용하면 $s(t)$의 역함수가 존재하고

$$\frac{dt}{ds}=\frac{1}{ds/dt}=\frac{1}{\|\mathbf{v}(t)\|}$$

가 성립한다. 이로부터 다음과 같이 나타낼 수 있다.

$$\kappa=\left\|\frac{d\mathbf{T}}{ds}\right\|=\left\|\frac{d\mathbf{T}}{dt}\frac{dt}{ds}\right\|=\left|\frac{dt}{ds}\right|\left\|\frac{d\mathbf{T}}{dt}\right\|=\frac{1}{\|\mathbf{v}(t)\|}\|\mathbf{T}'(t)\|=\frac{\|\mathbf{T}'(t)\|}{\|\mathbf{r}'(t)\|}$$

중요한 예제들 곡률의 정의가 민감하다는 것을 알 수 있도록 몇 가지 잘 알고 있는 곡선을 예로 든다.

예제 1 직선의 곡률은 항상 0임을 밝혀라.

풀이 직선에 대해 단위접선벡터는 상수이므로 도함수는 **0**이다. 그러나 벡터 방법을 보여주기 위하여 대수적 기법을 사용한다. 운동의 매개방정식이

$$x=x_0+at$$
$$y=y_0+bt$$
$$z=z_0+ct$$

인 직선을 따라 움직인다면, 위치벡터는 다음과 같이 나타낼 수 있다.

$$\mathbf{r}(t)=\langle x_0,\ y_0,\ z_0\rangle+t\langle a,\ b,\ c\rangle$$

따라서

$$\mathbf{v}(t)=\mathbf{r}'(t)=\langle a,\ b,\ c\rangle$$
$$\mathrm{T}(t)=\frac{\langle a,\ b,\ c\rangle}{\sqrt{a^2+b^2+c^2}}$$
$$\kappa=\frac{\|\mathbf{T}'(t)\|}{\|\mathbf{v}(t)\|}=\frac{\|\mathbf{0}\|}{\sqrt{a^2+b^2+c^2}}=0$$ ■

곡률

곡률은 비교적 간단한 개념이다. 그러나 곡률을 계산하기 위한 필요한 것은 때로는 길고 번거롭다.

예제 2 반지름이 a인 원의 곡률을 구하여라.

풀이 원이 xy평면에 있고 중심이 원점이라고 그러면 위치벡터는

$$\mathbf{r}(t)=a\cos t\mathbf{i}+a\sin t\mathbf{j}$$

따라서

$$\mathbf{v}(t)=\mathbf{r}'(t)=-a\sin t\mathbf{i}+a\cos t\mathbf{j}$$
$$\|\mathbf{v}(t)\|=\sqrt{a^2\sin^2 t+a^2\cos^2 t}=a$$
$$\mathbf{T}(t)=\frac{\mathbf{v}(t)}{\|\mathbf{v}(t)\|}=\frac{-a\sin t\mathbf{i}+a\cos t\mathbf{j}}{a}=-\sin t\mathbf{i}+\cos t\mathbf{j}$$
$$\kappa=\frac{\|\mathbf{T}'(t)\|}{\|\mathbf{v}(t)\|}=\frac{\|-\cos t\mathbf{i}-\sin t\mathbf{j}\|}{a}=\frac{1}{a}$$

원

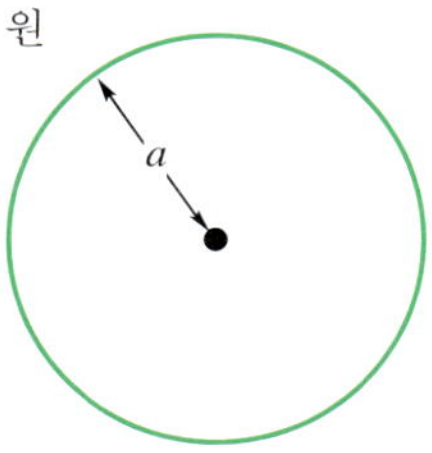

$\kappa=\frac{1}{a}$

그림 5

κ는 반지름의 역수이므로 작은 원은 곡률이 크고, 큰원은 곡률이 작다. 그림 5를 보아라. ■

> *극단적인 경우의 검토*
>
> 다시 한번, 극단적인 경우를 검토하는 것은 도움이 된다. $c=0$이면, 반지름이 a인 원에서의 운동이고, 곡률은 $a/(a^2+0^2)=1/a$인데, 이것은 반지름이 a인 원의 곡률이다. $c\to\infty$이면, 나선을 수직으로 펼치면 직선이 되고,
>
> $$\lim_{c\to\infty}\frac{a}{a^2+c^2}=0$$
>
> 인데, 이것은 직선의 곡률이다. 둘 다 결과가 기대한 것과 같다.

예제 3 나선 $\mathbf{r}(t)=a\cos t\mathbf{i}+a\sin t\mathbf{j}+ct\mathbf{k}$의 곡률을 구하여라.

풀이

$$\mathbf{v}(t)=\mathbf{r}'(t)=-a\sin t\mathbf{i}+a\cos t\mathbf{j}+c\mathbf{k}$$

$$\|\mathbf{v}(t)\|=\sqrt{a^2\sin^2 t+a^2\cos^2 t+c^2}=\sqrt{a^2+c^2}$$

$$\mathbf{T}(t)=\frac{\mathbf{v}(t)}{\|\mathbf{v}(t)\|}=\frac{-a\sin t\mathbf{i}+a\cos t\mathbf{j}+c\mathbf{k}}{\sqrt{a^2+c^2}}$$

$$\mathbf{T}'(t)=\frac{-a\cos t\mathbf{i}+a\sin t\mathbf{j}}{\sqrt{a^2+c^2}}$$

$$\kappa=\frac{\|\mathbf{T}'(t)\|}{\|\mathbf{v}(t)\|}=\frac{\|(-a\cos t\mathbf{i}-a\sin t\mathbf{j})/\sqrt{a^2+c^2}\|}{\sqrt{a^2+c^2}}=\frac{a}{a^2+c^2}$$ ■

지금까지 살펴본 세 곡선, 직선, 원, 나선은 모두 곡률이 상수이다. 이 현상은 특별한 곡선에 대해서만 일어난다. 일반적으로 곡률은 t에 관한 함수이다.

> *3차원 곡선의 곡률원*
>
> 곡률 반지름과 곡률원의 개념은 3차원 곡선으로 보다 일반적으로 적용할 수 있다. 곡률 반지름은 $R=1/\kappa$이지만 곡률원은 보다 포괄적인 개념이다. 곡률원은 전체가 접촉평면(osculating plane)안에 들어 있다. 평면곡선의 경우, 접촉평면은 곡선이 들어있는 평면이다.

평면곡선의 곡률 반경과 곡률 중심 P를 곡률이 영이 아닌 평면곡선(즉, 전체가 xy평면에 있는 곡선) 위의 점이라 하자. 점 P에서 곡선에 접하면서 곡률이 같은 원을 생각한다. 그 원의 중심은 곡선이 굽어있는 안쪽에 있을 것이다. 이 원을 **곡률원** 또는 **접촉원**이라 한다. 반지름 $R=1/\kappa$은 **곡률반경**이라 하고 중심을 **곡률 중심**이라 한다. (그림 6을 보아라.) 이들 기호는 다음 예제에서 보여줄 것이다.

예제 4 위치벡터

$$\mathbf{r}(t)=2t\mathbf{i}+t^2\mathbf{j}$$

가 지나가는 자취의 곡선상에 점 (0, 0), (2, 1)에서의 곡률과 곡률 반경을 구하여라.

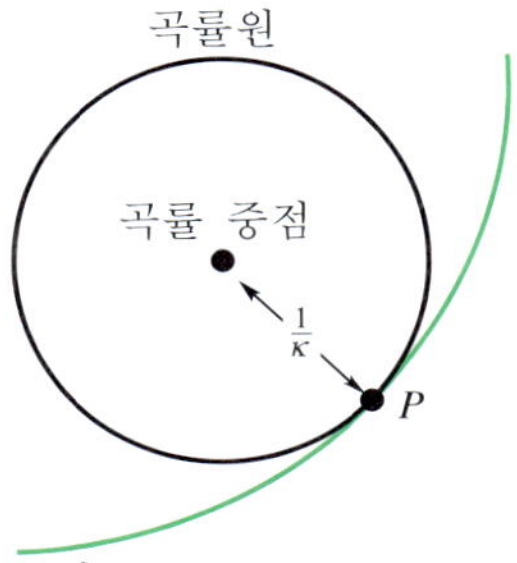

그림 6

풀이
$$\mathbf{v}(t)=\mathbf{r}'(t)=2\mathbf{i}+2t\mathbf{j}$$
$$\|\mathbf{v}(t)\|=\sqrt{2^2+(2t)^2}=2\sqrt{1+t^2}$$
$$\mathbf{T}(t)=\frac{\mathbf{v}(t)}{\|\mathbf{v}(t)\|}=\frac{2\mathbf{i}+2t\mathbf{j}}{2\sqrt{1+t^2}}=\frac{1}{\sqrt{1+t^2}}\mathbf{i}+\frac{t}{\sqrt{1+t^2}}\mathbf{j}$$
$$\mathbf{T}'(t)=-\frac{t}{(1+t^2)^{3/2}}\mathbf{i}+\frac{1}{(1+t^2)^{3/2}}\mathbf{j}$$
$$\kappa(t)=\frac{\|\mathbf{T}'(t)\|}{\|\mathbf{v}(t)\|}=\frac{\sqrt{\frac{t^2}{(1+t^2)^3}+\frac{1}{(1+t^2)^3}}}{2\sqrt{1+t^2}}=\frac{1}{2(1+t^2)^{3/2}}$$

점 (0, 0)과 (2, 1)은 각각 $t=0$, $t=1$일 때 지난다. 따라서 이 점들에서의 곡률은 다음과 같다.

$$\kappa(0)=\frac{1}{2(1+0^2)^{3/2}}=\frac{1}{2}$$
$$\kappa(1)=\frac{1}{2(1+1^2)^{3/2}}=\frac{\sqrt{2}}{8}$$

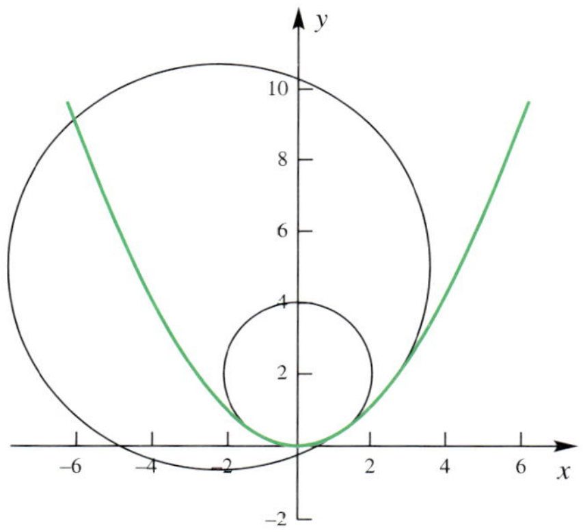

그림 7

따라서 곡률 반경은 각각 $1/\kappa(0)=2$, $1/\kappa(1)=8/\sqrt{2}=4\sqrt{2}$이다. 곡률원을 그림 7과 같다. ■

평면곡선의 곡률에 대한 다른 공식 ϕ를 $\mathbf{i}$에서 $\mathbf{T}$로 시계반대방향으로 잰 각(그림 8) 이라 하자. 그러면

$$\mathbf{T}=\cos\phi\mathbf{i}+\sin\phi\mathbf{j}.$$
$$\frac{d\mathbf{T}}{d\phi}=-\sin\phi\mathbf{i}+\cos\phi\mathbf{j}$$

이때 $d\mathbf{T}/d\phi$는 단위 벡터이고, $\mathbf{T}\cdot d\mathbf{T}/d\phi=0$이다. 더욱이 다음이 성립한다.

$$\kappa=\left\|\frac{d\mathbf{T}}{ds}\right\|=\left\|\frac{d\mathbf{T}}{d\phi}\frac{d\phi}{ds}\right\|=\left\|\frac{d\mathbf{T}}{d\phi}\right\|\left|\frac{d\phi}{ds}\right|=\left|\frac{d\phi}{ds}\right|$$

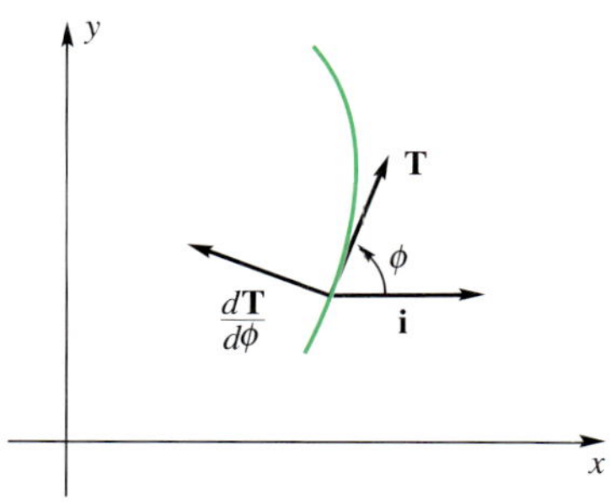

그림 8

κ에 관한 이 공식은 곡률을 직관적으로 이해하는데 도움을 주고(이것은 s에 관한 ϕ의 변화율을 잰다), 다음의 중요한 정리를 증명하는데 상당히 간단히 할 수 있도록 해 준다.

정리 A

벡터 방정식 $\mathbf{r}(t)=f(t)\mathbf{i}+g(t)\mathbf{j}$로 주어진 평면곡선 즉, 매개변수 방정식 $x=f(t)$, $y=g(t)$로 주어진 곡선을 생각한다. 그러면

$$\kappa=\frac{|x'y''-y'x''|}{[(x')^2+(y')^2]^{3/2}}$$

특히, 곡선이 $y=g(x)$의 그래프이면,

$$\kappa=\frac{|y''|}{[1+(y')^2]^{3/2}}$$

여기서, 첫째 식에 있는 프라임들은 t에 대한 미분을 나타내고, 둘째 식에서는 x에 대한 미분을 나타낸다.

증명 공식 $\kappa=|\mathbf{T}'(t)|/|\mathbf{r}'(t)|$로부터 κ를 계산할 수도 있는데, 이것을 연습문제 78로 남긴다. 이것은 미분과 대수적 연산을 다루는 좋은 연습과정이지만, 한편 복잡하고 어렵다. 지금 여기서는, 위에서 유도한 공식 $\kappa=|d\phi/ds|$를 사용한다. 그림 8로부터 다음을 알 수 있다.

$$\tan\phi=\frac{dy}{dx}=\frac{dy/dt}{dx/dt}=\frac{y'}{x'}$$

이 방정식의 양변을 t에 관해서 미분하면,

$$\sec^2\phi\frac{d\phi}{dt}=\frac{x'y''-y'x''}{(x')^2}$$

따라서

$$\frac{d\phi}{dt}=\frac{x'y''-y'x''}{(x')^2\sec^2\phi}=\frac{x'y''-y'x''}{(x')^2(1+\tan^2\phi)}$$
$$=\frac{x'y''-y'x''}{(x')^2(1+(y')^2/(x')^2)}=\frac{x'y''-y'x''}{(x')^2+(y')^2}$$

그런데

$$\kappa=\left|\frac{d\phi}{ds}\right|=\left|\frac{d\phi}{dt}\frac{dt}{ds}\right|=\left|\frac{d\phi/dt}{ds/dt}\right|=\frac{|d\phi/dt|}{[(x')^2+(y')^2]^{1/2}}$$

이 두 결과들을 결합하면, 다음을 얻게 된다.

$$\kappa=\frac{|x'y''-y'x''|}{[(x')^2+(y')^2]^{3/2}}$$

이것이 바로 이 정리의 첫째 식이다.

이 정리의 둘째 식을 얻으려면, $y=g(x)$를 이에 대응하는 매개변수 방정식 $x=t$, $y=g(t)$로 생각하면 된다. 그 결과 $x'=1$, $x''=0$. 그러면 이 결론이 나온다. ■

예제 5 다음 방정식은 타원을 나타낸다.

$$x=3\cos t, \qquad y=2\sin t$$

$t=0$과 $t=\pi/2$에 대응하는 점, 즉, (3, 0)과 (0, 2)에서의 곡률을 구하여라. 타원을 그리고, 대응하는 곡률원을 그려라.

풀이 주어진 방정식을 미분하면,

$$x'=-3\sin t, \qquad y'=2\cos t$$
$$x''=-3\cos t, \qquad y''=-2\sin t$$

따라서

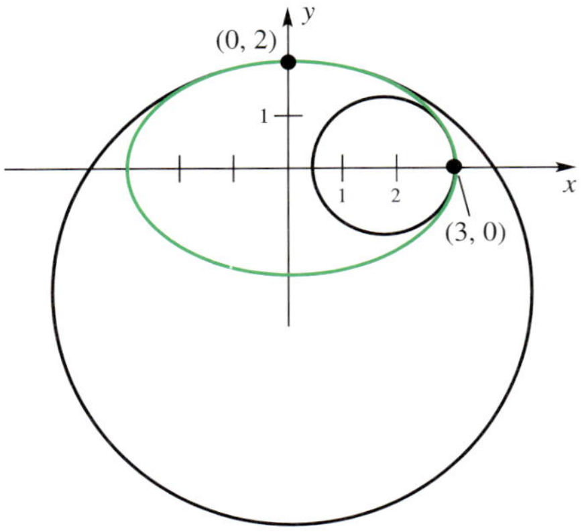

그림 9

$$\kappa=\kappa(t)=\frac{|x'y''-y'x''|}{[(x')^2+(y')^2]^{3/2}}=\frac{6\sin^2 t+6\cos^2 t}{[9\sin^2 t+4\cos^2 t]^{3/2}}$$

$$=\frac{6}{[5\sin^2 t+4]^{3/2}}$$

따라서

$$\kappa(0)=\frac{6}{4^{3/2}}=\frac{3}{4}$$

$$\kappa\left(\frac{\pi}{2}\right)=\frac{6}{9^{3/2}}=\frac{2}{9}$$

$\kappa(0)$은 $\kappa(\pi/2)$보다 더 큰데, 당연히 그래야 한다. 그림 9는 (3, 0)에서 반지름이 $\frac{4}{3}$인 곡률원과, (0, 2)에서 반지름이 $\frac{9}{2}$인 곡률원을 보여주고 있다. ■

예제 6 $x=\pi/3$에서 곡선 $y=\ln|\cos x|$의 곡률을 구하여라.

풀이 정리 A의 두 번째 공식을 사용한다. 여기서 프라임들은 x에 대한 미분하는 것을 나타낸다. $y'=\tan x$이고 $y''=\sec^2 x$이므로,

$$\kappa=\frac{\sec^2 x}{(1+\tan^2 x)^{3/2}}=\frac{\sec^2 x}{(\sec^2 x)^{\frac{3}{2}}}=|\cos x|$$

그러므로 $x=\pi/3$에서, $\kappa=\frac{1}{2}$. ■

가속도성분 위치벡터가 $\mathbf{r}(t)$인 곡선을 따르는 운동에 대하여 단위접선벡터는 $\mathbf{T}(t)=\mathbf{r}'(t)/\|\mathbf{r}'(t)\|$이다. 이 벡터는 모든 t에 대하여

$$\mathbf{T}(t)\cdot\mathbf{T}(t)=1$$

을 만족한다. 양변을 t로 미분하고, 좌변에 곱법칙을 적용하면 다음과 같다.

$$\mathbf{T}(t)\cdot\mathbf{T}'(t)+\mathbf{T}(t)\cdot\mathbf{T}'(t)=0$$

이것은 $\mathbf{T}(t)\cdot\mathbf{T}'(t)=0$이므로, $\mathbf{T}(t)$와 $\mathbf{T}'(t)$가 모든 t에 대하여 수직임을 의미한다. 일반적으로, $\mathbf{T}'$은 단위벡터가 아니므로 주단위법선벡터(principal unit normal vector)를 다음과 같이 정의한다.

$$\mathbf{N}(t)=\frac{\mathbf{T}'(t)}{\|\mathbf{T}'(t)\|}$$

지금 차를 타고 굽은 도로를 간다고 하자. 액셀레이터를 밟으면 반대쪽으로 쏠리는 현상을 느낄 것이다. 속도를 내면, 뒤로 밀리는 느낌을 받고, 왼쪽으로 회전하면 오른쪽으로 밀리는 느낌을 받는다. 이러한 두 종류의 가속도를 각각 가속도의 **접선성분**과 **법선성분**이라 한다.

여기서 밝히고자 하는 것은 가속도 벡터 $\mathbf{a}(t)=\mathbf{r}''(t)$를 단위접선벡터 $\mathbf{T}(t)$와 단위법선벡터 $\mathbf{N}(t)$로 나타내는 것이다. 특히

$$\mathbf{a}=a_T\mathbf{T}+a_N\mathbf{N}$$

을 만족하는 스칼라 a_T와 a_N을 찾는 것이다. 다음이 성립한다.

$$\mathbf{T}=\frac{\mathbf{v}}{\|\mathbf{v}\|}=\frac{\mathbf{v}}{ds/dt}$$

$$\mathbf{v}=\frac{ds}{dt}\mathbf{T}$$

양변을 t로 미분하고 곱법칙을 사용하면 다음을 얻는다.

$$\mathbf{v}'=\frac{ds}{dt}\mathbf{T}'+\mathbf{T}\frac{d^2s}{dt^2}$$

$\mathbf{a}=\mathbf{v}'$, $\mathbf{T}'=\|\mathbf{T}'\|\mathbf{N}$, $\|\mathbf{T}'\|=\kappa\, ds/dt$를 사용하면

$$\mathbf{a}=\frac{d^2s}{dt^2}\mathbf{T}+\frac{ds}{dt}\|\mathbf{T}'\|\mathbf{N}=\frac{d^2s}{dt^2}\mathbf{T}+\left(\frac{ds}{dt}\right)^2\kappa\mathbf{N}$$

따라서 가속도벡터의 접선성분과 법선성분은 다음과 같다.

$$a_T=\frac{d^2s}{dt^2}$$

$$a_N=\left(\frac{ds}{dt}\right)^2\kappa$$

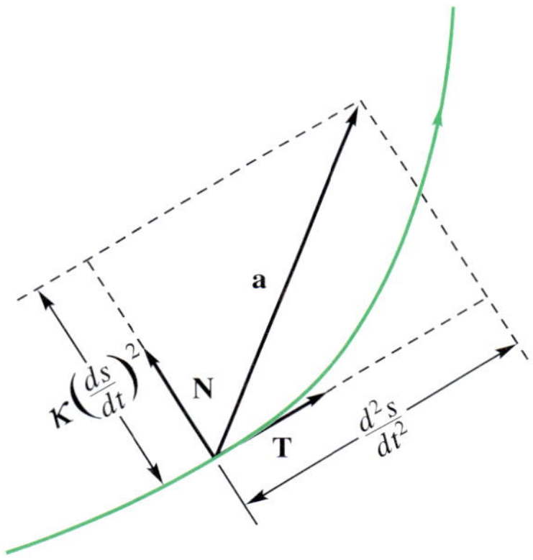

그림 10

이 결과는 물리학적 관점에서 의미가 있다. 직선도로를 달리면서 속도를 내면 $a_T=d^2s/dt^2>0$이고 $\kappa=0$이므로 $a_N=0$이다. 따라서 이 경우에 뒤로 밀리는 느낌만 받지 다른 쪽으로는 느낌이 없다. 반면에 일정한 속력(ds/dt가 상수)으로 곡선도로를 따라 달리면 $a_T=d^2s/dt^2=0$, $\kappa>0$이므로 a_N은 양이다. 끝으로 곡선도로를 달리면서 속도를 높이는 경우를 생각해 보자. 이 경우에는 a_T, a_N 둘 다 양수이고 $\mathbf{a}$는 그림 10처럼 앞으로 향하며 안쪽을 가리킨다. 그래서 뒤로 쏠리면서 동시에 오른쪽으로 밀리는 느낌을 받는다. a_N을 계산하기 위하여, 곡률 κ를 계산해야 한다. 그러나 $\mathbf{T}$와 $\mathbf{N}$이 수직이므로 이것은 피할 수 있다.

$$\|\mathbf{a}\|^2=a_T^2+a_N^2$$

따라서 다음을 얻는다.

$$a_N=\sqrt{\|\mathbf{a}\|^2-a_T^2}$$

$$\mathbf{N}=\frac{\mathbf{a}-a_T\mathbf{T}}{a_N}$$

이로부터 벡터 $\mathbf{N}$을 계산할 수 있다.

가속도성분의 벡터형식 가속도벡터의 성분에 관한 식을 위치벡터 $\mathbf{r}$로써 나타낼 수 있다. 관계식

$$\mathbf{a}=a_T\mathbf{T}+a_N\mathbf{N}$$

의 양변에 $\mathbf{T}$와 내적을 취하면

$$\mathbf{T}\cdot\mathbf{a}=\mathbf{T}\cdot(a_T\mathbf{T}+a_N\mathbf{N})=a_T\mathbf{T}\cdot\mathbf{T}+a_N\mathbf{T}\cdot\mathbf{N}=a_T(1)+a_N(0)=a_T$$

여기서, **T**는 단위벡터이고 **T**와 **N**이 서로 수직이란 사실을 이용하였다. 따라서

$$a_T=\mathbf{T}\cdot\mathbf{a}=\frac{\mathbf{r}'}{\|\mathbf{r}'\|}\cdot\mathbf{r}''=\frac{\mathbf{r}'\cdot\mathbf{r}''}{\|\mathbf{r}'\|}$$

이번에는 **T**와 외적을 취하여 a_N에 관한 비슷한 식을 얻을 수 있다.

$$\mathbf{T}\times\mathbf{a}=a_T\mathbf{T}\times\mathbf{T}+a_N\mathbf{T}\times\mathbf{N}=a_T\mathbf{0}+a_N(\mathbf{T}\times\mathbf{N})=a_N(\mathbf{T}\times\mathbf{N})$$

양변에 크기를 취하면

$$\|\mathbf{T}\times\mathbf{a}\|=|a_N|\,\|\mathbf{T}\times\mathbf{N}\|=a_N\|\mathbf{T}\|\|\mathbf{N}\|\sin\frac{\pi}{2}=a_N(1)(1)(1)=a_N$$

$a_N=(ds/dt)^2\kappa>0$이므로 a_N에 절댓값기호는 필요없다.

$$a_N=\|\mathbf{T}\times\mathbf{a}\|=\left\|\frac{\mathbf{r}'}{\|\mathbf{r}'\|}\times\mathbf{r}''\right\|=\frac{\|\mathbf{r}'\times\mathbf{r}''\|}{\|\mathbf{r}'\|}$$

끝으로 κ에 관한 식을 찾을 수 있다.

$$\kappa=\frac{a_N}{(ds/dt)^2}=\frac{\|\mathbf{r}'\times\mathbf{r}''\|/\|\mathbf{r}'\|}{\|\mathbf{r}'\|^2}=\frac{\|\mathbf{r}'\times\mathbf{r}''\|}{\|\mathbf{r}'\|^3}$$

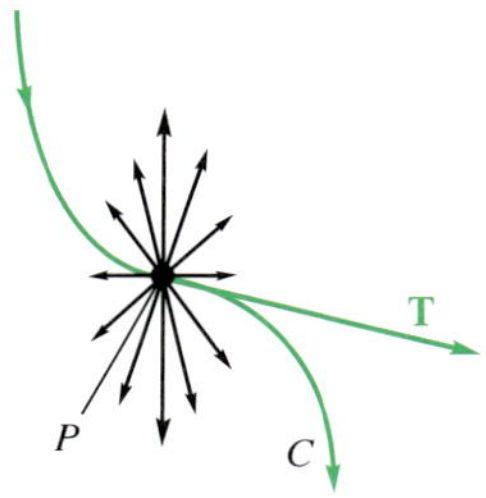

그림 11

종법선 곡선 C 위의 점 P에서 단위접선벡터 **T**에 대해, 점 P에서 **T**에 수직인 단위벡터는 무수히 많이 있다(그림 11). 그 중 하나인 $\mathbf{N}=\mathbf{T}'/\|\mathbf{T}'\|$을 주법선이라 한다. 이때 벡터

$$\mathbf{B}=\mathbf{T}\times\mathbf{N}$$

을 **종법선**(binormal)이라 한다. 이것도 역시 단위벡터이고 **T**와 **N**에 각각 수직이다. (왜?)

단위접선벡터 **T**, 주법선 **N**, 종법선 **B**가 점 P를 시점으로 가지면, 그들은 오른손 나사법칙을 따르고 점 P에서 **동삼면체좌표계**(trihedral)라 부르는 서로 수직인 단위벡터쌍이다(그림 12). 이 동삼면체좌표계는 미분기하학에서 매우 중요한 역할을 한다. **T**와 **N**이 이루는 평면을 점 P에서 **접촉평면**(osculating plane)이라 한다.

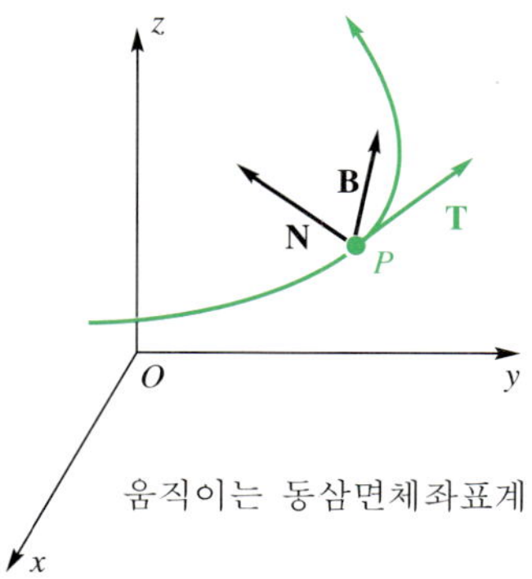

그림 12

예제 7 등속 원운동 $\mathbf{r}(t)=a\cos\omega t\mathbf{i}+a\sin\omega t\mathbf{j}$에 대한 **T**, **N**, **B**와 가속도벡터의 접선성분과 법선성분을 구하여라.

풀이

$$\mathbf{T}=\frac{\mathbf{r}'}{\|\mathbf{r}'\|}=\frac{-a\omega\sin\omega t\mathbf{i}+a\omega\cos\omega t\mathbf{j}}{\|-a\omega\sin\omega t\mathbf{i}+a\omega\cos\omega t\mathbf{j}\|}=-\sin\omega t\mathbf{i}+\cos\omega t\mathbf{j}$$

$$\mathbf{N}=\frac{\mathbf{T}'}{\|\mathbf{T}'\|}=\frac{-\omega\cos\omega t\mathbf{i}-\omega\sin\omega t\mathbf{j}}{\|-\omega\cos\omega t\mathbf{i}-\omega\sin\omega t\mathbf{j}\|}=-\cos\omega t\mathbf{i}-\sin\omega t\mathbf{j}$$

$$\mathbf{B}=\mathbf{T}\times\mathbf{N}=\begin{vmatrix}\mathbf{i} & \mathbf{j} & \mathbf{k}\\ -\sin\omega t & \cos\omega t & 0\\ -\cos\omega t & -\sin\omega t & 0\end{vmatrix}=\mathbf{k}$$

$$a_T=\frac{\mathbf{r}'\cdot\mathbf{r}''}{\|\mathbf{r}'\|}=\frac{(-a\omega\sin\omega t\mathbf{i}+a\omega\cos\omega t\mathbf{j})\cdot(-a\omega^2\cos\omega t\mathbf{i}-a\omega^2\sin\omega t\mathbf{j})}{a\omega}=0$$

$$\mathbf{r}'\times\mathbf{r}''=\begin{vmatrix}\mathbf{i} & \mathbf{j} & \mathbf{k}\\ -a\omega\sin\omega t & a\omega\cos\omega t & 0\\ -a\omega^2\cos\omega t & -a\omega^2\sin\omega t & 0\end{vmatrix}=a^2\omega^3\mathbf{k}$$

$$a_N=\frac{\|\mathbf{r}'\times\mathbf{r}''\|}{\|\mathbf{r}'\|}=\frac{a^2\omega^3}{a\omega}=a\omega^2$$

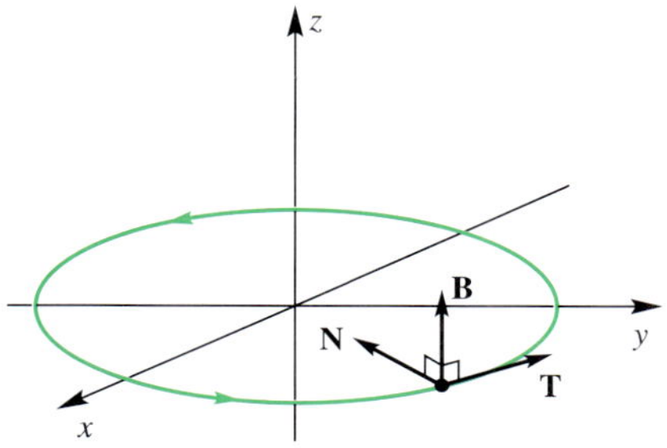

그림 13

가속도의 접선성분은 영이다. 왜냐하면, 입자가 등속운동을 하기 때문이다. 법선성분은 가속도벡터의 크기와 같다. 벡터 **T**, **N**, **B**는 그림 13과 같다. ■

예제 8 곡선운동

$$\mathbf{r}(t)=t\mathbf{i}+t^2\mathbf{j}+\frac{1}{3}t^3\mathbf{k}$$

에 대하여 점 $\left(1,\ 1,\ \frac{1}{3}\right)$에서 **T**, **N**, **B**, a_T, a_N, κ를 구하여라.

풀이

$$\mathbf{r}'(t)=\mathbf{i}+2t\mathbf{j}+t^2\mathbf{k}$$
$$\mathbf{r}''(t)=2\mathbf{j}+2t\mathbf{k}$$

점 $\left(1,\ 1,\ \frac{1}{3}\right)$은 $t=1$에서 일어나므로

$$\mathbf{r}'=\mathbf{i}+2\mathbf{j}+\mathbf{k}$$
$$\mathbf{r}''=2\mathbf{j}+2\mathbf{k}$$
$$\mathbf{T}=\frac{\mathbf{r}'}{\|\mathbf{r}'\|}=\frac{\mathbf{i}+2\mathbf{j}+\mathbf{k}}{\sqrt{6}}$$
$$a_T=\frac{\mathbf{r}'\cdot\mathbf{r}''}{\|\mathbf{r}'\|}=\frac{6}{\sqrt{6}}$$
$$a_N=\frac{\|\mathbf{r}'\times\mathbf{r}''\|}{\|\mathbf{r}'\|}=\frac{1}{\sqrt{6}}\left\|\begin{vmatrix}\mathbf{i} & \mathbf{j} & \mathbf{k}\\ 1 & 2 & 1\\ 0 & 2 & 2\end{vmatrix}\right\|=\frac{1}{\sqrt{6}}\|2\mathbf{i}-2\mathbf{j}+2\mathbf{k}\|=\sqrt{2}$$
$$\mathbf{N}=\frac{\mathbf{a}-a_T\mathbf{T}}{a_N}=\frac{(2\mathbf{j}+2\mathbf{k})-(\mathbf{i}+2\mathbf{j}+\mathbf{k})}{\sqrt{2}}=\frac{-\mathbf{i}+\mathbf{k}}{\sqrt{2}}$$
$$\mathbf{B}=\mathbf{T}\times\mathbf{N}=\begin{vmatrix}\mathbf{i} & \mathbf{j} & \mathbf{k}\\ 1/\sqrt{6} & 2/\sqrt{6} & 1/\sqrt{6}\\ -1/\sqrt{2} & 0 & 1/\sqrt{2}\end{vmatrix}=\frac{1}{\sqrt{3}}\mathbf{i}-\frac{1}{\sqrt{3}}\mathbf{j}+\frac{1}{\sqrt{3}}\mathbf{k}$$
$$\kappa=\frac{\|\mathbf{r}'\times\mathbf{r}''\|}{\|\mathbf{r}'\|^3}=\frac{a_N}{\|\mathbf{r}'\|^2}=\frac{\sqrt{2}}{6}$$

■

개념 복습

1. 곡률은 ______ 벡터의 크기로 정의한다.

2. 반지름이 a인 원의 곡률은 상수로서 $\kappa=$______; 직선의 곡률은 ______이다.

3. 가속도벡터 $\mathbf{a}$는 $\mathbf{a}=$______$\mathbf{T}+$______$\mathbf{N}$으로 나타낼 수 있다.

4. 평면에서의 등속 원운동에 대하여, 가속도벡터의 접선성분은 ______이다.

연습문제 11.7

문제 1~6에서 주어진 t에 관한 정의구역에서 곡선을 그리고, $t=t_1$인 점에서 $\mathbf{v}$, $\mathbf{a}$, $\mathbf{T}$, κ를 구하여라.

1. $\mathbf{r}(t)=t\mathbf{i}+t^2\mathbf{j};\ 0\leq t\leq 2;\ t_1=1$

2. $\mathbf{r}(t)=t^2\mathbf{i}+(2t+1)\mathbf{j};\ 0\leq t\leq 2;\ t_1=1$

3. $\mathbf{r}(t)=t\mathbf{i}+2\cos t\mathbf{j}+2\sin t\mathbf{k};\ 0\leq t\leq 4\pi;\ t_1=\pi$

4. $\mathbf{r}(t)=5\cos t\mathbf{i}-2t\mathbf{j}+5\sin t\mathbf{k};\ 0\leq t\leq 4\pi;\ t_1=\pi$

5. $\mathbf{r}(t)=\frac{t^2}{8}\mathbf{i}+5\cos t\mathbf{j}+5\sin t\mathbf{k};\ 0\leq t\leq 4\pi;\ t_1=\pi$

6. $\mathbf{r}(t)=\frac{t^2}{4}\mathbf{i}+2\cos t\mathbf{j}+2\sin t\mathbf{k};\ 0\leq t\leq 4\pi;\ t_1=\pi$

문제 7~14에서, $t=t_1$인 점에서 단위접선벡터 $\mathbf{T}(t)$, 곡률 $\kappa(t)$를 구하여라. κ를 계산할 때 예제 5처럼 정리 A를 사용하여라.

7. $\mathbf{u}(t)=4t^2\mathbf{i}+4t\mathbf{j};\ t_1=\frac{1}{2}$

8. $\mathbf{r}(t)=\frac{1}{3}t^3\mathbf{i}+\frac{1}{2}t^2\mathbf{j};\ t_1=1$

9. $\mathbf{z}(t)=3\cos t\mathbf{i}+4\sin t\mathbf{j};\ t_1=\frac{\pi}{4}$

10. $\mathbf{r}(t)=e^t\mathbf{i}+e^t\mathbf{j};\ t_1=\ln 2$

11. $x(t)=1-t^2,\ y(t)=1-t^3;\ t_1=1$

12. $x(t)=\sinh t,\ y(t)=\cosh t;\ t_1=\ln 3$

13. $x(t)=e^{-t}\cos t,\ y(t)=e^{-t}\sin t;\ t_1=0$

14. $\mathbf{r}(t)=t\cos t\mathbf{i}+t\sin t\mathbf{j};\ t_1=1$

문제 15~26에서, xy평면 위에 곡선을 그려라. 그리고 주어진 점에서 곡률과 곡률 반경을 구하여라. 마지막으로 그 점에서 곡률원을 그려라. 도움말: 곡률에 관해서는 예제 6처럼 정리 A의 두번째 공식을 사용하여라.

15. $y=2x^2,\ (1,\ 2)$

16. $y=x(x-4)^2,\ (4,\ 0)$

17. $y=\sin x,\ \left(\frac{\pi}{4},\ \frac{\sqrt{2}}{2}\right)$

18. $y^2=x-1.\ (1,\ 0)$

19. $y^2-4x^2=20,\ (2,\ 6)$

20. $y^2-4x^2=20,\ (2,\ -6)$

21. $y=\cos 2x,\ \left(\frac{1}{6}\pi,\ \frac{1}{2}\right)$

22. $y=e^{-x^2},\ \left(1,\ \frac{1}{e}\right)$

23. $y=\tan x,\ \left(\frac{\pi}{4},\ 1\right)$

24. $y=\sqrt{x},\ (1,\ 1)$

25. $y=\sqrt[3]{x},\ (1,\ 1)$

26. $y=\tanh x,\ \left(\ln 2,\ \frac{3}{5}\right)$

문제 27~34에서, $t=t_1$인 점에서 곡률 κ, 단위접선벡터 $\mathbf{T}$, 단위법선벡터 $\mathbf{N}$, 종법선벡터 $\mathbf{B}$를 구하여라.

27. $\mathbf{r}(t)=\frac{1}{2}t^2\mathbf{i}+t\mathbf{j}+\frac{1}{3}t^3\mathbf{k};\ t_1=2$

28. $x=\sin 3t,\ y=\cos 3t,\ z=t,\ t_1=\pi/9$

29. $x=7\sin 3t,\ y=7\cos 3t,\ z=14t,\ t_1=\pi/3$

30. $\mathbf{r}(t)=\cos^3 t\mathbf{i}+\sin^3 t\mathbf{k};\ t_1=\pi/2$

31. $\mathbf{r}(t)=3\cosh(t/3)\mathbf{i}+t\mathbf{j};\ t_1=1$

32. $\mathbf{r}(t)=e^{7t}\cos 2t\mathbf{i}+e^{7t}\sin 2t\mathbf{j}+e^{7t}\mathbf{k};\ t_1=\pi/3$

33. $\mathbf{r}(t)=e^{-2t}\mathbf{i}+e^{2t}\mathbf{j}+2\sqrt{2}t\mathbf{k};\ t_1=0$

34. $x=\ln t,\ y=3t,\ z=t^2, t_1=2$

문제 35~40에서, 곡률이 최대가 되는 곡선의 점을 구하여라.

35. $y=\ln x$

36. $y=\sin x;\ -\pi\leq x\leq\pi$

37. $y=\cosh x$

38. $y=\sinh x$

39. $y=e^x$

40. $y=\ln\cos x;\ -\pi/2<x<\pi/2$

문제 41~52에서, t에서 가속도의 접선성분과 법선성분(a_T와 a_N)을 구하여라. 그 다음에 $t=t_1$에서 계산하여라. 예제 7, 8 참조.

41. $\mathbf{r}(t)=3t\mathbf{i}+3t^2\mathbf{j};\ t_1=\frac{1}{3}$

42. $\mathbf{r}(t)=t^2\mathbf{i}+t\mathbf{j};\ t_1=1$

43. $\mathbf{r}(t)=(2t+1)\mathbf{i}+(t^2-2)\mathbf{j};\ t_1=-1$

44. $\mathbf{r}(t)=a\cos t\mathbf{i}+a\sin t\mathbf{j};\ t_1=\dfrac{\pi}{6}$

45. $\mathbf{r}(t)=a\cosh t\mathbf{i}+a\sinh t\mathbf{j};\ t_1=\ln 3$

46. $x(t)=1+3t,\ y(t)=2-6t;\ t_1=2$

47. $\mathbf{r}(t)=(t+1)\mathbf{i}+3t\mathbf{j}+t^2\mathbf{k};\ t_1=1$

48. $x=t,\ y=t^2,\ z=t^3;\ t_1=2$

49. $x=e^{-t},\ y=2t,\ z=e^t;\ t_1=0$

50. $\mathbf{r}(t)=(t-2)^2\mathbf{i}-t^2\mathbf{j}+t\mathbf{k};\ t_1=2$

51. $\mathbf{r}(t)=\left(t-\frac{1}{3}t^3\right)\mathbf{i}-\left(t+\frac{1}{3}t^3\right)\mathbf{j}+t\mathbf{k};\ t_1=3$

52. $\mathbf{r}(t)=t\mathbf{i}+\frac{1}{3}t^3\mathbf{j}+t^{-t}\mathbf{k};\ t>0;\ t_1=1$

53. 어떤 입자의 위치벡터가 $\mathbf{r}=\sin t\mathbf{i}+\sin 2t\mathbf{j},\ 0\le t\le 2\pi$로 주어졌다. 그 궤적을 그려라(8자 모양의 도형이 생긴다). 가속도가 0인 곳은? 가속도벡터가 원점을 향하는 곳은?

54. 시간 $t\ge 0$일 때 입자의 위치 벡터가 다음과 같다.

$$\mathbf{r}(t)=(\cos t+t\sin t)\mathbf{i}+(\sin t-t\cos t)\mathbf{j}$$

(a) 속력은 $ds/dt=t$임을 밝혀라.

(b) $a_T=1$이고 $a_N=t$임을 밝혀라.

55. 어떤 입자가 모든 t에 대해서 $a_T=0$이면, 그 속력은 어떻게 되는가? 모든 t에 대해서 $a_N=0$이면, 그 곡률은 어떻게 되는가?

56. 타원

$$\mathbf{r}(t)=a\cos\omega t\mathbf{i}+b\sin\omega t\mathbf{j}$$

의 $\mathbf{N}$을 구하여라.

57. $\mathbf{r}(t)=\sin t\mathbf{i}+\cos t\mathbf{j}+(t^2-3t+2)\mathbf{k}$로 주어지는 나선을 따라서 움직이는 입자의 운동을 생각한다. 단, $\mathbf{k}$성분은 땅 위로의 높이(단위: 미터)를 말하고 $t\ge 0$이다. 만일 입자가 나선을 떠나 땅 위로 12미터 지점에서 나선의 접선을 따라 이동한다. 그 직선에 대한 방향벡터를 말하여라.

58. 어떤 물체가 곡선 $y=\sin 2x$를 따라서 움직인다. 계산을 전혀 하지 말고, 어디에서 $a_N=0$인지 구하여라.

59. 원 $x^2+y^2=400$을 따라서 반시계 방향으로 강아지가 달리고 있다. 점 $(-12, 16)$을 지나는 순간, 그 속력은 초속 10피트이고, 그 가속도는 초당 초속 5피트이다. 그 점에서의 가속도 벡터 $\mathbf{a}$를 먼저 $\mathbf{T}$와 $\mathbf{N}$을 사용하여 나타내고, 그 다음에 $\mathbf{i}$와 $\mathbf{j}$를 사용하여 나타내어라.

60. 어떤 물체가 포물선 $y=x^2$을 따라서 일정한 속력 4로 움직이고 있다. 점 (x, x^2)에서의 가속도 $\mathbf{a}$를 $\mathbf{T}$와 $\mathbf{N}$을 사용하여 나타내어라.

61. 자동차가 일정한 속력 $\mathbf{v}$로 평지의 굽은 길을 따라서 도는데, 그 길은 반지름 R인 원이라고 하자. 자동차가 바깥으로 미끄러지지 않으려면, 그 길이 자동차의 타이어에 가하는 수평 마찰력 F가 바깥으로 당기려는 원심력 이상이 되어야 한다. 힘 F는 $F=\mu mg$를 만족한다. 여기서 μ는 마찰 계수(coefficient of friction)이고, m은 자동차의 질량, g는 중력 가속도이다. 그러므로 $\mu mg\ge mv^2/R$. 그러면 그 속력을 넘어서면 미끄러지게 되는 한계 속력 v_R은

$$v_R=\sqrt{\mu gR}$$

임을 밝혀라. 이것을 사용하여, $R=400$피트, $\mu=0.4$인 굽은 길의 v_R을 구하여라. 중력 가속도는 $g=32$초당 초속 피트.

62. 문제 61의 자동차를 다시 생각한다. 길이 꽁꽁 얼어서 최악의 상태인데($\mu=0$), 그렇지만 수평면과 θ의 각으로 비스듬하게 되어 있다고 하자(그림 14). 길이 자동차에 가하는 힘을 $\mathbf{F}$라 하자. 그러면 한계 속력 v_R일 때, $mg=|\mathbf{F}|\cos\theta$, 그리고 $mv_R^2/R=\|\mathbf{F}\|\sin\theta$.

(a) $v_R=\sqrt{Rg\tan\theta}$임을 밝혀라.

(b) $R=400$피트, $\theta=10°$인 굽은 길의 v_R을 구하여라.

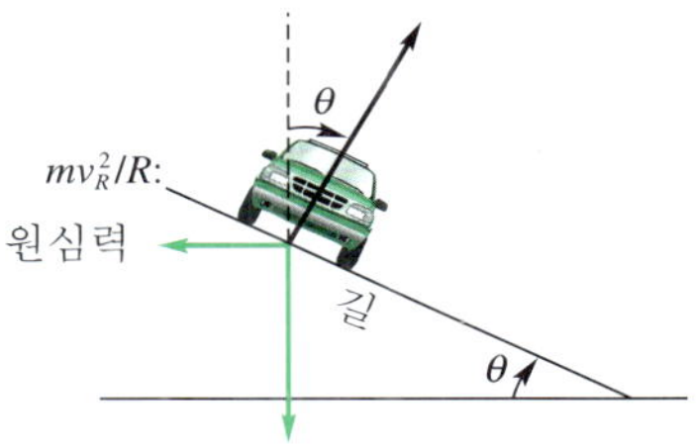

그림 14

63. ϕ가 $y=f(x)$의 그래프에 접선의 경사각일 때, 정리 A의 두번째 공식은 $\kappa=|y''\cos^3\phi|$로 나타낼 수 있음을 보여라.

64. 평면곡선에 관하여 $\mathbf{N}$은 곡선의 오목한 쪽을 향함을 밝혀라. 도움말: 한 가지 방법으로, 우선

$$\mathbf{N}=(-\sin\phi\mathbf{i}+\cos\phi\mathbf{j})\frac{d\phi/ds}{|d\phi/ds|}$$

임을 보이고, 그 다음에 $d\phi/ds>0$인 경우(곡선이 왼쪽으로 굽음)와 $d\phi/ds<0$인 경우(곡선이 오른쪽으로 굽음)를 생각하면 된다.

65. $\mathbf{N}=\mathbf{B}\times\mathbf{T}$를 증명하여라. $\mathbf{T}$를 $\mathbf{N}$과 $\mathbf{B}$로써 나타내어라.

66. 곡선

$$y=\begin{cases}0, & (x\le 0)\\ x^3, & (x>0)\end{cases}$$

은 모든 점에서 연속인 1차 도함수와 곡률을 가짐을 보여라.

EXPL **67.** 두 개의 수평 직선 사이에 매끄러운 추이함수(smooth transition)를 제공하는 다항식 $P_5(x)$에 의해 주어지는 곡선을 구하여라. 즉, $P_5(x)=a_0+a_1x+a_2x^2+a_3x^3+a_4x^4+a_5x^5$ 모양의 함수를 가정한다. 이것은 모든 x에 대하여 함수, 도함수, 곡률이 모두 연속으로 $x\leqq 0$일 때 $y=0$와 $x\geqq 1$일 때 $y=1$ 사이에서 매끄러운 추이함수를 제공한다.

$$y=\begin{cases}0, & (x\leq 0)\\ P_5(x), & (0<x<1)\\ 1, & (x\geq 1)\end{cases}$$

도움말: $P_5(x)$는 6가지 조건 $P_5(0)=0$, $P_5'(0)=0$, $P_5''(0)=0$, $P_5(1)=1$, $P_5'(1)=0$, $P_5''(1)=0$을 만족해야 한다. $a_0, \ldots, a_5$를 유일하게 결정하며 $P_5(x)$를 구하기 위하여 6가지 조건을 사용하여라.

68. $x\leqq 0$일 때 $y=0$와 $x\geqq 1$일 때 $y=x$ 사이에 매끄러운 추이함수를 제공하는 다항식 $P_5(x)$로 주어지는 곡선을 구하여라.

EXPL **69.** 극좌표의 곡률 공식

$$\kappa=\frac{|r^2+2(r')^2-rr''|}{(r^2+(r')^2)^{3/2}}$$

를 유도하여라. 여기서 프라임은 θ에 대한 미분이다.

문제 70~75에서 문제 69의 공식을 사용하여, 다음 곡선의 곡률 κ를 구하여라.

70. 원 $r=4\cos\theta$

71. 카디오이드 $r=1+\cos\theta$, $\theta=0$인 점

72. 나선 $r=\theta$, $\theta=1$인 점

73. $r=4(1+\cos\theta)$, $\theta=\pi/2$인 점

74. $r=e^{3\theta}$, $\theta=1$인 점

75. $r=4(1+\sin\theta)$, $\theta=\pi/2$인 점

76. 극좌표 곡선 $r=e^{6\theta}$의 곡률은 $1/r$에 비례함을 밝혀라.

77. 극좌표 곡선 $r^2=\cos 2\theta$의 곡률은 $r>0$인 경우 r에 비례함을 밝혀라.

78. 공식 $\kappa=\|\mathbf{T}'(t)\|/\|\mathbf{r}'(t)\|$를 갖고 시작하여, 정리 A의 첫째 공식을 유도하여라.

GC **79.** $x=4\cos t$, $y=3\sin(t+0.5)$, $0\leq t\leq 2\pi$의 그래프를 그려라. 그래프를 보고 최대 곡률과 최소 곡률을 추정하여라(곡률은 곡률 반경의 역수이다). 그 다음에 그래프 계산기 또는 컴퓨터 수학 소프트웨어를 사용하여, 이것들을 소수 네 자리까지 구하여라.

80. 단위 종법선벡터 $\mathbf{B}=\mathbf{T}\times\mathbf{N}$은 $\dfrac{d\mathbf{B}}{ds}$가 $\mathbf{B}$와 수직인 성질을 만족함을 보여라.

81. 단위 종법선벡터 $\mathbf{B}=\mathbf{T}\times\mathbf{N}$은 $\dfrac{d\mathbf{B}}{ds}$가 $\mathbf{T}$와 수직인 성질을 만족함을 보여라.

82. 문제 80, 81에서 얻은 결과를 사용하여 $\dfrac{d\mathbf{B}}{ds}$는 $\mathbf{N}$과 평행하고 따라서 $\dfrac{d\mathbf{B}}{ds}=-\tau(s)\mathbf{N}$을 만족하는 s에 의해 결정되는 수 τ가 존재함을 보여라. 함수 $\tau(s)$는 곡선의 꼬임률이라 하고 이것은 $\mathbf{T}$와 $\mathbf{N}$에 의하여 결정되는 평면으로부터 곡선의 뒤틀린 양을 잰다.

83. 평면곡선에 대하여 열률은 $\tau(s)=0$임을 보여라.

84. 직선 $\mathbf{r}(t)=\mathbf{r}_0+a_0t\mathbf{i}+b_0t\mathbf{j}+c_0t\mathbf{k}$에서 κ와 τ는 모두 영임을 보여라.

C **85.** 파리가 위치 벡터가 $\mathbf{r}(t)=6\cos\pi t\mathbf{i}+6\sin\pi t\mathbf{j}+2t\mathbf{k}$ $(t\geq 0)$인 나선을 따라서 기어간다. 어느 점에서 파리는 구면 $x^2+y^2+z^2=100$과 부딪히고 거기까지 도달하는데 얼마나 멀리 떨어져 있는가?($t=0$일 때 출발한다고 가정한다)

C **86.** 인간의 DNA는 2중 나선으로 각각 약 2.9×10^8번 회전을 하고 있다. 두 나선은 반지름이 약 10 옹스트롬이고 한 번 회전할 때 약 34 옹스트롬 위로 올라간다(1 옹스트롬은 10^{-8}cm). 나선의 총 길이는 얼마인가?

개념 복습 해답: **1.** $|d\mathbf{T}/ds|$ **2.** $1/a$; 0 **3.** (d^2s/dt^2); $(ds/dt)^2\kappa$ **4.** 0

11.8 3차원 공간의 곡면

변수가 세 개인 방정식은 대개의 경우 곡면이 된다. 앞에서 이미 두 개의 예를 다루었다. $Ax+By+Cz=D$의 그래프는 평면이며, $(x-h)^2+(y-k)^2+(z-l)^2=r^2$의 그래프는 구이다. 곡면을 그리는 일은 매우 어려울 수 있다. 적당하게 선택한 평면과 그 곡면의 교선을 먼저 구하는 것이 좋은 방법이다. 이 교선을 **절단면**이라 부르기도 한다(그림 1). 좌표평면과의 교선은 **자취**(trace)라고 부르기도 한다.

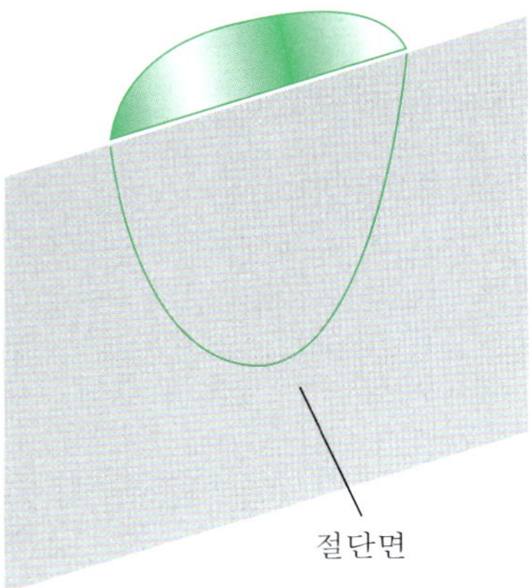

그림 1

예제 1 다음의 그래프를 그려라.

$$\frac{x^2}{16}+\frac{y^2}{25}+\frac{z^2}{9}=1$$

풀이 xy평면에서의 자취를 구하기 위해서, 주어진 방정식에서 $z=0$으로 놓는다. 그러면 얻게 되는 방정식

$$\frac{x^2}{16}+\frac{y^2}{25}=1$$

의 그래프는 타원이다. xz평면에서의 자취와 yz평면에서의 자취도 (각각 $y=0$, $x=0$이라 놓아서 구함) 타원이다. 그림 2에 이 세 자취들을 그려 놓았으며, 이 사실로부터 원하는 곡면의 생김새를 잘 알 수 있다(타원면이라 부름). ■

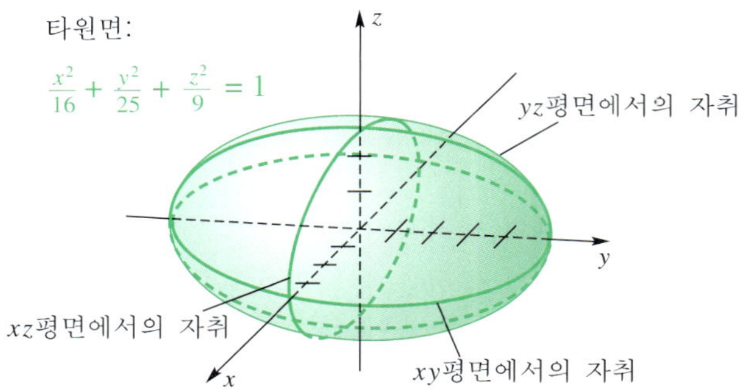

그림 2

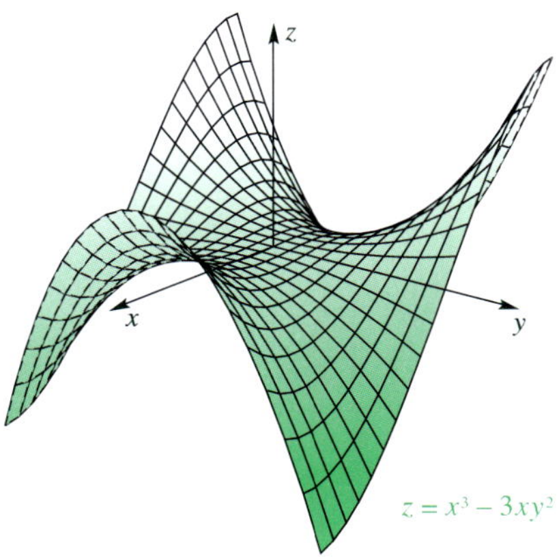

그림 3

곡면이 매우 복잡한 경우는, 좌표평면과 평행한 여러 개의 면들을 사용하여 절단면들을 제시해 놓으면 유용하다. 이 때 컴퓨터 그래픽이 매우 크게 도움이 된다. 그림 3은 컴퓨터를 사용하여 "원숭이 안장(monkey saddle)" $z=x^3-3xy^2$을 그려 놓은 것이다. 컴퓨터 그래픽으로 그린 그래프는 다음 장에서 상세하게 다루겠다.

기둥 직원기둥은 고등학교에서 이미 배웠다. 지금 여기서 기둥이라는 말은 훨씬 광범위한 곡면들을 나타낸다.

C는 평면곡선이고, l은 C와 교차하는 직선인데, C의 평면에 놓여 있지 않다고 하자. l과 평행하고 C와 교차하는 모든 직선들의 점들의 집합을 **기둥**

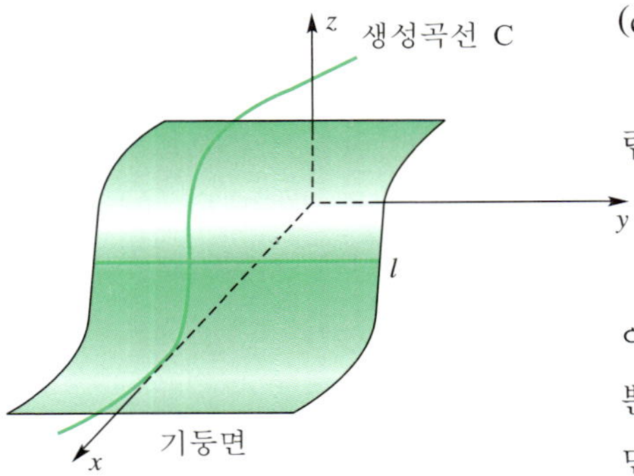

그림 4

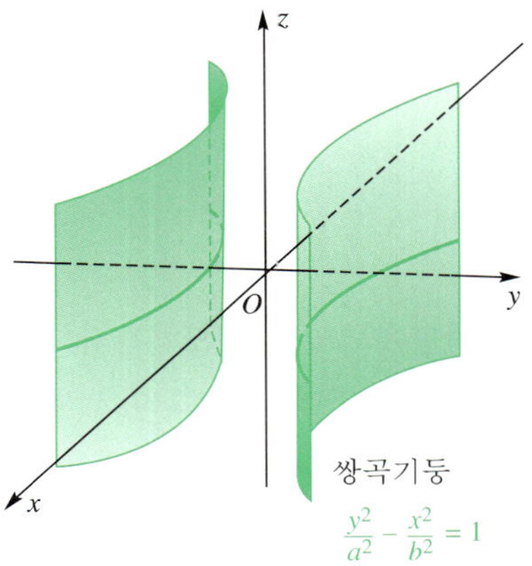

그림 5

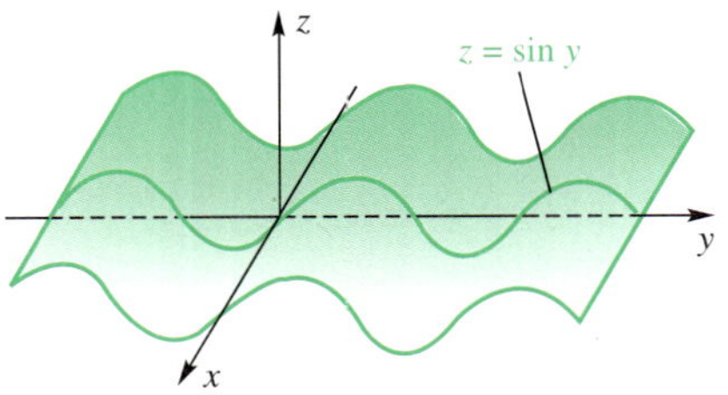

그림 6

(cylinder, 기둥면)이라고 부른다(그림 4).

두 개의 변수만을 가진 방정식의 그래프를 삼차원 공간에서 그리면, 자연스럽게 기둥(면)이 생긴다. 첫 번째 예로, 다음을 본다.

$$\frac{y^2}{a^2}-\frac{x^2}{b^2}=1$$

이 방정식에는 변수 z가 없다. 이 방정식은 xy평면에서 쌍곡선 C를 결정한다. 뿐만 아니라, $(x_1,\ y_1,\ 0)$이 이 방정식을 만족하면, $(x_1,\ y_1,\ z)$도 이 방정식을 만족한다. z가 모든 실수값을 가짐에 따라서, 점 $(x_1,\ y_1,\ z)$는 z축과 평행한 직선을 그리게 된다. 그러므로 주어진 방정식의 그래프는 기둥이다. 이것은 쌍곡기둥이다(그림 5).

두 번째 예는 $z=\sin y$의 그래프이다(그림 6).

이차곡면 어떤 곡면이 삼차원 공간에서 이차방정식의 그래프이면, 그것을 **이차곡면**(quadric surface)이라고 한다. 이차곡면의 평면과의 교선은 원뿔곡선이다.

일반적인 이차방정식의 형태는 다음과 같다.

$$Ax^2+By^2+Cz^2+Dxy+Exz+Fyz+Gx+Hy+Iz+J=0$$

임의의 이러한 방정식은 좌표축의 회전과 이동을 통해서, 다음 두 형태 중의 하나로 바꿀 수 있다.

$$Ax^2+By^2+Cz^2+J=0$$

또는

$$Ax^2+By^2+Iz=0$$

전자의 방정식이 나타내는 이차곡면은 좌표평면들과 원점에 대해서 대칭이다. 이러한 곡면을 **유심 이차곡면**(central quadric surface)이라 부른다.

그림 7에서 12에 이르기까지, 이차곡면의 여섯 가지 일반적인 유형을 소개해 놓았다. 이것들을 자세하게 공부하기 바란다. 그래프는 전문가가 그린 것이다. 학생 여러분들이 이렇게 잘 그릴 수는 없을 것이다. 여러분들은 다음 예제에 나오는 그림 13 정도로 그릴 줄 알면 된다.

이차곡면

타원면(ellipsoid): $\dfrac{x^2}{a^2}+\dfrac{y^2}{b^2}+\dfrac{z^2}{c^2}=1$

평면	교선
xy평면	타원
xz평면	타원
yz평면	타원
xy평면과 평행	타원, 점, 또는 공집합
xz평면과 평행	타원, 점, 또는 공집합
yz평면과 평행	타원, 점, 또는 공집합

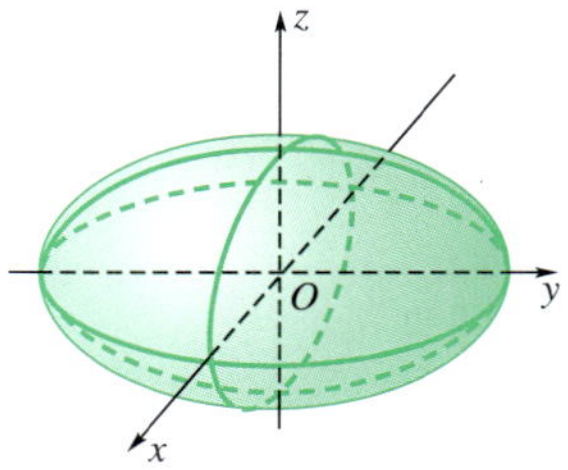

그림 7

1엽 쌍곡면(hyperboloid of one sheet): $\dfrac{x^2}{a^2}+\dfrac{y^2}{b^2}-\dfrac{z^2}{c^2}=1$

평면	교선
xy평면	타원
xz평면	쌍곡선
yz평면	쌍곡선
xy평면과 평행	타원
xz평면과 평행	쌍곡선
yz평면과 평행	쌍곡선

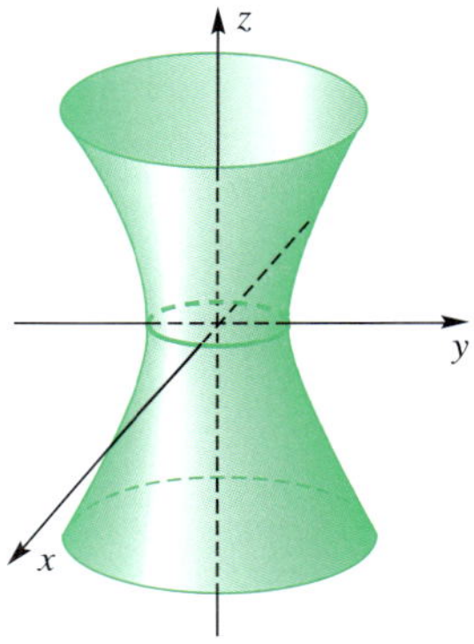

그림 8

2엽 쌍곡면(hyperboloid of two sheets): $\dfrac{x^2}{a^2}-\dfrac{y^2}{b^2}-\dfrac{z^2}{c^2}=1$

평면	교선
xy평면	쌍곡선
xz평면	쌍곡선
yz평면	공집합
xy평면과 평행	쌍곡선
xz평면과 평행	쌍곡선
yz평면과 평행	타원, 점, 또는 공집합

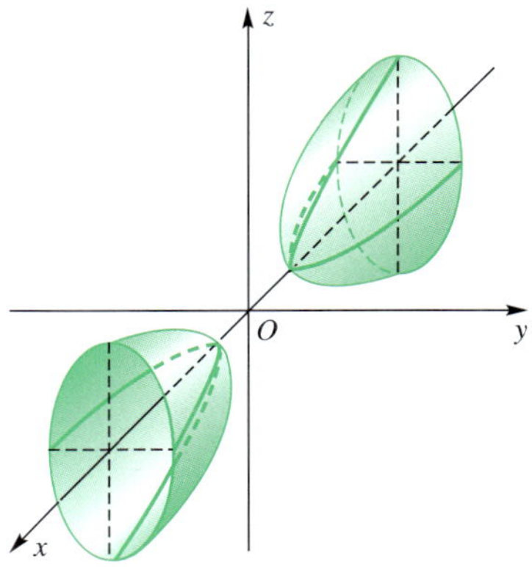

그림 9

이차곡면

타원포물면(elliptic paraboloid): $z=\frac{x^2}{a^2}+\frac{y^2}{b^2}$

평면	교선
xy평면	점
xz평면	포물선
yz평면	포물선
xy평면과 평행	타원, 점, 또는 공집합
xz평면과 평행	포물선
yz평면과 평행	포물선

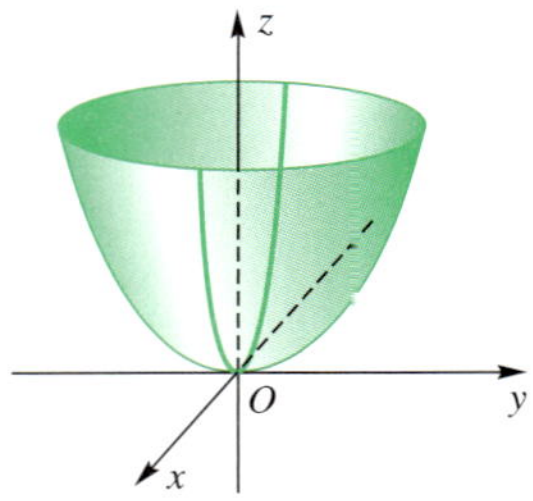

그림 10

쌍곡포물면(hyperbolic paraboloid): $z=\frac{y^2}{b^2}-\frac{x^2}{a^2}$

평면	교선
xy평면	교차하는 두 직선
xz평면	포물선
yz평면	포물선
xy평면과 평행	쌍곡선 또는 교차하는 두 직선
xz평면과 평행	포물선
yz평면과 평행	포물선

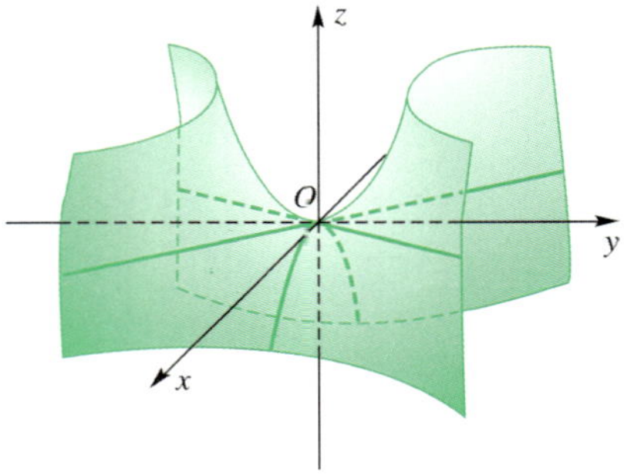

그림 11

타원뿔(elliptic cone): $\frac{x^2}{a^2}+\frac{y^2}{b^2}-\frac{z^2}{c^2}=0$

평면	교선
xy평면	점
xz평면	교차하는 두 직선
yz평면	교차하는 두 직선
xy평면과 평행	타원 또는 점
xz평면과 평행	쌍곡선 또는 교차하는 두 직선
yz평면과 평행	쌍곡선 또는 교차하는 두 직선

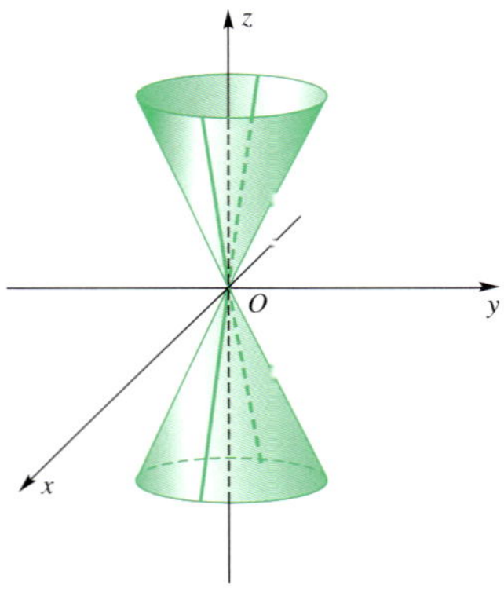

그림 12

예제 2 다음 방정식을 분석하고, 그래프를 그려라.

$$\frac{x^2}{4}+\frac{y^2}{9}-\frac{z^2}{16}=1$$

풀이 $z=0$, $y=0$, $x=0$으로 각각 놓아서, 세 좌표평면에서의 자취를 구할 수 있다.

$$xy\text{평면}: \frac{x^2}{4}+\frac{y^2}{9}=1, \text{ 타원}$$

$$xz\text{평면}: \frac{x^2}{4}-\frac{z^2}{16}=1, \text{ 쌍곡선}$$

$$yz\text{평면}: \frac{y^2}{9}-\frac{z^2}{16}=1, \text{ 쌍곡선}$$

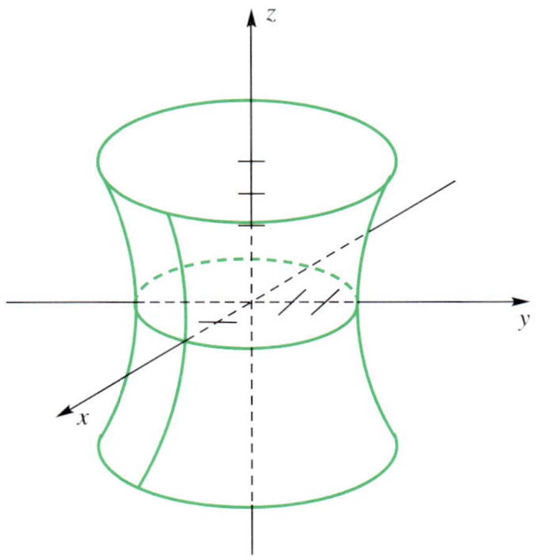

그림 13

그림 13에 이 자취들을 그려 놓았다. 그리고 평면 $z=4$, 평면 $z=-4$에서의 교선들도 그려 놓았다. 주어진 방정식에 $z=\pm4$로 놓으면, 방정식

$$\frac{x^2}{4}+\frac{y^2}{9}-\frac{16}{16}=1$$

을 얻게 됨을 주목하기 바란다. 이것은 방정식

$$\frac{x^2}{8}+\frac{y^2}{18}=1$$

과 같으며, 이것은 타원이다. ■

예제 3 다음 방정식의 그래프의 종류는?

(a) $4x^2+4y^2-25z^2+100=0$ (b) $y^2+z^2-12y=0$

(c) $x^2-z^2=0$ (d) $9x^2+4z^2-36y=0$

풀이

(a) 이 방정식의 양변을 -100으로 나누면,

$$-\frac{x^2}{25}-\frac{y^2}{25}+\frac{z^2}{4}=1$$

그래프는 2엽 쌍곡면이다. 이것은 xy평면과 교차하지 않는다. 그러나 xy평면과 평행한 (그리고 2 이상 떨어져 있는) 평면과의 교선은 원이다.

(b) 변수 x가 없으므로, 그래프는 x축과 평행한 기둥이다. 이 방정식은 $(y-6)^2+z^2=36$ 형태로 쓸 수 있으므로, 그래프는 원기둥이다.

(c) 변수 y가 없으므로, 그래프는 기둥이다. 주어진 방정식을 $(x-z)(x+z)=0$이라 쓸 수 있다. 그러므로 그래프는 두 개의 평면 $x=z$와 $x=-z$이다.

(d) 이 방정식은

$$\frac{x^2}{4}+\frac{z^2}{9}=y$$

라 쓸 수 있으며, 이것의 그래프는 타원포물면이다. 이것은 y축에 관해서 대칭이다. ■

개념 복습

1. 어떤 곡면과 좌표평면과의 교선을 ______라 부른다. 좀 더 일반적으로, 임의의 평면과의 교선을 ______이라 부른다.

2. 두 개의 변수만을 가지는 방정식은 삼차원 공간에서 ______이라 부르는 곡면을 그린다. 예를 들어 $x^2+y^2=1$의 그래프는 보통의 직원기둥이며, 그 축은 ______이다.

3. $3x^2+4y^2+4z^2$의 그래프는 ______이라 부르는 곡면이다.

4. $4z=x^2+2y^2$의 그래프는 ______이라 부르는 곡면이다.

연습문제 11.8

문제 1~20에서 다음 방정식의 삼차원 공간에서의 그래프가 어떤 종류인지 밝히고, 그래프를 그려라.

1. $4x^2+36y^2=144$
2. $y^2+z^2=15$
3. $3x+2z=10$
4. $z^2=3y$
5. $x^2+y^2-8x+4y+13=0$
6. $2x^2-16z^2=0$
7. $4x^2+9y^2+49z^2=1764$
8. $9x^2-y^2+9z^2-9=0$
9. $4x^2+16y^2-32z=0$
10. $-x^2+y^2+z^2=0$
11. $y=e^{2z}$
12. $6x-3y=\pi$
13. $x^2-z^2+y=0$
14. $x^2+y^2-4z^2+4=0$
15. $9x^2+4z^2-36y=0$
16. $9x^2+25y^2+9z^2=225$
17. $5x+8y-2z=10$
18. $y=\cos x$
19. $z=\sqrt{16-x^2-y^2}$
20. $z=\sqrt{x^2+y^2+1}$

21. x, y, z의 방정식의 그래프는, 만약 z 대신에 $-z$를 넣어도 동등한 방정식이 되면, xy평면에 대해서 대칭이다. 다음 각각에 대해서 대칭이 되려면, 방정식이 어떤 조건을 만족해야 하는가?
(a) yz평면 (b) z축
(c) x축 (d) 원점

22. 다음 각각에 대하여 대칭이 되기 위한 그래프의 조건을 말하여라.
(a) xz평면 (b) y축 (c) x축

23. 다음 각각에 대칭인 유심타원면의 일반적인 방정식을 구하여라.
(a) 원점 (b) x축 (c) xy축

24. 다음 각각에 대칭인 유심 일엽쌍곡면의 일반적인 방정식을 구하여라.
(a) 원점 (b) y축 (c) xy축

25. 다음 각각에 대칭인 유심 이엽쌍곡면의 일반적인 방정식을 구하여라.
(a) 원점 (b) z축 (c) yz축

26. 문제 1~20의 방정식들 중에, 그래프가 다음에 대해서 대칭인 것은?
(a) xy평면 (b) z축

27. 곡선 $z=x^2$을 z축에 대해 회전시키면, 그 결과로 나오는 곡면의 방정식은 $z=x^2+y^2$이며, 이것은 x 대신에 $\sqrt{x^2+y^2}$을 넣어서 얻은 결과이다. 만약 $y=2x^2$을 y축에 대해 회전시키면, 그 결과로 나오는 곡면의 방정식은?

28. 선 $z=2y$를 z축에 대해 회전시켰을 때 생기는 곡면의 방정식을 구하여라.

29. 곡선 $4x^2+3y^2=12$를 y축에 대해 회전시켰을 때 생기는 곡면의 방정식을 구하여라.

30. 곡선 $4x^2-3y^2=12$를 x축에 대해 회전시켰을 때 생기는 곡면의 방정식을 구하여라.

31. $z=x^2/4+y^2/9$과 평면 $z=4$의 교선인 타원의 초점들의 좌표들을 구하여라.

32. $z=x^2/4+y^2/9$과 평면 $x=4$의 교선인 포물선의 초점의 좌표를 구하여라.

33. $x^2/a^2+y^2/b^2+z^2/c^2=1$을 평면 $z=h$로 $(-c<h<c)$ 잘라서 생기는 타원의 넓이를 구하여라. 기억: 타원 $x^2/A^2+y^2/B^2=1$의 넓이는 πAB이다.

34. 타원포물면 $x^2/a^2+y^2/b^2=h-z$ $(h>0)$ xy평면으로 둘러싼 입체의 부피는 $\pi abh^2/2$임을 밝혀라. 즉, 부피는 $\frac{1}{2}\times$(밑면의 넓이)$\times$(높이)이다. 도움말: 5.2절의 판 방법을 사용.

35. 곡면 $y=4-x^2$과 $y=x^2+z^2$의 교선의 xz평면으로의 사영은 타원임을 보이고, 그 장지름과 단지름을 구하여라.

36. 평면 $y=x$에 놓여 있는 삼각형으로서, 평면 $z=y/2$의 위에 있고, 평면 $z=2y$의 아래에 있으며, 원기둥 $x^2+y^2=8$의 안에 있는 것을 그려라. 이 삼각형의 넓이를 구하여라.

37. 11.5절 예제 3의 나선 $\mathbf{r}=t\cos t\mathbf{i}+t\sin t\mathbf{j}+t\mathbf{k}$는 원뿔 $x^2+y^2-z^2=0$에 놓여 있음을 밝혀라. 나선 $\mathbf{r}=3t\cos t\mathbf{i}+t\sin t\mathbf{j}+t\mathbf{k}$는 어떤 곡면에 놓여 있는가?

38. $\mathbf{r}=t\mathbf{i}+t\mathbf{j}+t^2\mathbf{k}$가 결정하는 곡선은 포물선임을 보이고, 초점의 좌표를 구하여라.

개념 복습 해답: **1.** 자취; 절단면 **2.** 기둥; z축 **3.** 타원면 **4.** 타원포물면

11.9 원기둥좌표와 구면좌표

직교좌표 (x, y, z)는 3차원 공간에서 점의 위치를 나타내는 여러 가지 방법들 중의 하나일 뿐이다. 미적분학에서 중요한 역할을 하는 다른 두 가지 좌표계는 원기둥좌표 (r, θ, z)와 구면좌표 (ρ, θ, ϕ)이다. 같은 점 P에 대해서, 이 세 좌표계의 의미를 그림 1에 나타내 놓았다.

원기둥좌표계(cylindrical coordinate system)는 평면에서 직교좌표의 x, y 대신에 극좌표(12.6절) r, θ를 사용한다. z좌표는 직교 좌표의 경우와 같다. 대개의 경우 $r\geq 0$이고, θ의 범위는 $0\leq\theta\leq 2\pi$로 제한할 것이다.

점 P의 **구면좌표**(spherical coordinate) (ρ, θ, ϕ)는 다음과 같다. ρ는 원점에서 P까지의 거리 $|OP|$이고, θ는 P를 xy평면으로 사영한 P'의 극각(polar angle)이고, ϕ는 양의 z축과 선분 OP 사이의 각이다. 이들의 범위는 다음과 같이 제한한다.

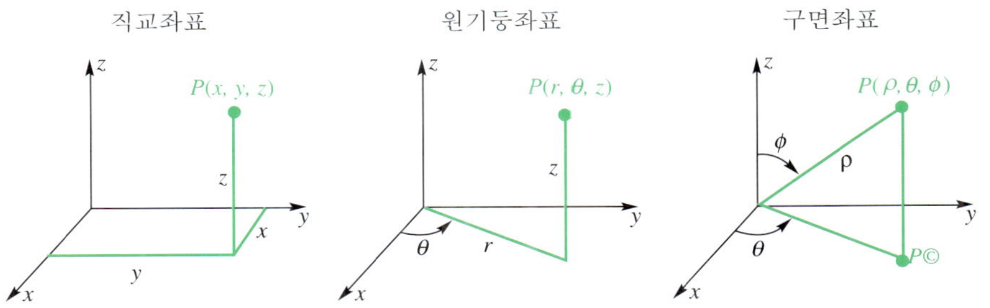

그림 1

$$\rho\geq 0,\qquad 0\leq\theta\leq 2\pi,\qquad 0\leq\phi\leq\pi$$

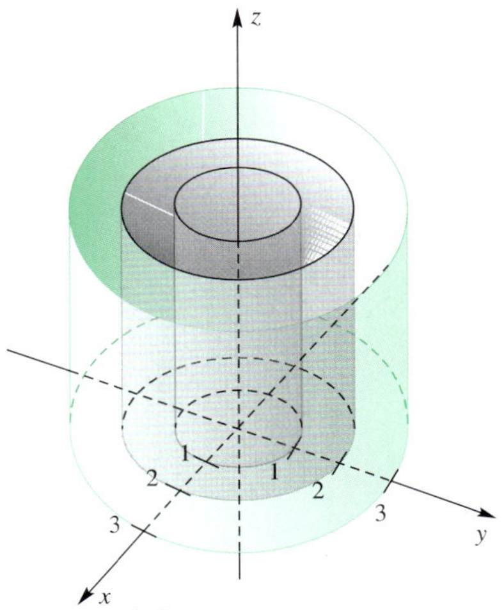
원기둥 $r=1$, $r=2$, $r=3$

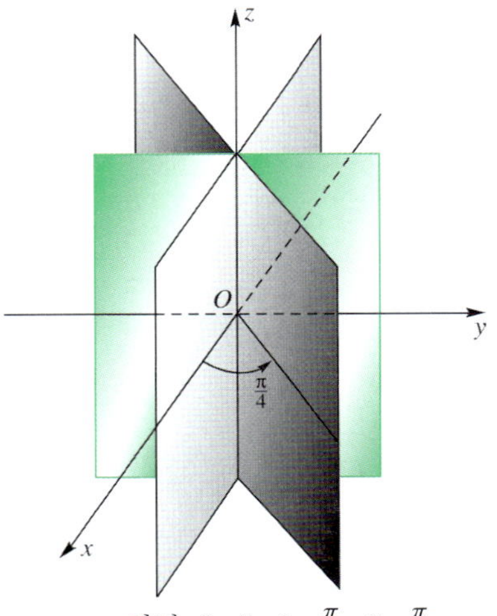
평면 $\theta=0$, $\theta=\frac{\pi}{4}$, $\theta=\frac{\pi}{2}$

그림 3

원기둥좌표 입체 또는 곡면이 대칭축을 가지고 있으면, 그것의 방향을 잘 잡아서, 이 대칭축이 z축이 되도록 하고, 원기둥좌표를 사용하면 편리하다. 특히 z축에 대칭인 수직 원기둥의 방정식과 (그림 2) z축을 포함하는 평면의 방정식이 (그림 3) 매우 간단해짐을 주목하기 바란다. 그림 3에서는 $r<0$을 허용하였다.

원기둥좌표와 직교좌표 사이의 관계는 다음과 같다.

원기둥좌표에서 직교좌표로	직교좌표에서 원기둥좌표로
$x=r\cos\theta$	$r=\sqrt{x^2+y^2}$
$y=r\sin\theta$	$\tan\theta=y/x$
$z=z$	$z=z$

이들 관계식을 바탕으로, 두 좌표계 사이에서 왔다갔다할 수 있다.

예제 1 다음을 구하여라.

(a) 원기둥좌표가 $(4,\ 2\pi/3,\ 5)$인 점의 직교좌표

(b) 직교좌표가 $(-5,\ -5,\ 2)$인 점의 원기둥좌표

풀이

(a) $x=4\cos\dfrac{2\pi}{3}=4\cdot\left(-\dfrac{1}{2}\right)=-2$

$y=4\sin\dfrac{2\pi}{3}=4\cdot\left(\dfrac{\sqrt{3}}{2}\right)=2\sqrt{3}$

$z=5$

그러므로 점 $(4,\ 2\pi/3,\ 5)$의 직교좌표는 $(-2,\ 2\sqrt{3},\ 5)$.

(b) $r=\sqrt{(-5)^2+(-5)^2}=5\sqrt{2}$

$\tan\theta=\dfrac{-5}{-5}=1$

$z=2$

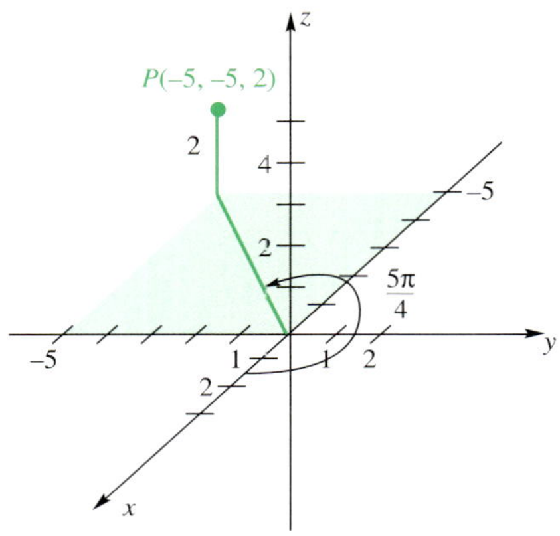

그림 4

그림 4를 보면, θ는 $\pi/2$와 π 사이에 있다. 그런데 $\tan\theta=1$이므로, $\theta=5\pi/4$이다. 그러므로 점 $(-5,\ -5,\ 2)$의 원기둥좌표는 $(5\sqrt{2},\ 5\pi/4,\ 2)$. ■

예제 2 직교좌표 방정식이 $x^2+y^2=4-z$인 포물면, $x^2+y^2=2x$인 원기둥을 원기둥좌표 방정식으로 바꾸어라.

풀이

포물면: $r^2=4-z$

기둥: $r^2=2r\cos\theta$ 또는 (동치인 것으로) $r=2\cos\theta$

방정식을 변수로 나누면 해를 빠트릴 가능성이 있다. 예를 들어 방정식 $x^2=x$를 x로 나누면 $x=1$이 되며, 근 $x=0$을 빠트려버린다. 이와 마찬가지로, $r^2=2r\cos\theta$를 r로 나누면 $r=2\cos\theta$가 되며, 근 $r=0$(원점)을 빠트려버린것 같다. 그렇지만 원점은 좌표 $(0,\ \pi/2)$로서 방정식 $r=2\cos\theta$를 만족한다. 그러므로 $r^2=2r\cos\theta$와 $r=2\cos\theta$는 같은 극좌표 그래프를 가진다(10.5절 여백의 주의 참조). ■

예제 3 원기둥좌표의 방정식이 $r^2+4z^2=16$, $r^2\cos 2\theta=z$인 곡면들의 직교좌표 방정식을 구하여라.

풀이 $r^2=x^2+y^2$이므로, 곡면 $r^2+4z^2=16$의 직교좌표 방정식은 $x^2+y^2+4z^2=16$, 즉, $x^2/16+y^2/16+z^2/4=1$. 그래프는 타원면이다.

$\cos 2\theta=\cos^2\theta-\sin^2\theta$이므로, 두 번째 방정식은 $r^2\cos^2\theta-r^2\sin^2\theta=z$라 쓸 수 있다. 이것은 직교좌표로 $x^2-y^2=z$가 된다. 그래프는 쌍곡포물면이다. ■

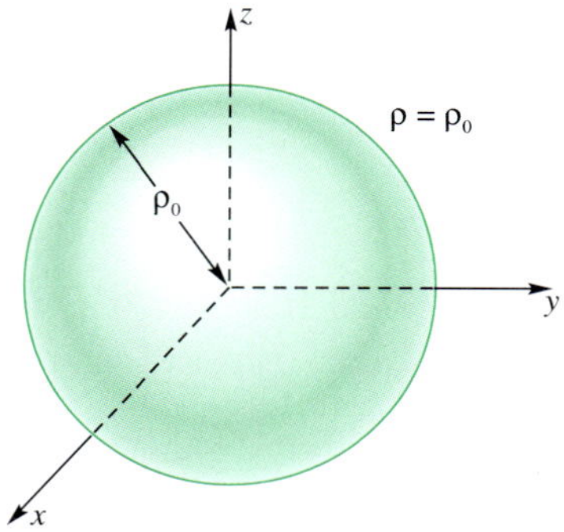

그림 5

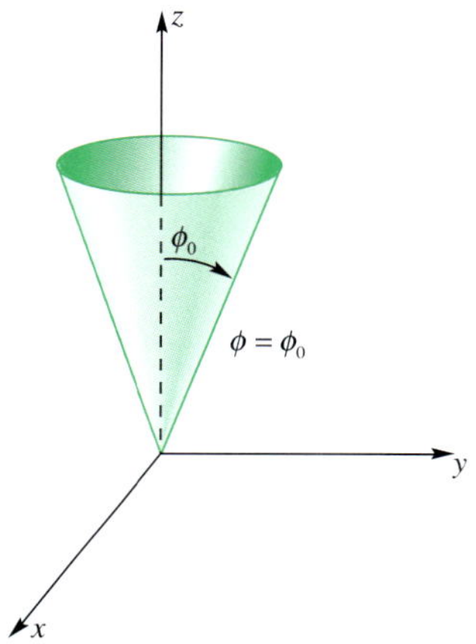

그림 6

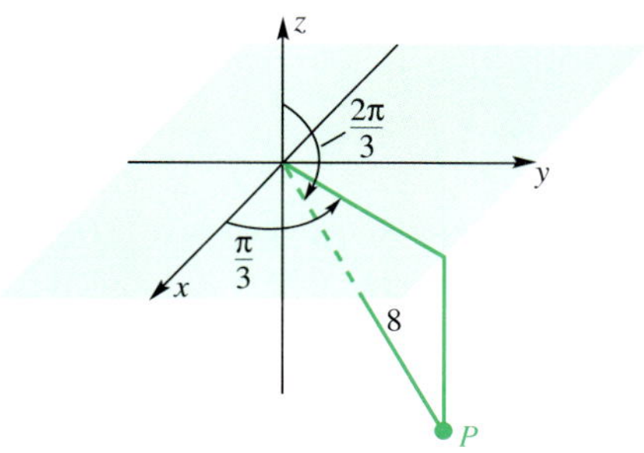

그림 7

구면좌표 입체 또는 곡면이 한 점에 대해서 대칭이면, 구면좌표를 사용하여서 간단하게 만들 수 있다. 특히, 원점을 중심으로 한 구는 (그림 5) 간단한 방정식 $\rho=\rho_0$을 가진다. 그리고 축이 z축이고 꼭짓점이 원점에 있는 원뿔의 (그림 6) 방정식은 $\phi=\phi_0$임을 주목하기 바란다.

구면좌표와 원기둥좌표 사이의 관계, 구면좌표와 직교좌표 사이의 관계는 쉽게 구할 수 있다. 다음은 이들 사이의 관계식을 나타낸다.

구면좌표에서 직교좌표로	직교좌표에서 구면좌표로
$x=\rho\sin\phi\cos\theta$	$\rho=\sqrt{x^2+y^2+z^2}$
$y=\rho\sin\phi\sin\theta$	$\tan\theta=y/x$
$z=\rho\cos\phi$	$\cos\phi=\dfrac{z}{\sqrt{x^2+y^2+z^2}}$

예제 4 구면좌표가 $(8, \pi/3, 2\pi/3)$인 점 P의 직교좌표를 구하여라.

풀이 그림 7에 점 P를 찍어 놓았다.

$$x=8\sin\frac{2\pi}{3}\cos\frac{\pi}{3}=8\frac{\sqrt{3}}{2}\frac{1}{2}=2\sqrt{3}$$

$$y=8\sin\frac{2\pi}{3}\sin\frac{\pi}{3}=8\frac{\sqrt{3}}{2}\frac{\sqrt{3}}{2}=6$$

$$z=8\cos\frac{2\pi}{3}=8\left(-\frac{1}{2}\right)=-4$$

그러므로 P의 직교좌표는 $(2\sqrt{3}, 6, -4)$. ■

예제 5 $\rho=2\cos\phi$의 그래프를 설명하여라.

풀이 직교좌표로 바꾼다. 양변에 ρ를 곱하면,

$$\rho^2=2\rho\cos\phi$$

$$x^2+y^2+z^2=2z$$

$$x^2+y^2+(z-1)^2=1$$

그래프는 반지름이 1이고 중심이 직교좌표로 (0, 0, 1)인 구이다. ■

예제 6 포물면 $z=x^2+y^2$의 구면좌표 방정식을 구하여라.

풀이 x, y, z에 대응하는 것들을 넣으면,

$$\rho\cos\phi=\rho^2\sin^2\phi\cos^2\theta+\rho^2\sin^2\phi\sin^2\theta$$

$$\rho\cos\phi=\rho^2\sin^2\phi(\cos^2\theta+\sin^2\theta)$$

$$\rho\cos\phi=\rho^2\sin^2\phi$$

$$\cos\phi=\rho\sin^2\phi$$

$$\rho=\cos\phi\csc^2\phi$$

$\phi=\pi/2$이면 $\rho=0$이 됨을 주목하기 바란다. 그러므로 네 번째 단계에서 ρ로 나누었지만, 원점은 그대로 남아 있다. ■

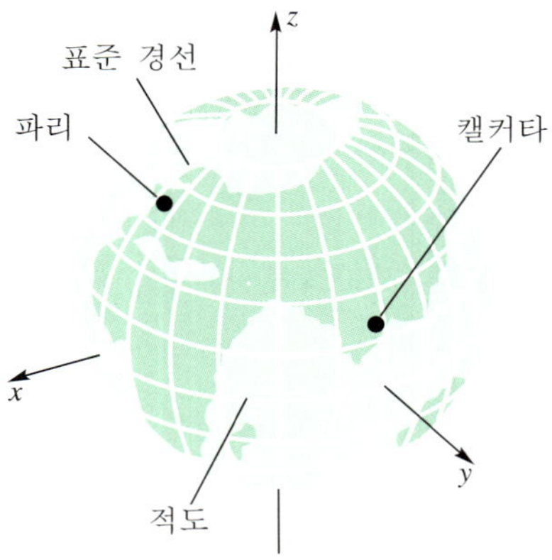

그림 8

지리학의 구면좌표 지리학자와 항해가들이 사용하는 경도-위도 체계는 구면좌표 체계와 밀접한 관계가 있다. 지구가 구이고, 원점이 중심이며, 양의 z축이 북극을 지나고, 양의 x축이 표준 경선(prime meridian)을 지난다고 가정하자(그림 8). 관습대로, 경도는 표준 경선을 기준으로 동경 또는 서경 몇 도로 나타내며, 위도는 적도를 기준으로 북위 또는 남위 몇 도로 나타낸다. 이러한 값들을 바탕으로, 구면좌표의 값들을 쉽게 구할 수 있다.

예제 7 지구는 반지름 3960마일인 구라고 가정하자. 파리(경도 2.2°E, 위도 48.4°N)에서 캘커타(경도 88.2°E, 위도 22.3°N)까지의 대원(great-circle) 거리를 구하여라.

풀이 우선 두 도시의 구면각 θ, ϕ들을 계산한다.

파리: $\theta=2.2^\circ\approx0.0384$ 라디안

$\phi=90^\circ-48.4=41.6^\circ\approx0.7261$ 라디안

캘커타: $\theta=88.2^\circ\approx1.5394$ 라디안

$\phi=90^\circ-22.3^\circ=67.7^\circ\approx1.1816$ 라디안

이 값들과 $\rho=3960$ 마일을 바탕으로, 예제 4처럼 직교좌표를 구할 수 있다.

파리: $P_1(2627.2,\ 100.9,\ 2961.3)$

캘커타: $P_2(115.1,\ 3662.0,\ 1502.6)$

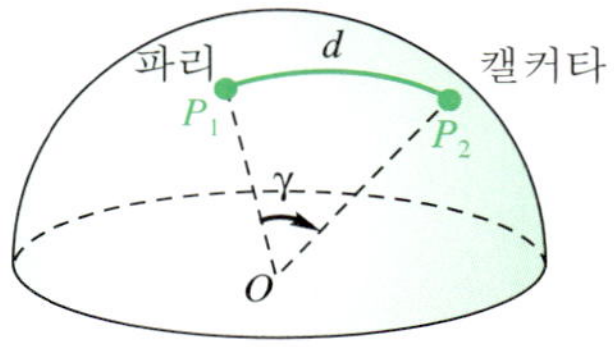

그림 9

이제 그림 9를 참고하여, $\overrightarrow{OP_1}$과 $\overrightarrow{OP_2}$ 사이의 각 γ를 구하자.

$$\cos\gamma=\frac{\overrightarrow{OP_1}\cdot\overrightarrow{OP_2}}{\|\overrightarrow{OP_1}\|\|\overrightarrow{OP_2}\|}\approx\frac{(2627.2)(115.1)+(100.9)(3662)+(2961.3)(1502.6)}{(3960)(3960)}$$

$$\approx0.3266$$

그러므로 $\gamma\approx1.2381$ 라디안이며, 대원 거리 d는

$$d=\rho\gamma\approx(3960)(1.2381)\approx4903\text{마일}$$ ■

개념 복습

1. 원기둥좌표계에서, $r=6$의 그래프는 ______이다. 구면좌표계에서, $\rho=6$의 그래프는 ______이다.
2. 원기둥좌표계에서, $\theta=\pi/6$의 그래프는 ______이다. 구면좌표계에서, $\phi=\pi/6$의 그래프는 ______이다.
3. ρ를 r과 z로 표현해 주는 방정식은 ______.
4. 구면좌표 방정식 $\rho^2=4\rho\cos\phi$는 직교 좌표 방정식 ______이 된다.

연습문제 11.9

1. 예제 4 바로 앞에 나오는 것과 비슷하게, 원기둥좌표와 구면좌표 사이의 관계를 제시하는 표를 만들어라.

2. 다음 원기둥좌표를 구면좌표로 바꾸어라.

(a) $(1, \pi/2, 1)$ (b) $(-2, \pi/4, 2)$

3. 다음 원기둥좌표를 직교 좌표로 바꾸어라.

(a) $(6, \pi/6, -2)$ (b) $(4, 4\pi/3, -8)$

4. 다음 구면좌표를 직교 좌표로 바꾸어라.

(a) $(8, \pi/4, \pi/6)$ (b) $(4, \pi/3, 3\pi/4)$

5. 다음 직교좌표를 구면좌표로 바꾸어라.

(a) $(2, -2\sqrt{3}, 4)$ (b) $(-\sqrt{2}, \sqrt{2}, 2\sqrt{3})$

6. 다음 직교좌표를 원기둥좌표로 바꾸어라.

(a) $(2, 2, 3)$ (b) $(4\sqrt{3}, -4, 6)$

문제 7~16에서 주어진 원기둥좌표 또는 구면좌표 방정식의 그래프를 그려라.

7. $r=5$

8. $\rho=5$

9. $\phi=\pi/6$

10. $\theta=\pi/6$

11. $r=3\cos\theta$

12. $r=2\sin 2\theta$

13. $\rho=3\cos\phi$

14. $\rho=\sec\phi$

15. $r^2+z^2=9$

16. $r^2\cos^2\theta+z^2=4$

문제 17~30에서 주어진 방정식을 다음과 같이 바꾸어라.

17. $x^2+y^2=9$, 원기둥좌표로

18. $x^2-y^2=25$, 원기둥좌표로

19. $x^2+y^2+4z^2=10$, 원기둥좌표로

20. $x^2+y^2+4z^2=10$, 구면좌표로

21. $2x^2+2y^2-4z^2=0$, 구면좌표로

22. $x^2-y^2-z^2=1$, 구면좌표로

23. $r^2+2z^2=4$, 구면좌표로

24. $\rho=2\cos\phi$, 원기둥좌표로

25. $x+y=4$, 원기둥좌표로

26. $x+y+z=1$, 구면좌표로

27. $x^2+y^2=9$, 구면좌표로

28. $r=2\sin\theta$, 직교좌표로

29. $r^2\cos 2\theta=z$, 직교좌표로

30. $\rho\sin\phi=1$, 직교좌표로

31. 포물선 $z=2x^2$을 z축에 대해 회전시켰다. 그 결과로 생기는 곡면의 원기둥좌표 방정식을 적어라.

32. 쌍곡선 $2x^2-z^2=2$을 z축에 대해 회전시켰다. 그 결과로 생기는 곡면의 원기둥좌표 방정식을 적어라.

C **33.** 세인트폴(경도 93.1°W, 위도 45°N)에서 오슬로(경도 10.5°E, 위도 59.6°N)까지의 대원 거리를 구하여라. (예제 7 참조)

C **34.** 뉴욕(경도 74°W, 위도 40.4°N)에서 그리니치(경도 0°, 위도 51.3°N)까지의 대원 거리를 구하여라.

C **35.** 세인트폴(경도 93.1°W, 위도 45°N)에서 이탈리아 튜린(경도 7.4°E, 위도 45°N)까지의 대원 거리를 구하여라.

C **36.** 세인트폴에서 튜린 사이 45° 위선을 따른 거리는 얼마인가? 문제 35와 비교해 보아라.

C **37.** 세인트폴에서 튜린으로 가는 대원 경로는 북극에 얼마나 가까이 지나가는가? 문제 35 참조.

38. $(\rho_1, \theta_1, \phi_1)$과 $(\rho_2, \theta_2, \phi_2)$는 두 점의 구면좌표라고 하자. 그리고 그들 사이의 직선 거리를 d라고 하자. 다음을 밝혀라.

$$d=\{(\rho_1-\rho_2)^2+2\rho_1\rho_2[1-\cos(\theta_1-\theta_2)\sin\phi_1\sin\phi_2 - \cos\phi_1\cos\phi_2]\}^{1/2}$$

39. (a, θ_1, ϕ_1)과 (a, θ_2, ϕ_2)은 구 $\rho=a$에 놓여 있는 두 점이다. 이 두 점 사이의 대원 거리는 (문제 38을 이용) $a\gamma$임을 밝혀라. 여기서 $0\le\gamma\le\pi$이고,

$$\cos\gamma=\cos(\theta_1-\theta_2)\sin\phi_1\sin\phi_2+\cos\phi_1\cos\phi_2$$

40. 짐작할 수 있듯이, 경도와 위도로부터 바로 대원 거리를 구하는 간단한 공식이 있다. 지표면의 두 점의 경도-위도 좌표가 (α_1, β_1), (α_2, β_2)라고 하자. 여기서 북위(N)와 동경(E)은 양수라 놓고, 남위(S)와 서경(W)은 음수라 놓자. 그러면 이 두 점 사이의 대원 거리는 3960γ 마일임을 밝혀라. 여기서 $0\le\gamma\le\pi$이고,

$$\cos\gamma=\cos(\alpha_1-\alpha_2)\cos\beta_1\cos\beta_2+\sin\beta_1\sin\beta_2$$

C **41.** 문제 40을 이용하여, 다음 두 지점 사이의 대원 거리를 구하여라.

(a) 뉴욕과 그리니치(문제 34 참조)

(b) 세인트폴과 튜린(문제 35 참조)

(c) 튜린과 남극($\alpha_1=\alpha_2$를 사용)

(d) 뉴욕과 케이프타운(18.4°E, 33.9°S)

(e) 경도가 각각 100°E, 80°W인 적도상의 두 지점

42. $\rho=2a\cos\phi$의 그래프는 반지름이 a이고, xy 평면의 원점에 올려놓은 구임을 쉽게 알 수 있다. 그렇다면 $\rho=2a\sin\phi$의 그래프는 무엇인가?

개념 복습 해답: **1.** 원기둥, 구 **2.** 평면, 원뿔 **3.** $\rho^2=r^2+z^2$ **4.** $x^2+y^2+(z-2)^2=4$

11.10 장 복습

개념 시험

다음 명제가 참인지, 거짓인지 이유를 들어 답하여라.

1. 삼차원 공간의 각각의 점은 단 한 가지의 직교좌표를 가진다.

2. 방정식 $x^2+y^2+z^2-4x+9=0$은 구를 나타낸다.

3. 선형방정식 $Ax+By+Cz=D$는 A, B, C가 모두 0인 경우를 제외하고 삼차원 공간에서 평면을 나타낸다.

4. 삼차원 공간에서 방정식 $Ax+By=C$는 직선을 나타낸다.

5. 평면 $3x-2y+4z=12$와 평면 $3x-2y+4z=-12$는 서로 평행하며, 24만큼 떨어져 있다.

6. 벡터 $\langle 1, -2, 3\rangle$은 평면 $2x-4y+6z=5$와 평행하다.

7. 직선 $x=2t-1$, $y=4t+2$, $z=6t-5$는 점 $(0, 4, -2)$를 지난다.

8. 만약 $\mathbf{u}=a\mathbf{i}+b\mathbf{j}+c\mathbf{k}$가 단위 벡터이면, a, b, c는 $\mathbf{u}$의 방향 코사인들이다.

9. 벡터 $2\mathbf{i}-3\mathbf{j}$와 $6\mathbf{i}+4\mathbf{j}$는 직교한다.

10. $\mathbf{u}$, $\mathbf{v}$가 단위 벡터라면, 사잇각 θ는 $\cos\theta=\mathbf{u}\cdot\mathbf{v}$를 만족한다.

11. 벡터의 내적은 결합법칙을 만족한다.

12. $\mathbf{u}$, $\mathbf{v}$가 임의의 벡터라면 $\|\mathbf{u}\cdot\mathbf{v}\|\le\|\mathbf{u}\|\|\mathbf{v}\|$이다.

13. 영이 아닌 벡터 $\mathbf{u}$, $\mathbf{v}$에 대해서, $\|\mathbf{u}\cdot\mathbf{v}\|=\|\mathbf{u}\|\|\mathbf{v}\|$일 필요충분조건은 $\mathbf{u}$가 $\mathbf{v}$의 스칼라배일 때이다.

14. $\|\mathbf{u}\|=\|\mathbf{v}\|=\|\mathbf{u}+\mathbf{v}\|$라면 $\mathbf{u}=\mathbf{v}=\mathbf{0}$이다.

15. $\mathbf{u}+\mathbf{v}$와 $\mathbf{u}-\mathbf{v}$가 직교하면 $\|\mathbf{u}\|=\|\mathbf{v}\|$이다.

16. 임의의 두 벡터 $\mathbf{u}$, $\mathbf{v}$에 대하여 $\|\mathbf{u}+\mathbf{v}\|^2=\|\mathbf{u}\|^2+\|\mathbf{v}\|^2+2\mathbf{u}\cdot\mathbf{v}$이다.

17. 벡터값 함수 $\langle f(t), g(t), h(t)\rangle$가 $t=a$에서 연속일 필요충분조건은 f, g, h가 $t=a$에서 연속인 것이다.

18. $D_t[\mathbf{F}(t)\cdot\mathbf{F}(t)]=2\mathbf{F}(t)\cdot\mathbf{F}'(t)$이다.

19. 임의의 벡터 $\mathbf{u}$에 대해서, $\|\mathbf{u}\|\|\mathbf{u}\|=\|\mathbf{u}\|^2$.

20. 임의의 벡터 $\mathbf{u}$에 대해서, $\|\mathbf{u}\|\cdot\mathbf{u}=\mathbf{u}\cdot\|\mathbf{u}\|$.

21. 임의의 벡터 $\mathbf{u}$, $\mathbf{v}$에 대해서, $\|\mathbf{u}\times\mathbf{v}\|=\|\mathbf{v}\times\mathbf{u}\|$.

22. 만약 $\mathbf{u}$가 $\mathbf{v}$의 스칼라곱이면, $\mathbf{u}\times\mathbf{v}=\mathbf{0}$.

23. 두 개의 단위 벡터의 외적은 단위 벡터이다.

24. 벡터 $\mathbf{v}$의 각각의 성분에다 스칼라 a를 곱하면, $\mathbf{v}$의 길이는 a를 곱한 것이 된다.

25. 영이 아니고 서로 수직이 아닌 벡터 $\mathbf{u}$, $\mathbf{v}$에 대하여 사이의 각이 θ이면, $\|\mathbf{u}\times\mathbf{v}\|/(\mathbf{u}\cdot\mathbf{v})=\tan\theta$.

26. $\mathbf{u}\cdot\mathbf{v}=0$이고 $\mathbf{u}\times\mathbf{v}=\mathbf{0}$이면, $\mathbf{u}$ 또는 $\mathbf{v}$가 $\mathbf{0}$이다.

27. $2\mathbf{i}$, $2\mathbf{j}$, $\mathbf{j}\times\mathbf{i}$가 결정하는 평행육면체의 쿠피는 4이다.

28. 임의의 벡터 $\mathbf{u}$, $\mathbf{v}$, $\mathbf{w}$에 대해서,

$$\mathbf{u}\times(\mathbf{v}\times\mathbf{w})=(\mathbf{u}\times\mathbf{v})\times\mathbf{w}$$

29. 벡터 $a_1\mathbf{i}+a_2\mathbf{j}+a_3\mathbf{k}$가 평면 $b_1x+b_2y-b_3z=0$에 놓여 있으면, $a_1b_1+a_2b_2+a_3b_3=0$이다.

30. 임의의 직선은 매개변수 방정식과 대칭 방정식 두 가지 방법으로 나타낼 수 있다.

31. 모든 t에 대해서 $\kappa(t)=0$이면, 그 궤적은 직선이다.

32. 타원에서 곡률이 최대가 되는 점은 그 장축에 놓여 있다.

33. 곡률은 그 곡선의 생김새와 그 곡선을 따라서 움직이는 속력에 따라서 결정된다.

34. $x=3t+4$와 $y=2t-1$로 결정되는 곡선의 곡률은 모든 t에 대해 0이다.

35. $x=2\cos t$, $y=2\sin t$로 결정되는 곡선의 곡률은 모든 t에 대하여 2이다.

36. $\mathbf{T}=\mathbf{T}(t)$가 매끄러운 곡선의 단위 접선벡터라면, $\mathbf{T}(t)$와 $\mathbf{T}'(t)$는 서로 수직이다.

37. $v=\|\mathbf{v}\|$가 매끄러운 곡선을 따라 움직이는 입자의 속력이라면, $|dv/dt|$는 그 가속도의 크기이다.

38. $y=f(x)$와 $y''=0$이라면, 곡선의 곡률은 0이다.

39. $y=f(x)$와 $y''=$상수라면, 곡선의 곡률은 상수이다.

40. $\mathbf{u}\cdot\mathbf{v}=0$이면, $\mathbf{u}=\mathbf{0}$ 또는 $\mathbf{v}=\mathbf{0}$ 또는 모두 $\mathbf{u}$, $\mathbf{v}=\mathbf{0}$이다.

41. 모든 t에 대하여 $\|\mathbf{r}(t)\|=1$이라면 $\|\mathbf{r}'(t)\|=$상수이다.

42. $\mathbf{v}(t)\cdot\mathbf{v}(t)=$상수라면, $\mathbf{v}(t)\cdot\mathbf{v}'(t)=0$이다.

43. 나선을 따른 운동에 대하여, $\mathbf{N}$은 항상 z축을 향한다.

44. 곡선을 따른 운동의 속도가 상수크기를 가지면 가속도벡터는 영이다.

45. $\mathbf{T}$, $\mathbf{N}$, $\mathbf{B}$는 곡선의 생김새에만 의해서 결정되며, 곡선을 따라서 움직이는 속력과는 상관이 없다.

46. 만약 $\mathbf{v}$가 $\mathbf{a}$와 수직이면, 곡선을 따라서 움직이는 속력은 상수이다.

47. $\mathbf{v}$가 $\mathbf{a}$와 수직이면, 움직이는 궤적은 원이 되어야 한다.

48. 곡률이 일정한 곡선은 직선과 원뿐이다.

49. $0 \le t \le 1$에 대해서, $\mathbf{r}_1(t) = \sin t\mathbf{i} + \cos t\mathbf{j} + t^3\mathbf{k}$와 $\mathbf{r}_2(t) = \sin t^3\mathbf{i} + \cos t^3\mathbf{j} + t^9\mathbf{k}$이 제시하는 곡선들은 서로 같다.

50. $0 \le t \le 1$에 대해서, $\mathbf{r}_1(t) = \sin t\mathbf{i} + \cos t\mathbf{j} + t^3\mathbf{k}$와 $\mathbf{r}_2(t) = \sin t^3\mathbf{i} + \cos t^3\mathbf{j} + t^9\mathbf{k}$에 따른 곡선상의 운동들은 서로 같다.

51. 주어진 곡선의 길이는 그 곡선을 나타내는 데 사용한 매개변수와 상관이 없다.

52. 곡선이 평면에 놓여 있으면, 그 종법선 벡터 B는 일정하다.

53. $\|\mathbf{r}(t)\| =$상수이면, $\mathbf{r}'(t) = 0$.

54. 구 $x^2+y^2+z^2=1$과 평면 $ax+by+cz=0$의 교선인 곡선은 곡률이 일정하게 1이다.

55. 방정식 $\phi=0$의 그래프는 z축이다(ϕ는 구면좌표이다).

56. 삼차원 공간에서 $y=x^2$의 그래프는 포물면이다.

57. ρ, θ, ϕ를 $\rho \ge 0$, $0 \le \theta < 2\pi$, $0 \le \phi \le \pi$로 제한하면, 삼차원 공간의 모든 점은 구면 좌표를 한 가지만 가진다.

시험 보기 문제

1. $(-2, 3, 3)$과 $(4, 1, 5)$를 지름의 양 끝점으로 가지는 구의 방정식을 구하여라.

2. 방정식 $x^2+y^2+z^2-6x+2y-8z=0$을 가지는 구의 중심과 반지름을 구하여라.

3. $\mathbf{a}=\langle 2, -5\rangle$, $\mathbf{b}=\langle 1, 1\rangle$, $\mathbf{c}=\langle -6, 0\rangle$일 때 다음을 구하여라.

(a) $3\mathbf{a}-2\mathbf{b}$　　(b) $\mathbf{a}\cdot\mathbf{b}$

(c) $\mathbf{a}\cdot(\mathbf{b}+\mathbf{c})$　　(d) $(4\mathbf{a}+5\mathbf{b})\cdot 3\mathbf{c}$

(e) $\|\mathbf{c}\|\mathbf{c}\cdot\mathbf{b}$　　(f) $\mathbf{c}\cdot\mathbf{c}-\|\mathbf{c}\|$

4. $\mathbf{a}$와 $\mathbf{b}$ 사이의 각의 cosine을 구하고 그려라.

(a) $\mathbf{a}=3\mathbf{i}+2\mathbf{j}$, $\mathbf{b}=-\mathbf{i}+4\mathbf{j}$

(b) $\mathbf{a}=-5\mathbf{i}-3\mathbf{j}$, $\mathbf{b}=2\mathbf{i}-\mathbf{j}$

(c) $\mathbf{a}=\langle 7, 0\rangle$, $\mathbf{b}=\langle 5, 1\rangle$

5. $\mathbf{a}=-\mathbf{i}+\mathbf{j}+2\mathbf{k}$, $\mathbf{b}=\mathbf{j}-2\mathbf{k}$, $\mathbf{c}=3\mathbf{i}-\mathbf{j}+4\mathbf{k}$일 때 다음이 정의되면 구하여라.

(a) $\mathbf{a}+\mathbf{b}+\mathbf{c}$　　(b) $\mathbf{b}\cdot\mathbf{c}$

(c) $\mathbf{a}\cdot(\mathbf{b}\times\mathbf{c})$　　(d) $\mathbf{a}\times(\mathbf{b}\cdot\mathbf{c})$

(e) $\|\mathbf{a}-\mathbf{b}\|$　　(f) $\|\mathbf{b}\times\mathbf{c}\|$

6. 두 벡터 사이의 각을 구하여라.

(a) $\mathbf{a}=\langle 1, 5, -1\rangle$, $\mathbf{b}=\langle 0, 1, 3\rangle$

(b) $\mathbf{a}=-\mathbf{i}-2\mathbf{k}$, $\mathbf{b}=\mathbf{i}-\mathbf{j}+3\mathbf{k}$

7. 두 위치벡터 $\mathbf{a}=2\mathbf{i}-\mathbf{j}+2\mathbf{k}$, $\mathbf{b}=5\mathbf{i}+\mathbf{j}-3\mathbf{k}$를 그리고, 다음을 각각 구하여라.

(a) 이들의 길이

(b) 이들의 방향 코사인

(c) $\mathbf{a}$와 방향이 같은 단위 벡터

(d) $\mathbf{a}$와 $\mathbf{b}$ 사이의 각 θ

8. $\mathbf{a}=2\mathbf{i}-\mathbf{j}+\mathbf{k}$, $\mathbf{b}=-\mathbf{i}+3\mathbf{j}+2\mathbf{k}$, $\mathbf{c}=\mathbf{i}+2\mathbf{j}-\mathbf{k}$이다. 다음을 구하여라.

(a) $\mathbf{a}\times\mathbf{b}$　　(b) $\mathbf{a}\times(\mathbf{b}+\mathbf{c})$

(c) $\mathbf{a}\cdot(\mathbf{b}\times\mathbf{c})$　　(d) $\mathbf{a}\times(\mathbf{b}\times\mathbf{c})$

9. 두 벡터 $3\mathbf{i}+3\mathbf{j}-\mathbf{k}$, $-\mathbf{i}-2\mathbf{j}+4\mathbf{k}$에 수직인 벡터들을 모두 구하여라.

10. 세 점 $(3, -6, 4)$, $(2, 1, 1)$, $(5, 0, -2)$이 결정하는 평면에 수직인 단위벡터들을 구하여라.

11. 점 $(-5, 7, -2)$를 지나고 다음 각각의 조건을 만족하는 평면의 방정식을 구하여라.

(a) xz평면과 평행

(b) x축에 수직

(c) x축, y축과 평행

(d) 평면 $3x-4y+z=7$과 평행

12. 점 $(2, -4, -5)$를 지나는 평면이 점 $(-1, 5, -7)$과 $(4, 1, 1)$을 잇는 선분에 수직이다.

(a) 이 평면의 벡터방정식을 구하여라.

(b) 이 평면의 직교좌표 방정식을 구하여라.

(c) 그 자취를 그어서, 이 평면을 그려라.

13. 평면 $x+5y+Cz+6=0$이 평면 $4x-y+z-17=0$과 수직이다. C의 값을 구하여라.

14. 세 점 $(2, 3, -1)$, $(-1, 5, 2)$, $(-4, -2, 2)$을 지나는 평면의 직교좌표 방정식을 구하여라.

15. 점 $(-2, 1, 5)$과 $(6, 2, -3)$을 지나는 직선의 매개변수 방정식을 구하여라.

16. 평면 $x-2y+4z-14=0$과 $-x+2y-5z+30=0$의 교선이 yz평면, xz평면을 뚫고 지나가는 점을 구하여라.

17. 문제 16의 직선의 방정식을 매개변수 형태로 나타내어라.

18. 점 $(4, 5, 8)$을 지나고 평면 $3x+5y+2z=30$에 수직인 직선의 대칭 방정식을 구하여라. 평면과 직선을 그려라.

19. 점 $(2, -2, 1)$과 $(-3, 2, 4)$를 지나는 직선의 벡터 방정식을 구하여라.

20. 벡터 방정식이 $\mathbf{r}(t)=t\mathbf{i}+\ t^2\mathbf{j}+\ t^3\mathbf{k}$, $-2\le t\le 3$인 곡선

을 그려라.

21. 문제 20의 곡선의 $t=2$인 점에서의 접선의 대칭방정식을 구하여라. 그리고 이 점에서 법평면의 방정식을 구하여라.

22. $\mathbf{r}'(\pi/2)$, $\mathbf{T}(\pi/2)$, $\mathbf{r}''(\pi/2)$를 구하여라. 여기서

$$\mathbf{r}(t)=\langle t\cos t,\ t\sin t,\ 2t\rangle$$

23. 다음 곡선의 길이를 구하여라.

$$\mathbf{r}(t)=e^t\sin t\mathbf{i}+e^t\cos t\mathbf{j}+e^t\mathbf{k},\qquad 1\le t\le 5$$

24. 두 힘 $\mathbf{F}_1-2\mathbf{i}-3\mathbf{j}$, $\mathbf{F}_2=3\mathbf{i}+12\mathbf{j}$가 한 점에 작용한다. 이 두 힘을 합성에 반대로 작용하는 점에 해당하는 힘 $\mathbf{F}$를 구하여라.

25. 만일 N60°E 방향으로 시속 100마일의 바람이 불 때, 북쪽을 향하여 시속 450마일로 날고 있는 비행기의 비행방향과 풍속을 구하여라.

26. $\mathbf{r}(t)=\langle e^{2t},\ e^{-t}\rangle$일 때 다음을 구하여라.

(a) $\lim_{t\to 0}\mathbf{r}(t)$ (b) $\lim_{h\to 0}\dfrac{\mathbf{r}(0+h)-\mathbf{r}(0)}{h}$

(c) $\int_0^{\ln 2}\mathbf{r}(t)dt$ (d) $D_t[t\mathbf{r}(t)]$

(e) $D_t[\mathbf{r}(3t+10)]$ (f) $D_t[\mathbf{r}(t)\cdot\mathbf{r}'(t)]$

27. 다음 각각에 대하여 $\mathbf{r}'(t)$와 $\mathbf{r}''(t)$를 구하여라.

(a) $\mathbf{r}(t)=(\ln t)\mathbf{i}-3t^2\mathbf{j}$ (b) $\mathbf{r}(t)=\sin t\mathbf{i}+\cos 2t\mathbf{j}$

(c) $\mathbf{r}(t)=\tan t\mathbf{i}-t^4\mathbf{j}$

28. 어떤 물체가 움직여서, 시간 t일 때의 위치 벡터가

$$\mathbf{r}(t)=e^t\mathbf{i}+e^{-t}\mathbf{j}+2t\mathbf{k}$$

이다. $t=\ln 2$일 때 $\mathbf{v}(t)$, $\mathbf{a}(t)$, $\kappa(t)$를 구하여라.

29. 움직이는 입자의 시간 t일 때의 위치 벡터가 $\mathbf{r}(t)=t\mathbf{i}+t^2\mathbf{j}+t^3\mathbf{k}$이다. $t=1$일 때 가속도 벡터의 접선 성분 a_T, 법선 성분 a_N을 구하여라.

문제 30~38에서, 3차원 공간에서 다음 방정식의 그래프의 종류를 밝히고, 그려라.

30. $x^2+y^2=81$ **31.** $x^2+y^2+z^2=81$

32. $z^2=4y$ **33.** $x^2+z^2=4y$

34. $3y-6z-12=0$ **35.** $3x+3y-6z-12=0$

36. $x^2+y^2-z^2-1=0$ **37.** $3x^2+4y^2+9z^2-36=0$

38. $3x^2+4y^2+9z^2+36=0$

39. 다음 직교좌표 방정식을 원기둥좌표 형태로 바꾸어라.

(a) $x^2+y^2=9$ (b) $x^2+4y^2=16$

(c) $x^2+y^2=9z$ (d) $x^2+y^2+4z^2=10$

40. 다음 원기둥좌표 방정식에 대응하는 직교좌표 방정식을 구하여라.

(a) $r^2+z^2=9$ (b) $r^2\cos^2\theta+z^2=4$

(c) $r^2\cos 2\theta+z^2=1$

41. 다음 방정식을 구면좌표 형태로 바꾸어라.

(a) $x^2+y^2+z^2=4$ (b) $2x^2-2y^2-2z^2=0$

(c) $x^2-y^2-z^2=1$ (d) $x^2+y^2=z$

42. 구면좌표가 $(8,\ \pi/4,\ \pi/6)$, $(4,\ \pi/3,\ 3\pi/4)$인 점들 사이의 (직선) 거리를 구하여라.

43. 평행한 평면 $2x-3y+\quad z=4$와 $2x-3y+\sqrt{3}z=9$ 사이의 거리를 구하여라.

44. 평면 $2x-4y+z=7$과 $3x+2y-5z=9$ 사이의 예각을 구하여라.

45. 움직이는 입자의 속력이 일정하면, 그 속도 벡터와 가속도 벡터는 서로 수직임을 밝혀라.

복습과 예비 문제

문제 1~4에서 원기둥 또는 이차곡면의 그래프를 그려라.

1. $x^2+y^2+z^2=64$ **2.** $x^2+z^2=4$

3. $z=x^2+4y^2$ **4.** $z=x^2-y^2$

문제 5~8에서 도함수를 구하여라.

5. (a) $\dfrac{d}{dx}2x^3$ (b) $\dfrac{d}{dx}5x^3$

(c) $\dfrac{d}{dx}kx^3$ (d) $\dfrac{d}{dx}ax^3$

6. (a) $\dfrac{d}{dx}\sin 2x$ (b) $\dfrac{d}{dt}\sin 17t$

(c) $\dfrac{d}{dt}\sin at$ (d) $\dfrac{d}{dt}\sin bt$

7. (a) $\dfrac{d}{da}\sin 2a$ (b) $\dfrac{d}{da}\sin 17a$

(c) $\dfrac{d}{da}\sin ta$ (d) $\dfrac{d}{da}\sin sa$

8. (a) $\dfrac{d}{dt}e^{4t+1}$ (b) $\dfrac{d}{dx}e^{-7x+4}$

(c) $\dfrac{d}{dx}e^{ax+b}$ (d) $\dfrac{d}{dx}e^{tx+s}$

문제 9~12에서, 주어진 점에서 어느 함수가 연속이고 미분가능한지를 말하여라.

9. $f(x)=\dfrac{1}{x^2-1}\quad (x=2)$

10. $f(x)=\tan x\quad (x=\pi/2)$

11. $f(x)=|x-4| \quad (x=4)$

12. $f(x)=\begin{cases} \sin\dfrac{1}{x}, & x\neq 0 \\ 0, & x=0 \end{cases} \quad (x=0)$

문제 13~14에서, 주어진 구간에서 함수의 최대값과 최소값을 구하여라. 각 정류점이 최대인지 최소인지를 결정하는데 제 2 미분법을 사용하여라.

13. $f(x)=3x-(x-1)^3, \quad [0,\ 4]$

14. $f(x)=x^4-18x^3+113x^2-288x+252, \quad [2,\ 6]$

15. 깡통을 높이가 h이고 반지름이 r인 우원환면 모양으로 만든다. 만일 부피가 8세제곱피트라면 r만의 함수로써 (위 아래 뚜껑을 포함하여) 깡통의 곡면의 넓이를 구하여라.

16. 제곱피트당 모서리는 1$, 바닥은 3$이 드는 재료로써 뚜껑이 없는 3차원 상자를 만든다. 상자는 27세제곱피트를 담을 수 있다. l, w, h를 각각 상자의 가로, 세로, 높이라 하자. 상자는 27세제곱피트를 담을 수 있으므로 $lwh=27$ 또는 $h=27/(lw)$이다. h에 관한 식을 사용하여 가로가 l이고 세로가 w인 상자의 비용에 대한 식을 구하여라.

CHAPTER

12 이변수 또는 다변수함수의 도함수

12.1 변수가 두 개 또는 그 이상인함수

지금까지 두 종류의 함수들을 중요하게 다루었다. 첫째 종류는 $f(x)=x^2$과 같이 실수 x에 다른 실수 $f(x)$를 대응시키는 함수이다. 두 번째 종류는 $\mathbf{f}(x)=\langle x^3, e^x\rangle$의 예처럼, 각각의 실수 x에 벡터 $\mathbf{f}(x)$를 대응시키는 것이다. 이것을 실변수의 벡터값 함수라고 한다.

이제부터는 2변수의 **실수값 함수**(real-valued function of two real variables)에 관해 살펴보자. 즉, 평면의 어떤 집합 D에 속하는 각각의 (x, y)에 어떤 (유일한) 실수 $f(x, y)$를 대응시키는 함수 f (그림 1), 예를 들면

(1) $$f(x, y)=x^2+3y^2$$

(2) $$g(x, y)=2x\sqrt{y}$$

등이 있다. 이때 $f(-1, 4)=(-1)^2+3(4)^2=49$, $g(-1, 4)=2(-1)\sqrt{4}=-4$.

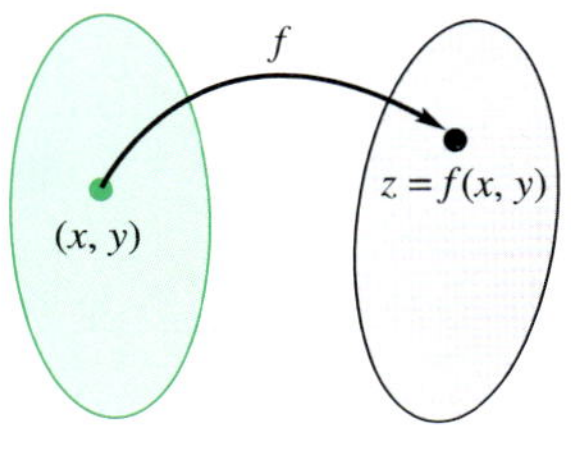

그림 1

집합 D를 함수의 **정의역**(domain)이라고 한다. 정의역을 구체적으로 제시해 놓지 않았다면, 최대정의역을 D로 잡는다. 즉, 주어진 함수의 규칙(공식)이 의미를 가지고, 실수값이 대응되는, 평면의 모든 점 (x, y)의 집합을 D로 잡는다. 예를 들어 $f(x, y)=x^2+3y^2$은 최대정의역이 평면 전체이다. $g(x, y)=2x\sqrt{y}$의 경우 최대정의역은 $\{(x, y): x\in\mathbb{R}, y\geq 0\}$이다. 함수의 **치역**(range)은 그

값들의 집합이다. $z=f(x,\ y)$일 때, x와 y는 **독립변수**, z는 **종속변수**라고 한다.

이제가지 말한 내용들은 모두 3변수 함수(또는 n변수 함수)에 대해 자연스럽게 확장된다. 앞으로 별도 설명없이 그러한 함수들을 자유롭게 사용한다.

예제 1 다음 함수의 최대정의역을 xy평면에 그려라.

$$f(x,\ y)=\frac{\sqrt{y-x^2}}{x^2+(y-1)^2}$$

풀이 이 수식이 의미를 가지게 하려면, $\{(x,\ y):\ y<x^2\}$과 점 $(0,\ 1)$을 제외해야 한다. 이것을 xy-평면에 나타내면 그림 2와 같다. ■

그래프 2변수 함수 f의 **그래프**(graph)는 방정식 $z=f(x,\ y)$의 그래프를 뜻한다. 대개의 경우 이 그래프는 곡면이 되며(그림 3), 정의역에 속하는 각각의 $(x,\ y)$에 단 하나의 z값이 대응하니, xy평면과 수직인 각각의 직선은 그 곡면과 많아야 한 점에서 만난다.

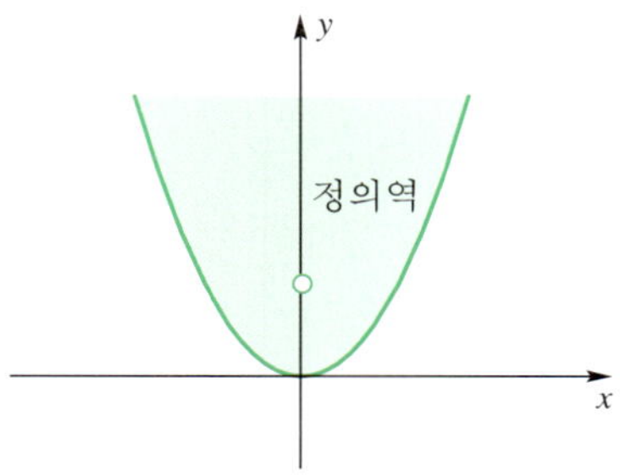

그림 2

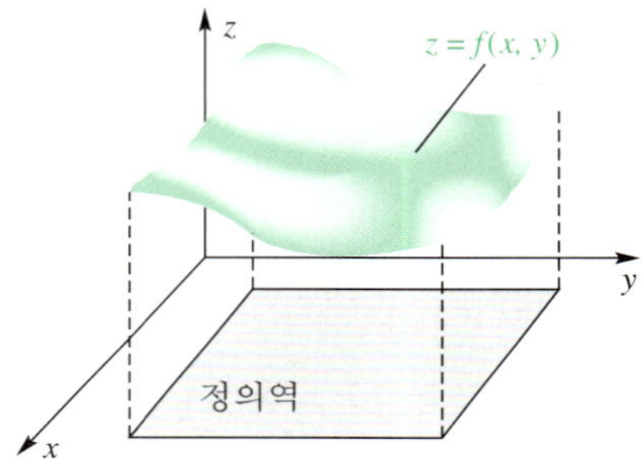

그림 3

예제 2 $f(x,\ y)=\frac{1}{3}\sqrt{36-9x^2-4y^2}$의 그래프를 그려라.

풀이 $z=\frac{1}{3}\sqrt{36-9x^2-4y^2}$이라 하자. 이때 $z\geq 0$임을 주목한다. 양변을 제곱하고 간단히 하면, 방정식

$$9x^2+4y^2+9z^2=36$$

을 얻게 되며, 이것은 타원면의 방정식임을 알 수 있다(11.8절 참조). 주어진 함수의 그래프는 이 타원면의 위쪽 절반이고, 그림 4와 같다. ■

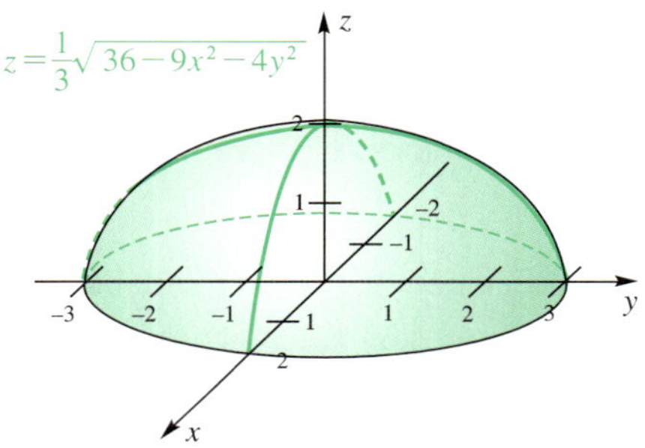

그림 4

예제 3 $z=f(x,\ y)=y^2-x^2$의 그래프를 그려라.

풀이 이것의 그래프는 쌍곡포물면이고(11.8절 참조), 그림 5와 같다. ■

컴퓨터 그래픽 메이플, 매스매티카를 비롯한 여러 가지 컴퓨터 수학 프로그램들은 복잡한 3차원 그래프를 쉽게 그려낸다. 그림 6에서 그림 9까지, 그러한 그래프 네 개를 보여 준다. 좀 더 잘 볼 수 있도록, 그래프를 여러 가지 방향으로 잡아서 그릴 수 있다. 이 네 개의 예들에서와 같이, y축이 지면을 따

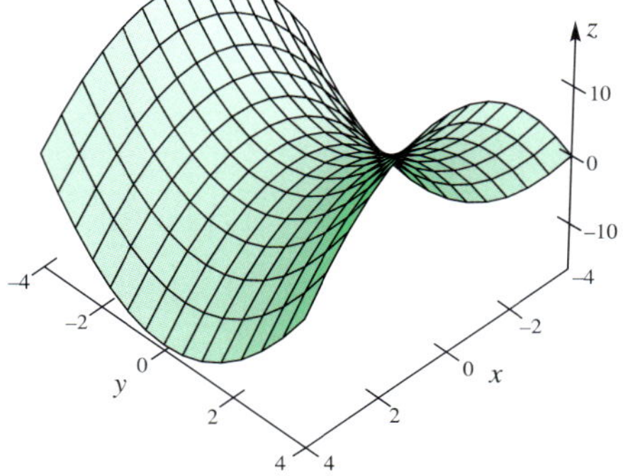

$z = y^2 - x^2$

그림 5

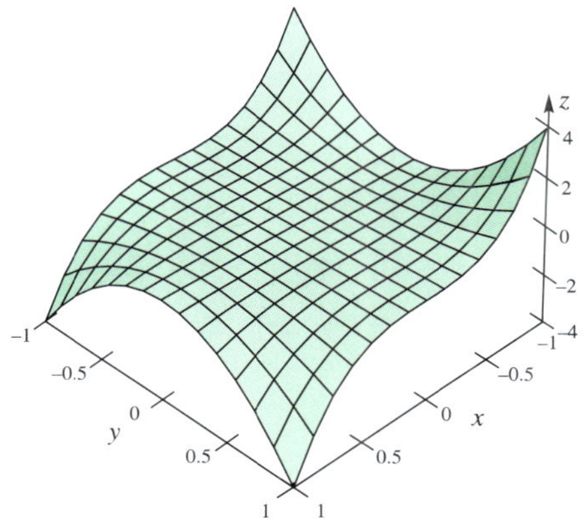

$z = -4x^3y^2$

그림 6

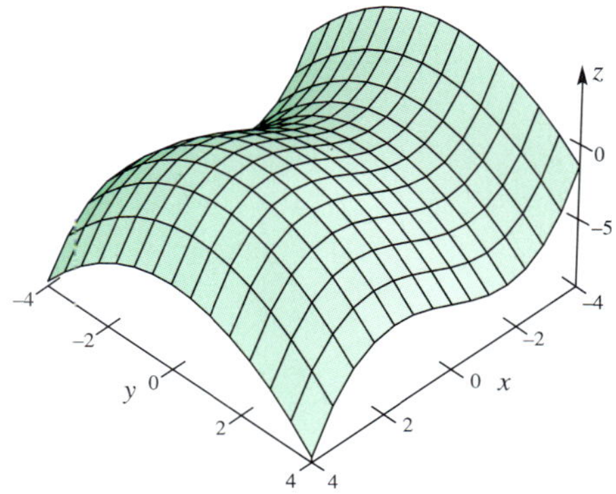

$z = x - \frac{1}{8}x^3 - \frac{1}{3}y^2$

그림 7

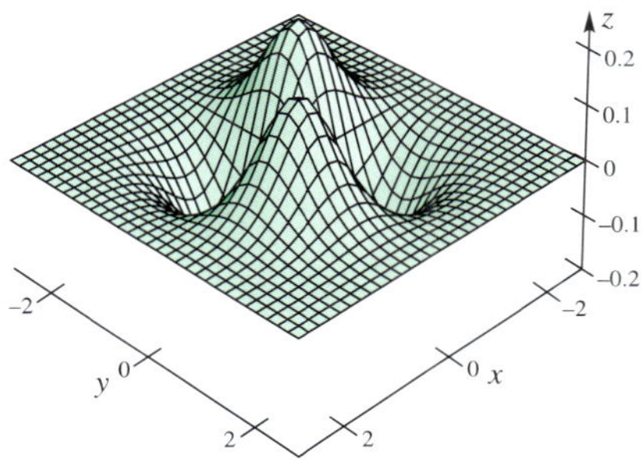

$z = xy \exp(-x^2 - y^2)$

그림 8

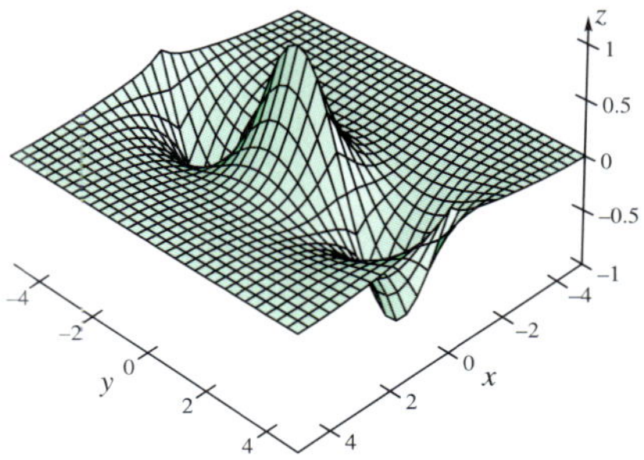

$z = e^{-|x|} \cos \sqrt{x^2+y^2}$

그림 9

라 수평으로 놓이게 하는 대신에, 보는 사람을 향해서 약간 비스듬하게 놓이도록 택하여서 그래프를 그릴 수도 있다. 그리고 좌표축들을 보통의 위치에 놓는 대신에, 그래프 바깥에 틀을 잡아서 나타내기도 한다. 그러면 좌표축들이 그래프 곡면과 뒤섞여 헷갈리게 만드는 것을 피할 수 있다. 축을 가르키는 변수(x 또는 y)는 그것이 나타내는 축의 중앙부분 근처에 있다.

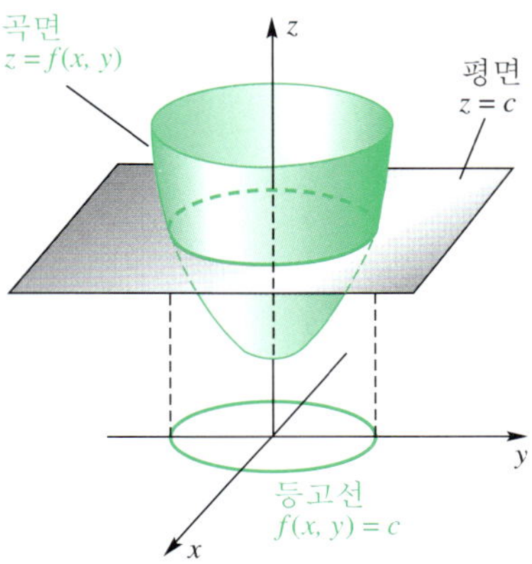

그림 10

등고선 2변수 함수 $z=f(x, y)$의 그래프에 대응하는 곡면을 그리기가 매우 어려울 때도 있다. 지도를 그리듯이 등고선을 사용하면, 곡면의 생김새를 좀 더 간단하게 나타낼 수 있다. 각각의 수평면 $z=c$는 곡면과 교차하여 어떤 곡선을 그린다. 이 곡선을 xy평면에 사영한 것을 **등고선**(level curve, 등위선)이라고 하며(그림 10), 이러한 곡선들을 모아 놓은 것을 **등고선 지도**(contour plot, contour map)라고 한다. 산처럼 생긴 곡면의 등고선 지도를 그림 11에 그려 놓았다.

3차원 그래프 자체에다 등고선을 표시해 놓는 경우도 있다. 그림 11의 위쪽 그림이 그러한 예이다. 이렇게 하는 경우, y축은 시야에서 사라지게 하고, x축은 오른쪽을 향하도록 하는 것이 보통이다. 이것은 3차원 공간의 그래프와 등고선 지도 사이의 관계를 잘 보여 준다.

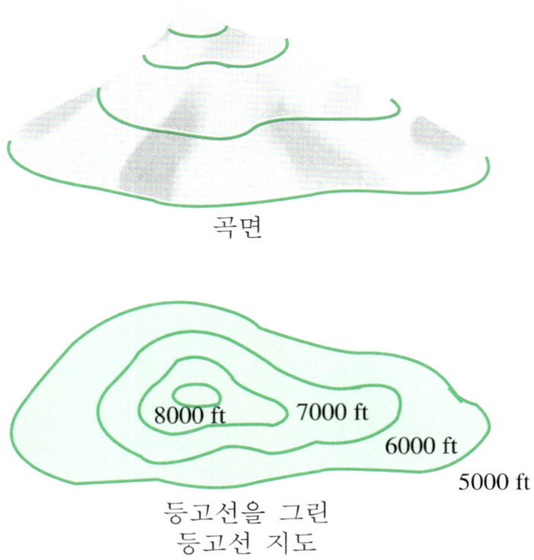

그림 11

예제 4 $z=\frac{1}{3}\sqrt{36-9x^2-4y^2}$과 $z=y^2-x^2$의 곡면들에 대응하는 등고선 지도들을 그려라(예제 2, 3과 그림 4, 5 참조).

풀이 $z=0,\ 1,\ 1.5,\ 1.75,\ 2$에 대응하는 $z=\frac{1}{3}\sqrt{36-9x^2-4y^2}$의 등고선들을 그린 것이 그림 12이다. 이것들은 모두 타원이다. 그리고 그림 13은 $z=-5,\ -4,\ -3,\ \cdots,\ 2,\ 3,\ 4$에 대응하는 $z=y^2-x^2$의 등고선들이다. 이 곡선들은 쌍곡선이다. ■

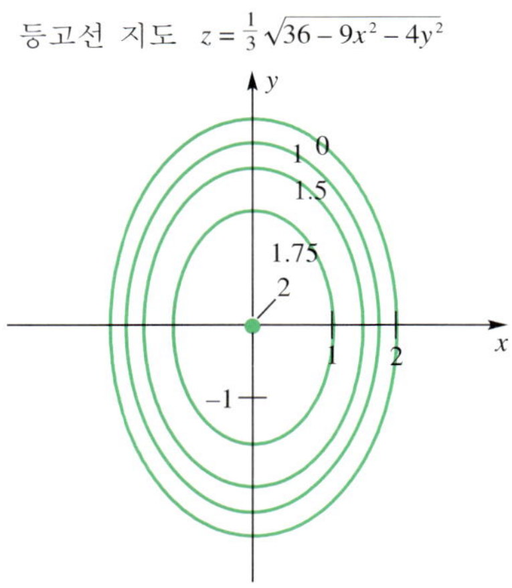

그림 12

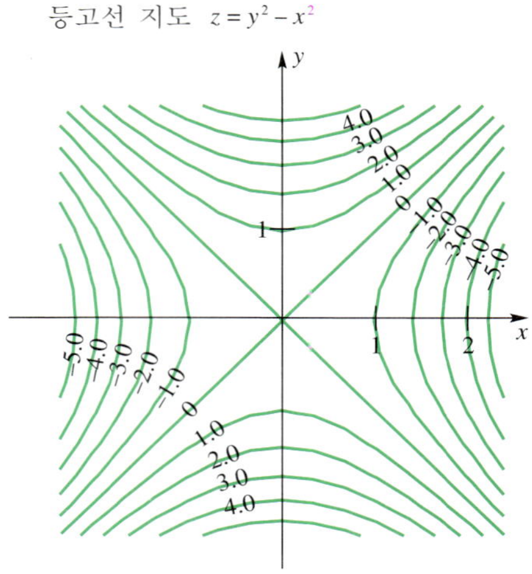

그림 13

예제 5 $z=f(x,\ y)=xy$의 등고선 지도를 그려라.

풀이 $z=-4,\ -1,\ 0,\ 1,\ 4$에 대응하는 등고선들이 그림 14이다. 이것들은 쌍곡선임을 알 수 있다. 그림 14의 등고선 지도를 그림 13과 비교해 보면, $z=xy$의 그래프는 쌍곡포물면인데, 축을 45° 회전시킨 것이라고 생각할 수 있다. 이 생각은 옳다. ■

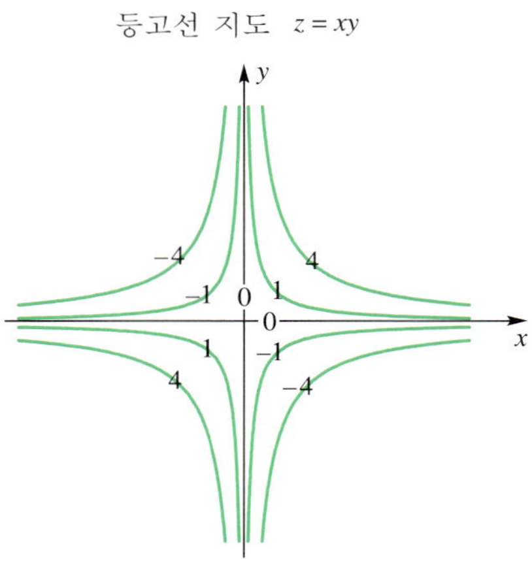

그림 14

컴퓨터 그래픽과 등고선 그림 15부터 19까지, 다섯 개의 곡면들과 그에 대응하는 등고선들을 그려 놓았다. 그리고 3차원 곡면에 등고선들을 나타낸

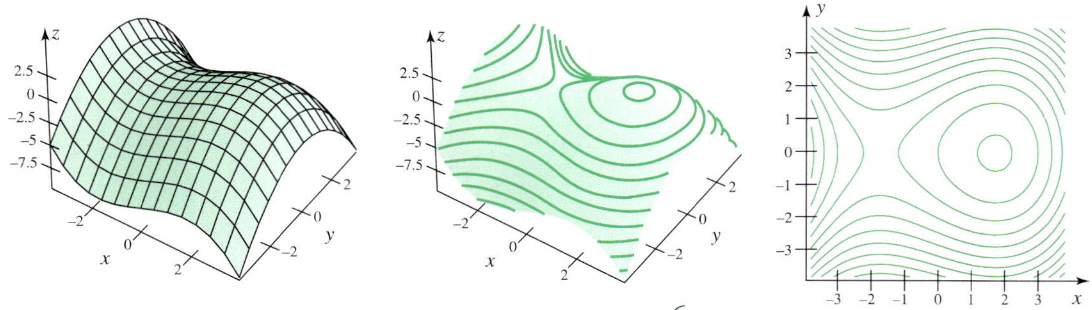

$z=x-\left(\frac{1}{9}\right)x^3-\left(\frac{1}{2}\right)y^2$ $\begin{cases}-3.8\le x\le 3.8\\ -3.8\le y\le 3.8\end{cases}$

그림 15

그림이 가운데 것이다. xy평면을 돌려 놓아, x축이 오른쪽을 향하게 하였는데, 이것은 곡면과 등고선들 사이의 관계를 좀 더 쉽게 알 수 있도록 하기 위해서이다.

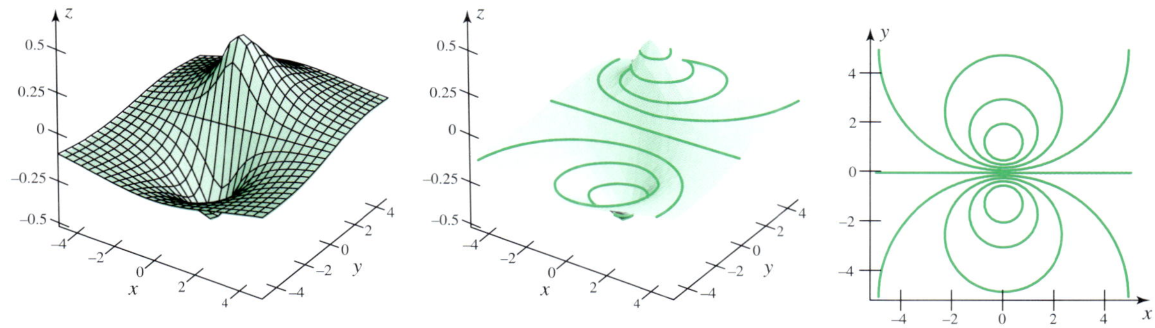

$$z = \frac{y}{(1 + x^2 + y^2)} \qquad \begin{cases} -5 \le x \le 5 \\ -5 \le y \le 5 \end{cases}$$

그림 16

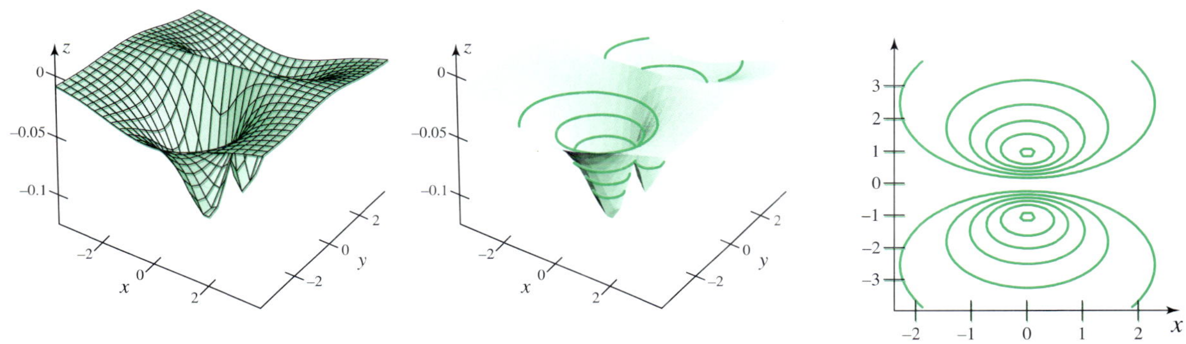

$$z = -1 + \cos\left(\frac{y}{1 + x^2 + y^2}\right) \qquad \begin{cases} -3.8 \le x \le 3.8 \\ -3.8 \le y \le 3.8 \end{cases}$$

그림 17

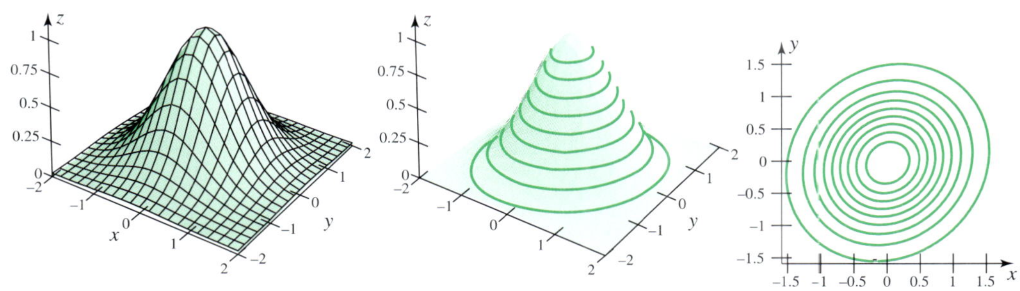

$$z = e^{-x^2 - y^2 + xy/4} \qquad \begin{cases} -2 \le x \le 2 \\ -2 \le y \le 2 \end{cases}$$

그림 18

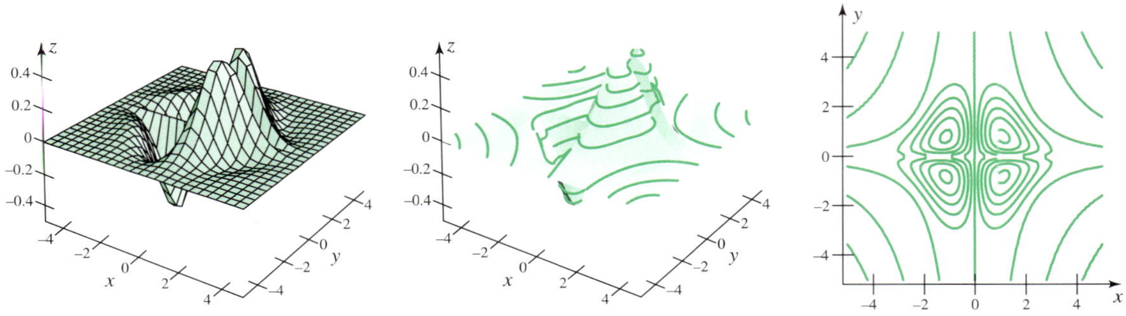

그림 19

$z = e^{-(x^2+y^2)/4}\sin(x\sqrt{|y|})$ $\begin{cases} -5 \le x \le 5 \\ -5 \le y \le 5 \end{cases}$

등고선 지도의 응용 이것을 응용하여, 지도 위의 여러 지점에 날씨라던가 기타 여러 조건들을 나타내는 데 흔히 사용한다. 예를 들어 기온은 장소에 따라서 달라진다. 위치가 (x, y)인 지점에서의 기온을 $T(x, y)$로 나타낼 수 있다. 같은 기온에 대응하는 등고선을 **등온선**(isotherms, isothermal curves)이라고 한다. 그림 20은 미국의 어떤 날의 등온선이다.

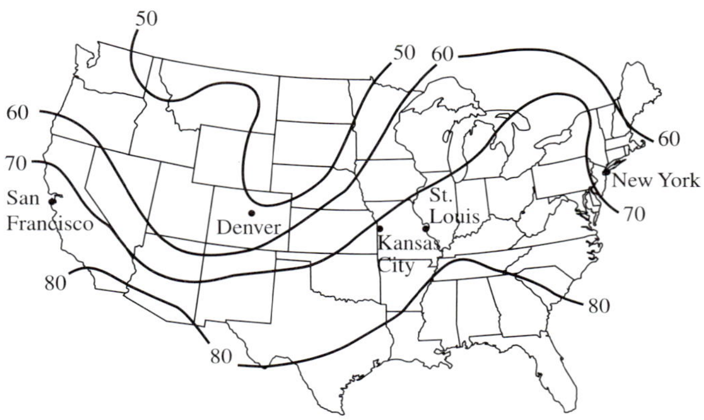

그림 20

1917년 4월 9일, 세인트루이스 바로 남쪽, 미시시피강 근처를 중심으로 하여 매우 강한 지진이 일어났다. 북쪽 멀리 아이오와주, 남쪽 멀리 미시시피주에서도 그 지진을 느낄 수 있었다. 지진의 강도는 리히터 규모 I에서 XII까지로 재는데, 숫자가 크면 클수록 더 강한 지진이다. 진도 VI의 지진이면 건물들이 부숴지게 된다. 그림 21도 등고선 지도의 일종이라고 할 수 있다. 지진의 강도가 위치 (x, y)의 함수라고 간주하면, 같은 강도에 대응하는 선을 그린 지도를 사용하여 지진의 강도를 나타내 보일 수 있다. 같은 강도를 따라 그린 선을 **등진도선**(isoseismic curves)이라고 한다. 그림 21을 보면, 진도 VI의 지진을 겪은 곳은 세인트루이스 지역과 미주리주 동남쪽 약간 좁은 띠 모양의 지역이다. 미주리주 동부와 일리노이주 남서쪽 대부분의 지역은 진도 V에서 IV의 지진을 겪었다. 캔사스시티와 멤피스는 같은 등진도선 가까이에 놓여 있으므로, 캔사스시티와 멤피스는 거의 같은 강도의 지진을 겪은 것이다.

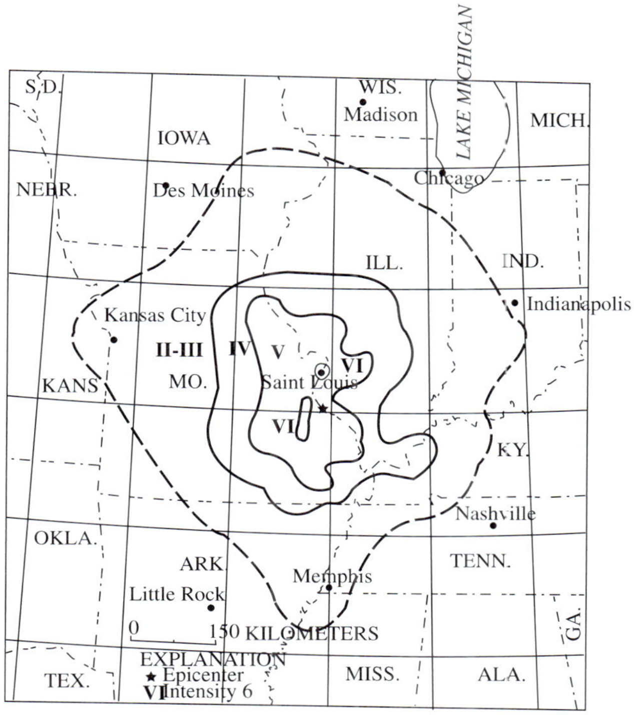

그림 21

세 개 이상의 변수를 가진 함수 세 개 이상의 변수에 의해서 변하는 양들도 여럿 있다. 예를 들어 거대한 수족관의 온도는 위치 (x, y, z)에 따라 달라지기 때문에 함수 $T(x, y, z)$를 생각하게 된다. 유체의 속도는 시간 t와 함께 위치 (x, y, z)에 따라 결정된다. 그러므로 함수 $V(x, y, z, t)$가 나온다. 그리고 학생 수가 50명인 반의 평균 시험 점수는 50개의 시험 점수 $x_1, x_2, \ldots, x_{50}$에 의해서 결정된다. 그러므로 함수 $A(x_1, x_2, \ldots, x_{50})$이 나온다.

3변수 함수는 **등고면**(등위면, level surface)을 그려서 모습을 볼 수 있다. 즉, 그것은 3차원 공간의 곡면으로서, 그 함수가 일정한 값을 갖는 점들의 집합이다. 네 개 또는 더 많은 변수들을 가지는 함수는 눈으로 볼 수 있도록 만들기가 매우 어렵다. 3변수 또는 더욱 많은 변수들을 가지는 함수의 최대정의역은, 그 함수가 의미를 가지고 실수값을 갖게 되는 모든 좌표들의 집합이다.

예제 6 다음 함수의 정의역을 구하고 함수 f의 등고면을 그려라.

(a) $f(x, y, z) = \sqrt{x^2 + y^2 + z^2 - 1}$

(b) $g(w, x, y, z) = \dfrac{1}{\sqrt{w^2 + x^2 + y^2 + z^2 - 1}}$

풀이

(a) 음수의 제곱근을 피하기 위해서, 좌표 (x, y, z)는 $x^2 + y^2 + z^2 - 1 \geq 0$을 만족해야 한다. 그러므로 f의 정의역은 단위구표면과 그 바깥에 놓여 있는 모든 점 (x, y, z)의 집합이다.

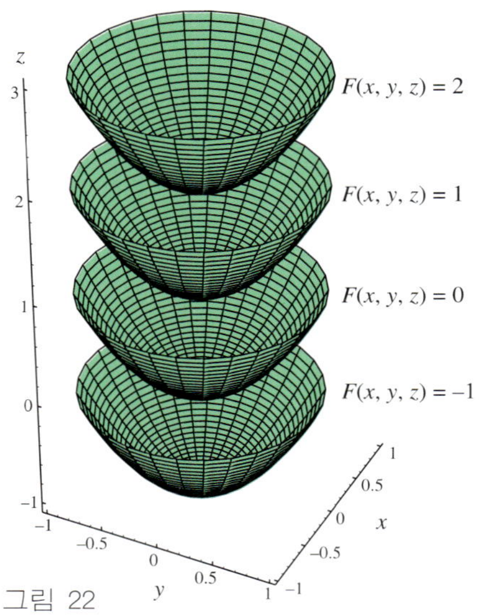

그림 22

함수 f의 등고면은 $f(x,\ y,\ z)=\sqrt{x^2+y^2+z^2-1}=c$인 3차원 공간 안의 곡면이다. $c\geq 0$이면, 이 식은 $x^2+y^2+z^2=c^2+1$인데, 이것은 중심이 원점인 구면이다. 따라서 등고면은 중심이 (0, 0, 0)인 동심구면이다.

(b) 좌표 (w, x, y, z)는 $w^2+x^2+y^2+z^2-1>0$을 만족해야 한다. 왜냐 하면 음수의 제곱근과 0으로 나누는 것을 피해야 하기 때문이다. ■

예제 7 $F(x,\ y,\ z)=z-x^2-y^2$이라 할 때, F에 관한 등고면을 나타내고 -1, 0, 1, 2인 경우에 등고면을 그려라.

풀이 관계식 $F(x,\ y,\ z)=z-x^2-y^2$으로부터 $z=c+x^2+y^2$이다. 이것은 점 $(0,\ 0,\ c)$에 꼭짓점을 갖는 위로 열려있는 포물면이다. 그림 22에 나타나있는 그림이 등고면이다. ■

개념 복습

1. $z=f(x,\ y)$로 결정되는 함수를 ______라고 한다.
2. 곡선 $z=f(x,\ y)=c$를 xy평면에 사영한 것을 ______이라 하며, 그러한 곡선들의 집합을 ______라 한다.
3. $z=x^2+y^2$의 등고선 지도는 ______로 되어 있다.
4. $z=x^2$의 등고선 지도는 ______로 되어 있다.

연습문제 12.1

1. $f(x,\ y)=x^2y+\sqrt{y}$일 때 다음 값을 구하여라.
   (a) $f(2,\ 1)$ (b) $f(3,\ 0)$
   (c) $f(1,\ 4)$ (d) $f(a,\ a^4)$
   (e) $f(1/x,\ x^4)$ (f) $f(2,\ -4)$
   이 함수의 최대정의역은 무엇인가?

2. $f(x,\ y)=y/x+xy$일 때 다음 값을 구하여라.
   (a) $f(1,\ 2)$ (b) $f\left(\frac{1}{4},\ 4\right)$
   (c) $f\left(4,\ \frac{1}{4}\right)$ (d) $f(a,\ a)$
   (e) $f(1/x,\ x^2)$ (f) $f(0,\ 0)$
   이 함수의 자연스러운 정의역은 무엇인가?

3. $g(x,\ y,\ z)=x^2\sin yz$일 때 다음 값을 구하여라.
   (a) $g(1,\ \pi,\ 2)$ (b) $g(2,\ 1,\ \pi/6)$
   (c) $g(4,\ 2,\ \pi/4)$ C (d) $g(\pi,\ \pi,\ \pi)$
   C (e) $g(1.2,\ 3.1,\ 4.2)$

4. $g(x,\ y,\ z)=\sqrt{x\cos y}+z^2$일 때, 다음 값을 구하여라.
   (a) $g(4,\ 0,\ 2)$ (b) $g(-9,\ \pi,\ 3)$
   (c) $g(2,\ \pi/3,\ -1)$ C (d) $g(3,\ 6,\ 1.2)$

5. $F(x,\ y)=x^2y$, $f(t)=t\cos t$, $g(t)=\sec^2 t$일 때 $F(f(t),\ g(t))$를 구하여라.

6. $F(x,\ y)=e^x+y^2$, $f(t)=\ln t^2$, $g(t)=e^{t/2}$일 때, $F(f(t),\ g(t))$를 구하여라.

문제 7~16에서 f의 그래프의 개형을 그려라.

7. $f(x,\ y)=6$
8. $f(x,\ y)=6-x$
9. $f(x,\ y)=6-x-2y$
10. $f(x,\ y)=6-x^2$
11. $f(x,\ y)=\sqrt{16-x^2-y^2}$
12. $f(x,\ y)=\sqrt{16-4x^2-y^2}$
13. $f(x,\ y)=3-x^2-y^2$
14. $f(x,\ y)=2-x-y^2$
15. $f(x,\ y)=e^{-(x^2+y^2)}$
16. $f(x,\ y)=x^2/y,\ y>0$

문제 17~22에서 주어진 k값들에 대해 등고선 $z=k$를 그려라.

17. $z=\frac{1}{2}(x^2+y^2)$, $k=0,\ 2,\ 4,\ 6,\ 8$

18. $z=\frac{x}{y}$, $k=-2,\ -1,\ 0,\ 1,\ 2,$

19. $z=\frac{x^2}{y}$, $k=-4,\ -1,\ 0,\ 1,\ 4$

20. $z=x^2+y$, $k=-4,\ -1,\ 0,\ 1,\ 4$

21. $z=\frac{x^2+1}{x^2+y^2}$, $k=1,\ 2,\ 4$

22. $z=y-\sin x$, $k=-2,\ -1,\ 0,\ 1,\ 2$

23. 평면상의 점 $(x,\ y)$에서의 기온이 $T(x,\ y)=\frac{x^2}{x^2+y^2}$일 때 $T=\frac{1}{10},\ \frac{1}{5},\ \frac{1}{2},\ 0$에 대응하는 등온선을 그려라.

24. 평면상의 점 $(x,\ y)$에서의 전압이 $V(x,\ y)$이면, V의 등고선들을 **등위곡선**(equipotential curves)이라고 부른다. 전압이 $V(x,\ y)=\frac{4}{\sqrt{(x-2)^2+(y+3)^2}}$ 일 때 $V=\frac{1}{2},\ 1,\ 2,\ 4$에 대응하는 등위곡선들을 그려라.

25. 그림 20은 미국의 등온선 지도이다.

(a) 세인트루이스와 기온이 거의 같은 곳은 샌프란시스코, 덴버, 뉴욕 중 어느 도시인가?

(b) 캔사스시티에 있는 사람이 가능한 한 빨리 날씨가 시원한 곳으로 가고 싶으면, 어느 방향으로 차를 몰고 가야 하겠는가? 날씨가 따뜻한 곳으로 가고 싶으면?

(c) 기온이 거의 변하지 않도록 하려면, 캔사스시티에서 어느 방향으로 가면 되겠는가?

26. 그림 23은 기압을 밀리바 단위로 표시해 놓은 지도이다. 기압이 같은 곳을 따라 그어 놓은 곡선들을 **등압선**(isobars)이라고 한다.

(a) 기압이 가장 낮은 지역은? 가장 높은 지역은?

(b) 세인트루이스에 있는 사람이 가능한 한 빨리 기압이 낮은 곳으로 가고 싶으면, 어느 방향으로 움직여야 하는가? 기압이 높은 곳으로 가고 싶으면?

(c) 기압이 거의 변하지 않도록 하려면, 세인트루이스에서 어느 방향으로 가면 되겠는가?

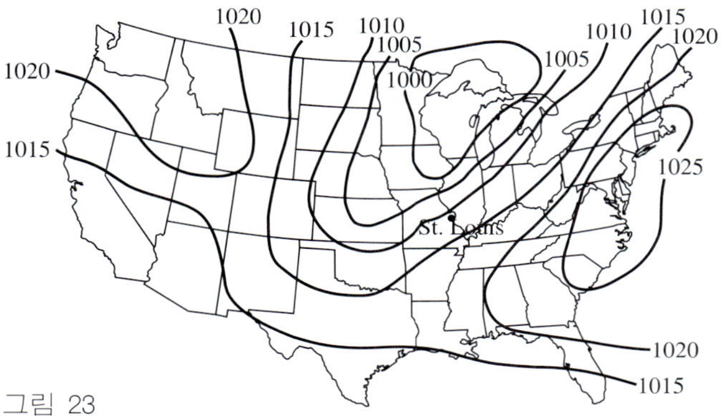

그림 23

문제 27~32에서 다음 3변수 함수의 정의역을 기하학적으로 설명하여라.

27. $f(x,\ y,\ z)=\sqrt{x^2+y^2+z^2-16}$

28. $f(x,\ y,\ z)=\sqrt{x^2+y^2-z^2-9}$

29. $f(x,\ y,\ z)=\sqrt{144-16x^2-9y^2-144z^2}$

30. $f(x,\ y,\ z)=\frac{(144-16x^2-16y^2+9z^2)^{3/2}}{xyz}$

31. $f(x,\ y,\ z)=\ln(x^2+y^2+z^2)$

32. $f(x,\ y,\ z)=z\ln(xy)$

문제 33~38에서 함수의 등고면을 기하학적으로 설명하여라.

33. $f(x,\ y,\ z)=x^2+y^2+z^2;\ k>0$

34. $f(x,\ y,\ z)=100x^2+16y^2+25z^2;\ k>0$

35. $f(x,\ y,\ z)=16x^2+16y^2-9z^2$

36. $f(x,\ y,\ z)=9x^2-4y^2-z^2$

37. $f(x,\ y,\ z)=4x^2-9y^2$

38. $f(x,\ y,\ z)=e^{x^2+y^2+z^2},\ k>0$

39. 다음 함수의 정의역을 구하여라.

(a) $f(w,\ x,\ y,\ z)=\frac{1}{\sqrt{w^2+x^2+y^2+z^2}}$

(b) $g(x_1,\ x_2,\ ...,\ x_n)=\exp(-x_1^2-x_2^2-\cdots-x_n^2)$

(c) $h(x_1,\ x_2,\ ...,\ x_n)=\sqrt{1-(x_1^2+x_2^2+\cdots+x_n^2)}$

40. 원숭이 안장 $z=x(x^2-3y^2)$의 그래프를 (가능한한 잘) 그려라. 먼저 $z=0$이 되는 부분을 찾도록 하여라.

41. 그림 24의 등고선 지도는 3000피트 높이인 산의 등고선을 나타낸 것이다.

(a) 정상으로 가는 등산로 AC의 특별한 성질은? 등산로 BC의 특별한 성질은?

(b) 등산로 AC의 총 거리, BC의 총 거리를 추정하여라.

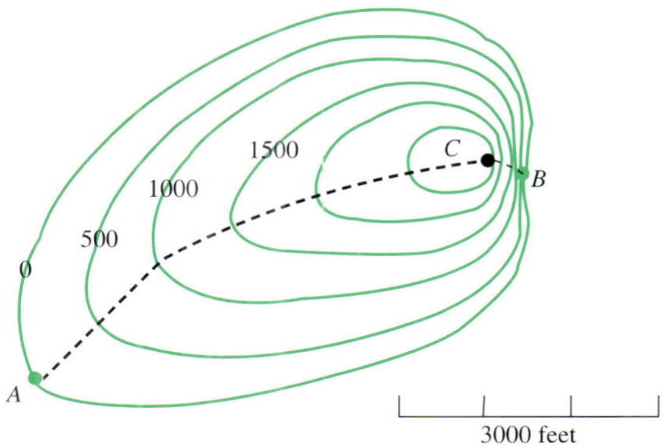

그림 24

42. $f(x, y)=x^2-x+3y^2+12y-13$의 그래프가 어떤 종류인지 밝혀라. 이것이 어디에서 최소값을 가지는지, 그 최소값은 얼마인지 밝혀라.

CAS 문제 43~46의 각각의 함수에 대해서, 그래프를 그리고, 대응하는 등고선 지도를 그려라.

43. $f(x, y)=\sin\sqrt{2x^2+y^2}$; $-2\le x\le 2$, $-2\le y\le 2$

44. $f(x, y)=\sin(x^2+y^2)/(x^2+y^2)$, $f(0, 0)=1$; $-2\le x\le 2$, $-2\le y\le 2$

45. $f(x, y)=(2x-y^2)\exp(-x^2-y^2)$; $-2\le x\le 2$, $-2\le y\le 2$

46. $f(x, y)=(\sin x\sin y)/(1+x^2+y^2)$; $-2\le x\le 2$, $-2\le y\le 2$

개념 복습 해답: **1.** 이변수의 실수값 함수 **2.** 등고선, 등고선 지도 **3.** 동심원들 **4.** 평행선들

12.2 편도함수

f가 두 변수 x, y의 함수라고 하자. y를 일정하게, 이를테면 $y=y_0$으로 유지하면, $f(x, y_0)$은 하나의 변수 x의 함수이다. 이것의 $x=x_0$에서의 도함수를 (x_0, y_0)에서 **f의 x에 대한 편도함수**라고 하며, 기호 $f_x(x_0, y_0)$으로 나타낸다. 즉,

$$f_x(x_0, y_0)=\lim_{\Delta x\to 0}\frac{f(x_0+\Delta x, y_0)-f(x_0, y_0)}{\Delta x}$$

마찬가지로, (x_0, y_0)에서 f의 y에 대한 편도함수를 기호 $f_y(x_0, y_0)$으로 나타내며, 다음과 같이 주어진다.

$$f_y(x_0, y_0)=\lim_{\Delta y\to 0}\frac{f(x_0, y_0+\Delta y)-f(x_0, y_0)}{\Delta y}$$

위의 네모 속의 정의를 사용하여, $f_x(x_0, y_0)$과 $f_y(x_0, y_0)$을 구하는 대신에, 미분에 관한 여러 공식들을 사용하여 $f_x(x, y)$와 $f_y(x, y)$를 구하고 나서, $x=x_0$, $y=y_0$을 대입해서 구하는 것이 보통이다.

예제 1 $f(x, y)=x^2y+3y^3$일 때, $f_x(1, 2)$와 $f_y(1, 2)$를 구하여라.

풀이 $f_x(x, y)$를 구하기 위해서 y를 상수로 생각하고, x에 대해서 미분한다. 그러면 다음을 얻는다.

$$f_x(x, y)=2xy+0$$

따라서

$$f_x(1, 2)=2\cdot 1\cdot 2=4$$

마찬가지로, x를 상수로 생각하고, y에 대해서 미분하면 다음을 얻는다.

$$f_y(x, y)=x^2+9y^2$$

따라서

$$f_y(1, 2)=1^2+9\cdot 2^2=37.$$

■

$z=f(x,\ y)$에 대한 편도함수를 나타낼 때 다음 기호들을 사용하기도 한다.

$$f_x(x,\ y)=\frac{\partial z}{\partial x}=\frac{\partial f(x,\ y)}{\partial x} \qquad f_y(x,\ y)=\frac{\partial z}{\partial y}=\frac{\partial f(x,\ y)}{\partial y}$$

$$f_x(x_0,\ y_0)=\left.\frac{\partial z}{\partial x}\right|_{(x_0,\ y_0)} \qquad f_y(x_0,\ y_0)=\left.\frac{\partial z}{\partial y}\right|_{(x_0,\ y_0)}$$

기호 ∂는 특수한 수학 기호로서, 편미분을 나타낼 때 사용한다. 기호 $\frac{\partial}{\partial x}$와 $\frac{\partial}{\partial y}$는 선형 연산자를 나타내는데, 2장에서 공부한 선형 연산자 D_x, $\frac{d}{dx}$와 비슷하다.

예제 2 $z=x^2\sin(xy^2)$일 때, $\partial z/\partial x$와 $\partial z/\partial y$를 구하여라.

풀이

$$\begin{aligned}\frac{\partial z}{\partial x}&=x^2\frac{\partial}{\partial x}\left[\sin(xy^2)\right]+\sin(xy^2)\frac{\partial}{\partial x}(x^2)\\&=x^2\cos(xy^2)\frac{\partial}{\partial x}(xy^2)+\sin(xy^2)\cdot 2x\\&=x^2\cos(xy^2)\cdot y^2+2x\sin(xy^2)\\&=x^2y^2\cos(xy^2)+2x\sin(xy^2)\end{aligned}$$

$$\frac{\partial z}{\partial y}=x^2\cos(xy^2)\cdot 2xy=2x^3y\cos(xy^2).$$ ■

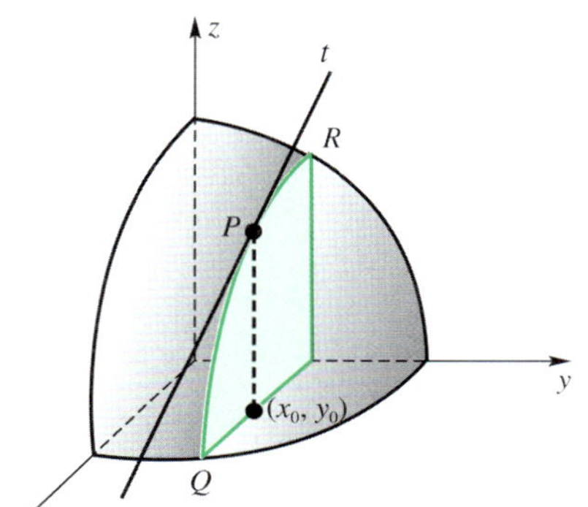

$f_x(x_0,\ y_0)=l$의 기울기

그림 1

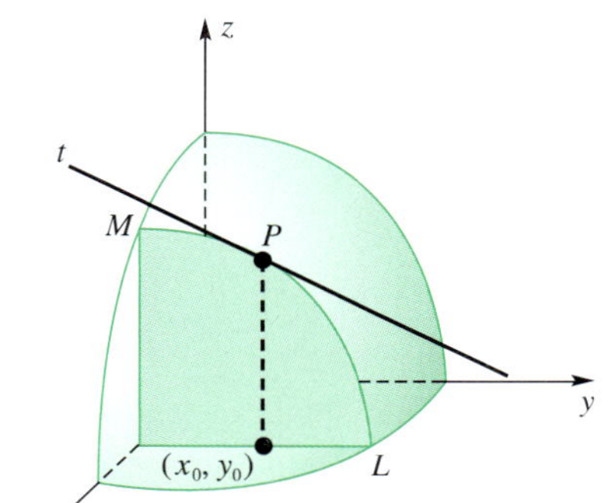

$f_y(x_0,\ y_0)=l$의 기울기

그림 2

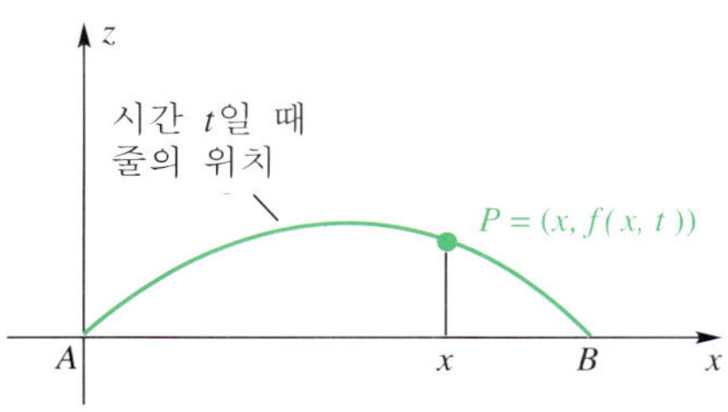

그림 3

기하학적 의미와 물리학적 의미 방정식 $z=f(x,\ y)$의 곡면을 생각한다. 평면 $y=y_0$은 이 곡면과 만나서, 평면곡선 QPR을 만든다(그림 1). 그리고 $f_x(x_0, y_0)$의 값은 이 곡선의 점 $P(x_0,\ y_0,\ f(x_0,\ y_0))$에서의 접선의 기울기이다. 마찬가지로 평면 $x=x_0$은 이 곡면과 교차하여서, 평면곡선 LPM을 만든다(그림 2). 그리고 $f_y(x_0,\ y_0)$의 값은 이 곡선의 점 P에서의 접선의 기울기이다.

편미분은 변화율이라고 해석할 수도 있다. 바이올린 줄을 점 A, B에 묶어 놓아서, 줄이 xz평면에서 떤다고 가정하자. 그림 3은 대표적으로 시간 t일 때 줄의 위치를 나타낸다. 가로 좌표가 x이고 시간이 t일 때, 점 P에 있는 줄의 높이를 $z=f(x, t)$로 나타내자. 그러면 $\partial z/\partial x$는 P에서 줄의 기울기이며, $\partial z/\partial t$는 주어진 수직 직선을 따라서 P의 높이가 시간에 대해서 변화하는 비율이다. 바꿔 말하면, $\partial z/\partial t$는 P의 수직 속도이다.

예제 3 곡면 $z=f(x,\ y)=\sqrt{9-2x^2-y^2}$과 평면 $y=1$이 교차하여 그림 1의 곡선이 생긴다. 점 $(\sqrt{2},\ 1,\ 2)$에서의 접선의 매개변수 방정식을 구하여라.

풀이

$$f_x(x,\ y)=\frac{1}{2}(9-2x^2-y^2)^{-1/2}(-4x)$$

따라서 $f_x(\sqrt{2},\ 1)=-\sqrt{2}$. 이 값은 점 $(\sqrt{2},\ 1,\ 2)$에서 곡선에 접하는 접선의 기울기이다. 즉, $-\sqrt{2}/1$는 접선을 따른 변화율이다. 그러므로 이 직선의 방향벡터는 $(1,\ 0,\ -\sqrt{2})$이고, 이 직선이 점 $(\sqrt{2},\ 1,\ 2)$를 지나므로, 매개변수 방정식은 다음과 같다.

$$x=\sqrt{2}+t, \qquad y=1, \qquad z=2-\sqrt{2}\,t.$$ ■

예제 4 어떤 기체가 있는데, 그 온도 T와 압력 P는 기체의 법칙 $PV=10T$를 만족한다. 여기서 V는 세제곱 인치 단위이고, P는 제곱 인치당 파운드, T는 켈빈 온도이다. V를 50으로 일정하게 유지하면, $T=200$인 순간 압력은 온도에 대해서 어떤 비율로 변화하는가?

풀이 $P=10T/V$이므로,

$$\frac{\partial P}{\partial T}=\frac{10}{V}$$

따라서

$$\left.\frac{\partial P}{\partial T}\right|_{T=200,\ V=50}=\frac{10}{50}=\frac{1}{5}$$

그러므로 압력은 켈빈온도당 $\frac{1}{5}$ 파운드/제곱인치의 비율로 증가한다. ■

고계 편도함수 일반적으로 x와 y의 함수의 편도함수는 이들 두 변수에 대한 또 다른 함수이기 때문에, 그것도 x 또는 y에 대해서 미분가능일 수 있다. 따라서 네 가지의 f의 **2계 편도함수**가 나온다.

$$f_{xx}=\frac{\partial}{\partial x}\left(\frac{\partial f}{\partial x}\right)=\frac{\partial^2 f}{\partial x^2}, \qquad f_{yy}=\frac{\partial}{\partial y}\left(\frac{\partial f}{\partial y}\right)=\frac{\partial^2 f}{\partial y^2}$$

$$f_{xy}=(f_x)_y=\frac{\partial}{\partial y}\left(\frac{\partial f}{\partial x}\right)=\frac{\partial^2 f}{\partial y\,\partial x}, \qquad f_{yx}=(f_y)_x=\frac{\partial}{\partial x}\left(\frac{\partial f}{\partial y}\right)=\frac{\partial^2 f}{\partial x\,\partial y}$$

예제 5 다음 함수의 네 가지의 2계 편도함수를 구하여라.

$$f(x,\ y)=xe^y-\sin(x/y)+x^3y^2$$

풀이

$$f_x(x,\ y)=e^y-\frac{1}{y}\cos\left(\frac{x}{y}\right)+3x^2y^2$$

$$f_y(x,\ y)=xe^y+\frac{x}{y^2}\cos\left(\frac{x}{y}\right)+2x^3y$$

$$f_{xx}(x,\ y)=\frac{1}{y^2}\sin\left(\frac{x}{y}\right)+6xy^2$$

$$f_{yy}(x,\ y)=xe^y+\frac{x^2}{y^4}\sin\left(\frac{x}{y}\right)-\frac{2x}{y^3}\cos\left(\frac{x}{y}\right)+2x^3$$

$$f_{xy}(x,\ y)=e^y-\frac{x}{y^3}\sin\left(\frac{x}{y}\right)+\frac{1}{y^2}\cos\left(\frac{x}{y}\right)+6x^2y$$

$$f_{yx}(x,\ y)=e^y-\frac{x}{y^3}\sin\left(\frac{x}{y}\right)+\frac{1}{y^2}\cos\left(\frac{x}{y}\right)+6x^2y$$ ■

예제 5에서 $f_{xy}=f_{yx}$임을 주목하기 바란다. 기초과정에서 다루는 2변수 함수들은 거의 모두 이렇게 된다. 이 등식이 성립할 조건은 12.3절(정리 C)에서 다룬다.

3계 또는 3계 이상의 편도함수들도 이와 유사하게 정의하며, 이들을 나타내는 기호도 비슷하다. f가 2변수 x, y의 함수라고 하자. f를 먼저 x에 대해 편미분하고, 그 다음에 y에 대해 두 번 편미분해서 나오는 f의 3계 편도함수는 다음 기호로 나타낸다.

$$\frac{\partial}{\partial y}\left[\frac{\partial}{\partial y}\left(\frac{\partial f}{\partial x}\right)\right]=\frac{\partial}{\partial y}\left(\frac{\partial^2 f}{\partial y\partial x}\right)=\frac{\partial^3 f}{\partial y^2\partial x}=f_{xyy}$$

3계 편도함수는 모두 여덟 종류가 있다.

변수가 두 개 이상 f는 세 개의 변수 x, y, z의 함수라고 하자. (x, y, z)에서 **f의 x에 대한 편도함수**는 기호 $f_x(x, y, z)$ 또는 $\partial f(x, y, z)/\partial x$로 나타내며, 다음 정의한다.

$$f_x(x, y, z)=\lim_{\Delta x\to 0}\frac{f(x+\Delta x, y, z)-f(x, y, z)}{\Delta x}$$

그러므로 $f_x(x, y, z)$를 구하려면, y와 z를 상수로 생각하고, x에 대해서 미분하면 된다.

y와 z에 대한 편도함수도 비슷한 방법으로 정의한다. 네 개 또는 더욱 많은 변수들을 가지는 함수의 편도함수도 비슷한 방법으로 정의한다(연습문제 49 참조). 두 개 이상의 변수들에 대한 미분을 포함한 f_{xy}, f_{xyz}와 같은 편도함수들을 **혼합 편도함수**(mixed partial derivative)라고 한다.

예제 6 $f(x, y, z)=xy+2yz+3zx$일 때 f_x, f_y, f_z를 구하여라.

풀이 f_x를 구하기 위해서, y와 z를 상수로 생각하고, 변수 x에 대해서 미분한다. 그러면

$$f_x(x, y, z)=y+3z$$

f_y를 구하기 위해서, x와 z를 상수로 생각하고, y에 대해서 미분한다. 그러면

$$f_y(x, y, z)=x+2z$$

마찬가지로,

$$f_z(x, y, z)=2y+3x$$

■

예제 7 $T(w, x, y, z)=z\,e^{w^2+x^2+y^2}$일 때, 네 가지의 1계 편도함수를 모두 구하고, $\frac{\partial^2 T}{\partial w\partial x}$, $\frac{\partial^2 T}{\partial x\partial w}$, $\frac{\partial^2 T}{\partial z^2}$을 구하여라.

풀이 네 가지의 1계 편도함수들은 다음과 같다.

$$\frac{\partial T}{\partial w}=\frac{\partial}{\partial w}(z\,e^{w^2+x^2+y^2})=2wz\,e^{w^2+x^2+y^2}$$

$$\frac{\partial T}{\partial x}=\frac{\partial}{\partial x}(z\,e^{w^2+x^2+y^2})=2xz\,e^{w^2+x^2+y^2}$$

$$\frac{\partial T}{\partial y}=\frac{\partial}{\partial y}(z\,e^{w^2+x^2+y^2})=2yz\,e^{w^2+x^2+y^2}$$

$$\frac{\partial T}{\partial z}=\frac{\partial}{\partial z}(z\,e^{w^2+x^2+y^2})=e^{w^2+x^2+y^2}$$

그리고 요구하는 다른 편도함수들은

$$\frac{\partial^2 T}{\partial w\partial x}=\frac{\partial^2}{\partial w\partial x}(z\,e^{w^2+x^2+y^2})=\frac{\partial}{\partial w}(2xz\,e^{w^2+x^2+y^2})=4wxz\,e^{w^2+x^2+y^2}$$

$$\frac{\partial^2 T}{\partial x\partial w}=\frac{\partial^2}{\partial x\partial w}(z\,e^{w^2+x^2+y^2})=\frac{\partial}{\partial x}(2wz\,e^{w^2+x^2+y^2})=4wxz\,e^{w^2+x^2+y^2}$$

$$\frac{\partial^2 T}{\partial z^2}=\frac{\partial^2}{\partial z^2}(z\,e^{w^2+x^2+y^2})=\frac{\partial}{\partial z}(e^{w^2+x^2+y^2})=0$$ ■

개념 복습

1. $f_x(x_0, y_0)$은 극한으로서 ______로 정의하며, (x_0, y_0)에서 ______이라고 한다.

2. $f(x, y)=x^3+xy$이면, $f_x(1, 2)=$______이고 $f_y(1, 2)=$______이다.

3. $f_{xy}(x, y)$를 나타내는 다른 기호는 ______이다.

4. $f(x, y)=g(x)+h(y)$이면, $f_{xy}(x, y)=$______이다.

연습문제 12.2

문제 1~16에서 함수의 1계 편도함수를 모두 구하여라.

1. $f(x, y)=(2x-y)^4$

2. $f(x, y)=(4x-y^2)^{3/2}$

3. $f(x, y)=\dfrac{x^2-y^2}{xy}$

4. $f(x, y)=e^x\cos y$

5. $f(x, y)=e^y\sin x$

6. $f(x, y)=(3x^2+y^2)^{-1/3}$

7. $f(x, y)=\sqrt{x^2-y^2}$

8. $f(u, v)=e^{uv}$

9. $g(x, y)=e^{-xy}$

10. $f(s, t)=\ln(s^2-t^2)$

11. $f(x, y)=\tan^{-1}(4x-7y)$

12. $F(w, z)=w\sin^{-1}\left(\dfrac{w}{z}\right)$

13. $f(x, y)=y\cos(x^2+y^2)$

14. $f(s, t)=e^{t^2-s^2}$

15. $F(x, y)=2\sin x\cos y$

16. $f(r, \theta)=3r^3\cos 2\theta$

문제 17~20에서 다음이 성립함을 확인하여라.

$$\frac{\partial^2 f}{\partial y\partial x}=\frac{\partial^2 f}{\partial x\partial y}$$

17. $f(x, y)=2x^2y^3-x^3y^5$

18. $f(x, y)=(x^3+y^2)^5$

19. $f(x, y)=3e^{2x}\cos y$

20. $f(x, y)=\tan^{-1}xy$

21. $F(x, y)=\dfrac{2x-y}{xy}$이다. $F_x(3, -2)$와 $F_y(3, -2)$를 구하여라.

22. $F(x, y)=\ln(x^2+xy+y^2)$이다. $F_x(-1, 4)$와 $F_y(-1, 4)$을 구하여라.

23. $f(x, y)=\tan^{-1}(y^2/x)$이다. $f_x(\sqrt{5}, -2)$와 $f_y(\sqrt{5}, -2)$를 구하여라.

24. $f(x, y)=e^y\cosh x$이다. $f_x(-1, 1)$과 $f_y(-1, 1)$을 구하여라.

25. 곡면 $36z=4x^2+9y^2$과 평면 $x=3$이 만나는 곡선 위의 점 $(3, 2, 2)$에서의 접선의 기울기를 구하여라.

26. 곡면 $3z=\sqrt{36-9x^2-4y^2}$과 평면 $x=1$이 만나는 곡선 위의 점 $(1, -2, \sqrt{11}/3)$에서의 접선의 기울기를 구하여라.

27. 곡면 $2z=\sqrt{9x^2+9y^2-36}$과 평면 $y=1$이 만나는 곡선 위의 점 $\left(2, 1, \dfrac{3}{2}\right)$에서의 접선의 기울기를 구하여라.

28. 기둥면 $4z=5\sqrt{16-x^2}$과 평면 $y=3$이 만나는 곡선 위의 점 $(2, 3, 5\sqrt{3}/2)$에서의 접선의 기울기를 구하여라.

29. 수직 원기둥의 부피 V는 $V=\pi r^2 h$로 주어진다. 여기서 r은 반지름이고, h는 높이이다. h를 $h=10$ 인치로 일정하게 유지한다면, $r=6$ 인치인 순간 V의 r에 대한 변화 비율을 구하여라.

30. xy평면에 놓여 있는 금속판의 온도가 섭씨 $T(x,\ y)=4+2x^2+y^3$ 도로 주어진다. 점 (3, 2)에서 출발하여 y축 양의 방향으로 움직인다면, 거리에 (피트 단위) 대한 온도의 변화 비율은 얼마인가?

31. 이상 기체의 법칙(보일 샤를의 법칙)에 따르면, 기체의 압력, 온도, 부피는 $PV=kT$의 관계가 있다. 여기서 k는 상수이다. 기체의 부피를 100 세제곱 인치로 유지하고 있을 때, 기온이 300°K인 순간 기온에 대한 압력(제곱 인치당 파운드)의 변화 비율을 구하여라.

32. 문제 31의 이상적인 기체에 대해서,

$$V\frac{\partial P}{\partial V}+T\frac{\partial P}{\partial T}=0, \quad \frac{\partial P}{\partial V}\frac{\partial V}{\partial T}\frac{\partial T}{\partial P}=-1$$

임을 보여라.

2변수 함수가 **라플라스 방정식**(Laplace's equation)

$$\frac{\partial^2 f}{\partial x^2}+\frac{\partial^2 f}{\partial y^2}=0$$

을 만족하면 **조화함수**(harmanic function)라고 부른다. 문제 33, 34의 함수는 조화함수임을 보여라.

33. $f(x,\ y)=x^3y-xy^3$

34. $f(x,\ y)=\ln(4x^2+4y^2)$

35. $F(x,\ y)=3x^4y^5-2x^2y^3$이다. $\partial^3F(x,\ y)/\partial y^3$을 구하여라.

36. $f(x, y)=\cos(2x^2-y^2)$이다. $\partial^3 f(x, y)/\partial y\partial x^2$을 구하여라.

37. 다음을 ∂ 기호를 사용하여 나타내어라.

(a) f_{yyy} (b) f_{xxy} (c) f_{xyyy}

38. 다음을 밑첨자를 사용한 기호로 나타내어라.

(a) $\dfrac{\partial^3 f}{\partial x^2 \partial y}$ (b) $\dfrac{\partial^4 f}{\partial x^2 \partial y^2}$ (c) $\dfrac{\partial^5 f}{\partial x^3 \partial y^2}$

39. $f(x,\ y,\ z)=3x^2y-xyz+y^2z^2$이다. 다음을 각각 구하여라.

(a) $f_x(x,\ y,\ z)$ (b) $f_y(0,\ 1,\ 2)$ (c) $f_{xy}(x,\ y,\ z)$

40. $f(x,\ y,\ z)=(x^3+y^2+z)^4$이다. 다음을 각각 구하여라.

(a) $f_x(x,\ y,\ z)$ (b) $f_y(0,\ 1,\ 1)$ (c) $f_{zz}(x,\ y,\ z)$

41. $f(x, y, z)=e^{-xyz}-\ln(xy-z^2)$이다. $f_x(x,\ y,\ z)$를 구하여라.

42. $f(x,\ y,\ z)=(xy/z)^{1/2}$이다. $f_x(-2,\ -1,\ 8)$을 구하여라.

43. 곡면 $z=x^4+xy^3+12$와 평면 $x=1$이 만나는 곡선을 따라서 꿀벌이 위로 날아가고 있다. 점 (1, −2, 5)에서, 꿀벌이 접선을 따라 날기 시작했다. 꿀벌이 xz평면을 때리는 지점은? (예제 3 참조)

44. 반지름 10인 원의 안에 놓여 있는 직사각형의 변의 길이를 x, y라 하고, 그 직사각형의 넓이를 $A(x,\ y)$라 하자. 선분이나 점이 되는 경우는 제외한다. 함수 $A(x,\ y)$의 정의역과 치역을 구하여라.

45. 구간 [0, 1]을 x, y에서 잘라서, 세 토막을 낸다. 이 세 토막으로 만드는 삼각형의 넓이를 $A(x,\ y)$라 하자. 선분이 되는 경우는 제외한다. 함수 $A(x,\ y)$의 정의역과 치역을 구하여라.

46. **파동 방정식**(wave equation) $c^2\partial^2u/\partial x^2=\partial^2u/\partial t^2$과 **열전도 방정식**(heat equation) $c\,\partial^2u/\partial x^2=\partial u/\partial t$는 물리학에서 매우 중요한 방정식들이다. 여기서 c는 상수. 이것들을 **편미분 방정식**(partial differential equation)이라고 한다. 다음 각각이 성립함을 보여라.

(a) $u=\cos x\cos ct$와 $u=e^x\cosh ct$는 파동 방정식을 만족한다.

(b) $u=e^{-ct}\sin x$와 $u=t^{-1/2}e^{-x^2/(4ct)}$는 열전도 방정식을 만족한다.

47. 그림 4에 나오는 $z=f(x,\ y)$의 등고선 지도를 가지고, 다음 값들을 추정하여라.

(a) $f_y(1,\ 1)$ (b) $f_x(-4,\ 2)$
(c) $f_x(-5,\ -2)$ (d) $f_y(0,\ -2)$

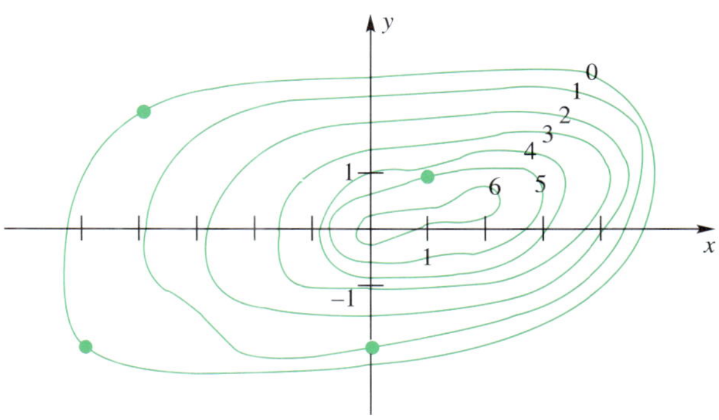

그림 4

CAS **48.** 컴퓨터 수학 소프트웨어를 사용하여 편도함수를 계산하고 그래프를 그릴 수 있다. 다음 각각의 그래프를 그려라.

(a) $\sin(x+y^2)$ (b) $D_x\sin(x+y^2)$
(c) $D_y\sin(x+y^2)$ (d) $D_x(D_y\sin(x+y^2))$

49. 극한을 사용하여, 다음 각각의 편도함수의 정의를 말하여라.

(a) $f_y(x,\ y,\ z)$ (b) $f_z(x,\ y,\ z)$
(c) $G_x(w,\ x,\ y,\ z)$ (d) $\dfrac{\partial}{\partial z}\lambda(x,\ y,\ z,\ t)$

(e) $\dfrac{\partial}{\partial b_2}S(b_0,\ b_1,\ b_2,\ \dots,b_n)$

50. 다음 편도함수를 구하여라.

(a) $\dfrac{\partial}{\partial w}(\sin w \sin x \cos y \cos z)$ (b) $\dfrac{\partial}{\partial x}[x \ln(wxyz)]$

(c) $\lambda(x,\ y,\ z,\ t)=\dfrac{t \cos x}{1+xyzt}$일 때, $\lambda_t(x,\ y,\ z,\ t)$.

개념 복습 해답: **1.** $\lim_{\Delta x \to 0}[f(x_0+\Delta x,\ y_0)-f(x_0,\ y_0)]/\Delta x$, x에 대한 f의 편도함수 **2.** 5; 1 **3.** $\partial^2 f/\partial y \partial x$ **4.** 0

12.3 극한과 연속

이 절에서는 다음 표현의 의미를 아는 것이 목표이다.

$$\lim_{(x,\ y)\to(a,\ b)} f(x,\ y)=L$$

이변수 또는 다변수 함수의 극한을 배우기 전에 편도함수를 언급한 것은 이상하게 보일 것이다. 그렇지만 제 1 장에서 극한과 제 2 장에서 도함수를 다루었고, 편도함수에서 한 개를 제외한 나머지 모든 변수는 고정되기 때문에 편도함수는 실제로 보다 간단하며 편도함수를 정의하는데 필요한 개념은 일변수 함수의 극한에 대한 개념이다. 반면에, 이변수(또는 다변수) 함수의 극한은 $(x,\ y)$가 $(a,\ b)$에 가까와지는 모든 길을 생각해야 되기 때문에 보다 더 깊은 개념이다.

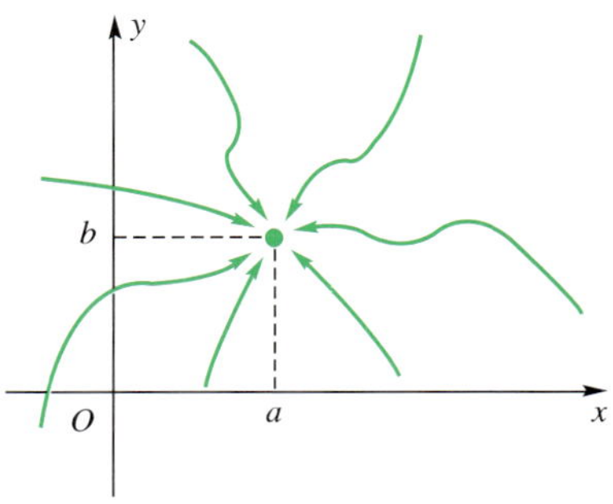

그림 1

이변수 함수의 극한은 일반적인 직관적 의미를 갖는다: $(x,\ y)$가 $(a,\ b)$로 가까이 갈 때, $f(x,\ y)$의 값이 수 L로 한없이 가까이 간다. 그런데 문제는 $(x,\ y)$가 $(a,\ b)$로 가까이 가는 길이 수없이 많다는 것이다(그림 1). $(x,\ y)$가 어떤 길을 따라서 $(a,\ b)$로 가든, 그 길에 관계없이 같은 L이 나오도록 극한의 정의를 택해야 한다. 다행히도, 1변수의 실수값 함수에 대한 극한의 정의(1.1절)와 일변수의 벡터값 함수에 대한 극한의 정의(11.5절)가 여기에서 필요한 것과 비슷하다.

정의 이변수 함수의 극한

극한 기호 $\lim_{(x,\ y)\to(a,\ b)} f(x,\ y)=L$의 의미; 각각의 $\varepsilon>0$에 대해서(이것이 아무리 작더라도), 그에 대응하는 $\delta>0$가 존재하여, $0<\|(x,\ y)-(a,\ b)\|<\delta$이면 $|f(x,\ y)-L|<\varepsilon$이다.

$\|(x,\ y)-(a,\ b)\|$의 의미를 파악하려면, $(x,\ y)$와 $(a,\ b)$를 벡터들로 생각한다. 그러면

$$\|(x,\ y)-(a,\ b)\|=\sqrt{(x-a)^2+(y-b)^2}$$

그리고 $0<\|(x,\ y)-(a,\ b)\|<\delta$를 만족하는 점들은, 중심이 $(a,\ b)$이고 반지름이 δ인 원 내부의 점들인데, 중심은 제외한다(그림 2 참조). 정의의 본질은 이것이다: (x, y)를 (a, b)에 한없이 가깝게 잡을 때 (δ범위 안에서, 거리는 $\|(x, y)-(a,\ b)\|$로 잰다), $f(x,\ y)$를 L에 가깝게 잡을 수 있다(ε범위 안에서, 거리는 $|f(x,\ y)-L|$로 잰다). 이 정의를 제 1 장에서 극한의 정의와 제11장에서 벡터

값 함수의 정의를 비교해 보면, 닮은 점을 분명하게 알 수 있을 것이다.

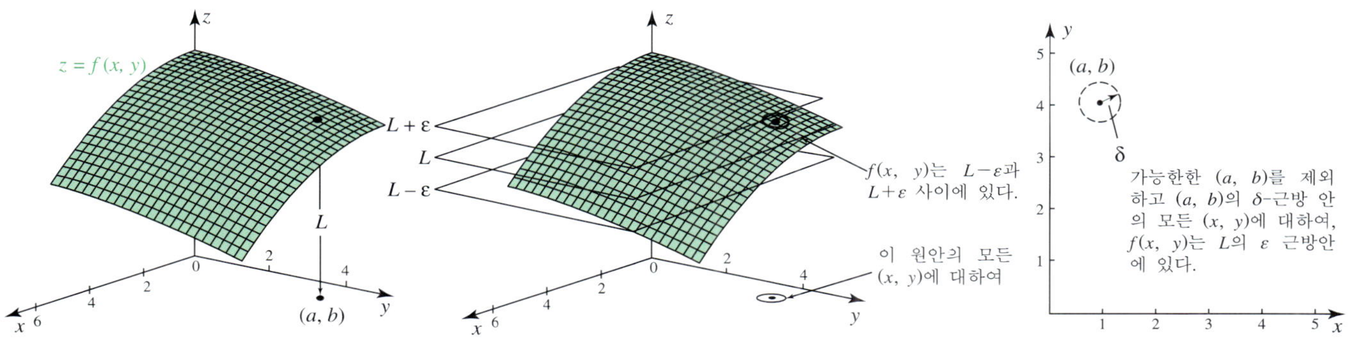

그림 2

이 정의의 여러 가지 성격들을 주목하기 바란다.

1. (a, b)로 가는 길은 상관이 없다. 즉, 택하는 길에 따라서 L값들이 다르게 나오면, 극한이 존재하지 않는다.
2. $f(x, y)$가 (a, b)에서 어떻게 되느냐는 상관이 없다. (a, b)에서 아예 정의되지 않아도 괜찮다. 왜냐 하면 $0<|(x, y)-(a, b)|$로 제한해 놓았기 때문이다.
3. 이 정의의 형태는, 3변수 (또는 더욱 많은 변수를 가지는) 함수로 쉽게 확장할 수 있다. (x, y)와 (a, b) 대신에 각각 (x, y, z)와 (a, b, c)를 넣기만 하면 된다.

여러 함수들의 극한을 치환에 의해 얻을 수 있을 것으로 기대할 수 있다. 이것은 많은 일변수 함수 (모두가 그렇지는 않지만)에서 사실이다. 치환을 이용하여 극한을 구하는 정리를 알아보기 전에, 몇 가지를 정의한다. 변수 x, y에 관한 **다항식**은

$$f(x, y)=\sum_{i=1}^{n}\sum_{j=1}^{m} c_{ij}x^i y^j$$

모양의 함수이고 변수 x, y에 관한 **유리함수**(rational function)는 p와 q가 x, y에 관한 다항식일 때,

$$f(x, y)=\frac{p(x, y)}{q(x, y)}$$

모양의 함수이다. 다음 정리는 정리 1.3B와 비슷하다.

정리 A

$f(x, y)$가 다항식이면,

$$\lim_{(x, y)\to(a, b)} f(x, y)=f(a, b)$$

이다. 또 다항식 p, q에 대해 $f(x, y)=p(x, y)/q(x, y)$이고, $q(a, b)\neq 0$이면

$$\lim_{(x,\ y)\to(a,\ b)} f(x,\ y)=\frac{p(a,\ b)}{q(a,\ b)}$$

이다. 한편,

$$\lim_{(x,\ y)\to(a,\ b)} p(x,\ y)=L\neq 0, \qquad \lim_{(x,\ y)\to(a,\ b)} q(x,\ y)=0$$

인 경우에는

$$\lim_{(x,\ y)\to(a,\ b)} \frac{p(x,\ y)}{q(x,\ y)}$$

가 존재하지 않는다.

예제 1 다음 극한이 존재하면 극한을 구하여라.

(a) $\displaystyle\lim_{(x,\ y)\to(1,\ 2)} (x^2y+3y)$ (b) $\displaystyle\lim_{(x,\ y)\to(0,\ 0)} \frac{x^2+y^2+1}{x^2-y^2}$

풀이

(a) 극한을 구하려는 함수는 다항식이므로 정리 A에 의하여

$$\lim_{(x,\ y)\to(1,\ 2)} (x^2y+3y)=1^2\cdot 2+3\cdot 2=8$$

(b) 유리함수이지만 분자의 극한이 1일 때 분모의 극한은 0이다. 따라서 정리 A에 의해 극한은 존재하지 않는다. ■

예제 2 식으로 정의한 다음 함수 f는 원점에서 극한을 가지지 않음을 보여라(그림 3).

$$f(x,\ y)=\frac{x^2-y^2}{x^2+y^2}$$

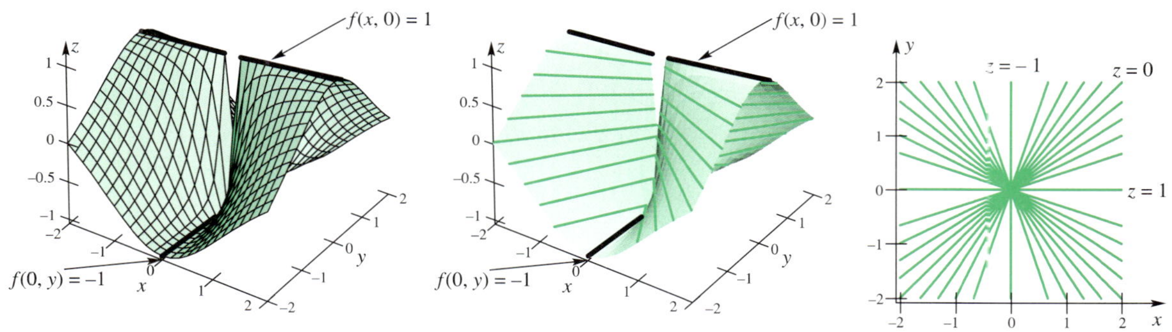

그림 3

풀이 xy평면에서 원점을 제외한 모든 곳에서 함수 f는 정의된다. 원점을 제외한 x축의 모든 점에서, f의 값은

$$f(x,\ 0)=\frac{x^2-0}{x^2+0}=1$$

그러므로 $(x,\ y)$가 x축을 따라 $(0,\ 0)$으로 갈 때, $f(x,\ y)$의 극한은

> *예제 2에 대한 극좌표*
>
> 예제 2에서 극한이 존재하지 않는 것을 보여주기 위해 극좌표를 이용할 수 있다.
>
> $$\lim_{(x,y)\to(0,0)} \frac{x^2-y^2}{x^2+y^2} = \lim_{r\to 0} \frac{r^2\cos^2\theta - r^2\sin^2\theta}{r^2} = \lim_{r\to 0}\cos 2\theta = \cos 2\theta.$$
>
> 이것은 (0, 0)의 근방에서 −1과 1 사이의 모든 값을 가지므로 극한은 존재할 수 없다.

$$\lim_{(x,0)\to(0,0)} f(x,\ 0) = \lim_{(x,0)\to(0,0)} \frac{x^2-0}{x^2+0} = +1$$

마찬가지로 $(x,\ y)$가 y축을 따라서 (0, 0)으로 갈 때, $f(x,\ y)$의 극한을 계산해 보면,

$$\lim_{(0,y)\to(0,0)} f(0,\ y) = \lim_{(0,y)\to(0,0)} \frac{0-y^2}{0+y^2} = -1$$

즉, $(x,\ y)\to(0,\ 0)$으로 가는 길에 따라서 다른 값들이 나온다. 사실, (0, 0)에 얼마든지 가까우면서 f의 값이 1인 점이 있고, 그만큼 가까우면서 f의 값이 −1인 점이 있다. 그러므로 (0, 0)에서 극한은 존재할 수 없다. ■

이변수 함수의 극한, 특히 원점에서의 극한을 구하는 경우에 극좌표로 바꾸어 분석하는 것이 좀 더 쉬운 경우가 있다. 원점에서 극좌표로 변환하여 이변수 함수의 극한을 분석하는 것이 종종 더 쉬운 경우가 있다. 중요한 점은 $(x,\ y)\to(0,\ 0)$은 $r=\sqrt{x^2+y^2}\to 0$과 동치라는 사실이다. 따라서 이변수 함수의 극한은 때때로 일변수 r만 포함하는 극한으로서 나타낼 수 있다.

예제 3 다음 극한이 존재하면 극한을 구하여라.

(a) $\displaystyle\lim_{(x,y)\to(0,0)} \frac{\sin(x^2+y^2)}{3x^2+3y^2}$ (b) $\displaystyle\lim_{(x,y)\to(0,0)} \frac{xy}{x^2+y^2}$

풀이

(a) 극좌표로 바꾸어 로피탈 법칙을 이용하면 다음을 얻는다.

$$\lim_{(x,y)\to(0,0)} \frac{\sin(x^2+y^2)}{3x^2+3y^2} = \lim_{r\to 0}\frac{\sin r^2}{3r^2} = \frac{1}{3}\lim_{r\to 0}\frac{2r\cos r^2}{2r} = \frac{1}{3}$$

(b) 극좌표로 바꾸면 다음과 같다.

$$\lim_{(x,y)\to(0,0)} \frac{xy}{x^2+y^2} = \lim_{r\to 0}\frac{r\cos\theta\, r\sin\theta}{r^2} = \cos\theta\sin\theta$$

극한이 θ에 따라 달라지므로, 원점을 지나는 직선에 따라서 극한이 달라진다. 그러므로 극한이 존재하지 않는다.

한 점에서 연속 다음 세 조건이 성립할 때, 함수 $f(x,\ y)$가 점 $(a,\ b)$에서 **연속**(continuous)이라고 한다: (1) f가 $(a,\ b)$에서 값을 가져야 한다. (2) f가 $(a,\ b)$에서 극한을 가져야 한다. (3) $(a,\ b)$에서 f의 값과 극한이 같아야 한다. 요약해서 말하면, 다음 등식이 성립하는 것이다.

$$\lim_{(x,y)\to(a,b)} f(x,\ y) = f(a,\ b)$$

이것은 1변수 함수의 연속에 관한 조건과 사실상 같다. 직관적으로 보아, 이것은 함수 f가 $(a,\ b)$에서 점프하거나, 진동하거나, 한없이 커지는 일이 없음을 뜻한다.

정리 A로부터, 다항함수는 모든 $(x,\ y)$에 대해 연속이고, 유리함수는 분모

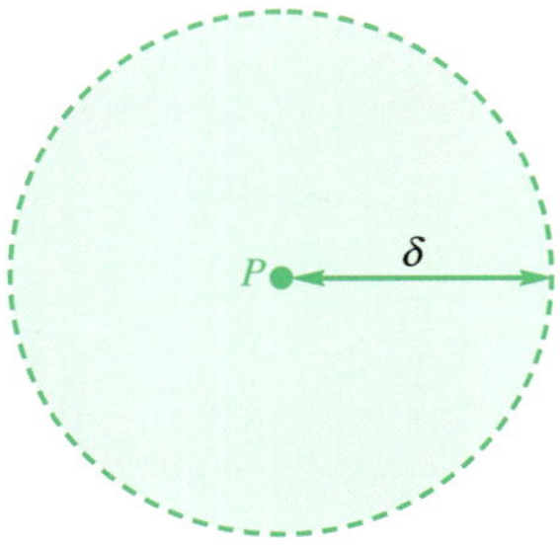

2차원에서의 근방

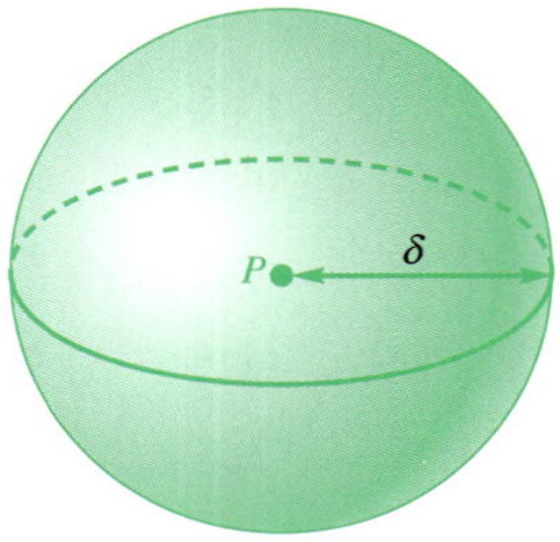

3차원에서의 근방

그림 4

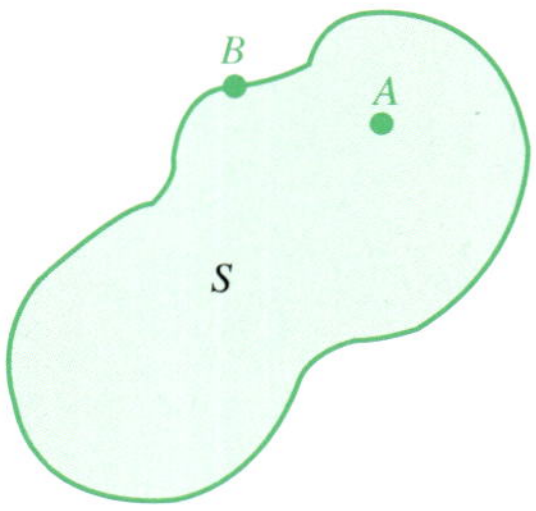

그림 5

가 0인 곳을 제외한 모든 곳에서 연속이라고 할 수 있다. 더욱이 연속함수의 합, 차, 곱 그리고 몫(0으로 나누는 것은 제외)은 모두 연속이다. 다음 정리와 함께 이들 결과는 여러 이변수함수의 연속성을 말하는데 쓰인다.

정리 B 함수의 합성

2변수 함수 g가 (a, b)에서 연속이고, 1변수 함수 f가 $g(a, b)$에서 연속이면, $(f\circ g)(x, y)=f(g(x, y))$로 정의한 합성함수 $f\circ g$는 (a, b)에서 연속이다.

이 정리의 증명은 2.9절 정리 1.6E의 증명과 비슷하다.

예제 4 다음 함수가 연속인 점 (x, y)를 말하여라.

(a) $H(x, y)=\dfrac{2x+3y}{y-4x^2}$ (b) $F(x, y)=\cos(x^3-4xy+y^2)$

풀이

(a) $H(x, y)$는 유리함수이므로, 분모가 0이 아닌 모든 점에서 연속이다. 분모 $y-4x^2$은 포물선 $y=4x^2$ 위에서 0이다. 그러므로 $H(x, y)$는 포물선 $y=x^2$ 위의 따른 점을 제외한 모든 (x, y)에 대해 연속이다.

(b) 함수 $g(x, y)=x^3-4xy+y^2$은 다항식이므로 모든 (x, y)에 대해 연속이다. 또한 $f(t)=\cos t$는 모든 실수 t에 대하여 연속이다. 정리 B로부터 $F(x, y)$는 모든 (x, y)에 대하여 연속이다. ■

집합에서 연속 함수 $f(x, y)$가 집합 S에서 연속이라는 말은 $f(x, y)$가 그 집합의 모든 점에서 연속임을 뜻한다. 그렇지만, 이것과 관련하여 약간 미묘한 사항들이 있어서, 다음과 같이 분명하게 설명한다.

우선 평면(그리고 고차원 공간)의 어떤 집합에 대한 용어들을 소개한다. 점 P의 반지름 δ인 **근방**(neighborhood)이라는 말은, $\|Q-P\|<\delta$를 만족하는 모든 점 Q들의 집합을 뜻한다. 2차원 공간에서, 이웃은 원의 "내부"이다. 3차원 공간에서, 이웃은 구의 내부이다(그림 4). 점 P가 집합 S의 **내부점**(interior point)이라는 말은, P의 이웃 중에 S에 포함되는 이웃이 있다는 뜻이다. S의 모든 내부점의 집합을 S의 **내부**(interior)라고 한다. 그와 달리, 점 P가 S의 **경계점**(boundary point)이라는 말은, P의 모든 이웃이 S에 속하는 점과 S에 속하지 않는 점을 포함하고 있음을 뜻한다. S의 모든 경계점의 집합을 S의 **경계**(boundary)라고 부른다. 그림 5에서, A는 S의 내부점이고, B는 S의 경계점이다. 어떤 집합의 모든 점이 내부점이면, 그 집합은 **열려있다**(개집합)고 한다. 어떤 집합이 그 경계점을 모두 포함하고 있으면, 그 집합은 **닫혀있다**(폐집합)고 한다. 어떤 집합은 열려 있지도 않고 닫혀 있지도 않을 수 있다. 1차원 공간에서 "개구간" 그리고 "폐구간"이라는 용어를 사용하는 까닭이 바로 여기에 있다.

S가 개집합이면, f가 S에서 연속이라는 말은, f가 S의 모든 점에서 연속임

> *집합의 경계*
>
> 만일 미국과 캐나다의 경계(국경)에 서 있다면, 아무리 짧은 걸음이라도 한 걸음으로 두 나라에 동시에 닿을 수 있다. 이것이 경계점 정의의 본질이다. 아무리 근방이 작아도 한 경계점의 근방은 S안의 점과 S밖의 점을 동시에 포함한다. 집합의 경계는 함수의 최적화를 생각할 때 이 장의 후반부와 중적분을 공부할 때 13장과 14장에서 중요한 역할을 한다.

을 뜻한다. 그러나 반면에 S가 그 경계점들의 일부 또는 전부를 포함하고 있으면, 그러한 점에서 연속이라는 말의 의미를 정확하게 파악하려면 매우 조심해야 한다(1차원 공간에서, 구간의 끝점에 대해서 왼쪽 연속, 오른쪽 연속을 다루었던 것을 상기하기 바란다). S의 경계점 P에서 f가 연속이라는 말은, Q가 S의 점들을 통해서 P로 가까이 갈 때, $f(Q)$가 $f(P)$로 가까이 감을 뜻한다.

여기에 예를 들어, 이 의미를 분명히 한다(그림 6).

$$f(x, y)=\begin{cases} 0, & x^2+y^2\le 1\text{인 경우} \\ 4, & \text{다른 경우} \end{cases}$$

를 생각하고 S는 집합 $\{(x, y): x^2+y^2\le 1\}$라 하자. 그러면 $f(x, y)$가 S에서 연속이라고 말하는 것은 맞다. 그렇지만 반면에 $f(x, y)$가 전체 평면에서 연속이라고 말하면 틀린다.

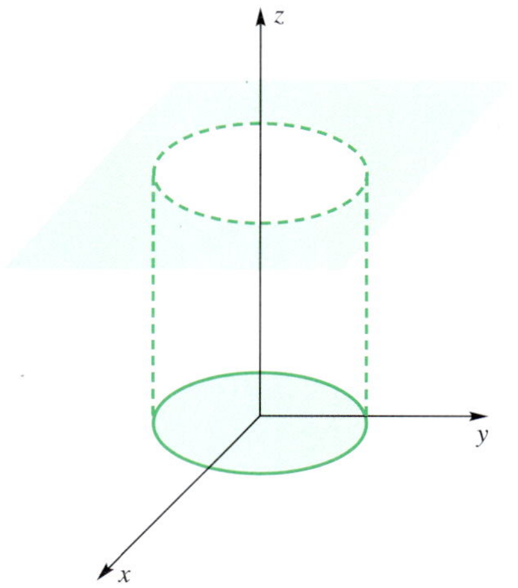

그림 6

12.2절에서, 우리가 공부할 대부분의 2변수 함수들은 $f_{xy}=f_{yx}$를 만족한다고 말했다. 즉, 혼합 편도함수의 경우 미분하는 순서는 상관이 없다. 이제 연속을 정의하였으므로, 이것이 참이 될 조건을 간단하게 제시할 수 있다.

정리 C 혼합 편도함수들이 같을 조건

f_{xy}와 f_{yx}가 개집합 S에서 연속이면, S의 모든 점에서 $f_{xy}=f_{yx}$이다.

이 정리의 증명은 고급 해석학책에서 다룬다. f_{xy}이 연속이 아닌 반례는 연습문제 42에 있다.

우리는 주로 2변수 함수의 연속성을 다루었다. 그렇지만 이것을 약간만 바꾸어서, 3변수 또는 더 많은 변수의 함수의 연속성 여부를 다룰 수 있다.

개념 복습

1. 직관적으로 말해, $\lim_{(x, y)\to(1, 2)} f(x, y)=3$이라는 표현은 ______ 때 $f(x, y)$가 ______에 가까이 간다는 뜻이다.
2. $f(x, y)$가 (1, 2)에서 연속이라는 말은 ______을 뜻한다.
3. 점 P가 집합 S의 내부점이라는 말은, P의 어떤 이웃이 있어서, ______을 만족함을 의미한다.
4. S의 모든 점이 ______이면, 집합 S는 열려있다고 한다. S가 그 ______을 모두 포함하면, 집합 S는 닫혀있다고 한다.

연습문제 12.3

문제 1~16에서 주어진 극한을 구하거나, 아니면 극한이 존재하지 않는다고 적어라.

1. $\lim_{(x, y)\to(1, 3)} (3x^2y-xy^3)$
2. $\lim_{(x, y)\to(-2, 1)} (xy^3-xy+3y^2)$
3. $\lim_{(x, y)\to(2, \pi)} [(x\cos^2(xy)-\sin(xy/3)]$
4. $\lim_{(x, y)\to(1, 2)} \dfrac{x^3-3x^2y+3xy^2-y^3}{y-2x^2}$
5. $\lim_{(x, y)\to(-1, 2)} \dfrac{xy-y^3}{(x+y+1)^2}$
6. $\lim_{(x, y)\to(0, 0)} \dfrac{xy+\cos x}{xy-\cos x}$

7. $\lim_{(x,y)\to(0,0)} \frac{\sin(x^2+y^2)}{x^2+y^2}$

8. $\lim_{(x,y)\to(0,0)} \frac{\tan(x^2+y^2)}{x^2+y^2}$

9. $\lim_{(x,y)\to(0,0)} \frac{x^2+y^2}{x^4-y^4}$

10. $\lim_{(x,y)\to(0,0)} \frac{x^4-y^4}{x^2+y^2}$

11. $\lim_{(x,y)\to(0,0)} \frac{xy}{\sqrt{x^2+y^2}}$

12. $\lim_{(x,y)\to(0,0)} \frac{xy}{(x^2+y^2)^2}$

13. $\lim_{(x,y)\to(0,0)} \frac{x^{7/3}}{x^2+y^2}$

14. $\lim_{(x,y)\to(0,0)} xy\frac{x^2-y^2}{x^2+y^2}$

15. $\lim_{(x,y)\to(0,0)} \frac{x^2y^2}{x^2+y^4}$

16. $\lim_{(x,y)\to(0,0)} \frac{xy^2}{x^2+y^4}$

문제 17~26에서 f가 연속이 되는 최대 집합 S를 구하여라.

17. $f(x, y)=\frac{x^2+xy-5}{x^2+y^2+1}$

18. $f(x, y)=\ln(1+x^2+y^2)$

19. $f(x, y)=\ln(1-x^2-y^2)$

20. $f(x, y)=\frac{1}{\sqrt{1+x+y}}$

21. $f(x, y)=\frac{x^2+3xy+y^2}{y-x^2}$

22. $f(x, y)=\begin{cases} \frac{\sin(xy)}{xy}, & \text{if } xy\neq 0 \\ 1, & \text{if } xy=0 \end{cases}$

23. $f(x, y)=\sqrt{x-y+1}$

24. $f(x, y)=(4-x^2-y^2)^{-1/2}$

25. $f(x, y, z)=\frac{1+x^2}{x^2+y^2+z^2}$

26. $f(x, y, z)=\ln(4-x^2-y^2-z^2)$

문제 27~32에서 주어진 집합을 그려라. 이 집합의 경계를 설명하여라. 그리고 이 집합이 개집합인지, 폐집합인지, 혹은 이것도 저것도 아닌지 말하여라.

27. $\{(x, y)\colon 2\le x\le 4,\ 1\le y\le 5\}$

28. $\{(x, y)\colon x^2+y^2<4\}$

29. $\{(x, y)\colon 0<x^2+y^2\le 1\}$

30. $\{(x, y)\colon 1<x\le 4\}$

31. $\{(x, y)\colon x>0,\ y<\sin(1/x)\}$

32. $\{(x, y)\colon x=0,\ y=1/n,\ n$은 자연수$\}$

33. $f(x, y)=\begin{cases} \frac{x^2-4y^2}{x-2y}, & x\neq 2y \text{ 일 때} \\ g(x), & x=2y \text{ 일 때} \end{cases}$

라 할 때, f가 평면전체에서 연속이 되도록, $g(x)$에 관한 식을 구하여라.

34. 아래 우변의 두 극한이 존재할 때 다음을 증명하여라.

$$\lim_{(x,y)\to(a,b)} [f(x, y)+g(x, y)] = \lim_{(x,y)\to(a,b)} f(x, y)+\lim_{(x,y)\to(a,b)} g(x, y)$$

35. x축을 따라 원점으로 가는 길을 생각하고, 직선 $y=x$를 따라 원점으로 가는 길을 생각하여, 다음 극한이 존재하지 않음을 보여라.

$$\lim_{(x,y)\to(0,0)} \frac{xy}{x^2+y^2}$$

36. 다음 극한이 존재하지 않음을 보여라.

$$\lim_{(x,y)\to(0,0)} \frac{xy+y^3}{x^2+y^2}$$

37. $f(x, y)=x^2y/(x^4+y^2)$라 하자.

(a) 임의의 직선 $y=mx$를 따라 $(x, y)\to(0, 0)$일 때, $f(x, y)\to 0$임을 보여라.

(b) 포물선 $y=x^2$을 따라 $(x, y)\to(0, 0)$일 때, $f(x, y)\to\frac{1}{2}$임을 보여라.

(c) 어떤 결론을 내릴 수 있는가?

38. 강원도의 위도 x, 경도 y인 지점에 떨어진 빗물이 바다에 이르기 위해서 가야 하는 최단 거리를 $f(x, y)$라 하자. 강원도에서 이 함수가 불연속인 곳은?

39. 집합 H는 그림 7에 나오는 반구 껍질 $x^2+y^2+(z-1)^2=1,\ 0\le z<1$이고, $D=\{(x, y, z)\colon 1\le z\le 2\}$라 하자. 아래에 정의한 각각의 함수에 대해서, D에서 불연속인 점들을 구하여라.

(a) $f(x, y, z)$는 (x, y, z)에서 떨어뜨린 입자가 높이 $z=0$에 이르기까지 걸리는 시간

(b) $f(x, y, z)$는 (x, y, z)에서 볼 수 있는 H의 (불투명하다고 가정) 내부 넓이

(c) $f(x, y, z)$는 광원(전등)이 (x, y, z)에 있을 때 xy평면에 생기는 H의 그림자의 넓이

(d) $f(x, y, z)$는 (x, y, z)에서 $(0, 0, 0)$으로 가는, H를 뚫고 지나가지 않는, 최단 거리

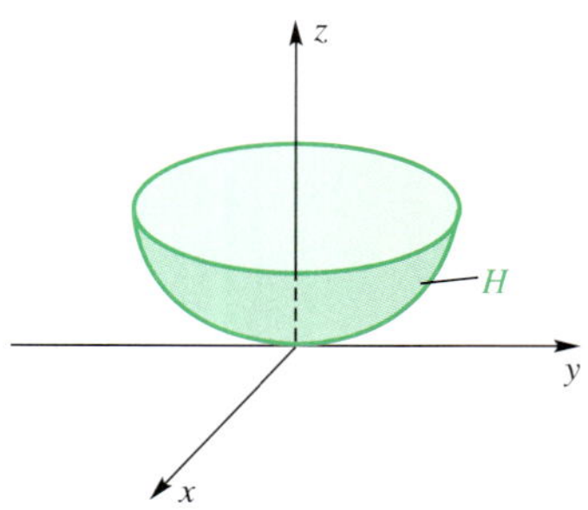

그림 7

40. f는 n개의 변수에 대한 함수이며, 개집합 D에서 연속이고, P_0은 D에 있고 $f(P_0)>0$이라고 하자. 그러면 P_0의 반지름 δ인 근방에서 $f(P)>0$인, $\delta>0$가 존재함을 보여라.

41. **프랑스 철도망** xy평면의 원점에 파리가 놓여 있다고 하자. 파리에서 모든 방향으로 철도가 뻗어나가며, 그 이외의 철도는 없다. 다음 함수가 불연속이 되는 점들의 집합을 구하여라.

(a) $f(x, y)$는 프랑스 철도망을 따라서 (x, y)에서 $(1, 0)$으로 가는 거리

(b) $g(u, v, x, y)$는 프랑스 철도망을 따라서 (u, v)에서 (x, y)로 가는 거리

42. $(x, y)\neq(0, 0)$인 경우 $f(x, y)=xy\dfrac{x^2-y^2}{x^2+y^2}$이고, $f(0, 0)=0$이라 하자. 다음 단계를 밟아서, $f_{xy}(0, 0)\neq f_{yx}(0, 0)$임을 보여라.

(a) 모든 y에 대해서 $f_x(0, y)=\lim_{h\to 0}\dfrac{f(0+h, y)-f(0, y)}{h}=-y$임을 보여라.

(b) 비슷한 방법으로, 모든 x에 대해서 $f_y(x, 0)=x$임을 보여라.

(c) $f_{yx}(0, 0)=\lim_{h\to 0}\dfrac{f_y(0+h, 0)-f_y(0, 0)}{h}=1$임을 보여라.

(d) 비슷한 방법으로, $f_{xy}(0, 0)=-1$임을 보여라.

CAS **43.** 문제 42에 나오는 함수의 그래프를 그려라. 이 그래프를 개안장(dog saddle)이라 부르기도 하는데, 그 이유는?

CAS **44.** 다음 각각의 함수를 $-2\le x\le 2$, $-2\le y\le 2$에서 그리고, 이 집합에서 함수가 불연속인 곳을 찾아라.

(a) $f(x, y)=x^2/(x^2+y^2)$, $f(0, 0)=0$

(b) $f(x, y)=\tan(x^2+y^2)/(x^2+y^2)$, $f(0, 0)=0$.

CAS **45.** $f(x, y)=x^2y/(x^4+y^2)$의 특징이 잘 드러나도록, 방향을 잘 잡아서 그래프를 그려라(문제 37 참조).

46. 3변수 함수에 대해서, 한 점에서의 연속의 정의와 집합에서의 연속의 정의를 말하여라.

47. $(x, y, z)\neq(0, 0, 0)$인 경우

$$f(x, y, z)=\frac{xyz}{x^3+y^3+z^3}\text{이고}$$

$f(0, 0, 0)=0$으로 정의한 함수는 $(0, 0, 0)$에서 불연속임을 보여라.

48. $(x, y, z)\neq(0, 0, 0)$인 경우

$$f(x, y, z)=(y+1)\frac{x^2-z^2}{x^2+z^2}$$

이고 $f(0, 0, 0)=0$으로 정의한 함수는 $(0, 0, 0)$에서 불연속임을 보여라.

개념 복습 해답: **1.** (x, y)가 $(1, 2)$로 가까이 갈, 3 **2.** $\lim_{(x,y)\to(1,2)} f(x, y)=f(1, 2)$ **3.** 그 이웃이 S에 포함된다 **4.** S의 내부점, 경계점

12.4 미분가능성

1변수 함수의 경우, f가 x에서 미분가능이라는 말은 도함수 $f'(x)$가 존재한다는 뜻이다. 그리고 이것은 f의 그래프가 수직이 아닌 접선을 가짐과 동치이다.

이제 질문을 던져 보자: 2변수 함수의 미분가능에 대한 개념은 무엇일가? 접평면의 존재와 자연스럽게 관련이 있어야 하며, 이것은 f의 편도함수들의 존재보다 더 많은 것을 요구함이 확실하다. 왜냐 하면 f의 편도함수들은 단지 두 방향으로의 움직임만을 반영하기 때문이다. 이 사실을 강조하기 위해서, 다음 함수를 생각한다.

$$f(x, y)=-10\sqrt{|xy|}$$

이것의 그래프는 그림 1과 같다. $f_x(0, 0)$과 $f_y(0, 0)$은 존재하며, 둘 다 0임을 주목하기 바란다. 그렇지만 이 함수의 그래프가 원점에서 접평면을 가진다고 주장할 사람은 없다. 그 이유는, 어떠한 평면(특히 xy평면)이든 f의 그래프를 두 방향 이외에는 잘 근사할 수 없기 때문이다. 접평면은 그 그래프를 모든 방향에서 잘 근사해야 한다(참고 : 잘 근사한다는 의미를 익힐 것).

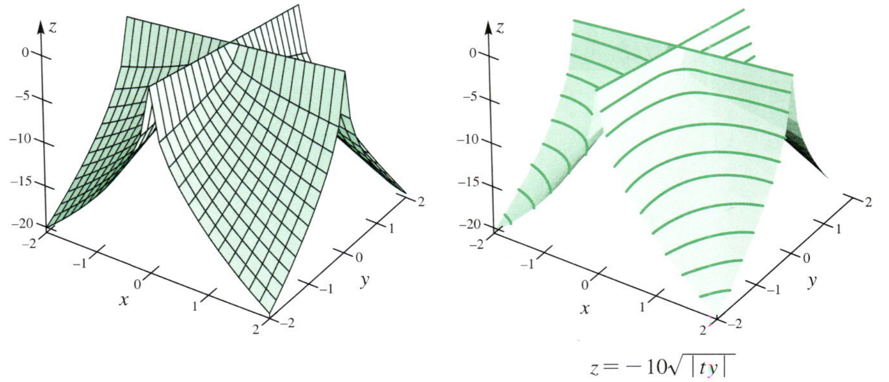

그림 1

이제 다음 질문을 생각해 보자: 2변수 함수에서 도함수 역할을 하는 것은 무엇인가? 이것의 정답도 편도함수들은 아니다. 그 이유는 무엇보다도 편도함수가 두 개 있기 때문이다.

이 두 질문에 답하기 위해서, 점 (x, y)와 벡터 $\langle x, y\rangle$를 구별하지 않고 사용한다. 그래서 $\mathbf{p}=(x, y)=\langle x, y\rangle$ 그리고 $f(\mathbf{p})=f(x, y)$로 나타낸다. 이제 일변수 함수에서

(1) $$f'(a)=\lim_{x\to a}\frac{f(x)-f(a)}{x-a}=\lim_{h\to 0}\frac{f(a+h)-f(a)}{h}$$

임을 상기하면, 이것에 대응하는 2변수 함수의 표현은

(2) $$f'(\mathrm{p}_0)=\lim_{\mathbf{p}\to\mathbf{p}_0}\frac{f(\mathbf{p})-f(\mathbf{p}_0)}{\mathbf{p}-\mathbf{p}_0}=\lim_{\mathbf{h}\to\mathbf{0}}\frac{f(\mathbf{p}_0+\mathbf{h})-f(\mathbf{p}_0)}{\mathbf{h}}$$

일 것 같다. 그러나 안타깝게도 벡터로 나누는 것은 말이 안 된다.

그렇지만 아직 포기하지 말자. 1변수 함수의 미분을 달리 보는 시각을 소개한다. f가 a에서 미분 가능이면, $(a, f(a))$를 지나는 접선이 있어서, a 근처의 x에 대해서 함수와 매우 가깝게(근사하게) 된다. 바꿔 말하면, f는 a 근처에서 거의 선형(linear)이다. 1변수 함수에 대해서 이것을 예시해 놓은 것이 그림 2이다. $y=f(x)$의 그래프를 확대해서 보면, 접선과 그 함수를 거의 구별할 수 없게 된다.

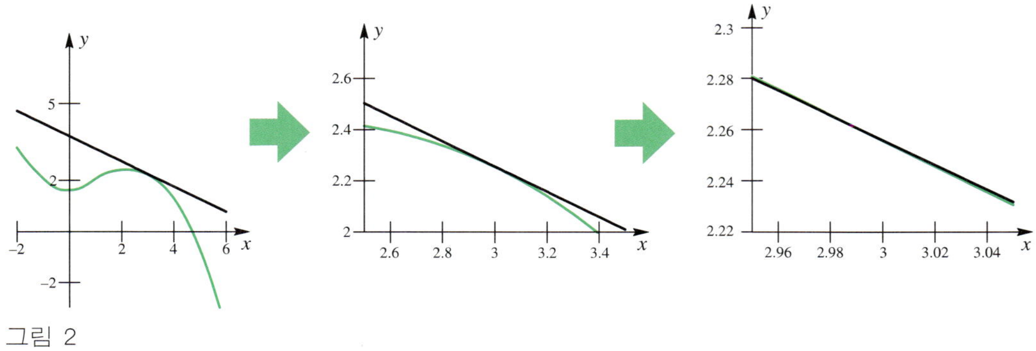

그림 2

좀 더 엄밀하게 다루기 위해서, 함수 f에 대해 상수 m과 $\lim_{h\to 0}\varepsilon(h)=0$인 함수 $\varepsilon(h)$가 존재하여

$$f(a+h)=f(a)+hm+h\varepsilon(h)$$

를 만족할 때 f는 a에서 **국소선형**이라고 한다. $\varepsilon(h)$에 대해서 풀면,

$$\varepsilon(h)=\frac{f(a+h)-f(a)}{h}-m$$

따라서 함수 $\varepsilon(h)$는 점 $(a,\ f(a))$와 $(a+h,\ f(a+h))$를 지나는 할선의 기울기와, $(a,\ f(a))$에서의 접선의 기울기와의 차이를 나타낸다. f가 a 근처에서 선형이면,

$$\lim_{h\to 0}\varepsilon(h)=\lim_{h\to 0}\left[\frac{f(a+h)-f(a)}{h}-m\right]=0$$

그러면 다음이 성립한다.

$$\lim_{h\to 0}\frac{f(a+h)-f(a)}{h}=m$$

그러므로 f는 a에서 미분가능이며, m은 $f'(a)$와 같다.
역으로 f가 a에서 미분가능하면, $\lim_{h\to 0}\frac{f(a+h)-f(a)}{h}=f'(a)=m$으로 잡으면, f는 a 근처에서 선형이다. 따라서 1변수 함수의 경우, f가 a 근처에서 선형일 필요충분조건은 f가 a에서 미분가능한 것이다.

근처에서 선형이라는 이 개념은 f가 2변수 함수인 경우에도 적용할 수 있으며, 이 개념을 사용하여 2변수 함수의 미분가능성을 정의한다. 먼저 2변수 함수에 대해서 어떤 점 근처에서의 선형성을 정의한다.

정의 이변수 함수의 국소선형성

f가 $(a,\ b)$에서 **국소선형**($(a,\ b)$ 근처에서 선형)이라는 말은 다음을 뜻한다.

$$f(a+h_1,\ b+h_2)=f(a,\ b)+h_1f_x(a,\ b)+h_2f_y(a,\ b)+h_1\varepsilon_1(h_1,\ h_2)+h_2\varepsilon_2(h_1,\ h_2)$$

여기서 $(h_1,\ h_2)\to(0,\ 0)$일 때 $\varepsilon_1(h_1,\ h_2)\to 0$이고, $(h_1,\ h_2)\to(0,\ 0)$일 때 $\varepsilon_2(h_1,\ h_2)\to 0$이다.

1변수 함수의 경우 h는 변수 x의 작은 증가를 나타내듯이, 2변수 함수의 경우 h_1, h_2는 각각 변수 x, y의 작은 증가를 나타낸다.

2변수 함수의 그래프를 확대해서 보면 어떻게 되는지 나타낸 것이 그림 3이다(그림 3을 점 $(x,\ y)=(1,\ 1)$ 부근의 그래프를 확대해 들어간 것이다). 충분히 확대해 들어가면, 3차원 공간의 곡면이 평면을 닮게 되며, 등고선들이 평행한 직선들처럼 된다. 그래서 $\mathbf{p}_0=(a,\ b)$, $\mathbf{h}=(h_1,\ h_2)$, $\boldsymbol{\varepsilon}(\mathbf{h})=(\varepsilon_1(h_1,\ h_2),\ \varepsilon_2(h_1,\ h_2))$로 놓아서, 위의 정의를 약간 간단하게 만들 수 있다. (함수 $\boldsymbol{\varepsilon}(\mathbf{h})$는 벡

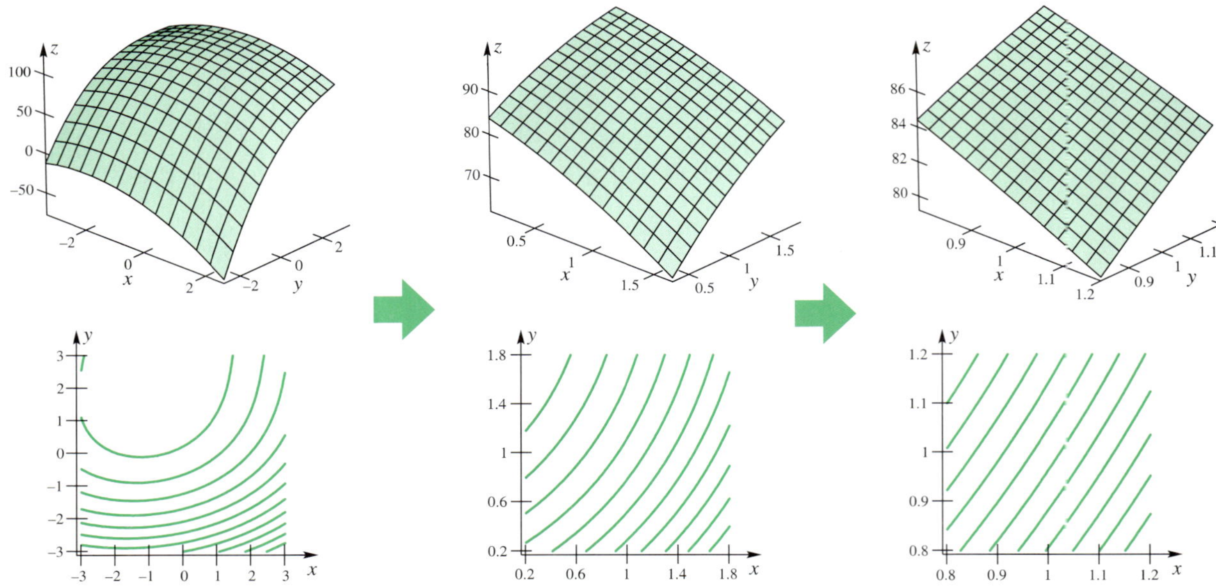

그림 3

터 변수의 벡터값 함수이다.) 그러면 다음과 같이 간단히

$$f(\mathbf{p}_0+\mathbf{h})=f(\mathbf{p}_0)+(f_x(\mathbf{p}_0),\ f_y(\mathbf{p}_0))\cdot\mathbf{h}+\boldsymbol{\varepsilon}(\mathbf{h})\cdot\mathbf{h}$$

이렇게 나타내면, f가 3변수 (또는 더욱 많은 개수의 변수) 함수인 경우로 쉽게 확장할 수 있다. 이제 미분가능성을 국소선형성과 동치로 정의한다.

정의 이변수 또는 다변수 함수의 미분가능성

함수 f가 $\mathbf{p}$ 근처에서 선형이면, f는 $\mathbf{p}$에서 **미분가능**(differentiable)하다. 함수 f가 개집합 R의 모든 점에서 미분가능하면, f는 R에서 미분가능하다.

벡터 $(f_x(\mathbf{p}),\ f_y(\mathbf{p}))=f_x(\mathbf{p})\mathbf{i}+f_y(\mathbf{p})\mathbf{j}$는 $\nabla f(\mathbf{p})$로 나타내며, f의 **그래디언트**(gradient)라 부른다. 따라서 f가 $\mathbf{p}$에서 미분가능할 필요충분조건은

$$f(\mathbf{p}+\mathbf{h})=f(\mathbf{p})+\nabla f(\mathbf{p})\cdot\mathbf{h}+\boldsymbol{\varepsilon}(\mathbf{h})\cdot\mathbf{h}$$

여기서, $\mathbf{h}\to\mathbf{0}$일 때 $\boldsymbol{\varepsilon}(\mathbf{h})\to\mathbf{0}$. 연산자 ∇은 "델(del)"이라 읽으며, **델 연산자**(del-operator)라 부르기도 한다.

위에서 설명한 의미로 볼 때, 그래디언트는 도함수에 유사하게 대응된다. 정의에서 몇 가지 사항들을 살펴본다.

1. 도함수 $f'(x)$는 수이며, 반면에 그래디언트 $\nabla f(\mathbf{p})$는 벡터이다.
2. 곱 $\nabla f(\mathbf{p})\cdot\mathbf{h}$와 $\boldsymbol{\varepsilon}(\mathbf{h})\cdot\mathbf{h}$는 내적들이다.
3. 미분가능과 그래디언트의 정의는 임의의 차원의 공간으로 쉽게 확장할 수 있다.

다음 정리는 함수가 한 점에서 미분가능할 충분조건을 제시해 준다.

증명에서 구간 표시

$[a, a+h_1]$와 같이 증명에서 구간표시는 $h_1>0$을 암시한다. 증명에서 구간은 두 끝점(어느 것이 더 큰지에 상관없이) 사이의 모든 점을 의미한다고 해석한다. 폐구간일 때는 구간은 양 끝점을 포함하고 개구간의 경우는 끝점을 제외한다.

정리 A

원판 D에서 $f(x, y)$의 편도함수 $f_x(x, y)$와 $f_y(x, y)$가 연속이고, (a, b)는 원판 D의 내부점이라고 하자. 그러면 $f(x, y)$는 (a, b)에서 미분가능하다.

증명 x, y의 증가량을 각각 h_1, h_2라 하고, 이들이 매우 작아서, $(a+h_1, b+h_2)$가 원판 D의 내부점이라고 하자(원판 D의 내부는 개집합이기 때문에, 그러한 h_1, h_2가 존재한다). $f(a+h_1, b+h_2)$와 $f(a, b)$의 차이는

$$
\begin{aligned}
(3)\quad & f(a+h_1, b+h_2)-f(a, b) \\
&= [f(a+h_1, b)-f(a, b)]+[f(a+h_1, b+h_2)-f(a+h_1, b)]
\end{aligned}
$$

이제 미분의 평균값 정리(정리 3.6A)를 두 번 적용한다: 차 $f(a+h_1, b)-f(a, b)$에다 한 번 적용하고, 차 $f(a+h_1, b+h_2)-f(a+h_1, b)$에도 한 번 더 적용한다. 전자의 경우, 구간 $[a, a+h_1]$의 x에 대해서 $g_1(x)=f(x, b)$라 정의하고, 미분의 평균값 정리를 적용하면, 구간 $(a, a+h_1)$에 다음이 성립하는 어떤 c_1이 있다.

$$g_1(a+h_1)-g_1(a)=f(a+h_1, b)-f(a, b)=h_1 g_1'(c_1)=h_1 f_x(c_1, b)$$

후자의 경우, 구간 $[b, b+h_2]$의 y에 대해서 $g_2(y)=f(a+h_1, y)$라 정의한다. 그러면 구간 $(b, b+h_2)$에 다음이 성립하는 어떤 c_2가 있다.

$$g_2(b+h_2)-g_2(b)=h_2 g_2'(c_2)$$

이 방정식은

$$
\begin{aligned}
g_2(b+h_2)-g_2(b) &= f(a+h_1, b+h_2)-f(a+h_1, b) \\
&= h_2 g_2'(c_2)=h_2 f_y(a+h_1, c_2)
\end{aligned}
$$

이제 방정식 (3)은

$$
\begin{aligned}
f(a+h_1, b+h_2)-f(a, b) &= h_1 f_x(c_1, b)+h_2 f_y(a+h_1, c_2) \\
&= h_1[f_x(c_1, b)+f_x(a, b)-f_x(a, b)] \\
&\quad +h_2[f_y(a+h_1, c_2)+f_y(a, b)-f_y(a, b)] \\
&= h_1 f_x(a, b)+h_2 f_y(a, b) \\
&\quad +h_1[f_x(c_1, b)-f_x(a, b)] \\
&\quad +h_2[f_y(a+h_1, c_2)-f_y(a, b)]
\end{aligned}
$$

이제 $\varepsilon_1(h_1, h_2)=f_x(c_1, b)-f_x(a, b)$, $\varepsilon_2(h_1, h_2)=f_y(a+h_1, c_2)-f_y(a, b)$로 놓는다. 그러면 $c_1 \in (a, a+h_1)$이고 $c_2 \in (b, b+h_2)$이므로, h_1, $h_2 \to 0$일 때 $c_1 \to a$, $c_2 \to b$가 성립한다. 따라서

$$
\begin{aligned}
f(a+h_1, b+h_2)-f(a, b) &= h_1 f_x(a, b)+h_2 f_y(a, b) \\
&\quad +h_1\varepsilon_1(h_1, h_2)+h_2\varepsilon_2(h_1, h_2)
\end{aligned}
$$

여기서 $(h_1, h_2) \to (0, 0)$일 때 $\varepsilon_1(h_1, h_2) \to 0$이고 $\varepsilon_2(h_1, h_2) \to 0$이다. 그러므로 f는 (a, b)에서 국소선형이며, 따라서 (a, b)에서 미분가능하다. ■

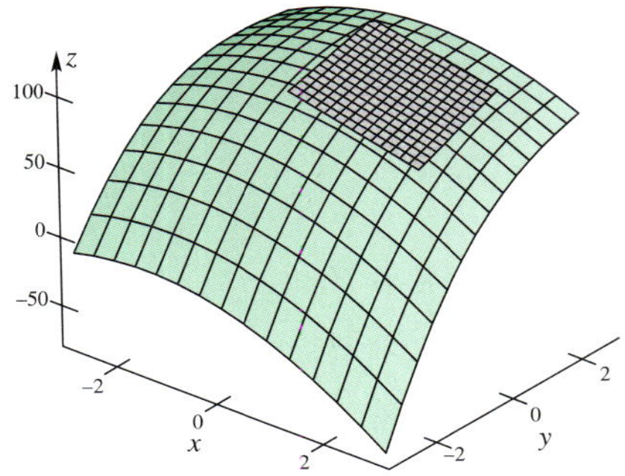

그림 4

함수 f가 $\mathbf{p}_0$에서 미분가능하면, $\mathbf{h}$의 크기가 매우 작을 때,

$$f(\mathbf{p}_0+\mathbf{h})\approx f(\mathbf{p}_0)+\nabla f\cdot\mathbf{h}$$

여기서 $\mathbf{p}=\mathbf{p}_0+\mathbf{h}$로 놓고, 함수 T를 다음과 같이 정의한다.

$$T(\mathbf{p})=f(\mathbf{p}_0)+\nabla f(\mathbf{p}_0)\cdot(\mathbf{p}-\mathbf{p}_0)$$

그러면 이 함수는 $\mathbf{p}$가 $\mathbf{p}_0$에 가까울 때 $f(\mathbf{p})$의 좋은 근사값이 된다. 방정식 $z=T(\mathbf{p})$는 평면을 정의하며, 이 평면은 $\mathbf{p}_0$ 근처에서 f에 가깝다(근사하다). 그렇기 때문에 이 평면을 **접평면**(tangent plane)이라 부른다. 그림 4를 참고한다.

예제 1 $f(x,\ y)=xe^y+x^2y$는 모든 곳에서 미분가능함을 보이고, 그 그래디언트를 계산하여라. 그리고 (2, 0)에서의 접평면의 방정식 $z=T(x,\ y)$를 구하여라.

풀이 편도함수를 구하면,

$$\frac{\partial f}{\partial x}=e^y+2xy,\qquad \frac{\partial f}{\partial y}=xe^y+x^2$$

이들은 둘 다 모든 곳에서 연속이다. 따라서 정리 A에 의해, f는 모든 곳에서 미분가능하다. 그래디언트는

$$\nabla f(x,\ y)=(e^y+2xy)\mathbf{i}+(xe^y+x^2)\mathbf{j}=\langle e^y+2xy,\ xe^y+x^2\rangle$$

이므로

$$\nabla f(2,\ 0)=\mathbf{i}+6\mathbf{j}=\langle 1,\ 6\rangle$$

따라서 접평면의 방정식은 다음과 같다.

$$\begin{aligned}z&=f(2,\ 0)=\nabla f(2,\ 0)\cdot\langle x-2,\ y\rangle\\&=2+\langle 1,\ 6\rangle\cdot\langle x-2,\ y\rangle\\&=2+x-2+6y=x+6y\end{aligned}$$

■

예제 2 $f(x,\ y,\ z)=x\sin z+x^2y$에 대해서, $\nabla f(1,\ 2,\ 0)$을 구하여라.

풀이 편도함수를 구하면,

$$\frac{\partial f}{\partial x}=\sin z+2xy,\qquad \frac{\partial f}{\partial y}=x^2,\qquad \frac{\partial f}{\partial z}=x\cos z$$

(1, 2, 0)에서, 이 편도함수들의 값은 각각 4, 1, 1이다. 그러므로

$$\nabla f(1,\ 2,\ 0)=4\mathbf{i}+\mathbf{j}+\mathbf{k}$$

■

그래디언트의 성질 여러 가지 면에서, 그래디언트는 도함수와 비슷하다. D는 선형연산자임을 상기하자. 연산자 ∇도 선형이다.

정리 B ∇의 성질

그래디언트 연산자 ∇는 다음 성질을 갖는다.

(i) $\nabla[f(\mathbf{p})+g(\mathbf{p})]=\nabla f(\mathbf{p})+\nabla g(\mathbf{p})$

(ii) $\nabla[\alpha f(\mathbf{p})]=\alpha\nabla f(\mathbf{p})$

(iii) $\nabla[f(\mathbf{p})g(\mathbf{p})]=f(\mathbf{p})\nabla g(\mathbf{p})+g(\mathbf{p})\nabla f(\mathbf{p})$

증명 세 가지 모두, 이에 대응하는 편도함수의 성질로부터 나온다. 2변수에 대해 (iii)을 증명한다. 간략히 나타내기 위해 기호에서 점 $\mathbf{p}$는 생략한다.

$$
\begin{aligned}
\nabla fg &= \frac{\partial(fg)}{\partial x}\mathbf{i}+\frac{\partial(fg)}{\partial y}\mathbf{j}\\
&=\left(f\frac{\partial g}{\partial x}+g\frac{\partial f}{\partial x}\right)\mathbf{i}+\left(f\frac{\partial g}{\partial y}+g\frac{\partial f}{\partial y}\right)\mathbf{j}\\
&=f\left(\frac{\partial g}{\partial x}\mathbf{i}+\frac{\partial g}{\partial y}\mathbf{j}\right)+g\left(\frac{\partial f}{\partial x}\mathbf{i}+\frac{\partial f}{\partial y}\mathbf{j}\right)\\
&=f\nabla g+g\nabla f
\end{aligned}
$$

■

연속성과 미분가능성 1변수 함수의 경우 미분가능하면 연속이지만, 역은 성립하지 않음을 상기하기 바란다. 여기서도 마찬가지이다.

정리 C

함수 f가 $\mathbf{p}$에서 미분가능하면, f는 $\mathbf{p}$에서 연속이다.

증명 f가 $\mathbf{p}$에서 미분가능하므로,

$$f(\mathbf{p}+\mathbf{h})-f(\mathbf{p})=\nabla f(\mathbf{p})\cdot\mathbf{h}+\boldsymbol{\varepsilon}(\mathbf{h})\cdot\mathbf{h}$$

그러므로

$$
\begin{aligned}
|f(\mathbf{p}+\mathbf{h})-f(\mathbf{p})| &\le |\nabla f(\mathbf{p})\cdot\mathbf{h}|+|\boldsymbol{\varepsilon}(\mathbf{h})\cdot\mathbf{h}|\\
&=\|\nabla f(\mathbf{p})\|\|\mathbf{h}\||\cos\theta|+|\boldsymbol{\varepsilon}(\mathbf{h})\cdot\mathbf{h}|
\end{aligned}
$$

후자의 항들은 둘 다 $\mathbf{h}\to\mathbf{0}$일 때 0으로 간다. 그러므로

$$\lim_{\mathbf{h}\to\mathbf{0}}f(\mathbf{p}+\mathbf{h})=f(\mathbf{p})$$

이것은 f가 $\mathbf{p}$에서 연속임을 나타내는 등식이다. ■

그래디언트장 그래디언트 ∇f는 f의 정의역의 각 점 $\mathbf{p}$에 벡터 $\nabla f(\mathbf{p})$를 대응시킨다. 이러한 모든 벡터들의 집합을 f의 **그래디언트 장** 또는 **기울기장**(gradient field)이라 한다. 그림 5와 6은 곡면 $z=x^2-y^2$의 그래프와 그에 대응하는 그래디언트장이다. 이 그림들을 보고, 그래디언트 벡터가 가리키는 방향에 대해서 무엇을 알 수 있는가? 다음 절에서 이것을 공부하도록 하겠다.

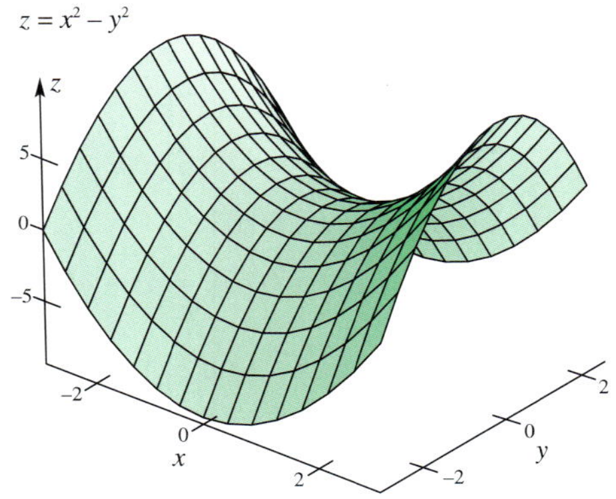

그림 5

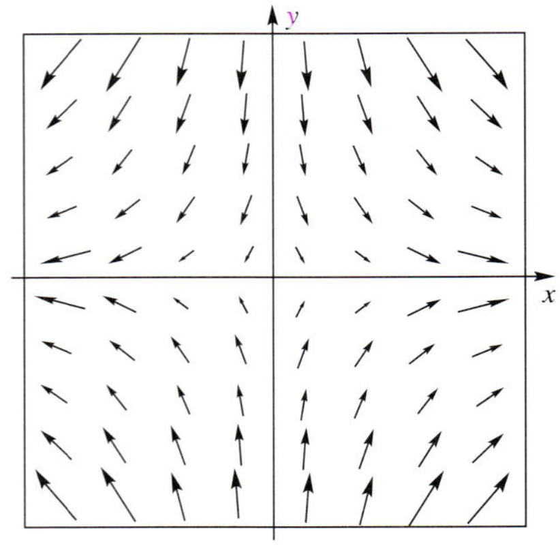

그림 6

개념 복습

1. 변수가 두 개 이상인 함수의 경우, 도함수 $f'(x)$에 대응하는 개념은 ______이며, $\nabla f(\mathbf{p})$로 나타낸다.

2. 함수 $f(x, y)$가 (a, b)에서 미분가능일 필요충분조건은 f가 (a, b)에서 ______ 것이다.

3. 2변수 함수 f의 경우, 그래디언트는 $\nabla f(\mathbf{p}) =$ ______. 즉, $f(x, y) = xy^2$이면, $\nabla f(x, y) =$ ______.

4. $f(x, y)$가 (x_0, y_0)에서 미분가능인 것은 이 점에서 그래프의 ______이 존재하는 것과 동치이다.

연습문제 12.4

문제 1~10에서 그래디언트 ∇f를 구하여라.

1. $f(x, y) = x^2y + 3xy$

2. $f(x, y) = x^3y - y^3$

3. $f(x, y) = xe^{xy}$

4. $f(x, y) = x^2y\cos y$

5. $f(x, y) = x^2y/(x+y)$

6. $f(x, y) = \sin^3(x^2y)$

7. $f(x, y, z) = \sqrt{x^2+y^2+z^2}$

8. $f(x, y, z) = x^2y + y^2z + z^2x$

9. $f(x, y, z) = x^2ye^{x-z}$

10. $f(x, y, z) = xz\ln(x+y+z)$

문제 11~14에서 각 함수의 주어진 점 $\mathbf{p}$에서의 그래디언트 벡터를 구하여라. 그 다음에 $\mathbf{p}$에서의 접평면의 방정식을 구하여라(예제 1 참조).

11. $f(x, y) = x^2y - xy^2$, $\mathbf{p} = (-2, 3)$

12. $f(x, y) = x^3y + 3xy^2$, $\mathbf{p} = (2, -2)$

13. $f(x, y) = \cos\pi x\sin\pi y + \sin 2\pi y$, $\mathbf{p} = \left(-1, \frac{1}{2}\right)$

14. $f(x, y) = \dfrac{x^2}{y}$, $\mathbf{p} = (2, -1)$

문제 15, 16은 점 $\mathbf{p}$에서 접하는 "초접평면(tangent hyperplane)"의 방정식 $w = T(x, y, z)$를 구하여라.

15. $f(x, y, z) = 3x^2 - 2y^2 + xz^2$, $\mathbf{p} = (1, 2, -1)$

16. $f(x, y, z) = xyz + x^2$, $\mathbf{p} = (2, 0, -3)$

17. 다음을 증명하여라.
$$\nabla\left(\frac{f}{g}\right) = \frac{g\nabla f - f\nabla g}{g^2}$$

18. 다음을 증명하여라.
$$\nabla(f^r) = rf^{r-1}\nabla f$$

19. $z = x^2 - 6x + 2y^2 - 10y + 2xy$의 그래프의 점 (x, y)에서 접평면이 수평이 되는 점들을 모두 구하여라.

20. $z = x^3$의 그래프의 점 (x, y)에서 접평면이 수평이 되는 점들을 모두 구하여라.

21. 곡면 $z = y^2 + x^3y$의 점 $(2, 1, 9)$에서의 접선들 중, xy평면으로의 사영이 다음과 같이 되는 접선의 매개변수 방정식을 구하여라.
(a) x축과 평행
(b) y축과 평행
(c) 직선 $x = y$와 평행

22. 곡면 $z=x^2y^3$의 점 (3, 2, 72)에서의 접선들 중, xy평면으로의 사영이 다음과 같이 되는 접선의 매개변수 방정식을 구하여라.
(a) x축과 평행
(b) y축과 평행
(c) 직선 $x=-y$와 평행

23. 그림 1을 보아라. $(1, -1)$에서 $z=-10\sqrt{|xy|}$에 접하는 평면의 방정식을 구하여라. 참고: $x\neq 0$에 대해서 $d|x|/dx=|x|/x$임을 상기한다.

24. **다변수 함수의 평균값 정리**(mean value theorem for several variables) a에서 b로 가는 선분의 모든 점에서 f가 미분가능하면, 그 선분의 a와 b 사이에 다음을 만족하는 점 c가 존재한다.

$$f(\mathbf{b})-f(\mathbf{a})=\nabla f(\mathbf{c})\cdot(\mathbf{b}-\mathbf{a})$$

이것이 성립함을 받아들이고, 볼록집합 S에서 f가 미분가능이고, S에서 $\nabla f(\mathbf{p})=0$이면, f는 S에서 상수임을 보여라. 참고: 집합 S가 볼록하다는 말은, S의 임의의 두 점을 잇는 선분이 S에 포함된다는 뜻이다.

25. $\mathbf{a}=\langle 0, 0\rangle$, $\mathbf{b}=\langle 2, 1\rangle$일 때, 함수 $f(x, y)=q-x^2-y^2$에 대한 다변수함수에 관한 평균값정리(문제 24를 보아라)를 만족하는 모든 값 $\mathbf{c}$를 구하여라.

26. $\mathbf{a}=\langle 0, 0\rangle$, $\mathbf{b}=\langle 2, 6\rangle$일 때, 함수 $f(x, y)=\sqrt{4-x^2}$에 대한 다변수함수에 관한 평균값정리를 만족하는 모든 값 $\mathbf{c}$를 구하여라.

27. 문제 24의 결과를 이용하여, 볼록집합 S의 모든 점 $\mathbf{p}$에서 $\nabla f(\mathbf{p})=\nabla g(\mathbf{p})$이면, f와 g는 S에서 상수 차이가 남을 보여라.

28. $\nabla f(\mathbf{p})=\mathbf{p}$가 되는 가장 일반적인 함수 $f(\mathbf{p})$를 구하여라.

CAS **29.** $f(x, y)=-|xy|$의 그래프와 그 그래디언트장을 그려라.
(a) 이것과 그림 5, 6을 바탕으로, 그래디언트 벡터가 향하는 방향에 대하서 추측하여라.
(b) f는 원점에서 미분가능인가? 답이 그렇게 되는 이유를 설명하여라.

CAS **30.** $f(x, y)=\sin x+\sin y-\sin(x+y)$의 그래프를 $0\leq x\leq 2\pi$, $0\leq y\leq 2\pi$에서 그려라. 그래디언트 장을 그려서, 문제 29 (a)의 답이 유효한지 확인해 보아라.

31. 정리 B를 다음 경우에 대해서 증명하여라.
(a) 3변수 함수인 경우
(b) n변수 함수인 경우
도움말: 표준 단위 벡터들을 $\mathbf{i}_1, \mathbf{i}_2, \ldots, \mathbf{i}_n$으로 나타낸다.

개념 복습 해답: **1.** 그래디언트 **2.** 국소선형 **3.** $\dfrac{\partial f(\mathbf{p})}{\partial x}\mathbf{i}+\dfrac{\partial f(\mathbf{p})}{\partial y}\mathbf{j}$; $y^2\mathbf{i}+2xy\mathbf{j}+3t^2\mathbf{k}$ **4.** 접평면

12.5 방향도함수와 그래디언트

2변수 함수 $f(x, y)$를 다시 살펴본다. 두 개의 편도함수 $f_x(x, y)$와 $f_y(x, y)$는 각각 x축, y축에 평행한 방향으로의 변화율(접선의 기울기)을 나타낸다. 이제 여기서는 임의의 방향으로의 f의 변화율을 알아본다. 이것은 방향 도함수라는 개념을 생각하게 되며, 이 개념은 다시 그래디언트와 관련이 있다.

벡터 기호를 사용하면 편리하다. $\mathbf{p}=(x, y)$라 하고, $\mathbf{i}$와 $\mathbf{j}$는 각각 x축 양의 방향, y축 양의 방향의 단위벡터라고 하자. 그러면 $\mathbf{p}$에서의 두 편도함수들을 다음과 같이 나타낼 수 있다.

$$f_x(\mathbf{p})=\lim_{h\to 0}\frac{f(\mathbf{p}+h\mathbf{i})-f(\mathbf{p})}{h}$$
$$f_y(\mathbf{p})=\lim_{h\to 0}\frac{f(\mathbf{p}+h\mathbf{j})-f(\mathbf{p})}{h}$$

지금 원하는 개념을 얻기 위해서, $\mathbf{i}$와 $\mathbf{j}$ 대신에 임의의 단위 벡터 $\mathbf{u}$를 넣기만 하면 된다.

정의

임의의 단위벡터 $\mathbf{u}$에 대해서,

$$D_{\mathbf{u}}f(\mathbf{p})=\lim_{h\to 0}\frac{f(\mathbf{p}+h\mathbf{u})-f(\mathbf{p})}{h}$$

라 하자. 이 극한을(존재하면), $\mathbf{p}$에서 $\mathbf{u}$ 방향으로의 함수 f의 **방향도함수**(directional derivative)이라고 부른다.

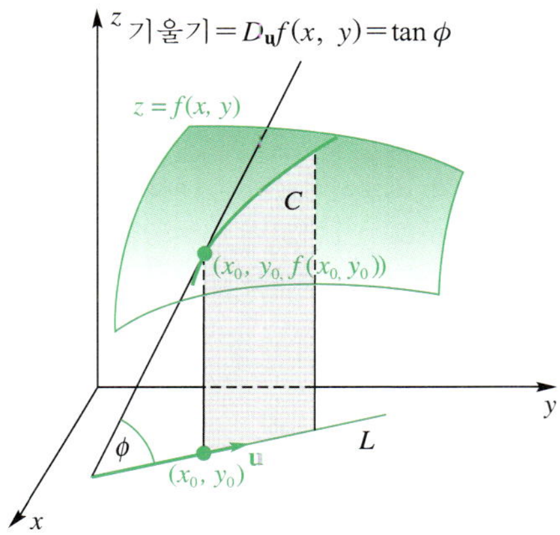

그림 1

위 정의에서 $D_{\mathbf{i}}f(\mathbf{p})=f_x(\mathbf{p})$이고 $D_{\mathbf{j}}f(\mathbf{p})=f_y(\mathbf{p})$. 그런데 $\mathbf{p}=(x,\ y)$이므로, 기호 $D_{\mathbf{u}}f(x,\ y)$를 사용하기도 한다. 그림 1을 보면, $D_{\mathbf{u}}f(x_0,\ y_0)$의 기하학적 의미를 알 수 있다. 벡터 $\mathbf{u}$는 xy평면에서 $(x_0,\ y_0)$을 지나는 직선 L을 결정한다. 직선 L을 지나고 xy평면에 수직인 평면이 곡면 $z=f(x,\ y)$과 만나 곡선 C를 결정한다. 점 $(x_0, y_0, f(x_0,\ y_0))$에서 그 곡선에 접하는 직선의 기울기는 $D_{\mathbf{u}}f(x_0,\ y_0)$이다. $D_{\mathbf{u}}f(x_0,\ y_0)$의 또 다른 유용한 의미는, $\mathbf{u}$ 방향으로의 함수 f의 변화율을 나타낸다는 것이다.

그래디언트와의 관계 12.4절에 의하면, $\nabla f(\mathbf{p})$는 다음 식으로 주어진다.

$$\nabla f(\mathbf{p})=f_x(\mathbf{p})\mathbf{i}+f_y(\mathbf{p})\mathbf{j}$$

정리 A

함수 f가 $\mathbf{p}$에서 미분가능이라고 하자. 그러면 f는 $\mathbf{p}$에서 단위벡터 $\mathbf{u}=u_1\mathbf{i}+u_2\mathbf{j}$ 방향의 방향도함수를 가지며,

$$D_{\mathbf{u}}f(\mathbf{p})=\mathbf{u}\cdot\nabla f(\mathbf{p})$$

즉,

$$D_{\mathbf{u}}f(x,\ y)=u_1f_x(x,\ y)+u_2f_y(x,\ y)$$

증명 함수 f가 $\mathbf{p}$에서 미분가능이므로,

$$f(\mathbf{p}+h\mathbf{u})-f(\mathbf{p})=\nabla f(\mathbf{p})\cdot(h\mathbf{u})+\boldsymbol{\varepsilon}(h\mathbf{u})\cdot(h\mathbf{u})$$

이고 $h\to 0$일 때 $\boldsymbol{\varepsilon}(h\mathbf{u})\to\mathbf{0}$이다. 따라서

$$\frac{f(\mathbf{p}+h\mathbf{u})-f(\mathbf{p})}{h}=\nabla f(\mathbf{p})\cdot\mathbf{u}+\boldsymbol{\varepsilon}(h\mathbf{u})\cdot\mathbf{u}$$

그러므로 $h\to 0$일 때 극한을 잡으면, 정리의 결론이 나온다. ■

예제 1 $f(x,\ y)=4x^2-xy+3y^2$에 대해, $(2,\ -1)$에서 벡터 $\mathbf{a}=4\mathbf{i}+3\mathbf{j}$ 방향의 함수 f의 방향도함수를 구하여라.

풀이 $\mathbf{a}$ 방향의 단위벡터 $\mathbf{u}$는 $\left(\frac{4}{5}\right)\mathbf{i}+\left(\frac{3}{5}\right)\mathbf{j}$이다. 그리고 $f_x(x,\ y)=8x-y$, $f_y(x,\ y)=-x+6y$. 따라서 $f_x(2,\ -1)=17$, $f_y(2,\ -1)=-8$. 그러므르 정리 A에 의해,

$$D_{\mathbf{u}}f(2,\ -1)=\left\langle\frac{4}{5},\ \frac{3}{5}\right\rangle\cdot\langle 17,\ -8\rangle=\frac{4}{5}(17)+\frac{3}{5}(-8)=\frac{44}{5}$$ ■

자세하게 다루지는 않겠지만, 여기서 공부한 것들은 3변수 또는 더 많은 변수의 함수에 대해서도 성립한다. 물론, 그에 맞도록 약간 고쳐야 한다.

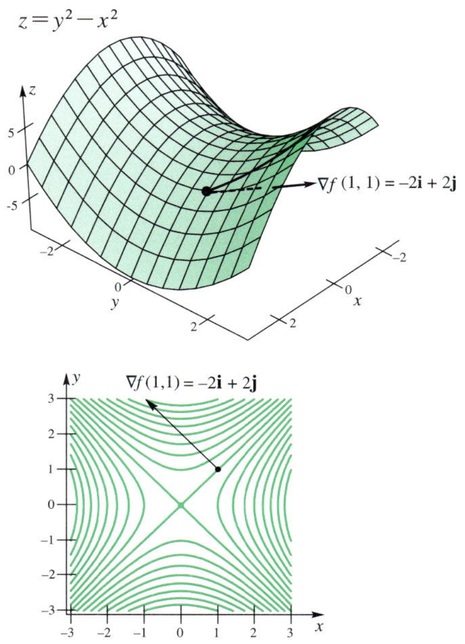

그림 2

예제 2 점 $(1,\ 2,\ \pi/2)$에서 벡터 $\mathbf{a}=\mathbf{i}+2\mathbf{j}+2\mathbf{k}$ 방향의 함수 $f(x,\ y,\ z)=xy\sin z$의 방향도함수를 구하여라.

풀이 $\mathbf{a}$ 방향의 단위벡터 $\mathbf{u}$는 $\frac{1}{3}\mathbf{i}+\frac{2}{3}\mathbf{j}+\frac{2}{3}\mathbf{k}$이다. 그리고 $f_y(x,\ y,\ z)=y\sin z$, $f_y(x,\ y,\ z)=x\sin z$, $f_z(x,\ y,\ z)=xy\cos z$이므로 $f_x(1,\ 2,\ \pi/2)=2$, $f_y(1,\ 2,\ \pi/2)=1$, $f_z(1,\ 2,\ \pi/2)=0$. 따라서

$$D_{\mathbf{u}}f\left(1,\ 2,\ \frac{\pi}{2}\right)=\frac{1}{3}(2)+\frac{2}{3}(1)+\frac{2}{3}(0)=\frac{4}{3}$$ ■

최대 변화율 주어진 함수 f와 점 $\mathbf{p}$에 대해 그 함수가 가장 급하게 변하는 방향, 즉 $D_{\mathbf{u}}f(\mathbf{p})$가 가장 큰 방향이 무엇인지를 묻는 것은 자연스럽다. 내적에 관한 기하학적 공식으로부터(11.3절), 다음과 같이 쓸 수 있다.

$$D_{\mathbf{u}}f(\mathbf{p})=\mathbf{u}\cdot\nabla f(\mathbf{p})=\|\mathbf{u}\|\|\nabla f(\mathbf{p})\|\cos\theta=\|\nabla f(\mathbf{p})\|\cos\theta$$

여기서 θ는 $\mathbf{u}$와 $\nabla f(\mathbf{p})$ 사이의 각이다. 그러므로 $D_{\mathbf{u}}f(\mathbf{p})$는 $\theta=0$일 때 최대이고, $\theta=\pi$일 때 최소이다. 이것을 요약하면 다음과 같다.

정리 B

어떤 함수가 $\mathbf{p}$에서 가장 급하게 증가하는 방향은 그래디언트 방향이며(변화율 $\|\nabla f(\mathbf{p})\|$), 가장 급하게 감소하는 방향은 반대 방향이다(변화율 $-\|\nabla f(\mathbf{p})\|$).

예제 3 쌍곡포물면 $z=y^2-x^2$의 점 $(1,\ 1,\ 0)$에 벌레가 앉아 있다. 그림 2를 보기 바란다. 이 벌레가 어떤 방향으로 움직여야 가장 가파르게 올라가게 되며, 그 순간의 기울기는 얼마인가?

풀이 $f(x,\ y)=y^2-x^2$로 놓으면 $f_x(x,\ y)=-2x$이고 $f_y(x,\ y)=2y$이므로,

$$\nabla f(1,\ 1)=f_x(1,\ 1)\mathbf{i}+f_y(1,\ 1)\mathbf{j}=-2\mathbf{i}+2\mathbf{j}$$

그러므로 벌레는 $(1,\ 1,\ 0)$에서 $-2\mathbf{i}+2\mathbf{j}$ 방향으로 움직여야 하며, 그 때의 기울기는 $\|-2\mathbf{i}+2\mathbf{j}\|=\sqrt{8}=2\sqrt{2}$. ■

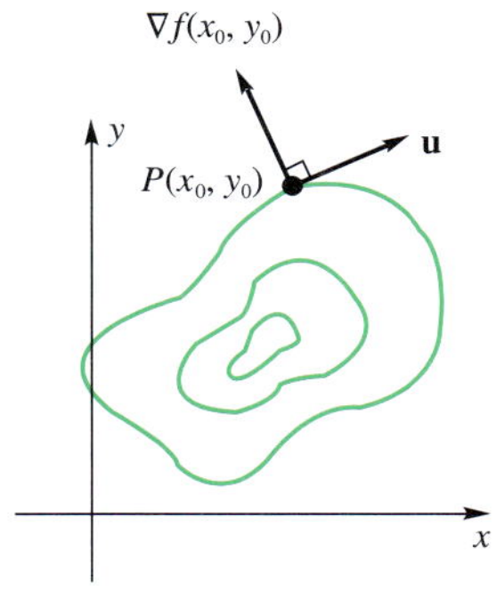

그림 3

등고선과 그래디언트 12.1절에 의하면 곡면 $z=f(x,\ y)$의 등고선은 xy평면과 평행한 평면 $z=k$와 이 곡면과 만나서 생기는 곡선을 xy평면으로 사영한 것이다. 같은 등고선의 모든 점들은 함수값이 같다(그림 3).

$f(x,\ y)$의 정의역에 속하는 임의의 점 $P(x_0,\ y_0)$을 지나는 f의 등고선을 L이

라 하자. 그리고 P에서 L에 접하는 단위벡터를 $\mathbf{u}$라 하자. f의 값은 등고선 L의 모든 점들에서 같으므로, 그 방향 도함수 $D_{\mathbf{u}}f(x_0,\ y_0)$은 $\mathbf{u}$가 L에 접할 때 0이 된다. 왜냐 하면 $f(x,\ y)$의 $\mathbf{u}$ 방향의 변화율이기 때문이다(이것은 직관적으로 보아 명백하지만, 사실은 증명이 필요하다. 그렇지만 12.7절의 내용으로부터 이것이 나오므로, 여기서는 증명을 생략하고 넘어간다). 이 때,

$$0 = D_{\mathbf{u}}f(x_0,\ y_0) = \nabla f(x_0,\ y_0)\cdot\mathbf{u}$$

이므로, ∇f와 $\mathbf{u}$는 서로 수직이다. 이 사실은 중요하여, 정리로 제시한다.

정리 C

점 P에서 f의 그래디언트는 점 P를 지나는 f의 등고선과 수직이다.

예제 4 포물면 $z = x^2/4 + y^2$에 대해서, 점 $P(2,\ 1)$을 지나는 등고선의 방정식을 구하고, 그래프를 그려라. P에서 포물면의 그래디언트 벡터를 구하고, P를 시작점으로 하여 그래디언트 벡터를 그려라.

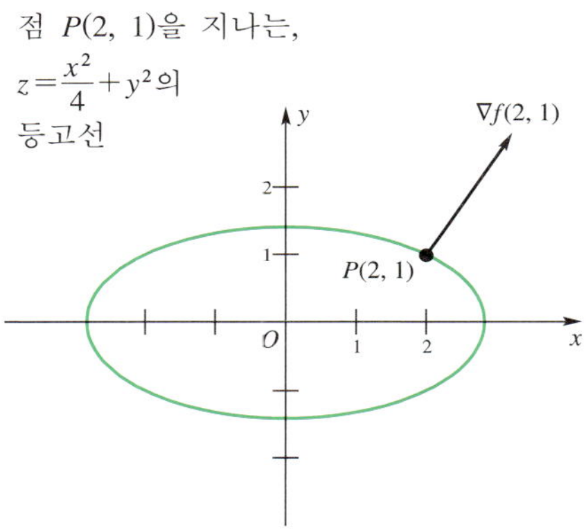

그림 4

풀이 평면 $z = k$에 대응하는 포물면의 등고선의 방정식은 $x^2/4 + y^2 = k$이다. P를 지나는 등고선의 k값을 구하기 위해, $(2,\ 1)$을 $(x,\ y)$에 대입하면, $k = 2$가 나온다. 따라서 P를 지나는 등고선의 방정식은 타원

$$\frac{x^2}{8} + \frac{y^2}{2} = 1$$

이다. 이제 $f(x,\ y) = x^2/4 + y^2$로 놓으면, $f_x(x,\ y) = x/2$이고 $f_y(x,\ y) = 2y$이므로, 포물면의 $P(2,\ 1)$에서의 그래디언트는

$$\nabla f(2,\ 1) = f_x(2,\ 1)\mathbf{i} + f_y(2,\ 1)\mathbf{j} = \mathbf{i} + 2\mathbf{j}$$

P에서의 등고선과 그래디언트를 그리면 그림 4와 같다. ■

정리 B와 정리 C를 한번 더 예시해 보도록 하자. 곡면 $z = |xy|$와 그 등고선 지도, 그래디언트장을 컴퓨터로 그린 것이 그림 5이다. 그래디언트 벡터들

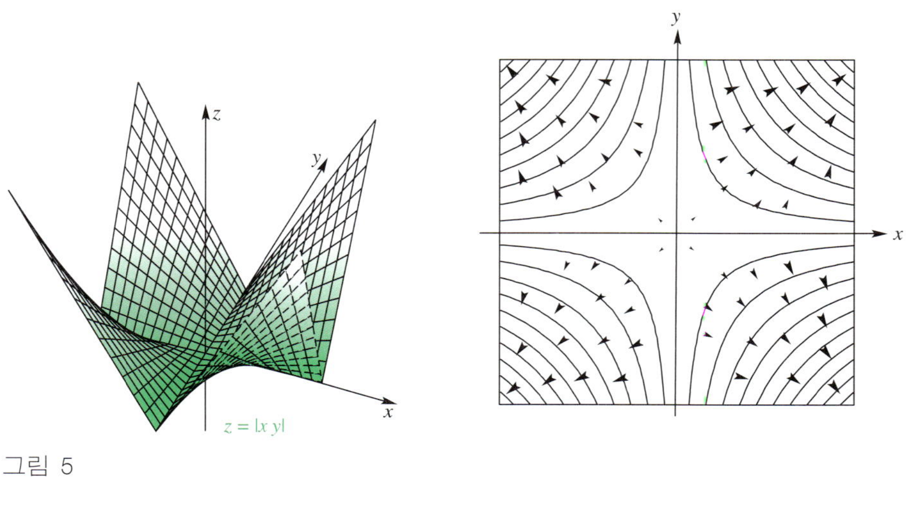

그림 5

<table>
<tr><th colspan="2">2변수에서 3변수로</th></tr>
<tr><th>$z=f(x,\ y)$</th><th>$w=f(x,\ y,\ z)$</th></tr>
<tr><td>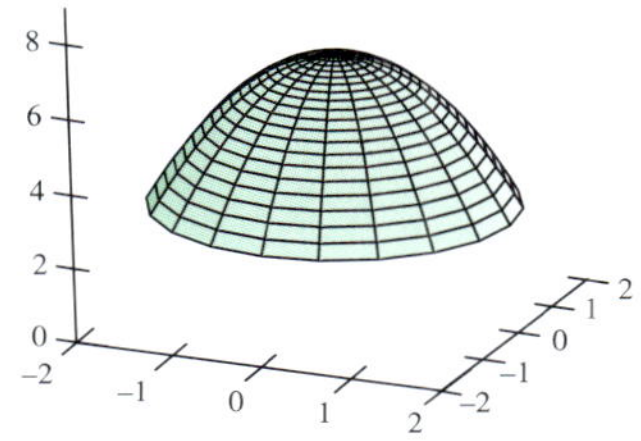
그래프는 곡면이다.</td><td>그래프를 그릴 수 없다. 왜냐 하면 4차원 공간이기 때문이다.</td></tr>
<tr><td>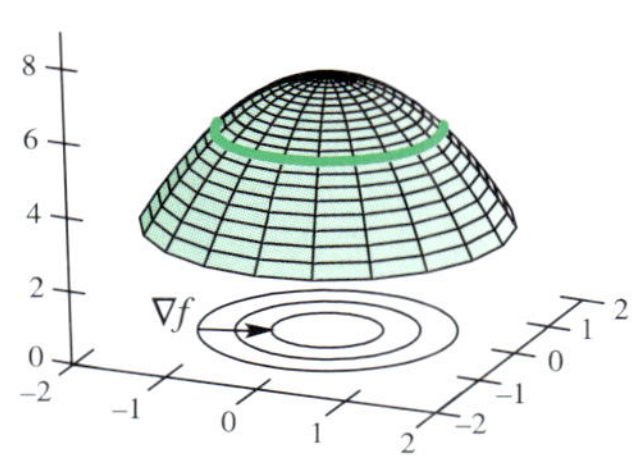
$f(x,\ y)=k$는 xy평면의 등고선을 결정한다.</td><td>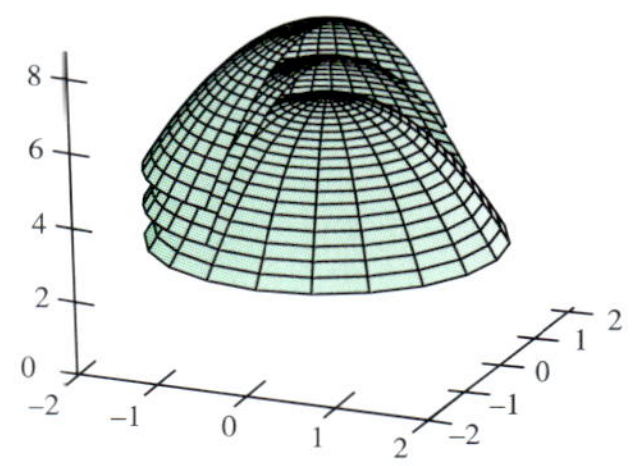
$f(x,\ y,\ z)=k$는 xyz공간의 동위면을 결정한다.</td></tr>
<tr><td>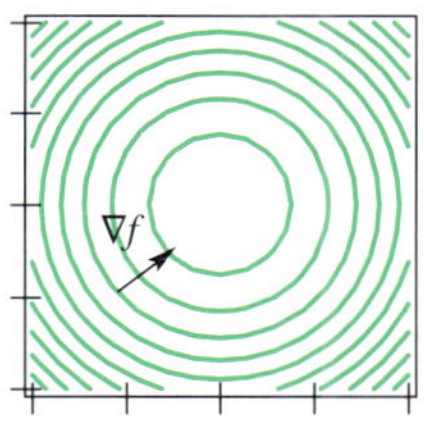
∇f는 등고선과 수직인 벡터이다.</td><td>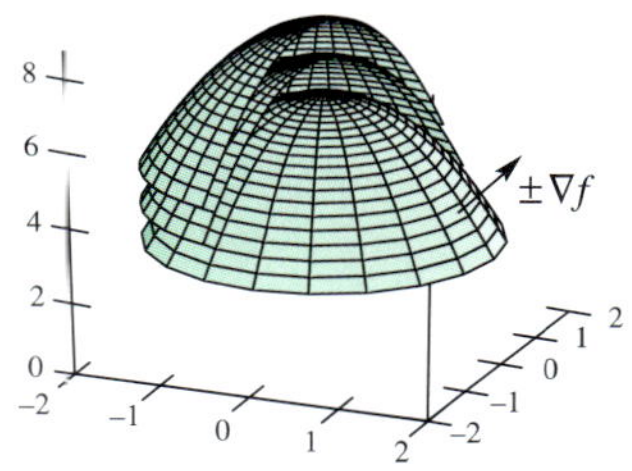
∇f는 동위면과 수직인 벡터이다.</td></tr>
</table>

은 등고선들과 수직이고, z가 가장 크게 증가하는 방향을 가리킴을 주목하기 바란다.

더 높은 차원 2변수 함수의 등고선의 개념은 3변수 함수에서는 등위면으로 일반화된다. f가 3변수 함수이면, 상수 k에 대해서, 곡면 $f(x,\ y,\ z)=k$를 f의 **등위면**(level surface)이라고 부른다. 등위면의 모든 점에서 함수는 같은 값을 가지며, 정의역에 속하는 점 $P(x,\ y,\ z)$에서 $f(x,\ y,\ z)$의 그래디언트 벡터는 P를 지나는 f의 등위면에 수직이 된다.

균질의 물체에서의 열의 전달 문제에서, 점 $(x,\ y,\ z)$에서의 온도가 $w=f(x,\ y,\ z)$라 하면, 등위면 $f(x,\ y,\ z)=k$를 등온면(isothermal surface)이라 부른다.

왜냐 하면 거기서 모든 점들이 같은 온도 k를 가지기 때문이다. 물체의 임의의 점에서, 열은 그래디언트와 반대 방향으로 (즉, 온도가 가장 급하게 내려가는 방향으로) 흘러가며, 따라서 그 점을 지나는 등온면에 수직이 된다. 전기장 속의 임의의 점의 전압이 $w=f(x, y, z)$이면, 이 함수의 등위면을 등전위 곡면(equipotential surface)이라 부른다. 등전위 곡면의 모든 점은 같은 전압을 가지며, 전류의 흐름은 그래디언트의 반대 방향이다. 즉, 전압이 가장 크게 떨어지는 방향이다.

예제 5 균질의 물체의 임의의 점에서의 온도가 $T=e^{xy}-xy^2-x^2yz$로 주어졌다. 점 $(1, -1, 2)$에서 온도가 가장 크게 떨어지는 방향은?

풀이 점 $(1, -1, 2)$에서 온도가 가장 크게 떨어지는 방향은 그 점에서 그래디언트의 반대 방향이다.

$\nabla T=(ye^{xy}-y^2-2xyz)\mathbf{i}+(xe^{xy}-2xy-x^2z)\mathbf{j}+(-x^2y)\mathbf{k}$이므로, $(1, -1, 2)$에서 ∇T를 구하면

$$(e^{-1}-3)\mathbf{i}-e^{-1}\mathbf{j}-\mathbf{k}$$

■

개념 복습

1. 점 $\mathbf{p}$에서 함수 f의 단위벡터 $\mathbf{u}$ 방향으로의 방향도함수를 $D_{\mathbf{u}}f(\mathbf{p})$로 나타내며, $\lim_{h\to 0}$ ______로 정의한다.
2. $\mathbf{u}=u_1\mathbf{i}+u_2\mathbf{j}$가 단위벡터이면, $D_{\mathbf{u}}f(x, y)$를 공식 $D_{\mathbf{u}}f(x, y)=$ ______로 구할 수 있다.
3. 그래디언트 벡터 ∇f는 항상 f가 ______ 방향을 가리킨다.
4. P에서 f의 그래디언트 벡터는 항상 P를 지나는 f의 ______과 수직이다.

연습문제 12.5

문제 1~8에서, 점 $\mathbf{p}$에서 함수 f의 $\mathbf{a}$ 방향의 방향 도함수를 구하여라.

1. $f(x, y)=x^2y$; $\mathbf{p}=(1, 2)$; $\mathbf{a}=3\mathbf{i}-4\mathbf{j}$
2. $f(x, y)=y^2\ln x$; $\mathbf{p}=(1, 4)$; $\mathbf{a}=\mathbf{i}-\mathbf{j}$
3. $f(x, y)=2x^2+xy-y^2$; $\mathbf{p}=(3, -2)$; $\mathbf{a}=\mathbf{i}-\mathbf{j}$
4. $f(x, y)=x^2-3xy+2y^2$; $\mathbf{p}=(-1, 2)$; $\mathbf{a}=2\mathbf{i}-\mathbf{j}$
5. $f(x, y)=e^x\sin y$; $\mathbf{p}=(0, \pi/4)$; $\mathbf{a}=\mathbf{i}+\sqrt{3}\mathbf{j}$
6. $f(x, y)=e^{-xy}$; $\mathbf{p}=(1, -1)$; $\mathbf{a}=-\mathbf{i}+\sqrt{3}\mathbf{j}$
7. $f(x, y, z)=x^3y-y^2z^2$; $\mathbf{p}=(-2, 1, 3)$; $\mathbf{a}=\mathbf{i}-2\mathbf{j}+2\mathbf{k}$
8. $f(x, y, z)=x^2+y^2+z^2$; $\mathbf{p}=(1, -1, 2)$; $\mathbf{a}=\sqrt{2}\mathbf{i}-\mathbf{j}-\mathbf{k}$

문제 9~12에서, 점 $\mathbf{p}$에서 함수 f가 가장 빠르게 증가하는 방향의 단위벡터를 구하여라. 이 방향의 변화율은 얼마인가?

9. $f(x, y)=x^3-y^5$; $\mathbf{p}=(2, -1)$
10. $f(x, y)=e^y\sin x$; $\mathbf{p}=(5\pi/6, 0)$
11. $f(x, y, z)=x^2yz$; $\mathbf{p}=(1, -1, 2)$
12. $f(x, y, z)=xe^{yz}$; $\mathbf{p}=(2, 0, -4)$
13. 함수 $f(x, y)=1-x^2-y^2$은 점 $\mathbf{p}=(-1, 2)$에서 어떤 방향 $\mathbf{u}$로 가장 빨리 감소하는가?
14. 함수 $f(x, y)=\sin(3x-y)$은 점 $\mathbf{p}=(\pi/6, \pi/4)$에서 어떤 방향 $\mathbf{u}$로 가장 빨리 감소하는가?
15. 점 $\mathbf{p}=(1, 2)$를 지나는, 함수 $f(x, y)=y/x^2$의 등고선을 그려라. 그래디언트 벡터 $\nabla f(\mathbf{p})$를 계산하고, $\mathbf{p}$를 시작점으로 하여 이 벡터를 그려라. $\nabla f(\mathbf{p})$에 대해서 무엇을 말

할 수 있는가?

16. 점 $\mathbf{p}=(2, 1)$과 함수 $f(x, y)=x^2+4y^2$에 대해서, 문제 15를 해 보아라.

17. 함수 $f(x, y, z)=xy+z^2$의 점 (1, 1, 1)에서 (5, −3, 3)을 향하는 방향의 방향 도함수를 구하여라.

18. 함수 $f(x, y)=e^{-x}\cos y$의 점 $(0, \pi/3)$에서 원점을 향하는 방향의 방향 도함수를 구하여라.

19. 원점이 중심인 구의 (x, y, z)에서의 온도가 다음과 같다.

$$T(x, y, z)=\frac{200}{5+x^2+y^2+z^2}$$

(a) 대략, 가장 뜨거운 지점을 추측해 보아라.

(b) 점 (1, −1, 1)에서 온도가 가장 크게 증가하는 방향을 가리키는 벡터를 구하여라.

(c) (b)의 벡터는 원점을 가리키는가?

20. 원점이 중심인 구의 (x, y, z)에서의 온도가 $T(x, y, z)=100e^{-(x^2+y^2+z^2)}$이다. 이 구는 원점에서 가장 뜨거움을 주목하기 바란다. 온도가 가장 크게 감소하는 방향은 항상 원점과 반대 방향임을 보여라.

21. $f(x, y, z)=\sin\sqrt{x^2+y^2+z^2}$의 그래디언트를 구하여라. 그래디언트는 항상 원점 방향 아니면 원점과 반대 방향을 가리킴을 보여라.

22. 점 (x, y, z)에서의 온도 T는 원점으로부터의 거리에만 의해서 결정된다고 하자. T가 가장 크게 증가하는 방향은 항상 원점 방향 아니면 원점과 반대 방향임을 보여라.

23. 산이 있는데, (x, y) 지점의 해발 고도는 $f(x, y)$이다. 어떤 등산가가 $\mathbf{p}$ 지점에서 보니, 동쪽 방향으로의 기울기는 $-\frac{1}{2}$이고, 북쪽 방향으로의 기울기는 $-\frac{1}{4}$이다. 가장 빨리 내려가려면, 어떤 방향으로 움직여야 하는가?

24. $f_x(2, 4)=-3$이고 $f_y(2, 4)=8$이다. 함수 f의 점 (2, 4)에서 (5, 0)을 향하는 방향으로의 방향 도함수를 구하여라.

25. 산이 있는데, (x, y) 지점의 해발 고도는 $3000e^{-(x^2+2y^2)/100}$ 미터이다. x축 양의 방향은 동쪽을 가리키고, y축 양의 방향은 북쪽을 가리킨다. 등산가가 (10, 10) 바로 위에 있다. 이 등산가가 북서쪽으로 움직이면, 그는 올라가는가, 아니면 내려가는가? 그 기울기는?

26. 어떤 판의 점 (x, y)에서의 온도가 $T(x, y)=10+x^2-y^2$이다. 어떤 입자가 열을 찾아서 (항상 온도가 가장 크게 증가하는 방향으로) 움직인다. 이 입자가 (−2, 1)에서 출발하였을 때, 움직이는 자취를 구하여라. 도움말: 이 입자는 그래디언트

$$\nabla T=2x\mathbf{i}-2y\mathbf{j}$$

방향으로 움직인다. 자취를 매개변수 방정식으로

$$\mathbf{r}(t)=x(t)\mathbf{i}+y(t)\mathbf{j}$$

$x(0)=-2$, $y(0)=1$로 나타낸다. 요구하는 방향으로 움직이려면, $\mathbf{r}'(t)$가 ∇T와 평행해야 한다. 그럴려면 미분방정식

$$\frac{x'(t)}{2x(t)}=-\frac{y'(t)}{2y(t)}$$

가 성립해야 하고, 초기 조건은 $x(0)=-2$, $y(0)=1$이다. 이제 이 미분방정식을 풀고, 적분 상수를 구하여라.

27. $T(x, y)=20-2x^2-y^2$이라 하고, 문제 26을 풀어 보아라.

28. 점 $P(1, -1, -10)$이 곡면 $z=-10\sqrt{|xy|}$에 놓여 있다(12.4절 그림 1 참조). 다음 각각의 경우, P에서 출발할 때 움직여야 하는 방향 $\mathbf{u}=u_1\mathbf{i}+u_2\mathbf{j}$를 구하여라.

(a) 가장 빨리 올라가려면

(b) 같은 높이를 유지하려면

(c) 기울기 1로 올라가려면

29. (x, y, z)에서의 섭씨 온도 T가 $T=10/(x^2+y^2+z^2)$으로 주어졌다. 여기서 거리는 미터 단위이다. 가장 뜨거운 지점인 원점에서 꿀벌이 날기 시작하여, 나선을 따라 가는데, 시간 t초일 때 그 위치 벡터는 $\mathbf{r}=t\cos\pi t\mathbf{i}+t\sin\pi t\mathbf{j}+t\mathbf{k}$이다. 다음 각각의 경우 T의 변화율을 구하여라.

(a) $t=1$에서 움직이는 거리에 대한 비율

(b) $t=1$에서 시간에 대한 비율 (이것을 두 가지 방법으로 생각해 보아라.)

30. $\mathbf{u}=(3\mathbf{i}-4\mathbf{j})/5$, $\mathbf{v}=(4\mathbf{i}+3\mathbf{j})/5$이고, 어떤 점 P에서 $D_{\mathbf{u}}f=-6$, $D_{\mathbf{v}}f=17$이라 하자.

(a) P에서 ∇f를 구하여라.

(b) (a)에서 $|\nabla f|^2=(D_{\mathbf{u}}f)^2+(D_{\mathbf{v}}f)^2$임을 주목하기 바란다. $\mathbf{u}$와 $\mathbf{v}$가 수직이면 항상 이 관계가 성립함을 보여라.

31. 그림 6은 높이 60 피트인 동산의 등고선 지도인데, 방정식 $z=f(x, y)$를 만족한다고 하자.

(a) 점 A 바로 위에 떨어진 빗물은 A로부터 가장 가파른

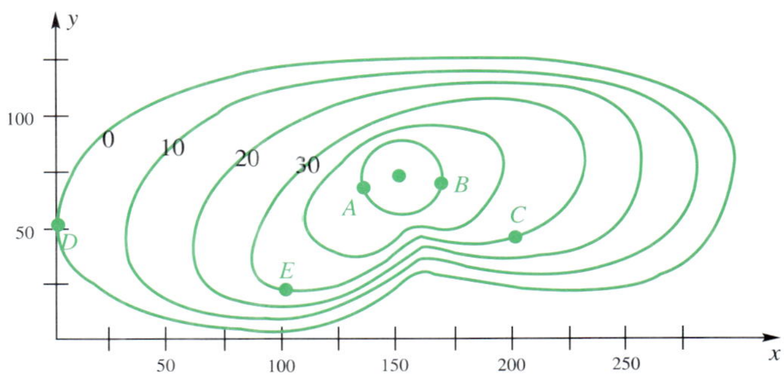

그림 6

내리막길을 따라서 xy평면에 이르게 되는데, 그 지점을 A'라 하자. 이 길을 그려서, A'를 추측하여라.

(b) 점 B에 대해서 이것을 구하여라.

(c) C 지점에서 f_x, D 지점에서 f_y, E 지점에서 $D_{\mathbf{u}}f$를 추측하여라. 여기서 $\mathbf{u}=(\mathbf{i}+\mathbf{j})/\sqrt{2}$.

32. 정리 A에 의하면, f가 $\mathbf{p}$에서 미분가능하면 모든 방향으로 $D_{\mathbf{u}}f(\mathbf{p})$가 존재한다. 다음 함수를 원점에서 생각해보고, 그 역은 거짓임을 보여라.

$$f(x, y)=\begin{cases}1, & 0<y<x^2\text{인 경우}\\ 0, & \text{다른 경우}\end{cases}$$

CAS **33.** $z=x^2-y^2$의 그래프를 $-5\le x\le 5$, $-5\le y\le 5$에서 그려라. 등고선 지도와 그래디언트장을 그려서, 정리 B, C를 예시해 보여라. 점 $(-5, -0.1)$의 바로 위에 떨어진 빗물이 이 곡면을 벗어나는 지점의 xy좌표를 추측하여라.

CAS **34.** $z=x-x^3/9-y^2$에 대해서 문제 33을 풀어 보아라.

CAS **35.** 원숭이 안장(monkey saddle) $z=x^3-3xy^2$, $-5\le x\le 5$, $-5\le y\le 5$에 대해서, 점 $(5, -0.2)$ 바로 위에 떨어진 빗물이 이 곡면을 벗어나는 지점의 xy좌표를 추측하여라.

CAS **36.** 곡면 $z=\sin x+\sin y-\sin(x+y)$, $0\le x\le 2\pi$, $0\le y\le 2\pi$에 대해서, 점 $(4, 1)$ 바로 위에 떨어진 빗물이 멈추게 되는 지점은?

개념 복습 해답: **1.** $[f(\mathbf{p}+h\mathbf{u})-f(\mathbf{p})]/h$ **2.** $u_1f_x(x, y)+u_2f_y(x, y)$ **3.** 가장 크게 증가하는 **4.** 등고선

12.6 연쇄법칙

1변수 함수들의 합성에 대한 연쇄법칙은 지금쯤 익숙할 것이다. $y=f(x(t))$이고, f와 x는 둘 다 미분가능인 함수라고 하자. 그러면

$$\frac{dy}{dt}=\frac{dy}{dx}\frac{dx}{dt}$$

이제 목표는 다변수 함수들에 대해서 이것을 일반화하는 것이다.

첫째 형태 $z=f(x, y)$이고, x와 y는 t의 함수라고 하자. 그러면 dz/dt가 무엇이냐고 묻는 것이 의미가 있으며, 이것에 대한 공식이 있어야 한다.

> *멋진 일반화*
>
> 1변수 연쇄법칙(2.5절 정리 A)을 일반화한 것이 성립하는가? 예, 성립한다. 그것을 깔끔하게 제시한다. n차원 유클리드 공간을 $\mathbb{R}^n$이라 하고, g는 $\mathbb{R}$에서 $\mathbb{R}^n$으로 가는 함수라 하자. 그리고 f는 $\mathbb{R}^n$에서 $\mathbb{R}$로 가는 함수라 하자. g가 t에서 미분 가능하고, f가 $g(t)$에서 미분가능하면, 합성함수 $f\circ g$는 미분 가능하며,
>
> $$(f\circ g)'(t)=\nabla f(g(t))\cdot g'(t)$$

정리 A 연쇄법칙

$x=x(t)$와 $y=y(t)$가 t에서 미분가능하고, $z=f(x, y)$는 $(x(t), y(t))$에서 미분가능하다고 하자. 그러면 $z=f(x(t), y(t))$는 t에서 미분가능하며,

$$\frac{dz}{dt}=\frac{\partial z}{\partial x}\frac{dx}{dt}+\frac{\partial z}{\partial y}\frac{dy}{dt}$$

증명 부록 A.2절 정리 B에 나오는 1변수 함수의 증명을 흉내낸다. 기호를 간단히 하기 위해, $\mathbf{p}=(x, y)$, $\Delta\mathbf{p}=(\Delta x, \Delta y)$, $\Delta z=f(\mathbf{p}+\Delta\mathbf{p})-f(\mathbf{p})$로 놓는다. 그러면 f가 미분가능하므로,

$$\begin{aligned}\Delta z&=f(\mathbf{p}+\Delta\mathbf{p})-f(\mathbf{p})=\nabla f(\mathbf{p})\cdot\Delta\mathbf{p}+\boldsymbol{\varepsilon}(\Delta\mathbf{p})\cdot\Delta\mathbf{p}\\&=f_x(\mathbf{p})\Delta x+f_y(\mathbf{p})\Delta y+\boldsymbol{\varepsilon}(\Delta\mathbf{p})\cdot\Delta\mathbf{p}\end{aligned}$$

이고 $\Delta\mathbf{p}\to\mathbf{0}$일 때 $\boldsymbol{\varepsilon}(\Delta\mathbf{p})\to\mathbf{0}$이다.

양변을 Δt로 나누면,

$$\text{(1)}\qquad \frac{\Delta z}{\Delta t}=f_x(\mathbf{p})\frac{\Delta x}{\Delta t}+f_y(\mathbf{p})\frac{\Delta y}{\Delta t}+\boldsymbol{\varepsilon}(\Delta\mathbf{p})\cdot\left\langle\frac{\Delta x}{\Delta t}, \frac{\Delta y}{\Delta t}\right\rangle$$

연쇄법칙:
2변수인 경우

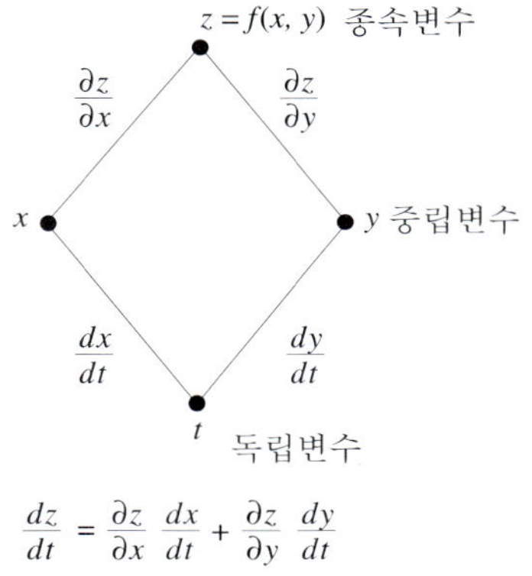

여기서 $\Delta t\to 0$일 때 $\left\langle \frac{\Delta x}{\Delta t}, \frac{\Delta y}{\Delta t}\right\rangle$은 $\left\langle \frac{dx}{dt}, \frac{dy}{dt}\right\rangle$로 가까이 간다. 그리고 $\Delta t\to 0$일 때 Δx와 Δy는 둘 다 0으로 간다($x(t)$와 $y(t)$는 미분가능하므로, 연속임을 기억한다). 따라서 $\Delta t\to 0$일 때 $\Delta\mathbf{p}\to\mathbf{0}$이며, 이 때 $\boldsymbol{\varepsilon}(\Delta\mathbf{p})\to\mathbf{0}$이다. 그러므로 방정식 (1)에서 $\Delta t\to 0$이 되게 하면, 다음을 얻는다.

$$\frac{dz}{dt}=f_x(\mathbf{p})\frac{dx}{dt}+f_y(\mathbf{p})\frac{dy}{dt}$$

이것은 정리의 결과와 같다. ■

예제 1 $z=x^3y$이고, $x=2t$, $y=t^2$일 때, dz/dt를 구하여라.

풀이

$$\begin{aligned}\frac{dz}{dt}&=\frac{\partial z}{\partial x}\frac{dx}{dt}+\frac{\partial z}{\partial y}\frac{dy}{dt}\\&=(3x^2y)(2)+(x^3)(2t)\\&=6(2t)^2(t^2)+2(2t)^3(t)\\&=40t^4\end{aligned}$$

■

연쇄법칙을 사용하지 않고 예제 1을 구할 수 있다. 직접 대입하면,

$$z=x^3y=(2t)^3t^2=8t^5$$

따라서 $dz/dt=40t^4$. 그렇지만 직접 대입하는 방법을 쓸 수 없거나 불편한 경우도 있다. 다음 예제를 보기 바란다.

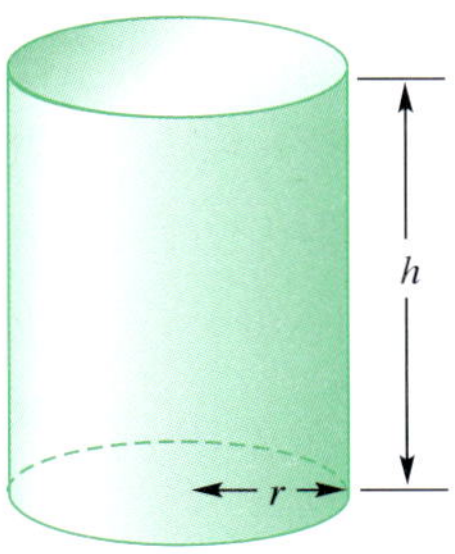

그림 1

예제 2 어떤 직원기둥 입체가 열을 받으면, 반지름 r과 높이 h가 증가하고, 따라서 표면의 넓이 S도 증가한다. $r=10$cm이고 $h=100$cm인 순간, r은 시간당 0.2cm의 비율로, h는 시간당 0.5cm의 비율로 증가한다. 이 순간 S는 어떤 비율로 증가하는가?

풀이 원기둥의 표면전체의 넓이는(그림 1)

$$S=2\pi rh+2\pi r^2$$

따라서

$$\begin{aligned}\frac{dS}{dt}&=\frac{\partial S}{\partial r}\frac{dr}{dt}+\frac{\partial S}{\partial h}\frac{dh}{dt}\\&=(2\pi h+4\pi r)(0.2)+(2\pi r)(0.5)\end{aligned}$$

$r=10$이고 $h=100$일 때,

$$\begin{aligned}\frac{dS}{dt}&=(2\pi\cdot 100+4\pi\cdot 10)(0.2)+(2\pi\cdot 10)(0.5)\\&=58\pi(\text{시간당 제곱 센티미터})\end{aligned}$$

■

정리 A의 결과는 3변수 함수로 쉽게 확장할 수 있다. 다음 예제를 보기 바란다.

연쇄법칙:
3변수인 경우

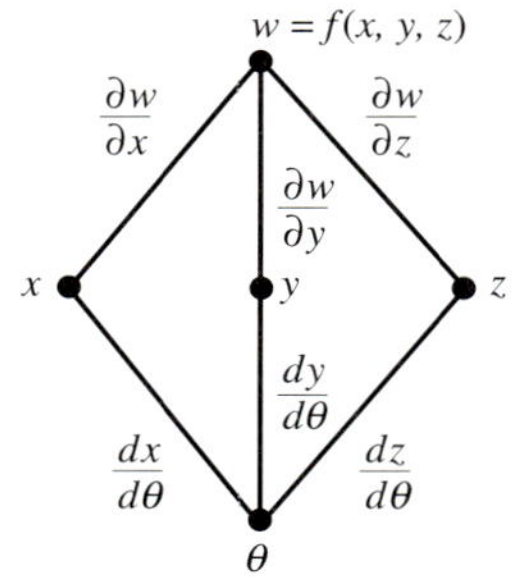

$$\frac{dw}{d\theta} = \frac{\partial w}{\partial x}\frac{dx}{d\theta} + \frac{\partial w}{\partial y}\frac{dy}{d\theta} + \frac{\partial w}{\partial z}\frac{dz}{d\theta}$$

예제 3 $w=x^2y+y+xz$이고, $x=\cos\theta$, $y=\sin\theta$, $z=\theta^2$일 때 $dw/d\theta$를 구하고, $\theta=\pi/3$인 순간 이것을 계산하여라.

풀이

$$\begin{aligned}\frac{dw}{d\theta} &= \frac{\partial w}{\partial x}\frac{dx}{d\theta} + \frac{\partial w}{\partial y}\frac{dy}{d\theta} + \frac{\partial w}{\partial z}\frac{dz}{d\theta}\\ &= (2xy+z)(-\sin\theta) + (x^2+1)(\cos\theta) + (x)(2\theta)\\ &= -2\cos\theta\sin^2\theta - \theta^2\sin\theta + \cos^3\theta + \cos\theta + 2\theta\cos\theta\end{aligned}$$

$\theta=\pi/3$일 때,

$$\begin{aligned}\frac{dw}{d\theta} &= -2\cdot\frac{1}{2}\cdot\frac{3}{4} - \frac{\pi^2}{9}\cdot\frac{\sqrt{3}}{2} + \left(\frac{1}{4}+1\right)\frac{1}{2} + \frac{2\pi}{3}\cdot\frac{1}{2}\\ &= -\frac{1}{8} - \frac{\pi^2\sqrt{3}}{18} + \frac{\pi}{3}\end{aligned}$$

■

둘째 형태 이제 $z=f(x, y)$이고, $x=x(s, t)$, $y=y(s, t)$라 하자. 그러면 $\partial z/\partial s$와 $\partial z/\partial t$에 대해서 생각하는 것이 의미가 있다.

정리 B 연쇄법칙

$x=x(s, t)$와 $y=y(s, t)$는 (s, t)에서 1계 편도함수들을 가지고, $z=f(x, y)$는 $(x(s, t), y(s, t))$에서 미분가능하다고 하자. 그러면 $z=f(x(s, t), y(s, t))$는 1계 편도함수들을 가지며, 이들은 다음 식으로 주어진다.

(i) $\dfrac{\partial z}{\partial s} = \dfrac{\partial z}{\partial x}\dfrac{\partial x}{\partial s} + \dfrac{\partial z}{\partial y}\dfrac{\partial y}{\partial s}$; (ii) $\dfrac{\partial z}{\partial t} = \dfrac{\partial z}{\partial x}\dfrac{\partial x}{\partial t} + \dfrac{\partial z}{\partial y}\dfrac{\partial y}{\partial t}$

증명 s를 고정시켜 놓으면, $x(s, t)$와 $y(s, t)$는 변수 t만의 함수가 되며, 따라서 정리 A를 적용할 수 있다. d 대신에 ∂를 넣어서 s가 고정되어 있음을 나타내고, 이 정리를 사용하면, $\partial z/\partial t$의 공식 **(ii)**를 얻을 수 있다. 마찬가지 방법으로, t를 고정시켜서 $\partial z/\partial s$의 공식을 얻을 수 있다. ■

예제 4 $z=3x^2-y^2$이고, $x=2s+7t$, $y=5st$일 때 $\partial z/\partial t$를 구하고, s와 t를 사용하여 이것을 표현하여라.

풀이

$$\begin{aligned}\frac{\partial z}{\partial t} &= \frac{\partial z}{\partial x}\frac{\partial x}{\partial t} + \frac{\partial z}{\partial y}\frac{\partial y}{\partial t}\\ &= (6x)(7) + (-2y)(5s)\\ &= 42(2s+7t) - 10st(5s)\\ &= 84s + 294t - 50s^2t.\end{aligned}$$

물론 x와 y에 관한 식을 z에 관한 식에 대입하고 나서 t에 관하여 편미분을 하면 다음과 같이 똑같은 답을 얻는다.

$$\begin{aligned}\frac{\partial z}{\partial t}&=\frac{\partial}{\partial t}[3(2s+7t)^2+(5st)^2]\\&=\frac{\partial}{\partial t}[12s^2+84st+147s^2-25s^2t^2]\\&=84s+294t-50s^2t\end{aligned}$$ ■

중간 단계의 변수가 세 개인 경우, 이에 대응하는 결과를 다음 예제에서 보인다.

예제 5 $w=x^2+y^2+z^2+xy$이고, $x=st$, $y=s-t$, $z=s+2t$일 때, $\partial w/\partial t$를 구하여라.

풀이

$$\begin{aligned}\frac{\partial w}{\partial t}&=\frac{\partial w}{\partial x}\frac{\partial x}{\partial t}+\frac{\partial w}{\partial y}\frac{\partial y}{\partial t}+\frac{\partial w}{\partial z}\frac{\partial z}{\partial t}\\&=(2x+y)(s)+(2y+x)(-1)+(2z)(2)\\&=(2st+s-t)(s)+(2s-2t+st)(-1)+(2s+4t)2\\&=2s^2t+s^2-2st+2s+10t\end{aligned}$$ ■

음함수 y가 x의 함수, 이를테면 $y=g(x)$인데 함수 g의 식을 결정하기 어렵거나 불가능한 경우에 $F(x,\ y)=0$이 y를 x의 음함수로 정의한다고 하자. 이 경우에도 dy/dx를 구할 수 있다. 이것을 구하는 한 가지 방법은 음함수 미분법으로, 2.7절에서 다루었다. 다른 한 방법을 여기에 소개한다.

연쇄법칙을 사용하여, 방정식 $F(x,\ y)=0$의 양변을 x에 대해서 미분한다. 그러면

$$\frac{\partial F}{\partial x}\frac{dx}{dx}+\frac{\partial F}{\partial y}\frac{dy}{dx}=0$$

dy/dx에 대해서 풀면, 다음 공식을 얻는다.

$$\boxed{\frac{dy}{dx}=-\frac{\partial F/\partial x}{\partial F/\partial y}}$$

예제 6 $x^3+x^2y-10y^4=0$일 때, 다음 방법으로 dy/dx를 구하여라.

(a) 연쇄법칙 (b) 음함수 미분법

풀이

(a) $F(x,\ y)=x^3+x^2y-10y^4=0$로 놓으면,

$$\frac{dy}{dx}=-\frac{\partial F/\partial x}{\partial F/\partial y}=-\frac{3x^2+2xy}{x^2-40y^3}$$

(b) 양변을 x에 대해서 미분하면 다음을 얻는다.

$$3x^2+x^2\frac{dy}{dx}+2xy-40y^3\frac{dy}{dx}=0$$

이것을 dy/dx에 대해서 풀면, 연쇄법칙으로 얻은 답과 같은 답이 나온다. ■

방정식 $F(x, y, z)=0$에 의해서 z가 x와 y의 음함수로 정의된다고 하자. y를 고정시켜 놓고, 양변을 x에 대해 미분하면,

$$\frac{\partial F}{\partial x}\frac{\partial x}{\partial x}+\frac{\partial F}{\partial y}\frac{\partial y}{\partial x}+\frac{\partial F}{\partial z}\frac{\partial z}{\partial x}=0$$

이것을 $\partial z/\partial x$에 대해서 풀고, $\partial y/\partial x=0$임을 주목하면, 아래 네모 속의 첫째 공식을 얻는다. 이와 비슷한 방법으로, x를 고정시켜 놓고, y에 대해서 미분하면, 두 번째 공식을 얻을 수 있다.

$$\frac{\partial z}{\partial x}=-\frac{\partial F/\partial x}{\partial F/\partial z}, \qquad \frac{\partial z}{\partial y}=-\frac{\partial F/\partial y}{\partial F/\partial z}$$

예제 7 방정식 $F(x, y, z)=x^3e^{y+z}-y\sin(x-z)=0$이 z를 x와 y의 음함수로 정의할 때 $\partial z/\partial x$를 구하여라.

풀이

$$\frac{\partial z}{\partial x}=-\frac{\partial F/\partial x}{\partial F/\partial z}=-\frac{3x^2e^{y+z}-y\cos(x-z)}{x^3e^{y+z}+y\cos(x-z)}$$ ■

개념 복습

1. $z=f(x, y)$이고 $x=g(t)$, $y=h(t)$일 때, 연쇄법칙은 다음을 말한다. $dz/dt=$______.

2. 그러므로 $z=xy^2$이고, $x=\sin t$, $y=\cos t$일 때, $dz/dt=$______.

3. $z=f(x, y)$이고 $x=g(s, t)$, $y=h(s, t)$일 때, 연쇄법칙은 다음을 말한다. $\partial z/\partial t=$______.

4. 그러므로 $z=xy^2$이고 $x=st$, $y=s^2+t^2$일 때, $s=1$이고 $t=1$인 순간 $\partial z/\partial t$의 값은 ______이다.

연습문제 12.6

문제 1~6에서 연쇄법칙을 사용하여 dw/dt를 구하여라. 최종 답은 t의 식으로 나타내어라.

1. $w=x^2y^3$; $x=t^3$, $y=t^2$
2. $w=x^2y-y^2x$; $x=\cos t$, $y=\sin t$
3. $w=e^x\sin y+e^y\sin x$; $x=3t$, $y=2t$
4. $w=\ln(x/y)$; $x=\tan t$, $y=\sec^2 t$
5. $w=\sin(xyz^2)$; $x=t^3$, $y=t^2$, $z=t$
6. $w=xy+yz+xz$; $x=t^2$, $y=1-t^2$, $z=1-t$

문제 7~12에서 연쇄법칙을 사용하여 $\partial w/\partial t$를 구하여라. 최종 답은 s와 t의 식으로 나타내어라.

7. $w=x^2y$; $x=st$, $y=s-t$
8. $w=x^2-y\ln x$; $x=s/t$, $y=s^2t$
9. $w=e^{x^2+y^2}$; $x=s\sin t$, $y=t\sin s$
10. $w=\ln(x+y)-\ln(x-y)$; $x=te^s$, $y=e^{st}$
11. $w=\sqrt{x^2+y^2+z^2}$; $x=\cos st$, $y=\sin st$, $z=s^2t$
12. $w=e^{xy+z}$; $x=s+t$, $y=s-t$, $z=t^2$
13. $z=x^2y$, $x=2t+s$, $y=1-st^2$일 때, 다음을 구하여라.

$$\left.\frac{\partial z}{\partial t}\right|_{s=1,\, t=-2}$$

14. $z=xy+x+y$, $x=r+s+t$, $y=rst$일 때, 다음을 구하여라.

$$\left.\frac{\partial z}{\partial s}\right|_{r=1,\, s=-1,\, t=2}$$

15. $w=u^2-u\tan v$, $u=x$, $v=\pi x$일 때, 다음을 구하여라.

$$\left.\frac{dw}{dx}\right|_{x=1/4}$$

16. $w=x^2y+z^2$, $x=\rho\cos\theta\sin\phi$, $y=\rho\sin\theta\sin\phi$, $z=\rho\cos\phi$일 때, 다음을 구하여라.

$$\left.\frac{\partial w}{\partial \theta}\right|_{\rho=2,\, \theta=\pi,\, \phi=\pi/2}$$

17. 나무는 대개 몸통을 톱질하여 목재를 생산하며, 몸통의 생김새는 거의 수직 원기둥 모양이다. 어떤 나무의 몸통의 반지름이 해마다 $\frac{1}{2}$ 인치씩 자라고, 그 높이가 해마다 8 인치씩 자라면, 반지름이 20 인치이고 높이가 400인치인 때, 그 부피의 증가율은? 답을 연간 보드 피트 단위로 나타내어라(1 보드 피트=1 인치 곱하기 12 인치 곱하기 12 인치).

18. 금속판의 (x, y)에서의 온도가 e^{-x-3y} 도이다. 벌레가 북동쪽으로 분당 $\sqrt{8}$ 피트의 속력으로 (즉, $dx/dt=dy/dt=2$) 걷고 있다. 벌레의 입장에서 보아, 원점을 지날 때 온도의 시간에 대한 변화율은?

19. 쭉 곧은 강의 가장자리에서, 어떤 소년의 장난감 배가 그의 손에서 벗어났다. 강물의 흐름이 그 배를 초속 5 피트로 움직이게 만든다. 그리고 바람이 옆으로 불어서, 초속 4 피트로 강의 반대쪽으로 가게 만든다. 그 소년이 강변을 따라 초속 3 피트로 걸어서 배를 따라가면, $t=3$ 초인 순간, 그 배는 그로부터 얼마나 빨리 멀어지는가?

20. 모래가 쏟아져서 원뿔 모양으로 쌓이는데, 어떤 순간 높이가 100 인치이고, 분당 3 인치의 비율로 높아지며, 밑면의 반지름은 40 인치이고, 분당 2 인치의 비율로 증가한다. 그 순간 부피의 증가율은?

문제 21~24에서 예제의 6 (a)의 방법으로 dy/dx를 구하여라.

21. $x^3+2x^2y-y^3=0$

22. $ye^{-x}+5x-17=0$

23. $x\sin y+y\cos x=0$

24. $x^2\cos y-y^2\sin x=0$

25. $3x^2z+y^3-xyz^3=0$이다. $\partial z/\partial x$를 구하여라(예제 7 참조).

26. $ye^{-x}+z\sin x=0$이다. $\partial x/\partial z$를 구하여라(예제 7 참조).

27. $T=f(x, y, z, w)$이고, x, y, z, w는 s와 t의 함수이다. $\partial T/\partial s$에 대한 연쇄법칙을 적어라.

28. $z=f(x, y)$이고, 여기서 $x=r\cos\theta$, $y=r\sin\theta$이다. 다음이 성립함을 보여라.

$$\left(\frac{\partial z}{\partial x}\right)^2+\left(\frac{\partial z}{\partial y}\right)^2=\left(\frac{\partial z}{\partial r}\right)^2+\frac{1}{r^2}\left(\frac{\partial z}{\partial \theta}\right)^2$$

29. 물리학에서 파동 방정식은 편미분 방정식

$$\frac{\partial^2 y}{\partial t^2}=c^2\frac{\partial^2 y}{\partial x^2}$$

이다. 여기서 c는 상수. f가 2번 미분가능한 임의의 함수이면,

$$y(x, t)=\frac{1}{2}[f(x-ct)+f(x+ct)]$$

는 이 방정식을 만족함을 보여라.

30. $w=f(r-s, s-t, t-r)$이면, 다음이 성립함을 보여라.

$$\frac{\partial w}{\partial r}+\frac{\partial w}{\partial s}+\frac{\partial w}{\partial t}=0$$

31. $F(t)=\int_{g(t)}^{h(t)} f(u)\,du$이고, 여기서 f는 연속이며, g와 h는 미분가능이다. 다음이 성립함을 보여라.

$$F'(t)=f(h(t))h'(t)-f(g(t))g'(t)$$

그리고 이 결과를 이용하여, 함수

$$F(t)=\int_{\sin\sqrt{2}\,\pi t}^{t^2} \sqrt{9+u^4}\,du$$

에 대해 $F'(\sqrt{2})$를 구하여라.

32. 함수 $f(x, y)$가 모든 $t>0$에 대해서 $f(tx, ty)=tf(x, y)$를 만족하면, f는 **1차 동질**(homogeneous of degree 1)이라고 말한다. 예를 들어 $f(x, y)=x+ye^{y/x}$는 이 조건을 만족한다. 그러한 함수는 오일러 정리(Euler's Theorem)

$$f(x, y)=x\frac{\partial f}{\partial x}+y\frac{\partial f}{\partial y}$$

를 만족함을 보여라.

참고: x 단위의 자본과 y 단위의 노동을 투자하여서 나오는 생산가치를 $f(x, y)$로 나타내자. 그러면 f는 동질의 함수이다(즉, 자본과 노동을 두 배로 늘이면 생산량도 두 배가 된다). 오일러의 정리는 다음의 중요한 경제학 법칙을 말해 준다: 생산가치 $f(x, y)$는 자본의 가격 더하기 노동의 가격과 같은데, 단, 이들 각각을 그 한계 비율 $\partial f/\partial x$, $\partial f/\partial y$로 지불한 경우이다.

C **33.** 같은 점 P에서 출발하여, 비행기 A는 동쪽으로 날고, 비행기 B는 N50°E로 난다. 어느 순간 A는 P로부터 200 마일 떨어져서 시속 450 마일로 날고, B는 P로부터 150 마일 떨어져서 시속 400 마일로 난다. 그 순간 이들은 얼마나 빨리 멀어지는가?

34. 뉴턴의 만유인력 법칙에 따르면, 질량 M, m인 두 물체 사이의 당기는 힘 F는 $F=GMm/r^2$이다. 여기서 r은 두 물체 사이의 거리이고, G는 만유인력 상수이다. 질량 M

인 물체가 원점에 놓여 있고, 두 번째 물체가 질량 m이 변화하면서(예를 들어 연료를 소비하여) 원점으로부터 멀어지는데, 그 위치 벡터가 $\mathbf{r}=x\mathbf{i}+y\mathbf{j}+z\mathbf{k}$라 하자. dF/dt의 공식을 m, x, y, z의 시간에 대한 도함수로 나타내어라.

개념 복습 해답: **1.** $\frac{\partial z}{\partial x}\frac{dx}{dt}+\frac{\partial z}{\partial y}\frac{dy}{dt}$ **2.** $y^2\cos t+2xy(-\sin t)=\cos^3 t-2\sin^2 t\cos t$ **3.** $\frac{\partial z}{\partial x}\frac{\partial x}{\partial t}+\frac{\partial z}{\partial y}\frac{\partial y}{\partial t}$ **4.** 12

12.7 접평면과 근사

12.4절에서 곡면에 대한 접평면의 개념을 도입하였지만, $z=f(x, y)$ 형태의 방정식으로 정의되는 곡면만을 다루었다(그림 1). 이제 좀 더 일반적으로, 방정식 $F(x, y, z)=k$로 결정되는 곡면을 생각한다($z=f(x, y)$는 $F(x, y, z)=f(x, y)-z=0$ 형태로 쓸 수 있음을 주목한다). 이제 점 (x_0, y_0, z_0)을 지나는 이 곡면의 곡선을 생각하자. 이 곡선의 매개변수 방정식이 $x=x(t)$, $y=y(t)$, $z=z(t)$이면, 모든 t에 대해서,

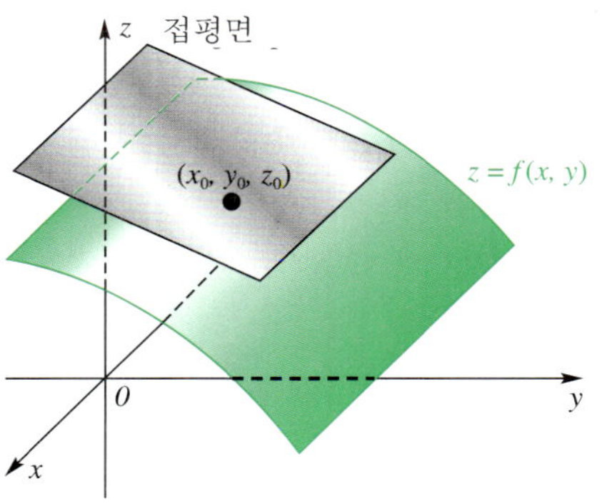

그림 1

$$F(x(t), y(t), z(t))=k$$

따라서 연쇄법칙에 의해,

$$\frac{dF}{dt}=\frac{\partial F}{\partial x}\frac{dx}{dt}+\frac{\partial F}{\partial y}\frac{dy}{dt}+\frac{\partial F}{\partial z}\frac{dz}{dt}=\frac{d}{dt}(k)=0$$

F의 그래디언트와 곡선의 벡터 표현 $\mathbf{r}(t)=x(t)\mathbf{i}+y(t)\mathbf{j}+z(t)\mathbf{k}$의 도함수를 사용하여, 이 방정식을 다음과 같이 표현할 수 있다.

$$\nabla F\cdot\frac{d\mathbf{r}}{dt}=0$$

앞에서 배운 바에 의하면(11.5절), $d\mathbf{r}/dt$는 곡선에 접한다. 요약하면, (x_0, y_0, z_0)에서의 그래디언트는 이 점에서의 접선과 수직이다.

이 사실은 (x_0, y_0, z_0)을 지나고 곡면 $F(x, y, z)=k$에 놓여 있는 임의의 곡선에 대해서 성립한다(그림 2). 이것을 일반화하여 다음과 같이 정의할 수 있다.

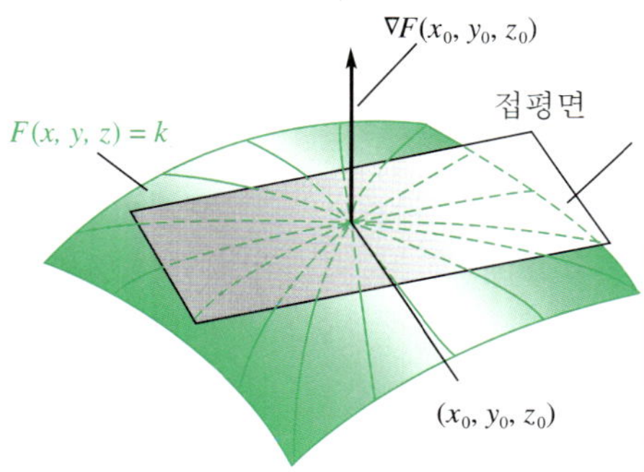

그림 2

정의

$F(x, y, z)=k$가 곡면을 결정하고, F는 이 곡면상의 점 $P(x_0, y_0, z_0)$에서 미분 가능이며, $\nabla F(x_0, y_0, z_0)\neq\mathbf{0}$라고 하자. 그러면 점 P를 지나고 $\nabla F(x_0, y_0, z_0)$에 수직인 평면을 P에서의 **곡면의 접평면**(tangent plane)이라고 한다.

이 정의와 11.3절로부터, 접평면의 방정식을 다음과 같이 적을 수 있다.

정리 A 접평면

곡면 $F(x, y, z)=k$에 대해서, 점 (x_0, y_0, z_0)에서의 접평면의 방정식은 $\nabla F(x_0, y_0, z_0)\cdot\langle x-x_0, y-y_0, z-z_0\rangle=0$이다. 즉,

$$F_x(x_0, y_0, z_0)(x-x_0)+F_y(x_0, y_0, z_0)(y-y_0)+F_z(x_0, y_0, z_0)(z-z_0)=0$$

특히, 곡면 $z=f(x, y)$의 경우, $(x_0, y_0, f(x_0, y_0))$에서의 접평면의 방정식은 다음과 같다.

$$z-z_0=f_x(x_0, y_0)(x-x_0)+f_y(x_0, y_0)(y-y_0)$$

증명 앞의 내용은 바로 알 수 있으며, 뒤의 내용은 $F(x, y, z)=f(x, y)-z$를 생각하면 전자로부터 나온다. ■

z가 x와 y의 함수로서, $z=f(x, y)$이면, 정리 A의 두 번째 부분에 의해, 그 접평면의 방정식은 다음과 같다.

$$z-f(x_0, y_0)=f_x(x_0, y_0)(x-x_0)+f_y(x_0, y_0)(y-y_0)$$

여기서 $\mathbf{p}=(x, y)$이고 $\mathbf{p}_0=(x_0, y_0)$으로 놓으면, 접평면의 방정식은 다음과 같음을 알 수 있다.

$$\begin{aligned} z&=f(x_0, y_0)+(f_x(x_0, y_0), f_y(x_0, y_0))\cdot(x-x_0, y-y_0) \\ &=f(\mathbf{p}_0)+\nabla f(\mathbf{p}_0)\cdot(\mathbf{p}-\mathbf{p}_0) \end{aligned}$$

그러므로 여기 나오는 접평면의 정의는 12.4절에서 나온 접평면의 정의와 일치한다.

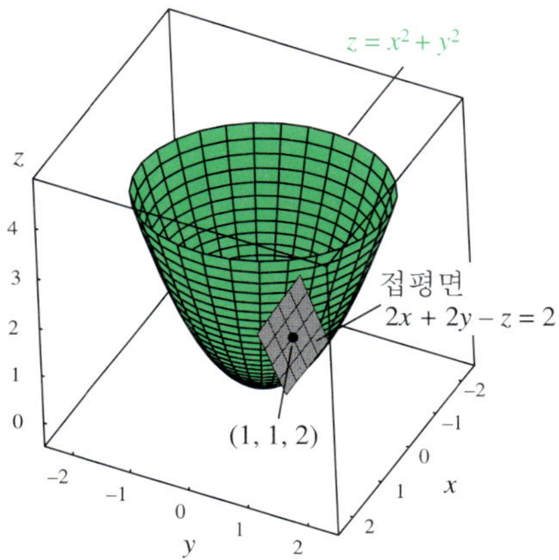

그림 3

예제 1 곡면 $z=x^2+y^2$의 점 (1, 1, 2)에서의 접평면의 방정식을 구하여라(그림 3).

풀이 $f(x, y)=x^2+y^2$로 놓으면 $\nabla f(x, y)=2x\mathbf{i}+2y\mathbf{j}$. 따라서 $\nabla f(1, 1)=2\mathbf{i}+2\mathbf{j}$이고, 정리 A로부터, 원하는 접평면의 방정식은

$$z-2=2(x-1)+2(y-1)$$

즉,

$$2x+2y-z=2$$ ■

예제 2 곡면 $x^2+y^2+2z^2=23$의 점 (1, 2, 3)에서의 접평면의 방정식과 법선의 방정식을 구하여라.

풀이 $F(x, y, z)=x^2+y^2+2z^2$로 놓으면, $\nabla F(x, y, z)=2x\mathbf{i}+2y\mathbf{j}+4z\mathbf{k}$이고, $\nabla F(1, 2, 3)=2\mathbf{i}+4\mathbf{j}+12\mathbf{k}$. 정리 A에 의해, 점 (1, 2, 3)에서의 접평면의 방정식은

$$2(x-1)+4(y-2)+12(z-3)=0$$

그리고 점 (1, 2, 3)을 지나는 법선의 대칭 방정식은

$$\frac{x-1}{2}=\frac{y-2}{4}=\frac{z-3}{12}$$ ■

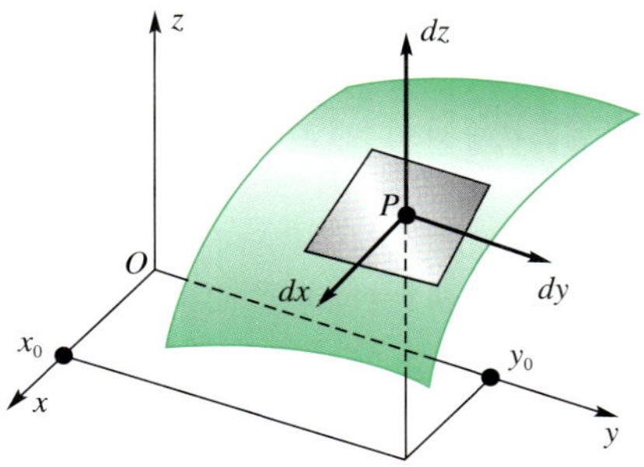

그림 4

미분량과 근사 1변수 함수의 미분과 근사를 다룬 2.9절을 복습하기 바란다.

$z=f(x,\ y)$이고, 그에 대응하는 곡면 위의 고정된 한 점을 $P(x_0,\ y_0,\ z_0)$라 하자. P를 원점으로 하여, 기존의 좌표축들과 평행한 새로운 좌표축들(dx축, dy축, dz축)을 도입한다(그림 4). 기존의 좌표 체계에서, P에서의 접평면의 방정식은

$$z-z_0=f_x(x_0,\ y_0)(x-x_0)+f_y(x_0,\ y_0)(y-y_0)$$

그러나 새로운 좌표 체계에서는 다음과 같이 매우 간단해진다.

$$dz=f_x(x_0,\ y_0)dx+f_y(x_0,\ y_0)dy$$

이와 같이 새로운 정의를 도입할 수 있다.

정의

미분가능한 함수 f에 대해 $z=f(x,\ y)$라 하고, dx와 dy를 (x와 y의 미분이라 부름) 변수라고 하자. 그러면 **종속변수의 미분** dz를 $\boldsymbol{f}$**의 전미분**이라 하고 $df(x,\ y)$로 쓰기도 하는데, 다음과 같이 정의한다.

$$dz=df(x,\ y)=f_x(x,\ y)dx+f_y(x,\ y)dy$$

dz가 중요한 이유는 다음 사실 때문이다. $dx=\Delta x$와 $dy=\Delta y$가 각각 x와 y의 작은 변화량을 나타내면, dz는 그에 대응하는 z의 변화량 Δz의 좋은 근사값이 될 것이다. 이것을 나타낸 것이 그림 5이다. 이 그림에서는 dz가 Δz의 그리 좋은 근사값이 아닌 것 같지만, Δx, Δy가 작아지면 작아질수록, 더욱 더 좋아짐을 (가까워짐을) 알 수 있다.

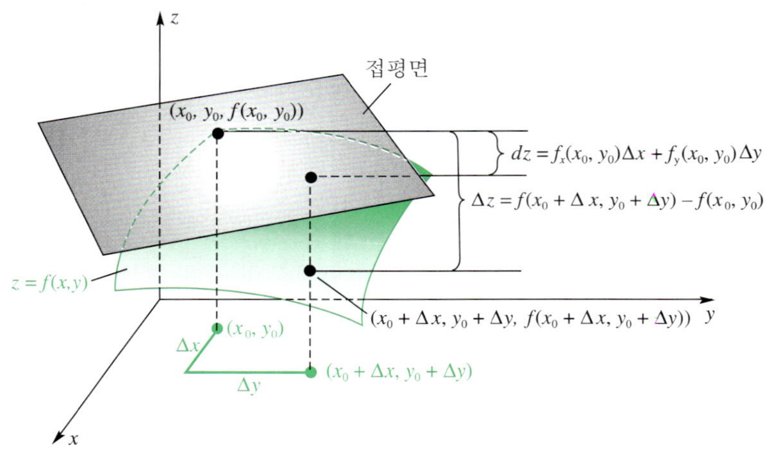

그림 5

예제 3 $z=f(x,\ y)=2x^3+xy-y^3$이라 하자. $(x,\ y)$가 $(2,\ 1)$에서 $(2.03,\ 0.98)$로 바뀔 때, Δz와 dz를 계산하여라.

풀이

$$\begin{aligned}\Delta z &= f(2.03,\ 0.98) - f(2,\ 1)\\ &= 2(2.03)^3 + (2.03)(0.98) - (0.98)^3 - [2(2)^3 + 2(1) - 1^3]\\ &= 0.779062\\ dz &= f_x(x,\ y)\Delta x + f_y(x,\ y)\Delta y\\ &= (6x^2 + y)\Delta x + (x - 3y^2)\Delta y\end{aligned}$$

(2, 1)에서, $\Delta x = 0.03$, $\Delta y = -0.02$이므로,

$$dz = (25)(0.03) + (-1)(-0.02) = 0.77$$

■

예제 4 k가 상수일 때 공식 $P = k(T/V)$는 갇혀 있는 기체의 압력 P, 부피 V, 온도 T 사이의 관계를 나타낸다. 온도를 재는 데 $\pm 0.4\%$의 오차가 있었고, 부피를 재는 데 $\pm 0.9\%$의 오차가 있었다. 그에 따른 부피 P의 최대 상대 오차를 근사적으로 구하여라.

풀이 P의 오차는 ΔP인데, 이것은 대략 dP라고 보자. 그러면

$$\begin{aligned}|\Delta P| \approx |dP| &= \left|\frac{\partial P}{\partial T}\Delta T + \frac{\partial P}{\partial V}\Delta V\right|\\ &\le \left|\frac{k}{V}(\pm 0.004T)\right| + \left|-\frac{kT}{V^2}(\pm 0.009V)\right|\\ &= \frac{kT}{V}(0.004 + 0.009) = 0.013\frac{kT}{V} = 0.013P\end{aligned}$$

최대 상대 오차 $|\Delta P|/P$는 대략 0.013이다. 즉, 최대 오차는 퍼센트로 대략 1.3%이다. ■

2변수 또는 다변수 함수의 테일러 다항식 일변수 함수의 경우에 테일러 다항식 $P_n(x)$를 사용하여 $f(x)$의 근사값을 구할 수 있었다. 1차와 2차 테일러 다항식은

$$P_1(x) = f(x_0) + f'(x_0)(x - x_0)$$

$$P_2(x) = f(x_0) + f'(x_0)(x - x_0) + \frac{1}{2}f''(x_0)(x - x_0)^2$$

이다. 첫 식은 점 $(x_0 + f(x_0))$에서의 접선이다. 2변수 함수 $f(x,\ y)$에 관한 비슷한 식은

$$P_1(x,\ y) = f(x_0,\ y_0) + [f_x(x_0,\ y_0)(x - x_0) + f_y(x_0,\ y_0)(y - y_0)]$$

이고 물론 이 식은 $(x_0,\ y_0,\ f(x_0,\ y_0))$에서의 접평면이고

$$\begin{aligned}P_2(x,\ y) &= f(x_0,\ y_0) + [f_x(x_0,\ y_0)(x - x_0) + f_y(x_0,\ y_0)(y - y_0)]\\ &+ \frac{1}{2}[f_{xx}(x_0,\ y_0)(x - x_0)^2 + 2f_{xy}(x_0,\ y_0)(x - x_0)(y - y_0) + f_{yy}(x_0,\ y_0)(y - y_0)^2]\end{aligned}$$

이다. 이 결과들은 n차 테일러 다항식과 2변수 이상의 함수로 일반화할 수 있다.

예제 5 함수 $f(x, y)=1-e^{-x^2-2y^2}$에 대해 점 (0, 0)에서 1차와 2차의 테일러 다항식을 구하고 이를 사용하여 $f(0.05, -0.06)$의 근사값을 구하여라.

풀이

$$f_x(x, y)=2xe^{-x^2-2y^2}$$
$$f_y(x, y)=4ye^{-x^2-2y^2}$$
$$f_{xx}(x, y)=(2-4x^2)e^{-x^2-2y^2}$$
$$f_{yy}(x, y)=(4-16y^2)e^{-x^2-2y^2}$$
$$f_{xy}(x, y)=-8xye^{-x^2-2y^2}$$

따라서 다음을 알 수 있다.

$$\begin{aligned}P_1(x, y)&=f(0, 0)+[f_x(0, 0)(x-0)+f_y(0, 0)(y-0)]\\&=(1-e^0)+(0x+0y)=0,\\P_2(x, y)&=f(0, 0)+[f_x(0, 0)(x-0)+f_y(0, 0)(y-0)]\\&\quad+\frac{1}{2}[f_{xx}(0, 0)(x-0)^2+2f_{xy}(0, 0)(x-0)(y-0)+f_{yy}(0, 0)(y-0)^2]\\&=(1-e^0)+(0x+0y)+\frac{1}{2}[2x^2+2\cdot 0xy+4y^2]\\&=x^2+2y^2.\end{aligned}$$

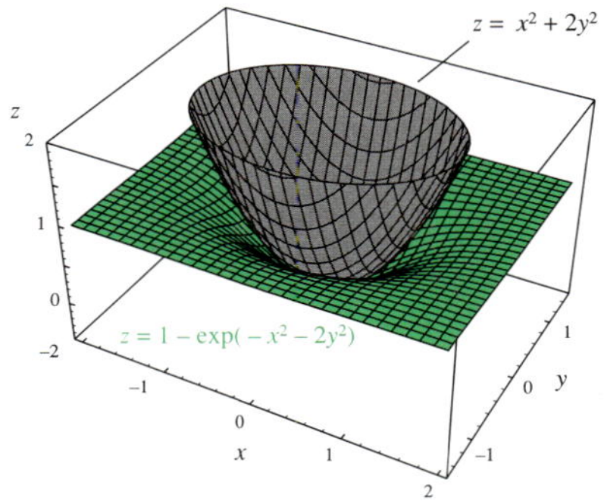

그림 6

$f(0.05, -0.06)$에 대한 1차 근사값은

$$f(0.05, -0.06)\approx P_1(0.05, -0.06)=0$$

이고 2차 근사값은

$$f(0.05, -0.06)\approx P_2(0.05, -0.06)=0.05^2+2(-0.06)^2=0.00970$$

그림 6은 함수 $f(x, y)$에 따른 2차근사식(1차근사식은 단순히 $P_1(x, y)=0$이다)을 보여준다. $f(0.05, -0.06)$에 대한 참값은 다음과 같다.

$$f(0.05, -0.06)=1-e^{-0.05^2-2(0.06)^2}=1-e^{-0.0097}\approx 0.00965$$ ■

개념 복습

1. $F(x, y, z)=k$가 곡면을 결정한다고 하자. 그래디언트 벡터 ∇F의 방향은 곡면과 ______이다.

2. $z=x^2+xy$가 곡면을 결정한다고 하자. 점 (1, 1, 2)에서 이 곡면에 수직인 벡터는 ______.

3. $xy^2z^3=2$가 곡면을 결정한다고 하자. 점 (2, 1, 1)에서의 접평면의 방정식은 ______.

4. $f(x, y)$의 전미분은 다음과 같이 정의한다. $df(x, y)=$______.

연습문제 12.7

문제 1~8에서는 주어진 점에서 각 곡면에 접하는 접평면의 방정식을 구하여라.

1. $x^2+y^2+z^2=16$; $(2, 3, \sqrt{3})$

2. $8x^2+y^2+8z^2=16$; $(1, 2, \sqrt{2}/2)$

3. $x^2-y^2+z^2+1=0$; $(1,\ 3,\ \sqrt{7})$

4. $x^2+y^2-z^2=4$; $(2,\ 1,\ 1)$

5. $z=\dfrac{x^2}{4}+\dfrac{y^2}{4}$; $(2,\ 2,\ 2)$

6. $z=xe^{-2y}$; $(1,\ 0,\ 1)$

7. $z=2e^{3y}\cos 2x$; $(\pi/3,\ 0,\ -1)$

8. $z=x^{1/2}+y^{1/2}$; $(1,\ 4,\ 3)$

문제 9~12에서는 $(x,\ y)$가 P에서 Q로 갈 때 전미분 dz를 사용하여 z의 변화의 근사값을 구하여라. 그 다음에 계산기를 사용하여 정확한 변화량 Δz를 (계산기에 나오는 자리수까지 정확하게) 구하여라.(예제 3 참조.)

C **9.** $z=2x^2y^3$; $P(1,\ 1)$, $Q(0.99,\ 1.02)$

C **10.** $z=x^2-5xy+y$; $P(2,\ 3)$, $Q(2.03,\ 2.98)$

C **11.** $z=\ln(x^2y)$; $P(-2,\ 4)$, $Q(-1.98,\ 3.96)$

C **12.** $z=\tan^{-1}xy$; $P(-2,\ -0.5)$, $Q(-2.03,\ -0.51)$

13. 곡면 $z=x^2-2xy-y^2-8x+4y$에서 접평면이 수평이 되는 점을 모두 구하여라.

14. 곡면 $z=2x^2+3y^2$에서 접평면이 평면 $8x-3y-z=0$과 평행하게 되는 점을 모두 구하여라.

15. 곡면 $x^2+4y+z^2=0$과 $x^2+y^2+z^2-6z+7=0$은 점 $(0,\ -1,\ 2)$에서 서로 접함을 보여라. 즉, 점 $(0,\ -1,\ 2)$에서 같은 접평면을 가짐을 보여라.

16. 곡면 $z=x^2y$와 $y=\frac{1}{4}x^2+\frac{3}{4}$은 점 $(1,\ 1,\ 1)$에서 서로 만나고, 거기에서의 접평면들이 서로 수직임을 보여라.

17. 곡면 $x^2+2y^2+3z^2=12$에서, 접평면이 다음 매개변수 방정식으로 주어진 직선과 수직이 되는 곡면 위의 점을 찾아라.

$x=1+2t,\ y=3+8t,\ z=2-6t.$

18. 타원면

$$\frac{x^2}{a^2}+\frac{y^2}{b^2}+\frac{z^2}{c^2}=1$$

의 점 $(x_0,\ y_0,\ z_0)$에서의 접평면의 방정식은 다음 형태로 나타내어짐을 보여라.

$$\frac{x_0x}{a^2}+\frac{y_0y}{b^2}+\frac{z_0z}{c^2}=1$$

19. 곡면

$$f(x,\ y,\ z)=9x^2+4y^2+4z^2-41=0$$

과 곡면

$$g(x,\ y,\ z)=2x^2-y^2+3z^2-10=0$$

의 교선과 점 $(1,\ 2,\ 2)$에서 접하는 직선의 매개변수 방정식을 구하여라. 도움말: 이 직선은 $\nabla f(1,\ 2,\ 2)$와 $\nabla g(1,\ 2,\ 2)$에 수직이다.

20. 곡면 $x=z^2$과 곡면 $y=z^3$의 교선과 점 $(1,\ 1,\ 1)$에서 접하는 직선의 매개변수 방정식을 구하여라(문제 19 참조).

21. 어떤 물체의 비중을 계산하고 싶은데, 공기 속에서의 무게는 $A=36$ 파운드이고, 물 속에서의 무게는 $W=20$ 파운드이며, 각각의 측정에서 오차는 0.02 파운드이다. 비중 S는 $S=A/(A-W)$인데, 이 계산을 하였을 때, 가능한 최대 오차를 대략 구하여라.

22. 네 개의 옆면과 밑면이 직사각형인 구리판 상자가 있는데, 내부의 길이가 6 피트, 폭이 4 피트, 깊이가 3 피트이고, 두께는 $\frac{1}{4}$ 인치이다. 미분량을 사용하여, 구리의 양을 대략 구하여라. 도움말: 그림을 그려라.

23. 직원기둥의 반지름, 높이를 재었는데, 최대 오차는 각각 2%, 3%이다. 부피를 계산하였을 때, 최대 상대 오차를 미분량을 사용하여 추정하여라(예제 4 참조).

24. 길이 L인 진자의 주기 T는 $T=2\pi\sqrt{L/g}$로 주어진다. 여기서 g는 중력가속도이다. $dT/T=\frac{1}{2}[dL/L-dg/g]$임을 보여라. L을 측정하는 데 오차가 0.5%이고, g를 측정하는 데 오차가 0.3%일 때, 이 결과를 사용하여 T의 최대 상대 오차를 추정하여라.

25. 공식 $1/R=1/R_1+1/R_2$은 저항 R_1과 R_2를 병렬 연결하였을 때의 오차 R을 결정해 준다. R_1과 R_2를 재었더니 각각 25 옴, 100 옴이고, 각각의 측정의 오차는 0.5 옴 이내라고 하자. R을 계산하고, 이 값의 최대 오차를 추정하여라.

26. 타원면 $x^2+y^2+2z^2=6$의 점 $(1,\ 2,\ 1)$에 꿀벌이 앉아 있다(거리는 피트 단위). $t=0$인 순간 법선을 따라 초속 4 피트의 속력으로 날기 시작하였다. 이 꿀벌이 평면 $2x+3y+z=49$를 때리는 지점과 그 때의 시간은?

27. 곡면 $xyz=k$의 임의의 점에서의 접평면은 좌표평면들과 사면체를 만드는데, 이 사면체의 부피는 일정함을 보여라. 이 부피를 구하여라.

28. 곡면 $\sqrt{x}+\sqrt{y}+\sqrt{z}=a$의 점 $(x_0,\ y_0,\ z_0)$에서의 접평면의 방정식을 구하고, 간단히 하여라. 이 평면과 좌표축들과의 절편들의 합은 a^2임을 보여라.

C **29.** 함수 $f(x,\ y)=\sqrt{x^2+y^2}$에 대해서, 점 $(x_0,\ y_0)=(3,\ 4)$를 기준점으로 한 2계 테일러 근사식을 구하여라. 그리고 다음 방법으로 $f(3.1,\ 3.9)$를 추정하여라.

(a) 1계 근사식을 사용
(b) 2계 근사식을 사용
(c) 계산기를 사용하여 직접 구함

C **30.** 함수 $f(x, y)=\tan((x^2+y^2)/64)$에 대해서, 점 $(x_0, y_0)=(0, 0)$을 기준점으로 한 2계 테일러 근사식을 구하여라. 그리고 다음 방법으로 $f(0.2, -0.3)$을 추정하여라.

(a) 1계 근사식을 사용
(b) 2계 근사식을 사용
(c) 계산기를 사용하여 직접 구함

개념 복습 해답: **1.** 수직 **2.** $\langle 3, 1, -1\rangle$
3. $x-2+4(y-1)+6(z-1)=0$ **4.** $\dfrac{\partial f}{\partial x}dx+\dfrac{\partial f}{\partial y}dy$

12.8 최대값과 최소값

이제 3장의 개념들을 다변수 함수로 확장한다. 그러기 위해 3장, 특히 3.1절, 3.3절을 서둘러 복습하면 많은 도움이 될 것이다. 거기 나오는 정의들을 거의 변화 없이 확장하여 적용할 수 있지만, 명확히 하기 위해서, 다시 소개한다. 앞으로 $\mathbf{p}=(x, y)$는 2차원 공간에서 변화하는 점, $\mathbf{p}_0=(x_0, y_0)$은 고정된 점을 나타낸다(n차원 공간인 경우도 마찬가지이다).

정의

함수 f의 정의역이 S이고, $\mathbf{p}_0$은 S의 점이라고 하자.

1. S에 속하는 모든 $\mathbf{p}$에 대해서 $f(\mathbf{p}_0)\geq f(\mathbf{p})$이면, $f(\mathbf{p}_0)$은 S에서 f의 **최대값**이라고 한다.
2. S에 속하는 모든 $\mathbf{p}$에 대해서 $f(\mathbf{p}_0)\leq f(\mathbf{p})$이면, $f(\mathbf{p}_0)$은 S에서 f의 **최소값**이라고 한다.

(1)과 (2)에서, $\mathbf{p}_0$의 어떤 근방 N에 대해, $N\cap S$에서만 부등식이 성립하는 조건이면, **극대값**과 **극소값**의 정의를 얻는다. $f(\mathbf{p}_0)$가 극대값 또는 극소값이면, $f(\mathbf{p}_0)$는 S에서 f의 **극값**이라고 한다.

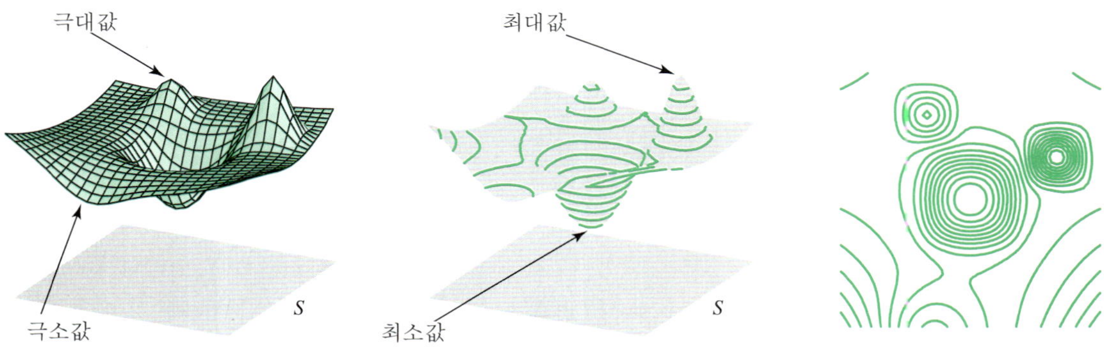

그림 1

그림 1은 위 정의의 기하학적 의미를 나타낸다. 최대값(또는 최소값)은 자동적으로 극대값(또는 극소값)이 됨을 주목하기 바란다.

다음 정리는 매우 중요하다. 이것을 증명하기는 어렵지만, 직관적으로는 명백하다.

정리 A 최대값, 최소값 존재 정리

유계인 폐집합 S에서 f가 연속이면, f는 거기에서 최대값과 최소값을 가진다.

이 정리의 증명은 고급해석학 책들에서 다룬다.

최대값, 최소값을 가지는 곳은? 1변수 함수의 경우와 비슷하다. S에서 f의 임계점들은 세 종류가 있다.

1. **경계점**. 12.3절 참조.
2. **정류점**. $\mathbf{p}_0$이 S의 내부점이고, f가 거기에서 미분가능이며, $\nabla f(\mathbf{p}_0)=\mathbf{0}$이면, $\mathbf{p}_0$은 정류점이라고 한다. 그 점에서 접평면은 수평이다.
3. **특이점**. $\mathbf{p}_0$이 S의 내부점이고, f가 거기에서 미분불능이면, $\mathbf{p}_0$은 특이점이라고 한다. 예를 들어 f의 그래프가 뾰족하게 된 점.

이제 또 다른 중요한 정리가 있는데, 여기서 증명할 수 있다.

정리 B 임계점 정리

함수 f의 정의역이 S이고, $\mathbf{p}_0$이 S에 속할 때, $f(\mathbf{p}_0)$이 극값이면, $\mathbf{p}_0$은 임계점이다. 즉, $\mathbf{p}_0$은 다음 셋 중의 하나이다.

(i) S의 경계점

(ii) f의 정류점

(iii) f의 특이점

증명 $\mathbf{p}_0$이 경계점도 아니고, 특이점도 아니라고 하자(따라서 $\mathbf{p}_0$은 내부점이며, 그 점에서 ∇f가 존재한다). 이 경우 $\nabla f(\mathbf{p}_0)=\mathbf{0}$임을 보이면 증명이 끝난다. 간편성을 위해서, $\mathbf{p}_0=(x_0, y_0)$으로 놓는다. 고차원인 경우에도 마찬가지로 증명할 수 있다.

f가 (x_0, y_0)에서 극값을 가지므로, 함수 $g(x)=f(x, y_0)$은 x_0에서 극값을 가진다. 뿐만 아니라, g는 x_0에서 미분가능하다. 왜냐 하면 f가 (x_0, y_0)에서 미분가능이기 때문이다. 따라서 1변수 함수의 임계점 정리(정리 3.1B)에 의해,

$$g'(x_0)=f_x(x_0, y_0)=0$$

마찬가지로, 함수 $h(y)=f(x_0, y)$은 y_0에서 극값을 가지며, 다음을 만족한다.

$$h'(y_0)=f_y(x_0, y_0)=0$$

편도함수가 둘 다 $\mathbf{0}$이므로, 그래디언트는 0이다. ■

이 정리와 그 증명은 극값 뿐 아니라 최대값, 최소값에 대해서도 성립한다. 유효하다.

예제 1 $f(x, y)=x^2-2x+y^2/4$의 극대값 또는 극소값을 구하여라.

풀이 주어진 함수는 그 정의역인 xy평면 전체에서 미분가능하다. 따라서 가능한 임계점은 정류점뿐이며, $f_x(x, y)$와 $f_y(x, y)$를 0으로 놓고 구하면 된다. 그런데 $f_x(x, y)=2x-2$와 $f_y(x, y)=y/2$가 0인 경우는 $x=1$, $y=0$일 때 뿐이다. 이제 (1, 0)에서 극대값 또는 극소값을 가지는지, 어느것도 아닌지 밝히는 일만 남았다. 이것을 밝히는 간단한 기술을 잠시 뒤에 소개하겠지만, 지금 당장은 약간의 기교가 필요하다. $f(1, 0)=-1$이고,

$$f(x, y)=x^2-2x+\frac{y^2}{4}=x^2-2x+1+\frac{y^2}{4}-1$$

$$=(x-1)^2+\frac{y^2}{4}-1\ge -1$$

이므로, $f(1, 0)$은 f의 최소값이다. 극대값은 존재하지 않는다. ■

예제 2 함수 $f(x, y)=-x^2/a^2+y^2/b^2$의 극소값 또는 극대값을 구하여라.

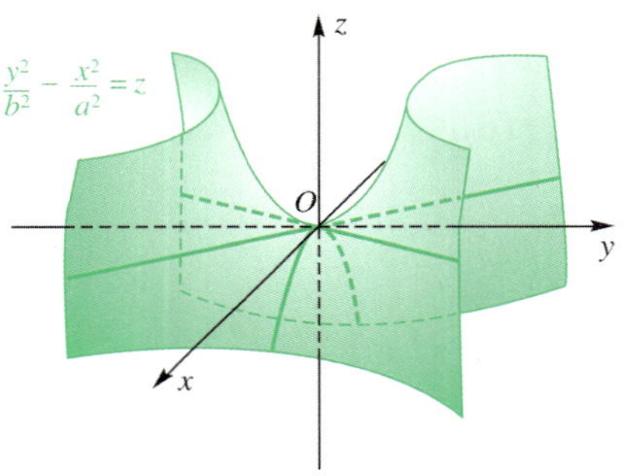

그림 2

풀이 임계점은 $f_x(x, y)=-2x/a^2$와 $f_y(x, y)=2y/b^2$을 0으로 놓고 얻는 점들이 전부이다. 이것은 점 (0, 0)뿐이며, 이 점에서 극대값드, 극소값도 가지지 않는다(그림 2 참조). 이 점은 **안장점**(saddle point)이라 부른다. 주어진 함수는 극값을 가지지 않는다. ■

예제 2에서와 같이 $\nabla f(x_0, y_0)=\mathbf{0}$이라고 해서 (x_0, y_0)에서 반드시 극값을 가지는 것은 아니다. 그렇지만 다행히도, 정류점에서 어떤 일이 일어나는지 말해 주는 간단한 판정법이 있다. 이것이 다음 주제이다.

극값이 될 충분조건 다음 정리는 1변수 함수의 2계 도함수 판정법(정리 3.3B)과 유사하다. 증명은 고급해석학 책들에 나오지만, 앞 절에서 소개한 2변수 함수에 관한 테일러 다항식을 사용하는 개략적인 증명을 소개한다.

정리 C 2계 편도함수 판정법

함수 $f(x, y)$가 (x_0, y_0)의 근방에서 2계 편도함수들이 연속이고, $\nabla f(x_0, y_0)=\mathbf{0}$이라고 하자. 그러면

$$D=D(x_0, y_0)=f_{xx}(x_0, y_0)f_{yy}(x_0, y_0)-f_{xy}^2(x_0, y_0)$$

에 대해 다음이 성립한다.

(i) $D>0$이고 $f_{xx}(x_0, y_0)<0$이면, $f(x_0, y_0)$은 극대값이다.

(ii) $D>0$이고 $f_{xx}(x_0, y_0)>0$이면, $f(x_0, y_0)$은 극소값이다.

(iii) $D<0$이면, $f(x_0, y_0)$은 극값이 아니다((x_0, y_0)은 안장점이다).

(iv) $D=0$이면, 이 판정법으로는 아무런 결론도 내릴 수 없다.

간략한 증명 $f(0, 0)=0$과 $x_0=y_0=0$이라 하자(이 조건들이 성립하지 않으면, 모양을 바꾸지 않으면서 이 조건들이 성립하도록 그래프를 평행이동한 다음 다시 원래대로 이동하면 된다).

$(0, 0)$ 근방의 (x, y)에 대해, 함수 f는 $(0, 0)$을 중심으로 2계 테일러 다항식이 다음과 같다.

$$P_2(x, y)=$$
$$f(0, 0)+f_x(0, 0)x+f_y(0, 0)y+\frac{1}{2}[f_{xx}(0, 0)x^2+2f_{xy}(0, 0)xy+f_{yy}(0, 0)y^2]$$

(엄밀한 증명은 $f(x, y)$에 근사하도록 $P_2(x, y)$를 사용하여 나머지를 생각해야 한다.)

두 조건 $\nabla f(0, 0)=\langle f_x(0, 0), f_y(0, 0)\rangle=\mathbf{0}$와 $f(0, 0)=0$에 의해, 2계 테일러 다항식은 다음과 같이 간단하게 된다.

$$P_2(x, y)=\frac{1}{2}[f_{xx}(0, 0)x^2+2f_{xy}(0, 0)xy+f_{yy}(0, 0)y^2]$$

여기서 $A=f_{xx}(0, 0)$, $B=f_{xy}(0, 0)$, $C=f_{yy}(0, 0)$로 놓으면

$$P_2(x, y)=\frac{1}{2}[Ax^2+2Bxy+Cy^2]$$

x에 관한 완전제곱식으로 표현하면 다음과 같다.

$$\begin{aligned}P_2(x, y)&=\frac{A}{2}\left[x^2+2\frac{By}{A}x+\left(\frac{By}{A}\right)^2+\frac{C}{A}y^2-\left(\frac{By}{A}\right)^2\right]\\&=\frac{A}{2}\left[\left(x+\frac{B}{A}y\right)^2+\left(\frac{C}{A}-\frac{B^2}{A^2}\right)y^2\right]\end{aligned}$$

$\left(x+\frac{B}{A}y\right)^2$은 $(0, 0)$을 제외한 모든 (x, y)에 대해 양이다. $\frac{C}{A}-\frac{B^2}{A^2}>0$ 즉, $AC-B^2=f_{xx}(0, 0)f_{yy}(0, 0)-f_{xy}^2(0, 0)=D>0$이면, 괄호안의 식은 $(0, 0)$이 아닌 모든 (x, y)에 대하여 양이다. 여기서 $A>0$이면, $(0, 0)$이 아닌 (x, y)에 대하여 $P_2(x, y)>0$이고 그 경우 $f(0, 0)=0$이 극소값이다. 마찬가지로, $D>0$과 $A<0$이면 $(0, 0)$이 아닌 (x, y)에 대해 $P_2(x, y)<0$이고 그 경우 $f(0, 0)$은 극대값이다. $D>0$일 때, $P_2(x, y)$의 그래프는 $(0, 0)$을 꼭짓점으로 갖고 $A>0$이면 위로 열려있고 $A<0$이면 아래로 열린 (회전)포물면이다.

$D<0$이면, $P_2(x, y)$의 그래프는 $(0, 0)$이 안장점인 회전 쌍곡포물면이다. (11.8절의 그림 11을 보아라.)

마지막으로 $D=0$이면, $P_2(x, y)$의 모든 항이 영이므로 $P_2(x, y)=0$이다. 이 경우, 고계의 항들을 사용해야만 $(0, 0)$근방에서 $f(x, y)$의 모양을 결정할 수 있다. 정리에서 보다 높은 고계의 항들에 관한 가정이 없으므로 $f(0, 0)$이 극소인지 극대인지 결론을 내릴 수 없다. ■

예제 3 함수 F가 $F(x, y)=3x^3+y^2-9x+4y$일 때, 극값이 있으면 찾아라.

풀이 $F_x(x, y)=9x^2-9$이고 $F_y(x, y)=2y+4$으로, 임계점을 구하기 위해서, 방정식 $F_x(x, y)=F_y(x, y)=0$을 동시에 풀면, $(1, -2)$와 $(-1, -2)$가 나온다.

그런데 $F_{xx}(x, y)=18x$, $F_{yy}(x, y)=2$, $F_{xy}=0$이다. 따라서 임계점 $(1, -2)$에서,

$$D=F_{xx}(1, -2)\cdot F_{yy}(1, -2)-F_{xy}^2(1, -2)=18(2)-0=36>0$$

그리고 $F_{xx}(1, -2)=18>0$. 그러므로 정리 c의 (ii)에 의해, $F(1, -2)=-10$은 F의 극소값이다.

다른 임계점 $(-1, -2)$를 조사해 보면, $F_{xx}(-1, -2)=-18$, $F_{yy}(-1, -2)=2$, $F_{xy}(-1, -2)=0$이므로 $D=-36<0$. 그러므로 정리 c의 (iii)에 의해, $(-1, -2)$는 안장점이며, $F(-1, -2)$는 극값이 아니다. ■

예제 4 원점과 곡면 $z^2=x^2y+4$ 사이의 최소 거리를 구하여라.

풀이 곡면의 임의의 점을 $P(x, y, z)$라 하자. 원점과 점 P 사이 거리의 제곱은 $d^2=x^2+y^2+z^2$. d^2(따라서 d)이 최소가 되게 하는 P의 좌표를 구해야 한다.

P는 곡면에 놓여 있으므로 그 좌표는 곡면의 방정식을 만족한다. $z^2=x^2y+4$를 $d^2=x^2+y^2+z^2$에 대입하면, d^2은 다음과 같이 두 변수 x, y의 함수가 된다.

$$d^2=f(x, y)=x^2+y^2+x^2y+4$$

임계점을 구하기 위해서, $f_x(x, y)=0$ 그리고 $f_y(x, y)=0$으로 놓으면,

$$2x+2xy=0, \quad 2y+x^2=0$$

을 얻는다. 이 방정식들에서 y를 소거하면

$$2x-x^3=0$$

따라서 $x=0$ 또는 $x=\pm\sqrt{2}$. 이 값들을 두 번째 방정식에 대입하면, $y=0$과 $y=-1$을 얻는다. 따라서 임계점은 $(0, 0)$, $(\sqrt{2}, -1)$, $(-\sqrt{2}, -1)$이다(경계점은 없다).

이 점들을 판정하려면, $f_{xx}(x, y)=2+2y$, $f_{yy}(x, y)=2$, $f_{xy}(x, y)=2x$, 그리고

$$D(x, y)=f_{xx}f_{yy}-f_{xy}^2=4+4y-4x^2$$

을 이용한다. 그런데 $D(\pm\sqrt{2}, -1)=-8<0$이므로, $(\sqrt{2}, -1)$과 $(-\sqrt{2}, -1)$은 극값이 아니다. 그러나 $D(0, 0)=4>0$이고 $f_{xx}(0, 0)=2>0$이므로 $(0, 0)$에서 최소 거리가 된다. $x=0$과 $y=0$을 d^2의 식에 대입하면, $d^2=4$를 얻는다. 원점과 주어진 곡면 사이의 최소 거리는 2이다. ■

일변수 함수를 극대(또는 극소)화 할 때, 경계는 보통 오직 두 개의 끝점으로 이루어져 있으므로 경계점을 구하기가 쉽다. 이변수 또는 다변수 함수의

경우에는 문제가 어려워진다. 다음 예제와 같이 어떤 경우에는 경계 전체가 매개변수화 가능하여 제3장의 방법으로 최대와 최소를 알 수 있다. 예제 6처럼 다른 경우에는, 경계의 일부만 매개변수화할 수 있어서 각 조각에서 함수를 최대(또는 최소)화할 수 있다. 다음 절에서 다루는 또 다른 라그랑주 승수법을 볼 수 있다.

예제 5 유계인 폐집합 $S=\left\{(x,\ y):\ x^2+\frac{1}{4}y^2\le 1\right\}$에서 함수 $f(x,\ y)=2+x^2+y^2$의 최대값과 최소값을 구하여라.

풀이 그림 3의 곡면 $z=f(x,\ y)$에서, 집합 S는 xy평면의 흐릿하게 칠한 부분이다. 1계 편도함수는 $f_x(x,\ y)=2x$, $f_y(x,\ y)=2y$. 따라서 내부에서 임계점은 $(0,\ 0)$이 유일하다. 이 때,

$$D(0,\ 0)=f_{xx}(0,\ 0)f_{yy}(0,\ 0)-f_{xy}^2(0,\ 0)=2\cdot 2-0^4=4>0$$

이고 $f_{xx}(0,\ 0)=2>0$이므로, $f(0,\ 0)=2$는 극소값이다.

따라서 최대값은 S의 경계점에서 가지게 된다. S의 경계선을 위로, 곡면 $z=f(x,\ y)$에다 사영해 놓은 것이 그림 3에 나온다. 이 곡선의 어딘가에서, f가 최대값을 가져야 한다. S의 경계선을 다음과 같이 매개변수 방정식으로 나타낼 수 있다.

$$x=\cos t, \qquad y=2\sin t, \qquad 0\le t\le 2\pi$$

따라서 최대값을 구하는 문제가 다음 1변수 함수의 최대값 문제로 바뀌었다.

$$g(t)=f(\cos t,\ 2\sin t), \qquad 0\le t\le 2\pi$$

연쇄법칙(정리 12.6A)에 의해

$$\begin{aligned} g'(t)&=\frac{\partial f}{\partial x}\frac{dx}{dt}+\frac{\partial f}{\partial y}\frac{dy}{dt}=2x(-\sin t)+2y(2\cos t) \\ &=-2\sin t\cos t+8\sin t\cos t \\ &=6\sin t\cos t=3\sin 2t \end{aligned}$$

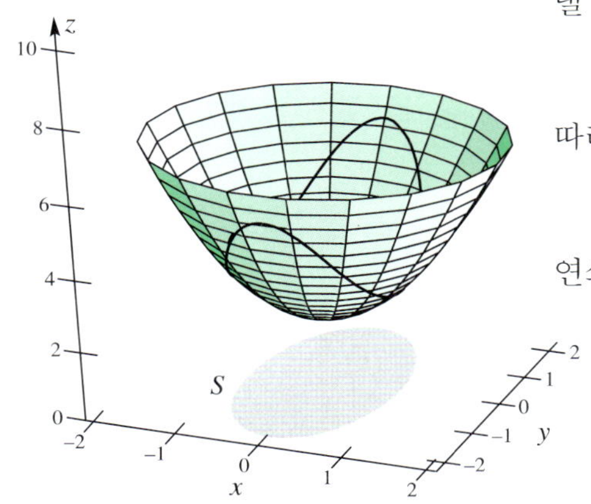

그림 3

$g'(t)=0$이라 놓으면, $t=0,\ \frac{\pi}{2},\ \pi,\ \frac{3\pi}{2},\ 2\pi$가 나온다. 따라서 g는 구간 $[0,\ 2\pi]$에서 다섯 개의 임계점을 가진다. t에 대한 이 다섯 개의 값들은 f에 대한 다섯 개의 임계점 $(1,\ 0)$, $(0,\ 2)$, $(-1,\ 0)$, $(0,\ -2)$, $(1,\ 0)$을 결정한다. 맨 끝 점은 맨 앞의 점과 같다. 왜냐 하면 각이 2π와 0일 때, 같은 점이 되기 때문이다. f의 대응하는 값들은 다음과 같다.

$$f(1,\ 0)=3, \qquad f(0,\ 2)=6$$
$$f(-1,\ 0)=3 \qquad f(0,\ -2)=6$$

S의 내부 임계점에서, $f(0,\ 0)=2$였다. 그러므로 S에서 f의 최소값은 2이고, 최대값은 6이다. ■

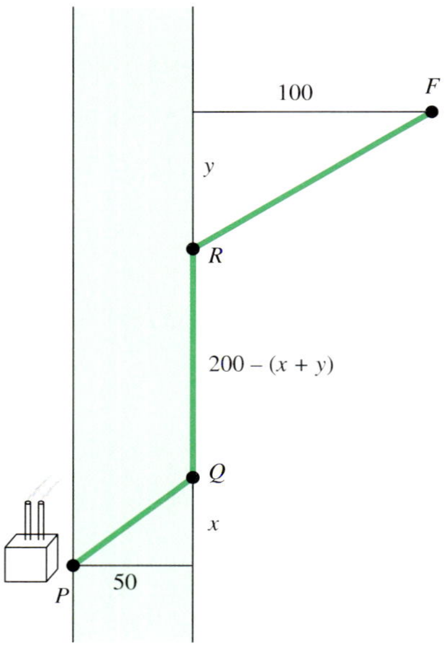

그림 4

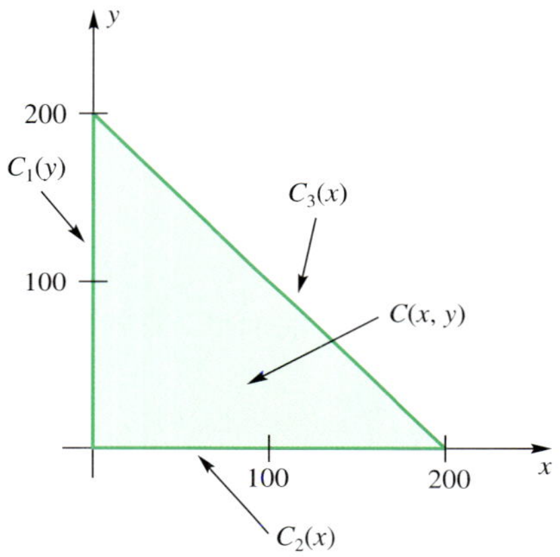

그림 5

예제 6 전력선을 발전소에서 폭이 좁은 강 건너에 있는 새 공장까지 깔려고 한다. 그림 4와 같이, 강폭은 50피트이고 공장은 강 아래쪽으로 200피트 떨어져 있으며 제방에서 100피트 안쪽에 있다.

전력선의 가격은 피트당 강 밑으로 깔 때는 600$, 제방을 따라서는 100$이며 재방에서 공장까지는 200$이다. 비용을 최소화할 수 있는 경로를 구하고 그 때의 최소가격은 얼마인가?

풀이 P, Q, R, F를 그림 4와 같이 잡은 점이라 하자. x를 발전소로부터 수직으로 건넌 지점에서 Q까지의 거리라 하고, y를 R에서 공장에 제일 가까운 제방 위의 점까지 거리라 하자. 전력선의 길이와 비용은 아래표와 같다.

형 태	길 이	비 용
강 밑	$\sqrt{x^2+50^2}$	\$600/피트
제방을 따라	$200-(x+y)$	\$100/피트
제방에서 공장	$\sqrt{y^2+100^2}$	\$200/피트

따라서 총비용은

$$C(x,\ y)=600\sqrt{x^2+50^2}+100(200-x-y)+200\sqrt{y^2+100^2}$$

$(x,\ y)$는 $x\geq 0$, $y\geq 0$, $x+y\leq 200$을 만족해야 한다(그림 5 참조). 편도함수를 취하고 그들을 0으로 두면 다음과 같다.

$$C_x(x,\ y)=300(x^2+50^2)^{-1/2}(2x)-100=\frac{600x}{\sqrt{x^2+50^2}}-100=0$$

$$C_y(x,\ y)=100(y^2+100^2)^{-1/2}(2y)-100=\frac{200y}{\sqrt{y^2+100^2}}-100=0$$

이 연립방정식의 해는 다음과 같다.

$$x=\frac{10}{7}\sqrt{35}\approx 8.4515$$

$$y=\frac{100}{3}\sqrt{3}\approx 57.735$$

2차 편도함수는

$$C_{xx}(x,\ y)=\frac{600\sqrt{x^2+50^2}-600x^2/\sqrt{x^2+50^2}}{x^2+50^2}$$

$$C_{yy}(x,\ y)=\frac{200\sqrt{y^2+100^2}-200y^2/\sqrt{y^2+100^2}}{y^2+100^2}$$

$$C_{xy}(x,\ y)=0$$

이제 $x=\frac{10}{7}\sqrt{35}$, $y=\frac{100}{3}\sqrt{3}$에서 D를 계산하면

$$D=C_{xx}\left(\frac{10}{7}\sqrt{35},\ \frac{100}{3}\sqrt{3}\right)C_{yy}\left(\frac{10}{7}\sqrt{35},\ \frac{100}{3}\sqrt{3}\right)$$

$$-\left[C_{xy}\left(\frac{10}{7}\sqrt{35},\ \frac{100}{3}\sqrt{3}\right)\right]^2$$
$$=\frac{35\sqrt{35}}{18}\frac{3\sqrt{3}}{4}-0^2$$
$$=\frac{35}{24}\sqrt{105}>0.$$

따라서 $x=\frac{10}{7}\sqrt{35},\ y=\frac{100}{3}\sqrt{3}$은 극소점이고 극소값은

$$C\left(\frac{10}{7}\sqrt{35},\ \frac{100}{3}\sqrt{3}\right)=$$
$$36{,}000\sqrt{\frac{5}{7}}+100\left(200-\frac{10}{7}\sqrt{35}-\frac{100}{3}\sqrt{3}\right)+\frac{40{,}000}{\sqrt{3}}\approx \$66{,}901.$$

한편 경계도 알아보아야 한다. $x=0$일 때 비용함수는

$$C_1(y)=C(0,\ y)=30{,}000+100(200-y)+200\sqrt{y^2+100^2}$$

(함수 $C_1(y)$는 $C(x,\ y)$의 삼각형 정의역의 왼쪽 경계상에서 $C(x,\ y)$와 같다. 마찬가지로 아래에서 정의된 $C_2(x)$와 $C_3(x)$는 각각 밑과 위 경계상에서 $C(x,\ y)$와 같다. 그림 5 참조.) 제3장(상세한 것은 독자에게 남긴다)의 방법을 사용하면, C_1은 $y=100\sqrt{3}$일 때 최소이고 최소값으로 대략 \$67,321을 얻고, 비용함수는

$$C_2(x)=C(x,\ 0)=20{,}000+600\sqrt{x^2+50^2}+100(200-x)$$

다시, 제3장의 방법을 사용하면, C_2는 $x=10\sqrt{5/7}$일 때 최소이고 최소값으로 대략 \$69,580을 얻는다. 마지막으로 $x+y=200$인 경계에서 알아봐야 한다. x만의 항으로 된 비용을 얻기 위해 y대신에 $200-x$를 대입하면 다음과 같다.

$$C_3(x)=C(x,\ 200-x)$$
$$=600\sqrt{x^2+50^2}+200\sqrt{(200-x)^2+100^2}$$

이 함수는 $x\approx 15.3292$일 때 최소이고 최소값으로 대략 \$73,380을 얻는다. 따라서 최소비용의 경로는 $x=\frac{10}{7}\sqrt{35}\approx 8.4515,\ y=\frac{100}{3}\sqrt{3}\approx 57.735$일 때이고 비용은 \$66,901이다. ■

개념 복습

1. 함수 $f(x,\ y)$가 ______ 집합 S에서 연속이면, f는 S에서 최대값과 최소값을 가진다.

2. $f(x,\ y)$가 점 $(x_0,\ y_0)$에서 최대값을 가지면, $(x_0,\ y_0)$은 ______ 아니면 ______ 아니면 ______이다.

3. $(x_0,\ y_0)$이 f의 정류점이면, f는 거기에서 미분가능하고, ______.

4. 이변수 함수 f의 2계 편도함수 판정법에서, 수 $D=$ ______가 핵심 역할을 한다.

연습문제 12.8

문제 1~10에서 임계점을 모두 구하여라. 그 점에서 함수가 극대값 또는 극소값을 가지는지, 아니면 그것이 안장점인지 밝혀라. 도움말: 정리 C를 사용하여라.

1. $f(x, y)=x^2+4y^2-4x$

2. $f(x, y)=x^2+4y^2-2x+8y-1$

3. $f(x, y)=2x^4-x^2+3y^2$

4. $f(x, y)=xy^2-6x^2-3y^2$

5. $f(x, y)=xy$

6. $f(x, y)=x^3+y^3-6xy$

7. $f(x, y)=xy+\dfrac{2}{x}+\dfrac{4}{y}$

8. $f(x, y)=e^{-(x^2+y^2-4y)}$

9. $f(x, y)=\cos x+\cos y+\cos(x+y);\ 0<x<\pi/2,\ 0<y<\pi/2$

10. $f(x, y)=x^2+a^2-2ax\cos y;\ -\pi<y<\pi$

문제 11－14는 S에서 함수 f의 최대값, 최소값을 구하고, 그 값을 가지는 점을 명시하여라.

11. $f(x, y)=3x+4y;$
$S=\{(x, y)\colon 0\le x\le 1,\ -1\le y\le 1\}$

12. $f(x, y)=x^2+y^2;$
$S=\{(x, y)\colon -1\le x\le 3,\ -1\le y\le 4\}$

13. $f(x, y)=x^2-y^2+1;\ S=\{(x, y)\colon x^2+y^2\le 1\}$ (예제 5 참조)

14. $f(x, y)=x^2-6x+y^2-8y+7;$
$S=\{(x, y)\colon x^2+y^2\le 1\}$

15. 양수 N을 세 개의 양수의 합으로 나타내되, 이 세 양수의 곱이 최대가 되게 하여라.

16. 이 절의 방법들을 이용하여, 원점에서 평면 $x+2y+3z=12$까지 최단 거리를 구하여라.

17. 닫혀있는 직육면체 상자의 부피가 V_0인데, 그 겉넓이가 최소가 되게 하는 모양을 구하여라.

18. 닫혀있는 직육면체 상자의 부피가 V_0인데, 그 모서리 길이의 합이 최소가 되게 하는 모양을 구하여라.

19. 직육면체 모양의 금속 물탱크가 뚜껑은 없어서 열려 있으며, 256 세제곱 피트의 물을 담을 수 있게 할려고 한다. 물탱크의 치수가 어떻게 되어야, 최소한의 재료로 만들 수 있겠는가?

20. 직육면체 상자가 있는데, 모서리들은 좌표축들과 평행하고, 타원면 $96x^2+4y^2+4z^2=36$에 내접해 있다. 그러한 상자의 가능한 최대 부피는?

21. 길이가 9이고, 그 성분들의 합이 최대가 되는, 3차원 공간의 벡터를 구하여라.

22. 원점에 가장 가까운 평면 $2x+4y+3z=12$ 위의 점을 구하고, 최소거리를 하여라.

CAS **23.** (1, 2, 0)에 가장 가까운 포물면 $z=x^2+y^2$ 위의 점을 구하고, 최소거리를 구하여라.

24. 점 (1, 2, 0)과 이차 원뿔 $z^2=x^2+y^2$ 사이의 최소거리를 구하여라.

25. 폭 12 인치인 길다란 양철판을 양쪽으로 같은 폭, 같은 각으로 접어올려서, 단면이 사다리꼴 고양인 열린 빗물받이를 만들려 한다. 그 용량이 최대가 되게 하는 밑면의 각과 옆면의 폭을 구하여라.

26. 매개변수 방정식이 $x=t-1,\ y=2t,\ z=t+3$인 직선과 $x=3s,\ y=s+2,\ z=2s-1$인 직선 사이의 최소거리를 구하여라.

27. 선형 함수 $f(x, y)=ax+by+c$가 폐다각형 집합(즉, 다각형과 그 내부)에서 최대값 또는 최소값을 가지는 지점은 다각형의 꼭지점임을 인정하고, 이 사실을 이용하여 다음을 구하여라.

(a) 꼭지점이 $(-1, 2), (0, 1), (1, 0), (-3, 0), (0, -4)$인 폐다각형 집합에서 $2x+3y+4$의 최대값

(b) 꼭지점이 $(-3, 0), (0, 5), (2, 3), (4, 0), (1, -4)$인 폐다각형에서 $-3x+2y+1$의 최소값

28. 문제 27의 결과를 이용하여, 다음 조건에서 $2x+y$의 최대값을 구하여라. $4x+y\le 8,\ 2x+3y\le 14,\ x\ge 0,\ y\ge 0$. 도움말: 이 조건이 결정하는 집합의 그래프를 그려라.

29. 꼭지점이 (0, 0), (1, 2), (2, −2)인 폐삼각형에서 $z=y^2-x^2$의 (그림 2) 최대값과 최소값을 구하여라.

30. **최소 제곱**(least squares) xy평면에서 n개의 점들 $(x_1, y_1), (x_2, y_2), \ldots, (x_n, y_n)$이 주어졌을 때, 직선 $y=mx+b$를 찾아서, 점들과 직선 사이의 수직 거리의 제곱의 합이 최소가 되게 하고 싶다. 즉, 다음이 최소가 되게 하고 싶다.

$$f(m, b)=\sum_{i=1}^{n}(y_i-mx_i-b)^2$$

(그림 6을 보기 바란다. 그리고 x_i들과 y_i들은 고정된 수들임을 기억하기 바란다.)

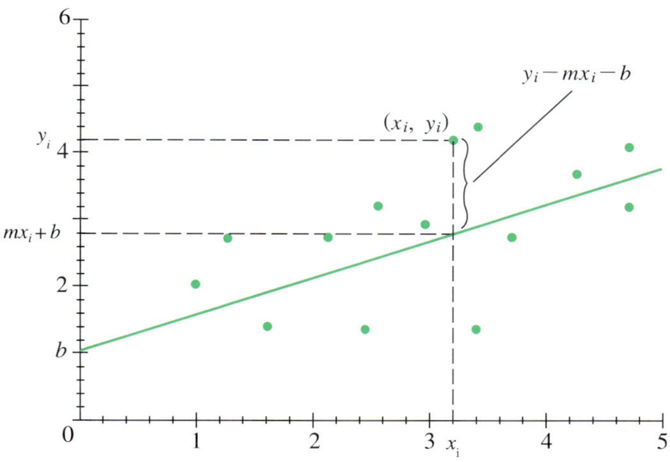

그림 6

(a) $\partial f/\partial m$과 $\partial f/\partial b$를 구하고, 그 결과를 0이라고 하자. 그러면 다음 연립방정식을 얻게 됨을 보여라.

$$m\sum_{i=1}^{n} x_i^2 + b\sum_{i=1}^{n} x_i = \sum_{i=1}^{n} x_i y_i$$

$$m\sum_{i=1}^{n} x_i + nb = \sum_{i=1}^{n} y_i$$

(b) 이 연립방정식을 풀어서, m과 b를 구하여라.

(c) 2계 편도함수 판정법(정리 C)을 사용하여, 이렇게 택한 m과 b가 f의 값이 최소가 되게 함을 보여라.

31. 자료 (3, 2), (4, 3), (5, 4), (6, 4), (7, 5)에 대해서, 최소제곱 직선(문제 30)을 구하여라.

32. 꼭지점이 (0, 0), (4, 0), (0, 1)인 폐삼각형으로 둘러싸인 집합에서, $z=2x^2+y^2-4x-2y+5$의 (그림 3) 최대값과 최소값을 구하여라.

33. 예제 6에서 가격이 피트당 다음과 같았다고 하자. 강밑으로 \$400, 제방따라 \$200, 제방에서 공장까지 \$300. 이 때 비용을 최소화하기 위한 경로를 찾고, 그 때의 최소비용을 구하여라.

34. 예제 6에서 가격이 피트당 다음과 같았다고 하자. 강밑으로 \$500, 제방따라 \$200, 제방에서 공장까지 \$100. 이 때 비용을 최소화하기 위한 경로를 찾고, 그 때의 최소비용을 구하여라.

35. 원판 $x^2+y^2 \le 9$ 위에서 $f(x, y)=10+x+y$의 최대값과 최소값을 구하여라. 도움말: 경계를 $0 \le t \le 2\pi$, $x=3\cos t$, $y=3\sin t$로 매개변수화 하여라.

36. $a>b$일 때 타원과 그 내부 $x^2/a^2+y^2/b^2 \le 1$에서 $f(x, y)=x^2+y^2$의 최대값과 최소값을 구하여라. 도움말: 경계를 $0 \le t \le 2\pi$, $x=a\cos t$, $y=b\sin t$로 매개변수화 하여라.

37. 상자를 만드는데 비용이 제곱피트당 모서리와 뚜껑은 \$0.25, 바닥은 \$0.40이 든다. 부피가 2세제곱피트일 때 최소비용이 드는 치수를 구하여라.

CAS **38.** 제곱피트당 바닥은 \$4, 모서리는 \$1이 드는 자제를 사용하여, 부피가 60세제곱피트인 뚜껑이 없는 철제상자를 만들려고 한다. 용접을 하는데 1피트당 비용이 모서리끼리는 \$1이고 모서리와 바닥은 \$3이다. 비용을 최소화하는 상자의 치수와 그 때의 최소비용을 구하여라. 도움말: 1변수로 표현되는 방정식을 얻는데 대칭을 이용하고 해의 근사값을 얻는데 CAS나 뉴턴의 방법을 사용하여라.

39. 원형 판 $\{(x, y): x^2+y^2 \le 1\}$에서의 온도 T가 $T=2x^2+y^2-y$로 주어졌다. 판에서 가장 뜨거운 지점과 가장 차가운 지점을 구하여라.

40. 길이가 k인 철사를 (최대) 세 토막을 내어 한 개의 원과 두 개의 정사각형을 만들려 하는데, 이것들 중 하나 또는 둘만 만들어도 된다. 이렇게 둘러싼 넓이가 최대가 되는 경우는? 최소가 되는 경우는? 도움말: 이 문제는 함수 $x^2+y^2+z^2$이 평면 $2\sqrt{\pi}\,x+4y+4z=k$의 1팔분공간 부분에서 가지는 최대값, 최소값의 문제로 바꿀 수 있다. 그 다음에 기하학적으로 추론하여라.

41. 반지름이 r인 원에 내접하는 삼각형들 중에 넓이가 최대인 것의 모양을 구하여라. 도움말: 삼각형의 세 변을 대하는 중심각을 α, β, γ라 하자. 그러면 삼각형의 넓이는 $\frac{1}{2}r^2[\sin\alpha+\sin\beta-\sin(\alpha+\beta)]$임을 보여라. 최대가 되게 하여라.

42. (a, b, c)는 1팔분공간의 고정된 점이다. 이 점을 지나는 평면이 1팔분공간을 잘라서 사면체가 생기는데, 그 부피가 최소가 되게 하는 평면을 구하여라. 그 부피를 구하여라.

CAS 이변수 함수의 극대, 극소를 구하는 문제는 컴퓨터를 사용하여 상식적으로 따지는 편이 나을 수가 있다. 이것을 예시하기 위해서, 12.1절 그림 15~19의 곡면과 그에 대응하는 등고선 지도를 보도록 하자. 이들 그래프를 보면, 극값의 위치를 눈으로 확인할 수 있다. 어떤 점에서 함수값을 구하는 능력을 더하면, 최대값과 최소값을 상당히 정확하게 구할 수 있다. 문제 43~53은 이러한 방법으로 극대값, 극소값을 가질 것 같은 지점을 찾고, 그 점에서의 함수값을 구하여라. 문제 43~47은 12.1절의 다섯 개의 함수들이다.

43. $f(x, y)=x-x^3/9-y^2/2$; $-3.8 \le x \le 3.8$, $-3.8 \le y \le 3.8$; (2, 0) 근처의 극대값, 그리고 최대값. 미적분학을 이용하여 확인해 보아라.

44. $f(x, y)=y/(1+x^2+y^2)$; $-5 \le x \le 5$, $-5 \le y \le 5$; 최대값을 가지는 점과 최소값. 미적분학을 이용하여 확인해 보아라.

45. $f(x, y)=-1+\cos(y/(1+x^2+y^2))$; $-3.8\leq x\leq 3.8$, $-3.8\leq y\leq 3.8$; 최소값.

46. $f(x, y)=\exp(-x^2-y^2+xy/4)$; $-2\leq x\leq 2$, $-2\leq y\leq 2$; 최대값과 최소값. 미적분학을 이용하여 확인해 보아라.

47. $f(x, y)=\exp(-(x^2+y^2)/4)\sin(x\sqrt{|y|})$; $-5\leq x\leq 5$, $-5\leq y\leq 5$; 최대값과 최소값.

48. $f(x, y)=-x/(x^2+y^2)$, $f(0, 0)=0$; $-1\leq x\leq 1$, $-1\leq y\leq 1$; 최대값과 최소값. 조심 하여라.

49. $f(x, y)=8\cos(xy+2x)+x^2y^2$; $-3\leq x\leq 3$, $-3\leq y\leq 3$; 최대값과 최소값.

50. $f(x, y)=(\sin x)/(6+x+|y|)$; $-3\leq x\leq 3$, $-3\leq y\leq 3$; 최대값과 최소값.

51. $f(x, y)=\cos(|x|+y^2)+10x\exp(-x^2-y^2)$; $-2\leq x\leq 2$, $-2\leq y\leq 2$; 최대값과 최소값.

52. $f(x, y)=(x^2-x-5)(1-9y)\sin x\sin y$; $-6\leq x\leq 6$, $-6\leq y\leq 6$; 최대값과 최소값.

53. $f(x, y)=2\sin x+\sin y-\sin(x+y)$; $0\leq x\leq 2\pi$, $0\leq y\leq 2\pi$; 최대값과 최소값.

54. 길이 6, 8, 10인 선분들이 점 N으로부터 뻗어나온다고 하자. 그림 7을 보기 바란다. 이들의 끝점들을 꼭지점으로 하여 삼각형 ABC를 만들고, 이 삼각형의 넓이를 $K(\alpha, \beta)$, 둘레 길이를 $L(\alpha, \beta)$라 하자.

(a) $K(\alpha, \beta)$와 $L(\alpha, \beta)$의 공식들을 구하여라.

(b) $D=\{(\alpha, \beta)\colon 0\leq\alpha\leq\pi,\ 0\leq\beta\leq\pi\}$에 속하는 (α, β) 중에 $K(\alpha, \beta)$가 최대가 되게 하는 것을 구하여라.

(c) D에 속하는 (α, β) 중에 $L(\alpha, \beta)$가 최대가 되게 하는 것을 구하여라.

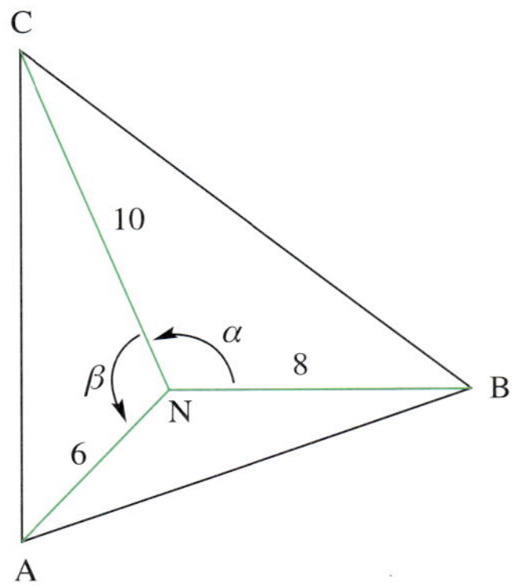

그림 7

개념 복습 해답: **1.** 닫혀 있고 갇혀 있는 **2.** 경계점, 정류점, 특이점 **3.** $\nabla f(x_0, y_0)=\mathbf{0}$ **4.** $f_{xx}(x_0, y_0)f_{yy}(x_0, y_0)-f_{xy}^2(x_0, y_0)$

12.9 라그랑주 승수법

우선 다음 두 가지의 문제가 어떻게 다른지 알아보자. $x^2+2y^2+z^4+4$의 최소값을 구하는 것은 **제약없는 극값** 문제이다. $x^2+2y^2+z^4+4$의 최소값을 $x+3y-z=7$이라는 조건에서 구하면, 이것은 **제약있는 극값** 문제이다. 실제 세상의 많은 문제들, 특히 경제학의 문제들은 후자의 종류이다. 예를 들어 생산자는 이익이 최대가 되게 하고 싶지만, 사용 가능한 원자재의 양, 노동력의 크기 등등의 제약이 있게 마련이다.

앞절의 예제 4는 제약있는 극값 문제이다. 우리는 원점에서 곡면 $z^2=x^2y+4$까지의 최소 거리를 구하려 했다. 이 문제는 $d^2=x^2+y^2+z^2$이 최소가 되게 하는 것인데, $z^2=x^2y+4$라는 제약이 따르는 것이라고 하였다. 그 제약조건에 나오는 z^2의 식을 d^2의 식에 넣어서, 그 결과로 나오는 자유로운(즉, 제약없는) 극값 문제를 풀어서 이 문제를 해결하였다. 앞절의 예제 5도 제약있는 극값 문제이다. 최대값은 영역 S의 경계선에서 가지게 됨을 알았으며, 따라서 $z=2+x^2+y^2$이 최대가 되게 하되, $x^2+\frac{1}{4}y^2=1$이라는 조건이 붙는다는 문제가 되었다. 이 문제는 제약조건을 매개변수화하여서, 1변수 함수의 최대값을 구하여서 해결하였다(제약조건의 매개변수가 변수이다). 그렇지만 제약조건의 방정식을 어느 한 변수에 대해서 풀거나, 한 변수로 매개변수화해 나타내는 것이 어려운 경우도 있다. 이렇게 할 수 있는 경우에도, 지금 소개하려는 방법이 더 간단할 수 있다. 이 방법은 **라그랑주 승수**(Lagrange multi-plier)이다.

기하학적 의미 앞절 예제 5의 문제는 대상 함수 $f(x, y)=2+x^2+y^2$을 최대가 되게 하되, 조건 $g(x, y)=0$이 붙었으며, 여기서 $g(x, y)=x^2+\frac{1}{4}y^2-1$. 그림 1은 곡면 $z=f(x, y)$와 제약조건을 보여 준다. 타원기둥이 제한 조건이다. 그림 1의 두 번째 부분은 제한 조건과 곡면 $z=f(x, y)$의 교선을 보여 준다. 최적화 문제는 이 교선을 따라 어디에서 함수가 최대값을 가지고, 최소값을 가지는지 구하는 것이다. 그림 1의 두 번째 부분과 세 번째 부분을 보면, 대상 함수 f의 등고선이 제약곡선과 접하는 곳에서 최대값, 최소값을 가지는 것 같다. 이것이 바로 라그랑주 승수 방법의 핵심 아이디어이다.

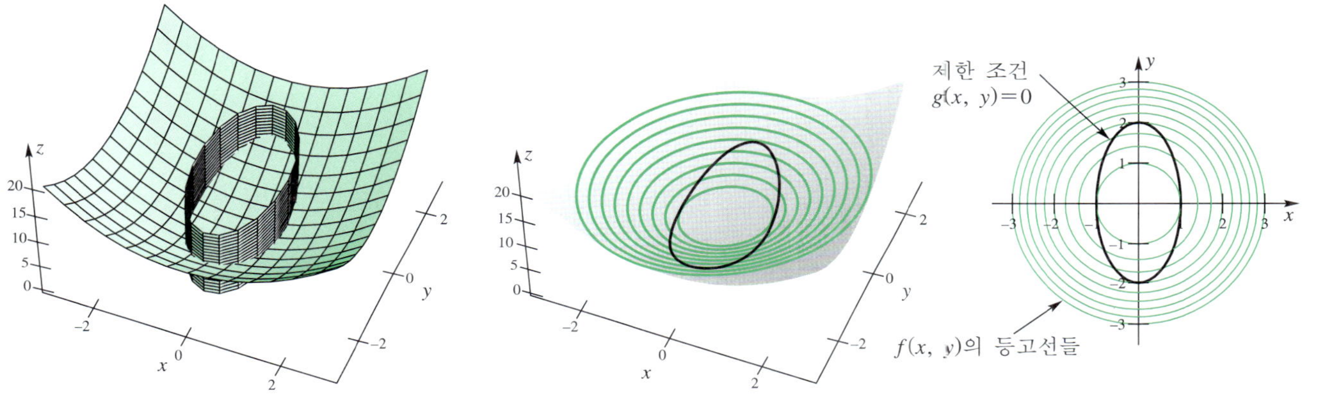

그림 1

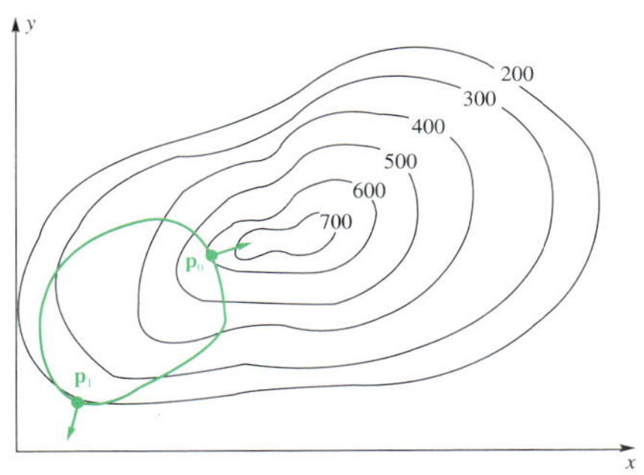

그림 2

이제 $g(x, y)=0$이라는 제약조건에서, $f(x, y)$를 최적화하는 일반적인 문제를 생각해 보자. f의 등고선은 곡선 $f(x, y)=k$이며, 여기서 k는 상수이다. 그림 2의 검은색 곡선들은 $k=200, 300, \cdots, 700$의 등고선들이다. 제약조건 $g(x, y)=0$의 그래프도 역시 곡선인데, 그림 2에 그려 놓았다. $g(x, y)=0$이라는 조건하에 f가 최대가 되게 하려면, 제약 곡선과 교차하는 등고선 곡선들 중에 k가 최대가 되는 것을 찾아야 한다. 그림 2를 보면, 그러한 등고선은 점 $\mathbf{p}_0=(x_0, y_0)$에서 제약 곡선에 접해야 함이 명백하며, 따라서 제약조건 $g(x, y)=0$에서 f의 최대값은 $f(x_0, y_0)$이다. 다른 접점 $\mathbf{p}_1=(x_1, y_1)$은 $g(x, y)=0$이라는 제약조건에서 최소값 $f(x_1, y_1)$을 가지는 점이다.

라그랑주 승수법은 점 $\mathbf{p}_0$과 $\mathbf{p}_1$을 구하는 대수적 과정을 제공해 준다. 그러한 점에서 등고선과 제약 곡선이 서로 접하므로(즉, 공통 접선을 가지므로), 두 곡선들은 공통 수직선(법선)을 가진다. 그런데 등고선의 임의의 점에서 그래디언트 벡터 ∇f는 등고선과 수직이며(12.5절), 마찬가지로 ∇g는 제약 곡선과 수직이다. 그러므로 ∇f와 ∇g는 점 $\mathbf{p}_0$과 $\mathbf{p}_1$에서 서로 평행하다. 즉, 0이 아닌 적당한 두 수 λ_0과 λ_1에 대해

$$\nabla f(\mathbf{p}_0)=\lambda_0\nabla g(\mathbf{p}_0)\text{이고 } \nabla f(\mathbf{p}_1)=\lambda_1\nabla g(\mathbf{p}_1)$$

방금 설명한 것들은 사실 직관적인 것이지만, 적당한 가정하에서 매우 엄밀하게 만들 수 있다. 뿐만 아니라, 이 방법은 3변수 함수 $f(x, y, z)$의 최대, 최소를 $g(x, y, z)=0$이라는 제약조건에서 구하는 문제에도 마찬가지로 적용할 수 있다. 등고선 대신에 등위면(level surface)을 생각하기만 하면 된다. 사실, 임의의 개수의 변수를 가지는 함수에 대해서 이 결과가 성립한다.

다음 라그랑주 승수법이 성립한다.

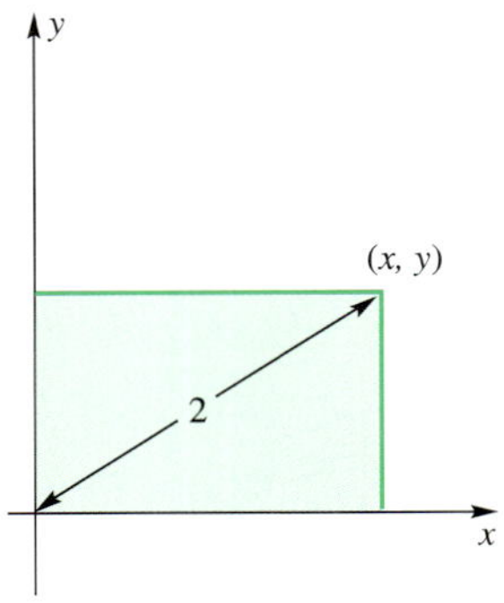

그림 3

정리 A 라그랑주의 방법

$g(\mathbf{p})=0$이라는 조건하에 $f(\mathbf{p})$가 최대 또는 최소가 되게 하려면, 연립방정식

$$\nabla f(\mathbf{p})=\lambda \nabla g(\mathbf{p}), \qquad g(\mathbf{p})=0$$

을 $\mathbf{p}$와 λ에 대해서 푼다. 그러한 점 $\mathbf{p}$는 제약있는 극값 문제의 임계점이며, 여기서 그에 대응하는 λ를 라그랑주 승수(Lagrange multiplier)라고 한다.

응용 예제들을 통해서 이 방법을 예시한다.

예제 1 대각선의 길이가 2인 직사각형이 가질 수 있는 최대 넓이는?

풀이 직사각형의 두 변을 좌표축에 놓아서, 직사각형을 1사분면에 있게 한다. 그러면 원점의 반대쪽 꼭짓점의 좌표 (x, y)는 x와 y가 모두 양수이다(그림 3). 그 대각선의 길이는 $\sqrt{x^2+y^2}=2$이고, 그 넓이는 xy이다.

따라서 이 문제는 $g(x, y)=x^2+y^2-4=0$이라는 조건하에 $f(x, y)=xy$가 최대가 되게 하는 것이다. 대응하는 그래디언트 벡터는

$$\nabla f(x, y)=f_x(x, y)\mathbf{i}+f_y(x, y)\mathbf{j}=y\mathbf{i}+x\mathbf{j}$$
$$\nabla g(x, y)=g_x(x, y)\mathbf{i}+g_y(x, y)\mathbf{j}=2x\mathbf{i}+2y\mathbf{j}$$

그러므로 라그랑주 방정식은

(1) $$y=\lambda(2x)$$

(2) $$x=\lambda(2y)$$

(3) $$x^2+y^2=4$$

이것을 연립으로 풀어야 한다. 첫째 방정식에 y를 곱하고, 둘째 방정식에 x를 곱하면, $y^2=2\lambda xy$와 $x^2=2\lambda xy$를 얻으며, 이것으로부터

(4) $$y^2=x^2$$

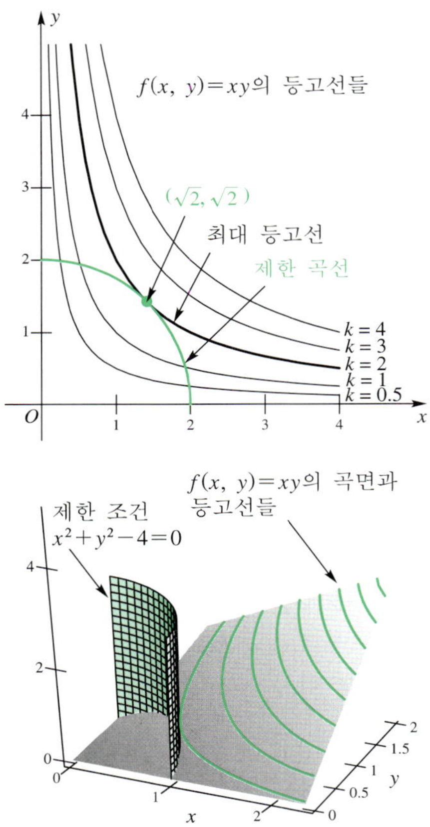

그림 4

(3)과 (4)로부터, $x=\sqrt{2}$, $y=\sqrt{2}$가 나온다. 이 값들을 (1)에 대입하면, $\lambda=\frac{1}{2}$이 나온다. 따라서 x와 y가 양수일 때, 방정식 (1), (2), (3)의 해답은 $x=\sqrt{2}$, $y=\sqrt{2}$, $\lambda=\frac{1}{2}$. 그러므로 대각선이 2인 직사각형 중에 넓이가 최대인 것은 변의 길이가 $\sqrt{2}$인 정사각형이며, 그 넓이는 2이다. 이 문제를 기하학적으로 해석해 놓은 것이 그림 4이다. ■

예제 2 라그랑주 방법을 사용하여, 타원 $x^2/4+y^2=1$에서 다음 함수의 최대값과 최소값을 구하여라.

$$f(x, y)=y^2-x^2$$

풀이 쌍곡포물면 $z=f(x, y)=y^2-x^2$의 그래프는 12.8절 그림 2에 나온다. 이 그림을 보면, 최소값은 $(\pm 2, 0)$에서 가지고, 최대값은 $(0, \pm 1)$에서 가진다고 추측할 수 있다. 그렇지만 이것이 사실임을 보여야 한다.

제약조건을 $g(x, y)=x^2+4y^2-4=0$이라 쓸 수 있다. 이제

$$\nabla f=-2x\mathbf{i}-2y\mathbf{j}$$

그리고

$$\nabla g=2x\mathbf{i}+8y\mathbf{j}$$

라그랑주 방정식은 다음과 같다.

$$(1) \qquad -2x=\lambda 2x$$

$$(2) \qquad 2y=\lambda 8y$$

$$(3) \qquad x^2+4y^2=4$$

방정식 (3)에서 x와 y는 동시에 0이 될 수 없다. $x\neq 0$인 경우, 방정식 (1)에 의해 $\lambda=-1$이고, 그러면 방정식 (2)에 의해 $y=0$이다. 그러면 방정식 (3)에 의해 $x=\pm 2$. 따라서 임계점 $(\pm 2, 0)$을 찾았다.

$y\neq 0$인 경우에도 마찬가지로 풀어서, 방정식 (x)에서 $\lambda=\frac{1}{4}$이 나오고, 방정식 (1)에서 $x=0$이 나오고, 방정식 (3)에서 $y=\pm 1$이 나온다. 따라서 $(0, \pm 1)$도 임계점이다.

이제 함수 $f(x, y)=y^2-x^2$의 값들을 계산하면,

$$f(2, 0)=-4$$
$$f(-2, 0)=-4$$
$$f(0, 1)=1$$
$$f(0, -1)=1$$

주어진 타원에서 $f(x, y)$의 최소값은 -4이고, 최대값은 1이다.

예제 3 제약조건 $g(x, y, z)=9x^2+4y^2-z=0$에서, 함수 $f(x, y, z)=3x+2y+z+5$의 최소값을 구하여라.

풀이 f와 g의 그래디언트는 각각 $\nabla f(x, y, z)=3\mathbf{i}+2\mathbf{j}+\mathbf{k}$ 그리고 $\nabla g(x, y, z)=18x\mathbf{i}+8y\mathbf{j}-\mathbf{k}$이다. 임계점을 찾기 위해서, 방정식

$$\nabla f(x, y, z)=\lambda\nabla g(x, y, z), \quad g(x, y, z)=0$$

을 (x, y, z, λ)에 대해서 풀어야 하며, 여기서 λ는 라그랑주 승수이다. 지금 이 문제의 경우, 이것은 다음 네 개의 연립방정식을 네 개의 변수 x, y, z, λ에 대해서 푸는 것과 같다.

(1) $$3 = 18x\lambda$$

(2) $$2 = 8y\lambda$$

(3) $$1 = -\lambda$$

(4) $$9x^2 + 4y^2 - z = 0$$

방정식 (3)에서, $\lambda = -1$. 이 결과를 방정식 (1), (2)에 대입하면, $x = -\frac{1}{6}$, $y = -\frac{1}{4}$이 나온다. x, y의 이 값들을 방정식 (4)에 대입하면, $z = \frac{1}{2}$이 나온다. 따라서 위의 연립방정식의 해는 $\left(-\frac{1}{6}, -\frac{1}{4}, \frac{1}{2}, -1\right)$이고, $\left(-\frac{1}{6}, -\frac{1}{4}, \frac{1}{2}\right)$이 유일한 임계점이다. 그러므로 $g(x, y, z) = 0$이라는 조건하에 함수 $f(x, y, z)$의 최소값은 $f\left(-\frac{1}{6}, -\frac{1}{4}, \frac{1}{2}\right) = 4\frac{1}{2}$. (이 값이 최대값이 아니라 최소값임은 어떻게 알 수 있는가?) ■

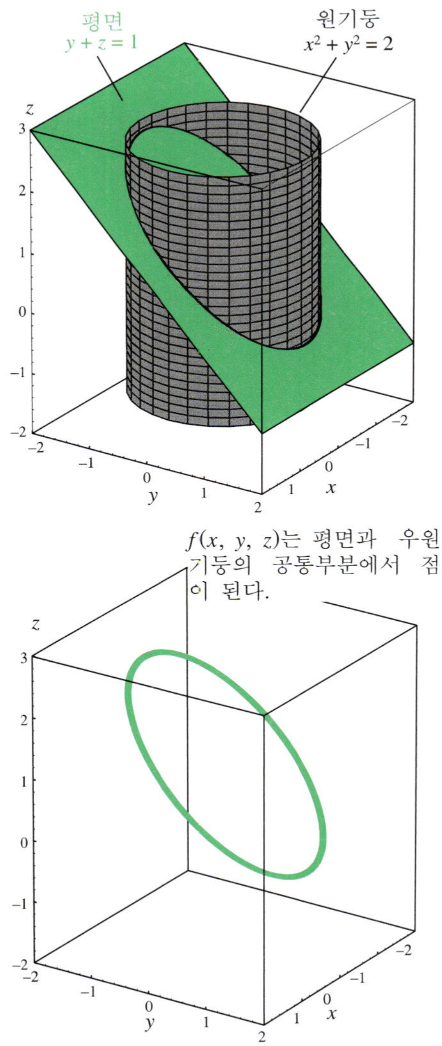

그림 5

제약조건 최대값 또는 최소값을 구하려는 함수의 변수들에 두 개 이상의 제약이 가해지면, 라그랑주 승수들도 그만큼 많아진다(각 제약마다 한 개씩). 예를 들어 3변수 함수 F의 최대, 최소를 구하고 싶은데, 두 개의 제약 $g(x, y, z) = 0$, $h(x, y, z) = 0$이 가해졌다고 하자. 그러면 방정식

$$\nabla f(x, y, z) = \lambda \nabla g(x, y, z) + \mu \nabla h(x, y, z),\ g(x, y, z) = 0,\ h(x, y, z) = 0$$

을 x, y, z, λ, μ에 대해서 풀어야 한다. 여기서 λ와 μ는 라그랑주 승수들이다. 이것은 다음 다섯 개의 방정식을 연립으로, 변수 x, y, z, λ, μ에 대해서 푸는 것과 같다.

(1) $$f_x(x, y, z) = \lambda g_x(x, y, z) + \mu h_x(x, y, z)$$

(2) $$f_y(x, y, z) = \lambda g_y(x, y, z) + \mu h_y(x, y, z)$$

(3) $$f_z(x, y, z) = \lambda g_z(x, y, z) + \mu h_z(x, y, z)$$

(4) $$g(x, y, z) = 0$$

(5) $$h(x, y, z) = 0$$

이 연립방정식의 해를 구해 임계점을 얻는다.

예제 4 원기둥 $x^2 + y^2 = 2$와 평면 $y + z = 1$의 교선인 타원에서(그림 5 참조), 함수 $f(x, y, z) = x + 2y + 3z$의 최대값과 최소값을 구하여라.

풀이 $f(x, y, z)$의 최대, 최소를 구하고 싶은데, $g(x, y, z) = x^2 + y^2 - 2 = 0$, $h(x, y, z) = y + z - 1 = 0$이라는 조건이 붙어 있다. 이에 대응하는 라그랑주 방정식은

(1) $$1 = 2\lambda x$$

(2) $$2 = 2\lambda x + \mu$$

(3) $$3 = \mu$$

(4) $$x^2 + y^2 - 2 = 0$$

(5) $$y + z - 1 = 0$$

방정식 (1)에서, $x=1/2\lambda$. (2)와 (3)에서, $y=-1/2\lambda$. 이때 (4)에서 $(1/2\lambda)^2+(-1/2\lambda)^2=2$이므로 $\lambda=\pm\frac{1}{2}$. $\lambda=\frac{1}{2}$인 경우 임계점을 구하면 $(x, y, z)=(1, -1, 2)$이고, $\lambda=-\frac{1}{2}$인 경우 임계점을 구하면 $(x, y, z)=(-1, 1, 0)$이다. 그러므로 $f(1, -1, 2)=5$가 최대값이고, $f(-1, 1, 0)=1$이 최소값이다. ■

유계인 폐집합에서 함수의 최적화 다음과 같이 유계인 폐집합 S에서 함수 $f(x, y)$의 최대값과 최소값을 구할 수 있다. 먼저 S의 내부에서 최대값과 최소값을 찾기 위해 라그랑주 승수를 사용한다. 마지막으로 S에서 극대값과 극소값을 구하기 위한 점들에서 함수값을 계산한다.

예제 5 집합 $S=\{(x, y): x^2+y^2\le 1\}$에서 함수 $f(x, y)=4+xy-x^2-y^2$의 극대값과 극소값을 구하여라.

풀이 그림 6은 $z=4+xy-x^2-y^2$의 그래프이다. 집합 S는 원점이 중심이고 반지름이 1인 원의 내부이다. 따라서 그림 6에서 위쪽 그려진 곡선 위 또는 그 내부영역에서 f의 극대값과 극소값을 찾을 수 있다. S의 내부에서 모든 임계점을 찾자.

> *대칭성*
>
> 그림 6은 구할 네 점이 원점에 대해 대칭임을 암시한다.

$$\frac{\partial f}{\partial x}=y-2x=0$$

$$\frac{\partial f}{\partial y}=x-2y=0$$

따라서, 유일한 내부 임계점은 (0, 0)이다. 다음에 함수가 극대 또는 극소값을 가질 경계 위의 점을 찾기 위해 라그랑쥬 승수법을 적용한다. 경계 위의 점은 제약조건 $x^2+y^2-1=0$을 만족하므로 $g(x, y)=x^2+y^2-1$로 놓는다. 그러면

$$\nabla f(x, y)=(y-2x)\mathbf{i}+(x-2y)\mathbf{j}$$
$$\nabla g(x, y)=2x\mathbf{i}+2y\mathbf{j}$$

이제 $\nabla f(x, y)=\lambda\nabla g(x, y)$로 놓으면

$$y-x=\lambda 2x$$
$$x-2y=\lambda 2y$$

이것을 λ에 관해 풀면

$$\frac{y}{2x}-1=\lambda=\frac{x}{2y}-1$$

따라서 $x=\pm y$. 제약조건 $x^2+y^2-1=0$과 함께 이로부터 $x=\pm\frac{\sqrt{2}}{2}$, $y=\pm\frac{\sqrt{2}}{2}$이다. f의 값을 5개의 점 (0, 0), $\left(\frac{\sqrt{2}}{2}, \frac{\sqrt{2}}{2}\right)$, $\left(-\frac{\sqrt{2}}{2}, \frac{\sqrt{2}}{2}\right)$, $\left(\frac{\sqrt{2}}{2}, -\frac{\sqrt{2}}{2}\right)$, $\left(-\frac{\sqrt{2}}{2}, -\frac{\sqrt{2}}{2}\right)$에서 구하면 다음과 같다.

$$f(0, 0)=4, \qquad f\left(\frac{\sqrt{2}}{2}, \frac{\sqrt{2}}{2}\right)=\frac{7}{2} \qquad f\left(-\frac{\sqrt{2}}{2}, \frac{\sqrt{2}}{2}\right)=\frac{5}{2}$$

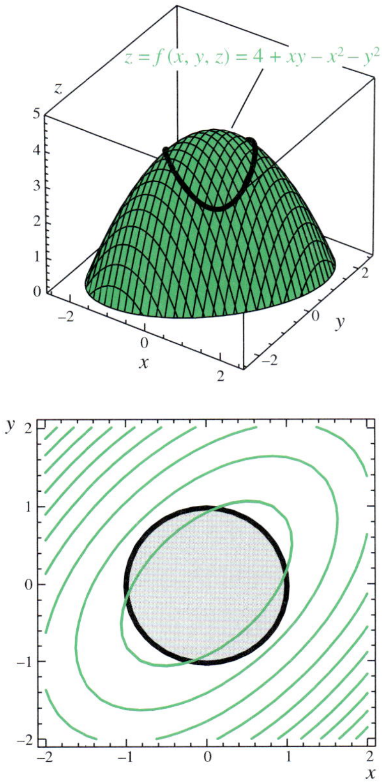

그림 6

$$f\left(\frac{\sqrt{2}}{2}, -\frac{\sqrt{2}}{2}\right)=\frac{5}{2} \quad f\left(-\frac{\sqrt{2}}{2}, -\frac{\sqrt{2}}{2}\right)=\frac{7}{2}.$$

S에서 f의 최대값은 4이고 이것은 점 (0, 0)에서이다. f의 최소값은 두 점 $\left(-\frac{\sqrt{2}}{2}, \frac{\sqrt{2}}{2}\right)$, $\left(\frac{\sqrt{2}}{2}, -\frac{\sqrt{2}}{2}\right)$에서 생기는 데 그것은 $\frac{5}{2}$이다. ■

개념 복습

1. $f(x, y)$의 최대값을 구하는 문제는 ______ 극값 문제이다. $g(x, y)=0$이라는 조건하에 $f(x, y)$의 최대값을 구하는 문제는 ______ 극값 문제이다.

2. 라그랑주 승수 방법은 극점에서 벡터 ∇f와 ∇g가 서로 ______는 사실에 바탕을 둔다.

3. 따라서 라그랑주 방법을 사용하려면, 방정식 $\nabla f(x, y)=\lambda\nabla g(x, y)$와 ______을 연립으로 풀어야 한다.

4. 간단한 기하학적 추론으로 답을 구할 수 있는 경우도 있다. 원 $(x-1)^2+(y-1)^2=2$에서 $f(x, y)=x^4+y^4$의 최대값은 ______에서 가짐이 명백하다.

연습문제 12.9

1. $g(x, y)=xy-3=0$이라는 제약조건하에, $f(x, y)=x^2+y^2$의 최소값을 구하여라.

2. $g(x, y)=4x^2+9y^2-36=0$이라는 제약조건하에, $f(x, y)=xy$의 최대값을 구하여라.

3. $x^2+y^2=1$이라는 제약조건하에, $f(x, y)=4x^2-4xy+y^2$의 최대값을 구하여라.

4. $x-y-6=0$이라는 제약조건하에, $f(x, y)=x^2+4xy+y^2$의 최소값을 구하여라.

5. $x+3y-2z=12$라는 제약조건하에, $f(x, y, z)=x^2+y^2+z^2$의 최소값을 구하여라.

6. $2x^2+y^2-3z=0$이라는 제약조건하에, $f(x, y, z)=4x-2y+3z$의 최소값을 구하여라.

7. 윗면이 없이 열려 있는 직육면체 모양의 상자의 넓이가 48이면서, 부피가 최대인 것의 치수는?

8. 원점에서 평면 $x+3y-2z=4$까지의 최소 거리를 구하여라.

9. 직육면체 상자를 만들려 하는데, 밑면의 재료는 옆면, 윗면의 재료에 비해서 단위 넓이당 3배의 돈이 든다. 재료를 살 수 있는 총 금액이 \$12이고, 밑면의 재료가 제곱피트당 \$0.60일 때, 그러한 상자의 최대 부피를 구하여라.

10. 원점에서 곡면 $x^2y-z^2+9=0$까지의 최소 거리를 구하여라.

11. 직육면체 상자를 면들이 각 면이 좌표평면들과 평행하고, 다음 타원면에 내접하게 되는, 가능한 최대 부피를 구하여라.

$$\frac{x^2}{a^2}+\frac{y^2}{b^2}+\frac{z^2}{c^2}=1$$

12. 직육면체 상자가 1팔분공간에 놓여 있는데, 각 면이 좌표평면들과 평행하고, 한 꼭지점은 (0, 0, 0)에 놓여 있고, 그것과 대각선을 이루는 정반대 꼭지점이 평면

$$\frac{x}{a}+\frac{y}{b}+\frac{z}{c}=1$$

에 놓여 있게 되는 가능한 최대 부피를 구하여라.

문제 13~20에서 주어진 12.8절의 라그랑주 승수법을 사용하여 풀어라.

13. 문제 12

14. 문제 22

15. 문제 23

16. 문제 24

17. 문제 37

18. 문제 38

19. 문제 40(최소값만)

20. 문제 42, 도움말: 평면을 $\frac{x}{A}+\frac{y}{B}+\frac{z}{C}=1$로 두어라.

문제 21~25에서, 유계인 폐집합 S 위의 함수 f의 최대값과 최소값을 구하여라. S나 그의 내부에서 최대값과 최소값을 찾는데 12.8절의 방법을 사용하고, S의 경계 위에서 최소값과 최대값을 찾는데 라그랑즈 승수를 이용하여라.

21. $f(x, y)=10+x+y$; $S=\{(x, y): x^2+y^2\le 1\}$

22. $f(x, y)=x+y-xy$; $S=\{(x, y): x^2+y^2\le 9\}$

23. $f(x, y)=x^2+y^2+3x-xy$; $S=\{(x, y): x^2+y^2\le 9\}$

24. $f(x, y)=\dfrac{x}{1+y^2}$; $S=\left\{(x, y): \dfrac{x^2}{4}+\dfrac{y^2}{9}\le 1\right\}$

25. $f(x, y)=(1+x+y)^2$; $S=\left\{(x, y): \dfrac{x^2}{4}+\dfrac{y^2}{16}\le 1\right\}$

26. 반지름 r인 원에 내접하는 삼각형들 중에, 둘레 길이가 최대인 것의 모양을 구하여라. 도움말: 그림 7처럼 중심각을 α, β, γ라 하자. 그러면 이 문제는 $\alpha+\beta+\gamma=2\pi$라는 조건하에 $P=2r(\sin\alpha/2+\sin\beta/2+\sin\gamma/2)$가 최대가 되게 하는 것이다.

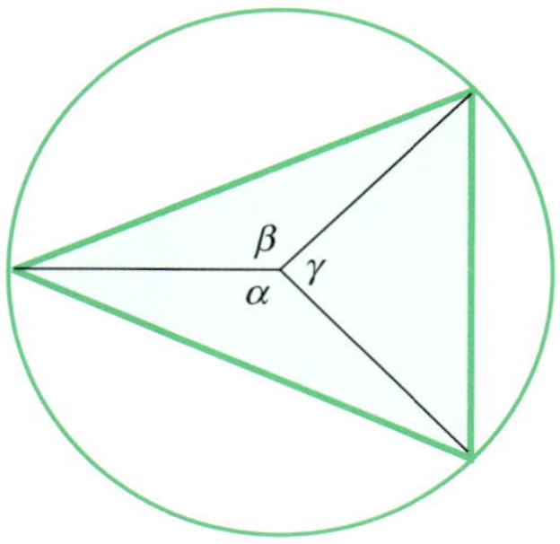

그림 7

27. 세 가지 투입량 x, y, z가 있고, 이들의 단위 가격이 각각 a, b, c일 때, 생산 과정에 대한 콥−더글라스 생산 모델(Cobb-Douglas production model)은 다음 식으로 주어진다.

$$P=kx^{\alpha}y^{\beta}z^{\gamma}, \qquad \alpha>0,\ \beta>0,\ \gamma>0, \qquad \alpha+\beta+\gamma=1$$

가격 제약조건 $ax+by+cz=d$에서 생산 P가 최대가 되게 하는 x, y, z를 구하여라.

28. 원점에서 두 평면

$$x+y+z=8,\ 2x-y+3z=28$$

의 교선까지의 최소 거리를 구하여라.

29. 타원 $x^2+y^2=2$, $y+2z=1$에서 함수 $f(x, y, z)=-x+2y+2z$의 최대값, 최소값을 구하여라(예제 4 참조).

30. $w=x_1x_2\cdots x_n$이라 하자.

(a) $x_1+x_2+\cdots+x_n=1$이고, 모든 $x_i>0$이라는 조건하에, w가 최대가 되게 하여라.

(b) (a)를 이용하여, 양수 $a_1, a_2, ..., a_n$에 대한 기하평균-산술평균의 부등식이라는 유명한 부등식 즉,

$$\sqrt[n]{a_1a_2\cdots a_n}\le\frac{a_1+a_2+\cdots+a_n}{n}$$

을 이끌어 내어라.

31. $w=a_1x_1+a_2x_2+\cdots+a_nx_n$이 최대가 되게 하여라. 단, 모든 $a_i>0$이고, $x_1^2+x_2^2+\cdots+x_n^2=1$.

CAS 곡면과 등고선을 그리고, 약간의 상식을 동원하면, 제약있는 극값 문제를 풀 수 있는 경우도 있다. 다음 문제를 풀어라. 이것들은 12.1절 그림 6~9에 나오는 함수들이다.

32. $x^2+y^2=1$ 이라는 조건하에, $z=-4x^3y^2$의 최대값을 구하여라.

33. $x^2/16+y^2=1$ 이라는 조건하에, $z=x-x^3/8-y^2/3$의 최소값을 구하여라.

34. $xy=2$라는 조건하에, $z=xy\exp(-x^2-y^2)$의 최대값을 구하여라.

35. $x^2+y^2/9=1$ 이라는 조건하에, $z=\exp(-|x|)\cos\sqrt{x^2+y^2}$의 최소값을 구하여라.

개념 복습 해답: **1.** 자유로운(무제한의), 제한된 **2.** 평행하다 **3.** $g(x, y)=0$ **4.** (2, 2)

12.10 장 복습

개념 시험

다음 명제가 참인지, 거짓인지 이유를 들어 답하여라.

1. $z=2x^2+3y^2$의 등고선은 타원이다.

2. $f_x(0, 0)=f_y(0, 0)$이면, $f(x, y)$는 원점에서 연속이다.

3. $f_x(0, 0)$이 존재하면, $g(x)=f(x, 0)$은 $x=0$에서 연속이다.

4. $\displaystyle\lim_{(x, y)\to(0, 0)} f(x, y)=L$이면, $\displaystyle\lim_{y\to 0} f(y, y)=L$이다.

5. $f(x, y)=g(x)h(y)$이고, g가 모든 x에 대해서, h가 모든 y에 대해서 연속이면, f는 xy평면 전체에서 연속이다.

6. $f(x, y)=g(x)h(y)$이고, g와 h가 2번 미분가능이면,

$$\frac{\partial^2 f}{\partial x^2}+\frac{\partial^2 f}{\partial y^2}=g''(x)h(y)+g(x)h''(y)$$

7. $f(x, y)$와 $g(x, y)$가 같은 그래디언트를 가지면, 이들은 똑같은 함수이다.

8. f의 그래디언트는 $z=f(x, y)$의 그래프에 수직이다.

9. f가 미분가능하고, $\nabla f(a, b)=\mathbf{0}$이면, $z=f(x, y)$의 그래프는 (a, b)에서 수평 접평면을 가진다.

10. $\nabla f(\mathbf{p}_0)=\mathbf{0}$이면, f는 $\mathbf{p}_0$에서 극값을 가진다.

11. 평면의 점 (x, y)에서의 온도가 $T=e^y \sin x$이면, 열을 찾아 움직이는 벌레는 원점에서 $\mathbf{i}$방향으로 움직일 것이다.

12. 함수 $f(x, y)=\sqrt[3]{x^2+y^4}$은 원점에서 최소값을 가진다.

13. 함수 $f(x, y)=\sqrt[3]{x+y^4}$은 최소값도, 최대값도 가지지 않는다.

14. $f(x, y)=4x+4y$이면, $|D_{\mathbf{u}}f(x, y)|\le 4$이다.

15. $D_{\mathbf{u}}f(x, y)$가 존재하면, $D_{-\mathbf{u}}f(x, y)=-D_{\mathbf{u}}f(x, y)$이다.

16. 집합 $\{(x, y)\colon\ y=x,\ 0\le x\le 1\}$은 평면에서 폐집합이다.

17. 유계인 폐집합 S에서 $f(x, y)$가 연속이면, f는 S에서 최대값을 가진다.

18. S의 내부점 (x_0, y_0)에서 $f(x, y)$가 최대값을 가지면, $\nabla f(x_0, y_0)=\mathbf{0}$.

19. 함수 $f(x, y)=\sin(xy)$는 집합 $\{(x, y)\colon\ x^2+y^2<4\}$에서 최대값을 가지지 않는다.

20. $f_x(x_0, y_0)$과 $f_y(x_0, y_0)$이 둘 다 존재하면, f는 (x_0, y_0)에서 미분가능이다.

시험 보기 문제

1. 다음 이변수 함수의 정의역을 구하고 그래프를 그려라. 정의역의 경계에 있는 점들 중에 정의역에 속하는 점은 분명하게 나타내어라.

(a) $z=\sqrt{x^2+4y^2-100}$ (b) $z=-\sqrt{2x-y-1}$

2. $k=0, 1, 2, 4$에 대한 함수 $f(x, y)=(x+y^2)$의 등고선을 그려라.

문제 3~6에서 $\partial f/\partial x$, $\partial^2 f/\partial x^2$, $\partial^2 f/\partial y\partial x$를 구하여라.

3. $f(x, y)=3x^4y^2+7x^2y^7$ **4.** $f(x, y)=\cos^2 x-\sin^2 y$

5. $f(x, y)=e^{-y}\tan x$ **6.** $f(x, y)=e^{-x}\sin y$

7. $F(x, y)=5x^3y^6-xy^7$이다. $\partial^3 F(x, y)/\partial x\partial y^2$을 구하여라.

8. f는 3변수 함수로서, $f(x, y, z)=xy^3-5x^2yz^4$으로 주어졌다. $f_x(2, -1, 1)$, $f_y(2, -1, 1)$, $f_z(2, -1, 1)$을 구하여라.

9. 점 $(2, 2, 5)$에서 곡면 $z=x^2+y^2/4$과 평면 $x=2$이 만나는 곡선의 접선의 기울기를 구하여라.

10. $f(x, y)=xy/(x^2-y)$로 정의된 함수가 연속인 점은?

11. $\displaystyle\lim_{(x, y)\to(0, 0)}\frac{x-y}{x+y}$는 존재하는가? 설명하여라.

12. 다음 극한이 존재하면 구하고, 존재하지 않으면 존재하지 않는다고 적어라.

(a) $\displaystyle\lim_{(x, y)\to(2, 2)}\frac{x^2-2y}{x^2+2y}$ (b) $\displaystyle\lim_{(x, y)\to(2, 2)}\frac{x^2+2y}{x^2-2y}$

(c) $\displaystyle\lim_{(x, y)\to(0, 0)}\frac{x^4-4y^4}{x^2+2y^2}$

13. $\nabla f(1, 2, -1)$을 구하여라.

(a) $f(x, y, z)=x^2yz^3$ (b) $f(x, y, z)=y^2\sin xz$

14. $f(x, y)=\tan^{-1}(3xy)$의 방향 도함수를 구하여라. 점 $(4, 2)$에서 $\mathbf{u}=(\sqrt{3}/2)\mathbf{i}-(1/2)\mathbf{j}$ 방향으로의 값은?

15. 점 $(1, 2, 5)$에서 수직 평면 $x-\sqrt{3}y+2\sqrt{3}-1=0$과 곡면 $z=x^2+y^2$이 만나는 곡선의 접선의 기울기를 구하여라.

16. 함수 $f(x, y)=9x^4+4y^2$이 $(1, 2)$에서 가장 빨리 증가하는 방향은?

17. 함수 $f(x, y)=x^2/2+y^2$에 대해서

(a) 그 정의역의 점 $(4, 1)$을 지나는 등고선의 방정식을 구하여라.

(b) $(4, 1)$에서 그래디언트 벡터 ∇f를 구하여라.

(c) 등고선을 그리고, $(4, 1)$을 시작점으로 하여 그래디언트 벡터를 그려라.

18. $F(u, v)=\tan^{-1}(uv)$, $u=\sqrt{xy}$, $v=\sqrt{x}-\sqrt{y}$이다. $\partial F/\partial x$와 $\partial F/\partial y$를 u, v, x, y의 식으로 구하여라.

19. $f(u, v)=u/v$, $u=x^2-3y+4z$, $v=xyz$이다. f_x, f_y, f_z를 x, y, z의 식으로 구하여라.

20. $F(x, y)=x^3-xy^2-y^4$, $x=2\cos 3t$, $y=3\sin t$이다. $t=0$에서 dF/dt를 구하여라.

21. $F(x, y, z)=(5x^2y/z^3)$, $x=t^{3/2}+2$, $y=\ln 4t$, $z=e^{3t}$이다. dF/dt를 x, y, z, t의 식으로 구하여라.

22. 삼각형의 꼭지점이 A, B, C이다. 변의 길이 $c=AB$가 초당 3인치의 비율로 증가하고, 변의 길이 $b=AC$가 초당 1인치의 비율로 증가하며, 그 사이의 각 α가 초당 0.1라디안의 비율로 증가한다. $\alpha=\pi/6$일 때 $c=10$인치, $b=8$인치라면, 그 순간 넓이는 얼마나 빨리 변화하는가?

23. 점 $P(1, 2, -1)$에서 함수 $F(x, y, z)=9x^2+4y^2+9z^2-34$의 그래디언트 벡터를 구하여라. 그 점에서 곡면 $F(x, y, z)=0$에 접하는 평면의 방정식을 적어라.

24. 수직 원기둥의 크기를 재었는데, 반지름은 10 ± 0.02인치이고, 높이는 6 ± 0.01인치이다. 그 부피를 계산하고, 미분량을 사용하여 가능한 오차를 추정하여라.

25. $f(x, y, z)=xy^2/(1+z^2)$이다. 미분량을 사용하여 $f(1.01, 1.98, 2.03)$을 추정하여라.

26. $f(x,\ y)=x^2y-6y^2-3x^2$의 극값을 구하여라.

27. 직육면체 상자가 있는데, 모서리들은 좌표축들과 평행하고, 타원면 $36x^2+4y^2+9z^2=36$에 내접한다. 그러한 상자의 가능한 최대 부피는?

28. 라그랑주 승수법을 사용하여, $x^2+y^2=1$이라는 조건하에 $f(x,\ y)=xy$의 최대값, 최소값을 구하여라.

29. 라그랑주 승수법을 사용하여, 표면 넓이가 24π인 직원기둥들 중에 부피가 최대인 것의 치수를 구하여라.

복습과 예비 문제

문제 1~6에서 주어진 함수의 그래프를 그려라.

1. $f(x,\ y)=\sqrt{64-x^2-y^2}$
2. $f(x,\ y)=9-x^2-y^2$
3. $f(x,\ y)=x^2+4y^2$
4. $f(x,\ y)=x^2-y^2$
5. $f(x,\ y)=x^2$
6. $f(x,\ y)=\sqrt{9-y^2}$

문제 7~14에서 주어진 원기둥좌표방정식과 구면좌표방정식의 그래프를 그려라.

7. $r=2$
8. $\rho=2$
9. $\phi=\pi/4$
10. $\theta=\pi/4$
11. $r^2+z^2=9$
12. $r=\cos\theta$
13. $r=2\sin\theta$
14. $z=9-r^2$

문제 15~26에서 적분을 구하여라.

15. $\int e^{-2x}\,dx$
16. $\int xe^{-2x}\,dx$
17. $\int_{-a/2}^{a/2}\cos\left(\frac{\pi x}{a}\right)dx$
18. $\int_0^2 (a+bx+c^2x^2)\,dx$
19. $\int_0^{\pi}\sin^2 x\,dx$
20. $\int_{1/4}^{3/4}\frac{1}{1-x^2}\,dx$
21. $\int_0^1 \frac{x}{1+x^2}\,dx$
22. $\int_0^4 \frac{e^x}{1+e^{2x}}\,dx$
23. $\int_0^3 r\sqrt{4r^2+1}\,dr$
24. $\int_0^{a/2}\frac{ar}{\sqrt{a^2-r^2}}\,dr$
25. $\int_0^{\pi/2}\cos^2\theta\,d\theta$
26. $\int_0^{\pi/2}\cos^4\theta\,d\theta$

27. 미적분학의 기본정리 2를 사용하지 말고 다음을 구하여라.

$$\int_0^{2\pi}\left[\sqrt{a^2-b^2}-\sqrt{a^2-c^2}\right]d\theta$$

28. 평면 $x+y+z=1$의 제 1 사분면에 놓여있는 부분의 넓이를 구하여라.

문제 29~34에서, 기하학의 기본성질을 사용하거나 제5장의 방법을 이용하여 3차원 공간 안에 주어진 입체의 부피를 구하여라.

29. 위로는 $z=\sqrt{9-y^2}$, 아래로는 xy평면 그리고 옆으로는 평면 $x=0$과 $x=8$에 의해 둘러싸인 입체.

30. 구면좌표계로 $\rho\le 7$에 의하여 둘러싸인 점들로 구성된 입체.

31. 그래프 $y=\sin x(0\le x\le\pi)$를 x축 둘레에 회전하여 생긴 입체

32. 원기둥좌표계로 $r\leqq 7,\ 0\le z\le 100$을 만족하는 점들로 구성된 입체

33. 위로는 $z=9-x^2-y^2$, 아래로는 xy평면으로 둘러싸인 영역의 입체. 도움말: 회전면으로 해석하여라.

34. 구면좌표계로 $1\le\rho\le 4,\ 0\le\phi\le\pi/2$를 만족하는 점들로 구성된 입체.

CHAPTER

13 중적분

13.1 직사각형에서의 이중적분

미분법과 적분법은 미적분학의 중요한 과정들이다. n차원 공간에서의 미분법을 공부하였다(12장). 이제부터 n차원 공간에서의 적분법을 생각해 보자. 일변수 함수의 (리만) 적분의 이론과 응용을 중적분에 일반화할 것이다. 5장에서 일변수 함수를 사용하여 곡선 영역의 넓이를 계산하였고, 평면곡선의 길이를 구하였으며, 변화하는 밀도를 가진 철사줄의 무게중심을 구하였다. 이번 장에서 중적분을 사용하여 일반적인 입체의 부피, 일반적인 곡면의 넓이, 변화하는 밀도를 가진 판과 입체의 무게중심을 구할 것이다.

적분과 미분 사이의 긴밀한 관계는 미적분학의 기본정리가 잘 말해 준다. 이 정리는 일변수 함수를 계산하는 가장 중요한 이론적 도구이다. 이번 장에서 중적분을 일변수 함수의 반복적분으로 바꿀 것이며, 여기에서는 제 2 미적분학의 기본정리가 다시 핵심 역할을 하게 된다. 4장에서 7장에 이르기까지 배운 적분 기술들이 필요하게 된다.

일변수 함수의 리만 적분은 4.2절에서 정의하였는데, 그 절을 다시 복습하기 바란다. 구간 $[a, b]$를 길이 Δx_k, $k = 1, 2, \cdots, n$인 작은 구간들로 쪼개는 분할 P를 잡았으며, k번째 작은 구간에서 표본점 $\bar{x}_k$를 취해서 적분을

$$\int_a^b f(x)\,dx = \lim_{|P|\to 0} \sum_{k=1}^{n} f(\bar{x}_k)\Delta x_k$$

로 나타냈음을 상기하기 바란다. 이변수 함수의 적분도 이와 비슷한 과정으로 정의할 것이다.

직사각형 R의 변들이 좌표축들과 평행하다고 하자. 즉,

$$R = \{(x,\ y):\ a \le x \le b,\ c \le y \le d\}$$

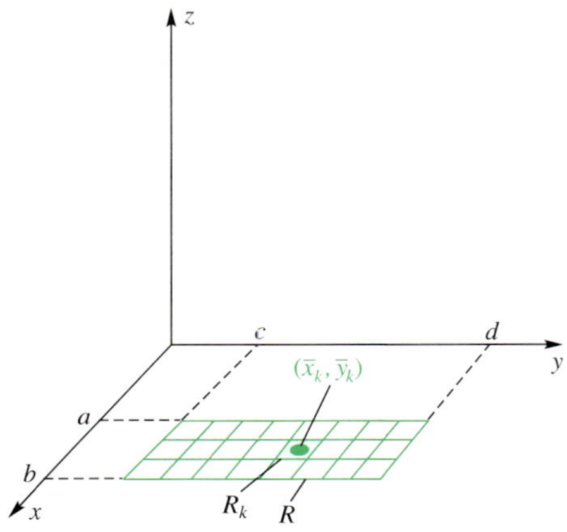

그림 1

그림 1에서와 같이, x축, y축에 평행한 직선들을 그어서, R의 분할 P를 만든다. 이 직선들이 R을 나누어 작은 직사각형들을 만드는데, 그 개수가 n개라 하고, 이것들을 R_k, $k=1,\ 2,\ \cdots,\ n$으로 나타낸다. R_k의 변들의 길이를 Δx_k, Δy_k라 하고, 그 넓이를 $\Delta A_k = \Delta x_k \Delta y_k$라 하자. R_k에서 표본점 $(\bar{x}_k,\ \bar{y}_k)$를 취해서, 리만 합

$$\sum_{k=1}^{n} f(\bar{x}_k,\ \bar{y}_k)\Delta A_k$$

를 만든다. 이것은 ($f(x,\ y) \ge 0$인 경우) n개의 상자들의 부피의 합에 대응한다(그림 2, 3). 이 분할을 점점 더 세분화하여서, 모든 R_k들이 점점 더 작아지게 하면, 구하는 개념에 이르게 된다.

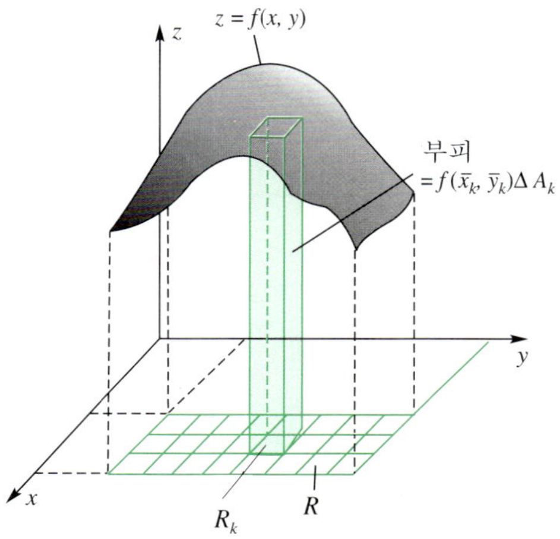

그림 2

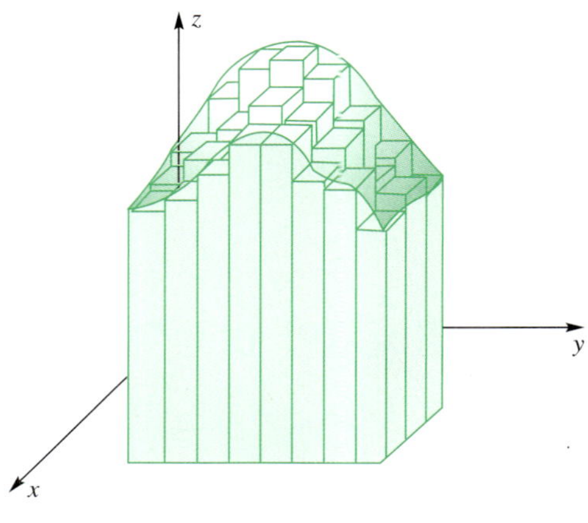

그림 3

이제 공식적으로 정의할 준비가 되었다. 위에서 도입한 기호들을 사용하겠는데, 한 가지 더 추가하자면, 분할 P의 크기(노름, norm)는 $\|P\|$로 나타내고, 이는 그 분할에서의 작은 직사각형들의 대각선들의 길이 가운데 최대값이다.

정의 이중적분

닫힌 직사각형 R에서 정의된 이변수 함수 f에 대해, 극한

$$\lim_{\|P\|\to 0} \sum_{k=1}^{n} f(\bar{x}_k,\ \bar{y}_k)\Delta A_k$$

가 존재하면, f는 R에서 적분가능하다고 말한다. 그리고 $\iint_R f(x, y)dA$를 함수 f의 R에서의 **이중적분**(double integral, 중적분)이라 하고, 다음 식으로 주어진다.

$$\iint_R f(x, y)\,dA = \lim_{\|P\|\to 0} \sum_{k=1}^{n} f(\bar{x}_k, \bar{y}_k)\Delta A_k$$

이중적분에 대한 이 정의는 $|P|\to 0$일 때의 극한을 포함하고 있다. 이것은 1장의 의미로서의 극한이 아니다. 따라서 이것이 실제 무슨 뜻인지 명백히 하여야 한다. $\lim_{\|P\|\to 0} \sum_{k=1}^{n} f(\bar{x}_k, \bar{y}_k)\Delta A_k = L$의 의미는 다음과 같다. 임의의 $\varepsilon>0$에 대하여, 적당한 $\delta>0$가 존재하여, 직사각형 R의 분할 P가 x축, y축에 평행한 직선들에 의한 분할이며, $\|P\|<\delta$이면, k번째 직사각형에서 표본점 $(\bar{x}_k, \bar{y}_k)$를 어떻게 잡든, $\left|\sum_{k=1}^{n} f(\bar{x}_k, \bar{y}_k)\Delta A_k - L\right| < \varepsilon$이 된다.

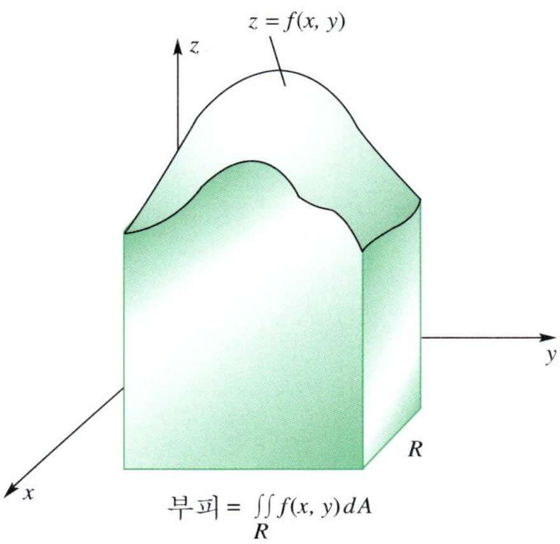

그림 4

$f(x)\geq 0$이면, $\int_a^b f(x)\,dx$는 곡선 $y=f(x)$의 아래, a에서 b 사이의 넓이를 나타냄을 상기하기 바란다. 마찬가지로, $f(x, y)\geq 0$이면, $\iint_R f(x, y)dA$는 곡면 $z=f(x, y)$의 아래, 직사각형 R 위의 입체의 **부피**를 나타낸다(그림 4). 사실, 이 적분으로 이러한 입체의 부피를 정의한다.

존재성 문제 주어진 직사각형 R에서, 모든 이변수 함수를 적분할 수 있는 것은 아니다. 그 이유는 일변수 함수의 경우와 마찬가지이다(4.2절). 특히, R에서 유계가 아닌 함수는 항상 적분할 수 없다. 그렇지만 다행히도, 정리 4.2A를 자연스럽게 일반화한 정리가 있다. 그렇지만 그 증명은 기초 과정의 수준을 넘는다.

정리 A 적분가능성 정리

닫힌 직사각형 R에서 f가 유계이고, 유한 개수의 매끄러운 곡선(smooth curne)들을 제외한 곳에서 연속이면, f는 R에서 적분가능하다. 특히, f가 R의 모든 곳에서 연속이면, f는 거기에서 적분가능하다.

이 정리의 결과로서, 보통의 함수들 대부분은 (단, 유계라면) 임의의 직사각형에서 적분가능하다. 예를 들어

$$f(x, y) = e^{\sin(xy)} - y^3\cos(x^2 y)$$

는 모든 직사각형에서 적분가능하다. 반면에

$$g(x, y) = \frac{x^2 y - 2x}{y - x^2}$$

는 포물선 $y=x^2$과 교차하는 임의의 직사각형에서 (유계가 아니므로) 적분불능이다. 그림 5의 계단 함수는 R에서 적분가능하다. 왜냐 하면 두 개의 선분에서만 불연속이기 때문이다.

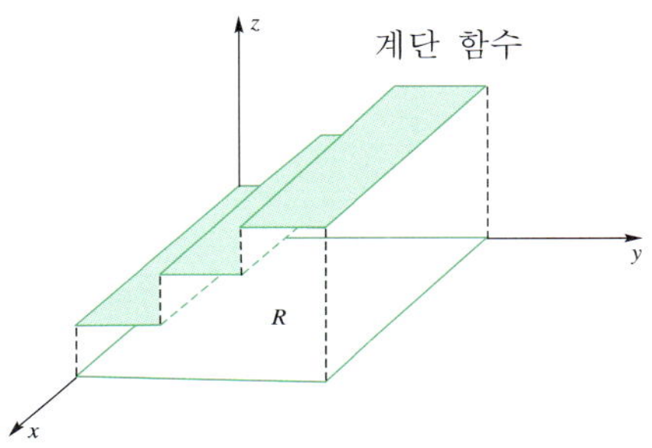

그림 5

이중적분의 성질 이중적분은 일변수 함수의 성질들을 거의 모두 이어 받았다.

1. 이중적분은 선형적이다. 즉,

(a) $\iint_R kf(x, y)dA = k\iint_R f(x, y)dA;$

(b) $\iint_R [f(x, y)+g(x, y)]dA = \iint_R f(x, y)dA + \iint_R g(x, y)dA$

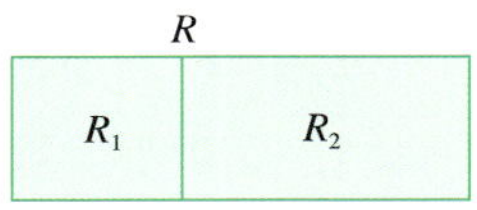

그림 6

2. 선분 위에서만 겹치는 직사각형에 대해서(그림 6), 이중적분은 가법적이다.

$$\iint_R f(x, y)dA = \iint_{R_1} f(x, y)dA + \iint_{R_2} f(x, y)dA$$

3. 부등식이 보존된다. 즉, R의 모든 (x, y)에서 $f(x, y) \le g(x, y)$이면,

$$\iint_R f(x, y)dA \le \iint_R g(x, y)dA$$

이 모든 성질들은 직사각형에서는 물론 좀 더 일반적인 집합에서도 성립하지만, 그 문제는 13.3절에서 다룬다.

이중적분의 계산 이 내용은 다음 절에서 집중적으로 다룰 것이며, 거기에서 이중적분을 계산하는 강력한 도구를 전개할 것이다. 그렇지만 몇 가지 간단한 적분은 여기서도 계산할 수 있으며, 다른 몇 가지 적분은 근사값을 구한다.

먼저 R에서 $f(x, y)=1$인 경우는, 이중적분은 R의 넓이가 되며, 이것으로부터 다음이 성립함을 주목하기 바란다.

$$\iint_R k\,dA = k\iint_R 1dA = kA(R)$$

예제 1 f는 그림 5의 계단 함수라고 하자. 즉,

$$f(x, y) = \begin{cases} 1 & 0\le x\le 3,\ 0\le y\le 1 \\ 2 & 0\le x\le 3,\ 1\le y\le 2 \\ 3 & 0\le x\le 3,\ 2\le y\le 3 \end{cases}$$

이 때 $\iint_R f(x, y)dA$를 계산하여라. 여기서 $R=\{(x, y): 0\le x\le 3, 0\le y\le 3\}$.

풀이 직사각형 R_1, R_2, R_3을 다음과 같이 잡자.

$$R_1=\{(x, y): 0\le x\le 3, 0\le y\le 1\}$$
$$R_2=\{(x, y): 0\le x\le 3, 1\le y\le 2\}$$
$$R_3=\{(x, y): 0\le x\le 3, 2\le y\le 3\}$$

그리고 나서 이중적분의 가법적 성질을 이용하면 다음을 얻는다.

$$\iint_R f(x, y)dA = \iint_{R_1} f(x, y)dA + \iint_{R_2} f(x, y)dA + \iint_{R_3} f(x, y)dA$$

$$=1A(R_1)+2A(R_2)+3A(R_3)$$
$$=1\cdot 3+2\cdot 3+3\cdot 3=18$$

이 계산에서, 직사각형의 경계선에서의 f의 값은 적분값에 영향을 끼치지 않는다는 사실을 사용하였다. ■

예제 1은 중요하지 않는 내용이고, 솔직히 말해서 다른 도구 없이는 더 나아갈 수 없다. 그렇지만 리만 합을 계산하여 이중적분의 근사값을 항상 구할 수는 있다. 일반적으로 분할이 세분화 될수록, 더 좋은 근사값이 나올 것이다.

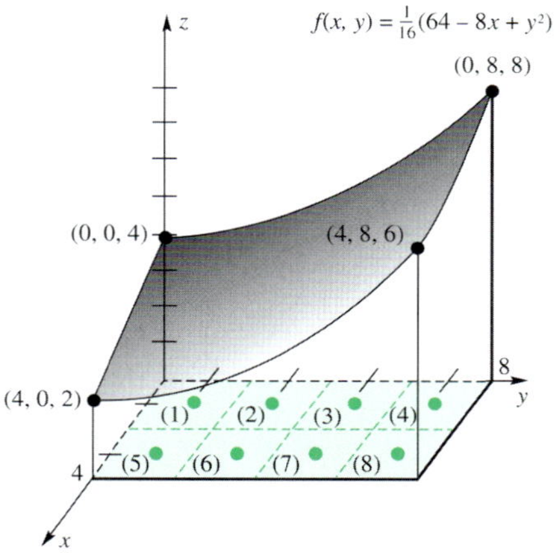

그림 7

예제 2 $\iint_R f(x, y)\,dA$의 근사값을 구하여라. 여기서

$$f(x, y)=\frac{64-8x+y^2}{16}$$

그리고

$$R=\{(x, y): 0\le x\le 4, 0\le y\le 8\}$$

직사각형 R을 여덟 개의 같은 크기의 정사각형들로 쪼개고, 각 정사각형의 중점을 표본점으로 취해서(그림 7), 리만 합을 계산하여 근사값을 구하여라.

풀이 주어진 표본점과 그에 대응하는 함수값은 다음과 같다.

$$f(\bar{x}_1, \bar{y}_1)=f(1, 1)=\frac{57}{16}; \qquad f(\bar{x}_5, \bar{y}_5)=f(3, 1)=\frac{41}{16}$$
$$f(\bar{x}_2, \bar{y}_2)=f(1, 3)=\frac{65}{16}; \qquad f(\bar{x}_6, \bar{y}_6)=f(3, 3)=\frac{49}{16}$$
$$f(\bar{x}_3, \bar{y}_3)=f(1, 5)=\frac{81}{16}; \qquad f(\bar{x}_7, \bar{y}_7)=f(3, 5)=\frac{65}{16}$$
$$f(\bar{x}_4, \bar{y}_4)=f(1, 7)=\frac{105}{16}; \qquad f(\bar{x}_8, \bar{y}_8)=f(3, 7)=\frac{89}{16}$$

이제 $\Delta A_k=4$이므로,

$$\iint_R f(x, y)\,dA\approx\sum_{k=1}^{8} f(\bar{x}_k, \bar{y}_k)\Delta A_k$$
$$=4\sum_{k=1}^{8} f(\bar{x}_k, \bar{y}_k)$$
$$=\frac{4(57+65+81+105+41+49+65+89)}{16}=138$$

13.2절에서, 이 적분의 정확한 값을 구하는 법을 배울 것이다. 정확한 값은 $138\frac{2}{3}$이다. ■

개념 복습

1. 직사각형 R을 n개의 작은 직사각형들로 쪼개어서, 각각의 넓이가 ΔA_k, 그의 표본점을 $(\bar{x}_k, \bar{y}_k)$, $k=1, 2, \cdots, n$이라 하자. 그러면 $\iint_R f(x, y)\,dA = \lim_{|P|\to 0}$ ______.

2. R에서 $f(x, y)\geq 0$이면, $\iint_R f(x, y)\,dA$의 기하학적 의미는 ______라고 볼 수 있다.

3. f가 R에서 ______이면, f는 거기에서 적분가능하다.

4. 직사각형 $R=\{(x, y): 1\leq x\leq 2, 0\leq y\leq 2\}$에서 $f(x, y)=6$이면, $\iint_R f(x, y)\,dA$의 값은 ______이다.

연습문제 13.1

문제 1~4에서 $R=\{(x, y): 1\leq x\leq 4, 0\leq y\leq 2\}$라 하자. 이 때 주어진 함수 f에 대해 $\iint_R f(x, y)\,dA=$를 계산하여라(예제 1 참조).

1. $f(x, y)=\begin{cases} 2 & 1\leq x\leq 3,\ 0\leq y\leq 2 \\ 3 & 3\leq x\leq 4,\ 0\leq y\leq 2 \end{cases}$

2. $f(x, y)=\begin{cases} -1 & 1\leq x\leq 4,\ 0\leq y\leq 1 \\ 2 & 1\leq x\leq 4,\ 1\leq y\leq 2 \end{cases}$

3. $f(x, y)=\begin{cases} 2 & 1\leq x\leq 3,\ 0\leq y\leq 1 \\ 1 & 1\leq x\leq 3,\ 1\leq y\leq 2 \\ 3 & 3\leq x\leq 4,\ 0\leq y\leq 2 \end{cases}$

4. $f(x, y)=\begin{cases} 2 & 1\leq x\leq 4,\ 0\leq y\leq 1 \\ 3 & 1\leq x\leq 3,\ 1\leq y\leq 2 \\ 1 & 3\leq x\leq 4,\ 1\leq y\leq 2 \end{cases}$

문제 5~8에서 $R=\{(x, y): 0\leq x\leq 2, 0\leq y\leq 2\}$, $R_1=\{(x, y): 0\leq x\leq 2, 0\leq y\leq 1\}$, $R_2=\{(x, y): 0\leq x\leq 2, 1\leq y\leq 2\}$라 하자. 그리고 이와 함께 $\iint_R f(x, y)\,dA=3$, $\iint_R g(x, y)\,dA=5$, $\iint_{R_1} g(x, y)\,dA=2$라 하자. 적분의 성질을 이용하여 다음을 구하여라.

5. $\iint_R [3f(x, y)-g(x, y)]\,dA$

6. $\iint_R [2f(x, y)+5g(x, y)]\,dA$

7. $\iint_R g(x, y)\,dA$

8. $\iint_R [2g(x, y)+3]\,dA$

문제 9~14에서 $R=\{(x, y): 0\leq x\leq 6, 0\leq y\leq 4\}$이고, 분할 P는 직선 $x=2$, $x=4$, $y=2$로 R을 여섯 개의 같은 크기의 정사각형들로 나눈 것이라고 하자. 적분 $\iint_R f(x, y)\,dA$의 근사값을 구하되, 대응하는 리만 합 $\sum_{k=1}^{6} f(\bar{x}_k, \bar{y}_k)\Delta A_k$를 계산하여서 구하여라. $(\bar{x}_k, \bar{y}_k)$는 각각의 정사각형의 중심을 잡는다(예제 2 참조).

9. $f(x, y)=12-x-y$

10. $f(x, y)=10-y^2$

11. $f(x, y)=x^2+2y^2$

12. $f(x, y)=\frac{1}{6}(48-4x-3y)$

C 13. $f(x, y)=\sqrt{x+y}$

C 14. $f(x, y)=e^{xy}$

문제 15~20에서, 직사각형 $R=\{(x, y): 0\leq x\leq 2, 0\leq y\leq 3\}$ 위에서 부피가 다음 이중적분으로 주어지는 입체를 대략 그려라.

15. $\iint_R 3\,dA$

16. $\iint_R (x+1)\,dA$

17. $\iint_R (y+1)\,dA$

18. $\iint_R (x-y+4)\,dA$

19. $\iint_R (x^2+y^2)\,dA$

20. $\iint_R (25-x^2-y^2)\,dA$

21. $\iint_R (6-y)\,dA$를 계산하여라. 여기서 $R=\{(x, y): 0\leq x\leq 1, 0\leq y\leq 1\}$. 도움말: 이 적분은 어떤 입체의 부피를 나타낸다. 이 입체를 그리고, 기본 원리들로부터 그 부피를 계산하여라.

22. $\iint_R (1+x)\,dA$를 계산하여라. 여기서 $R=\{(x, y): 0\leq x\leq 2, 0\leq y\leq 1\}$.(문제 21의 도움말 참조.)

23. 이중적분에서 부등식이 보존되는 성질을 이용하여, R에서 $f(x, y) \geq 0$이면 $\iint_R f(x, y)dA \geq 0$ 임을 보여라.

24. R에서 $m \leq f(x, y) \leq M$이라 하자. 다음을 보여라.

$$mA(R) \leq \iint_R f(x, y)dA \leq MA(R)$$

C **25.** R은 그림 8의 직사각형이라 하자. 이렇게 12개의 같은 크기의 정사각형들로 분할한 것을 가지고, $\iint_R \sqrt{x^2+y^2}$의 리만 합의 최소값과 최대값을 계산하고 이를 이용하여 다음을 만족하는 수 c, C를 구하여라.

$$c \leq \iint_R \sqrt{x^2+y^2}\, dA \leq C$$

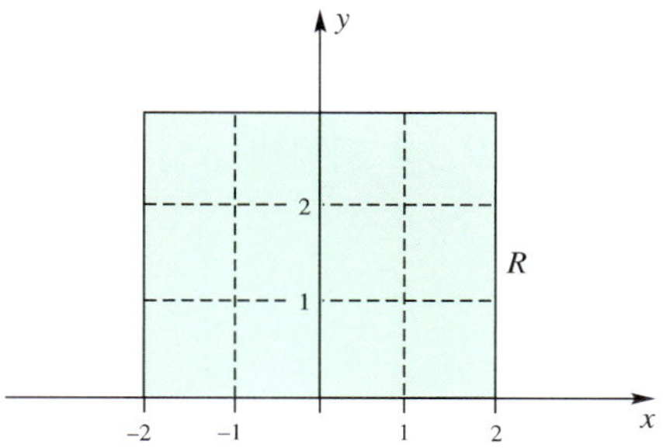

그림 8

26. $\iint_R x\cos^2(xy)dA$를 계산하여라. 여기서 R은 그림 8의 직사각형이다. 도움말: 피적분함수의 그래프가 어떤 대칭성을 가지는가?

27. $[\![x]\!]$는 최대 정수값 함수임을 상기하기 바란다. 그림 8의 R에 대해서, 다음을 계산하여라.

(a) $\iint_R [\![x]\!][\![y]\!]dA$ (b) $\iint_R ([\![x]\!]+[\![y]\!])dA$

28. 그림 8의 직사각형이 얇은 판을 나타내고, (x, y)에서의 밀도가 제곱 센티미터당 $\delta(x, y)$ 그램이라고 하자. $\iint_R \delta(x, y)dA$는 무엇을 나타내는가?

29. 콜로라도(Colorado)주는 직사각형 모양이다(지구의 곡률은 무시하자). 콜로라도주의 (x, y) 지점에 1999년도에 내린 비의 인치 수를 $f(x, y)$라 하자. 적분 $\iint_{\text{콜로라도}} f(x, y)dA$는 무엇을 나타내는가? 이 적분값을 콜로라도주의 넓이로 나눈 것은 무엇을 나타내는가?

30. x와 y가 둘 다 유리수이면 $f(x, y)=1$이고, 다른 경우는 $f(x, y)=0$이라 하자. $f(x, y)$는 그림 8의 직사각형 R에서 적분 불가능함을 보여라.

31. 그림 9의 두 그래프를 사용하여, 다음 적분의 근사값을 구하여라.

$$\iint_R f(x, y)dA;\ R=\{(x, y):\ 0 \leq x \leq 4,\ 0 \leq y \leq 4\}$$

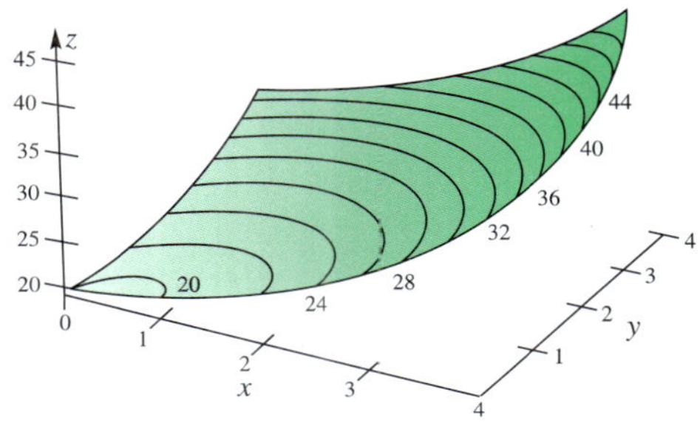

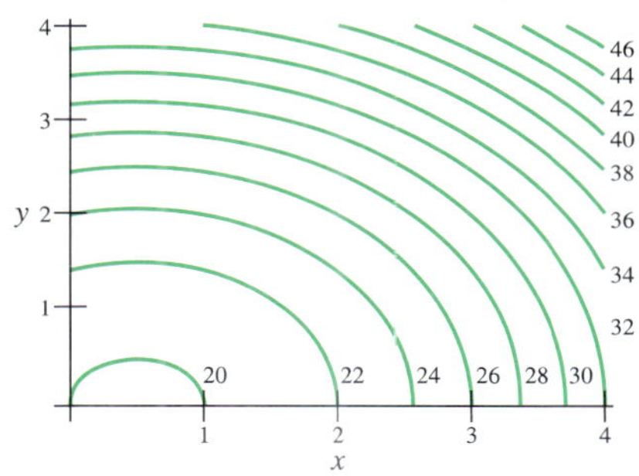

그림 9

개념 복습 해답: **1.** $\sum_{k=1}^{n} f(\bar{x}_k, \bar{y}_k)\Delta A_k$ **2.** $z=f(x, y)$의 아래, R 위의 입체의 부피 **3.** 연속 **4.** 12

13.2 반복적분

이제 R이 직사각형영역

$$R=\{(x,\ y):\ a\le x\le b,\ c\le y\le d\}$$

일 때 $\iint_R f(x,\ y)dA$를 구하는 문제에 대해 본격적으로 알아본다. 당분간 R에서 $f(x,\ y)\ge 0$이라 가정한다. 따라서 이중적분은 그림 1에 나오는 곡면 아래 입체의 부피 V라고 해석할 수 있다. 즉,

$$V=\iint_R f(x,\ y)dA \tag{1}$$

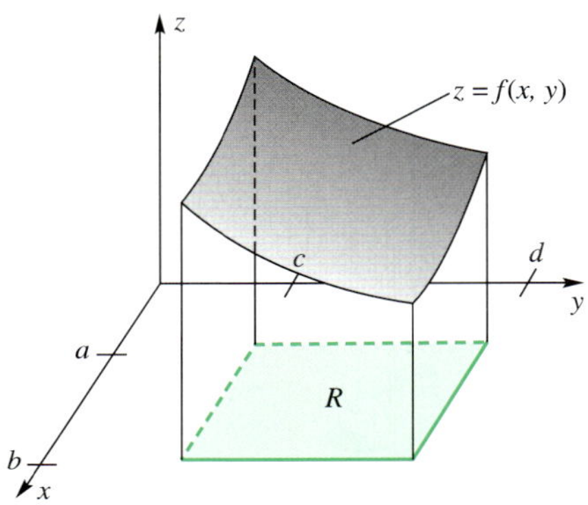

그림 1

이 입체의 부피를 계산하는 다른 방법이 있는데, 적어도 직관적으로는 맞는 것 같아 보인다. xz평면에 평행한 평면들로 이 입체를 썰어서, 얇은 판들이 되도록 한다. 대표적인 얇은 판 한 개를 보인 것이 그림 2 (a)이다. 이 판의 면의 넓이는 이것이 xz평면으로부터 얼마나 떨어져 있느냐에 따라서 달라진다. 즉, 이것은 y에 의해서 결정된다. 이 넓이를 $A(y)$로 나타내자(그림 2 (b) 참조).

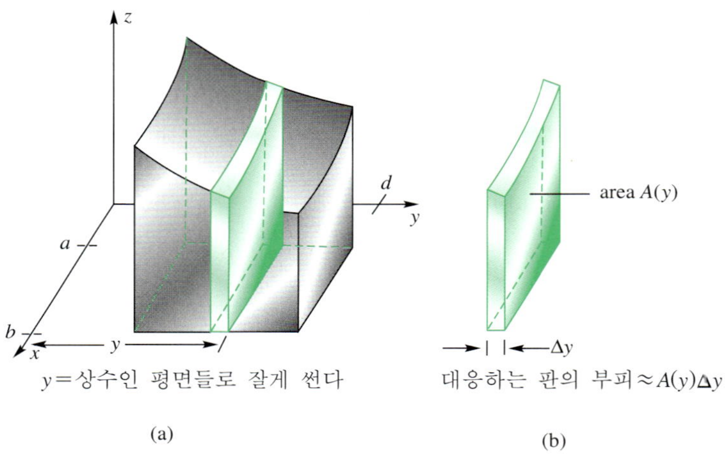

그림 2

이 판의 부피 ΔV는 대략 다음과 같다.

$$\Delta V\approx A(y)\Delta y$$

그리고 이전의 구호(썰고, 근사값을 구하고, 적분하자)를 생각하면, 다음과 같이 나타낼 수 있다.

$$V=\int_c^d A(y)dy$$

한편, y가 고정되어 있으면, $A(y)$는 보통의 일변수 함수로 구할 수 있다. 사실,

$$A(y)=\int_a^b f(x,\ y)dx$$

따라서 주어진 입체에서 단면의 넓이가 $A(y)$임을 알게 되었다. 그런데 단면의

f가 음수이면 어떻게 되는가?

R의 어느 부분에서 $f(x, y)$가 음수이면, 적분 $\iint_R f(x, y)\,dA$는 곡면 $z = f(x, y)$와 xy평면의 직사각형 R 사이 입체의 부호를 가진 부피를 제시해 준다. 이 입체의 실제 부피는 다음과 같다.

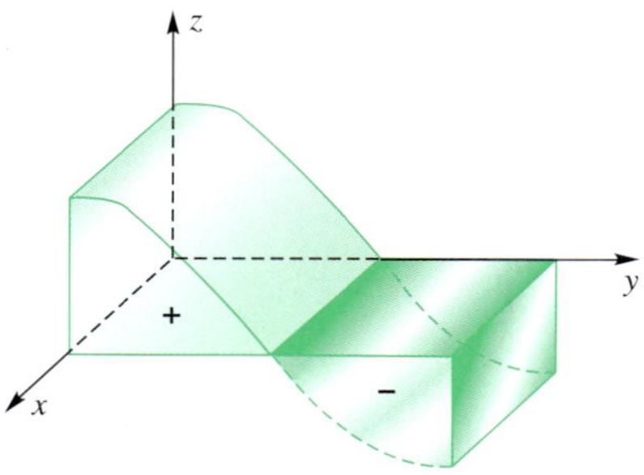

$$\iint_R |f(x, y)|\,dA$$

넓이는 $A(y)$임을 안다. 단면의 넓이를 알고 있는 입체의 부피를 구하는 문제는 5.2절에서 다루었다. 그러므로 결론은

$$V = \int_c^d A(y)\,dy = \int_c^d \left[\int_a^b f(x, y)\,dx\right] dy \tag{2}$$

맨 오른쪽의 표현을 **반복적분**(iterated integral)이라고 한다.

(1)과 (2)의 V의 표현들을 같다고 놓으면, 원하는 다음 결과를 얻는다.

$$\boxed{\iint_R f(x, y)\,dA = \int_c^d \left[\int_a^b f(x, y)\,dx\right] dy}$$

이 입체를 yz평면에 평행한 평면들로 써는 것으로 시작하였다면, 다른 반복적분을 얻게 된다. 즉, 적분 순서가 반대가 된다.

$$\boxed{\iint_R f(x, y)\,dA = \int_a^b \left[\int_c^d f(x, y)\,dy\right] dx}$$

두 가지를 언급하고 넘어간다. 첫째, 위의 두 개의 네모 속의 결과들은 f가 음수가 아니라는 가정하에 얻었지만, 이 결과들은 일반적으로 성립한다. 둘째, 반복적분을 쉽게 계산할 수 없다면, 이러한 논의는 아무런 의미가 없게 된다. 다행스럽게도, 반복적분은 대개의 경우 쉽게 계산할 수 있다. 다음 예제를 통해서 보도록 하자.

반복적분 계산하기 먼저 간단한 예제를 보도록 한다.

예제 1 $\int_0^3 \left[\int_1^2 (2x + 3y)\,dx\right] dy$를 계산하여라.

풀이 안쪽의 적분을 계산할 때, y는 상수이므로

$$\int_1^2 (2x + 3y)\,dx = [x^2 + 3yx]_1^2 = 4 + 6y - (1 + 3y) = 3 + 3y$$

따라서

$$\int_0^3 \left[\int_1^2 (2x + 3y)\,dx\right] dy = \int_0^3 [3 + 3y]\,dy = \left[3y + \frac{3}{2}y^2\right]_0^3$$

$$= 9 + \frac{27}{2} = \frac{45}{2}$$

■

예제 2 $\int_1^2 \left[\int_0^3 (2x + 3y)\,dy\right] dx$를 계산하여라.

풀이 이것은 예제 1의 적분 순서를 바꾼 것에 불과함을 주목하기 바란다. 따라서 예제 1과 같은 답이 나와야 한다.

$$\int_0^3 (2x+3y)\,dy = \left[2xy + \frac{3}{2}y^2\right]_0^3$$
$$= 6x + \frac{27}{2}$$

따라서

$$\int_1^2\left[\int_0^3 (2x+3y)\,dy\right]dx = \int_1^2\left[6x+\frac{27}{2}\right]dx = \left[3x^2+\frac{27}{2}x\right]_1^2$$
$$= 12+27-\left(3+\frac{27}{2}\right) = \frac{45}{2}$$ ■

이제부터는 대부분의 경우 반복적분의 대괄호를 생략한다.

기호에 대해서

dx와 dy의 순서는 중요하다. 왜냐 하면 어떤 적분을 먼저 해야 하는지 순서를 명시해 주기 때문이다. 제일 먼저 해야 하는 적분은 적분할 함수, 그 바로 왼쪽에 적분기호가 있고, 그 바로 오른쪽에 dx 또는 dy가 있다. 이 적분을 가리켜 안쪽 적분, 이 값을 가리켜 안쪽 적분값이라 부르기도 한다.

예제 3 $\int_0^8\int_0^4 \frac{1}{16}[64-8x+y^2]\,dx\,dy$를 계산하여라.

풀이 이 반복적분은 13.1절 예제 2의 중적분에 대응함을 주목하기 바란다. 그 답이 $138\frac{2}{3}$라고 말했었다. 안쪽 적분을 따로 떼어서 계산하는 과정을 생략하고 그 대신에, 그냥 안쪽에서부터 계산해 나오도록 한다.

$$\int_0^8\int_0^4 \frac{1}{16}[64-8x+y^2]\,dx\,dy = \frac{1}{16}\int_0^8 [64x-4x^2+xy^2]_0^4\,dy$$
$$= \frac{1}{16}\int_0^8 [256-64+4y^2]\,dy$$
$$= \int_0^8\left(12+\frac{1}{4}y^2\right)dy$$
$$= \left[12y+\frac{y^3}{12}\right]_0^8$$
$$= 96+\frac{512}{12} = 138\frac{2}{3}$$ ■

부피 계산하기 이제 다양한 종류의 입체들의 부피를 계산할 수 있다.

예제 4 곡면 $z=4-x^2-y$의 아래, 직사각형 $R=\{(x,\ y)\colon 0\le x\le 1,\ 0\le y\le 2\}$ 위의 입체의 부피 V를 구하여라(그림 3 참조).

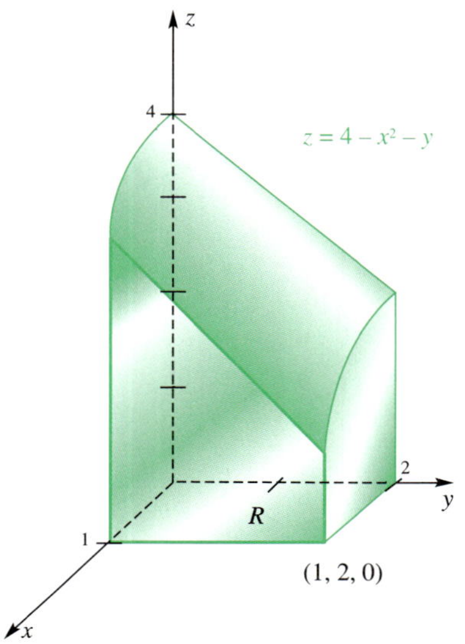

그림 3

≈ **풀이** 이 입체의 부피를 대충 예측해 보자. 높이가 2.5로서 일정하다 치면, 부피는 (2.5)(2)=5가 된다. 다음 계산의 결과가 5에 가깝지 않다면, 뭔가 실수를 하였음을 알아차릴 수 있다.

$$V = \iint_R (4-x^2-y)\,dA = \int_0^2\int_0^1 (4-x^2-y)\,dx\,dy$$
$$= \int_0^2\left[4x-\frac{x^3}{3}+yx\right]_0^1 dy = \int_0^2\left[4-\frac{1}{3}-y\right]dy$$
$$= \left[\frac{11}{3}y-\frac{1}{2}y^2\right]_0^2 = 8-\frac{2}{3}-2 = \frac{16}{3}$$ ■

개념 복습

1. 표현 $\int_a^b \left[\int_c^d f(x, y)dy\right]dx$를 ______ 적분이라 부른다.

2. $R=\{(x, y): -1\le x\le 2, 0\le y\le 2\}$라 하자. 그러면 $\iint_R f(x, y)dA$는 반복적분으로, ______ 또는 ______로 표현할 수 있다.

3. R에서 정의된 일반적인 함수 f의 경우, 적분 $\iint_R f(x, y)dA$는 곡면 $z=f(x, y)$와 xy평면 사이 입체의 ______ 부피라고 해석할 수 있다. xy평면 위쪽 부분은 ______ 부호를 가지고, 아래쪽 부분은 ______ 부호를 가진다.

4. 그러므로 이중적분이 음수값이 나오면, 그 입체의 절반 이상이 ______ 알 수 있다.

연습문제 13.2

문제 1~16에서, 반복적분을 계산하여라.

1. $\int_0^2\int_0^3 (9-x)dy\,dx$

2. $\int_{-2}^2\int_0^1 (9-x^2)dy\,dx$

3. $\int_0^2\int_1^3 x^2y\,dy\,dx$

4. $\int_{-1}^4\int_1^2 (x+y^2)dy\,dx$

5. $\int_1^2\int_0^3 (xy+y^2)dx\,dy$

6. $\int_{-1}^1\int_1^2 (x^2+y^2)dx\,dy$

7. $\int_0^\pi\int_0^1 x\sin y\,dx\,dy$

8. $\int_0^{\ln 3}\int_0^{\ln 2} e^{x+y}dy\,dx$

9. $\int_0^{\pi/2}\int_0^1 x\sin xy\,dy\,dx$

10. $\int_0^1\int_0^1 xe^{xy}dy\,dx$

11. $\int_0^3\int_0^1 2x\sqrt{x^2+y}\,dx\,dy$

12. $\int_0^1\int_0^1 \frac{y}{(xy+1)^2}dx\,dy$

13. $\int_0^{\ln 3}\int_0^1 xye^{xy^2}dy\,dx$

14. $\int_0^1\int_0^2 \frac{y}{1+x^2}dy\,dx$

15. $\int_0^\pi\int_0^3 y\cos^2 x\,dy\,dx$

16. $\int_{-1}^1\int_0^1 xe^{x^2}dx\,dy$

문제 17~20에서는 R에서 주어진 중적분을 계산하여라.

17. $\iint_R xy^3dA$; $R=\{(x, y): 0\le x\le 1, -1\le y\le 1\}$

18. $\iint_R (x^2+y^2)dA$; $R=\{(x, y): -1\le x\le 1, 0\le y\le 2\}$

19. $\iint_R \sin(x+y)dA$; $R=\{(x, y): 0\le x\le \pi/2, 0\le y\le \pi/2\}$

20. $\iint_R xy\sqrt{1+x^2}\,dA$; $R=\{(x, y): 0\le x\le \sqrt{3}, 1\le y\le 2\}$

문제 21~24에서 각 그림의 곡면 아래 부분의 부피를 구하여라.

21.

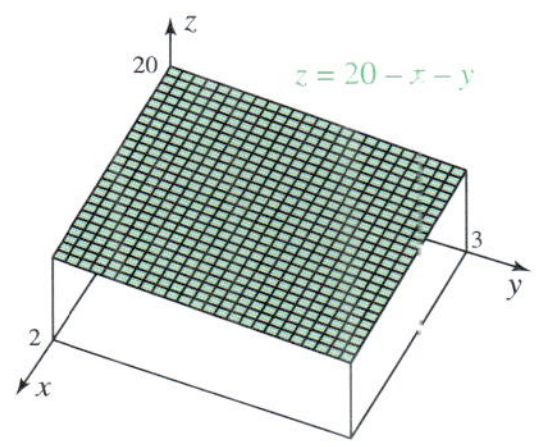

22.

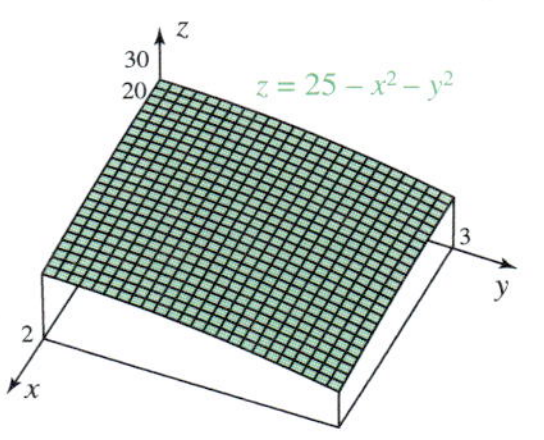

23.

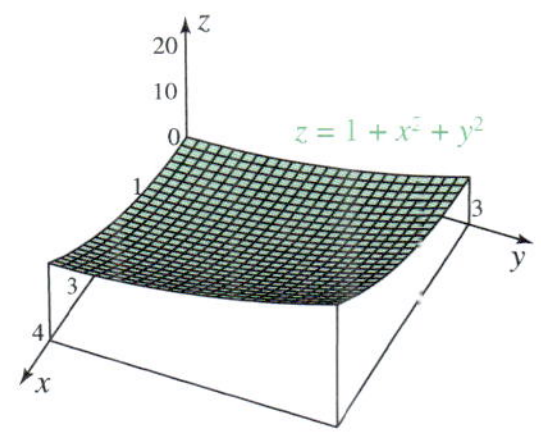

24.

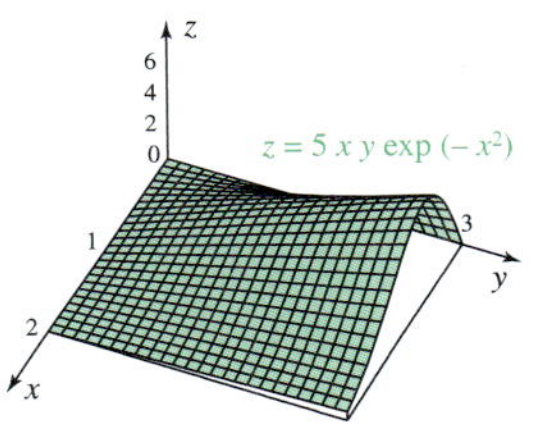

문제 25~28에서 주어진 반복적분이 그 부피가 되는 입체를 대략 그려라.

25. $\int_0^1\int_0^2 \frac{x}{2}dx\,dy$

26. $\int_0^1\int_0^1 (2-x-y)dy\,dx$

27. $\int_0^2\int_0^2 (x^2+y^2)dy\,dx$

28. $\int_0^2\int_0^2 (4-y^2)dy\,dx$

≈ 문제 29~32에서 주어진 입체의 부피를 구하여라. 먼저 입체를 그리고, 그 다음에 부피를 예측하고, 마지막으로 정확한 부피를 구하여라.

29. 평면 $z=x+y+1$의 아래, $R=\{(x, y): 0\le x\le 1, 1\le y\le 3\}$ 위의 입체

30. 평면 $z=2x+3y$의 아래, $R=\{(x, y): 1\le x\le 2, 0\le y\le 4\}$ 위의 입체

31. $z=x^2+y^2+2$와 $z=1$ 사이, 그리고 ㄴ

$R=\{(x, y): -1\le x\le 1, 0\le y\le 1\}$ 위에 놓이는 입체

32. $z=4-x^2$과 $y=2$로 둘러싸인 제1팔분공간의 입체

33. $f(x, y)=g(x)\,h(y)$이면, 다음이 성립함을 보여라.

$$\int_a^b\int_c^d f(x, y)dy\,dx=\left[\int_a^b g(x)dx\right]\left[\int_c^d h(y)dy\right]$$

34. 문제 33를 이용하여, 다음 적분을 계산하여라.

$$\int_0^{\sqrt{\ln 2}}\int_0^1 \frac{xye^{x^2}}{1+y^2}dy\,dx$$

35. 다음을 계산하여라.

$$\int_0^1\int_0^1 xye^{x^2+y^2}dy\,dx$$

36. 곡면 $z=\cos x\cos y$와 xy-평면 사이 입체의 부피를 구하여라. 여기서 $-\pi\le x\le\pi$, $-\pi\le y\le\pi$.

문제 37~39에서 각각의 반복적분을 구하여라.

37. $\int_{-2}^2\int_{-1}^1 |x^2y^3|\,dy\,dx$

38. $\int_{-2}^2\int_{-1}^1 [\![x^2]\!]y^3\,dy\,dx$

39. $\int_{-2}^2\int_{-1}^1 [\![x^2]\!]\,|y^3|\,dy\,dx$

40. $\int_0^{\sqrt{3}}\int_0^1 \frac{8x}{(x^2+y^2+1)^2}dy\,dx$를 계산하여라. 도움말: 적분 순서를 바꾸어라.

41. 적분에 대한 **코시-슈바르쯔 부등식**(Cauchy−Schwarz Inequality for Integral)

$$\left[\int_a^b f(x)g(x)dx\right]^2\le\int_a^b f^2(x)dx\int_a^b g^2(x)dx$$

을 증명하여라. 도움말: 함수

$$F(x, y)=[f(x)g(y)-f(y)g(x)]^2$$

의 직사각형 $R=\{(x, y): a\le x\le b, a\le y\le b\}$ 위에서의 중적분을 생각하여라.

42. f는 $[a, b]$에서 증가하고, $\int_a^b f(x)dx>0$이라고 가정하자. 다음이 성립함을 보여라.

$$\frac{\int_a^b xf(x)dx}{\int_a^b f(x)dx}>\frac{a+b}{2}$$

이 결과의 물리학적 의미를 제시하여라. 도움말: $F(x, y)=[y-x][f(y)-f(x)]$라 하고, 문제 41의 도움말을 이용.

개념 복습 해답: **1.** 반복 **2.** $\int_{-1}^2\left[\int_0^2 f(x, y)dy\right]dx$; $\int_0^2\left[\int_{-1}^2 f(x, y)dx\right]dy$ **3.** 부호를 가진, 양의, 음의 **4.** xy평면 아래에 있음을

13.3 직사각형이 아닌 영역에서의 이중적분

평면에서 임의의 유계인 폐집합 S를 생각한다. 변들이 좌표축과 평행한 직사각형 R로 S를 둘러싼다(그림1). $f(x, y)$가 S에서 정의되었다고 하고, R 중에 S의 바깥인 부분에서는 $f(x, y)=0$이라고 (필요하면 다시) 정의한다. f가 R에서 적분가능하면, f는 S에서 적분가능하다고 말하며,

$$\iint_S f(x, y)dA=\iint_R f(x, y)dA$$

로 정의한다.

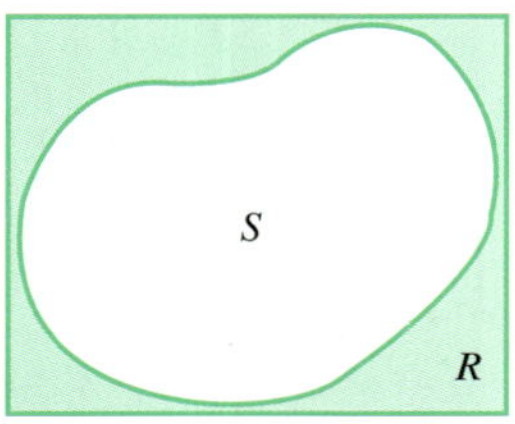

그림 1

일반적인 집합 S에서의 이중적분도 (1) 선형이고, (2) 매끄러운 곡선에서만 겹치는 집합들에 대해서 가법적이고, (3) 비교 성질을 만족함을 밝혀둔다(13.1절 참조).

일반적인 집합에서 이중적분의 계산 경계가 곡선인 집합은 매우 복잡한 모양일 수 있다. 지금 우리의 목적에서는, x-단순 집합과 y-단순 집합(그리고 이들 유한한 개수의 합)만 고려하면 된다. 어떤 집합 S가 y방향으로 단순하면, 즉, 이 방향의 임의의 직선이 S와 한 개의 구간(또는 한 개의 점 또는 공집합)에서 만나면, S는 '**y-단순하다**'고 말한다. 즉, 구간 $[a, b]$에서 함수 ϕ_1, ϕ_2가 있어서,

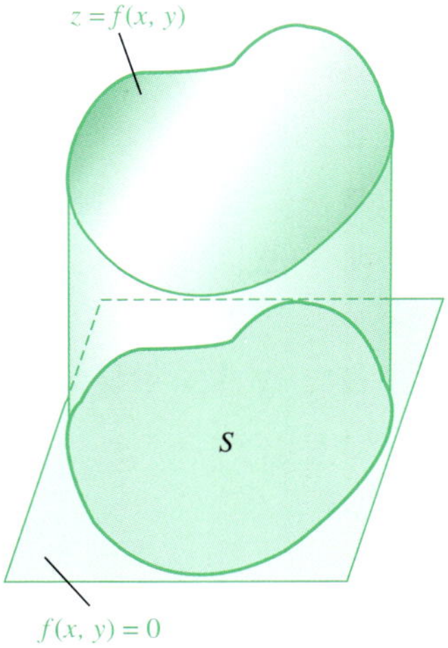

그림 2

$$S=\{(x, y): \phi_1(x)\le y\le \phi_2(x),\ a\le x\le b\}$$

이면, 집합 S는 ***y*-단순하다**(y-simple)(그림 3). 그리고 구간 $[c, d]$에 함수 ψ_1, ψ_2가 (ψ는 그리스 문자 프사이) 있어서,

$$S=\{(x, y): \psi_1(y)\le x\le \psi_2(y),\ c\le y\le d\}$$

이면, 집합 S는 ***x*-단순하다**(x-simple)(그림 4). 그림 5는 x-단순도 아니고 y-단순도 아닌 집합의 예이다.

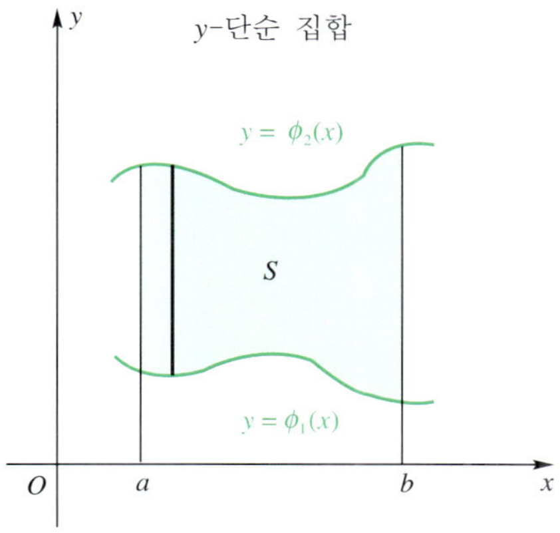

그림 3

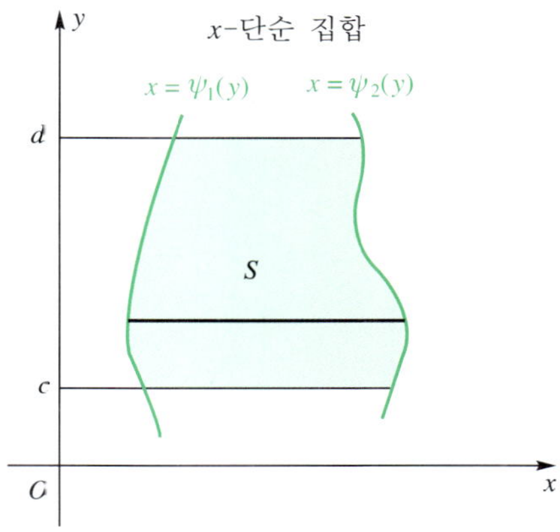

그림 4

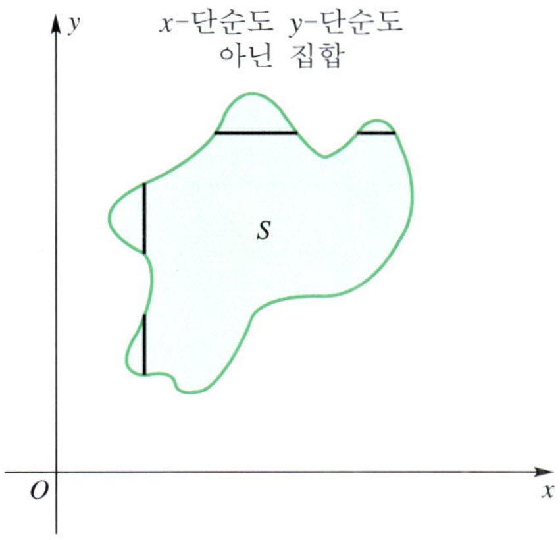

그림 5

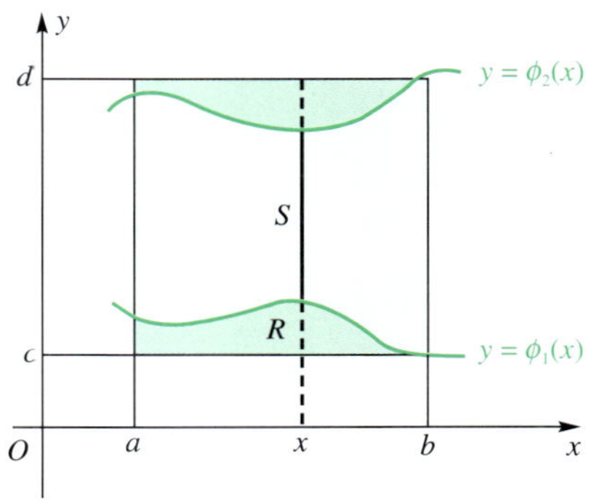

그림 6

이제 y-단순 집합 S에서 $f(x, y)$의 이중적분을 계산하는 경우를 생각한다. 직사각형 R로 S를 둘러싸고(그림 6), S의 바깥에서는 $f(x, y)=0$으로 정의한다. 그러면

$$\iint_S f(x, y)\,dA=\iint_R f(x, y)\,dA=\int_a^b\left[\int_c^d f(x, y)\,dy\right]dx$$
$$=\int_a^b\left[\int_{\phi_1(x)}^{\phi_2(x)} f(x, y)\,dy\right]dx$$

요약하면,

$$\iint_S f(x, y)\,dA = \int_a^b \int_{\phi_1(x)}^{\phi_2(x)} f(x, y)\,dy\,dx$$

안쪽 적분을 할 때, x는 고정시켜 놓는다. 즉, 이 적분은 그림 6의 굵은 수직 직선을 따라 하는 것이다. 이 적분을 하면, 그림 7에 나오는 단면의 넓이 $A(x)$가 나온다. 끝으로, $A(x)$를 a에서 b까지 적분한다.

집합 S가 x-단순하면(그림 4), 마찬가지로 추론하여 다음 공식을 얻는다.

$$\iint_S f(x, y)\,dA = \int_c^d \int_{\psi_1(y)}^{\psi_2(y)} f(x, y)\,dx\,dy$$

집합 S가 x-단순도 y-단순도 아니면(그림 5), 대개의 경우 이러한 성질을 가지는 집합들의 합으로 생각할 수 있다. 예를 들어 그림 8의 도넛원판은 어떠한 방향으로든 단순하지 않지만, 두 개의 y-단순 집합 S_1, S_2의 합이다. 이들 각각에서 적분을 계산하여서 더하면, S에서의 적분을 얻을 수 있다.

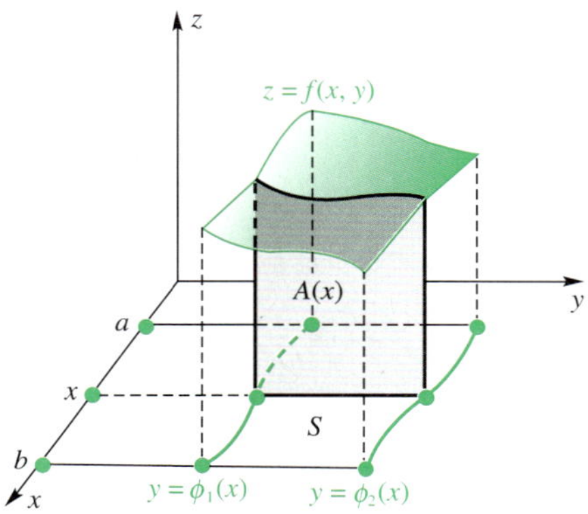

그림 7

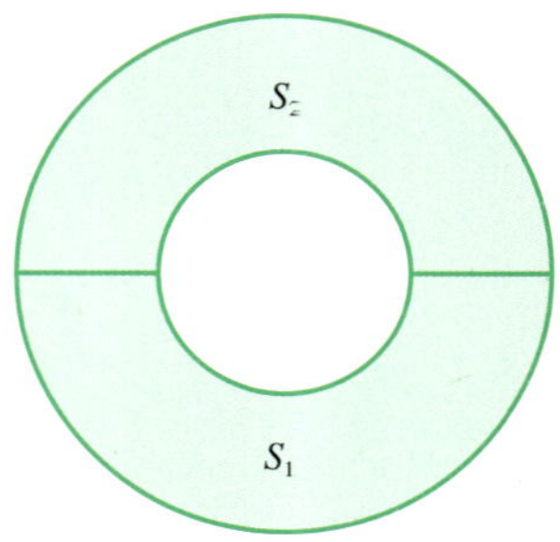

그림 8

예제들 가벼운 준비문제로서, 안쪽 적분의 아래끝, 위끝이 변수들인 반복적분 두 개를 계산해 본다.

예제 1 다음 반복적분을 계산하여라.

$$\int_3^5 \int_{-x}^{x^2} (4x + 10y)\,dy\,dx$$

풀이 먼저 안쪽을 y에 대해서 적분하고, 이 때 잠시 동안 x는 상수라고 생각한다. 그러면 다음을 얻게 된다.

$$\begin{aligned}\int_3^5 \int_{-x}^{x^2} (4x + 10y)\,dy\,dx &= \int_3^5 [4xy + 5y^2]_{-x}^{x^2}\,dx \\ &= \int_3^5 [(4x^3 + 5x^4) - (-4x^2 + 5x^2)]\,dx \\ &= \int_3^5 (5x^4 + 4x^3 - x^2)\,dx = \left[x^5 + x^4 - \frac{x^3}{3}\right]_3^5\end{aligned}$$

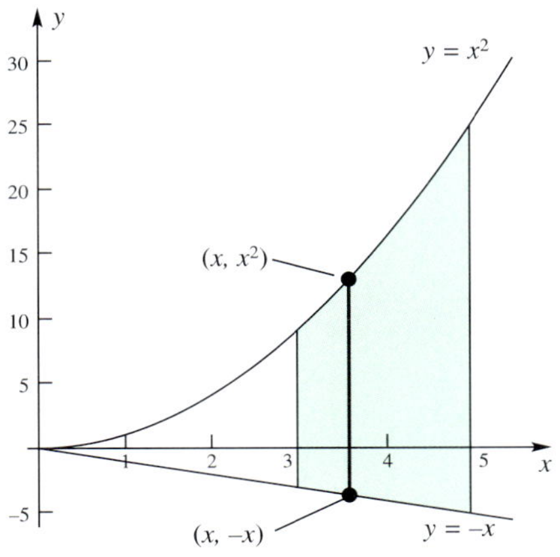

그림 9

$$=\frac{10,180}{3}=3393\frac{1}{3}$$ ■

반복적분에서, 바깥 적분의 아래끝, 위끝은 적분의 어느 변수에든 의존하지 않아야 함을 주목하기 바란다.

예제 2 다음 반복적분을 계산하여라.

$$\int_0^1\int_0^{y^2} 2ye^x\,dx\,dy$$

풀이 적분의 영역은 그림 10과 같다.

$$\int_0^1\int_0^{y^2} 2ye^x\,dx\,dy=\int_0^1\left[\int_0^{y^2} 2ye^x\,dx\right]dy$$
$$=\int_0^1[2ye^x]_0^{y^2}\,dy=\int_0^1(2ye^{y^2}-2ye^0)\,dy$$
$$=\int_0^1 e^{y^2}(2y\,dy)-2\int_0^1 y\,dy$$
$$=[e^{y^2}]_0^1-2\left[\frac{y^2}{2}\right]_0^1=e-1-2\left(\frac{1}{2}\right)=e-2$$ ■

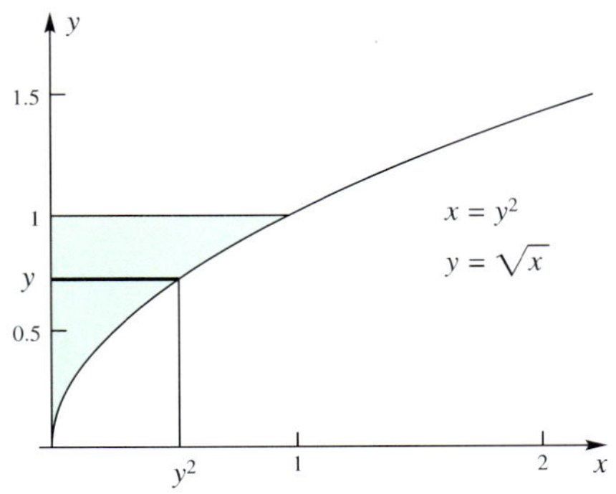

그림 10

반복적분을 사용하여, 부피를 계산하는 문제를 살펴보도록 하자.

예제 3 좌표평면들과 평면 $3x+6y+4z-12=0$으로 둘러싸여 생긴 사면체의 부피를 반복적분을 사용하여 구하여라.

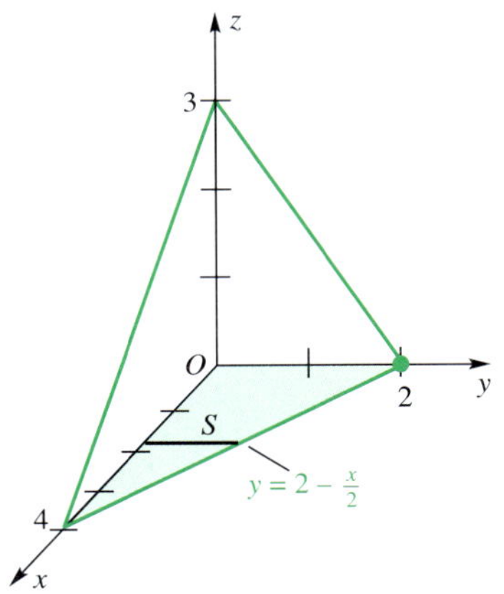

그림 11

풀이 사면체의 밑면이 되는 xy-평면의 삼각형 영역을 S로 나타낸다(그림 11, 12). 평면 $z=\frac{3}{4}(4-x-2y)$의 아래와 영역 S의 위에 있는 입체의 부피를 구하면 된다.

주어진 평면이 xy-평면과 교차하는 교선은 $x+2y-4=0$이며, 이 직선의 한 선분이 S의 경계선이다. 이 방정식은 $y=2-x/2$ 형태 또는 $x=4-2y$ 형태로 쓸 수 있으므로, 집합 S는 y-단순 집합

$$S=\left\{(x,\ y):\ 0\le x\le 4,\ 0\le y\le 2-\frac{x}{2}\right\}$$

또는 x-단순 집합

$$S=\{(x,\ y):\ 0\le x\le 4-2y,\ 0\le y\le 2\}$$

로 생각할 수 있다. S를 y-단순 집합으로 생각하고 다룬다. 어떻게 생각하고 다루건 확인해보면 최종결과는 같을 것이다.

이 입체의 부피 V는 다음과 같다.

$$V=\iint_S \frac{3}{4}(4-x-2y)\,dA$$

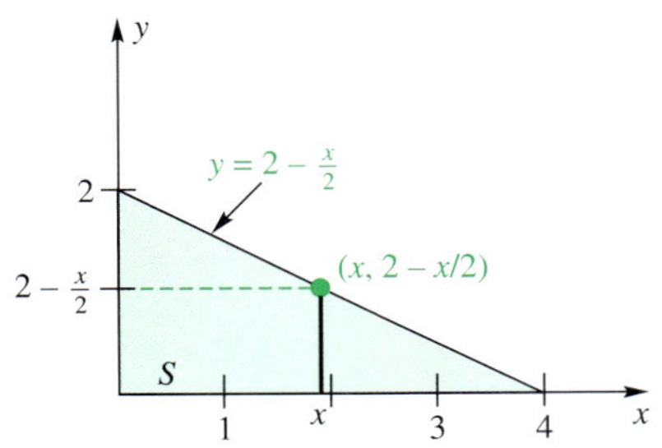

그림 12

이것을 반복적분으로 쓰기 위해서, x를 고정시키고, 직선을 따라서 $y=0$에서 $y=2-x/2$까지 적분하고(그림 11, 12), 그 결과를 $x=0$에서 $x=4$까지 적분한다. 그러면

$$\begin{aligned} V &= \int_0^4 \int_0^{2-x/2} \frac{3}{4}(4-x-2y)\,dy\,dx \\ &= \int_0^4 \left[\frac{3}{4}\int_0^{2-x/2}(4-x-2y)\,dy\right]dx \\ &= \int_0^4 \frac{3}{4}[4y-xy-y^2]_0^{2-x/2}\,dx \\ &= \frac{3}{16}\int_0^4 (16-8x+x^2)\,dx \\ &= \frac{3}{16}\left[16x-4x^2+\frac{x^3}{3}\right]_0^4 = 4 \end{aligned}$$

사면체의 부피는 1/3 곱하기 밑면의 넓이 곱하기 높이임을 상기하기 바란다. 지금 이 경우, $V=\frac{1}{3}(4)(3)=4$. 그러므로 우리가 얻은 답이 맞는다. ■

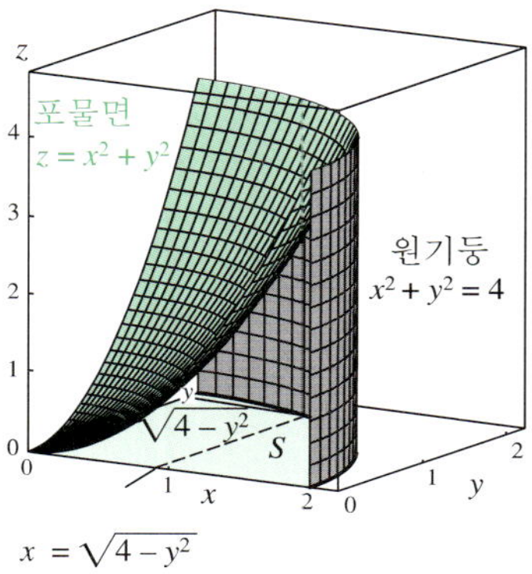

그림 13

예제 4 제1사분면($x\ge0$, $y\ge0$, $z\ge0$)에 있는 입체로서, 원포물면 $z=x^2+y^2$, 원기둥 $x^2+y^2=4$, 그리고 좌표평면들로 둘러싼 입체의 부피를 구하여라(그림 13).

풀이 xy-평면의 제1사분면에 있는 영역 S는 원 $x^2+y^2=4$의 사분의 일과 직선 $x=0$, 직선 $y=0$으로 둘러싸여 있다. S는 y-단순 영역 또는 x-단순 영역으로 생각할 수 있는데, S를 후자로 생각하여 다룬다. 그러면 그 경계선들을 $x=\sqrt{4-y^2}$, $x=0$, $y=0$이라 쓸 수 있다. 즉,

$$S=\{(x,\ y)\colon\ 0\le x\le\sqrt{4-y^2},\ 0\le y\le 2\}$$

xy-평면의 영역 S를 그린 것이 그림 14이다. 이제 부피

$$V=\iint_S (x^2+y^2)\,dA$$

를 반복적분으로 계산하여 구한다. 이번에는 먼저 y를 고정시켜 놓고, 직선을 따라서 $x=0$에서 $x=\sqrt{4-y^2}$까지 적분하고(그림 14), 그 다음에 그 결과를 $y=0$에서 $y=2$까지 적분한다.

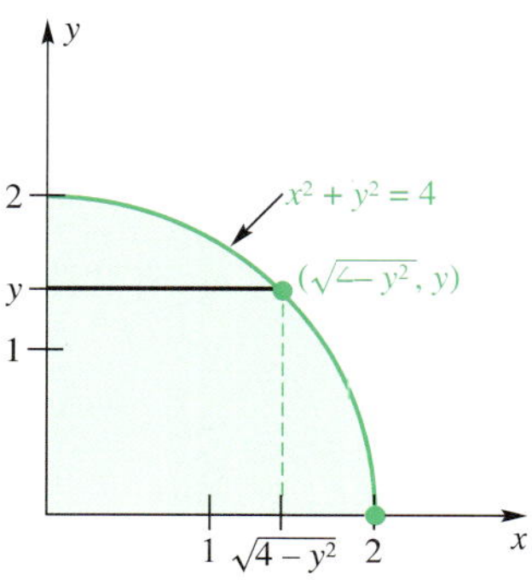

그림 14

$$\begin{aligned} V &= \iint_S (x^2+y^2)\,dA \\ &= \int_0^2 \int_0^{\sqrt{4-y^2}} (x^2+y^2)\,dx\,dy \\ &= \int_0^2 \left[\frac{1}{3}(4-y^2)^{3/2}+y^2\sqrt{4-y^2}\right]dy \end{aligned}$$

$y=2\sin\theta$로 치환하면, 맨 끝의 적분은 다음과 같은 형태가 된다.

$$\int_0^{\pi/2}\left[\frac{8}{3}\cos^3\theta+8\sin^2\theta\cos\theta\right]2\cos\theta\, d\theta$$

$$=\int_0^{\pi/2}\left[\frac{16}{3}\cos^4\theta+16\sin^2\theta\cos^2\theta\right]d\theta$$

$$=\frac{16}{3}\int_0^{\pi/2}\cos^2\theta(1-\sin^2\theta+3\sin^2\theta)\,d\theta$$

$$=\frac{16}{3}\int_0^{\pi/2}(\cos^2\theta+2\sin^2\theta\cos^2\theta)\,d\theta$$

$$=\frac{16}{3}\int_0^{\pi/2}\left(\cos^2\theta+\frac{1}{2}\sin^2 2\theta\right)d\theta$$

$$=\frac{16}{3}\int_0^{\pi/2}\left(\frac{1+\cos 2\theta}{2}+\frac{1-\cos 4\theta}{4}\right)d\theta=2\pi$$

≈ 이 답이 그럴듯한가? 그림 13에 나오는 사분 원기둥 전체의 부피는 $\frac{1}{4}\pi r^2 h$ $=\frac{1}{4}\pi(2^2)(4)=4\pi$. 이 값의 절반이라면 원하는 입체의 부피로서 그럴듯하다. ■

예제 5 적분 순서를 바꾸어서, 다음을 계산하여라.

$$\int_0^4\int_{x/2}^2 e^{y^2}\,dy\,dx$$

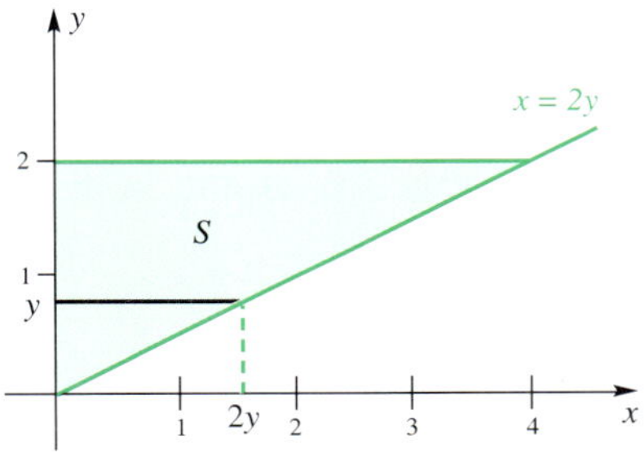

그림 15

풀이 지금 이 상태로는 안쪽 적분을 계산할 수 없다. 왜냐 하면 e^{y^2}의 역도함수는 초등 함수가 아니기 때문이다. 그렇지만 주어진 반복적분은 다음과 같다.

$$\iint_S e^{y^2}\,dA$$

여기서 $S=\{(x,\ y):\ x/2\le y\le 2,\ 0\le x\le 4\}=\{(x,\ y):\ 0\le x\le 2y,\ 0\le y\le 2\}$ (그림 15 참조). 이 이중적분을 x에 대해 먼저 적분하는 반복적분으로 바꾸어 계산하면, 다음과 같이 된다.

$$\int_0^2\int_0^{2y} e^{y^2}\,dx\,dy=\int_0^2\left[xe^{y^2}\right]_0^{2y}dy$$

$$=\int_0^2 2ye^{y^2}\,dy=\left[e^{y^2}\right]_0^2=e^4-1$$ ■

개념 복습

1. 임의의 집합 S에 대해서, $\iint_S f(x,\ y)\,dA$를 $\iint_R f(x,\ y)\,dA$라고 정의한다. 여기서 R은 ______이고, S의 바깥에서는 $f(x,\ y)=$______.

2. 구간 $[a,\ b]$에서 함수 ϕ_1, ϕ_2가 있어서, $S=\{(x,\ y):$ ______, $a\le x\le b\}$이면, 집합 S는 y단순하다고 말한다.

3. 집합 S가 문제 2에서와 같이 y-단순 집합이면, S에서의 이중적분은 다음과 같이 반복적분으로 나타낼 수 있다. $\iint_S f(x,\ y)\,dA=$______

4. S가 $x+y=1$로 유계인 제1사분면의 삼각형이면, $\iint_S 2x\,dA$는 반복적분 ______로 나타낼 수 있으며, 그 적분값은 ______.

연습문제 13.3

문제 1~14에서 반복적분을 계산하여라.

1. $\int_0^1 \int_0^{3x} x^2\, dy\, dx$

2. $\int_1^2 \int_0^{x-1} y\, dy\, dx$

3. $\int_{-1}^3 \int_0^{3y} (x^2+y^2) dx\, dy$

4. $\int_{-3}^1 \int_0^{x} (x^2-y^3) dy\, dx$

5. $\int_1^3 \int_{-y}^{2y} xe^{y^3}\, dx\, dy$

6. $\int_1^5 \int_0^{x} \frac{3}{x^2+y^2}\, dy\, dx$

7. $\int_{1/2}^1 \int_0^{2x} \cos(\pi x^2) dy\, dx$

8. $\int_0^{\pi/4} \int_{\sqrt{2}}^{\sqrt{2}\cos\theta} r\, dr\, d\theta$

9. $\int_0^{\pi/9} \int_{\pi/4}^{3r} \sec^2\theta\, d\theta\, dr$

10. $\int_0^2 \int_{-x}^{x} e^{-x^2}\, dy\, dx$

11. $\int_0^{\pi/2} \int_0^{\sin y} e^x \cos y\, dx\, dy$

12. $\int_1^2 \int_0^{x^2} \frac{y^2}{x}\, dy\, dx$

13. $\int_0^2 \int_0^{\sqrt{4-x^2}} (x+y) dy\, dx$

14. $\int_{\pi/6}^{\pi/2} \int_0^{\sin\theta} 6r\cos\theta\, dr\, d\theta$

문제 15~20에서 주어진 이중적분을 반복적분으로 바꾸어서 구하여라.

15. $\iint_S xy\, dA$; S는 $y=x^2$과 $y=1$로 둘러싸인 영역.

16. $\iint_S (x+y) dA$; S는 꼭짓점이 $(0, 0)$, $(0, 4)$, $(1, 4)$인 삼각형 영역.

17. $\iint_S (x^2+2y) dA$; S는 $y=x^2$과 $y=\sqrt{x}$ 사이의 영역.

18. $\iint_S (x^2-xy) dA$; S는 $y=x$와 $y=3x-x^2$ 사이의 영역.

19. $\iint_S \frac{2}{1+x^2} dA$; S는 꼭짓점이 $(0, 0)$, $(2, 2)$, $(0, 2)$인 삼각형 영역.

20. $\iint_S x\, dA$; S는 $y=x$와 $y=x^3$ 사이의 영역. (S는 두 부분으로 되어 있음.)

≈ 문제 21~32에서 제시해 놓은 입체를 그려라. 그 다음에 반복적분으로 그 부피를 구하여라.

21. 좌표평면과 평면 $z=6-2x-3y$로 둘러싸인 사면체.

22. 좌표평면과 평면 $3x+4y+z-12=0$으로 둘러싸인 사면체.

23. 좌표평면과 평면 $x=5$, $y+2z-4=0$으로 둘러싸인 쐐기.

24. 제1팔분공간의 입체로서, 좌표평면과 평면 $2x+y-4=0$, $8x+y-4z=0$으로 둘러싸인 입체.

25. 제1팔분공간의 입체로서, 곡면 $9x^2+4y^2=36$과 평면 $9x+4y-6z=0$으로 둘러싸인 입체.

26. 제1팔분공간의 입체로서, 곡면 $z=9-x^2-y^2$과 좌표평면으로 둘러싸인 입체.

27. 제1팔분공간의 입체로서, 기둥 $y=x^2$과 평면 $x=0$, $z=0$, $y+z=1$로 둘러싸인 입체.

28. 포물선 기둥 $x^2=4y$와 평면 $z=0$, $5y+9z-45=0$으로 둘러싸인 입체.

29. 제1팔분공간의 입체로서, 기둥 $z=\tan x^2$과 평면 $x=y$, $x=1$, $y=0$으로 둘러싸인 입체.

30. 제1팔분공간의 입체로서, 곡면 $z=e^{x-y}$, 평면 $x+y=1$, 그리고 좌표평면으로 둘러싸인 입체.

31. 제1팔분공간의 입체로서, 곡면 $9z=36-9x^2-4y^2$과 좌표평면으로 둘러싸인 입체.

32. 제1팔분공간의 입체로서, 원기둥 $x^2+z^2=16$, $y^2+z^2=16$과 좌표평면으로 둘러싸인 입체.

문제 33~38에서 주어진 반복적분을 적분 순서를 바꾸어서 다른 반복적분으로 적어라. 도움말: 영역 S를 그리고, 예제 5에서처럼 그것을 두 가지 방법으로 나타내어라.

33. $\int_0^1 \int_0^{x} f(x, y) dy\, dx$

34. $\int_0^2 \int_{y^2}^{2y} f(x, y) dx\, dy$

35. $\int_0^1 \int_{x^2}^{x^{1/4}} f(x, y) dy\, dx$

36. $\int_{1/2}^1 \int_{x^3}^{x} f(x, y) dy\, dx$

37. $\int_0^1 \int_{-y}^{y} f(x, y) dx\, dy$

38. $\int_{-1}^0 \int_{-\sqrt{y+1}}^{\sqrt{y+1}} f(x, y) dx\, dy$

39. $\iint_S xy^2 dA$를 계산하여라. 여기서 S는 그림 16의 영역이다.

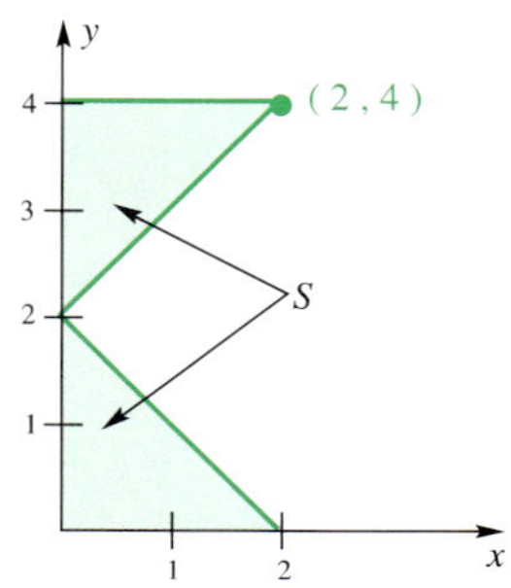

그림 16

40. 그림 17의 영역 S에 대해, $\iint_S xy\,dA$를 계산하여라.

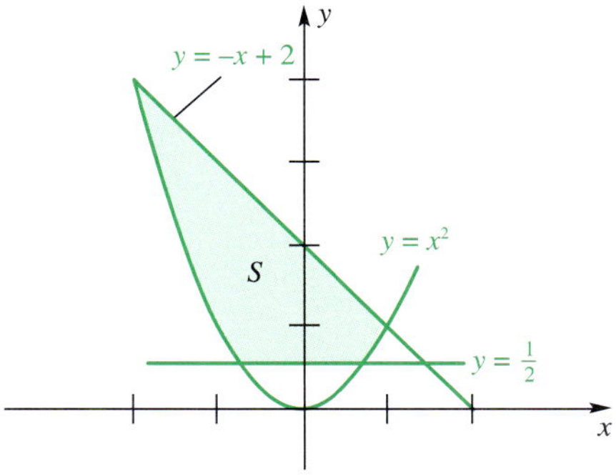

그림 17

41. $S=\{(x,\ y)\colon\ 1\le x^2+y^2\le 4\}$일 때, $\iint_S (x^2+x^4y)dA$를 계산하여라. 힌트: 대칭성을 이용하여 $4\left[\iint_{S_1} x^2\,dA+\iint_{S_2} x^2\,dA\right]$를 구하는 문제로 바꾸어라. 여기서 S_1, S_2는 그림 18에서와 같다.

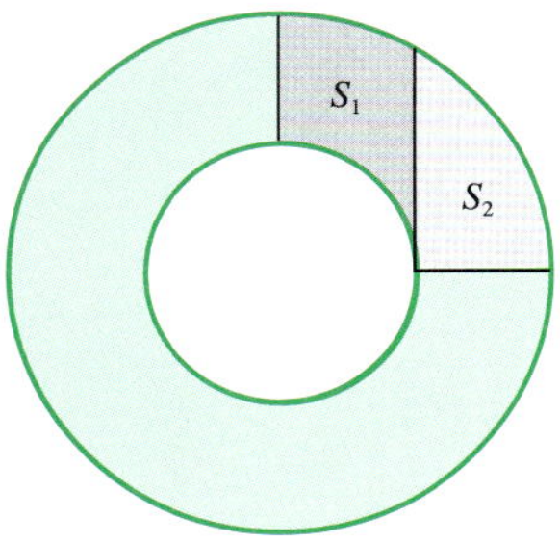

그림 18

42. 도넛 원판 $S=\{(x,\ y)\colon 1\le x^2+y^2\le 4\}$이에 대해 $\iint_S \sin(xy^2)\,dA$를 계산하여라. 도움말: 아무 생각없이 풀려고 덤비면, 이것은 어려운 문제이다. 그러나 대칭성을 이용하면, 아주 간단한 문제이다.

43. $\iint_S \sin(y^3)dA$를 계산하여라. 여기서 S는 $y=\sqrt{x}$, $y=2$, $x=0$으로 둘러싸인 영역이다. 도움말: 적분 순서에 따라서 답이 잘 나오지 않으면, 순서를 바꾸어 보아라.

44. $\iint_S x^2\,dA$를 계산하여라. 여기서 S는 타원 $x^2+2y^2=4$와 원 $x^2+y^2=4$ 사이의 영역이다.

45. 그림 19는 댐과 다리 사이 강의 깊이를 나타낸 지도이다. 댐과 다리 사이의 강물의 부피를 추측하여라.

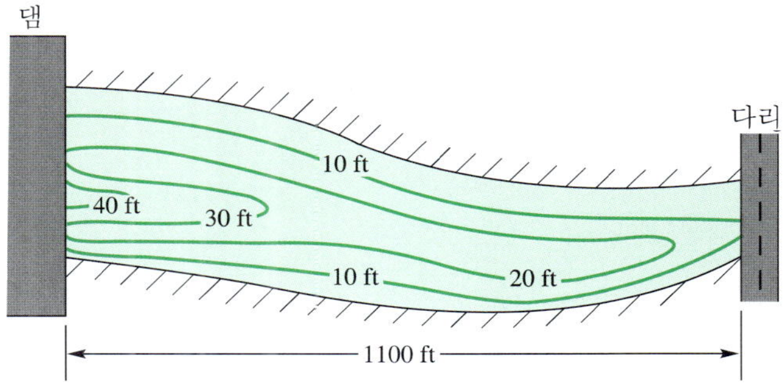

그림 19

46. $f(x,\ y)$는 유계인 폐영역 R위에서 정의된 연속함수라 하자. 이 때

$$\iint_R f(x,\ y)dA=f(a,\ b)A(R)$$

을 만족하는 R안의 순서쌍 $(a,\ b)$가 존재하는 것을 보여라. 이 결과는 이중적분에 관한 평균값정리라 한다. 도움말: 중간값정리 (정리 1.6F)를 이용한다.

개념 복습 해답: **1.** S를 포함하는 직사각형, 0 **2.** $\phi_1(x)\le y\le\phi_2(x)$ **3.** $\int_a^b\int_{\phi_1(x)}^{\phi_2(x)} f(x,\ y)\,dy\,dx$ **4.** $\int_0^1\int_0^{1-x} 2x\,dy\,dx$; $\frac{1}{3}$

13.4 극좌표에서의 이중적분

평면의 어떤 곡선들, 즉, 원, 심장형(candioid), 장미(roses) 등은 직교 좌표보다 극좌표를 사용하여 나타내는 편이 더 쉽다. 그러므로 이러한 곡선들로 둘러싸인 영역에서의 이중적분은 극좌표를 사용하면 좀 더 쉽게 계산할 수 있을 것이다.

13.9절에서 보다 일반적인 변환을 만드는 법을 배울 것이다. 지금은 이 기술이 매우 유용하기 때문에, 직교좌표를 극좌표로 바꾸는 특수한 변환을 상세하게 다룬다.

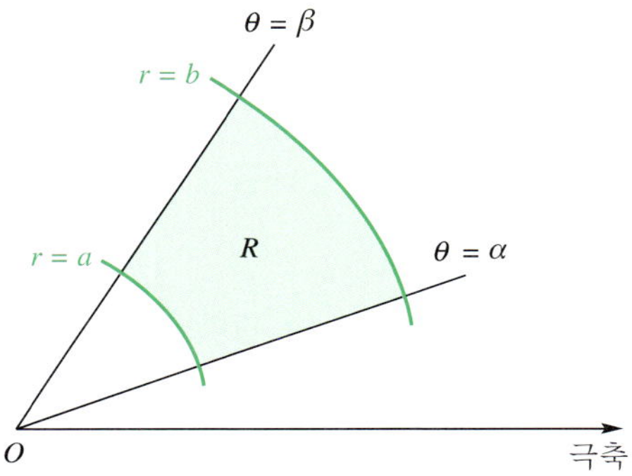

그림 1

영역 R이 그림 1에서와 같은 모양이라고 하자. 이것을 극좌표 사각형(polar rectangle)이라 부르는데, 잠시 후에 부등식을 사용하여 정의한다. R 위에서 곡면을 결정하는 방정식 $z=f(x, y)$에서 f가 연속이고, 음수가 아니라고 하자. 그러면 이 곡면의 아래와 R의 위에 있는 입체의 (그림 2) 부피 V는 다음 적분으로 주어진다.

(1)
$$V=\iint_R f(x, y)\,dA$$

극좌표에서, 극좌표 사각형 R은 다음 형태이다.

$$R=\{(r, \theta):\ a\le r\le b,\ \alpha\le\theta\le\beta\}$$

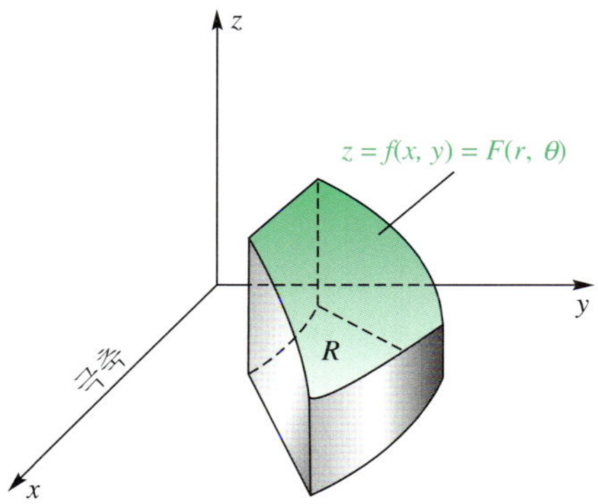

그림 2

여기서 $a\ge 0$이고, $\beta-\alpha\le 2\pi$. 그리고 곡면의 방정식은 다음과 같이 쓸 수 있다.

$$z=f(x, y)=f(r\cos\theta,\ r\sin\theta)=F(r, \theta)$$

이제 극좌표를 사용하는 새로운 방법으로 부피 V를 계산할 것이다.

R을 극좌표에 따라 잘게 썰어서, 작은 극좌표 사각형들 $R_1, R_2, \ldots, R_n$으로 분할하고, 대표적인 한 조각 R_k의 치수를 Δr_k, $\Delta\theta_k$로 나타낸다(그림 3참조). 그러면 넓이 $A(R_k)$는 다음 식으로 주어진다(연습문제 38 참조).

$$A(R_k)=\bar{r}_k\,\Delta r_k\,\Delta\theta_k$$

여기서 $\bar{r}_k$는 R_k의 평균 반지름이다. 따라서

$$V\approx\sum_{k=1}^{n}F(\bar{r}_k,\ \bar{\theta}_k)\bar{r}_k\,\Delta r_k\,\Delta\theta_k$$

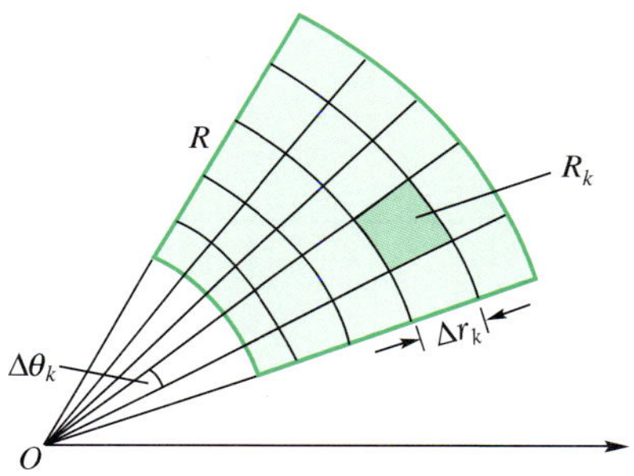

그림 3

분할의 크기(노름)가 0으로 갈 때 극한을 취하면, 실제 부피를 얻게 된다. 이 극한은 이중적분이다.

(2)
$$V=\iint_R F(r, \theta)r\,dr\,d\theta=\iint_R f(r\cos\theta,\ r\sin\theta)r\,dr\,d\theta$$

이제 V의 두 개의 식 (1)과 (2)을 같게 놓으면,

$$\boxed{\iint_R f(x, y)\,dA=\iint_R f(r\cos\theta,\ r\sin\theta)r\,dr\,d\theta}$$

네모 속의 결과는 f가 음수가 아니라는 가정하에 이끌어 냈지만, 매우 일반적인 함수에 대해서도 성립하며, 특히 연속인 함수는 부호에 상관 없이 성립한다.

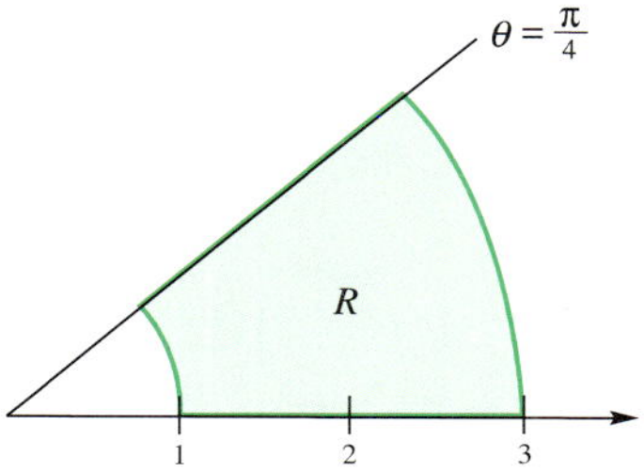

그림 4

반복적분 극좌표 이중적분을 반복적분으로 나타내면, 위의 결과가 유용해진다. 예제를 통해서 보도록 하자.

예제 1 극좌표 사각형(그림 4)

$$R=\left\{(r, \theta):\ 1\le r\le 3,\ 0\le\theta\le\frac{\pi}{4}\right\}$$

의 위, 곡면 $z=e^{x^2+y^2}$의 아래에 있는 입체의 부피 V를 구하여라.

풀이 $x^2+y^2=r^2$이므로,

$$\begin{aligned} V &= \iint_R e^{x^2+y^2}\,dA \\ &= \int_0^{\pi/4}\left[\int_1^3 e^{r^2}\,r\,dr\right]d\theta \\ &= \int_0^{\pi/4}\left[\frac{1}{2}e^{r^2}\right]_1^3 d\theta \\ &= \int_0^{\pi/4}\frac{1}{2}(e^9-e)\,d\theta = \frac{\pi}{8}(e^9-e)\approx 3181 \end{aligned}$$

극좌표를 사용하지 않으면, 이 문제를 풀 수 없다. 별도의 인수 r이 생겨났기 때문에, e^{r^2}을 적분할 수 있게 되었음을 주목하기 바란다. ■

일반적인 영역 평범한 직사각형 R에서의 이중적분을 일반적인 집합 S에서의 적분으로 확장했던 일을 상기하기 바란다. S를 사각형으로 둘러싸고, 피적분 함수를 S 바깥에서는 0으로 정의하였다. 극좌표 이중적분에 대해서도 마찬가지로 할 수 있는데, 평범한 사각형 대신에 극좌표 사각형을 사용함이 차이점이다. 세부 사항은 생략하겠지만, 위의 네모 속의 결과가 일반적인 집합 S에 대해서도 성립함을 간단히 말해둔다.

극좌표 적분에서 특히 흥미가 있는 영역은 r-단순 집합과 θ-단순 집합이다. 어떤 집합 S가

$$S=\{(r,\ \theta)\colon\ \phi_1(\theta)\le r\le \phi_2(\theta),\ \alpha\le\theta\le\beta\}$$

형태이면(그림 5), ***r*-단순**(r-simple) 집합이라고 한다. 어떤 집합 S가

$$S=\{(r,\ \theta)\colon\ a\le r\le b,\ \psi_1(r)\le\theta\le\psi_2(r)\}$$

형태이면(그림 6), ***θ*-단순**(θ-simple) 집합이라고 한다.

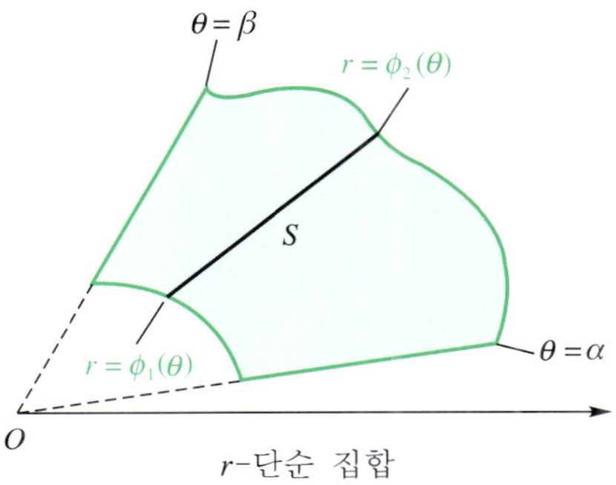

그림 5

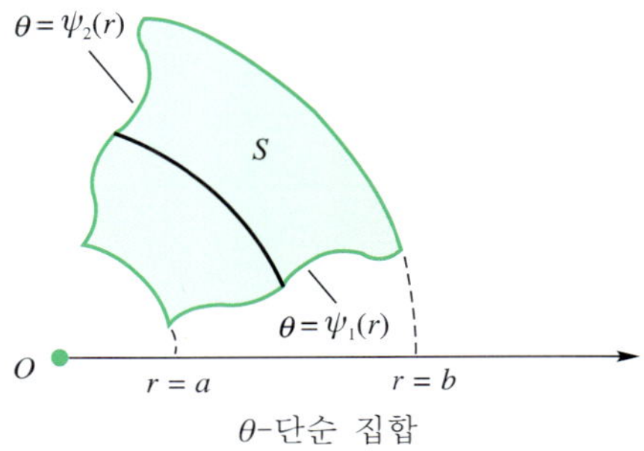

그림 6

예제 2 다음을 계산하여라.

$$\iint_S y\,dA$$

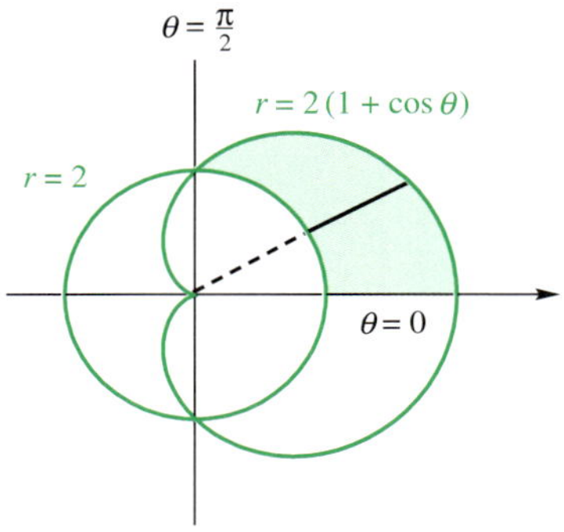

그림 7

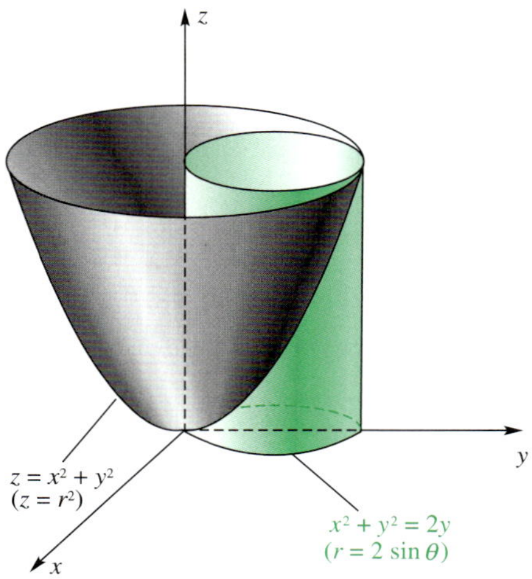

그림 8

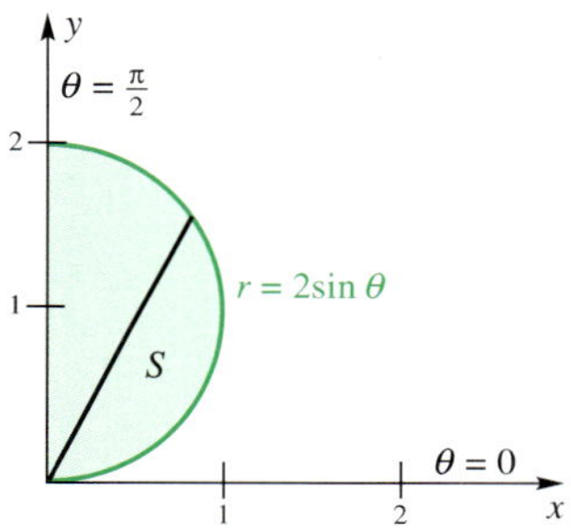

그림 9

> ≈ 상 식
>
> 예제 3의 부피를 추측하기 위해서, 그림 8에 나오는 원기둥의 부피는 4임을 주목한다($z=x^2+y^2$에 $x=0$, $y=2$라 놓음). 따라서 구하고자 하는 부피는 반지름 1, 높이 4인 원기둥 부피의 절반보다 약간 작을 것이다. 즉, $\left(\frac{1}{2}\right)\pi(1^2)4=2\pi$보다 약간 작을 것이다. 우리가 얻은 답 $3\pi/2$는 그럴 법하다.

여기서 S는 제1사분면의 영역으로서, 원 $r=2$의 바깥, 심장형 $r=2(1+\cos\theta)$의 안쪽이다(그림 7 참조).

풀이 S는 r-단순 집합이므로, 주어진 적분을 극좌표 반복적분으로 나타낼 수 있는데, r이 안쪽 적분변수이다. 안쪽 적분에서, θ는 고정되어 있고, 그림 7의 굵은 선을 따라서 $r=2$에서 $r=2(1+\cos\theta)$까지 적분한다.

$$\begin{aligned}\iint_S y\,dA &= \int_0^{\pi/2}\int_2^{2(1+\cos\theta)}(r\sin\theta)r\,dr\,d\theta \\ &= \int_0^{\pi/2}\left[\frac{r^3}{3}\sin\theta\right]_2^{2(1+\cos\theta)}d\theta \\ &= \frac{8}{3}\int_0^{\pi/2}[(1+\cos\theta)^3\sin\theta-\sin\theta]\,d\theta \\ &= \frac{8}{3}\left[-\frac{1}{4}(1+\cos\theta)^4+\cos\theta\right]_0^{\pi/2} \\ &= \frac{8}{3}\left[-\frac{1}{4}+0-(-4+1)\right]=\frac{22}{3}\end{aligned}$$

■

예제 3 곡면 $z=x^2+y^2$의 아래, xy-평면의 위, 원기둥 $x^2+y^2=2y$의 안쪽 입체의 부피를 구하여라(그림 8).

풀이 대칭이기 때문에, 제1팔분공간의 부피를 2배 하면 된다. $x=r\cos\theta$, $y=r\sin\theta$라 놓으면, 곡면의 방정식은 $z=r^2$이 되고, 원기둥의 방정식은 $r=2\sin\theta$가 된다. 그림 9의 영역을 S로 나타내자. 그러면 구하는 부피 V는

$$\begin{aligned}V &= 2\iint_S(x^2+y^2)\,dA=2\int_0^{\pi/2}\int_0^{2\sin\theta}r^2r\,dr\,d\theta \\ &= 2\int_0^{\pi/2}\left[\frac{r^4}{4}\right]_0^{2\sin\theta}d\theta=8\int_0^{\pi/2}\sin^4\theta\,d\theta \\ &= 8\left(\frac{3}{8}\cdot\frac{\pi}{2}\right)=\frac{3\pi}{2}\end{aligned}$$

맨 끝의 적분은 이 책 뒷표지 안쪽 적분공식 113을 써서 구하였다. ■

확률 적분 제8장에서 표준정규분포 확률밀도함수

$$f(x)=\frac{1}{\sqrt{2\pi}}e^{-x^2/2}$$

를 다루었다. 거기에서 $\int_{-\infty}^{\infty}f(x)dx=1$을 인정하였지만, 이것을 증명할 수는 없었다. 이제 다음 두 예제들을 통해서, 이 결과를 증명한다.

예제 4 $I=\int_0^{\infty}e^{-x^2}\,dx=\sqrt{\pi}/2$임을 보여라.

풀이 빙 돌아서 슬며시 이 문제에 접근하겠지만, 정말이지 기발하고 멋진 방

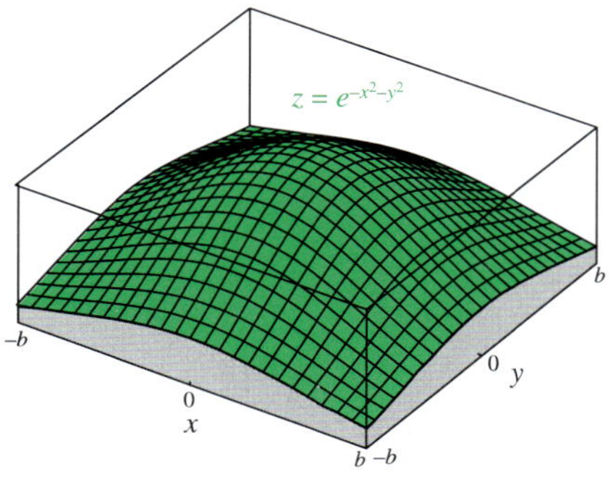

그림 10

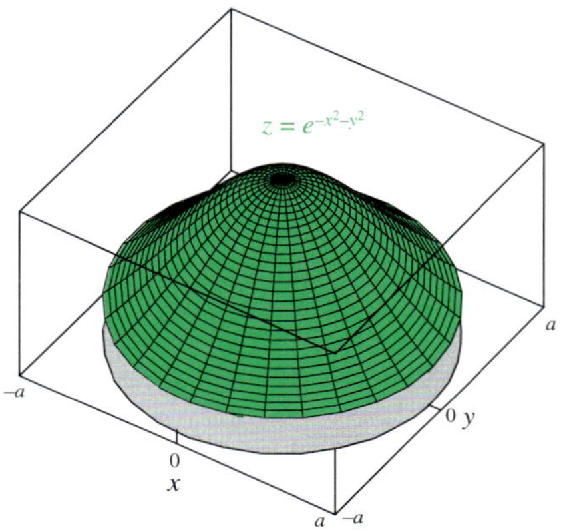

그림 11

법이다. 먼저 다음을 상기하자.

$$I=\int_0^{\infty} e^{-x^2}\,dx=\lim_{b\to\infty}\int_0^b e^{-x^2}\,dx$$

이제 곡면 $z=e^{-x^2-y^2}$의 아래, 꼭짓점들이 $(\pm b, \pm b)$인 정사각형의 위에 놓인 입체의 (그림 10) 부피를 V_b로 나타낸다. 그러면

$$V_b=\int_{-b}^{b}\int_{-b}^{b} e^{-x^2-y^2}\,dy\,dx=\int_{-b}^{b} e^{-x^2}\left[\int_{-b}^{b} e^{-y^2}\,dy\right]dx$$
$$=\int_{-b}^{b} e^{-x^2}\,dx\int_{-b}^{b} e^{-y^2}\,dy=\left[\int_{-b}^{b} e^{-x^2}\,dx\right]^2=4\left[\int_0^b e^{-x^2}\,dx\right]^2$$

그러므로 곡면 $z=e^{-x^2-y^2}$의 아래와 전체 xy-평면의 위에 놓인 입체의 부피는 다음과 같다.

$$V=\lim_{b\to\infty} V_b=\lim_{b\to\infty} 4\left[\int_0^b e^{-x^2}\,dx\right]^2 \tag{1}$$
$$=4\left[\int_0^{\infty} e^{-x^2}\,dx\right]^2=4I^2$$

한편, 극좌표를 사용하여 V를 계산할 수 있다. 여기서 V는 $a\to\infty$일 때 V_a의 극한이며, V_a는 곡면 $z=e^{-x^2-y^2}=e^{-r^2}$의 아래와 원점을 중심으로 한 반지름 a인 원형 영역 위의 입체의 부피이다(그림 11).

$$V=\lim_{a\to\infty} V_a=\lim_{a\to\infty}\int_0^{2\pi}\int_0^a e^{-r^2} r\,dr\,d\theta=\lim_{a\to\infty}\int_0^{2\pi}\left[-\frac{1}{2}e^{-r^2}\right]_0^a d\theta \tag{2}$$
$$=\lim_{a\to\infty}\frac{1}{2}\int_0^{2\pi}[1-e^{-a^2}]\,d\theta=\lim_{a\to\infty}\pi[1-e^{-a^2}]=\pi$$

(1)과 (2)에서 얻은 V의 값들을 같다고 놓으면, $4I^2=\pi$, 즉, $I=\frac{1}{2}\sqrt{\pi}$. 이것이 바로 구하는 결과이다. ■

예제 5 $\displaystyle\int_{-\infty}^{\infty}\frac{1}{\sqrt{2\pi}}e^{-x^2/2}\,dx=1$임을 보여라.

풀이 대칭성에 의해,

$$\int_{-\infty}^{\infty}\frac{1}{\sqrt{2\pi}}e^{-x^2/2}\,dx=2\int_0^{\infty}\frac{1}{\sqrt{2\pi}}e^{-x^2/2}\,dx$$

이제 변수를 $u=x/\sqrt{2}$로 놓으면 $dx=\sqrt{2}\,du$. 적분의 아래끝, 위끝은 그대로이다. 그러므로

$$\int_{-\infty}^{\infty}\frac{1}{\sqrt{2\pi}}e^{-x^2/2}\,dx=2\int_0^{\infty}\frac{1}{\sqrt{2\pi}}e^{-u^2}\sqrt{2}\,du$$
$$=\frac{2\sqrt{2}}{\sqrt{2\pi}}\int_0^{\infty}e^{-u^2}\,du=\frac{2\sqrt{2}}{\sqrt{2\pi}}\frac{\sqrt{\pi}}{2}=1$$

맨 끝의 결과는 예제 4의 결과를 이용한 것이다. ■

개념 복습

1. 극좌표 사각형 R은 다음 형태이다.
$R=\{(r,\ \theta)$: ______$\}$.

2. 직교좌표 적분에서의 $dydx$는 극좌표 적분에서 ______로 바뀐다.

3. S가 $y=\sqrt{4-x^2}$, $y=0$으로 둘러싸인 반원 영역일 때, 적분 $\iint_S (x^2+y^2)\,dA$는 극좌표계에서 반복적분 ______가 된다.

4. 문제 3의 적분의 값은 ______.

연습문제 13.4

문제 1~6에서 반복적분을 계산하여라.

1. $\int_0^{\pi/2}\int_0^{\cos\theta} r^2\sin\theta\,dr\,d\theta$

2. $\int_9^{\pi/2}\int_0^{\sin\theta} r\,dr\,d\theta$

3. $\int_0^{\pi}\int_0^{\sin\theta} r^2\,dr\,d\theta$

4. $\int_0^{\pi}\int_0^{1-\cos\theta} r\sin\theta\,dr\,d\theta$

5. $\int_0^{\pi}\int_0^{2} r\cos\frac{\theta}{4}\,dr\,d\theta$

6. $\int_0^{2\pi}\int_0^{\theta} r\,dr\,d\theta$

문제 7~12에서 적분 $\iint_S r\,dr\,d\theta$를 계산하여 주어진 영역 S의 넓이를 구하여라. 먼저 그 영역을 그려 보아라.

7. S는 원 $r=4\cos\theta$의 안쪽, 원 $r=2$의 바깥쪽인 영역.

8. S는 $\theta=\pi/6$와 $r=4\sin\theta$로 둘러싸인 작은 영역.

9. S는 네 잎 장미 $r=a\sin 2\theta$의 한 잎.

10. S는 심장형 $r=6-6\sin\theta$의 안쪽 영역.

11. S는 달팽이꼴 곡선 $r=2-4\sin\theta$의 큰 매듭 안쪽 영역.

12. S는 원 $r=2$의 바깥, 렘니스케이트 $r^2=9\cos 2\theta$의 안쪽 영역.

문제 13~18에서 극좌표로 주어진 반복적분에 대해, 넓이가 반복적분으로 주어지는 영역을 대략적으로 그리고 그 적분을 계산하여 그 영역의 넓이를 구하여라.

13. $\int_0^{\pi/4}\int_0^{2} r\,dr\,d\theta$

14. $\int_0^{2\pi}\int_1^{3} r\,dr\,d\theta$

15. $\int_0^{\pi/2}\int_0^{\theta} r\,dr\,d\theta$

16. $\int_0^{\pi/2}\int_0^{\cos\theta} r\,dr\,d\theta$

17. $\int_0^{\pi}\int_0^{\sin\theta} r\,dr\,d\theta$

18. $\int_0^{3\pi/2}\int_0^{\theta^2} r\,dr\,d\theta$

문제 19~26에서 극좌표를 사용하여 적분을 계산하여라. 먼저 적분 영역을 그려라.

19. $\iint_S e^{x^2+y^2}\,dA$, 여기서 S는 $x^2+y^2=4$로 둘러싸인 영역.

20. $\iint_S \sqrt{4-x^2-y^2}\,dA$, 여기서 S는 원 $x^2+y^2=4$의 1사분면의 $y=0$과 $y=x$ 사이의 부채꼴.

21. $\iint_S \frac{1}{4+x^2+y^2}\,dA$, 여기서 S는 문제 20과 같음.

22. $\iint_S y\,dA$, 여기서 S는 원 $x^2+y^2=4$의 안쪽, 원 $x^2+y^2=1$의 바깥쪽의 1사분면 극좌표 직사각형(polar rectangle).

23. $\int_0^1\int_0^{\sqrt{1-x^2}} (4-x^2-y^2)^{-1/2}\,dy\,dx$

24. $\int_0^1\int_0^{\sqrt{1-y^2}} \sin(x^2+y^2)\,dx\,dy$

25. $\int_0^1\int_x^1 x^2\,dy\,dx$

26. $\int_1^2\int_0^{\sqrt{2x-x^2}} (x^2+y^2)^{-1/2}\,dy\,dx$

≈ 27. 포물면 $z=x^2+y^2$의 아래, 원기둥 $x^2+y^2=9$의 안쪽의 제1팔분공간의 입체의 부피를 극좌표를 사용하여 구하여라.

≈ 28. 위로는 $2x^2+2y^2+z^2=18$에 의해 유계이고, 아래는 $z=0$에 의해 유계이며 옆으로는 $x^2+y^2=4$에 의해 유계인 입체의 부피를 극좌표를 사용하여 구하여라.

29. 직교 좌표로 바꾸어서, 다음 적분을 계산하여라.

$$\int_{3\pi/4}^{4\pi/3}\int_0^{-5\sec\theta} r^3\sin^2\theta\,dr\,d\theta$$

30. $V=\iint_S \sin\sqrt{x^2+y^2}\,dA$라 하고, $W=\iint_S \left|\sin\sqrt{x^2+y^2}\right|dA$라 하자. 여기서 S는 원 $x^2+y^2=4\pi^2$ 안쪽의 영역이다.
(a) 계산하지 말고, V의 부호를 알아 브아라.
(b) V를 계산하여라. (c) W를 계산하여라.

31. 반지름 a인 공 두 개의 중심들이 $2b\,(b\le a)$만큼 떨어져

있다. 이들의 공통부분의 부피를 $d=a-b$를 가지고 나타내어라.

32. 스프링클러가 돌아가면서 잔디에다 물을 뿌리는데, 시간당 $ke^{-r/10}$의 $(0 \le r \le 10)$ 깊이로 (피트 단위) 물을 뿌린다. 여기서 r은 스프링클러로부터의 거리이며, k는 상수이다. 1시간에 100 세제곱 피트의 물을 뿌렸을 때, k를 구하여라.

33. 구 $r^2+z^2 \le a^2$에서 원기둥 $r=a\sin\theta$로 잘라내게 되는 입체의 부피를 구하여라.

34. 반지름 a인 무한히 높은 직원기둥이 있는데, 그 밑면의 지름을 지나고 밑면과의 각이 α인 $(0<\alpha<\pi/2)$ 평면이 잘라내는 쐐기의 부피를 구하여라(5.2절 연습문제 37과 비교해 보아라).

35. 반지름 a인 구에 반지름 c인 $(c<a)$ 구멍을 뚫어서, 높이가 $2b$인 반지 모양의 입체 A가 생겼다(그림 12). A의 부피는 $4\pi b^3/3$임을 보여라. 이것은 두 가지 이유로 매우 놀랍다. 반지름 a와 상관이 없으며, 반지름 b인 공의 부피와 같다.

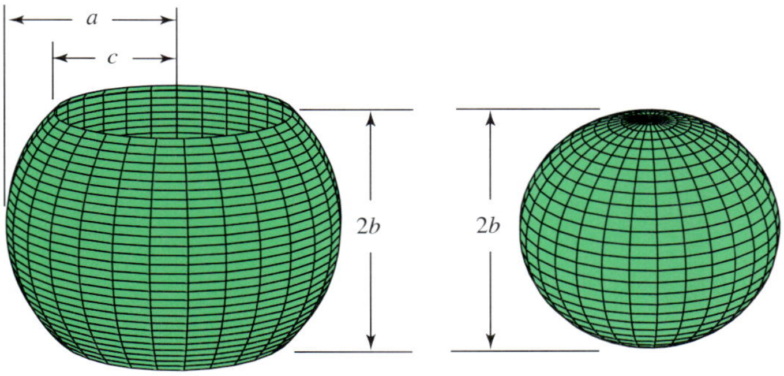

그림 12

36. 문제 35의 놀라운 결과를 간단히 설명할 수 있다. 수평평면으로 그림 12의 영역 A와 그 옆 반지름이 b인 구를 자른 단면의 넓이가 항상 같음을 보여라. 그런 다음 부피에 관한 카발리에리의 원리를 적용하여라(5.2절 연습문제 40 참조).

37. 다음이 성립함을 보여라.

$$\int_0^\infty \int_0^\infty \frac{1}{(1+x^2+y^2)^2}\,dy\,dx=\frac{\pi}{4}$$

38. 반지름이 r이고 중심각이 θ 라디안인 부채꼴의 넓이는 $A=\frac{1}{2}r^2\theta$임을 상기하여라(10.7절). 이것을 이용하여, 극좌표 직사각형 $\{(r,\ \theta)\colon\ r_1 \le r \le r_2,\ \theta_1 \le \theta \le \theta_2\}$의 다음 넓이 공식을 구하여라.

$$A=\frac{r_1+r_2}{2}(r_2-r_1)(\theta_2-\theta_1)$$

39. 모든 μ와 모든 $\sigma>0$에 대해서 다음을 보여라.

$$\int_{-\infty}^{\infty} \frac{1}{\sigma\sqrt{2\pi}}e^{-(x-\mu)^2/2\sigma^2}\,dx=1$$

도움말: 예제 5의 결과를 이용.

개념 복습 해답: **1.** $a \le r \le b$; $\alpha \le \theta \le \beta$ **2.** $r\,dr\,d\theta$ **3.** $\int_0^\pi \int_0^2 r^3\,dr\,d\theta$ **4.** 4π

13.5 이중적분의 응용

이중적분의 응용으로 가장 먼저 떠오르는 것은 입체의 부피 계산이다. 이제 다른 응용(질량, 무게중심, 관성 모멘트, 회전 반지름)을 살펴본다.

매우 얇고 편편한 판을 생각하자. 이것은 이차원 물체라고 생각해도 된다. 5.6절에서 그러한 판을 판이라고 불렀는데, 거기에서는 일정한 밀도를 가지는 판만을 생각하였다. 여기서는 밀도가 변수인 판을 공부하려고 한다. 즉, 균질하지 않은 물질로 된 판을 생각한다(그림 1).

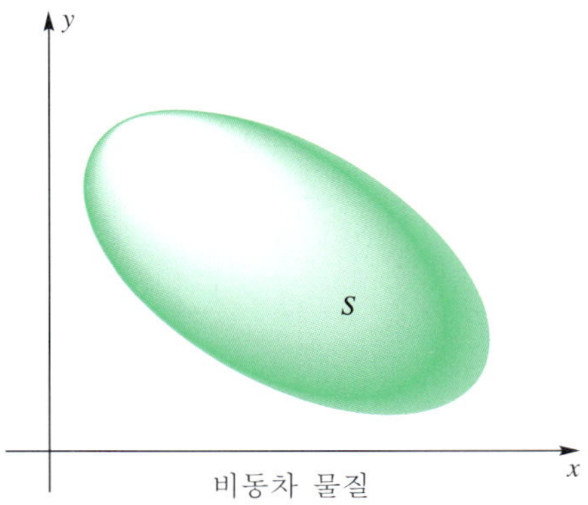

그림 1

막이 xy-평면의 영역 S를 덮고 있고, $(x,\ y)$에서의 밀도(단위 넓이당 질량)가 $\delta(x,\ y)$라고 하자. 그림 2에서와 같이, S를 작은 직사각형들 $R_1,\ R_2,\ \cdots,\ R_n$으로 분할하고, R_k에서 한 점 $(\bar{x}_k,\ \bar{y}_k)$를 택한다. 그러면 R_k의 질량은 대략 $\delta(\bar{x}_k,\ \bar{y}_k)A(R_k)$이고, 판 전체의 질량은 대략 다음과 같다.

$$m \approx \sum_{k=1}^{n} \delta(\bar{x}_k,\ \bar{y}_k)A(R_k)$$

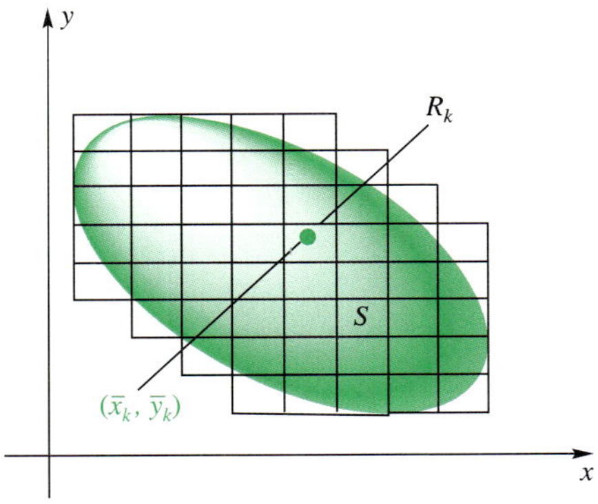

그림 2

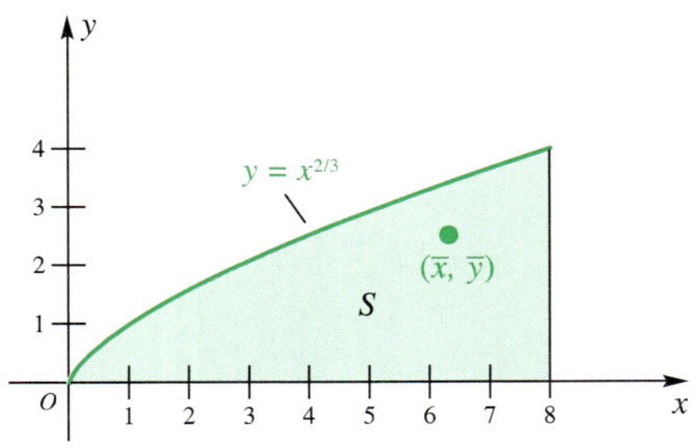

그림 3

분할의 크기가 0으로 갈 때, 위의 표현의 극한을 잡으면 실제 질량 m이 나오며, 그 극한은 물론 다음 이중적분이다.

$$m = \iint_S \delta(x, y)\, dA$$

예제 1 밀도가 $\delta(x, y) = xy$인 판이 x축, 직선 $x = 8$, 곡선 $y = x^{2/3}$으로 둘러싸여 있다(그림 3). 그 전체 질량을 구하여라.

풀이

$$\begin{aligned} m &= \iint_S xy\, dA = \int_0^8 \int_0^{x^{2/3}} xy\, dy\, dx \\ &= \int_0^8 \left[\frac{xy^2}{2}\right]_0^{x^{2/3}} dx = \frac{1}{2}\int_0^8 x^{7/3}\, dx \\ &= \frac{1}{2}\left[\frac{3}{10}x^{10/3}\right]_0^8 = \frac{768}{5} = 153.6 \end{aligned}$$

■

무게중심 5.6절의 무게중심 개념을 복습하기 바란다. 거기에 보면, 질량이 각각 $m_1, m_1, \ldots, m_n$인 입자(점)들이 각각 $(x_1, y_1), (x_2, y_2), \ldots, (x_n, y_n)$에 놓여 있으면, y축, x축에 대한 총 모멘트는 다음 식으로 주어진다.

$$M_y = \sum_{k=1}^{n} x_k m_k, \qquad M_x = \sum_{k=1}^{n} y_k m_k$$

뿐만 아니라, 무게중심(평형점)의 좌표 $(\bar{x}, \bar{y})$는 다음과 같다.

$$\bar{x} = \frac{M_y}{m} = \frac{\sum_{k=1}^{n} x_k m_k}{\sum_{k=1}^{n} m_k}, \qquad \bar{y} = \frac{M_x}{m} = \frac{\sum_{k=1}^{n} y_k m_k}{\sum_{k=1}^{n} m_k}$$

그림 1에서와 같이, xy-평면의 영역 S를 덮고 있는 판의 밀도가 $\delta(x, y)$라 하자. 이 판을 그림 2처럼 분할하여, 각각의 R_k의 질량이 $(\bar{x}_k, \bar{y}_k)$에 모여 있다고 가정해 보자. 여기서 $k = 1, 2, \cdots, n$. 마지막으로, 분할의 크기가 0으로 갈 때 극한을 취해 보자. 그러면 다음 공식을 얻게 된다.

$$\bar{x} = \frac{M_y}{m} = \frac{\iint_S x\delta(x, y)\, dA}{\iint_S \delta(x, y)\, dA}, \qquad \bar{y} = \frac{M_x}{m} = \frac{\iint_S y\delta(x, y)\, dA}{\iint_S \delta(x, y)\, dA}$$

예제 2 예제 1의 판의 무게중심을 구하여라.

풀이 예제 1에서, 이 판의 질량 m은 $\frac{768}{5}$. y축, x축에 대한 모멘트 M_y, M_x는

다음과 같다.

$$M_y=\iint_S x\delta(x,\ y)\,dA=\int_0^8\int_0^{x^{2/3}} x^2y\,dy\,dx$$

$$=\frac{1}{2}\int_0^8 x^{10/3}\,dx=\frac{12,288}{13}\approx 945.23$$

$$M_x=\iint_S y\delta(x,\ y)\,dA=\int_0^8\int_0^{x^{2/3}} xy^2\,dy\,dx$$

$$=\frac{1}{3}\int_0^8 x^3\,dx=\frac{1024}{3}\approx 341.33$$

그러므로 결론은 다음과 같다.

$$\bar{x}=\frac{M_y}{m}=6\frac{2}{13}\approx 6.15,\qquad \bar{y}=\frac{M_x}{m}=2\frac{2}{9}\approx 2.22$$

≈ 그림 3에서 무게중심 $(\bar{x},\ \bar{y})$는 S의 약간 오른쪽 윗부분에 있음을 주목하기 바란다. 그런데 이것은 기대했던 바이다. 왜냐 하면 밀도가 $\delta(x,\ y)=xy$인 판은 x축, y축으로부터 거리가 멀어짐에 따라서 더욱 무거워지기 때문이다. ■

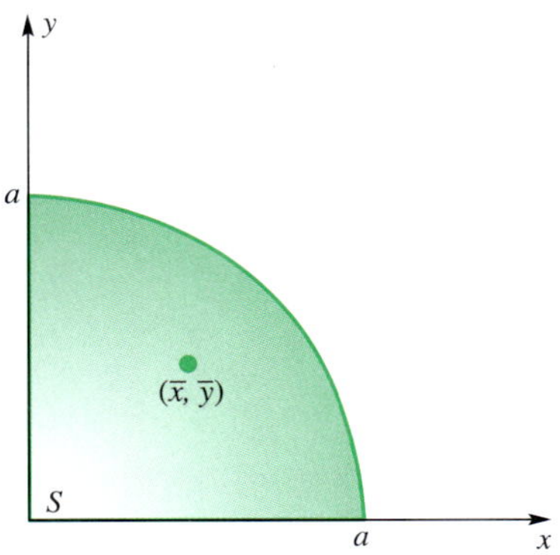

그림 4

예제 3 반지름이 a인 사분원 모양의 판의 밀도가 원의 중점으로부터의 거리에 비례한다(그림 4). 무게중심을 구하여라.

풀이 가정에서 $\delta(x,\ y)=k\sqrt{x^2+y^2}$, 여기서 k는 비례상수이다. S의 모양을 보면, 극좌표를 사용해야 함을 알 수 있다.

$$m=\iint_S k\sqrt{x^2+y^2}\,dA=k\int_0^{\pi/2}\int_0^a rr\,dr\,d\theta$$

$$=k\int_0^{\pi/2}\frac{a^3}{3}\,d\theta=\frac{k\pi a^3}{6}$$

그리고

$$M_y=\iint_S xk\sqrt{x^2+y^2}\,dA=k\int_0^{\frac{\pi}{2}}\int_0^a(r\cos\theta)^2r^2dr\,d\theta$$

$$=k\int_0^{\frac{\pi}{2}}\frac{a^4}{4}\cos\theta\,d\theta=\left[\frac{ka^4}{4}\sin\theta\right]_0^{\frac{\pi}{2}}=\frac{ka^4}{4}$$

따라서 다음이 성립한다.

$$\bar{x}=\frac{M_y}{m}=\frac{ka^4/4}{k\pi a^3/6}=\frac{3a}{2\pi}$$

이 막은 대칭이므로, $\bar{y}=\bar{x}$임을 알 수 있다. 그러므로 더 계산할 것이 없다. ■

의심이 많은 독자라면 이 시점에서 의문을 제기할 것이다. 판이 균질이면, 즉, $\delta(x,\ y)=k$가 상수이면 어떻게 되는가? 이 절에서 이끌어 낸 공식들은 이

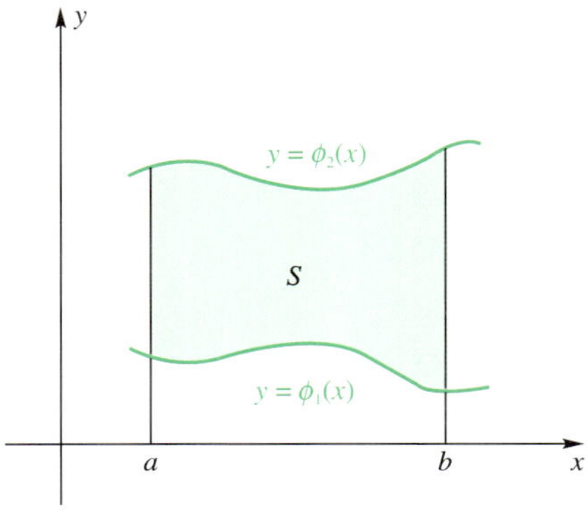

그림 5

중적분을 포함하고 있는데, 하나의 적분으로 주어진 5.6절의 공식들과 일치할까? 답은 "예"이다. 이것을 약간 증명하기 위해서, y-단순 영역 S의 M_y 계산을 생각해 보자(그림 5).

$$M_y=\iint_S xk\,dA=k\int_a^b\int_{\phi_1(x)}^{\phi_2(x)} x\,dy\,dx=k\int_a^b x[\phi_2(x)-\phi_1(x)]dx$$

오른쪽의 일변수 적분은 5.6절에서 나온 것과 같다.

관성 모멘트 물리학에서 배운 것에 따르면, 질량이 m인 입자가 직선을 따라서 속도 v로 움직이면, 그 운동 에너지 KE는

(1) $$KE=\frac{1}{2}mv^2$$

직선을 따라 움직이는 대신에, 입자가 어떤 축에 대해서 각속도 ω 라디안으로 (단위 시간당) 회전하면, 그 직선 속도는 $v=r\omega$이다. 여기서 r은 그 궤도인 원의 반지름이다. 이것을 (1)에다 대입하면 다음을 얻는다.

$$KE=\frac{1}{2}(r^2m)\omega^2$$

여기서 r^2m을 이 입자의 **관성모멘트**(moment of inertia)라고 부르며, I로 나타낸다. 그러므로 회전하는 입자는

(2) $$KE=\frac{1}{2}I\omega^2$$

그러므로 (1)과 (2)로부터, 회전 운동을 하는 물체의 관성모멘트는 직선 운동을 하는 물체의 질량과 비슷한 역할을 함을 알 수 있다.

평면에 n개의 입자들이 있어서, 질량이 각각 $m_1, m_2, \ldots, m_n$이고, 직선 L로부터 거리 $r_1, r_2, \ldots, r_n$만큼 떨어져 있으면, 직선 L에 대한 이 체계의 관성모멘트를 다음과 같이 정의한다.

$$I=m_1r_1^2+m_2r_2^2+\cdots+m_nr_n^2=\sum_{k=1}^{n} m_kr_k^2$$

바꿔 말하면, 각각의 입자들의 관성모멘트를 더한다.

이제 밀도가 $\delta(x, y)$인 판이 xy-평면의 영역 S를 덮고 있는 것을 생각해 보자(그림 1). S를 그림 2처럼 분할하여서, 각각의 조각 R_k의 관성모멘트의 근사값을 구하고, 모두 더하고, 극한을 취하면, 다음 공식들을 얻게 된다. x축, y축, z축에 대한 판의 **관성모멘트**(moment of inertia)는 다음과 같다.

$$I_x=\iint_S y^2\delta(x, y)\,dA, \qquad I_y=\iint_S x^2\delta(x, y)\,dA$$

$$I_z=\iint_S (x^2+y^2)\delta(x, y)\,dA=I_x+I_y$$

예제 4 예제 1의 판의 x축, y축, z축에 대한 관성 모멘트를 구하여라.

풀이

$$I_x=\iint_S xy^3\,dA=\int_0^8\int_0^{x^{2/3}} xy^3\,dy\,dx=\frac{1}{4}\int_0^8 x^{11/3}\,dx=\frac{6144}{7}\approx 877.71$$

$$I_y=\iint_S x^3y\,dA=\int_0^8\int_0^{x^{2/3}} x^3y\,dy\,dx=\frac{1}{2}\int_0^8 x^{13/3}\,dx=6144$$

$$I_z=I_x+I_y=\frac{49{,}152}{7}\approx 7021.71$$ ■

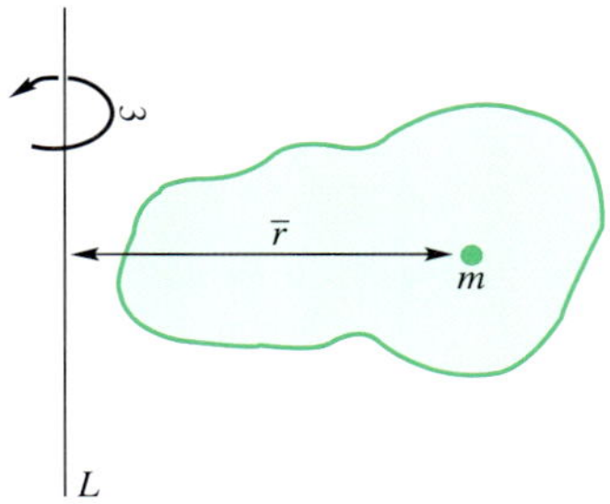

그림 6

총 질량이 m인 일반적인 질량 체계를 하나의 점질량 m으로 대신하여서, 직선 L에 대한 관성모멘트 I가 같도록 하는 문제를 생각하자(그림 6). 이 점은 L로부터 거리가 얼마여야 하는가? 그에대한 답 $\bar{r}$는 $m\bar{r}^2=I$을 만족해야 한다. 이때

$$\bar{r}=\sqrt{\frac{I}{m}}$$

를 이 체계의 **회전 반지름**(radius of gyration)이라고 한다. 따라서 직선 L을 축으로 하여 각속도 ω로 회전하는 체계의 운동 에너지는 다음과 같다.

$$KE=\frac{1}{2}m\bar{r}^2\omega^2$$ ■

개념 복습

1. (x, y)에서의 밀도가 x^2y^4이면, 막 S의 질량 m은 $m=$______.

2. 문제 1의 막의 무게중심의 y좌표는 $\bar{y}=$______로 주어진다.

3. 문제 1의 막 S의 y축에 대한 관성모멘트는 $I_y=$______로 주어진다.

4. $S=\{(x, y): 0\le x\le 1, 0\le y\le 1\}$이면, 기하학적으로 추론하여서, x와 y는 둘 다 $\frac{1}{2}$보다 ______을 알 수 있다.

연습문제 13.5

문제 1~10에서 주어진 곡선들로 둘러싸여 있고 주어진 밀도를 가지는 얇은 판의 질량 m과 무게중심 $(\bar{x}, \bar{y})$를 구하여라.

1. $x=0,\ x=4,\ y=0,\ y=3;\ \delta(x, y)=y+1$

2. $y=0,\ y=\sqrt{4-x^2};\ \delta(x, y)=y$

3. $y=0,\ y=\sin x,\ 0\le x\le\pi;\ \delta(x, y)=y$

4. $y=1/x,\ y=x,\ y=0,\ x=2;\ \delta(x, y)=x$

5. $y=e^{-x},\ y=0,\ x=0,\ x=1;\ \delta(x, y)=y^2$

6. $y=e^x,\ y=0,\ x=0,\ x=1;\ \delta(x, y)=2-x+y$

7. $r=2\sin\theta;\ \delta(r, \theta)=r$

8. $r=1+\cos\theta;\ \delta(r, \theta)=r$

9. $r=1,\ r=2,\ \theta=0,\ \theta=\pi,\ (0\le\theta\le\pi);\ \delta(r, \theta)=1/r$

10. $r=2+2\cos\theta;\ \delta(r, \theta)=r$

문제 11~14에서 주어진 곡선들로 둘러싸여 있고 주어진 밀도 δ를 가지는 얇은 판의 관성 모멘트 I_x, I_y, I_z를 구하여라.

11. $y=\sqrt{x},\ x=9,\ y=0;\ \delta(x, y)=x+y$

12. $y=x^2,\ y=4;\ \delta(x, y)=y$

13. 꼭짓점이 (0, 0), (0, a), (a, a), (a, 0)인 정사각형; $\delta(x, y)=x+y$

14. 꼭짓점이 (0, 0), (0, a), (a, 0)인 삼각형; $\delta(x, y)=x^2+y^2$

문제 15~20에서 반복적분이 직교좌표나 극좌표로 주어져 있다. 이중적분은 어떤 얇은 판 R의 질량이다. 막 R을 밀도 δ를 결정하여라. 그리고 질량과 무게중심을 구하여라.

15. $\int_0^2 \int_0^x k\,dy\,dx$

16. $\int_0^1 \int_x^1 ky\,dy\,dx$

17. $\int_{-3}^3 \int_0^{9-x^2} k(x^2+y^2)\,dy\,dx$

18. $\int_{-\pi/2}^{\pi/2} \int_0^{\cos x} k\,dy\,dx$

19. $\int_0^{\pi} \int_1^3 kr^2\,dr\,d\theta$

20. $\int_0^{\pi/2} \int_0^{\theta} kr\,dr\,d\theta$

21. 문제 13의 얇은 판의 x축에 대한 회전 반지름을 구하여라.

22. 문제 14의 얇은 판의 y축에 대한 회전 반지름을 구하여라.

23. 반지름이 a인 고른 (δ가 상수) 원형 얇은 판의 그 지름에 대한 관성 모멘트와 회전 반지름을 구하여라.

24. 변들의 길이가 a, b인 직사각형의 고른 막의 무게중심을 지나는 수직 축에 대한 관성 모멘트는

$$I=\frac{1}{12}(a^3b+ab^3)$$

임을 보여라. 여기서 k는 일정한 밀도이다.

25. 문제 23의 얇은 판의 경계선에 접하는 직선에 대한 관성 모멘트를 구하여라. 도움말: 원을 $r=2a$라 하자. 그러면 x축이 접선이다. 이 책 뒷표지 안쪽의 적분 공식 113을 이용하여 적분하기 바란다.

26. 얇은 판 S의 밀도가 k로서 일정하고, 심장형 $r=a(1+\sin\theta)$로 둘러싸여 있다고 하자. 그림 7을 보기 바란다. 그 무게중심과, x축에 대한 관성 모멘트를 구하여라. 도움말: 10.7절 연습문제 7을 보면, S의 넓이는 $3\pi a^2/2$이라는 유용한 결과가 있다. 그리고 이 책 뒷표지 안쪽의 적분 공식 113도 유용할 것이다.

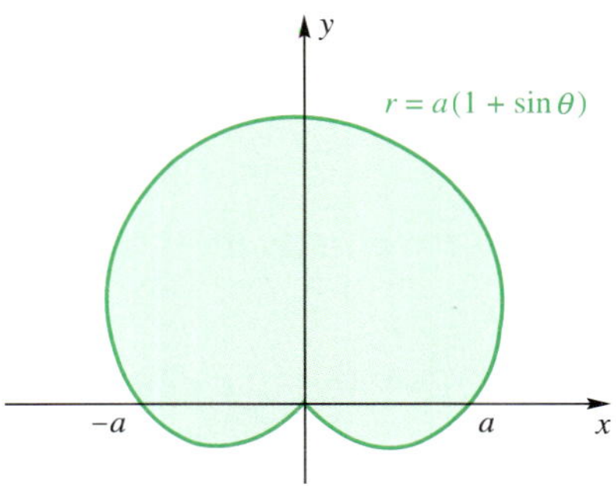

그림 7

27. 문제 26의 심장형에서, 원 $r=a$의 바깥 부분의 무게중심을 구하여라.

28. **평행축 정리(Parallel Axis Theorem)** 질량이 m인 얇은 판 S가 있고, S의 평면에 평행한 직선 L, L'이 있는데, 직선 L은 S의 무게중심을 지난다. 직선 L, L'에 대한 S의 관성 모멘트가 각각 I, I'일 때, $I'=I+d^2m$임을 보여라. 여기서 d는 L과 L' 사이의 거리이다. 도움말: S가 xy-평면에 놓여 있다고 하고, L은 y축, L'은 직선 $x=-d$라 하자.

29. 문제 13의 판에 대해서, $I_y=5a^5/12$을 구하였다. 다음을 구하여라.

(a) m (b) $\bar{x}$ (c) I_L

여기서 L은 ($\bar{x}$, $\bar{y}$)를 지나고 y축에 평행한 직선이다(문제 28 참조).

30. 평행축 정리와 문제 23을 함께 이용하여, 문제 25를 풀어 보아라.

31. 그림 8에 나오는 두 조각 판은 밀도가 k로서 일정하다. I_x, I_y, I_z를 구하여라(문제 23, 28 참조).

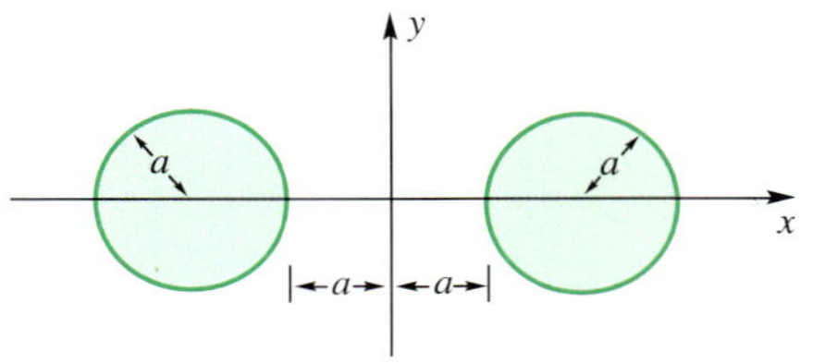

그림 8

32. 평행축 정리는 판에 수직인 직선들에 대해서도 성립한다. 이 사실을 이용하여, 문제 24의 정사각형 판의 그 꼭짓점을 지나고 판에 수직인 직선에 대한 관성 모멘트를 구하여라.

33. S_1과 S_2는 xy-평면의 판들로서, 서로 떨어져 있고, 질량이 m_1, m_2이고, 무게중심의 좌표가 ($\bar{x}_1$, $\bar{y}_1$), ($\bar{x}_2$, $\bar{y}_2$)라고 하자. 그러면 이들을 합한 판 $S_1 \cup S_2$의 무게중심 ($\bar{x}$, $\bar{y}$)는

$$\bar{x}=\bar{x}_1\frac{m_1}{m_1+m_2}+\bar{x}_2\frac{m_2}{m_1+m_2}$$

를 만족함을 보여라. $\bar{y}$도 이와 비슷한 공식을 만족한다. 결론적으로, ($\bar{x}$, $\bar{y}$)를 구할 때, 두 판들이 각각 ($\bar{x}_1$, $\bar{y}_1$), ($\bar{x}_2$, $\bar{y}_2$)에 놓여 있는 점질량이라고 간주하여도 된다.

34. S_1과 S_2는 고른 원형 판들로서, 반지름이 각각 a, ta이고 ($t>0$), 중심이 ($-a$, a), (ta, 0)이다. 문제 17를 이용하여, $S_1 \cup S_2$의 무게중심을 구하여라.

35. S는 xy-평면의 판으로서, 무게중심이 원점에 놓여 있다. 그리고 L은 직선 $ax+by=0$으로서, 원점을 지난다. 그러면 점 (x, y)에서 직선 L까지의 (유향) 거리 d는 $d=(ax$

$+by)/\sqrt{a^2+b^2}$임을 보이고, 이것을 이용하여, L에 대한 S의 관성 모멘트는 0임을 보여라. 참고: 위 사실에서, 판은 그 무게중심을 지나는 임의의 직선에 대해 평형을 이룸을 알 수 있다.

36. 예제 3의 판에 대해서, x축의 양의방향과 135°각을 이루는 직선들 중에 이 판이 평형을 이루는 직선의 방정식을 구하여라(문제 35 참조). 답을 $Ax+By=C$ 형태로 써라.

개념 복습 해답: **1.** $\iint_S x^2y^4\,dA$ **2.** $\iint_S x^2y^5\,dA/m$ **3.** $\iint_S x^4y^4\,dA$ **4.** 더 큼

13.6 곡면의 겉넓이

몇몇 특별한 곡면의 넓이는 이미 살펴본 적이 있다. 예를 들어 11.4절 예제 3에서, 공간에 놓여 있는 평행사변형의 넓이를 구하였다. 그리고 구의 표면 넓이는 $4\pi r^2$임을 보았다(5.4절 연습문제 29, 30). 지금 이 절에서, 어느 특정한 영역 위에서 $z=f(x, y)$로 정의된 곡면의 넓이의 공식을 구하려고 한다.

xy-평면의 유계인 폐영역 S 위에 있는 그러한 곡면 G가 있다고 하자. 그리고 f의 1계 편도함수 f_x, f_y가 연속이라고 하자. 영역 S를 x축, y축에 평행한 직선들로 잘게 썰어서, 분할 P를 잡는다(그림 1 참조). 그 결과로 나오는, S에 완전히 놓이는 직사각형들을 R_m, $m=1, 2, \cdots, n$이라 한다. 각각의 m에 대해서, R_m으로 사영이 되는 곡면의 부분을 G_m이라 하고, R_m의 꼭짓점들 중에 x좌표, y좌표가 가장 작은 꼭짓점으로 사영이 되는 G_m의 점을 P_m이라 하자. 마지막으로, P_m에서의 접평면 중에 R_m으로 사영이 되는 평행사변형을 T_m이라 한다. 그림 1에 이것들이 나오며, 확대해서 좀 더 잘 볼 수 있도록 한 것이 그림 2이다.

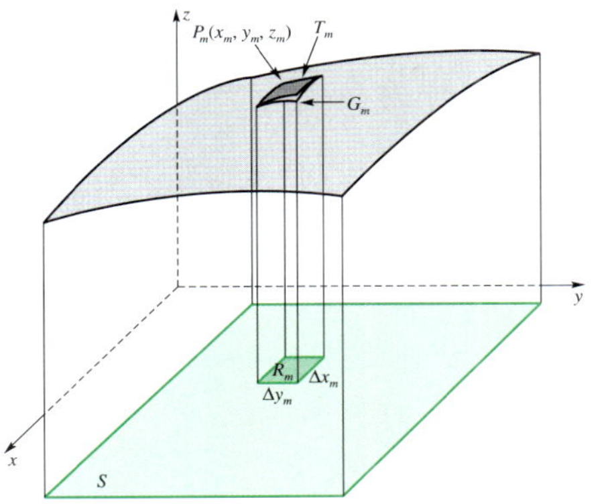

그림 1

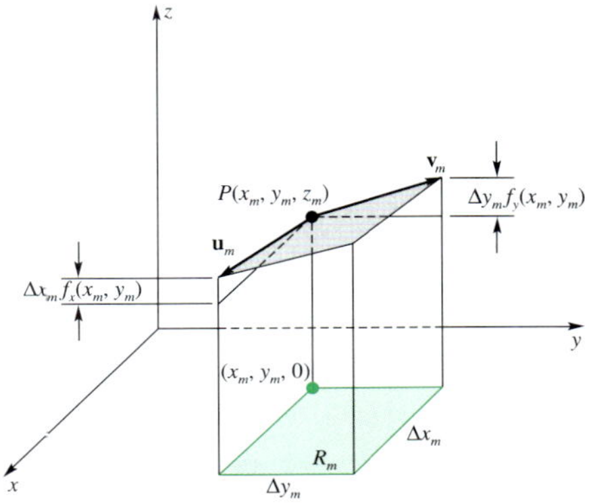

그림 2

이제 R_m으로 사영이 되는 평행사변형 T_m의 넓이를 구하자. T_m의 변들을 이루는 벡터를 $\mathbf{u}_m$, $\mathbf{v}_m$이라 하자. 그러면

$$\mathbf{u}_m = \Delta x_m \mathbf{i} + f_x(x_m,\ y_m)\Delta x_m \mathbf{k}$$
$$\mathbf{v}_m = \Delta y_m \mathbf{j} + f_y(x_m,\ y_m)\Delta y_m \mathbf{k}$$

11.4절로부터, 평행사변형 T_m의 넓이는 $\|\mathbf{u}_m \times \mathbf{v}_m\|$임을 알고 있으며, 여기서

$$
\begin{aligned}
\mathbf{u}_m \times \mathbf{v}_m &= \begin{vmatrix} \mathbf{i} & \mathbf{j} & \mathbf{k} \\ \Delta x_m & 0 & f_x(x_m, y_m)\Delta x_m \\ 0 & \Delta y_m & f_y(x_m, y_m)\Delta y_m \end{vmatrix} \\
&= (0 - f_x(x_m, y_m)\Delta x_m \Delta y_m)\mathbf{i} - (f_y(x_m, y_m)\Delta x_m \Delta y_m - 0)\mathbf{j} \\
&\quad + (\Delta x_m \Delta y_m - 0)\mathbf{k} \\
&= \Delta x_m \Delta y_m[-f_x(x_m, y_m)\mathbf{i} - f_y(x_m, y_m)\mathbf{j} + \mathbf{k}] \\
&= A(R_m)[-f_x(x_m, y_m)\mathbf{i} - f_y(x_m, y_m)\mathbf{j} + \mathbf{k}]
\end{aligned}
$$

그러므로 T_m의 넓이는 다음과 같다.

$$A(T_m) = \|\mathbf{u}_m \times \mathbf{v}_m\| = A(R_m)\sqrt{[f_x(x_m, y_m)]^2 + [f_y(x_m, y_m)]^2 + 1}$$

그 다음에 이들 접평행사변형 T_m, $m = 1, 2, \cdots, n$의 넓이를 모두 더하고, 극한을 취하면, 곡면 G의 겉넓이 공식을 얻는다.

$$
\begin{aligned}
A(G) &= \lim_{\|P\| \to 0} \sum_{m=1}^{n} A(T_m) \\
&= \lim_{\|P\| \to 0} \sum_{m=1}^{n} \sqrt{[f_x(x_m, y_m)]^2 + [f_y(x_m, y_m)]^2 + 1}\, A(R_m) \\
&= \iint_S \sqrt{[f_x(x, y)]^2 + [f_y(x, y)]^2 + 1}\, dA
\end{aligned}
$$

이것을 간결하게 적으면,

$$\boxed{A(G) = \iint_S \sqrt{f_x^2 + f_y^2 + 1}\, dA}$$

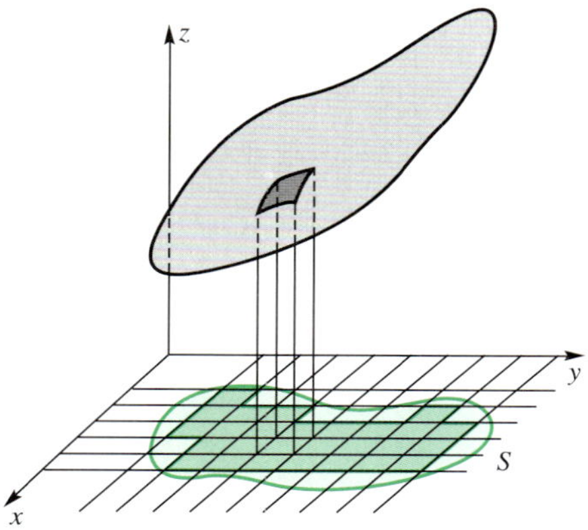

그림 3

그림 1은 영역 S가 xy-평면의 직사각형인 것처럼 그렸는데, 꼭 직사각형일 필요는 없다. S가 직사각형이 아닌 경우는 그림 3처럼 된다.

예제 몇 개 세 개의 예제들을 통해서, 네모 속의 공식을 사용해 보도록 한다.

예제 1 S는 xy-평면의 직사각형 영역으로, $x = 0$, $x = 1$, $y = 0$, $y = 2$로 둘러싸여 있다. 원기둥 면 $z = \sqrt{4 - x^2}$ 중에 S로 사영이 되는 부분의 겉넓이를 구하여라(그림 4).

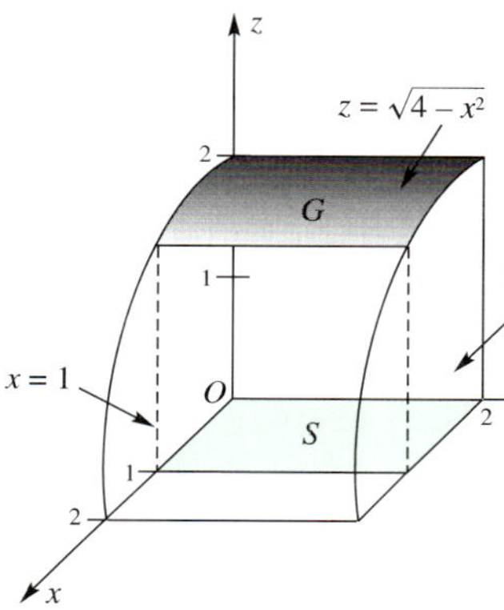

그림 4

풀이 $f(x, y) = \sqrt{4 - x^2}$로 놓으면 $f_x = -x/\sqrt{4 - x^2}$, $f_y = 0$. 그러므로

$$
\begin{aligned}
A(G) &= \iint_S \sqrt{f_x^2 + f_y^2 + 1}\, dA = \iint_S \sqrt{\frac{x^2}{4 - x^2} + 1}\, dA = \iint_S \frac{2}{\sqrt{4 - x^2}}\, dA \\
&= \int_0^1 \int_0^2 \frac{2}{\sqrt{4 - x^2}}\, dy\, dx = 4\int_0^1 \frac{1}{\sqrt{4 - x^2}}\, dx = 4\left[\sin^{-1}\frac{x}{2}\right]_0^1 = \frac{2\pi}{3}
\end{aligned}
$$

■

예제 2 곡면 $z = x^2 + y^2$ 중에 평면 $z = 9$의 아래인 부분의 겉넓이를 구하여라.

풀이 곡면 중에 지정된 부분 G는 원 $x^2 + y^2 = 9$의 안쪽 영역 S로 사영이 된다(그림 5). $f(x, y) = x^2 + y^2$으로 놓으면 $f_x = 2x$, $f_y = 2y$. 그러므로

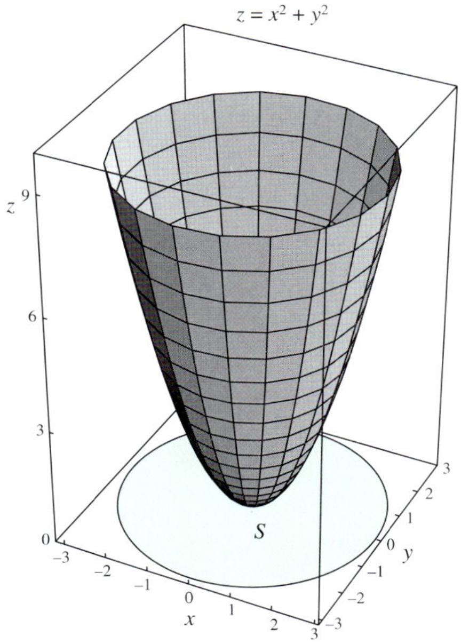

그림 5

$$A(G) = \iint_S \sqrt{4x^2 + 4y^2 + 1}\, dA$$

S의 모양을 보면, 극좌표를 이용해야 한다.

$$\begin{aligned} A(G) &= \int_0^{2\pi} \int_0^3 \sqrt{4r^2+1}\, r\, dr\, d\theta \\ &= \int_0^{2\pi} \frac{1}{8}\left[\frac{2}{3}(4r^2+1)^{3/2}\right]_0^3 d\theta \\ &= \int_0^{2\pi} \frac{1}{12}(37^{3/2}-1)\, d\theta \\ &= \frac{\pi}{6}(37^{3/2}-1) \approx 117.32 \end{aligned}$$

■

(높이가 지름과 같은) 직원기둥과 그에 내접하는 구는 놀라운 성질을 가진다: 평행한 (원기둥의 축에 수직인) 두 평면 사이에 놓이는 곡면들은 서로 겉넓이가 같다. 다음 예제에서 그림 6의 두 곡면들이 겉넓이가 같음을 보여서, 반구에 대해 이 성질을 증명할 것이다. 이 과정은 쉽게 확장하여서, 구에 대해서 이 성질이 성립함을 보일 수 있다.

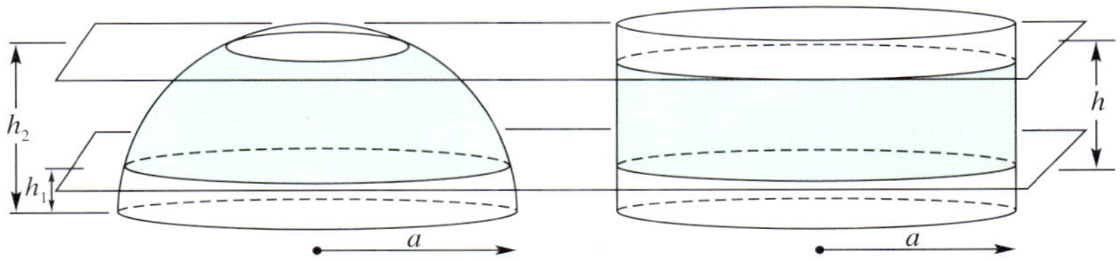

그림 6

예제 3 반구 $x^2+y^2+z^2=a^2$, $x\geq 0$, $y\geq 0$을 두 평면 $z=h_1$, $z=h_2$ $(0\leq h_1\leq h_2\leq a)$로 잘라서 생기는 곡면 G의 겉넓이는

$$A(G) = 2\pi a(h_2 - h_1)$$

임을 보여라. 그리고 이것은 수직 원기둥 $x^2+y^2=a^2$의, 두 평면 $z=h_1$, $z=h_2$ 사이의 겉넓이임을 보여라.

풀이 $h=h_2-h_1$이라 하자. 반구의 곡면은 다음 공식으로 정의된다.

$$z = \sqrt{a^2 - x^2 - y^2}$$

그리고 이 곡면 바로 아래의 xy-평면의 영역을 S라 하면, S는 도넛원판 $b\leq x^2+y^2\leq c$이며, 여기서 $b=\sqrt{a^2-h_2^2}$, $c=\sqrt{a^2-h_1^2}$(그림 7 참조). 두 수평면 사이에 놓이는 곡면의 겉넓이는

$$\begin{aligned} A(G) &= \iint_S \sqrt{\left[\frac{\partial}{\partial x}\sqrt{a^2-x^2-y^2}\right]^2 + \left[\frac{\partial}{\partial y}\sqrt{a^2-x^2-y^2}\right]^2 + 1}\, dA \\ &= \iint_S \sqrt{\frac{x^2}{a^2-x^2-y^2} + \frac{y^2}{a^2-x^2-y^2} + 1}\, dA \end{aligned}$$

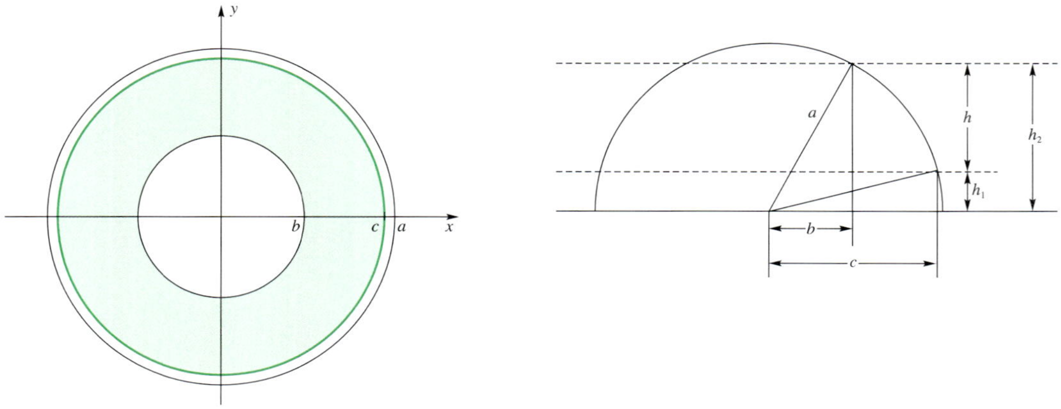

그림 7

$$= \iint_S \frac{a}{\sqrt{a^2-x^2-y^2}}\, dA$$

극좌표를 이용하면 쉽게 적분을 계산할 수 있다.

$$A(G) = \int_0^{2\pi}\int_b^c \frac{a}{\sqrt{a^2-r^2}} r\, dr\, d\theta = \int_0^{2\pi} a\left[-\sqrt{a^2-c^2}+\sqrt{a^2-b^2}\right] d\theta$$
$$= 2\pi a\left[\sqrt{a^2-b^2}-\sqrt{a^2-c^2}\right] = 2\pi a(h_2-h_1) = 2\pi a h$$

원기둥의 겉넓이는 원둘레($2\pi a$) 곱하기 높이 h이므로 원기둥 중에 두 수평면 사이에 놓이는 부분의 겉넓이는 $2\pi ah$이다. 이것은 반구의 그 표면의 겉넓이와 일치한다. ■

겉넓이 문제

대부분의 곡면의 겉넓이를 구하는 문제는 이중적분으로 구하면 쉽다. 이것은 식에 필요한 도함수를 대입하는 문제이다. 역도함수를 구하기가 어렵기 때문에 미적분학의 기본정리 2를 사용하여 이 적분을 계산하는 것이 가끔 어렵거나 불가능할 때도 있다.

예제 4 꼭짓점을 (0, 0), (2, 0), (0, 2)로 갖는 삼각형 위에서 정의된 쌍곡포물면 $z=x^2-y^2$의 겉넓이를 구하여라.

풀이 $f(x, y)=x^2-y^2$으로 놓으면, $f_x(x, y)=2x$, $f_y(x, y)=-2y$이다. 넓이는 다음의 반복적분으로 구해진다.

$$A = \int_0^2\int_0^{2-x} \sqrt{f_x^2+f_y^2+1}\, dy\, dx$$
$$= \int_0^2\int_0^{2-x} \sqrt{(2x)^2+(-2y)^2+1}\, dy\, dx$$
$$= 2\int_0^2\left(\int_0^{2-x}\sqrt{y^2+\left(x^2+\frac{1}{4}\right)}\, dy\right)dx \quad \text{[적분표에서 44를 이용한다]}$$
$$= 2\int_0^2\left[\frac{y}{2}\sqrt{y^2+\left(x^2+\frac{1}{4}\right)}+\frac{\left(x^2+\frac{1}{4}\right)}{2}\ln\left|y+\sqrt{y^2+\left(x^2+\frac{1}{4}\right)}\right|\right]_0^{2-x} dx$$
$$= 2\int_0^2\left[\frac{2-x}{2}\sqrt{(2-x)^2+\left(x^2+\frac{1}{4}\right)}\right.$$
$$+\frac{1}{2}\left(x^2+\frac{1}{4}\right)\ln\left|(2-x)+\sqrt{(2-x)^2+\left(x^2+\frac{1}{4}\right)}\right|$$
$$\left.-\frac{1}{2}\left(x^2+\frac{1}{4}\right)\ln\left|\sqrt{x^2+\frac{1}{4}}\right|\right]dx$$

$$=2\int_0^2\left[\frac{2-x}{2}\sqrt{2x^2-4x+\frac{17}{4}}+\frac{4x^2+1}{8}\ln\left((2-x)+\sqrt{2x^2-4x+\frac{1}{4}}\right)\right.$$
$$\left.-\frac{4x^2+1}{16}\ln\left(x^2+\frac{1}{4}\right)\right]dx.$$

마지막 적분은 미적분학의 기본정리 2를 이용하여 구하기가 너무 복잡하므로, 수치해석적 방법을 이용한다. $n=10$인 경우 포물선공식을 쓰면 마지막 적분은 근사값이 4.8363이다. 마지막 예제에서 역도함수를 찾아 미적분학의 기본정리 2를 사용하여 안쪽의 적분을 계산할 수 있었다. 그런 다음 수치근사식이 적분 계산에 필요했다. 그렇지만 이중적분을 근사시키기 위한 수치해석적 방법은 있지만, 그것들은 오히려 사용하기가 불편하고 여러 점에서의 함수값 계산이 필요하다. ■

개념 복습

1. 두 변이 벡터 **u**, **v**와 같은 평행사변형의 넓이는 ______이다.
2. 좀 더 일반적으로, $z=f(x, y)$가 곡면 G를 결정하고, 이것이 xy평면의 영역 S로 사영이 되면, 곡면 G의 겉넓이는 공식 $A(G)=$______로 주어진다.
3. 문제 2의 공식을 $z=(a^2-x^2-y^2)^{1/2}$에다 적용하면, 반지름 a인 반구의 겉넓이를 적분으로 표현한 공식 $A=$______를 얻는다. 이 적분을 계산하면, 익숙한 공식 $A=$______가 나온다.
4. 반지름 a인 원기둥 깡통에 내접하는 구를 생각하자. 원기둥의 축에 수평이고, 서로 거리 h인 두 평면으로 이들을 자르면, 원기둥과 구의 잘리는 영역들은 서로 겉넓이가 ______.

연습문제 13.6

문제 1~17에서 주어진 곡면의 겉넓이를 구하여라. 그림을 그려라.

1. 평면 $3x+4y+6z=12$의 부분으로, 꼭짓점이 (0, 0), (2, 0), (2, 1), (0, 1)인 xy-평면의 직사각형의 위쪽에 있는 부분.
2. 평면 $3x-2y+6z=12$의 부분으로, 평면 $x=0$, $y=0$, $3x+2y=12$로 둘러싸여 있는 부분.
3. 곡면 $z=\sqrt{4-y^2}$의 부분으로, 꼭짓점이 (1, 0), (2, 0), (2, 1), (1, 1)인 xy-평면의 정사각형의 바로 위쪽 부분.
4. 곡면 $z=\sqrt{4-y^2}$의 부분으로, 1팔분공간에 있고, xy-평면의 원 $x^2+y^2=4$ 바로 위쪽에 있음.
5. 원기둥 $x^2+z^2=9$의 부분으로, 꼭짓점이 (0, 0), (2, 0), (2, 3), (0, 3)인 xy-평면의 직사각형의 바로 위쪽 부분.
6. 포물면 $z=x^2+y^2$의 부분으로, 평면 $z=4$가 잘라내는 부분.
7. 원뿔곡면 $x^2+y^2=z^2$의 부분으로, 꼭짓점이 (0, 0), (4, 0), (0, 4)인 xy-평면의 삼각형의 바로 위쪽 부분.
8. 곡면 $z=x^2/4+4$의 부분으로, 평면 $x=0$, $x=1$, $y=0$, $y=2$로 잘라낸 부분.
9. 구 $x^2+y^2+z^2=a^2$의 부분으로, 원기둥 $x^2+y^2=b^2$의 안쪽 부분. 여기서 $0<b\le a$.
10. 구 $x^2+y^2+z^2=a^2$의 부분으로, 타원기둥 $b^2x^2+a^2y^2=a^2b^2$의 안쪽 부분. 여기서 $0<b\le a$.
11. 구 $x^2+y^2+z^2=a^2$의 부분으로, 원기둥 $x^2+y^2=ay$의 (극좌표 방정식으로는 $r=a\sin\theta$) 안쪽 부분. 여기서 $a>0$.
12. 원기둥 $x^2+y^2=ay$의 부분으로, 구 $x^2+y^2+z^2=a^2$의 안쪽 부분. 여기서 $a>0$. 도움말: yz-평면으로 사영하여서, 적분 영역을 구하여라.
13. 안장 $az=x^2-y^2$의 부분으로, 원기둥 $x^2+y^2=a^2$의 안쪽

부분. 여기서 $a>0$.

14. 두 입체 기둥 $x^2+z^2 \le a^2$과 $x^2+y^2 \le a^2$의 교집합인 입체의 표면. 도움말: 적분 공식 $\int (1+\sin\theta)^{-1} d\theta = -\tan[(\pi-2\theta)/4]+C$를 사용하여라.

15. 평면 $z=5$ 위쪽에 있는 $z=9-x^2-y^2$의 부분

16. $0 \le x \le 20$인 xy평면 위에 있는 $z=9-x^2$의 부분

17. 제1팔분공간에 있는 평면 $Ax+By+Cz=D$(A, B, C, D는 모두 양수)의 부분

18. 그림 8은 에드워즈빌 소재 남부 일리노이 대학안에 있는 공학건물이다. 사진중앙부분에 보이는 나선형 계단박스는 지름이 36피트인 직원기둥모양이다. 지붕은 45° 각도로 기울어져 있다. 지붕의 겉넓이를 구하여라.

그림 8

19. $0 \le h_1 < h_2 \le a$일 때, 두 평면 $z=h_1$과 $z=h_2$ 사이에 있는 구면 $x^2+y^2+z^2=a^2$의 부분을 생각한다. 평면 $z=h$가 겉넓이를 반으로 자를때 h의 값을 구하여라.

20. 반지름이 a인 구에서, 구면 좌표 각 ϕ로 결정되는 극부분(그림 9)은 겉넓이가 $2\pi a^2(1-\cos\phi)$임을 보여라.

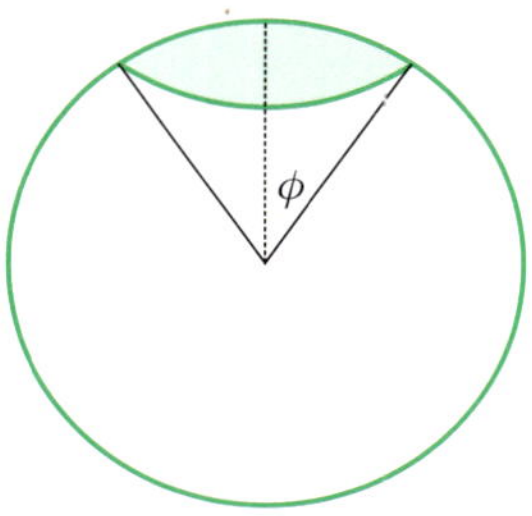

그림 9

21. 또 다른 늙은 염소 문제 (10.7절 연습문제 참조) 네 마리의 염소가 각각 풀을 뜯을 수 있는 넓이가 A, B, C, D이다. 세 마리 염소는 길이 b인 밧줄에 묶여 있는데, 첫째 염소는 평면에, 둘째 염소는 반지름 a인 구의 바깥에, 셋째 염소는 반지름 a인 구의 안쪽에 있다. 넷째 염소는 반지름 a인 구에 있는데, 반지름 b인 둥근 테를 거기에 떨어뜨려서, 그 둥근 테 안에 머물러야 한다. A, B, C, D의 공식을 구하고, 이들을 크기에 따라서 나열하여라. $b<a$라고 가정하자.

22. S는 삼차원 공간에 있는 평면 영역이다. 이것을 세 개의 좌표평면들로 사영한 것을 S_{xy}, S_{xz}, S_{yz}라 하자(그림 10). 다음을 보여라.

$$[A(S)]^2=[A(S_{xy})]^2+[A(S_{xz})]^2+[A(S_{yz})]^2$$

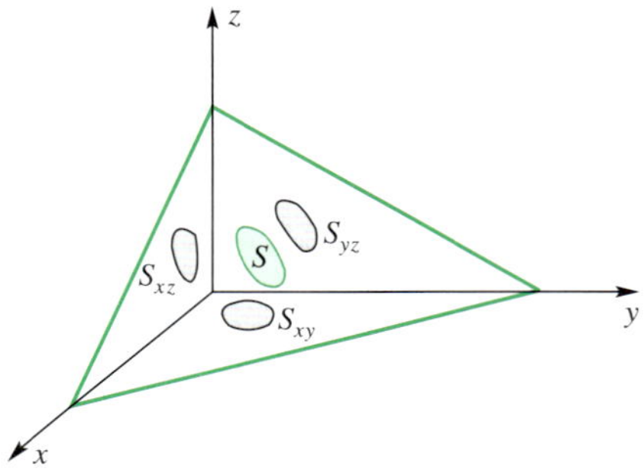

그림 10

23. 그림 10의 영역 S가 평면 $z=f(x, y)=ax+by+c$에 놓여 있고, S는 xy-평면의 위쪽에 있다고 하자. 그러면 S 아래의 기둥 입체의 부피는 $A(S_{xy})f(\bar{x}, \bar{y})$임을 보여라. 여기서 $(\bar{x}, \bar{y})$는 S_{xy}의 도심이다.

24. 철수의 집은 직사각형 바닥면에 두 면의 지붕으로 되어 있으며, 영희의 집은 같은 모양의 바닥면에 피라미드 비슷한 형태의 지붕으로 되어 있다(그림 11 참조). 지붕의 모든 면들은 기울기가 같다. 누구의 지붕이 넓이가 더 작은가?

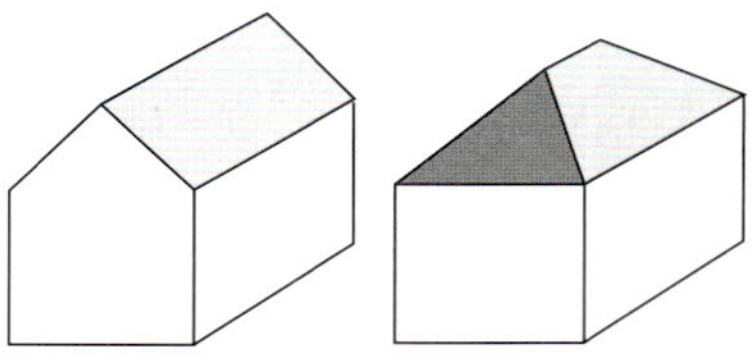

그림 11

25. xy-평면의 영역 S에 대해서, 수직이 아닌 평면의 S 바로 위쪽에 있는 부분의 겉넓이는 $A(S)\sec\gamma$임을 보여라. 여기서 γ는 평면의 법선 벡터와 양의 z축 사이의 예각이다.

26. 곡면 $z=f(x, y)$의 점 $(x, y, f(x, y))$에서의 법선 벡터와 z축 사이의 예각을 $\gamma=\gamma(x, y, f(x, y))$라 하자. 그러면 $\sec\gamma=\sqrt{f_x^2+f_y^2+1}$임을 보여라. (그러므로 곡면의 겉넓이 공식으로 다른 것을 얻을 수 있다: $A(G)=\iint_S \sec\gamma\, dA$.)

문제 27~28에서 주어진 곡면의 겉넓이를 구하여라. 미적분학

의 기본정리 2를 이용하여 계산할 수 없으면, $n=10$일때 포물선법칙을 이용하여라.

27. 다음 영역위에서 포물면 $z=x^2+y^2$
(a) 제1사분면 안에서 원 $x^2+y^2=9$의 내부
(b) 꼭짓점이 (0, 0), (3, 0), (0, 3)인 삼각형 내부

28. 다음 영역위에서 쌍곡포물면 $z=y^2-x^2$
(a) 제1사분면 안에서 원 $x^2+y^2=9$의 내부
(b) 꼭짓점이 (0, 0), (3, 0), (0, 3)인 삼각형 내부

29. 아래에 6개의 곡면이 있다. 어떤 적분도 구하지 말고 겉넓이가 작은 것에서 큰 것 순서대로 나열하여라. 힌트: "같은"것도 있을 수 있다.
(a) 제1사분면 안과 원 $x^2+y^2=1$의 내부에서 정의된 포물면 $z=x^2+y^2$
(b) 제1사분면 안과 원 $x^2+y^2=1$의 내부에서 정의된 쌍곡포물면 $z=x^2-y^2$
(c) 꼭짓점이 (0, 0), (1, 0), (1, 1), (0, 1)인 사각형 안에서 정의된 포물면 $z=x^2+y^2$
(d) 꼭짓점이 (0, 0), (1, 0), (1, 1), (0, 1)인 사각형 안에서 정의된 쌍곡포물면 $z=x^2-y^2$
(e) 꼭짓점이 (0, 0), (1, 0), (0, 1)인 삼각형 안에서 정의된 포물면 $z=x^2+y^2$
(f) 꼭짓점이 (0, 0), (1, 0), (0, 1)인 삼각형 안에서 정의된 쌍곡포물면 $z=x^2-y^2$

개념 복습 해답: **1** $|\mathbf{u}\times\mathbf{v}$ **2.** $\iint_S \sqrt{f_y^2+f_y^2+1}\,dA$
3. $\int_{-a}^{a}\int_{-\sqrt{a^2-x^2}}^{\sqrt{a^2-x^2}} (a/\sqrt{a^2-x^2-y^2})\,dy\,dx = \int_0^{2\pi}\int_0^a (ar/\sqrt{a^2-r^2})\,dr\,d\theta;\ 2\pi a^2$
4. $2\pi ah$

13.7 직교 좌표에서의 삼중적분

일변수 적분과 이중적분을 통해서 구체화된 개념들이 자연스럽게 삼중적분, 그리고 n중적분으로 확장된다.

상자 모양의 영역 B가 있는데, 그 면들은 좌표평면들과 평행하고, 삼변수 함수 f가 거기에서 정의되었다고 하자. 이제 f의 그래프를 그리는 일은 불가능하다(사차원이 필요하기 때문이다). 그렇지만 B는 그릴 수 있다(그림 1). 좌표평면들에 평행한 평면들로 B를 잘라서, B를 작은 상자들 $B_1, B_2, \ldots, B_n$으로 썰어서 분할 P를 만든다. 그림 1에 대표적인 작은 상자 B_k를 그려 놓았다. B_k에서 표본점 $(\bar{x}_k, \bar{y}_k, \bar{z}_k)$를 잡아서, 리만합

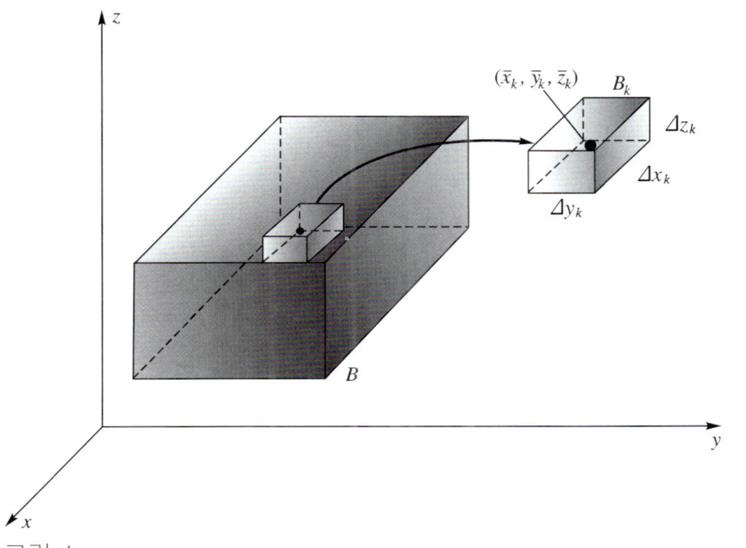

그림 1

$$\sum_{k=1}^{n} f(\bar{x}_k,\ \bar{y}_k,\ \bar{z}_k)\Delta V_k$$

를 생각한다. 여기서 $\Delta V_k = \Delta x_k \Delta y_k \Delta z_k$는 B_k의 부피이다. 분할의 크기(노름) $\|P\|$는 모든 작은 상자들의 대각선들 중에 가장 긴 것의 길이로 정의한다. 이때 **삼중적분**(triple integral)을 다음과 같이 정의한다.

$$\iiint_B f(x,\ y,\ z)\,dV = \lim_{\|P\|\to 0} \sum_{k=1}^{n} f(\bar{x}_k,\ \bar{y}_k,\ \bar{z}_k)\Delta V_k$$

단, 이 극한이 존재해야 한다.

일변수 적분 또는 이중적분의 경우와 마찬가지로, 어떤 종류의 함수가 적분가능하냐가 문제이다. f가 B에서 연속이면 적분가능함이 확실하다. 실제로는 약간의 불연속이 있어도 된다. 예를 들어 유한한 개수의 매끄러운 곡면에서 불연속이 되어도 된다. 이것을 증명하지는 않겠지만(매우 어렵다), 이것이 사실임을 말해둔다.

예상할 수 있듯이, 삼중적분은 적분의 표준 성질들을 가진다: 선형이고, 경계곡면만이 겹치는 집합들에 대해서 가법적 성질을 가지고, 부등식 성질도 가진다. 마지막으로, *삼중적분은 세 번의 반복적분으로 나타낼 수 있다.* 예제를 통해서 살펴본다.

예제 1 $\iiint_B x^2yz\,dV$를 구하여라. 여기서 B는 다음 상자이다.

$$B = \{(x,\ y,\ z):\ 1 \le x \le 2,\ 0 \le y \le 1,\ 0 \le z \le 2\}$$

풀이

$$\begin{aligned}\iiint_B x^2yz\,dV &= \int_0^2\int_0^1\int_1^2 x^2yz\,dx\,dy\,dz \\ &= \int_0^2\int_0^1\left[\frac{1}{3}x^3yz\right]_1^2 dy\,dz = \int_0^2\int_0^1 \frac{7}{3}yz\,dy\,dz \\ &= \frac{7}{3}\int_0^2\left[\frac{1}{2}y^2z\right]_0^1 dz = \frac{7}{3}\int_0^2 \frac{1}{2}z\,dz \\ &= \frac{7}{6}\left[\frac{z^2}{2}\right]_0^2 = \frac{7}{3}\end{aligned}$$

적분 순서는 여섯 가지가 있을 수 있다. 그것들 모두 답 $\frac{7}{3}$을 얻는다. ■

일반적인 영역 삼차원 공간의 유계인 폐집합 S가 상자 B 속에 들어 있다고 하자. 그림 2를 보기 바란다. 함수 $f(x, y, z)$가 S에서 정의되었다고 하고, S의 바깥에서는 f의 값을 0으로 놓고, 다음과 같이 정의한다.

$$\iiint_S f(x,\ y,\ z)\,dV = \iiint_B f(x,\ y,\ z)\,dV$$

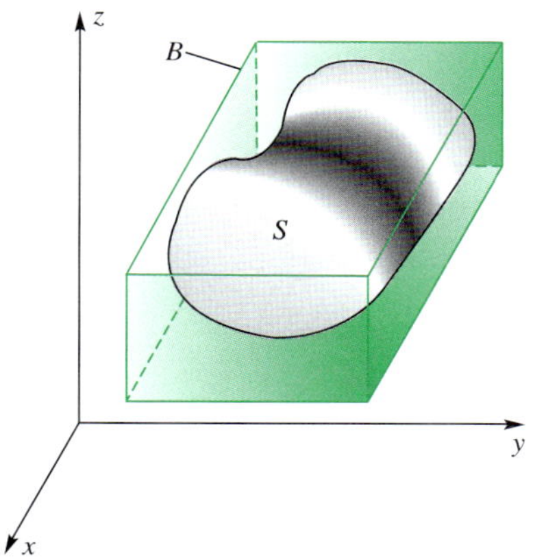

그림 2

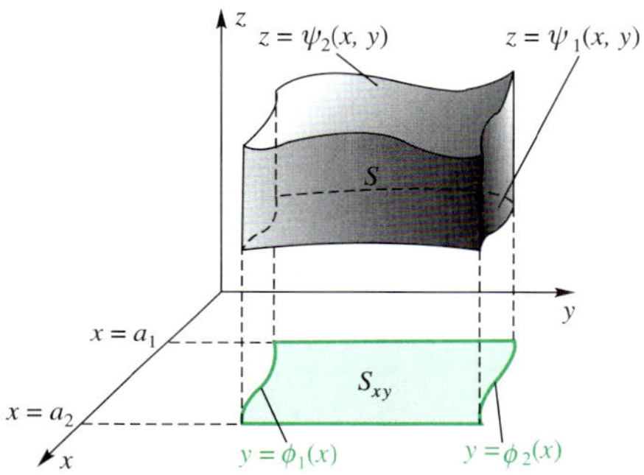

그림 3

적분의 시작점, 끝점

가장 안쪽 적분의 아래끝, 위끝은 적분의 다른 두 변수에 따라서 결정될 수 있다. 가운데 적분의 아래끝, 위끝은 가장 바깥의 변수에만 따라서 결정될 수 있다. 그리고 가장 바깥 적분의 아래끝, 위끝은 적분의 어떠한 변수에도 의존하지 않고 결정되어 있어야 한다.

오른쪽 적분은 이 절의 시작 부분에서 정의하였지만, 그렇다고 해서 이 계산이 쉬운 것은 아니다. 사실, 집합 S가 상당히 복잡하면, 계산하기가 불가능할 수도 있다.

S가 z-단순 집합이라 하고(수직 직선들은 S와의 교집합이 하나의 선분이다), S를 xy-평면으로 사영한 것을 S_{xy}라 하자(그림 3). 그러면

$$\iiint_S f(x, y, z)\,dV = \iint_{S_{xy}} \left[\int_{\psi_1(x,y)}^{\psi_2(x,y)} f(x, y, z)\,dz \right] dA$$

S_{xy}가 y-단순 집합이라는(그림 3에서와 같이) 조건이 추가로 있으면, 바깥의 이중적분을 반복적분으로 나타낼 수 있다.

$$\iiint_S f(x, y, z)\,dV = \int_{a_1}^{a_2} \int_{\phi_1(x)}^{\phi_2(x)} \int_{\psi_1(x,y)}^{\psi_2(x,y)} f(x, y, z)\,dz\,dy\,dx$$

S의 형태에 따라서 다른 적분 순서도 가능할 수 있다. 각각의 경우 맨 안쪽 적분의 아래끝, 위끝은 이변수 함수이고, 가운데 적분의 아래끝, 위끝은 일변수 함수이고, 맨 바깥의 적분의 아래끝, 위끝은 상수이다.

이제 몇 가지 예제들을 살펴본다. 맨 처음 것은 세 번 반복적분을 계산하는 예를 보이는 것이 목적이다.

예제 2 다음 반복적분을 계산하여라.

$$\int_{-2}^{5}\int_{0}^{3x}\int_{y}^{x+2} 4\,dz\,dy\,dx$$

풀이

$$\begin{aligned}\int_{-2}^{5}\int_{0}^{3x}\int_{y}^{x+2} 4\,dz\,dy\,dx &= \int_{-2}^{5}\int_{0}^{3x}\left(\int_{y}^{x+2} 4\,dz\right)dy\,dx \\ &= \int_{-2}^{5}\int_{0}^{3x} [4z]_y^{x+2}\,dy\,dx \\ &= \int_{-2}^{5}\int_{0}^{3x} (4x-4y+8)\,dy\,dx \\ &= \int_{-2}^{5} [4xy-2y^2+8y]_0^{3x}\,dx \\ &= \int_{-2}^{5} (-6x^2+24x)\,dx = -14\end{aligned}$$

■

예제 3 함수 $f(x, y, z)=2xyz$의 입체 영역 S에서의 삼중적분을 계산하여라. 단, S는 포물기둥 $z=2-\frac{1}{2}x^2$, 평면 $z=0$, $y=x$, $y=0$으로 둘러싸인 입체이다.

풀이 그림 4에 입체 영역 S를 그려 놓았다. 삼중적분

$$\iiint_S 2xyz\,dV$$

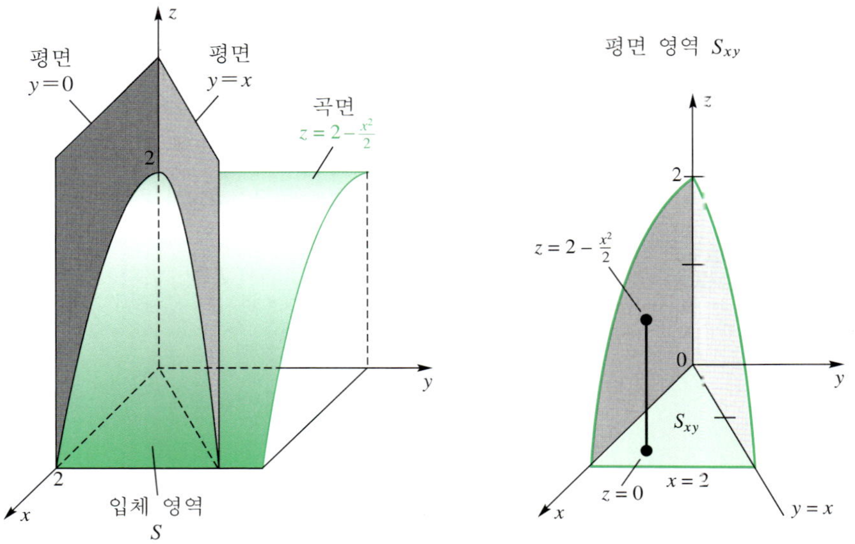

그림 4

는 반복적분으로 계산할 수 있다.

먼저 S는 z-단순 집합이고, S를 xy-평면에 사영한 S_{xy}는 y-단순 (그리고 x-단순) 집합임을 주목하기 바란다. 처음 적분에서, x와 y는 고정되어 있으며, 수직 직선을 따라서 $z=0$에서 $z=2-x^2/2$까지 적분한다. 그 다음에 그 결과를 집합 S_{xy}에서 적분한다.

$$\begin{aligned}\iiint_S 2xyz\, dV &= \int_0^2 \int_0^x \int_0^{2-x^2/2} 2xyz\, dz\, dy\, dx \\ &= \int_0^2 \int_0^x [xyz^2]_0^{2-x^2/2}\, dy\, dx \\ &= \int_0^2 \int_0^x \left(4xy - 2x^3y + \frac{1}{4}x^5y\right) dy\, dx \\ &= \int_0^2 \left(2x^3 - x^5 + \frac{1}{8}x^7\right) dx = \frac{4}{3}\end{aligned}$$ ■

예제 3의 적분 순서는 여러 가지가 가능하다. 다른 방법으로 이것을 계산하는 예를 살펴본다.

예제 4 예제 3의 적분을 $dy\,dx\,dz$ 순서로 적분하여서 계산하여라.

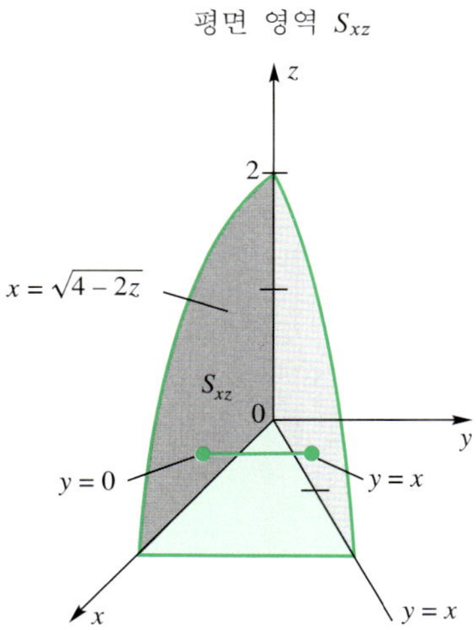

그림 5

풀이 입체 S는 y-단순하며, 그림 5처럼 평면의 집합 S_{xz}에 사영됨을 주목하기 바란다. 먼저 수평 직선을 따라 $y=0$에서 $y=x$까지 적분을 한다. 그 다음에 그 결과를 S_{xz}에서 적분한다.

$$\begin{aligned}\iiint_S 2xyz\, dV &= \int_0^2 \int_0^{\sqrt{4-2z}} \int_0^x 2xyz\, dy\, dx\, dz \\ &= \int_0^2 \int_0^{\sqrt{4-2z}} x^3z\, dx\, dz = \frac{1}{4}\int_0^2 (\sqrt{4-2z})^4 z\, dz\end{aligned}$$

$$=\frac{1}{4}\int_0^2 (16z-16z^2+4z^3)\,dz=\frac{4}{3}$$ ■

질량과 무게중심 질량과 무게중심의 개념도 쉽게 일반화하여 입체 영역에다 적용할 수 있다. 올바른 공식을 이끌어 내는 과정이 이제는 매우 친숙하며, 다음 표어로 요약할 수 있다: 잘게 썰고, 근사값을 구하고, 적분하자. 그림 6이 전체 아이디어를 제시해 준다. 기호 $\delta(x, y, z)$는 (x, y, z) 지점에서의 밀도(단위 부피당 질량)를 나타낸다.

입체 S의 질량 m, S의 xy-평면에 대한 모멘트 M_{xy}에 대한 적분 공식과 무게중심의 z좌표 $\bar{z}$는 다음과 같다.

$$m=\iiint_S \delta(x, y, z)\,dV$$
$$M_{xy}=\iiint_S z\delta(x, y, z)\,dV$$
$$\bar{z}=\frac{M_{xy}}{m}$$

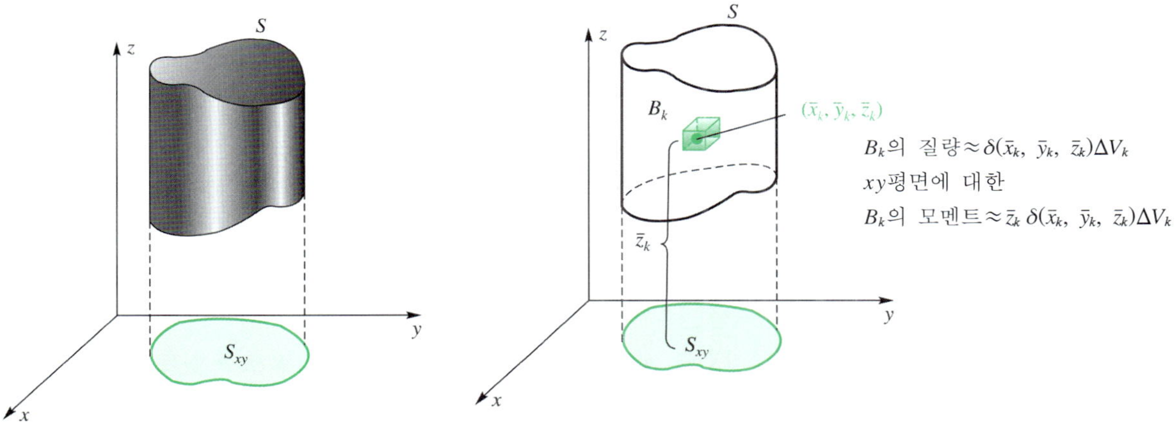

그림 6

M_{yz}, M_{xz}, $\bar{x}$, $\bar{y}$에 대해서도 이와 비슷한 공식들이 있다.

예제 5 예제 3의 입체 S의 밀도는 xy-평면에 있는 그 밑면으로부터의 거리에 비례한다고 가정하고, 그 질량과 무게중심을 구하여라.

풀이 가정에서 $\delta(x, y, z)=kz$이다. 여기서 k는 상수이다. 따라서

$$m=\iiint_S kz\,dV=\int_0^2\int_0^x\int_0^{2-x^2/2} kz\,dz\,dy\,dx$$
$$=k\int_0^2\int_0^x \frac{1}{2}\left(2-\frac{x^2}{2}\right)^2 dy\,dx=k\int_0^2\int_0^x\left(2-x^2+\frac{1}{8}x^4\right)dy\,dx$$
$$=k\int_0^2\left(2x-x^3+\frac{1}{8}x^5\right)dx=k\left[x^2-\frac{x^4}{4}+\frac{x^6}{48}\right]_0^2=\frac{4}{3}k$$

$$M_{xy}=\iiint_S kz^2 dV=\int_0^2\int_0^x\int_0^{2-x^2/2} kz^2 dz\,dy\,dx$$
$$=\frac{k}{3}\int_0^2\int_0^x\left(2-\frac{x^2}{2}\right)^3 dy\,dx$$
$$=\frac{k}{3}\int_0^2\int_0^x\left(8-6x^2+\frac{3}{2}x^4-\frac{1}{8}x^6\right)dy\,dx$$
$$=\frac{k}{3}\int_0^2\left(8x-6x^3+\frac{3}{2}x^5-\frac{1}{8}x^7\right)dx$$
$$=\frac{k}{3}\left[4x^2-\frac{3}{2}x^4+\frac{1}{4}x^6-\frac{1}{64}x^8\right]_0^2=\frac{4}{3}k$$
$$M_{xz}=\iiint_S kyz\,dV=\int_0^2\int_0^x\int_0^{2-x^2/2} kyz\,dz\,dy\,dx$$
$$=k\int_0^2\int_0^x\frac{1}{2}y\left(2-\frac{x^2}{2}\right)^2 dy\,dx=k\int_0^2\frac{1}{4}x^2\left(2-\frac{x^2}{2}\right)^2 dx$$
$$=k\int_0^2\left(x^2-\frac{1}{2}x^4+\frac{1}{16}x^6\right)dx=\frac{64}{105}k$$
$$M_{yz}=\iiint_S kxz\,dV=\int_0^2\int_0^x\int_0^{2-x^2/2} kxz\,dz\,dy\,dx=\frac{128}{105}k$$
$$\bar{z}=\frac{M_{xy}}{m}=\frac{4k/3}{4k/3}=1$$
$$\bar{y}=\frac{M_{xz}}{m}=\frac{64k/105}{4k/3}=\frac{16}{35}$$
$$\bar{x}=\frac{M_{yz}}{m}=\frac{128k/105}{4k/3}=\frac{32}{35}$$ ■

다중확률변수 5.7절에서 확률변수에 관한 확률이 어떻게 확률밀도함수 아래의 넓이로써 계산되는지 그리고 기대값이 어떻게 모멘트처럼 계산되는지를 보았다. 이 개념들은 두 쌍(또는 세 쌍 등)의 확률변수 경우로 쉽게 일반화된다.

S가 (X, Y, Z)에 대한 모든 가능한 값의 영역일 때, S안의 모든 (x, y, z)에 대하여 $f(x, y, z)\geq 0$이고

$$\iiint_S f(x, y, z)\,dz\,dy\,dx=1$$

이면 함수 $f(x, y, z)$는 확률변수 (X, Y, Z)에 대한 **결합확률밀도함수**(joint PDF)이다. (X, Y, Z)를 포함하는 확률은 적당한 영역위에서 중적분으로 계산할 수 있다. 어떤 함수 $g(X, Y, Z)$의 기대값은

$$E(g(X, Y, Z))=\iiint_S g(x, y, z)f(x, y, z)\,dz\,dy\,dx$$

로 정의된다. 같은 방법으로 이것을 두 쌍(또는 n쌍) 확률변수에 적용할 수 있다.

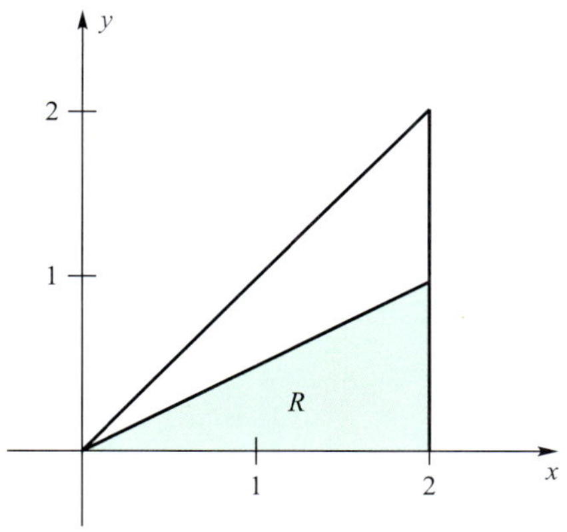

그림 7

예제 6 확률변수 (X, Y, Z)에 대한 결합확률밀도함수는

$$f(x, y, z)=\begin{cases}\frac{1}{2}, & (0\le x\le 2;\ 0\le y\le x;\ 0\le z\le 1)\\ 0, & (\text{그 이외})\end{cases}$$

이다. 이 때 (a) $P(Y\le X/2)$, (b) $E(Y)$를 구하여라.

풀이

(a) $Y\le X/2$이기 위한 필요충분조건은 (X, Y)가 그림 7의 어두운 부분 R과 $0\le Z\le 1$에 있는 것이다. 따라서

$$P\left(Y\le\frac{X}{2}\right)=\int_0^2\int_0^{x/2}\int_0^1\frac{1}{2}dz\,dy\,dx=\int_0^2\int_0^{x/2}\frac{1}{2}dy\,dx$$
$$=\int_0^2\frac{x}{4}dx=\left[\frac{x^2}{8}\right]_0^2=\frac{1}{2}$$

(b) Y의 기대값은 다음과 같다.

$$E(Y)=\iiint_S yf(x, y, z)\,dz\,dy\,dx=\int_0^2\int_0^x\int_0^1\frac{y}{2}dz\,dy\,dx$$
$$=\int_0^2\int_0^x\frac{y}{2}dy\,dx=\int_0^2\left[\frac{y^2}{4}\right]_0^x dx$$
$$=\int_0^2\frac{x^2}{4}dx=\left[\frac{x^3}{12}\right]_0^2=\frac{2}{3}$$

■

개념 복습

1. $\iiint_S 1\,dV$는 입체 S의 ______이다.

2. (x, y, z) 지점에서의 밀도가 $|xyz|$이면, S의 질량은 ______.

3. $\int_0^1\int_0^1\int_{x^2}^x f(x, y, z)dy\,dx\,dz=\int_0^1\int_0^1\int_{g(y)}^{h(y)} f(x, y, z)dx\,dy\,dz$,

여기서 $g(y)=$______이고 $h(y)=$______.

4. S는 원점을 중심으로 한 단위구라고 하자. 그러면 대칭성에 따라서, $\iiint_S (x+y+z)dV=$______.

연습문제 13.7

문제 1~10에서 반복적분을 계산하여라.

1. $\int_{-3}^7\int_0^{2x}\int_y^{x-1} dz\,dy\,dx$

2. $\int_0^2\int_{-1}^4\int_0^{3y+x} dz\,dy\,dx$

3. $\int_1^4\int_{z-1}^{2z}\int_0^{y+2z} dx\,dy\,dz$

4. $\int_0^5\int_{-2}^4\int_1^2 6xy^2z^3dx\,dy\,dz$

5. $\int_4^{24}\int_0^{24-x}\int_0^{24-x-y}\frac{y+z}{x}dz\,dy\,dx$

6. $\int_0^5\int_0^3\int_{z^2}^9 xyz\,dx\,dz\,dy$

7. $\int_0^2\int_1^z\int_0^{\sqrt{x/z}} 2xyz\,dy\,dx\,dz$

8. $\int_0^{\pi/2}\int_0^z\int_0^y \sin(x+y+z)\,dx\,dy\,dz$

9. $\int_{-2}^4\int_{x-1}^{x+1}\int_0^{\sqrt{2y/x}} 3xyz\,dz\,dy\,dx$

10. $\int_0^{\pi/2}\int_{\sin 2z}^0\int_0^{2yz} \sin\left(\frac{x}{y}\right)dx\,dy\,dz$

문제 11~20에서 입체 S를 그려라. 그 다음에 다음 적분을 반복적분으로 나타내어라.

$$\iiint_S f(x, y, z)\,dV$$

11. $S=\{(x, y, z): 0\le x\le 1, 0\le y\le 3, 0\le z\le \frac{1}{6}(12-3x-2y)\}$

12. $S=\{(x, y, z): 0\le x\le \sqrt{4-y^2}, 0\le y\le 2, 0\le z\le 3\}$

13. $S=\{(x, y, z): 0\le x\le \frac{1}{2}y, 0\le y\le 4, 0\le z\le 2\}$

14. $S=\{(x, y, z): 0\le x\le \sqrt{y}, 0\le y\le 4, 0\le z\le \frac{3}{2}x\}$

15. $S=\{(x, y, z): 0\le x\le 3z, 0\le y\le 4-x-2z, 0\le z\le 2\}$

16. $S=\{(x, y, z): 0\le x\le y^2, 0\le y\le \sqrt{z}, 0\le z\le 1\}$

17. S는 꼭지점이 $(0, 0, 0)$, $(3, 2, 0)$, $(0, 3, 0)$, $(0, 0, 2)$인 사면체.

18. S는 제1팔분공간의 영역으로, 곡면 $z=9-x^2-y^2$과 좌표평면들로 둘러싸인 부분.

19. S는 제1팔분공간의 영역으로, 기둥 $y^2+z^2=1$과 평면 $x=1$, $x=4$로 둘러싸인 부분.

20. S는 기둥 $x^2+y^2-2y=0$과 평면 $x-y=0$, $z=0$, $z=3$으로 둘러싸인 영역들 중에 작은 것.

문제 21~28에서 세 번 반복적분을 사용하여, 주어진 양을 구하여라.

21. $y=2x^2$과 $y+4z=8$로 둘러싸인 제1팔분공간의 입체의 부피.

22. 타원기둥 $y^2+64z^2=4$와 평면 $y=x$로 둘러싼 제1팔분공간의 입체의 부피.

23. 기둥 $x^2=y$와 $z^2=y$ 그리고 평면 $y=1$로 둘러싸인 입체의 부피.

24. 기둥 $y=x^2+2$와 평면 $y=4$, $z=0$, $3y-4z=0$으로 둘러싸인 입체의 부피.

25. 평면 $x+y+z=1$, $x=0$, $y=0$, $z=0$으로 둘러싸인 사면체의 무게중심. 밀도는 그 점의 좌표들의 합에 비례한다.

26. 기둥 $x^2+y^2=9$와 평면 $z=0$, $z=4$로 둘러싸인 입체의 무게중심. 밀도는 원점으로부터 거리의 제곱에 비례한다.

27. 입체구 $\{(x, y, z): x^2+y^2+z^2\le a^2\}$ 중에 제1팔분공간에 놓이는 부분의 무게중심. 밀도는 일정하다.

28. 원기둥 $y^2+z^2=4$와 평면 $x-y=0$, $x=0$, $z=0$으로 둘러싸인 입체의 x축에 대한 관성 모멘트 I_x. 밀도는 $\delta(x, y, z)=z$. 도움말: 스스로 공식을 이끌어 내야 한다; 썰고, 근사값을 구하고, 적분하자.

문제 29~32에서 각각의 반복적분을 주어진 적분 순서에 따른 반복적분으로 나타내어라.

29. $\int_0^1\int_0^{\sqrt{1-y^2}}\int_0^{\sqrt{1-y^2-z^2}} f(x, y, z)\,dx\,dz\,dy$; $dz\,dy\,dx$

30. $\int_0^2\int_0^{4-2y}\int_0^{4-2y-z} f(x, y, z)\,dx\,dz\,dy$; $dz\,dy\,dx$

31. $\int_0^2\int_0^{9-x^2}\int_0^{2-x} f(x, y, z)\,dz\,dy\,dx$; $dy\,dx\,dz$

32. $\int_0^2\int_0^{9-x^2}\int_0^{2-x} f(x, y, z)\,dz\,dy\,dx$; $dz\,dx\,dy$

33. 옆면들이 $x=0$, $x=1$, $z=0$, $z=1$인 정사각기둥을 평면 $2x+y+2z=6$으로 자른, 제1팔분공간의 입체를 생각한다(그림 8). 그 부피를 세 가지 방법으로 구하여라.

(a) 어려운 방법: $dz\,dy\,dx$ 적분으로.

(b) 약간 쉬운 방법: $dy\,dx\,dz$ 적분으로.

(c) 가장 쉬운 방법: 13.6절 연습문제 23의 방법.

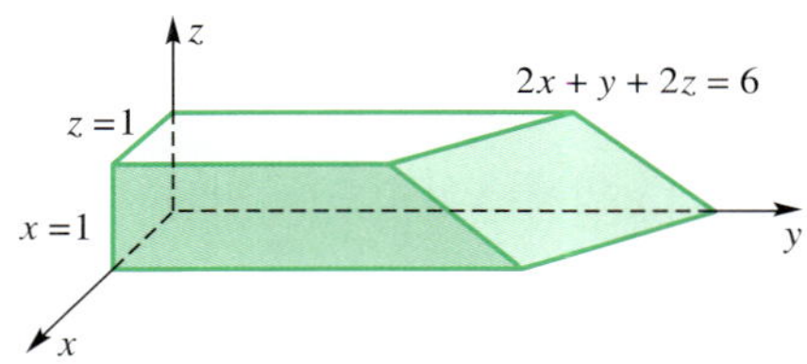

그림 8

34. 그림 8의 입체의 밀도가 k로서 일정하다고 하자. 이 입체의 y축에 대한 관성 모멘트를 구하여라.

35. 그림 8의 입체의 (x, y, z)에서의 온도가 $T=30-z$ 도라고 하자. 평균 온도를 구하여라.

36. 그림 8의 입체의 온도가 $T(x, y, z)=30-z$일 때, 실제온도가 평균온도와 같은 입체의 점들을 모두 구하여라.

37. 그림 8에서 입체가 동질(균질)일 때, 그 중심을 구하여라.

38. 옆면이 $x=0$, $x=1$, $y=0$, $y=1$인 정사각기둥을 평면 $x+y+z=4$로 자른, 제1팔분공간안의 입체(그림 9)를 생각한다.

(a) 어려운 방법: $dx\,dz\,dy$ 적분으로

(b) 약간 쉬운 방법: $dz\,dy\,dx$ 적분으로

(c) 가장 쉬운 방법: 13.6절의 문제 23의 방법

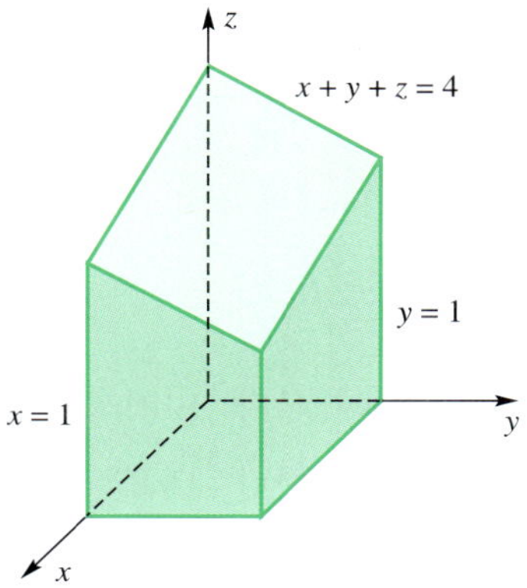

그림 9

39. 그림 9에서 입체가 통질(균질)일 때, 그 무게중심을 구하여라.

40. 그림 9의 입체의 온도가 바닥(xy평면)에서 40°로 시작해서 xy평면 위쪽으로 각 단위마다 연속적으로 5°씩 증가한다. 이때 입체의 평균온도를 구하여라.

41. 사이다 깡통 문제 높이 h인 사이다 깡통에 사이다가 가득 든 채 xy-평면에 서 있다. 밑면에 구멍을 뚫으면, 사이다가 새면서 $\bar{z}$(무게중심의 z좌표)가 내려간다. $\bar{z}$는 맨 처음에 $h/2$이던 것이, 점점 내려가서 최저값이 되었다가, 다시 올라가기 시작하여, 깡통이 완전히 비면 $h/2$가 된다. $\bar{z}$는 사이다의 높이와 일치할 때 최저임을 보여라. (이 문제는 깡통 자신의 무게를 쳐야 한다.) 사이다 병도 같은 결론이 성립하겠는가? 도움말: 굳이 계산하지 말고, 기하학적으로 생각하여라.

CAS **42.** $S=\{(x, y, z): x^2/a^2+y^2/b^2+z^2/c^2\le 1\}$이라 하자. $\iiint_S (xy+xz+yz)\,dV$를 계산하여라.

43. 확률변수 (X, Y)는 다음의 결합확률밀도함수를 갖는다.

$$f(x, y)=\begin{cases} ky, & 0\le x\le 12;\ 0\le y\le x \\ 0, & \text{그 외} \end{cases}$$

다음을 구하여라.

(a) k (b) $P(Y>4)$ (c) $E(X)$

44. 확률변수 (X, Y, Z)는 다음의 결합확률밀도함수를 갖는다.

$$f(x, y)=\begin{cases} kxy, & 0\le x\le y;\ 0\le y\le 4;\ 0\le z\le 2 \\ 0, & \text{그 외} \end{cases}$$

다음을 구하여라.

(a) k (b) $P(X>2)$ (c) $E(X)$

45. 확률변수 (X, Y, Z)는 다음의 결합확률밀도함수를 갖는다.

$$f(x, y)=\begin{cases} \dfrac{3}{256}(x^2+y^2), & 0\le x\le y;\ 0\le y\le 4 \\ 0, & \text{그 외} \end{cases}$$

다음을 구하여라.

(a) $P(X>2)$ (b) $P(X+Y\le 4)$ (c) $E(X+Y)$

46. 확률변수 (X, Y)는 결합확률밀도함수 $f(x, y)$를 갖는다고 하자. 주어진 x에 대해 y가 가질 수 있는 최소값과 최대값이 각각 $a(x)$와 $b(x)$일 때 X의 **주변확률밀도함수**(marginal probability density function)는

$$f_X(x)=\int_{a(x)}^{b(x)} f(x, y)\,dy$$

로 정의된다. 다음이 성립함을 보여라.

(a) $P(a<X<b)=\int_c^b f_X(x)\,dx$

(b) $E(X)=\int_a^b x f_X(x)\,dx$

47. 문제 43에서 확률변수 X에 관한 주변확률밀도함수를 구하고 이것을 이용하여 $E(X)$를 계산하여라.

48. Y에 관한 주변확률밀도함수의 합당한 정의를 하고 이를 사용하여 문제 44에서 Y에 관한 주변확률밀도함수를 계산하여라.

개념 복습 해답: **1.** 부피 **2.** $\iiint_S |xyz|\,dV$ **3.** y; $\sqrt{y}$ **4.** 0

13.8 원기둥좌표와 구면좌표에서의 삼중적분

삼차원 공간의 입체 영역 S가 어떤 축에 대해서 대칭이면, S에서의 삼중적분을 구면좌표를 사용하여 구하는 편이 나을 수 있다. 그리고 S가 어떤 점에 대해서 대칭이면, 구면 좌표가 도움이 될 수 있다. 원기둥좌표와 구면 좌표는 11.9절에서 도입하였는데, 한번 복습해 보기 바란다. 두 좌표는 13.9절의 주제인 중적분에 관한 변수변환의 특수한 경우이다.

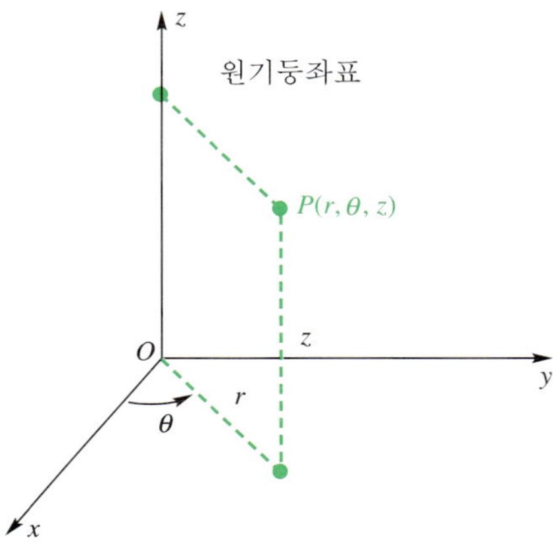

그림 1

원기둥좌표 원기둥좌표의 의미와 사용할 기호들을 그림 1에 나타내었다. 원기둥좌표와 직교좌표는 다음 방정식들로 관련되어 있다.

$$x=r\cos\theta,\qquad y=r\sin\theta,\qquad x^2+y^2=r^2$$

그 결과로, 함수 $f(x, y, z)$를 원기둥좌표로 표현하면 다음과 같이 바뀐다.

$$f(x,\ y,\ z)=f(r\cos\theta,\ r\sin\theta,\ z)=F(r,\ \theta,\ z)$$

이제 적분 $\iiint_S f(x,\ y,\ z)\,dV$를 다른 방법으로 계산해 본다. 여기서 S는 입체 영역이다. S를 원기둥좌표에 따라 분할한 것을 생각한다. 대표적인 작은 한 조각의 모습이 그림 2와 같다. 이 조각을 원기둥형 쐐기(cylindrical wedge)라고 부르는데, 그 부피는 $\Delta V_k=\bar{r}_k\Delta r_k\Delta\theta_k\Delta z_k$이고, 적분의 근사값을 나타내는 합은 다음 형태이다.

$$\sum_{k=1}^{n} F(\bar{r}_k,\ \bar{\theta}_k,\ \bar{z}_k)\,\bar{r}_k\Delta z_k\Delta r_k\Delta\theta_k$$

분할의 크기가 0으로 갈 때 극한을 취하면, 새로운 적분을 얻게 되며, 삼중적분에서 직교좌표를 원기둥좌표로 바꾸는 중요한 공식을 제공해 준다.

S는 z-단순 입체이고, S를 xy-평면으로 사영한 S_{xy}가 r-단순하다고 하자. 그림 3을 보기 바란다. 이 때 f가 S에서 연속이면,

$$\iiint_S f(x,\ y,\ z)\,dV=\int_{\theta_1}^{\theta_2}\int_{r_1(\theta)}^{r_2(\theta)}\int_{g_1(r,\ \theta)}^{g_2(r,\ \theta)} f(r\cos\theta,\ r\sin\theta,\ z)\,r\,dz\,dr\,d\theta$$

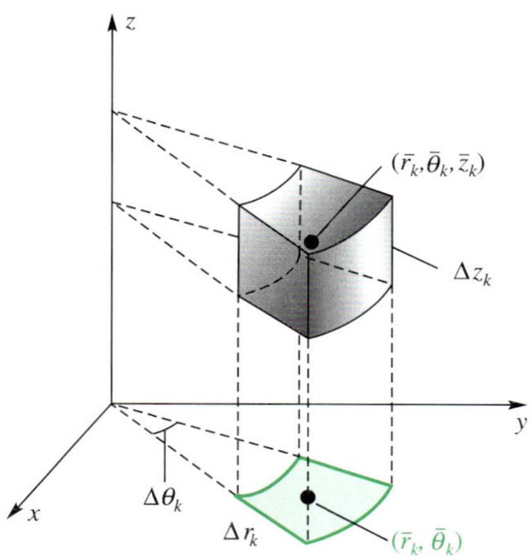

그림 2

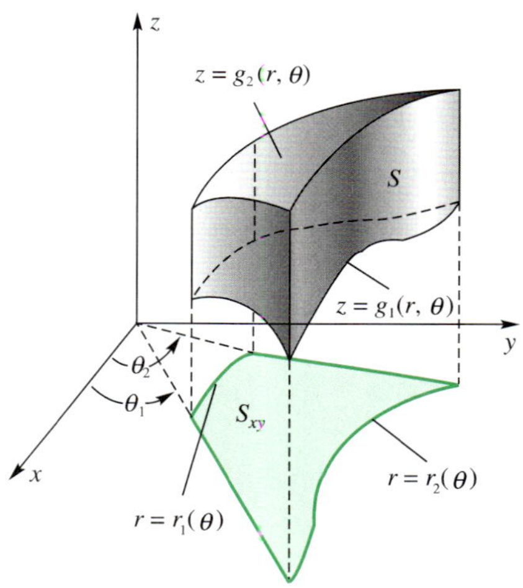

그림 3

여기서 가장 핵심 사항은, 직교좌표의 $dzdydx$가 원기둥좌표에서는 $rdzdrd\theta$가 된다는 것이다.

예제 1 입체 원기둥 S의 질량과 무게중심을 구하여라. 그 밀도는 밑면으로부터의 거리에 비례한다고 한다.

원기둥좌표와 극좌표

평면에서 직교좌표를 극좌표로의 변환은

$$x=r\cos\theta,\quad y=r\sin\theta$$

이고 3차원공간에서 직교좌표의 원기둥좌표로의 변환은

$$x=r\cos\theta,\quad y=r\sin\theta,\quad z=z$$

이다. 달리 말하면 3차원 공간에서 원기둥좌표를 이용하여 점을 구하려면 순서쌍 $(x,\ y)$에 대한 극좌표를 구하고 나서 z성분을 붙이면 된다.

$$dx\,dy=r\,dr\,d\theta$$

이므로

$$dx\,dy\,dz=r\,dz\,dr\,d\theta$$

가 되는 것은 당연하다.

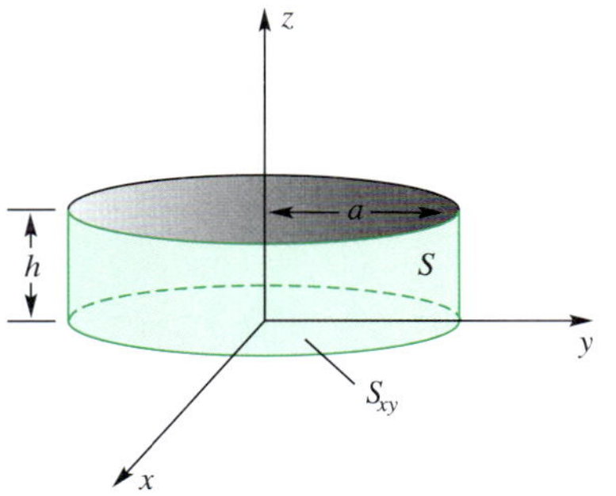

그림 4

풀이 S를 그림 4와 같이 좌표축에 놓는다. 그러면 밀도 함수는 $\delta(x, y, z)=kz$이고, 여기서 k는 상수이다. 그러므로

$$m=\iiint_S \delta(x, y, z)\,dV=k\int_0^{2\pi}\int_0^a\int_0^h zr\,dz\,dr\,d\theta$$
$$=k\int_0^{2\pi}\int_0^a \frac{1}{2}h^2 r\,dr\,d\theta=\frac{1}{2}kh^2\int_0^{2\pi}\int_0^a r\,dr\,d\theta$$
$$=\frac{1}{2}kh^2\int_0^{2\pi}\frac{1}{2}a^2 d\theta=\frac{1}{2}kh^2\pi a^2$$

$$M_{xy}=\iiint_S z\delta(x, y, z)\,dV=k\int_0^{2\pi}\int_0^a\int_0^h z^2 r\,dz\,dr\,d\theta$$
$$=k\int_0^{2\pi}\int_0^a \frac{1}{3}h^3 r\,dr\,d\theta=\frac{1}{3}kh^3\int_0^{2\pi}\int_0^a r\,dr\,d\theta$$
$$=\frac{1}{3}kh^3\pi a^2$$

$$\bar{z}=\frac{M_{xy}}{m}=\frac{\frac{1}{3}kh^3\pi a^2}{\frac{1}{2}kh^2\pi a^2}=\frac{2}{3}h$$

대칭이기 때문에, $\bar{x}=\bar{y}=0$. ■

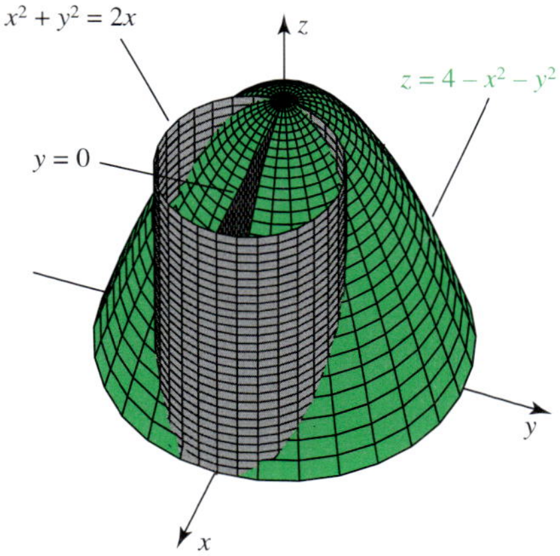

그림 5

예제 2 그림 5에서와 같이, 위쪽은 포물면 $z=4-x^2-y^2$으로 싸여있고, 아래는 $z=0$, 옆은 $y=0$과 기둥 $x^2+y^2=2x$로 싸여있는 입체 영역 S의 부피를 구하여라.

풀이 원기둥좌표로, 포물면은 $z=4-r^2$이고, 기둥은 $r=2\cos\theta$이다.

z변수는 xy평면에서 포물면 위로 0에서 $4-r^2$까지 움직인다. 그림 6은 xy평면에서 입체의 그림자이다: 이 그림을 보면 주어진 θ에 대해 r이 0에서 $2\cos\theta$까지 움직이는 것을 알 수 있다. 끝으로 θ는 0에서 $\pi/2$까지 움직인다. 따라서

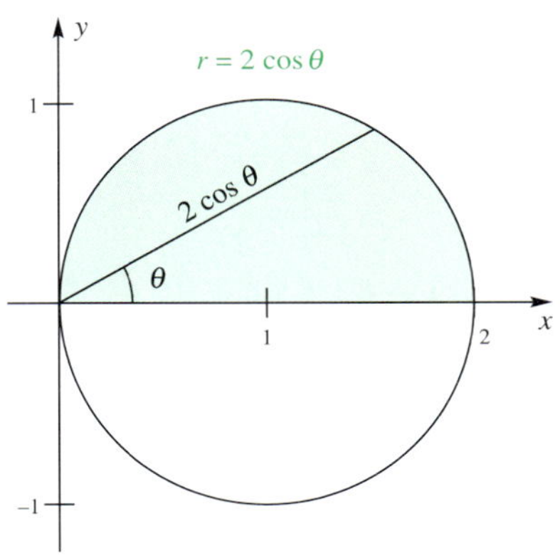

그림 6

$$V=\iiint_S 1\,dV=\int_0^{\pi/2}\int_0^{2\cos\theta}\int_0^{4-r^2} r\,dz\,dr\,d\theta$$
$$=\int_0^{\pi/2}\int_0^{2\cos\theta} r(4-r^2)\,dr\,d\theta=\int_0^{\pi/2}\left[2r^2-\frac{1}{4}r^4\right]_0^{2\cos\theta}d\theta$$
$$=\int_0^{\pi/2}(8\cos^2\theta-4\cos^4\theta)\,d\theta$$
$$=8\cdot\frac{1}{2}\cdot\frac{\pi}{2}-4\cdot\frac{3}{8}\cdot\frac{\pi}{2}=\frac{5\pi}{4}$$

맨 마지막의 적분은, 이 책 뒷표지 안쪽의 적분 공식 113을 이용하여 구하였다. ■

구면좌표 11.9절에서 구면좌표를 도입하였는데, 그림 7을 보고 구면좌표의

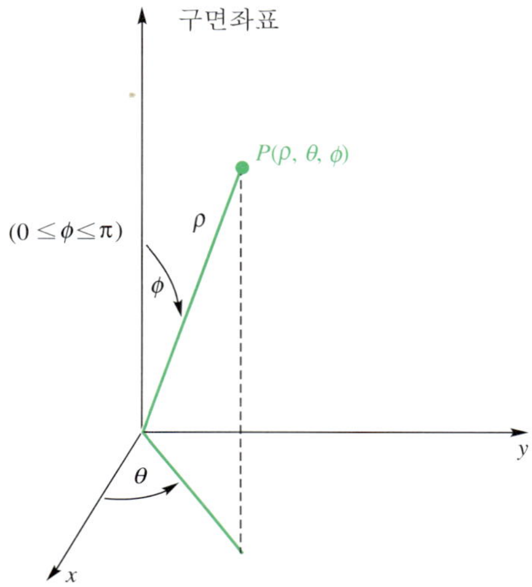

그림 7

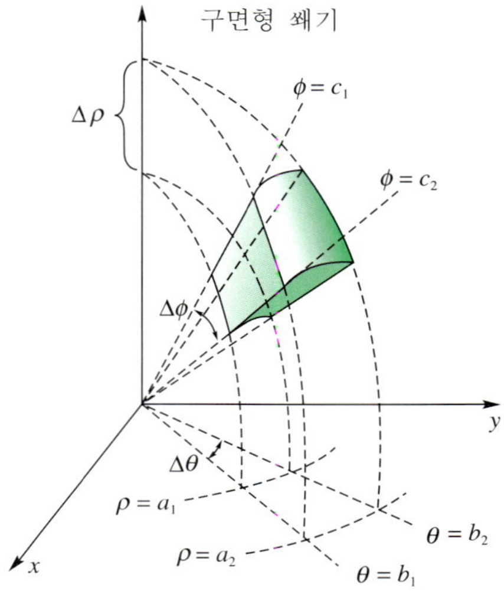

그림 8

의미를 상기하기 바란다. 그 절에서, 구면좌표와 직교좌표 사이의 관계를 나타내는 다음 방정식들을 배웠다.

$$x = \rho \sin\phi \cos\theta, \qquad y = \rho \sin\phi \sin\theta, \qquad z = \rho \cos\phi$$

그림 8에 구면좌표계의 체적요소가 나오는데, 이것을 구면형 쐐기(spherical wedge)라고 부른다. 세부 사항은 생략하겠지만, 제시해 놓은 구면형 쐐기의 부피는

$$\Delta V = \bar{\rho}^2 \sin\bar{\phi} \Delta\rho \Delta\theta \Delta\phi$$

임을 보일 수 있다. 여기서 $(\bar{\rho}, \bar{\theta}, \bar{\phi})$는 쐐기 속에서 적당하게 취한 점이다.

입체 S를 구면좌표에 따라 잘게 분할하여 적당한 합을 만들고, 극한을 취하면, $dz\,dy\,dx$ 대신에 $\rho^2 \sin\phi\, d\rho\, d\theta\, d\phi$를 바꿔넣은 반복적분을 얻게 된다.

$$\iiint_S f(x, y, z)\,dV = \iiint f(\rho \sin\phi \cos\theta, \rho \sin\phi \sin\theta, \rho \cos\phi)\rho^2 \sin\phi\, d\rho\, d\theta\, d\phi$$

예제 3 공 모양의 입체 S의 밀도 δ가 중심으로부터의 거리에 비례한다. 그 질량을 구하여라.

풀이 원점을 중심으로 하여 공을 놓고, 그 반지름을 a라 하자. 밀도 δ는 $\delta = k\sqrt{x^2+y^2+z^2} = k\rho$로 주어진다. 그러므로 질량 m은 다음과 같다.

$$m = \iiint_S \delta\, dV = k\int_0^{\pi}\int_0^{2\pi}\int_0^{a} \rho\rho^2 \sin\phi\, d\rho\, d\theta\, d\phi$$

$$= k\frac{a^4}{4}\int_0^{\pi}\int_0^{2\pi} \sin\phi\, d\theta\, d\phi = \frac{1}{2}k\pi a^4 \int_0^{\pi} \sin\phi\, d\phi = k\pi a^4$$ ■

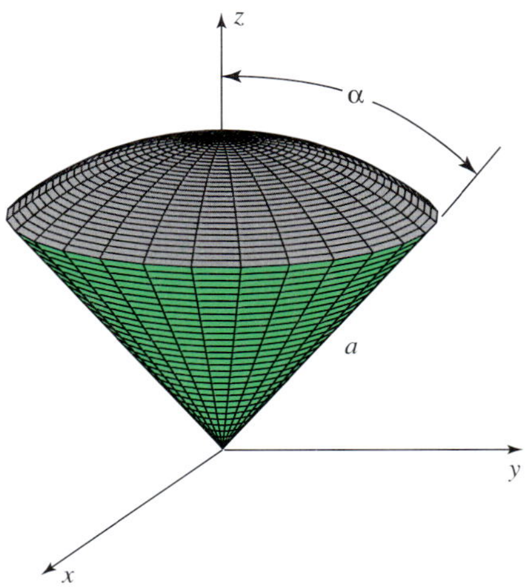

그림 9

예제 4 동질의 입체 S가 위쪽은 구 $\rho=a$로, 아래는 원뿔 $\phi=\alpha$로 유계되어 있다(그림 9). 여기서 a와 α는 상수들이다. S의 부피와 무게중심을 구하여라.

풀이 부피 V는 다음 적분으로 주어진다.

$$\begin{aligned} V &= \int_0^\alpha \int_0^{2\pi} \int_0^a \rho^2 \sin\phi \, d\rho \, d\theta \, d\phi \\ &= \int_0^\alpha \int_0^{2\pi} \left(\frac{a^3}{3}\right) \sin\phi \, d\theta \, d\phi \\ &= \frac{2\pi a^3}{3} \int_0^\alpha \sin\phi \, d\phi \\ &= \frac{2\pi a^3}{3}(1-\cos\alpha) \end{aligned}$$

그러므로 입체의 질량 m은 다음과 같다.

$$m = kV = \frac{2\pi a^3 k}{3}(1-\cos\alpha)$$

여기서 k는 밀도 상수이다.

대칭성 때문에, 무게중심은 z축에 놓여 있다. 즉, $\bar{x}=\bar{y}=0$. $\bar{z}$를 구하기 위해서, 먼저 M_{xy}를 계산해야 한다.

$$\begin{aligned} M_{xy} &= \iiint_S kz \, dV = \int_0^\alpha \int_0^{2\pi} \int_0^a k(\rho\cos\phi)\rho^2 \sin\phi \, d\rho \, d\theta \, d\phi \\ &= \int_0^\alpha \int_0^{2\pi} \int_0^a k\rho^3 \sin\phi\cos\phi \, d\rho \, d\theta \, d\phi \\ &= \int_0^\alpha \int_0^{2\pi} \frac{1}{4} k a^4 \sin\phi\cos\phi \, d\theta \, d\phi \\ &= \int_0^\alpha \frac{1}{2}\pi k a^4 \sin\phi\cos\phi \, d\phi = \frac{1}{4}\pi a^4 k \sin^2\alpha \end{aligned}$$

그러므로

$$\begin{aligned} \bar{z} &= \frac{\frac{1}{4}\pi a^4 k \sin^2\alpha}{\frac{2}{3}\pi a^3 k(1-\cos\alpha)} = \frac{3a\sin^2\alpha}{8(1-\cos\alpha)} \\ &= \frac{3}{8}a(1+\cos\alpha) \end{aligned}$$

■

개념 복습

1. $dz\,dy\,dx$는 원기둥 좌표에서는 ______ 형태가, 구면 좌표에서는 ______ 형태가 된다.

2. $\int_0^1 \int_0^{\sqrt{1-x^2}} \int_0^3 xy \, dz \, dy \, dx$는 원기둥 좌표에서 ______가 된다.

3. S가 원점이 중심인 단위 구이면, $\iiint_S z^2 dV$는 구면 좌표로 되풀이한 적분으로 표현하면 ______가 된다.

4. 문제 3의 적분의 값은 ______이다.

연습문제 13.8

문제 1~6에서 원기둥좌표와 구면좌표로 주어진 적분을 계산하고 적분영역 R을 그려라.

1. $\int_0^{2\pi}\int_0^3\int_0^{12} r\,dz\,dr\,d\theta$ **2.** $\int_0^{2\pi}\int_1^3\int_0^{12} r\,dz\,dr\,d\theta$

3. $\int_0^{\pi/4}\int_0^3\int_0^{9-r^2} zr\,dz\,dr\,d\theta$ **4.** $\int_0^{\pi}\int_0^{\sin\theta}\int_0^{2} r\,dz\,dr\,d\theta$

5. $\int_0^{\pi}\int_0^{2\pi}\int_0^{a}\rho^2\sin\phi\,d\rho\,d\theta\,d\phi$

6. $\int_0^{\pi/2}\int_0^{\pi/2}\int_0^{a}\rho^2\cos^2\phi\sin\phi\,d\rho\,d\theta\,d\phi$

문제 7~14에서 원기둥좌표를 사용하여, 주어진 양을 구하여라.

7. 포물면 $z=x^2+y^2$과 평면 $z=4$로 둘러싸인 입체의 부피.

8. 위쪽은 구 $x^2+y^2+z^2=9$, 아래는 평면 $z=0$, 옆은 기둥 $x^2+y^2=4$로 둘러싸인 입체의 부피.

9. 위쪽은 중심이 원점, 반지름이 5인 구면, 아래는 평면 $z=4$로 둘러싸인 입체의 부피.

10. 위로는 평면 $z=y+4$, 아래로는 xy평면, 그리고 반지름이 4이고 z축을 축으로 갖는 직원기둥에 의해 둘러싸인 입체의 부피.

11. 위쪽은 구 $r^2+z^2=5$, 아래는 포물면 $r^2=4z$로 둘러싸인 입체의 부피.

12. 곡면 $z=xy$의 아래, xy-평면의 위쪽, 원기둥 $x^2+y^2=2x$의 안쪽인 입체의 부피.

13. 곡면 $z=12-2x^2-2y^2$의 위쪽, $z=x^2+y^2$의 아래인, 동질의 입체의 무게중심.

14. $x^2+y^2=4$의 안쪽, $x^2+y^2=1$의 바깥쪽, $z=12-x^2-y^2$의 아래, $z=0$의 위쪽인, 동질의 입체의 무게중심.

문제 15~22에서 구면좌표를 사용하여, 주어진 양을 구하여라.

15. 구 $\rho=b$의 안쪽, 구 $\rho=a$의 $(a<b)$ 바깥쪽인 입체의 질량. 밀도는 원점으로부터 거리에 비례한다.

16. 반지름 $2a$인 구의 안쪽, 반지름이 a이고 그 축이 구의 지름인 원기둥의 바깥쪽인 입체의 질량. 밀도는 구의 중점으로부터의 거리의 제곱에 비례한다.

17. 반지름 a인 입체 반구의 무게중심. 밀도는 구의 중점으로부터 거리에 비례한다.

18. 반지름 a인 입체 반구의 무게중심. 밀도는 대칭축으로부터 거리에 비례한다.

19. 문제 18의 입체의 그 대칭축에 대한 관성 모멘트.

20. 구 $x^2+y^2+z^2=16$의 안쪽, 원뿔 $z=\sqrt{x^2+y^2}$의 바깥쪽, xy-평면의 위쪽의 입체의 부피.

21. 단위구의 지름에서 30°로 만나는 두 평면들이 잘라내는 작은 쐐기의 부피.

22. $\int_{-3}^{3}\int_{-\sqrt{9-x^2}}^{\sqrt{9-x^2}}\int_{-\sqrt{9-x^2-z^2}}^{\sqrt{9-x^2-z^2}}(x^2+y^2+z^2)^{3/2}\,dy\,dz\,dx$

23. 위쪽은 평면 $z=y$, 아래쪽은 포물면 $z=x^2+y^2$으로 둘러싸인 입체의 부피를 구하여라. 힌트: 원기둥좌표로 평면의 방정식은 $z=r\sin\theta$이고, 포물면의 방정식은 $z=r^2$이다. 이들을 연립으로 풀어서, xy-평면으로의 사영을 얻어라.

24. 구 $\rho=2\sqrt{2}$와 $\rho=2$의 안쪽인 부분의 부피를 구하여라.

25. 반지름 a인 입체 구에 대해서, 다음의 평균 거리를 구하여라.

(a) 중심으로부터 (b) 지름으로부터

(c) 경계의 한 점으로부터 ($\rho=2a\cos\varphi$를 생각하자)

26. 임의의 동질의 입체 S에 대해서, 선형 함수 $f(x, y, z)=ax+by+cz+d$의 S에서의 평균값은 $f(\bar{x}, \bar{y}, \bar{z})$임을 보여라. 여기서 $(\bar{x}, \bar{y}, \bar{z})$는 무게중심이다.

27. 반지름 a인 동질의 입체구가 원점을 중심으로 하고 있다. 반평면 $\theta=-\alpha$와 반평면 $\theta=\alpha$로 둘러싸인 조각 S에 (귤의 한 조각과 같음) 대해서, 다음을 구하여라.

(a) 무게중심의 x좌표.

(b) z축으로부터 평균 거리.

28. 이 문제에 나오는 모든 구들은 반지름 a, 일정한 밀도 k, 질량 m을 가진다. 다음 각각의 관성 모멘트를 a, m의 항들로 나타내어라.

(a) 지름에 대한 입체 구

(b) 경계에서 접하는 접선에 대한 입체 구(평행축 정리가 입

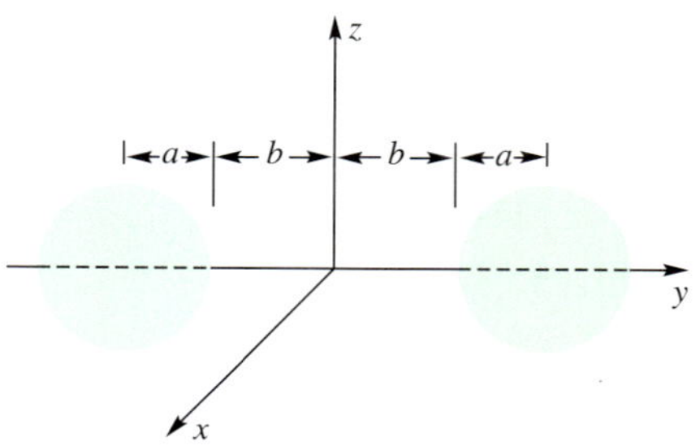

그림 10

체들에 대해서도 성립한다. 13.5절 연습문제 28 참조.)

(c) z축에 대한 그림 10의 두 입체 구

21. 그림 10의 왼쪽 공은 밀도가 k이고, 오른쪽 공은 밀도가 ck라고 하자. 이 두 개의 공으로 된 체계의 무게중심의 y 좌표를 구하여라(13.5절 연습문제 33과 유사한 것이 성립함을 수긍하도록 하여라).

개념 복습 해답: **1.** $r\,dz\,dr\,d\theta$; $\rho^2 \sin\phi\,d\rho\,d\theta\,d\phi$ **2.** $\int_0^{\pi/2}\int_0^1\int_0^3 r^3 \cos\theta \sin\theta\,dz\,dr\,d\theta$ **3.** $\int_0^{\pi}\int_0^{2\pi}\int_0^1 \rho^4 \cos^2\phi\, sin\,\phi\,d\rho\,d\theta\,d$ **4.** $4\pi/15$

13.9 중적분에서의 변수변환

공식

$$dx\,dy = r\,dr\,d\theta$$
$$dx\,dy\,dz = r\,dz\,dr\,d\theta$$
$$dx\,dy\,dz = \rho^2 \sin\phi\,d\rho\,d\theta\,d\phi$$

은 변수변환식의 특수한 경우이다. 이 식들은 이 절에서 다룰 일반적인 결과의 예들이다. 중적분에 관한 결과를 다루기 전에, 1변수 경우의 적분에 관한 변수변환이나 치환의 개념을 복습한다.

> **용어와 기호**
>
> 집합 A에서 집합 B로의 함수 f가 A의 두 원소 x, y가 서로 다르면 두 원소 $f(x)$와 $f(y)$가 서로 다를 때 **일대일**이라고 한다. 함수 f가 치역이 B전체일 때 **위로**의 사상이라 한다. f가 일대일이고 위로의 사상일 때 역함수 f^{-1}가 존재한다. $\mathbb{R}^2$는 실수들의 모든 순서쌍들의 집합을 나타낸다.

g가 1변수의 일대일함수이면 g는 역함수 g^{-1}를 갖고 제 4 장으로부터 다음 식이 성립함을 알 수 있다.

$$\int_a^b f(g(x))g'(x)\,dx = \int_{g(a)}^{g(b)} f(u)\,du$$

x와 u의 역할을 바꾸면 다음과 같다.

$$\int_a^b f(x)\,dx = \int_{g^{-1}(a)}^{g^{-1}(b)} f(g(u))g'(u)\,du$$

마지막 식은 x대신 $g(u)$로 치환한 결과로 볼 수 있다. 이 함수 또는 사상은 그림 1에서 보여주고 있다. 이 절에서 중적분의 변수변환에 관한 비슷한 식을 유도한다. $\mathbb{R}^2$에서 $\mathbb{R}^2$로의 변환부터 알아본다.

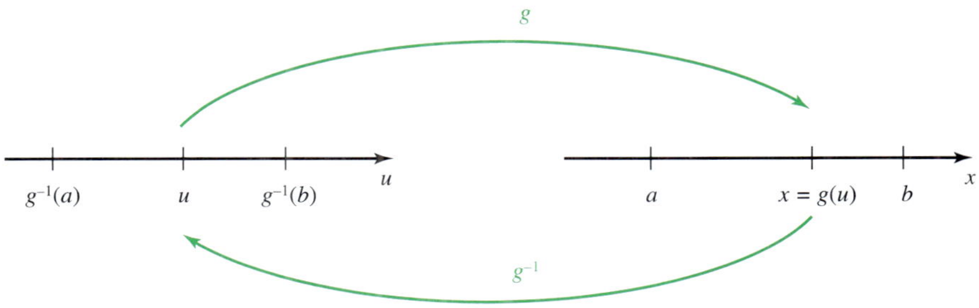

그림 1

uv평면에서 xy평면으로의 변환 x와 y가 u, v의 함수일 때,

$$x = x(u,\ v) \quad 와 \quad y = y(u,\ v)$$
$$G(u,\ v) = (x(u,\ v),\ y(u,\ v))$$

로 놓는다.

함수 G는 벡터값 함수이다. 그러한 함수는 $\mathbb{R}^2$에서 $\mathbb{R}^2$로의 **변환**(transformation)이라 한다. 순서쌍 $(x, y)=G(u, v)$는 변환 G에서의 (u, v)의 **상**(image)이라 하고 (u, v)는 (x, y)의 **원상**(preimage)이라 한다. uv평면에서 **집합 S의 상**은 $(u, v)\in S$에 대해 $(x, y)=G(u, v)$를 만족하는 xy평면안의 점 (x, y)들의 집합이다. 함수 G는 4차원을 필요로 하므로 보통 방법으로는 그래프를 그릴 수 없다. 그 대신, uv평면 안의 점에서 xy평면 안의 점으로의 사상으로 함수를 설명한다. 이 상황을 그림 2에 나타낸다. 이 그림은 uv평면에서 u, v축에 평행한 직선으로 이루어진 바둑판 눈금과 xy평면에서의 상을 보여주고 있다. uv평면에서 수직 직선들의 상은 G의 ***u*곡선**(uv평면에서의 수직 직선들은 'u=상수'모양이다)이라 하고, 마찬가지로 수평선들의 상은 G의 ***v*곡선**이라 한다.

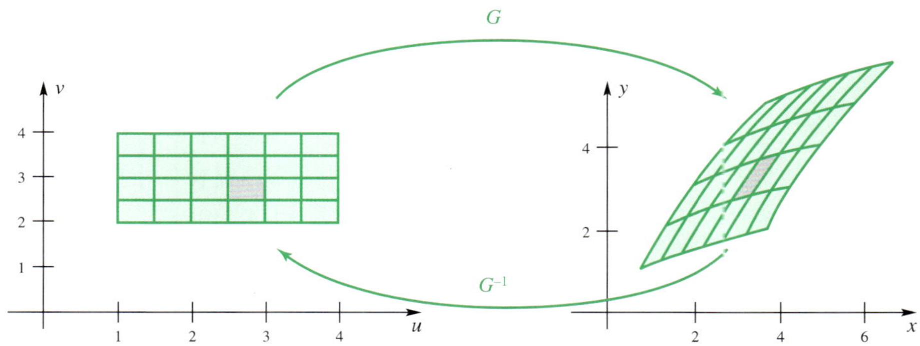

그림 2

예제 1

$$x=x(u, v)=u+v$$
$$y=y(u, v)=u-v$$

와 $G(u, v)=(x(u, v), y(u, v))$라 하자. 이 때 바둑판 눈금 $\{(u, v)$: $(u=3, 4, 5$; $1\le v\le 4$ 또는 $(v=1, 2, 3, 4$와 $3\le u\le 5)\}$에 대해 G의 u곡선과 v곡선의 그래프를 구하여라.

풀이 u, v에 관한 연립방정식

$$\begin{cases} x=u+v \\ y=u-v \end{cases}$$

를 풀면,

$$\begin{cases} u=\dfrac{1}{2}(x+y) \\ v=\dfrac{1}{2}(x-y) \end{cases}$$

를 얻는다. u곡선은

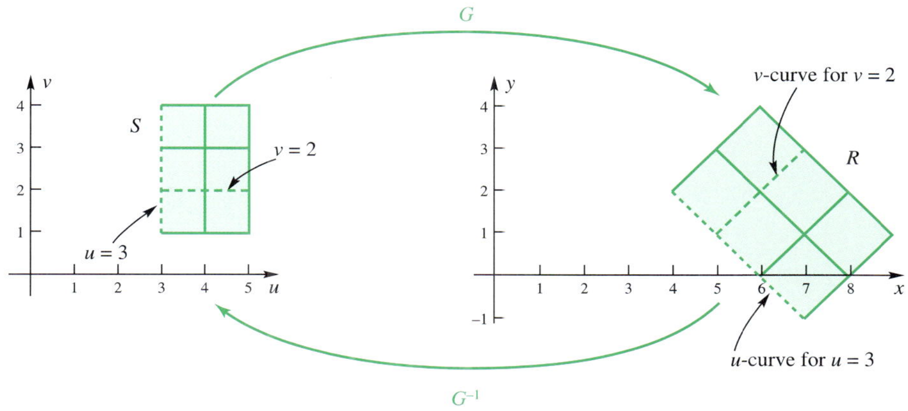

그림 3

$$C=\frac{1}{2}(x+y),\quad C=3,\ 4,\ 5$$

로 결정되고 이것은 다음의 곡선이다.

$$y=2C-x,\quad C=3,\ 4,\ 5$$

이들은 각각 기울기가 -1인 평행선들이다. 같은 방법으로 v곡선은 $C=1,\ 2,\ 3,\ 4$일 때 y에 관한 방정식

$$C=\frac{1}{2}x-\frac{1}{2}y,\quad C=1,\ 2,\ 3,\ 4$$

를 풀면 해는

$$y=-2C+x,\quad C=1,\ 2,\ 3,\ 4$$

이다. 이것은 각각 기울기가 $+1$인 평행선들이다. 그림 3에서 이 곡선들을 볼 수 있다. $u=3$인 u곡선과 $v=2$인 v곡선을 점선으로 나타내었다. ■

예제 2 $u>0,\ v>0$일 때

$$x=x(u,\ v)=u^2-v^2$$
$$y=y(u,\ v)=uv$$
$$G(u,\ v)=(x(u,\ v),\ y(u,\ v))$$

라 하자.

바둑판 눈금 $\{(u,\ v)$: $(u=0,\ 1,\ 2,\ 3,\ 4,\ 5$와 $0\le v\le 5)$ 또는 $(v=0,\ 1,\ 2,\ 3,\ 4,\ 5$와 $0\le u\le 5)\}$에 대해 G에 관한 u곡선과 v곡선을 구하여라.

풀이 $u,\ v$에 관한 연립방정식

$$\begin{cases} x=u^2-v^2 \\ y=uv \end{cases}$$

를 풀기 위하여 둘째 식에서 $v=y/u$로 놓고 이것을 첫 식에 대입하면,

$$x=u^2-\frac{y^2}{u^2}$$

이고 이 식은

$$u^4-xu^2-y^2=0$$

과 동치이다. 이것은 u^2에 관한 2차방정식이므로 근의 공식을 사용하여 다음 식을 얻는다.

$$u^2=\frac{x+\sqrt{x^2+4y^2}}{2}$$

(근의 공식에서 양의 기호만 취한다. 그렇지 않으면 우변식은 음수이다). 따라서

$$u=\sqrt{\frac{1}{2}(x+\sqrt{x^2+4y^2})}$$

$$v=\frac{y}{u}=\frac{y}{\sqrt{\frac{1}{2}(x+\sqrt{x^2+4y^2})}}$$

이 식은 $(x, y)\neq(0, 0)$이면 적용할 수 있다: $(x, y)=(0, 0)$과 $(u, v)=(0, 0)$은 동치라는 것은 연습문제로 남긴다. u곡선은

$$C=\sqrt{\frac{x+\sqrt{x^2+4y^2}}{2}}, \qquad C=0,\ 1,\ 2,\ 3,\ 4,\ 5$$

로 결정되고 다음과 같이 간단하게 된다: $C=0, 1, 2, 3, 4, 5$에 대해

$$2C^2=x+\sqrt{x^2+4y^2}$$
$$4C^4-4C^2+x^2=x^2+4y^2$$
$$x=-\frac{y^2-C^4}{C^2}$$

이것은 왼쪽으로 열려있는 수평적 포물선들이다. 마찬가지로 v곡선은 다음 식으로 결정된다.

$$C=\frac{y}{\sqrt{(x+\sqrt{x^2+4y^2})/2}}$$
$$C^2(x+\sqrt{x^2+4y^2})=2y^2$$
$$x^2+4y^2=\frac{4y^4}{C^4}-\frac{4xy^2}{C^2}+x^2$$
$$x=\frac{y^2-C^4}{C^2}$$

이것은 오른쪽으로 열려있는 수평적 포물선들이다. u, v곡선들을 그림 4와 같다. $u=4(0\leq v\leq 5)$에 대응하는 u곡선은

$$x=-\frac{y^2-4^4}{4^2}=-\frac{1}{16}y^2+16, \qquad 0\leq y\leq 20$$

이 u곡선은 그림 4에서 점선으로 표시한 것이다. ■

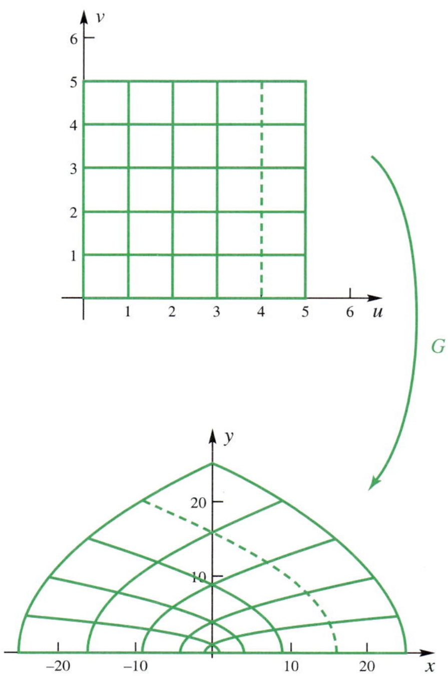

그림 4

이중적분에 관한 변수변환식 $\int_a^b f(x)dx$와 같은 1변수의 적분에서 변수변환할 때 다음 세가지를 고려해야 한다.

1. 피적분함수 $f(x)$
2. 미분 dx
3. 적분의 아래끝과 위끝

$\iint_R f(x, y)dx\,dy$와 같은 이중적분에 대해서도 절차는 비슷하다: 다음 세가지를 고려해야 한다.

1. 미적분함수 $f(x, y)$
2. 미분 dx, dy
3. 적분 영역

중요한 결과를 다음 정리로 기술한다.

정리 A 이중적분의 변수변환

G는 $\mathbb{R}^2$에서 $\mathbb{R}^2$로의 일대일 변환으로 uv평면의 유계영역 S를 xy평면 R위로 보낸다. 만일 G가 $G(u, v)=(x(u, v), y(u, v))$ 일 때 다음이 성립한다.

$$\iint_R f(x, y)dx\,dy=\iint_S f((x(u, v), y(u, v))|J(u, v)|du\,dv$$

단, $J(u, v)$는 행렬식

$$J(u, v)=\begin{vmatrix} \frac{\partial x}{\partial u} & \frac{\partial x}{\partial v} \\ \frac{\partial y}{\partial u} & \frac{\partial y}{\partial v} \end{vmatrix}=\frac{\partial x}{\partial u}\frac{\partial y}{\partial v}-\frac{\partial x}{\partial v}\frac{\partial y}{\partial u}$$

이고, 이것을 **야코비안**(Jacobian)이라 부른다.

증명스케치 uv평면에서 S를 포함하는 직사각형의 분할에서 일부분인 두 변이 Δu, Δv인 작은 직사각형을 잡는다. 이 작은 직사각형의 상은 xy평면에 있는 영역 R의 한 부분이다. 그렇지만 일반적으로 u, v곡선은 각각 x, y축에 평행하지 않다(왜냐하면, u, v곡선은 보통 직선이 아니다). (u_i, v_i), $i=1, 2, ..., n$은 i번째 직사각형의 왼쪽 아래 점이라 하고 (x_i, y_i)는 변환 G에 의한 (u_i, v_i)의 상이라 하자. S_k는 영역 S안의 k번째 직사각형, R_k는 xy평면에서 그의 상이라 하자. 그림 5를 보아라. 영역 R위에서 f의 이중적분은

$$\iint_R f(x, y)dx\,dy\approx\sum_{k=1}^{n}f(x_k, y_k)\Delta A_k$$

이다.

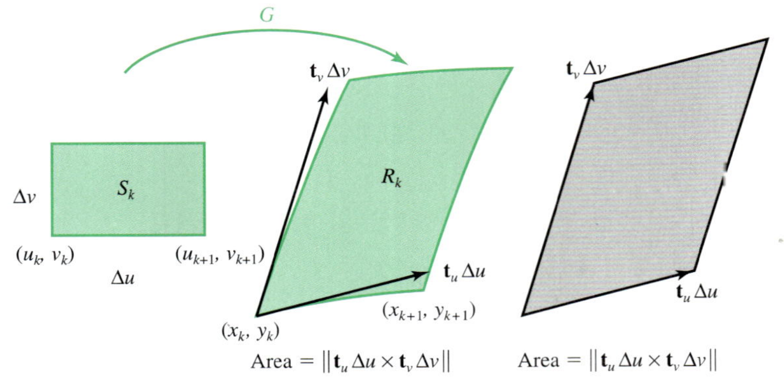

그림 5

단, ΔA_k는 R_k의 넓이이다. 비록 영역 R_k는 직사각형이 아니지만, 거의 평행사변형을 닮았다. 따라서 R_k의 넓이는 평행사변형의 넓이와 거의 같다. 11.4절에서 두 변을 이루는 두 벡터의 벡터곱을 이용하여 평행사변형의 넓이를 구하는 법을 배웠다. 따라서 $(x_k,\ y_k)$에서 u, v곡선에 접하는 두 벡터를 찾아야 한다. u곡선에 접하는 접선벡터를 어떻게 구하는지 알아본다. v곡선의 접선도 비슷하게 구할 수 있다. $(x_{k+1},\ y_{k+1})$은 그림 5에서 보는 것과 같이 $(u_{k+1},\ v_{k+1})$의 상이라 하자. $(x_k,\ y_k)$에서 $(x_{k+1},\ y_{k+1})$로의 벡터는 다음과 같다.

$$\begin{aligned}(x_{k+1}-x_k)\mathbf{i}+(y_{k+1}-y_k)\mathbf{j} &= [x(u_{k+1},\ v_k)-x(u_k,\ v_k)]\mathbf{i} \\ &\quad +[y(u_{k+1},\ v_k)-y(u_k,\ v_k)]\mathbf{j} \\ &\approx \Delta u\frac{\partial x}{\partial u}(u_k,\ v_k)\mathbf{i}+\Delta u\frac{\partial y}{\partial u}(u_k,\ v_k)\mathbf{j} \\ &= \Delta u\left(\frac{\partial x}{\partial u}(u_k,\ v_k)\mathbf{i}+\frac{\partial y}{\partial u}(u_k,\ v_k)\mathbf{j}\right)\end{aligned}$$

마지막 줄 괄호안의 벡터를 $\mathbb{T}_R$라 부르는데 이것은 $(x_k,\ y_k)$를 지나고 u곡선에 접한다. 마찬가지로 벡터

$$\mathbf{t}_v=\frac{\partial x}{\partial u}(u_k,\ v_k)\mathbf{i}+\frac{\partial y}{\partial u}(u_k,\ v_k)\mathbf{j}$$

는 $(x_k,\ y_k)$를 지나고 v곡선에 접한다. 영역 R_k의 넓이 ΔA_k는 다음과 같다.

$$\begin{aligned}\Delta A_k &\approx \|\Delta u\,\mathbf{t}_u\times\Delta v\,\mathbf{t}_v\| \\ &= \left\|\begin{vmatrix}\mathbf{i} & \mathbf{j} & \mathbf{k} \\ \Delta u\dfrac{\partial x}{\partial u}(u_{k+1},\ v_k) & \Delta u\dfrac{\partial y}{\partial u}(u_k,\ v_k) & 0 \\ \Delta v\dfrac{\partial x}{\partial v}(u_{k+1},\ v_k) & \Delta v\dfrac{\partial y}{\partial v}(u_k,\ v_k) & 0\end{vmatrix}\right\| \\ &= \Delta u\,\Delta v\left\|\left.\begin{vmatrix}\dfrac{\partial x}{\partial u} & \dfrac{\partial y}{\partial u} \\ \dfrac{\partial x}{\partial v} & \dfrac{\partial y}{\partial v}\end{vmatrix}\right|_{(u_k,\,v_k)}\mathbf{k}\right\|\end{aligned}$$

$$= \Delta u\, \Delta v \left| \left[\frac{\partial x}{\partial u}\frac{\partial y}{\partial v} - \frac{\partial y}{\partial u}\frac{\partial x}{\partial v} \right]_{(u_k,\, v_k)} \right| \|\mathbf{k}\|$$

$$= |J(u_k,\ v_k)|\,\Delta u\, \Delta v$$

따라서 다음이 성립한다.

$$\iint_R f(x,\ y)\,dx\,dy \approx \sum_{k=1}^{n} f(x_k,\ y_k)\Delta A_k$$

$$\approx \sum_{k=1}^{n} f(x(u_k,\ v_k),\ y(u_k,\ v_k))\,|J(u_k,\ v_k)|\,\Delta u\, \Delta v$$

$$\approx \iint_S f(x(u,\ v),\ y(u,\ v))\,|J(u,\ v)|\,du\,dv$$

이것으로 증명의 스케치를 마무리 한다. ■

예제 3 R이 $(0,\ 0)$, $(\pi,\ -\pi)$, $(\pi,\ \pi)$를 꼭짓점으로 하는 삼각형일 때, $\displaystyle\iint_R \cos(x-y)\sin(x+y)\,dA$를 계산하여라.

풀이 $u=x-y$, $v=x+y$라 하자. x와 y에 관해 풀면 $x=\frac{1}{2}(u+v)$, $y=\frac{1}{2}(v-u)$이다. 영역 R은

$$\begin{cases} -x \le y \le x \\ 0 \le x \le \pi \end{cases}$$

로 나타낼 수 있다. 이 부등식을 u와 v로 치환하면 다음과 같다.

$$-\frac{1}{2}(u+v) \le \frac{1}{2}(v-u) \le \frac{1}{2}(u+v)$$

$$0 \le \frac{1}{2}(u+v) \le \pi$$

이 부등식은

$$u \ge 0, \quad v \ge 0$$
$$0 \le u+v \le 2\pi$$

와 같고 이것은 uv평면에서 영역 S이다(그림 6). 이 변환의 야코비안은 다음과 같다.

$$J = \begin{vmatrix} \dfrac{\partial x}{\partial u} & \dfrac{\partial x}{\partial v} \\ \dfrac{\partial y}{\partial u} & \dfrac{\partial y}{\partial v} \end{vmatrix} = \begin{vmatrix} \dfrac{1}{2} & \dfrac{1}{2} \\ -\dfrac{1}{2} & \dfrac{1}{2} \end{vmatrix} = \frac{1}{2}$$

따라서 다음을 얻는다.

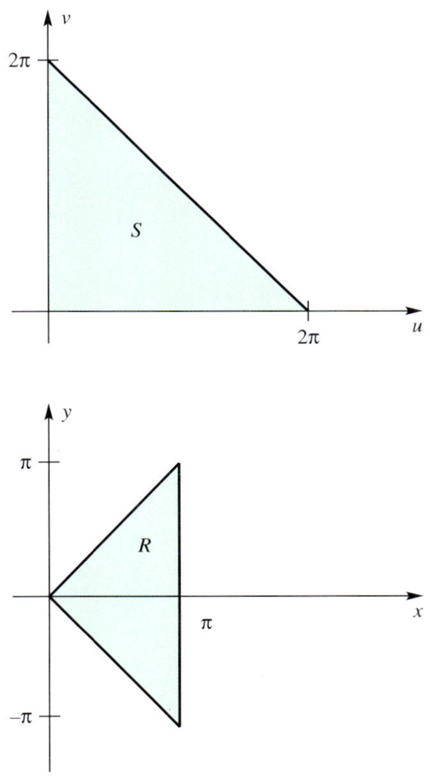

그림 6

$$\begin{aligned}\iint_R \cos(x-y)\sin(x+y)dA &= \iint_S \cos u \sin v \left|\frac{1}{2}\right| dv\,du \\ &= \frac{1}{2}\int_0^{2\pi}\int_0^{2\pi-u} \cos u \sin v\, dv\, du \\ &= \frac{1}{2}\int_0^{2\pi} \cos u(1-\cos(2\pi-u))du \\ &= \frac{1}{2}\int_0^{2\pi} \cos u(1-\cos u)du \\ &= \frac{1}{2}\int_0^{2\pi} (\cos u-\cos^2 u)du \\ &= \frac{1}{2}\int_0^{2\pi}\left(\cos u-\frac{1+\cos 2u}{2}\right)du \\ &= \frac{1}{2}\int_0^{2\pi}\left(\cos u-\frac{1}{2}-\frac{1}{2}\cos 2u\right)du \\ &= \frac{1}{2}\left[\sin u-\frac{1}{2}u-\frac{1}{4}\sin 2u\right]_0^{2\pi} = -\frac{1}{2}\pi\end{aligned}$$

■

적분영역은 다음 예제에서 보여주는 것처럼 가끔 변환을 암시한다.

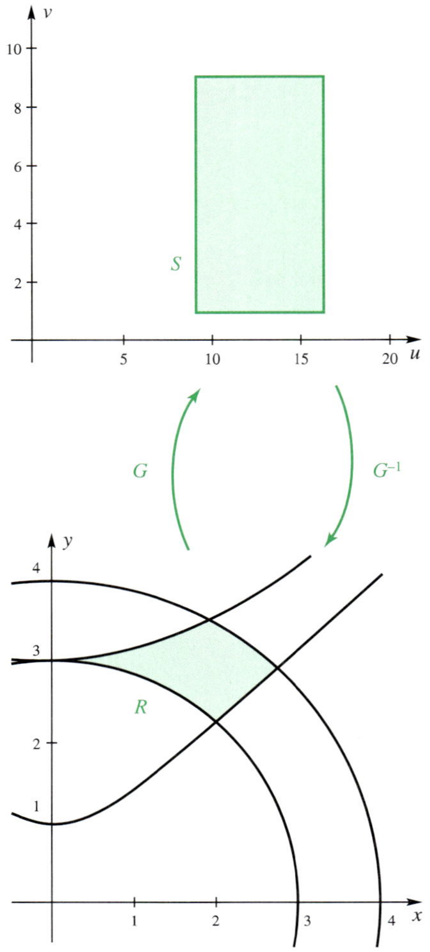

그림 7

예제 4 밀도가 원점으로부터의 거리의 제곱에 비례할 때

$$x^2+y^2=9 \qquad y^2-x^2=1$$
$$x^2+y^2=16 \qquad y^2-x^2=9$$

로 유계된 제1사분면안의 영역 R의 무게중심을 구하여라.

풀이 질량은 $\iint_R k(x^2+y^2)dx\,dy$이다. 피적분함수는 간단하지만, 영역이 복잡하므로 이것은 복잡한 적분이다. $u=x^2+y^2$, $v=y^2-x^2$으로 치환하면, 영역 R은 영역 S로 변환되는데, 이것은 uv평면의 사각형

$$9\le u\le 16, \qquad 1\le v\le 9$$

이다(그림 7). $u=x^2+y^2$, $v=y^2-x^2$에서 x, y에 관해 풀면

$$x=\sqrt{\frac{u-v}{2}}=\frac{1}{\sqrt{2}}(u-v)^{1/2}$$
$$y=\sqrt{\frac{u+v}{2}}=\frac{1}{\sqrt{2}}(u+v)^{1/2}$$

따라서 이 변환에 관한 야코비안은 다음과 같다.

$$J=\begin{vmatrix}\frac{\partial x}{\partial u} & \frac{\partial x}{\partial v}\\ \frac{\partial y}{\partial u} & \frac{\partial y}{\partial v}\end{vmatrix}=\begin{vmatrix}\frac{1}{2\sqrt{2}}(u-v)^{-1/2} & -\frac{1}{2\sqrt{2}}(u-v)^{-1/2}\\ \frac{1}{2\sqrt{2}}(u+v)^{-1/2} & \frac{1}{2\sqrt{2}}(u+v)^{-1/2}\end{vmatrix}=\frac{1}{4\sqrt{u^2-v^2}}$$

이때, 질량은

$$m=\iint_R k(x^2+y^2)\,dx\,dy=k\iint_S u\,|J(u,\ v)|\,du\,dv$$

$$=k\int_1^9\int_9^{16}\frac{u}{4\sqrt{u^2-v^2}}du\,dv$$

$$=\frac{k}{4}\int_1^9\left[\sqrt{u^2-v^2}\,\right]_{u=9}^{u=16}dv$$

$$=\frac{k}{4}\int_1^9(\sqrt{256-v^2}-\sqrt{81-v^2}\,)dv$$

$$=\frac{k}{4}\biggl(\frac{45}{2}\sqrt{7}+128\arcsin\frac{9}{16}-\frac{81}{4}\pi-\frac{1}{2}\sqrt{255}$$

$$-128\arcsin\frac{1}{16}+2\sqrt{5}+\frac{81}{2}\arcsin\frac{1}{9}\biggr)\approx 16.343k$$

마지막 3번째 줄의 적분은 이 책의 뒷부분에 있는 적분표 공식 54를 사용하든지 CAS를 이용하여 구할 수 있다. 모멘트는

$$M_y=\iint_R xk(x^2+y^2)\,dx\,dy=k\iint_S\sqrt{\frac{u-v}{2}}\,u\,|J(u,\ v)|\,du\,dv$$

$$=\frac{k}{4\sqrt{2}}\int_9^{16}\int_1^9\frac{u\sqrt{u-v}}{\sqrt{u^2-v^2}}dv\,du$$

$$=\frac{k}{4\sqrt{2}}\int_9^{16}\int_1^9\frac{u}{\sqrt{u+v}}dv\,du$$

$$=\frac{k}{2\sqrt{2}}\int_9^{16}(u\sqrt{u+9}-u\sqrt{u+1}\,)du$$

$$=\frac{k\sqrt{2}}{4}\left(500-\frac{1564}{15}\sqrt{17}-\frac{324}{5}\sqrt{2}+\frac{100}{3}\sqrt{10}\right)\approx 29.651k$$

그리고

$$M_x=\iint_R yk(x^2+y^2)\,dx\,dy=k\iint_S\sqrt{\frac{u+v}{2}}\,u\,|J(u,\ v)|\,du\,dv$$

$$=\frac{k}{4\sqrt{2}}\int_9^{16}\int_1^9\frac{u\sqrt{u+v}}{\sqrt{u^2-v^2}}dv\,du$$

$$=\frac{k}{4\sqrt{2}}\int_9^{16}\int_1^9\frac{u}{\sqrt{u+v}}dv\,du$$

$$=\frac{k}{2\sqrt{2}}\int_9^{16}(u\sqrt{u-1}-u\sqrt{u-9}\,)du$$

$$=\frac{k\sqrt{2}}{4}\left(100\sqrt{15}-\frac{308}{5}\sqrt{7}+\frac{928}{15}\sqrt{2}\right)\approx 48.376k$$

이고 마지막 3번째줄의 적분은 적분표의 공식 96을 쓰든지 CAS를 이용하여 구할 수 있다. 따라서 무게중심의 좌표는

$$\bar{x}=\frac{M_y}{m}\approx\frac{29.651k}{16.343k}\approx 1.814$$

$$\bar{y}=\frac{M_x}{m}\approx\frac{48.376k}{16.343k}\approx 2.960$$

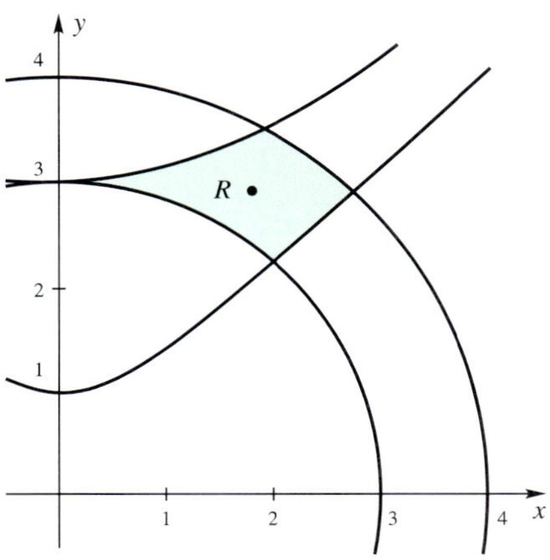

그림 8

이고 점 $(\bar{x}, \bar{y})=(1.814, 2.960)$은 그림 8에 있다. ■

삼중적분에 관한 변수변환 정리 A를 삼중적분으로 확장할 수 있다. $\mathbb{R}^3$에서 $\mathbb{R}^3$으로의 일대일변환 G가 uvw공간의 유계영역 S에서 xyz공간의 유계영역 R 위로 가고 $G(u, v)=(x(u, v, w), y(u, v, w), z(u, v, w))$의 고양일 때 다음이 성립한다.

$$\iiint_R f(x, y, z)\,dx\,dy\,dz=\iiint_S f(x(u, v, w), y(u, v, w), z(u, v, w))\times|J(u, v, w)|\,du\,dv\,dw$$

단, $J(u, v, w)$는 다음과 같은 행렬식이다.

$$J(u, v, w)=\begin{vmatrix} \frac{\partial x}{\partial u} & \frac{\partial x}{\partial v} & \frac{\partial x}{\partial w} \\ \frac{\partial y}{\partial u} & \frac{\partial y}{\partial v} & \frac{\partial y}{\partial w} \\ \frac{\partial z}{\partial u} & \frac{\partial z}{\partial v} & \frac{\partial z}{\partial w} \end{vmatrix}$$

예제 5 직교좌표를 원기둥좌표로 변환하는 변수변환공식

$$dx\,dy\,dz=r\,dr\,d\theta\,dz$$

를 유도하여라.

풀이 변수변환은 $x=r\cos\theta$, $y=r\sin\theta$, $z=z$이므로 야코비안은 다음과 같다.

$$J(r, \theta, z)=\begin{vmatrix} \frac{\partial x}{\partial r} & \frac{\partial x}{\partial \theta} & \frac{\partial x}{\partial z} \\ \frac{\partial y}{\partial r} & \frac{\partial y}{\partial \theta} & \frac{\partial y}{\partial z} \\ \frac{\partial z}{\partial r} & \frac{\partial z}{\partial \theta} & \frac{\partial z}{\partial z} \end{vmatrix}=\begin{vmatrix} \cos\theta & -r\sin\theta & 0 \\ \sin\theta & r\cos\theta & 0 \\ 0 & 0 & 1 \end{vmatrix}$$

$$=0\begin{vmatrix} -r\sin\theta & 0 \\ r\cos\theta & 0 \end{vmatrix}-0\begin{vmatrix} \cos\theta & 0 \\ \sin\theta & 0 \end{vmatrix}+1\begin{vmatrix} \cos\theta & -r\sin\theta \\ \sin\theta & r\cos\theta \end{vmatrix}$$

$$=r\cos^2\theta+r\sin^2\theta=r$$

따라서

$$dx\,dy\,dz=|J(r, \theta, z)|\,dr\,d\theta\,dz=r\,dr\,d\theta\,dz$$ ■

구면좌표에 대한 변환식 $dx\,dy\,dz=\rho^2\sin\phi\,d\rho\,d\theta\,d\phi$은 연습문제(문제 21)로 남긴다.

개념 복습

1. uv평면에서 xy평면으로의 변환에 의하여 수직직선의 상은 ______, 수평직선의 상은 ______라 한다.

2. 이중적분에 관한 변수변환은 ______, ______, ______을 고려해야 한다.

3. 행렬식 $\begin{vmatrix} \frac{\partial x}{\partial u} & \frac{\partial x}{\partial v} \\ \frac{\partial y}{\partial u} & \frac{\partial y}{\partial v} \end{vmatrix}$을 ______라고 한다.

4. 이중적분에서 변수변환식은

$$\iint_R f(x, y)\,dx\,dy$$

$$=\iint_S f(x(u, v), y(u, v)) \text{ ______ } du\,dv.$$

연습문제 13.9

1. 변환 $x=u+v$, $y=v-u$에 대하여, 바둑판눈금 $\{(u, v)$: $(u=2, 3, 4, 5$와 $1\le v\le 3)$ 또는 $(v=1, 2, 3$와 $2\le u\le 5)\}$에 대한 u곡선과 v곡선을 그려라.

2. 변환 $x=2u+v$, $y=v-u$에 대하여, 바둑판눈금 $\{(u, v)$: $(u=2, 3, 4, 5$와 $1\le v\le 3)$ 또는 $(v=1, 2, 3$와 $2\le u\le 5)\}$에 대한 u곡선과 v곡선을 그려라.

3. 변환 $x=u\sin v$, $y=u\cos v$에 대하여, 바둑판눈금 $\{(u, v)$: $(u=0, 1, 2, 3$과 $0\le v\le \pi)$ 또는 $(v=0, \pi/2, \pi$와 $0\le u\le 3)\}$에 대한 u곡선과 v곡선을 그려라.

4. 변환 $x=u\cos v$, $y=u\sin v$에 대하여, 바둑판눈금 $\{(u, v)$: $(u=0, 1, 2, 3$과 $0\le v\le 2\pi)$ 또는 $(v=0, \pi, 2\pi$와 $0\le u\le 3)\}$에 대한 u곡선과 v곡선을 그려라.

5. 변환 $x=u/(u^2+v^2)$, $y=-v/(u^2+v^2)$에 대하여, 바둑판눈금 $\{(u, v)$: $(u=0, 1, 2, 3$과 $0\le v\le 3)$ 또는 $(v=1, 2, 3$과 $0\le u\le 3)\}$에 대한 u곡선과 v곡선을 그려라.

6. 변환 $x=u+u/(u^2+v^2)$, $y=v-v/(u^2+v^2)$에 대하여, 바둑판눈금 $\{(u, v)$: $(u=-2, -1, 0, 1, 2$와 $1\le v\le 3)$ 또는 $(v=1, 2, 3$과 $-2\le u\le 2)\}$에 대한 u곡선과 v곡선을 그려라.

문제 7~10에서, 주어진 꼭지점들을 갖는 직사각형의 상을 구하고 이 변환의 야코비안을 구하여라.

7. $x=u+2v$, $y=u-2v$; $(0, 0)$, $(2, 0)$, $(2, 1)$, $(0, 1)$

8. $x=2u+3v$, $y=u-v$; $(0, 0)$, $(3, 0)$, $(3, 1)$, $(0, 1)$

9. $x=u^2+v^2$, $y=v$; $(0, 0)$, $(1, 0)$, $(1, 1)$, $(0, 1)$

10. $x=u$, $y=u^2-v^2$; $(0, 0)$, $(3, 0)$, $(3, 1)$, $(0, 1)$

문제 11~16에서, 주어진 uv평면에서 xy평면으로의 변환을 구하고 야코비안을 구하여라. $x\ge 0$, $y\ge 0$이라고 가정한다.

11. $u=x+2y$, $v=x-2y$

12. $u=2x-3y$, $v=3x-2y$

13. $u=x^2+y^2$, $v=x$

14. $u=x^2-y^2$, $v=x+y$

15. $u=xy$, $v=x$

16. $u=x^2$, $v=xy$

문제 17~20에서, 꼭지점이 $(1, 0)$, $(4, 0)$, $(4, 3)$인 삼각형 영역 R위에서 변환을 사용하여 이중적분을 계산하여라.

17. $\iint_R \ln\frac{x+y}{x-y}\,dA$

18. $\iint_R \sqrt{\frac{x+y}{x-y}}\,dA$

19. $\iint_R \sin(\pi(2x-y))\cos(\pi(y-2x))\,dA$

20. $\iint_R (2x-y)\cos(y-2x)\,dA$

21. 직교좌표에서 구면좌표로의 변환에 관한 야코비안을 구하여라.

22. 변수변환 $x=ua$, $y=vb$, $z=cw$를 이용하여 타원면 $\frac{x^2}{a^2}+\frac{y^2}{b^2}+\frac{z^2}{c^2}=1$의 부피를 구하여라. 또한 밀도 k가 상수일 때, z축에 대한 이 입체의 관성모멘트를 구하여라.

23. X와 Y는 결합확률밀도함수 $f(x, y)$를 갖는 연속확률변수라 하고, U와 V는 변환

$$X=x(U, V), \quad Y=y(U, V)$$

이 일대일이 되는 X와 Y의 함수인 확률변수라 하자. U와

V의 결합확률밀도함수는

$$g(u, v)=f(x(u, v), y(u, v))|J(u, v)|$$

인 것을 보여라. 도움말: R은 xy평면상의 영역이고, S는 R의 원상이라 하자. 이 때 $P((X, Y)\in R)=P((U, V)\in S)$임을 보이고 이들 각각의 이중적분을 얻어라.

24. 확률변수 X, Y는 결합확률밀도함수

$$f=(x, y)=\begin{cases} \frac{1}{4}, & 0\le x\le 2,\ 0\le y\le 2 \\ 0, & \text{그 외} \end{cases}$$

를 갖는다고 하자. 즉, X와 Y는 사각형 $0\le x\le 2$, $0\le y\le 2$ 위에서 고르게 분포하고 있다. 이 때 다음을 구하여라.

(a) $U=X+Y$, $V=X-Y$의 결합확률밀도함수

(b) U의 주변확률밀도함수

25. 확률변수 X, Y는 결합확률밀도함수

$$f=(x, y)=\begin{cases} e^{-x-y}, & x\ge 0,\ y\ge 0 \\ 0, & \text{그 외} \end{cases}$$

를 갖는다고 하자. 이 때 다음을 구하여라.

(a) $U=X+Y$, $V=X$의 결합확률밀도함수

(b) U의 주변확률밀도함수

개념 복습 해답: **1.** v곡선, u곡선 **2.** 피적분함수 미분 $dxdy$, 적분의 아래끝, 위끝 **3.** 야코비안 **4.** $|J(u, v)|$

13.10 장 복습

개념 시험

다음 명제가 참인지, 거짓인지 이유를 들어 답하여라.

1. $\int_a^b\int_a^b f(x)f(y)\,dy\,dx=\left[\int_a^b f(x)\,dx\right]^2$

2. $\int_0^1\int_0^x f(x, y)\,dy\,dx=\int_0^1\int_0^y f(x, y)\,dx\,dy$

3. $\int_0^2\int_{-1}^1 \sin(x^3y^3)\,dx\,dy=0$

4. $\int_{-1}^1\int_{-1}^1 e^{x^2+2y^2}dy\,dx=4\int_0^1\int_0^1 e^{x^2+2y^2}dy\,dx$

5. $\int_1^2\int_0^2 \sin^2(x/y)\,dx\,dy\le 2$

6. 함수 f가 R에서 연속이고, 음이 아니며, R의 내부점 (x_0, y_0)에서 $f(x_0, y_0)>0$이라고 하자. 그러면

$$\iint_R f(x, y)\,dA>0.$$

7. $\iint_R f(x, y)\,dA\le\iint_R g(x, y)\,dA$이면, R에서

$$f(x, y)\le g(x, y).$$

8. R에서 $f(x, y)\ge 0$이고, $\iint_R f(x, y)\,dA=0$이면, R의 모든 (x, y)에 대해서 $f(x, y)=0$이다.

9. 얇은 판의 (x, y)에서의 밀도가 $\delta(x, y)=k$이면, 그 판의 무게중심의 좌표는 k와 상관이 없다.

10. 얇은 판의 $\{(x, y)\colon 0\le x\le 1,\ 0\le y\le 1$의 밀도가 $\delta(x, y)=y^2/(1+x^2)$으로 주어지면, 계산하지 않고도 $\bar{x}<\frac{1}{2}$이고 $\bar{y}>\frac{1}{2}$임을 알 수 있다.

11. $S=\{(x, y, z)\colon 1\le x^2+y^2+z^2\le 16\}$이면,

$$\iiint_S dV=84\pi\text{이다.}$$

12. 반지름이 1인 직원기둥의 윗부분을 원기둥의 밑면과 30° 각을 만드는 평면으로 잘라내면, 그 결과로 생기는 비스듬한 윗면의 넓이는 $2\sqrt{3}\,\pi/3$.

13. 3변수 반복적분은 여덟 가지의 적분 순서가 있을 수 있다.

14. $\int_0^2\int_0^{2\pi}\int_0^1 dr\,d\theta\,dz$는 반지름 1, 높이 2인 직원기둥의 부피를 나타낸다.

15. $|f_x|\le 2$이고 $|f_y|\le 2$이면, $z=f(x, y)$, $0\le x\le 1$, $0\le y\le 1$로 결정되는 곡면 G의 넓이는 3이하이다.

16. 직교좌표에서 극좌표로의 변환에 대하여 야코비안은 $J(r, \theta)=r$이다.

17. 변환 $x=2u$, $y=2v$에 대하여 야코비안은 $J(u, v)=2$이다.

시험 보기 문제

문제 1~4에서 적분을 구하여라.

1. $\int_0^1\int_x^{\sqrt{x}} xy\,dy\,dx$

2. $\int_{-2}^{2}\int_{-\sqrt{4-y^2}}^{\sqrt{4-y^2}} 2xy^2 dx\, dy$

3. $\int_{0}^{\pi/2}\int_{0}^{2\sin\theta} r\cos\theta\, dr\, d\theta$

4. $\int_{1}^{2}\int_{3}^{x}\int_{0}^{\sqrt{3}y} \frac{y}{y^2+z^2} dz\, dy\, dx$

문제 5~8에서 주어진 반복적분을 그 뒤에 써 놓은 적분 순서에 따라서 다시 나타내어라. 먼저 그림을 그려라.

5. $\int_{0}^{1}\int_{x}^{1} f(x, y) dy\, dx$; $dx\, dy$

6. $\int_{0}^{1}\int_{0}^{\cos^{-1}y} f(x, y) dx\, dy$; $dy\, dx$

7. $\int_{0}^{1}\int_{0}^{(1-x)/2}\int_{0}^{1-x-2y} f(x, y, z) dz\, dy\, dx$; $dx\, dz\, dy$

8. $\int_{0}^{2}\int_{x^2}^{4}\int_{0}^{4-y} f(x, y, z) dz\, dy\, dx$; $dx\, dy\, dz$

9. 반지름 a인 구의 부피를 나타내는 반복적분을 다음 좌표 체계로 적어라.

(a) 직교좌표 (b) 원기둥좌표

(c) 구면좌표

10. $\iint_S (x+y) dA$를 계산하여라. 여기서 S는 $x=0$과 $x=\pi$ 사이에서 $y=\sin x$, $y=0$으로 둘러싸인 영역.

11. $\iiint_S z^2 dV$를 계산하여라. 여기서 S는 xy-평면에서, $x^2+z=1$과 $y^2+z=1$로 둘러싸여 있는 영역.

12. $\iint_S \frac{1}{x^2+y^2} dA$를 계산하여라. 여기서 S는 원 $x^2+y^2=4$, $x^2+y^2=9$ 사이의 영역.

13. $x=1$, $x=3$, $y=0$, $y=2$로 둘러싸인 직사각형 판의 무게중심을 구하여라. 밀도는 $\delta(x, y)=xy^2$이다.

14. 문제 13의 판의 x축에 대한 관성 모멘트를 구하여라.

15. 원기둥 $z^2+y^2=9$ 중에, 평면 $y=x$와 $y=3x$ 사이에 있고, 제1팔분공간에 놓여 있은 곡면의 넓이를 구하여라.

16. 원기둥 좌표 또는 구면 좌표로 바꾸어서 다음 적분을 계산하여라.

(a) $\int_{0}^{3}\int_{0}^{\sqrt{9-x^2}}\int_{0}^{2} \sqrt{x^2+y^2}\, dz\, dy\, dx$

(b) $\int_{0}^{2}\int_{0}^{\sqrt{4-x^2}}\int_{0}^{\sqrt{4-x^2-y^2}} z\sqrt{4-x^2-y^2}\, dz\, dy\, dx$

17. 밀도가 원점으로부터 거리에 비례할 때, 구 $x^2+y^2+z=1$과 $x^2+y^2+z^2=9$ 사이 입체의 질량을 구하여라.

18. 심장형 $r=4(1+\sin\theta)$로 둘러싸인 동질(균질)인 판의 무게중심을 구하여라.

19. 밀도가 $\delta(x, y, z)=kx$일 때, 평면 $x/a+y/b+z/c=1$의 아래(a, b, c는 양수)와 제1팔분공간에 있는 입체의 질량을 구하여라.

20. $z=x^2+y^2$, $z=0$, $x^2+(y-1)^2=1$로 둘러싸인 입체의 부피를 계산하여라.

21. R이 꼭지점 $(0, 0)$, $(\pi/2, -\pi/2)$, $(\pi, 0)$, $(\pi/2, \pi/2)$를 갖는 직사각형일 때, 변환을 이용하여 다음 적분을 구하여라.

$$\iint_R \sin(x-y)\cos(x+y) dA$$

복습과 예비 문제

문제 1~9에서, 주어진 곡선의 매개변수방정식을 구하여라. (매개변수 t에 관한 정의역을 확인하여라).

1. 반지름이 3, 중심이 원점인 원

2. 반지름이 1이고, 중심이 (2, 1)인 원

3. $y>0$인 반원 $x^2+y^2=4$

4. $y\le 0$이면서 반시계 방향의 반원 $x^2+y^2=a^2$

5. 두 점 $(-2, 2)$, $(3, 2)$ 사이에 있는 직선 $y=2$의 일부분

6. 오른쪽 아래로 향을 갖는 제1사분면안에 있는 직선 $y=9-x$의 일부분

7. 왼쪽 위로 향을 갖는 제1사분면안에 있는 직선 $y=9-x$의 일부분

8. 왼쪽에서 오른쪽으로 향을 갖고 x축 위쪽에 있는 포물선 $y=9-x^2$의 일부분

9. 오른쪽에서 왼쪽으로 향을 갖고 x축 위쪽에 있는 포물선 $y=9-x^2$의 일부분

10. 문제 6에서 곡선의 길이를 구하기 위하여 호의 길이 공식을 이용하여라.

문제 11~16에서, 주어진 함수의 그래디언트를 구하여라.

11. $f(x, y)=x\sin x+y\cos y$

12. $f(x, y)=xe^{-xy}+ye^{xy}$

13. $f(x, y, z)=x^2+y^2+z^2$

14. $f(x, y, z)=\frac{1}{x^2+y^2+z^2}$

15. $f(x, y, z)=xy+xz+yz$

16. $f(x, y, z)=\dfrac{1}{\sqrt{x^2+y^2+z^2}}$

문제 17~22에서, 적분을 구하여라.

17. $\int_0^{\pi} \sin^2 t\, dt$

18. $\int_0^{\pi} \sin t \cos t\, dt$

19. $\int_0^1 \int_1^2 xy\, dy\, dx$

20. $\int_{-1}^1 \int_1^4 (x^2+2y)dy\, dx$

21. $\int_0^{2\pi} \int_1^2 r^2\, dr\, d\theta$

22. $\int_0^{2\pi} \int_0^{\pi} \int_1^2 \rho^2 \sin\phi\, d\rho\, d\phi\, d\theta$

23. 문제 22의 적분은 3차원 공간에서 어떤 영역의 부피를 나타낸다. 이 영역은 무엇인가?

24. 평면 $z=36$ 위쪽에 놓여 있는 포물면 $z=144-x^2-y^2$ 부분의 겉넓이를 구하여라.

25. 점 (3, 4, 12)에서 곡면 $x^2+y^2+z^2=169$의 그래프의 단위법선벡터를 구하여라.

CHAPTER

14 벡터의 미적분학

14.1 벡터장

함수의 개념은 미적분학에서 중심적 역할을 하고 있다. 이 개념은 미적분학과 관련하여 끊임없이 일반화되어 왔다. 본 교재의 전반부의 2/3는 입력과 출력이 모두 실수인 함수들을 다루고 있다. 11장에서 입력이 실수이고 출력이 벡터인 벡터값 함수를 소개했다. 그리고나서 12장에서는 입력이 여러 실수의 쌍이고 출력이 하나의 실수인 다변수의 실수값 함수를 소개하였다. 자연스럽게 다음 단계에서는 입력이 벡터이고 출력도 벡터인 함수를 다루는 것이다. 이것이 보통 미적분학 순서에서 마지막 단계이다.

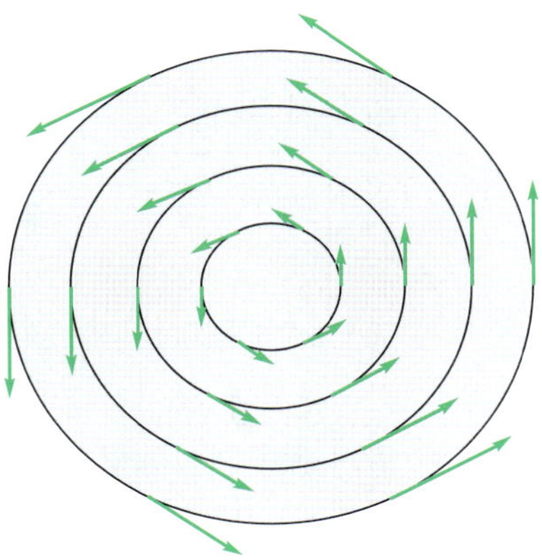

그림 1

이제 n차원 공간의 각각의 점 $\mathbf{p}$에 벡터 $\mathbf{F}(\mathbf{p})$를 할당하는 함수 $\mathbf{F}$를 생각한다. 다음 함수는 2차원 공간에서의 전형적인 예이다.

$$\mathbf{F}(\mathbf{p})=\mathbf{F}(x,\ y)=-\frac{1}{2}y\mathbf{i}+\frac{1}{2}x\mathbf{j}$$

관습적으로, 이러한 함수를 **벡터장**(vector field)이라고 부른다. 이 이름은 이제 설명하려는 시각적 그림에서 나온다. 공간의 어떤 영역의 각각의 점 $\mathbf{p}$에 하나의 벡터 $\mathbf{F}(\mathbf{p})$가 붙어 있으며, 이 벡터는 $\mathbf{p}$로부터 뻗어나온다고 상상하자. 이러한 벡터를 모두 다 그릴 수는 없지만, 몇몇 개를 대표로 그려서, 그 벡터

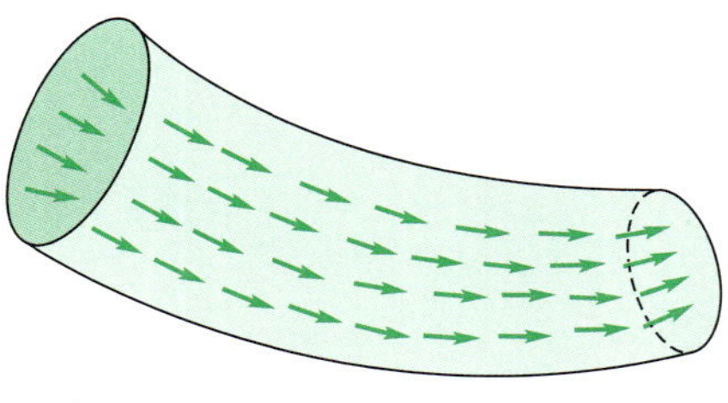

그림 2

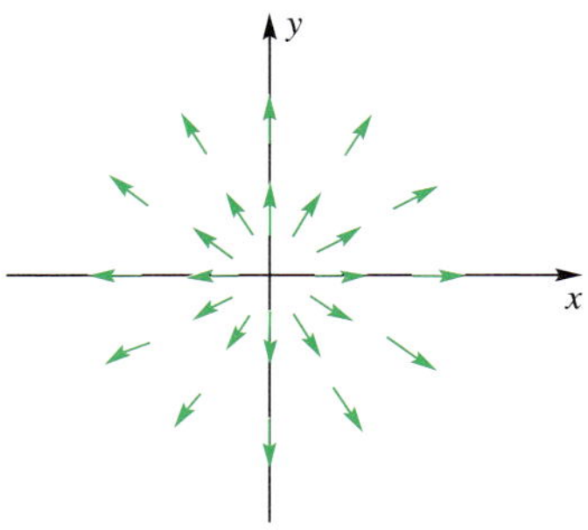

그림 3

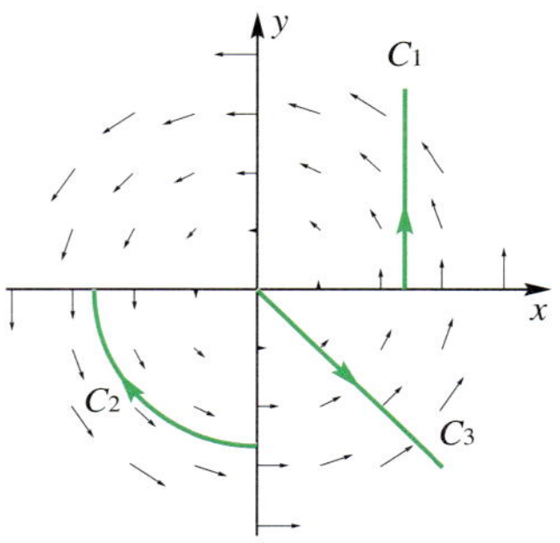

그림 4

장의 모습을 직관적으로 나타내 주는 그림을 얻을 수 있다. 그림 1은 위에서 말한 벡터장 $\mathbf{F}(x, y) = -\frac{1}{2}y\mathbf{i} + \frac{1}{2}x\mathbf{j}$에 대한 그러한 그림이다. 이것은 단위 시간당 $\frac{1}{2}$라디안의 비율로 일정하게 돌고 있는 바퀴의 속도 벡터장이다(예제 2 참조). 그림 2는 굽은 관 속을 흐르는 물의 속도 벡터장을 나타낸다.

과학에서 자연스레 생겨나는 다른 벡터장들로는 전기장, 자기장, 힘장, 중력장이 있다. 시간과 무관한 장들만을 다룰텐데, 그러한 것들을 **안정된 벡터장**(steady vector field)이라고 한다. 벡터장과는 다르게, 공간의 각각의 점에 어떤 수를 할당하는 함수 F를 **스칼라장**(scalar field)이라고 부른다. 각각의 점에서의 온도를 제시하는 함수는 스칼라장의 물리학적 예이다.

예제 1 다음 벡터장에 대해서, 대표 벡터 여러 개를 그려서 나타내어라.

$$\mathbf{F}(x, y) = \frac{x\mathbf{i} + y\mathbf{j}}{\sqrt{x^2 + y^2}}$$

풀이 $\mathbf{F}(x, y)$는 $x\mathbf{i} + y\mathbf{j}$와 같은 방향 즉, 원점에서 멀어지는 방향인 단위벡터이다. 그러한 벡터 여러 개를 그려 놓은 것이 그림 3이다. ■

예제 2 벡터장

$$\mathbf{F}(x, y) = -\frac{1}{2}y\mathbf{i} + \frac{1}{2}x\mathbf{j}$$

로부터 대표적인 몇 개의 벡터들을 그리고 각각의 벡터는 원점이 중심인 원에 접함을 밝혀라. 그 벡터의 길이는 그 원의 반지름의 절반임을 밝혀라(그림 1 참조).

풀이 그림 4는 벡터장을 보여주고 있다. 점 (x, y)의 위치벡터를 $\mathbf{r} = x\mathbf{i} + y\mathbf{j}$라 하자. 그러면

$$\mathbf{r} \cdot \mathbf{F}(x, y) = -\frac{1}{2}xy + \frac{1}{2}xy = 0$$

그러므로 $\mathbf{F}(x, y)$는 $\mathbf{r}$에 수직이며, 따라서 반지름 $|\mathbf{r}|$인 원에 접한다. 그리고

$$\|\mathbf{F}(x, y)\| = \sqrt{\left(-\frac{1}{2}y\right)^2 + \left(\frac{1}{2}x\right)^2} = \frac{1}{2}\|\mathbf{r}\|$$ ■

아이작 뉴턴(Isaac Newton)에 따르면, 질량이 각각 M, m인 물체들 사이의 당기는 힘의 크기는 GMm/d^2으로 주어진다. 여기서 d는 물체들 사이의 거리이고, G는 만유인력 상수이다. 중력은 거리의 제곱에 반비례한다는 유명한 법칙이 이것이다. 이것은 벡터장의 중요한 예를 제공해 준다. 이 벡터는 힘을 나타내므로, 이러한 장을 힘장(force field)이라고 부를 것이다.

예제 3 질량이 M인 공 모양의 물체(즉, 지구)가 원점을 중심으로 놓여 있다고 하자. 공간의 점(x, y, z)에 놓여 있는 질량 m인 물체에 이 물체가 가하는

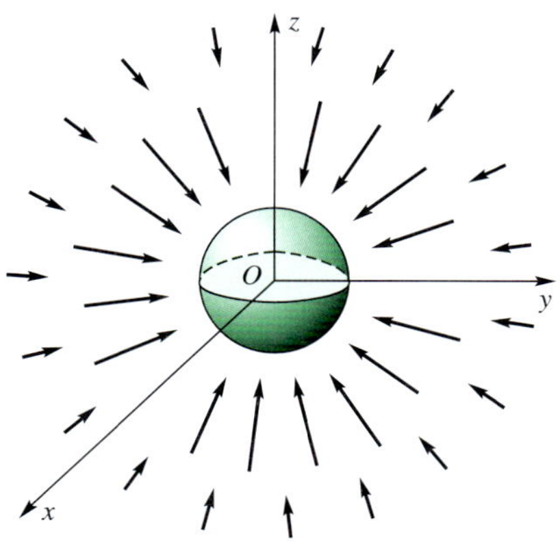

그림 5

힘 $\mathbf{F}(x, y, z)$의 중력장의 공식을 구하여라. 이 장을 그림으로 그려라.

풀이 질량 M인 물체를 원점에 놓여 있는 점질량인 것으로 생각하고, $\mathbf{r}=x\mathbf{i}+y\mathbf{j}+z\mathbf{k}$로 놓는다. 그러면 힘 $\mathbf{F}$의 크기는

$$\|\mathbf{F}\|=\frac{GMm}{\|\mathbf{r}\|^2}$$

$\mathbf{F}$의 방향은 원점을 향한다. 즉, $\mathbf{F}$의 방향은 단위벡터 $-\mathbf{r}/|\mathbf{r}|$의 방향이다. 그러므로 결론은

$$\mathbf{F}(x, y, z)=\frac{GMm}{\|\mathbf{r}\|^2}\left(\frac{-\mathbf{r}}{|\mathbf{r}|}\right)=-GMm\frac{\mathbf{r}}{|\mathbf{r}|^3}$$

이 장을 그리면 그림 5와 같다. ■

스칼라장의 그래디언트 $f(x, y, z)$가 스칼라장을 결정하며, f는 미분가능하다고 가정하자. 그러면 f의 그래디언트 ∇f는 다음으로 주어지는 벡터장이다.

$$\mathbf{F}(x, y, z)=\nabla f(x, y, z)=\frac{\partial f}{\partial x}\mathbf{i}+\frac{\partial f}{\partial y}\mathbf{j}+\frac{\partial f}{\partial z}\mathbf{k}$$

12.4절, 12.5절에서 **그래디언트장**(gradient field)을 처음 보았다. $\nabla f(x, y, z)$는 함수 $f(x, y, z)$가 가장 빨리 증가하는 방향을 가리킨다고 거기에서 배웠다. 스칼라장 f의 그래디언트인 벡터장 $\mathbf{F}$를 **보존 벡터장**(conservative vector field)이라고 하며, f를 **퍼텐셜 함수**(potential function)라고 한다(이 이름들의 유래는 14.3절에서 밝힐 것이다). 이러한 장과 그의 퍼텐셜 함수는 물리학에서 중요하다. 특히, 거리의 제곱에 반비례한다는 법칙을 따르는 장(예를 들어 전기장과 중력장)은 보존 벡터장이다. 이제 이 사실을 보인다.

예제 4 $\mathbf{F}$는 거리의 제곱에 반비례하는 힘이라고 하자. 즉,

$$\mathbf{F}(x, y, z)=-c\frac{\mathbf{r}}{|\mathbf{r}|^3}=-c\frac{x\mathbf{i}+y\mathbf{j}+z\mathbf{k}}{(x^2+y^2+z^2)^{3/2}}$$

라고 하자. 여기서 c는 상수이다(예제 3 참조). 그러면

$$f(x, y, z)=\frac{c}{(x^2+y^2+z^2)^{1/2}}=c(x^2+y^2+z^2)^{-1/2}$$

는 $\mathbf{F}$의 퍼텐셜 함수이고, $\mathbf{F}$는 보존장임을 밝혀라($\mathbf{r}\neq 0$일 때).

풀이

$$\begin{aligned}\nabla f(x, y, z)&=\frac{\partial f}{\partial x}\mathbf{i}+\frac{\partial f}{\partial y}\mathbf{j}+\frac{\partial f}{\partial z}\mathbf{k}\\&=\frac{-c}{2}(x^2+y^2+z^2)^{-3/2}(2x\mathbf{i}+2y\mathbf{j}+2z\mathbf{k})\\&=\mathbf{F}(x, y, z)\end{aligned}$$

■

사실 예제 4는 너무 쉽다. 함수 f가 주어졌기 때문이다. 좀 더 어렵고 중요한 문제는 벡터장 $\mathbf{F}$를 주었을 때, 이 벡터장이 보존장인지 여부를 밝히고, 보존장이면 그 퍼텐셜 함수를 구하는 것이다. 14.3절에서 이런 문제를 다룬다.

벡터장의 발산과 컬 벡터장

$$\mathbf{F}(x, y, z)=M(x, y, z)\mathbf{i}+N(x, y, z)\mathbf{j}+P(x, y, z)\mathbf{k}$$

가 주어지면, 이와 관련된 두 개의 중요한 장이 있다. 하나는 $\mathbf{F}$의 **발산**(divergence)이라 부르는 스칼라장이고, 다른 하나는 $\mathbf{F}$의 **회전**(curl)이라 부르는 벡터장이다.

정의 벡터장의 발산과 회전

$\mathbf{F}=M\mathbf{i}+N\mathbf{j}+P\mathbf{k}$는 벡터장이며, 이것에 대해서 M, N, P의 1계 편도함수가 존재한다고 하자. 그러면

$$\text{div } \mathbf{F}=\frac{\partial M}{\partial x}+\frac{\partial N}{\partial y}+\frac{\partial P}{\partial z}$$

$$\text{curl } \mathbf{F}=\left(\frac{\partial P}{\partial y}-\frac{\partial N}{\partial z}\right)\mathbf{i}+\left(\frac{\partial M}{\partial z}-\frac{\partial P}{\partial x}\right)\mathbf{j}+\left(\frac{\partial N}{\partial x}-\frac{\partial M}{\partial y}\right)\mathbf{k}$$

이것들은 무슨 뜻인가?

발산과 회전의 감을 잡을 수 있도록, 물리학적 의미를 소개한다. $\mathbf{F}$가 유체의 속도 벡터장이면, 점 $\mathbf{p}$에서 div $\mathbf{F}$는 그 유체가 p로부터 나가거나(div $\mathbf{F}>0$) 또는 $\mathbf{p}$를 향해서 모이는(div $\mathbf{F}<0$) 경향을 잰다. 반면에, curl $\mathbf{F}$는 그 유체가 가장 빨리 회전하는(감아도는, curl) 축의 방향을 제시해 주며, $\|\text{curl } \mathbf{F}\|$는 이 회전의 속력을 나타낸다. 회전 방향은 오른손 법칙을 따른다. 이 장의 뒤에 가서, 이것들을 더욱 상세하게 다룰 것이다.

지금 이 시점에서는 이 장들의 중요성을 이해하기가 어렵다. 지금 당장은 발산과 회전을 쉽게 계산하는 방법을 배우고, 이들을 그래디언트 연산자 ∇과 관련짓는 일에 주력한다. 그래디언트 연산자 ∇은

$$\nabla=\frac{\partial}{\partial x}\mathbf{i}+\frac{\partial}{\partial y}\mathbf{j}+\frac{\partial}{\partial z}\mathbf{k}$$

임을 상기하자. 함수 f에 연산자 ∇이 작용하면, 그래디언트 ∇f를 얻는다. 이것을 grad f라 쓰기도 한다. 약간 기호를 남용하여서(크게 도움이 된다), 다음과 같이 나타낼 수 있다.

$$\begin{aligned}\nabla\cdot\mathbf{F}&=\left(\frac{\partial}{\partial x}\mathbf{i}+\frac{\partial}{\partial y}\mathbf{j}+\frac{\partial}{\partial z}\mathbf{k}\right)\cdot(M\mathbf{i}+N\mathbf{j}+P\mathbf{k})\\&=\frac{\partial M}{\partial x}+\frac{\partial N}{\partial y}+\frac{\partial P}{\partial z}=\text{div } \mathbf{F}\\\nabla\times\mathbf{F}&=\begin{vmatrix}\mathbf{i}&\mathbf{j}&\mathbf{k}\\\frac{\partial}{\partial x}&\frac{\partial}{\partial y}&\frac{\partial}{\partial z}\\M&N&P\end{vmatrix}\\&=\left(\frac{\partial P}{\partial y}-\frac{\partial N}{\partial z}\right)\mathbf{i}-\left(\frac{\partial P}{\partial x}-\frac{\partial M}{\partial z}\right)\mathbf{j}+\left(\frac{\partial N}{\partial x}-\frac{\partial M}{\partial y}\right)\mathbf{k}=\text{curl } \mathbf{F}\end{aligned}$$

그러므로 grad f, div $\mathbf{F}$, curl $\mathbf{F}$는 모두 연산자 ∇을 사용하여 나타낼 수 있다. 이와 같이 이들 벡터장들이 정의되었다고 기억해 두기 바란다.

예제 5 벡터장 $\mathbf{F}$가 다음과 같다.

$$\mathbf{F}(x, y, z)=x^2yz\mathbf{i}+3xyz^3\mathbf{j}+(x^2-z^2)\mathbf{k}$$

div **F**와 curl **F**를 구하여라.

풀이

$$\text{div } \mathbf{F}=\nabla\cdot\mathbf{F}=2xyz+3xz^3-2z$$

$$\text{curl } \mathbf{F}=\nabla\times\mathbf{F}=\begin{vmatrix} \mathbf{i} & \mathbf{j} & \mathbf{k} \\ \dfrac{\partial}{\partial x} & \dfrac{\partial}{\partial y} & \dfrac{\partial}{\partial z} \\ x^2yz & 3xyz^3 & x^2-z^2 \end{vmatrix}$$

$$=-(9xyz^2)\mathbf{i}-(2x-x^2y)\mathbf{j}+(3yz^3-x^2z)\mathbf{k}$$ ■

개념 복습

1. 공간의 각각의 점 (x, y, z)에 벡터 $\mathbf{F}(x, y, z)$를 대응시키는 함수를 ______라고 부른다.
2. 특히, 스칼라 함수 $f(x, y, z)$에 벡터 $\nabla f(x, y, z)$를 대응시키는 함수를 ______이라고 부른다.
3. 물리학에서 스칼라장의 그래디언트로 생겨나는 두 개의 중요한 장으로 ______와 ______이 있다.
4. 벡터장 $\mathbf{F}=M\mathbf{i}+N\mathbf{j}+P\mathbf{k}$를 주었을 때, 그에 대응하여 스칼라장 div **F**와 벡터장 curl **F**를 도입하였다. 기호를 써서 나타내자면, 이들은 div **F**=______ 그리고 curl **F**=______로 정의된다.

연습문제 14.1

문제 1~6에서 주어진 벡터장 **F**의 대표 벡터들 여러 개를 그려라.

1. $\mathbf{F}(x, y)=x\mathbf{i}+y\mathbf{j}$
2. $\mathbf{F}(x, y)=x\mathbf{i}-y\mathbf{j}$
3. $\mathbf{F}(x, y)=-x\mathbf{i}+2y\mathbf{j}$
4. $\mathbf{F}(x, y)=3x\mathbf{i}+y\mathbf{j}$
5. $\mathbf{F}(x, y, z)=x\mathbf{i}+0\mathbf{j}+\mathbf{k}$
6. $\mathbf{F}(x, y, z)=-z\mathbf{k}$

문제 7~12에서 ∇f를 구하여라.

7. $f(x, y, z)=x^2-3xy+2z$
8. $f(x, y, z)=\sin(xyz)$
9. $f(x, y, z)=\ln|xyz|$
10. $f(x, y, z)=\frac{1}{2}(x^2+y^2+z^2)$
11. $f(x, y, z)=xe^y\cos z$
12. $f(x, y, z)=y^2e^{-2z}$

문제 13~18에서 div **F**와 curl **F**를 구하여라.

13. $\mathbf{F}(x, y, z)=x^2\mathbf{i}-2xy\mathbf{j}+yz^2\mathbf{k}$
14. $\mathbf{F}(x, y, z)=x^2\mathbf{i}+y^2\mathbf{j}+z^2\mathbf{k}$
15. $\mathbf{F}(x, y, z)=yz\mathbf{i}+xz\mathbf{j}+xy\mathbf{k}$
16. $\mathbf{F}(x, y, z)=\cos x\mathbf{i}+\sin y\mathbf{j}+3\mathbf{k}$
17. $\mathbf{F}(x, y, z)=e^x\cos y\mathbf{i}+e^x\sin y\mathbf{j}+z\mathbf{k}$
18. $\mathbf{F}(x, y, z)=(y+z)\mathbf{i}+(x+z)\mathbf{j}+(x+y)\mathbf{k}$
19. f는 스칼라장이고 **F**는 벡터장이라고 하자. 다음 각각이 스칼라장인지, 벡터장인지, 아무런 의미가 없는 것인지 밝혀라.
   (a) div f (b) grad f
   (c) curl **F** (d) div(grad f)
   (e) curl(grad f) (f) grad(div **F**)
   (g) curl(curl **F**) (h) div(div **F**)
   (i) grad(grad f) (j) div(curl(grad f))
   (k) curl(div(grad f))
20. 필요한 편도함수들이 존재하며 연속이라고 가정하고, 다음이 성립함을 밝혀라.
   (a) div(curl **F**)=0; (b) curl(grad f)=**0**;
   (c) div(f**F**)=(f)(div **F**)+(grad f)·**F**;
   (d) curl(f**F**)=(f)(curl **F**)+(grad f)×**F**
21. $\mathbf{F}(x, y, z)=c\mathbf{r}/|\mathbf{r}|^3$은 제곱에 반비례하는 벡터장이라고 하자(예제 3, 4 참조). 그러면 curl **F**=0, div **F**=0임을 밝혀라. 도움말: $f=-c/|\mathbf{r}|^3$로 놓고 문제 20을 이용하여라.

22. $\mathbf{F}(x, y, z)=c\mathbf{r}/|\mathbf{r}|^m$, $c\neq 0$, $m\neq 3$이라 하자. 문제 21과 달리 div $\mathbf{F}\neq 0$임을, 그렇지만 curl $\mathbf{F}=\mathbf{0}$임을 밝혀라.

23. $\mathbf{F}(x, y, z)=f(r)\mathbf{r}$이라 하자. 여기서 $r=|\mathbf{r}|=\sqrt{x^2+y^2+z^2}$이고, f는 미분가능인 ($r=0$은 예외일 수 있음) 함수이다. 그러면 curl $\mathbf{F}=\mathbf{0}$임을 ($r=0$은 예외임) 밝혀라. 도움말: 먼저 grad $f=f'(r)\mathbf{r}/r$임을 보이고, 그 다음에 문제 20(d)를 적용하여라.

24. $\mathbf{F}(x, y, z)$는 문제 23에서와 같다고 하자. div $\mathbf{F}=\mathbf{0}$이면, $f(r)=cr^{-3}$임을 밝혀라. 여기서 c는 상수이다.

25. 이 문제는 발산과 컬의 정의 직후에 나오는, 보조단 박스 속의 설명과 관련이 있다. 네 개의 속도 벡터장 **F**, **G**, **H**, **L**을 생각한다. 이들은 모든 z에 대해서 그림 6에 그려 놓은 모양을 가진다. 기하학적으로 추론하여, 다음 각각에 대하여 답하여라.

(a) **p**에서 발산은 양수인가, 음수인가, 아니면 0인가?

(b) 물레방아에 수직인 축이 **p**에 놓이도록 하면(14.7절 그림 4), 그것은 시계 방향으로 회전하는가, 반시계 방향으로 회전하는가, 아니면 전혀 회전하지 않는가?

(c) 이제 $\mathbf{F}=c\mathbf{j}$, $\mathbf{G}=e^{-y^2}\mathbf{j}$, $\mathbf{H}=e^{-x^2}\mathbf{j}$, $\mathbf{L}=(x\mathbf{i}+y\mathbf{j})/\sqrt{x^2+y^2}$이라 하자. 이들을 그리면 그림 5처럼 된다. 이들 각각에 대해서 발산과 컬을 계산하여, (a)와 (b)에서 얻은 답을 확인해 보아라.

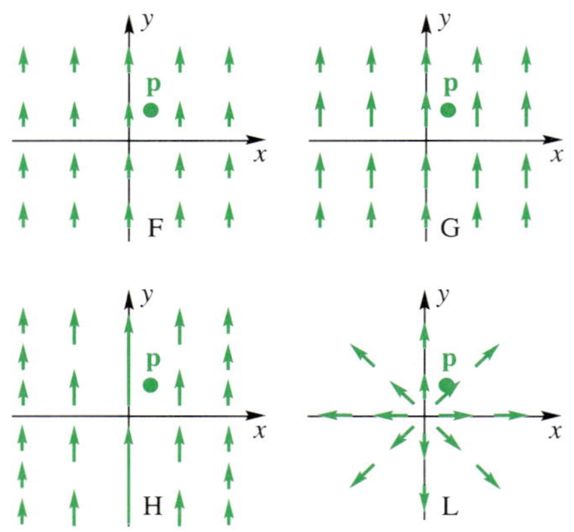

그림 6

CAS **26.** 직사각형 $1\le x\le 2$, $0\le y\le 2$ 안의 (x, y)에 관한 벡터장 $\mathbf{F}=y\mathbf{i}$를 그려라. 그림으로부터 div와 curl의 해석을 나타내는 경계상자를 사용하여 점 (1, 1)에서 div가 양수, 음수 또는 0인지를 결정하고, (1, 1)에 놓여있는 패달 축이 시계방향으로, 반시계방향으로 또는 전혀 회전하지 않는지를 결정하여라.

CAS **27.** 직사각형 $-1\le x\le 1$, $-1\le y\le 1$ 안의 (x, y)에 대하여 벡터장

$$\mathbf{F}=-\frac{x}{(1+x^2+y^2)^{3/2}}\mathbf{i}-\frac{y}{(1+x^2+y^2)^{3/2}}\mathbf{j}$$

의 그림을 그려라. 그림으로부터 div와 curl의 해석을 나타내는 경계상자를 사용하여 원점에서 div가 양수, 음수 또는 0인지를 결정하고, 원점에 놓여있는 패달 축이 시계방향으로, 반시계방향으로 또는 전혀 회전하지 않는 지를 결정하여라. (curl에 대하여, **F**를 z성분이 0인 3차원 공간 안의 벡터장으로 생각하여라.)

28. 속도 벡터 $\mathbf{v}(x, y, z)=-\omega y\mathbf{i}+\omega x\mathbf{j}$를 생각한다. 여기서 $\omega>0$(예제 2와 그림 1 참조). **v**는 $x\mathbf{i}+y\mathbf{j}$에 수직이고, $|\mathbf{v}|=\omega\sqrt{x^2+y^2}$임을 주목하기 바란다. 그러므로 **v**는 z축에 대해서 일정한 각속도 ω로 (마치 고체처럼) 돌고 있는 유체를 나타낸다. div $\mathbf{v}=0$, curl $\mathbf{v}=2\omega\mathbf{k}$임을 밝혀라.

29. 질량이 m인 물체가 원궤도를 따라 일정한 각속도 ω로 돌고 있으면, 이 물체는 원심력

$$\mathbf{F}(x, y, z)=m\omega^2\mathbf{r}=m\omega^2(x\mathbf{i}+y\mathbf{j}+z\mathbf{k})$$

를 받게 된다. **F**의 퍼텐셜 함수는

$$f(x, y, z)=\frac{1}{2}m\omega^2(x^2+y^2+z^2)$$

임을 밝혀라.

30. 스칼라 함수 div(grad f)$=\nabla\cdot\nabla f$(이것을 $\nabla^2 f$라 쓰기도 한다)를 **라플라시안**(Laplacian)이라 부르며, $\nabla^2 f=0$을 만족하는 함수 f를 **조화함수**(harmonic function)라고 부른다. 이 개념들은 물리학에서 중요하다. $\nabla^2 f=f_{xx}+f_{yy}+f_{zz}$임을 밝혀라. 다음 각각의 함수에 대해서 $\nabla^2 f$를 구하고, 어느 함수가 조화함수인지 말하여라.

(a) $f(x, y, z)=2x^2-y^2-z^2$

(b) $f(x, y, z)=xyz$

(c) $f(x, y, z)=x^3-3xy^2+3z$

(d) $f(x, y, z)=(x^2+y^2+z^2)^{-1/2}$

31. 다음을 밝혀라.

(a) $\text{div}(\mathbf{F}\times\mathbf{G})=\mathbf{G}\cdot\text{curl }\mathbf{F}-\mathbf{F}\cdot\text{curl }\mathbf{G}$

(b) $\text{div}(\nabla f\times\nabla g)=0$

32. 이전에 나온 정의들과 유사하도록, 다음 각각을 정의하여라.

(a) $\displaystyle\lim_{(x, y, z)\to(a, b, c)}\mathbf{F}(x, y, z)=\mathbf{L}$

(b) $\mathbf{F}(x, y, z)$는 (a, b, c)에서 연속이다.

개념 복습 해답: **1.** 3변수의 벡터값 함수; 또는 벡터장 **2.** 그래디언트장 **3.** 중력장; 전기장 **4.** $\nabla\cdot\mathbf{F}$; $\nabla\times\mathbf{F}$

14.2 선적분

정적분 $\int_a^b f(x)dx$를 일반화하는 한 가지 방법은, 적분 구간 $[a, b]$ 대신에 2차원 또는 3차원 집합에서 적분하는 것이다. 13장의 이중적분과 삼중적분은 이렇게 나왔다. 이와는 달리 일반화하는 방법은, $[a, b]$ 대신에 xy-평면의 곡선 C를 취하는 것이다. 그 결과로 나오는 적분 $\int_C f(x, y)dx$를 **선적분**(line integral)이라 한다. 사실, 곡선적분(curve ir.tegral)이라 부르면 더욱 적당할 것이다.

C를 평면에 놓여 있는 매끄러운 곡선이라고 하자. 즉, C는 매개변수를 사용하여

$$x=x(t), \qquad y=y(t), \qquad a\leq t\leq b$$

와 같이 표현되며, 이 때 도함수 x'와 y'는 구간 (a, b)에서 연속이고, 동시에 0이 되지는 않는다고 하자. C의 방향이 t의 값이 증가하는 방향이면, C는 **양의 방향**을 가진다(positively oriented)고 말한다. C가 양의 향을 가지며, t가 a에서 b까지 변화할 때 곡선 C를 단 한 번 그리게 된다고 가정한다. 따라서 C의 작점은 $A=(x(a), y(a))$이고, 끝점은 $B=(x(b), y(b))$이다. 매개변수 구간 $[a, b]$에 점들

$$a=t_0<t_1<t_2<\cdots<t_n=b$$

를 넣어서, 분할 P를 얻었다고 하자. 구간 $[a, b]$의 이 분할은, 곡선 C를 n개의 작은 호 $P_{i-1}P_i$들로 쪼개게 된다. 여기서 점 P_i는 t_i에 대응한다. 호 $P_{i-1}P_i$의 길이를 Δs_i로 나타내고, 분할 P의 크기(norm)를 $|P|$로 나타낸다. 즉 $|P|$는 $\Delta t_i=t_i-t_{i-1}$ 중에 가장 큰 값이다. 그런 다음, 분할된 작은 호 $P_{i-1}P_i$에서 표본점 $Q_i(\bar{x}_i, \bar{y}_i)$를 잡는다(그림 1 참조).

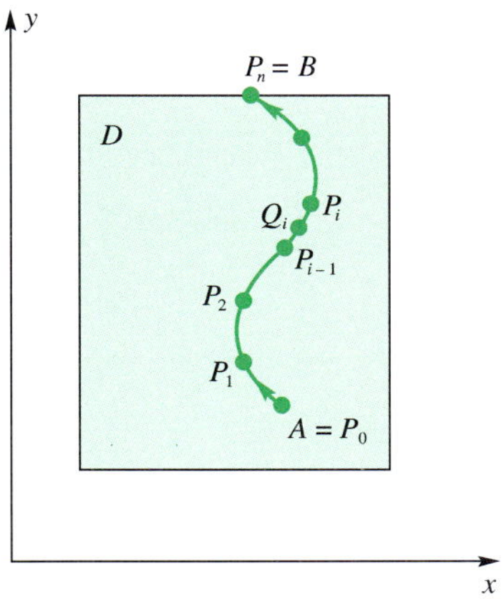

그림 1

이제 다음 리만 합을 생각하자.

$$\sum_{i=1}^{n} f(\bar{x}_i, \bar{y}_i)\Delta s_i$$

f가 음수가 아니면, 이 합은 그림 2에 나오는 곡선 수직 커튼의 넓이의 근사값이 된다. 곡선 C를 포함하는 영역 D에서 f가 연속이면, 이 리만 합은 $|P|\to 0$일 때 극한을 가진다. 이 극한을 **A에서 B까지 곡선 C를 따른 호의 길이에 대한 f의 선적분**(line integral of f along C from A to B with res-pect to arc length)이라고 부른다. 즉,

$$\int_C f(x, y)ds=\lim_{\|P\|\to 0}\sum_{i=1}^{n} f(\bar{x}_i, \bar{y}_i)\Delta s_i$$

$f(x, y)\geq 0$인 경우, 이 적분은 그림 2의 곡선 커튼의 정확한 넓이를 나타낸다.

그렇지만 이 정의는 $\int_C f(x, y)ds$를 계산하는 좋은 방법을 제시해 주지 않는다. 이것을 구하는 최선의 방법은, 모든 것들을 매개변수 t를 사용하여 나타내어서, 보통의 정적분으로 바꾸는 것이다. $ds=\sqrt{[x'(t)]^2+[y'(t)]^2}$을 사용하여(5.4절 참조), 다음을 얻게 된다.

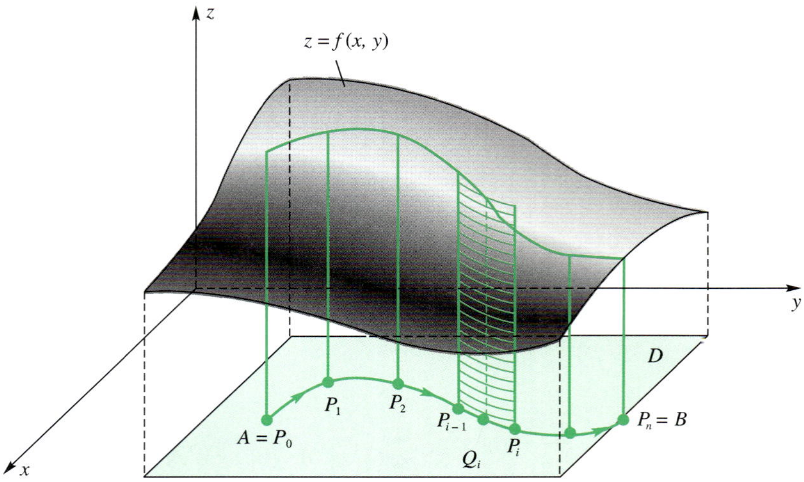

그림 2

$$\int_C f(x,\ y)\,ds = \int_a^b f(x(t),\ y(t))\sqrt{[x'(t)]^2+[y'(t)]^2}\,dt$$

물론, 한 곡선을 매개변수화하는 방법은 여러 가지가 있다. 다행스럽게도, 어떻게 매개변수화하든 $\int_C f(x,\ y)\,ds$의 값은 똑같게 나옴을 증명할 수 있다.

선적분의 정의를 약간 확장하여서, C 자신은 매끄러운 곡선이 아니지만, 조각마다 이 매끄러운 곡선인 경우, 즉, 여러 개의 매끄러운 극선들 C_1, C_2, ..., C_k를 같이 연결해 놓은, 그림 3과 같은 곡선에도 적용할 수 있다. C에서의 적분은 각각의 곡선들에서의 적분들의 합이라고 정의하면 된다.

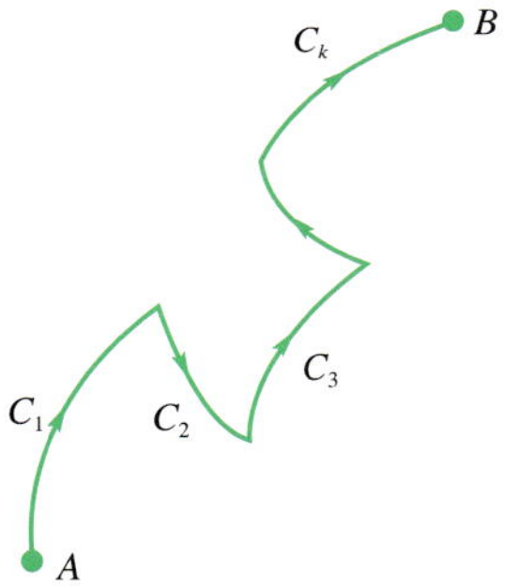

그림 3

예제와 응용 C가 원의 일부분인 예제 두 개를 먼저 다룬다

예제 1 $\int_C x^2y\,ds$를 계산하여라. 여기서 C는 매개변수 방정식 $x=3\cos t$, $y=3\sin t$, $0\le t\le \pi/2$로 결정된다. 그리고 $x=\sqrt{9-y^2}$, $y=y$, $0\le y\le 3$으로 매개변수화해도 같은 값이 나옴을 밝혀라.

풀이 전자의 매개변수를 사용하면, 다음과 같이 된다.

$$\begin{aligned}\int_C x^2y\,ds &= \int_0^{\pi/2}(3\cos t)^2(3\sin t)\sqrt{(-3\sin t)^2+(3\cos)^2}\,dt\\ &= 81\int_0^{\pi/2}\cos^2 t\sin t\,dt\\ &= \left[-\frac{81}{3}\cos^3 t\right]_0^{\pi/2} = 27\end{aligned}$$

후자의 매개변수를 이용하려면, 5.4절에 나오는 ds의 다른 공식을 사용해야 한다. 그러면 다음과 같이 된다.

$$ds = \sqrt{1+\left(\frac{dx}{dy}\right)^2}\,dy = \sqrt{1+\frac{y^2}{9-y^2}}\,dy = \frac{3}{\sqrt{9-y^2}}dy$$

따라서

$$\int_C x^2y\,ds=\int_0^3(9-y^2)y\frac{3}{\sqrt{9-y^2}}dy=3\int_0^3\sqrt{9-y^2}\,y\,dy$$
$$=-[(9-y^2)^{3/2}]_0^3=27$$ ■

예제 2 가는 철사를 굽혀서, 다음 반원을 만들었다.

$$x=a\cos t,\qquad y=a\sin t,\qquad 0\le t\le\pi,\qquad a>0$$

어떤 점에서 철사의 밀도가 x축으로부터의 거리에 비례한다면, 철사의 질량과 무게중심을 구하여라.

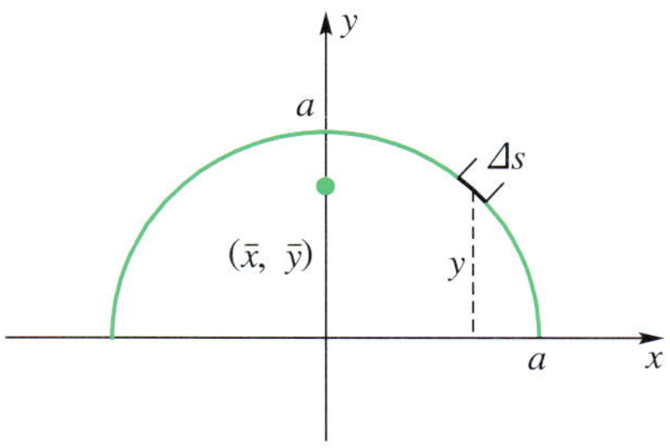

그림 4

풀이 오래 된 구호, 잘게 썰고, 근사값을 구하고, 적분하자는 것이 여전히 적합하다. 길이 Δs인 철사의 작은 조각의 (그림 4) 무게는 약 $\delta(x,\ y)\Delta s$이다. 여기서 $\delta(x,\ y)=ky$는 $(x,\ y)$에서의 밀도이며, k는 상수이다. 따라서 철사 전체의 질량 m은 다음과 같다.

$$m=\int_C ky\,ds=\int_0^\pi ka\sin t\sqrt{a^2\sin^2 t+a^2\cos^2 t}\,dt$$
$$=ka^2\int_0^\pi \sin t\,dt$$
$$=[-ka^2\cos t]_0^\pi=2ka^2$$

x-축에 대한 철사의 모멘트는 다음과 같다.

$$M_x=\int_C y\,ky\,ds=\int_0^\pi ka^3\sin^2 t\,dt$$
$$=\frac{ka^3}{2}\int_0^\pi(1-\cos 2t)dt$$
$$=\frac{ka^3}{2}\left[t-\frac{1}{2}\sin 2t\right]_0^\pi=\frac{ka^3\pi}{2}$$

따라서

$$\bar{y}=\frac{M_x}{m}=\frac{\frac{1}{2}ka^3\pi}{2ka^2}=\frac{1}{4}\pi a$$

대칭이기 때문에, $\bar{x}=0$. 그러므로 철사의 두게중심은 $(0,\ \pi a/4)$이다. ■

지금까지 배운 것들은, 삼차원 공간의 머끄러운 곡선 C로 쉽게 확장이 된다. 특히, C가 매개변수 방정식

$$x=x(t),\qquad y=y(t),\qquad z=z(t),\qquad a\le t\le b$$

로 주어지면,

$$\int_C f(x,\ y,\ z)ds=\int_a^b f(x(t),\ y(t),\ z(t))\sqrt{[x'(t)]^2+[y'(t)]^2+[z'(t)]^2}\,dt$$

예제 3 밀도가 $\delta(x, y, z)=kz$인 철사의 질량을 구하여라. 여기서 철사는 다음 매개변수 방정식으로 주어지는 나선 C의 모양이다.

$$x=3\cos t, \qquad y=3\sin t, \qquad z=4t, \qquad 0\le t\le \pi$$

풀이

$$m=\int_C kz\,ds=k\int_0^{\pi}(4t)\sqrt{9\sin^2 t+9\cos^2 t+16}\,dt$$

$$=20k\int_0^{\pi} t\,dt=\left[20k\frac{t^2}{2}\right]_0^{\pi}=10k\pi^2$$

m의 단위는 길이와 밀도의 단위들에 의해서 결정된다. ■

일 공간의 점 (x, y, z)에 작용하는 힘이 벡터장

$$\mathbf{F}(x, y, z)=M(x, y, z)\mathbf{i}+N(x, y, z)\mathbf{j}+P(x, y, z)\mathbf{k}$$

로 주어진다고 하자. 여기서 M, N, P는 연속이다. 매끄럽고 방향이 있는 곡선 C를 따라 입자가 움직였을 때, 힘 $\mathbf{F}$가 한 일 W를 구하고 싶다. 곡선에 있는 점 $Q(x, y, z)$의 위치벡터를 $\mathbf{r}=x\mathbf{i}+y\mathbf{j}+z\mathbf{k}$라 하자(그림 5). Q에서의 단위 접벡터를 $\mathbf{T}$라 하면, Q에서의 $\mathbf{F}$의 접선 성분은 $\mathbf{F}\cdot\mathbf{T}$이다. 그 곡선을 따라서, Q로부터 짧은 거리 Δs만큼 입자를 움직였을 때, 힘 $\mathbf{F}$가 한 일은 대략 $\mathbf{F}\cdot\mathbf{T}\Delta s$이고, 따라서 곡선 C를 따라 A에서 B까지 입자를 움직였을 때, 한 일은 $\int_C \mathbf{F}\cdot\mathbf{T}\,ds$로 정의한다. 일은 스칼라인데, 양이 될 수도 있고, 음이 될 수도 있다. 곡선을 따른 힘의 성분이 입자의 움직임과 같은 방향이면 양이 되고, 곡선을 따른 힘의 성분이 입자의 움직임과 반대 방향이면 음이 된다. 11.7절로부터 $\mathbf{T}=(d\mathbf{r}/dt)(dt/ds)=d\mathbf{r}/ds$임을 알고 있으며, 따라서 일의 공식을 다음과 같이 쓸 수 있다.

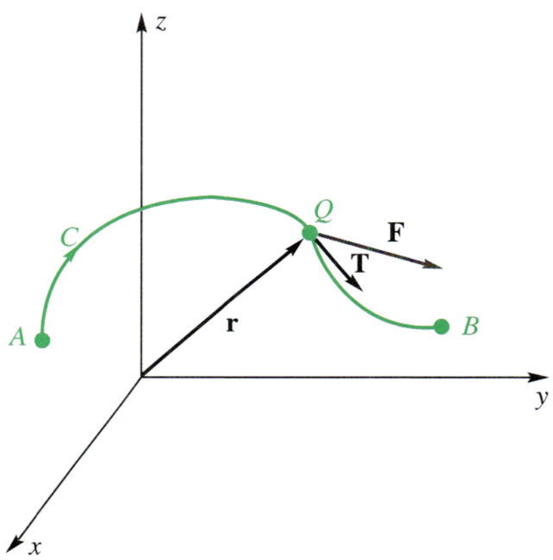

그림 5

$$W=\int_C \mathbf{F}\cdot\mathbf{T}\,ds=\int_C \mathbf{F}\cdot\frac{d\mathbf{r}}{dt}dt=\int_C \mathbf{F}\cdot d\mathbf{r}$$

맨 끝의 표현의 의미는, 입자가 "한없이 작은" 접선 벡터 $d\mathbf{r}$을 따라 움직였을 때, 힘 $\mathbf{F}$가 한 일을 나타낸 것이 $\mathbf{F}\cdot d\mathbf{r}$이라고 생각한다. 많은 물리학자들과 응용수학자들이 이 표현을 선호한다.

일에 대한 또 다른 표현으로서, 계산을 할 때 유용한 것이 있다. $d\mathbf{r}=dx\mathbf{i}+dy\mathbf{j}+dz\mathbf{k}$라고 쓰기로 하면

$$\mathbf{F}\cdot d\mathbf{r}=(M\mathbf{i}+N\mathbf{j}+P\mathbf{k})\cdot(dx\mathbf{i}+dy\mathbf{j}+dz\mathbf{k})=M\,dx+N\,dy+P\,dz$$

그리고

$$W=\int_C \mathbf{F}\cdot d\mathbf{r}=\int_C M\,dx+N\,dy+P\,dz$$

적분 $\int_C M\,dx$, $\int_C N\,dy$, $\int_C P\,dz$는 특별한 종류의 선적분이다. 이들은 이 절 앞부분에서 $\int_C f\,ds$를 정의한 것처럼 정의하지만, 차이점이라면, Δs_i 대신에 각각 Δx_i, Δy_i, Δz_i를 넣는 것이다. 그런데 한 가지 지적하고 싶은 것은, 경로 C에서 Δs_i는 항상 양수가 되도록 잡지만, Δx_i, Δy_i, Δz_i는 음수가 될 수도 있다. 여기서 파생되는 결과로서, C의 방향을 바꾸면, $\int_C M\,dx$, $\int_C N\,dy$, $\int_C P\,dz$의 부호가 바뀐다. 반면에 $\int_C f\,ds$는 바뀌지 않는다(연습문제 33 참조).

예제 4 제곱에 반비례하는 힘의 장

$$\mathbf{F}(x,\ y,\ z) = -c\frac{\mathbf{r}}{\|\mathbf{r}\|^3} = \frac{-c(x\mathbf{i}+y\mathbf{j}+z\mathbf{k})}{(x^2+y^2+z^2)^{3/2}} = M\mathbf{i}+N\mathbf{j}+P\mathbf{k}$$

속에서, 입자가 (0, 3, 0)에서 (4, 3, 0)으로 직선 C를 따라서 움직였다(그림 6 참조). 힘의 장이 한 일을 구하여라.

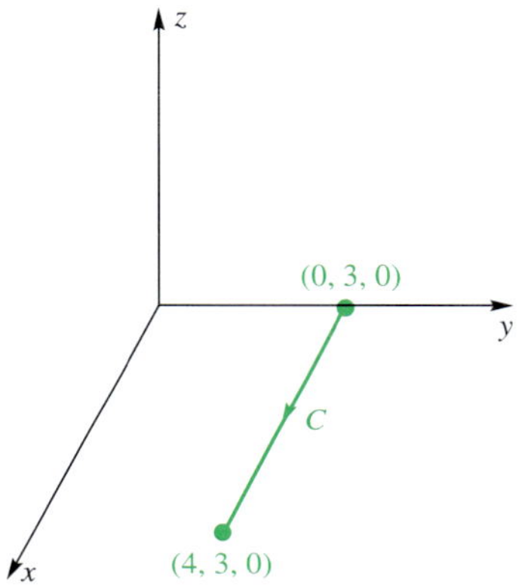

그림 6

풀이 선 C를 따라서, $y=3$, $z=0$이다. 그러므로 $dy=dz=0$. x를 매개변수로 사용하여, 다음을 얻게 된다.

$$W=\int_C M\,dx+N\,dy+P\,dz=-c\int_C \frac{x\,dx+y\,dy+z\,dz}{(x^2+y^2+z^2)^{3/2}}$$

$$=-c\int_0^4 \frac{x}{(x^2+9)^{3/2}}dx=\left[\frac{c}{(x^2+9)^{1/2}}\right]_0^4=\frac{-2c}{15}$$

길이와 힘의 단위에 따라서, 적당한 단위를 주어야 함은 물론이다. $c>0$이면, 힘장 $\mathbf{F}$가 한 일은 음이다. 이것이 옳은가? 이 문제에서, 힘은 항상 원점을 가리키며, 따라서 그 선을 따른 힘의 성분은 항상 입자의 움직임과 반대 방향을 가리킨다(그림 7 참조). 이렇게 되는 경우, 일은 음이다. ■

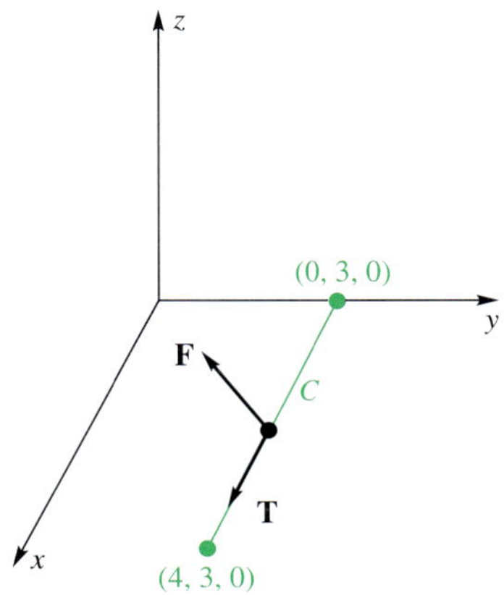

그림 7

선적분이 평면에서의 형태로 나오는 것을 보자.

예제 5 다음 적분을 계산하여라.

$$\int_C (x^2-y^2)dx+2xy\,dy$$

여기서 곡선 C는 매개변수 방정식 $x=t^2$, $y=t^3$, $0\le t\le\frac{3}{2}$로 주어진다.

풀이 $dx=2t\,dt$이고, $dy=3t^2dt$이므로,

$$\int_C (x^2-y^2)dx+2xy\,dy=\int_0^{3/2}[(t^4-t^6)2t+2t^5(3t^2)]\,dt$$

$$=\int_0^{3/2}(2t^5+4t^7)\,dt=\frac{8505}{512}\approx 16.61$$ ■

예제 6 $\int_C xy^2dx+xy^2dy$를 계산하여라. 여기서 경로는 $C=C_1\cup C_2$로서, 그림 8에 나온다. 그리고 (0, 2)에서 (3, 5)로 가는 직선길 C_3을 따라서 이 적분을

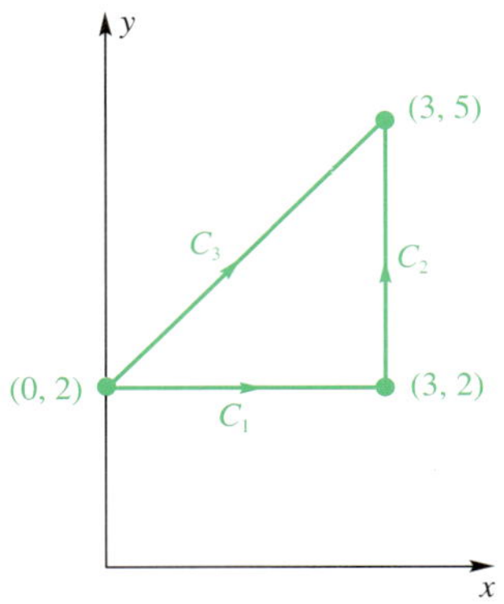

그림 8

계산해 보아라.

풀이 C_1에서, $y=2$, $dy=0$. 그러므로

$$\int_{C_1} xy^2dx+xy^2dy=\int_0^3 4x\,dx=[2x^2]_0^3=18$$

C_2에서, $x=3$, $dx=0$. 그러므로

$$\int_{C_2} xy^2dx+xy^2dy=\int_2^5 3y^2dy=[y^3]_2^5=117$$

그러므로 결론은

$$\int_C xy^2dx+xy^2dy=18+117=135$$

C_3에서, $y=x+2$, $dy=dx$. 그러므로

$$\begin{aligned}\int_{C_3} xy^2dx+xy^2dy&=2\int_0^3 x(x+2)^2dx\\&=2\int_0^3 (x^3+4x^2+4x)\,dx=2\left[\frac{x^4}{4}+\frac{4x^3}{3}+2x^2\right]_0^3\\&=\frac{297}{2}\end{aligned}$$

(0, 2)에서 (3, 5)로 가는 경로에 따라서 적분값이 다르게 나왔음에 유의하기 바란다. ■

개념 복습

1. 매개변수 방정식 $x=x(t)$, $y=y(t)$, $a\le t\le b$로 주어진 곡선 C가 방향이 양이라는 말은, 그 양의 방향이 ______것에 대응한다는 뜻이다.

2. 곡선 C가 문제 1의 의미로 양의 방향을 가지면, 선적분 $\int_C f(x, y)\,ds$는 $\lim_{|P|\to 0}$______로 정의한다.

3. 문제 2의 선적분은 평범한 정적분 $\int_a^b$______dt로 바뀐다.

4. $\mathbf{r}=x(t)\mathbf{i}+y(t)\mathbf{j}$가 문제 1의 곡선 C의 위치벡터이고, $\mathbf{F}=M(x, y)\mathbf{i}+N(x, y)\mathbf{j}$는 평면의 힘장이면, C를 따라서 입자가 움직이도록, 힘 $\mathbf{F}$가 한 일 W는 $\int_C$______dt로 주어진다.

연습문제 14.2

문제 1~16에서 다음 선적분을 구하여라.

1. $\int_C (x^3+y)\,ds$; C는 곡선 $x=3t$, $y=t^3$, $0\le t\le 1$.

2. $\int_C xy^{2/5}ds$; C는 곡선 $x=\frac{1}{2}t$, $y=t^{5/2}$, $0\le t\le 1$.

3. $\int_C (\sin x+\cos y)\,ds$; C는 (0, 0)에서 $(\pi, 2\pi)$로 가는 선분.

4. $\int_C xe^y ds$; C는 $(-1, 2)$에서 $(1, 1)$로 가는 선분.

5. $\int_C (2x+9z)\,ds$; C는 곡선 $x=t$, $y=t^2$, $z=t^3$, $0\le t\le 1$.

6. $\int_C (x^2+y^2+z^2)\,ds$; C는 곡선 $x=4\cos t$, $y=4\sin t$, $z=3t$, $0\le t\le 2\pi$.

7. $\int_C y\,dx + x^2 dy$; C는 곡선 $x=2t$, $y=t^2-1$, $0 \le t \le 2$.

8. $\int_C y\,dx + x^2 dy$; C는 $(0, -1)$에서 $(4, -1)$을 거쳐 $(4, 3)$으로 가는 직각으로 꺾인 선.

9. $\int_C y^3 dx + x^3 dy$; C는 $(-4, 1)$에서 $(-4, -2)$를 거쳐 $(2, -2)$로 가는 직각으로 꺾인 선.

10. $\int_C y^3 dx + x^3 dy$; C는 곡선 $x=2t$, $y=t^2-3$, $-2 \le t \le .1$

11. $\int_C (x+2y)\,dx + (x-2y)\,dy$; C는 $(1, 1)$에서 $(3, -1)$로 가는 선분.

12. $\int_C y\,dx + x\,dy$; C는 곡선 $y=x^2$, $0 \le x \le 1$.

13. $\int_C (x+y+z)\,dx + x\,dy - yz\,dz$; C는 $(1, 2, 1)$에서 $(2, 1, 0)$으로 가는 선분.

14. $\int_C xz\,dx + (y+z)\,dy + x\,dz$; C는 곡선 $x=e^t$, $y=e^{-t}$, $z=e^{2t}$, $0 \le t \le 1$.

15. $\int_C (x+y+z)\,dx + (x-2y+3z)\,dy + (2x+y-z)\,dz$; C는 $(0, 0, 0)$에서 $(2, 0, 0)$을 거쳐 $(2, 3, 0)$을 거쳐 $(2, 3, 4)$로 가는 꺾인 선.

16. 문제 15와 같은 적분인데, C는 $(0, 0, 0)$에서 $(2, 3, 4)$로 가는 선분.

17. $(-2, 4)$에서 $(2, 4)$ 사이의 곡선 $y=x^2$과 같은 모습의 철사가 있는데, 밀도는 $\delta(x, y)=k|x|$로 주어진다. 질량을 구하여라.

18. 일정한 밀도의 철사가 나선 $x=a\cos t$, $y=a\sin t$, $z=bt$, $0 \le t \le 3\pi$형태를 하고 있다. 그 질량과 무게중심을 구하여라.

문제 19~24에서 입자가 곡선 C를 따라 움직였을 때 힘장 $\mathbf{F}$가 한 일을 구하여라.

19. $\mathbf{F}(x, y)=(x^3-y^3)\mathbf{i}+xy^2\mathbf{j}$; C는 곡선 $x=t^2$, $y=t^3$, $-1 \le t \le 0$.

20. $\mathbf{F}(x, y)=e^x\mathbf{i}-e^{-y}\mathbf{j}$; C는 곡선 $x=3\ln t$, $y=\ln 2t$, $1 \le t \le 5$.

21. $\mathbf{F}(x, y)=(x+y)\mathbf{i}+(x-y)\mathbf{j}$; C는 사분타원, $x=a\cos t$, $y=b\sin t$, $0 \le t \le \pi/2$.

22. $\mathbf{F}(x, y, z)=(2x-y)\mathbf{i}+2z\mathbf{j}+(y-z)\mathbf{k}$; C는 $(0, 0, 0)$에서 $(1, 1, 1)$로 가는 선분.

23. $\mathbf{F}$는 문제 22와 같음. C는 곡선 $x=\sin(\pi t/2)$, $y=\sin(\pi t/2)$, $z=t$, $0 \le t \le 1$.

24. $\mathbf{F}(x, y, z)=y\mathbf{i}+z\mathbf{j}+x\mathbf{k}$; C는 곡선 $x=t$, $y=t^2$, $z=t^3$, $0 \le t \le 2$.

25. 그림 9는 세 곡선 C_1, C_2, C_3을 따라서 벡터장 $\mathbf{F}$의 그림을 보여주고 있다. $\int_{C_i} \mathbf{F} \cdot d\mathbf{r}$, $i=1, 2, 3$이 양수, 음수 또는 0인지를 결정하고 그 이유를 설명하여라.

26. 그림 10은 세 곡선 C_1, C_2, C_3을 따라서 벡터장 $\mathbf{F}$의 그림을 보여주고 있다. 각 선적분 $\int_{C_i} \mathbf{F} \cdot d\mathbf{r}$, $i=1, 2, 3$이 양수, 음수 또는 0인지를 결정하고 그 이유를 설명하여라.

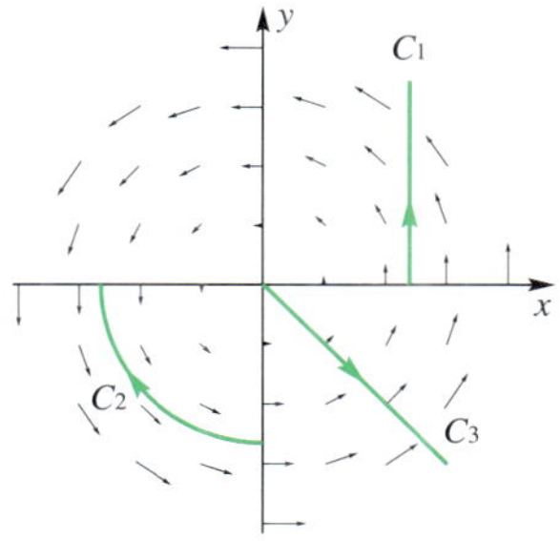

그림 9

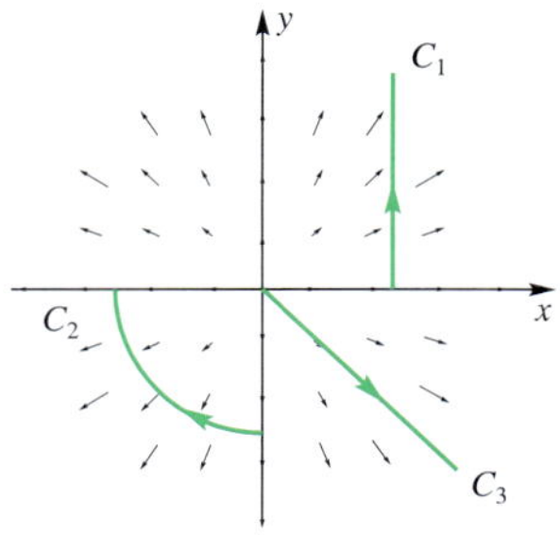

그림 10

27. 영희는 담장의 양면을 칠하려 한다. 담장의 밑은 xy평면에 놓여 있으며, $x=30\cos^3 t$, $y=30\sin^3 t$, $0 \le t \le \pi/2$ 형태이다. 그리고 (x, y)에서의 높이는 $1+\frac{1}{3}y$이다. 단위는 모두 피트이다. 담장을 그려라. 1 갤런의 페인트로 200 제곱 피트를 칠할 수 있을 필요한 페인트의 양을 구하여라.

28. 몸무게 1.2파운드인 다람쥐가 나무에 올라가는데, 나선 경로 $x=\cos t$, $y=\sin t$, $z=4t$, $0 \le t \le 8\pi$를 따라서 올라간다. 여기서 거리는 피트 단위이다. 다람쥐가 한 일은 얼마인가? 선적분을 사용하여라. 그 다음에 아주 쉬운 방법으로 답을 구해 보아라.

29. 수직 정사각기둥 $|x|+|y|=a$를 구 $x^2+y^2+z^2=a^2$으로 잘랐다. 선적분을 사용하여 잘린 부분의 넓이를 구하여라. 이 문제를 아주 쉬운 방법으로 풀어 보고, 답을 확인해 보아라.

30. 일정한 밀도 k를 가지는 철사가 $|x|+|y|=a$ 형태를 하고 있다. y축, z축에 대한 관성 모멘트를 구하여라.

31. 원기둥 $x^2+y^2=ay$ 중에, 구 $x^2+y^2+z^2=a^2$ 속에 놓이는 부분의 넓이를 선적분을 사용하여 구하여라(13.6절 연습문제 12와 비교해 보아라). 도움말: $ds=[r^2+(dr/d\theta)^2]^{1/2}\,d\theta$로 하여 극좌표를 사용하여라.

32. 반지름 a인 두 원기둥의 축들이 서로 직각으로 만난다. 선적분을 사용하여, 한 원기둥이 다른 원기둥을 잘라낸

부분의 넓이를 구하여라(13.6절 연습문제 14와 비교해 보아라). 그림 11 참조.

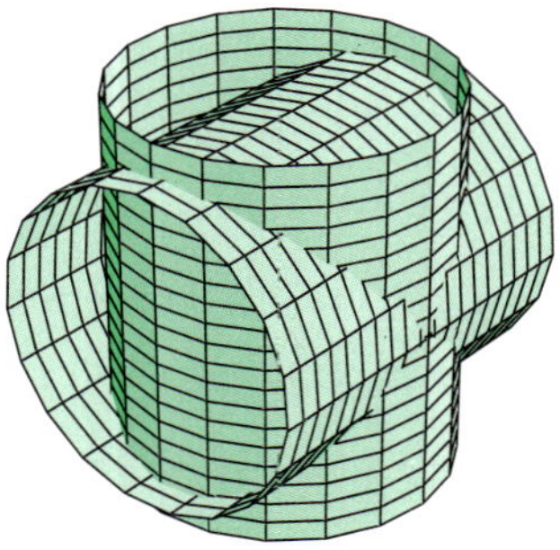

그림 11

33. 다음 적분을 계산하여라.

(a) $\int_C x^2 y\, ds$, 매개변수 방정식 $x=3\sin t$, $y=3\cos t$, $0\le t\le \pi/2$를 사용하여서. 이것은 예제 1 곡선 C의 방향을 거꾸로 만든 것이다.

(b) $\int_{C_4} xy^2 dx + xy^2 dy$, 매개변수 방정식 $x=3-t$, $y=5-t$, $0\le t\le 3$을 사용하여 C_4는 예제 6 곡선 C_3의 방향을 거꾸로 만든 것이다.

방향을 거꾸로 잡아서 매개변수화하면, 적분 $\int_C f\, ds$의 부호는 바뀌지 않지만, 이 절에서 배운 다른 종류의 선적분들은 부호가 바뀐다.

개념 복습 해답: **1.** t의 값이 증가하는 **2.** $\sum_{i=1}^{n} f(\bar{x}_i, \bar{y}_i)\Delta s_i$ **3.** $f(x(t), y(t))\sqrt{[x'(t)]^2+[y'(t)]^2}$ **4.** $\mathbf{F}\cdot d\mathbf{r}/dt$

14.3 경로와의 독립성

보통의 정적분을 계산하는 데 사용하는 기본 도구는 미적분학의 기본정리 2이다. 이것을 기호로 나타내면,

$$\int_a^b f'(x)dx = f(b)-f(a)$$

이제 다음 질문을 던져 보자: 선적분에 대해서 이와 유사한 정리가 존재하는가? 답은 예, 존재한다.

앞으로 나올 내용에서, $\mathbf{r}(t)$는 이차원 공간이면 $x(t)\mathbf{i}+y(t)\mathbf{j}$, 삼차원 공간이면 $x(t)\mathbf{i}+y(t)\mathbf{j}+z(t)\mathbf{k}$를 뜻한다. 그에 따라서, $f(\mathbf{r})$은 전자의 경우 $f(x, y)$, 후자의 경우 $f(x, y, z)$를 뜻한다.

정리 A 선적분의 기본정리

C는 조각마다 매끄러운 곡선으로, 매개변수 방정식 $\mathbf{r}=\mathbf{r}(t)$, $a\le t\le b$로 주어지고, $\mathbf{a}=\mathbf{r}(a)$에서 시작하여 $\mathbf{b}=\mathbf{r}(b)$에서 끝난다고 하자. C를 포함하는 개집합에서 f가 미분가능하고, 그 도함수가 연속이라고 하자. 그러면

$$\int_C \nabla f(\mathbf{r})\cdot d\mathbf{r} = f(\mathbf{b})-f(\mathbf{a})$$

증명 우선은 C가 매끄럽다고 가정한다. 그러면

$$\int_C \nabla f(\mathbf{r})\cdot d\mathbf{r} = \int_a^b [\nabla f(\mathbf{r}(t))\cdot \mathbf{r}'(t)]dt = \int_a^b \frac{d}{dt} f(\mathbf{r}(t))dt$$
$$= f(\mathbf{r}(b)) - f(\mathbf{r}(a)) = f(\mathbf{b})-f(\mathbf{a})$$

이것을 자세히 보면, 먼저 선적분을 평범한 정적분으로 바꾸었고, 그 다음에 연쇄법칙을 적용하고, 마지막으로 미적분학의 기본정리 2를 사용하였다.

만약 C가 매끄럽지 않고, 조각마다 매끄럽다면, 위의 결과를 각각의 조각에

적용하면 된다. 세부 사항은 스스로 해 보기 바란다. ■

예제 1 14.1절 예제 4로부터,

$$f(x, y, z) = f(\mathbf{r}) = \frac{c}{|\mathbf{r}|} = \frac{c}{\sqrt{x^2+y^2+z^2}}$$

는 제곱에 반비례하는 힘장 $\mathbf{F}(\mathbf{r}) = -c\mathbf{r}/|\mathbf{r}|^3$의 퍼텐셜 함수임을 상기하고, $\int_C \mathbf{F}(\mathbf{r}) \cdot d\mathbf{r}$을 계산하여라. 여기서 C는 (0, 3, 0)에서 (4, 3, 0)으로 가는, 원점을 지나지 않는, 임의의 조각마다 매끄러운 곡선이다.

풀이 $\mathbf{F}(\mathbf{r}) = \nabla f(\mathbf{r})$이므로,

$$\int_C \mathbf{F}(\mathbf{r}) \cdot d\mathbf{r} = \int_C \nabla f(\mathbf{r}) \cdot d\mathbf{r} = f(4, 3, 0) - f(0, 3, 0)$$

$$= \frac{c}{\sqrt{16+9}} - \frac{c}{\sqrt{9}} = \frac{-2c}{15}$$ ■

예제 1을 앞절 예제 4와 비교해 보기 바란다. 거기에서 우리는 어떤 구체적인 선 C, 즉, (0, 3, 0)에서 (4, 3, 0)으로 가는 선분에 대해서 이 적분을 계산하였다. 놀랍게도, (0, 3, 0)에서 (4, 3, 0)으로 가는 어떠한 곡선을 택하든, 같은 답이 나오게 된다. 이런 경우, 주어진 선적분은 경로와 무관하다고 말한다.

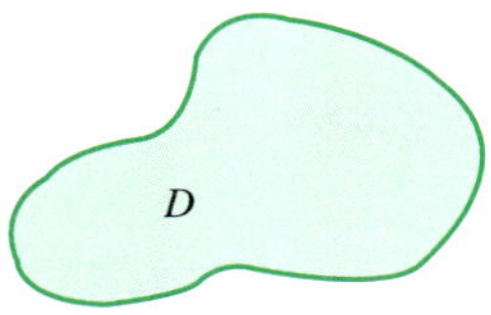

연결 집합

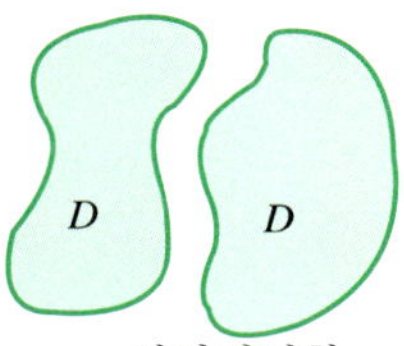

비연결집합

그림 1

경로와 독립일 조건 집합 D에 속하는 임의의 두 점을, D에 완전히 놓이는 조각마다 매끄러운 곡선으로 연결해 줄 수 있으면, 집합 D는 **연결**(connected) 집합이라고 한다(그림 1). D에 속하는 임의의 두 점 A, B에 대해서, D에 놓여 있고 A에서 B로 가는 임의의 양의 방향 곡선(경로) C에 대해서 적분 $\int_C \mathbf{F}(\mathbf{r}) \cdot d\mathbf{r}$이 같은 값이 나오면, 이 적분은 ***D*에서 경로와 독립**(independent of path in D)이라고 한다.

정리 A에 따른 결과로서, $\mathbf{F}$가 어떤 함수 f의 그래디언트이면, 적분 $\int_C \mathbf{F}(\mathbf{r}) \cdot d\mathbf{r}$은 경로와 독립이다. 이 명제의 역도 참이다.

정리 B 경로와의 독립성
연결 개집합 D에서 $\mathbf{F}(\mathbf{r})$이 연속이라고 하자. 그러면 선적분 $\int_C \mathbf{F}(\mathbf{r}) \cdot d\mathbf{r}$이 경로와 독립일 필요충분조건은 어떤 스칼라 함수 f가 있어서 $\mathbf{F}(\mathbf{r}) = \nabla f(\mathbf{r})$인 것이다. 즉, D에서 $\mathbf{F}$가 보존 벡터장인 것이다.

증명 충분조건임은 정리 A에 의해 성립한다. 이제 적분 $\int_C \mathbf{F}(\mathbf{r}) \cdot d\mathbf{r}$이 D에서의 경로와 무관하다고 가정하자. 우리가 해야 할 일은, $\nabla f = \mathbf{F}$가 되는 함수 f를 만드는 것이다. 즉, 벡터장 $\mathbf{F}$의 퍼텐셜을 찾아야 한다. 간단하게 하기 위해서, 이차원인 경우로 국한한다. D가 평면의 집합이고, $\mathbf{F}(\mathbf{r}) = M(x, y)\mathbf{i} + N(x, y)\mathbf{j}$인 (x_1, y_0)를 D의 한 고정된 점이라고 하자. 그리고 (x, y)를 D의 다

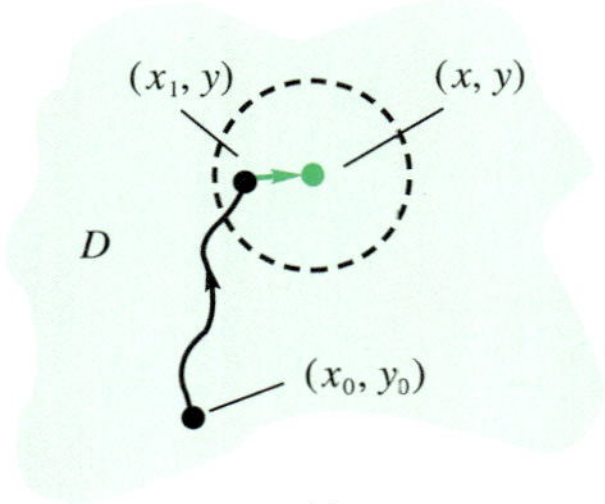

(a)

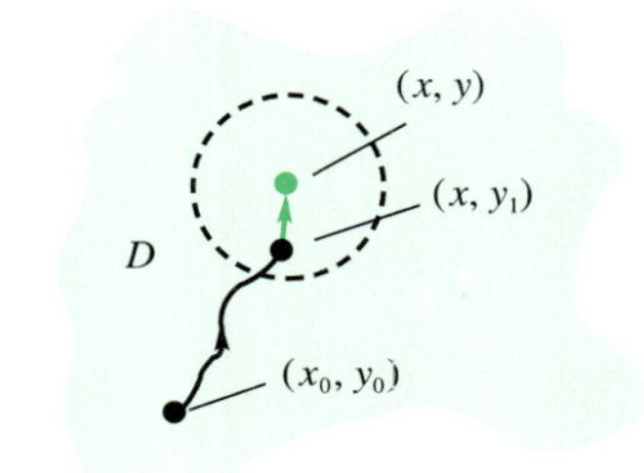

(b)

그림 2

른 임의의 점이라고 하자. 이제 D에서 제삼의 점 (x_1, y)를 잡되, (x, y)의 약간 왼쪽에서 잡고, D에서 이것과 (x, y)를 수평 선분으로 잇는다. 그 다음에 D에서 (x_0, y_0)과 (x_1, y)를 곡선으로 잇는다. (이런 일들이 가능한 까닭은, D가 개집합이고 연결되어 있기 때문이다. 그림 2 (a) 참조.) 마지막으로, (x_0, y_0)에서 (x, y)로 가는 이 두 조각으로 된 경로를 C로 나타내고, f를

$$f(x, y)=\int_C \mathbf{F}(\mathbf{r})\cdot d\mathbf{r}=\int_{(x_0, y_0)}^{(x_1, y)}\mathbf{F}(\mathbf{r})\cdot d\mathbf{r}+\int_{(x_1, y)}^{(x, y)}\mathbf{F}(\mathbf{r})\cdot d\mathbf{r}$$

로 정의한다. f의 값이 하나로 나오는 까닭은, 경로와 독립이기 때문이다.

위의 오른쪽 첫째 적분은 x와 상관이 없다. 둘째 적분은, y가 고정되어 있어서, 보통의 정적분으로 예를 들어 t를 매개변수로 사용하여 나타낼 수 있다. 그러므로 다음이 성립한다.

$$\frac{\partial f}{\partial x}=0+\frac{\partial}{\partial x}\int_{x_1}^{x} M(t, y)\,dt=M(x, y)$$

맨 끝의 등호는 미적분학의 기본정리 1(정리 4.4*A*)에 의해 성립한다.

그림 2 (b)를 사용하여, 이와 비슷하게 만들면, $\partial f/\partial y=N(x, y)$가 된다. 그러므로 원하는 결과 $\nabla f=M(x, y)\mathbf{i}+N(x, y)\mathbf{j}=\mathbf{F}$가 나온다. ■

다음 정리가 이 절에서 가장 중요한 결과이다. 이 정리는 보존벡터장, 선적분의 경로 독립성 개념과 모든 폐경로상의 선적분은 0이 된다는 개념 사이의 연결고리를 유도한다.

정리 C 선적분에 관한 동치조건

$\mathbf{F}(\mathbf{r})$이 연결 폐집합 D에서 연속이면, 다음 조건들은 동치이다:

(1) $\mathbf{F}=\nabla f$인 함수 f가 존재($\mathbf{F}$는 D에서 보존장)

(2) $\int_C \mathbf{F}(\mathbf{r})\cdot d\mathbf{r}$은 D의 경로에 독립이다.

(3) D의 임의의 폐경로 C에 대하여 $\int_C \mathbf{F}(\mathbf{r})\cdot d\mathbf{r}=0$

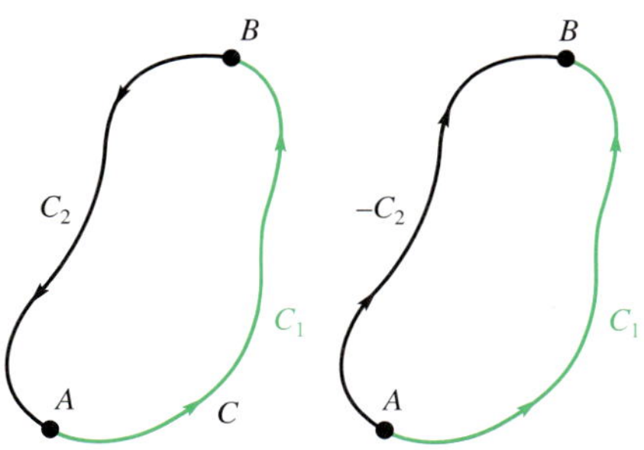

그림 3

증명 정리 B로부터 (1)과 (2)는 동치임을 알 수 있다. 이제 (2)와 (3)이 동치임을 밝히면 된다. $\int_C \mathbf{F}(\mathbf{r})\cdot d\mathbf{r}$이 경로에 독립이라고 가정하자. 그러면 D의 모든 폐경로에 대해 $\int_C \mathbf{F}(\mathbf{r})\cdot d\mathbf{r}=0$임을 보여야 한다. C를 D의 폐경로라 하자. A, B를 그림 3의 왼쪽에서 보는 것처럼 C 위의 서로 다른 점이라 하자. C를 A에서 B로 향하는 곡선 C_1과 B에서 A로 향하는 곡선 C_2로 되어 있다고 하자. $-C_2$는 그림 3의 오른쪽에서 보는 것처럼, C_2와는 반대방향을 나타낸다고 하자. C_1과 $-C_2$는 시점과 종점이 A와 B로써 같기 때문에, 경로에 독립이라는 것은 다음 식이 성립함을 의미한다.

$$\int_C \mathbf{F}(\mathbf{r})\cdot d\mathbf{r}=\int_{C_1}\mathbf{F}(\mathbf{r})\cdot d\mathbf{r}+\int_{C_2}\mathbf{F}(\mathbf{r})\cdot d\mathbf{r}=\int_{C_1}\mathbf{F}(\mathbf{r})\cdot d\mathbf{r}-\int_{-C_2}\mathbf{F}(\mathbf{r})\cdot d\mathbf{r}$$
$$=\int_{C_1}\mathbf{F}(\mathbf{r})\cdot d\mathbf{r}-\int_{C_1}\mathbf{F}(\mathbf{r})\cdot d\mathbf{r}=0$$

이것은 (2)이면 (3)이 성립함을 나타내는 것이다. (3)에서 (2)를 유도하는 것은 본질적으로 위에 주어진 내용에 대한 역을 나타낸다. 상세한 것은 연습문제 31로 남긴다. ■

정리 C의 조건 3의 물리학적 의미는 다음과 같다. 입자가 폐경로를 따라서 움직였을 때, 보존 힘장이 한 일은 0이다, 특히, 중력장과 전기장의 경우 이렇게 된다. 왜냐 하면 이들은 보존장이기 때문이다.

조건 2와 3은 **F**가 스칼라 함수 f의 그래디언트임을 보장해 주지만, 이 조건들은 이것과 관련하여 그리 유용하지 않다. 다음 정리는, 훨씬 유용한 판단기준을 제시한다. 그러기 위해서, D가 **단일연결**(simply connected)되어 있다는 추가 조건이 필요하다. 이 말이 뜻하는 것은, 이차원 공간인 경우 D에 "구멍"이 없다는 것이고, 삼차원 공간인 경우 D를 뚫고 지나가는 "굴"이 없다는 것이다. (엄밀한 정의는 고학년용 책들 참조.)

정리 D

D가 단일연결 폐집합이라고 하자. $\mathbf{F}=M\mathbf{i}+N\mathbf{j}+P\mathbf{k}$이고, 여기서 M, N, P와 이들의 1계 편미분들이 D에서 연속이라고 하자. 그러면 **F**가 보존장($\mathbf{F}=\nabla f$)일 필요충분조건은 curl $\mathbf{F}=0$. 즉,

$$\frac{\partial M}{\partial y}=\frac{\partial N}{\partial x},\qquad \frac{\partial M}{\partial z}=\frac{\partial P}{\partial x},\qquad \frac{\partial N}{\partial z}=\frac{\partial P}{\partial y}$$

이변수인 경우에는 $\mathbf{F}=M\mathbf{i}+N\mathbf{j}$일 때, **F**가 보존장일 필요충분조건은

$$\frac{\partial M}{\partial y}=\frac{\partial N}{\partial x}$$

필요조건은 쉽게 증명할 수 있다(연습문제 21). 충분조건은, 이변수인 경우 그린 정리(정리 14.4A)로부터, 삼변수인 경우 스토크스 정리로부터 나온다(14.7절 예제 4 참조). 단일연결이 필요함은, 연습문제 29에서 보인다.

그래디언트로부터 원래 함수 찾기 정리 D의 조건을 만족하는 벡터장 **F**가 있다고 하자. 그러면 $\nabla f=\mathbf{F}$가 되는 함수 f가 존재함을 안다. 그런데 f를 어떻게 구할 것인가? 먼저 이차원 벡터장인 경우 답을 예시해 보인다.

예제 2 $\mathbf{F}=(4x^3+9x^2y^2)\mathbf{i}+(6x^3y+6y^5)\mathbf{j}$가 보존장인지 여부를 판단하여라. 그렇다면, 그래디언트가 이것이 되는 함수 f를 찾아라.

풀이 $M(x, y)=4x^3+9x^2y^2$이고 $N(x, y)=6x^3y+6y^5$. 이 경우는 이변수이므

로, 정리 D의 조건은

$$\frac{\partial M}{\partial y}=\frac{\partial N}{\partial x}$$

임을 보이는 것이다. 그런데

$$\frac{\partial M}{\partial y}=18x^2y, \qquad \frac{\partial N}{\partial x}=18x^2y$$

이므로 조건을 만족하며, 따라서 f가 존재해야 한다.

f를 구하기 위해서, 다음 사실을 주목한다.

$$\nabla f=\frac{\partial f}{\partial x}\mathbf{i}+\frac{\partial f}{\partial y}\mathbf{j}=M\mathbf{i}+N\mathbf{j}$$

따라서

(1) $$\frac{\partial f}{\partial x}=4x^3+9x^2y^2, \qquad \frac{\partial f}{\partial y}=6x^3y+6y^5$$

왼쪽 식을 x에 대해서 적분하면,

(2) $$f(x, y)=x^4+3x^3y^2+C_1(y)$$

여기서 적분 "상수" C_1은 y의 함수일 수 있다. 그런데 (2)의 식을 y에 대해서 편미분하면 $6x^3y+6y^5$이 되어야 한다. 따라서

$$\frac{\partial f}{\partial y}=6x^3y+C_1'(y)=6x^3y+6y^5$$

그러므로 $C_1'(y)=6y^5$. 이것을 적분하면,

$$C_1(y)=y^6+C$$

여기서 C는 상수이다(x, y와 무관함). 이 결과를 (1)에다 대입하면, 다음과 같이 된다.

$$f(x, y)=x^4+3x^3y^2+y^6+C$$ ■

이제 예제 2의 결과를 사용하여 선적분을 계산한다.

> **경로에 독립인 선적분의 기호**
>
> 선적분
>
> $$\int_C P(x, y)dx+Q(x, y)dy$$
>
> 가 경로에 독립이면, 경로 C에 대한 시점 (a, b)와 종점 (c, d)만 나타내는 의미로 다음과 같이 표시한다.
>
> $$\int_{(a,b)}^{(c,d)} P(x, y)dx+Q(x, y)dy$$
>
> 마찬가지로
>
> $$[f(x, y)]_{(a,b)}^{(c,d)}$$
>
> 로 나타내는데 이것은
>
> $$f(c, d)-f(a, b)$$
>
> 을 의미한다.

예제 3 $\mathbf{F}(\mathbf{r})=\mathbf{F}(x, y)=(4x^3+9x^2y^2)\mathbf{i}+(6x^3y+6y^5)\mathbf{j}$일 때, 적분 $\int_C \mathbf{F}(\mathbf{r})\cdot d\mathbf{r}$ $\int_C (4x^3+9x^2y^2)dx+(6x^3y+6y^5)dy$를 계산하여라. 여기서 C는 (0, 0)에서 (1, 2)로 가는 임의의 경로이다.

풀이 예제 2에서 $f(x, y)=x^4+3x^3y^2+y^6+C$에 대해 $\mathbf{F}=\nabla f$임을 보였다. 따라서 주어진 선적분은 경로와 무관하다. 사실, 정리 A에 의해

$$\begin{aligned}\int_C \mathbf{F}(\mathbf{r})\cdot d\mathbf{r}&=\int_{(0,0)}^{(1,2)}(4x^3+9x^2y^2)dx+(6x^3y+6y^5)dy\\&=[x^4+3x^3y^2+y^6+C]_{(0,0)}^{(1,2)}=1+12+64=77\end{aligned}$$ ■

예제 4 $\mathbf{F}=(e^x\cos y+yz)\mathbf{i}+(xz-e^x\sin y)\mathbf{j}+xy\mathbf{k}$는 보존장임을 밝혀라. 이 때 $\mathbf{F}=\nabla f$가 되는 f를 구하여라.

풀이

$$M=e^x\cos y+yz, \qquad N=xz-e^x\sin y, \qquad P=xy$$

따라서

$$\frac{\partial M}{\partial y}=-e^x\sin y+z=\frac{\partial N}{\partial x}, \qquad \frac{\partial M}{\partial z}=y=\frac{\partial P}{\partial x}, \qquad \frac{\partial N}{\partial z}=x=\frac{\partial P}{\partial y}$$

이고, 이것이 바로 정리 D의 조건이다. 이제

$$\text{(3)} \qquad \begin{aligned} \frac{\partial f}{\partial x}&=e^x\cos y+yz \\ \frac{\partial f}{\partial y}&=xz-e^x\sin y \\ \frac{\partial f}{\partial z}&=xy \end{aligned}$$

첫째 방정식을 x에 대해서 적분하면, 다음을 얻는다.

$$\text{(4)} \qquad f(x,\ y,\ z)=e^x\cos y+xyz+C_1(y,\ z)$$

이것을 y에 대해서 미분하고, 그 결과를 (3)의 둘째 식과 같다고 놓으면

$$-e^x\sin y+xz+\frac{\partial C_1}{\partial y}=xz-e^x\sin y$$

즉,

$$\frac{\partial C_1(y,\ z)}{\partial y}=0$$

이것을 y에 대해서 적분하면,

$$C_1(y,\ z)=C_2(z)$$

이것을 (4)에 대입하면 다음을 얻는다.

$$\text{(5)} \qquad f(x,\ y,\ z)=e^x\cos y+xyz+C_2(z)$$

(5)를 z에 대해서 미분하고, 그 결과를 (3)의 셋째 식과 같다고 놓으면

$$\frac{\partial f}{\partial z}=xy+C_2'(z)=xy$$

즉, $C_2'(z)=0$. 따라서 $C_2(z)=C$. 그러므로 결론은

$$f(x,\ y,\ z)=e^x\cos y+xyz+C$$

■

에너지 보존 이제 물리학에 응용해 보고, 보존(conservative) 힘장이라고 이름을 붙인 이유도 그와 동시에 알아본다. 우리는 에너지 보존 법칙을 증명할 것이다. 즉, 어떤 물체의 운동 에너지와 보존 힘장에 따른 퍼텐셜(위치) 에너지의 합은 일정하다.

질량 m인 물체가 매끄러운 곡선 C를 따라서 움직이는데, C는 매개변수 방정식

$$\mathbf{r}=\mathbf{r}(t)=x(t)\mathbf{i}+y(t)\mathbf{j}+z(t)\mathbf{k}, \qquad a\le t\le b$$

로 주어지며, 이 물체는 보존 힘장 $\mathbf{F}(\mathbf{r})=\nabla f(\mathbf{r})$의 영향을 받아서 움직인다고 하자. 물리학에서, 시간 t일 때 물체에 관한 다음 세 가지 사실을 배웠다.

1. $\mathbf{F}(\mathbf{r}(t))=m\mathbf{a}(t)=m\mathbf{r}''(t)$ (뉴턴의 제2운동법칙)
2. $\text{KE}=\frac{1}{2}m|\mathbf{r}'(t)|^2$ (KE=운동 에너지)
3. $\text{PE}=-f(\mathbf{r})$ (PE=퍼텐셜 에너지)

그러므로

$$\begin{aligned}\frac{d}{dt}(\text{KE}+\text{PE})&=\frac{d}{dt}\left[\frac{1}{2}m\|\mathbf{r}'(t)\|^2-f(\mathbf{r})\right]\\&=\frac{m}{2}\frac{d}{dt}[\mathbf{r}'(t)\cdot\mathbf{r}'(t)]-\left[\frac{\partial f}{\partial x}\frac{dx}{dt}+\frac{\partial f}{\partial y}\frac{dy}{dt}+\frac{\partial f}{\partial z}\frac{dz}{dt}\right]\\&=m\mathbf{r}''(t)\cdot\mathbf{r}'(t)-\nabla f(\mathbf{r})\cdot\mathbf{r}'(t)\\&=[m\mathbf{r}''(t)-\nabla f(\mathbf{r})]\cdot\mathbf{r}'(t)\\&=[\mathbf{F}(\mathbf{r})-\mathbf{F}(\mathbf{r})]\cdot\mathbf{r}'(t)=0\end{aligned}$$

그러므로 KE+PE는 일정하다.

개념 복습

1. 곡선 C가 $\mathbf{r}=\mathbf{r}(t)$, $a\le t\le b$로 주어지고, $\mathbf{a}=\mathbf{r}(a)$, $\mathbf{b}=\mathbf{r}(b)$라 하자. 그러면 선적분의 기본정리에 따라서, $\int_C \nabla f(\mathbf{r})\cdot d\mathbf{r}=$______.

2. 적분 $\int_C \mathbf{F}(\mathbf{r})\cdot d\mathbf{r}$이 경로와 무관할 필요충분조건은 $\mathbf{F}$가 ______ 벡터장인 것이다. 즉, 어떤 스칼라 함수 f가 있어서, $\mathbf{F}(\mathbf{r})=$______.

3. 단일연결개집합 D에서 curl $\mathbf{F}=$______이면, D에서 정의된 어떤 f가 있어서, $\mathbf{F}=\nabla f$. 역으로, curl(∇f) =______.

4. $\mathbf{F}=f(x)\mathbf{i}+g(y)\mathbf{j}$를 이차원 벡터장이라 하자. 그러면 $\partial f/\partial y=\partial g/\partial x$이므로, ______이라는 결론이 나온다.

연습문제 14.3

문제 1~12에서 주어진 벡터장 $\mathbf{F}$가 보존장인지 여부를 판단하여라. 보존장이면, $\mathbf{F}=\nabla f$가 되는 함수 f를 구하여라. 보존장이 아니면, 아니라고 적어라. 예제 2, 4 참조.

1. $\mathbf{F}(x, y)=(10x-7y)\mathbf{i}-(7x-2y)\mathbf{j}$

2. $\mathbf{F}(x, y)=(12x^2+3y^2+5y)\mathbf{i}+(6xy-3y^2+5x)\mathbf{j}$

3. $\mathbf{F}(x, y)=(45x^4y^2-6y^6+3)\mathbf{i}+(18x^5y-12xy^5+7)\mathbf{j}$

4. $\mathbf{F}(x, y)=(35x^4-3x^2y^4+y^9)\mathbf{i}+(4x^3y^3-9xy^8)\mathbf{j}$

5. $\mathbf{F}(x, y)=\left(\frac{6x^2}{5y^2}\right)\mathbf{i}-\left(\frac{4x^3}{5y^3}\right)\mathbf{j}$

6. $\mathbf{F}(x, y)=4y^2\cos(xy^2)\mathbf{i}+8x\cos(xy^2)\mathbf{j}$

7. $\mathbf{F}(x, y)=(2e^y-ye^x)\mathbf{i}+(2xe^y-e^x)\mathbf{j}$

8. $\mathbf{F}(x, y)=-e^{-x}\ln y\mathbf{i}+e^{-x}y^{-1}\mathbf{j}$

9. $\mathbf{F}(x, y, z)=3x^2\mathbf{i}+6y^2\mathbf{j}+9z^2\mathbf{k}$

10. $\mathbf{F}(x, y, z)=(2xy+z^2)\mathbf{i}+x^2\mathbf{j}+(2xz+\pi\cos\pi z)\mathbf{k}$

11. $\mathbf{F}(x, y, z)=\frac{-2x}{x^2+z^2}\mathbf{i}+\frac{-2z}{x^2+z^2}\mathbf{k}$

12. $\mathbf{F}(x, y, z)=(1+2yz^2)\mathbf{j}+(1+2y^2z)\mathbf{k}$

문제 13~20에서 주어진 선적분이 경로와 독립임을 밝혀라(정리 C 사용). 그 다음에 적분을 계산하여라(편리한 경로를 택하거나, 또는 퍼텐셜 함수 f를 찾아서 정리 A를 적용하여라).

13. $\int_{(-1,2)}^{(3,1)}(y^2+2xy)\,dx+(x^2+2xy)\,dy$

14. $\int_{(0,0)}^{(1,\pi/2)}e^x\sin y\,dx+e^x\cos y\,dy$

15. $\int_{(2,1)}^{(6,3)}\frac{x^3}{(x^4+y^4)^2}dx+\frac{y^3}{(x^4+y^4)^2}dy$

16. $\int_{(-1,1)}^{(4,2)}\left(y-\frac{1}{x^2}\right)dx+\left(x-\frac{1}{y^2}\right)dy$

17. $\int_{(0,0,0)}^{(1,1,1)}(6xy^3+2z^2)\,dx+9x^2y^2\,dy+(4xz+1)\,dz$

도움말: (0, 0, 0)에서 (1, 0, 0)을 거쳐 (1, 1, 0)을 거쳐 (1, 1, 1)로 가는 경로를 생각.

18. $\int_{(0,1,0)}^{(1,1,1)}(yz+1)\,dx+(xz+1)\,dy+(xy+1)\,dz$

19. $\int_{(0,0,0)}^{(-1,0,\pi)}(y+z)\,dx+(x+z)\,dy+(x+y)\,dz$

20. $\int_{(0,0,0)}^{(\pi,\pi,0)}(\cos x+2yz)\,dx+(\sin y+2xz)\,dy+(z+2xy)\,dz$

21. $\nabla f(x, y, z)=M(x, y, z)\mathbf{i}+N(x, y, z)\mathbf{j}+P(x, y, z)\mathbf{k}$이고, M, N, P와 이들의 1제편도함수들은 개집합 D에서 연속이라고 하자. 그러면 D에서 다음 식이 성립함을 밝혀라.

$$\frac{\partial M}{\partial y}=\frac{\partial N}{\partial x},\qquad \frac{\partial M}{\partial z}=\frac{\partial P}{\partial x},\qquad \frac{\partial N}{\partial z}=\frac{\partial P}{\partial y}$$

도움말: 정리 12.3C를 f에 사용.

22. 각각의 (x, y, z)에서, $\mathbf{F}(x, y, z)$는 원점을 가리키는 벡터이며, 그 크기는 원점으로부터 거리에 반비례한다고 하자. 즉,

$$\mathbf{F}(x, y, z)=\frac{-k(x\mathbf{i}+y\mathbf{i}+z\mathbf{k})}{x^2+y^2+z^2}$$

$\mathbf{F}$의 퍼텐셜 함수를 찾아서, $\mathbf{F}$는 보존장임을 밝혀라. 도움말: 이것이 어려워 보이면, 문제 24 참조.

23. $\mathbf{F}(x, y, z)$가 원점의 반대 방향을 가리키고, 크기는 원점으로부터 거리에 비례한다고 하자. 문제 22처럼 해 보아라.

24. 문제 22, 23을 일반화하자. g가 연속인 일변수 함수이고,

$$\mathbf{F}(x, y, z)=[g(x^2+y^2+z^2)](x\mathbf{i}+y\mathbf{j}+z\mathbf{k})$$

이면, $\mathbf{F}$는 보존장임을 밝혀라. 도움말: $\mathbf{F}=\nabla f$임을 밝혀라. 여기서

$$f(x, y, z)=\frac{1}{2}h(x^2+y^2+z^2)\text{이고 } h(u)=\int g(u)\,du.$$

25. 매끄러운 곡선 C가 매개변수 방정식

$$\mathbf{r}=\mathbf{r}(t)=x(t)\mathbf{i}+y(t)\mathbf{j}+z(t)\mathbf{k},\qquad a\le t\le b$$

로 주어졌으며, 이 곡선을 따라서 질량 m인 물체가 움직이는데, 연속인 힘 $\mathbf{F}$만을 받는다고 하자. 그러면 한 일은 물체의 운동 에너지의 변화와 같음을 보여라. 즉, 다음을 밝혀라.

$$\int_C \mathbf{F}\cdot d\mathbf{r}=\frac{m}{2}[\,|\mathbf{r}'(b)|^2-|\mathbf{r}'(a)|^2]$$

도움말: $\mathbf{F}(\mathbf{r}(t))=m\mathbf{r}''(t)$.

26. 철수는 무거운 물건을 A 지점에서 B 지점으로, 지면을 따라 옮겼다. 그 물건은 처음에 정지해 있었고, 끝에 가서도 정지해 있다. 그렇다면 문제 25에 의해서, 철수는 아무런 일도 하지 않은 것인가? 설명하여라.

27. 질량 m인 물체에 지구가 작용하는 중력은 $\mathbf{F}=-gm\mathbf{k}$로 일정하다고 생각한다. 물론, 이것은 지표면 근처에서만 유효하다. $\mathbf{F}$의 퍼텐셜 함수 f를 구하여라. 이것을 사용하여, 물체가 (x_1, y_1, z_1)에서 가까운 지점, (x_2, y_2, z_2)로 움직였을 때, 힘 $\mathbf{F}$가 한 일은 $mg(z_1-z_2)$임을 밝혀라.

C **28.** 지구(질량 m)와 해(질량 M) 사이의 거리는 최대 (원일점) 152.1백만km에서 최소 (근일점) 147.1백만km 사이에서 변화한다. 뉴턴의 만유인력 법칙 $\mathbf{F}=-GMm\mathbf{r}/|\mathbf{r}|^3$이 성립한다고 가정한다. 여기서 $G=6.67\times10^{-11}$ 뉴턴-미터^2/킬로그램^2, $M=1.99\times10^{30}$ 킬로그램, $m=5.97\times10^{24}$ 킬로그램. 다음 경우, $\mathbf{F}$가 지구를 움직이느라 한 일은 얼마인가?

(a) 원일점에서 근일점으로

(b) 한 번 공전함

29. 정리 C의 "충분"조건 부분에서 단일연결되어 있음이 꼭 필요함을 보이겠다. 집합 $D=\{(x, y)\colon x^2+y^2\ne0\}$에서 $\mathbf{F}=(y\mathbf{i}-x\mathbf{j})/(x^2+y^2)$이라 하자. 다음을 밝혀라.

(a) D에서 조건 $\partial M/\partial y=\partial N/\partial x$가 성립한다.

(b) $\mathbf{F}$는 D에서 보존장이 아니다.

도움말: (b)를 보이기 위해서, $\int_C \mathbf{F}\cdot d\mathbf{r}=-2\pi$임을 밝혀라. 여기서 C는 매개변수 방정식 $x=\cos t$, $y=\sin t$, $0\le t\le 2\pi$로 주어진 원이다.

30. $f(x, y)=\tan^{-1}(y/x)$라 하자. 그러면 $\nabla f=(y\mathbf{i}-x\mathbf{j})/(x^2+y^2)$임을 밝혀라. 이것은 문제 29의 벡터 함수이다. 그럼에도 불구하고, 문제 25의 도움말이 정리 A에 모순되지 않는 이유는?

31. 정리 C에서 (3)이 성립하면 (2)도 성립함을 보여라.

개념 복습 해답: **1.** $f(\mathbf{b})-f(\mathbf{a})$ **2.** 그래디언트 또는 보존; $\nabla f(\mathbf{r})$ **3.** 0; 0 **4.** $\mathbf{F}$는 보존 벡터장

14.4 평면에서의 그린 정리

미적분학의 기본정리 2를 다시 보도록 하자.

$$\int_a^b f'(x)\,dx = f(b) - f(a)$$

이것에 따르면, 집합 $S=[a, b]$에서 함수의 적분은, 그와 관련된 함수(부정적분)를 S의 경계에서 어떤 방법으로 계산한 것이다. 이 경우, S의 경계는 두 점 a, b로만 되어 있다. 이 장의 나머지 부분에서, 이 결과를 일반화한 세 가지, 그린 정리, 가우스 발산정리, 스토크스 정리를 다룰 것이다. 이들은 적분(이중적분, 삼중적분 또는 다음 절에서 정의하는 면적분)이 적분영역의 경계에서 계산되는 양으로 표현된다는 의미에서 미적분학의 기본정리 2의 일반화이다.

이 정리들은 물리학에 많이 응용되는데, 특히 열, 전기, 자기, 유체의 흐름 연구에 많이 쓰인다. 이 정리들 중 맨 앞의 것은 그린(George Green, 1793-1841)이 발견하였다. 그는 영국의 수리물리학자로서, 스스로 공부하여 대성하였다.

C는 단일폐곡선(simple closed curve)으로(10.4절), xy-평면에서 영역 S의 경계선을 이룬다고 하자. C에 방향을 주어서(반시계 방향), 양의 방향으로 C를 따라가면 영역 S가 왼쪽에 있게 된다고 하자. C를 따른 $\mathbf{F}(x, y)=M(x, y)\mathbf{i}+N(x, y)\mathbf{j}$의 선적분을 다음으로 나타낸다.

$$\oint_C M\,dx + N\,dy$$

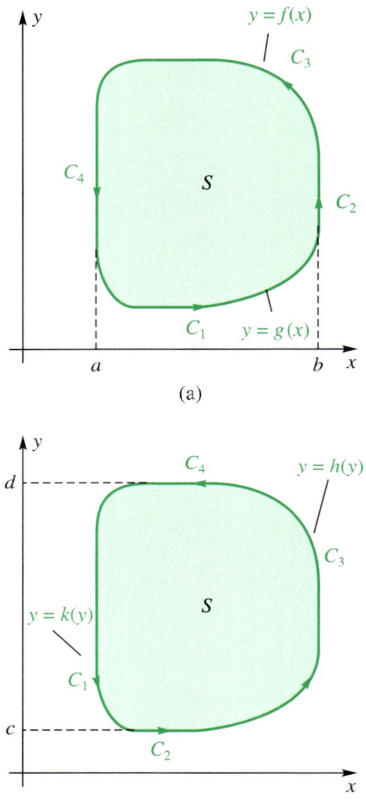

(a)
(b)

그림 1

정리 A 그린 정리

C가 조각마다 매끄러운 단일폐곡선으로, xy평면에서 영역 S의 경계선을 이룬다고 하자. $M(x, y)$와 $N(x, y)$는 영역 S와 경계선 C에서 연속이며, 그 편도함수들도 여기에서 연속이라고 하자. 그러면

$$\iint_S \left(\frac{\partial N}{\partial x} - \frac{\partial M}{\partial y}\right) dA = \oint_C M\,dx + N\,dy$$

증명 우선 S가 x-단순하고 y-단순 집합인 경우에 이 정리를 증명하고, 그 다음에 일반적인 경우로 확장하는 방법을 논하겠다.

S가 y-단순하므로, 그림 1과 같은 모양이다. 즉,

$$S=\{(x, y):\ g(x)\le y\le f(x),\ a\le x\le b\}$$

그 경계선 C는 네 개의 호 C_1, C_2, C_3, C_4로 되어 있다(C_2 또는 C_4는 점이 될 수도 있다). 따라서

$$\oint_C M\,dx + \int_{C_1} M\,dx + \int_{C_2} M\,dx + \int_{C_3} M\,dx + \int_{C_4} M\,dx$$

그런데 C_2와 C_4에서의 적분은 0이다. 왜냐 하면 이 곡선들에서는 x가 상수이고, 따라서 $dx=0$이기 때문이다. 그러므로

예견된 결과

$\partial N/\partial x = \partial M/\partial y$라고 하자. 그러면 그린 정리에 의해

$$\oint_C M\,dx + N\,dy = 0$$

이 된다. 그러면 이것에 따라서, 벡터장 $\mathbf{F}=M\mathbf{i}+N\mathbf{j}$는 보존장이다. 정리 14.3D에서, 이변수인 경우에 주장한 것의 일부분이 이것이다.

$$\oint_C M\,dx = \int_a^b M(x,\ g(x))dx + \int_b^a M(x,\ f(x))dx$$
$$= -\int_a^b [M(x,\ f(x)) - M(x,\ g(x))]dx$$
$$= -\int_a^b \int_{g(x)}^{f(x)} \frac{\partial M(x,\ y)}{\partial y}\,dy\,dx$$
$$= -\iint_S \frac{\partial M}{\partial x}\,dA$$

마찬가지로, S가 x-단순집합이고 곡선 C_1, C_2, C_3, C_4를 그림 1(b)와 같이 다시 정의하면, 다음을 얻는다.

$$\oint_C N\,dy = \iint_S \frac{\partial N}{\partial x}\,dA$$

따라서 x-단순하고 y-단순 집합에서는 그린 정리가 성립한다.

영역 S를 몇 개의 영역 S_1, S_2, ..., S_k의 합으로 쪼개어서, 이들 각각이 x-단순하고 y-단순한 경우(그림 2), 이 결과가 쉽게 일반화되어 적용된다. 방금 증명한 형태를 이들 각각에다 적용한 다음, 그 결과를 모두 더하면 된다. 그러면 인접한 영역들이 공유하는 경계선에서의 선적분들은 상쇄되어 없어짐을 주목하기 바란다. 왜냐 하면 이 경계선은 두 번 지나가는데, 서로 반대 방향으로 지나가기 때문이다. ■

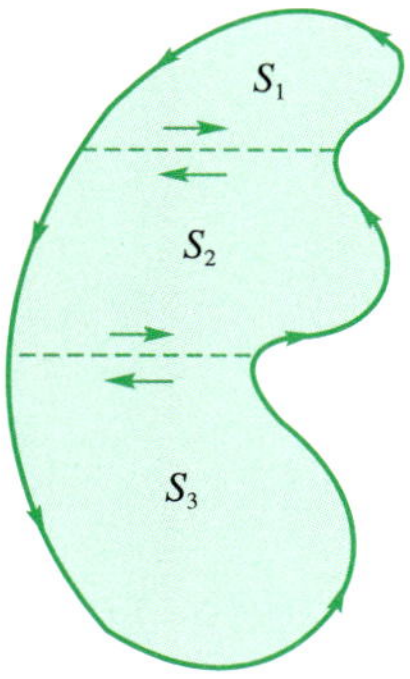

그림 2

심지어 영역 S에 한 개 또는 여러 개의 구멍이 있는 경우에도 (그림 3) 그린 정리는 성립한다. 단, 경계선 각 부분에 방향을 잘 주어서, 양의 방향으로 곡선을 따라갈 때 S가 항상 왼쪽에 놓여 있어야 한다. 그림 4에 나오는 것처럼, 보통의 영역들로 쪼개기만 하면 된다.

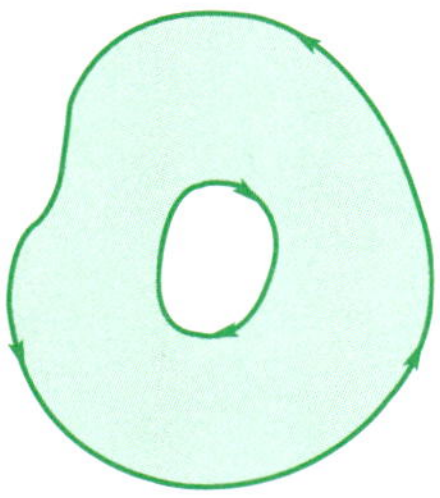
그림 3

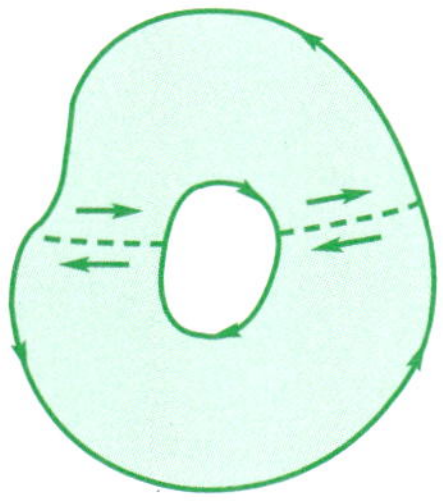
그림 4

예제와 응용 그린 정리를 이용하여 선적분을 매우 쉽게 구할 수 있는 경우도 있다.

예제 1 C는 꼭짓점이 (0, 0), (1, 2), (0, 2)인 삼각형의 경계선이라고 하자(그림 5). (a) 직접 계산 (b) 그린 정리를 이용하여 다음 적분을 계산하여라.

$$\oint_C 4x^2y\,dy + 2y\,dy$$

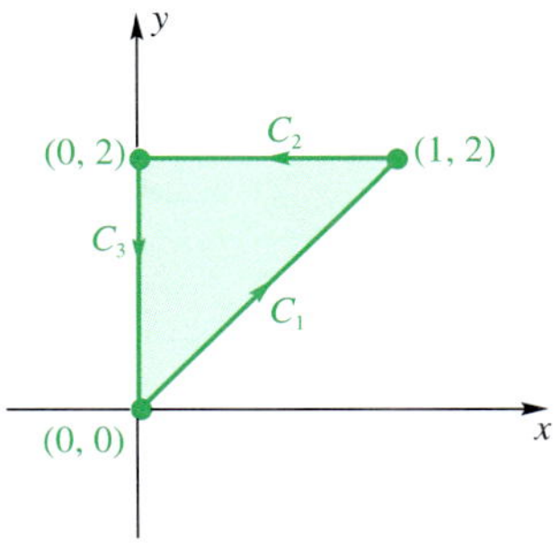

그림 5

풀이

(a) C_1에서, $y=2x$. 그러므로 $dy=2\ dx$. 따라서

$$\int_{C_1} 4x^2y\,dx + 2y\,dy = \int_0^1 8x^3dx + 8x\,dx = [2x^4 + 4x^2]_0^1 = 6$$

그리고

$$\int_{C_2} 4x^2y\,dx + 2y\,dy = \int_1^0 8x^2dx = \left[\frac{8x^3}{3}\right]_1^0 = -\frac{8}{3}$$

$$\int_{C_3} 4x^2y\,dx+2y\,dy=\int_2^0 2y\,dy=[y^2]_2^0=-4$$

그러므로

$$\oint_C 4x^2y\,dx+2y\,dy=6-\frac{8}{3}-4=-\frac{2}{3}$$

(b) 그린 정리에 의해,

$$\begin{aligned}\oint_C 4x^2y\,dx+2y\,dy&=\int_0^1\int_{2x}^2(0-4x^2)\,dy\,dx\\&=\int_0^1[-4x^2y]_{2x}^2\,dx=\int_0^1(-8x^2+8x^3)\,dx\\&=\left[\frac{-8x^3}{3}+2x^4\right]_0^1=-\frac{2}{3}\end{aligned}$$ ■

예제 2 평면의 영역 S가 경계선 C를 가지며, C는 조각마다 매끄러운 단일폐곡선이다. 그러면 S의 넓이는 다음 적분으로 주어짐을 밝혀라.

$$A(S)=\frac{1}{2}\oint_C(-y\,dx+x\,dy)$$

풀이 $M(x, y)=-y/2$, $N(x, y)=x/2$로 놓고, 그린 정리를 적용한다.

$$\oint_C\left(-\frac{y}{2}dx+\frac{x}{2}dy\right)=\iint_S\left(\frac{1}{2}+\frac{1}{2}\right)dA=A(S)$$ ■

예제 3 예제 2의 결과를 이용하여, 타원 $\frac{x^2}{a^2}+\frac{y^2}{b^2}=1$로 둘러싸인 부분의 넓이를 구하여라.

풀이 주어진 타원의 매개변수 방정식은

$$x=a\cos t,\qquad y=b\sin t,\qquad 0\le t\le 2\pi$$

그러므로

$$\begin{aligned}A(S)&=\frac{1}{2}\oint_C(-y\,dx+x\,dy)\\&=\frac{1}{2}\int_0^{2\pi}(-(b\sin t)(-a\sin t\,dt)+(a\cos t)(b\cos t\,dt))\\&=\frac{1}{2}\int_0^{2\pi}ab(\sin^2t+\cos^2t)\,dt\\&=\frac{1}{2}ab\int_0^{2\pi}dt=\pi ab\end{aligned}$$ ■

예제 4 그린 정리를 이용하여 다음 선적분을 구하여라.

$$\oint_C(x^3+2y)\,dx+(4x-3y^2)\,dy$$

여기서 C는 타원 $\frac{x^2}{a^2}+\frac{y^2}{b^2}=1$이다.

풀이 $M(x, y)=x^3+2y$, 그리고 $N(x, y)=4x-3y^2$으로 놓으면, $\partial M/\partial y=2$, $\partial N/\partial x=4$. 그린 정리와 예제 3에 의해,

$$\oint_C (x^3+2y)\,dx+(4x-3y^2)\,dy=\iint_S (4-2)\,dA$$
$$=2A(S)=2\pi ab$$

그린 정리의 벡터형 다음 목표는 평면의 그린 정리를 벡터 형태로, 두 가지 다른 방법으로 제시하는 것이다. 뒤에 나오는 삼차원 공간에서의 두 개의 중요한 정리는, 이 형태를 일반화한 것이다.

C는 xy-평면에 놓여 있는, 매끄러운 단일폐곡선이며, 호의 길이에 의한 매개변수화 $x=x(s)$, $y=y(s)$가 반시계 방향으로 방향을 준다고 가정하자. 그러면

$$\mathbf{T}=\frac{dx}{ds}\mathbf{i}+\frac{dy}{ds}\mathbf{j}$$

는 단위 접벡터이며,

$$\mathbf{n}=\frac{dy}{ds}\mathbf{i}-\frac{dx}{ds}\mathbf{j}$$

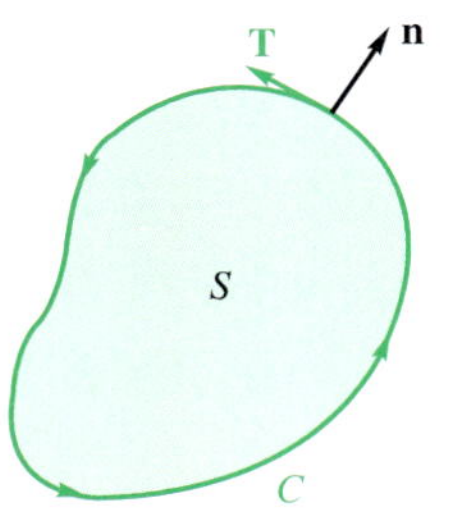

그림 6

는 C로 유계된 영역 S의 바깥 방향을 가리키는 단위 법벡터이다(그림 6). ($\mathbf{T}\cdot\mathbf{n}=0$임을 주목). $\mathbf{F}(x, y)=M(x, y)\mathbf{i}+N(x, y)\mathbf{j}$가 벡터장이면,

$$\oint_C \mathbf{F}\cdot\mathbf{n}\,ds=\oint_C (M\mathbf{i}+N\mathbf{j})\cdot\left(\frac{dy}{ds}\mathbf{i}-\frac{dx}{ds}\mathbf{j}\right)ds=\oint_C (-N\,dx+M\,dy)$$
$$=\iint_S\left(\frac{\partial M}{\partial x}+\frac{\partial N}{\partial y}\right)dA$$

맨 끝의 등호는 그린 정리로부터 나온다. 그런데 한편,

$$\operatorname{div}\mathbf{F}=\nabla\cdot\mathbf{F}=\frac{\partial M}{\partial x}+\frac{\partial N}{\partial y}$$

그러므로 다음이 성립한다.

$$\boxed{\oint_C \mathbf{F}\cdot\mathbf{n}\,ds=\iint_S \operatorname{div}\mathbf{F}\,dA=\iint_S \nabla\cdot\mathbf{F}\,dA}$$

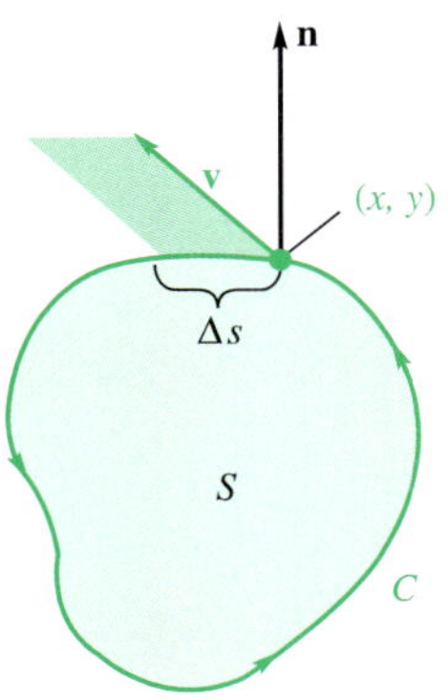

그림 7

이 결과를 가리켜, 평면에서의 가우스 발산 정리라고 부르기도 한다.

이 마지막 공식의 물리적 의미를 제시하고, 그것을 통해서 발산(divergence)이라는 용어를 사용하는 까닭을 이해하도록 하자. 일정한 밀도를 가지는 유체가 일정한 두께의 판을 형성하여서, xy-평면을 가로질러 움직인다고 가정하자. 이 막은 매우 얇아서, 이차원이라 생각해도 된다고 하자. 유체가 영역 S의 경계선 C를 가로질러 흐르는 비율을 계산하고 싶다(그림 7).

(x, y)에서 유체의 속도 벡터를 $\mathbf{F}(x, y)=\mathbf{v}(x, y)$로 나타내고, (x, y)를 시작점으로 하는 곡선의 매우 짧은 토막의 길이를 Δs로 나타낸다. 단위 시간당 이 토막을 지나는 유체의 양은, 대략 그림 7의 평행사변형의 넓이와 같다. 즉, $\mathbf{v}\cdot\mathbf{n}\Delta s$와 거의 같다. 그러므로 단위 시간당 S를 지나는 유체의 전체 양은 다음과 같으며, 이것을 곡선 C를 지나 바깥 방향으로의 벡터장 $\mathbf{F}$의 **유동**(flux)이라고 부른다.

$$C\text{를 지나는 }\mathbf{F}\text{의 유동}=\oint_C \mathbf{F}\cdot\mathbf{n}\,ds$$

이제 S의 한 고정된 점 (x_0, y_0)을 생각하고, 이 점을 중심으로 반지름 r인 작은 원을 C_r이라 하자. 경계선이 C_r인 원영역 S_r에서, div $\mathbf{F}$는 중심에서의 값 div $\mathbf{F}(x_0, y_0)$와 거의 같을 것이다(div $\mathbf{F}$가 연속이라고 가정한다). 따라서 그린 정리에 의해,

$$\begin{aligned} C_r\text{ 을 지나는 }\mathbf{F}\text{의 유동}&=\oint_C \mathbf{F}\cdot\mathbf{n}\,ds \\ &=\iint_{S_r} \operatorname{div}\mathbf{F}\,dA \approx \operatorname{div}\mathbf{F}(x_0, y_0)(\pi r^2) \end{aligned}$$

그러므로 div $\mathbf{F}(x_0, y_0)$은 유체가 (x_0, y_0)으로부터 "발산해 멀어지는" 비율을 잰 것이다. div $\mathbf{F}(x_0, y_0)>0$이면, 점 (x_0, y_0)은 유체가 흘러나오는 근원지이다. 반대로 div $\mathbf{F}(x_0, y_0)<0$이면, 점 (x_0, y_0)은 유체를 흡수하는 흡입지이다. 어떤 영역의 경계선을 가로질러 유동이 0이면, 그 영역의 근원지들과 흡입지들이 서로 균형을 이룸이 명백하다. 그리고 영역 S에서 샘이나 하수구가 전혀 없으면, div $\mathbf{F}=0$이며, 그린 정리에 의해, S의 경계선을 지나는 총 유동은 0이다.

그린 정리의 또 다른 벡터 형태가 있다. 그림 6을 다시 그리되, 3차원 공간의 부분집합이라고 하자(그림 8). $\mathbf{F}=M\mathbf{i}+N\mathbf{j}+0\mathbf{k}$이면, 그린 정리에 의해

$$\oint_C \mathbf{F}\cdot\mathbf{T}\,ds=\oint_C M\,dx+N\,dy=\iint_S\left(\frac{\partial N}{\partial x}-\frac{\partial M}{\partial y}\right)dA$$

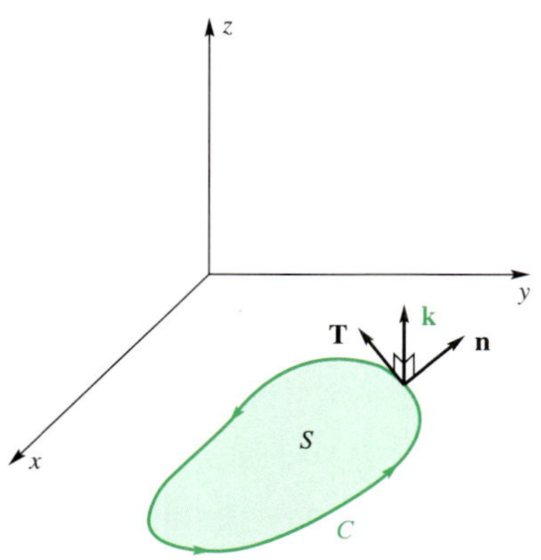

그림 8

한편,

$$\operatorname{curl}\mathbf{F}=\nabla\times\mathbf{F}=\begin{vmatrix}\mathbf{i} & \mathbf{j} & \mathbf{k}\\ \frac{\partial}{\partial x} & \frac{\partial}{\partial y} & \frac{\partial}{\partial z}\\ M & N & 0\end{vmatrix}=\left(\frac{\partial N}{\partial x}-\frac{\partial M}{\partial y}\right)\mathbf{k}$$

따라서

$$(\operatorname{curl}\mathbf{F})\cdot\mathbf{k}=\left(\frac{\partial N}{\partial x}-\frac{\partial M}{\partial y}\right)$$

그러므로 그린 정리는 다음 형태가 된다.

$$\oint_C \mathbf{F}\cdot\mathbf{T}\,ds=\iint_S (\text{curl }\mathbf{F})\cdot\mathbf{k}\,dA$$

이것을 가리켜, 평면에서의 스토크스 정리라 부르기도 한다.

중심이 (x_0, y_0)인 조그만 원 C_r에 이 결과를 적용하면, 다음을 얻게 된다.

$$\oint_{C_r} \mathbf{F}\cdot\mathbf{T}\,ds \approx (\text{curl }\mathbf{F}(x_0,\ y_0)\cdot\mathbf{k}(\pi r^2)$$

이것에 따르면, C_r의 접선 방향으로의 흐름(C_r 둘레에서의 $\mathbf{F}$의 회전)을 잰 것이 바로 curl $\mathbf{F}$ 이다. 바꿔 말하면, curl $\mathbf{F}$는 (x_0, y_0) 둘레에서 유체가 회전하는 경향을 잰 것이다. 영역 S에서 curl $\mathbf{F}=0$이면, 그 유체의 흐름은 회전이 없다고 말한다.

예제 5 벡터장 $\mathbf{F}(x,\ y)=-\frac{1}{2}y\mathbf{i}+\frac{1}{2}x\mathbf{j}=M\mathbf{i}+N\mathbf{j}$는 z-축에 대해서 반시계 방향으로 꾸준하게 회전하는 바퀴의 속도 벡터장이다(14.1절 예제 2 참조). xy-평면의 임의의 폐곡선 C에 대해서, $\oint_C \mathbf{F}\cdot\mathbf{n}\,ds$와 $\oint_C \mathbf{F}\cdot\mathbf{T}$를 계산하여라.

풀이 C로 둘러싸인 영역을 S라 하자. 그러면

$$\oint_C \mathbf{F}\cdot\mathbf{n}\,ds=\iint_S \text{div }\mathbf{F}\,dA=\iint_S\left(\frac{\partial M}{\partial x}+\frac{\partial N}{\partial y}\right)dA=0$$

$$\oint_C \mathbf{F}\cdot\mathbf{T}\,ds=\iint_S (\text{curl }\mathbf{F}\ )\cdot k\,dA=\iint_S\left(\frac{\partial N}{\partial x}-\frac{\partial M}{\partial y}\right)dA$$

$$=\iint_S\left(\frac{1}{2}+\frac{1}{2}\right)dA=A(S)$$

■

개념 복습

1. xy-평면의 단일폐곡선 C가 영역 S를 둘러싸고 있다. 그러면 그린 정리에 의해, $\oint_C M\,dx+N\,dy=\iint_S$ ______ dA.

2. 즉, C가 정사각형 $S=\{(x,\ y)\colon 0\le x\le 1,\ 0\le y\le 1\}$의 경계선이면, $\oint_C y\,dx-x\,dy=\iint_S$ ______ $dA=$ ______.

3. div $\mathbf{F}(x,\ y)$는 속도 벡터장이 $\mathbf{F}$인 고른 유체가 $(x,\ y)$에서 벗어나는 비율을 잰다. div $\mathbf{F}(x,\ y)>0$이면, $(x,\ y)$ 지점은 유체의 ______이다. div $\mathbf{F}(x,\ y)<0$이면, $(x,\ y)$ 지점은 유체의 ______이다.

4. 반면에 curl $\mathbf{F}(x,\ y)$는 유체가 $(x,\ y)$에서 ______하는 경향을 잰다. 어떤 영역에서 curl $\mathbf{F}(x,\ y)=0$이면, 그 흐름은 ______.

연습문제 14.4

문제 1~6에서 그린 정리를 사용하여 주어진 선적분을 계산하여라. 먼저 영역 S를 그려라.

1. $\oint_C 2xy\,dx+y^2dy$, 여기서 C는 $(0,\ 0)$과 $(4,\ 2)$ 사이에서 $y=x/2$와 $y=\sqrt{x}$로 구성된 폐곡선

2. $\oint_C \sqrt{y}\,dx + \sqrt{x}\,dy$, 여기서 C는 $y=0$, $x=2$, $y=x^2/2$으로 구성된 폐곡선

3. $\oint_C (2x+y^2)dx + (x^2+2y)dy$, 여기서 C는 $y=0$, $x=2$, $y=x^3/4$으로 구성된 폐곡선

4. $\oint_C xy\,dx + (x+y)dy$, 여기서 C는 꼭지점이 (0, 0), (2, 0), (0, 1)인 삼각형

5. $\oint_C (x^2+4xy)dx + (2x^2+3y)dy$, 여기서 C는 타원 $9x^2+16y^2=144$

6. $\oint_C (e^{3x}+2y)dx + (x^2+\sin y)dy$, 여기서 C는 꼭지점이 (2, 1), (6, 1), (6, 4), (2, 4)인 직사각형

문제 7, 8에서 예제 2의 결과를 이용하여, 주어진 영역 S의 넓이를 구하여라. 그림을 그려라.

7. S는 곡선 $y=4x$와 $y=2x^2$으로 둘러싸인 영역

8. S는 곡선 $y=\frac{1}{2}x^3$과 $y=x^2$으로 둘러싸인 영역

문제 9~12에서 벡터 형태의 그린 정리를 사용하여

$$\text{(a) } \oint_C \mathbf{F}\cdot\mathbf{n}\,ds \text{와 (b) } \oint_C \mathbf{F}\cdot\mathbf{T}\,ds$$

를 계산하여라.

9. $\mathbf{F}=y^2\mathbf{i}+x^2\mathbf{j}$; C는 꼭지점이 (0, 0), (1, 0), (1, 1), (0, 1)인 단위 정사각형의 경계선

10. $\mathbf{F}=ay\mathbf{i}+bx\mathbf{j}$; C는 문제 9와 같음

11. $\mathbf{F}=y^3\mathbf{i}+x^3\mathbf{j}$; C는 단위원

12. $\mathbf{F}=x\mathbf{i}+y\mathbf{j}$; C는 단위원

13. 적분 $\oint \mathbf{F}\cdot\mathbf{T}\,ds$를 원 $x^2+y^2=36$, $x^2+y^2=1$을 따라 반시계 방향으로 돌며 구하였더니, 각각 30, -20이 나왔다. 이 두 원들 사이의 영역을 S라 하자. $\iint_S (\text{curl }\mathbf{F})\cdot\mathbf{k}\,dA$를 계산하여라.

14. $\mathbf{F}=(x^2+y^2)\mathbf{i}+2xy\mathbf{j}$이고, C는 꼭지점이 (0, 0), (1, 0), (1, 1), (0, 1)인 단위 정사각형의 경계선이다. C를 지나는 $\mathbf{F}$의 유동(flux)을 구하여라. 즉, $\oint_C \mathbf{F}\cdot\mathbf{n}\,ds$를 계산하여라.

15. 힘 $\mathbf{F}=(x^2+y^2)\mathbf{i}-2xy\mathbf{j}$가 작용하여, 어떤 물체가 문제 14의 곡선 C를 따라서 반시계 방향으로 돌았다. 한 일을 구하여라.

16. $\mathbf{F}=(x^2+y^2)\mathbf{i}+2xy\mathbf{j}$이다. 문제 14의 C 둘레에서 $\mathbf{F}$의 회전을 계산하여라. 즉, $\oint_C \mathbf{F}\cdot\mathbf{T}\,ds$를 계산하여라.

17. 일정한 힘 $\mathbf{F}$가 작용하여서, 물체가 단일폐곡선을 따라 한 바퀴 움직였다면, 한 일은 0임을 밝혀라.

18. 그린 정리를 사용하여, 정리 14.3D를 평면인 경우 증명하여라. 즉, $\partial N/\partial x=\partial M/\partial y$이면 $\oint_C M\,dx+N\,dy=0$임을 밝혀라. 이것에 따라서 $\mathbf{F}=M\mathbf{i}+N\mathbf{j}$는 브존장이다.

19. $\mathbf{F}=\dfrac{y}{x^2+y^2}\mathbf{i}-\dfrac{x}{x^2+y^2}\mathbf{j}=M\mathbf{i}+N\mathbf{j}$라 하자.
   (a) $\partial N/\partial x=\partial M/\partial y$임을 밝혀라.
   (b) $x=\cos t$, $y=\sin t$로 매개변수화하여서, $\oint_C M\,dx+N\,dy=-2\pi$임을 밝혀라. 여기서 C는 단위원이다.
   (c) 이것이 그린 정리와 모순되지 않는 이유는?

20. $\mathbf{F}$는 문제 19와 같다. 다음 각 경우에 다해 $\oint_C M\,dx+N\,dy$를 계산하여라.
   (a) C는 타원 $x^2/9+y^2/4=1$
   (b) C는 꼭지점이 (1, -1), (1, 1), (-1, 1), (-1, -1)인 정사각형
   (c) C는 꼭지점이 (1, 0), (2, 0), (1, 1)인 삼각형

21. xy-평면에 놓여 있는 영역 S의 경계선 C가 조각마다 매끄러운 단일폐곡선이다. 예제 2의 논리를 약간 바꾸어서, 다음을 밝혀라.

$$A(S)=\oint_C (-y)\,dx=\oint_C x\,dy$$

22. S와 C는 문제 21과 같다. x축, y축에 대한 모멘트 M_x, M_y가 다음과 같음을 밝혀라.

$$M_x=-\frac{1}{2}\oint_C y^2\,dx, \qquad M_y=\frac{1}{2}\oint_C x^2dy$$

23. 별모양 $x^{2/3}+y^{2/3}=a^{2/3}$의 넓이를 계산하여라. 도움말: $x=a\cos^3 t$, $y=a\sin^3 t$, $0\le t\le 2\pi$로 매개변수화하여라.

24. 힘 $\mathbf{F}=2y\mathbf{i}-3x\mathbf{j}$가 작용하여서, 어떤 물체가 문제 23의 별모양을 따라 움직였다. 한 일을 계산하여라.

25. $\mathbf{F}(\mathbf{r})=\mathbf{r}/|\mathbf{r}|^2=(x\mathbf{i}+y\mathbf{j})/(x^2+y^2)$이다. 다음에 답하여라.
   (a) $\int_C \mathbf{F}\cdot\mathbf{n}\,ds=2\pi$임을 밝혀라. 여기서 C는 원점이 중심이고 반지름이 a인 원이며, $\mathbf{n}=(x\mathbf{i}+y\mathbf{j})/\sqrt{x^2+y^2}$는 C의 바깥 방향 단위 법벡터이다.
   (b) div $\mathbf{F}=0$임을 밝혀라.
   (c) (a)와 (b)의 결과들이 벡터 형태의 그린 정리와 모순되지 않는 이유를 설명하여라.
   (d) C가 매끄러운 단일폐곡선이면, 원점이 C의 안에 있는지, 바깥에 있는지에 따라, $\int_C \mathbf{F}\cdot\mathbf{n}\,ds$는 2π 또는 0임을 밝혀라.

26. 다각형의 넓이 $V_0(x_0, y_0)$, $V_1(x_1, y_1)$, ..., $V_n(x_n, y_n)$은 단일다각형 P의 꼭지점들로서, 반시계 방향으로 번호를 붙였으며, $V_0=V_n$. 다음 각각을 밝혀라.

(a) $\int_C x\,dy=\frac{1}{2}(x_1, x_0)(y_1, y_0)$, 여기서 C는 변 V_0V_1

(b) 넓이$(P)=\sum_{i=1}^{n}\frac{x_i+x_{i-1}}{2}(y_i-y_{i-1})$

(c) 꼭지점들이 정수 좌표를 가지는 다각형의 넓이는 항상 $\frac{1}{2}$의 곱이다.

(d) 꼭지점이 (2, 0), (2, −2), (6, −2), (6, 0), (10, 4), (−2, 4)인 다각형에 대해서, (b)의 공식은 맞는 답을 제시해 준다.

CAS 다음 문제들에서, $f(x, y)$의 그래프와 대응하는 그래디언트장 $\mathbf{F}=\nabla f$의 그래프를 $S=(x, y)$: $-3\le x\le 3$, $-3\le y\le 3$에서 그려라. 각각의 경우 curl $\mathbf{F}=0$임을 (정리 14.3D) 주목하여라. 따라서 어떠한 점의 둘레에서든 회전하려는 경향이 없다.

27. $f(x, y)=x^2+y^2$.

(a) 벡터장 $\mathbf{F}$를 눈으로 살펴보아서, S에서 div $\mathbf{F}>0$임을 확인해 보아라. 그 다음에 div $\mathbf{F}$를 계산하여라.

(b) S의 경계선을 지나는 $\mathbf{F}$의 유동을 계산하여라.

28. $f(x, y)=\ln(\cos(x/3))-\ln(\cos(y/3))$.

(a) 몇 개의 점을 잡아 div $\mathbf{F}$가 양인지, 음인지 추측해 보고, 그 다음에 div $\mathbf{F}$를 계산하여서, 추측을 확인해 보아라.

(b) S의 경계선을 지나는 $\mathbf{F}$의 유동을 계산하여라.

29. $f(x, y)=\sin x\sin y$.

(a) 벡터장 $\mathbf{F}$를 눈으로 살펴보아서, div $\mathbf{F}$가 어디에서 양이고 어디에서 음인지 추측하여라. 그 다음에 div $\mathbf{F}$를 계산하여서, 추측을 확인해 보아라.

(b) S의 경계선을 지나는 $\mathbf{F}$의 유동을 계산하여라. 그 다음에 $\mathbf{T}=\{(x, y)$: $0\le x\le 3$, $0\le y\le 3\}$의 경계선을 지나는 유동을 계산하여라.

30. $f(x, y)=\exp(-(x^2+y^2)/4)$. div $\mathbf{F}$가 어디에서 양이고 어디에서 음인지 추측하여라. 그 다음에 계산을 통해서 이것을 결정하여라.

개념 복습 해답: **1.** $\frac{\partial N}{\partial x}-\frac{\partial M}{\partial y}$ **2.** −2; −2 **3.** 근원지, 흡입지 **4.** 회전, 회전이 없다

14.5 면적분

보통의 정적분을 일반화한 것이 선적분이다. 이와 비슷하게, 이중적분을 일반화한 것이 면적분이다.

곡면 G는 $z=f(x, y)$의 그래프라고 하자. 여기서 (x, y)는 xy-평면의 직사각형 R에서 움직인다. R을 n개의 작은 직사각형 R_i들로 분할한 것을 P라 하자. 그러면 이것에 대응하여, 곡면 G는 n개의 조각 G_i들로 분할된다(그림 1). R_i에서 표본점 $(\bar{x}_i, \bar{y}_i)$를 잡고, 그에 대응하는 G_i의 점을 $(\bar{x}_i, \bar{y}_i, \bar{z}_i)=(\bar{x}_i, \bar{y}_i,$

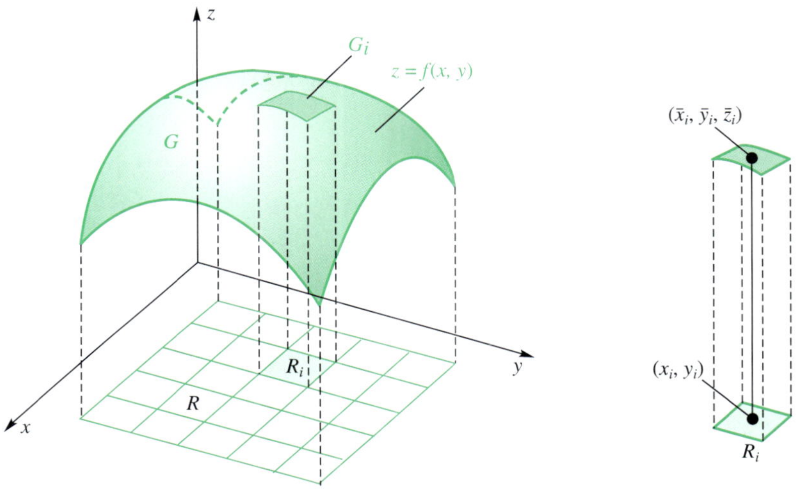

그림 1

$f(\bar{x}_i,\ \bar{y}_i)$)라 하자. 그러면 함수 g의 곡면 G에서의 **면적분**(surface integral)을 다음과 같이 정의한다.

$$\iint_G g(x,\ y,\ z)\,dS = \lim_{\|P\|\to 0} \sum_{i=1}^{n} g(\bar{x}_i,\ \bar{y}_i,\ \bar{z}_i)\Delta S_i$$

여기서 ΔS_i는 G_i의 넓이이다. 마지막으로, xy-평면의 유계인 폐집합 R에 대해서, 이 정의를 늘 하는 방법대로 (R의 바깥에서 g의 값을 0이라 놓아서) 확장하여 적용한다.

면적분 계산 정의만 가지고는 부족하다. 면적분을 계산하는 실용적인 방법이 있어야 한다. 13.6절에서 배운 것들을 바탕으로, 올바른 결과를 얻을 수 있다. 거기에서 보인 것은 다음과 같다. 적당한 가정하에, 작은 조각 G_i (그림 2)의 넓이는 대략 $\|\mathbf{u}_i\times\mathbf{v}_i\|$, 여기서 $\mathbf{u}_i$와 $\mathbf{v}_i$는 그 곡면에 접하는 평행사변형의 변들이다. 따라서

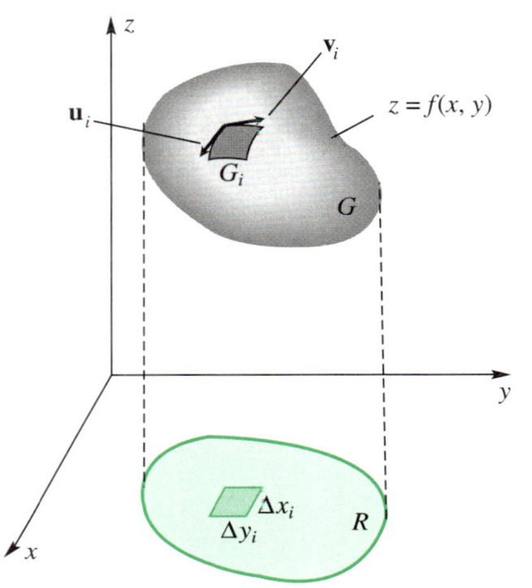

그림 2

$$A(G_i)\approx\|\mathbf{u}_i\times\mathbf{v}_i\|\approx\sqrt{(f_x(x_i,\ y_i))^2+(f_y(x_i,\ y_i))^2+1}\,\Delta y_i\Delta x_i$$

이것으로부터 다음 정리가 나온다.

정리 A

G는 $z=f(x,\ y)$로 주어진 곡면이며, 여기서 $(x,\ y)$는 R에 놓여 있다고 하자. f의 1계 편도함수들이 연속이고, $g(x,\ y,\ z)=g(x,\ y,\ f(x,\ y))$가 R에서 연속이면,

$$\iint_G g(x,\ y,\ z)\,ds = \iint_G g(x,\ y,\ f(x,\ y))\sqrt{f_x^2+f_y^2+1}\,dy\,dx$$

여기서 $g(x,\ y,\ z)=1$인 경우를 생각하면 13.6절에 나오는 넓이 공식을 정리 A에서 얻을 수 있다.

예제 1 $\iint_G (xy+z)\,dS$를 계산하여라. 여기서 G는 평면 $2x-y+z=3$의 일부분으로, 그림 3에 나오는 삼각형 R의 위에 있는 부분이다.

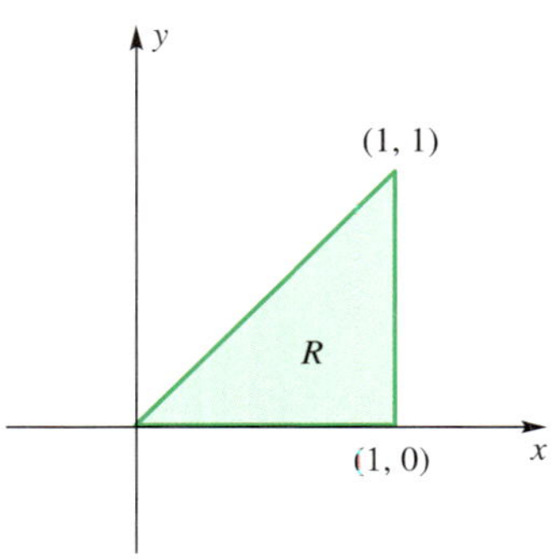

그림 3

풀이 지금 이 경우 $z=3+y-2x=f(x,\ y)$, $f_x=-2$, $f_y=1$, $g(x,\ y,\ z)=xy+3+y-2x$. 따라서

$$\begin{aligned}\iint_G (xy+z)\,dS &= \int_0^1\int_0^x (xy+3+y-2x)\sqrt{(-2)^2+1^2+1}\,dy\,dx\\ &=\sqrt{6}\int_0^1\left[\frac{xy^2}{2}+3y+\frac{y^2}{2}-2xy\right]_0^x dx\\ &=\sqrt{6}\int_0^1\left[\frac{x^3}{2}+3x-\frac{3x^2}{2}\right]dx=\frac{9\sqrt{6}}{8}\end{aligned}$$

■

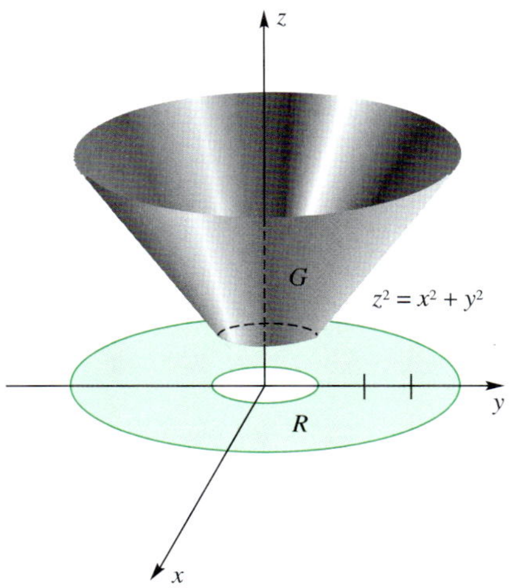

그림 4

예제 2 $\iint_G xyz\,dS$를 계산하여라. 여기서 G는 원뿔 $z^2=x^2+y^2$의 일부분으로, 평면 $z=1$과 $z=4$ 사이 부분이다(그림 4).

풀이 다음과 같이 나타낼 수 있다.

$$z=(x^2+y^2)^{1/2}=f(x, y)$$

이것으로부터

$$f_x^2+f_y^2+1=\frac{x^2}{x^2+y^2}+\frac{y^2}{x^2+y^2}+1=2$$

그러므로

$$\iint_G xyz\,dS=\iint_R xy\sqrt{x^2+y^2}\sqrt{2}\,dy\,dx$$

극좌표로 바꾸면, 이것은 다음과 같이 된다.

$$\begin{aligned}\sqrt{2}\int_0^{2\pi}\int_1^4(r\cos\theta)(r\sin\theta)r^2dr\,d\theta&=\sqrt{2}\int_0^{2\pi}\left[\sin\theta\cos\theta\,\frac{r^5}{5}\right]_1^4 d\theta\\&=\frac{1023\sqrt{2}}{5}\left[\frac{\sin^2\theta}{2}\right]_0^{2\pi}=0\end{aligned}$$

■

예제 3 방정식

$$z=f(x, y)=\sqrt{9-x^2-y^2}$$

으로 주어지는 구면 중에, x와 y가 $x^2+y^2\le 4$를 만족하는 부분 G에 얇은 금속막을 덮어 놓았으며, (x, y, z) 지점에서 그것의 밀도는 $\delta(x, y, z)=z$이다. 이 금속막의 질량을 구하여라.

풀이 G를 xy-평면으로 사영한 것을 R이라 하자. 즉, $R=\{(x, y): x^2+y^2\le 4\}$. 그러면

$$\begin{aligned}m&=\iint_G\delta(x, y, z)\,dS=\iint_R z\sqrt{f_x^2+f_y^2+1}\,dA\\&=\iint_R z\sqrt{\frac{x^2}{9-x^2-y^2}+\frac{y^2}{9-x^2-y^2}+1}\,dA\\&=\iint_R z\frac{3}{z}dA=3(\pi 2^2)=12\pi\end{aligned}$$

■

곡면 G가 $y=h(x, z)$ 형태의 방정식으로 주어지고, 이 곡면을 xz-평면에 사영한 것을 R이라 하자. 그러면 이에 대응하는 면적분의 공식은 다음과 같다.

$$\iint_G g(x, y, z)\,dS=\iint_R g(x, h(x, z), z)\sqrt{h_x^2+h_z^2+1}\,dx\,dz$$

곡면 G가 $x=k(y, z)$로 주어지는 경우, 이에 대응하는 공식도 있다.

예제 4 $\iint_G (x^2+z^2)\,dS$를 계산하여라. 여기서 G는 포물면 $y=1-x^2-z^2$의 일부분으로, xz-평면에 사영하면 $R=\{(x, z): x^2+z^2\le 1\}$이 된다.

풀이

$$\iint_G (x^2+z^2)\,dS=\iint_R (x^2+z^2)\sqrt{4x^2+4z^2+1}\,dA$$

극좌표를 사용하면, 이것은 다음과 같이 된다.

$$\int_0^{2\pi}\int_0^1 r^2\sqrt{4r^2+1}\,r\,dr\,d\theta$$

안쪽 적분에서, $u=\sqrt{4r^2+1}$로 놓으면, $u^2=4r^2+1$. 이 때 $u\,du=4r\,dr$. 그러므로 다음을 얻게 된다.

$$\frac{1}{16}\int_0^{2\pi}\int_1^{\sqrt{5}}(u^2-1)u^2du\,d\theta=\frac{(25\sqrt{5}+1)\pi}{60}\approx 2.979$$ ■

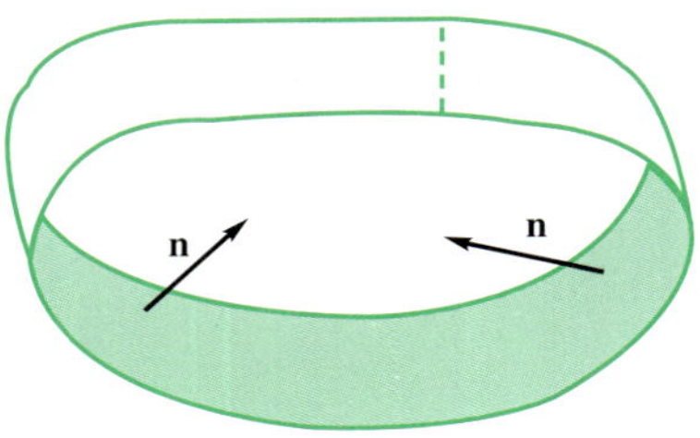

그림 5

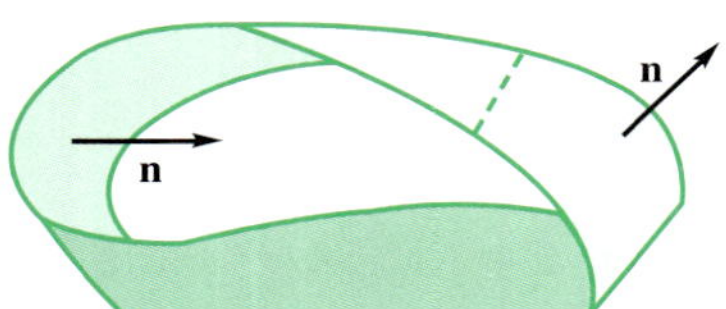

그림 6

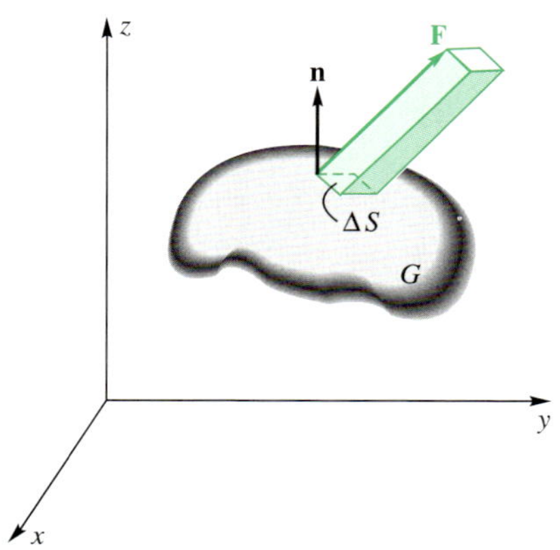

그림 7

곡면을 지나는 벡터장의 유동 이제 우리가 다루려는 것과 차후의 응용들에서, 우리가 다루는 곡면의 종류를 좀 더 제한할 필요가 있다. 실제 문제에서 생겨나는 대부분의 곡면은 두 면을 가진다. 그렇지만 한 면만을 가지는 곡면을 만드는 일은 그리 어렵지 않다. 그림 5와 같은 종이띠를 점선을 따라 자른 다음, 한쪽을 반 바퀴 비틀어서, 서로 붙여 놓는다(그림 6). 그러면 뫼비우스(Mobius) 띠라 부르는, 한 면만을 가지는 곡면이 된다.

이제부터는 두 면을 가지는 곡면들만 생각한다. 따라서 곡면이 마치 스크린인 것처럼, 곡면의 어느 한쪽 면에서 다른 한쪽 면으로 흘러가는 유체에 대해서 논하는 것이 의미가 없다. 앞으로 곡면이 매끄럽다(smooth)고 가정하겠다. 즉, 연속적으로 변화하는 단위 법벡터 n을 가진다. G는 이러한 매끄러운, 두 면을 가지는 곡면인데, 연속인 속도 벡터장 $\mathbf{F}(x, y, z)$를 가지는 유체 속에 잠겨 있다고 하자. G의 조그만한 조각의 넓이를 ΔS라 하면, $\mathbf{F}$는 거기에서 거의 일정하므로, 이 조각을 지나 단위 법벡터 n 방향으로 흘러나가는 유체의 양 ΔV는(그림 7)

$$\Delta V\approx \mathbf{F}\cdot\mathbf{n}\Delta S$$

그러므로 다음이 성립한다.

$$G\text{를 지나는 }\mathbf{F}\text{의 유동}=\iint_G \mathbf{F}\cdot\mathbf{n}\,dS$$

예제 5 곡면 G는 구의 일부분으로서,

$$z=f(x, y)=\sqrt{9-x^2-y^2},\qquad 0\le x^2+y^2\le 4$$

로 주어진다. 이 곡면을 지나서 위로 흘러나가는 $\mathbf{F}=-y\mathbf{i}+x\mathbf{j}+9\mathbf{k}$의 유동을

구하여라.

풀이 벡터장 **F**는 회전하면서 z-축 양의 방향으로 나아가는 흐름임을 주목한다.

곡면의 방정식은 다음과 같이 쓸 수 있다.

$$H(x,\ y,\ z)=z-\sqrt{9-x^2-y^2}=z-f(x,\ y)=0$$

따라서 이 곡면에 대한 단위 법벡터는 다음과 같다.

$$\mathbf{n}=\frac{\nabla H}{|\nabla H|}=\frac{-f_x\mathbf{i}-f_y\mathbf{j}+\mathbf{k}}{\sqrt{f_x^2+f_y^2+1}}=\frac{(x/z)\mathbf{i}+(y/z)\mathbf{j}+\mathbf{k}}{\sqrt{(x/z)^2+(y/z)^2+1}}$$

벡터 $-\mathbf{n}$도 이 곡면에 대해서 수직이지만, 위를 향하는 단위 법벡터를 원하므로, $\mathbf{n}$이 올바른 선택이다. $x^2+y^2+z^2=9$라는 사실을 이용하여 바로 계산해 보면,

$$\mathbf{n}=\frac{(x/z)\mathbf{i}+(y/z)\mathbf{j}+\mathbf{k}}{3/z}=\frac{x}{3}\mathbf{i}+\frac{y}{3}\mathbf{j}+\frac{z}{3}\mathbf{k}$$

(기하학적으로 간단하게 추론하여 이 결과를 얻을 수도 있다. 법벡터는 원점과 반대 방향을 가리켜야 한다.)

G를 지나는 **F**의 유동은 다음으로 주어진다.

$$\begin{aligned}\text{유동}&=\iint_G \mathbf{F}\cdot\mathbf{n}\,dS\\&=\iint_G(-y\mathbf{i}+x\mathbf{j}+9\mathbf{k})\cdot\left(\frac{x}{3}\mathbf{i}+\frac{y}{3}\mathbf{j}+\frac{z}{3}\mathbf{k}\right)dS\\&=\iint_G 3z\,dS\end{aligned}$$

마지막으로, 이 면적분을 이중적분으로 나타내어서 구해 보자. R은 반지름이 2인 원이고, $\sqrt{f_x^2+f_y^2+1}=3/z$이라는 사실을 이용한다.

$$\text{유동}=\iint_G 3z\,dS=\iint_R 3z\frac{3}{z}\,dA=9(\pi\cdot 2^2)=36\pi$$

그러므로 단위 시간당 G를 지나는 총 유동은 36π 세제곱 단위이다. ■

눈치가 빠르면, 예제 5의 계산 과정에서 상쇄되어 없어지는 것을 보고, 어떤 정리가 가까운 곳에 숨어 있음을 알아차릴 수 있다.

정리 B

G는 매끄러운 두 면을 가지는 곡면으로 $z=f(x,\ y)$로 주어지며, 여기서 $(x,\ y)$는 R에 놓여 있다고 하자. 그리고 $\mathbf{n}$은 G의 단위 법벡터로서, 위를 가리킨다고 하자. 만약 f의 1계 편도함수들이 연속이고, $\mathbf{F}=M\mathbf{i}+N\mathbf{j}+P\mathbf{k}$가 연속인 벡터장이면, G를 지나는 **F**의 유동은 다음으로 주어진다.

$$\mathbf{F}\text{의 유동}=\iint_G \mathbf{F}\cdot\mathbf{n}\,dS=\iint_R[-Mf_x-Nf_y+P]\,dx\,dy$$

증명 $H(x, y, z)=z-f(x, y)$로 놓으면, 그러면 다음을 얻는다.

$$\mathbf{n}=\frac{\nabla H}{|\nabla H|}=\frac{-f_x\mathbf{i}-f_y\mathbf{j}+\mathbf{k}}{\sqrt{f_x^2+f_y^2+1}}$$

따라서 정리 A에 의해,

$$\iint_G \mathbf{F}\cdot\mathbf{n}\,dS=\iint_R (M\mathbf{i}+N\mathbf{j}+P\mathbf{k})\cdot\frac{-f_x\mathbf{i}-f_y\mathbf{j}+\mathbf{k}}{\sqrt{f_x^2+f_y^2+1}}\sqrt{f_x^2+f_y^2+1}\,dx\,dy$$

$$=\iint_R (-Mf_x-Nf_y+P)\,dx\,dy \qquad ■$$

정리 B를 사용하여 예제 5를 다시 풀어 보는 것도 괜찮은 일이다. 여기에는 다른 예제를 제시해 한다.

예제 6 곡면 G는 포물면 $z=1-x^2-y^2$ 중에 xy-평면의 위에 놓여 있는 부분이다. 위를 향하는 단위 법벡터 $\mathbf{n}$을 잡아서, $\mathbf{F}=x\mathbf{i}+y\mathbf{j}+z\mathbf{k}$의 이 곡면을 지나는 유동을 계산하여라.

풀이

$$f(x, y)=1-x^2-y^2, \qquad f_x=-2x, \qquad f_y=-2y$$

$$-Mf_x-Nf_y+P=2x^2+2y^2+z$$

$$=2x^2+2y^2+1-x^2-y^2=1+x^2+y^2$$

$$\iint_G \mathbf{F}\cdot\mathbf{n}\,dS=\iint_R (1+x^2+y^2)\,dx\,dy$$

$$=\int_0^{2\pi}\int_0^1 (1+r^2)r\,dr\,d\theta=\frac{3}{2}\pi \qquad ■$$

매개변수화된 곡면 공간상의 곡선은 $\mathbf{r}(t)=x(t)\mathbf{i}+y(t)\mathbf{j}+z(t)\mathbf{k}(a\le t\le b)$ 모양으로 나타낼 수 있었다. $\mathbf{r}$이 두 변수 u와 v의 함수라면 어떨까? 관계식

$$\mathbf{r}(u, v)=x(u, v)\mathbf{i}+y(u, v)\mathbf{j}+z(u, v)\mathbf{k}, \quad (u, v)\in R$$

이 곡면을 나타낸다는 사실은 너무 놀라운 일은 아니다. 집합 R의 각 (u, v)에 대하여, 3차원 공간에서 벡터 $\mathbf{r}$을 얻는다. (원점으로 부터 나오는) 벡터 $\mathbf{r}(u, v)$의 종점인 점들의 집합을 **매개변수화된 곡면**(parametrized surfaces)이라 부른다.

예제 7 다음과 같이 매개변수로 정의되는 곡면을 그려라.

(a) $\mathbf{r}(u, v)=u\mathbf{i}+v\mathbf{j}+(9-u^2-v^2)\mathbf{k}, \ u^2+v^2\le 9$

(b) $\mathbf{r}(u, v)=u\cos v\mathbf{i}+u\sin v\mathbf{j}+(9-u^2)\mathbf{k}, \ 0\le u\le 3, \ 0\le v\le 2\pi$

(c) $\mathbf{r}(u, v)=3\cos u\sin v\mathbf{i}+3\sin u\sin v\mathbf{j}+3\cos v\mathbf{k}, \ 0\le u\le 2\pi, \ 0\le v\le \pi.$

풀이

(a) 벡터 $\mathbf{r}$에 대해 x, y성분은 단순히 u, v이고 z성분만 $9-u^2-v^2$인 것을 알

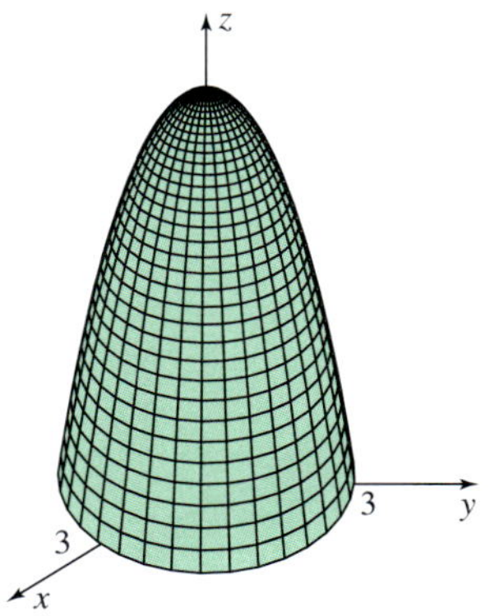

그림 8

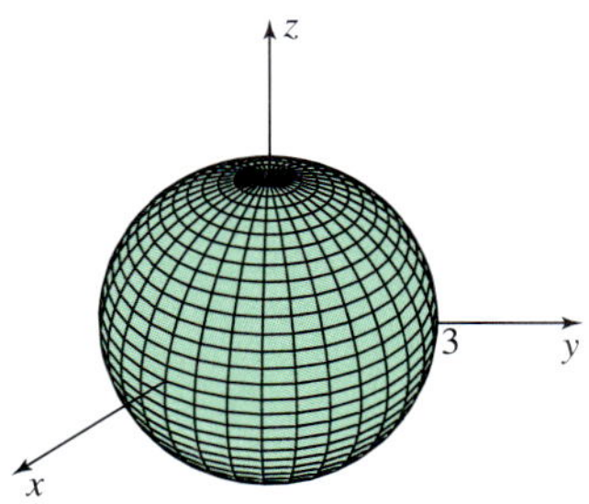

그림 9

수 있다. 이것은 원판 $x^2+y^2\le 9$ 위에서 정의되는 함수 $f(x,\ y)=9-x^2-y^2$의 그래프이다. 이것은 그림 8에서와 같이 (0, 0, 9)를 꼭짓점으로 갖고 아래로 열려있는 포물면이다.

(b) x, y성분은 u, v가 r, θ로 제한되는 것을 제외하고 극좌표에 관한 식이다. $z=9-u^2=9-x^2-y^2$이므로, 이 곡면은 (a)와 같다.

(c) $\mathbf{r}(u,\ v)$의 성분이 중심이 원점이고 반지름이 3인 구면상의 점의 구면좌표이다. u는 0에서 2π까지, v는 0에서 π까지 움직이므로, 그림 9에서와 같이 구면전체를 얻는다. ■

알고 있는 곡면을 매개변수화된 곡면으로 나타내야 할 상황이 많이 있다. 다음 예에서 보는 바와 같이 이렇게 하기 위한 방법이 여러 가지이다.

예제 8 곡면 (a) $-4\le y\le 4$일 때, y축을 따라 축을 갖는 반지름이 2인 직원기둥 (b) xy평면 위로 놓여있는, 원점이 중심이고 반지름이 2인 반구면에 대한 매개변수방정식을 구하여라.

풀이

(a) xz평면에서 극좌표를 생각하면, $x=2\cos v$, $z=2\sin v$이다. 다른 매개변수 u는 yz평면으로부터 거리이다. 따라서 매개변수방정식은 $\mathbf{r}(u,\ v)=2\cos v\mathbf{i}+u\mathbf{j}+2\sin v\mathbf{j}$이고 $(u,\ v)$에 대한 정의구역은 $-4\le u\le 4$, $0\le v\le 2\pi$이다.

(b) 반구에 대해, 원기둥좌표 $x=u\cos v$, $y=u\sin v$를 사용할 수 있고 이 경우 반구 $x^2+y^2+z^2=4$, $z\ge 0$은 $z=\sqrt{4-x^2-y^2}=\sqrt{4-u^2}$이 된다. 따라서 매개변수방정식은 $0\le u\le 2$, $0\le v\le 2\pi$를 정의구역으로 갖는 $\mathbf{r}(u,\ v)=u\cos v\mathbf{i}+u\sin v\mathbf{j}+\sqrt{4-u^2}\mathbf{k}$이다. 대신에 구면좌표의 항으로 생각할 수 있고, 각을 z축(보통 ϕ로 나타낸다)의 양의 방향으로부터 0에서 $\pi/2$까지(전체구면을 얻기 위해서는 0에서 π까지) 허용할 수 있다. 그러면 매개변수방정식은 $0\le u\le 2\pi$, $0\le v\le \pi/2$일 때, $\mathbf{r}(u,\ v)=2\cos u\sin v\mathbf{i}+2\sin u\sin v\mathbf{j}+2\cos v\mathbf{k}$이다. ■

매개변수화 곡면의 겉넓이 그림 10은 직사각형 R에서 곡면 G로의 사상을 보여주고 있다. (일반적으로 정의구역은 직사각형일 필요는 없지만, 도함수를 간단히 하기 위해 직사각형으로 가정한다.) 직사각형 R을 분할하면, i번째 직사각형 R_i는 굽은 조각 G_i로 사상되고, R의 분할내에 있는 직사각형들의 모서리들은 곡면의 곡선부분으로 사상된다. 그렇지만 Δu_i, Δv_i가 작으면, 굽은 조각은 두 모서리가 벡터 $\Delta u_i\mathbf{r}_u(u_i,\ v_i)$, $\Delta v_i\mathbf{r}_v(u_i,\ v_i)$와 같은 평행사변형과 아주 닮았다. 단, $(u_i,\ v_i)$는 i번째 직사각형의 아래 왼쪽 꼭지점이고, $\mathbf{r}_u$, $\mathbf{r}_v$는 각각 편도함수 $\dfrac{\partial\mathbf{r}}{\partial u}$, $\dfrac{\partial\mathbf{r}}{\partial v}$를 나타낸다.

굽은조각 G_i의 곡면의 겉넓이는 다음과 같이 근사된다.

$$\Delta S_i\approx\|(\Delta u_i\mathbf{r}_u(u_i,\ v_i))\times(\Delta u_i\mathbf{r}_v(u_i,\ v_i))\|$$

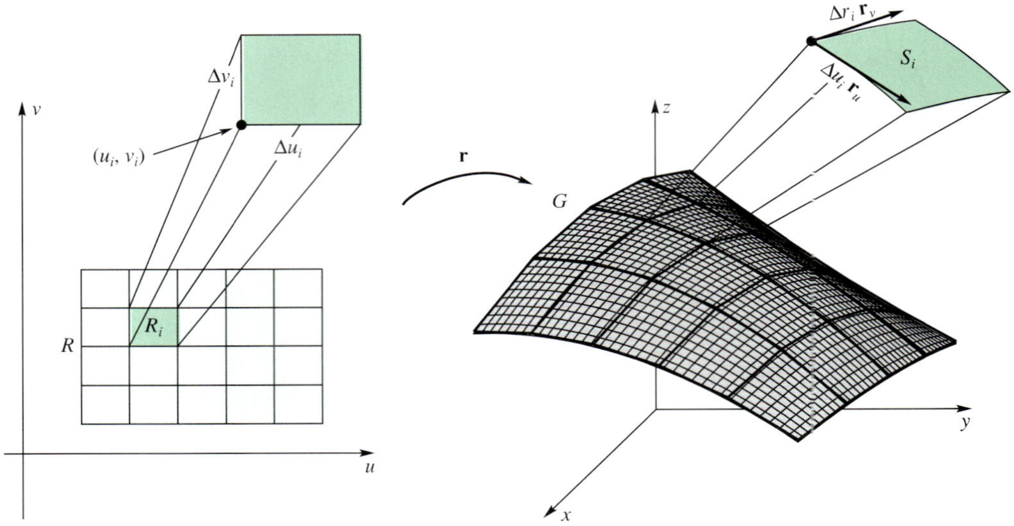

그림 10

$$=\|\mathbf{r}_u(u_i,\ v_i)\times\mathbf{r}_v(u_i,\ v_i)\|\Delta u_i\Delta v_i$$

따라서 매개변수화된 곡면의 겉넓이는 다음과 같다.

$$SA=\iint_R \|\mathbf{r}_u(u,\ v)\times\mathbf{r}_v(u,\ v)\|dA$$

곡면적의 미분은

$$dS=\|\mathbf{r}_u(u,\ v)\times\mathbf{r}_v(u,\ v)\|dA$$

이다. 그러므로 매개변수화된 곡면에 관한 면적분은 다음과 같다.

$$\iint_R f(x,\ y,\ z)dS=\iint_R f(\mathbf{r}(u,\ v))\|\mathbf{r}_u(u,\ v)\times\mathbf{r}_v(u,\ v)\|dA$$

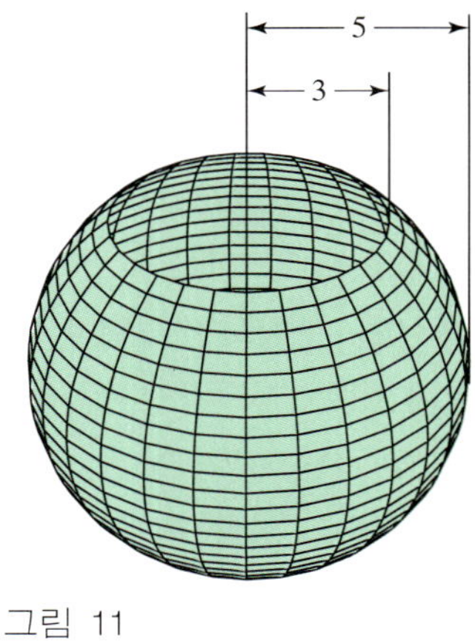

그림 11

예제 9 중심이 원점이고 반지름이 5인 얇은 구면모양의 껍질이 그림 11처럼 위로 구멍이 뚫린 반지름이 3인 구멍을 갖고 있다. 밀도가 z축으로부터 거리의 제곱에 비례한다는 가정하에, 이 껍질의 곡면적, 질량, 무게중심을 구하여라.

풀이 이 곡면은 다음과 같이 매개변수화할 수 있다.

$$\mathbf{r}(u,\ v)=5\cos u\sin v\mathbf{i}+5\sin u\sin v\mathbf{j}+5\cos v\mathbf{k}$$

$\left(0\le u\le 2\pi,\ \sin^{-1}\dfrac{3}{5}\le v\le\pi\right)$. 따라서 편도함수는 다음과 같다.

$$\mathbf{r}_u(u,\ v)=-5\sin u\sin v\mathbf{i}+5\cos u\sin v\mathbf{j}+0\mathbf{k}$$
$$\mathbf{r}_v(u,\ v)=5\cos u\cos v\mathbf{i}+5\sin u\cos v\mathbf{j}-5\sin v\mathbf{k}$$

외적은 다음과 같다.

$$\mathbf{r}_u(u, v)\times\mathbf{r}_v(u, v)=\begin{vmatrix}\mathbf{i} & \mathbf{j} & \mathbf{k}\\ \dfrac{\partial x}{\partial u} & \dfrac{\partial y}{\partial u} & \dfrac{\partial z}{\partial u}\\ \dfrac{\partial x}{\partial v} & \dfrac{\partial y}{\partial v} & \dfrac{\partial z}{\partial v}\end{vmatrix}$$

$$=\begin{vmatrix}\mathbf{i} & \mathbf{j} & \mathbf{k}\\ -5\sin u\sin v & 5\cos u\sin v & 0\\ 5\cos u\cos v & 5\sin u\cos v & -5\sin v\end{vmatrix}$$

$$=-25\cos u\sin^2 v\mathbf{i}-25\sin u\sin^2 v\mathbf{j}$$
$$-25\sin v\cos v(\sin^2 u+\cos^2 u)\mathbf{k}$$
$$=-25\cos u\sin^2 v\mathbf{i}-25\sin u\sin^2 v\mathbf{j}-25\sin v\cos v\mathbf{k}$$

이 외적의 크기는

$$\|\mathbf{r}_u(u, v)\times\mathbf{r}_v(u, v)\|=25|\sin v|$$

이다(문제 27을 보아라).

곡면적은 다음과 같다.

$$SA=\iint_R\|\mathbf{r}_u(u, v)\times\mathbf{r}_v(u, v)\|dA=\iint_R 25|\sin v|\,dv\,du$$
$$=25\int_0^{2\pi}\int_{\sin^{-1}(3/5)}^{\pi}\sin v\,dv\,du$$
$$=25\int_0^{2\pi}[-\cos v]_{\sin^{-1}(3/5)}^{\pi}du$$
$$=25(2\pi)\frac{9}{5}=90\pi\approx 282.74$$

질량은 다음과 같이 면적분의 값과 같다.

$$m=\iint_G\delta(x, y, z)dS=\iint_G k(x^2+y^2)dS$$
$$=\iint_R(25k\sin^2 v)\|\mathbf{r}_u(u, v)\times\mathbf{r}_v(u, v)\|dA$$
$$=25^2k\int_0^{2\pi}\int_{\sin^{-1}(3/5)}^{\pi}\sin^2 v\,|\sin v|\,dv\,du$$
$$=625k\int_0^{2\pi}\int_{\sin^{-1}(3/5)}^{\pi}\sin^3 v\,dv\,du$$
$$=625k\int_0^{2\pi}\left[-\frac{1}{3}\sin^2 v\cos v-\frac{2}{3}\cos v\right]_{\sin^{-1}(3/5)}^{\pi}du$$
$$=625k\int_0^{2\pi}\frac{162}{125}du$$
$$=1620\pi k\approx 5089.4k$$

대칭성에 의해 $\bar{x}=\bar{y}=0$이다. xy평면에 관한 모멘트는 다음과 같다.

$$
\begin{aligned}
M_{xy} &= \iint_G z\delta(x, y, z)\,dS \\
&= \iint_R (5\cos v)(25k\sin^2 v)\,|\mathbf{r}_u(u, v)\times\mathbf{r}_v(u, v)|\,dA \\
&= 5\cdot 25^2 k\int_0^{2\pi}\int_{\sin^{-1}(3/5)}^{\pi}\cos v\sin^3 v\,dv\,du \\
&= 3125k\int_0^{2\pi}\left[\frac{1}{4}\sin^4 v\right]_{\sin^{-1}(3/5)}^{\pi}du \\
&= 3125k\int_0^{2\pi}\left[-\frac{81}{2500}\right]du \\
&= -\frac{81\cdot 3125k}{2500}2\pi = -\frac{405}{2}k\pi
\end{aligned}
$$

무게중심의 z성분은 다음과 같다.

$$\bar{z}=\frac{M_{xy}}{m}=\frac{-\frac{405}{2}k\pi}{1620\pi k}=-\frac{1}{8}$$

따라서 무게중심은 $\left(0,\ 0,\ -\frac{1}{8}\right)$이다. 껍질의 아래부분은 제거되지 않고 윗부분만 제거되었으므로 무게중심의 z성분은 음수라고 기대할 수 있었을 것이다. ■

개념 복습

1. 정적분을 일반화해서 선적분이 되는 것처럼, 평범한 이중적분을 일반화해서 ______이 된다.
2. G가 곡면이면, $\iint_G g(x, y, z)\,dS = \lim_{|P|\to 0}$______.
3. 곡면 G가 $z=f(x, y)$로 주어지고, 여기서 (x, y)는 R에 놓여 있다고 하자. 그러면 $\iint_G g(x, y, z)\,dS = \iint_R g(x, y, f(x, y))$______$dy\,dx$.
4. z-축을 축으로 가지고, 꼭지점이 원점에 놓여 있으며, z-축과 30° 각을 만드는 원뿔을 생각하자. 곡면 G는 이 원뿔의 일부분으로, 집합 $R=\{(x, y)\colon x^2+y^2\le 9\}$ 위에 있는 부분이라고 하자. 그러면 $\iint_G dS=\iint_R$______$dy\,dx=$______.

연습문제 14.5

문제 1~8에서 $\iint_G g(x, y, z)\,dS$를 계산하여라.

1. $g(x, y, z)=x^2+y^2+z$; G: $z=x+y+1$, $0\le x\le 1$, $0\le y\le 1$
2. $g(x, y, z)=x$; G: $x+y+2z=4$, $0\le x\le 1$, $0\le y\le 1$
3. $g(x, y, z)=x+y$; G: $z=\sqrt{4-x^2}$, $0\le x\le\sqrt{3}$, $0\le y\le 1$
4. $g(x, y, z)=2y^2+z$; G: $z=x^2-y^2$, $0\le x^2+y^2\le 1$
5. $g(x, y, z)=\sqrt{4x^2+4y^2+1}$; G는 $z=x^2+y^2$의 일부분으로, $y=z$ 아래임.
6. $g(x, y, z)=y$; G: $z=4-y^2$, $0\le x\le 3$, $0\le y\le 2$
7. $g(x, y, z)=x+y$; G는 정육면체 $0\le x\le 1$, $0\le y\le 1$, $0\le z\le 1$의 표면임.
8. $g(x, y, z)=z$; G는 좌표평면들과 평면 $4x+8y+2z=16$으로 둘러싸인 사면체.

문제 9~12에서 정리 B를 사용하여, 곡면 G를 지나는 $\mathbf{F}$의 유동을 계산하여라.

9. $\mathbf{F}(x, y, z) = -y\mathbf{i} + x\mathbf{j}$; G는 평면 $z = 8x - 4y - 5$의 일부분으로, 꼭지점이 $(0, 0, 0)$, $(0, 1, 0)$, $(1, 0, 0)$인 삼각형의 위쪽에 있는 부분임.

10. $\mathbf{F}(x, y, z) = (9 - x^2)\mathbf{j}$; G는 평면 $2x + 3y + 6z = 6$ 중에 제1 팔분공간에 있는 부분임.

11. $\mathbf{F}(x, y, z) = y\mathbf{i} - x\mathbf{j} + 2\mathbf{k}$; G는 $z = \sqrt{1 - y^2}$, $0 \le x \le 5$로 결정되는 곡면임.

12. $\mathbf{F}(x, y, z) = 2\mathbf{i} + 5\mathbf{j} + 3\mathbf{k}$; G는 원뿔 $z = (x^2 + y^2)^{1/2}$의 일부분으로, 원기둥 $x^2 + y^2 = 1$의 안에 있는 부분임.

13. 꼭지점이 $(a, 0, 0)$, $(0, a, 0)$, $(0, 0, a)$인 삼각형의 밀도 δ가 $-\delta(x, y, z) = 1 - x^2$일 때 이 삼각형의 질량을 구하여라.

14. 밀도가 $\delta(x, y, z) = kxy$일 때, $0 \le x \le 1$, $0 \le y \le 1$의 위쪽에 있는 곡면 $z = 1 - \frac{1}{2}(x^2 + y^2)$의 질량을 구하여라.

15. 꼭지점이 $(a, 0, 0)$, $(0, a, 0)$, $(0, 0, a)$인 동질의 삼각형의 무게중심을 구하여라.

16. a, b, c가 모두 양수일 때, 꼭지점이 $(a, 0, 0)$, $(0, b, 0)$, $(0, 0, c)$인 동질의 삼각형의 무게중심을 구하여라.

문제 17~20에서 주어진 정의역에서 매개변수화된 곡면을 그려라.

17. $\mathbf{r}(u, v) = u\mathbf{i} + 3v\mathbf{j} + (4 - u^2 - v^2)\mathbf{k}$; $0 \le u \le 2$, $0 \le v \le 1$

18. $\mathbf{r}(u, v) = 2u\mathbf{i} + 3v\mathbf{j} + (u^2 + v^2)\mathbf{k}$; $-1 \le u \le 1$, $-2 \le v \le 2$

19. $\mathbf{r}(u, v) = 2\cos v\mathbf{i} + 3\sin v\mathbf{j} + u\mathbf{k}$; $-6 \le u \le 6$, $0 \le v \le 2\pi$

20. $\mathbf{r}(u, v) = u\mathbf{i} + 3\sin v\mathbf{j} + 5\cos v\mathbf{k}$; $-6 \le u \le 6$, $0 \le v \le 2\pi$

문제 21~24에서 CAS를 사용하여 지정된 정의역에서 매개변수화된 곡면을 그리고 그 곡면의 겉넓이를 구하여라.

21. $\mathbf{r}(u, v) = u\sin v\mathbf{i} + u\cos v\mathbf{j} + v\mathbf{k}$; $-6 \le u \le 6$, $0 \le v \le \pi$

22. $\mathbf{r}(u, v) = \sin u\sin v\mathbf{i} + \cos u\sin v\mathbf{j} + \sin v\mathbf{k}$; $0 \le u \le 2\pi$, $0 \le v \le 2\pi$

23. $\mathbf{r}(u, v) = \mathrm{u}^2\cos v\mathbf{i} + u^2\sin v\mathbf{j} + 5u\mathbf{k}$; $0 \le u \le 2\pi$, $0 \le v \le 2\pi$

24. $\mathbf{r}(u, v) = \cos u\cos v\mathbf{i} + \cos u\sin v\mathbf{j} + \cos u\mathbf{k}$; $0 \le u \le \pi/2$, $0 \le v \le 2\pi$

25. 밀도가 xy평면으로부터 거리의 제곱에 비례할 때, 문제 23의 곡면의 질량을 구하여라.

26. 밀도가 (a) z축으로부터 거리의 제곱, (b) xy평면으로부터 거리의 제곱에 비례할 때, 문제 24의 곡면의 질량을 구하여라.

27. 예제 9에서 외적의 크기 $\|\mathbf{r}_u(u, v) \times \mathbf{r}_v(u, v)\|$는 $25|\sin v|$와 같음을 보여라.

28. 예제 3을 보아라. 반구면 $z = f(x, y) = \sqrt{9 - x^2 - y^2}$을 얇은 금속막이 덮고 있는데, 그 밀도는 $\delta(x, y, z) = z$. 이 금속막의 질량을 구하여라. 정리 A를 바로 적용할 수 없음을 유의하기 바란다. 왜냐 하면 f_x와 f_y가 R의 경계선 $x^2 + y^2 = 9$에서 정의되지 않기 때문이다. 그렇기 때문에, 영역 R_ε을 $0 \le x^2 + y^2 \le (3 - \varepsilon)^2$으로 잡고, 계산을 한 다음, $\varepsilon \to 0$이 되게 한다. 이 미묘한 유의점을 무시해도 같은 답이 나옴을 확인해 보아라.

29. G는 구면 $x^2 + y^2 + z^2 = a^2$이다. 다음 적분을 계산하여라.

(a) $\iint_G z\, dS$ (b) $\iint_G \frac{x + y^3 + \sin z}{1 + z^4}\, dS$

(c) $\iint_G (x^2 + y^2 + z^2)\, dS$ (d) $\iint_G x^2\, dS$

(e) $\iint_G (x^2 + y^2)\, dS$

도움말: 대칭성을 이용하면, 이것은 쉬운 문제가 된다.

30. 구면 $x^2 + y^2 + z^2 = a^2$이 일정한 밀도 k를 가진다. 다음 관성 모멘트를 구하여라.

(a) 지름에 대해서

(b) 접선에 대해서 (13.5절 연습문제 28의 평행축 정리를 사용)

31. 다음 모양을 하고 있는 용기(탱크) 속에 밀도가 k인 액체가 가득 차 있다. 용기면이 받는 전체 힘을 구하여라.

(a) 반지름이 a인 구

(b) 반지름이 a이고 밑면이 편편한 반구

(c) 반지름이 a이고 높이가 h인 직원기둥

도움말: 넓이 ΔG인 작은 조각이 받는 힘은 대략 $kd\Delta G$이다. 여기서 d는 그 지점의 액체의 깊이이다.

32. 구면 $x^2 + y^2 + z^2 = a^2$ 중에, 평면 $z = h_1$과 $z = h_2$ 사이인 부분의 무게중심을 구하여라. 여기서 $0 \le h_1 \le h_2 \le a$. 이 절에 있는 방법으로 구해 보고, 13.6절 연습문제 19와 비교해 보아라.

개념 복습 해답: **1.** 면적분 **2.** $\sum_{i=1}^{n} g(\bar{x}_i, \bar{y}_i, \bar{z}_i)$
3. $\sqrt{f_x^2 + f_y^2 + 1}$ **4.** 18π

14.6 가우스의 발산 정리

그린 정리, 가우스 정리, 스토크스 정리는 모두 집합 S에서의 적분을 S의 경계선에서의 다른 어떤 적분과 연관시켜 준다. 이 정리들 사이의 유사성을 강조하기 위해서, S의 경계선을 기호 ∂S로 나타낸다. 따라서 그린 정리의 한 형태는 (14.4절) 다음과 같이 나타낼 수 있다.

$$\oint_{\partial S} \mathbf{F} \cdot \mathbf{n}\, ds = \iint_S \operatorname{div} \mathbf{F}\, dA$$

이것에 따르면, 평면의 유계인 폐영역 S의 경계선 ∂S를 지나는 유동은, 그 영역에서의 div $\mathbf{F}$의 이중적분과 같다. 가우스 정리(발산 정리라고 부르기도 함)는 이 결과를 한 차원 높인 것이다.

집합의 경계

12.3절에서, 점 P의 각 근방이 S안의 점과 S안에 있지 않은 점들을 포함하면 점 P는 집합 S의 경계점이라는 것을 기억하자. 집합의 경계는 그의 경계점들의 집합이다.

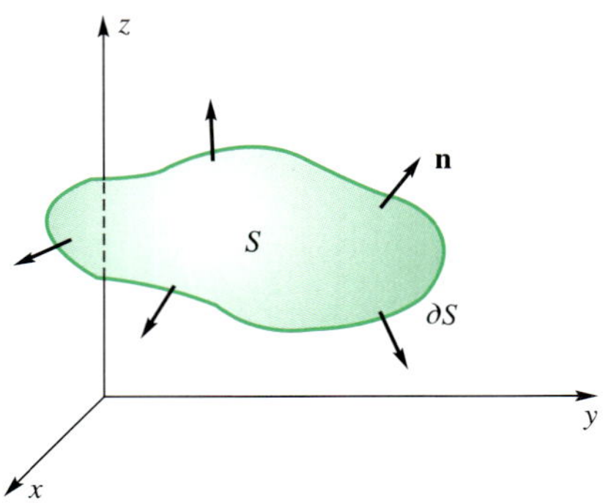

그림 1

가우스 정리 삼차원 공간의 유계인 폐영역 S가, 조각마다 매끄러운 곡면 ∂S로 완전히 둘러싸여 있다고 하자(그림 1).

정리 A 가우스 정리

$\mathbf{F} = M\mathbf{i} + N\mathbf{j} + P\mathbf{k}$는 벡터장으로서, M, N, P의 1계 편도함수들이 입체영역 S와 경계면 ∂S에서 연속이라고 하자. ∂S의 단위 법벡터 중에 바깥을 가리키는 것을 $\mathbf{n}$이라 하면,

$$\iint_{\partial S} \mathbf{F} \cdot \mathbf{n}\, ds = \iiint_S \operatorname{div} \mathbf{F}\, dV$$

바꿔 말하면, 삼차원 공간의 폐영역의 경계면을 지나는 $\mathbf{F}$의 유동은, 그 영역에서 그 발산의 삼중적분과 같다.

증명과 몇 가지 응용 문제를 위해서, 가우스 정리의 결론을 직교 좌표 (벡터가 아닌) 형태로 써 놓은 것이 유용하다. 우선 다음과 같이 나타낸다.

$$\mathbf{n} = \cos\alpha\,\mathbf{i} + \cos\beta\,\mathbf{j} + \cos\gamma\,\mathbf{k}$$

여기서 α, β, γ는 $\mathbf{n}$의 방향각이다. 그러면

$$\mathbf{F} \cdot \mathbf{n} = M\cos\alpha + N\cos\beta + P\cos\gamma$$

그러므로 가우스 공식은 다음과 같이 된다.

$$\iint_{\partial S} (M\cos\alpha + N\cos\beta + P\cos\gamma)\, dS = \iiint_S \left(\frac{\partial M}{\partial x} + \frac{\partial N}{\partial y} + \frac{\partial P}{\partial z} \right) dV$$

가우스 정리의 증명 영역 S가 x-단순, y-단순, z-단순한 경우를 먼저 생각한다. 다음이 성립함을 보이면 충분하다.

$$\iint_{\partial S} M\cos\alpha\, dS = \iiint_S \frac{\partial M}{\partial x}\, dV$$

$$\iint_{\partial S} N\cos\beta\, dS = \iiint_S \frac{\partial N}{\partial y}\, dV$$

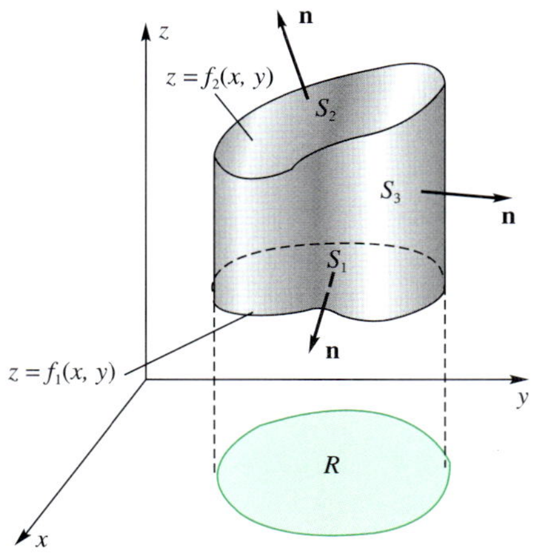

그림 2

$$\iint_{\partial S} P \cos\gamma \, dS = \iiint_S \frac{\partial P}{\partial z} dV$$

증명 방법은 사실상 같으므로, 세 번째 것만 증명한다.

S는 z-단순하므로, 부등식 $f_1(x, y) \le z \le f_2(x, y)$로 나타낼 수 있다. 그림 2에서와 같이 ∂S는 세 부분으로 되어 있다: S_1, 이것은 $z = f_1(x, y)$에 대응한다; S_2, 이것은 $z = f_2(x, y)$에 대응한다; 옆면 S_3, 이것은 공집합이 될 수도 있다. 옆면 S_3에서, $\cos\gamma = \cos 90° = 0$. 그러므로 여기에서의 적분은 무시해도 된다. 그리고 13.6절 연습문제 26과 정리 14.5A로부터,

$$\iint_{S_2} P \cos\gamma \, dS = \iint_R P(x, y, f_2(x, y)) dx\, dy$$

방금 언급한 결과에서는 법벡터 $\mathbf{n}$이 위를 향한다고 가정하고 있다. 따라서 이것을 S_1에 적용하려면, 법벡터 $\mathbf{n}$이 아래를 향하고 있으므로(그림 2), 부호를 반대로 붙여야 한다.

$$\iint_{S_1} P \cos\gamma \, dS = -\iint_R P(x, y, f_1(x, y)) dx\, dy$$

그러므로 다음과 같이 된다.

$$\begin{aligned}\iint_{\partial S} P \cos\gamma \, dS &= \iint_R [P(x, y, f_2(x, y)) - P(x, y, f_1(x, y))] dx\, dy \\ &= \iint_R \left[\int_{f_1(x, y)}^{f_2(x, y)} \frac{\partial P}{\partial z} dz \right] dx\, dy \\ &= \iiint_S \frac{\partial P}{\partial z} dV\end{aligned}$$

방금 증명한 결과는 이러한 종류의 영역들의 유한한 개수의 결합에다 쉽게 확장, 적용할 수 있다. 자세한 사항은 생략한다. ■

예제 1 $\mathbf{F} = x\mathbf{i} + y\mathbf{j} + z\mathbf{k}$와 $S = \{(x, y, z) : x^2 + y^2 + z^2 \le a^2\}$에 대해서, (a) $\iint_{\partial S} \mathbf{F} \cdot \mathbf{n}\, dS$와 (b) $\iiint_S \operatorname{div} \mathbf{F}\, dV$를 각각 계산하여 가우스 정리를 확인해 보아라.

풀이 (a) 경계면 ∂S에서, $\mathbf{n} = (x\mathbf{i} + y\mathbf{j} + z\mathbf{k})/a$. 따라서 $\mathbf{F} \cdot \mathbf{n} = (x^2 + y^2 + z^2)/a = a$. 그러므로

$$\iint_{\partial S} \mathbf{F} \cdot \mathbf{n}\, dS = a \iint_{\partial S} dS = a(4\pi a^2) = 4\pi a^3$$

(b) div $\mathbf{F} = 3$이므로,

$$\iiint_S \operatorname{div} \mathbf{F}\, dV = 3 \iiint_S dV = 3\frac{4\pi a^3}{3} = 4\pi a^3$$ ■

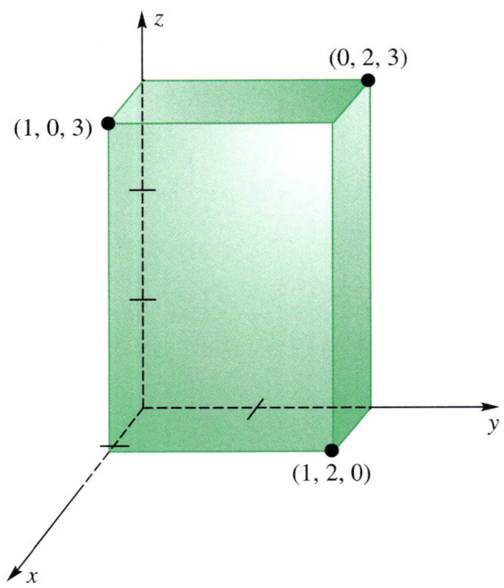

그림 3

예제 2 영역 S의 경계면을 지나는 벡터장 $\mathbf{F}=x^2y\mathbf{i}+2xz\mathbf{j}+yz^3\mathbf{k}$의 유동을 (a) 직접 (b) 가우스 정리를 이용하여서 계산하여라. 여기서 S는 다음으로 주어지는 직육면체 영역이다(그림 3).

$$0\le x\le 1,\qquad 0\le y\le 2,\qquad 0\le z\le 3$$

풀이 (a) $\iint_{\partial S}\mathbf{F}\cdot\mathbf{n}\,dS$를 직접 계산하기 위해서, 이 적분을 여섯 개의 면에서 계산하고, 그 결과를 더해야 한다. 면 $x=1$에서, $\mathbf{n}=\mathbf{i}$, 그리고 $\mathbf{F}\cdot\mathbf{n}=x^2y=1^2y=y$이다. 따라서 $\iint_{x=1}\mathbf{F}\cdot\mathbf{n}\,dS=\int_0^3\int_0^2 y\,dy\,dz=6$. 비슷한 방법으로 계산하여서, 다음 표를 만들었다.

면	$\mathbf{n}$	$\mathbf{F}\cdot\mathbf{n}$	$\iint_{면}\mathbf{F}\cdot\mathbf{n}\,ds$
$x=1$	$\mathbf{i}$	y	6
$x=0$	$-\mathbf{i}$	0	0
$y=2$	$\mathbf{j}$	$2xz$	9/2
$y=0$	$-\mathbf{j}$	$-2xz$	$-9/2$
$z=3$	$\mathbf{k}$	$27y$	54
$z=0$	$-\mathbf{k}$	0	0

그러므로

$$\iint_{\partial S}\mathbf{F}\cdot\mathbf{n}\,dS=6+0+\frac{9}{2}-\frac{9}{2}+54+0=60$$

(b) 가우스 정리에 의해,

$$\begin{aligned}\iint_{\partial S}\mathbf{F}\cdot\mathbf{n}\,dS&=\iiint_S(2xy+0+3yz^2)\,dV\\&=\int_0^1\int_0^2\int_0^3(2xy+3yz^2)\,dz\,dy\,dx\\&=\int_0^1\int_0^2(6xy+27y)\,dy\,dx\\&=\int_0^1(12x+54)\,dx=\left[6x^2+54x\right]_0^1=60\end{aligned}$$

■

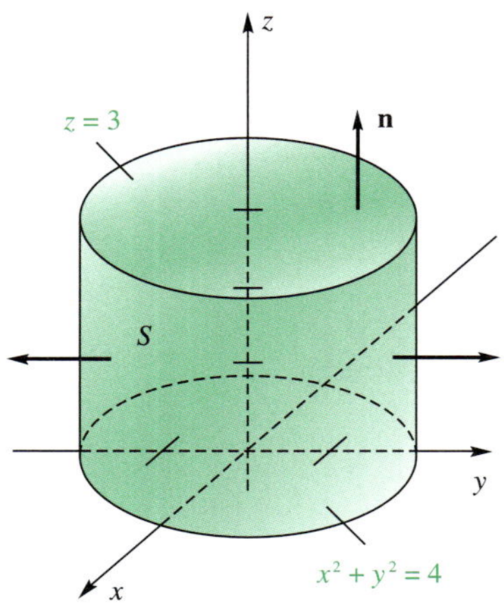

그림 4

예제 3 S는 $x^2+y^2=4$, $z=0$, $z=3$으로 둘러싸인 원기둥 영역이며, $\mathbf{n}$은 경계면 ∂S에서 바깥을 향하는 단위 법벡터이다(그림 4). $\mathbf{F}=(x^3+\tan yz)\mathbf{i}+(y^3-e^{xz})\mathbf{j}+(3z+x^3)\mathbf{k}$일 때, ∂S를 지나는 $\mathbf{F}$의 유동을 구하여라.

풀이 $\iint_{\partial S}\mathbf{F}\cdot\mathbf{n}\,dS$를 직접 계산하는 일은 매우 어렵다. 그렇지만

$$\operatorname{div}\mathbf{F}=3x^2+3y^2+3=3(x^2+y^2+1)$$

따라서 가우스 정리를 사용하고, 원기둥좌표로 바꾸면,

$$\iint_{\partial S} \mathbf{F}\cdot\mathbf{n}\, dS = 3\iiint_S (x^2+y^2+1)\,dV$$
$$= 3\int_0^{2\pi}\int_0^2\int_0^3 (r^2+1)r\, dz\, dr\, d\theta$$
$$= 9\int_0^{2\pi}\int_0^2 (r^3+r)\,dr\, d\theta$$
$$= 9\int_0^{2\pi} 6\, d\theta = 108\pi$$ ■

확장과 응용 지금까지 영역 S의 내부에 구멍이 없고, 그 경계면 ∂S가 하나의 이어진 곡면이라고 묵시적으로 가정하였다. 그러나 사실은, 스위스 치즈처럼 속에 구멍이 숭숭 들어 있는 영역에 대해서도 가우스 정리는 성립한다. 단, 단위 법벡터 $\mathbf{n}$이 항상 영역 내부와 반대 방향을 가리키도록 잡아야 한다. 예를 들어 원점을 중심으로 하는 두 개의 동심구들 사이의 영역을 S라 하자. 여기에 가우스 정리를 적용할 수 있지만, 이 때, ∂S가 두 개의 곡면으로 되어 있음을 인지해야 한다(바깥쪽 곡면에서는 $\mathbf{n}$이 원점과 반대 방향을 가리키고, 안쪽 곡면에서는 $\mathbf{n}$이 원점을 가리킨다).

예제 4 S는 다음으로 결정되는 영역이다.

$$1 \le x^2+y^2+z^2 \le 4$$

그리고 $\mathbf{F} = x\mathbf{i} + (2y+z)\mathbf{j} + (z+x^2)\mathbf{k}$라 하자. 다음을 계산하여라.

$$\iint_{\partial S} \mathbf{F}\cdot\mathbf{n}\, dS$$

풀이

$$\iint_{\partial S} \mathbf{F}\cdot\mathbf{n}\, dS = \iiint_S \operatorname{div}\mathbf{F}\, dV$$
$$= \iiint_S (1+2+1)\,dV$$
$$= 4\left[\frac{4}{3}\pi(2^3) - \frac{4}{3}\pi(1^3)\right] = \frac{112\pi}{3}$$ ■

14.1절에서, 원점에 놓여 있는 점질량 M에 의한 중력장 $\mathbf{F}$는

$$\mathbf{F}(x, y, z) = -cM\frac{\mathbf{r}}{\|\mathbf{r}\|^3}$$

형태임을 배웠다. 여기서 $\mathbf{r} = x\mathbf{i} + y\mathbf{j} + z\mathbf{k}$이고, c는 상수이다.

예제 5 점질량 M이 원점에 놓여 있으며, 입체 영역 S의 내부에 이것이 들어 있다. 이것에 대응하여 벡터장 $\mathbf{F} = -cM\mathbf{r}/|\mathbf{r}|^3$이 생긴다. 그러면 S의 생김새와 상관없이, ∂S를 지나는 $\mathbf{F}$의 유동은 $-4\pi cM$임을 밝혀라.

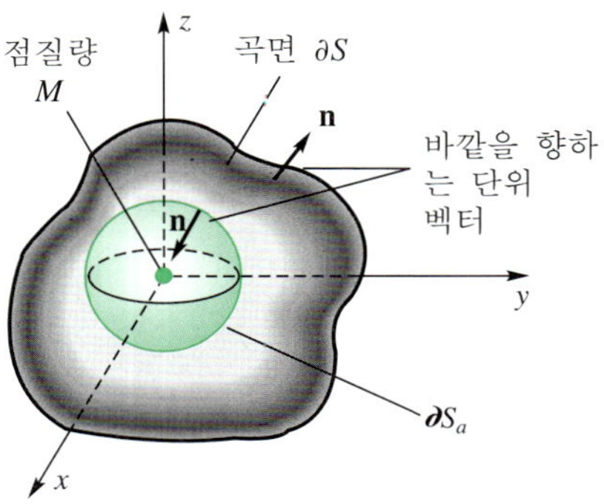

그림 5

풀이 $\mathbf{F}$는 원점에서 불연속이므로, 가우스 정리를 바로 적용할 수는 없다. 원점이 중심이고 반지름이 a인 조그마한 입체공 S_a를 S로부터 제거하였다고 생각한다. 그러면 남는 입체 W는 바깥쪽 경계면 ∂S와 안쪽 경계면 ∂S_a를 가진다(그림 5). 가우스 정리를 W에 적용하면, 다음을 얻는다.

$$\iint_{\partial S} \mathbf{F}\cdot\mathbf{n}\, dS + \iint_{\partial S_a} \mathbf{F}\cdot\mathbf{n}\, dS = \iint_{\partial W} \mathbf{F}\cdot\mathbf{n}\, dS = \iiint_W \operatorname{div} \mathbf{F}\, dV$$

그런데 div $\mathbf{F}=0$임을 쉽게 확인할 수 있다(14.1절 연습문제 21). 따라서

$$\iint_{\partial S} \mathbf{F}\cdot\mathbf{n}\, dS = -\iint_{\partial S_a} \mathbf{F}\cdot\mathbf{n}\, dS$$

곡면 ∂S_a에서, $\mathbf{n}=-\mathbf{r}/|\mathbf{r}|$이고 $|\mathbf{r}|=a$. 따라서

$$\begin{aligned}
-\iint_{\partial S_a} \mathbf{F}\cdot\mathbf{n}\, dS &= -\iint_{\partial S_a}\left(-cM\frac{\mathbf{r}}{\|\mathbf{r}\|^3}\right)\cdot\left(-\frac{\mathbf{r}}{\|\mathbf{r}\|}\right) dS \\
&= -cM\iint_{\partial S_a}\frac{\mathbf{r}\cdot\mathbf{r}}{a^4}\, dS \\
&= -cM\iint_{\partial S_a}\frac{1}{a^2}\, dS \\
&= \frac{-cM}{a^2}(4\pi a^2) \\
&= -4\pi cM
\end{aligned}$$

■

예제 5의 결과를 확장하여서, 입체 영역 S의 내부에 $\mathbf{k}$개의 점질량 M_1, M_2, ..., M_k가 있는 경우에다 적용할 수 있다. 이 결과를 가우스 법칙(Gauss's Law)이라고 부르는데, ∂S를 지나는 $\mathbf{F}$의 유동은

$$\iint_{\partial S} \mathbf{F}\cdot\mathbf{n}\, dS = -4\pi c(M_1+M_2+\cdots+M_k)$$

마지막으로, 가우스 법칙을 확장하여서, 물체 B에 총 질량 M이 연속적으로 분포해 있으면, 이것을 작은 조각들로 썰어서, 점질량인 것처럼 근사값을 취하여서, 적용할 수 있다. 그 결과는 다음과 같다.

$$\iint_{\partial S} \mathbf{F}\cdot\mathbf{n}\, dS = -4\pi cM$$

여기서 S는 B를 포함하는 임의의 영역이다.

개념 복습

1. 그린 정리, 가우스 정리, 스토크스 정리는 S에서의 적분을 S의 ______, 이것을 ______로 나타내는데, S에서의 다른 어떤 적분과 연관시켜 준다.

2. 특히, 가우스 정리는 다음을 말해 준다.

$$\iiint_S \text{div } \mathbf{F} \, dV = \iint_{\partial S} \_\_\_\_\_\_ \, dS$$

3. 가우스 정리를 다른 말로 표현하자면, S의 경계면을 지나는 $\mathbf{F}$의 유동은 $\iiint_S$ ______dV와 같다.

4. 가우스 정리에 따라서, 점질량 M을 포함하고 있는 임의의 영역 S의 경계면을 지나는, 질량 M에 의한 중력장의 ______은 $-4\pi cM$이다. 즉, 이것은 S의 ______과 상관이 없다.

연습문제 14.6

문제 1~14에서 가우스 발산 정리를 사용하여 $\iint_{\partial S} \mathbf{F} \cdot \mathbf{n} \, dS$를 계산하여라.

1. $\mathbf{F}(x, y, z) = z\mathbf{i} + x\mathbf{j} + y\mathbf{k}$; S는 반구 $0 \le z \le \sqrt{9 - x^2 - y^2}$.

2. $\mathbf{F}(x, y, z) = x\mathbf{i} + 2y\mathbf{j} + 3z\mathbf{k}$; S는 정육면체 $0 \le x \le 1$, $0 \le y \le 1 \le$, $0 \le z \le 1$.

3. $\mathbf{F}(x, y, z) = \cos z^2\mathbf{i} + y\mathbf{j} + \cos x^2\mathbf{k}$; S는 정육면체 $-1 \le x \le 1$, $-1 \le y \le 1 \le$, $-1 \le z \le 1$.

4. $\mathbf{F}(x, y, z) = x^3\mathbf{i} + y^3\mathbf{j} + z^3\mathbf{k}$; S는 $0 \le z \le \sqrt{a^2 - x^2 - y^2}$인 반구

5. $\mathbf{F}(x, y, z) = x^2yz\mathbf{i} + xy^2z\mathbf{j} + xyz^2\mathbf{k}$; S는 상자 $0 \le x \le a$, $0 \le y \le b$, $0 \le z \le c$.

6. $\mathbf{F}(x, y, z) = 3x\mathbf{i} - 2y\mathbf{j} + 4z\mathbf{k}$; S는 입체구 $x^2 + y^2 + z^2 \le 9$.

7. $\mathbf{F}(x, y, z) = x^2\mathbf{i} + y^2\mathbf{j} + z^2\mathbf{k}$; S는 $0 \le z \le 4 - x^2 - y^2$인 포물면 입체

8. $\mathbf{F}(x, y, z) = (x^2 + \cos yz)\mathbf{i} + (y - e^z)\mathbf{j} + (z^3 + x^2)\mathbf{k}$; S는 $x^2 + y^2 = 4$, $x + z = 2$, $z = 0$으로 둘러싼 입체.

9. $\mathbf{F}(x, y, z) = (x + z^2)\mathbf{i} + (y - z^2)\mathbf{j} + x\mathbf{k}$; S는 $0 \le y^2 + z^2 \le 1$, $0 \le x \le 2$인 입체.

10. $\mathbf{F}(x, y, z) = x^2\mathbf{i} + y^2\mathbf{j} + z^2\mathbf{k}$; S는 $x + y + z = 4$, $x = 0$, $y = 0$, $z = 0$으로 둘러싼 입체.

11. $\mathbf{F}(x, y, z) = 2x\mathbf{i} + 3y\mathbf{j} + 4z\mathbf{k}$; S는 $9 \le x^2 + y^2 + z^2 \le 25$인 구면 껍질 입체

12. $\mathbf{F}(x, y, z) = 2z\mathbf{i} + x\mathbf{j} + z^2\mathbf{k}$; S는 $1 \le x^2 + y^2 \le 4$, $0 \le z \le 2$인 원기둥 껍질 입체

13. $\mathbf{F}(x, y, z) = z^2\mathbf{i} + y^2\mathbf{j} + x^2\mathbf{k}$; S는 원기둥 $x^2 + y^2 \le 1$, $0 \le y \le 10$. 도움말: 변환 $x = r\cos\theta$, $y = y$, $z = r\sin\theta$(원기둥좌표와 비슷하게)을 주고, 야코비안을 얻기 위해 13.9절의 방법을 사용하여라.

14. $\mathbf{F}(x, y, z) = (x^3 + y)\mathbf{i} + (y^3 + z)\mathbf{j} + (x + z^3)\mathbf{k}$; S는 영역 $x^2 + z^2 \le y^2$, $x^2 + y^2 + z^2 \le 1$, $y \ge 0$. 도움말: 구면좌표와 비슷한 변환을 주고, 야코비안을 얻기 위해 13.9절의 방법을 사용하여라.

15. $\mathbf{F}(x, y, z) = x\mathbf{i} + y\mathbf{j} + z\mathbf{k}$이고, S는 가우스 발산 정리를 적용할 수 있는 입체 영역이라 하자. 그러면 S의 부피는 다음과 같음을 밝혀라.

$$V(S) = \frac{1}{3}\iint_{\partial S} \mathbf{F} \cdot \mathbf{n} \, dS$$

16. 문제 15의 결과를 이용하여, 높이 h, 반지름 a인 직원기둥의 부피 공식을 확인해 보아라.

17. 평면 $ax + by + cz = d$를 생각한다. 여기서 a, b, c, d는 모두 양수이다. 문제 15를 이용하여, 제 1 팔분공간을 이 평면이 잘라서 생기는 사면체의 부피는 $dD/(3\sqrt{a^2 + b^2 + c^2})$임을 밝혀라. 여기서 D는 제 1 팔분공간에 놓이는 이 평면의 부분의 넓이이다.

18. $\mathbf{F}$는 상수 벡터장이라 하자. 그러면 임의의 "좋은" 입체 영역 S에 대해서

$$\iint_{\partial S} \mathbf{F} \cdot \mathbf{n} \, dS = 0$$

임을 밝혀라. "좋은" 영역이란 무엇을 뜻하는가?

19. 다음 각각의 $\iint_{\partial S} \mathbf{F} \cdot \mathbf{n} \, dS$를 계산하여라. 제대로 보면, 이것들은 매우 쉬우며, 아주 시시한 것도 있다.

(a) $\mathbf{F} = (2x + yz)\mathbf{i} + 3y\mathbf{j} + z^2\mathbf{k}$; S는 입체구 $x^2 + y^2 + z^2 \le 1$.

(b) $\mathbf{F}=(x^2+y^2+z^2)^{5/3}(x\mathbf{i}+y\mathbf{j}+z\mathbf{k})$; S는 (a)와 같음.

(c) $\mathbf{F}=x^2\mathbf{i}+y^2\mathbf{j}+z^2\mathbf{k}$; S는 입체구 $(x-2)^2+y^2+z^2\le 1$.

(d) $\mathbf{F}=x^2\mathbf{i}$; S는 정육면체 $0\le x\le 1$, $0\le y\le 1$, $0\le z\le 1$.

(e) $\mathbf{F}=(x+z)\mathbf{i}+(y+x)\mathbf{j}+(z+y)\mathbf{k}$; S는 평면 $3x+4y+2z=12$가 제 1 팔분공간을 잘라서 생기는 사면체.

(f) $\mathbf{F}=x^3\mathbf{i}+y^3\mathbf{j}+z^3\mathbf{k}$; S는 (a)와 같음.

(g) $\mathbf{F}=(x\mathbf{i}+y\mathbf{j})\ln(x^2+y^2)\mathbf{k}$; S는 입체기둥 $x^2+y^2\le 4$, $0\le z\le 2$.

20. $\iint_{\partial S}\mathbf{F}\cdot\mathbf{n}\,dS$를 계산하여라. 여기서 $\mathbf{r}=x\mathbf{i}+y\mathbf{j}+z\mathbf{k}$.

(a) $\mathbf{F}=\mathbf{r}/|\mathbf{r}|^3$; S는 입체구 $(x-2)^2+y^2+z^2\le 1$.

(b) $\mathbf{F}=\mathbf{r}/|\mathbf{r}|^3$; S는 입체구 $x^2+y^2+z^3\le a^2$.

(c) $\mathbf{F}=\mathbf{r}/|\mathbf{r}|^2$; S는 (b)와 같음.

(d) $\mathbf{F}=f(|\mathbf{r}|)\mathbf{r}$, f는 임의의 스칼라 함수; S는 (b)와 같음.

(e) $\mathbf{F}=|\mathbf{r}|^n\mathbf{r}$, $n\ge 0$; S는 공 $x^2+y^2+z^2\le az$(구면 좌표로는 $\rho\le a\cos\phi$).

21. 스칼라장에 대한 라플라시안을 다음과 같이 정의하였다.

$$\nabla^2 f=\frac{\partial^2 f}{\partial x^2}+\frac{\partial^2 f}{\partial y^2}+\frac{\partial^2 f}{\partial z^2}$$

여기서 $D_{\mathbf{n}}f$는 단위법벡터 $\mathbf{n}$ 방향의 방향 도함수일 때, 다음을 밝혀라.

$$\iint_{\partial S} D_{\mathbf{n}}f\,dS=\iiint_S \nabla^2 f\,dV$$

22. 영역 S에서 $\nabla^2 f$가 항상 0일 때, 다음을 밝혀라.

$$\iint_{\partial S} D_{\mathbf{n}}f\,dS=\iiint_S |\nabla f|^2 dV$$

23. 가우스 발산정리를 $\mathbf{F}=f\ \nabla g$에 적용하여, 제1그린등식

$$\iint_{\partial S} f\,D_{\mathbf{n}}g\,dS=\iiint_S (f\nabla^2 g+\nabla f\cdot g)dV$$

를 증명하여라.

24. 제2그린등식을 증명하여라.

$$\iint_{\partial S}(f\,D_{\mathbf{n}}g-gD_{\mathbf{n}}f)dS=\iiint_S (f\nabla^2 g+g\nabla^2 f)dV$$

개념 복습 해답: **1.** 경계; ∂S **2.** $\mathbf{F}\cdot\mathbf{n}$ **3.** div $\mathbf{F}$ **4.** 유동; 모양

14.7 스토크스 정리

14.4절에서, 그린 정리의 결론을 다음과 같이 쓸 수 있음을 보였다.

$$\oint_{\partial S}\mathbf{F}\cdot\mathbf{T}\,ds=\iint_S(\text{curl }\mathbf{F})\cdot\mathbf{k}\,dA$$

이 형태로 놓고 보면, 이것은 단일폐곡선 ∂S로 둘러싸인 평면 영역 S에 대한 정리이다. 이제 이 결과를 일반화하여, S가 삼차원 공간의 곡면인 경우에다 적용한다. 이러한 형태로 이 정리를 발견한 것은 아일랜드의 과학자 스토크스(George Gabriel Stokes, 1819-1903)이다.

곡면 S의 종류를 약간 제한해야 한다. 먼저, S는 두 면을 가지며, 연속으로 변화하는 단위 법벡터 $\mathbf{n}$을 가진다고 가정한다(따라서 14.5절에 나오는, 한 면만을 가지는 뫼비우스 띠는 다루지 않는다). 그 다음, 경계선 ∂S는 조각마다 매끄러운 단일폐곡선이며, $\mathbf{n}$과 조화를 이루게 방향을 가져야 한다. 이 말이 뜻하는 것은, 사람이 곡면의 가장자리에 서서, 머리를 $\mathbf{n}$ 방향으로 두고, 곡선의 방향을 향해 눈을 두면, 곡면이 왼쪽에 놓여 있다는 말이다(그림 1).

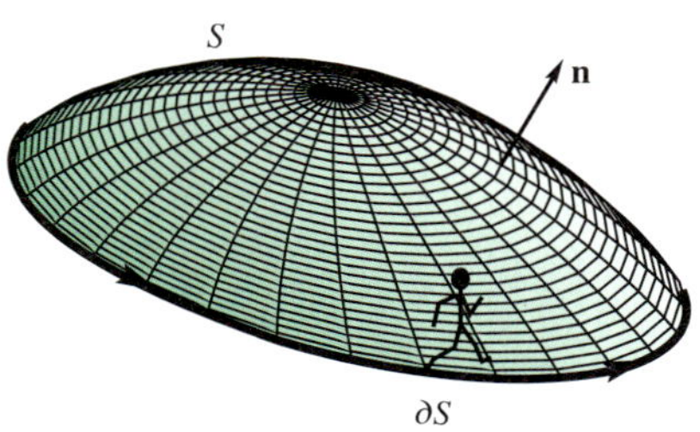

그림 1

정리 A 스토크스 정리

S, ∂S, $\mathbf{n}$은 위에서 설명한 것과 같고, $\mathbf{F}=M\mathbf{i}+N\mathbf{j}+P\mathbf{k}$는 벡터장인데, M, N, P의 1계 편도함수들은 S와 경계선 ∂S에서 연속이라고 하자. ∂S에 대한 단위 접벡터를 $\mathbf{T}$로 나타내면,

$$\oint_{\partial S} \mathbf{F}\cdot\mathbf{T}\,ds = \iint_S (\text{curl}\,\mathbf{F})\cdot\mathbf{n}\,dS$$

예제와 응용 스토크스 정리를 증명하는 일은 어려우므로, 고학년용 과목으로 미룬다. 그렇지만 예제를 통해서 이 정리를 확인해 볼 수 있다.

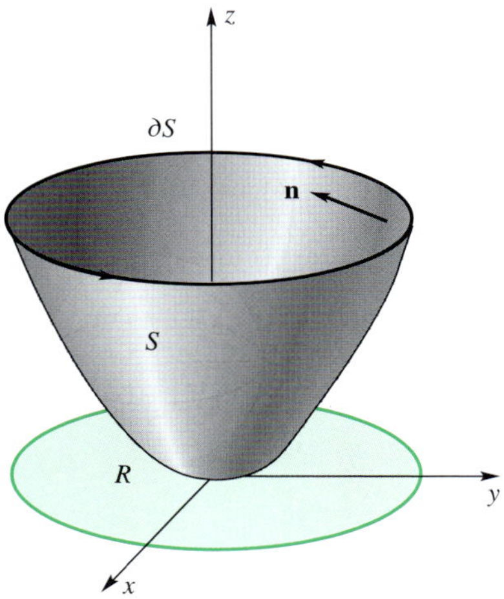

그림 2

예제 1 $\mathbf{F}=y\mathbf{i}-x\mathbf{j}+yz\mathbf{k}$이고, S는 포물면 $z=x^2+y^2$인데, 원 $x^2+y^2=1$, $z=1$을 경계선으로 가진다(그림 2). 스토크스 정리를 확인해 보아라.

풀이 ∂S를 다음 매개변수 방정식으로 나타낼 수 있다.

$$x=\cos t,\qquad y=\sin t,\qquad z=1$$

그러면 $dz=0$이므로(14.2절 참조),

$$\oint_{\partial S}\mathbf{F}\cdot\mathbf{T}\,ds=\oint_{\partial S} y\,dx-x\,dy=\int_0^{2\pi}[\sin t(-\sin t)dt-\cos t\cos t\,dt]$$
$$=-\int_0^{2\pi}[\sin^2 t+\cos^2 t]\,dt=-2\pi$$

한편, $\iint_S(\text{curl}\,\mathbf{F})\cdot\mathbf{n}\,dS$를 계산하기 위해서, 먼저 다음을 얻는다.

$$\text{curl}\,\mathbf{F}=\nabla\times\mathbf{F}=\begin{vmatrix}\mathbf{i} & \mathbf{j} & \mathbf{k}\\ \dfrac{\partial}{\partial x} & \dfrac{\partial}{\partial y} & \dfrac{\partial}{\partial z}\\ y & -x & yz\end{vmatrix}=z\mathbf{i}+0\mathbf{j}-2\mathbf{k}$$

그러므로 정리 14.5B에 의해,

$$\iint_S(\text{curl}\,\mathbf{F})\cdot\mathbf{n}\,dS=\iint_R[-z(2x)-0(2y)-2]\,dx\,dy$$
$$=-2\iint_R[xz+1]\,dx\,dy$$
$$=-2\iint_R[x(x^2+y^2)+1]\,dx\,dy$$
$$=-2\int_0^{2\pi}\int_0^1[r^3\cos\theta+1]\,r\,dr\,d\theta$$
$$=-2\int_0^{2\pi}\left[\frac{1}{5}\cos\theta+\frac{1}{2}\right]d\theta=-2\pi$$

■

예제 2 S는 구면 $x^2+y^2+(z-4)^2=10$의 일부로서, 평면 $z=1$의 아래에 있는 부분이다. 그리고 $\mathbf{F}=y\mathbf{i}-x\mathbf{j}+yz\mathbf{k}$일 때, 스토크스 정리를 사용하여 다음을 계산하여라.

$$\iint_S(\text{curl}\,\mathbf{F})\cdot\mathbf{n}\,dS$$

여기서 $\mathbf{n}$은 위를 향하는 단위 법벡터이다.

풀이 벡터장 $\mathbf{F}$는 예제 1과 같으며, S의 경계선도 예제 1과 같은 원임을 주목한다. 따라서

$$\iint_S (\text{curl}\,\mathbf{F})\cdot\mathbf{n}\,dS = \oint_{\partial S}\mathbf{F}\cdot\mathbf{n}\,ds = -2\pi$$

사실, 그림 2의 원 ∂S를 유향 경계선으로 가지는 모든 곡면 S에 대해서, curl $\mathbf{F}$의 유동은 -2π이다. ■

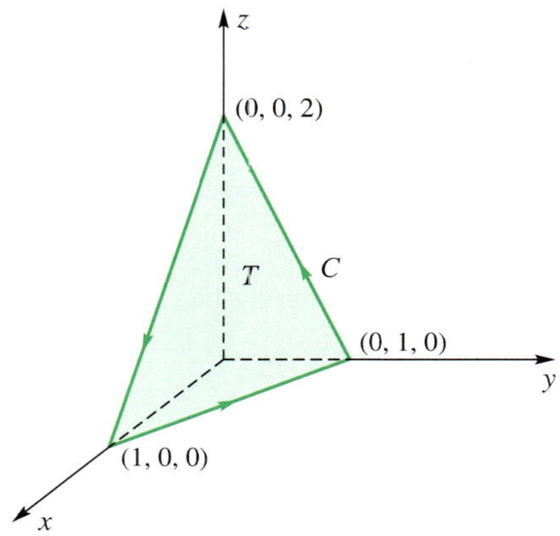

그림 3

예제 3 스토크스 정리를 사용하여 $\oint_C \mathbf{F}\cdot\mathbf{T}\,ds$를 계산하여라. 여기서 $\mathbf{F}=2z\mathbf{i}+(8x-3y)\mathbf{j}+(3x+y)\mathbf{k}$이고, C는 그림 3의 삼각형 경계선이다.

풀이 C를 유향 경계선으로 가지는 임의의 곡면 S를 잡아도 되지만, 가능한 한 간단하게 잡아야 계산하기가 쉽다. 그래서 그림 3의 평면 삼각형 $\mathbf{T}$를 잡는다. 이 면의 단위 법벡터 $\mathbf{n}$을 구해 보자. 벡터들

$$\mathbf{A}=(0-1)\mathbf{i}+(0-0)\mathbf{j}+(2-0)\mathbf{k}=-\mathbf{i}+2\mathbf{k}$$
$$\mathbf{B}=(0-1)\mathbf{i}+(1-0)\mathbf{j}+(0-0)\mathbf{k}=-\mathbf{i}+\mathbf{j}$$

는 이 면에 놓여 있으며, 따라서 벡터

$$\mathbf{N}=\mathbf{A}\times\mathbf{B}=\begin{vmatrix}\mathbf{i} & \mathbf{j} & \mathbf{k}\\ -1 & 0 & 2\\ -1 & 1 & 0\end{vmatrix}=-2\mathbf{i}-2\mathbf{j}-\mathbf{k}$$

가 이 면에 수직이다. 따라서 위를 향하는 단위 법벡터 $\mathbf{n}$은

$$\mathbf{n}=\frac{2\mathbf{i}+2\mathbf{j}+\mathbf{k}}{\sqrt{4+4+1}}=\frac{2}{3}\mathbf{i}+\frac{2}{3}\mathbf{j}+\frac{1}{3}\mathbf{k}$$

그리고

$$\text{curl}\,\mathbf{F}=\begin{vmatrix}\mathbf{i} & \mathbf{j} & \mathbf{k}\\ \dfrac{\partial}{\partial x} & \dfrac{\partial}{\partial y} & \dfrac{\partial}{\partial z}\\ 2z & 8x-3y & 3x+y\end{vmatrix}=\mathbf{i}-\mathbf{j}+8\mathbf{k}$$

그러므로 curl $\mathbf{F}\cdot\mathbf{n}=\frac{8}{3}$이고, 이 적분값은

$$\oint_C \mathbf{F}\cdot\mathbf{T}\,ds=\iint_T(\text{curl}\,\mathbf{F})\cdot\mathbf{n}\,dS=\frac{8}{3}(\mathbf{T}\text{의 넓이})=\frac{8}{3}\left(\frac{3}{2}\right)=4$$ ■

예제 4 벡터장 $\mathbf{F}$와 영역 D가 정리 14.3D의 가정을 만족한다고 하자. D에서 curl $\mathbf{F}=\mathbf{0}$이면, $\mathbf{F}$는 거기에서 보존 벡터장임을 밝혀라.

풀이 14.3절에서 논한 것에 의해 D 속의 임의의 단일폐곡선 C에 대해서 $\oint_C \mathbf{F}\cdot d\mathbf{r}=0$임을 보이면 충분하다. C를 경계선으로 가지고, C와 조화를 이루도록 방향을 가지는 곡면 S를 잡는다(D가 단일연결되어 있다는 사실이 그러한 곡면의 존재를 보장해 준다). 그러므로 스토크스 정리에 따라서,

$$\oint_C \mathbf{F}\cdot d\mathbf{r} = \oint_C \mathbf{F}\cdot\mathbf{T}\,ds = \iint_S (\text{curl }\mathbf{F})\cdot\mathbf{n}\,dS = 0$$ ■

회전의 물리적 의미 14.4절에서 회전의 의미를 알아보았었다. 거기에서 논한 것들을 이제 좀 더 잘 다룰 수 있다. 원 C는 반지름이 a이고, 점 P를 중심으로 가진다고 하자. 그러면

$$\oint_C \mathbf{F}\cdot\mathbf{T}\,ds$$

를 C를 따른 $\mathbf{F}$의 회전(circulation)이라 부르며, 속도 벡터장 $\mathbf{F}$를 가지는 유체가 C 둘레에서 회전하는 경향을 잰다. $\mathbf{F}$가 연속이고 C가 매우 작으면, 스토크스 정리에 의해,

$$\oint_C \mathbf{F}\cdot\mathbf{T}\,ds = \iint_S (\text{curl }\mathbf{F})\cdot\mathbf{n}\,dS \approx [\text{curl }\mathbf{F}(P)]\cdot\mathbf{n}(\pi a^2)$$

$\mathbf{n}$의 방향이 curl $\mathbf{F}(P)$의 방향과 같을 때, 오른쪽의 식이 가장 큰 값을 가진다.

조그마한 물레방아 바퀴를 유체 속에다 넣어서, 그 중심을 P에 놓고, 축의 방향이 $\mathbf{n}$과 같도록 하였다고 가정하자(그림 4). 이 바퀴가 가장 빨리 회전하는 경우는, $\mathbf{n}$이 curl $\mathbf{F}$의 방향을 가질 때이다. 회전 방향은 오른손 법칙에 따라서 결정된다.

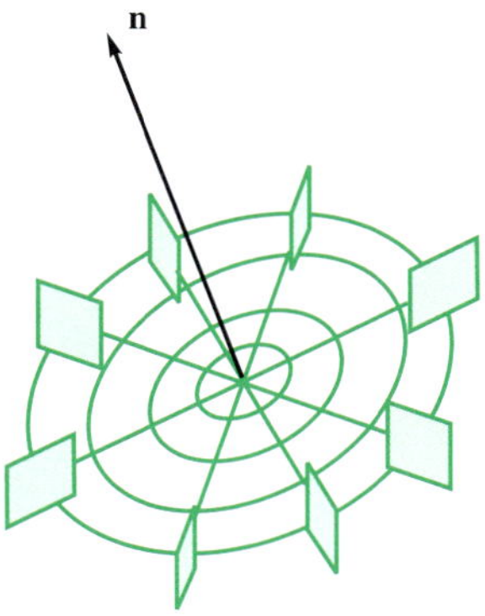

그림 4

개념 복습

1. 삼차원 공간의 스토크스 정리에 따르면, 적당한 가정 하에, $\int_{\partial S} \mathbf{F}\cdot\mathbf{T}\,dS = \iint_S$ ______ dS. 여기서 S는 곡면이고, ∂S는 그 경계선이다.
2. 그 가정 중의 하나는 S가 두 면을 가진다는 것이다. 한 면만을 가지는 곡면의 예로는 ______가 있는데, 둥그렇게 붙여 놓은 보통의 종이띠를 가지고, 한 곳을 잘라서, 반 바퀴 비튼 다음 붙이면 얻게 된다.
3. 스토크스 정리에 의해서 같은 경계선 ∂S를 가지는, 두 면 곡면들은 ______의 값이 같게 된다.
4. 속도 벡터장 $\mathbf{F}$를 가지는 유체 속에 물레방아 바퀴를 넣어서, 점 P가 중점이 되도록 하였다. 이 바퀴가 P에 대해서 가장 빨리 도는 경우는, $\mathbf{n}$의 방향이 ______의 방향과 같을 때이다.

연습문제 14.7

문제 1~6에서 스토크스 정리를 사용하여 다음 적분을 계산하여라.

$$\iint_S (\text{curl }\mathbf{F})\cdot\mathbf{n}\,dS$$

1. $\mathbf{F} = x^2\mathbf{i} + y^2\mathbf{j} + z^2\mathbf{k}$; S는 반구 $z = \sqrt{1-x^2-y^2}$이고, $\mathbf{n}$은 위를 향함.
2. $\mathbf{F} = xy\mathbf{i} + yz\mathbf{j} + xz\mathbf{k}$; S는 꼭지점이 $(0, 0, 0)$, $(1, 0, 0)$, $(0, 2, 1)$인 삼각형 면, $\mathbf{n}$은 위를 향함.
3. $\mathbf{F} = (y+z)\mathbf{i} + (x^2+z^2)\mathbf{j} + y\mathbf{k}$; S는 반원기둥 $z = \sqrt{1-x^2}$으로서, $y=0$과 $y=1$ 사이임. 그리고 $\mathbf{n}$은 위를 향함.
4. $\mathbf{F} = xz^2\mathbf{i} + x^3\mathbf{j} + \cos xz\mathbf{k}$; S는 타원면 $x^2+y^2+3z^2=1$의 일부분으로서, xy-평면의 아래임. 그리고 $\mathbf{n}$은 아래를 향함.
5. $\mathbf{F} = yz\mathbf{i} + 3xz\mathbf{j} + z^2\mathbf{k}$; S는 구면 $x^2+y^2+z^2=16$의 일부분으로서, 평면 $z=2$의 아래임. 그리고 $\mathbf{n}$은 바깥을 향함.

6. $\mathbf{F}=(z-y)\mathbf{i}+(z+x)\mathbf{j}-(x+y)\mathbf{k}$; S는 포물면 $z=1-x^2-y^2$의 일부분으로서, xy-평면의 위임. 그리고 $\mathbf{n}$은 위를 향함.

문제 7~12에서 스토크스 정리를 사용하여 $\oint_C \mathbf{F}\cdot\mathbf{T}\,ds$를 계산하여라.

7. $\mathbf{F}=2z\mathbf{i}+x\mathbf{j}+3y\mathbf{k}$; C는 평면 $z=x$와 원기둥 $x^2+y^2=4$의 교선인 타원이며, 위에서 내려다 볼 때 시계 방향으로 방향을 가짐.

8. $\mathbf{F}=y\mathbf{i}+z\mathbf{j}+x\mathbf{k}$; C는 꼭지점이 (0, 0, 0), (2, 0, 0), (0, 2, 2)인 삼각형 선이며, 위에서 볼 때 반시계 방향으로 향을 가짐.

9. $\mathbf{F}=(y-x)\mathbf{i}+(x-z)\mathbf{j}+(x-y)\mathbf{k}$; C는 평면 $x+2y+z=2$의 제 1 팔분공간 부분의 경계선이며, 위에서 볼 때 시계 방향으로 향을 가짐.

10. $\mathbf{F}=y(x^2+y^2)\mathbf{i}-x(x^2+y^2)\mathbf{j}$; C는 (0, 0, 0)에서 (1, 0, 0)을 거쳐 (1, 1, 1)을 거쳐 (0, 1, 1)을 거쳐 (0, 0, 0)으로 가는 직사각형 선임.

11. $\mathbf{F}=(z-y)\mathbf{i}+y\mathbf{j}+x\mathbf{k}$; C는 원기둥 $x^2+y^2=x$와 구 $x^2+y^2+z=1$의 교선으로서, 위에서 볼 때 반시계 방향으로 방향을 가짐.

12. $\mathbf{F}=(y-z)\mathbf{i}+(z-x)\mathbf{j}+(x-y)\mathbf{k}$; C는 평면 $x+z=1$과 원기둥 $x^2+y^2=1$의 교선인 타원이며, 위에서 볼 때 시계 방향으로 방향을 가짐.

13. 곡면 S는 방정식 $z=g(x, y)$로 주어진다고 하자. 스토크스 정리의 면적분을 다음과 같이 이중적분으로 나타낼 수 있음을 밝혀라.

$$\iint_S (\mathrm{curl}\,\mathbf{F})\cdot\mathbf{n}\,dS=\iint_{S_{xy}} (\mathrm{curl}\,\mathbf{F}))\cdot(-g_x\mathbf{i}-g_y\mathbf{j}+\mathbf{k})\,dA$$

여기서 $\mathbf{n}$은 S의 단위법벡터로서 위를 향하며, S_{xy}는 S를 xy-평면으로 사영한 것이다.

14. $\mathbf{F}=x^2\mathbf{i}-2xy\mathbf{j}+yz^2\mathbf{k}$이고, ∂S는 곡면 $z=xy$, $0\le x\le 1$, $0\le y\le 1$의 경계선으로서, 위에서 볼 때 반시계 방향으로 방향을 가진다. 스토크스 정리와 문제 13을 사용하여 $\oint_{\partial S} \mathbf{F}\cdot\mathbf{T}\,ds$를 계산하여라.

15. $\mathbf{F}=2\mathbf{i}+xz\mathbf{j}+z^3\mathbf{k}$이고, ∂S는 곡면 $z=xy^2$, $0\le x\le 1$, $0\le y\le 1$의 경계선으로서, 위에서 볼 때 반시계 방향으로 방향을 가진다. $\oint_{\partial S} \mathbf{F}\cdot\mathbf{T}\,ds$를 계산하여라.

16. $\mathbf{F}=2\mathbf{i}+xz\mathbf{j}+z^3\mathbf{k}$이고, ∂S는 곡면 $z=x^2y^2$, $x^2+y^2\le a^2$의 경계선으로서, 위에서 볼 때 반시계 방향으로 향향을 가진다. $\oint_{\partial S} \mathbf{F}\cdot\mathbf{T}\,ds$를 계산하여라.

17. $\mathbf{F}=2z\mathbf{i}+2y\mathbf{k}$이고, ∂S는 원기둥 $x^2+y^2=ay$와 반구 $z=\sqrt{a^2-x^2-y^2}$, $a>0$의 교선이다. 거리는 미터 단위, 힘은 뉴턴 단위라 하고, 힘 $\mathbf{F}$가 작용하여 어떤 물체를 ∂S를 따라 (위에서 볼 때) 반시계 방향으로 움직였다면, 한 일을 구하여라.

18. $\mathbf{F}=f(|\mathbf{r}|)\mathbf{r}$ 형태의 힘을 중심힘이라고 부른다. 여기서 f는 연속인 도함수를 ($|\mathbf{r}|=0$은 예외여도 상관이 없음) 가진다. 어떤 물체가 원점을 지나지 않는 폐곡선을 따라 한 바퀴 움직였다면, 중심힘이 한 일은 0임을 밝혀라.

19. S는 입체구라고 하자("좋은" 경계면 ∂S로 둘러싸인 임의의 입체 영역도 마찬가지이다).

$$\iint_{\partial S} (\mathrm{curl}\,\mathbf{F})\cdot\mathbf{n}\,dS=0$$

임을 다음 방법으로 밝혀라.

(a) 스토크스 정리를 사용하여.

(b) 가우스 정리를 사용하여. 도움말: $\mathrm{div}(\mathrm{curl}\,\mathbf{F})=0$임을 밝혀라.

20. 다음이 성립함을 밝혀라.

$$\oint_{\partial S} (f\nabla g)\cdot\mathbf{T}\,ds=\iint_S (\nabla f\times\nabla g)\cdot\mathbf{n}\,dS$$

개념 복습 해답: **1.** $(\mathrm{curl}\,\mathbf{F})$ **2.** 뫼비우스 띠 **3.** $\iint_S (\mathrm{curl}\,\mathbf{F})\cdot\mathbf{n}\,dS$ **4.** $\mathrm{curl}\,\mathbf{F}$

14.8 장 복습

개념 시험

다음 명제가 참인지, 거짓인지 이유를 들어 답하여라.

1. 역제곱법칙 벡터장은 보존 벡터장이다.

2. 벡터장의 발산은 다른 어떤 벡터장이다.

3. 물리학자는 curl(grad f)와 grad(curl $\mathbf{F}$), 둘 다에 흥미를 느낄 것이다.

4. f의 2계 편도함수들이 연속이면, curl(grad f)$=0$.

5. 어떤 물체가 폐곡선을 따라 한 바퀴 돌았다면, 보존 벡터장인 힘이 한 일은 0이다.

6. 연결 개집합 D에 속하는 임의의 폐곡선에 대해서 $\int_C \mathbf{F}(\mathbf{r}) \cdot d\mathbf{r}=0$이면, $\nabla f=\mathbf{F}$인 함수 f가 D에 존재한다.

7. 벡터장 $\mathbf{F}(x, y, z)=(2x+2y)\mathbf{i}+2x\mathbf{j}+yz^2\mathbf{k}$는 보존 벡터장이다.

8. 구멍을 가지는 영역 S에 대해서도, S의 전체 경계에다 적당한 방향을 주면, 그린 정리가 성립한다.

9. 이중적분은 면적분의 특별한 경우이다.

10. 곡면은 항상 두 면을 가진다.

11. 어떤 영역에 근원지 또는 흡입지가 없으면, 그 영역의 경계를 지나는 총 유동은 0이다.

12. 구 S의 바깥을 향하는 단위 접벡터가 $\mathbf{n}$이고, $\mathbf{F}$는 상수 벡터장이면,

$$\iint_S (\mathbf{F}\cdot\mathbf{n})\,dS=0$$

시험 보기 문제

1. 벡터장 $\mathbf{F}(x, y)=x\mathbf{i}+2y\mathbf{j}$의 표본벡터들을 그려라.

2. 벡터장 $\mathbf{F}(x, y, z)=2xyz\mathbf{i}-3y^2\mathbf{j}+2y^2z\mathbf{k}$에 대해서, div $\mathbf{F}$, curl $\mathbf{F}$, grad(div $\mathbf{F}$), div(curl $\mathbf{F}$)를 구하여라.

3. 14.1절 연습문제 20에서 다음을 보였다.

$$\text{curl}(f\mathbf{F})=f(\text{curl}\, f)+\nabla f\times\mathbf{F}$$

그리고 14.3절 연습문제 21에서 다음을 보였다.

$$\text{curl}(\nabla f)=\mathbf{0}$$

이 사실들을 사용하여 다음을 밝혀라.

$$\text{curl}(f\nabla f)=\mathbf{0}$$

4. 다음을 만족하는 함수 f를 구하여라.
   (a) $\nabla f=(2xy+y)\mathbf{i}+(x^2+x+\cos y)\mathbf{j}$
   (b) $\nabla f=(yz-e^{-x})\mathbf{i}+(xz+e^y)\mathbf{j}+xy\mathbf{k}$

5. 다음을 계산하여라.
   (a) $\int_C (1-y^2)\,ds$; C는 원점이 중심이고 $(0, -1)$에서 $(1, 0)$으로 가는 사분원.
   (b) $\int_C xy\,dx+z\cos x\,dy+z\,dz$; C는 곡선 $x=t$, $y=\cos t$, $z=\sin t$, $0\le t\le \pi/2$.

6. 적분 $\int_C y^2dx+2xy\,dy$는 경로와 상관이 없음을 밝혀라. 이것을 이용하여, (0, 0)에서 (1, 2)로 가는 궤적에 대한 이 적분을 계산하여라.

7. 힘 $\mathbf{F}=y^2\mathbf{i}+2xy\mathbf{j}$가 작용하여서, 물체가 (1, 1)에서 (3, 4)로 움직였다. 한 일을 구하여라(문제 6 참조).

8. 다음을 계산하여라(문제 4 (b) 참조).

$$\int_{(0,0,0)}^{(1,1,4)} (yz-e^{-x})\,dx+(xy+e^y)\,dy+xy\,dz$$

9. 다음 경우 $\oint_C xy\,dx+(x^2+y^2)dy$를 계산하여라.
   (a) C는 (0, 0)에서 (1, 0)을 거쳐 (1, 1)을 거쳐 (0, 1)을 거쳐 (0, 0)으로 가는 정사각형 경로.
   (b) C는 (0, 0)에서 (2, 0)을 거쳐 (2, 1)을 거쳐 (0, 0)으로 가는 삼각형 경로.
   (c) C는 원 $x^2+y^2=1$을 시계 방향으로 도는 것임.

10. 꼭지점이 (1, 1), (−1, 1), (−1, −1), (1, −1)인 정사각형 선 C를 지나는, 벡터장 $\mathbf{F}=x\mathbf{i}+y\mathbf{j}$의 유동을 구하여라. 즉, $\oint_C \mathbf{F}\cdot\mathbf{n}\,ds$를 계산하여라.

11. 구 $x^2+y^2+z^2=1$을 지나는, $\mathbf{F}=x\mathbf{i}+y\mathbf{j}+3\mathbf{k}$의 유동을 계산하여라.

12. $\iint_G xyz\,dS$를 계산하여라. 여기서 G는 평면 $z=x+y$의 일부분으로, 꼭지점이 (0, 0, 0), (1, 0, 0), (0, 2, 0)인 삼각형의 위쪽에 있는 브분에 있음.

13. $\iint_G (\text{curl}\,\mathbf{F})\cdot\mathbf{n}\,dS$를 계산하여라. 여기서

$$\mathbf{F}=x^3y\mathbf{i}+e^y\mathbf{j}+z\tan\left(\frac{xyz}{4}\right)\mathbf{k}$$

이고 G는 구 $x^2+y^2+z^2=2$의 일부분으로, 평면 $z=1$의 위쪽에 있는 부분이며, 단위 법벡터 $\mathbf{n}$은 위를 향함.

14. $\iint_G \mathbf{F}\cdot\mathbf{n}\,dS$를 계산하여라. 여기서,

$$\mathbf{F}=\sin x\mathbf{i}+(1-\cos x)y\mathbf{j}+4z\mathbf{k}$$

이고 G는 곡면 $z=\sqrt{9-x^2-y^2}$의 일부분으로, 평면 $z=0$의 위쪽에 있는 부분이며, 단위 법벡터 $\mathbf{n}$은 바깥을 향함.

15. C는 평면 $ax+by+z=0$과 $(a\ge 0,\ b\ge 0)$ 구 $x^2+y^2+z^2=9$의 교선인 원이라고 하자. 벡터장 $\mathbf{F}=y\mathbf{i}-x\mathbf{j}+3y\mathbf{k}$에 대해서, 다음을 계산하여라.

$$\oint_C \mathbf{F}\cdot\mathbf{T}\,ds$$

도움말: 스토크스 정리를 사용.

부 록

A.1 수학적 귀납법

수학에서 종종 어떤 명제 P_n이 $n \geq 1$(혹은 $n \geq N$)을 만족하는 모든 자연수에 관하여 성립한다는 사실을 밝히고자 하는 경우를 접한다. 다음 세 가지의 예를 보자:

1. P_n: $1^2+2^2+3^2+\cdots+n^2=\dfrac{n(n+1)(2n+1)}{6}$
2. Q_n: $2^n > n+20$
3. R_n: n^2-n+41은 소수

명제 P_n은 모든 양의 정수에 관하여 사실이고, Q_n은 (곧 성립함을 보이지만) 5보다 크거나 같은 정수에 대하여 성립한다. 세 번째 명제 R_n은 재미있다. $n=1, 2, 3, \cdots$일 때, n^2-n+41의 값은 41, 43, 47, 53, 61, $\cdots$(여기까지는 소수이다)이다.

사실, 40까지는 모든 n에 대해 소수이지만, $n=41$일때, 식의 값은 합성수 $1681=41\times 41$이다. 40(또는 4천만)에 대하여 명제가 참인 것을 보인다고 해서, 각 경우에 명제가 그럴듯해 보일 뿐, 이것은 모든 n에 대하여 참이라는 것을 증명하는 것은 아니다.

유한가지의 경우와 모든 경우 사이의 틈은 엄청나게 크다. 그렇다면, 명제 P_n이 모든 n에 대하여 성립한다는 것을 밝힐 수 있는 절차는 없을까? 그 긍정적 해답이 바로 **수학적 귀납법의 원리**이다.

수학적 귀납법의 원리

$\{P_n\}$을 다음 두 조건을 만족하는 명제열이라고 하자.

(1) P_N이 성립한다(보통 N은 1이다).

(2) $i \geq N$에 대하여, P_i가 성립하면 P_{i+1}이 성립한다.

이때, P_n은 모든 정수 $n \geq N$에 대하여 성립한다.

여기에서 이 원리를 증명은 하지 않지만, 종종 공리로서 취급한다. 결국, 첫 번째 도미노가 넘어지고, 넘어지면서 바로 다음 도미노를 넘어지게 한다면, 도미노 전체가 넘어질 것이다. 여기에서 수학적 귀납법이 어떻게 쓰이는지 보기로 한다.

예제 1 명제

$$P_n:\ 1^2+2^2+3^2+\cdots+n^2=\frac{n(n+1)(2n+1)}{6}$$

이 $n \geq 1$인 모든 n에 대하여 성립함을 보여라.

풀이 먼저

$$P_1:\ 1^2=\frac{1(1+1)(2+1)}{6}$$

은 참이다.

둘째, 조건(2)를 보인다. P_i와 P_{i+1}을 나타내면 다음과 같다.

$$P_i:\ 1^2+2^2+3^2+\cdots+i^2=\frac{i(i+1)(2i+1)}{6}$$

$$P_{i+1}:\ 1^2+2^2+3^2+\cdots+i^2+(i+1)^2=\frac{(i+1)(i+2)(2i+3)}{6}$$

이제 P_i가 성립하면 P_{i+1}이 성립함을 보인다.

P_i가 성립한다고 하자. 그러면 P_{i+1}의 좌변은 다음과 같이 나타낼 수 있다 (* 는 P_i가 사용된 것을 표시한다):

$$\begin{aligned}[1^2+2^2+3^2+\cdots+i^2]+(i+1)^2 &\overset{*}{=} \frac{i(i+1)(2i+1)}{6}+(i+1)^2 \\ &=(i+1)\frac{2i^2+i+6i+6}{6} \\ &=(i+1)\frac{2i^2+7i+6}{6} \\ &=\frac{(i+1)(i+2)(2i+3)}{6}\end{aligned}$$

결국 P_{i+1}이 성립함을 보였다. 따라서 P_i로부터 P_{i+1}이 성립함을 보인 것이다. 따라서 수학적 귀납법의 원리에 의하여, P_n은 모든 양의 정수 n에 관하여 성립한다. ■

예제 2 명제

$$P_n\colon\ 2^n > n+20$$

는 $n \geq 5$인 모든 정수에 대하여 성립함을 보여라.

풀이 먼저,

$$P_5\colon\ 2^5 > 5+20$$

이 성립한다.

둘째로, 명제

$$P_i\colon\ 2^i > i+20$$

이 성립한다고 가정하고 이 사실로부터 명제

$$P_{i+1}\colon\ 2^{i+1} > (i+1)+20$$

이 성립함을 유도한다. 즉

$$2^{i+1} = 2 \cdot 2^i \overset{*}{>} 2(i+20) = 2i+40 > i+21$$

이므로 P_n은 $n \geq 5$인 모든 n에 대하여 성립한다. ■

예제 3 명제

$$P_n\colon\ x-y\text{는 } x^n - y^n\text{의 인수이다}$$

는 $n \geq 1$인 모든 정수에 대하여 성립함을 보여라.

풀이 명백하게 $x-y$는 $x-y$의 인수이므로, P_1은 사실이다. 이제 $x-y$가 $x^i - y^i$의 인수라고 가정하자. 즉, 어떤 다항식 $Q(x, y)$에 대하여

$$x^i - y^i = Q(x, y)(x-y)$$

이다. 그러면

$$\begin{aligned} x^{i+1} - y^{i+1} &= x^{i+1} - x^i y + x^i y - y^{i+1} \\ &= x^i(x-y) + y(x^i - y^i) \\ &\overset{*}{=} x^i(x-y) + yQ(x, y)(x-y) \\ &= [x^i + yQ(x, y)](x-y) \end{aligned}$$

이므로 인수로서 $x-y$를 갖는다. 따라서 P_i가 성립하면 P_{i+1}이 성립된다. 그러므로 모든 $n \geq 1$인 n에 대하여 성립한다. ■

연습문제 A.1

문제 1~8에서, 수학적 귀납법 원리를 이용하여 $n \geq 1$인 모든 정수에 대하여 명제가 참인 것을 증명하여라.

1. $1+2+3+\cdots+n=\dfrac{n(n+1)}{2}$

2. $1+3+5+\cdots+(2n-1)=n^2$

3. $1\cdot 2+2\cdot 3+3\cdot 4+\cdots+n(n+1)=\dfrac{n(n+1)(n+2)}{3}$

4. $1^2+3^2+5^2+\cdots+(2n-1)^2=\dfrac{n(2n-1)(2n+1)}{3}$

5. $1^3+2^3+3^3+\cdots n^3=\left[\dfrac{n(n+1)}{2}\right]^2$

6. $1^4+2^4+3^4+\cdots n^4=\dfrac{n(n+1)(6n^3+9n^2+n-1)}{30}$

7. n^3-n는 6으로 나누어진다.

8. $n^3+(n+1)^3+(n+2)^3$는 9로 나누어진다.

문제 9－12에서, 모든 $n(\geq N)$에 대하여 명제가 참이 될 최초의 정수 N에 관한 예상문제를 만들어 그 명제가 모든 $n(\geq N)$에 대해 성립함을 증명하여라.

9. $3n+25<3^n$

10. $n-100>\log_{10} n$

11. $n^2 \leq 2^n$

12. 모든 x에 대하여 $|\sin nx| \leq n|\sin x|$

문제 13~20에서, 주어진 사실로부터 P_n에 관한 어떤 결론을 유도해 낼 수 있는지 말하여라.

13. P_5가 참이고 P_i가 참이면 P_{i+2}가 참이다.

14. P_1, P_2가 참이고 P_i가 참이면 P_{i+2}가 참이다.

15. P_{30}이 참이고 P_i가 참이면 P_{i-1}이 참이다.

16. P_{30}이 참이고 P_i가 참이면 P_{i+1}과 P_{i-1}이 참이다.

17. P_1이 참이고 P_i가 참이면 P_{4i}와 P_{i-1}이 참이다.

18. P_1이 참이고 P_{2i}가 참이면 P_{2i+1}이 참이다.

19. P_1과 P_2가 참이고 P_i와 P_{i+1}이 참이면 P_{i+2}가 참이다.

20. P_1이 참이고 $j \leq i$일때 P_j가 참이면 P_{i+1}이 참이다.

문제 21~27에서 주어진 명제가 어떤 n에 관하여 참인지를 결정하고 다음 각각을 증명하기 위해 수학적 귀납법(아마도 문제 13~20에서 발견한 다른 형태중의 하나)을 사용하여라.

21. $x+y$는 x^n+y^n의 인수이다.

22. (구멍이나 들어간 곳이 없는) n개의 변을 가진 볼록다각형의 내각의 합은 $(n-2)\pi$이다.

23. n개의 변을 가진 볼록다각형의 대각선수는 $\dfrac{n(n-3)}{2}$이다.

24. $\dfrac{1}{n+1}+\dfrac{1}{n+2}+\dfrac{1}{n+3}+\cdots+\dfrac{1}{2n}>\dfrac{3}{5}$

25. $\left(1-\dfrac{1}{4}\right)\left(1-\dfrac{1}{9}\right)\left(1-\dfrac{1}{16}\right)\cdots\left(1-\dfrac{1}{n^2}\right)=\dfrac{n+1}{2n}$

26. $f_0=0$, $f_1=1$, $n \geq 0$일때 $f_{n+2}=f_{n+1}+f_n$(즉 피보나치 수열)이라 하자. 그러면

$$f_n=\frac{1}{\sqrt{5}}\left[\left(\frac{1+\sqrt{5}}{2}\right)^n-\left(\frac{1-\sqrt{5}}{2}\right)^n\right]$$

27. $a_0=0$, $a_1=1$, $n \geq 0$일때 $a_{n+2}=(a_{n+1}+a_n)/2$라 하자. 그러면

$$a_n=\frac{2}{3}\left[1-\left(-\frac{1}{2}\right)^n\right]$$

이다.

28. 사람 n명의 집합에서 모든 사람의 나이가 같다는 것을 보여주는 다음 명제에서 어디에 오류가 있는가?; 한 명으로 된 집합에서는 이 명제가 분명히 참이다. i명으로 된 집합에 대하여 참이라 가정하고 $(i+1)$명으로 된 집합 W를 생각한다. W를 각각 i명(그림을 그려, 예를 들면 6명일때)으로 된 집합 X와 Y의 합집합으로 생각할 수 있다. 가설에 의하여 두 집합은 각각 나이가 똑같은 사람들로 된 집합이다. 그러나 X와 Y는 서로소가 아니므로 $W=X\cup Y$ 안의 모든 사람들은 모두 나이가 같다.

A.2 정리 증명

정리 A 주극한정리

n을 양의 정수, k를 상수라 하고, f와 g는 c에서 극한을 갖는 함수라 하자. 그러면

1. $\lim_{x \to c} k = k$
2. $\lim_{x \to c} x = c$
3. $\lim_{x \to c} kf(x) = k \lim_{x \to c} f(x)$
4. $\lim_{x \to c} [f(x) + g(x)] = \lim_{x \to c} f(x) + \lim_{x \to c} g(x)$
5. $\lim_{x \to c} [f(x) - g(x)] = \lim_{x \to c} f(x) - \lim_{x \to c} g(x)$
6. $\lim_{x \to c} [f(x) \cdot g(x)] = \lim_{x \to c} f(x) \cdot \lim_{x \to c} g(x)$
7. $\lim_{x \to c} g(x) \neq 0$일 때, $\lim_{x \to c} \frac{f(x)}{g(x)} = \frac{\lim_{x \to c} f(x)}{\lim_{x \to c} g(x)}$
8. $\lim_{x \to c} [f(x)]^n = [\lim_{x \to c} f(x)]^n$
9. n이 짝수일때, $\lim_{x \to c} f(x) > 0$이면 $\lim_{x \to c} \sqrt[n]{f(x)} = \sqrt[n]{\lim_{x \to c} f(x)}$

증명 1~5는 1.3절의 끝부분에서 증명했으므로, 6부터 시작한다. 그러나 8의 특수한 경우로 먼저 다음을 선택한다.

$$\lim_{x \to c} [g(x)]^2 = [\lim_{x \to c} g(x)]^2$$

이를 증명하기 위하여, 이미 $\lim_{x \to c} x^2 = c^2$을 증명했다(1.2절의 예제 7). 그러므로 $f(x) = x^2$는 모든 곳에서 연속이다. 따라서 합성극한정리(정리 1.6E)에 의하여

$$\lim_{x \to c} [g(x)]^2 = \lim_{x \to c} f(g(x)) = f\left([\lim_{x \to c} g(x)]\right) = [\lim_{x \to c} g(x)]^2$$

다음에

$$f(x)g(x) = \frac{1}{4}\{[f(x) + g(x)]^2 - [f(x) - g(x)]^2\}$$

이므로, 3, 4, 5를 이용하여 방금 증명한 사실을 더하면 6의 결과가 성립한다.

7을 증명하기 위하여, $f(x) = \frac{1}{x}$로써 합성극한정리를 적용하여 1.2절의 예제 8을 사용하면

$$\lim_{x \to c} \frac{1}{g(x)} = \lim_{x \to c} f(g(x)) = f\left(\lim_{x \to c} g(x)\right) = \frac{1}{\lim_{x \to c} g(x)}$$

끝으로 6에 의하여

$$\lim_{x \to c} \frac{f(x)}{g(x)} = \lim_{x \to c} \left[f(x) \cdot \frac{1}{g(x)}\right] = \lim_{x \to c} f(x) \cdot \lim_{x \to c} \frac{1}{g(x)}$$

이 성립하므로 7이 증명된다.

8은 성질 6(기술적으로 수학적 귀납법에 의하여)을 반복해서 이용하면 증명된다.

9는 제곱근의 경우에만 증명하기로 한다. $f(x) = \sqrt{x}$라면 1.2절의 예제 5에 의하여 양수인 경우 연속함수이다. 합성극한정리에 의하여

$$\lim_{x \to c} \sqrt{g(x)} = \lim_{x \to c} f(g(x)) = f\left(\lim_{x \to c} g(x)\right) = \sqrt{\lim_{x \to c} g(x)}$$

이 성립하고, 이것은 요구되는 결과와 동치이다. ■

정리 B 연쇄법칙(chain rule)

g가 a에서 미분 가능하고 f는 $g(a)$에서 미분가능하면 $f\circ g$는 a에서 미분 가능하고

$$(f\circ g)'(a)=f'(g(a))g'(a)$$

이다.

증명 더 높은 차원으로 쉽게 일반화할 수 있는 증명을 제공한다(12.6절 참조). 가정에 의하여, f가 $b=g(a)$에서 미분가능하다: 즉

$$\lim_{\Delta u\to 0}\frac{f(b+\Delta u)-f(b)}{\Delta u}=f'(b) \tag{1}$$

를 만족하는 $f'(b)$가 존재한다. Δu에 의존하는 함수 ε을

$$\varepsilon(\Delta u)=\frac{f(b+\Delta u)-f(b)}{\Delta u}-f'(b)$$

로 정의하고 양변에 Δu를 곱하면

$$f(b+\Delta u)-f(b)=f'(b)\Delta u+\Delta u\,\varepsilon(\Delta u) \tag{2}$$

를 얻는다.

(1)의 극한의 존재성은 (2)에서 $\Delta u\to 0$일 때 $\varepsilon(\Delta u)\to 0$과 동치이다. (2)에서 Δu를 $g(a+\Delta x)-g(a)$로 b를 $g(a)$로 바꾸면

$$\begin{aligned}f(g(a+\Delta x))-f(g(a))&=f'(g(a))[g(a+\Delta x)-g(a)]\\&\quad+[g(a+\Delta x)-g(a)]\varepsilon(\Delta u)\end{aligned}$$

을 얻고 다시 양변을 Δx로 나누면

$$\begin{aligned}\frac{f(g(a+\Delta x))-f(g(a))}{\Delta x}&=f'(g(a))\frac{g(a+\Delta x)-g(a)}{\Delta x}\\&\quad+\frac{g(a+\Delta x)-g(a)}{\Delta x}\varepsilon(\Delta u)\end{aligned} \tag{3}$$

을 얻는다. (3)에서 $\Delta x\to 0$이라고 하자. g가 a에서 미분가능하므로, 같은 점에서 연속이다. 따라서 $\Delta x\to 0$으로부터 $\Delta u\to 0$을 끌어낼 수 있고 이것은 결국 $\varepsilon(\Delta u)\to 0$을 유도할 수 있다. 그러므로

$$\lim_{\Delta x\to 0}\frac{f(g(a+\Delta x))-f(g(a))}{\Delta x}=f'(g(a))\lim_{\Delta x\to 0}\frac{g(a+\Delta x)-g(a)}{\Delta x}+0$$

이다. 즉, $f\circ g$는 a에서 미분가능하고

$$(f\circ g)'(a)=f'(g(a))g'(a)$$

이다. ■

정리 C 멱법칙(power rule)

r이 유리수이면 x^r은 x^{r-1}이 실수인 개구간 안에 있는 x에서 미분가능하고

$$D_x(x^r)=rx^{r-1}$$

을 만족한다.

증명 먼저 q가 양의 정수일 때 $r=\frac{1}{q}$인 경우를 생각하자. a^q-b^q는

$$a^q-b^q=(a-b)(a^{q-1}+a^{q-2}b+\cdots+ab^{q-2}+b^{q-1})$$

와 같이 인수분해된다는 사실로부터

$$\frac{a-b}{a^q-b^q}=\frac{1}{a^{q-1}+a^{q-2}b+\cdots+ab^{q-2}+b^{q-1}}$$

이다. 따라서 $f(t)=t^{1/q}$이면

$$\begin{aligned} f'(x)&=\lim_{t\to x}\frac{t^{1/q}-x^{1/q}}{t-x}=\lim_{t\to x}\frac{t^{1/q}-x^{1/q}}{(t^{1/q})^q-(x^{1/q})^q}\\ &=\lim_{t\to x}\frac{1}{t^{(q-1)/q}+t^{(q-2)/q}x^{1/q}+\cdots+x^{(q-1)/q}}\\ &=\frac{1}{qx^{(q-1)/q}}=\frac{1}{q}x^{1/q-1} \end{aligned}$$

이 된다. 지금 연쇄법칙과 p가 정수임을 이용하면

$$\begin{aligned} D_x(x^{p/q})&=D_x[(x^{1/q})^p]=p(x^{1/q})^{p-1}D_x(x^{1/q})\\ &=px^{p/q-1/q}\frac{1}{q}x^{1/q-1}=\frac{p}{q}x^{p/q-1} \end{aligned}$$

을 얻는다. ■

정리 D 벡터 극한

$\mathbf{F}(t)=f(t)\mathbf{i}+g(t)\mathbf{j}$라고 하자. 그러면 $\mathbf{F}$가 c에서 극한을 갖기 위한 필요충분조건은 f와 g가 c에서 극한을 갖는 것이고 이 경우에

$$\lim_{t\to c}\mathbf{F}(t)=[\lim_{t\to c}f(t)]\mathbf{i}+[\lim_{t\to c}g(t)]\mathbf{j}$$

이 성립한다.

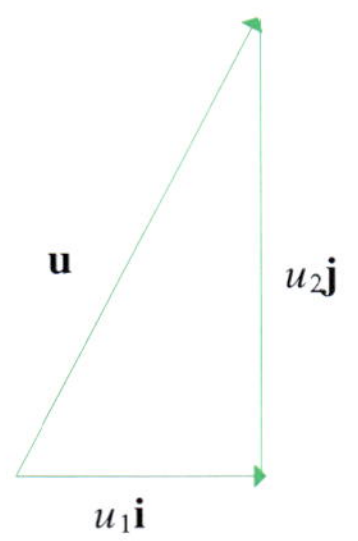

그림 1

증명 먼저 어떤 벡터 $\mathbf{u}=u_1\mathbf{i}+u_2\mathbf{j}$에 대하여

$$|u_1|\le\|\mathbf{u}\|\le|u_1|+|u_2|$$

이 성립한다는 사실을 기억하자. 이 사실은 그림 1에서 쉽게 알 수 있다.

지금 $\lim_{t\to c}\mathbf{F}(t)=\mathbf{L}=a\mathbf{i}+b\mathbf{j}$라고 가정하자. 이것은 임의의 $\varepsilon>0$에 대하여

$$0<|t-c|<\delta \Rightarrow \|\mathbf{F}(t)-\mathbf{L}\|<\varepsilon$$

을 만족하는 $\delta>0$가 존재한다는 것을 의미한다. 위 네모 안의 왼편 부등식으로부터

$$|f(t)-a| \leq \|\mathbf{F}(t)-\mathbf{L}\|$$

이 성립하므로

$$0<|t-c|<\delta \Rightarrow |f(t)-a|<\varepsilon$$

이 된다.

이것은 결국 $\lim_{t\to c} f(t)=a$를 의미한다. 같은 방법으로 $\lim_{t\to c} g(t)=b$가 성립함을 알 수 있다. 따라서 정리의 전반부가 증명되었다.

역으로,

$$\lim_{t\to c} f(t)=a \text{와 } \lim_{t\to c} g(t)=b$$

라 가정하고, $\mathbf{L}=a\mathbf{i}+b\mathbf{j}$라고 하면, 임의의 $\varepsilon>0$에 대하여 $0<|t-c|<\delta$이면

$$|f(t)-a|<\frac{\varepsilon}{2} \text{과} \quad |g(t)-b|<\frac{\varepsilon}{2}$$

이 성립하는 $\delta>0$가 존재한다. 따라서 위 네모 안의 오른편 부등식으로부터

$$0<|t-c|<\delta \Rightarrow \|\mathbf{F}(t)-\mathbf{L}\| \leq \frac{\varepsilon}{2}+\frac{\varepsilon}{2}=\varepsilon$$

이 성립한다. 따라서

$$\lim_{t\to c} \mathbf{F}(t)=\mathbf{L}=a\mathbf{i}+b\mathbf{j}=\lim_{t\to c} f(t)\mathbf{i}+\lim_{t\to c} g(t)\mathbf{j}$$

이 된다. ■

Answers to Odd-Numbered Problems

Chapter 7 Review and Preview Problems

1. $-\frac{1}{2}\cos 2x + C$ **3.** $-\frac{1}{2}\cos x^2 + C$ **5.** $\ln|\sec t| + C$

7. $\frac{1}{3}(x^2 + 2)^{3/2} + C$ **9.** $\ln x$ **11.** $x^2 \sin x$

13. $\sin^2 x = \dfrac{1 - \cos 2x}{2}$ **15.** $\cos^4 x = \left(\dfrac{1 + \cos 2x}{2}\right)^2$

17. $\cos 3x \cos 5x = \dfrac{\cos 8x + \cos 2x}{2}$ **19.** $|a|\cos t$

21. $|a| \cdot |\tan t|$ **23.** $\dfrac{2x - 1}{x(1 - x)}$ **25.** $\dfrac{5x + 3}{x(x + 1)(x - 3)}$

Problem Set 7.1

1. $\frac{1}{6}(x - 2)^6 + C$ **3.** 1302 **5.** $\frac{1}{2}\tan^{-1}\left(\frac{x}{2}\right) + C$

7. $\frac{1}{2}\ln(x^2 + 4) + C$ **9.** $2(4 + z^2)^{3/2} + C$

11. $\frac{1}{2}\tan^2 z + C$ **13.** $-2\cos\sqrt{t} + C$ **15.** $\tan^{-1}\frac{\sqrt{2}}{2}$

17. $\frac{3}{2}x^2 - x + \ln|x + 1| + C$ **19.** $-\frac{1}{2}\cos(\ln 4x^2) + C$

21. $6\sin^{-1}(e^x) + C$ **23.** $-3\sqrt{1 - e^{2x}} + C$ **25.** $1/\ln 3$

27. $x - \ln|\sin x| + C$ **29.** $\ln|\sec e^x + \tan e^x| + C$

31. $\tan x + e^{\sin x} + C$ **33.** $-\dfrac{1}{3\sin(t^3 - 2)} + C$

35. $-\frac{1}{3}[\cot(t^3 - 2) + t^3] + C$ **37.** $\frac{1}{2}e^{\tan^{-1}2t} + C$

39. $\frac{1}{6}\sin^{-1}\left(\dfrac{3y^2}{4}\right) + C$ **41.** $\frac{1}{3}\cosh x^3 + C$

43. $\frac{1}{3}\sin^{-1}\left(\dfrac{e^{3t}}{2}\right) + C$ **45.** $\frac{1}{4}\tan^{-1}\left(\frac{1}{4}\right)$

47. $\frac{1}{2}\tan^{-1}\left(\dfrac{x + 1}{2}\right) + C$ **49.** $\frac{1}{3}\tan^{-1}(3x + 3) + C$

51. $\frac{1}{18}\ln|9x^2 + 18x + 10| + C$ **53.** $\frac{1}{3}\sec^{-1}\left(\dfrac{|\sqrt{2}t|}{3}\right) + C$

55. $\ln(\sqrt{2} + 1)$ **57.** π^2

Problem Set 7.2

1. $xe^x - e^x + C$ **3.** $\frac{1}{5}te^{5t+\pi} - \frac{1}{25}e^{5t+\pi} + C$

5. $x\sin x + \cos x + C$

7. $(t - 3)\sin(t - 3) + \cos(t - 3) + C$

9. $\frac{2}{3}t(t + 1)^{3/2} - \frac{4}{15}(t + 1)^{5/2} + C$ **11.** $x\ln 3x - x + C$

13. $x\arctan x - \frac{1}{2}\ln(1 + x^2) + C$ **15.** $-\frac{\ln x}{x} - \frac{1}{x} + C$

17. $\frac{2}{9}(e^{3/2} + 2)$ **19.** $\frac{1}{4}z^4\ln z - \frac{1}{16}z^4 + C$

21. $t\arctan\left(\frac{1}{t}\right) + \frac{1}{2}\ln(1 + t^2) + C$ **23.** $\dfrac{\pi}{2\sqrt{3}} + \ln 2$

25. $\frac{2}{9}x^3(x^3 + 4)^{3/2} - \frac{4}{45}(x^3 + 4)^{5/2} + C$

27. $\dfrac{t^4}{6(7 - 3t^4)^{1/2}} + \frac{1}{9}(7 - 3t^4)^{1/2} + C$

29. $\dfrac{z^4}{4(4 - z^4)} + \dfrac{1}{4}\ln|4 - z^4| + C$

31. $x\cosh x - \sinh x + C$

33. $\dfrac{x}{150}(3x + 10)^{50} - \dfrac{1}{22950}(3x + 10)^{51} + C$

35. $\dfrac{x}{\ln 2}2^x - \dfrac{1}{(\ln 2)^2}2^x + C$ **37.** $x^2e^x - 2xe^x + 2e^x + C$

39. $z\ln^2 z - 2z\ln z + 2z + C$ **41.** $\frac{1}{2}e^t(\sin t + \cos t) + C$

43. $x^2\sin x + 2x\cos x - 2\sin x + C$

45. $\frac{x}{2}[\sin(\ln x) - \cos(\ln x)] + C$

47. $x\ln^3 x - 3x\ln^2 x + 6x\ln x - 6x + C$ **65.** 1

67. $9 - \dfrac{9}{e^3} \approx 8.552$

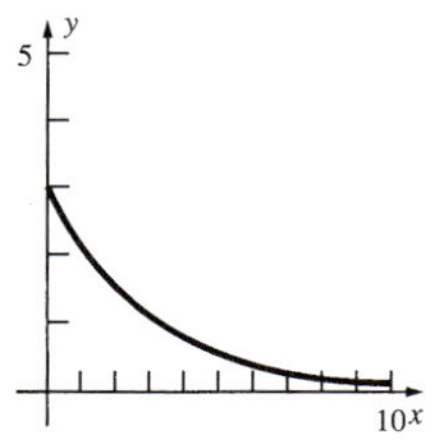

69. $\dfrac{\sqrt{2}\pi}{4} - 1$ **71.** $\bar{x} = \dfrac{e^2 + 1}{4}, \bar{y} = \dfrac{e - 2}{4}$

73. **(a)** $(x^3 - 2x)e^x - (3x^2 - 2)e^x + 6xe^x - 6e^x + C$
(b) $(x^2 - 3x + 1)(-\cos x) - (2x - 3)(-\sin x) + 2\cos x + C$

87. $e^x(3x^4 - 12x^3 + 38x^2 - 76x + 76)$

Problem Set 7.3

1. $\frac{1}{2}x - \frac{1}{4}\sin 2x + C$ **3.** $-\cos x + \frac{1}{3}\cos^3 x + C$ **5.** $\frac{8}{15}$

7. $-\frac{1}{12}\cos^3 4x + \frac{1}{10}\cos^5 4x - \frac{1}{28}\cos^7 4x + C$

9. $-\frac{1}{3}\csc 3\theta - \frac{1}{3}\sin 3\theta + C$

11. $\frac{3}{128}t - \frac{1}{384}\sin 12t + \frac{1}{3072}\sin 24t + C$

13. $\frac{1}{2}\cos y - \frac{1}{18}\cos 9y + C$

15. $\frac{1}{16}w - \frac{1}{32}\sin 2w - \frac{1}{24}\sin^3 w + C$

17. $\frac{1}{3}\left[-x\cos^3 x + \sin x - \frac{1}{3}\sin^3 x\right] + C$

19. $\frac{1}{3}\tan^3 x - \tan x + x + C$ **21.** $\frac{1}{2}\tan^2 x + \ln|\cos x| + C$

23. $\frac{1}{2}\tan^4\left(\frac{\theta}{2}\right) - \tan^2\left(\frac{\theta}{2}\right) - 2\ln\left|\cos\frac{\theta}{2}\right| + C$

25. $-\frac{1}{2}\tan^{-2} x + \ln|\tan x| + C$ **27.** $\frac{1}{4}\sec^4 x - \frac{1}{2}\sec^2 x + C$

29. 0 for $m \neq n$, since $\sin k\pi = 0$ for all integers k.

31. $\dfrac{\pi^4}{3} + \dfrac{5\pi^2}{2}$

Problem Set 7.4

1. $\frac{2}{5}(x + 1)^{5/2} - \frac{2}{3}(x + 1)^{3/2} + C$

3. $\frac{2}{27}(3t + 4)^{3/2} - \frac{8}{9}(3t + 4)^{1/2} + C$

5. $2\sqrt{2} - 2 - 2e\ln\left(\dfrac{\sqrt{2} + e}{1 + e}\right)$

7. $\frac{2}{63}(3t + 2)^{7/2} - \frac{4}{45}(3t + 2)^{5/2} + C$

9. $2\ln\left|\dfrac{2 - \sqrt{4 - x^2}}{x}\right| + \sqrt{4 - x^2} + C$

11. $\dfrac{x}{4\sqrt{x^2 + 4}} + C$ **13.** $-\dfrac{\sqrt{2}}{9} - \dfrac{1}{2}\sec^{-1}(-3) + \dfrac{\sqrt{3}}{8} + \dfrac{\pi}{3}$

15. $-2\sqrt{1 - z^2} - 3\sin^{-1} z + C$

17. $\ln|\sqrt{x^2 + 2x + 5} + x + 1| + C$

19. $3\sqrt{x^2 + 2x + 5} - 3\ln|\sqrt{x^2 + 2x + 5} + x + 1| + C$

21. $\frac{9}{2}\sin^{-1}\left(\dfrac{x + 2}{3}\right) + \dfrac{x + 2}{2}\sqrt{5 - 4x - x^2} + C$

23. $\sin^{-1}\left(\dfrac{x - 2}{2}\right) + C$

25. $\ln|x^2 + 2x + 2| - \tan^{-1}(x + 1) + C$

27. $\frac{\pi}{16}\left(\frac{1}{10} + \frac{\pi}{4} - \tan^{-1}\frac{1}{2}\right)$ **29.** $\frac{1}{2}\ln|x^2 + 9| + C$

31. $2\ln\left|\dfrac{2 - \sqrt{4 - x^2}}{x}\right| + \sqrt{4 - x^2} + C$

35. $\dfrac{dy}{dx} = -\dfrac{\sqrt{a^2 - x^2}}{x}, y = -\sqrt{a^2 - x^2} - a\ln\left|\dfrac{a - \sqrt{a^2 - x^2}}{x}\right|$

Problem Set 7.5

1. $\ln|x| - \ln|x + 1| + C$

3. $-\frac{3}{2}\ln|x + 1| + \frac{3}{2}\ln|x - 1| + C$

5. $3\ln|x + 4| - 2\ln|x - 1| + C$

7. $4\ln|x + 5| - \ln|x - 2| + C$

9. $2\ln|2x - 1| - \ln|x + 5| + C$

11. $\frac{5}{3}\ln|3x - 2| + 4\ln|x + 1| + C$

13. $2\ln|x| - \ln|x + 1| + \ln|x - 2| + C$

15. $\ln|2x - 1| - \ln|x + 3| + 3\ln|x - 2| + C$

17. $\frac{1}{2}x^2 - x + \frac{8}{3}\ln|x+2| + \frac{1}{3}\ln|x-1| + C$

19. $\frac{1}{2}x^2 - 2\ln|x| + 7\ln|x+2| + 7\ln|x-2| + C$

21. $\ln|x-3| - \dfrac{4}{x-3} + C$

23. $-\dfrac{3}{x+1} + \dfrac{1}{2(x+1)^2} + C$

25. $2\ln|x| + \ln|x-4| + \dfrac{1}{x-4} + C$

27. $-2\ln|x| + \frac{1}{2}\tan^{-1}\left(\frac{x}{2}\right) + 2\ln|x^2+4| + C$

29. $-2\ln|2x-1| + \frac{3}{2}\ln|x^2+9| + C$

31. $-\dfrac{2}{125}\ln|x-1| - \dfrac{1}{25(x-1)}$
$+ \dfrac{2}{125}\ln|x+4| - \dfrac{1}{25(x+4)} + C$

33. $\sin t - \frac{50}{13}\ln|\sin t + 3| - \frac{68}{13}\tan^{-1}(\sin t - 2)$
$- \frac{41}{26}\ln|\sin^2 t - 4\sin t + 5| + C$

35. $\frac{1}{2}\ln|x^2+1| + \dfrac{5}{2(x^2+1)} + C$

37. $\frac{3}{2}\tan^{-1}\dfrac{x}{2} + \dfrac{2x-5}{2(x^2+4)} + C$

39. $\frac{1}{8}\ln\left(\dfrac{\sqrt{2}+1}{\sqrt{2}-1}\right) + \frac{1}{2}\tan^{-1}\dfrac{1}{\sqrt{2}} + \dfrac{1}{6\sqrt{2}}$

41. $y(t) = \dfrac{e^t}{1+e^t}$; $y(3) \approx 0.953$

43. $y(t) = \dfrac{8000e^{2.4t}}{7+e^{2.4t}}$; $y(3) \approx 7958.4$

45. $y(t) = \dfrac{Le^{KLt}}{\left(\dfrac{L-y_0}{y_0}\right) + e^{KLt}}$

47. If $y_0 < L$, then $y'(0) = Ky_0(L-y_0) > 0$ and the population is increasing initially.

49. **(a)** $y = \dfrac{16}{1+7e^{-\left(\frac{1}{50}\ln\frac{7}{3}\right)t}}$ **(b)** $y(90) \approx 6.34$ billion
(c) The population will be 9 billion in 2055.

51. **(a)** $x(t) = \dfrac{ab(1-e^{(a-b)kt})}{b-ae^{(a-b)kt}}$ **(c)** 1.65 grams
(d) $x(t) = a\left(\dfrac{akt}{akt+1}\right)$

53. $y(t) = \dfrac{ACe^{(A+B)kt} - B}{1+Ce^{(A+B)kt}}$

Problem Set 7.6

1. $-\frac{1}{5}e^{-5x}\left(\frac{1}{5}+x\right) + C$ **3.** $\frac{1}{2}[\ln 2]^2$

5. $\frac{1}{64}[24x + 8\sin 4x + \sin 8x] + C$

7. $\frac{1}{2}\left(\ln\frac{2}{3} - \ln\frac{3}{5}\right) \approx 0.0527$ **9.** $\frac{2}{15}\left[77\sqrt{7} + 8\sqrt{2}\right] \approx 28.67$

11. 0

13. **(a)** $\frac{2}{135}(9x-2)(3x+1)^{3/2} + C$
(b) $\frac{2}{135}(9e^x-2)(3e^x+1)^{3/2} + C$

15. **(a)** $\dfrac{1}{24}\ln\left|\dfrac{4x+3}{4x-3}\right| + C$ **(b)** $\dfrac{1}{24}\ln\left|\dfrac{4e^x+3}{4e^x-3}\right| + C$

17. **(a)** $\dfrac{1}{16}\left[x(4x^2-9)\sqrt{9-2x^2} + \dfrac{81}{\sqrt{2}}\sin^{-1}\left(\dfrac{\sqrt{2}x}{3}\right)\right] + C$

(b) $\dfrac{1}{16}\left[\sin x(4\sin^2 x - 9)\sqrt{9-2\sin^2 x} + \dfrac{81}{\sqrt{2}}\sin^{-1}\left(\dfrac{\sqrt{2}\sin x}{3}\right)\right] + C$

19. **(a)** $\dfrac{\sqrt{3}}{3}\ln|\sqrt{3}x + \sqrt{5+3x^2}| + C$

(b) $\dfrac{\sqrt{3}}{6}\ln|\sqrt{3}x^2 + \sqrt{5+3x^4}| + C$

21. **(a)** $\ln|(t+1) + \sqrt{t^2+2t-3}| + C$

(b) $\ln\left|\left(t+\dfrac{3}{2}\right) + \sqrt{t^2+3t-5}\right| + C$

23. **(a)** $\frac{2}{27}(3y-10)\sqrt{3y+5} + C$

(b) $\frac{2}{27}(3\sin t - 10)\sqrt{3\sin t + 5} + C$

25. $\frac{1}{12}(\sinh 6t - 6t) + C$

27. $\frac{1}{3}(1-\cos t)\sqrt{2\cos t + 1} + C$

29. $-\dfrac{2}{5}\sqrt{\cos t + 1}\left[\cos^2 t - \dfrac{4}{3}(\cos t - 2)\right] + C$

31. $\pi - 2 \approx 1.14159$ **33.** $\dfrac{231\pi}{2048} \approx 0.35435$

35. 0.11083 **37.** 1.10577 **39.** $4\ln 2 + 2 \approx 4.77259$

41. $e - 1 \approx 1.71828$ **43.** $e - 1 \approx 1.71828$

45. $c \approx 0.59601$ **47.** $c \approx 0.16668$ **49.** $c \approx 9.2365$

51. $\bar{x} = \dfrac{8}{3(c+1)}$; $c = \dfrac{1}{3}$

53. $\bar{x} = \dfrac{cu}{u+18} + 3$ where $u = -18e^{-c/3}$; $c \approx 5.7114$

55. **(a)** $\dfrac{2}{\sqrt{\pi}}e^{-x^2}$ **(b)** $\dfrac{\sin x}{x}$

57. **(a)** $\operatorname{erf}(x)$ is increasing on $(0,\infty)$.
(b) $\operatorname{erf}(x)$ is not concave up on $(0,\infty)$.

59. **(a)** $C(x)$ is increasing on $(0,1) \cup (\sqrt{3}, 2)$.
(b) $C(x)$ is concave up on $(\sqrt{2}, 2)$.

Chapter Review 7.7

Concepts Test

1. True **3.** False **5.** True **7.** True **9.** True
11. False **13.** True **15.** True **17.** False **19.** True
21. False **23.** True **25.** False **27.** True

Sample Test Problems

1. 2 **3.** $e - 1$ **5.** $\frac{1}{3}y^3 - \frac{1}{2}y^2 + 2y - 2\ln|1+y| + C$

7. $\frac{1}{2}\ln|y^2 - 4y + 2| + C$ **9.** $e^t + 2\ln|e^t - 2| + C$

11. $\dfrac{1}{\sqrt{2}}\sin^{-1}\left(\dfrac{x-1}{3}\right) + C$ **13.** $\dfrac{1}{\sqrt{3}}\ln\left|\sqrt{y^2+\dfrac{2}{3}} + y\right| + C$

15. $-\ln|\ln|\cos x|| + C$ **17.** $\cosh x + C$

19. $-x\cot x - \frac{1}{2}x^2 + \ln|\sin x| + C$ **21.** $\frac{1}{4}[\ln(t^2)]^2 + C$

23. $-\frac{3}{82}e^{t/3}(9\cos 3t - \sin 3t) + C$

25. $-\frac{1}{2}\cos x - \frac{1}{4}\cos 2x + C$ **27.** $\frac{1}{6}\sec^3(2x) - \frac{1}{2}\sec(2x) + C$

29. $\frac{2}{5}\tan^{5/2}x + \frac{2}{9}\tan^{9/2}x + C$ **31.** $-\sqrt{9-e^{2y}} + C$

33. $3\sin x + C$ **35.** $\frac{1}{4}\tan^{-1}(e^{4x}) + C$

37. $\frac{2}{3}(w+5)^{3/2} - 10(w+5)^{1/2} + C$

39. $-\frac{1}{6}\tan^{-1}\left(\dfrac{\cos^2 y}{3}\right) + C$

41. $\ln|x| - \dfrac{2}{x} - \dfrac{1}{2}\ln|x^2+3| + \dfrac{2}{\sqrt{3}}\tan^{-1}\left(\dfrac{x}{\sqrt{3}}\right) + C$

43. **(a)** $\dfrac{A}{2x+1} + \dfrac{B}{(2x+1)^2} + \dfrac{C}{(2x+1)^3}$

(b) $\dfrac{A}{x-1} + \dfrac{B}{(x-1)^2} + \dfrac{C}{2-x} + \dfrac{D}{(2-x)^2} + \dfrac{E}{(2-x)^3}$

(c) $\dfrac{Ax+B}{x^2+x+10} + \dfrac{Cx+D}{(x^2+x+10)^2}$

(d) $\dfrac{A}{1-x} + \dfrac{B}{(1-x)^2} + \dfrac{C}{1+x} + \dfrac{D}{(1+x)^2}$
$+ \dfrac{Ex+F}{x^2-x+10} + \dfrac{Gx+H}{(x^2-x+10)^2}$

(e) $\dfrac{A}{x+3} + \dfrac{B}{(x+3)^2} + \dfrac{C}{(x+3)^3} + \dfrac{D}{(x+3)^4}$
$+ \dfrac{Ex+F}{x^2+2x+10} + \dfrac{Gx+H}{(x^2+2x+10)^2}$

(f) $\dfrac{Ax+B}{2x^2+x+10} + \dfrac{Cx+D}{(2x^2+x+10)^2} + \dfrac{Ex+F}{(2x^2+x+10)^3}$

45. $\sqrt{5} + 4\ln\left(\dfrac{1+\sqrt{5}}{2}\right)$

47. $2\pi \ln \frac{32}{25}$ **49.** $4\pi[2 - \ln 3 - \frac{1}{2}(\ln 3)^2]$ **51.** $\ln 7 - \frac{6}{7}$

53. $\ln\left(\dfrac{2\sqrt{3}+3}{3}\right)$

55. **(a)** $\dfrac{\sin x}{2}\sqrt{\sin^2 x + 4} + 2\ln|\sin x + \sqrt{\sin^2 x + 4}| + C$

(b) $\dfrac{1}{4}\ln\left|\dfrac{1+2x}{1-2x}\right| + C$

57. $c \approx 0.5165$

Chapter 8 Review and Preview Problems

1. $\dfrac{5}{3}$ **3.** 6 **5.** 2 **7.** 1 **9.** 0 **11.** ∞ **13.** $\dfrac{\pi}{2}$

15.

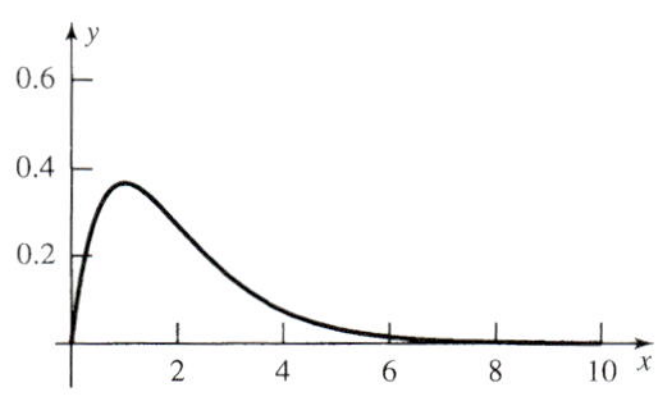

$\lim_{x\to\infty} xe^{-x} = 0.$

17.

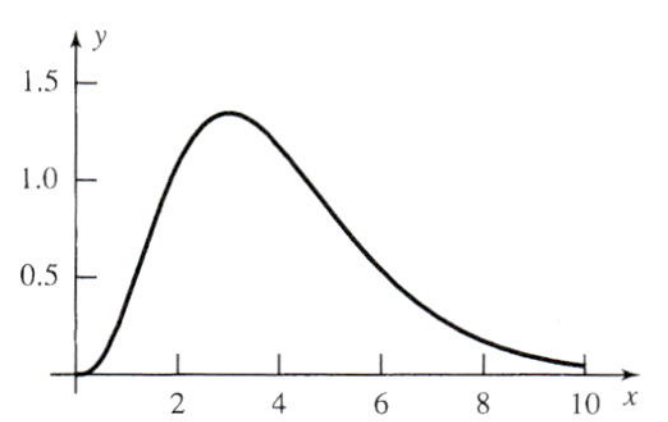

$\lim_{x\to\infty} x^3e^{-x} = 0.$

19.

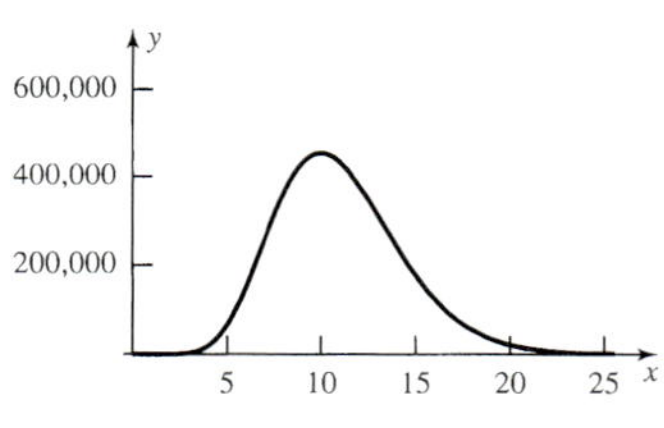

$\lim_{x\to\infty} x^{10}e^{-x} = 0.$

21.

a	1	2	4	8	16
$1-e^{-a}$	0.632	0.865	0.982	0.99966	0.999999887

23.

a	1	2	4	8	16
$\ln(\sqrt{1+a^2})$	0.3466	0.8047	1.4166	2.0872	2.7745

25.

a	2	4	8	16
$1-\dfrac{1}{a}$	0.5	0.75	0.875	0.9375

27.

a	1	1/2	1/4	1/8	1/16
$4-2\sqrt{a}$	2	2.58579	3	3.29289	3.5

Problem Set 8.1

1. 1 **3.** -1 **5.** $-\frac{2}{7}$ **7.** $-\infty$ **9.** 0

11. $-\frac{3}{2}$ **13.** $-\frac{2}{7}$ **15.** $-\frac{1}{4}$ **17.** $-\infty$ **19.** $-\frac{1}{24}$

21. $-\infty$ **23.** 1

27. **(a)** $\frac{3}{4}$; **(b)** $\frac{1}{2}$

29. $c = 1$ **31.** $4\pi b^2$ **35.** $\frac{1}{24}$ **37.** 2

39. The ratio of the slopes is 1/2, indicating that the limit of the ratio should be about 1/2.

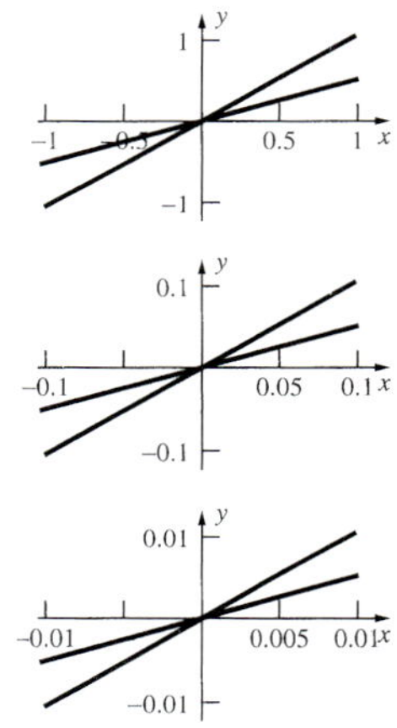

41. The ratio of the slopes is $-1/1 = -1$, indicating that the limit of the ratio should be about -1.

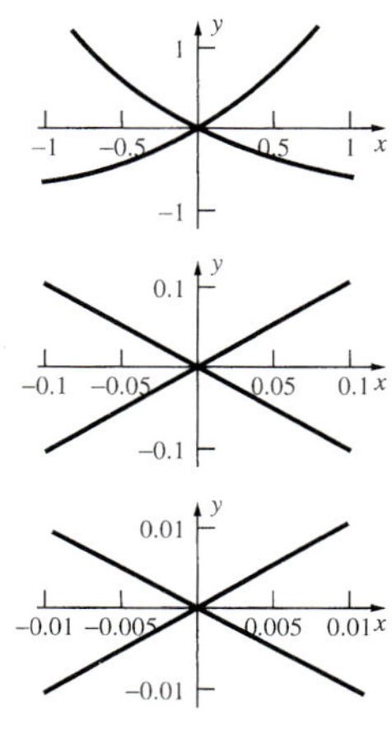

Problem Set 8.2

1. 0 **3.** 0 **5.** 3 **7.** 0 **9.** ∞ **11.** 0 **13.** 1
15. 1 **17.** 0 **19.** e^4 **21.** 1 **23.** 1 **25.** 0
27. 1 **29.** 0 **31.** ∞ **33.** 1
35. Limit does not exist. **37.** 0 **39.** 1
41. **(a)** 1; **(b)** 1; **(c)** $\ln a$; **(d)** ∞

43. As $x \to 0^+$, $y \to 0$. As $x \to \infty$, $y \to 1$.
Maximum value $e^{1/e}$ at $x = e$.

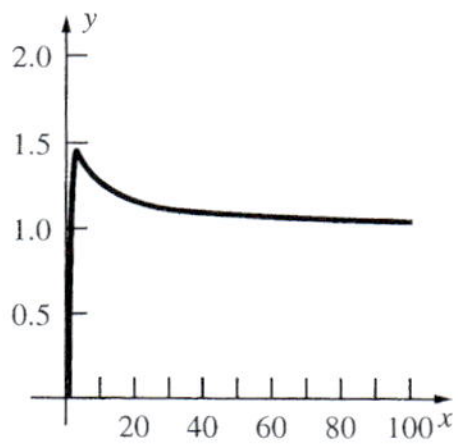

45. $1/(k + 1)$
47. **(a)** 3.162; **(b)** 4.163; **(c)** 4.562
49. No absolute minimum; absolute maximum at $x \approx 25$

Problem Set 8.3

1. Diverges **3.** $\frac{1}{e}$ **5.** Diverges **7.** 100,000
9. Diverges **11.** Diverges **13.** $\frac{1}{2}(\ln 2 + 1)$ **15.** $-\frac{1}{4}$
17. Diverges **19.** $\frac{\pi}{3}$ **21.** π **23.** $\frac{1}{2}$ **25.** $\frac{1}{2}\ln 3$
29. \$1,250,000

31. **(b)** $\mu = \dfrac{a + b}{2}$; $\sigma^2 = \dfrac{(b - a)^2}{12}$; **(c)** $\dfrac{1}{5}$

35. **(a)** $C = 3$ and $M = \dfrac{4 \times 10^4}{3}$; **(b)** $\sigma^2 = \dfrac{4 \times 10^8}{3}$
(c) $6/25$ of one percent earn over \$100,000.

41. $\displaystyle\int_1^{100} \frac{1}{x^2}\,dx = 0.99$; $\displaystyle\int_1^{100} \frac{1}{x^{1.1}}\,dx \approx 3.69$

$\displaystyle\int_1^{100} \frac{1}{x^{1.01}}\,dx \approx 4.50$; $\displaystyle\int_1^{100} \frac{1}{x}\,dx = \ln 100 \approx 4.61$;

$\displaystyle\int_1^{100} \frac{1}{x^{0.99}}\,dx \approx 4.71$

43. $\displaystyle\int_{-1}^{1} \frac{1}{\sqrt{2\pi}} \exp(-0.5x^2)\,dx \approx 0.6827$;

$\displaystyle\int_{-2}^{2} \frac{1}{\sqrt{2\pi}} \exp(-0.5x^2)\,dx \approx 0.9545$;

$\displaystyle\int_{-3}^{3} \frac{1}{\sqrt{2\pi}} \exp(-0.5x^2)\,dx \approx 0.9973$;

$\displaystyle\int_{-4}^{4} \frac{1}{\sqrt{2\pi}} \exp(-0.5x^2)\,dx \approx 0.9999$

Problem Set 8.4

1. $\dfrac{3}{\sqrt[3]{2}}$ **3.** $2\sqrt{7}$ **5.** $\frac{\pi}{2}$ **7.** Diverges **9.** $\frac{21}{2}$
11. $\frac{1}{2}(2^{2/3} - 10^{2/3})$ **13.** Diverges **15.** Diverges
17. Diverges **19.** Diverges **21.** Diverges
23. Diverges **25.** Diverges **27.** $2\sqrt{2}$ **29.** Diverges
31. $\ln(2 + \sqrt{3})$ **35.** 0 **37.** Diverges **41.** 6
43. **(a)** 3 **45.** No **49.** Converges

55. **(a)** $C = \beta^\alpha/\Gamma(\alpha)$; **(b)** $\mu = \alpha/\beta$; **(c)** $\sigma^2 = \alpha/\beta^2$
57. **(a)** $\frac{\pi}{2}$; **(b)** π

Chapter Review 8.5

Concepts Test

1. True **3.** False **5.** False **7.** True **9.** True
11. False **13.** True **15.** True **17.** False **19.** True
21. True **23.** True **25.** False

Sample Test Problems

1. 4 **3.** 0 **5.** 2 **7.** 0 **9.** 0 **11.** 1 **13.** 0
15. 0 **17.** 1 **19.** 1 **21.** $\frac{1}{2}e^2$ **23.** Diverges
25. $1 - \frac{\pi}{4}$ **27.** Diverges **29.** $\frac{1}{\ln 2}$ **31.** 6
33. Diverges **35.** $\frac{\pi}{4}$ **37.** 0
39. Converges: $p > 1$; diverges: $p \le 1$
41. Converges **43.** Diverges

Chapter 9 Review and Preview Problems

1. Original: If $x > 0$, then $x^2 > 0$. (AT)
Converse: If $x^2 > 0$, then $x > 0$.
Contrapositive: If $x^2 \le 0$, then $x \le 0$. (AT)
3. Original: f differentiable at $c \Rightarrow f$ continuous at c (AT)
Converse: f continuous at $c \Rightarrow f$ differentiable at c
Contrapositive: f discontinuous at $c \Rightarrow f$ non-differentiable at c (AT)
5. Original: f right continuous at $c \Rightarrow f$ continuous at c
Converse: f continuous at $c \Rightarrow f$ right continuous at c (AT)
Contrapositive: f discontinuous at $c \Rightarrow f$ not right continuous at c
7. Original: $f(x) = x^2 \Rightarrow f'(x) = 2x$ (AT)
Converse: $f'(x) = 2x \Rightarrow f(x) = x^2$
Contrapositive: $f'(x) \ne 2x \Rightarrow f(x) \ne x^2$ (AT)
9. $\dfrac{7}{4}$ **11.** $\dfrac{25}{12}$ **13.** $\dfrac{1}{2}$ **15.** 0 **17.** diverges
19. converges **21.** diverges

Problem Set 9.1

1. $\frac{1}{3}$ **3.** 4 **5.** 1 **7.** Diverges **9.** 0 **11.** Diverges
13. 0 **15.** 2 **17.** 0 **19.** e **21.** $a_n = \dfrac{n}{n + 1}$; 1
23. $a_n = (-1)^n \dfrac{n}{2n - 1}$; diverges **25.** $a_n = \dfrac{n}{2n - 1}$; $\dfrac{1}{2}$
27. $a_n = n \sin \dfrac{1}{n}$; 1 **29.** $a_n = \dfrac{2^n}{n^2}$; diverges **31.** $\frac{1}{2}, \frac{5}{4}, \frac{9}{8}, \frac{13}{16}$
33. $\frac{3}{4}, \frac{2}{3}, \frac{5}{8}, \frac{3}{5}$ **35.** $1, \frac{3}{2}, \frac{7}{4}, \frac{15}{8}$ **37.** 2.3028 **39.** $\frac{1}{2}(1 + \sqrt{13})$
41. 1.1118 **43.** $1 - \cos 1$ **51.** No **53.** $\dfrac{\pi}{2\sqrt{3}}$
55. $e^{1/2}$ **57.** e^{-2} **59.** e^{-1}

Problem Set 9.2

1. $\frac{1}{6}$ **3.** $\frac{31}{6}$ **5.** Diverges **7.** -1 **9.** Diverges
11. $\dfrac{e^2}{\pi(\pi - e)}$ **13.** 3 **15.** $\frac{2}{9}$ **17.** $\frac{13}{999}$ **19.** $\frac{1}{2}$
21. 1 **25.** 500 ft **27.** \$4 billion **29.** $\frac{1}{4}$ **31.** $\frac{4}{5}$; No
33. **(a)** Perimeter is infinite. **(b)** $A = \dfrac{8}{5}\left(\dfrac{81\sqrt{3}}{4}\right)$
35. $111\frac{1}{9}$ yd **37.** $\dfrac{3}{5}$ **39.** $\Pr(X = n) = \left(\dfrac{5}{6}\right)^{n-1}\left(\dfrac{1}{6}\right)$

43. **(b)** Indefinitely
47. **(a)** 2; **(b)** 1
49. **(a)** $\dfrac{Ce^{kt}}{e^{kt}-1}$; **(b)** $\frac{8}{3}$mg
51. 1

Problem Set 9.3

1. Diverges **3.** Diverges **5.** Diverges **7.** Diverges
9. Converges **11.** Converges **13.** Diverges
15. Diverges **17.** Diverges **19.** Converges
21. Converges **23.** 0.0404 **25.** 0.1974 **27.** $n > 5000$
29. $n > 5000$ **31.** $n > 50$ **33.** $p > 1$
39. 272,404,866

Problem Set 9.4

1. Diverges **3.** Converges **5.** Converges
7. Diverges **9.** Converges **11.** Diverges; nth-Term Test
13. Converges; Limit Comparison Test
15. Converges; Ratio Test
17. Converges; Limit Comparison Test
19. Converges; Limit Comparison Test
21. Converges; Limit Comparison Test
23. Converges; Ratio Test
25. Converges; Integral Test
27. Diverges; nth Term Test
29. Converges; Comparison Test
31. Converges; Ratio Test
33. Converges; Ratio Test
43. **(a)** Diverges; **(b)** Converges; **(c)** Converges; **(d)** Converges; **(e)** Diverges **(f)** Converges
45. Converges for $p > 1$, diverges for $p \le 1$.

Problem Set 9.5

1. $|S - S_9| \le 0.065$ **3.** $|S - S_9| \le 0.417$
5. $|S - S_9| \le 0.230$ **13.** Conditionally convergent
15. Divergent **17.** Conditionally convergent
19. Absolutely convergent **21.** Conditionally convergent
23. Conditionally convergent **25.** Absolutely convergent
27. Conditionally convergent **29.** Divergent
35. **(a)** $1 + \frac{1}{3} \approx 1.33$; **(b)** $1 + \frac{1}{3} - \frac{1}{2} \approx 0.833$
45. ln 2

Problem Set 9.6

1. All x **3.** $-1 \le x \le 1$ **5.** $-1 \le x \le 1$
7. $1 < x \le 3$ **9.** $-1 \le x \le 1$ **11.** All x
13. $-1 < x < 1$ **15.** $-1 < x \le 1$ **17.** $-1 \le x \le 1$
19. $-2 < x < 2$ **21.** All x **23.** $0 \le x < 2$
25. $-3 < x < 1$ **27.** $-6 \le x \le -4$
29. If $\lim_{n\to\infty} \dfrac{x_0^n}{n!} \ne 0$, then $\sum \dfrac{x_0^n}{n!}$ will not converge.
31. $\sqrt{2}$ **33.** $\dfrac{1}{4-x}$; $2 < x < 4$
35. **(a)** $-1 \le x < \frac{1}{3}$; **(b)** $-\frac{1}{2} < x \le \frac{7}{2}$
37. $S(x) = \dfrac{a_0 + a_1x + a_2x^2}{1 - x^3}$, $|x| < 1$

Problem Set 9.7

1. $1 - x + x^2 - x^3 + x^4 - x^5 + \cdots; 1$
3. $1 + 3x + 6x^2 + 10x^3 + \cdots; 1$
5. $\dfrac{1}{2} + \dfrac{3x}{4} + \dfrac{9x^2}{8} + \dfrac{27x^3}{16} + \cdots; \dfrac{2}{3}$
7. $x^2 + x^6 + x^{10} + x^{14} + \cdots; 1$
9. $\dfrac{x^2}{2} - \dfrac{x^3}{6} + \dfrac{x^4}{12} - \dfrac{x^5}{20} + \cdots; 1$
11. $2x + \dfrac{2x^3}{3} + \dfrac{2x^5}{5} + \cdots; 1$
13. $1 - x + \dfrac{x^2}{2!} - \dfrac{x^3}{3!} + \dfrac{x^4}{4!} - \dfrac{x^5}{5!} + \cdots$
15. $2 + \dfrac{2x^2}{2!} + \dfrac{2x^4}{4!} + \dfrac{2x^6}{6!} + \cdots$
17. $1 + \dfrac{x^2}{2} + \dfrac{x^3}{3} + \dfrac{3x^4}{8} + \dfrac{11x^5}{30} + \cdots$
19. $x - x^2 + \dfrac{x^3}{6} + \dfrac{x^4}{6} + \dfrac{3x^5}{40} + \cdots$
21. $x + \dfrac{2x^3}{3} + \dfrac{13x^5}{15} - \dfrac{29x^7}{105} + \cdots$
23. $x + \dfrac{x^3}{6} - \dfrac{x^4}{12} + \dfrac{3x^5}{40} - \cdots$
25. **(a)** $\dfrac{x}{1+x}$; **(b)** $\dfrac{e^x - (1+x)}{x^2}$; **(c)** $-\ln(1-2x)$
27. $\dfrac{x}{(1-x)^2}$, $-1 < x < 1$
29. **(a)** $x + \dfrac{x^2}{2} - \dfrac{x^3}{6} - \cdots$; **(b)** $1 + x + x^2 + \dfrac{5x^3}{6} + \cdots$
31. $\dfrac{x}{2} + \dfrac{3x^2}{4} + \dfrac{7x^3}{8} + \cdots$ **33.** $\dfrac{x}{1 - x - x^2}$ **35.** 3.14159

Problem Set 9.8

1. $x + \dfrac{x^3}{3} + \dfrac{2x^5}{15}$ **3.** $x + x^2 + \dfrac{x^3}{3} - \dfrac{x^5}{30}$
5. $x - \dfrac{x^2}{2} - \dfrac{x^3}{6} + \dfrac{3x^5}{40}$ **7.** $1 + 3x + \dfrac{x^2}{2} + \dfrac{x^4}{24} + \dfrac{x^5}{60}$
9. $1 + x + \dfrac{3x^2}{2} + \dfrac{3x^3}{2} + \dfrac{37x^4}{24} + \dfrac{37x^5}{24}$ **11.** $1 - x + x^3 - x^4$
13. $x^3 - \dfrac{x^5}{2}$ **15.** $2x - \dfrac{x^3}{6} + \dfrac{61x^5}{120}$
17. $1 + \dfrac{3x}{2} + \dfrac{3x^2}{8} - \dfrac{x^3}{16} + \dfrac{3x^4}{128} - \dfrac{3x^5}{256}$
19. $e + e(x-1) + \dfrac{e}{2}(x-1)^2 + \dfrac{e}{6}(x-1)^3$
21. $\dfrac{1}{2} - \dfrac{\sqrt{3}}{2}\left(x - \dfrac{\pi}{3}\right) - \dfrac{1}{4}\left(x - \dfrac{\pi}{3}\right)^2 + \dfrac{\sqrt{3}}{12}\left(x - \dfrac{\pi}{3}\right)^3$
23. $3 + 5(x-1) + 4(x-1)^2 + (x-1)^3$
27. $x + \dfrac{x^3}{6} + \dfrac{3x^5}{40} + \dfrac{5x^7}{112}$ **29.** 0.9045
31. $1 - (x-1) + (x-1)^2 - (x-1)^3 + \cdots$
33. **(a)** 25; **(b)** -3; **(c)** 0; **(d)** $4e$; **(e)** -4
35. $x - \dfrac{x^3}{3} + \dfrac{2x^5}{15}$ **41.** $x - \dfrac{x^3}{6} + \dfrac{x^5}{120} - \dfrac{x^7}{5040}$
43. $-2 + x - x^2 - \dfrac{5x^3}{6}$ **45.** $x + \dfrac{x^2}{2} - \dfrac{5x^4}{24} - \dfrac{23x^5}{120}$
47. $x + x^2 + \dfrac{x^3}{3} - \dfrac{x^5}{30}$

Problem Set 9.9

1. $1 + 2x + 2x^2 + \frac{4}{3}x^3 + \frac{2}{3}x^4$; 1.2712 **3.** $2x - \frac{4}{3}x^3$; 0.2377
5. $x - \frac{1}{2}x^2 + \frac{1}{3}x^3 - \frac{1}{4}x^4$; 0.1133 **7.** $x - \frac{1}{3}x^3$; 0.1194

9. $e + e(x-1) + \frac{e}{2}(x-1)^2 + \frac{e}{6}(x-1)^3$

11. $\frac{\sqrt{3}}{3} + \frac{4}{3}\left(x - \frac{\pi}{6}\right) + \frac{4\sqrt{3}}{9}\left(x - \frac{\pi}{6}\right)^2 + \frac{8}{9}\left(x - \frac{\pi}{6}\right)^3$

13. $\frac{\pi}{4} - \frac{1}{2}(x-1) + \frac{1}{4}(x-1)^2 - \frac{1}{12}(x-1)^3$

15. $7 + 2(x-1) + (x-1)^2 + (x-1)^3$

17. $f(x) \approx 1 + x + x^2 + x^3 + x^4$
(a) 1.1111; **(b)** 1.9375; **(c)** 4.0951; **(d)** 31

19.

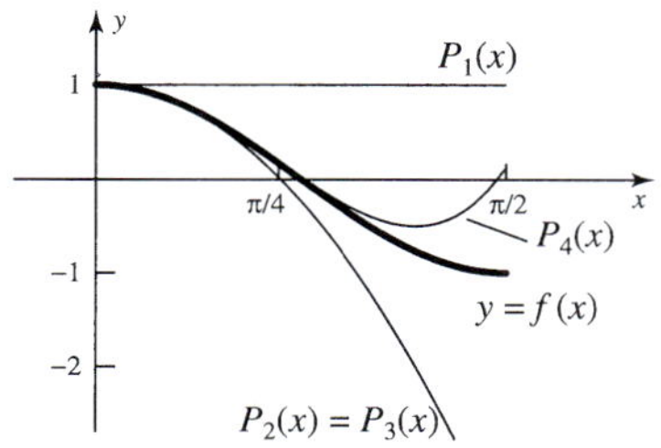

21.

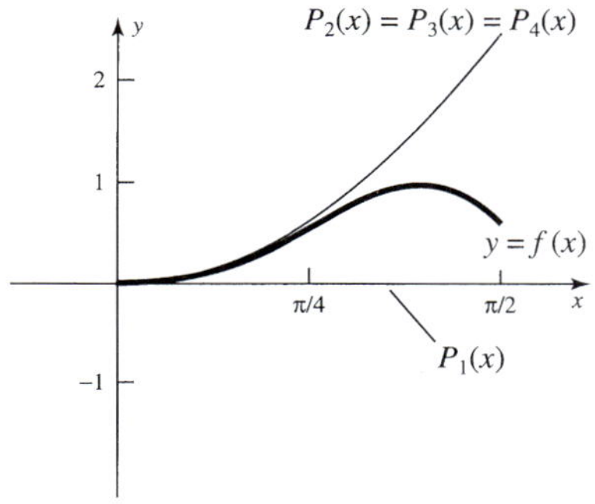

23.

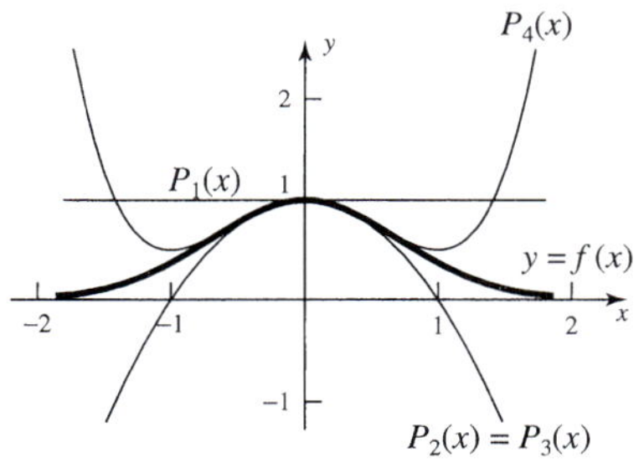

25.

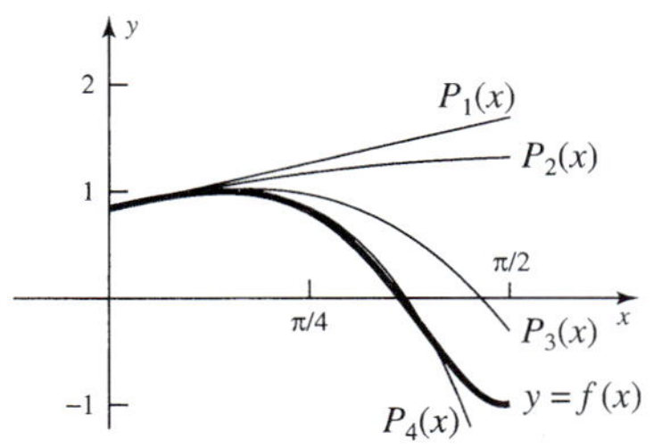

27.

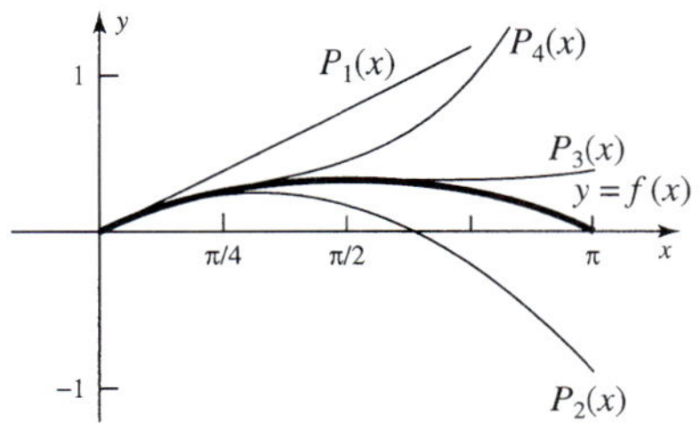

29. $e^6 + 1$ **31.** $2\sqrt{2}\pi$ **33.** $\frac{e^4}{3}$ **35.** $\frac{17}{10 \ln 2}$

37. $R_6(x) = \frac{x^7}{7(2+c)^7}$; 8.719×10^{-6}

39. $R_6(x) = -\frac{\cos c}{5040}\left(x - \frac{\pi}{4}\right)^7$; 2.685×10^{-8}

41. $R_6(x) = \frac{-(x-1)^7}{c^8}$; 2 **43.** $n \geq 9$

45. $1 + \frac{x}{2} - \frac{x^2}{8} + \frac{x^3}{16}$; $|R_3(x)| \leq 0.0276$

47. $1 - \frac{1}{2}x + \frac{3}{8}x^2 - \frac{5}{16}x^3$; $|R_3(x)| \leq 2.15 \times 10^{-6}$

49. 0.1224; $|\text{Error}| \leq 0.00013025$ **51.** $n > 42$

53. $A = \frac{1}{2}tr^2 - \frac{1}{2}r^2 \sin t$; $A \approx \frac{1}{12}r^2t^3$

55. (c)

r	n (exact)	n (approx.)	n (rule 72)
0.05	13.892	13.889	14.4
0.10	6.960	6.959	7.2
0.15	4.650	4.649	4.8
0.20	3.495	3.494	3.6

57. $-1 - (x-1)^2 + (x-1)^3 + (x-1)^4$

59. 0.681998; $|R_3| \leq 6.19 \times 10^{-8}$

Chapter Review 9.10

Concepts Test

1. False **3.** True **5.** False **7.** False **9.** True
11. True **13.** False **15.** True **17.** False **19.** True
21. True **23.** True **25.** True **27.** True **29.** True
31. True **33.** False **35.** True **37.** True **39.** True
41. True

Sample Test Problems

1. 3 **3.** e^4 **5.** 1 **7.** 0 **9.** 1 **11.** Diverges

13. $\frac{e^2}{e^2 - 1}$ **15.** $\frac{91}{99}$ **17.** cos 2 **19.** Diverges

21. Converges **23.** Converges **25.** Diverges
27. Converges **29.** Diverges **31.** Converges
33. Conditionally convergent **35.** Diverges

37. $-1 \leq x \leq 1$ **39.** $3 < x \leq 5$ **41.** $1 < x < 5$

43. $1 - 2x + 3x^2 - 4x^3 + \cdots$; $-1 < x < 1$

45. $x^2 - \frac{x^4}{3} + \frac{2x^6}{45} - \frac{x^8}{315} + \cdots$; all x

47. $1 + x - \frac{x^2}{2!} - \frac{x^3}{3!} + \frac{x^4}{4!} + \frac{x^5}{5!} - \cdots$; all x **49.** $n > 3$

51. (a) $1 + x^3 + x^6$ **(b)** $1 + \frac{1}{2}x^2 - \frac{1}{8}x^4$ **(c)** $\frac{x^2}{2!} - \frac{x^3}{3!} + \frac{x^4}{4!}$
(d) $x + \frac{x^3}{2} + \frac{5x^5}{4!}$ **(e)** $x - x^2 + \frac{x^3}{3}$ **(f)** $1 - x + x^2$

53. $P(x) = x$; 0.2

55. $P_4(x) = 3 + 9(x-2) + 4(x-2)^2 + (x-2)^3$

57. $f(x) \approx \frac{1}{2} - \frac{1}{4}(x-1) + \frac{1}{8}(x-1)^2 - \frac{1}{16}(x-1)^3 + \frac{1}{32}(x-1)^4$

59. $\sin^2 x \approx x^2 - \frac{1}{3}x^4$; $|R_4(x)| < 2.85 \times 10^{-6}$

61. -0.00269867; Error $< 1.63 \times 10^{-5}$

Chapter 10 Review and Preview Problems

1. **(a)** $y = x - 1$ **(b)** $y = -x + 3$

3. $(2.4, 2.4), (-2.4, 2.4), (2.4, -2.4), (-2.4, -2.4)$

5. $y = 2\sqrt{3}x + 4$

7. $(5, 4\sqrt{3}), (-5, 4\sqrt{3}), (5, -4\sqrt{3}), (-5, -4\sqrt{3})$;
T_1: $4\sqrt{3}x + 15y = 80\sqrt{3}$; T_2: $5\sqrt{3}x - 4y = 9\sqrt{3}$; $\alpha = 90°$

9. $r = 5$; $\theta = \sin^{-1}(0.6)$ **11.** $x = y = 4\sqrt{2}$

Problem Set 10.1

1. Focus at $(1, 0)$:
directrix $x = -1$

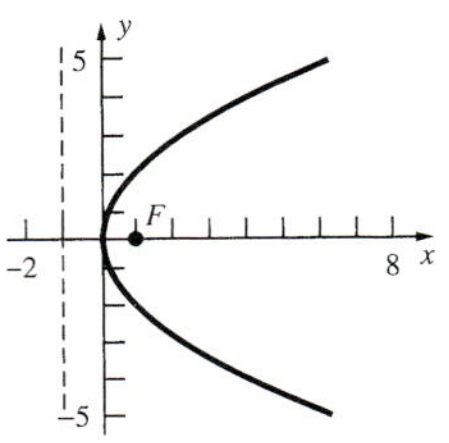

3. Focus at $(0, -3)$;
directrix $y = 3$

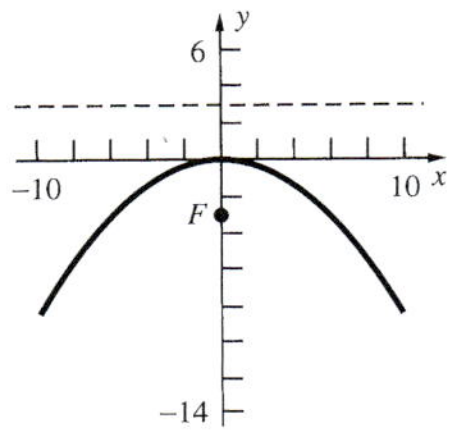

5. Focus at $\left(\frac{1}{4}, 0\right)$;
directrix $x = -\frac{1}{4}$

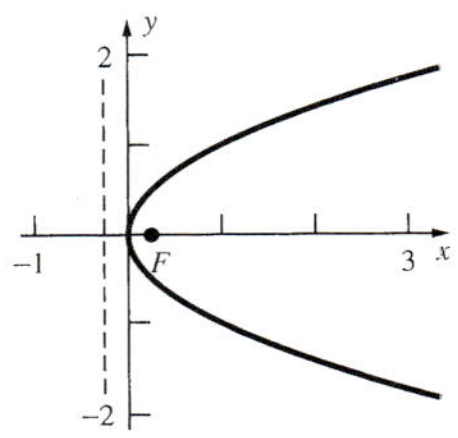

7. Focus at $\left(0, \frac{3}{4}\right)$;
directrix $y = -\frac{3}{4}$

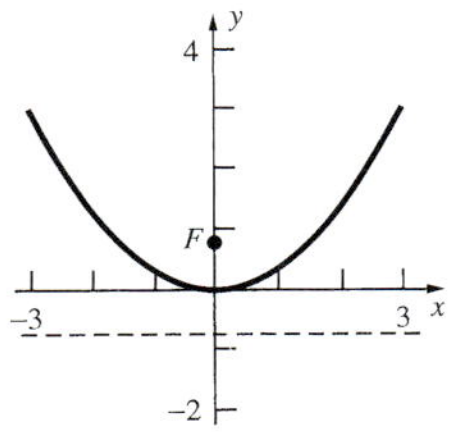

9. $y^2 = 8x$ **11.** $x^2 = -8y$ **13.** $y^2 = -16x$

15. $y^2 = \frac{1}{3}x$

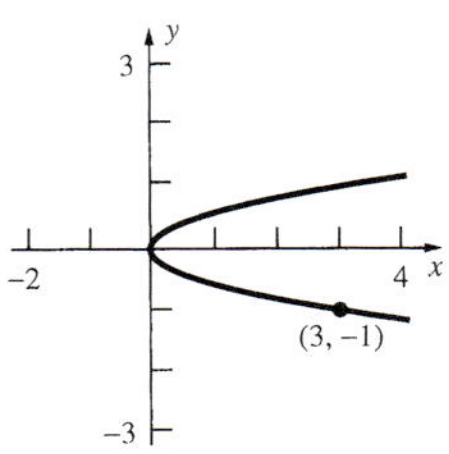

17. $x^2 = -\frac{36}{5}y$

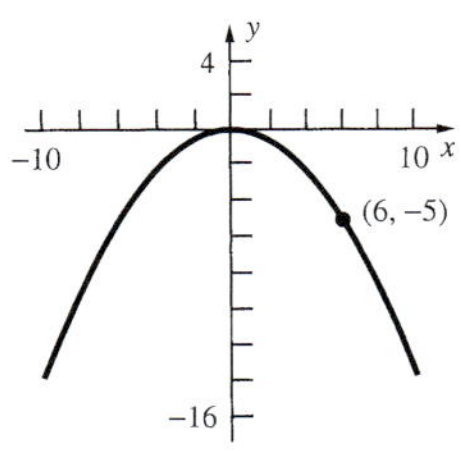

19. $y = -2x - 2$;
$y = \frac{1}{2}x - \frac{9}{2}$

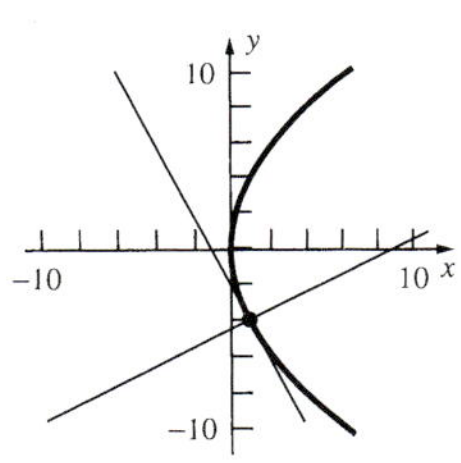

21. $y = 4x - 8$;
$y = -\frac{1}{4}x + 9$

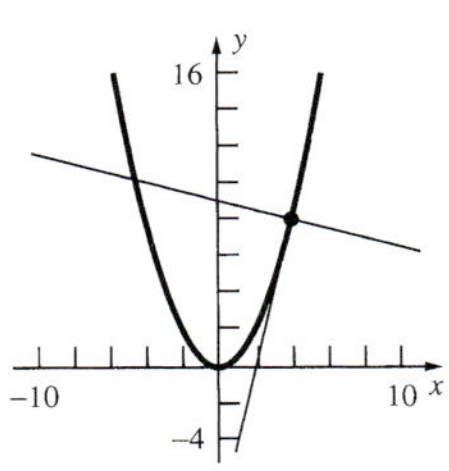

23. $y = \frac{\sqrt{5}}{2}x - \frac{3\sqrt{5}}{2}$;
$y = -\frac{2\sqrt{5}}{5}x - \frac{21\sqrt{5}}{5}$

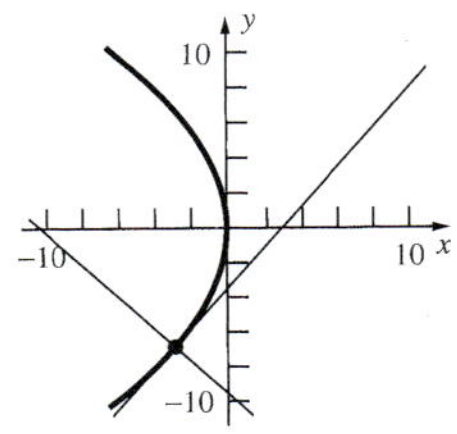

25. $y = -\sqrt{2}x + 3$;
$y = \frac{\sqrt{2}}{2}x - 6$

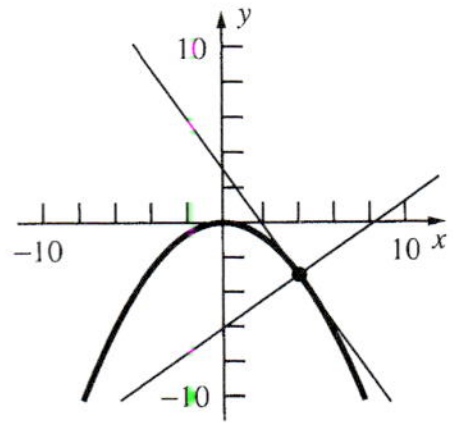

27. $(4, 2\sqrt{5})$

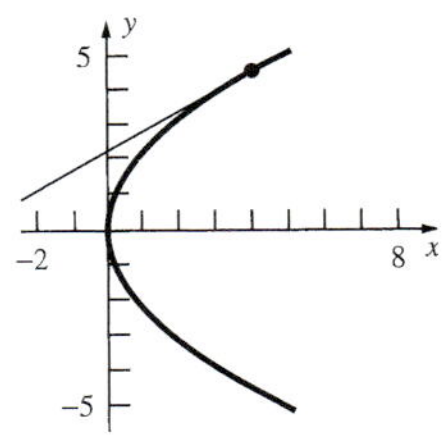

29. $y = \frac{3}{2}x - 3$ **35.** 14.8 million mi **37.** $2p$

39. $L = 4p$ **41.** $y = \frac{\delta x^2}{2H}$

43.

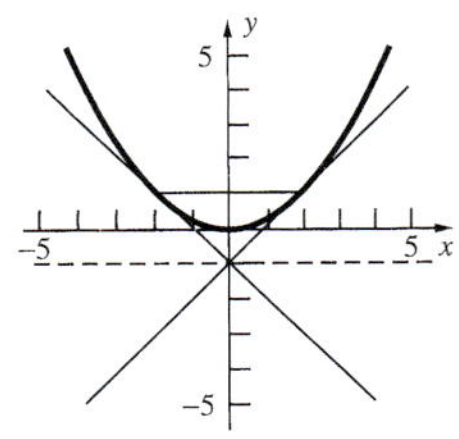

Problem Set 10.2

1. Horizontal ellipse **3.** Vertical hyperbola
5. Vertical parabola (opens up) **7.** Vertical ellipse

9.

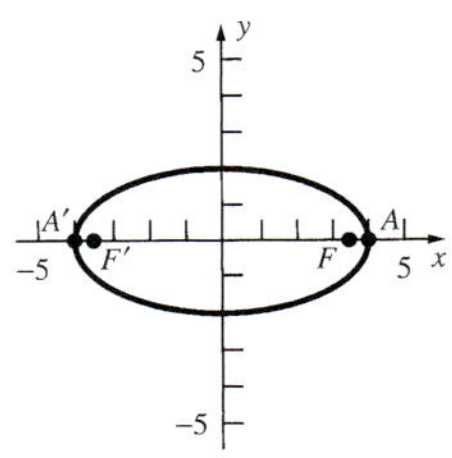

11.

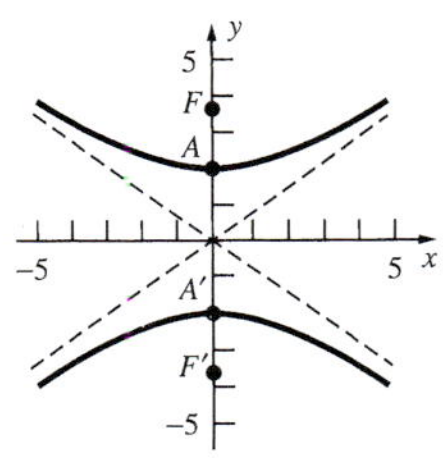

13.

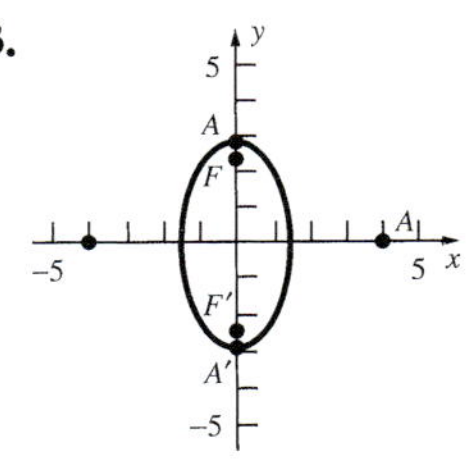

15.

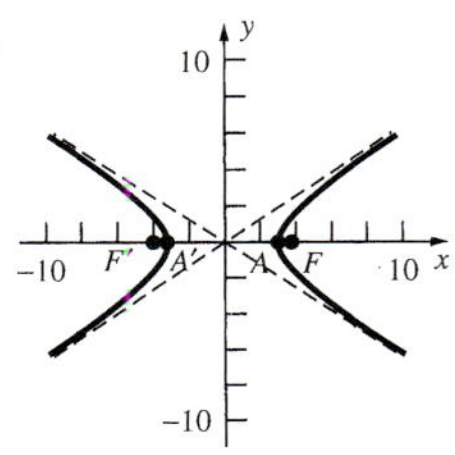

17. $\frac{x^2}{36} + \frac{y^2}{27} = 1$ **19.** $\frac{x^2}{200} + \frac{y^2}{225} = 1$ **21.** $\frac{x^2}{25} + \frac{y^2}{\frac{225}{21}} = 1$

23. $\frac{y^2}{16} - \frac{x^2}{9} = 1$ **25.** $\frac{x^2}{64} - \frac{y^2}{16} = 1$ **27.** $\frac{x^2}{16} + \frac{y^2}{12} = 1$

29. $\frac{y^2}{5} - \frac{x^2}{20} = 1$ **31.** $\frac{x^2}{88} + \frac{y^2}{169} = 1$ **33.** $\frac{x^2}{36} - \frac{y^2}{13} = 1$

35. $x + \sqrt{6}y = 9$ **37.** $x - \sqrt{6}y = 9$

39. $5x + 12y = 169$ **41.** $y = 13$ **43.** 8.66 ft **45.** $\frac{2b^2}{a}$

47. 0.58 AU **49.** 0.05175 **51.** $\left(-\sqrt{3}, \frac{3}{2}\right), \left(\sqrt{3}, \frac{3}{2}\right)$

53. $(-7, 3), (7, -3)$ **55.** πab

57. $\frac{\pi b^2}{3a^2}\left[(a^2 + b^2)^{3/2} - 3a^2\sqrt{a^2 + b^2} + 2a^3\right]$

59. $a\sqrt{2}$ by $b\sqrt{2}$ **61.** $\left(6, 5\sqrt{3}\right)$

63.

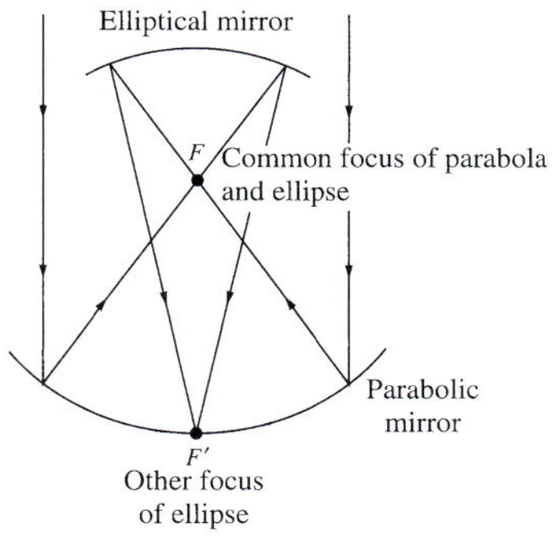

69. $\left(\sqrt{\frac{17}{3}}, 5\right)$ **73.** $\frac{x^2}{a^2} + \frac{y^2}{b^2} = 1$

77.

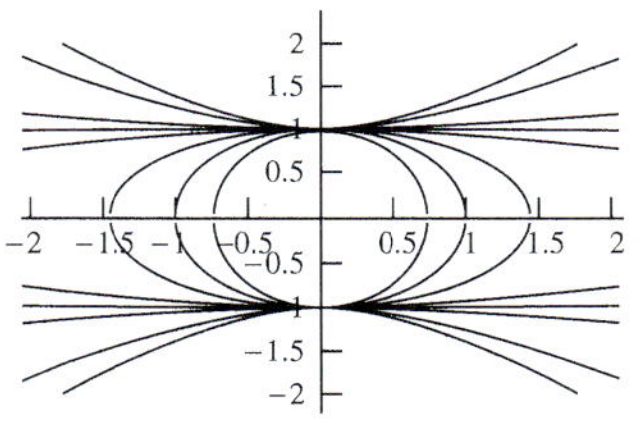

Problem Set 10.3

1. Circle **3.** Ellipse **5.** Point **7.** Parabola
9. Empty set **11.** Intersecting lines **13.** Line

15.

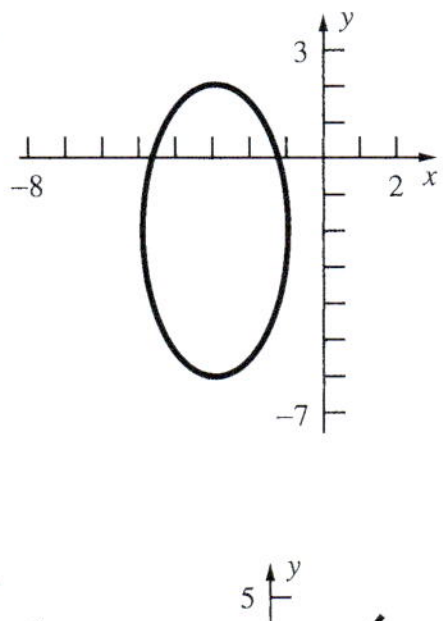

17.

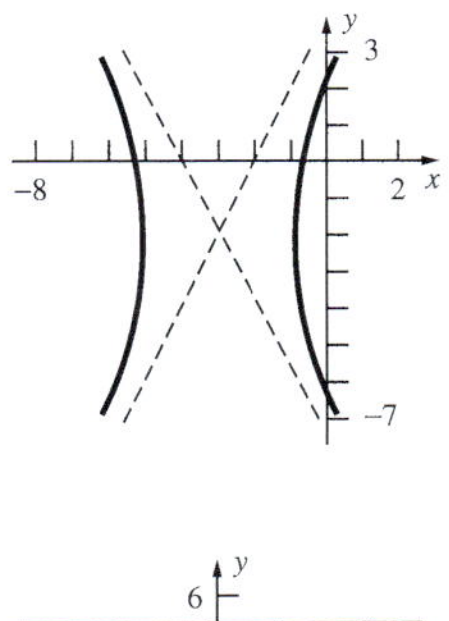

19.

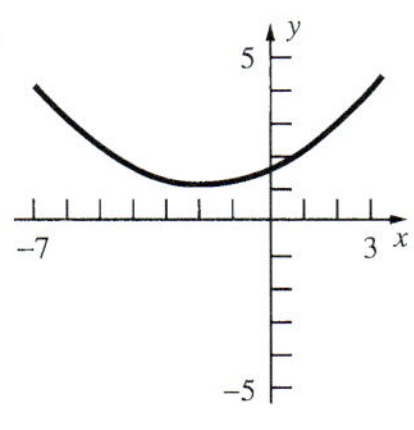

21.

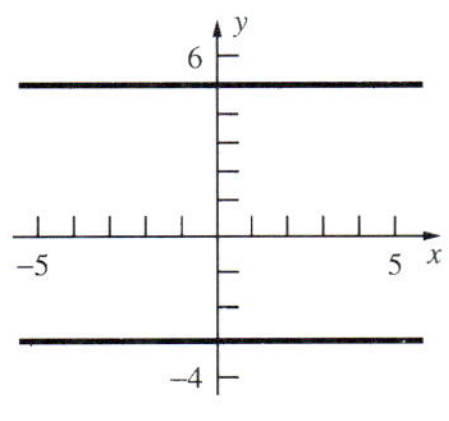

23.

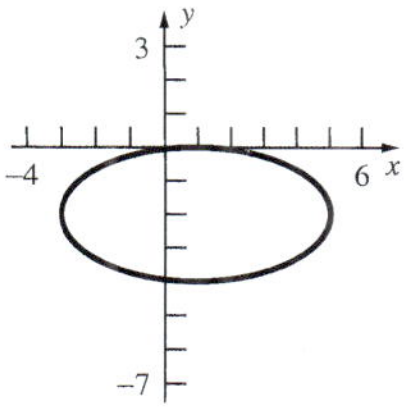

25.

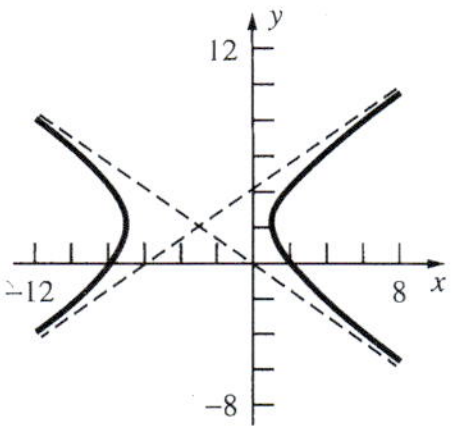

27.

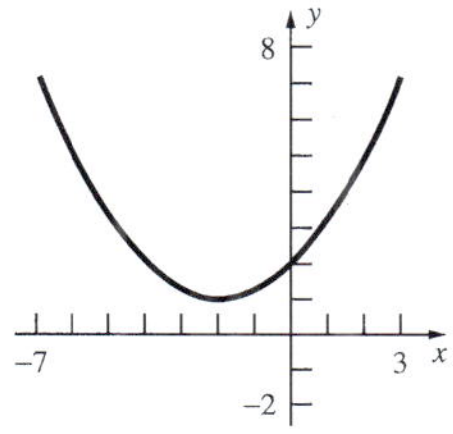

29. Focus at $\left(\frac{21}{20}, 1\right)$; directrix $x = -\frac{29}{20}$ **31.** $(-2, 2), (4, -2)$

33. $\frac{(x-5)^2}{25} + \frac{(y-1)^2}{16} = 1$ **35.** $(x-2)^2 = 8(y-3)$

37. $\frac{(y-3)^2}{9} - \frac{x^2}{16} = 1$ **39.** $(y-5)^2 = -16(x-6)$

41. $\frac{x^2}{8} + \frac{(y-2)^2}{4} = 1$

43. $\frac{u^2}{4} + \frac{v^2}{12} = 1$

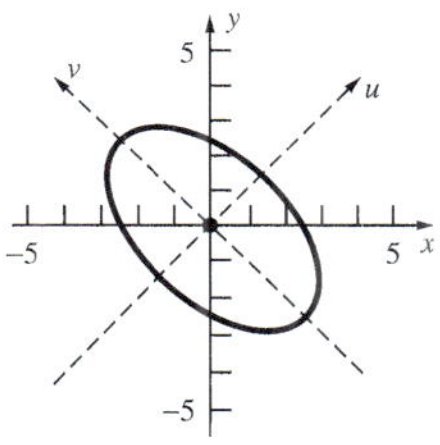

45. $\frac{u^2}{\frac{112}{9}} + \frac{v^2}{16} = 1$

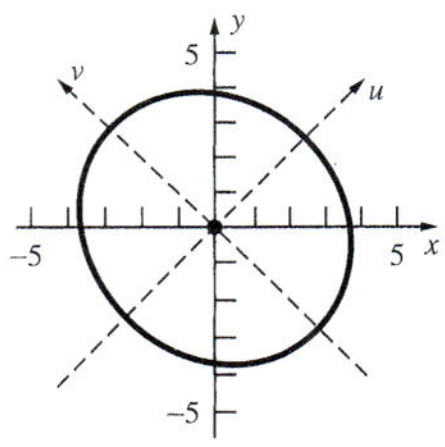

47. $\frac{(u-2)^2}{4} - \frac{v^2}{3} = 1$

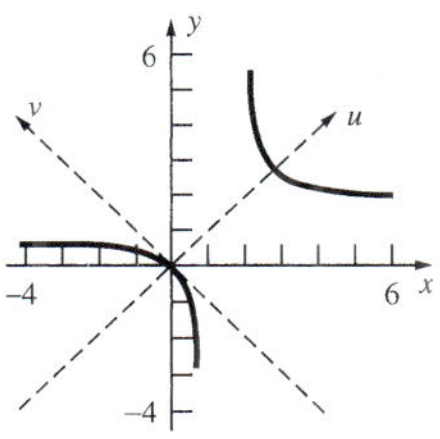

49. $\frac{v^2}{4} - \frac{u^2}{36} = 1$

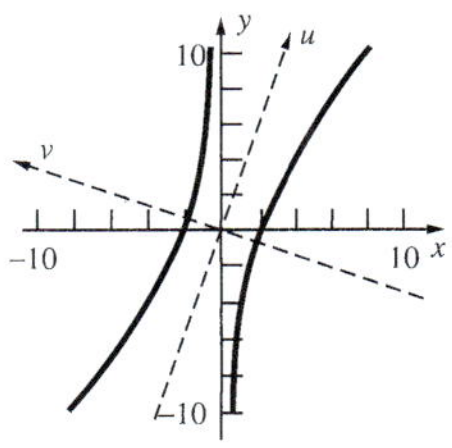

51. $\frac{(u+2)^2}{2} + \frac{(v+3)^2}{4} = 1$

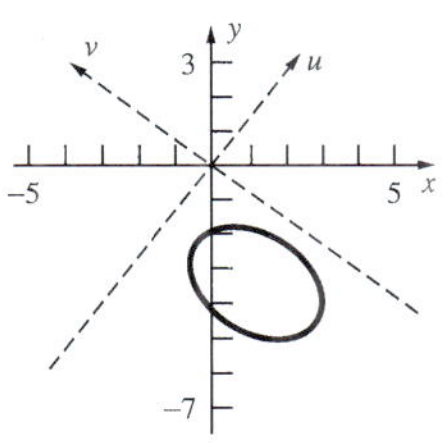

53. **(a)** $y = x^2 - x$; **(b)** $x = \frac{1}{4}y^2 - y$;
(c) $\left(x - \frac{5}{2}\right)^2 + \left(y - \frac{5}{2}\right)^2 = \frac{25}{2}$

55. If $K < -1$, the conic is a vertical ellipse. If $K = -1$, the conic is a circle. If $-1 < K < 0$, the conic is a horizontal ellipse. If $K = 0$, the conic is a horizontal parabola. If $K > 0$, the conic is a horizontal hyperbola.

59. $u = x \cos \theta + y \sin \theta$, $v = -x \sin \theta + y \cos \theta$

61. $\left(-\frac{1}{5}, -\frac{7}{5}\right), \left(\frac{1}{5}, \frac{7}{5}\right)$

67. **(a)** $-2 < B < 2$; **(b)** $B = 0$; **(c)** $B < -2$ or $B > 2$; **(d)** $B = \pm 2$

Problem Set 10.4

1. **(a)**

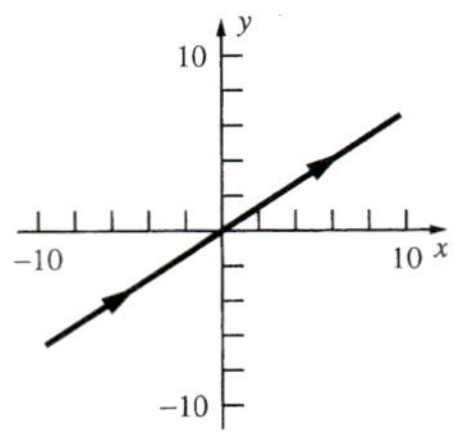

(b) Simple; not closed
(c) $y = \frac{2}{3}x$

3. **(a)**

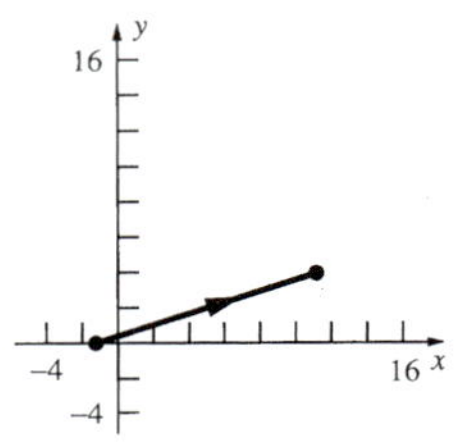

(b) Simple, not closed
(c) $y = \frac{1}{3}(x + 1)$

5. **(a)**

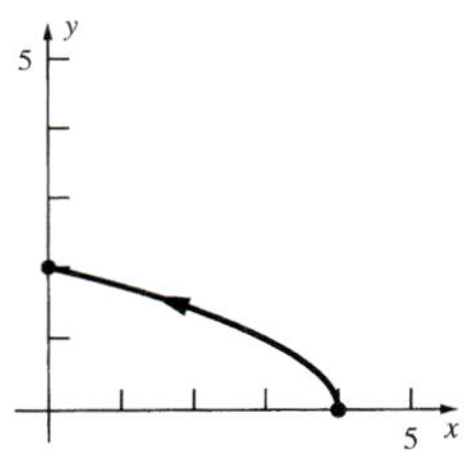

(b) Simple; not closed
(c) $y = \sqrt{4 - x}$

7. **(a)**

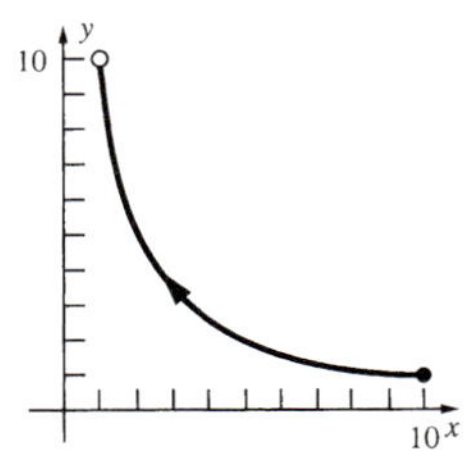

(b) Simple; not closed
(c) $y = \frac{1}{x}$

9. **(a)**

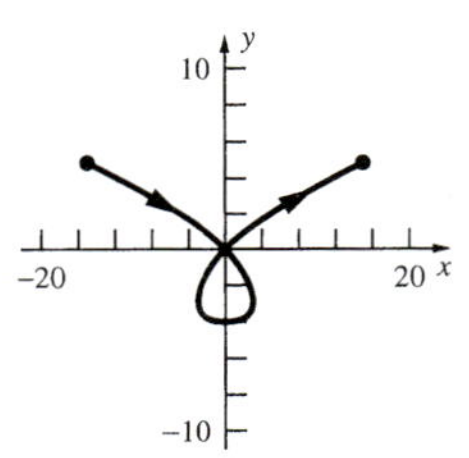

(b) Not simple; not closed
(c) $x^2 = y^3 + 4y^2$

11. **(a)**

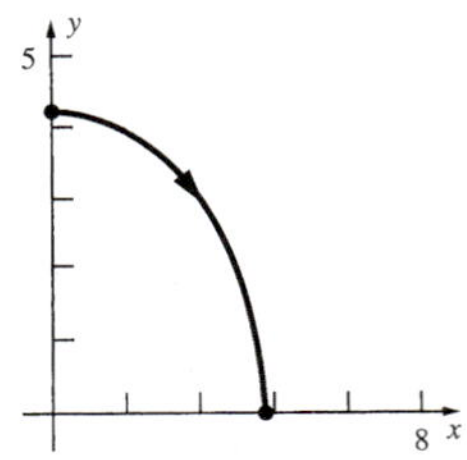

(b) Simple; not closed
(c) $\dfrac{x^2}{8} + \dfrac{y^2}{18} = 1$

13. **(a)**

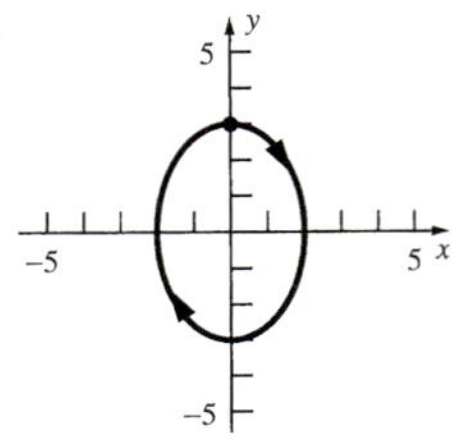

(b) Simple; closed
(c) $\dfrac{x^2}{4} + \dfrac{y^2}{9} = 1$

15. **(a)**

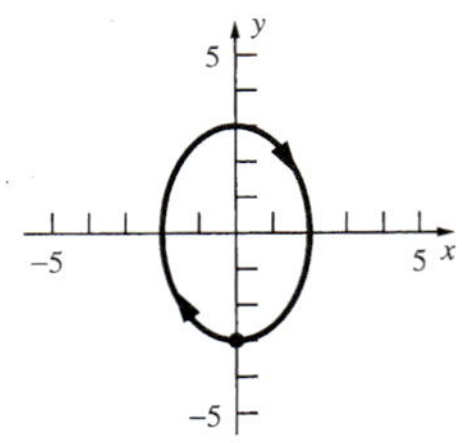

(b) Not simple; closed
(c) $\dfrac{x^2}{4} + \dfrac{y^2}{9} = 1$

17. **(a)**

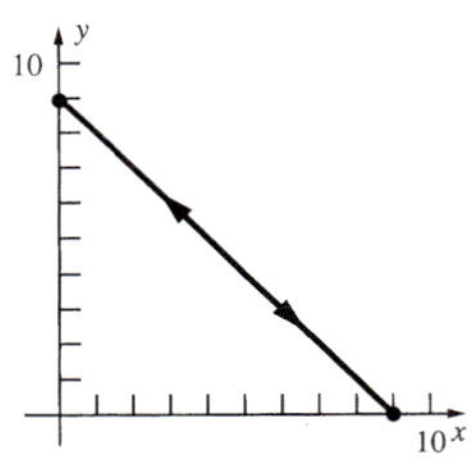

(b) Not simple; closed
(c) $x + y = 9$

19. **(a)**

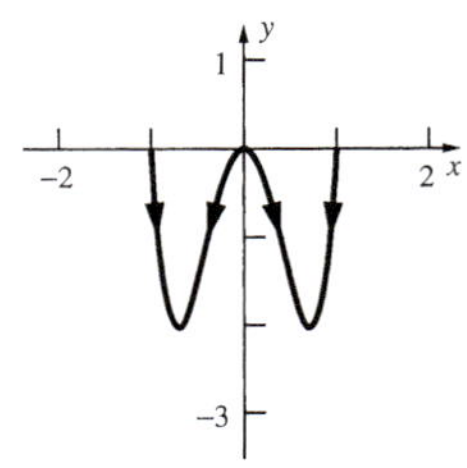

(b) Not simple; not closed
(c) $y = -8x^2(1 - x^2)$

21. $\dfrac{dy}{dx} = 2\tau; \dfrac{d^2y}{dx^2} = \dfrac{1}{3\tau}$

23. $\dfrac{dy}{dx} = \dfrac{3\sqrt{5}}{4}\theta; \dfrac{d^2y}{dx^2} = \dfrac{3\sqrt{5}}{16\theta}$

25. $\dfrac{dy}{dx} = \cot t; \dfrac{d^2y}{dx^2} = -\csc^3 t$

27. $\dfrac{dy}{dx} = \dfrac{5}{3}\sin t; \dfrac{d^2y}{dx^2} = \dfrac{5}{9}\cos^3 t$

29. $\dfrac{dy}{dx} = \dfrac{(1 - 2t)(1 + t^2)^2}{2t^3(1 - t)^2}$;

$$\frac{d^2y}{dx^2} = \frac{(3t^5 + 7t^4 - 6t^3 + 10t^2 - 9t + 3)(1 + t^2)^2}{4t^5(1 - t)^3}$$

31. $y - 8 = 3(x - 4)$

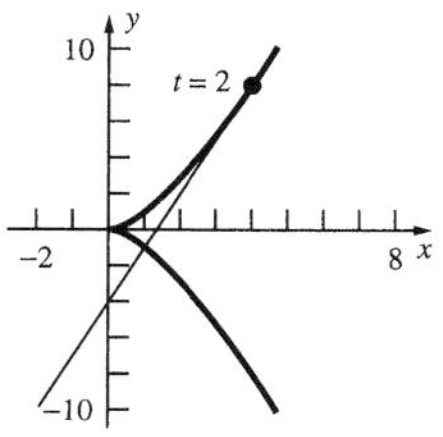

33. $y + \dfrac{2}{\sqrt{3}} = -2\left(x - \dfrac{4}{\sqrt{3}}\right)$

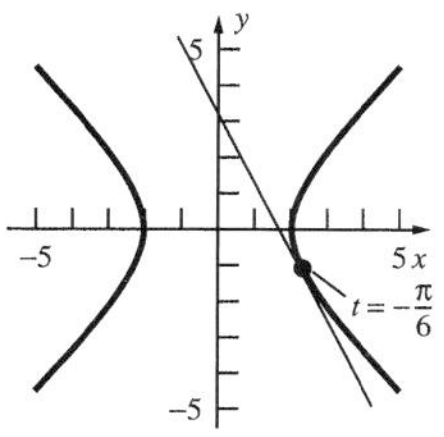

35. $3\sqrt{13}$ **37.** $\frac{1}{27}\left(31\sqrt{31} - 8\right)$ **39.** $16\sqrt{2} - 8$

41. $\dfrac{713\sqrt{713} - 227\sqrt{227}}{243}$ **43.** $\frac{39}{16}$ **45.** $\frac{1}{2}\ln 2$

47. **(a)** 2π; **(b)** 6π;
(c) The curve in part **(a)** goes around the unit circle once. The curve in part **(b)** goes around the unit circle three times.

49. $4\pi^2$ **51.** $4\pi^2$ **53.** $\frac{2\pi}{3}\left(29\sqrt{29} - 1\right)$ **55.** $-\frac{44}{3}$

57. 8

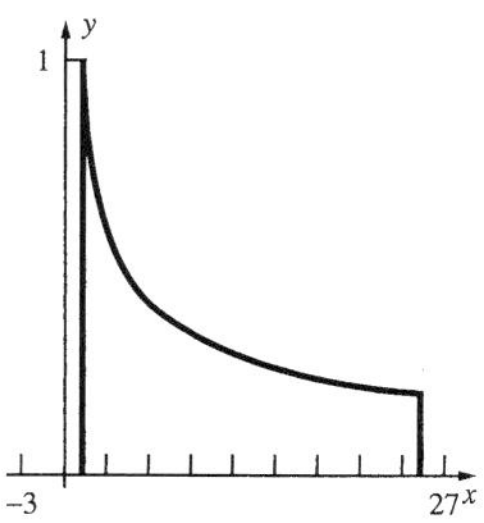

59.

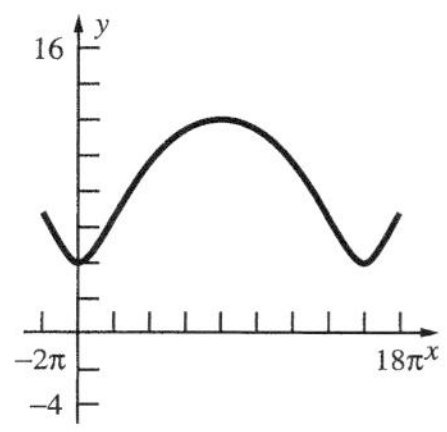

61. $x = (a - b)\cos t + b\cos\left(\dfrac{a-b}{b}t\right)$,

$y = (a - b)\sin t - b\sin\left(\dfrac{a-b}{a}t\right)$

65. $L = \dfrac{16a}{3}$

67. **(a)**

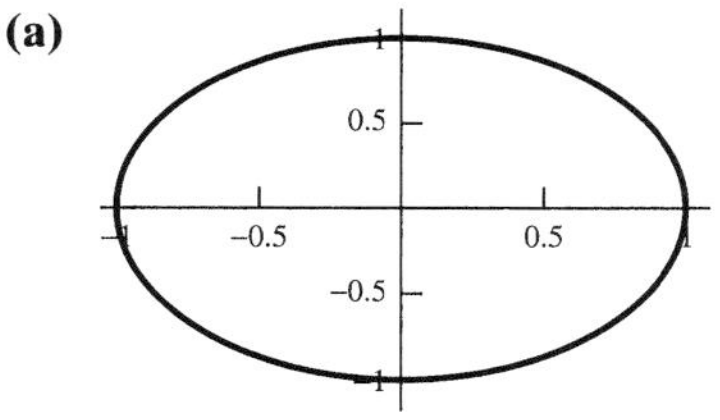

(b)

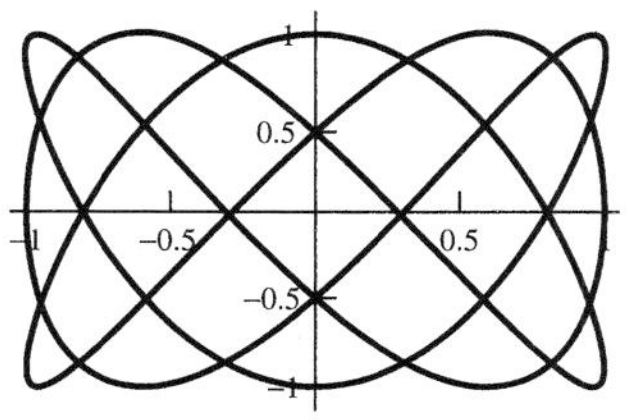

(c)

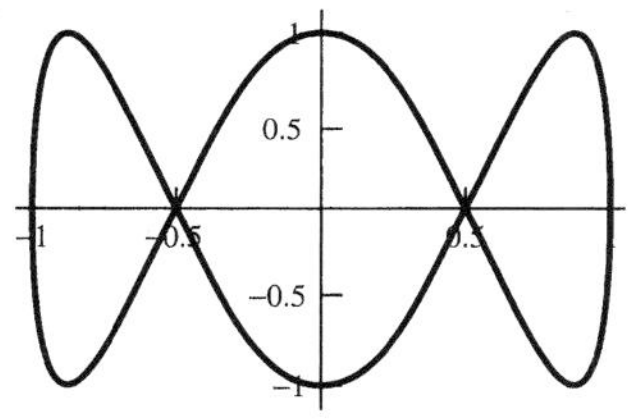

(d)

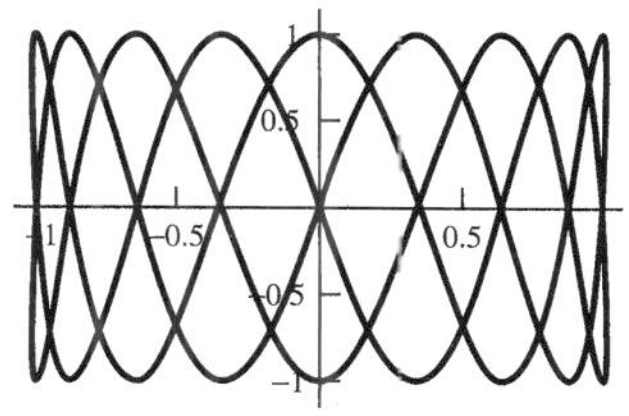

69. a, b, c

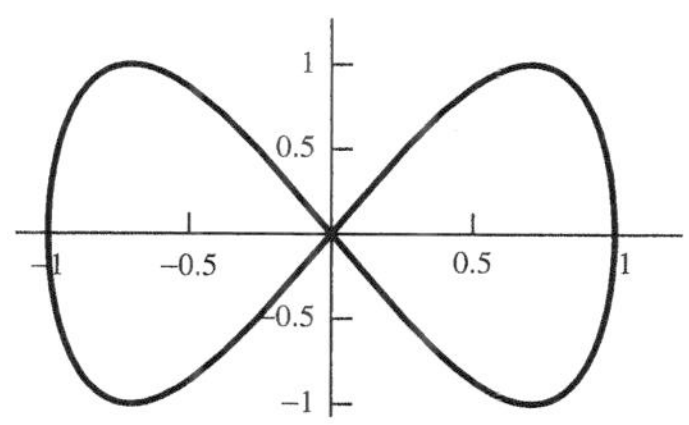

d, e, f

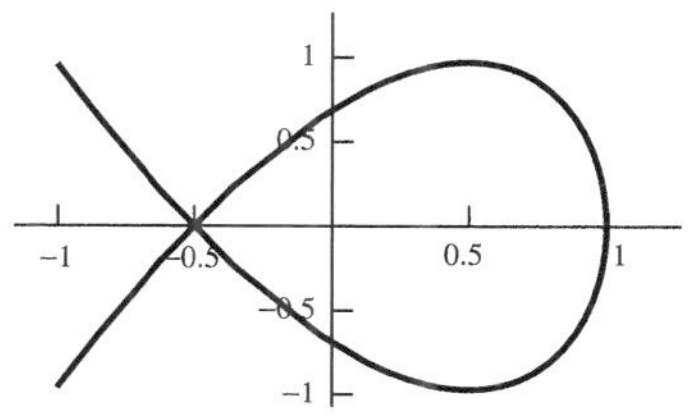

71. **(a)** $0 \le t \le 2$

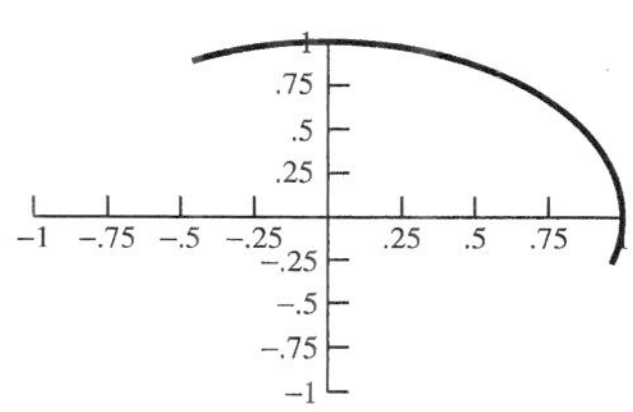

(b) $0 \le t \le 1$

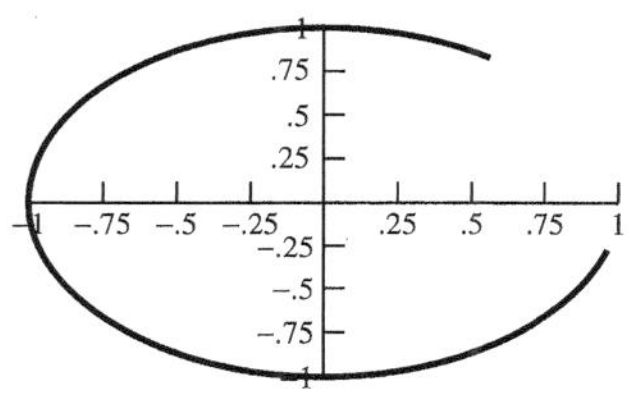

(c) $0.25 \le t \le 2$

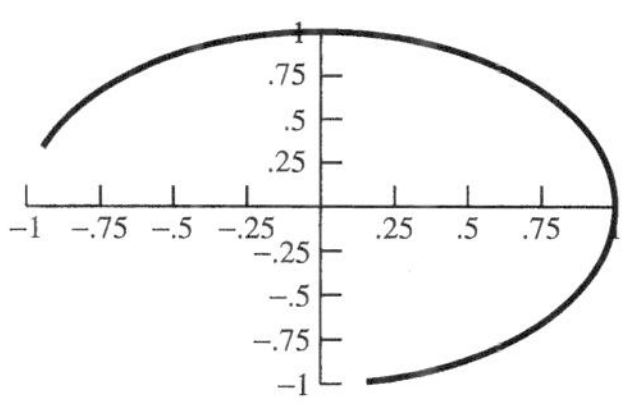

(d) $0 \le t \le 2\pi$

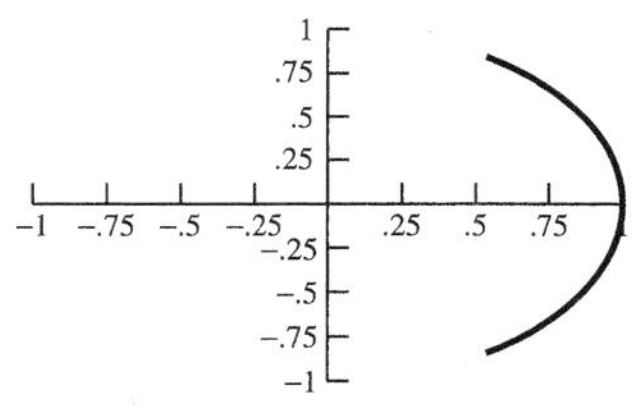

73. **(a)**

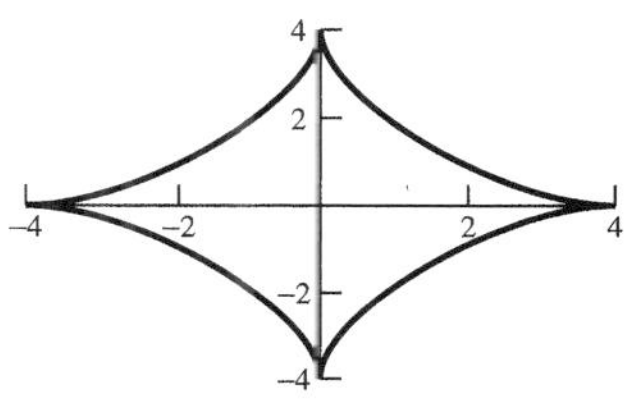

(b)

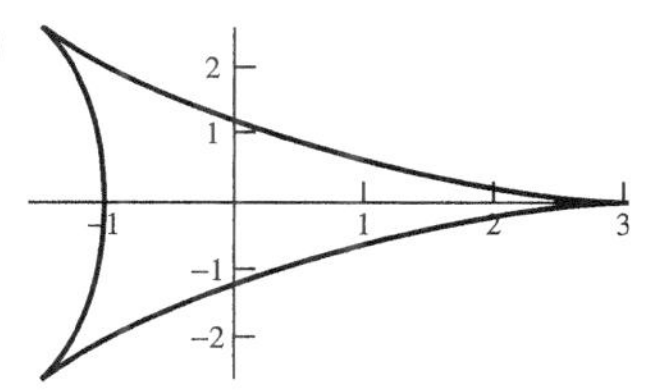

(c)

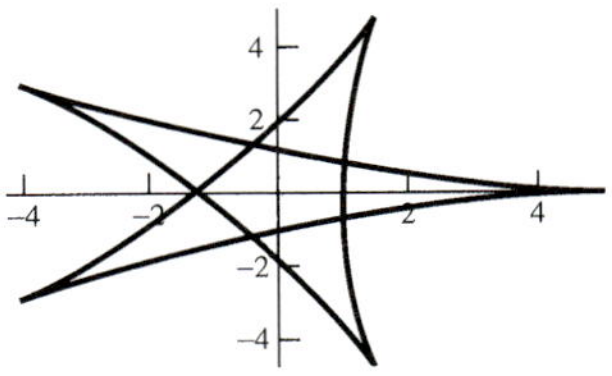

(d)

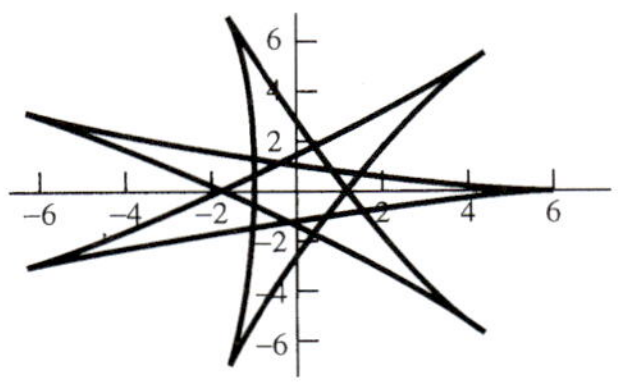

75. Quadrant I for $t > 0$, quadrant II for $-1 < t < 0$, quadrant III for no t, quadrant IV for $t < -1$.

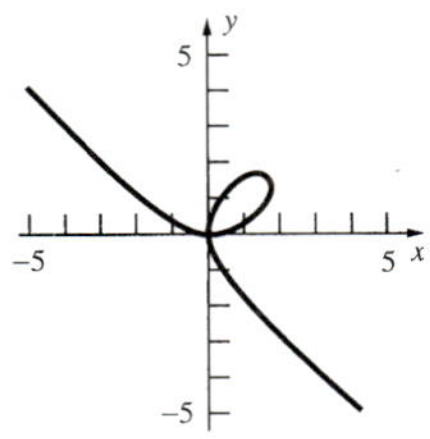

Problem Set 10.5

1.

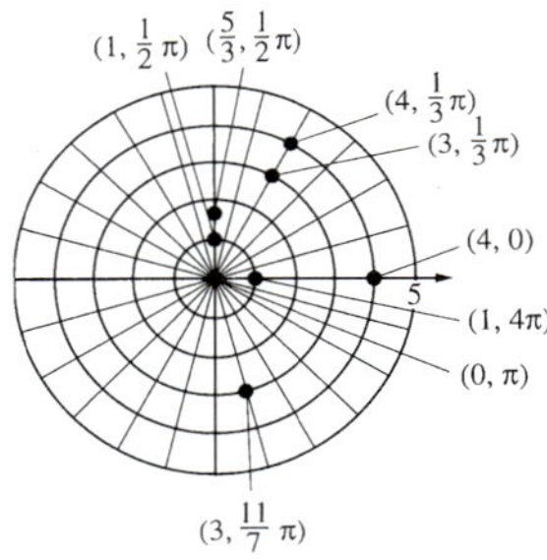

3.

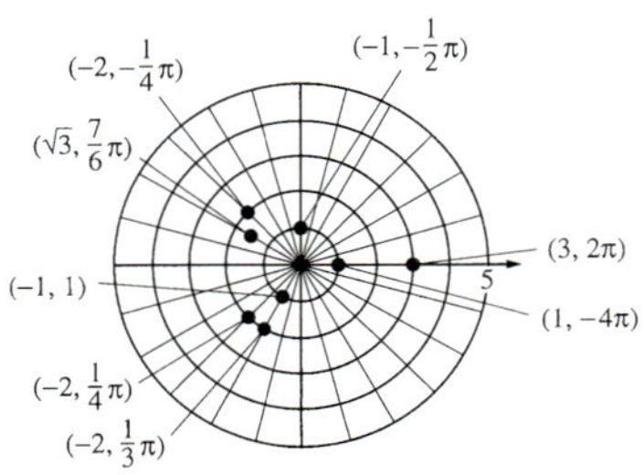

5.

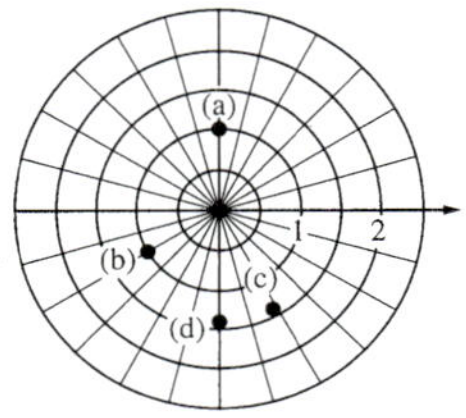

(a) $\left(1, -\frac{3}{2}\pi\right), \left(1, \frac{5}{2}\pi\right), \left(-1, -\frac{1}{2}\pi\right), \left(-1, \frac{3}{2}\pi\right)$

(b) $\left(1, -\frac{3}{4}\pi\right), \left(1, \frac{5}{4}\pi\right), \left(-1, -\frac{7}{4}\pi\right), \left(-1, \frac{9}{4}\pi\right)$

(c) $\left(\sqrt{2}, -\frac{7}{3}\pi\right), \left(\sqrt{2}, \frac{5}{3}\pi\right), \left(-\sqrt{2}, -\frac{4}{3}\pi\right), \left(-\sqrt{2}, \frac{2}{3}\pi\right)$

(d) $\left(\sqrt{2}, -\frac{1}{2}\pi\right), \left(\sqrt{2}, \frac{3}{2}\pi\right), \left(-\sqrt{2}, -\frac{3}{2}\pi\right), \left(-\sqrt{2}, \frac{1}{2}\pi\right)$

7. (a) $(0, 1)$; **(b)** $\left(-\frac{\sqrt{2}}{2}, -\frac{\sqrt{2}}{2}\right)$; **(c)** $\left(\frac{\sqrt{2}}{2}, -\frac{\sqrt{6}}{2}\right)$; **(d)** $\left(0, -\sqrt{2}\right)$

9. (a) $\left(6, \frac{1}{6}\pi\right)$; **(b)** $\left(4, \frac{5}{6}\pi\right)$; **(c)** $\left(2, \frac{5}{4}\pi\right)$; **(d)** $(0, 0)$

11. $r = \dfrac{2}{3\sin\theta - \cos\theta}$

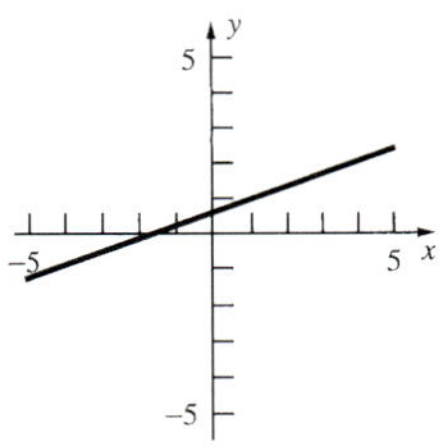

13. $r = -2\csc\theta$

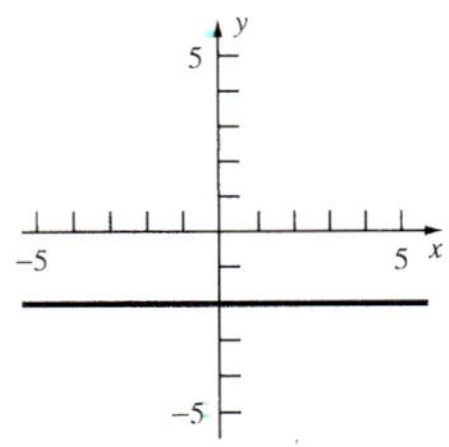

15. $r = 2$

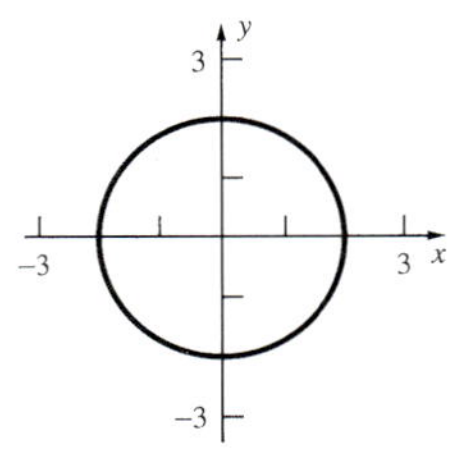

17. $x = 0$ **19.** $x = -3$ **21.** $y = 1$

23. Circle

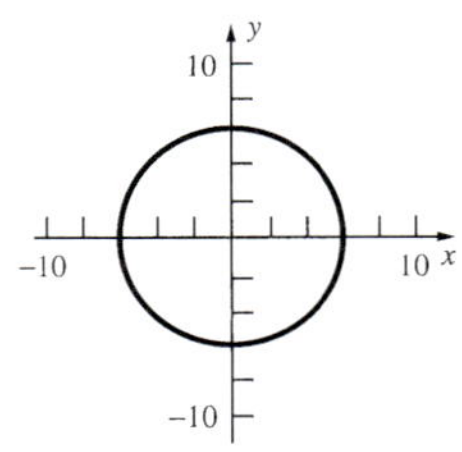

25. Line

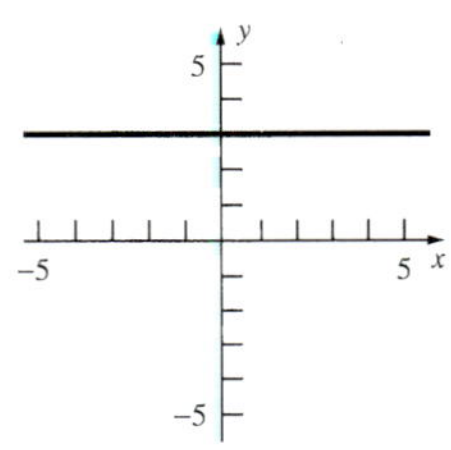

27. Circle

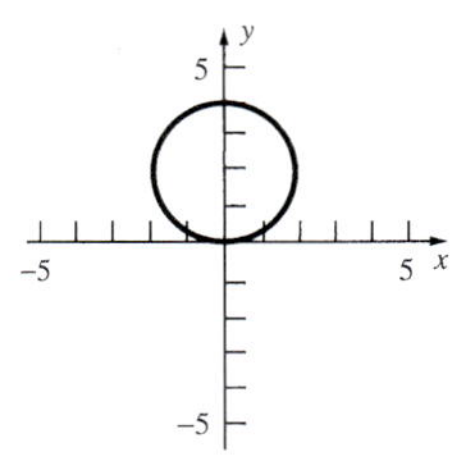

29. Parabola; $e = 1$

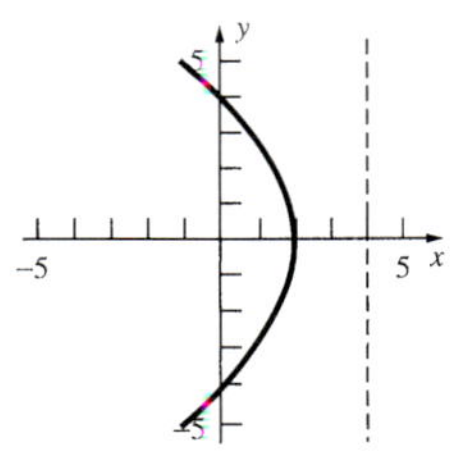

31. Ellipse; $e = \frac{1}{2}$

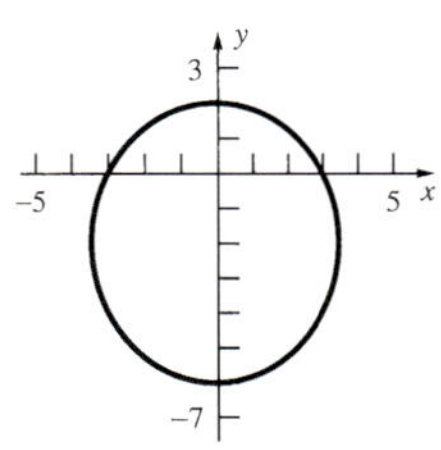

33. Parabola; $e = 1$

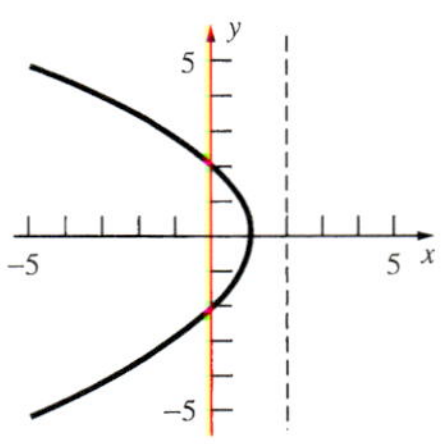

35. Hyperbola; $e = 2$

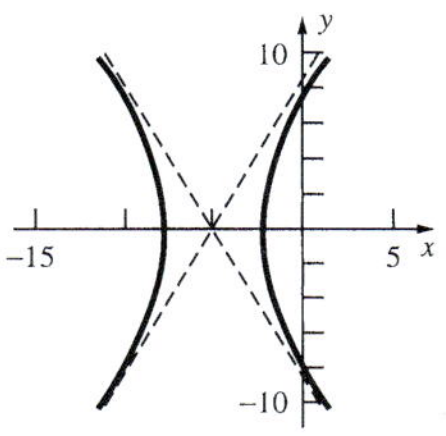

39. $2ed$ **41.** 0.83 **43.** 25 million mi

45. $e = 0.1$

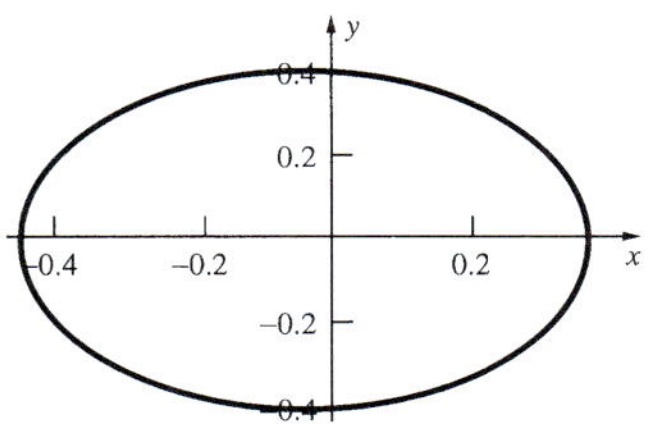

$e = 0.5$

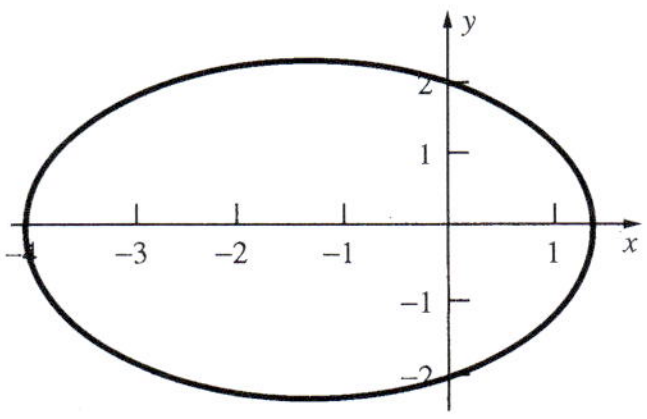

$e = 0.9$

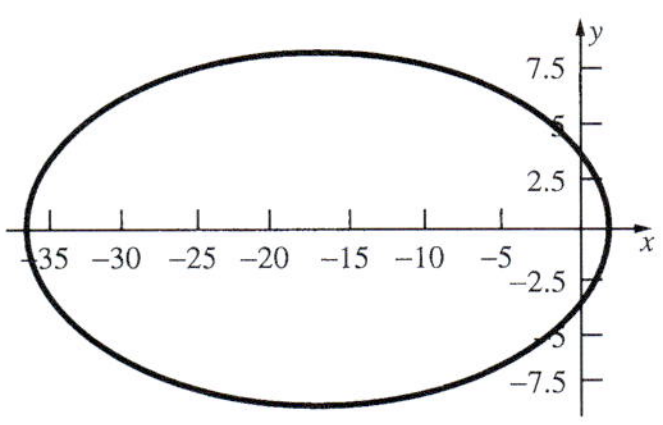

$e = 1$

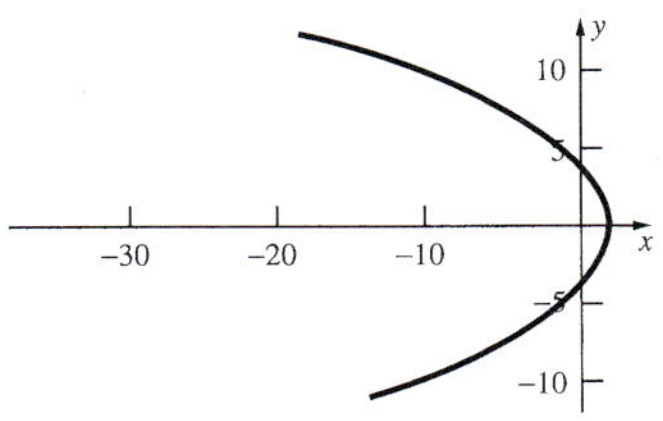

$e = 1.1$

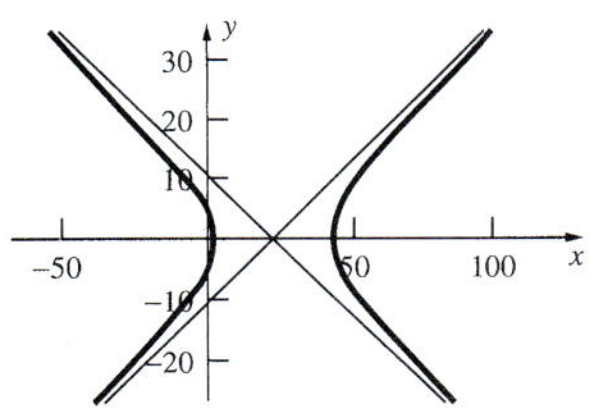

$e = 1.3$

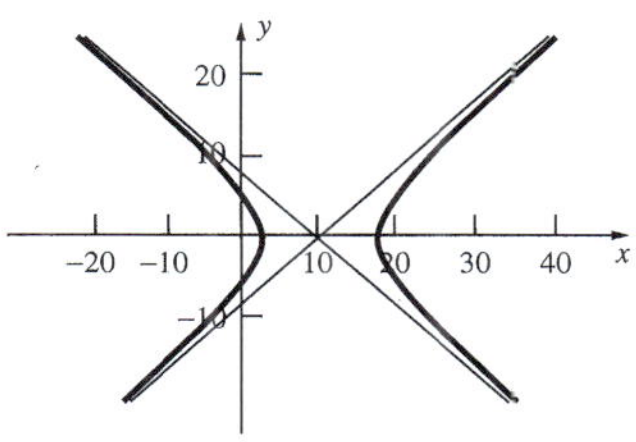

Problem Set 10.6

1.

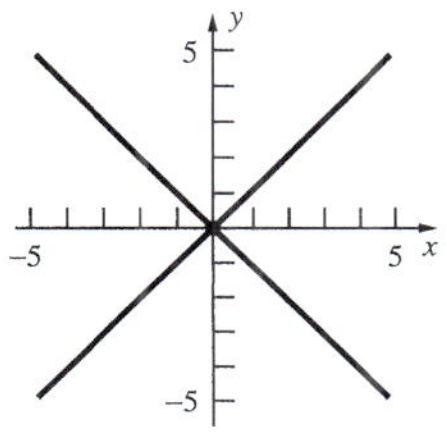

3.

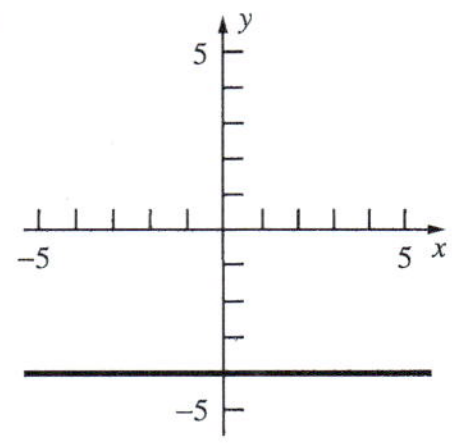

5.

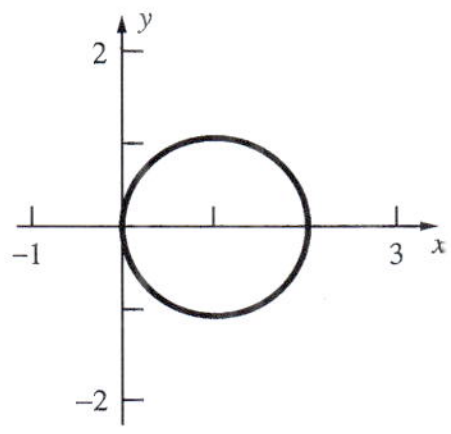

7.

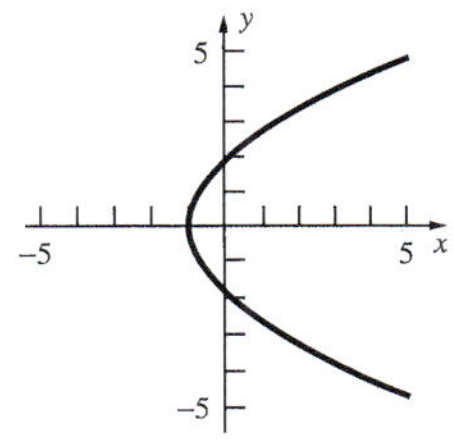

9.

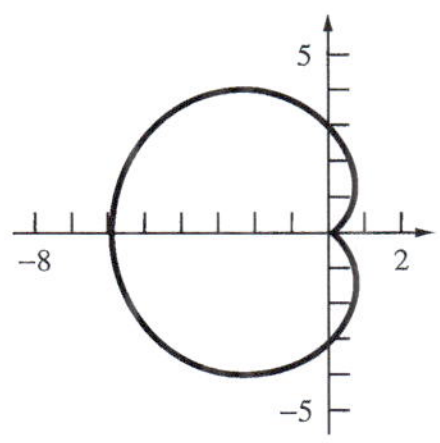

11.

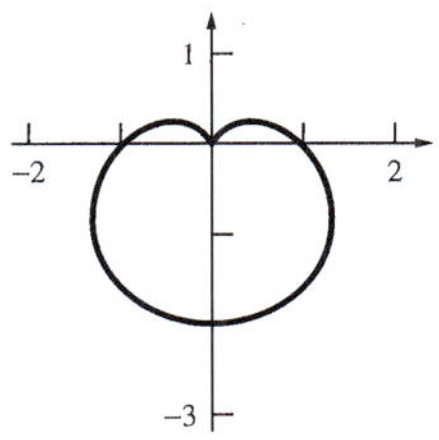

13.

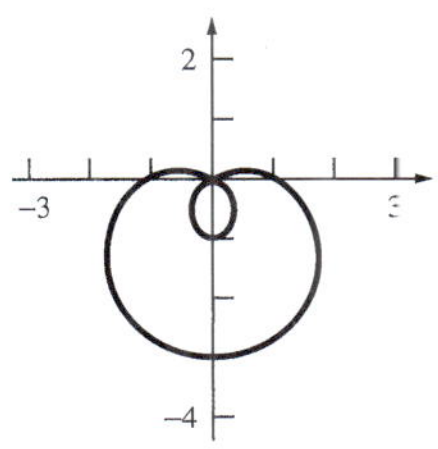

15.

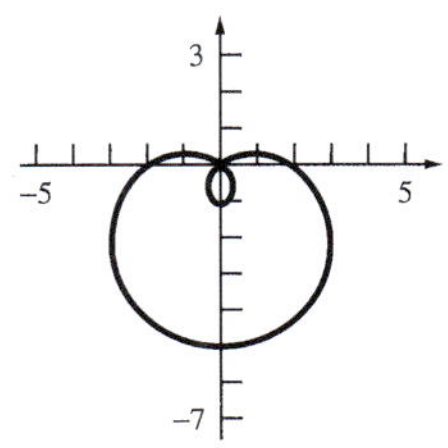

17.

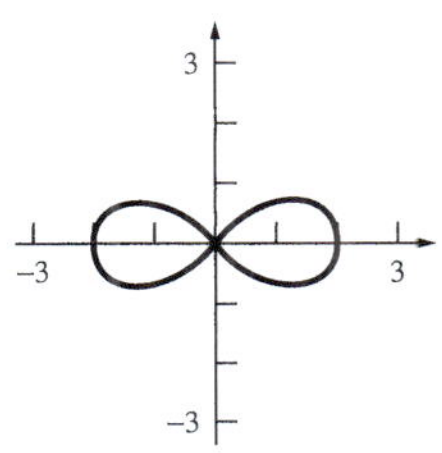

19.

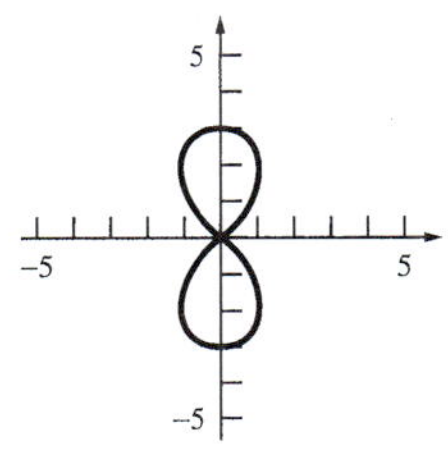

21.

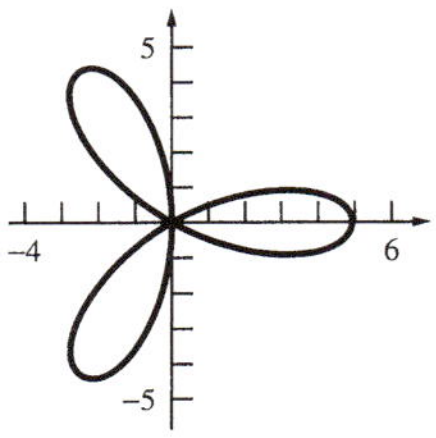

23.

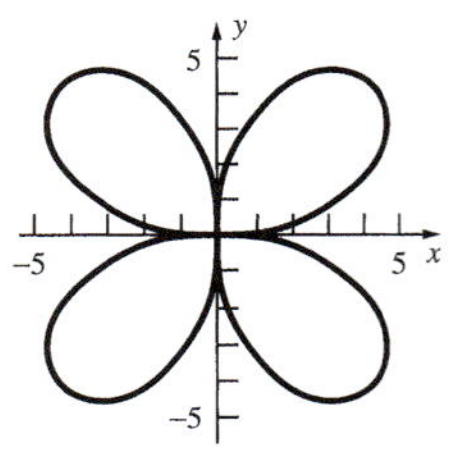

47.

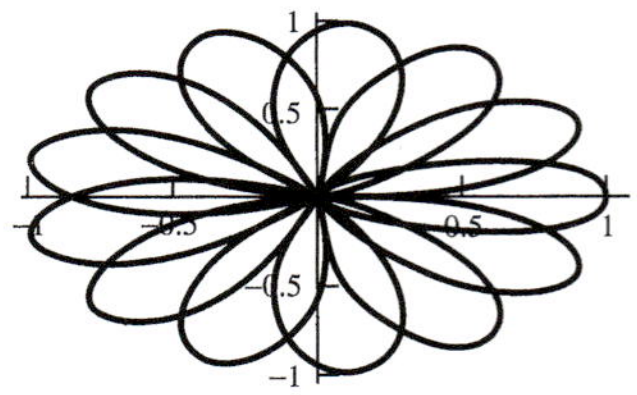

25.

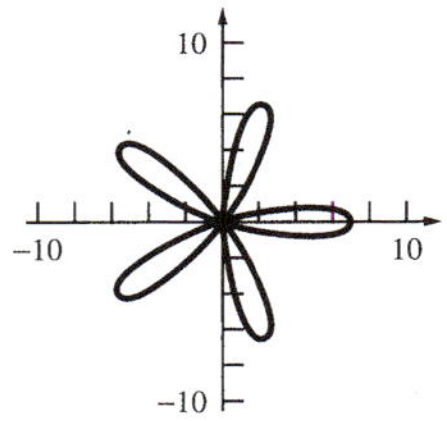

27.

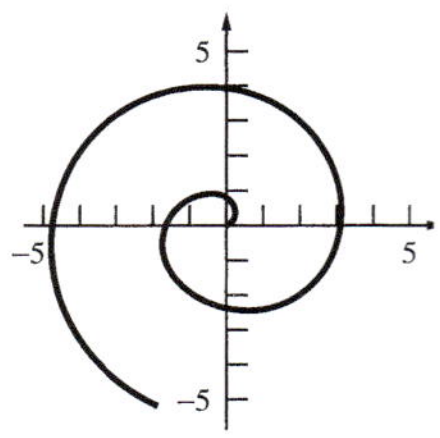

49.

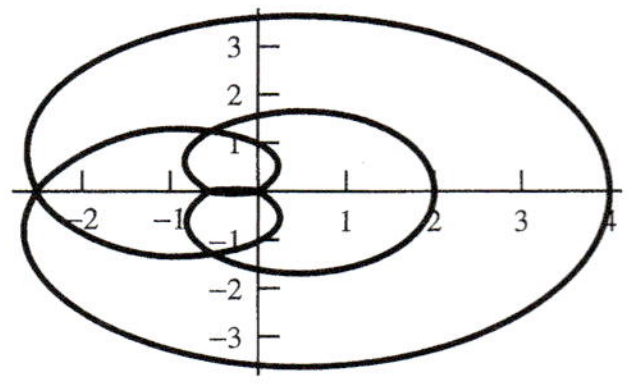

29.

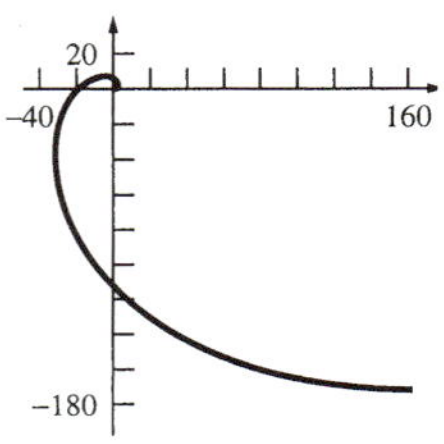

31.

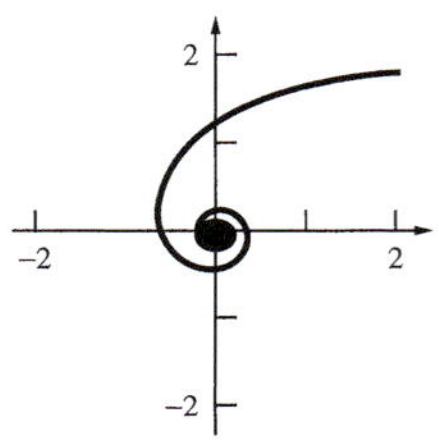

51. (a) The graph for $\phi = 0$ is the graph for $\phi \neq 0$ rotated by ϕ counterclockwise about the pole.
(b) As n increases, the number of "leaves" increases.

53. The spiral will unwind clockwise for $c < 0$. The spiral will unwind counterclockwise for $c > 0$.

55. (a) III; **(b)** IV; **(c)** I; **(d)** II; **(e)** VI; **(f)** V

33. $\left(6, \frac{\pi}{3}\right), \left(6, \frac{5\pi}{3}\right)$

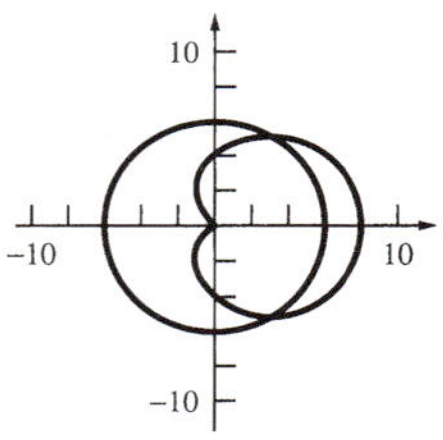

35. $(0, 0), \left(\dfrac{3\sqrt{3}}{2}, \dfrac{\pi}{3}\right)$

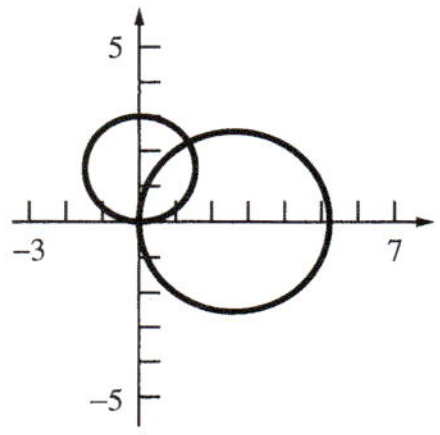

37. $\left(3, \frac{\pi}{6}\right), \left(3, \frac{5\pi}{6}\right), \left(6, \frac{\pi}{2}\right)$

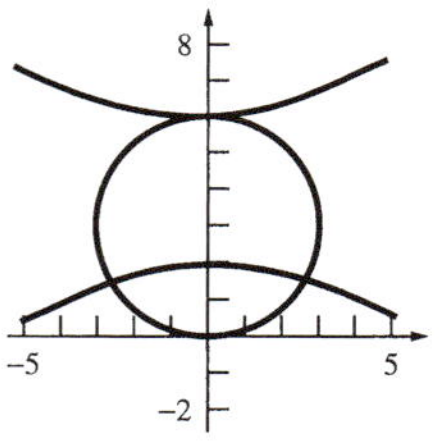

43. (a) $r = \dfrac{45}{\sin\theta}$; **(b)** $r = 6$; **(c)** $r = \pm\dfrac{1}{\sqrt{\cos 2\theta}}$
(d) $r = \pm\dfrac{1}{\sqrt{2\sin 2\theta}}$; **(e)** $r = \dfrac{2}{\sin\theta - 3\cos\theta}$;
(f) $r = \dfrac{-2\sin\theta \pm \sqrt{4\sin^2\theta + 6\cos^2\theta}}{3\cos^2\theta}$;
(g) $r = -\cos\theta + 2\sin\theta \pm \sqrt{(\cos\theta - 2\sin\theta)^2 + 25}$;

45. (a) VII **(b)** I **(c)** VIII **(d)** III **(e)** V **(f)** II **(g)** VI **(h)** IV

Problem Set 10.7

1. πa^2

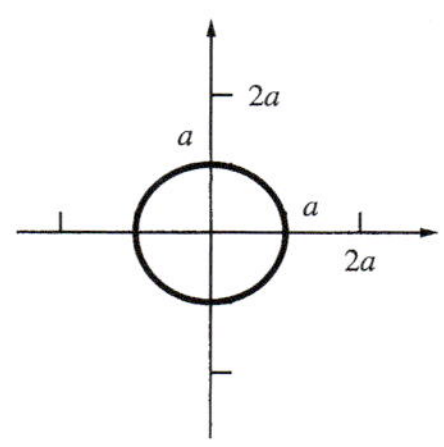

3. $\frac{9}{2}\pi$

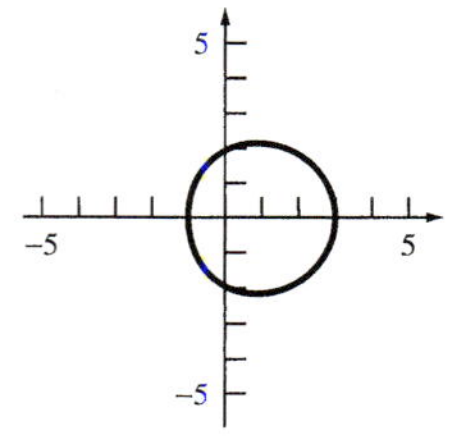

5. $\frac{27}{2}\pi$

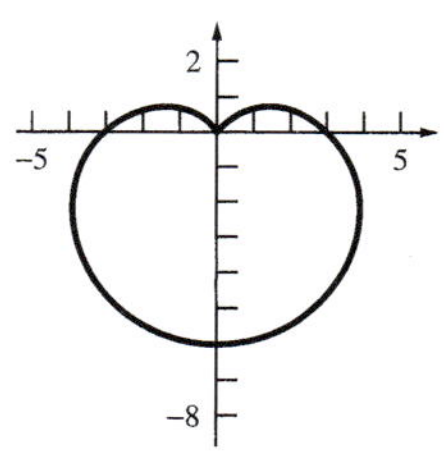

7. $\frac{3}{2}\pi a^2$

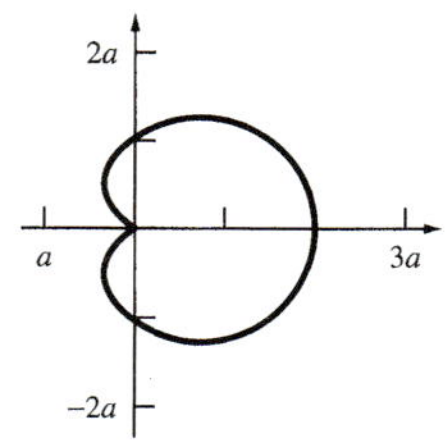

9. 9

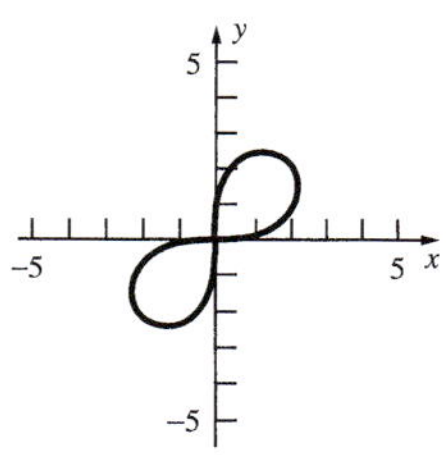

11. $\dfrac{17}{2}\pi - 17\sin^{-1}\dfrac{3}{4} - \dfrac{9\sqrt{7}}{2}$

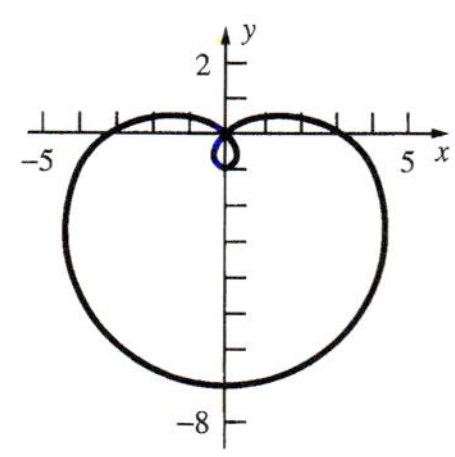

13. $\frac{17}{2}\pi - \frac{17}{2}\cos^{-1}\frac{2}{3} + 3\sqrt{5}$

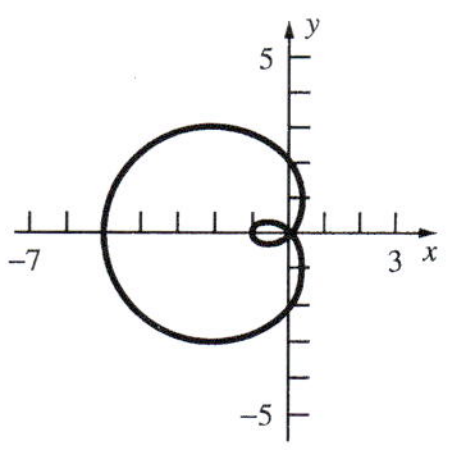

15. 4π

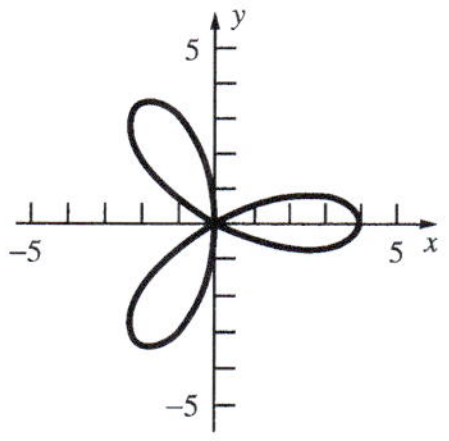

17. 51π

19. $4\sqrt{3} - \frac{4}{3}\pi$

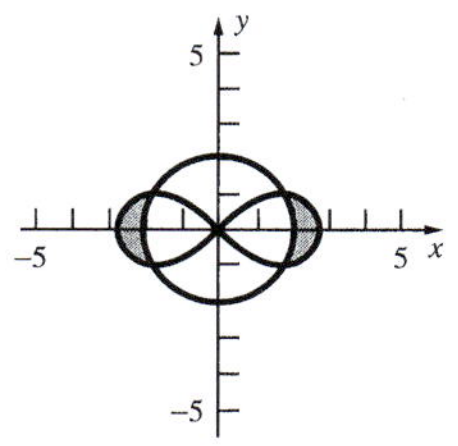

21. $9\sqrt{2} - \frac{27}{4}$

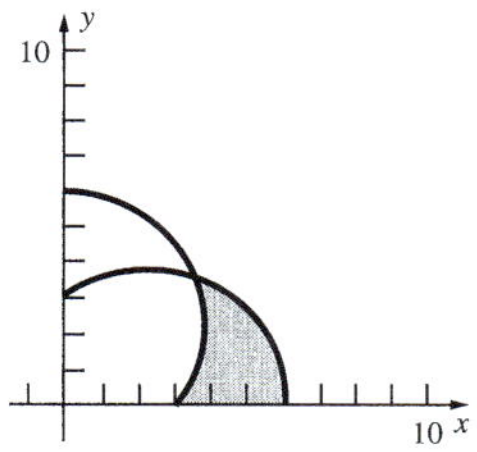

23. **(a)** $\frac{1}{\sqrt{3}}$; **(b)** -1 **(c)** $\frac{\sqrt{3}}{5}$ **(d)** $-\frac{7}{\sqrt{3}}$

25. $\left(-1, \frac{\pi}{2}\right), \left(3, \frac{3\pi}{2}\right), \left(\frac{1}{2}, \sin^{-1}\frac{1}{4}\right), \left(\frac{1}{2}, \pi - \sin^{-1}\frac{1}{4}\right)$ **27.** $8a$

29. $\frac{1}{2}\pi a^2$ if n is even. $\frac{1}{4}\pi a^2$ if n is odd.

31. **(a)** $a^2\tan^{-1}\frac{b}{a} + b^2\left(\frac{\pi}{2} - \tan^{-1}\frac{b}{a}\right) - ab$

33. $a^2\left[(k^2 - 1)\pi + (2 - k^2)\cos^{-1}\left(\frac{k}{2}\right) + \frac{k\sqrt{4 - k^2}}{2}\right]$

35. $1.26a$ **37.** 4π; 26.73

39. 63.46

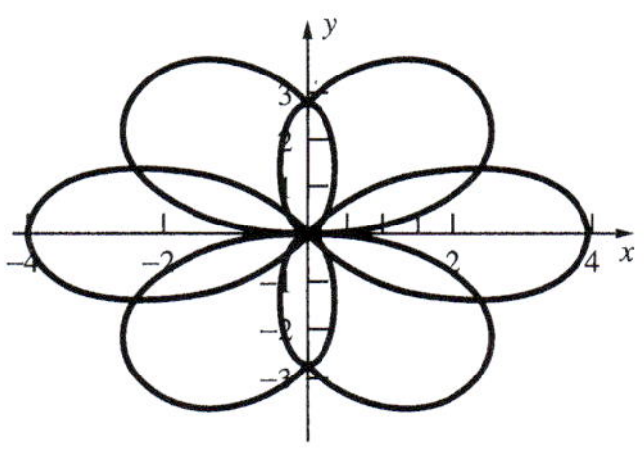

Chapter Review 10.8

Concepts Test

1. False **3.** False **5.** True **7.** True **9.** False
11. True **13.** False **15.** True **17.** True **19.** False
21. False **23.** False **25.** False **27.** False **29.** True
31. False **33.** True

Sample Test Problems

1. **(a)** (5); **(b)** (9); **(c)** (4); **(d)** (3); **(e)** (2); **(f)** (8); **(g)** (8); **(h)** (1); **(i)** (7); **(j)** (6)

3. Ellipse
Foci at $(0, \pm\sqrt{5})$
Vertices at $(0, \pm 3)$

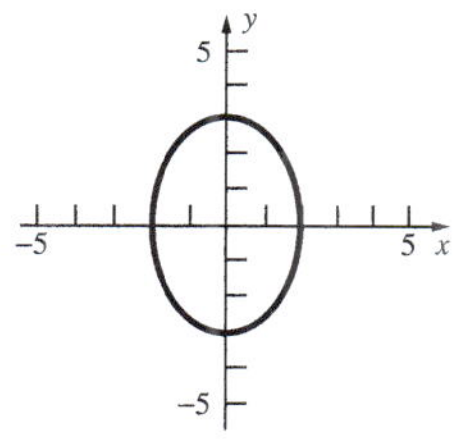

5. Parabola
Focus at $\left(0, -\frac{9}{4}\right)$
Vertex at $(0, 0)$

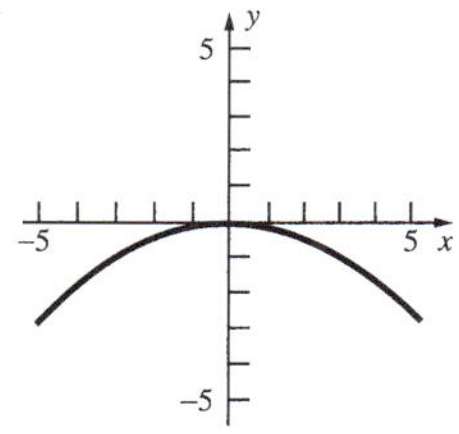

7. Ellipse
Foci at $(\pm 4, 0)$
Vertices at $(\pm 5, 0)$

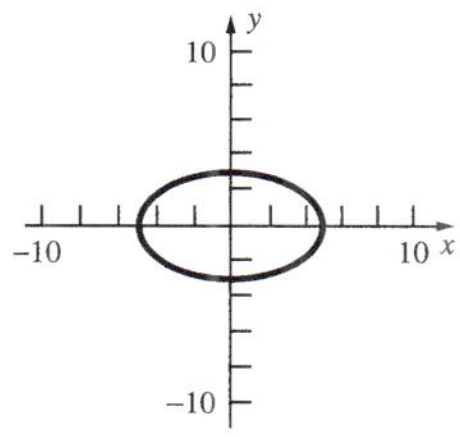

9. Parabola
Focus at $(0, 0)$
Vertex at $\left(0, \frac{5}{4}\right)$

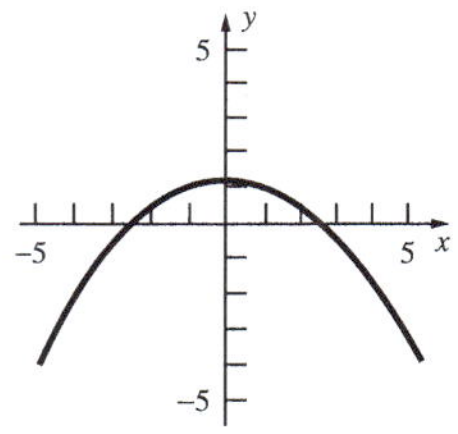

11. $\frac{x^2}{16} + \frac{y^2}{12} = 1$ **13.** $y^2 = -9x$ **15.** $\frac{x^2}{4} - y^2 = 1$

17. $\frac{(x-1)^2}{25} + \frac{(y-2)^2}{16} = 1$

19. Circle

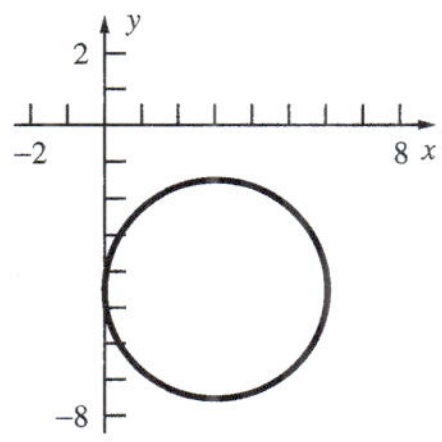

21. Parabola

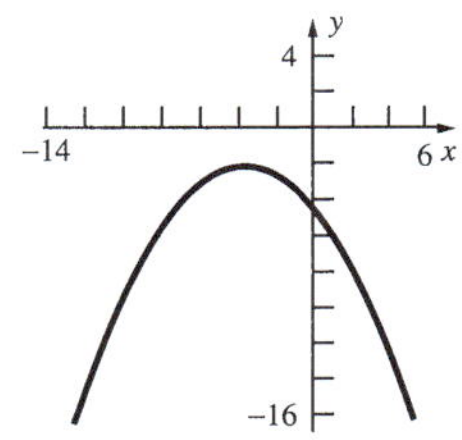

23. $r = \frac{5}{2}$; $s = -\frac{1}{2}$; hyperbola; $4\sqrt{6}$

25. $y = \frac{1}{3}(x - 2)$

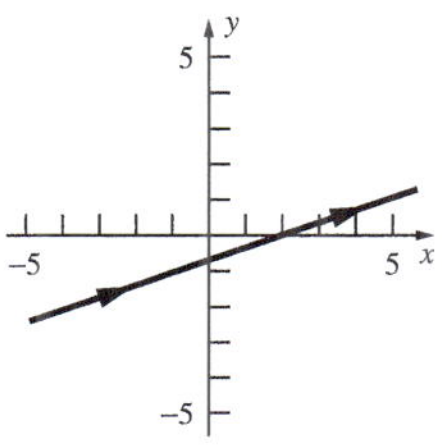

27. $\frac{(x+2)^2}{16} + \frac{(y-1)^2}{9} = 1$

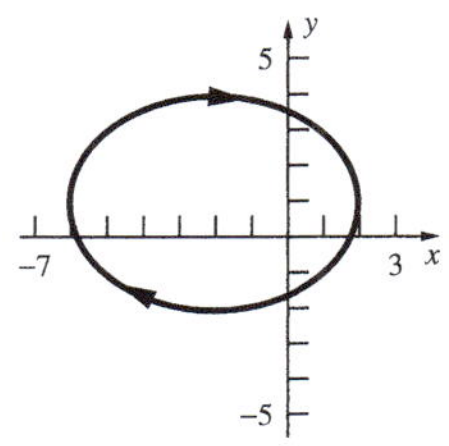

29. $y = -\frac{1}{2}(x - 7)$ **31.** $27\sqrt{2}$

33.

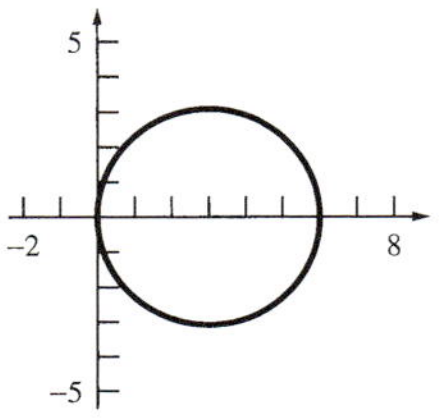

35.

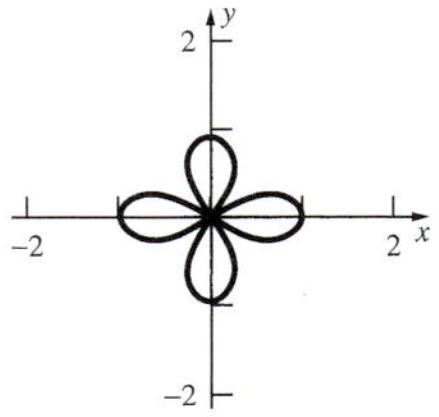

37.

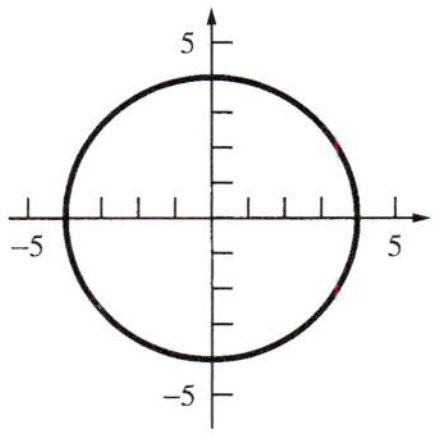

39.

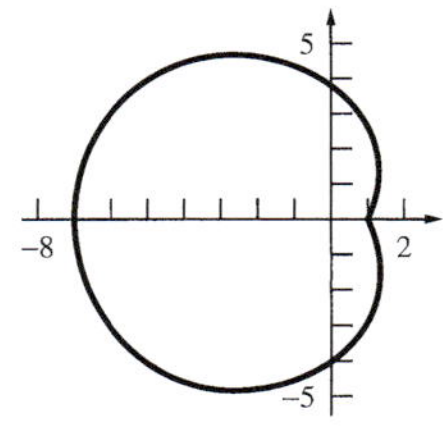

41.

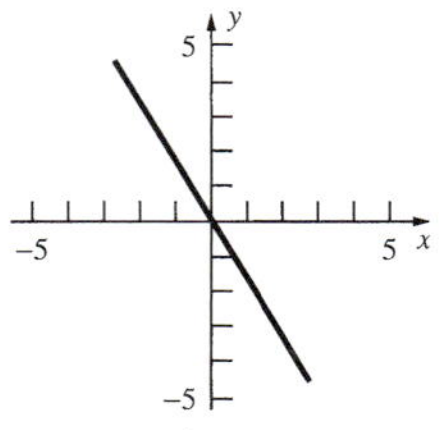

43.

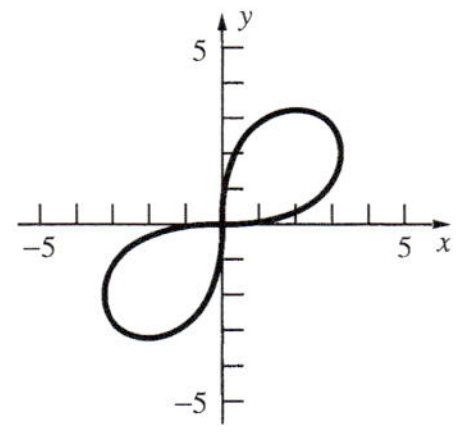

45. $(x-3)^2+(y-3)^2=9$

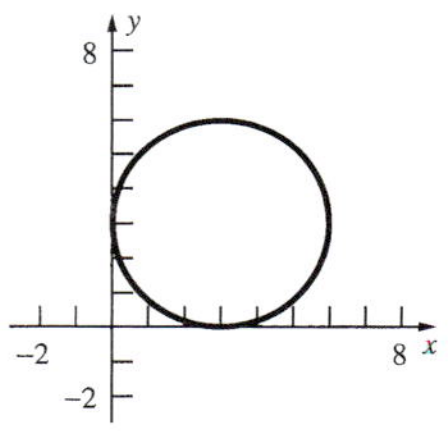

47. -1 **49.** $\frac{75}{2}\pi$ **51.** $\frac{22}{3}$

53. **(a)** I; **(b)** IV; **(c)** III; **(d)** II; **(e)** V

Chapter 11 Review and Preview Problems

1.

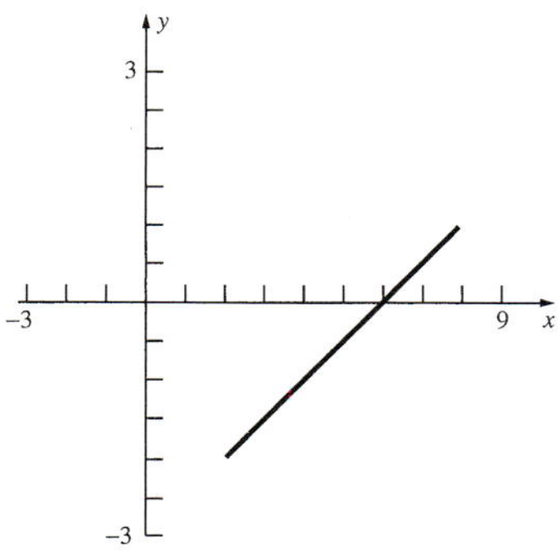

3.

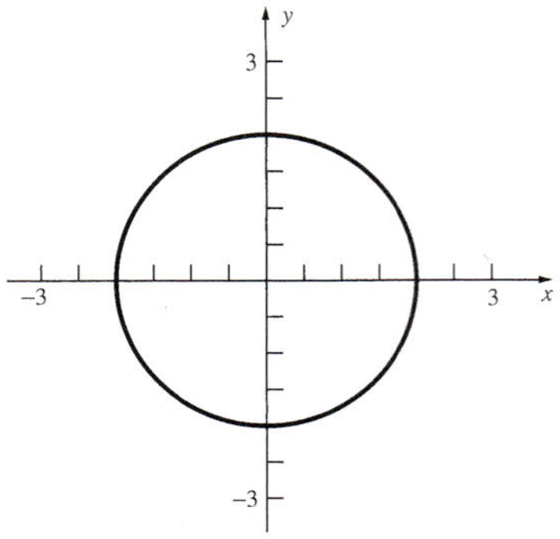

5.

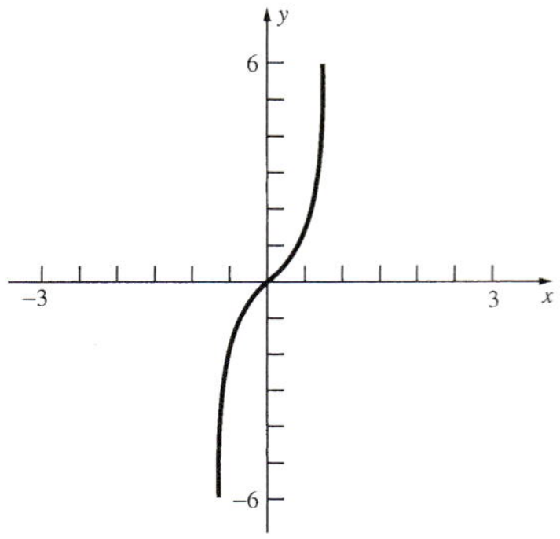

7. $x = h\cdot\cos\theta$
$y = h\cdot\sin\theta$

9. $\frac{1}{243}\left[(328)^{3/2}-8\right]\approx 24.4129$

11. $\pi|a|$ **13.** $(0.8, 2.6)$, distance is $\sqrt{0.8}$

15. **(a)** $v(t)=2t-6$; $a(t)=2$ **(b)** $t>3$

17.

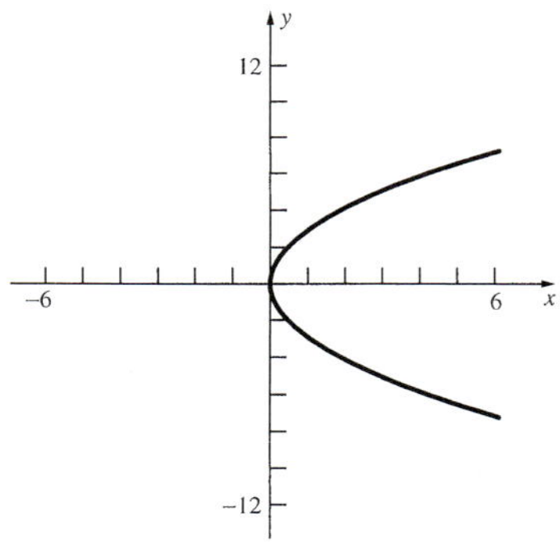

19.

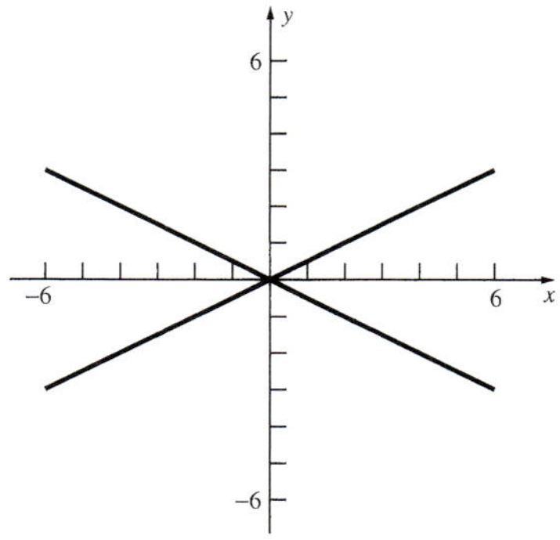

21.

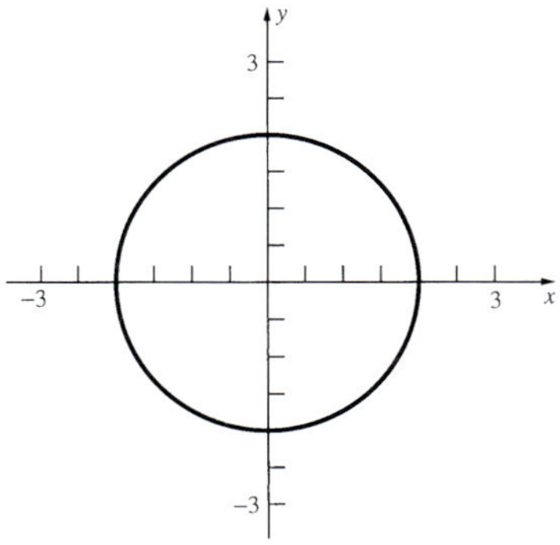

23.

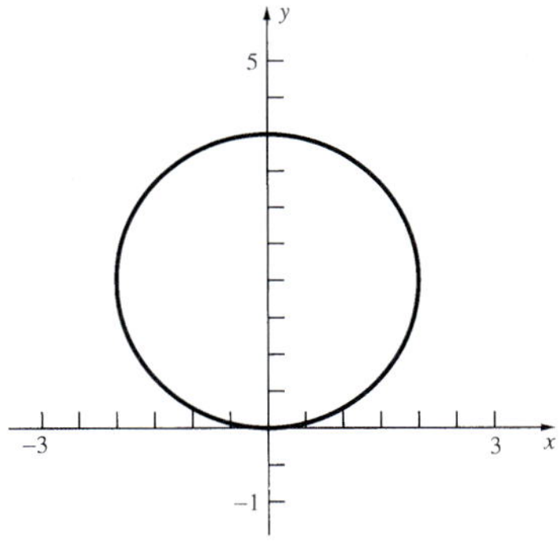

Problem Set 11.1

1. $A(1, 2, 3)$, $B(2, 0, 1)$, $C(-2, 4, 5)$, $D(0, 3, 0)$, $E(-1, -2, -3)$

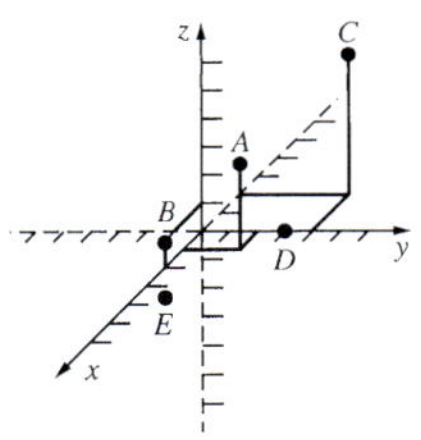

3. $x = 0$; $x = 0, y = 0$

5. **(a)** $\sqrt{43}$; **(b)** 5; **(c)** $\sqrt{(e + \pi)^2 + (\pi + 4)^2 + 3}$

9.

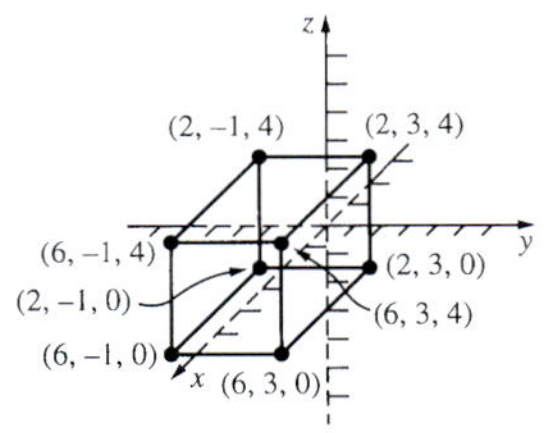

11. **(a)** $(x - 1)^2 + (y - 2)^2 + (z - 3)^2 = 25$;
(b) $(x + 2)^2 + (y + 3)^2 + (z + 6)^2 = 5$;
(c) $(x - \pi)^2 + (y - e)^2 + (z - \sqrt{2})^2 = \pi$

13. $(6, -7, 4)$; 10 **15.** $\left(\frac{1}{2}, -1, -2\right)$; $\sqrt{\frac{17}{2}}$

17.

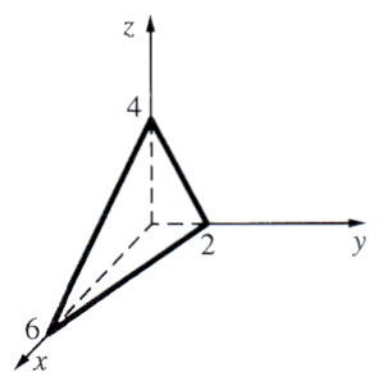

19.

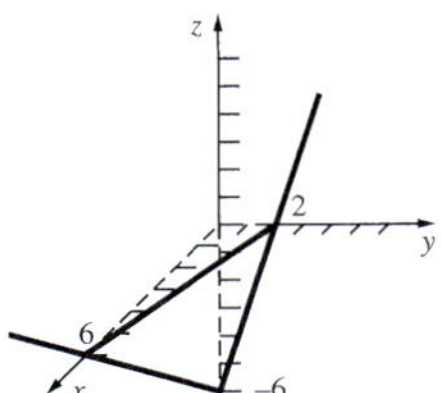

21.

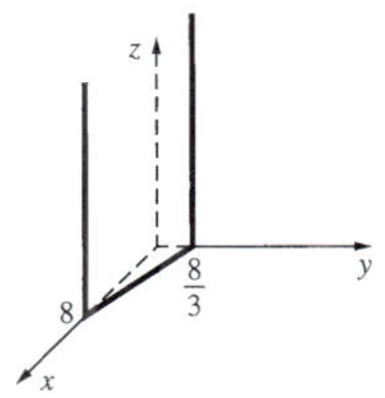

23.

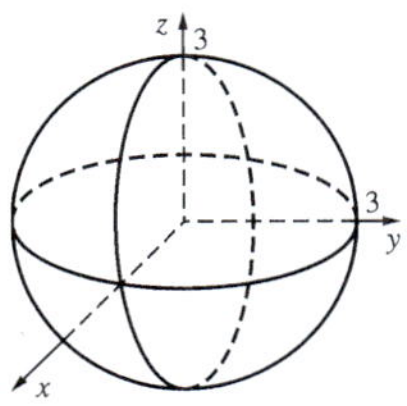

25. $2\sqrt{6}$ **27.** 16.59 **29.** 72 **31.** $2\pi\sqrt{13}$
33. 7.2273 **35.** 34.8394
37. $(x - 1)^2 + (y - 1)^2 + \left(z - \frac{11}{2}\right)^2 = \frac{53}{4}$
39. $(x - 6)^2 + (y - 6)^2 + (z - 6)^2 = 36$
41. **(a)** Plane parallel to and 2 units above the xy-plane;
(b) Plane perpendicular to the xy-plane, whose trace in the xy-plane is the line $x = y$;
(c) Union of the yz-plane ($x = 0$) and the xz-plane ($y = 0$);
(d) Union of the three coordinate planes;
(e) Cylinder of radius 2, parallel to the z-axis;
(f) Top half of the sphere with center $(0, 0, 0)$ and radius 3
43. Center $(1, 2, 5)$, radius 4 **45.** $\dfrac{11\pi}{12}$

Problem Set 11.2

1.

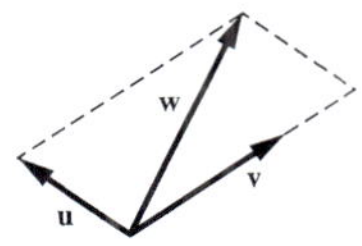

3.

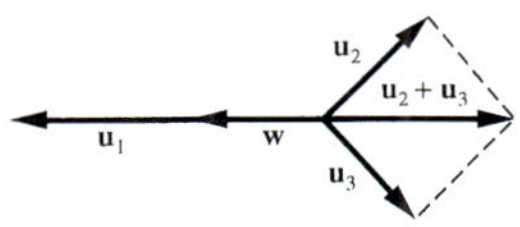

5. $\frac{1}{2}\mathbf{u} + \frac{1}{2}\mathbf{v}$ **7.** 1
9. $\mathbf{u} + \mathbf{v} = \langle 2, 4\rangle$; $\mathbf{u} - \mathbf{v} = \langle -4, -4\rangle$; $\|\mathbf{u}\| = 1$; $\|\mathbf{v}\| = 5$
11. $\mathbf{u} + \mathbf{v} = \langle 10, 14\rangle$; $\mathbf{u} - \mathbf{v} = \langle 14, 10\rangle$; $\|\mathbf{u}\| = 12\sqrt{2}$; $\|\mathbf{v}\| = 2\sqrt{2}$
13. $\mathbf{u} + \mathbf{v} = \langle 2, 4, 0\rangle$; $\mathbf{u} - \mathbf{v} = \langle -4, -4, 0\rangle$; $\|\mathbf{u}\| = 1$; $\|\mathbf{v}\| = 5$
15. $\mathbf{u} + \mathbf{v} = \langle -4, 0, 1\rangle$; $\mathbf{u} - \mathbf{v} = \langle 6, 0, 1\rangle$; $\|\mathbf{u}\| = \sqrt{2}$; $\|\mathbf{v}\| = 5$
17. $\|\mathbf{w}\| \approx 79.34$; S 7.5°W **19.** 150 N
21. N 2.08° E; 467 mi/h **23.** 80 mi/h
33. $\alpha + \beta = 143.13°$, $\beta + \gamma = 126.87°$, $\alpha + \gamma = 90°$
35. $50/\sqrt{2}$ lbs.

Problem Set 11.3

1. **(a)** $-12\mathbf{i} + 18\mathbf{j}$; **(b)** -13; **(c)** -28; **(d)** 375; **(e)** $-15\sqrt{13}$ **(f)** $13 - \sqrt{13}$

3. **(a)** $-\dfrac{7}{5\sqrt{2}}$

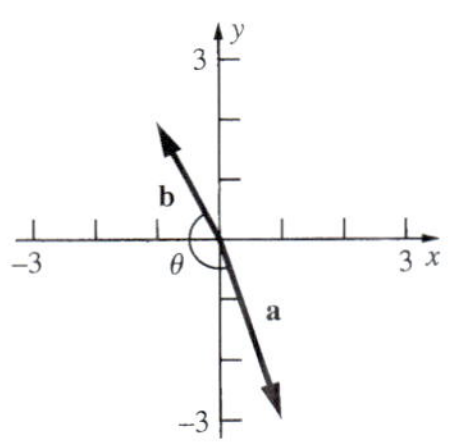

(b) $-\dfrac{1}{\sqrt{5}}$

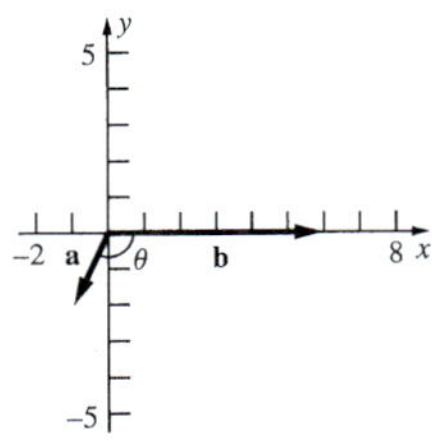

(c) 0 **(d)** $-\dfrac{51}{\sqrt{2665}}$

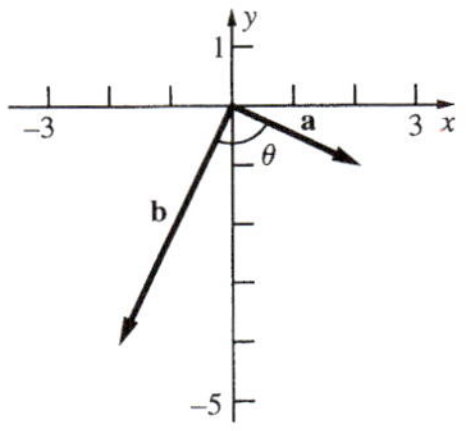

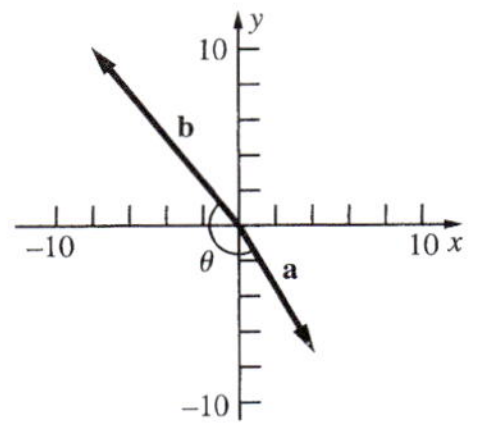

5. (a) 1; **(b)** 4; **(c)** $\dfrac{\sqrt{6}}{6}\mathbf{i} + \dfrac{\sqrt{6}}{3}\mathbf{j} - \dfrac{\sqrt{6}}{6}\mathbf{k}$; **(d)** 2; **(e)** $\sqrt{3}/6$; **(f)** 0

7. $\theta_{a,b} = 90°$; $\theta_{a,c} = 90°$; $\theta_{b,c} = 125.26°$

9. (a) $\alpha_a = 45°$, $\beta_a = 45°$, $\gamma_a = 90°$;
(b) $\alpha_b \approx 54.74°$, $\beta_b \approx 125.26°$, $\gamma_b \approx 54.74°$
(c) $\alpha_c \approx 131.81°$, $\beta_c \approx 48.19°$, $\gamma_c \approx 70.53°$

15. $\dfrac{10}{\sqrt{593}}\mathbf{i} - \dfrac{40}{\sqrt{593}}\mathbf{j} + \dfrac{240}{\sqrt{593}}\mathbf{k}$;
$-\dfrac{10}{\sqrt{593}}\mathbf{i} + \dfrac{40}{\sqrt{593}}\mathbf{j} - \dfrac{240}{\sqrt{593}}\mathbf{k}$

17. $\cos^{-1}\dfrac{11}{\sqrt{129}}$ **19.** $\pm 2\sqrt{6}$ **21.** c is any number; $d = -2$

23. 0 **25.** $\left\langle \dfrac{11}{5}, \dfrac{22}{5} \right\rangle$ **27.** $\langle 0, 2 \rangle$ **29.** $\langle 2, 0, -1 \rangle$

31. $\left\langle \dfrac{15}{7}, \dfrac{10}{7}, \dfrac{5}{7} \right\rangle$ **33.** $\langle 0, 0, 1 \rangle$

35. (a) u; **(b) u**

37. $\sqrt{3}$ **39.** $2\sqrt{3}$

41. infinitely many answers; one is $\mathbf{u} = \langle 1, 2, 0 \rangle$, $\mathbf{v} = \langle -2, 1, -2 \rangle$

43. a, b **51.** $k = \dfrac{2}{3}$, $m = -\dfrac{5}{3}$ **57.** 37.86°

59. 100 joules **61.** 94 ft-lb **63.** 32 joules

65. $2x - 4y + 3z = -15$ **67.** $x + 4y + 4z = 13$

69. 56.91°

71. (a) $z = 2$; **(b)** $2x - 3y - 4z = -13$ **73.** $7/\sqrt{11}$

75. $37/\sqrt{56}$ **77.** 0 **81.** $a = 5$, $b = -2$, $c = 5$

85. $(4, 2, 3)$

87. $a\mathbf{i} + b\mathbf{j} - c\mathbf{k}$; $a\mathbf{i} - b\mathbf{j} - c\mathbf{k}$; $-a\mathbf{i} - b\mathbf{j} - c\mathbf{k}$, the opposite of the original direction.

Problem Set 11.4

1. (a) $-4\mathbf{i} - 10\mathbf{j} - 4\mathbf{k}$; **(b)** $-6\mathbf{i} - 36\mathbf{j} - 27\mathbf{k}$; **(c)** 8; **(d)** $-98\mathbf{i} - 59\mathbf{j} + 88\mathbf{k}$

3. $c(-14\mathbf{i} - 2\mathbf{j} + 6\mathbf{k})$, c in $\mathbb{R}$ **5.** $\pm\left\langle \dfrac{7}{\sqrt{86}}, -\dfrac{1}{\sqrt{86}}, \dfrac{6}{\sqrt{86}} \right\rangle$

7. $2\sqrt{74}$ **9.** $4\sqrt{6}$ **11.** $2x - y - z = -3$

13. $15x + 35y + 21z = 105$ **15.** $x - y + 2z = -1$

17. $7x + 5y + 4z = -5$ **19.** $x - 2y - 2z = 4$

21. $-x + 10y + 17z = -3$ **23.** 69

25. (a) 9; **(b)** $\sqrt{35}$; **(c)** 40.01°

27. (c),(d) **35.** $\frac{1}{2}\sqrt{a^2b^2 + a^2c^2 + b^2c^2}$

Problem Set 11.5

1. $2\mathbf{i} - \mathbf{j}$ **3.** $\frac{1}{2}\mathbf{i} - 4\mathbf{j}$ **5. i** **7.** Does not exist

9. (a) $\{t \in \mathbb{R}: t \le 3\}$; **(b)** $\{t \in \mathbb{R}: t \le 20\}$
(c) $\{t \in \mathbb{R}: -3 \le t \le 3\}$

11. (a) $\{t \in \mathbb{R}: t \le 3\}$; **(b)** $\{t \in \mathbb{R}: t < 20, t^2 \text{ not an integer}\}$
(c) $\{t \in \mathbb{R}: -3 \le t \le 3\}$

13. (a) $9(3t + 4)^2\mathbf{i} + 2te^{t^2}\mathbf{j}$; $54(3t + 4)\mathbf{i} + 2(2t^2 + 1)e^{t^2}\mathbf{j}$;
(b) $\sin 2t\mathbf{i} - 3\sin 3t\mathbf{j} + 2t\mathbf{k}$; $2\cos 2t\mathbf{i} - 9\cos 3t\mathbf{j} + 2\mathbf{k}$

15. $-2e^{-2t} - \dfrac{4}{t^3} + \dfrac{4}{t^3}\ln t^2$

17. $-\dfrac{e^{-3t}}{2}\left(\dfrac{6t - 7}{\sqrt{t - 1}}\right)\mathbf{i} + e^{-3t}\left(\dfrac{2}{t} - 3\ln(2t^2)\right)\mathbf{j}$

19. $\mathbf{v}(1) = 4\mathbf{i} + 10\mathbf{j} + 2\mathbf{k}$; $\mathbf{a}(1) = 10\mathbf{j}$; $s(1) = 2\sqrt{30}$

21. $\mathbf{v}(2) = -\frac{1}{4}\mathbf{i} - \frac{4}{9}\mathbf{j} + 80\mathbf{k}$; $\mathbf{a}(2) = \frac{1}{4}\mathbf{i} + \frac{26}{27}\mathbf{j} + 160\mathbf{k}$;
$s(2) = \dfrac{\sqrt{8{,}294{,}737}}{36}$

23. $\mathbf{v}(2) = 4\mathbf{j} + \dfrac{2^{2/3}}{3}\mathbf{k}$; $\mathbf{a}(2) = 4\mathbf{j} - \dfrac{1}{9\sqrt[3]{2}}\mathbf{k}$;
$s(2) = \sqrt{16 + \dfrac{2^{4/3}}{9}}$

25. $\mathbf{v}(\pi) = -\mathbf{j} + \mathbf{k}$; $\mathbf{a}(\pi) = \mathbf{i}$, $s(\pi) = \sqrt{2}$

27. $\mathbf{v}\left(\frac{\pi}{4}\right) = 2\mathbf{i} + 3e^{\pi/4}\mathbf{j}$; $\mathbf{a}\left(\frac{\pi}{4}\right) = 4\mathbf{i} + 3e^{\pi/4}\mathbf{j} + 16\mathbf{k}$;
$s\left(\frac{\pi}{4}\right) = \sqrt{4 + 9e^{\pi/2}}$

29. $\mathbf{v}(2) = 2\pi\mathbf{i} + \mathbf{j} - e^{-2}\mathbf{k}$; $\mathbf{a}(2) = 2\pi\mathbf{i} - 2\pi^2\mathbf{j} + e^{-2}\mathbf{k}$;
$s(2) = \sqrt{4\pi^2 + 1 + e^{-4}}$

33. $2\sqrt{2}$ **35.** 144 **37.** $\sqrt{41}$

39. $-6t\sin(3t^2 - 4)\mathbf{i} + 18te^{9t^2-12}\mathbf{j}$

41. $(e - 1)\mathbf{i} + (1 - e^{-1})\mathbf{j}$

43. $\mathbf{r}(t) = 5\cos(6t)\mathbf{i} + 5\sin(6t)\mathbf{j}$;
$\mathbf{v}(t) = -30\sin(6t)\mathbf{i} + 30\cos(6t)\mathbf{j}$;
$\|\mathbf{v}(t)\| = 30$; $\mathbf{a}(t) = -180\cos(6t)\mathbf{i} - 180\sin(6t)\mathbf{j}$

45. (b) $R_p = 10R_m$; $t = \frac{\pi}{9}$

47. (a) Winding upward around the right circular cylinder $x = \sin t$, $y = \cos t$, as t increases.
(b) Same as part (a), but winding much faster by a factor of $3t^2$.
(c) With standard orientation of the axes, the motion is winding to the right around the right circular cylinder $x = \sin t$, $z = \cos t$.
(d) Spiraling upward, with increasing radius, along the spiral $x = t\sin t$, $y = t\cos t$.
(e) Spiraling upward, with decreasing radius, along the spiral $x = \dfrac{1}{t^2}\sin t$, $y = \dfrac{1}{t^2}\cos t$.
(f) Spiraling to the right, with increasing radius along the spiral $x = t^2\sin(\ln t)$, $z = t^2\cos(\ln t)$.

Problem Set 11.6

1. $x = 1 + 3t$, $y = -2 + 7t$, $z = 3 + 3t$

3. $x = 4 + t$, $y = 2$, $z = 3 - 2t$

5. $x = 4 + 3t$, $y = 5 + 2t$, $z = 6 + t$; $\dfrac{x - 4}{3} = \dfrac{y - 5}{2} = \dfrac{z - 6}{1}$

7. $x = 1 + t$, $y = 1 + 10t$, $z = 1 + 100t$;
$\dfrac{x - 1}{1} = \dfrac{y - 1}{10} = \dfrac{z - 1}{100}$

9. $\dfrac{x - 4}{27} = \dfrac{y + 5}{-50} = \dfrac{z}{-6}$ **11.** $\dfrac{x + 8}{10} = \dfrac{y}{2} = \dfrac{z + \frac{21}{2}}{9}$

13. $\dfrac{x - 4}{1} = \dfrac{y}{-5} = \dfrac{z - 6}{2}$ **15.** $x = 5t$, $y = -3t$, $z = 4$

17. $x + y + 6z = 11$ **19.** $3x - 2y = 5$

21. **(b)** $2x + y - z = 7$; **(c)** $(-1, 2, -1)$; **(d)** $\sqrt{6}$

23. $\dfrac{x-1}{-\sqrt{3}} = \dfrac{y - 3\sqrt{3}}{3} = \dfrac{z - \frac{\pi}{3}}{1}$ **25.** $3x - 4y + 5z = -22$

27. $\left(-\dfrac{1}{2}, 0, \dfrac{37}{4\sqrt{7}}\right)$ **29.** $\left(\dfrac{5}{2}, 1, 0\right)$

31. **(a)** $\dfrac{8\sqrt{2}}{3}$; **(b)** $\dfrac{3\sqrt{26}}{7}$

Problem Set 11.7

1. $\mathbf{v}(1) = \langle 1, 2\rangle$; $\mathbf{a}(1) = \langle 0, 2\rangle$

$\mathbf{T}(1) = \left\langle \dfrac{1}{\sqrt{5}}, \dfrac{2}{\sqrt{5}} \right\rangle$; $\kappa = \dfrac{2}{5^{3/2}}$

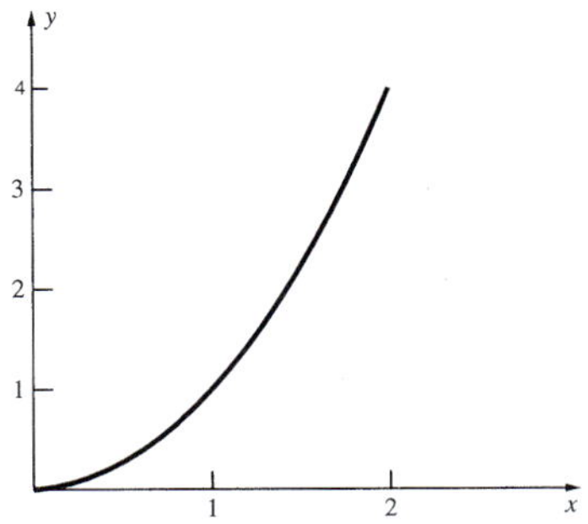

3. $\mathbf{v}(\pi) = \langle 1, 0, -2\rangle$; $\mathbf{a}(\pi) = \langle 0, 2, 0\rangle$

$\mathbf{T}(\pi) = \left\langle \dfrac{1}{\sqrt{5}}, 0, -\dfrac{2}{\sqrt{5}} \right\rangle$; $\kappa = \dfrac{2}{5}$

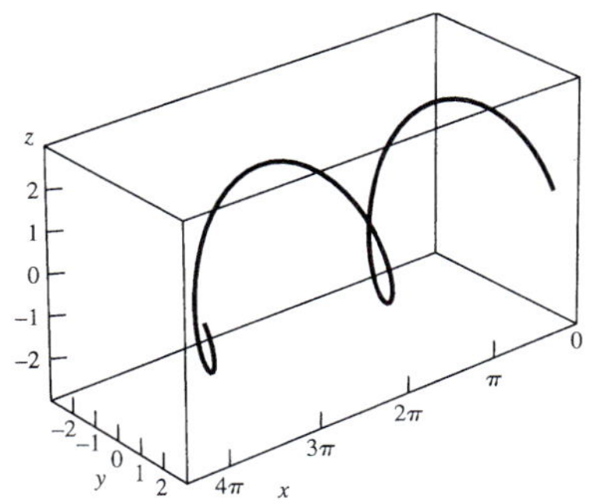

5. $\mathbf{v}(\pi) = \left\langle \dfrac{\pi}{4}, 0, -5 \right\rangle$; $\mathbf{a}(\pi) = \left\langle \dfrac{1}{4}, 5, 0 \right\rangle$

$\mathbf{T}(\pi) = \left\langle \dfrac{\pi}{\sqrt{400 + \pi^2}}, 0, -\dfrac{20}{\sqrt{400 + \pi^2}} \right\rangle$; $\kappa \approx 0.195422$

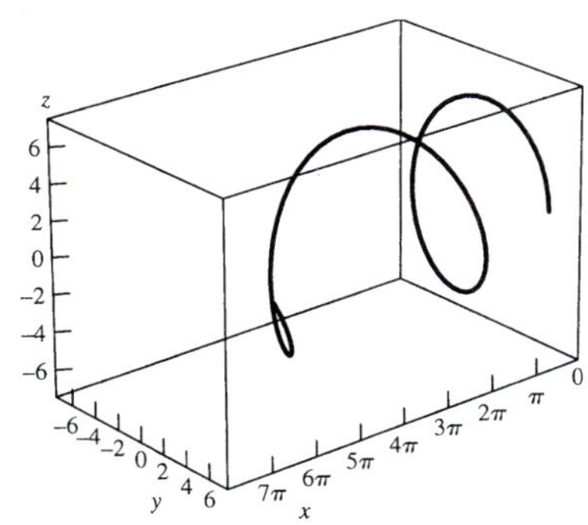

7. $\dfrac{1}{\sqrt{2}}\mathbf{i} + \dfrac{1}{\sqrt{2}}\mathbf{j}$; $\dfrac{1}{4\sqrt{2}}$ **9.** $-\dfrac{3}{5}\mathbf{i} + \dfrac{4}{5}\mathbf{j}$; $\dfrac{24\sqrt{2}}{125}$

11. $-\dfrac{2}{\sqrt{13}}\mathbf{i} - \dfrac{3}{\sqrt{13}}\mathbf{j}$; $\dfrac{6}{13\sqrt{13}}$ **13.** $-\dfrac{1}{\sqrt{2}}\mathbf{i} + \dfrac{1}{\sqrt{2}}\mathbf{j}$; $\dfrac{1}{\sqrt{2}}$

15. $\kappa = \dfrac{4}{17\sqrt{17}}$; $R = \dfrac{17\sqrt{17}}{4}$ **17.** $\kappa = \dfrac{2}{3\sqrt{3}}$; $R = \dfrac{3\sqrt{3}}{2}$

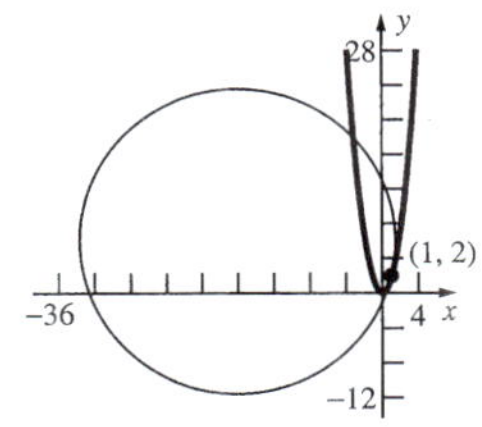

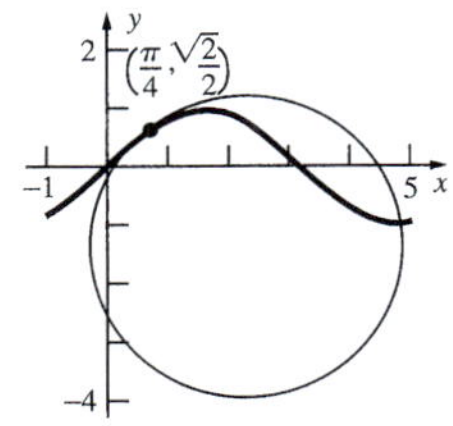

19. $\kappa = \frac{2}{25}$; $R = \frac{25}{2}$ **21.** $\kappa = \frac{1}{4}$; $R = 4$

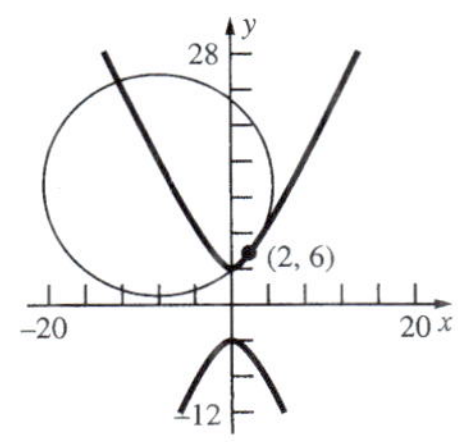

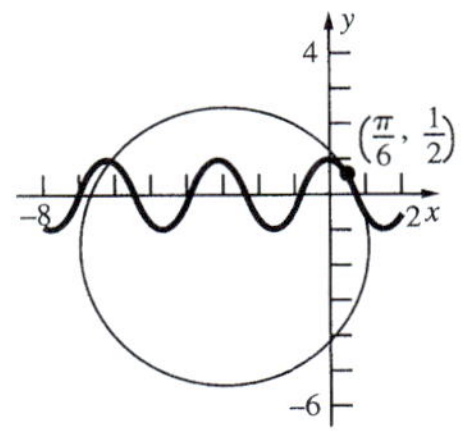

23. $\kappa = \dfrac{4}{5\sqrt{5}}$; $R = \dfrac{5\sqrt{5}}{4}$ **25.** $\kappa = \dfrac{3}{5\sqrt{10}}$; $R = \dfrac{5\sqrt{10}}{3}$

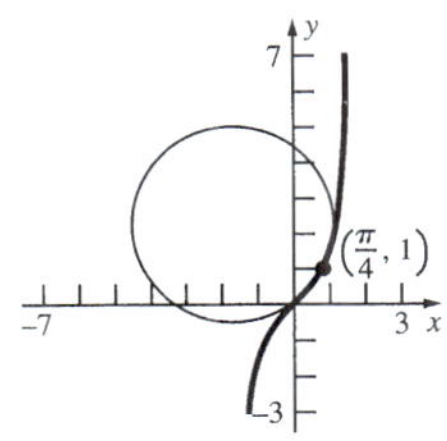

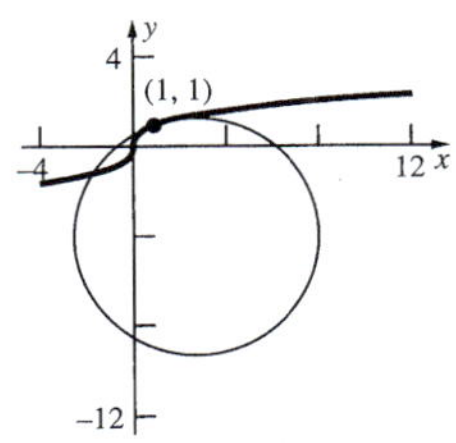

27. $\dfrac{\sqrt{11}}{21\sqrt{7}}$; $\mathbf{T} = \dfrac{2}{\sqrt{21}}\mathbf{i} + \dfrac{1}{\sqrt{21}}\mathbf{j} + \dfrac{4}{\sqrt{21}}\mathbf{k}$;

$\mathbf{N} = -\dfrac{5}{\sqrt{77}}\mathbf{i} - \dfrac{6}{\sqrt{77}}\mathbf{j} + \dfrac{4}{\sqrt{77}}\mathbf{k}$;

$\mathbf{B} = \dfrac{4}{\sqrt{33}}\mathbf{i} - \dfrac{4}{\sqrt{33}}\mathbf{j} - \dfrac{1}{\sqrt{33}}\mathbf{k}$

29. $\kappa = \frac{9}{91}$; $\mathbf{T} = \left\langle -\dfrac{3}{\sqrt{13}}, 0, \dfrac{2}{\sqrt{13}} \right\rangle$; $\mathbf{N} = \langle 0, 1, 0\rangle$;

$\mathbf{B} = \left\langle -\dfrac{2}{\sqrt{13}}, 0, -\dfrac{3}{\sqrt{13}} \right\rangle$

31. $\kappa = \frac{1}{3}\operatorname{sech}^2\frac{1}{3}$; $\mathbf{T} = \tanh\frac{1}{3}\mathbf{i} + \operatorname{sech}\frac{1}{3}\mathbf{j}$;

$\mathbf{N} = \operatorname{sech}\frac{1}{3}\mathbf{i} - \tanh\frac{1}{3}\mathbf{j}$; $\mathbf{B} = -\mathbf{k}$

33. $\kappa = \dfrac{1}{2\sqrt{2}}$; $\mathbf{T} = -\dfrac{1}{2}\mathbf{i} + \dfrac{1}{2}\mathbf{j} + \dfrac{1}{\sqrt{2}}\mathbf{k}$;

$\mathbf{N} = \dfrac{1}{\sqrt{2}}\mathbf{i} + \dfrac{1}{\sqrt{2}}\mathbf{j}$; $\mathbf{B} = -\dfrac{1}{2}\mathbf{i} + \dfrac{1}{2}\mathbf{j} - \dfrac{1}{\sqrt{2}}\mathbf{k}$

35. $\left(\dfrac{1}{\sqrt{2}}, -\dfrac{\ln 2}{2}\right)$ **37.** $(0, 1)$ **39.** $\left(-\dfrac{1}{2}\ln 2, \dfrac{1}{\sqrt{2}}\right)$

41. $a_T = \dfrac{12}{\sqrt{13}}$, $a_N = \dfrac{18}{\sqrt{13}}$ **43.** $a_T = -\sqrt{2}$, $a_N = \sqrt{2}$

45. $a_T = \dfrac{40a}{3\sqrt{41}}, a_N = \dfrac{3a}{\sqrt{41}}$

47. $a_T(1) = \dfrac{4}{\sqrt{14}}$; $a_N(1) = 2\sqrt{\dfrac{5}{7}}$

49. $a_T(0) = 0$; $a_N(0) = \sqrt{2}$

51. $a_T(3) = 36\sqrt{\dfrac{3}{55}}$; $a_N(3) = 6\sqrt{\dfrac{2}{55}}$

53. $(0, 0); (1, 0), (-1, 0)$

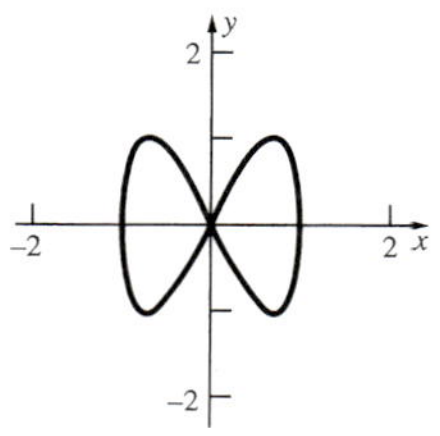

55. The speed is constant; the curvature is zero.

57. $(\cos 5)\mathbf{i} - (\sin 5)\mathbf{j} + 7\mathbf{k}$ **59.** $5\mathbf{T} + 5\mathbf{N}$; $-\mathbf{i} - 7\mathbf{j}$

61. 72 ft/s **67.** $P_5(x) = 10x^3 - 15x^4 + 6x^5$ **71.** $\frac{3}{4}$

73. $\dfrac{3}{8\sqrt{2}}$ **75.** $\frac{3}{16}$

79. max ≈ 0.7606; min ≈ 0.1248

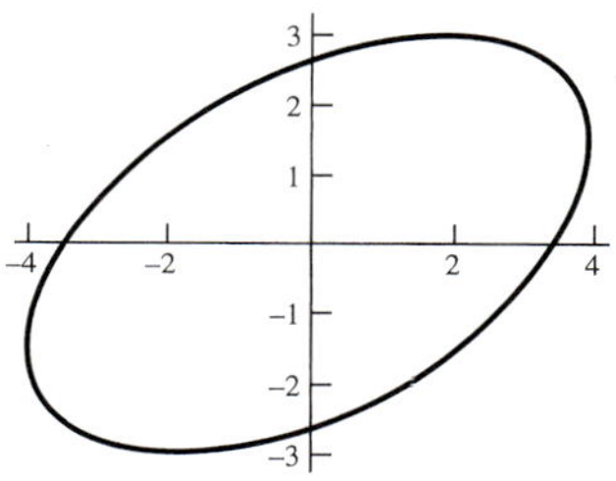

85. $(6, 0, 8); 8\sqrt{9\pi^2 + 1}$

Problem Set 11.8

1. Elliptic cylinder

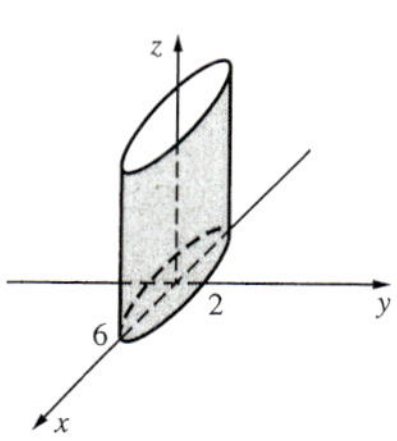

3. Plane

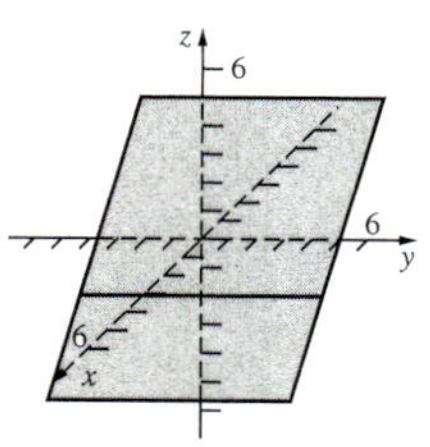

5. Circular cylinder

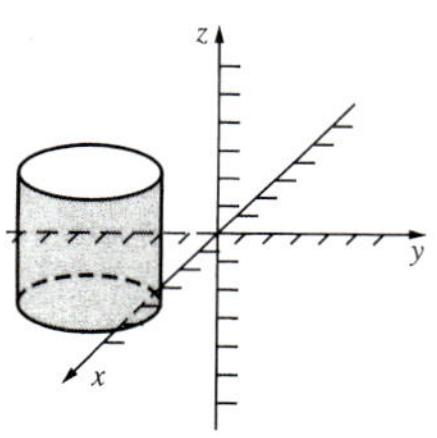

7. Ellipsoid

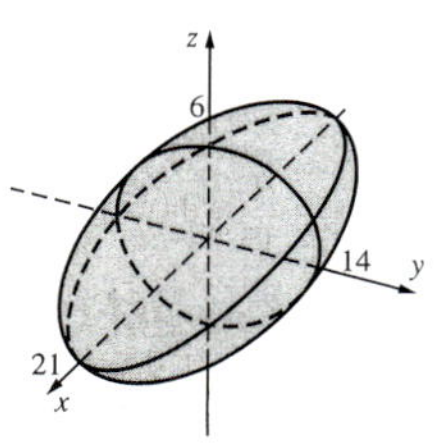

9. Elliptic paraboloid

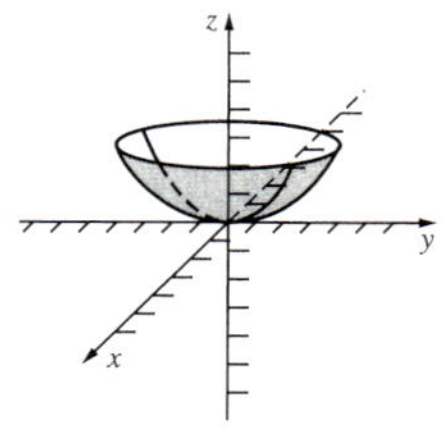

11. Cylinder

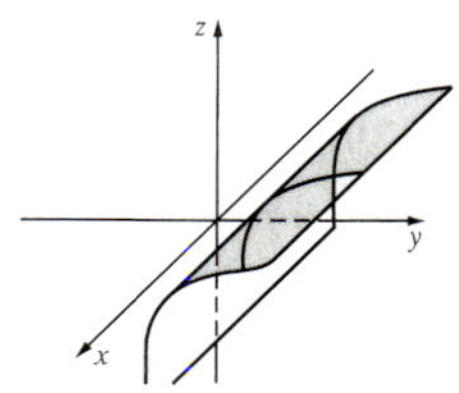

13. Hyperbolic paraboloid

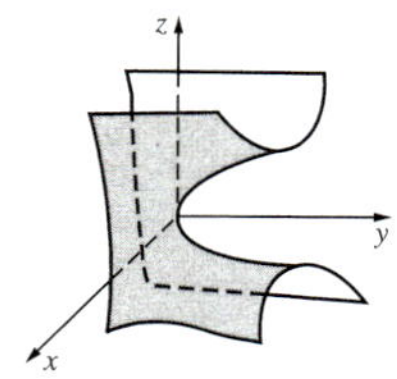

15. Elliptic paraboloid

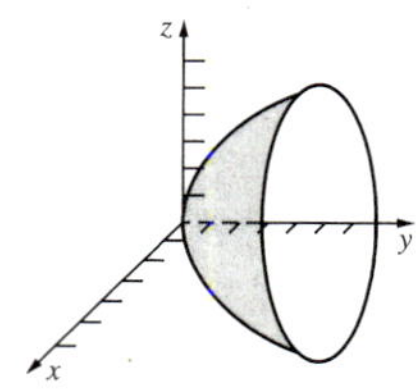

17. Plane

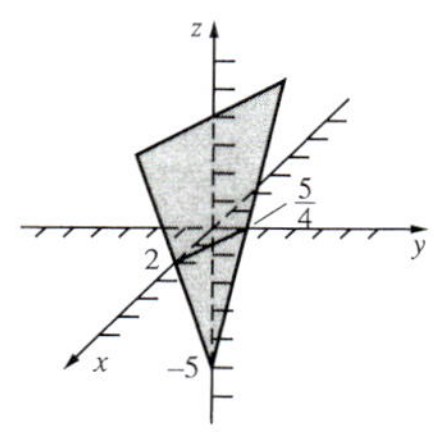

19. Hemisphere

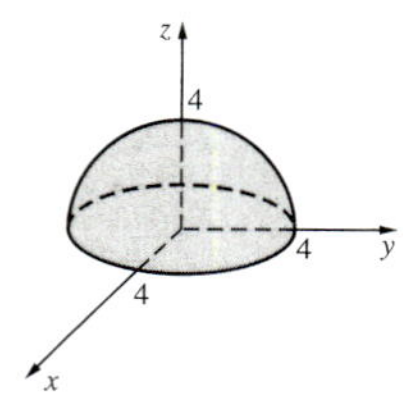

21. **(a)** Replacing x by $-x$ results in an equivalent equation.
(b) Replacing x by $-x$ and y by $-y$ results in an equivalent equation.
(c) Replacing x by $-x$, y by $-y$, and z by $-z$ results in an equivalent equation.

23. All central ellipsoids are symmetric with respect to (a) the origin, (b) the x-axis, and the (c) xy-plane.

25. All central hyperboloids of two sheets are symmetric with respect to (a) the origin, (b) the z-axis, and (c) the yz-plane.

27. $y = 2x^2 + 2z^2$ **29.** $4x^2 + 3y^2 + 4z^2 = 12$

31. $\left(0, \pm 2\sqrt{5}, 4\right)$ **33.** $\dfrac{\pi ab(c^2 - h^2)}{c^2}$

35. Major diameter 4; minor diameter $2\sqrt{2}$

37. $x^2 + 9y^2 - 9z^2 = 0$

Problem Set 11.9

1. Cylindrical to Spherical: $\rho = \sqrt{r^2 + z^2}, \cos\phi = \dfrac{z}{\sqrt{r^2 + z^2}},$ $\theta = \theta$

Spherical to Cylindrical: $r = \rho \sin\phi, z = \rho\cos\phi, \theta = \theta$

3. **(a)** $\left(3\sqrt{3}, 3, -2\right)$; **(b)** $\left(-2, -2\sqrt{3}, -8\right)$

5. **(a)** $\left(4\sqrt{2}, \frac{5\pi}{3}, \frac{\pi}{4}\right)$; **(b)** $\left(4, \frac{3\pi}{4}, \frac{\pi}{6}\right)$

7.

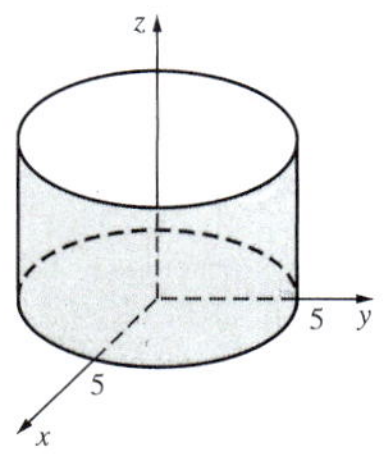

9.

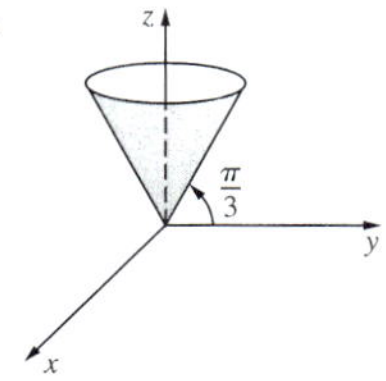

11.

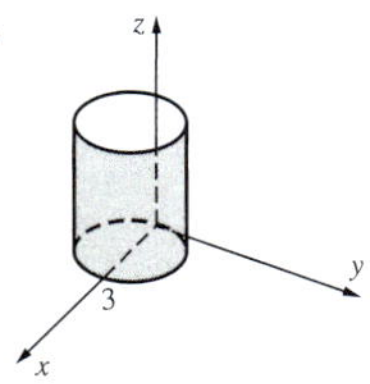

13.

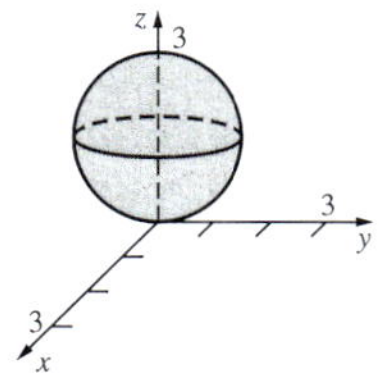

15.

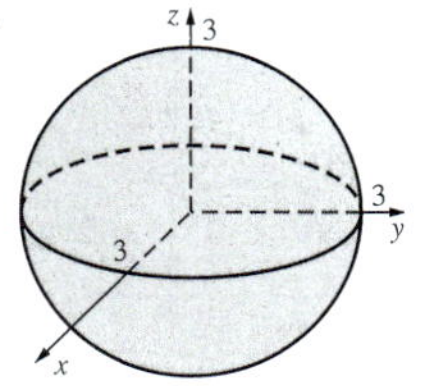

17. $r = 3$ **19.** $r^2 + 4z^2 = 10$ **21.** $\cos^2 \phi = \frac{1}{3}$

23. $\rho^2 = \dfrac{4}{1 + \cos^2 \phi}$ **25.** $r = \dfrac{4}{\sin \theta + \cos \theta}$

27. $\rho \sin \phi = 3$ **29.** $x^2 - y^2 = z$ **31.** $z = 2r^2$

33. 4029 mi **35.** 4552 mi **37.** 2252 mi

41. (a) 3485 mi; **(b)** 4552 mi; **(c)** 9331 mi; **(d)** 7798 mi; **(e)** 12,441 mi

Chapter Review 11.10

Concepts Test

1. True **3.** True **5.** False **7.** True **9.** True
11. False **13.** True **15.** True **17.** True **19.** True
21. True **23.** False **25.** True **27.** True **29.** True
31. True **33.** False **35.** False **37.** False **39.** False
41. False **43.** True **45.** True **47.** False **49.** True
51. True **53.** False **55.** False **57.** False

Sample Test Problems

1. $(x - 1)^2 + (y - 2)^2 + (z - 4)^2 = 11$

3. (a) $\langle 4, -17 \rangle$ **(b)** -3 **(c)** -15 **(d)** -234 **(e)** -36 **(f)** 30

5. (a) $2\mathbf{i} + \mathbf{j} + 4\mathbf{k}$; **(b)** -9; **(c)** -14; **(d)** does not exist; **(e)** $\sqrt{17}$; **(f)** 7

7.

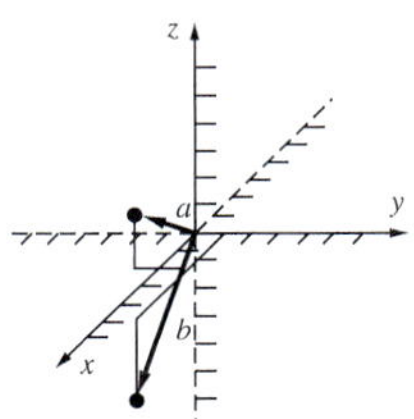

(a) 3; $\sqrt{35}$; **(b)** $\dfrac{2}{3}, -\dfrac{1}{3}, \dfrac{2}{3}; \dfrac{5}{\sqrt{35}}, \dfrac{1}{\sqrt{35}}, -\dfrac{3}{\sqrt{35}}$;

(c) $\frac{2}{3}\mathbf{i} - \frac{1}{3}\mathbf{j} + \frac{2}{3}\mathbf{k}$; **(d)** $\cos^{-1} \dfrac{1}{\sqrt{35}}$

9. $c\langle 10, -11, -3 \rangle$, c in $\mathbb{R}$

11. (a) $y = 7$; **(b)** $x = -5$; **(c)** $z = -2$;

(d) $3x - 4y + z = -45$

13. 1 **15.** $x = -2 + 8t, y = 1 + t, z = 5 - 8t$

17. $x = 2t, y = 25 + t, z = 16$

19. $\mathbf{r}(t) = \langle 2, -2, 1 \rangle + t\langle 5, -4, -3 \rangle$

21. Tangent line: $\dfrac{x - 2}{1} = \dfrac{y - 2}{2} = \dfrac{z - \frac{8}{3}}{4}$

Normal Plane: $3x + 6y + 12z = 50$

23. $\sqrt{3}(e^5 - e)$ **25.** N 12.22°W; 409.27 mi/h

27. (a) $\left\langle \dfrac{1}{t}, -6t \right\rangle; \left\langle -\dfrac{1}{t^2}, -6 \right\rangle$;

(b) $\langle \cos t, -2 \sin 2t \rangle; \langle -\sin t, -4 \cos 2t \rangle$;

(c) $\langle \sec^2 t, -4t^3 \rangle; \langle 2 \sec^2 t \tan t, -12t^2 \rangle$;

29. $a_T = \dfrac{22}{\sqrt{14}}; a_N = \dfrac{2\sqrt{19}}{\sqrt{14}}$

31. Sphere

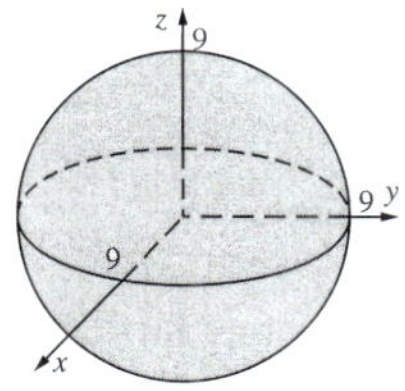

33. Circular paraboloid

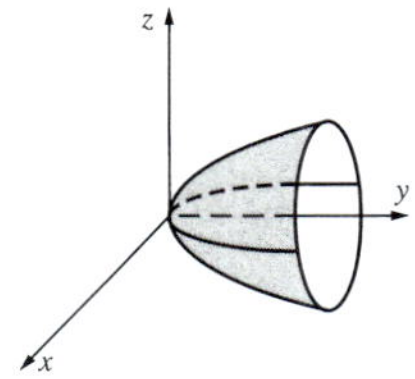

35. Plane

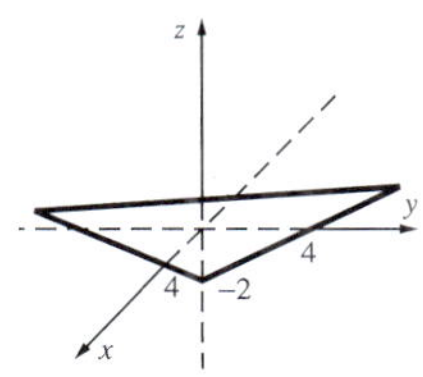

37. Ellipsoid

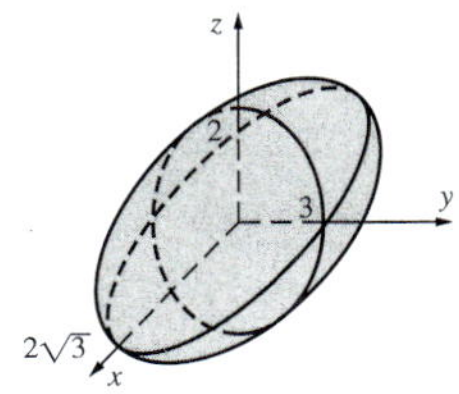

39. (a) $r = 3$; **(b)** $r^2 = \dfrac{16}{1 + 3 \sin^2 \theta}$; **(c)** $r^2 = 9z$;

(d) $r^2 + 4z^2 = 10$

41. (a) $\rho = 2$; **(b)** $\cos^2 \phi = \frac{1}{2}$ (Other forms are possible.);

(c) $\rho^2 = \dfrac{1}{2 \sin^2 \phi \cos^2 \theta - 1}$; **(d)** $r = \cot \phi \csc \phi$

43. 1.25

Chapter 12 Review and Preview Problems

1. $x^2 + y^2 + z^2 = 64$

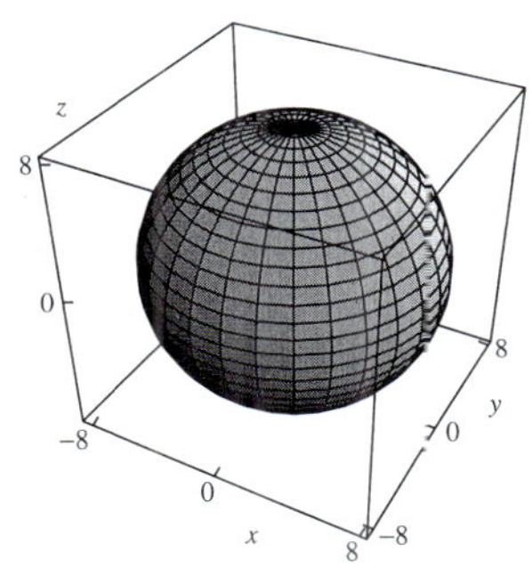

3. $z = x^2 + 4y^2$

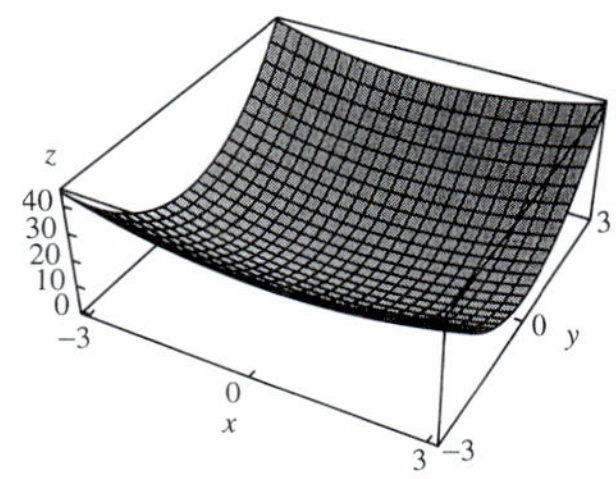

5. (a) $6x^2$; **(b)** $15x^2$; **(c)** $3kx^2$; **(d)** $3ax^2$

7. (a) $2 \cos 2a$; **(b)** $17 \cos 17a$; **(c)** $t \cos ta$; **(d)** $s \cos sa$

9. Continuous and differentiable at $x = 2$

11. Continuous at $x = 4$; not differentiable at $x = 4$

13. maximum value of f on $[0, 4]$ is 5; minimum value is -15

15. $S(r) = 2\pi r^2 + \dfrac{16}{r}$

Problem Set 12.1

1. **(a)** 5; **(b)** 0; **(c)** 6; **(d)** $a^6 + a^2$; **(e)** $2x^2$;
(f) $(2, -4)$ is not in the domain of f. Domain is set of all (x, y) such that $y > 0$.

3. **(a)** 0; **(b)** 2; **(c)** 16; **(d)** -4.2469;

5. t^2

7.

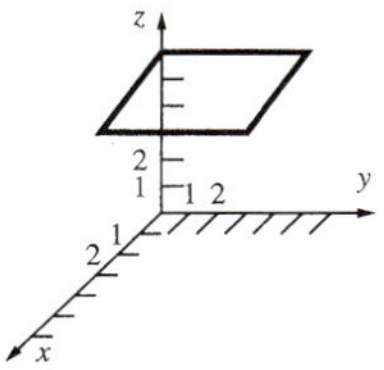

9.

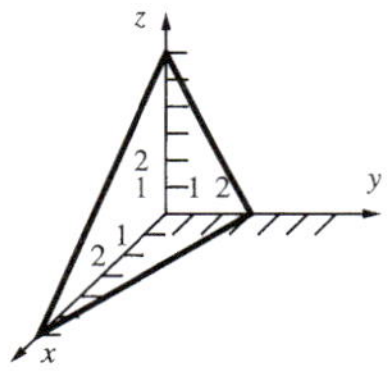

11.

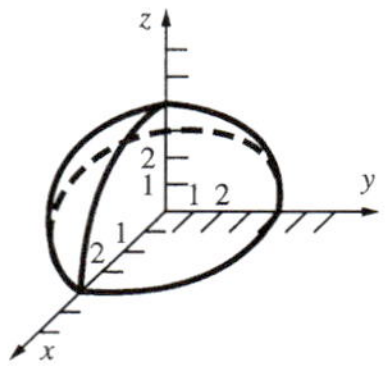

13.

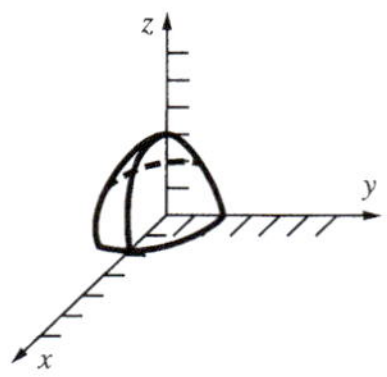

15.

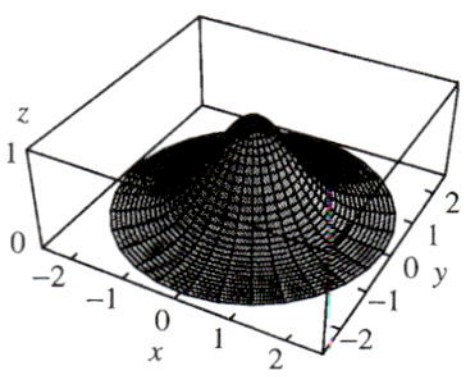

17.

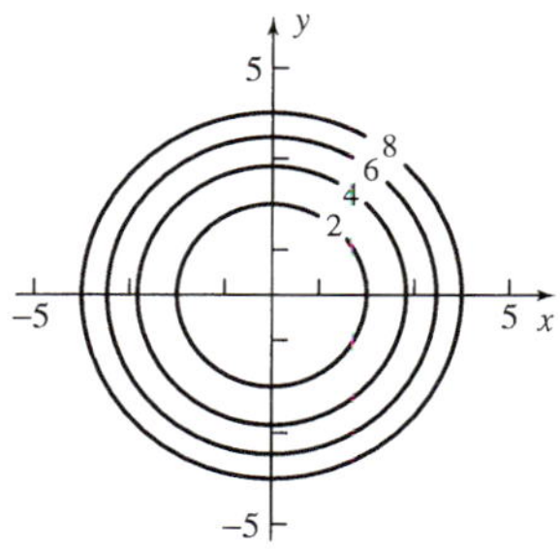

19.

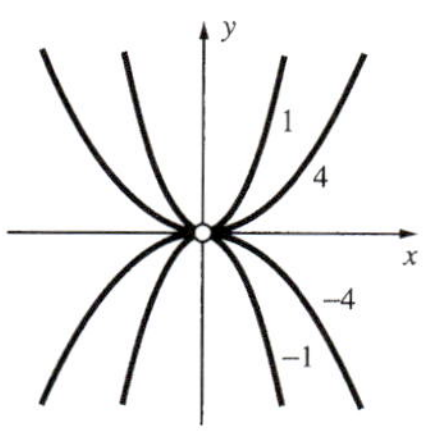

21.

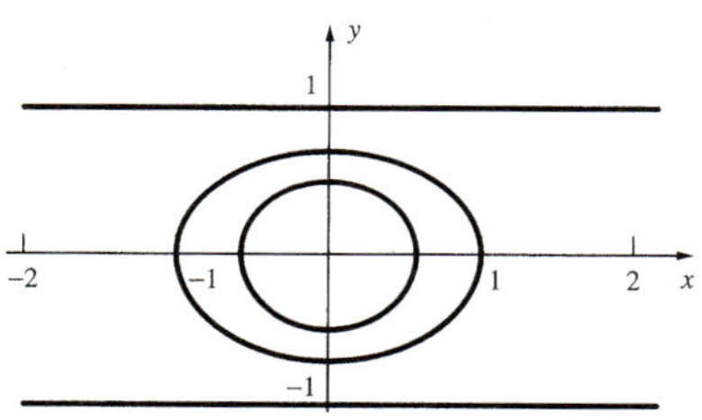

23.

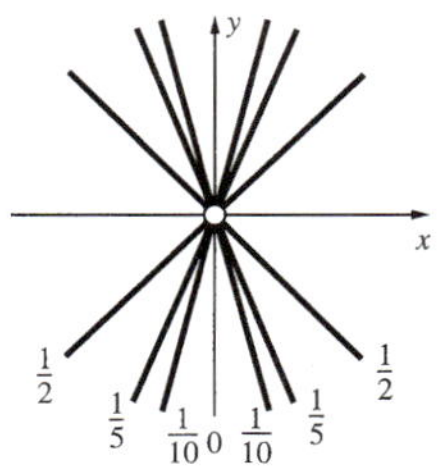

25. **(a)** San Francisco **(b)** northwest: southeast
(c) southwest or northeast

27. The set of all points on and outside the sphere $x^2 + y^2 + z^2 = 16$.

29. The set of all points on and inside the ellipsoid $x^2/9 + y^2/16 + z^2/1 = 1$.

31. All points in $\mathbb{R}^3$ except the origin $(0, 0, 0)$.

33. The set of all spheres with centers at the origin.

35. A set of hyperboloids of revolution about the z-axis when $k = 0$. When $k \neq 0$, the level surface is an elliptic cone.

37. A set of hyperbolic cylinders parallel to the z-axis when $k \neq 0$. When $k = 0$, the level surface is a pair of planes.

39. **(a)** All points in $\mathbb{R}^4$ except the origin $(0, 0, 0, 0)$.
(b) All points in $\mathbb{R}^n$.
(c) All points in $\mathbb{R}^n$ that satisfy $x_1^2 + x_2^2 + \cdots + x_n^2 \leq 1$.

41. **(a)** gentle climb, steep climb; **(b)** 6490 ft, 3060 ft

43.

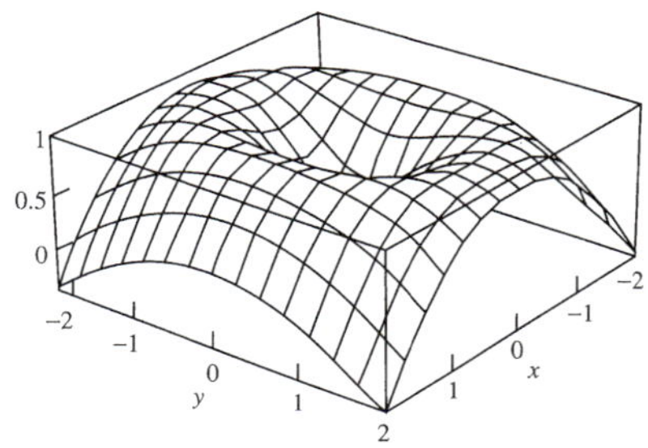

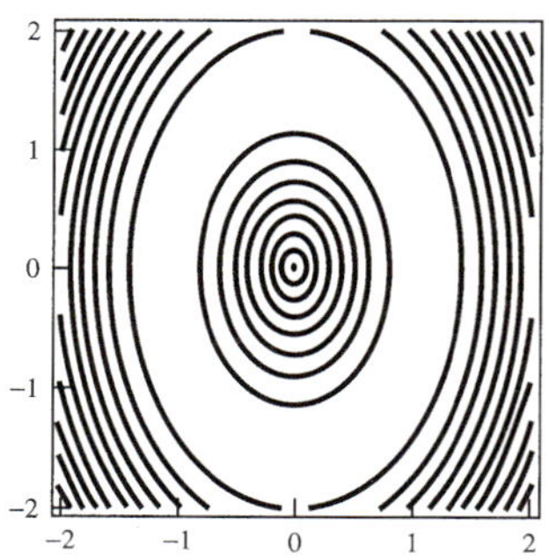

45.

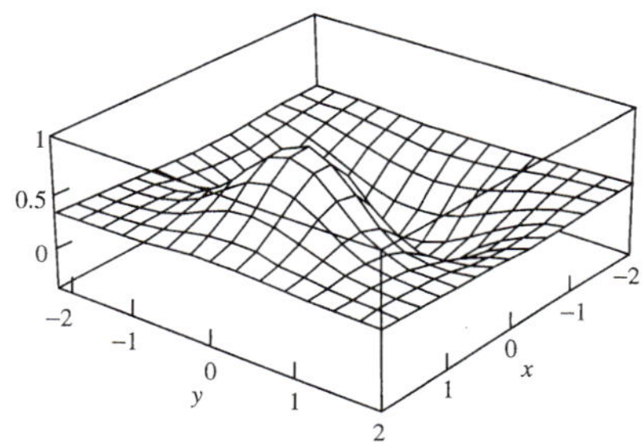

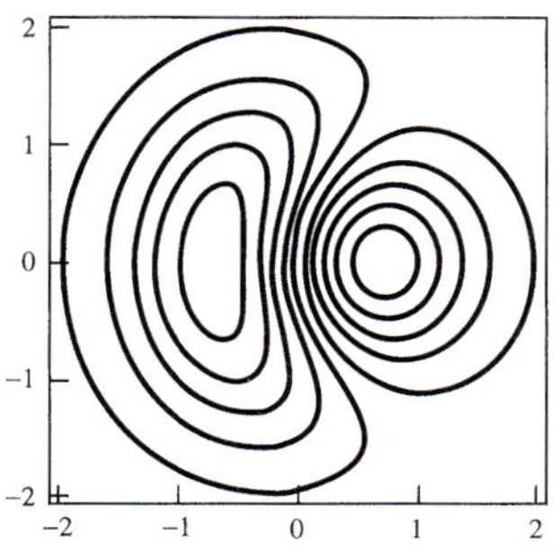

Problem Set 12.2

1. $f_x(x, y) = 8(2x - y)^3; f_y(x, y) = -4(2x - y)^3$
3. $f_x(x, y) = (x^2 + y^2)/(x^2y); f_y(x, y) = -(x^2 + y^2)/(xy^2)$
5. $f_x(x, y) = e^y \cos x; f_y(x, y) = e^y \sin x$
7. $f_x(x, y) = x(x^2 - y^2)^{-1/2}; f_y(x, y) = -y(x^2 - y^2)^{-1/2}$
9. $g_x(x, y) = -ye^{-xy}; g_y(x, y) = -xe^{-xy}$
11. $f_x(x, y) = 4/[1 + (4x - 7y)^2]$; $f_y(x, y) = -7/[1 + (4x - 7y)^2]$
13. $f_x(x, y) = -2xy \sin(x^2 + y^2)$; $f_y(x, y) = -2y^2 \sin(x^2 + y^2) + \cos(x^2 + y^2)$
15. $F_x(x, y) = 2 \cos x \cos y; F_y(x, y) = -2 \sin x \sin y$
17. $f_{xy}(x, y) = 12xy^2 - 15x^2y^4 = f_{yx}(x, y)$
19. $f_{xy}(x, y) = -6e^{2x} \sin y = f_{yx}(x, y)$
21. $F_x(3, -2) = \frac{1}{9}; F_y(3, -2) = -\frac{1}{2}$
23. $f_x(\sqrt{5}, -2) = -\frac{4}{21}; f_y(\sqrt{5}, -2) = -4\sqrt{5}/21$
25. 1 27. 3 29. 120π 31. $k/100$
33. $\partial^2 f/\partial x^2 = 6xy; \partial^2 f/\partial y^2 = -6xy$
35. $180x^4y^2 - 12x^2$
37. (a) $\partial^3 f/\partial y^3$; (b) $\partial^3 f/\partial y\, \partial x^2$; (c) $\partial^4 f/\partial y^3\, \partial x$
39. (a) $6xy - yz$; (b) 8; (c) $6x - z$
41. $-yze^{-xyz} - y(xy - z^2)^{-1}$ 43. $(1, 0, 29)$
45. $\{(x, y): x < \frac{1}{2}, y > \frac{1}{2}, y < x + \frac{1}{2}\} \cup \{(x, y): x > \frac{1}{2}, y < \frac{1}{2}, x < y + \frac{1}{2}\}, \{z: 0 < z \le \sqrt{3}/36\}$
47. (a) -4; (b) $\frac{2}{3}$; (c) $\frac{2}{5}$; (d) $\frac{8}{3}$
49. (a) $f_y(x, y, z) = \lim_{\Delta y \to 0} \frac{f(x, y + \Delta y, z) - f(x, y, z)}{\Delta y}$

(b) $f_z(x, y, z) = \lim_{\Delta z \to 0} \frac{f(x, y, z + \Delta z) - f(x, y, z)}{\Delta z}$

(c) $G_x(w, x, y, z) = \lim_{\Delta x \to 0} \frac{G(w, x + \Delta x, y, z) - G(w, x, y, z)}{\Delta x}$

(d) $\frac{\partial}{\partial z}\lambda(x, y, z, t) = \lim_{\Delta z \to 0} \frac{\lambda(x, y, z + \Delta z, t) - \lambda(x, y, z, t)}{\Delta z}$

(e) $\frac{\partial}{\partial b_2} S(b_0, b_1, b_2, \ldots, b_n) = \lim_{\Delta b_2 \to 0}\left(\frac{S(b_0, b_1, b_2 + \Delta b_2, \ldots, b_n) - S(b_0, b_1, b_2, \ldots, b_n)}{\Delta b_2}\right)$

Problem Set 12.3

1. -18 3. $2 - \frac{1}{2}\sqrt{3}$ 5. $-\frac{5}{2}$; 7. 1;
9. Does not exist; 11. 0 13. 0 15. 0
17. Entire plane 19. $\{(x, y): x^2 + y^2 < 1\}$
21. $\{(x, y): y \ne x^2\}$ 23. $\{(x, y): y \le x + 1\}$
25. All (x, y, z), except $(0, 0, 0)$.
27. The boundary consists of the line segments that form the outer edges of the given rectangle; the set is closed.
29. Boundary: $\{(x, y): x^2 + y^2 = 1\} \cup \{(0, 0)\}$; the set is neither open nor closed.
31. Boundary: $\{(x, y): y = \sin(1/x), x > 0\} \cup \{(x, y): x = 0, y \le 1\}$; the set is open.
33. $g(x) = 2x$
35. $\lim_{x\to 0} f(x, 0) = \lim_{x\to 0}[0/(x^2 + 0)] = 0$; $\lim_{x\to 0} f(x, x) = \lim_{x\to 0}[x^2/(x^2 + x^2)] = \frac{1}{2}$
37. (a) $\lim_{x\to 0} f(x, mx) = \lim_{x\to 0} mx^3/(x^4 + m^2x^2) = \lim_{x\to 0} mx/(x^2 + m^2) = 0$;
(b) $\lim_{x\to 0} f(x, x^2) = \lim_{x\to 0} x^4/(x^4 + x^4) = \frac{1}{2}$;
(c) $\lim_{(x, y)\to(0, 0)} f(x, y)$ does not exist.
39. (a) $\{(x, y, z): x^2 + y^2 = 1, 1 \le z \le 2\}$;
(b) $\{(x, y, z): x^2 + y^2 = 1, z = 1\}$; (c) $\{(x, y, z): z = 1\}$;
(d) empty set.
41. (a) $\{(x, y): x > 0, y = 0\}$;
(b) $\{(u, v, x, y): \langle x, y\rangle = k\langle u, v\rangle, k > 0, \langle u, v\rangle \ne \langle 0, 0\rangle\}$

43.

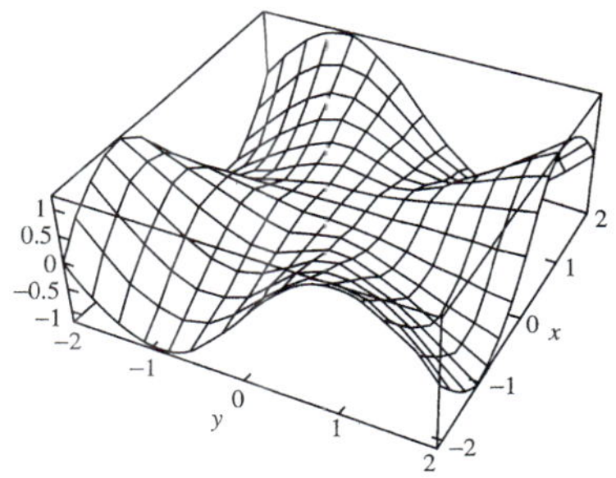

45.

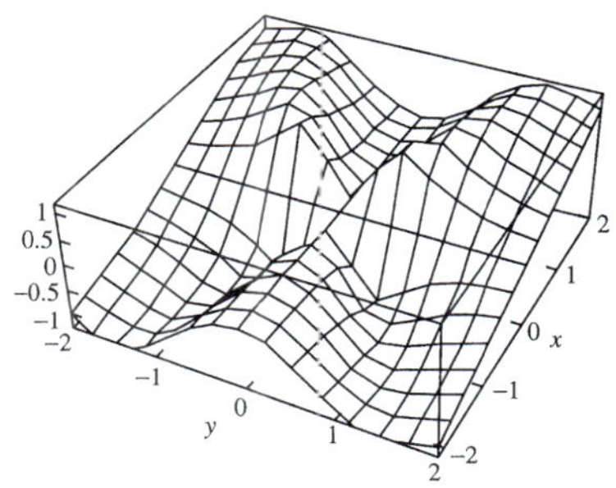

Problem Set 12.4

1. $(2xy + 3y)\mathbf{i} + (x^2 + 3x)\mathbf{j}$ 3. $e^{xy}(1 + xy)\mathbf{i} + x^2e^{xy}\mathbf{j}$
5. $(x + y)^{-2}[(x^2y + 2xy^2)\mathbf{i} + x^3\mathbf{j}]$
7. $(x^2 + y^2 + z^2)^{-1/2}(x\mathbf{i} + y\mathbf{j} + z\mathbf{k})$
9. $xe^{x-z}[(yx + 2y)\mathbf{i} + x\mathbf{j} - xy\mathbf{k}]$
11. $\langle -21, 16\rangle, z = -21x + 16y - 60$
13. $\langle 0, -2\pi\rangle, z = -2\pi y + \pi - 1$
15. $w = 7x - 8y - 2z + 3$ 19. $(1, 2)$
21. (a) $x = 2 + t, y = 1, z = 9 + 12t$
(b) $x = 2, y = 1 + 10t, z = 9 + 10t$
(c) $x = 2 - t, y = 1 - t, z = 9 - 22t$
23. $z = -5x + 5y$ 25. $\mathbf{c} = \langle 1, \frac{1}{2}\rangle$

29.

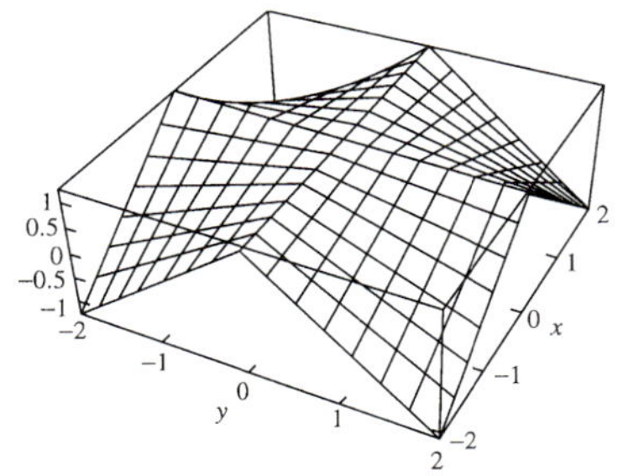

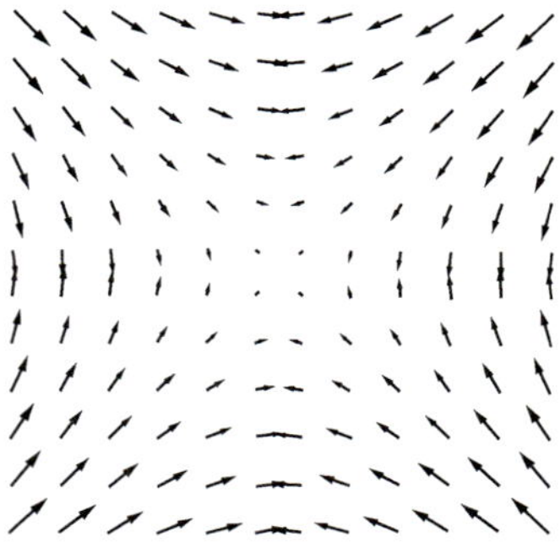

(a) The gradient points in the direction of greatest increase of the function.
(b) No.

Problem Set 12.5

1. $\frac{8}{5}$ **3.** $3\sqrt{2}/2$ **5.** $(\sqrt{2}+\sqrt{6})/4$ **7.** $\frac{52}{3}$
9. $\frac{12}{13}\mathbf{i}-\frac{5}{13}\mathbf{j}$; 13 **11.** $-\frac{4}{\sqrt{21}}\mathbf{i}+\frac{2}{\sqrt{21}}\mathbf{j}-\frac{1}{\sqrt{21}}\mathbf{k}$; $\sqrt{21}$
13. $(1/\sqrt{5})(-\mathbf{i}+2\mathbf{j})$
15. $\nabla f(\mathbf{p})=-4\mathbf{i}+\mathbf{j}$ is perpendicular to the tangent line at $\mathbf{p}$.
17. $\frac{2}{3}$
19. **(a)** $(0,0,0)$; **(b)** $-\mathbf{i}+\mathbf{j}-\mathbf{k}$; **(c)** yes.
21. $(x^2+y^2+z^2)^{-1/2}\cos\sqrt{x^2+y^2+z^2}\,\langle x,y,z\rangle$
23. N 63.43°E **25.** Descend: $-300\sqrt{2}e^{-3}$ **27.** $x=-2y^2$
29. **(a)** $-10/\sqrt{2+\pi^2}$ deg/m; **(b)** -10 deg/s
31. **(a)** $(100,120)$; **(b)** $(190,25)$; **(c)** $-\frac{1}{3},0,\frac{2}{5}$
33. Leave at about $(-0.1,-5)$. **35.** Leave at about $(3,5)$.

Problem Set 12.6

1. $12t^{11}$ **3.** $e^{3t}(3\sin 2t+2\cos 2t)+e^{2t}(3\cos 3t+2\sin 3t)$
5. $7t^6\cos(t^7)$ **7.** $2s^3t-3s^2t^2$
9. $2(s^2\sin t\cos t+t\sin^2 s)\exp(s^2\sin^2 t+t^2\sin^2 s)$
11. $s^4t(1+s^4t^2)^{-1/2}$ **13.** 72 **15.** $-\frac{1}{2}(\pi+1)$
17. 244.35 board ft per year **19.** $\sqrt{20}$ ft/s
21. $(3x^2+4xy)/(3y^2-2x^2)$
23. $(y\sin x-\sin y)/(x\cos y+\cos x)$
25. $(yz^3-6xz)/(3x^2-3xyz^2)$
27. $\partial T/\partial s=(\partial T/\partial x)(\partial x/\partial s)+(\partial T/\partial y)(\partial y/\partial s)+(\partial T/\partial z)(\partial z/\partial s)+(\partial T/\partial w)(\partial w/\partial s)$
31. $10\sqrt{2}-3\pi\sqrt{2}$ **33.** 288 mi/h

Problem Set 12.7

1. $2(x-2)+3(y-3)+\sqrt{3}(z-\sqrt{3})=0$
3. $(x-1)-3(y-3)+\sqrt{7}(z-\sqrt{7})=0$
5. $x+y-z=2$ **7.** $z+1=-2\sqrt{3}(x-\frac{1}{3}\pi)-3y$
9. 0.08; 0.08017992 **11.** -0.03; -0.03015101
13. $(3,-1,-14)$
15. $\langle 0,1,1\rangle$ is normal to both surfaces at $(0,-1,2)$
17. $(1,2,-1)$ and $(-1,-2,1)$
19. $x=1+32t$; $y=2-19t$; $z=2-17t$ **21.** 0.004375 lb
23. 7% **25.** 20 ± 0.34 **27.** $V=9|k|/2$
29. **(a)** 4.98; **(b)** 4.98196; **(c)** 4.9819675

Problem Set 12.8

1. $(2,0)$; local minimum point.
3. $(0,0)$; saddle point; $(\pm\frac{1}{2},0)$; local minimum points.
5. $(0,0)$; saddle point.
7. $(1,2)$; local minimum point. **9.** No critical points.
11. Global maximum of 7 at $(1,1)$; global minimum of -4 at $(0,-1)$.
13. Global maximum of 2 at $(\pm1,0)$; global minimum of 0 at $(0,\pm1)$.
15. Each of the three numbers is $N/3$. **17.** A cube.
19. Base 8 ft by 8 ft; depth 4 ft. **21.** $3\sqrt{3}(\mathbf{i}+\mathbf{j}+\mathbf{k})$
23. $(0.393,0.786,0.772)$; 1.56
25. Width of turned-up sides is 4″; base angle $^{2\pi}/_3$
27. **(a)** maximum value of 8 occurs at $(-1,2)$
(b) minimum value of -11 occurs at $(4,0)$
29. Maximum of 3 at $(1,2)$; minimum of $-\frac{12}{5}$ at $(\frac{8}{5},-\frac{2}{5})$.
31. $y=\frac{7}{10}x+\frac{1}{10}$ **33.** $x=50/\sqrt{3}$, $y=100/\sqrt{1.25}$; \$79,681
35. Maximum of $10+3\sqrt{2}$ at $(3/\sqrt{2},3/\sqrt{2})$; Minimum of $10-3\sqrt{2}$ at $(-3/\sqrt{2},-3/\sqrt{2})$
37. Length 1.1544 ft, Width 1.1544 ft, Height 1.501 ft
39. $(\pm\sqrt{3}/2,-\frac{1}{2})$ where $T=9/4$; $(0,1/2)$, where $T=-1/4$
41. Equilateral triangle.
43. Local maximum: $f(1.75,0)=1.15$; global maximum: $f(-3.8,0)=2.30$
45. Global minimum: $f(0,1)=f(0,-1)=-0.12$.
47. Global maximum $f(1.13,0.79)=f(1.13,-0.79)=0.53$ global minimum $f(-1.13,0.79)=f(-1.13,-0.79)=-0.53$.
49. Global maximum $f(3,3)=f(-3,3)\approx 74.9225$ global minimum $f(1.5708,0)=f(-1.5708,0)=-8$.
51. Global maximum: $f(0.67,0)=5.06$; global minimum: $f(-0.75,0)=-3.54$.
53. Global maximum: $f(2.1,2.1)=3.5$; global minimum: $f(4.2,4.2)=-3.5$.

Problem Set 12.9

1. $f(\sqrt{3},\sqrt{3})=f(-\sqrt{3},-\sqrt{3})=6$
3. $f(2/\sqrt{5},-1/\sqrt{5})=f(-2/\sqrt{5},1/\sqrt{5})=5$
5. $f(\frac{6}{7},\frac{18}{7},-\frac{12}{7})=\frac{72}{7}$ **7.** Base is 4 by 4; depth is 2.
9. $10\sqrt{5}$ ft^3 **11.** $8abc/(3\sqrt{3})$
13. Maximum is $9\sqrt{3}$ when $\langle x,y,z\rangle=\langle 3\sqrt{3},3\sqrt{3},3\sqrt{3}\rangle$.
15. Minimum distance is 1.5616 at pt $(0.393,0.786,0.772)$
17. Length = Width = 1.1544 ft, Height = 1 501 ft
19. $c_0=\dfrac{\pi k}{8+\pi}$; $p_0=\dfrac{4k}{8+\pi}$; $q_0=\dfrac{4k}{8+\pi}$;
$A(c_0,p_0,q_0)=\dfrac{k}{4(8+\pi)}\approx 0.224k^2$ is a minimum value.

21. $f\left(\frac{1}{\sqrt{2}}, \frac{1}{\sqrt{2}}\right) = 10 + \sqrt{2}$ is the maximum value;
$f\left(-\frac{1}{\sqrt{2}}, -\frac{1}{\sqrt{2}}\right) = 10 - \sqrt{2}$ is the minimum value

23. $f\left(\frac{3\sqrt{3}}{2}, -\frac{3}{2}\right) \approx 20.6913$ is the maximum value;
$f(-2, -1) = -3$ is the minimum value

25. $f\left(\frac{2}{\sqrt{5}}, \frac{8}{\sqrt{5}}\right) \approx 29.9443$ is the maximum value;
$f(x, -1-x) = 0$ for $-\frac{1}{5} - \frac{2}{5}\sqrt{19} \le x \le -\frac{1}{5} + \frac{2}{5}\sqrt{19}$
is the minimum value

27. $x = \alpha d/a, y = \beta d/b, z = \gamma d/c$

29. $f(-1, 1, 0) = 3, f(1, -1, 1) = -1$

31. $\sqrt{A}$ is the maximum value of w, where
$A = a_1{}^2 + a_2{}^2 + \cdots + a_n{}^2$

33. $f(4, 0) = -4$ **35.** $f(0, 3) = f(0, -3) = -0.99$

Chapter Review 12.10

Concepts Test

1. True **3.** True **5.** True **7.** False **9.** True
11. True **13.** True **15.** True **17.** True **19.** False

Sample Test Problems

1. (a) $\{(x, y): x^2 + 4y^2 \ge 100\}$ **(b)** $\{(x, y): 2x - y \ge 1\}$

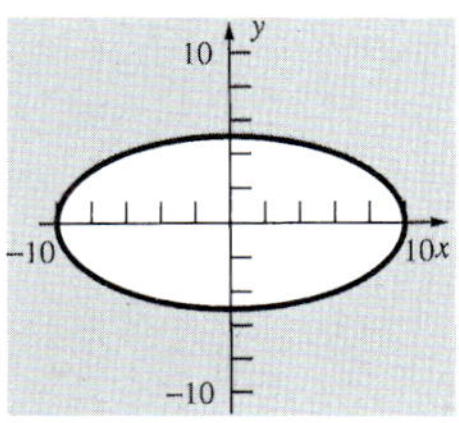

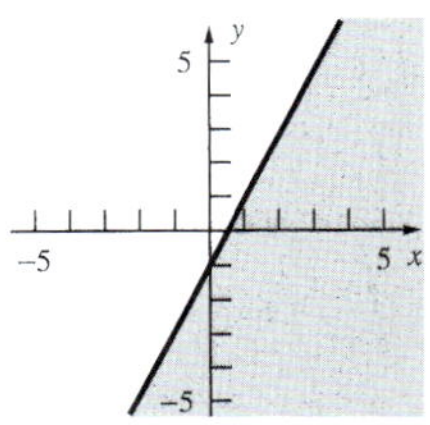

3. $12x^3y^2 + 14xy^7; 36x^2y^2 + 14y^7; 24x^3y + 98xy^6$

5. $e^{-y}\sec^2 x; 2e^{-y}\sec^2 x \tan x; -e^{-y}\sec^2 x$

7. $450x^2y^4 - 42y^5$ **9.** 1 **11.** Does not exist.

13. (a) $-4\mathbf{i} - \mathbf{j} + 6\mathbf{k}$; **(b)** $-4(\cos 1\mathbf{i} + \sin 1\mathbf{j} - \cos 1\mathbf{k})$

15. $\sqrt{3} + 2$

17. (a) $x^2 + 2y^2 = 18$; **(b)** $4\mathbf{i} + 2\mathbf{j}$;

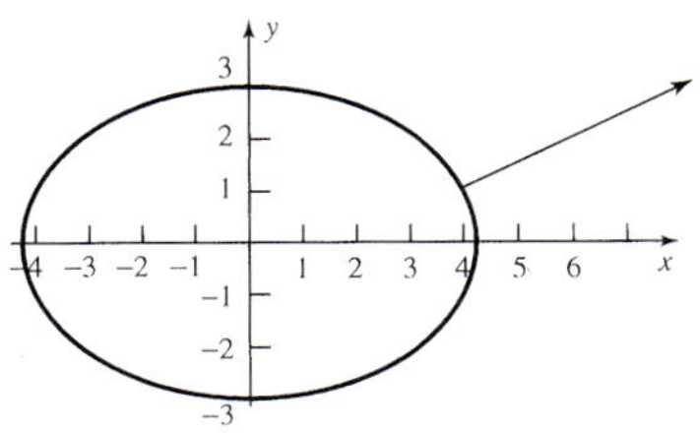

19. $(x^2 + 3y - 4z)/x^2yz; (-x^2 - 4x)/xy^2z; (3y - x^2)/xyz^2$

21. $15xy\sqrt{t}/z^3 + 5x^2/tz^3 - 45x^2ye^{3t}/z^4$

23. $18\mathbf{i} + 16\mathbf{j} - 18\mathbf{k}; 9x + 8y - 9z = 34$ **25.** 0.7728

27. $16\sqrt{3}/3$ **29.** Radius 2; height 4.

Chapter 13 Review and Preview Problems

1.

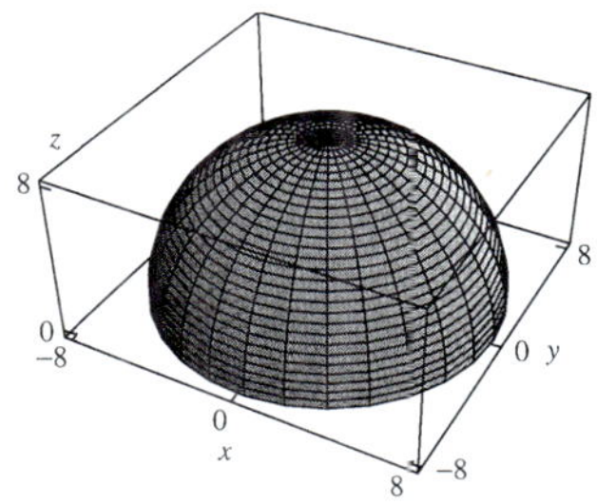

3.

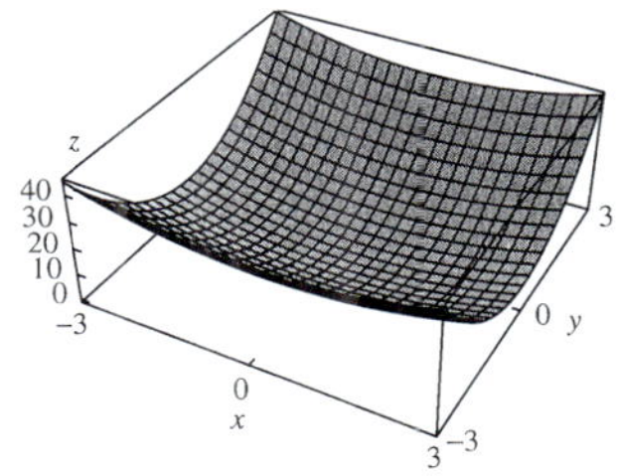

5.

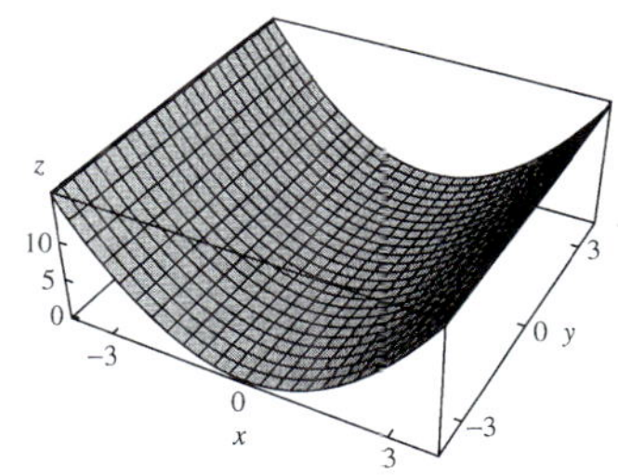

7.

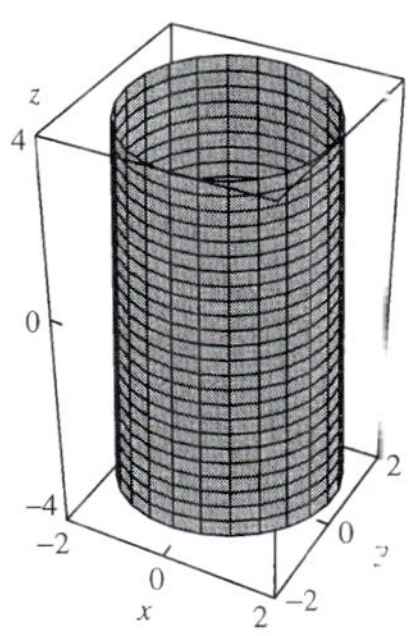

9.

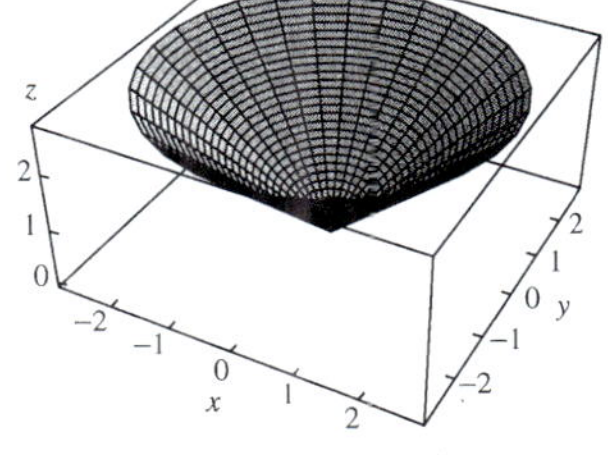

11.

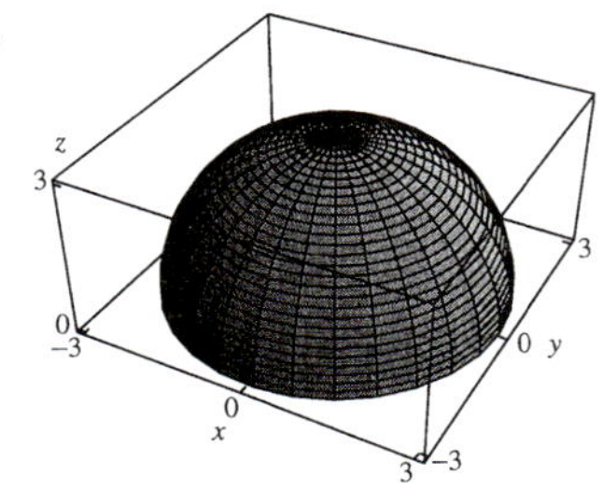

13.

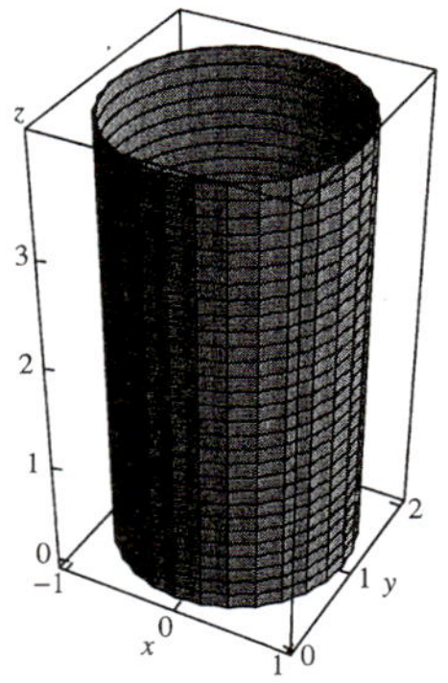

15. $-\frac{1}{2}e^{-2x} + C$ **17.** $\frac{2a}{\pi}$ **19.** $\frac{\pi}{2}$ **21.** $\frac{1}{2}\ln 2$

23. $\frac{-1 + 37^{3/2}}{12}$ **25.** $\frac{\pi}{4}$ **27.** $2\pi\left(\sqrt{a^2 - b^2} - \sqrt{a^2 - c^2}\right)$

29. 36π **31.** $\frac{\pi^2}{2}$ **33.** $\frac{81\pi}{2}$

Problem Set 13.1

1. 14 **3.** 12 **5.** 4 **7.** 3 **9.** 168 **11.** 520
13. 52.57

15.

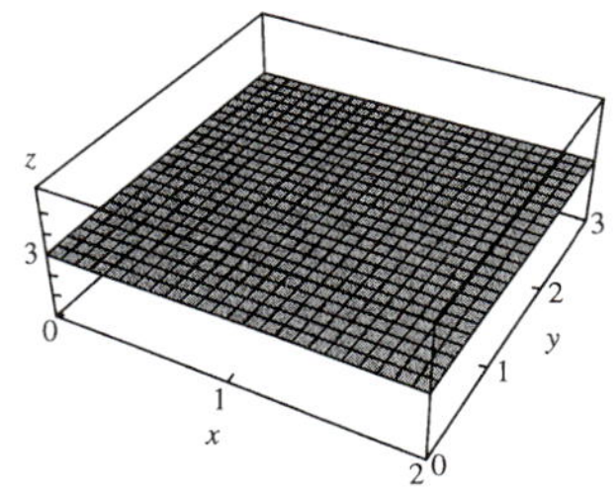

17.

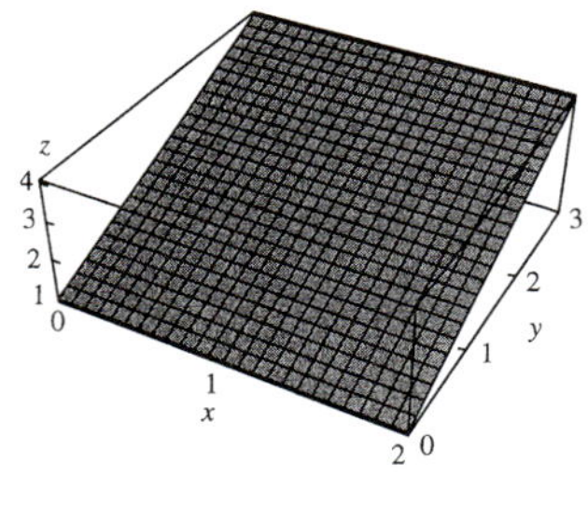

19.

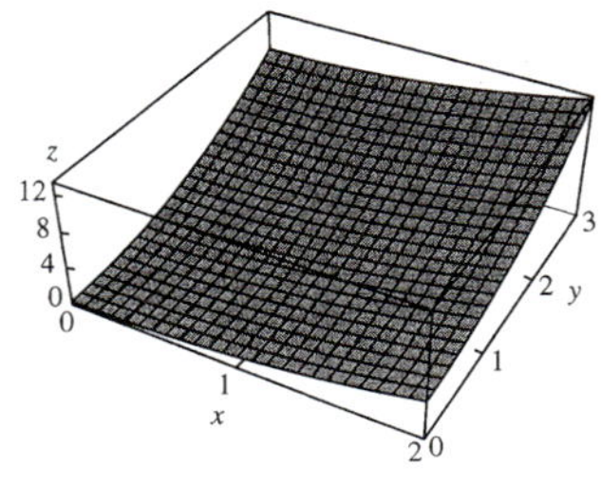

21. 5.5 **25.** $c = 15.30, C = 30.97$
27. **(a)** -6; **(b)** 6
29. Number of cubic inches of rain that fell on all Colorado in 1999; average rainfall in Colorado during 1999.
31. Approximately 458.

Problem Set 13.2

1. 48 **3.** $\frac{32}{3}$ **5.** $\frac{55}{4}$ **7.** 1 **9.** $\pi/2 - 1$

11. $\frac{4}{15}\left[31 - 9\sqrt{3}\right] \approx 4.110$ **13.** $1 - \frac{1}{2}\ln 3 \approx 0.4507$

15. $\frac{9\pi}{4}$ **17.** 0 **19.** 2 **21.** 105 **23.** 112

25.

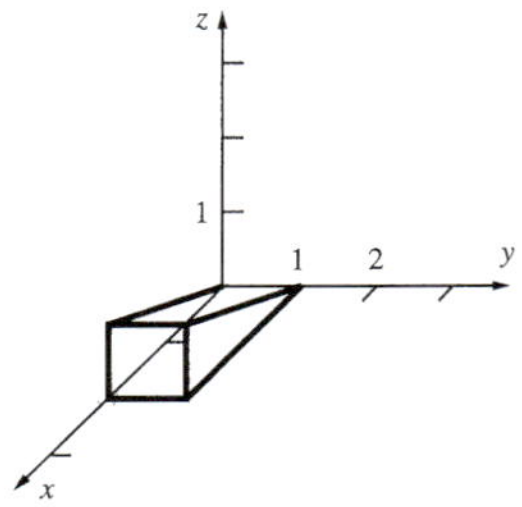

27.

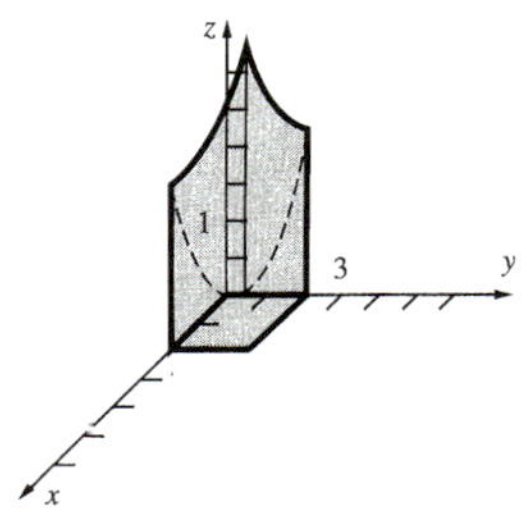

29. 7 **31.** $\frac{10}{3}$ **35.** $\frac{1}{4}(e - 1)^2$

37. **(a)** $\frac{8}{3}$ **39.** $5 - \sqrt{3} - \sqrt{2}$

Problem Set 13.3

1. $\frac{3}{4}$ **3.** 240 **5.** $\frac{1}{2}(e^{27} - e)$ **7.** $-\sqrt{2}/(2\pi)$

9. $(3\ln 2 - \pi)/9$ **11.** $e - 2$ **13.** $\frac{16}{3}$ **15.** 0 **17.** $\frac{27}{70}$

19. $4\tan^{-1} 2 - \ln 5$ **21.** 6 **23.** 20 **25.** 10 **27.** $\frac{4}{15}$

29. $-\frac{1}{2}\ln(\cos 1)$ **31.** 3π **33.** $\int_0^1 \int_y^1 f(x, y)\,dx\,dy$

35. $\int_0^1 \int_{y^4}^{\sqrt{y}} f(x, y)\,dx\,dy$

37. $\int_{-1}^0 \int_{-x}^1 f(x, y)\,dy\,dx + \int_0^1 \int_x^1 f(x, y)\,dy\,dx$ **39.** $\frac{256}{15}$

41. $15\pi/4$ **43.** $\frac{1}{3}(1 - \cos 8)$

45. approximately 4,133,000 ft^3

Problem Set 13.4

1. $\frac{1}{12}$ **3.** $\frac{4}{9}$ **5.** $4\sqrt{2}$ **7.** $2\sqrt{3} + \frac{4}{3}\pi \approx 7.653$

9. $\pi a^2/8$ **11.** $8\pi + 6\sqrt{3} \approx 35.525$ **13.** $\frac{\pi}{2}$ **15.** $\frac{\pi^3}{48}$

17. $\frac{\pi}{4}$ **19.** $\pi(e^4 - 1) \approx 168.384$ **21.** $(\pi\ln 2)/8 \approx 0.272$

23. $\pi(2 - \sqrt{3})/2 \approx 0.421$ **25.** $\frac{1}{12}$ **27.** $81\pi/8 \approx 31.809$

29. $625(3\sqrt{3} + 1)/12 \approx 322.716$ **31.** $\frac{2}{3}\pi d^2(3a - d)$

33. $\frac{2}{9}a^3(3\pi - 4)$

Problem Set 13.5

1. $m = 30; \bar{x} = 2; \bar{y} = 1.8$
3. $m = \pi/4; \bar{x} = \pi/2; \bar{y} = 16/(9\pi)$
5. $m \approx 0.1056; \bar{x} \approx 0.281; \bar{y} \approx 0.581$
7. $m = 32/9; \bar{x} = 0; \bar{y} = 6/5$ **9.** $m = \pi; \bar{x} = 0; \bar{y} = \frac{3}{\pi}$
11. $I_x \approx 269; I_y \approx 5194; I_z \approx 5463$
13. $I_x = I_y = 5a^5/12; I_z \approx 5a^5/6$

15. k; $2k$; $\left(\frac{4}{3}, \frac{2}{3}\right)$

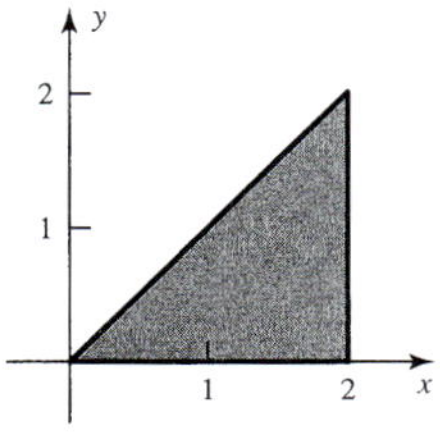

17. The density is proportional to the squared distance from the origin; $\frac{25596k}{35}$; $\left(0, \frac{450}{79}\right)$

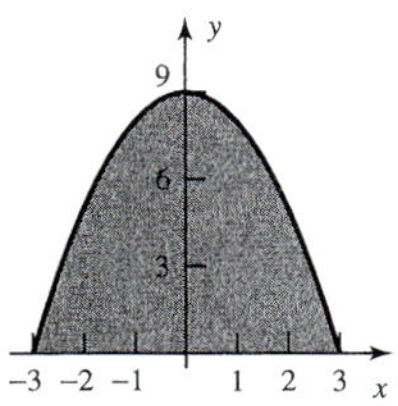

19. The density is proportional to the distance from the origin; $\frac{26k\pi}{3}$; $\left(0, \frac{60}{13\pi}\right)$

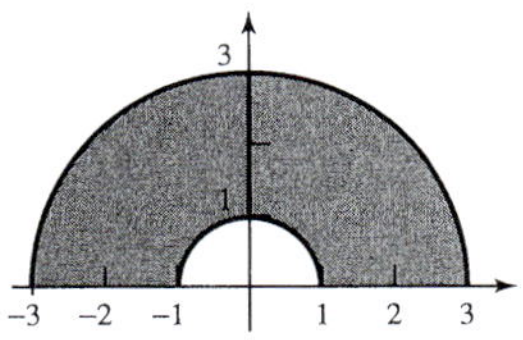

21. $\bar{r} = \sqrt{5/12}a \approx 0.6455a$ **23.** $I_x = \pi\delta a^4/4$; $\bar{r} = a/2$
25. $5\pi\delta a^4/4$ **27.** $\bar{x} = 0, \bar{y} = (15\pi + 32)a/(6\pi + 48)$
29. **(a)** a^3; **(b)** $7a/12$; **(c)** $11a^5/144$
31. $I_x = \pi k a^4/2, I_y = 17k\pi a^4/2, I_z = 9\pi k a^4$

Problem Set 13.6

1. $\sqrt{61}/3$ **3.** $\pi/3$ **5.** $9\sin^{-1}\left(\frac{2}{3}\right)$ **7.** $8\sqrt{2}$
9. $4\pi a\left(a - \sqrt{a^2 - b^2}\right)$ **11.** $2a^2(\pi - 2)$
13. $\frac{1}{6}\pi a^2\left(5\sqrt{5} - 1\right)$ **15.** $\frac{(17^{3/2} - 1)\pi}{6}$
17. $\frac{D^2\sqrt{A^2 + B^2 + C^2}}{2ABC}$
19. $(h_1 + h_2)/2$
21. $A = \pi b^2, B = 2\pi a^2[1 - \cos(b/a)], C = \pi b^2,$
$D = \pi b^2\left[2a/\left(a + \sqrt{a^2 - b^2}\right)\right], B < A = C < D$
27. **(a)** 29.3297 **(b)** 15.4233
29. E/F (tie), A/B (tie), C/D (tie)

Problem Set 13.7

1. -40 **3.** $\frac{189}{2}$ **5.** 1927.54 **7.** $\frac{2}{3}$ **9.** 156

11. $\int_0^1 \int_0^3 \int_0^{(1/6)(12-3x-2y)} f(x, y, z)\, dz\, dy\, dx$

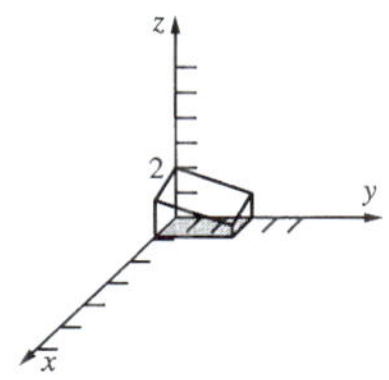

13. $\int_0^2 \int_0^4 \int_0^{y/2} f(x, y, z)\, dx\, dy\, dz$

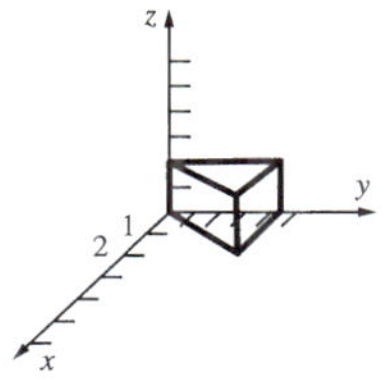

15. $\int_0^{12/5} \int_{x/3}^{(4-x)/2} \int_0^{4-x-2z} f(x, y, z)\, dy\, dz\, dx$

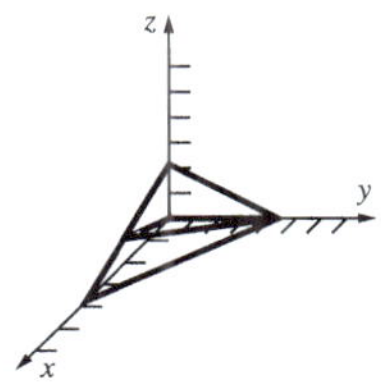

17. $\int_0^3 \int_{2x/3}^{(9-x)/3} \int_0^{(18-2x-6y)/9} f(x, y, z)\, dz\, dy\, dx$

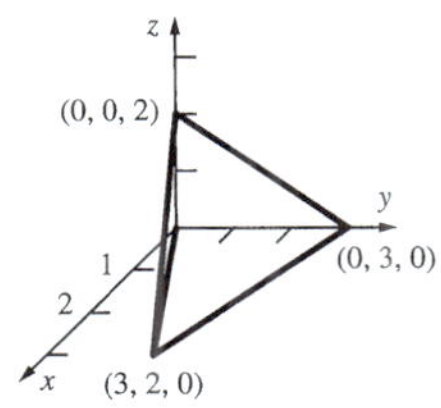

19. $\int_1^4 \int_0^1 \int_0^{\sqrt{1-z^2}} f(x, y, z)\, dy\, dz\, dx$

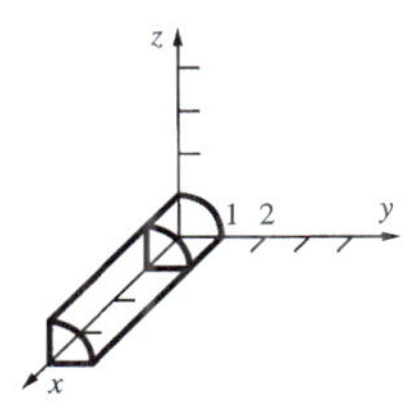

21. $\frac{128}{15}$ **23.** $4\int_0^1 \int_{x^2}^1 \int_0^{\sqrt{y}} dz\, dy\, dx = 2$

25. $\bar{x} = \bar{y} = \bar{z} = \frac{4}{15}$ **27.** $\bar{x} = \bar{y} = \bar{z} = 3a/8$

29. $\int_0^1 \int_0^{\sqrt{1-x^2}} \int_0^{\sqrt{1-x^2-y^2}} f(x, y, z)\, dz\, dy\, dx$

31. $\int_0^2 \int_0^{2-z} \int_0^{9-x^2} f(x, y, z)\, dy\, dx\, dz$ **33.** 4

35. Ave $T = 29.54$ **37.** $(\bar{x}, \bar{y}, \bar{z}) = \left(\frac{11}{24}, \frac{25}{12}, \frac{11}{24}\right)$

39. $(\bar{x}, \bar{y}, \bar{z}) = \left(\frac{17}{36}, \frac{17}{36}, \frac{55}{36}\right)$

43. **(a)** $k = \dfrac{1}{288}$ **(b)** $\dfrac{26}{27}$ **(c)** 9

45. **(a)** $\dfrac{7}{16}$ **(b)** $\dfrac{1}{4}$ **(c)** 5

47. $x^2/576, 0 \le x \le 12, 9$

Problem Set 13.8

1. Right circular cylinder about the z-axis with radius 3 and height 12; $V = 108\pi$

3. Region under the paraboloid $z = 9 - r^2$ above the xy-plane in that part of the first quadrant satisfying $0 \le \theta \le \dfrac{\pi}{4}$; $V = \dfrac{243\pi}{16}$

5. Sphere centered at the origin with radius a; $V = \dfrac{4}{3}\pi a^3$

7. 8π **9.** $14\pi/3$ **11.** $2\pi(5\sqrt{5} - 4)/3 \approx 15.038$

13. $\bar{x} = \bar{y} = 0; \bar{z} = \frac{16}{3}$ **15.** $k\pi(b^4 - a^4)$

17. $\bar{x} = \bar{y} = 0; \bar{z} = 2a/5$ **19.** $k\pi^2 a^6/16$ **21.** $\pi/9$

23. $\pi/32$

25. **(a)** $3a/4$; **(b)** $3\pi a/16$; **(c)** $6a/5$

27. **(a)** $3\pi a \sin \alpha/16\alpha$; **(b)** $3\pi a/16$

29. $(a + b)(c - 1)/(c + 1)$

Problem Set 13.9

1.

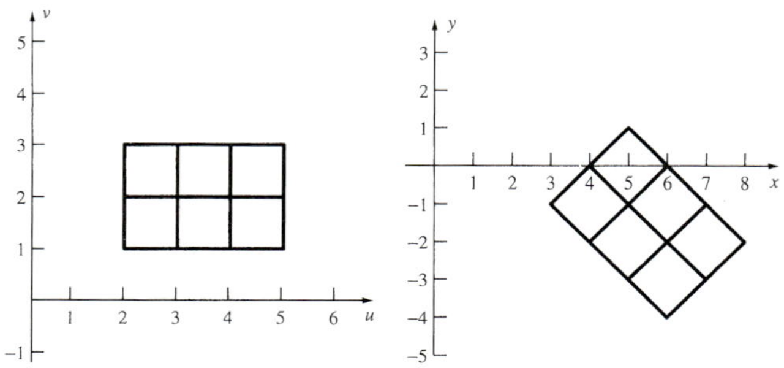

3.

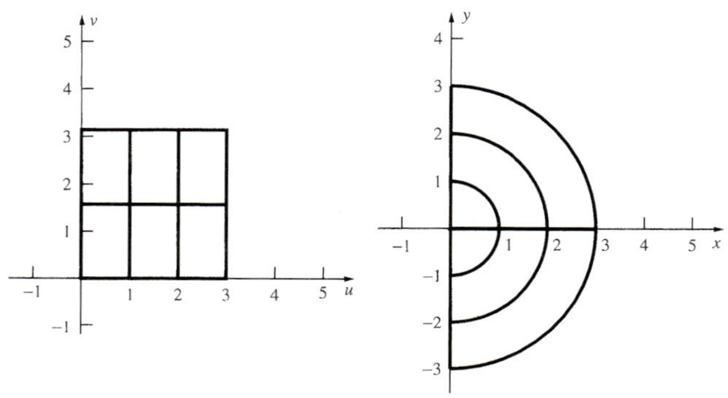

5.

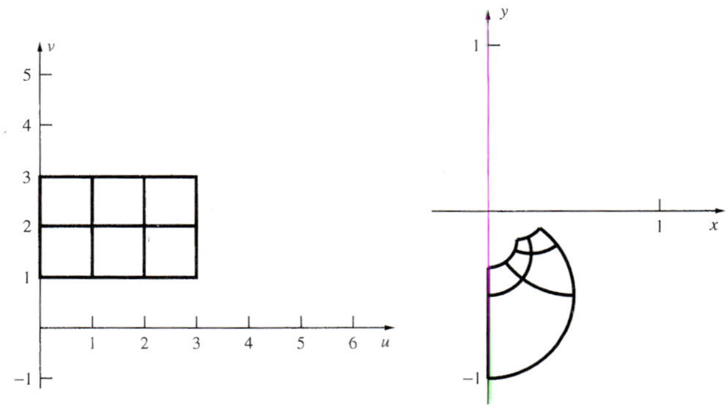

7. Image is the square with corners $(0, 0), (2, 2), (4, 0)$, and $(2, -2)$; $J = -4$.

9. Image is the set of (x, y) that satisfy $y^2 \le x \le y^2 + 1, 0 \le y \le 1$; $J = 2u$.

11. $x = u/2 + v/2$; $y = u/4 - v/4$; $J = -\dfrac{1}{4}$

13. $x = v$; $y = \sqrt{u - v^2}$; $J = -\dfrac{1}{2\sqrt{u - v^2}}$

15. $x = v$; $y = u/v$; $J = -\dfrac{1}{v}$ **17.** 3.15669 **19.** 0

21. $-\rho^2 \sin \phi$

25. **(a)** $g(u, v) = \begin{cases} e^{-u}, & \text{if } 0 \le v \le u \\ 0, & \text{otherwise} \end{cases}$

(b) $g_U(u) = \begin{cases} ue^{-u}, & \text{if } 0 \le u \\ 0, & \text{otherwise} \end{cases}$

Chapter Review 13.10

Concepts Test

1. True **3.** True **5.** True **7.** False **9.** True
11. True **13.** False **15.** True **17.** False

Sample Test Problems

1. $\frac{1}{24}$ **3.** $\frac{2}{3}$ **5.** $\int_0^1 \int_0^y f(x, y)\, dx\, dy$

7. $\int_0^{1/2} \int_0^{1-2y} \int_0^{1-2y-z} f(x, y, z)\, dx\, dz\, dy$

9. **(a)** $8\int_0^a \int_0^{\sqrt{a^2-x^2}} \int_0^{\sqrt{a^2-x^2-y^2}} dz\, dy\, dx$;

(b) $8\int_0^{\pi/2} \int_0^a \int_0^{\sqrt{a^2-r^2}} r\, dz\, dr\, d\theta$;

(c) $8\int_0^{\pi/2} \int_0^{\pi/2} \int_0^a \rho^2 \sin \phi\, d\rho\, d\phi\, d\theta$

11. 0.8857 **13.** $\bar{x} = \frac{13}{6}; \bar{y} = \frac{3}{2}$ **15.** 6 **17.** $80\pi k$

19. $ka^2bc/24$ **21.** 0

Chapter 14 Review and Preview Problems

1. $x = 3 \cos t, y = 3 \sin t, 0 \le t < 2\pi$ is one possibility.
3. $x = 2 \cos t, y = 2 \sin t, 0 < t < \pi$ is one possibility.
5. $x = -2 + 5t, y = 2, 0 \le t \le 1$ is one possibility.
7. $x = 9 - t, y = t, 0 < t < 9$ is one possibility.
9. $x = -t, y = 9 - t^2, -3 \le t \le 3$ is one possibility.

11. $\nabla f(x, y) = (x \cos x + \sin x)\mathbf{i} + (\cos y - y \sin y)\mathbf{j}$
13. $\nabla f(x, y, z) = 2x\mathbf{i} + 2y\mathbf{j} + 2z\mathbf{k}$
15. $\nabla f(x, y, z) = (y + z)\mathbf{i} + (x + z)\mathbf{j} + (x + y)\mathbf{k}$
17. $\frac{\pi}{2}$ **19.** $\frac{3}{4}$ **21.** $\frac{14\pi}{3}$
23. The volume in problem 22 is that of a spherical shell centered at $(0, 0, 0)$ with outer radius $= 2$ and inner radius $= 1$.
25. $\left\langle \frac{3}{13}, \frac{4}{13}, \frac{12}{13} \right\rangle$

Problem Set 14.1

1.

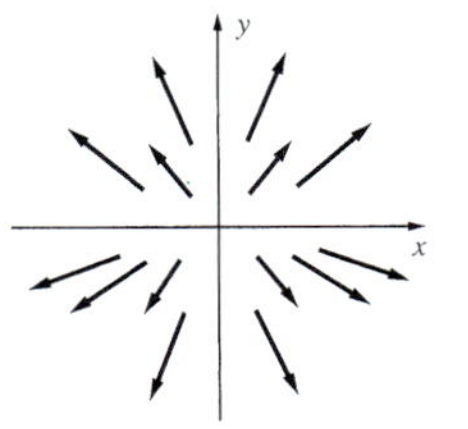

3.

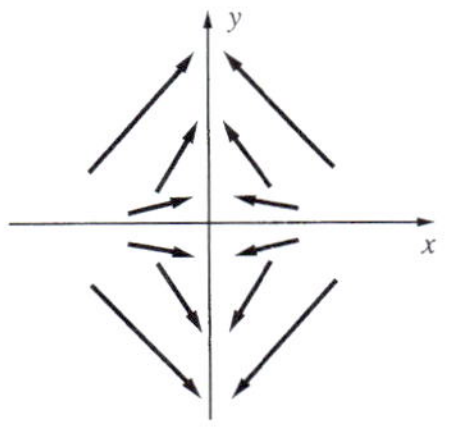

5.

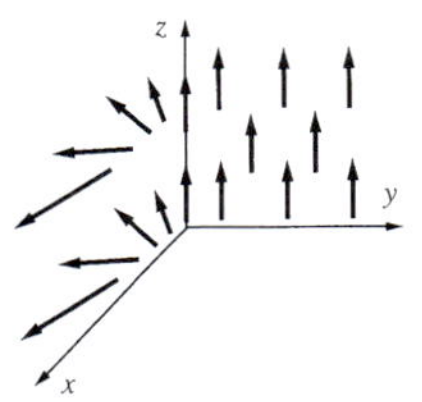

7. $(2x - 3y)\mathbf{i} - 3x\mathbf{j} + 2\mathbf{k}$ **9.** $x^{-1}\mathbf{i} + y^{-1}\mathbf{j} + z^{-1}\mathbf{k}$
11. $e^y \cos z\mathbf{i} + xe^y \cos z\mathbf{j} - xe^y \sin z\mathbf{k}$ **13.** $2yz$; $z^2\mathbf{i} - 2y\mathbf{k}$
15. 0;**0** **17.** $2e^x \cos y + 1$; $2e^x \sin y\mathbf{k}$
19. (a) Meaningless; **(b)** vector field; **(c)** vector field; **(d)** scalar field; **(e)** vector field; **(f)** vector field; **(g)** vector field; **(h)** meangingless; **(i)** meangingless; **(j)** scalar field; **(k)** meangingless.
25. (a) $\text{div}\,\mathbf{F} = 0$, $\text{div}\,\mathbf{G} < 0$, $\text{div}\,\mathbf{H} = 0$, $\text{div}\,\mathbf{L} > 0$;
(b) clockwise for **H**, not at all for others.
(c) $\text{div}\,\mathbf{F} = 0$, $\text{curl}\,\mathbf{F} = \mathbf{0}$, $\text{div}\,\mathbf{G} = -2ye^{-y^2}$, $\text{curl}\,\mathbf{G} = \mathbf{0}$, $\text{div}\,\mathbf{H} = 0$, $\text{curl}\,\mathbf{H} = -2xe^{-x^2}\mathbf{k}$. $\text{div}\,\mathbf{L} = 1/\sqrt{x^2 + y^2}$, $\text{curl}\,\mathbf{L} = \mathbf{0}$

27.

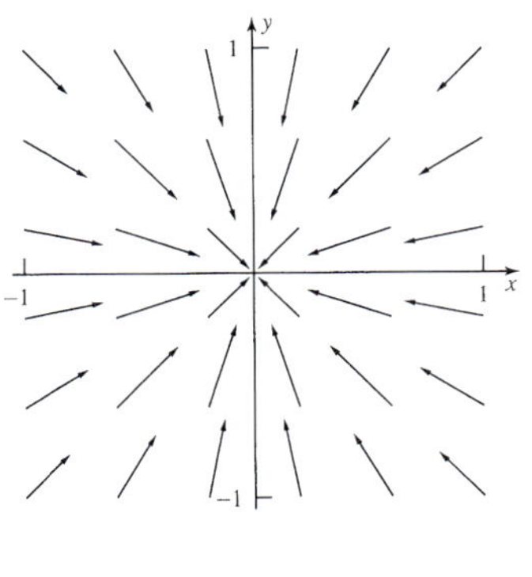

$\text{div}\,\mathbf{F} > 0$. A paddle wheel at the origin will not rotate.

Problem Set 14.2

1. $14(2\sqrt{2} - 1)$ **3.** $2\sqrt{5}$ **5.** $\frac{1}{6}(14\sqrt{14} - 1)$ **7.** $\frac{100}{3}$
9. 144 **11.** 0 **13.** $\frac{17}{6}$ **15.** 19 **17.** $k(17\sqrt{17} - 1)/6$
19. $-\frac{7}{44}$ **21.** $-\frac{1}{2}(a^2 - b^2)$ **23.** $2 - 2/\pi$
25. Work along C_1 is positive; work along C_2 is negative; work along C_3 is zero.
27. 2.25 gal **29.** $2\pi a^2$ **31.** $4a^2$
33. (a) 27; **(b)** $-297/2$

Problem Set 14.3

1. $f(x, y) = 5x^2 - 7xy + y^2 + C$ **3.** Not conservative.
5. $f(x, y) = \frac{2}{5}x^3y^{-2} + C$ **7.** $f(x, y) = 2xe^y - ye^x + C$
9. $f(x, y, z) = x^3 + 2y^3 + 3z^3 + C$ **11.** $\ln\left(\frac{1}{x^2 + z^2}\right) + C$
13. 14 **15.** $\frac{20}{1377}$ **17.** 6 **19.** $-\pi$
23. $f(x, y, z) = \frac{1}{2}k(x^2 + y^2 + z^2)$
25.
$$\int_C \mathbf{F} \cdot d\mathbf{r} = \int_a^b m\mathbf{r}''(t) \cdot \mathbf{r}'(t)\, dt$$
$$= \tfrac{1}{2}m \int_a^b (d/dt)[\mathbf{r}'(t) \cdot \mathbf{r}'(t)]\, dt = \tfrac{1}{2}m \int_a^b (d/dt)|\mathbf{r}'(t)|^2\, dt$$
$$= \left[\tfrac{1}{2}m|\mathbf{r}'(t)|^2\right]_a^b = \tfrac{1}{2}m[|\mathbf{r}'(b)|^2 - |\mathbf{r}'(a)|^2]$$
27. $f(x, y, z) = -gmz$

Problem Set 14.4

1. $-\frac{64}{15}$ **3.** $\frac{72}{35}$ **5.** 0 **7.** $\frac{8}{3}$
9. (a) 0; **(b)** 0
11. (a) 0; **(b)** 0
13. 50 **15.** -2
19. (c) M and N have a discontinuity at $(0, 0)$.
23. $3\pi a^2/8$
27. (a) $\text{div}\,\mathbf{F} = 4$; **(b)** 144
29. (a) $\text{div}\,\mathbf{F} < 0$ in quadrants I and III; $\text{div}\,\mathbf{F} > 0$ in quadrants II and IV;
(b) 0; $-2(1 - \cos 3)^2$

Problem Set 14.5

1. $8\sqrt{3}/3$ **3.** $2 + \pi/3$ **5.** $5\pi/8$ **7.** 6 **9.** 2
11. 20 **13.** $\sqrt{3}ka^4/12$ **15.** $\bar{x} = \bar{y} = \bar{z} = a/3$

17.

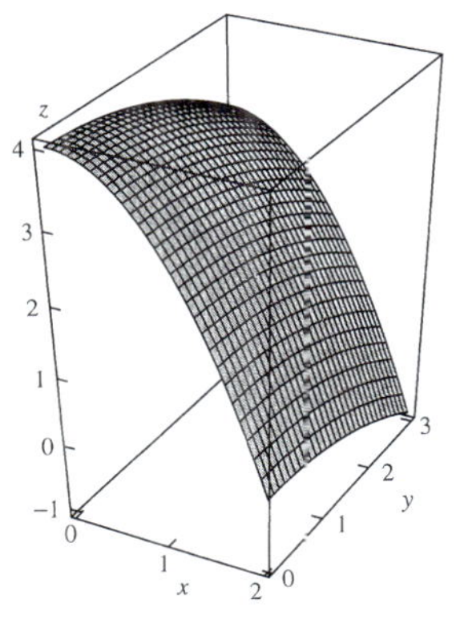

19.

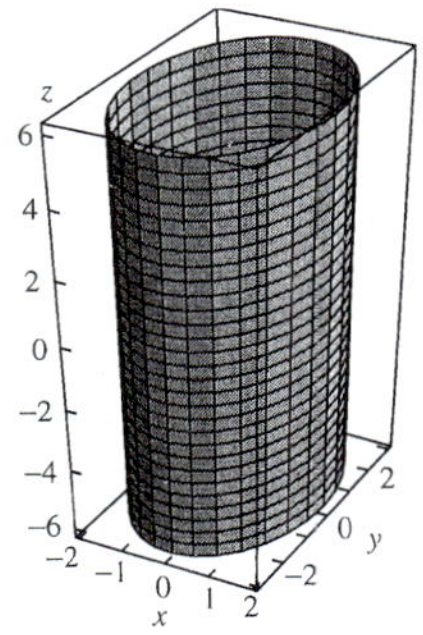

21. $\pi\left[6\sqrt{37} + \ln\sqrt{\frac{\sqrt{37}+6}{\sqrt{37}-6}}\right]$

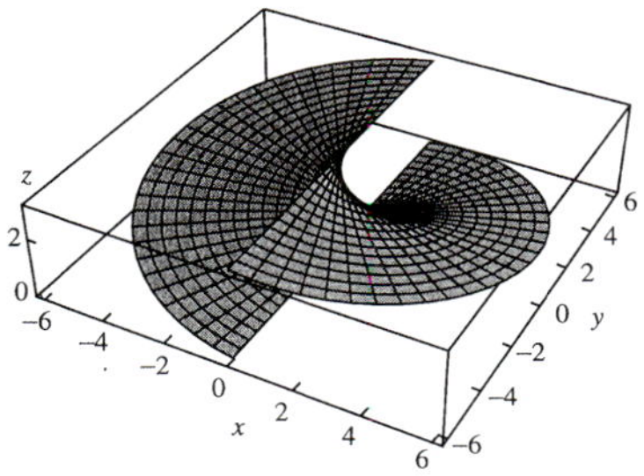

23. $\frac{\pi}{4}\left[\frac{\pi}{2}(32\pi^2 + 25)\sqrt{16\pi^2 + 25} - \frac{625}{8}\ln\left|4\pi + \sqrt{16\pi^2 + 25}\right| + \frac{625}{8}\ln 5\right]$

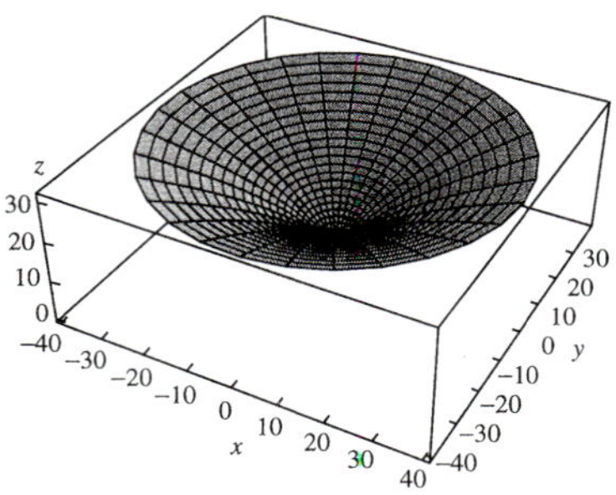

25. $\frac{702965k}{32}$

29. **(a)** 0; **(b)** 0; **(c)** $4\pi a^4$; **(d)** $4\pi a^4/3$; **(e)** $8\pi a^4/3$

31. **(a)** $4k\pi a^3$; **(b)** $2k\pi a^3$; **(c)** $hk\pi a(a + h)$

Problem Set 14.6

1. 0 **3.** 8 **5.** $3a^2b^2c^2/4$ **7.** $64\pi/3$ **9.** 4π

11. 1176π **13.** 100π

15. $\nabla \cdot \mathbf{F} = 3$ and so $\iint_{\partial S} \mathbf{F} \cdot \mathbf{n}\, dS = \iiint_S 3\, dV = 3V(S)$.

19. **(a)** $20\pi/3$; **(b)** 4π; **(c)** $16\pi/3$; **(d)** 1; **(e)** 36; **(f)** $12\pi/5$; **(g)** $32\pi \ln 2$

Problem Set 14.7

1. 0 **3.** −2 **5.** -48π **7.** 8π **9.** 2 **11.** $\pi/4$

15. 1/3 **17.** $\frac{4}{3}a^2$ joules

Chapter Review 14.8

Concepts Test

1. True **3.** False **5.** True **7.** False **9.** True

11. True.

Sample Test Problems

3. $\text{curl}(f\ \nabla f) = f\ \text{curl}(\nabla f) + \nabla f \times \nabla f = \mathbf{0} + \mathbf{0} = \mathbf{0}$

5. **(a)** $\pi/4$; **(b)** $(3\pi - 5)/6$

7. 47

9. **(a)** $\frac{1}{2}$; **(b)** $\frac{4}{3}$; **(c)** 0

11. 6π **13.** 0 **15.** $9\pi(3a - 2)/\sqrt{a^2 + b^2 + 1}$

찾 아 보 기

[ㅈ]

[ㅊ]

[ㅋ]

[ㅌ]

[ㅍ]

[ㅎ]

역자위원 (가나다순)

신중상·박춘성·신현경·문경숙·권태인·전재복

미분적분학 (9/e) 하권

2009년 2월 20일 1판 1쇄 발행
2013년 3월 5일 1판 4쇄 발행

저 자 / Dale Varberg·Edwin J.Purcell·Steven E.Ringdon
역 자 / 수학교재편찬위원회
발행자 / 오판근
발행처 / 교우사

주 소 / 서울 동대문구 제기2동 148-19
전 화 / 925-2861(代), 편집부 / 925-2825
팩 스 / 925-2860
E-mail / kyowoo@kyowoo.co.kr
http://www.kyowoo.co.kr

등록 / 1994. 3. 24 제6-0256호

ISBN 978-89-8172-774-1 (93410)

상하권 세트 가격 33,000원

Table of Integrals

ELEMENTARY FORMS

1 $\displaystyle\int u\,dv = uv - \int v\,du$

2 $\displaystyle\int u^n\,du = \frac{1}{n+1}u^{n+1} + C \quad \text{if } n \neq -1$

3 $\displaystyle\int \frac{du}{u} = \ln|u| + C$

4 $\displaystyle\int e^u\,du = e^u + C$

5 $\displaystyle\int a^u\,du = \frac{a^u}{\ln a} + C$

6 $\displaystyle\int \sin u\,du = -\cos u + C$

7 $\displaystyle\int \cos u\,du = \sin u + C$

8 $\displaystyle\int \sec^2 u\,du = \tan u + C$

9 $\displaystyle\int \csc^2 u\,du = -\cot u + C$

10 $\displaystyle\int \sec u \tan u\,du = \sec u + C$

11 $\displaystyle\int \csc u \cot u\,du = -\csc u + C$

12 $\displaystyle\int \tan u\,du = -\ln|\cos u| + C$

13 $\displaystyle\int \cot u\,du = \ln|\sin u| + C$

14 $\displaystyle\int \sec u\,du = \ln|\sec u + \tan u| + C$

15 $\displaystyle\int \csc u\,du = \ln|\csc u - \cot u| + C$

16 $\displaystyle\int \frac{du}{\sqrt{a^2 - u^2}} = \sin^{-1}\frac{u}{a} + C$

17 $\displaystyle\int \frac{du}{a^2 + u^2} = \frac{1}{a}\tan^{-1}\frac{u}{a} + C$

18 $\displaystyle\int \frac{du}{a^2 - u^2} = \frac{1}{2a}\ln\left|\frac{u+a}{u-a}\right| + C$

19 $\displaystyle\int \frac{du}{u\sqrt{u^2 - a^2}} = \frac{1}{a}\sec^{-1}\left|\frac{u}{a}\right| + C$

TRIGONOMETRIC FORMS

20 $\displaystyle\int \sin^2 u\,du = \frac{1}{2}u - \frac{1}{4}\sin 2u + C$

21 $\displaystyle\int \cos^2 u\,du = \frac{1}{2}u + \frac{1}{4}\sin 2u + C$

22 $\displaystyle\int \tan^2 u\,du = \tan u - u + C$

23 $\displaystyle\int \cot^2 u\,du = -\cot u - u + C$

24 $\displaystyle\int \sin^3 u\,du = -\frac{1}{3}(2 + \sin^2 u)\cos u + C$

25 $\displaystyle\int \cos^3 u\,du = \frac{1}{3}(2 + \cos^2 u)\sin u + C$

26 $\displaystyle\int \tan^3 u\,du = \frac{1}{2}\tan^2 u + \ln|\cos u| + C$

27 $\displaystyle\int \cot^3 u\,du = -\frac{1}{2}\cot^2 u - \ln|\sin u| + C$

28 $\displaystyle\int \sec^3 u\,du = \frac{1}{2}\sec u \tan u + \frac{1}{2}\ln|\sec u + \tan u| + C$

29 $\displaystyle\int \csc^3 u\,du = -\frac{1}{2}\csc u \cot u + \frac{1}{2}\ln|\csc u - \cot u| + C$

30 $\displaystyle\int \sin au \sin bu\,du = \frac{\sin(a-b)u}{2(a-b)} - \frac{\sin(a+b)u}{2(a+b)} + C \quad \text{if } a^2 \neq b^2$

31 $\displaystyle\int \cos au \cos bu\,du = \frac{\sin(a-b)u}{2(a-b)} + \frac{\sin(a+b)u}{2(a+b)} + C \quad \text{if } a^2 \neq b^2$

32 $\displaystyle\int \sin au \cos bu\,du = -\frac{\cos(a-b)u}{2(a-b)} - \frac{\cos(a+b)u}{2(a+b)} + C \quad \text{if } a^2 \neq b^2$

33 $\displaystyle\int \sin^n u\,du = -\frac{1}{n}\sin^{n-1}u \cos u + \frac{n-1}{n}\int \sin^{n-2}u\,du$

34 $\displaystyle\int \cos^n u\,du = \frac{1}{n}\cos^{n-1}u \sin u + \frac{n-1}{n}\int \cos^{n-2}u\,du$

35 $\displaystyle\int \tan^n u\,du = \frac{1}{n-1}\tan^{n-1}u - \int \tan^{n-2}u\,du \quad \text{if } n \neq 1$

36 $\displaystyle\int \cot^n u\,du = \frac{-1}{n-1}\cot^{n-1}u - \int \cot^{n-2}u\,du \quad \text{if } n \neq 1$

37 $\displaystyle\int \sec^n u\,du = \frac{1}{n-1}\sec^{n-2}u \tan u + \frac{n-2}{n-1}\int \sec^{n-2}u\,du \quad \text{if } n \neq 1$

38 $\displaystyle\int \csc^n u\,du = \frac{-1}{n-1}\csc^{n-2}u \cot u + \frac{n-2}{n-1}\int \csc^{n-2}u\,du \quad \text{if } n \neq 1$

39a $\displaystyle\int \sin^n u \cos^m u\,du = -\frac{\sin^{n-1}u \cos^{m+1}u}{n+m} + \frac{n-1}{n+m}\int \sin^{n-2}u \cos^m u\,du \quad \text{if } n \neq -m$

39b $\displaystyle\int \sin^n u \cos^m u\,du = \frac{\sin^{n+1}u \cos^{m-1}u}{n+m} + \frac{m-1}{n+m}\int \sin^n u \cos^{m-2}u\,du \quad \text{if } m \neq -n$

40 $\displaystyle\int u \sin u\,du = \sin u - u\cos u + C$

41 $\displaystyle\int u \cos u\,du = \cos u + u\sin u + C$

42 $\displaystyle\int u^n \sin u\,du = -u^n \cos u + n\int u^{n-1}\cos u\,du$

43 $\displaystyle\int u^n \cos u\,du = u^n \sin u - n\int u^{n-1}\sin u\,du$

FORMS INVOLVING $\sqrt{u^2 \pm a^2}$

44 $\displaystyle\int \sqrt{u^2 \pm a^2}\, du = \frac{u}{2}\sqrt{u^2 \pm a^2} \pm \frac{a^2}{2}\ln\left|u + \sqrt{u^2 \pm a^2}\right| + C$

45 $\displaystyle\int \frac{du}{\sqrt{u^2 \pm a^2}} = \ln\left|u + \sqrt{u^2 \pm a^2}\right| + C$

46 $\displaystyle\int \frac{\sqrt{u^2 + a^2}}{u}\, du = \sqrt{u^2 + a^2} - a\ln\left(\frac{a + \sqrt{u^2 + a^2}}{u}\right) + C$

47 $\displaystyle\int \frac{\sqrt{u^2 - a^2}}{u}\, du = \sqrt{u^2 - a^2} - a\sec^{-1}\frac{u}{a} + C$

48 $\displaystyle\int u^2\sqrt{u^2 \pm a^2}\, du = \frac{u}{8}(2u^2 \pm a^2)\sqrt{u^2 \pm a^2} - \frac{a^4}{8}\ln\left|u + \sqrt{u^2 \pm a^2}\right| + C$

49 $\displaystyle\int \frac{u^2\, du}{\sqrt{u^2 \pm a^2}} = \frac{u}{2}\sqrt{u^2 \pm a^2} \mp \frac{a^2}{2}\ln\left|u + \sqrt{u^2 \pm a^2}\right| + C$

50 $\displaystyle\int \frac{du}{u^2\sqrt{u^2 \pm a^2}} = \mp\frac{\sqrt{u^2 \pm a^2}}{a^2 u} + C$

51 $\displaystyle\int \frac{\sqrt{u^2 \pm a^2}}{u^2}\, du = -\frac{\sqrt{u^2 \pm a^2}}{u} + \ln\left|u + \sqrt{u^2 \pm a^2}\right| + C$

52 $\displaystyle\int \frac{du}{(u^2 \pm a^2)^{3/2}} = \frac{\pm u}{a^2\sqrt{u^2 \pm a^2}} + C$

53 $\displaystyle\int (u^2 \pm a^2)^{3/2}\, du = \frac{u}{8}(2u^2 \pm 5a^2)\sqrt{u^2 \pm a^2} + \frac{3a^4}{8}\ln\left|u + \sqrt{u^2 \pm a^2}\right| + C$

FORMS INVOLVING $\sqrt{a^2 - u^2}$

54 $\displaystyle\int \sqrt{a^2 - u^2}\, du = \frac{u}{2}\sqrt{a^2 - u^2} + \frac{a^2}{2}\sin^{-1}\frac{u}{a} + C$

55 $\displaystyle\int \frac{\sqrt{a^2 - u^2}}{u}\, du = \sqrt{a^2 - u^2} - a\ln\left|\frac{a + \sqrt{a^2 - u^2}}{u}\right| + C$

56 $\displaystyle\int \frac{u^2\, du}{\sqrt{a^2 - u^2}} = -\frac{u}{2}\sqrt{a^2 - u^2} + \frac{a^2}{2}\sin^{-1}\frac{u}{a} + C$

57 $\displaystyle\int u^2\sqrt{a^2 - u^2}\, du = \frac{u}{8}(2u^2 - a^2)\sqrt{a^2 - u^2} + \frac{a^4}{8}\sin^{-1}\frac{u}{a} + C$

58 $\displaystyle\int \frac{du}{u^2\sqrt{a^2 - u^2}} = -\frac{\sqrt{a^2 - u^2}}{a^2 u} + C$

59 $\displaystyle\int \frac{\sqrt{a^2 - u^2}}{u^2}\, du = -\frac{\sqrt{a^2 - u^2}}{u} - \sin^{-1}\frac{u}{a} + C$

60 $\displaystyle\int \frac{du}{u\sqrt{a^2 - u^2}} = -\frac{1}{a}\ln\left|\frac{a + \sqrt{a^2 - u^2}}{u}\right| + C$

61 $\displaystyle\int \frac{du}{(a^2 - u^2)^{3/2}} = \frac{u}{a^2\sqrt{a^2 - u^2}} + C$

62 $\displaystyle\int (a^2 - u^2)^{3/2}\, du = \frac{u}{8}(5a^2 - 2u^2)\sqrt{a^2 - u^2} + \frac{3a^4}{8}\sin^{-1}\frac{u}{a} + C$

EXPONENTIAL AND LOGARITHMIC FORMS

63 $\displaystyle\int ue^u\, du = (u - 1)e^u + C$

64 $\displaystyle\int u^n e^u\, du = u^n e^u - n\int u^{n-1}e^u\, du$

65 $\displaystyle\int \ln u\, du = u\ln u - u + C$

66 $\displaystyle\int u^n \ln u\, du = \frac{u^{n+1}}{n+1}\ln u - \frac{u^{n+1}}{(n+1)^2} + C$

67 $\displaystyle\int e^{au}\sin bu\, du = \frac{e^{au}}{a^2 + b^2}(a\sin bu - b\cos bu) + C$

68 $\displaystyle\int e^{au}\cos bu\, du = \frac{e^{au}}{a^2 + b^2}(a\cos bu + b\sin bu) + C$

INVERSE TRIGONOMETRIC FORMS

69 $\displaystyle\int \sin^{-1}u\, du = u\sin^{-1}u + \sqrt{1 - u^2} + C$

70 $\displaystyle\int \tan^{-1}u\, du = u\tan^{-1}u - \frac{1}{2}\ln(1 + u^2) + C$

71 $\displaystyle\int \sec^{-1}u\, du = u\sec^{-1}u - \ln\left|u + \sqrt{u^2 - 1}\right| + C$

72 $\displaystyle\int u\sin^{-1}u\, du = \frac{1}{4}(2u^2 - 1)\sin^{-1}u + \frac{u}{4}\sqrt{1 - u^2} + C$

73 $\displaystyle\int u\tan^{-1}u\, du = \frac{1}{2}(u^2 + 1)\tan^{-1}u - \frac{u}{2} + C$

74 $\displaystyle\int u\sec^{-1}u\, du = \frac{u^2}{2}\sec^{-1}u - \frac{1}{2}\sqrt{u^2 - 1} + C$

75 $\displaystyle\int u^n\sin^{-1}u\, du = \frac{u^{n+1}}{n+1}\sin^{-1}u - \frac{1}{n+1}\int \frac{u^{n+1}}{\sqrt{1 - u^2}}\, du \quad \text{if } n \neq -1$

76 $\displaystyle\int u^n\tan^{-1}u\, du = \frac{u^{n+1}}{n+1}\tan^{-1}u - \frac{1}{n+1}\int \frac{u^{n+1}}{1 + u^2}\, du \quad \text{if } n \neq -1$

77 $\displaystyle\int u^n\sec^{-1}u\, du = \frac{u^{n+1}}{n+1}\sec^{-1}u - \frac{1}{n+1}\int \frac{u^n}{\sqrt{u^2 - 1}}\, du \quad \text{if } n \neq -1$

HYPERBOLIC FORMS

78 $\int \sinh u \, du = \cosh u + C$

79 $\int \cosh u \, du = \sinh u + C$

80 $\int \tanh u \, du = \ln(\cosh u) + C$

81 $\int \coth u \, du = \ln|\sinh u| + C$

82 $\int \operatorname{sech} u \, du = \tan^{-1}|\sinh u| + C$

83 $\int \operatorname{csch} u \, du = \ln\left|\tanh \frac{u}{2}\right| + C$

84 $\int \sinh^2 u \, du = \frac{1}{4}\sinh 2u - \frac{u}{2} + C$

85 $\int \cosh^2 u \, du = \frac{1}{4}\sinh 2u + \frac{u}{2} + C$

86 $\int \tanh^2 u \, du = u - \tanh u + C$

87 $\int \coth^2 u \, du = u - \coth u + C$

88 $\int \operatorname{sech}^2 u \, du = \tanh u + C$

89 $\int \operatorname{csch}^2 u \, du = -\coth u + C$

90 $\int \operatorname{sech} u \tanh u \, du = -\operatorname{sech} u + C$

91 $\int \operatorname{csch} u \coth u \, du = -\operatorname{csch} u + C$

MISCELLANEOUS ALGEBRAIC FORMS

92 $\int u(au+b)^{-1} \, du = \frac{u}{a} - \frac{b}{a^2}\ln|au+b| + C$

93 $\int u(au+b)^{-2} \, du = \frac{1}{a^2}\left[\ln|au+b| + \frac{b}{au+b}\right] + C$

94 $\int u(au+b)^n \, du = \frac{(au+b)^{n+1}}{a^2}\left(\frac{au+b}{n+2} - \frac{b}{n+1}\right) + C \quad \text{if } n \neq -1, -2$

95 $\int \frac{du}{(a^2 \pm u^2)^n} = \frac{1}{2a^2(n-1)}\left(\frac{u}{(a^2 \pm u^2)^{n-1}} + (2n-3)\int \frac{du}{(a^2 \pm u^2)^{n-1}}\right) \quad \text{if } n \neq 1$

96 $\int u\sqrt{au+b} \, du = \frac{2}{15a^2}(3au-2b)(au+b)^{3/2} + C$

97 $\int u^n\sqrt{au+b} \, du = \frac{2}{a(2n+3)}\left(u^n(au+b)^{3/2} - nb\int u^{n-1}\sqrt{au+b} \, du\right)$

98 $\int \frac{u \, du}{\sqrt{au+b}} = \frac{2}{3a^2}(au-2b)\sqrt{au+b} + C$

99 $\int \frac{u^n \, du}{\sqrt{au+b}} = \frac{2}{a(2n+1)}\left(u^n\sqrt{au+b} - nb\int \frac{u^{n-1} \, du}{\sqrt{au+b}}\right)$

100a $\int \frac{du}{u\sqrt{au+b}} = \frac{1}{\sqrt{b}}\ln\left|\frac{\sqrt{au+b}-\sqrt{b}}{\sqrt{au+b}+\sqrt{b}}\right| + C \quad \text{if } b > 0$

100b $\int \frac{du}{u\sqrt{au+b}} = \frac{2}{\sqrt{-b}}\tan^{-1}\sqrt{\frac{au+b}{-b}} + C \quad \text{if } b < 0$

101 $\int \frac{du}{u^n\sqrt{au+b}} = -\frac{\sqrt{au+b}}{b(n-1)u^{n-1}} - \frac{(2n-3)a}{(2n-2)b}\int \frac{du}{u^{n-1}\sqrt{au+b}} \quad \text{if } n \neq 1$

102 $\int \sqrt{2au-u^2} \, du = \frac{u-a}{2}\sqrt{2au-u^2} + \frac{a^2}{2}\sin^{-1}\frac{u-a}{a} + C$

103 $\int \frac{du}{\sqrt{2au-u^2}} = \sin^{-1}\frac{u-a}{a} + C$

104 $\int u^n\sqrt{2au-u^2} \, du = -\frac{u^{n-1}(2au-u^2)^{3/2}}{n+2} + \frac{(2n+1)a}{n+2}\int u^{n-1}\sqrt{2au-u^2} \, du$

105 $\int \frac{u^n \, du}{\sqrt{2au-u^2}} = -\frac{u^{n-1}}{n}\sqrt{2au-u^2} + \frac{(2n-1)a}{n}\int \frac{u^{n-1} \, du}{\sqrt{2au-u^2}}$

106 $\int \frac{\sqrt{2au-u^2}}{u} \, du = \sqrt{2au-u^2} + a\sin^{-1}\frac{u-a}{a} + C$

107 $\int \frac{\sqrt{2au-u^2}}{u^n} \, du = \frac{(2au-u^2)^{3/2}}{(3-2n)au^n} + \frac{n-3}{(2n-3)a}\int \frac{\sqrt{2au-u^2}}{u^{n-1}} \, du$

108 $\int \frac{du}{u^n\sqrt{2au-u^2}} = \frac{\sqrt{2au-u^2}}{a(1-2n)u^n} + \frac{n-1}{(2n-1)a}\int \frac{du}{u^{n-1}\sqrt{2au-u^2}}$

109 $\int (\sqrt{2au-u^2})^n \, du = \frac{u-a}{n+1}(2au-u^2)^{n/2} + \frac{na^2}{n+1}\int (\sqrt{2au-u^2})^{n-2} \, du$

110 $\int \frac{du}{(\sqrt{2au-u^2})^n} = \frac{u-a}{(n-2)a^2}(\sqrt{2au-u^2})^{2-n} + \frac{n-3}{(n-2)a^2}\int \frac{du}{(\sqrt{2au-u^2})^{n-2}}$

DEFINITE INTEGRALS

111 $\int_0^\infty u^n e^{-u} \, du = \Gamma(n+1) = n! \quad (n \geq 0)$

112 $\int_0^\infty e^{-au^2} \, du = \frac{1}{2}\sqrt{\frac{\pi}{a}} \quad (a > 0)$

113 $\int_0^{\pi/2} \sin^n u \, du = \int_0^{\pi/2} \cos^n u \, du = \begin{cases} \dfrac{1 \cdot 3 \cdot 5 \cdot \cdots \cdot (n-1)}{2 \cdot 4 \cdot 6 \cdot \cdots \cdot n}\dfrac{\pi}{2} & \text{if } n \text{ is an even integer and } n \geq 2 \\ \dfrac{2 \cdot 4 \cdot 6 \cdot \cdots \cdot (n-1)}{3 \cdot 5 \cdot 7 \cdot \cdots \cdot n} & \text{if } n \text{ is an odd integer and } n \geq 3 \end{cases}$